重点 建模技术

本书第3~第8章为建模内容，这6章的内容以85个实例详细介绍了3ds Max在内置几何体建模、样条线建模、修改器建模、网格建模、NURBS建模和多边形建模中的应用。在这6大建模技术中，以内置几何体建模、样条线建模、修改器建模和多边形建模最为重要，读者需要对这些建模技术中的实例勤加练习，以达到快速建出优秀模型的目的。另外，为了满足实际工作的需求，我们在实例编排上尽量做到全面覆盖，既有室内家具建模实例（如桌子、椅子、凳子、沙发、灯饰、柜子、茶几、床等），还有室内框架建模实例和室外建筑外观建模实例（如剧场、别墅等），内容几乎涵盖实际工作中遇到的所有模型。

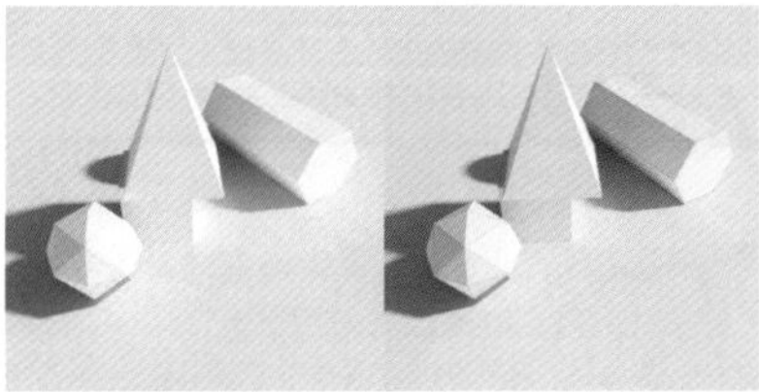

实例名称	实战061 创建素描石膏				
技术掌握	标准基本体的相关工具				
视频长度	00:03:15	难易指数	★☆☆☆☆	所在页	68

实例名称	实战062 创建积木组合				
技术掌握	标准基本体的相关工具、移动复制功能				
视频长度	00:08:43	难易指数	★★☆☆☆	所在页	69

实例名称	实战063 现代茶几				
技术掌握	长方体工具、圆柱体工具				
视频长度	00:03:07	难易指数	★☆☆☆☆	所在页	71

实例名称	实战064 简约置物架				
技术掌握	长方体工具、镜像工具				
视频长度	00:02:44	难易指数	★☆☆☆☆	所在页	72

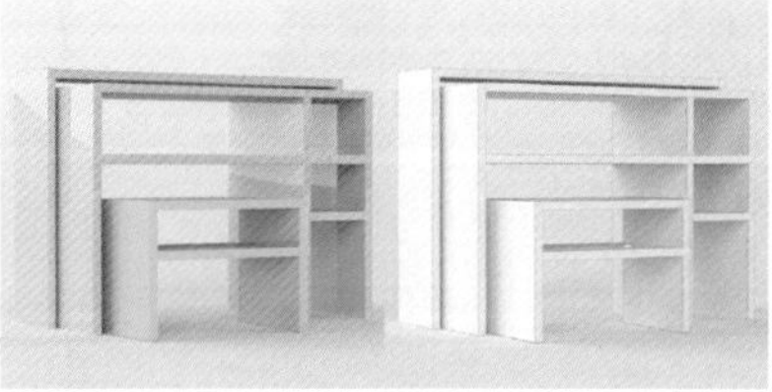

实例名称	实战065 组合书柜				
技术掌握	长方体工具、移动复制功能				
视频长度	00:02:37	难易指数	★☆☆☆☆	所在页	73

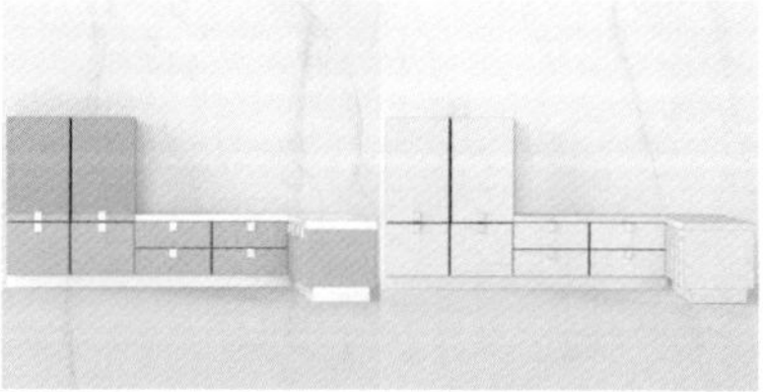

实例名称	实战066 简约厨柜				
技术掌握					
视频长度					74

实例名称	实战067 时尚衣柜				
技术掌握	长方体工具、圆柱体工具、移动复制功能				
视频长度	00:04:16	难易指数	★★☆☆☆	所在页	76

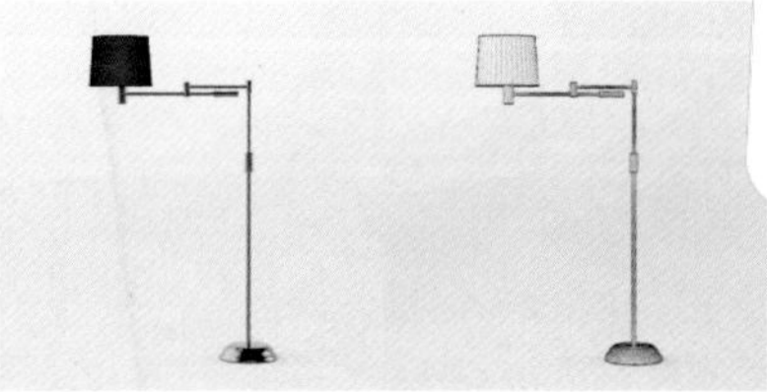

实例名称	实战068 时尚落地灯				
技术掌握	管状体工具、圆柱体工具				
视频长度	00:04:49	难易指数	★☆☆☆☆	所在页	77

实例名称	实战069 极简风格水果架				
技术掌握	管状体工具、圆柱体工具、移动复制功能				
视频长度	00:04:33	难易指数	★★☆☆☆	所在页	78

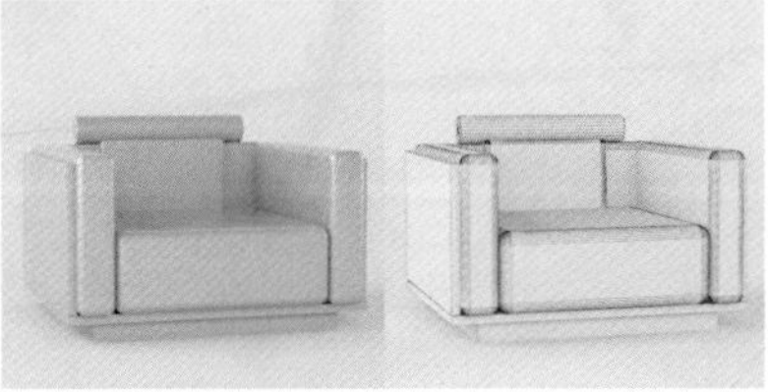

实例名称	实战070 单人沙发				
技术掌握	切角长方体工具、切角圆柱体工具				
视频长度	00:04:08	难易指数	★☆☆☆☆	所在页	79

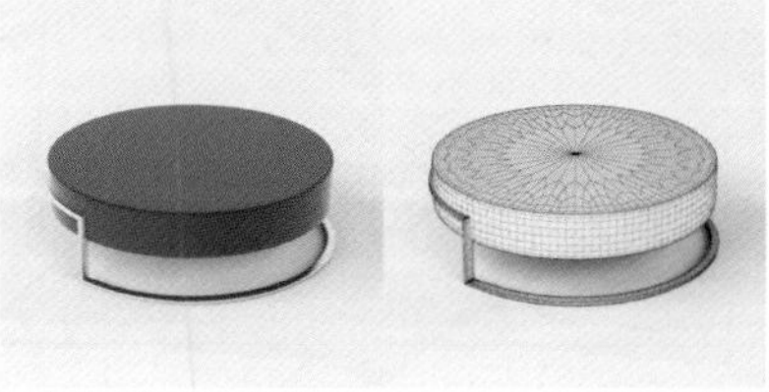

实例名称	实战071 现代圆茶几				
技术掌握	切角长方体/圆柱体工具、球体工具、圆柱体工具、成组命令				
视频长度	00:02:16	难易指数	★☆☆☆☆	所在页	81

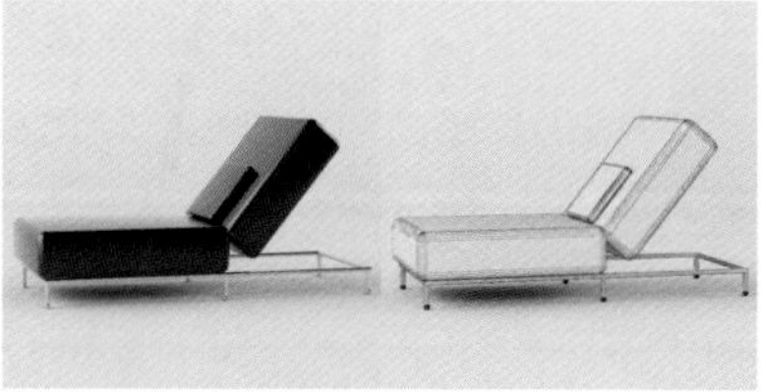

实例名称	实战072 休闲躺椅				
技术掌握	切角长方体工具、切角圆柱体工具、球体工具				
视频长度	00:05:23	难易指数	★☆☆☆☆	所在页	82

实例名称	实战073 时尚四人餐厅桌椅				
技术掌握	切角长方体工具、旋转复制功能				
视频长度	00:05:23	难易指数	★☆☆☆☆	所在页	84

实例名称	实战074 中式六人餐桌椅				
技术掌握	长方体工具、切角长方体工具、成组命令				
视频长度	00:04:03	难易指数	★★☆☆☆	所在页	86

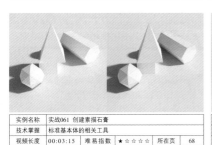

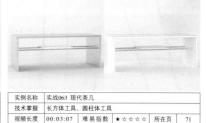

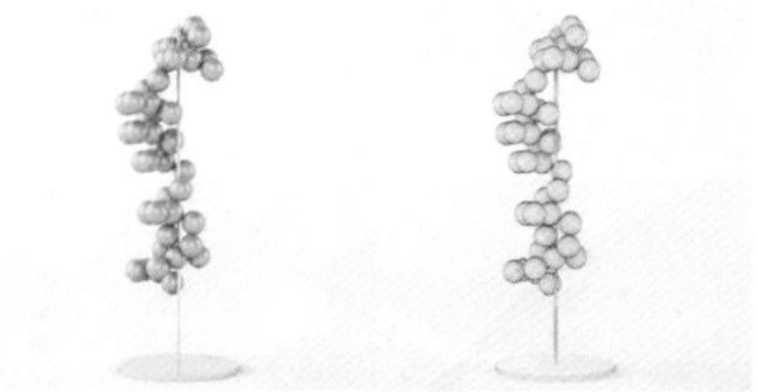

实例名称	实战075 创意灯饰				
技术掌握	球体工具、移动复制功能、成组命令				
视频长度	00:02:27	难易指数	★☆☆☆☆	所在页	87

建模技术 重点

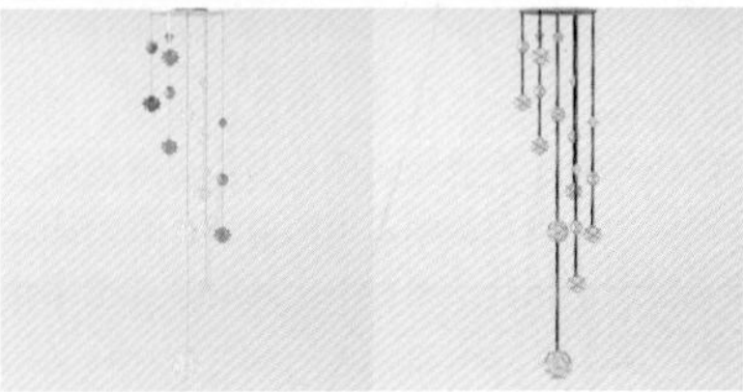

实例名称	实战076 浪漫风铃				
技术掌握	切角圆柱体工具、圆柱体工具、异面体工具				
视频长度	00:04:58	难易指数	★☆☆☆☆	所在页	89

实例名称	实战077 饮料吸管				
技术掌握	软管工具、参考物				
视频长度	00:02:28	难易指数	★☆☆☆☆	所在页	90

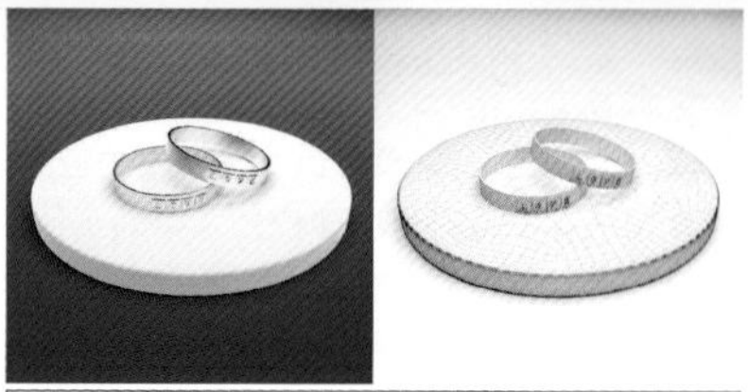

实例名称	实战078 情侣戒指				
技术掌握	管状体工具、图形合并工具、文本工具、石墨建模工具				
视频长度	00:05:06	难易指数	★★★☆☆	所在页	91

实例名称	实战079 骰子				
技术掌握	切角长方体工具、球体工具、塌陷工具、ProBoolean工具				
视频长度	00:02:11	难易指数	★★☆☆☆	所在页	93

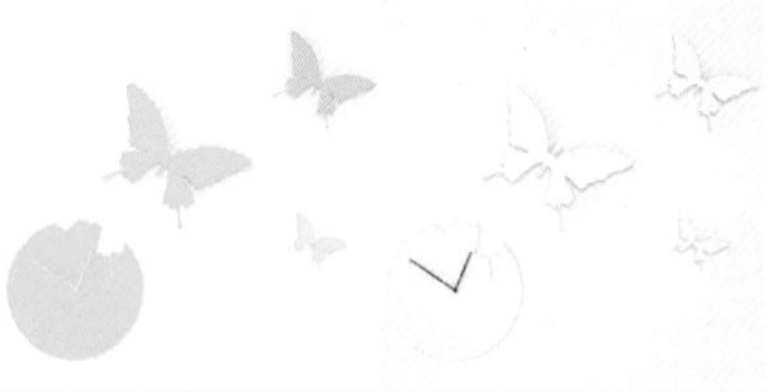

实例名称	实战080 创意挂钟				
技术掌握	图形合并工具、多边形建模技术				
视频长度	00:02:18	难易指数	★★★☆☆	所在页	94

实例名称	实战081 花丛				
技术掌握	平面工具、FFD 4×4×4修改器、散布工具				
视频长度	00:02:15	难易指数	★★☆☆☆	所在页	96

实例名称	实战082 窗台				
技术掌握	固定窗工具、栏杆工具				
视频长度	00:07:48	难易指数	★★☆☆☆	所在页	97

实例名称	实战083 简约休闲室				
技术掌握	直线楼梯工具、固定窗工具、栏杆工具				
视频长度	00:05:16	难易指数	★★☆☆☆	所在页	99

实例名称	实战084 会议室				
技术掌握	固定窗工具、挤出修改器、mr代理工具				
视频长度	00:04:19	难易指数	★★★☆☆	所在页	100

实例名称	实战085 剧场				
技术掌握	VRay网格体导出命令、VRay代理工具				
视频长度	00:03:19	难易指数	★★★☆☆	所在页	102

实例名称	实战086 糖果				
技术掌握	圆工具、弧工具、多边形工具、星形工具				
视频长度	00:02:33	难易指数	★☆☆☆☆	所在页	104

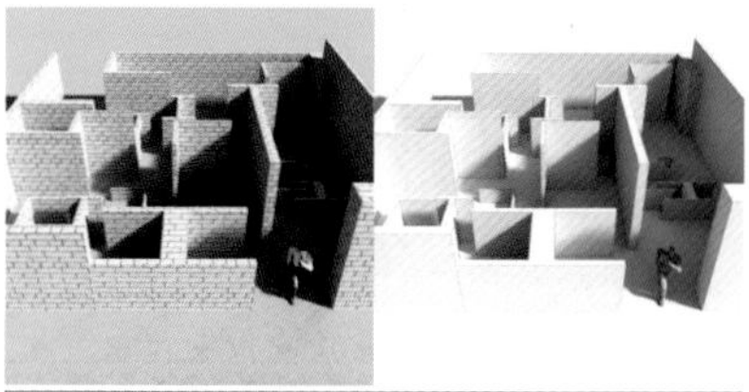

实例名称	实战087 迷宫				
技术掌握	扩展样条线的相关工具、挤出修改器				
视频长度	00:01:58	难易指数	★☆☆☆☆	所在页	105

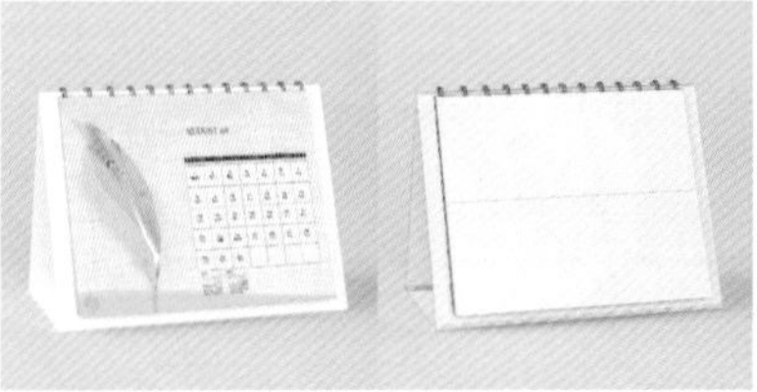

实例名称	实战088 台历				
技术掌握	线工具、轮廓工具、圆工具、挤出修改器				
视频长度	00:04:41	难易指数	★★★☆☆	所在页	106

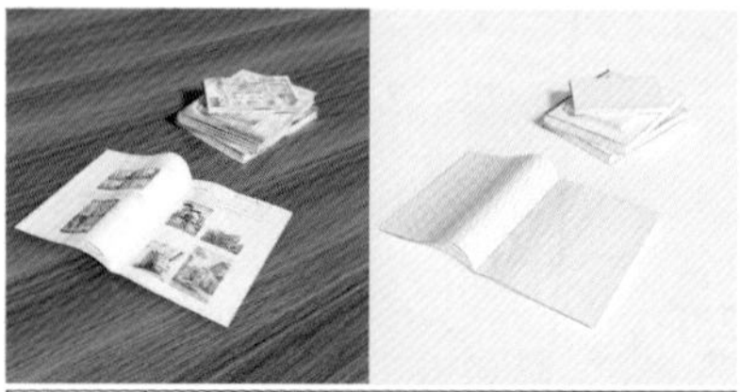

实例名称	实战089 杂志				
技术掌握	线工具、轮廓工具、挤出修改器				
视频长度	00:04:56	难易指数	★★☆☆☆	所在页	109

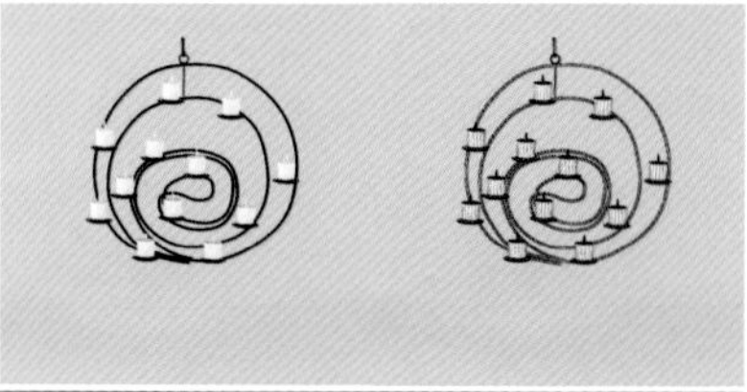

实例名称	实战090 艺术烛台				
技术掌握	线工具、车削修改器				
视频长度	00:08:58	难易指数	★★★☆☆	所在页	111

实例名称	实战091 时尚台灯				
技术掌握	圆环工具、线工具、挤出修改器、车削修改器				
视频长度	00:03:23	难易指数	★☆☆☆☆	所在页	112

实例名称	实战092 数字灯箱				
技术掌握	文本工具、角度捕捉切换工具、线工具				
视频长度	00:05:31	难易指数	★★☆☆☆	所在页	113

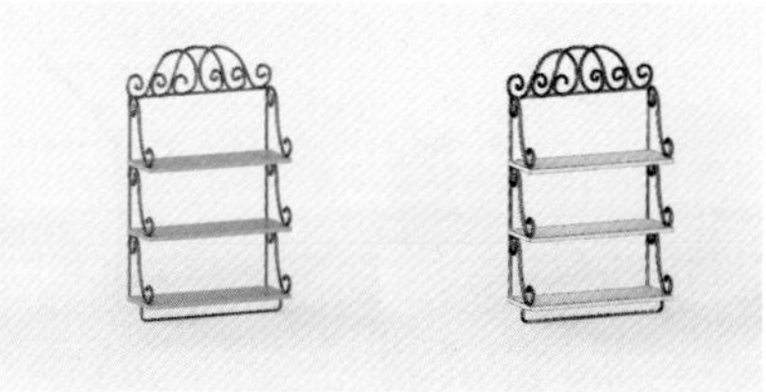

实例名称	实战093 铁艺置物架				
技术掌握	线工具、样条线的可渲染功能				
视频长度	00:09:39	难易指数	★★★☆☆	所在页	115

实例名称	实战094 现代藤椅						
技术掌握	线工具、多边形工具、螺旋线工具、样条线的可渲染功能						
视频长度	00:07:05	难易指数	★★★☆☆	所在页	116		

实例名称	实战095 小号						
技术掌握	线工具、圆工具、放样工具、车削修改器						
视频长度	00:03:49	难易指数	★★★★☆	所在页	117		

实例名称	实战096 花槽						
技术掌握	线工具、仅影响轴工具、车削修改器、挤出修改器						
视频长度	00:05:35	难易指数	★★☆☆☆	所在页	119		

实例名称	实战097 古典边柜						
技术掌握	线工具、挤出修改器、车削修改器						
视频长度	00:05:08	难易指数	★★☆☆☆	所在页	120		

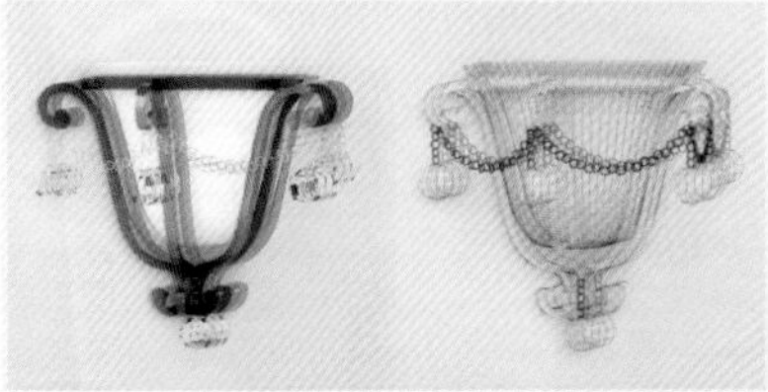

实例名称	实战098 壁灯						
技术掌握	弧工具、圆工具、车削修改器、挤出修改器						
视频长度	00:09:05	难易指数	★★★★☆	所在页	122		

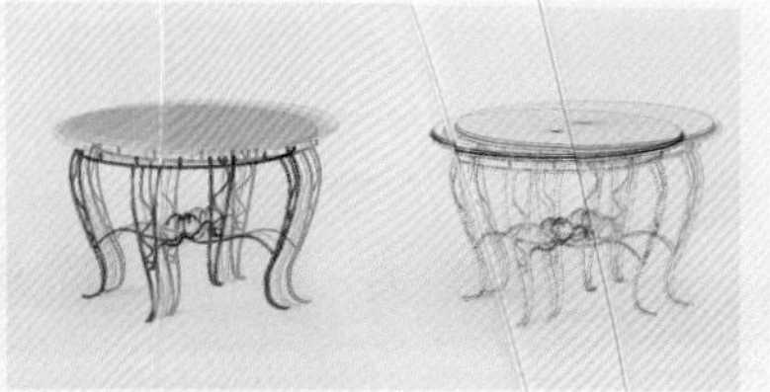

实例名称	实战099 铁艺餐桌						
技术掌握	线工具、车削修改器、样条线的可渲染功能						
视频长度	00:06:20	难易指数	★★★★☆	所在页	123		

实例名称	实战100 水晶灯						
技术掌握	线工具、车削修改器、间隔工具、多边形建模技术						
视频长度	00:09:08	难易指数	★★★★☆	所在页	125		

实例名称	实战101 牌匾						
技术掌握	矩形工具、倒角修改器、文本工具						
视频长度	00:03:23	难易指数	★★☆☆☆	所在页	128		

实例名称	实战102 休闲椅						
技术掌握	对称修改器、挤出修改器						
视频长度	00:03:16	难易指数	★★☆☆☆	所在页	130		

实例名称	实战103 凉亭						
技术掌握	车削修改器、晶格修改器						
视频长度	00:04:18	难易指数	★☆☆☆☆	所在页	131		

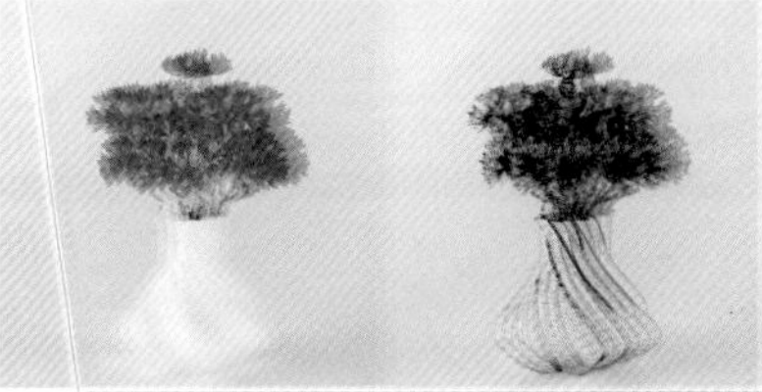

实例名称	实战104 花瓶						
技术掌握	挤出修改器、FFD（圆柱体）修改器、扭曲修改器、弯曲修改器						
视频长度	00:04:28	难易指数	★★★☆☆	所在页	133		

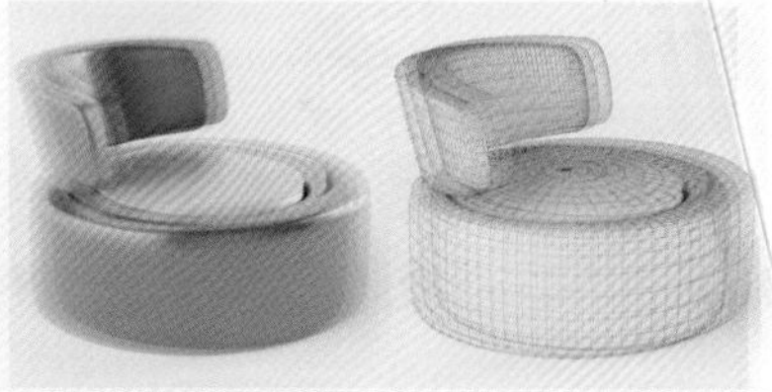

实例名称	实战105 单人圆沙发						
技术掌握	网格平滑修改器、FFD 3×3×3修改器、切角工具						
视频长度	00:05:39	难易指数	★★☆☆☆	所在页	135		

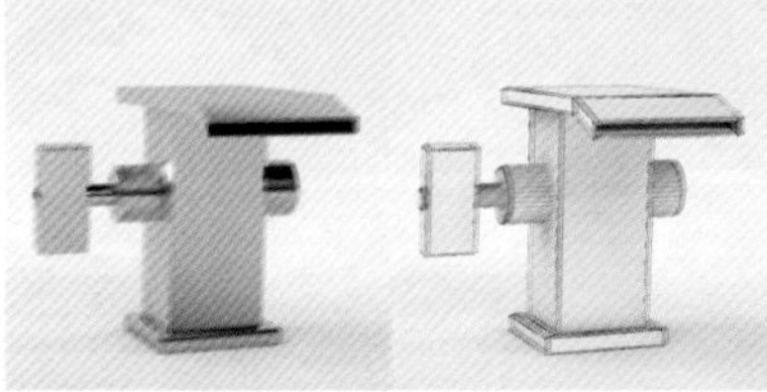

实例名称	实战106 水龙头						
技术掌握	编辑多边形修改器、网格平滑修改器						
视频长度	00:04:12	难易指数	★★★☆☆	所在页	137		

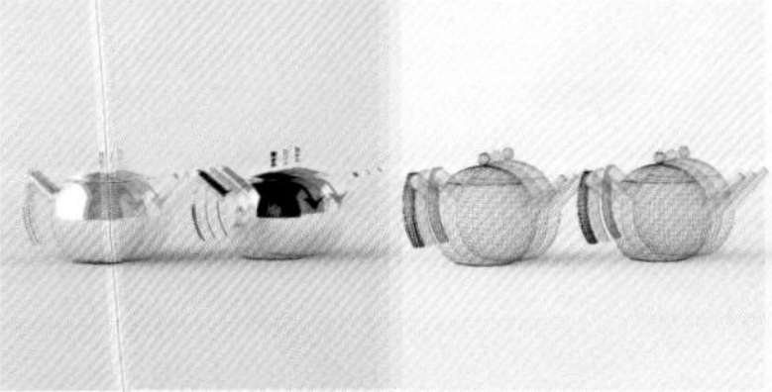

实例名称	实战107 平底壶						
技术掌握	分离工具、壳修改器、网格平滑修改器						
视频长度	00:03:28	难易指数	★★★☆☆	所在页	139		

实例名称	实战108 餐具						
技术掌握	车削修改器、平滑修改器、噪波修改器、融化修改器						
视频长度	00:07:52	难易指数	★★★★☆	所在页	141		

实例名称	实战109 扫帚						
技术掌握	Hair和Fur（WSM）（头发和毛发（WSM））修改器						
视频长度	00:03:40	难易指数	★☆☆☆☆	所在页	143		

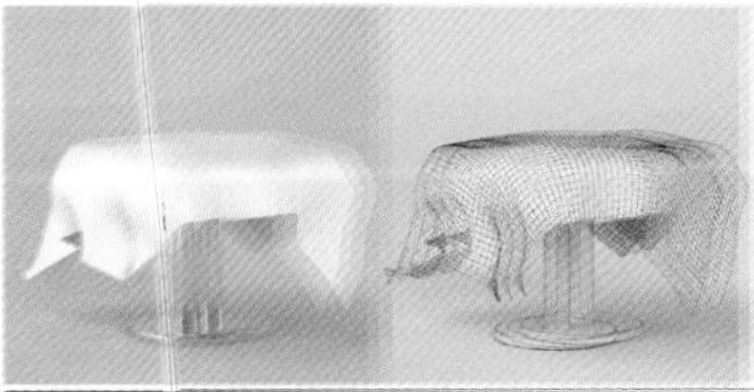

实例名称	实战110 桌布						
技术掌握	Cloth（布料）修改器、细化修改器						
视频长度	00:02:31	难易指数	★★★★☆	所在页	144		

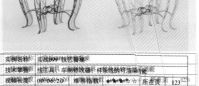

实例名称	实战111 休闲躺椅						
技术掌握	挤出工具、切角工具、网格平滑修改器						
视频长度	00:03:43	难易指数	★★★☆☆	所在页	146		

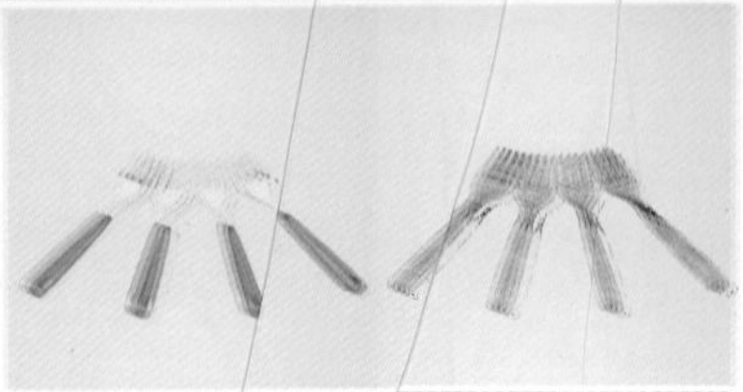

实例名称	实战112 [illegible]				
技术掌握	挤出工具、切角工具、网格平滑修改器				
视频长度	00:06:06	难易指数	[illegible]	所在页	148

实例名称	实战113 [illegible]				
技术掌握	网格建模、网格平滑修改器、[illegible]工具				
视频长度	00:02:46	难易指数	[illegible]	所在页	150

实例名称	实战114 欧式床头柜				
技术掌握	挤出工具、切角工具、倒角工具、车削修改器				
视频长度	00:05:26	难易指数	★★★☆☆	所在页	152

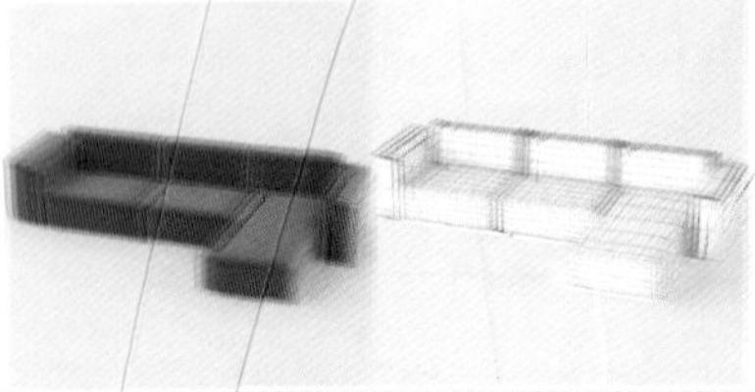

实例名称	实战115 [illegible]沙发				
技术掌握	切角工具、由边创建图形工具、网格平滑修改器				
视频长度	00:06:35	难易指数	[illegible]	所在页	155

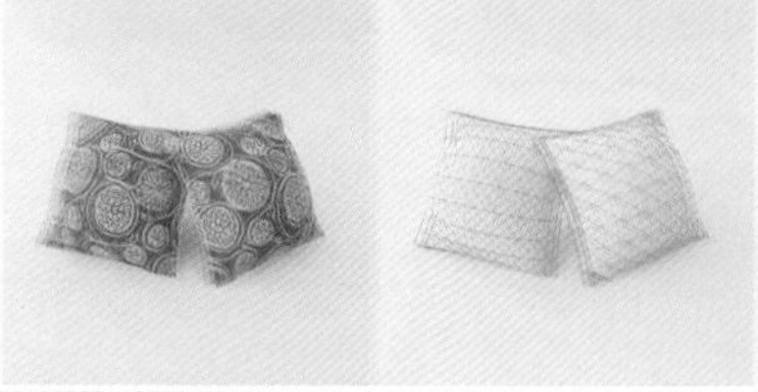

实例名称	实战116 抱枕				
技术掌握	CV曲面工具、对称修改器				
视频长度	00:01:46	难易指数	[illegible]	所在页	160

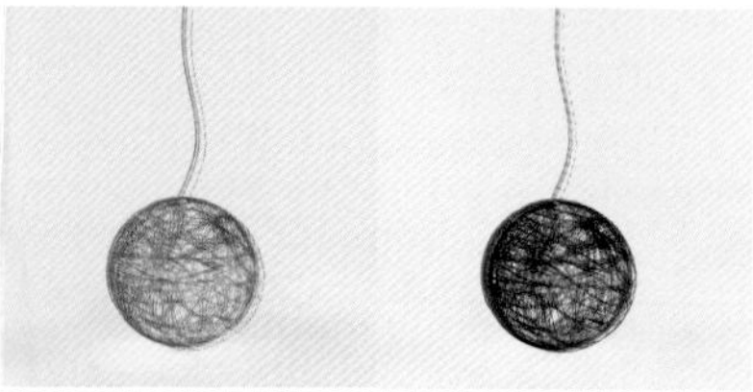

实例名称	实战117 藤艺饰品				
技术掌握	创建曲面上的点曲线工具、分离工具				
视频长度	00:04:23	难易指数	★★☆☆☆	所在页	162

实例名称	实战118 [illegible]花瓶				
技术掌握	点曲线工具、创建车削曲面工具				
视频长度	00:01:50	难易指数	[illegible]	所在页	164

实例名称	实战119 [illegible]				
技术掌握	点曲线工具、创建U向放样曲面工具、创建封口曲面工具				
视频长度	00:02:48	难易指数	[illegible]	所在页	165

实例名称	实战120 盆景植物				
技术掌握	CV曲面工具				
视频长度	00:05:08	难易指数	★★☆☆☆	所在页	166

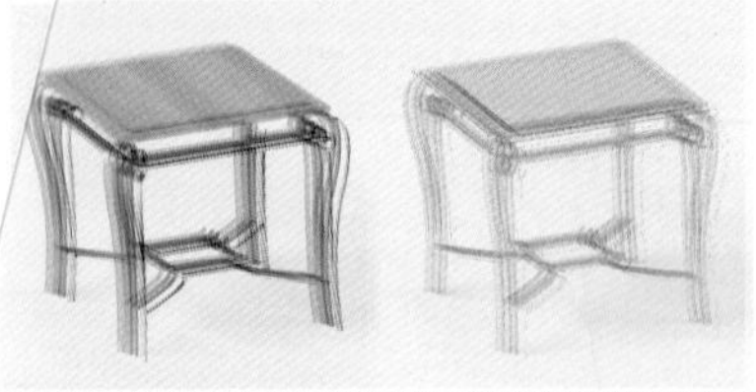

实例名称	实战121 [illegible]				
技术掌握	挤出工具、切角工具				
视频长度	00:05:46	难易指数	[illegible]	所在页	168

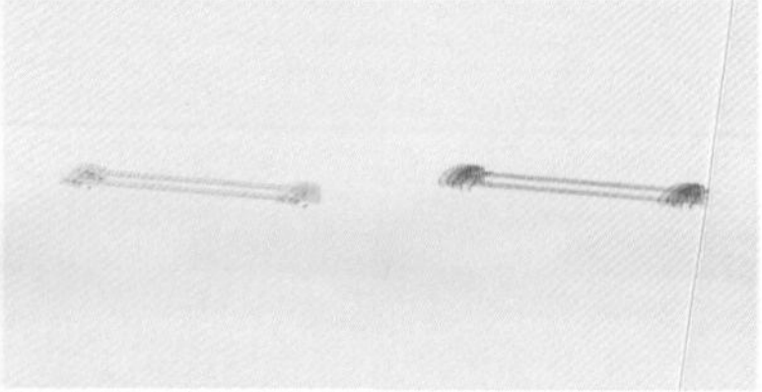

实例名称	实战122 [illegible]				
技术掌握	挤出工具、切角工具				
视频长度	00:03:55	难易指数	[illegible]	所在页	171

实例名称	实战123 布料				
技术掌握	连接工具、推拉工具、松弛工具				
视频长度	00:03:37	难易指数	★★☆☆☆	所在页	172

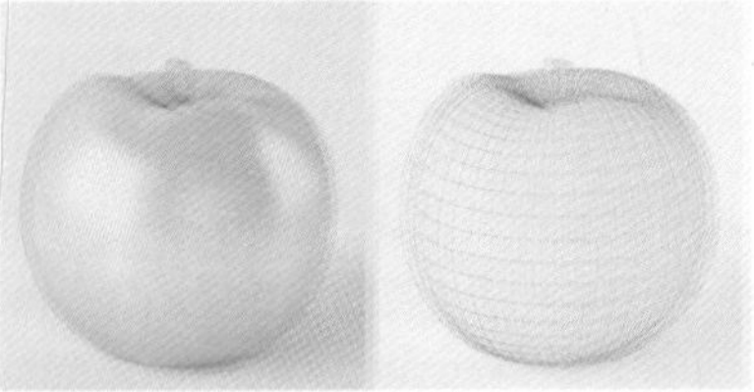

实例名称	实战124 [illegible]				
技术掌握	多边形的顶点调节、切角工具				
视频长度	00:03:13	难易指数	[illegible]	所在页	174

实例名称	实战125 足球				
技术掌握	分离工具、球形化修改器、挤出工具				
视频长度	00:02:07	难易指数	[illegible]	所在页	177

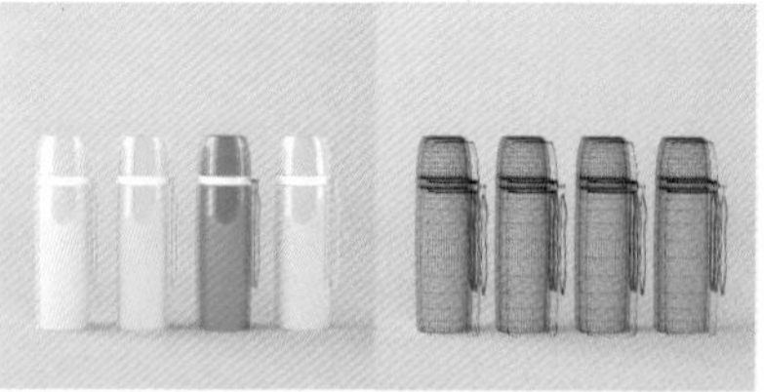

实例名称	实战126 保温杯				
技术掌握	插入工具、挤出工具、切角工具				
视频长度	00:04:11	难易指数	★★☆☆☆	所在页	178

实例名称	实战127 [illegible]				
技术掌握	挤出工具、切角工具				
视频长度	00:03:01	难易指数	[illegible]	所在页	181

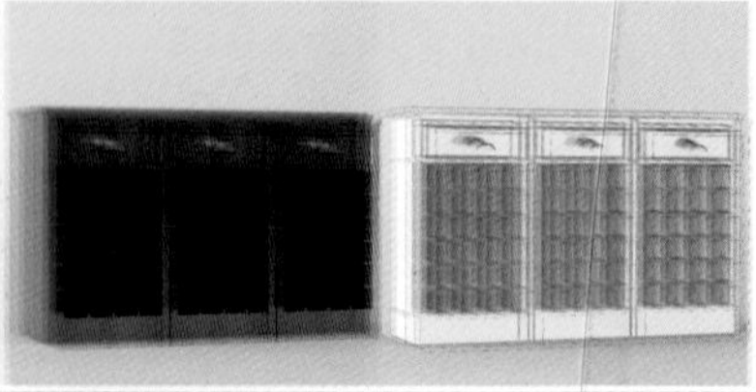

实例名称	实战128 [illegible]柜				
技术掌握	倒角工具、挤出工具、切角工具、插入工具、连接工具				
视频长度	00:06:50	难易指数	[illegible]	所在页	183

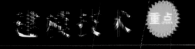

实例名称	实战129 橱柜				
技术掌握	倒角工具、切角工具				
视频长度	00:05:50	难易指数	★★★☆☆	所在页	186

实例名称	实战130 低音炮				
技术掌握	挤出工具、连接工具、插入工具、切角工具				
视频长度	00:04:33	难易指数	★★★☆☆	所在页	190

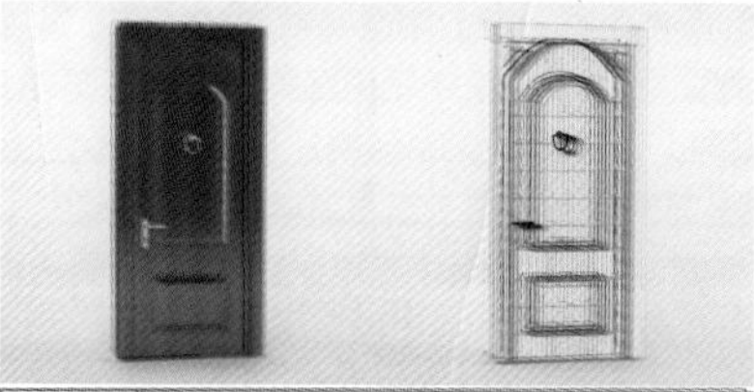

实例名称	实战131 实木门				
技术掌握	倒角工具、切角工具、连接工具				
视频长度	00:15:30	难易指数	★★★☆☆	所在页	193

实例名称	实战132 [illegible]				
技术掌握	切角工具、挤出工具、连接工具、FFD 3×3×3修改器、软选择技术				
视频长度	00:04:49	难易指数	★★★☆☆	所在页	197

实例名称	实战133 木质茶几				
技术掌握	插入工具、挤出工具、切角工具、倒角工具				
视频长度	00:03:50	难易指数	★★★☆☆	所在页	200

实例名称	实战134 现代餐桌椅				
技术掌握	切角工具、插入工具、挤出工具				
视频长度	00:06:36	难易指数	★★★☆☆	所在页	202

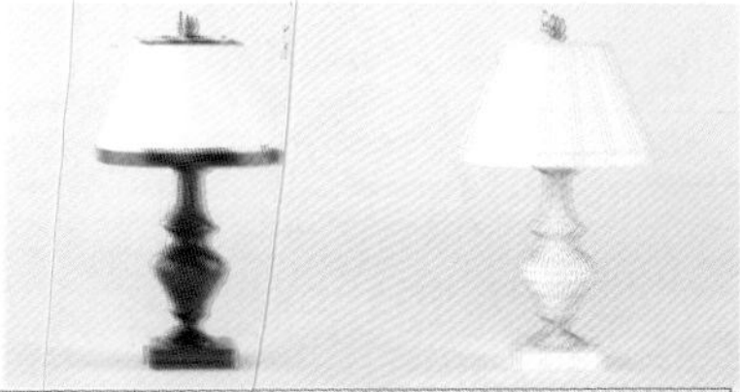

实例名称	实战135 欧式台灯				
技术掌握	顶点调节技法、连接工具				
视频长度	00:08:36	难易指数	★★★★☆	所在页	205

实例名称	实战136 欧式吊灯				
技术掌握	放样工具、仅影响轴工具、间隔工具、挤出工具、切角工具				
视频长度	00:11:46	难易指数	★★★★☆	所在页	208

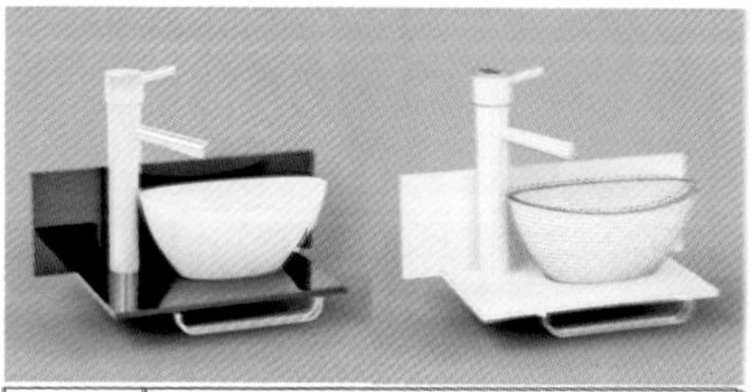

实例名称	实战137 洗手池				
技术掌握	插入工具、挤出工具、切角工具				
视频长度	00:04:18	难易指数	★★★☆☆	所在页	212

实例名称	实战138 浴缸				
技术掌握	插入工具、挤出工具、切角工具				
视频长度	00:10:56	难易指数	★★★★☆	所在页	214

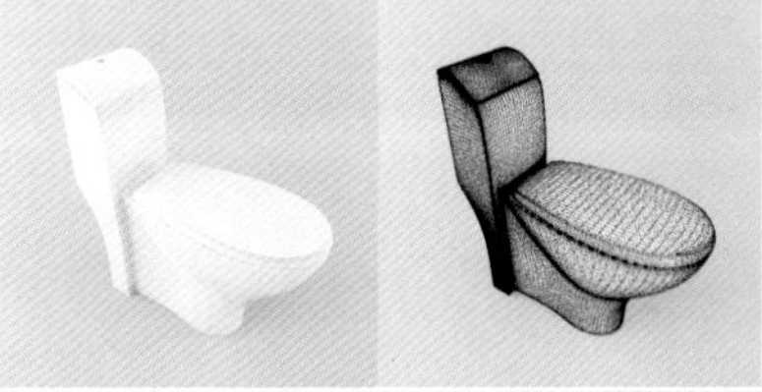

实例名称	实战139 座便器				
技术掌握	顶点调节技术、挤出工具、插入工具、切角工具、连接工具				
视频长度	00:08:51	难易指数	★★★★☆	所在页	217

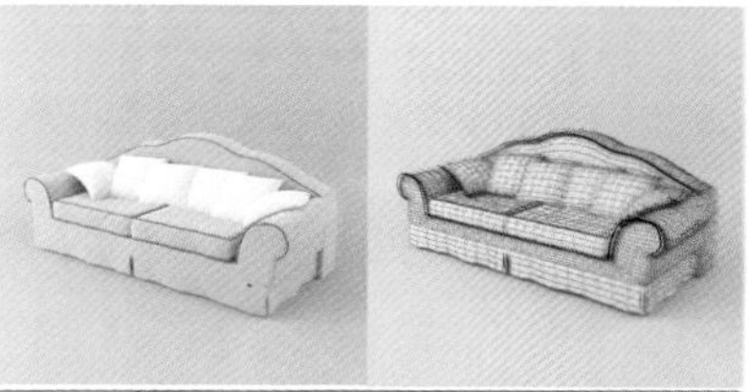

实例名称	实战140 布艺多人沙发				
技术掌握	塌陷工具、利用所选内容创建图形工具、焊接工具				
视频长度	00:09:42	难易指数	★★★★☆	所在页	222

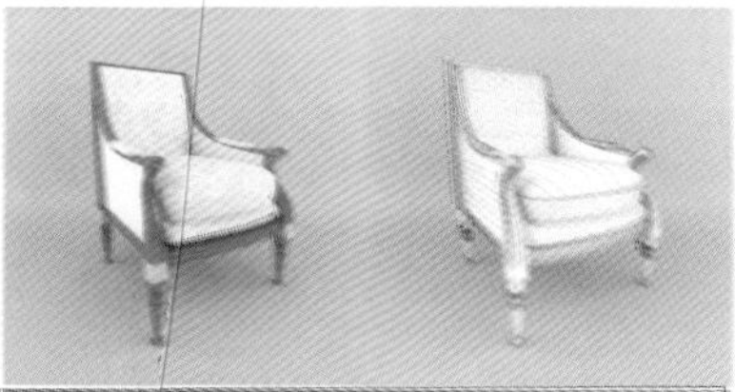

实例名称	实战141 欧式单人沙发				
技术掌握	切角工具、挤出工具、倒角工具				
视频长度	00:13:11	难易指数	★★★★☆	所在页	226

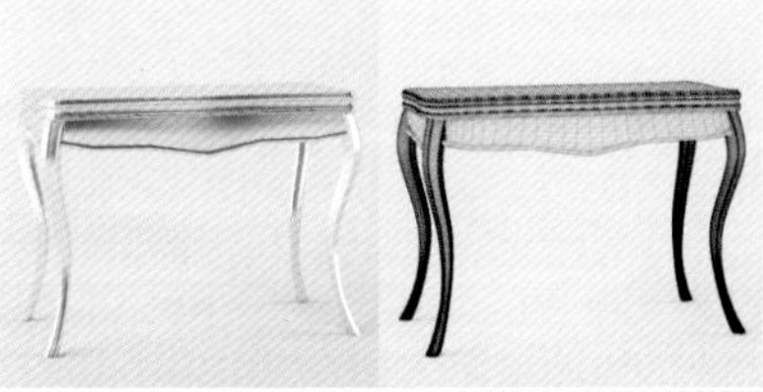

实例名称	实战142 欧式边几				
技术掌握	插入工具、倒角工具、利用所选内容创建图形工具				
视频长度	00:14:28	难易指数	★★★★☆	所在页	230

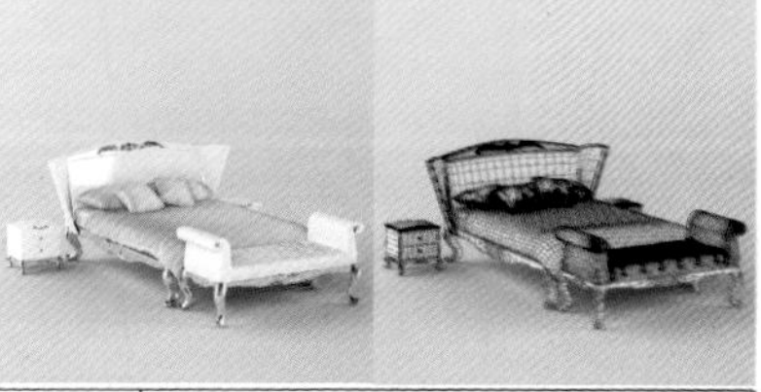

实例名称	实战143 欧式双人床				
技术掌握	挤出工具、切角工具、Cloth（布料）修改器				
视频长度	00:13:30	难易指数	★★★★☆	所在页	234

实例名称	实战144 简约别墅				
技术掌握	挤出/连接/插入/倒角/焊接/切片平面/切片/分离工具				
视频长度	00:11:25	难易指数	★★★★★	所在页	238

实例名称	实战145 欧式别墅				
技术掌握	倒角工具、挤出工具、插入工具、切角工具、连接工具				
视频长度	00:24:28	难易指数	★★★★★	所在页	246

到此，本书85个建模实例全部展示完成，这部分内容是一幅优秀作品的基础，因为无论是灯光还是渲染，都必须基于优秀的模型，没有模型的场景，再好的灯光和渲染参数都不起任何作用。此外，由于建模技术是3ds Max中的一大难点，因此在安排实例难度时尽量做到循序渐进，如果读者遇到某些步骤无法完成（少数实例的制作难度比较大），可以反复阅读该步骤的前后内容，或者打开该实例的视频教学，以查看更详细的制作方法。

鉴于实际工作中的需求，建议读者重点学习内置几何体建模、样条线建模、修改器建模和多边形建模。学好了这4大建模技术，基本就可以满足工作中的建模要求。

灯光技术 重点

没有灯光的世界将是一片黑暗，在三维场景中也是一样，即使有精美的模型、真实的材质以及完美的动画，如果没有灯光照射也毫无作用，由此可见灯光在三维表现中的重要性。灯光是视觉画面的一部分，其功能主要有3点：提供一个完整的整体氛围，展现出影像实体，营造出空间的氛围；为画面着色，以塑造空间和形式；让人们集中注意力。

本书第9章为灯光内容，一共30个实例。这些实例包含了在实际工作中经常遇到的灯光项目，比如壁灯、灯带、灯泡、吊灯、射灯、台灯、烛光、屏幕、灯箱、舞台灯光、星光、阳光、天光、荧光等，同时还涉及了一些很重要的灯光技术，如阴影贴图、灯光排除、焦散等。

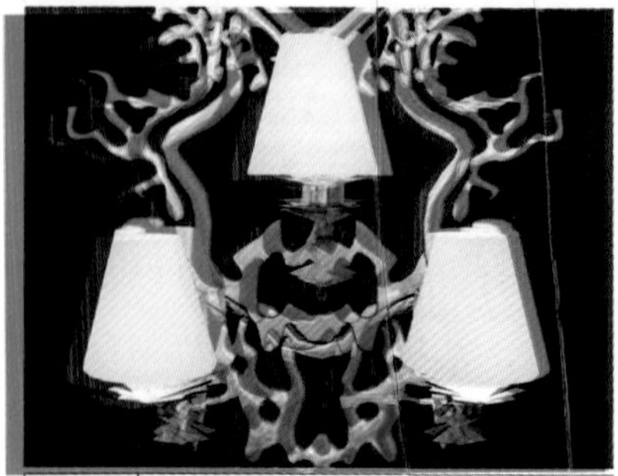

实例名称	实战146 壁灯				
技术掌握	用VRay球体灯光模拟壁灯				
视频长度	00:03:58	难易指数	★☆☆☆☆	所在页	254

实例名称	实战147 灯泡照明				
技术掌握	用VRay球体灯光模拟灯泡照明				
视频长度	00:02:16	难易指数	★☆☆☆☆	所在页	256

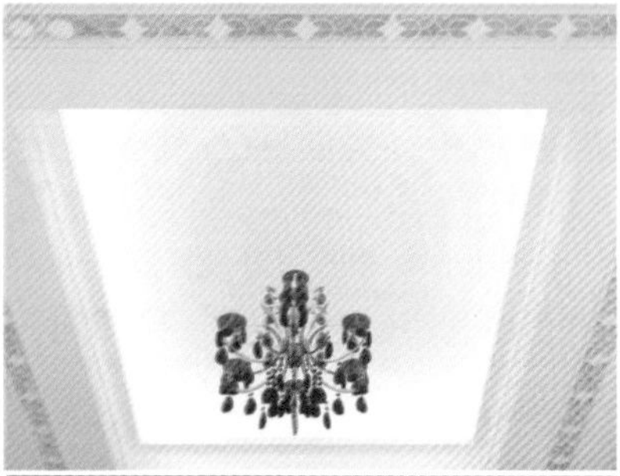

实例名称	实战148 灯带				
技术掌握	用VRay平面灯光模拟发光灯带				
视频长度	00:02:49	难易指数	★☆☆☆☆	所在页	257

实例名称	实战149 吊灯				
技术掌握	用VRay球体灯光和平面灯光模拟吊灯照明				
视频长度	00:03:33	难易指数	★☆☆☆☆	所在页	257

实例名称	实战150 射灯				
技术掌握	用目标灯光模拟射灯				
视频长度	00:03:11	难易指数	★☆☆☆☆	所在页	258

实例名称	实战151 台灯				
技术掌握	用VRay球体灯光模拟台灯				
视频长度	00:03:06	难易指数	★☆☆☆☆	所在页	259

实例名称	实战152 烛光				
技术掌握	用VRay球体灯光模拟烛光；用VRay平面灯光模拟补光				
视频长度	00:04:23	难易指数	★☆☆☆☆	所在页	260

实例名称	实战153 屏幕照明				
技术掌握	用VRay平面灯光模拟屏幕照明				
视频长度	00:04:00	难易指数	★☆☆☆☆	所在页	261

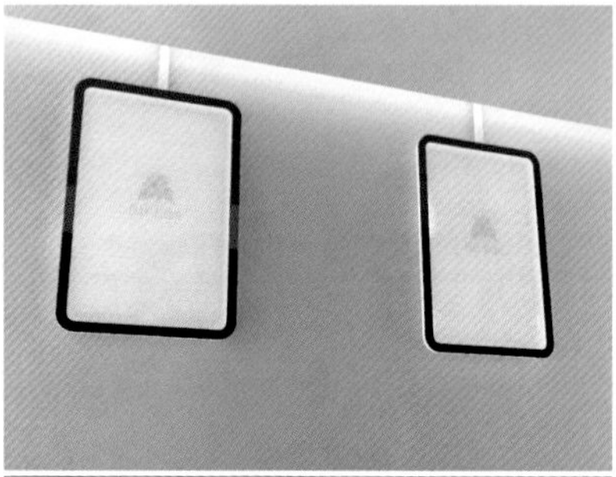

实例名称	实战154 灯箱照明				
技术掌握	用VRay灯光材质和VRay平面灯光模拟灯箱照明				
视频长度	00:04:19	难易指数	★☆☆☆☆	所在页	261

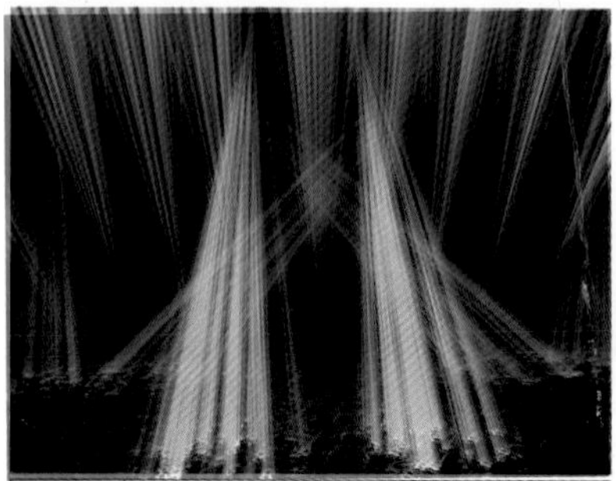

实例名称	实战155 舞台灯光				
技术掌握	用目标聚光灯模拟光束				
视频长度	00:04:28	难易指数	★★☆☆☆	所在页	263

实例名称	实战156 星光				
技术掌握	用泛光灯模拟星光				
视频长度	00:05:50	难易指数	★★★☆☆	所在页	264

实例名称	实战157 阳光				
技术掌握	用VRay太阳模拟阳光				
视频长度	00:02:08	难易指数	★☆☆☆☆	所在页	265

实例名称	实战158 天光				
技术掌握	用VRay天空环境贴图模拟天光				
视频长度	00:02:08	难易指数	★☆☆☆☆	所在页	267

实例名称	实战159 灯光阴影贴图				
技术掌握	用目标平行光模拟灯光阴影				
视频长度	00:02:03	难易指数	★☆☆☆☆	所在页	267

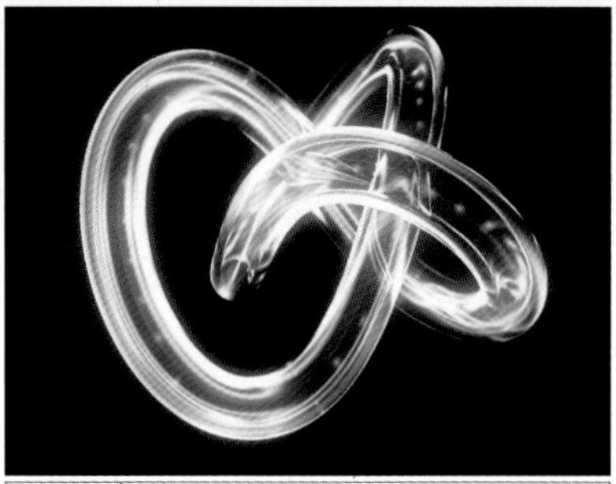

实例名称	实战160 荧光				
技术掌握	用mr区域泛光灯模拟荧光棒				
视频长度	00:01:35	难易指数	★★☆☆☆	所在页	268

实例名称	实战161 灯光排除				
技术掌握	将物体排除于光照之外				
视频长度	00:03:02	难易指数	★★☆☆☆	所在页	269

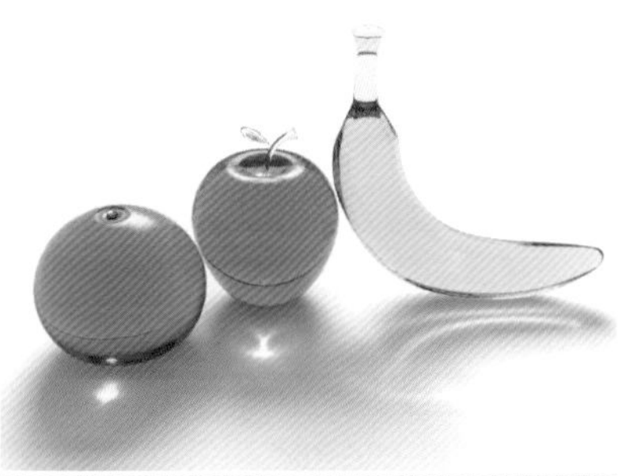

实例名称	实战162 mental ray焦散				
技术掌握	用mental ray渲染器配合灯光制作焦散特效				
视频长度	00:02:56	难易指数	★★☆☆☆	所在页	270

实例名称	实战163 VRay焦散				
技术掌握	用VRay渲染器配合灯光制作焦散特效				
视频长度	00:02:06	难易指数	★☆☆☆☆	所在页	272

实例名称	实战164 摄影场景布光				
技术掌握	用VRay灯光模拟工业产品灯光（三点照明）				
视频长度	00:04:21	难易指数	★☆☆☆☆	所在页	273

实例名称	实战165 街道晨光				
技术掌握	用VRay太阳和雾效果模拟晨光；用目标聚光灯模拟路灯和车灯				
视频长度	00:07:15	难易指数	★★★☆☆	所在页	274

实例名称	实战166 卧室纯日光				
技术掌握	用目标平行光模拟日光				
视频长度	00:03:40	难易指数	★☆☆☆☆	所在页	276

实例名称	实战167 休闲室纯日光				
技术掌握	用VRay太阳模拟阳光；用VRay穹顶灯光模拟天光				
视频长度	00:02:28	难易指数	★☆☆☆☆	所在页	277

实例名称	实战168 建筑纯日光				
技术掌握	用VRay太阳模拟建筑日光				
视频长度	00:01:51	难易指数	★☆☆☆☆	所在页	278

实例名称	实战169 半开放空间纯日光				
技术掌握	用VRay太阳和VRay天空环境贴图模拟纯日光				
视频长度	00:02:58	难易指数	★☆☆☆☆	所在页	279

灯光技术 重点

实例名称	实战170 室内黄昏光照				
技术掌握	用VRay太阳模拟黄昏光照				
视频长度	00:04:30	难易指数	★☆☆☆☆	所在页	279

实例名称	实战171 黄昏沙滩				
技术掌握	用VRay太阳模拟黄昏光照				
视频长度	00:02:13	难易指数	★☆☆☆☆	所在页	281

实例名称	实战172 书房夜晚灯光表现				
技术掌握	用VRay平面灯光模拟天光和屏幕冷光照				
视频长度	00:04:16	难易指数	★★☆☆☆	所在页	281

实例名称	实战173 餐厅夜晚灯光表现				
技术掌握	用目标灯光模拟射灯；用目标聚光灯模拟吊灯				
视频长度	00:08:56	难易指数	★★★☆☆	所在页	282

实例名称	实战174 别墅夜晚灯光表现				
技术掌握	用VRay太阳、VRay灯光和目标灯光来模拟温馨灯光效果				
视频长度	00:06:05	难易指数	★★★☆☆	所在页	283

实例名称	实战175 宾馆夜晚灯光表现				
技术掌握	用目标灯光和VRay灯光模拟商用建筑的夜晚灯光				
视频长度	00:10:06	难易指数	★★★★☆	所在页	285

摄影机技术

3ds Max中的摄影机在制作效果图和动画时非常有用。在3ds Max中，最重要的摄影机是"目标摄影机"，而VRay渲染器中最重要的摄影机是"VRay物理摄影机"。本书第10章以5个实例详细讲解了目标摄影机和VRay物理摄影机的"景深"功能、"运动模糊"功能、"缩放因子"功能、"光圈数"功能和"镜头光晕"功能。

实例名称	实战176 景深效果				
技术掌握	用目标摄影机制作景深特效				
视频长度	00:02:12	难易指数	★☆☆☆☆	所在页	288

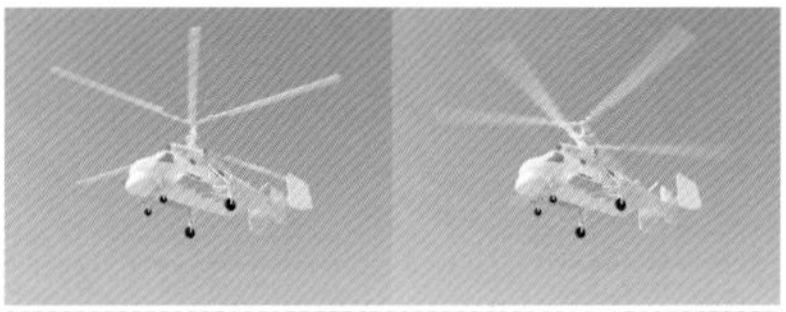

实例名称	实战177 运动模糊				
技术掌握	用目标摄影机制作运动模糊特效				
视频长度	00:02:03	难易指数	★☆☆☆☆	所在页	290

实例名称	实战180 镜头光晕				
技术掌握	用VRay物理摄影机的光晕参数模拟镜头光晕特效				
视频长度	00:01:32	难易指数	★☆☆☆☆	所在页	294

实例名称	实战178 缩放因子				
技术掌握	用VRay物理摄影机的缩放因子参数调整镜头的远近				
视频长度	00:02:28	难易指数	★☆☆☆☆	所在页	291

实例名称	实战179 光圈数				
技术掌握	用VRay物理摄影机的光圈数参数调整画面的明暗度				
视频长度	00:01:50	难易指数	★☆☆☆☆	所在页	293

重点 材质与贴图技术

在大自然中，物体表面总是具有各种各样的特性，比如颜色、透明度、表面纹理等。而对于3ds Max而言，制作一个物体除了造型之外，还要将表面特性表现出来，这样才能在三维虚拟世界中真实地再现物体本身的面貌，既做到了形似，也做到了神似。在这一表现过程中，要做到物体的形似，可以通过3ds Max的建模功能；而要做到物体的神似，就要通过材质和贴图来表现。

本书第11章用25个实例详细介绍了3ds Max和VRay常用材质与贴图的运用，如“标准”材质、VRayMtl材质、“VRay材质包裹器”材质、“混合”材质、“多维/子对象”材质、“衰减”程序贴图、“遮罩”程序贴图、“噪波”程序贴图以及各式各样的位图贴图。合理利用这些材质与贴图，可以模拟现实生活中的任何真实材质，下面的材质球就是用这些材质与贴图模拟出的各种真实材质。

壁纸材质

地砖材质

木地板材质

古木材质1

古木材质2

竹藤材质

塑料材质

烤漆材质

哑光皮纹材质

亮光皮纹材质

麻布材质

绒布材质

花纹布料材质

纱窗材质

白陶瓷材质

花纹陶瓷材质

金箔材质

不锈钢材质

拉丝金属材质

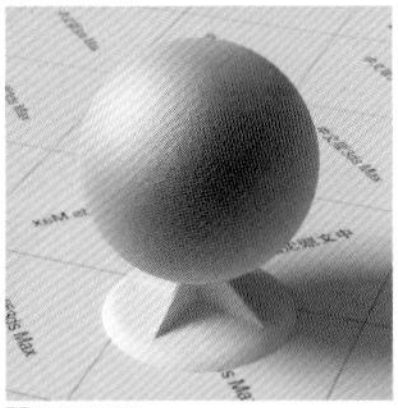
古铜材质

镜子材质

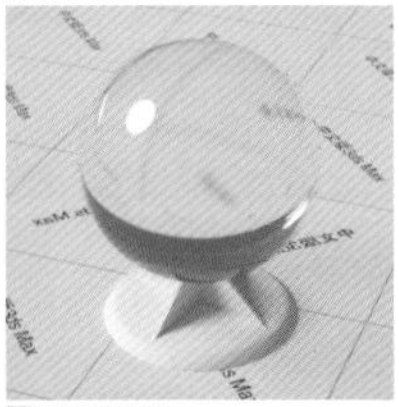
清玻璃材质

磨砂玻璃材质

清水材质

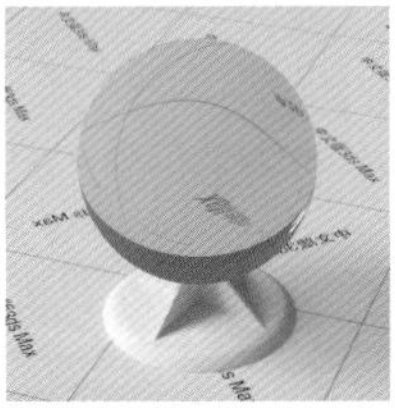
有色饮料材质

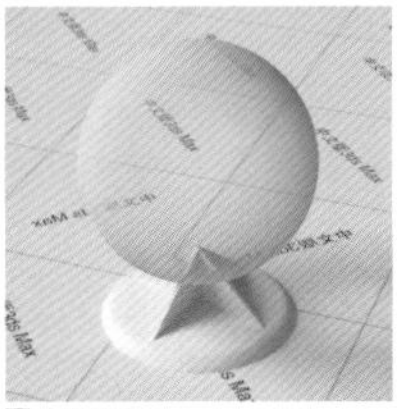
荧光材质

叶片材质

草地材质

公路材质

路基材质

实例名称	实战181 壁纸材质				
技术掌握	用VRayMtl材质模拟壁纸材质				
视频长度	00:02:09	难易指数	★☆☆☆☆	所在页	296

实例名称	实战182 地砖材质				
技术掌握	用VRayMtl材质模拟地砖材质				
视频长度	00:01:53	难易指数	★☆☆☆☆	所在页	298

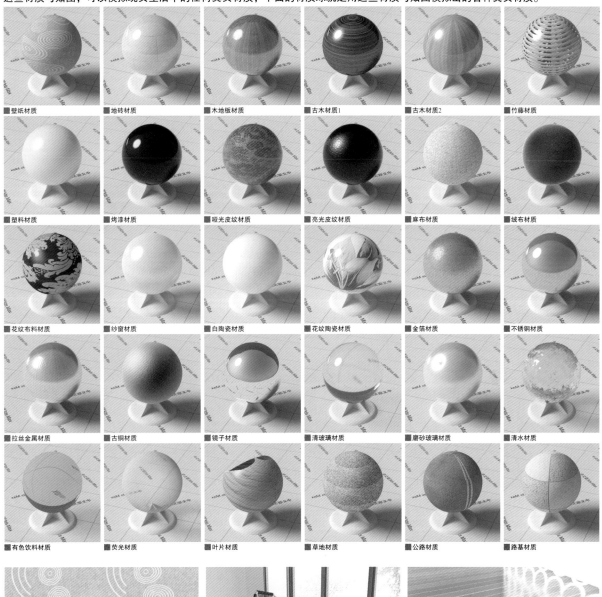

实例名称	实战183 木地板材质				
技术掌握	用VRayMtl材质模拟木地板材质				
视频长度	00:03:32	难易指数	★☆☆☆☆	所在页	300

材质与贴图技术 重点

实例名称	实战184 古木材质				
技术掌握	用VRayMtl材质模拟古木材质				
视频长度	00:04:14	难易指数	★☆☆☆☆	所在页	301

实例名称	实战185 竹藤材质				
技术掌握	用VRayMtl材质模拟竹藤材质				
视频长度	00:02:05	难易指数	★☆☆☆☆	所在页	303

实例名称	实战186 塑料材质				
技术掌握	用VRayMtl材质模拟塑料材质				
视频长度	00:03:27	难易指数	★★☆☆☆	所在页	304

实例名称	实战187 烤漆材质				
技术掌握	用VRayMtl材质模拟烤漆材质				
视频长度	00:01:29	难易指数	★★☆☆☆	所在页	305

实例名称	实战188 哑光皮纹材质				
技术掌握	用VRayMtl材质模拟哑光皮纹材质				
视频长度	00:02:20	难易指数	★★☆☆☆	所在页	306

实例名称	实战189 亮光皮纹材质				
技术掌握	用VRayMtl材质模拟亮光皮纹材质				
视频长度	00:02:01	难易指数	★☆☆☆☆	所在页	307

实例名称	实战190 麻布材质				
技术掌握	用VRayMtl材质模拟麻布材质				
视频长度	00:01:34	难易指数	★☆☆☆☆	所在页	308

实例名称	实战191 绒布材质				
技术掌握	用标准材质模拟绒布材质				
视频长度	00:02:19	难易指数	★★☆☆☆	所在页	309

实例名称	实战192 花纹布料及纱窗材质				
技术掌握	用混合材质模拟花纹布料材质；用VRayMtl材质模拟纱窗材质				
视频长度	00:06:41	难易指数	★★★☆☆	所在页	310

实例名称	实战193 白陶瓷与花纹陶瓷材质				
技术掌握	用多维/子对象材质和VRayMtl材质模拟花纹陶瓷材质				
视频长度	00:03:18	难易指数	★★☆☆☆	所在页	312

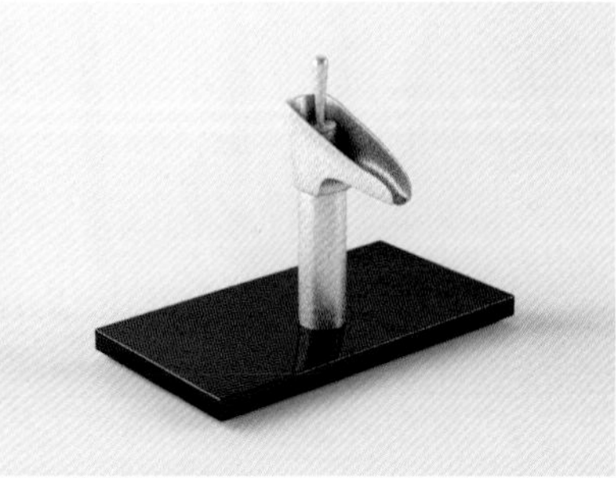

实例名称	实战194 金箔材质				
技术掌握	用VRayMtl材质模拟金箔材质				
视频长度	00:02:32	难易指数	★☆☆☆☆	所在页	314

实例名称	实战195 不锈钢材质				
技术掌握	用VRayMtl材质模拟不锈钢材质				
视频长度	00:01:23	难易指数	★☆☆☆☆	所在页	315

实例名称	实战196 拉丝金属材质				
技术掌握	用VRayMtl材质模拟拉丝金属材质				
视频长度	00:02:38	难易指数	★☆☆☆☆	所在页	316

实例名称	实战197 古铜材质				
技术掌握	用标准材质模拟古铜材质				
视频长度	00:03:36	难易指数	★★★☆☆	所在页	317

实例名称	实战198 镜子材质				
技术掌握	用VRayMtl材质模拟镜子材质				
视频长度	00:01:11	难易指数	★☆☆☆☆	所在页	318

实例名称	实战199 清玻璃材质				
技术掌握	用VRayMtl材质模拟清玻璃材质				
视频长度	00:02:35	难易指数	★☆☆☆☆	所在页	318

实例名称	实战200 磨砂玻璃材质				
技术掌握	用VRayMtl材质模磨砂玻璃纸材质				
视频长度	00:02:00	难易指数	★☆☆☆☆	所在页	319

实例名称	实战201 清水材质				
技术掌握	用用VRayMtl材质模拟壁纸材质				
视频长度	00:02:40	难易指数	★☆☆☆☆	所在页	320

实例名称	实战202 有色饮料材质				
技术掌握	用VRayMtl材质模拟有色饮料材质				
视频长度	00:02:27	难易指数	★☆☆☆☆	所在页	321

实例名称	实战203 荧光材质				
技术掌握	用标准材质模拟荧光材质				
视频长度	00:03:07	难易指数	★★☆☆☆	所在页	322

实例名称	实战204 叶片及草地材质				
技术掌握	用VRayMtl材质模拟叶片和草地材质				
视频长度	00:03:32	难易指数	★★☆☆☆	所在页	324

实例名称	实战205 公路材质				
技术掌握	用标准材质模拟公路材质；用VRayMtl材质模拟路基材质				
视频长度	00:03:32	难易指数	★★☆☆☆	所在页	326

到此，本书25个材质设置实例全部展示完成，这部分内容同建模、灯光和渲染一样，相当重要。由于现实生活中的真实材质类型非常多，因此这里不可能全部讲完，在后面的综合实例中会介绍更多、更常见的材质。另外，大多数材质的设置方法都是相通的，只要掌握了其中一种材质的设置方法，就可以制作出其他类似的材质。

这里给读者一个建议，在学习材质的制作方法时，千万不要硬记材质的设置参数，而是要根据不同场景、不同灯光与渲染参数来设定材质效果。

VRay渲染精髓 重点

渲染输出是3ds Max工作流程的最后一步，也是呈现作品最终效果的关键一步。一部3D作品能否正确、直观、清晰地展现其魅力，渲染是必要的途径。3ds Max是一个全面性的三维软件，它的渲染模块能够清晰、完美地帮助制作人员完成作品的最终输出。渲染本身就是一门艺术，如果想把这门艺术表现好，就需要我们深入掌握3ds Max的各种渲染设置，以及相应渲染器的用法。

VRay渲染器是保加利亚的Chaos Group公司开发的一款高质量渲染引擎，主要以插件的形式应用在3ds Max、Maya、SketchUp等软件中。由于VRay渲染器可以真实地模拟现实光照，并且操作简单，可控性也很强，因此被广泛应用于建筑表现、工业设计和动画制作等领域。VRay的渲染速度与渲染质量比较均衡，也就是说在保证较高渲染质量的前提下也具有较快的渲染速度，所以它是目前最为流行的渲染器。

核心技术 全面解析

在一般情况下，VRay渲染的一般使用流程主要包含以下4个步骤。

第1步：创建摄影机以确定要表现的内容。

第2步：制作好场景中的材质。

第3步：设置测试渲染参数，然后逐步布置好场景中的灯光，并通过测试渲染确定效果。

第4步：设置最终渲染参数，然后渲染最终成品图。

本书第12章为VRay渲染器的内容。这部分内容详细介绍了VRay渲染器的每个重要技术，如全局开关、图像采样器、颜色贴图、环境、间接照明（GI）、DMC采样器和系统等。对于这部分内容，希望读者仔细地对书中实例进行练习，同时要对重要参数多加测试，并且还要仔细分析不同参数值所得到的渲染效果以及耗时对比。

实例名称	实战208 全局开关之隐藏灯光				
技术掌握	隐藏灯光选项的功能				
视频长度	00:02:06	难易指数	★☆☆☆☆	所在页	337

实例名称	实战209 全局开关之覆盖材质				
技术掌握	覆盖材质选项的功能				
视频长度	00:03:35	难易指数	★☆☆☆☆	所在页	338

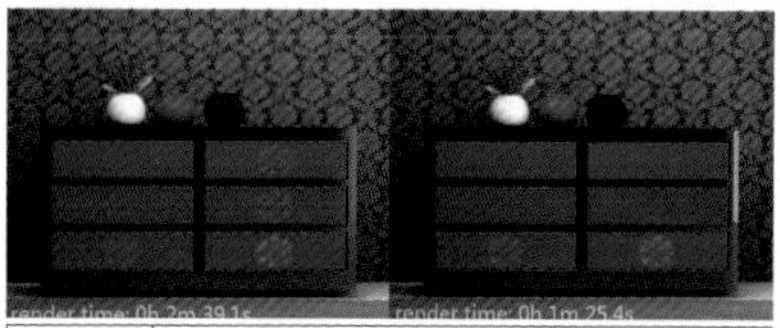

实例名称	实战210 全局开关之光泽效果				
技术掌握	光泽效果选项的功能				
视频长度	00:01:50	难易指数	★☆☆☆☆	所在页	339

实例名称	实战214 环境之全局照明环境（天光）覆盖				
技术掌握	全局照明环境（天光）覆盖的作用				
视频长度	00:02:00	难易指数	★☆☆☆☆	所在页	346

实例名称	实战215 环境之反射/折射环境覆盖				
技术掌握	反射/折射环境覆盖的作用				
视频长度	00:03:56	难易指数	★☆☆☆☆	所在页	347

实例名称	实战218 间接照明之灯光缓存				
技术掌握	灯光缓存的作用				
视频长度	00:02:15	难易指数	★☆☆☆☆	所在页	352

实例名称	实战219 间接照明之BF算法				
技术掌握	BF算法的作用				
视频长度	00:02:19	难易指数	★☆☆☆☆	所在页	353

实例名称	实战224 系统之渲染区域分割				
技术掌握	渲染区域分割的x/y参数的作用				
视频长度	00:04:10	难易指数	★☆☆☆☆	所在页	359

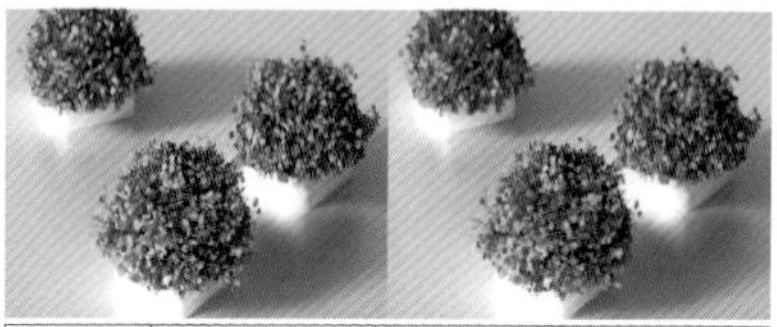

实例名称	实战225 系统之帧标记				
技术掌握	帧标记的作用				
视频长度	00:02:12	难易指数	★☆☆☆☆	所在页	360

实例名称	实战211 图像采样器之采样类型				
技术掌握	3种图像采样器的作用				
视频长度	00:08:34	难易指数	★★☆☆☆	所在页	340

实例名称	实战212 图像采样器之反锯齿类型				
技术掌握	常用反锯齿过滤器的作用				
视频长度	00:03:42	难易指数	★★☆☆☆	所在页	343

实例名称	实战213 颜色贴图				
技术掌握	用颜色贴图快速调整场景的曝光度				
视频长度	00:06:40	难易指数	★☆☆☆☆	所在页	344

实例名称	实战216 间接照明（GI）				
技术掌握	间接照明（GI）的作用				
视频长度	00:04:21	难易指数	★★☆☆☆	所在页	348

重点 VRay渲染精髓

实例名称	实战217 间接照明之发光图				
技术掌握	发光图的作用				
视频长度	00:04:48	难易指数	★★★☆☆	所在页	350

实例名称	实战220 DMC采样器之适应数量				
技术掌握	适应数量的作用				
视频长度	00:02:57	难易指数	★☆☆☆☆	所在页	354

实例名称	实战221 DMC采样器之噪波阈值				
技术掌握	噪波阈值的作用				
视频长度	00:02:18	难易指数	★☆☆☆☆	所在页	355

实例名称	实战222 DMC采样器之最小采样值				
技术掌握	最小采样值的作用				
视频长度	00:04:35	难易指数	★☆☆☆☆	所在页	356

重点 效果图制作综合实例

虽然前面已经详细介绍了灯光、材质和VRay渲染技术，但是并没有涉及整个项目的制作，因此在第13章和第14章中，以10个大型综合实例（5个家装实例、3个工装实例和2个建筑外观表现实例）详细介绍了家装空间、工装空间和室外建筑效果图的整个制作流程。这些实例都是经过精挑细选，非常具有代表性，且每个步骤都详细地讲解出来。读者在练习的过程中，不但要能按照书中所讲制作出来，还要明白为什么要这么做，这样才能在实际工作中面对不同的项目时也能快速找到、找准制作思路。

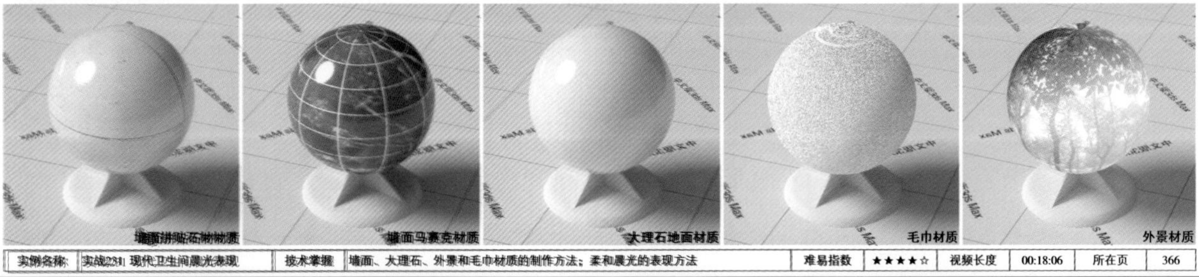

实例名称	实战231 现代卫生间晨光表现	技术掌握	墙面、大理石、外景和毛巾材质的制作方法；柔和晨光的表现方法	难易指数	★★★★☆	视频长度	00:18:06	所在页	366

壁纸材质

餐桌木纹材质

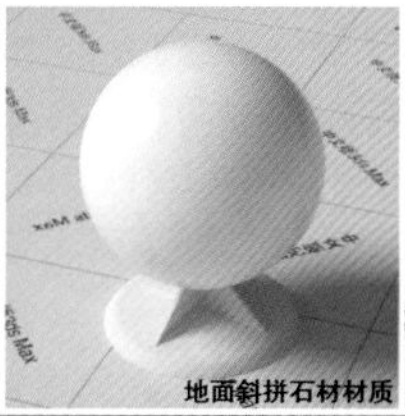
地面斜拼石材材质

地面波打线材质

青花瓷材质

抱枕材质

实例名称	实战232 中式餐厅日光表现	技术掌握	抱枕、波打线和青花瓷材质的制作方法；强烈日光的表现方法	难易指数	★★★★☆	视频长度	00:19:29	所在页	373

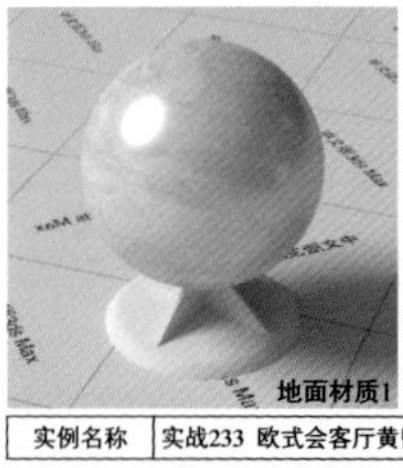
地面材质1

地面材质2

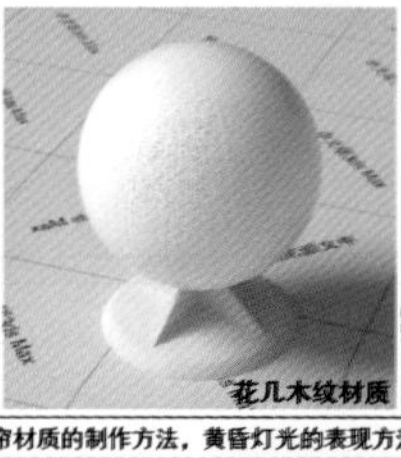
花几木纹材质

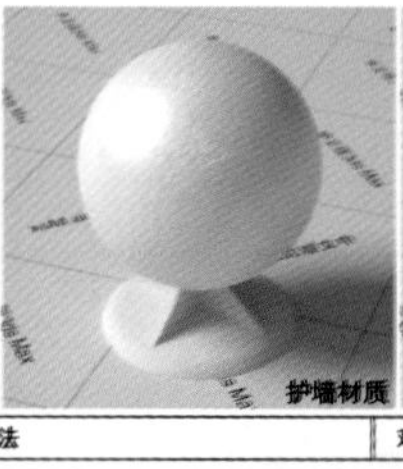
护墙材质

窗帘材质

储物柜材质

实例名称	实战233 欧式会客厅黄昏表现	技术掌握	护墙和窗帘材质的制作方法，黄昏灯光的表现方法	难易指数	★★★★☆	视频长度	00:19:39	所在页	380

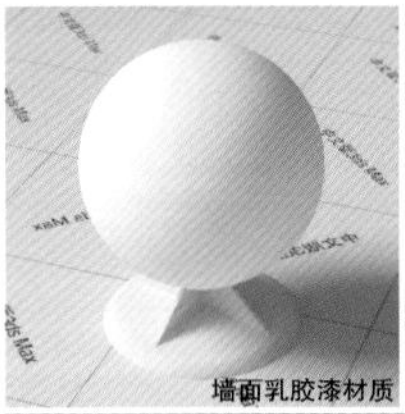
墙面乳胶漆材质

地板材质

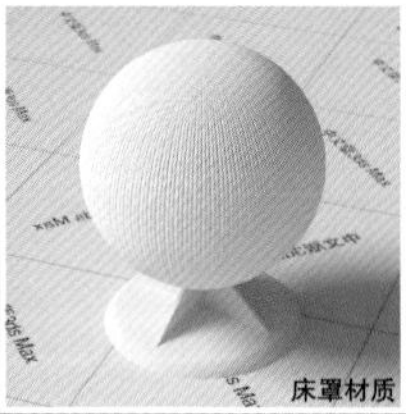
床罩材质

地毯材质

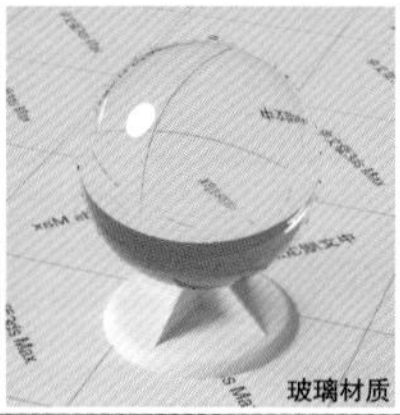
玻璃材质

户外木地板材质

实例名称	实战234 简约卧室月夜表现	技术掌握	乳胶漆、床罩、地毯和户外木地板材质的制作及月夜灯光的表现方法	难易指数	★★★★☆	视频长度	00:23:00	所在页	387

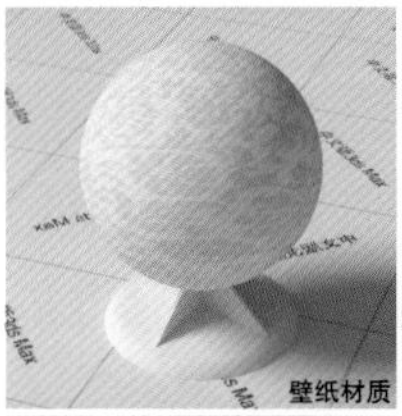
壁纸材质

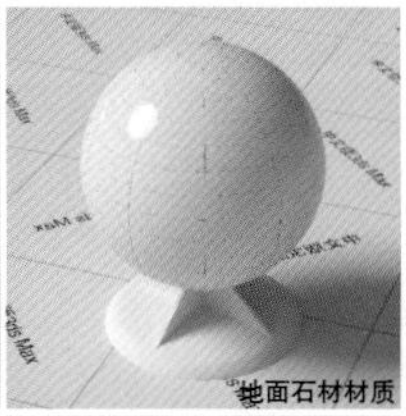
地面石材材质

餐桌木纹材质

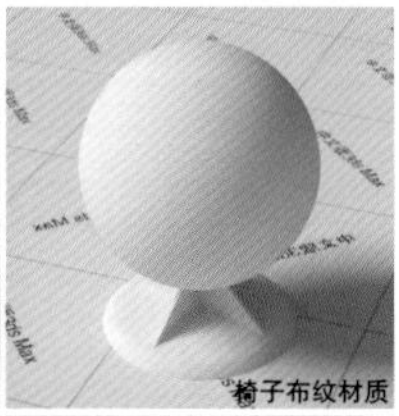
椅子布纹材质

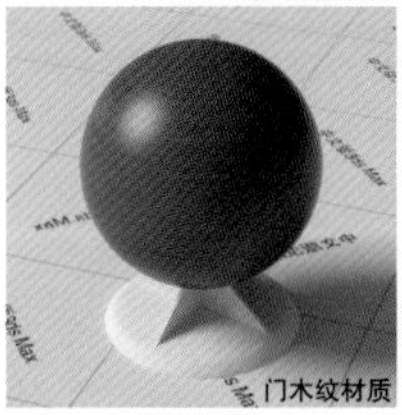
门木纹材质

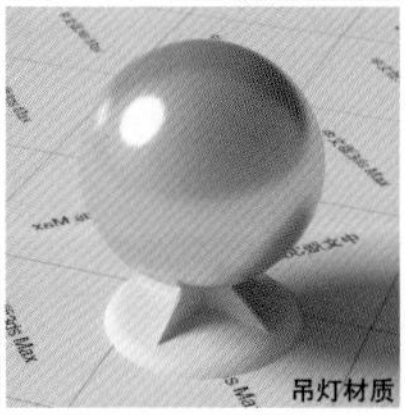
吊灯材质

桌布材质

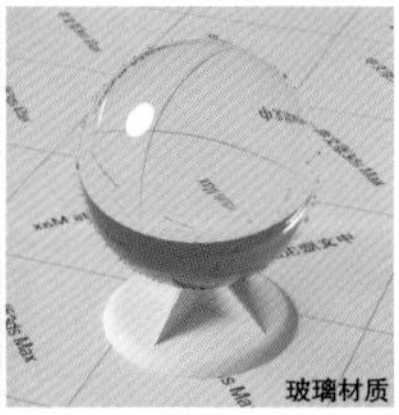
玻璃材质

实例名称	实战235 欧式餐厅夜景表现	技术掌握	石材、木纹、布纹、吊灯、桌布材质的制作及餐厅人工夜景灯光的表现方法	难易指数	★★★★☆	视频长度	00:20:36	所在页	395

效果图制作综合实例 重点

工装

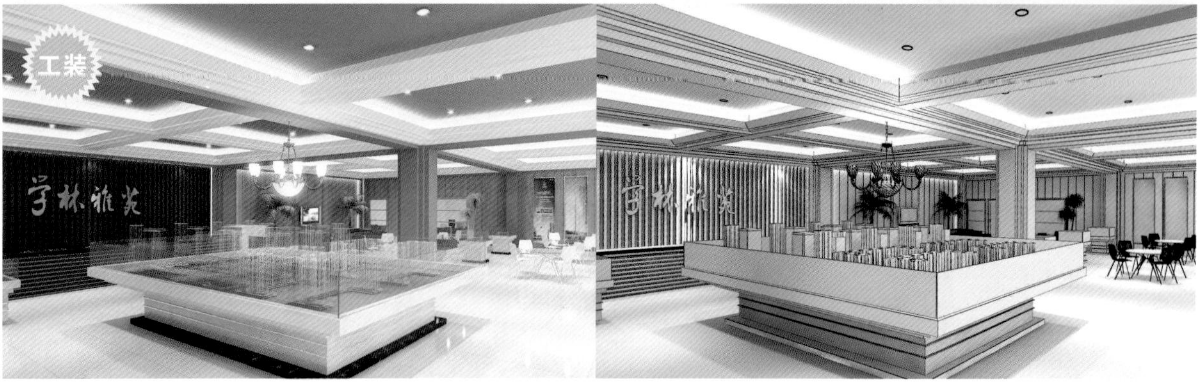

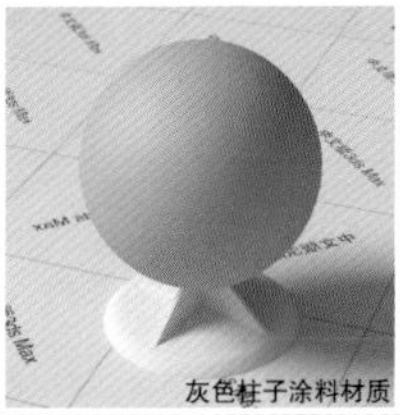

灰色柱子涂料材质

接待处背景木纹材质

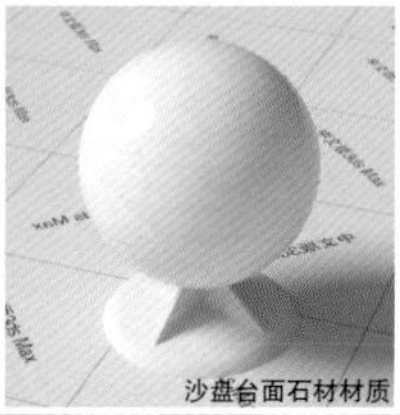

沙盘台面石材材质

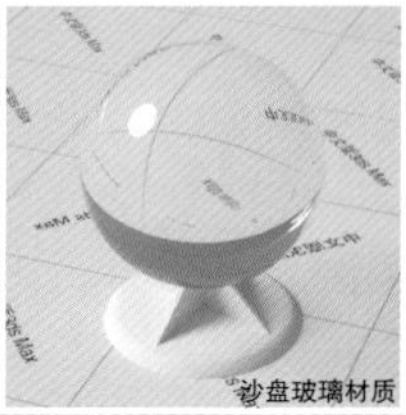

沙盘玻璃材质

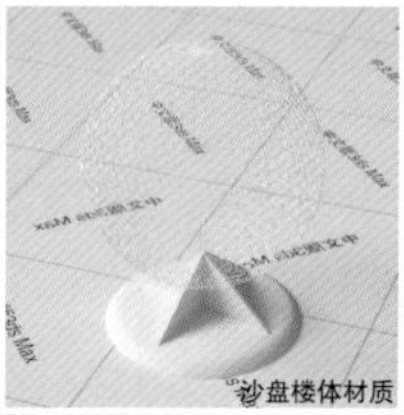

沙盘楼体材质

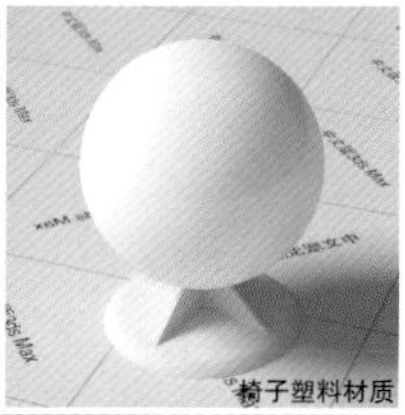

椅子塑料材质

实例名称	实战237 接待大厅日光表现	技术掌握	涂料、沙盘玻璃和沙盘楼梯材质的制作方法，大型公共空间日光的表现方法	难易指数	★★★★☆	视频长度	00:27:02	所在页	411

工装

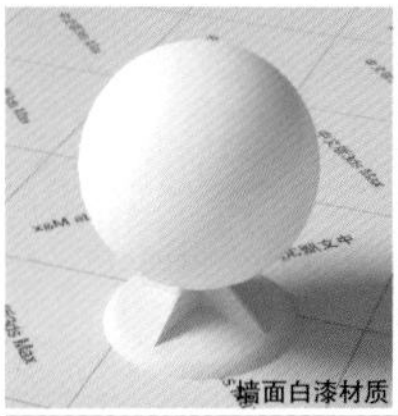

墙面白漆材质

地面木纹材质

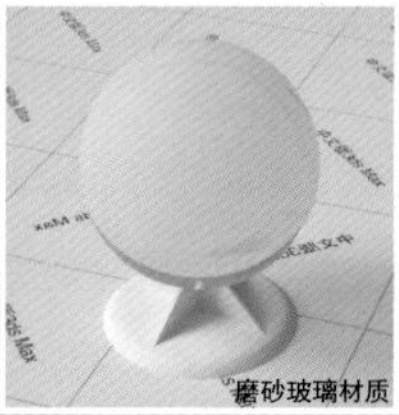

磨砂玻璃材质

吊顶木纹材质

书桌黑色面板材质

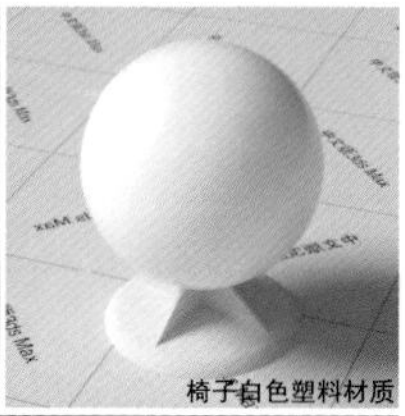

椅子白色塑料材质

实例名称	实战238 休闲室夜景表现	技术掌握	磨砂玻璃、书桌黑色面板和塑料材质的制作方法，晴朗月夜夜景灯光的表现方法	难易指数	★★★★☆	视频长度	00:23:50	所在页	420

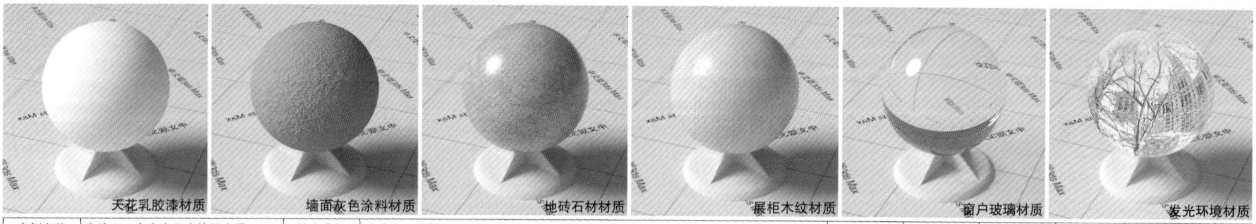

实例名称	实战236 专卖店日光效果表现	技术掌握	乳胶漆、涂料、发光环境材质的制作方法，日光效果的表现方法	难易指数	★★★★☆	视频长度	00:19:28	所在页	404

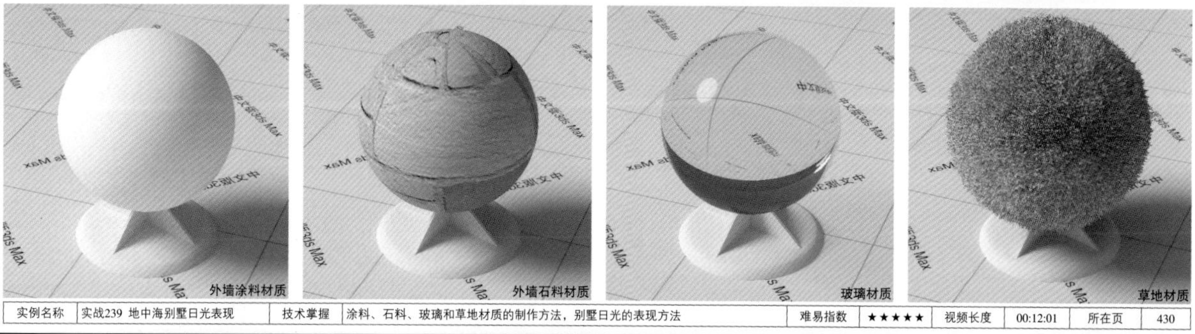

实例名称	实战239 地中海别墅日光表现	技术掌握	涂料、石料、玻璃和草地材质的制作方法，别墅日光的表现方法	难易指数	★★★★★	视频长度	00:12:01	所在页	430

效果图制作综合实例 重点

墙面石材材质

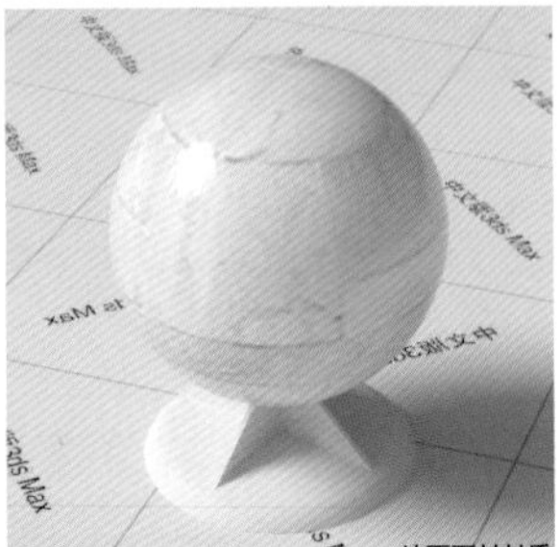

地面石材材质

地板木纹材质

池水材质

实例名称	实战240 现代别墅夜景表现	技术掌握	石材、木纹、木纹、池水材质的制作方法，别墅夜景灯光的表现方法	难易指数	★★★★★	视频长度	00:31:08	所在页	436

环境和效果技术

在3ds Max中，通过“环境和效果”功能，可以为渲染场景设置各种环境效果或制作各种特殊效果，这些效果是经过渲染计算产生的，通过它们可制作出真实的火焰、烟雾和光线效果。

本书第15章以10个实例详细介绍了环境和效果的常用功能，如环境贴图、全局照明、体积雾、体积光、火效果、雾效果、镜头效果、模糊效果、色彩平衡和胶片颗粒。相比于其他内容，这部分内容可以作为辅助运用，不要求加深理解。

实例名称	实战241 加载环境贴图				
技术掌握	加载室外环境贴图				
视频长度	00:01:55	难易指数	★☆☆☆☆	所在页	446

实例名称	实战242 全局照明				
技术掌握	调节全局照明的染色和级别				
视频长度	00:02:59	难易指数	★☆☆☆☆	所在页	447

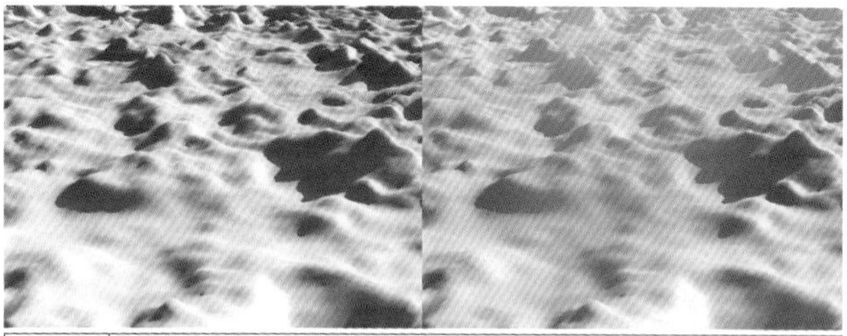

实例名称	实战243 体积雾效果				
技术掌握	用体积雾制作具有体积的雾效				
视频长度	00:02:11	难易指数	★☆☆☆☆	所在页	448

实例名称	实战244 雾效果				
技术掌握	用雾效果制作烟雾				
视频长度	00:01:30	难易指数	★★☆☆☆	所在页	448

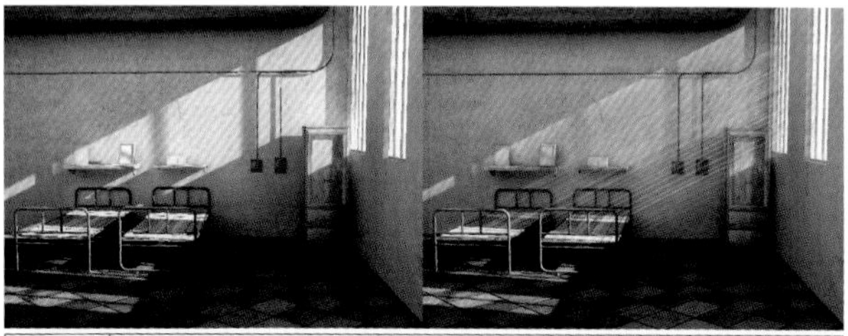

实例名称	实战245 体积光效果				
技术掌握	用体积光制作体积光				
视频长度	00:05:39	难易指数	★★★☆☆	所在页	449

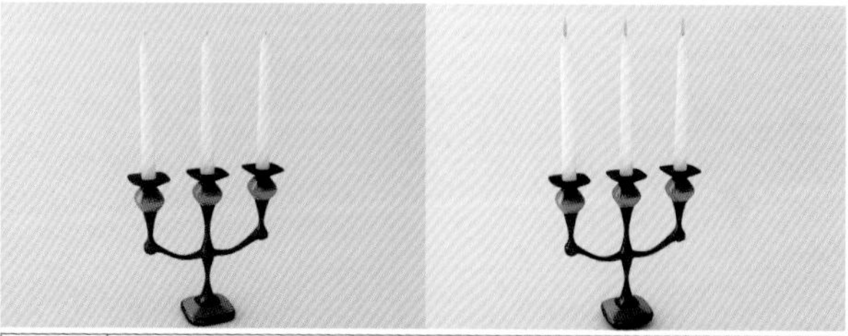

实例名称	实战246 火效果				
技术掌握	用火效果制作火焰				
视频长度	00:03:22	难易指数	★★☆☆☆	所在页	451

实例名称	实战247 镜头效果				
技术掌握	用镜头效果制作各种镜头特效				
视频长度	00:03:23	难易指数	★★★☆☆	所在页	452

实例名称	实战248 模糊效果				
技术掌握	用模糊效果制作模糊特效				
视频长度	00:03:02	难易指数	★★☆☆☆	所在页	454

实例名称	实战249 色彩平衡效果				
技术掌握	用色彩平衡效果调整场景的色调				
视频长度	00:01:41	难易指数	★☆☆☆☆	所在页	455

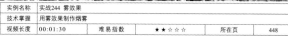

实例名称	实战250 胶片颗粒效果				
技术掌握	用胶片颗粒效果制作胶片颗粒特效				
视频长度	00:01:15	难易指数	★☆☆☆☆	所在页	456

粒子、空间扭曲与动力学技术 难点

3ds Max作为最出色的三维软件之一，拥有一套相当强大的动画制作系统，这就是“粒子系统”、“空间扭曲”和“动力学”。粒子系统可以用来控制密集对象群的运动效果，常用于制作云、雨、风、火、烟雾、暴风雪以及爆炸等动画特效；空间扭曲可以比喻为一种控制场景对象运动的无形力量，例如重力、风力和推力等；动力学系统常用于模拟真实的运动和碰撞，这是一个功能十分强大的模块，它支持刚体和软体动力学，能够使用OpenGL特性实时进行刚体和软体的碰撞计算，同时还可以模拟绳索、布料和液体等动画效果。注意，这3大技术并不是独立存在的，它们经常一起配合制作各种各样的动画效果。

本书第16章和第17章以25个实例详细介绍了粒子、空间扭曲与动力学3大技术，覆盖的动画范围很广，囊括文字动画、爆炸动画、拂尘动画、吹散动画、雨雪动画、烟雾动画、破碎动画、起伏波动动画、飞舞动画、散落动画、弹力动画和骨牌效应动画等。这部分内容属于全书的技术难点之一，读者务必勤加练习并仔细领会。

实例名称	实战251 制作影视包装文字动画				
技术掌握	用粒子流源制作影视动画				
视频长度	00:02:33	难易指数	★★☆☆☆	所在页	458

实例名称	实战252 制作烟花爆炸动画				
技术掌握	用粒子流源制作爆炸动				
视频长度	00:05:50	难易指数	★★☆☆☆	所在页	462

实例名称	实战253 制作放箭动画				
技术掌握	用粒子流源制作放箭动画				
视频长度	00:04:56	难易指数	★★☆☆☆	所在页	464

实例名称	实战254 制作拂尘动画				
技术掌握	用粒子流源制作拂动动画				
视频长度	00:05:39	难易指数	★★★☆☆	所在页	466

实例名称	实战255 制作粒子吹散动画				
技术掌握	用粒子流源制作粒子吹散动画				
视频长度	00:04:33	难易指数	★★★☆☆	所在页	467

实例名称	实战256 制作下雨动画				
技术掌握	用喷射粒子模拟下雨动画				
视频长度	00:01:20	难易指数	★☆☆☆☆	所在页	470

实例名称	实战257 制作雪花飘落动画				
技术掌握	用雪粒子模拟下雪动画				
视频长度	00:01:53	难易指数	★☆☆☆☆	所在页	470

实例名称	实战258 制作烟雾动画				
技术掌握	用超级喷射粒子模拟烟雾动画				
视频长度	00:05:31	难易指数	★★★☆☆	所在页	471

实例名称	实战259 制作喷泉动画				
技术掌握	用超级喷射粒子模拟喷泉动画				
视频长度	00:03:56	难易指数	★★★☆☆	所在页	472

实例名称	实战260 制作花瓶破碎动画				
技术掌握	用粒子阵列粒子模拟破碎动画				
视频长度	00:05:16	难易指数	★★★☆☆	所在页	474

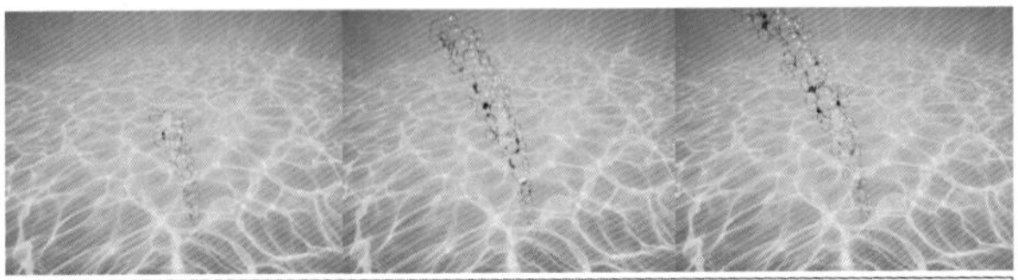

实例名称	实战261 制作冒泡泡动画				
技术掌握	用超级喷射粒子配合推力模拟冒泡泡动画				
视频长度	00:05:33	难易指数	★★☆☆☆	所在页	475

实例名称	实战262 制作海面波动动画				
技术掌握	用粒子阵列配合风力模拟波动动画				
视频长度	00:05:29	难易指数	★★★☆☆	所在页	476

难点 粒子、空间扭曲与动力学技术

实例名称	实战263 制作蝴蝶飞舞动画				
技术掌握	用超级喷射粒子配合漩涡力制作蝴蝶飞舞动画				
视频长度	00:03:50	难易指数	★★☆☆☆	所在页	477

实例名称	实战264 制作树叶上旋动画				
技术掌握	用超级喷射配合路径跟随制作树叶上旋动画				
视频长度	00:04:13	难易指数	★★☆☆☆	所在页	479

实例名称	实战265 制作汽车爆炸动画				
技术掌握	用爆炸变形模拟爆炸动画				
视频长度	00:02:46	难易指数	★★☆☆☆	所在页	480

实例名称	实战266 制作硬币散落动画				
技术掌握	将选定项设置为动力学刚体工具、将选定项设置为静态刚体工具				
视频长度	00:02:02	难易指数	★☆☆☆☆	所在页	482

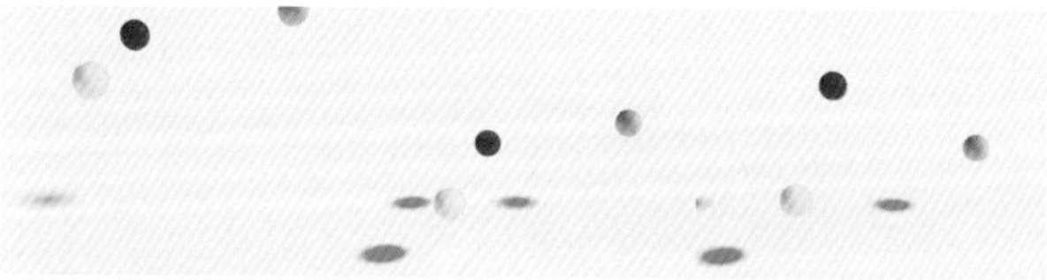

实例名称	实战267 制作弹力球动画				
技术掌握	将选定项设置为动力学刚体工具、将选定项设置为静态刚体工具				
视频长度	00:02:19	难易指数	★☆☆☆☆	所在页	483

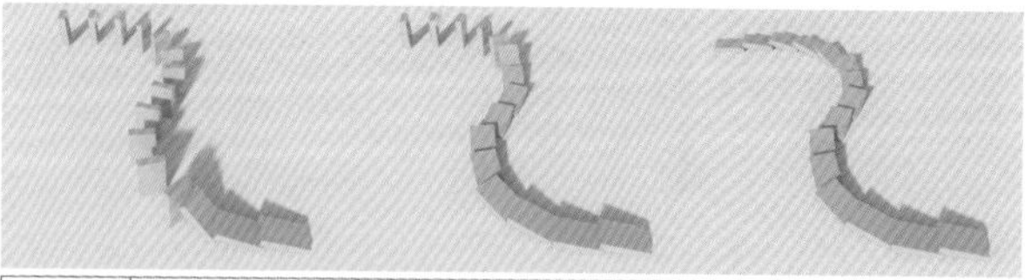

实例名称	实战268 制作多米诺骨牌动画				
技术掌握	将选定项设置为动力学刚体工具、将选定项设置为静态刚体工具				
视频长度	00:02:26	难易指数	★☆☆☆☆	所在页	485

实例名称	实战269 制作茶壶下落动画				
技术掌握	将选定项设置为动力学刚体工具、将选定项设置为静态刚体工具				
视频长度	00:02:01	难易指数	★☆☆☆☆	所在页	486

实例名称	实战270 制作球体撞墙动画				
技术掌握	将选定项设置为动力学刚体工具、将选定项设置为运动学刚体工具				
视频长度	00:02:37	难易指数	★★☆☆☆	所在页	487

实例名称	实战271 制作汽车碰撞动画				
技术掌握	将选定项设置为运动学刚体工具、动力学刚体工具、静态刚体工具				
视频长度	00:03:18	难易指数	★★☆☆☆	所在页	488

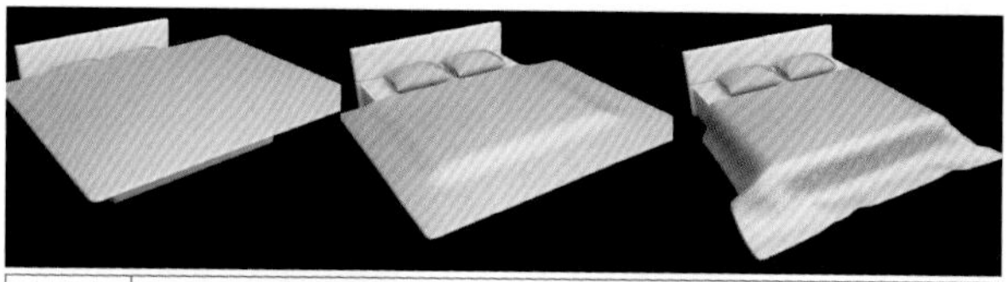

实例名称	实战272 制作床盖下落动画				
技术掌握	用Cloth（布料）修改器制作床盖				
视频长度	00:02:19	难易指数	★★☆☆☆	所在页	490

实例名称	实战273 制作布料下落动画				
技术掌握	用Cloth（布料）修改器制作布料				
视频长度	00:02:22	难易指数	★★☆☆☆	所在页	491

实例名称	实战274 制作毛巾悬挂动画				
技术掌握	用Cloth（布料）修改器制作毛巾				
视频长度	00:01:55	难易指数	★★☆☆☆	所在页	492

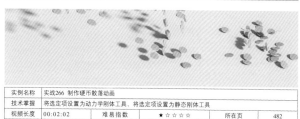

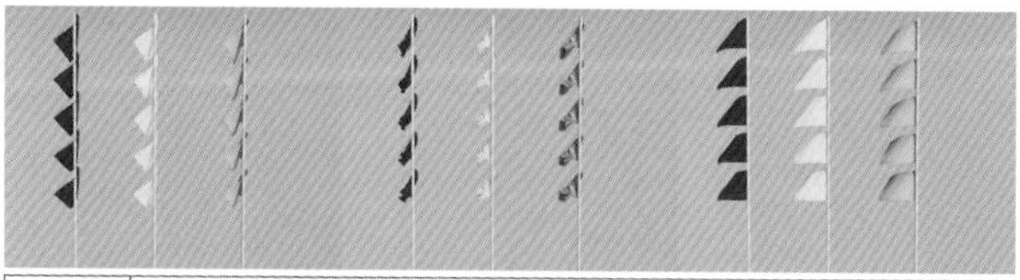

实例名称	实战275 制作旗帜飘扬动画				
技术掌握	用风力配合Cloth（布料）修改器制作飘扬动画				
视频长度	00:02:50	难易指数	★★☆☆☆	所在页	493

至此，本书25个粒子、空间扭曲与动力学实例全部展示完成，这部分内容属于本书的难点，但只要掌握好了制作方法，灵活运用，便能举一反三制作出类似的动画特效。

毛发技术

毛发在静帧和角色动画制作中非常重要，同时也是动画制作中最难模拟的。在3ds Max中，制作毛发主要用Hair和Fur（WSM）[头发和毛发（WSM）]修改器以及“VRay毛皮”工具进行制作。Hair和Fur（WSM）修改器是毛发系统的核心，该修改器可以应用在要生长毛发的任何对象上（包括网格对象和样条线对象），如果是网格对象，毛发将从整个曲面上生长出来，如果是样条线对象，毛发将在样条线之间生长出来；VRay毛皮是VRay渲染器自带的一种毛发制作工具，经常用来制作地毯、草地和毛制品等。

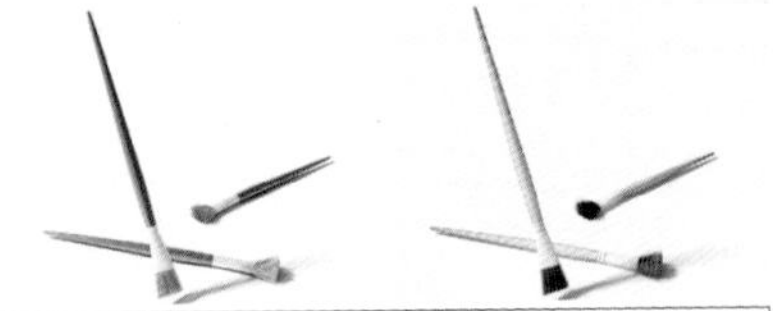

实例名称	实战276 制作油画笔					
技术掌握	用Hair和Fur（WSN）修改器在特定部位制作毛发					
视频长度	00:02:41	难易指数	★★☆☆☆	所在页	496	

实例名称	实战277 制作仙人球					
技术掌握	用Hair和Fur（WSN）修改器制作几何体毛发					
视频长度	00:02:53	难易指数	★★☆☆☆	所在页	497	

实例名称	实战278 制作海葵					
技术掌握	用Hair和Fur（WSN）修改器制作实例节点毛发					
视频长度	00:06:50	难易指数	★★★☆☆	所在页	499	

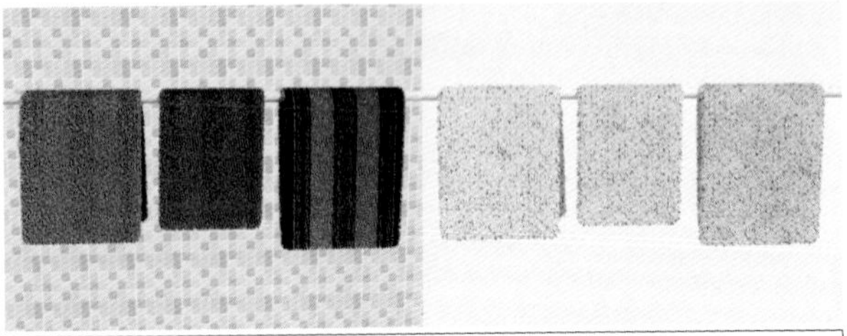

实例名称	实战279 制作毛巾					
技术掌握	用VRay毛皮制作毛巾					
视频长度	00:02:11	难易指数	★☆☆☆☆	所在页	502	

实例名称	实战280 制作草地					
技术掌握	用VRay毛皮制作草地					
视频长度	00:02:40	难易指数	★☆☆☆☆	所在页	504	

动画技术 难点

动画是基于人的视觉原理创建运动图像。在一定时间内连续快速观看一系列相关联的静止画面时，会感觉成连续动作，每个单幅画面被称为“帧”。在3ds Max中创建动画，需要创建记录每个动画序列起始和结束的关键帧，这些关键帧被称为“关键点”，关键帧之间的插值由软件自动计算完成。3ds Max作为世界上最优秀的三维软件之一，为用户提供了一套非常强大的动画系统，包括基本动画系统和角色动画系统。无论采用哪种方法制作动画，都需要动画师对角色或物体的运动有细致的观察和深刻的体会，抓住了运动的“灵魂”才能制作出生动逼真的动画作品。

本书第19章和第20章分别介绍了3ds Max的基础动画与高级动画，这部分内容包含20个实例，属于本书的重点，同时也是难点，内容覆盖面也比较广，包含旋转动画、扭曲动画、飞舞动画、游动动画、漫游动画、发光动画、眼神动画、表情动画、变形动画、生长动画、爬行动画、行走动画、打斗动画和群集动画等。在讲解动画内容时，我们尽量做到全面、细致，让读者参照书中所讲便能制作出相应的动画。

实例名称	实战281 制作风车旋转动画					
技术掌握	用自动关键点制作旋转动画					
视频长度	00:01:48	难易指数	★☆☆☆☆	所在页	506	

实例名称	实战282 制作茶壶扭曲动画					
技术掌握	用自动关键点制作扭曲动画					
视频长度	00:01:44	难易指数	★★☆☆☆	所在页	507	

实例名称	实战283 制作蝴蝶飞舞动画					
技术掌握	结合自动关键点与曲线编辑器制作动画					
视频长度	00:04:48	难易指数	★★☆☆☆	所在页	508	

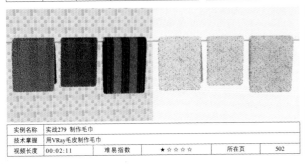

实例名称	实战284 制作金鱼游动动画					
技术掌握	用路径约束制作游动动画					
视频长度	00:01:48	难易指数	★★☆☆☆	所在页	509	

实例名称	实战285 制作摄影机动画				
技术掌握	用路径约束制作摄影机动画（建筑漫游动画）				
视频长度	00:02:57	难易指数	★★☆☆☆	所在页	510

实例名称	实战286 制作星形发光圈动画				
技术掌握	用路径约束制作粒子发光动画特效				
视频长度	00:03:39	难易指数	★★☆☆☆	所在页	511

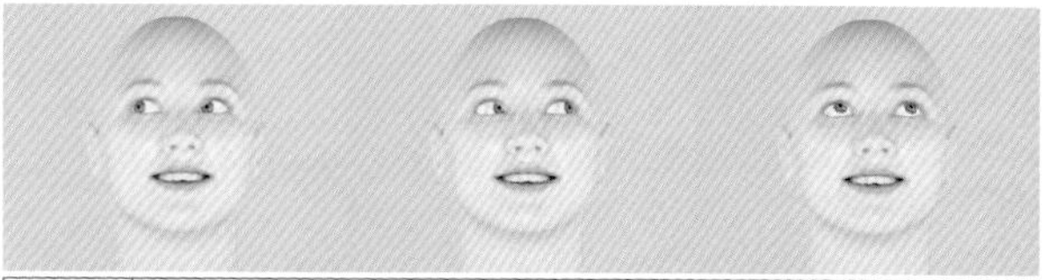

实例名称	实战287 制作人物眼神动画				
技术掌握	用点辅助对象配合注视约束制作眼神动画				
视频长度	00:02:05	难易指数	★★☆☆☆	所在页	512

实例名称	实战288 制作露珠变形动画				
技术掌握	用变形器修改器制作变形动画				
视频长度	00:02:34	难易指数	★★☆☆☆	所在页	513

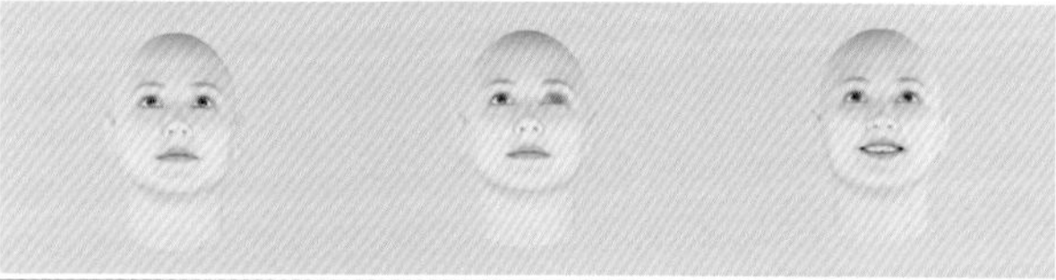

实例名称	实战289 制作人物面部表情动画				
技术掌握	用变形器修改器制作表情动画				
视频长度	00:03:56	难易指数	★★★☆☆	所在页	514

实例名称	实战290 制作植物生长动画				
技术掌握	用路径变形（WSM）修改器制作生长动画				
视频长度	00:03:25	难易指数	★★★☆☆	所在页	515

实例名称	实战291 创建骨骼				
技术掌握	骨骼工具、IK肢体解算器				
视频长度	00:04:13	难易指数	★☆☆☆☆	所在页	518

实例名称	实战292 制作爬行动画				
技术掌握	用样条线IK解算器制作爬行动画				
视频长度	00:01:28	难易指数	★★☆☆☆	所在页	521

实例名称	实战293 制作人物打斗动画	技术掌握	用蒙皮修改器为人物蒙皮；用Bip动作库制作打斗动画	难易指数	★★★☆☆	视频长度	00:02:02	所在页	522

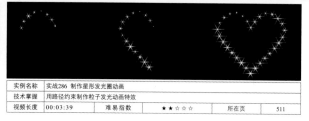

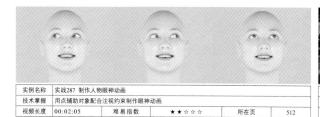

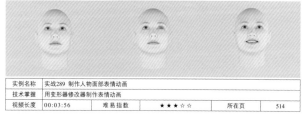

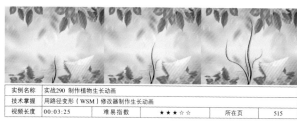

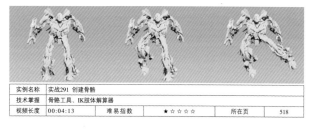

实例名称	实战294 制作人体行走动画	技术掌握	用Biped制作行走动画	难易指数	★★★☆☆	视频长度	00:03:36	所在页	523

实例名称	实战295 制作搬箱子动画	技术掌握	用Bip动作库制作动画	难易指数	★★☆☆☆	视频长度	00:02:50	所在页	525

实例名称	实战296 制作动物行走动画	技术掌握	用CATParent辅助对象制作行走动画	难易指数	★★★☆☆	视频长度	00:02:00	所在页	526

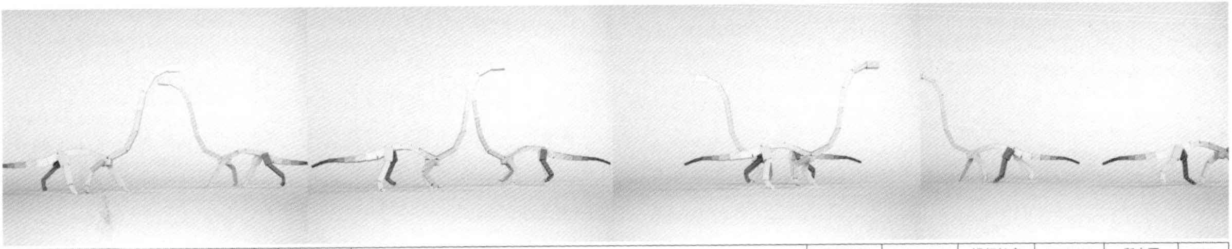

实例名称	实战297 制作恐龙动画	技术掌握	用CATParent辅助对象制作行走动画	难易指数	★★★☆☆	视频长度	00:05:23	所在页	527

实例名称	实战298 制作飞龙爬树动画	技术掌握	用CATParent创建骨骼；用蒙皮修改器为角色蒙皮；用路径约束制作约束动画	难易指数	★★★★☆	视频长度	00:02:33	所在页	530

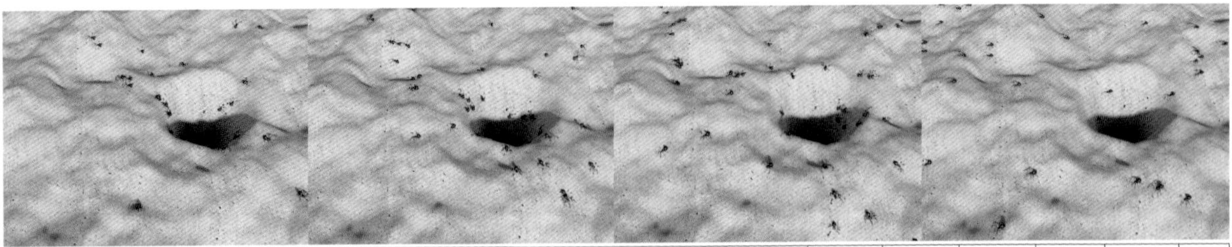

实例名称	实战299 制作群集动画	技术掌握	用群组和代理辅助对象制作群集动画	难易指数	★★★★☆	视频长度	00:06:55	所在页	533

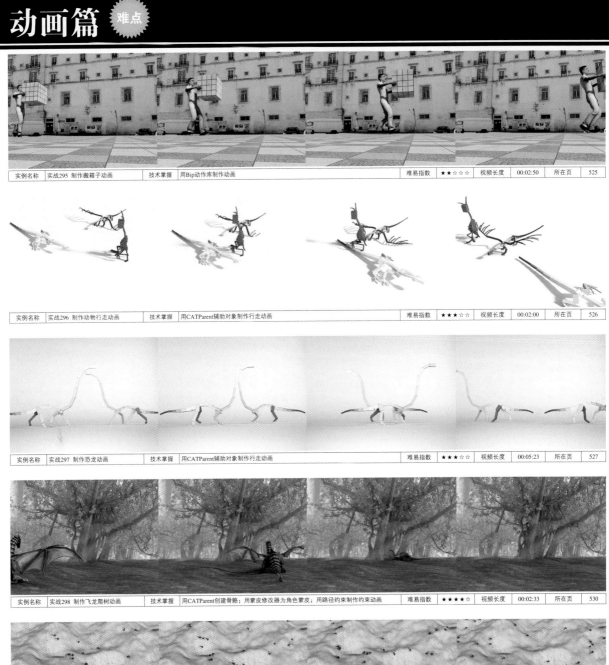

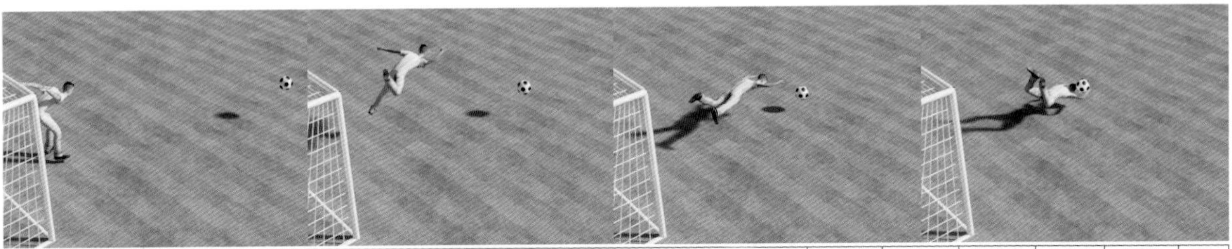

实例名称	实战300 制作守门员扑球动画	技术掌握	用Biped创建骨骼，用蒙皮修改器蒙皮，用Bip动作库制作扑球动画	难易指数	★★★★★	视频长度	00:05:50	所在页	536

中文版 3ds Max 2013

实例教程

时代印象 TIMES IMPRESSION ◎ 编著

人 民 邮 电 出 版 社
北 京

图书在版编目（CIP）数据

中文版3ds Max 2013实例教程 / 时代印象编著. -- 北京 : 人民邮电出版社, 2014.1
ISBN 978-7-115-32993-6

Ⅰ. ①中… Ⅱ. ①时… Ⅲ. ①三维动画软件—教材 Ⅳ. ①TP391.41

中国版本图书馆CIP数据核字(2013)第251651号

内容提要

这是一本全面介绍中文版3ds Max 2013各项功能的书。本书从易到难，是入门级读者快速而全面地掌握中文版3ds Max 2013的必备参考书。

本书从3ds Max 2013的基本操作入手，共20章，结合300个可操作性实例（60个软件基础操作实例+85个建模实例+30个灯光设置实例+5个摄影机设置实例+25个材质设置实例+25个VRay渲染器入门实例+10个效果图制作综合实例+10个环境和效果实例+25个粒子、空间扭曲和动力学动画实例+5个毛发实例+20个动画实例），全面而深入地阐述了中文版3ds Max 2013在建模、灯光、摄影机、材质、渲染、粒子、空间扭曲、动力学和动画方面的运用。

本书讲解模式新颖、思路清晰，非常符合读者学习新知识的思维习惯。书中附带1张DVD教学光盘，内容包含本书所有实例的源文件、场景文件、贴图文件和多媒体教学录像，以及赠送的500套常用单体模型和180个高动态HDRI贴图。另外，本书还为读者精心准备了中文版3ds Max 2013的快捷键索引和效果图制作实用附录（内容包括常用物体折射率、常用家具尺寸和室内物体常用尺寸），以方便读者学习。

本书非常适合作为初、中级读者学习3ds Max 2013的入门及提高参考书，尤其适合零基础读者学习。同时，本书也非常适合作为院校和培训机构艺术专业课程的教材。另外请读者注意，本书所有内容均采用中文版3ds Max 2013、VRay 2.0进行编写。

◆ 编　　著　时代印象
责任编辑　孟飞飞
责任印制　方　航

◆ 人民邮电出版社出版发行　　北京市丰台区成寿寺路 11 号
邮编　100164　　电子邮件　315@ptpress.com.cn
网址　http://www.ptpress.com.cn
北京中新伟业印刷有限公司印刷

◆ 开本：787×1092　1/16
印张：34　　彩插：12
字数：1108 千字　　2014 年 1 月第 1 版
印数：1 – 4 000 册　　2014 年 1 月北京第 1 次印刷

定价：69.00 元（附光盘）

读者服务热线：(010)81055410　印装质量热线：(010)81055316
反盗版热线：(010)81055315
广告经营许可证：京崇工商广字第 0021 号

策划/编辑

总编 | 刘有良

策划编辑 | 王祥 刘有良

执行编辑 | 王祥

校对编辑 | 李俊杰

美术编辑 | 夏诗瑶 李梅霞

版面编辑 | 谢刚

多媒体编辑 | 李俊杰

关于3ds Max

Autodesk的3ds Max作为世界顶级的三维软件之一，从诞生以来就一直受到CG艺术家的喜爱。3ds Max在模型塑造、场景渲染、动画及特效等方面都能制作出高品质的对象，这也使其在室内设计、建筑表现、影视与游戏制作等领域中占据领导地位，成为全球最受欢迎的三维制作软件之一。

本书内容

全书从实用角度出发，全面、系统地讲解了中文版3ds Max 2013的所有应用功能，基本上涵盖了中文版3ds Max 2013的全部重要技术，包含3ds Max的常用设置、基本操作、建模、灯光、摄影机、材质与贴图、VRay渲染技术、环境和效果、粒子系统与空间扭曲、动力学、基础动画和高级动画（角色动画）。本书不讲晦涩难懂的理论知识，全部以实例（共300个实例）形式进行讲解，避免读者被密集的理论轰炸。

本书共20章，第1~2章以60个实例详细介绍了3ds Max 2013的常用设置与基本操作；第3~8章以85个实例分别介绍了内置几何体建模、修改器建模、网格建模、NURBS建模和多边形建模的思路及相关技巧；第9~11章以60个实例分别介绍各种常见空间内的灯光、摄影机与材质的设置方法及相关技巧；第12章以25个入门级实例介绍了VRay渲染器的各项重要技术；第13~14章以10个大型空间详细介绍了VRay渲染器在家装、工装和建筑外观表现中的运用；第15章以10个实例介绍了环境和效果在各种空间内的运用；第16~17章以25个实例介绍了粒子动画和动力学动画的制作方法；第18章以5个实例介绍了毛发的制作方法；第19~20章以20个实例介绍了常见动画的制作方法。

本书特色

本书在同类书中别具一格，新颖独特，非常符合读者学习新知识的思维习惯，简单介绍如下。

■ **完全自学**：本书设计了300个实例，从最基础的设置与操作入手，由浅入深、由易到难，可以让读者循序渐进地学到3ds Max的重要技术及相关操作技巧，同时掌握行业内的相关知识。

■ **技术手册**：本书在以实例介绍软件技术和项目制作的同时，并没有放弃对常见疑点和技术难点的深入解析。几乎每章都根据实际情况设计了“技巧与提示”和“技术专题”，不仅可以让读者充分掌握该版块中所讲的知识，还可以让读者在实际工作中遇到类似问题时不再犯相同的错误。以书中的“技术专题：追踪场景资源”为例，很多时候在打开一个场景时往往会提示缺少贴图和光域网文件，初学者可能会在“材质编辑器”对话框和灯光设置的相应面板中一个个重新链接，这样就浪费了太多的宝贵时间，而如果掌握了链接缺失文件的技巧，就可以快速链接好缺失文件。

■ **速查手册**：在实际工作中，拿到一个项目以后，往往会先交给模型师制作模型，比如要创建一个欧式台灯模型，而这个模型师恰好又刚入行不久，因此在看到图样时往往会无从下手，这时就可以查阅书中相应的实例（在目录和彩插中均可方便查到），寻找制作思路与灵感。

■ **专业指导**：除去60个3ds Max常用设置和基本操作实例，其他240个实例全部是根据实际工作中最常遇到的项目进行安排的。以建模的85个实例为例，这些实例全部是根据市场调研，以当前最流行的室内装修建模（如桌、椅、沙发、灯饰、床、柜等）和精致软装物品（如窗帘、工艺品等）为主，同时穿插一些建筑外观建模，让读者真正学到该学的专业知识。

■ **名师讲解**：本书由专门从事3ds Max培训的名师编写而成，每个实例都有详细的制作过程，同时还配有专业的多媒体视频教学（本书视频教学不仅录制了书中实例的操作过程，还在其中穿插了很多书中未涉及的专业知识），就像一位专业老师在一旁指导一样。

培训指导

为了方便培训老师在教学时有的放矢，可以参照如下表格来对各部分内容进行详讲或略讲。

章节	难易指数	详讲/略讲
第1章 熟悉3ds Max 2013的界面与文件管理	低	详讲
第2章 掌握3ds Max2013的基本操作	低	详讲
第3章 内置几何体建模	低	详讲
第4章 样条线建模	中	详讲
第5章 修改器建模	中	详讲
第6章 网格建模	低	略讲
第7章 NURBS建模	低	略讲
第8章 多边形建模	中	详讲
第9章 室内外灯光应用	中	详讲
第10章 摄影机应用	低	详讲
第11章 材质与贴图应用	中	详讲
第12章 VRay渲染器快速入门	中	详讲
第13章 家装空间表现技法	高	详讲
第14章 公共空间及建筑表现	高	详讲
第15章 环境和效果	低	略讲
第16章 粒子系统与空间扭曲	中	详讲
第17章 动力学	中	详讲
第18章 毛发系统	低	略讲
第19章 基础动画	中	详讲
第20章 高级动画	高	详讲

光盘内容

本书附带1张DVD9教学光盘，内容包括本书所有实例的源文件、场景文件、贴图文件与多媒体教学录像，同时我们还准备了500套常用单体模型和180个高动态HDRI贴图赠送读者，读者在学完本书内容以后，可以调用这些资源进行深入练习。另外，我们还为读者精心准备了中文版3ds Max 2013 快捷键索引和效果图制作实用附录，以方便读者学习。

售后服务

在学习技术的过程中会碰到一些难解的问题，我们衷心地希望能够为广大读者提供力所能及的阅读服务，尽可能地帮大家解决一些实际问题。如果大家在学习过程中需要我们的支持，请通过以下方式与我们取得联系，我们将尽力解答。

客服/投稿QQ：996671731

客服邮箱：iTimes@126.com

祝您在学习的道路上百尺竿头，更进一步！

时代印象

2013年10月

目 录

第1章
熟悉3ds Max 2013的界面与文件管理

本章学习要点：

3ds Max 2013的界面操作

3ds Max 2013的视图操作

3ds Max 2013的快捷键操作

3ds Max 2013场景文件的基本操作

实战001 启动3ds Max 2013

场景位置	无
实例位置	无
视频位置	DVD>多媒体教学>CH01>实战001.flv
难易指数	★☆☆☆☆
技术掌握	掌握启动3ds Max 2013的两种方法

实例介绍

安装好3ds Max 2013后，可以通过以下两种方法启动3ds Max 2013。

操作步骤

第1种方法很简单，直接双击桌面上的快捷图标即可。

下面介绍第2种方法。

01 执行“开始>所有程序>Autodesk>Autodesk 3ds Max 2013 32-bit>Languages>Autodesk 3ds Max 2013 32-bit-Simplified Chinese”命令，如图1-1所示。

图1-1

技巧与提示

3ds Max 2013分为两个独立版本，一个是面向大众的3ds Max 2013；另一个是专门为建筑师、设计师以及可视化设计而量身定制的3ds Max Design 2013。对于大多数用户而言，这两个版本的功能是相同的。本书均采用大众版本3ds Max 2013进行编写。此外，3ds Max 2013同时安装了多种语言版本，在本书中根据使用习惯选择了Simplified Chinese（简体中文版）。

02 在启动3ds Max 2013的过程中，可以观察到3ds Max 2013的启动画面，如图1-2所示，此时将自动加载软件必需的文件。

图1-2

03 在默认设置下，启动完成后首先弹出“欢迎使用 3ds Max”对话框，此时单击右下角的“关闭”按钮 关闭 即可，如图1-3所示。

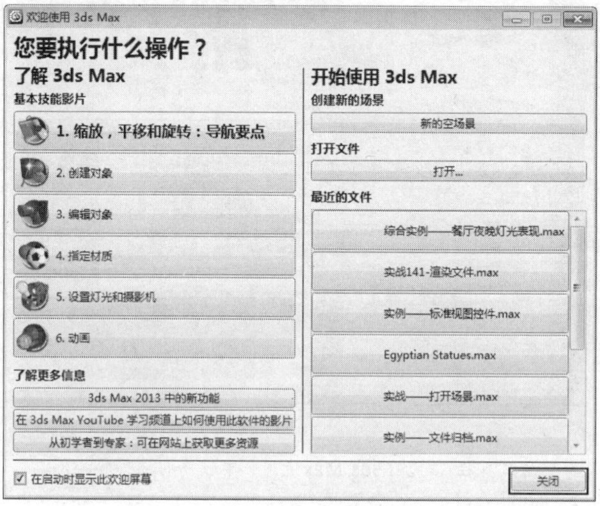

图1-3

04 关闭“欢迎使用3ds Max”对话框后将进入3ds Max 2013的工作界面，如图1-4所示。在默认情况下进入3ds Max 2013后的用户界面是黑色的，但在实际工作中一般不用黑色界面，而是用灰色界面，如图1-5所示。执行“自定义>加载自定义用户界面方案”菜单命令，然后在弹出的“加载自定义用户界面方案”对话框中选择3ds Max 2013安装路径下的UI（一般路径为C:\Program Files\Autodesk\3ds Max 2013\zh-CN\UI）文件夹中的界面方案，一般选择ame-light.ui界面方案，如图1-6所示，再单击“打开”按钮 打开(O) 。

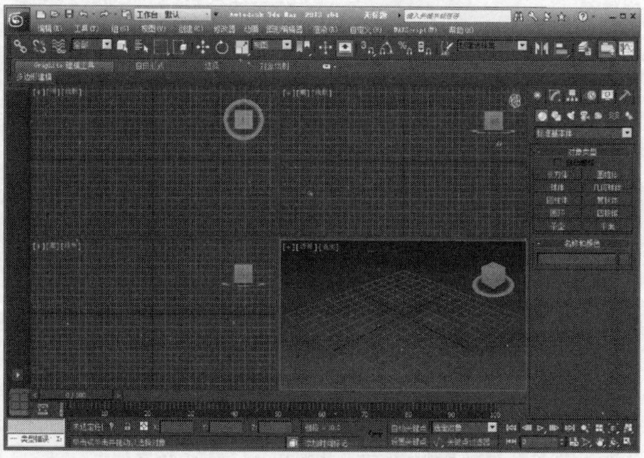

图1-4

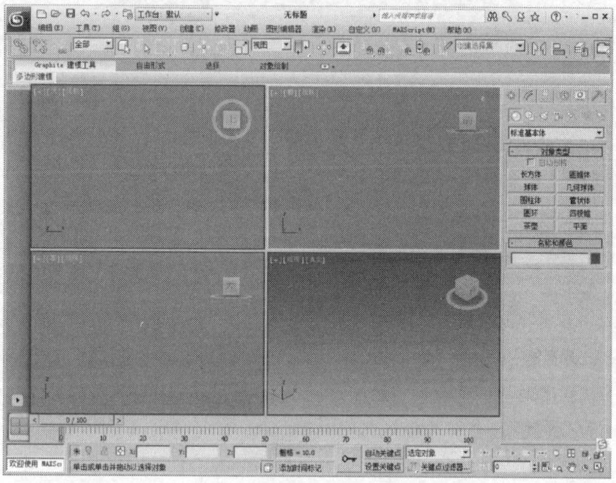

图1-5

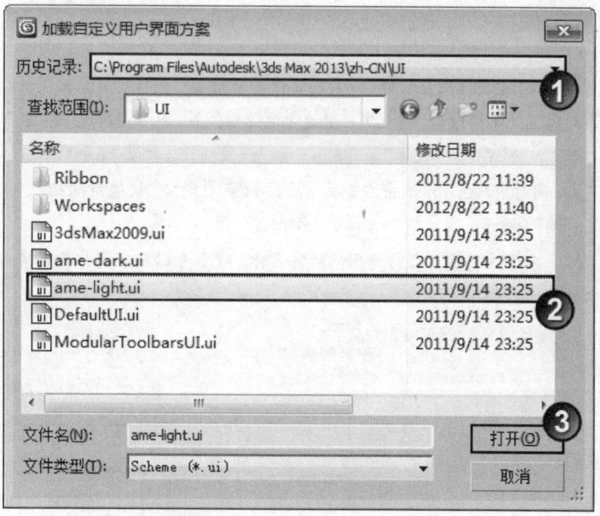

图1-6

技术专题 01 认识3ds Max 2013的工作界面

3ds Max 2013的用户界面主要由“应用程序”按钮、“快速访问栏”、“工作台切换”、“标题栏”、“信息中心”、“菜单栏”、“主工具栏”、“命令”面板、“工具集”选项卡、“绘图区”、“视口布局”选项卡、“轨迹栏”、“视口导航控制”按钮、“MaxScript迷你侦听器”、“状态栏与提示行”以及“动画及时间控制”按钮16个板块构成，如图1-7所示。

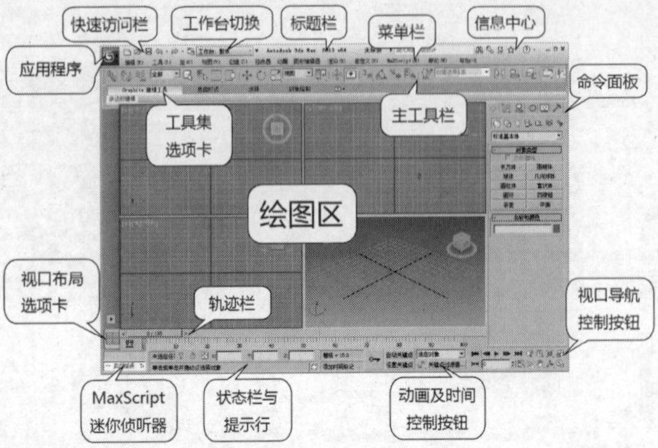

图1-7

应用程序：单击“应用程序”图标会弹出一个用于管理场景位置的下拉菜单。这个菜单与之前版本的“文件”菜单类似，主要包括“新建”、“重置”、“打开”、“保存”、“另存为”、“导入”、“导出”、“发送到”、“参考”、“管理”和“属性”11个常用命令，如图1-8所示。

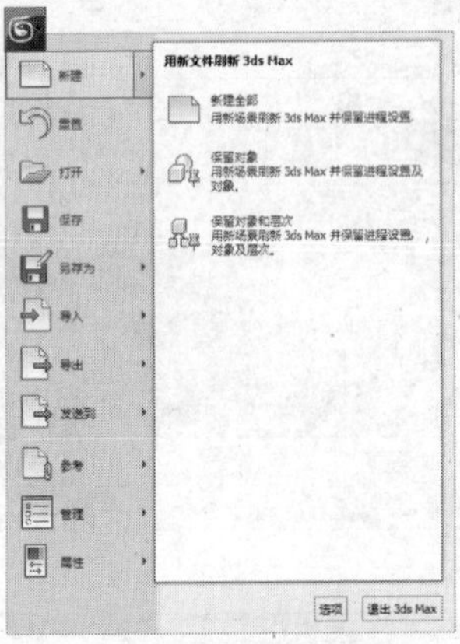

图1-8

快速访问栏与工作台切换：“快速访问栏”集合了用于管理场景位置的常用命令，便于用户快速管理场景位置，包括“新建”、“打开”、“保存”、“撤消”、“重做”和“设置项目文件夹”6个常用工具，同时用户也可以单击右侧的下拉按钮自定义“快速访问栏”，如图1-9所示。

标题栏：显示当前使用的软件名称、版本号以及当前打开的文件名，如图1-10所示。

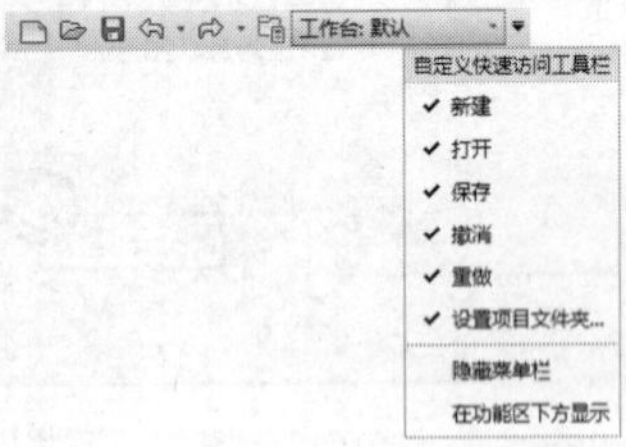

图1-9

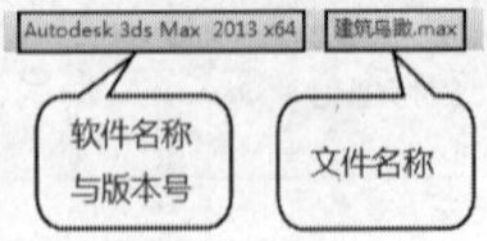

图1-10

信息中心：由“搜索栏”、“搜索按钮”、“注册”、“通信”、“收藏”以及“帮助”6个部分构成，如图1-11所示，主要用于软件功能、注册信息查询以及用户交流。

菜单栏：在用户界面的上方是菜单栏，与Windows操作系统下的大多数程序一样，菜单中包含了3ds Max几乎所有的命令。3ds Max的菜单也具有子菜单或多级子菜单，如图1-12所示。

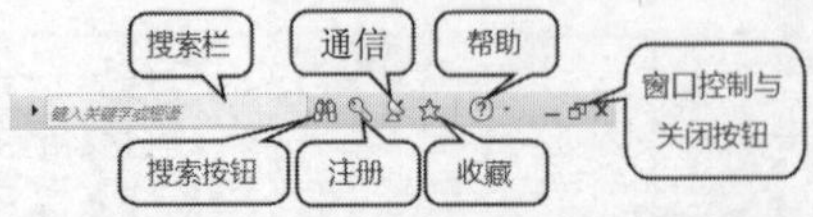

图1-11

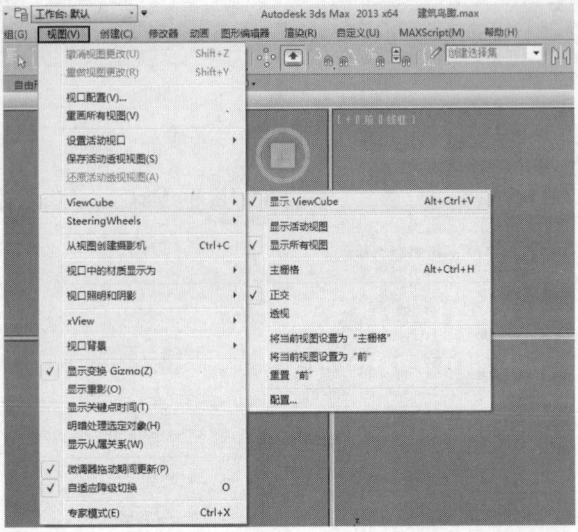

图1-12

主工具栏：集合了3ds Max使用频率较高的操作和控制类工具，如图1-13所示。在第2章中将详细介绍“主工具栏”中相关工具的使用方法。

图1-13

命令面板：“命令”面板位于用户界面的右侧，从左至右依次为“创建”、“修改”、“层次”、“运动”、“显示”和“工具”6个子面板，如图1-14所示。

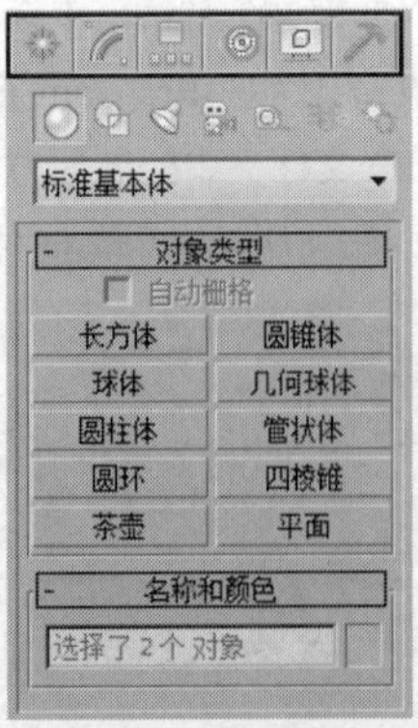

图1-14

工具集选项卡：“工具集”选项卡将3ds Max使用频率较高的建模与选择工具分门别类地集合在一起，主要有“Graphite（石墨）建模工具”选项卡、“自由形式”选项卡、“选择”选项卡和“对象绘制”选项卡，如图1-15所示。选择对应的选项卡，然后单击右侧的按钮即可展开该选项卡内的工具按钮集，如图1-16所示。

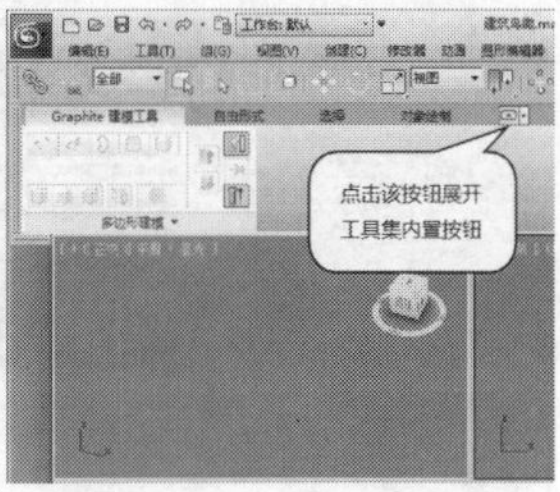

图1-15 图1-16

绘图区与视口布局选项卡：视口是3ds Max的主要操作区域，所有对象的变换和编辑都在视口中进行。在默认界面中主要显示顶视图、前视图、左视图和透视图4个视口，如图1-17所示。用户可以从这4个视口中以不同的角度观察场景。在视图左上角名称以及右上角导航按钮上单击鼠标可以切换视口类型或视口对象的显示风格，如图1-18所示。如果要更换默认的视口布置，可以单击“视口布局”选项卡上的▶按钮，然后在展开的选择面板中选择对应的布局即可，如图1-19所示。

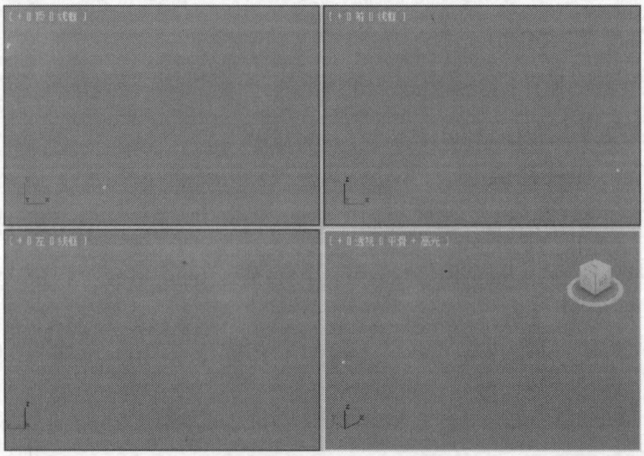

图1-17

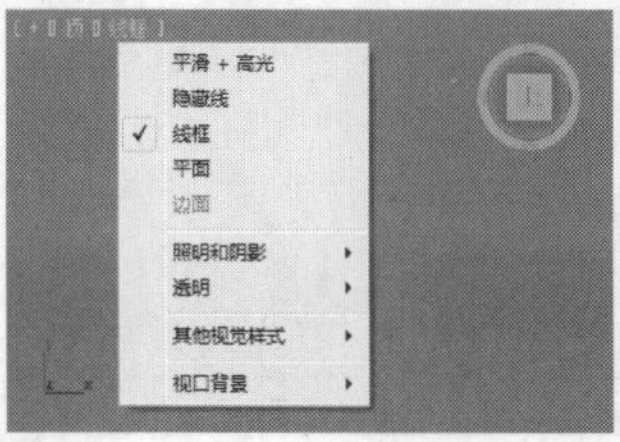

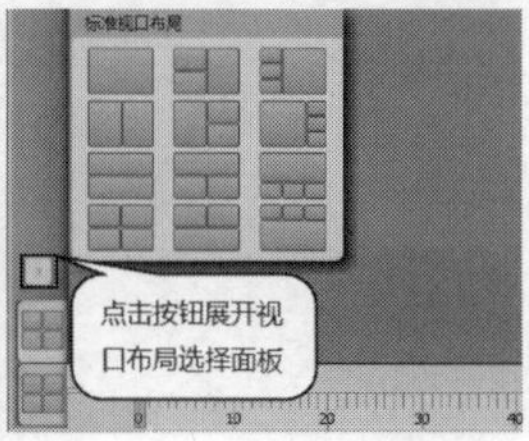

图1-18 图1-19

视口导航控制按钮：主要用于视口缩放、旋转、平移等操作，要注意的是在3ds Max中不同的视图控制按钮会产生一些变化，如图1-20~图1-22所示。

图1-20 图1-21 图1-22

轨迹栏：“轨迹栏”提供了显示帧数的时间线，同时可以移动、复制和删除关键点，是3ds Max 2013制作动画的重要辅助工具，如图1-23所示。

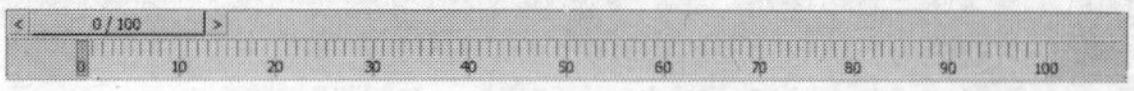

图1-23

动画及时间控件：动画控件用于创建及调整动画的关键点；时间控件主要用于动画时间方面的设置以及动画视口预览控制，如图1-24所示。

MaxScript迷你侦听器：“MaxScript迷你侦听器”分为粉红色和白色两个文本框，如图1-25所示。粉红色文本框是“宏录制器”文本框；白色文本框是“脚本”文本框，可以在这里创建脚本。

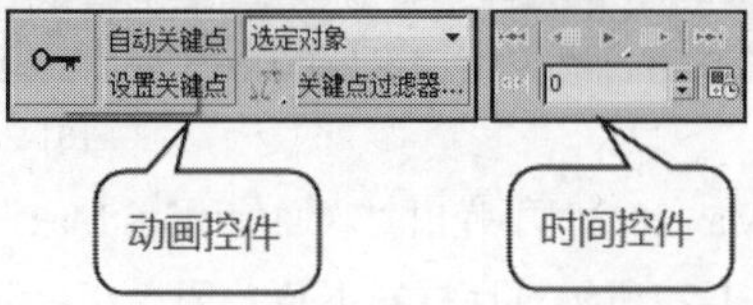

图1-24 图1-25

状态栏与提示行：状态栏用于显示当前模型的状态以及坐标值；提示行用于显示当前操作的提示信息，如图1-26所示。

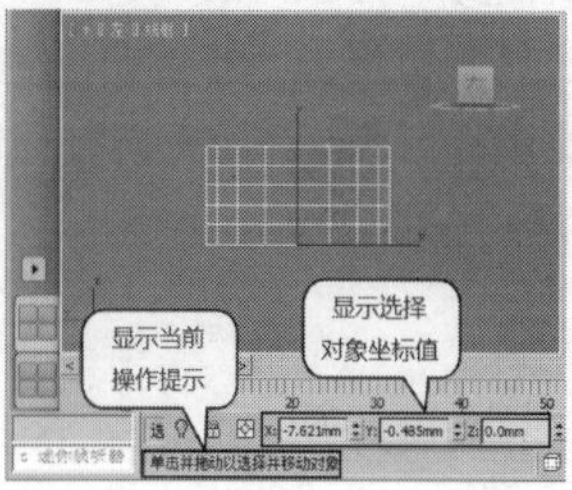

图1-26

实战002 使用教学影片及帮助

场景位置	无
实例位置	无
视频位置	DVD>多媒体教学>CH01>实战002.flv
难易指数	★☆☆☆☆
技术掌握	掌握如何使用3ds Max 2013的教学影片与帮助功能

实例介绍

用户在使用3ds Max 2013时，可以使用软件自带的教学影片学习一些简单的操作，同时也可以使用帮助文档查询、解决工作中碰到的一些问题。

操作步骤

01 在默认设置下启动3ds Max 2013，会弹出“欢迎使用3ds Max”对话框，其中包括6个基本技能影片及其他自学资源链接按钮，如图1-27所示。

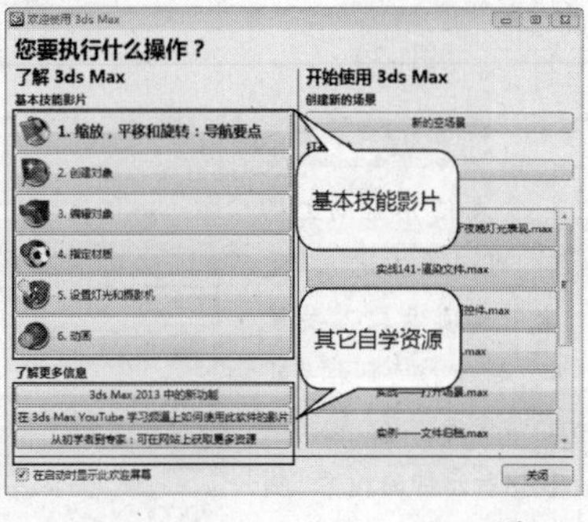

图1-27

02 单击其中任意一个影片按钮即可自动链接到Autodesk网站播放相关的基本技能学习视频，如图1-28所示。

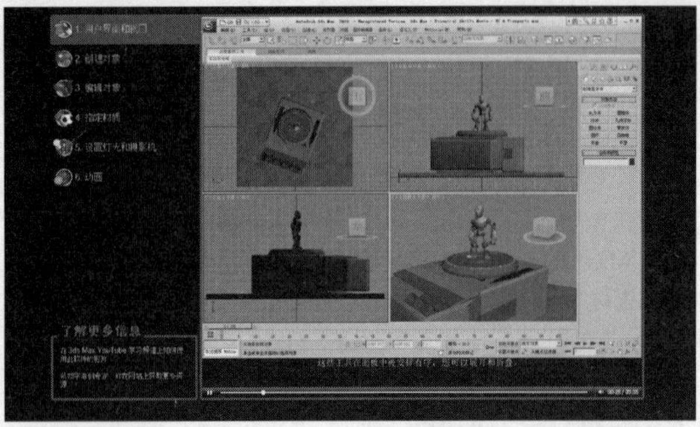

图1-28

03 若想在启动3ds Max 2013时不弹出“欢迎使用3ds Max”对话框，只需要在图1-27所示对话框左下角关闭“在启动时显示此欢迎屏幕”选项即可。若要恢复“欢迎使用3ds Max”对话框的显示，可以执行“帮助>基本技能影片”菜单命令重新打开该对话框，如图1-29所示。

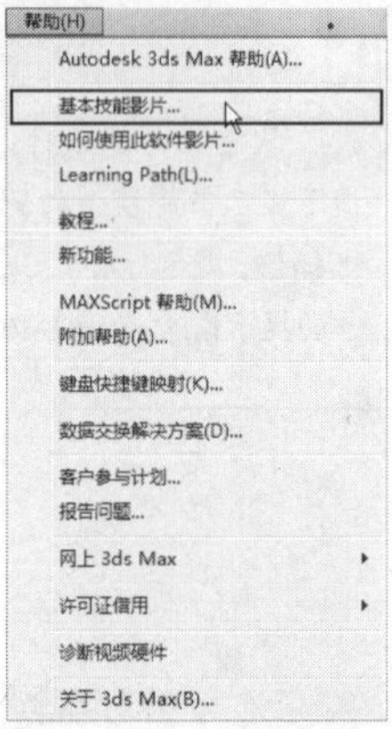

图1-29

04 除了基本技能教学影片外，还可以执行“帮助>教程”菜单命令，打开3ds Max的帮助文档，如图1-30和图1-31所示。

图1-30

图1-31

技巧与提示

在使用帮助文档时，可以单击进入“搜索”选项卡输入关键词，快速搜索到相关的学习资源。图1-32与图1-33所示即为搜索“捕捉”关键词后生成的学习资源。

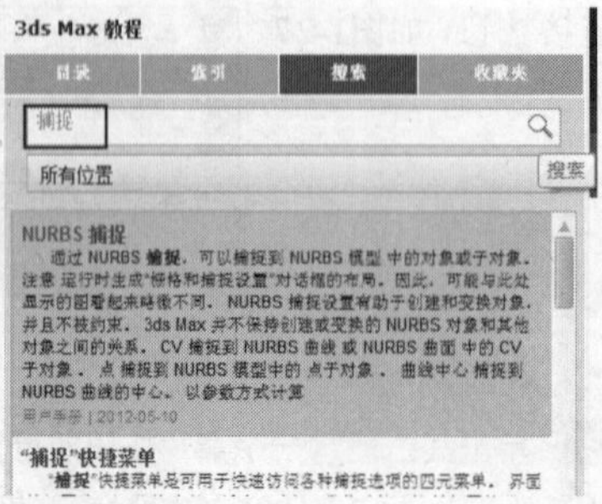

图1-32

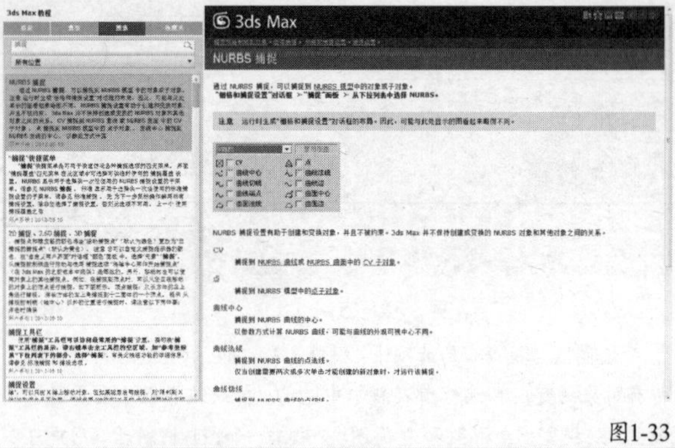

图1-33

实战003 安全退出3ds Max 2013

场景位置 无
实例位置 无
视频位置 DVD>多媒体教学>CH01>实战003.flv
难易指数 ★☆☆☆☆
技术掌握 掌握退出3ds Max 2013的两种方法

实例介绍

在使用完3ds Max 2013后，通过标准的方法退出软件可以避免文件信息的损坏或丢失。

操作步骤

第1种方法：单击界面左上角的“应用程序”图标，然后在弹出的下拉菜单中单击“退出3ds Max”按钮退出3ds Max即可，如图1-34所示。

第2种方法：单击界面右上角的“关闭”按钮 x 即可，如图1-35所示。

图1-34

图1-35

技巧与提示

如果当前场景正在操作对象，一定要先保存好再退出3ds Max 2013，否则制作好的对象将丢失。如果需要保存场景，可以单击界面左上角的“应用程序”图标，然后在弹出的下拉菜单中执行“保存”或“另存为”命令，如图1-36所示。

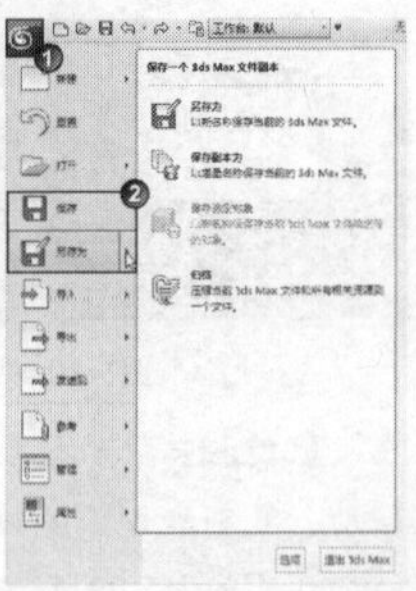

图1-36

实战004 快速调整3ds Max 2013的视口布局

场景位置 DVD>场景文件>CH01>实战004.max
实例位置 无
视频位置 DVD>多媒体教学>CH01>实战004.flv
难易指数 ★☆☆☆☆
技术掌握 掌握如何快速调整3ds Max 2013的视口布局

实例介绍

对于不同的场景使用合适的视口数量以及适当的视口大小，可以更好地观察场景细节并降低视觉疲劳。

操作步骤

01 打开光盘中的“场景文件>CH01>实战004.max”文件，如图1-37所示，这是一个较为复杂的建筑场景。

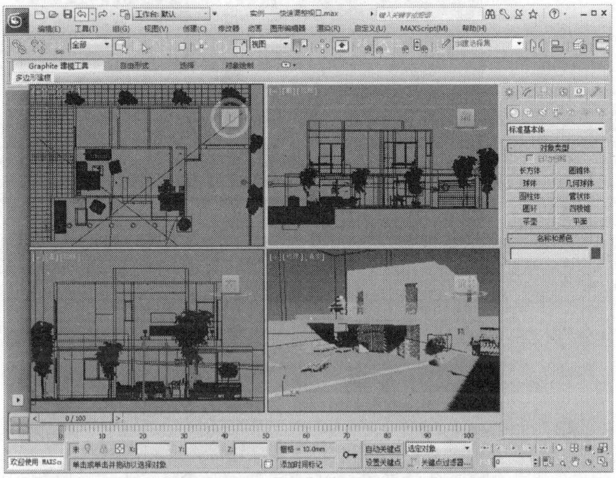

图1-37

02 当前场景为均衡大小的四视口显示，为了能在右下角的透视图中观察到更清楚的模型细节，可以单击“视口布局选项卡”上的“创建新的视口布局选项卡”按钮，然后选择第3个布局，如图1-38和图1-39所示。

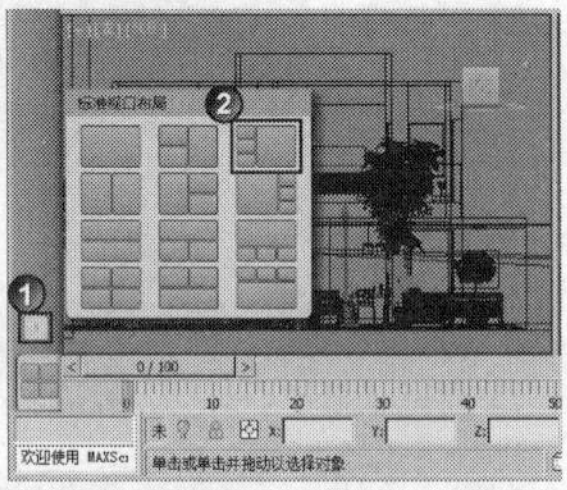

图1-38

图1-39

03 视口布局选择完成后，还可以调整左侧3个视口的宽度，将光标放在视口的竖向分割处，然后按住鼠标左键向右拖曳即可，如图1-40和图1-41所示。

图1-40

图1-41

04 此外，将光标放在视口的横向分割处还可以调整视口的高度，如图1-42和图1-43所示。

图1-42

图1-43

05 如果要还原视口，可以将光标放在视口分割处的任意位置，然后单击鼠标右键，再在弹出的菜单中选择“重置布局”命令，如图1-44和图1-45所示。

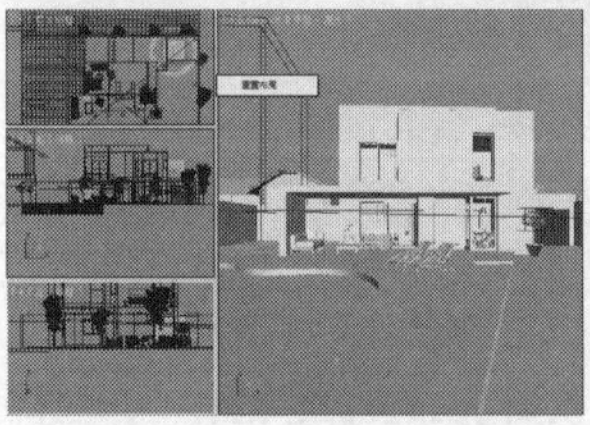

图1-44

图1-45

实战005 切换3ds Max 2013的视口类型

场景位置 DVD>场景文件>CH01>实战005.max
实例位置 无
视频位置 DVD>多媒体教学>CH01>实战005.flv
难易指数 ★☆☆☆☆
技术掌握 掌握切换视图的多种方法

实例介绍

在实际工作中经常需要观察对象各个侧面的效果或调整场景对象的位置、高度以及角度，此时针对性地切换到各个视图，既能快速观察到模型效果，又有利于调整的准确性，从而提高工作效率。

操作步骤

01 打开光盘中的“场景文件>CH01>实战005.max”文件，如图1-46所示，这是一把公园长椅。

图1-46

02 下面介绍如何切换视图。当前右上角的前视图的模型显示效果与透视图类似，为了观察到模型的更多细节，在前视图左上角的视图名称上单击鼠标右键，然后在弹出的菜单中选择“右”命令，将当前视图切换为右视图，如图1-47和图1-48所示。

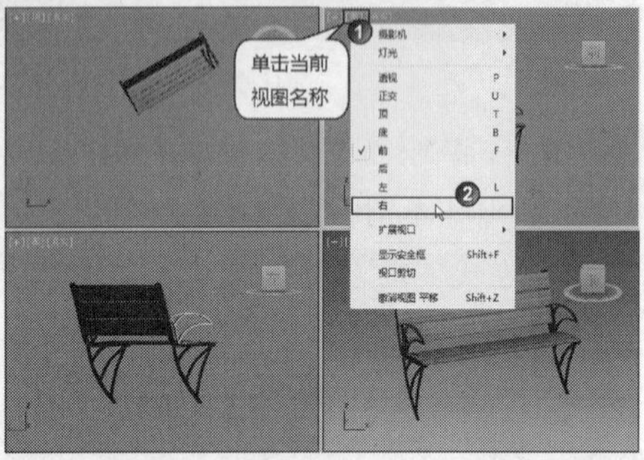

图1-47

图1-48

03 下面介绍如何切换摄影机视图（以透视图为例）。在透视图中按C键可以将透视图切换为摄影机视图，如图1-49和图1-50所示。

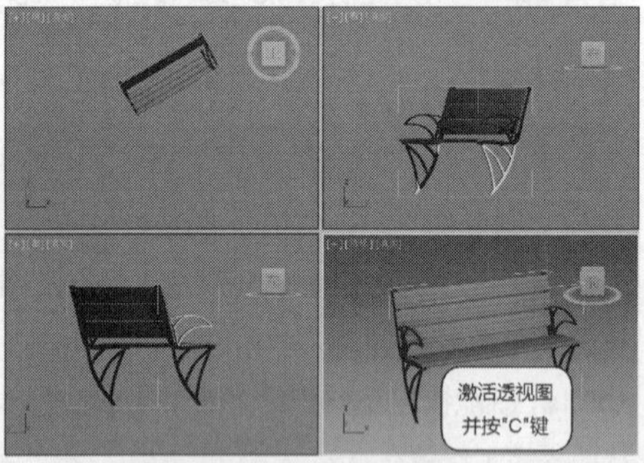

图1-49

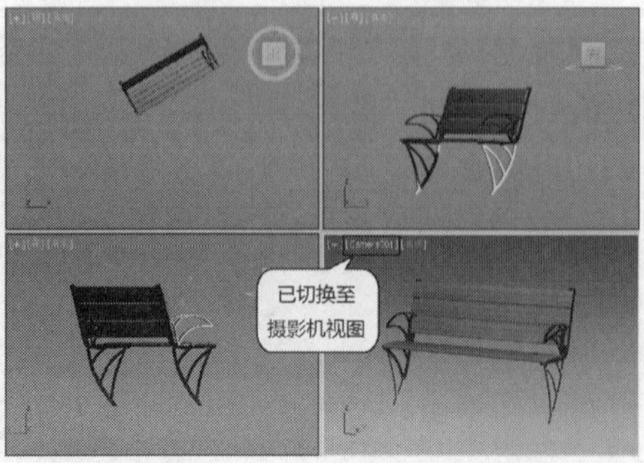

图1-50

技巧与提示

在切换视图类型时，使用快捷键进行切换是最好的选择，各视图对应的快捷键如下。

按T键为顶视图；按L键为左视图；按B键为底视图；按U键为用户视图；按F键为前视图；按P键为透视图；按C键为摄影机视图。

此外，如果当前未创建摄影机视图，可以先将某个视图调到透视图，然后调整好视图角度与位置，再按Ctrl+C组合键创建对应的摄影机视图，如图1-51和图1-52所示。

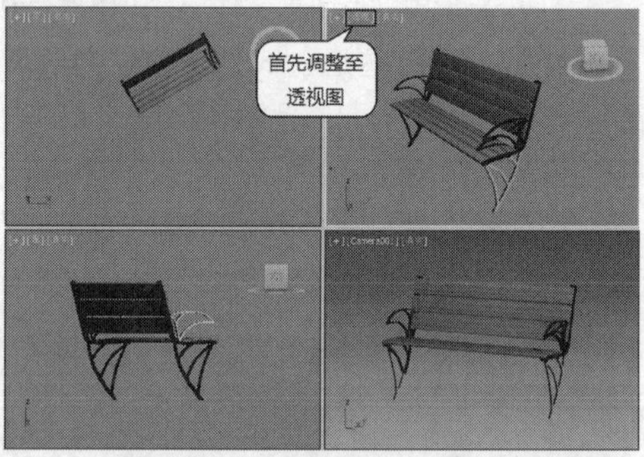

图1-51

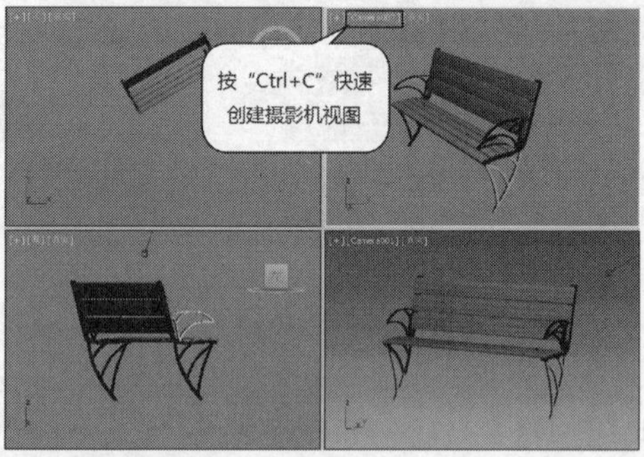

图1-52

实战006 调整视图显示风格

场景位置	DVD>场景文件>CH01>006.max
实例位置	无
视频位置	DVD>多媒体教学>CH01>实战006.flv
难易指数	★☆☆☆☆
技术掌握	掌握调整视图显示风格的多种方法

实例介绍

在实际工作中，不同的建模阶段需要显示不同的视图模型风格，比如在考虑建模布线时需要将模型显示为线框以分析布线是否合理；在赋予材质时又需要将模型显示为真实的材质效果以判断贴图、色彩是否理想。此外，在3ds Max 2013中还可以通过“样式化”直接在视口中显示“彩色铅笔”和“彩色蜡笔”等效果。

操作步骤

01 打开光盘中的“场景文件>CH01>实战006.max”文件，如图1-53所示，这是一个音乐播放器模型。

02 观察视图左上角可以发现此时模型为“线框”显示，单击“线框”文字即可弹出视口显示风格菜单，如图1-54所示。

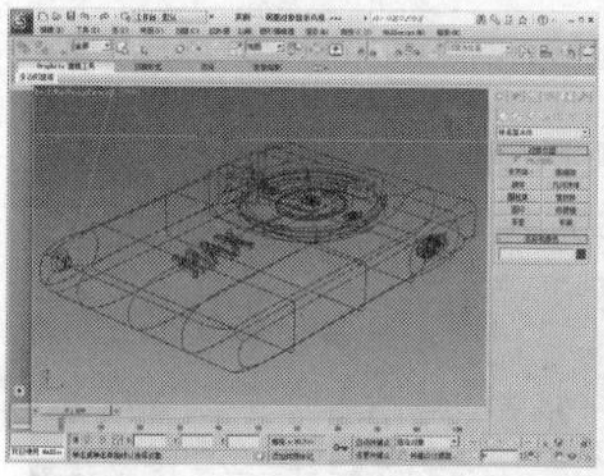

图1-53

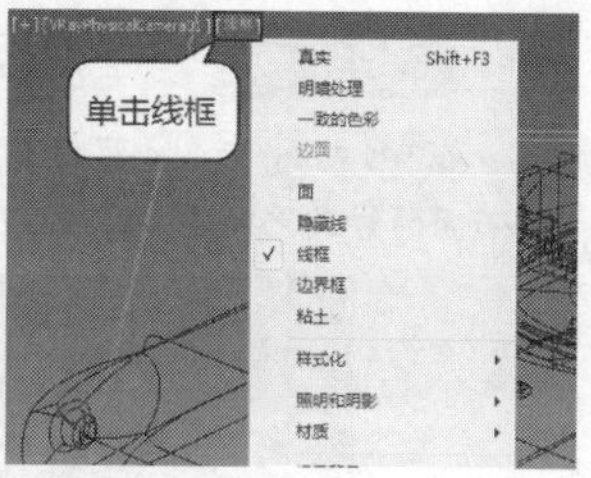

图1-54

03 选择其中的风格名称，模型将自动转变为对应效果，比如要同时观察布线与三维造型，可以选择“明暗处理”命令，如图1-55所示，效果如图1-56所示。

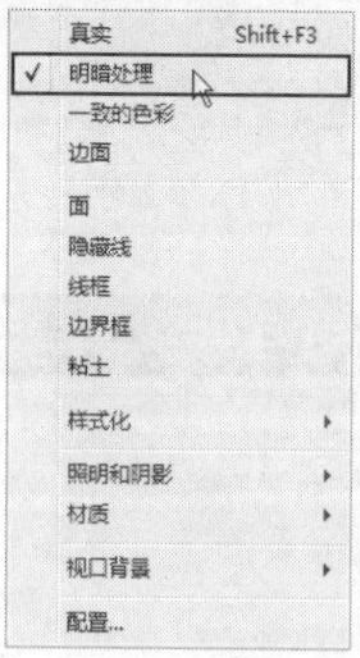

图1-55

图1-56

04 如果要观察模型的材质与阴影效果，可以选择“真实”命令，如图1-57所示，效果如图1-58所示。

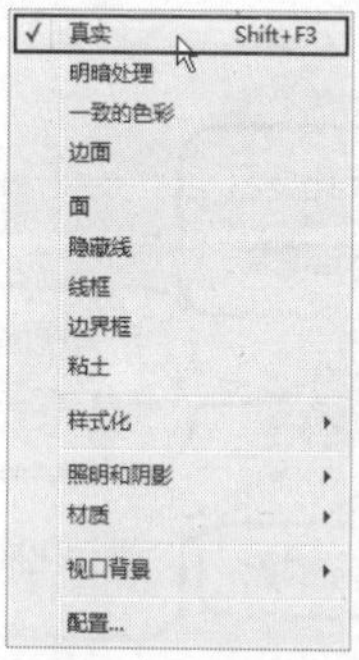

图1-57

图1-58

技术专题 02 摄影机视图释疑

这里针对摄影机视图中最常见的两个问题进行详细分析。

第1个：在某些情况下，将摄影机视图切换为“真实”时，模型会显示为黑色，如图1-59所示。产生这种情况的原因通常是创建了外部灯光而没有使用外部灯光照明。图1-60所示的场景中已经创建了一盏VRay面光源，要解决该问题只需要按Ctrl+L组合键切换为外部灯光照明即可。

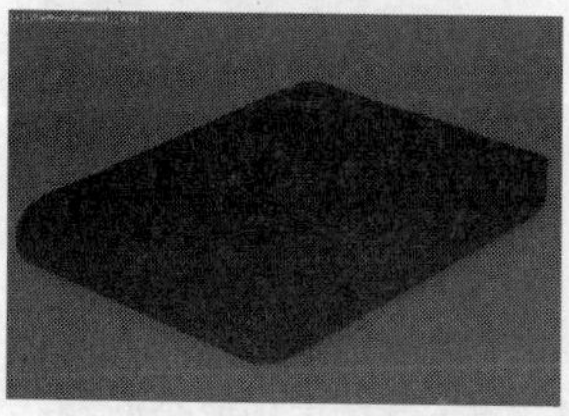

图1-59

图1-60

第2个：有时将摄影机视图切换为真实显示时，模型下方会出现一些杂点，如图1-61所示。其实这不是杂点，而是3ds Max 2013的实时照明和阴影显示效果（默认情况下，在3ds Max 2013中打开的场景都有实时照明和阴影）。如果要关闭实时照明和阴影，可以单击“真实”文字，然后在弹出的菜单中选择“配置”命令，如图1-62所示，再在弹出的“视口配置”对话框中单击“视觉样式和外观”选项卡，关闭“天光作为环境光颜色”、“阴影”、“环境光阻挡”以及“环境中的反射”选项，最后单击“应用到活动视图”按钮 应用到活动视图，如图1-63所示，这样在活动视图中就不会显示出实时的照明和阴影，如图1-64所示。由于开启实时照明和阴影会占用一定的系统资源，所以建议计算机配置比较低的用户关闭这个功能。

图1-61

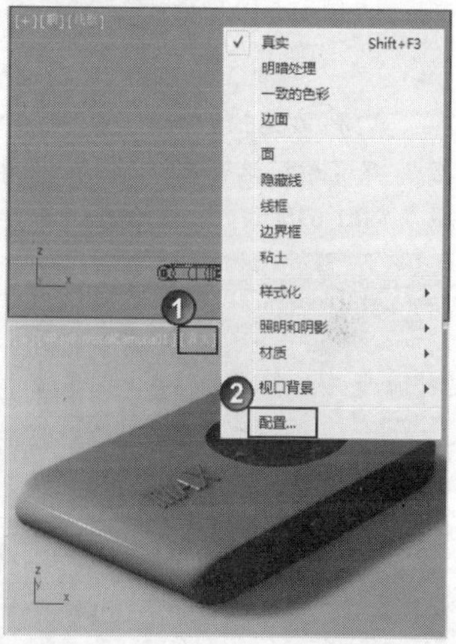

图1-62

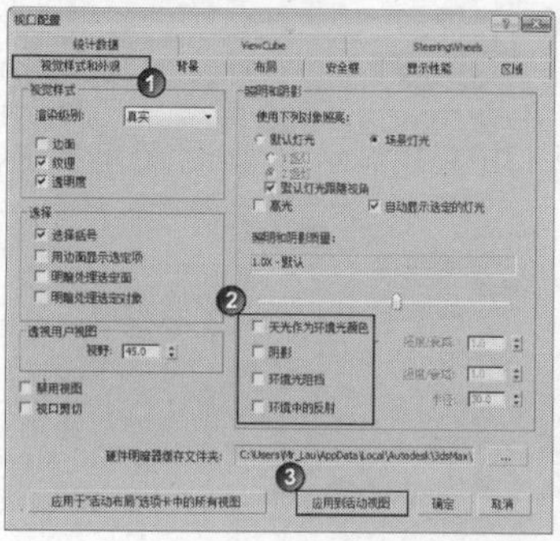

图1-63

图1-64

05 如果要将模型最简化显示以节约系统资源，可以选择“边界框”命令，如图1-65所示，效果如图1-66所示。

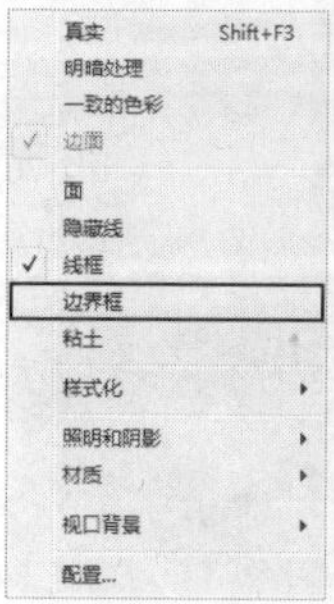

图1-65

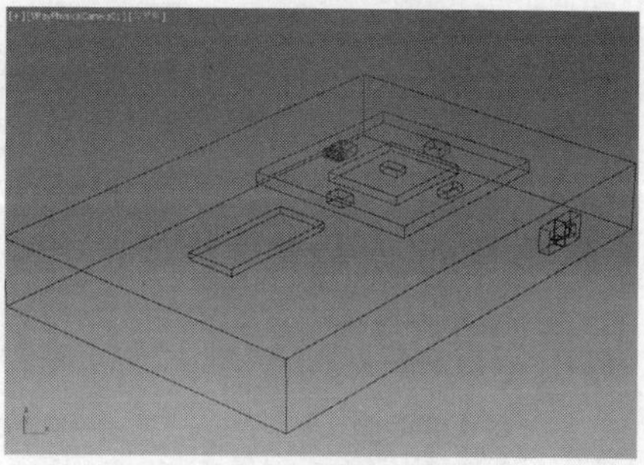

图1-66

技术专题 03 将单个对象显示为边界框

直接在视图中选择“边界框”命令会使视图内的所有对象均以最简化的线框进行显示，如果要单独使某部分模型以这种效果进行显示，可以采用以下方法进行设置。

第1步：选择目标模型，然后单击鼠标右键，再在弹出的菜单中选择“对象属性”命令，如图1-67所示。

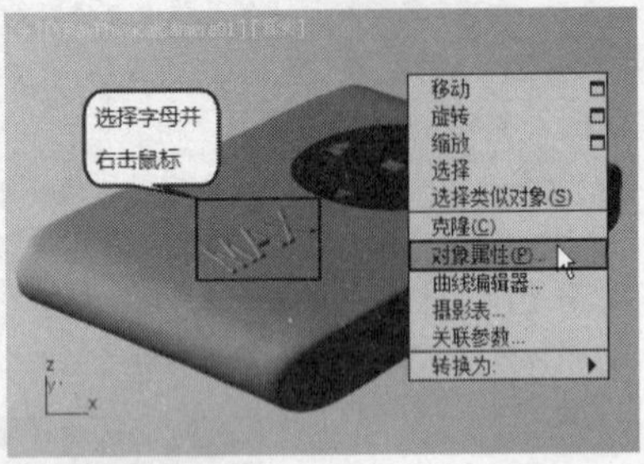

图1-67

第2步：在弹出的“对象属性”对话框中单击“常规”选项卡，然后在“显示属性”选项组下勾选“显示为外框”选项，如图1-68所示，效果如图1-69所示。

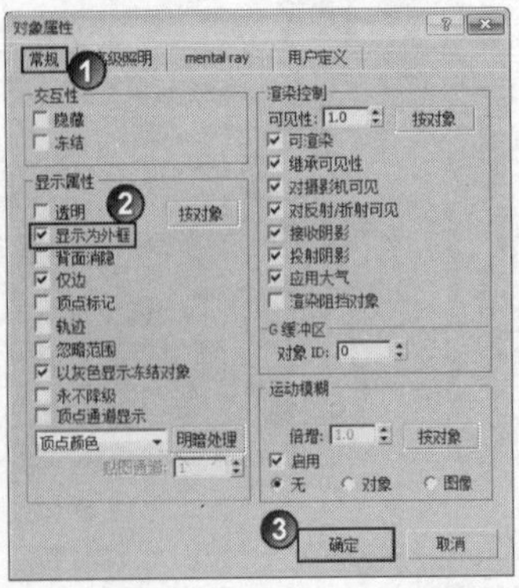

图1-68　图1-69

06 如果要将模型在视口中直接显示为“彩色铅笔”等效果，可以选择“样式化”菜单下的命令，如图1-70所示。“彩色铅笔”与“彩色蜡笔”的效果如图1-71和图1-72所示。

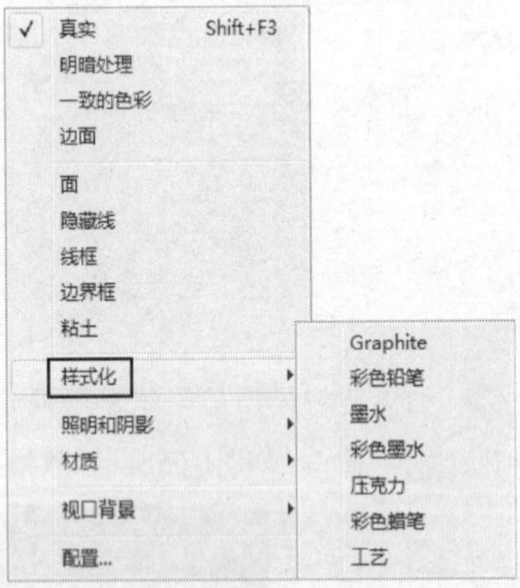

图1-70

图1-71　图1-72

技巧与提示

在3ds Max中，还可以在不同的视图内将不同的对象显示为不同的样式化效果，如图1-73所示。

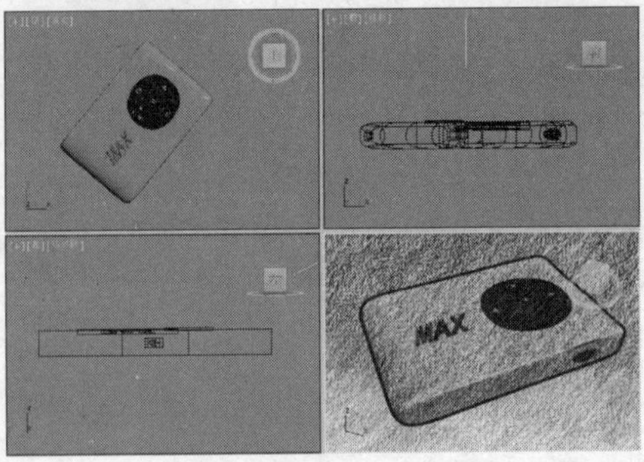

图1-73

实战007 标准视图中的可用控件

场景位置	DVD>场景文件>CH01>实战007.max
实例位置	无
视频位置	DVD>多媒体教学>CH01>实战007.flv
难易指数	★☆☆☆☆
技术掌握	掌握标准视图中可用控件的使用方法

实例介绍

视图导航控制按钮位于工作界面的右下角，主要用来控制视图的显示和导航，包括缩放、平移和旋转活动的视图等，其中标准视图（指顶、底、左、右、前、后以及正交视图）的控制按钮如图1-74所示。

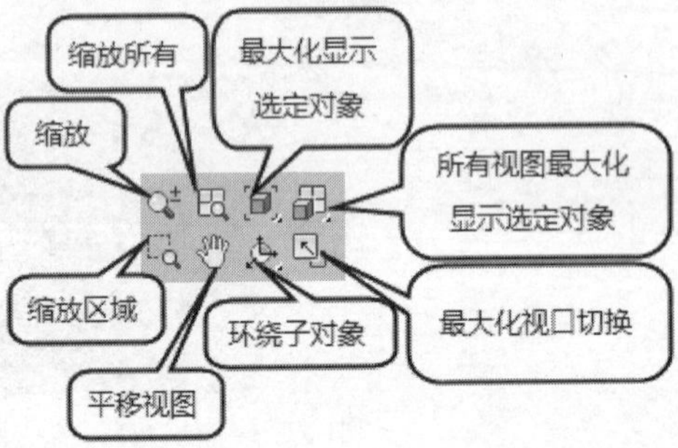

图1-74

技巧与提示

在图1-74中有些按钮处于隐藏状态，这些按钮在使用时需要手动切换才行，如图1-75所示。

图1-75

操作步骤

01 打开光盘中的“场景文件>CH01>实战007.max”文件，如图1-76所示。本场景中的对象在4个视图中均显示局部，并且位置没有居中。

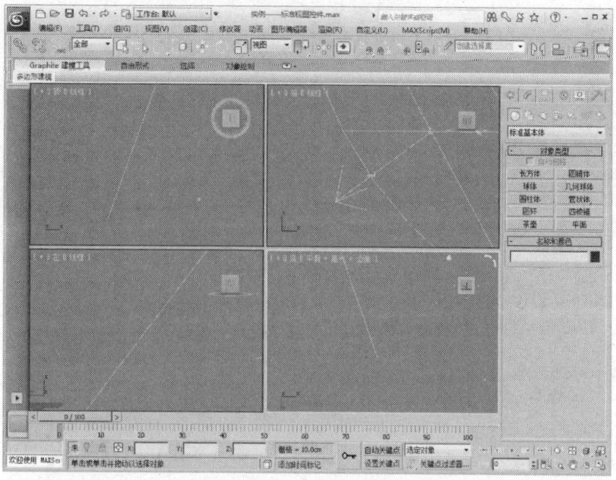

图1-76

02 如果想要一次性使整个场景的对象都居中且最大化显示，可以单击“所有视图最大化显示选定对象”按钮，如图1-77所示。

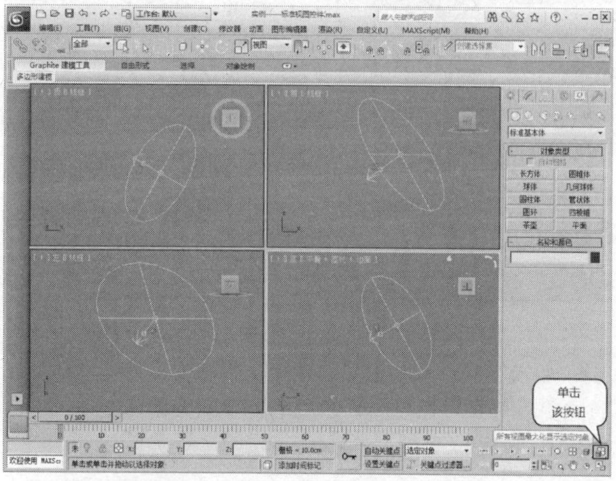

图1-77

技巧与提示

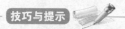

在上一步的操作中，由于当前未选定任何对象，因此单击“所有视图最大化显示选定对象”按钮时，3ds Max已经自动切换到下拉按钮中的“所有视图最大化显示”按钮。

03 如果想要在某个视图中将选择对象最大化且居中显示，首先需要在目标视图中选中目标模型（本例选择石桌凳），如图1-78所示，然后单击“最大化显示选定对象”按钮（也可以按Z键），效果如图1-79所示。

04 如果想要在所有视图中将选择对象最大化且居中显示，首先需要在目标视图中选中目标模型，然后单击“所有视图最大化显示选定对象”按钮，如图1-80所示。

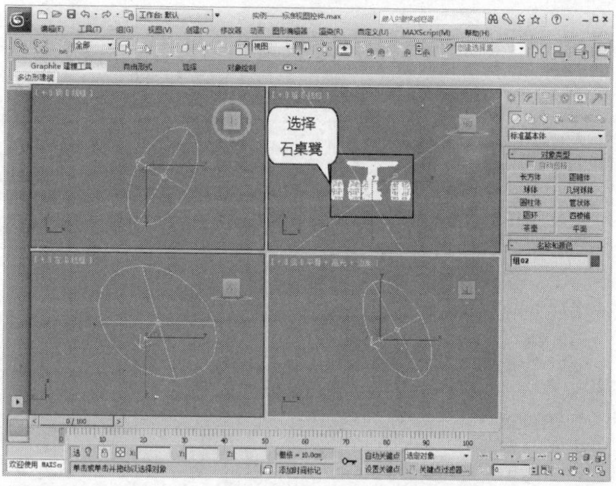

图1-78

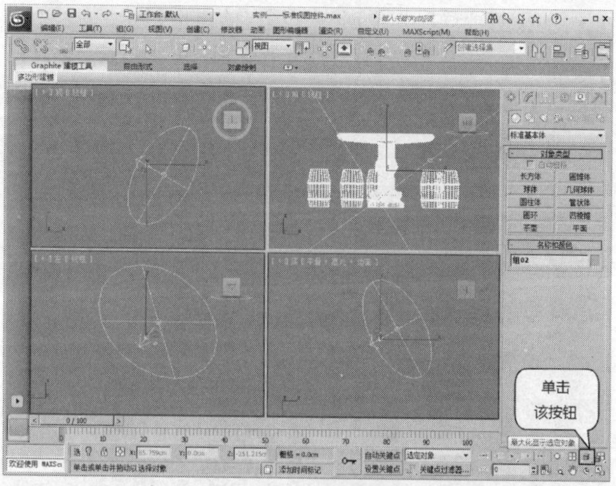

图1-79

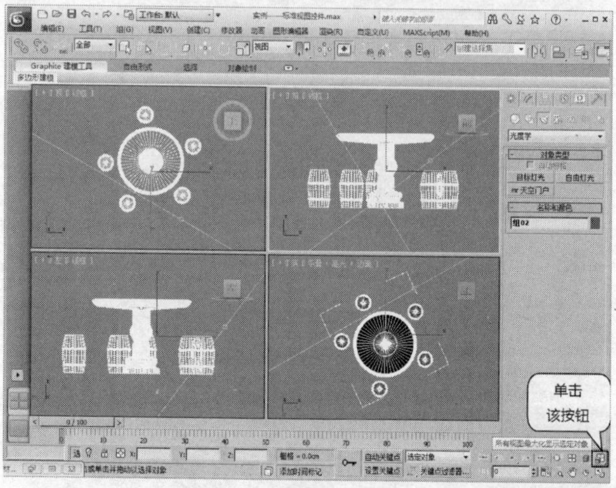

图1-80

05 在当前选定对象的前提下，如果想要在某个视图中将所有对象最大化且居中显示，首先需要选择目标视图，然后切换并选定“最大化显示”按钮，如图1-81所示。

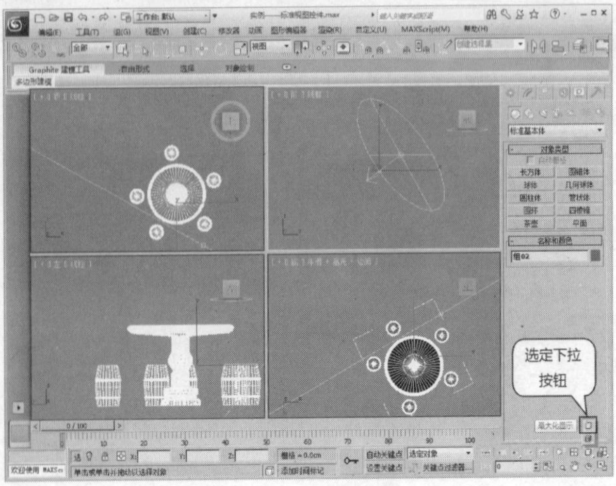

图1-81

06 如果想要同时缩放所有视图内的模型显示，可以单击“缩放所有视图”按钮，然后在任一视口内按住左键推拉鼠标即可缩放所有视图内的模型显示，如图1-82和图1-83所示。

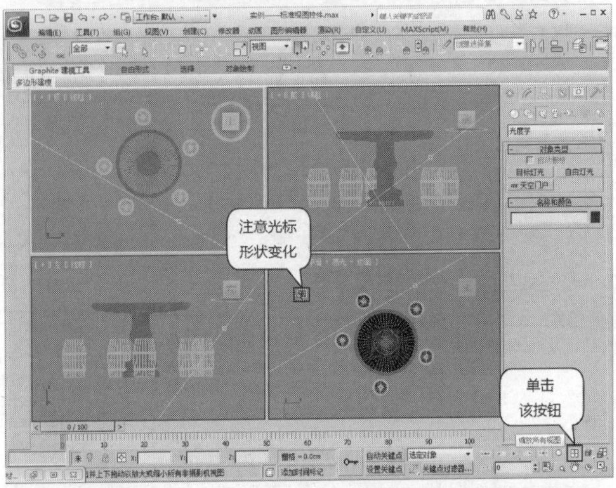

图1-82

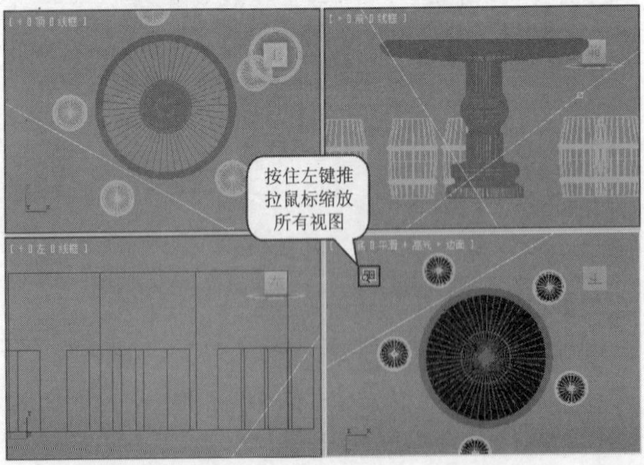

图1-83

07 如果仅想在某一个视图缩放视图内的模型显示，可以单击“缩放”按钮，然后在目标视图内按住左键推拉鼠标即可缩放该视图内的模型显示，如图1-84和图1-85所示。

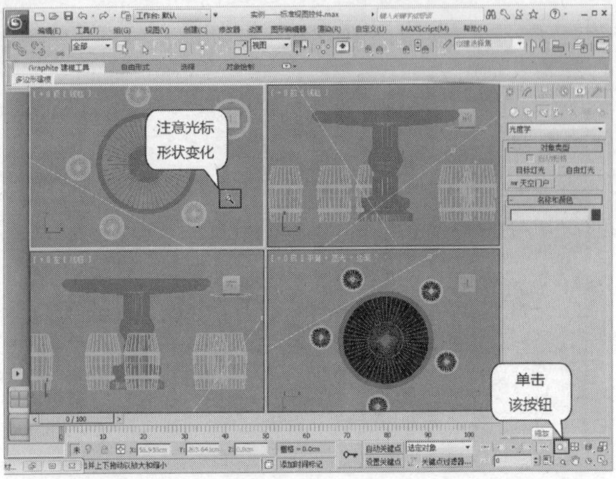

图1-84

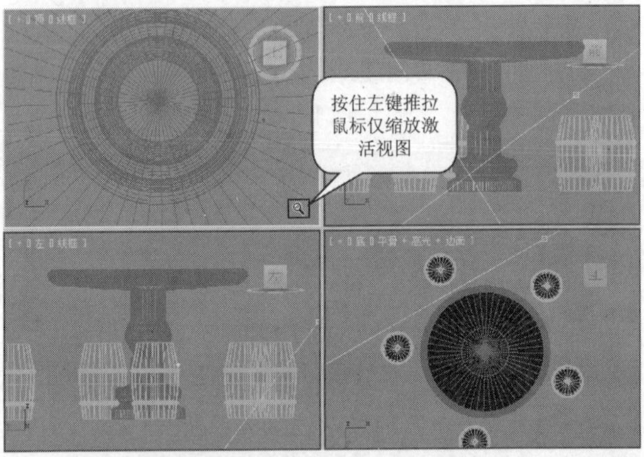

图1-85

08 如果想要将某一个视图布满绘图区进行最大化观察，首先需要选择目标视图，然后单击“最大化切换视口”按钮，如图1-86和图1-87所示。

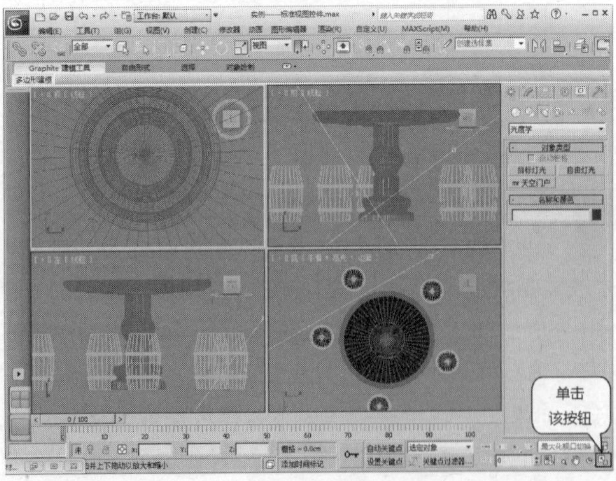

图1-86

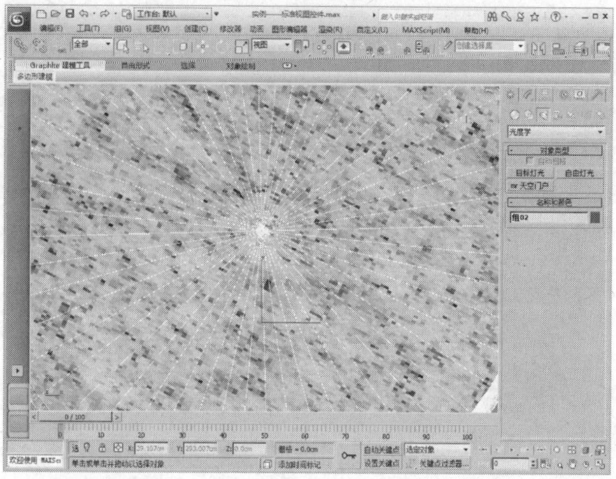

图1-87

技巧与提示

最大化切换视口还可以通过Alt+W组合键完成，该功能通常用于观察材质表面纹理或模型造型细节。如果要退出最大化显示，可以再次单击“最大化切换视口”按钮或按Alt+W组合键。

09 如果想要将某一个视图内的对象进行旋转观察，可以单击“选定的环绕”按钮，然后按住鼠标左键拖曳鼠标即可，如图1-88和图1-89所示。

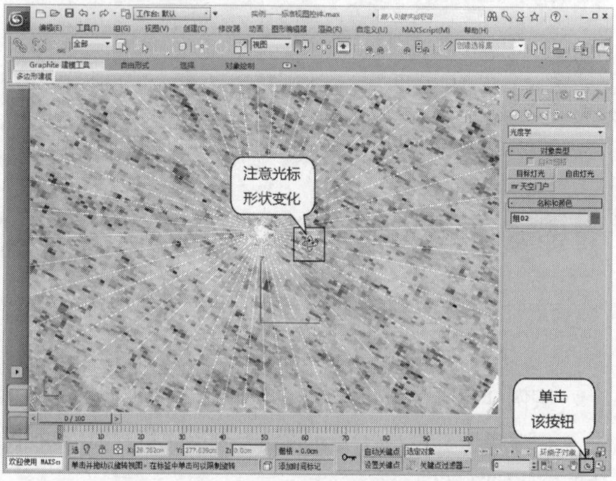

图1-88

图1-89

10 如果视图内的模型没有处在理想的观察位置，可以单击“平移视图”按钮，然后按住鼠标左键拖曳鼠标即可，如图1-90和图1-91所示。

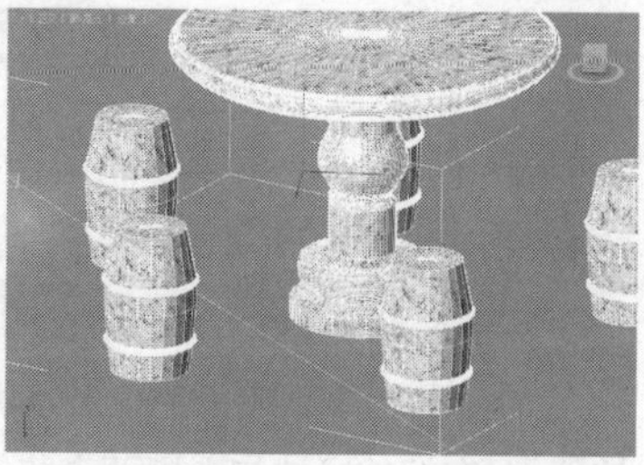

图1-90

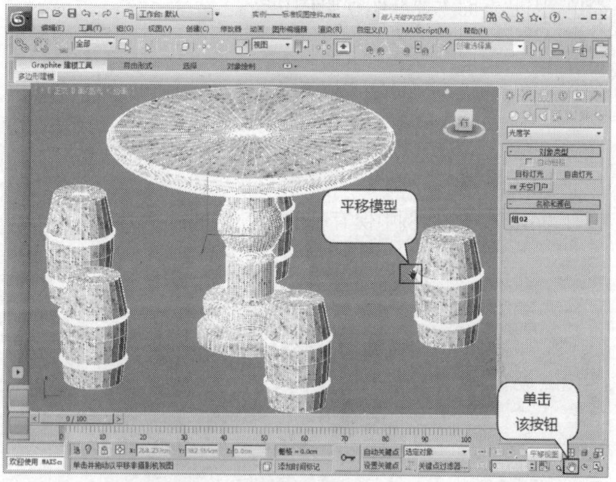

图1-91

11 如果想要在视图内最大化显示模型的某一部分以便于观察细节，首先需要单击“缩放区域”按钮，然后按住鼠标左键划定观察范围，如图1-92和图1-93所示。操作完成后将场景保存，以备后用。

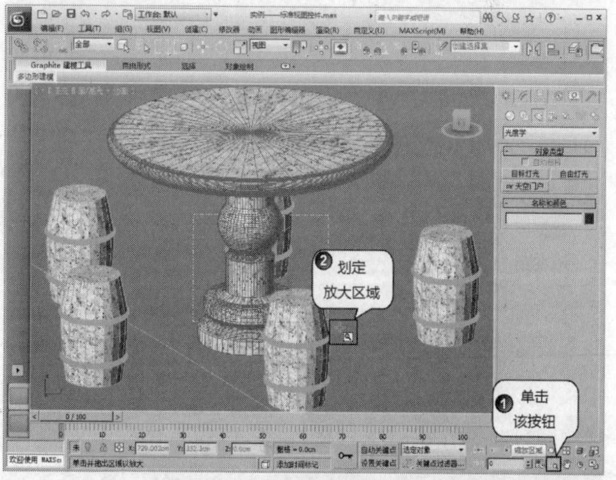

图1-92

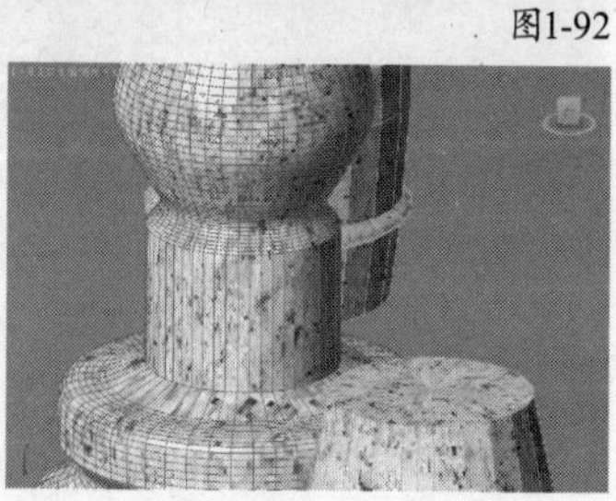

图1-93

实战008 透视图中视图控件的使用

场景位置 无
实例位置 无
视频位置 DVD>多媒体教学>CH01>实战008.flv
难易指数 ★☆☆☆☆
技术掌握 掌握透视图中视图控件的使用方法

实例介绍

透视图中的控制按钮如图1-94所示，相比于标准视图的控件，只有缩放区域与视野两个按钮不同。由于缩放区域很简单，因此下面主要介绍视野的功能。

图1-94

操作步骤

01 打开上一个实例中保存好的场景，如图1-95所示。

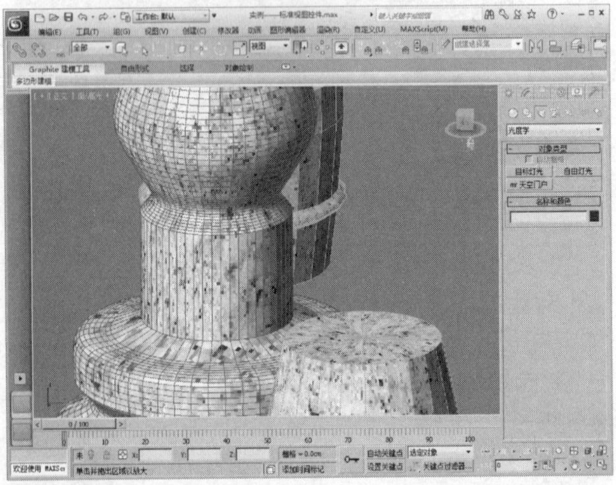

图1-95

02 选择视图并按P键将其切换到透视图，此时石桌、石凳将自动显示出来，效果如图1-96所示。

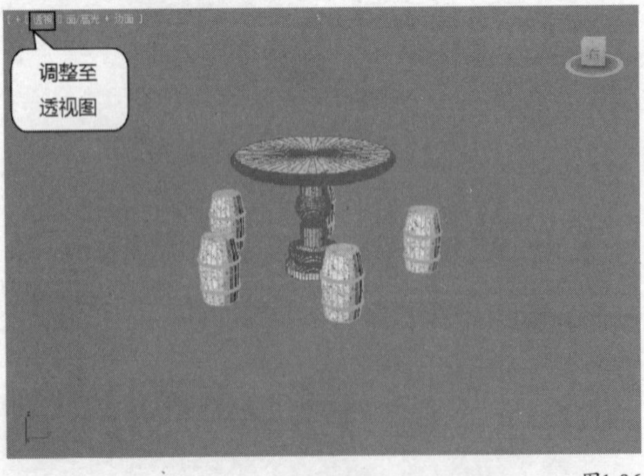

图1-96

03 单击视图控件中的“视野”按钮，在视图中按住左键推动鼠标可以放大模型显示，如图1-97所示；按住左键拉回鼠标则可以缩小模型显示，如图1-98所示。

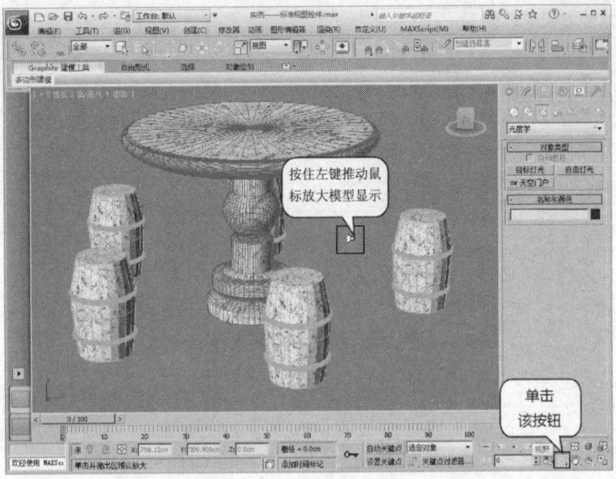

图1-97

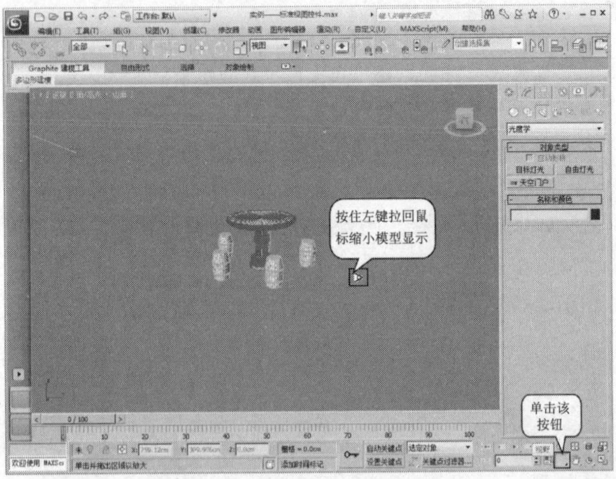

图1-98

实战009 摄影机视图中控件的使用

场景位置 DVD>场景文件>CH01>实战009.max
实例位置 无
视频位置 DVD>多媒体教学>CH01>实战009.flv
难易指数 ★☆☆☆☆
技术掌握 掌握摄影机视图控件的使用方法

实例介绍

创建摄影机后，按C键可以切换到摄影机视图，该视图中的控件如图1-99所示。

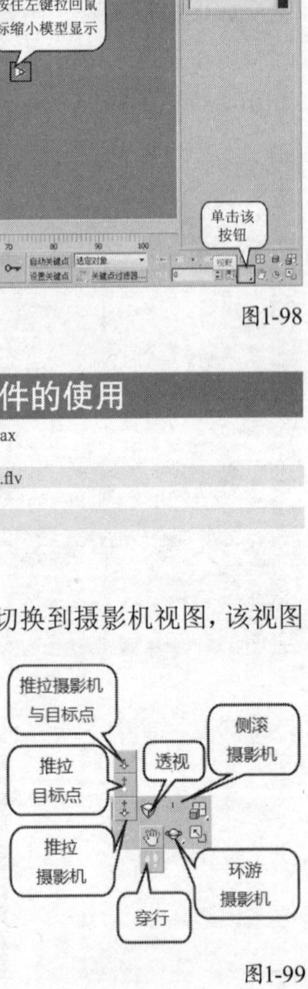

图1-99

操作步骤

01 打开光盘中的“场景文件>CH01>实战009.max”文件，如图1-100所示。在本场景中已经创建好摄影机。

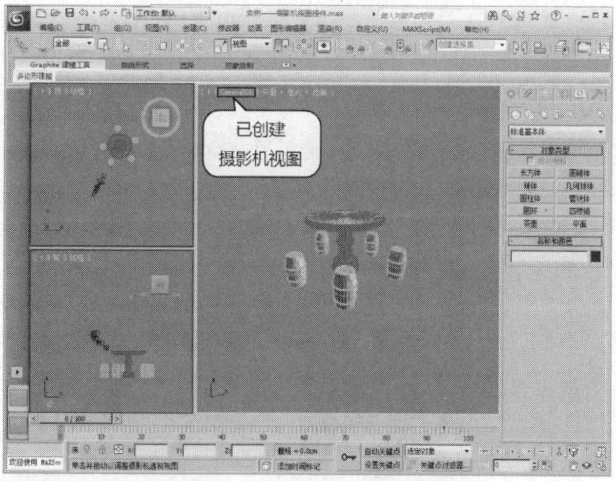

图1-100

02 单击“透视”按钮，在摄影机视图中按住左键拉回鼠标可以缩小当前的模型显示，如图1-101所示；如果按住左键向前推动鼠标则将放大当前的模型显示，如图1-102所示。注意，此时摄影机的位置会发生变化。

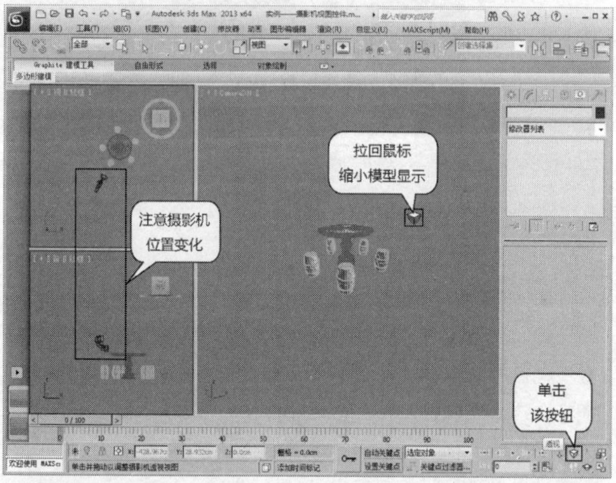

图1-101

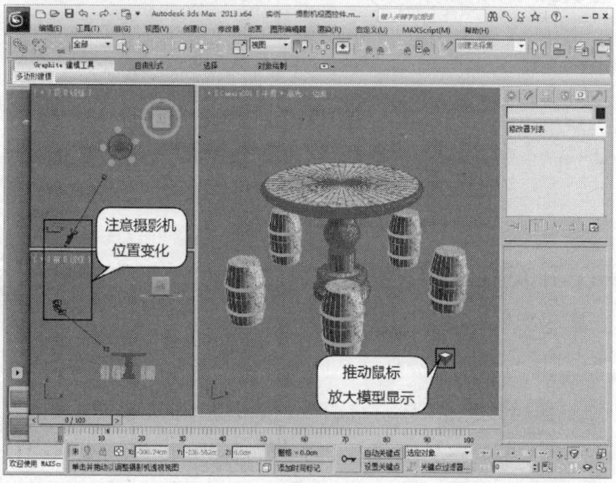

图1-102

03 单击“推拉摄影机”按钮，在摄影机视图中按住左键拉回鼠标同样可以缩小当前的模型显示，如图1-103所示；如果按住左键向前推动鼠标则将放大当前的模型显示，如图1-104所示。注意，此时摄影机的位置也会发生变化。

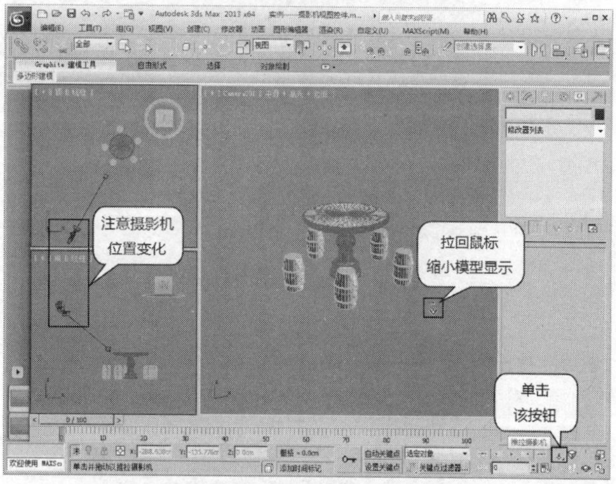

图1-103

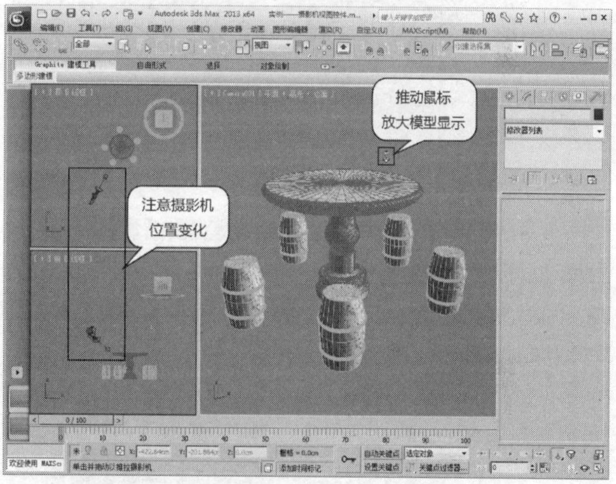

图1-104

技巧与提示

对比上面的两次操作，可以发现摄影机视图中“透视”按钮与“推拉摄影机”按钮产生的效果十分类似，但这两个按钮是有区别的。当使用“透视”按钮缩放摄影机视图时，摄影机的“镜头”与“视野”选项同样会发生变化，如图1-105所示；而使用“推拉摄影机”按钮缩放摄影机视图时，则只会通过摄影机位置的改变来缩放模型显示。因此，当需要保证影机的“镜头”与“视野”参数不变时，最好使用“推拉摄影机”按钮缩放摄影机视图。

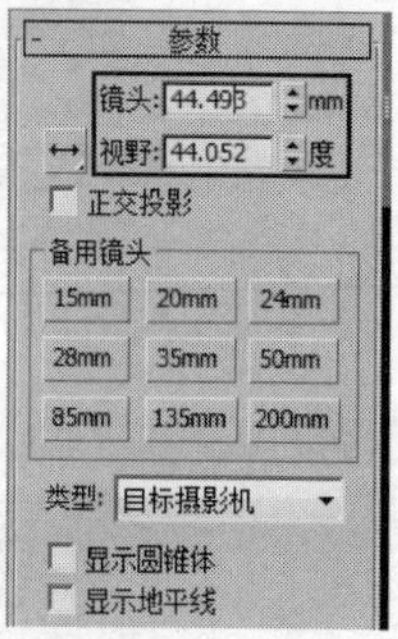

图1-105

04 单击“推拉摄影机目标点”按钮，在摄影机视图中按住左键拉回鼠标时摄影机目标点将靠近摄影机，如图1-106所示；按住左键向前推动鼠标时摄影机目标点将远离摄影机，如图1-107所示。

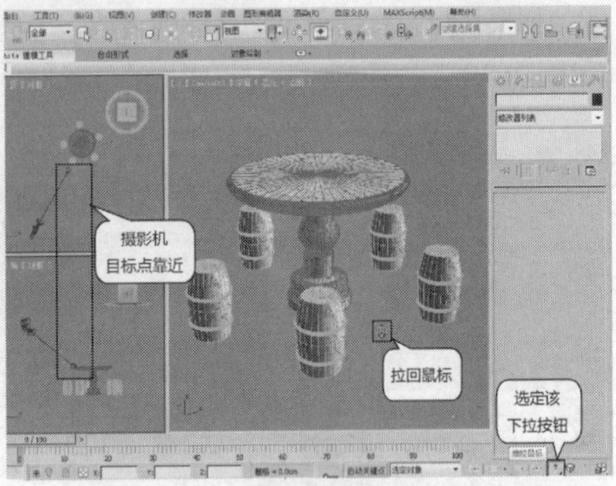

图1-106

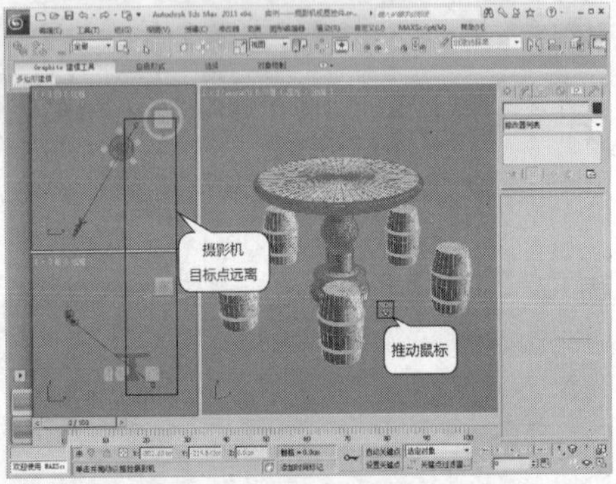

图1-107

05 单击“推拉摄影机+目标点”按钮，在摄影机视图中向前推动鼠标时将放大模型显示，如图1-108所示；拉回鼠标时则缩小模型显示，如图1-109所示。注意，此时摄影机与目标点会同步移动。

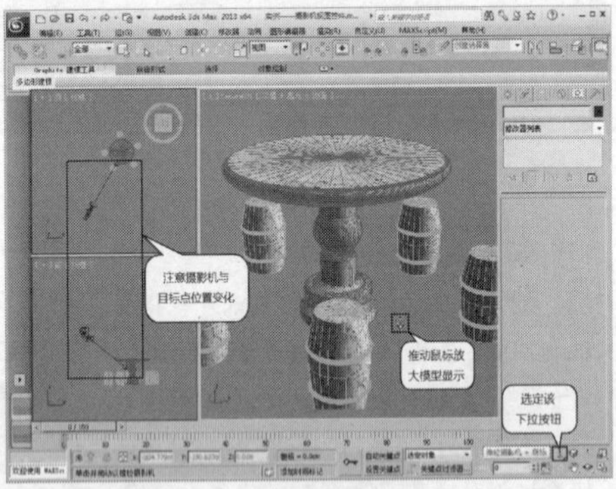

图1-108

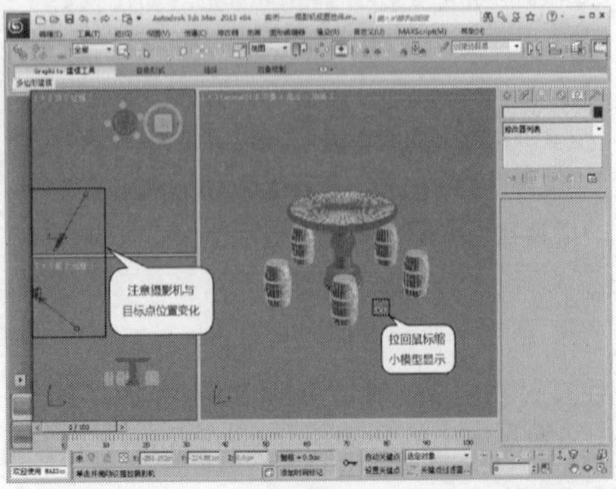

图1-109

06 单击“视野”按钮，在摄影机视图中拉回鼠标时将缩模型显示，如图1-110所示；向前推动鼠标将放大模型显示，图1-111所示。

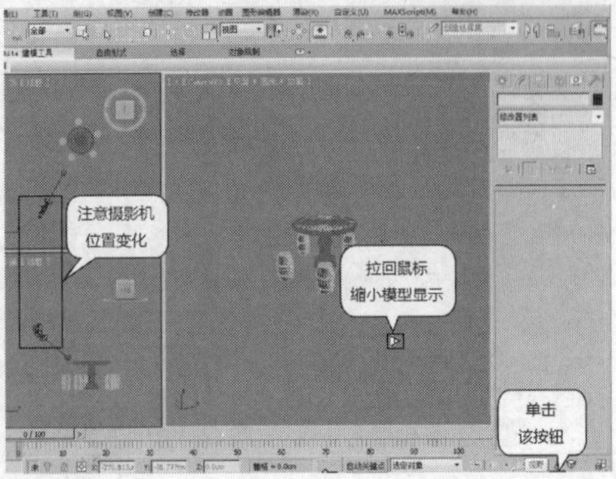

图1-110

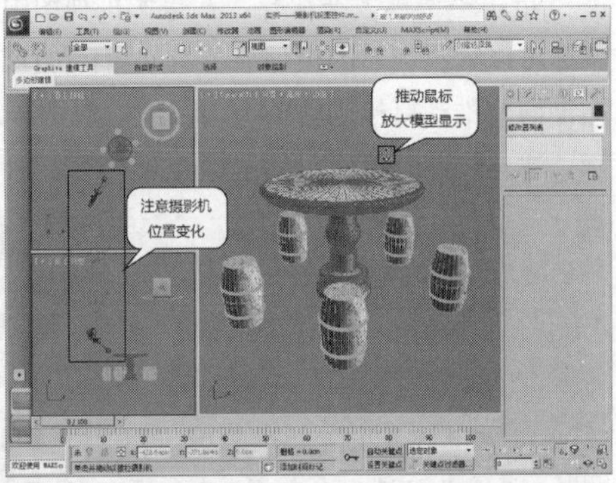

图1-111

技巧与提示

使用“视野”按钮缩放摄影机视图时，摄影机与目标点位置将不会产生变化，此时可以通过修改摄影机的“视野”参数来改变摄影机视图内模型的显示大小，如图1-112所示。

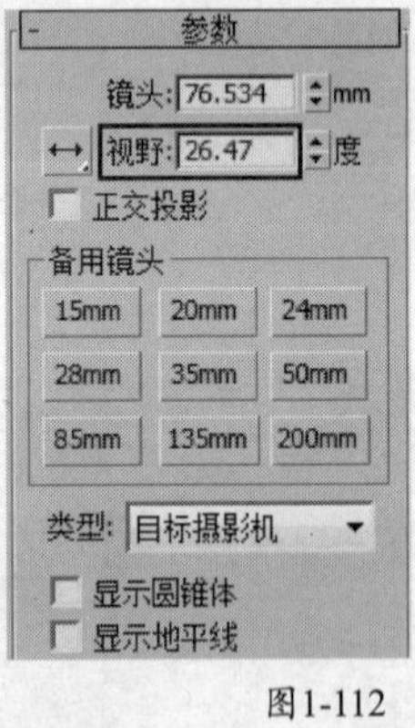

图1-112

07 切换并选定“穿行”按钮，在摄影机视图向左移动鼠标时摄影机视图内的模型将向左转动，如图1-113所示；向右移动鼠标时将向右转动，如图1-114所示。观察可以发现此时的转动中心为摄影机。

08 切换并选定“环游摄影机”按钮，在摄影机视图向右下移动鼠标时摄影机视图内的模型将向左上转动，如图1-115所示；向左上移动鼠标时影机视图内的模型将向右下转动，如图1-116所示。观察可以发现此时的转动中心为目标点。

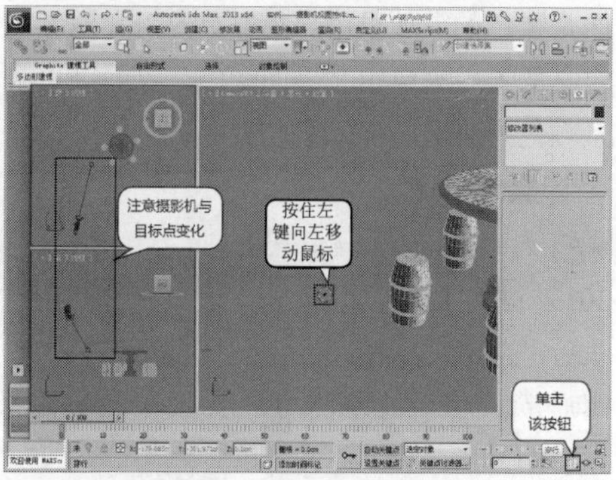

图1-113

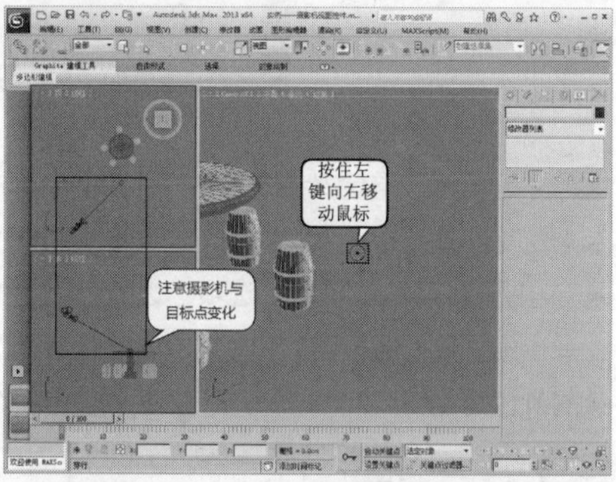

图1-114

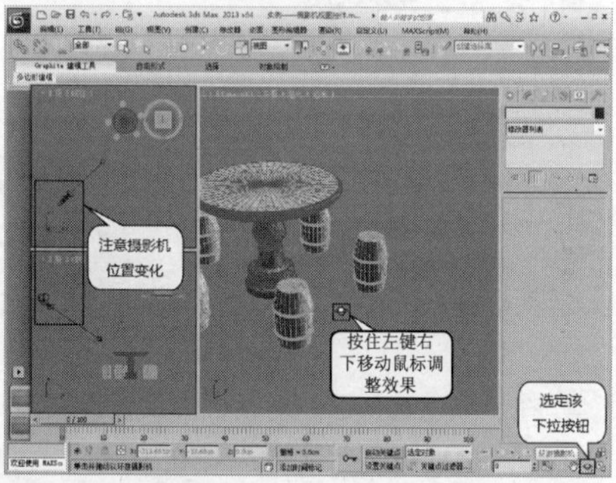

图1-115

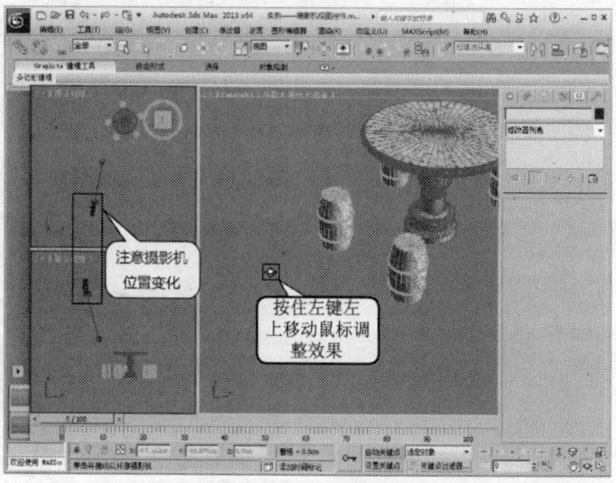

图1-116

09 单击“侧滚摄影机”按钮，在摄影机视图按住左键向右移动鼠标时摄影机视图内的模型将向右倾斜，如图1-117所示；按住左键向左上移动鼠标时时影机视图内的模型将向左倾斜，如图1-118所示。观察可以发现此时的倾斜效果是由摄影机机身倾斜产生的。

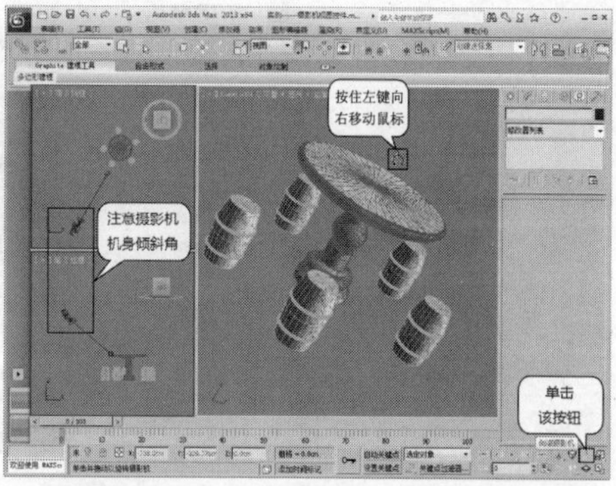

图1-117

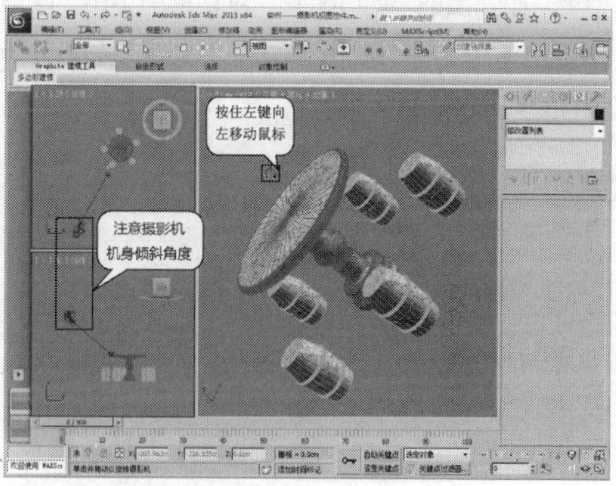

图1-118

实战010 加载背景贴图

场景位置	DVD>场景文件>CH01>实战010.jpg
实例位置	无
视频位置	DVD>多媒体教学>CH01>实战010.flv
难易指数	★☆☆☆☆
技术掌握	掌握背景贴图的加载方法

实例介绍

在3ds Max中可以将参考图片加载到视口背景中，用于建模参考等。

操作步骤

01 启动3ds Max 2013，进入工作界面后激活前视图并最大化显示，如图1-119所示。

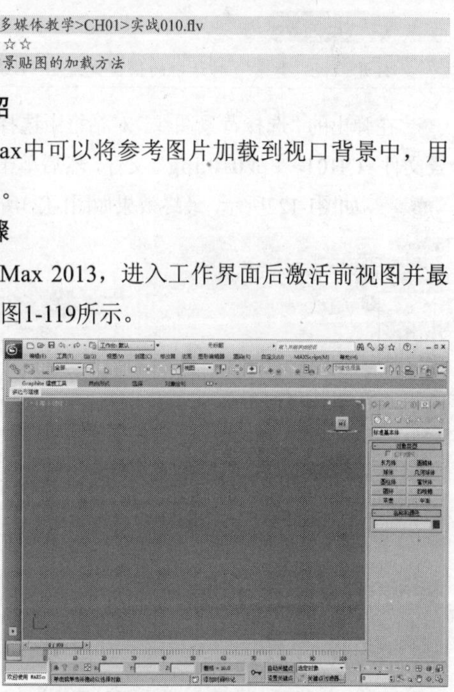

图1-119

02 执行“视图>视口背景>视口背景”菜单命令，如图1-120所示。

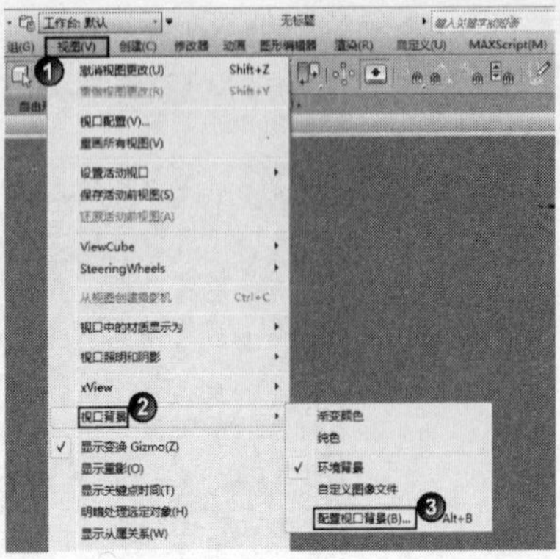

图1-120

03 在弹出的“视口配置”对话框中单击“背景”选项卡，然后勾选“使用文件”选项，再单击“文件”按钮 文件... ，如图1-121所示。

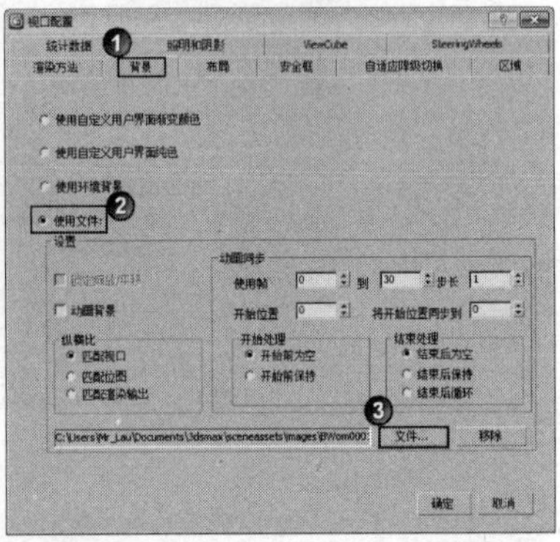

图1-121

技巧与提示

打开“视口背景”对话框的快捷键是Alt+B组合键。

04 在弹出的“选择背景图像”对话框中选择光盘中的“场景文件>CH01>实战010.jpg”文件，然后单击“打开”按钮 打开(O) ，如图1-122所示，最终效果如图1-123所示。

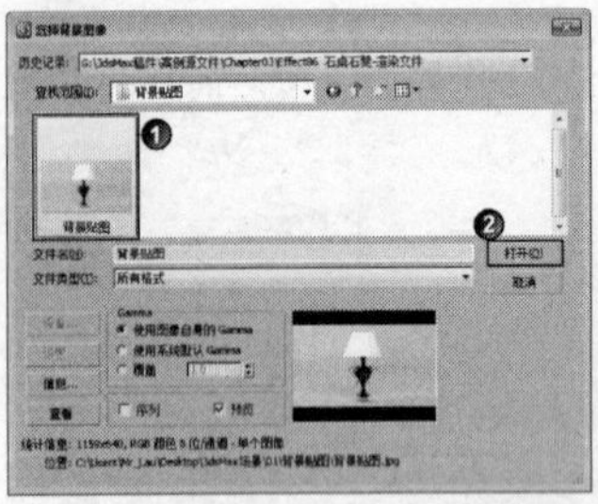

图1-122

图1-123

实战011 自定义用户界面颜色

场景位置	无
实例位置	无
视频位置	DVD>多媒体教学>CH01>实战011.flv
难易指数	★☆☆☆☆
技术掌握	掌握如何自定义用户界面的颜色

实例介绍

在通常情况下，首次安装并启动3ds Max 2013时，界面是黑色的。如果用户想要更改为其他颜色，可以通过自定义的方式来自定义界面颜色。下面以更改界面中视口背景颜色为例来讲解调整方法。

操作步骤

01 启动3ds Max 2013，进入工作界面后执行“自定义>自定义用户界面”菜单命令，如图1-124所示。

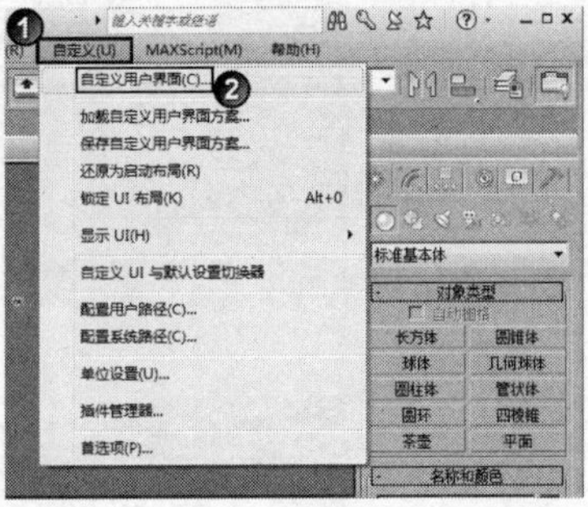

图1-124

02 在弹出的“自定义用户界面”对话框中单击“颜色”选项卡，然后设置“元素”为“视口”，再在列表中选择“视口背景”选项，最后单击“颜色”选项旁边的色块，如图1-125所示，在弹出的“颜色选择器”对话框中可以观察到“视口背景”默认的颜色为（红:125，绿:125，蓝:125），如图1-126所示。

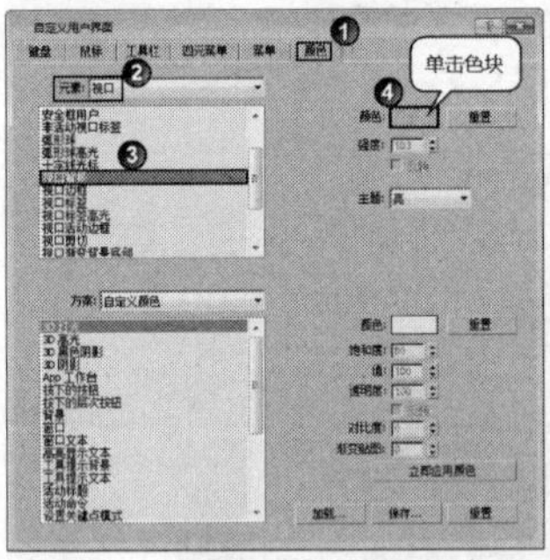

图1-125

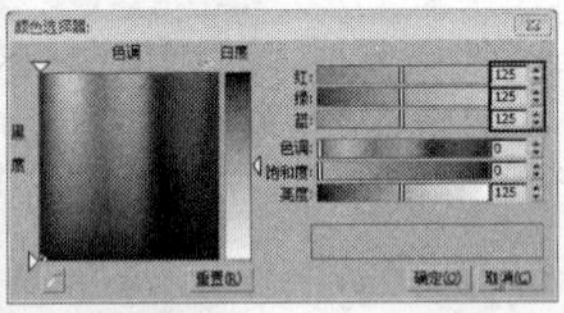

图1-126

03 在“颜色选择器”对话框中设置颜色为（红:0，绿:0，蓝:0），然后单击“确定”按钮 确定(O) ，再单击“立即应用颜色”按钮 立即应用颜色 ，如图1-127所示。

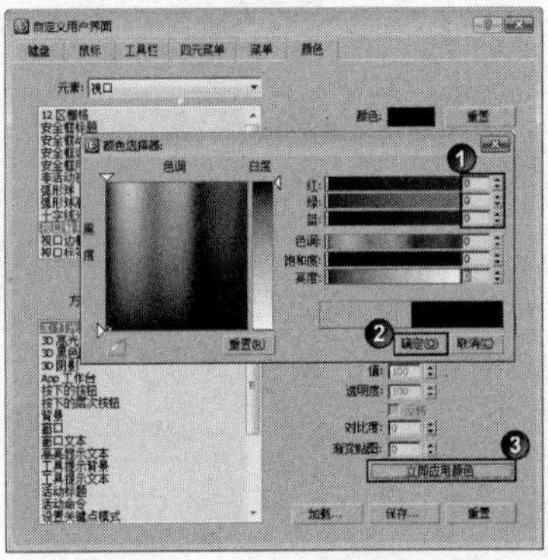

图1-127

04 调整完成后关闭“自定义用户界面”对话框，工作界面中的视口背景将转换为黑色，效果如图1-128所示。

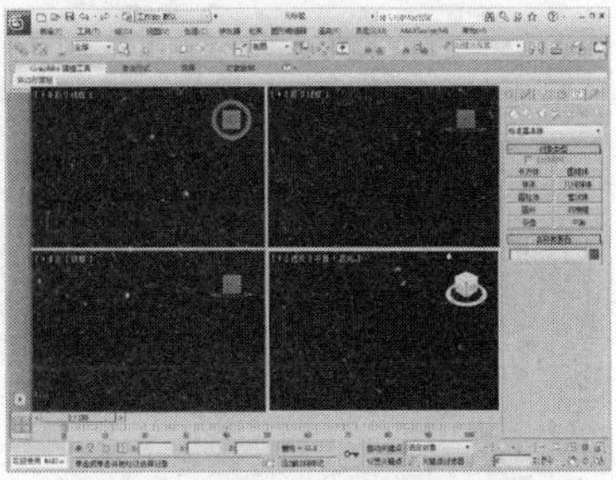

图1-128

实战012 加载内置界面方案

场景位置	无
实例位置	无
视频位置	DVD>多媒体教学>CH01>实战012.flv
难易指数	★☆☆☆☆
技术掌握	掌握如何加载系统内置的界面方案

实例介绍

除了可以更换工作界面局部的颜色外，还可以通过加载内置的界面方案来整体更换3ds Max 2013的工作界面效果。

操作步骤

01 在默认情况下启动3ds Max 2013后的工作界面效果如图1-129所示。

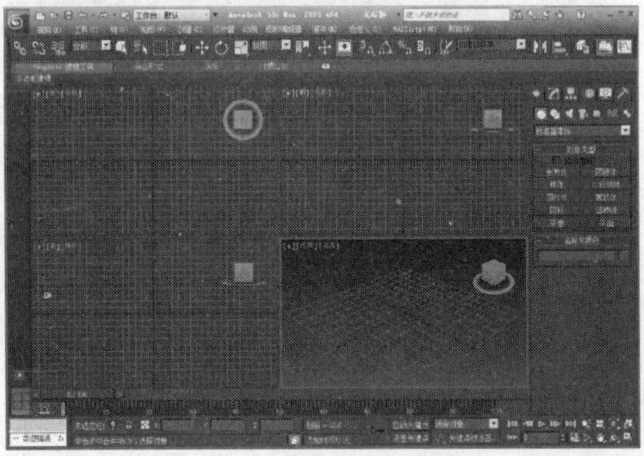

图1-129

02 执行“自定义>加载自定义用户界面方案”菜单命令，打开“加载自定义用户界面方案”对话框，如图1-130所示，然后在弹出的“加载自定义用户界面方案”对话框中选择3ds Max 2013安装路径下的UI（一般路径为C:\Program Files\Autodesk\3ds Max 2013\zh-CN\UI）文件夹中的界面方案，一般选择ame-light.ui界面方案，再单击“打开”按钮 打开(O) ，如图1-131所示，效果如图1-132所示。

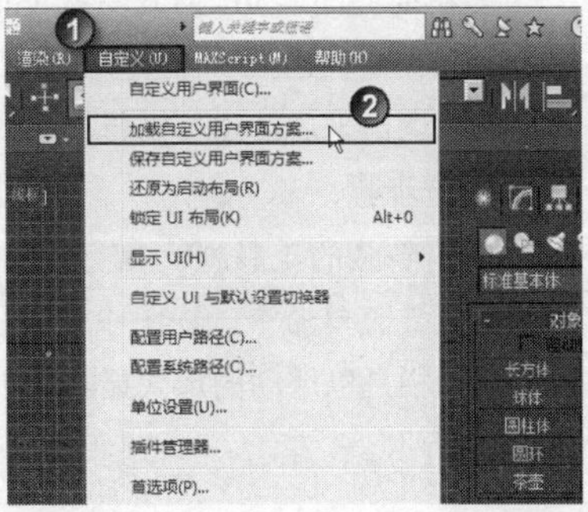

图1-130

图1-131

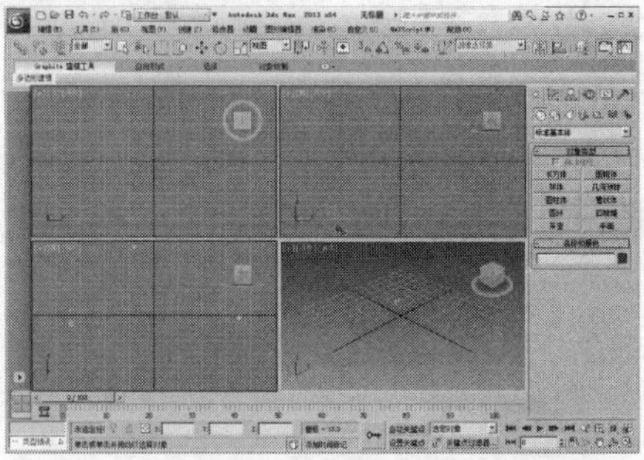

图1-132

实战013 将停靠的主工具栏与命令面板设置为浮动状态

场景位置	无
实例位置	无
视频位置	DVD>多媒体教学>CH01>实战013.flv
难易指数	★☆☆☆☆
技术掌握	掌握如何将停靠的工具栏和面板设置为浮动状态

实例介绍

在默认状态下，“主工具栏”和“命令”面板分别停靠在视图的上方和右侧，可以通过拖曳的方式将其移动到视图中的其他位置，移动后的“主工具栏”和“命令”面板会以浮动的面板形态呈现在视图中。

操作步骤

01 将光标放在“主工具栏”的停放条▌上，如图1-133所示，然后按住鼠标左键向目标位置拖曳“主工具栏”，如图1-134所示。

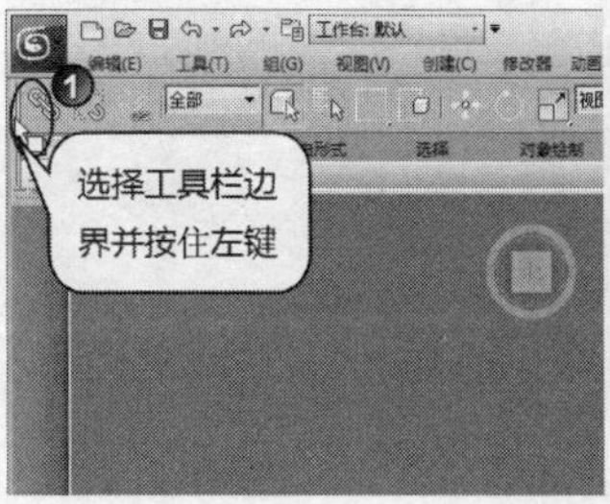

图1-133 图1-134

02 将“主工具栏”拖曳到合适的位置后，松开鼠标左键，此时“主工具栏”将会变成浮动的面板，如图1-135所示。

03 用相同的方法也可以将“命令”面板拖曳到合适的位置变成浮动的面板，如图1-136所示。

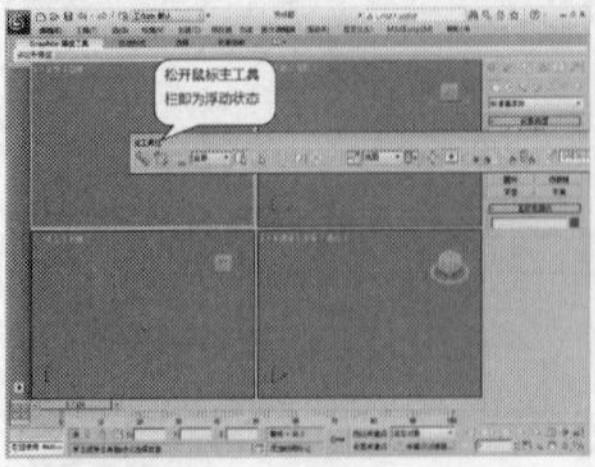

图1-135

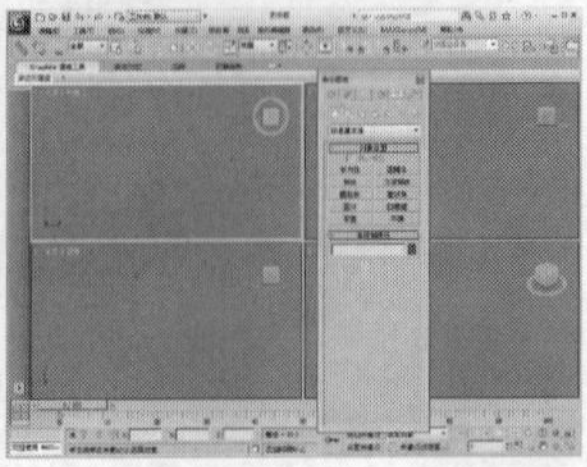

图1-136

实战014 将浮动的主工具栏与命令面板设置为停靠状态

场景位置 无
实例位置 无
视频位置 DVD>多媒体教学>CH01>实战014.flv
难易指数 ★☆☆☆☆
技术掌握 掌握如何将浮动的工具栏和面板设置为停靠状态

实例介绍

如果要将浮动的“主工具栏”与“命令”面板设置为停靠状态，可以通过以下两种方法来实现。

操作步骤

下面介绍第1种方法。

双击“主工具栏”的标题名，即可自动将其停靠在界面左侧，如图1-137和图1-138所示。

图1-137

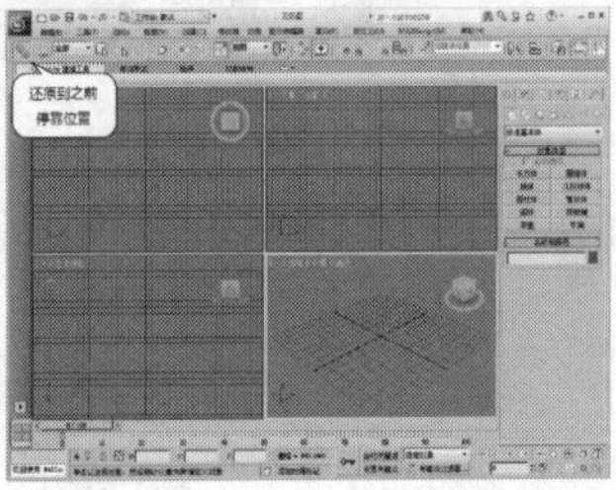

图1-138

下面介绍第2种方法。

将光标放在“主工具栏”的标题名上，然后按住鼠标左键将其拖曳到需要停靠的位置后松开鼠标，如图1-139和图1-140所示。

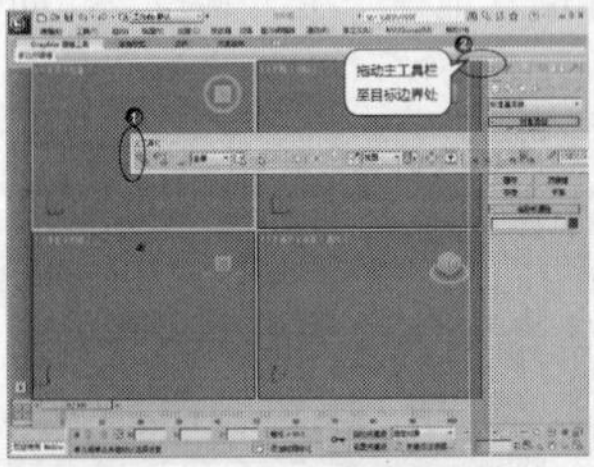

图1-139

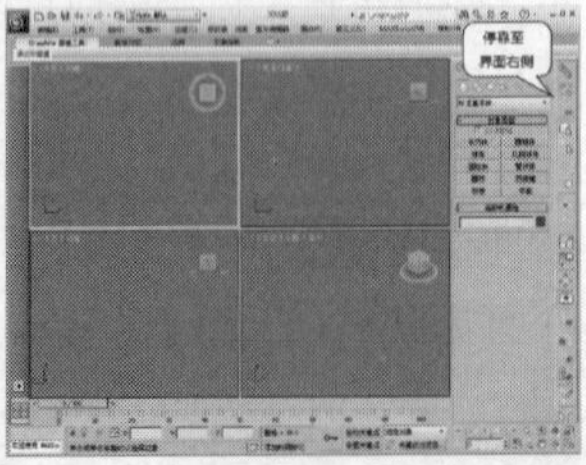

图1-140

技巧与提示

对于“命令”面板，除了以上两种方法外还可以在面板上的空白处单击鼠标右键，然后选择“停靠”菜单下的子命令来选择停靠位置，如图1-141和图1-142所示。

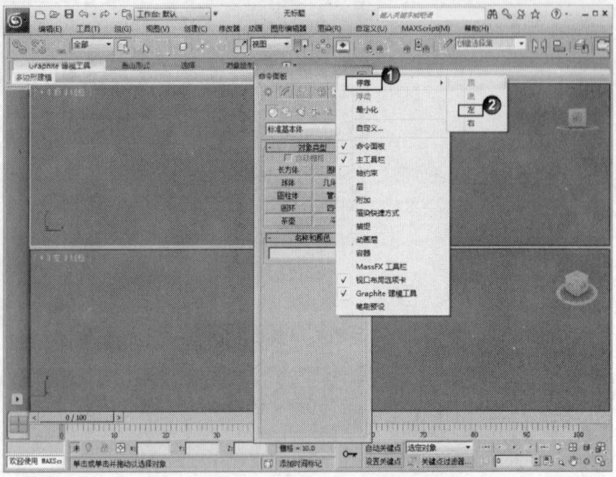

图1-141

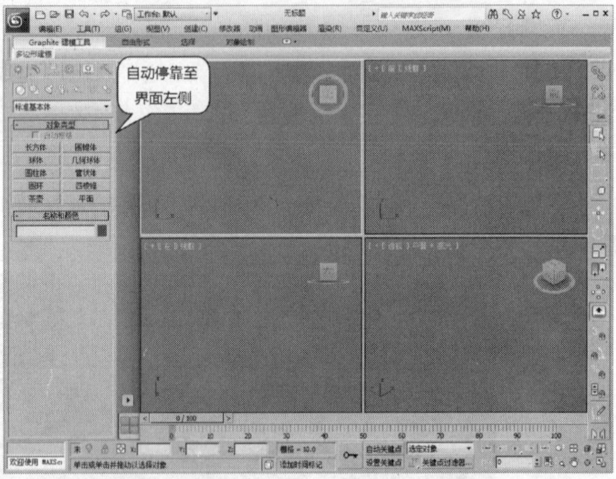

图1-142

如果不小心关闭了“主工具栏”，可以按Alt+6组合键重新将其调出来，再次按Alt+6组合键则隐藏“主工具栏”。此外，为了避免在工作中无意移动“主工具栏”，可以按Alt+0组合键锁定其位置。

实战015 调出与隐藏工具栏

场景位置 无
实例位置 无
视频位置 DVD>多媒体教学>CH01>实战015.flv
难易指数 ★☆☆☆☆
技术掌握 掌握如何调出隐藏的工具栏

实例介绍

为精简界面，3ds Max隐藏了很多工具栏，用户可以根据实际需要调出处于隐藏状态的工具栏。当然，将隐藏的工具栏调出来后，也可以将其关闭。

操作步骤

01 调出隐藏的工具栏。执行“自定义>显示UI>显示浮动工具栏”菜单命令，视图中就会显示出隐藏的工具栏，这些工具栏是以浮动的形式显示在视图中的，如图1-143和图1-144所示。

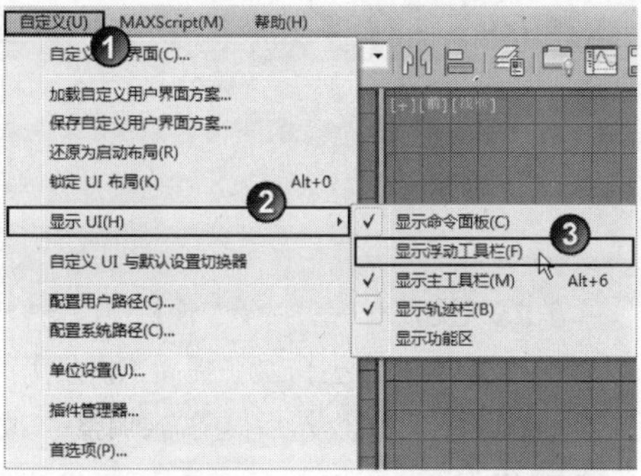

图1-143

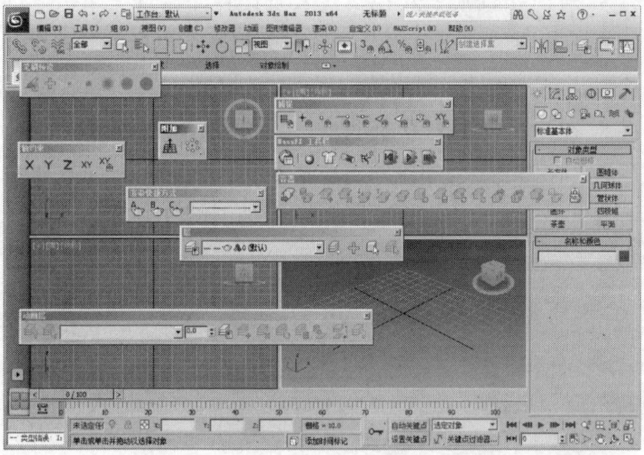

图1-144

02 关闭工具栏。在任意一个工具栏上单击鼠标右键，然后在弹出的菜单中关闭相应工具栏的名称即可关闭该工具栏，如图1-145所示。

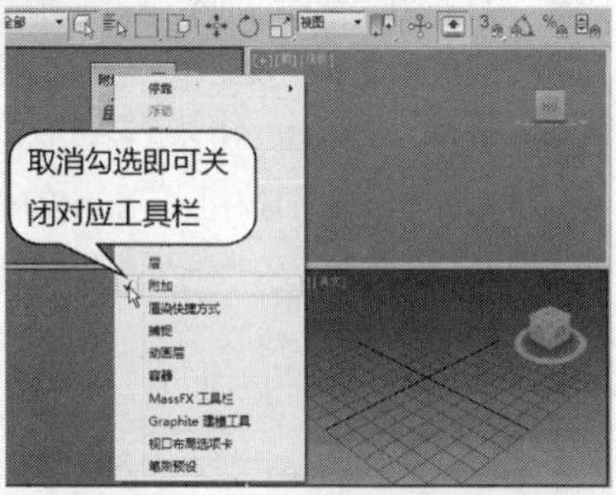

图1-145

实战016 添加工具栏按钮

场景位置	无
实例位置	无
视频位置	DVD>多媒体教学>CH01>实战016.flv
难易指数	★☆☆☆☆
技术掌握	掌握如何添加新的工具按钮到工具栏上

实例介绍

3ds Max默认设置下的工具栏有时满足不了工作的需求，为了提高工作效率，可以将一些常用的工具按钮添加到工具栏上。

操作步骤

01 执行“自定义>自定义用户界面”菜单命令，如图1-146所示，然后在弹出的“自定义用户界面”对话框中单击“工具栏”选项卡，再在“操作”列表下选择“FFD 2×2×2修改器”命令，如图1-147所示。

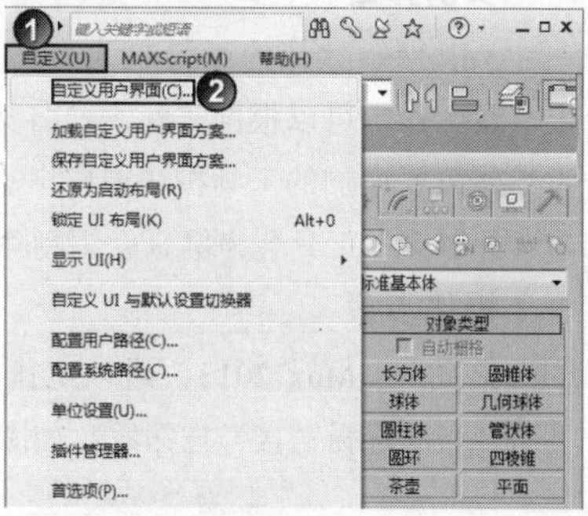

图1-146

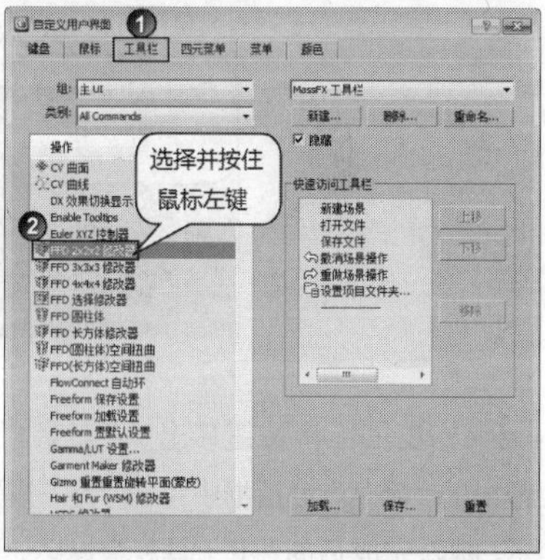

图1-147

02 将“FFD 2×2×2修改器”命令拖曳到“主工具栏”的目标位置，松开鼠标左键即添加成功按钮，如图1-148所示，效果如图1-149所示。

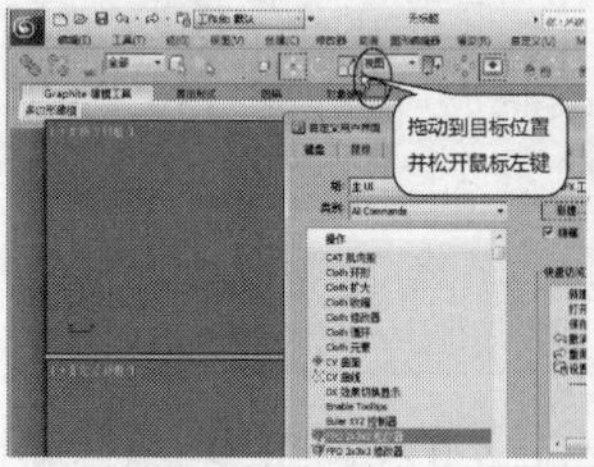

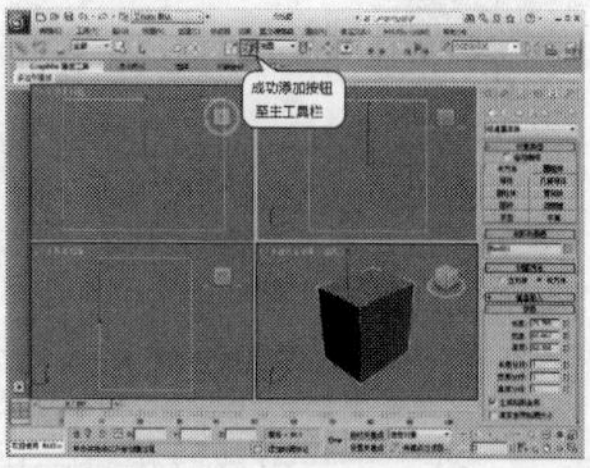

图1-148 图1-149

03 对于隐藏的工具栏，也可以通过相同的方法添加其他工具按钮，如图1-150和图1-151所示。

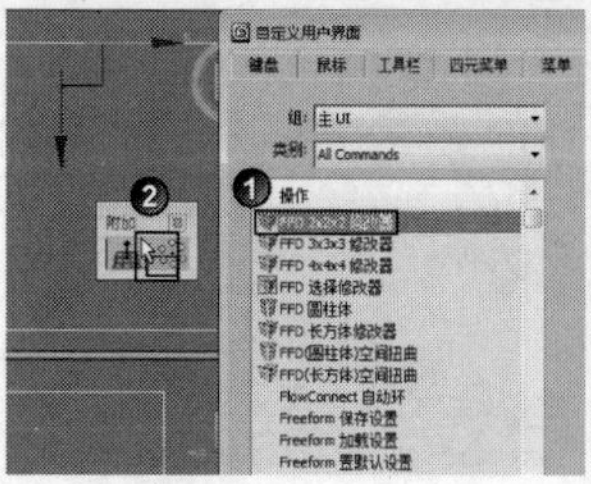

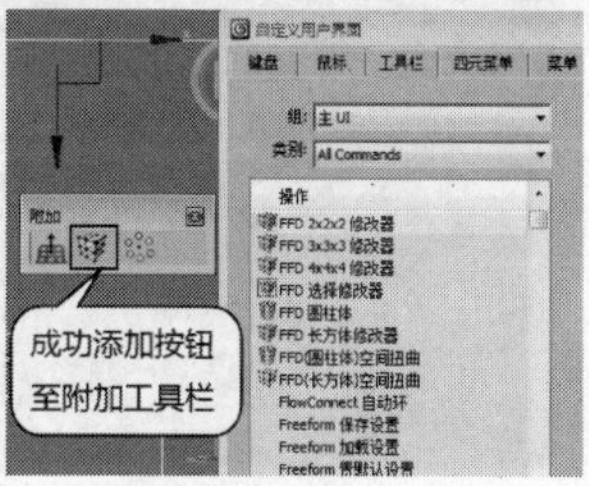

图1-150 图1-151

实战017 删除工具栏按钮

场景位置	无
实例位置	无
视频位置	DVD>多媒体教学>CH01>实战017.flv
难易指数	★☆☆☆☆
技术掌握	掌握如何从工具栏上删除工具按钮

实例介绍

3ds Max默认的工具栏上有一些并不常用的工具按钮，在工作中可以根据实际需要将其删除，以精简面板或为其他需要添加的工具按钮节省出空间。下面以“断开当前选择链接”工具为例来介绍删除方法。

操作步骤

01 启动3ds Max 2013，进入工作界面后按住Alt键单击“断开当前选择链接”按钮，如图1-152所示。

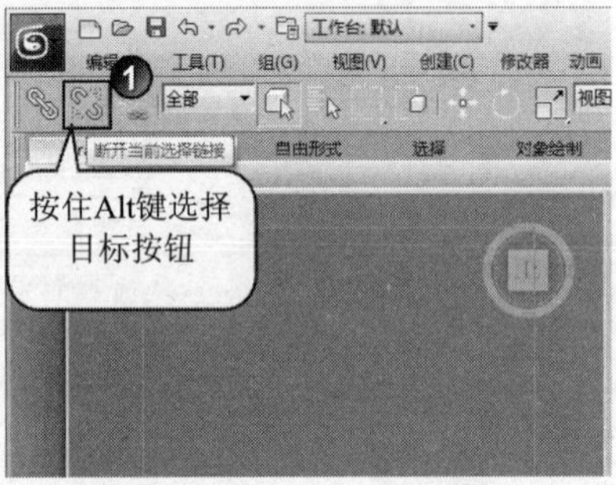

图1-152

02 拖曳鼠标将按钮移出“主工具栏”，然后松开鼠标并在弹出的“确认”对话框中单击“是”按钮，如图1-153所示，删除完成后的“主工具栏”效果如图1-154所示。

图1-153 图1-154

技巧与提示

对于手动添加的按钮，还可以在目标按钮上单击鼠标右键，然后选择“删除按钮”命令并确认即可删除，如图1-155和图1-156所示。

图1-155 图1-156

实战018 配置命令面板修改器集

场景位置	无
实例位置	无
视频位置	DVD>多媒体教学>CH01>实战018.flv
难易指数	★☆☆☆☆
技术掌握	掌握如何配置命令面板修改器集

实例介绍

在默认设置下，在“命令”面板中添加修改命令时，需要通过下拉按钮进行选择，为了提高工作效率可以在其下方直接显示修改命令按钮，然后根据需要调整修改命令按钮。

操作步骤

01 启动3ds Max 2013，进入工作界面后首先单击“创建”面板中的“长方体”按钮 长方体 ，然后任意创建一个长方体，如图1-157所示。

02 在“命令”面板中单击“修改”按钮，进入“修改”面板，此时如果要为创建好的长方体添加修改器，必须在下拉列表的众多命令中进行选择，十分不便，如图1-158所示。

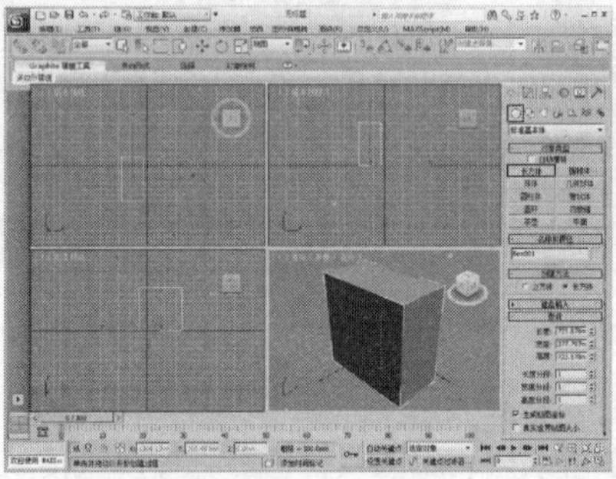

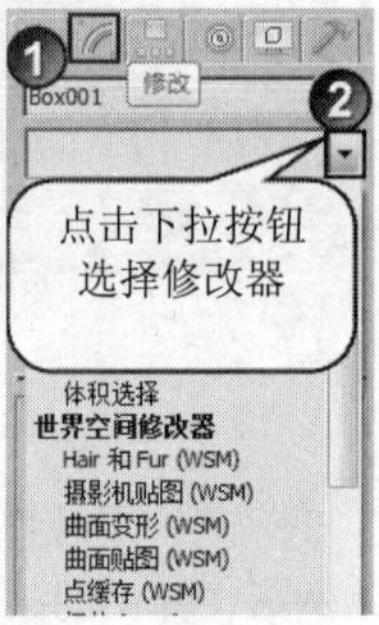

图1-157 图1-158

03 为了能在“修改”面板下方显示修改器的相关按钮，可以单击“配置修改集”按钮，然后在弹出的菜单中选择“显示按钮”命令，如图1-159所示。经过这个操作可以在“修改”面板下方显示修改器的按钮，但显示的按钮有些是空白的，有些也不常用，因此接下来还需要进行调整，如图1-160所示。

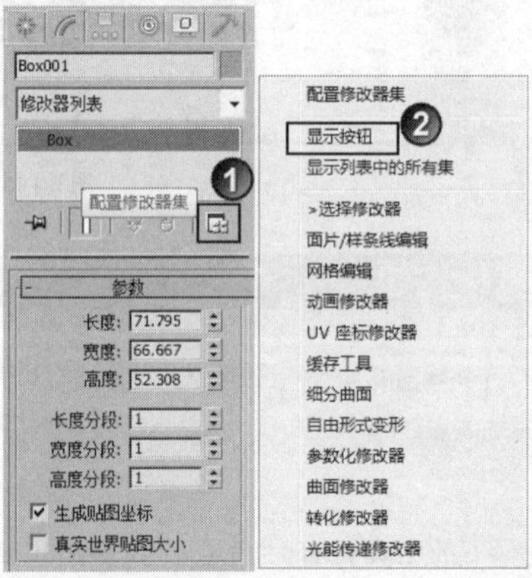

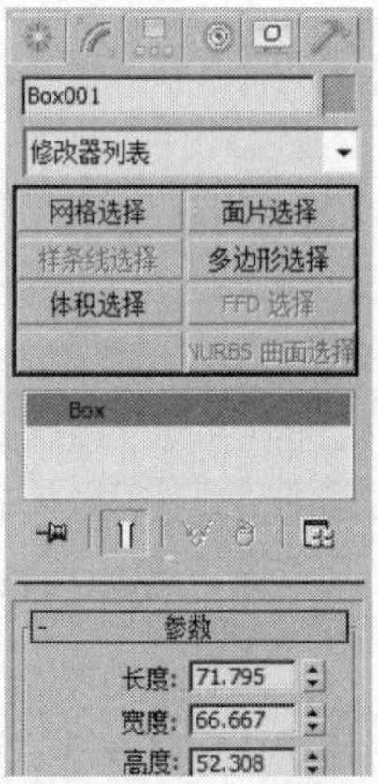

图1-159 图1-160

04 单击“配置修改集”按钮，然后在弹出的菜单中选择“配置修改器集”命令，如图1-161所示，再在弹出的“配置修改器集”对话框中选择要放置的修改器，最后按住鼠标左键将其拖曳到空白按钮上，如图1-162和图1-163所示。

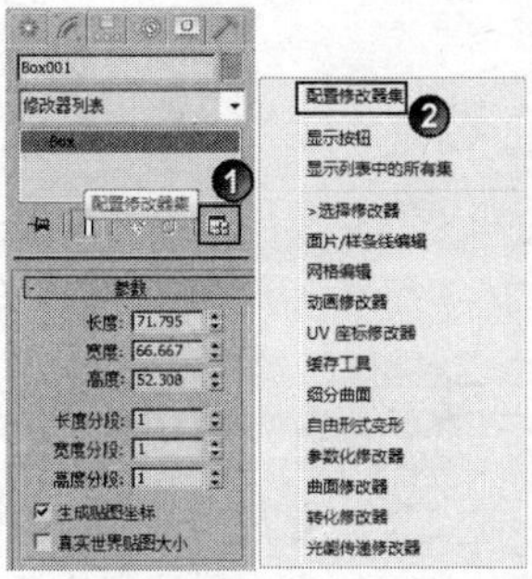

图1-161

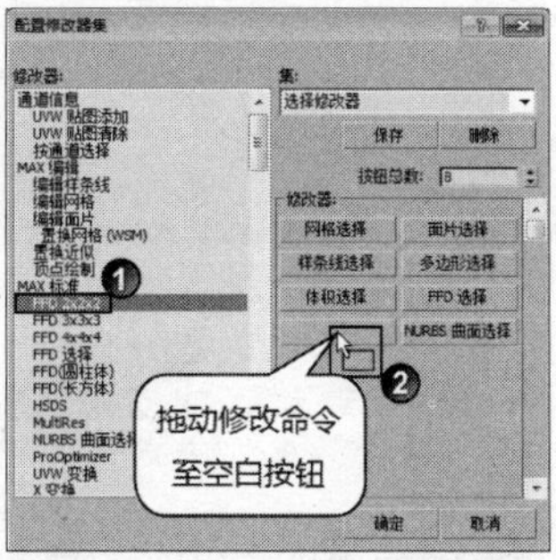

图1-162

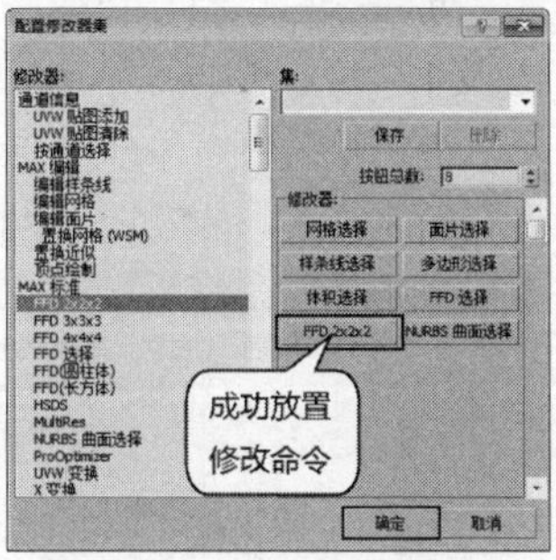

图1-163

05 如果当前配置的修改器按钮不合适，也可以选择新的修改器通过拖曳的方式将其覆盖，如图1-164和图1-165所示。

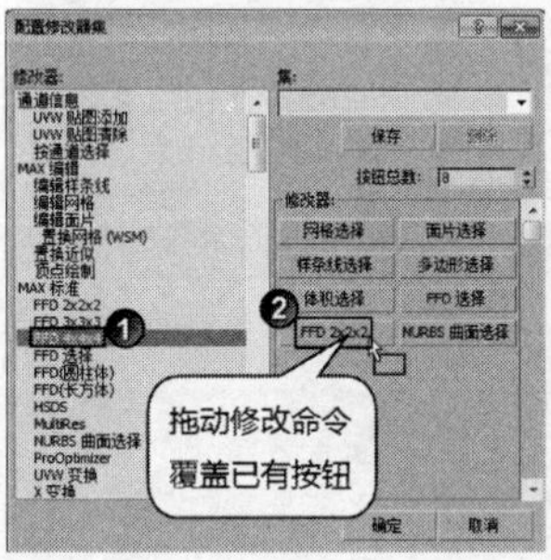

图1-164

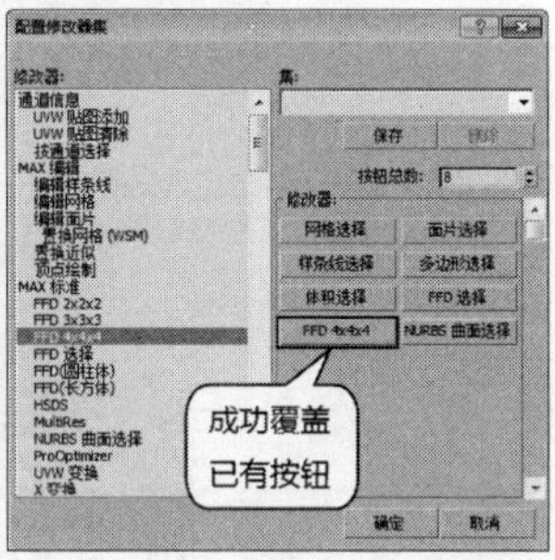

图1-165

06 配置完成后单击“配置修改器集”对话框中的“确定”按钮 确定 ，返回“修改”面板，此时可以发现下方已经出现了配置好的按钮集，如图1-166所示。

图1-166

技巧与提示

通常默认的8个按钮已经能够满足工作需要，如果用户需要设定按钮的数量，可以在“配置修改器集”对话框的“按钮总数”输入框中输入相应的数值即可，如图1-167和图1-168所示。

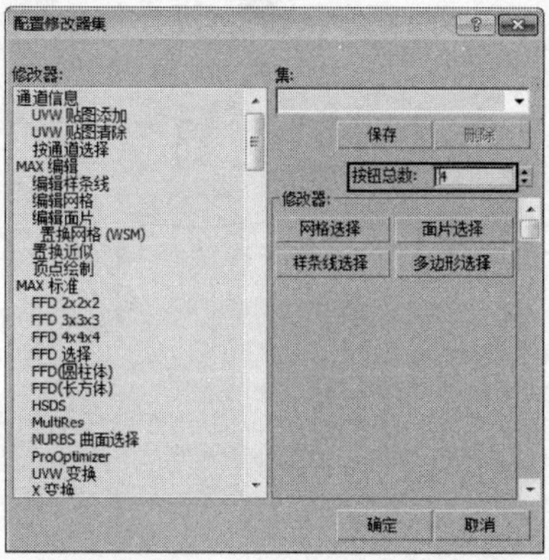

图1-167

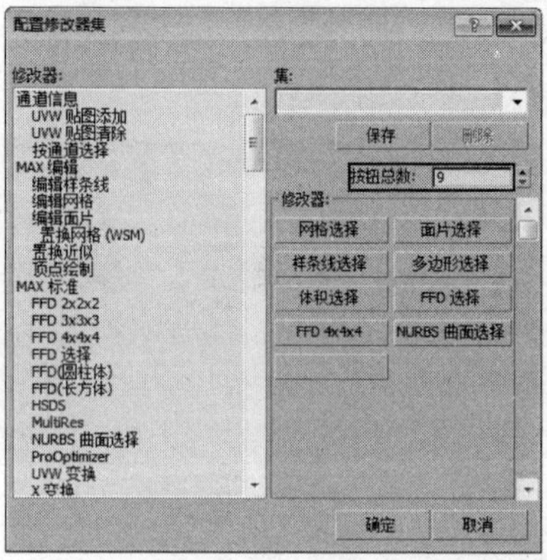

图1-168

实战019 自定义快捷键

场景位置	无
实例位置	无
视频位置	DVD>多媒体教学>CH01>实战019.flv
难易指数	★☆☆☆☆
技术掌握	掌握如何自定义快捷键

实例介绍

在实际工作中，可以用快捷键来代替很多繁琐的操作，以提高工作效率。在3ds Max 2013中，用户还可以自行设置快捷键来调用常用的工具和命令。

操作步骤

01 执行“自定义>自定义用户界面”菜单命令，然后在弹出的“自定义用户界面”对话框中单击“键盘”选项卡，为了方便命令的查找，将“类别”设置为Edit（编辑），此时在下面的列表中可以观察到一些命令后面已经配置好了快捷键，如图1-169和图1-170所示。

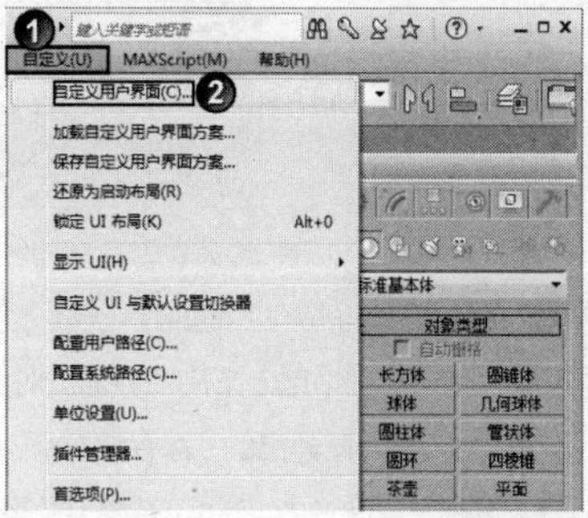

图1-169

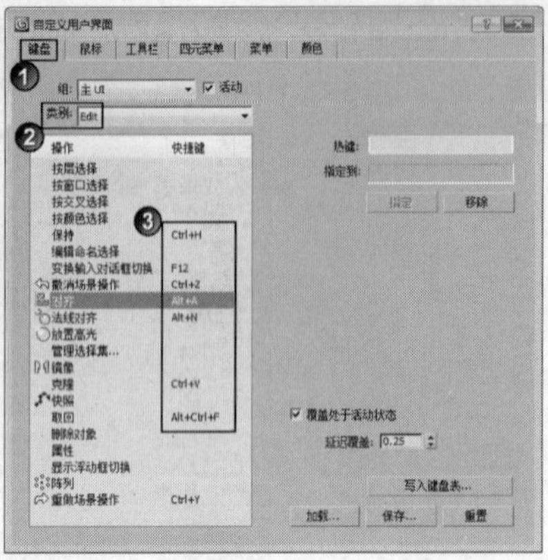

图1-170

02 选择当前未定义快捷键的“镜像”命令，然后在右侧的“热键”输入框中按Alt+M组合键，再单击“指定”按钮 指定 ，如图1-171所示。

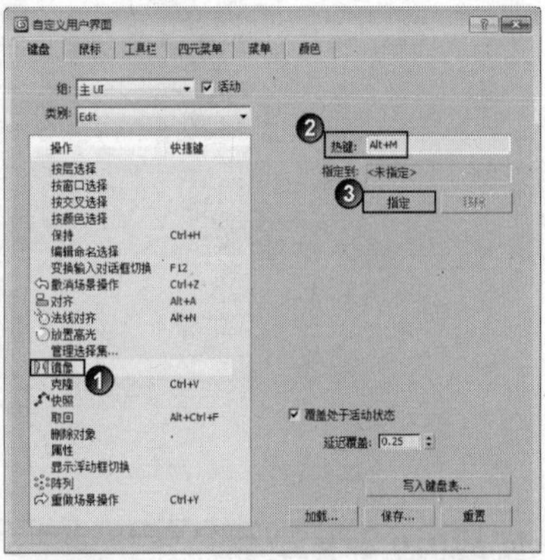

图1-171

03 经过以上步骤后再观察左侧的列表，可以发现已经将Alt+M组合键成功指定给“镜像”命令，如图1-172所示。

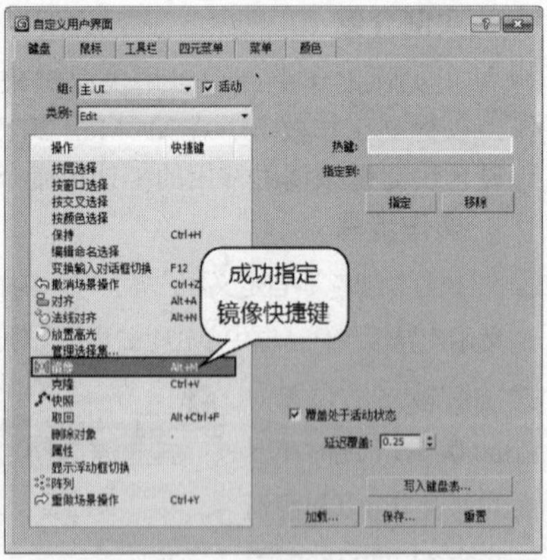

图1-172

04 为了方便以后在其他的计算机上使用这套快捷键，可以将其保存起来。在“自定义用户界面”对话框中单击“保存”按钮 保存... ，然后在弹出的“保存快捷键文件为”对话框中设置好保存的路径与文件名，再单击“保存”按钮 保存... 完成保存，如图1-173所示。

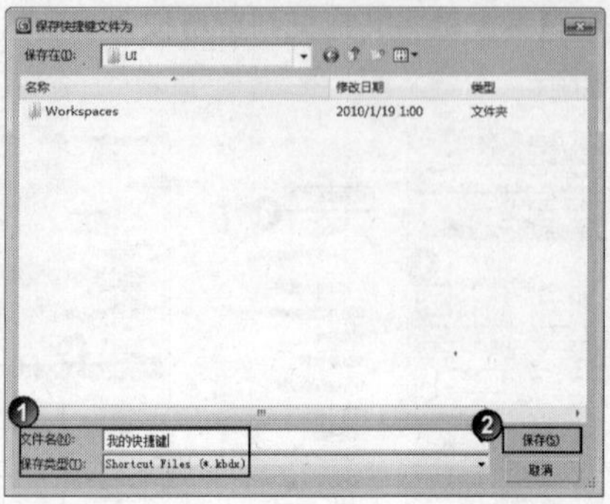

图1-173

05 保存完成后如果需要在其他计算机上应用这套快捷键，可以先进入“自定义用户界面”对话框中的“键盘”选项卡，然后单击“加载”按钮 加载... ，如图1-174所示，再在弹出的“加载快捷键文件”对话框中选择前面保存好的文件，最后单击“打开”按钮 打开(O) 即可，如图1-175所示。

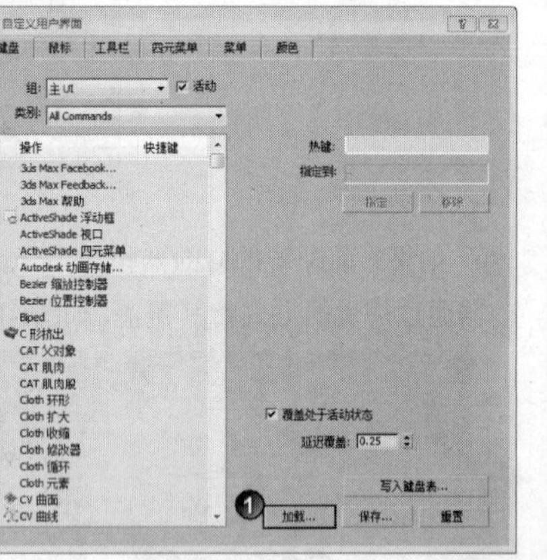

图1-174

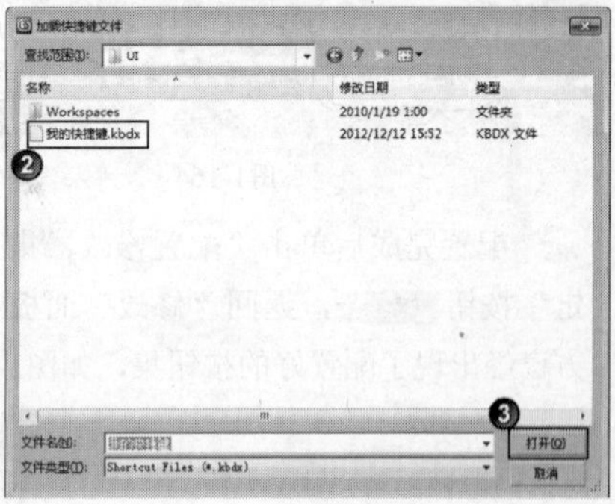

图1-175

技术专题 04 将快捷键导出为文本文件

对于初学者来说，如果要强记一些常用的快捷键，可以将设置好的快捷键导出为.txt（记事本）文件，以便随时查看，方法如下。

第1步：首先设置好快捷键，然后在“自定义用户界面”对话框中单击“写入键盘表”按钮 写入键盘表... ，如图1-176所示，再在弹出的“将文件另存为”对话框中设置文件格式为.txt并输入文件名，最后单击“保存”按钮 保存(S) ，如图1-177所示。

第2步：打开保存好的记事本文档，可以查看到当前设置的所有快捷键，如图1-178所示。

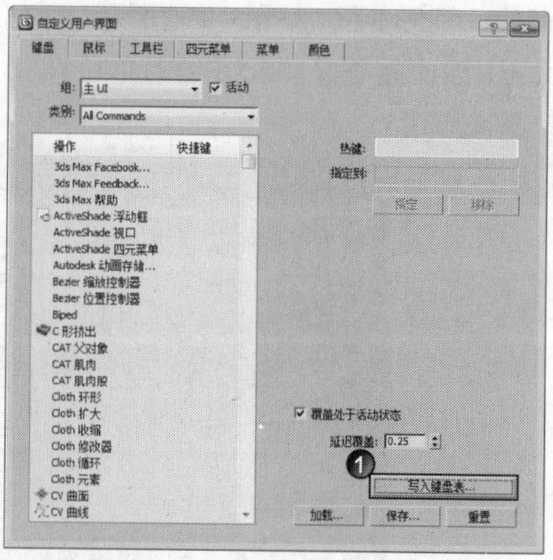

图1-176

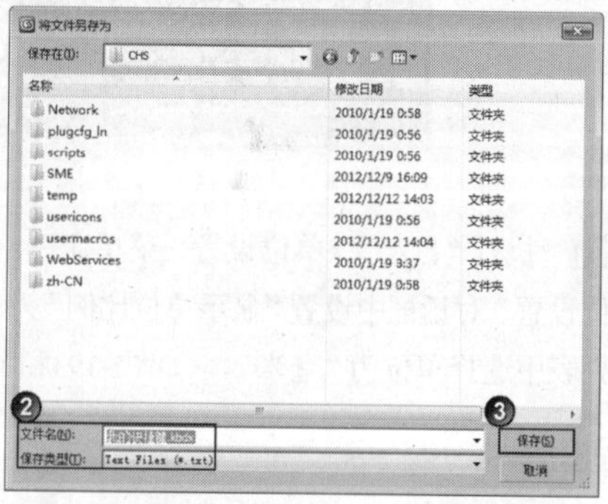

图1-177

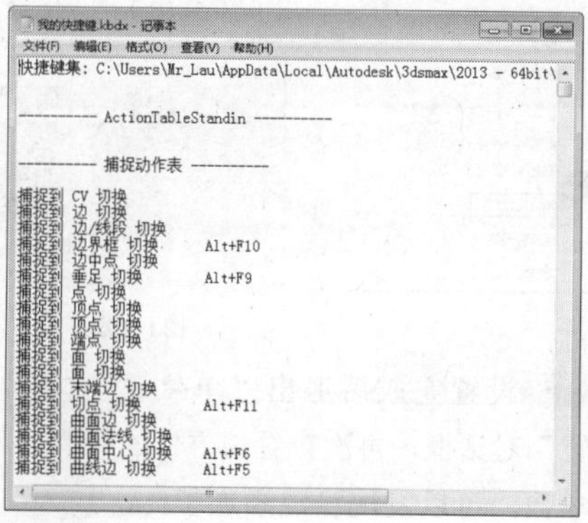

图1-178

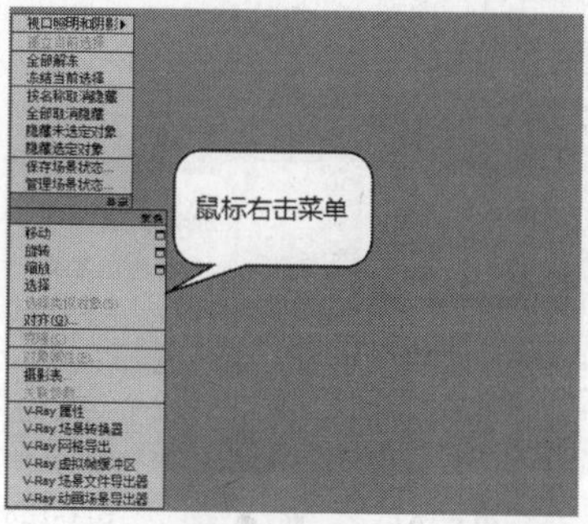

图1-179

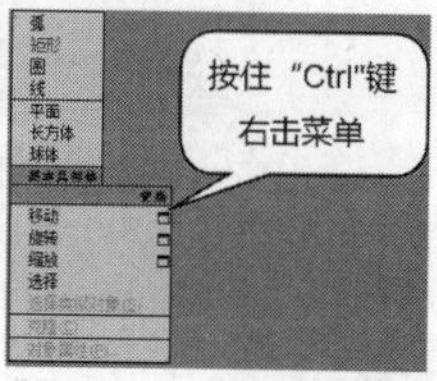

图1-180

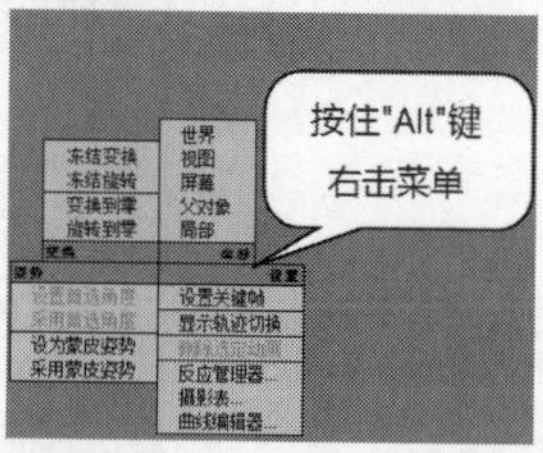

图1-181

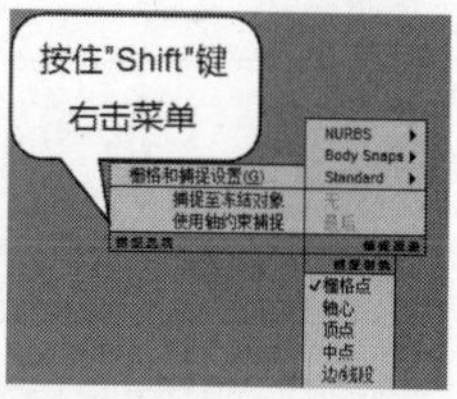

图1-182

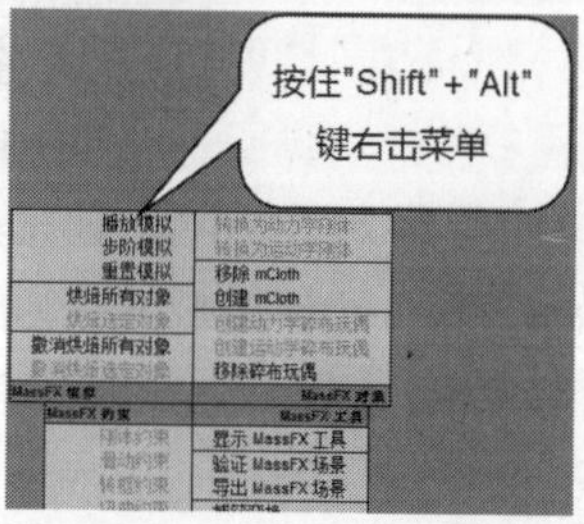

图1-183

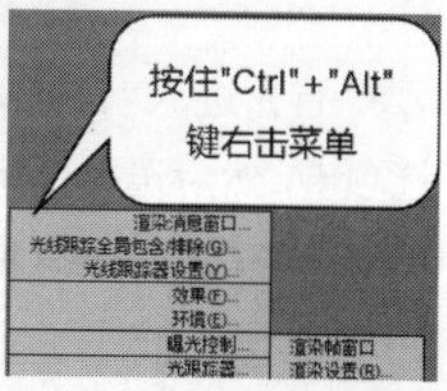

图1-184

实战020 自定义鼠标快捷菜单

场景位置 无
实例位置 无
视频位置 DVD>多媒体教学>CH01>实战020.flv
难易指数 ★☆☆☆☆
技术掌握 掌握如何自定义鼠标快捷菜单

实例介绍

在3ds Max中除了直接使用键盘快捷键以外，单击鼠标右键或配合键盘上的Ctrl键、Alt键以及Shift键也可以弹出快捷菜单，这样也可以快速执行一些常用的命令，如图1-179~图1-184所示。而在工作中要根据实际需要自定义右键菜单中的命令，这样才能更好地利用这些右键快捷菜单。

操作步骤

01 启动3ds Max 2013，执行“自定义>自定义用户界面”菜单命令，如图1-185所示，然后在弹出的“自定义用户界面”对话框中单击“四元菜单”选项卡，为了方便命令的查找将“类别”设置为Edit（编辑），再选定要添加的菜单命令（本例选择“对齐”命令），如图1-186所示。

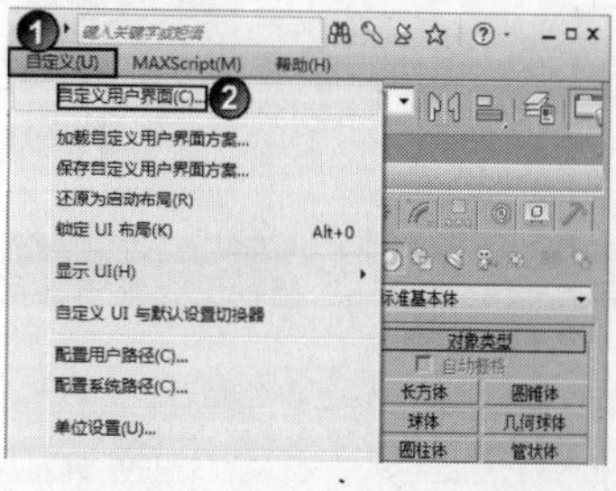

图1-185

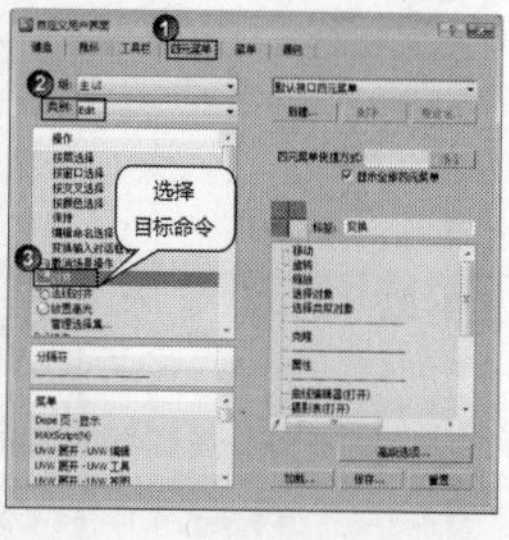

图1-186

02 按住鼠标左键将“对齐”命令拖曳到右侧，鼠标右击菜单的目标位置，然后松开鼠标即可添加成功，如图1-187和图1-188所示。

03 了解添加鼠标右键菜单命令的方法后，接下来以图1-189所示的“曲线编辑器”命令为例来了解删除鼠标右键菜单命令的方法。

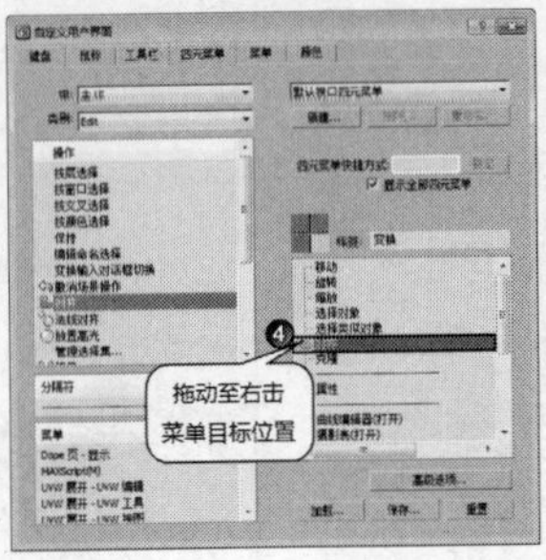

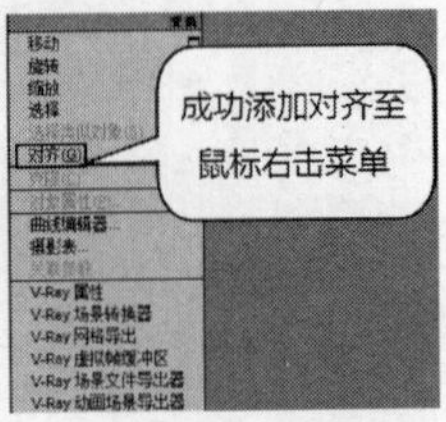

图1-187　　图1-188

图1-189

04 首先进入"自定义用户界面"对话框中的"四元菜单"选项卡，然后选择目标命令并单击鼠标右键，再在弹出的菜单中选择"删除菜单项"命令即可删除成功，如图1-190和图1-191所示。

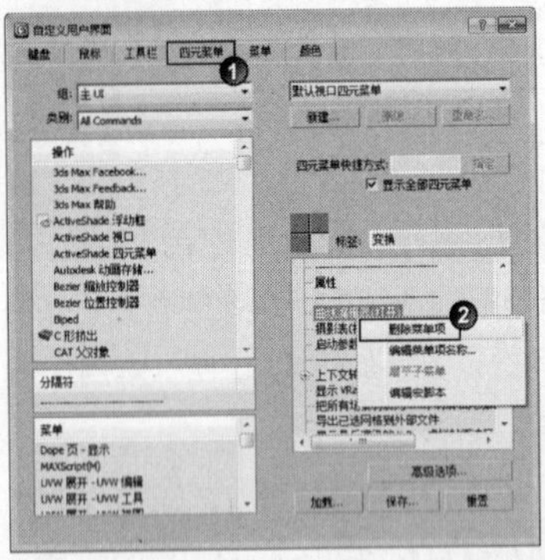

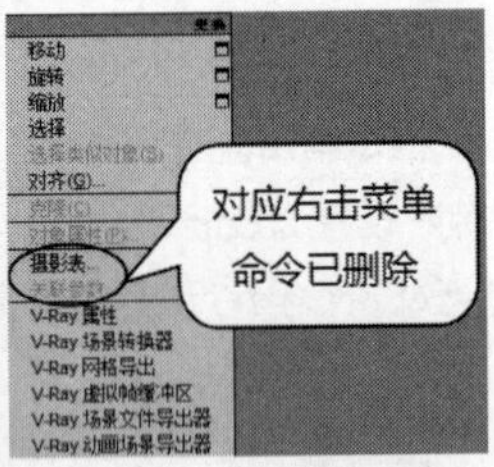

图1-190　　图1-191

实战021 设置显示单位与系统单位

场景位置	DVD>场景文件>CH01>实战021.max
实例位置	无
视频位置	DVD>多媒体教学>CH01>实战021.flv
难易指数	★☆☆☆☆
技术掌握	掌握如何设置显示与系统单位

实例介绍

在使用3ds Max制作模型之前设置好显示单位能制作出精确的模型；设置系统单位则能有效避免导出场景内模型或导入外部模型时产生单位的误差。

操作步骤

01 打开光盘中的"场景文件>CH01>实战021.max"文件，这是一个正方体，在"命令"面板中单击"修改"按钮，然后在"参数"卷展栏下可以看到该模型的尺寸只有数字，没有显示任何单位，如图1-192所示。此时无法判断其真正大小，因此接下来将长方体的单位设置为mm（mm表示"毫米"）。

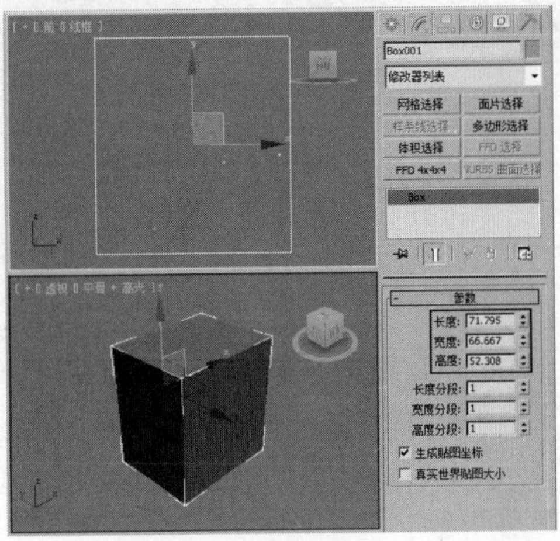

图1-192

02 执行"自定义>单位设置"菜单命令，然后在弹出的"单位设置"对话框中设置"显示单位比例"为"公制"，再在下拉列表中选择单位为"毫米"，如图1-193和图1-194所示。

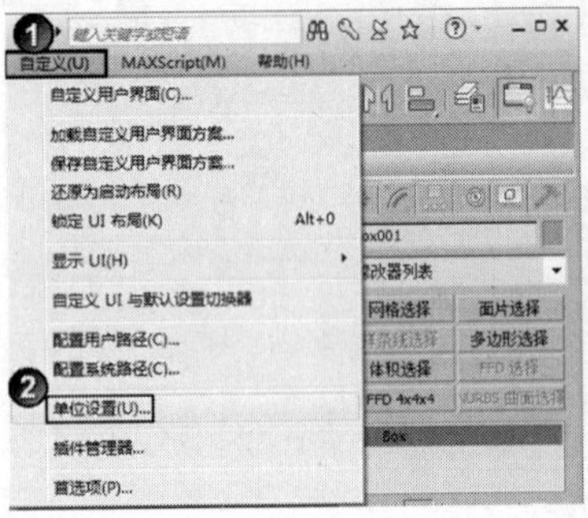

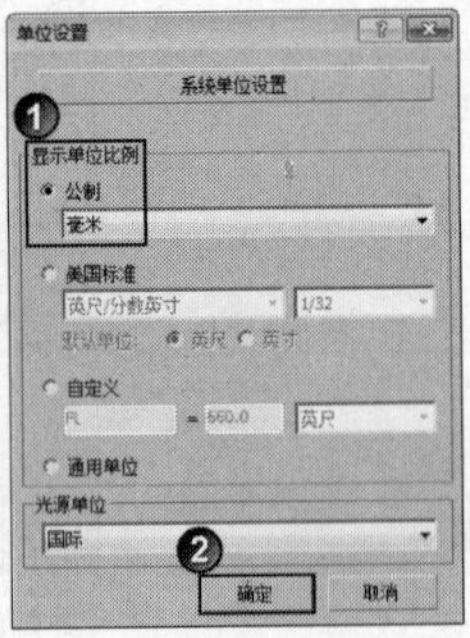

图1-193　　图1-194

03 设置完成后退出"单位设置"对话框，再次查看长方体的参数，可以发现已经添加了mm为单位，如图1-195所示。

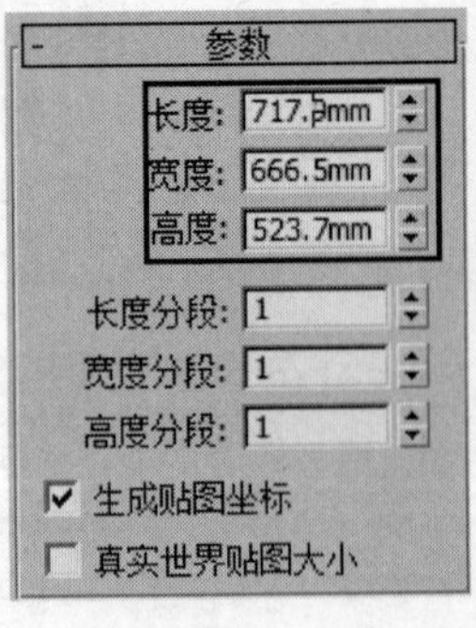

图1-195

技巧与提示

在实际的工作中经常需要导入外部模型或导出场景模型，以便在不同的三维软件中完成整体的项目制作，为了避免场景导入或导出时与其他软件的单位产生误差，在设置好显示单位后还需要设置好系统单位。注意，"系统单位"一定要与"显示单位"保持一致，这样才更方便进行操作。

04 再次打开“单位设置”对话框，然后单击“系统单位设置”按钮 系统单位设置 ，再在弹出的“系统单位设置”对话框中设置“系统单位比例”为“毫米”，最后单击“确定”按钮 确定 ，如图1-196所示。

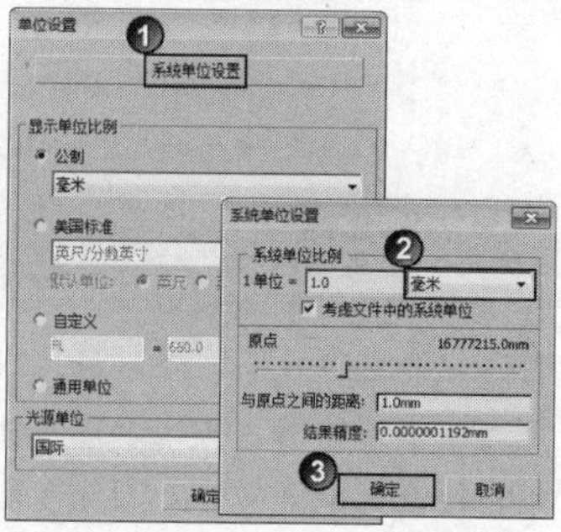

图1-196

技巧与提示

在制作室外场景时一般采用m（米）作为系统单位，而在制作室内场景时一般采用cm（厘米）或mm（毫米）作为系统单位。

实战022 打开场景文件

场景位置	DVD>场景文件>CH01>实战022.max
实例位置	无
视频位置	DVD>多媒体教学>CH01>实战022.flv
难易指数	★☆☆☆☆
技术掌握	掌握打开场景文件的方法

实例介绍

场景文件就是指已经存在的.max文件，根据打开场景用途的不同，通常会选择不同的打开方法。

操作步骤

下面介绍第1种方法。

在已经进入3ds Max 2013工作界面的前提下，如果要打开新的场景文件，可以单击“应用程序”图标，然后执行“打开”命令，如图1-197所示，再在弹出的“打开文件”对话框中选择想要打开的场景文件（本例的场景文件位置为“场景文件>CH01>实战022.max”），最后单击“打开“按钮 打开(O) ，如图1-198所示，打开场景后的效果如图1-199所示。

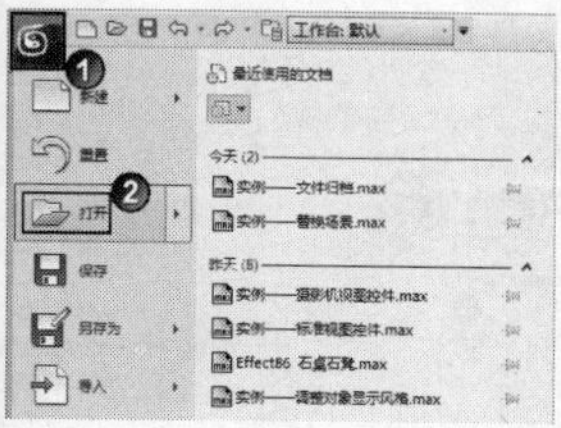

图1-197

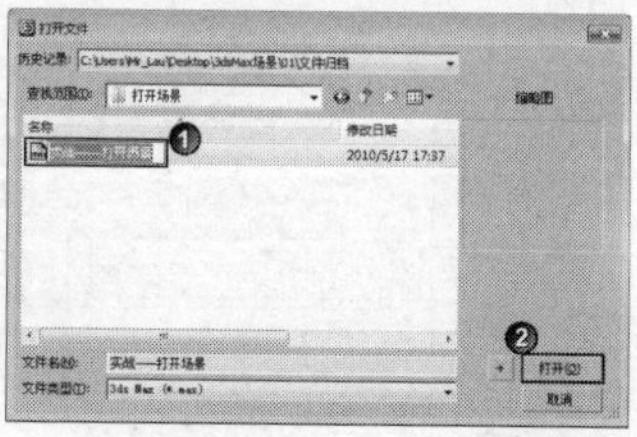

图1-198

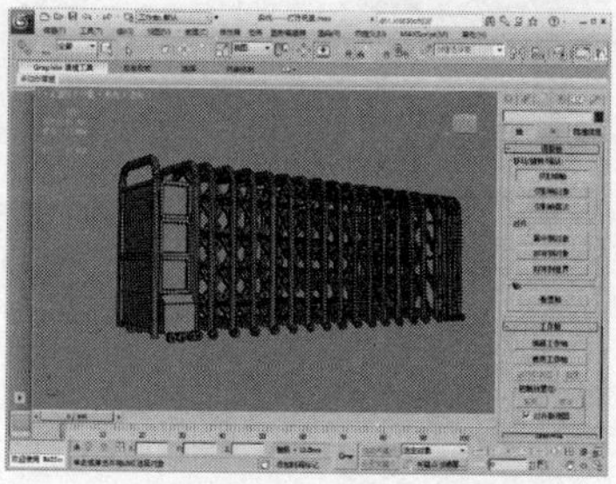

图1-199

技巧与提示

按Ctrl+O组合键同样可以执行这种打开方法。要注意的是如果此时场景中已经有模型文件，通过这种方法打开后，此前的文件将自动关闭，3ds Max始终只打开一个软件窗口。

下面介绍第2种方法。

找到要打开的场景文件，然后直接双击即可将其打开，如图1-200~图1-202所示。

图1-200

图1-201

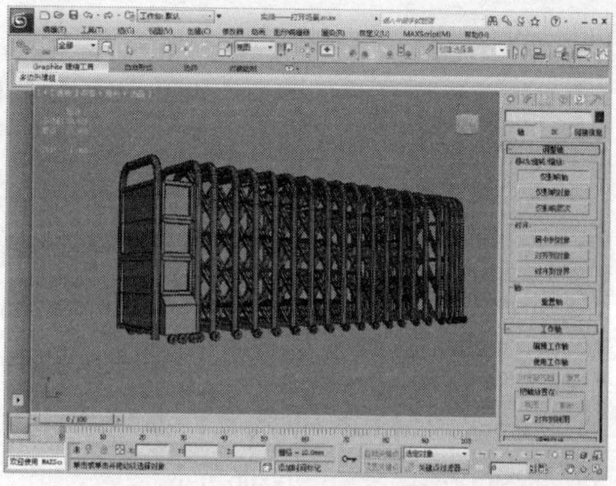

图1-202

技巧与提示

通过双击打开的场景将自动开启一个新的软件窗口，因此需要同时打开多个软件窗口时可以使用这种打开方法。此外，直接使用鼠标左键将场景文件拖曳到已打开的3ds Max窗口中同样可以打开场景，但是这样也会自动关闭此前的场景。

实战023 保存场景文件

场景位置	无
实例位置	无
视频位置	DVD>多媒体教学>CH01>实战023.flv
难易指数	★☆☆☆☆
技术掌握	掌握保存场景文件的方法

实例介绍

在创建场景的过程中，需要适时地对场景进行保存以避免突发情况造成文件损坏或丢失。在场景制作完成后同样需要保存，以保证下次打开文件时得到的是最终场景效果。

操作步骤

单击“应用程序”图标，然后在弹出的下拉菜单中执行“保存”命令， 如图1-203所示，再在弹出的“文件另存为”对话框中选择场景文件的保存路径，并为场景命名，最后单击“保存”按钮 保存(S) ，如图1-204所示。

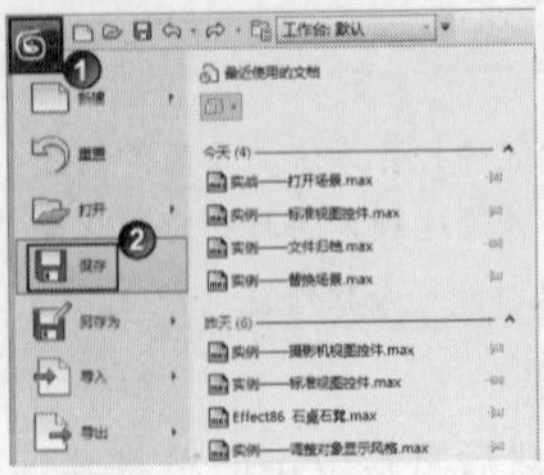

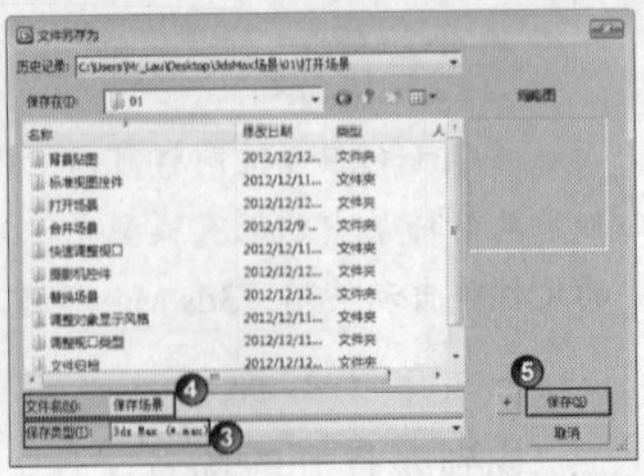

图1-203　　图1-204

技巧与提示

按Ctrl+S组合键同样可以打开“文件另存为”对话框。

实战024 导入外部文件

场景位置　DVD>场景文件>CH01>实战024.3ds
实例位置　无
视频位置　DVD>多媒体教学>CH01>实战024.flv
难易指数　★☆☆☆☆
技术掌握　掌握如何导入外部文件

实例介绍

在三维场景的制作中，为了提高工作效率，可以将一些已经制作好的外部文件（比如.3ds和.obj文件）导入到现有场景中。

操作步骤

01 单击界面左上角“应用程序”图标，然后在弹出的下拉菜单中执行“导入>导入”菜单命令，如图1-205所示。

02 在弹出的“选择要导入的文件”对话框中选择光盘中的“场景文件>CH01>实战024.3ds”文件，然后单击“打开”按钮 打开(O)，如图1-206所示。

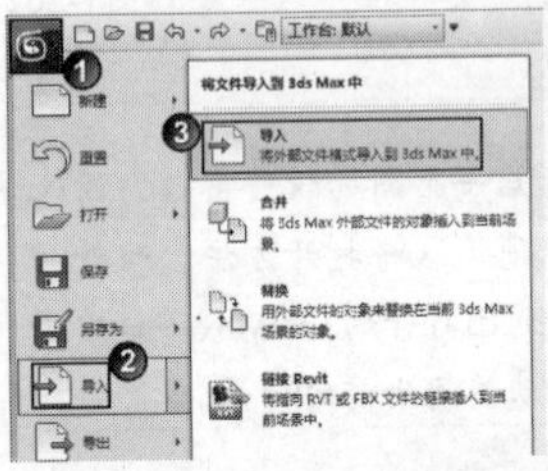

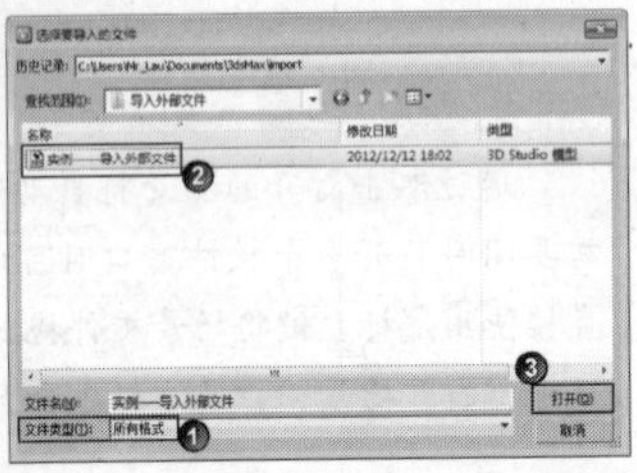

图1-205　　图1-206

03 继续在弹出的“3DS导入”对话框中勾选“合并对象到当前场景”选项，然后单击“确定”按钮 确定，如图1-207所示，导入到场景后的效果如图1-208所示。

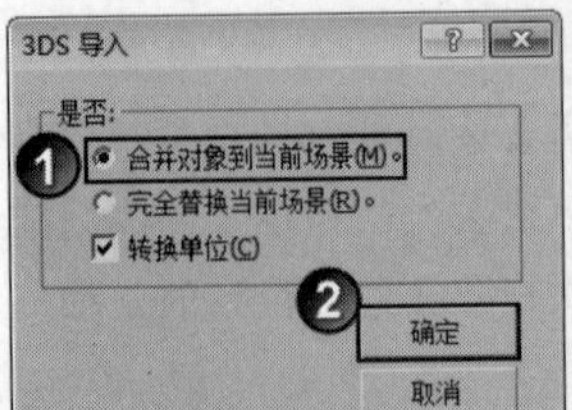

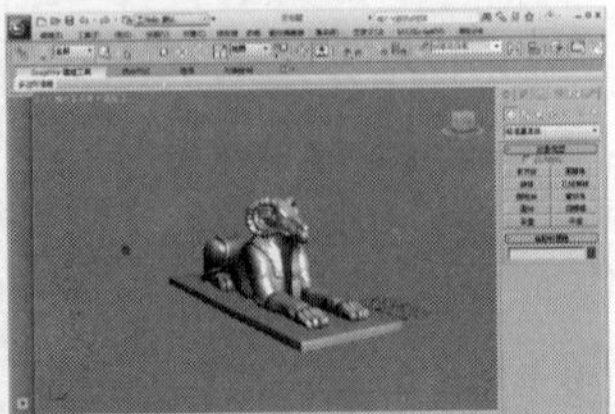

图1-207　　图1-208

技巧与提示

如果在“3DS导入”对话框中勾选“完全替换当前场景”选项，则当前打开的场景将自动关闭，而仅打开导入的外部文件。

实战025 合并外部文件

场景位置　DVD>场景文件>CH01>实战025-1.max、实战025-2.max
实例位置　无
视频位置　DVD>多媒体教学>CH01>实战025.flv
难易指数　★☆☆☆☆
技术掌握　掌握如何合并外部场景文件

实例介绍

合并文件就是将外部的文件合并到当前场景中。这种合并是有选择性的，可以是几何体、二维图形，也可以是灯光、摄影机等。相比于导入外部文件，合并外部文件可以直接合并.max文件，因此在实际的工作中使用频率更为频繁。

操作步骤

01 打开光盘中的“场景文件>CH01>实战025-1.max”文件，这是一个雕塑底座模型，如图1-209所示。

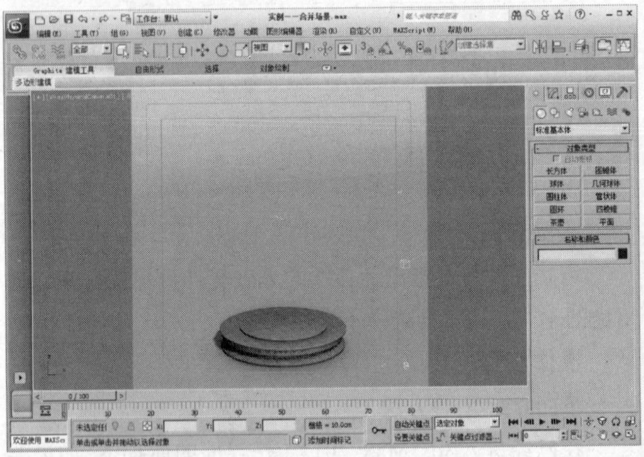

图1-209

02 单击界面左上角的“应用程序”图标，然后在弹出的下拉菜单中执行“导入>合并”菜单命令，如图1-210所示，再在弹出的对话框中选择光盘中的“场景文件>CH01>实战025-2.max”文件并将其打开，如图1-211所示。

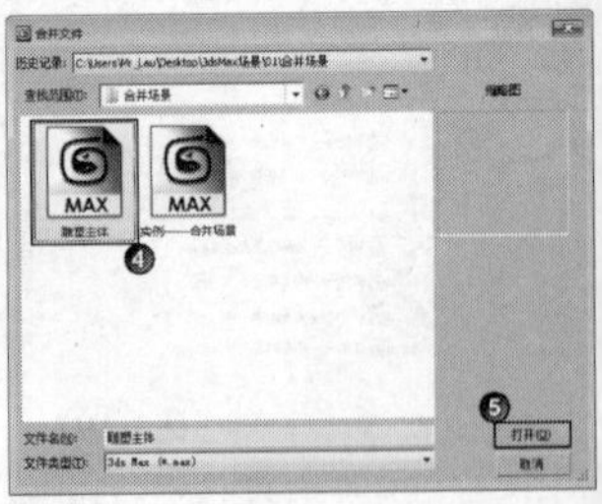

图1-210　　图1-211

03 执行上一步骤后，系统会弹出“合并”对话框，用户可以选择需要合并的文件类型，这里仅选择雕塑主体，然后单击“确定”按钮 确定，如图1-212所示，合并文件后的效果如图1-213所示。

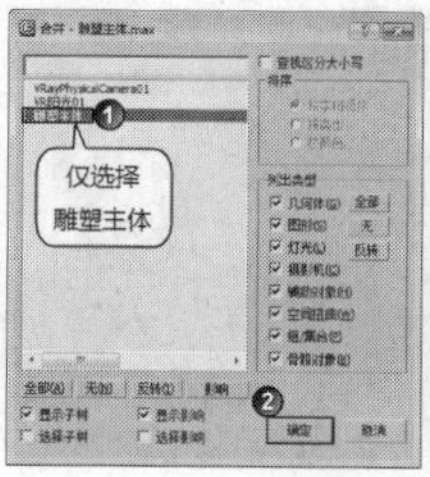

图1-212

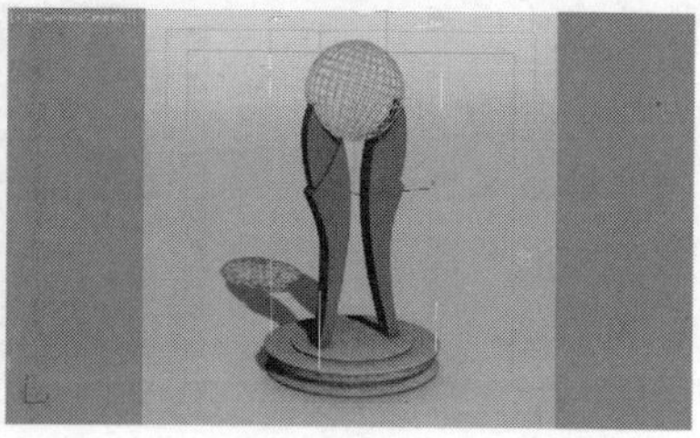

图1-213

技巧与提示

在实际工作中，合并文件通常是有选择性的，合并最多的是家具、树木等模型。因此，通常利用类型反转过滤掉灯光与摄影机，自动选择到模型，如图1-214和图1-215所示。

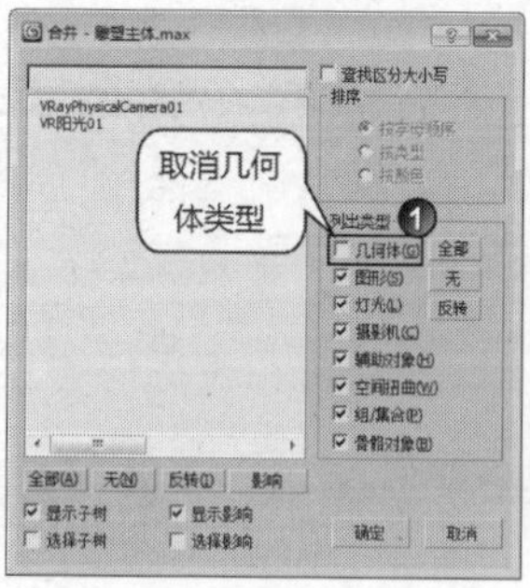

图1-214

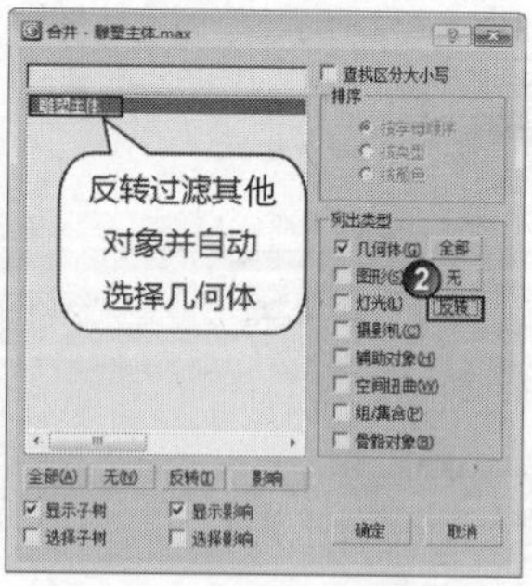

图1-215

实战026 替换场景对象

场景位置	DVD>场景文件>CH01>实战026-1.max、实战026-2.max
实例位置	无
视频位置	DVD>多媒体教学>CH01>实战026.flv
难易指数	★☆☆☆☆
技术掌握	掌握如何替换场景对象

实例介绍

当场景中的模型（也可以是几何体、图形、灯光、摄影机等）效果不理想，但同时又有比较理想的外部文件时，可以通过替换场景对象直接进行更新。

操作步骤

01 打开光盘中的“场景文件>CH01>实战026-1.max”文件，如图1-216所示，接下来将通过替换场景对象更新雕塑主体模型。

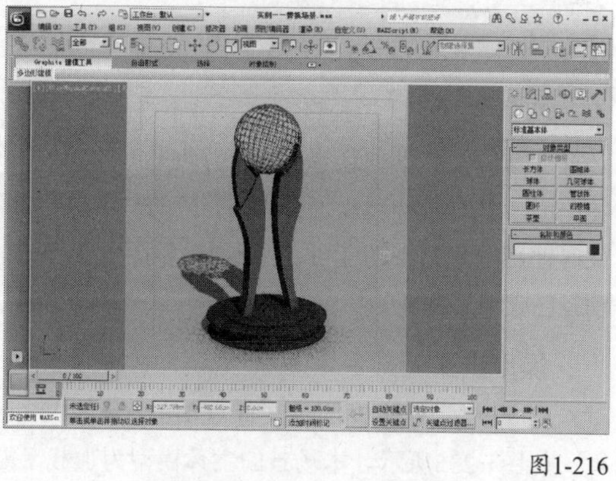

图1-216

02 单击界面左上角的“应用程序”图标，然后在弹出的下拉菜单中执行“导入>替换”菜单命令，再在弹出的对话框中选择光盘中的“场景文件>CH01>实战026-2.max”文件并将其打开，如图1-217和图1-218所示。

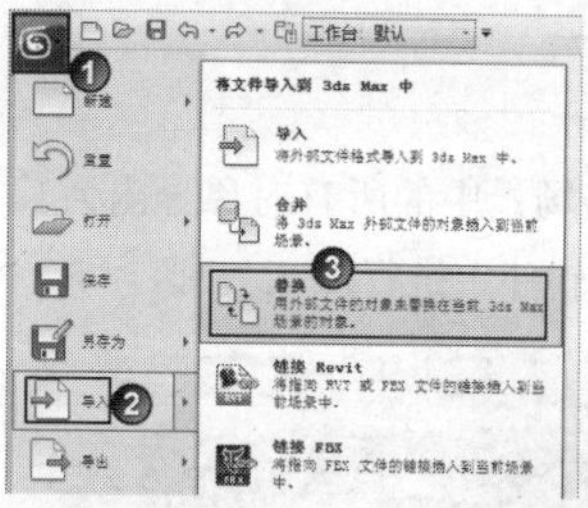

图1-217

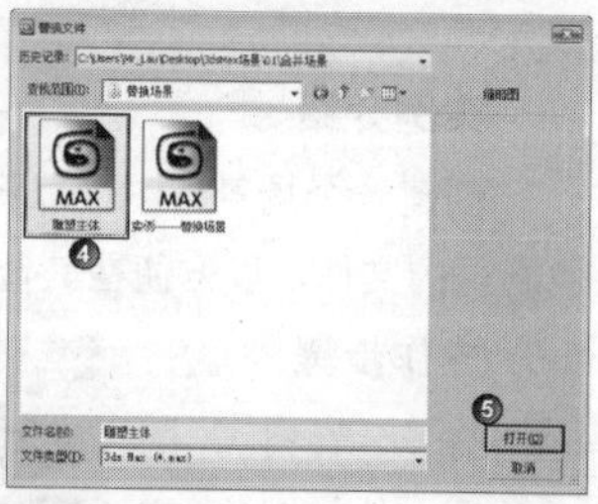

图1-218

03 执行上一步骤后，系统会弹出“替换”对话框，用户可以选择需要替换的文件，这里选择雕塑主体，然后单击“确定”按钮 确定 ，如图1-219所示，最后在弹出的对话框中单击“是”按钮 是(Y) 完成替换，如图1-220所示，替换后的场景效果如图1-221所示。

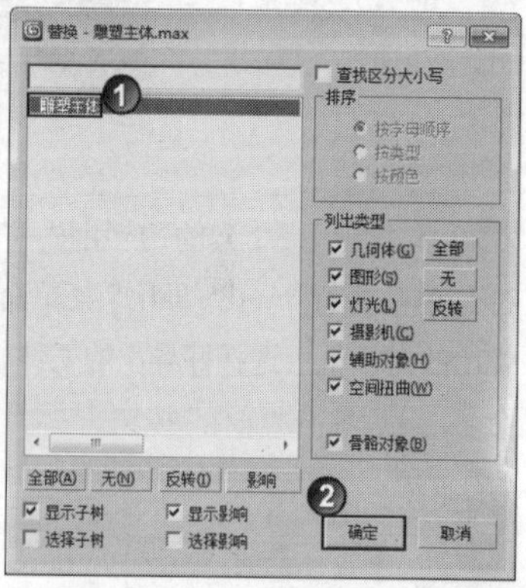

图1-219

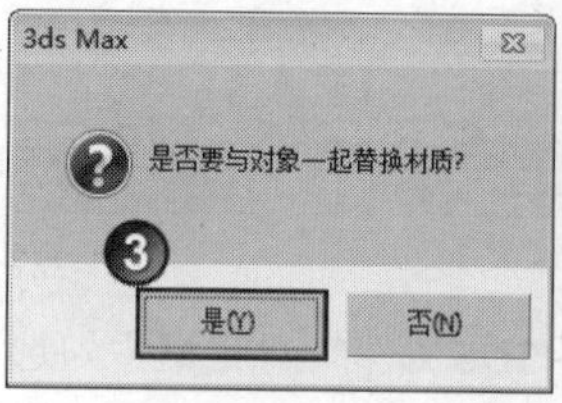

图1-220

图1-221

技巧与提示

在进行对象替换时，两个模型的名称要完全相同。注意，不是.max文件的名称，而是场景内模型（或组）的名称。此外，为了便于替换后对模型进行调整，务必首先通过“层次”面板将两个对象的轴心都调整为“居中到对象”，如图1-222~图1-224所示。另外，在调整完成后要离开当前的“层次”面板再进行其他操作，否则有可能移动调整好的轴心。

图1-222

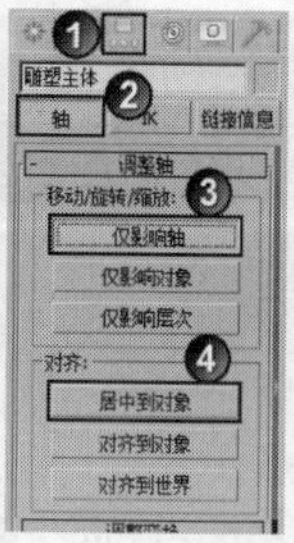

图1-223

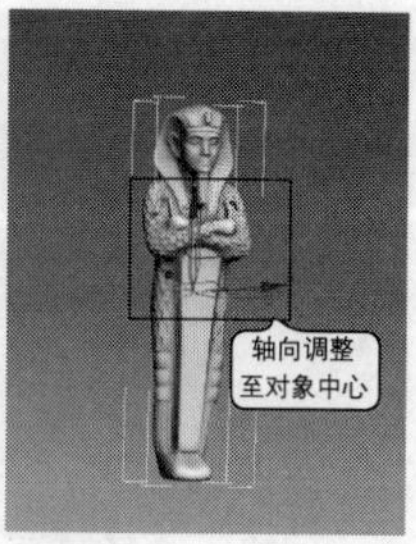

图1-224

实战027 导出整个场景

场景位置	DVD>场景文件>CH01>实战027.max
实例位置	DVD>实例文件>CH01>实战027.3ds
视频位置	DVD>多媒体教学>CH01>实战027.flv
难易指数	★☆☆☆☆
技术掌握	掌握如何导出整个场景

实例介绍

创建一个场景后，可以将场景中的所有对象导出为其他格式的文件，以方便在其他软件中进行加工处理。

操作步骤

01 打开光盘中的“场景文件>CH01>实战027.max”文件，这是一个餐厅场景，如图1-225所示。

图1-225

02 单击界面左上角的“应用程序”图标，然后在弹出的下拉菜单中执行“导出>导出”菜单命令，如图1-226所示，再在弹出的对话框中选择好导出的文件格式，再为导出的文件进行命名，最后单击“保存”按钮 保存(S) ，如图1-227所示。

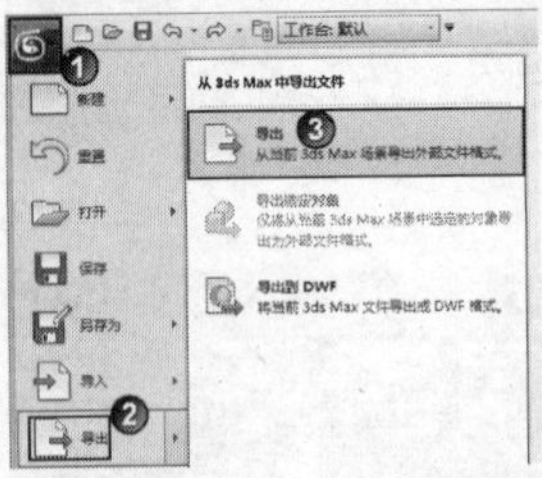

图1-226

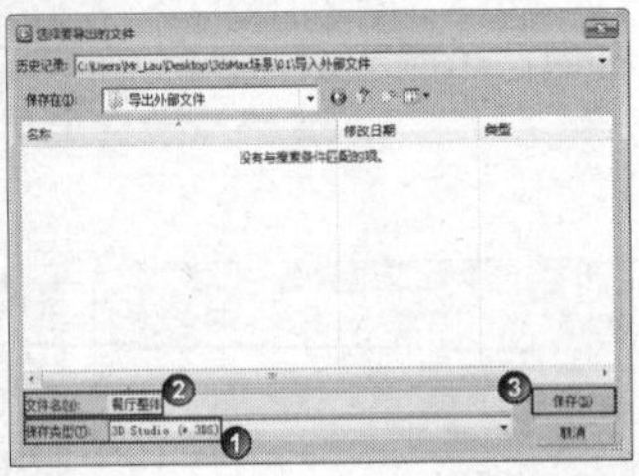

图1-227

03 在弹出的“将场景导出到.3DS文件”对话框中勾选“保持MAX的纹理坐标”选项，然后单击“确定”按钮 确定 ，如图1-228所示，经过导出后可以在设置的文件路径中找到导出的.3ds文件，如图1-229所示。

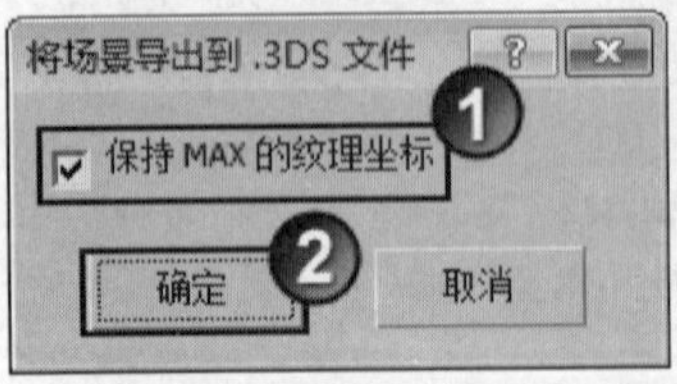

图1-228

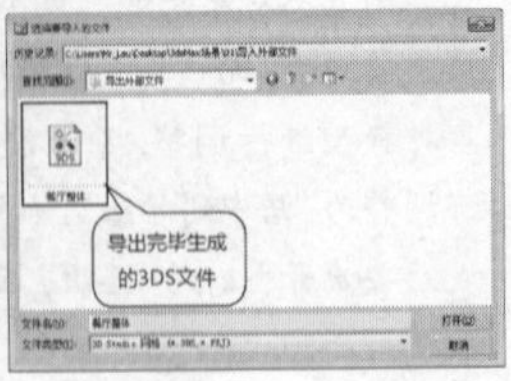

图1-229

实战028 导出选定对象

场景位置	无
实例位置	DVD>实例文件>CH01>实战028.3ds
视频位置	DVD>多媒体教学>CH01>实战028.flv
难易指数	★☆☆☆☆
技术掌握	掌握如何导出选定的场景对象

实例介绍

创建一个场景后，也可以将场景中的若干个对象单独导出为其他格式的文件。

操作步骤

01 继续使用上一实例的场景文件，选择场景中的隔断模型，如图1-230所示。

图1-230

02 单击界面左上角的“应用程序”图标，然后在弹出的下拉菜单中执行“导出>导出选定对象”菜单命令，如图1-231所示，再在弹出的对话框中选择导出的文件格式，并为导出的文件进行命名，最后单击“保存”按钮 保存(S) ，如图1-232所示。

图1-231

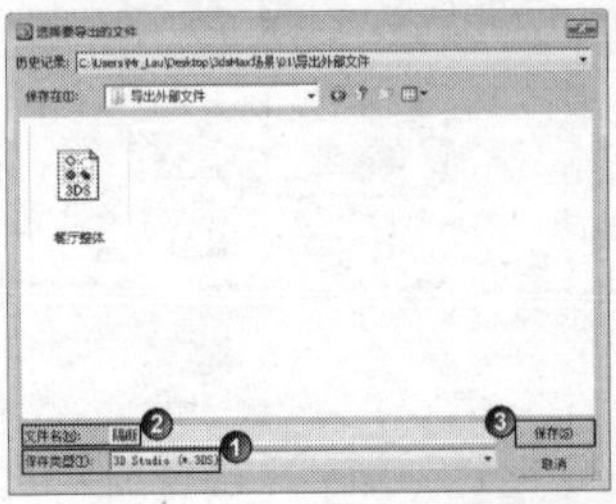

图1-232

03 在弹出的“将场景导出到.3DS文件”对话框中勾选“保持MAX的纹理坐标”选项，然后单击“确定”按钮 确定 ，如图1-233所示，经过导出后可以在设置的文件路径中找到导出的.3ds文件，如图1-234所示。

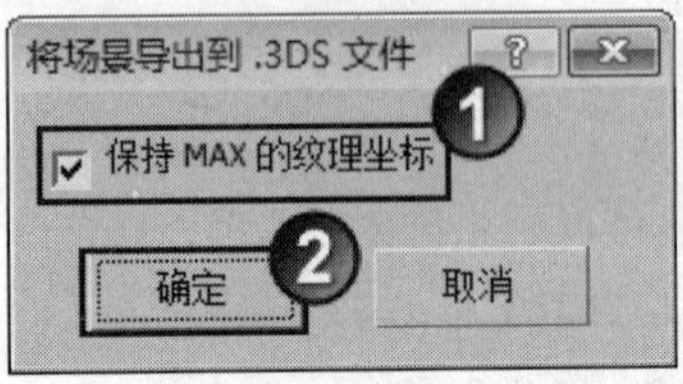

图1-233

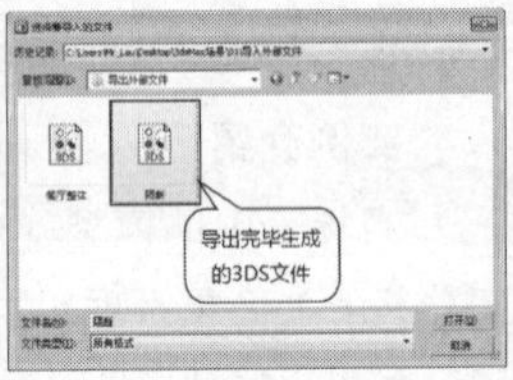

图1-234

实战029 归档场景

场景位置	DVD>场景文件>CH01>实战029.max
实例位置	DVD>实例位置>CH01>实战029.zip
视频位置	DVD>多媒体教学>CH01>实战029.flv
难易指数	★☆☆☆☆
技术掌握	掌握如何归档场景文件

实例介绍

如果需要在其他计算机上打开创建好的3ds Max场景文件，不但需要场景模型，而且需要相应的贴图与光域网文件，此时使用场景归档功能可以将模型、贴图以及光域网文件自动打包成.zip文件。

操作步骤

01 打开光盘中的“场景文件>CH01>实战029.max”文件，如图1-235所示。本场景的主体模型为加载了贴图的椅子，同时场景中的射灯还加载了光域网。

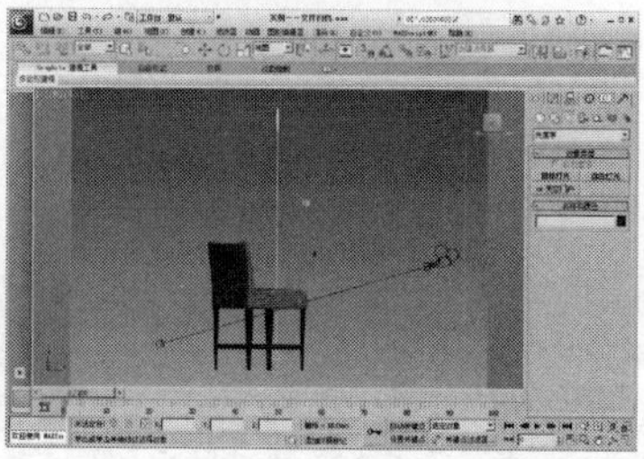

图1-235

02 单击界面左上角的“应用程序”图标，然后在弹出的菜单中执行“另存为>归档”菜单命令，如图1-236所示，再在弹出的“文件归档”对话框中设置保存位置和文件名，最后单击“保存”按钮 保存(S) ，如图1-237所示。场景归档完成后，在保存位置会出现一个.zip压缩包，如图1-238所示。

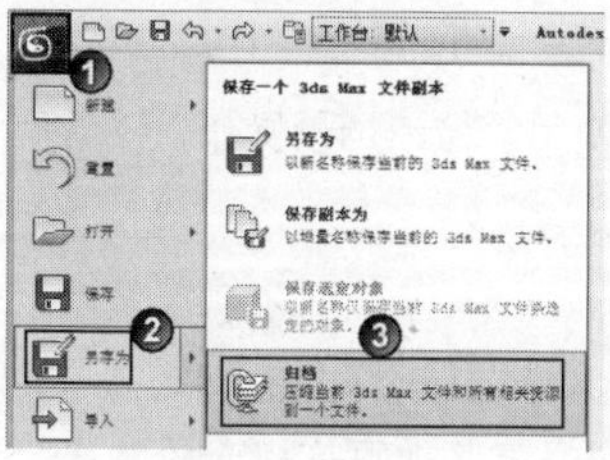

图1-236

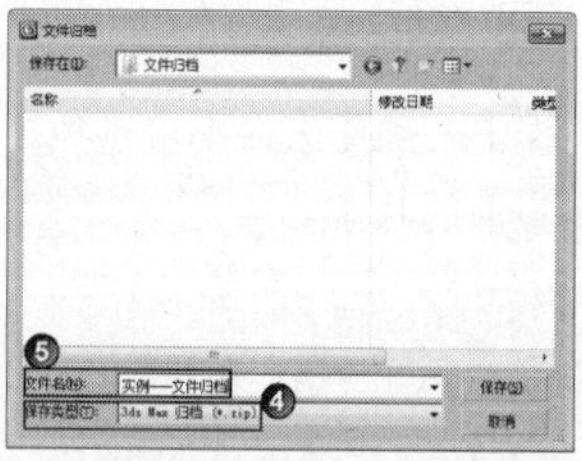

图1-227

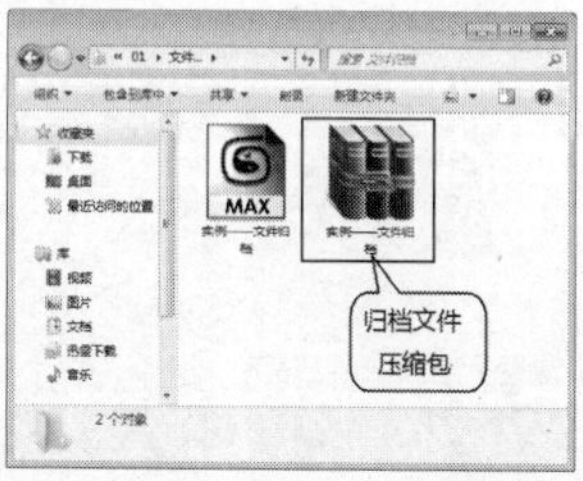

图1-238

技巧与提示

双击进入压缩包中会发现包含了场景模型、贴图和光域网文件，同时还有一个记录场景信息的.txt文档，如图1-239所示。

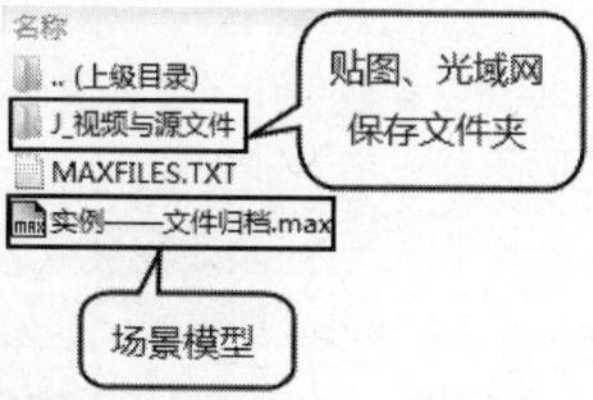

图1-239

实战030 自动备份工程文件

场景位置	无
实例位置	无
视频位置	DVD>多媒体教学>CH01>实战030.flv
难易指数	★☆☆☆☆
技术掌握	掌握如何自动备份文件

实例介绍

3ds Max 2013在运行过程中对计算机的配置要求比较高，占用的系统资源也比较大，因此某些配置较低或系统性能不稳定的计算机容易出现文件自动关闭或死机现象。此外，在进行较为复杂的计算（如光影追踪渲染）时，也容易产生无法恢复的故障，这些突发状况容易导致丢失所做的各项操作，造成无法弥补的损失。另外，像断电等突发情况也有可能导致文件的损坏，无法恢复模型数据。解决这类问题除了提高计算机的硬件配置外，还可以通过增强系统稳定性来减少死机现象。

在一般情况下，可以通过以下3种方法来提高系统的稳定性。

第1种：要养成经常保存场景的习惯。

第2种：在运行3ds Max 2013时，尽量不要或少启动其他程序，而且硬盘也要留有足够的缓存空间。

第3种：根据场景的复杂程度，设置好合适的备份文件数量与备份时间。这样如果原始文件损坏了，仍然可以打开时间最接近的备份文件，最大程度挽回场景数据。

操作步骤

执行“自定义>首选项”菜单命令，然后在弹出的“首选项设置”对话框中单击“文件”选项卡，再在“自动备份”选项组下勾选“启用”选项，并对“Autobak文件数”和“备份间隔（分钟）”以及“自动备份文件名”选项进行设置，最后单击“确定”按钮 确定 即可完成设定，如图1-240和图1-241所示。

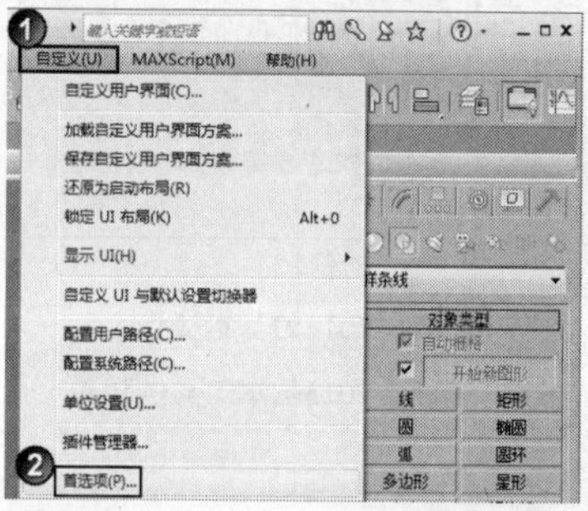

图1-240

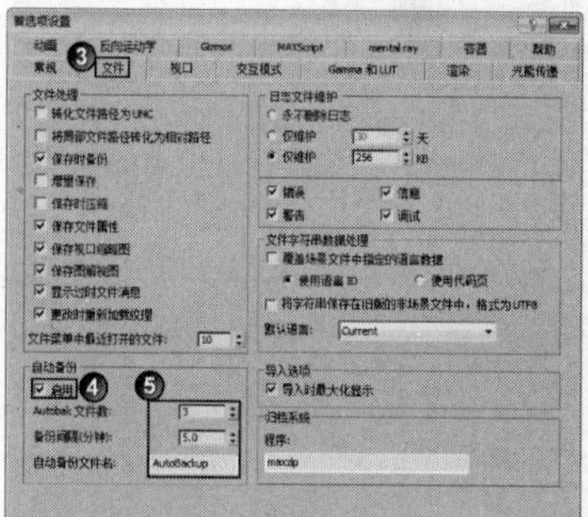

图1-241

技巧与提示

“Autobak文件数”用于设置备份文件的数量，默认值为3，即在备份到第4份文件时会覆盖备份好的第1份文件，依此类推；“备份间隔（分钟）”用于设置产生备份文件的时间周期；“自动备份文件名”用于设置备份文件的文件名。

由于文件在自动备份时会占用非常多的系统资源，造成操作不便，因此并不是备份数量越多越好，同时还要合理设置备份的时间周期，这样既能保证文件安全又能保证工作效率。此外，如果需要在同一时期内制作多个场景，最好根据场景特点对应修改“自动备份文件名”，避免文件交叉覆盖，无法有效保证备份模型。

第2章

3ds Max 2013对象的基本操作与管理

本章学习要点：

熟练3ds Max 2013的基本操作

掌握3ds Max 2013基本工具的运用

实战031 撤消场景操作工具

场景位置	DVD>场景文件>CH02>实战031.max
实例位置	无
视频位置	DVD>多媒体教学>CH02>实战031.flv
难易指数	★☆☆☆☆
技术掌握	掌握如何撤消场景操作

实例介绍

在3ds Max 的使用过程中，操作失误不可难免，使用“撤消场景操作”工具可以快速返回上一步或多步前的状态。

操作步骤

01 打开光盘中的“场景文件>CH02>实战031.max”文件，如图2-1所示。

02 使用“选择并移动”工具选择黑色的椅子，然后将其随意拖曳一段距离，如图2-2所示。

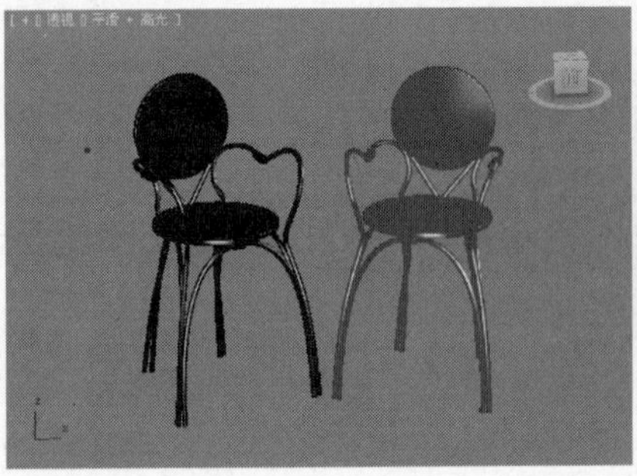

图2-1

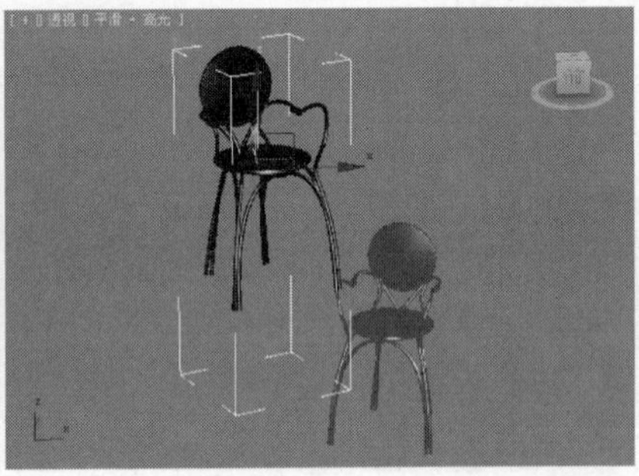

图2-2

03 执行“编辑>撤消”菜单命令或按Ctrl+Z组合键撤消移动操作，将黑色椅子恢复到原来的位置，如图2-3所示。

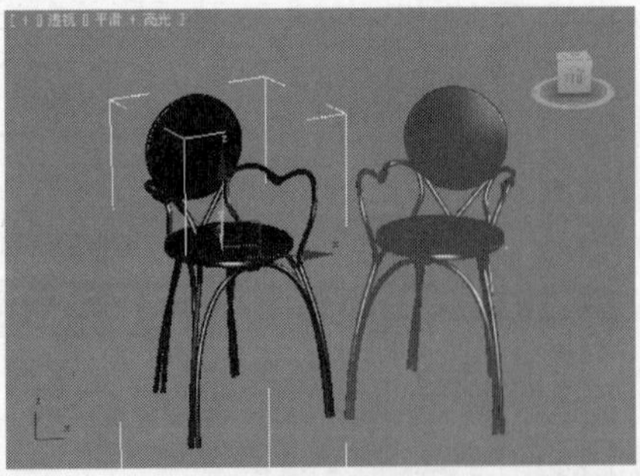

图2-3

04 如果在操作过程中需要一次撤消多步操作，可以单击位于快速访问工具栏上的“撤消场景操作”按钮右侧的下拉按钮查看最近执行过的操作，如图2-4所示，在其中选择相应的操作就可以返回到该步骤，如图2-5所示。

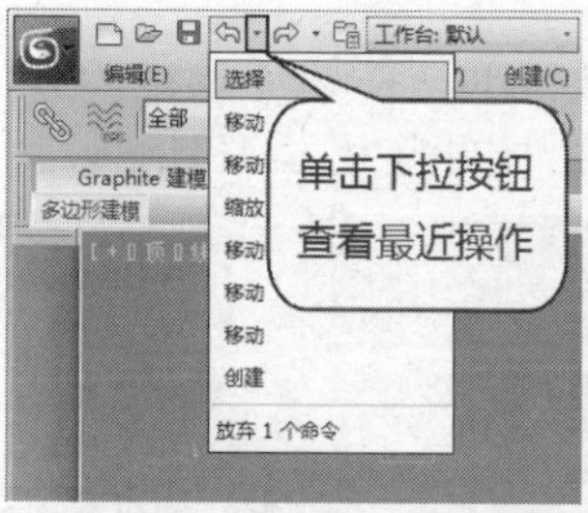

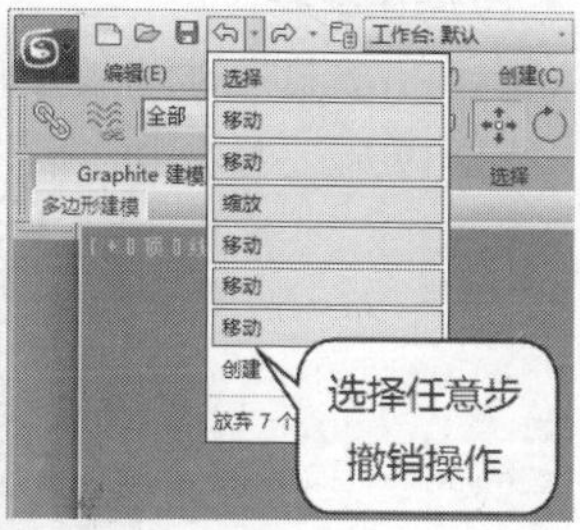

图2-4 图2-5

技术专题 05 修改可撤消次数

需要注意的是，3ds Max 2013 默认的可撤消次数为20次，也就是说系统可以记录的操作为20次。若要更改记录次数，可以执行"自定义>首选项"菜单命令，如图2-6所示，然后在弹出的"首选项设置"对话框中单击"常规"选项卡，再在"场景撤消"选项组下更改"级别"选项的数值即可，如图2-7所示。

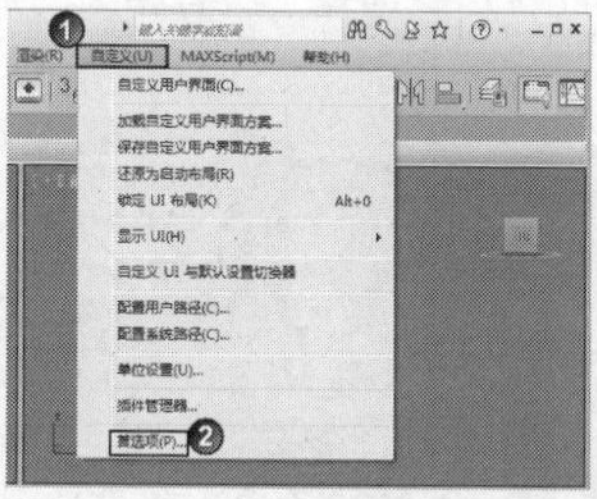

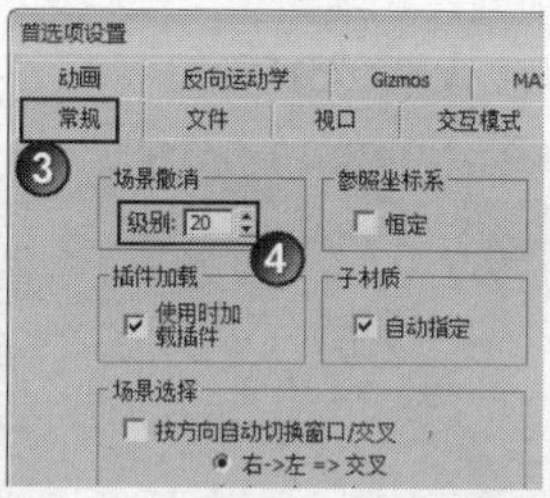

图2-6 图2-7

实战032 重做场景操作工具

场景位置 DVD>实例文件>CH02>实战032.max
实例位置 无
视频位置 DVD>多媒体教学>CH02>实战032.flv
难易指数 ★☆☆☆☆
技术掌握 掌握如何重做场景操作

实例介绍

在使用"撤消场景操作"工具时有可能因为失误操作造成多余的撤消，此时可以使用"重做场景操作" 工具进行恢复。此外，在实际工作中结合使用"撤消场景操作"工具与"重做场景操作"工具可以动态查看操作前后的变化，为确定最终效果提供较准确的参考。

操作步骤

01 打开光盘中的"场景文件>CH02>实战032.max"文件，如图2-8所示。

02 使用"选择并移动"工具选择红色的椅子，然后将其随意拖曳一段距离，如图2-9所示。

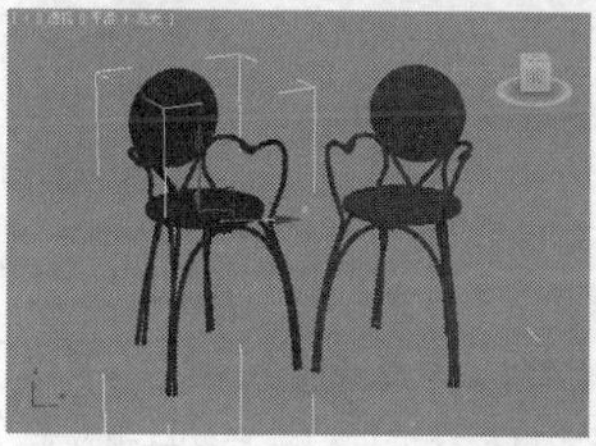

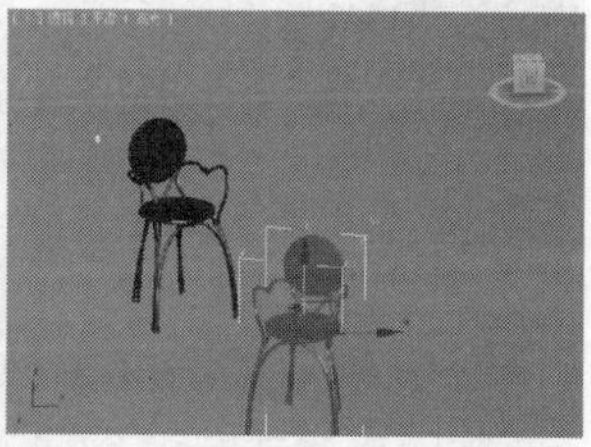

图2-8 图2-9

03 按Ctrl+Z组合键撤消移动操作，将红色椅子恢复到原来的位置，如图2-10所示。

04 执行"编辑>重做"菜单命令或按Ctrl+Y组合键执行"重做"操作，此时可以观察到红色椅子又恢复到了移动后的状态，如图2-11所示。

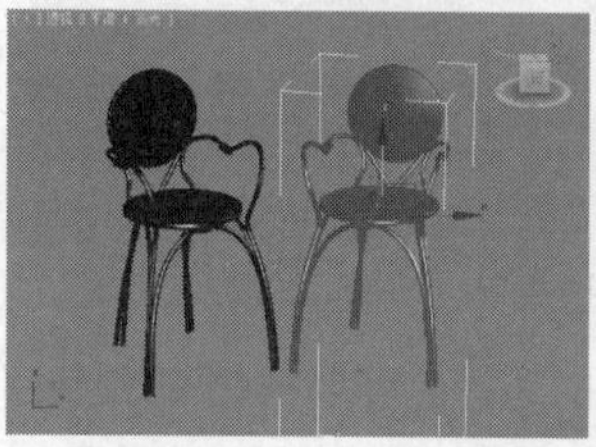

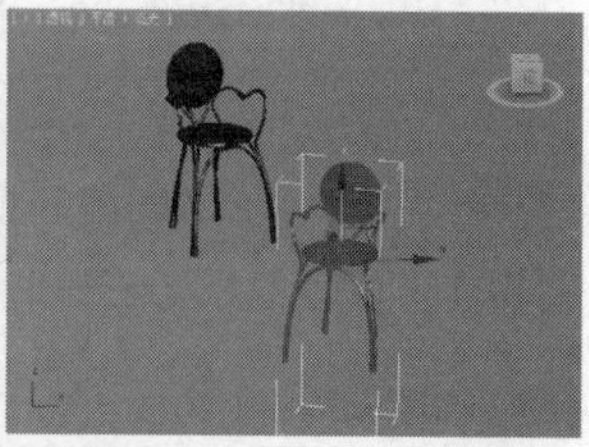

图2-10 图2-11

05 同样，如果要进行多步重做，可以通过快速访问工具栏上的"重做场景操作"按钮右侧的下拉按钮选择完成，如图2-12所示。

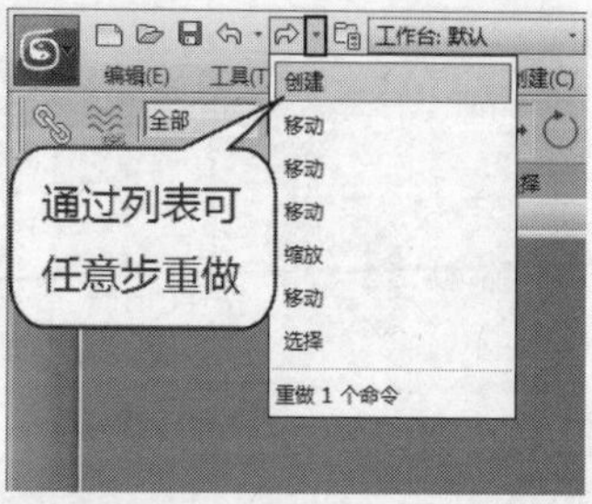

图2-12

实战033 选择工具

场景位置 DVD>场景文件>CH02>033.max
实例位置 无
视频位置 DVD>多媒体教学>CH02>实战033.flv
难易指数 ★☆☆☆☆
技术掌握 掌握如何使用"选择"工具选择对象

实例介绍

在3ds Max 的使用过程中有很多操作需要首先精确地

选择到目标才能成功执行，因此熟练掌握“选择”工具的用法十分必要。

操作步骤

01 打开光盘中的“场景文件>CH02>033.max”文件，如图2-13所示。

02 在“主工具栏”中选择“选择”工具，然后在场景中单击深红色的花瓶，此时这个花瓶被选中，如图2-14所示。

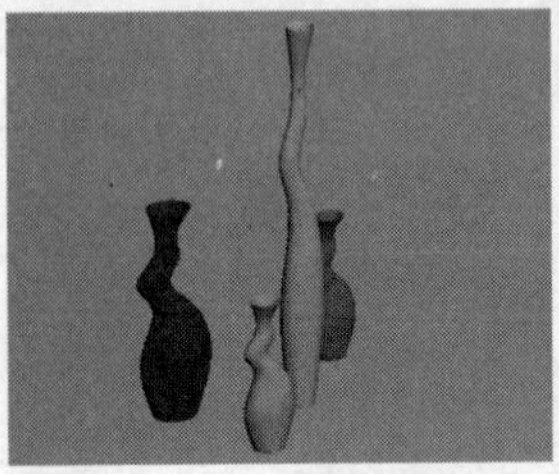

图2-13

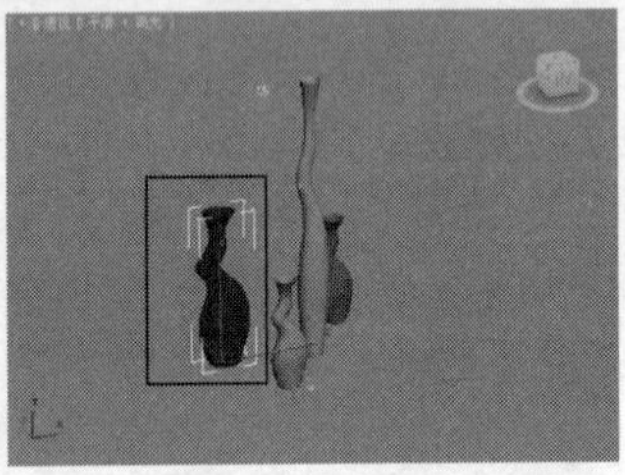

图2-14

技巧与提示

“选择”工具的快捷键为Q键，在默认设置下，对象如果以三维面显示，被选择后会在周围显示白色线框（按J键可以取消或显示该线框）；如果是对象本身以线框显示则会变成纯白色，因此在复杂的场景中为了分清楚选择的对象，最好切换到线框显示风格，此时选择的模型会以白色线框进行显示，非常容易辨认，如图2-15所示。

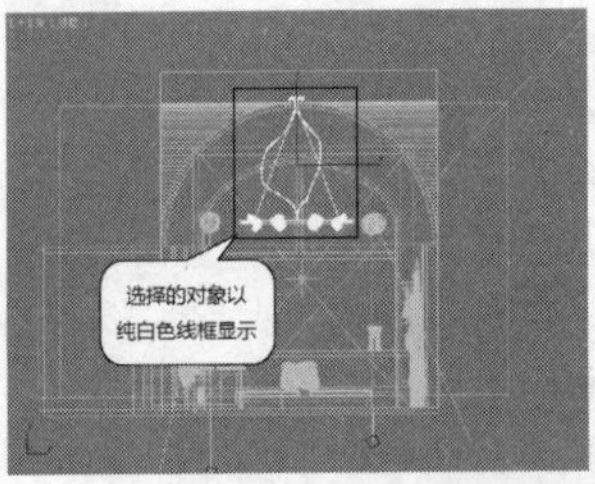

图2-15

03 如果要加选其他模型，可以按住Ctrl键使用“选择”工具单击其他模型，这样就可以同时选择其他模型，如图2-16所示。

04 如果要取消对一些模型的选择，可以按住Alt键使用“选择”工具单击不需要选择的模型，如图2-17所示。

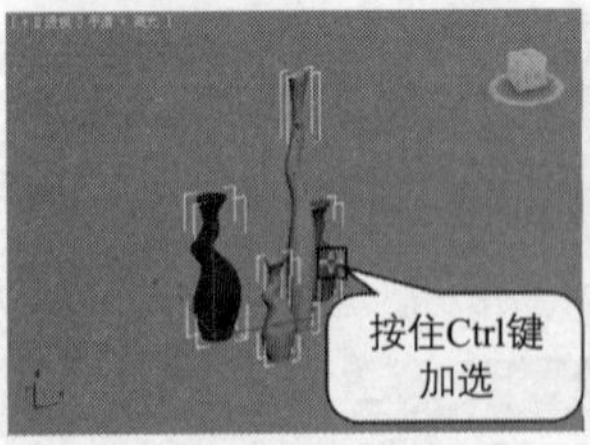

图2-16

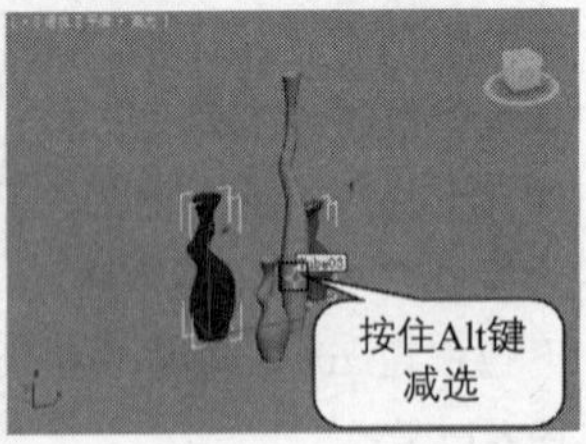

图2-17

技巧与提示

“锁定切换”工具（快捷键是Space键，即空格键）经常与“选择”工具一起配合使用，该工具位于界面底部的中间位置，如图2-18所示。锁定当前选择对象后，后续执行的操作都只针对当前选择的对象。

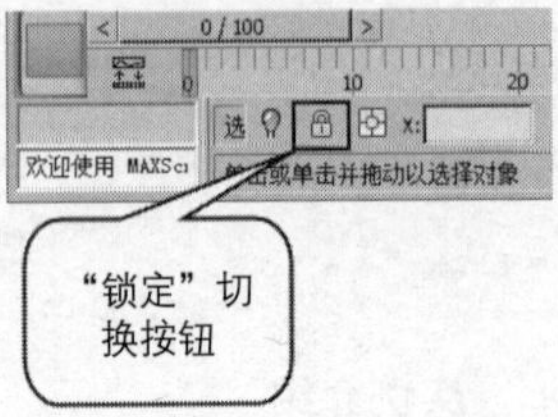

图2-18

实战034 选择类似对象

场景位置	DVD>场景文件>CH02>实战034.max
实例位置	无
视频位置	DVD>多媒体教学>CH02>实战034.flv
难易指数	★☆☆☆☆
技术掌握	掌握如何选择类似对象

实例介绍

在3ds Max中经常通过复制生成多个相同的对象，如果在后期需要整体选择，可以通过“编辑>选择类似对象”菜单命令一次性选择相关对象。

操作步骤

01 打开光盘中的“场景文件>CH02>实战034.max”文件，如图2-19所示，模型中的所有射灯均由其中一盏复制而来。

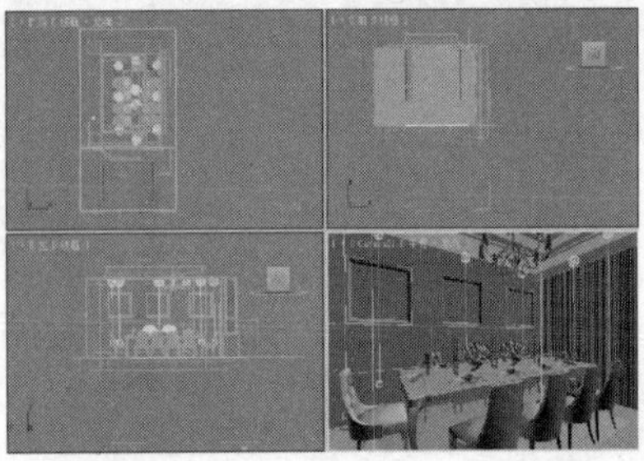

图2-19

02 为了整体调整射灯的高度，首先在左视图中选择任意一盏射灯，如图2-20所示。

03 按Ctrl+Q组合键或执行“编辑>选择类似对象”菜单命令，在顶视图中可以发现此时已经选择了所有相关的射灯，如图2-21所示。

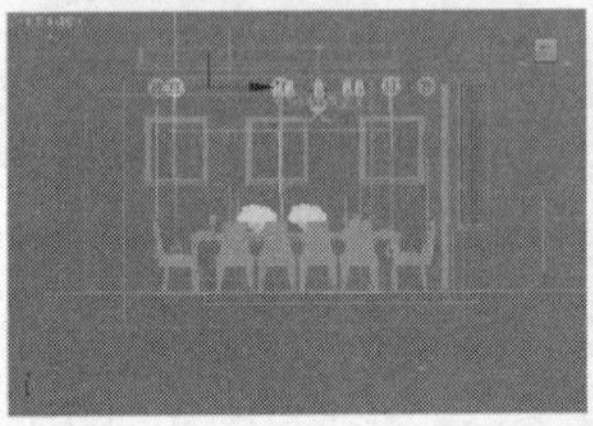

图2-20

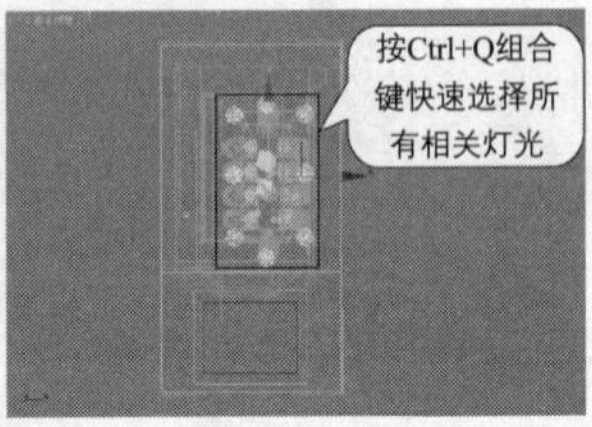

图2-21

技巧与提示

在3ds Max的操作中要注意合理利用视图。图2-22所示场景适合在左视图中选择灯光（如果在顶视图中选择灯光则将同时选择到灯光目标点，在前视图中灯光又被模型遮挡），而顶视图适合观察选择对象的数量。只有这样合理运用视图才能保证操作的准确性，同时又能提高工作效率。

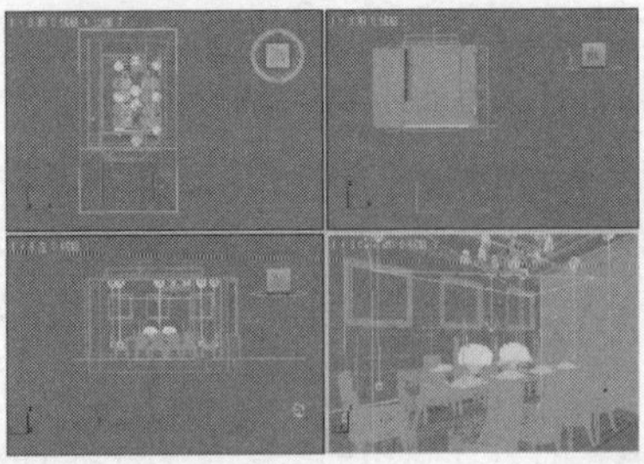

图2-22

要注意的是这种方法在选择不同类型的灯光时很有用，但是在选择模型时很有可能由于模型名称与类型不具代表性造成误选，如图2-23和图2-24所示。

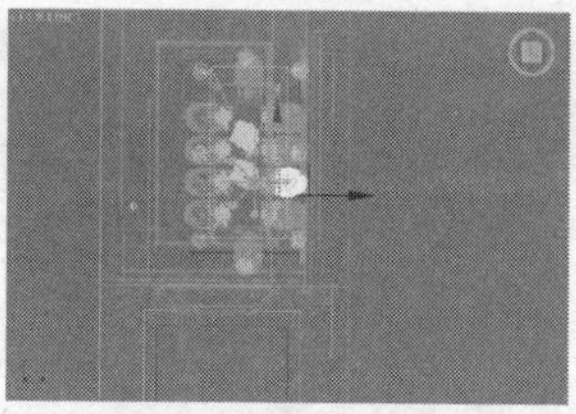

图2-23

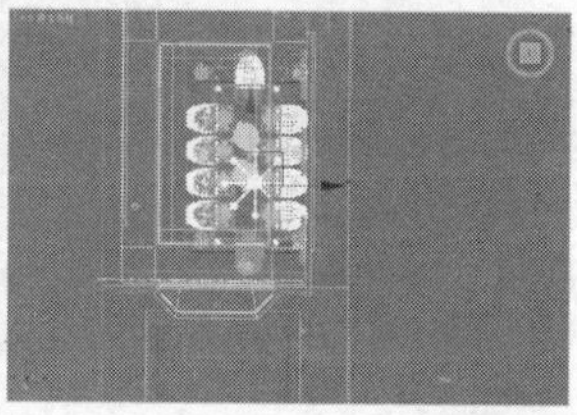

图2-24

实战035 按名称选择工具

场景位置 DVD>场景文件>CH02>035.max
实例位置 无
视频位置 DVD>多媒体教学>CH02>实战035.flv
难易指数 ★☆☆☆☆
技术掌握 掌握如何使用“按名称选择”工具选择对象

实例介绍

“按名称选择”工具非常重要，它可以按场景中的对象名称来选择对象。当场景中的对象比较多时，使用该工具选择对象相当方便。

操作步骤

01 打开光盘中的“场景文件>CH02>实战035.max”文件，如图2-25所示。

02 在“主工具栏”中单击“按名称选择”按钮，打开“从场景选择”对话框，从该对话框中可以看到场景中的对象名称，如图2-26所示。

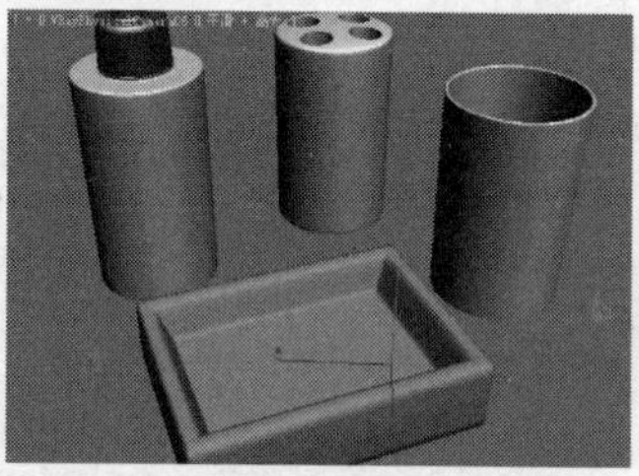

图2-25

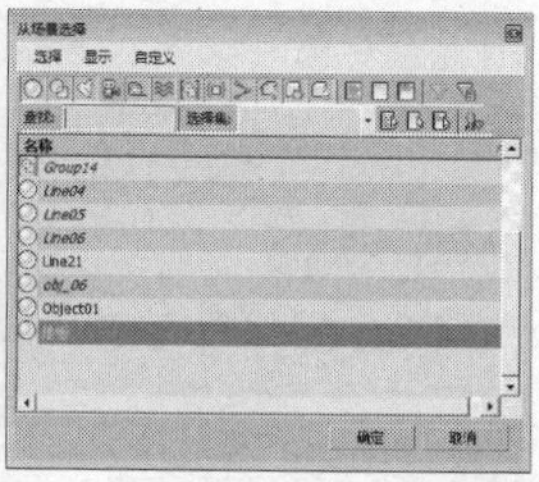

图2-26

技巧与提示

打开“从场景选择”对话框会发现有些名称呈灰色显示，比如图2-26中的“地板”，这是因为当前“地板”模型已经被选择的原因。

03 如果要选择单个对象，可以直接在“从场景选择”对话框中单击该对象的名称，然后单击“确定”按钮 确定 ，如图2-27所示。

04 如果要选择隔开的多个对象，可以按住Ctrl键依次单击对象的名称，然后单击“确定”按钮 确定 ，如图2-28所示。

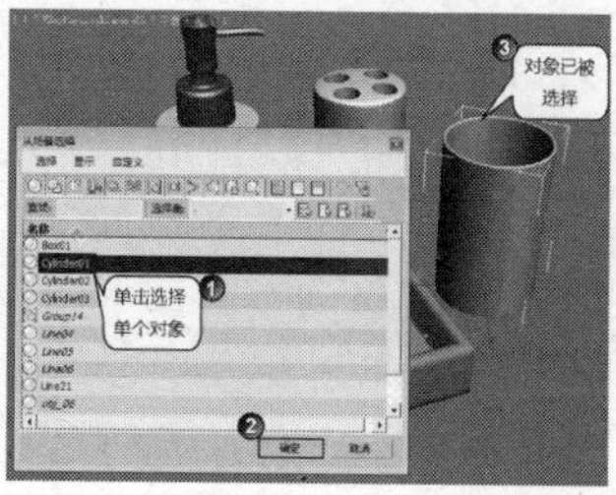

图2-27

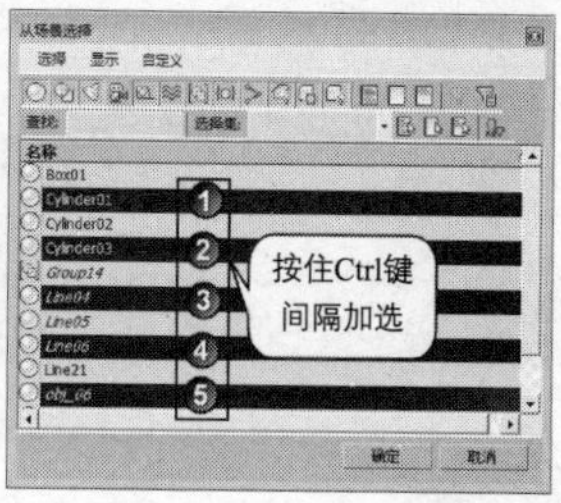

图2-28

05 如果要选择连续的多个对象，可以按住Shift键依次单击首尾的两个对象名称，然后单击“确定”按钮 确定 ，如图2-29和图2-30所示。

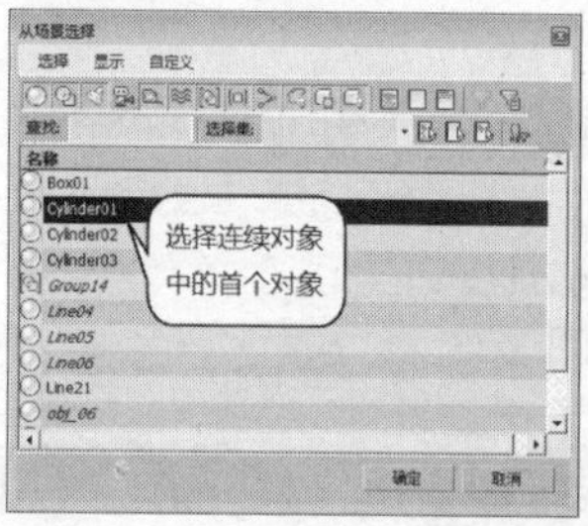

图2-29

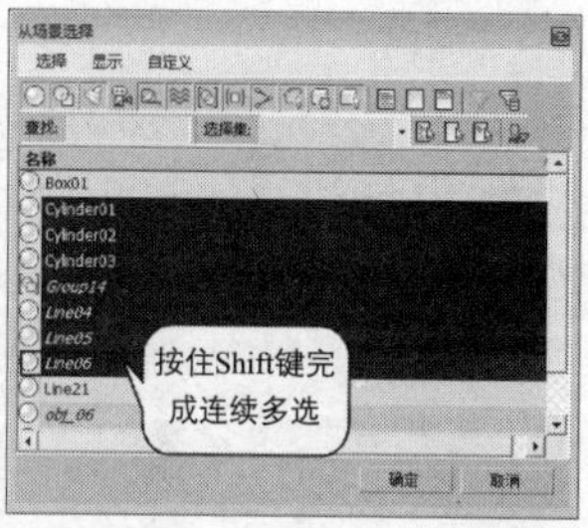

图2-30

06 如果需要在大量的模型中选择某一种，可以通过“反转”选择。以选择场景中的摄影机为例，首先可以关闭“摄影机”按钮，如图2-31所示，然后单击“反转显示”按钮就可以快速选择到摄影机，如图2-32所示。选择完成后再次单击“反转显示”按钮就可以查看到其他模型，如图2-32所示。

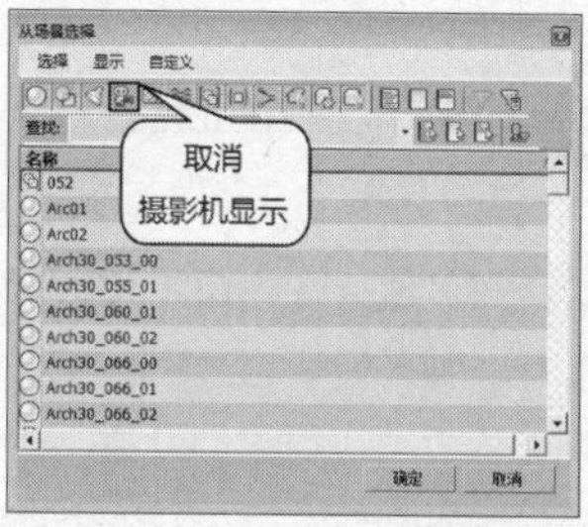

图2-31

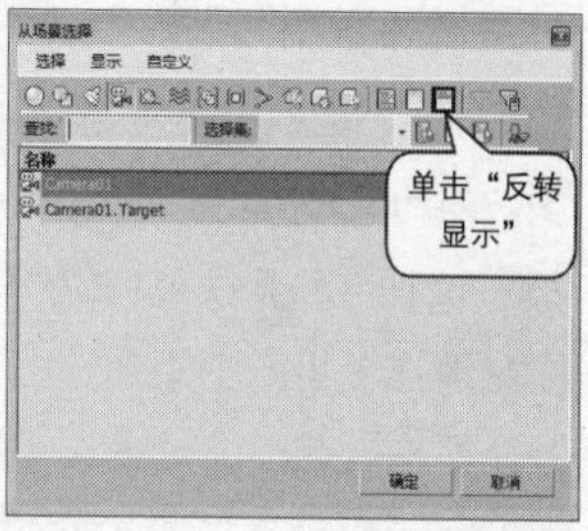

图2-32

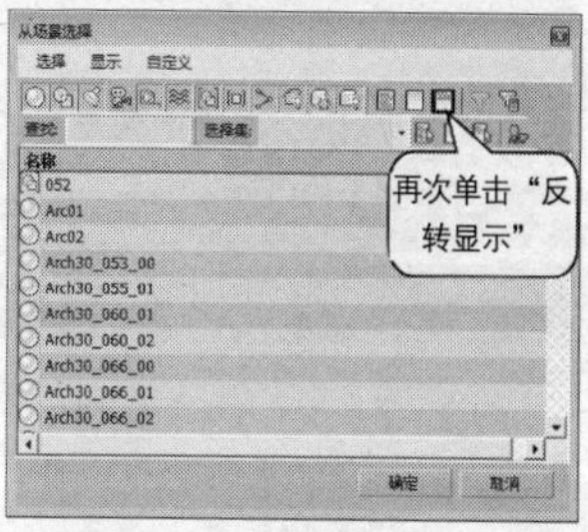

图2-33

技巧与提示

“从场景选择”对话框中有一排按钮与“创建”面板中的部分按钮是相同的，这些按钮主要用来显示对象的类型，各按钮对应的对象类型如图2-34所示。

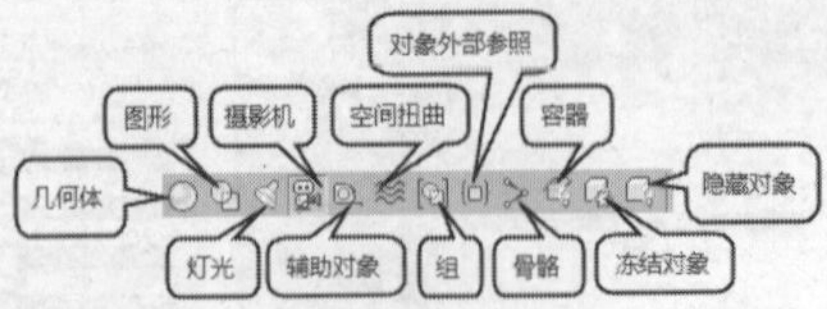

图2-34

实战036 选择区域工具

场景位置	DVD>场景文件>CH02>036.max
实例位置	无
视频位置	DVD>多媒体教学>CH02>实战036.flv
难易指数	★☆☆☆☆
技术掌握	掌握如何使用“选择区域”工具选择对象

实例介绍

选择区域工具主要是通过划定选择范围的方式来选择对象，共包含5种方式，分别是“矩形选择区域”工具、“圆形选择区域”工具、“围栏选择区域”工具、“套索选择区域”工具和“绘制选择区域”工具，如图2-35所示。注意，这几种工具必须配合“选择工具”和“选择并移动”工具一起使用才有效，也就是说在使用这几种工具之前必须先激活“选择工具”和“选择并移动”工具中的一种。

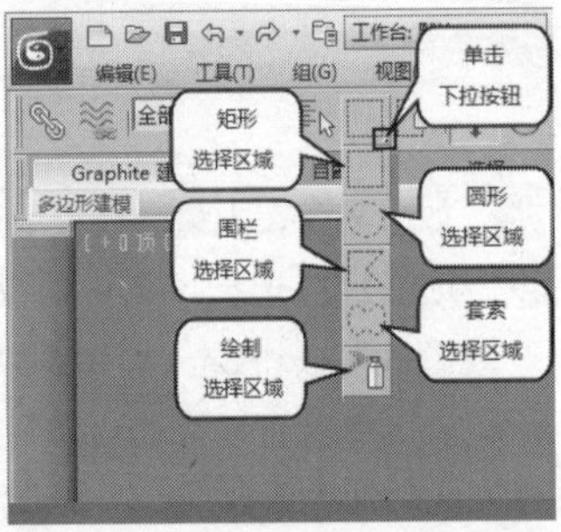

图2-35

操作步骤

01 打开光盘中的“场景文件>CH02>实战036.max”文件，如图2-36所示。本场景是一些形态各异的艺术花瓶。

02 选择“矩形选择区域”工具，然后在视图中按住鼠标左键拖曳出一个矩形选框范围，那么处于该选框范围的对象都将被选中，如图2-37所示。

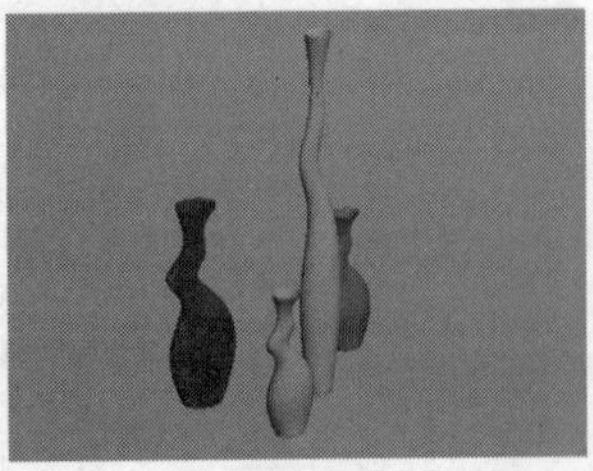

图2-36

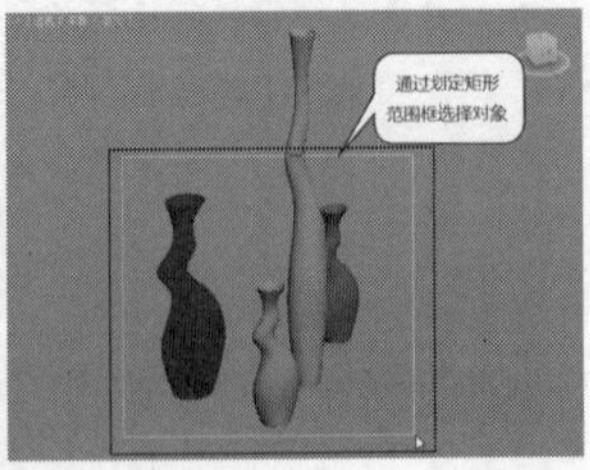

图2-37

技巧与提示

注意，在默认情况下只要对象被框选了一点，那么该对象也会被选中。选择区域工具最终的选择效果与“窗口/交叉”工具有很大的关联，在本例中只介绍选择区域工具的使用方法，具体选择效果的区别请参考下一个实例。

03 选择“圆形选择区域”工具，然后在视图中按住鼠标左键拖曳出一个圆形选择范围，那么处于该选框范围的对象都将被选中，如图2-38所示。

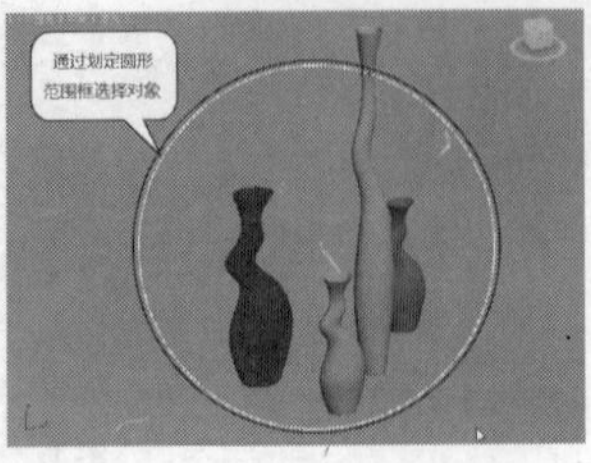

图2-38

04 选择“围栏选择区域”工具，先在视图中按住鼠标左键确定一个点为围栏的起点，如图2-39所示，然后移动光标并逐个单击确定围栏范围，再指定终点划定围栏范围选择对象，如图2-40所示。

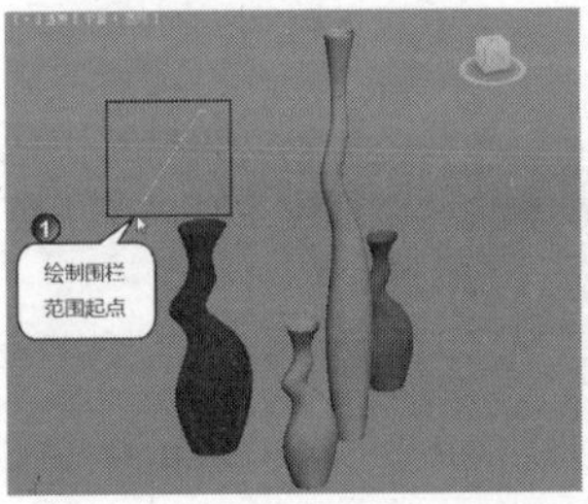

图2-39

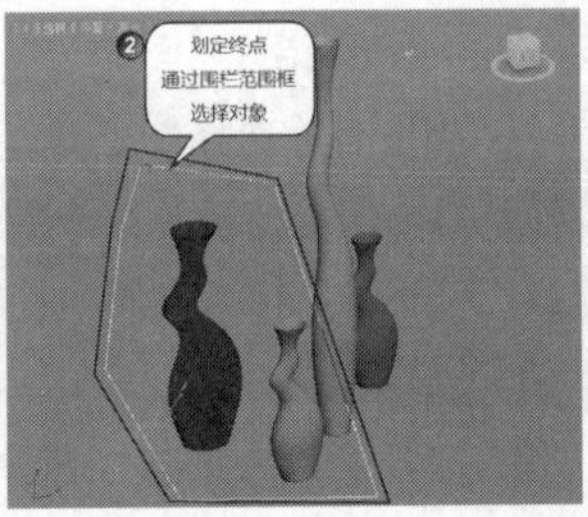

图2-40

05 选择“套索选择区域”工具，先在视图中按住鼠标左键确定一个点为套索范围的中心点，然后拖曳鼠标确定套索范围的半径，如图2-41所示，再拖曳鼠标划定套索范围选择对象，如图2-42所示。

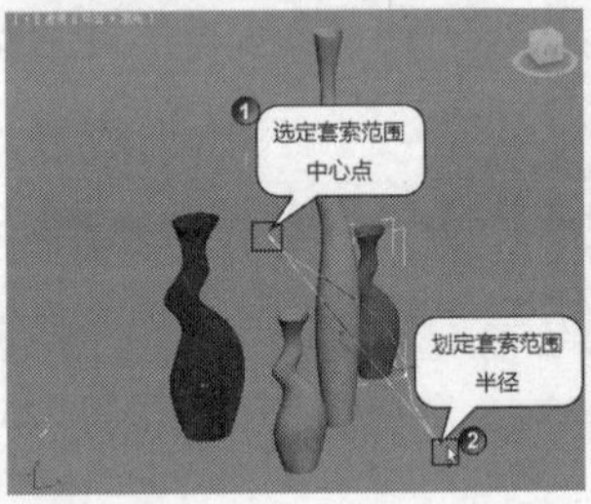

图2-41

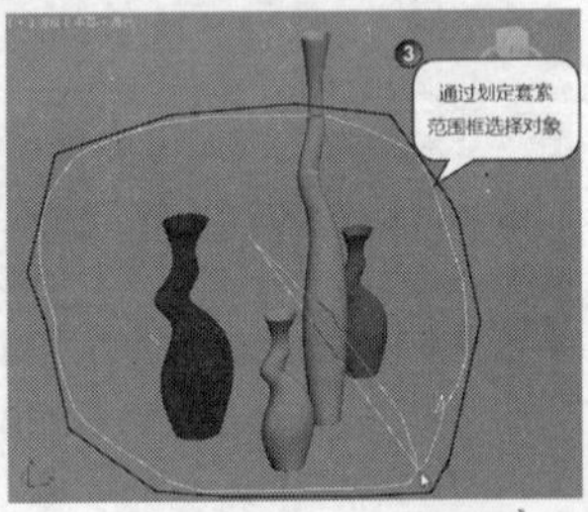

图2-42

06 选择“绘制选择区域”工具，然后在视图中按住鼠标左键拖曳光标进行绘制（采用这种方式选择对象，是以笔刷绘画的方式进行选择的），所绘制区域内的对象都将被选中，如图2-43所示。

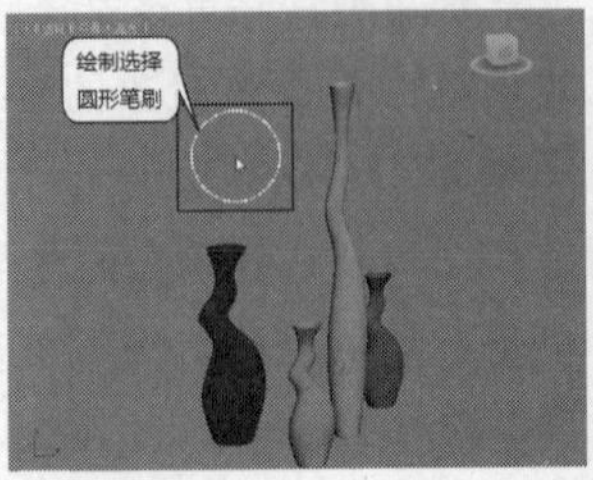

图2-43

技术专题 06 用“绘制选择区域”工具选择多边形面

在实际工作中，“绘制选择区域”工具通常用于选择可编辑多边形或可编辑网格的多边形面，具体操作步骤如下。

第1步：选择场景中右侧深红色的花瓶，然后按4键切换到“多边形”层级，如图2-44所示。

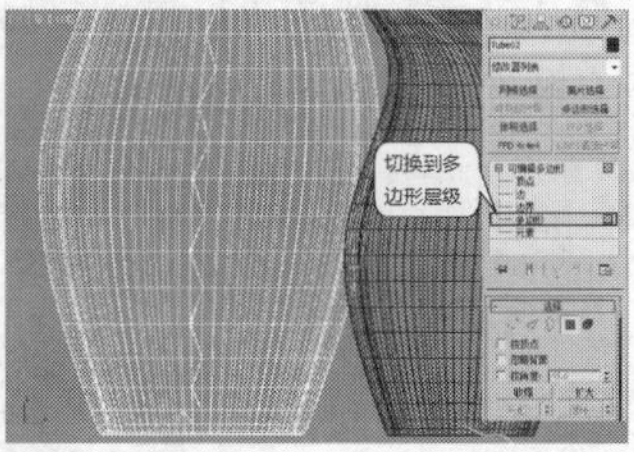

图2-44

第2步：选择“绘制选择区域”工具，然后按住鼠标左键开始绘制进行选择，如图2-45所示。如果要选择更多的多边形，可以继续拖曳鼠标进行绘制选择，这样笔刷所经过的模型面均会被选中，如图2-46所示。

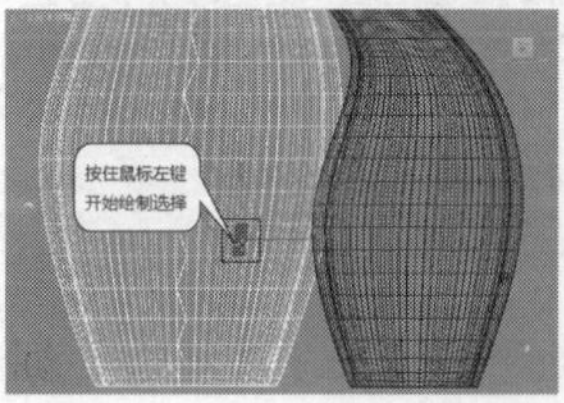

图2-45

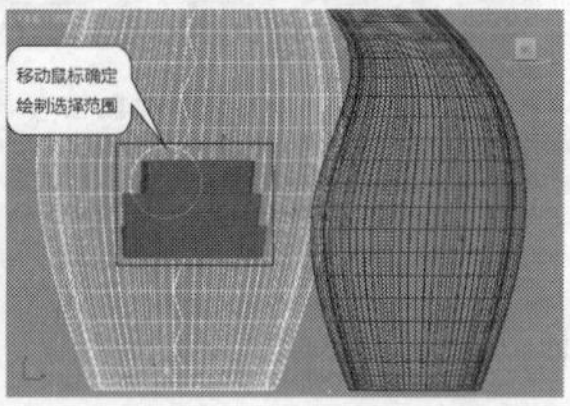

图2-46

另外，如果要调整笔刷的大小，可以进入“首选项设置”对话框，然后在“常规”选项卡下对“绘制选择笔刷大小”的数值进行调整，如图2-47所示。

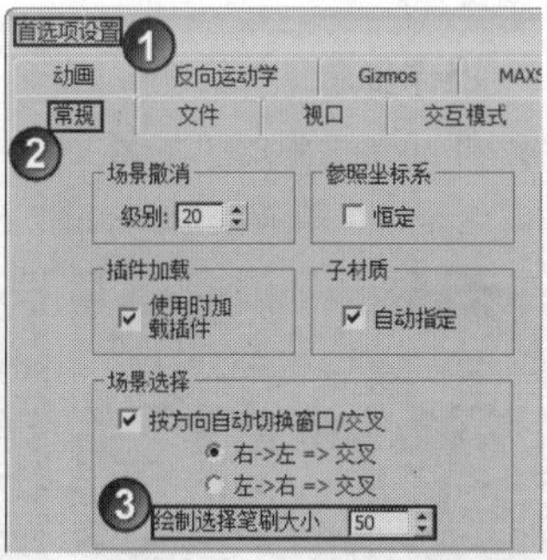

图2-47

实战037 窗口/交叉工具

场景位置	DVD>场景文件>CH02>实战037.max
实例位置	无
视频位置	DVD>多媒体教学>CH02>实战037.flv
难易指数	★☆☆☆☆
技术掌握	掌握如何使用“窗口/交叉”工具选择对象

实例介绍

学习完上一个实例中选择区域工具的使用方法后，可以发现这些工具都是通过划定选择范围来确定选择对象的，但最终要确定划定选择范围到底选择到哪些对象，还需要通过“窗口/交叉”工具来决定。接下来就通过最常用的“矩形选择区域”工具来了解具体的操作。

操作步骤

01 打开光盘中的“场景文件>CH02>实战037.max”文件，如图2-48所示。

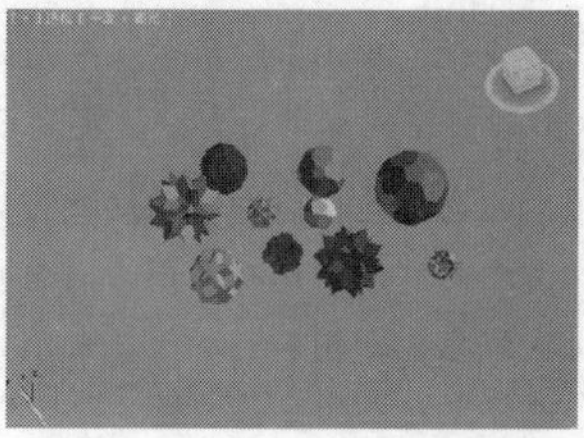

图2-48

02 在“主工具栏”中单击“窗口/交叉”按钮，使其处于激活状态，然后按住鼠标左键在视图中拖曳出一个如图2-49所示的选框，再释放鼠标左键，此时可以看到只有完全处于选框区域内的对象才会被选中，如图2-50所示。

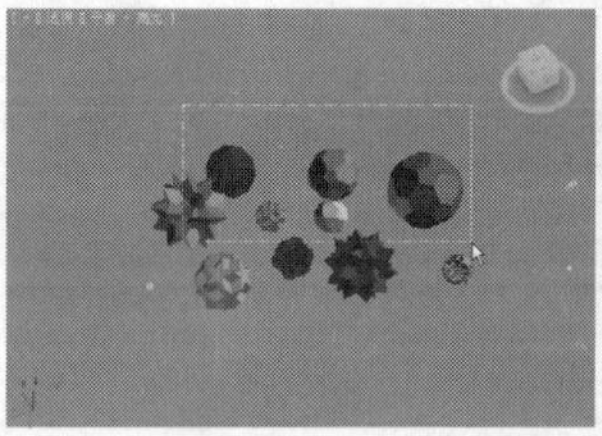

图2-49

图2-50

03 继续在“主工具栏”中单击“窗口/交叉”按钮，使其处于未激活状态，然后按住鼠标左键在视图中拖曳出一个如图2-51所示的选框，再释放鼠标左键，此时可以看到只要是选框划过的区域，哪怕某些对象没有被完全选中，那么这些对象都将被选中，如图2-52所示。

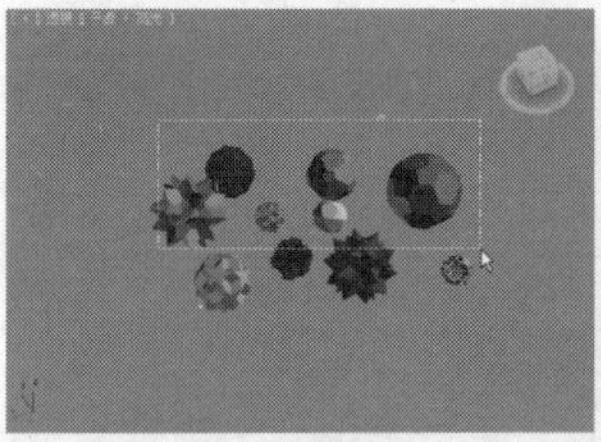

图2-51

图2-52

技巧与提示

在实际工作中通常都不会通过单击“窗口/交叉”按钮来切换具体的选择方式，因为这样来回操作会耗费很多的时间，这里介绍一种比较常用的选择方法。打开“首选项设置”对话框，然后在“常规”选项卡下勾选“按方向自动切换窗口/交叉”选项，如图2-53所示。

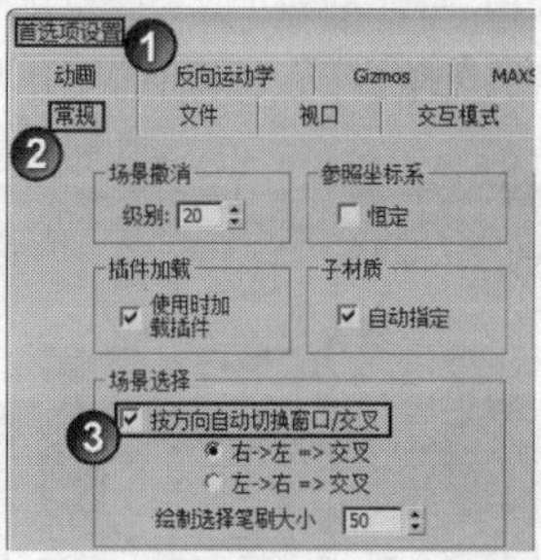

图2-53

勾选“按方向自动切换窗口/交叉”选项后，在默认情况下由右向左划定选择范围为“交叉”模式，此时划定的范围框为虚线框，如图2-54所示。采用这种方式选择对象时，即使选框只选择了对象的一部分，那么该对象也会被选中。

勾选“按方向自动切换窗口/交叉”选项后，在默认情况下由左向右划定选择范围为“窗口”模式，此时划定的范围框为实线框，如图2-55所示。采用这种方式选择对象时，只有选框选择了对象的全部，该对象才会被选中。

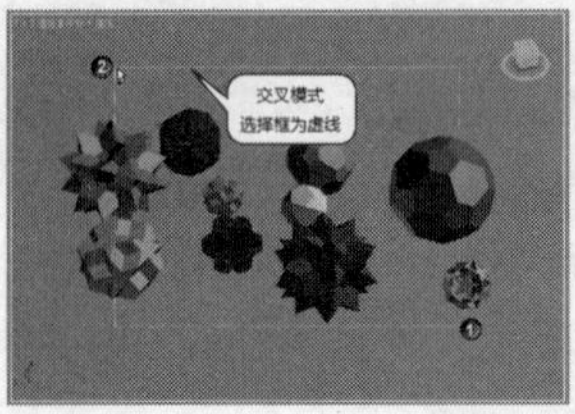

图2-54

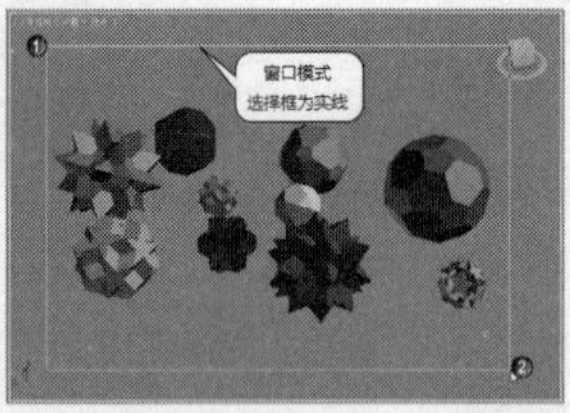

图2-55

实战038 过滤器

场景位置	DVD>场景文件>CH02>实战038.max
实例位置	无
视频位置	DVD>多媒体教学>CH02>实战038.flv
难易指数	★☆☆☆☆
技术掌握	掌握如何使用过滤器选择对象

实例介绍

“过滤器” 全部 主要用来过滤不需要选择的对象类型，这对于批量选择同一种类型的对象非常有用，如图2-56所示。

操作步骤

01 打开光盘中的“场景文件>CH02>实战034.max”文件，从视图中可以观察到本场景包含两把椅子和4盏灯光，如图2-57所示。

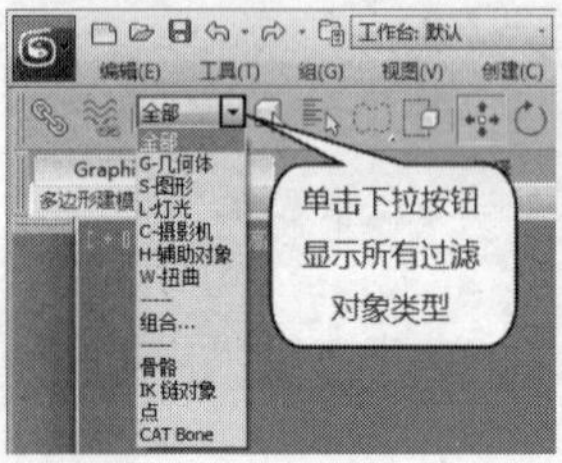

图2-56

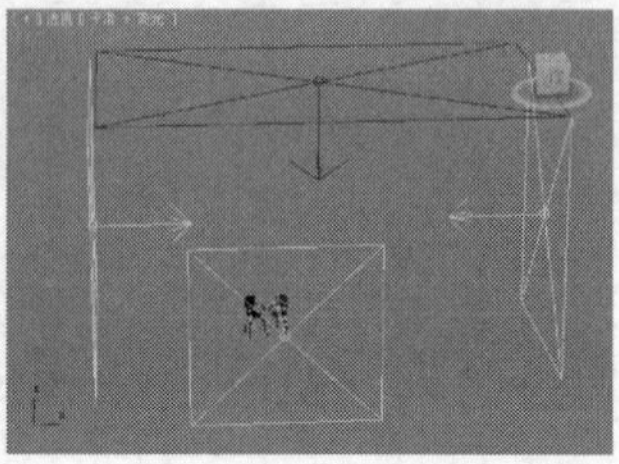

图2-57

02 如果要选择灯光，可以在“主工具栏”中的“过滤器” 全部 下拉列表中选择“L-灯光”选项，如图2-58所示，然后使用“选择并移动”工具框选视图中的灯光，框选完毕后可以发现只选择了灯光，而椅子模型并没有被选中，如图2-59所示。

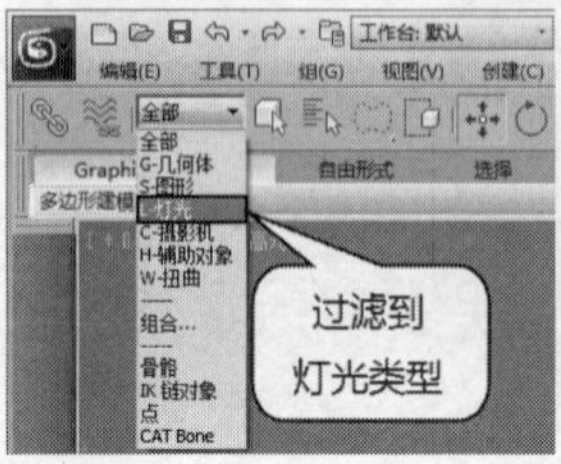

图2-58

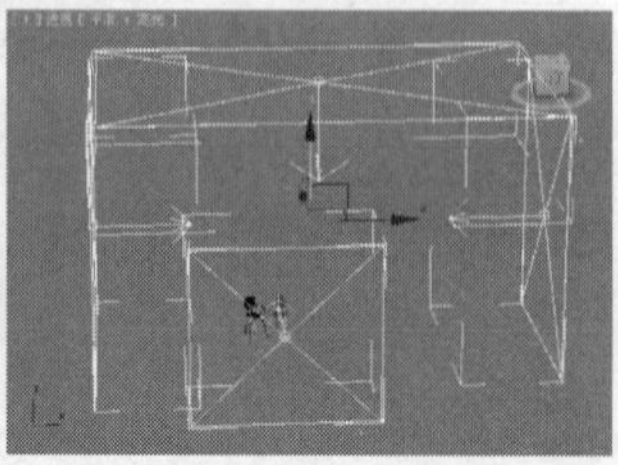

图2-59

03 如果要选择椅子模型，可以在“主工具栏”中的“过滤器” 全部 下拉列表中选择“G-几何体”选项，如图2-60所示，然后使用“选择并移动”工具框选视图中的椅子模型，框选完毕后可以发现只选择了椅子模型，而灯光并没有被选中，如图2-61所示。

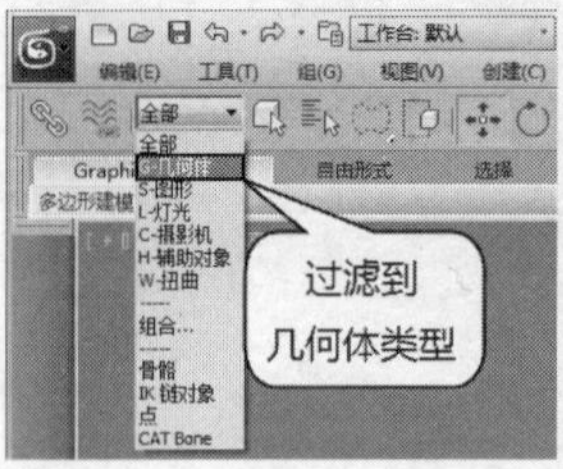

图2-60

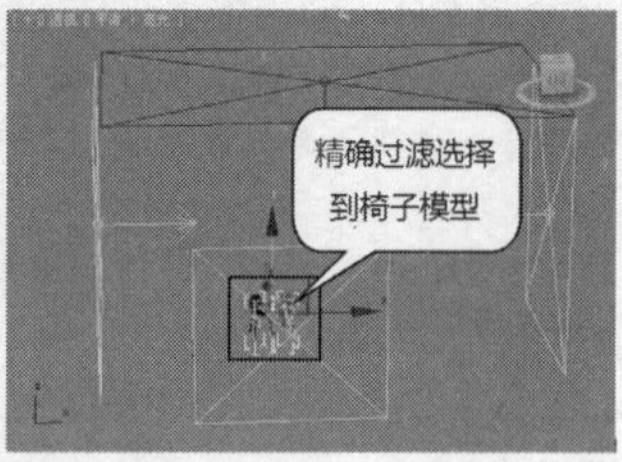

图2-61

实战039 选择并移动工具

场景位置	DVD>场景文件>CH02>实战039.max
实例位置	无
视频位置	DVD>多媒体教学>CH02>实战039.flv
难易指数	★☆☆☆☆
技术掌握	掌握如何使用“选择并移动”工具移动对象

实例介绍

使用“选择并移动”工具可以将选中的对象移动到任何位置。当使用该工具选择对象时，在视图中会显示出坐标移动控制器，如图2-62所示，通过该控制器即可完成移动操作。

操作步骤

01 打开光盘中的“场景文件>CH02>实战039.max”文件，这是一个茶壶模型，如图2-63所示。

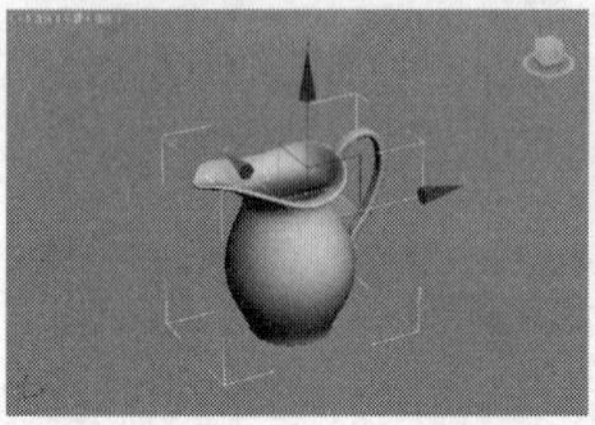

图2-62

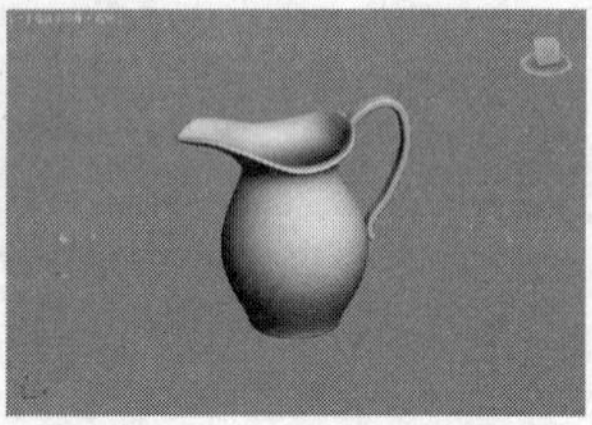

图2-63

02 为了便于观察对称的移动，通常会选择标准视图分两步完成，以茶壶为例，先选择前视图，按Alt+W组合键最大化显示前视图，然后选择“选择并移动”工具，再将光标放在x轴上并按住鼠标左键选定x轴，如图2-64所示。

03 拖曳鼠标可以发现茶壶只能在选定的x轴上水平移动，通过下方状态栏中x轴的数值可以查看移动的距离，如图2-65所示。

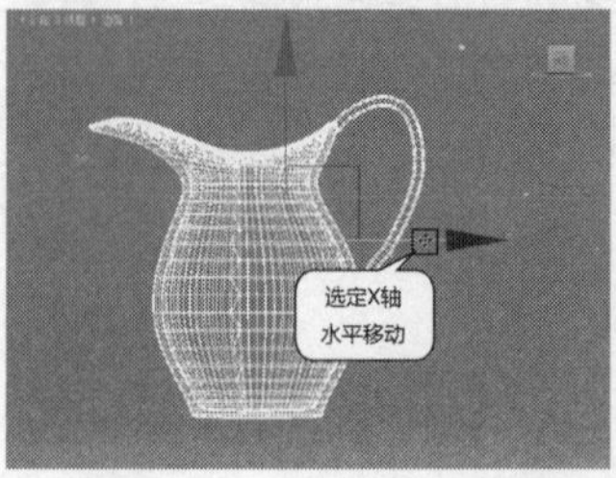

图2-64

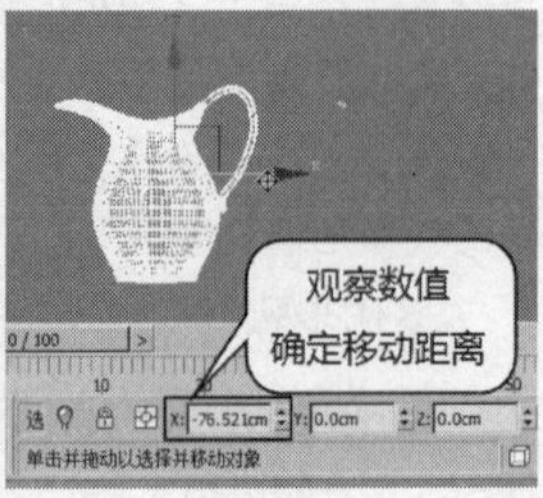

图2-65

技术专题 07 认识3ds Max的控制器

在3ds Max中，最常见的控制器包含移动控制器、旋转控制器以及缩放控制器3种，其中旋转控制器和缩放控制器如图2-66和图2-67所示。它们的形状与功能各不相同，但在颜色以及操作上有以下一些共同点。

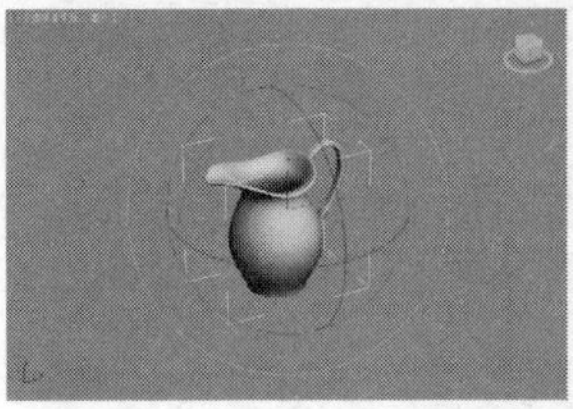

图2-66

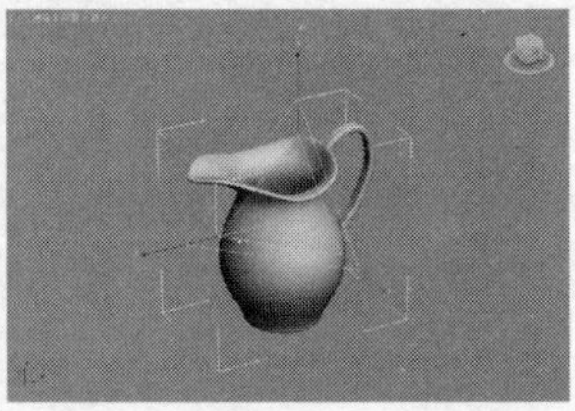

图2-67

第1点：所有控制器在轴向与颜色对应都是统一的，以移动控制器为例，其对应关系如图2-68所示。

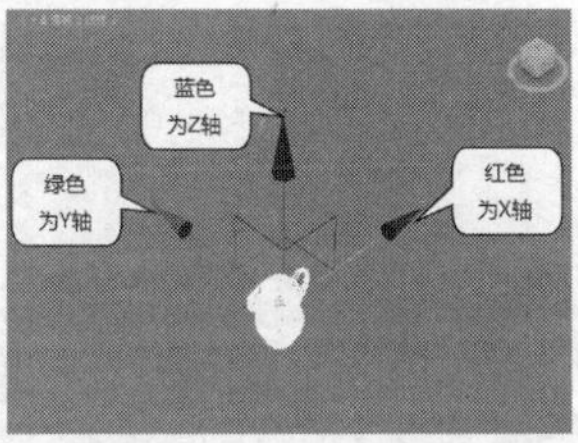

图2-68

第2点：当选择某一个控制轴向时，对应坐标轴会更改为黄色显示，如图2-69所示。当选择某一个控制平面时，除了构成平面的轴会以黄色显示外，平面还会呈高亮状态，如图2-70所示。

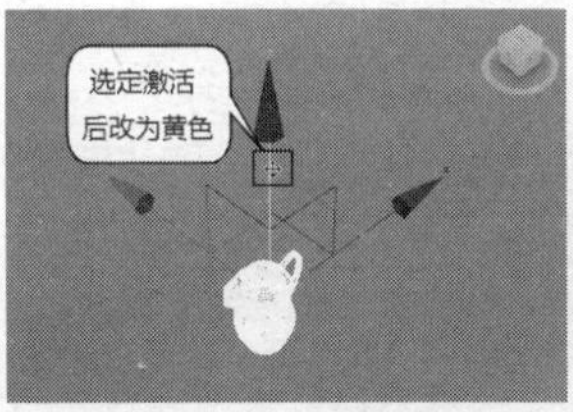

图2-69

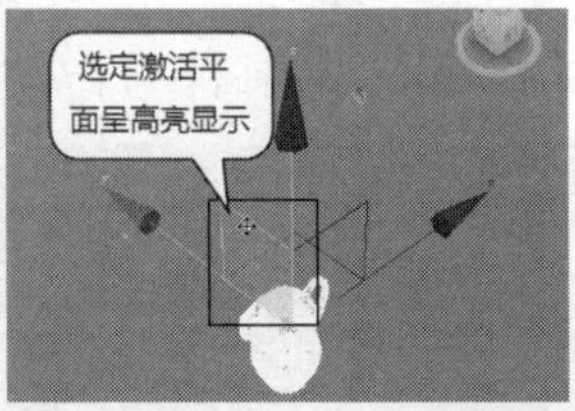

图2-70

第3点：移动控制器的大小是可以调整的，以移动控制器为例，按+键可以放大控制器，按-键可以缩小控制器，如图2-71和图2-72所示。

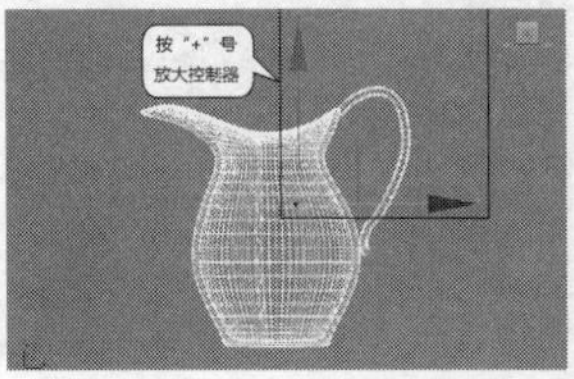

图2-71

图2-72

04 选定y轴或xy平面可以发现茶壶只能在垂直于当前屏幕方向的位置上进行移动，如图2-73和图2-74所示。

05 切换到顶视图，然后选择该视图中的y轴即可调整之前垂直于屏幕方向上的位置，如图2-75所示。

06 除了手动调整距离外，也可以用鼠标右键单击"主工具栏"中的"选择并移动"工具（快捷键为F12键）打开"移动变换输入"对话框，如图2-76所示。该对话框左侧显示的是模型当前的坐标值，右侧用于设置各个轴向上的输入偏移量。

图2-73

图2-74

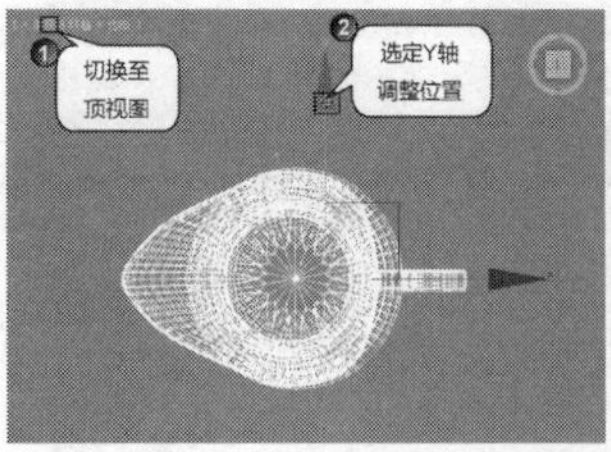

图2-75

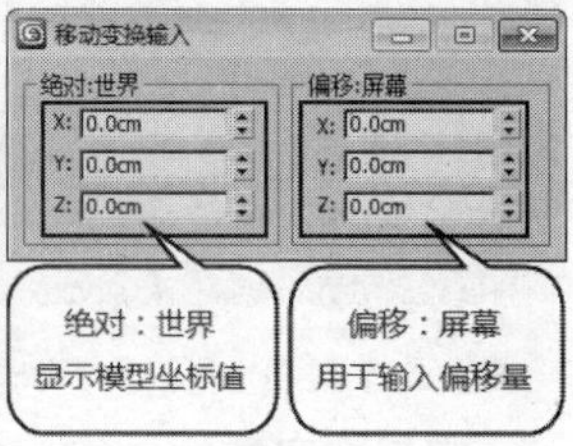

图2-76

07 如果要在x轴上向右移动120个单位，可以在"移动变换输入"对话框右侧的x参数后方输入120，然后按回车键即可，如图2-77和图2-78所示。同样，其他轴向上的移动只需要在对应轴向上输入数值即可。

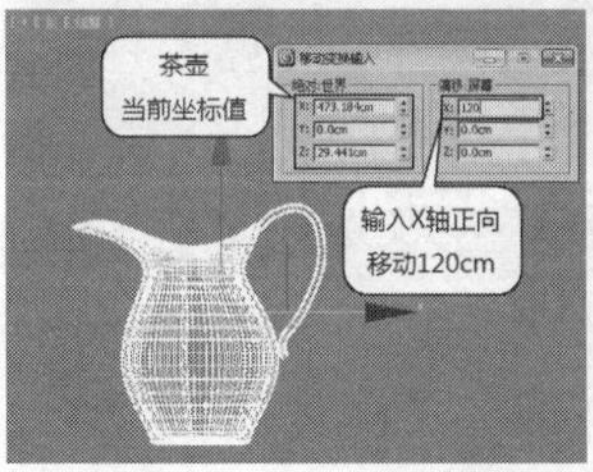

图2-77

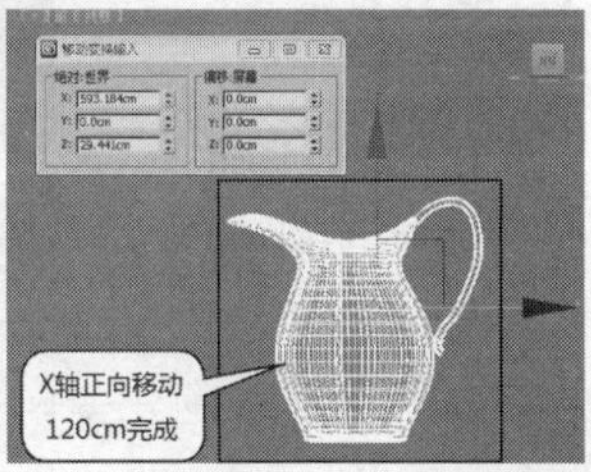

图2-78

技巧与提示

在复杂场景中移动对象时，由于模型较多容易出现在选择轴向时误选到其他对象，为了避免这种现象，可以在"主工具栏"的空白处单击鼠标右键，然后在弹出的菜单中选择"轴约束"命令，调出"轴约束"工具栏，如图2-79所示，再在"捕捉开关"工具上单击鼠标右键，打开"栅格和捕捉设置"对话框，最后在"选项"选项卡下勾选"使用轴约束"选项，如图2-80所示。

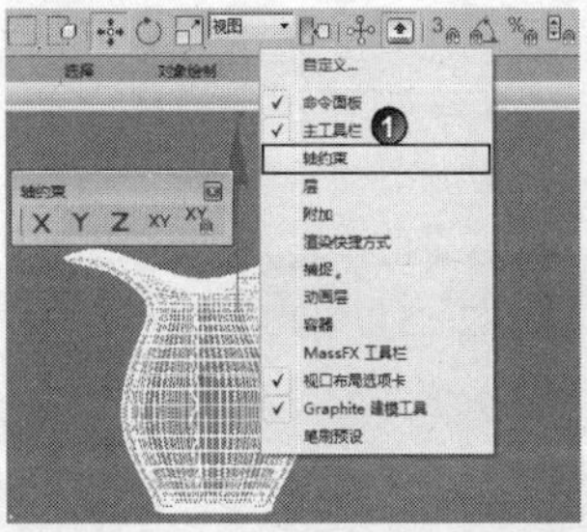

图2-79

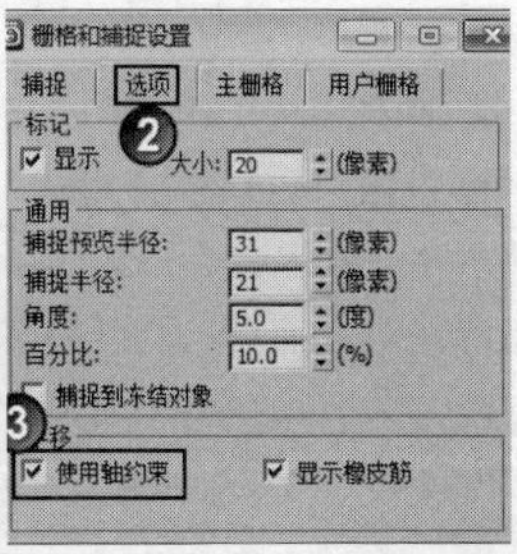

图2-80

经过以上设置后就可以通过按键控制轴向了，如按F5键就会自动约束到x轴，选择对象只能在x轴向上移动，如图2-81所示；按F6键将自动约束y轴；按F7键将自动约束z轴；按F8键则在约束xz\y\yz平面上切换。

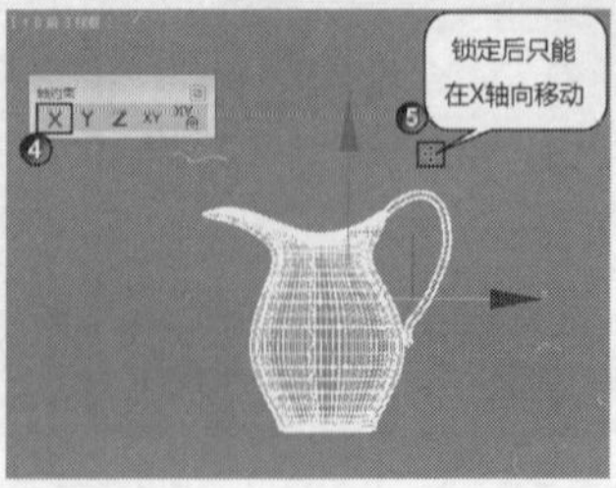

图2-81

实战040 选择并旋转工具

场景位置	DVD>场景文件>CH02>实战040.max
实例位置	无
视频位置	DVD>多媒体教学>CH02>实战040.flv
难易指数	★☆☆☆☆
技术掌握	掌握如何使用“选择并旋转”工具旋转对象

实例介绍

“选择并旋转”工具的使用方法与“选择并移动”工具相似，当该工具处于激活状态时，被选中的对象可以在x、y、z 这3个轴向上进行旋转。

操作步骤

01 打开光盘中的“场景文件>CH02>实战040.max”文件，如图2-82所示。

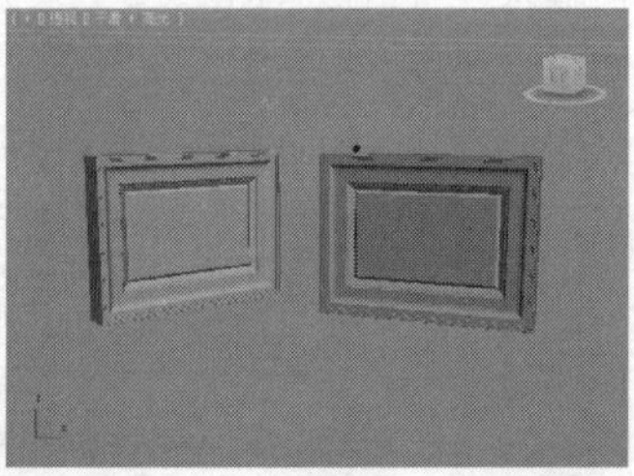

图2-82

02 在“主工具栏”中选择“选择并旋转”工具，然后选择左侧相框显示旋转控制器，如图2-83所示。旋转控制器默认激活z轴平面，因此移动鼠标并根据右上角的旋转度数即可完成旋转操作，如图2-84所示。

图2-83

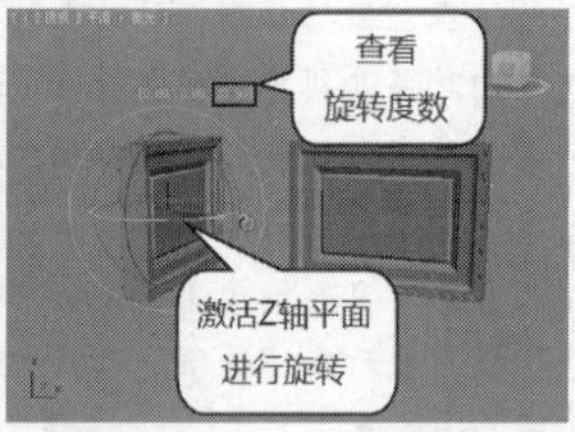

图2-84

03 同样在“主工具栏”中的“选择并旋转”工具上单击鼠标右键（快捷键为F12键），打开“旋转变换输入”对话框，然后在“偏移:世界”选项组下输入z轴的旋转角度为30，即可将选定对象在x轴上旋转30°，如图2-85和图2-86所示。

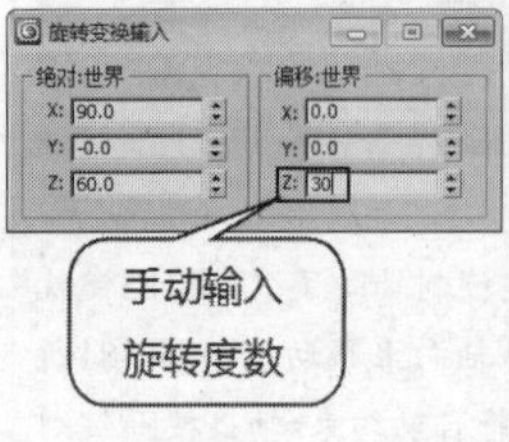

图2-85

图2-86

实战041 选择并缩放工具

场景位置	DVD>场景文件>CH02>实战041.max
实例位置	无
视频位置	DVD>多媒体教学>CH02>实战041.flv
难易指数	★☆☆☆☆
技术掌握	掌握如何使用“选择并缩放”工具缩放和挤压对象

实例介绍

按住“选择并均匀缩放”工具会弹出被隐藏的其他缩放工具，分别是“选择并均匀缩放”工具、“选择并非均匀缩放”工具和“选择并挤压”工具，如图2-87所示。

操作步骤

01 打开光盘中的“场景文件>CH02>实战041.max”文件，如图2-88所示。

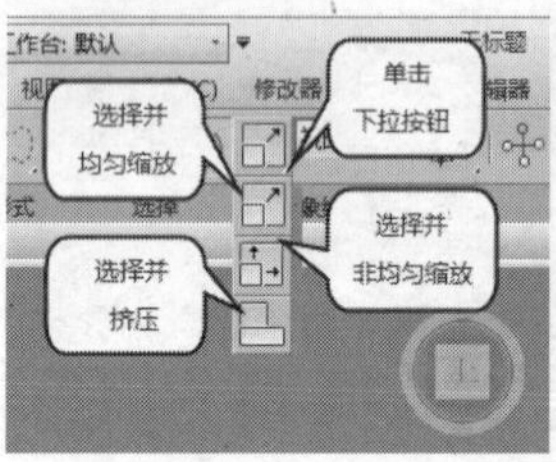

图2-87

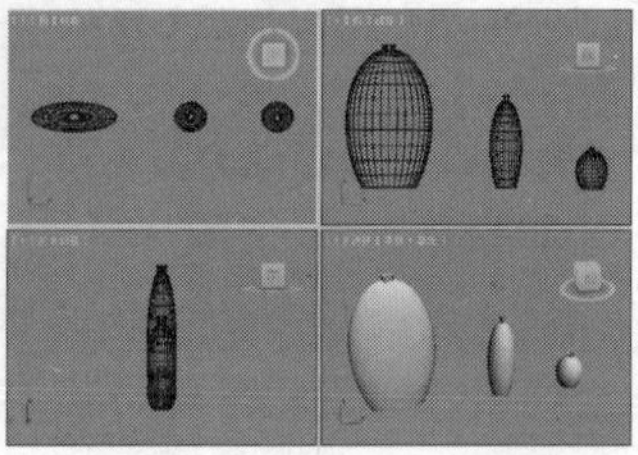

图2-88

02 首先了解单轴缩放操作。在“主工具栏”中选择“选择并均匀缩放”工具，然后将光标放在任意轴向上，待光标显示为状态时按住左键推拉鼠标即可进行单轴缩放，如图2-89所示。模型各个轴向单独缩放的效果如图2-90~图2-92所示。

图2-89

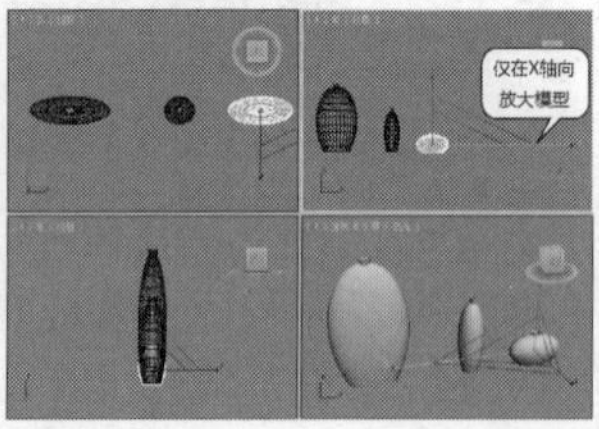

图2-90

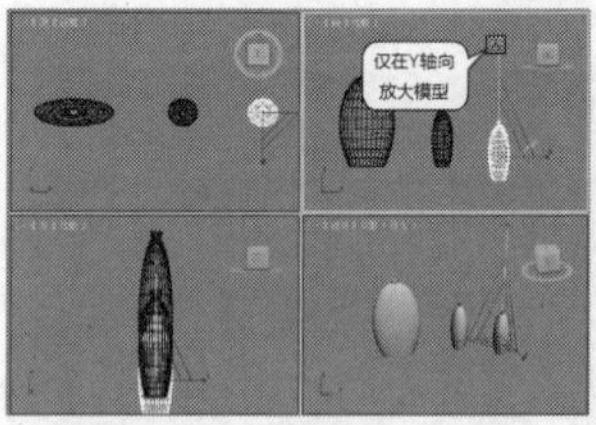

图2-91

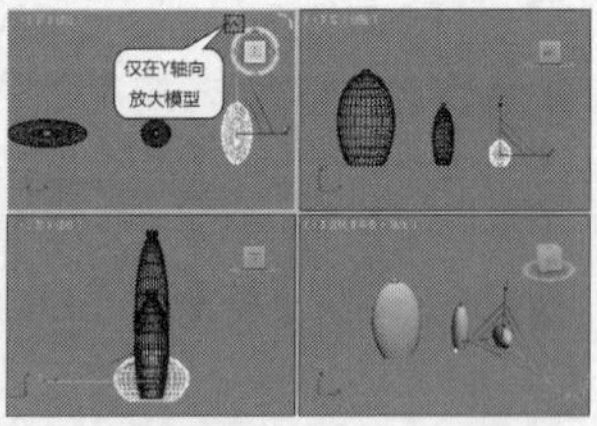

图2-92

03 在“主工具栏”中选择“选择并均匀缩放”工具，然后将光标放在坐标平面外围的梯形区域，待光标显示为状态时按住左键推拉鼠标即可进行某个平面的缩放操作，如图2-93和图2-94所示。

04 在“主工具栏”中选择“选择并均匀缩放”工具，然后将光标放在坐标平面内侧的三角形区域，待光标显示为状态时按住左键推拉鼠标即可进行三轴向等比例缩放操作，如图2-95和图2-96所示。

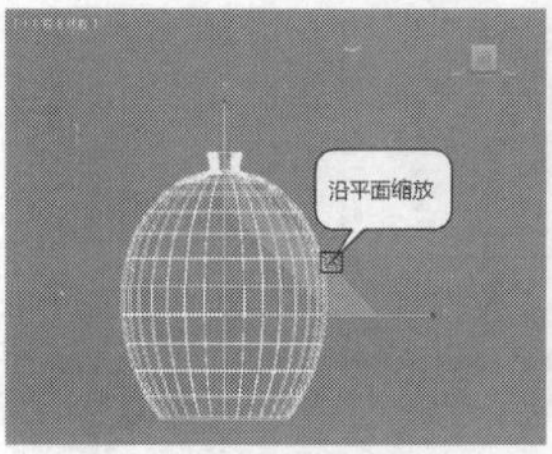

图2-93

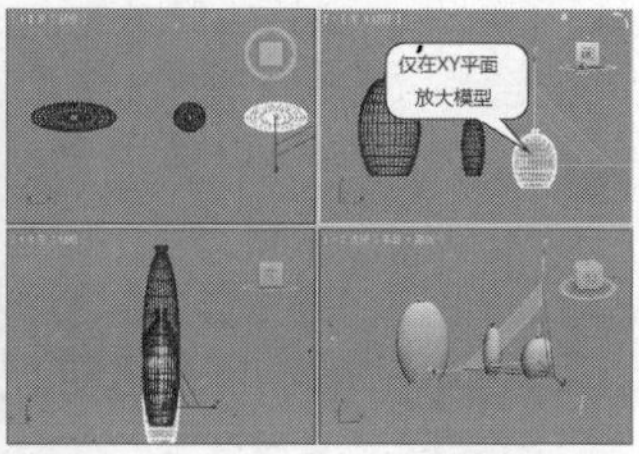

图2-94

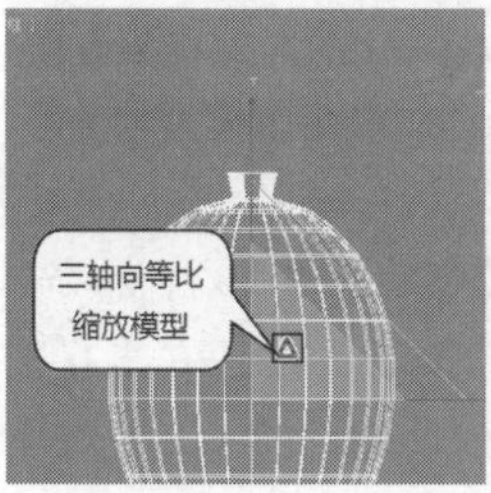

图2-95

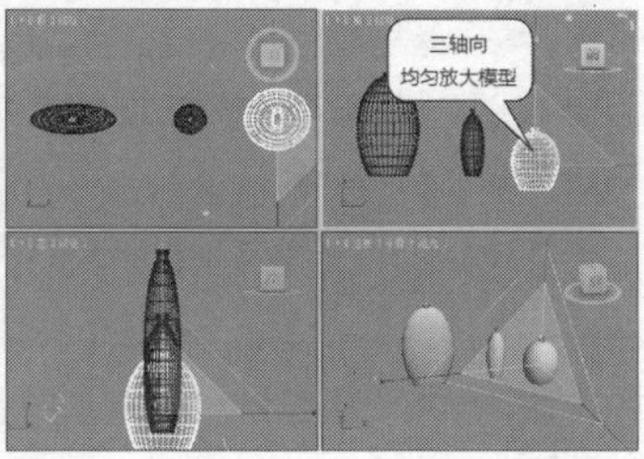

图2-96

技巧与提示

从上面的操作过程中可以观察到使用“选择并均匀缩放”工具也可以进行非等比例缩放操作。因此，在使用鼠标选定某个轴向、平面或进行整体缩放时，“选择并均匀缩放”工具与“选择并非均匀缩放”工具并没有功能上的区别。但当打开“缩放变换输入”对话框时可以发现前者只有一个百分比数值可以进行三轴向等轴缩放操作，如图2-97所示；而后者可以在某个轴向上单独进行缩放操作，如图2-98所示。

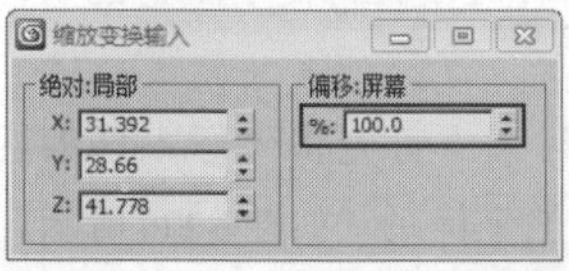

图2-97

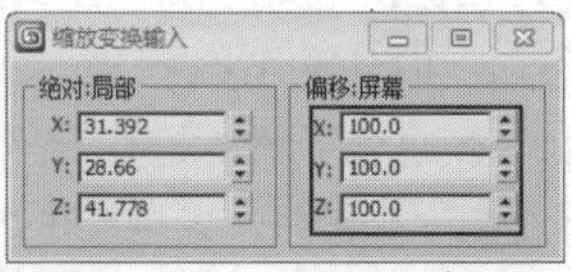

图2-98

05 在“主工具栏”中选择“选择并挤压”工具，然后选择最右边的模型，再在前视图中选定y轴，待光标显示为状态时按住左键推拉鼠标即可挤压缩放模型，如图2-99所示。

图2-99

技巧与提示

使用“选择并挤压”工具时无论怎样操作，模型的体积不会改变。当改变瓶身的高矮时，则瓶身会发生对应的粗细变化以保持体积不变，如图2-100所示；而当改变瓶身的粗细时，则瓶身的高矮会发生对应变化以保持体积不变，如图2-101所示。

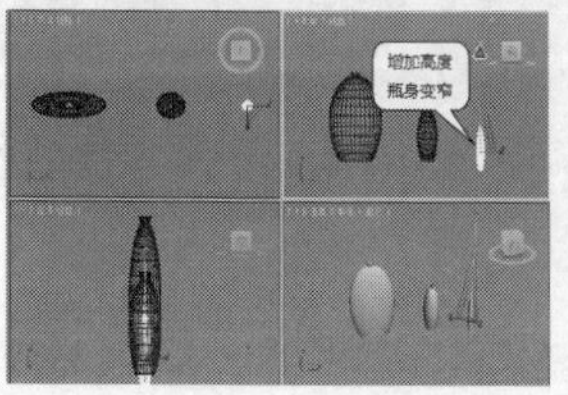

图2-100

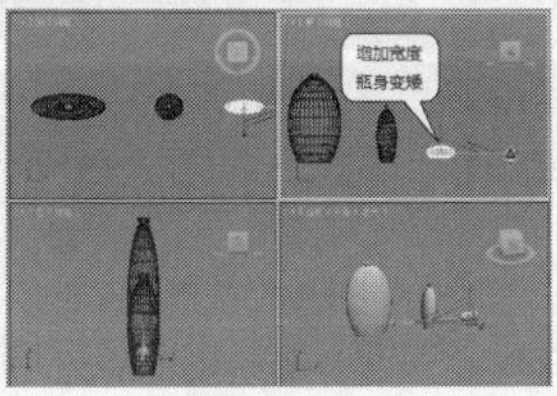

图2-101

实战042 参考坐标系

场景位置	DVD>场景文件>CH02>实战042.max
实例位置	无
视频位置	DVD>多媒体教学>CH02>实战042.flv
难易指数	★☆☆☆☆
技术掌握	掌握各种参考坐标系的区别

实例介绍

“参考坐标系”可以用来指定变换操作（如移动、旋转、缩放等）所使用的坐标系统，包括视图、屏幕、世界、父对象、局部、万向、栅格、工作区和拾取9种坐标系，如图2-102所示。在本例中将主要介绍常用的视图、屏幕、世界、父对象、局部以及拾取6种坐标系。

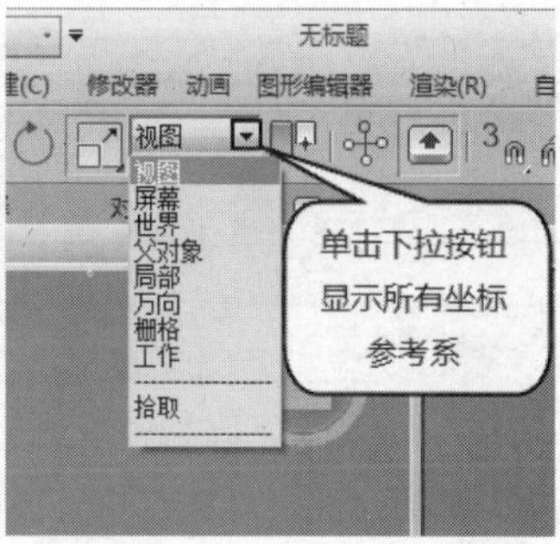

图2-102

操作步骤

01 打开光盘中的“场景文件>CH02>实战042.max”文件，此时这个场景使用的是默认的“视图”坐标系，同时激活的是透视图，观察可以发现透视图显示标准的三坐标，而另外3个标准视图的坐标以透视图坐标为参考，如图2-103所示。

02 如果更换激活视图，比如选择激活前视图，可以发现激活后的前视图坐标发生了改变，此时的坐标以屏幕为参考，位于屏幕内的坐标轴自动更新为x/y轴，垂直屏幕的轴向自动更新为z轴，如图2-104所示。另外，其他视图内的坐标也以前视图为参考进行了相应的改变。

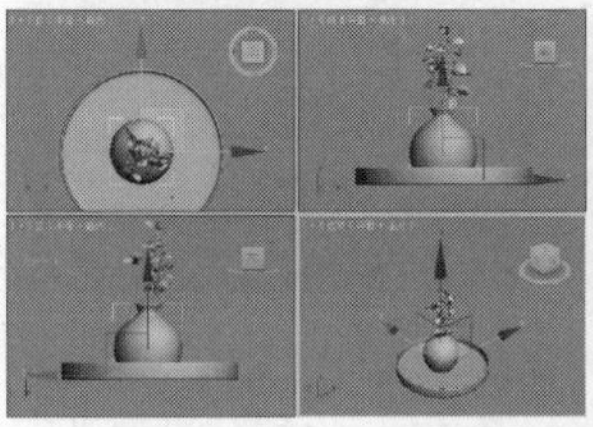

图2-103

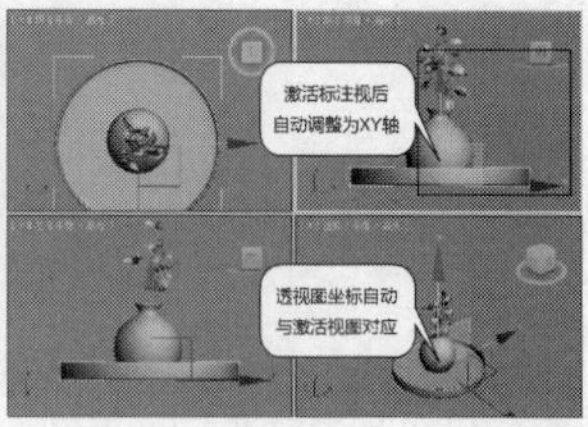

图2-104

03 逐个激活顶视图与左视图，可以发现坐标发生了同样的改变，如图2-105和图2-106所示。因此“视图”坐标参考系可以理解为激活视图内的坐标自动分配x/y轴，其他视图以该视图为参考自动调整轴向。但要注意的是不管激活哪个视图，透视图内的坐标始终为标准的三坐标，只是轴向会发生对应变化。

04 下面设置“参考坐标系”为“屏幕”坐标系，然后逐个激活各个视图观察坐标系的变化，经过测试可以发现该坐标系的功能与“视图”坐标系类似，唯一的区别在于当激活透视图时其坐标自动更新并只显示x/y轴，垂直屏幕的轴向自动更新为z轴，变得与“视图”坐标系中的标准视图一样，如图2-107和图2-108所示。

图2-105

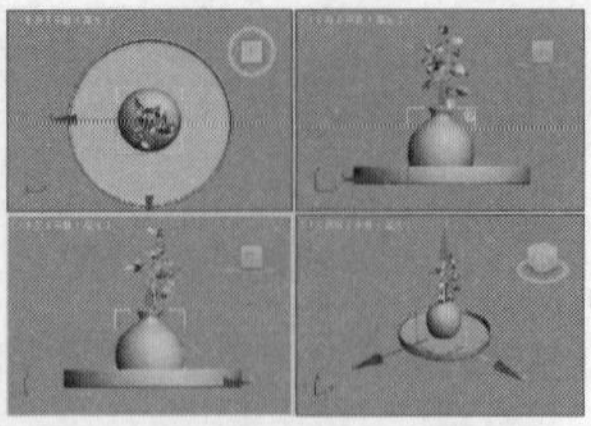

图2-106

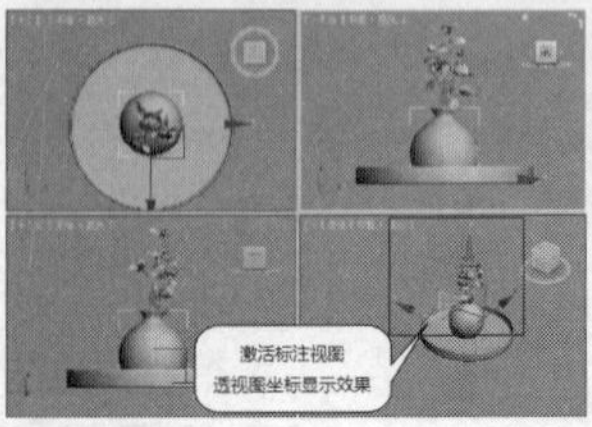

图2-107

图2-108

05 设置“参考坐标系”为“世界”坐标系，此时切换激活视图可以发现模型坐标以透视图中的x/y/z轴为绝对参考，不会产生任何变化，如图2-109~图2-111所示。

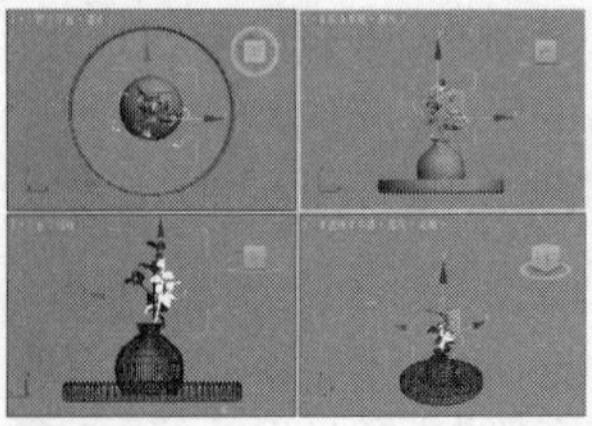

图2-109

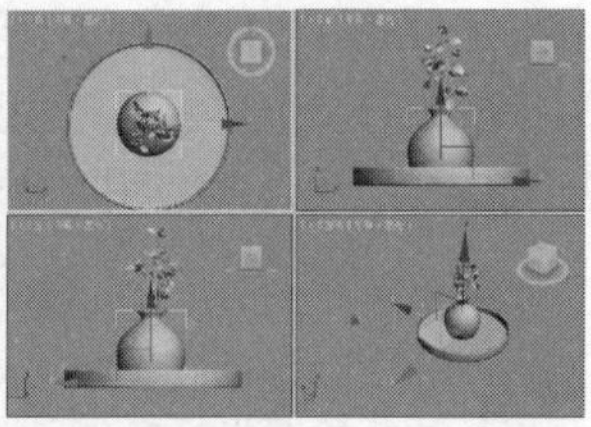

图2-110

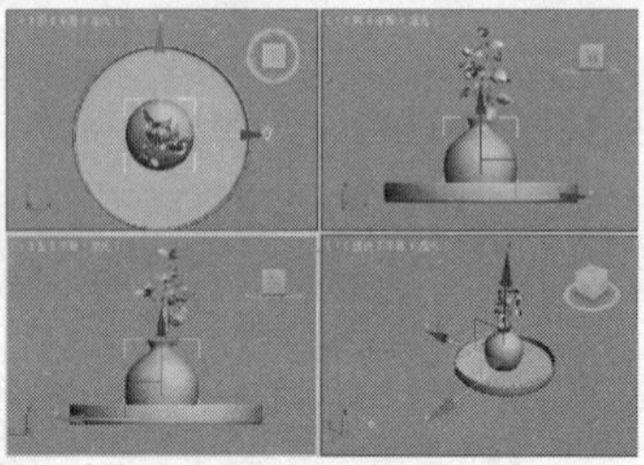

图2-111

06 将坐标系切换回“视图”坐标系，然后将整体模型进行逆时针旋转，观察可以发现此时只有透视图的坐标发生了对应的改变，而标准视图中的坐标并没有发生同样的变化，如图2-112所示。

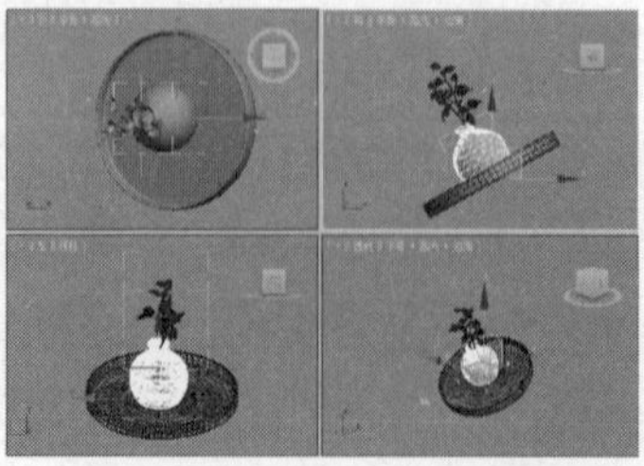

图2-112

07 将坐标系切换为“局部”坐标系，观察可以发现此时坐标发生了改变，竖向轴指向模型法线方向，横向轴保持与竖向轴90°的夹角，整体与透视图中的坐标保持一致，如图2-113所示。

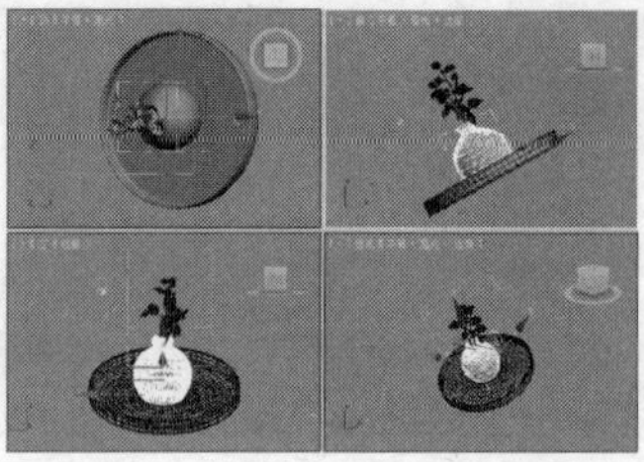

图2-113

08 下面来了解“父对象”坐标系。首先将坐标系切换回“视图”坐标系，然后将底盘倾斜并将花瓶模型向右移动，如图2-114所示。

09 要使用“父对象”坐标系，首先要创建模型的父子层级，在“主工具栏”中单击“选择并链接”按钮，然后单击右侧的花瓶，再拖曳鼠标链接到左侧的底盘上，如图2-115所示。

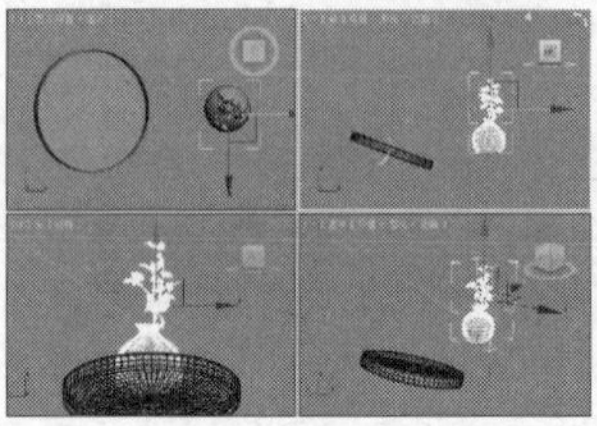

图2-114

图2-115

10 经过以上的链接操作，此时底盘为花瓶的父对象，因此在切换“父对象”坐标系时，花瓶将使用底盘的坐标系，如图2-116所示。

11 下面来了解“拾取”坐标系。首先将坐标系切换回“视图”坐标系，以还原花瓶的坐标系，如图2-117所示。

图2-116

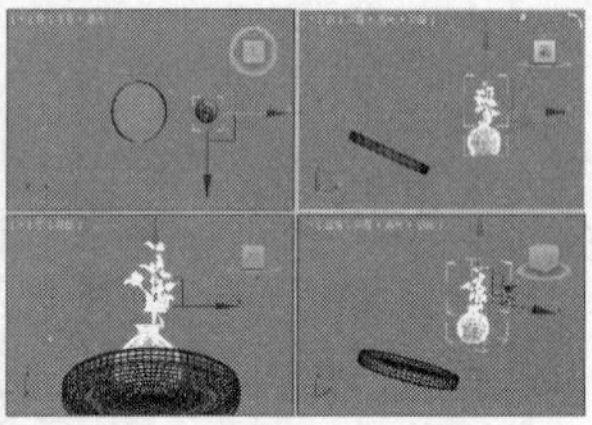

图2-117

12 选择花瓶，然后切换到“拾取”坐标系，再选择底盘为拾取对象，如图2-118所示，拾取完成后可以发现此时的花瓶坐标已经更换为拾取的底盘坐标，如图2-119所示。

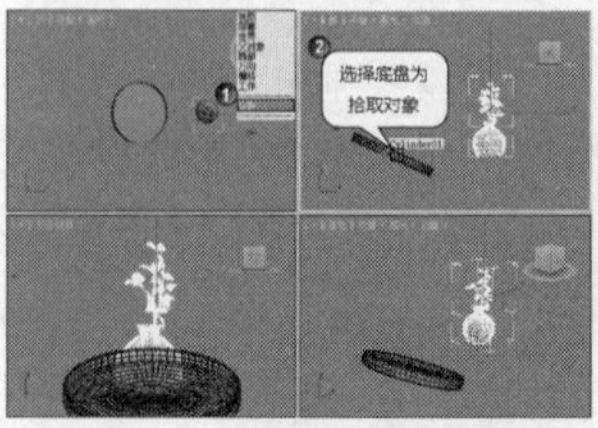

图2-118

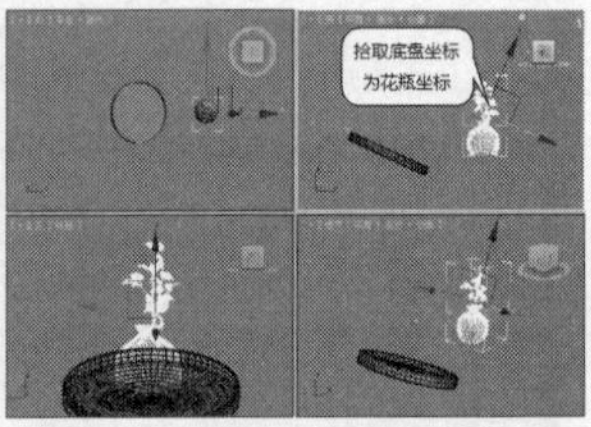

图2-119

技巧与提示

其他坐标系统在实际工作中不是很实用，因此这里不进行讲解。另外，在实际工作中最常用的坐标系为默认的“视图”坐标系。

实战043 选择并操纵工具

场景位置	无
实例位置	无
视频位置	DVD>多媒体教学>CH02>实战043.flv
难易指数	★☆☆☆☆
技术掌握	掌握“选择并操纵”工具的使用方法

实例介绍

使用“选择并操纵”工具可以通过在视图中拖曳操纵器，编辑某些对象、修改器和控制器的参数。在本例中将以平面角度操纵器为例来讲解“选择并操纵”工具的用法。

操作步骤

01 启动3ds Max 2013，然后设置参考坐标系为“屏幕”坐标系，再创建一个球体，具体参数设置如图2-120所示。

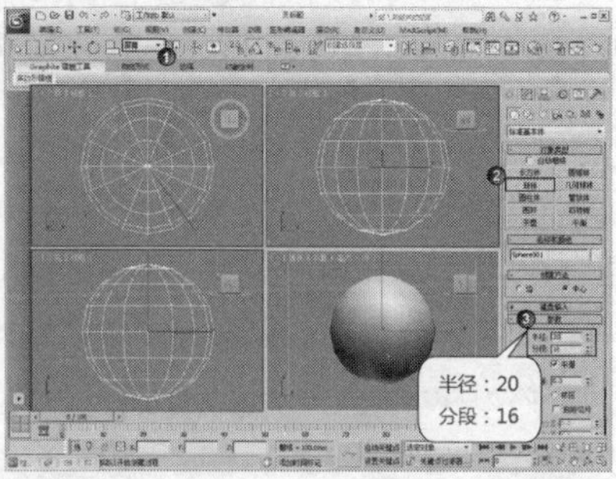

图2-120

02 在“创建”面板中设置创建类型为“辅助对象”，然后设置辅助对象的类型为“操纵器”，再单击“平角角度”按钮 平面角度 ，最后在前视图中创建一个平面角度操纵器，如图2-121所示。

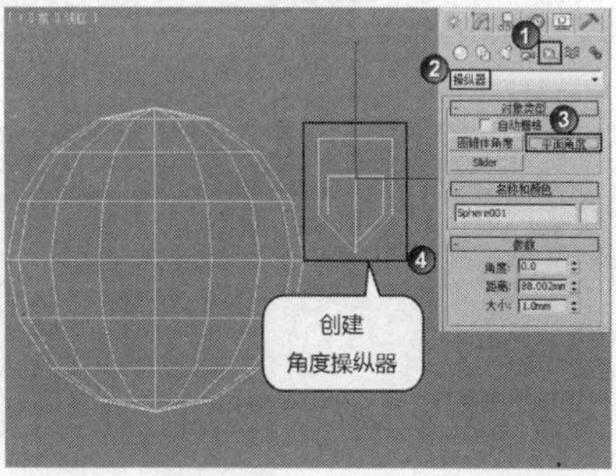

图2-121

03 选择创建好的平面角度操纵器，然后单击鼠标右键，在弹出的菜单中选择“关联参数”命令，再在弹出的菜单中选择“对象>角度”命令，如图2-122所示，将虚线拖曳到球体上并单击鼠标左键进行关联，最后在弹出的菜单中选择“对象>切片结束”命令，如图2-123所示。

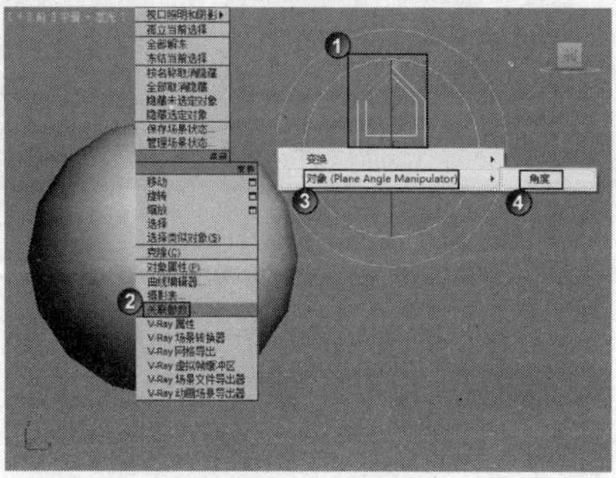

图2-122

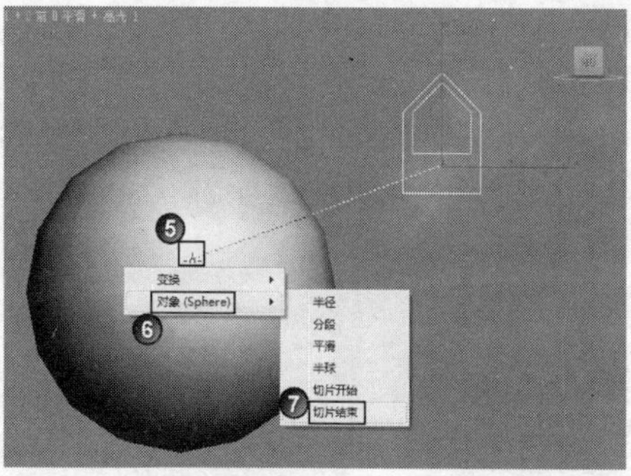

图2-123

04 执行完上面的操作后会弹出“参数关联”对话框，首先单击“单向连接:（左侧参数控制右侧参数）”按钮，然后单击“连接”按钮 连接 ，如图2-124所示。单击完成后平面角度操纵器即关联并控制球体的“切片结束”参数，如图2-125所示。

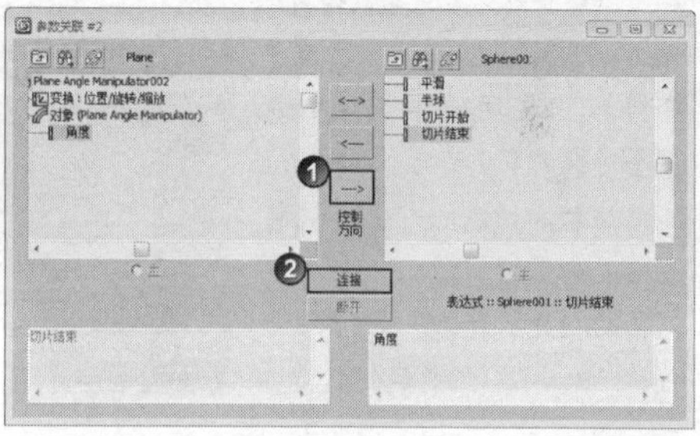

图2-124

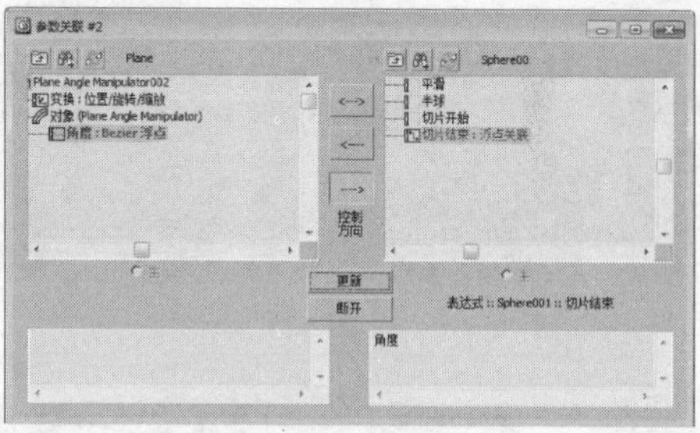

图2-125

05 为产生控制效果，选择球体进入“修改”面板，然后在“参数”卷展栏下勾选“启用切片”选项，如图2-126所示。由于默认设置下平面角度操纵器的角度为180°，因此启用后球体会被切去一半，如图2-127所示。

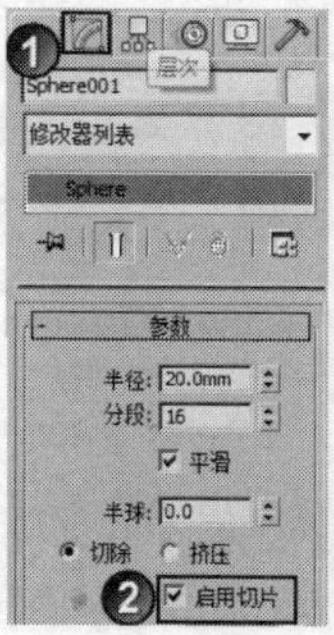

图2-126

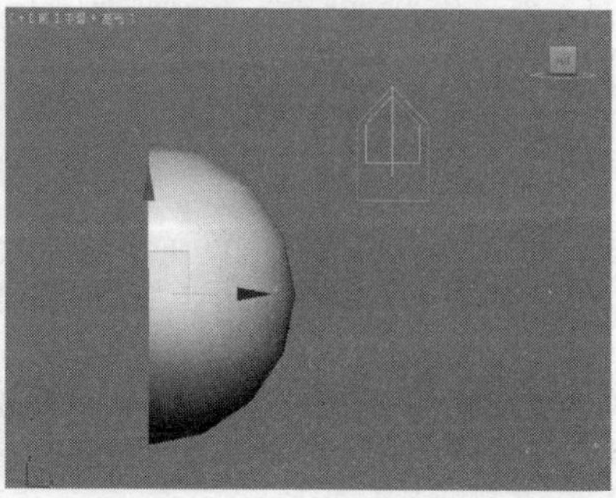

图2-127

06 如果激活“选择并操纵”工具，鼠标只能对平面角度操纵器进行移动等效果，不会改变切片状态，如图2-128所示；如果激活“选择并操纵”工具，对平面角度操纵器进行移动，则可以发现切片角度与控制器角度会产生同步关联，如图2-129所示。

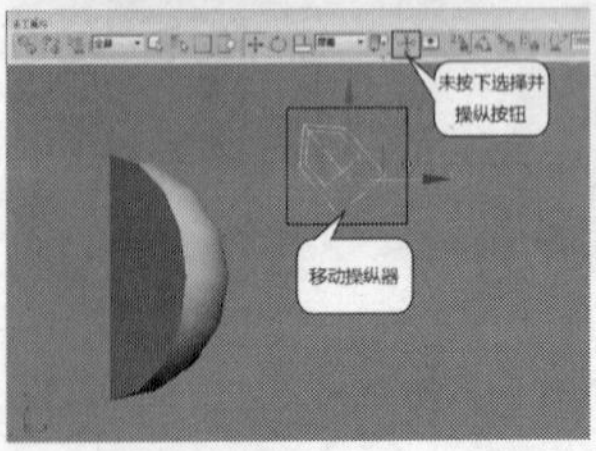

图2-128

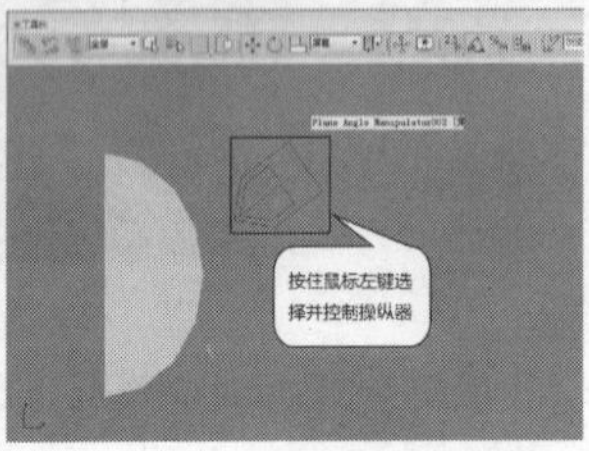

图2-129

技巧与提示

选择平面角度操纵器进入“修改”面板，调整“角度”参数值一样可以调整球体切片的最终角度，如图2-130所示。但在实际的动画制作中控制器通常不用于控制单个对象，而是同一个控制器控制多个对象的多个参数（如多辆汽车的运动和树木的晃动），这样在调整一个控制器时，其他关联对象的相关参数会同时修改，如图2-131和图2-132所示。

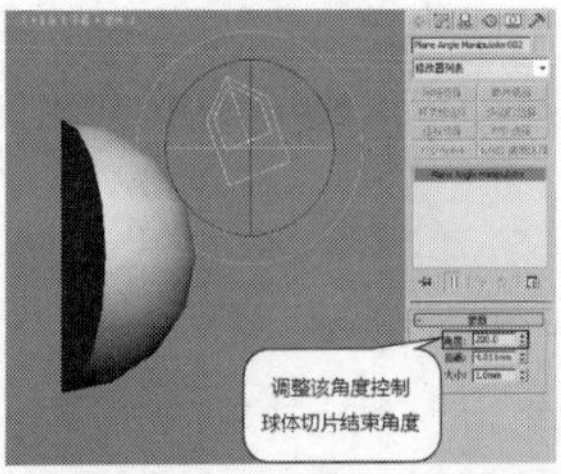

图2-130

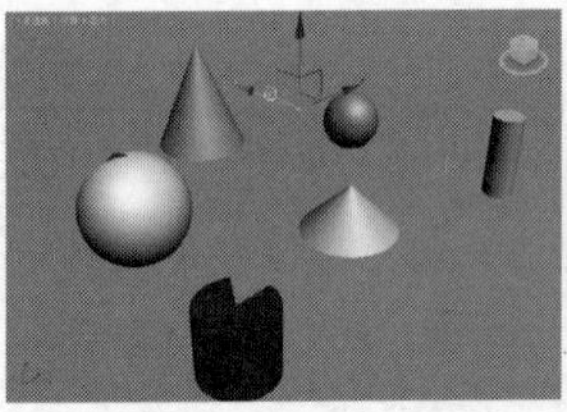
图2-131

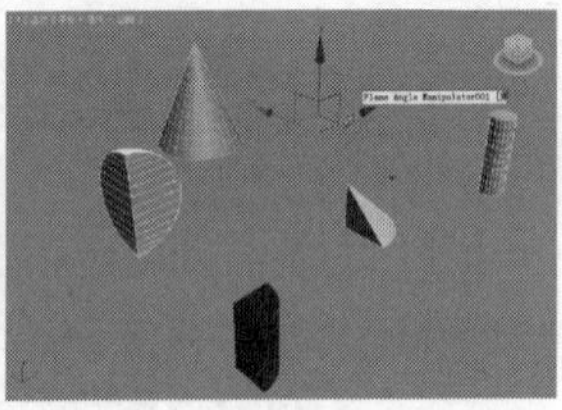
图2-132

实战044 调整对象变换中心

场景位置	DVD>场景文件>CH02>实战044.max
实例位置	无
视频位置	DVD>多媒体教学>CH02>实战044.flv
难易指数	★☆☆☆☆
技术掌握	掌握各个对象变换中心的使用方法与区别

实例介绍

在使用3ds Max时，如果同时选择多个对象进行移动、旋转以及缩放等操作，系统会自动将变换中心调整为“使用选择中心”，此时如有需要可以切换到“使用轴点中心”和“使用变换中心”，如图2-133所示。

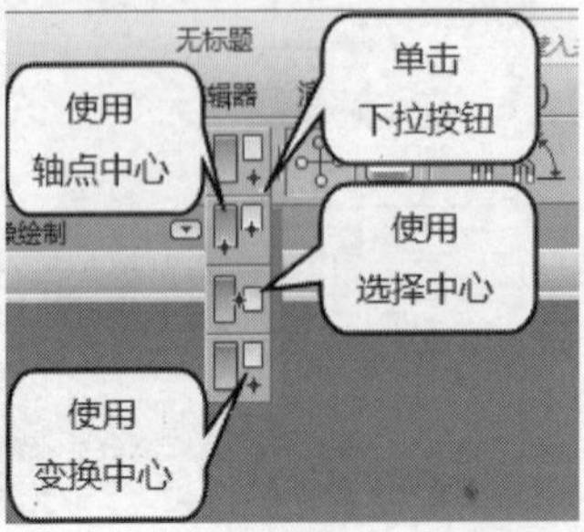

图2-133

操作步骤

01 打开光盘中的“场景文件>CH02>实战044.max”文件，如图2-134所示。

02 当选择场景中任意一个酒杯时，控制中心将自动选择为“使用轴点中心”，如图2-135所示。

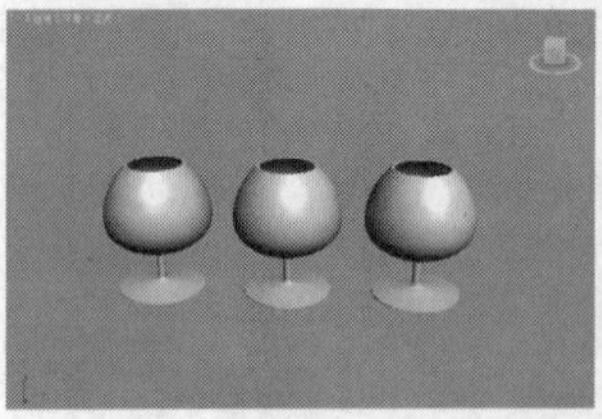
图2-134

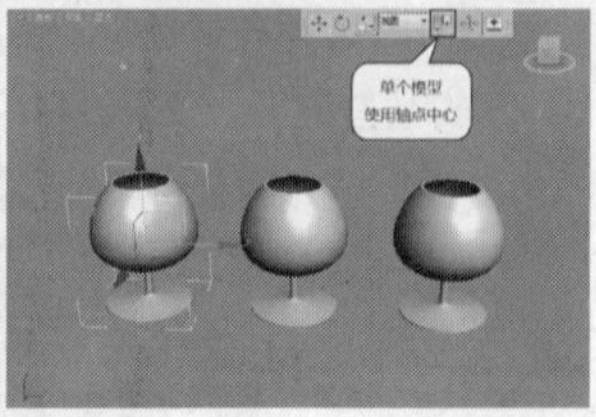

图2-135

03 选择场景中的多个酒杯时，会发现控制中心自动切换为“使用选择中心”，如图2-136和图2-137所示。另外，如果对选择的对象进行旋转或缩放操作，都将以选择的整体为参考，如图2-138和图2-139所示。

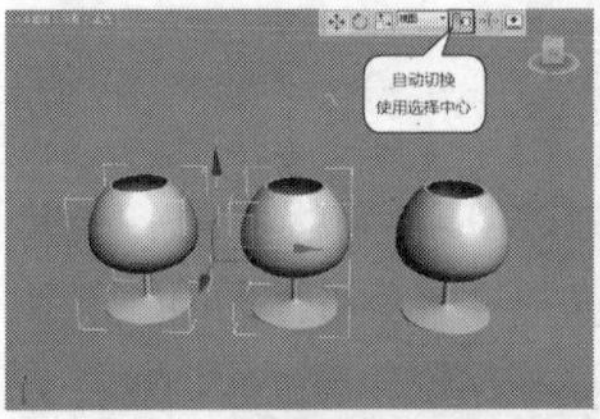

图2-136

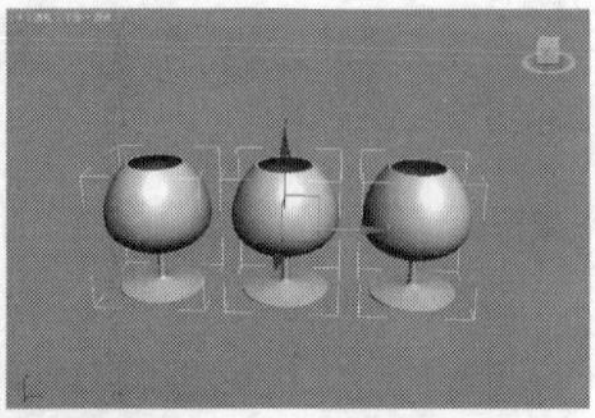
图2-137

图2-138

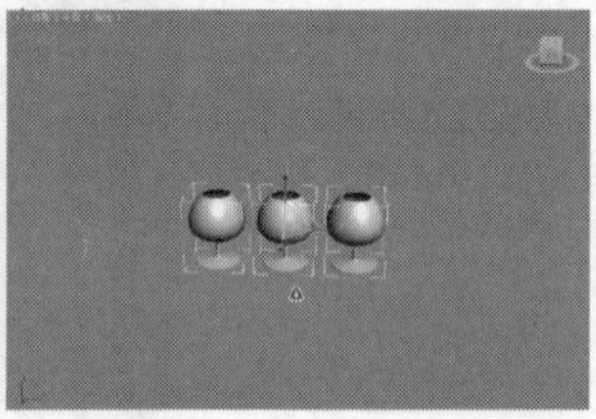
图2-139

04 如果需要对所有选择的对象进行单独的旋转和缩放等操作，首先需要手动切换到“使用轴点中心”，然后进行相关操作，如图2-140和图2-141所示。

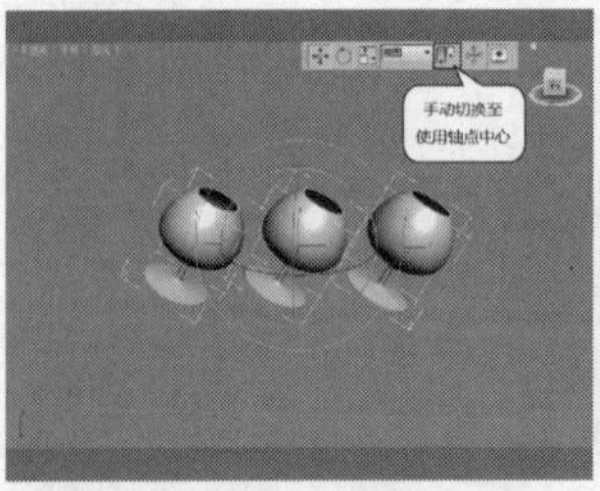

图2-140

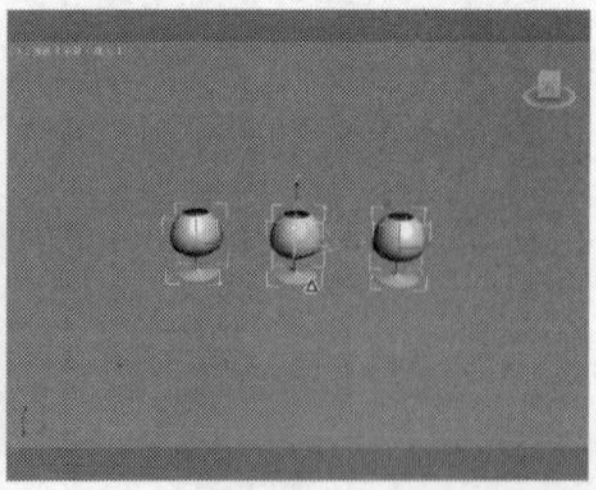
图2-141

05 如果需要对所有选择的对象以原点为参考点进行移动、旋转和缩放操作，则可以手动切换为“使用变换中心”，然后进行相关操作即可，如图2-142~图2-144所示。

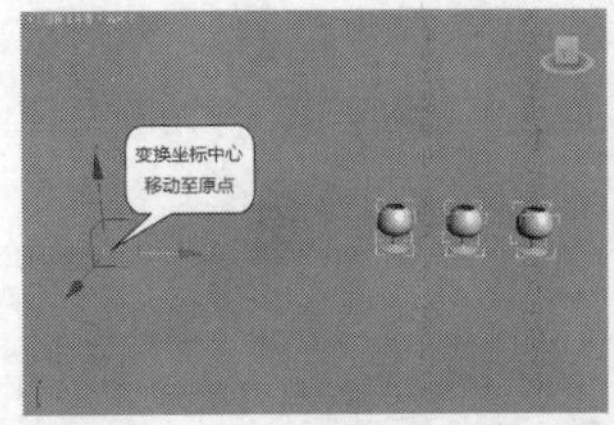

图2-142

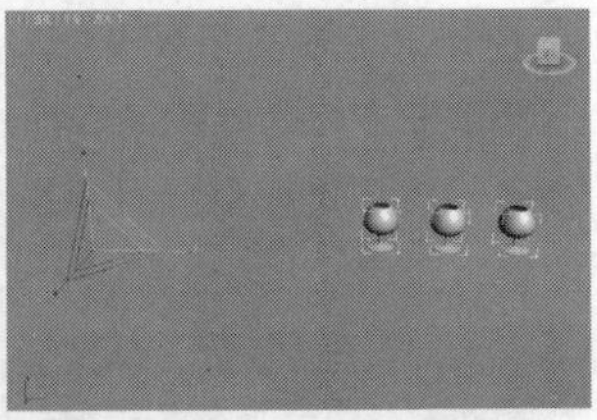

图2-143

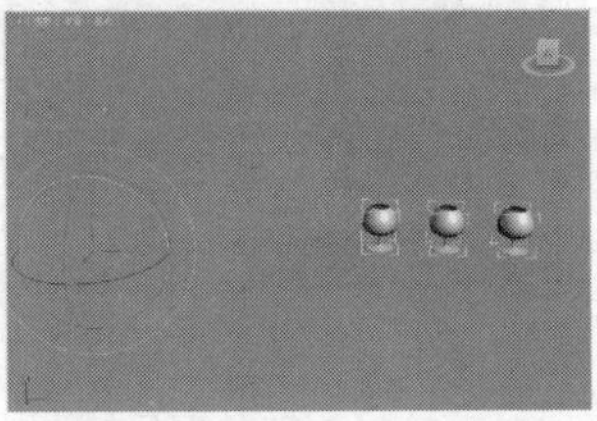

图2-144

技巧与提示

在上面的实例操作过程中可以发现默认设置下的变换中心模式会随着选择对象的变化而自动进行切换，如果要通过手动切换，可以执行“自定义>首选项”菜单命令，然后在弹出的“首选项设置”对话框中单击“常规”选项卡，再在“参考坐标系”选项组下勾选“恒定”选项，如图2-145所示。

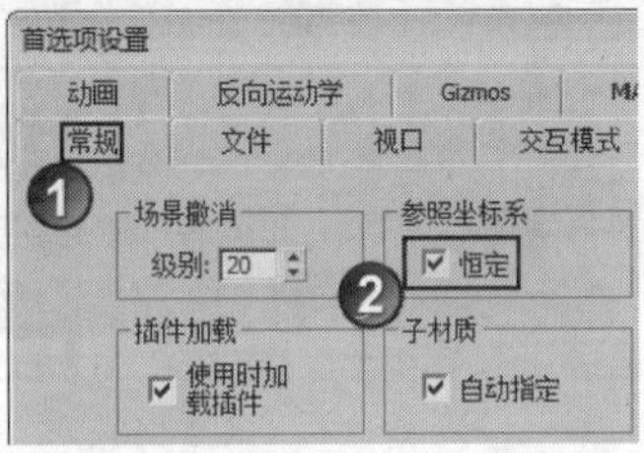

图2-145

实战045 复制对象

场景位置	DVD>场景文件>CH02>实战045.max
实例位置	无
视频位置	DVD>多媒体教学>CH02>实战045.flv
难易指数	★☆☆☆☆
技术掌握	掌握如何复制对象

实例介绍

复制对象也就是克隆对象。选择一个对象或多个对象后，按Ctrl+V组合键或执行“编辑>克隆”菜单命令即可在原处复制一个相同的对象。

操作步骤

01 打开光盘中的“场景文件>CH02>实战045.max”文件，如图2-146所示。

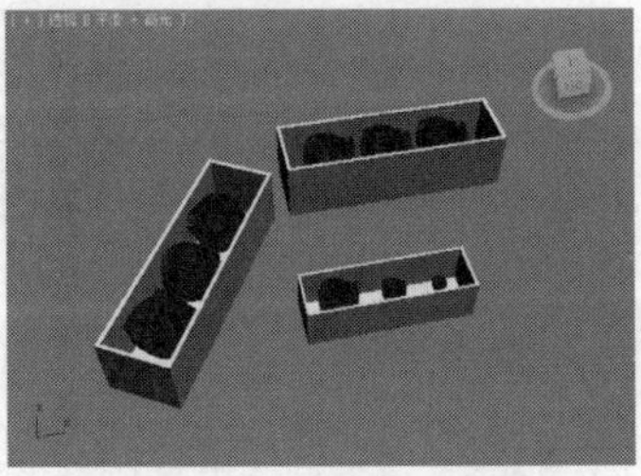

图2-146

02 选择要复制的玫瑰花，然后执行“编辑>克隆”菜单命令（快捷键为Ctrl+V组合键），打开“克隆选项”对话框，如图2-147所示，再在“对象”选项组下勾选“复制”选项并确定复制对象的名称，最后单击“确定”按钮 确定 即可在原处复制出一盒玫瑰花，如图2-148所示。

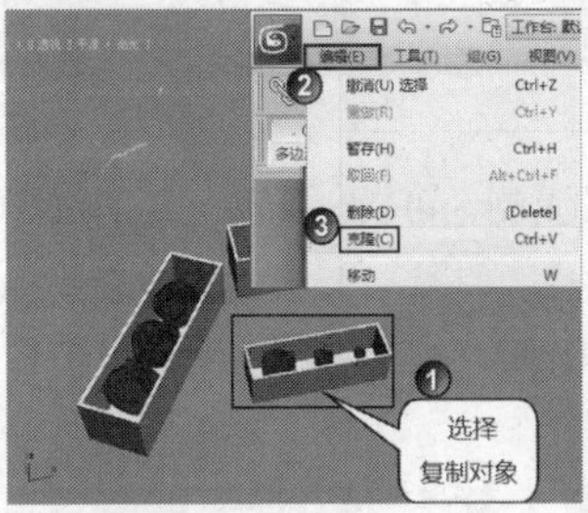

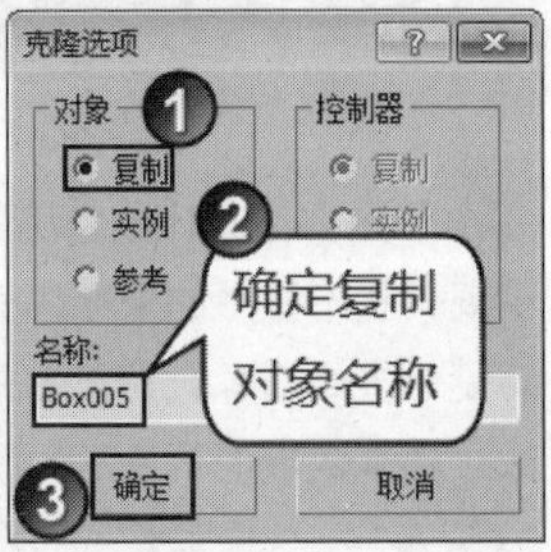

图2-147 图2-148

03 由于复制出来的玫瑰花与原来的玫瑰花是重合的，这时可以使用“选择并移动”工具将复制出来的玫瑰花拖曳到其他位置，以观察复制效果，如图2-149所示。

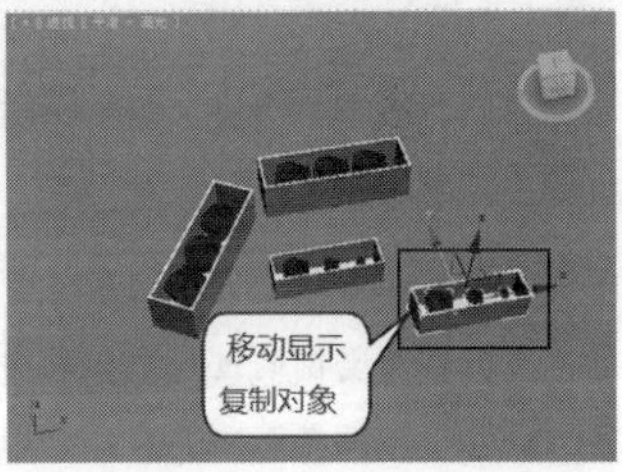

图2-149

实战046 移动复制对象

场景位置	DVD>场景文件>CH02>实战046.max
实例位置	无
视频位置	DVD>多媒体教学>CH02>实战046.flv
难易指数	★☆☆☆☆
技术掌握	掌握如何使用“选择并移动”工具移动复制对象

实例介绍

移动复制对象是指在移动对象的同时完成复制操作，这种复制方法是最常用的一种。

操作步骤

01 打开光盘中的“场景文件>CH02>实战046.max”文件，如图2-150所示。

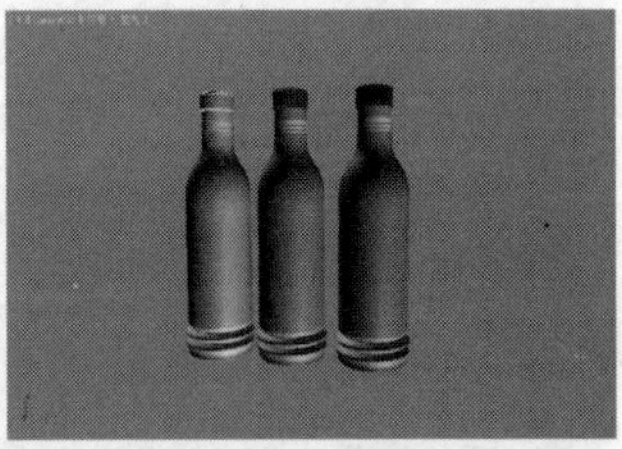

图2-150

02 使用“选择并移动”工具选择任意一个酒瓶，然后按住Shift键向右拖曳，如图2-151所示，移动到目标位置后松开鼠标，再在弹出的“克隆选项”对话框中设置好相关参数，单击“确定”按钮 确定 即可完成移动复制操作，如图2-152所示。

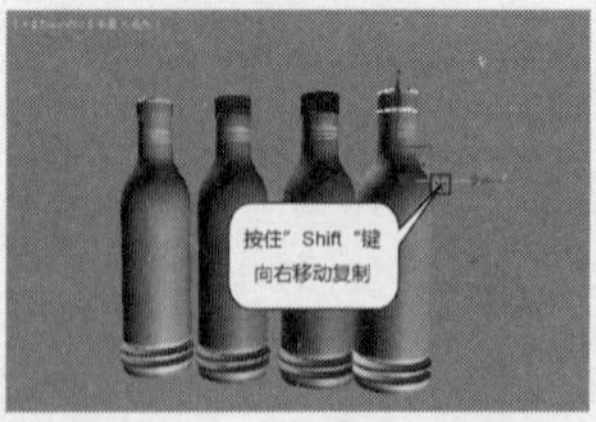

图2-151　　图2-152

03 如果要进行比较精确的复制，可以在移动复制的过程中观察状态栏中的坐标值变化，如图2-153所示；如果要等距复制多个对象，可以在弹出的“克隆选项”对话框中修改“副本数”的数值，如图2-154所示。

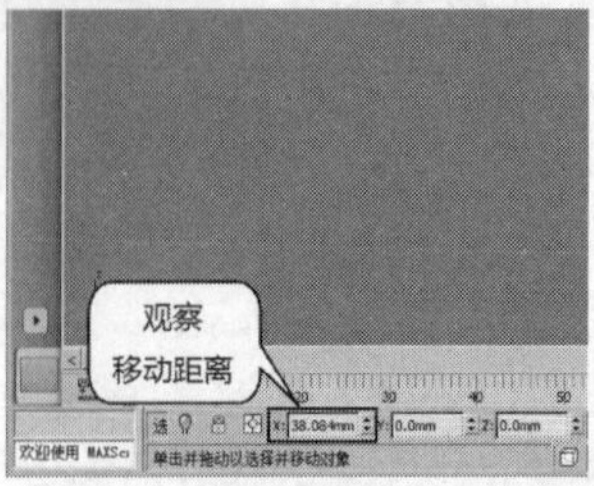

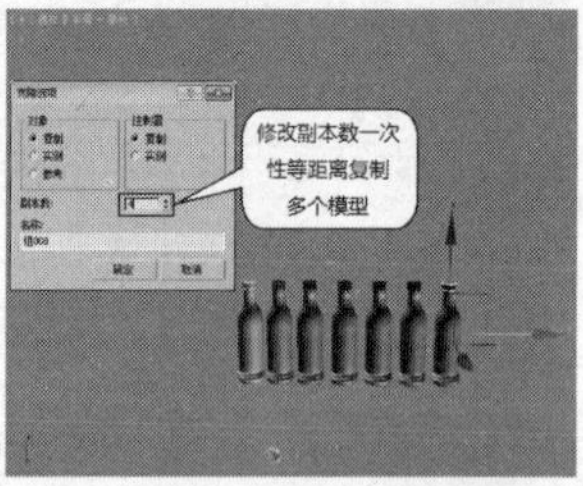

图2-153　　图2-154

技巧与提示

在移动复制的过程中如果要精确复制等距模型，可以适当地利用相同位置的捕捉点，如图2-155和图2-156所示。关于捕捉工具的用法将在下面的内容中进行详细介绍。

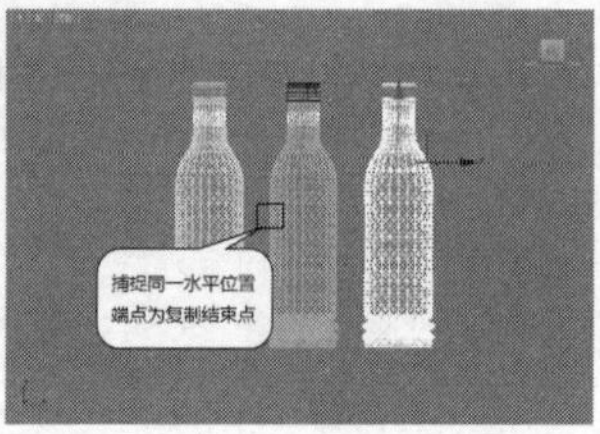

图2-155　　图2-156

实战047 旋转复制对象

场景位置	DVD>场景文件>CH02>实战047.max
实例位置	无
视频位置	DVD>多媒体教学>CH02>实战047.flv
难易指数	★☆☆☆☆
技术掌握	掌握如何使用“选择并旋转”工具旋转复制对象

实例介绍

旋转复制对象是指在旋转对象的过程中同时完成复制操作，这种复制方法在制作交叉物体时非常有用。

操作步骤

01 打开光盘中的“场景文件>CH02>实战047.max”文件，如图2-157所示。

图2-157

02 使用“选择并旋转”工具选择两个长方体，然后按住Shift键并选择旋转中心轴，如图2-158所示，再按顺时针方向旋转选定模型（不要松开Shift键）并观察模型右上角的旋转角度，如图2-259所示。

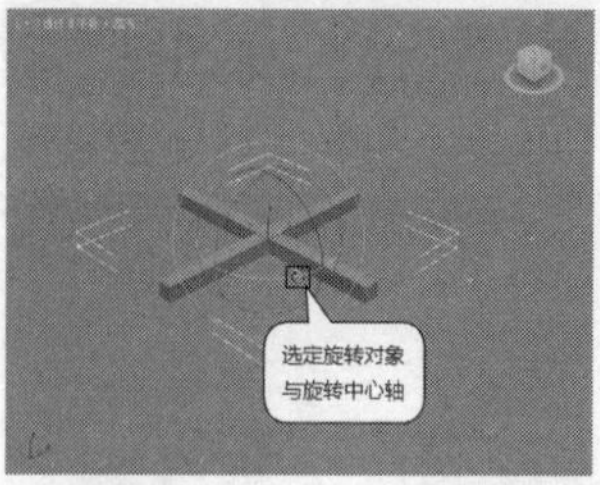

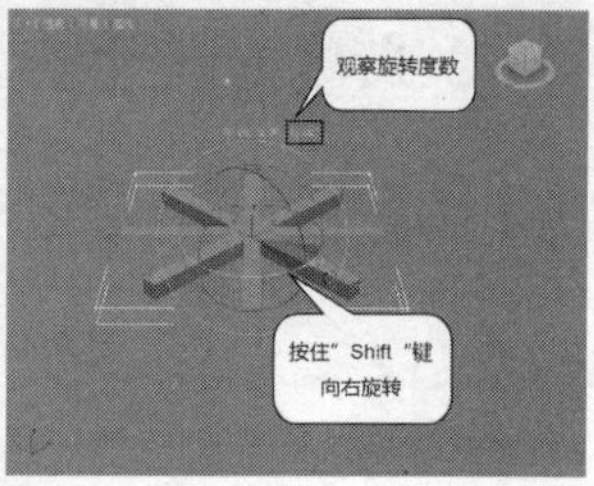

图2-158　　图2-159

03 确定好旋转角度后松开鼠标左键，然后在弹出的“克隆选项”对话框中设置相关参数，再单击“确定”按钮 确定 ，如图2-160所示，旋转复制完成后的效果如图2-161所示。

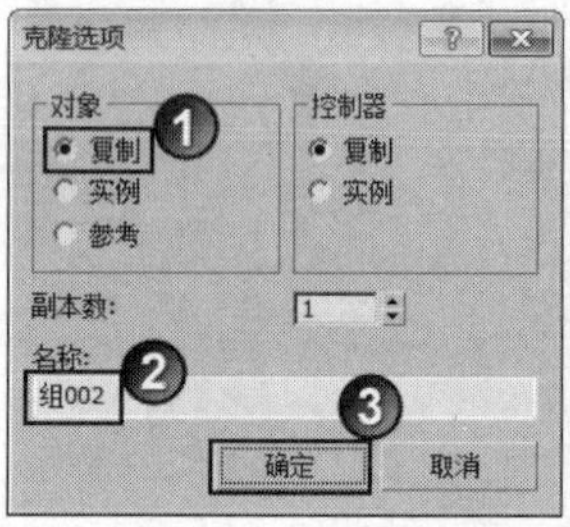

图2-160　　图2-161

技巧与提示

在复制、移动复制以及旋转复制的过程中都会出现“复制”、“实例”以及“参考”3种不同的复制方式，在上面的相关实例中为了便于讲解统一选择了“复制”方式。接下来将通过具体的实例来了解“实例”复制与“参考”复制的区别。

实战048 实例复制对象

场景位置	DVD>场景文件>CH02>实战048-1.max、实战048-2.max
实例位置	无
视频位置	DVD>多媒体教学>CH02>实战048.flv
难易指数	★☆☆☆☆
技术掌握	掌握如何关联（实例）复制对象

实例介绍

关联（实例）复制对象与前面讲解的复制对象有很大的区别。使用复制方法复制出来的对象与源对象虽然完全相同，但是当改变任何一个对象的参数时，另外一个对象不会随之发生变化；而使用关联复制方法复制对象时，无论是改变源对象还是复制对象的参数，另外一个对象都会随之发生相应的变化。

操作步骤

01 打开光盘中的“场景文件>CH02>048-1.max”文件，这是一个茶壶模型，如图2-162所示。

02 使用“选择并移动”工具选择茶壶模型，然后按住Shift键向右移动复制一个茶壶，再在弹出的对话框中设置“对象”为“实例”，确定好名称后单击“确定”按钮 确定 完成复制，如图2-163所示。

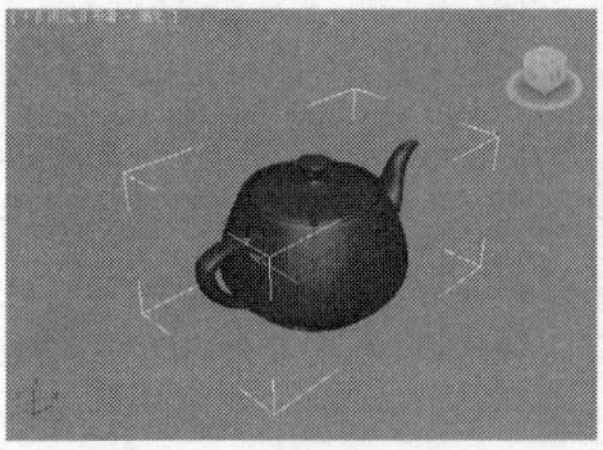

图2-162

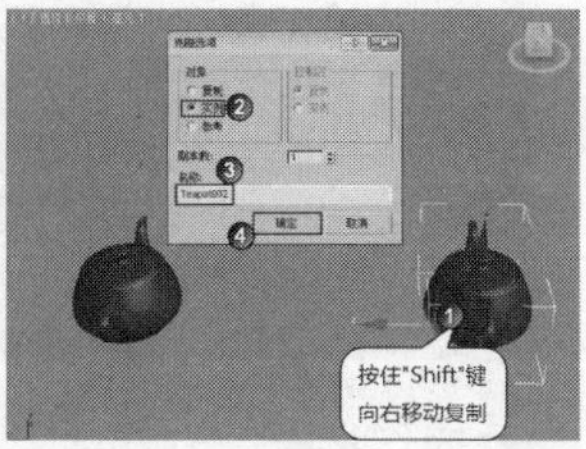

图2-163

03 选择其中任意一个茶壶，然后在“命令”面板中单击“修改”按钮，进入“修改”面板，再在“参数”卷展栏下设置“半径”为30mm，最后在“茶壶部件”选项组下关闭“壶盖”选项，具体参数设置如图2-164所示。

04 修改完参数后观察视图可以发现两个茶壶都发生了相同的变化，如图2-165所示，这就是关联复制的作用。复制完成后如果需要全体更改属性只需要调整其中任意一个，这种方法十分适用于批量处理相同的模型。

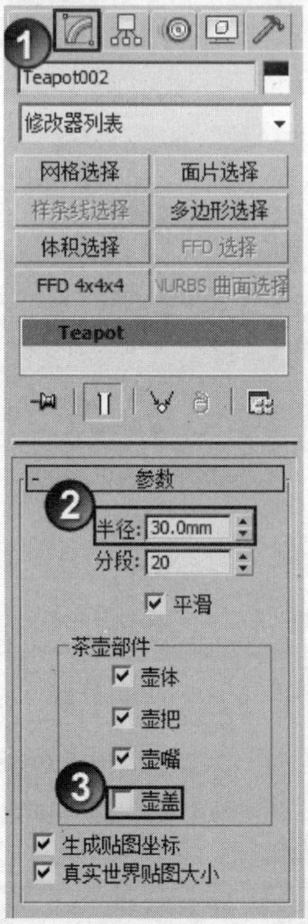

图2-164

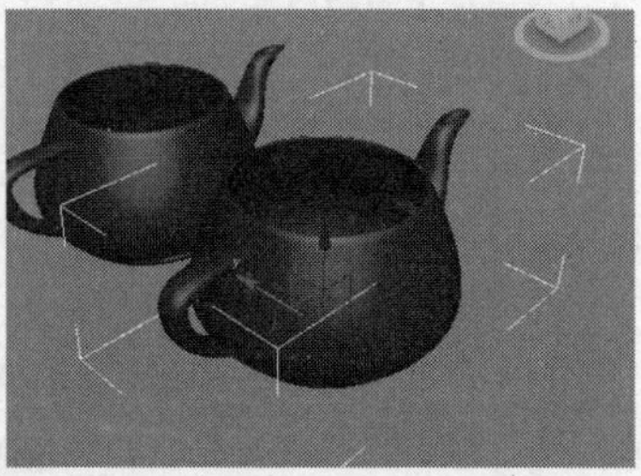

图2-165

05 如果要解除某个实例茶壶的关联，可以选择目标模型，然后进入“修改”面板，单击“使唯一”按钮即可解除关联，此时再修改参数不会影响到其他模型，如图2-166所示。在操作过程中要注意的一个细节是有存在实例效果的修改器通常会以加粗文字显示，如图2-167所示。

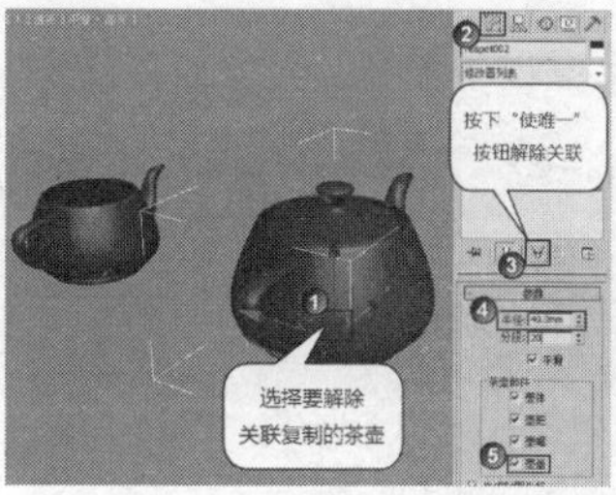

图2-166

图2-167

技术专题 08 修改器的实例复制

在实际工作中要注意，即使是实例复制的对象，也并不能保证所有修改操作都能产生同步关联。图2-168所示的两个茶壶模型，其中一个茶壶模型是实例复制出来的，将其中一个模型放大后，另外一个并不会发生同样的改变。事实上，实例复制对象时只能对“修改”面板中的参数产生同步关联。如果要在实例复制或本来无关的模型中产生新的参数关联，就要通过修改器的实例复制来完成。

图2-168

下面详细介绍一下如何对修改器进行实例复制。

第1步：打开“场景文件>CH02>实战048-2.max”文件，如图2-169所示的是两张高矮不同的方几模型，两者之间不存在任何复制关系。

第2步：为了让两者产生同步的关联参数，先选择其中任意一个方几（本例选择左侧的方几），然后进入“修改”面板添加一个FFD 4×4×4修改器，再在修改器上单击鼠标右键，并在弹出的菜单中选择“复制”命令，如图2-170所示。

图2-169

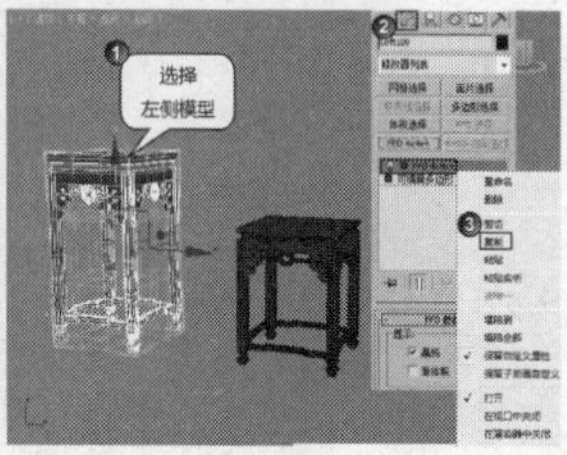

图2-170

第3步：选择另一个方几，进入“修改”面板单击鼠标右键将复制好的修改器以“粘贴实例”方式复制到该模型上，如图2-171所示。

图2-171

第4步：通过上面的方式实例复制修改器后，选择任意一个模型，进入复制的修改器更改参数，均会产生相同的修改变化，如图2-172和图2-173所示。

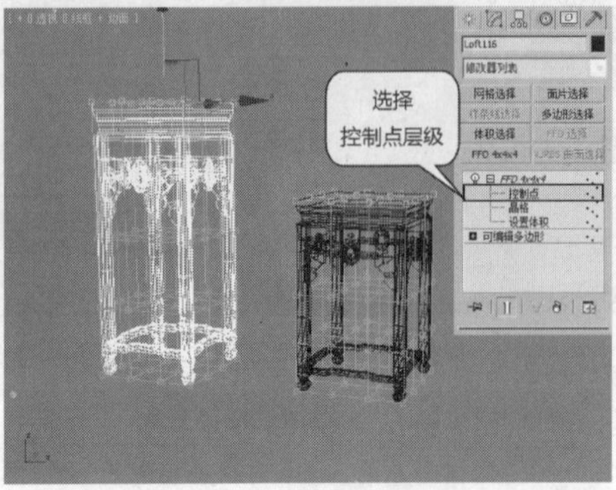

图2-172

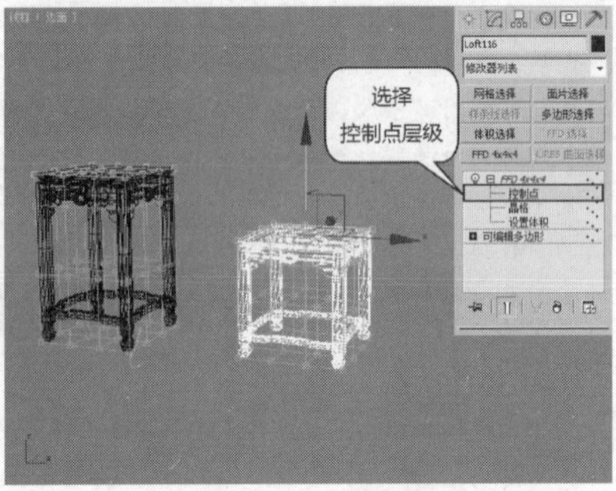

图2-173

第5步：要注意的是修改器同步修改的效果只针对实例复制的修改器本身，如进入任意一个模型的“可编辑多边形”修改器进行参数调整，由于之前该修改器没有关联，因此不会影响到另一个模型，如图2-174和图2-175所示。

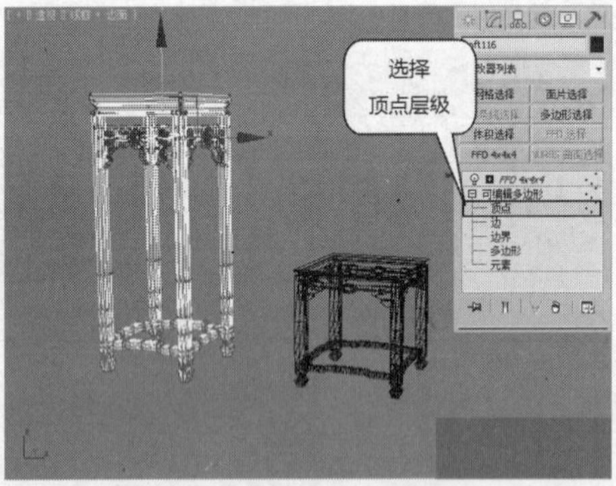

图2-174

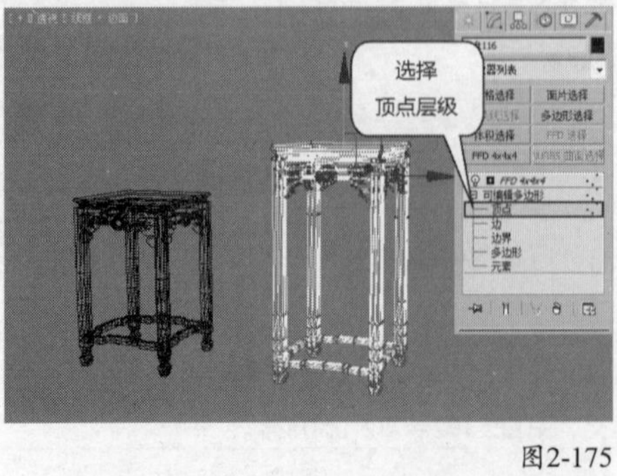

图2-175

实战049 参考复制对象

场景位置	无
实例位置	无
视频位置	DVD>多媒体教学>CH02>实战049.flv
难易指数	★☆☆☆☆
技术掌握	掌握如何参考复制对象

实例介绍

如果在复制的过程中选择“参考”方式，那么将创建一个原始对象的参考对象。此时修改原始对象将影响到复制对象，但修改复制对象时原始对象不会发生任何变化。

操作步骤

01 启动3ds Max 2013，然后在场景中任意创建一个几何体（以四棱锥为例），然后选择四棱锥，通过移动复制以“参考”方式复制一份，如图2-176所示。

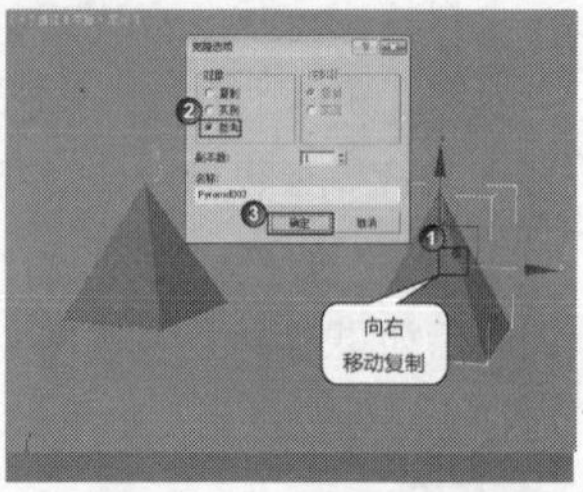

图2-176

02 选择任意一个四棱锥，然后进入“修改”面板调整参数，可以发现两者会相互影响，如图2-177和图2-178所示。

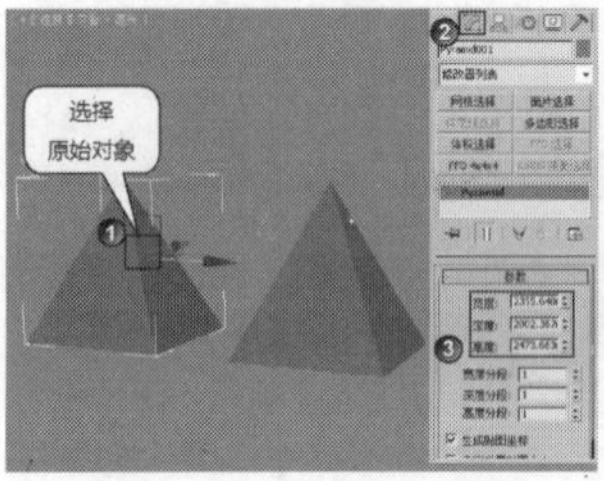

图2-177

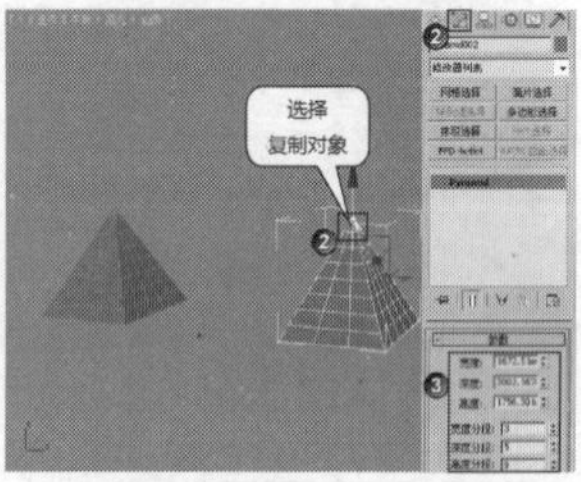

图2-178

技巧与提示

通过上面的操作可以发现“参考”复制与“实例”复制在修改自身参数时，原始对象与复制对象都能相互影响。接下来通过添加修改器来了解“参考”复制与“实例”复制的区别。

03 选择左侧原始的四棱锥模型，进入“修改”面板添加一个FFD 4×4×4修改器，此时可以发现在复制的四棱锥上产生了同样的变化，如图2-179所示。

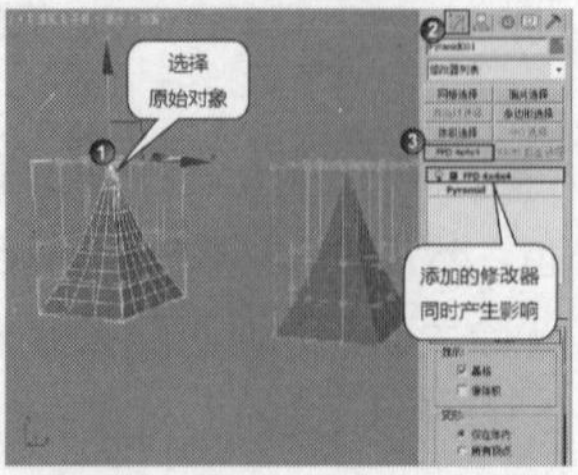

图2-179

04 按Ctrl+Z组合键取消上一步操作，然后选择右侧复制的四棱锥模型，进入“修改”面板添加一个FFD 4×4×4修改器，此时可以发现仅在复制对象上产生了变化，如图2-180所示。

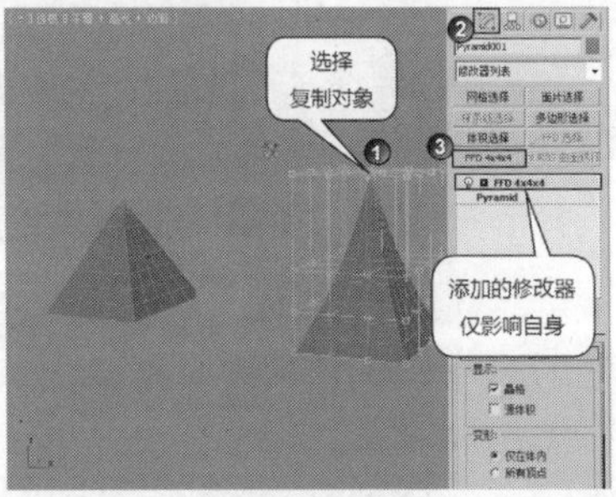

图2-180

实战050 捕捉开关工具

场景位置	无
实例位置	无
视频位置	DVD>多媒体教学>CH02>实战050.flv
难易指数	★☆☆☆☆
技术掌握	掌握“捕捉开关”工具的作用

实例介绍

3ds Max中捕捉开关工具包括“2D捕捉”工具、“2.5D捕捉”工具和“3D捕捉”工具3种，如图2-181所示。接下来了解这3种捕捉工具的使用与功能区别。

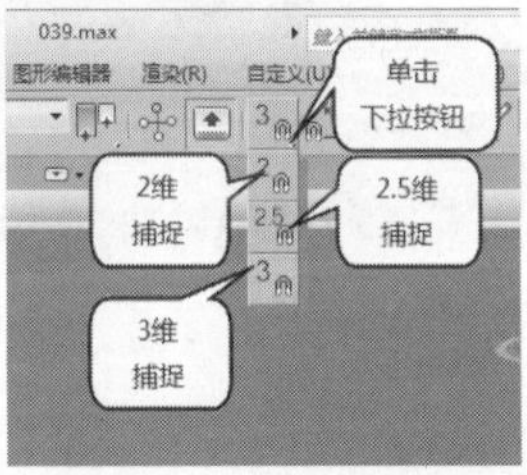

图2-181

操作步骤

01 启动3ds Max，进入工作界面后创建两个长方体，然后沿x轴移动复制一份，完成后的效果如图2-182所示。

02 在“3D捕捉”工具上单击鼠标右键，然后在弹出的“栅格和捕捉设置”对话框中单击“捕捉”选项卡，再勾选常用的捕捉点，具体参数设置如图2-183所示。

图2-182

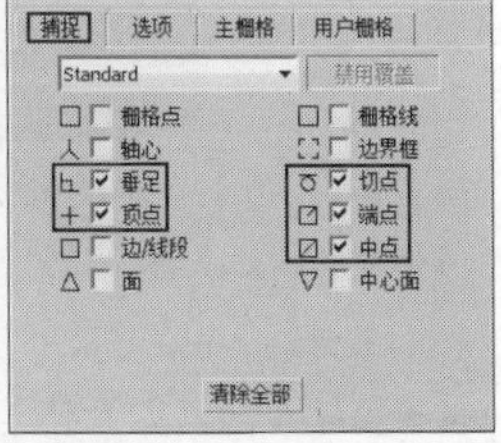

图2-183

03 按W键启用“选择并移动”工具，然后单击“3D捕捉”工具（快捷键为S键），再捕捉右侧长方体左下角的顶点为移动起始点，如图2-184所示，最后按住鼠标左键移动到右侧长方体并捕捉右上角的顶点为移动结束点，确定位置后松开鼠标左键即使用3D捕捉精确移动完成模型，如图2-185所示。

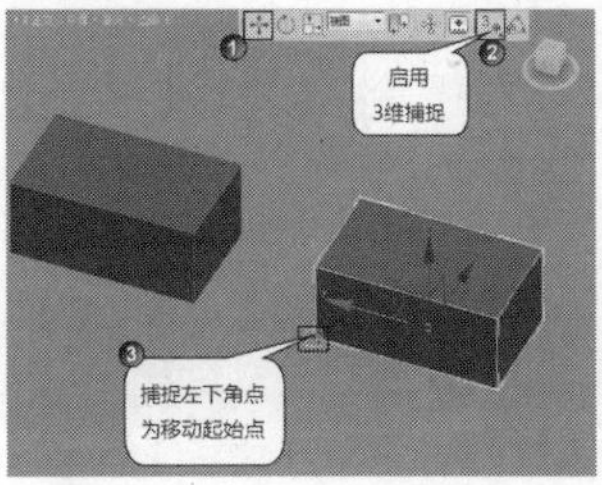

图2-184

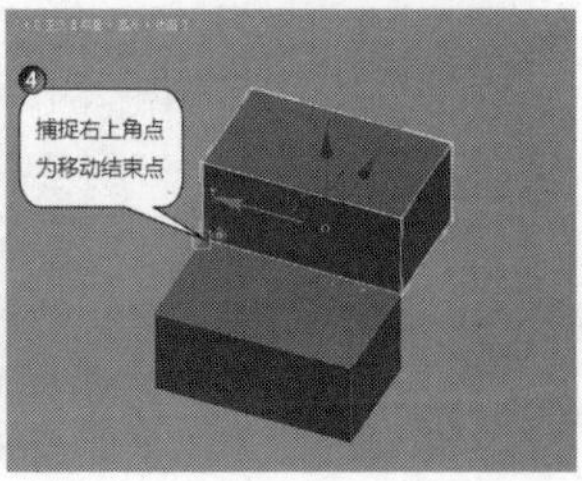

图2-185

04 按Ctrl+Z组合键返回移动前的状态，然后将捕捉开关切换为“2D捕捉”工具，再执行同样的捕捉操作可以发现“2D捕捉”工具无法捕捉空间上的点，如图2-186所示。但如果将鼠标移动到与移动起点共面的其他顶点则可以发现“2D捕捉”工具可以成功捕捉到相关顶点，如图2-187所示。下面来了解“2.5D捕捉”工具的功能特点。

图2-186

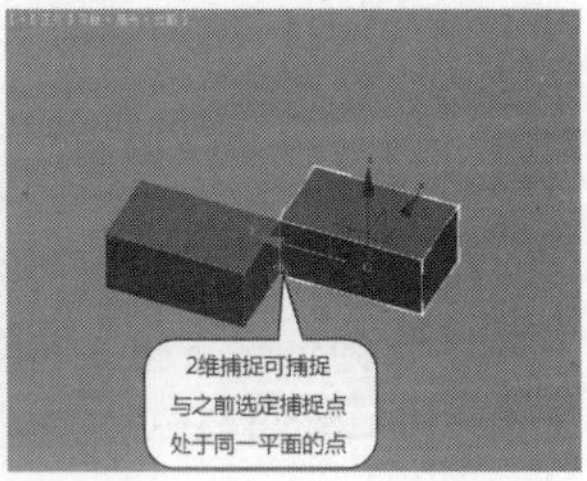

图2-187

05 按Ctrl+Z组合键返回移动前的状态，然后将捕捉开关切换为“2.5D捕捉”工具，再执行同样的捕捉操作可以发现在透视图中“2.5D捕捉”工具似乎与“3D捕捉”工具一样，可以捕捉并移动空间上的点，如图2-188所示。

图2-188

06 按Ctrl+Z组合键再次返回移动前的状态，然后捕捉右侧长方体背面不可见的左下角顶点为移动起始点，如图2-189所示；再按住鼠标左键移动到右侧长方体并捕捉右上角的顶点为移动结束点，此时可以发现“2.5D捕捉”工具可以捕捉到右上角的点，但不能将起始点与之重合，如图2-190所示，松开鼠标左键后的场景效果如图2-191所示，可以观察到当移动捕捉起点位于不可见位置时，“2.5D捕捉”工具可以捕捉空间上的点作为移动结束参考，但只能将对象在平面上移动。

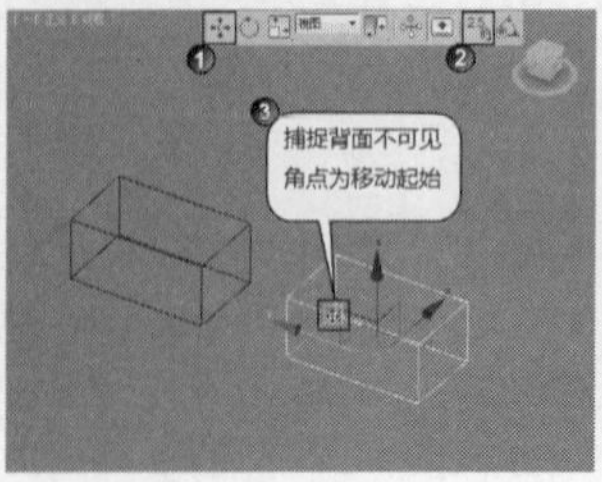

图2-189

图2-190

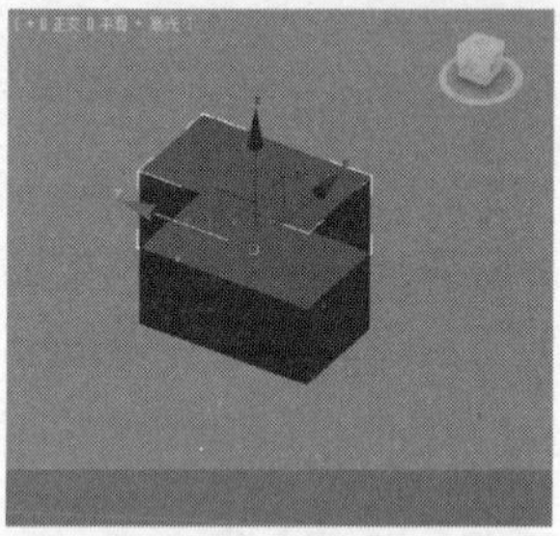

图2-191

07 按Ctrl+Z组合键再次返回移动前的状态，然后切换为“3D捕捉”工具，再重复上一步的捕捉操作，可以发现在相同情况下该工具可以顺利捕捉并移动模型，如图2-192~图2-194所示。

图2-192

图2-193

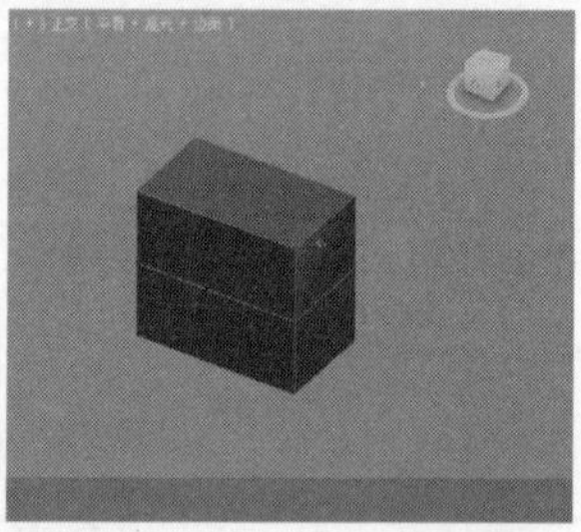

图2-194

技术专题 09 移动、锁定、捕捉、轴约束工具的综合使用

在3ds Max中，想要快速、准确地进行移动操作，通常需要结合锁定、捕捉以及轴约束工具，接下来以一个实例来了解其具体的使用技巧。

第1步：打开场景中的实战050-1，如图2-195所示。下面将该场景中创建好的文字移动到展厅背板的中部。

第2步：选择前视图，按Alt+W组合键将其最大化显示，然后选择文字和背景墙，再单击鼠标右键，并在弹出的菜单中选择“孤立当前选择”命令，如图2-196所示。

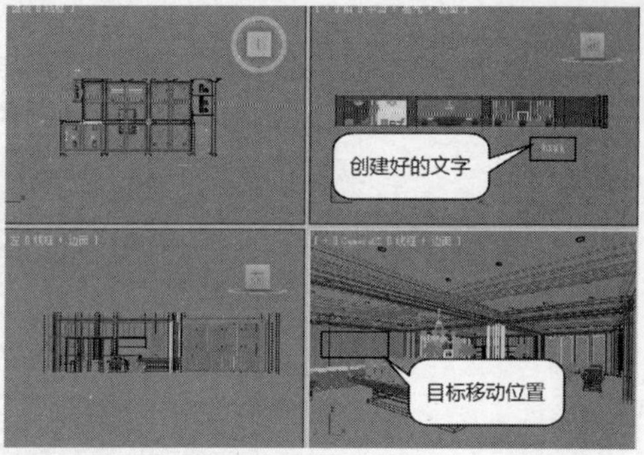

图2-195

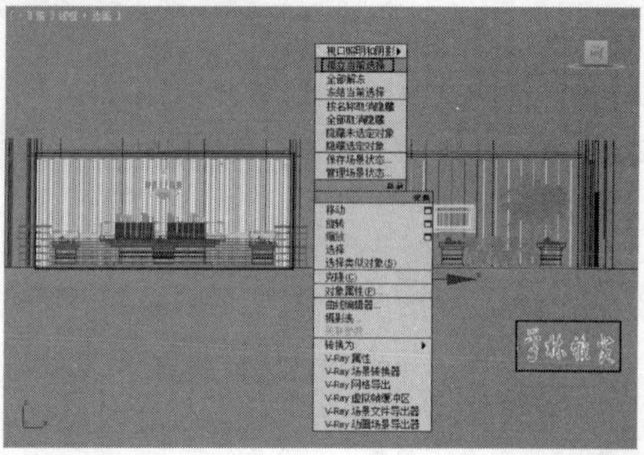

图2-196

第3步：切换到“2.5D捕捉”工具，然后在该工具上单击鼠标右键，再在弹出的“栅格和捕捉设置”对话框中设置好捕捉点，如图2-197所示。

第4步：单击“选项”选项卡，然后在“平移”选项组下勾选“使用轴约束”和“显示橡皮筋”选项，如图2-198所示。

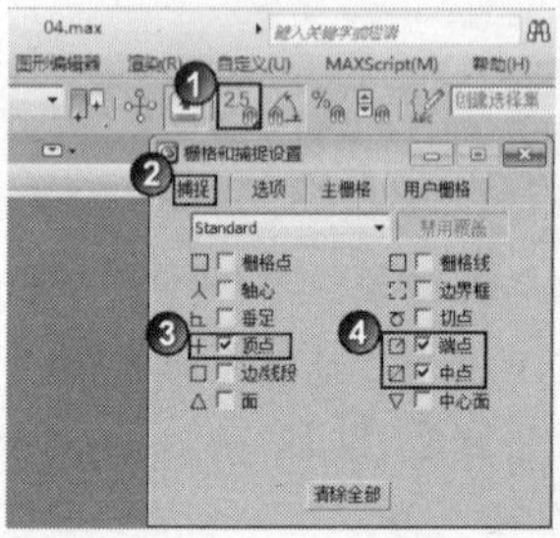

图2-197

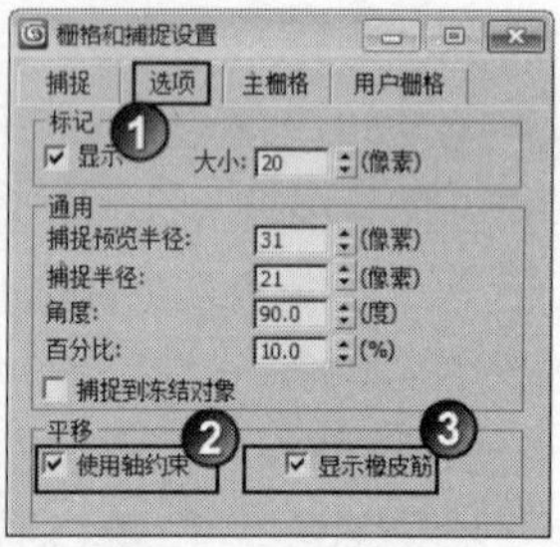

图2-198

第5步：选择文字并按Space键启用锁定功能，然后按F5键切换为x轴约束，再使用“选择并移动”工具选择文字的中间位置并按住鼠标左键设为移动起始点，如图2-199所示。

第6步：向右移动并捕捉背景板中间的顶点，松开鼠标左键确定好文字在当前x轴上的位置，如图2-200所示。

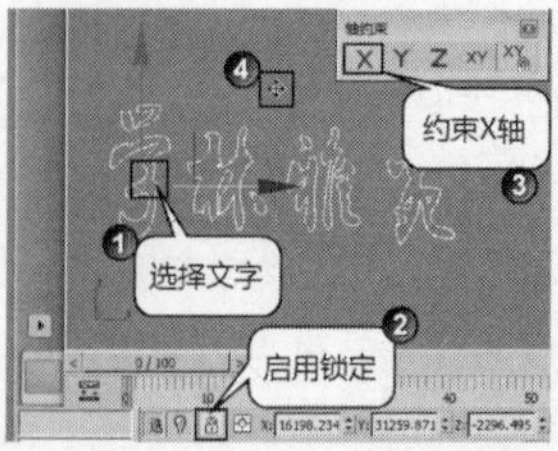

图2-199

图2-200

第7步：下面调整文字在当前y轴上的位置，按F6键切换到约束y轴，然后捕捉右侧文字中间的顶点为移动起始点，如图2-201所示。

第8步：向上移动鼠标捕捉背景板右侧的中点为移动结束点，松开鼠标确定好文字在当前y轴上的位置，如图2-202所示。

图2-201

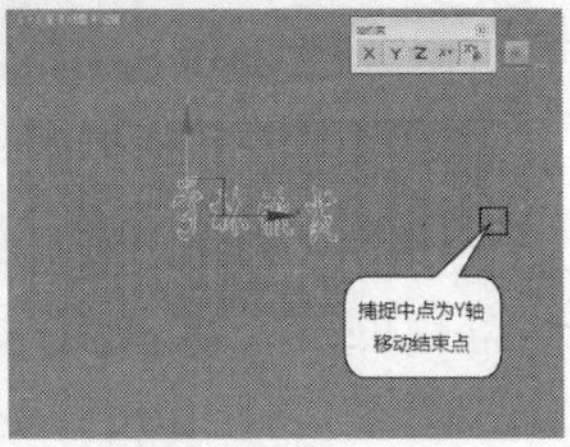

图2-202

第9步：至此，文字在当前视图中的位置调整完成，接下来切换视图为顶视图并保持y轴束，然后大致调整文字靠近背景墙位置，如图2-203所示。

第10步：放大视图以便精确调整好文字的位置，然后捕捉文字内侧的端点为移动起始点，如图2-204所示。

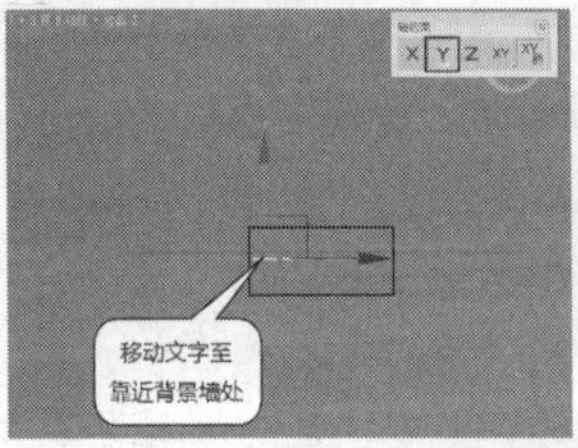

图2-203

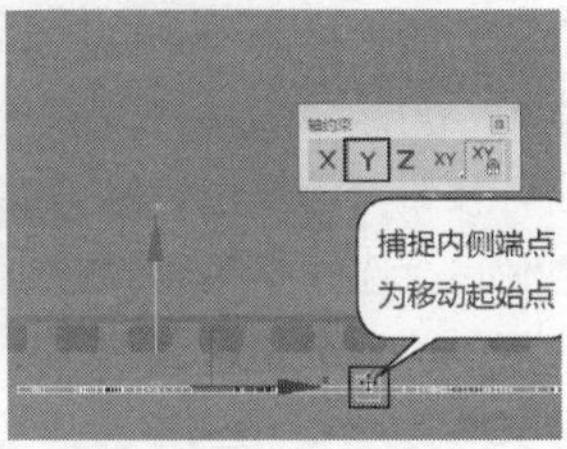

图2-204

第11步：向上移动鼠标捕捉木方顶点为移动结束点，确定后松开鼠标完成移动操作，如图2-205所示。至此，文字的位置调整完成，在透视图中的效果如图2-206所示。

图2-205

图2-206

实战051 角度捕捉切换工具

场景位置	DVD>场景文件>CH02>实战051.max
实例位置	无
视频位置	DVD>多媒体教学>CH02>实战051.flv
难易指数	★☆☆☆☆
技术掌握	掌握“角度捕捉切换”工具的使用方法

实例介绍

“角度捕捉切换”工具可以用来指定捕捉的角度（快捷键为A键）。激活该工具后，角度捕捉将影响所有的旋转变换，在默认状态下以5°为增量进行旋转。

操作步骤

01 打开光盘中的“场景文件>CH02>实战051.max”文件，如图2-207所示。这是一个没有时间刻度的挂钟，接下来主要使用缩放复制功能配合“角度捕捉切换”工具制作钟表刻度。

02 在“创建”面板中单击“球体”按钮 球体 ，然后在场景中创建一个大小合适的球体，如图2-208所示。

图2-207

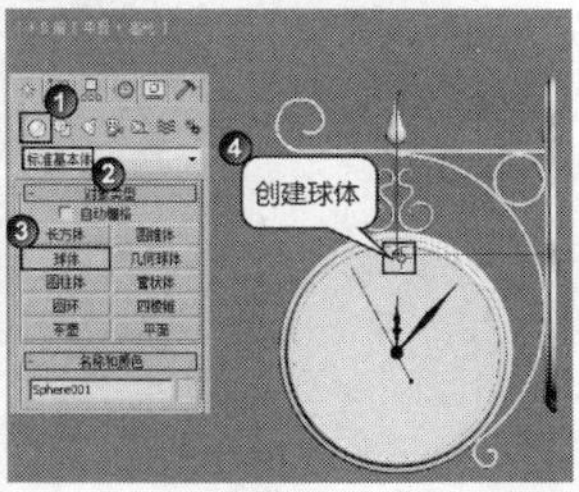

图2-208

03 选择“选择并均匀缩放”工具，然后在左视图中沿x轴负方向进行缩小，如图2-209所示，再使用“选择并移动”工具将其移动到表盘的“12点钟”位置，如图2-210所示。

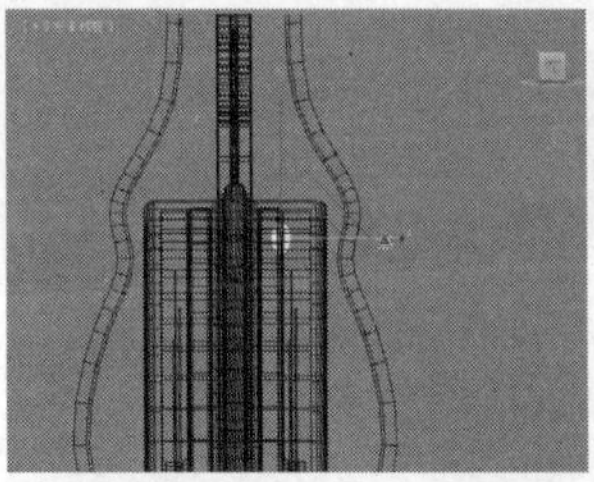

图2-209

图2-210

04 在“命令”面板中单击“层次”按钮，进入“层次”面板，然后单击“仅影响轴”按钮 仅影响轴 （此时球体上会增加一个较粗的坐标轴，这个坐标轴主要用来调整球体的轴心点位置），如图2-211所示。

05 使用“选择并移动”工具将球体的轴心点移动到表盘的中心位置，如图2-212所示。调整完成后单击“仅影响轴”按钮 仅影响轴 ，退出“仅影响轴”模式。

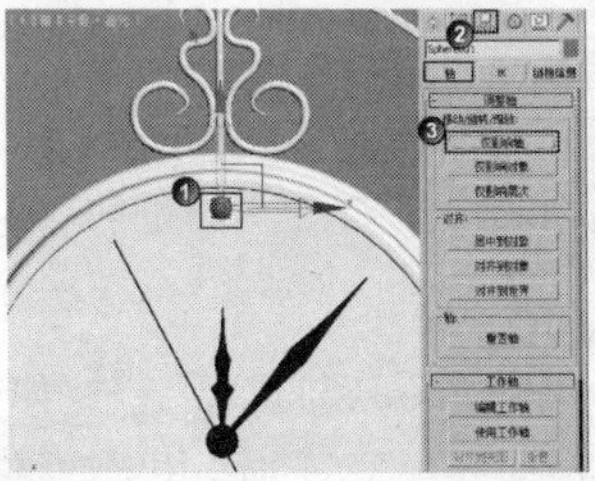

图2-211

图2-212

06 在“角度捕捉切换”工具上单击鼠标右键（注意，要使该工具处于激活状态），然后在弹出的“栅格和捕捉设置”对话框中单击“选项”选项卡，最后设置“角度”为30°，如图2-213所示。

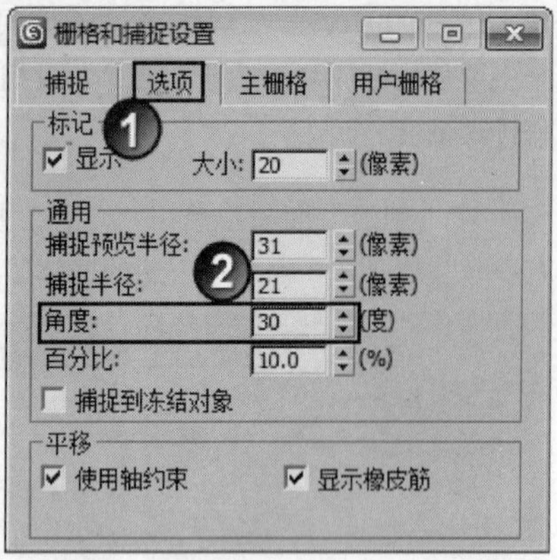

图2-213

技巧与提示

角度捕捉的默认增量为5°，由于钟表有12个刻度，每个刻度间的角度为30°，为了旋转复制的快速与准确，调整增量角为30°。

07 选择“选择并旋转”工具，然后在前视图中按住Shift键顺时针旋转30°，再在弹出的“克隆选项”对话框中设置“对象”为“实例”、“副本数”为11，最后单击“确定”按钮确定，如图2-214所示，最终效果如图2-215所示。

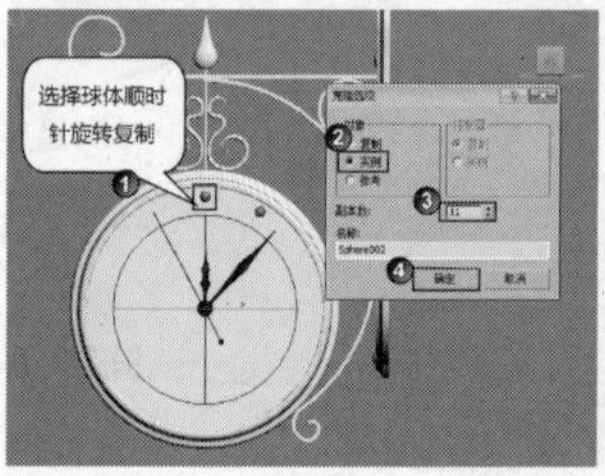

图2-214

图2-215

实战052 百分比捕捉切换工具

场景位置	DVD>场景文件>CH02>实战052.max
实例位置	无
视频位置	DVD>多媒体教学>CH02>实战052.flv
难易指数	★☆☆☆☆
技术掌握	掌握“百分比捕捉切换”工具的使用方法

实例介绍

“百分比捕捉切换”工具可以将对象缩放捕捉到自定的百分比（快捷键为Shift+Ctrl+P组合键），在缩放状态下，默认每次的缩放百分比为10%。

操作步骤

01 打开光盘中的“场景文件>CH02>实战052.max”文件，如图2-216所示。这是一个单独的骏马雕塑模型，下面使用缩放复制功能配合“百分比捕捉切换”工具制作等比例缩小的艺术品组件效果。

02 按Ctrl+Shift+P组合键启用“百分比捕捉切换”工具，然后在该工具上单击鼠标右键，再在弹出的“栅格和捕捉设置”对话框中单击“选项”选项卡，最后设置“百分比”为20%，如图2-217所示。

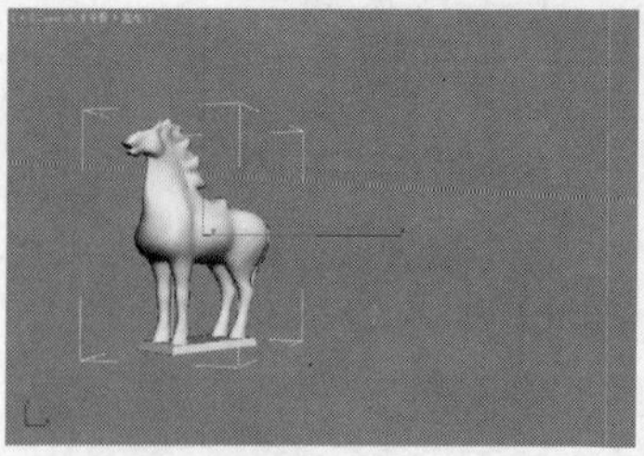

图2-216

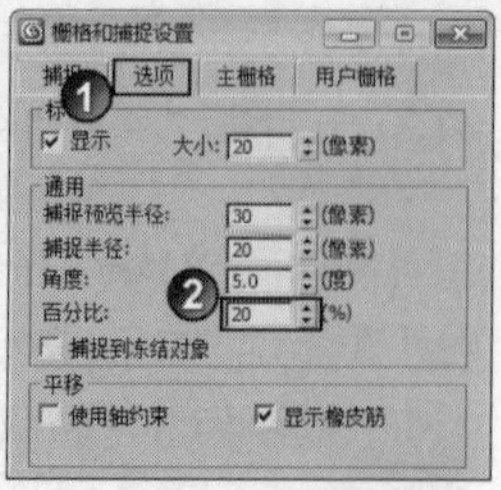

图2-217

03 使用“选择并均匀缩放”工具选择骏马雕塑，然后按住Shift键和鼠标左键向内移动鼠标（观察下方状态栏中x轴的数值）缩小并复制模型，如图2-218示。

图2-218

04 确定缩小比例为80%后松开鼠标左键，然后在弹出的“克隆选项”对话框中设置“对象”为“复制”、“副本数”为2、“名称”为Group005，设置完成后单击“确定”按钮确定，如图2-219所示，效果如图2-220所示，再使用“选择并移动”工具调整好各模型的位置，最终效果如图2-221所示。

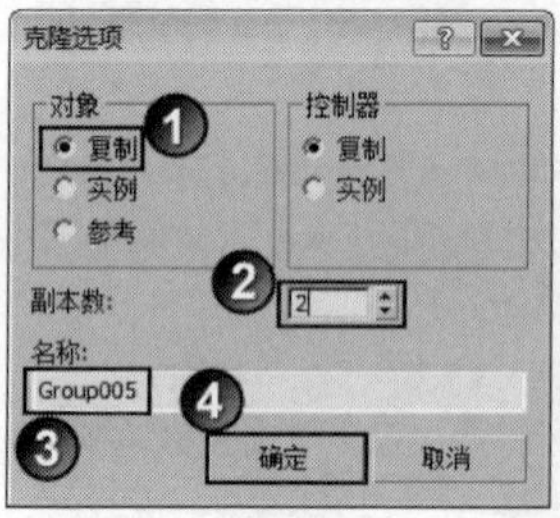

图2-219

图2-220

图2-221

实战053 微调器捕捉切换工具

场景位置	无
实例位置	无
视频位置	DVD>多媒体教学>CH02>实战053.flv
难易指数	★☆☆☆☆
技术掌握	掌握“微调器捕捉切换”工具的使用方法

实例介绍

“微调器捕捉切换”工具主要用来设置3ds Max可调整参数中微调器单次单击的增加值或减少值。

操作步骤

01 在“创建”面板中单击“图形”按钮，然后单击“文本”按钮 文本 ，如图2-222所示。

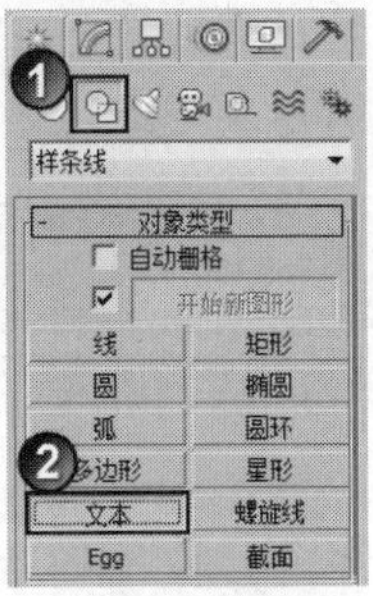

图2-222

02 在“参数”卷展栏下设置“大小”为100cm，然后在“文本”输入框中输入3ds Max 2013，再在视图中单击鼠标左键创建好文字，如图2-223所示。

03 文字创建完成后如果需要微调文字的“大小”等参数（以调整“大小”为例），可以进入“修改”面板，然后单击“大小”选项后面的微调按钮，可以发现此时微调数值的变化十分不规律，且小数点后面的数值十分凌乱，如图2-224所示。

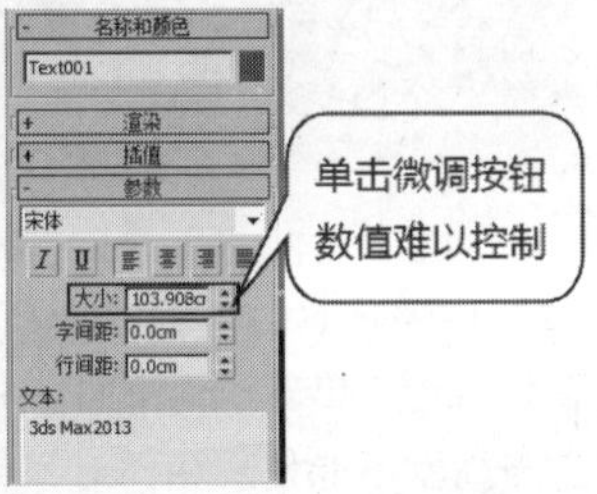

图2-223 图2-224

04 为了使微调变得有规律，可以先在“微调整切换”工具上单击鼠标右键，然后在弹出的“首选项设置”对话框中单击“常规”选项卡，再设置“精度”为1小数（小数点后只保留一位数）、“捕捉”为20（每次单击微调按钮的更改值为20），如图2-225所示。

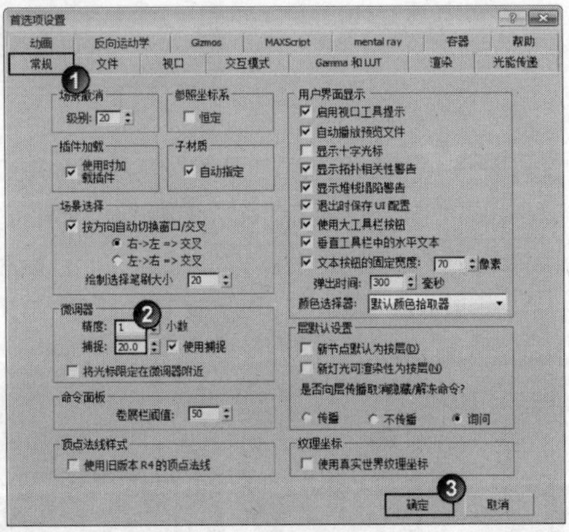

图2-225

05 经过步骤4的设置后激活“微调整切换”工具，然后单击“大小”选项后面的微调按钮，可以发现此时该数值会以20为增量进行变化，如图2-226所示。

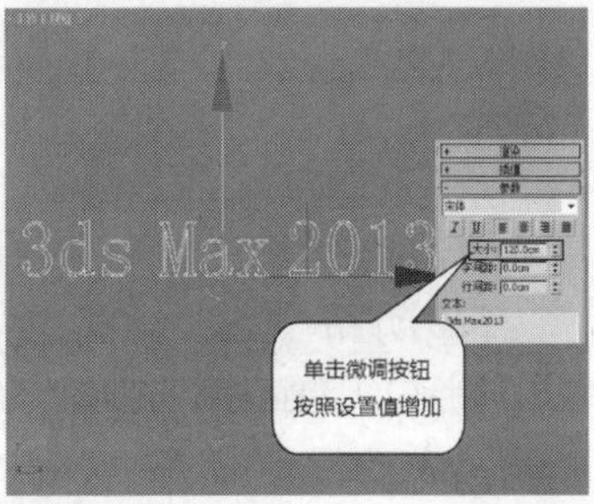

图2-226

实战054 镜像工具

场景位置	DVD>场景文件>CH02>实战054.max
实例位置	无
视频位置	DVD>多媒体教学>CH02>实战054.flv
难易指数	★☆☆☆☆
技术掌握	掌握如何镜像复制对象

实例介绍

使用“镜像”工具可以通过设定一个轴心镜像出一个或多个副本对象。选中要镜像的对象，单击“镜像”工具，打开“镜像:世界 坐标”对话框，如图2-227所示。接下来学习该工具的具体使用方法。

操作步骤

01 打开光盘中的“场景文件>CH02>实战054.max”文件，如图2-228所示。

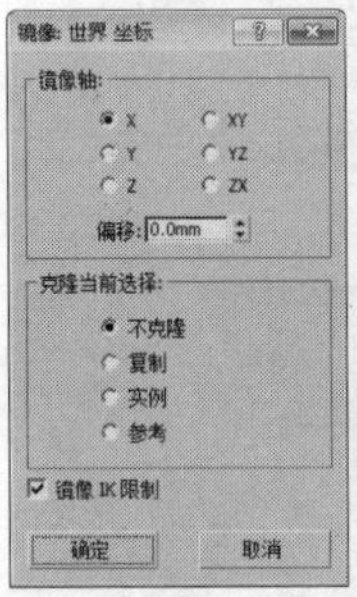

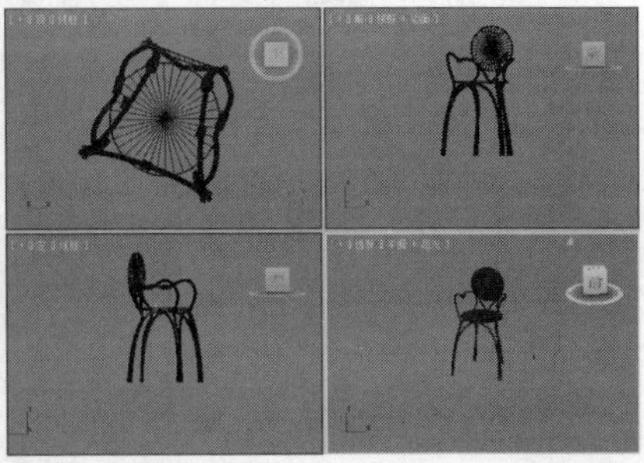

图2-227 图2-228

02 选中椅子模型，然后在“主工具栏”中单击“镜像”按钮，再在弹出的“镜像”对话框中设置“镜像轴”为x轴、“偏移”为-120cm、“克隆当前选择”为“复制”，最后单击“确定”按钮 确定 ，具体参数设置如图2-229所示，最终效果如图2-230所示。

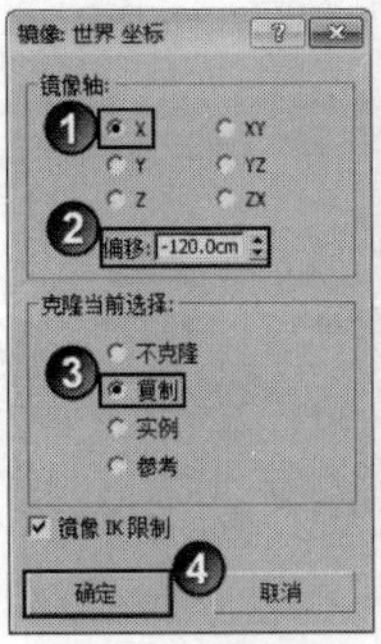

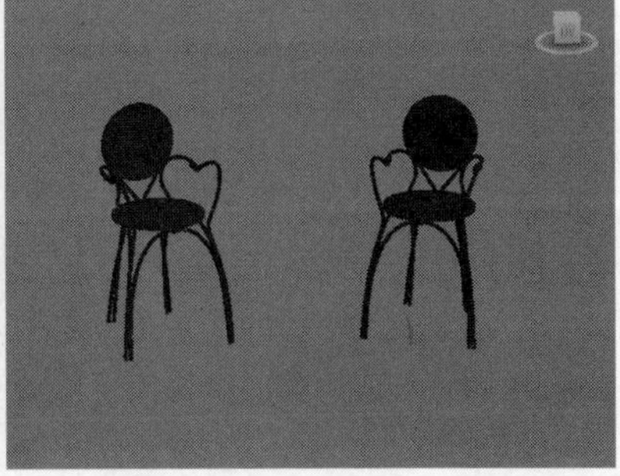

图2-229 图2-230

实战055 对齐工具

场景位置	DVD>场景文件>CH02>实战055.max
实例位置	无
视频位置	DVD>多媒体教学>CH02>实战055.flv
难易指数	★☆☆☆☆
技术掌握	掌握如何对齐对象

实例介绍

对齐工具包括6种，分别是“对齐”工具、“快速对齐”工具、“法线对齐”工具、“放置高光”工具、“对齐摄影机”工具和“对齐到视图”工具，如图2-231所示。

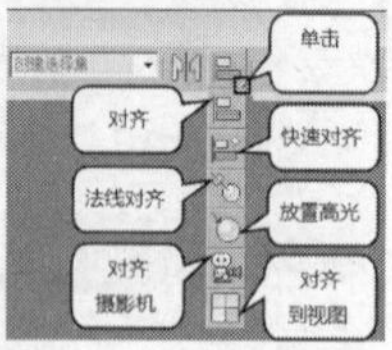

图2-231

操作步骤

01 打开光盘中的“场景文件>CH02>实战055.max”文件，可以观察到本场景中左侧有两把椅子未整齐摆放，同时在右侧有一个需要摆放到台面中央的花瓶，如图2-232所示。

02 选择左侧中间的座椅，然后在前视图中观察可以发现这把座椅仅位置上有偏移，高度与其他椅子一致，如图2-233所示。

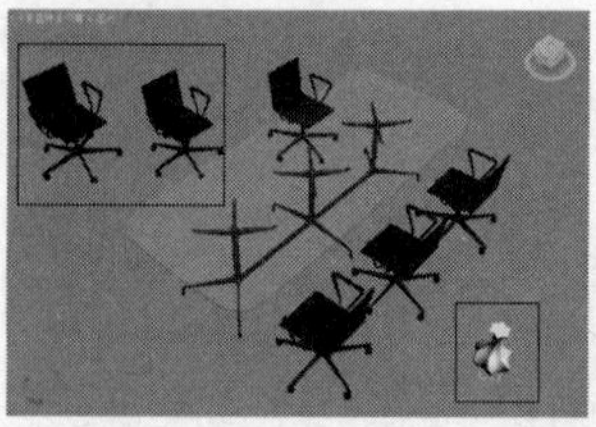

图2-232

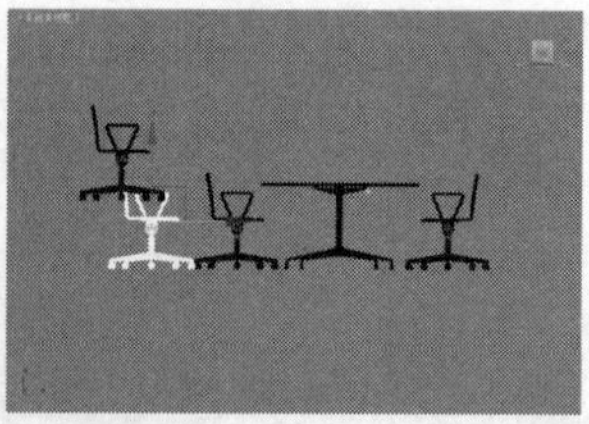

图2-233

03 在“主工具栏”中单击“对齐”按钮，然后在透视图中单击另外一把处于正常位置的椅子，如图2-234所示。

图2-234

04 由于这把座椅只在x轴上产生了位置偏移，因此在弹出的对话框中设置“对齐位置（世界）”为“x位置”、“当前对象”与“目标对象”均设置为“轴点”，最后单击“确定”按钮 确定 ，如图2-235所示。对齐完成后的效果如图2-236所示。

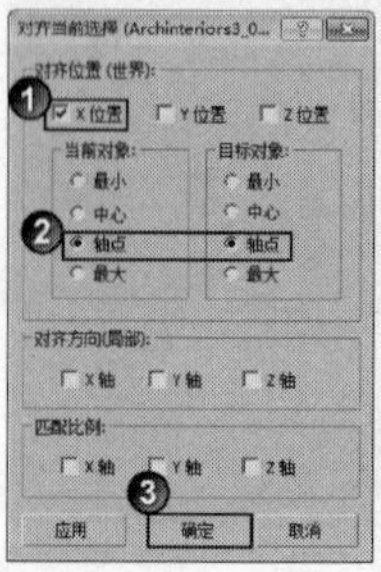

图2-235

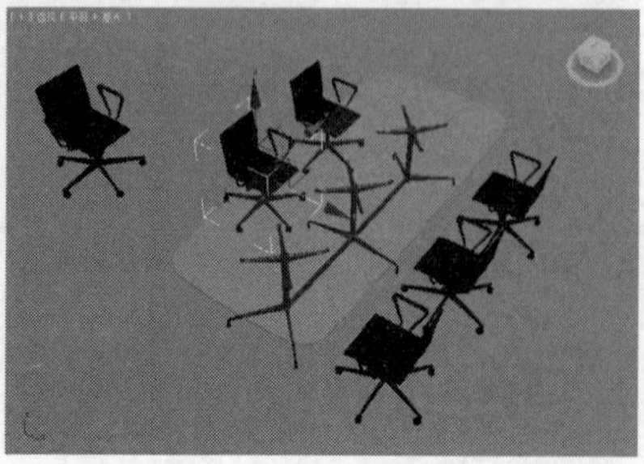

图2-236

05 选择左侧另一把座椅，然后在前视图中观察可以发现这把座椅的高度与位置均产生了偏移，如图2-237所示。

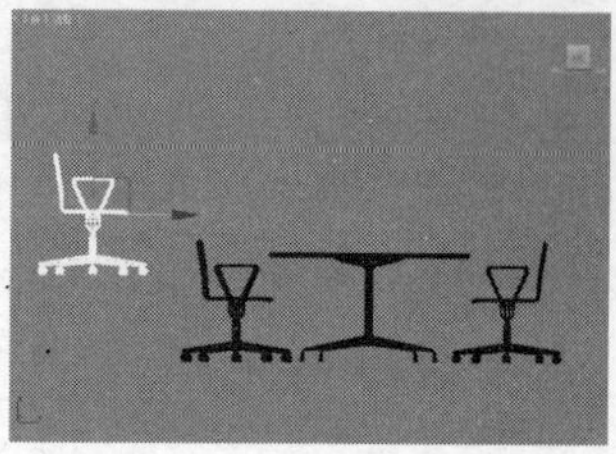

图2-237

06 在“主工具栏”中单击“对齐”按钮，然后在透视图中单击另外一把处于正常位置的椅子，由于这把座椅的位置与高度均需要调整，因此在弹出的对话框中设置“对齐位置（世界）”为“x位置”和“y位置”、“当前对象”与“目标对象”均设置为“轴点”，最后单击“确定”按钮 确定 ，如图2-238所示。对齐完成后的效果如图2-239所示。

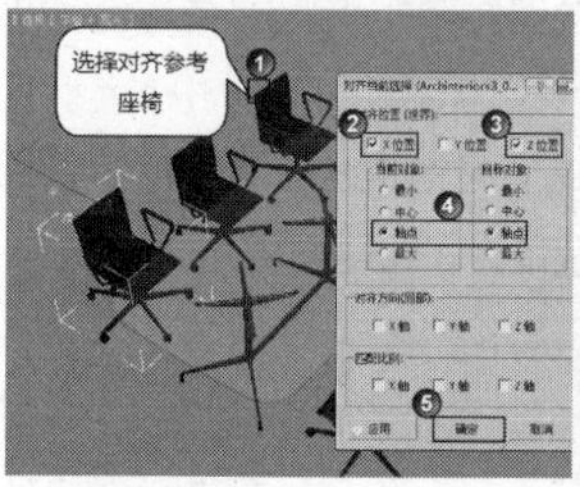

图2-238

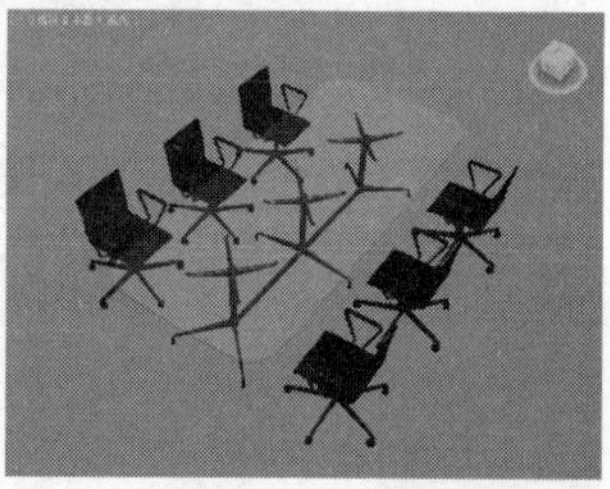

图2-239

07 选择花瓶，在“主工具栏”中单击“对齐”按钮，然后在透视图中单击玻璃桌面作为对齐参考，由于需要对齐的位置与高度不能使用相同对齐点，因此只能分两步对齐。首先将花瓶对齐到桌面的中心，在弹出的对话框中设置“对齐位置（世界）”为“x位置”和“y位置”、“当前对象”和“目标对象”均设置为“轴点”，然后单击“应用”按钮 应用 ，如图2-240所示。

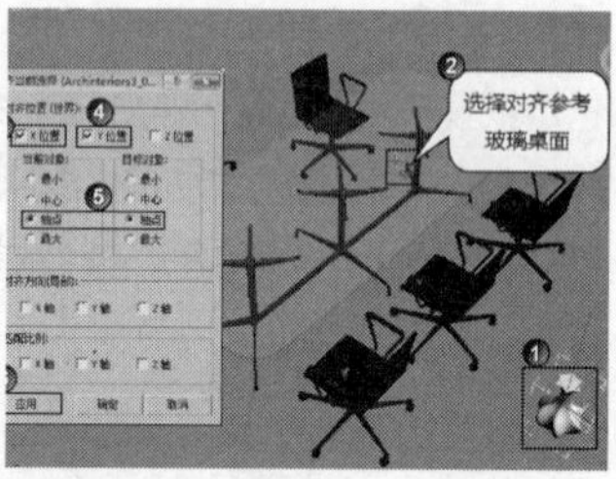

图2-240

08 对齐到中心位置后，下面将花瓶底部对齐到玻璃桌面的顶部。在“对齐当前选择”对话框中设置“对齐位置（世界）”为“z位置”、“当前对象”为“最小”、“目标对象”为“最大”，然后单击“确定”按钮 确定 ，如图2-241所示，最终效果如图2-242所示。

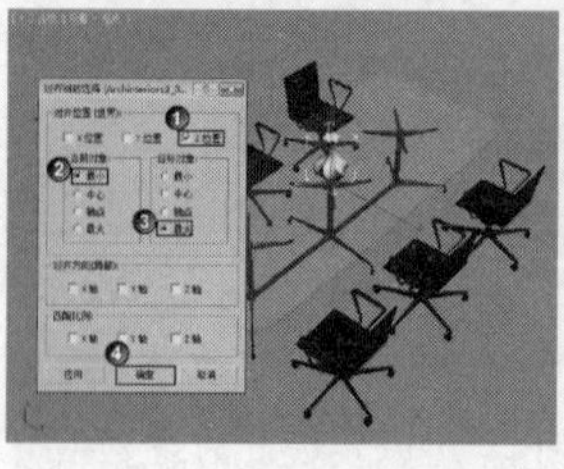

图2-241

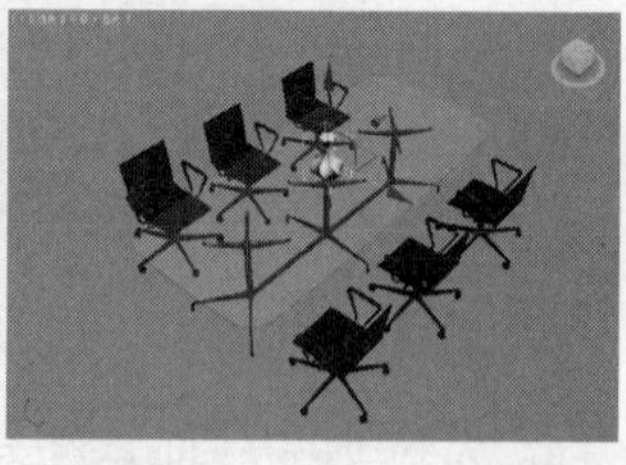

图2-242

技巧与提示

其他类型的对齐工具在实际工作中基本不会用到，下面来简单介绍一下。

快速对齐：快捷键为Shift+A组合键，使用“快速对齐”方式可以立即将当前选择对象的位置与目标对象的位置进行对齐。如果当前选择的是单个对象，那么“快速对齐”需要使用到两个对象的轴；如果当前选择的是多个对象或多个子对象，则使用“快速对齐”需要将选中对象的选择中心对齐到目标对象的轴。

法线对齐：快捷键为Alt+N组合键，“法线对齐”基于每个对象的面或是以选择的法线方向来对齐两个对象。要打开“法线对齐”对话框，首先要选择对齐的对象，然后单击对象上的面，再单击第2个对象上的面，释放鼠标后就可以打开“法线对齐”对话框。

放置高光：快捷键为Ctrl+H组合键，使用“放置高光”方式可以将灯光或对象对齐到另一个对象，以便可以精确定位其高光或反射。在“放置高光”模式下，可以在任一视图中单击并拖动光标。

对齐摄影机：使用“对齐摄影机”方式可以将摄影机与选定的面法线进行对齐。“对齐摄影机”工具的工作原理与“放置高光”工具类似。不同的是，它是在面法线上进行操作，而不是入射角，并且是在释放鼠标时完成，而不是在拖曳鼠标期间完成。

对齐到视图：“对齐到视图”方式可以将对象或子对象的局部轴与当前视图进行对齐。“对齐到视图”模式适用于任何可变换的选择对象。

实战056 对象名称与颜色

场景位置	DVD>场景文件>CH02>实战056.max
实例位置	无
视频位置	DVD>多媒体教学>CH02>实战056.flv
难易指数	★☆☆☆☆
技术掌握	掌握如何修改对象的名称与颜色

实例介绍

在3ds Max中创建的模型会自动根据对象类型进行命名，同时将随机分配颜色，在实例的制作中有时需要规范命名或统一模型颜色，以便于选择和管理。

操作步骤

01 打开光盘中的“场景文件>CH02>实战056.max”文件，然后选择场景中的吊灯，在“命令”面板中可以查看到当前选定对象的名称与颜色，如图2-243所示，可以看到当前模型的命名与功能并不相符。

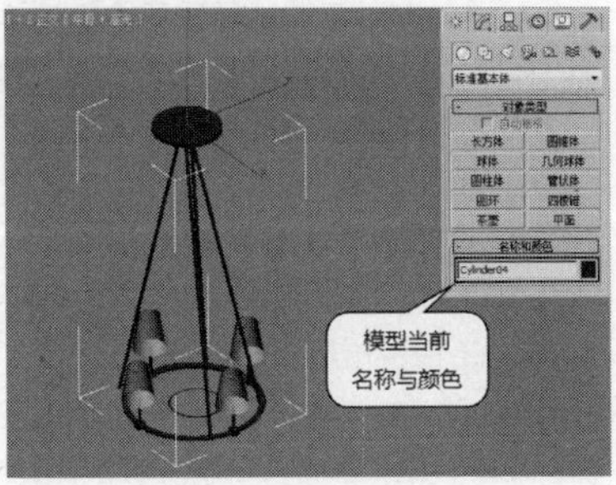

图2-243

技巧与提示

注意，在创建模型时，模型面与线显示的颜色会一致，但当模型被赋予材质后模型面会显示材质中设置的“漫反射”颜色与贴图纹理，但线的颜色会保持不变，如图2-244所示。

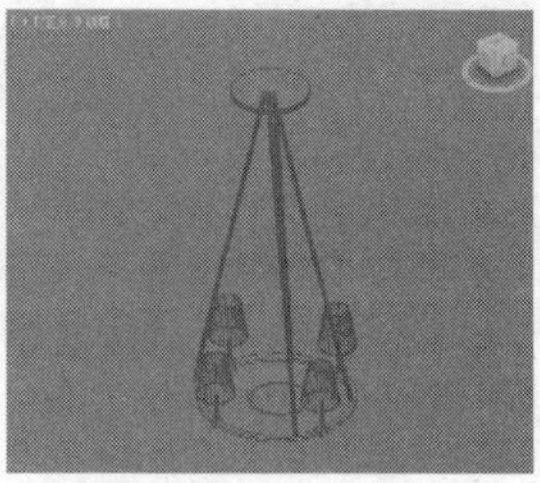

图2-244

02 如果要修改选定对象的名称，可以在“创建”面板下展开“名称和颜色”卷展栏，然后重新输入名称即可；如果要修改模型的颜色，可以单击名称后面的色块，然后在弹出的“对象颜色”对话框中重新选择一种颜色即可（本例选择黑色），如图2-245所示。调整完成之后，按F3键可以观察到模型的线框颜色已经变成了黑色，如图2-246所示。

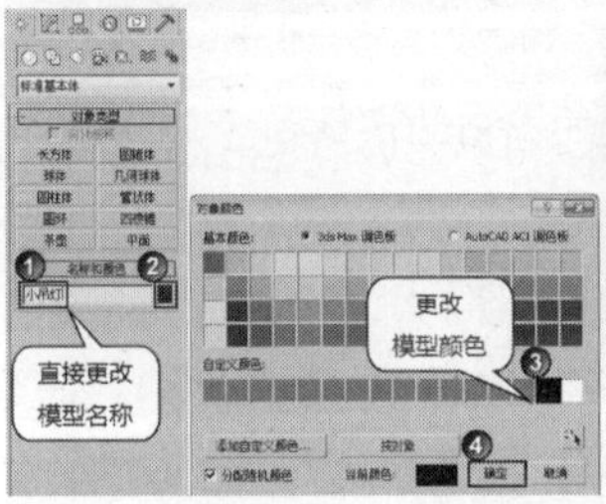

图2-245

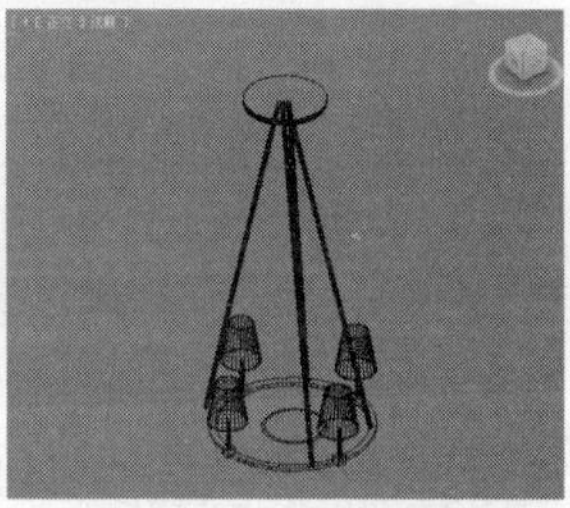

图2-246

技巧与提示

在实际工作中创建大型的场景时，如果模型均保持随机分配的颜色，则在线框模式下选择模型时会觉得场景相当繁杂，不但不利于选择，而且容易造成视觉疲劳，如图2-247所示。

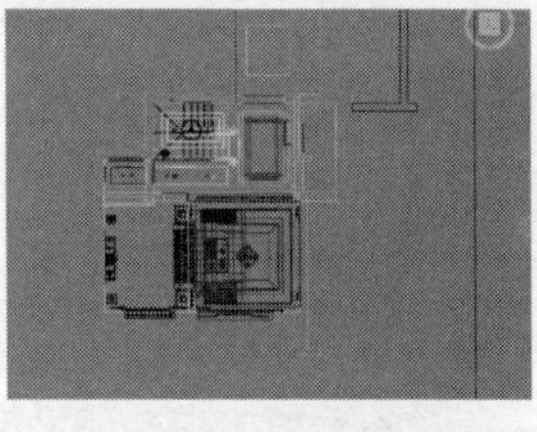

图2-247

考虑到模型在选择状态下会以白色进行显示，为了突出选择模型，可以按Ctrl+A组合键全选场景模型，然后整体调整为黑色，如图2-248所示。调整完成后再选择模型可以十分清楚地观察到选择对象，同时场景也显得整洁了许多，如图2-249所示。

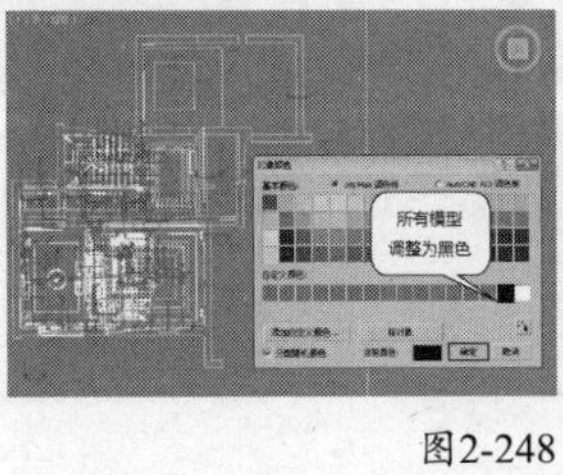

图2-248

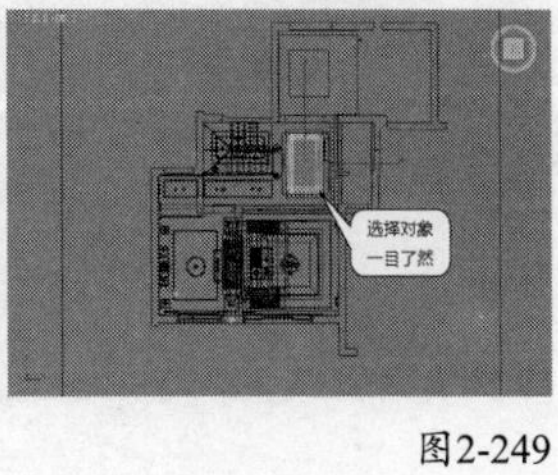

图2-249

实战057 对象的隐藏与显示

场景位置　DVD>实例文件>CH02>实战057.max
实例位置　无
视频位置　DVD>多媒体教学>CH02>实战057.flv
难易指数　★☆☆☆☆
技术掌握　掌握如何隐藏对象与显示出隐藏的对象

实例介绍

隐藏功能非常重要，有的物体会被其他物体遮挡住，这时就可以使用隐藏功能将其暂时隐藏起来，待处理好场景后再将其显示出来。

操作步骤

01 打开光盘中的“场景文件>CH02>实战057.max”文件，如图2-250所示。

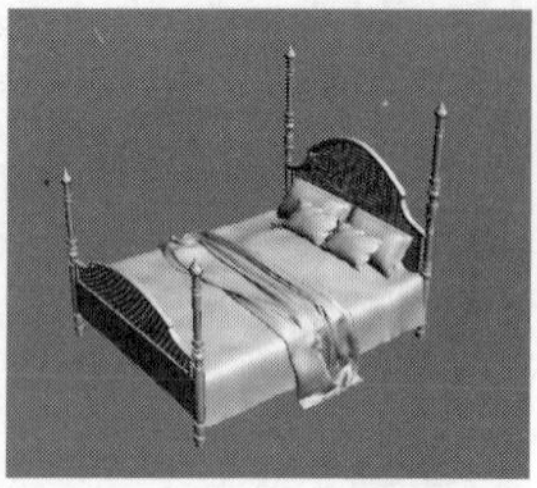

图2-250

02 如果需要将床单隐藏起来，可以先选择床单，然后单击鼠标右键，再在弹出的菜单中选择“隐藏当前选择”命令，如图2-251所示，隐藏床单后的效果如图2-252所示。

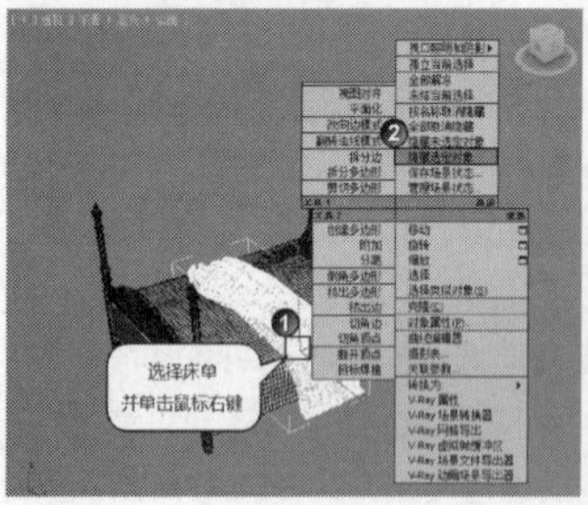

图2-251

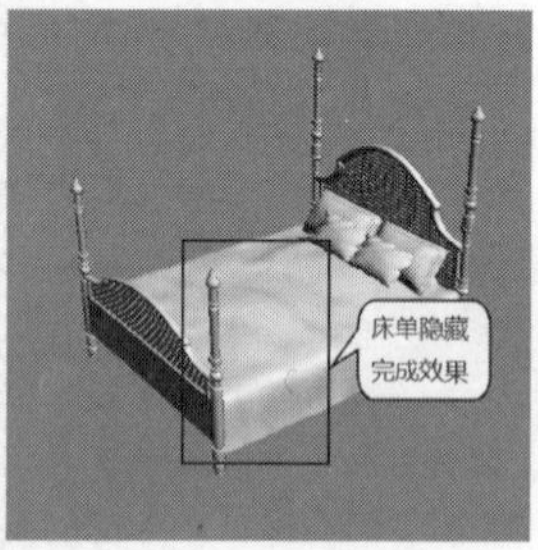

图2-252

03 如果只想在视图中显示出枕头模型，可以先选择除了枕头外的所有物体，然后单击鼠标右键，再在弹出的菜单中选择“隐藏当前选择”命令，如图2-253所示，效果如图2-254所示。

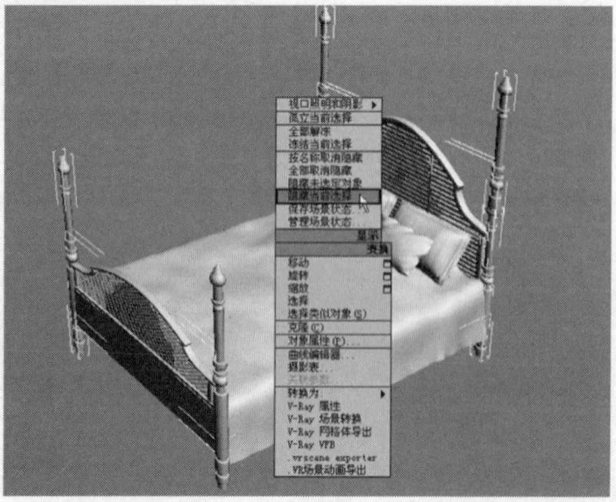

图2-253

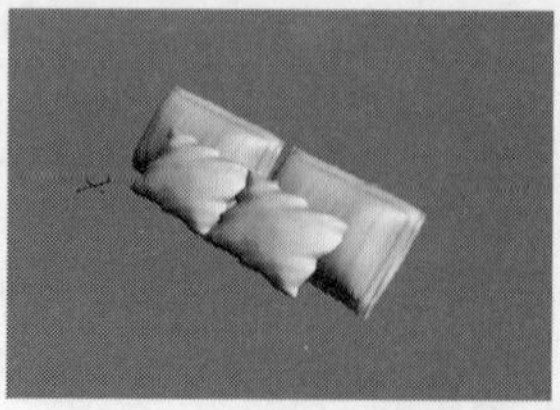

图2-254

> **技巧与提示**
>
> 隐藏枕头模型还有另外一种更为简便的方法。先选择枕头模型，然后单击鼠标右键，再在弹出的菜单中选择“隐藏未选定对象”命令，如图2-255所示。

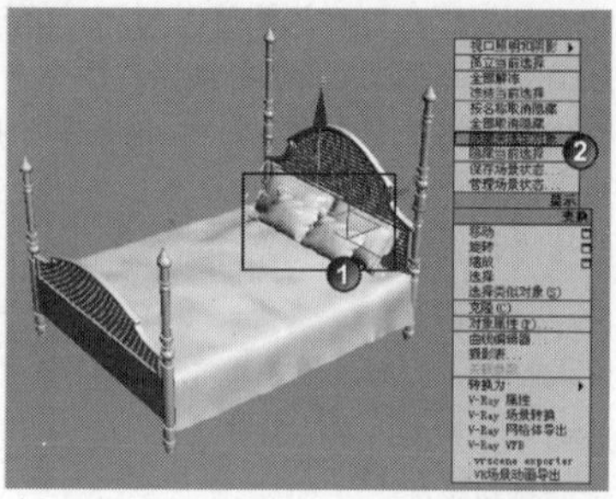

图2-255

04 如果想要将隐藏的模型显示出来，可以单击鼠标右键，然后在弹出的菜单中选择“全部取消隐藏”命令，如图2-256所示，效果如图2-257所示。

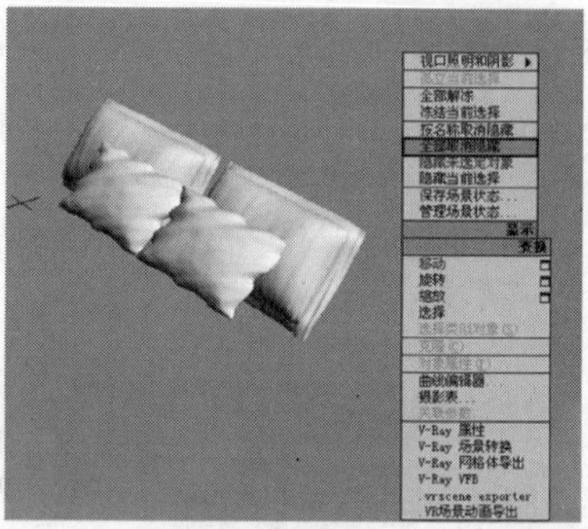

图2-256

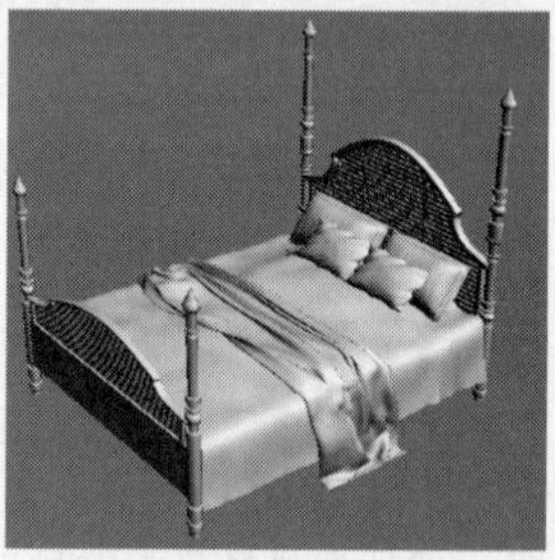

图2-257

> **技巧与提示**
>
> 在3ds Max中，选择对象除了通过命令隐藏以外，还可以通过快捷键快速隐藏或显示某一类型的对象，各快捷键隐藏或显示对应的对象类型如下所示。
>
> Shift+C：隐藏/显示摄像机。
>
> Shift+G：隐藏/显示几何体。
>
> Shift+L：隐藏/显示灯光。
>
> Shift+P：隐藏/显示粒子系统。
>
> Shift+W：隐藏/显示空间扭曲物体。
>
> Shift+H：隐藏/显示辅助物体。

实战058 对象的冻结与解冻

场景位置	DVD>场景文件>CH02>实战058.max
实例位置	无
视频位置	DVD>多媒体教学>CH02>实战058.flv
难易指数	★☆☆☆☆
技术掌握	掌握如何冻结与解冻对象

实例介绍

在实际工作中，有很多模型是相互靠在一起的，这时如果想要操作其中一部分对象，可以先将其他部分对象冻结起来，待处理完后再将其解冻。

操作步骤

01 打开光盘中的“场景文件>CH02>实战058.max”文件，如图2-258所示。

02 如果要将腿部对象冻结起来，可以先选择腿部模型，然后单击鼠标右键，再在弹出的菜单中选择“冻结当前选择”命令，如图2-259所示。

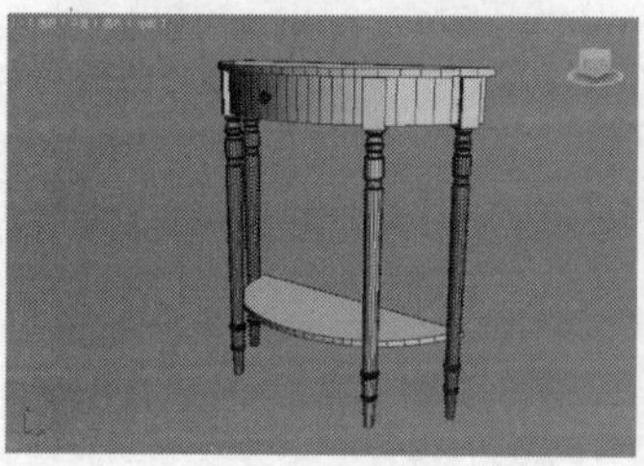

图2-258

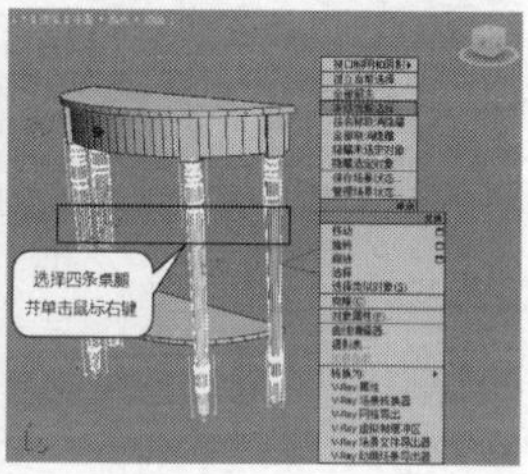

图2-259

技巧与提示

将腿部模型冻结后，这部分模型将不能进行任何操作，这样就方便了对其他模型的操作，如图2-260所示。

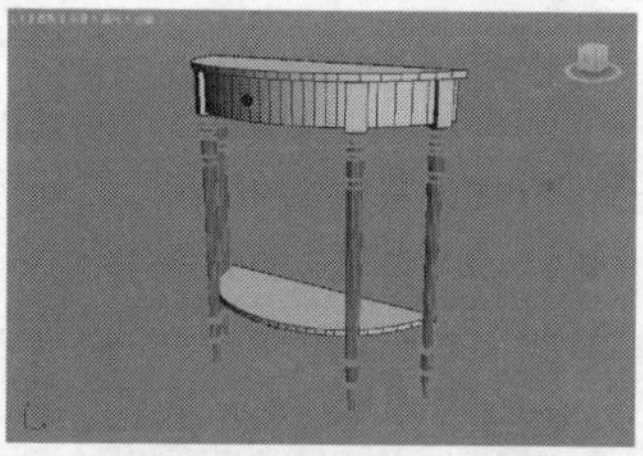

图2-260

03 如果将冻结的腿部模型进行解冻，可以单击鼠标右键，然后在弹出的菜单中选择“全部解冻”命令，如图2-261所示，解冻后的效果如图2-262所示。

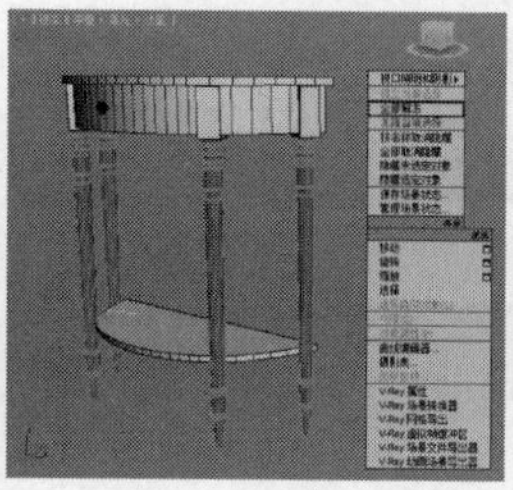

图2-261

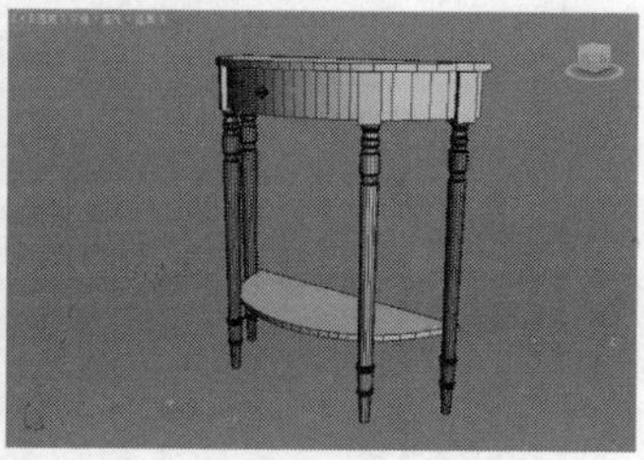

图2-362

技巧与提示

在实际工作中，在布置场景灯光时可以全选所有模型并进行冻结，这样不但可以有效避免在布置灯光时不小心对模型进行移动、删除等操作，同时也有利于灯光的准确选择。

实战059 对象的成组与解组

场景位置	DVD>场景文件>CH02>实战059.max
实例位置	无
视频位置	DVD>多媒体教学>CH02>实战059.flv
难易指数	★☆☆☆☆
技术掌握	掌握对象的成组与解组方法

实例介绍

两个或两个以上的对象可以编成一个组，成组后对象可以进行整体操作，如移动、旋转等，当然成组的对象也可以进行解组。

操作步骤

01 打开光盘中的“场景文件>CH02>实战059.max”文件，如图2-263所示。这是一个由若干个长方体组成的木架，此时如果要对同一个部分的长方体进行操作（如底部搁架），选择起来会比较麻烦，因此最好通过编组的方法将其编为一组。

图2-263

02 选择底部搁架相关的长方体，然后执行“组>成组”菜单命令，再在弹出的对话框中将“组名”命名为“底部搁架”，最后单击“确定”按钮 确定 ，如图2-264和图2-265所示。

图2-264

图2-265

03 将对象编成一组后，只要选择其中任何一个长方体，处于该组中的所有长方体都将被选中，这样就非常方便进行操作，如图2-266所示。

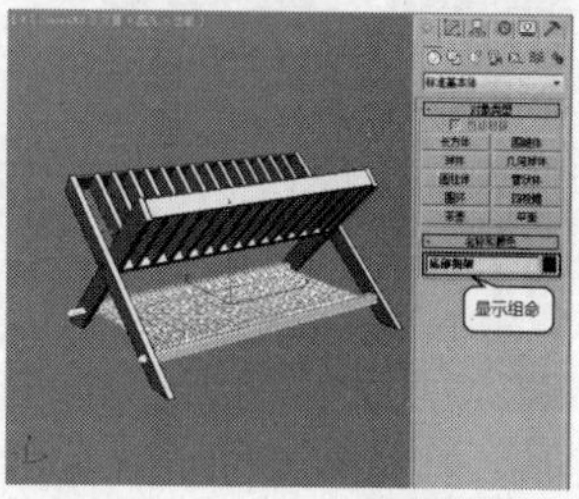

图2-266

04 如果需要单独调整组内的模型，可以选择该组中的对象，然后执行“组>解组”菜单命令，如图2-267所示，解组完成后即可任意选择组内的模型，如图2-268所示。

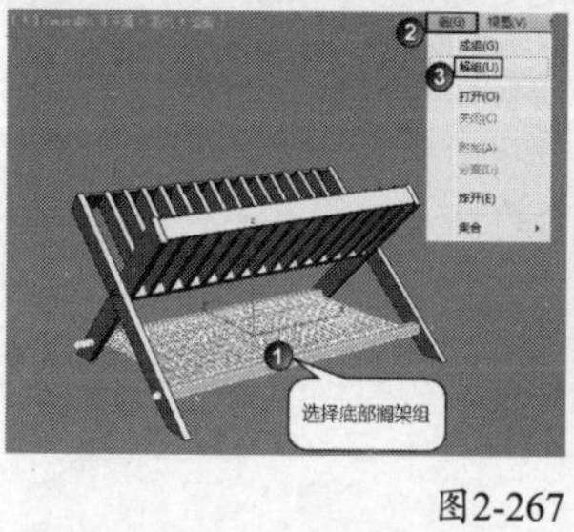

图2-267

图2-268

05 对于本场景中的模型，还可以逐步将主支架、顶部搁架和底部搁架单独创建为组，如图2-269所示，同时还可以选择这3个组再执行“成组”命令，以“木架”组与这3个组一起编为嵌套的组，如图2-270所示。

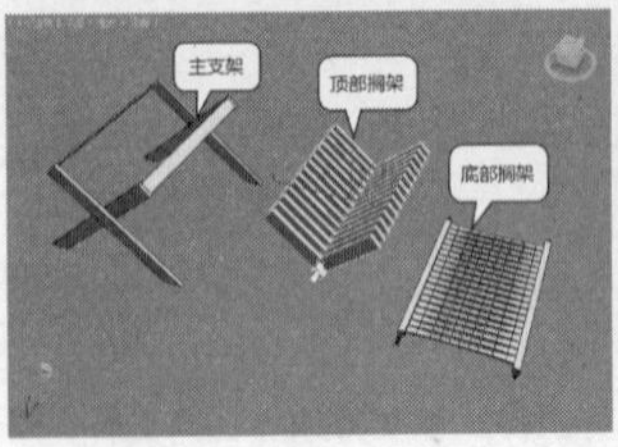

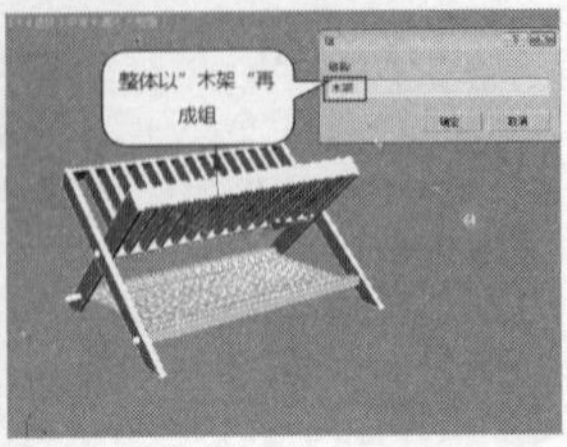

图2-269　　图2-270

06 创建好嵌套组以后，执行“组>解组”菜单命令，可以将最外层的组（本例为“木架”）解开，但下一层的组仍将保留，如图2-271和图2-272所示。

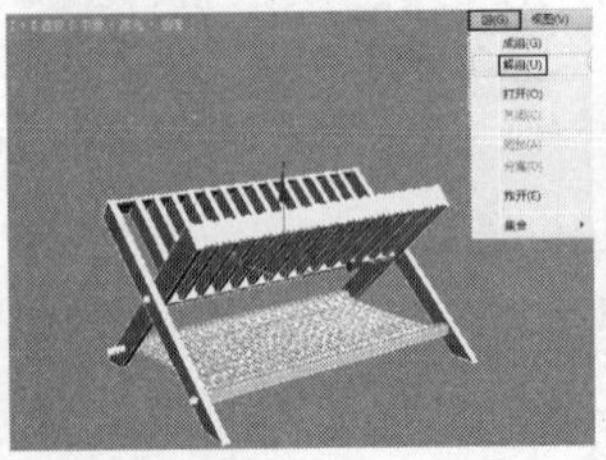

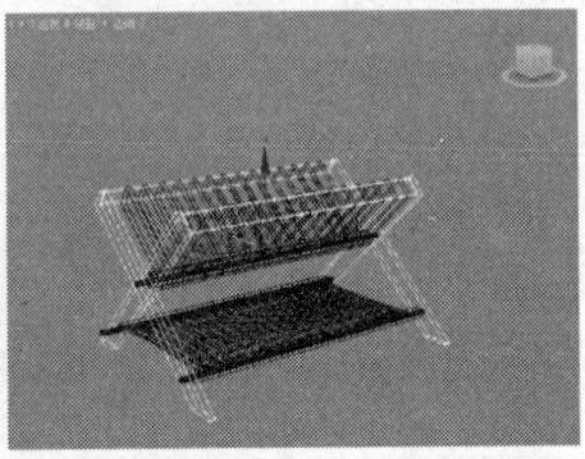

图2-271　　图2-272

07 如果要一次性解开所有的组，可以执行“组>炸开”菜单命令，如图2-273所示。炸开完成后模型将恢复到最初的单独状态，如图2-274所示。

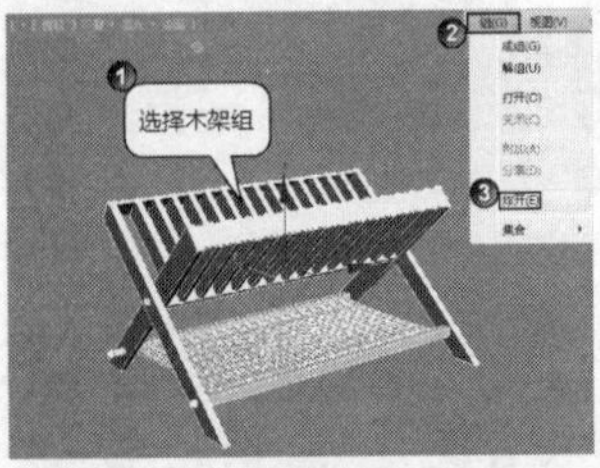

图2-273　　图2-274

08 当场景中存在多个组时，如果想要其中的某些组合并成一个嵌套组，可以先执行“组>附加”菜单命令，如图2-275所示，然后单击需要附加的组即可，如图2-276和图2-277所示。

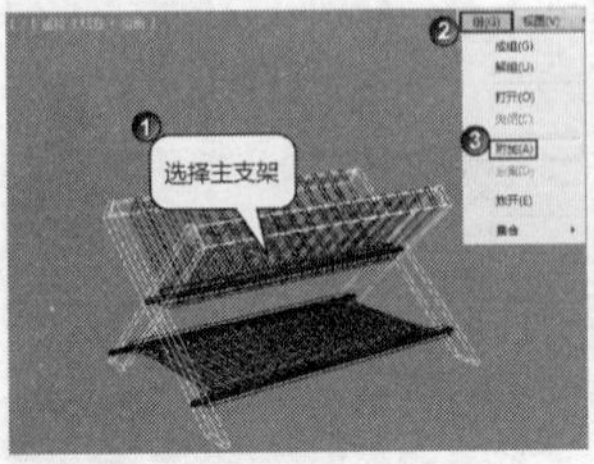

图2-275　　图2-276

图2-277

09 而当要将嵌套组中的某些组分离出去时，可以先执行“组>打开”菜单命令，如图2-278所示，然后选择要分离出去的组，再执行“组>分离”菜单命令即可，如图2-279和图2-280所示。

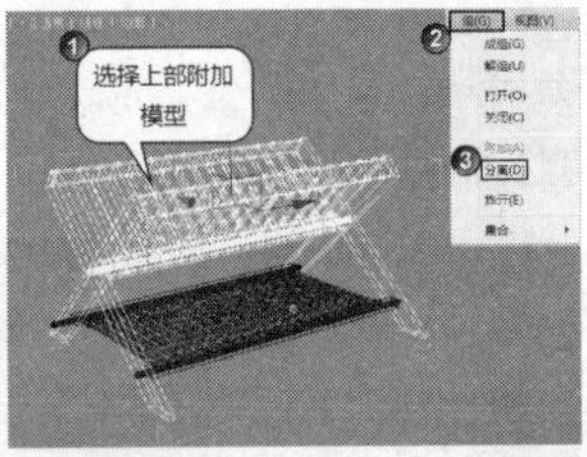

图2-278　　图2-279

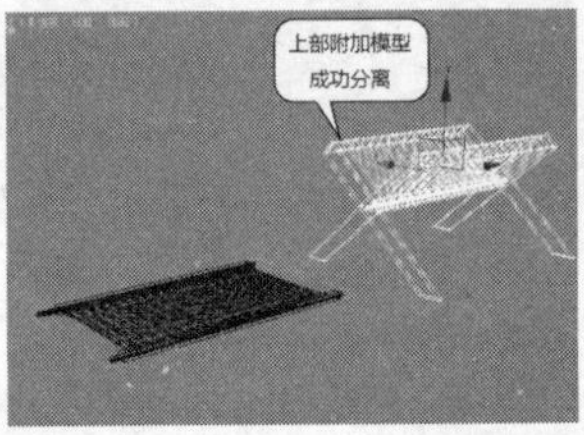

图2-280

10 成功分离出目标组以后，还需选择之前打开的组，执行“组>关闭”菜单命令将其关闭，如图2-281和图2-282所示。

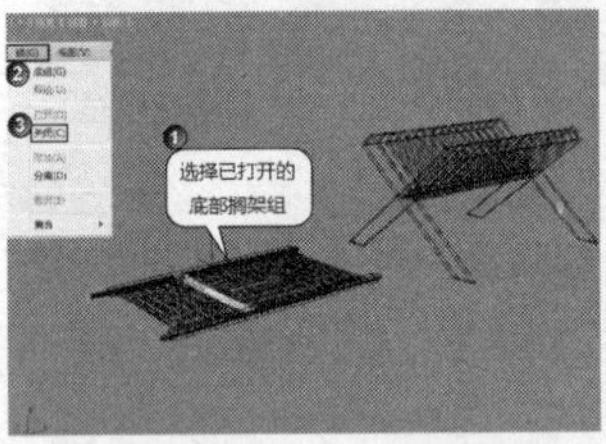

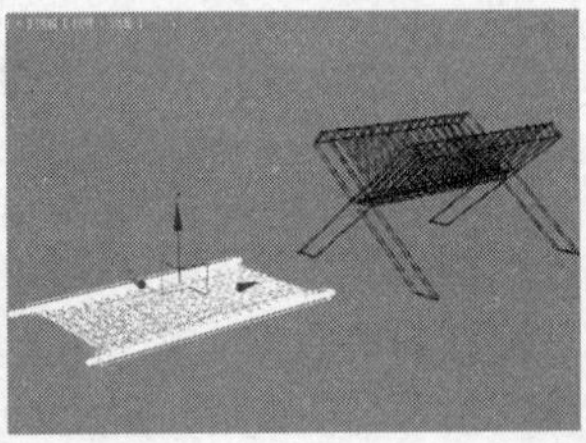

图2-281　　图2-282

实战060 创建选择集

场景位置	DVD>场景文件>CH02>实战060.max
实例位置	无
视频位置	DVD>多媒体教学>CH02>实战060.flv
难易指数	★☆☆☆☆
技术掌握	掌握如何创建选择集

实例介绍

在3ds Max中可以将相关的模型编为选择集，在后面的操作中如果需要选择该选择集中的模型，只需要选择到选择集名称即可。选择集与成组有类似的功能，但选择集的使用更为灵活。

操作步骤

01 打开光盘中的“场景文件>CH02>060.max”文件，如图2-283所示。

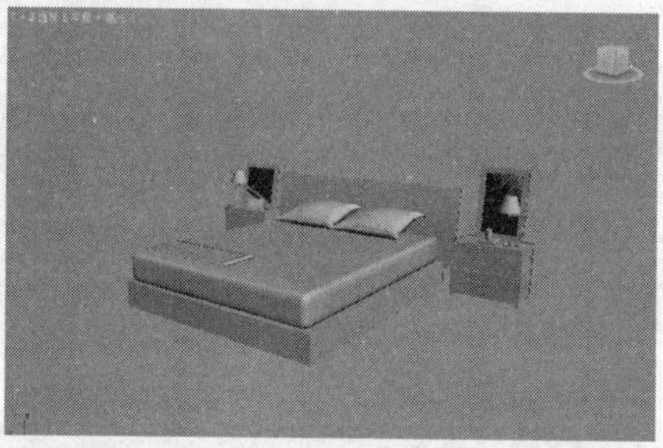

图2-283

02 按Ctrl+A组合键全选模型，然后在“主工具栏”中的“创建选择集”输入框创建选择集中直接输入名称“床整体”，再按回车键确认，如图2-284所示。

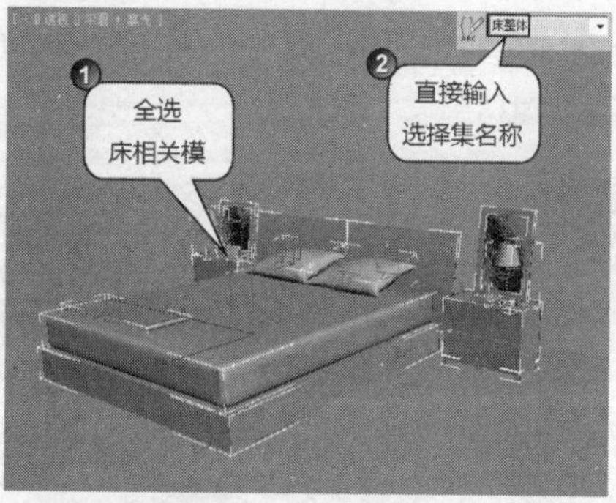

图2-284

03 逐步选择左右两侧的床头柜，然后通过相同的方法创建好对应名称的选择集，如图2-285和图2-286所示。

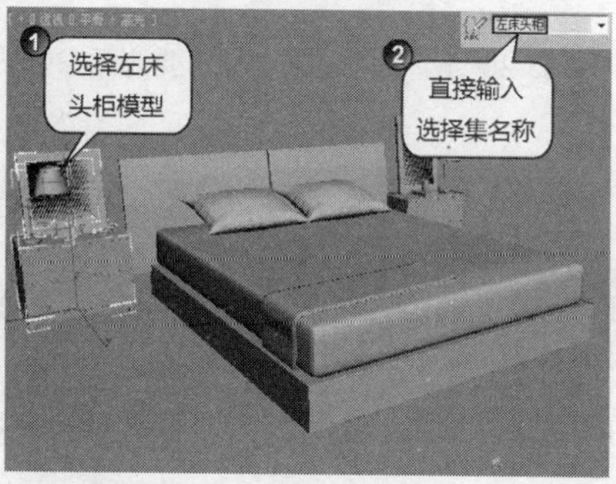

图2-285

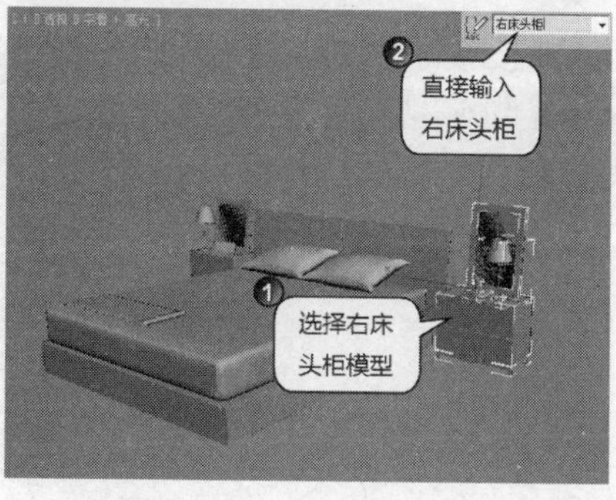

图2-286

04 以上选择集创建完成后，单击任意的模型仍可以单独选择到这些模型，如图2-287所示。

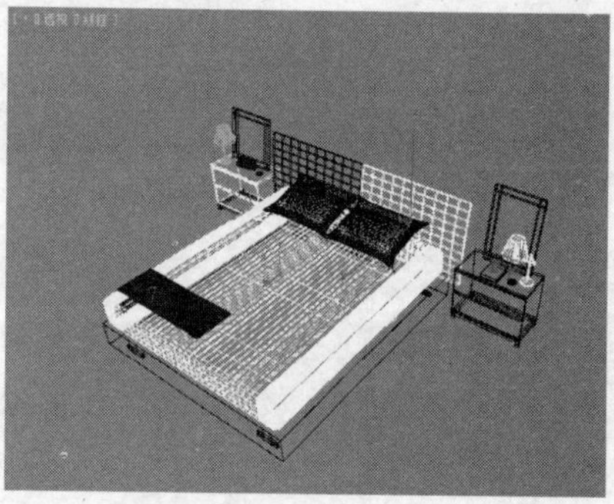

图2-287

05 如果要整体选择之前创建好的选择集中的模型（如右床头柜），只需要单击“创建选择集”后面的下拉按钮选择对应的名称即可，如图2-288所示。

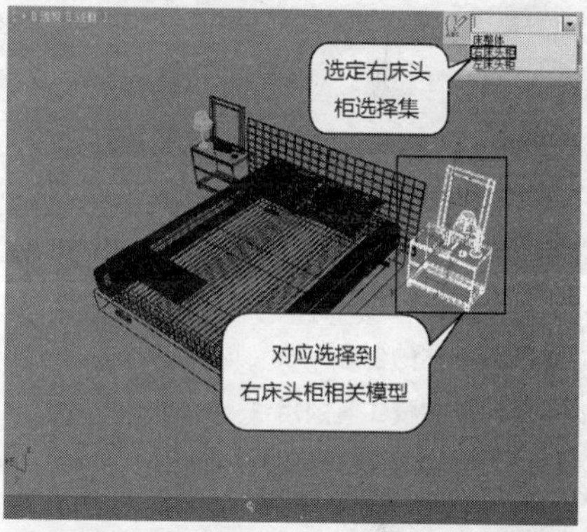

图2-288

第3章 内置几何体建模

本章学习要点：

标准基本体的创建方法

扩展基本体的创建方法

复合对象建模工具的用法

内置门、窗、栏杆和楼梯的创建方法

代理物体的创建方法

实战061 创建素描石膏

场景位置	无
实例位置	DVD>实例文件>CH03>实战061.max
视频位置	DVD>多媒体教学>CH03>实战061.flv
难易指数	★☆☆☆☆
技术掌握	标准基本体的相关工具

实例介绍

本例将使用标准基本体中的长方体、四棱锥、圆柱体、几何球体以及平面创建一组用于练习素描的石膏模型，效果如图3-1所示。

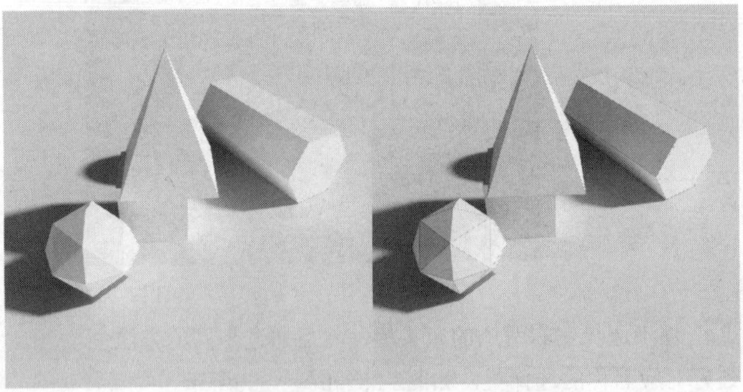

图3-1

本例大致的操作过程如图3-2所示。在创建的过程中要注意参数的调整，以及对标准基本体形状与位置的控制。

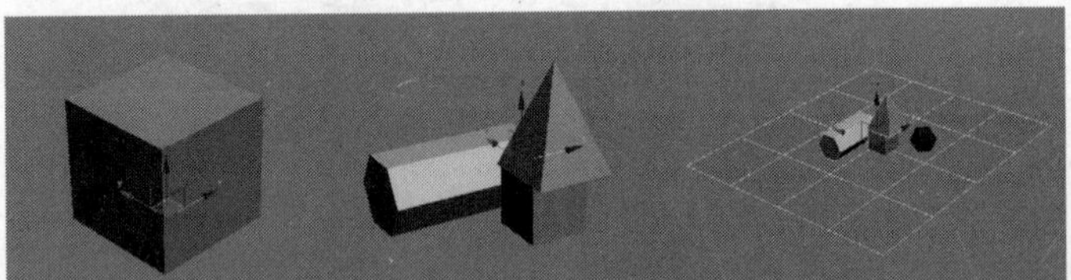

图3-2

操作步骤

01 在“命令”面板中单击“创建”按钮，进入“创建”面板，然后单击“几何体”按钮，再设置“几何体”类型为“标准基本体”，最后单击“长方体”按钮 长方体 ，如图3-3所示。

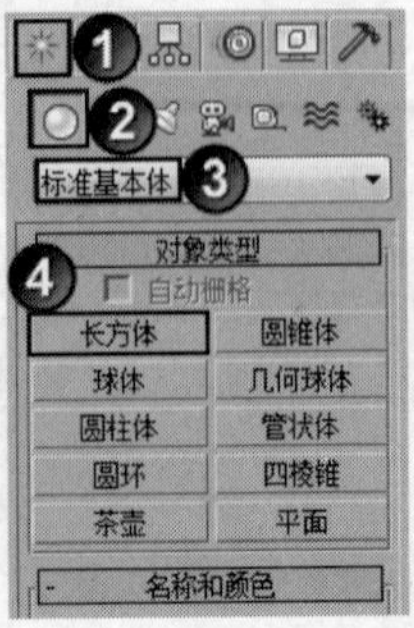

图3-3

02 在视图中拖曳光标创建一个长方体，然后在“参数”卷展栏下设置“长度”、“宽度”和“高度”都为45mm，具体参数设置及模型效果如图3-4所示。

03 使用“四棱锥”工具 四棱锥 在长方体顶部创建一个四棱锥，然后在“参数”卷展栏下设置“宽度”为60mm、“深度”为60mm、“高度”为80mm，具体参数设置及模型位置如图3-5所示。

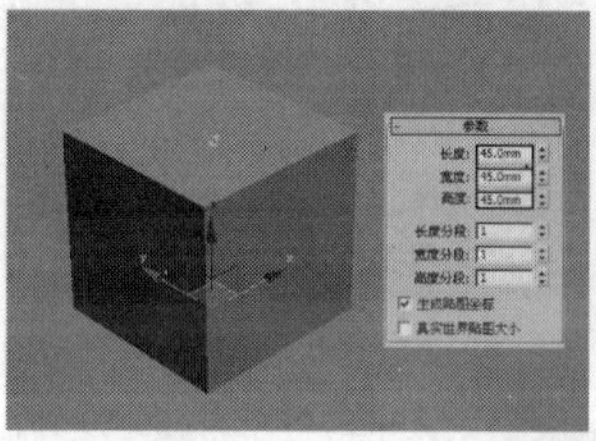

图3-4

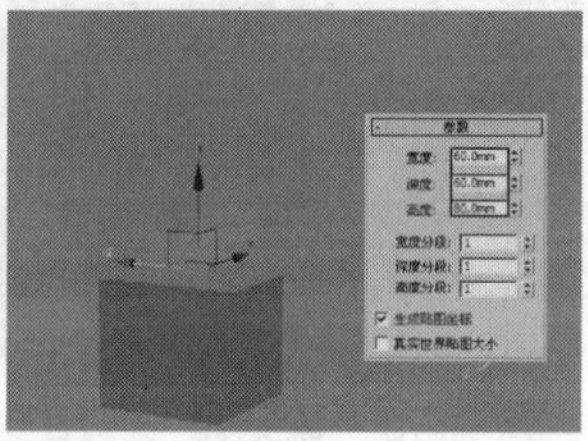

图3-5

04 使用“圆柱体”工具 圆柱体 在左视图中创建一个圆柱体，然后在“参数”卷展栏下设置“半径”为30mm、“高度”为120mm、“高度分段”为1、“边数”为6，再关闭“平滑”选项，具体参数设置及模型位置如图3-6所示。

05 使用“几何球体”工具 几何球体 在场景中创建一个几何球体，然后在“参数”卷展栏下设置“半径”为28mm、“分段”为2、“基点面类型”为“八面体”，再关闭“平滑”选项，具体参数设置及模型位置如图3-7所示。

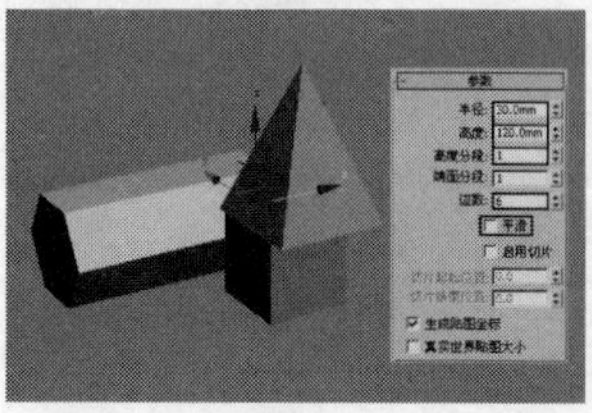

图3-6

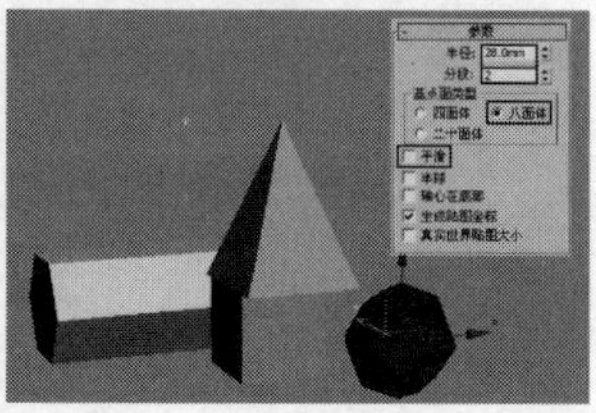

图3-7

06 使用“平面”工具 平面 在场景中创建一个平面，然后在“参数”卷展栏下设置“长度”为500mm、“宽度”为600mm，具体参数设置及模型位置如图3-8所示，最终效果如图3-9所示。

图3-8

图3-9

技巧与提示

这里省略了一个步骤，在制作完场景后，需要将其保存。保存场景的方法在第1章已经进行了详细的介绍，这里不再重复讲解。

实战062 创建积木组合

场景位置	无
实例位置	DVD>实例文件>CH03>实战062.max
视频位置	DVD>多媒体教学>CH03>实战062.flv
难易指数	★☆☆☆☆
技术掌握	标准基本体的相关工具、移动复制功能

实例介绍

本例将使用标准基本体中的圆柱体、长方体以及平面搭建儿童用积木组合，效果如图3-10所示。

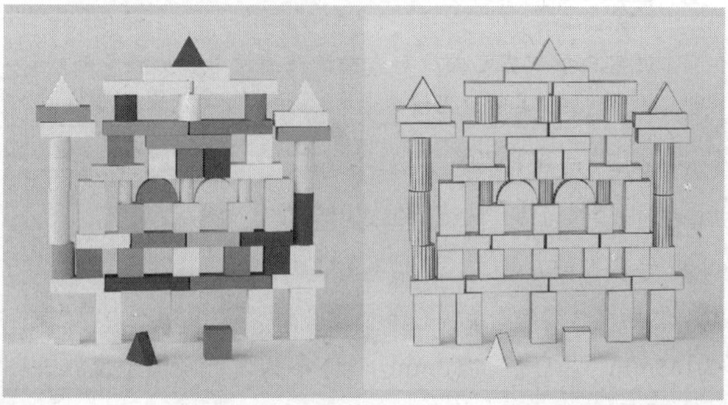

图3-10

本例大致的操作过程如图3-11所示。在创建的过程中要注意移动复制功能以及捕捉工具的使用方法。

图3-11

操作步骤

01 使用“圆柱体”工具 圆柱体 在顶视图中创建一个圆柱体，然后在“参数”卷展栏下设置“半径”为60mm、“高度”为43mm、“高度分段”为1、“边数”为3，具体参数设置及模型效果如图3-12所示。

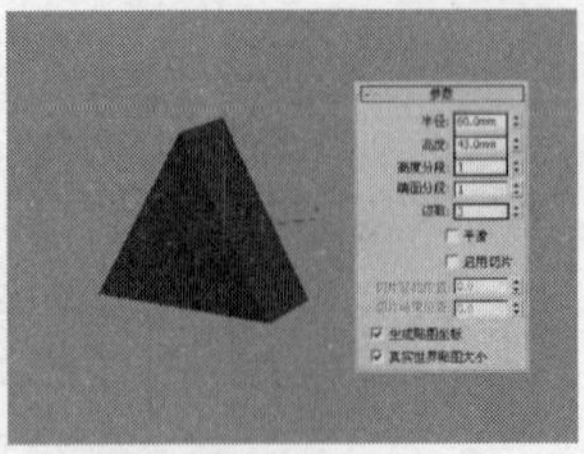

图3-12

02 使用“选择并移动”工具选择上一步创建的圆柱体，然后按住Shift键向两侧各移动复制一个模型，如图3-13所示。

03 使用“长方体”工具 长方体 在场景中创建一个长方体，然后在“参数”卷展栏下设置“长度”为40mm、“宽度”为260mm、“高度”为60mm，创建完成后通过捕捉中点对齐位置，具体参数设置及模型位置如图3-14所示。

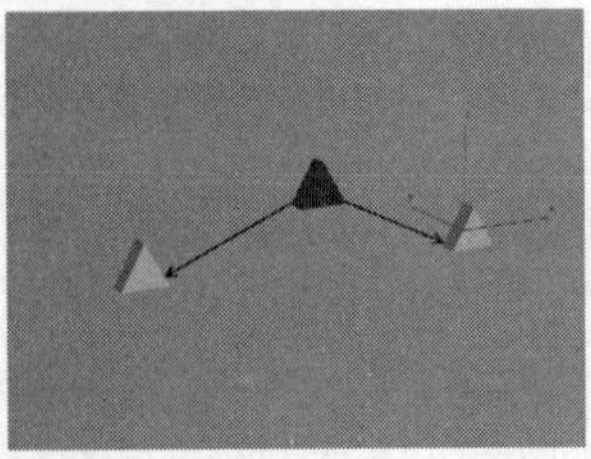

图3-13

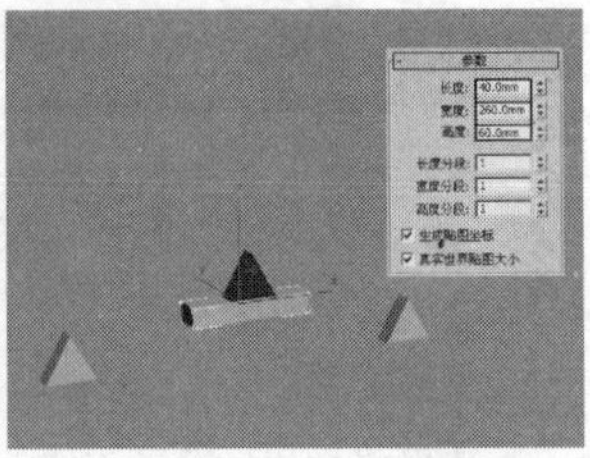

图3-14

技巧与提示

通常模型创建完成后都需要借助捕捉工具调整最终的位置，关于捕捉工具的运用请参考第2章中的相关内容。

04 使用“选择并移动”工具选择上一步创建的长方体，然后复制两个长方体并调整好位置，如图3-15所示。

05 使用“长方体”工具 长方体 在场景中创建一个长方体，然后在“参数”卷展栏下设置“长度”为43mm、“宽度”为165mm、“高度”为60mm，具体参数设置及模型位置如图3-16所示。

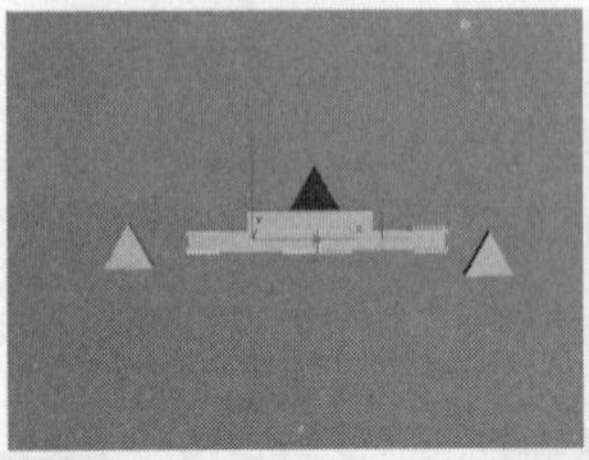

图3-15

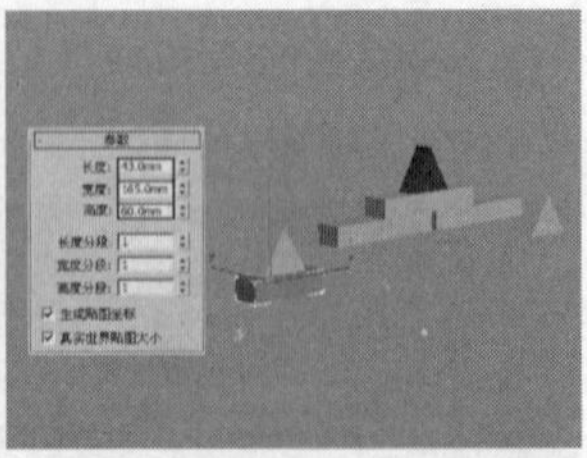

图3-16

06 使用“选择并移动”工具选择上一步创建的长方体，然后复制3个长方体放到如图3-17所示的位置。

07 使用“圆柱体”工具 圆柱体 在场景中创建一个圆柱体，然后在“参数”卷展栏下设置“半径”为35mm、“高度”为80mm、“高度分段”为1，再复制两个圆柱体，具体参数设置及模型位置如图3-18所示。

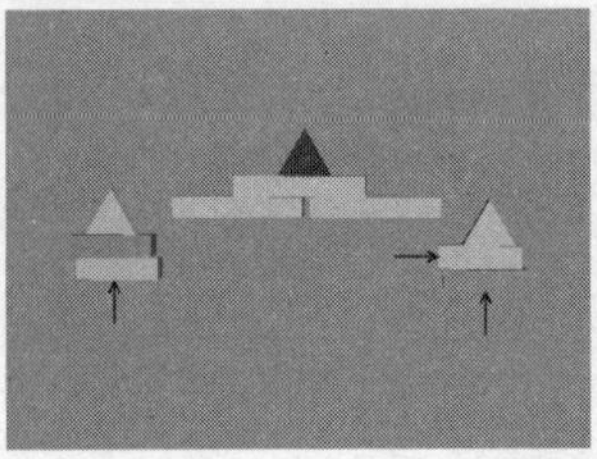

图3-17

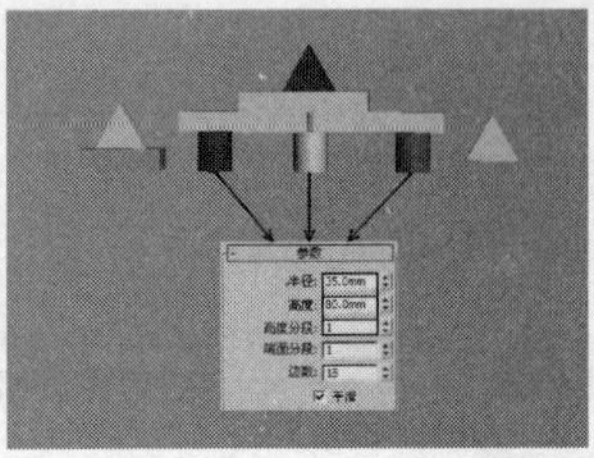

图3-18

08 将步骤3中创建的长方体复制3个放到如图3-19所示的位置。

09 使用“长方体”工具 长方体 在场景中创建一个长方体，然后在“参数”卷展栏下设置“长度”为90mm、“宽度”为80mm、“高度”为55mm，再复制4个长方体，具体参数设置及模型位置如图3-20所示。

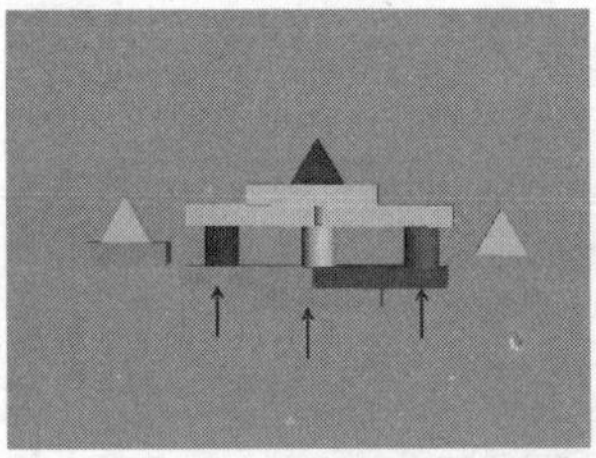

图3-19

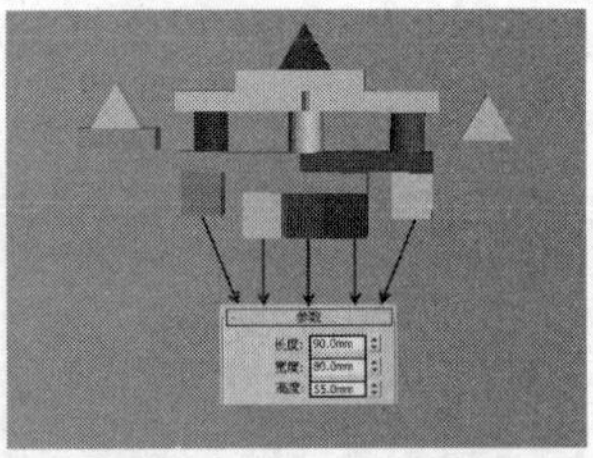

图3-20

10 使用“圆柱体”工具 圆柱体 在场景中创建一个圆柱体，然后在“参数”卷展栏下设置“半径”为32mm、“高度”为160mm、“高度分段”为1，再复制3个圆柱体，具体参数设置及模型位置如图3-21所示。

11 继续使用“圆柱体”工具 圆柱体 在场景中创建一个圆柱体，然后在“参数”卷展栏下设置“半径”为22mm、“高度”为75mm、“高度分段”为1，再复制两个圆柱体，具体参数设置及模型位置如图3-22所示。

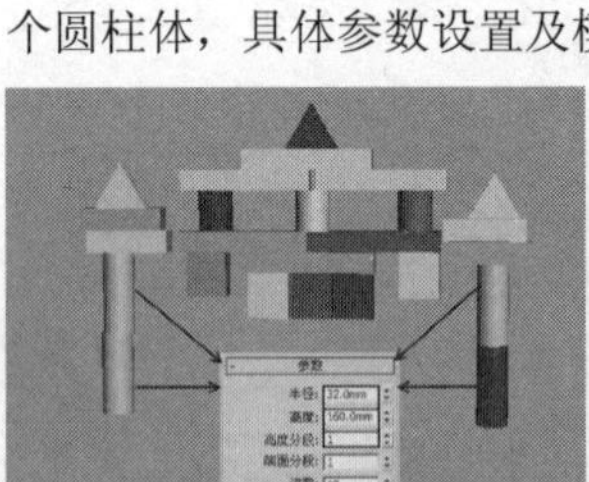

图3-21

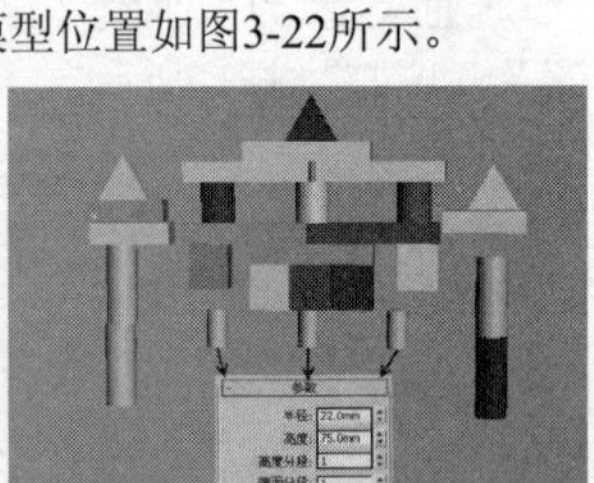

图3-22

12 使用“圆柱体”工具 圆柱体 在前视图中创建一个圆柱体，然后在“参数”卷展栏下设置“半径”为65mm、“高度”为42mm、“高度分段”为1，再勾选“启用切片”选项，并设置“切片起始位置”为180，最后复制一个圆柱体，具体参数设置及模型位置如图3-23所示。

13 将前面制作的几何体复制一些放到下面，完成后的积木效果如图3-24所示。

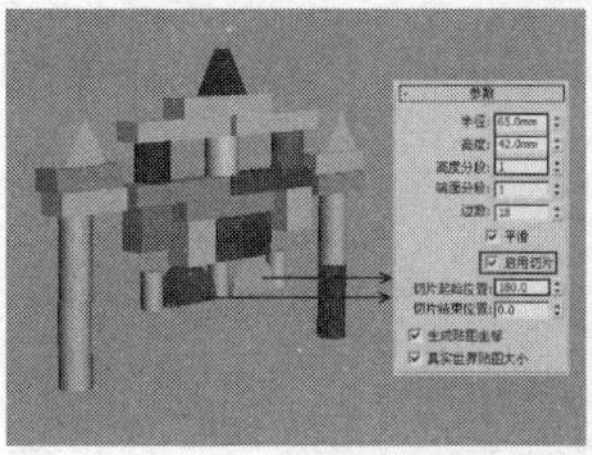

图3-23

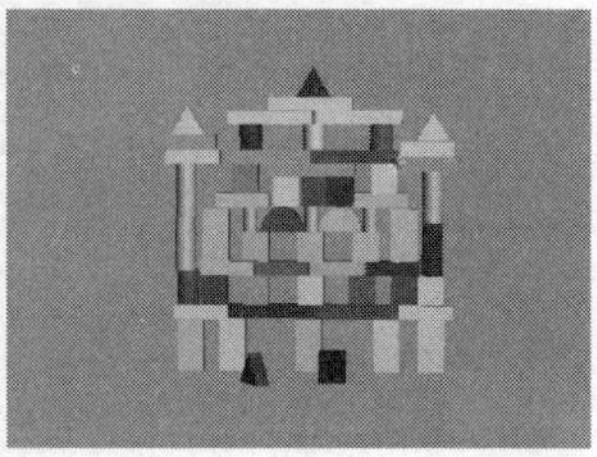

图3-24

14 使用“平面”工具 平面 在积木底部创建一个平面，然后在“参数”卷展栏下设置“长度”为1200mm、“宽度”为1500mm、“长度分段”为1、“宽度分段”为1，具体参数设置及模型位置如图3-25所示，最终效果如图3-26所示。

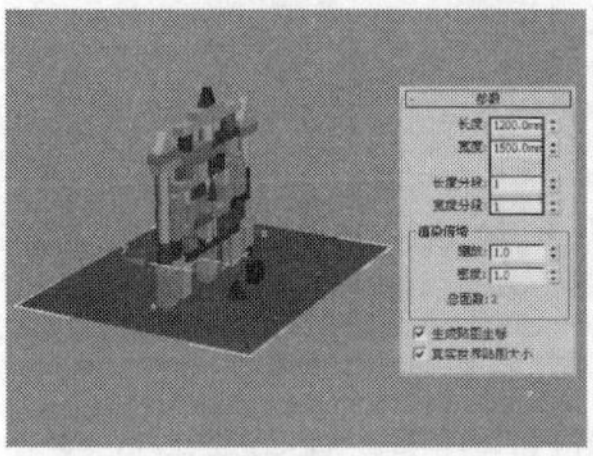

图3-25

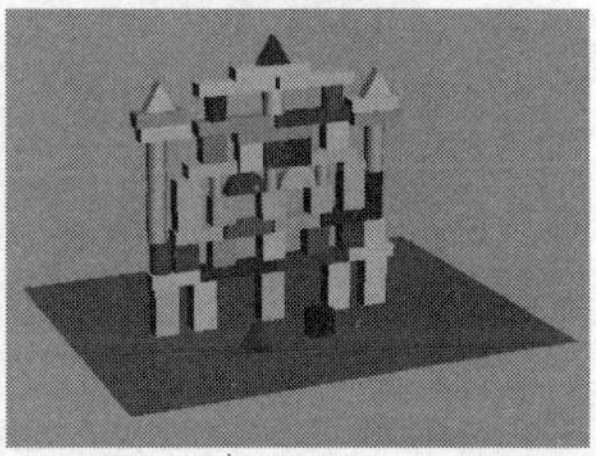

图3-26

实战063 现代茶几

场景位置	无
实例位置	DVD>实例文件>CH03>实战063.max
视频位置	DVD>多媒体教学>CH03>实战063.flv
难易指数	★☆☆☆☆
技术掌握	长方体工具、圆柱体工具

实例介绍

本例将使用长方体与圆柱体制作一个简约的茶几模型，如图3-27所示。

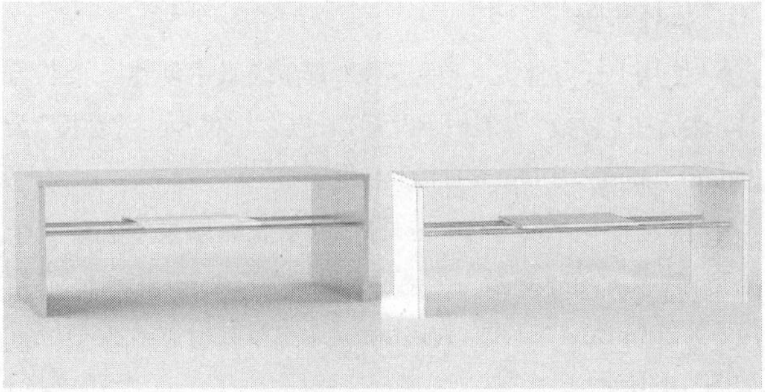

图3-27

本例大致的操作过程如图3-28所示。在创建的过程中首先要用长方体搭建茶几主体，然后使用圆柱体制作连杆，最终通过移动复制完成整体效果。在创建的过程中要注意移动复制、旋转以及捕捉等操作的运用。

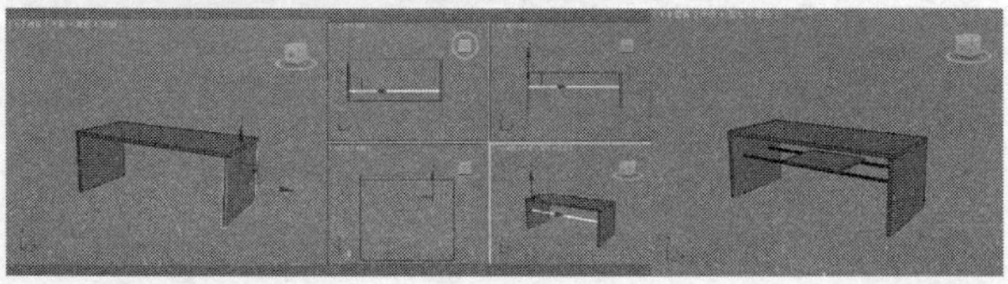

图3-28

操作步骤

01 执行“自定义>单位设置”菜单命令，打开“单位设置”对话框，然后逐步设置场景显示单位与系统单位，如图3-29和图3-30所示。

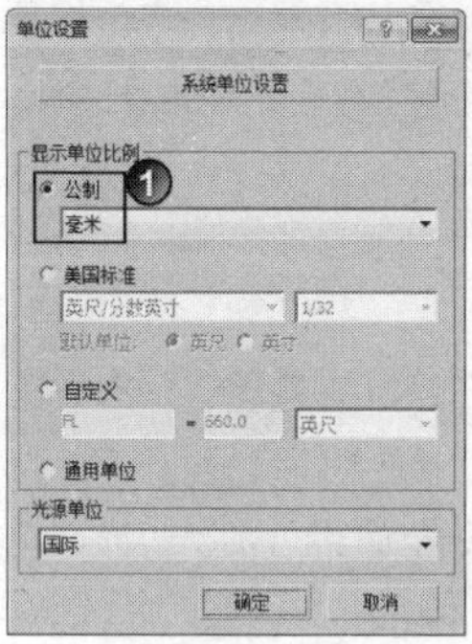

图3-29

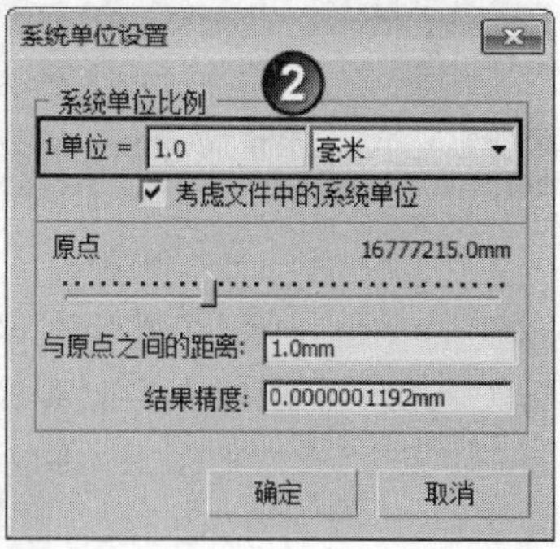

图3-30

技巧与提示

在实际工作中，单位的设置十分重要。在本章的讲解中，笔者仅在本例中的单位设置进行讲解，在后面的实例中会直接省略这一步，以节省篇幅。

02 在“命令”面板中单击“创建”按钮，进入“创建”面板，然后单击“几何体”按钮，再设置“几何体”类型为“标准基本体”，并单击“长方体”按钮 长方体 ，如图3-31所示，最后在场景中随意创建一个长方体。

03 选择创建好的长方体，然后在“命令”面板中单击“修改”按钮，进入“修改”面板，再在“参数”卷展栏下设置“长度”为120mm、“宽度”为280mm、“高度”为5mm，具体参数设置如图3-32所示。

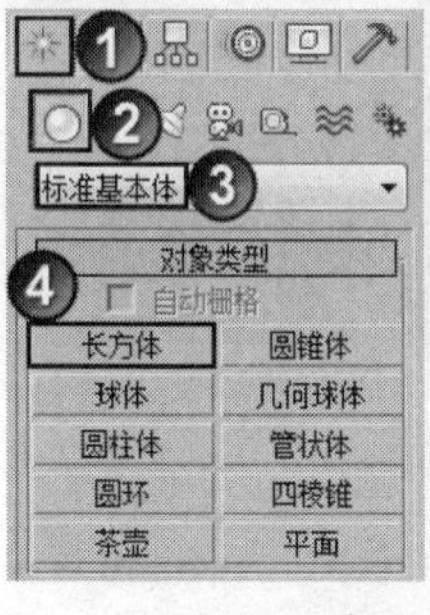

图3-31

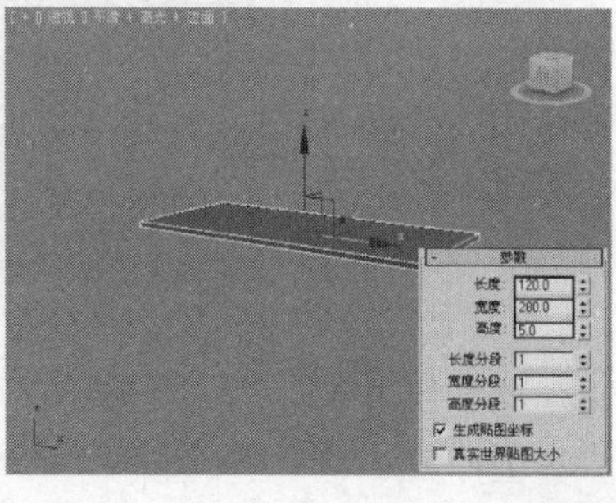

图3-32

技巧与提示

在创建内置几何模型时，可以先输入准确参数再创建模型，也可以先创建模型再通过“修改”面板进行调整。对于初学者，建议先创建模型，然后再调整参数，这样可以实时观察模型的变化，从而理解各个参数的功能。

04 使用“长方体”工具 长方体 在场景中创建一个长方体，然后在“参数”卷展栏下设置“长度”为120mm、“宽度”为100mm、“高度”为5mm，模型位置如图3-33所示，再按住Shift键使用“选择并移动”工具向右移动复制一个长方体，如图3-34所示。

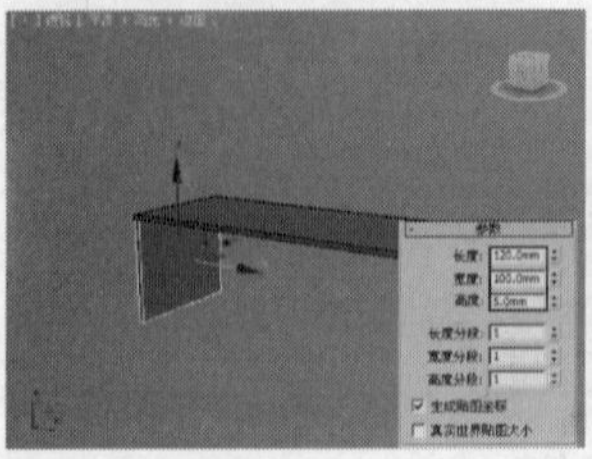

图3-33

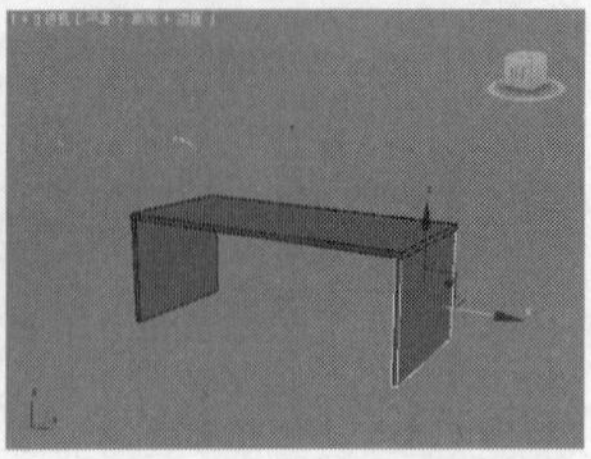

图3-34

05 在“创建”面板中单击“圆柱体”按钮 圆柱体 ，然后在场景中创建一个圆柱体，再在“参数”卷展栏下设置“半径”为2mm、“高度”为-270mm，具体参数设置如图3-35所示，最后在各个视图中调整好模型的位置，如图3-36所示。

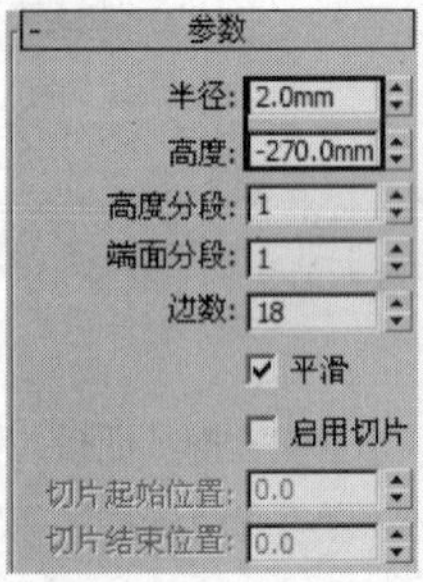

图3-35

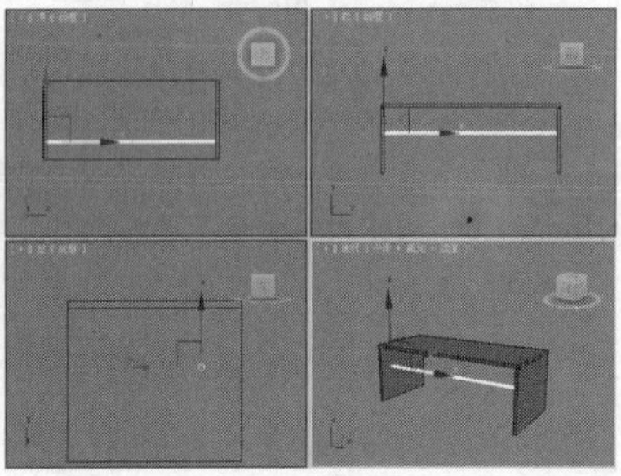

图3-36

06 使用“选择并移动”工具向后移动复制一个圆柱体放到如图3-37所示的位置。

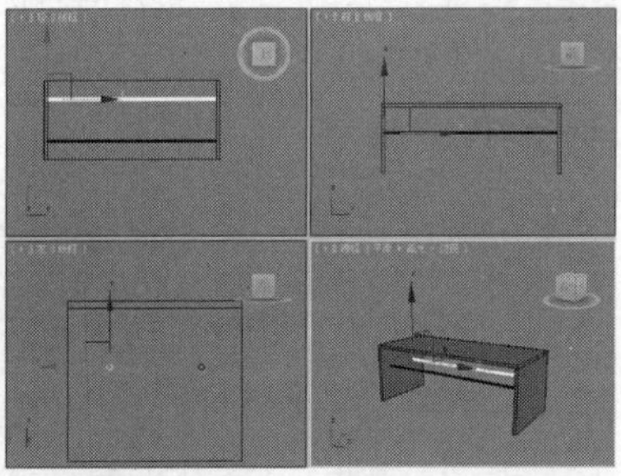

图3-37

07 使用“长方体”工具 长方体 在两个圆柱体的上面创建一个长方体，然后在“参数”卷展栏下设置“长度”为80mm、“宽度”为100mm、“高度”为3mm，模型位置如图3-38所示，最终效果如图3-39所示。

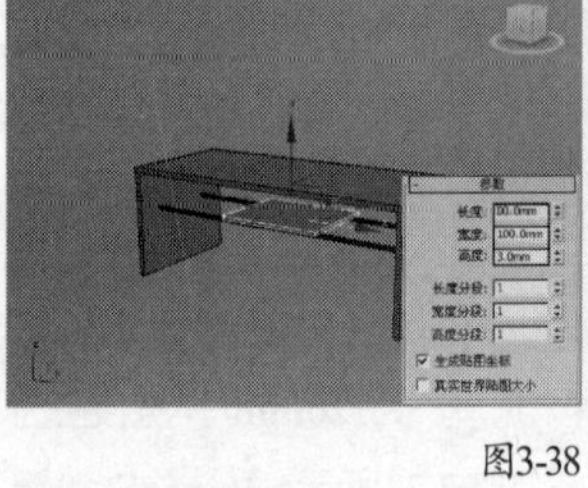

图3-38

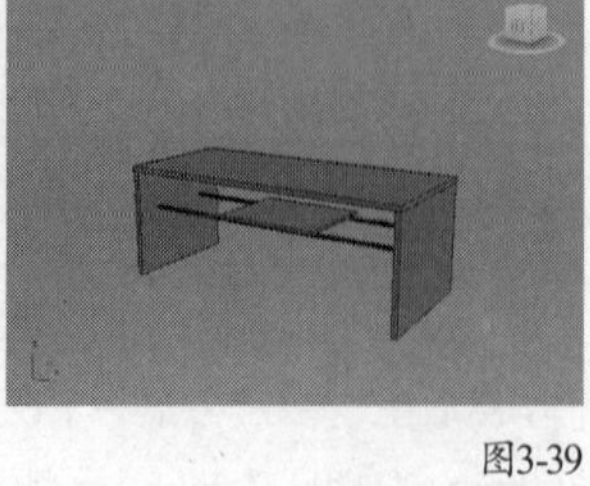

图3-39

实战064 简约置物架

场景位置	无
实例位置	DVD>实例文件>CH03>实战064.max
视频位置	DVD>多媒体教学>CH03>实战064.flv
难易指数	★☆☆☆☆
技术掌握	长方体工具、镜像工具

实例介绍

本例将使用长方体配合移动复制功能和镜像复制功能创建一个简约风格的置物架，效果如图3-40所示。

图3-40

本例大致的操作过程如图3-41所示。在创建的过程中要根据模型的结构和对称的特点进行制作，首先用长方体搭建一侧的模型，然后使用旋转功能调整好角度，最后镜像复制出另一侧的模型即可。

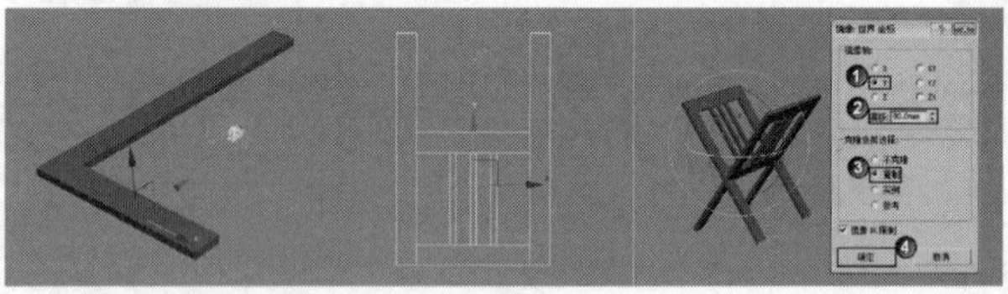

图3-41

操作步骤

01 使用“长方体”工具 长方体 在场景中创建一个长方体，然后在“参数”卷展栏下设置“长度”为400mm、“宽度”为35mm、“高度”为10mm，如图3-42所示。

02 继续使用“长方体”工具 长方体 在场景中创建一个长方体，然后在“参数”卷展栏下设置“长度”为35mm、“宽度”为200mm、“高度”为10mm，具体参数设置及模型位置如图3-43所示。

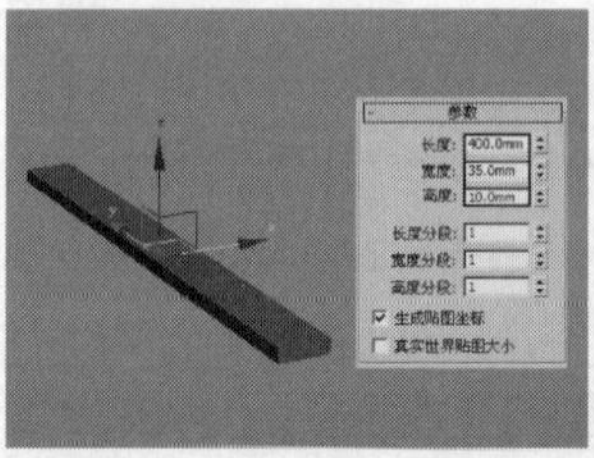

图3-42

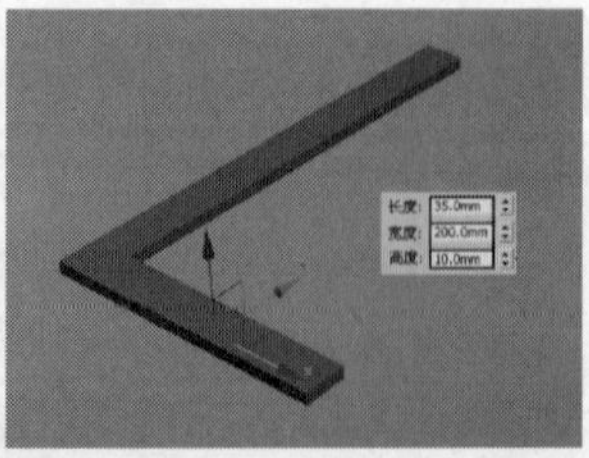

图3-43

03 使用“选择并移动”工具选择步骤1创建的长方体，然后按住Shift键在顶视图中向右移动复制一个长方体放到如图3-44所示的位置。

04 使用“长方体”工具 长方体 在场景中创建一个长方体，然后在“参数”卷展栏下设置“长度”为160mm、“宽度”为10mm、“高度”为10mm，具体参数设置及模型位置如图3-45所示。

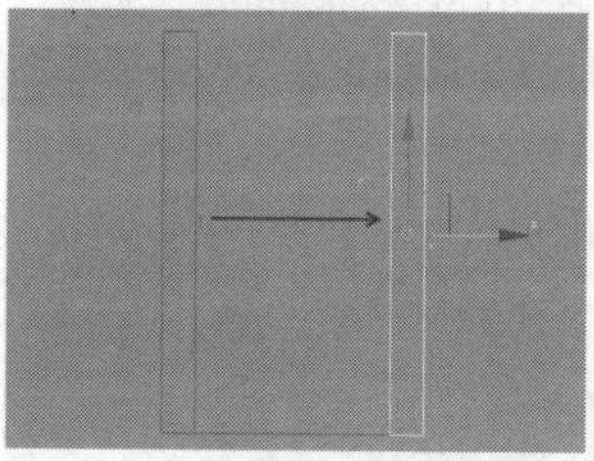
图3-44

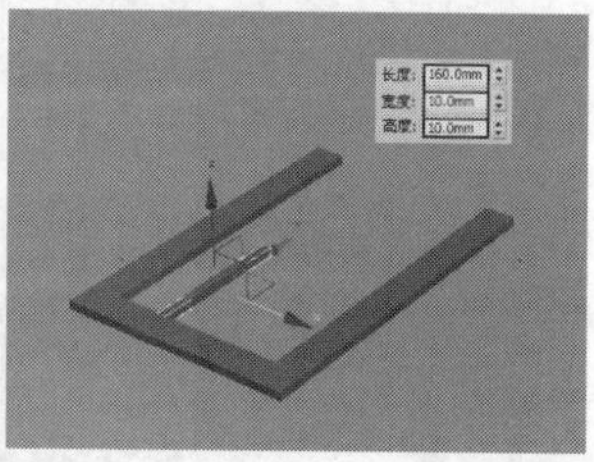

图3-45

05 使用“选择并移动”工具选择上一步创建的长方体，然后按住Shift键在顶视图中向右移动复制两个长方体放到如图3-46所示的位置。

06 使用“选择并移动”工具选择步骤3创建的长方体，然后按住Shift键在顶视图中向上移动复制一个长方体放到如图3-47所示的位置。

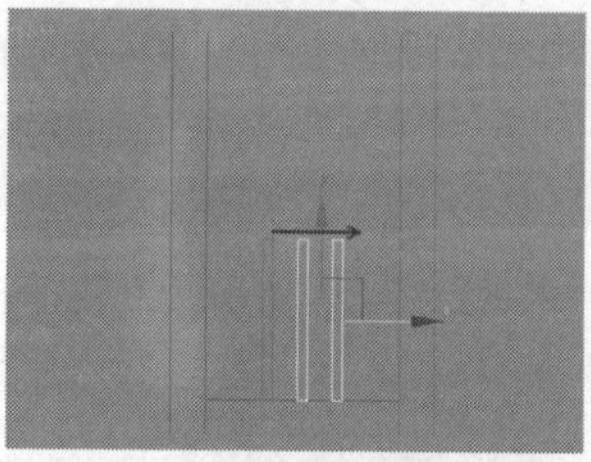
图3-46

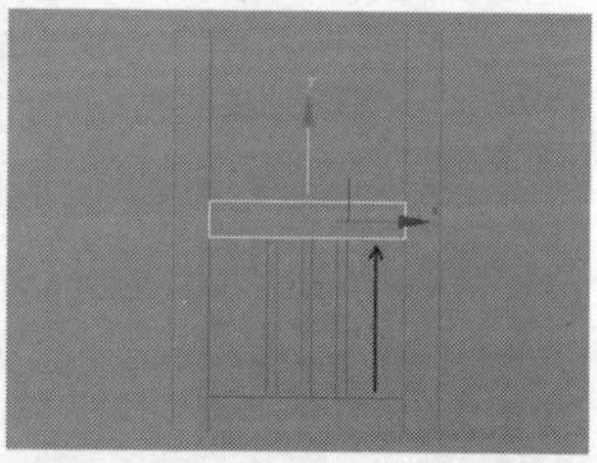
图3-47

07 按Ctrl+A组合键全选场景中的模型，然后执行“组>成组”菜单命令，再在弹出的“组”对话框中输入“组合001”，并单击“确定”按钮 确定 ，如图3-48所示。

08 选择“组001”，然后在“选择并旋转”工具上单击鼠标右键，再在弹出的“旋转变换输入”对话框中设置“绝对:世界”的x为-55，如图3-49所示。

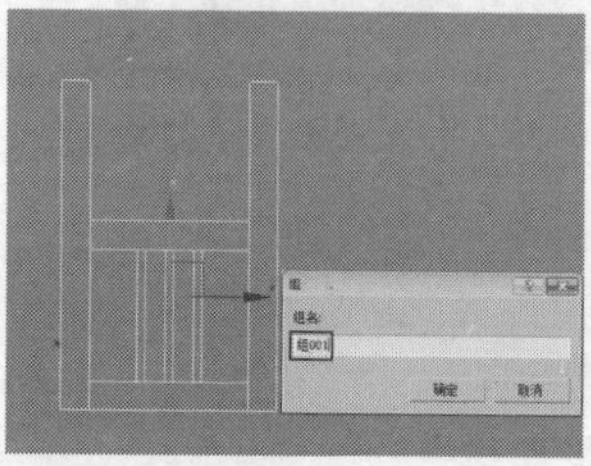
图3-48

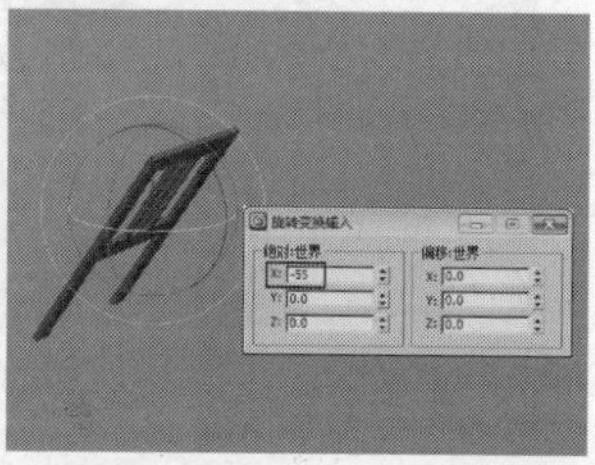
图3-49

09 选择“组001”，然后单击“镜像”工具，再在弹出的“镜像:世界坐标”对话框中设置“镜像轴”为y轴、“偏移”为90mm，设置“克隆当前选择”为“复制”，最后单击“确定”按钮 确定 ，如图3-50所示，最终效果如图3-51所示。

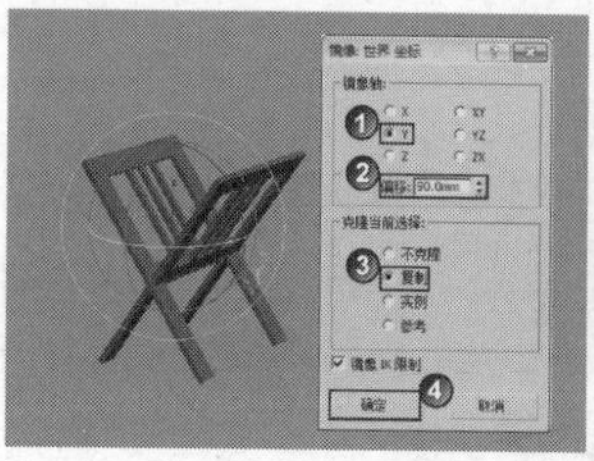
图3-50

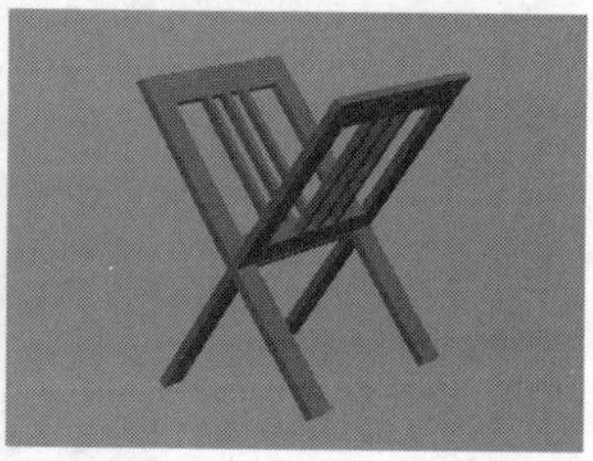
图3-51

实战065 组合书柜

场景位置	无
实例位置	DVD>实例文件>CH03>实战065.max
视频位置	DVD>多媒体教学>CH03>实战065.flv
难易指数	★☆☆☆☆
技术掌握	长方体工具、镜像工具

实例介绍

本例将使用长方体配合移动复制功能创建一个组合书柜，效果如图3-52所示。

图3-52

本例大致的操作过程如图3-53所示。这个模型全部由长方体逐步搭建而成，但为了保证模型组合的准确性，在创建的过程中要适当运用镜像复制、移动复制以及捕捉工具。

图3-53

操作步骤

01 使用“长方体”工具 长方体 在场景中创建一个长方体，然后在“参数”卷展栏下设置“长度”为400mm、“宽度”为40mm、“高度”为1200mm，如图3-54所示。

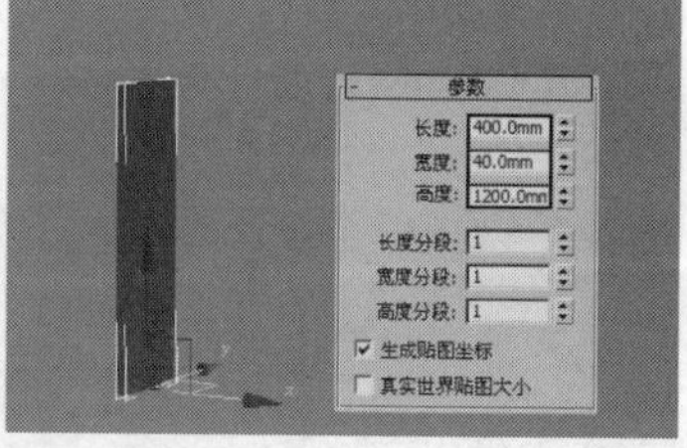

图3-54

02 选择长方体，然后单击“镜像”工具，再在弹出的“镜像:世界坐标”对话框中设置“镜像轴”为x轴、“偏移”为1620mm，设置“克隆当前选择”为“复制”，最后单击“确定”按钮 确定 ，如图3-55所示。

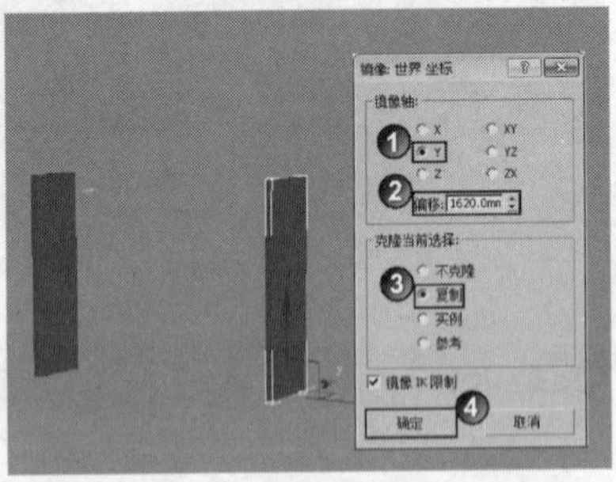

图3-55

技巧与提示

这一步操作也可以通过精确移动来完成，但使用“镜像”工具 并设置好“偏移”数值可以更快速、准确地完成操作。在模型的制作过程中要注意学习这些细节的控制方法。

03 使用“长方体”工具 长方体 在顶视图中创建一个长方体，然后在“参数”卷展栏下设置“长度”为400mm、“宽度”为1620mm、“高度”为40mm，具体参数设置及模型位置如图3-56所示。

04 继续用“长方体”工具 长方体 在场景中创建一个长方体，然后在“参数”卷展栏下设置“长度”为700mm、“宽度”为40mm、“高度”为1116mm，具体参数设置及模型位置如图3-57所示。

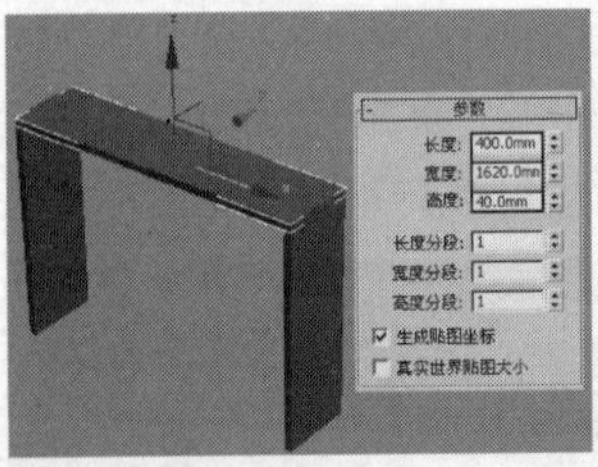

图3-56

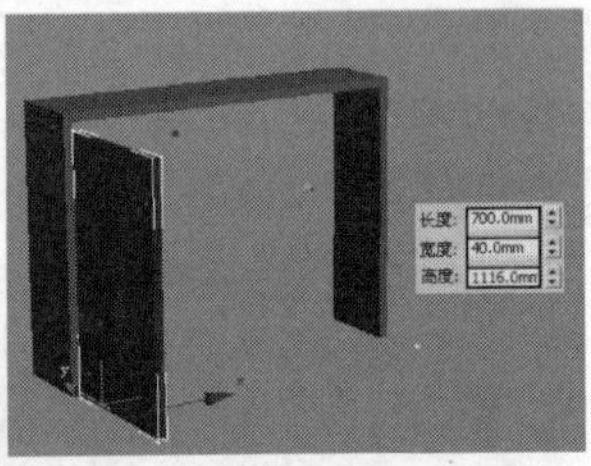

图3-57

05 使用“选择并移动”工具 选择上一步创建的长方体，然后按住Shift键在前视图中移动复制两个长方体放到如图3-58所示的位置。

06 继续使用“长方体”工具 长方体 在顶视图中创建一个长方体，然后在“参数”卷展栏下设置“长度”为700mm、“宽度”为1500mm、“高度”为40mm，具体参数设置及模型位置如图3-59所示。

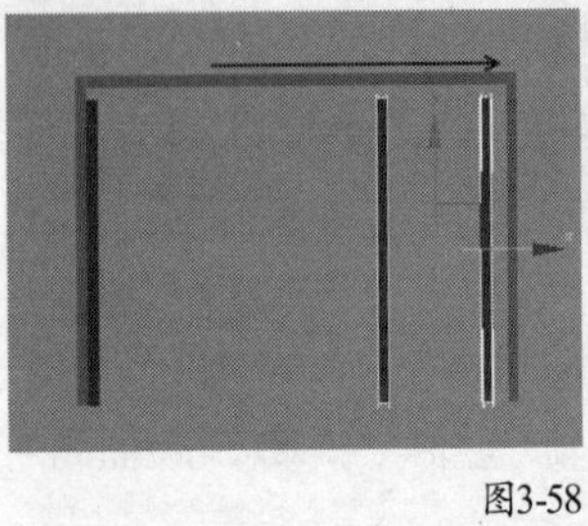

图3-58

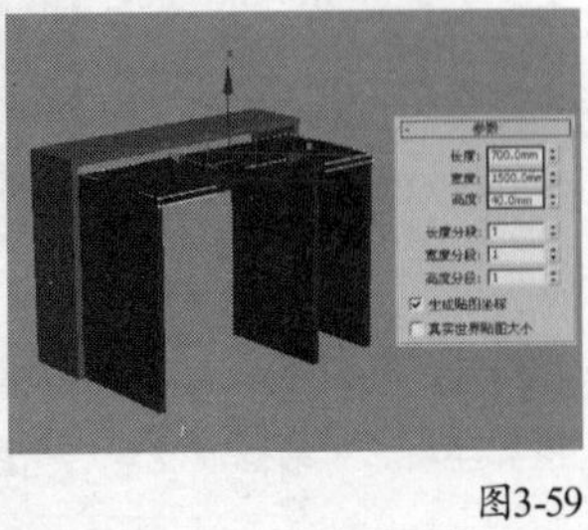

图3-59

07 使用“选择并移动”工具 选择上一步创建的长方体，然后按住Shift键在前视图中向下移动复制一个长方体放到如图3-60所示的位置。

08 使用“长方体”工具 长方体 在场景中创建一个长方体，然后在“参数”卷展栏下设置“长度”为520mm、“宽度”为40mm、“高度”为600mm，具体参数设置及模型位置如图3-61所示。

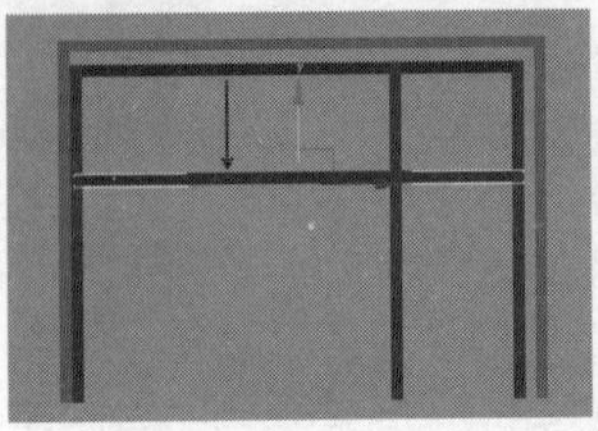

图3-60

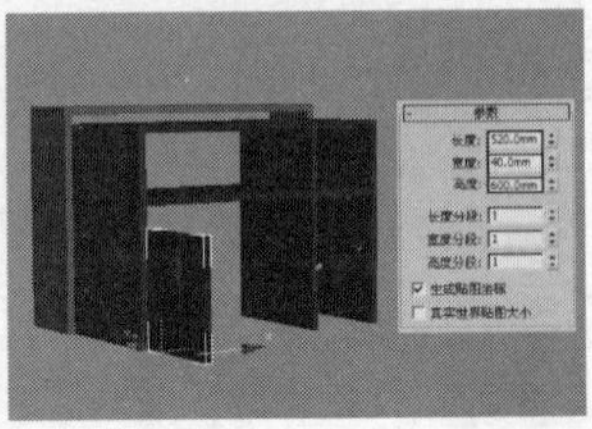

图3-61

09 使用“选择并移动”工具 选择上一步创建的长方体，然后按住Shift键在前视图中向右移动复制一个长方体放到如图3-62所示的位置。

10 继续使用“长方体”工具 长方体 在顶视图中创建一个长方体，然后在“参数”卷展栏下设置“长度”为520mm、“宽度”为810mm、“高度”为40mm，具体参数设置及模型位置如图3-63所示。

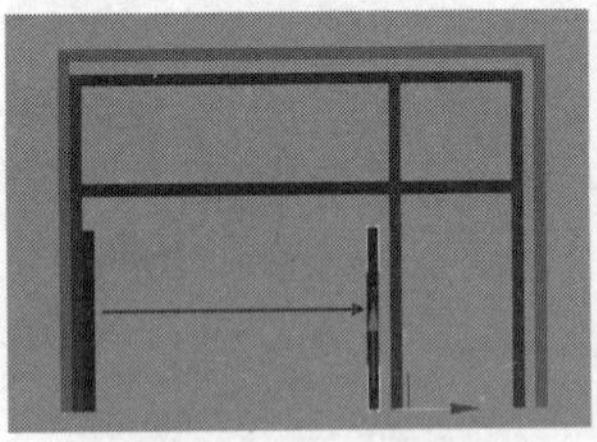

图3-62

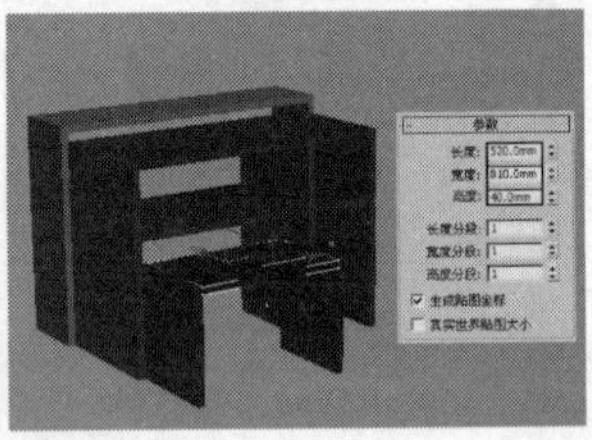

图3-63

11 使用“选择并移动”工具 选择上一步创建的长方体，然后按住Shift键在前视图中向下移动复制一个长方体放到如图3-64所示的位置，最终效果如图3-65所示。

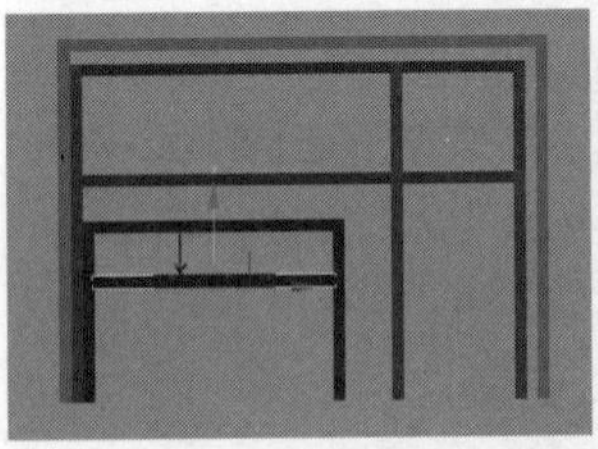

图3-64

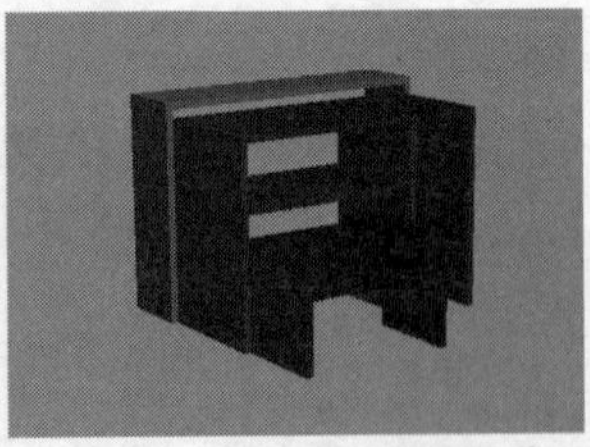

图3-65

实战066 简约橱柜

场景位置	无
实例位置	DVD>实例文件>CH03>实战066.max
视频位置	DVD>多媒体教学>CH03>实战066.flv
难易指数	★☆☆☆☆
技术掌握	长方体工具、圆柱体工具、移动复制功能

实例介绍

本例将使用长方体配合移动复制功能创建一个简约橱柜模型，效果如图3-66所示。

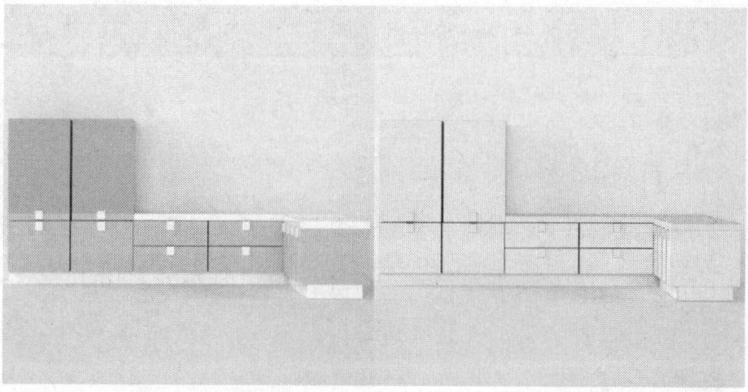

图3-66

本例大致的操作过程如图3-67所示。本例先要使用长方体制作橱柜的主体部分，然后制作面板，最后制作拉手细节。

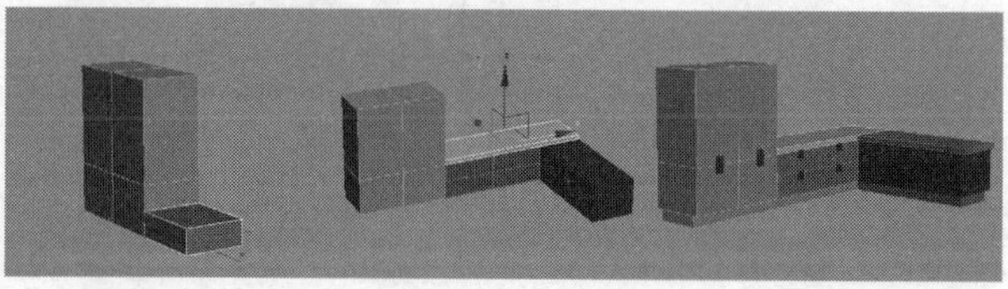

图3-67

操作步骤

01 在使用“长方体”工具 长方体 在场景中创建一个长方体，然后在“参数”卷展栏下设置“长度”长度”为500mm、“宽度”为500mm、“高度”为400mm，具体参数设置如图3-68所示。

02 用“选择并移动”工具选择长方体，然后按住Shift键在前视图中向右移动复制一个长方体，如图3-69所示。

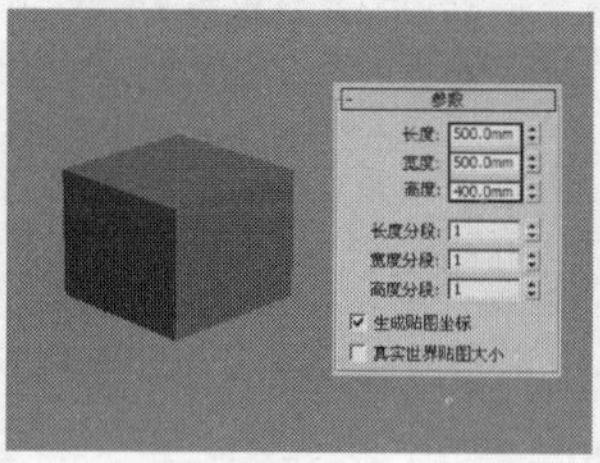

图3-68

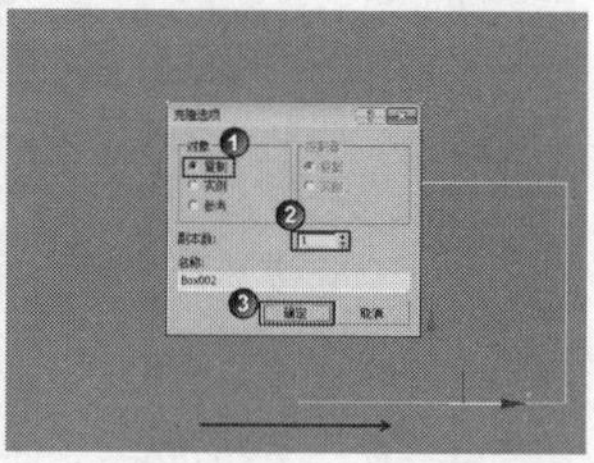

图3-69

03 继续在前视图中向上复制一个长方体，如图3-70所示，然后在“参数”卷展栏下将“高度”修改为800mm，如图3-71所示。

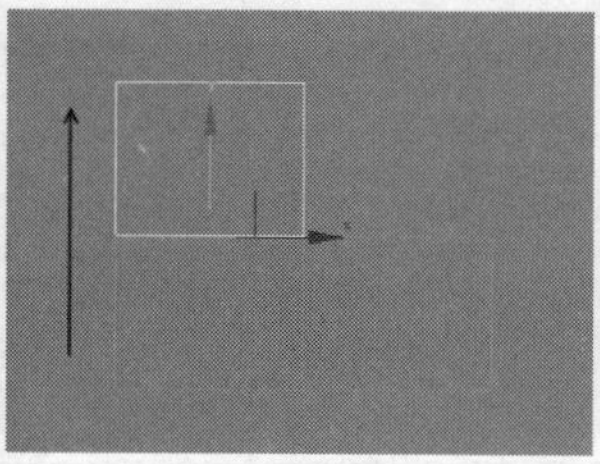

图3-70

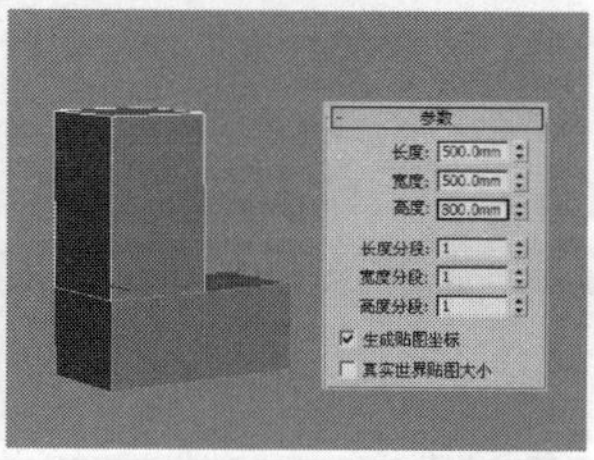

图3-71

04 选择上一步创建的长方体，然后在前视图中向右移动复制一个长方体，如图3-72所示。

05 使用“长方体”工具 长方体 创建一个长方体，然后在“参数”卷展栏下设置“长度”为500mm、“宽度”为600mm、“高度”为200mm，模型位置如图3-73所示。

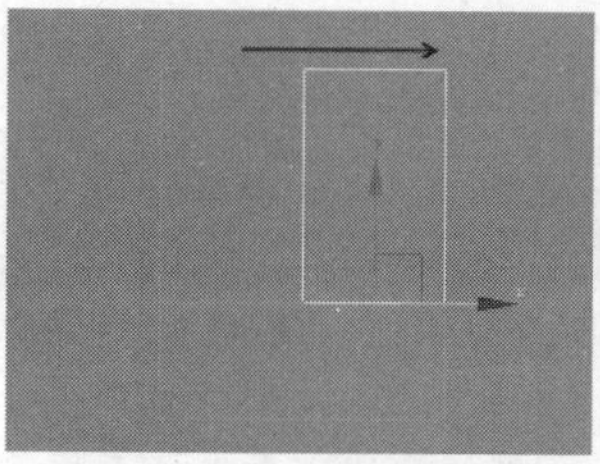

图3-72

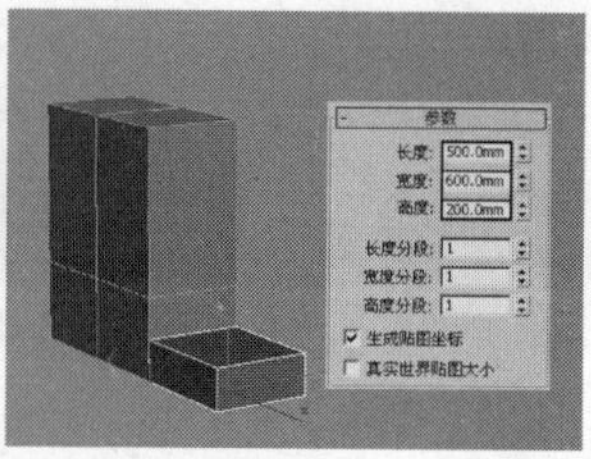

图3-73

06 选择上一步创建的长方体，然后在前视图中向右移动复制一个长方体，如图3-74所示。

07 选择前两步创建的两个长方体，然后在前视图中向上移动复制两个长方体，如图3-75所示。

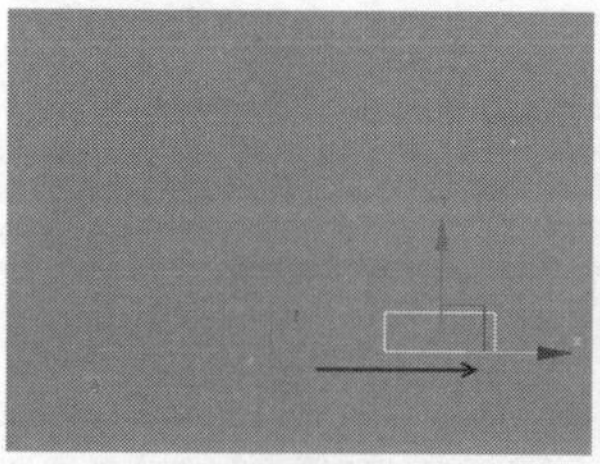

图3-74

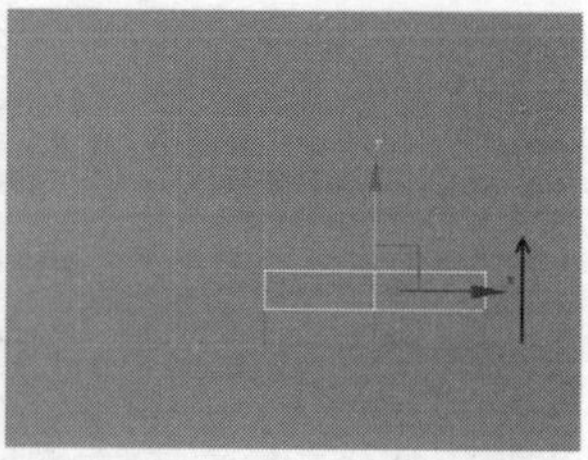

图3-75

08 继续使用“长方体”工具 长方体 创建一个长方体，然后在“参数”卷展栏下设置“长度”为300mm、“宽度”为500mm、“高度”为400mm，具体参数设置及模型位置如图3-76所示。

09 选择上一步创建的长方体，然后在左视图中向右移动复制3个长方体，如图3-77所示。

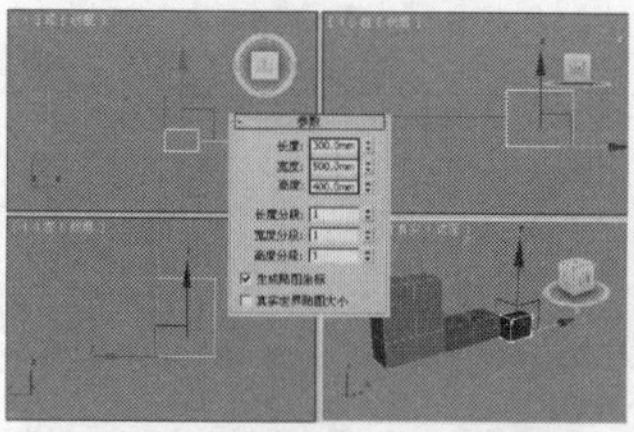

图3-76

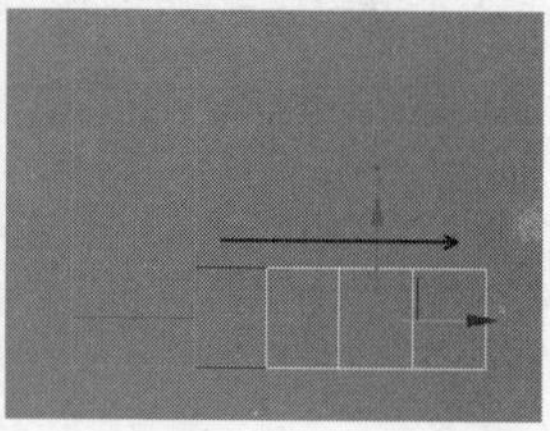

图3-77

10 使用“长方体”工具 长方体 创建一个长方体，然后在“参数”卷展栏下设置“长度”为500mm、“宽度”为1700mm、“高度”为50mm，具体参数设置及模型位置如图3-78所示。

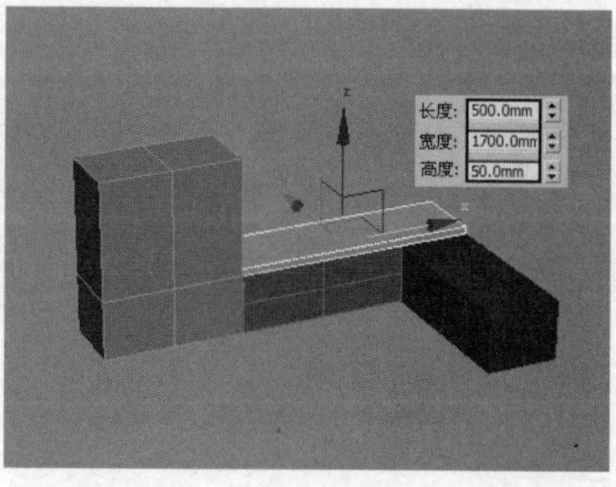

图3-78

11 使用“长方体”工具 长方体 创建一个长方体，然后在“参数”卷展栏下设置“长度”为1250mm、“宽度”为500mm、“高度”为50mm，具体参数设置及模型位置如图3-79所示。

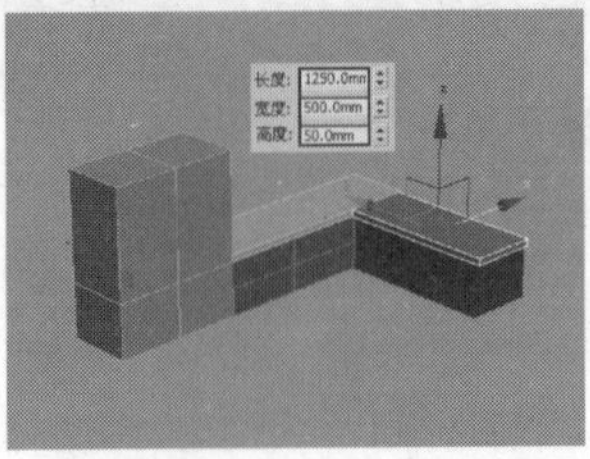

图3-79

12 使用“长方体”工具 长方体 创建一个长方体，然后在“参数”卷展栏下设置“长度”为400mm、“宽度”为2700mm、“高度”为100mm，具体参数设置及模型位置如图3-80所示。

13 继续使用“长方体”工具 长方体 创建一个长方体，然后在“参数”卷展栏下设置“长度”为1250mm、“宽度”为400mm、“高度”为100mm，具体参数设置及模型位置如图3-81所示。

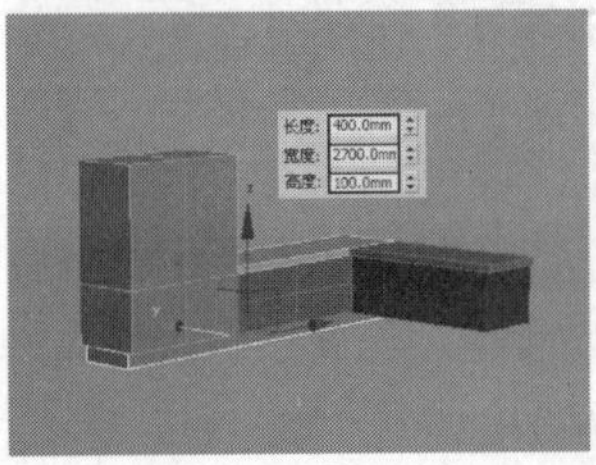

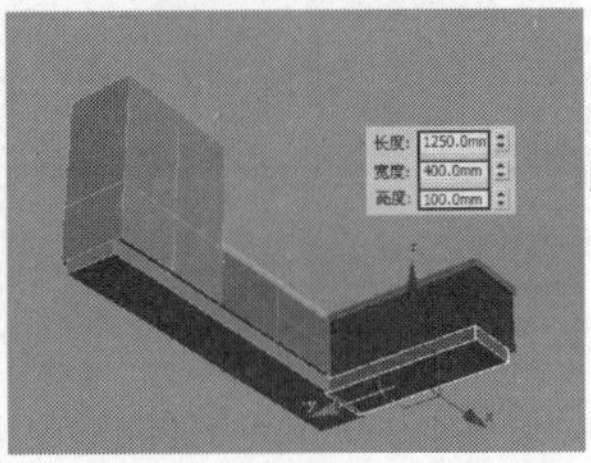

图3-80　　图3-81

14 再次使用“长方体”工具 长方体 创建一个长方体，然后在“参数”卷展栏下设置“长度”为20mm、“宽度”为60mm、“高度”为70mm，如图3-82所示。

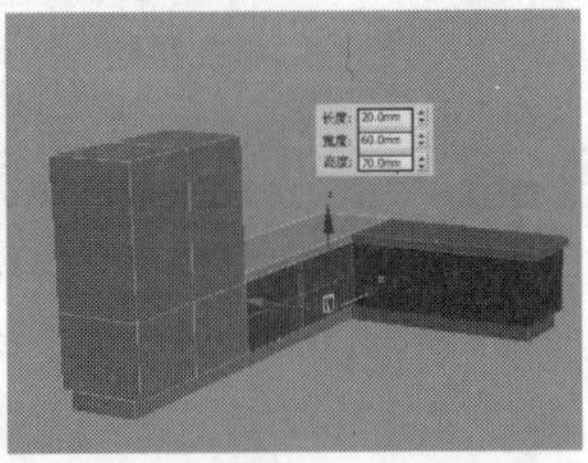

图3-82

15 用“选择并移动”工具选择上一步创建的长方体，然后按住Shift键移动复制11个长方体作为拉手，如图3-83所示，再将各个长方体放到相应的位置，最终效果如图3-84所示。

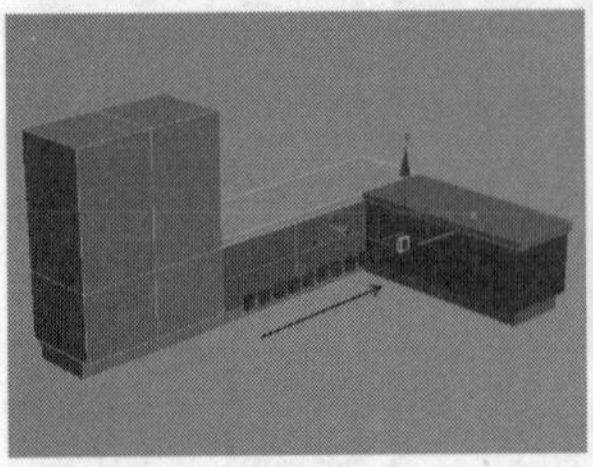

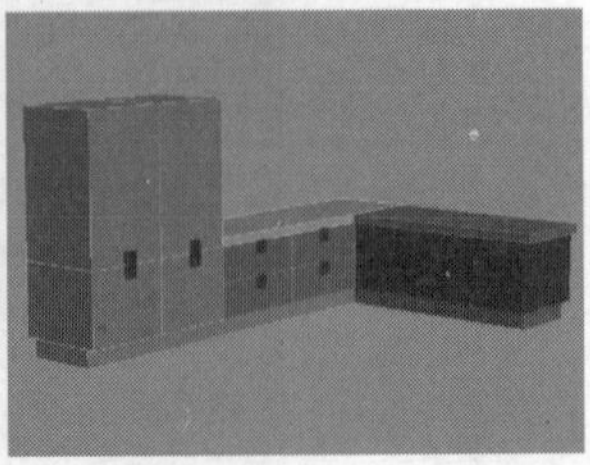

图3-83　　图3-84

实战067 时尚衣柜

场景位置	无
实例位置	DVD>实例文件>CH03>实战067.max
视频位置	DVD>多媒体教学>CH03>实战067.flv
难易指数	★★☆☆☆
技术掌握	长方体工具、圆柱体工具、移动复制功能

实例介绍

在本实例中将使用“创建”面板“标准基本体”中的“长方体”与“圆柱体”创建一个时尚的衣柜模型，实例完成效果如图3-85所示。

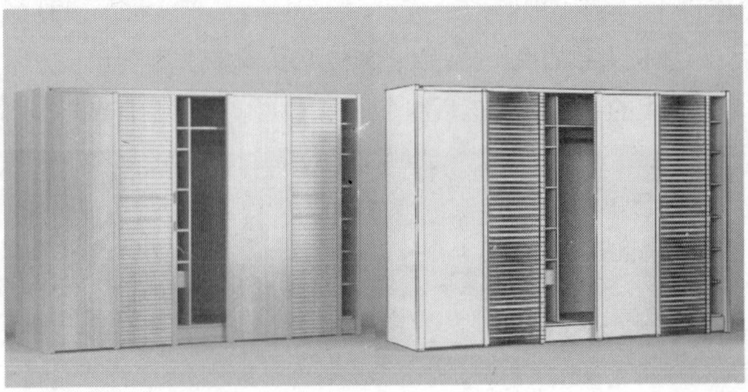

图3-85

本例大致的操作过程如图3-86所示。本例先要使用长方体制作出衣柜的轮廓，然后制作内部层板，最后制作柜门与百页细节。

图3-86

操作步骤

01 使用“长方体”工具 长方体 在场景中创建一个长方体，然后在“参数”卷展栏下设置“长度”为130mm、“宽度”为470mm、“高度”为8mm，如图3-87所示。

02 使用“长方体”工具 长方体 在场景中创建一个长方体，然后在“参数”卷展栏下设置“长度”为350mm、“宽度”为130mm、“高度”为8mm，模型位置如图3-88所示。

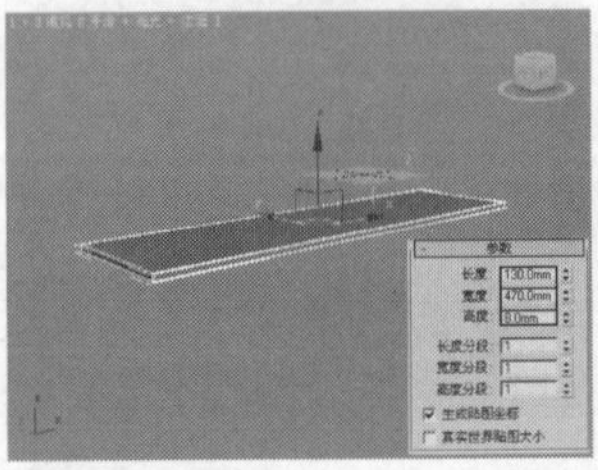

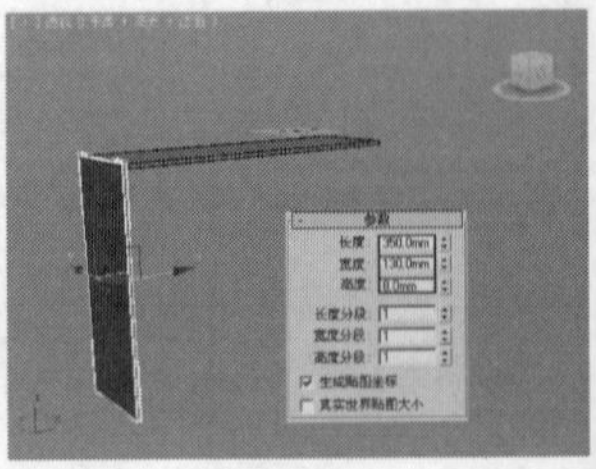

图3-87　　图3-88

03 使用“选择并移动”工具选择上一步创建的长方体，然后按住Shift键移动复制一个长方体放到如图3-89所示的位置。

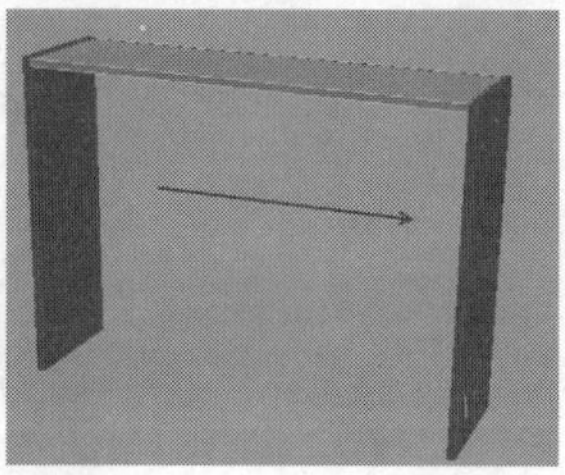

图3-89

04 继续使用“长方体”工具 长方体 在场景中创建两个长方体作为底板与背板，具体参数设置如图3-90所示，模型位置如图3-91所示。

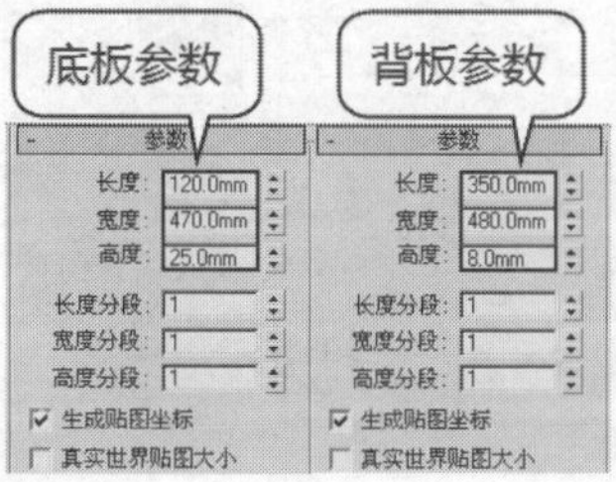

图3-90 图3-91

05 使用“长方体”工具 长方体 在场景中创建一个长方体，然后在“参数”卷展栏下设置“长度”为310mm、“宽度”为112mm、“高度”为5mm，模型位置如图3-92所示。

06 使用“选择并移动”工具选择上一步创建的长方体，然后按住Shift键移动复制一个长方体放到如图3-93所示的位置。

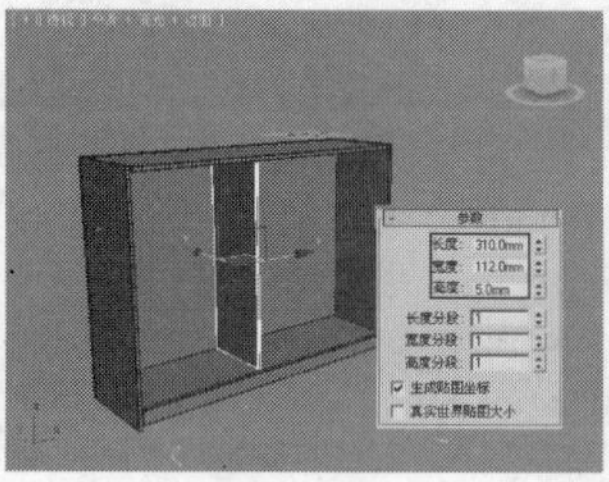

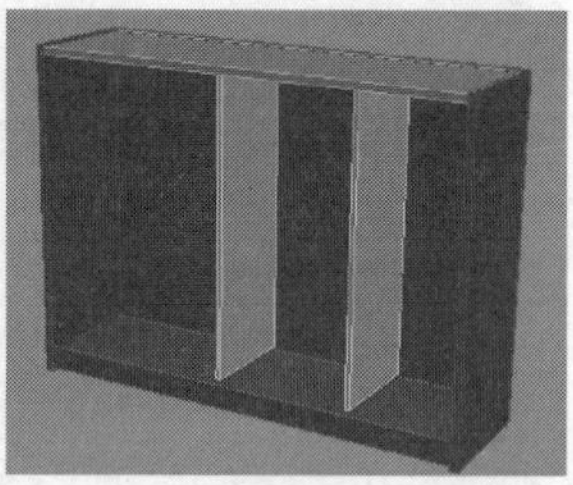

图3-92 图3-93

07 参考衣柜间隔继续使用“长方体”工具 长方体 创建层板，完成后的效果如图3-94所示。

08 使用“圆柱体”工具 圆柱体 在场景中创建一个圆柱体，然后在“参数“卷展栏下设置“半径”为3mm、“高度”为145mm、“高度分段”为1，模型位置如图3-95所示。

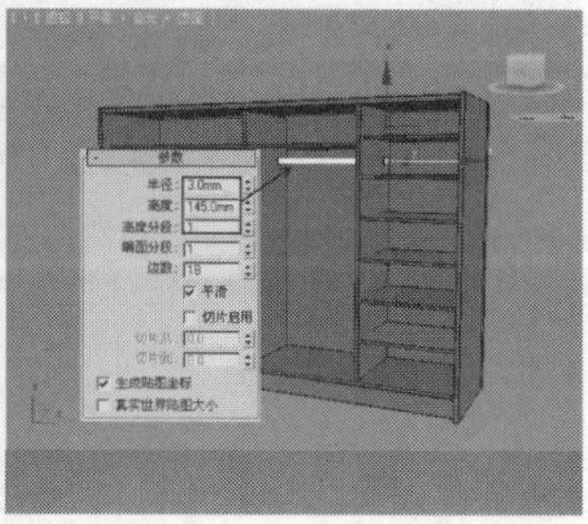

图3-94 图3-95

09 使用“长方体”工具 长方体 在场景中创建3个长方体，具体参数设置及模型位置如图3-96所示，然后将这部分模型整体放在如图3-97所示的位置作为柜面。

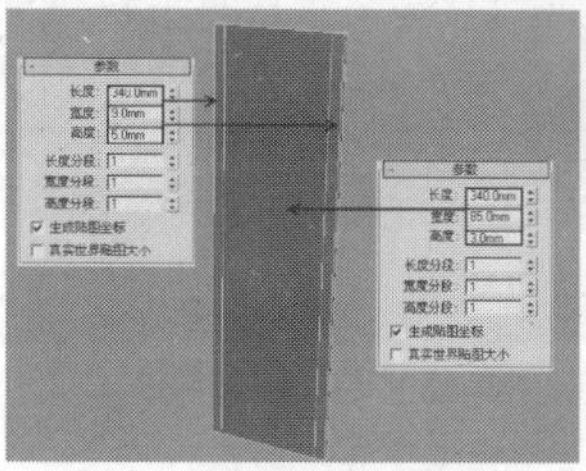

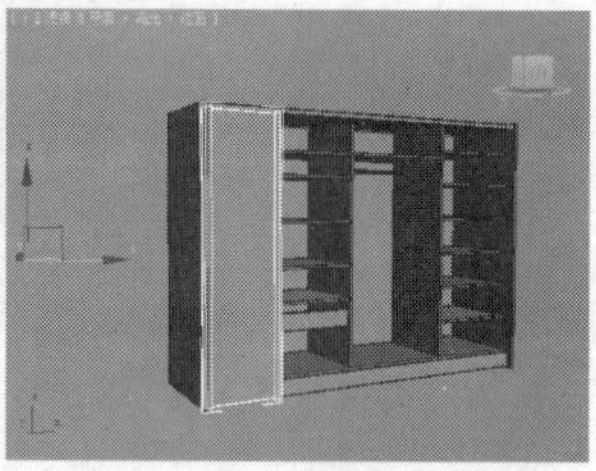

图3-96 图3-97

10 使用“选择并移动”工具选择上一步创建的门模型，然后按住Shift键移动复制一个门模型放到如图3-98所示的位置。

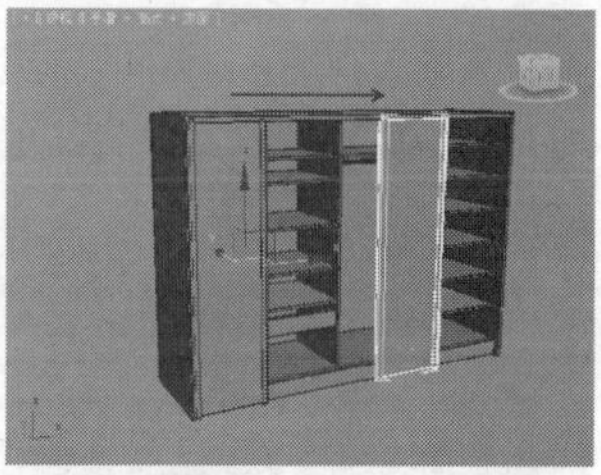

图3-98

11 继续使用 “长方体”工具 长方体 在场景中创建如图3-99所示的百页模型，再将其放到如图3-100所示的位置。

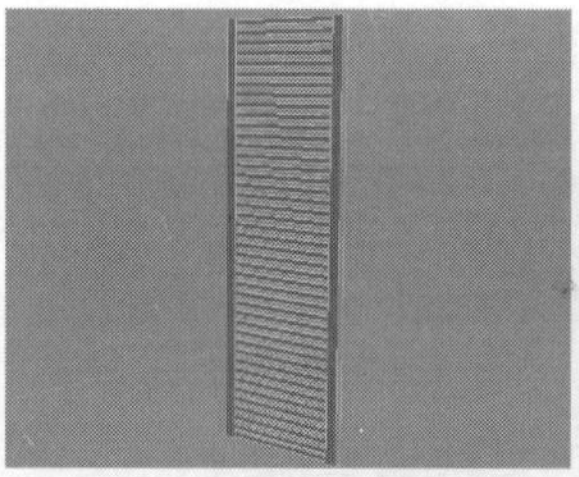

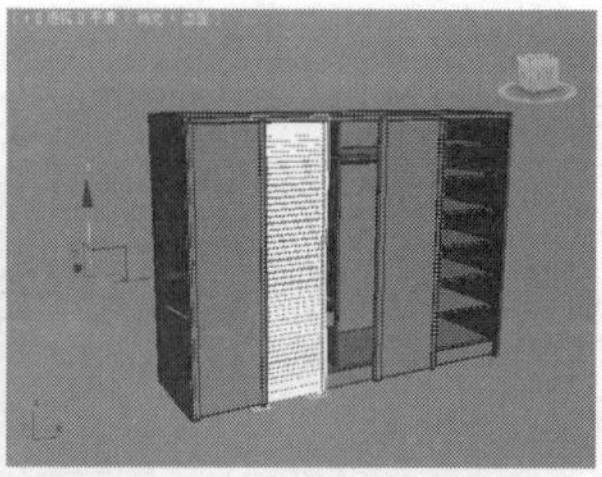

图3-99 图3-100

12 使用“选择并移动”工具选择上一步创建的模型，然后按住Shift键移动复制一份放到另一侧，最终效果如图3-101所示。

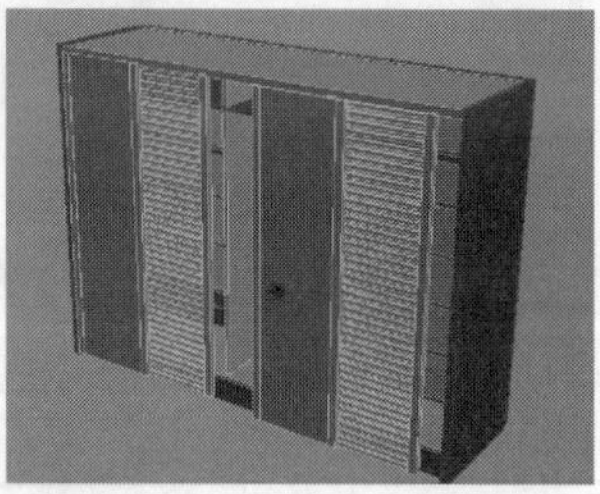

图3-101

实战068 时尚落地灯

场景位置	无
实例位置	DVD>实例文件>CH03>实战068.max
视频位置	DVD>多媒体教学>CH03>实战068.flv
难易指数	★☆☆☆☆
技术掌握	管状体工具、圆柱体工具

实例介绍

在本实例中将使用“创建”面板“标准基本体”中的“管状体”与“圆柱体”创建一个时尚的落地灯模型，实例完成效果如图3-102所示。

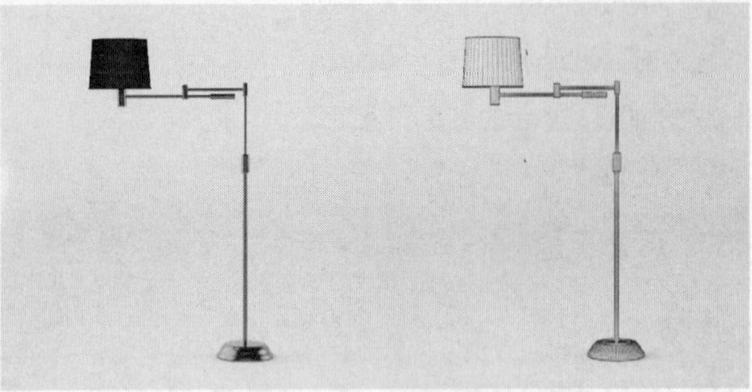

图3-102

本例大致的操作过程如图3-103所示，首先使用“管状体”创建灯罩，然后使用“圆柱体”逐步制作好灯杆，在创建的过程中注意学习利用几何体的特征创建对应模型部件的方法，同时对移动工具、移动复制工具以及捕捉工具进行更熟练的应用。

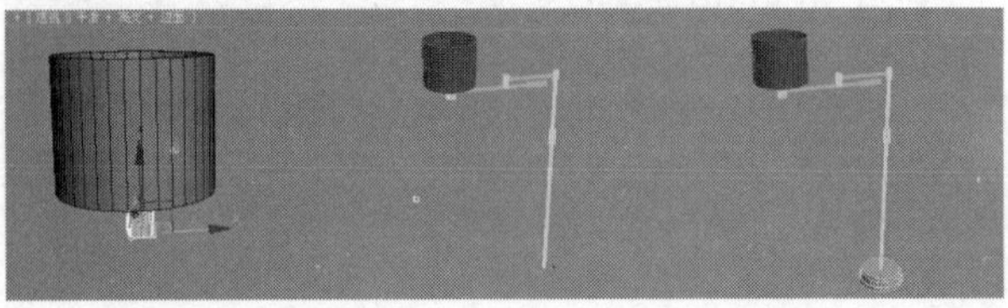

图3-103

操作步骤

01 在“创建”面板中单击“管状体”按钮 管状体 ，然后在场景中创建一个管状体，再在“参数”卷展栏下设置“半径1”为60mm、“半径2”为59mm、“高度”为100mm、“边数”为36，具体参数设置与模型效果如图3-104所示。

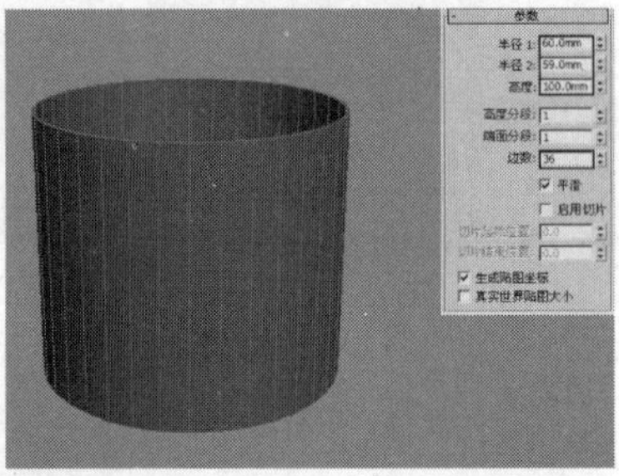

图3-104

02 使用“圆柱体”工具 圆柱体 在管状体底部创建一个圆柱体，然后在“参数”卷展栏下设置“半径”为10mm、“高度”为48mm、“边数”为36，模型位置如图3-105所示。

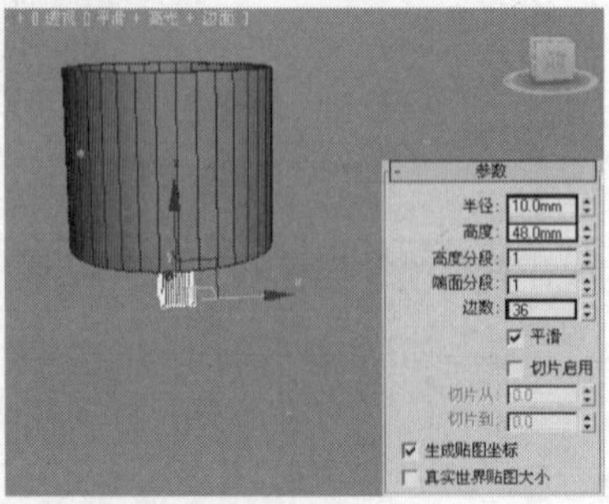

图3-105

03 使用“圆柱体”工具 圆柱体 在场景中创建一个圆柱体，然后在“参数”卷展栏下设置“半径”为3.5mm、“高度”为180mm、“边数”为36，模型位置如图3-106所示。

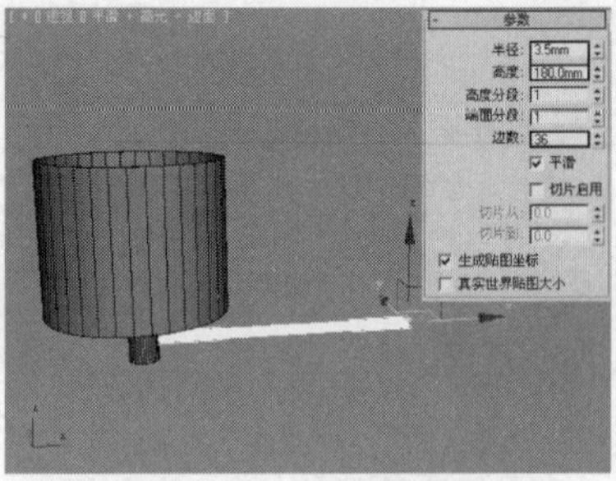

图3-106

04 采用相同的方法继续使用“圆柱体”工具 圆柱体 创建落地灯的其他支架，完成后的效果如图3-107所示。

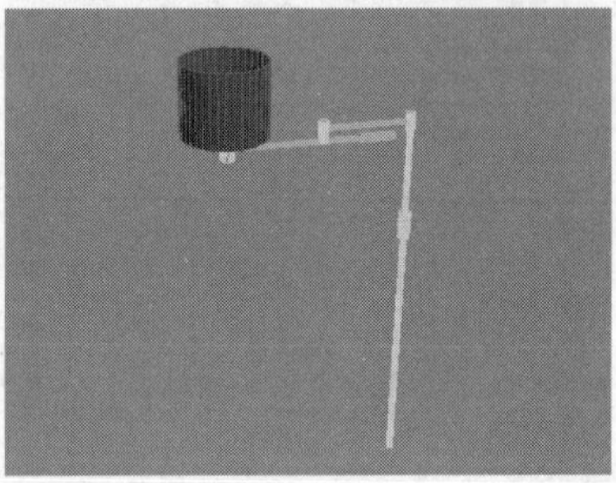

图3-107

05 使用“圆柱体”工具 圆柱体 在支架的底部创建3个圆柱体，从上至下各参数设置如图3-108所示，落地灯模型的最终效果如图3-109所示。

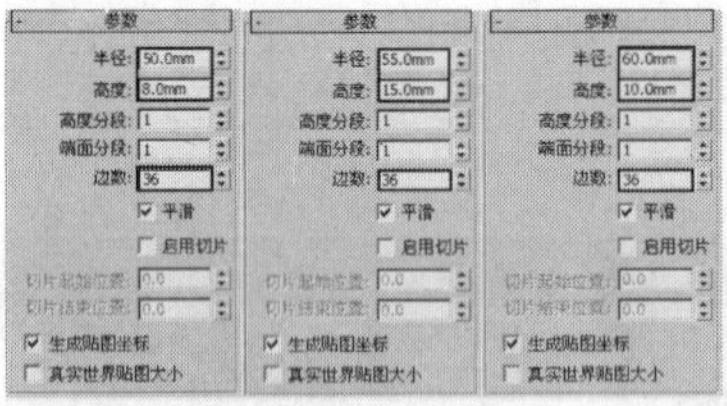

图3-108

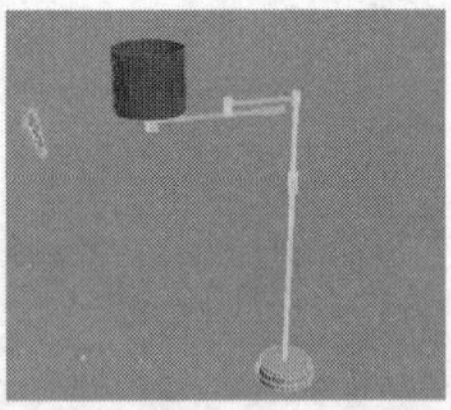

图3-109

实战069 极简风格水果架

场景位置	无
实例位置	DVD>实例文件>CH03>实战069.max
视频位置	DVD>多媒体教学>CH03>实战069.flv
难易指数	★★☆☆☆
技术掌握	管状体工具、圆柱体工具、移动复制功能

实例介绍

本例将使用管状体与圆柱体创建一个极简风格的水果架模型，效果如图3-110所示。

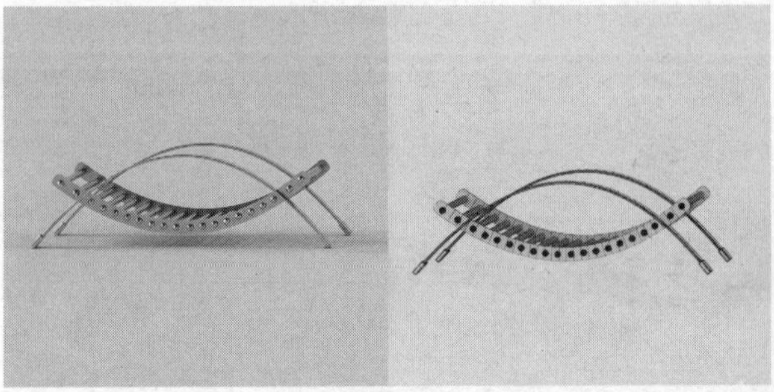

图3-110

本例大致的操作过程如图3-111所示。本例先要使用管状体创建水果架的主支架部分，然后创建并复制多个圆柱体制作中间的栅格。

图3-111

操作步骤

01 使用“管状体”工具 管状体 在场景中创建一个管状体，然后在“参数”卷展栏下设置“半径1”为100mm、“半径2”为98mm、“高度”为10mm、“高度分段”为1、“边数”为36，再勾选“启用切片”选项，并设置“切片起始位置”为-300、“切片结束位置”为-60，如图3-112所示。

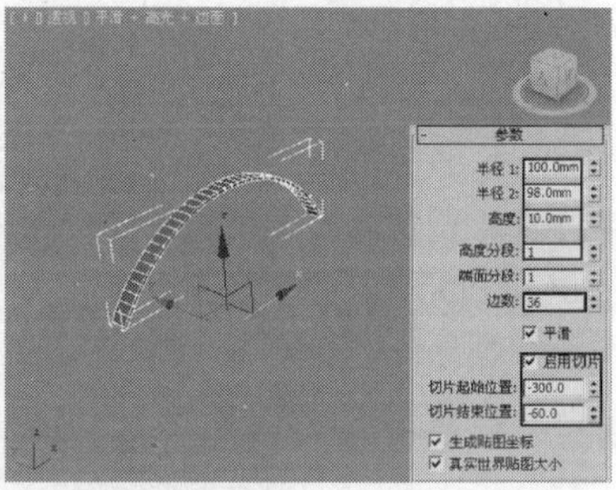

图3-112

02 使用“选择并移动”工具选择上一步创建的管状体，然后按住Shift键移动复制一个管状体放到如图3-113所示的位置。

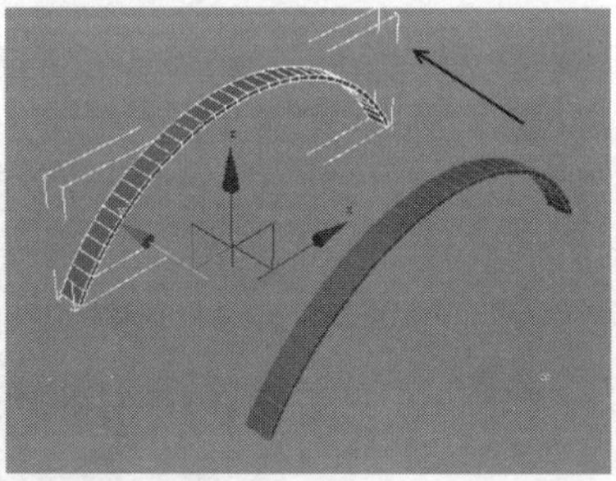

图3-113

03 使用“管状体”工具 管状体 在场景中创建一个管状体，然后在“参数”卷展栏下设置“半径1”为100mm、“半径2”为94mm、“高度”为0.6mm、“高度分段”为1、“边数”为36，再勾选“启用切片”选项，并设置“切片起始位置”为240、“切片结束位置”为120，如图3-114所示。

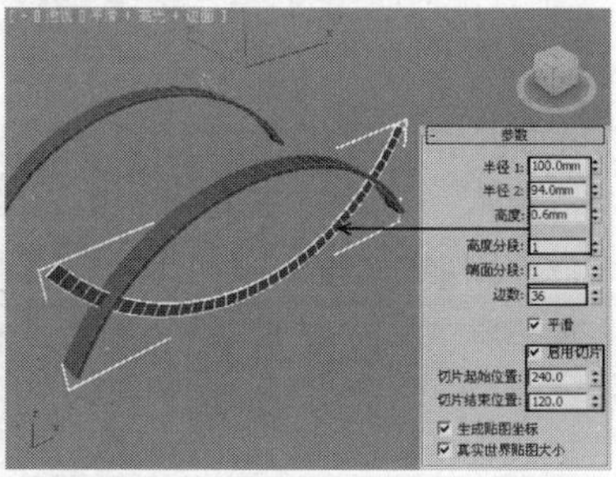

图3-114

04 使用“选择并移动”工具选择上一步创建的管状体，然后按住Shift键移动复制一个管状体放到如图3-115所示的位置。

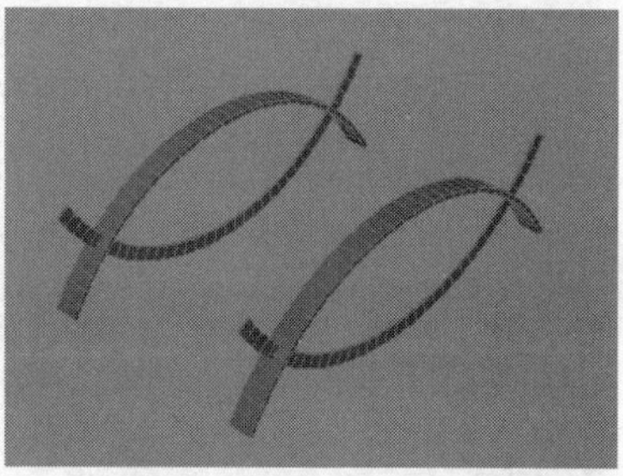

图3-115

05 使用“圆柱体”工具 圆柱体 在场景中创建一个圆柱体，然后在“参数”卷展栏下设置“半径”为1.8mm、“高度”为100mm、“高度分段”为1，具体参数设置及模型位置如图3-116所示。

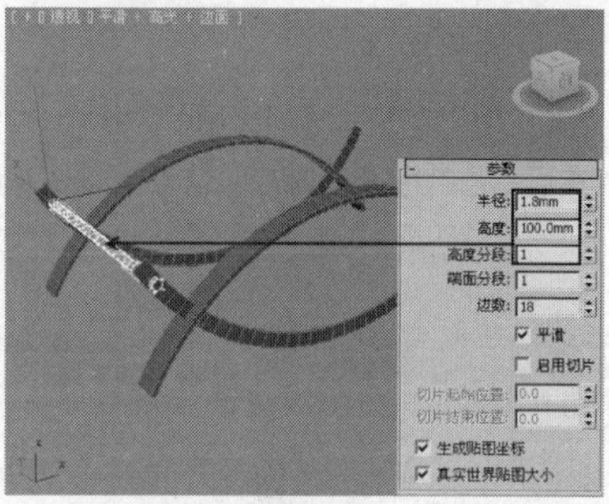

图3-116

06 使用“选择并移动”工具选择上一步创建的圆柱体，然后按住Shift键在前视图中捕捉主支架上的分割线并移动复制19个圆柱体，如图3-117所示，最终效果如图3-118所示。

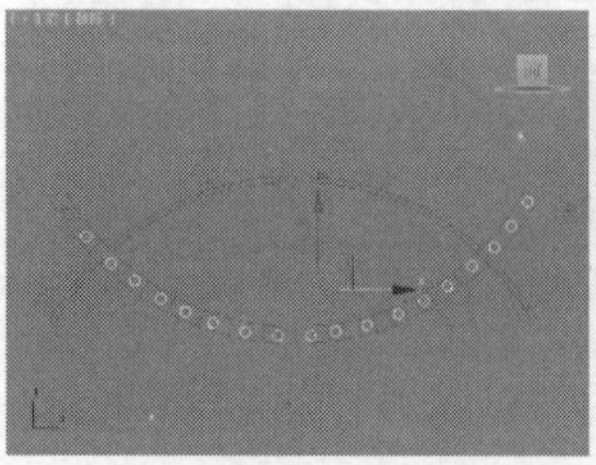

图3-117

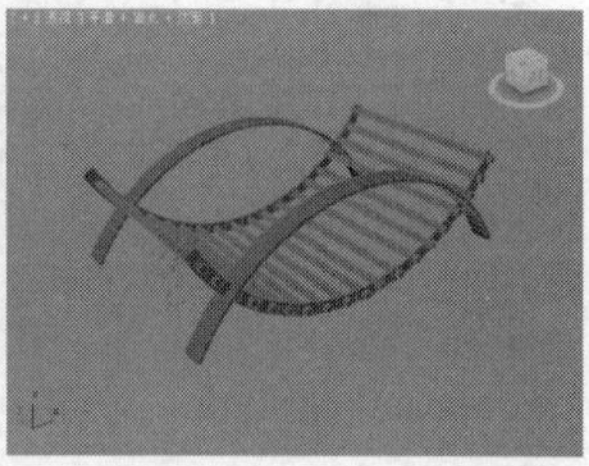

图3-118

实战070 单人沙发

场景位置	无
实例位置	DVD>实例文件>CH03>实战070.max
视频位置	DVD>多媒体教学>CH03>实战070.flv
难易指数	★☆☆☆☆
技术掌握	切角长方体工具、切角圆柱体工具

实例介绍

本例将使用切角长方体和切角圆柱体制作一个单人沙发，效果如图3-119所示。

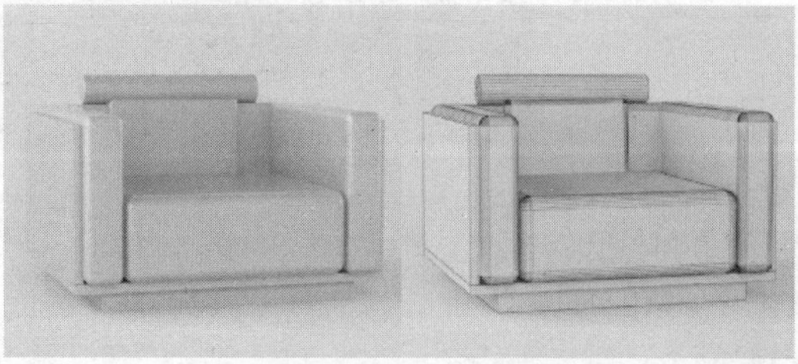

图3-119

本例大致的操作过程如图3-120所示。本例先要使用切角长方体搭建沙发主体，然后结合切角圆柱体制作沙发靠枕的外框细节。在创建的过程中要注意学习切角长方体、切角圆柱体以及长方体和圆柱体在造型与参数上的区别。

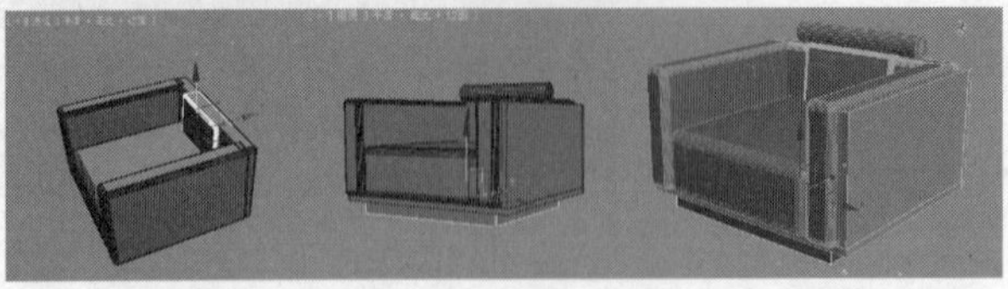

图3-120

操作步骤

01 在“命令”面板中单击“创建”按钮，进入“创建”面板，然后单击“几何体”按钮，再设置“几何体”类型为“扩展基本体”，最后单击“切角长方体”按钮 切角长方体，如图3-121所示。

02 使用“切角长方体”工具 切角长方体 在场景中创建一个切角长方体，然后在“参数”卷展栏下设置“长度”为150mm、“宽度”为150mm、“高度”为54mm、“圆角”为8mm、“圆角分段”为8，如图3-122所示。

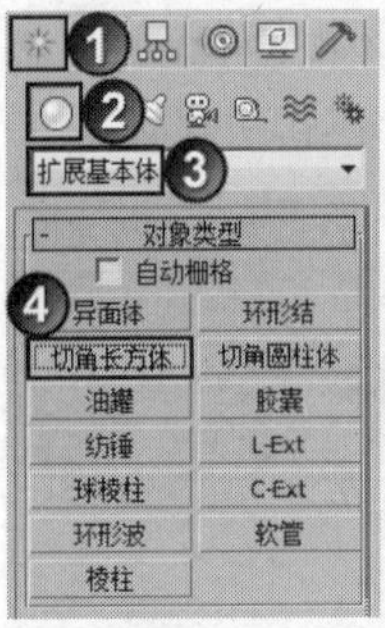

图3-121

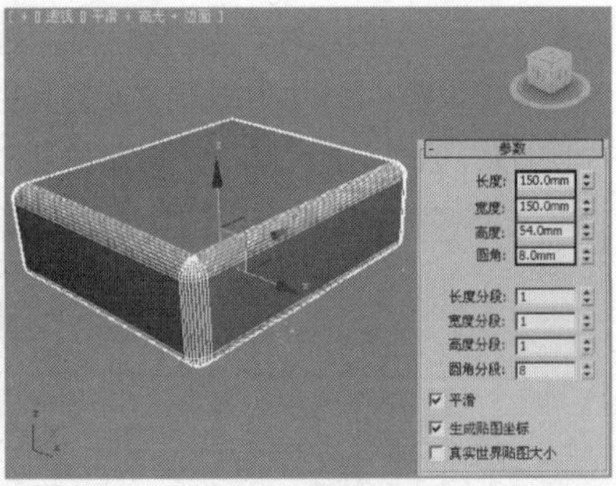

图3-122

03 继续使用“切角长方体”工具 切角长方体 在场景中创建一个切角长方体，然后在“参数”卷展栏下设置“长度”为150mm、“宽度”为90mm、“高度”为25mm、“圆角”为5mm、“圆角分段”为8，模型位置如图3-123所示。

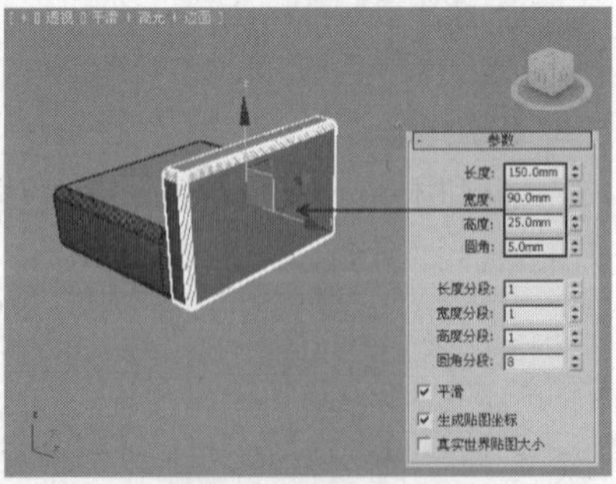

图3-123

04 使用“选择并移动”工具选择上一步创建的切角长方体，然后按住Shift键移动复制一个切角长方体放到左侧，如图3-124所示。

图3-124

05 使用“切角长方体”工具 切角长方体 在场景中创建一个切角长方体，然后在“参数”卷展栏下设置“长度”为170mm、“宽度”为90mm、“高度”为25mm、“圆角”为5mm、“圆角分段”为8，模型位置如图3-125所示。

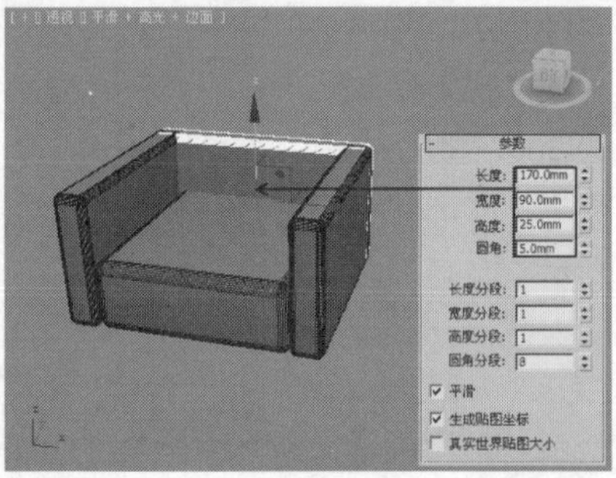

图3-125

06 继续使用“切角长方体”工具 切角长方体 在场景中创建一个切角长方体，然后在“参数”卷展栏下设置“长度”为70mm、“宽度”为50mm、“高度”为25mm、“圆角”为3mm、“圆角分段”为8，模型位置如图3-126所示。

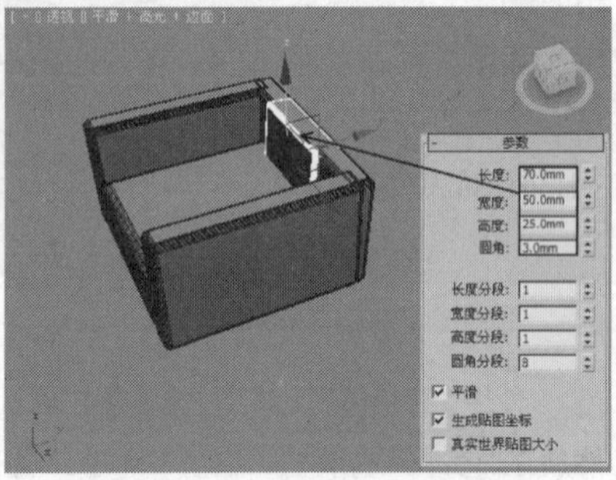

图3-126

07 使用“切角圆柱体”工具 切角圆柱体 在靠背上创建一个切角圆柱体，然后在“参数”卷展栏下设置“半径”为9mm、“高度”为120mm、“圆角”为0.5mm、“边数”为24，模型位置如图3-127所示。

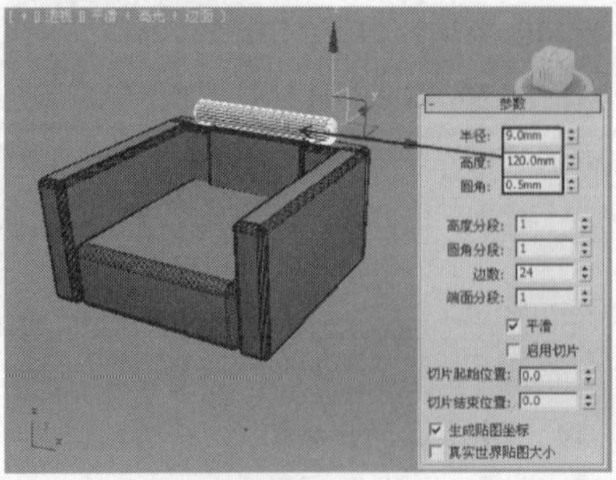

图3-127

08 使用“切角长方体”工具 切角长方体 在侧面创建一个切角长

方体，然后在“参数”卷展栏下设置“长度”为150mm、“宽度”为85mm、“高度”为6mm、“圆角”为0mm、“圆角分段”为1，模型位置如图3-128所示。

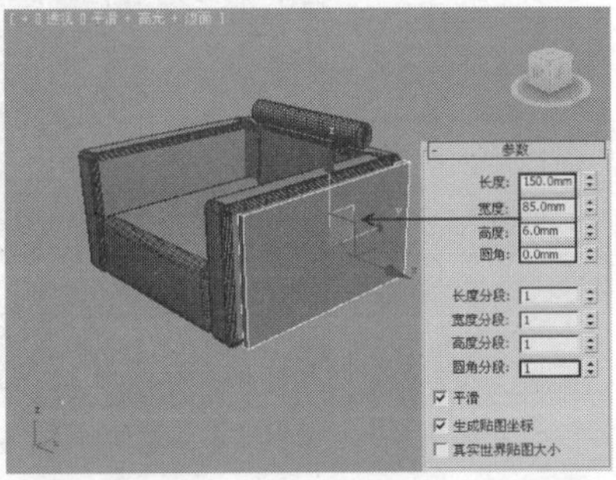

图3-128

09 使用“选择并移动”工具选择上一步创建的切角长方体，然后按住Shift键移动复制一个切角长方体放到另一侧，如图3-129所示。

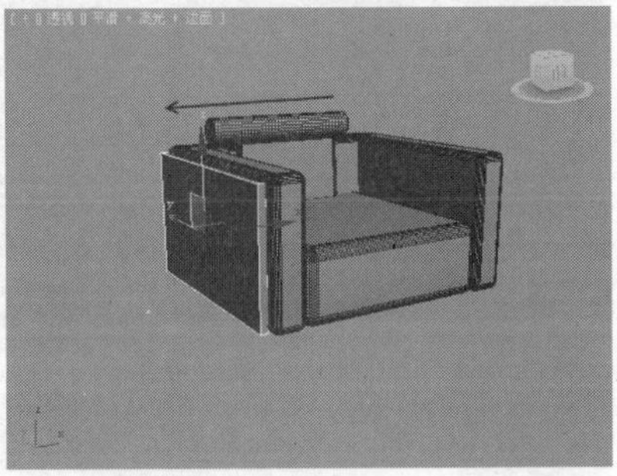

图3-129

10 使用“切角长方体”工具 切角长方体 在背面创建一个切角长方体，然后在“参数”卷展栏下设置“长度”为180mm、“宽度”为83.309mm、“高度”为6mm、“圆角”为0mm、“圆角分段”为1，模型位置如图3-130所示。

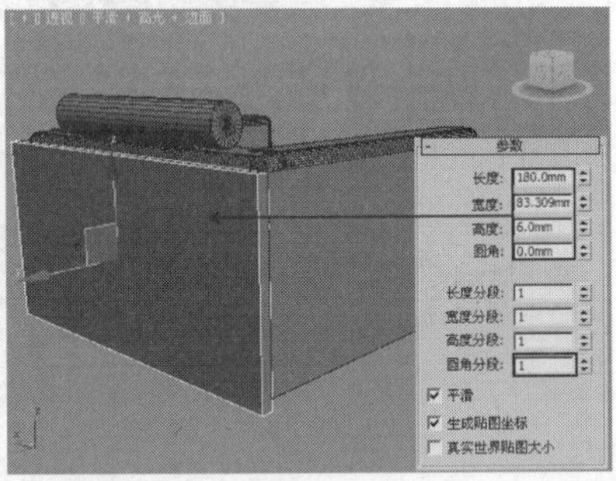

图3-130

11 继续使用“切角长方体”工具 切角长方体 在底部创建一个切角长方体，然后在“参数”卷展栏下设置“长度”为150mm、“宽度”为182.605mm、“高度”为6mm、“圆角”为0mm、“圆角分段”为1，模型位置如图3-131所示。

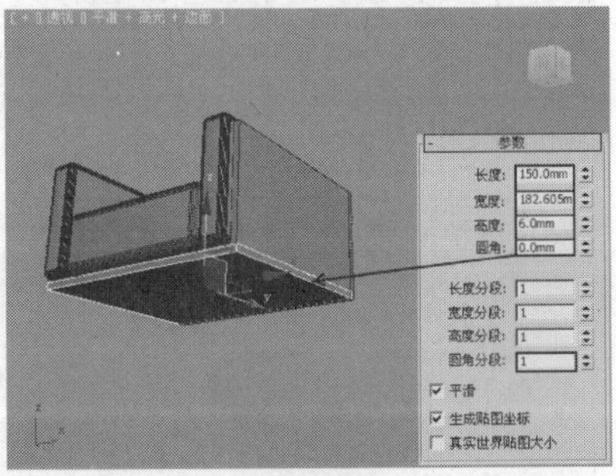

图3-131

12 再次使用“切角长方体”工具 切角长方体 在底部创建一个切角长方体，然后在“参数”卷展栏下设置“长度”为120mm、“宽度”为150mm、“高度”为13mm、“圆角”为0mm、“圆角分段”为1，模型位置如图3-132所示，最终效果如图3-133所示。

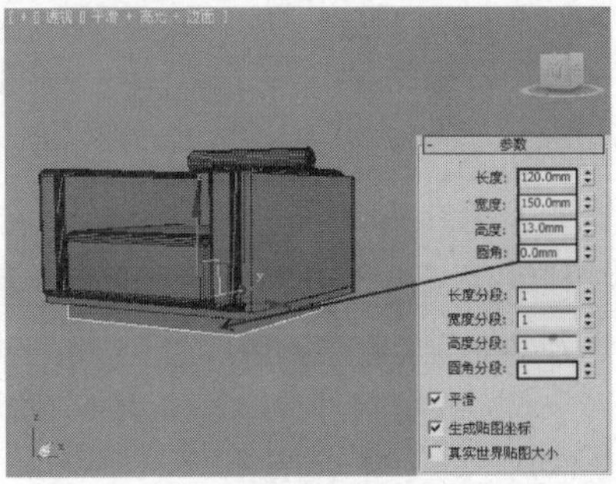

图3-132

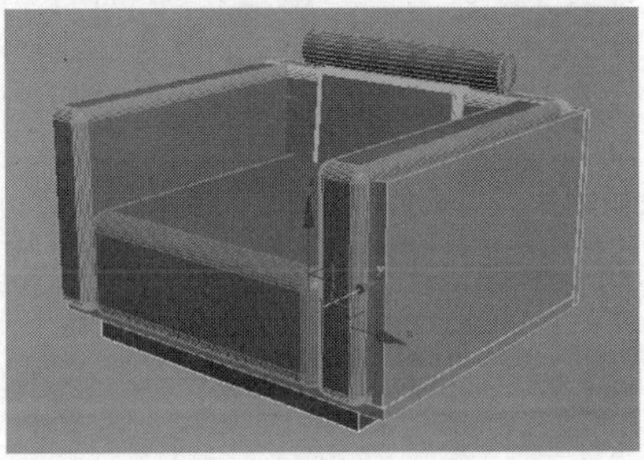

图3-133

实战071 现代圆茶几

场景位置	无
实例位置	DVD>实例文件>CH03>实战071.max
视频位置	DVD>多媒体教学>CH03>实战071.flv
难易指数	★☆☆☆☆
技术掌握	切角长方体工具、切角圆柱体工具、球体工具、圆柱体工具、成组命令

实例介绍

本例将使用切角圆柱体、切角长方体与管状体制作一个现代风格的圆形茶几，效果如图3-134所示。

图3-134

本例大致的操作过程如图3-135所示。本例先要使用切角圆柱体制作茶几主体，然后结合切角长方体与管状体制作茶几的支撑结构。

图3-135

操作步骤：

01 在“命令”面板中单击“创建”按钮，进入“创建”面板，然后单击“几何体”按钮○，再设置“几何体”类型为“扩展基本体”，最后单击“切角圆柱体”工具 切角圆柱体 ，如图3-136所示。

02 使用“切角圆柱体”工具 切角圆柱体 在场景中创建一个切角圆柱体，然后在“参数”卷展栏下设置“半径”为50mm、“高度”为20mm、“圆角”为1mm、“高度分段”为1、“圆角分段”为4、“边数”为24、“端面分段”为1，具体参数设置及模型效果如图3-137所示。

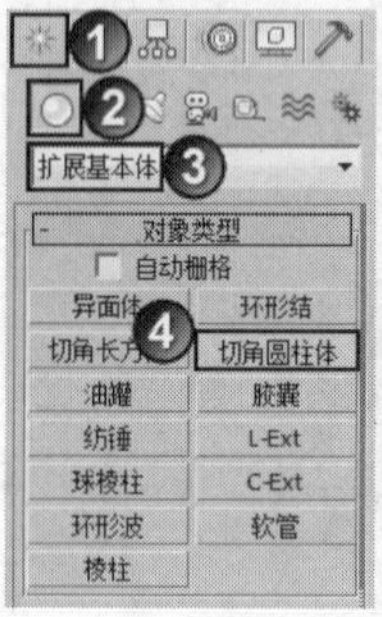

图3-136

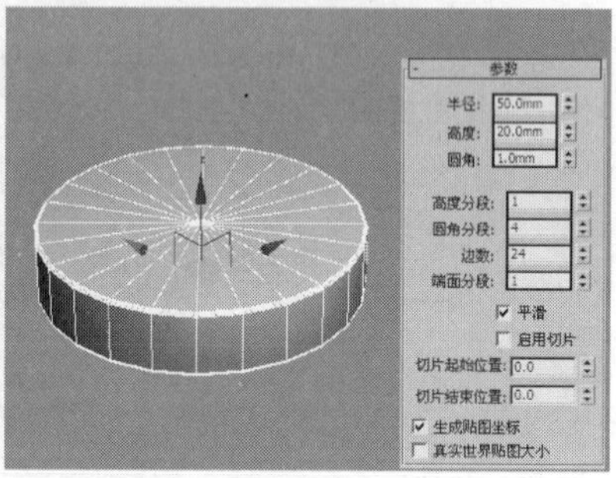

图3-137

03 下面创建支架模型。设置“几何体”类型为“标准基本体”，然后使用“管状体”工具 管状体 在桌面的上边缘创建一个管状体，再在“参数”卷展栏下设置“半径1”为50.5mm、“半径2”为48mm、“高度”为1.6mm、“高度分段”为1、“端面分段”为1、“边数”为36，并勾选“启用切片”选项，最后设置“切片起始位置”为-200、“切片结束位置”为53，具体参数设置及模型位置如图3-138所示。

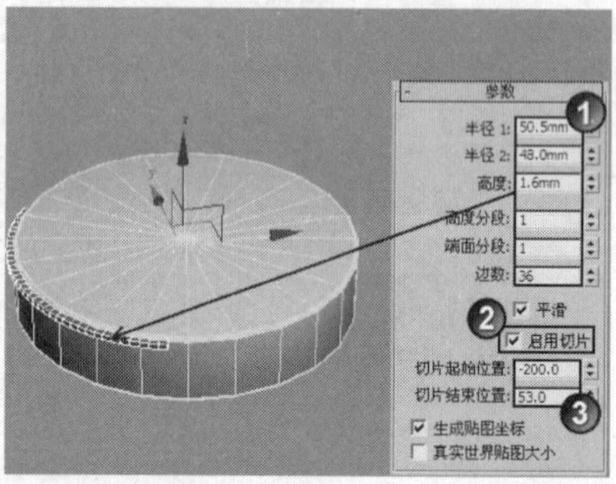

图3-138

04 使用“切角长方体”工具 切角长方体 在管状体末端创建一个切角长方体，然后在“参数”卷展栏下设置“长度”为2mm、“宽度”为2mm、“高度”为30mm、“圆角”为0.2mm、“圆角分段”为3，具体参数设置及模型位置如图3-139所示。

05 使用“选择并移动”工具✣选择上一步创建的切角长方体，然后按住Shift键移动复制一个切角长方体放到如图3-140所示的位置。

06 使用“选择并移动”工具✣选择管状体，然后按住Shift键在左视图中向下移动复制一个管状体放到如图3-141所示的位置。

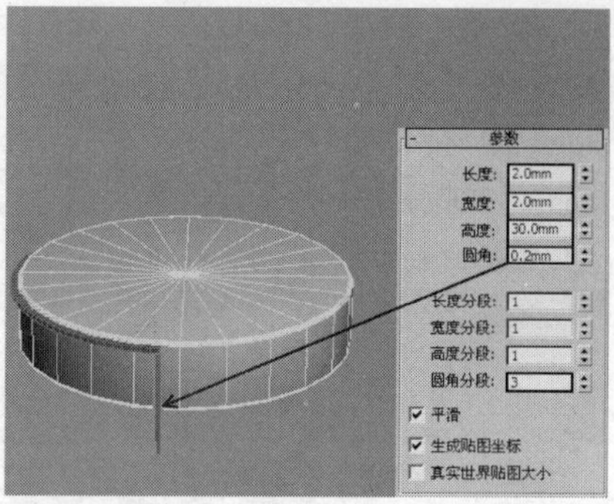

图3-139

图3-140

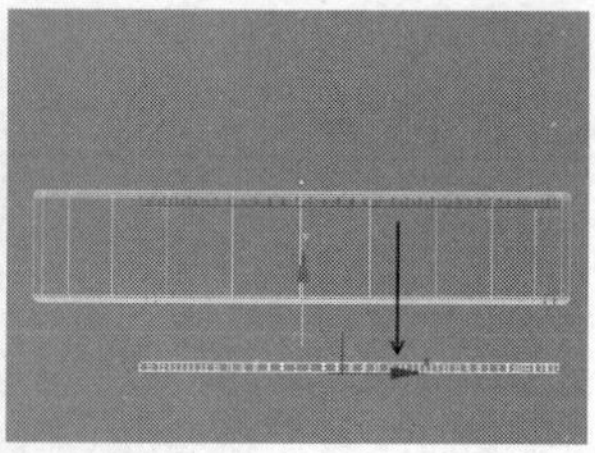

图3-141

07 选择复制的管状体，然后在“参数”卷展栏下将“切片起始位置”修改为56、“切片结束位置”修改为-202，如图3-142所示，最终效果如图3-143所示。

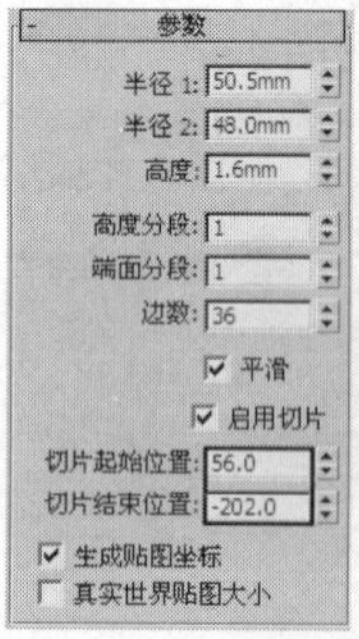

图3-142

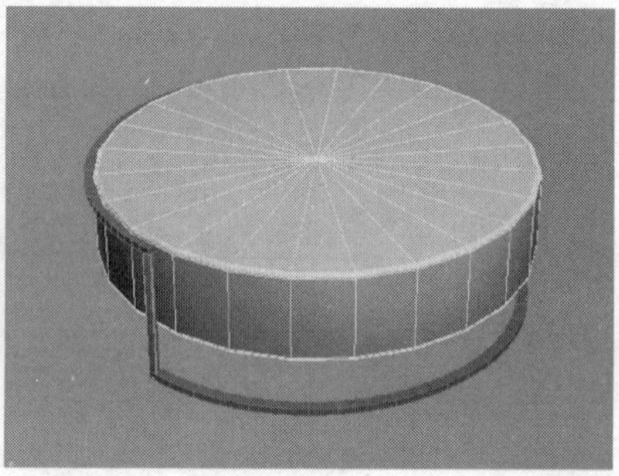

图3-143

实战072 休闲躺椅

场景位置	无
实例位置	DVD>实例文件>CH03>实战072.max
视频位置	DVD>多媒体教学>CH03>实战072.flv
难易指数	★☆☆☆☆
技术掌握	切角长方体工具、切角圆柱体工具、球体工具

实例介绍

本例将使用切角长方体、切角圆柱体以及球体工具制作一个休闲躺椅（沙发），效果如图3-144所示。

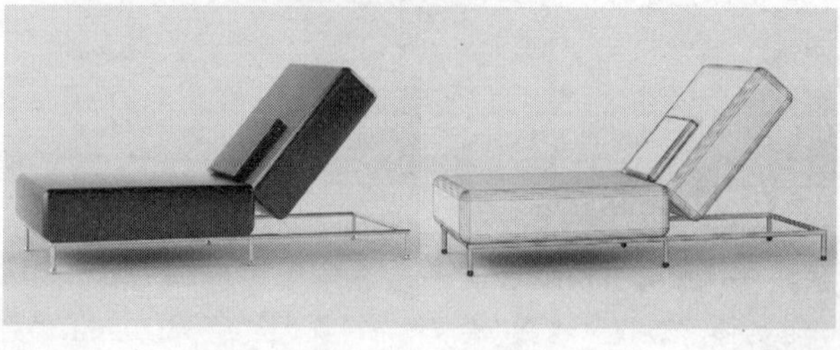

图3-144

本例大致的操作过程如图3-145所示。本例要使用切角圆柱体制作躺椅的主体及靠枕，然后使用切角圆柱体制作支撑结构，最后使用球体制作底部的滚轮。

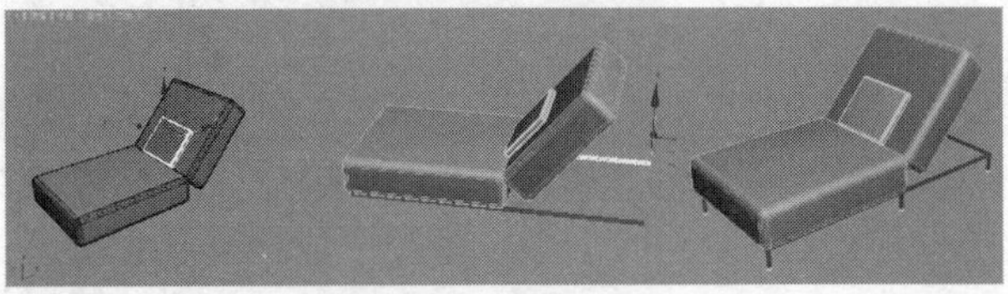

图3-145

操作步骤

01 使用“切角长方体”工具 切角长方体 在场景中创建一个切角长方体，然后在“参数”卷展栏下设置“长度”为140mm、“宽度”为170mm、“高度”为40mm、“圆角”为7mm、“圆角分段”为5，具体参数设置及模型效果如图3-146所示。

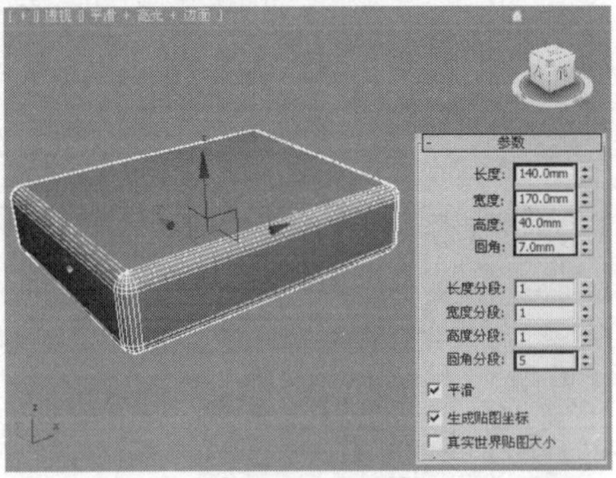

图3-146

02 继续使用“切角长方体”工具 切角长方体 在场景中创建一个切角长方体，然后在“参数”卷展栏下设置“长度”为140mm、“宽度”为130mm、“高度”为40mm、“圆角”为7mm、“圆角分段”为5，再调整好其位置与角度，具体参数设置及模型位置如图3-147所示。

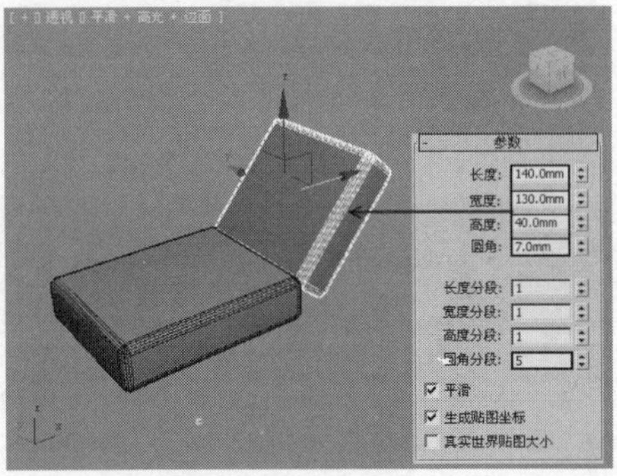

图3-147

03 再次使用“切角长方体”工具 切角长方体 在场景中创建一个切角长方体，然后在“参数”卷展栏下设置“长度”为70mm、“宽度”为60mm、“高度”为8mm、“圆角”为2.5mm、“圆角分段”为5，具体参数设置及模型位置如图3-148所示。

04 使用“切角圆柱体”工具 切角圆柱体 在场景中创建一个切角圆柱体，然后在“参数”卷展栏下设置“半径”为2mm、“高度”为300mm、“圆角”为0.5mm，具体参数设置及模型位置模型位置如图3-149所示。

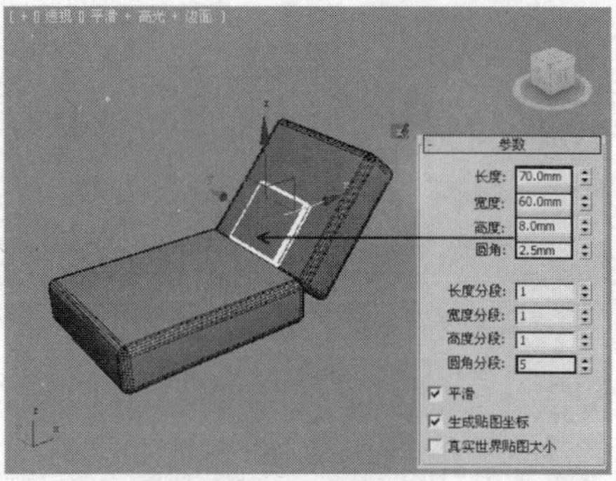

图3-148

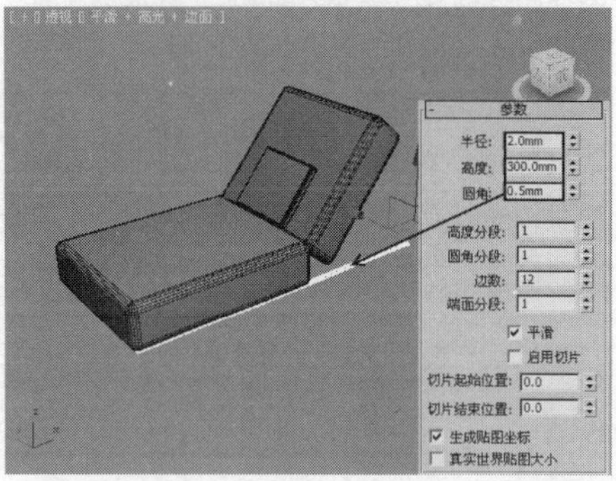

图3-149

05 使用“选择并移动”工具选择上一步创建的切角圆柱体，然后按住Shift键移动复制一个切角圆柱体放到如图3-150所示的位置。

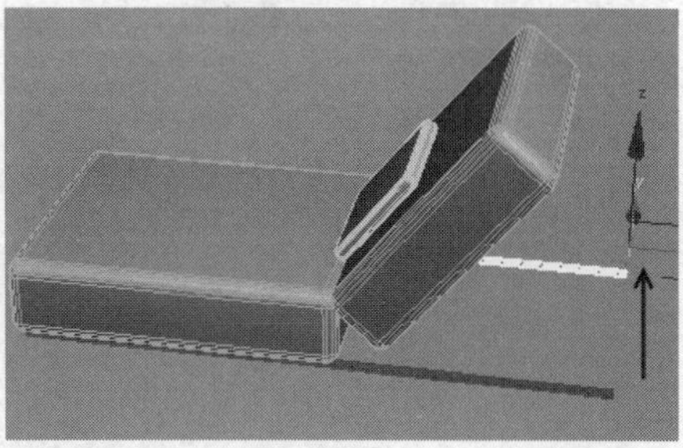

图3-150

06 使用“切角圆柱体”工具 切角圆柱体 在前面创建的两个切角圆柱体之间创建一个切角圆柱体，然后在“参数”卷展栏下设置“半径”为2mm、“高度”为126mm、“圆角”为0.5mm，具体参数设置及模型位置如图3-151所示。

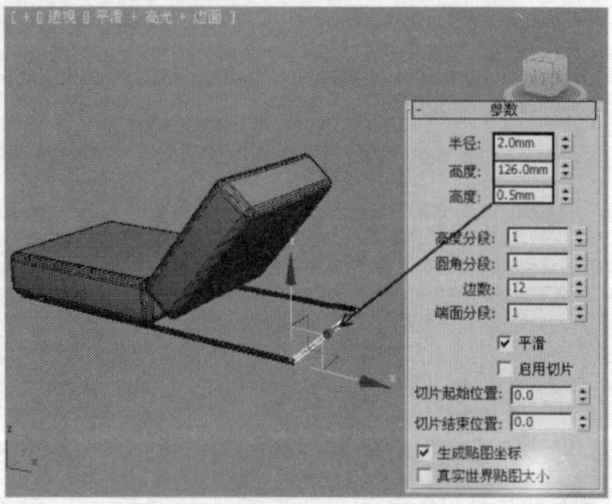

图3-151

07 使用“选择并移动”工具选择上一步创建的切角圆柱体，然后按住Shift键移动复制一个切角圆柱体放到如图3-152所示的位置。

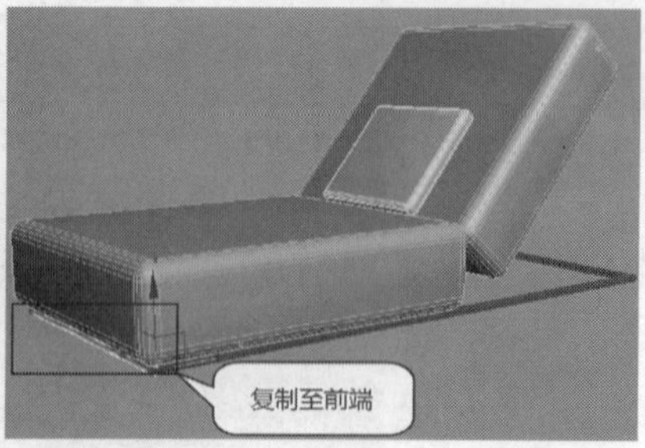

图3-152

08 使用“切角圆柱体”工具 切角圆柱体 在场景中创建一个切角圆柱体，然后在“参数”卷展栏下设置 “半径”为2mm、“高度”为20mm、“圆角”为0.2mm，具体参数设置及模型位置如图3-153所示。

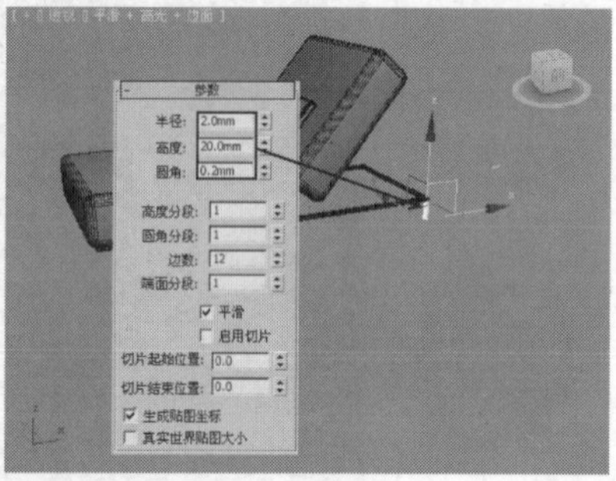

图3-153

09 使用“选择并移动”工具选择上一步创建的切角圆柱体，然后按住Shift键移动复制5个切角圆柱体放到如图3-154所示的位置。

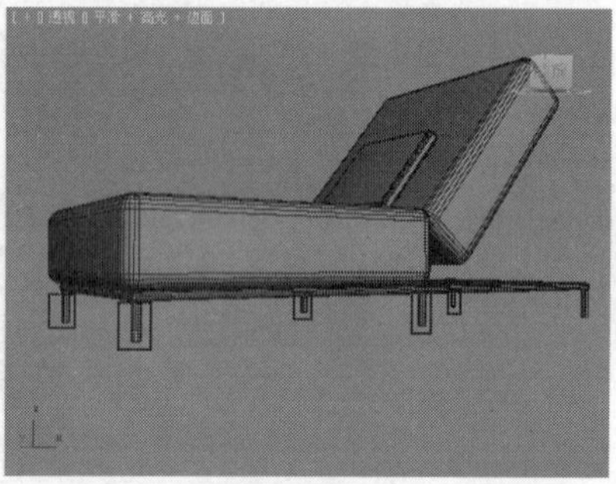

图3-154

10 使用“球体”工具 球体 在支柱底部创建一个球体，然后在“参数”卷展栏下设置“半径”为2.5mm、“分段”为32，具体参数设置及模型位置如图3-155所示。

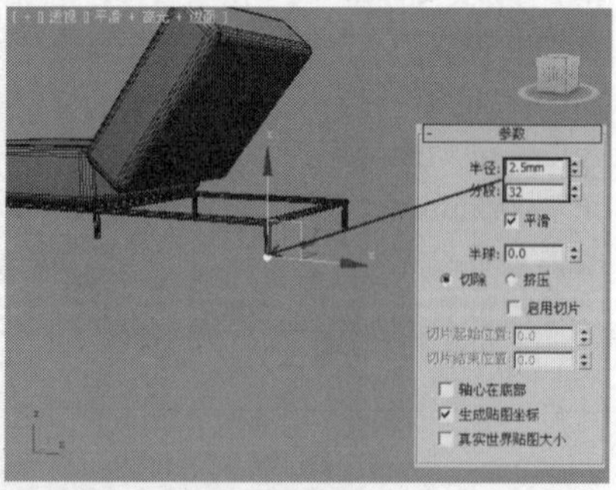

图3-155

11 使用“选择并移动”工具选择上一步创建的球体，然后按住Shift键移动复制5个球体放到另外5个支柱的底部，最终效果如图3-156所示。

图3-156

实战073 时尚四人餐厅桌椅

场景位置	无
实例位置	DVD>实例文件>CH03>实战073.max
视频位置	DVD>多媒体教学>CH03>实战073.flv
难易指数	★☆☆☆☆
技术掌握	切角长方体工具、旋转复制功能

实例介绍

本例将使用切角长方体配合旋转复制功能制作一套时尚的四人餐厅桌椅，效果如图3-157所示。

图3-157

本例大致的操作过程如图3-158所示。本例先要创建餐桌单体，然后创建座椅，最后调整每把座椅的角度和位置完成整体效果。

图3-158

操作步骤

01 使用“切角长方体”工具 切角长方体 在场景中创建一个切角长方体，然后在“参数”卷展栏下设置 “长度”为1200mm、“宽度”为40mm、“高度”为1200mm、“圆角”为0.4mm、“圆角分段”为3，具体参数设置及模型效果如图3-159所示。

02 按A键激活“角度捕捉切换”工具，然后按E键选择“选择并旋转”工具，再按住Shift键在前视图中将切角长方体沿z轴旋转90°，并在弹出的“克隆选项”对话框中设置“对象”为

“复制”，最后单击“确定”按钮 确定 ，如图3-160所示。

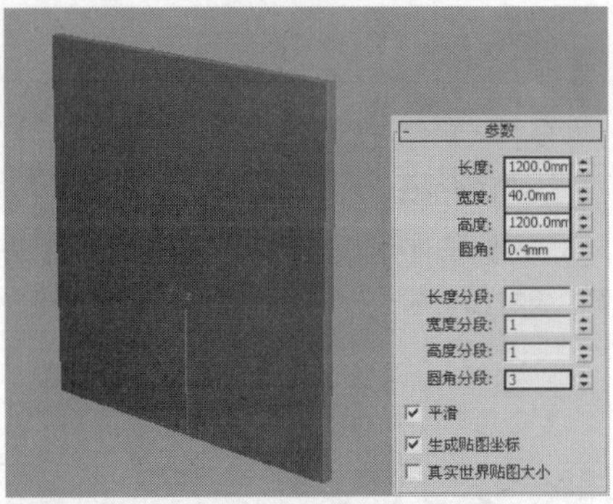

图3-159

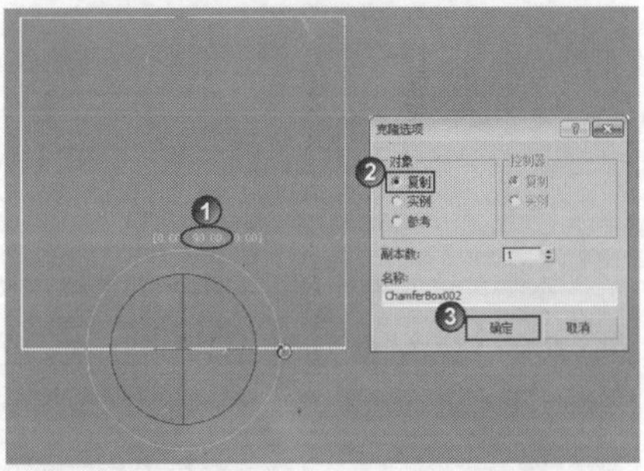

图3-160

03 使用“切角长方体”工具 切角长方体 在场景中创建一个切角长方体，然后在“参数”卷展栏下设置“长度”为1200mm、“宽度”为1200mm、“高度”为40mm、“圆角”为0.4mm、“圆角分段”为3，具体参数设置及模型位置如图3-161所示。

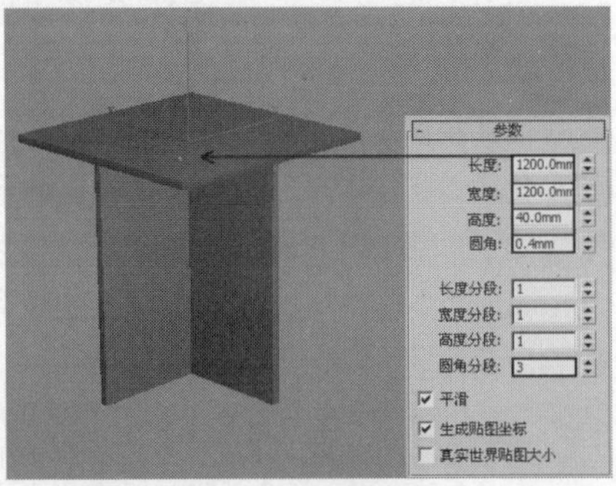

图3-161

04 继续使用“切角长方体”工具 切角长方体 在场景中创建一个切角长方体，然后在“参数”卷展栏下设置“长度”为850mm、“宽度”为850mm、“高度”为700mm、“圆角”为10mm、“圆角分段”为3，具体参数设置及模型位置如图3-162所示。

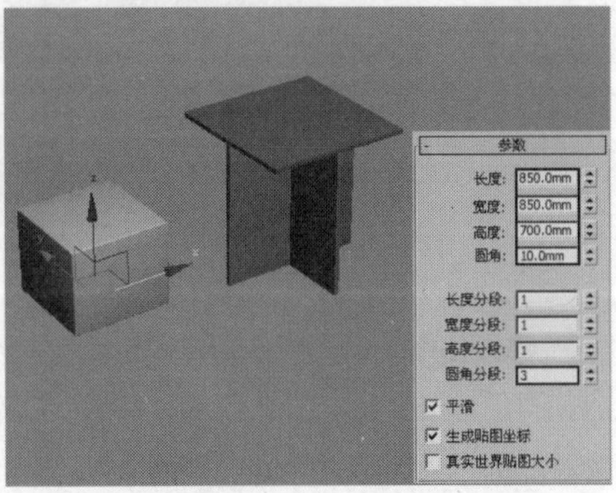

图3-162

05 使用“切角长方体”工具 切角长方体 在场景中创建一个切角长方体，然后在“参数”卷展栏下设置“长度”为80mm、“宽度”为850mm、“高度”为500mm、“圆角”为8mm、“圆角分段”为2，具体参数设置及模型位置如图3-163所示。

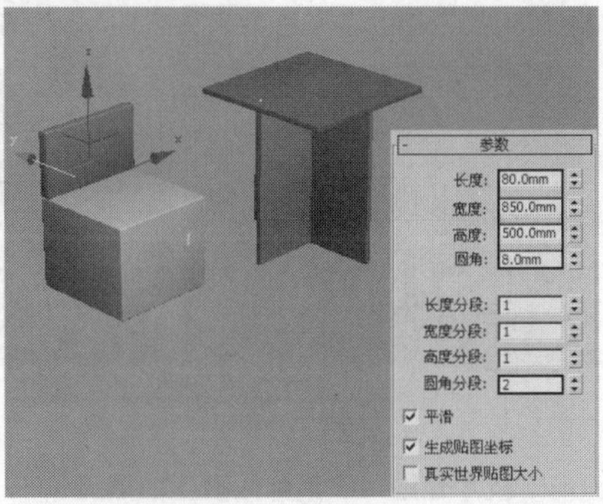

图3-163

06 使用“选择并旋转”工具选择上一步创建的切角长方体，然后按住Shift键在前视图中将其沿z轴旋转90°，再在弹出的“克隆选项”对话框中设置“对象”为“复制”，最后单击“确定”按钮 确定 ，如图3-164所示。

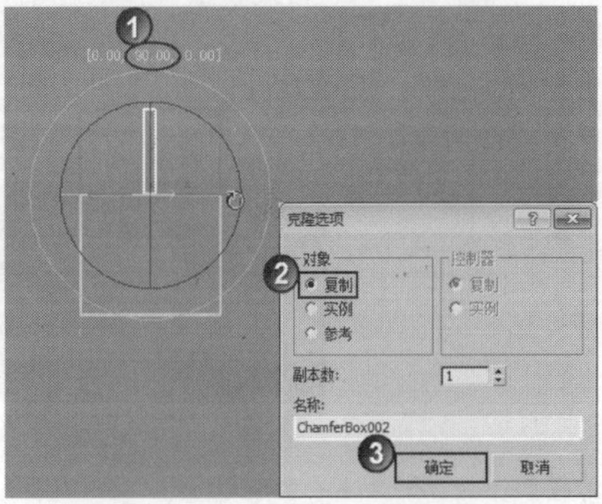

图3-164

07 使用“选择并移动”工具选择上一步复制的切角长方体，然后将其调整到如图3-165所示的位置。

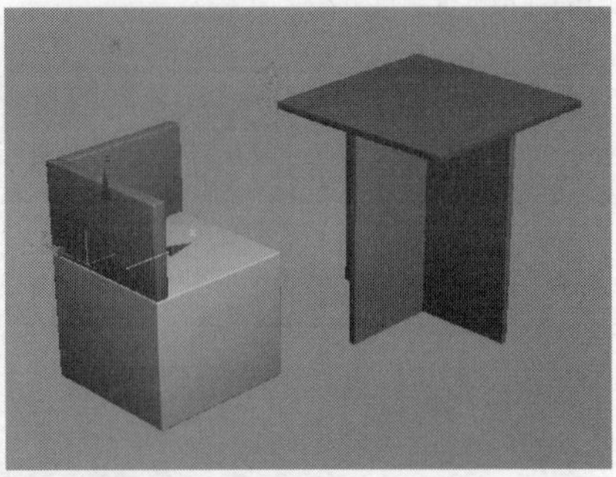

图3-165

08 选择椅子的所有部件，然后执行“组>成组”菜单命令，再在弹出的“组”对话框中单击“确定”按钮 确定 ，如图3-166所示。

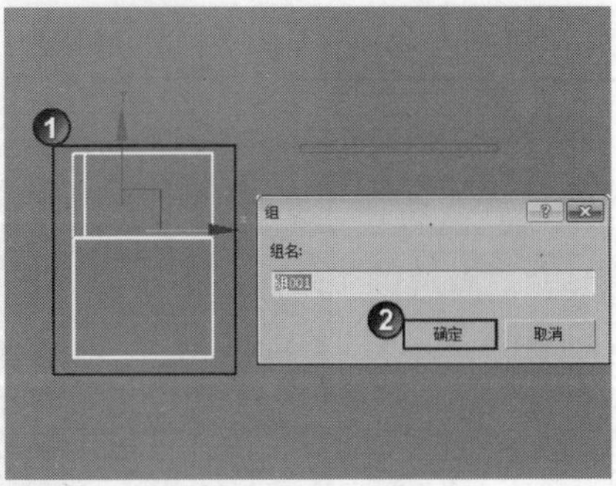

图3-166

09 选择“组001”，然后按住Shift键使用“选择并移动”工具移动复制3组椅子，如图3-167所示。

10 使用“选择并移动”工具和“选择并旋转”工具调整椅子的位置和角度，最终效果如图3-168所示的位置。

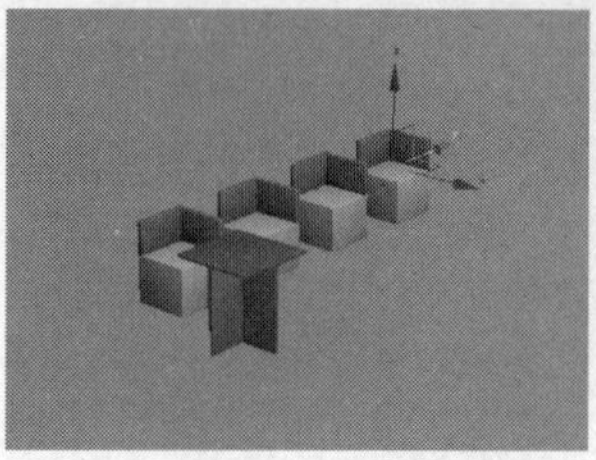

图3-167

图3-168

技术专题 10 消除模型上的黑斑

创建完模型后，可以发现椅子模型上有一些黑色的色斑，这是由于创建模型时启用了“平滑”选项造成的，如图3-169所示。解决这个问题的方法有以下两种。

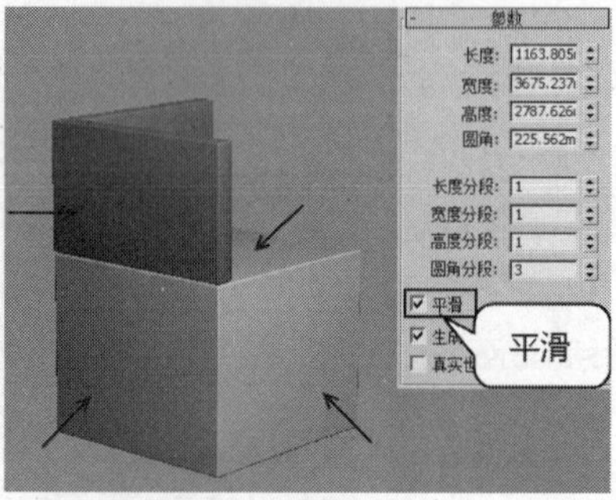

图3-169

第1种：关闭模型的“平滑”选项，模型会恢复正常，如图3-170所示。

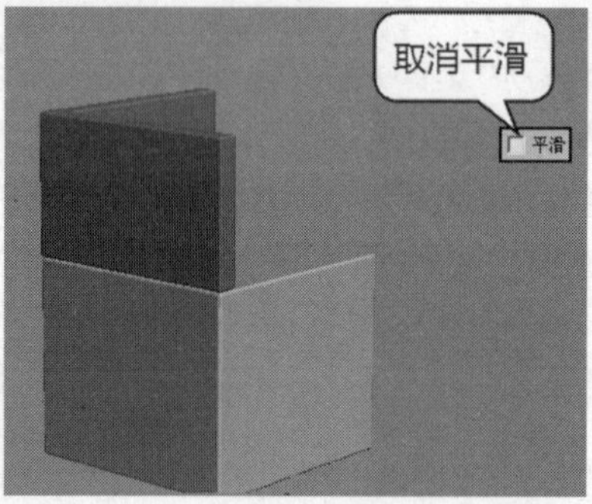

图3-170

第2种：为模型加载“平滑”修改器，模型也会恢复正常，如图3-171所示。

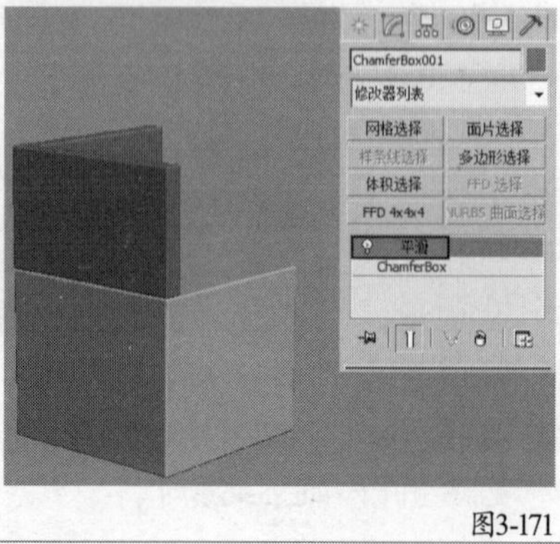

图3-171

实战074 中式六人餐桌椅

场景位置	无
实例位置	DVD>实例文件>CH03>实战074.max
视频位置	DVD>多媒体教学>CH03>实战074.flv
难易指数	★☆☆☆☆
技术掌握	长方体工具、切角长方体工具、成组命令

实例介绍

本例将使用长方体和切角长方体制作一套中式六人餐桌椅，如图3-172所示。

图3-172

本例大致的操作过程如图3-173所示。本例先要使用长方体搭建餐桌，然后结合切角长方体创建座椅，最后通过复制完成整组模型。

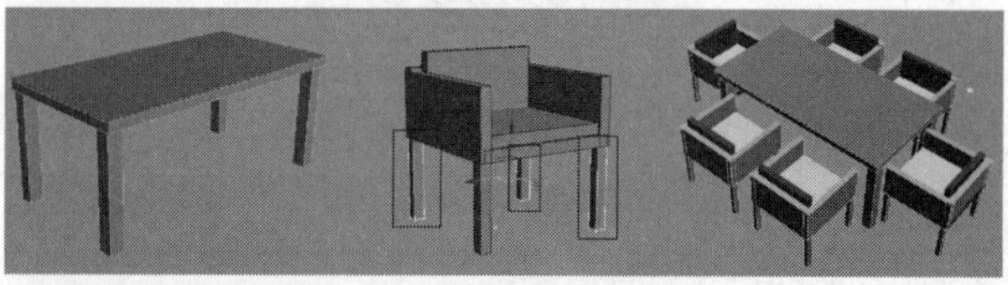

图3-173

操作步骤

01 使用“长方体”工具 长方体 在场景中创建一个长方体，然后在“参数”卷展栏下设置“长度”为78mm、“宽度”为40mm、“高度”为0.5mm，具体参数设置及模型效果如图3-174所示。

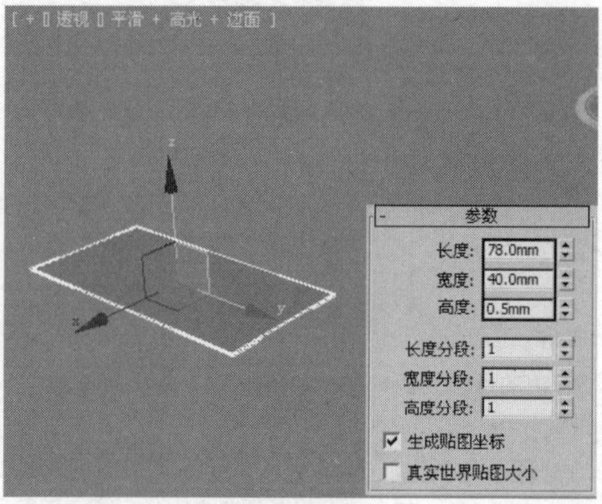

图3-174

02 继续使用“长方体”工具 长方体 在上一步创建的长方体底部再创建一个长方体，然后在“参数”卷展栏下设置“长度”为78mm、“宽度”为40mm、“高度”为2.5mm，具体参数设置及模型位置如图3-175所示。

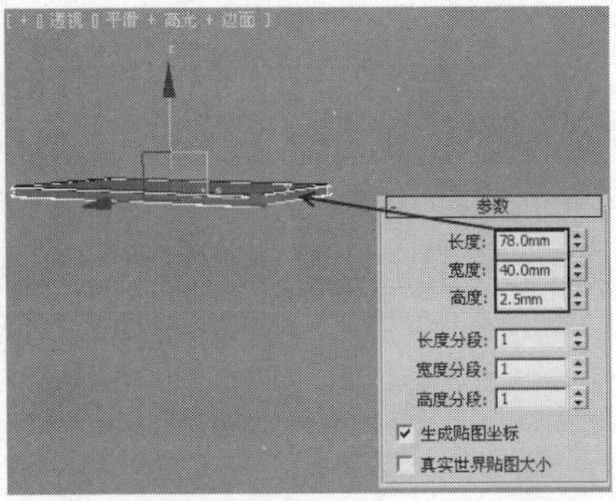

图3-175

03 再次使用“长方体”工具 长方体 在桌面底部创建一个长方体，然后在“参数”卷展栏下设置“长度”为4mm、“宽度”为4mm、“高度”为30mm，具体参数设置及模型位置如图3-176所示。

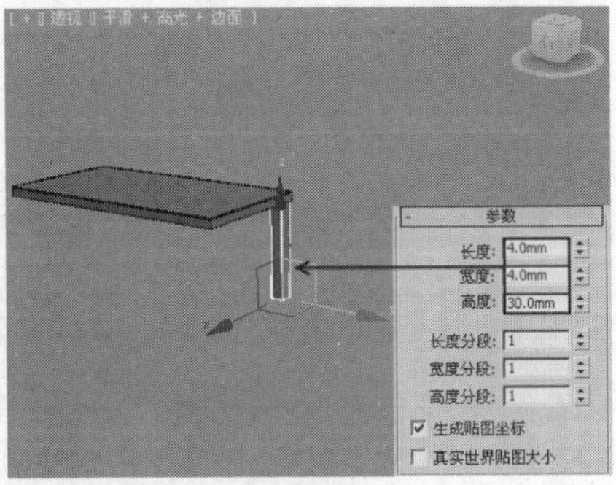

图3-176

04 使用“选择并移动”工具选择上一步创建的长方体，然后按住Shift键移动复制3个长方体放到另外3个桌角处，如图3-177所示。

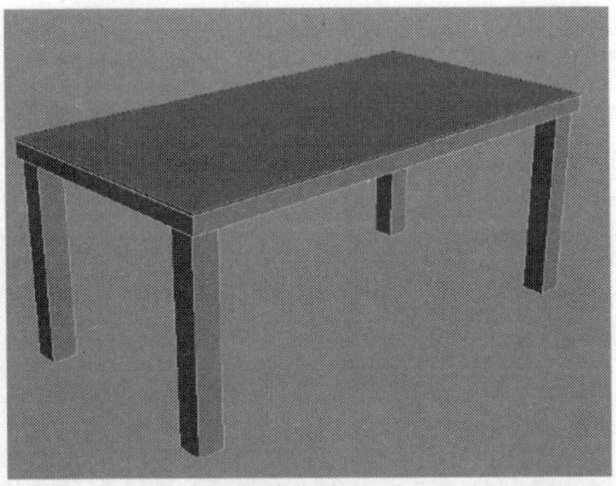

图3-177

05 使用“长方体”工具 长方体 在场景中创建一个长方体，然后在“参数”卷展栏下设置“长度”为26mm、“宽度”为2mm、“高度”为12mm，具体参数设置及模型效果如图3-178所示。

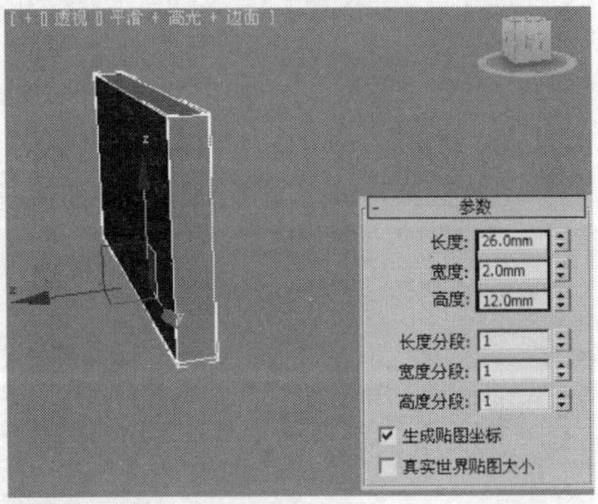

图3-178

06 继续使用“长方体”工具 长方体 在场景中创建餐椅的其他部件，完成后的效果如图3-179所示。

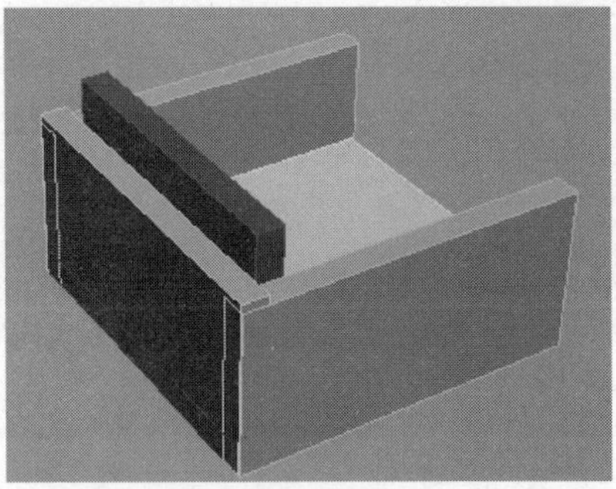

图3-179

07 使用“切角长方体”工具 切角长方体 在座垫底部创建一个切角长方体，然后在“参数”卷展栏下设置“长度”为2mm、“宽度”为2mm、“高度”为15mm、“圆角”为0mm、“圆角分段”为3，具体参数设置及模型位置如图3-180所示。

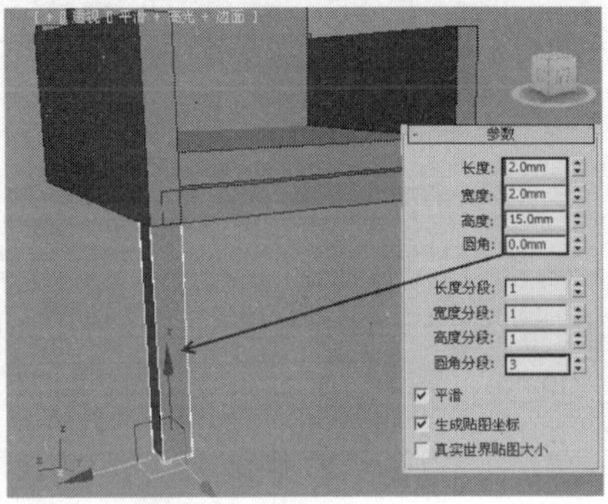

图3-180

08 使用“选择并移动”工具选择上一步创建的切角长方体，然后按住Shift键移动复制3个切角长方体放到如图3-181所示的位置。

09 选择餐椅的所有部件，然后执行“组>成组”菜单命令，再复制5个餐椅模型放到相应的位置，最终效果如图3-182所示。

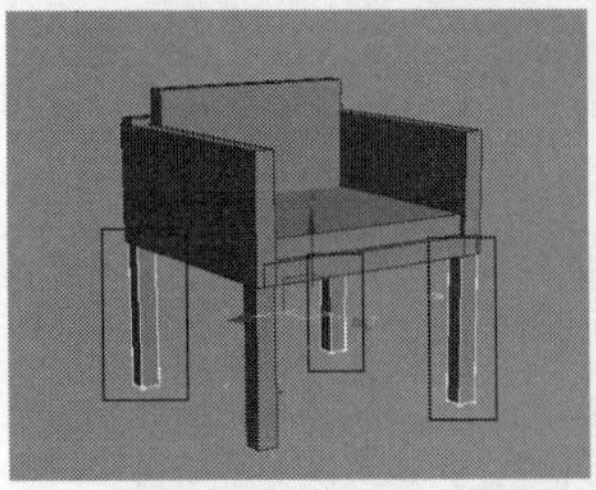

图3-181

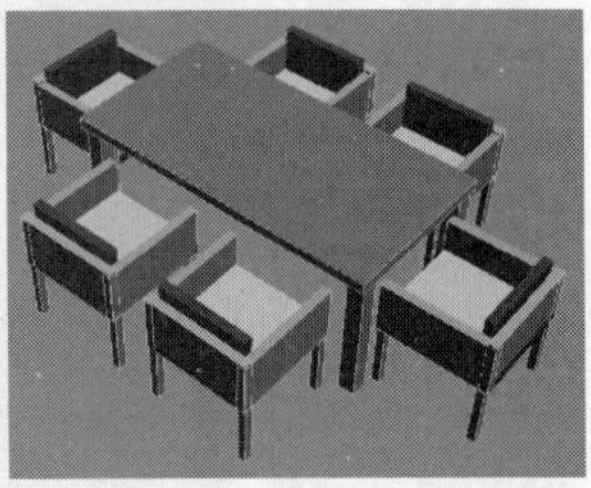

图3-182

实战075 创意灯饰

场景位置	无
实例位置	DVD>实例文件>CH03>实战075.max
视频位置	DVD>多媒体教学>CH03>实战075.flv
难易指数	★☆☆☆☆
技术掌握	球体工具、移动复制功能、成组命令

实例介绍

本例将主要使用圆柱体与球体制作一个造型独特的灯饰，效果如图3-183所示。

本例大致的操作过程如图3-184所示。本例先要使用圆柱体创建灯座与灯杆，然后使用球体创建灯泡，最后通过移动与旋转完成整个模型。

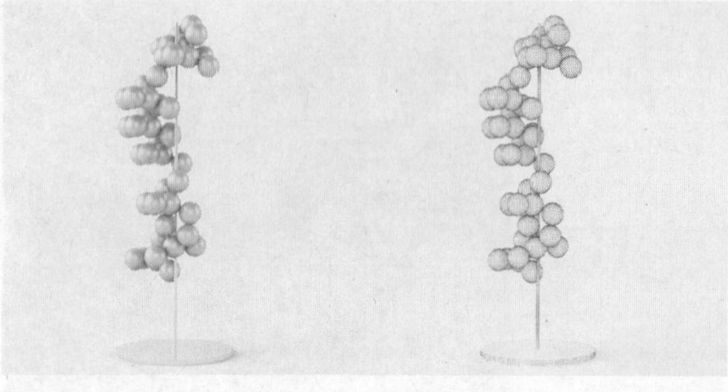

图3-183

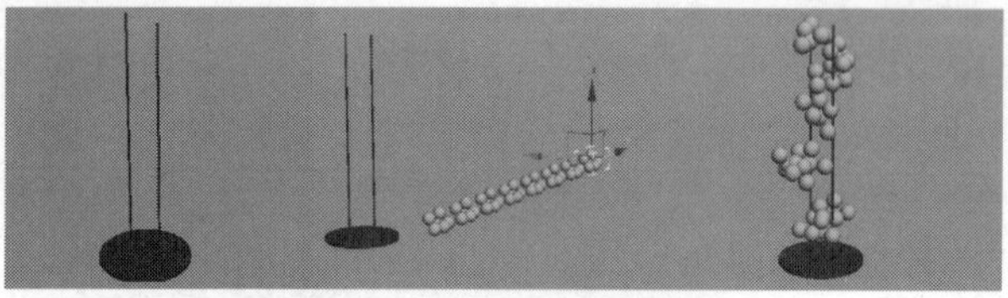

图3-184

操作步骤

01 使用“圆柱体”工具 圆柱体 在场景中创建一个圆柱体，然后在“参数”卷展栏下设置“半径”为150mm、“高度”为15mm、“边数”为30，具体参数设置及模型效果如图3-185所示。

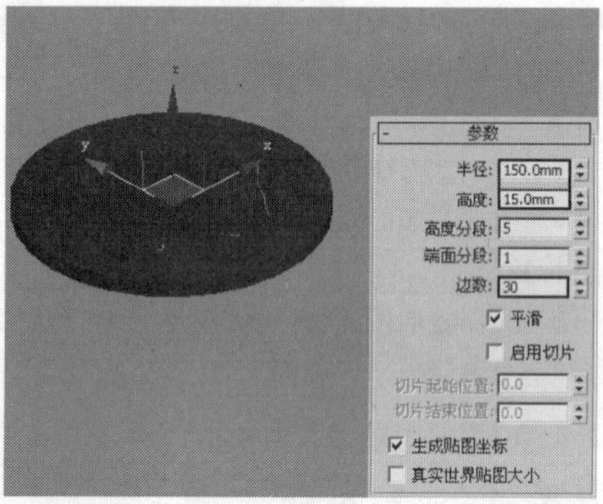

图3-185

02 继续用“圆柱体”工具 圆柱体 在场景中创建一个圆柱体，然后在“参数”卷展栏下设置“半径”为4mm、“高度”为800mm、“边数”为20，具体参数设置及模型位置如图3-186所示。

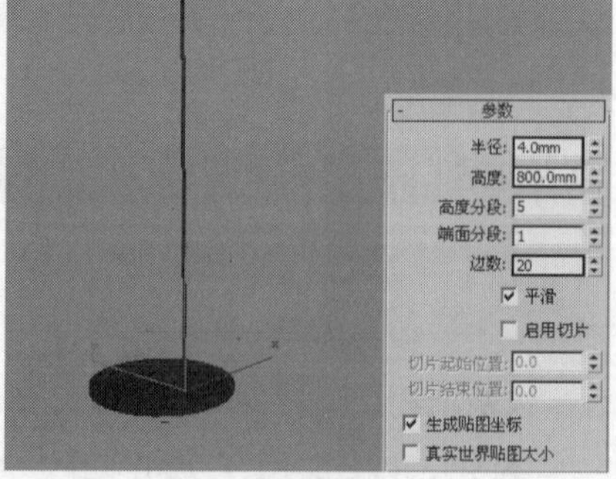

图3-186

03 使用“选择并移动”工具选择上一步创建的圆柱体，然后按住Shift键在左视图中向左移动复制一个圆柱体放到如图3-187所示的位置。

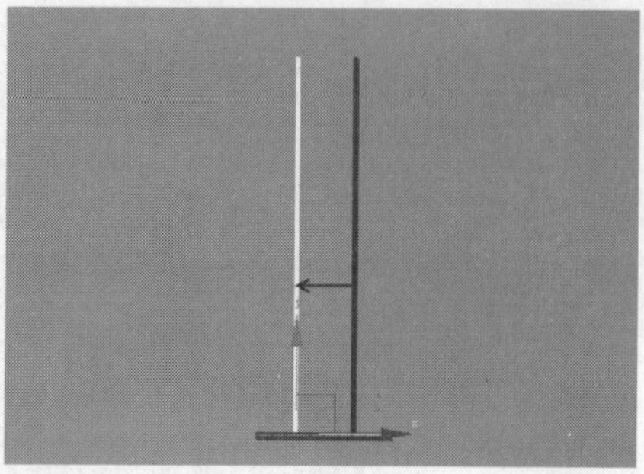

图3-187

04 使用“球体”按钮 球体 在场景中创建一个球体，然后在“参数”卷展栏下设置“半径”为28mm，具体参数设置及球体效果如图3-188所示。

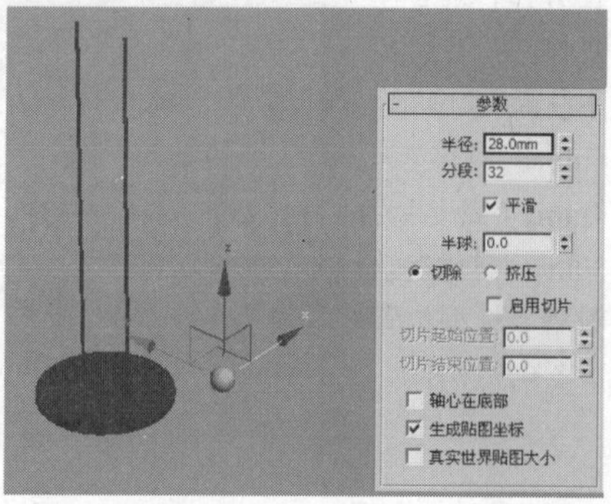

图3-188

05 使用“选择并移动”工具选择上一步创建的球体，然后按住Shift键移动复制5个球体，如图3-189所示，再通过移动复制功能将球体调整成堆叠效果，如图3-190所示。

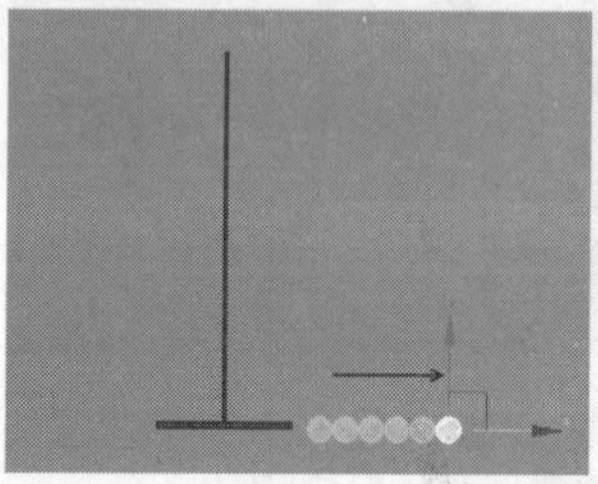

图3-189

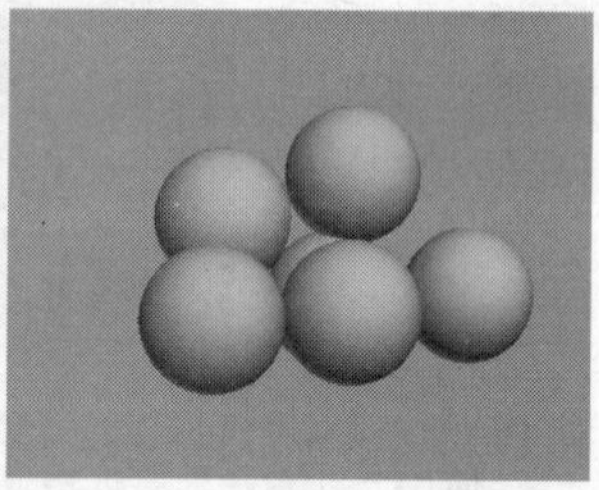

图3-190

06 选择场景中的所有球体，然后执行“组>成组”菜单命令，再在弹出的“组”对话框中单击“确定”按钮 确定 ，如图3-191所示。

07 选择“组001”，然后按住Shift键使用“选择并移动”工具移动复制7组球体，如图3-192所示。

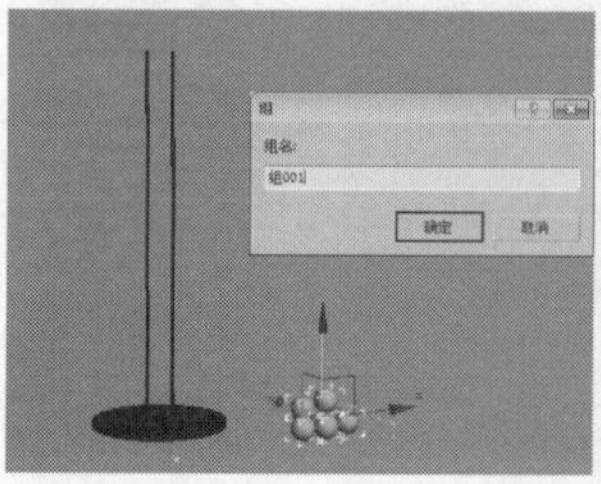

图3-191

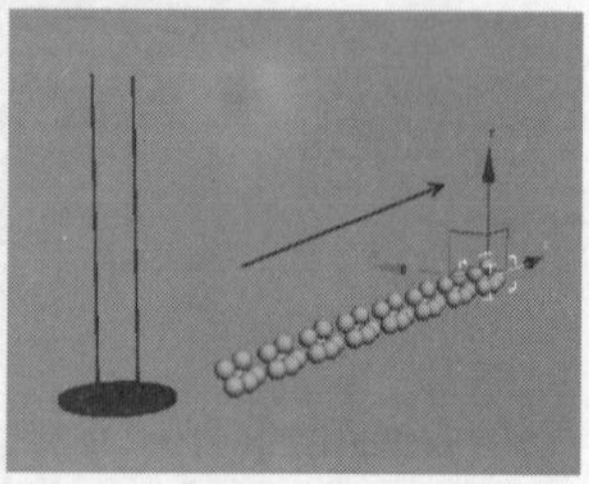

图3-192

08 使用“选择并移动”工具和“选择并旋转”工具调整好每组球体的位置和角度，最终效果如图3-193所示。

图3-193

实战076 浪漫风铃

场景位置	无
实例位置	DVD>实例文件>CH03>实战076.max
视频位置	DVD>多媒体教学>CH03>实战076.flv
难易指数	★☆☆☆☆
技术掌握	切角圆柱体工具、圆柱体工具、异面体工具

实例介绍

本例将使用切角圆柱体、圆柱体和异面体制作一个造型浪漫的风铃模型，效果如图3-194所示。

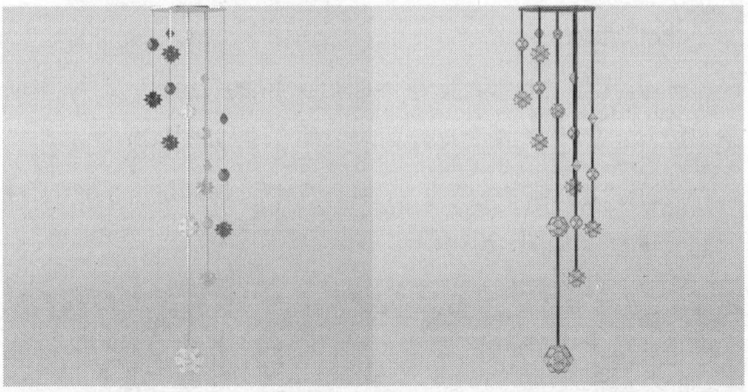

图3-194

本例大致的操作过程如图3-195所示。本例先要使用切角圆柱体和圆柱体创建吸盘和吊线模型，然后使用异面体创建风铃模型，最后通过复制完成整个模型。

图3-195

操作步骤

01 使用“切角圆柱体”工具 切角圆柱体 在场景中创建一个切角圆柱体，然后在“参数”卷展栏下设置“半径”为45mm、“高度”为1mm、“圆角”为0.3mm、“边数”为30，具体参数设置及模型效果如图3-196所示。

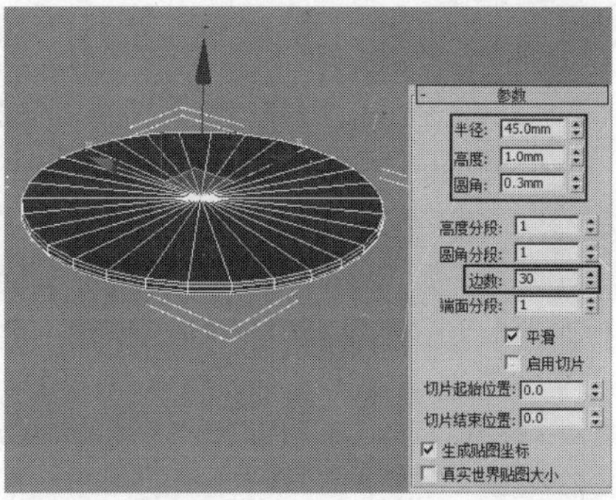

图3-196

02 继续使用“切角圆柱体”工具 切角圆柱体 在场景中创建一个切角圆柱体，然后在“参数”卷展栏下设置“半径”为12mm、“高度”为1mm、“圆角”为0.2、“边数”为30、“高度分段”为1，具体参数设置及模型位置如图3-197所示。

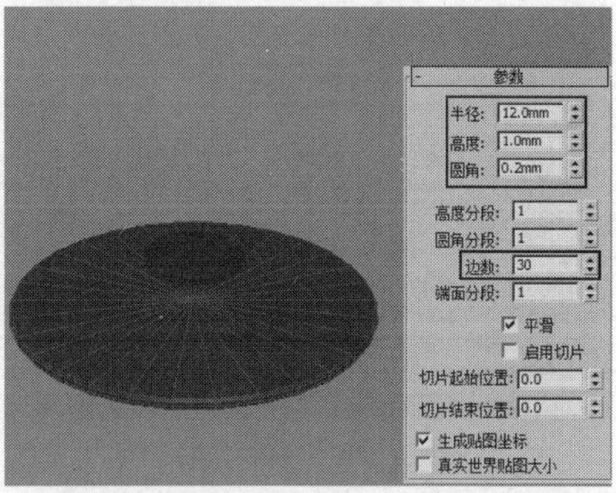

图3-197

03 使用“圆柱体”工具 圆柱体 在两个切角圆柱体中间创建一个圆柱体，然后在“参数”卷展栏下设置“半径”为1.5mm、“高度”为80mm、“圆角”为0.5mm、“高度分段”为1、“边数”为30，具体参数设置及模型位置如图3-198所示。

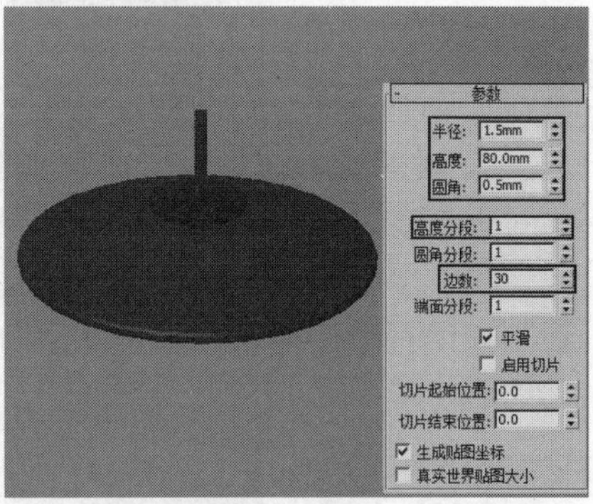

图3-198

04 继续使用“圆柱体”工具 圆柱体 在比较大的切角圆柱体边缘创建“半径”为1mm左右，高度不一的圆柱体作为吊线，完成后的效果如图3-199所示。

图3-199

05 使用“异面体”工具 异面体 在吊线上创建一个异面体，然后在“参数”卷展栏下设置“系列”为“十二面体/二十面体”、“半径”为3mm，具体参数设置及模型效果如图3-200所示。

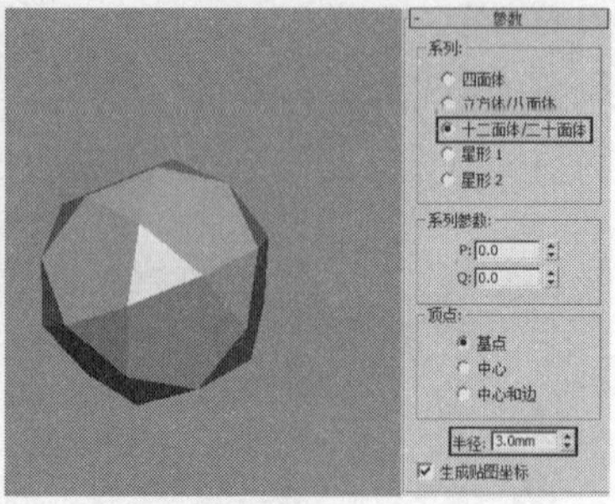

图3-200

06 继续使用“异面体”工具 异面体 创建一些异面体，其参数设置及模型效果如图3-201~图3-203所示。

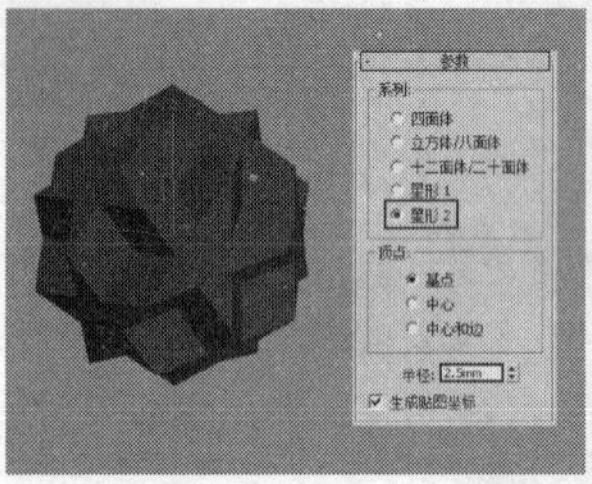

图3-201

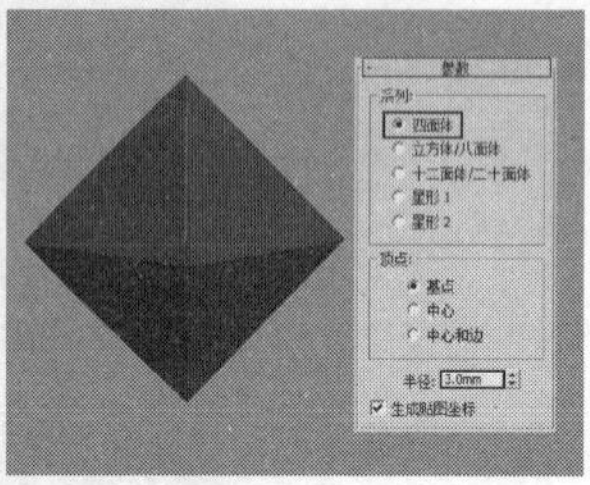

图3-202

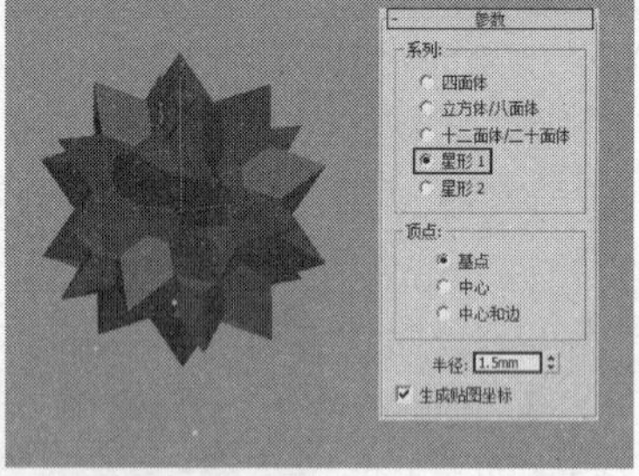

图3-203

07 将创建的异面体复制一些放到吊线上，最终效果如图3-204所示。

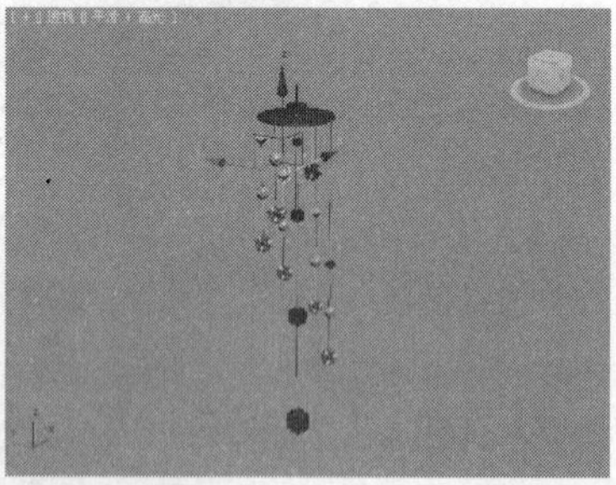

图3-204

实战077 饮料吸管

场景位置	DVD>场景文件>CH03>实战077.max
实例位置	DVD>实例文件>CH03>实战077.max
视频位置	DVD>多媒体教学>CH03>实战077.flv
难易指数	★☆☆☆☆
技术掌握	软管工具、参考物

实例介绍

本例将使用软管配合参考物制作吸管模型，效果如图3-205所示。

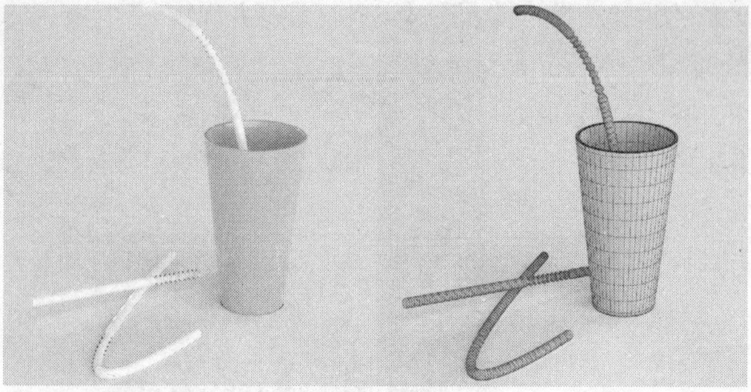

图3-205

本例大致的操作过程如图3-206所示。本例要先使用软管配合场景已有的参考物创建吸管的大致造型，然后对细节参数进行微调即可得到最终效果。

图3-206

操作步骤

01 打开光盘中的“场景文件>CH03>实战077.max”文件，本场景中包含一个杯子、两个球体和一个长方体，如图3-207所示。

02 设置“几何体”类型为“扩展基本体”，然后单击“软管”按钮 软管 ，如图3-208所示。

图3-207

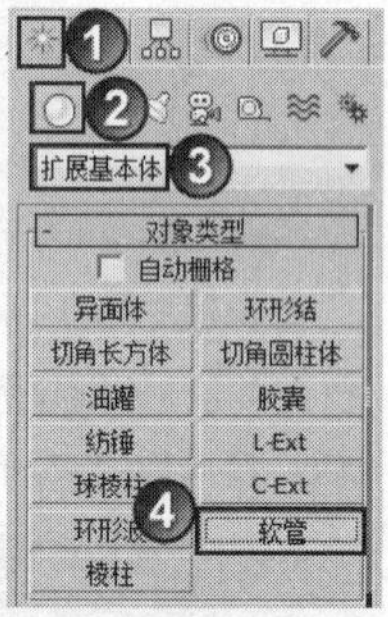

图3-208

03 使用“软管”工具 软管 在杯子中创建一个软管，然后展开“软管参数”卷展栏，再在“端点方法”选项组下勾选“绑定到对象轴”选项，并在“绑定到对象”选项组下单击“拾取顶部对象”按钮 拾取顶部对象 ，最后在场景中单击创建好的长方体，并设置“张力”为0，如图3-209所示。

04 单击“拾取底部对象”按钮 拾取底部对象 ，然后在场景中单击创建好的杯子模型的底面，并设置“张力”为94，再在“公用软件参数”选项组下勾选“启用柔体截面”选项，并设置“起始位置”为30%、“结束位置”为50%、“周期数”为10、“直径”为-25%，最后在“软管形状”选项组下设置“直径”为2.8mm、“边数”为20，具体参数设置及模型效果如图3-210所示。

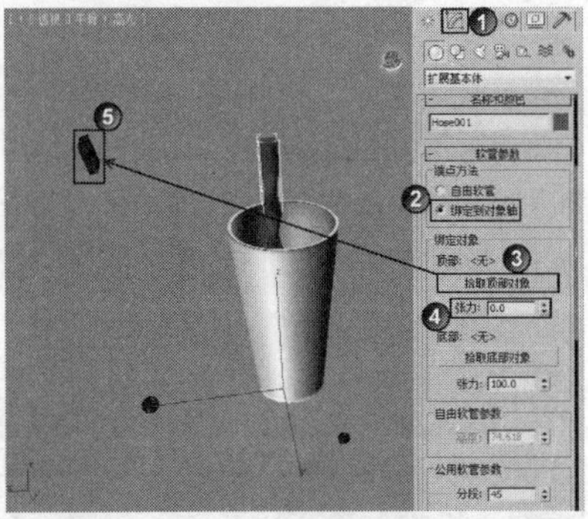

图3-209

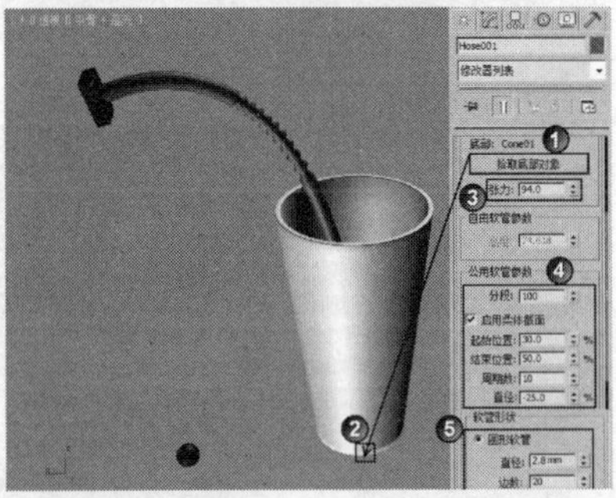

图3-210

05 采用相同的方法继续创建另外两只吸管，完成后的效果如图3-211所示。

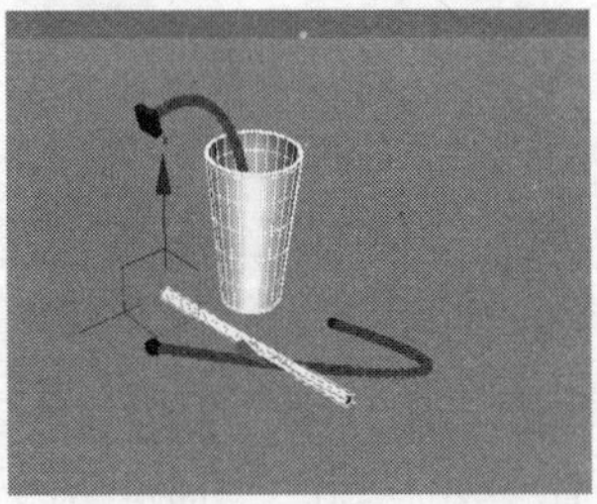

图3-211

06 选择长方体和两个球体，然后单击鼠标右键，再在弹出的菜单中选择“隐藏当前选择”命令，将这3个参考模型隐藏起来，如图3-212所示，最终效果如图3-213所示。

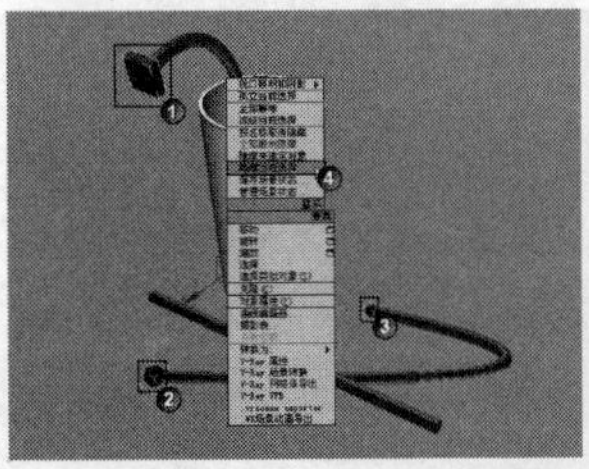

图3-212

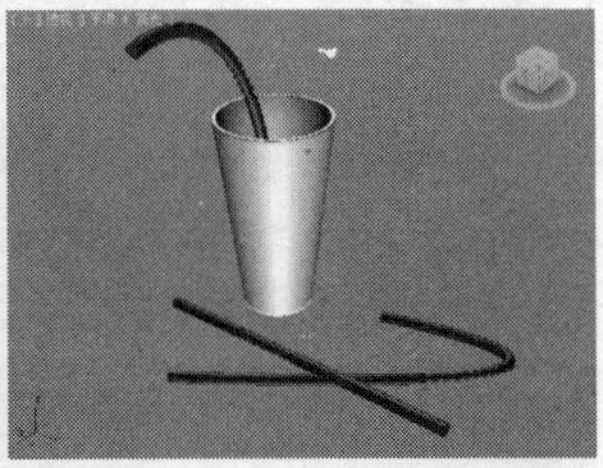

图3-213

技巧与提示

一个简单的扩展几何体，经过修改后就被应用到了一个实际场景中，这是一种非常简便的方法，千万不要为了建模而建模，可以节省时间的方法一定要加以利用。此外，借助或直接利用参考物完成模型最终造型的方法在3ds Max中比较常见。

实战078 情侣戒指

场景位置	无
实例位置	DVD>实例文件>CH03>实战078.max
视频位置	DVD>多媒体教学>CH03>实战078.flv
难易指数	★★★☆☆
技术掌握	管状体工具、图形合并工具、文本工具、Graphite（石墨）建模工具

实例介绍

本例将使用管状体、图形合并、文本与Graphite（石墨）建模制作一对情侣戒指，效果如图3-214所示。

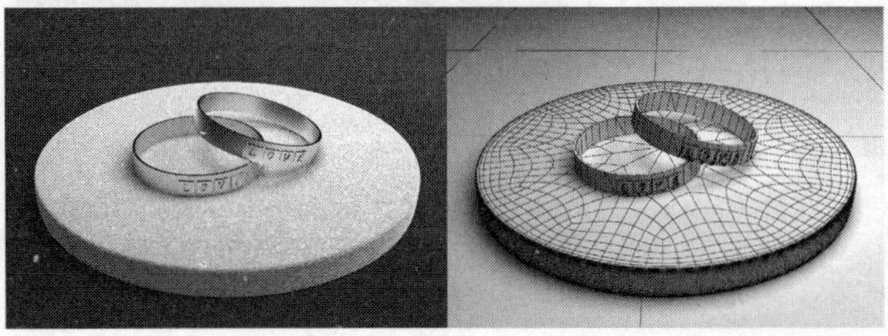

图3-214

本例大致的操作过程如图3-215所示。首先要使用管状体创建戒指轮廓，然后结合矩形、图形合并以及Graphite（石墨）建模创建戒身的凸起细节，最后使用文本和Graphite（石墨）建模创建文字细节。

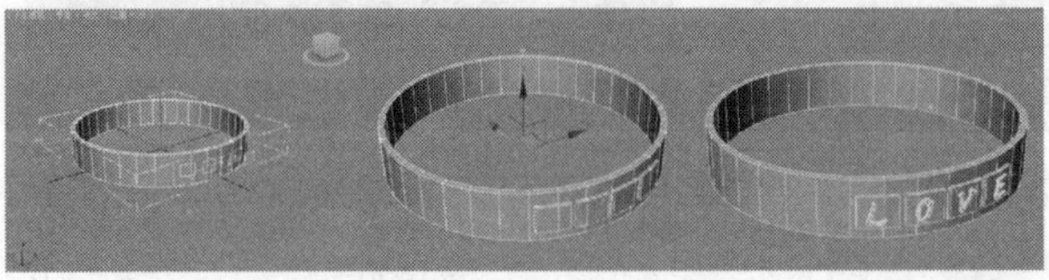

图3-215

操作步骤

01 使用“管状体”工具 管状体 在场景中创建一个管状体，然后在“参数”卷展栏下设置“半径1”为50mm、“半径2”为48mm、“高度”为16mm、“高度分段”为1、“边数”为36，具体参数设置及模型效果如图3-216所示。

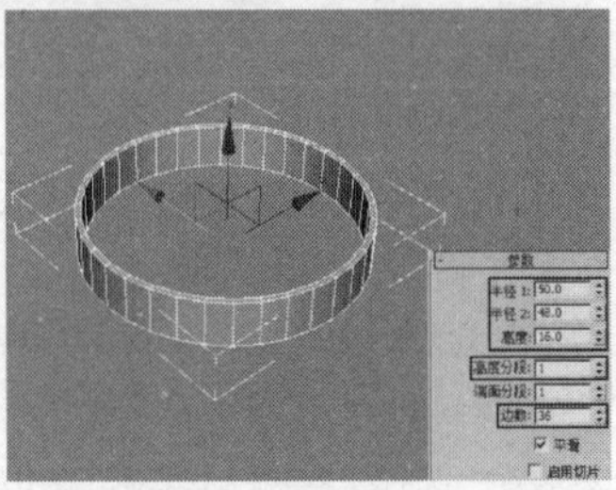

图3-216

02 在“创建”面板中单击“图形”按钮，进入“图形”面板，然后关闭“开始新图形”选项，再单击“矩形”按钮 矩形 ，如图3-217所示，最后在视图中绘制4个大小相同的矩形，如图3-218所示。

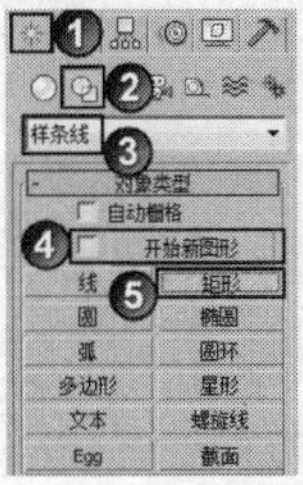

图3-217

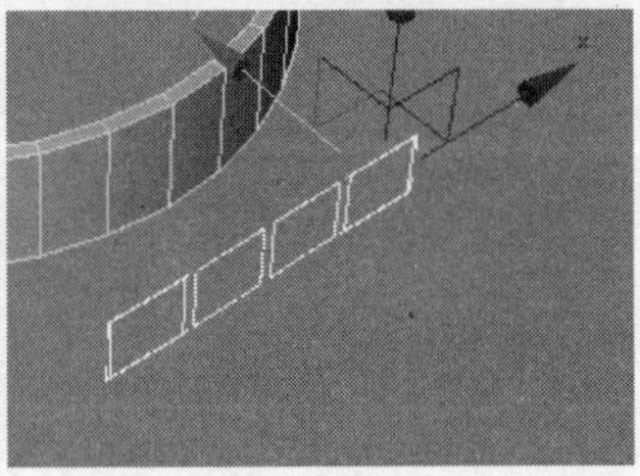

图3-218

技巧与提示

关闭“开始新图形”选项后，绘制出来的所有图形将是一个整体。

03 选择管状体，在“创建”面板中单击“几何体”按钮，然后设置“几何体”类型为“复合对象”，单击“图形合并”按钮 图形合并，再在“拾取操作对象”卷展栏下单击“拾取图形”按钮 拾取图形，最后在场景中依次拾取图形，此时在管状体的相应位置上会出现矩形图形，如图3-219所示。

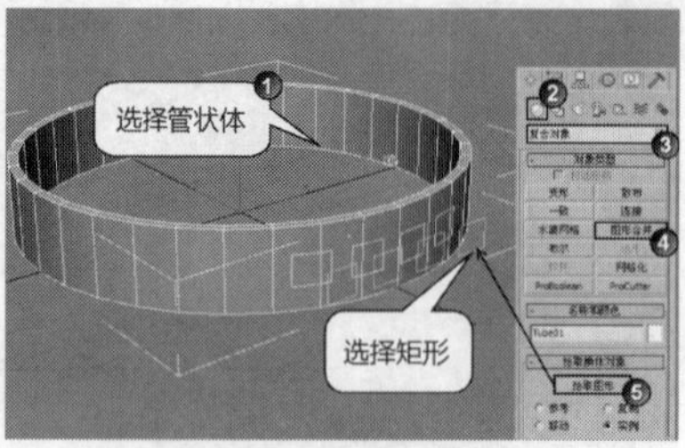

图3-219

技巧与提示

如果用户执行以上操作后观察不到管状体上的图形，这是因为模型当前的显示模式为“真实”，如图3-220所示，此时可以按F4键将模型显示模式切换为“真实+边面”，这样就可以观察到线框效果，如图3-221所示。

图3-220

图3-221

04 在“主工具栏”中单击“Graphite建模工具”按钮，打开“Graphite建模工具”工具栏，如图3-222所示。

图3-222

05 选择戒指模型，然后将光标放在“Graphite建模工具”工具栏下的“多边形建模”图标 多边形建模 上，再在弹出的下拉菜单中选择“转化为多边形”命令，如图3-223所示。

06 在“命令”面板中单击“修改”按钮，进入“修改”面板，然后在“选择”卷展栏下单击“多边形”按钮，进入“多边形”层级，如图3-224所示。

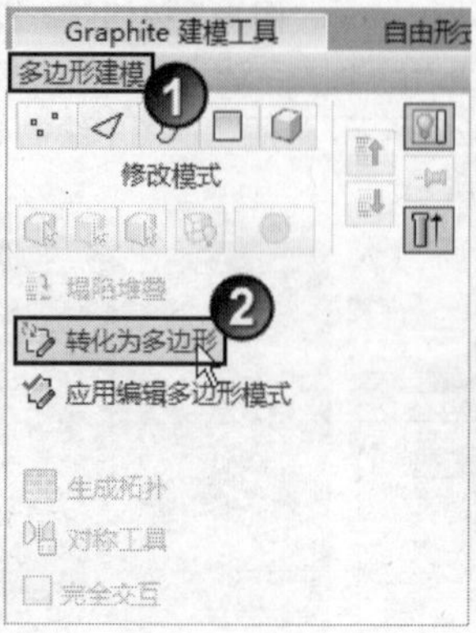

图3-223

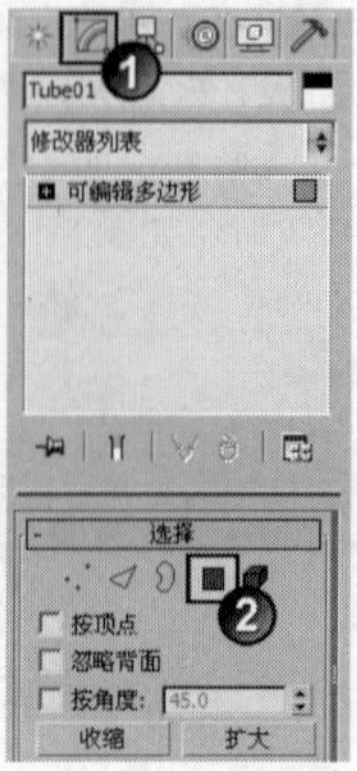

图3-224

07 选择如图3-225所示的多边形，将光标放在“Graphite建模工具”工具栏上的“多边形”图标 多边形 上，在弹出的下拉菜单中单击“挤出”图标，然后单击“挤出设置”图标，如图3-226所示，再在视图中设置“挤出类型”为“组”、“高度”为1mm，最后单击“确定”按钮，如图3-227所示。

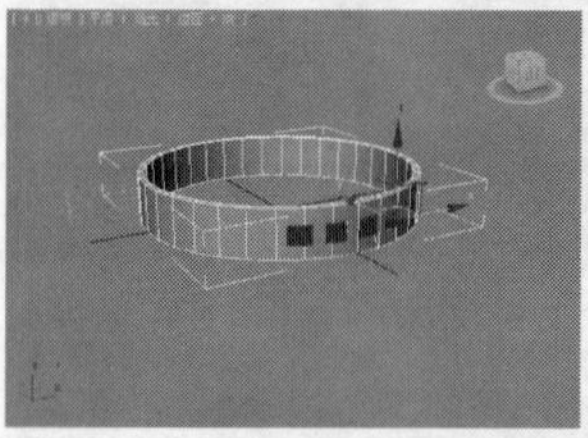

图3-225

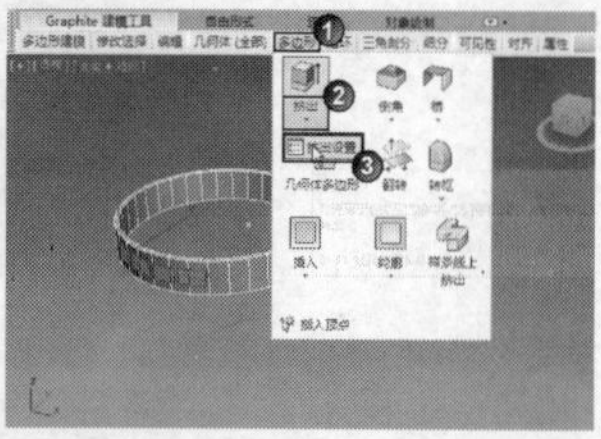

图3-226

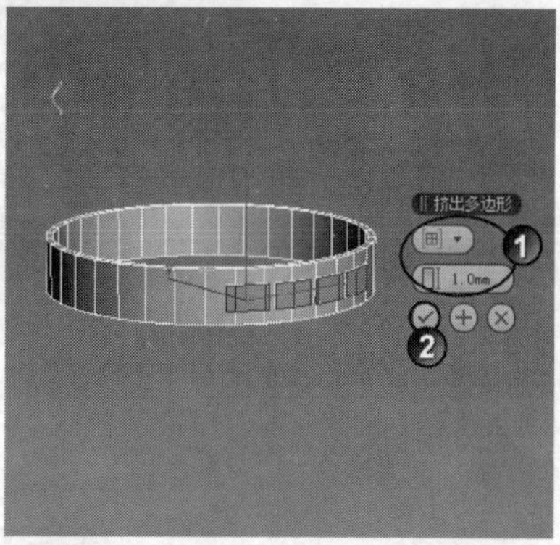

图3-227

08 在“创建”面板中单击“图形”按钮，然后设置“图形”类型为“样条线”，再勾选“开始新图形”选项，最后单击“文本”按钮 文本，如图3-228所示。

09 展开“参数”卷展栏，然后选择任意一种英文字体，并设置“大小”为10、“字间距”为7，再在“文本”输入框中输入字母LOVE，如图3-229所示，最后在视图中拖曳光标创建文字，并将其摆放到如图3-229所示的位置。

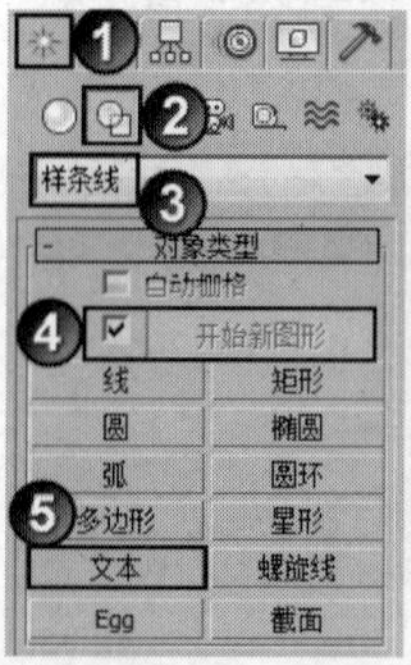

图3-228

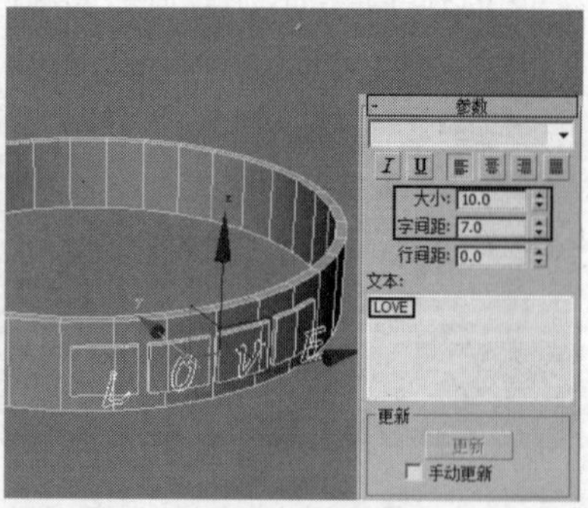

图3-229

10 采用前面的方法使用“图形合并”工具 图形合并 将文字合并到戒指上，完成后的效果如图3-230所示。

11 采用前面的方法将戒指转换为可编辑多边形，然后将文字部分进行挤出，最终效果如图3-231所示。

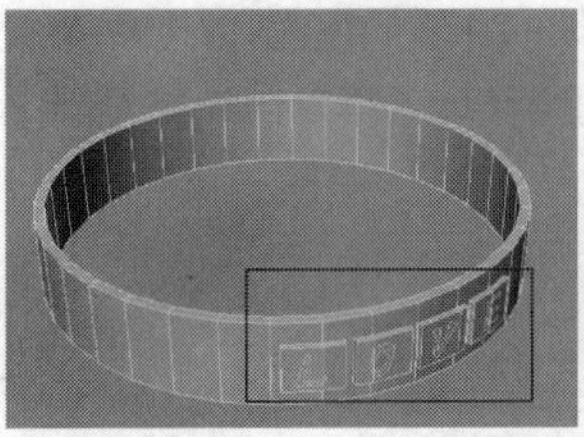
图3-230

图3-231

实战079 骰子

场景位置	无
实例位置	DVD>实例文件>CH03>实战079.max
视频位置	DVD>多媒体教学>CH03>实战079.flv
难易指数	★★★☆☆
技术掌握	切角长方体工具、球体工具、塌陷工具、ProBoolean工具

实例介绍

本例将使用切角长方体结合复合对象制作骰子模型，效果如图3-232所示。

图3-232

本例大致的操作过程如图3-233所示。本例先要使用切角长方体创建骰子的主体模型，然后使用球体创建作为布尔运算的球体，再使用“塌陷”功能将球体塌陷为一个整体，最后使用ProBoolean运算在切角长方体上创建点数。

图3-233

操作步骤

01 使用“切角长方体”工具 切角长方体 在场景中创建一个切角长方体，然后在“参数”卷展栏下设置“长度”为80mm、“宽度”为80mm、“高度”为80mm、“圆角”为5mm、“圆角分段”为5，具体参数设置及模型效果如图3-234所示。

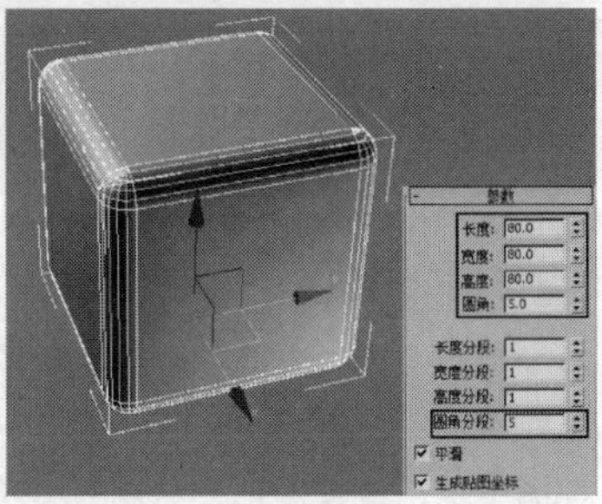

图3-234

02 使用“球体”工具 球体 在场景中创建一个球体，然后在“参数”卷展栏下设置“半径”为8.2mm、“分段”为32，具体参数设置及模型效果如图3-235所示。

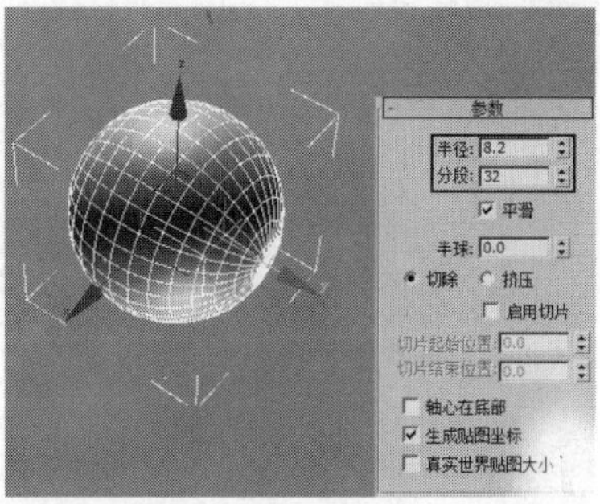

图3-235

03 按照每个面点数的多少复制一些球体，并将其分别摆放在切角长方体的6个面上，如图3-236所示。

图3-236

技巧与提示

骰子的点数由1~6个内陷的半球组成，为了在切角长方体中“挖”出这些点数，下面就要使用ProBoolean工具 ProBoolean 进行制作。

04 下面需要将这些球体塌陷为一个整体。选择所有球体，在“命令”面板中单击“实用程序”按钮，然后单击“塌陷”按钮 塌陷 ，再在“塌陷”卷展栏下单击“塌陷选定对象”按钮 塌陷选定对象 ，如图3-237所示。

图3-237

技巧与提示

经过以上操作，所有球体都被塌陷成一个整体，如图3-238所示。接下来就只需要进行一次ProBoolean运算即可制作出骰子的点数。

图3-238

05 选择切角长方体，然后在“创建”面板中设置“几何体”类型为“复合对象”，再单击ProBoolean按钮 ProBoolean ，如图3-239所示。

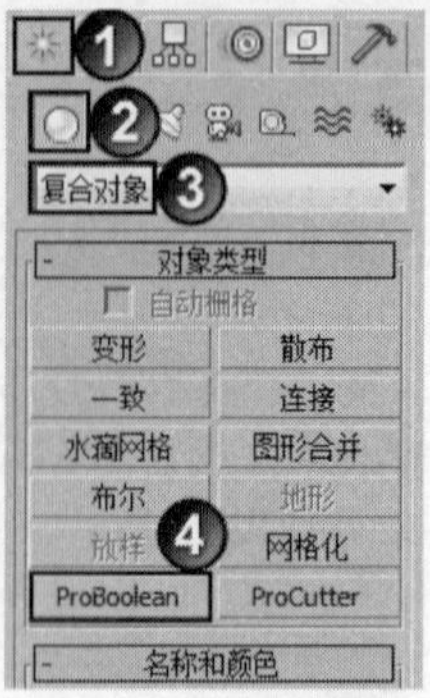

图3-239

06 保持对切角长方体的选择，在“参数”卷展栏下设置“运算”为“差集”，然后在“拾取布尔对象”卷展栏下单击“开始拾取”按钮 开始拾取 ，再拾取场景中的球体，如图3-240所示，最终效果如图3-241所示。

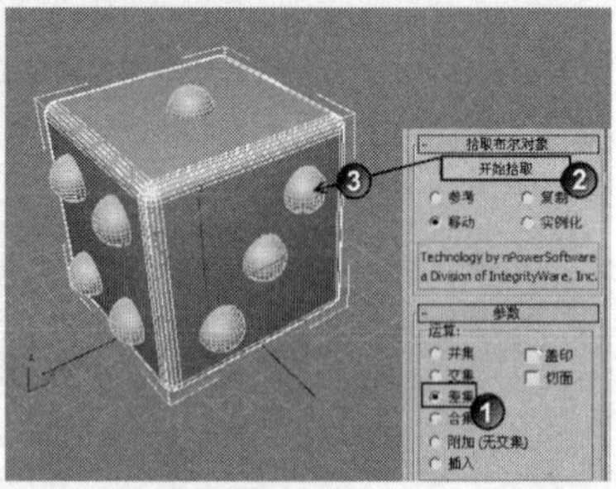

图3-240

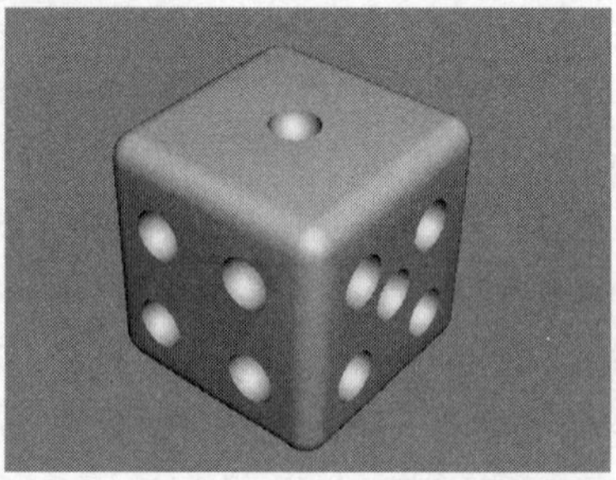

图3-241

实战080 创意挂钟

场景位置	DVD>场景文件>CH03>实战080.max
实例位置	DVD>实例文件>CH03>实战080.max
视频位置	DVD>多媒体教学>CH03>实战080.flv
难易指数	★★★☆☆
技术掌握	图形合并工具、多边形建模技术

实例介绍

本例将使用图形合并技术与多边形建模技术创建一个创意钟表，效果如图3-242所示。

图3-242

本例大致的操作过程如图3-243所示。本例先要导入蝴蝶造型线并创建作为表盘的圆柱体，再复制蝴蝶并制作表盘的细节，最后制作指针。

图3-243

操作步骤

01 打开光盘中的“场景文件>CH03>实战080.max”文件，这是一个蝴蝶图形，如图3-244所示。

图3-244

02 使用“圆柱体”工具 圆柱体 在前视图中创建一个圆柱体，然后在“参数”卷展栏下设置“半径”为100mm、“高度”为100mm、“高度分段”为1、“边数”为30，具体参数设置及模型效果如图3-245所示。

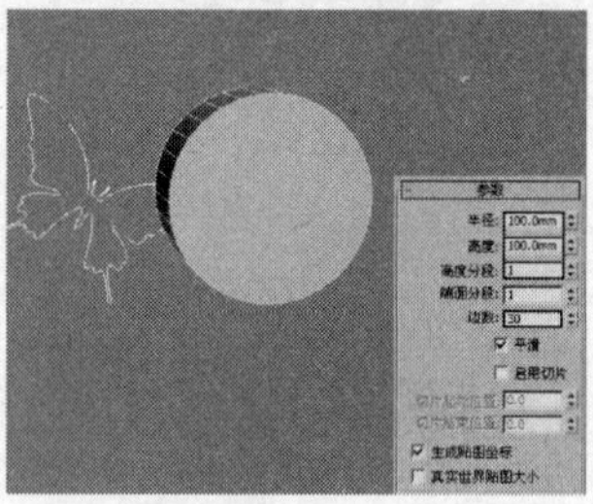

图3-245

03 使用“选择并移动”工具在各个视图中调整好蝴蝶图形的位置，如图3-246所示。

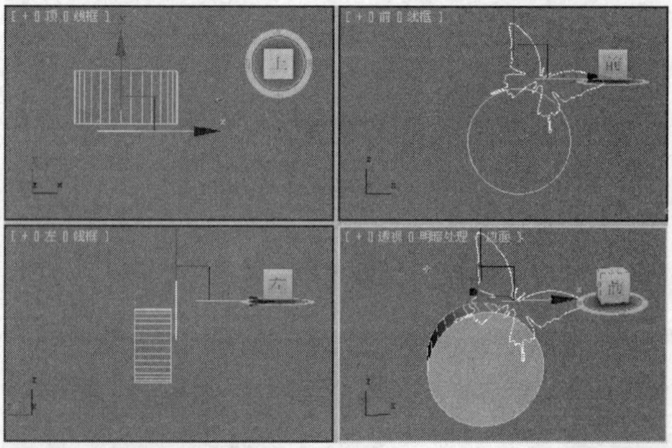

图3-246

04 选择圆柱体，设置“几何体”类型为“复合对象”，然后单击“图形合并”按钮 图形合并 ，再在“拾取操作对象”卷展栏下单击“拾取图形”按钮 拾取图形 ，最后在视图中单击蝴蝶图形，如图3-247所示。

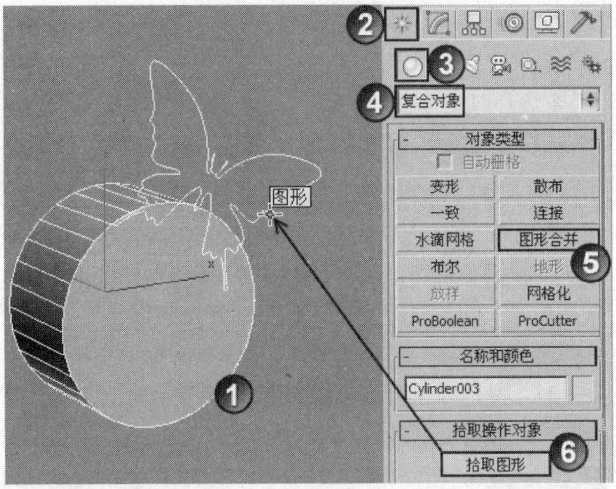

图3-247

技巧与提示

经过图形合并后，在圆柱体的相应位置上会出现蝴蝶的部分映射图形，如图3-248所示。

图3-248

05 选择圆柱体，然后单击鼠标右键，再在弹出的菜单中选择“转换为>转换为可编辑多边形”命令，如图3-249所示。

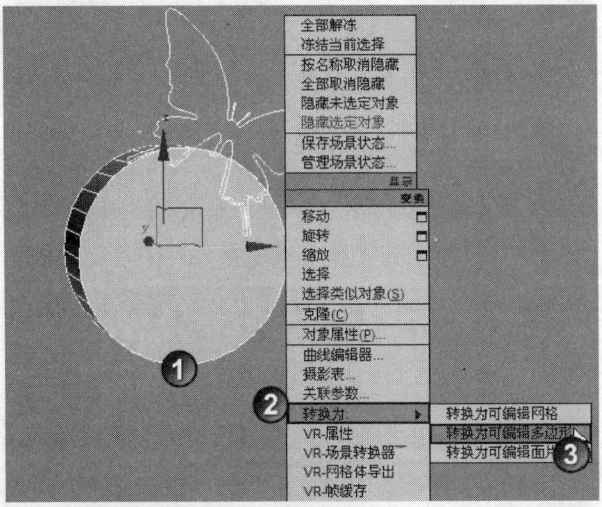

图3-249

技巧与提示

将圆柱体转换为可编辑多边形后，对该物体的操作基本就属于多边形建模的范畴了。关于多边形建模将在后面的章节中进行详细讲解。

06 按Alt+Q组合键进入“孤立选择”模式，以便单独对圆柱体进行操作，然后进入“修改”面板，在“选择”卷展栏下单击“多边形”按钮，进入“多边形”级别，再选择如图3-250所示的多边形，按Ctrl+I组合键反选多边形，最后按Delete键删除选择的多边形。操作完成后再次单击“多边形”按钮，退出“多边形”级别，效果如图3-251所示。

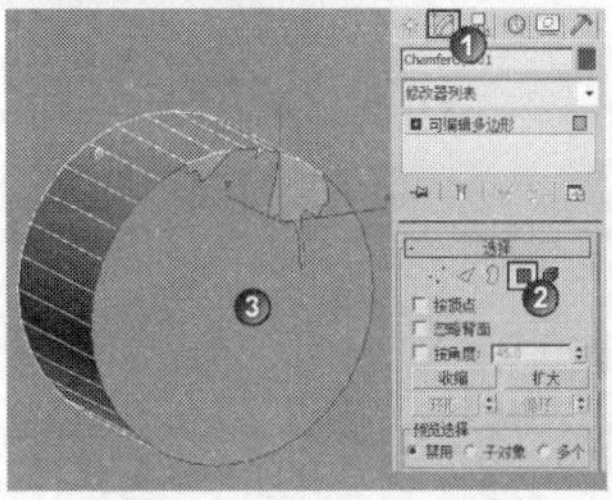
图3-250

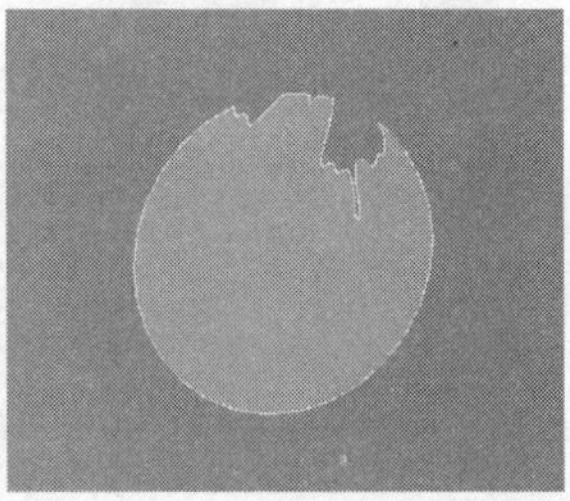
图3-251

07 选择蝴蝶图形，然后单击鼠标右键，再在弹出的菜单中选择“转换为>转换为可编辑多边形”命令，最后使用“选择并移动”工具将蝴蝶拖曳到如图3-252所示的位置。

08 使用“选择并移动”工具选择蝴蝶，然后按住Shift键移动复制两只蝴蝶，再用“选择并均匀缩放”工具调整好其大小，如图3-253所示。

图3-252

图3-253

09 使用“圆柱体”工具 圆柱体 在场景中创建两个圆柱体，具体参数设置如图3-254所示。

图3-254

10 使用“球体”工具 球体 在场景中创建一个圆柱体，然后在“参数”卷展栏下设置“半径”为3mm，具体参数设置及模型位置如图3-255所示。

11 使用“选择并移动”工具将两个圆柱体摆放到表盘上，然后用“选择并旋转”工具调整好其角度，最终效果如图3-256所示。

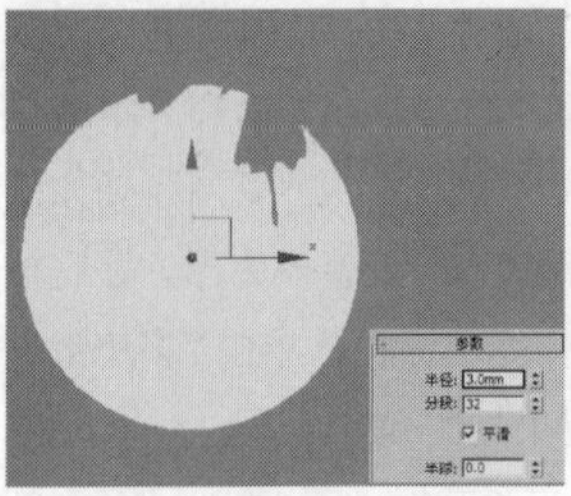

图3-255

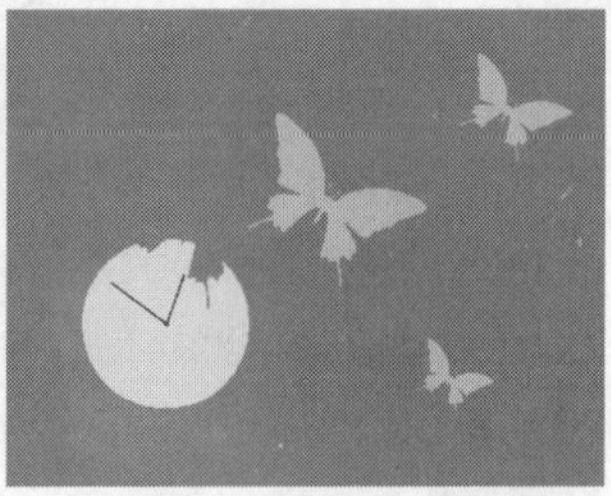

图3-256

实战081 花丛

场景位置	DVD>场景文件>CH03>实战081.max
实例位置	DVD>实例文件>CH03>实战081.max
视频位置	DVD>多媒体教学>CH03>实战081.flv
难易指数	★★☆☆☆
技术掌握	平面工具、FFD 4×4×4修改器、散布工具

实例介绍

本例将使用平面、FFD 4×4×4修改器以及“散布”功能创建山野花丛，效果如图3-257所示。

图3-257

本例大致的操作过程如图3-258所示。本例要先使用平面与FFD 4×4×4修改器制作地形模型，然后导入花朵模型，最后通过“散布”功能制作遍地的山花效果。

图3-258

操作步骤

01 使用“平面”工具 平面 在场景中创建一个平面，然后在“参数”卷展栏下设置“长度”为2600mm、“宽度”为2300mm、“长度分段”和“宽度分段”为9，具体参数设置及模型效果如图3-259所示。

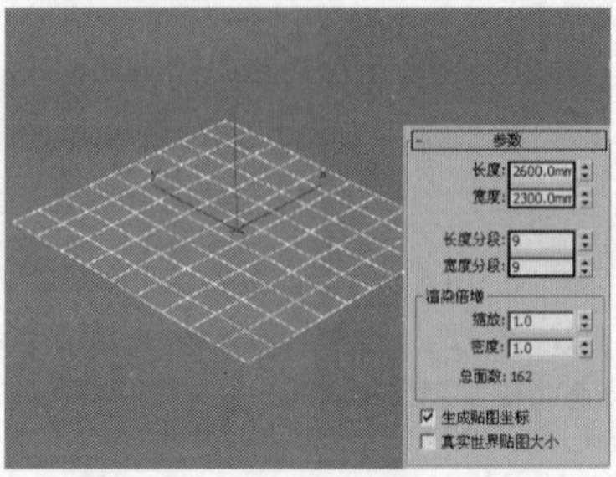

图3-259

02 选择平面，然后进入“修改”面板，再在“修改器列表”中选择FFD 4×4×4修改器，如图3-260所示。

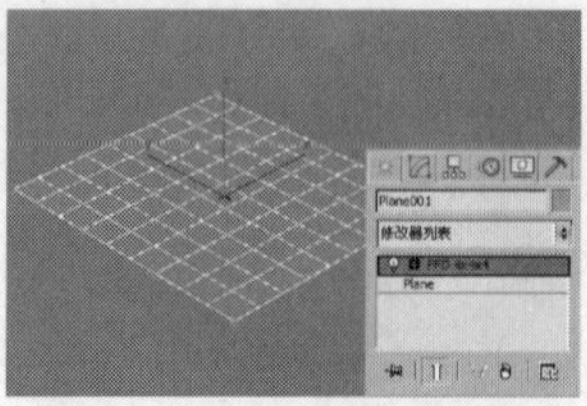

图3-260

03 切换到顶视图，在FFD 4×4×4修改器左侧单击图标，展开次物体层级列表，然后选择“控制点”，再使用“选择并移动”工具框选如图3-261所示的两个控制点，最后在透视图中将选择的控制点沿z轴向上拖曳一段距离，如图3-262所示。

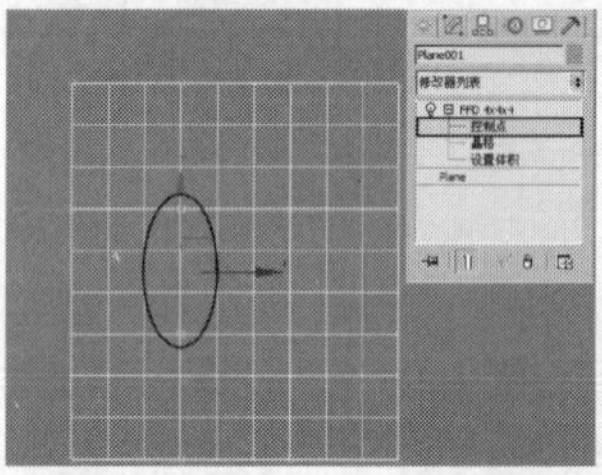

图3-261

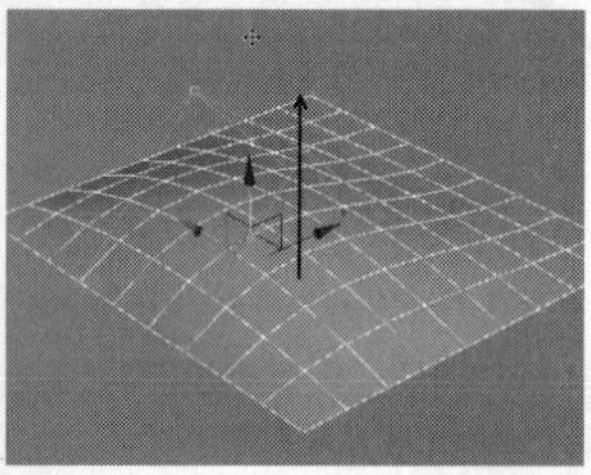

图3-262

04 将光盘中的“场景文件>CH03>实战081.max”文件拖曳到场景中，然后在弹出的菜单中选择“合并文件”命令，如图3-263所示，合并后的效果如图3-264所示。

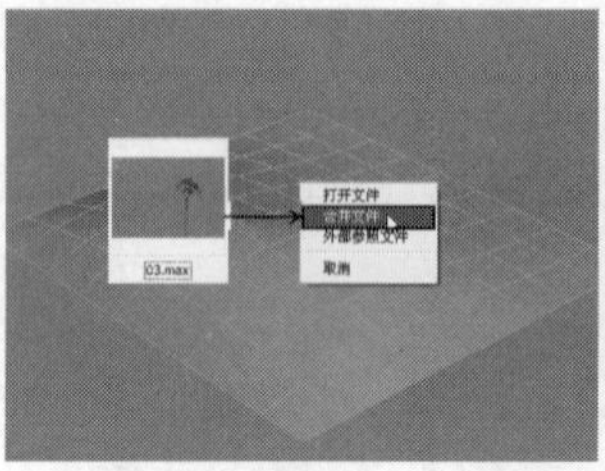

图3-263

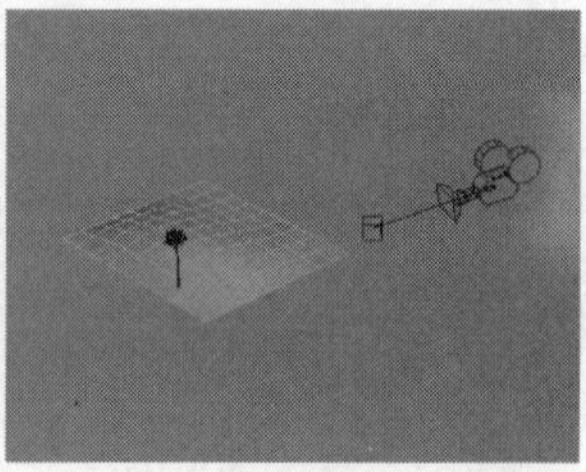

图3-264

05 选择植物模型，设置“几何体”类型为“复合对象”，然后单击“散布”按钮 散布 ，再在“拾取分布对象”卷展栏下单击“拾取分布对象”按钮 拾取分布对象 ，最后在场景中拾取平面，如图3-265所示。

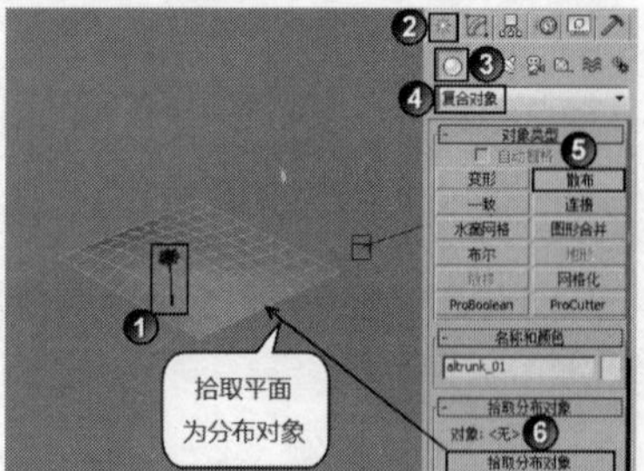

图3-265

06 拾取平面后，在平面上会出现相应的植物，在“源对象参考”选项组下设置“重复数”为21、“跳过N个”为3，具体参数设置如图3-266所示，最终效果如图3-267所示。

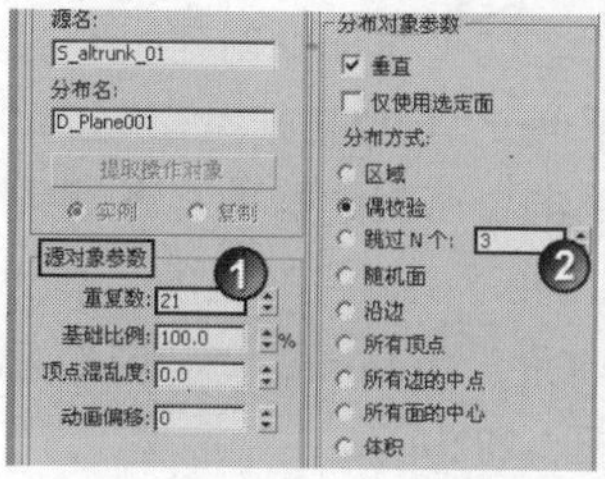

图3-266

图3-267

技巧与提示

经过操作后得到的最终效果可能会显示为灰色，这是由于3ds Max的自动调节功能造成的，以节省内存资源。由于本例对计算机的配置要求相当高，如果用户的计算机配置较低，那么在制作本例时很可能无法正常使用“散布”功能（遇到这种情况只有升级计算机配置，除之外没有其他办法）。

实战082 窗台

场景位置	无
实例位置	DVD>实例文件>CH03>实战082.max
视频位置	DVD>多媒体教学>CH03>实战082.flv
难易指数	★★☆☆☆
技术掌握	固定窗工具、栏杆工具

实例介绍

本例将使用长方体以及3ds Max自带的固定窗和栏杆创建窗台模型，效果如图3-268所示。

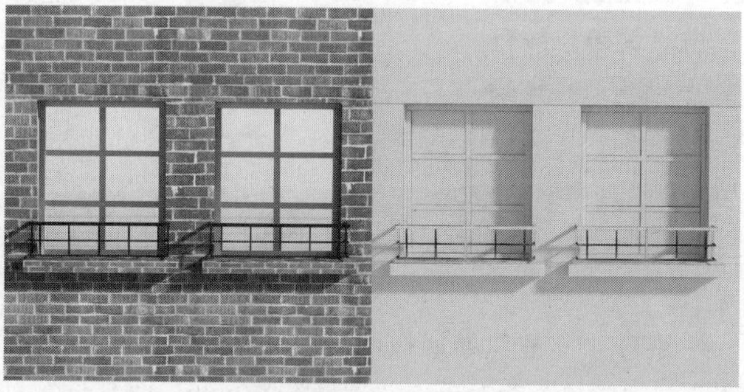
图3-268

本例大致的操作过程如图3-269所示。首先要使用长方体构建墙体、窗洞以及窗沿，然后利用内置的固定窗制作窗户，再利用内置的栏杆制作栏杆完成整体效果。

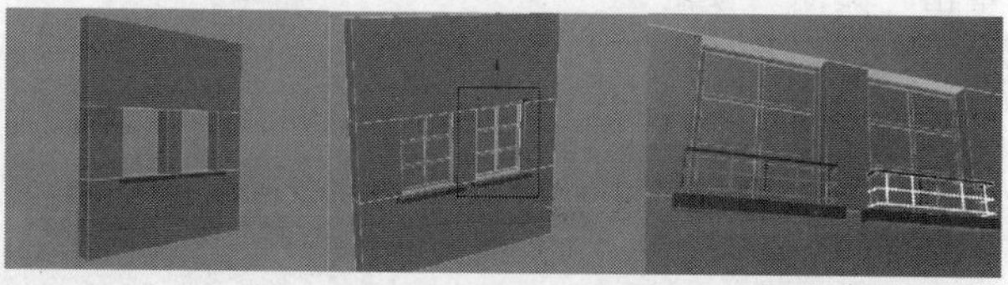
图3-269

操作步骤

01 使用“长方体”工具 长方体 在场景中创建一个长方体，然后在“参数”卷展栏下设置“长度”为210mm、“宽度”为600mm、“高度”为50mm，具体参数设置及模型效果如图3-270所示。

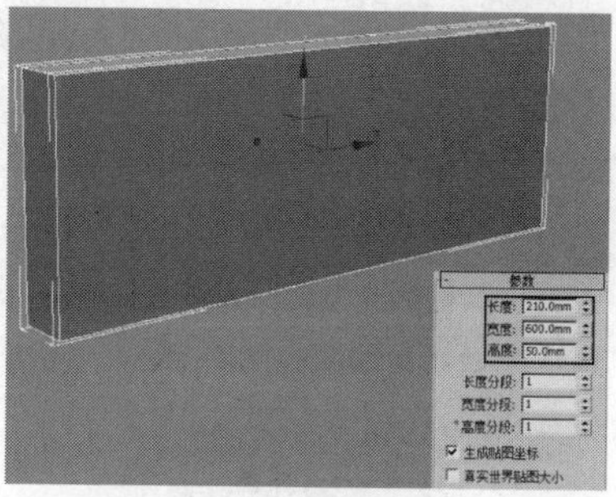

图3-270

02 使用“选择并移动”工具选择上一步创建的长方体，然后按住Shift键沿z轴移动复制一个长方体放到如图3-271所示的位置。

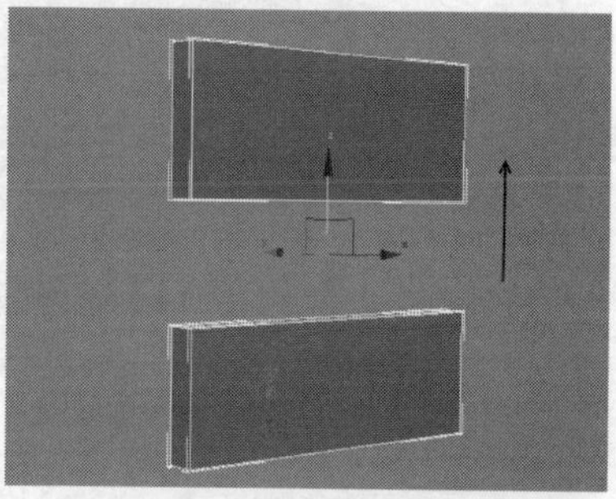
图3-271

03 继续使用“长方体”工具 长方体 在两个长方体之间创建一个长方体，然后在“参数”卷展栏下设置“长度”为112mm、“宽度”为190mm、“高度”为50mm，具体参数设置及模型位置如图3-272所示。

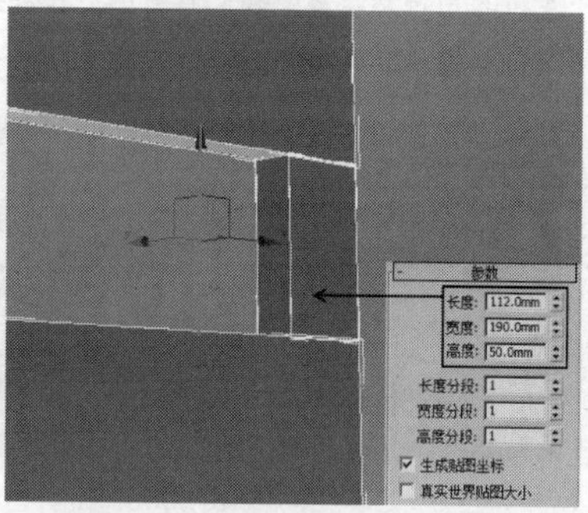

图3-272

04 采用相同的方法使用“长方体”工具 长方体 创建其他模型作为窗沿，完成后的效果如图3-273所示。

05 设置“几何体”类型为“窗”，然后单击“固定窗”按钮 固定窗，如图3-274所示。

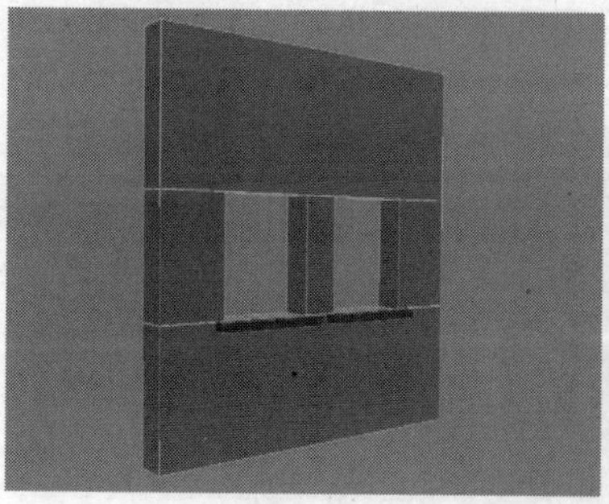
图3-273

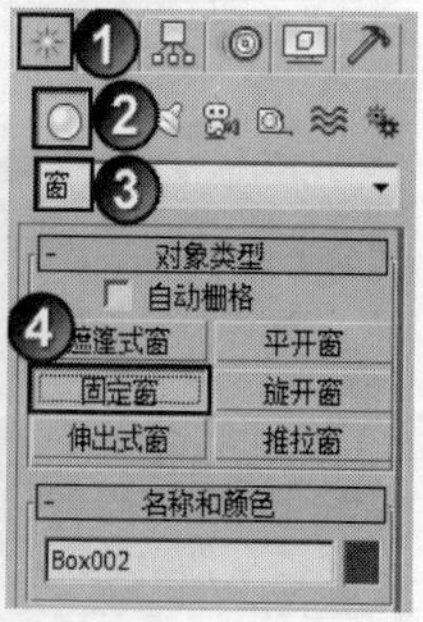

图3-274

06 使用“固定窗”工具 固定窗 在窗框位置创建一个固定窗，在“参数”卷展栏下设置“高度”为190mm、

“宽度”为158mm、“深度”为3mm，然后在“窗框”选项组下设置“水平宽度”为2mm、“垂直宽度”为2mm、“厚度”为6mm，再在“玻璃”选项组下设置“厚度”为0.3mm，最后在“窗格”选项组下设置“宽度”为6mm、“水平窗格数”为2、“垂直窗格数”为3，具体参数设置如图3-275所示，创建好的窗户模型效果如图3-276所示。

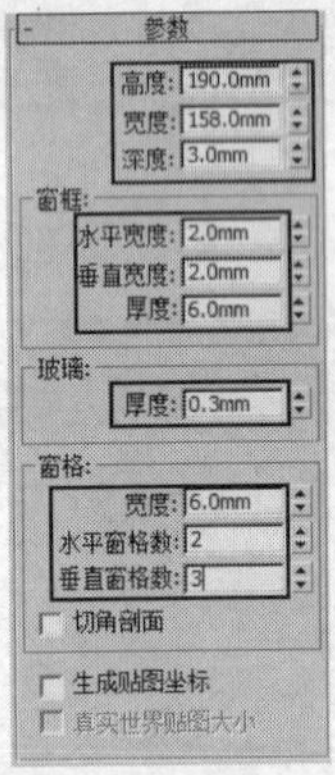

图3-275

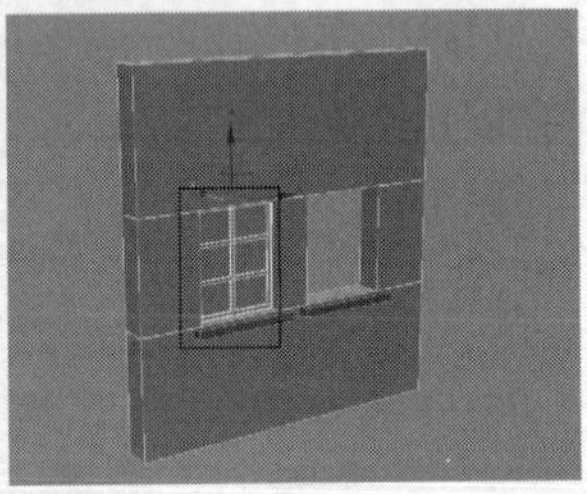

图3-276

技巧与提示

在熟悉了窗户等创建工具的使用与参数特点以后，可以先直接通过捕捉确定好窗户大小，然后通过参数设定窗户的细节，如图3-277和图3-278所示。

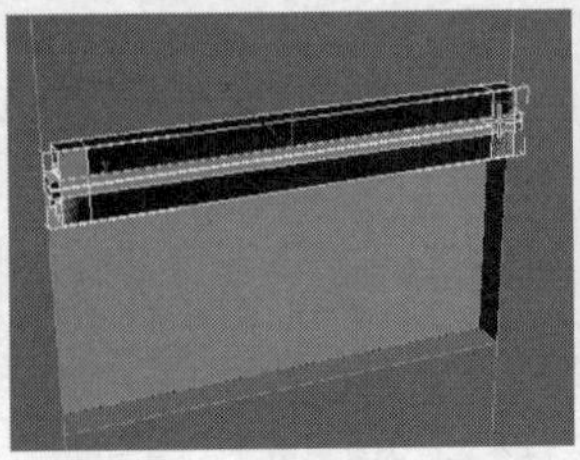

图3-277

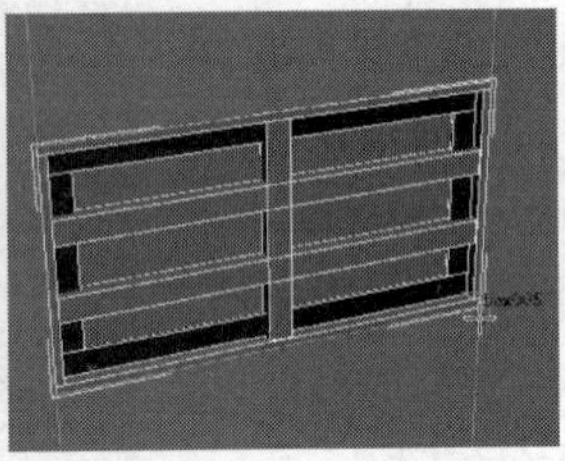

图3-278

07 使用“选择并移动”工具选择上一步创建的窗户模型，然后按住Shift键移动复制一个窗户模型放到如图3-279所示的位置。

08 在“创建”面板中单击“图形”按钮，然后设置“图形”类型为“样条线”，再单击“线”按钮 线 ，最后使用“线”工具 线 在顶视图中绘制栏杆的路径，如图3-280所示。

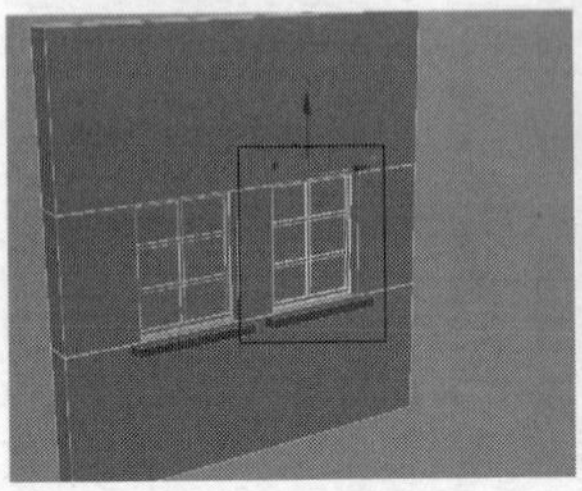

图3-279

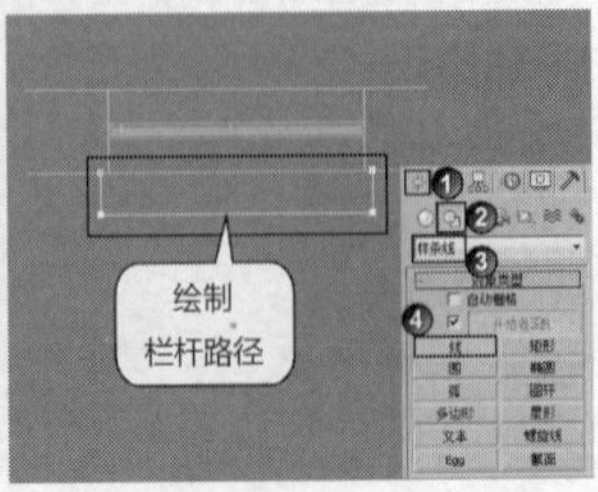

图3-280

09 在“创建”面板中设置“几何体”类型为“AEC扩展”，然后单击“栏杆”按钮 栏杆 ，如图3-281所示。

10 使用“栏杆”工具 栏杆 在场景中创建一个栏杆，然后在“栏杆”卷展栏下单击“拾取栏杆路径”按钮 拾取栏杆路径 ，再在视图中单击之前创建好的样条线，勾选“匹配拐角”选项，最后在“上围栏”选项组下设置“剖面”为“方形”、“深度”为4mm、“宽度”为3mm、“高度”为40mm，如图3-282所示。

图3-281

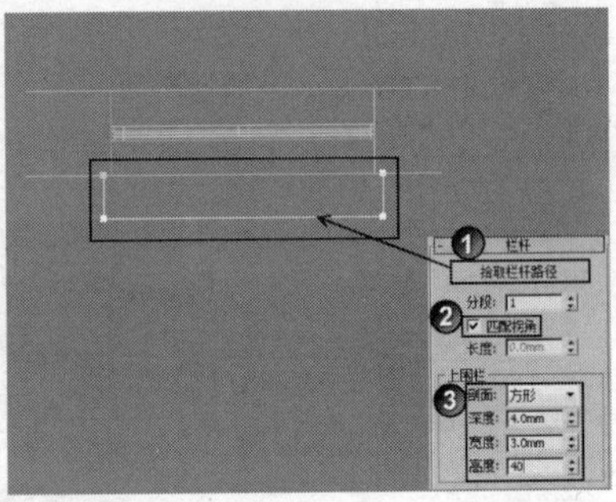

图3-282

11 在“下围栏”选项组下设置“剖面”为“圆形”、“深度”为2mm、“宽度”为2mm，然后单击“下围栏间距”按钮，再在弹出的“下围栏间距”对话框中设置“计数”为2，并关闭“始端偏移”选项后的“锁定”按钮，最后单击“关闭”按钮 关闭 ，具体参数设置如图3-283所示。

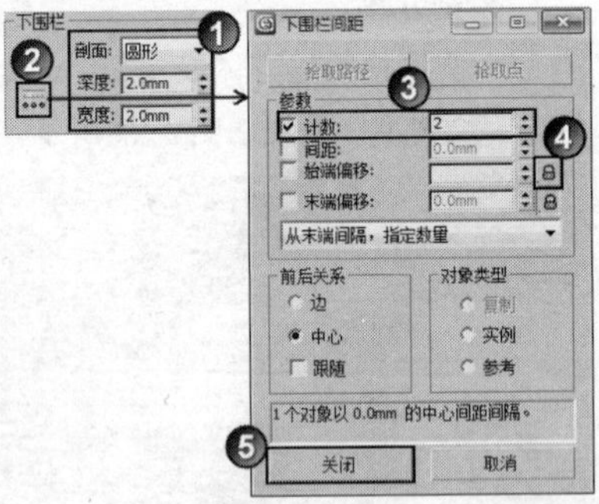

图3-283

12 展开“立柱”卷展栏，然后设置“剖面”为“方形”、“深度”为2mm、“宽度”为2mm、“延长”为3mm，再单击“立柱间距”按钮，并在弹出的“立柱间距”对话框中设置“计数”为3，最后单击“关闭”按钮 关闭 ，具体参数设置如图3-284所示。

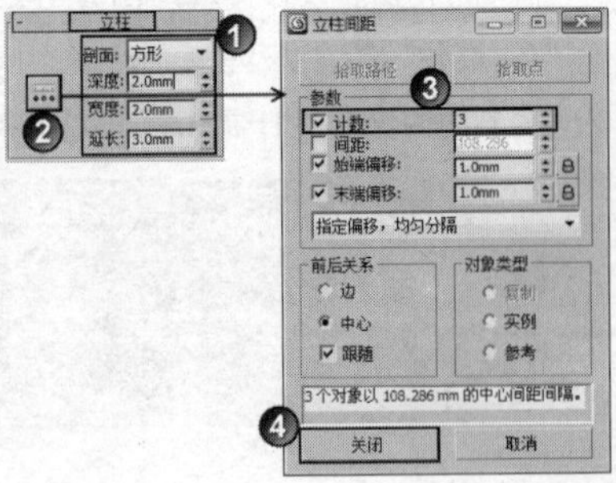

图3-284

13 展开“栅栏”卷展栏，然后设置“类型”为“支柱”，再设置“剖面”为“圆形”、“深度”为2mm、“宽度”为2mm，单击“支柱间距”按钮，最后在弹出的“支柱间距”对话框中设置“计数”为2，并单击“关闭”按钮 关闭 ，具体参数设置如图3-285所示，效果如图3-286所示。

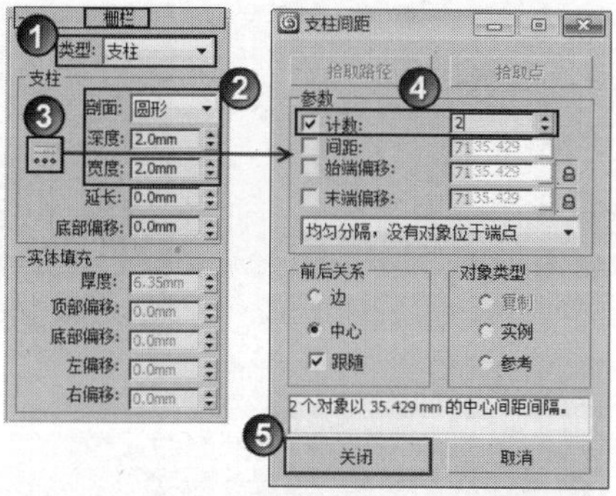

图3-285

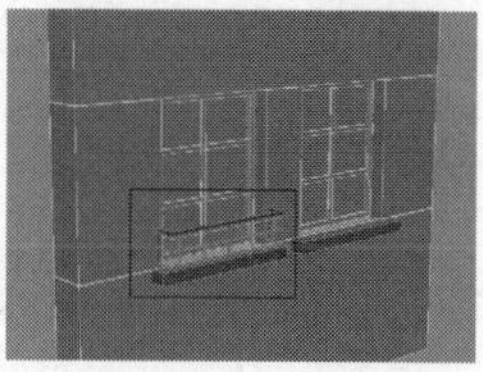

图3-286

14 使用“选择并移动”工具选择栏杆模型，然后按住Shift键移动复制一个栏杆模型放到另一侧，最终效果如图3-287所示。

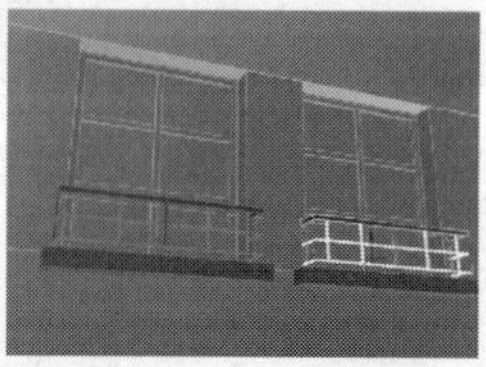

图3-287

实战083 简约休闲室

场景位置	无
实例位置	DVD>实例文件>CH03>实战083.max
视频位置	DVD>多媒体教学>CH03>实战083.flv
难易指数	★★☆☆☆
技术掌握	直线楼梯工具、固定窗工具、栏杆工具

实例介绍

本例将使用内置的直线楼梯、固定窗和栏杆制作一个简约休闲室，效果如图3-288所示。

图3-288

本例大致的操作过程如图3-289所示。本例先要使用长方体构建墙体、窗洞以及层板，然后利用内置的固定窗以及直线楼梯完成窗户和楼梯模型，最后利用内置的栏杆完成栏杆模型。

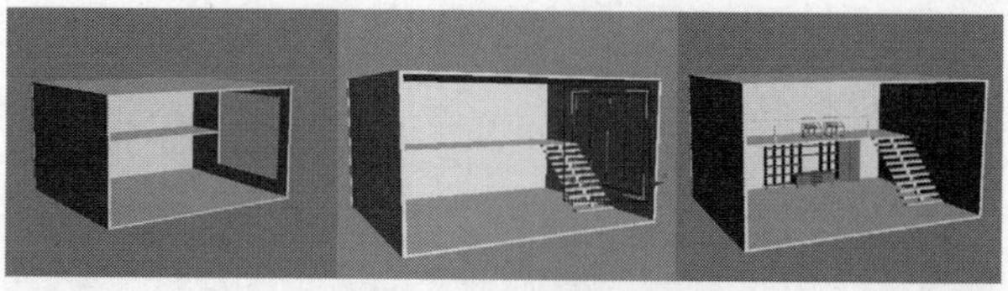

图3-289

操作步骤

01 使用“长方体”工具 长方体 在场景中创建一个长方体，然后在“参数”卷展栏下设置“长度”为190mm、“宽度”为230mm、“高度”为2mm，具体参数设置及模型效果如图3-290所示。

02 继续使用“长方体”工具 长方体 创建另外的模型，完成后的效果如图3-291所示。

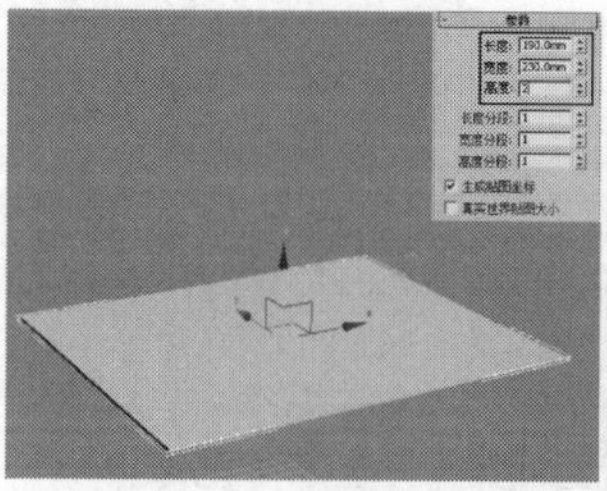

图3-290

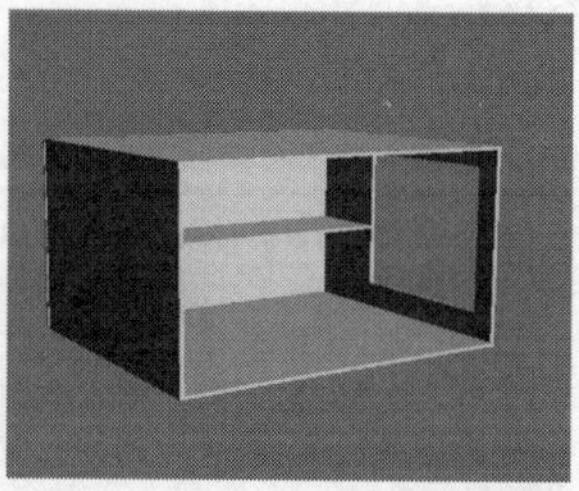

图3-291

03 设置“几何体”类型为“楼梯”，然后单击“直线楼梯”按钮 直线楼梯 ，如图3-292所示。

04 使用“直线楼梯”工具 直线楼梯 在墙体框架的左侧创建一个直线楼梯，展开“参数”卷展栏，然后在“布局”选项组下设置“长度”为80mm、“宽度”为45mm，再在“梯级”选项组下设置“总高”为67.2mm、“竖板高”为5.6mm，最后在“台阶”选项组下设置“厚度”为2mm，具体参数设置如图3-293所示。

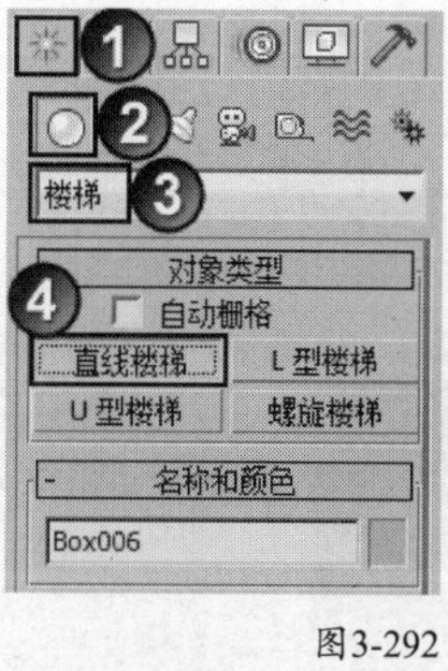

图3-292

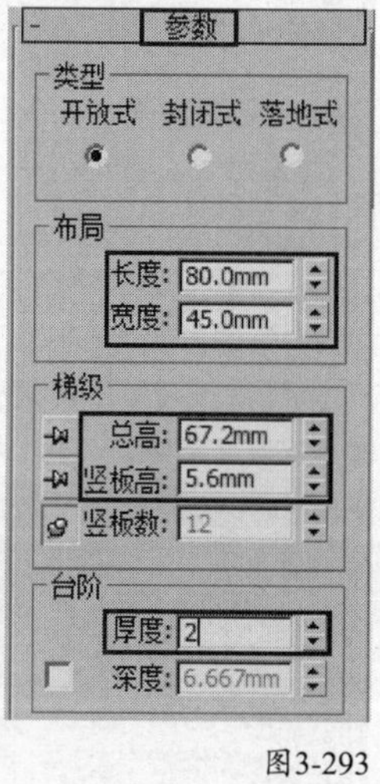

图3-293

05 展开“支撑梁”卷展栏，然后设置“深度”为0.02mm、“宽度”为4mm，具体参数设置及模型效果如图3-294所示。

06 设置“几何体”类型为“窗”，然后单击“固定窗”按钮 固定窗 ，如图3-295所示。

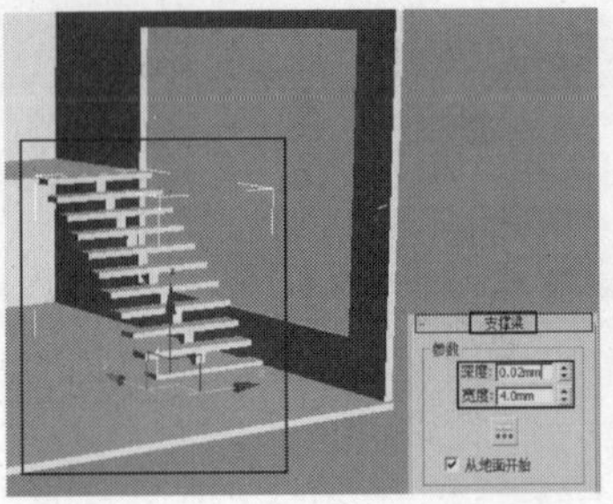

图3-294

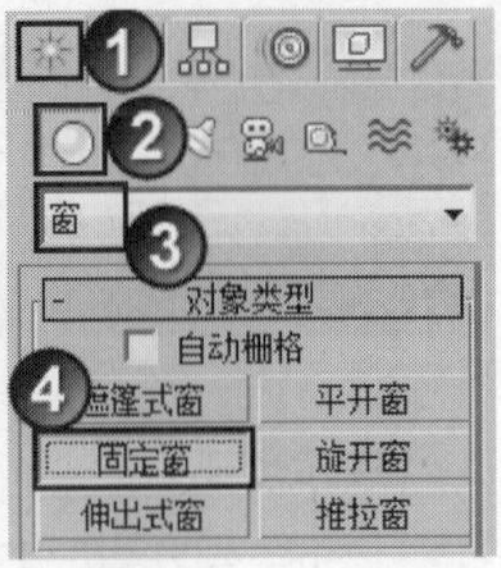

图3-295

07 使用“固定窗”工具 固定窗 在墙体左侧创建一个固定窗，展开“参数”卷展栏，设置“高度”为115mm、“宽度”为115mm、“深度”为6mm，然后在“窗框”选项组下设置“水平宽度”为2mm、“垂直宽度”为2mm、“厚度”为0.5mm，再在“玻璃”选项组下设置“厚度”为0.8mm，最后在“窗格”选项组下设置“宽度”为1mm、“水平窗格数”为4、“垂直窗格数”为1，具体参数设置及模型效果如图3-296所示。

08 设置“几何体”类型为“AEC扩展”，然后单击“栏杆”按钮 栏杆 ，如图3-297所示。

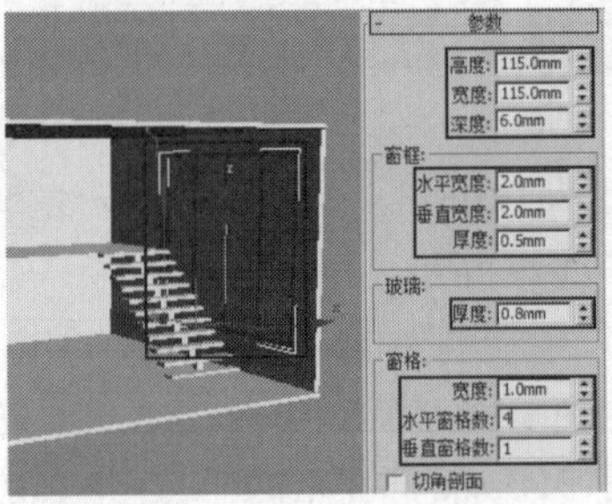

图3-296

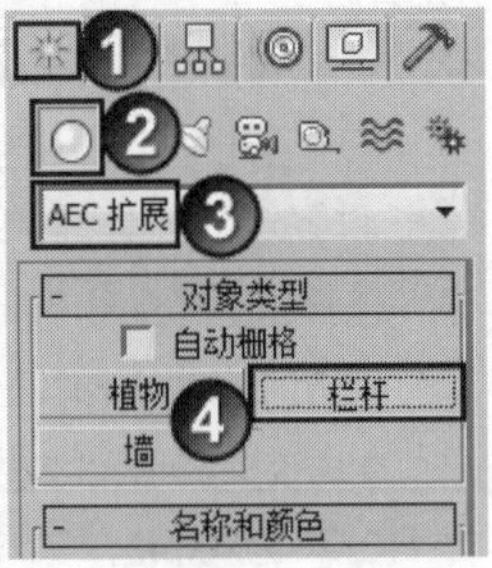

图3-297

09 使用“栏杆”工具 栏杆 在楼梯顶部创建一个栏杆，然后展开“栏杆”卷展栏，接着设置“长度”为180mm，再在“上围栏”选项组下设置“剖面”为“方形”、“深度”为4mm、“宽度”为3mm、“高度”为24mm，具体参数设置如图3-298所示。

10 展开“立柱”卷展栏，然后设置“剖面”为“圆形”、“深度”为2mm、“宽度”为2mm、“延长”为3mm；展开“栅栏”卷展栏，然后设置“类型”为“支柱”，再在“支柱”选项组下设置“剖面”为“方形”、“深度”为1mm、“宽度”为1mm，具体参数设置及模型效果如图3-299所示。

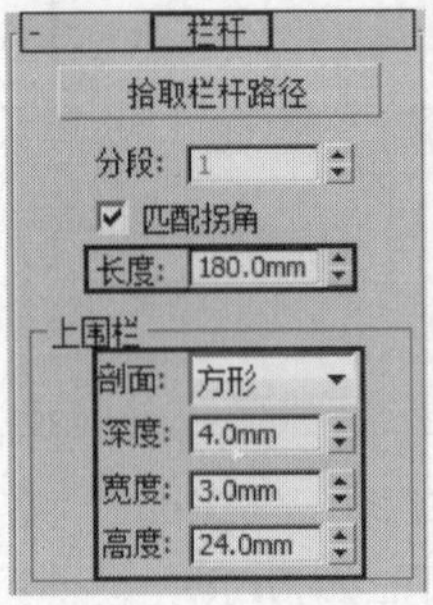

图3-298

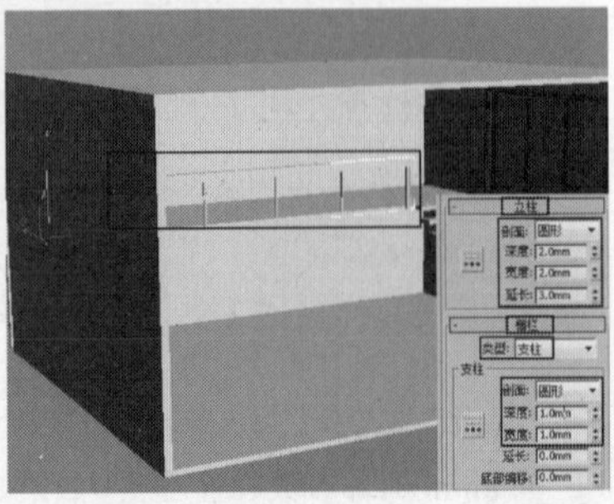

图3-299

11 使用“长方体”工具 长方体 在场景中创建一些隔断，然后合并一些常用的家具模型，最终效果如图3-300所示。

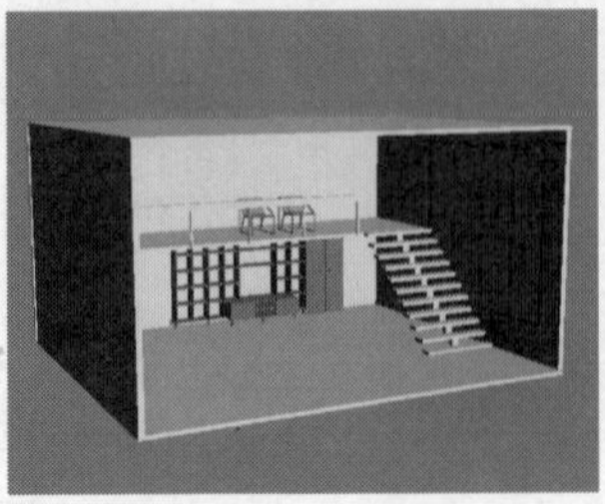

图3-300

实战084 会议室

场景位置 DVD>场景文件>CH03>实战084-1.3ds、实战084-2.3ds
实例位置 DVD>实例文件>CH03>实战084.max
视频位置 DVD>多媒体教学>CH03>实战084.flv
难易指数 ★★★☆☆
技术掌握 固定窗工具、挤出修改器、mr代理工具

实例介绍

本例将使用长方体、固定窗、样条线、“挤出”修改器以及mr代理对象创建一个会议室，效果如图3-301所示。

图3-301

本例大致的操作过程如图3-302所示。本例先要使用长方体与固定窗构建会议室的框架，然后使用样条线和“挤出”修改器创建会议桌，最后通过模型导入以及mr代理对象制作数量较多的座椅与水杯代理模型。

图3-302

操作步骤

01 使用“长方体”工具 长方体 在场景中创建一个长方体，然后在“参数”卷展栏下设置“长度”为30mm、“宽度”为1000mm、“高度”为500mm，具体参数设置及模型效果如图3-303所示。

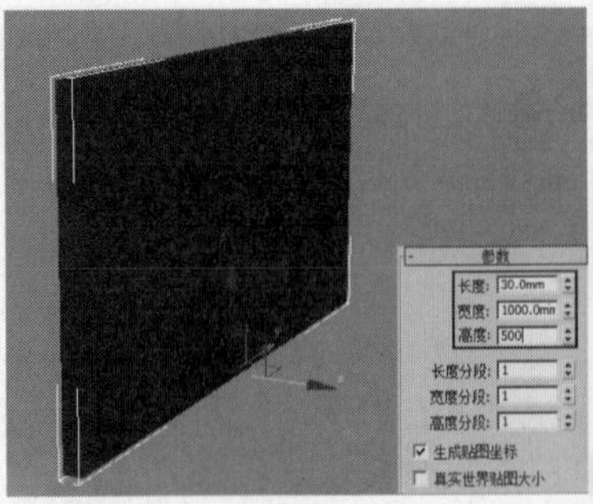

图3-303

02 继续使用“长方体”工具 长方体 在场景中创建其他墙面，完成后的效果如图3-304所示。

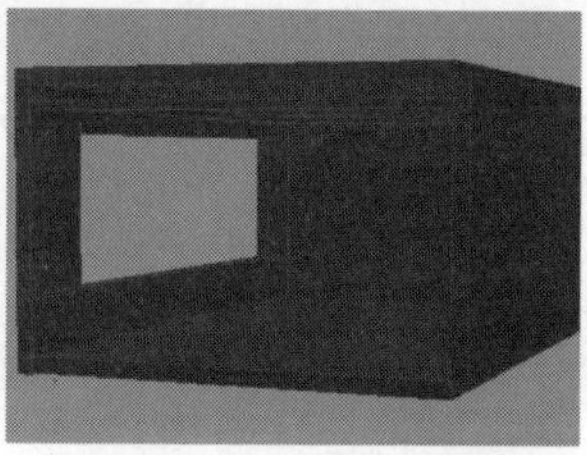

图3-304

03 下面创建窗户模型。使用“固定窗”工具 固定窗 在窗框位置创建一个固定窗，展开“参数”卷展栏，设置“高度”为290mm、“宽度”为950mm、“深度”为10mm，然后在“窗框”选项组下设置“水平宽度”为2mm、“垂直宽度”为2mm、“厚度”为0.5mm，再在“玻璃”选项组下设置“厚度”为0.25mm，最后在“窗格”选项组下设置“宽度”为10mm、“水平窗格数”为5、“垂直窗格数”为2，具体参数设置及模型效果如图3-305所示。

04 使用“线”工具 线 在顶视图中绘制如图3-306所示的样条线。

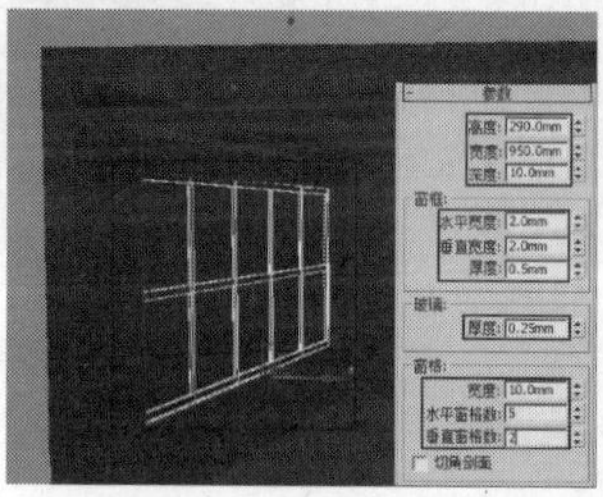

图3-305

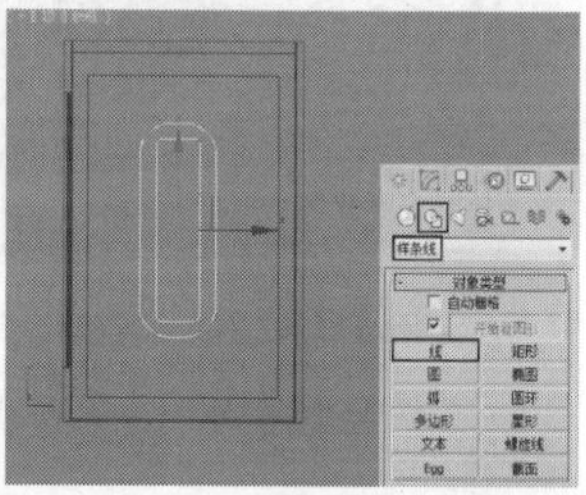

图3-306

05 切换到“修改”面板，然后在“修改器列表”中为样条线加载一个“挤出”修改器，再在“参数”卷展栏下设置“数量”为15mm，具体参数设置及模型效果如图3-307所示。

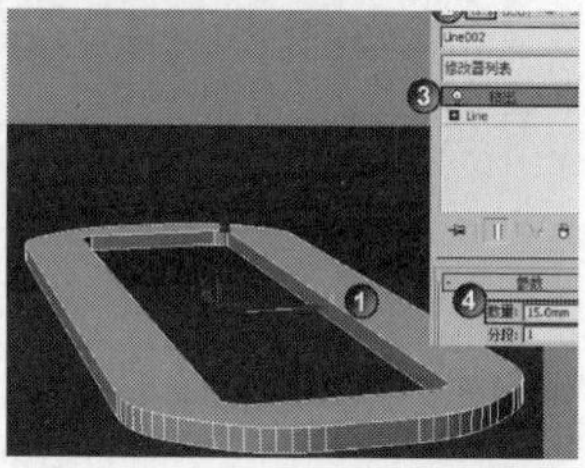

图3-307

06 使用“线”工具 线 在视图中绘制如图3-308所示的样条线，然后为其加载一个“挤出”修改器，再在“参数”卷展栏下设置“数量”为100mm，具体参数设置及模型效果如图3-309所示。

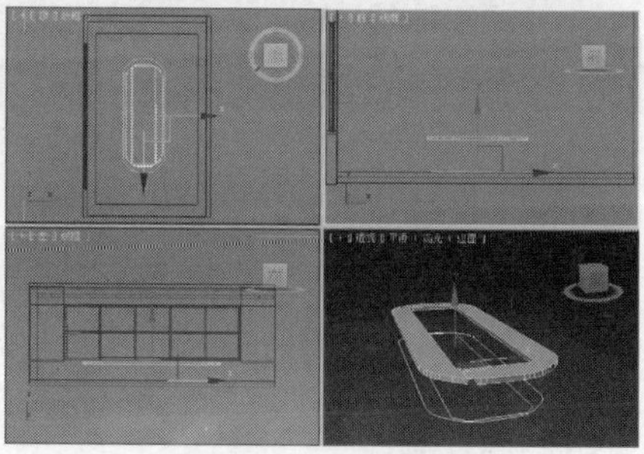

图3-308

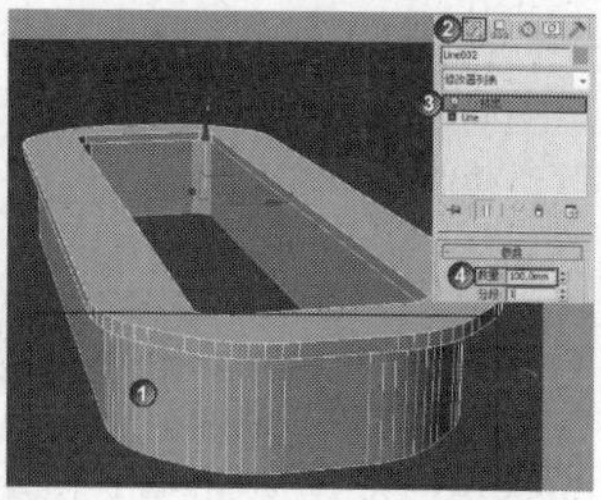

图3-309

技巧与提示

会议桌模型使用到了样条线建模和修改器建模，这两个建模方法将在后面的章节中进行详细讲解。

07 单击“应用程序”图标，然后执行“导入>导入”菜单命令，如图3-310示，再在弹出的对话框中选择光盘中的“场景文件>CH03>实战084-1.3ds”文件，最后单击“打开”按钮 打开(O)，如图3-311所示，导入后的座椅模型效果如图3-312所示。

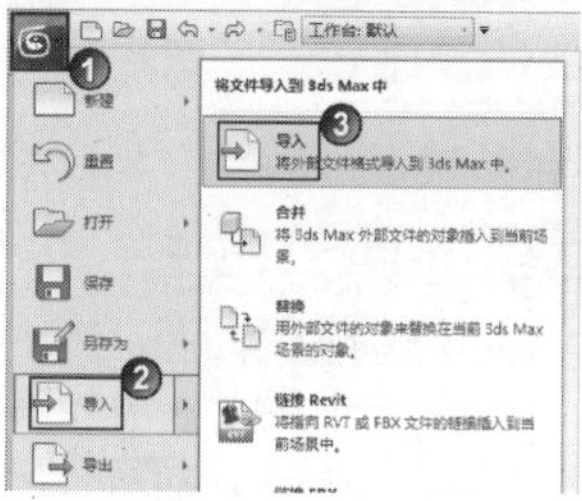

图3-310

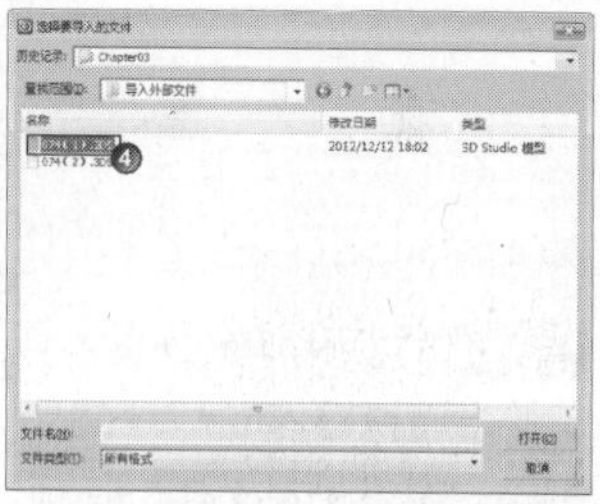

图3-311

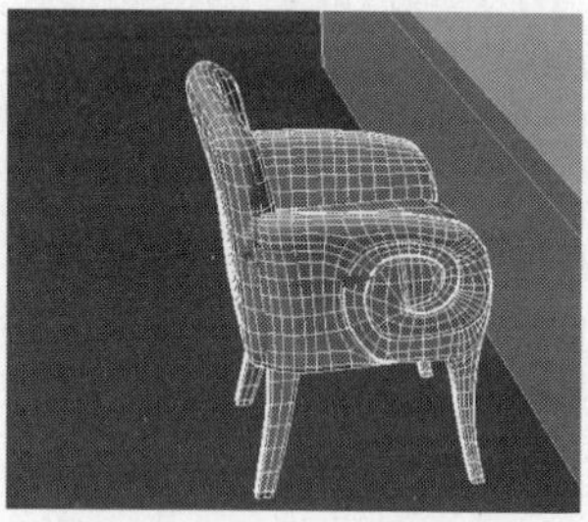

图3-312

08 按F10键打开“渲染设置”对话框，然后单击“公用”选项卡，展开“指定渲染器”卷展栏，再单击“产品级”选项后面的按钮 ...，如图3-313所示，最后在弹出的“选择渲染器”对话框中选择NVIDIA mental ray渲染器，如图3-314所示。

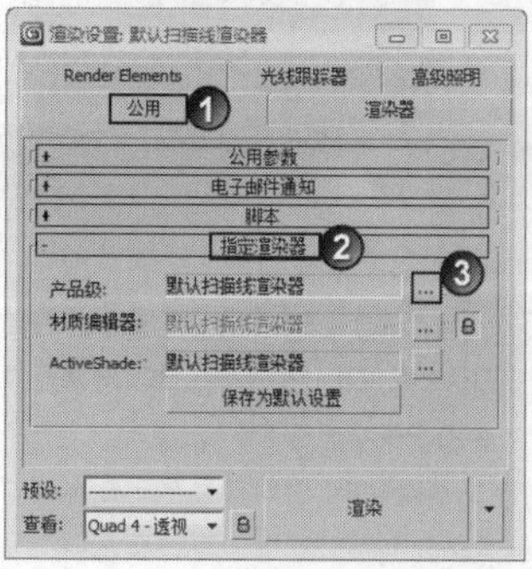

图3-313

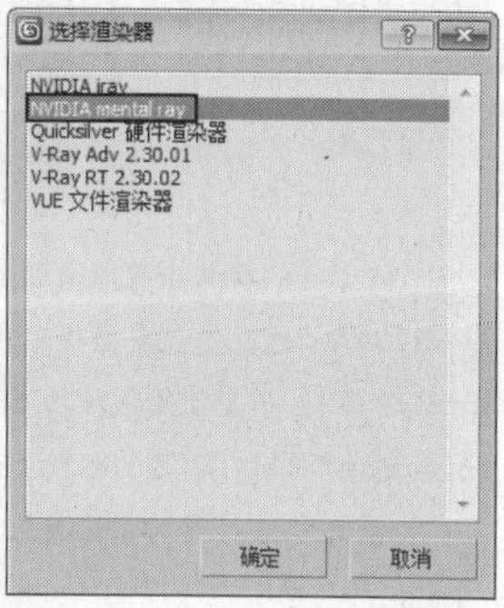

图3-314

09 设置“几何体”类型为mental ray，单击“mr代理”按钮 mr代理 ，然后在“参数”卷展栏下单击“将对象写入文件”按钮 将对象写入文件... ，再在视图中拖曳光标创建一个mr代理图形，如图3-315所示。

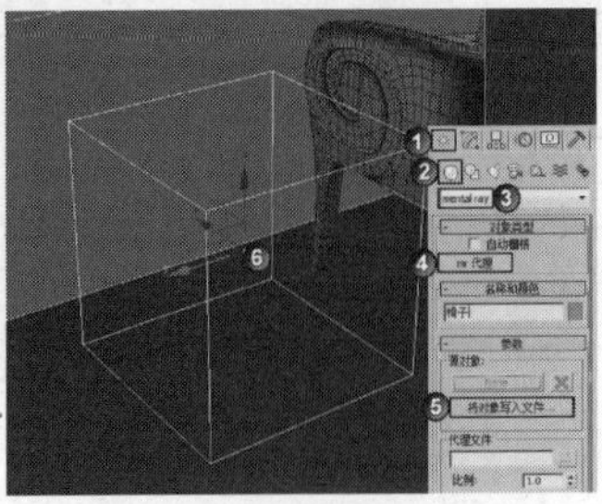

图3-315

技巧与提示

在单击“将对象写入文件”按钮 将对象写入文件... 时，3ds Max可能会弹出“mr代理错误”对话框，单击“确定”按钮 确定 即可，如图3-316所示。

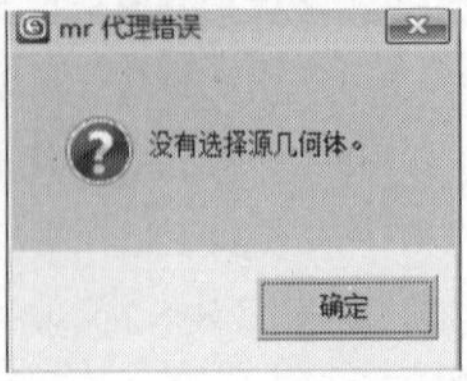

图3-316

10 在“参数”卷展栏下单击None按钮 None ，然后在视图中单击之前导入进来的椅子模型，如图3-317所示。

11 单击“将对象写入文件”按钮 将对象写入文件... ，然后在弹出的“写入mr代理文件”对话框中进行保存（保存完毕后，在“代理文件”选项组下会显示代理物体的保存路径），最后设置“比例”为0.25，如图3-318所示。

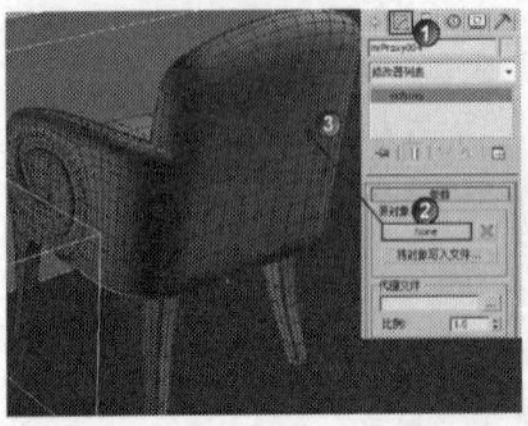

图3-317

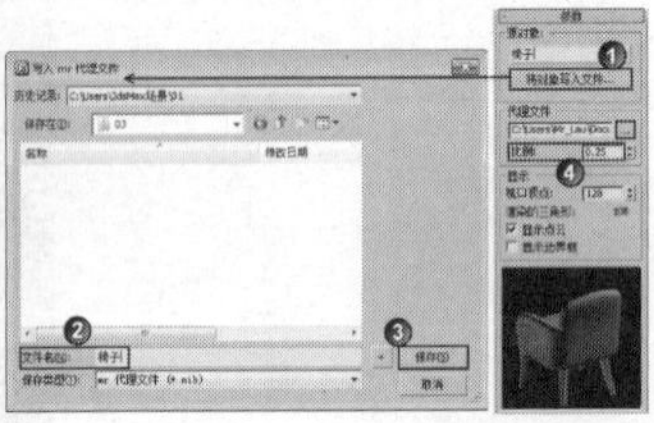

图3-318

技巧与提示

代理完毕后，椅子模型便以“mr代理”对象的形式显示在视图中，并且是以点的形式显示出来，如图3-319所示，但是渲染出来又是真实的模型效果，用这种方法处理多个相同的模型可以节省很多系统内存。

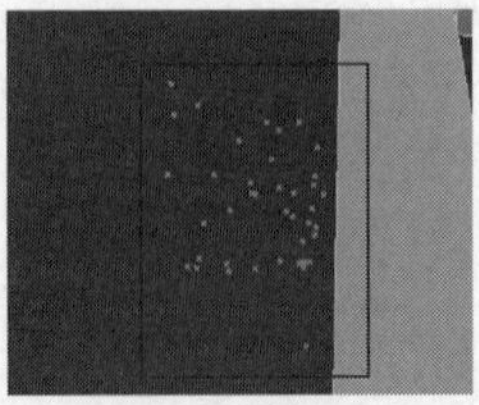

图3-319

从上面的操作中可以看到mental ray代理对象的基本原理是创建“源”对象（也就是需要被代理的对象），然后将这个“源”对象转换为mr代理格式。若要使用代理物体时，可以将代理物体替换掉“源”对象，然后删除“源”对象（因为已经没有必要在场景中显示“源”对象）。

mental ray代理对象主要应用在大型场景中。当一个场景中包含多个相同的对象时就可以使用mental ray代理物体。在渲染代理物体时，渲染器会自动加载磁盘中的代理对象，这样就可以节省很多内存。

12 使用复制功能将代理物体复制到会议桌的四周，完成后的效果如图3-320所示。

图3-320

13 继续导入光盘中的“场景文件>CH03>实战084-2.3ds”文件，如图3-321所示，然后采用相同的方法创建茶杯代理物体，再复制多个茶杯代理物体放在会议桌上，最终效果如图3-322所示。

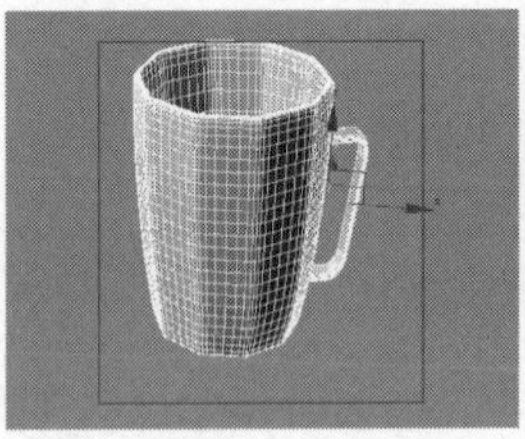

图3-321

图3-322

实战085 剧场

场景位置	DVD>场景文件>CH03>实战085.max
实例位置	DVD>实例文件>CH03>实战085.max
视频位置	DVD>多媒体教学>CH03>实战085.flv
难易指数	★★★☆☆
技术掌握	VRay网格体导出命令、VRay代理工具

实例介绍

本例将使用VRay代理对象创建一个剧场，效果如图3-323所示。

图3-323

本例大致的操作过程如图3-324所示。本例先要用长方体创建墙体模型，然后导入剧场座椅并使用“VRay网格体导出”命令导出需要代理的模型，再使用“VRay代理”功能导入代理物体，最后复制出座椅代理模型即可。

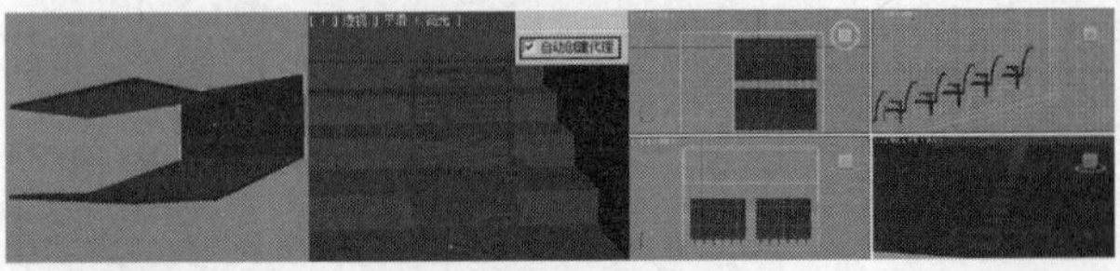

图3-324

操作步骤

01 使用“长方体”工具 长方体 在场景中创建一个长方体，然后在“参数”卷展栏下设置“长度”为140mm、“宽度”为280mm、“高度”为6mm，具体参数设置及模型效果如图3-325所示。

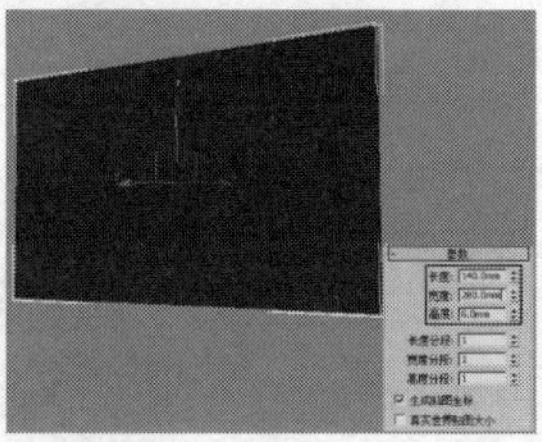

图3-325

02 继续使用“长方体”工具 长方体 创建另外几面墙体和台阶模型，如图3-326和图3-327所示。

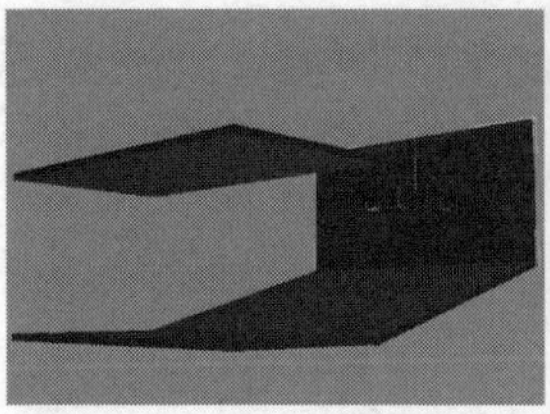

图3-326

图3-327

03 导入光盘中的“场景文件>CH03>实战085.max”文件，如图3-328所示。

图3-328

04 选择椅子模型，单击鼠标右键，然后在弹出的菜单中选择“VRay网格体导出”命令，如图3-329所示，再在弹出的“VRay网格体导出”对话框中单击“文件夹”选项后面的“浏览”按钮 浏览 ，为其设置一个合适的保存路径，并为其设置一个名称，最后单击“确定”按钮 确定 ，如图3-330所示，这时在设置的保存路径中就会出现一个格式为.vrmesh的代理文件，如图3-331所示。

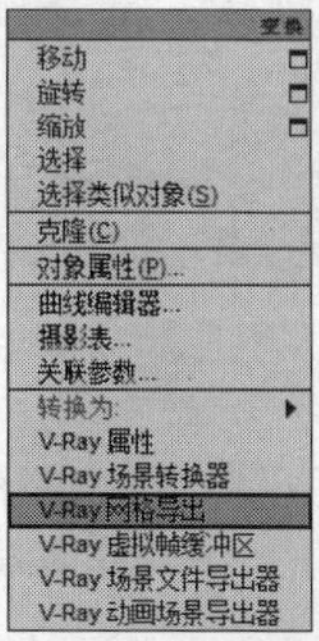

图3-329

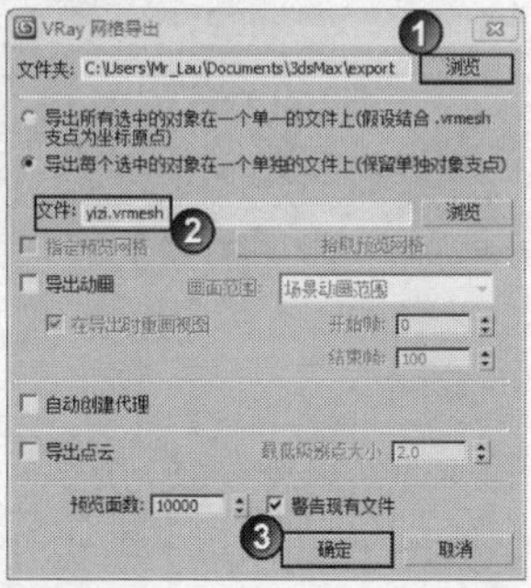

图3-330

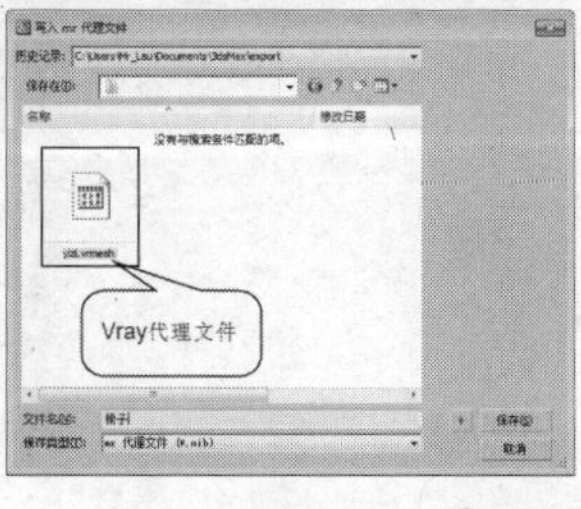

图3-331

技巧与提示

在上一步操作中，如果勾选“自动创建代理”选项，则在单击“确定”按钮 确定 后不但会在保存路径中生成格式为.vrmesh的代理文件，还会在当前场景原有模型处自动创建VRay网格代理，如图3-332所示。在本例中为了方便讲解VRay网格代理的导出与导入，故未勾选该选项。此外，在设置VRay网格代理路径与命名时，最好使用英文，以避免导出产生错误。

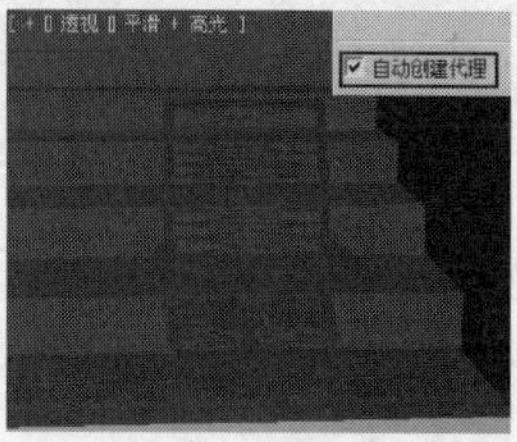

图3-332

05 设置“几何体”类型为VRay，单击“VRay代理”按钮 VR-代理 ，然后在“网格代理参数”卷展栏下单击“浏览”按钮 浏览 ，再找到前面导出的yizi.vrmesh文件并将其导入，最后在视图中的合适位置单击鼠标左键，此时场景中就会出现椅子的代理物体，如图3-333所示。

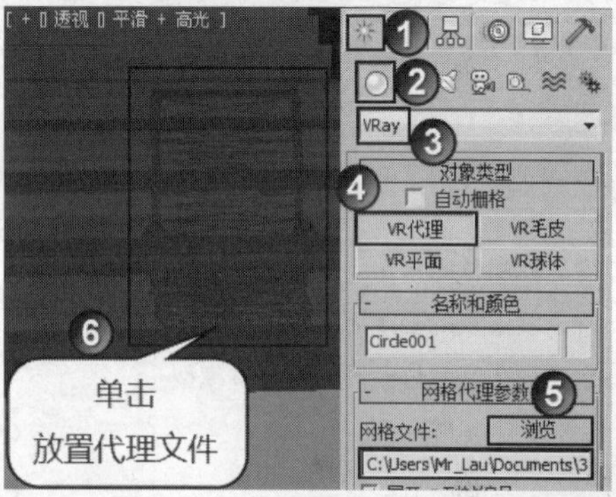

图3-333

06 根据剧场台阶的数量复制座椅代理文件，最终效果如图3-334所示。

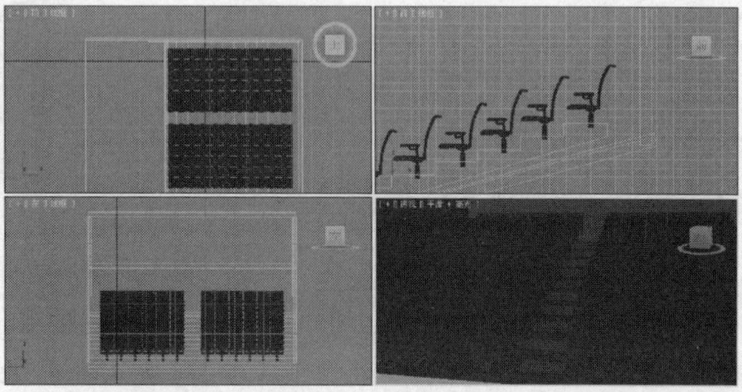

图3-334

技巧与提示

VRay代理物体在渲染时可以从硬盘中将文件（外部文件）导入到场景中的VRay代理网格内，场景中代理物体的网格是一个低面物体，可以节省大量的物理内存和显示内存，一般在物体面数较多或重复较多时使用。虽然场景中相同或相似的物体可以用“VRay代理”工具 VR-代理 来制作，但也不能无限制的复制，否则可能会出现一些问题导致场景无法成功渲染。

第4章 样条线建模

本章学习要点：

样条线建模的常用工具

样条线建模的基本流程复合对象

运用样条线和修改器制作各种模型

实战086 糖果

场景位置	无
实例位置	DVD>实例文件>CH04>实战086.max
视频位置	DVD>多媒体教学>CH04>实战086.flv
难易指数	★☆☆☆☆
技术掌握	圆工具、弧工具、多边形工具、星形工具

实例介绍

本例将使用样条线中的圆、圆弧、多边形以及星形创建一组糖果模型，效果如图4-1所示。

图4-1

本例大致的操作过程如图4-2所示。在创建的过程中要熟悉多种样条线工具的使用方法与样条线厚度的调整方法。

图4-2

操作步骤

01 在“创建”面板中单击“图形”按钮，然后设置“图形”类型为“样条线”，再单击“圆”按钮 圆 ，在前视图中创建一个圆形，最后在“参数”卷展栏下设置“半径”为100mm，如图4-3所示。

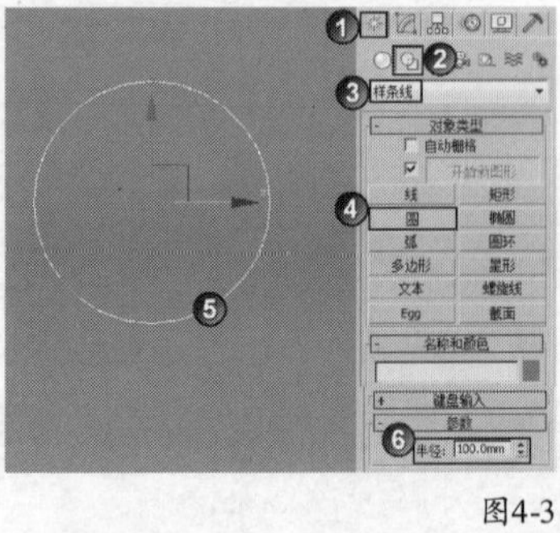

图4-3

02 选择圆形，然后在“渲染”卷展栏下勾选“在渲染中启用”和“在视口中启用”选项，再设置“径向”的“厚度”为100mm，具体参数设置及模型效果如图4-4所示。

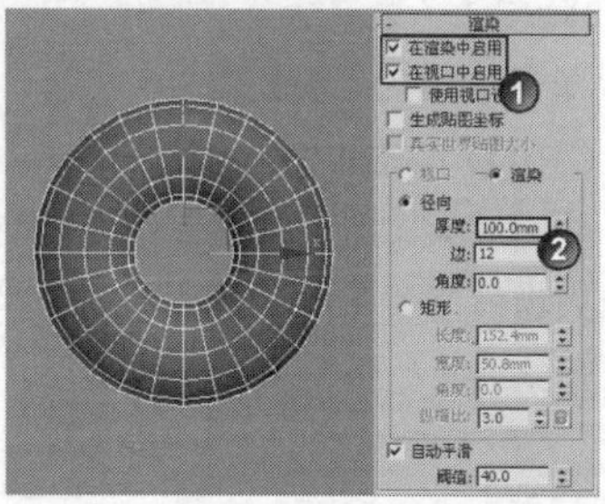

图4-4

03 使用“弧”工具 弧 在圆形的旁边创建一个圆弧，然后在“参数”卷展栏下设置“半径”为100mm、“从”为200、“到”为100，具体参数设置及模型效果如图4-5所示。

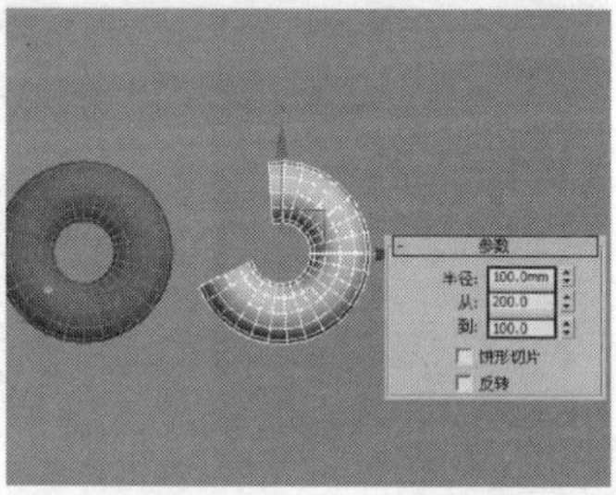

图4-5

04 使用“多边形”工具 多边形 在圆弧的旁边创建一个多边形，然后在“参数”卷展栏下设置“半径”为100mm、“边数”为3、“角半径”为2mm，具体参数设置及模型效果如图4-6所示。

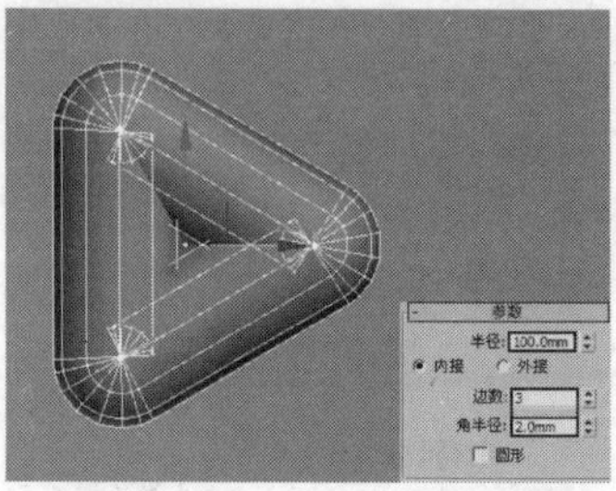

图4-6

05 使用“星形”工具 星形 在多边形的旁边创建一个星形，然后在“参数”卷展栏下设置“半径1”为100mm、“半径2”为60mm、“点”为5、“扭曲”为10、“圆角半径1”和“圆角半径2”为3mm，具体参数设置及模型效果如图4-7所示。

06 使用“圆柱体”工具 圆柱体 在透视图中创建一个圆柱体，然后在“参数”卷展栏下设置“半径”为10mm、“高度”为400mm、“高度分段”为1，模型位置如图4-8所示。

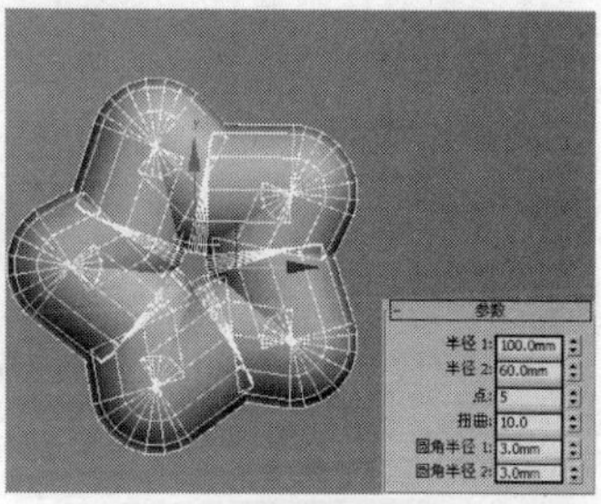

图4-7

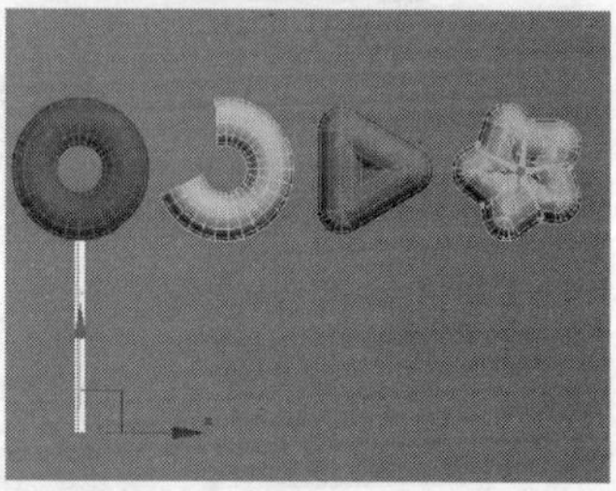

图4-8

07 使用“选择并移动”工具选择上一步创建的圆柱体，然后按住Shift键移动复制3个圆柱体放到如图4-9所示的位置。

08 使用“选择并移动”工具调整好每个糖果的位置，最终效果如图4-10所示。

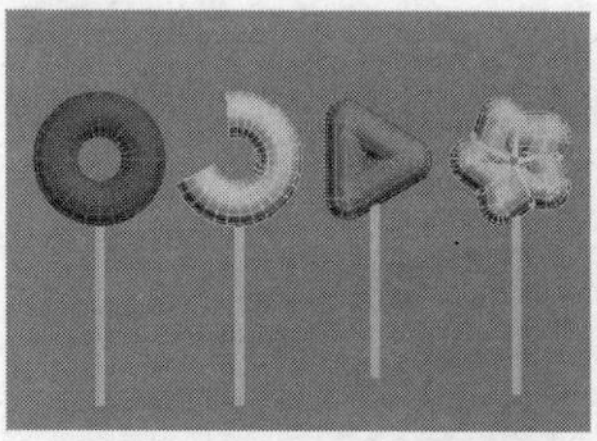

图4-9

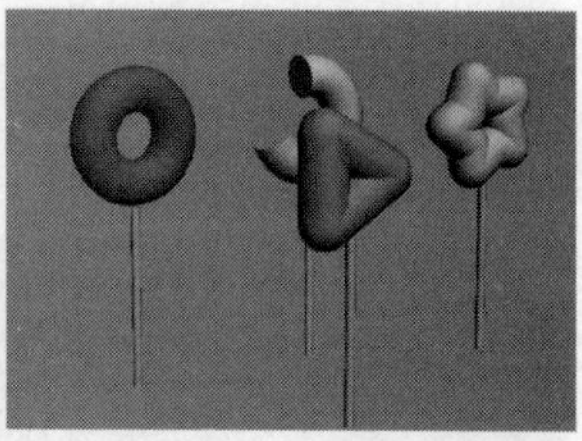

图4-10

实战087 迷宫

场景位置	DVD>实例文件>CH04>实战087.max
实例位置	DVD>实例文件>CH04>实战087.max
视频位置	DVD>多媒体教学>CH04>实战087.flv
难易指数	★☆☆☆☆
技术掌握	墙矩形、通道工具、角度工具、T形工具、宽法兰工具、挤出修改器

实例介绍

本例将使用扩展样条线中的墙矩形、通道、角度、T形、宽法兰以及“挤出”修改器创建一个迷宫模型，效果如图4-11所示。

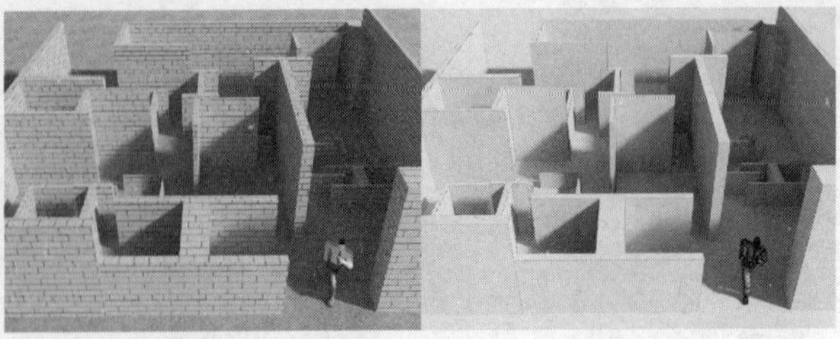

图4-11

本例大致的操作过程如图4-12所示。在创建的过程中要注意扩展样条线建模工具的使用方法与“挤出”修改器的使用方法。

图4-12

操作步骤

01 在“创建”面板中单击“图形”按钮，然后设置“图形”类型为“扩展样条线”，再单击“墙矩形”按钮 墙矩形 ，最后在视图中创建一个墙矩形，如图4-13所示。

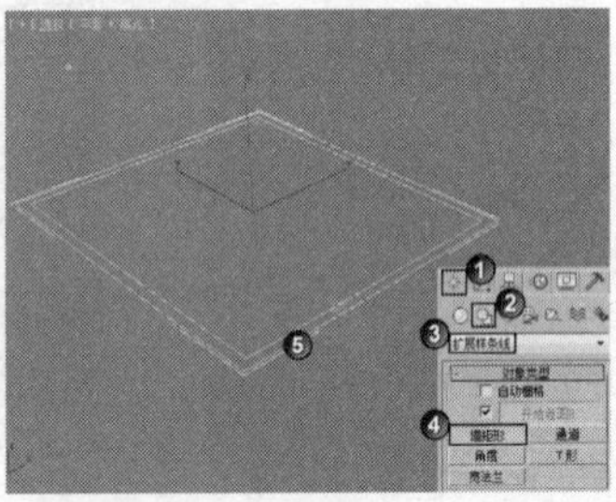

图4-13

02 继续使用“通道”工具 通道 、“角度”工具 角度 、“T形”工具 T形 和“宽法兰”工具 宽法兰 在视图中创建如图4-14所示的样条线。

03 使用“选择并移动”工具和“选择并均匀缩放”工具调整创建好的样条线以形成迷宫平面，完成后的效果如图4-15所示。

图4-14

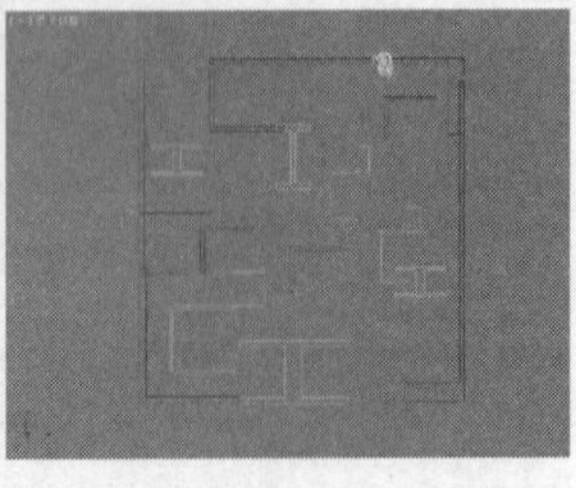

图4-15

技巧与提示

从图4-15中可以观察到迷宫已经成形了，但现在还只是二维图形，因此下面要利用“挤出”修改器将其转换为有空间高度的三维模型。

04 选择所有的样条线，进入“修改”面板，然后在“修改器列表”中为样条线加载一个“挤出”修改器，再在“参数”卷展栏下设置“数量”为100mm，具体参数设置及模型效果如图4-16所示。

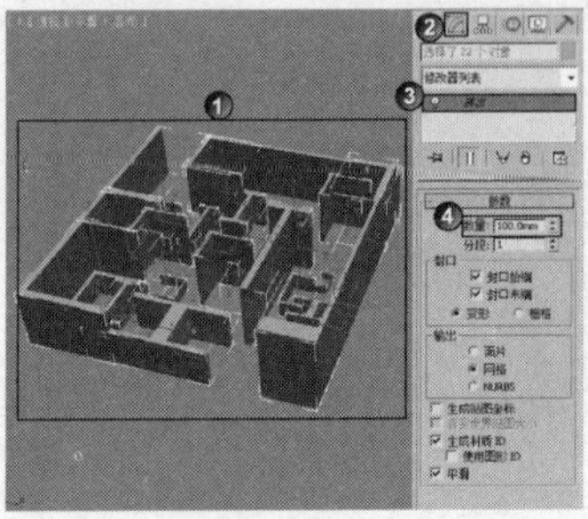

图4-16

05 单击界面左上角的“应用程序”图标，然后执行“导入>合并”菜单命令，如图4-17所示，再在弹出的对话框中选择光盘中的“场景文件>CH04>实战087.max”文件，如图4-18所示，最后将人物模型放在出口位置，最终效果如图4-19所示。

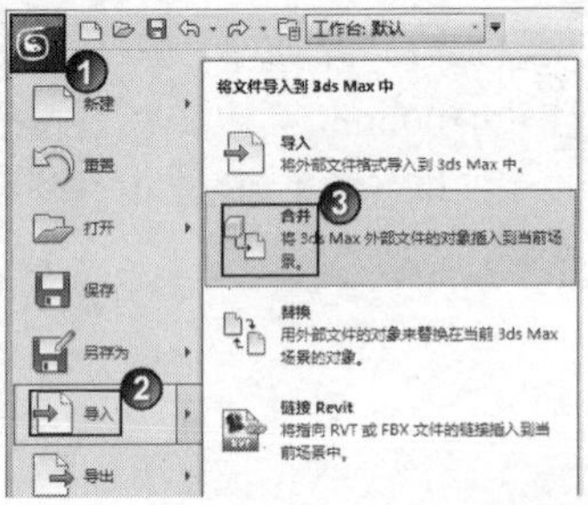

图4-17

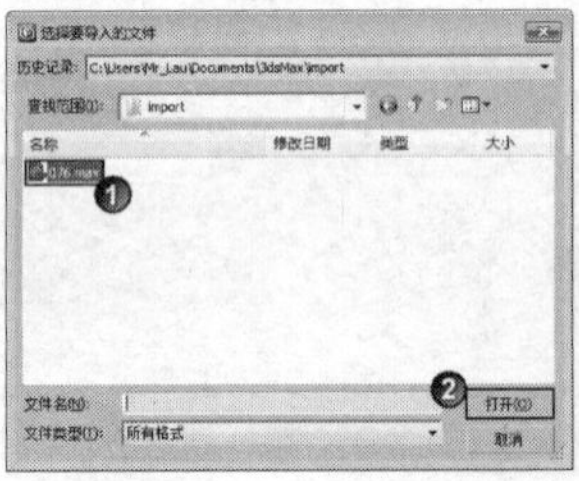

图4-18

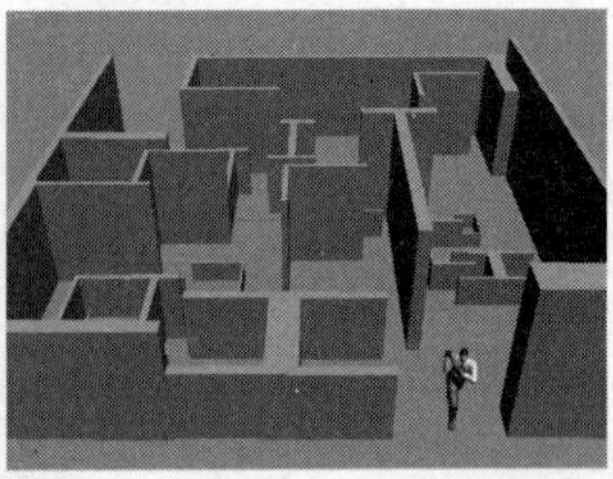

图4-19

技巧与提示

实际上“扩展样条线”就是“样条线”的一种补充，让用户能在建模时节省时间，但是只有在特殊情况下才使用扩展样条线来建模，而且还得配合其他修改器一起完成。

实战088 台历

场景位置	无
实例位置	DVD>实例文件>CH04>实战088.max
视频位置	DVD>多媒体教学>CH04>实战088.flv
难易指数	★★★☆☆
技术掌握	线工具、轮廓工具、圆工具、挤出修改器

实例介绍

本例将使用线、圆以及“挤出”修改器创建一个台历模型，效果如图4-20所示。

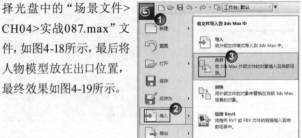

图4-20

本例大致的操作过程如图4-21所示。本例先要使用线绘制出台历的截面图形，然后利用“挤出”修改器制作好台历主体，最后使用圆以及复制功能完成其他细节。

图4-21

操作步骤

01 切换到前视图，在“创建”面板中单击“图形”按钮，然后设置“图形”类型为“样条线”，再单击“线”按钮 线 ，最后在视图中绘制一条如图4-22所示的样条线。

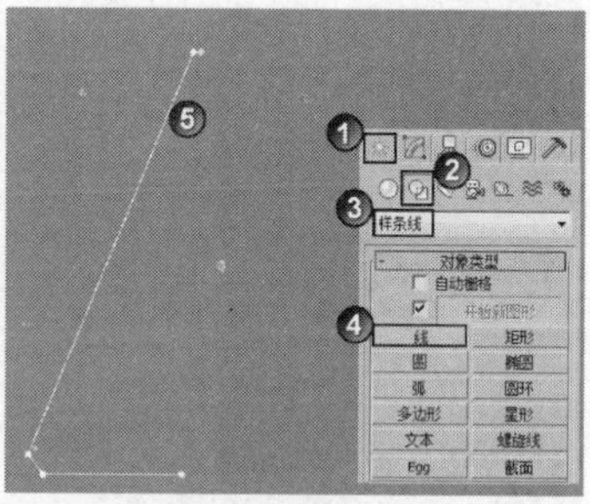

图4-22

技巧与提示

在绘制样条线的过程中如果绘制错误，最好不要中断绘制操作，只需按BackSpace键即可返回上一步操作，每按一次返回一步。

02 选择创建好的样条线，然后在“主工具栏”中单击“镜像”按钮，再在弹出的“镜像:屏幕坐标”对话框中设置“镜像轴”为x轴、“克隆当前选择”为“复制”，如图4-23所示。

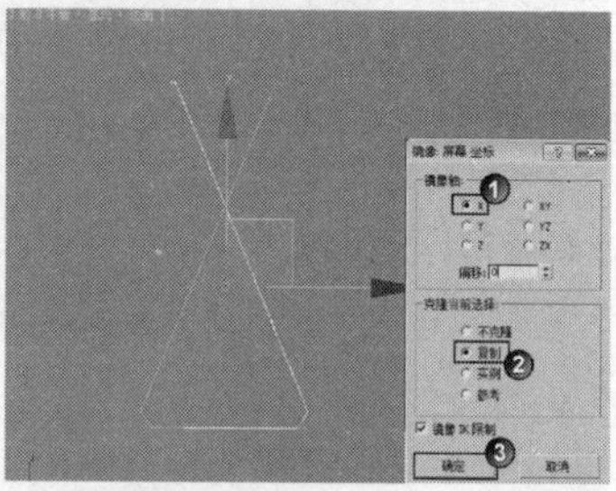

图4-23

03 选择右侧复制的样条线，然后通过移动捕捉点连接好两条样条线，如图4-24所示。

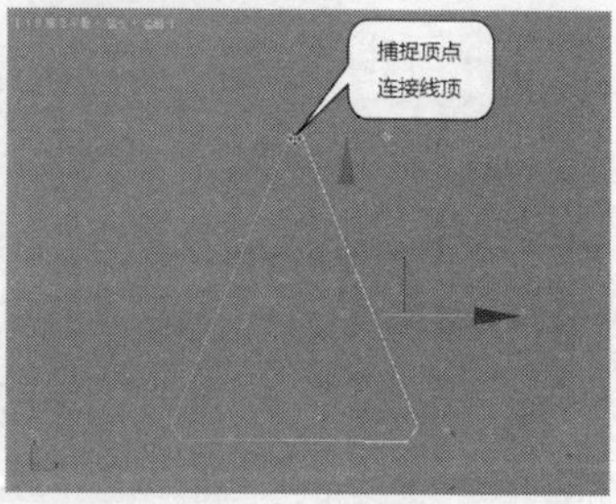

图4-24

04 选择右侧的样条线，然后单击鼠标右键，再在弹出的菜单中选择“附加”命令，最后单击左侧的样条线，将两条样条线合并为一条线段，如图4-25所示。

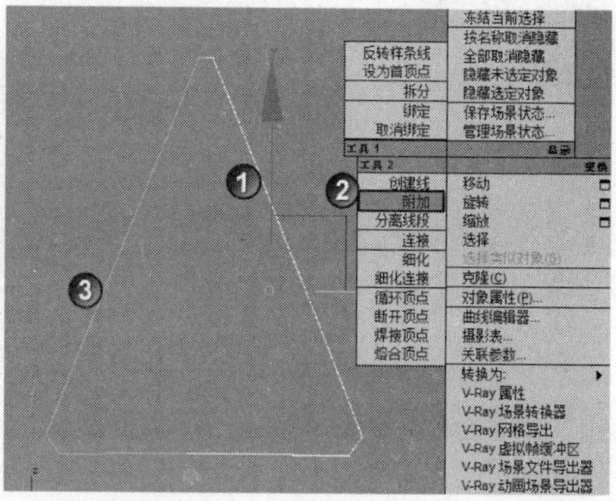

图4-25

技巧与提示

选择任意一条线段，在“修改”面板中展开次物体层级列表，可以选择样条线的次物体层级，包含“顶点”、“线段”以及“样条线”3个级别，如图4-26所示。在上一步中，通过“附加”命令只是将两条样条线合并在一起，但此时它们还是分开的，接下来还要通过“焊接”命令将其连接起来。

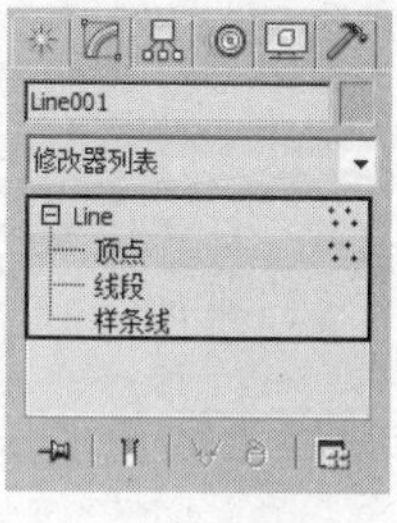

图4-26

05 按1键进入“顶点”级别，然后选择两条样条线的连接顶点，再在“几何体”卷展栏下单击“焊接”按钮 焊接 ，这样就可以将重合处的顶点焊接为一个顶点，如图4-27所示。

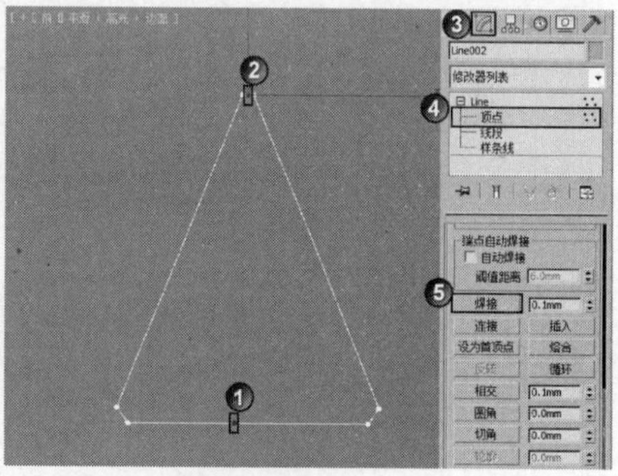

图4-27

06 继续在“几何体”卷展栏下单击“删除”按钮 删除 ，删除多余的顶点，如图4-28所示，处理完成后的样条线效果如图4-29所示。

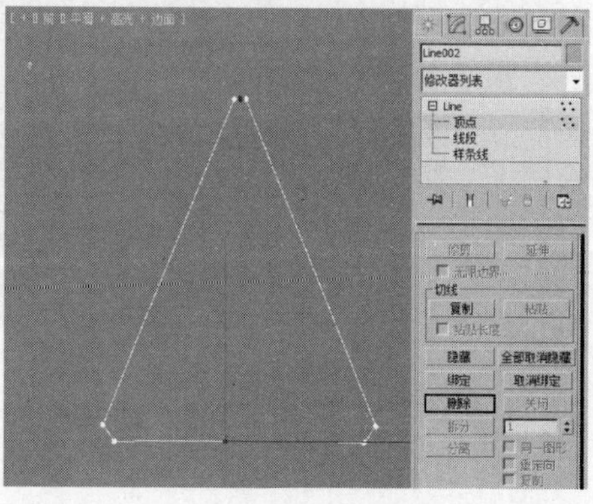

图4-28

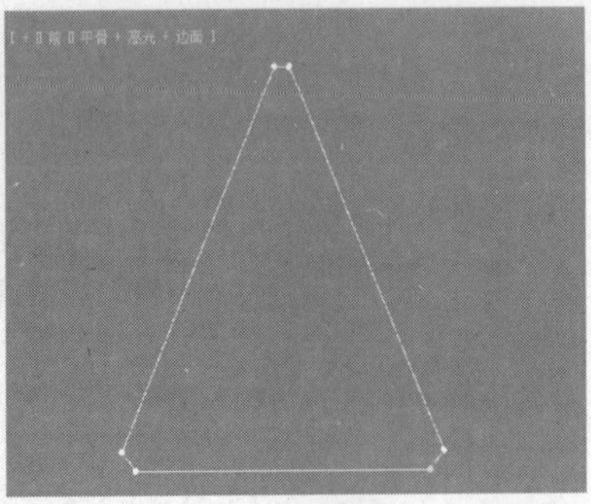

图4-29

技巧与提示

如果要查看一条线段中有几段样条线，可以进入"顶点"级别，然后查看有几个呈"黄色"显示的"首顶点"，如图4-30所示。另外要注意一点，如果在上一步操作中不执行"焊接"操作而直接执行"删除"顶点操作，则将产生错误效果，如图4-31所示。

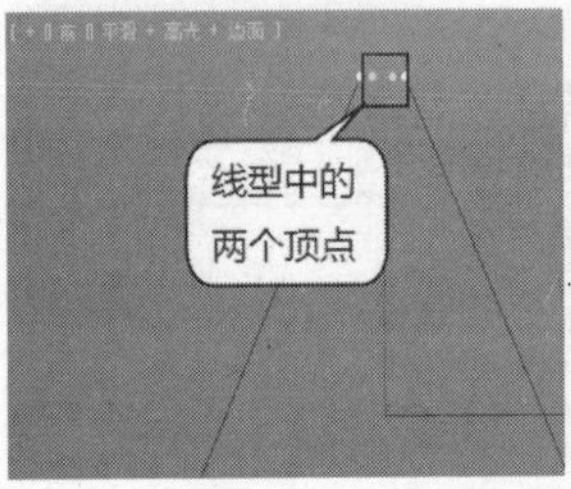

图4-30

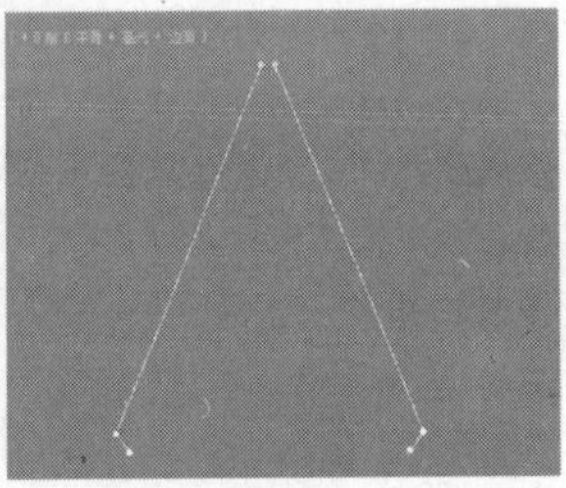

图4-31

07 在"修改"面板中选择"样条线"级别，然后选择整条样条线，如图4-32所示。

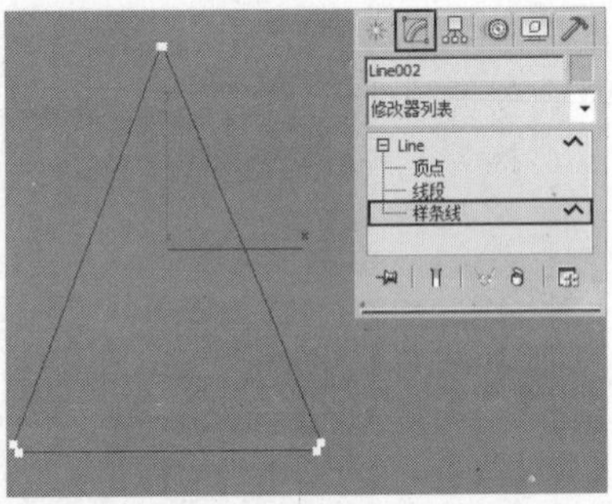

图4-32

08 展开"几何体"卷展栏，然后在"轮廓"按钮 轮廓 后面输入2mm，再单击"轮廓"按钮 轮廓 或按Enter键进行廓边操作，如图4-33所示。

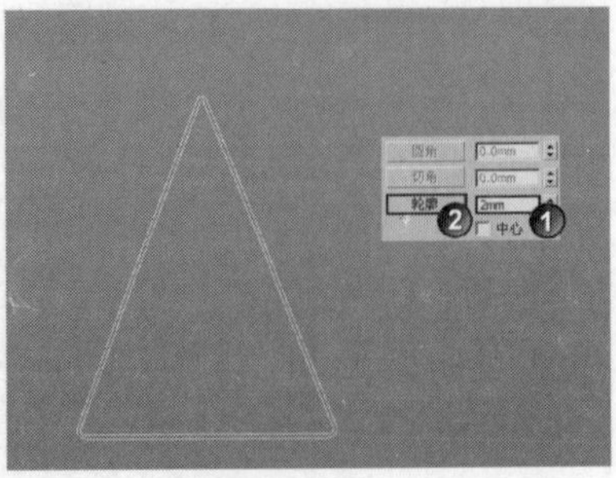

图4-33

09 选择样条线，然后在"修改器列表"中选择"挤出"修改器，再在"参数"卷展栏下设置"数量"为180mm，具体参数设置及模型效果如图4-34所示。

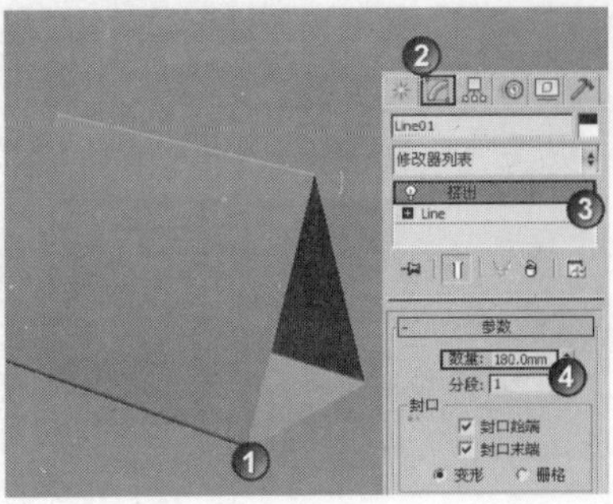

图4-34

10 下面创建纸张模型。使用"线"工具 线 在左视图中绘制一些独立的样条线，如图4-35所示。

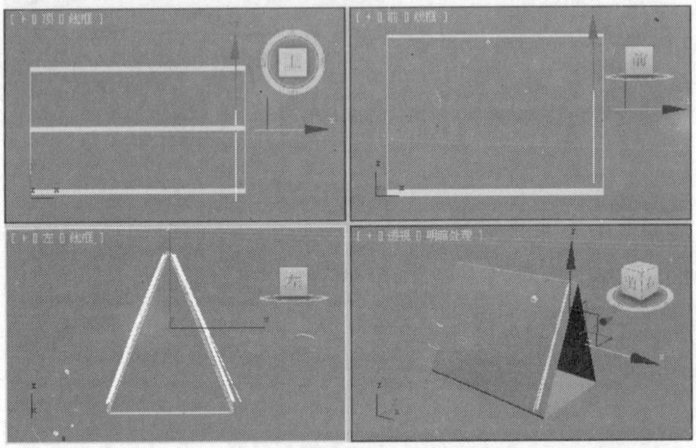

图4-35

11 为每条样条线廓边0.5mm，然后为每条样条线加载"挤出"修改器，再在"参数"卷展栏下设置"数量"为160mm，效果如图4-36所示。

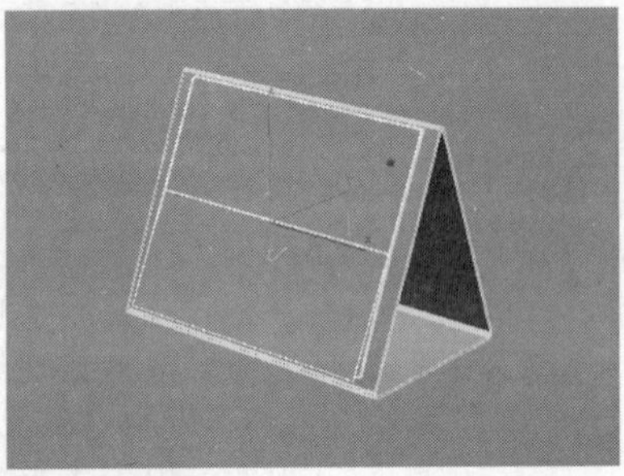

图4-36

12 下面制作圆扣模型。使用"圆"工具 圆 在左视图中绘制一个圆形，然后在"参数"卷展栏下设置"半径"为5.5，具体参数设置及圆形位置如图4-37所示。

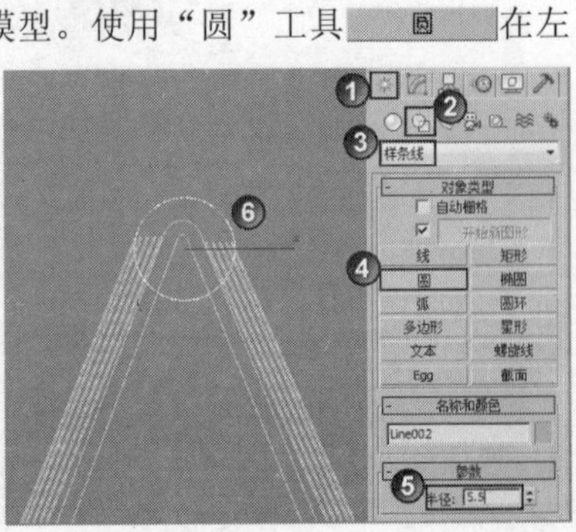

图4-37

13 选择圆形，然后在"渲染"卷展栏下勾选"在渲染中启用"和"在视口中启用"选项，再设置"径向"的"厚度"为0.5mm，具体参数设置及模型效果如图4-38所示。

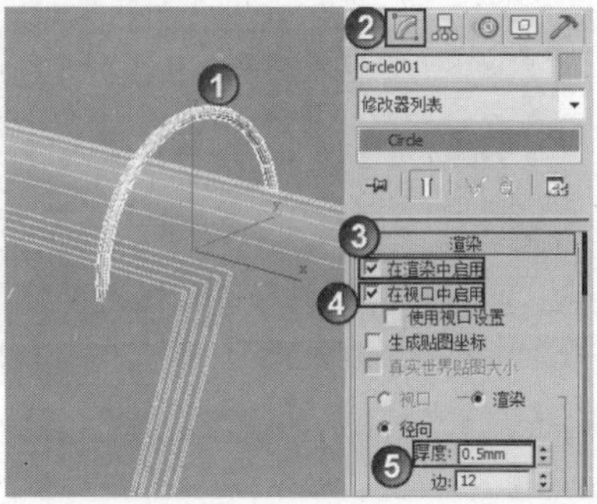

图4-38

14 使用“选择并移动”工具在前视图中移动复制一些圆扣，如图4-39所示，最终效果如图4-40所示。

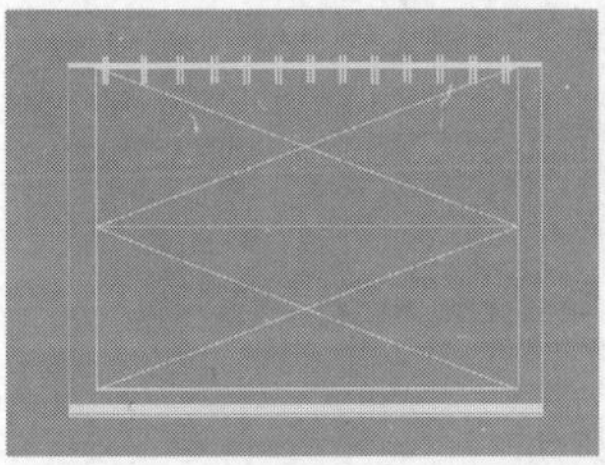

图4-39

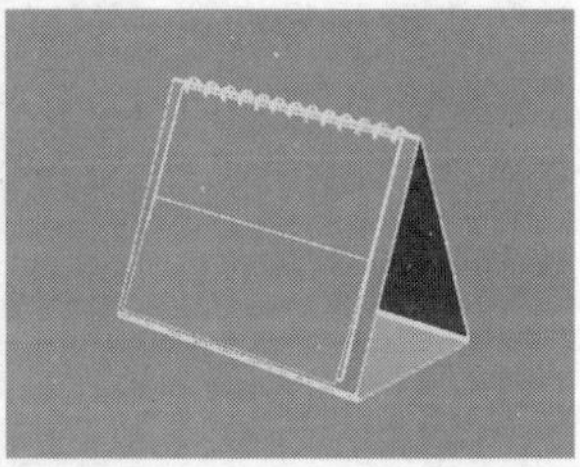

图4-40

实战089 杂志

场景位置	无
实例位置	DVD>实例文件>CH04>实战089.max
视频位置	DVD>多媒体教学>CH04>实战089.flv
难易指数	★★☆☆☆
技术掌握	线工具、轮廓工具、挤出修改器

实例介绍

本例将使用线和“挤出”修改器制作一个杂志模型，效果如图4-41所示。

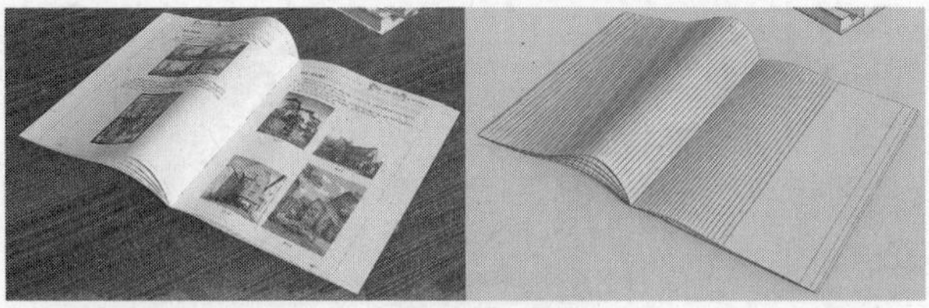

图4-41

本例大致的操作过程如图4-42所示。本例先要使用线与“廓边”技术创建杂志书页的轮廓，然后使用“挤出”修改器制作杂志书页，最后通过复制与缩放完成整体效果。

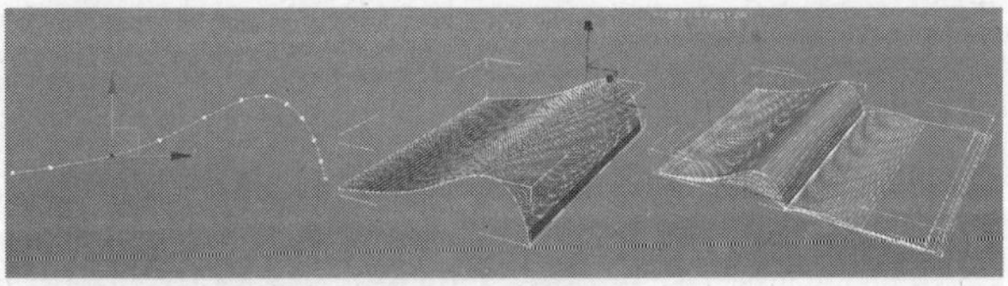

图4-42

操作步骤

01 使用“线”工具 线 在前视图中绘制一条如图4-43所示的样条线。

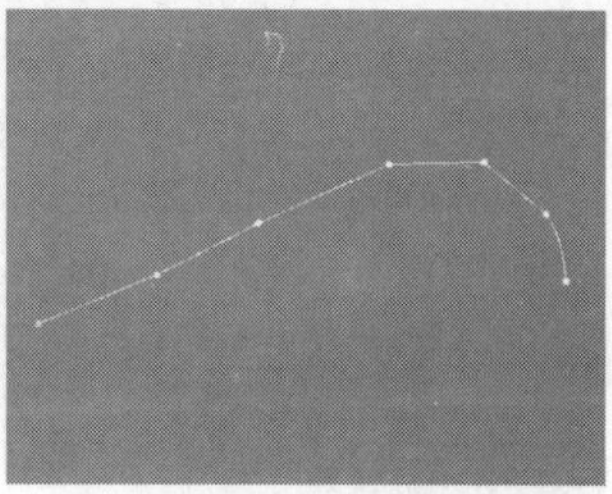

图4-43

技巧与提示

在创建样条线的过程中，如果单击左键创建顶点后松开鼠标将生成直线段，如图4-44所示；如果单击鼠标左键创建顶点后再按住鼠标进行拖曳将生成曲线段，如图4-45所示。

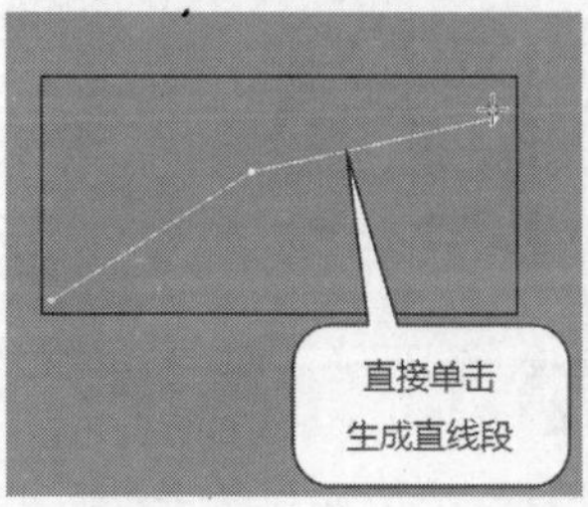

图4-44

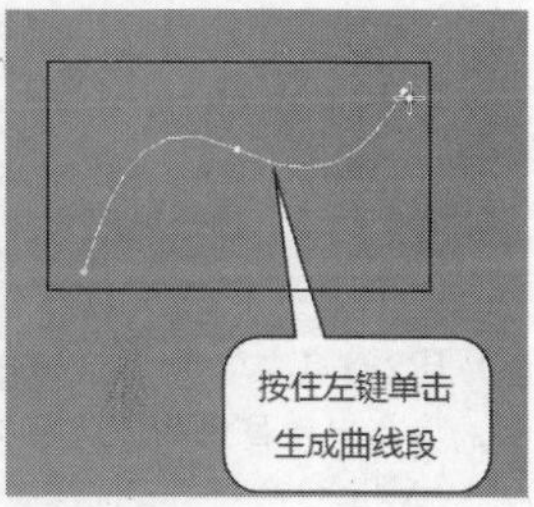

图4-45

02 选择创建好的线段，然后进行“顶点”级别，再调整好样条线的形状，如图4-46所示。

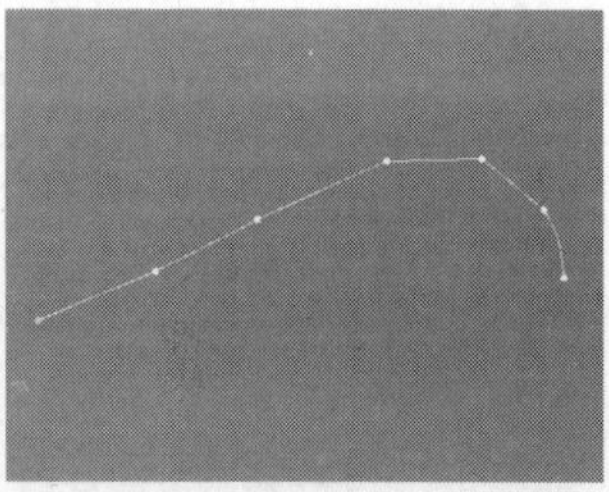

图4-46

技术专题 11 调节样条线的形状

如果绘制的样条线不是很平滑，就需要对其进行调节（需要尖角的角点时就不需要调节），样条线形状主要是在“顶点”级别下进行调节。下面以图4-47所示的矩形（已经转换成了可编辑样条线）来详细介绍一下如何将硬角点调节为平面的角点。

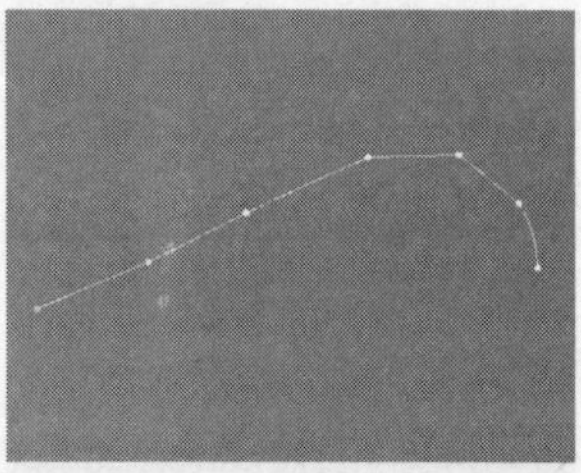

图4-47

进入“修改”面板，然后在“选择”卷展栏下单击“顶点”按钮，进入“顶点”级别，如图4-48所示。

选择需要调节的顶点，然后单击鼠标右键，在弹出的菜单中可以观察到除了“角点”选项以外，还有另外3个选项，分别是“Bezier角点”、Bezier和“平滑”选项，如图4-49所示。

平滑：如果选择该选项，则选择的顶点会自动平滑，但是不能继续调节角点的形状，如图4-50所示。

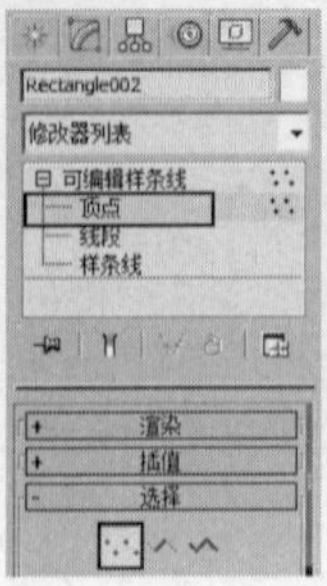

图4-48

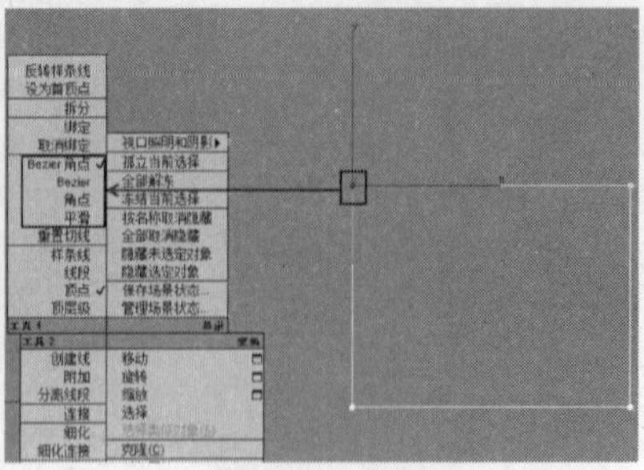

图4-49

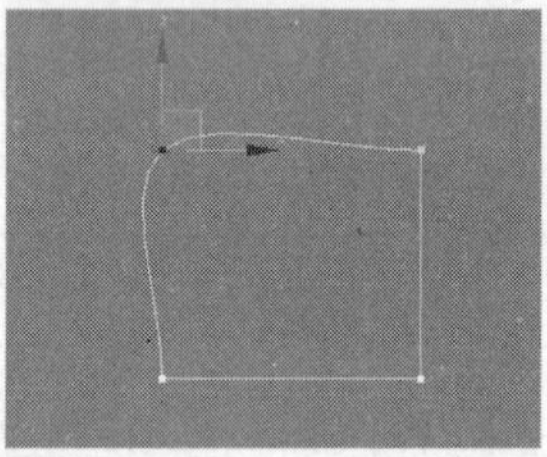

图4-50

Bezier角点：如果选择该选项，则原始角点的形状保持不变，但会出现控制柄（两条滑竿）和两个可供调节方向的锚点，如图4-51所示。通过这两个锚点，可以用“选择并移动”工具、“选择并旋转”工具和“选择并均匀缩放”工具等对锚点进行移动、旋转和缩放等操作，从而改变角点的形状，如图4-52所示。

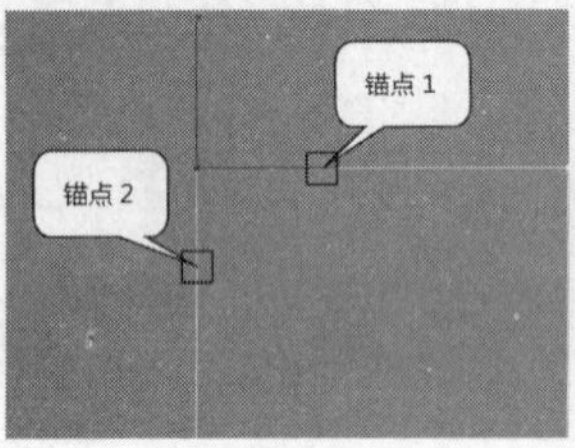

图4-51

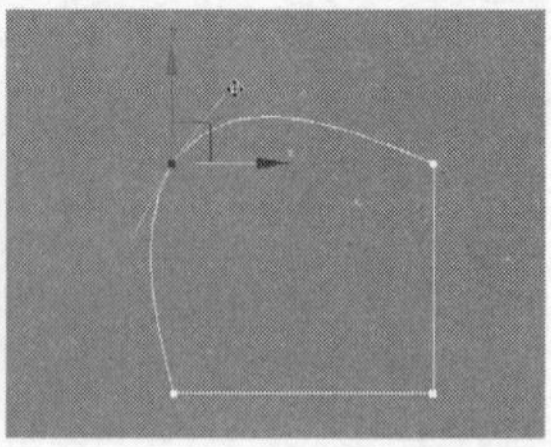

图4-52

Bezier：如果选择该选项，则会改变原始角点的形状，同时也会出现控制柄和两个可供调节方向的锚点，如图4-53所示。同样通过这两个锚点，可以用“选择并移动”工具、“选择并旋转”工具和“选择并均匀缩放”工具等对锚点进行移动、旋转和缩放等操作，从而改变角点的形状，如图4-54所示。

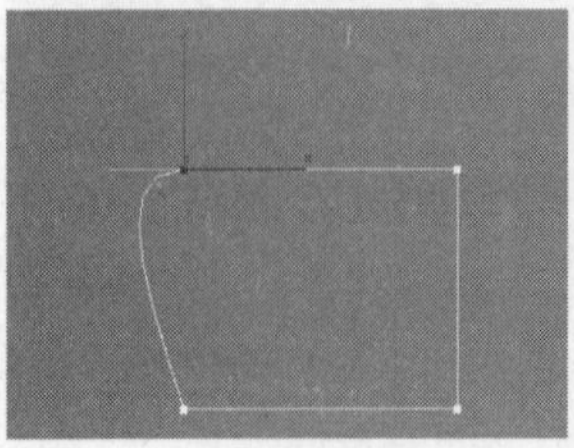

图4-53

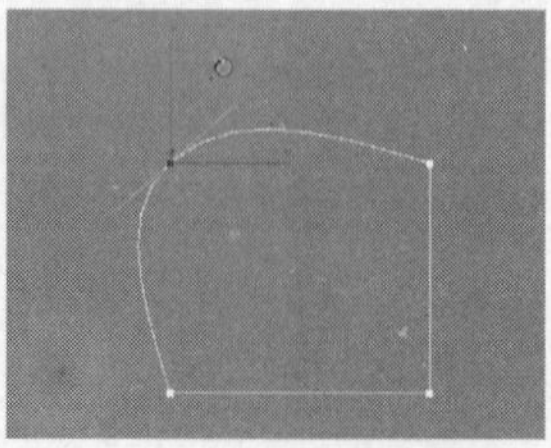

图4-54

此外，如果需要添加新的顶点，可以在“修改”面板中单击“几何体”卷展栏下的“插入”按钮 插入 ，然后在目标位置单击鼠标左键即可添加直线段顶点或曲线段顶点，如图4-55和图4-56所示。

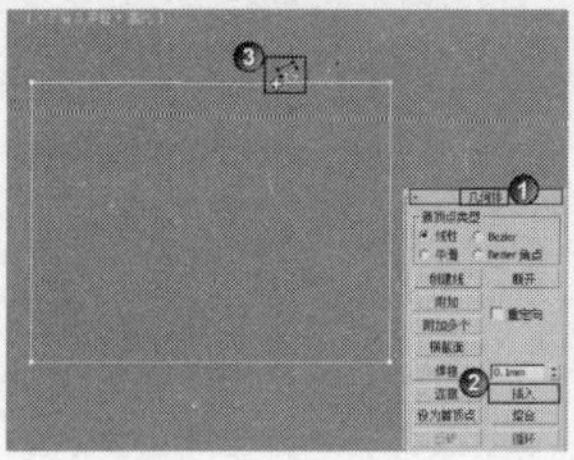

图4-55

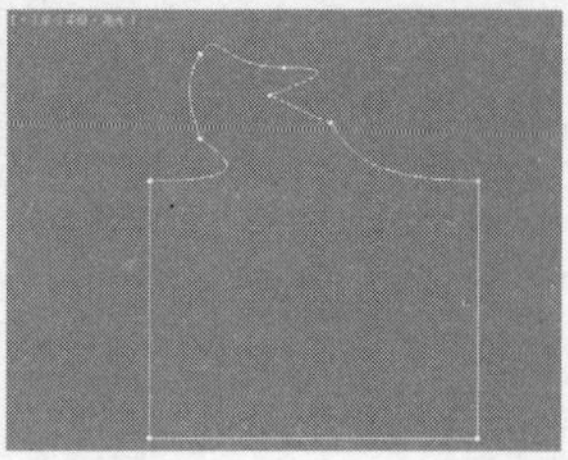

图4-56

03 进入“样条线”级别，然后选择整条样条线，展开“几何体”卷展栏，然后在“轮廓”按钮 轮廓 后面的输入框中输入0.2mm，最后单击“轮廓”按钮 轮廓 进行廓边操作，如图4-57所示，效果如图4-58所示。

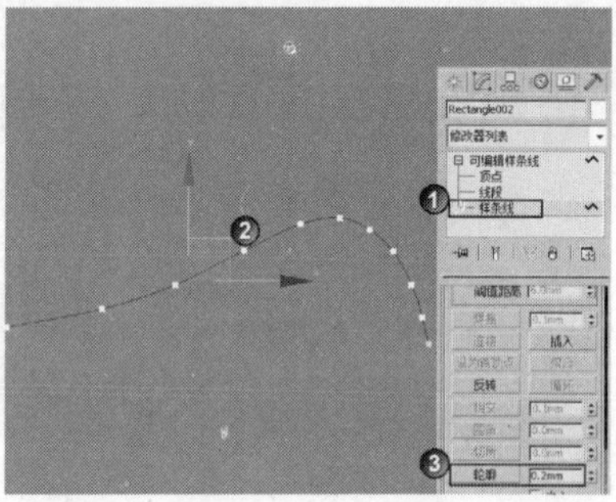

图4-57

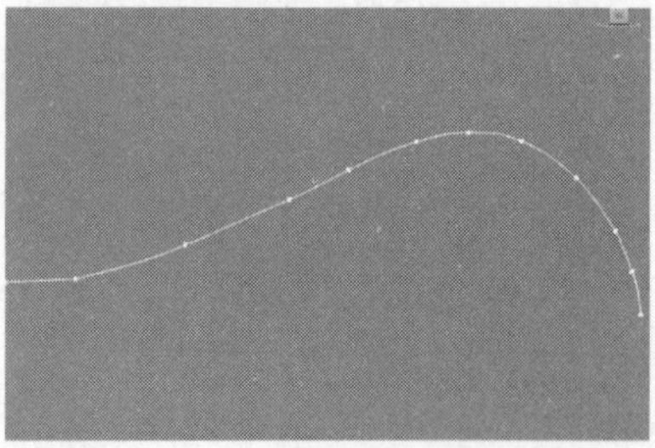

图4-58

04 为样条线加载一个“挤出”修改器，然后在“参数”卷展栏下设置“数量”为345mm，具体参数设置及模型效果如图4-59所示。

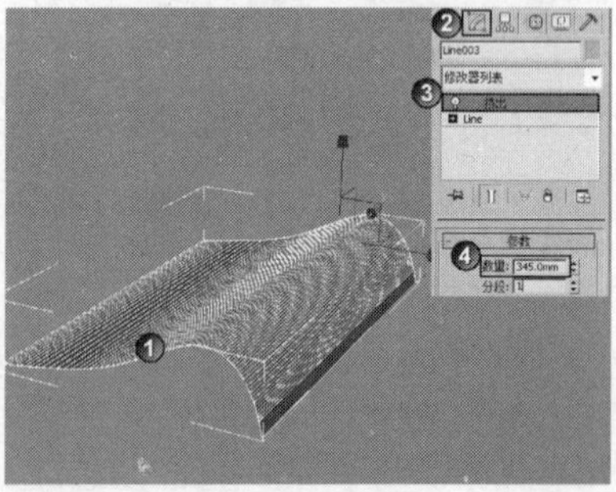

图4-59

05 采用相同的方法制作另一侧页面，完成后的效果如图4-60所示。

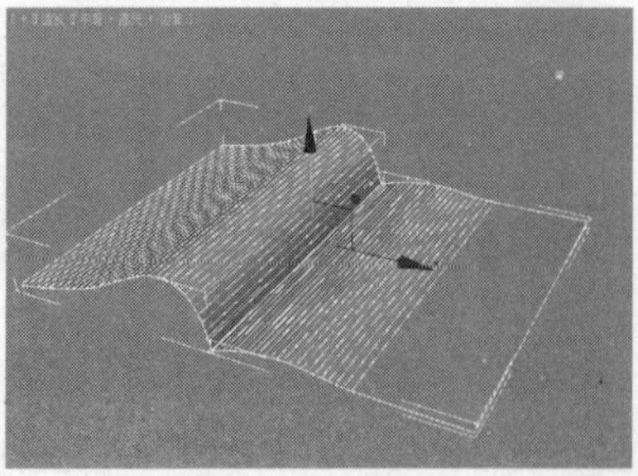

图4-60

06 选择创建好的书页，然后将其向上复制，如图4-61所示，再在前视图中调整好造型，完成后的效果如图4-62所示。

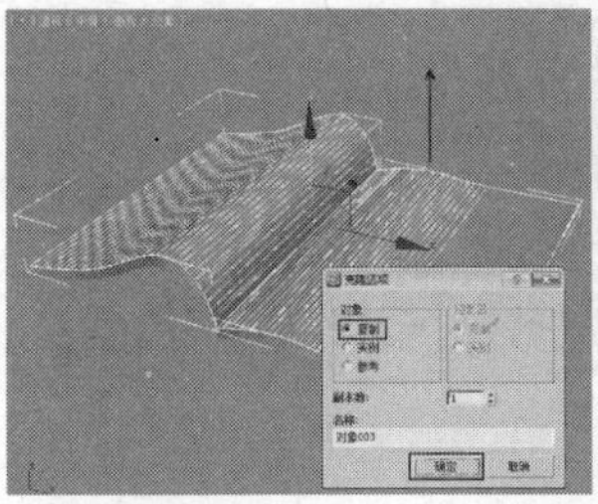

图4-61

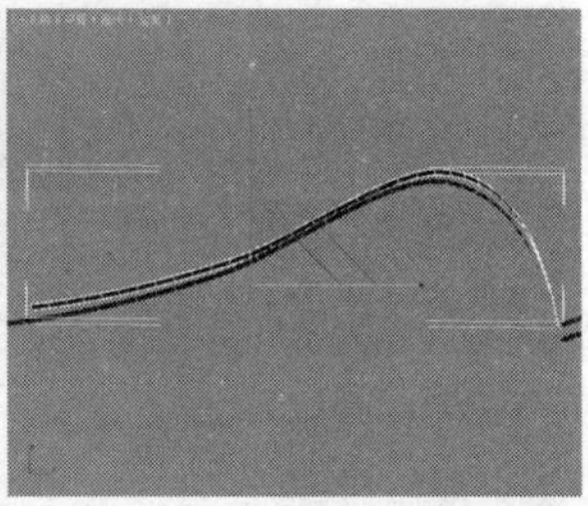

图4-62

07 继续复制书页并调整好造型，以丰富杂志的细节，最终效果如图4-63所示。

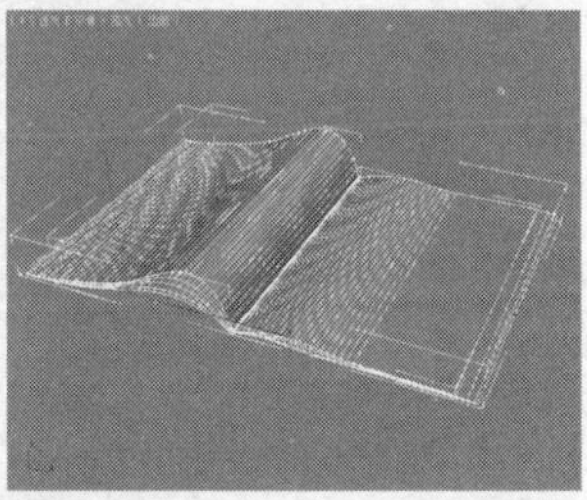

图4-63

实战090 艺术烛台

场景位置	无
实例位置	DVD>实例文件>CH04>实战090.max
视频位置	DVD>多媒体教学>CH04>实战090.flv
难易指数	★★★☆☆
技术掌握	线工具、车削修改器

实例介绍

本例将使用线以及“车削”修改器制作一个艺术烛台模型，效果如图4-64所示。

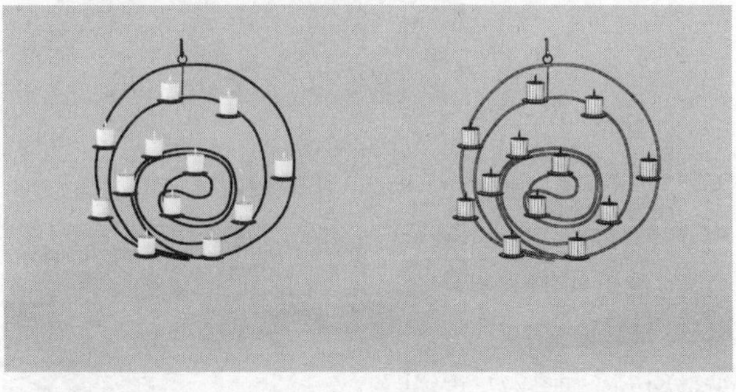

图4-64

本例大致的操作过程如图4-65所示。本例先要使用样条线的可渲染功能创建烛台的支撑线，然后结合样条线与“车削”修改器创建蜡烛，最后复制蜡烛完成整体效果。

图4-65

操作步骤

01 使用“线”工具 线 在前视图中绘制如图4-66所示的样条线。

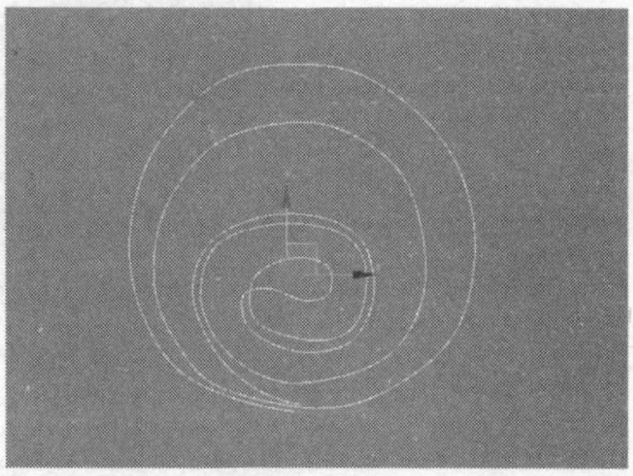

图4-66

02 选择样条线，然后在“渲染”卷展栏下勾选“在渲染中启用”和“在视口中启用”，接着设置“径向”的“厚度”为3.8mm，具体参数设置及模型效果如图4-67所示。

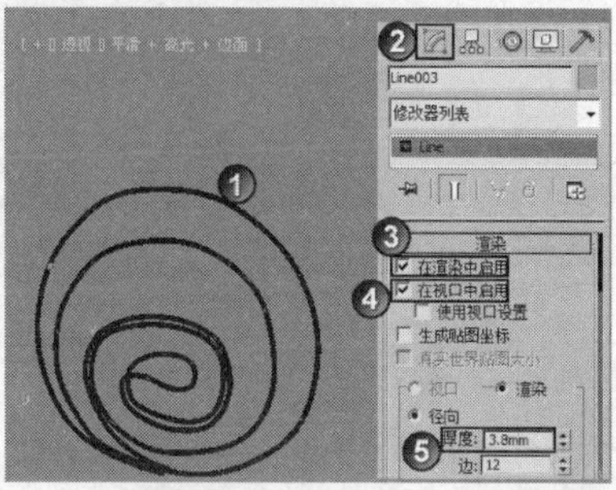

图4-67

03 使用“线”工具 线 和“圆”工具 圆 在视图中绘制如图4-68所示的样条线，然后分别在“渲染”卷展栏下勾选“在渲染中启用”和“在视口中启用”选项，接着调整好“径向”选项的“厚度”数值，如图4-69所示。

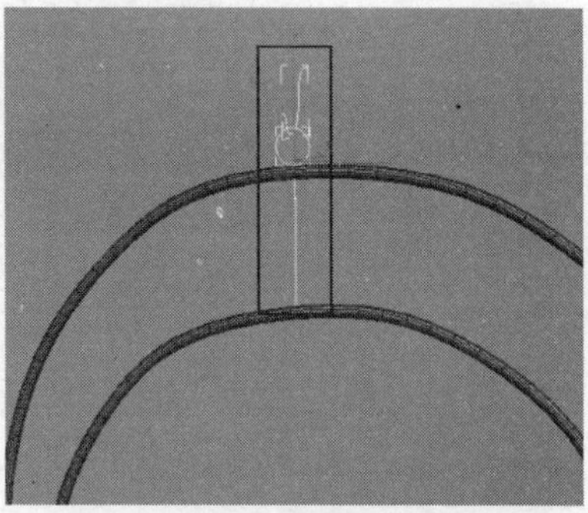

图4-68

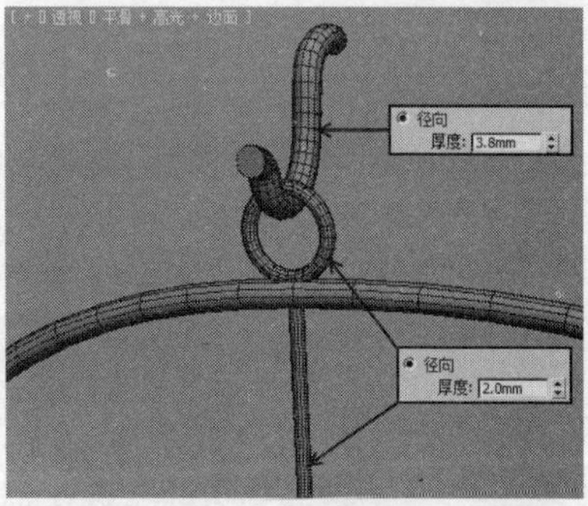

图4-69

04 使用“线”工具 线 在前视图中绘制如图4-70所示的样条线，然后为其加载一个“车削”修改器，再在“参数”卷展栏下设置“度数”为360，具体参数设置及模型效果如图4-71所示。

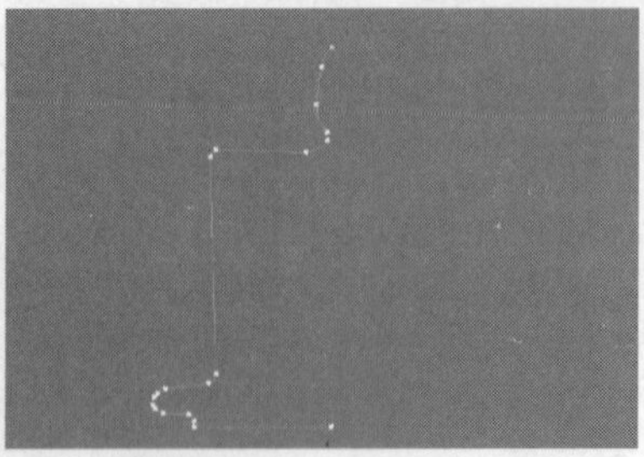

图4-70

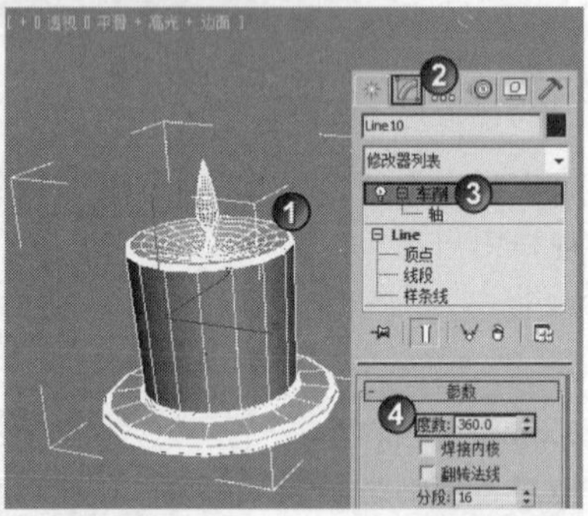

图4-71

05 使用“选择并移动”工具选择蜡烛模型，然后按住Shift键移动复制11个蜡烛放到其他的位置，最终效果如图4-72所示。

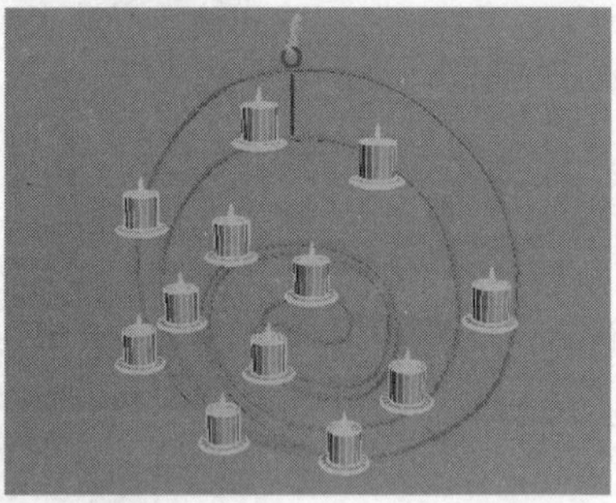

图4-72

实战091 时尚台灯

场景位置	无
实例位置	DVD>实例文件>CH04>实战091.max
视频位置	DVD>多媒体教学>CH04>实战091.flv
难易指数	★☆☆☆☆
技术掌握	圆环工具、线工具、挤出修改器、车削修改器

实例介绍

本例将使用圆环、线、“挤出”修改器与“车削”修改器制作一个时尚台灯模型，效果图4-73所示。

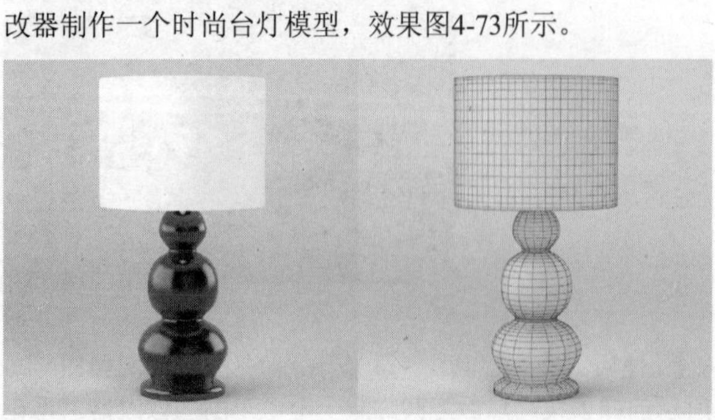

图4-73

本例大致的操作过程如图4-74所示。本例先要使用圆环、“挤出”修改器以及可编辑多边形”中的“切角”功能制作灯罩，然后使用线绘制灯座的截面，最后通过“车削”修改器将其转换为三维模型。

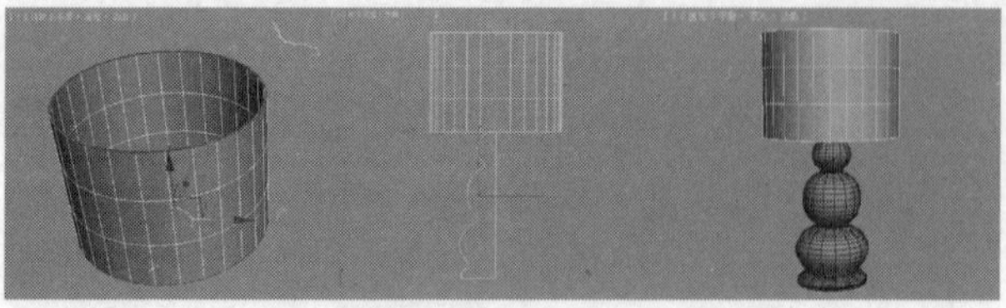

图4-74

操作步骤

01 使用“圆环”工具 圆环 在顶视图中创建一个圆环，然后在“参数”卷展栏下设置“半径1”为55mm、“半径2”为54mm，具体参数设置及圆环效果如图4-75所示。

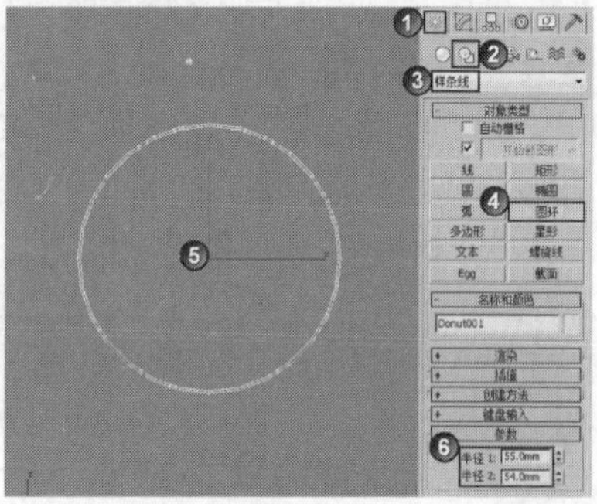

图4-75

02 为圆环加载一个“挤出”修改器，然后在“参数”卷展栏下设置“数量”为80mm、“分段”为3，具体参数设置及模型效果如图4-76所示。

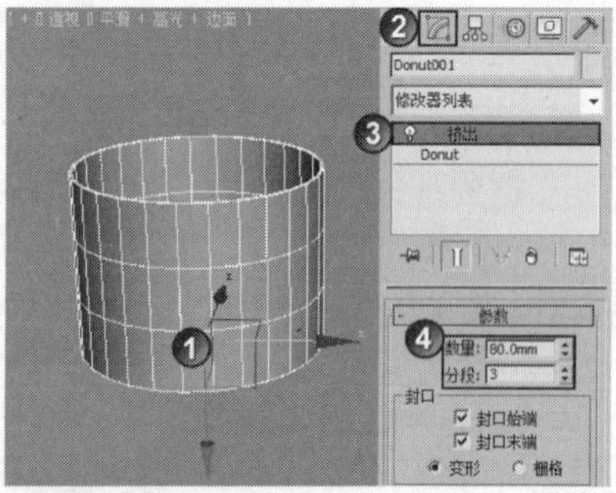

图4-76

03 选择创建好的模型，然后单击鼠标右键，在弹出的菜单中选择“转换为>转换为可编辑多边形”命令，将其转换为可编辑多边形，如图4-77所示。

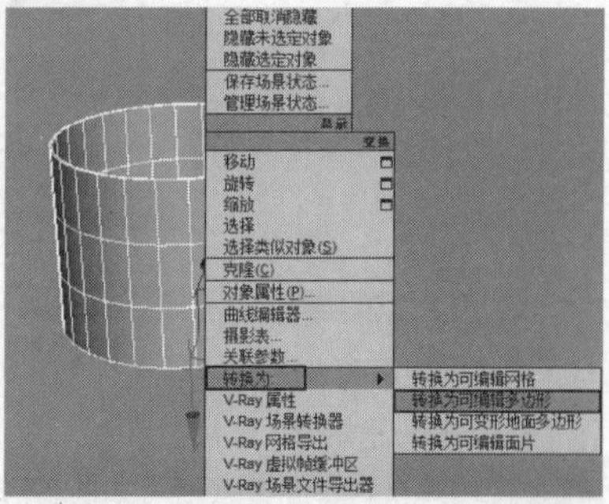

图4-77

04 切换到前视图，然后在“选择”卷展栏下单击“边”按钮进入“边”级别，再选择模型顶部以及底部边线，如图4-78所示。

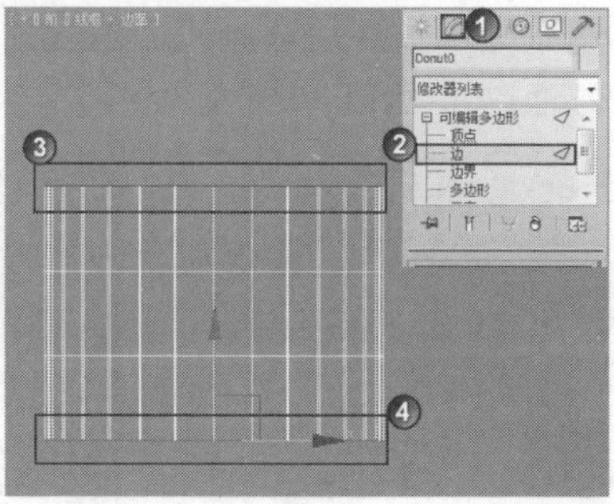

图4-78

05 在“编辑边”卷展栏下单击“切角”按钮 切角 后面的“设置”按钮□，设置“边切角量”为0.2mm，具体参数设置如图4-79所示。

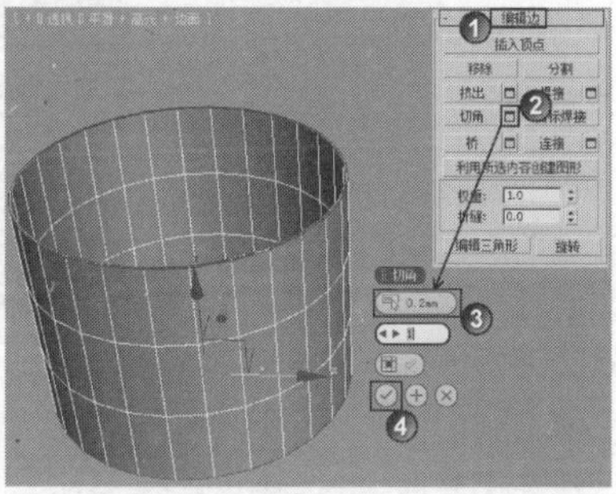

图4-79

06 使用“线”工具 线 在前视图中绘制如图4-80所示的样条线，然后为其加载一个“车削”修改器，再在“参数”卷展栏下设置“方向”为 Y 、“对齐”为 最大 ，具体参数设置及模型效果如图4-81所示。

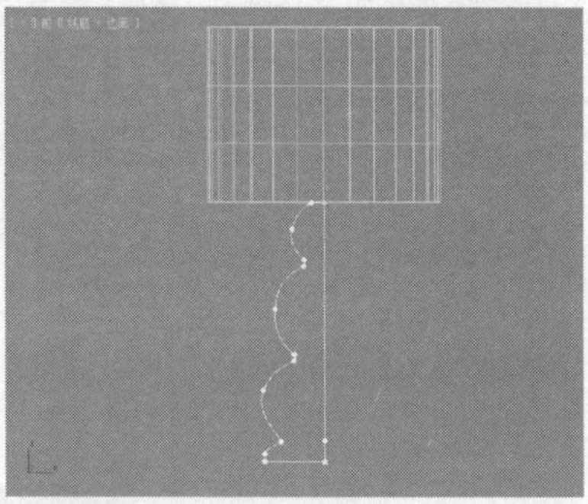

图4-80

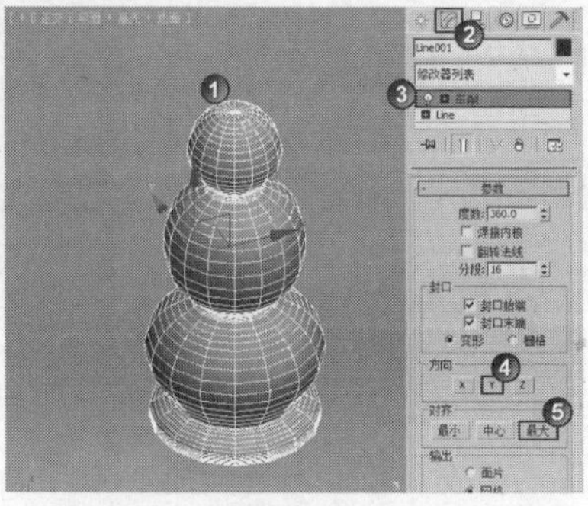

图4-81

07 调整好模型的相对位置，最终效果如图4-82所示。

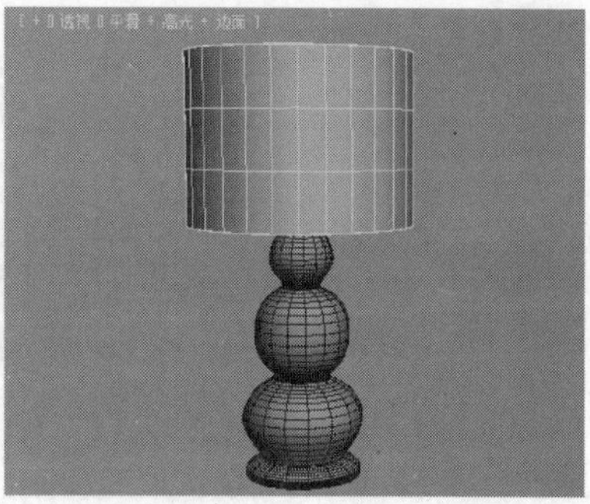

图4-82

实战092 数字灯箱

场景位置	无
实例位置	DVD>实例文件>CH04>实战092.max
视频位置	DVD>多媒体教学>CH04>实战092.flv
难易指数	★★☆☆☆
技术掌握	文本工具、角度捕捉切换工具、线工具

实例介绍

本例将使用长方体、文本以及线制作一个数字灯箱，效果如图4-83所示。

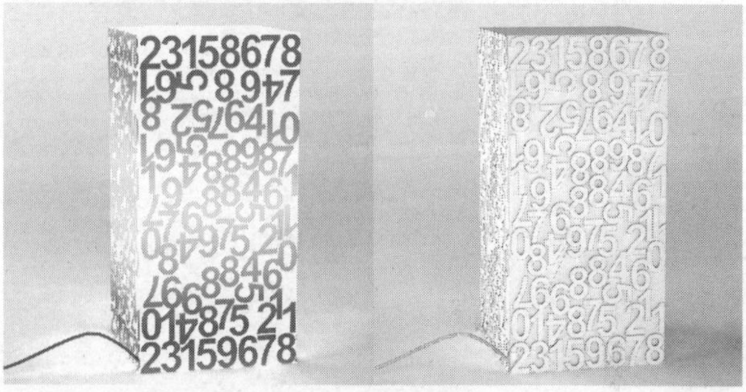

图4-83

本例大致的操作过程如图4-84所示。本例先要使用长方体创建灯箱主体，然后使用文本创建数字并复制一个灯箱面的效果，最后整体复制并调整好其他面的数字效果。

图4-84

操作步骤

01 使用“长方体”工具 长方体 在场景中创建一个长方体，然后在“参数”卷展栏下设置“长度”为20mm、“宽度”为20mm、“高度”为40mm，具体参数设置及模型效果如图4-85所示。

02 使用“文本”工具 文本 在前视图中创建一个文本，然后在“参数”卷展栏下设置“字体”为Arial Bold、“大小”为5.906mm，再在“文本”输入框中输入1，具体参数设置及文本效果如图4-86所示。

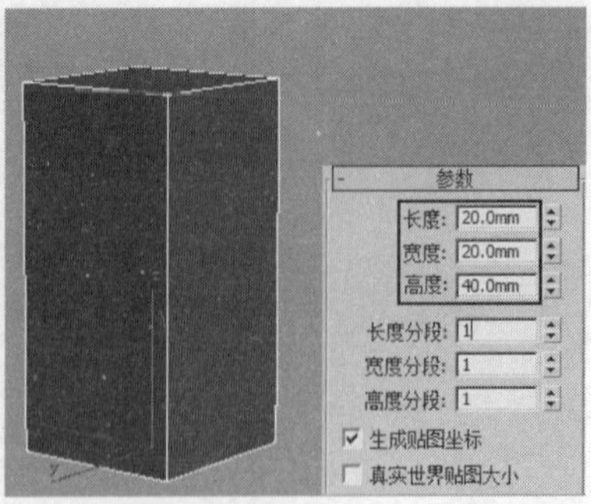

图4-85

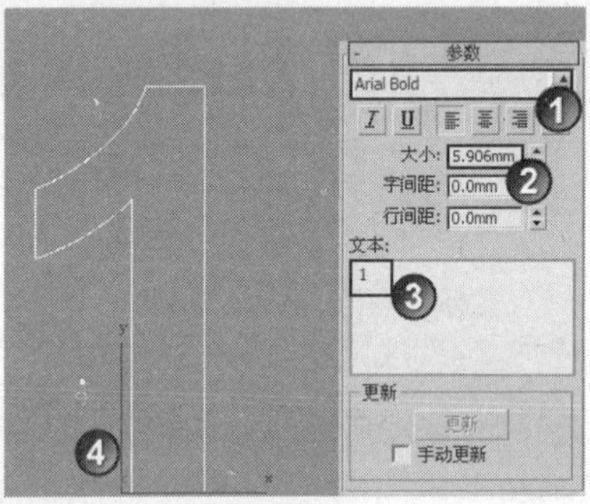

图4-86

03 继续使用“文本”工具 文本 在前视图中创建其他文本2、3、4、5、6、7、9、8、0，完成后的效果如图4-87所示。

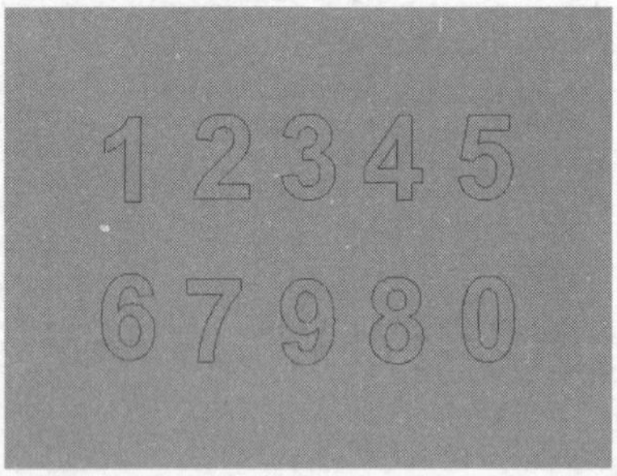

图4-87

技巧与提示

多个数字的制作可以采用更简单的方法。先用“选择并移动”工具将数字1复制9份，然后选择要修改的文字进入“修改”面板，再在“文本”输入框中将其改为其他数字即可。

04 选择所有文本，然后为其加载一个“挤出”修改器，再在“参数”卷展栏下设置“数量”为0.2mm，具体参数设置及模型效果如图4-88所示。

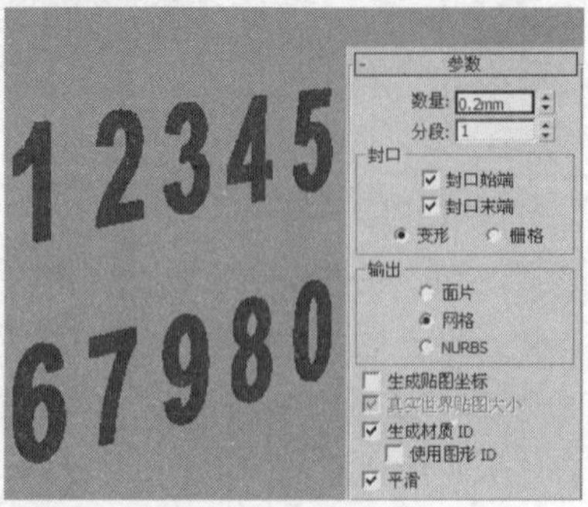

图4-88

05 使用“选择并移动”工具和“选择并旋转”工具调整好文本的位置和角度，完成后的效果如图4-89所示。

06 使用“选择并移动”工具将文本移动复制到长方体的面上，直到铺满整个面为止，如图4-90所示。

图4-89

图4-90

07 选择所有文本，然后执行“组>成组”菜单命令，再在弹出的“组”对话框中单击“确定”按钮 确定 ，如图4-91所示。

图4-91

08 选择“组001”，按A键激活“角度捕捉切换”工具，然后按E键选择“选择并旋转”工具，再按住Shift键在前视图中沿z轴旋转90°复制一份文本，如图4-92所示，最后用“选择并移动”工具将复制的文本放在如图4-93所示的位置。

图4-92

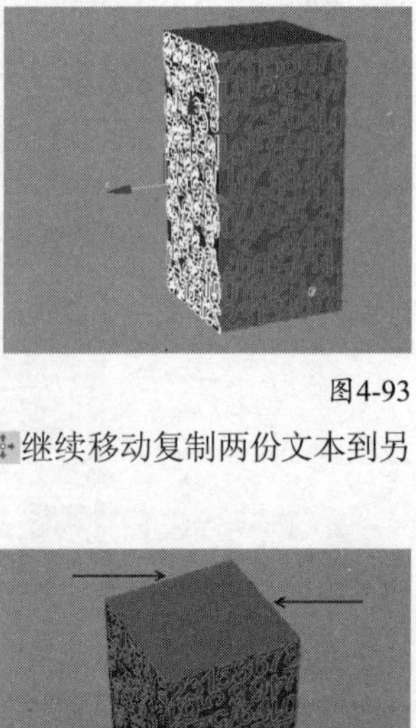

图4-93

09 使用“选择并移动”工具继续移动复制两份文本到另外两个侧面上，如图4-94所示。

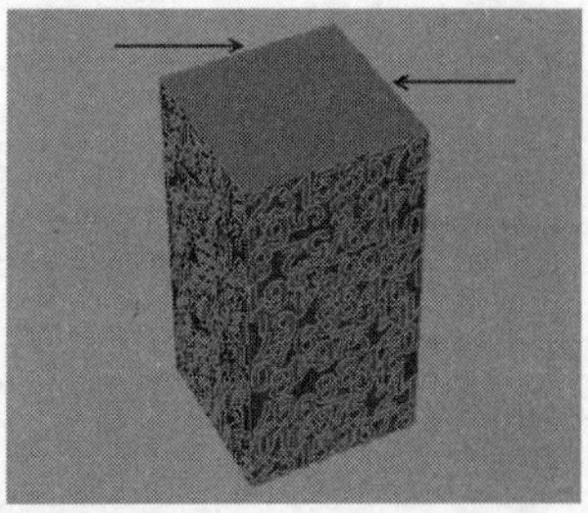

图4-94

10 使用“线”工具 线 在前视图中绘制一条样条线，然后在“渲染”卷展栏勾选“在渲染中启用”和“在视口中启用”选项，再设置“径向”的“厚度”为0.4mm，如图4-95所示，最终效果如图4-96所示。

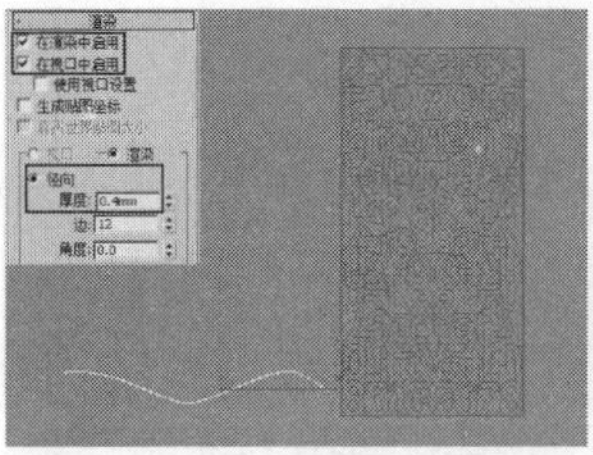

图4-95

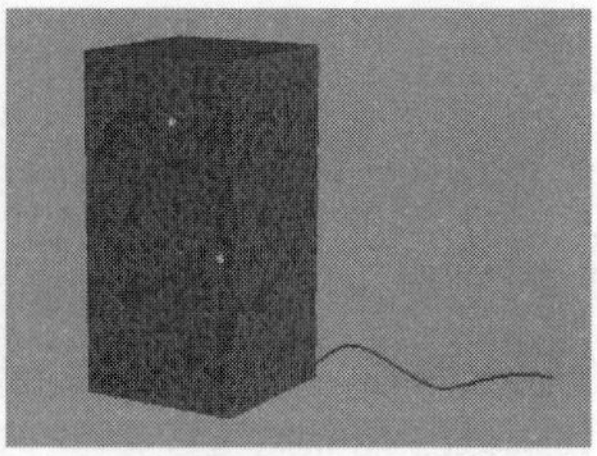

图4-96

实战093 铁艺置物架

场景位置	无
实例位置	DVD>实例文件>CH04>实战093.max
视频位置	DVD>多媒体教学>CH04>实战093.flv
难易指数	★☆☆☆☆
技术掌握	线工具、样条线的可渲染功能

实例介绍

本例将使用线及样条线的可渲染功能制作一个铁艺置物架模型，效果如图4-97所示。

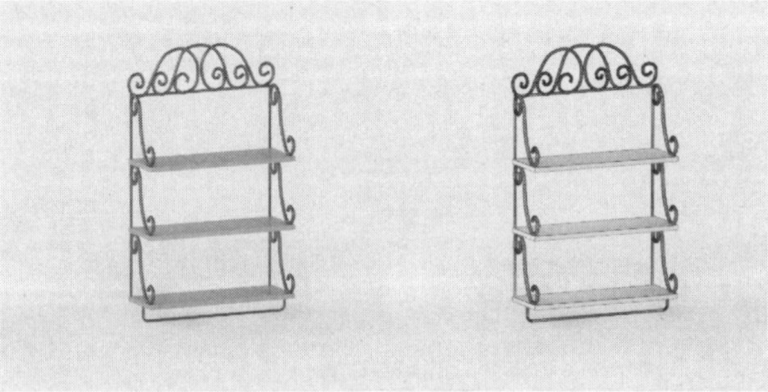

图4-97

本例大致的操作过程如图4-98所示。本例先要使用线结合可渲染功能制作置物架的铁艺造型，然后使用长方体创建隔板完成最终模型效果。

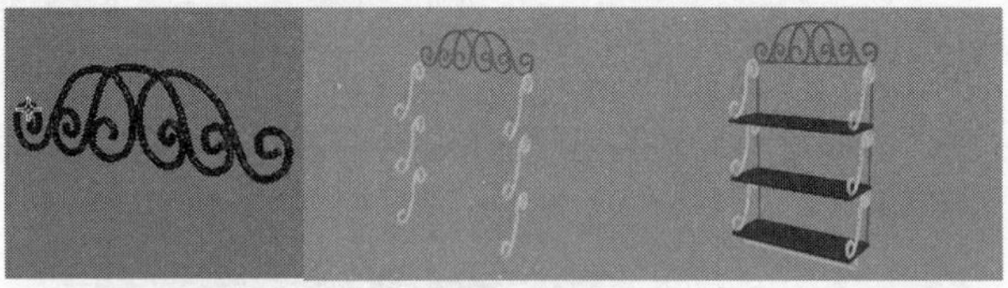

图4-98

操作步骤

01 使用“线”工具 线 在前视图中绘制如图4-99所示的线条。

02 进入“顶点”级别，然后在样条线上添加顶点，并对样条线的整体形状进行调节，最后对其镜像复制，完成后的效果如图4-100所示。

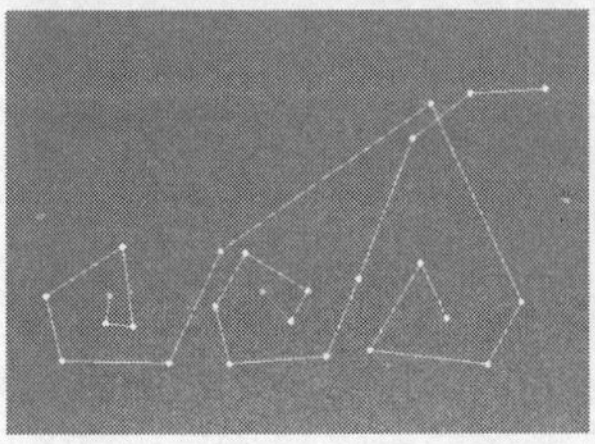

图4-99

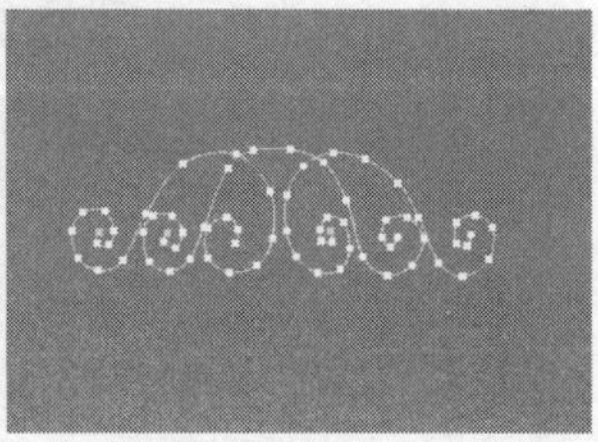

图4-100

03 选择样条线，然后在“渲染”卷展栏下勾选“在渲染中启用”和“在视口中启用”选项，再设置“径向”的“厚度”为4mm，具体参数设置及模型效果如图4-101所示。

图4-101

04 使用“线”工具 线 在左视图中绘制如图4-102所示的样条线，然后在“渲染”卷展栏下勾选“在渲染中启用”和“在视口中启用”选项，再设置“径向”的“厚度”为3.5mm，模型效果如图4-103所示。

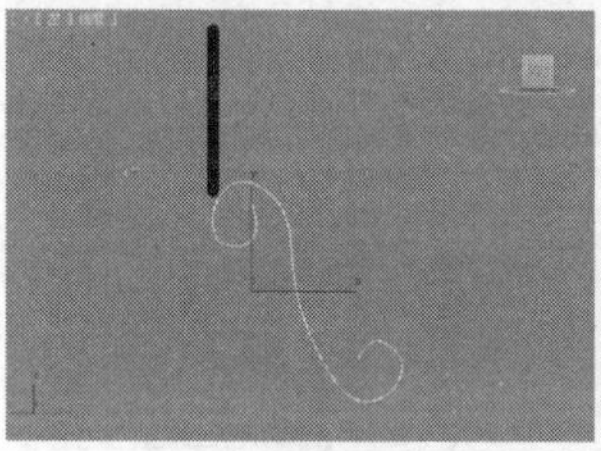

图4-102

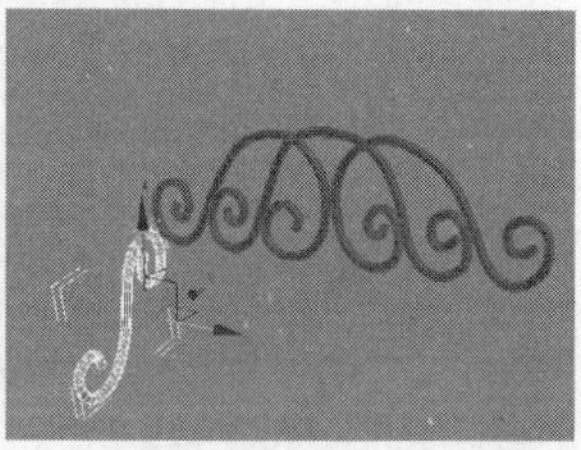

图4-103

05 使用“选择并移动”工具选择模型，然后按住Shift键移动复制5个模型放到如图4-104所示的位置。

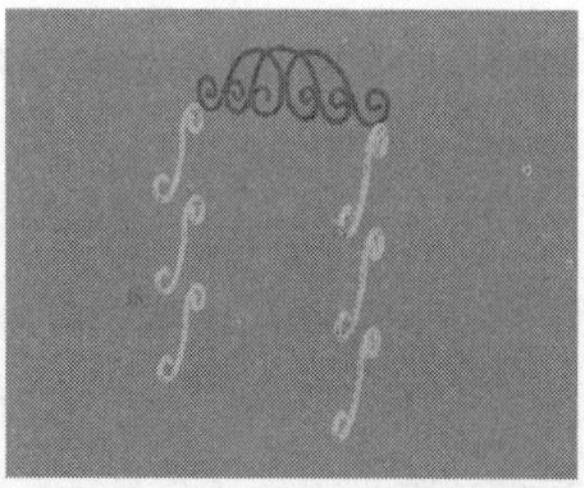

图4-104

06 使用“线”工具 线 在左视图中绘制如图4-105所示的样条线，然后在“渲染”卷展栏下勾选“在渲染中启用”和“在视口中启用”选项，再设置“径向”的“厚度”为3.5mm，模型效果如图4-106所示。

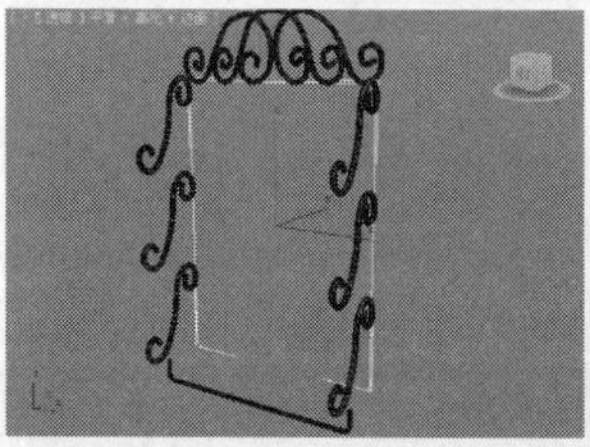

图4-105

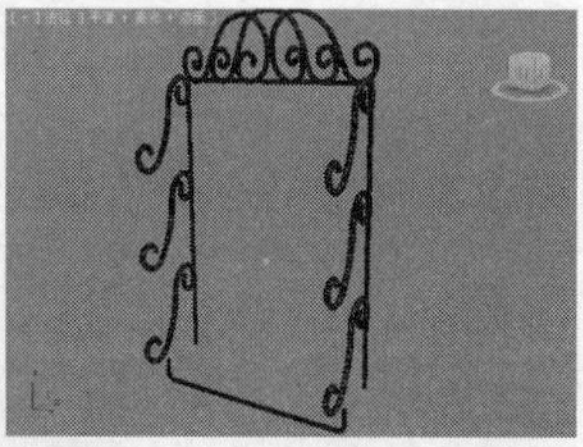

图4-106

07 使用“长方体”工具 长方体 在场景中创建一个长方体，然后在“参数”卷展栏下设置“长度”为6mm、“宽度”为200mm、“高度”为70mm，模型位置如图4-107所示。

08 使用“选择并移动”工具选择长方体，然后按住Shift键移动复制两个长方体到另外两个支架上，最终效果如图4-108所示。

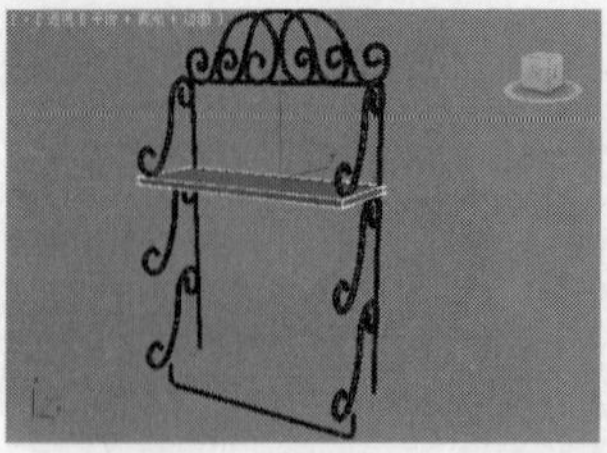

图4-107

图4-108

实战094 现代藤椅

场景位置	无
实例位置	DVD>实例文件>CH04>实战094.max
视频位置	DVD>多媒体教学>CH04>实战094.flv
难易指数	★☆☆☆☆
技术掌握	线工具、多边形工具、螺旋线工具、样条线的可渲染功能

实例介绍

本例将使用线、多边形、螺旋线以及样条线的可渲染功能制作一把现代藤椅，效果如图4-109所示。

图4-109

本例大致的操作过程如图4-110所示。本例先要使用多边形结合可渲染功能制作椅子的主构架，然后使用螺旋线并结合可渲染功能制作绑带细节，最后使用线以及旋转复制功能制作内部的藤线。

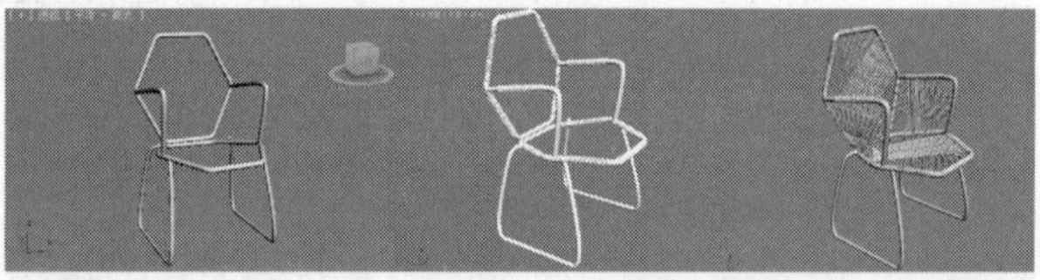

图4-110

操作步骤

01 使用“线”工具 线 在左视图中绘制一条如图4-111所示的样条线。

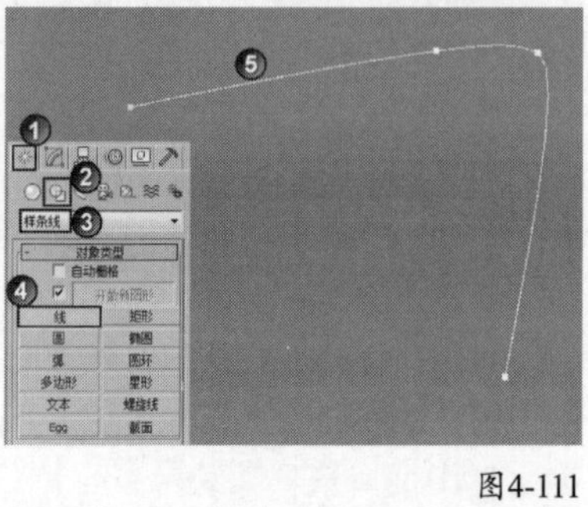

图4-111

02 选择样条线，然后在“渲染”卷展栏下勾选“在渲染中启用”和“在视口中启用”选项，再设置“径向”的“厚度”为7mm，具体参数设置及模型效果如图4-112所示。

03 使用“选择并移动”工具选择扶手模型，然后按住Shift键移动复制一个扶手到如图4-113所示的位置。

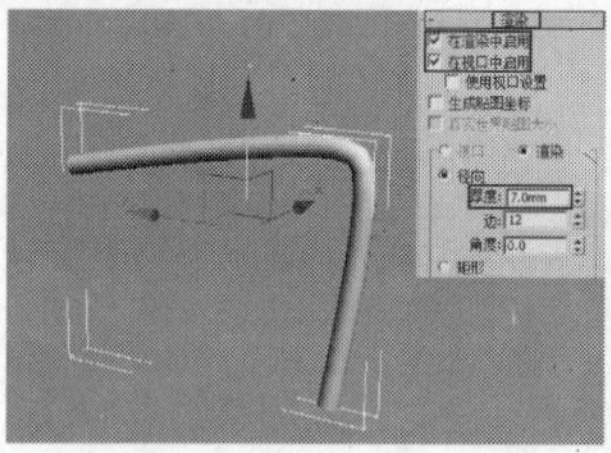

图4-112

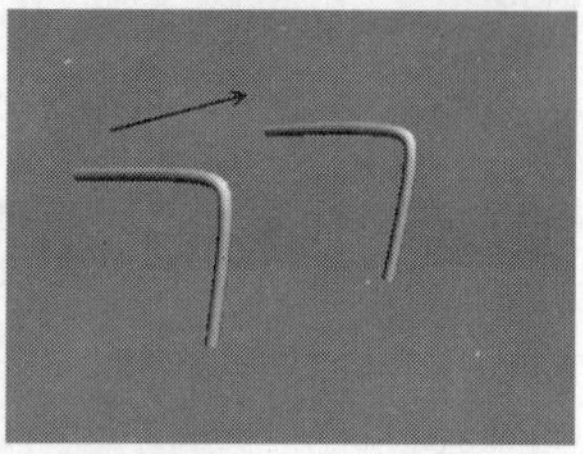

图4-113

04 使用“多边形”工具 多边形 在前视图中绘制一个与两侧扶手契合的六边形，然后将其旋转到如图4-114所示的角度。

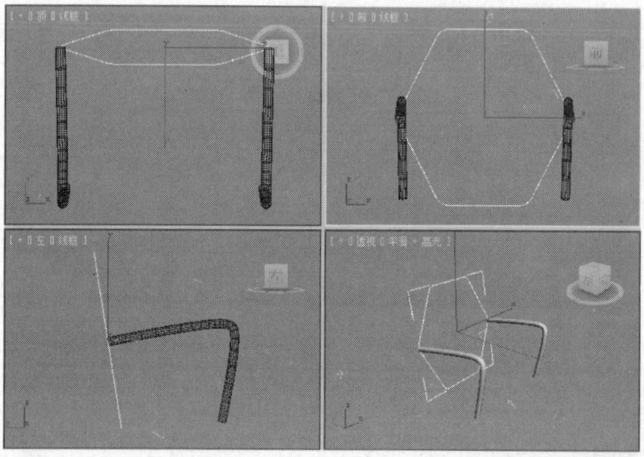

图4-114

05 选择六边形，然后在“渲染”卷展栏勾选“在渲染中启用”和“在视口中启用”选项，再设置“径向”的“厚度”为7mm，具体参数及模型效果如图4-115所示。

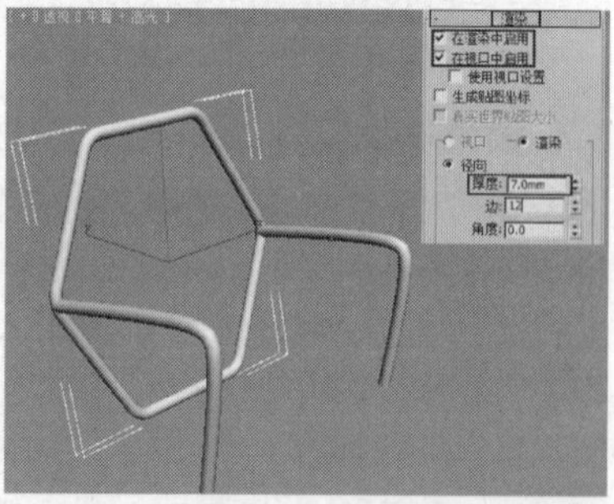

图4-115

06 采用相同的方法创建椅子的座垫模型和椅腿模型，完成后的效果如图4-116和图4-117所示。

07 使用“螺旋线”工具 螺旋线 在扶手处绘制一条螺旋线，如图4-118所示。

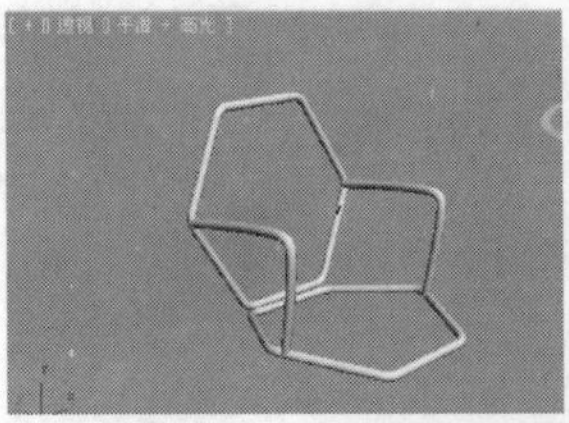

图4-116

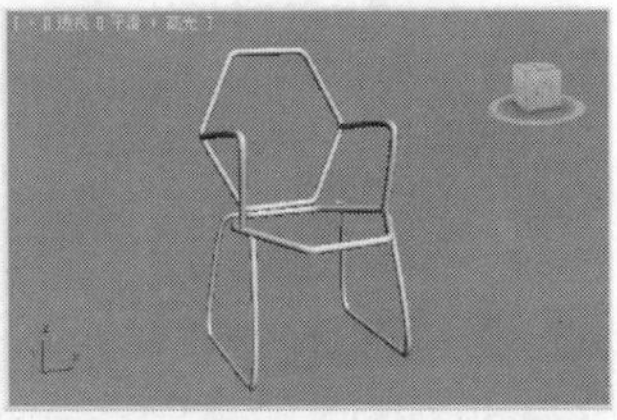

图4-117

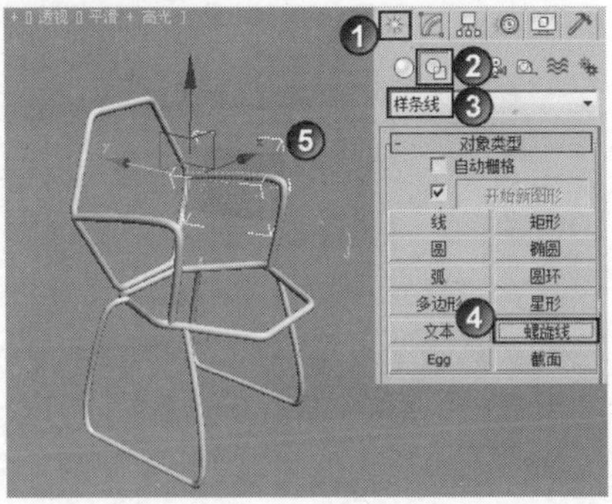

图4-118

08 选择螺旋线，然后在“渲染”卷展栏下勾选“在渲染中启用”和“在视口中启用”选项，再设置“径向”的“厚度”为1.8mm；展开“参数”卷展栏，然后设置“半径1”为3.5mm、“半径2”为3.25mm、“高度”为68mm、“圈数”为28，具体参数设置如图4-119所示，模型效果如图4-120所示。

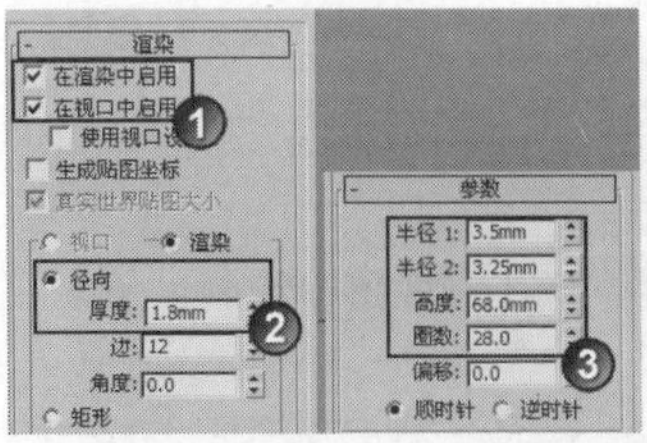

图4-119

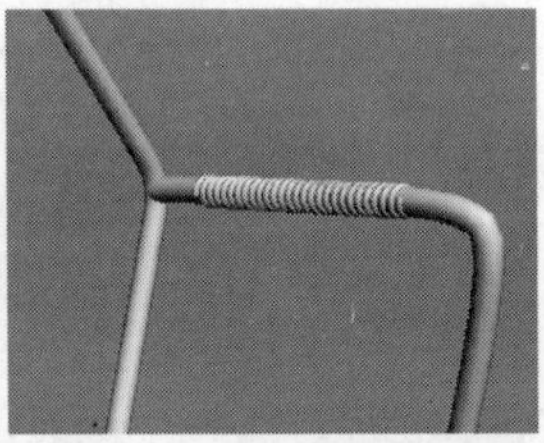

图4-120

09 采用相同的方法创建其他螺旋线，完成后的效果如图4-121所示。

10 使用“线”工具 线 在前视图中绘制靠背连接线，然后调整好底部的端点位置，再移动复制（选择“实例”方式）若干条样条线，如图4-122所示。

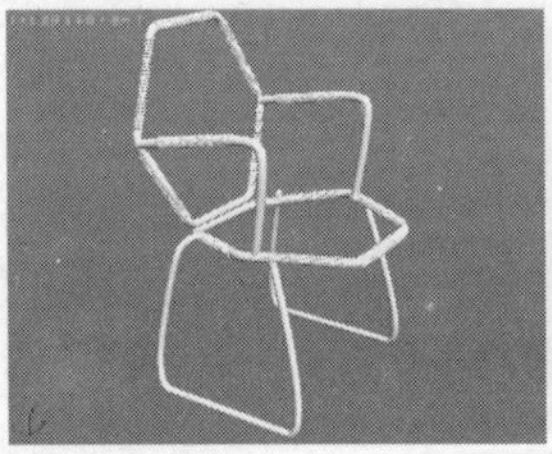

图4-121

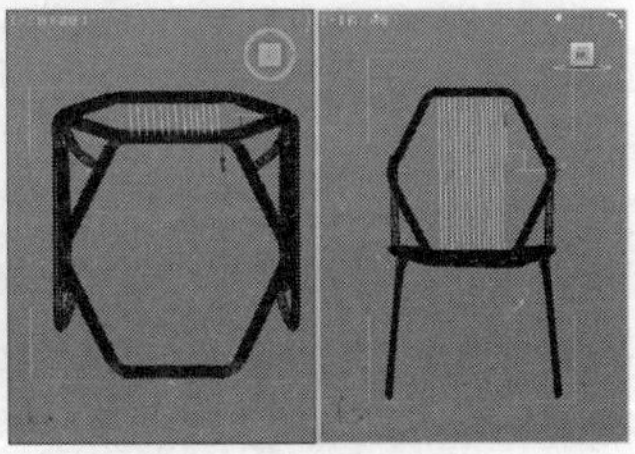

图4-122

11 选择创建好的样条线，然后在“渲染”卷展栏下勾选“在渲染中启用”和“在视口中启用”选项，再设置“径向”的“厚度”为1.8mm，具体参数设置及模型效果如图4-123所示。

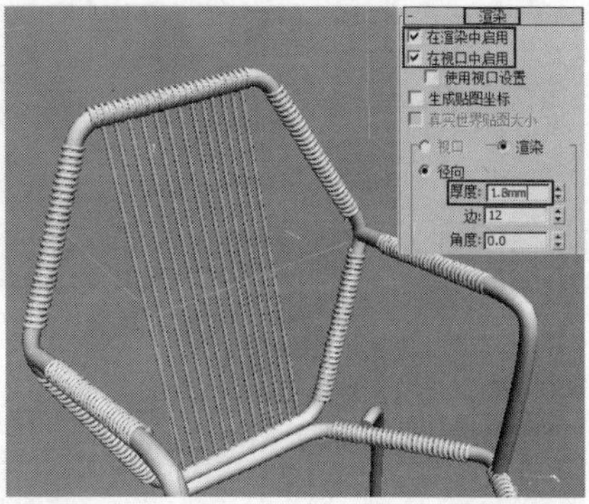

图4-123

12 使用“选择并旋转”工具选择网状模型，然后按住Shift键旋转复制两个模型放到如图4-124所示的位置。

13 采用相同的方法创建座垫和扶手上的网状模型，最终效果如图4-125所示。

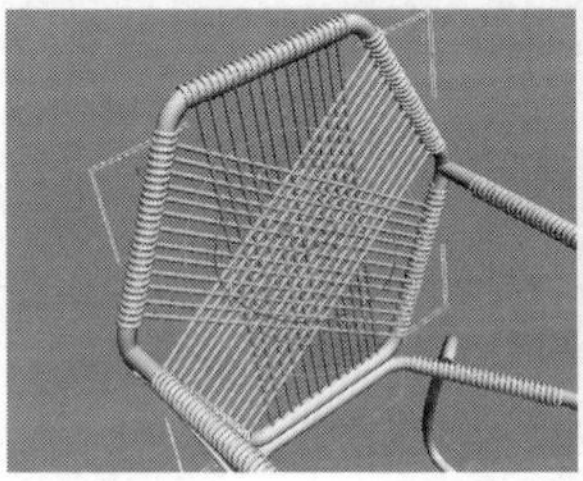

图4-124

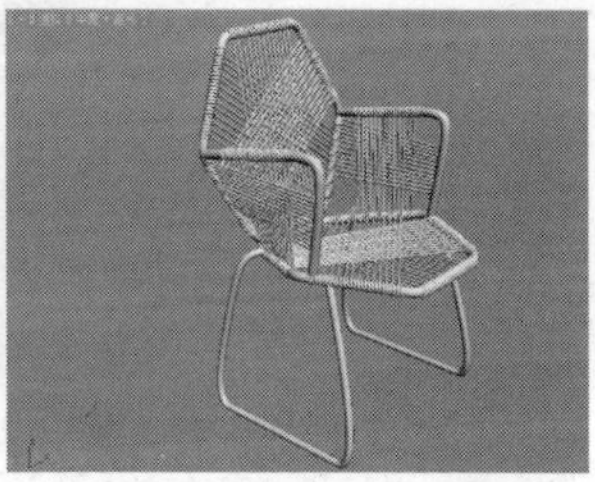

图4-125

实战095 小号

场景位置	无
实例位置	DVD>实例文件>CH04>实战095.max
视频位置	DVD>多媒体教学>CH04>实战095.flv
难易指数	★★★☆☆
技术掌握	线工具、圆工具、放样工具、车削修改器

实例介绍

本例将使用线、圆、放样功能和“车削”修改器制作一个小号模型，效果如图4-126所示。

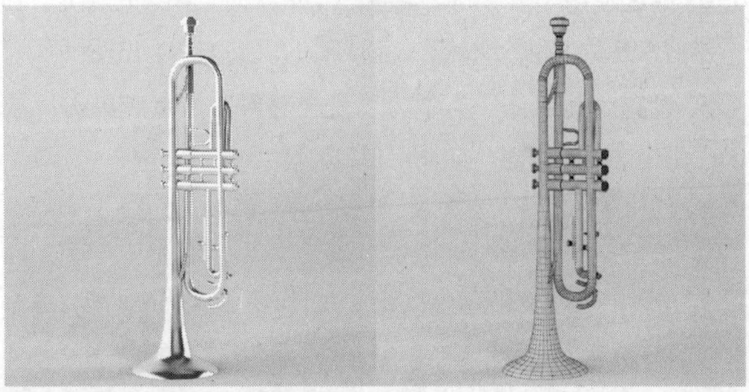

图4-126

本例大致的操作过程如图4-127所示。本例先要使用线与圆绘制小号放样用的图形，然后通过多截面放样制作小号主体，最后使用线和“车削”修改器制作小号的细节。

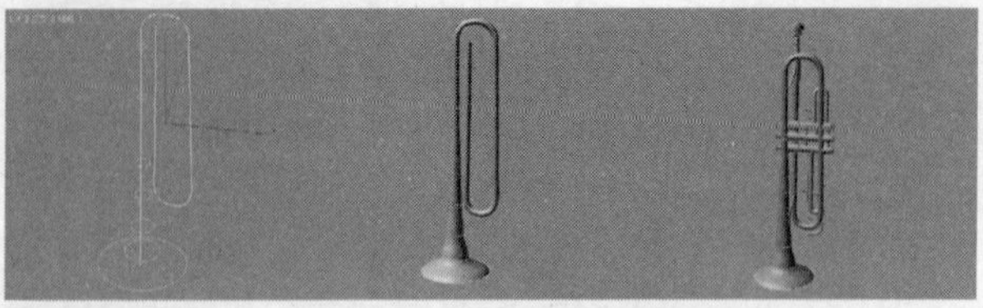

图4-127

操作步骤

01 使用“线”工具 线 在前视图中绘制一条如图4-128所示的样条线。

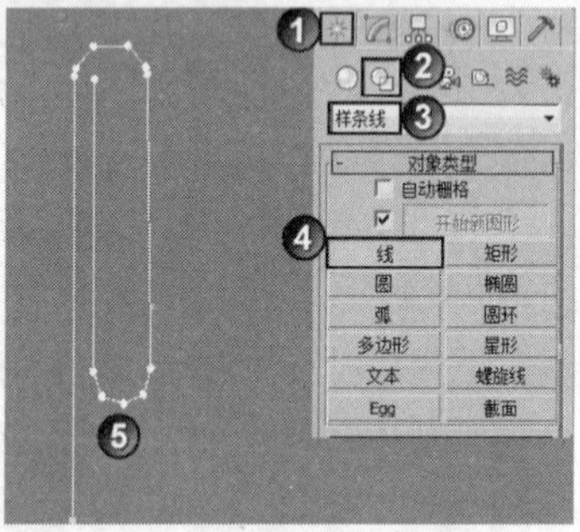

图4-128

02 进入“顶点”级别，然后将样条线调节成如图4-129所示的形状。

03 使用“圆”工具 圆 在上一步绘制的样条线底部绘制一个圆形，然后在“参数”卷展栏下设置“半径”为6.2cm，如图4-130所示。

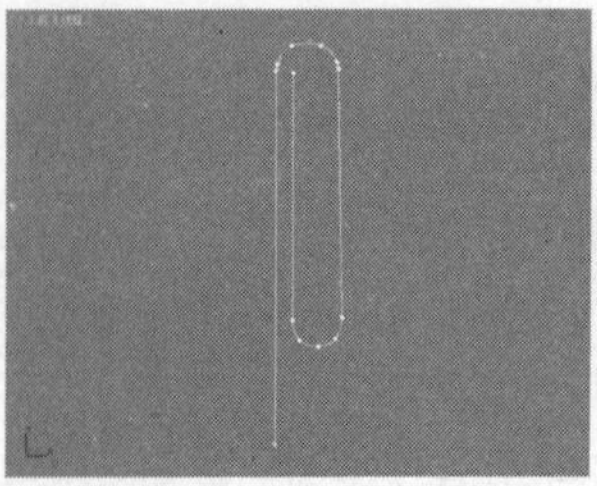

图4-129

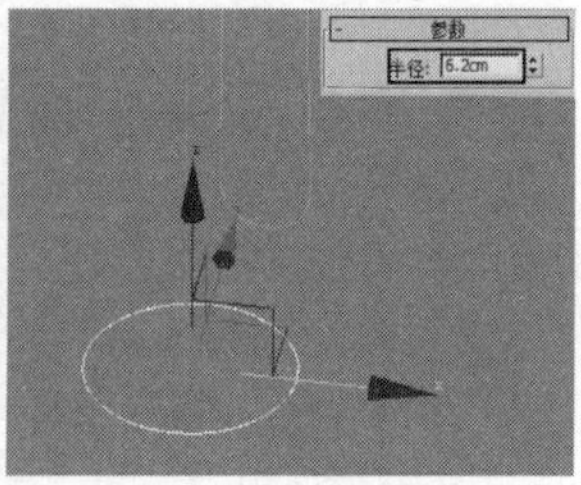

图4-130

04 继续使用“圆”工具 圆 依次向上绘制出圆形，其“半径”参数值也依次减小，完成后的效果如图4-131所示。

05 设置“几何体”类型为“复合对象”，然后单击“放样”按钮 放样 ，如图4-132所示。

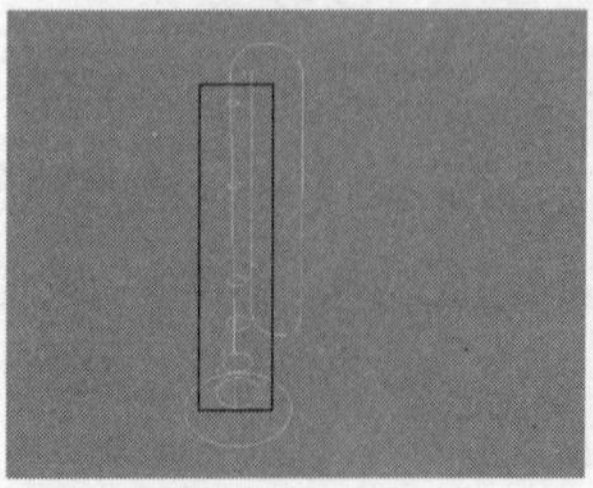

图4-131

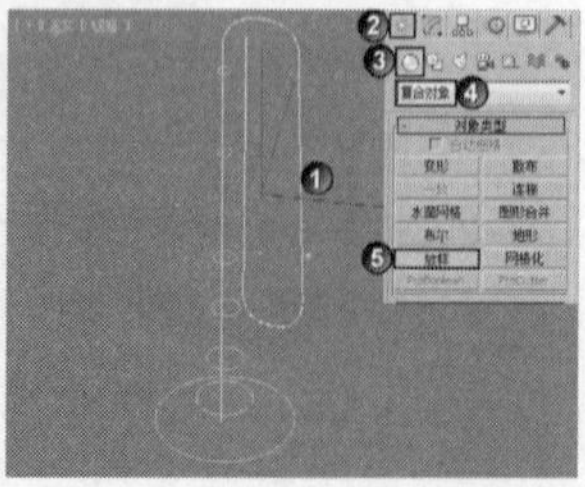

图4-132

06 展开“创建方法”卷展栏，然后单击“获取图形”按钮 获取图形 ，在视图中拾取最底端的圆形，如图4-133所示，模型效果如图4-134所示。

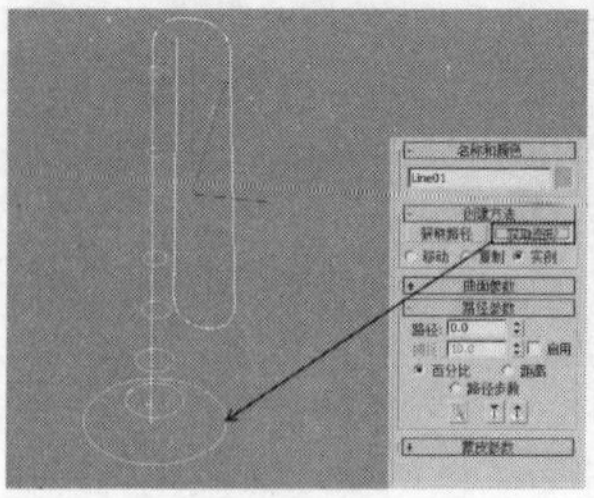

图4-133

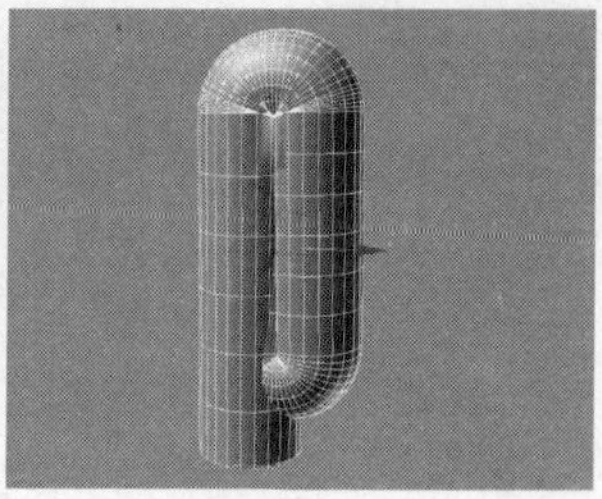

图4-134

技巧与提示

单截面放样是通过选择一个截面来决定模型的造型，这种方法在实际工作中经常使用。

07 在“路径参数”卷展栏下设置“路径”为2，然后单击“获取图形”按钮 获取图形 ，再在视图中拾取第2个圆形，如图4-135所示。此时小号会在第2个圆形的下方产生由小到大的过渡效果，圆形上方则将变细，如图4-136所示。

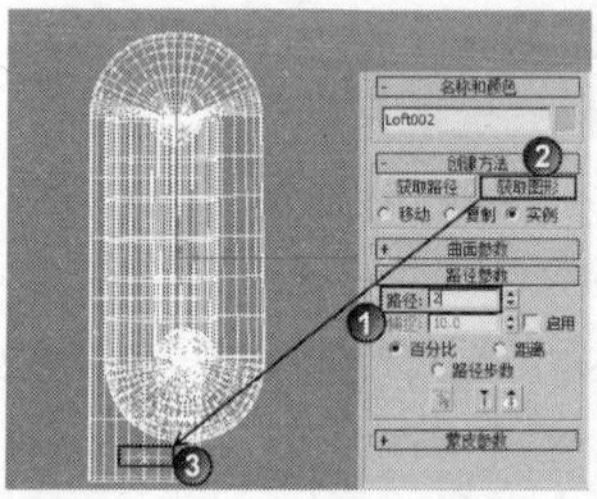

图4-135

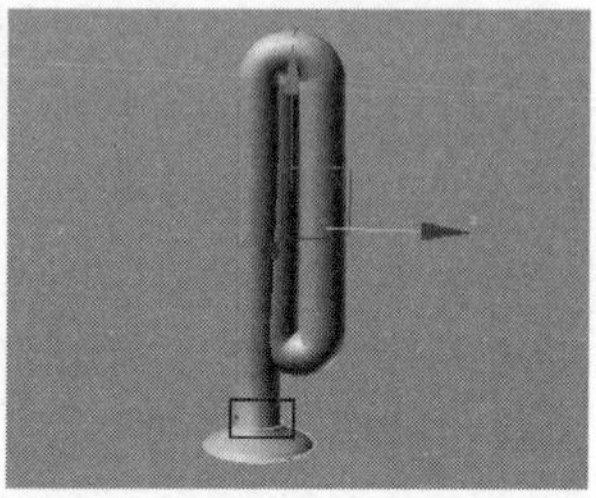

图4-136

08 采用相同的方法依次拾取剩余的圆形，完成后的效果如图4-137所示。

09 使用“线”工具 线 在前视图中绘制一条如图4-138所示的样条线。

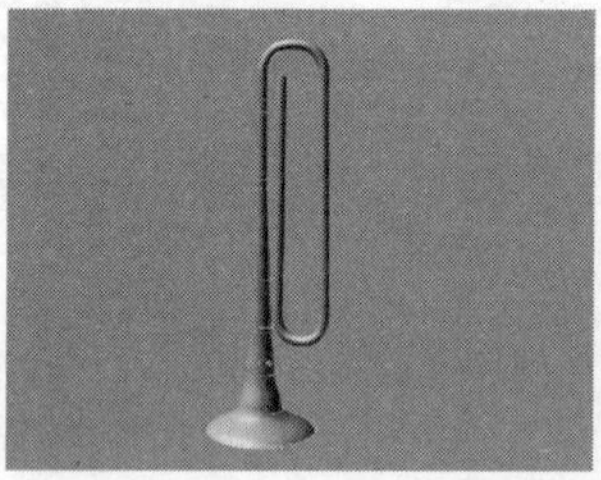

图4-137

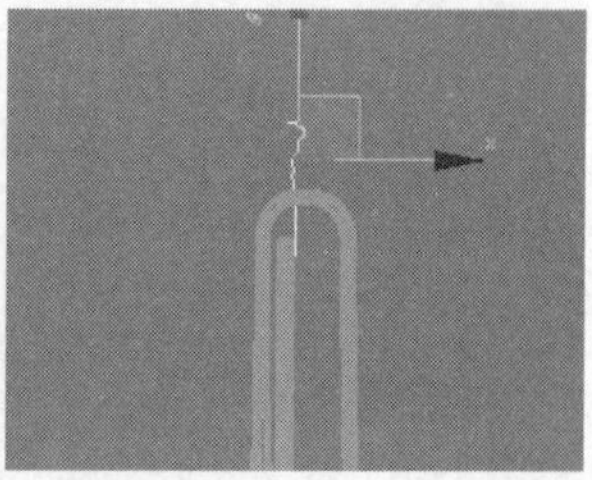

图4-138

10 选择样条线，然后为其加载一个“车削”修改器，再在“参数”卷展栏下设置“度数”为360、“分段”为32、“方向”为 Y 、“对齐”为 最小 ，具体参数设置及模型效果如图4-139所示。

11 使用“圆柱体”工具 圆柱体 制作小号中间的按钮部分，完成后的效果如图4-140所示。

12 使用“线”工具 线 在前视图中绘制如图4-141所示的样条线，然后在“渲染”卷展栏下勾选“在渲染中启用”和“在视口中启用”选项，再设置“径向”的“厚度”为1cm，具体参数设置及模型效果如图4-142所示。

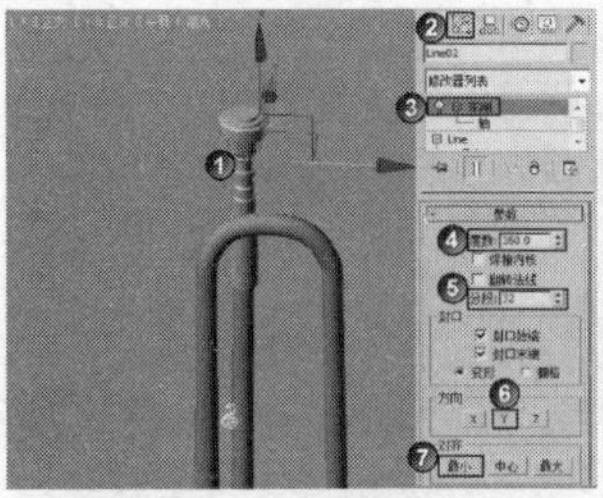

图4-139

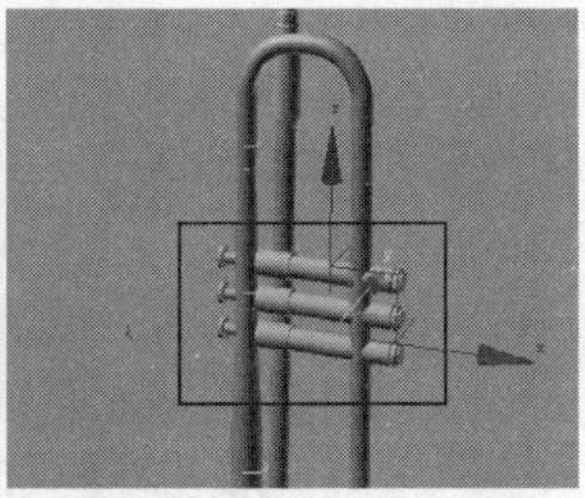

图4-140

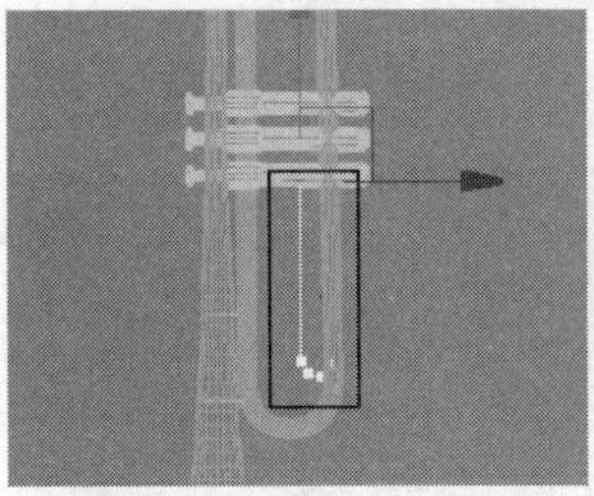

图4-141

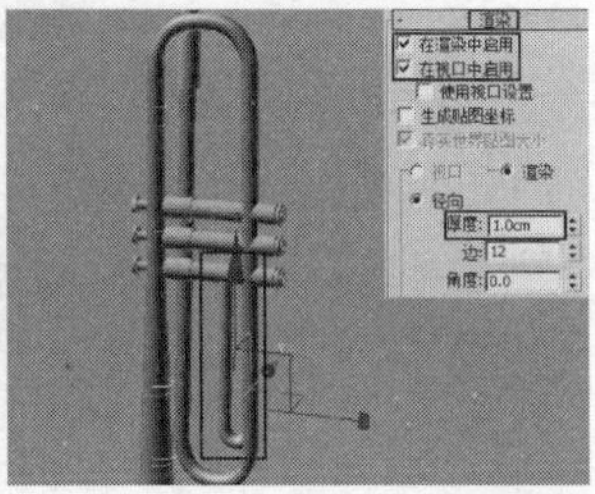

图4-142

13 继续使用“线”工具 线 和样条线的“在渲染中启用”和“在视口中启用”功能制作其他细节，最终效果如图4-143所示。

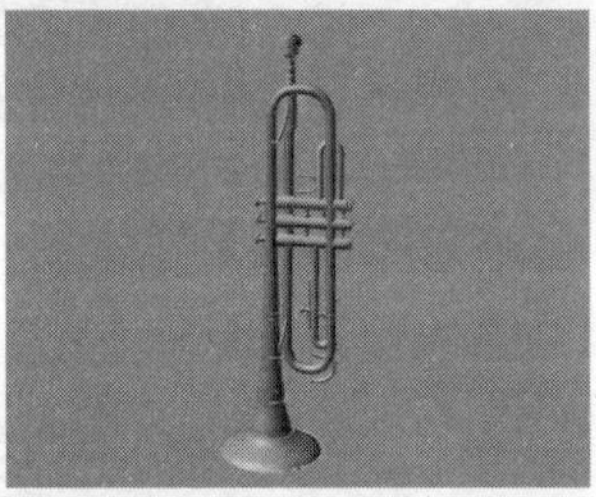

图4-143

实战096 花槽

场景位置	无
实例位置	DVD>实例文件>CH04>实战096.max
视频位置	DVD>多媒体教学>CH04>实战096.flv
难易指数	★★☆☆☆
技术掌握	线工具、仅影响轴工具、车削修改器、挤出修改器

本例将使用线、仅影响轴技术、“车削”修改器和“挤出”修改器制作一个古典风格的花槽模型，效果如图4-144所示。

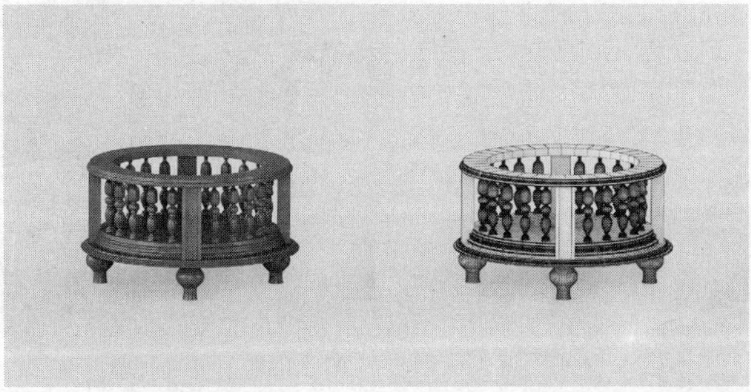

图4-144

本例大致的操作过程如图4-145所示。本例先要使用线与“车削”修改器制作花槽的上沿与底板，然后通过类似的方法制作中部的支柱与栏杆，最后制作支撑脚。

图4-145

操作步骤

01 使用“线”工具 线 在前视图中绘制如图4-146所示的样条线。

02 进行“顶点”级别，然后在样条线上添加顶点，再将样条线调节成如图4-147所示的效果。

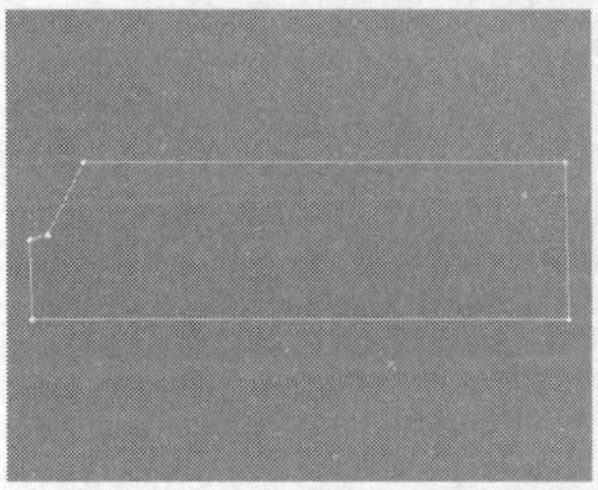

图4-146

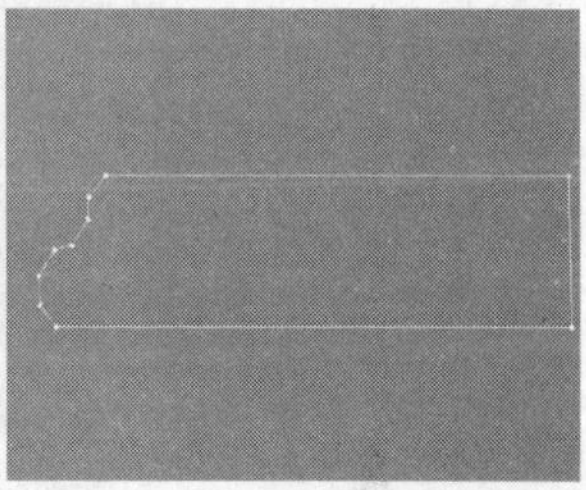

图4-147

03 继续调整顶点的类型及圆滑度，完成后的效果如图4-148所示。

04 选择样条线，然后为其加载一个“车削”修改器，具体参数设置及模型效果如图4-149所示。

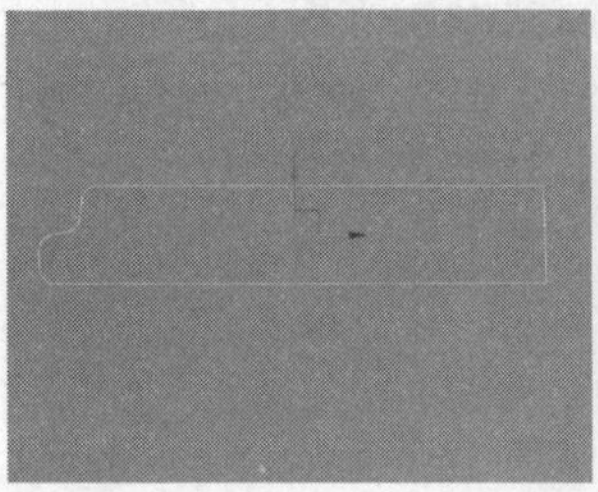

图4-148

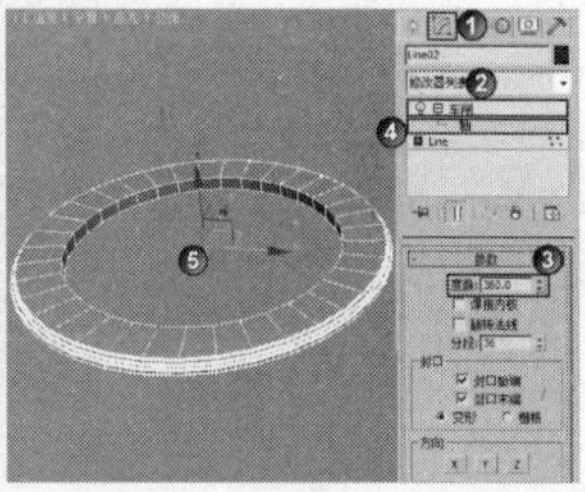

图4-149

05 使用“线”工具 线 在前视图中绘制如图4-150所示的样条线，然后为其加载一个“车削”修改器，再在“参数”卷展栏下设置“方向”为 Y 、“对齐”为 最大 ，具体参数设置及模型效果如图4-151所示。

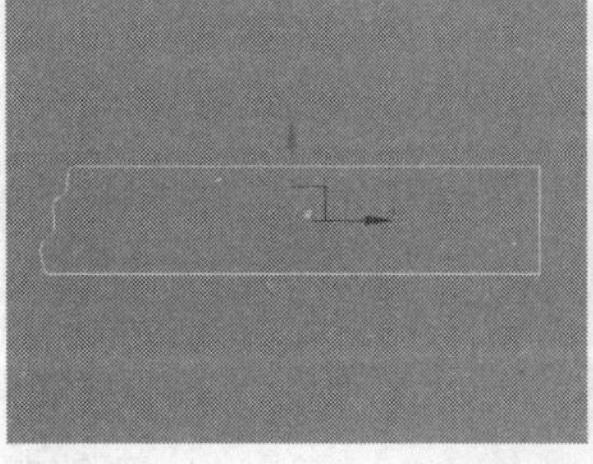

图4-150

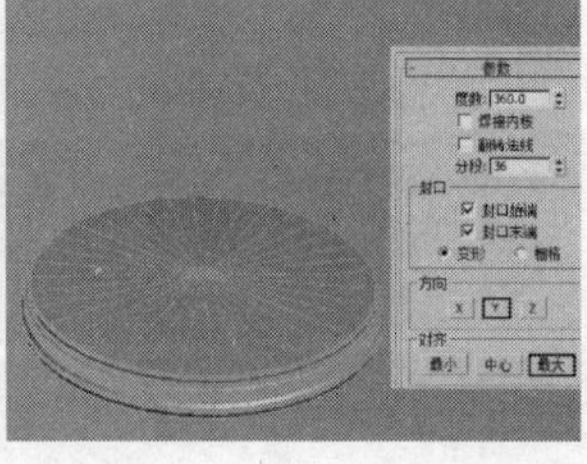

图4-151

06 继续使用“线”工具 线 和“车削”修改器创建如图4-152所示的模型。

07 使用“线”工具 线 在顶视图中绘制如图4-153所示的样条线。

图4-152

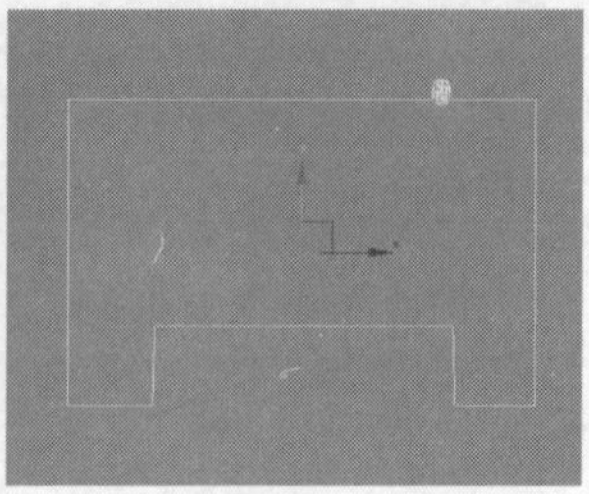

图4-153

08 为样条线加载一个“挤出”修改器，然后在“参数”卷展栏下设置“数量”为52mm，具体参数设置及模型效果如图4-154所示。

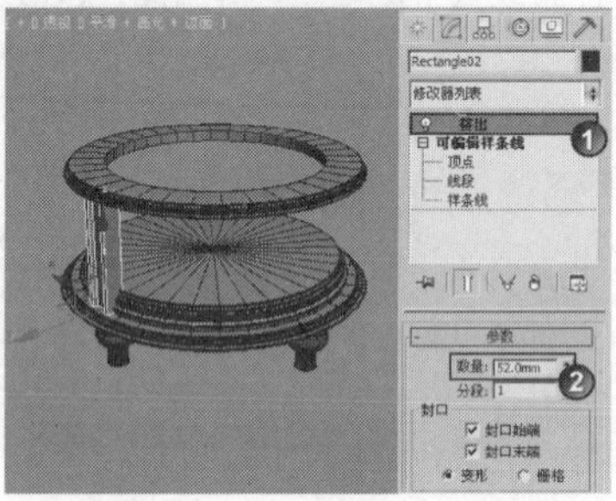

图4-154

09 选择创建好的方形支柱，在“命令”面板中单击“层次”按钮，进入“层次”面板，然后单击“轴”按钮 轴 和“调整轴”卷展栏下的“仅影响轴”按钮 仅影响轴 ，最后将方形支柱的轴心拖曳到底盘的中心位置，如图4-155所示。

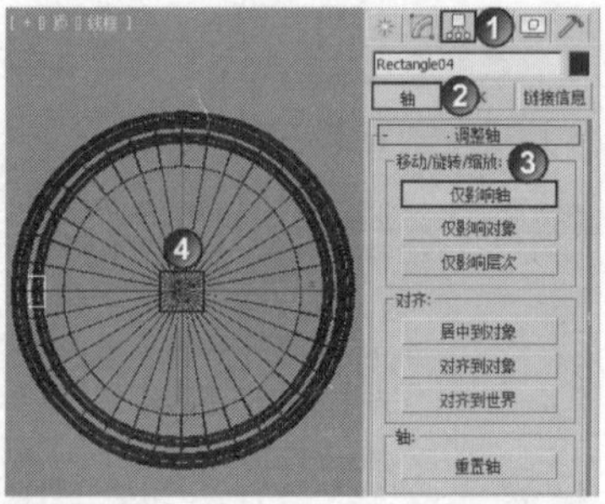

图4-155

10 再次单击“仅影响轴”按钮 仅影响轴 退出“仅影响轴”模式，然后使用“选择并旋转”工具选择方形支柱，再按住Shift键旋转复制3个模型（旋转90°），如图4-156所示，完成后的效果如图4-157所示。

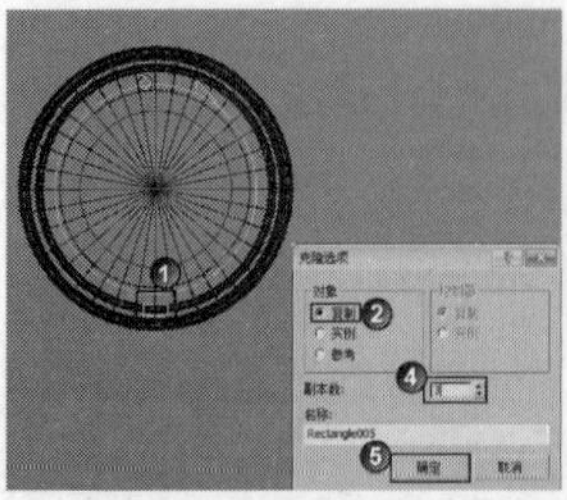

图4-156

图4-157

11 使用“线”工具 线 在前视图中绘制如图4-158所示的样条线，然后为其加载一个“车削”修改器，再在“参数”卷展栏下设置“方向”为 Y 、“对齐”为 最大 ，模型效果如图4-159所示。

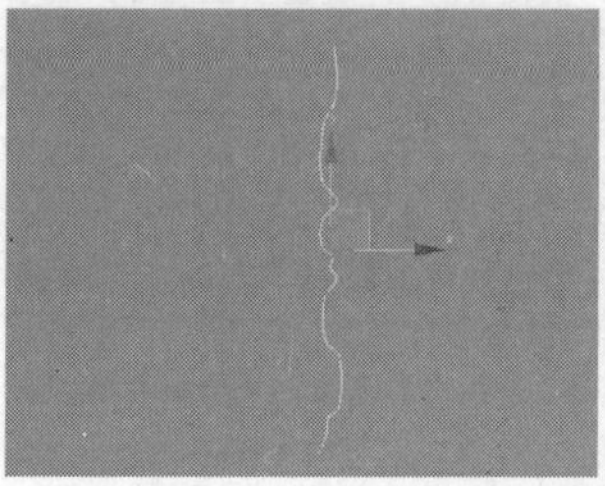

图4-158

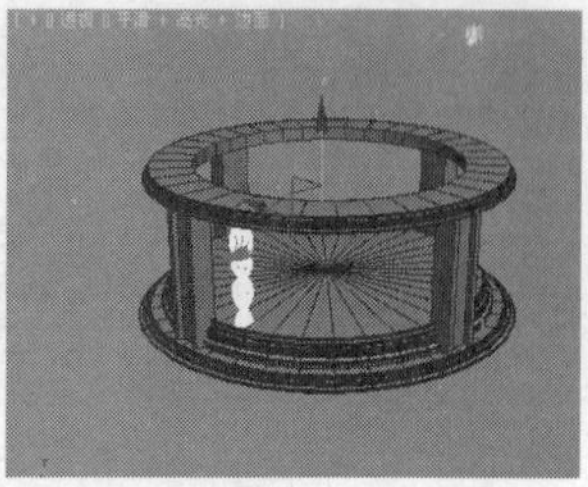

图4-159

12 采用前面的方法使用“仅影响轴”技术和“选择并旋转”工具旋转复制19个模型，完成后的效果如图4-160所示。

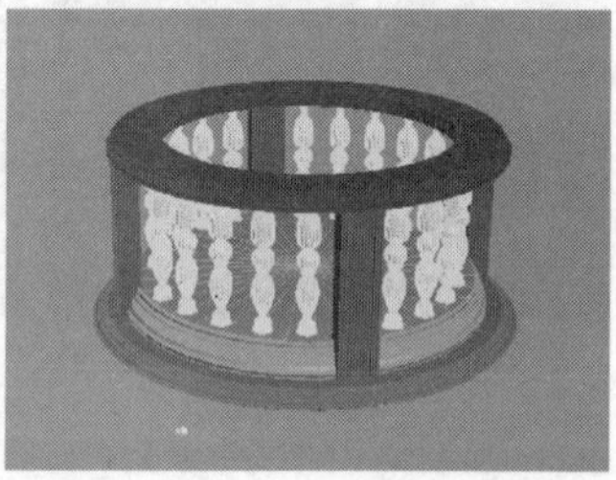

图4-160

13 使用“线”工具 线 在前视图中绘制如图4-161所示的样条线，然后为其加载一个“车削”修改器，再在“参数”卷展栏下设置“方向”为 Y 、“对齐”为 最大 ，效果如图4-162所示。

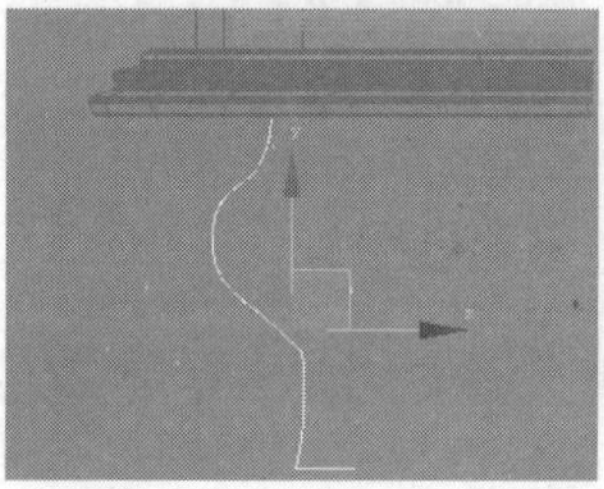

图4-161

图4-162

14 采用前面的方法使用“仅影响轴”技术和“选择并旋转”工具旋转复制3个支撑脚模型，最终效果如图4-163所示。

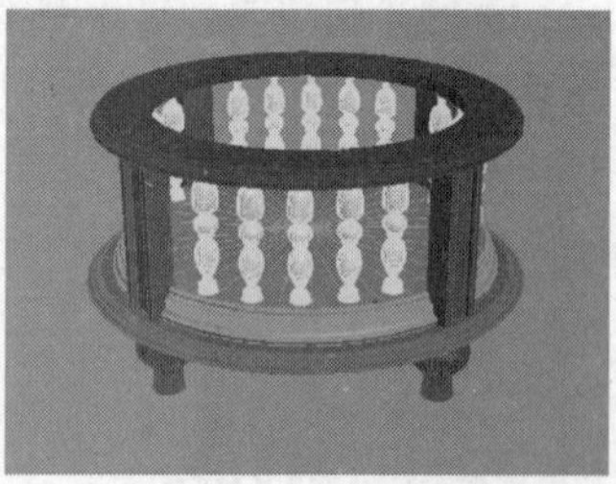

图4-163

实战097 古典边框

场景位置	无
实例位置	DVD>实例文件>CH04>实战097.max
视频位置	DVD>多媒体教学>CH04>实战097.flv
难易指数	★★☆☆☆
技术掌握	线工具、挤出修改器、车削修改器

实例介绍

本例将使用线、“挤出”修改器和“车削”修改器制作一个古典造型的边柜，效果如图4-164所示。

图4-164

本例大致的操作过程如图4-165所示。本例先要使用线和“挤出”修改器制作柜箱，然后结合线和“车削”修改器制作支撑脚，最后通过类似的方法制作把手完成整体效果。

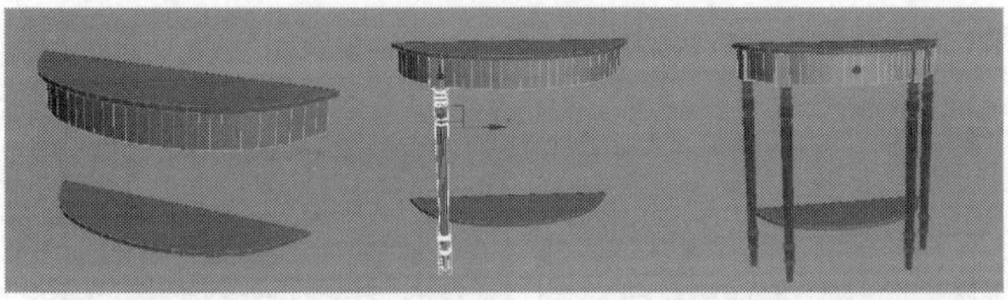

图4-165

操作步骤

01 使用“线”工具 线 在顶视图中绘制如图4-166所示的样条线。

02 为样条线加载一个“挤出”修改器，然后在“参数”卷展栏下设置“数量”为4mm，模型效果如图4-167所示。

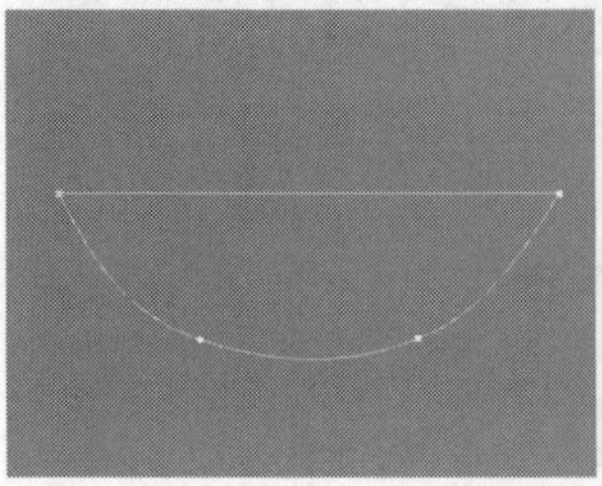

图4-166

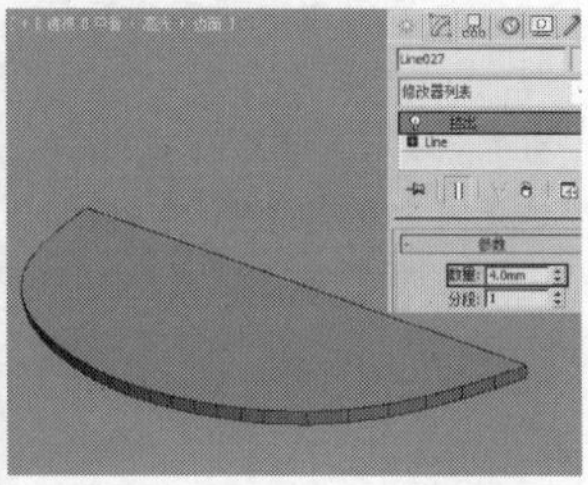

图4-167

03 使用移动复制功能将创建好的面板向下移动复制一份，如图4-168所示。

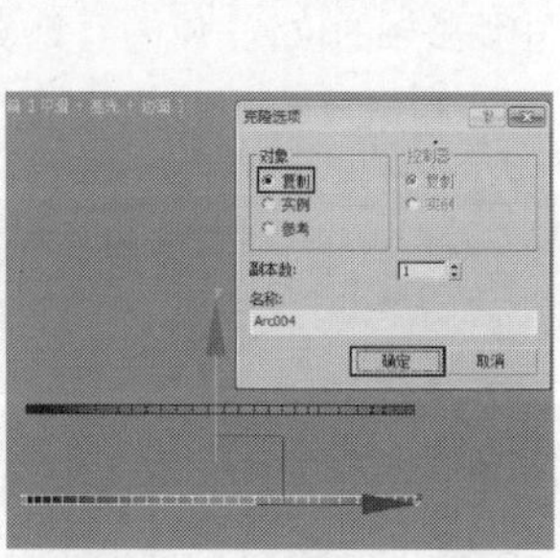

图4-168

04 在“修改”面板中选择复制的样条线，然后选择“顶点”层级，如图4-169所示。

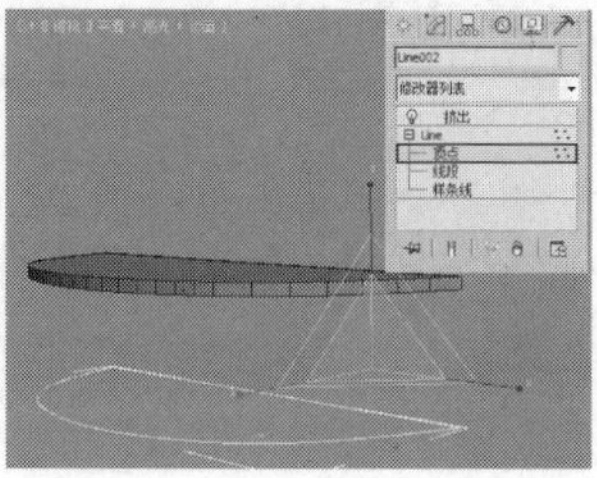

图4-169

05 按B键切换到底视图，然后在“顶点”级别下将样条线调节成如图4-170所示的形状，再选择“挤出”修改器，最后在“参数”卷展栏下设置“数量”为26mm，如图4-171所示。

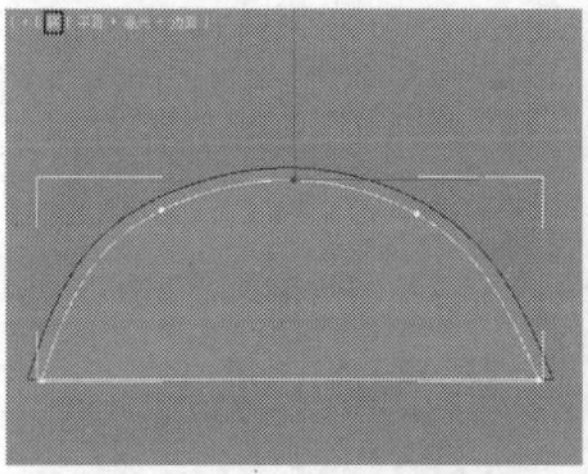

图4-170

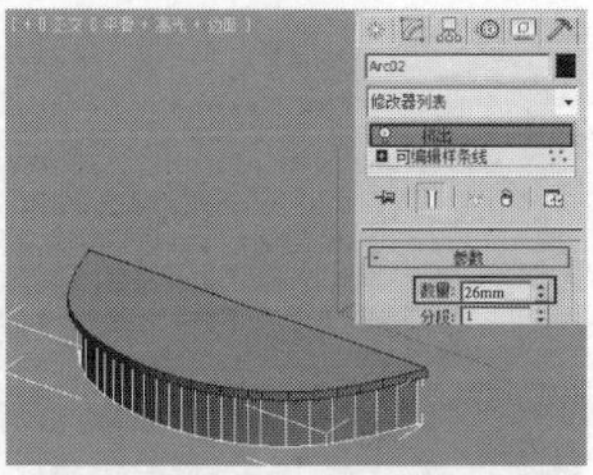

图4-171

06 采用相同的方法制作下方的搁板，完成后的效果如图4-172所示。

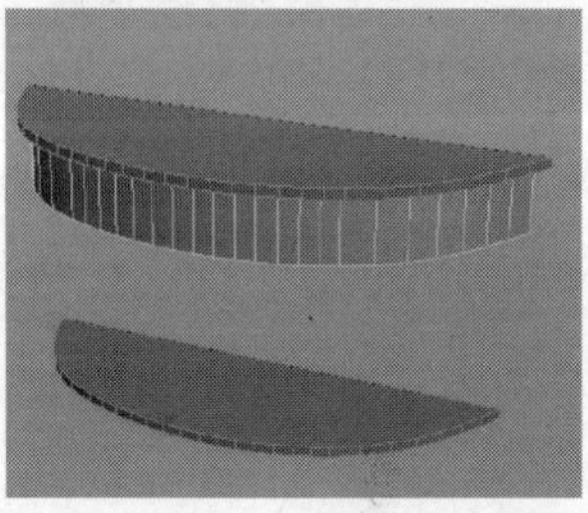

图4-172

07 使用“线”工具 线 在前视图中绘制如图4-173所示的样条线，然后为其加载一个“车削”修改器，再在“参数”卷展栏下设置“方向”为 Y 、“对齐”为 最大 ，如图4-174所示。

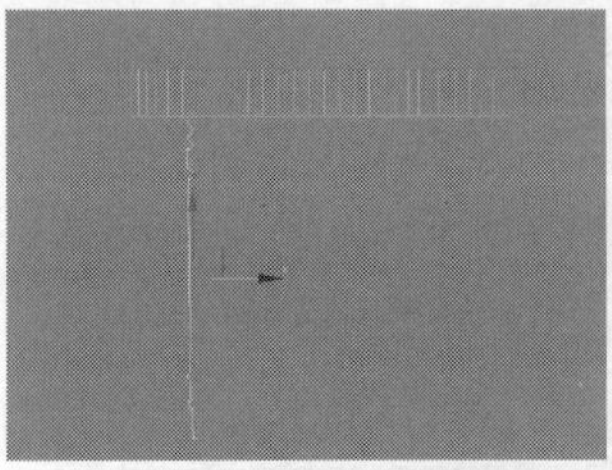

图4-173

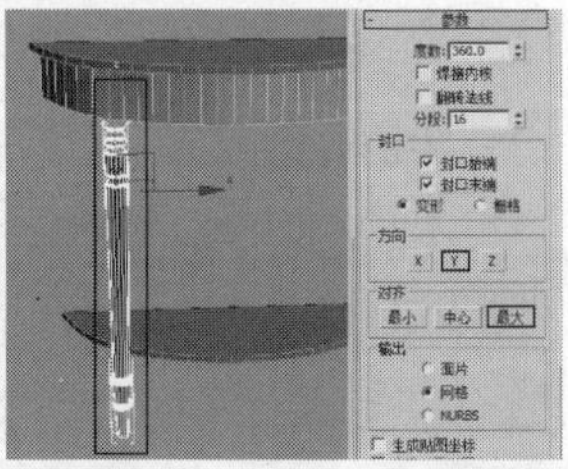

图4-174

08 使用“长方体”工具 长方体 在支柱顶部创建一个长方体，然后在“参数”卷展栏下设置“长度”为13mm、“宽度”为13mm、“高度”为26mm，模型位置如图4-175所示。

09 使用“选择并旋转”工具 旋转复制3个支撑脚到另外3个位置，效果如图4-176所示。

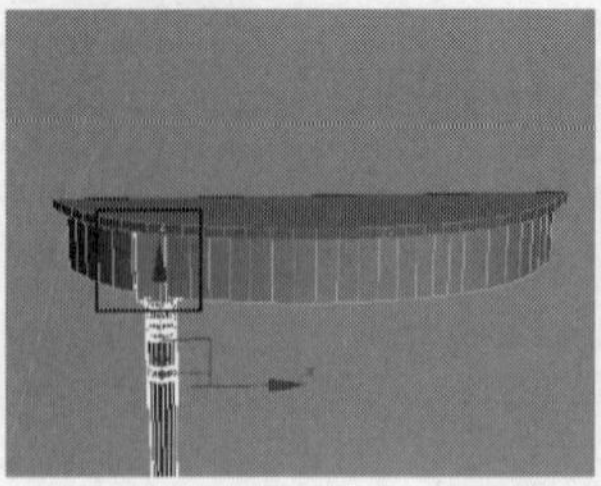

图4-175

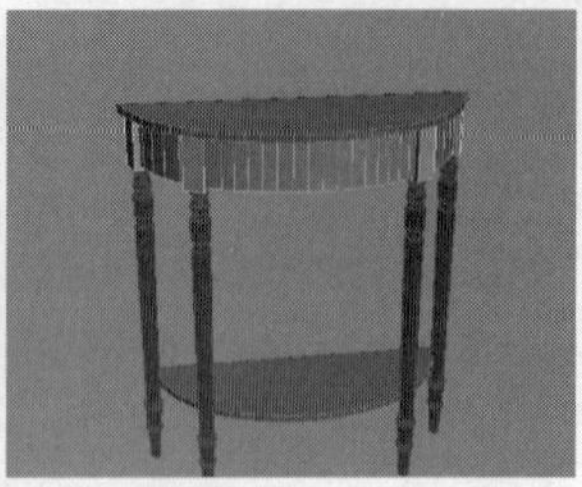

图4-176

10 使用“线”工具 线 在顶视图中绘制如图4-177所示的样条线，然后为其加载一个“车削”修改器，再在“参数”卷展栏下设置“方向”为 Y 、“对齐”为 最大 ，如图4-178所示。

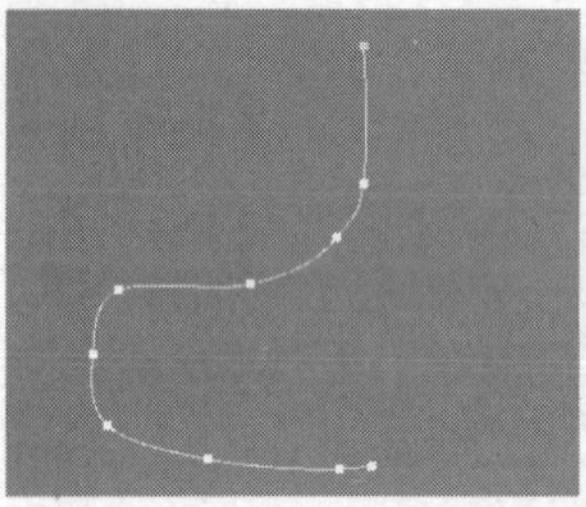

图4-177

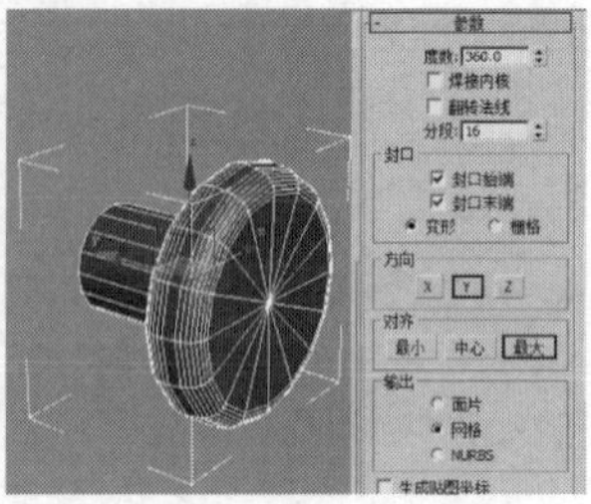

图4-178

11 将把手模型放到柜箱的中部，最终效果如图4-179所示。

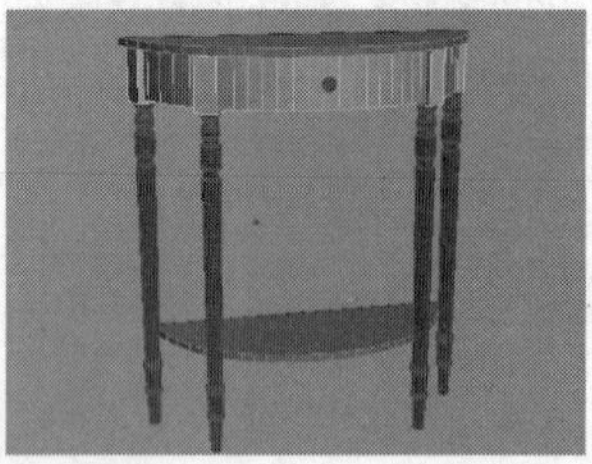

图4-179

实战098 壁灯

场景位置	无
实例位置	DVD>实例文件>CH04>实战098.max
视频位置	DVD>多媒体教学>CH04>实战098.flv
难易指数	★★★☆☆
技术掌握	弧工具、圆工具、车削修改器、挤出修改器

实例介绍

本例将使用线、弧、圆、球体等工具以及“车削”修改器和“挤出”修改器制作一个古典造型的壁灯，效果如图4-180所示。

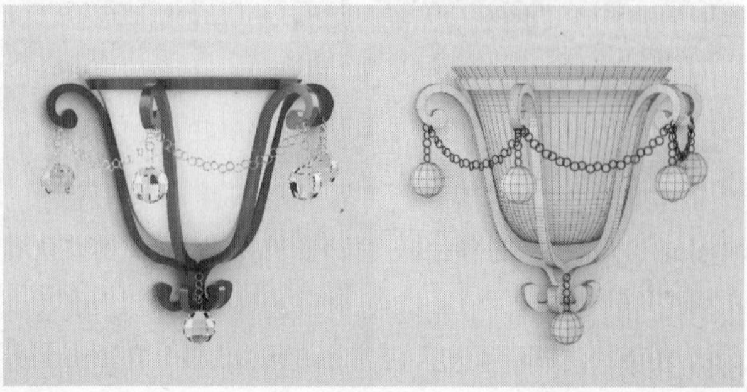

图4-180

本例大致的操作过程如图4-181所示。本例先要使用线与“车削”修改器制作壁灯的灯杯，然后使用弧与线制作铁艺构件，最后通过圆以及球体配合多边形建模制作装饰细节模型。

图4-181

操作步骤

01 使用“线”工具 线 在前视图中绘制如图4-182所示的样条线。

02 为样条线加载一个“车削”修改器，然后在“参数”卷展栏下设置“方向”为 Y 、“对齐”为 中心 ，具体参数设置及模型效果如图4-183所示。

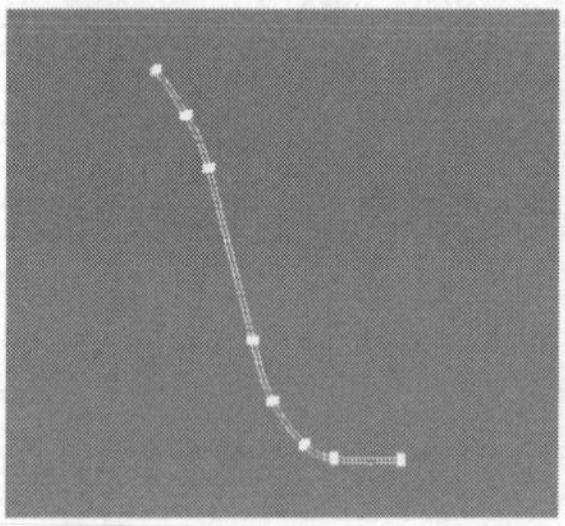

图4-182

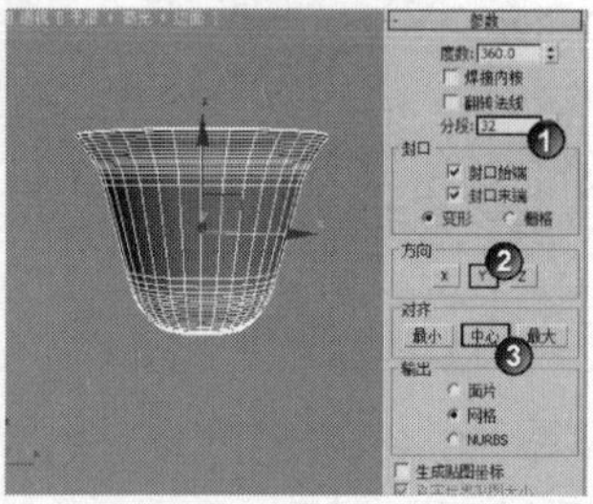

图4-183

技巧与提示

在顶视图中放大显示比例，此时可以发现模型的底部有个“洞”，如图4-184所示。这是因为没有调整“车削”修改器的“轴”。

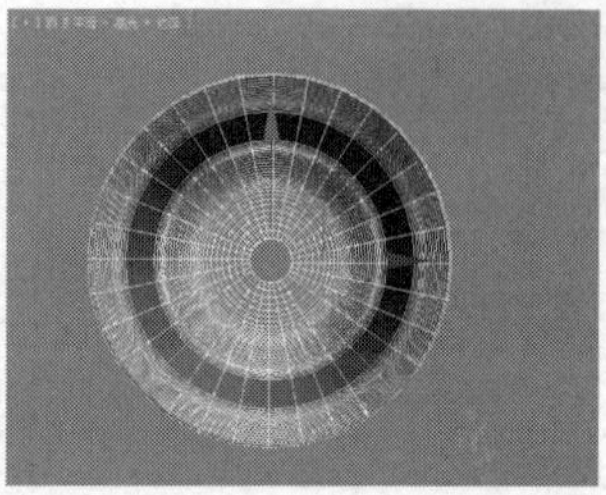

图4-184

03 选择“车削”修改器的“轴”次物体层级，然后在顶视图中调整轴的位置，使模型变成无缝效果，如图4-185所示。

04 使用“线”工具 线 在前视图中绘制如图4-186所示的样条线。

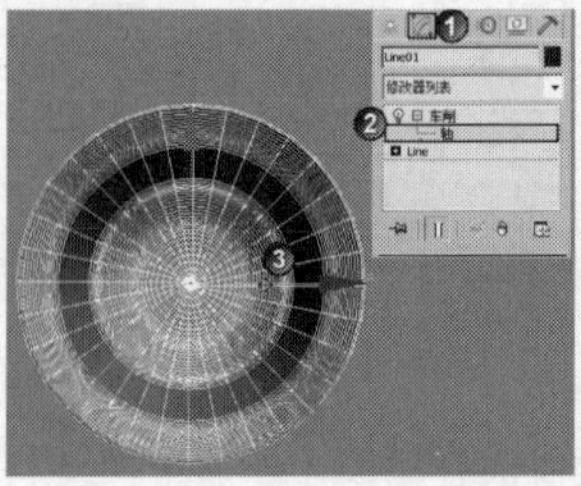

图4-185

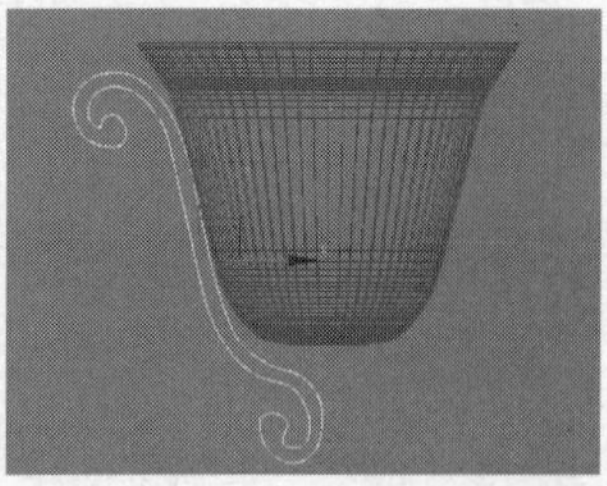

图4-186

05 为样条线加载一个“挤出”修改器，然后在“参数”卷展栏下设置“数量”为10mm，具体参数设置及模型效果如图4-187所示。

06 选择创建好的铁艺模型，然后使用“仅影响轴”工具 仅影响轴 调整好其轴心位置，再使用“选择并旋转”工具旋转复制3个模型，如图4-188所示。

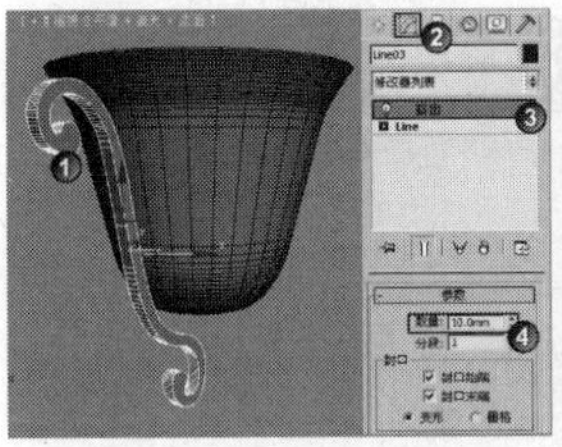
图4-187

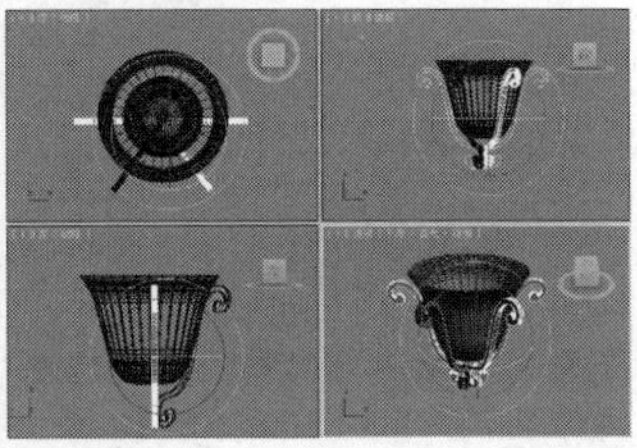
图4-188

07 使用“弧”工具 弧 在顶视图中绘制一条如图4-189所示的圆弧，然后在“渲染”卷展栏下勾选“在渲染中启用”和“在视口中启用”选项，再勾选“矩形”选项，最后设置“长度”为13mm、“宽度”为4mm、“角度”为-30，具体参数设置及模型效果如图4-190所示。

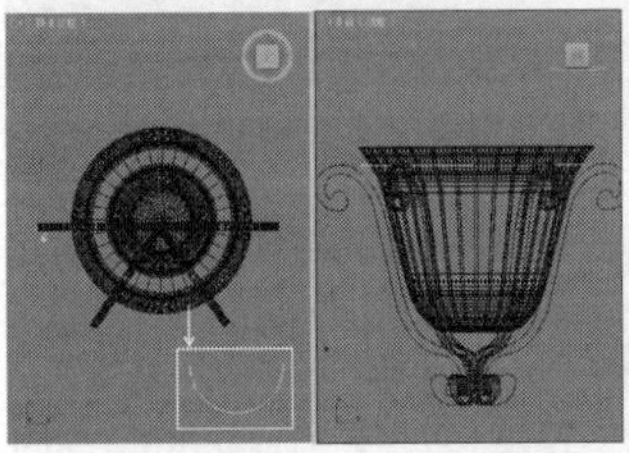
图4-189

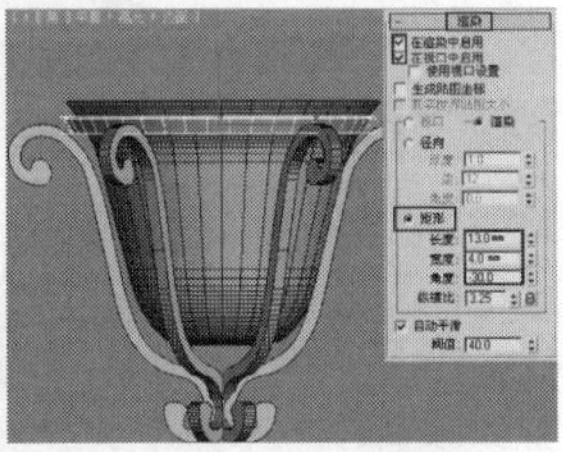
图4-190

08 使用“圆”工具 圆 在前视图中绘制一个圆形，然后在“参数”卷展栏下设置“半径”为5mm，再在“渲染”卷展栏下勾选“在渲染中启用”和“在视口中启用”选项，最后勾选“径向”选项，并设置“厚度”为1mm，具体参数设置及模型效果如图4-191所示。

09 使用“选择并移动”工具选择圆环，然后按住Shift键移动复制4个圆环，再使用“选择并旋转”工具调整好各个圆环的角度，完成后的效果如图4-192所示。

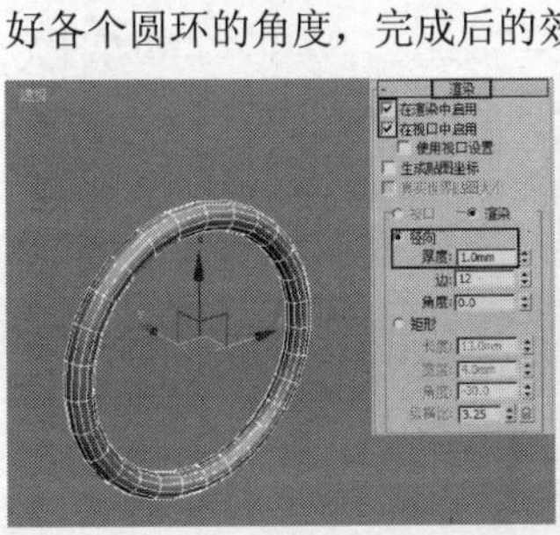
图4-191

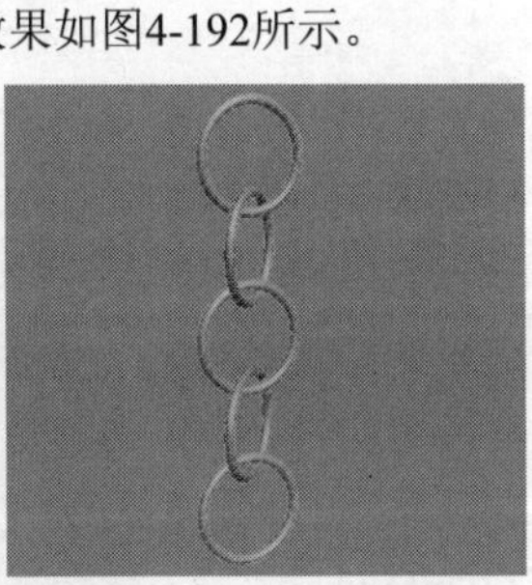
图4-192

10 使用“球体”工具 球体 在吊链底部创建一个球体，然后在“参数”卷展栏下设置“半径”为18mm、“分段”为13，再关闭“平滑”选项，具体参数设置及模型位置如图4-193所示。

11 使用“选择并移动”工具选择吊链和球体模型，然后按住Shift键移动复制一些模型到其他位置，最终效果如图4-194所示。

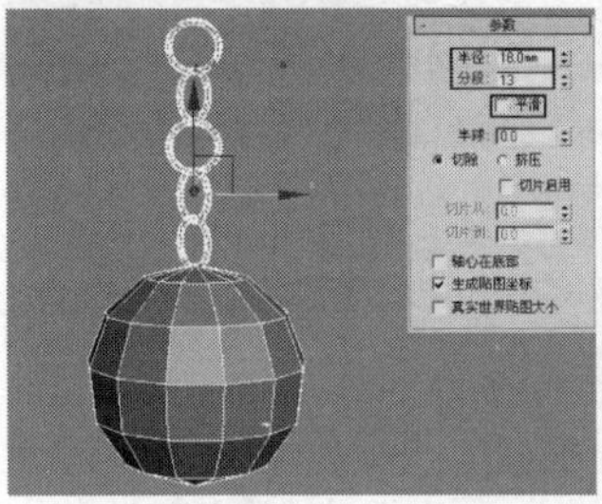
图4-193

图4-194

实战099 铁艺餐桌

场景位置 无
实例位置 DVD>实例文件>CH04>实战099.max
视频位置 DVD>多媒体教学>CH04>实战099.flv
难易指数 ★★★☆☆
技术掌握 线工具、车削修改器、样条线的可渲染功能

实例介绍

本例将使用线、“车削”修改器以及样条线的可渲染功能制作一张铁艺餐桌，如图4-195所示。

图4-195

本例大致的操作过程如图4-196所示。本例先要使用线与“车削”修改器制作桌面，然后使用样条线的可渲染功能制作铁艺构件，最后通过旋转复制完成铁艺餐桌的整体造型。

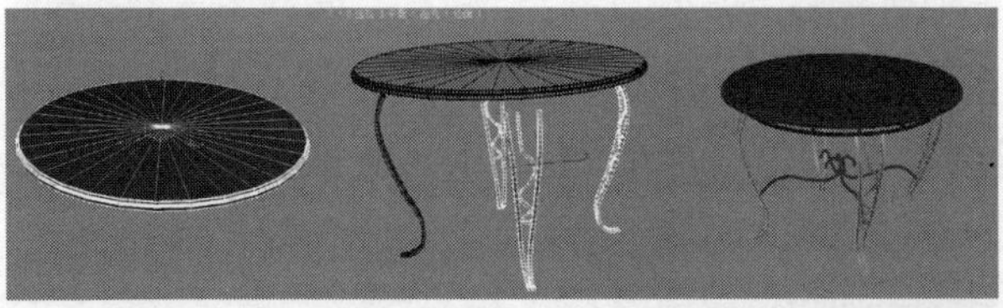
图4-196

操作步骤

01 使用“线”工具 线 在前视图中绘制如图4-197所示的样条线。

02 为样条线加载一个“车削”修改器，然后在“参数”卷展栏下设置“分段”为32、“方向”为 Y 、“对齐”为 最大 ，模型效果如图4-198所示。

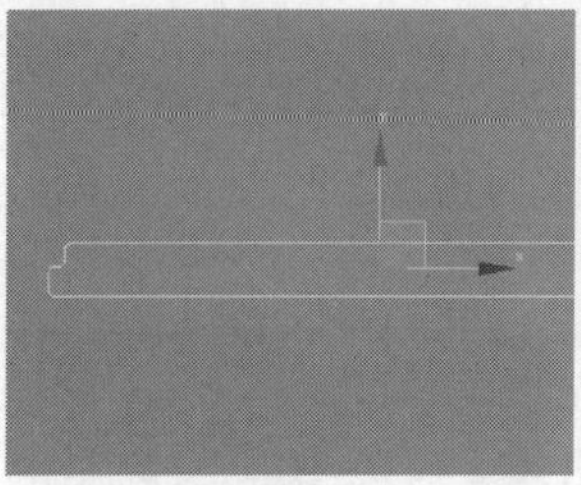

图4-197

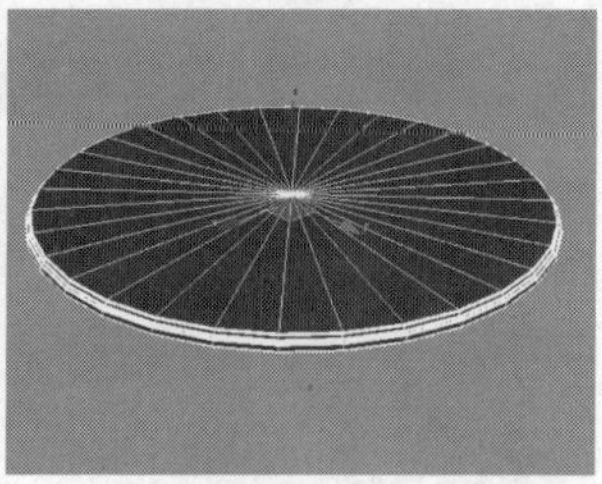

图4-198

03 使用“线”工具 线 在前视图中绘制如图4-199所示的样条线。

04 选择样条线，然后在“渲染”卷展栏下勾选“在渲染中启用”和“在视口中启用”选项，再勾选“矩形”选项，最后设置“长度”为4mm、“宽度”为3mm，具体参数设置及模型效果如图4-200所示。

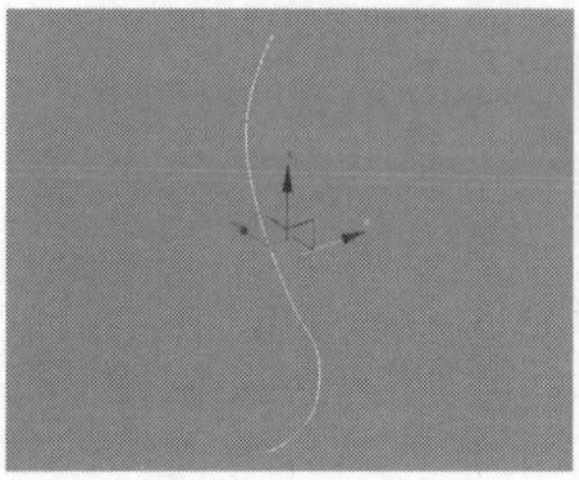

图4-199

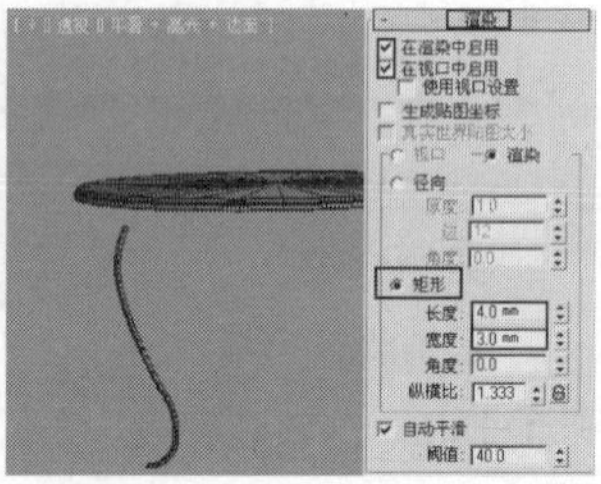

图4-200

05 使用“选择并旋转”工具旋转复制一个桌腿模型，完成后的效果如图4-201所示。

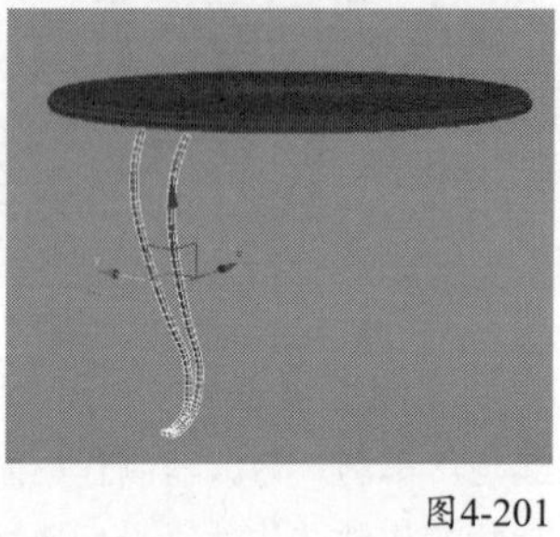

图4-201

06 使用“线”工具 线 在左视图中绘制如图4-202所示的样条线，然后按1键进入“顶点”层级，再在前视图中调整好侧面造型，使其与桌腿重合，如图4-203所示。

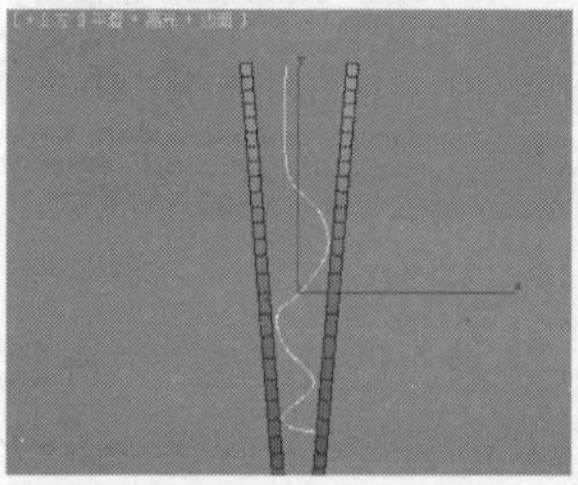

图4-202

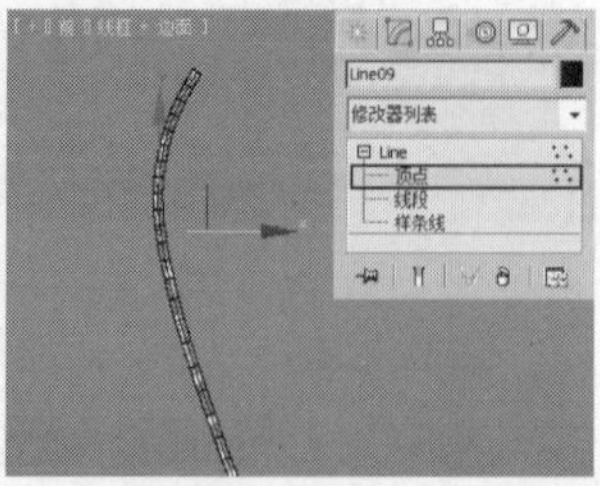

图4-203

07 在“渲染”卷展栏下勾选“在渲染中启用”和“在视口中启用”选项，然后勾选“矩形”选项，再设置“长度”为2mm、“宽度”为3mm，模型效果如图4-204所示。

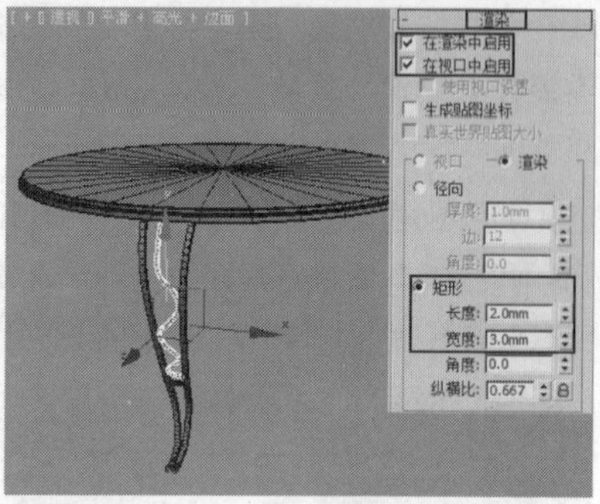

图4-204

08 将创建好的支撑脚创建为一个“组”，然后进入“层次”面板，在“仅影响轴”模式下将组的轴心调整到桌面的中心位置，如图4-205所示。调整完成后退出“仅影响轴”模式。

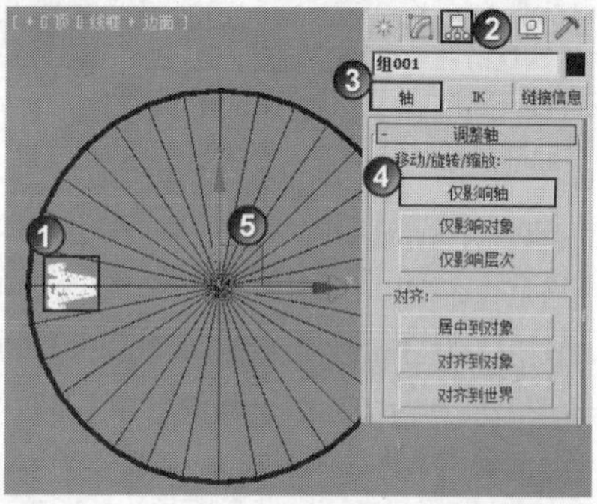

图4-205

09 使用“选择并旋转”工具旋转复制3个支撑脚模型，完成后的效果如图4-206所示。

10 使用“圆”工具 圆 在顶视图中绘制一个圆形，然后在“参数”卷展栏下设置“半径”为160mm，如图4-207所示。

图4-206

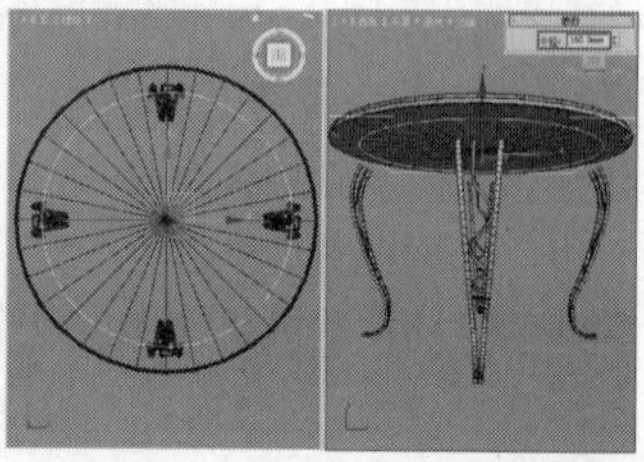

图4-207

11 选择圆形，然后在“渲染”卷展栏下勾选“在渲染中启用”和“在视口中启用”选项，再勾选“径向”选项，最后设置“厚度”为5mm，具体参数设置及模型效果如图4-208所示。

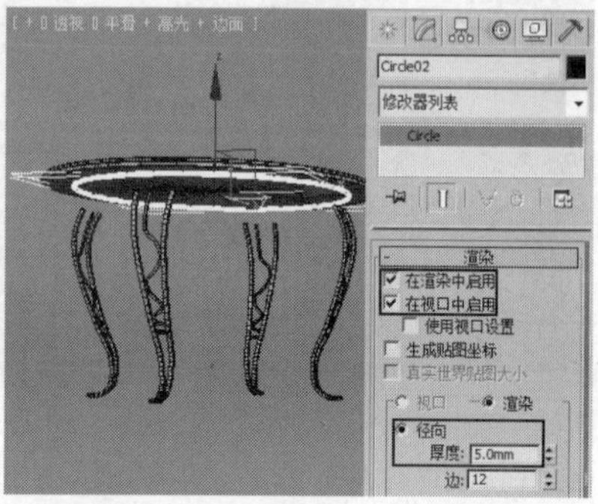

图4-208

12 使用“选择并移动”工具选择圆形，然后按住Shift

键向下复制一个圆环到桌腿顶部，如图4-209所示。

13 使用“线”工具 线 在前视图中绘制上、下两个圆环间的连接线，然后在“渲染”卷展栏下勾选“在渲染中启用”和“在视口中启用”选项，再勾选“径向”选项，最后设置“厚度”为5mm，具体参数设置及模型效果如图4-210所示。

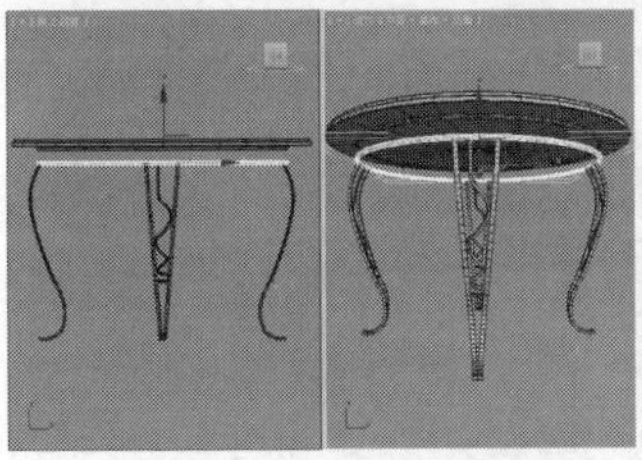

图4-209

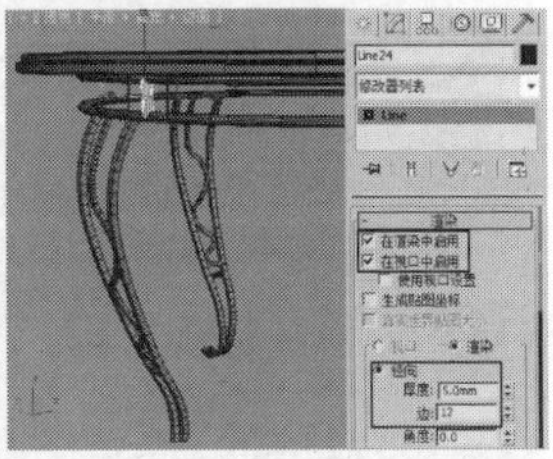

图4-210

14 选择连接线，然后进入“层次”面板，在“仅影响轴”模式下将其轴心调整到桌面的中心位置（调整完成后退出“仅影响轴”模式），最后使用“选择并旋转”工具旋转复制11个模型，完成后的效果如图4-211所示。

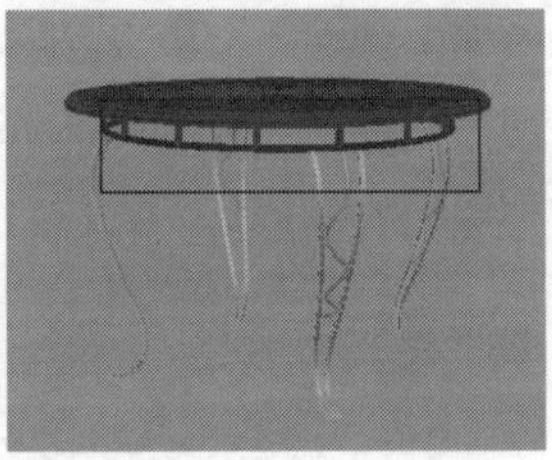

图4-211

15 使用“线”工具 线 在前视图中绘制一条如图4-212所示的样条线，然后在“渲染”卷展栏下勾选“在渲染中启用”和“在视口中启用”选项，再勾选“径向”选项，最后设置“厚度”为4mm，具体参数设置及模型效果如图4-213所示。

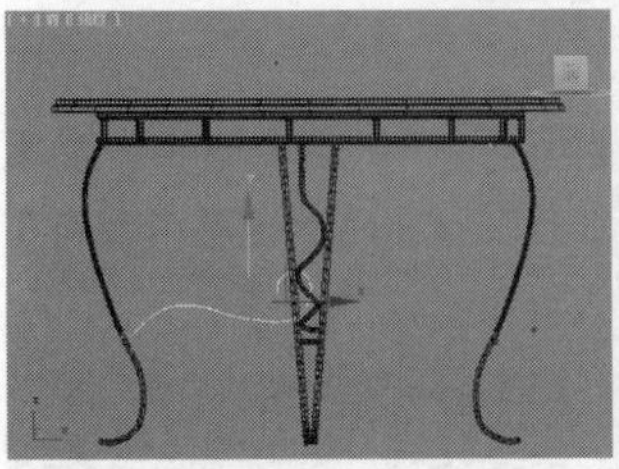

图4-212

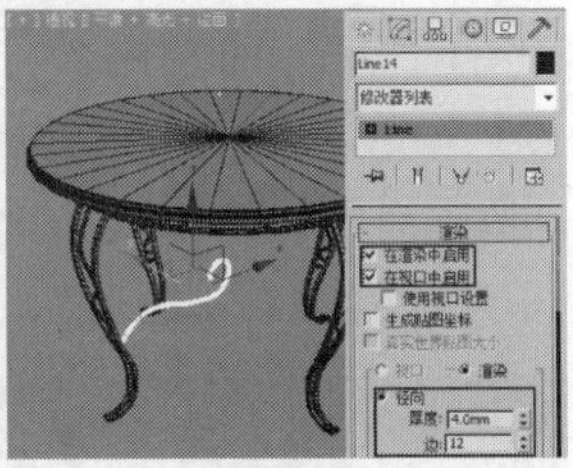

图4-213

16 选择上一步创建的模型，然后进入“层次”面板，在“仅影响轴”模式下将其轴心调整到桌面的中心位置（调整完成后退出“仅影响轴”模式），最后使用“选择并旋转”工具旋转复制3个模型，最终效果如图4-214所示。

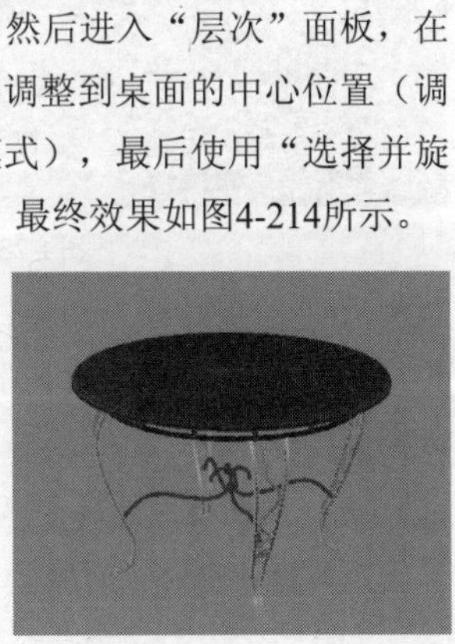

图4-214

实战100 水晶灯

场景位置　无
实例位置　DVD>实例文件>CH04>实战100.max
视频位置　DVD>多媒体教学>CH04>实战100.flv
难易指数　★★★★☆
技术掌握　线工具、车削修改器、间隔工具、多边形建模技术

实例介绍

本例将使用线、车削修改器、间隔复制功能以及多边形建模技术制作一个结构复杂、造型精美的水晶灯，效果如图4-215所示。

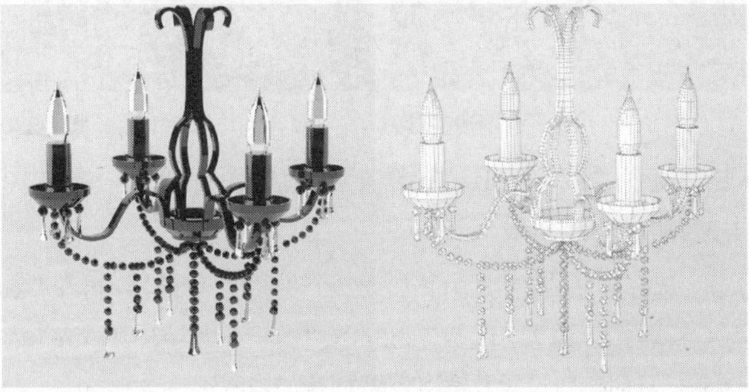

图4-215

本例大致的操作过程如图4-216所示。本例先要使用线与“车削”修改器制作灯架的主体，然后使用线、异面体、间隔复制功能以及“车削”修改器制作装饰链与蜡烛，最后使用多边形建模技术制作水晶灯的吊坠。

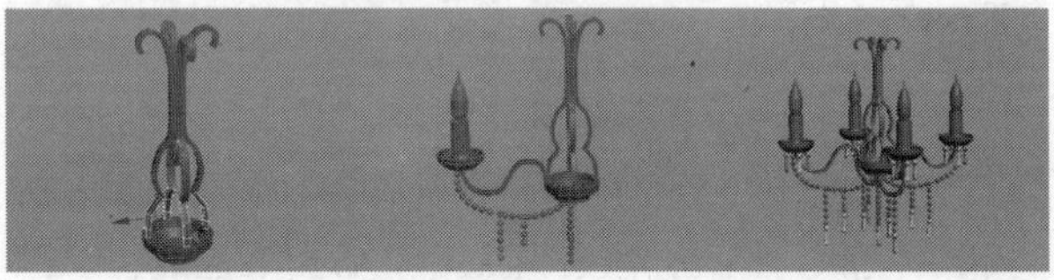

图4-216

操作步骤

01 使用“线”工具 线 在前视图中绘制一条如图4-217所示的样条线。

02 选择样条线，然后在“渲染”卷展栏下勾选“在渲染中启用”和“在视口中启用”选项，再勾选“矩形”选项，最后设置“长度”为7mm、“宽度”为4mm，具体参数设置及模型效果如图4-218所示。

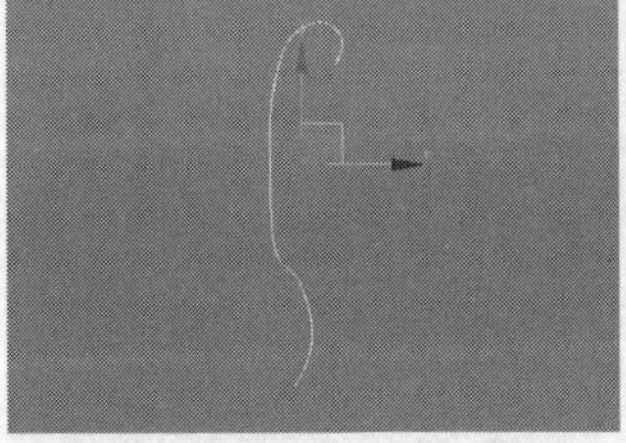

图4-217

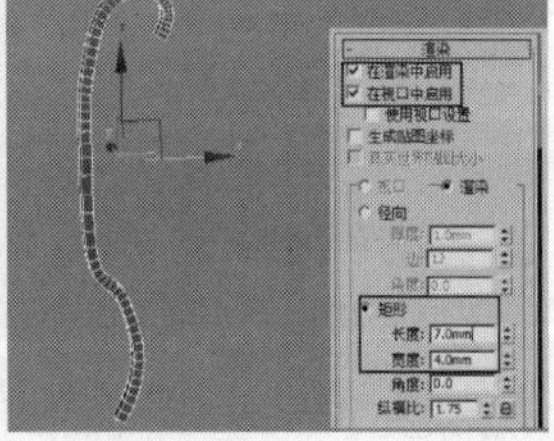

图4-218

03 选择模型，在“创建”面板中单击“层次”按钮切换到“层次”面板，然后在“调整轴”卷展栏下单击“仅影响轴”按钮 仅影响轴 ，再在前视图中将轴心点

拖曳到如图4-219所示的位置。调整完成后退出“仅影响轴”模式。

04 使用“选择并旋转”工具选择模型，然后按住Shift键旋转复制3个模型，完成后的效果如图4-220所示。

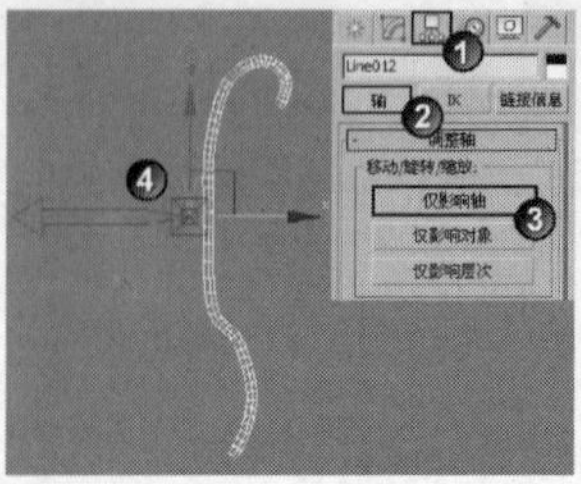

图4-219

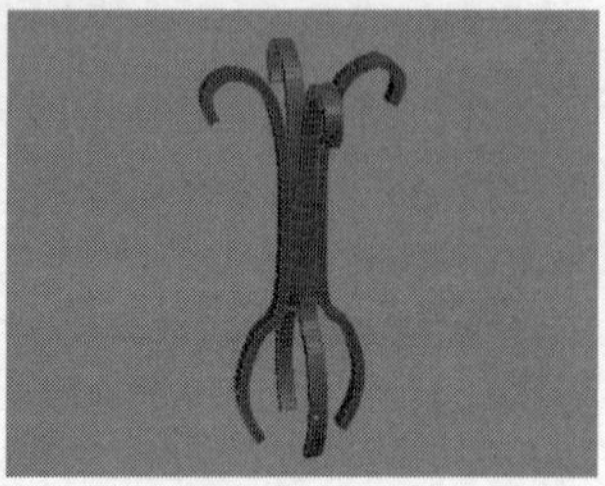

图4-220

05 使用“线”工具 线 在前视图中绘制一条如图4-221所示的样条线。

06 选择样条线，然后为其加载一个“车削”修改器，再在“参数”卷展栏下设置“度数”为360、“方向”为 Y 、“对齐”为 最小 ，具体参数设置及模型效果如图4-222所示。

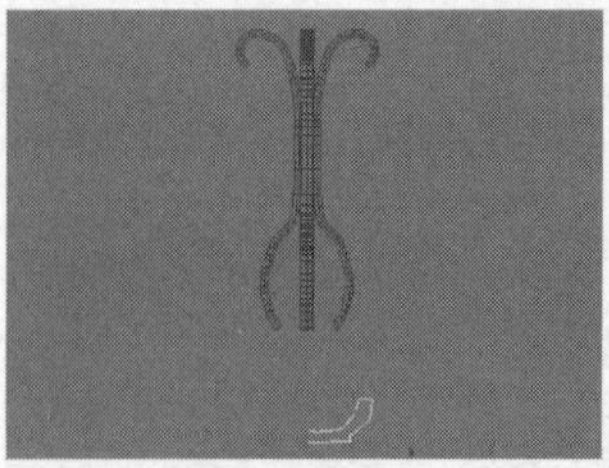

图4-221

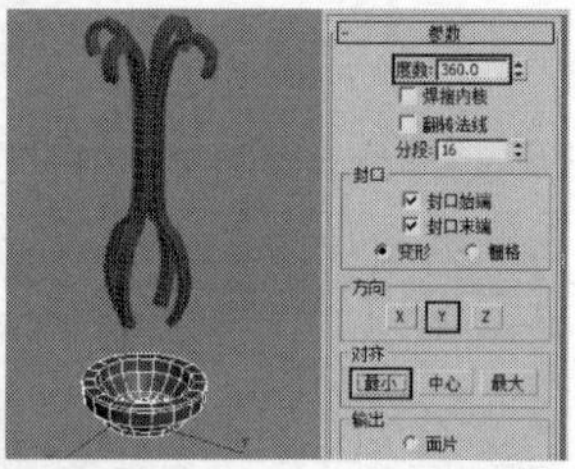

图4-222

07 使用“线”工具 线 在前视图中绘制一条如图4-223所示的样条线，然后在“渲染”卷展栏下勾选“在渲染中启用”和“在视口中启用”选项，再勾选“矩形”选项，最后设置“长度”为6mm、“宽度”为4mm，具体参数设置及模型效果如图4-224所示。

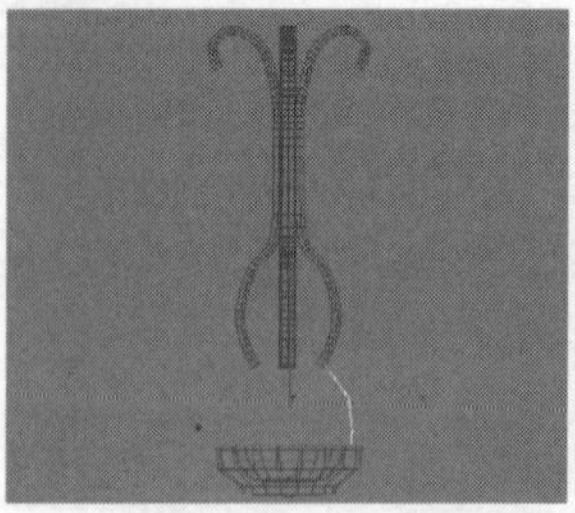

图4-223

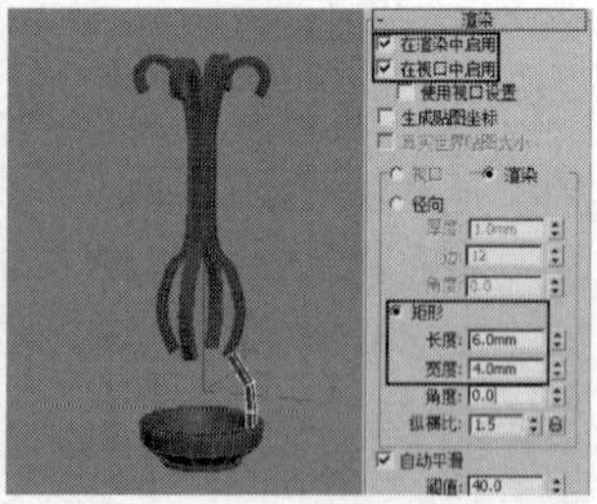

图4-224

08 选择创建好的模型，然后调整好其轴心位置，再使用“选择并旋转”工具旋转复制3个模型，完成后的效果如图4-225所示。

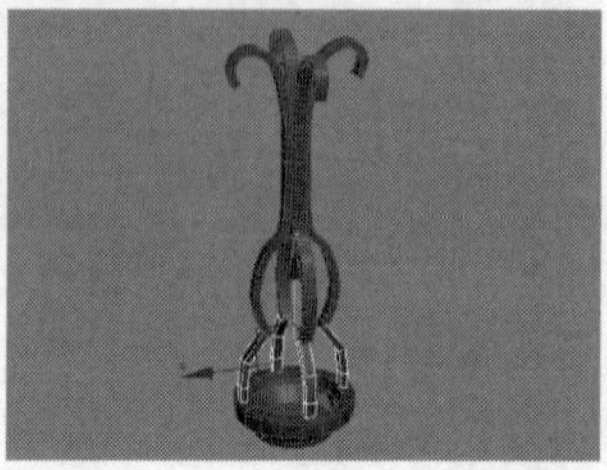

图4-225

09 使用“线”工具 线 在前视图中绘制一条如图4-226所示的样条线，然后在“渲染”卷展栏下勾选“在渲染中启用”和“在视口中启用”选项，再勾选“矩形”选项，最后设置“长度”为10mm、“宽度”为4mm，具体参数设置及模型效果如图4-227所示。

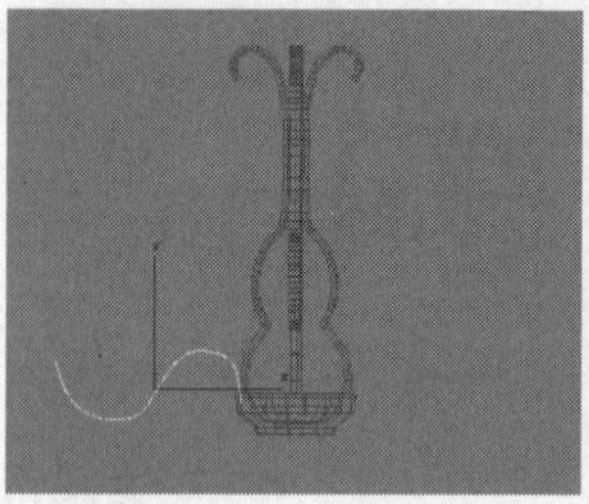

图4-226

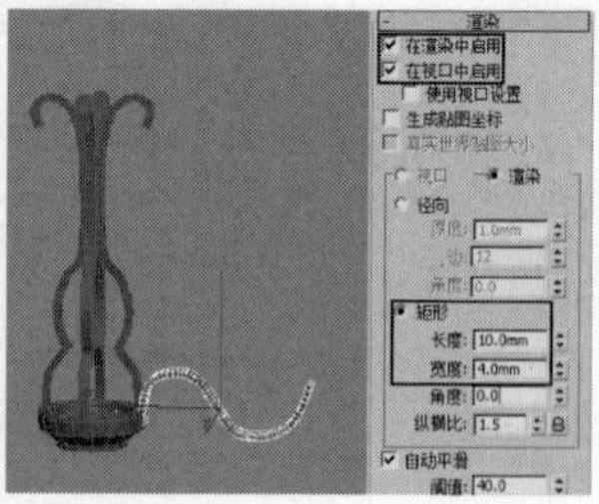

图4-227

10 继续使用“线”工具 线 在前视图中绘制一条如图4-228所示的样条线，然后为其加载一个“车削”修改器，再在“参数”卷展栏下设置“度数”为360、“方向”为 Y 、“对齐”为 最小 ，具体参数设置及模型效果如图4-229所示。

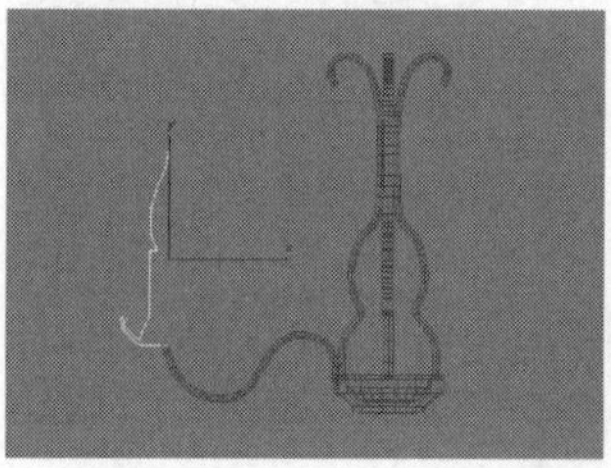

图4-228

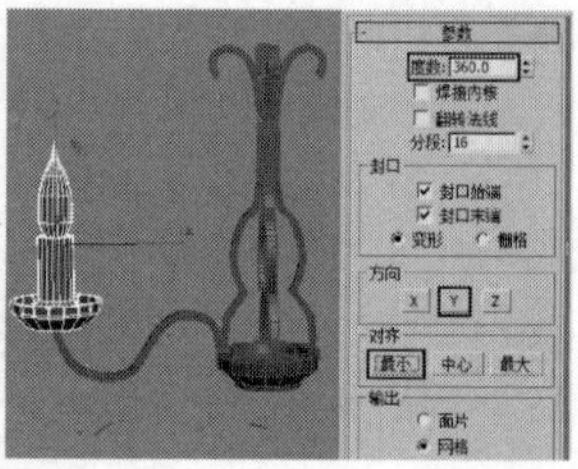

图4-229

11 再次使用“线”工具 线 在前视图中绘制一条如图4-230所示的样条线。

12 使用“异面体”工具 异面体 在场景中创建一个大小合适的异面体，然后在“参数”卷展栏下设置“系列”为“十二面体/二十面体”，效果如图4-229所示。

图4-230

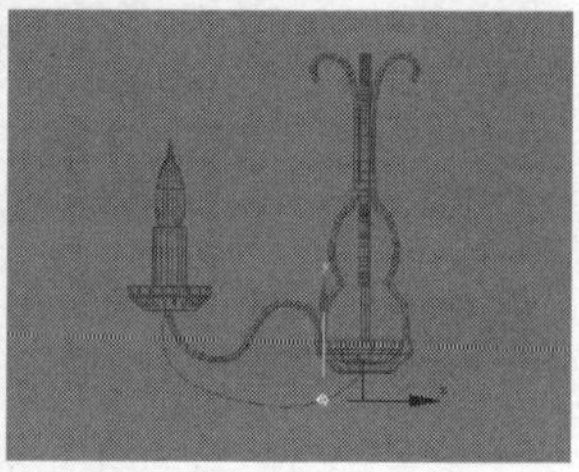

图4-231

13 在“主工具栏”的空白区域单击鼠标右键，然后在弹出的菜单中选择“附加”命令调出“附加”工具栏，如图4-232所示。

14 选择异面体，然后在“附加”工具栏中单击“间隔工具”按钮，打开“间隔工具”对话框，如图4-233所示。

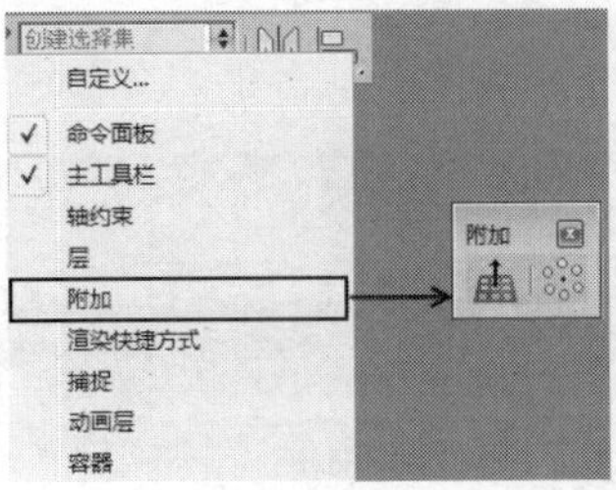

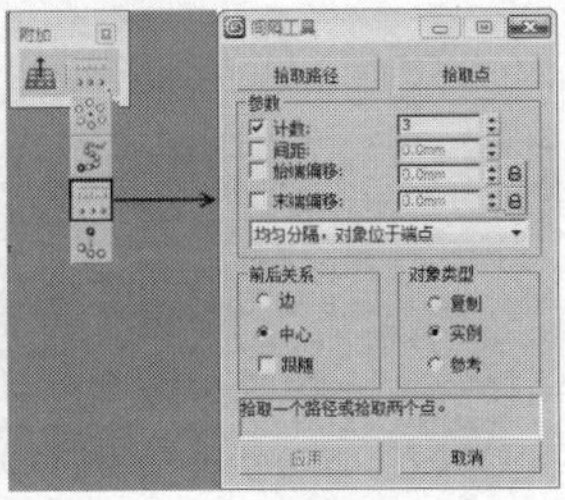

图4-232　　图4-233

15 选择异面体，在“间隔工具”对话框中单击“拾取路径”按钮 拾取路径 ，然后在视图中拾取样条线，再在“参数”选项组下设置“计数”为20，最后单击“应用”按钮 应用 ，具体操作流程如图4-234所示。

16 使用复制功能制作其他异面体装饰物，完成后的效果如图4-235所示。

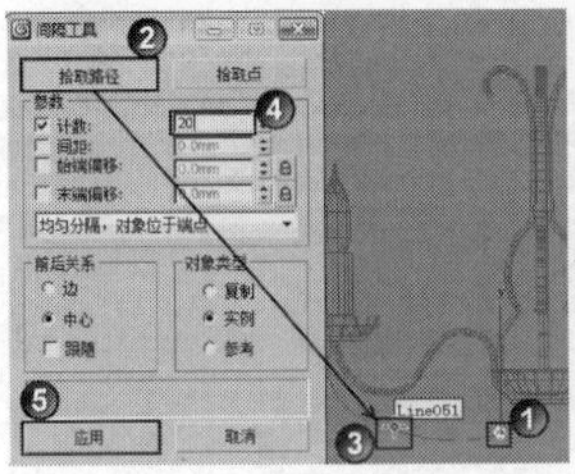

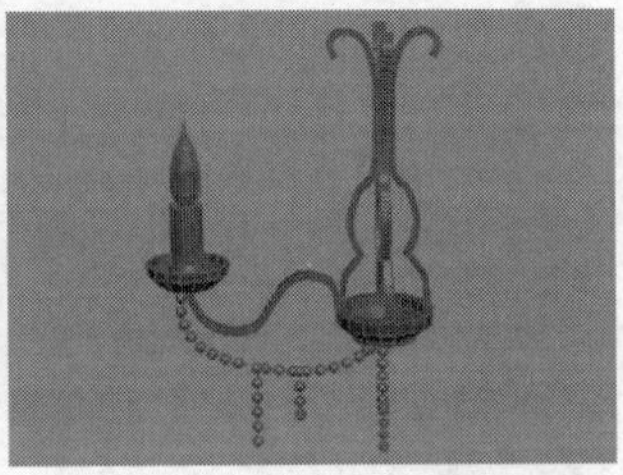

图4-234　　图4-235

17 使用“异面体”工具 异面体 在场景中创建两个大小合适的异面体，然后在“参数”卷展栏下设置“系列”为“十二面体/二十面体”，如图4-236所示。

18 选择下面的异面体，然后单击鼠标右键，在弹出的菜单中选择“转换为>转换为可编辑多边形”命令，如图4-237所示。

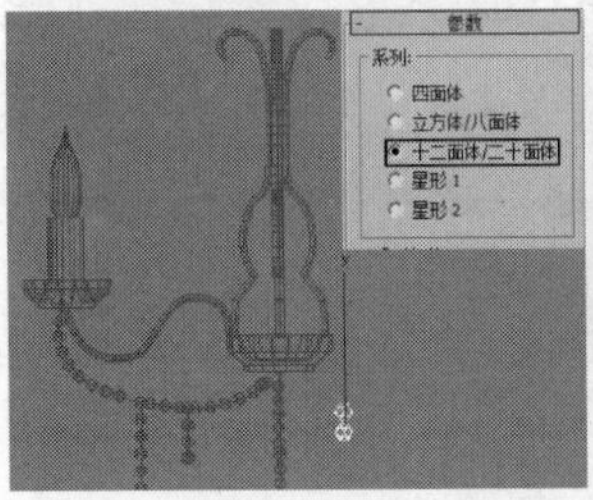

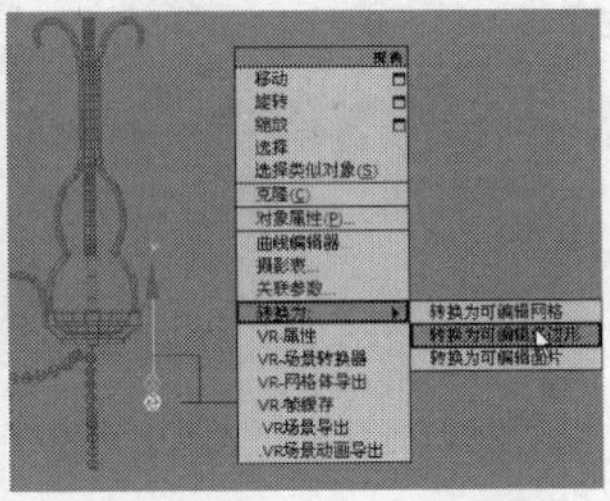

图4-236　　图4-237

19 在“选择”卷展栏下单击“顶点”按钮，进入“顶点”级别，然后选择所有顶点，用“选择并缩放”工具将其向内缩放压扁模型，如图4-238所示，再选择顶部的3个顶点，最后用“选择并移动”工具将其向上拖曳到如图4-239所示的位置。

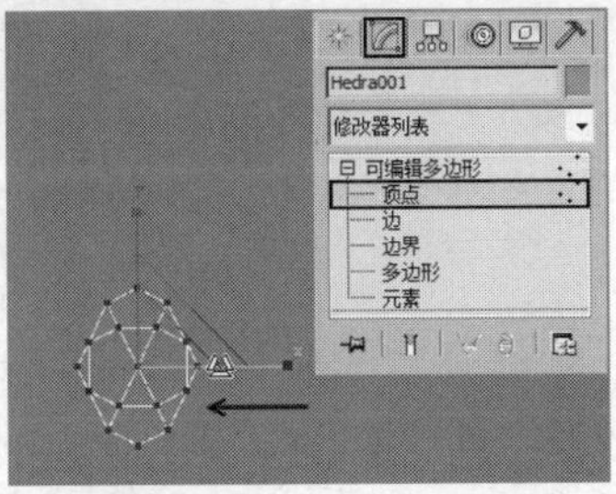

图4-238

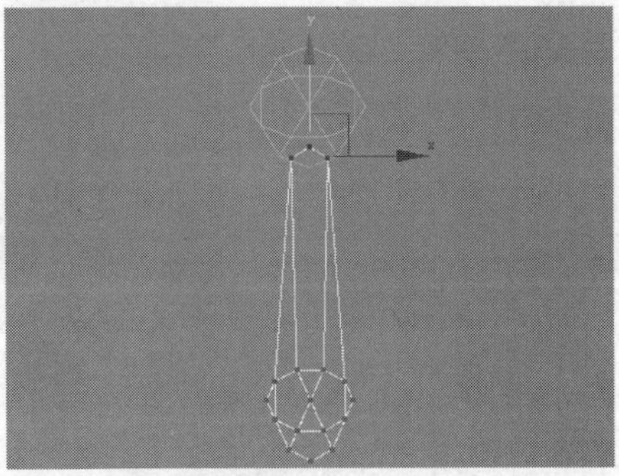

图4-239

20 利用复制功能将制作好的吊坠复制到相应的位置，完成后的效果如图4-240所示。

图4-240

21 选择如图4-241所示的模型，然后为其创建一个组以便进行整体旋转复制，再调整好其轴心位置，最后使用“选择并旋转”工具旋转复制3组模型，最终效果如图4-242所示。

图4-241

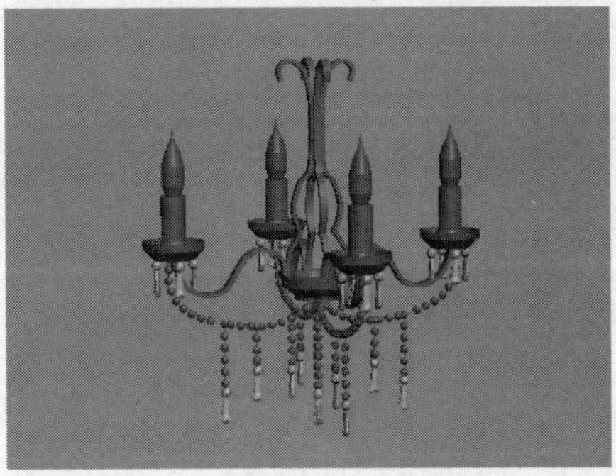

图4-242

第5章
修改器建模

本章学习要点：

常用修改器的使用方法

运用样条线与修改器创建各种模型

实战101 牌匾

场景位置　无
实例位置　DVD>实例文件>CH05>实战101.max
视频位置　DVD>多媒体教学>CH05>实战101.flv
难易指数　★☆☆☆☆
技术掌握　矩形工具、倒角修改器、文本工具

实例介绍

本例将使用矩形、“挤出”修改器和文本制作一个牌匾模型，效果如图5-1所示。

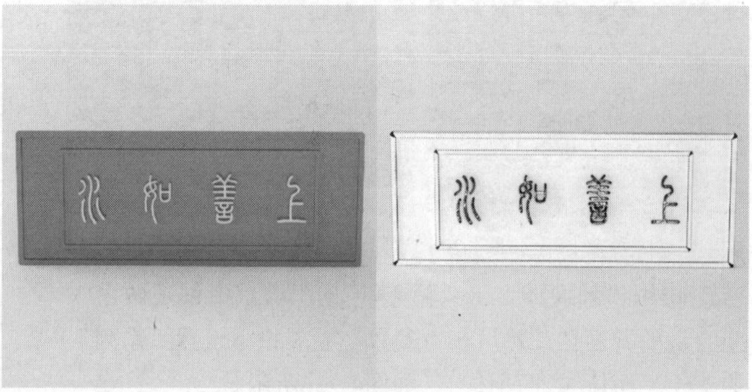

图5-1

本例大致的操作流程如图5-2所示。本例先要使用矩形创建牌匾的轮廓线，然后使用“倒角”修改器制作牌匾的细节，最后使用文本输入文字完成最终效果。

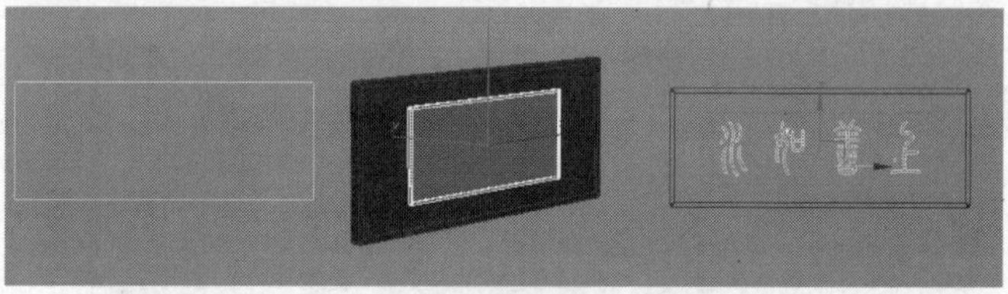

图5-2

操作步骤

01 使用“矩形”工具 矩形 在前视图中绘制一个矩形，然后在“参数”卷展栏下设置“长度”为100mm、“宽度”为260mm、“角半径”为2mm，如图5-3所示。

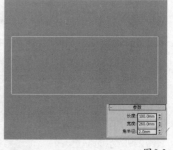

图5-3

02 为矩形加载一个“倒角”修改器，然后在“倒角值”卷展栏下设置“级别1”的“高度”为6mm，再勾选“级别2”选项，并设置“轮廓”为-4mm，最后勾选

"级别3"选项，并设置"高度"为-2mm，具体参数设置及模型效果如图5-4所示。

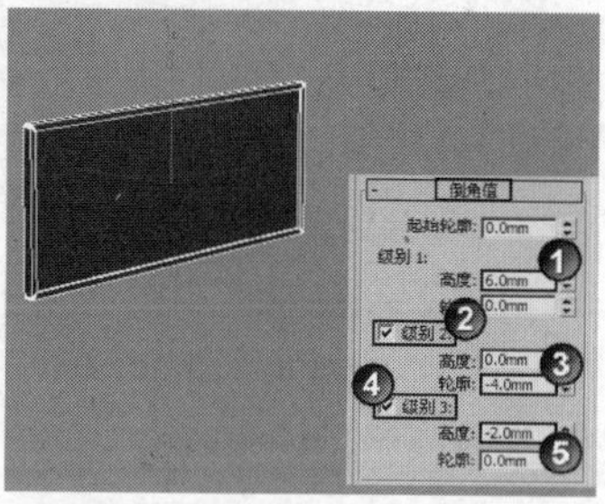

图5-4

03 使用"选择并移动"工具选择模型，然后在左视图中移动复制一个模型，并在弹出的"克隆选项"对话框中设置"对象"为"复制"，如图5-5所示。

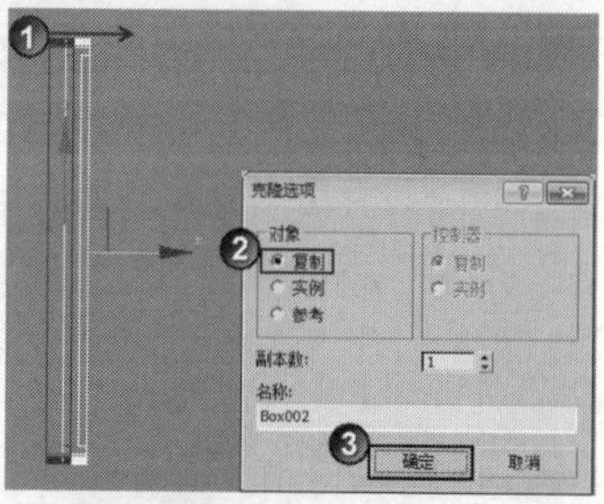

图5-5

04 切换到前视图，然后使用"选择并均匀缩放"工具将复制的模型缩放到合适的大小，如图5-6所示。

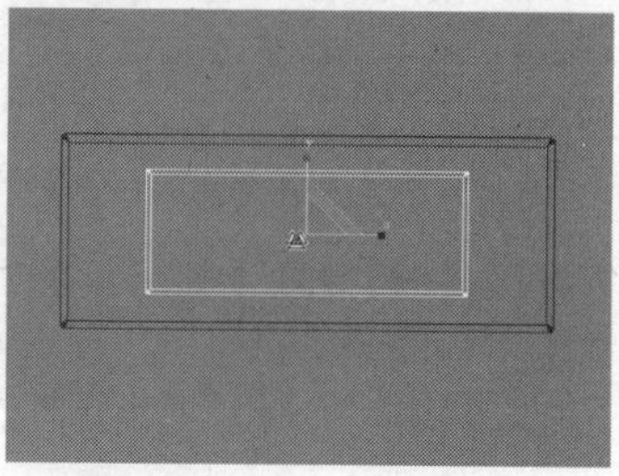

图5-6

05 展开"倒角值"卷展栏，然后将"级别1"的"高度"修改为2mm，再将"级别2"的"轮廓"修改为-2.8mm，最后将"级别3"的"高度"修改为-1.5mm，具体参数设置及模型效果如图5-7所示。

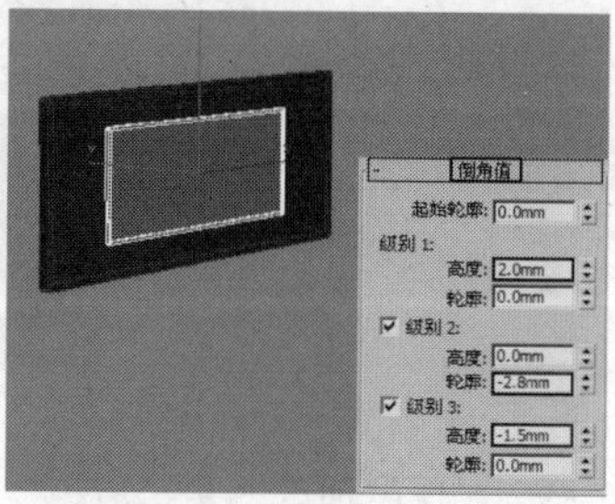

图5-7

06 使用"文本"工具 文本 在前视图中单击鼠标左键创建一个默认的文本，然后在"参数"卷展栏下设置字体为"汉仪篆书繁"、"大小"为50mm，再在"文本"输入框中输入"水如善上"，如图5-8所示，最后在视图中创建文字，并将其调整到合适位置，最终效果如图5-9所示。

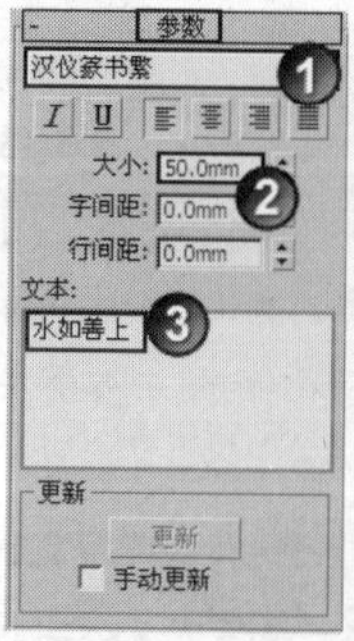

图5-8

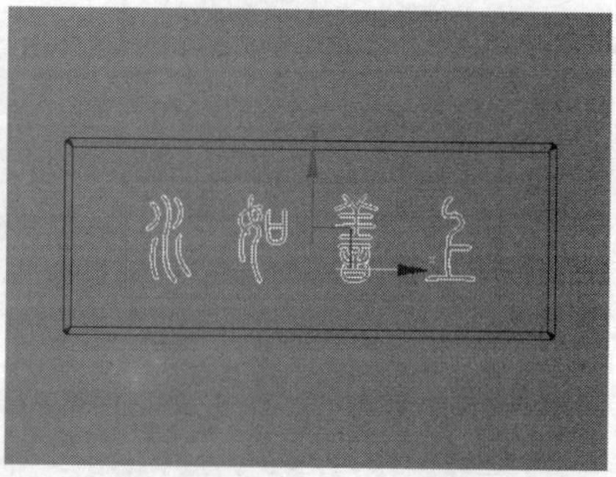

图5-9

技术专题 12 加载字体

这里有些初学者可能会发现自己的计算机中没有"汉仪篆书繁"这种字体，这是很正常的，因为这种字体要去互联网下载下来才能使用。下面介绍一下字体的安装方法。

第1步：选择下载的字体，然后按Ctrl+C组合键复制字体，再执行"开始>设置>控制面板"命令，如图5-10所示。

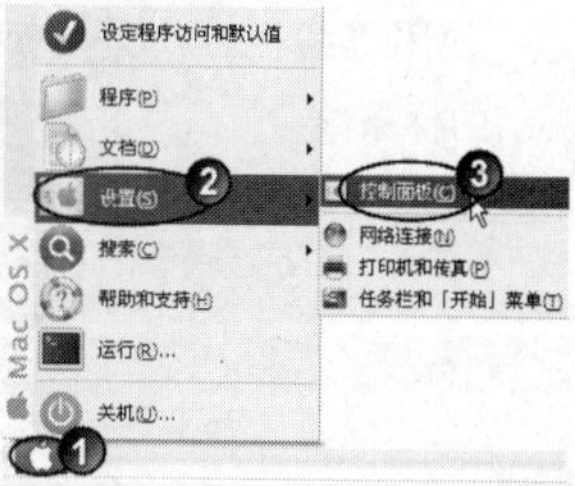

图5-10

第2步：在"控制面板"中双击"字体"项目，如图5-11所示，然后在打开的"字体"文件夹中按Ctrl+V组合键粘贴字体，此时字体会自动安装，如图5-12所示。

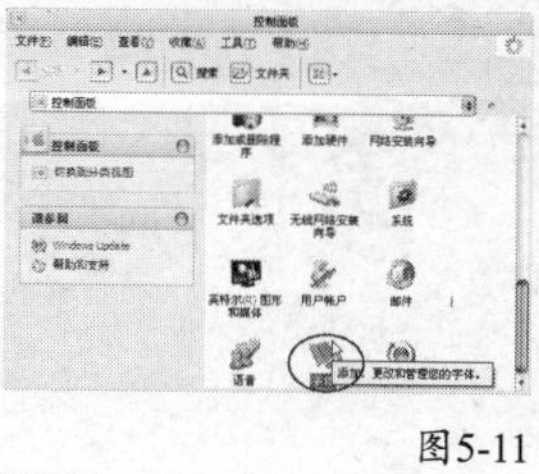

图5-11

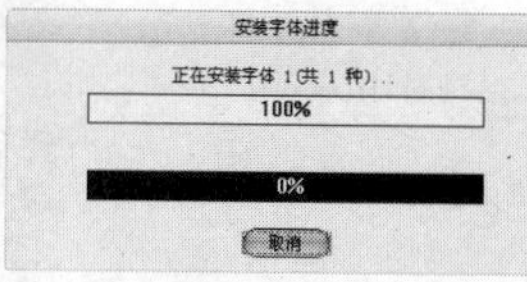

图5-12

实战102 休闲椅

场景位置　无
实例位置　DVD>实例文件>CH05>实战102.max
视频位置　DVD>多媒体教学>CH05>实战102.flv
难易指数　★☆☆☆☆
技术掌握　对称修改器、挤出修改器

实例介绍

本例将使用线、“挤出”修改器与“对称”修改器制作一个简约风格的休闲椅，效果如图5-13所示。

图5-13

本例大致的操作流程如图5-14所示。本例先要使用线与“挤出”修改器创建椅子的右侧部分，然后使用“对称”修改器快速制作左侧效果，最后采用相同的方法制作靠背。

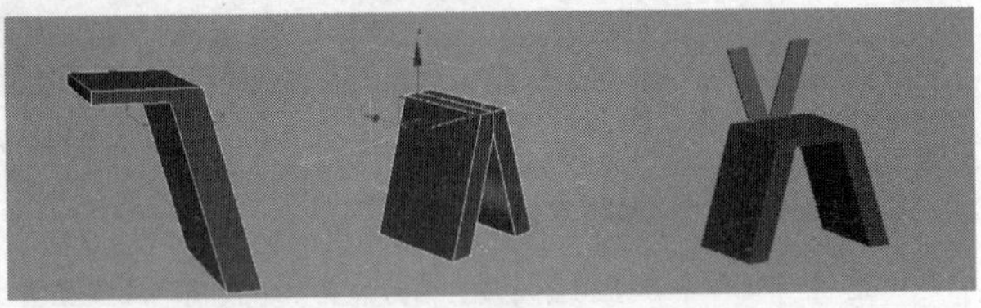

图5-14

操作步骤

01 使用“线”工具 线 在前视图中绘制如图5-15所示的样条线。

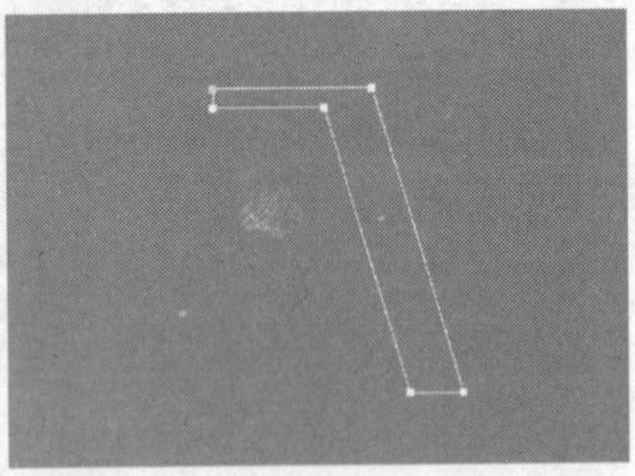

图5-15

02 为样条线加载一个“挤出”修改器，然后在“参数”卷展栏下设置“数量”为130mm，具体参数设置及模型效果如图5-16所示。

图5-16

03 为模型加载一个“对称”修改器，然后在“参数”卷展栏下设置“镜像轴”为x轴，具体参数设置及模型效果如图5-17所示。

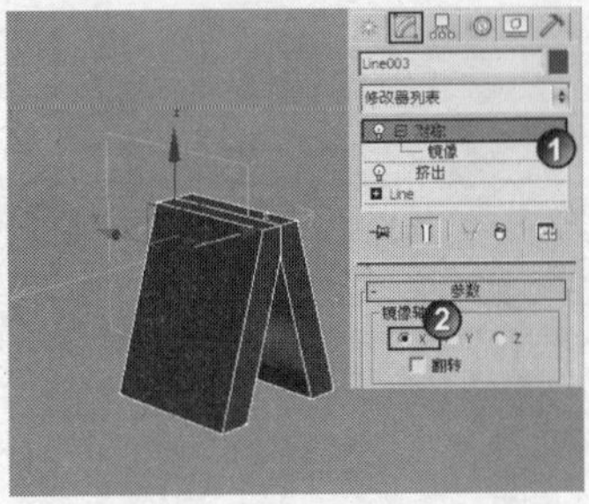

图5-17

04 选择“对称”修改器的“镜像中心”次物体层级，然后在前视图中使用“选择并移动”工具 向左拖曳镜像中心，如图5-18所示，调整好的效果如图5-19所示。

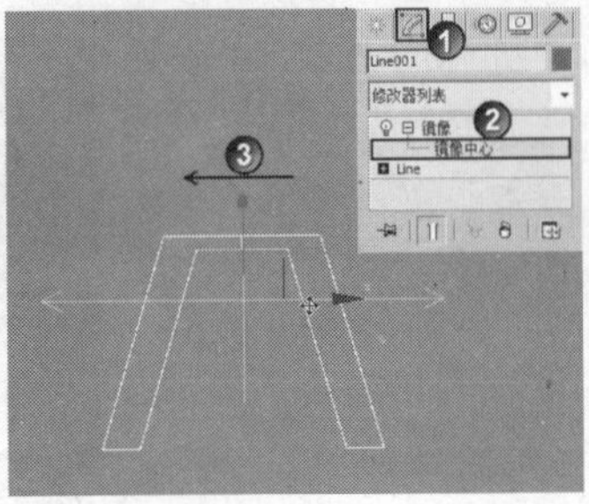

图5-18

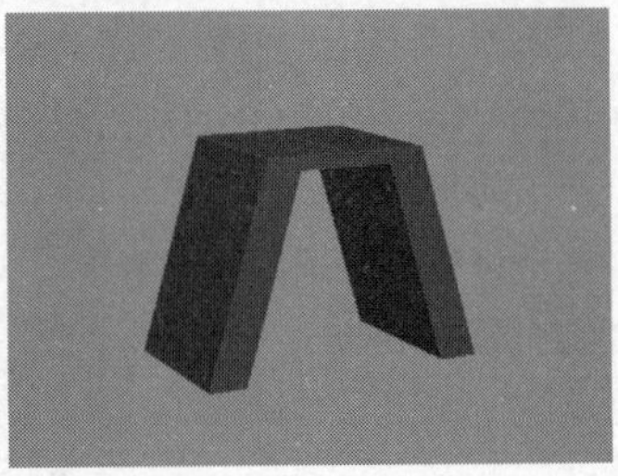

图5-19

05 用“线”工具 线 在前视图中绘制如图5-20所示的样条线，然后为其加载一个“挤出”修改器，再在“参数”卷展栏下设置“数量”为6mm，具体参数设置及模型效果如图5-21所示。

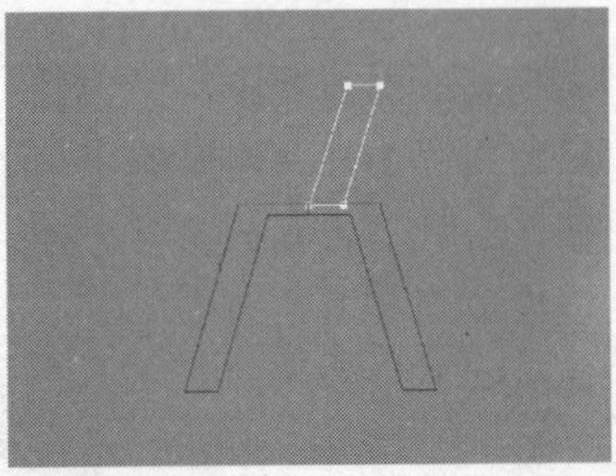

图5-20

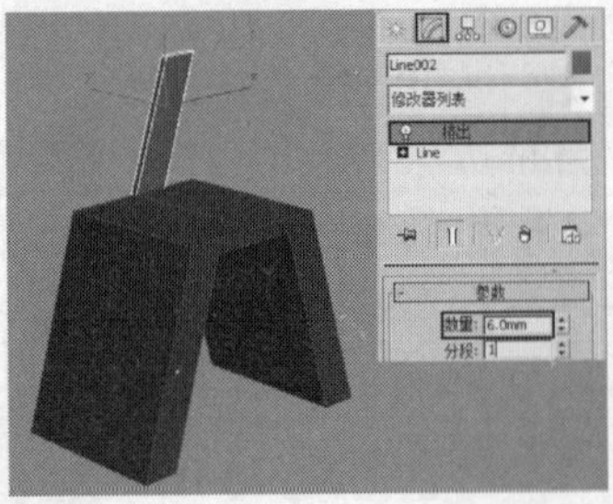

图5-21

06 为模型加载一个“对称”修改器，然后在“参数”卷展栏下设置“镜像轴”为x轴，再选择“对称”修改器的“镜像中心”次物体层级，最后在前视图中用“选择并移动”工具向左拖曳镜像中心，如图5-22所示，最终效果如图5-23所示。

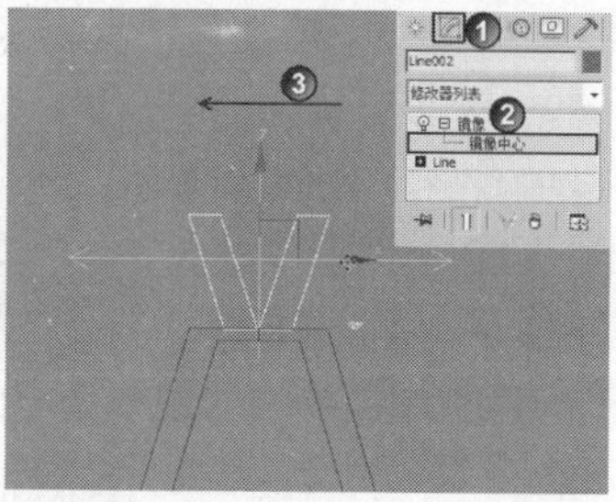

图5-22

图5-23

实战103 凉亭

场景位置	无
实例位置	DVD>实例文件>CH05>实战103.max
视频位置	DVD>多媒体教学>CH05>实战103.flv
难易指数	★☆☆☆☆
技术掌握	车削修改器、晶格修改器

实例介绍

本例将使用线、球体、管状体、“车削”修改器以及“晶格”修改器制作一个凉亭模型，效果如图5-24所示。

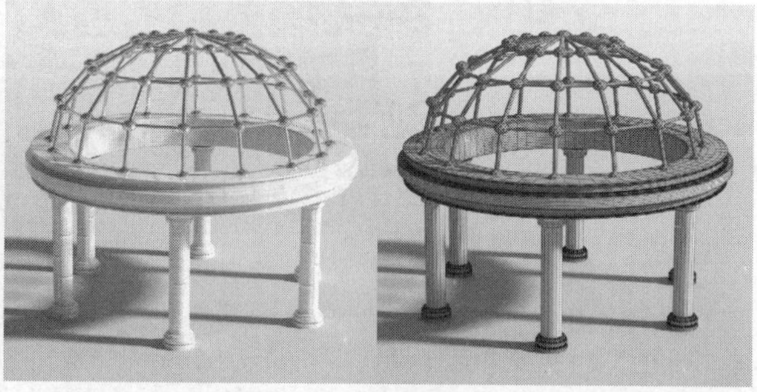

图5-24

本例大致的操作流程如图5-25所示。本例先要使用线与“车削”修改器制作柱子，然后使用管状体搭建顶部模型，最后使用球体与“晶格”修改器制作顶部的晶格结构。

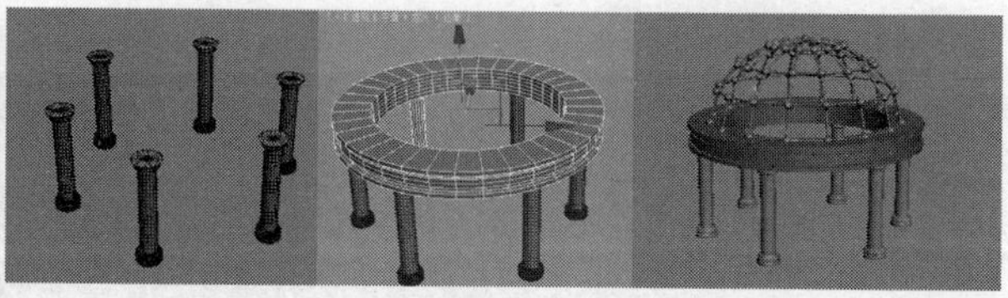

图5-25

操作步骤

01 使用“线”工具 线 在前视图中绘制如图5-26所示的样条线，然后为其加载一个“车削”修改器，再在“参数”卷展栏下设置“分段”为32、“方向”为 Y 、“对齐”为 最大 ，具体参数设置及模型效果如图5-27所示。

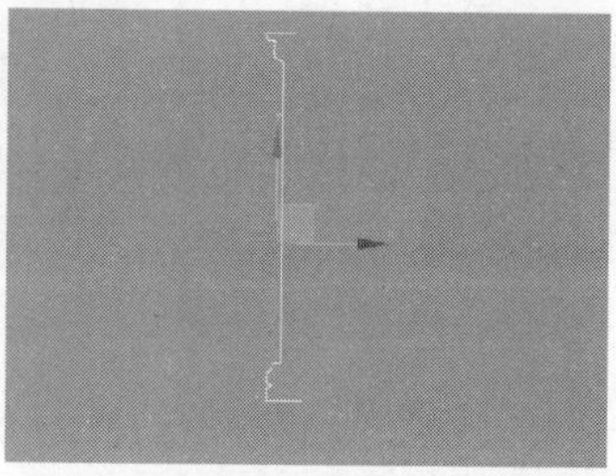

图5-26

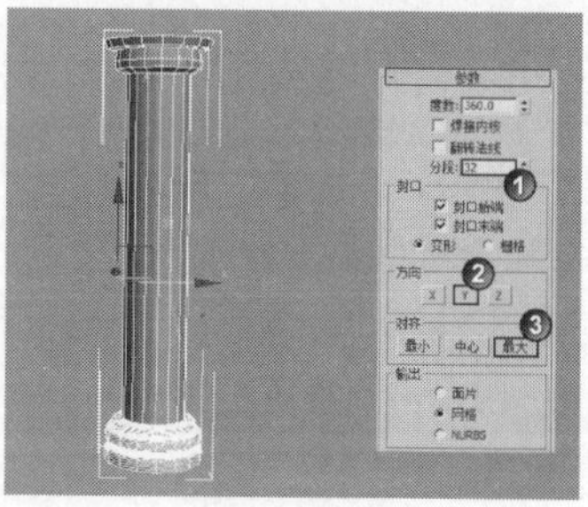

图5-27

02 进入“层次”面板，然后在“仅影响轴”模式下调整好柱子的轴心位置，再使用“选择并旋转”工具以60°为单位旋转复制5个柱子，完成后的效果如图5-28所示。

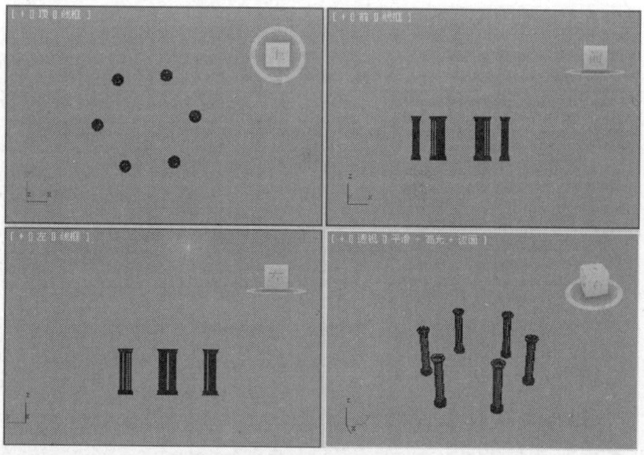

图5-28

03 使用“管状体”工具 管状体 在场景中创建一个管状体，然后在“参数”卷展栏下设置“半径1”为48mm、“半径2”为36mm、“高度”为3mm、“高度分段”为1、“边数”为36，如图5-29所示。

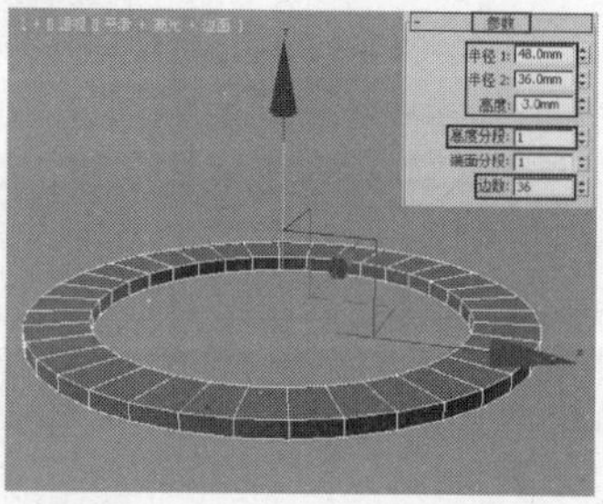

图5-29

04 选择创建好的管状体，然后将其向上移动复制两个管状体，如图5-30所示。

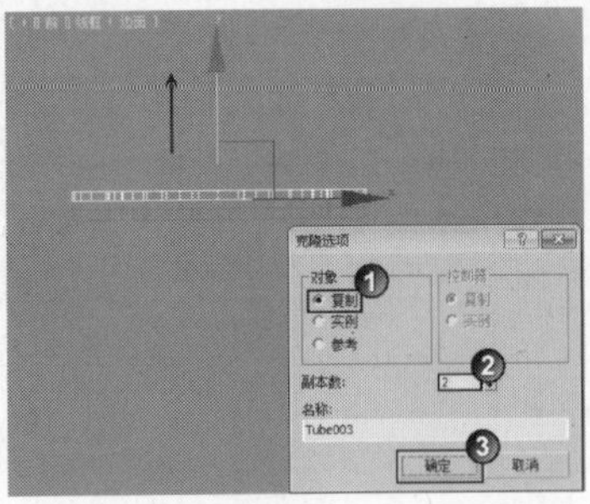

图5-30

05 选择最上方的管状体，然后修改其“半径1”为50mm，如图5-31所示，再选择最下方的管状体，修改其“半径1”为49mm，如图5-32所示。

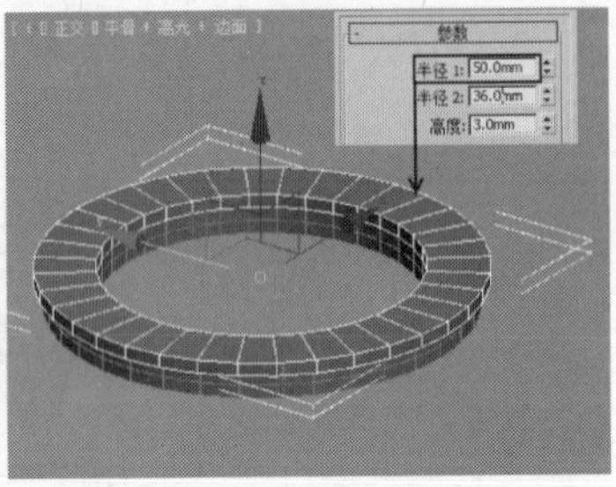

图5-31

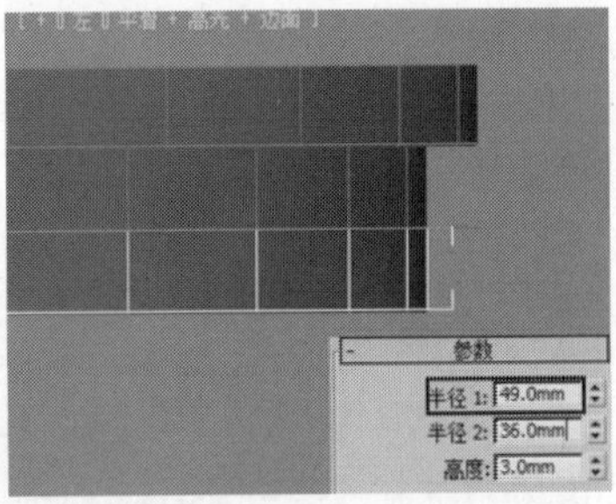

图5-32

06 选择创建好的3个管状体并切换到前视图，然后在“主工具栏”中单击“镜像”按钮，再在弹出的“镜像:屏幕坐标”对话框中设置“镜像轴”为*y*、“偏移”为-9mm、“克隆当前选择”为“复制”，如图5-33所示，效果如图5-34所示。

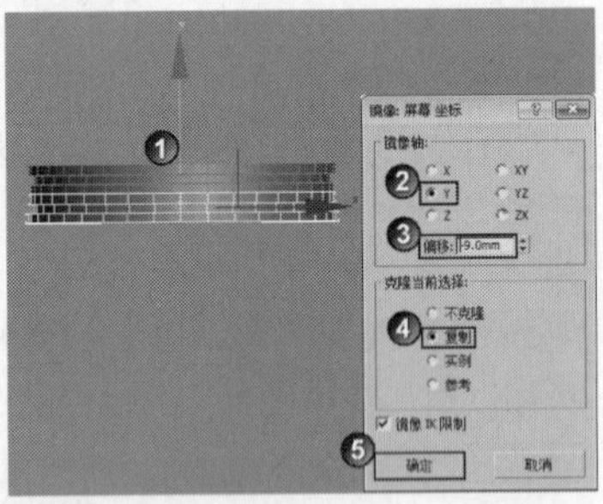

图5-33

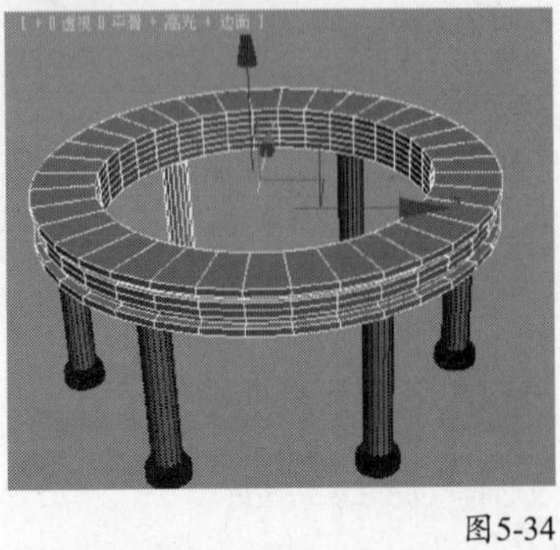

图5-34

07 使用“球体”工具 球体 在凉亭顶部创建一个球体，然后在“参数”卷展栏下设置“半径”40mm、“分段”为16、“半球”为0.5，具体参数设置及模型位置如图5-35所示。

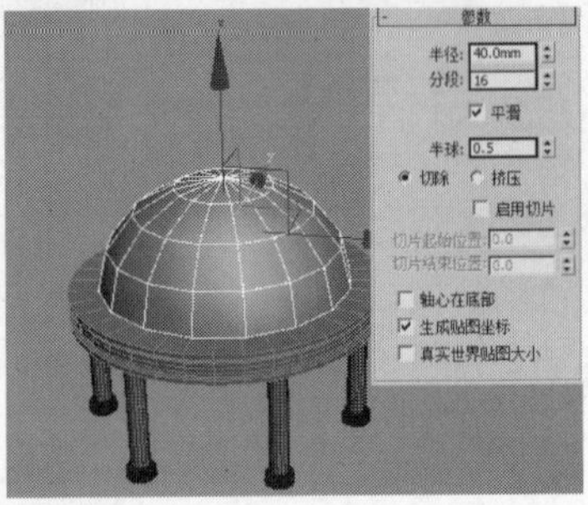

图5-35

08 选择半球，然后单击鼠标右键，在弹出的菜单中选择“转换为>转换为可编辑多边形”命令，将其转换为可编辑多边形，如图5-36所示，再进入“多边形”级别，选择底部的多边形，最后按Delete键将其删除，效果如图5-37所示。

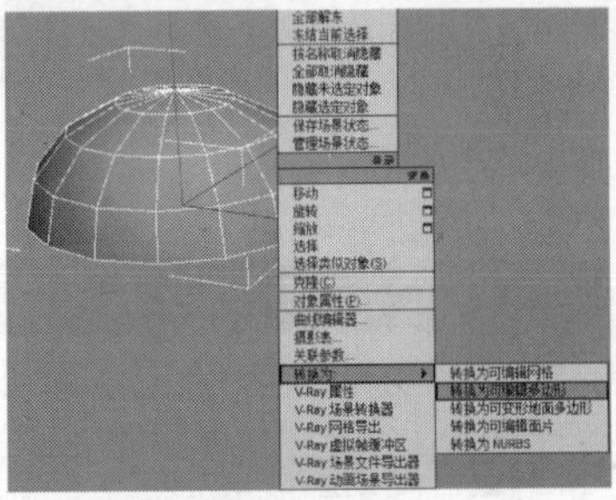

图5-36

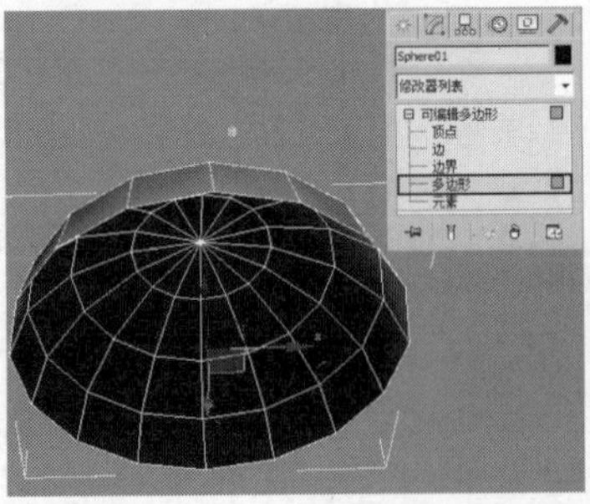

图5-37

09 为球体加载一个“晶格”修改器，然后展开“参数”卷展栏，再在“支柱”选项组下设置“半径”为1.5mm、“分段”为1、“边数“为10，最后在“节点”选项组下勾选“二十面体”选项，并设置“半径”为5mm、“分段”为2，具体参数设置如图5-38所示，最终效果至如图5-39所示。

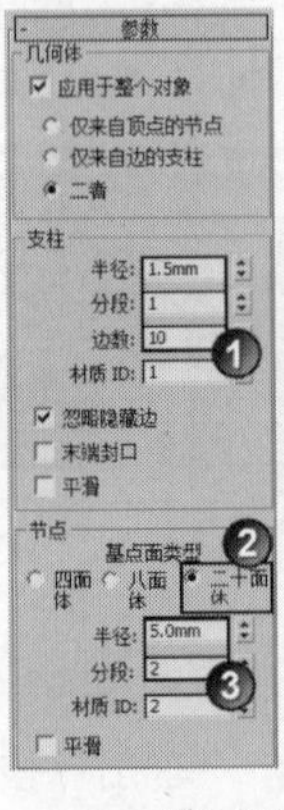

图5-38

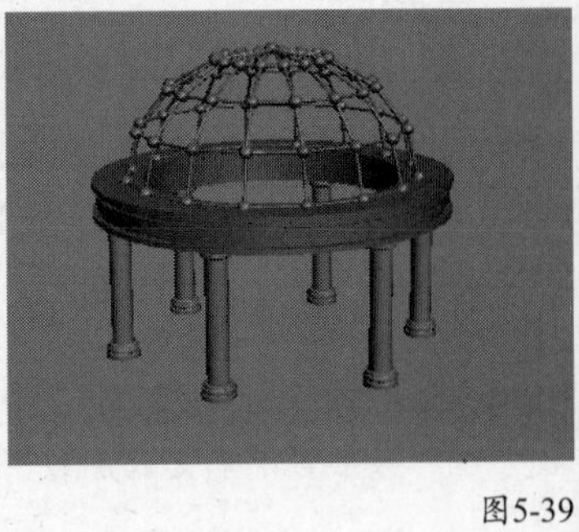

图5-39

实战104 花瓶

场景位置 DVD>场景文件>CH05>实战104.max
实例位置 DVD>实例文件>CH05>实战104.max
视频位置 DVD>多媒体教学>CH05>实战104.flv
难易指数 ★★☆☆☆
技术掌握 挤出、FFD（圆柱体）、扭曲、壳、弯曲等修改器

实例介绍

本例将使用星形、“扭曲”修改器、FFD（圆柱体）修改器、“壳” 修改器以及“弯曲”修改器制作一个艺术花瓶，效果如图5-40所示。

图5-40

本例大致的操作流程如图5-41所示。本例先要使用星形与“挤出”修改器制作花瓶的原始造型，然后结合“扭曲”修改器、FFD（圆柱体）修改器和“壳”修改器制作花瓶的最终造型，再合并花束模型并通过“弯曲”修改器调整造型，最后复制花束完成最终效果。

图5-41

操作步骤

01 使用“星形”工具 星形 在视图中绘制一个星形，然后在“参数”卷展栏下设置“半径1”为80mm、“半径2”为50mm、“点”为6、“圆角半径1”为20mm、“圆角半径2”为6mm，具体参数设置如图5-42所示。

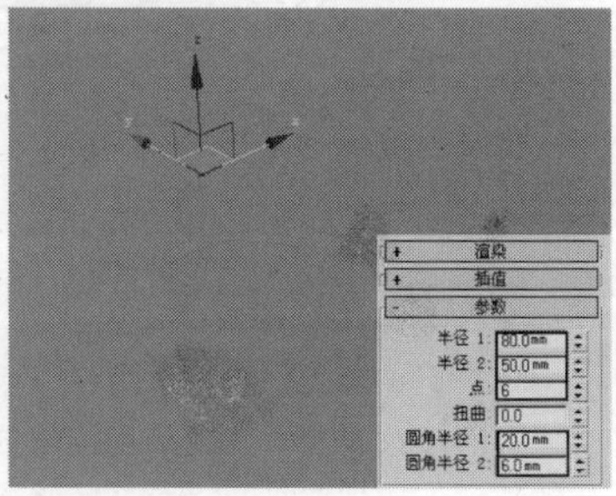

图5-42

02 为星形加载一个“挤出”修改器，然后在“参数”卷展栏下设置“数量”为180mm、“分段”为24，再关闭“封口末端”选项，具体参数设置及模型效果如图5-43所示。

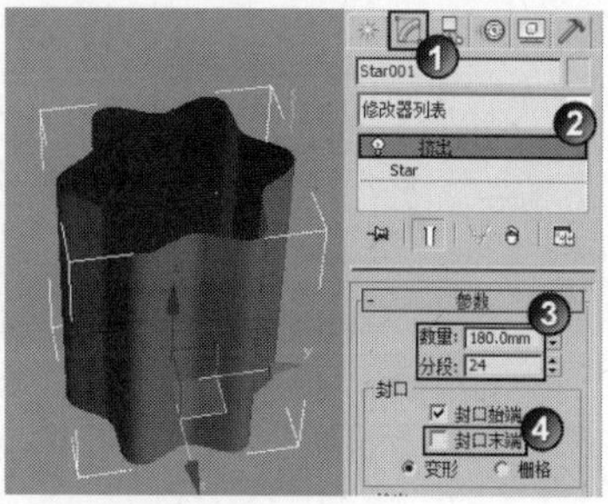

图5-43

03 为模型加载一个FFD（圆柱体）修改器，然后在“FFD参数”卷展栏下单击“设置点数”按钮 设置点数 ，再在弹出的对话框中设置“侧面”为6、“径向”为2、“高度”为4，如图5-44所示。

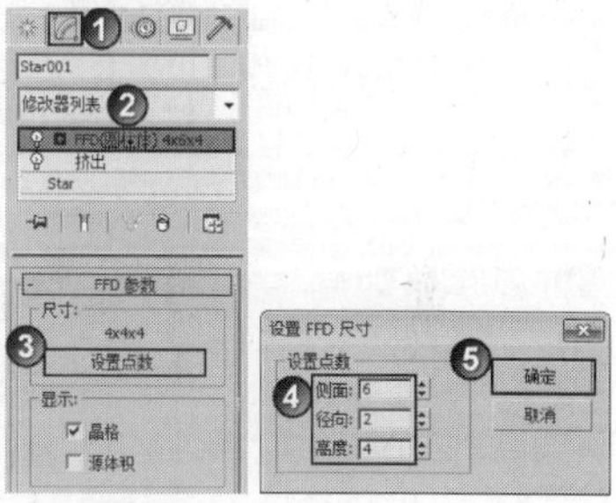

图5-44

04 按1键选择FFD（圆柱体）修改器的“控制点”次物体层级，然后在左视图中框选第2排的控制点，如图5-45所示，再使用“选择并均匀缩放”工具在顶视图中将这排控制点向内均匀缩放成如图5-46所示的效果。

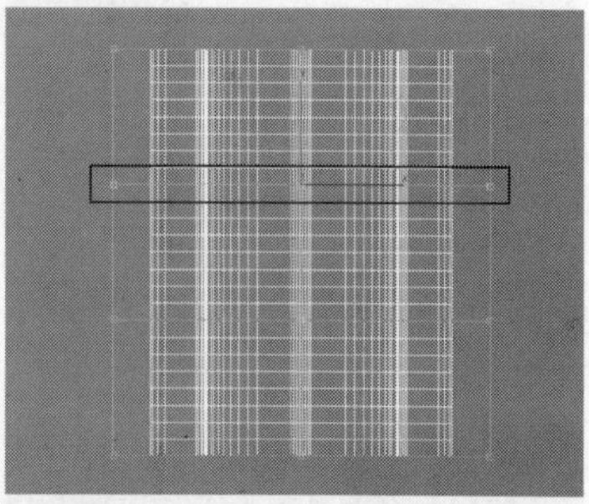

图5-45

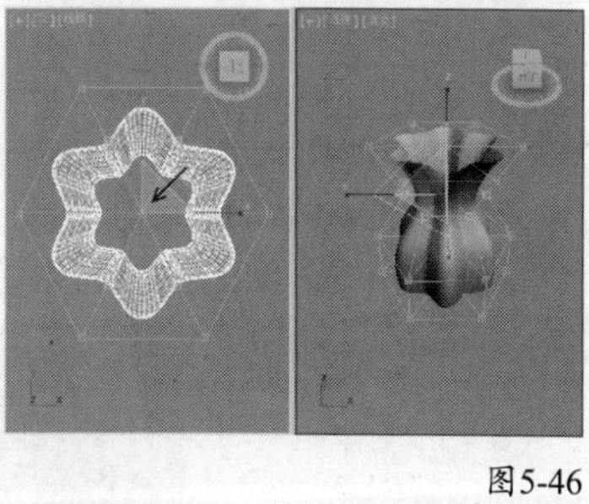

图5-46

05 框选第3排的控制点，然后使用“选择并均匀缩放”工具在顶视图中将这排控制点向外均匀放大到如图5-47所示的效果。

06 继续使用“选择并均匀缩放”工具和“选择并移动”工具对花瓶的细节进行调整，完成后的效果如图5-48所示。

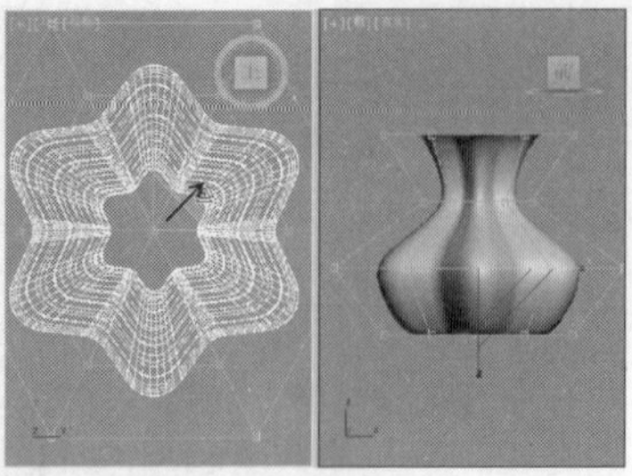

图5-47

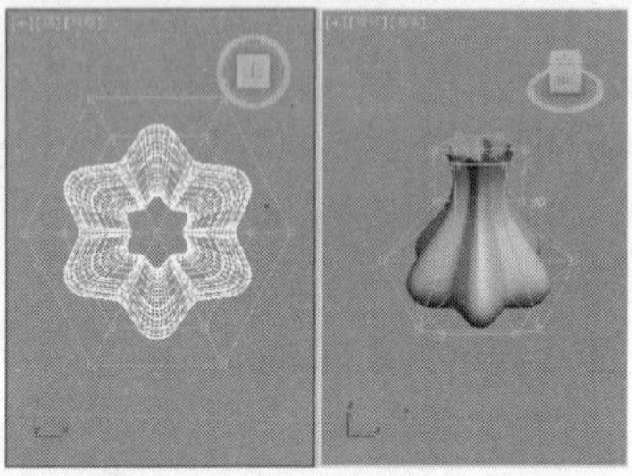

图5-48

07 为花瓶加载一个“扭曲”修改器，然后在“参数”卷展栏下设置“角度”为115、“偏移”为45、“扭曲轴”为z，具体参数设置及模型效果如图5-49所示。

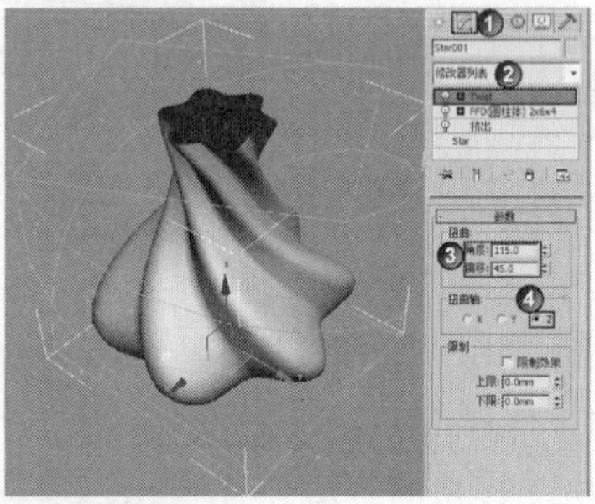

图5-49

技巧与提示

在概念建筑设计中经常可以看到扭曲的建筑造型，在3ds Max中使用“扭曲”修改器可以快速完成该类概念效果，如图5-50~图5-52所示。

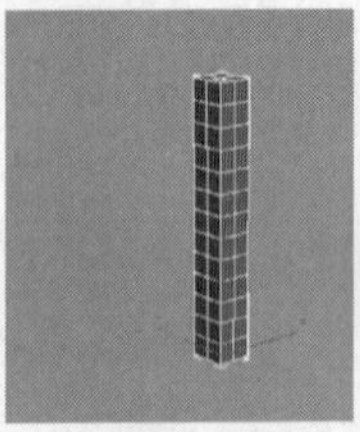

图5-50

图5-51

图5-52

08 继续为模型加载一个“壳”修改器，然后在“参数”卷展栏下设置“外部量”为1mm，使花瓶具有厚度，具体参数设置及模型效果如图5-53所示。

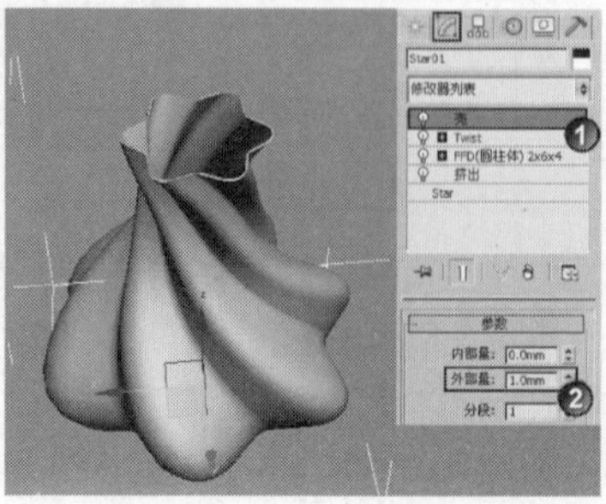

图5-53

09 将光盘中的“场景文件>CH05>实战104.max”文件合并到当前场景中，如图4-54所示。

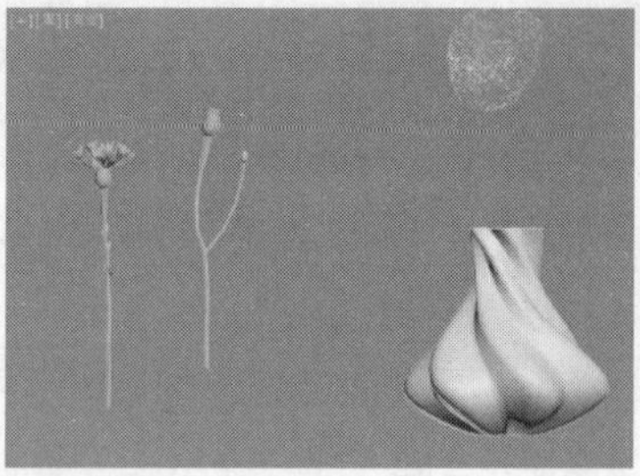

图4-54

10 选择其中一枝开放的花朵，然后为其加载一个“弯曲”修改器，再在“参数”卷展栏下设置“角度”为105、“方向”为180、“弯曲轴”为y，具体参数设置及模型效果如图4-55所示。

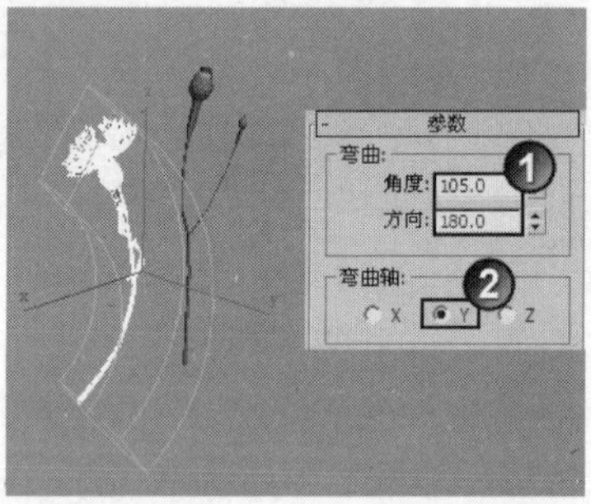

图4-55

11 选择另一枝花朵，然后为其加载一个“弯曲”修改器，再在“参数”卷展栏下设置“角度”为53、“弯曲轴”为y，具体参数设置及模型效果如图4-56所示。

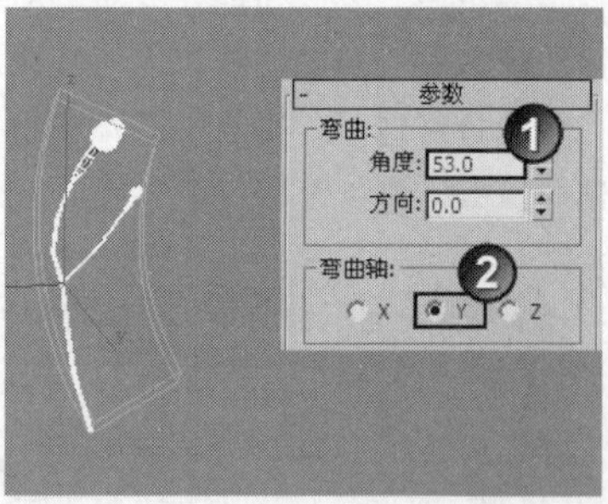

图4-56

12 选择开放的花朵模型，然后按住Shift键使用“选择并旋转”工具旋转复制19枝花朵，完成后的效果如图4-57所示。

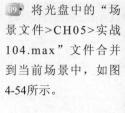

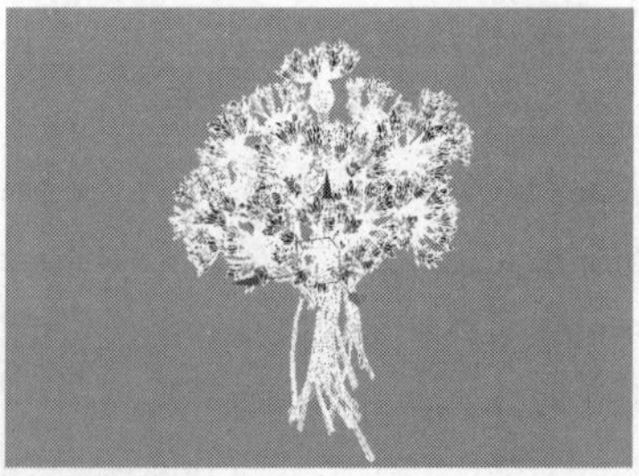

图4-57

技巧与提示

注意，旋转复制出花朵模型以后，最好再对每枝花朵的“弯曲”修改器的“角度”数值进行修改，以产生自然散开的效果。

13 继续使用“选择并旋转”工具对另外一枝花朵进行复制（复制9枝），完成后的效果如图4-58所示，然后使用“选择并移动”工具将两束花朵放入花瓶中，最终效果如图4-59所示。

图4-58

图4-59

实战105 单人圆沙发

场景位置	无
实例位置	DVD>实例文件>CH05>实战105.max
视频位置	DVD>多媒体教学>CH05>实战105.flv
难易指数	★☆☆☆☆
技术掌握	网格平滑修改器、FFD 3×3×3修改器、切角工具

实例介绍

本例将使用“网格平滑”修改器、FFD 3×3×3修改器和多边形建模技术制作一个现代风格的圆沙发，效果如图5-60所示。

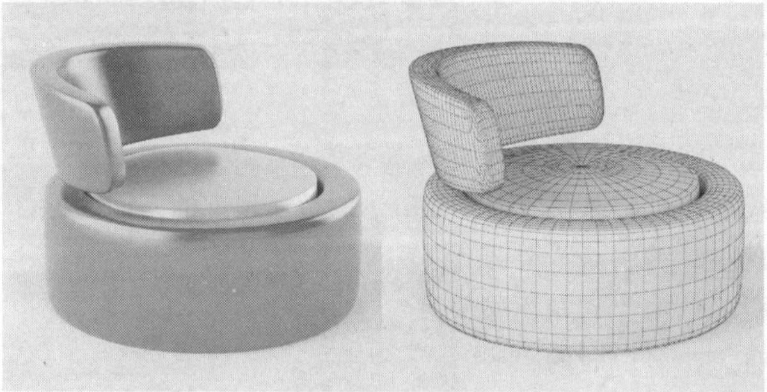

图5-60

本例大致的操作流程如图5-61所示。本例先要使用管状体与多边形建模技术制作沙发底部外框，并用“网格平滑”修改器制作表面的圆角细节，然后使用圆柱体通过类似的操作制作座垫，最后使用管状体结合“网格平滑”修改器和FFD 3×3×3修改器制作靠背。

图5-61

操作步骤

01 使用“管状体”工具 管状体 在场景中创建一个管状体，然后在“参数”卷展栏下设置“半径1”为55mm、“半径2”为40mm、“高度”为40mm、“高度分段”为1、“边数”为18，具体参数设置及模型效果如图5-62所示。

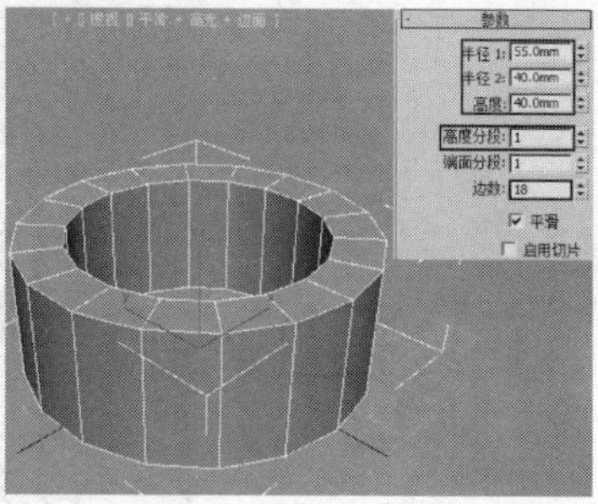

图5-62

02 将管状体转换为可编辑多边形，然后按2键进入“边”级别，选择如图5-63所示的边，再在“编辑边”卷展栏下单击“切角”按钮 切角 后面的“设置”按钮，最后设置“边切角量”为2mm，具体参数设置及模型效果如图5-64所示。

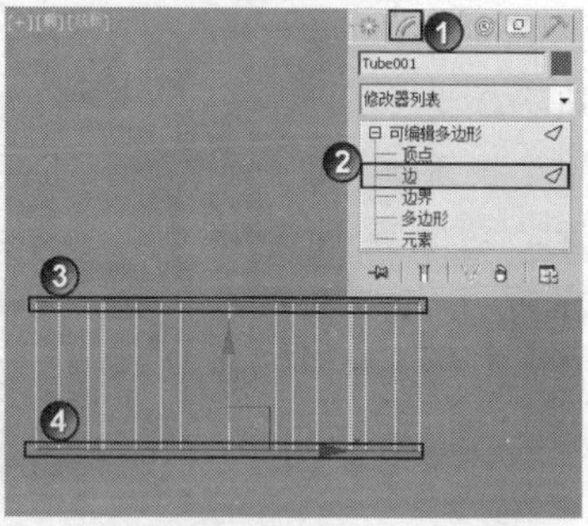

图5-63

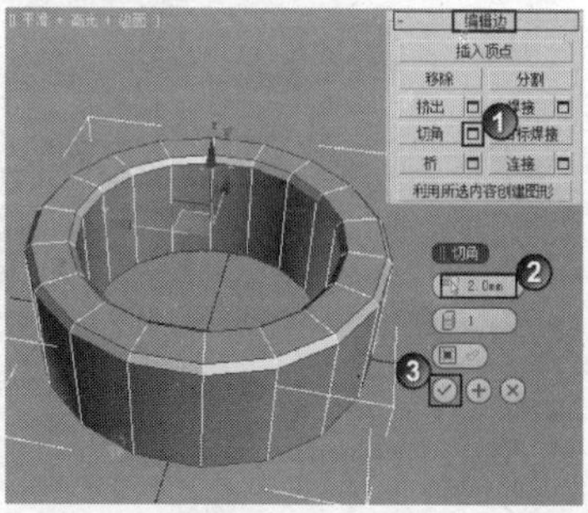

图5-64

03 为模型加载一个“网格平滑”修改器，然后在“细分量”卷展栏下设置“迭代次数”为1，具体参数设置及模型效果如图5-65所示。

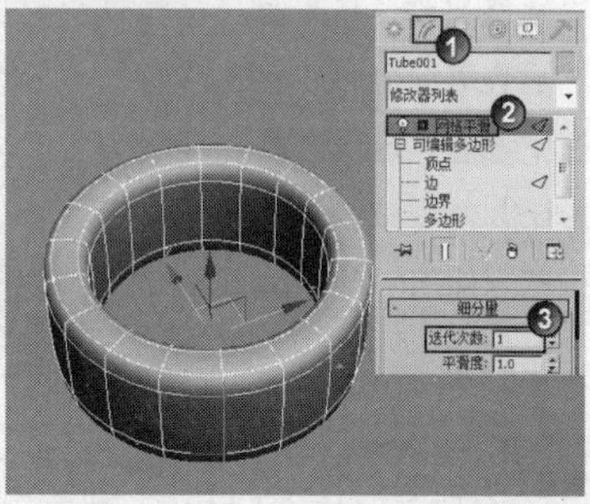

图5-65

04 使用“圆柱体”工具 圆柱体 在场景中创建一个圆柱体，然后在“参数”卷展栏下设置“半径”为40mm、“高度”为41mm、“高度分段”为1、“端面分段”为3，具体参数设置及模型位置如图5-66所示。

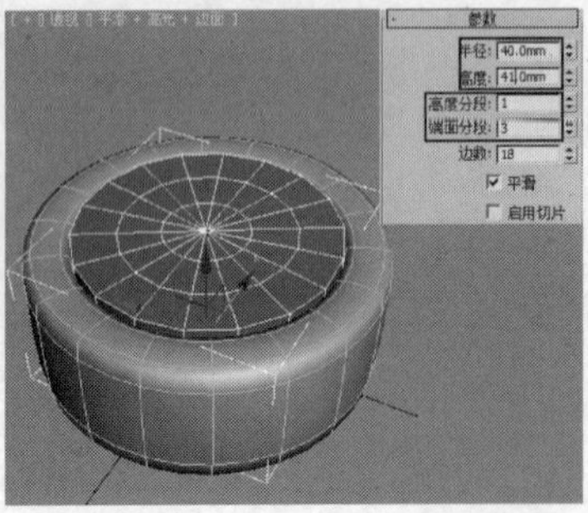

图5-66

05 将圆柱体转换为可编辑多边形，按2键进入“边”级别，然后选择如图5-67所示的边，再在“编辑边”卷展栏下单击“切角”按钮 切角 后面的“设置”按钮，最后设置“边切角量”为2mm，具体参数设置及模型效果如图5-68所示。

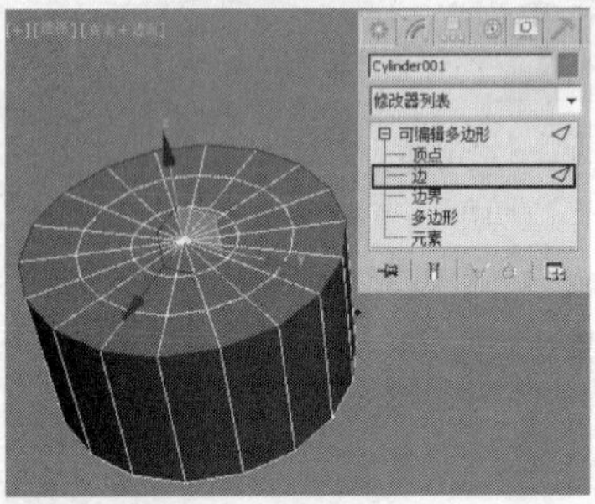

图5-67

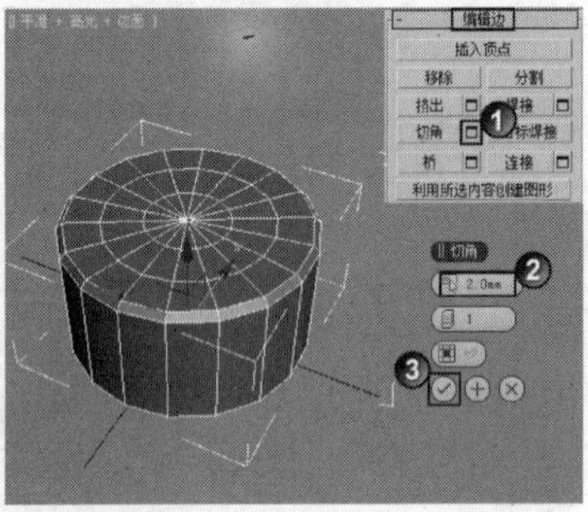

图5-68

06 为模型加载一个“网格平滑”修改器，然后在“细分量”卷展栏下设置“迭代次数”为1，具体参数设置及模型效果如图5-69所示。

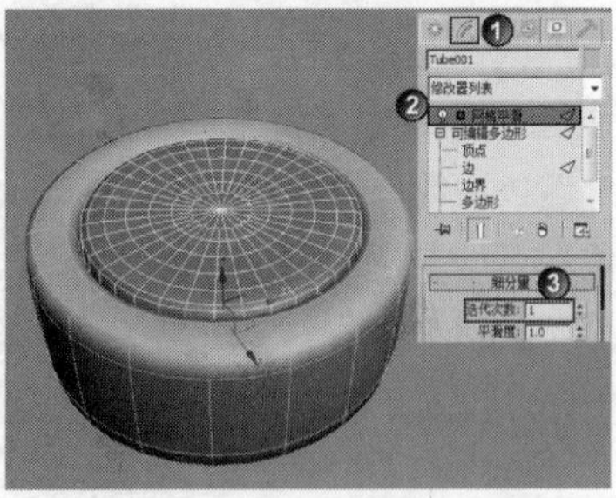

图5-69

07 为模型加载一个FFD 3×3×3修改器，然后按1键选择“控制点”次物体层级，再选择顶部中心的控制点向上提拉一段距离，效果如图5-70所示。

08 使用“管状体”工具 管状体 在场景中创建一个管状体，然后在“参数”卷展栏下设置“半径1”为45mm、“半径2”为54mm、“高度”为35mm，再勾选“切片启用”选项，最后设置“切片起始位置”为0、“切片结束位置”为-150，具体参数设置及模型位置如图5-71所示。

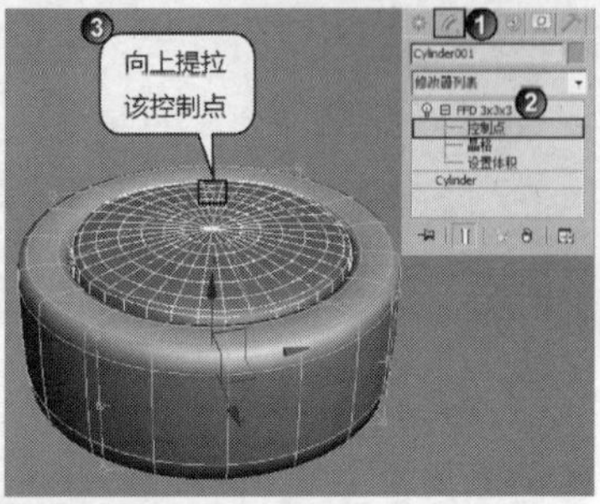

图5-70

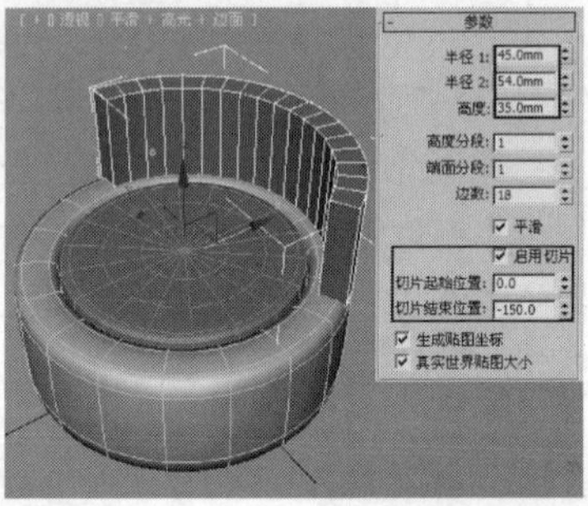

图5-71

09 将管状体转换为可编辑多边形，按2键进入“边”级别，然后选择如图5-72所示的边（顶部的一圈边），再在“编辑边”卷展栏下单击“切角”按钮 切角 后面的“设置”按钮，最后设置“边切角量”为2mm，如图5-73所示。

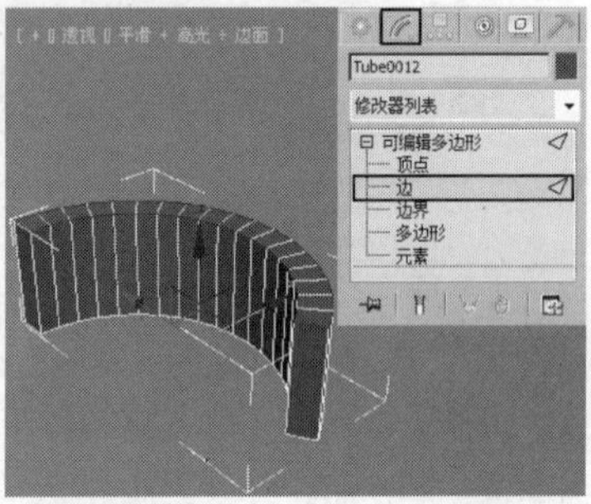

图5-72

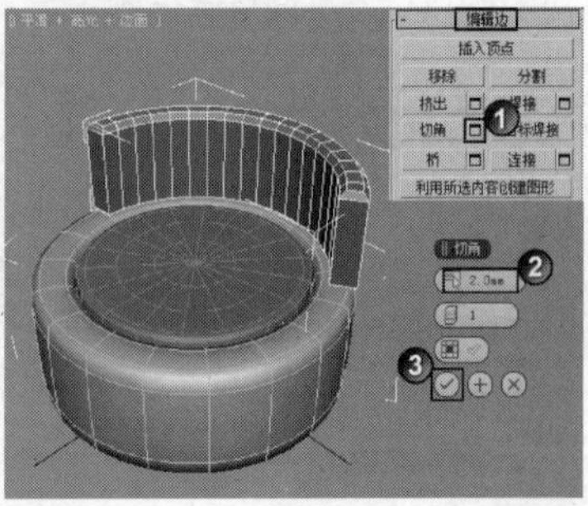

图5-73

10 为切角后的模型加载一个“网格平滑”修改器，具体参数设置及模型效果如图5-74所示。

11 为模型加载一个FFD 3×3×3修改器，按1键选择“控制点”次物体层级，然后将模型调节成如图5-75所示的形状，最终效果如图5-76所示。

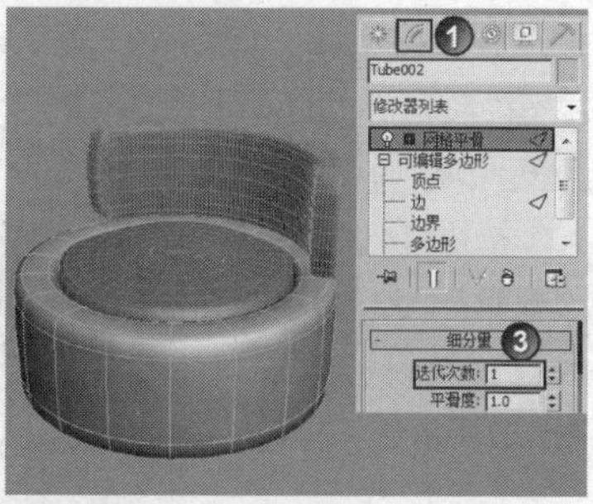

图5-74

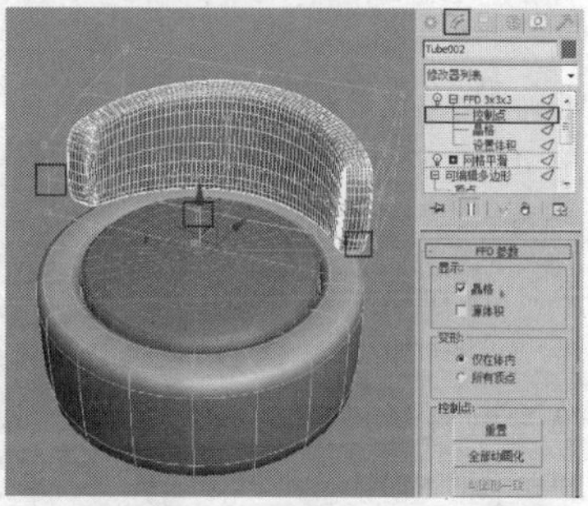

图5-75

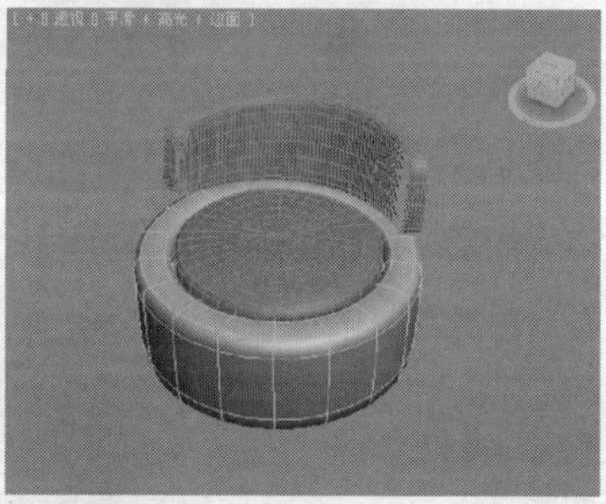

图5-76

实战106 水龙头

场景位置	无
实例位置	DVD>实例文件>CH05>实战106.max
视频位置	DVD>多媒体教学>CH05>实战106.flv
难易指数	★★★☆☆
技术掌握	编辑多边形修改器、网格平滑修改器

实例介绍

本例将使用"编辑多边形"修改器制作一个水龙头模型，效果如图5-77所示。

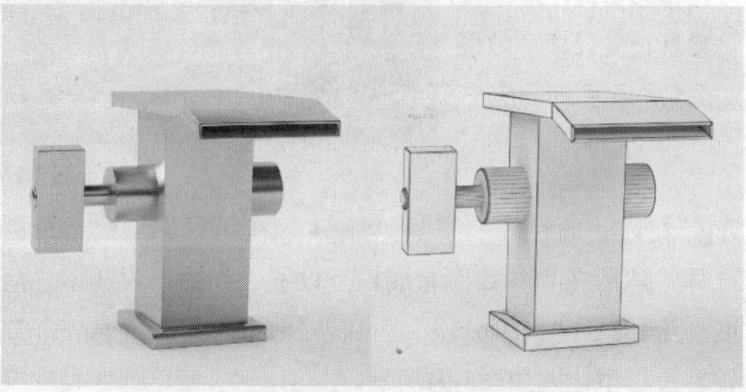

图5-77

本例大致的操作流程如图5-78所示。本例先要使用长方体配合"编辑多边形"修改器制作水龙头的主体及出水口，然后使用"编辑多边形"修改器中的切角技术与"网格平滑"修改器制作表面的圆角细节，最后使用圆柱体和切角圆柱体制作阀门。

图5-78

操作步骤

01 使用"长方体"工具 长方体 在场景中创建一个长方体，然后在"参数"卷展栏下设置"长度"为80、"宽度"为80、"高度"为6，具体参数设置及模型效果如图5-79所示。

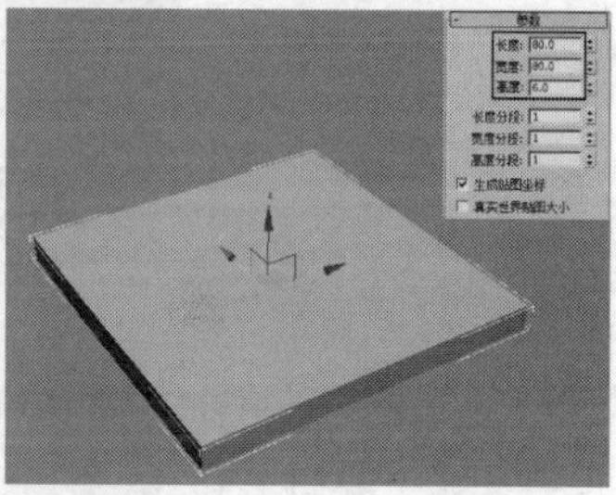

图5-79

02 为长方体加载一个"编辑多边形"修改器，然后进入"多边形"级别，再选择顶部的多边形，如图5-80所示。

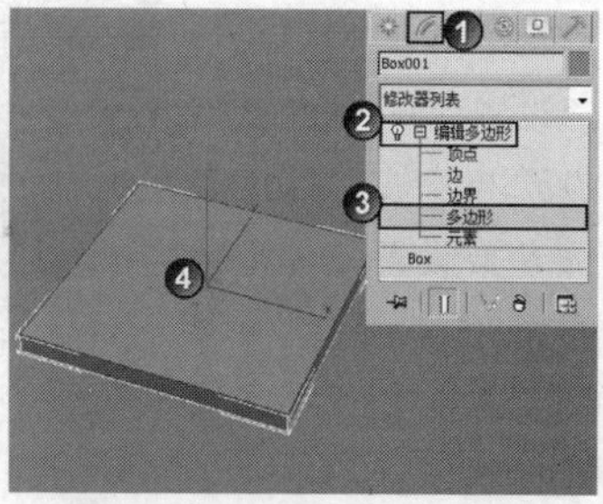

图5-80

03 在"编辑多边形"卷展栏下单击"插入"按钮 插入 后面的"设置"按钮 □，然后设置"数量"为5，具体参数设置及模型效果如图5-81所示。

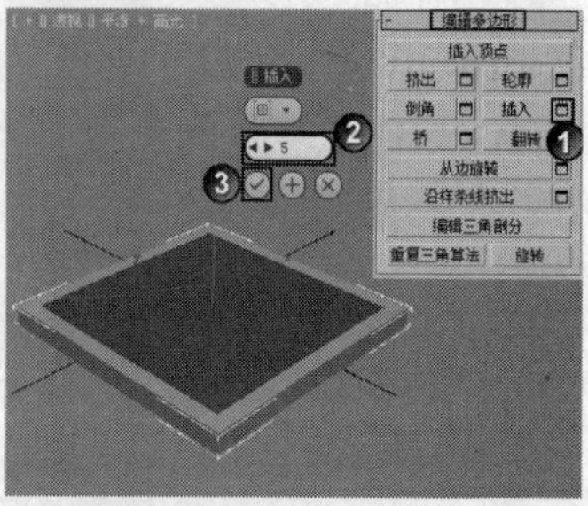

图5-81

04 保持对多边形的选择，在"编辑多边形"卷展栏下单击"挤出"按钮 挤出 后面的"设置"按钮 □，然后设置"高度"为160，具体参数设置及模型效果如图5-82所示。

05 保持对多边形的选择，在"编辑多边形"卷展栏下单击"倒角"按钮 倒角 后面的"设置"按钮 □，然后设置"轮廓"为16，具体参数设置及模型效果如图5-83所示。

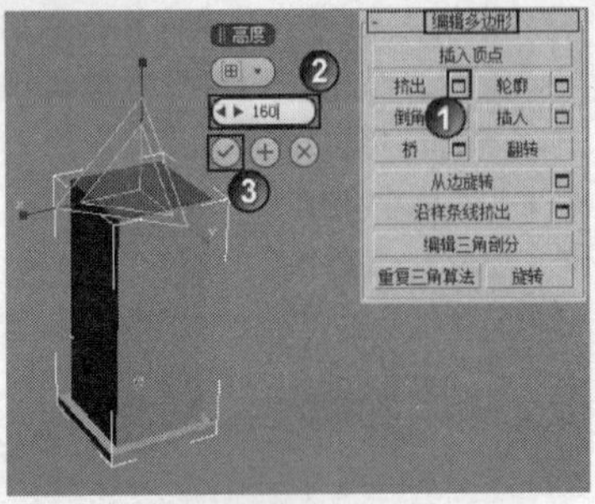

图5-82

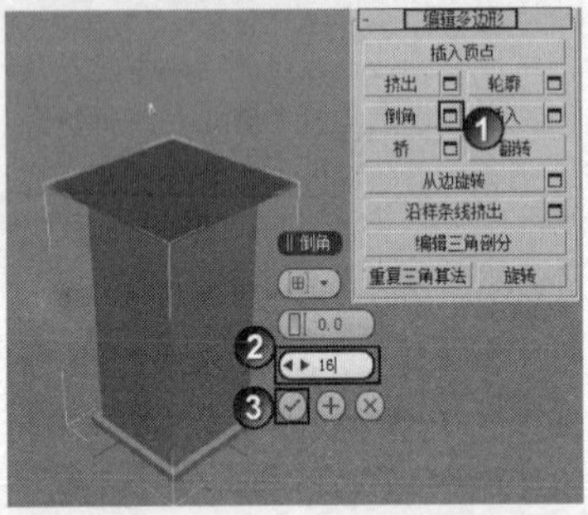

图5-83

06 保持对多边形的选择，在“编辑多边形”卷展栏下单击“挤出”按钮 挤出 后面的“设置”按钮，然后设置“高度”为10，具体参数设置及模型效果如图5-84所示。

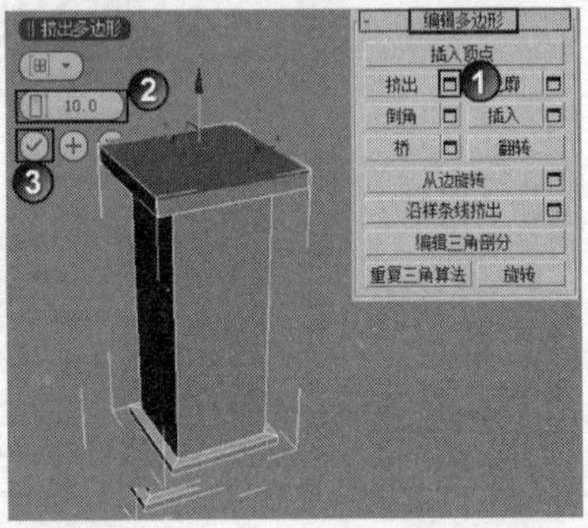

图5-84

07 选择如图5-85所示的多边形，然后在“编辑多边形”卷展栏下单击“挤出”按钮 挤出 后面的“设置”按钮，再设置“高度”为38，具体参数设置及模型效果如图5-86所示。

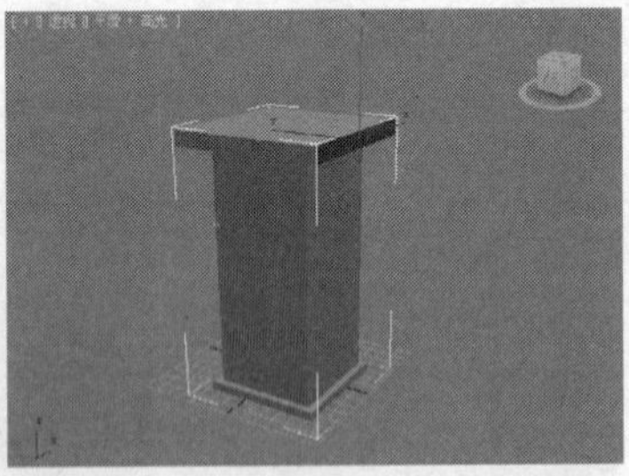

图5-85

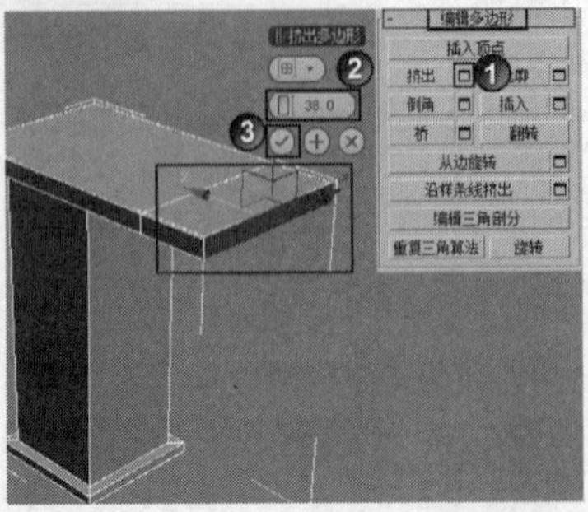

图5-86

08 保持对多边形的选择，在“编辑多边形”卷展栏下单击“插入”按钮 插入 后面的“设置”按钮，然后设置“数量”为2，具体参数设置及模型效果如图5-87所示。

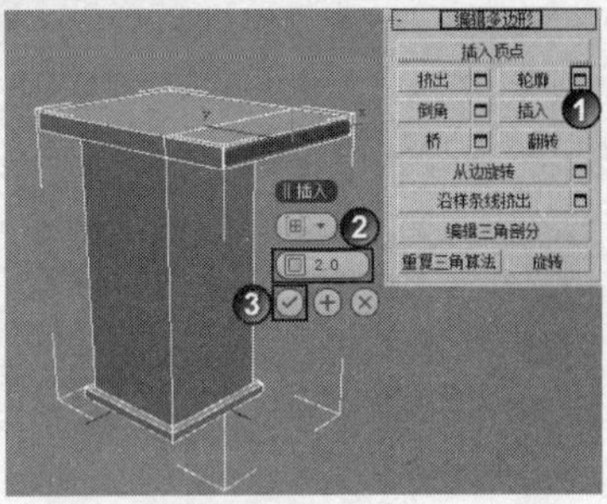

图5-87

09 保持对多边形的选择，在“编辑多边形”卷展栏下单击“挤出”按钮 挤出 后面的“设置”按钮，然后设置“高度”为-38，具体参数设置及模型效果如图5-88所示。

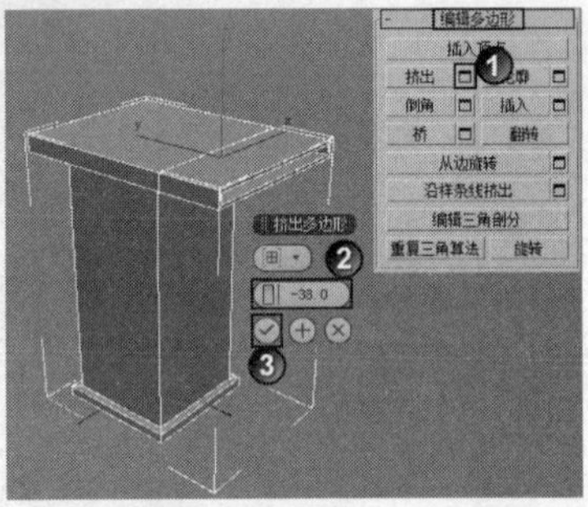

图5-88

10 按1键进入“顶点”级别，然后选择出水口最前方的顶点，再将其向下拖曳一段距离，效果如图5-89所示。

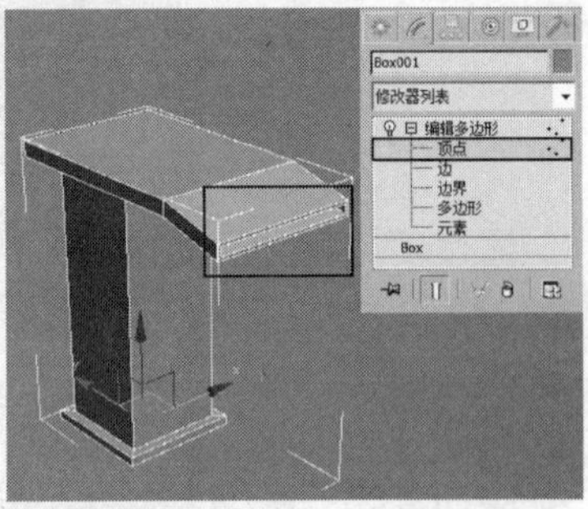

图5-89

11 按2键进入“边”级别，然后选择所有的边，再在“编辑边”卷展栏下单击“切角”按钮 切角 后面的“设置”按钮，最后设置“边切角量”为1、“连接边分段”为4，具体参数设置及模型效果如图5-90所示。

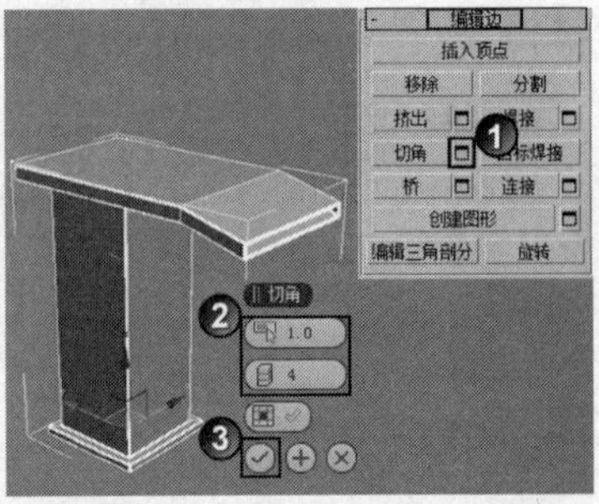

图5-90

12 使用“圆柱体”工具 圆柱体 在场景中创建一个圆柱体，然后在“参数”卷展栏下设置“半径”为20、“高度”为135、“高度分段”为1、“边数”为36，具体参数设置及模型位置如图5-91所示。

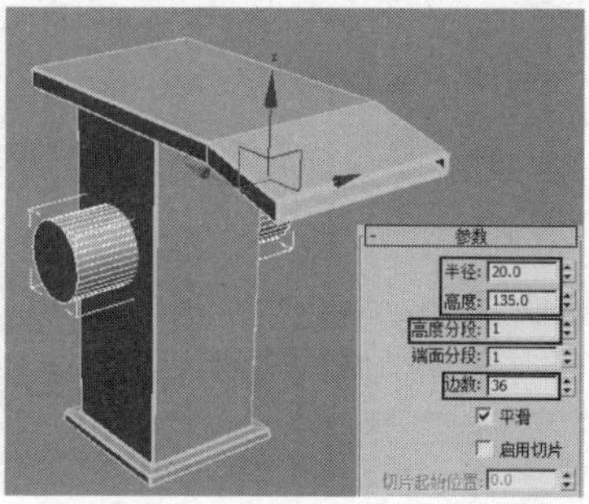

图5-91

13 将圆柱体转换为可编辑多边形，进入“边”级别，然后选择如图5-92所示的边，再在“编辑边”卷展栏下单击“切角”按钮 切角 后面的“设置”按钮 ，最后设置“边切角量”为2.5、“连接边分段”为3，具体参数设置及模型效果如图5-93所示。

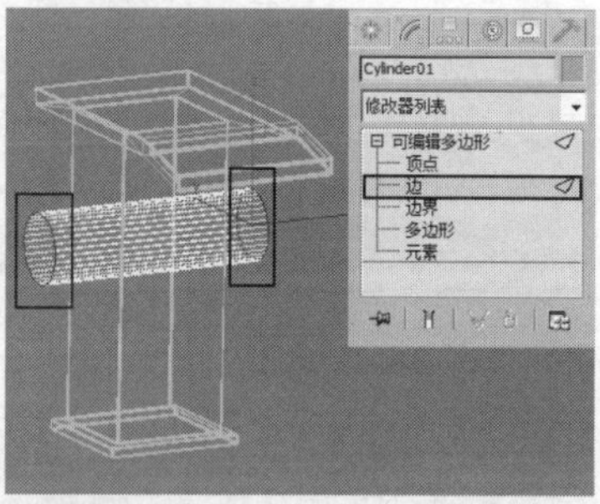

图5-92

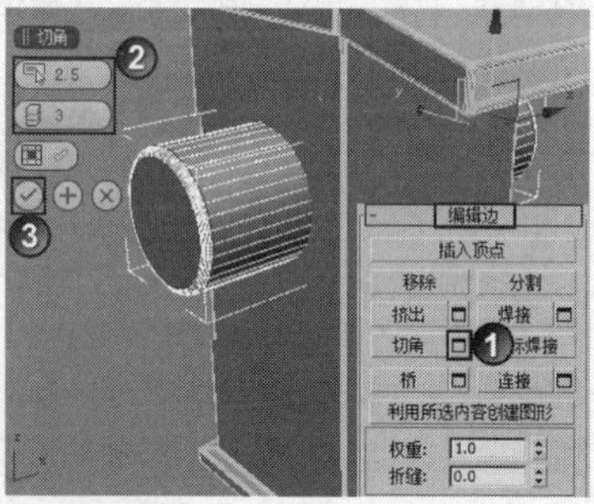

图5-93

14 使用“切角圆柱体”工具 切角圆柱体 在场景中创建一个切角圆柱体，然后在“参数”卷展栏下设置“半径”为9、“高度”为70、“圆角”为2.5、“高度分段”为1、“圆角分段”为3、“边数”为24，模型位置如图5-94所示。

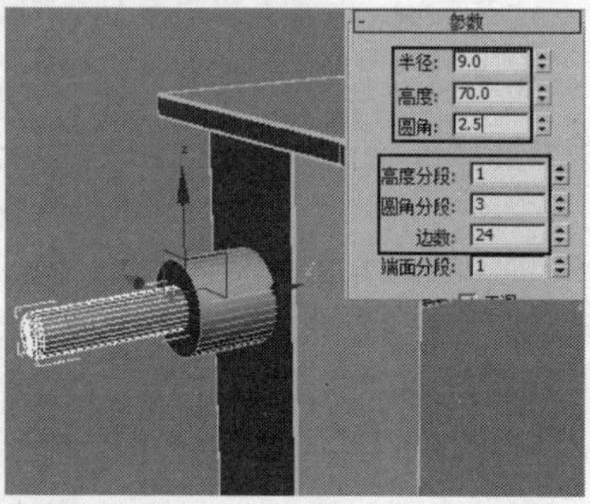

图5-94

技巧与提示

比较步骤13和步骤14可以发现，多边形建模中的某些功能可以直接使用几何体来实现，比如对圆柱体的边进行切角，就可以直接使用切角圆柱体来实现，这样可以提高工作效率。

15 使用“切角长方体”工具 切角长方体 在场景中创建一个长方体，然后在“参数”卷展栏下设置“长度”为80、“宽度”为20、“高度”为40、“圆角”为3，再调整好该模型的位置，最终效果如图5-95所示。

图5-95

实战107 平底壶

场景位置	无
实例位置	DVD>实例文件>CH05>实战107.max
视频位置	DVD>多媒体教学>CH05>实战107.flv
难易指数	★★☆☆☆
技术掌握	分离工具、壳修改器、网格平滑修改器

实例介绍

本例将使用“壳”修改器、“网格平滑”修改器以及多边形建模技术制作一对茶壶模型，效果如图5-96所示。

图5-96

本例大致的操作流程如图5-97所示。本例先要使用球体与多边形建模技术制作茶壶的壶身与盖子雏形，然后通过“壳”修改器、“网格平滑”修改器以及球体制作壶身与盖子的细节，最后使用管状体与多边形建模技术制作壶嘴与壶柄。

图5-97

操作步骤

01 使用“球体”工具 球体 在场景中创建一个球体，然后在“参数”卷展栏下设置“半径”为50mm、“分段”为36，具体参数设置如图5-98所示。

02 将球体转换为可编辑多边形，然后按4键进入“多边形”级别，再选择如图5-99所示的多边形。

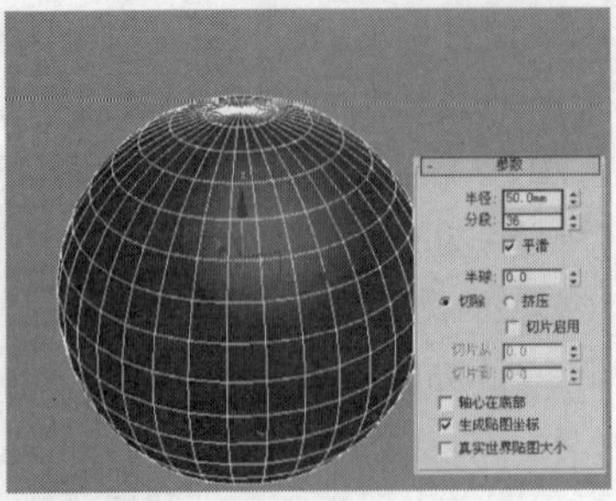

图5-98

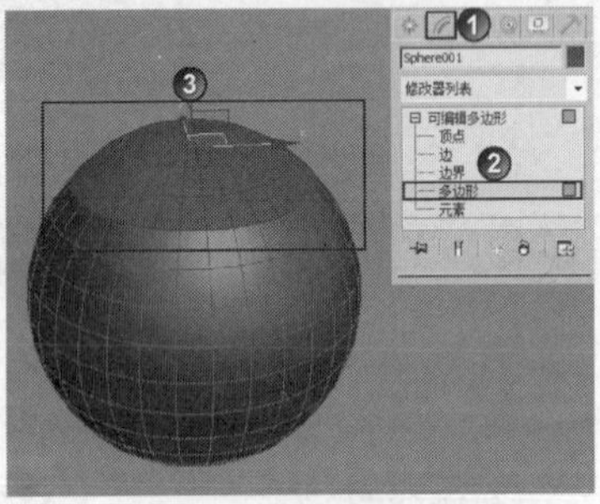

图5-99

03 保持对多边形的选择，在“编辑几何体”卷展栏下单击“分离”按钮 分离 ，将其以“对象001”分离出来作为壶盖锥形，如图5-100所示。

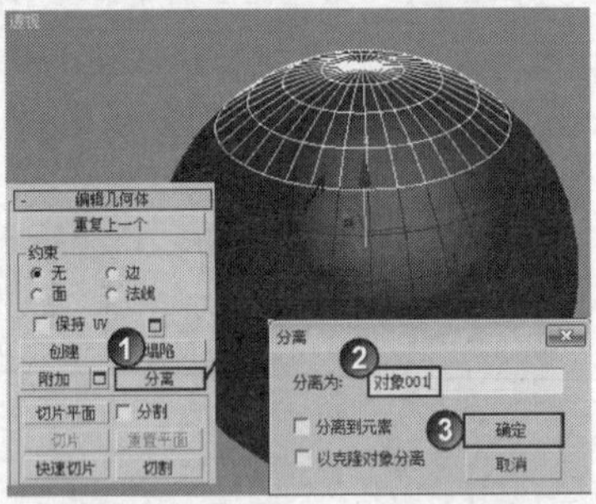

图5-100

04 退出“多边形”级别，然后选择壶身模型，再为其加载一个“壳”修改器，最后在“参数”卷展栏下设置“外部量”为2，具体参数设置及模型效果如图5-101所示。

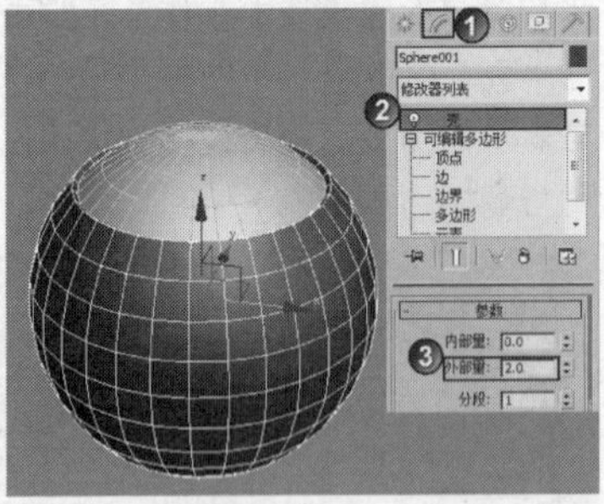

图5-101

05 为壶盖模型也加载一个“壳”修改器，然后在“参数”卷展栏下设置“外部量”为3mm，具体参数设置及模型效果如图5-102所示。

06 选择壶身与壶盖，然后为其加载一个“网格平滑”修改器，再在“细分量”卷展栏下设置“迭代次数”为1，具体参数设置及模型效果如图5-103所示。

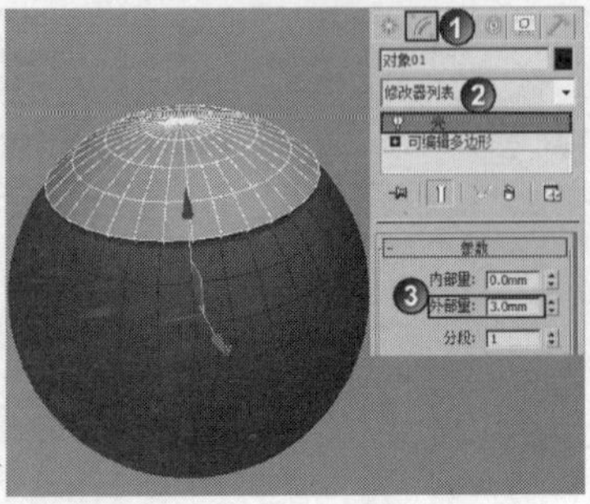

图5-102

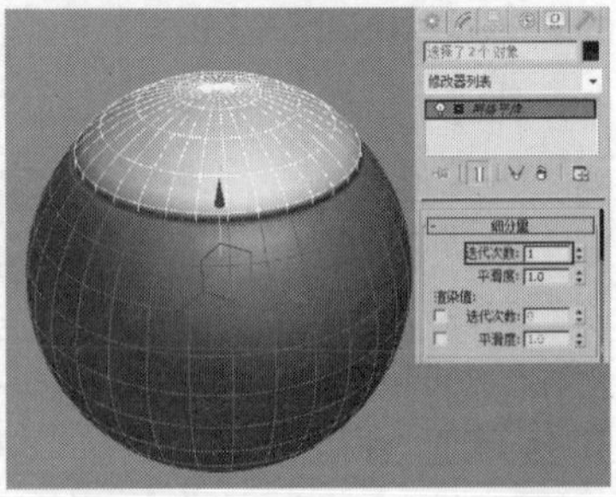

图5-103

07 使用“球体”工具 球体 在壶盖的顶部创建一个大小合适的球体，完成后的效果如图5-104所示。

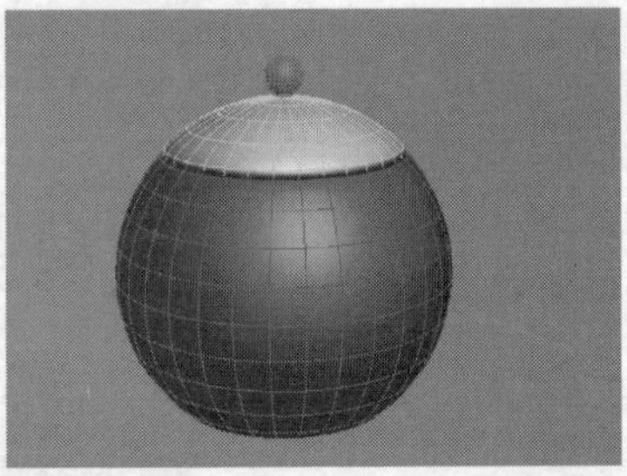

图5-104

08 使用“管状体”工具 管状体 在场景中创建一个管状体，然后在“参数”卷展栏下设置“半径1”为7mm、“半径2”为6mm、“高度”为50mm、“高度分段”为1，具体参数设置及模型位置如图5-105所示。

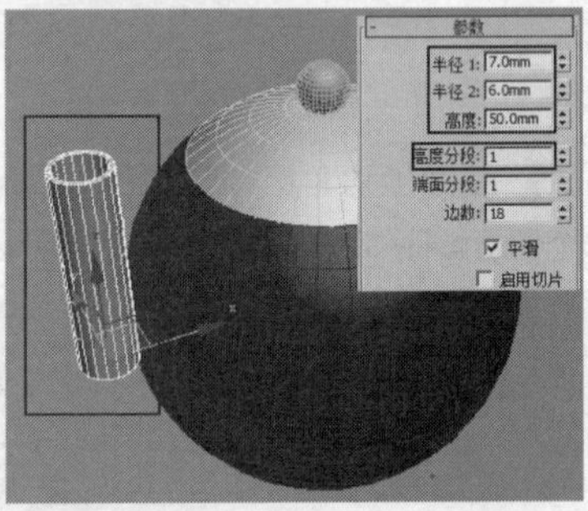

图5-105

09 使用“选择并旋转”工具 在前视图中将管状体旋转40°，然后使用“选择并移动”工具 调整好位置，效果如图5-106所示。

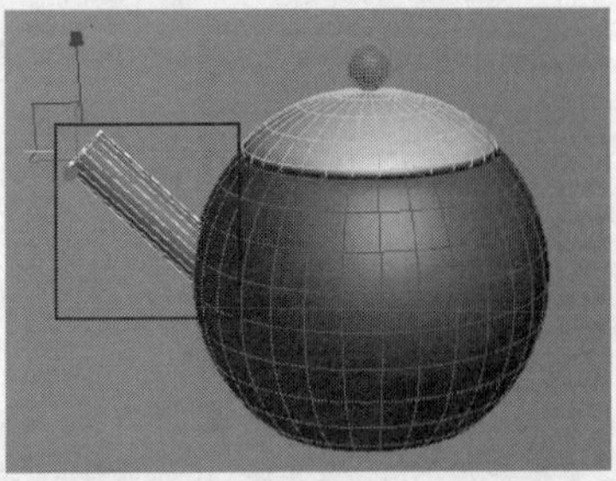

图5-106

10 将管状体转换为可编辑多边形，然后进入“顶点”级别，再选择壶嘴处的顶点向内缩放，将模型调整成如图5-107所示的效果。

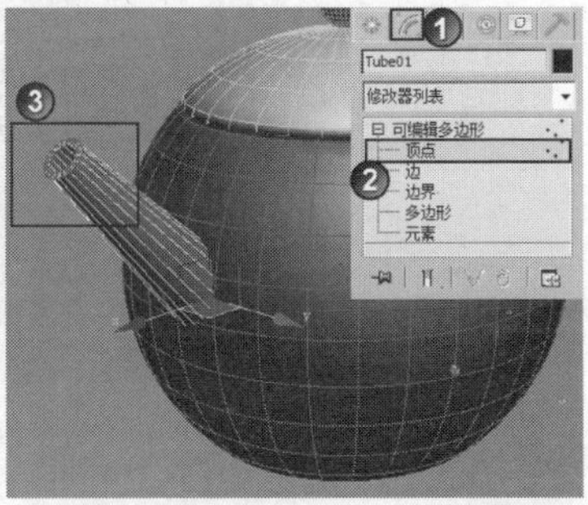

图5-107

11 采用相同的方法创建一个管状体并调整好形状作为壶柄，完成后的效果如图5-108所示。

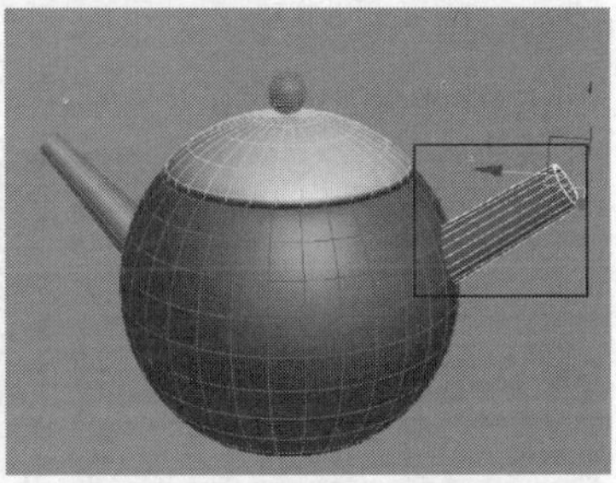
图5-108

12 使用“圆柱体”工具 圆柱体 在场景中创建一个“半径”为7mm、“高度”为60mm、“高度分段”为5的圆柱体，然后将其转换为可编辑多边形，再进入“顶点”级别，最后将模型调节成如图5-109所示的形状。

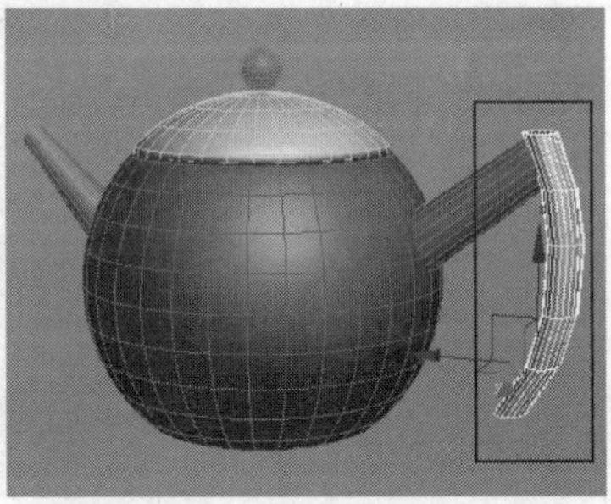
图5-109

13 进入“边”级别，选择顶部与底部的圆形边线，然后在“编辑边”卷展栏下单击“切角”按钮 切角 后面的“设置”按钮□，再设置“边切角量”为2mm、“连接边分段”为2，具体参数设置及模型效果如图5-110所示。

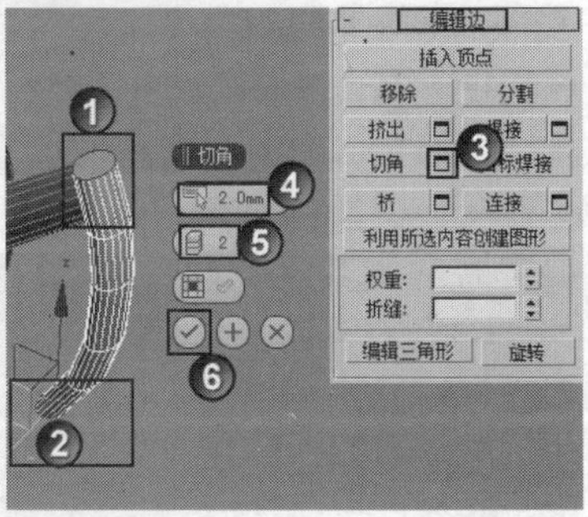

图5-110

14 为模型加载一个“网格平滑”修改器，然后在“细分量”卷展栏下设置“迭代次数”为2，最终效果如图5-111所示。

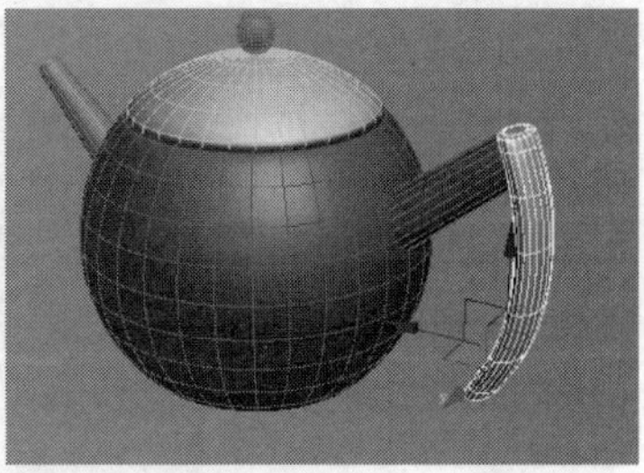
图5-111

实战108 餐具

场景位置	DVD>场景文件>CH05>实战108.max
实例位置	DVD>实例文件>CH05>实战108.max
视频位置	DVD>多媒体教学>CH05>实战108.flv
难易指数	★★★☆☆
技术掌握	车削修改器、平滑修改器、噪波修改器、融化修改器

实例介绍

本例将使用“车削”修改器、“平滑”修改器、“噪波”修改器、“融化”修改器与多边形建模技术制作一副餐具模型，效果如图5-112所示。

图5-112

本例大致的操作流程如图5-113所示。本例先要使用线与“车削”修改器制作盘子模型，然后采用相同的方法结合多边形建模技术制作咖啡杯，最后通过“噪波”修改器和“融化”修改器制作咖啡溶液以及糕点。

图5-113

操作步骤

01 下面制作盘子模型。使用“线”工具 线 在前视图中绘制一条如图5-114所示的样条线。

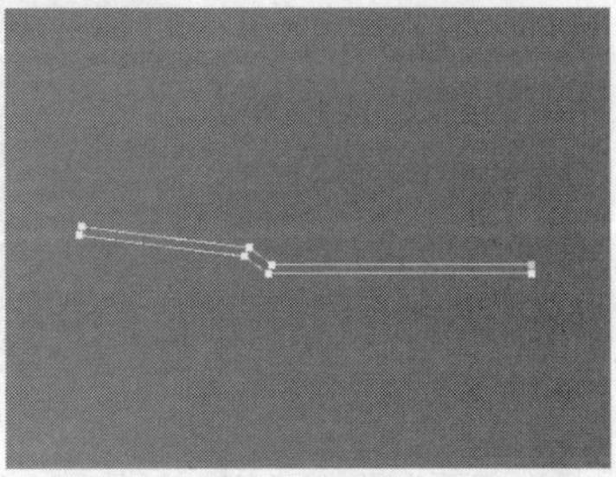
图5-114

02 进入“顶点”级别，然后选择如图5-115所示的6个顶点，再在“几何体”卷展栏下单击“圆角”按钮 圆角 ，最后在前视图中拖曳光标创建圆角，如图5-116所示。

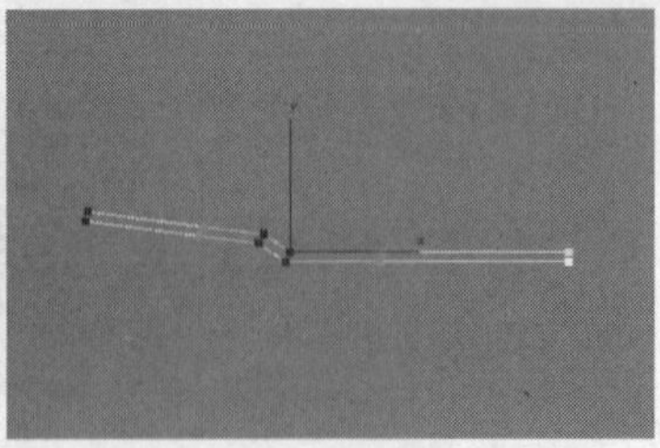

图5-115

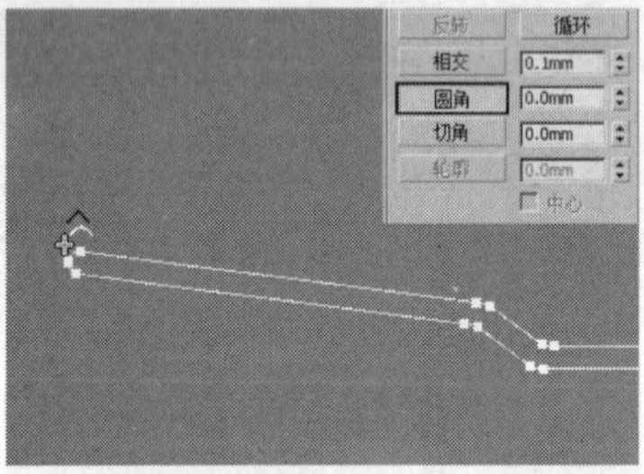

图5-116

03 为样条线加载一个“车削”修改器，然后在“参数”卷展栏下设置“度数”为360、“分段”为60、“方向”为 Y 、“对齐”为 最大 ，具体参数设置及模型效果如图5-117所示。

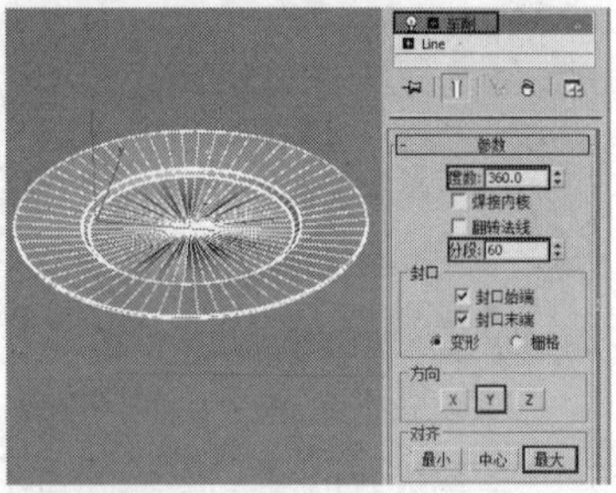

图5-117

04 为盘子模型加载一个“平滑”修改器（采用默认设置），效果如图5-118所示。

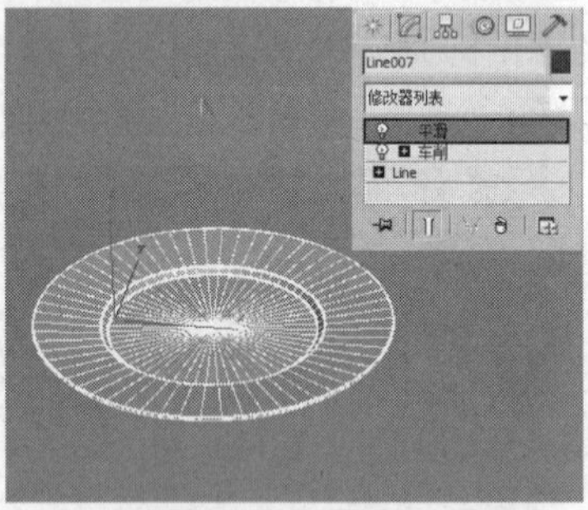

图5-118

05 利用复制功能复制两个盘子，然后用“选择并均匀缩放”工具将复制的盘子缩放到合适的大小，完成后的效果如图5-119所示。

图5-119

06 下面制作杯子模型。使用“线”工具 线 在前视图中绘制一条如图5-120所示的样条线。

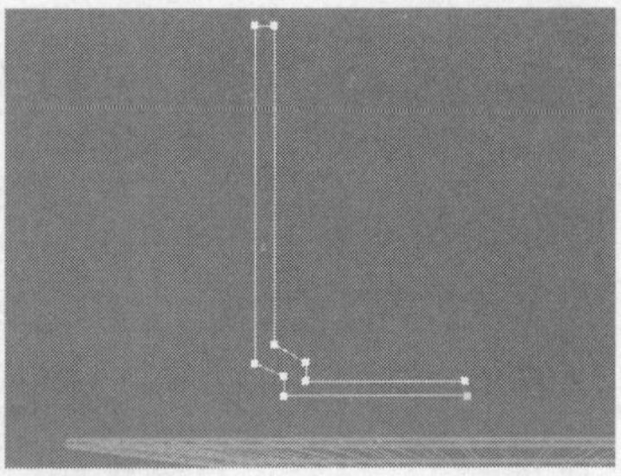

图5-120

07 进入“顶点”级别，然后选择如图5-121所示的6个顶点，再在“几何体”卷展栏下单击“圆角”按钮 圆角 ，最后在前视图中拖曳光标创建圆角，效果如图5-122所示。

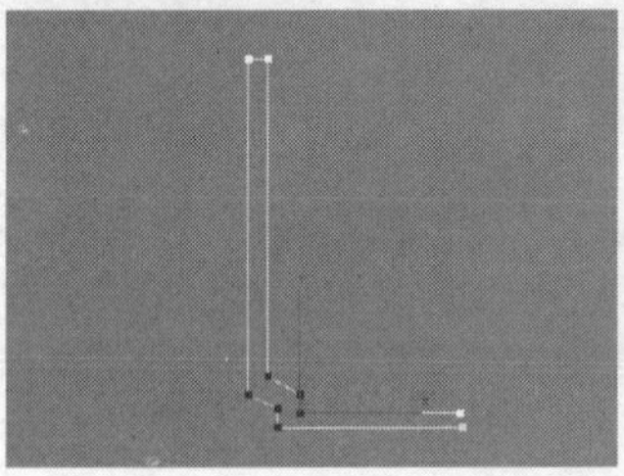

图5-121

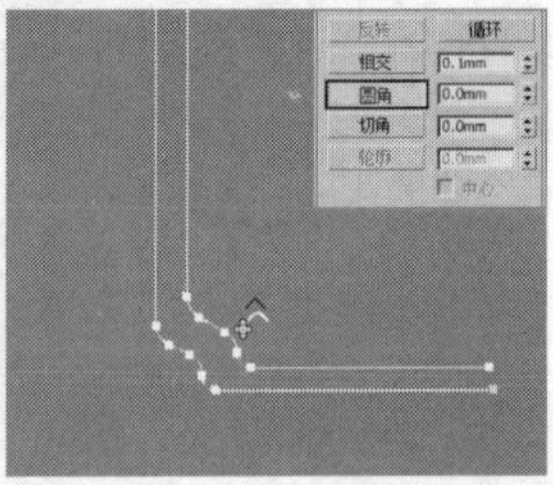

图5-122

08 为样条线加载一个“车削”修改器，然后在“参数”卷展栏下设置“度数”为360、“分段”为60、“方向”为 Y 、“对齐”为 最大 ，具体参数设置及模型效果如图5-123所示。

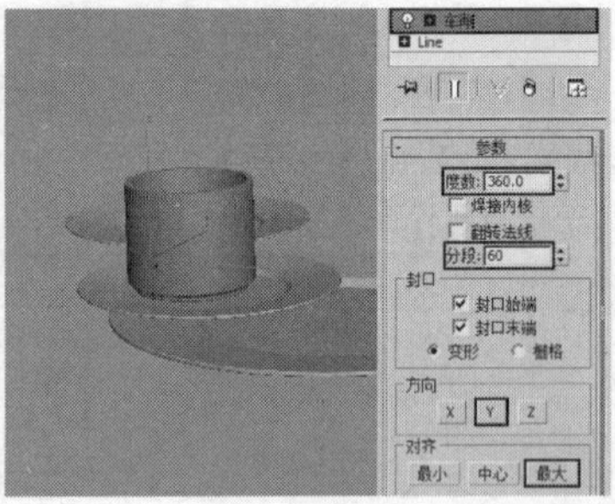

图5-123

09 下面制作杯子的把手模型。选择杯身并按Alt+Q组合键进入孤立选择模式，然后使用“线”工具 线 在前视图中绘制一条如图5-124所示的样条线。

图5-124

10 选择样条线，然后在“渲染”卷展栏下勾选“在渲染中启用”和“在视口中启用”选项，再设置“径向”的“厚度”为8mm，具体参数设置及模型效果如图5-125所示。

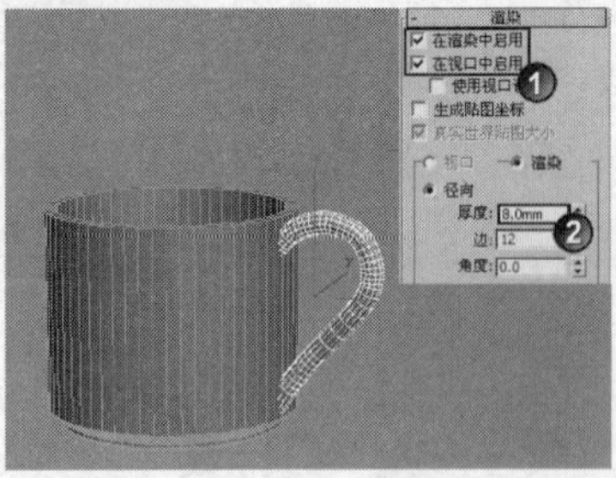

图5-125

11 将杯身模型转换为可编辑多边形，然后进入“多边形”级别，再选择杯口上的多边形，单击鼠标右键，最后在弹出的菜单中选择“倒角”命令，如图5-126所示。

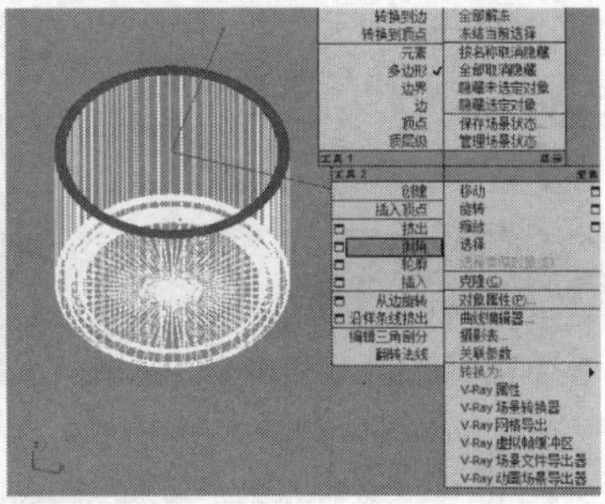
图5-126

12 将光标放在选择的多边形上，然后按住鼠标左键拖曳光标推出杯口倒角高度，再松开鼠标左键并再次制作杯口向内倒角的细节，如图5-127所示。

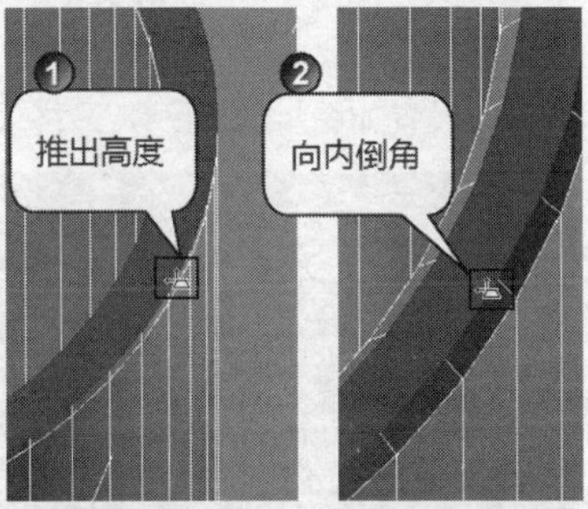

图5-127

13 使用“圆”创建工具 圆 在顶视图中参考杯口大小创建一个圆形，然后调整好位置，再将其转换为可编辑多边形，如图5-128所示。

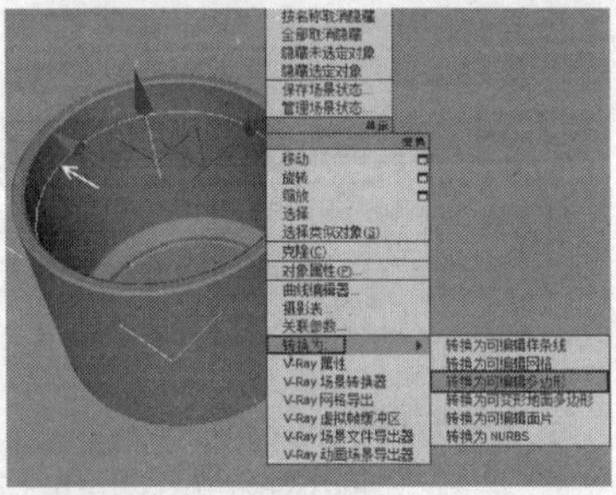
图5-128

14 为圆形加载一个“噪波”修改器，然后在“参数”卷展栏下设置“种子”和“比例”为100，再勾选“分形”选项，并设置“粗糙度”为0.5、“迭代次数”为10，最后在“强度”选项组下设置*z*为-40mm，具体参数设置及模型效果如图5-129所示。

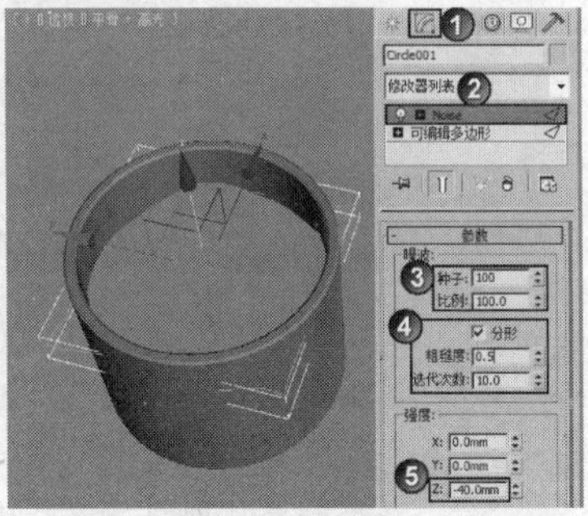
图5-129

15 将光盘中的“场景文件>CH05>实战108.max”文件合并到当前场景中，如图5-130所示，为糕点模型加载一个“融化”修改器，然后在“参数”卷展栏下设置“数量”为100、“融化百分比”为30，再在“固态”选项组下勾选“自定义”选项，并设置其数值为0.5，最后设置“融化轴”为*z*，具体参数设置如图5-131所示，最终效果如图5-132所示。

图5-130

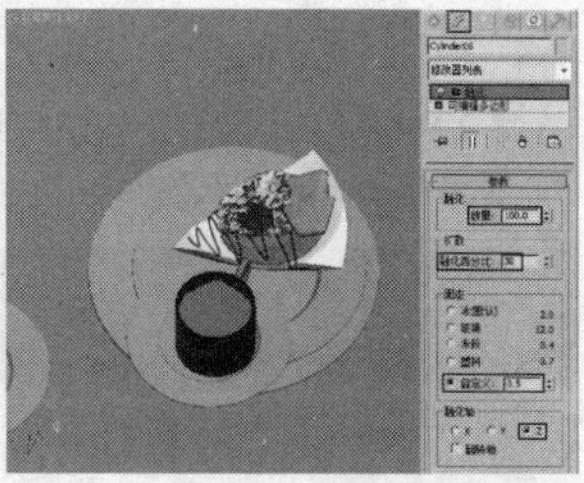
图5-131

图5-132

实战109 扫帚

场景位置	DVD>场景文件>CH05>实战109.max
实例位置	DVD>实例文件>CH05>实战109.max
视频位置	DVD>多媒体教学>CH05>实战109.flv
难易指数	★☆☆☆☆
技术掌握	Hair和Fur（WSM）（头发和毛发）修改器

实例介绍

本例将使用Hair和Fur（WSM）（头发和毛发）修改器制作一把扫帚，效果如图5-133所示。

图5-133

本例大致的操作流程如图5-134所示。本例先要在扫帚上生成毛发，然后将毛发调整到扫帚底部的多边形上，最后调整好毛发细节参数。

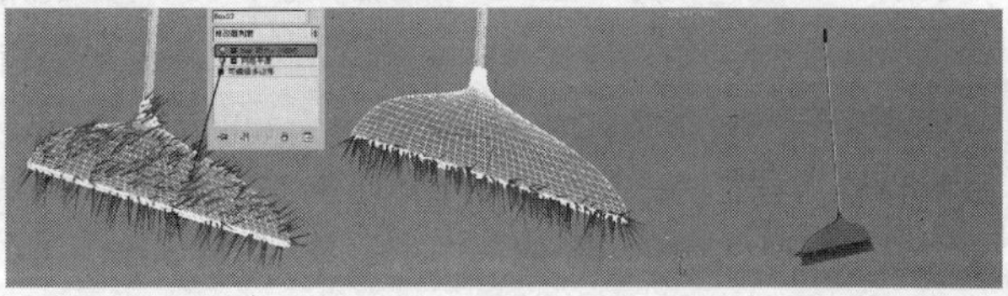
图5-134

操作步骤

01 打开光盘中的“场景文件>CH05>实战109.max”文件，如图5-135所示。

02 选择扫帚底部的模型，然后为其加载一个Hair和Fur（WSM）修改器，此时整个模型表面都会出现很多凌乱的毛发，如图5-136所示。

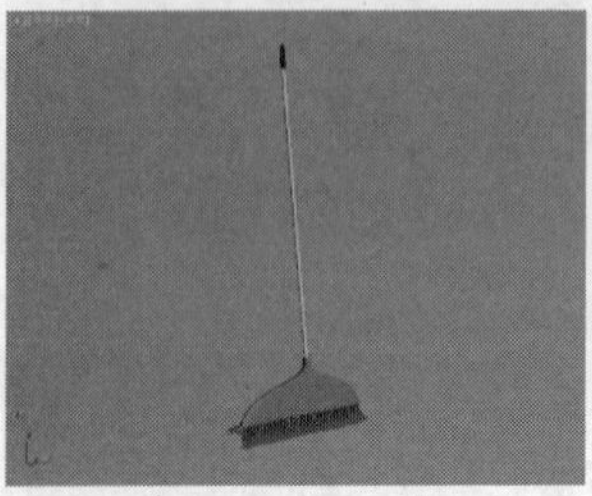

图5-135

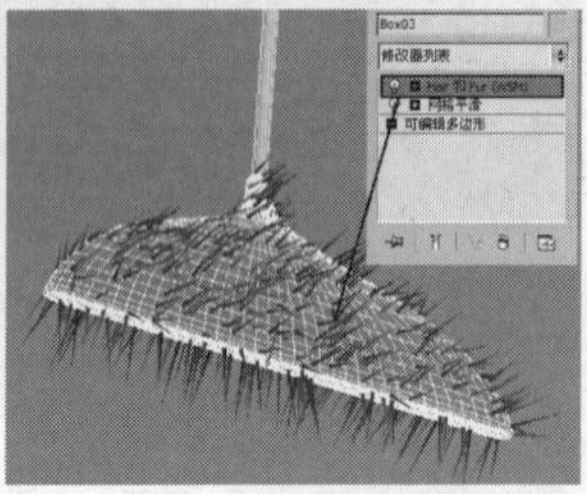

图5-136

03 选择扫帚模型，然后进入“多边形”级别，再选择底部的多边形，如图5-137所示。

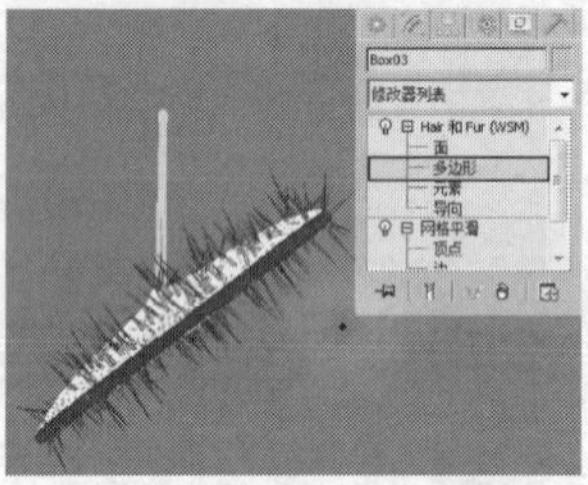

图5-137

04 在“选择”卷展栏下再次单击“多边形”按钮■，退出“多边形”级别，此时毛发就只出现在上一步选择的多边形上，如图5-138所示。

05 选择Hair和Fur（WSM）修改器，然后展开“常规参数”卷展栏，再设置“头发数量”为400、“随机比例”为5、“根厚度”为5、“梢厚度”为3，具体参数设置及毛发效果如图5-139所示。

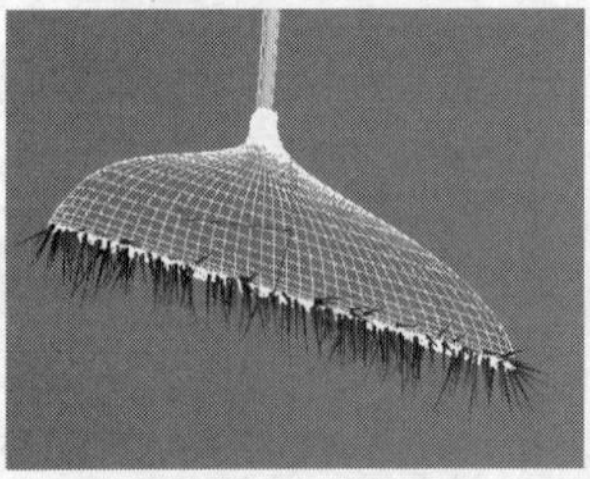

图5-138

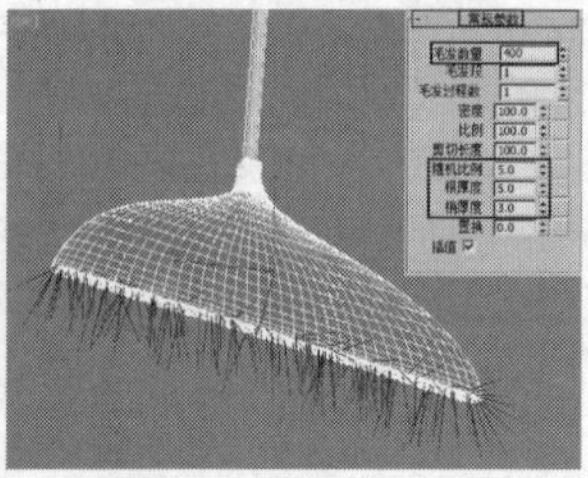

图5-139

06 展开“材质参数”卷展栏，然后设置“阻挡环境光”为10、“梢颜色”为（红:96，绿:75，蓝:40）、“根颜色”为（红:48，绿:24，蓝:0），再设置“色调变化”和“值变化”为5，设置“高光”为30、“光泽度”为70，最后设置“自身阴影”和“几何体阴影”为0，具体参数设置及毛发效果如图5-140所示。

07 展开“卷发参数”卷展栏，然后设置“卷发根”为0、“卷发梢”为20，再在“卷发动画方向”选项组下设置y为25mm，具体参数设置及毛发效果如图5-141所示。

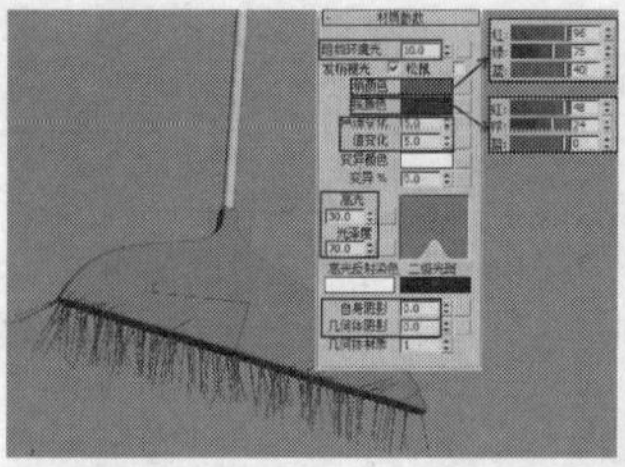

图5-140

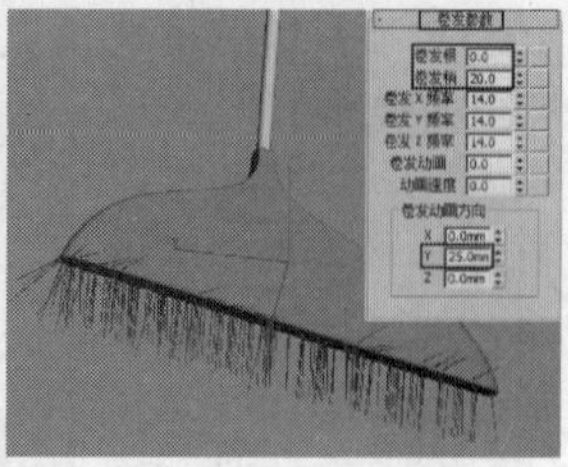

图5-141

08 展开“多股参数”卷展栏，然后设置“数量”为24、“根展开”为0.05、“梢展开”为0.3、“扭曲”为2、“偏移”为0.2、“纵横比”为1.515、“随机化”为0，具体参数设置如图5-142所示，最终效果如图5-143所示。

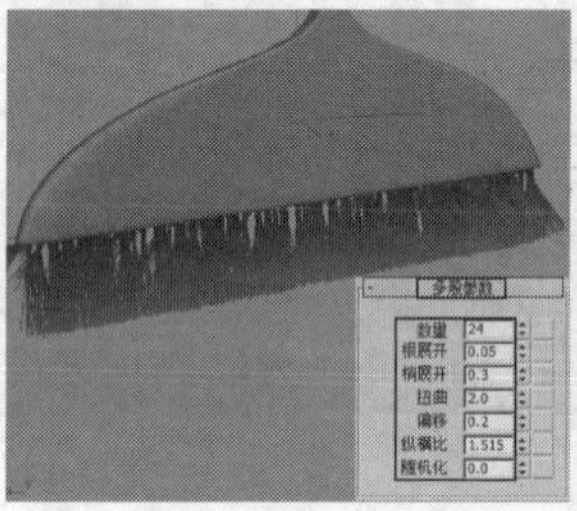

图5-142

图5-143

实战110 桌布

场景位置	DVD>场景文件>CH05>实战110.max
实例位置	DVD>实例文件>CH05>实战110.max
视频位置	DVD>多媒体教学>CH05>实战110.flv
难易指数	★★★☆☆
技术掌握	Cloth（布料）修改器、细化修改器

实例介绍

本例将使用Reactor Cloth（布料动力学）修改器与“细化”修改器制作一张逼真的桌布模型，效果如图5-144所示。

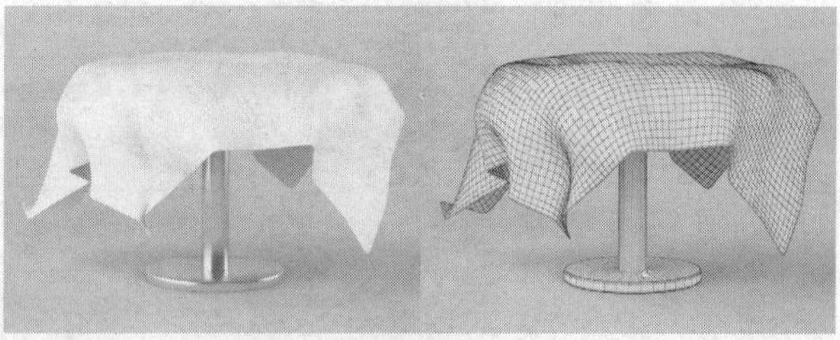

图5-144

本例大致的操作流程如图5-145所示。本例先要创建一个桌布平面，然后通过动力学计算产生桌布自然覆盖的效果，最后通过“细化”修改器完成最终细节。

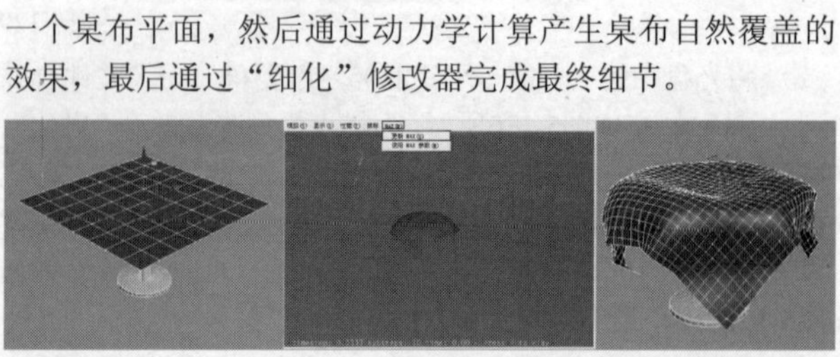

图5-145

操作步骤

01 打开本书配套光盘中的“场景文件>CH05>实战110.max”文件，如图5-146所示。

02 使用“平面”工具 平面 在桌面的顶部创建一个平面，然后在“参数”卷展栏下设置“长度”为250mm、“宽度”为250mm、“长度分段”为20、“宽度分段”为20，具体参数设置及模型位置如图5-147所示。

图5-146

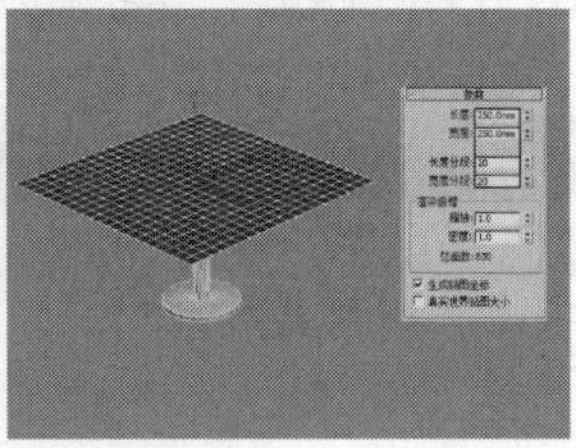

图5-147

技巧与提示

对于制作桌布的平面，在理论上应设置比较多的分段数，这样模拟出来的效果才会逼真，但过多的分段数也会增加计算时间，因此在制作时适当设置即可。

03 为平面加载一个Cloth（布料）修改器，然后在“对象”卷展栏下单击“对象属性”按钮 对象属性 ，再在弹出的“对象属性”对话框中选择Plane01，并勾选Cloth（布料）选项，如图5-148所示。

04 单击“添加对象”按钮 添加对象... ，然后在弹出的对话框中全选模型，再单击“添加”按钮 添加 ，如图5-149所示。

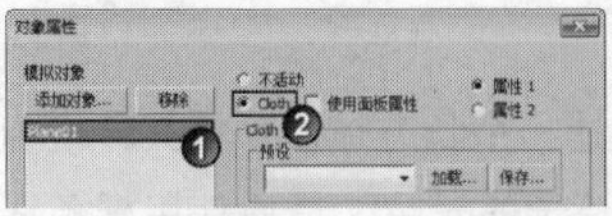

图5-148

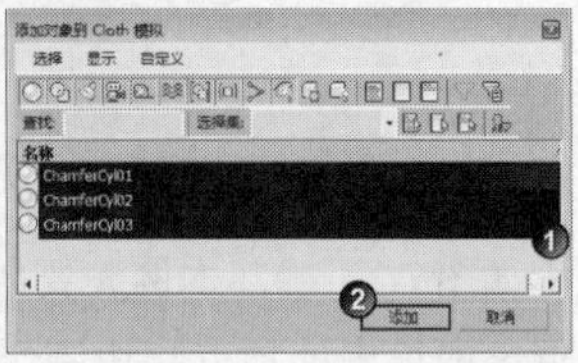

图5-149

05 选择添加的3个切角圆柱体，然后设置其为“冲突对象”，再单击“确定”按钮 确定 ，如图5-150所示。

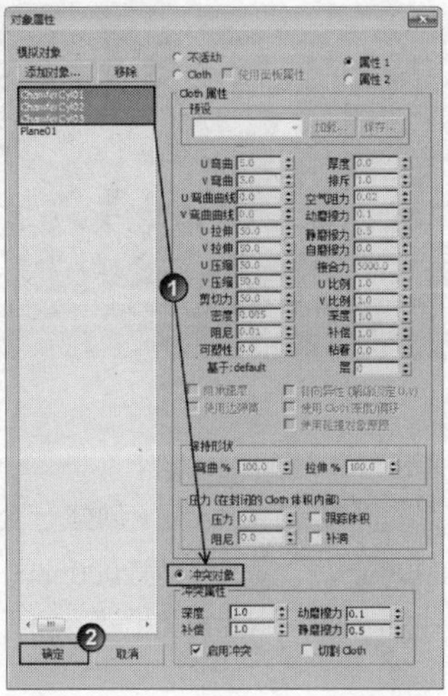

图5-150

06 在“对象”卷展栏下单击“模拟”按钮 模拟 开始模拟布料效果，如图5-151所示，模拟完成后的效果如图5-152所示。

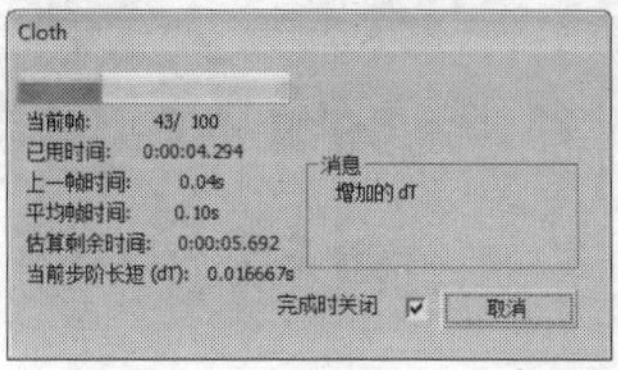

图5-151

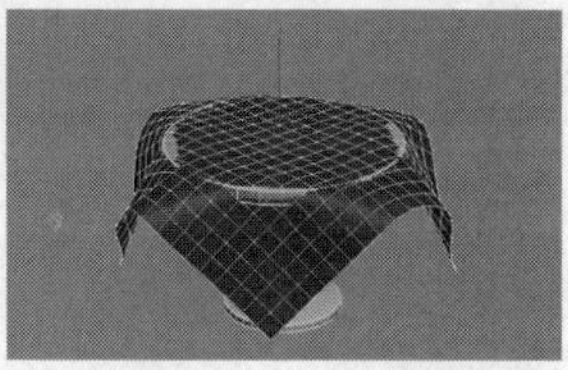

图5-152

07 为桌布加载一个“壳”修改器，然后在“参数”卷展栏下设置“内部量”和“外部量”为1mm，具体参数设置及模型效果如图5-153所示。

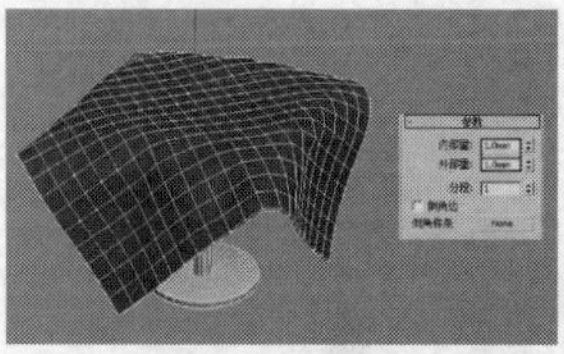

图5-153

08 继续为模型加载一个“细化”修改器，然后在“参数”卷展栏下设置“操作于”为“多边形” ，再设置“迭代次数”为2，具体参数设置如图5-154所示，最终效果如图5-155所示。

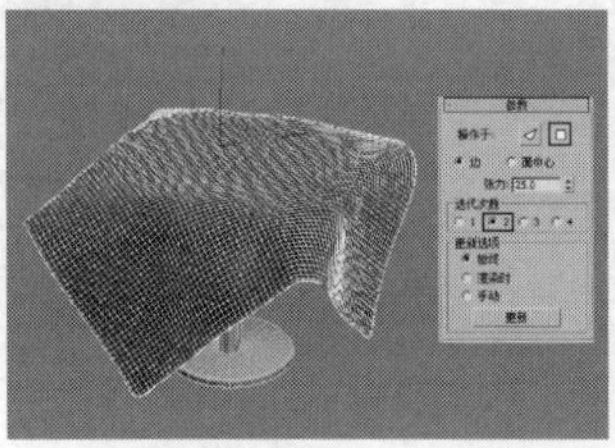

图5-154

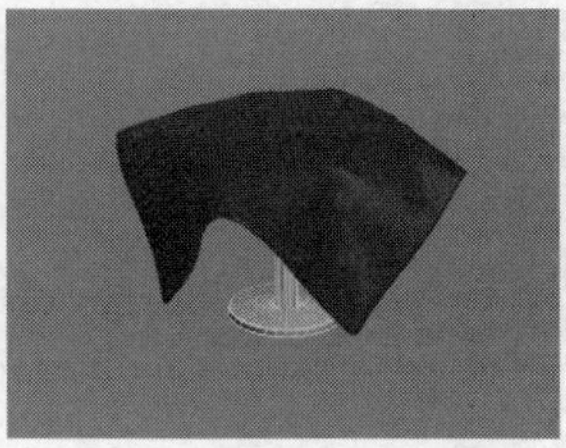

图5-155

技巧与提示

动力学除了用于制作桌布以外，还可以用来制作毛巾效果，如图5-156所示。

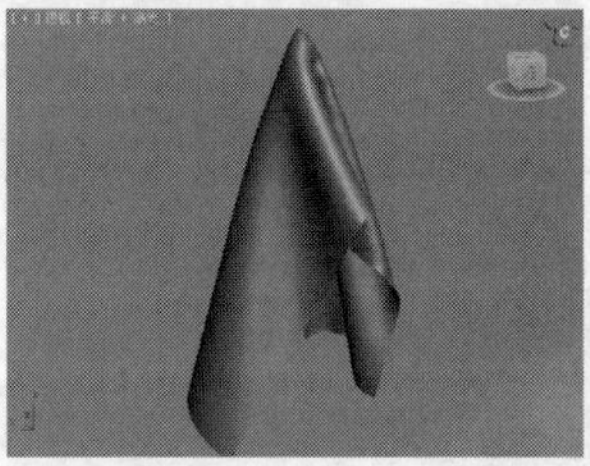

图5-156

第6章 网格建模

本章学习要点：

网格建模的思路

网格建模的常用工具

实战111 休闲躺椅

场景位置	无
实例位置	DVD>实例文件>CH06>实战111.max
视频位置	DVD>多媒体教学>CH06>实战111.flv
难易指数	★★☆☆☆
技术掌握	挤出工具、切角工具、网格平滑修改器

实例介绍

本例将使用网格建模技术中的“挤出”功能和“切角”功能制作一把休闲躺椅，效果如图6-1所示。

图6-1

本例大致的操作流程如图6-2所示。本例先要创建一个长方体，并将其转换为可编辑网格，然后通过调整网格中的顶点和边制作椅子的轮廓，最后使用样条线的可渲染功能制作椅子的支撑结构。

图6-2

操作步骤

01 使用“长方体”工具 长方体 在场景中创建一个长方体，然后在“参数”卷展栏下设置“长度”为540mm、“宽度”为2000mm、“高度”为4300mm、“长度分段”为1、“宽度分段”为1、“高度分段”为4，具体参数设置及模型效果如图6-3所示。

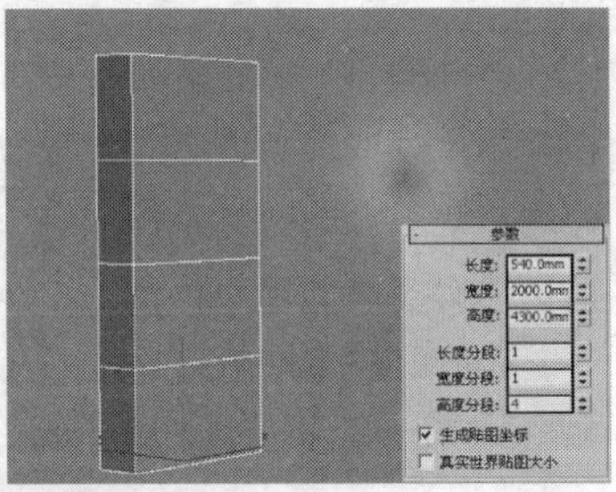

图6-3

02 选择长方体，然后单击鼠标右键，在弹出的菜单中选择“转换为>转换为可编辑网格”命令，如图6-4所示。

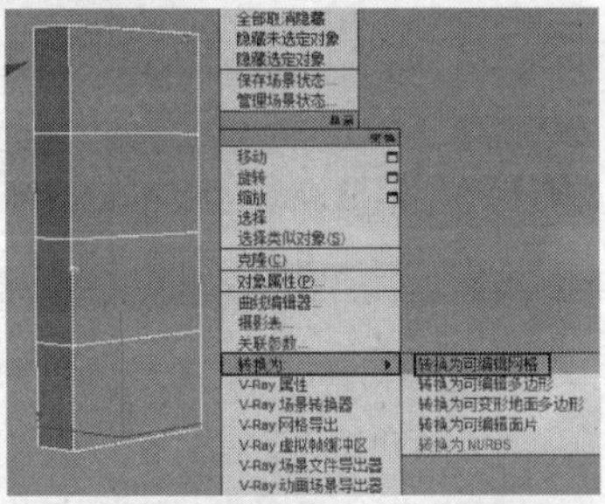

图6-4

03 进入“顶点”级别，然后在前视图中使用“选择并移动”工具调整好顶点的位置，完成后的效果如图6-5所示。

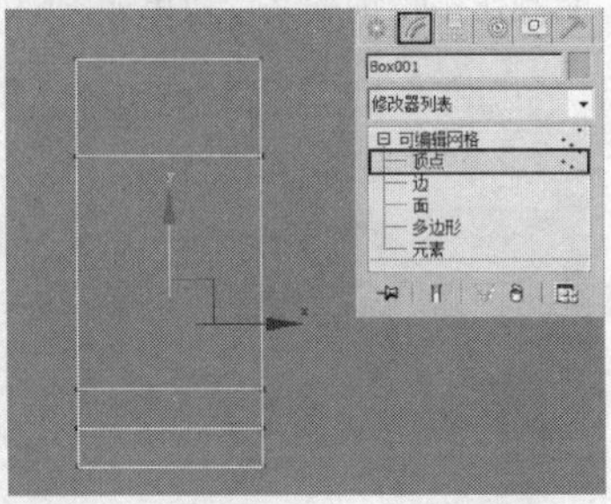

图6-5

04 在左视图中选择如图6-6所示的顶点，然后使用“选择并移动”工具将其向右调整到如图6-7所示的位置。

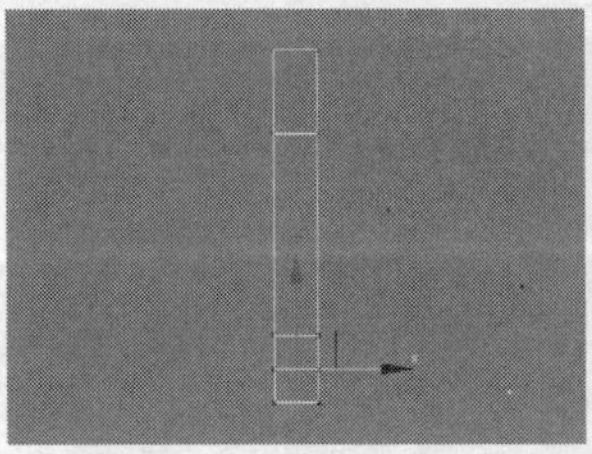

图6-6

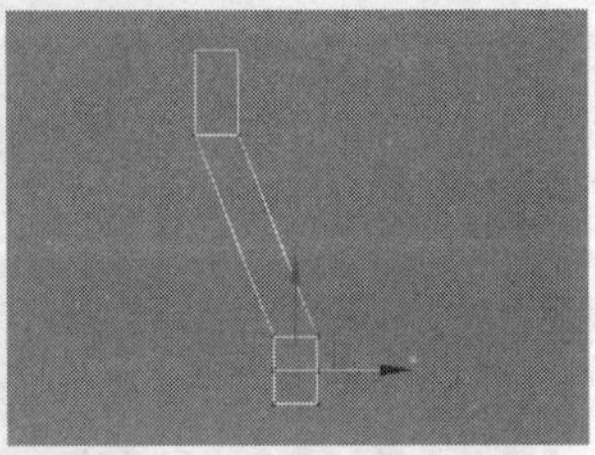

图6-7

05 进入“多边形”级别，然后选择如图6-8所示的多边形，再在“编辑几何体”卷展栏下的“挤出”按钮 挤出 后面的输入框中输入2500，最后按Enter键确认挤出操作，如图6-9所示。

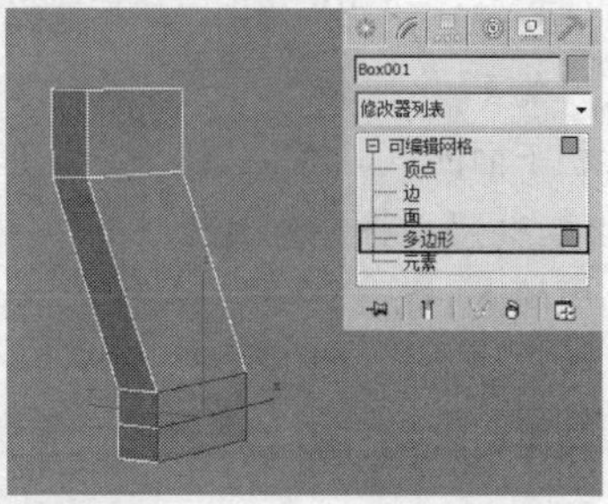

图6-8

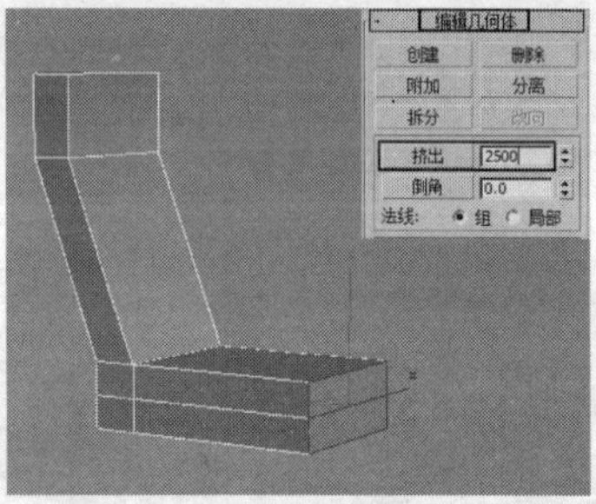

图6-9

06 进入“顶点”级别，然后在左视图中选择如图6-10所示的顶点，再使用“选择并移动”工具将其向上拖曳到如图6-11所示的位置。

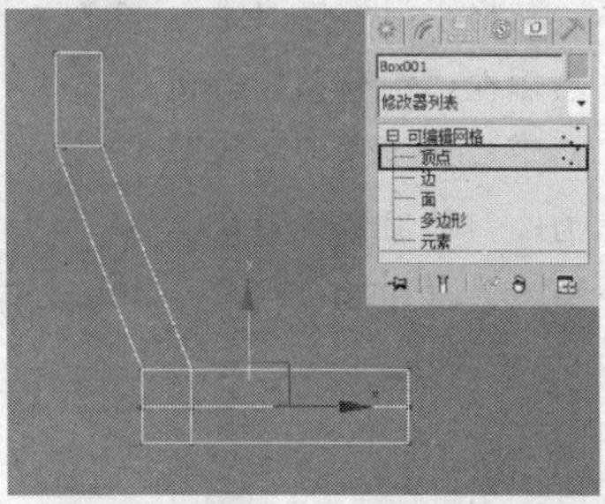

图6-10

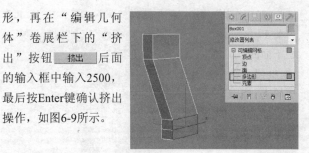

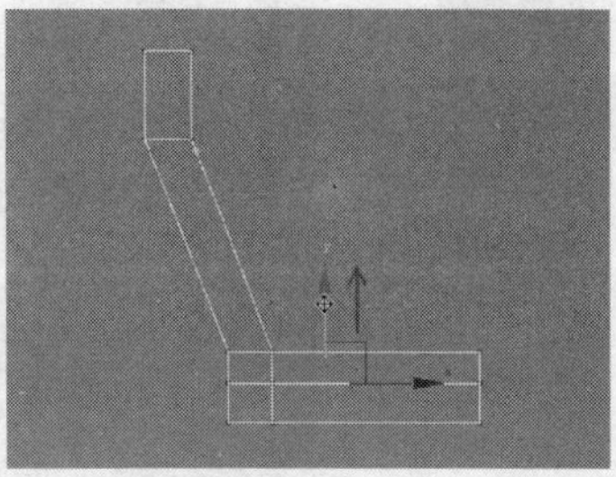

图6-11

07 在左视图中选择如图6-12所示的顶点，然后使用“选择并移动”工具将其向右拖曳到如图6-13所示的位置。

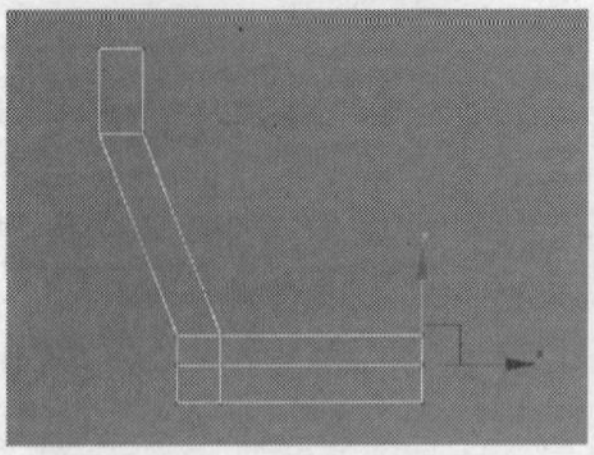

图6-12

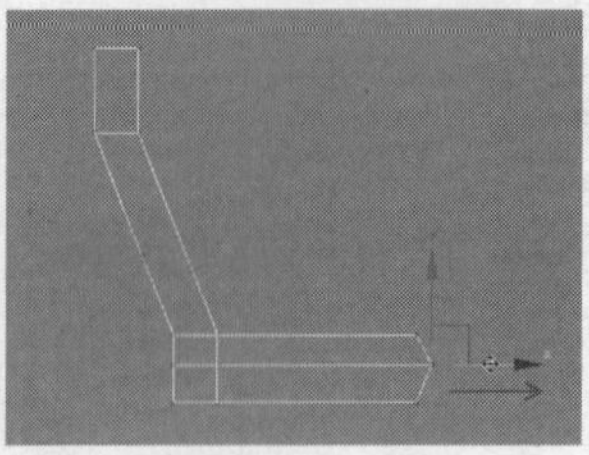

图6-13

08 进入“边”级别，然后选择如图6-14所示的边，再在“编辑几何体”卷展栏下面的“切角”按钮 切角 后面的输入框中输入15mm，最后按Enter键确认切角操作，效果如图6-15所示。

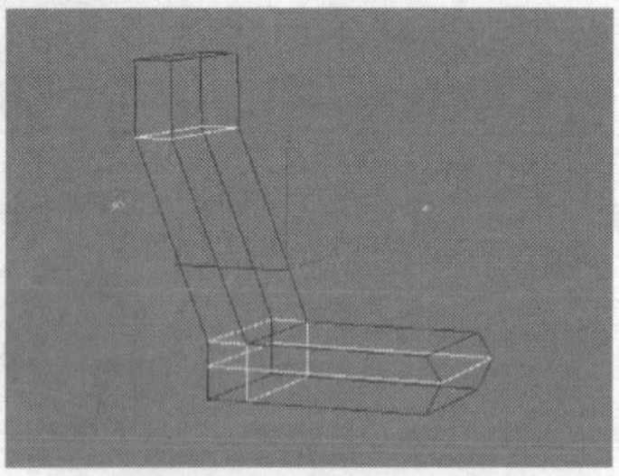

图6-14

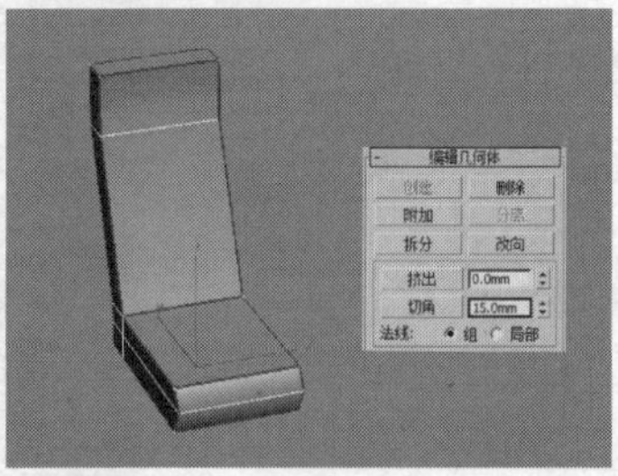

图6-15

09 为模型加载一个“网格平滑”修改器，然后在“细分量”卷展栏下设置“迭代次数”为1，具体参数设置及模型效果如图6-46所示。

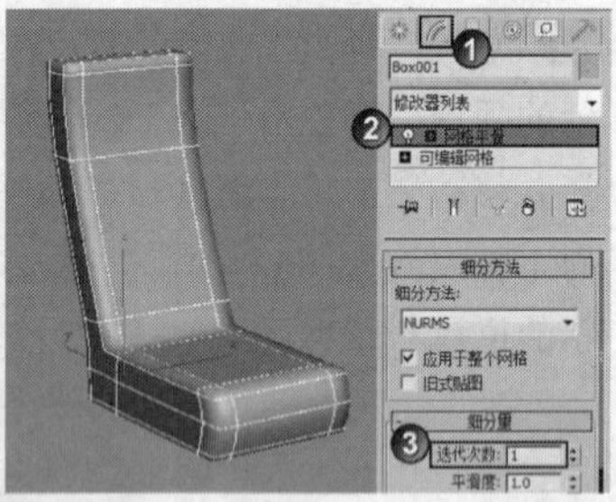

图6-16

10 使用“线”工具 线 在视图中绘制出如图6-17所示的样条线。

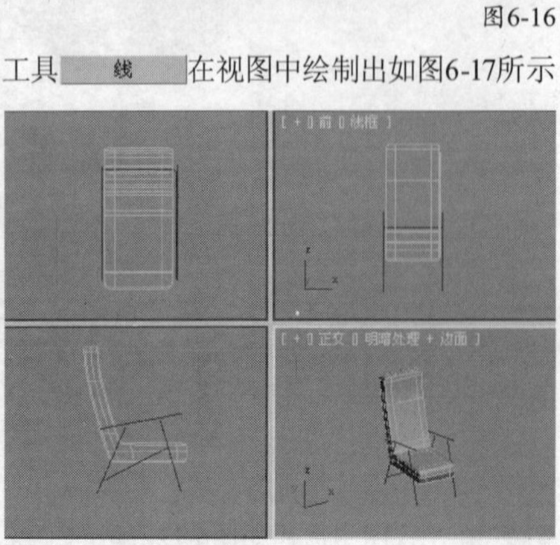

图6-17

技巧与提示

这里给出一张样条线的细节图，如图6-18所示。

图6-18

11 在“渲染”卷展栏下勾选“在渲染中启用”和“在视口中启用”选项，然后勾选“矩形”选项，并调整合适的“长度”和“宽度”数值，最终效果如图6-19所示。

图6-19

实战112 不锈钢餐叉

场景位置	无
实例位置	DVD>实例文件>CH06>实战112.max
视频位置	DVD>多媒体教学>CH06>实战112.flv
难易指数	★★☆☆☆
技术掌握	挤出工具、切角工具、网格平滑修改器

实例介绍

本例将使用网格建模技术中的“挤出”和“切角”功能制作不锈钢餐叉，效果如图6-20所示。

图6-20

本例大致的操作流程如图6-21所示。本例先要创建一个长方体，并将其转换为可编辑网格，然后通过编辑网格中的顶点和边制作叉身，最后使用圆柱体结合网格建模技术制作叉柄。

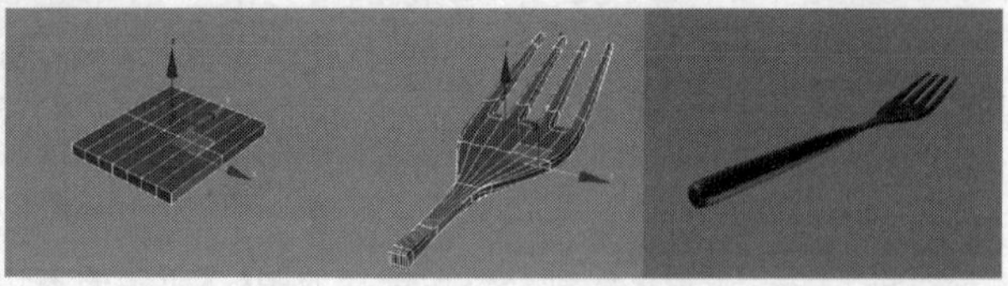

图6-21

操作步骤

01 使用“长方体”工具 长方体 在场景中创建一个长方体，然后在“参数”卷展栏下设置“长度”为100、“宽度”为80、“高度”为8、“长度分段”为2、“宽度分段”为7，具体参数设置如图6-22所示。

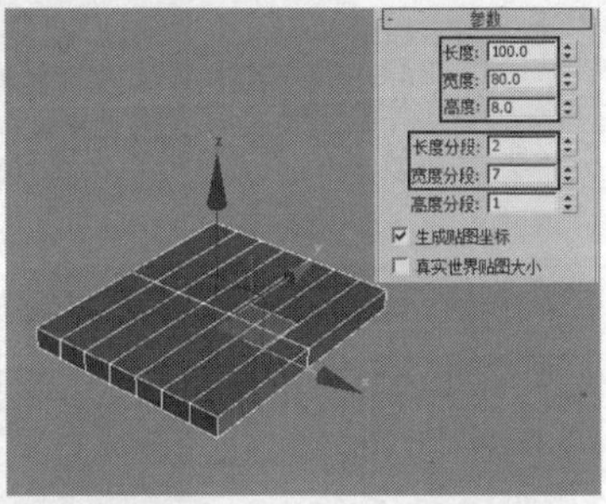

图6-22

02 将长方体转换为可编辑网格，然后进入“顶点”级别，再通过顶点的缩放将模型调整成如图6-23所示的效果。

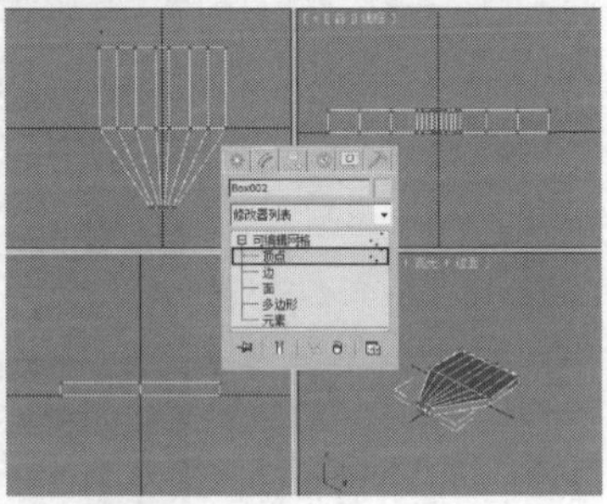

图6-23

03 进入“多边形”级别，然后选择如图6-24所示的多边形，再在“编辑几何体”卷展栏下的“挤出”按钮 挤出 后面的输入框中输入50mm，最后按Enter键确定操作，如图6-25所示。

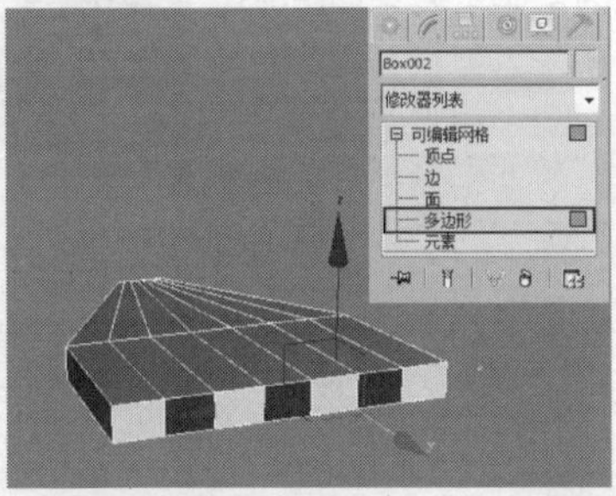

图6-24

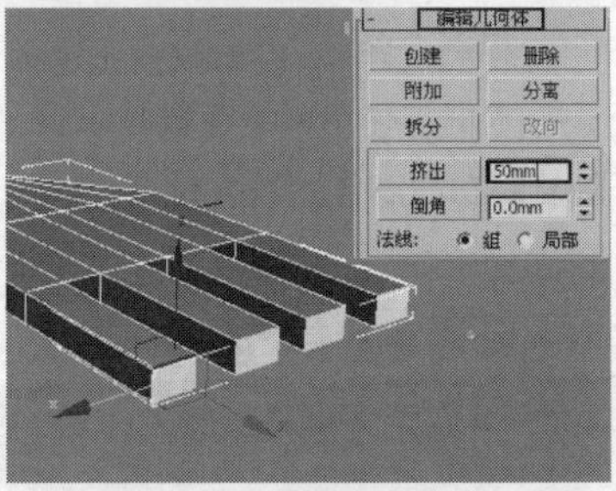

图6-25

04 进入“顶点”级别，然后选择叉子顶部的顶点，再使用“选择并均匀缩放”工具将其缩放成如图6-26所示的效果，最后使用“选择并移动”工具将其调整成如图6-27所示的效果。

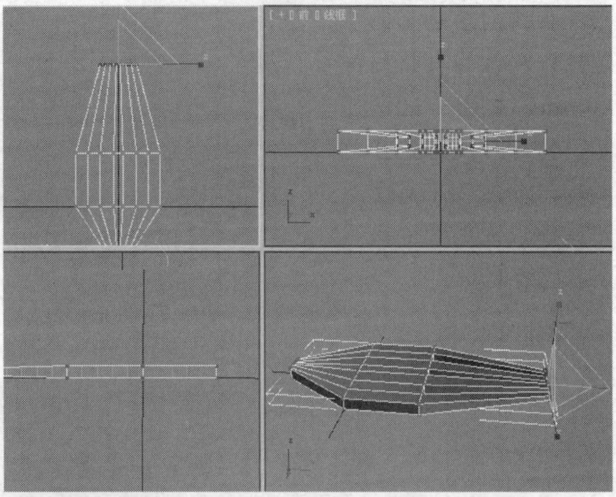

图6-26

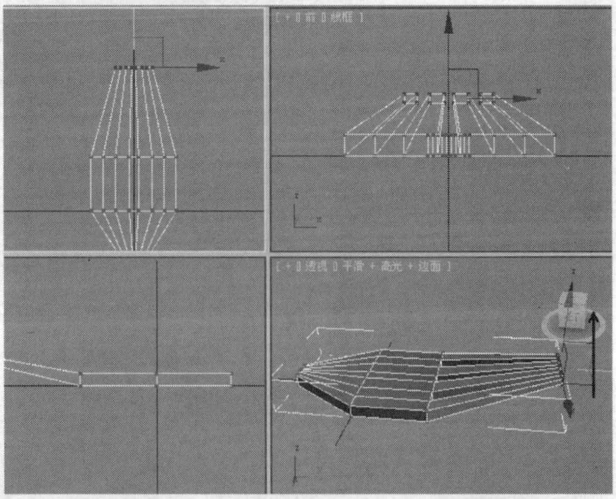

图6-27

05 进入“多边形”级别，然后选择如图6-28所示的多边形，再在“编辑几何体”卷展栏下的“挤出”按钮 挤出 后面的输入框中输入60mm，最后按Enter键确定操作，如图6-29所示。

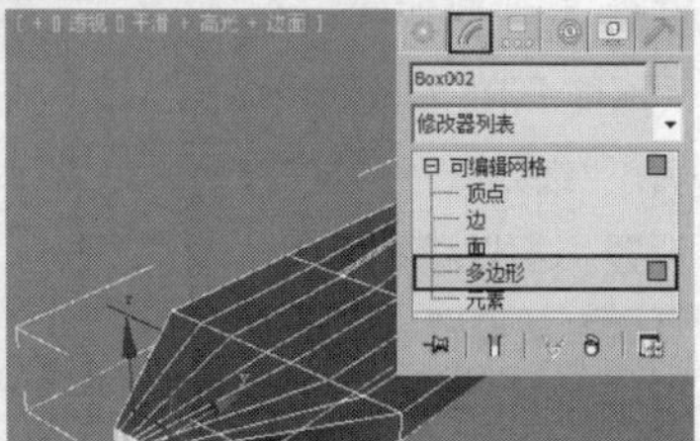

图6-28

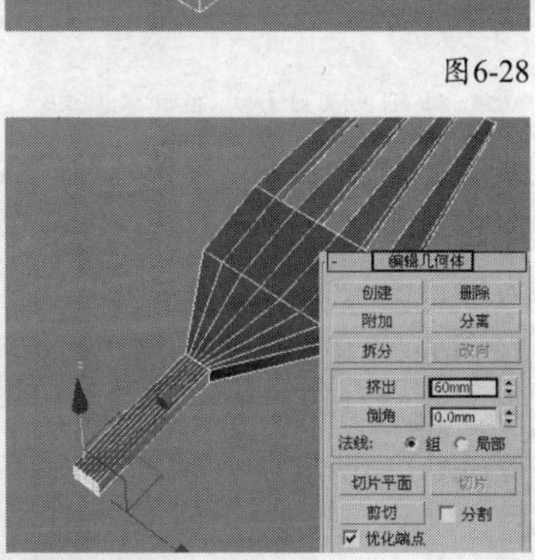

图6-29

06 保持对多边形的选择，再次将其挤出20mm，如图6-30所示，然后使用“选择并均匀缩放”工具将其缩放成如图6-31所示的效果。

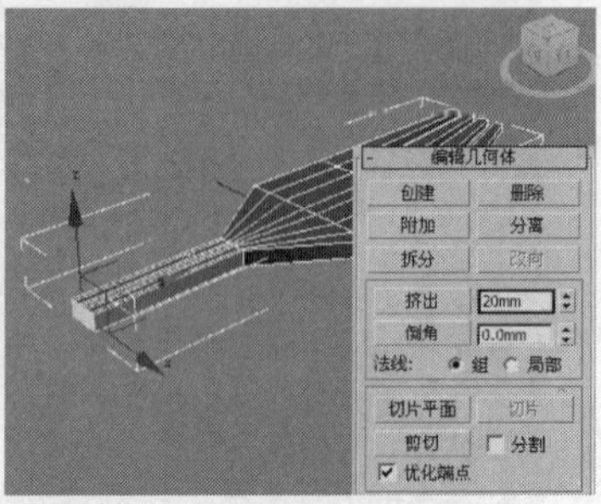

图6-30

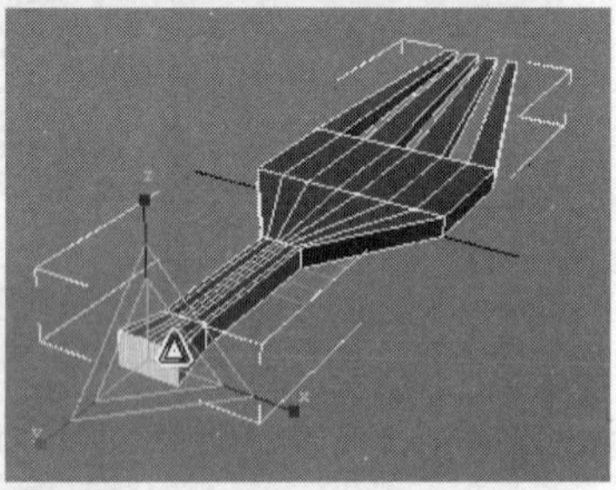

图6-31

07 进入“边”级别，然后选择所有轮廓线（图6-32所示的黑色边线），再在“编辑几何体”卷展栏下的“切角”按钮 切角 后面的输入框中输入0.5，最后按Enter键确定操作，具体参数设置如图6-32所示。

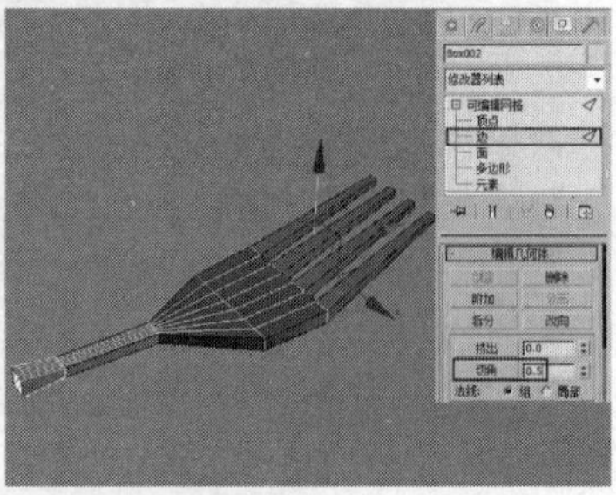

图6-32

08 为模型加载一个“网格平滑”修改器，然后在“细分量”卷展栏下设置“迭代次数”为2，具体参数设置与模型效果如图6-33所示。

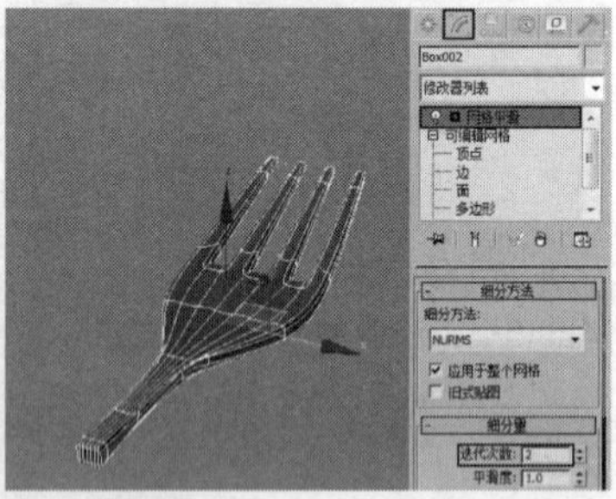

图6-33

09 使用“圆柱体”工具 圆柱体 在场景中创建一个圆柱体，然后在“参数”卷展栏下设置“半径”为10mm、“高度”为320mm、“高度分段”为1，最后调整模型位置如图6-34所示。

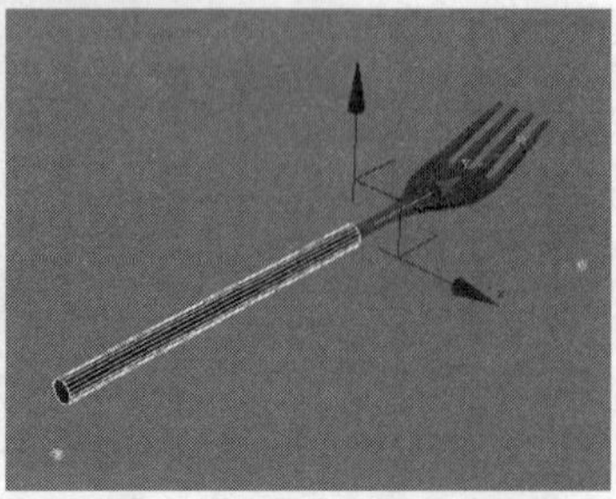

图6-34

10 将圆柱体转换为可编辑网格，然后进入“顶点”级别，再选择顶部的顶点，最后使用“选择并均匀缩放”工具将其缩放成如图6-35所示的效果。

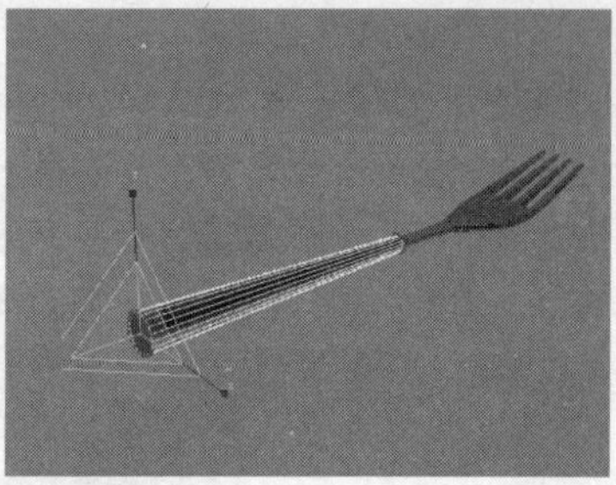

图6-35

11 进入“边”级别，然后选择两端的圆形边线，再在“编辑几何体”卷展栏下的“切角”按钮 切角 后面的输入框中输入2.5，最后按Enter键确认操作，如图6-36所示。

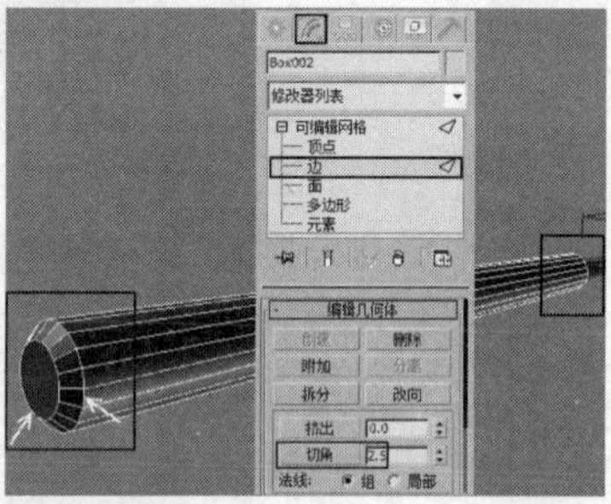

图6-36

12 为模型加载一个“网格平滑”修改器，然后在“细分量”卷展栏下设置“迭代次数”为2，最终效果如图6-37所示。

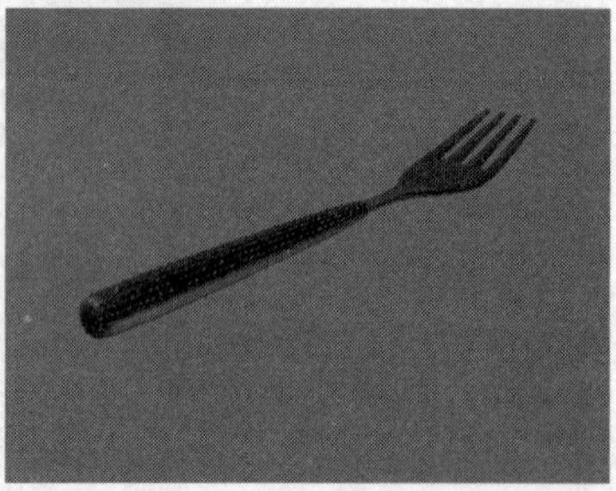

图6-37

实战113 大檐帽

场景位置	DVD>场景文件>CH06>实战113.max
实例位置	DVD>实例文件>CH06>实战113.max
视频位置	DVD>多媒体教学>CH06>实战113.flv
难易指数	★★☆☆☆
技术掌握	网格建模、网格平滑修改器、间隔工具

实例介绍

本例将使用网格建模技术、“网格平滑”修改器和间隔复制功能制作一顶大檐帽，效果如图6-38所示。

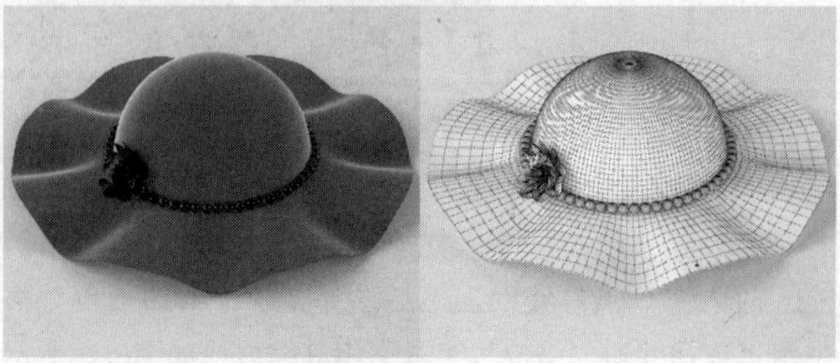

图6-38

本例大致的操作流程如图6-39所示。本例先要创建一个球体作为基础物体，然后用网格建模技术制作帽子的雉形，再对帽檐上的边进行调整，以制作出褶皱感，最后用间隔复制功能制作帽子上的装饰物。

图6-39

操作步骤

01 使用“球体”工具 球体 在场景中创建一个球体，然后在“参数”卷展栏下设置“半径”为400mm、“分段”为32，具体参数设置及球体效果如图6-40所示。

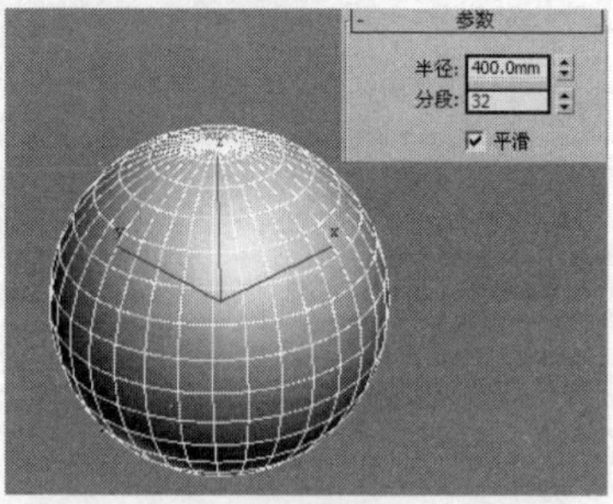

图6-40

02 将球体转换为可编辑网格，进入“顶点”级别，然后在前视图中框选如图6-41所示的下部顶点，再按Delete键将其删除，效果如图6-42所示。

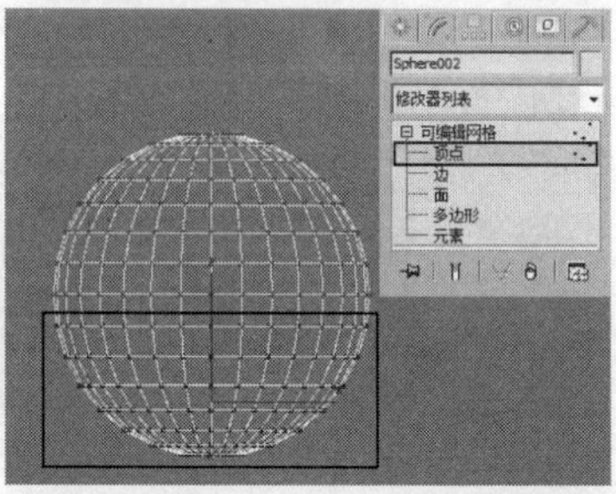

图6-41

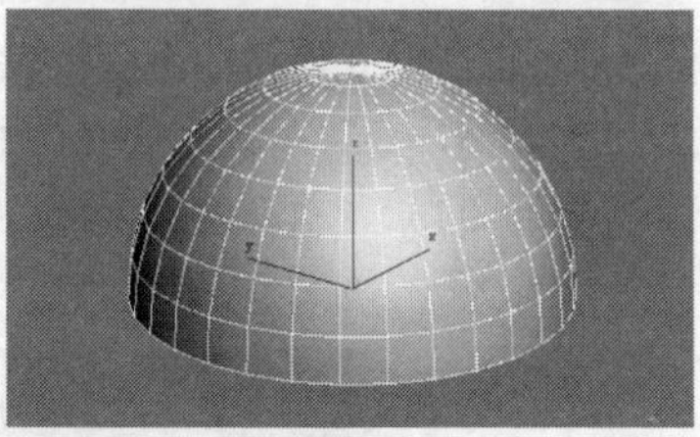

图6-42

03 进入“边”级别，然后在前视图中框选如图6-43所示的边，再在顶视图中按住Shift键使用“选择并均匀缩放”工具等比例将边拖曳复制3次，如图6-44所示，复制完成后的效果如图6-45所示。

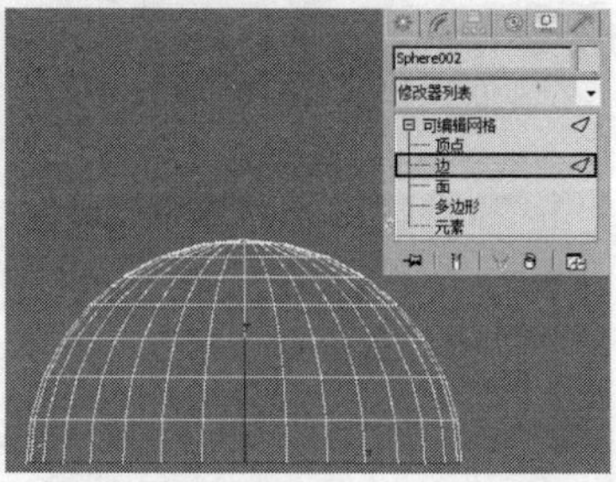

图6-43

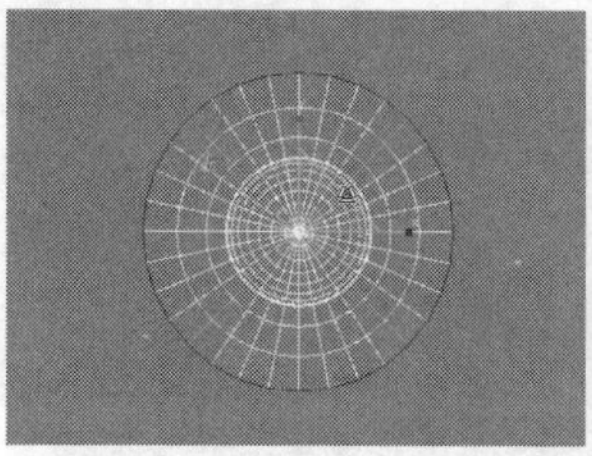

图6-44

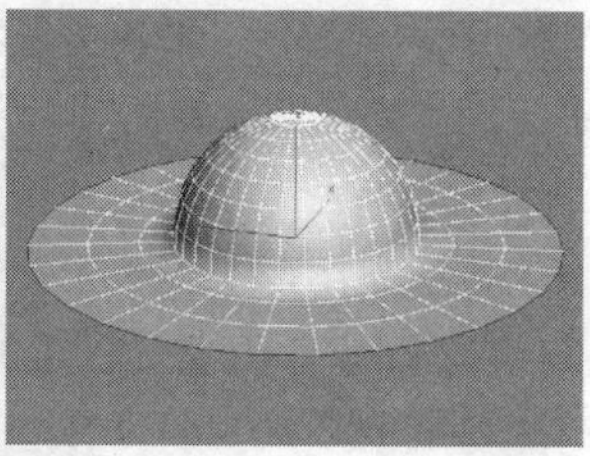

图6-45

04 在顶视图中选择如图6-46所示的边，然后使用“选择并移动”工具在前视图中将所选边如图6-47所示向下拖曳一段距离，最终形成如图6-48所示的褶皱效果。

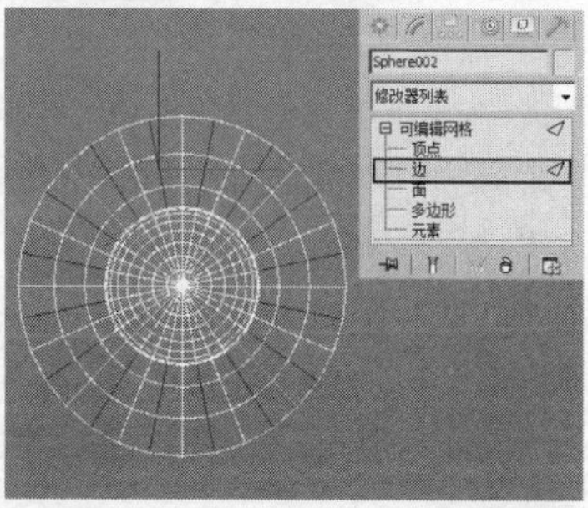

图6-46

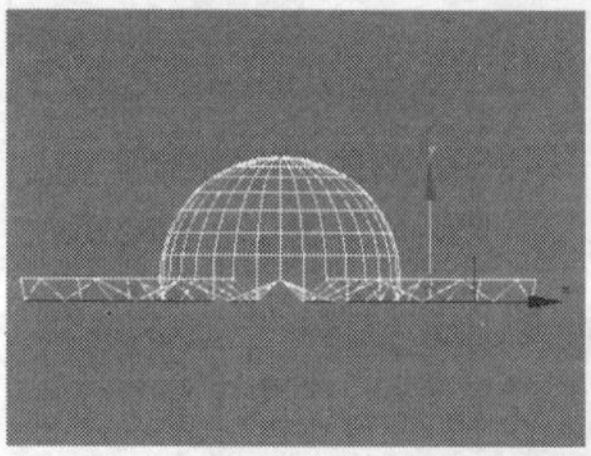

图6-47

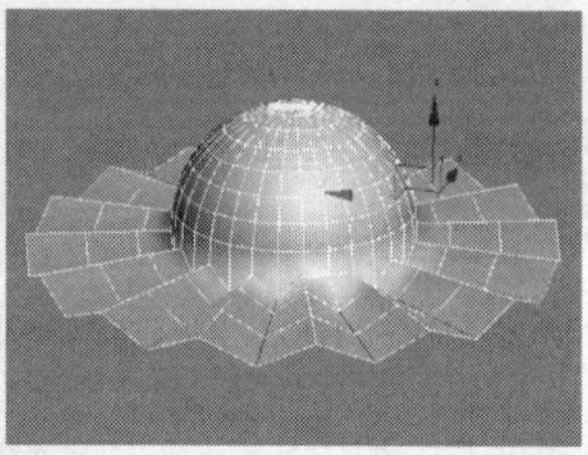

图6-48

05 为模型加载一个“网格平滑”修改器，然后在“细分量”卷展栏下设置“迭代次数”为2，具体参数设置及模型效果如图6-49所示。

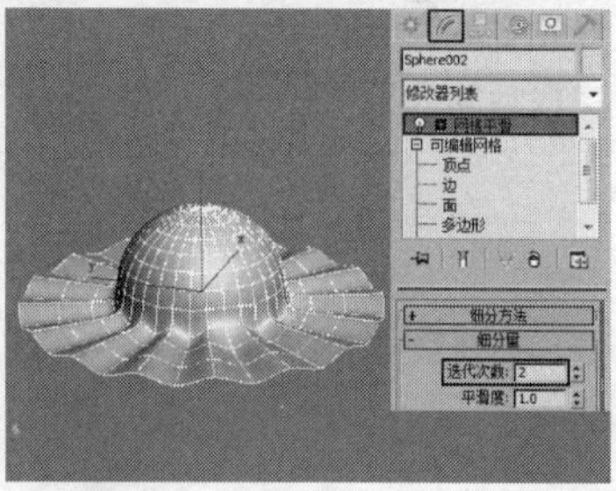

图6-49

06 使用“圆”工具 圆 在顶视图中绘制一个圆形，然后在“参数”卷展栏下设置“半径”为407，具体参数设置及圆形位置如图6-50所示。

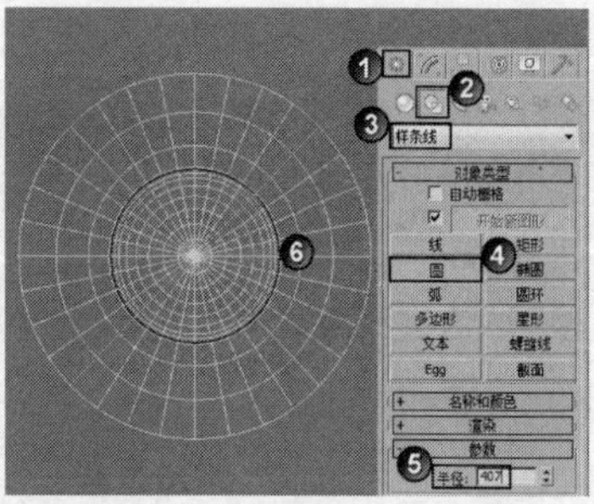

图6-50

07 使用“球体”工具 球体 在场景中创建一个球体，然后在“参数”卷展栏下设置“半径”为21、“分段”为16，具体参数设置及球体位置如图6-51所示。

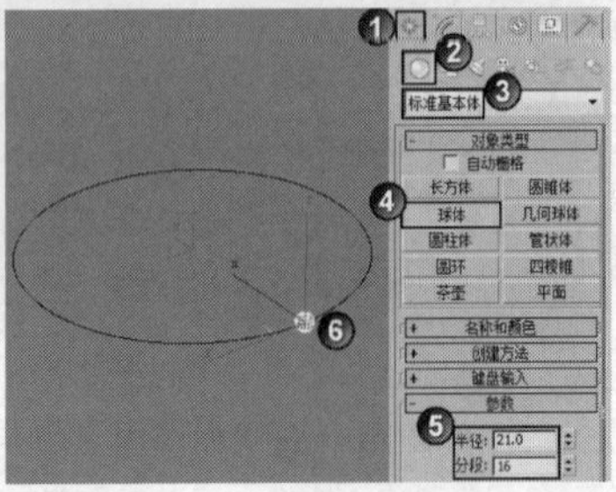

图6-51

08 在“主工具栏”的空白区域单击鼠标右键，然后在弹出的菜单中选择“附加”命令，调出“附加”工具栏，如图6-52所示。

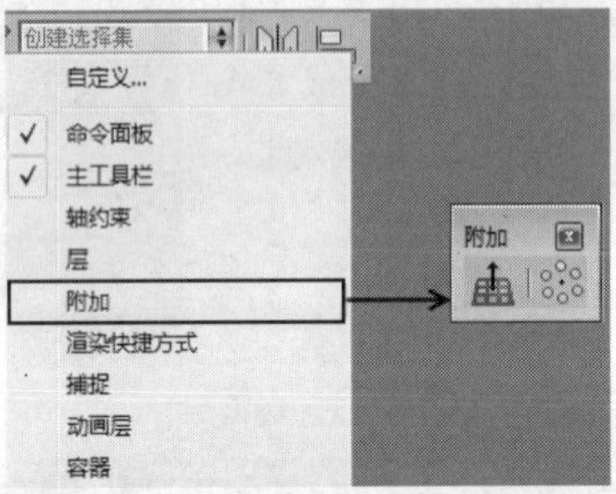

图6-52

09 选择球体，在“附加”工具栏中单击“间隔工具”按钮，打开“间隔工具”对话框，然后单击“拾取路径”按钮 拾取路径 ，在场景中拾取圆形，最后在“参数”选项组下设置“计数”为50，具体操作流程如图6-53所示，完成后的效果如图6-54所示。

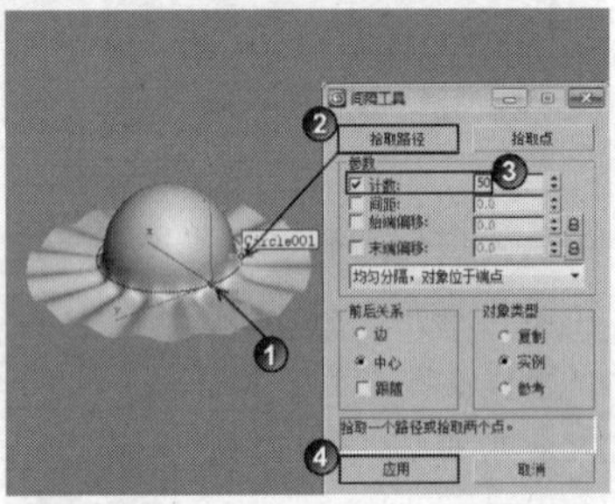

图6-53

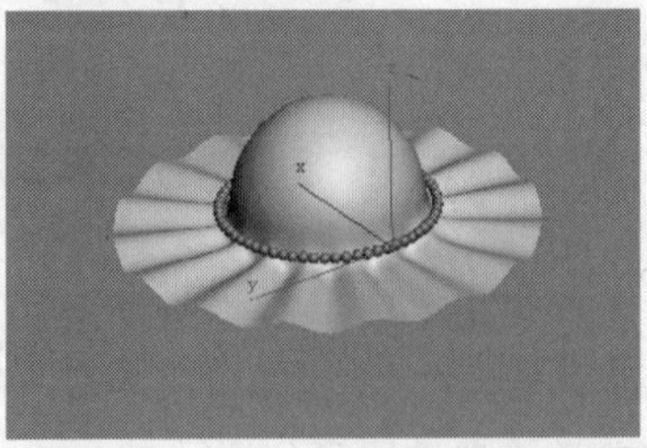

图6-54

10 将光盘中的“场景文件>CH06>实战113.max”文件（花饰模型）合并到场景中，然后调整好花饰的位置与大小，最终效果如图6-55所示。

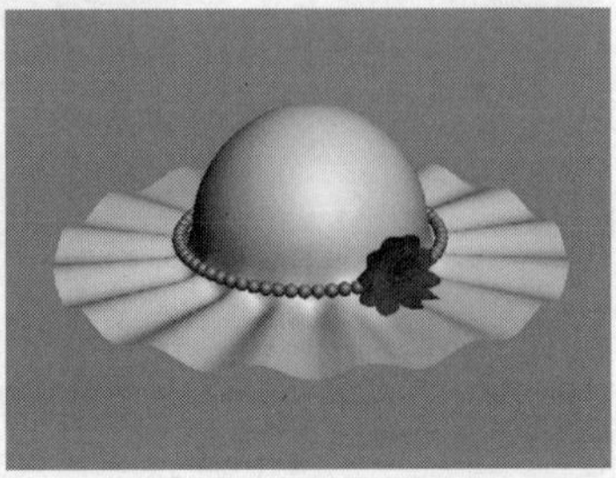

图6-55

实战114 欧式床头柜

场景位置	无
实例位置	DVD>实例文件>CH06>实战114.max
视频位置	DVD>多媒体教学>CH06>实战114.flv
难易指数	★★★☆☆
技术掌握	挤出工具、切角工具、倒角工具、网格平滑修改器、车削修改器

实例介绍

本例将使用网格建模技术中的挤出、切角、倒角功能以及“网格平滑”和“车削”修改器制作一个欧式床头柜，效果如图6-56所示。

图6-56

本例大致的操作流程如图6-57所示。本例先要用网格建模技术制作柜子的大致轮廓，然后使用“网格平滑”修改器制作圆滑细节，再使用长方体制作柜底与隔板，最后使用“车削”修改器制作拉手。

图6-57

操作步骤

01 使用“长方体”工具 长方体 在场景中创建一个长方体，然后在“参数”卷展栏下设置“长度”为230、“宽度”为130、“高度”为5、“长度分段”为1、“宽度分段”为6、“高度分段”为1，如图6-58所示。

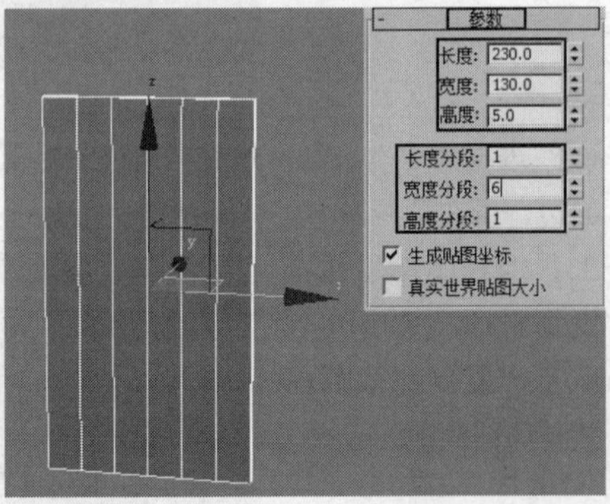

图6-58

02 将长方体转换为可编辑网格，然后进入“顶点”级别，将模型顶部的顶点调整成如图6-59所示的效果。

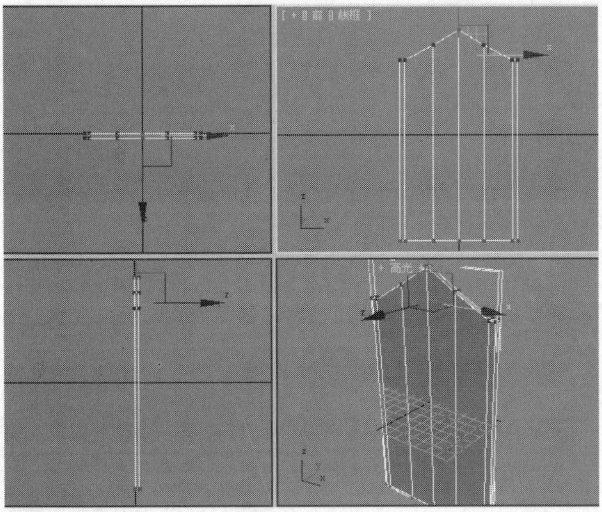

图6-59

03 进入“多边形”级别，然后选择如图6-60所示的多边形，再在“编辑几何体”卷展栏下的“挤出”按钮 挤出 后面的输入框中输入30mm，最后按Enter键确定操作，具体参数设置及模型效果如图6-61所示。

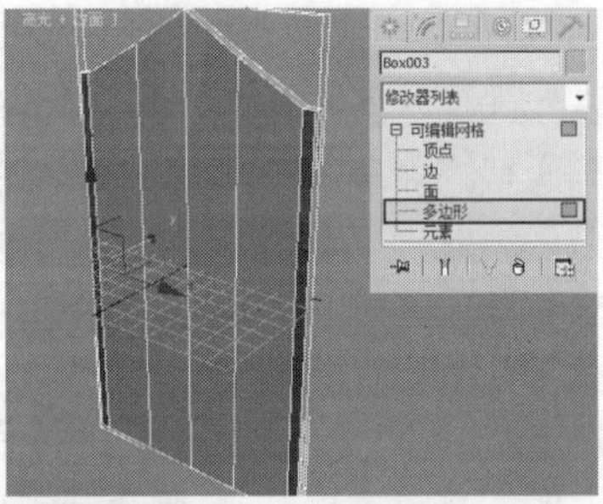

图6-60

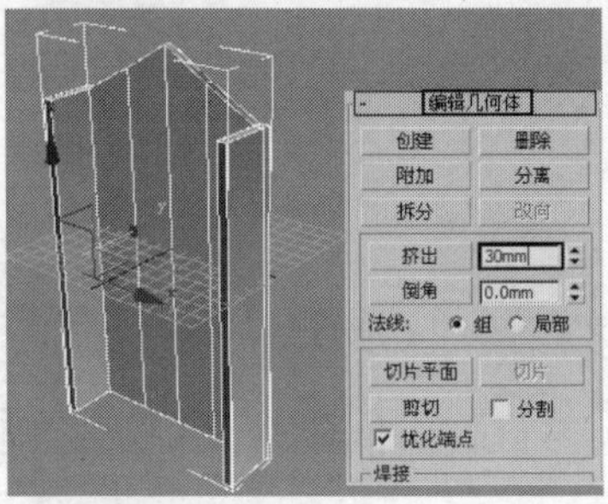

图6-61

04 采用相同的方法继续将选择的多边形挤出3次，完成后的效果如图6-62所示。

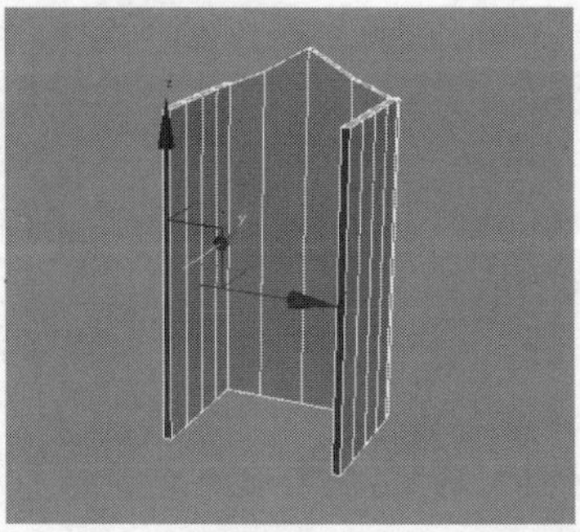

图6-62

05 进入“边”级别，然后选择如图6-63所示的顶点，再在“编辑几何体”卷展栏下的“切角”按钮 切角 后面的输入框中输入0.2，最后按Enter键确定操作。

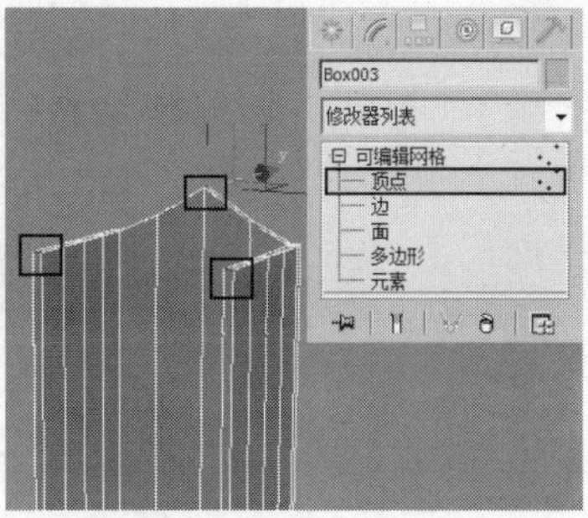

图6-63

06 选择如图6-64所示的边，然后在“编辑几何体”卷展栏下的“切角”按钮 切角 后面的输入框中输入1，最后按Enter键确定操作，具体参数设置及模型效果如图6-65所示。

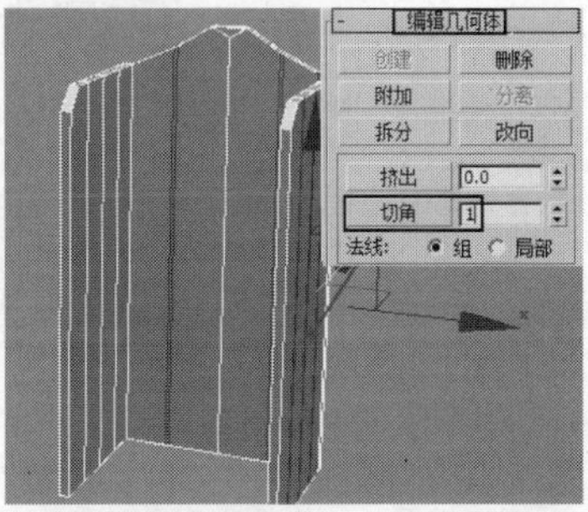

图6-64

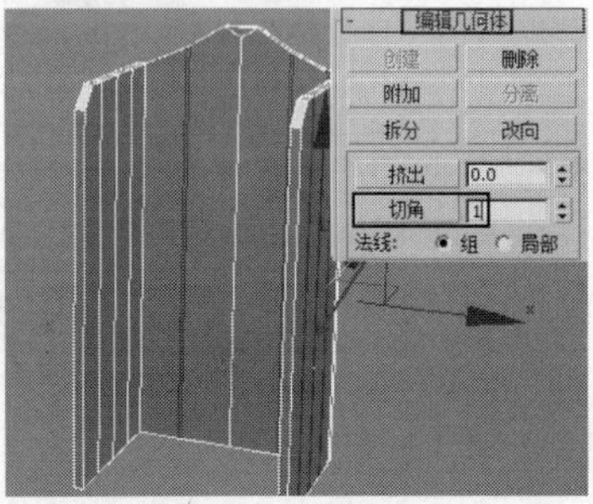

图6-65

07 进入“多边形”级别，然后选择如图6-66所示的多边形，再在“编辑几何体”卷展栏下的“挤出”按钮 挤出 后面的输入框中输入1，最后按Enter键确定操作。

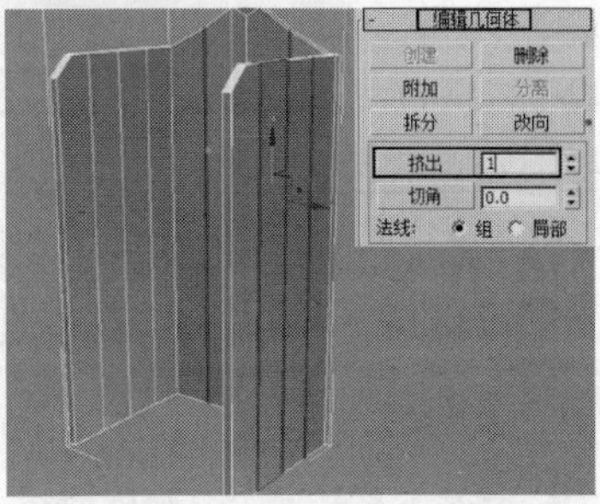

图6-66

08 进入“边”级别，然后选择如图6-67所示的边，再在“编辑几何体”卷展栏下的“切角”按钮 切角 后面的输入框中输入-3，最后按Enter键确定操作，具体参数设置及模型效果如图6-68所示。

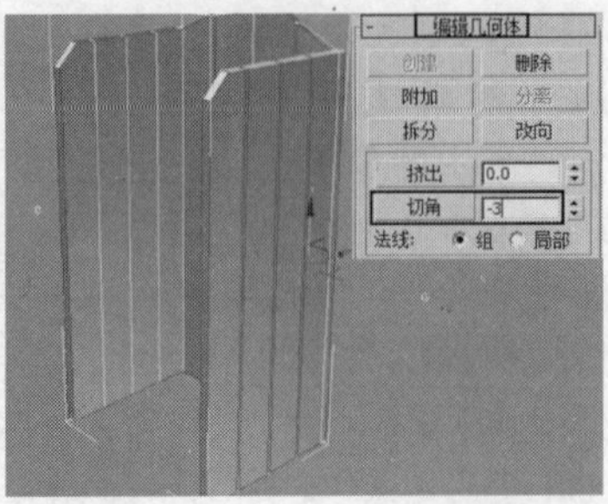

图6-67

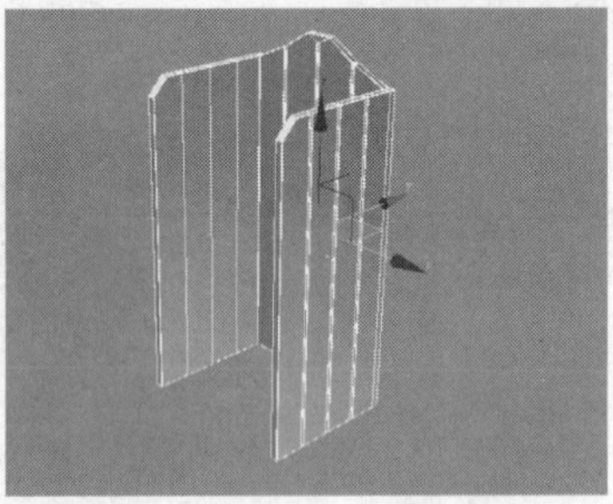

图6-68

09 为模型加载一个“网格平滑”修改器，然后在“细分量”卷展栏下设置“迭代次数”为3，具体参数设置及模型效果如图6-69所示。

图6-69

10 使用“长方体”工具 长方体 在场景中创建一个长方体，然后在“参数”卷展栏下设置“长度”为110、“宽度”为140、“高度”为15、“长度分段”为3、“宽度分段”为3、“高度分段”为1，具体参数设置及模型位置如图6-70所示。

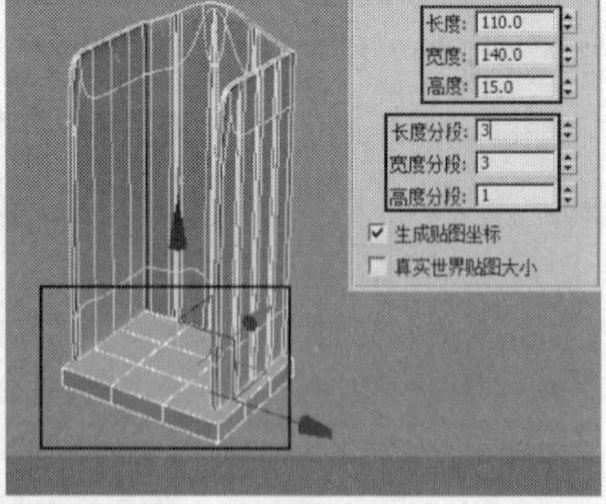

图6-70

11 将长方体转换为可编辑网格，然后进入“顶点”级别，调整好各个顶点的位置，完成后的效果如图6-71所示。

12 进入“多边形”级别，然后选择如图6-72所示的多边形，再在“编辑几何体”卷展栏下的“挤出”按钮 挤出 后面的输入框中输入1，最后按Enter键确定操作。

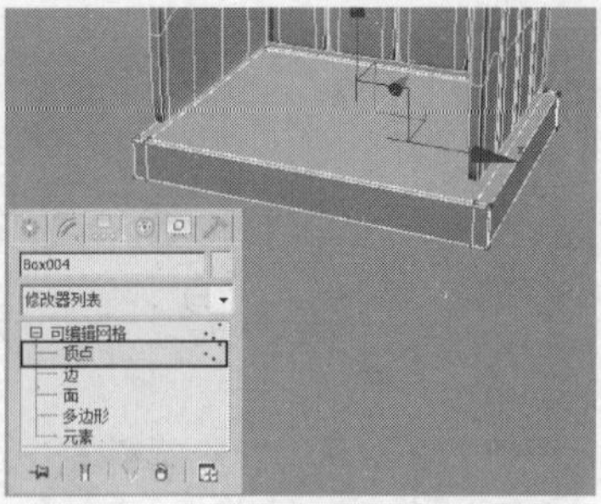

图6-71

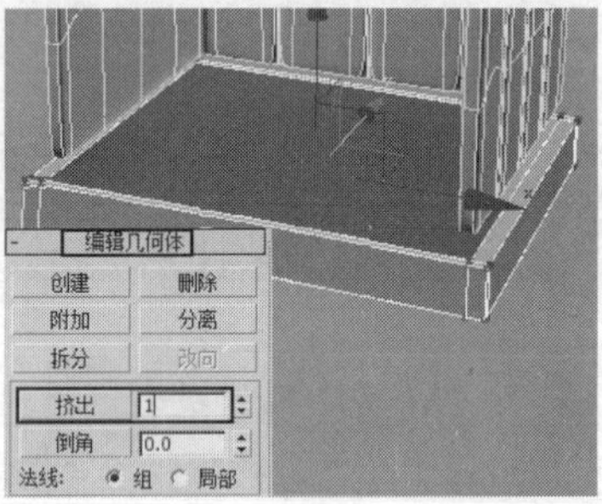

图6-72

13 保持对多边形的选择，然后在“编辑几何体”卷展栏下的“倒角”按钮 倒角 后面的输入框中输入3，如图6-73所示，整体效果如图6-74所示。

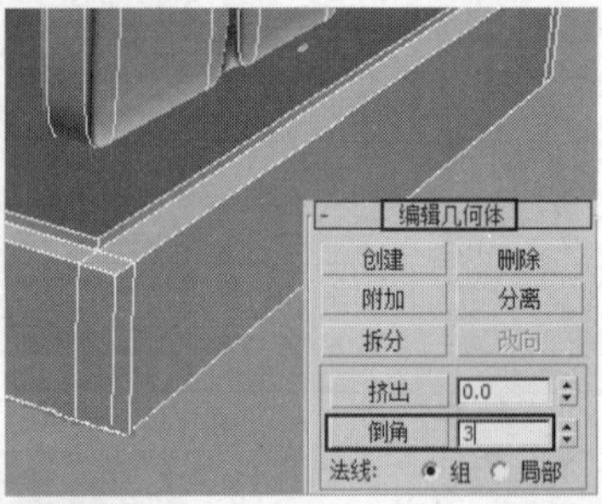

图6-73

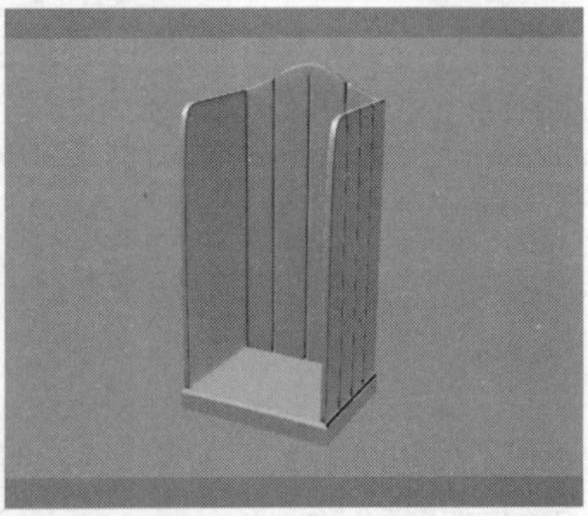

图6-74

14 使用“长方体”工具 长方体 在场景中创建一个长方体，然后在“参数”卷展栏下设置“长度”为95、“宽度”为120、“高度”为6，具体参数设置及模型位置如图6-75所示。

15 使用“选择并移动”工具选择长方体，然后按住Shift键向上移动复制3个长方体，再调整好复制长方体的位置，如图6-76所示。

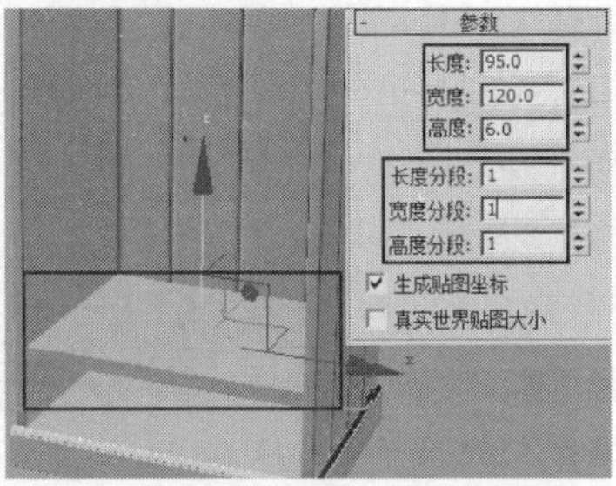

图6-75

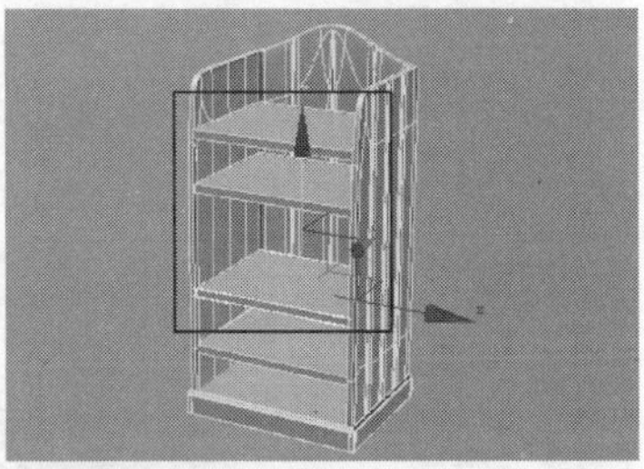

图6-76

16 继续使用“长方体”工具 长方体 创建如图6-77所示的挡板模型。

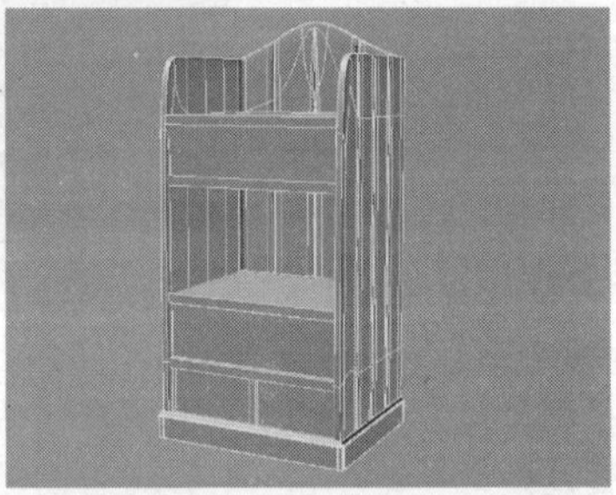

图6-77

17 使用“线”工具 线 在顶视图中绘制如图6-78所示的样条线作为拉手的车削截面。

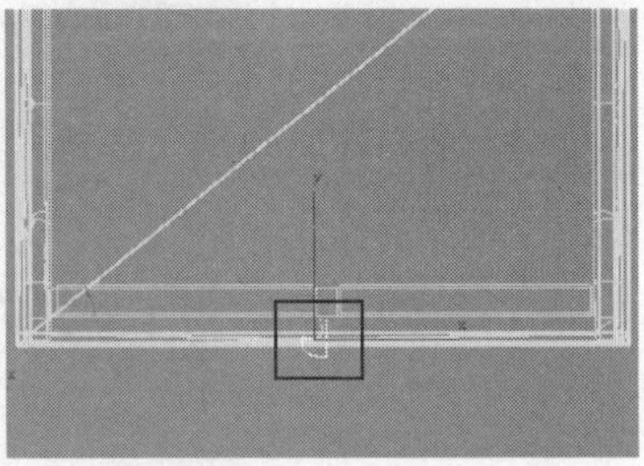

图6-78

18 为样条线加载一个“车削”修改器，然后在“参数”卷展栏下设置“方向”为 Y 、“对齐”为 最大 ，效果如图6-79所示。

19 使用“选择并移动”工具选择上一步创建的模型，然后按住Shift键移动复制3个模型到其他3个抽屉上，最终效果如图6-80所示。

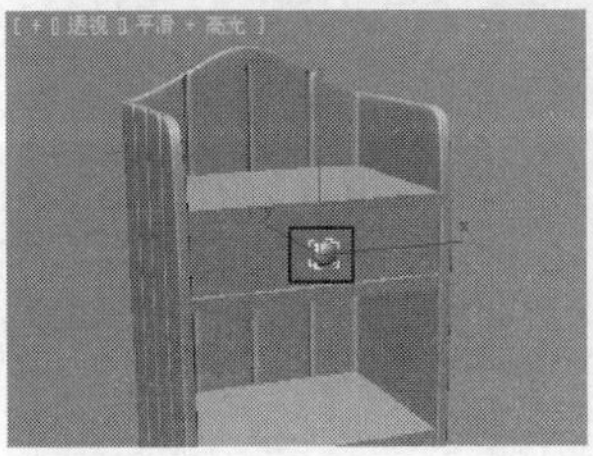

图6-79

图6-80

实战115 现代沙发

场景位置	无
实例位置	DVD>实例文件>CH06>实战115.max
视频位置	DVD>多媒体教学>CH06>实战115.flv
难易指数	★★★☆☆
技术掌握	切角工具、由边创建图形工具、网格平滑修改器

实例介绍

本例将使用网格建模技术中的切角功能和由边创建图形功能制作一组现代沙发模型，效果如图6-81所示。

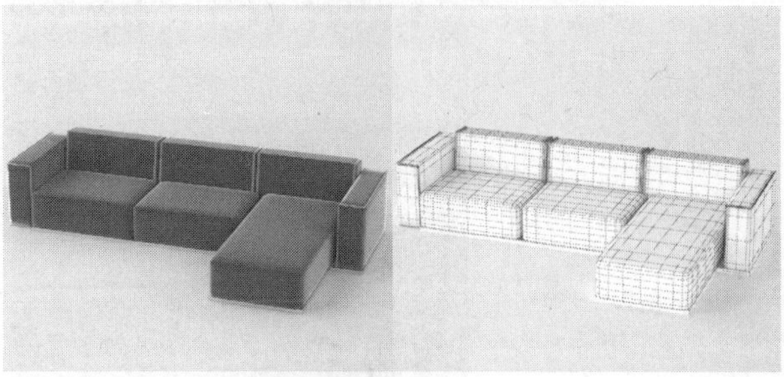

图6-81

本例大致的操作流程如图6-82所示。

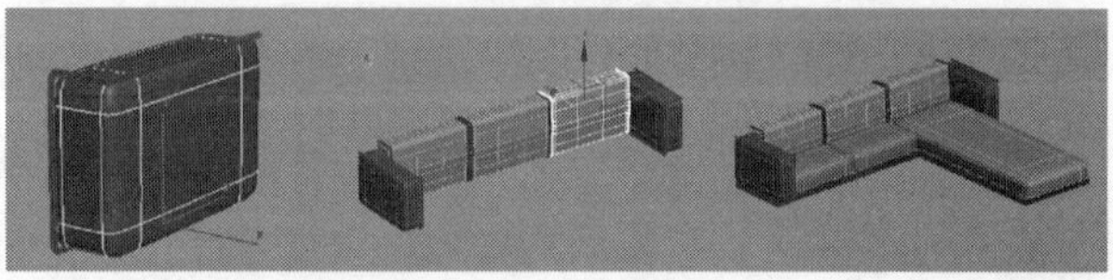

图6-82

操作步骤

01 下面制作扶手模型。使用“长方体”工具 长方体 在场景中创建一个长方体，然后在“参数”卷展栏下设置“长度”为700mm、“宽度”为200mm、“高度”为450mm，具体参数设置及模型效果如图6-83所示。

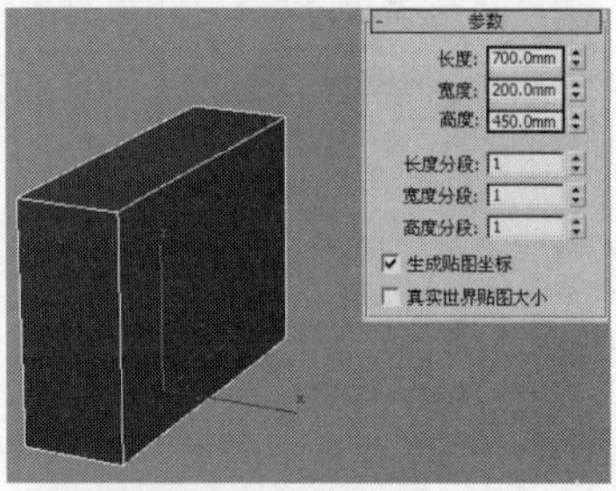

图6-83

02 将长方体转换为可编辑网格，进入“边”级别，然后选择所有的边，再在“编辑几何体”卷展栏下的“切角”按钮后面的输入框中输入15，如图6-84所示。

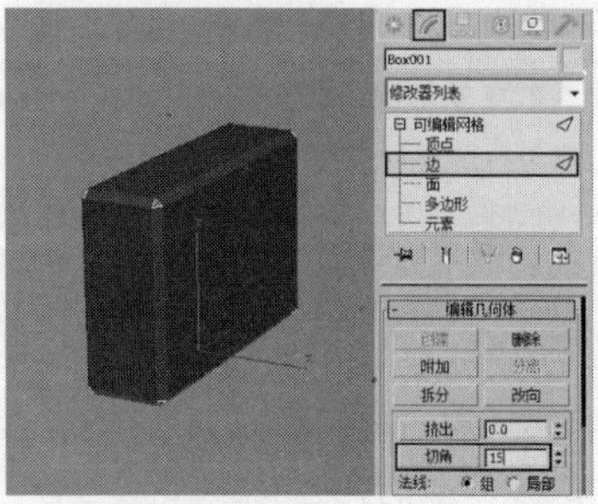

图6-84

03 选择如图6-85所示的边，然后在“选择”卷展栏下单击“由边创建图形”按钮 由边创建图形，再在弹出的“创建图形”对话框中设置“图形类型”为“线性”，如图6-86所示。

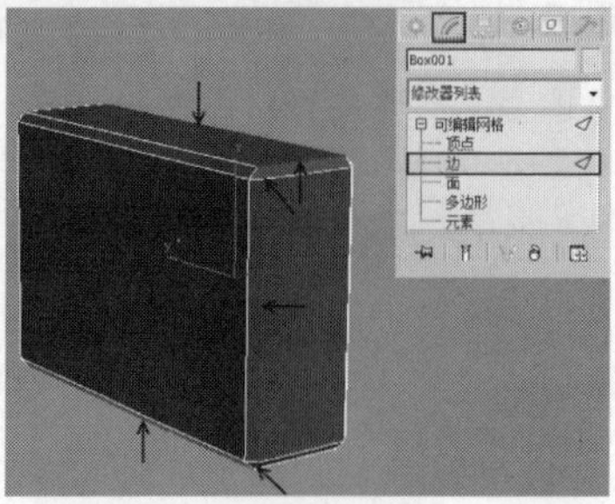

图6-85

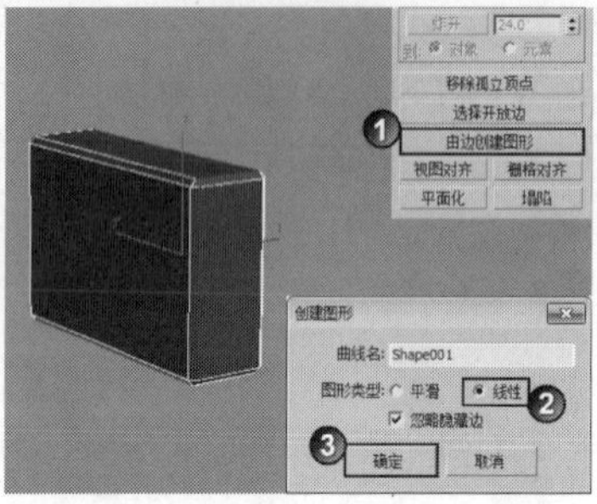

图6-86

技术专题 13 由边创建图形

网格建模中的“由边创建图形”工具 由边创建图形 与多边形建模中的“利用所选内容创建图形”工具 利用所选内容创建图形 类似，都是利用所选边来创建图形。下面以图6-87所示的网格球体来详细介绍一下该工具的使用方法（在球体的周围创建一个圆环图形）。

第1步：进入“边”级别，然后在前视图中框选中间的边，如图6-88所示。

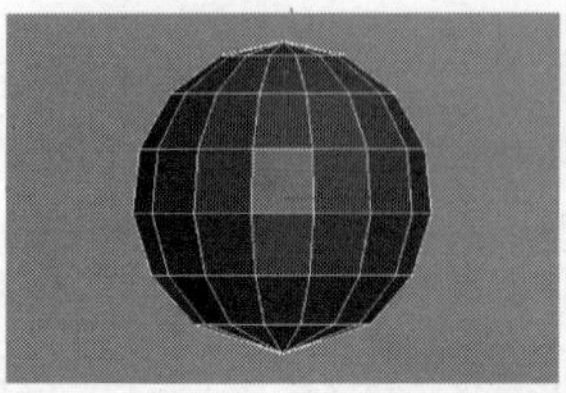

图6-87

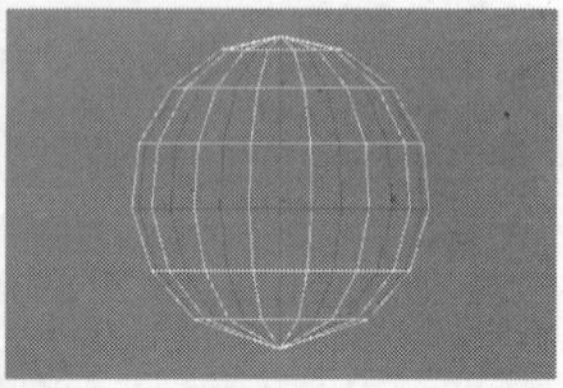

图6-88

第2步：在“编辑几何体”卷展栏下单击“由边创建图形”按钮 由边创建图形，打开“创建图形”对话框，如图6-89所示。

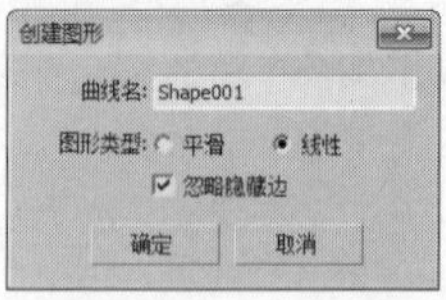

图6-89

第3步：选择一种图形类型。如果选择“平滑”类型，则图形非常平滑，如图6-90所示；如果选择“线性”类型，则图形具有明显的转折，如图6-91所示。

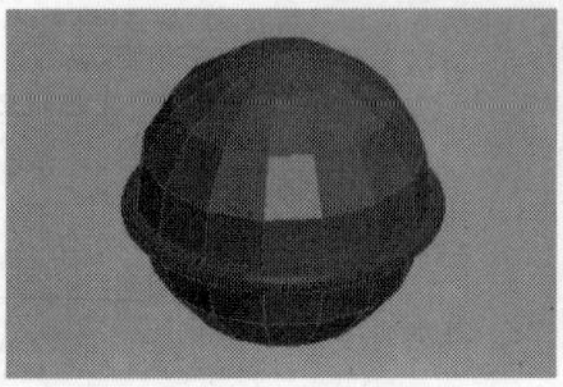

图6-90

图6-91

04 按H键打开“从场景选择”对话框，然后选择图形Shape001，如图6-92所示，再在“渲染”卷展栏下勾选“在渲染中启用”和“在视口中启用”选项，最后设置“径向”的“厚度”为15mm、“边”为10，具体参数设置及图形效果如图6-93所示。

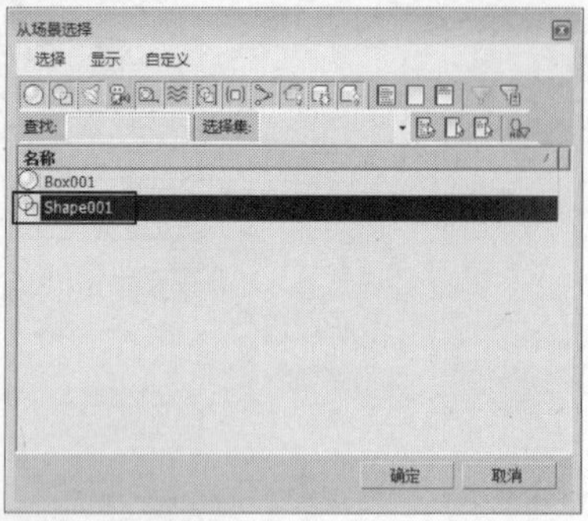

图6-92

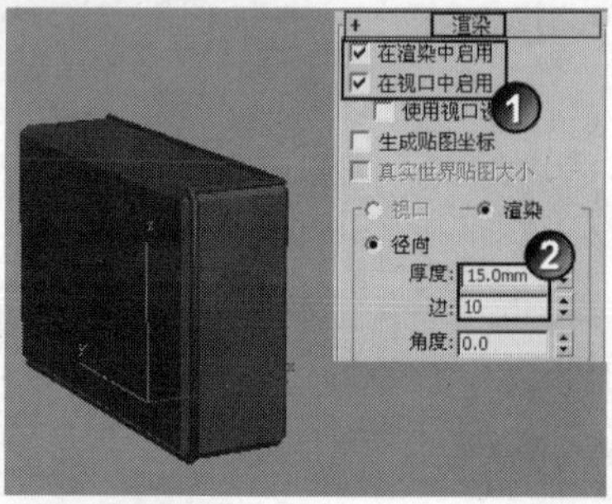

图6-93

05 为沙发模型加载一个“网格平滑”修改器，然后在“细分量”卷展栏下设置“迭代次数”为2，具体参数设置及模型效果如图6-94所示。

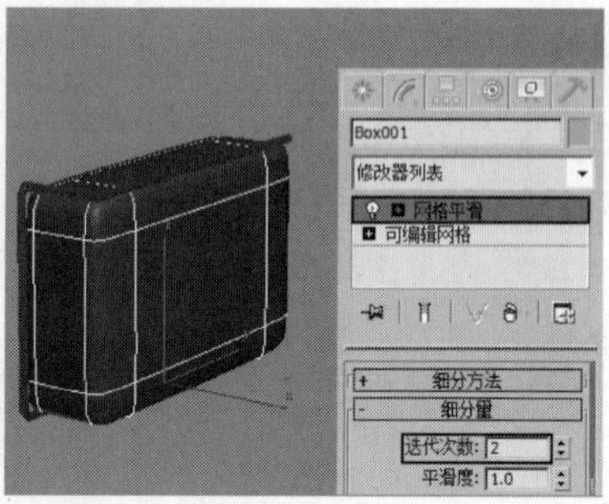

图6-94

06 选择扶手和图形，然后为其创建一个组，再在“主工具栏”中单击“镜像”按钮，最后在弹出的“镜像:屏幕坐标”对话框中设置“镜像轴”为x、“偏移”为-1000、“克隆当前选择”为“复制”，具体参数及模型效果如图6-95所示。

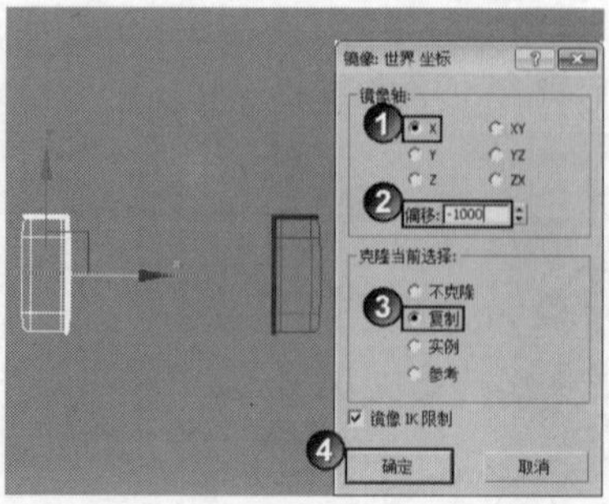

图6-95

07 下面制作靠背模型。使用“长方体”工具 长方体 在场景中创建一个长方体，然后在“参数”卷展栏下设置“长度”为200mm、“宽度”为800mm、“高度”为500mm、“长度分段”为3、“宽度分段”为3、“高度分段”为5，具体参数设置及模型效果如图6-96所示。

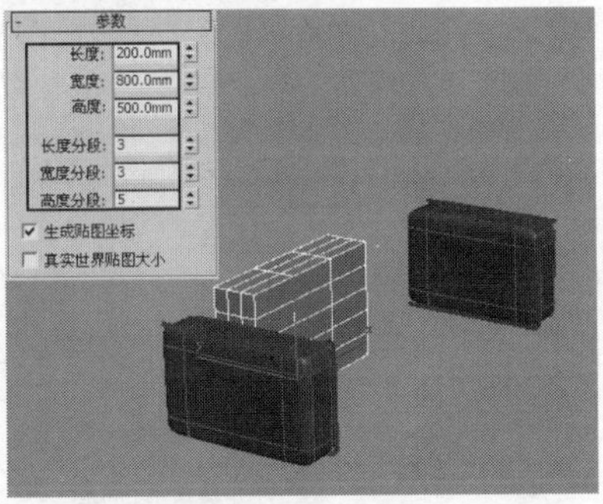

图6-96

08 将长方体转换为可编辑网格，进入“顶点”级别，然后在左视图中使用“选择并移动”工具将顶点调整成如图6-97所示的效果，调整完成后在透视图中的效果如图6-98所示。

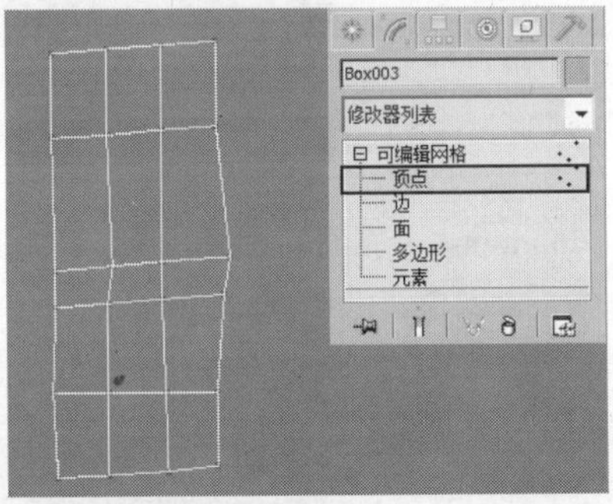

图6-97

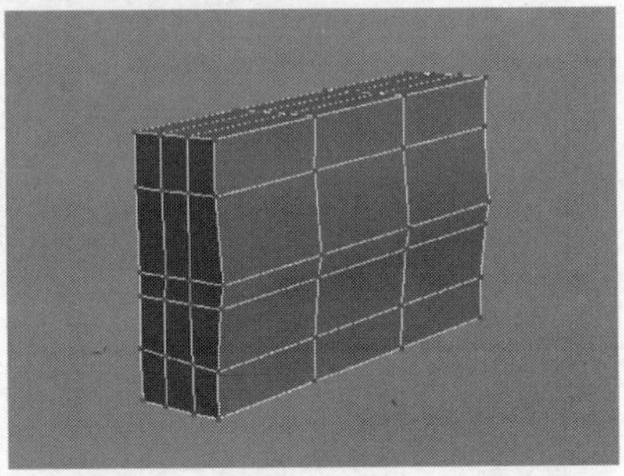
图6-98

09 进入“边”级别，然后选择所有轮廓线，再将其切角15mm，具体参数及模型效果如图6-99所示。

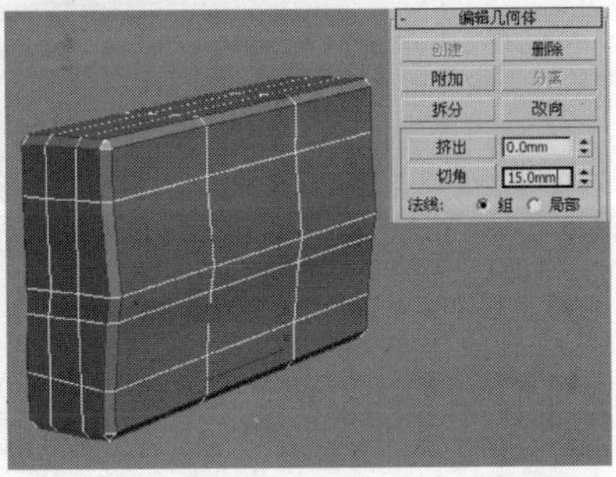

图6-99

10 选择如图6-100所示的边，然后在“选择”卷展栏下单击“由边创建图形”按钮 由边创建图形 ，再在弹出的“创建图形”对话框中设置“图形类型”为“线性”，如图6-100所示。

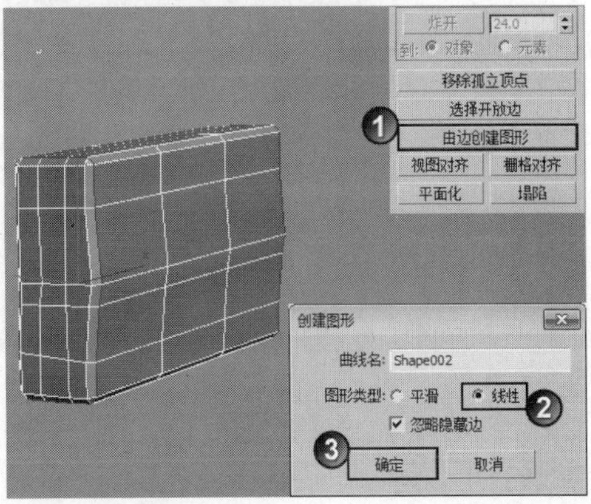

图6-100

11 选择上一步创建的图形，然后在“渲染”卷展栏下勾选“在渲染中启用”和“在视口中启用”选项，再设置“径向”的“厚度”为15mm、“边”为10，具体参数设置及图形效果如图6-101所示。

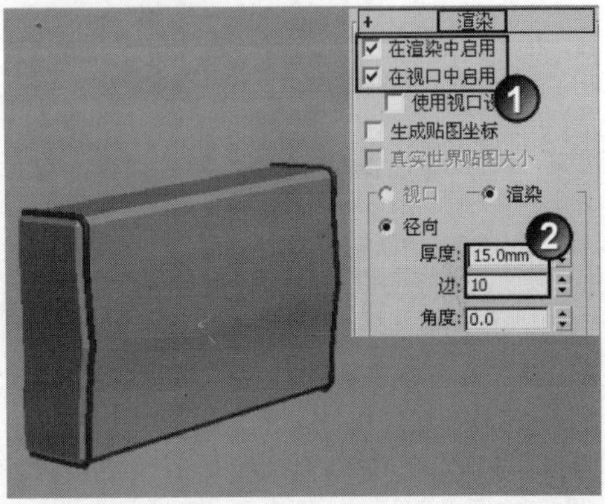

图6-101

12 为靠背模型加载一个“网格平滑”修改器，然后在“细分量”卷展栏下设置“迭代次数”为1，具体参数设置及模型效果如图6-102所示。

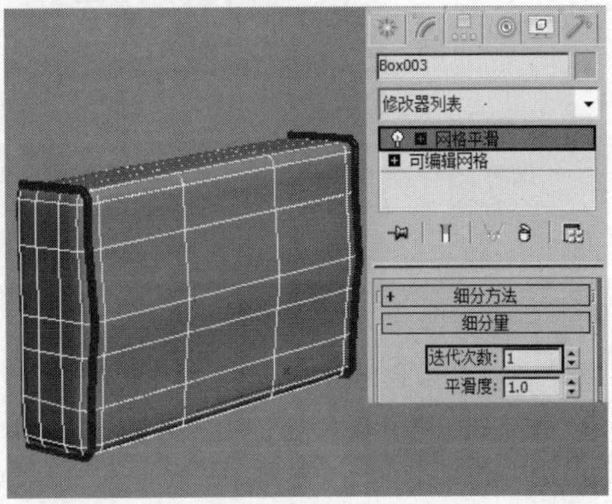

图6-102

13 为靠背模型和图形创建一个组，然后利用复制功能复制两组靠背模型，再调整好各组模型的位置，完成后的效果如图6-103所示。

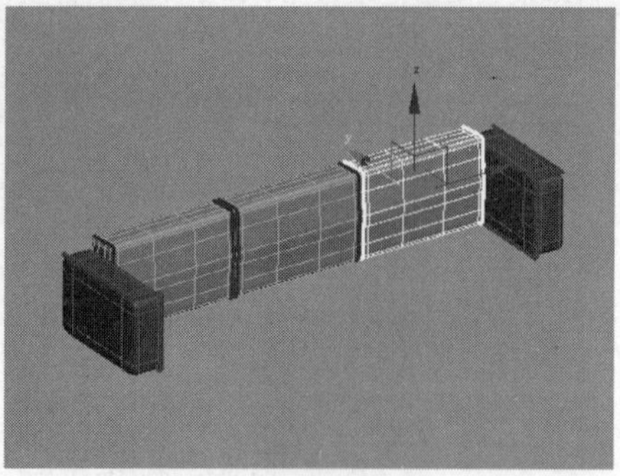

图6-103

14 下面制作座垫模型。使用“长方体”工具 长方体 在场景中创建一个长方体，然后在“参数”卷展栏下设置“长度”为450mm、“宽度”为800mm、“高度”200mm，具体参数设置及模型位置如图6-104所示。

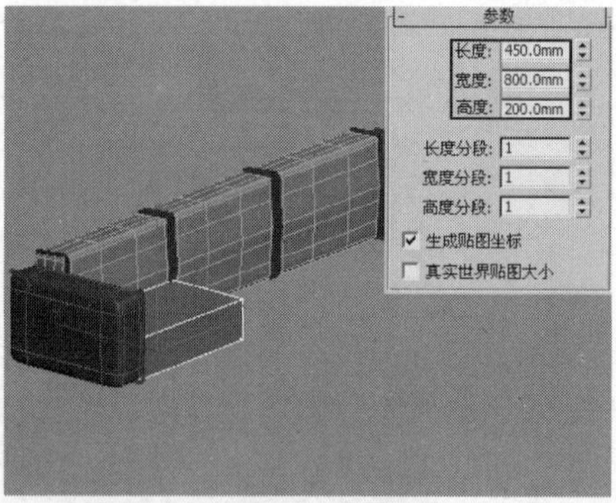

图6-104

15 将长方体转换为可编辑网格，进入“边”级别，然后选择所有的边，将其切角20，具体参数设置及模型效果如图6-105所示。

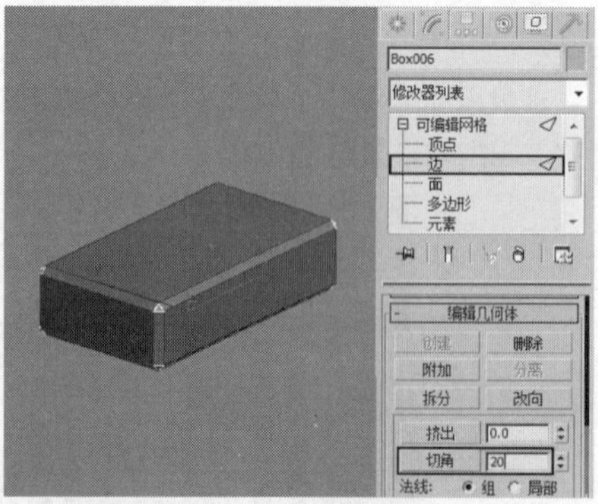

图6-105

16 为模型加载一个“网格平滑”修改器，然后在“细分量”卷展栏下设置“迭代次数”为2，具体参数设置及模型效果如图6-106所示，再移动复制一个座垫模型到如图6-107所示的位置。

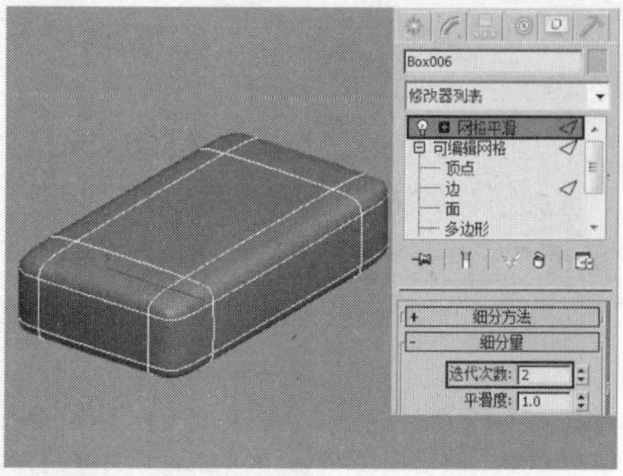

图6-106

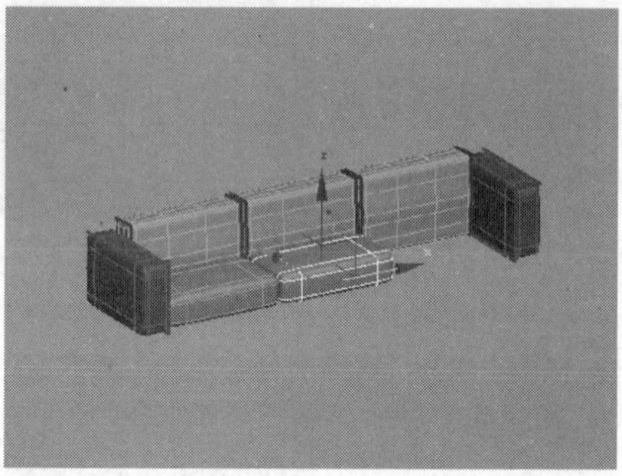

图6-107

17 继续使用“长方体”工具 长方体 在场景中创建一个长方体，然后在“参数”卷展栏下设置“长度”为2000mm、“宽度”为800mm、“高度”200mm，具体参数设置及模型位置如图6-108所示。

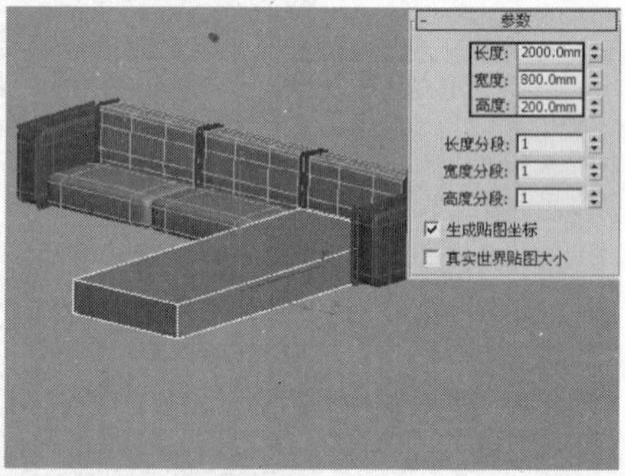

图6-108

18 采用相同的方法将上一步创建的长方体处理成如图6-109所示的效果。

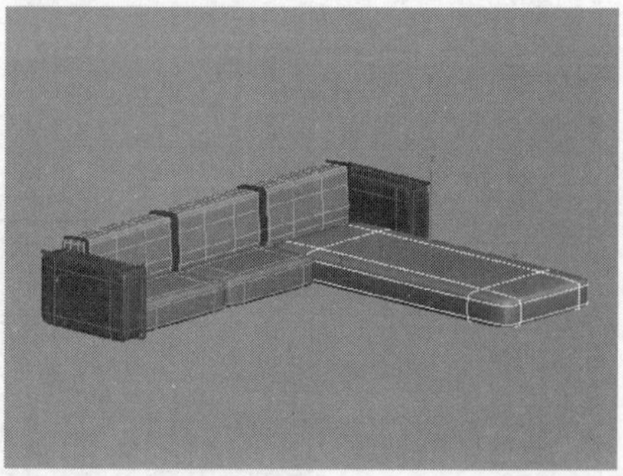

图6-109

19 使用“线”工具 线 在顶视图中绘制如图6-110所示的样条线。这里提供一张孤立选择图供用户参考，如图6-111所示。

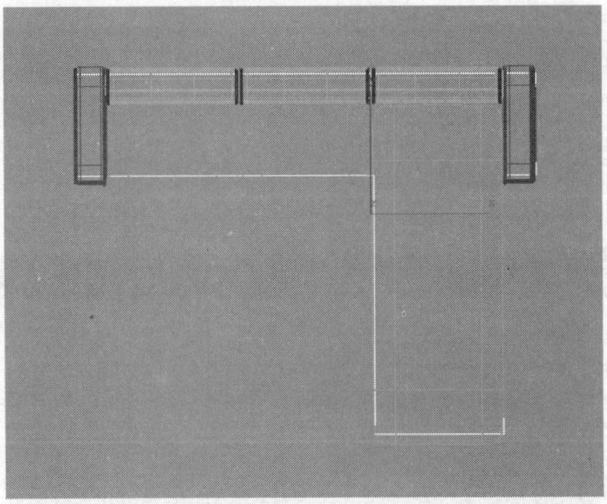

图6-110

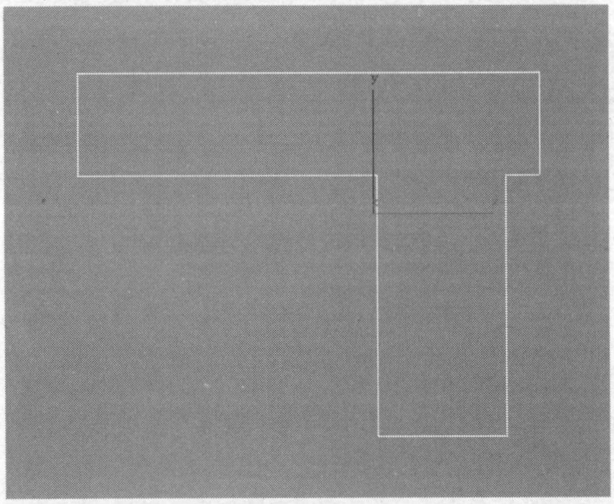

图6-111

20 选择样条线，然后在“渲染”卷展栏下勾选“在渲染中启用”和“在视口中启用”选项，再勾选“矩形”选项，最后设置“长度”为46mm、“宽度”为22mm，具体参数设置及模型效果如图6-112所示，最终效果如图6-113所示。

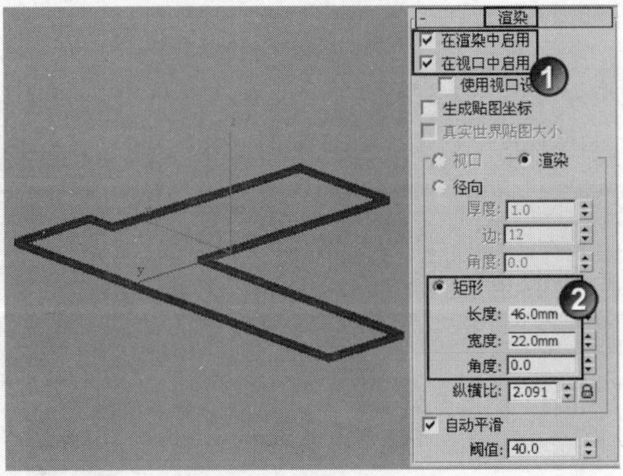

图6-112

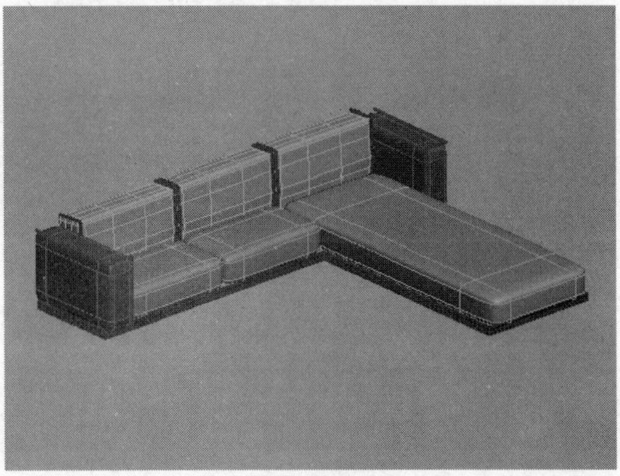

图6-113

第7章 NURBS建模

本章学习要点：

NURBS建模的思路

NURBS建模的常用工具

实战116 抱枕

场景位置 无
实例位置 DVD>实例文件>CH07>实战116.max
视频位置 DVD>多媒体教学>CH07>实战116.flv
难易指数 ★☆☆☆☆
技术掌握 CV曲面工具、对称修改器

实例介绍

本例将使用CV曲面与“对称”修改器制作一对抱枕模型，效果如图7-1所示。

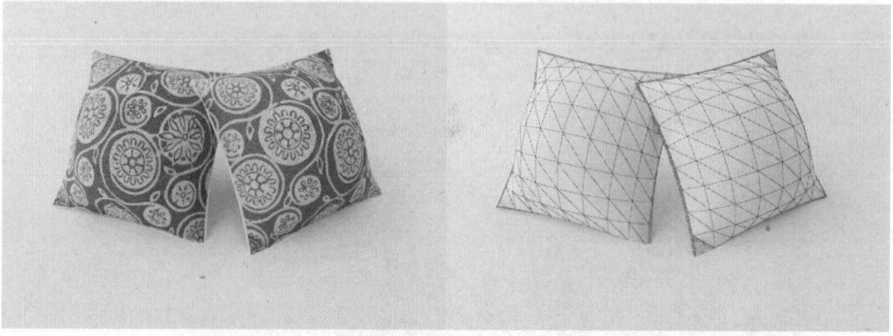

图7-1

本例大致的操作流程如图7-2所示。本例先要创建一个CV曲面，然后通过调整曲面的CV控制点制作抱枕的单侧造型，最后使用“对称”修改器快速制作另一侧完成整体效果。

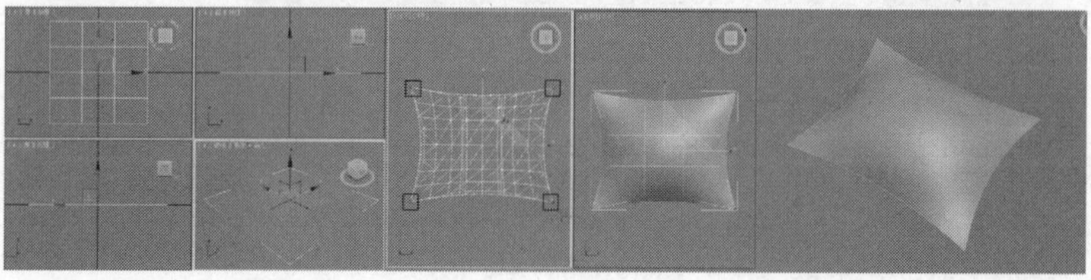

图7-2

操作步骤

01 设置“几何体”类型为“NUBRUS曲面”，然后单击“CV曲面”工具 CV曲线 ，在顶视图中创建一个CV曲面，最后在“创建参数”卷展栏下设置“长度”为300mm、“宽度”为300mm、“长度CV数”为4、“宽度CV数”为4，具体参数设置如图7-3所示，模型效果如图7-4所示。

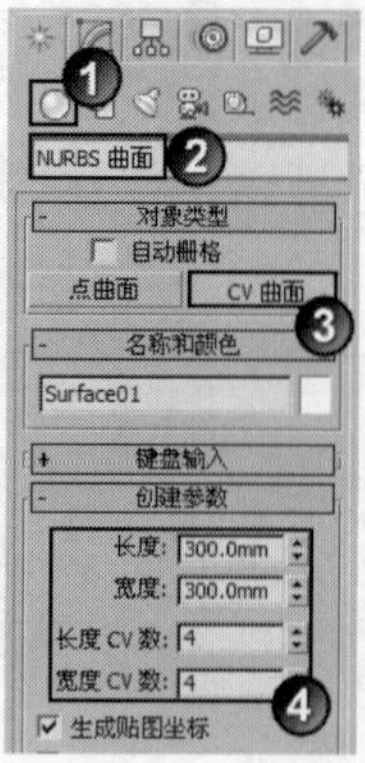

图7-3

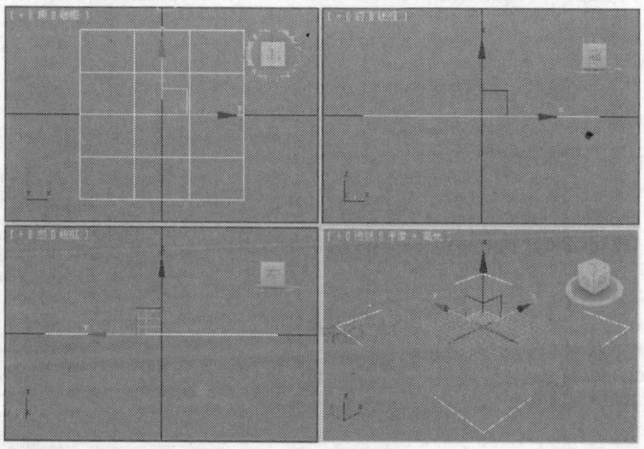

图7-4

02 进入“修改”面板，然后选择NURBS曲面的“曲面CV”次物体层级，如图7-5所示，再在顶视图中选择CV曲面内部的4个控制点，最后在前视图中向上拖曳一段距离，如图7-6所示。

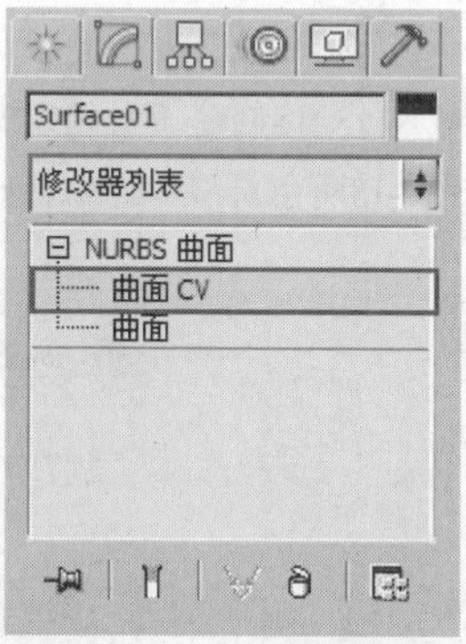

图7-5

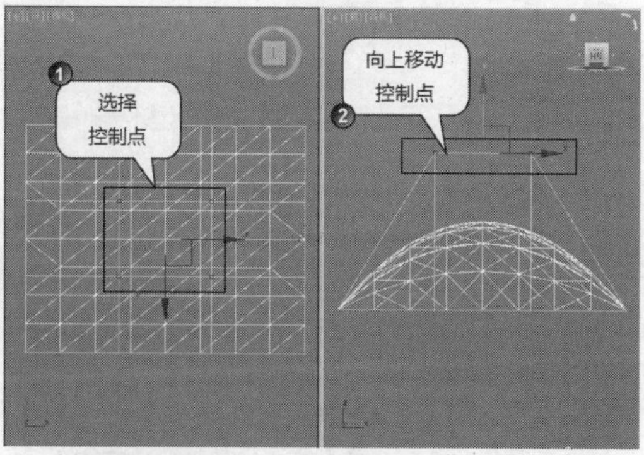

图7-6

03 在顶视图中选择CV曲面边角的4个控制点，然后向外放大，制作抱枕的尖角细节，如图7-7所示。

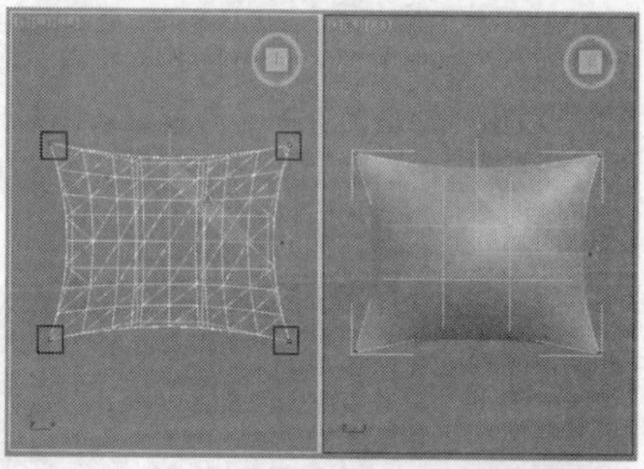

图7-7

04 在顶视图中选择CV曲面内部的4个控制点，然后向外放大调整抱枕曲面的过渡细节，如图7-8所示，在透视图中的效果如图7-9所示。

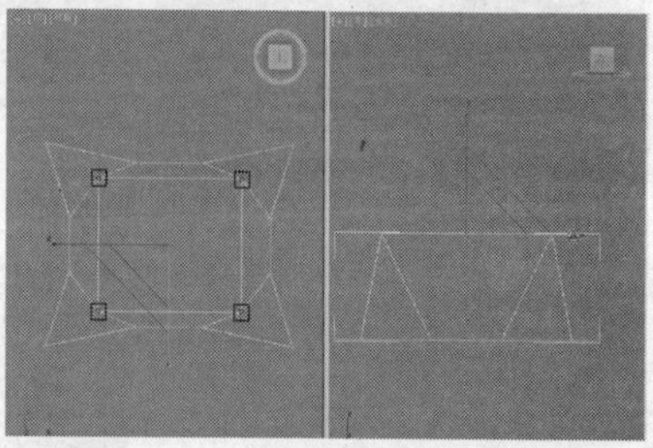

图7-8

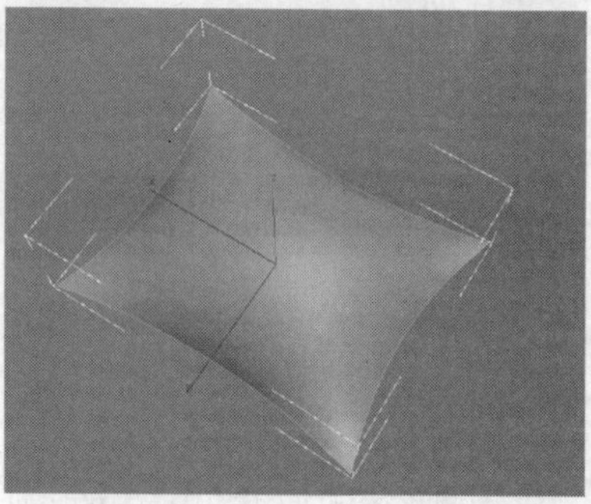

图7-9

05 为模型加载一个“对称”修改器，然后在“参数”卷展栏下设置“镜像轴”为*z*轴，再关闭“沿镜像轴切片”选项，最后设置“阈值”为0.05mm，具体参数设置如图7-10所示，最终效果如图7-11所示。

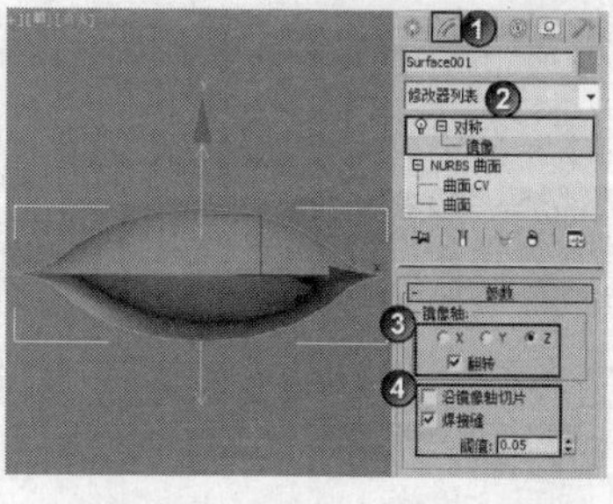

图7-10

图7-11

> **技巧与提示**
>
> 如果勾选并设置“焊接缝”参数，仅通过手动对齐两块抱枕面会出现细微的分开或交错效果，如图7-12和图7-13所示。另外，如果“阈值”数值设置过大会在表面出现如图7-14所示的暗面效果。
>
> 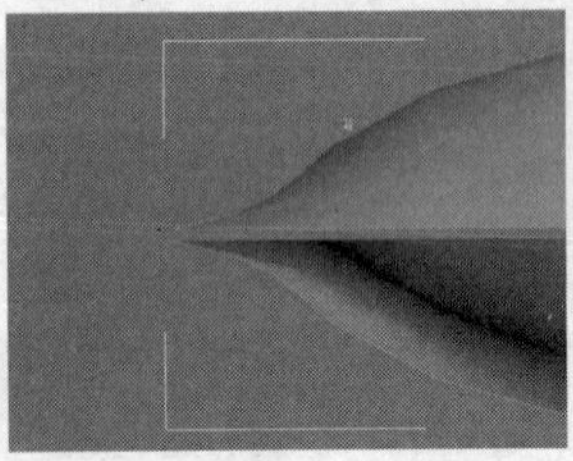
>
> 图7-12
>
> 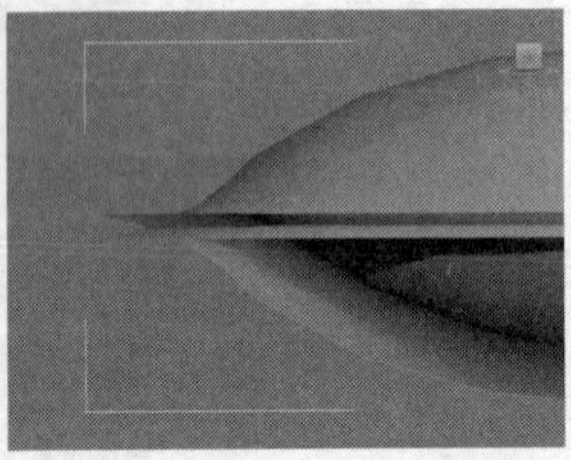
>
> 图7-13
>
> 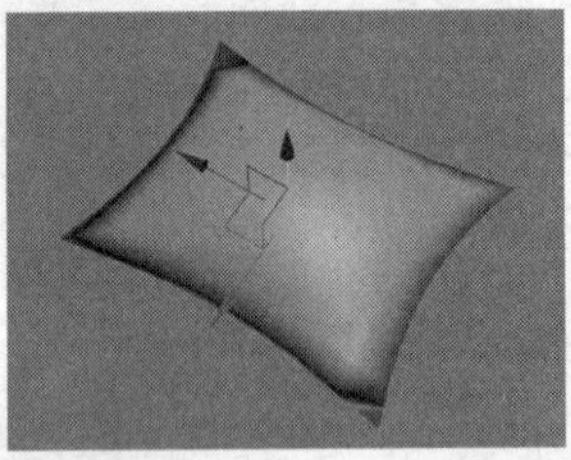
>
> 图7-14

实战117 藤艺饰品

场景位置	无
实例位置	DVD>实例文件>CH07>实战117.max
视频位置	DVD>多媒体教学>CH07>实战117.flv
难易指数	★★☆☆☆
技术掌握	创建曲面上的点曲线工具、分离工具

实例介绍

本例将使用“创建曲面上的点曲线”工具与“分离”工具制作一个藤艺饰品，效果如图7-15所示。

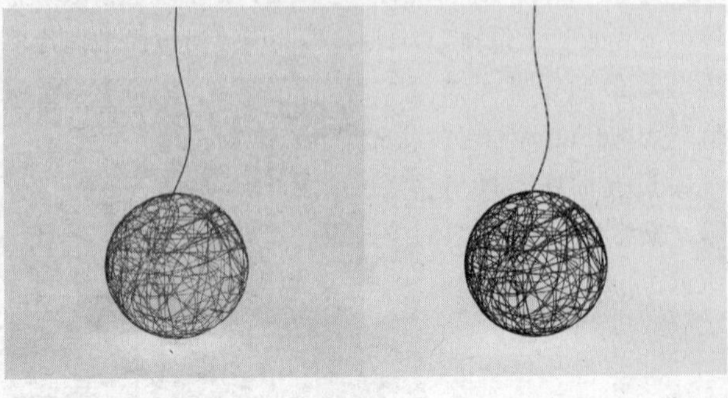

图7-15

本例大致的操作流程如图7-16所示。本例先要在一个球体上使用“创建曲面上的点曲线”工具绘制出絮乱的曲线，然后使用“分离”工具分离创建的曲线，并通过设置渲染参数体现厚度，最后通过旋转复制曲线完成最终效果。

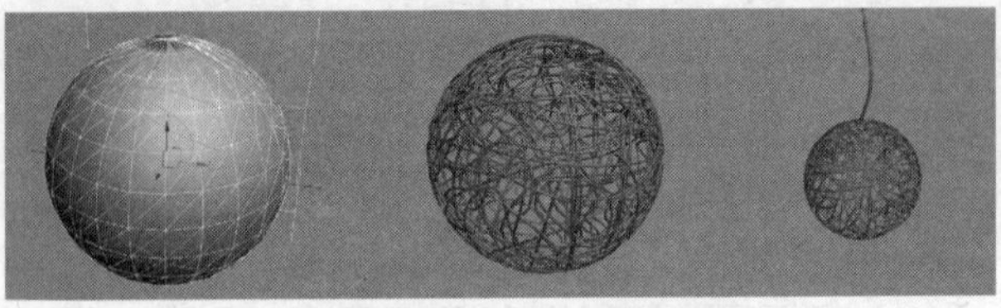

图7-16

操作步骤

01 使用“球体”工具 球体 在场景中创建一个球体，然后在球体上单击鼠标右键，在弹出的菜单中选择“转换为>转换为NUBRS”命令，如图7-17所示。

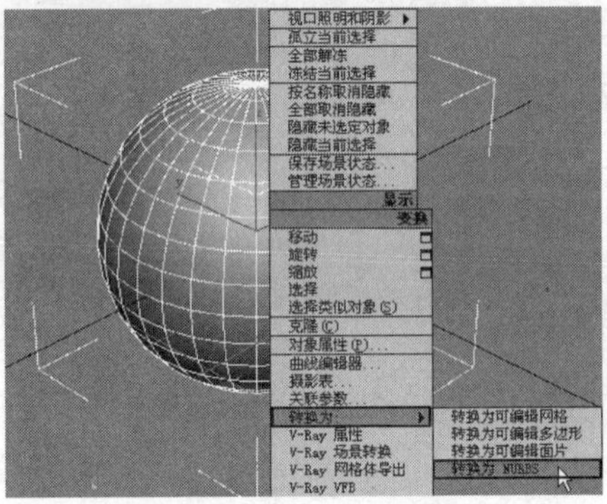

图7-17

02 进入“修改”面板，然后在“常规”卷展栏中单击“NURBS创建工具箱”按钮打开NURBS创建工具箱，如图7-18所示。

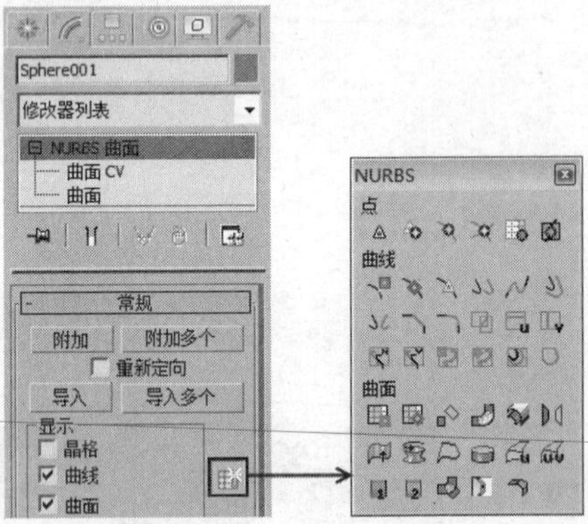

图7-18

> **技术专题 14 NURBS创建工具箱介绍**
>
> NURBS创建工具箱中包含用于创建NURBS对象的所有工具，主要分为3个功能区，分别是“点”功能区、“曲线”功能区和“曲面”功能区。下面对这些工具的作用进行详细的介绍。
>
> ① 创建点的工具
>
> 创建点：创建单独的点。
>
> 创建偏移点：根据一个偏移量创建一个点。
>
> 创建曲线点：创建从属曲线上的点。
>
> 创建曲线-曲线点：创建一个从属于“曲线-曲线”的相交点。
>
> 创建曲面点：创建从属于曲面上的点。

创建曲面-曲线点：创建从属于“曲面-曲线”的相交点。

② 创建曲线的工具

创建CV曲线：创建一条独立的CV曲线子对象。

创建点曲线：创建一条独立点曲线子对象。

创建拟合曲线：创建一条从属的拟合曲线。

创建变换曲线：创建一条从属的变换曲线。

创建混合曲线：创建一条从属的混合曲线。

创建偏移曲线：创建一条从属的偏移曲线。

创建镜像曲线：创建一条从属的镜像曲线。

创建切角曲线：创建一条从属的切角曲线。

创建圆角曲线：创建一条从属的圆角曲线。

创建曲面-曲面相交曲线：创建一条从属于“曲面-曲面”的相交曲线。

创建U向等参曲线：创建一条从属的U向等参曲线。

创建V向等参曲线：创建一条从属的V向等参曲线。

创建法向投影曲线：创建一条从属于法线方向的投影曲线。

创建向量投影曲线：创建一条从属于向量方向的投影曲线。

创建曲面上的CV曲线：创建一条从属于曲面上的CV曲线。

创建曲面上的点曲线：创建一条从属于曲面上的点曲线。

创建曲面偏移曲线：创建一条从属于曲面上的偏移曲线。

创建曲面边曲线：创建一条从属于曲面上的边曲线。

③ 创建曲面的工具

创建CV曲线：创建独立的CV曲面子对象。

创建点曲面：创建独立的点曲面子对象。

创建变换曲面：创建从属的变换曲面。

创建混合曲面：创建从属的混合曲面。

创建偏移曲面：创建从属的偏移曲面。

创建镜像曲面：创建从属的镜像曲面。

创建挤出曲面：创建从属的挤出曲面。

创建车削曲面：创建从属的车削曲面。

创建规则曲面：创建从属的规则曲面。

创建封口曲面：创建从属的封口曲面。

创建U向放样曲面：创建从属的U向放样曲面。

创建UV放样曲面：创建从属的UV向放样曲面。

创建单轨扫描：创建从属的单轨扫描曲面。

创建双轨扫描：创建从属的双轨扫描曲面。

创建多边混合曲面：创建从属的多边混合曲面。

创建多重曲线修剪曲面：创建从属的多重曲线修剪曲面。

创建圆角曲面：创建从属的圆角曲面。

03 单击NURBS创建工具箱中的“创建曲面上的点曲线”按钮，然后在球面上单击鼠标创建任意曲线，绘制完成后单击鼠标右键结束曲线的绘制，如图7-19~图7-21所示。

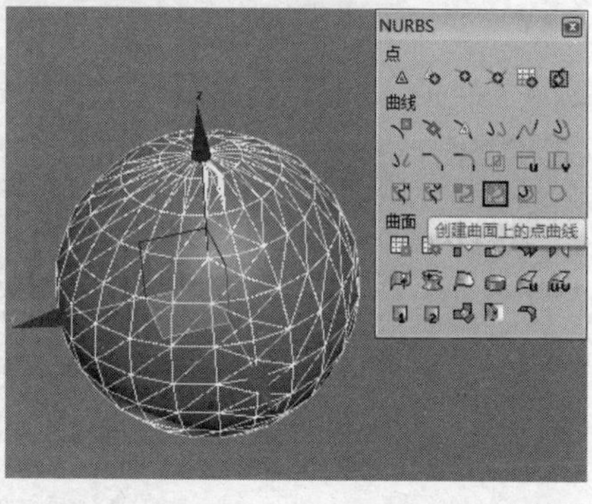

图7-19

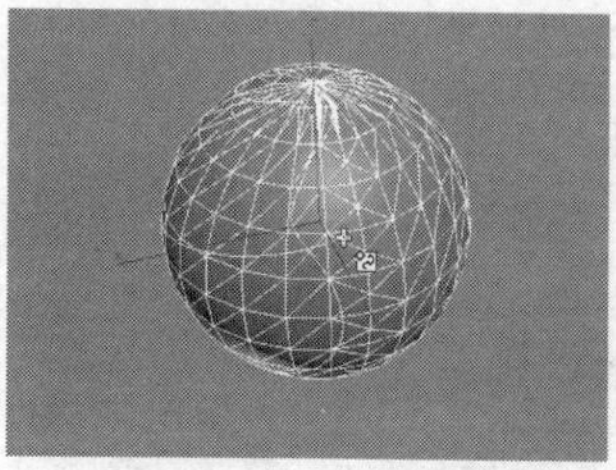

图7-20

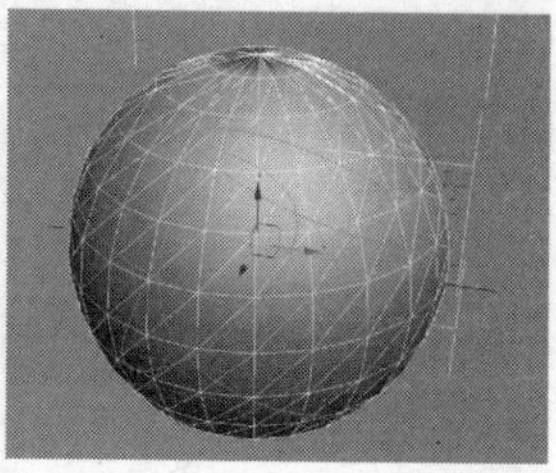

图7-21

04 选择NUBRS曲面的“曲线”次物体层级，然后选择球面上创建好的曲线，如图7-22所示。

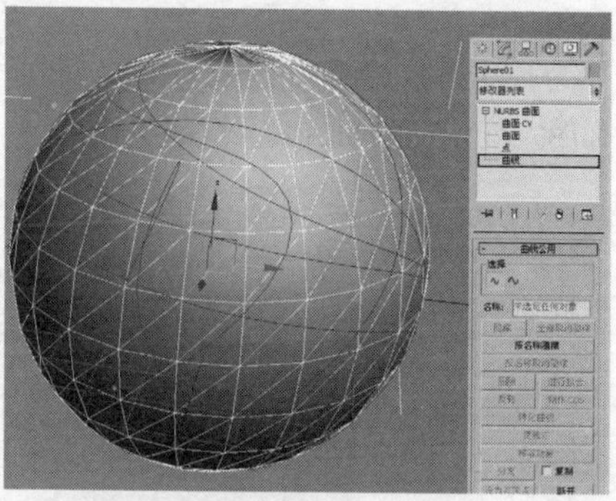

图7-22

05 展开“曲线公用”卷展栏，然后单击“分离”按钮，再在弹出的对话框中关闭“相关”选项，最后单击“确定”按钮完成分离，如图7-23所示。

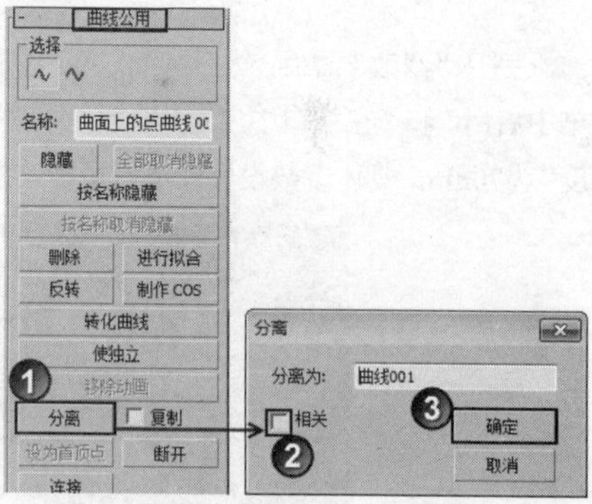

图7-23

06 选择分离出来的曲线，然后在“渲染”卷展栏下勾选“在渲染中启用”和“在视口中启用”选项，再设置“径向”的“厚度”为1mm、“边”为12，具体参数设置及藤线效果如图7-24所示。

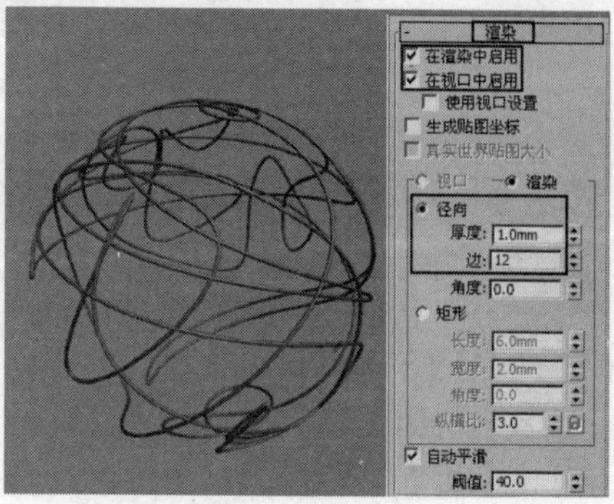

图7-24

07 选择藤线，然后按住Shift键使用“选择并旋转”工具旋转复制一些藤线，完成后的效果如图7-25所示。

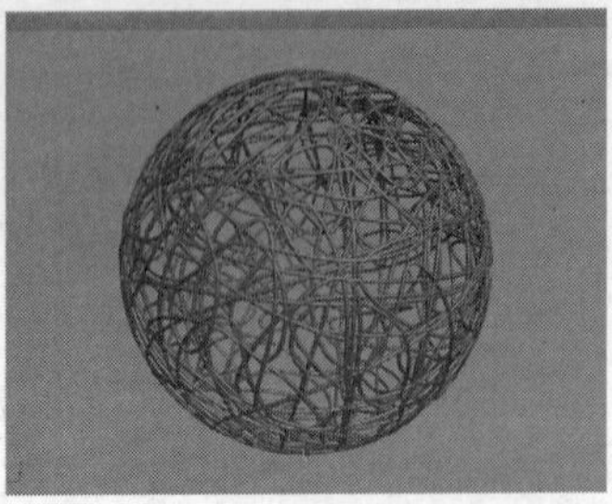

图7-25

08 使用“点曲线”工具 点曲线 在前视图中绘制一条如图7-26所示的点曲线。

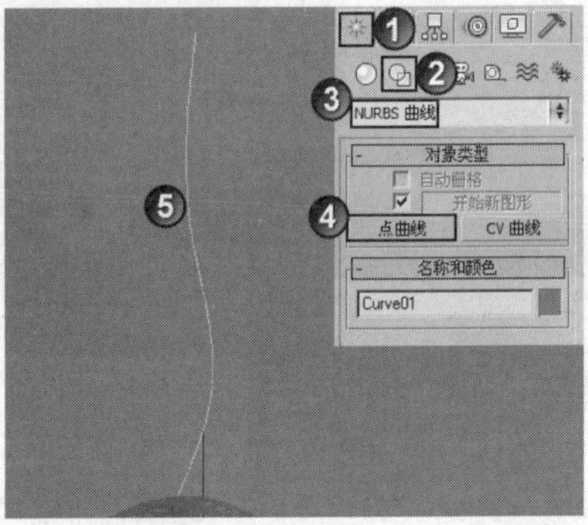

图7-26

09 进入“修改”面板，然后在“渲染”卷展栏下勾选“在渲染中启用”和“在视口中启用”选项，再设置“径向”的“厚度”为70mm，具体参数设置及模型最终效果如图7-27所示。

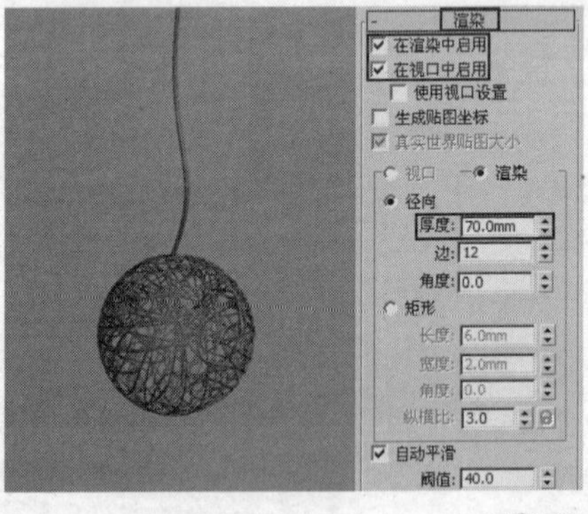

图7-27

实战118 陶瓷花瓶

场景位置	无
实例位置	DVD>实例文件>CH07>实战118.max
视频位置	DVD>多媒体教学>CH07>实战118.flv
难易指数	★☆☆☆☆
技术掌握	点曲线工具、创建车削曲面工具

实例介绍

本例将使用“点曲线”工具与“创建车削曲面”工具制作一对陶瓷花瓶，效果如图7-28所示。

图7-28

本例大致的操作流程如图7-29所示。本例先要使用“点曲线”工具绘制矮花瓶的车削横截面，然后使用“创建车削曲面”工具将其车削成三维模型，最后使用相同的方法制作高花瓶。

图7-29

操作步骤

01 设置“图形”类型为“NURBS曲线”，然后使用“点曲线”工具 点曲线 在前视图中绘制如图7-30所示的点曲线。

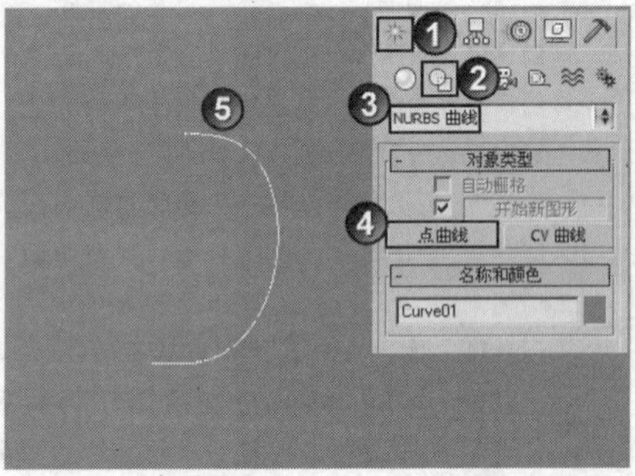

图7-30

02 进入“修改”面板，然后在NURBS工具箱中单击“创建车削曲面”按钮，再在视图中单击点曲线，如图7-31所示，车削完成后的模型效果如图7-32所示。

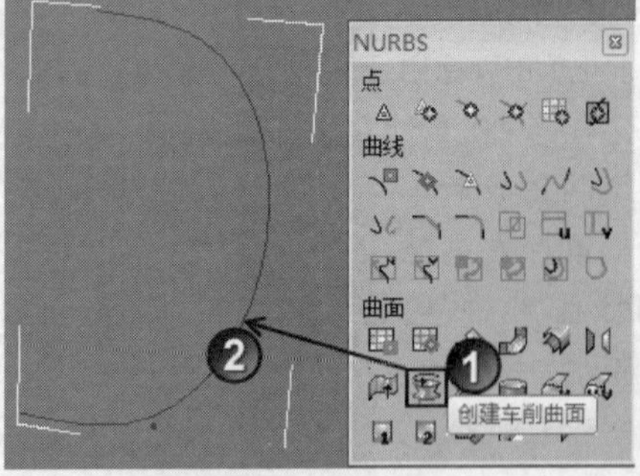

图7-31

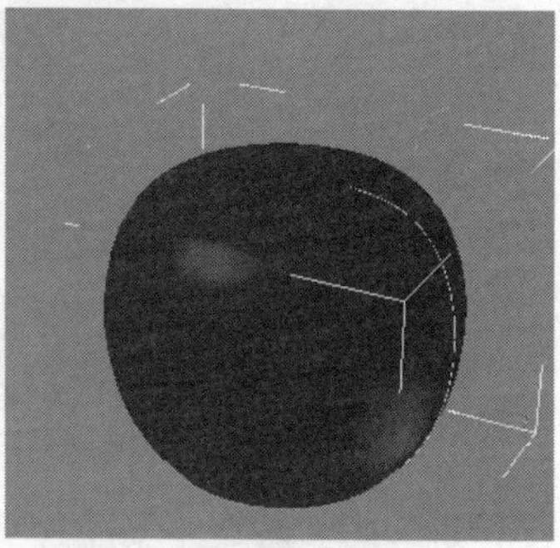

图7-32

03 使用“点曲线”工具 点曲线 在前视图中绘制如图7-33所示的点曲线作为高花瓶的车削截面。

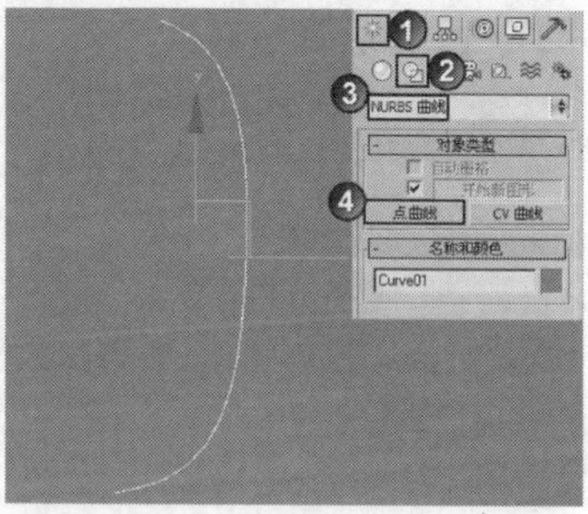

图7-33

04 进入“修改”面板，然后在NURBS工具箱中单击“创建车削曲面”按钮，再在视图中单击“点曲线”制作高花瓶，最终效果如图7-34所示。

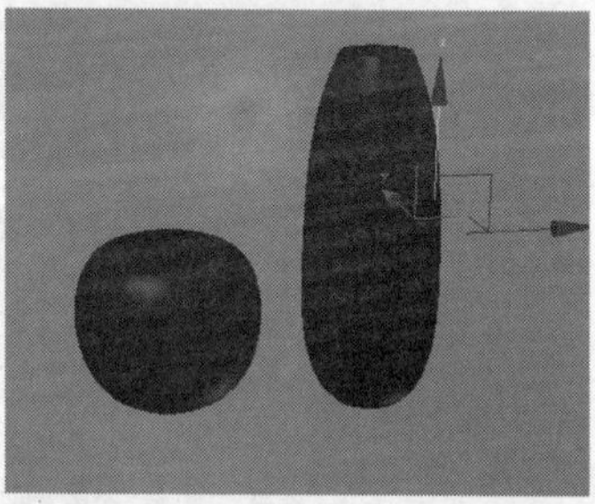

图7-34

实战119 冰激凌

场景位置	无
实例位置	DVD>实例文件>CH07>实战119.max
视频位置	DVD>多媒体教学>CH07>实战119.flv
难易指数	★★☆☆☆
技术掌握	点曲线工具、创建U向放样曲面工具、创建封口曲面工具

实例介绍

本例将使用“创建U向放样曲面”工具和“创建封口曲面”工具制作一个冰激凌模型，效果如图7-35所示。

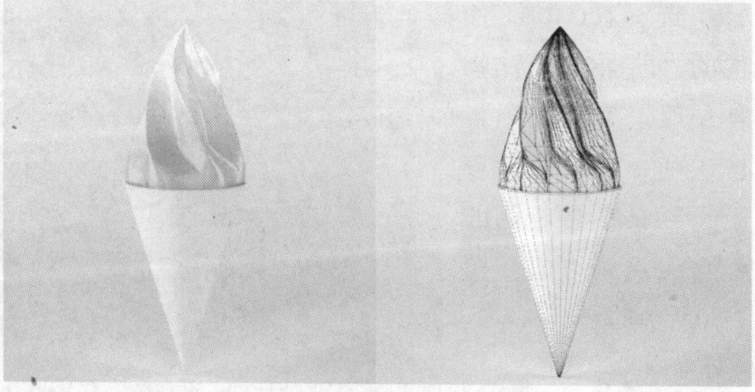

图7-35

本例大致的操作流程如图7-36所示。本例先要绘制多个星形（要转换为NRUBS曲线）作为冰激凌的截面，然后使用“创建U向放样曲面”工具与“创建封口曲面”工具制作冰激凌的上部模型，最后使用圆锥体制作下部模型。

图7-36

操作步骤

01 使用“星形”工具 星形 在顶视图中绘制一个星形，然后在“参数”卷展栏下设置“半径1”为35、“半径2”为25、“点”为6、“扭曲”为0、“圆角半径1”为6、“圆角半径2”为3，具体参数设置及星形效果如图7-37所示。

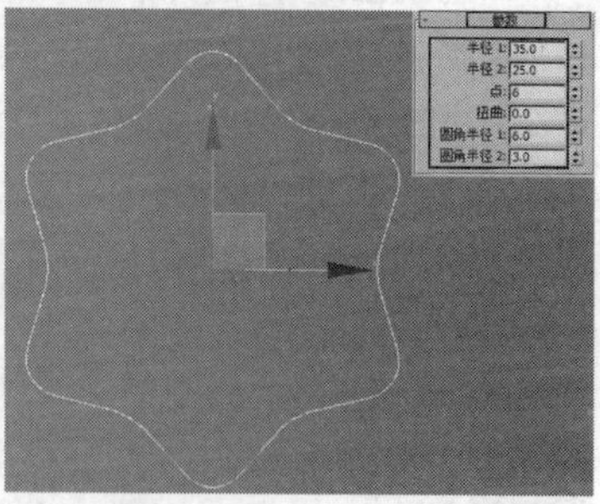

图7-37

02 选择创建好的星形截面，然后单击鼠标右键，在弹出的菜单中选择“转换为>转换为NURBS”命令，如图7-38所示。

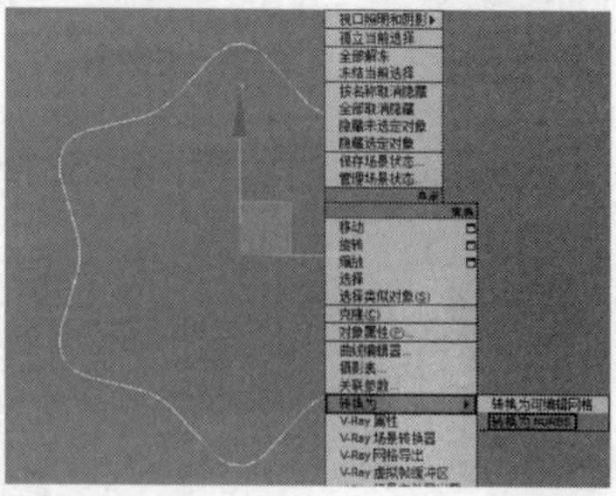

图7-38

03 采用相同的方法继续绘制其他截面，完成后的效果如图7-39所示。

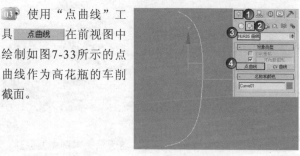

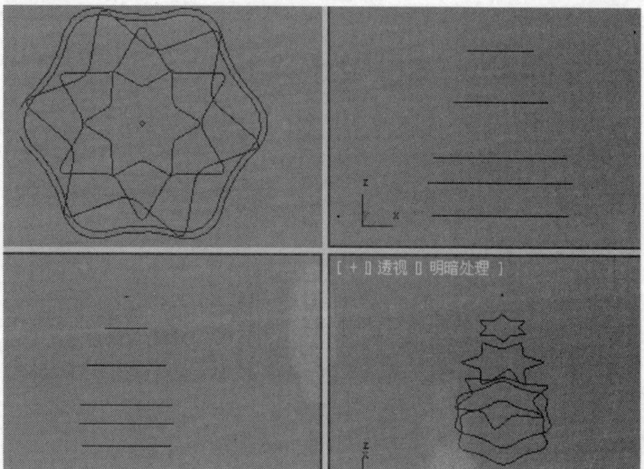

图7-39

04 切换到“修改”面板，然后在NURBS创建工具箱中单击“创建U向放样曲面”按钮，再在视图中从上到下依次单击点曲线，最后按鼠标右键结束操作，如图7-40所示，放样完成后的模型效果如图7-41所示。

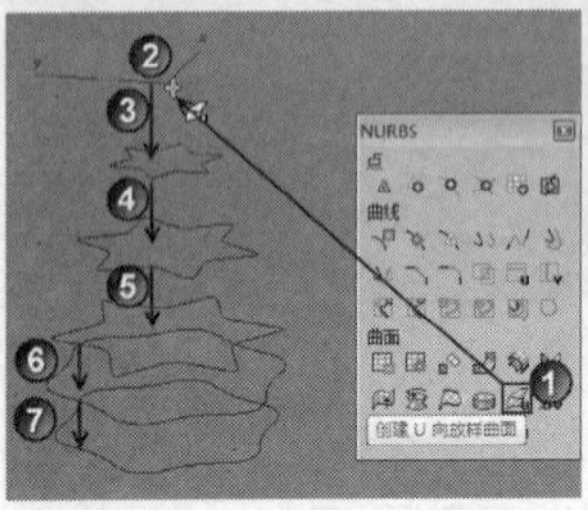

图7-40

图7-41

05 在NURBS创建工具箱中单击“创建封口曲面”按钮，然后在视图中单击最底部的截面（对其进行封口），如图7-42所示，封口后的模型效果如图7-43所示。

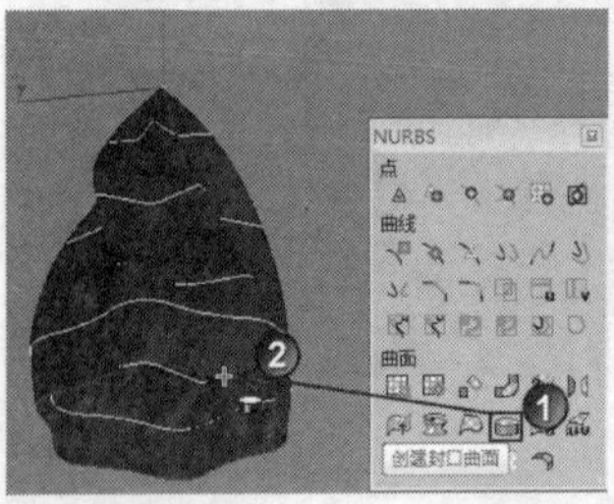

图7-42

图7-43

06 使用“圆锥体”工具 圆锥体 在场景中创建一个大小合适的圆锥体，其大小及位置如图7-44所示。

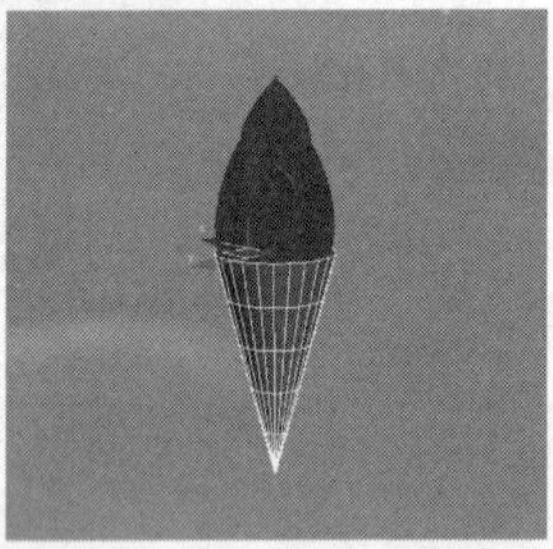

图7-44

07 选择圆锥体，然后单击鼠标右键，在弹出的菜单中选择“转换为>转换为可编辑多边形”命令，再在“选择”卷展栏下单击“多边形”按钮，进入“多边形”级别，选择顶部的多边形，如图7-45所示，最后按Delete键删除所选多边形，最终效果如图7-46所示。

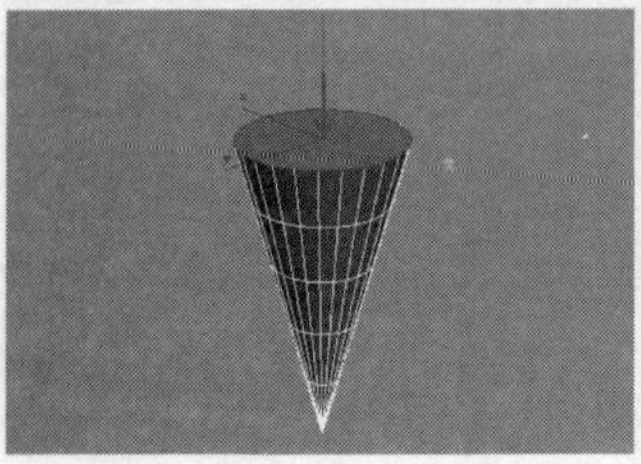

图7-45

图7-46

实战120 盆景植物

场景位置	DVD>场景文件>CH07>实战120.max
实例位置	DVD>实例文件>CH07>实战120.max
视频位置	DVD>多媒体教学>CH07>实战120.flv
难易指数	★★☆☆☆
技术掌握	CV曲面工具

实例介绍

本例将使用CV曲面创建一盆造型逼真的盆景植物，效果如图7-47所示。

图7-47

本例大致的操作流程如图7-48所示。本例先要创建一个CV曲面，然后通过调整曲面CV控制点制作叶片造型，最后合并入盆栽模型并复制所有的叶片。

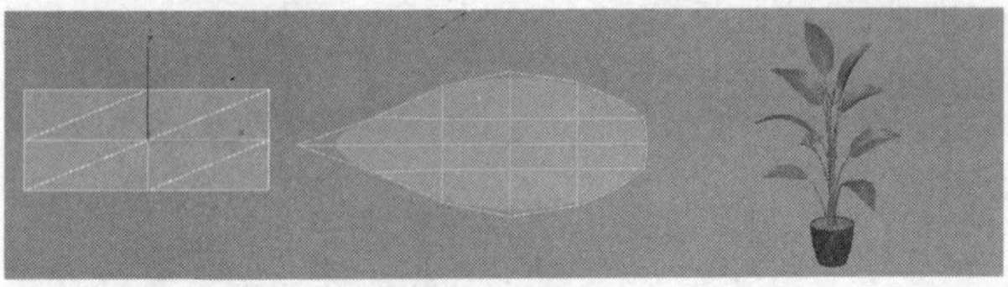

图7-48

操作步骤

01 使用“CV曲面”工具 CV 曲面 在前视图中创建一个CV曲面，然后在“创建参数”卷展栏下设置“长度”为6、“宽度”为13、“长度CV数”和“宽度CV数”为5，具体参数设置及模型效果如图7-49所示。

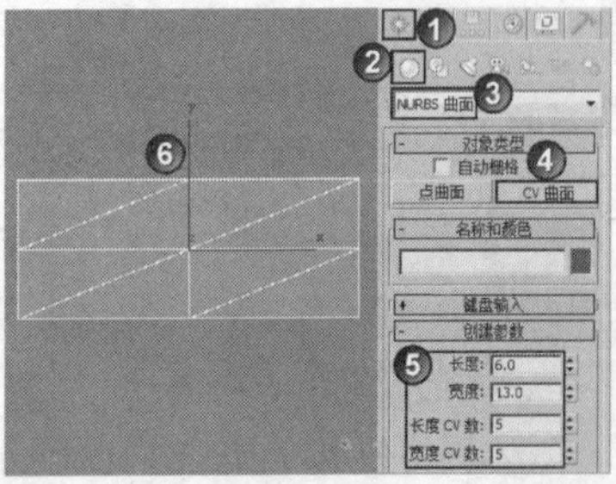

图7-49

02 选择NURBS曲面的“曲面CV”次物体层级，然后在顶视图中使用“选择并移动”工具将左侧的4个CV点调节成如图7-50所示的形状。

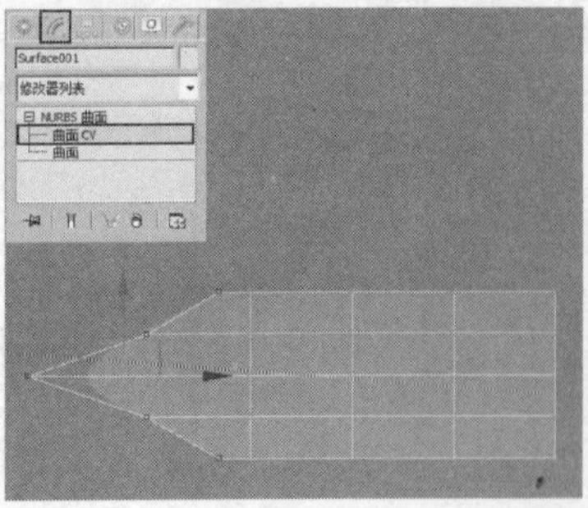

图7-50

03 选择如图7-51所示的6个CV点，然后使用“选择并均匀缩放”工具在前视图中将其向上缩放成图7-52所示的效果。

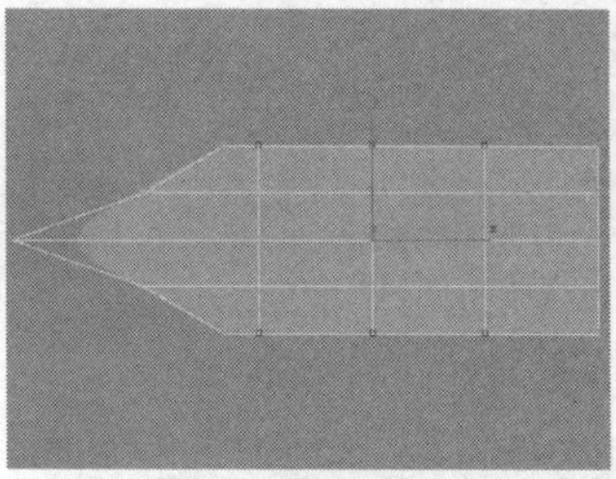
图7-51

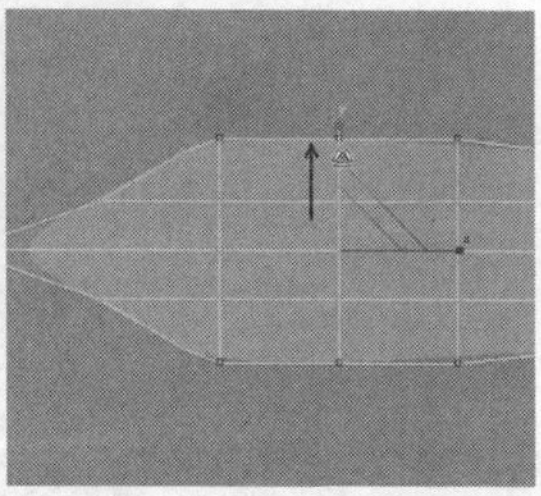
图7-52

04 选择如图7-53所示的两个CV点，然后使用“选择并均匀缩放”工具在前视图中将其向上缩放成如图7-54所示的效果。

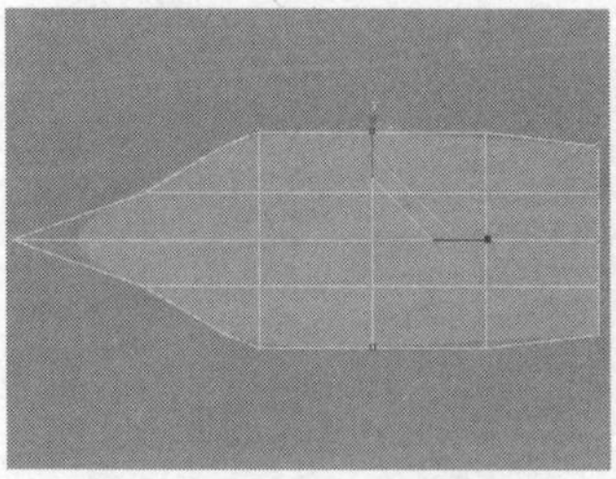
图7-53

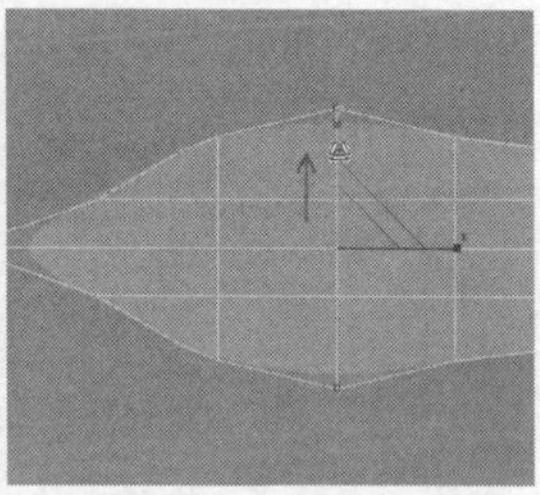
图7-54

05 采用相同的方法调节右侧的CV点，完成叶片平面轮廓的制作，如图7-55所示。

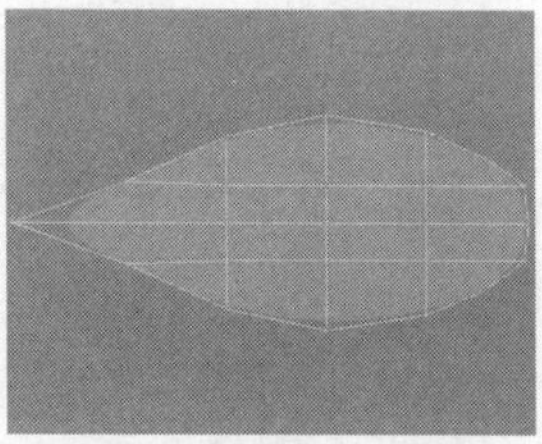
图7-55

06 在顶视图中选择如图7-56所示的CV点，然后使用“选择并移动”工具在前视图中将其向下拖曳到如图7-57所示的位置。

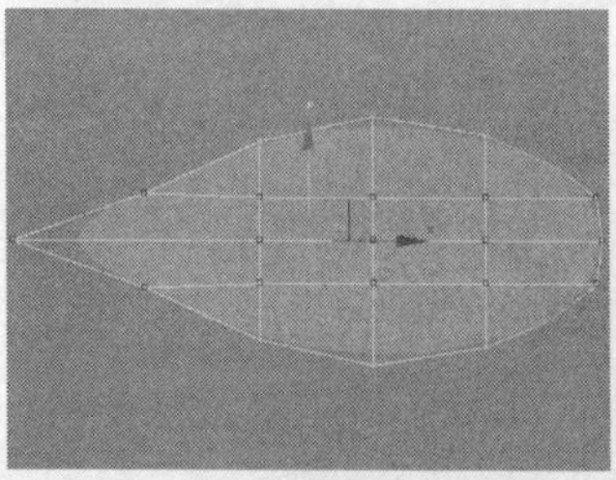
图7-56

图7-57

07 在顶视图中选择如图7-58所示的CV点，然后使用“选择并移动”工具在前视图中将其向上拖曳到如图7-59所示的位置。

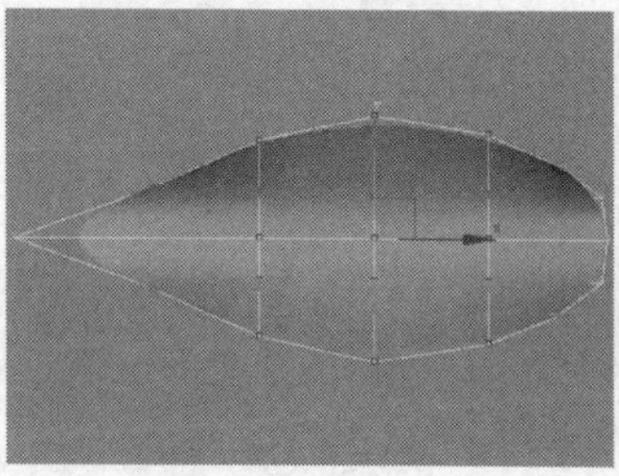
图7-58

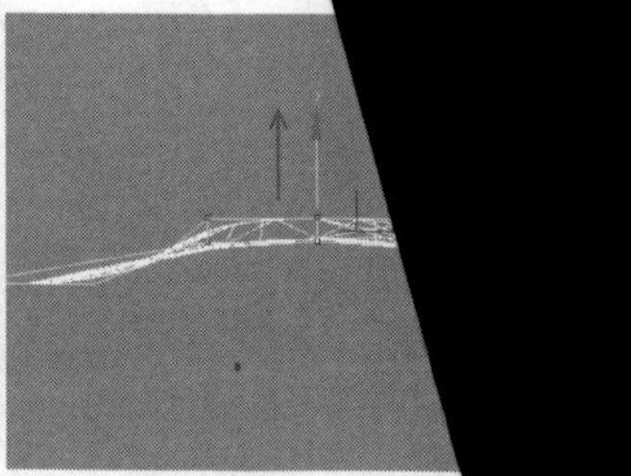
图7-

08 采用相同的方法继续调整叶片的造型细节，完成后的效果如图7-60所示。

09 将光盘中的“场景文件>CH07>实战120.max”文件合并到场景中，然后将叶片放在枝头上，如图7-61所示。

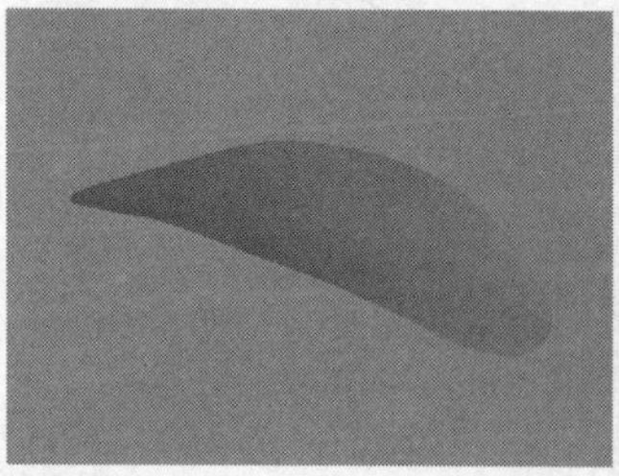
图7-60

图7-61

10 利用复制功能复制一些叶片到枝头上，并适当调整其大小和位置，最终效果如图7-62所示。

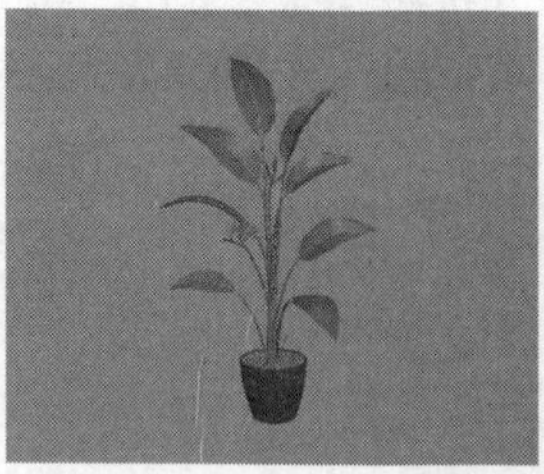
图7-62

第8章 多边形建模

本章学习要点：

多边形建模的思路

多边形建模的常用工具

熟练运用多种建模方法创建各种模型

实战121 铁艺方桌

场景位置	无
实例位置	DVD>实例文件>CH08>实战121.max
视频位置	DVD>多媒体教学>CH08>实战121.flv
难易指数	★★★☆☆
技术掌握	挤出工具、切角工具

实例介绍

本例将使用多边形建模技术中的挤出功能与切角功能制作一张铁艺方桌，效果如图8-1所示。

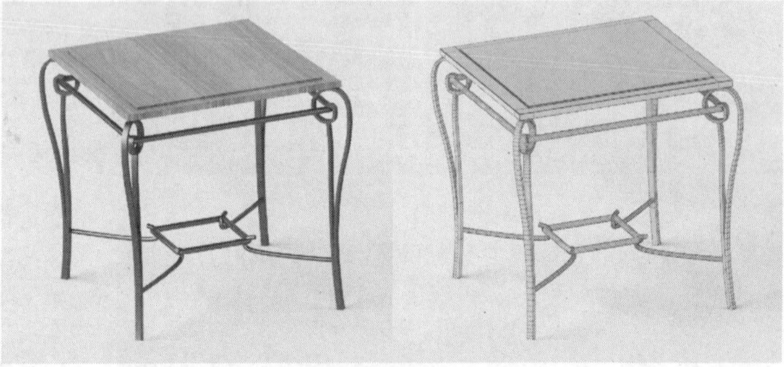

图8-1

本例大致的操作流程如图8-2所示。本例先要将一个长方体转换为可编辑多边形，并通过顶点的编辑调整好结构线，再使用挤出功能与切角功能制作桌面的细节，最后使用样条线及其可渲染功能制作铁艺支架。

图8-2

操作步骤

01 使用“长方体”工具 长方体 在场景中创建一个长方体，然后在“参数”卷展栏下设置“长度”为150、“宽度”为150、“高度”为6、“长度分段”为3、“宽度分段”为3，如图8-3所示。

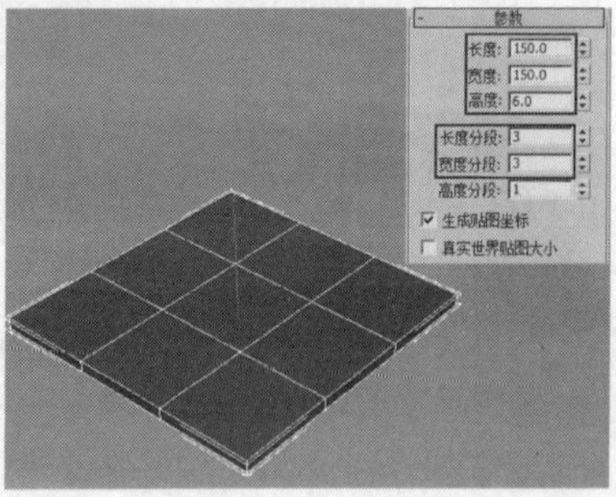

图8-3

02 选择长方体，然后单击鼠标右键，在弹出的菜单中选择“转换为>转换为可编辑多边形”命令，将其转换为可编辑多边形，如图8-4所示。

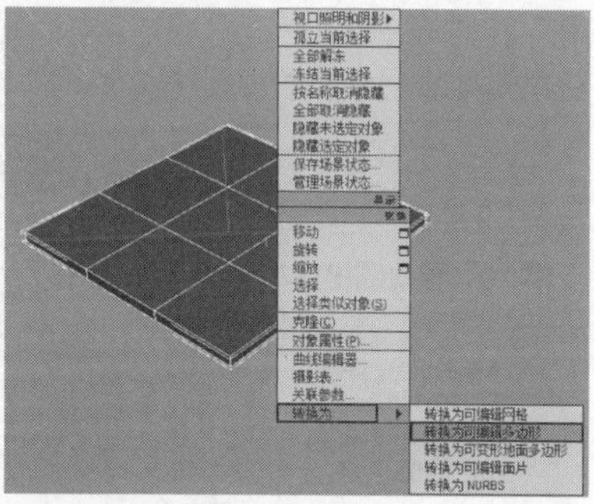

图8-4

03 按1键进入“顶点”级别，然后在顶视图中框选中部竖向的顶点，如图8-5所示。

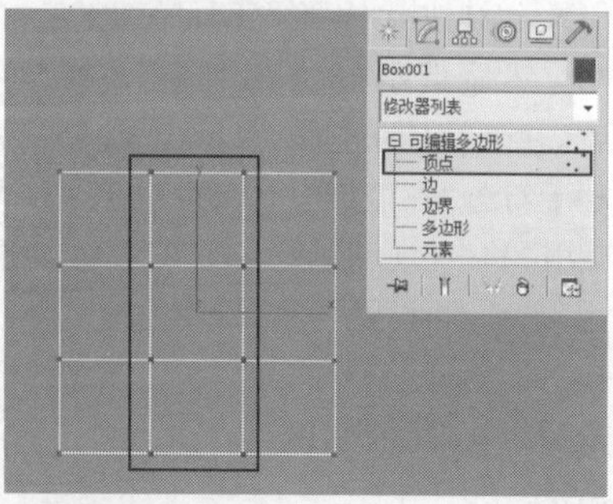

图8-5

04 使用“选择并缩放”工具以向外扩大的方式调整选择的顶点，完成后的效果如图8-6所示。

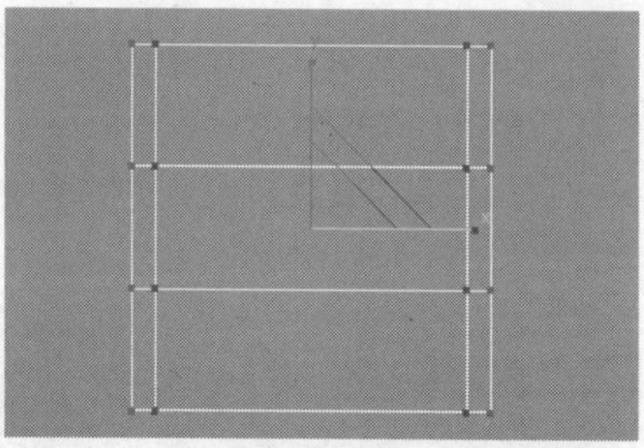

图8-6

05 选择中部横向的顶点，然后采用相同的方法调整顶点的位置，如图8-7所示，在透视图中的效果如图8-8所示。

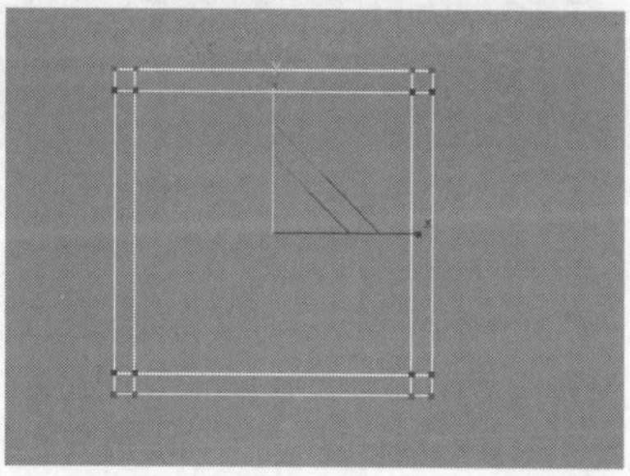

图8-7

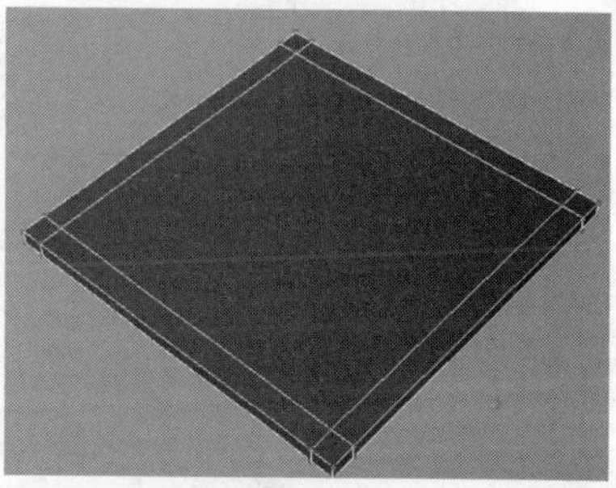

图8-8

06 按4键进入“多边形”级别，然后选择中间的多边形，如图8-9所示，再在“编辑多边形”卷展栏下单击“挤出”按钮 挤出 后面的“设置”按钮，最后设置“高度”为1，如图8-10所示。

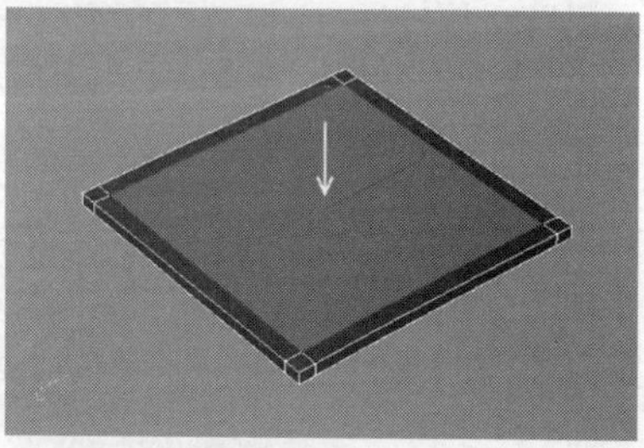

图8-9

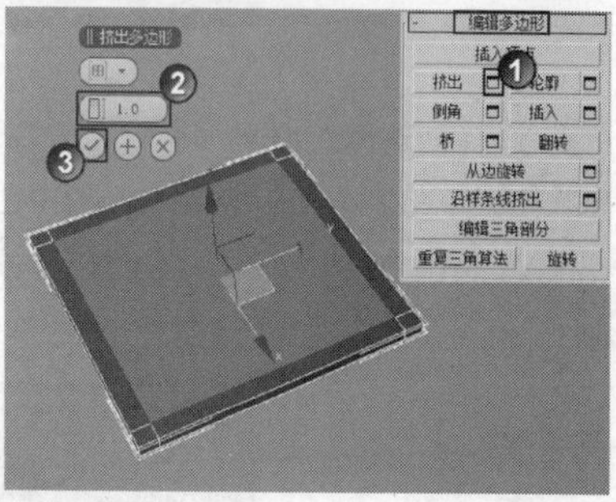

图8-10

07 进入“边”级别，选择如图8-11所示的边（黑色显示的边），然后在“编辑边”卷展栏下单击“切角”按钮 切角 后面的“设置”按钮，最后设置“边切角量”为0.2、“连接边分段”为3，如图8-12所示。

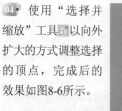

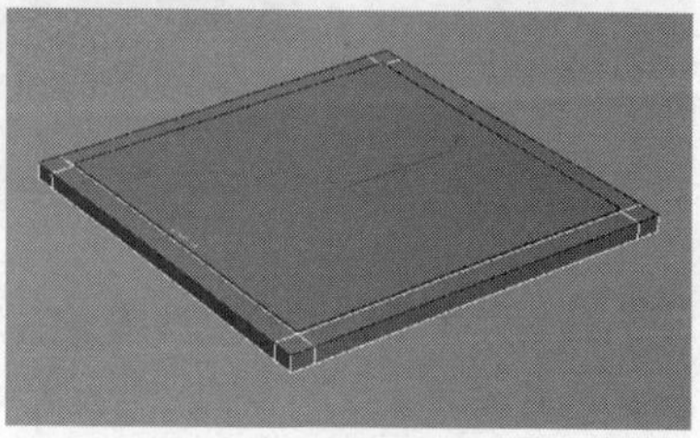

图8-11

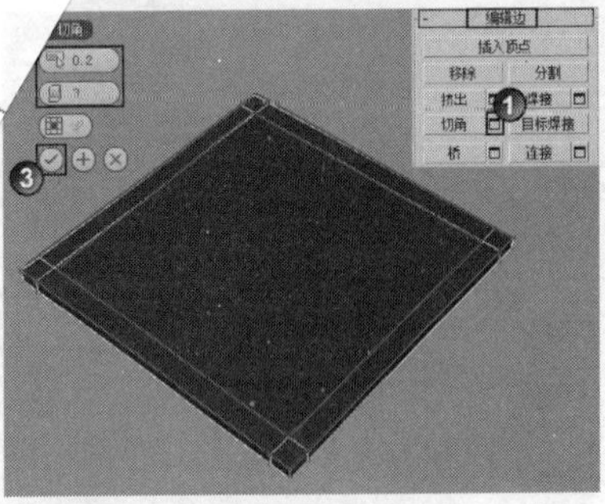

图8-12

使用"线"工具 线 在前视图中绘制出图8-13所示的样条线。

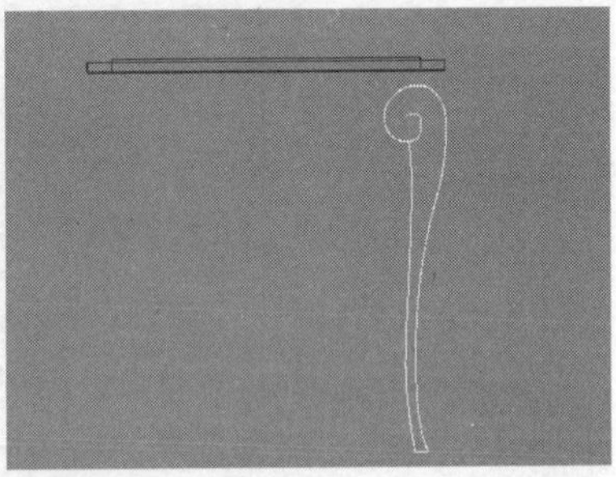
图8-13

09 选择样条线，然后在"渲染"卷展栏下勾选"在渲染中启用"和"在视口中启用"选项，再勾选"矩形"选项，最后设置"长度"为4、"宽度"为2，具体参数设置及模型效果如图8-14所示。

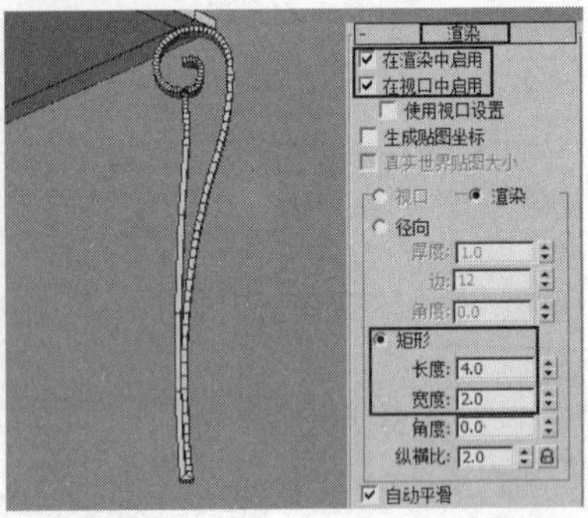

图8-14

10 选择创建好的桌腿，进入"层次"面板，然后在"仅影响轴"模式下将其轴心调整到桌面的中心位置（调整完成后退出"仅影响轴"模式），再使用"选择并旋转"工具旋转复制3个模型放到其他3个桌角处，效果如图8-15所示。

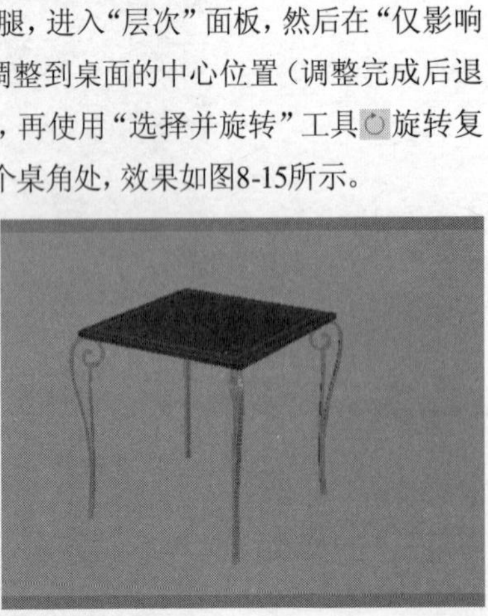
图8-15

11 使用"矩形"工具 矩形 在顶视图中绘制一个矩形，然后在"参数"卷展栏下设置"长度"为140mm、"宽度"为140mm、"角半径"为2mm，如图8-16所示。

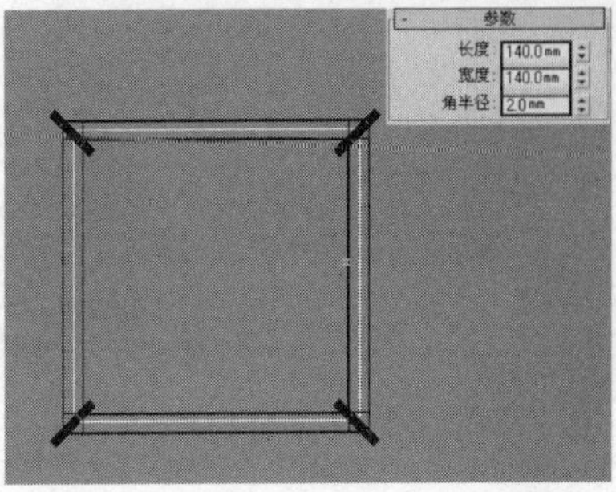

图8-16

12 选择矩形，然后在"渲染"卷展栏下勾选"在渲染中启用"和"在视口中启用"选项，再设置"径向"的"厚度"为4，具体参数设置及模型位置如图8-17所示。

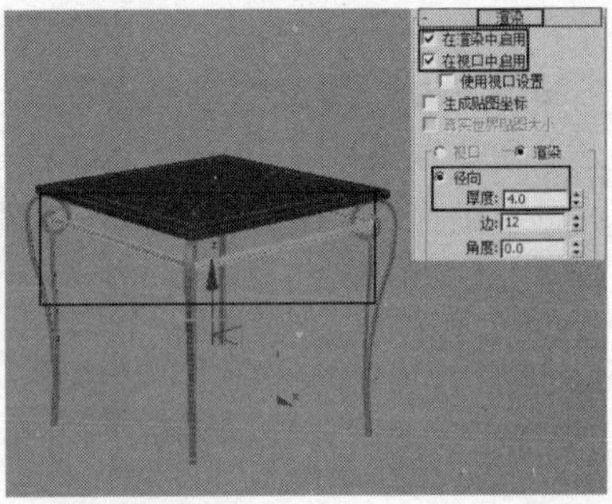

图8-17

13 继续使用"矩形"工具 矩形 在顶视图中绘制一个矩形，然后调整好位置，并在"渲染"卷展栏下勾选"在渲染中启用"和"在视口中启用"选项，再设置"径向"的"厚度"为4，完成后的效果如图8-18所示。

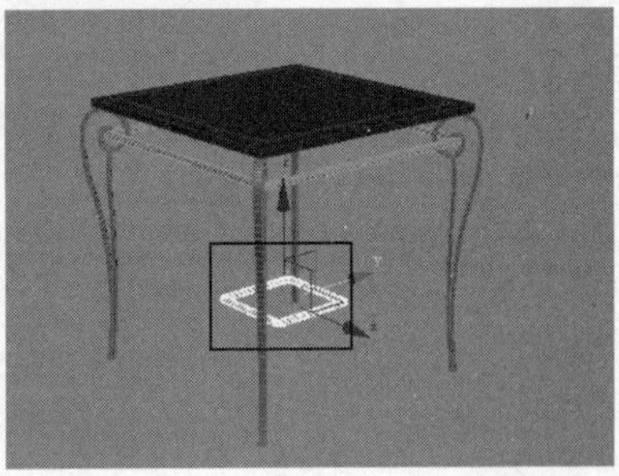
图8-18

14 使用"线"工具 线 在前视图中绘制一条如图8-19所示的样条线，然后在"渲染"卷展栏下勾选"在渲染中启用"和"在视口中启用"选项，再设置"径向"的"厚度"为3，效果如图8-20所示。

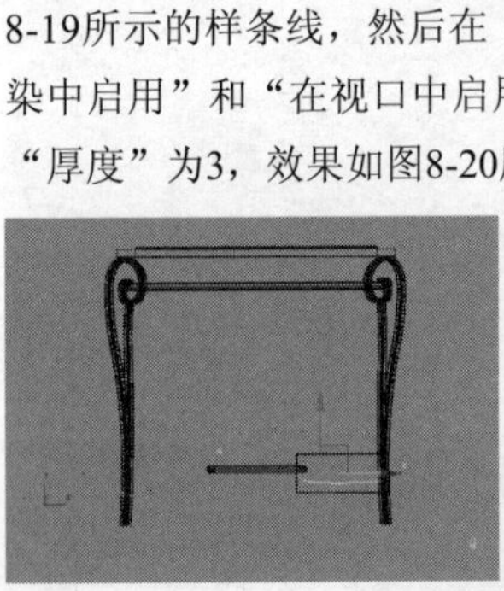
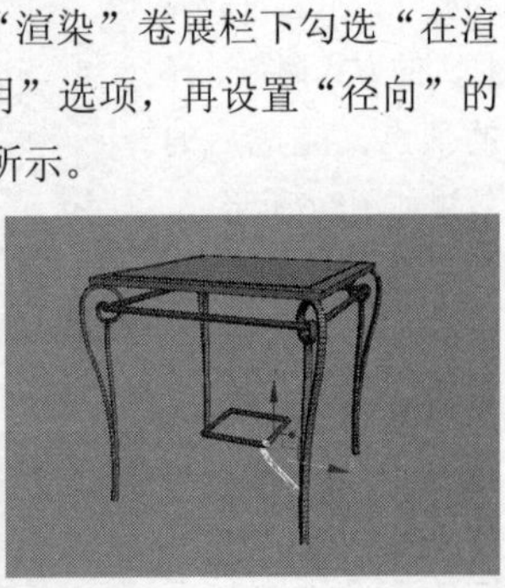
图8-19　　图8-20

15 选择创建好的挂钩模型，进入"层次"面板，然后在"仅影响轴"模式下将其轴心调整到桌面的中心位置（调整完成后退出"仅影响轴"模式），再使用"选择并旋转"工具旋转复制3个模型放到其他3个位置，最终效果如图8-21所示。

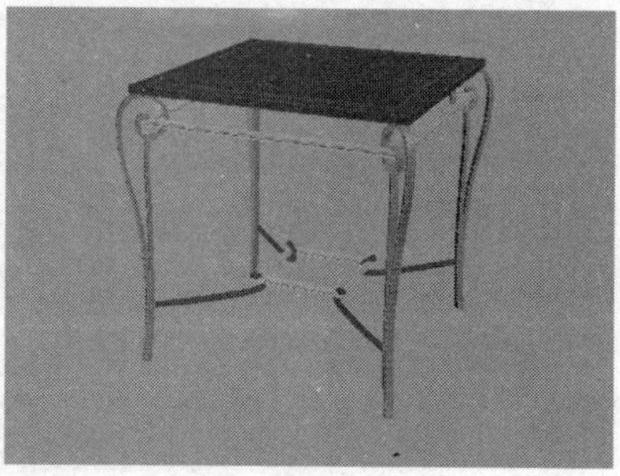

图8-21

实战122 浴巾架

场景位置	无
实例位置	DVD>实例文件>CH08>实战122.max
视频位置	DVD>多媒体教学>CH08>实战122.flv
难易指数	★★☆☆☆
技术掌握	挤出工具、切角工具

实例介绍

本例将使用多边形建模技术中的挤出功能与切角功能制作一个浴巾架模型，效果如图8-22所示。

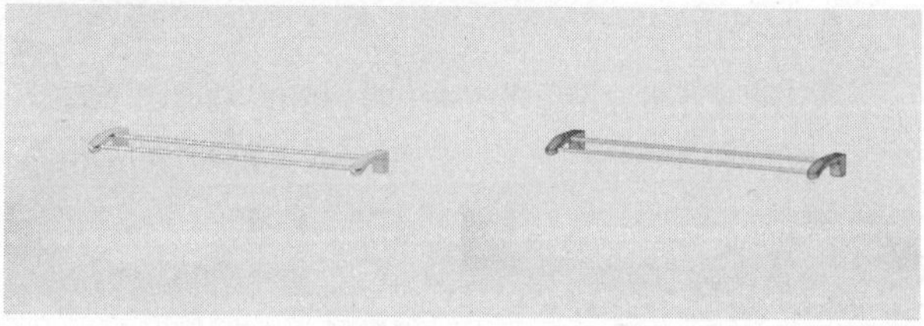

图8-22

本例大致的操作流程如图8-23所示。本例先要将一个长方体转换为可编辑多边形，然后通过编辑顶点调整好布线，再使用挤出功能与切角功能制作细节效果，最后使用样条线制作挂杆。

图8-23

操作步骤

01 使用“长方体”工具 长方体 在场景中创建一个长方体，然后在“参数”卷展栏下设置“长度”为25mm、“宽度”为180mm、“高度”为18mm、“长度分段”为2、“宽度分段”为5、“高度分段”为1，如图8-24所示。

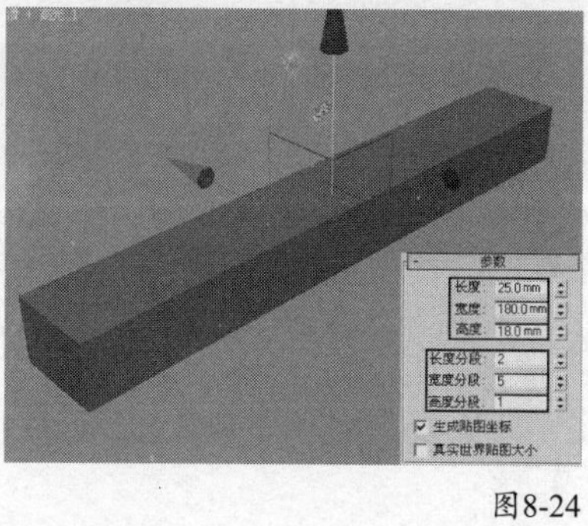

图8-24

02 将长方体转换为可编辑多边形，然后进入“顶点”级别，将模型调整成如图8-25所示的效果。

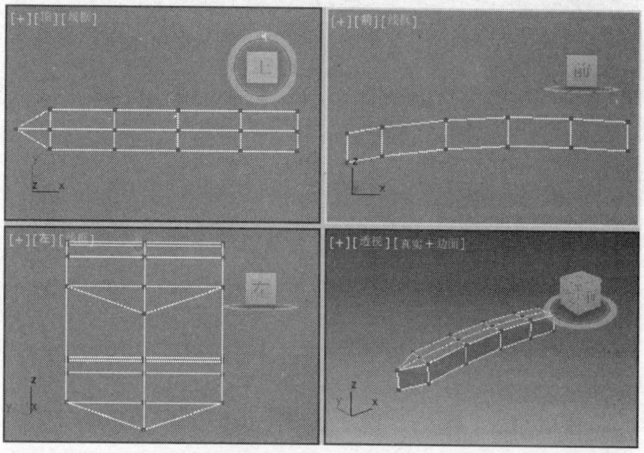

图8-25

03 进入“多边形”级别，然后选择如图8-26所示的多边形，再在“编辑多边形”卷展栏下单击“挤出”按钮 挤出 后面的“设置”按钮▣，最后设置“高度”为15mm，如图8-27所示。

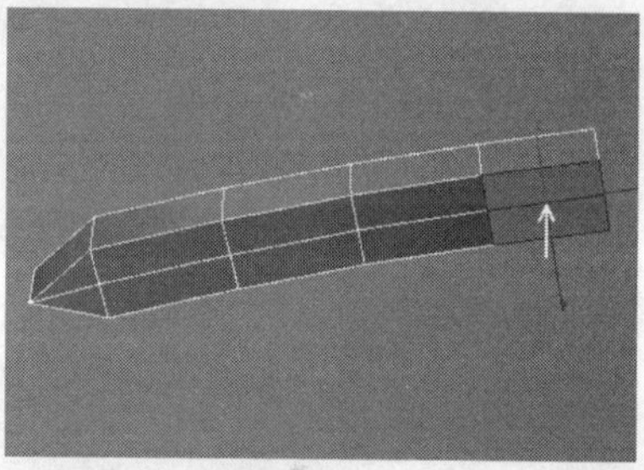

图8-26

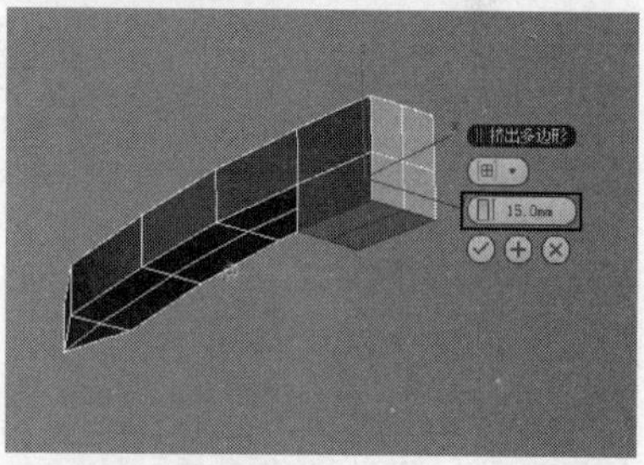

图8-27

04 保持对多边形的选择，在“编辑多边形”卷展栏下单击“挤出”按钮 挤出 后面的“设置”按钮▣，然后设置“高度”为15mm，如图8-28所示。

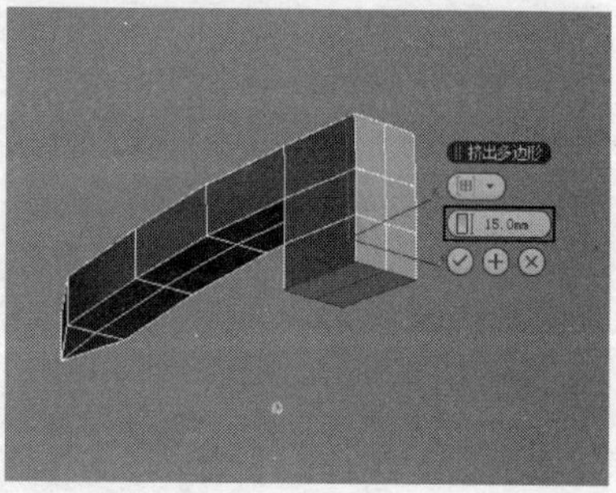

图8-28

05 进入“顶点”级别，然后将模型调整成如图8-29所示的效果。

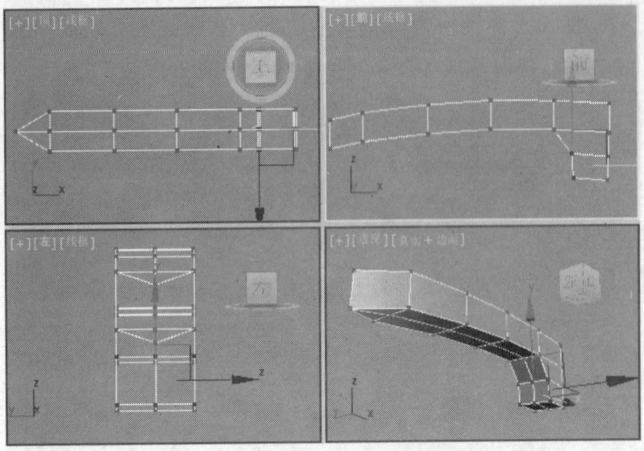

图8-29

06 进入“边”级别，然后选择如图8-30所示的边，再在“编辑边”卷展栏下单击“切角”按钮 切角 后面的“设置”按钮，最后设置“边切角量”为0.8mm，如图8-31所示。

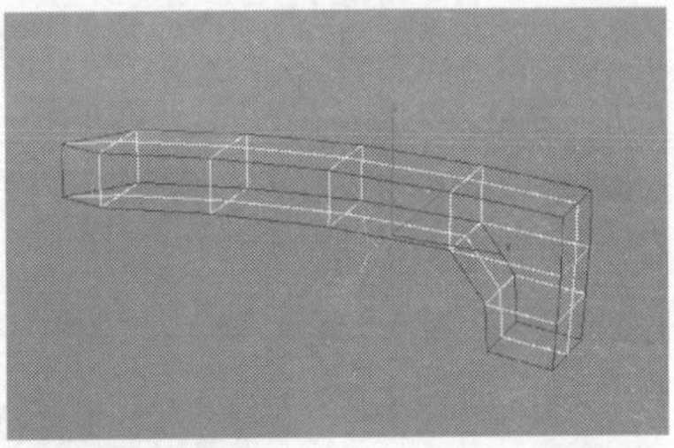

图8-30

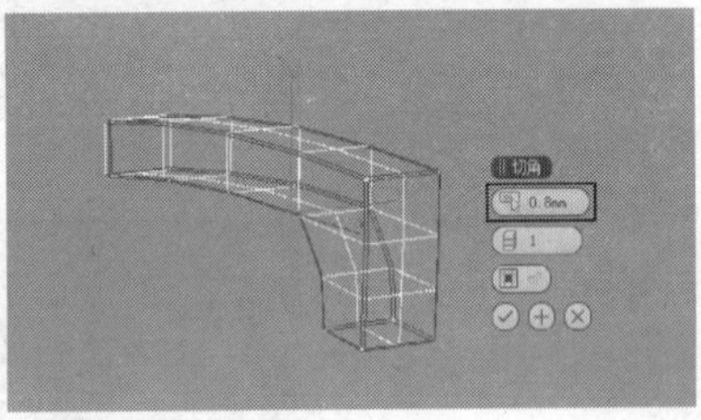

图8-31

07 为模型加载一个“网格平滑”修改器，然后在“细分量”卷展栏下设置“迭代次数”为2，具体参数设置及模型效果如图8-32所示。

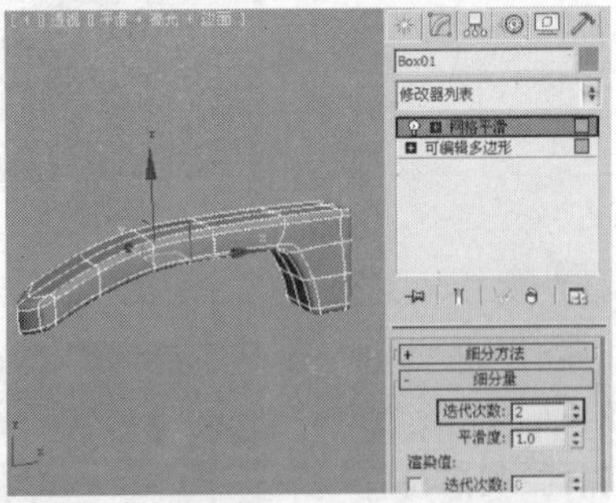

图8-32

08 使用“选择并移动”工具选择模型，然后按住Shift键移动复制一个模型到如图8-33所示的位置。

图8-33

09 使用“线”工具 线 在顶视图中绘制一条如图8-34所示的样条线，然后在“渲染”卷展栏下勾选“在渲染中启用”和“在视口中启用”选项，最后设置“径向”的“厚度”为8mm。

10 使用“选择并移动”工具选择挂杆模型，然后按住Shift键移动复制一个模型到合适的位置，最终效果如图8-35所示。

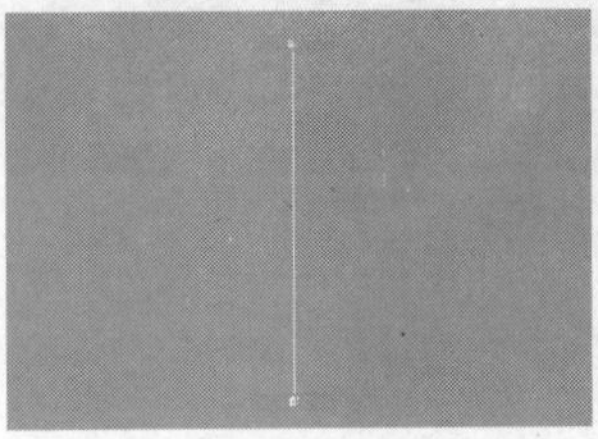

图8-34

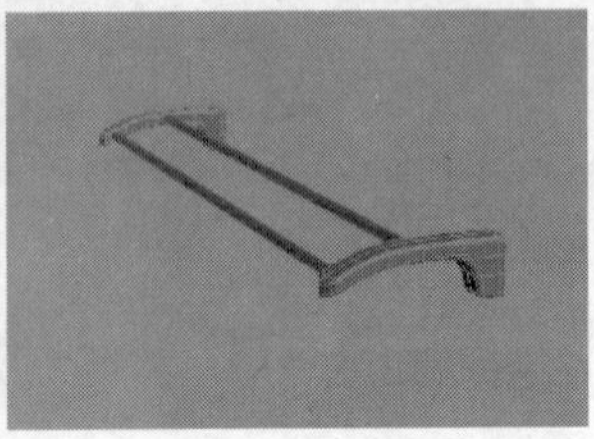

图8-35

实战123 布料

场景位置	无
实例位置	DVD>实例文件>CH08>实战123.max
视频位置	DVD>多媒体教学>CH08>实战123.flv
难易指数	★★☆☆☆
技术掌握	连接工具、推/拉工具、松弛工具

实例介绍

本例将使用多边形建模技术中的“挤出”功能、“推/拉”功能与“松弛”功能制作一块布料模型，效果如图8-36所示。

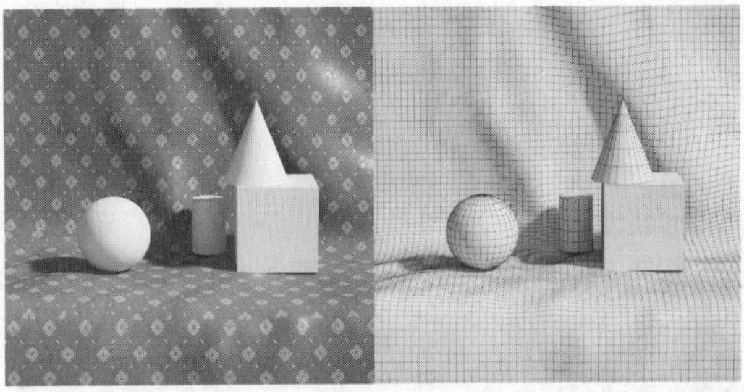

图8-36

本例大致的操作流程如图8-37所示。本例先要将一个平面转换为可编辑多边形，然后通过顶点编辑与连接调整布料的初步造型，再通过绘制功能制作布料的褶皱，最后通过松弛功能调整细节。

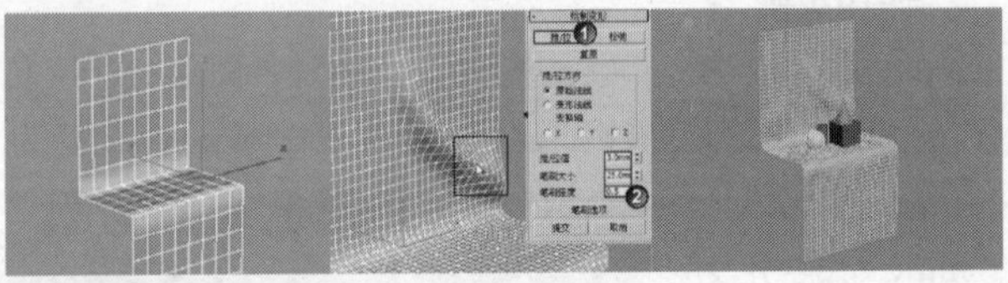

图8-37

操作步骤

01 使用“平面”工具 平面 在前视图中创建一个平面，然后在“参数”卷展栏下设置“长度”为300mm、“宽度”为160mm、“长度分段”为12、“宽度分段”为8，具体参数设置及模型效果如图8-38所示。

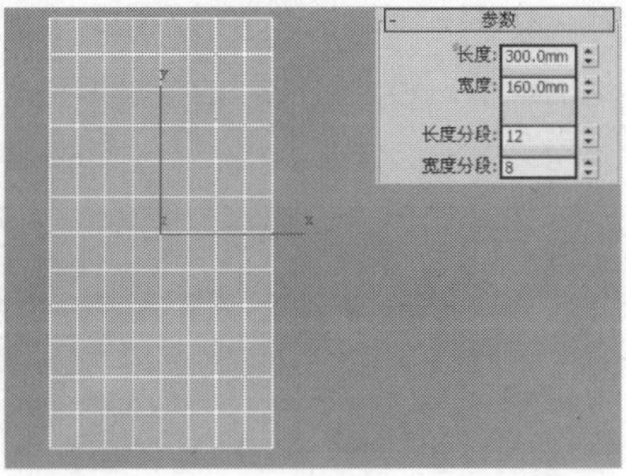

图8-38

02 将平面转换为可编辑多边形，进入“顶点”级别，然后在左视图中框选如图8-39所示的顶点，再使用“选择并移动”工具将其向右拖曳到如图8-40所示的位置。

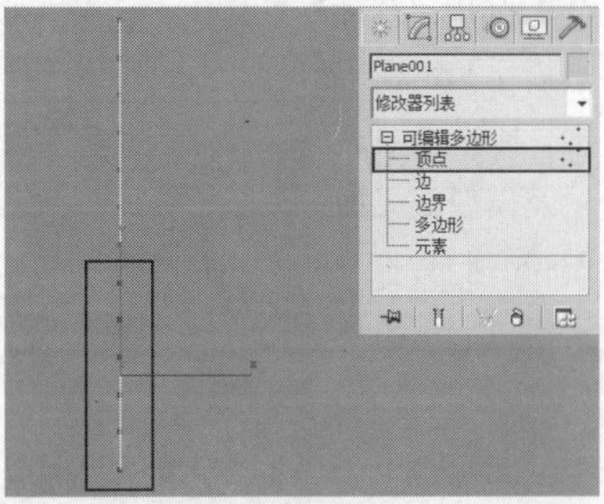

图8-39

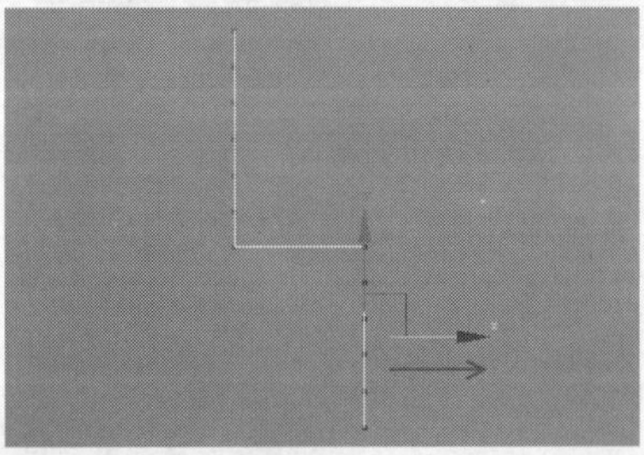

图8-40

03 进入“边”级别，然后在顶视图中选择如图8-41所示的边，再在“编辑边”卷展栏下单击“连接”按钮 连接 后面的“设置”按钮，最后设置“分段”为4，如图8-42所示。

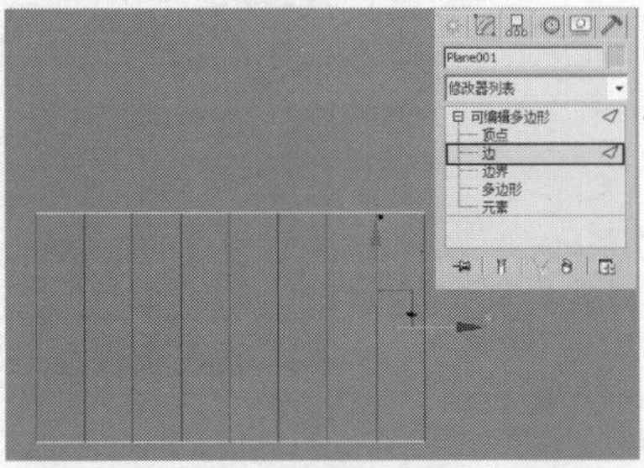

图8-41

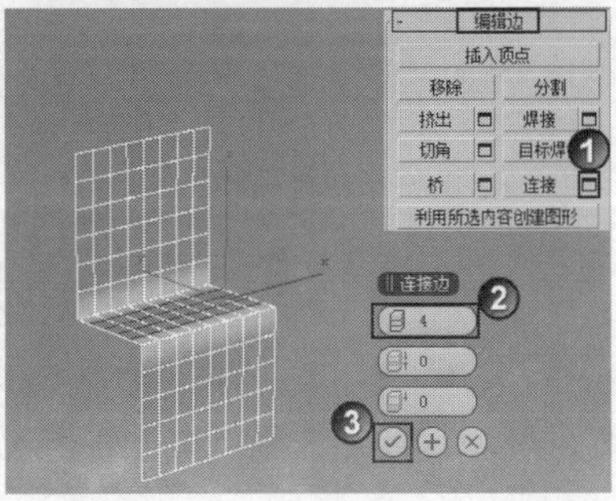

图8-42

技巧与提示

这里为边添加分段是为了让模型有足够多的段值，以便在后面绘制褶皱时能产生更自然的效果。

04 为模型加载一个“网格平滑”修改器，然后在“细分量”卷展栏下设置“迭代次数”为2，具体参数设置及模型效果如图8-43所示。

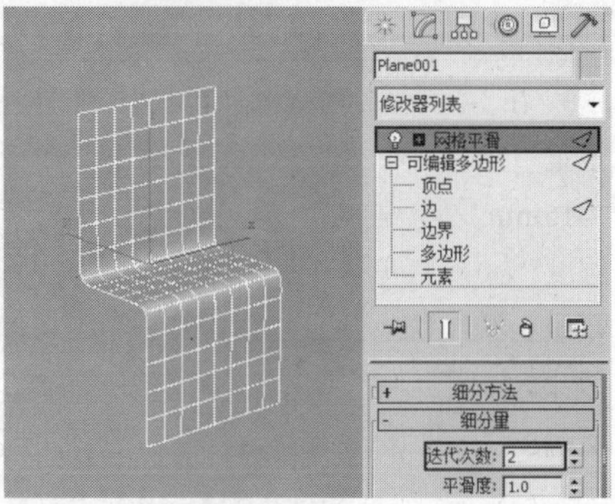

图8-43

05 再次将模型转换为可编辑多边形，然后进入”多边形“级别，展开“绘制变形”卷展栏，再单击“推/拉”按钮 推/拉 ，设置“推/拉值”为3mm、“笔刷大小”为25mm、“笔刷强度”为0.5，最后在模型的右侧绘制褶皱效果，效果如图8-44所示。

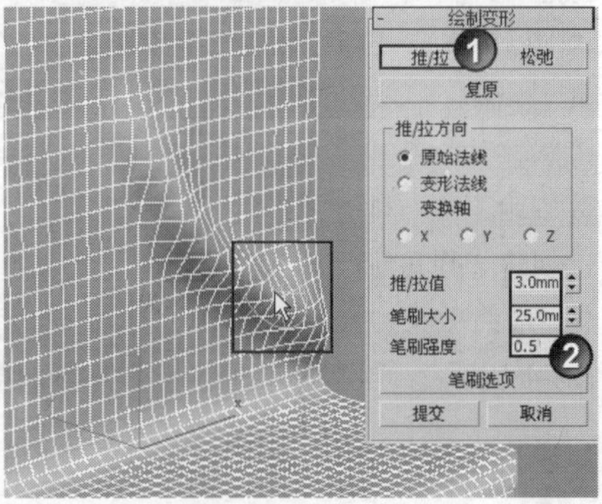

图8-44

技巧与提示

再次将模型转换为可编辑多边形后，可以发现模型上出现了非常多的分段，而且非常平滑，这样的模型用来制作布料褶皱会显得更加真实。

06 将“笔刷大小”修改为15mm、“笔刷强度”修改为0.8，然后继续绘制褶皱的细节，效果如图8-45所示。

07 将“推/拉值”修改为2mm、“笔刷大小”修改为4mm，然后继续绘制布料的细节褶皱，完成后的效果如图8-46所示。

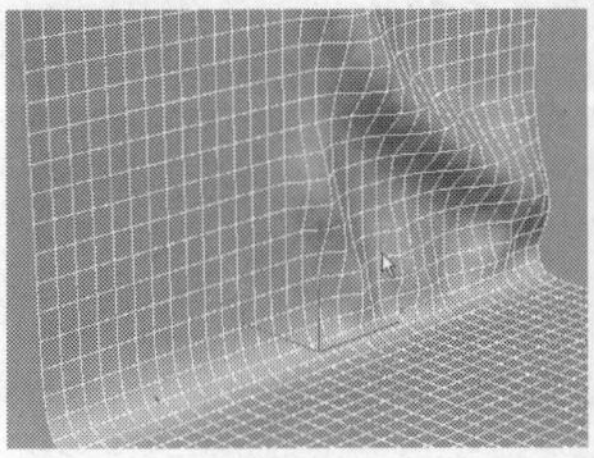

图8-45

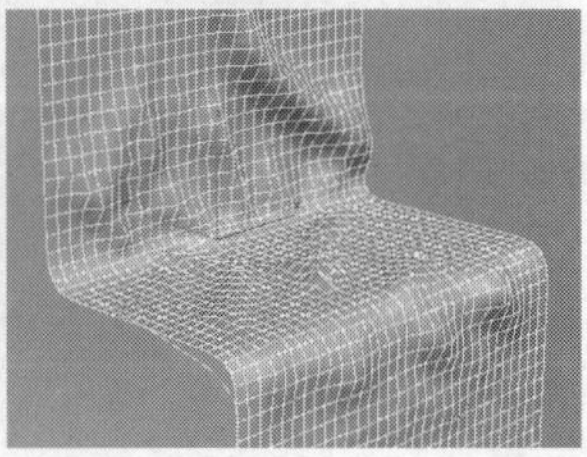

图8-46

技术专题 15 绘制变形的技巧

在使用设置好参数的笔刷绘制褶皱时，按住Alt键可以在保持相同参数值的情况下在推和拉之间进行切换。例如，如果拉的值为3mm，按住Alt键可以切换为-3mm，此时就为推的操作，松开Alt键后就会恢复为拉的操作。另外，除了可以在“绘制变形”卷展栏下调整笔刷的大小外，还有一种更为简单的方法，即按住Shift+Ctrl组合键拖曳鼠标左键。

08 在“绘制变形”卷展栏下单击“松弛”按钮 松弛 ，然后设置“笔刷大小”为15mm、“笔刷强度”为0.8，再在褶皱上绘制松弛效果，如图8-47所示。

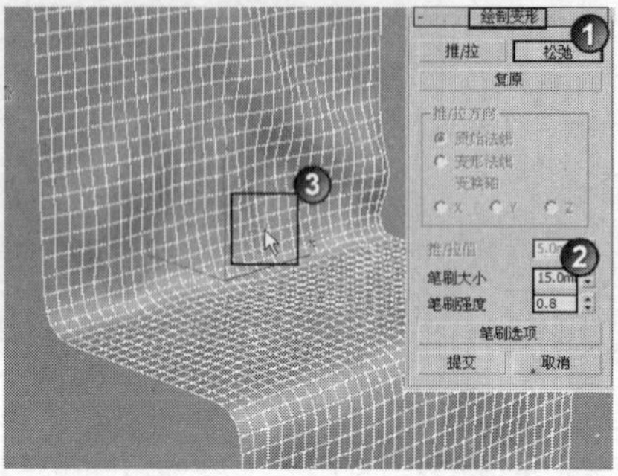

图8-47

09 使用“长方体”工具 长方体 、“球体”工具 球体 、“圆锥体”工具 圆锥体 和“圆柱体”工具 圆柱体 在布料上创建一些几何体，最终效果如图8-48所示。

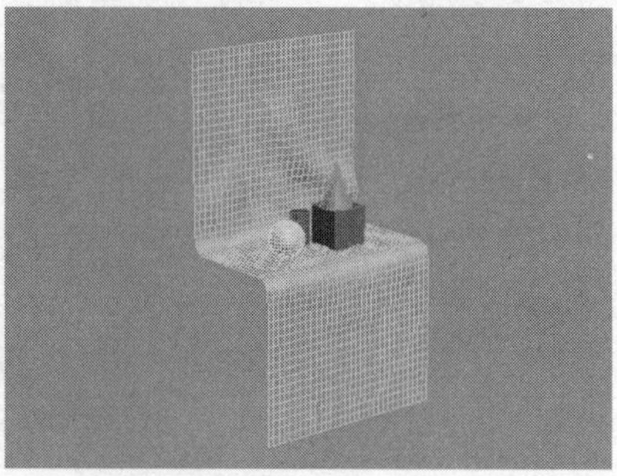

图8-48

实战124 苹果

场景位置	无
实例位置	DVD>实例文件>CH08>实战124.max
视频位置	DVD>多媒体教学>CH08>实战124.flv
难易指数	★★☆☆☆
技术掌握	多边形的顶点调节、切角工具

实例介绍

本例将使用多边形建模技术中的顶点调整功能以及切角功能制作一个苹果模型，效果如图8-49所示。

图8-49

本例大致的操作流程如图8-50所示。本例先要将一个球体转换为可编辑多边形，然后通过编辑顶点调整苹果上部的细节，再通过类似的方法调整底部的造型，最后通过“网格平滑”修改器将表面进行圆滑处理。

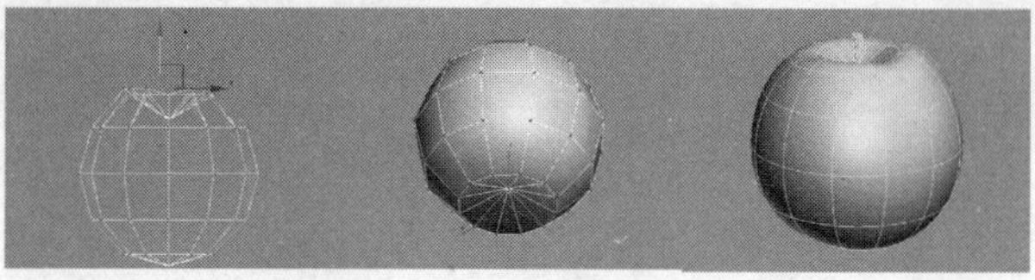

图8-50

操作步骤

01 使用“球体”工具 球体 在场景中创建一个球体，然后在“参数”卷展栏下设置“半径”为50mm、“分段”为12，具体参数设置及模型效果如图8-51所示。

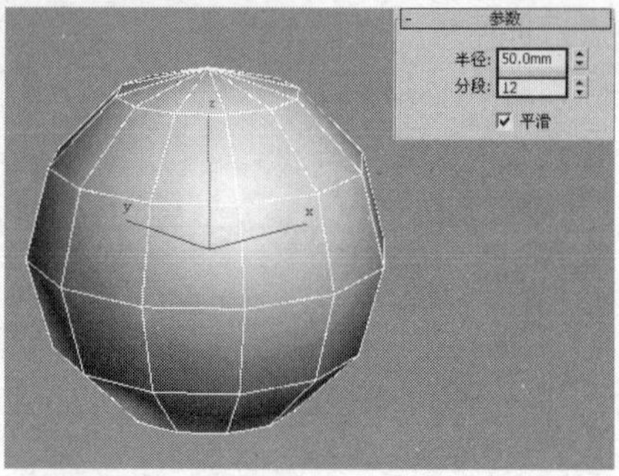

图8-51

02 将球体转换为可编辑多边形，进入“顶点”级别，然后在顶视图中选择顶部的一个顶点，如图8-52所示，再使用“选择并移动”工具在前视图中将其向下拖曳到如图8-53所示的位置。

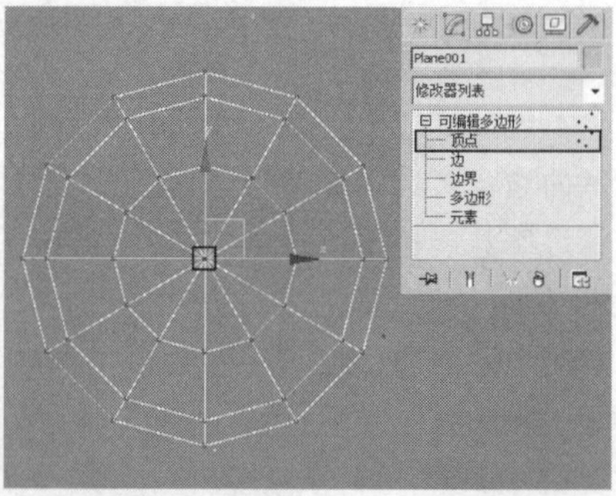

图8-52

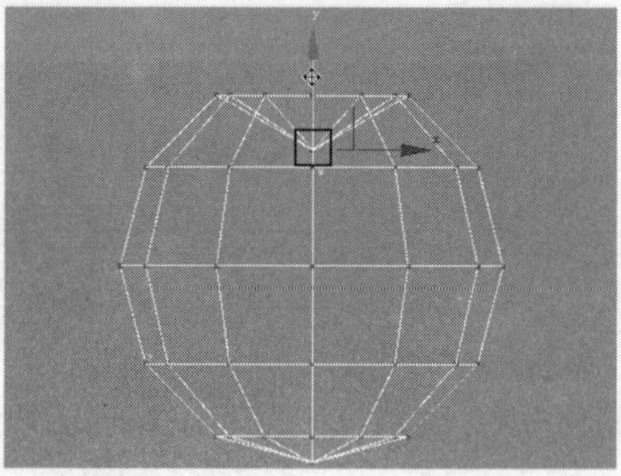

图8-53

技术专题 16 顶点与边的选择技巧

在上一步的操作中需要精确选择到顶部顶点，如果同时选择到底部顶点，如图8-54所示，则在移动时将产生如图8-55所示的错误效果。

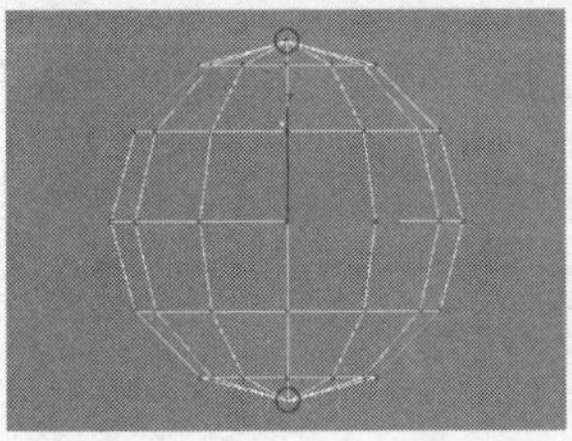

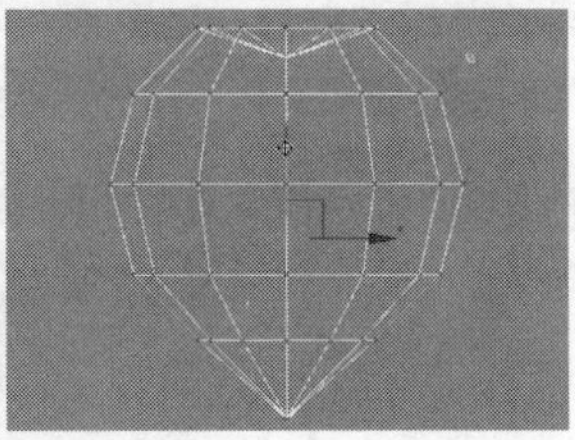

图8-54　　图8-55

展开“选择”卷展栏，如图8-56所示，在该卷展栏下提供了多边形的5种编辑方式（级别），分别是“顶点”、“边”、“边界”、“多边形”以及“元素”5个级别，选择其中任意级别后，图标以黄色高亮显示。注意，在选择不同的级别时，“选择”卷展栏下的可用参数会有一些变化。

比如前面为了避免同时选择到顶部与底部的顶点，可以在“选择”卷展栏下勾选“忽略背面”选项，如图8-57所示，然后将模型切换到顶视图，此时由于底部顶点处于背面的不可见区域，因此框选顶部顶点时不会同时选择到底部顶点。该选项对于其他级别的选择同样有效。

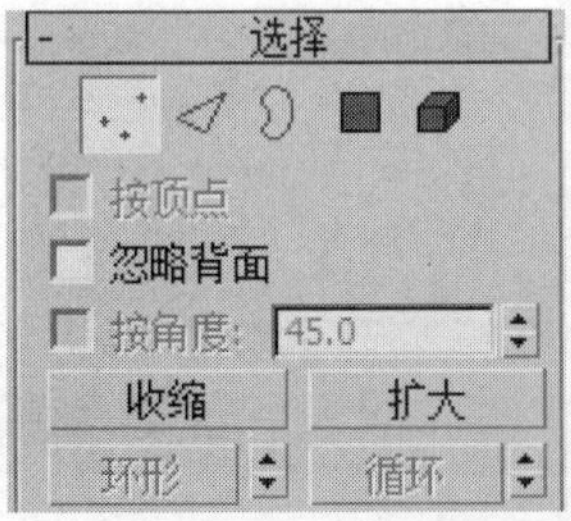

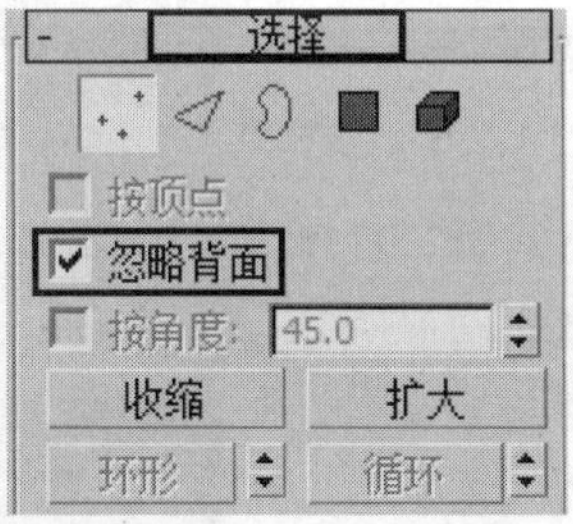

图8-56　　图8-57

此外，在“顶点”级别下，如果先选择其中的任意一点，如选择图8-58中的顶部顶点，然后单击“扩大”按钮 扩大 ，则可以自动向四周扩散选择，从而选择到外围的一圈顶点，如图8-59所示。

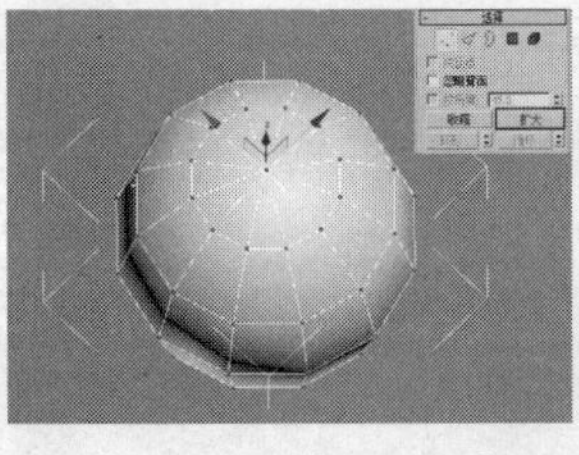

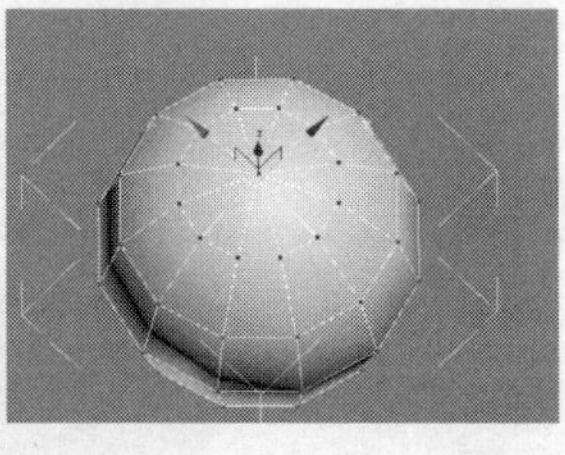

图8-58　　图8-59

而在“边”级别下，如果选择其中的任意一条边，如图8-60所示，单击“循环”按钮 循环 ，则会自动选择到属于同一圆形上其他所有的边，如图8-61所示；如果单击“环形”按钮 环形 ，则会自动选择到同一竖立圆环上的平行边线，如图8-62所示。

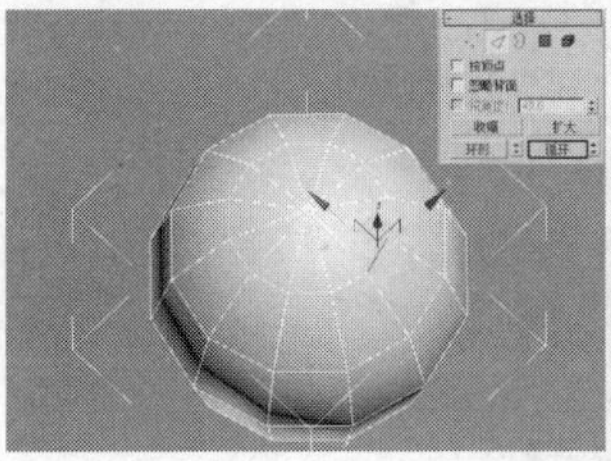

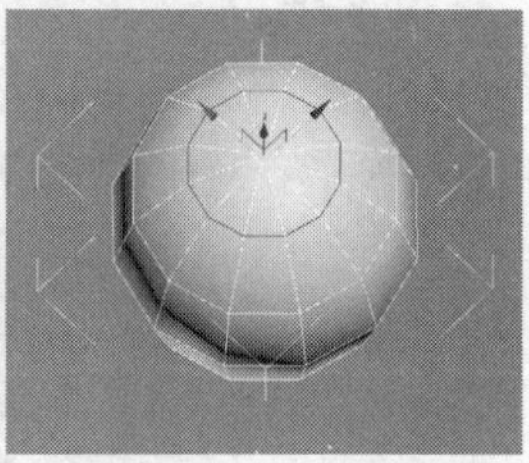

图8-60　　图8-61

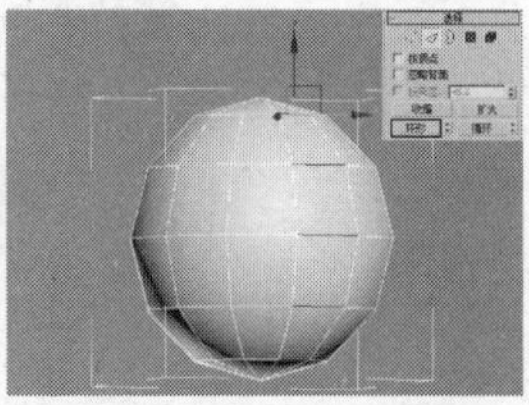

图8-62

03 在顶视图中选择如图8-63所示的5个顶点，然后使用“选择并移动”工具在前视图中将其向上拖曳到如图8-64所示的位置。

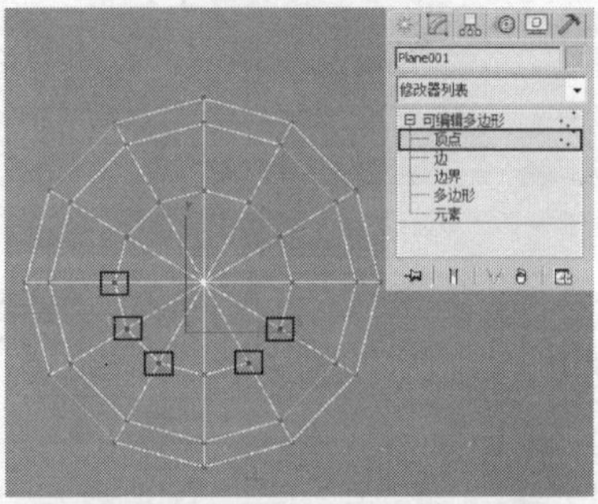

图8-63

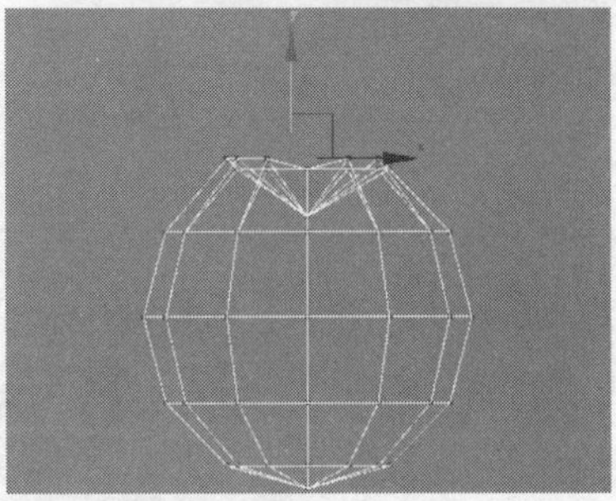

图8-64

04 进入“边”级别，然后在顶视图中选择如图8-65所示的一条边，再单击“循环”按钮 循环 ，这样可以选择一圈边，如图8-66所示。

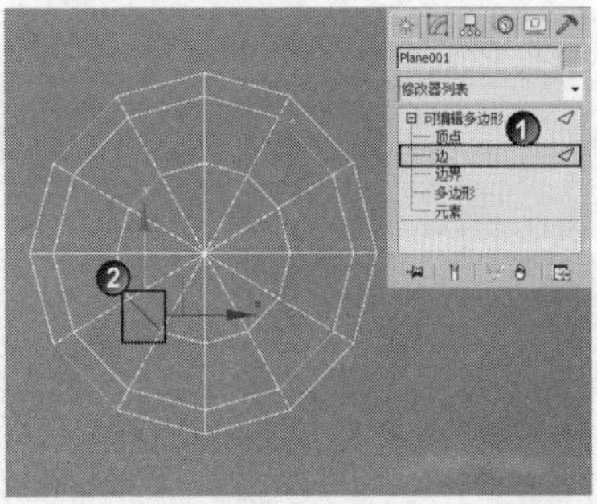

图8-65

05 保存对边的选择，在“编辑边”卷展栏下单击“切角”按钮 切角 后面的“设置”按钮，然后设置“边切角量”为6.3，具体参数设置如图8-67所示。

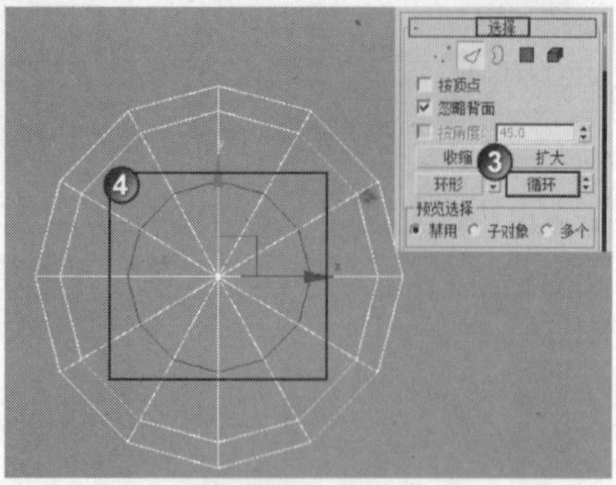

图8-66

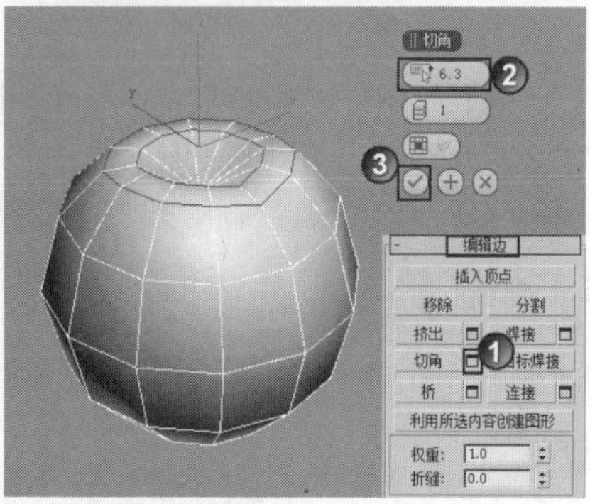

图8-67

06 进入“顶点”级别，然后在前视图中选择如图8-68所示的顶点，再使用“选择并移动”工具将其向上拖曳到如图8-69所示的位置。

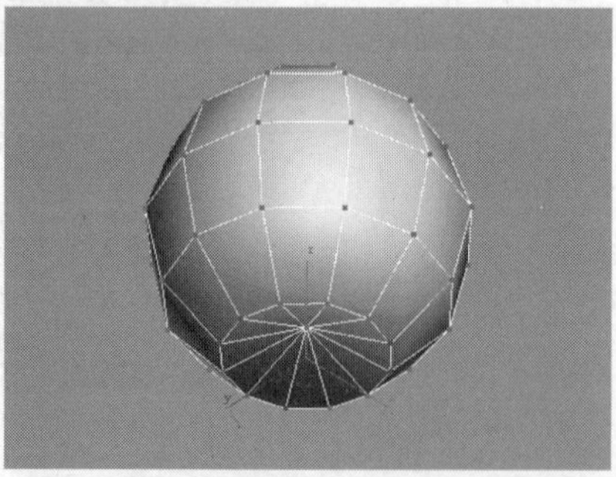

图8-68

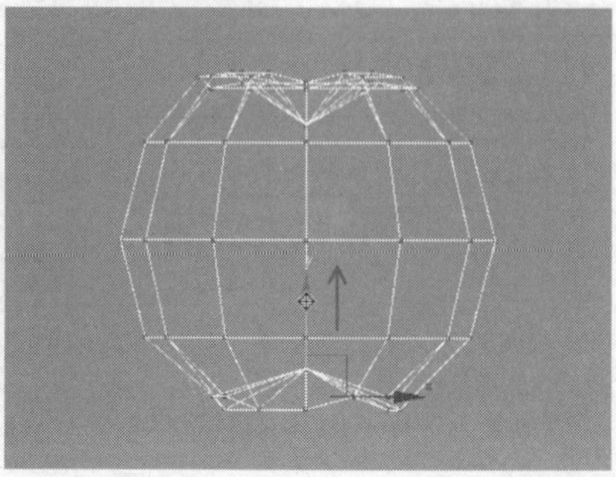

图8-69

07 为模型加载一个“网格平滑”修改器，然后在“细分量”卷展栏下设置“迭代次数”为2，具体参数设置及模型效果如图8-70所示。

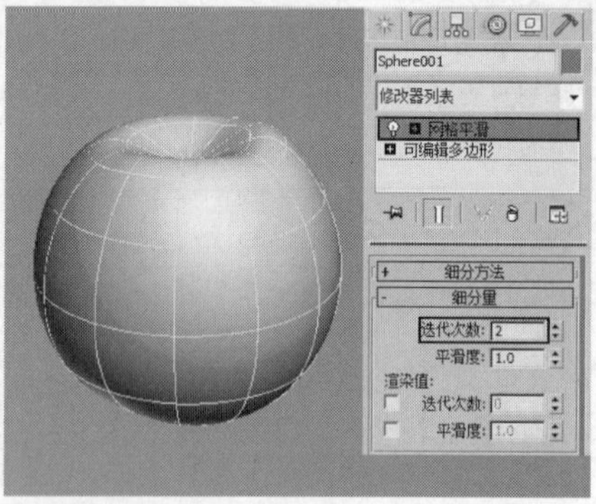

图8-70

08 下面制作苹果的把模型。使用“圆柱体”工具 圆柱体 在场景中创建一个圆柱体，然后在“参数”卷展栏下设置“半径”为2mm、“高度”为15mm、“高度分段”为5，具体参数设置及模型位置如图8-71所示。

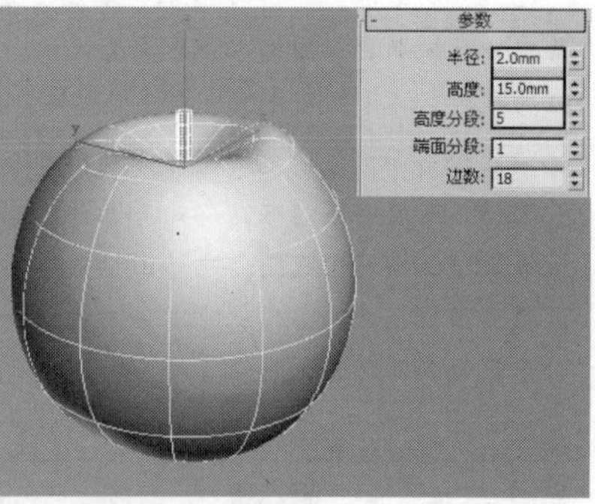

图8-71

09 将圆柱体转换为可编辑多边形，进入“顶点”级别，然后在前视图中选择如图8-72所示的一个顶点，再使用“选择并移动”工具将其稍微向下拖曳一段距离，效果如图8-73所示。

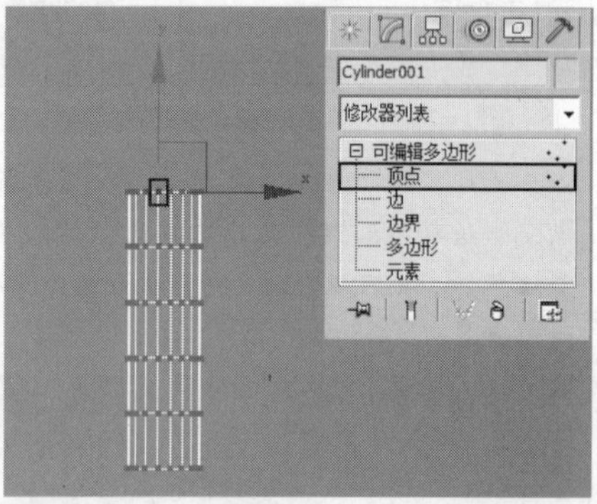

图8-72

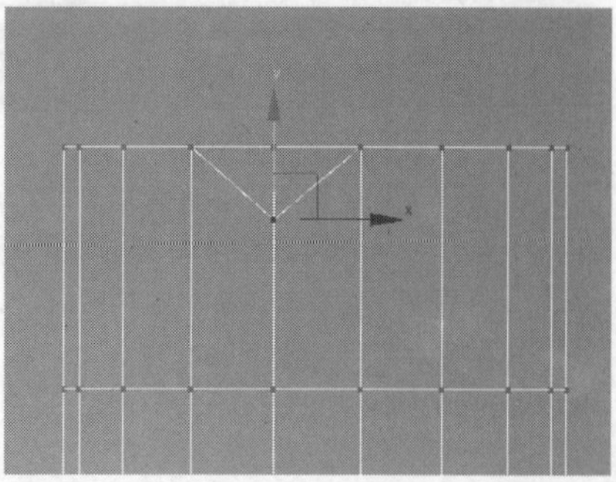

图8-73

10 在前视图中框选如图8-74所示的顶点，然后使用“选择并均匀缩放”工具在透视图将其向内缩放成如图8-75所示的效果。

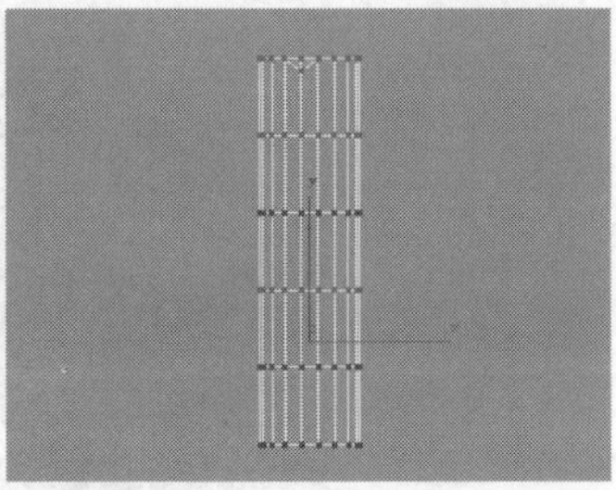

图8-74

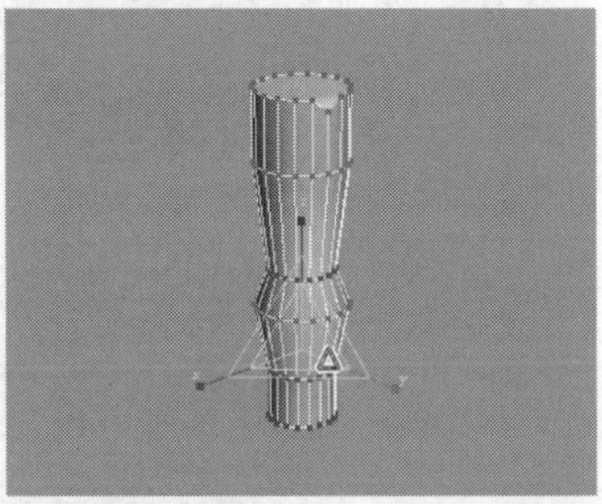

图8-75

11 继续对把模型的细节进行调整，最终效果如图8-76所示。

图8-76

实战125 足球

场景位置	无
实例位置	DVD>实例文件>CH08>实战125.max
视频位置	DVD>多媒体教学>CH08>实战125.flv
难易指数	★★☆☆☆
技术掌握	分离工具、球形化修改器、挤出工具

实例介绍

本例将使用多边形建模技术中的分离功能和挤出功能结合“球形化”修改器制作一个足球模型，效果如图8-77所示。

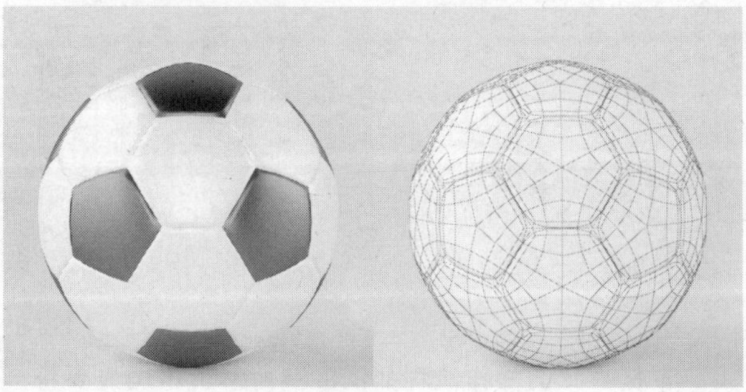

图8-77

本例大致的操作流程如图8-78所示。本例先要将一个异面体转换为可编辑多边形，然后通过分离功能调整好面细节，最后通过挤出功能与“球形化”修改器调整好表面细节。

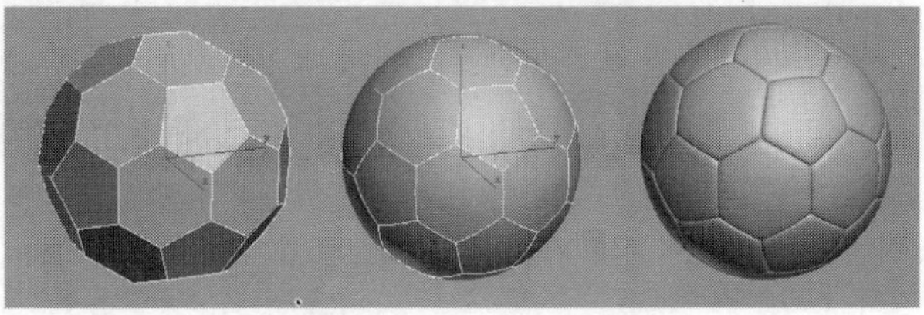

图8-78

操作步骤

01 使用“异面体”工具 异面体 在场景中创建一个异面体，然后在“参数”卷展栏下设置“系列”为“十二面体/二十面体”，再在“系列参数”选项组下设置P为0.33，最后设置“半径”为100mm，具体参数设置如图8-79所示，模型效果如图8-80所示。

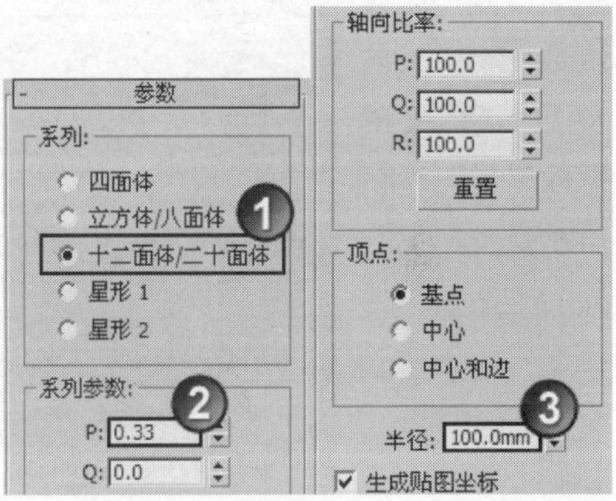

图8-79

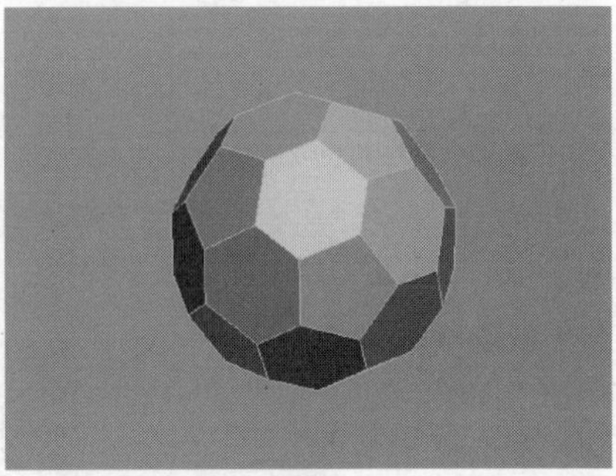

图8-80

02 将异面体转换为可编辑多边形，进入“多边形”级别，然后选择如图8-81所示的多边形，再在“编辑几何体”卷展栏下单击“分离”按钮 分离 ，最后在弹出的“分离”对话框中勾选“分离到元素”选项，如图8-82所示。

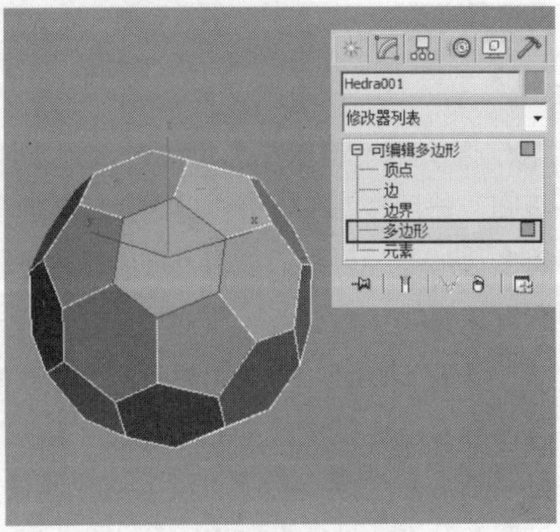

图8-81

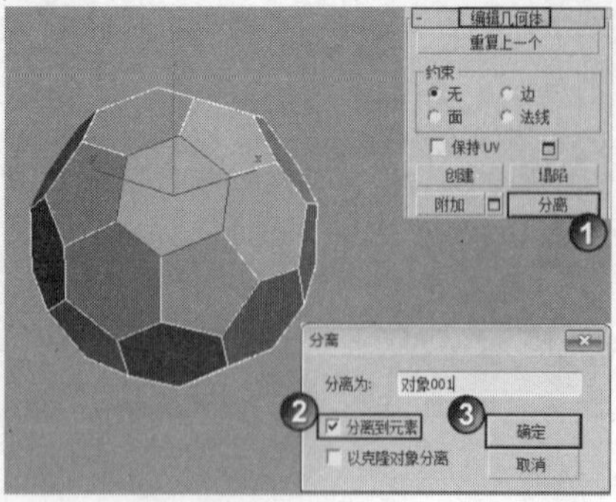

图8-82

03 采用相同的方法将所有的多边形都分离到元素，然后为模型加载一个“网格平滑”修改器，再在“细分量”卷展栏下设置“迭代次数”为2，具体参数设置及模型效果如图8-83所示。

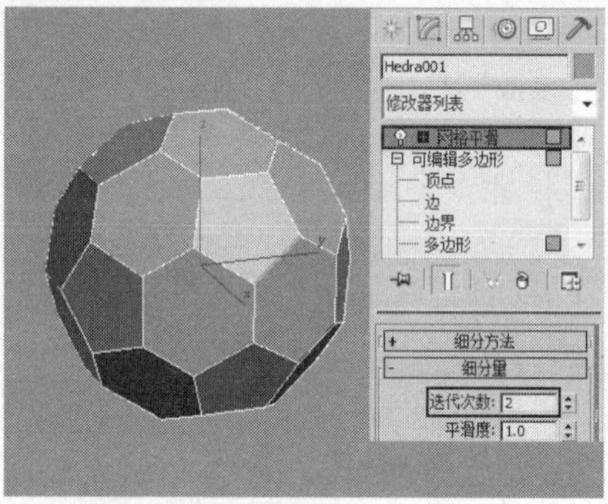

图8-83

技巧与提示

此时虽然为模型加载了“网格平滑”修改器，但模型并没有产生平滑效果，因为这里只是为模型增加面数而已。

04 为模型加载一个“球形化”修改器，然后在“参数”卷展栏下设置“百分比”为100，具体参数设置及模型效果如图8-84所示。

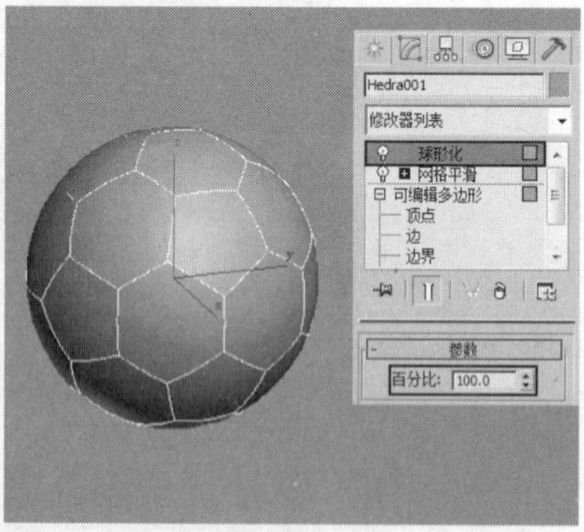

图8-84

05 再次将模型转换为可编辑多边形，进入“多边形”级别，然后按Ctrl+A组合键选择所有的多边形，再在“编辑多边形”卷展栏下单击“挤出”按钮 挤出 后面的“设置”按钮，最后设置“高度”为2，如图8-85所示。

06 为模型加载一个“网格平滑”修改器，然后在“细分方法”卷展栏下设置“细分方法”为“四边形输出”，再在“细分量”卷展栏下设置“迭代次数”为1，具体参数设置及最终效果如图8-86所示。

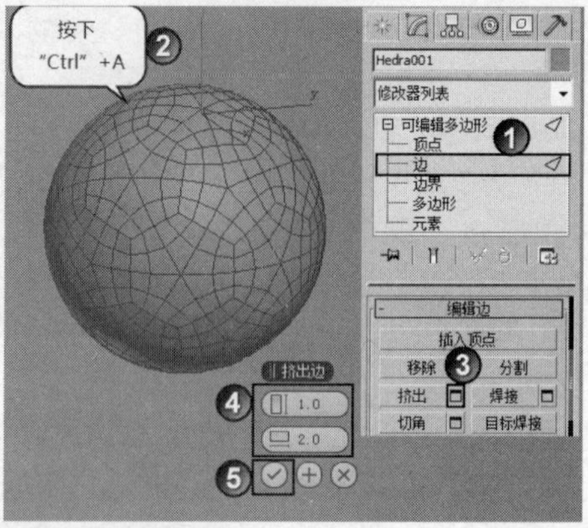

图8-85

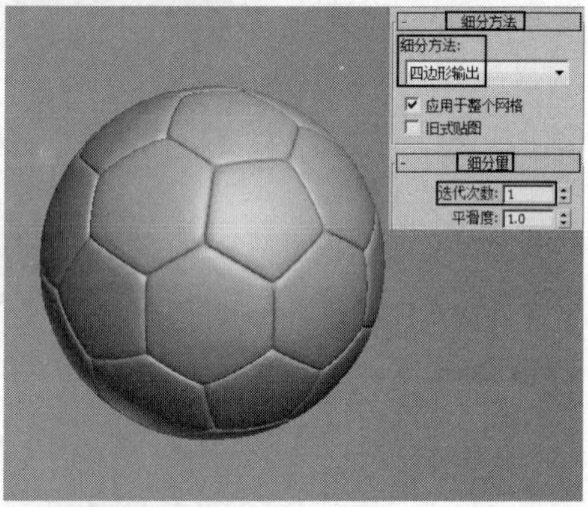

图8-86

实战126 保温杯

场景位置	无
实例位置	DVD>实例文件>CH08>实战126.max
视频位置	DVD>多媒体教学>CH08>实战126.flv
难易指数	★★☆☆☆
技术掌握	插入工具、挤出工具、切角工具

实例介绍

本例将使用多边形建模技术中的插入功能、挤出功能和切角功能制作保温杯模型，效果如图8-87所示。

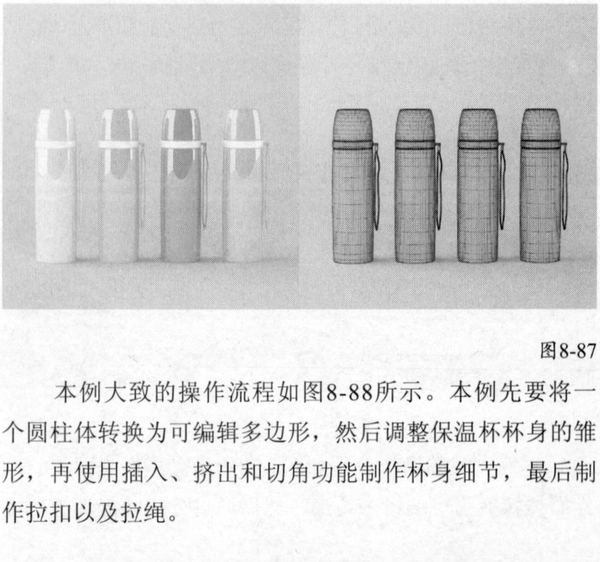

图8-87

本例大致的操作流程如图8-88所示。本例先要将一个圆柱体转换为可编辑多边形，然后调整保温杯杯身的雏形，再使用插入、挤出和切角功能制作杯身细节，最后制作拉扣以及拉绳。

图8-88

操作步骤

01 使用“圆柱体”工具 圆柱体 在场景中创建一个圆柱体，然后在“参数”卷展栏下设置“半径”为30、“高度”为200、“高度分段”为5，如图8-89所示。

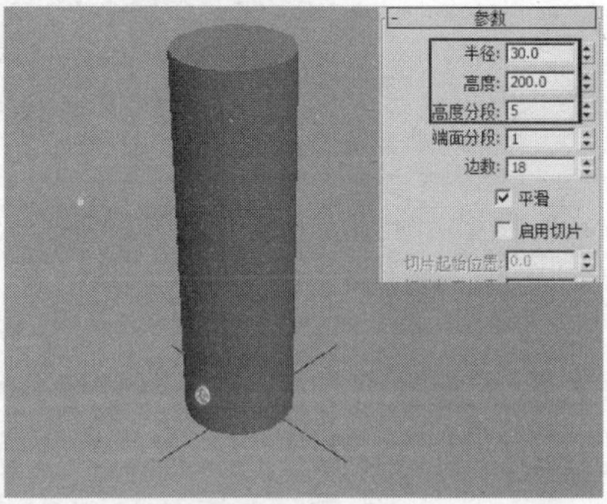

图8-89

02 将圆柱体转换为可编辑多边形，然后进入“顶点”级别，在前视图中调整顶点的位置，如图8-90所示，最后使用“选择并均匀缩放”工具对模型的顶点进行缩放，完成后的效果如图8-91所示。

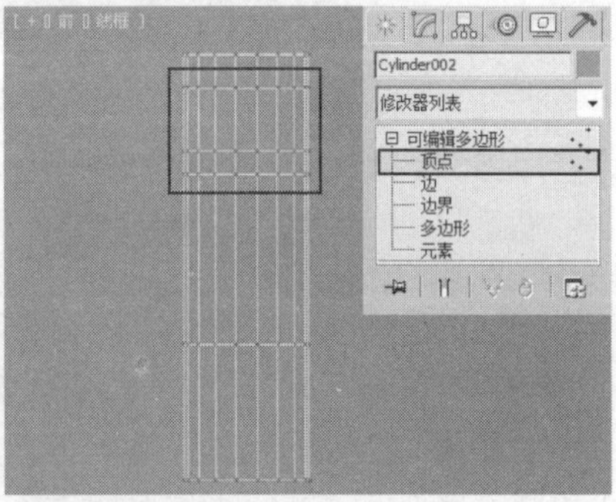

图8-90

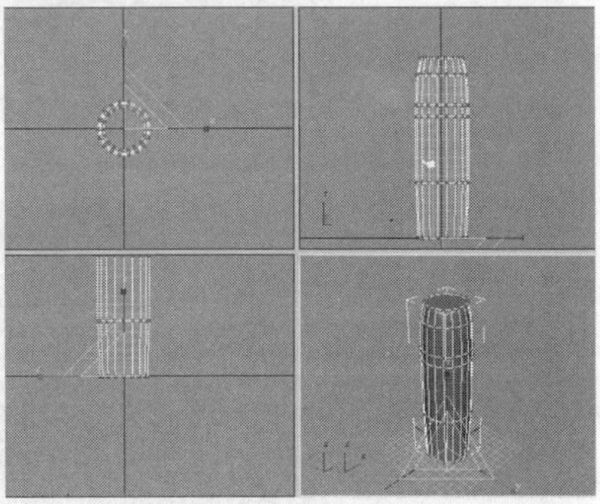

图8-91

03 进入“多边形”级别，然后选择如图8-92所示的多边形，再在“编辑多边形”卷展栏下单击“插入”按钮 插入 后面的“设置”按钮，最后设置“数量”为0.6，如图8-93所示。

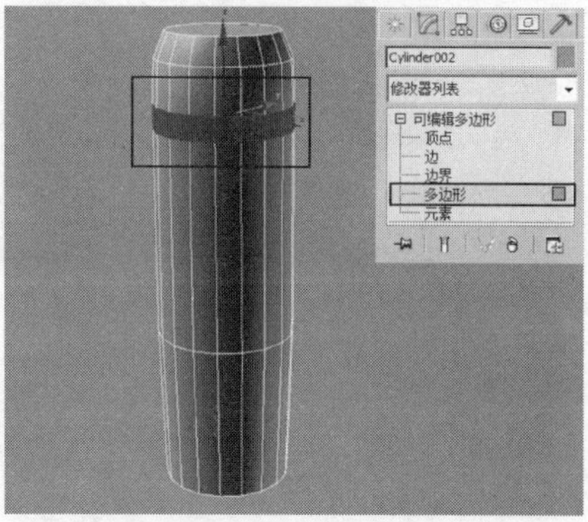

图8-92

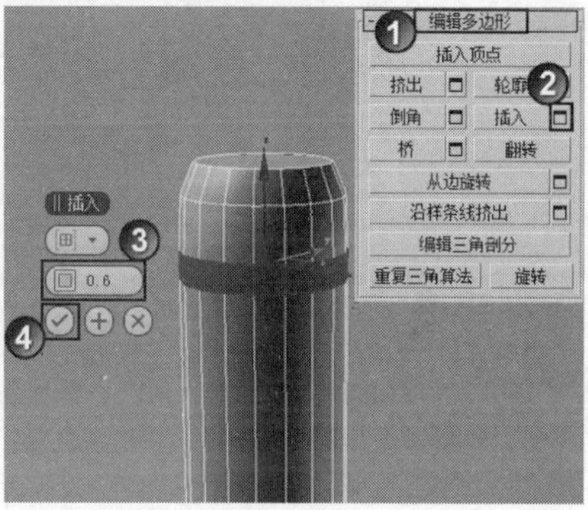

图8-93

04 选择如图8-94所示的多边形，然后在“编辑多边形”卷展栏下单击“挤出”按钮 挤出 后面的“设置”按钮，再设置挤出类型为“局部法线”、“高度”为-1，如图8-95所示。

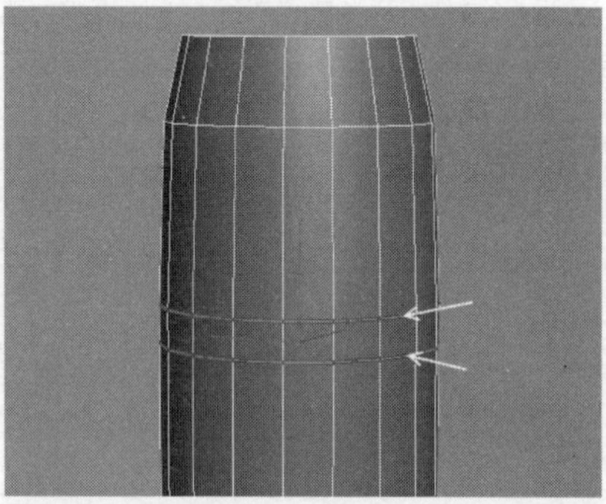

图8-94

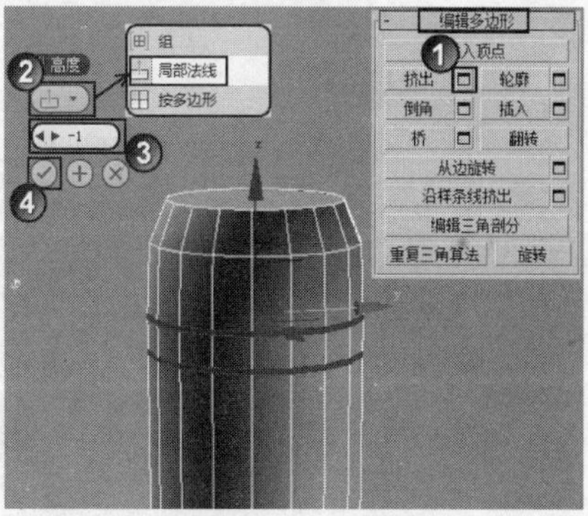

图8-95

05 进入“边”级别，然后选择如图8-96所示的边，再在“编辑边”卷展栏下单击“切角”按钮 切角 后面的“设置”按钮，最后设置“边切角量”为0.2，如图8-97所示。

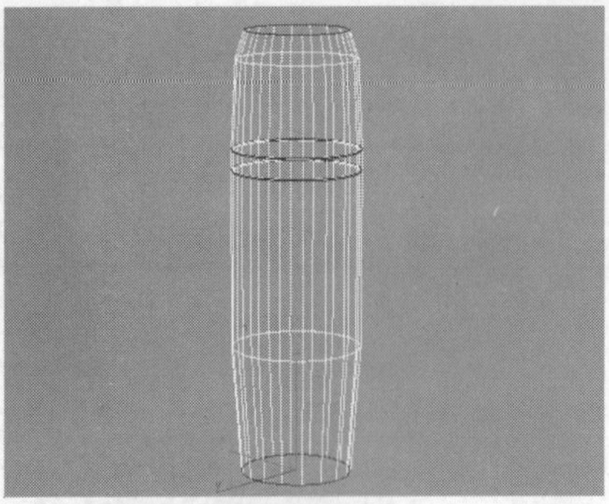

图8-96

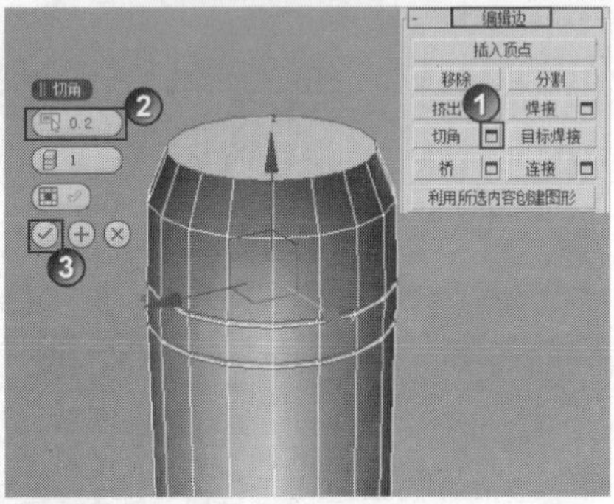

图8-97

06 为模型加载一个“网格平滑”修改器，然后在“细分量”卷展栏下设置“迭代次数”为2，具体参数设置及模型效果如图8-98所示。

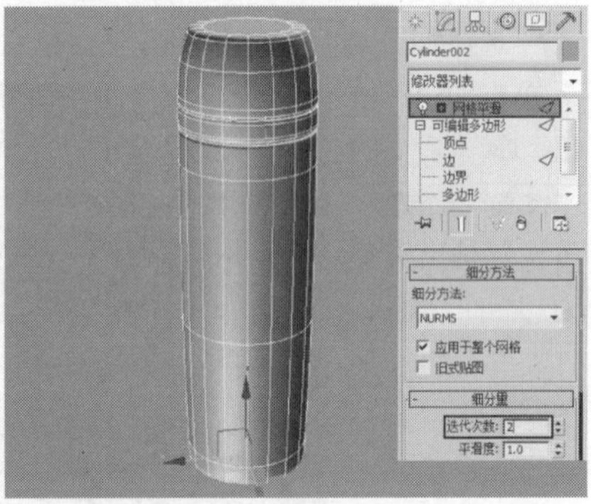

图8-98

07 使用“切角圆柱体”工具 切角圆柱体 在场景中创建一个切角圆柱体，然后在“参数”卷展栏下设置“半径”为1.8、“高度”为5、“圆角”为0.1、“边数”为24，具体参数设置及模型位置如图8-99所示。

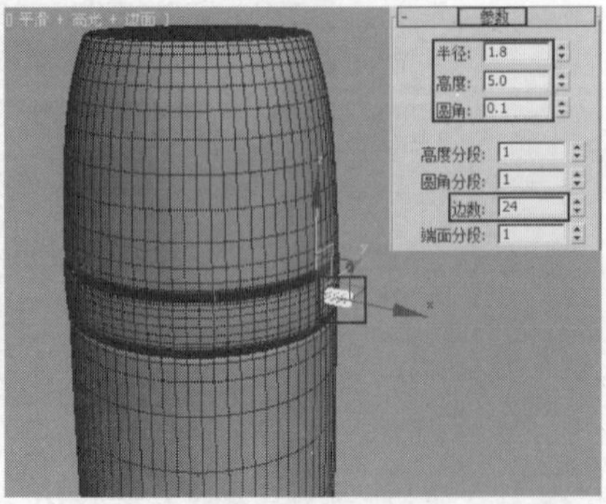

图8-99

08 继续使用“切角圆柱体”工具 切角圆柱体 在场景中创建一个切角圆柱体，然后在“参数”卷展栏下设置“半径”为2、“高度”为5、“圆角”为0.1、“边数”为24，具体参数设置及模型位置如图8-100所示。

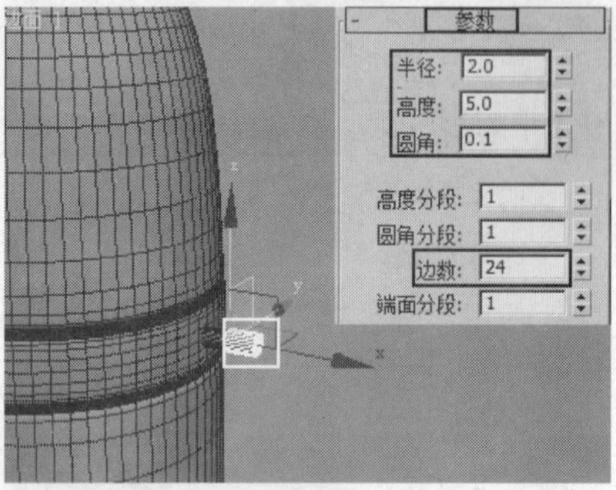

图8-100

09 使用“圆”工具 圆 在视图中绘制一个圆形，然后在“参数”卷展栏下设置“半径”为6，具体参数设置及圆形位置如图8-101所示。

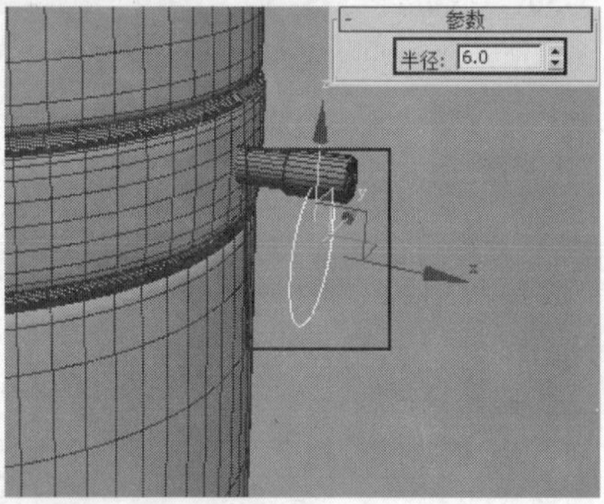

图8-101

10 选择圆形，然后在“渲染”卷展栏下勾选“在渲染中启用”和“在视口中启用”选项，再勾选“矩形”选项，最后设置“长度”为1.5、“宽度”为0.6，具体参数设置及模型效果如图8-102所示。

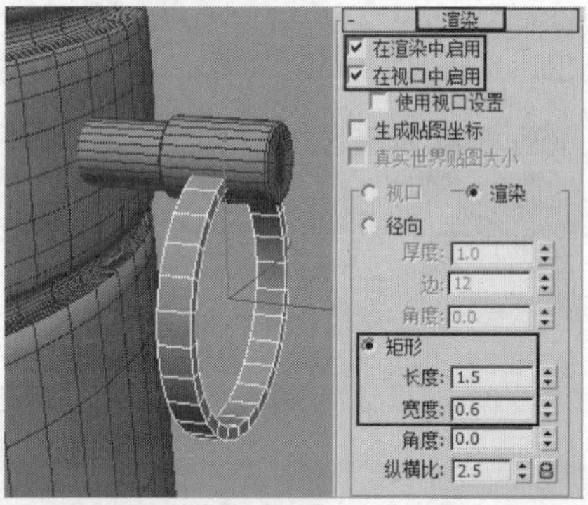

图8-102

11 使用“线”工具 线 在前视图中绘制一条如图8-103所示的样条线。

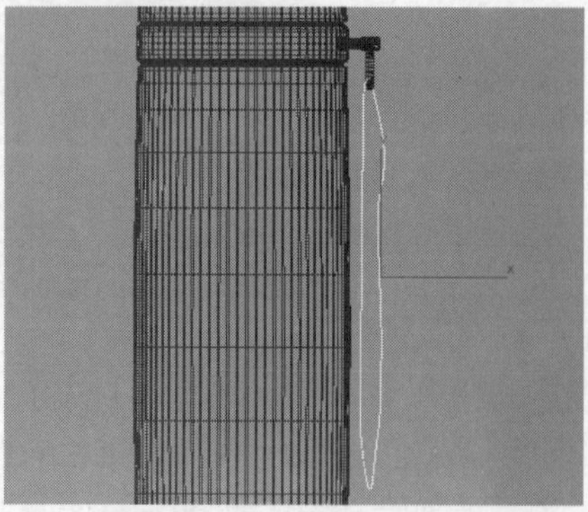

图8-103

12 选择样条线，然后在“渲染”卷展栏下勾选“在渲染中启用”和“在视口中启用”选项，再勾选“矩形”选项，最后设置“长度”为4.5mm、“宽度”为1.8mm，具体参数设置及模型效果如图8-104所示。

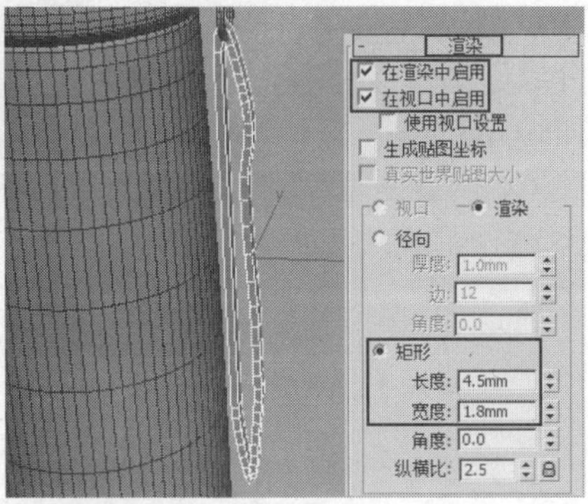

图8-104

13 将绳子模型转换为可编辑多变形，进入“边”级别，然后选择绳子两侧的边线，再在“编辑边”卷展栏下单击“切角”按钮 切角 后面的“设置”按钮，最后设置“边切角量”为0.3mm，如图8-105所示。

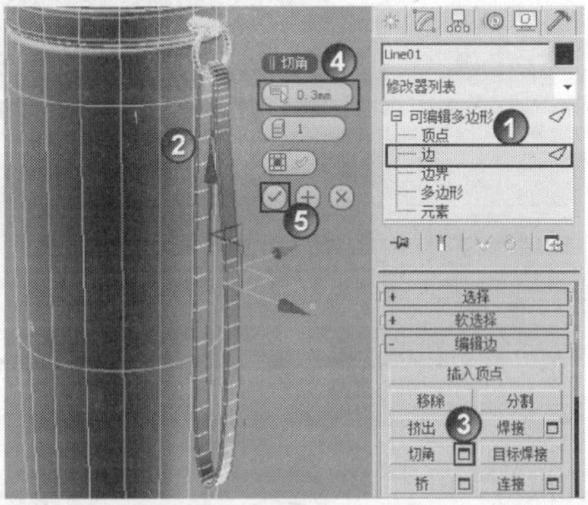

图8-105

14 为绳子模型加载一个“网格平滑”修改器，然后在“细分量”卷展栏下设置“迭代次数”为1，最终效果如图8-106所示。

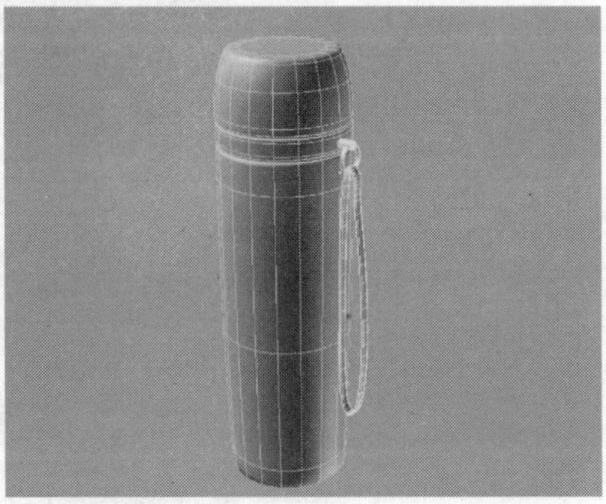

图8-106

实战127 简约床头柜

场景位置	无
实例位置	DVD>实例文件>CH08>实战127.max
视频位置	DVD>多媒体教学>CH08>实战127.flv
难易指数	★☆☆☆☆
技术掌握	挤出工具、切角工具

实例介绍

本例将使用多边形建模技术中的挤出功能和切角功能制作一个简约床头柜，效果如图8-107所示。

本例大致的操作流程如图8-108所示。本例先要将一个长方体转换为可编辑多边形，然后通过顶点缩放调整布线，再使用挤出和切角功能制作柜身细节。

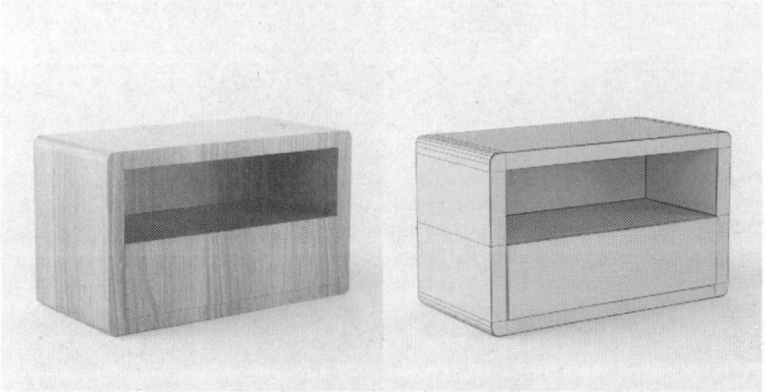

图8-107

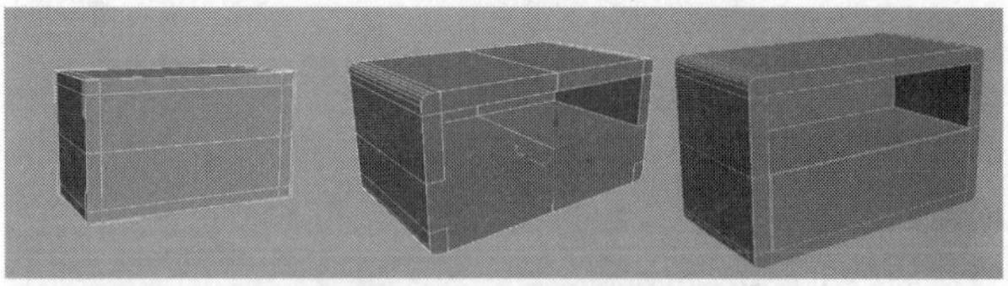

图8-108

操作步骤

01 使用“长方体”工具 长方体 在场景中创建一个长方体，然后在“参数”卷展栏下设置“长度”为140mm、“宽度”为240mm、“高度”为120mm、“长度分段”为4、“宽度分段”为3，如图8-109所示。

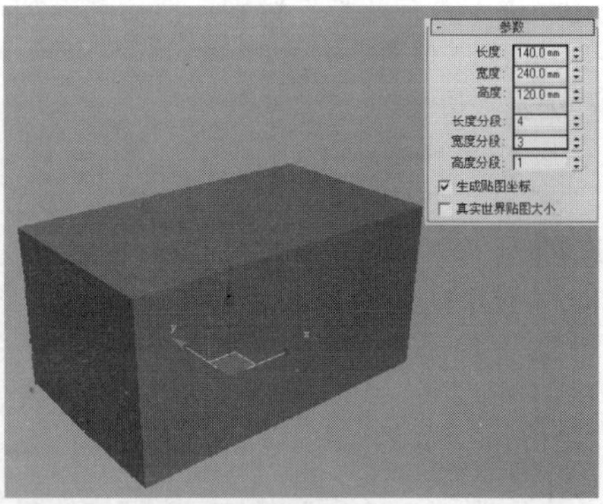

图8-109

02 将长方体转换为可编辑多边形，然后进入“顶点”级别，再在前视图中选择中间竖向的顶点，如图8-110所示，最后使用“选择并均匀缩放”工具将其向两侧缩放到如图8-111所示的效果。

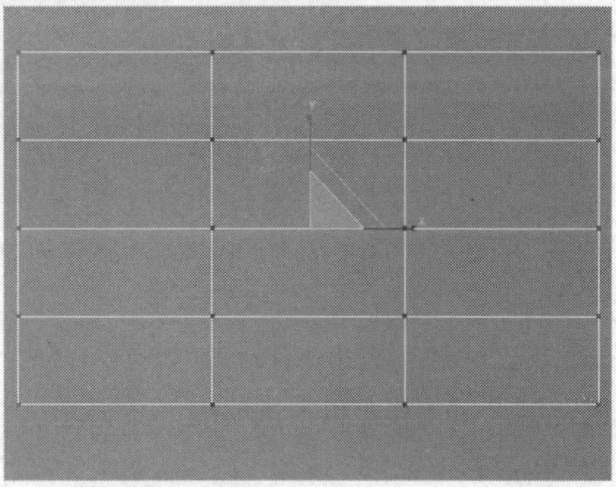

图8-110

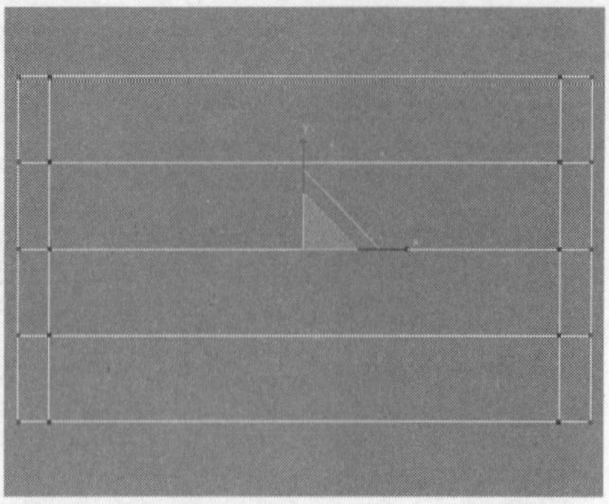

图8-111

03 采用相同的方法调整中间横向的顶点，完成后的效果如图8-112所示。

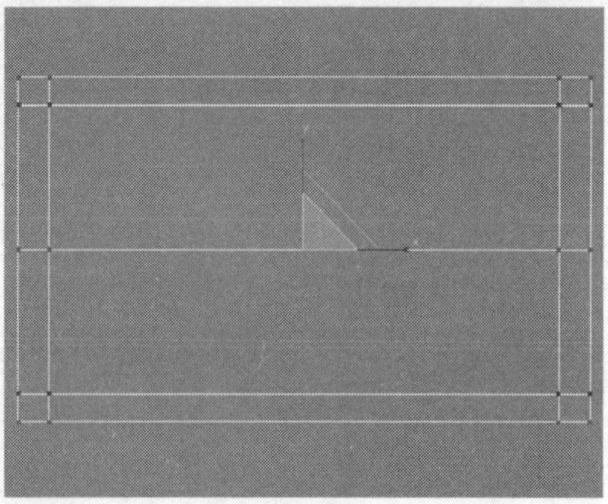

图8-112

04 进入“多边形”级别，然后选择如图8-113所示的多边形，再在“编辑多边形”卷展栏下单击“挤出”按钮 挤出 后面的“设置”按钮□，最后设置“高度”为-120mm，如图8-114所示。

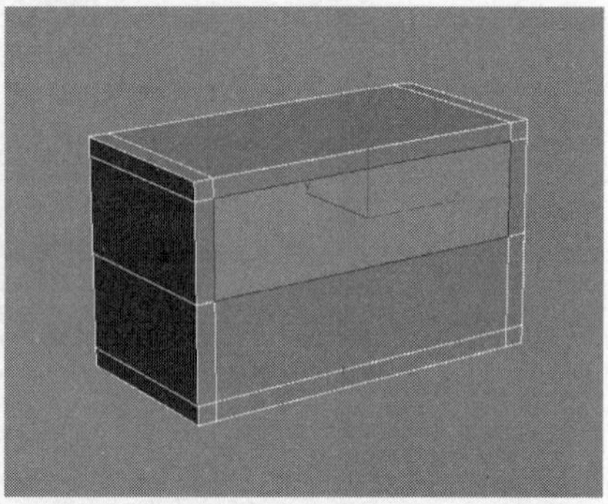

图8-113

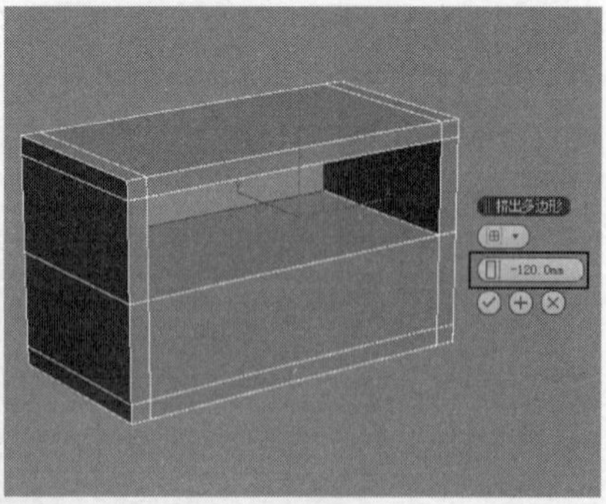

图8-114

05 进入“边”级别，然后选择如图8-115所示的边（按Alt+X组合键可以将模型以半透明的方式显示出来），再在“编辑边”卷展栏下单击“切角”按钮 切角 后面的“设置”按钮□，最后设置“边切角量”为8mm、“连接边分段”为4，如图8-116所示。

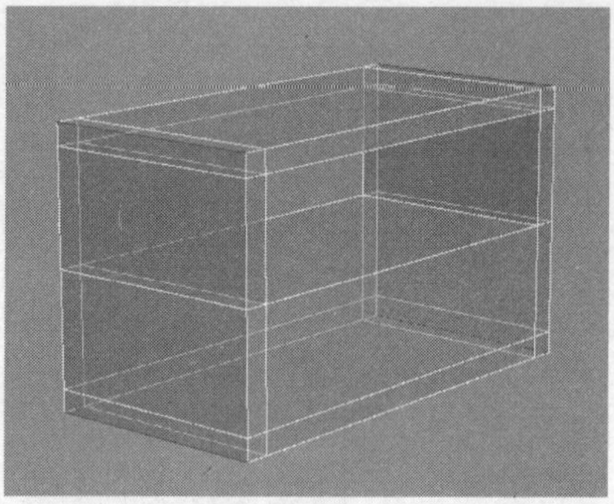

图8-115

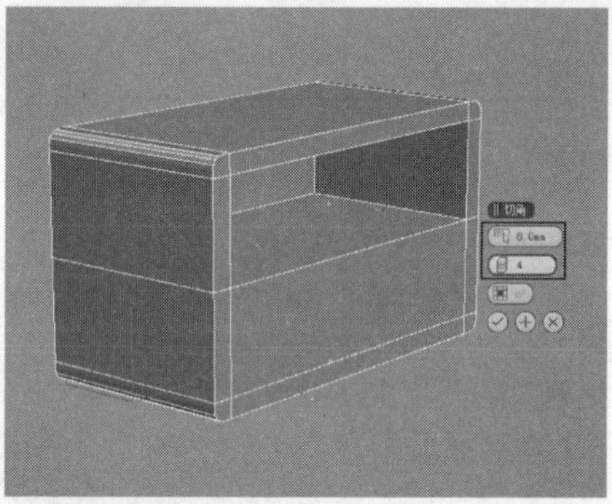

图8-116

06 进入“多边形”级别，然后选择如图8-117所示的多边形，再在“编辑多边形”卷展栏下单击“挤出”按钮 挤出 后面的“设置”按钮□，最后设置“高度”为2mm，如图8-118所示。

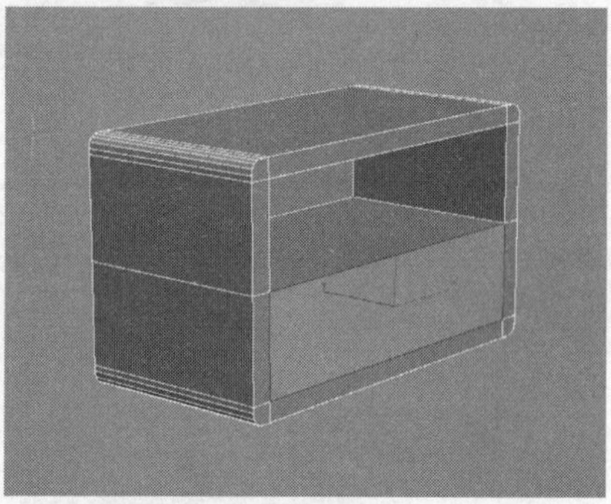

图8-117

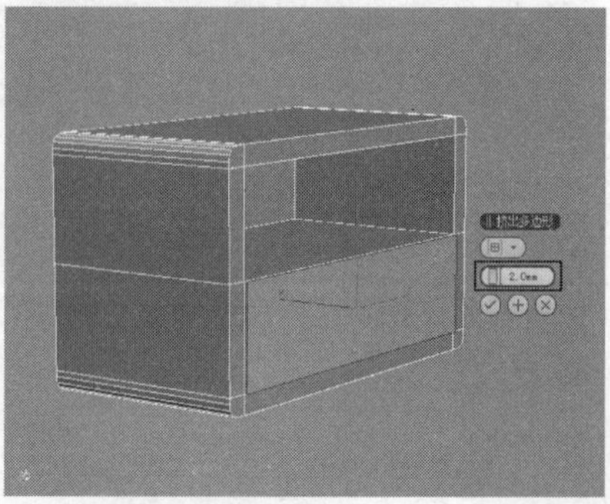

图8-118

07 进入“边”级别，然后选择如图8-119所示的边，再在“编辑边”卷展栏下单击“切角”按钮 切角 后面的“设置”按钮□，最后设置“边切角量”为0.5mm，如图8-120所示。

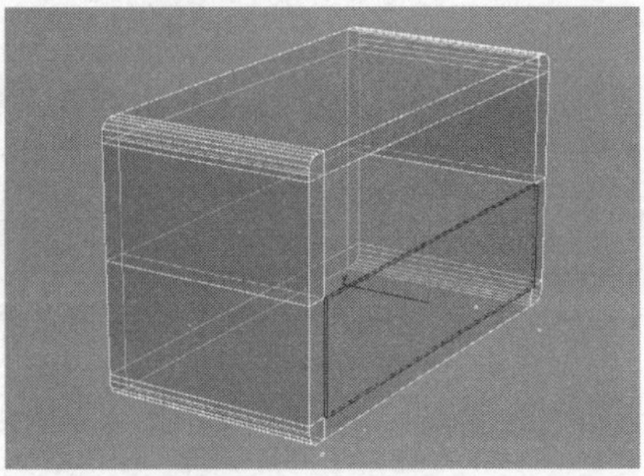

图8-119

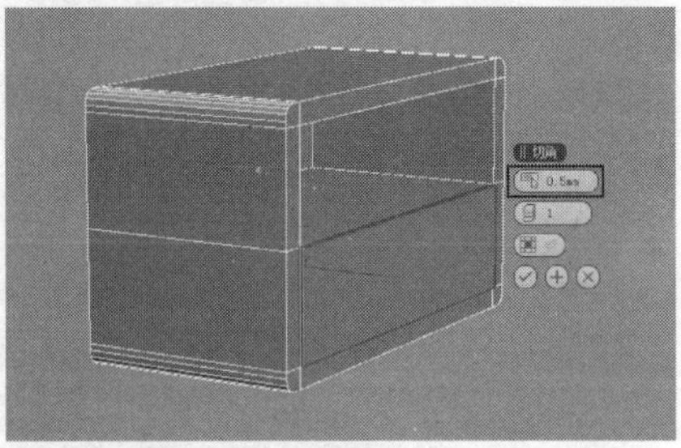

图8-120

08 选择如图8-121所示的边，然后在“编辑边”卷展栏下单击“切角”按钮 切角 后面的“设置”按钮□，再设置“边切角量”为0.5mm，如图8-122所示，最终效果如图8-123所示。

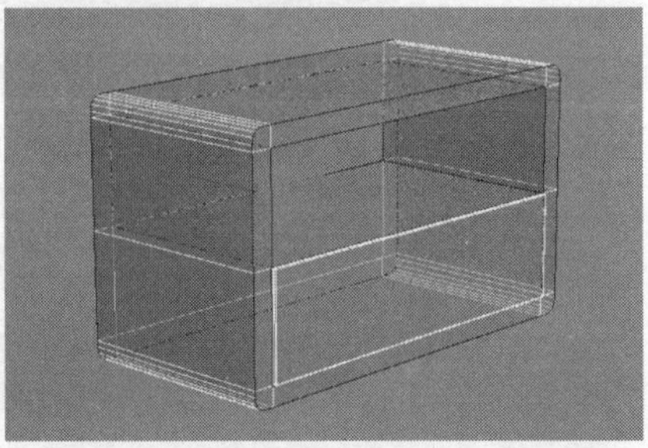

图8-121

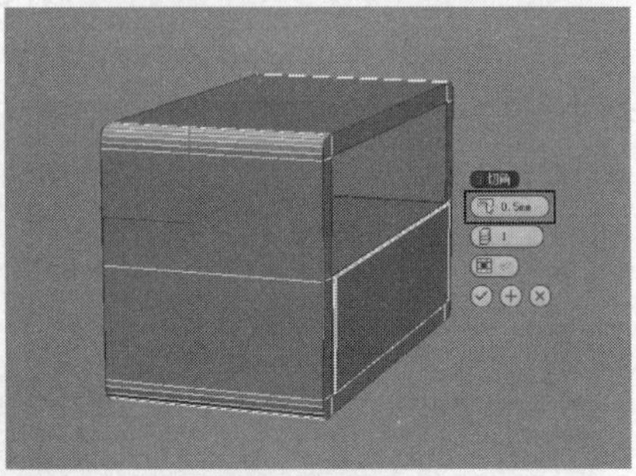

图8-122

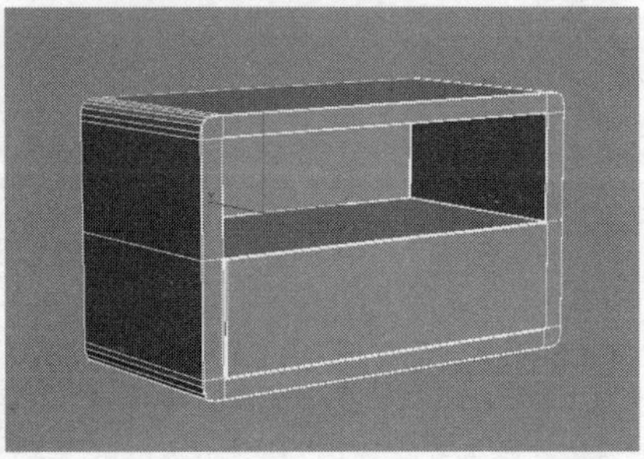

图8-123

实战128 酒柜

场景位置	无
实例位置	DVD>实例文件>CH08>实战128.max
视频位置	DVD>多媒体教学>CH08>实战128.flv
难易指数	★★★☆☆
技术掌握	倒角工具、挤出工具、切角工具、插入工具、连接工具

实例介绍

本例将使用多边形建模技术中的倒角、挤出、切角、插入和连接功能制作一个酒柜模型，效果如图8-124所示。

图8-124

本例大致的操作流程如图8-125所示。本例先通过倒角、挤出和切角功能制作顶板细节，再通过类似的方法制作柜身细节，最后复制柜身并创建拉手。

图8-125

操作步骤

01 使用“长方体”工具 长方体 在场景中创建一个长方体，然后在“参数”卷展栏下设置“长度”为92mm、“宽度”为290mm、“高度”为2mm，如图8-126所示。

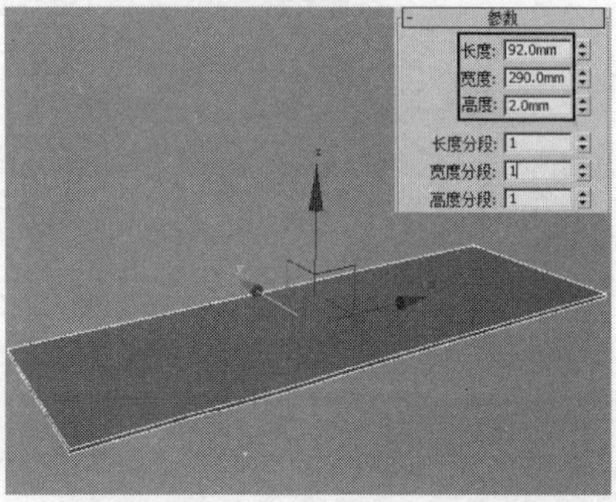

图8-126

02 将长方体转换为可编辑多边形，进入“多边形”级别，然后选择如图8-127所示的多边形，再在“编辑多边形”卷展栏下单击“倒角”按钮 倒角 后面的“设置”按钮□，最后设置“高度”为1mm、“轮廓”为-0.6mm，如图8-128所示。

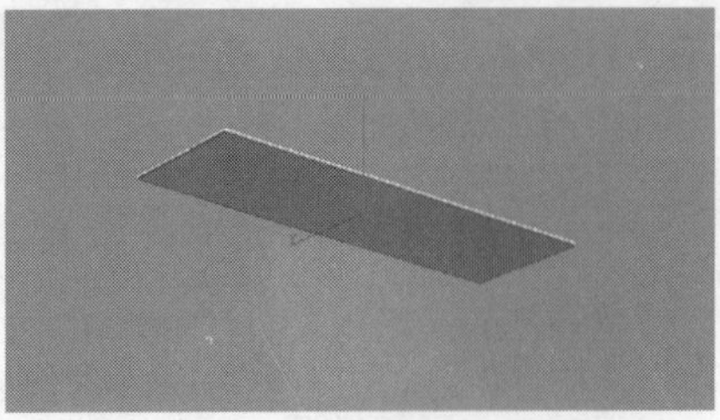

图8-127

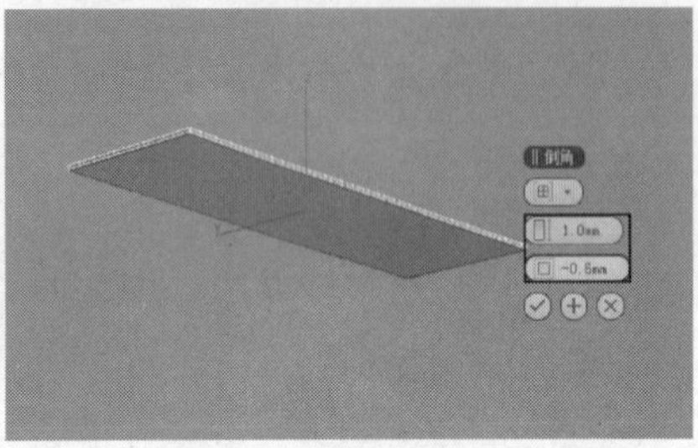

图8-128

03 保持对多边形的选择，在"编辑多边形"卷展栏下单击"挤出"按钮 挤出 后面的"设置"按钮，然后设置"高度"为1mm，如图8-129所示。

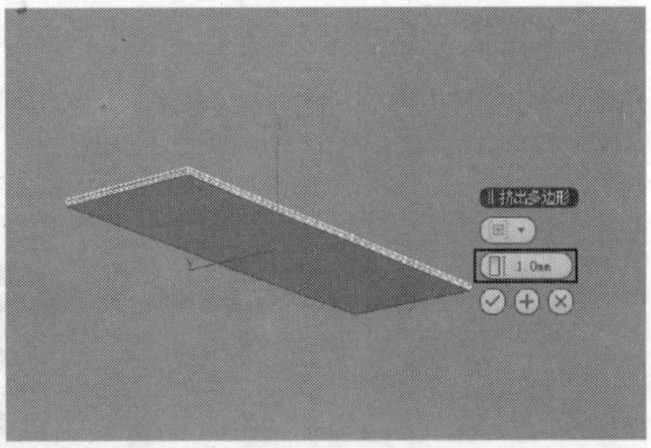

图8-129

04 进入"边"级别，然后按Ctrl+A组合键全选所有的边，再在"编辑边"卷展栏下单击"切角"按钮 切角 后面的"设置"按钮，最后设置"边切角量"为0.2mm、"连接边分段"为3，如图8-130所示。

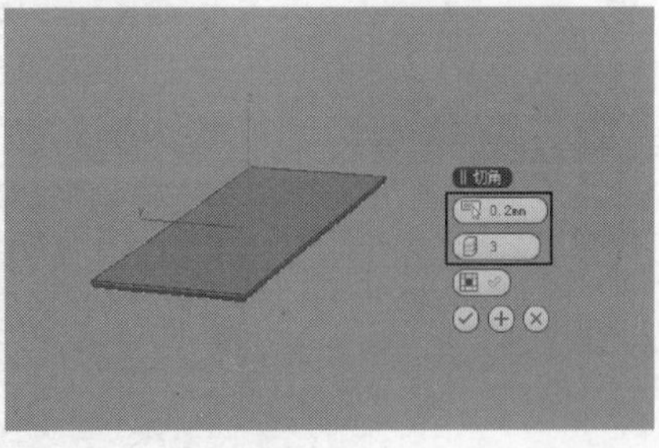

图8-130

05 使用"长方体"工具 长方体 在左视图中创建一个长方体，然后在"参数"卷展栏下设置"长度"为135mm、"宽度"为88mm、"高度"为95mm、"长度分段"为3，再将其转换为可编辑多边形，进入"顶点"级别，最后调整各个顶点的位置，如图8-131所示。

06 进入"多边形"级别，然后如图8-132所示选择多边形，再在"编辑多边形"卷展栏下单击"插入"按钮 插入 后面的"设置"按钮，最后设置插入类型为"按多边形"、"数量"为4.5mm，如图8-133所示。

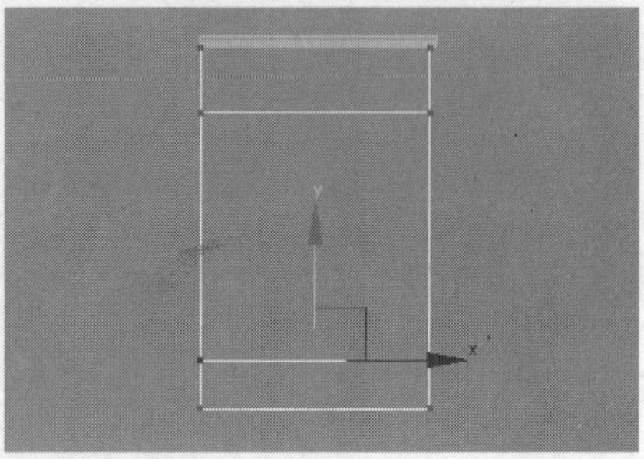

图8-131

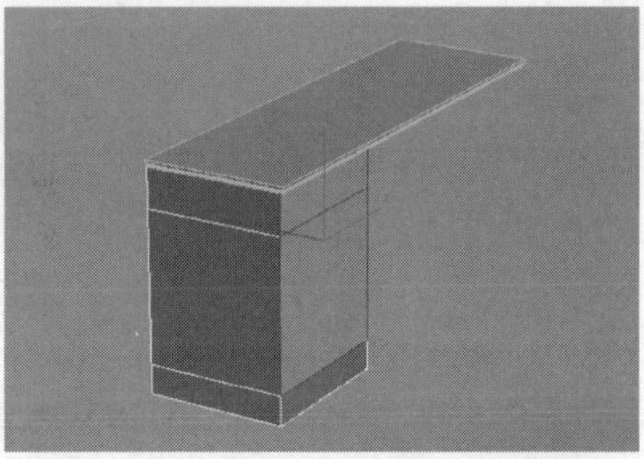

图8-132

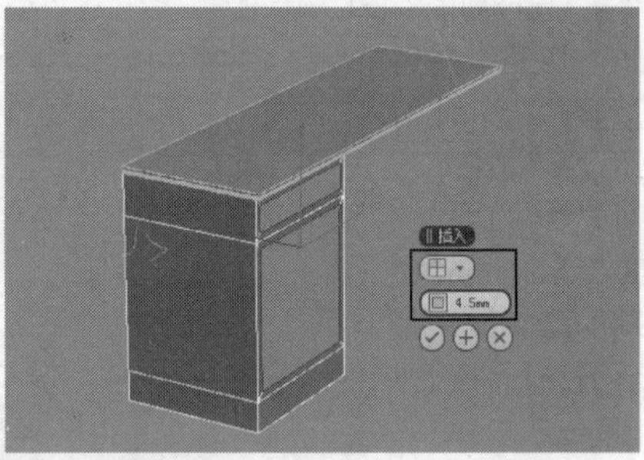

图8-133

07 进入"边"级别，然后选择如图8-134所示的边，再在"编辑边"卷展栏下单击"连接"按钮 连接 后面的"设置"按钮，最后设置"分段"为5，如图8-135所示。

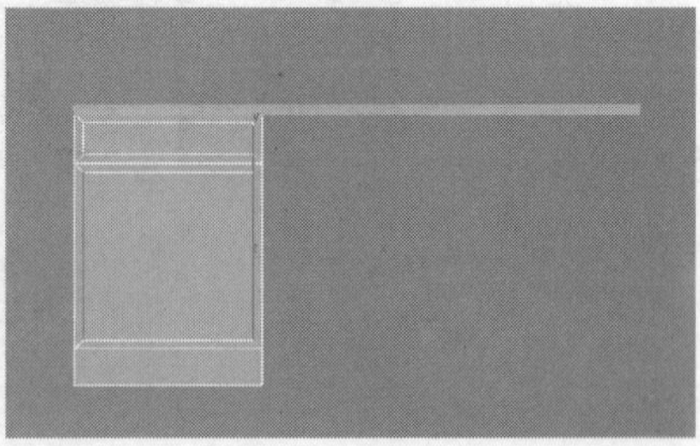

图8-134

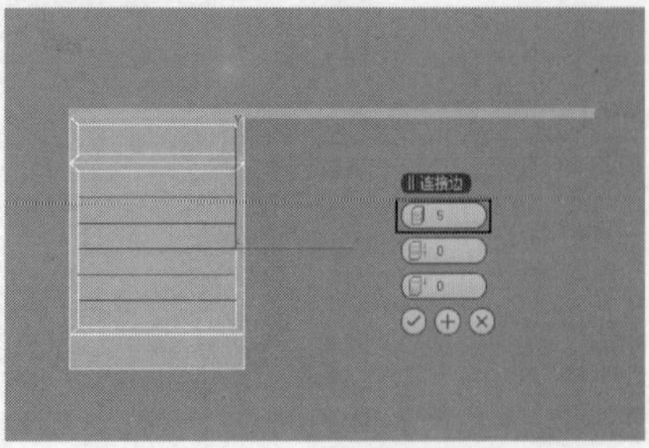

图8-135

08 选择如图8-136所示的边，然后在“编辑边”卷展栏下单击“连接”按钮 连接 后面的“设置”按钮，再设置“分段”为3，如图8-137所示。

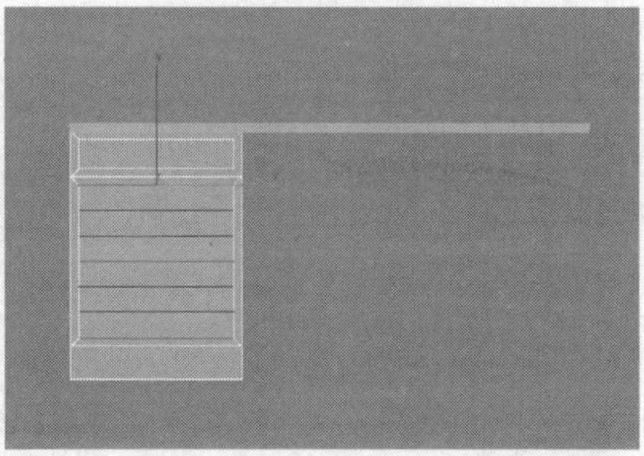

图8-136

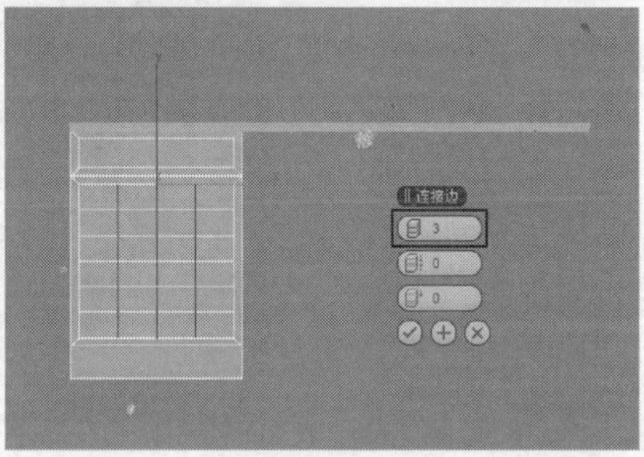

图8-137

09 进入“多边形”级别，然后选择如图8-138所示的多边形，再在“编辑多边形”卷展栏下单击“挤出”按钮 挤出 后面的“设置”按钮，最后设置“高度”为1mm，如图8-139所示。

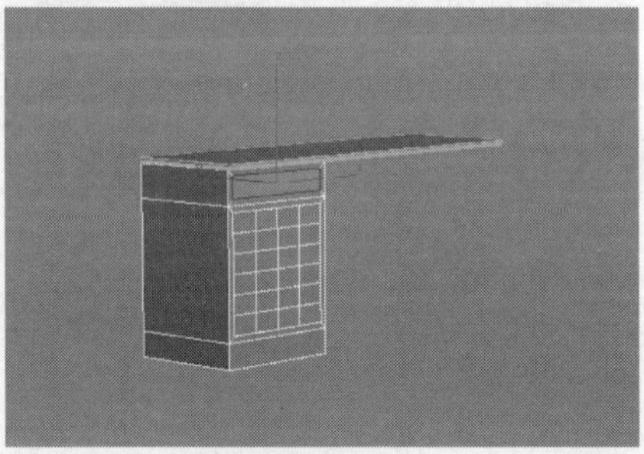

图8-138

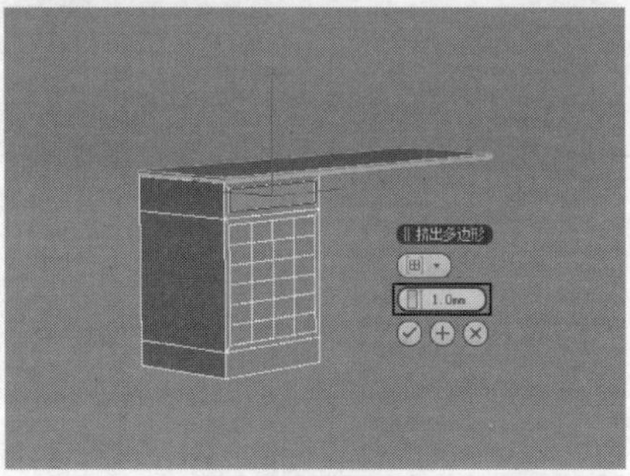

图8-139

10 保持对多边形的选择，在“编辑多边形”卷展栏下单击“倒角”按钮 倒角 后面的“设置”按钮，设置“高度”为0.2mm、“轮廓”为-0.3mm，如图8-140所示。

11 选择如图8-141所示的多边形，然后在“编辑多边形”卷展栏下单击“插入”按钮 插入 后面的“设置”按钮，再设置插入类型为“按多边形”、“数量”为1mm，如图8-142所示。

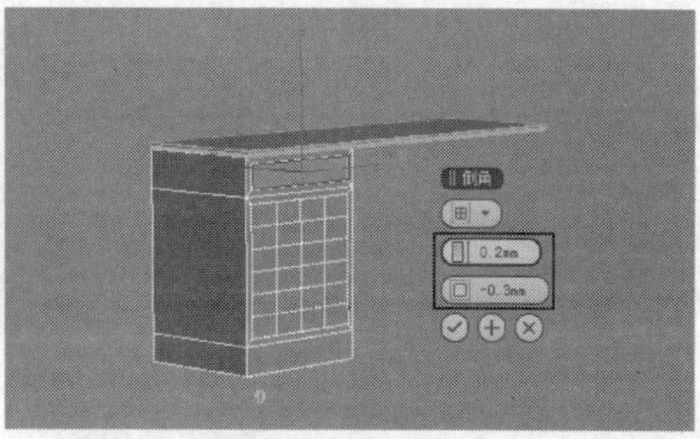

图8-140

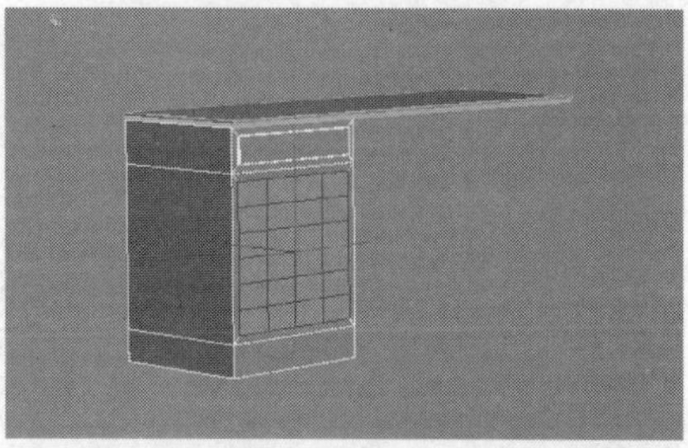

图8-141

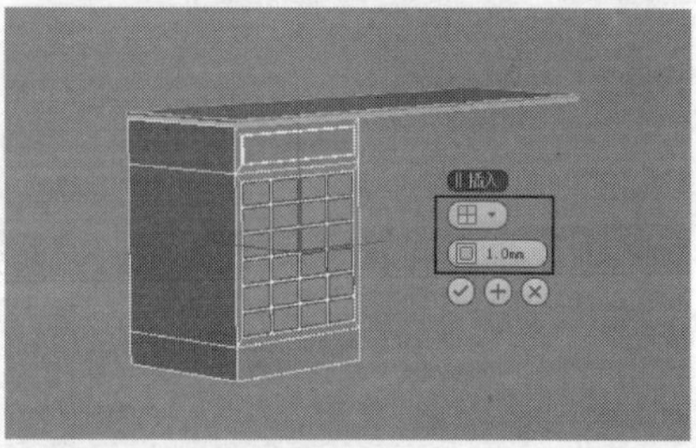

图8-142

12 保持对多边形的选择，在“编辑多边形”卷展栏下单击“挤出”按钮 挤出 后面的“设置”按钮，再设置“高度”为-80mm，如图8-143所示。

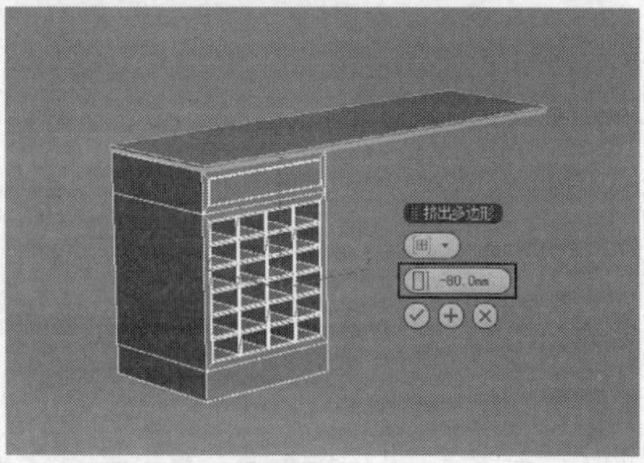

图8-143

13 进入“边”级别，然后选择如图8-144所示的边，再在“编辑边”卷展栏下单击“切角”按钮 切角 后面的“设置”按钮，最后设置“边切角量”为0.3mm，如图8-145所示。

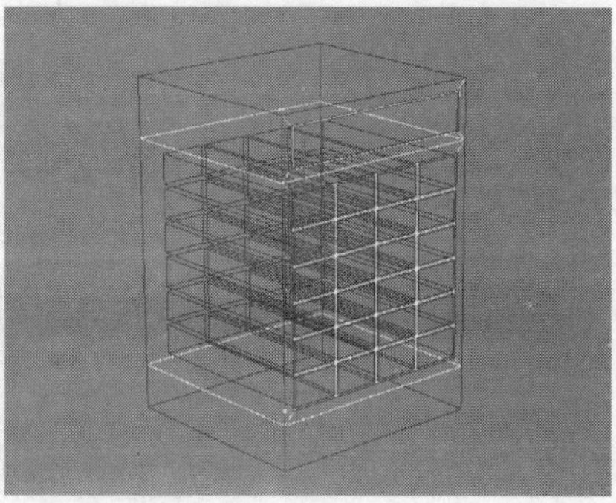

图8-144

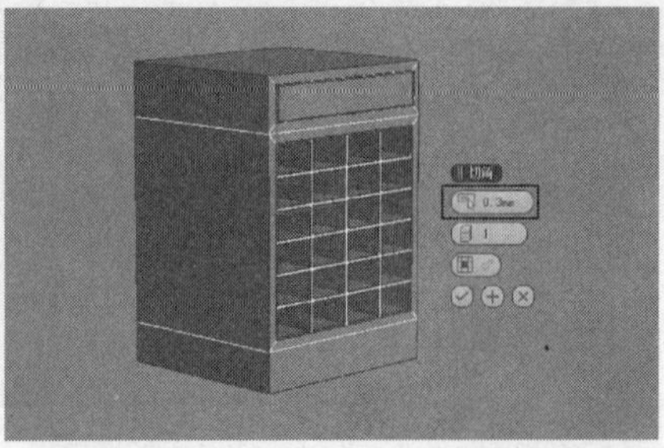

图8-145

14 使用“选择并移动”工具 选择柜子模型，然后按住Shift键移动复制2个模型，如图8-146所示。

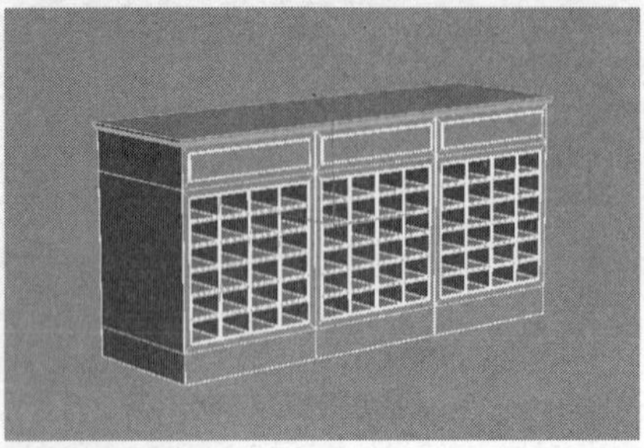

图8-146

15 使用“球体”工具 球体 在顶视图中创建一个球体，然后在“参数”卷展栏下设置“半径”为8mm、“分段”为32、“半球”为0.5，如图8-147所示。

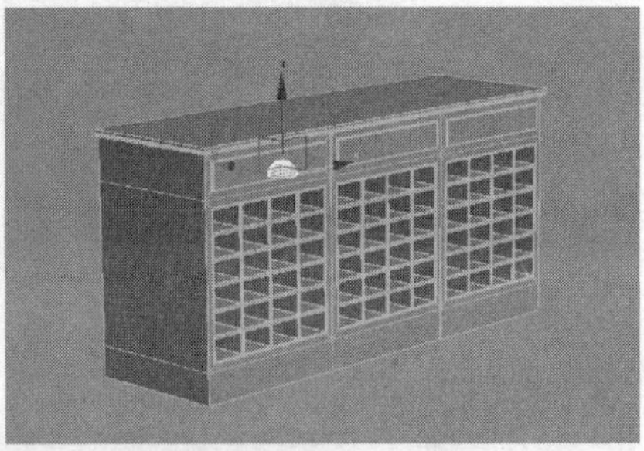

图8-147

16 将模型转换为可编辑多边形，然后按Alt+Q组合键进入孤立选择模式，再进入“多边形”级别，选择背面与底部的多边形，最后按Delete键将其删除，效果如图8-148所示。

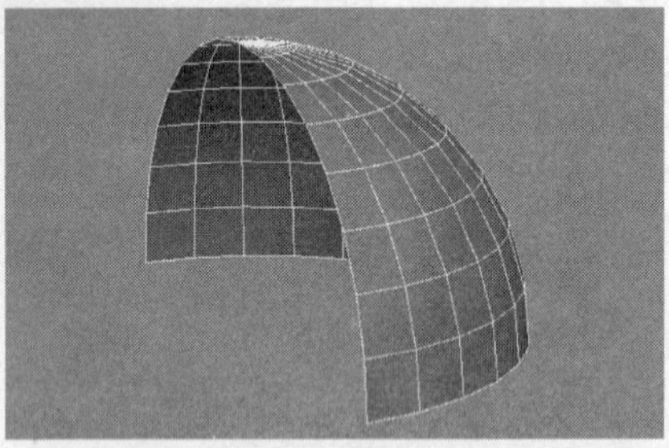

图8-148

17 为模型加载一个“壳”修改器，然后在“参数”卷展栏下设置“内部量”为0.3mm、“外部量”为0mm，效果如图8-149所示。

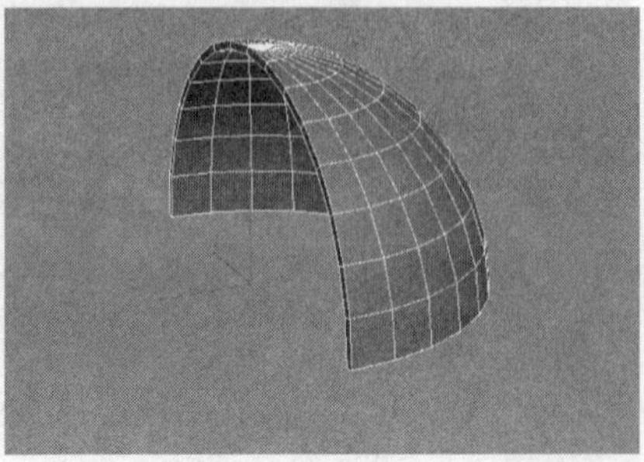

图8-149

18 使用“线”工具 线 在前视图中绘制如图8-150所示的样条线，然后为其加载一个“挤出”修改器，再在“参数”卷展栏下设置“数量”为0.5mm，如图8-151所示。

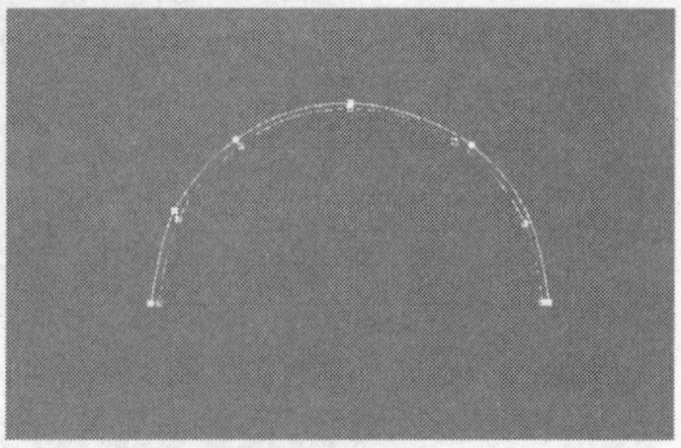

图8-150

图8-151

19 复制两个把手模型到另外两个抽屉上，最终效果如图8-152所示。

图8-152

实战129 橱柜

场景位置	无
实例位置	DVD>实例文件>CH08>实战129.max
视频位置	DVD>多媒体教学>CH08>实战129.flv
难易指数	★★★☆☆
技术掌握	倒角工具、切角工具

实例介绍

本例将使用多边形建模技术中的倒角、挤出以及切角功能制作一套橱柜模型，效果如图8-153所示。

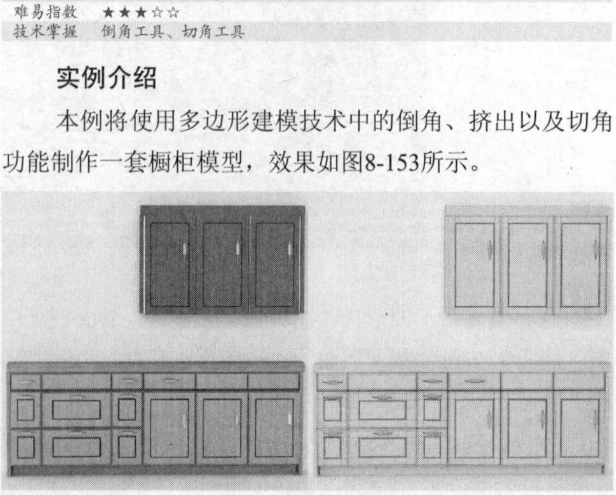

图8-153

本例大致的操作流程如图8-154所示。本例先要通过倒角、挤出和切角功能制作单个柜体，再复制一个柜体，然后采用类似方法制作其他柜体，最后制作拉手。

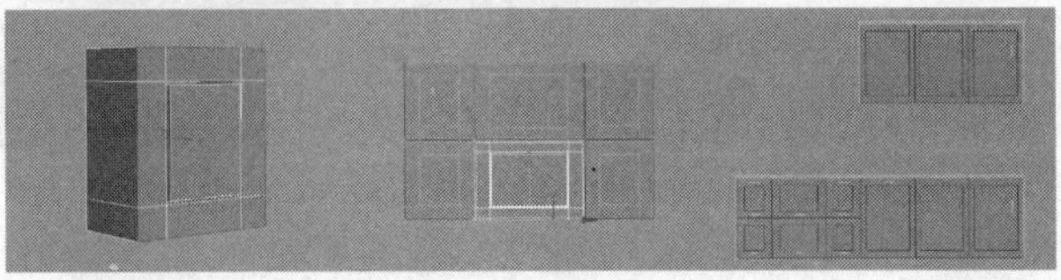

图8-154

操作步骤

01 使用“长方体”工具 长方体 在场景中创建一个长方体，然后在“参数”卷展栏下设置“长度”为100mm、“宽度”为180mm、“高度”为200mm、“长度分段”为1、“高度分段”为3、“宽度分段”为3，具体参数设置及模型效果如图8-155所示。

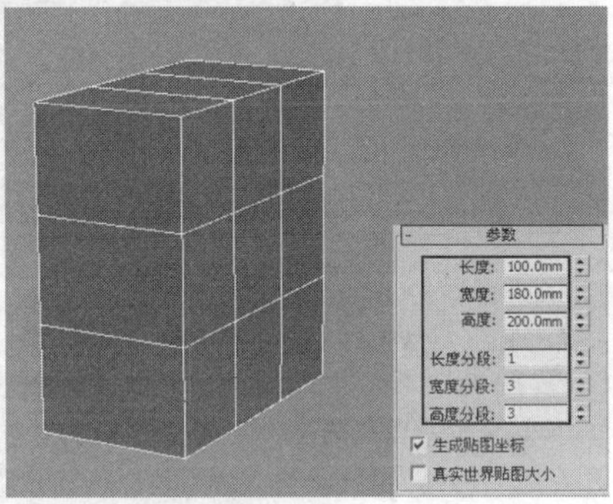

图8-155

02 将长方体转换为可编辑多边形，进入“顶点”级别，然后在前视图中将顶点调整成如图8-156所示的效果。

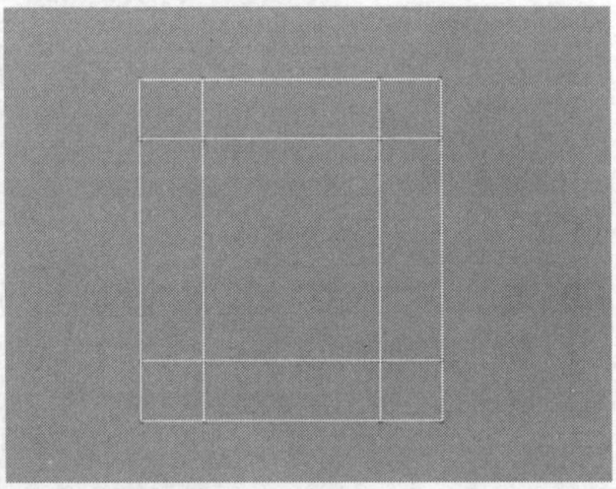

图8-156

03 进入“多边形”级别，然后选择如图8-157所示的多边形，再在“编辑多边形”卷展栏下单击“倒角”按钮 倒角 后面的“设置”按钮，最后设置“高度”为-8mm、“轮廓”为-2mm，如图8-158所示。

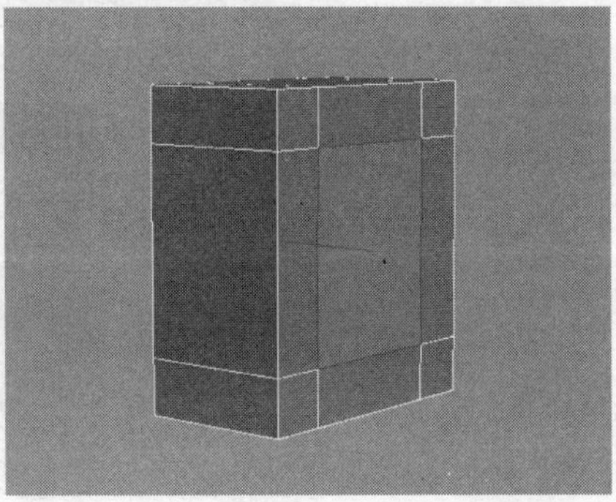

图8-157

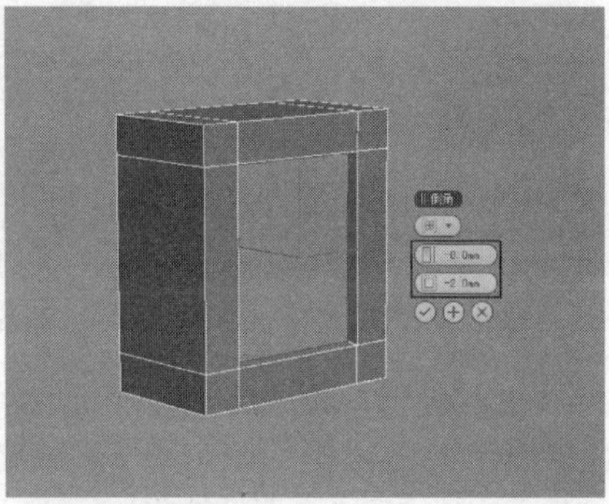

图8-158

04 保持对多边形的选择，在“编辑多边形”卷展栏下单击“倒角”按钮 倒角 后面的“设置”按钮，设置“高度”为12mm、“轮廓”为-2mm，如图8-159所示。

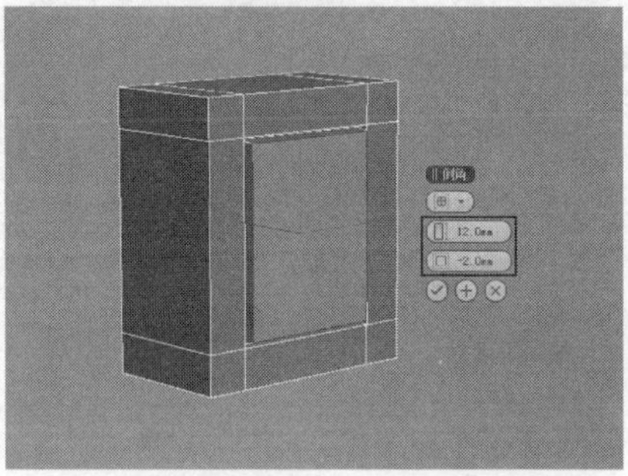

图8-159

05 进入“边”级别，然后选择如图8-160所示的边，再在“编辑边”卷展栏下单击“切角”按钮 切角 后面的“设置”按钮，最后设置“边切角量”为5mm，如图8-161所示。

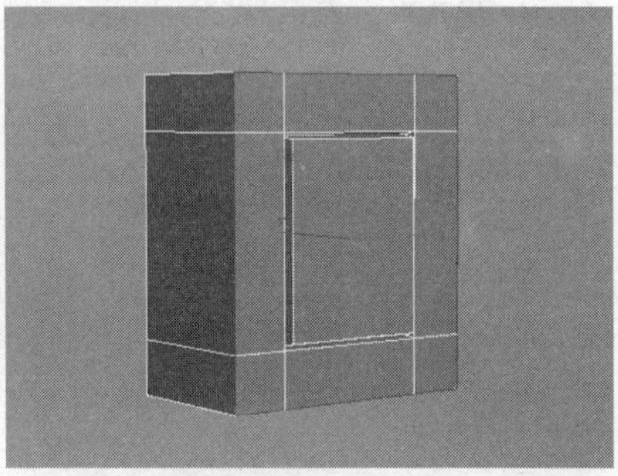

图8-160

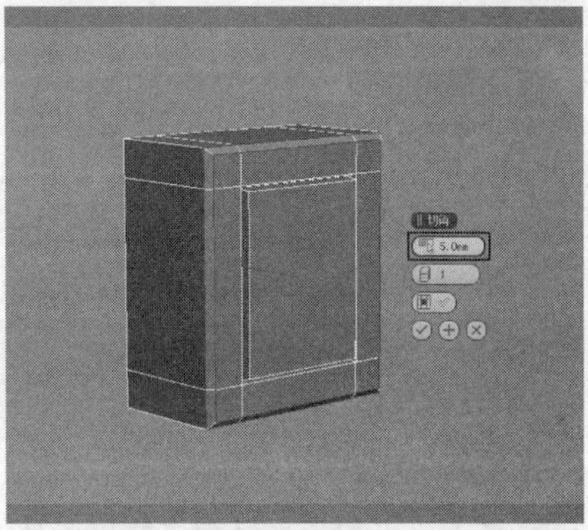

图8-161

06 切换到前视图，然后向下移动复制一个柜体模型，如图8-162所示，再向右移动复制一组模型，如图8-163所示。

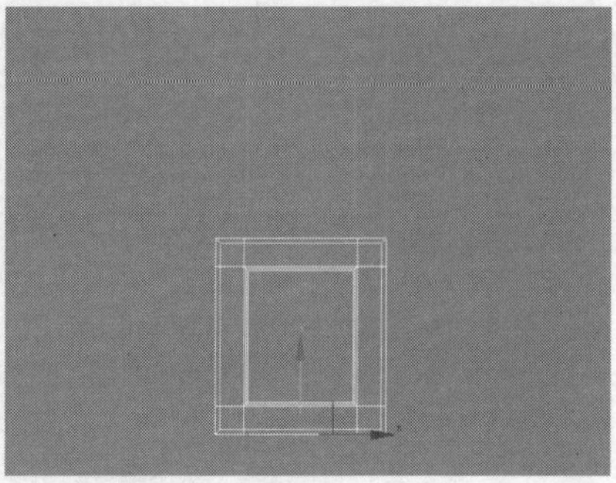

图8-162

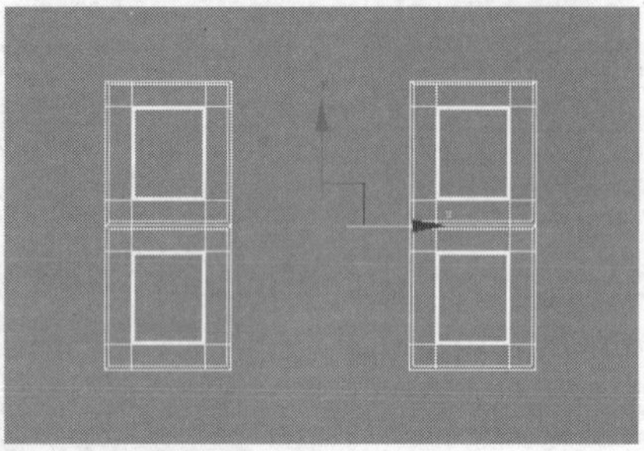

图8-163

07 使用“长方体”工具 长方体 在场景中创建一个长方体，然后在“参数”卷展栏下设置“长度”为100mm、“宽度”为280mm、“高度”为200mm、“长度分段”为1、“高度分段”为3、“宽度分段”为3，具体参数设置及模型位置如图8-164所示。

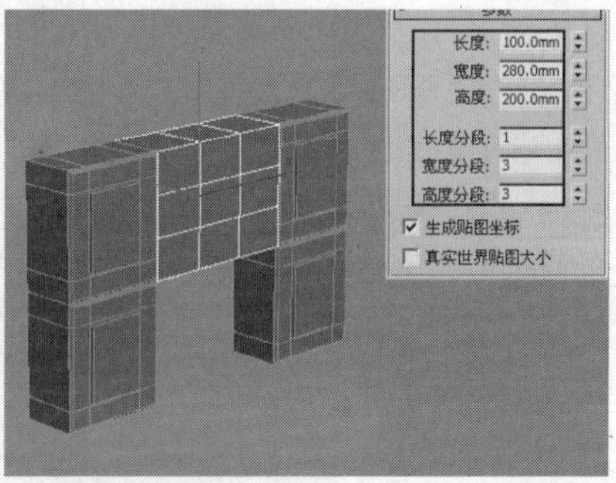

图8-164

08 将长方体转换为可编辑多边形，进入“顶点”级别，然后在前视图中将顶点调整成如图8-165所示的效果。

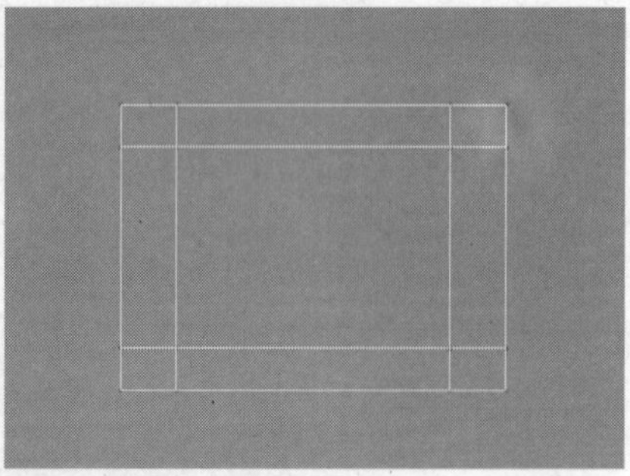

图8-165

09 进入“多边形”级别，然后选择如图8-166所示的多边形，再在“编辑多边形”卷展栏下单击“倒角”按钮 倒角 后面的“设置”按钮▣，最后设置“高度”为-8mm、“轮廓”为-2mm，如图8-167所示。

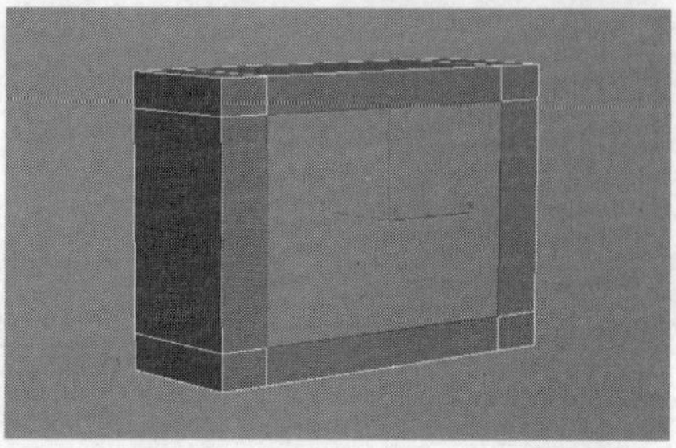

图8-166

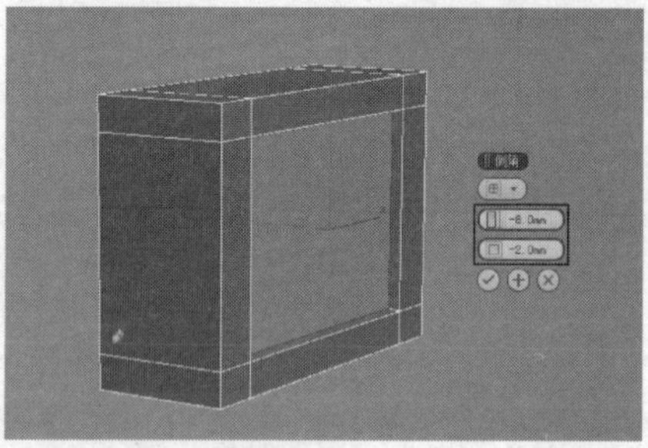

图8-167

10 保持对多边形的选择，在“编辑多边形”卷展栏下单击“倒角”按钮 倒角 后面的“设置”按钮▣，然后设置“高度”为12mm、“轮廓”为-2mm，如图8-168所示。

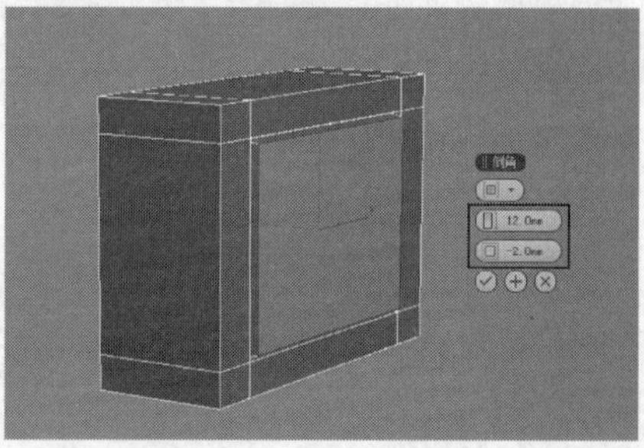

图8-168

11 进入“边”级别，然后选择如图8-169所示的边，再在“编辑边”卷展栏下单击“切角”按钮 切角 后面的“设置”按钮▣，最后设置“边切角量”为5mm，如图8-170所示。

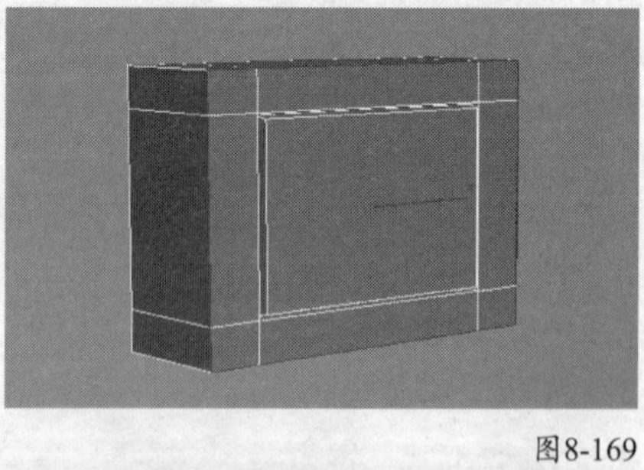

图8-169

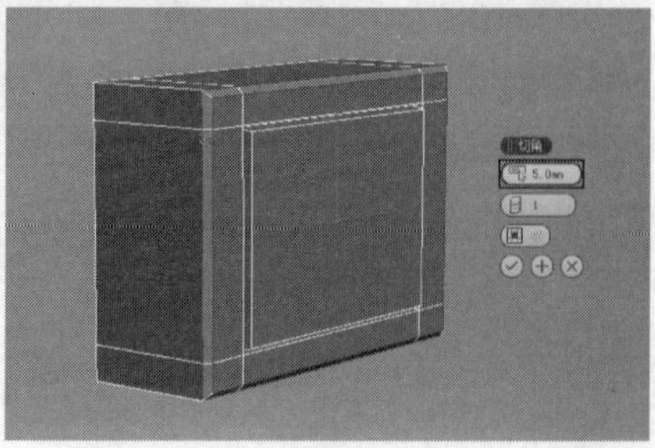

图8-170

12 选择模型，然后按住Shift键使用“选择并移动”工具向下移动复制一个模型，如图8-171所示。

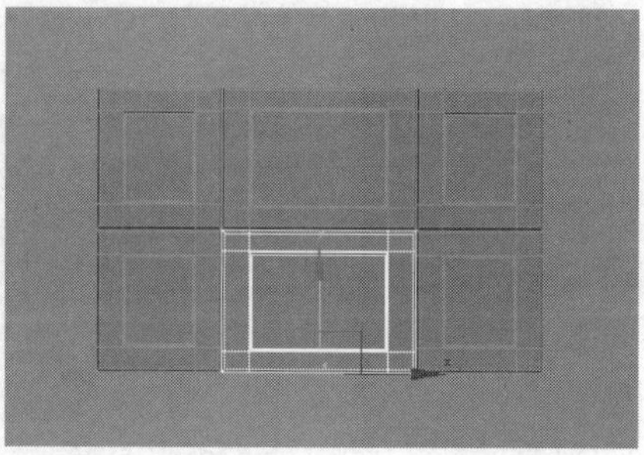
图8-171

13 使用“长方体”工具 长方体 在场景中创建一个长方体，然后在“参数”卷展栏下设置“长度”为100mm、“宽度”为280mm、“高度”为400mm、“长度分段”为1、“高度分段”为3、“宽度分段”为3，具体参数设置及模型位置如图8-172所示。

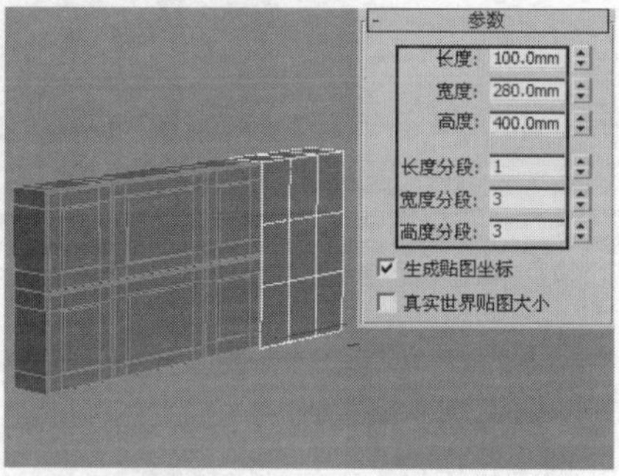

图8-172

14 将长方体转换为可编辑多边形，然后采用上面的方法将长方体处理成如图8-173所示的效果，再复制一些模型放到如图8-174所示的位置。

图8-173

图8-174

15 使用“长方体”工具 长方体 制作柜台和侧板模型，完成后的效果如图8-175所示。

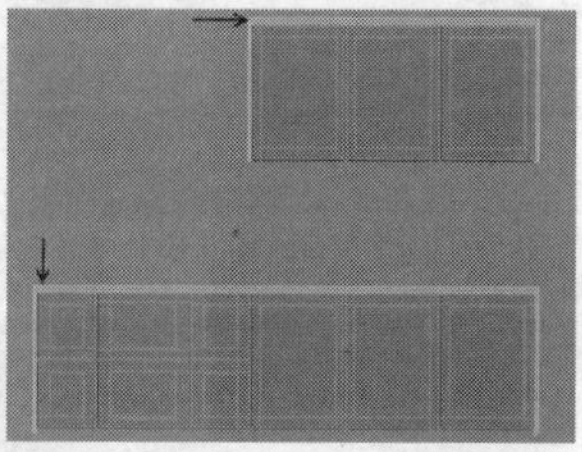
图8-175

16 使用“线”工具 线 在左视图中绘制如图8-176所示的样条线，然后在“渲染”卷展栏下勾选“在渲染中启用”和“在视口中启用”选项，再设置“径向”的“厚度”为5mm，具体参数设置及模型效果如图8-177所示。

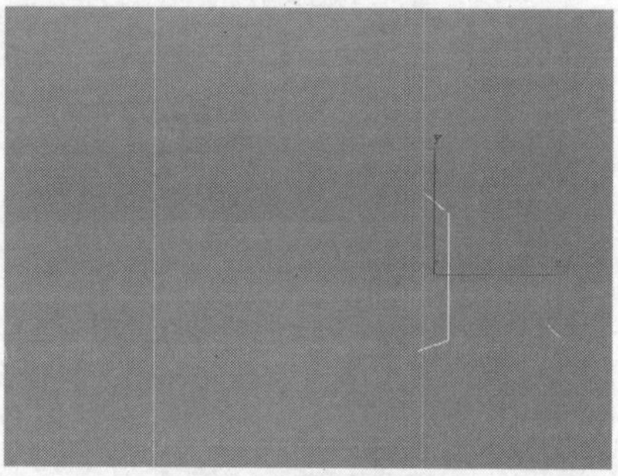
图8-176

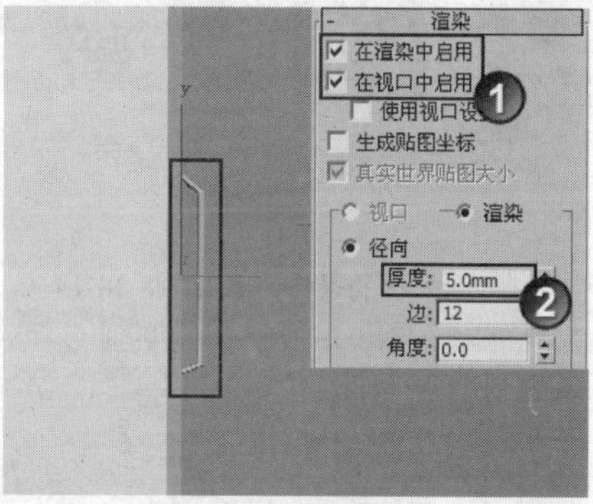

图8-177

17 继续使用“线”工具 线 在左视图中绘制一条样条线，然后在“渲染”卷展栏下勾选“在渲染中启用”和“在视口中启用”选项，再设置“径向”的“厚度”为20mm，最后将其拖曳到把手模型上，完成后的效果如图8-178所示。

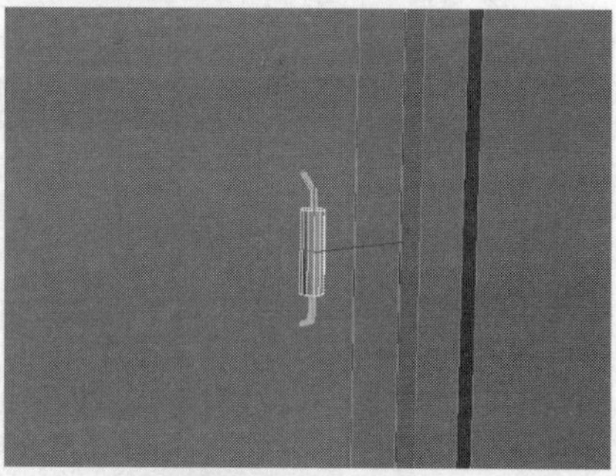
图8-178

18 将把手模型复制一些放到其他橱柜上，最终效果如图8-179所示。

图8-179

实战130 低音炮

场景位置	无
实例位置	DVD>实例文件>CH08>实战130.max
视频位置	DVD>多媒体教学>CH08>实战130.flv
难易指数	★★★☆☆
技术掌握	挤出工具、连接工具、插入工具、切角工具

实例介绍

本例将使用多边形建模技术中的挤出、连接、插入和切角功能制作一组低音炮模型，效果如图8-180所示。

图8-180

本例大致的操作流程如图8-181所示。本例先要用顶点调整功能以及挤出功能制作音箱的雏形，然后通过插入和切角功能制作造型细节，最后采用类似的方法制作喇叭。

图8-181

操作步骤

01 使用"长方体"工具 长方体 在场景中创建一个长方体，然后在"参数"卷展栏下设置"长度"为100mm、"宽度"为120mm、"高度"为120mm、"长度分段"为1、"宽度分段"为3、"高度分段"为3，如图8-182所示。

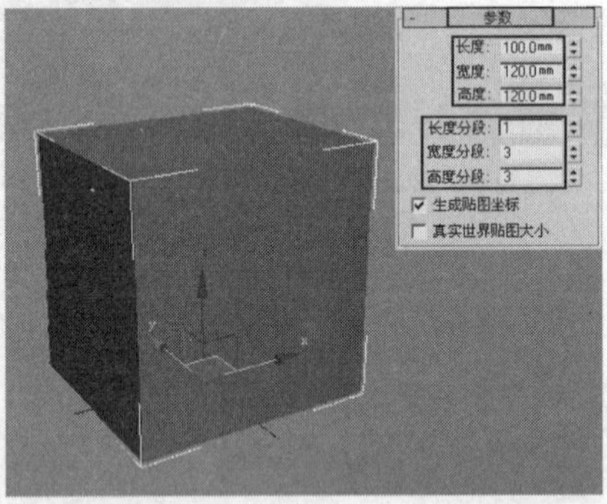

图8-182

02 将长方体转换为可编辑多边形，然后进入"顶点"级别，再调整好各个顶点的位置，如图8-183所示。

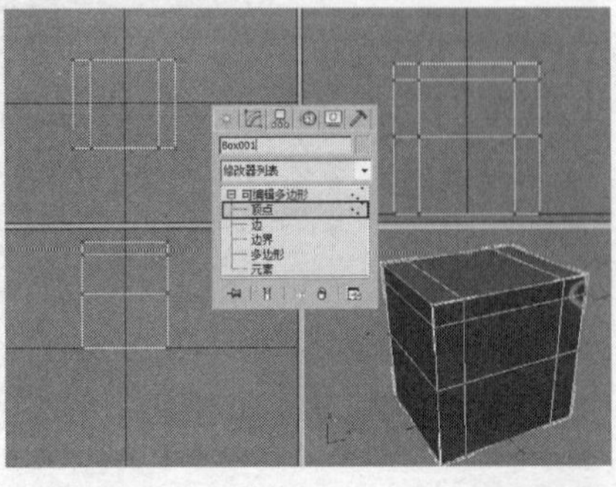

图8-183

03 进入"多边形"级别，然后选择如图8-184所示的多边形，再在"编辑多边形"卷展栏下单击"挤出"按钮 挤出 后面的"设置"按钮，最后设置"高度"为5mm，如图8-185所示。

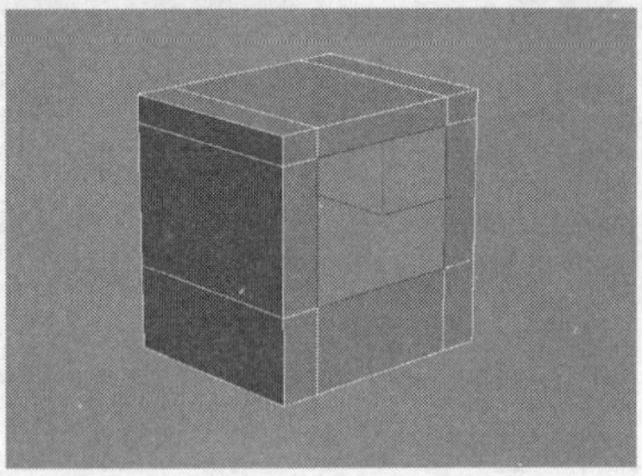

图8-184

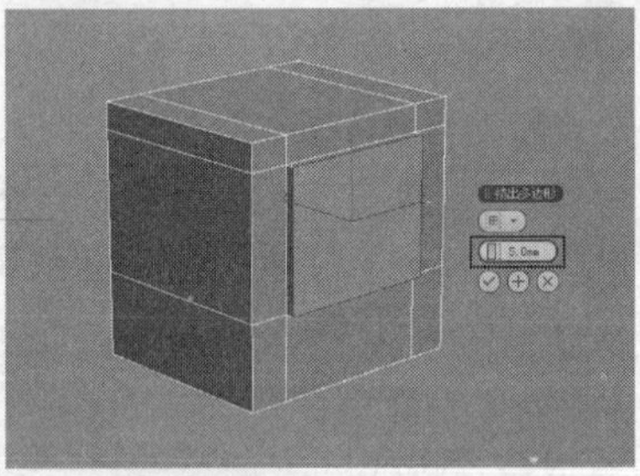

图8-185

04 进入"边"级别，然后选择如图8-186所示的边，再在"编辑边"卷展栏下单击"连接"按钮 连接 后面的"设置"按钮，最后设置"分段"为3，如图8-187所示。

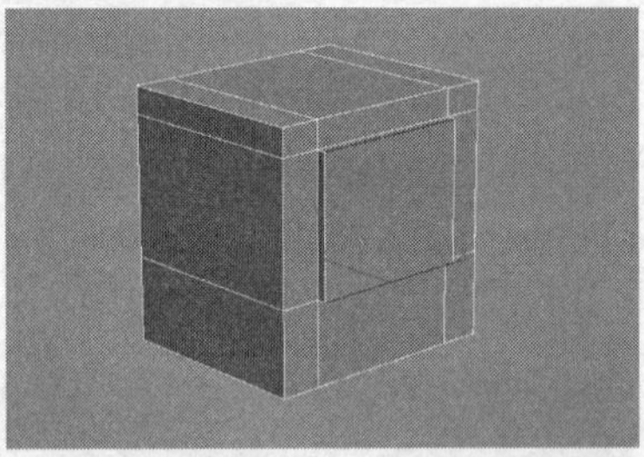

图8-186

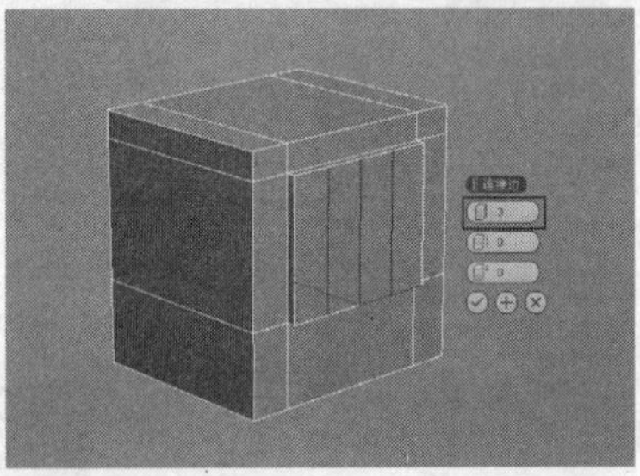

图8-187

05 选择如图8-188所示的边，然后在"编辑边"卷展栏下单击"连接"按钮 连接 后面的"设置"按钮，再设置"分段"为1，如图8-189所示。

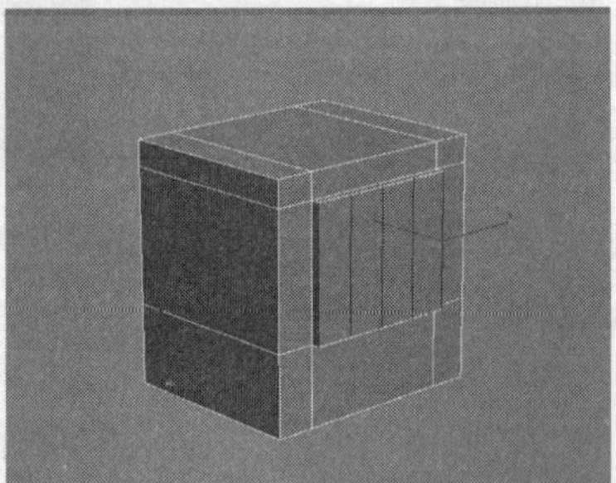

图8-188

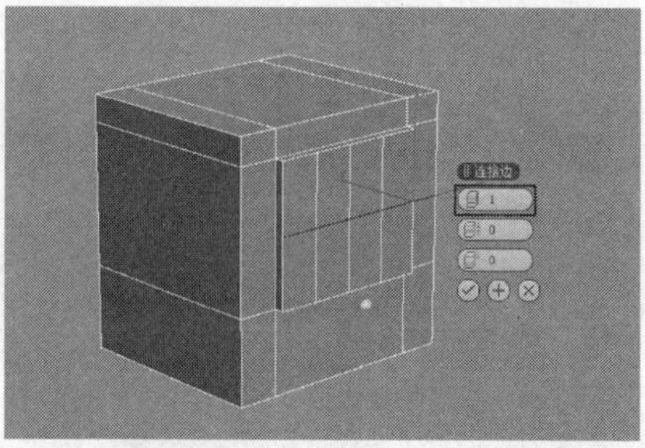

图8-189

06 进入"顶点"级别，然后选择如图8-190所示的两个顶点，再在"编辑顶点"卷展栏下单击"切角"按钮 切角 后面的"设置"按钮，最后拖曳"顶点切角量"参数的微调器，使切角中间的顶点相互重合，如图8-191所示。

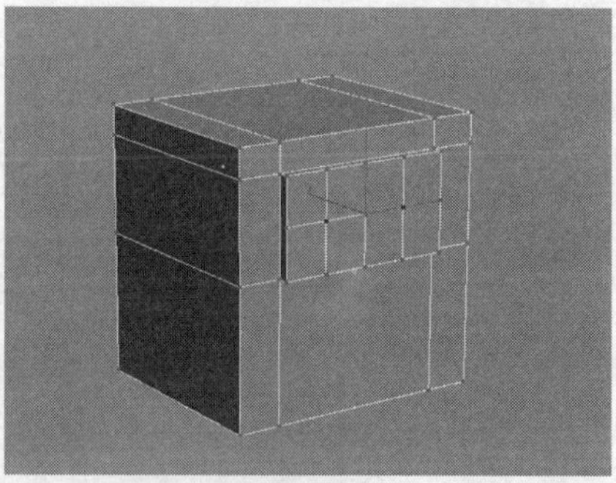

图8-190

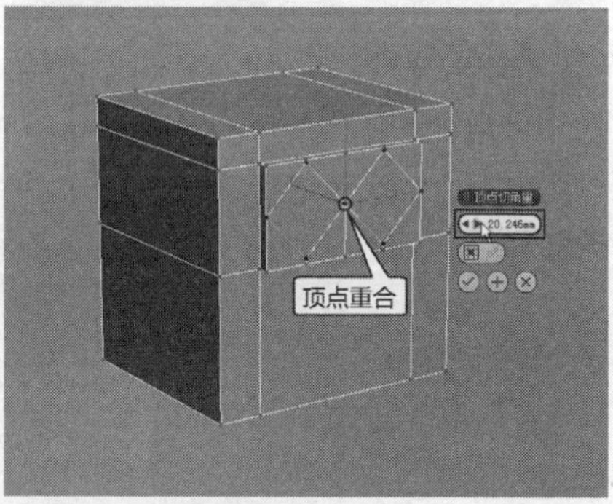

图8-191

07 进入"多边形"级别，然后选择如图8-192所示的多边形，再在"编辑多边形"卷展栏下单击"挤出"按钮 挤出 后面的"设置"按钮，最后设置"高度"为10mm，如图8-193所示。

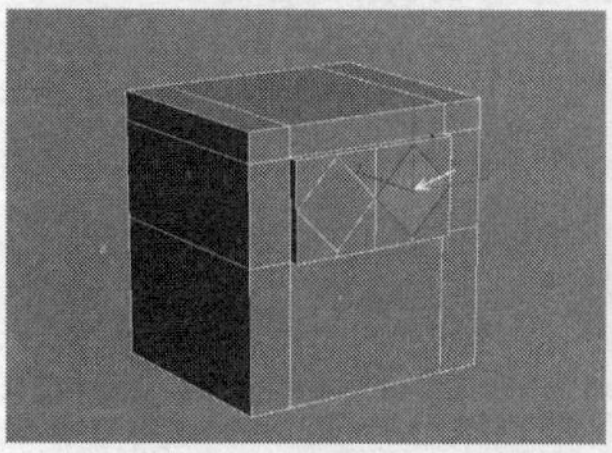

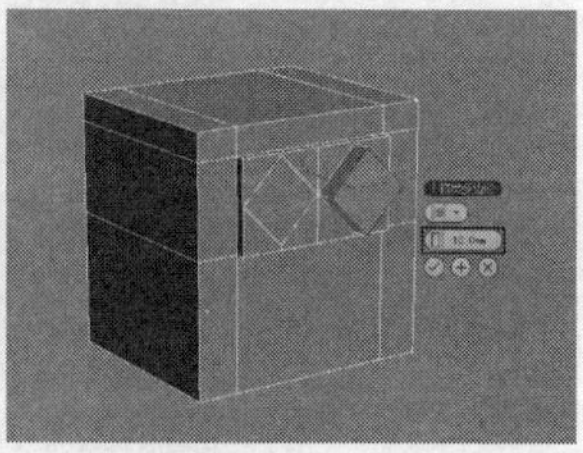

图8-192 图8-193

08 选择如图8-194所示的多边形，然后在"编辑多边形"卷展栏下单击"挤出"按钮 挤出 后面的"设置"按钮，最后设置"高度"为-10mm，如图8-195所示。

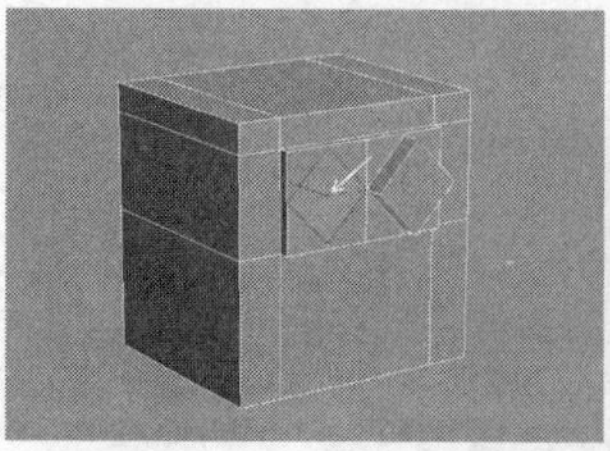

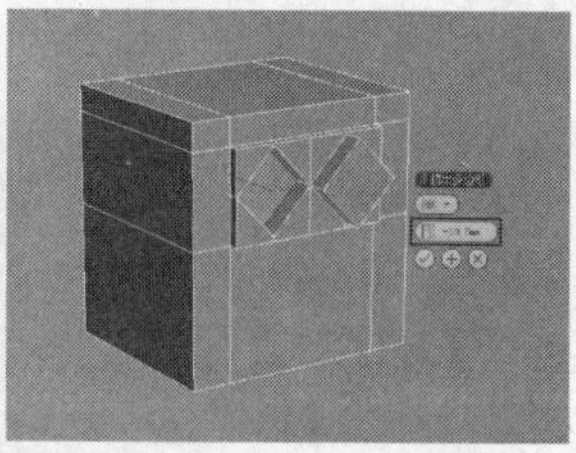

图8-194 图8-195

09 进入"边"级别，然后选择如图8-196所示的边，再在"编辑边"卷展栏下单击"切角"按钮 切角 后面的"设置"按钮，最后设置"边切角量"为0.5mm，如图8-197所示。

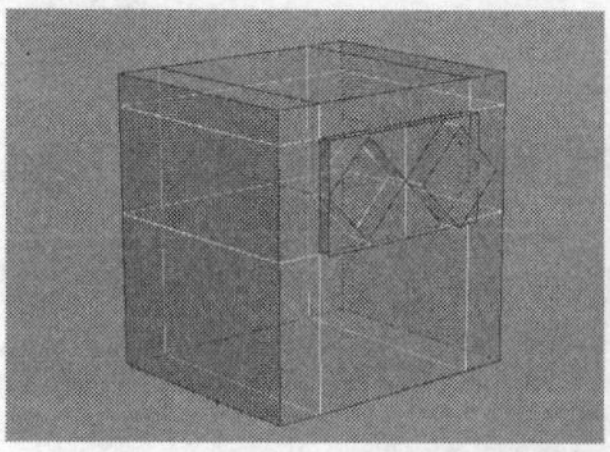

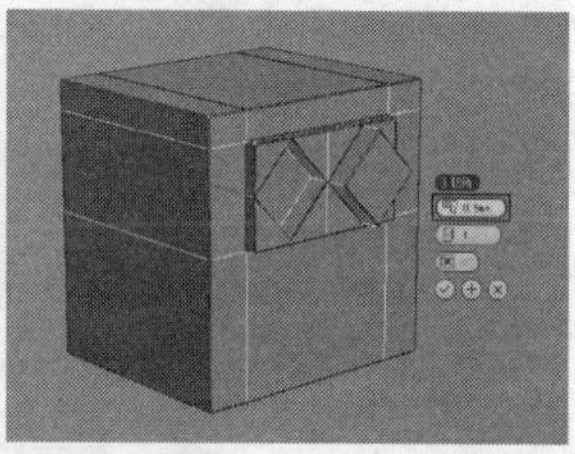

图8-196 图8-197

10 为模型加载一个"网格平滑"修改器，然后在"细分量"卷展栏下设置"迭代次数"为2，具体参数设置与模型完成效果如图8-198所示。

11 使用"切角圆柱体"工具 切角圆柱体 在模型底部创建一个切角圆柱体，然后在"参数"卷展栏下设置"半径"为8.5mm、"高度"为23mm、"圆角"为1mm，具体参数设置及模型位置如图8-199所示。

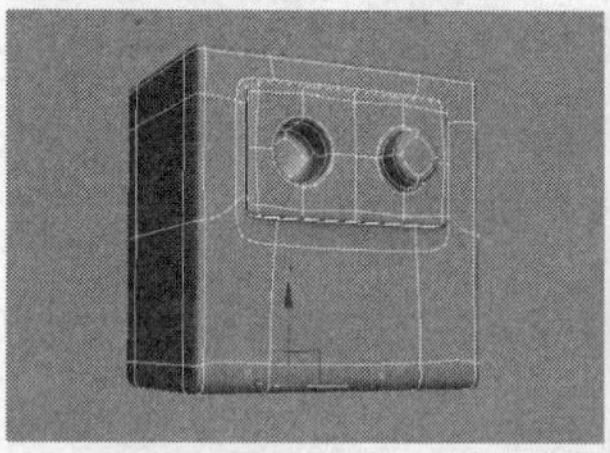

图8-198 图8-199

12 将切角圆柱体转换为可编辑多边形，进入"顶点"级别，然后选择底部的顶点，再使用"选择并均匀缩放"工具缩小底部，最后按住Shift键移动复制3个模型放到另外3个角上，如图8-200所示。

图8-200

13 使用"长方体"工具 长方体 在前视图中创建一个长方体，然后在"参数"卷展栏下设置"长度"为

110mm、“宽度”为80mm、“高度”为12mm、“长度分段”为5、“宽度分段”为2，如图8-201所示。

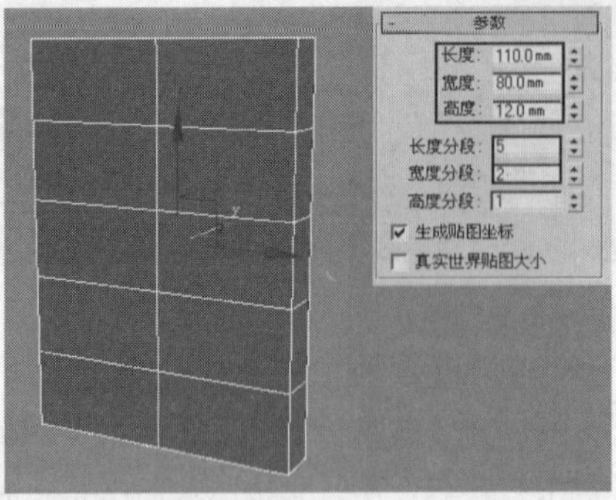

图8-201

14 将长方体转换为可编辑多边形，进入“顶点”级别，然后将模型调整成如图8-202所示的效果（背部造型请参考图8-192所示）。

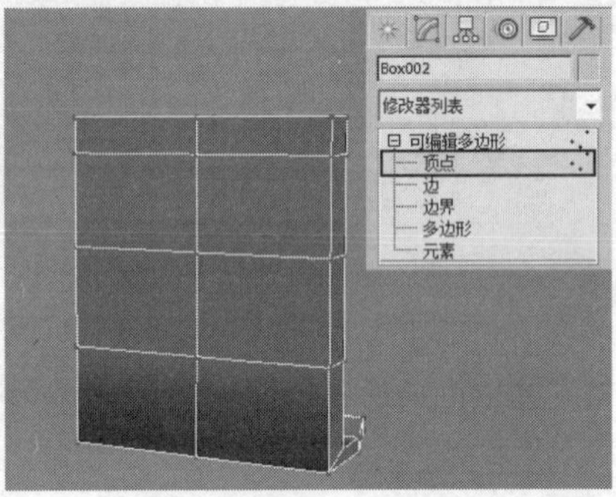

图8-202

15 进入“多边形”级别，然后选择如图8-203所示的多边形，再在“编辑多边形”卷展栏下单击“插入”按钮 插入 后面的“设置”按钮□，最后设置“插入量”为8mm，如图8-204所示。

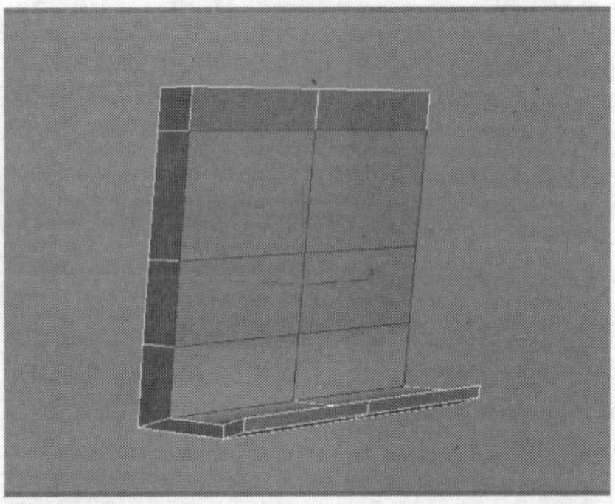

图8-203

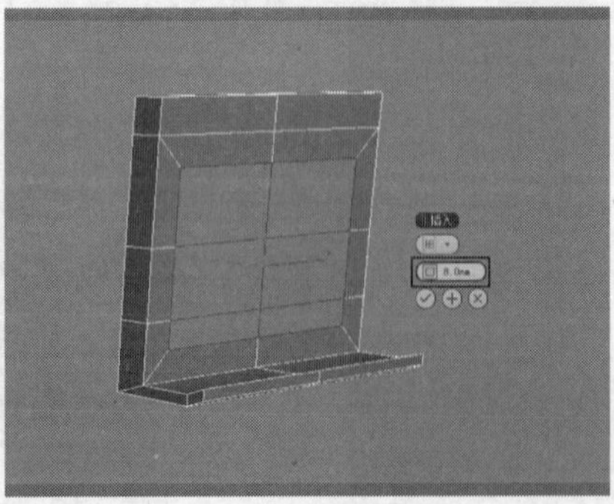

图8-204

16 保持对多边形的选择，在“编辑多边形”卷展栏下单击“挤出”按钮 挤出 后面的“设置”按钮□，然后设置“高度”为7mm；操作完成后继续结合使用“插入”和“挤出”工具 挤出 将模型处理成如图8-205所示的效果。

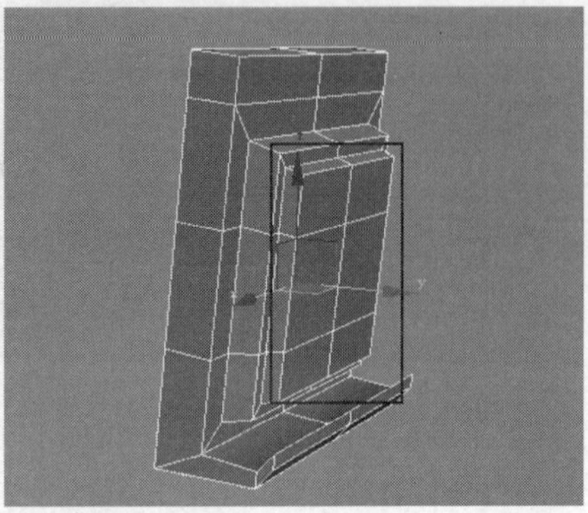

图8-205

17 采用前面的方法使用“切角”工具 切角 、“挤出”工具 挤出 、“插入”工具 插入 和“网格平滑”制作喇叭槽孔的细节，完成后的效果如图8-206所示。

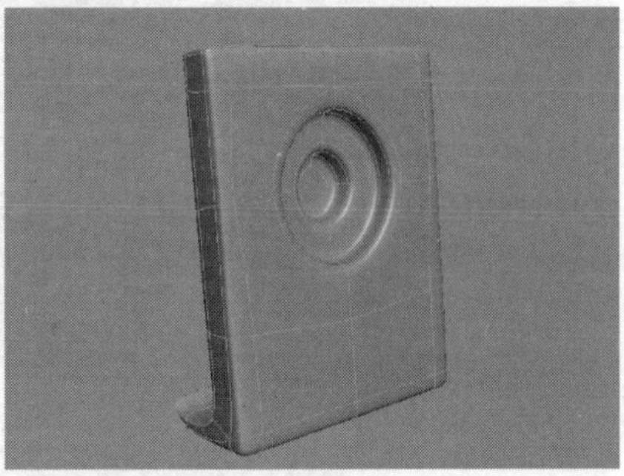

图8-206

18 使用“几何球体”工具 几何球体 在前视图中创建一个半球，如图8-207所示，然后添加“晶格”修改命令制作喇叭网罩细节，具体参数如图8-208所示。

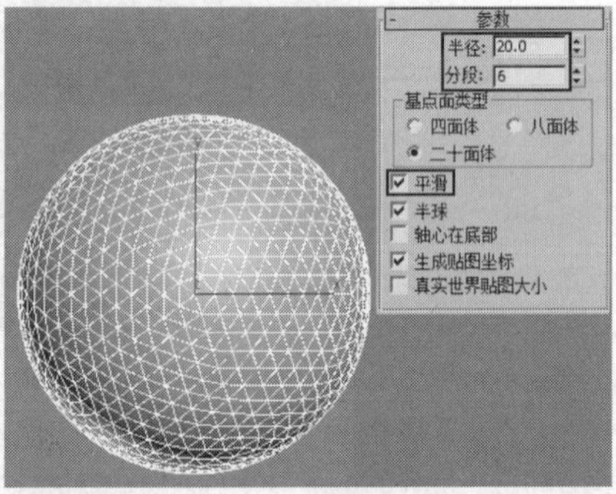

图8-207

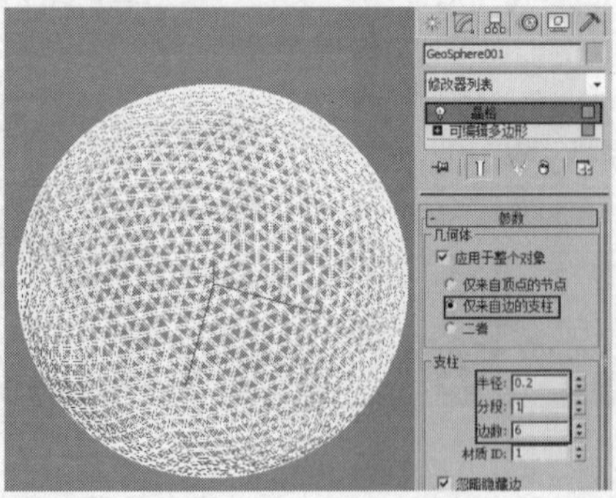

图8-208

19 移动网罩至喇叭槽孔处，然后调整好大小，完成效果如图8-209所示。

图8-209

20 选择喇叭模型，按住Shift键移动复制一个模型到另外一侧，低音炮模型的最终效果如图8-210所示。

图8-210

实战131 实木门

场景位置	无
实例位置	DVD>实例文件>CH08>实战131.max
视频位置	DVD>多媒体教学>CH08>实战131.flv
难易指数	★★★☆☆
技术掌握	倒角工具、切角工具、连接工具

实例介绍

本例将使用多边形建模技术中的倒角、切角、连接功能制作一扇实木门模型，效果如图8-211所示。

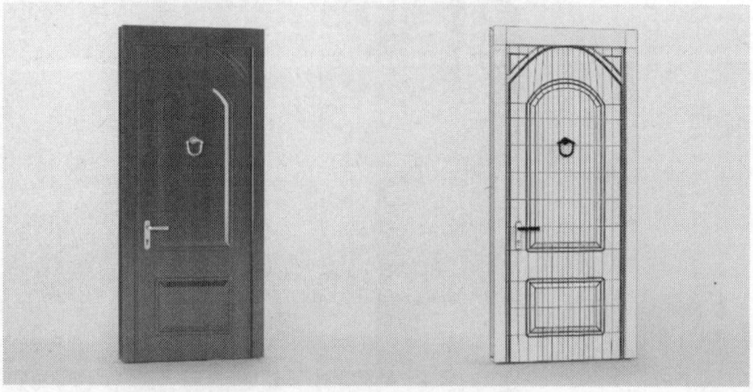

图8-211

本例大致的操作流程如图8-212所示。本例先要通过顶点编辑功能以及切角、倒角等功能制作门页的雏形，然后通过类似的方法制作门的细节，最后使用“网格平滑”修改器完成最终效果。

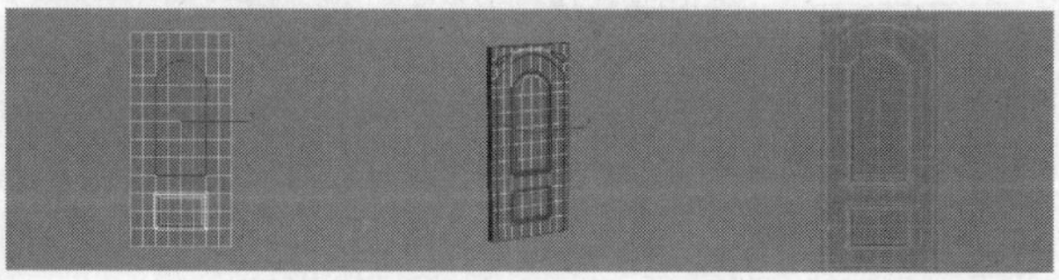

图8-212

操作步骤

01 使用“长方体”工具 长方体 在场景中创建一个长方体，然后在“参数”卷展栏下设置“长度”为12mm、“宽度”为130mm、“高度”为270mm、“长度分段”为1、“宽度分段”为8、“高度分段”为12，具体参数设置及模型效果如图8-213所示。

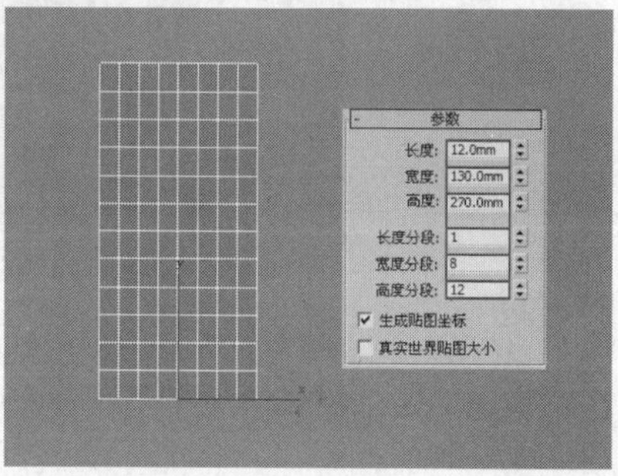

图8-213

02 将长方体转换为可编辑多边形，然后进入“边”级别，选择如图8-214所示的边，再在“编辑边”卷展栏下单击“切角”按钮 切角 后面的“设置”按钮，最后设置“边切角量”为1.8mm，如图8-215所示。

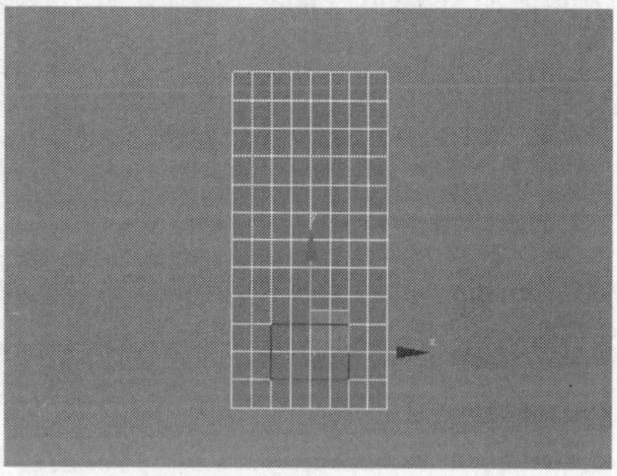

图8-214

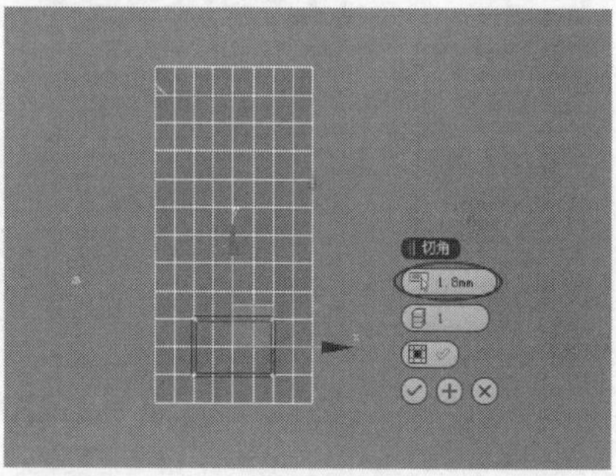

图8-215

03 进入“多边形”级别，然后选择如图8-216所示的多边形，再在“编辑多边形”卷展栏下单击“倒角”按钮 倒角 后面的“设置”按钮，最后设置“高度”为0.7mm、“轮廓”为-0.6mm，如图8-217所示。

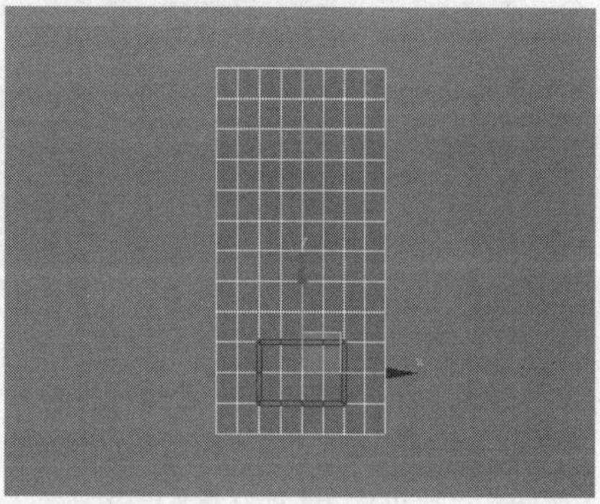

图8-216

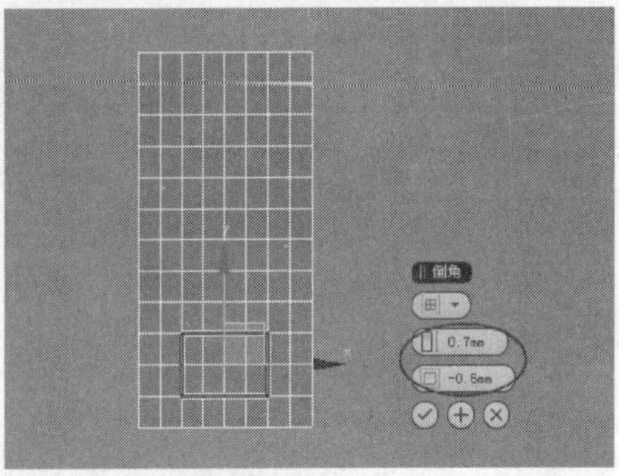

图8-217

04 选择如图8-218所示的多边形，然后在“编辑多边形”卷展栏下单击“倒角”按钮 倒角 后面的“设置”按钮，再设置“高度”为1.5mm、“轮廓”为-4mm，如图8-219所示。

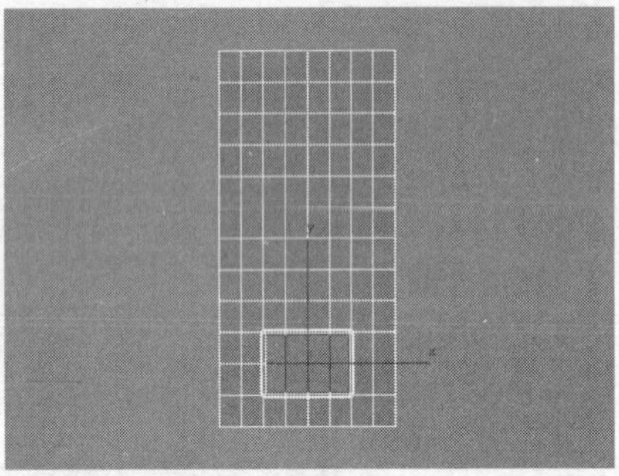

图8-218

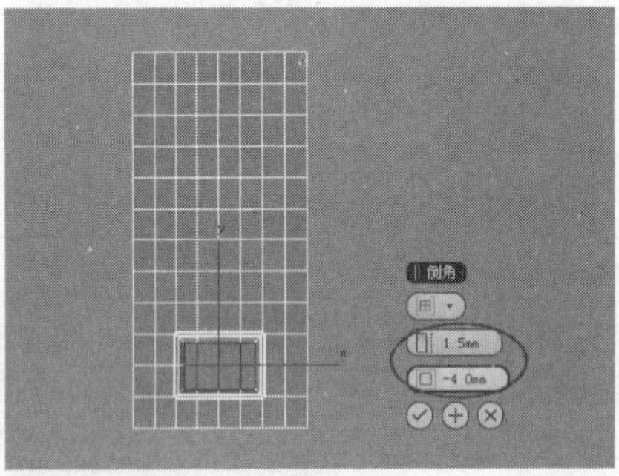

图8-219

05 进入“顶点”级别，然后使用“选择并移动”工具在前视图中将顶部第3行的顶点调节成如图8-220所示的效果。

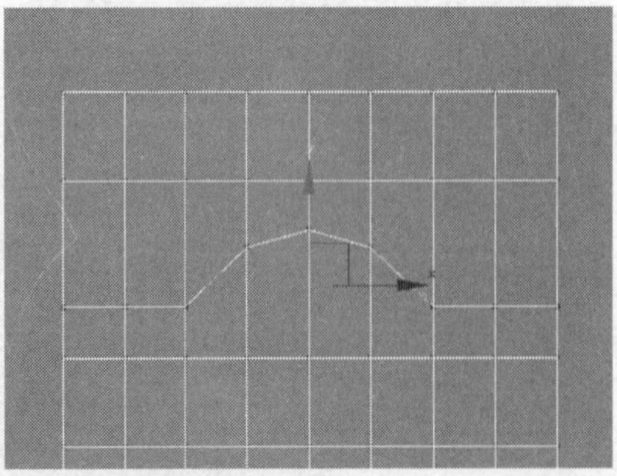

图8-220

06 进入“边”级别，然后选择如图8-221所示的边，再在“编辑边”卷展栏下单击“切角”按钮 切角 后面的“设置”按钮，最后设置“边切角量”为1.8mm，如图8-222所示。

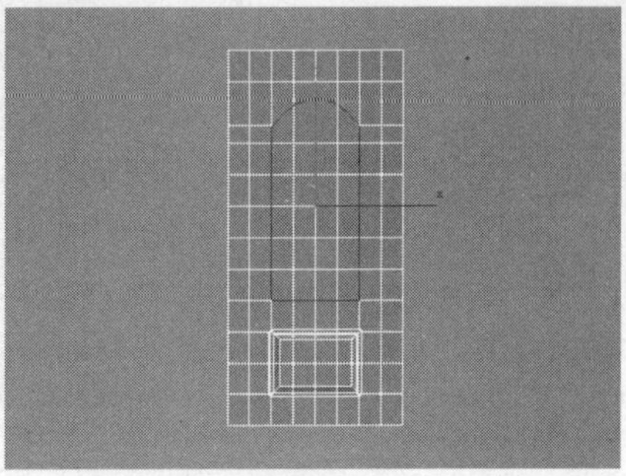

图8-221

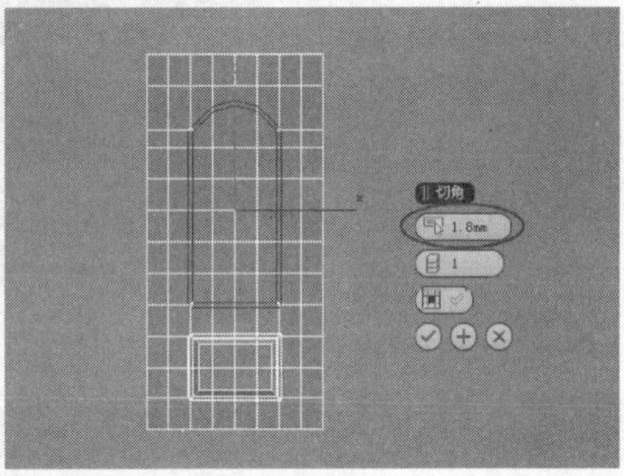

图8-222

07 进入“多边形”级别，然后选择如图8-223所示的多边形，再在“编辑多边形”卷展栏下单击“倒角”按钮 倒角 后面的“设置”按钮，最后设置“高度”为0.7mm、“轮廓”为-0.6mm，如图8-224所示。

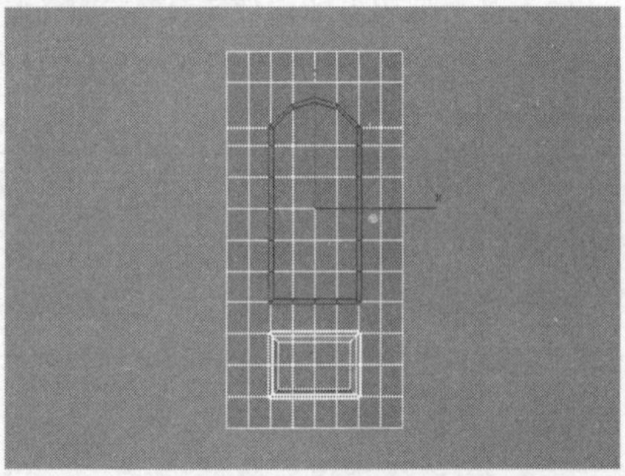

图8-223

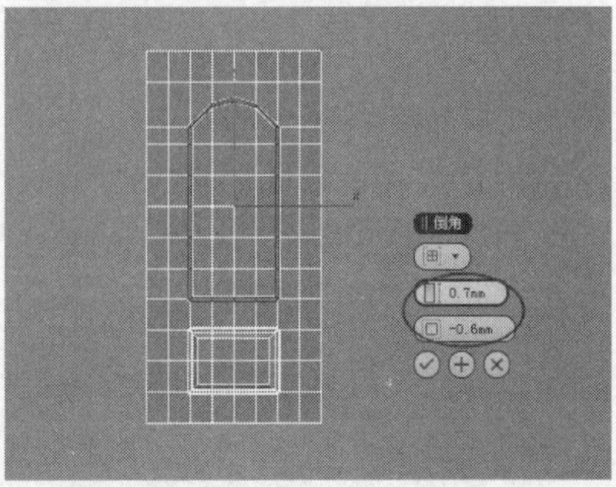

图8-224

08 选择如图8-225所示的多边形，然后在“编辑多边形”卷展栏下单击“倒角”按钮 倒角 后面的“设置”按钮，再设置“高度”为1.5mm、“轮廓”为-4mm，如图8-226所示。

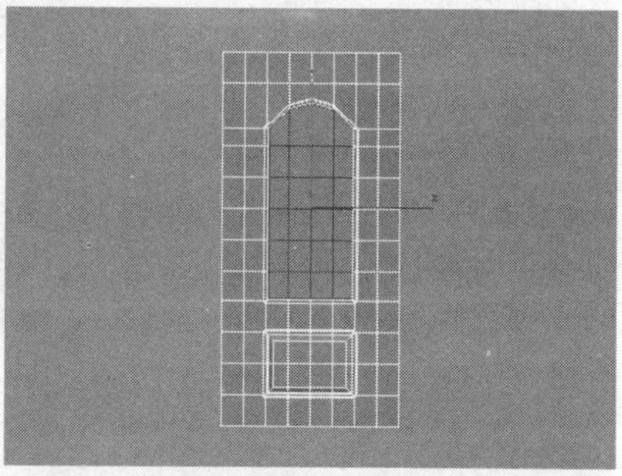

图8-225

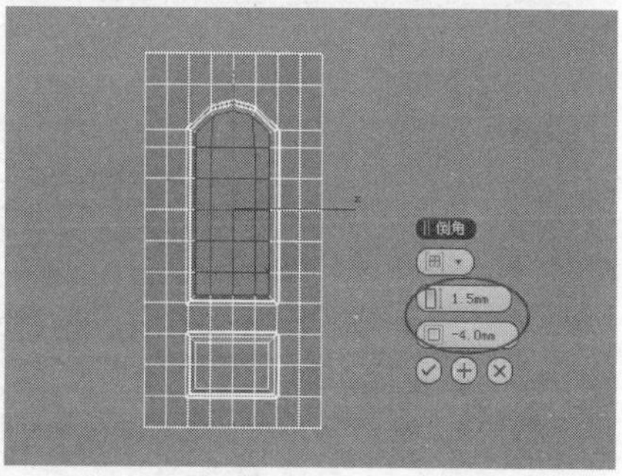

图8-226

09 进入“顶点”级别，然后选择左右两侧第2行的顶点，再使用“选择并均匀缩放”工具沿y轴将其缩放成如图8-227所示的效果，最后使用“选择并移动”工具将顶部第2行的顶点调节成如图8-228所示的效果。

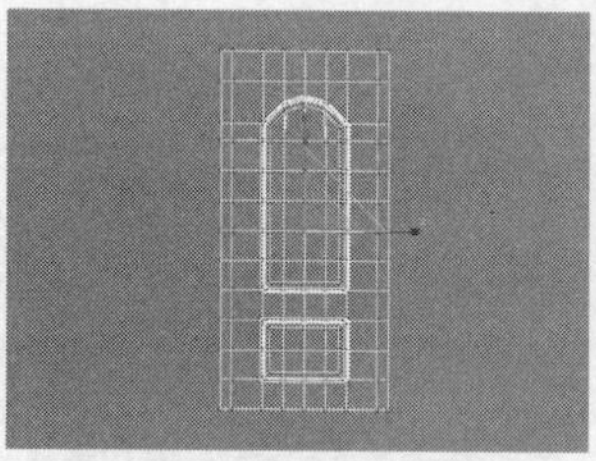

图8-227

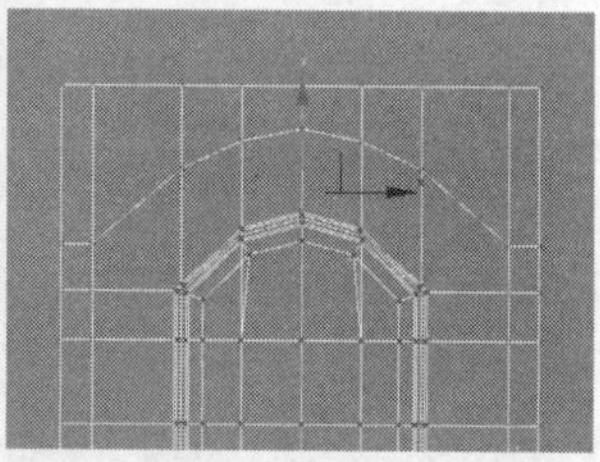

图8-228

10 进入“边”级别，然后选择如图8-229所示的边，再在“编辑边”卷展栏下单击“切角”按钮 切角 后面的“设置”按钮，最后设置“边切角量”为0.7mm，如图8-230所示。

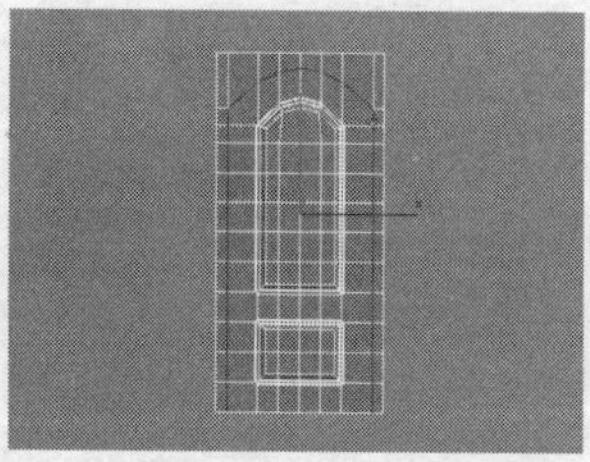

图8-229

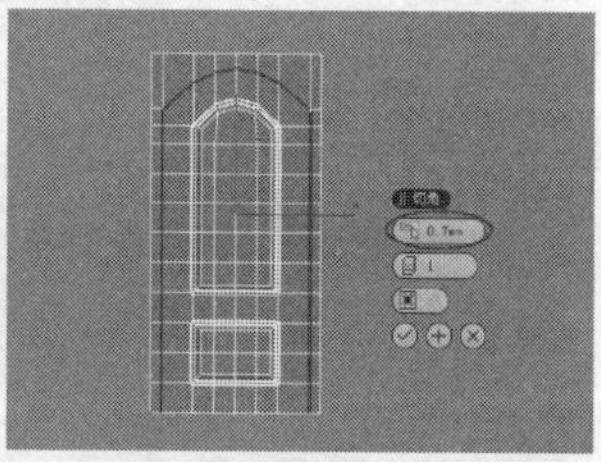

图8-230

11 进入“多边形”级别，然后选择如图8-231所示的多边形，再在“编辑多边形”卷展栏下单击“倒角”按钮 倒角 后面的“设置”按钮，最后设置“高度”为0.6mm、“轮廓”为-0.3mm，如图8-232所示。

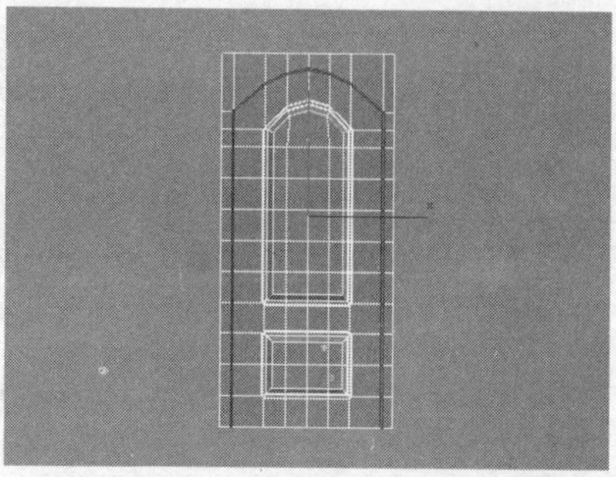

图8-231

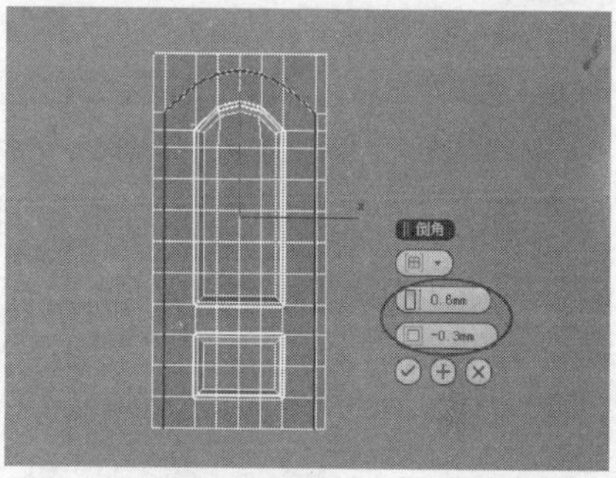

图8-232

12 进入“边”级别，然后选择如图8-233所示的边，再在“编辑边”卷展栏下单击“连接”按钮 连接 后面的“设置”按钮，最后设置“分段”为2，如图8-234所示。

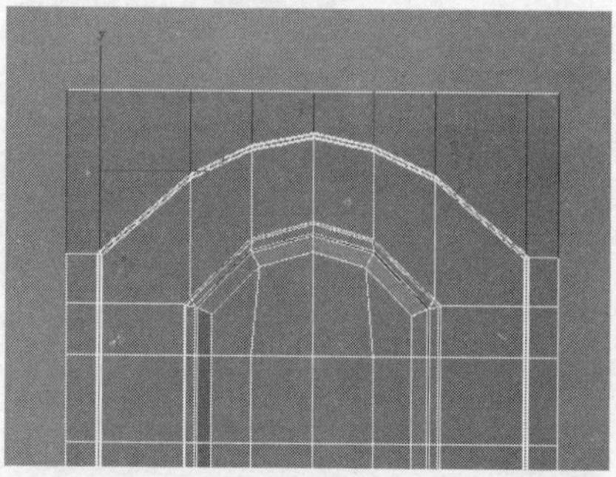

图8-233

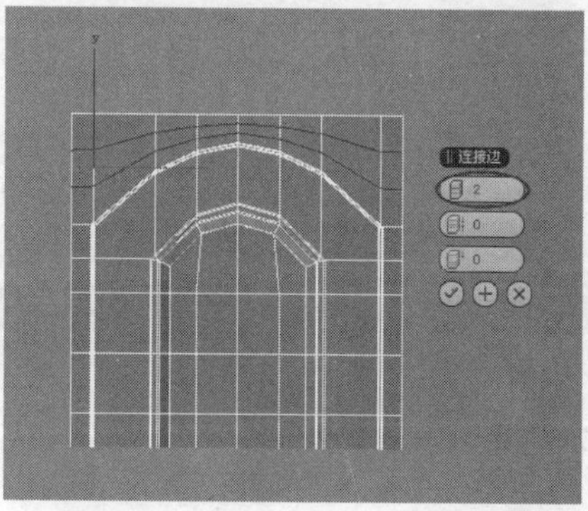

图8-234

13 进入“顶点”级别，然后使用“选择并移动”工具将连接的顶点调节成如图8-235所示的效果。

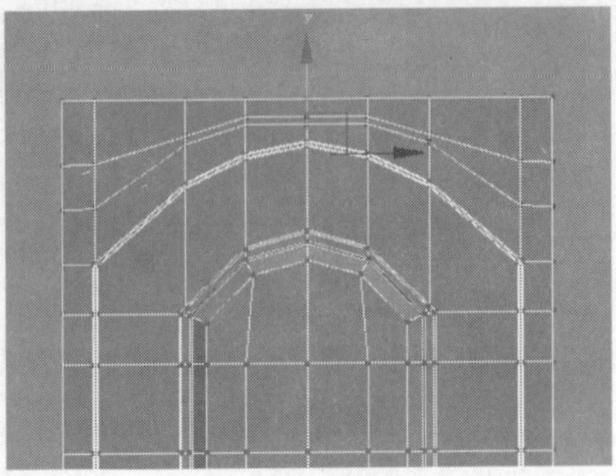

图8-235

14 进入“边”级别，然后选择如图8-236所示的边，再在“编辑边”卷展栏下单击“连接”按钮 连接 后面的“设置”按钮，最后设置“分段”为1，如图8-237所示。

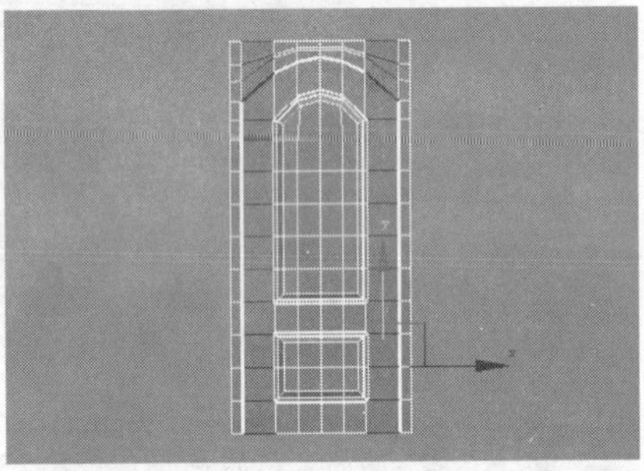

图8-236

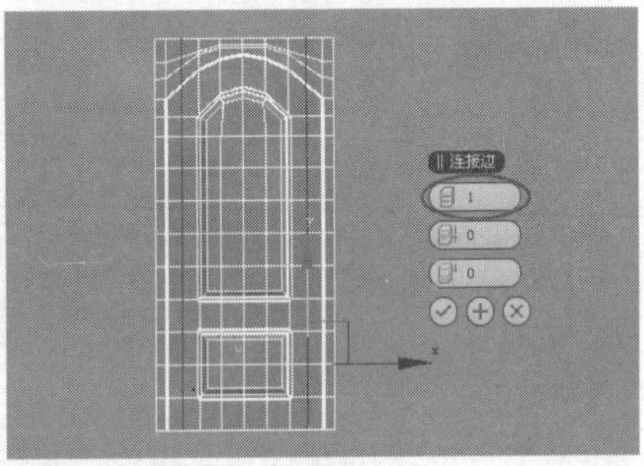

图8-237

15 进入“多边形”级别，然后选择如图8-238所示的多边形，再在“编辑多边形”卷展栏下单击“倒角”按钮 倒角 后面的“设置”按钮，最后设置“高度”为0.8mm、“轮廓”为-0.8mm，如图8-239所示。

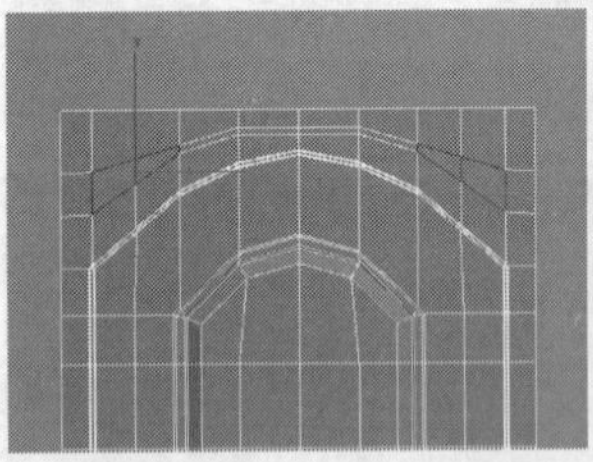

图8-238

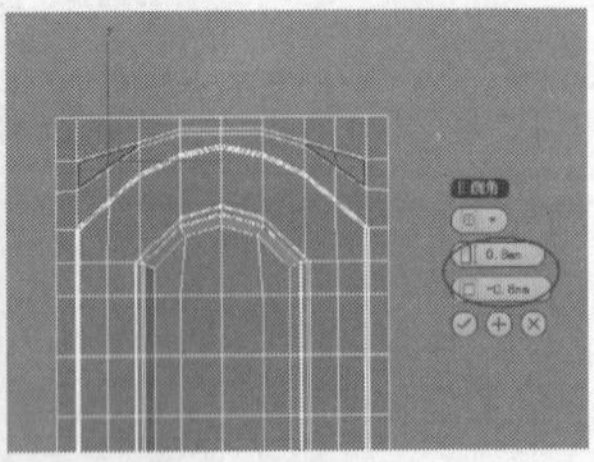

图8-239

16 进入“边”级别，然后选择如图8-240所示的边，再在“编辑边”卷展栏下单击“切角”按钮 切角 后面的“设置”按钮，最后设置“边切角量”为0.1mm，如图8-241所示。

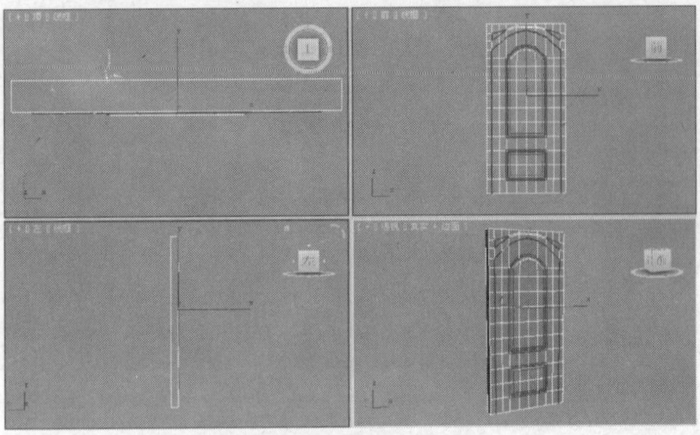

图8-240

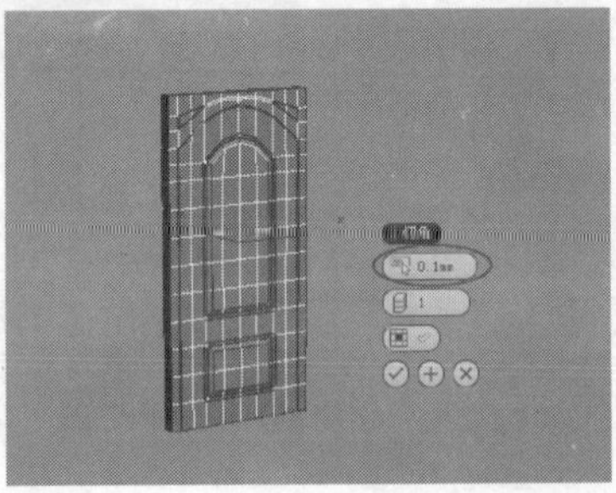

图8-241

技术专题 17 移除多余边

由于本例中门的正面和背面都有边，而只有正面的边才有用，因此在选择边进行切角操作的时候为了不选择到不该选择的边，在切角之前可以先移除没有用的边。下面以图8-242所示来进行讲解如何移除边（移除右侧的边）。

第1步：进入“边”级别，选择右侧的边，如图8-243所示。

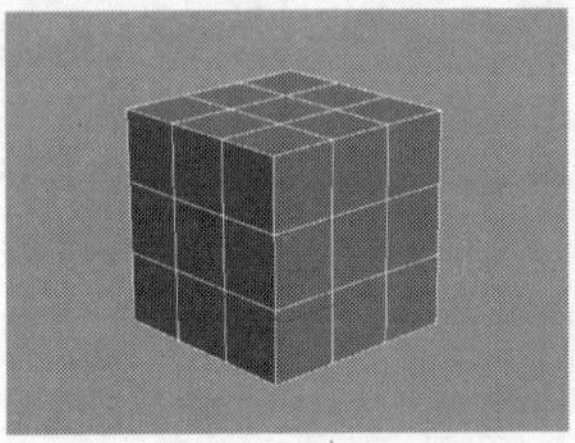

图8-242

图8-243

第2步：在“编辑边”卷展栏下单击“移除”按钮 移除 即可移除选定的边，如图8-244所示。

在移除边时要注意以下两点。

第1点：不能直接按Delete键移除边。如果按Delete键移除边，则将删除边和边所在的面，如图8-245所示。

图8-244

图8-245

第2点：在非特殊情况下不要移除边界上的边。如果选择了边界上的边，如图8-246所示，则移除边的同时会移除与面相邻的面，如图8-247所示。

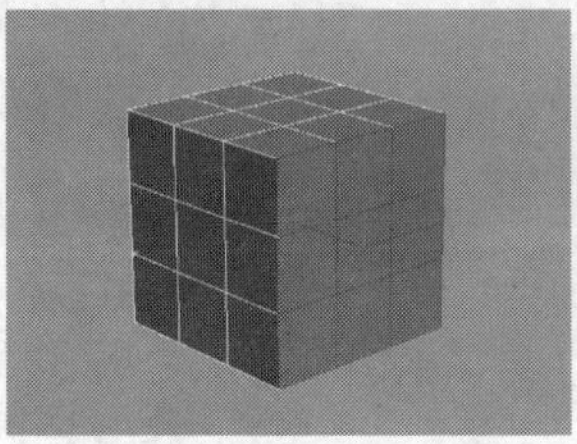
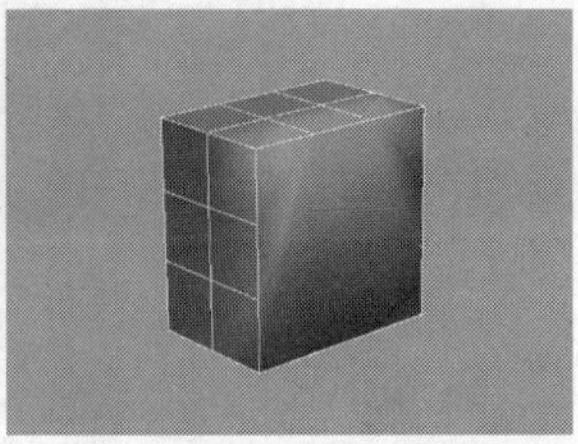

图8-246　　图8-247

17 为模型加载一个"网格平滑"修改器，然后在"细分量"卷展栏下设置"迭代次数"为3，最终效果如图8-248所示。

图8-248

实战132 绒布餐椅

场景位置	无
实例位置	DVD>实例文件>CH08>实战132.max
视频位置	DVD>多媒体教学>CH08>实战132.flv
难易指数	★★★☆☆
技术掌握	切角工具、挤出工具、连接工具、FFD 3×3×3修改器、软选择技术

实例介绍

本例将使用多边形建模中的切角、挤出、连接以及FFD 3×3×3修改器和软选择功能制作一把绒布餐椅，效果如图8-249所示。

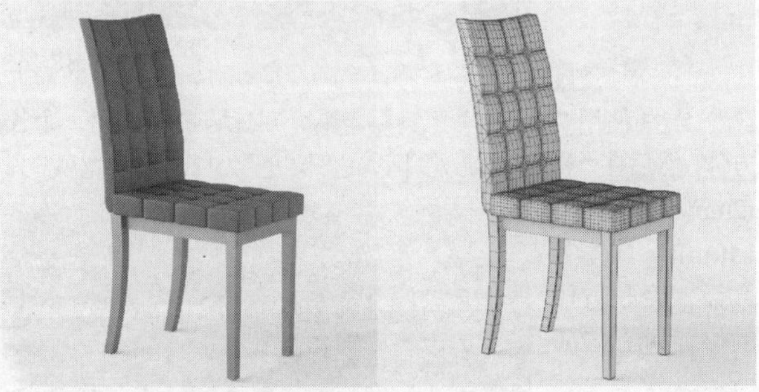

图8-249

本例大致的操作流程如图8-250所示。本例先要通过顶点编辑功能以及切角、挤出功能和"网格平滑"修改器制作软垫造型，然后通过相同的方法并结合FFD 3×3×3修改器制作靠背造型，最后制作椅腿，完成最终效果。

图8-250

操作步骤

01 使用"长方体"工具 长方体 在场景中创建一个长方体，然后在"参数"卷展栏下设置"长度"为150mm、"宽度"为165mm、"高度"为35mm、"长度分段"为4、"宽度分段"为4，具体参数设置如图8-251所示。

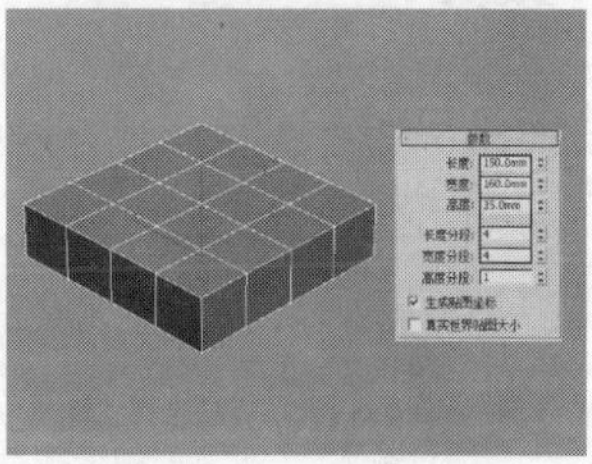

图8-251

02 将长方体转换为可编辑的多边形，进入"边"级别，然后选择如图8-252所示的边，再在"编辑边"卷展栏下单击"切角"按钮 切角 后面的"设置"按钮□，最后设置"边切角量"为0.6mm，如图8-253所示。

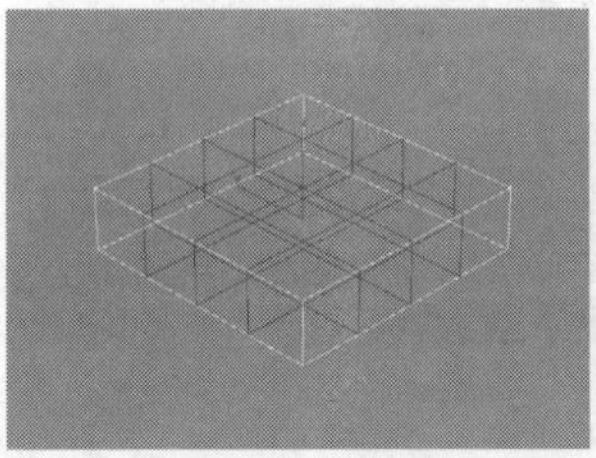

图8-252　　图8-253

03 进入"多边形"级别，然后选择如图8-254所示的多边形（除了凹下去的多边形外，其他多边形都要选择），再在"编辑多边形"卷展栏下单击"挤出"按钮 挤出 后面的"设置"按钮□，最后设置挤出类型为"局部法线"、"高度"为1.5mm，如图8-255所示。

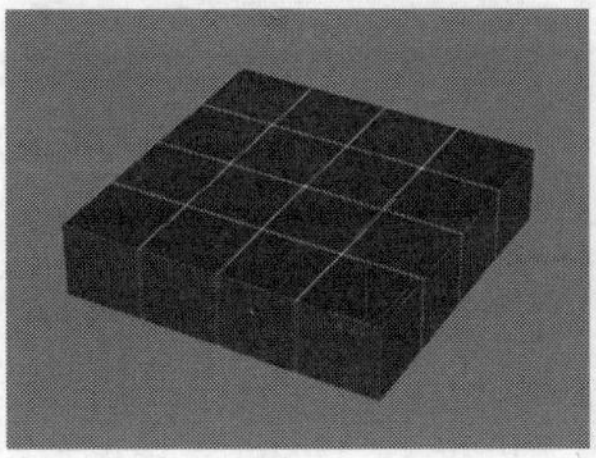
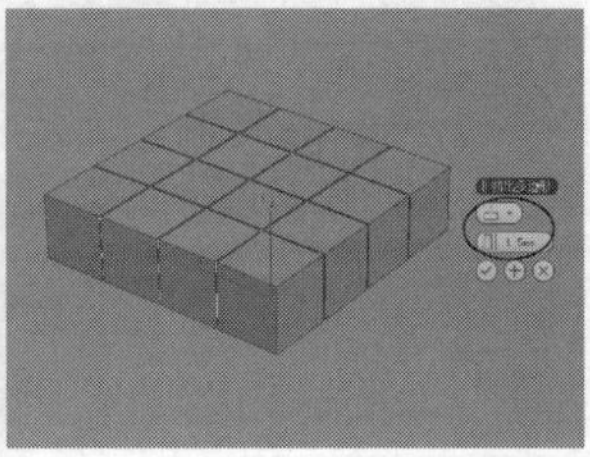

图8-254　　图8-255

04 进入"边"级别，然后选择如图8-256所示的边，再在"编辑边"卷展栏下单击"连接"按钮 连接 后面的"设置"按钮□，最后设置"分段"为1，如图8-257所示。

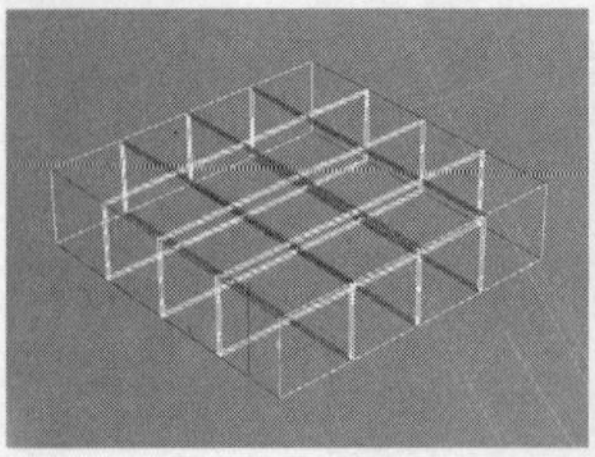

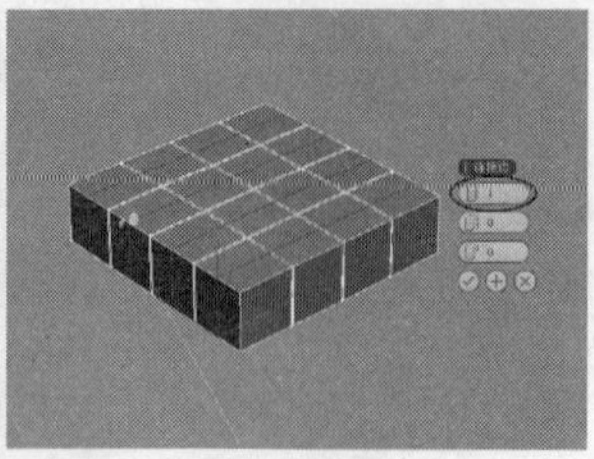

图8-256　图8-257

05 选择如图8-258所示的边，然后在“编辑边”卷展栏下单击“连接”按钮 连接 后面的“设置”按钮□，再设置“分段”为1，如图8-259所示。

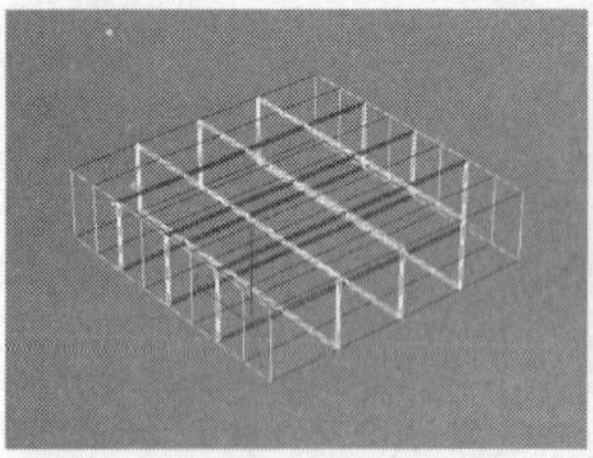

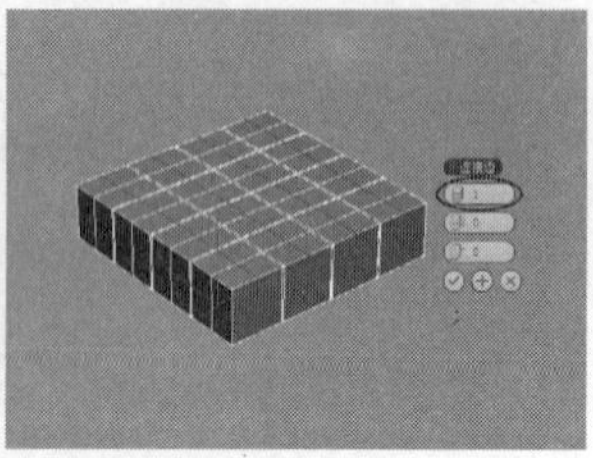

图8-258　图8-259

06 选择如图8-260所示的边，然后在“编辑边”卷展栏下单击“切角”按钮 切角 后面的“设置”按钮□，再设置“边切角量”为1mm，如图8-261所示。

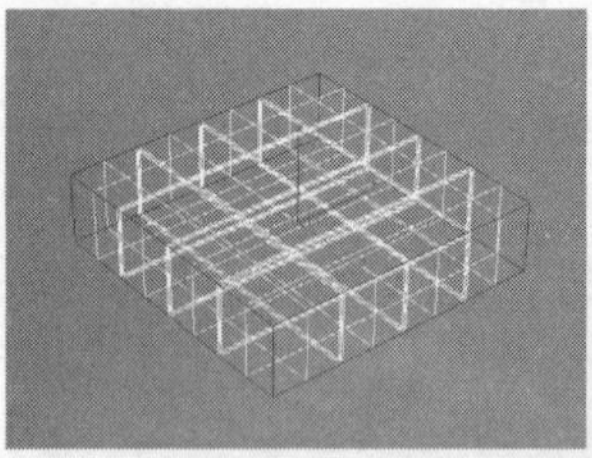

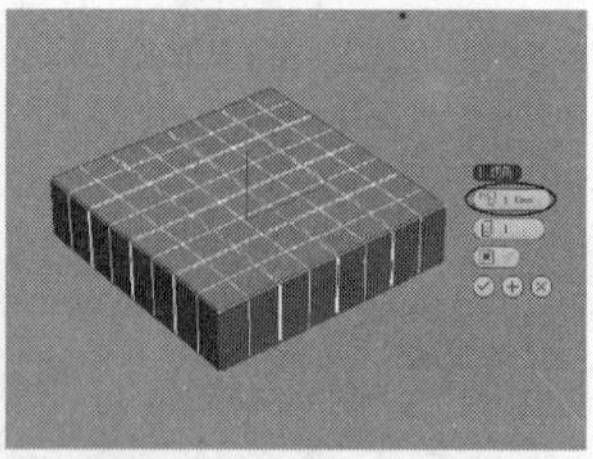

图8-260　图8-261

07 为模型加载一个“网格平滑”修改器，然后在“细分量”卷展栏下设置“迭代次数”为2，效果如图8-262所示。

08 将平滑后的模型转换为可编辑多边形，然后进入“顶点”级别，再选择如图8-263所示的顶点。

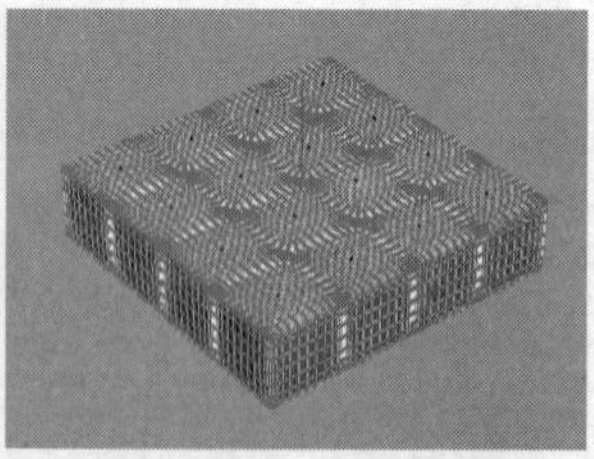

图8-262　图8-263

09 在“软选择”卷展栏下勾选“使用软选择”选项，然后设置“衰减”为25mm，如图8-264所示，再使用“选择并移动”工具✣在透视图中沿z轴向上拖曳出凸出细节，如图8-265所示。

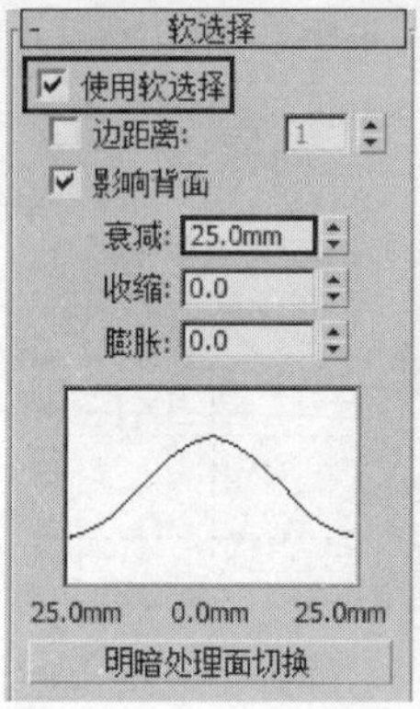

图8-264　图8-265

10 采用相同的方法制作靠背模型，完成后的效果如图8-266所示。

11 为靠背模型加载一个FFD 3×3×3修改器，然后进入“控制点”次物体层级，将模型调整成如图8-267所示的形状。

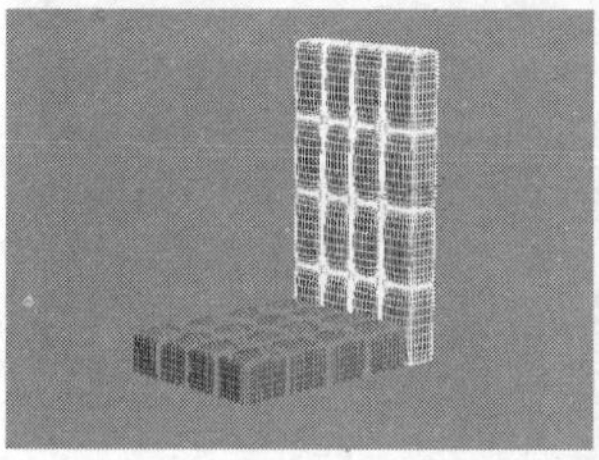

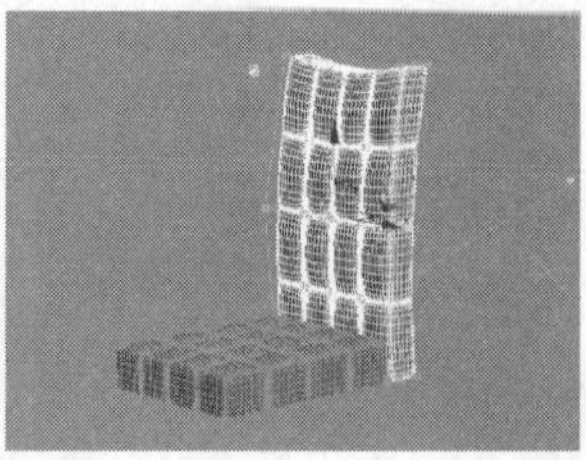

图8-266　图8-267

12 使用“长方体”工具 长方体 在座垫底部创建一个长方体，然后在“参数”卷展栏下设置“长度”为140mm、“宽度”为100mm、“高度”为18mm，具体参数设置及长方体的位置如图8-268所示。

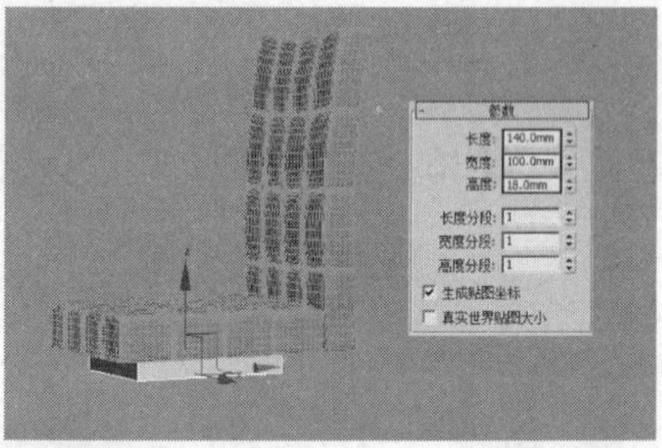

图8-268

13 继续使用“长方体”工具 长方体 在场景中创建一个长方体，然后在“参数”卷展栏下设置“长度”为12mm、“宽度”为12mm、“高度”为130mm，具体参数设置及长方体的位置如图8-269所示。

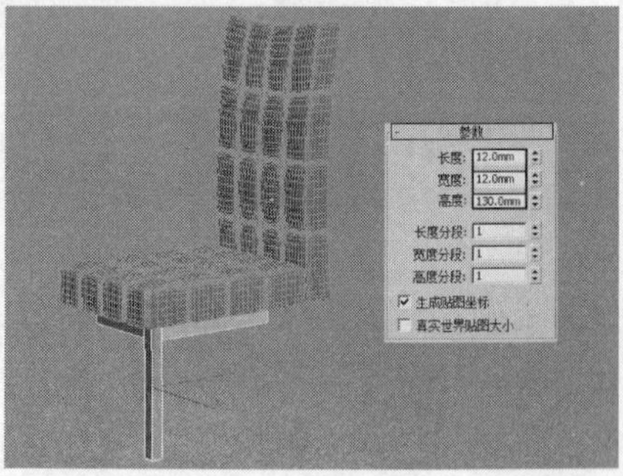

图8-269

14 将长方体转换为可编辑多边形，然后进入“顶点”级别，选择底部的顶点，再使用“选择并均匀缩放”工具将其等比例缩小到如图8-270所示的效果。

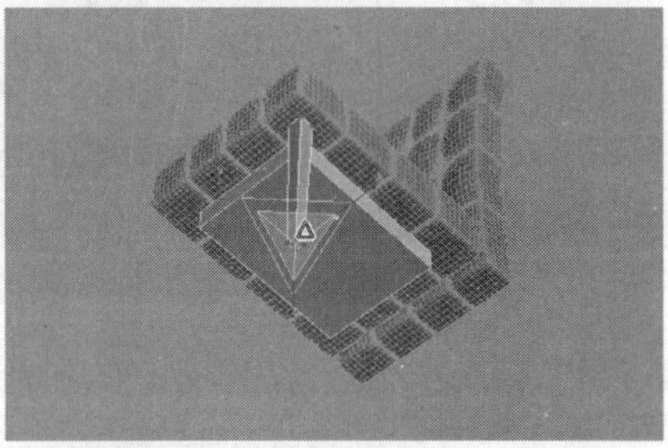

图8-270

15 进入“边”级别，然后选择如图8-271所示的边，再在“编辑边”卷展栏下单击“切角”按钮 切角 后面的“设置”按钮，最后设置“边切角量”为0.9mm、“分段”为4，如图8-272所示。

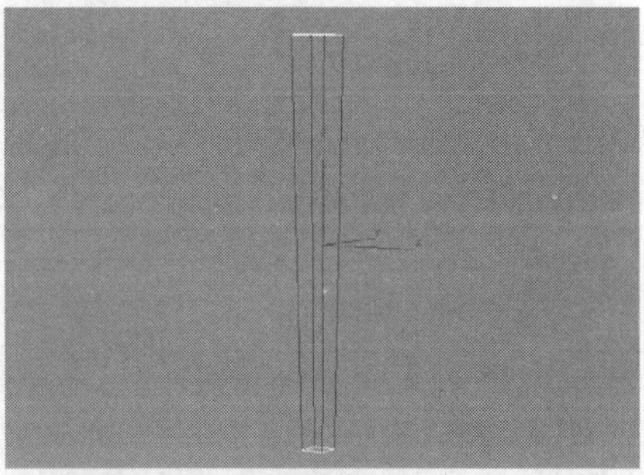

图8-271

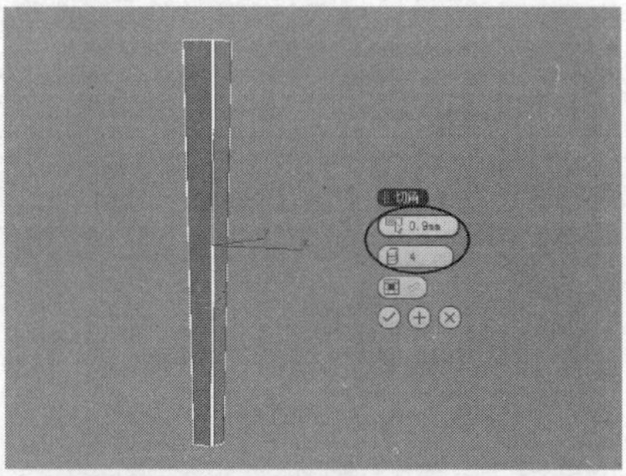

图8-272

16 复制3个椅腿模型到另外3个位置，完成后的效果如图8-273所示。

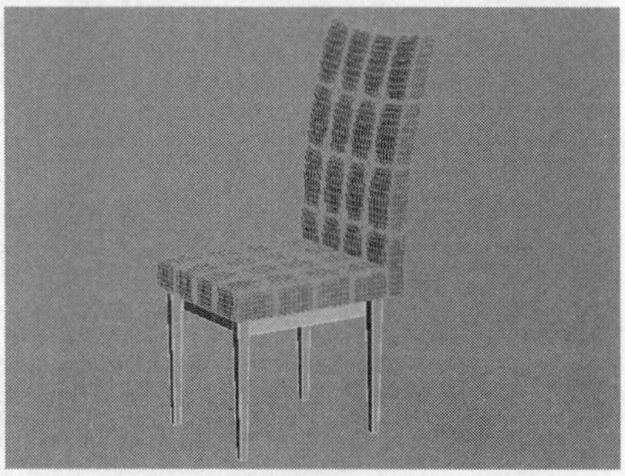

图8-273

17 选择其中一条后腿模型，进入“边”级别，然后选择所有竖向的边，如图8-274所示，再在“编辑边”卷展栏下单击“连接”按钮 连接 后面的“设置”按钮，最后设置“分段”为9，如图8-275所示。

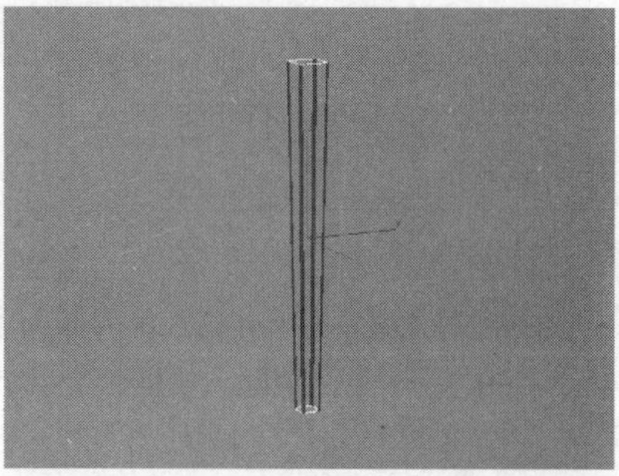

图8-274

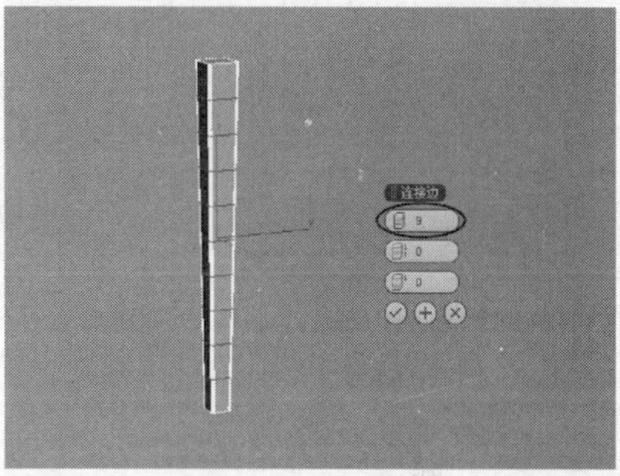

图8-275

18 采用相同的方法为另外一条后腿模型连接9条横向的边，然后选择两条后腿模型，并为其加载一个FFD 3×3×3修改器，再进入“控制点”次物体层级，最后将模型调整成如图8-276所示的效果，最终效果如图8-277所示。

图8-276

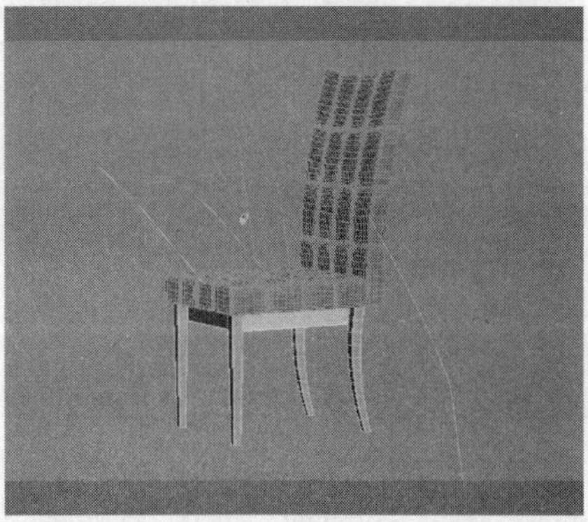

图8-277

实战133 木质茶几

场景位置　无
实例位置　DVD>实例文件>CH08>实战133.max
视频位置　DVD>多媒体教学>CH08>实战133.flv
难易指数　★★★☆☆
技术掌握　插入工具、挤出工具、切角工具、倒角工具

实例介绍

本例将使用多边形建模技术的插入、挤出、切角和倒角功能制作一个茶几模型，效果如图8-278所示。

图8-278

本例大致的操作流程如图8-279所示。本例先要通过插入和挤出功能制作茶几的顶板，再通过类似的操作制作柜子模型，最后通过样条线与"车削"修改器制作拉手与茶几腿模型。

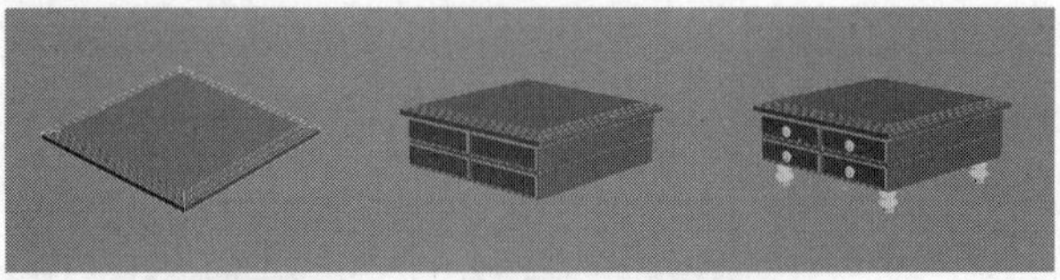

图8-279

操作步骤

01 使用"长方体"按钮 长方体 在场景中创建一个长方体，然后在"参数"卷展栏下设置"长度"为150mm、"宽度"为150mm、"高度"为5mm，如图8-280所示。

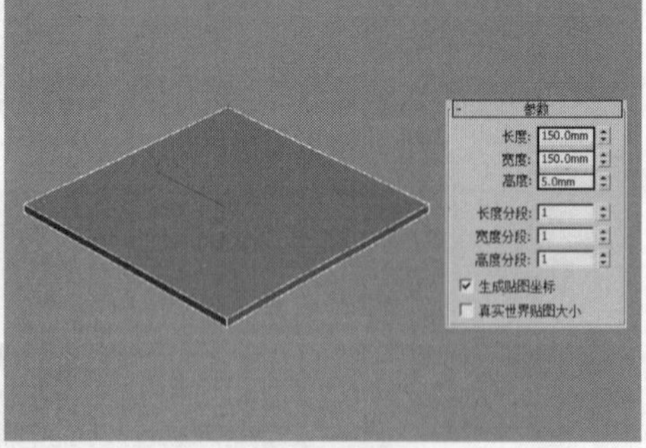

图8-280

02 将长方体转换为可编辑多边形，进入"多边形"级别，然后选择顶部的多边形，再在"编辑多边形"卷展栏下单击"插入"按钮 插入 后面的"设置"按钮□，最后设置"数量"为5mm，如图8-281所示。

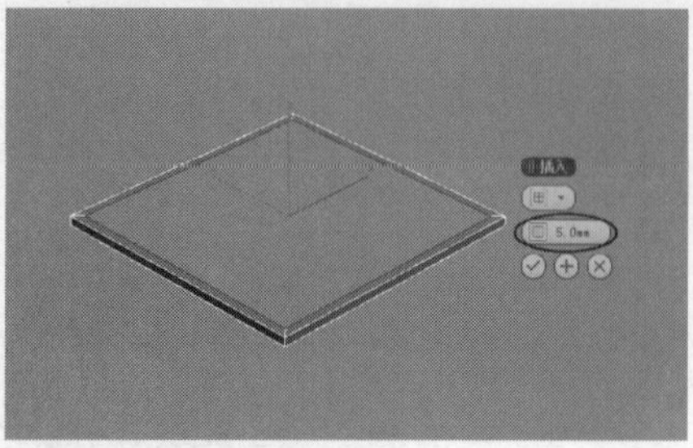

图8-281

03 保持对多边形的选择，在"编辑多边形"卷展栏下单击"挤出"按钮 挤出 后面的"设置"按钮□，然后设置"高度"为1.5mm，如图8-282所示。

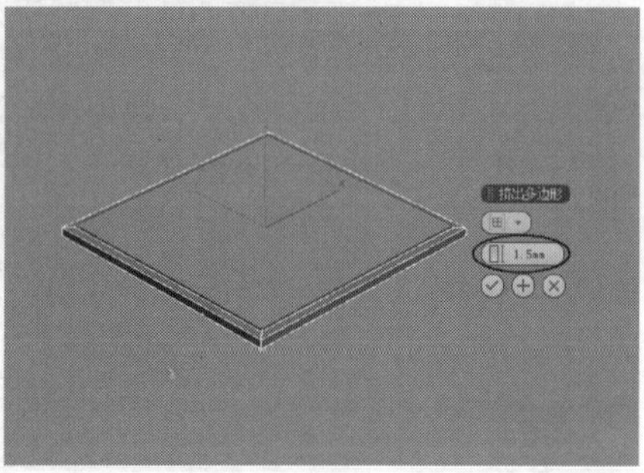

图8-282

04 继续使用"插入"工具 插入 和"挤出"工具 挤出 将顶板模型处理成如图8-283所示的效果。

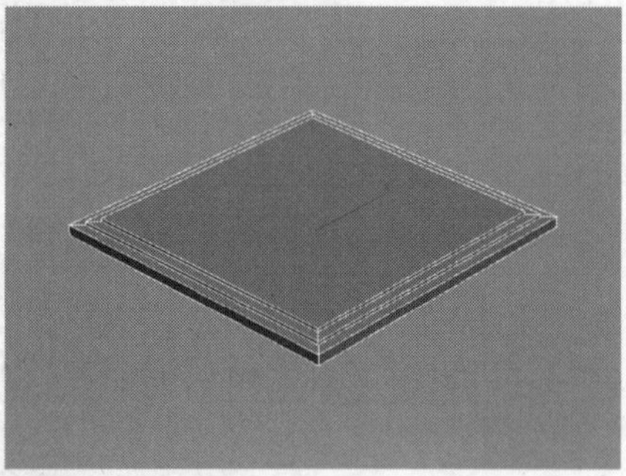

图8-283

05 进入"边"级别，然后选择如图8-284所示的边，再在"编辑边"卷展栏下单击"切角"按钮 切角 后面的"设置"按钮□，最后设置"边切角量"为0.2mm，如图8-285所示。

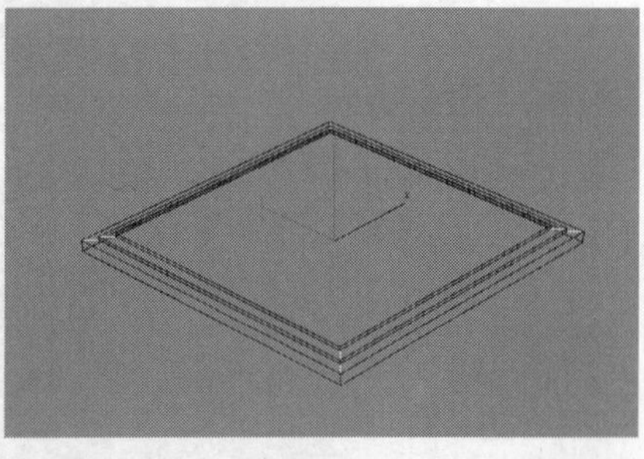

图8-284

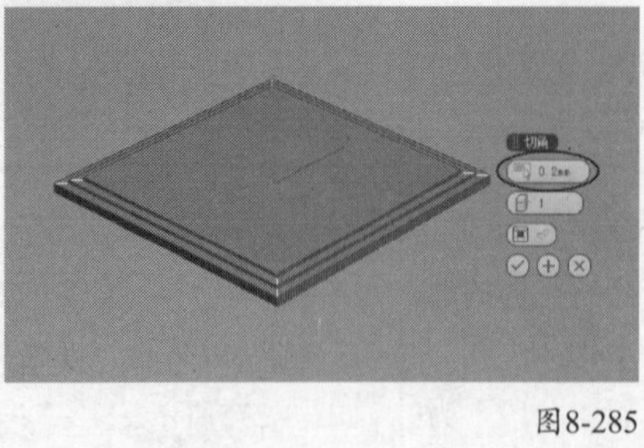

图8-285

06 进入“多边形”级别，然后选择底部的多边形，再在“编辑多边形”卷展栏下单击“插入”按钮 插入 后面的“设置”按钮▣，最后设置“数量”为5mm，如图8-286所示。

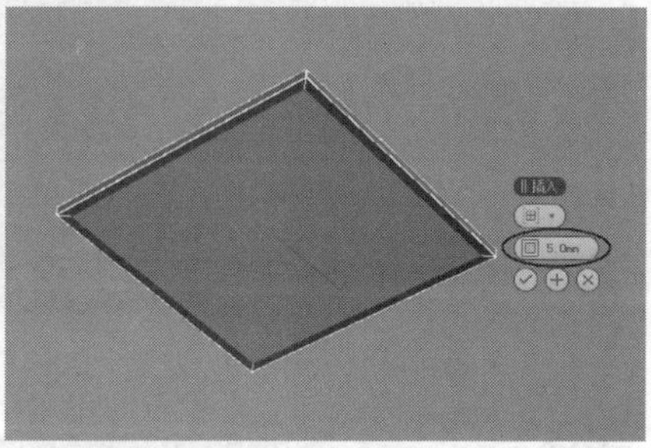

图8-286

07 保持对多边形的选择，在“编辑多边形”卷展栏下单击“挤出”按钮 挤出 后面的“设置”按钮▣，然后设置“高度”为40mm，如图8-287所示。

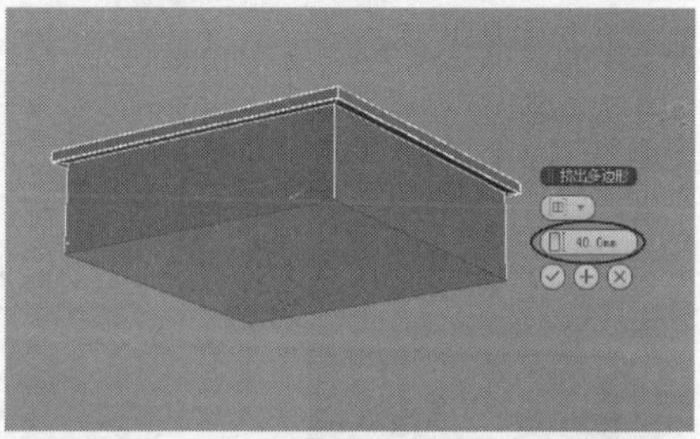

图8-287

08 进入“边”级别，然后选择如图8-288所示的边，再在“编辑边”卷展栏下单击“连接”按钮 连接 后面的“设置”按钮▣，最后设置“分段”为1，如图8-289所示。

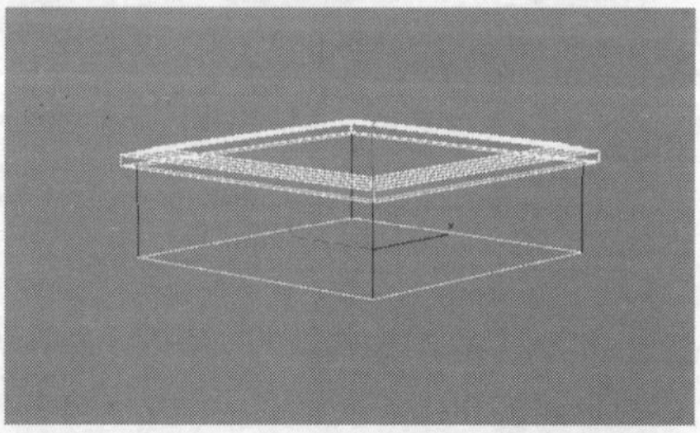

图8-288

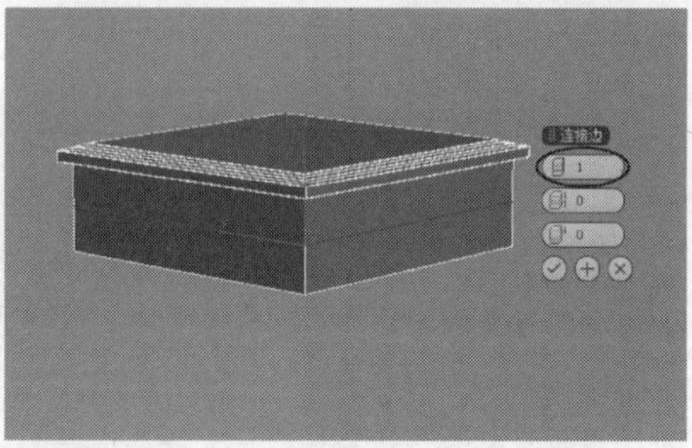

图8-289

09 选择如图8-290所示的边，然后在“编辑边”卷展栏下单击“连接”按钮 连接 后面的“设置”按钮▣，再设置“分段”为1，如图8-291所示。

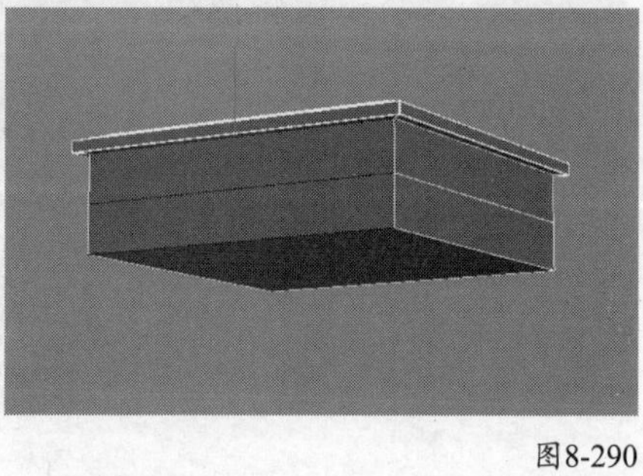

图8-290

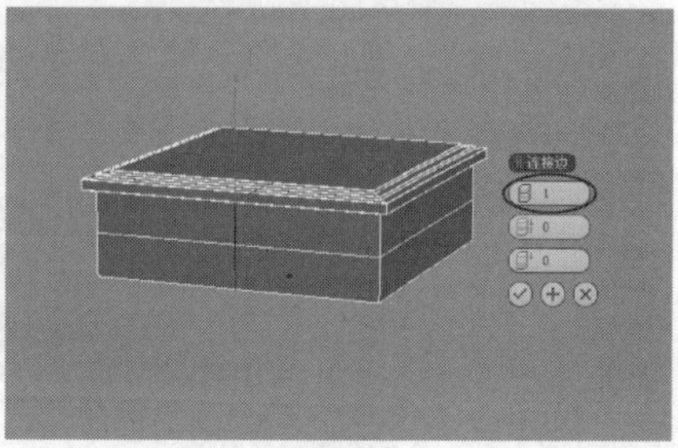

图8-291

10 进入“多边形”级别，然后选择如图8-292所示的多边形，再在“编辑多边形”卷展栏下单击“插入”按钮 插入 后面的“设置”按钮▣，最后设置插入类型为“按多边形”、“数量”为2mm，如图8-293所示。

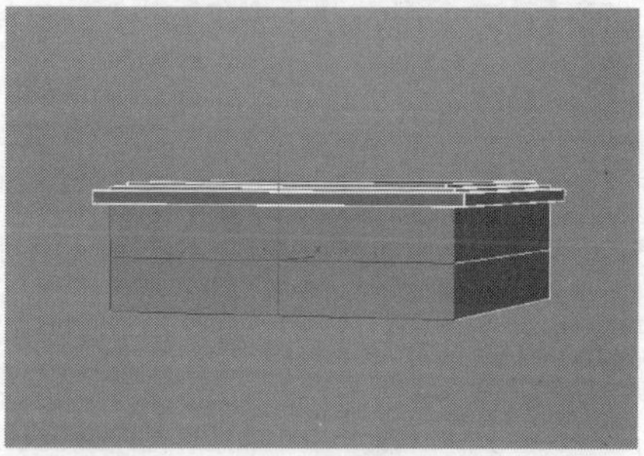

图8-292

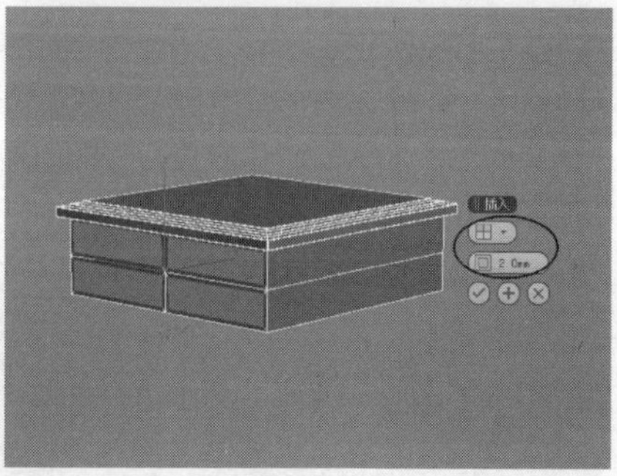

图8-293

11 保持对多边形的选择，在“编辑多边形”卷展栏下单击“挤出”按钮 挤出 后面的“设置”按钮▣，然后设置“高度”为1mm，如图8-294所示。

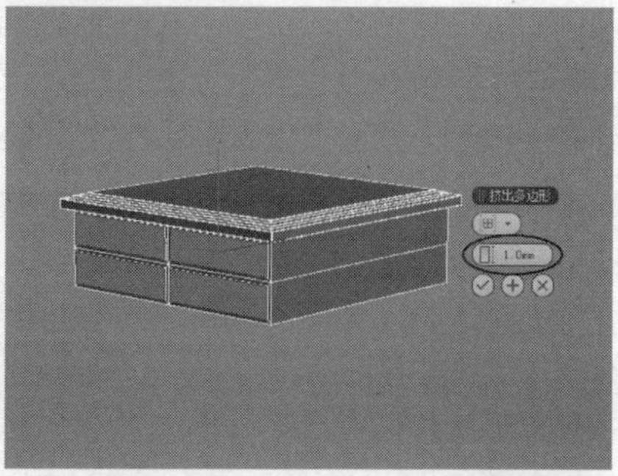

图8-294

12 继续对选择的多边形挤出1mm，然后在“编辑多边形”卷展栏下单击“倒角”按钮 倒角 后面的“设置”按钮▣，再设置“高度”为0.4mm、“轮廓”为-0.5mm，如图8-295所示。

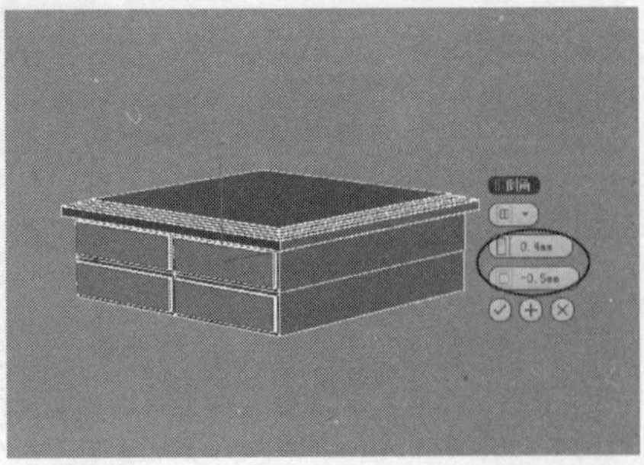

图8-295

13 使用“线”工具 线 在顶视图中绘制如图8-296所示的样条线作为拉手的车削轮廓线。这里提供一张孤立选择图供用户参考，如图8-297所示。

图8-296

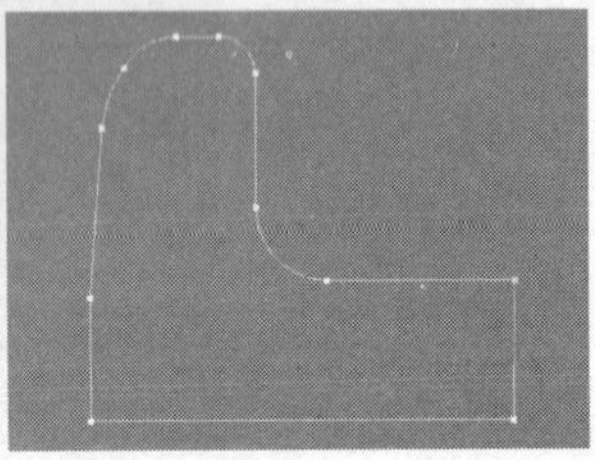

图8-297

14 为样条线加载一个“车削”修改器，然后在“参数”卷展栏下设置“方向”为 Y 、“对齐”为 最大 ，效果如图8-298所示，再复制3个拉手模型到另外3个柜子上，完成后的效果如图8-299所示。

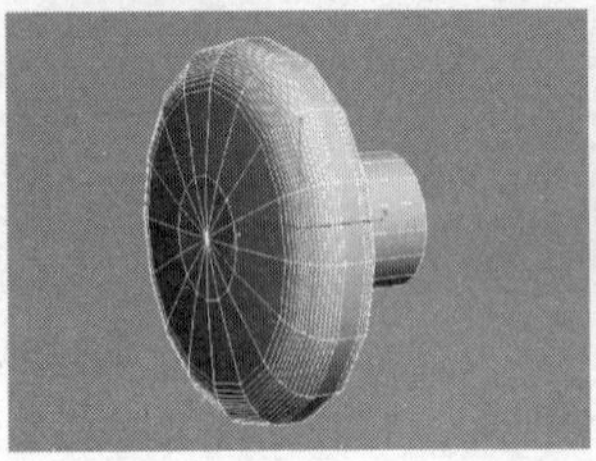

图8-298

图8-299

15 使用“样条线”工具 线 在前视图中绘制如图8-300所示的样条线作为茶几腿的车削轮廓线，然后为其加载一个“车削”修改器，再在“参数”卷展栏下设置“方向”为 Y 、“对齐”为 最大 ，效果如图8-301所示。

图8-300

图8-301

16 复制3个腿部模型到另外3个角上，最终效果如图8-302所示。

图8-302

实战134 现代餐桌椅

场景位置	无
实例位置	DVD>实例文件>CH08>实战134.max
视频位置	DVD>多媒体教学>CH08>实战134.flv
难易指数	★★★☆☆
技术掌握	切角工具、插入工具、挤出工具

实例介绍

本例将使用多边形建模技术中的切角、插入和挤出功能制作一套现代餐桌椅，效果如图8-303所示。

图8-303

本例大致的操作流程如图8-304所示。本例先要通过多边形建模和样条线建模制作桌子模型，然后用多边形建模制作椅子的座垫和靠背，最后用样条线建模制作椅腿模型。

图8-304

操作步骤

01 使用“圆柱体”工具 圆柱体 在场景中创建一个圆柱体，然后在“参数”卷展栏下设置“半径”为100mm、“高度”为7mm、“高度分段”为1、“边数”为36，如图8-305所示。

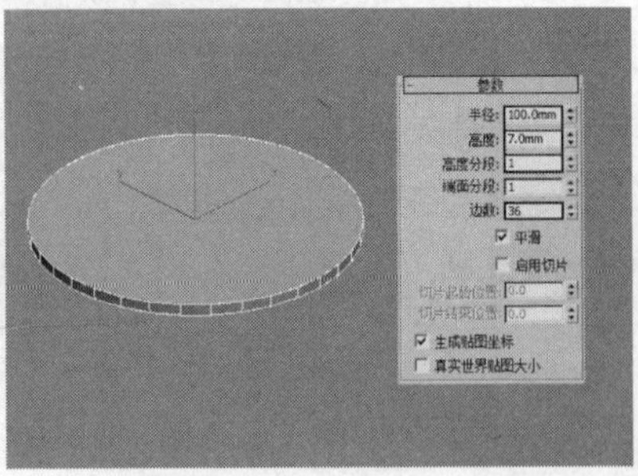

图8-305

02 选择圆柱体，然后使用“选择并均匀缩放”工具在顶视图中沿y轴向下进行缩放，如图8-306所示，缩放完成后的效果如图8-307所示。

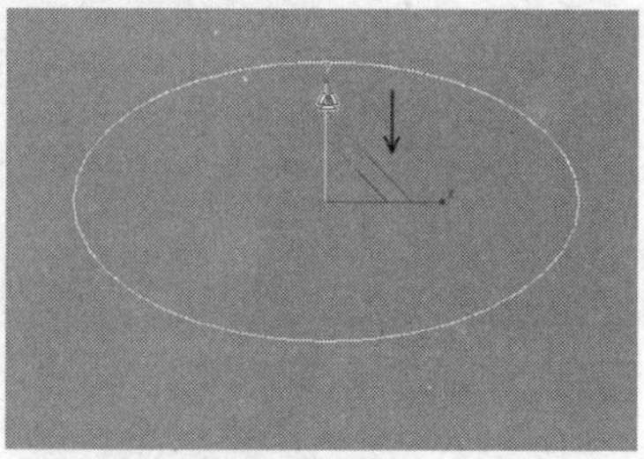

图8-306

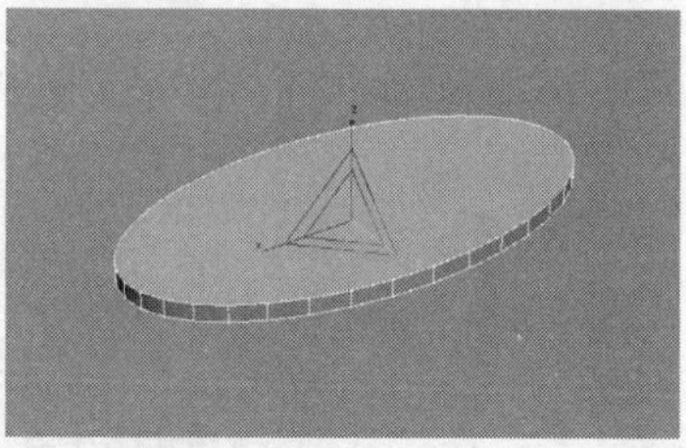

图8-307

03 将模型转换为可编辑多边形，进入“边”级别，然后选择如图8-308所示的边，再在“编辑边”卷展栏下单击“切角”按钮 切角 后面的“设置”按钮，最后设置“边切角量”为1mm、“连接边分段”为6，如图8-309所示。

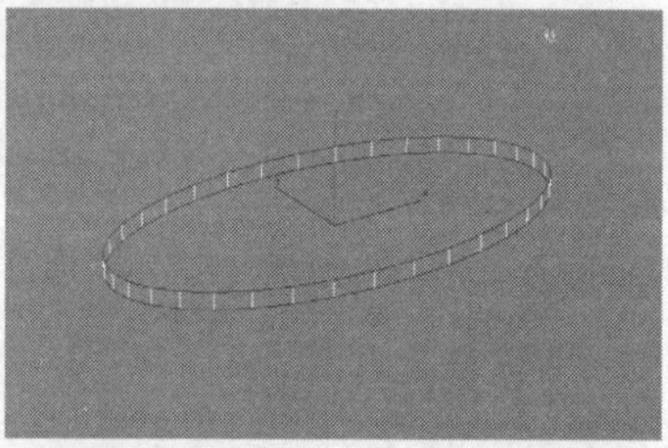

图8-308

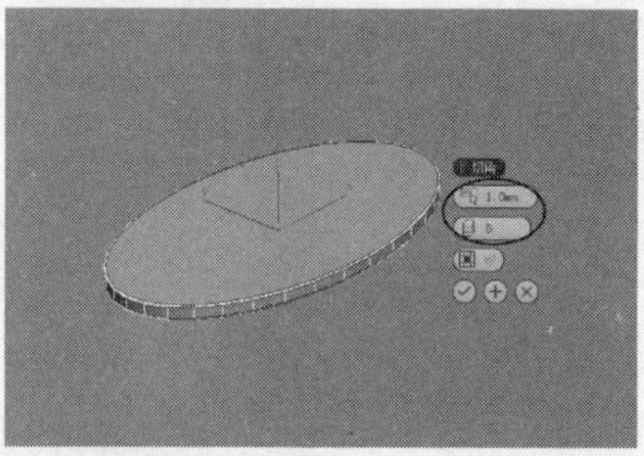

图8-309

04 使用“线”工具 线 在前视图中绘制如图8-310所示的样条线，然后在“渲染”卷展栏下勾选“在渲染中启用”和“在视口中启用”选项，再勾选“径向”选项，最后设置“厚度”为3.5mm，效果如图8-311所示。

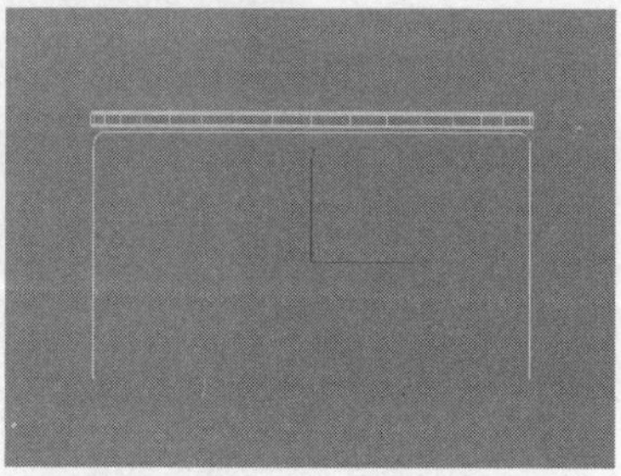

图8-310

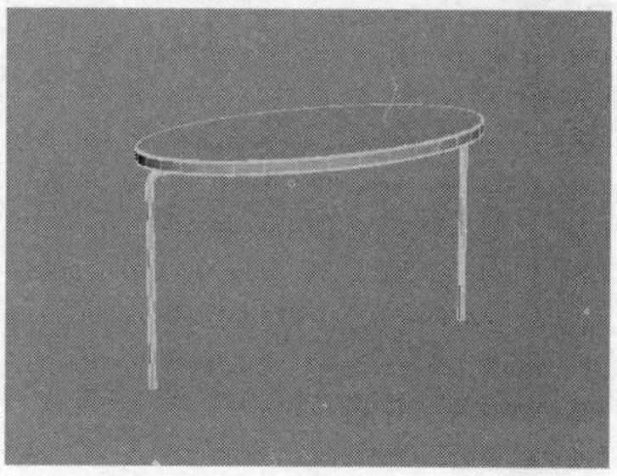

图8-311

05 使用“圆柱体”工具 圆柱体 在桌腿的底部创建一个“半径”为2.3mm、“高度”为0.8mm、“高度分段”为1、“边数”为36的圆柱体作为腿垫，再复制一个圆柱体到另一个桌腿的底部，如图8-312所示。

图8-312

06 采用相同的方法制作另一条桌腿，完成后的效果如图8-313所示。

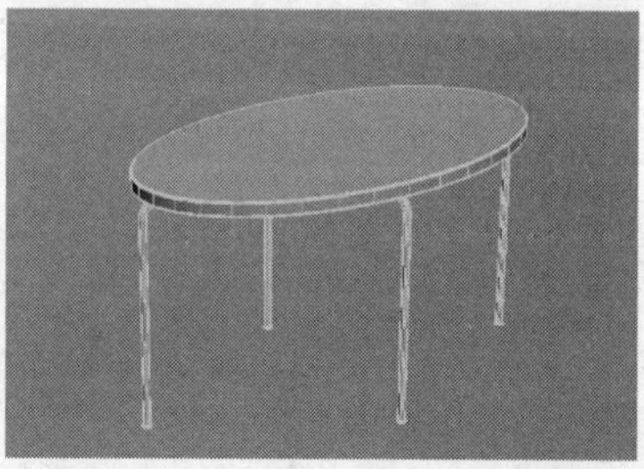

图8-313

07 下面制作椅子模型。使用“长方体”工具 长方体 在场景中创建一个长方体，然后在“参数”卷展栏下设置“长度”为45mm、“宽度”为45mm、“高度”为3mm，如图8-314所示。

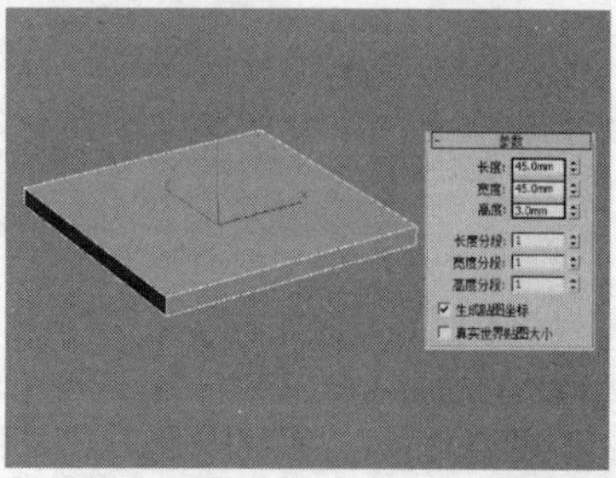

图8-314

08 将长方体转换为可编辑多边形，进入“边”级别，然后选择如图8-315所示的边（4个角上的竖边），再在“编辑边”卷展栏下单击“切角”按钮 切角 后面的“设置”按钮，最后设置“边切角量”为8mm、“连接边分段”为2，如图8-316所示。

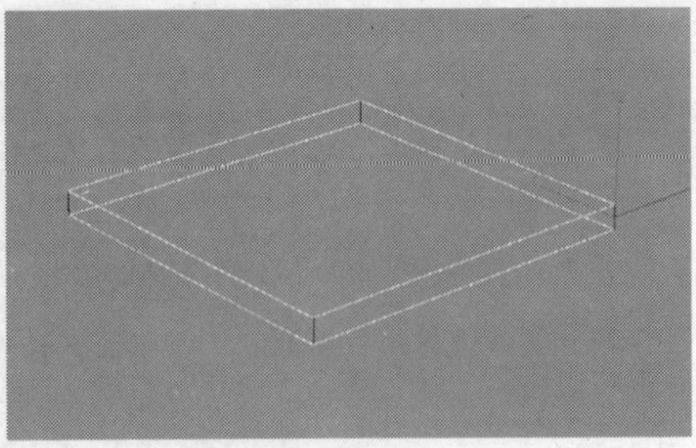

图8-315

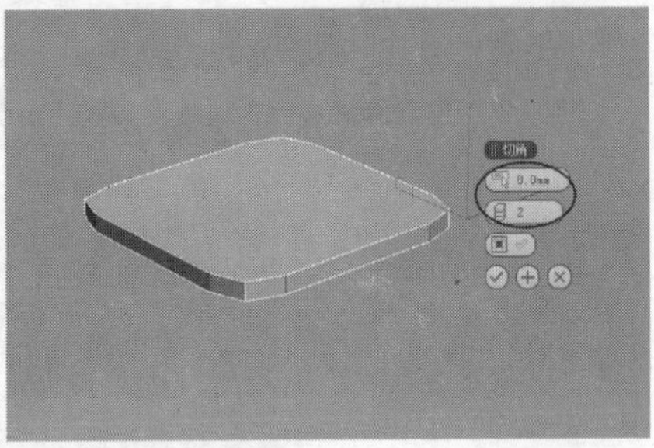

图8-316

09 进入“多边形”级别，然后选择如图8-317所示的多边形，再在“编辑多边形”卷展栏下单击“插入”按钮 插入 后面的“设置”按钮□，最后设置“数量”为1mm，如图8-318所示。

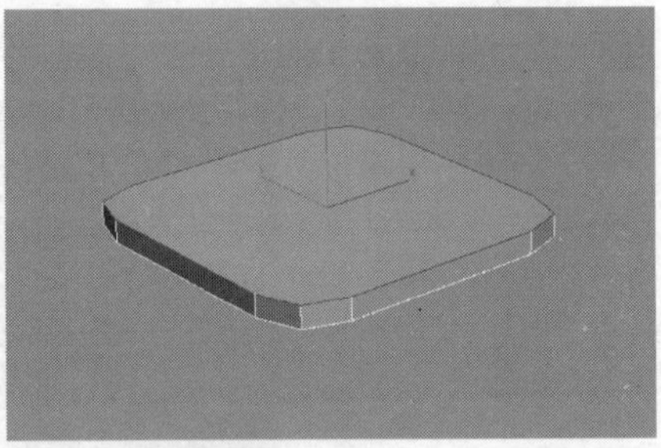

图8-317

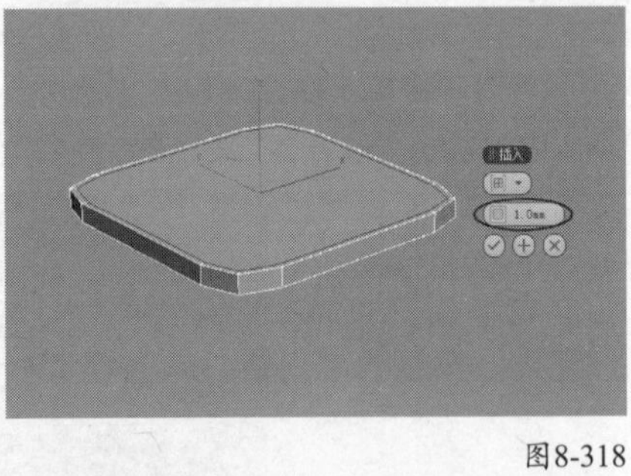

图8-318

10 选择如图8-319所示的多边形，然后在“编辑多边形”卷展栏下单击“挤出”按钮 挤出 后面的“设置”按钮□，设置“高度”为10mm，如图8-320所示。

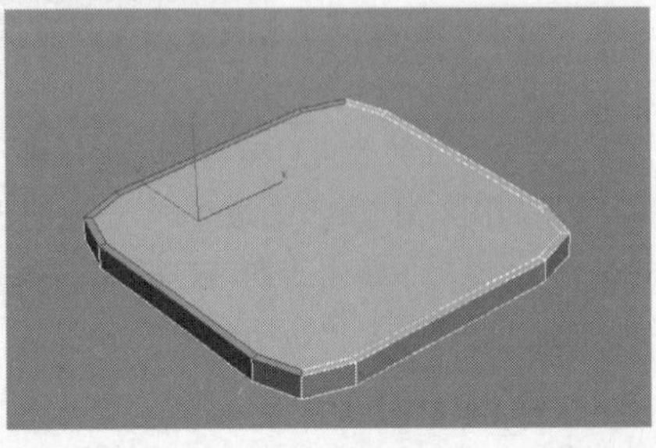

图8-319

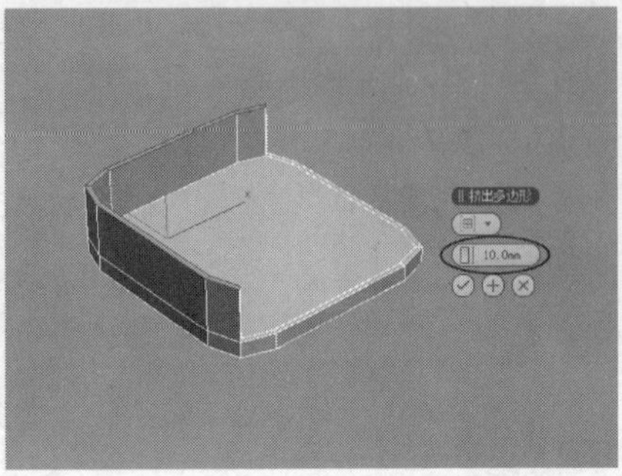

图8-320

11 保持对多边形的选择，在“编辑多边形”卷展栏下单击“挤出”按钮 挤出 后面的“设置”按钮□，设置“高度”为10mm，如图8-321所示。

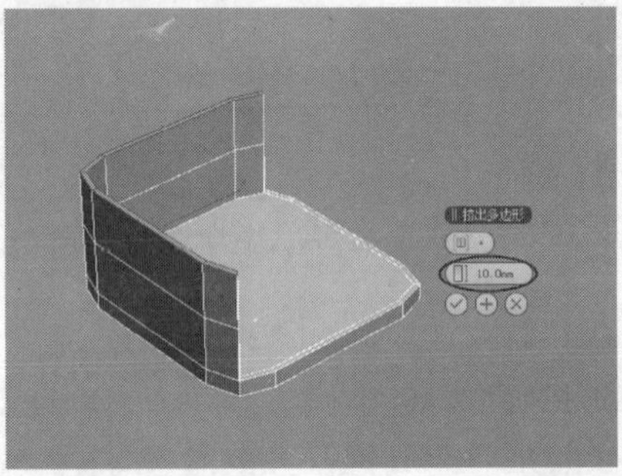

图8-321

12 进入“边”级别，然后选择如图8-322所示的边，再在“编辑边”卷展栏下单击“切角”按钮 切角 后面的“设置”按钮□，最后设置“边切角量”为10mm、“连接边分段”为2，如图8-323所示。

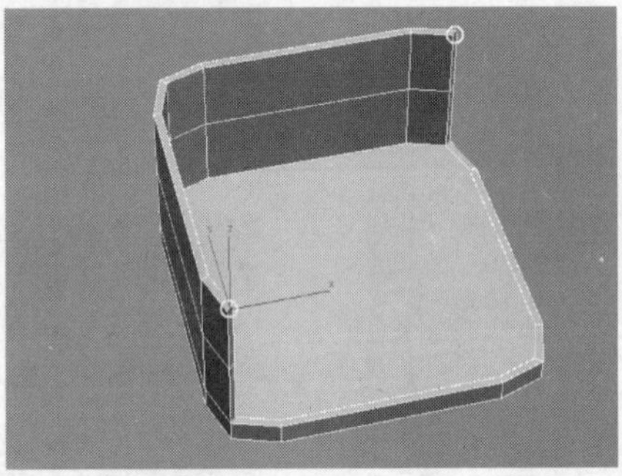

图8-322

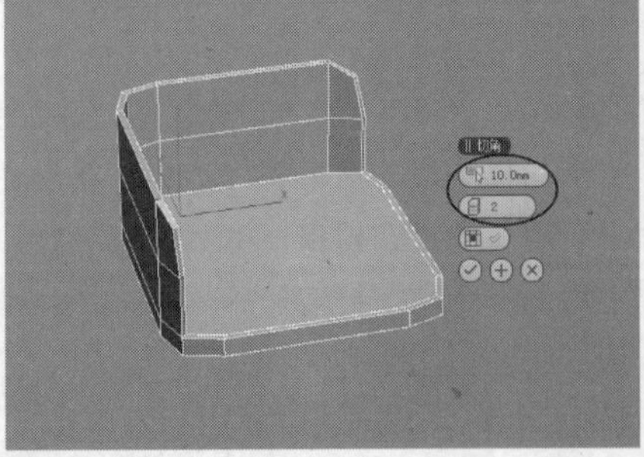

图8-323

13 选择如图8-324所示的边，然后在“编辑边”卷展栏下单击“切角”按钮 切角 后面的“设置”按钮□，再设置“边切角量”为0.15mm，如图8-325所示。

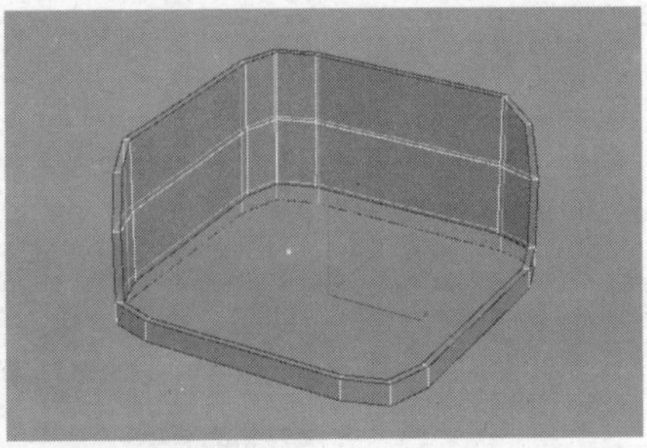

图8-324

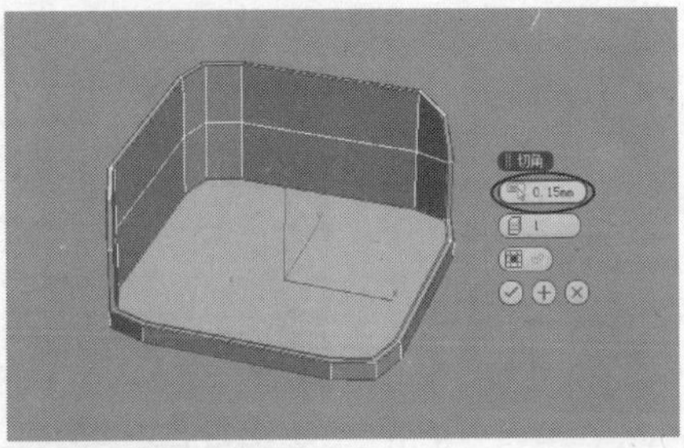

图8-325

14 为模型加载一个“网格平滑”修改器，然后在“细分量”卷展栏下设置“迭代次数”为2，效果如图8-326所示。

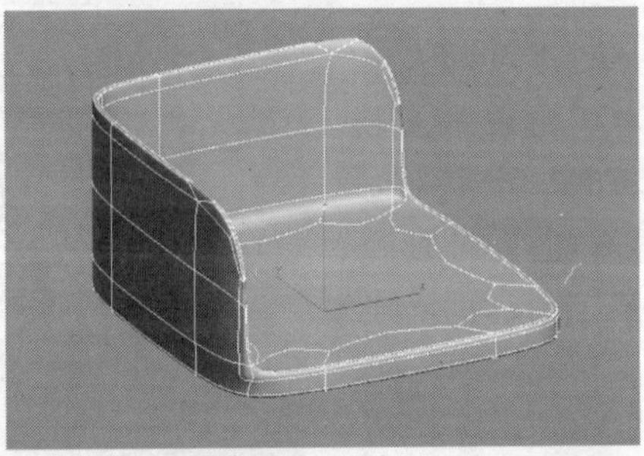

图8-326

15 继续使用“长方体”工具 长方体 和多边形建模技术制作座垫模型，完成后的效果如图8-327所示。

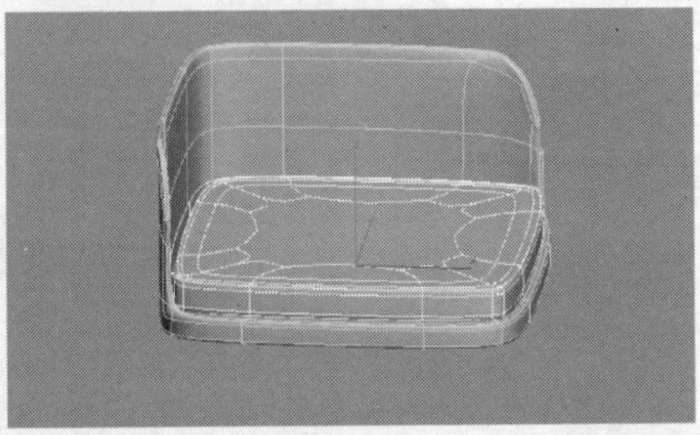

图8-327

16 使用“线”工具 线 在前视图中绘制如图8-328所示的样条线，然后在“渲染”卷展栏下勾选“在渲染中启用”和“在视口中启用”选项，再勾选“径向”选项，最后设置“厚度”为2mm，效果如图8-329所示。

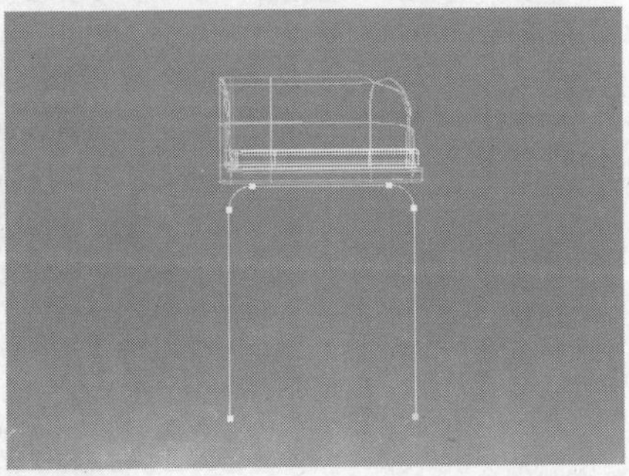

图8-328

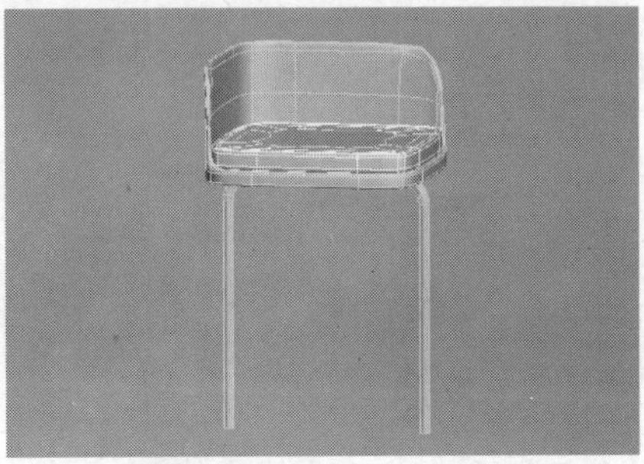

图8-329

17 使用“圆柱体”工具 圆柱体 在腿部模型的底部创建一个圆柱形垫子，然后复制一个到另外一侧，如图8-330所示，再旋转复制一组椅腿模型，完成后的效果如图8-331所示。

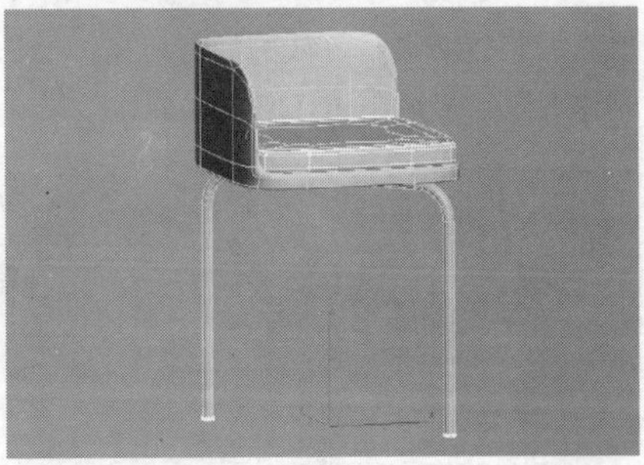

图8-330

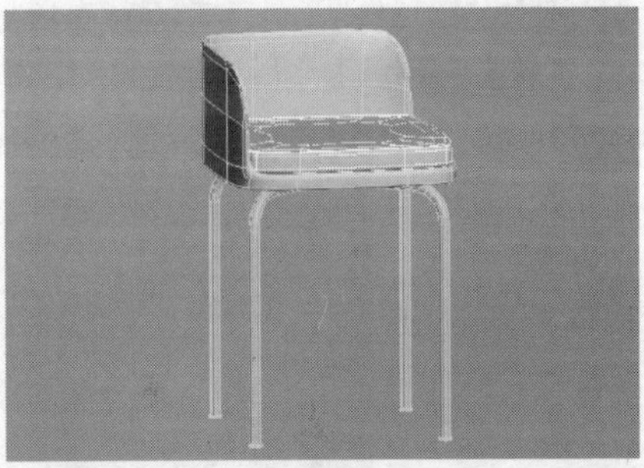

图8-331

18 选择椅子模型，然后围绕桌子模型旋转复制3把椅子到相应的位置，最终效果如图8-332所示。

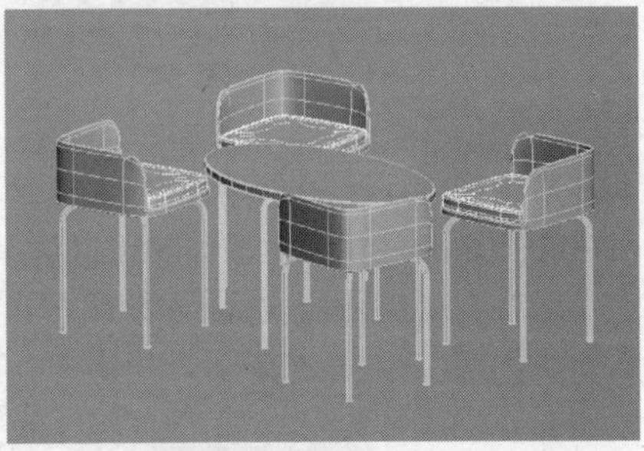

图8-332

实战135 欧式台灯

场景位置	无
实例位置	DVD>实例文件>CH08>实战135.max
视频位置	DVD>多媒体教学>CH08>实战135.flv
难易指数	★★★☆☆
技术掌握	顶点调整技法、连接工具

实例介绍

本例将使用多边形建模技术中的顶点调整技法与连接功能制作一盏欧式台灯，效果如图8-333所示。

图8-333

本例大致的操作流程如图8-334所示。本例先要通过顶点调整技法调整台灯的灯杆造型，然后通过类似的方法制作灯罩，最后制作灯座完成最终效果。

图8-334

操作步骤

01 使用“圆柱体”工具 圆柱体 在场景中创建一个圆柱体，然后在“参数”卷展栏下设置“半径”为20mm、“高度”为510mm、“高度分段”为10、“边数”为18，具体参数设置及模型效果如图8-335所示。

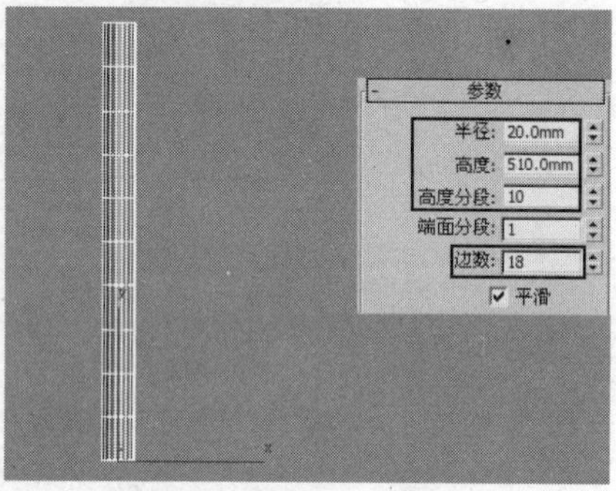

图8-335

02 将圆柱体转换为可编辑多边形，进入“顶点”级别，然后在前视图中将顶点调整成如图8-336所示的效果。

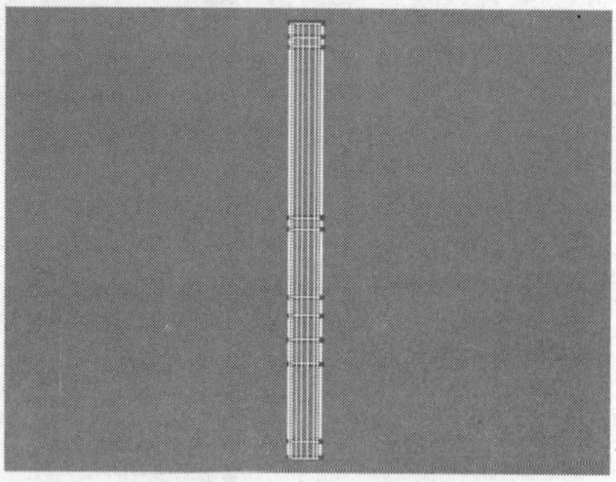

图8-336

03 使用“选择并均匀缩放”工具在顶视图中将顶点缩放成如图8-337所示的效果，在前视图中的效果如图8-338所示。

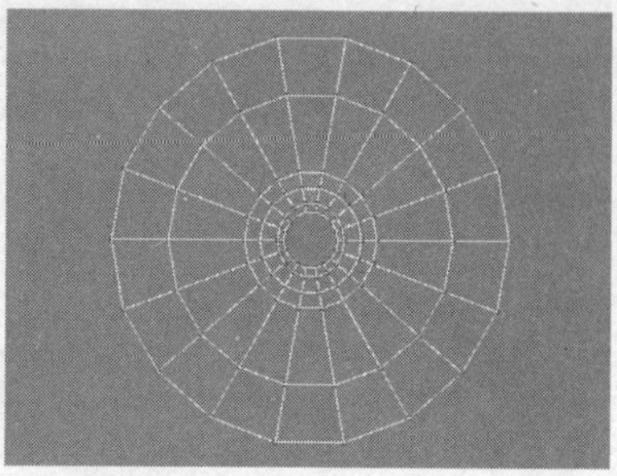

图8-337

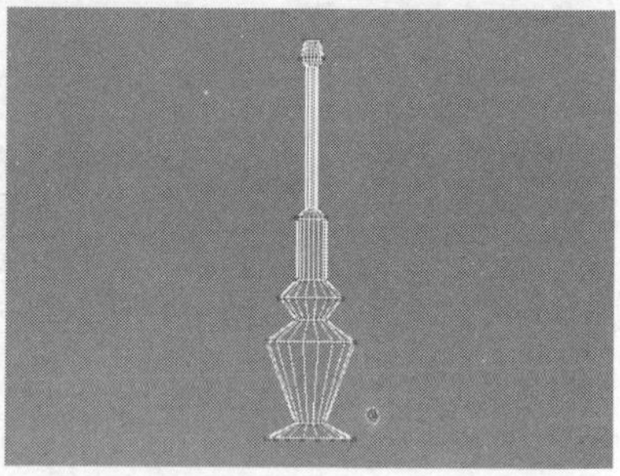

图8-338

04 进入“边”级别，然后选择如图8-339所示的边，再在“编辑边”卷展栏下单击“连接”按钮 连接 下面的“设置”按钮，最后设置“分段”为6，如图8-340所示。

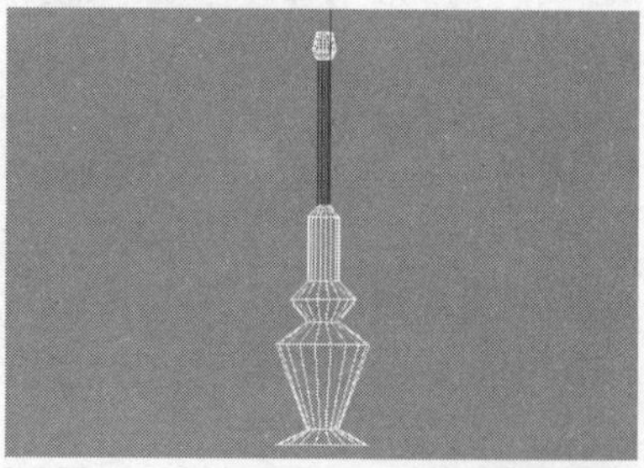

图8-339

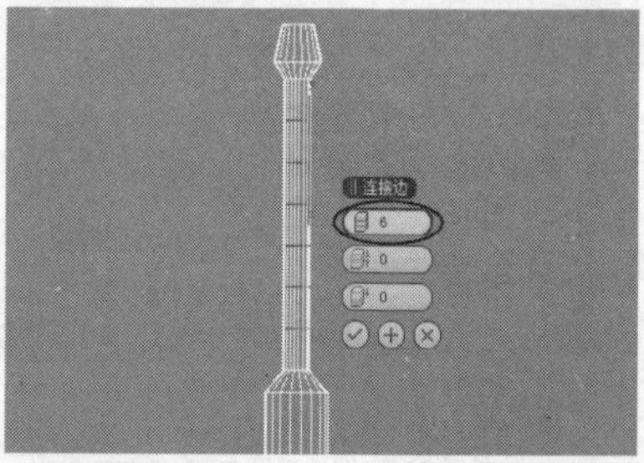

图8-340

05 进入“顶点”级别，然后分别在顶视图和前视图中对顶部的顶点进行调整，如图8-341和图8-342所示。

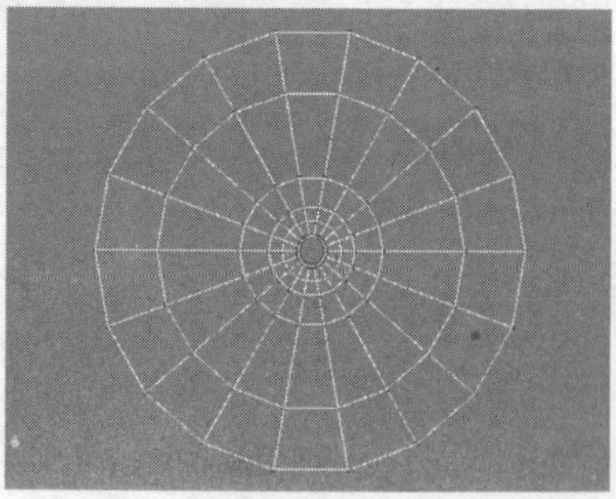

图8-341

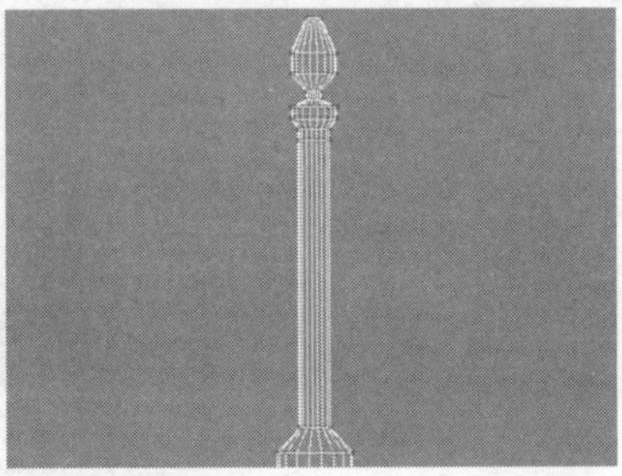

图8-342

06 继续使用“连接”工具 连接 在其他位置添加竖向边，然后将顶点调整成如图8-343所示的效果，在透视图中的效果如图8-344所示。

图8-343

图8-344

07 使用“圆柱体”工具 圆柱体 在场景中创建一个圆柱体，然后在“参数”卷展栏下设置“半径”为40mm、“高度”为180mm、“高度分段”为3，具体参数设置及模型位置如图8-345所示。

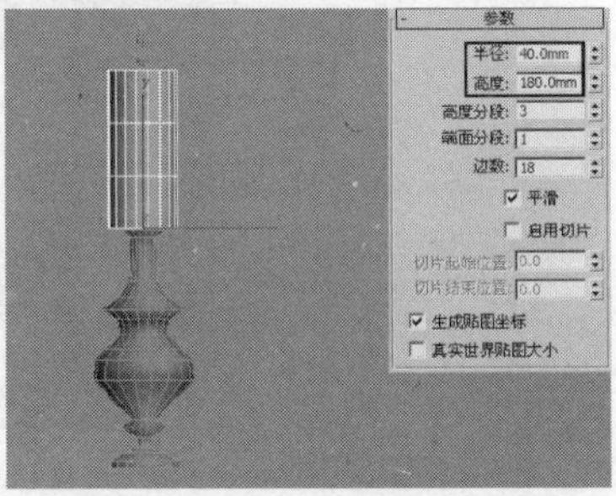

图8-345

08 将圆柱体转换为可编辑多边形，进入“顶点”级别，然后使用“选择并均匀缩放”工具分别在顶视图和前视图中对顶点进行调整，如图8-346和图8-347所示。

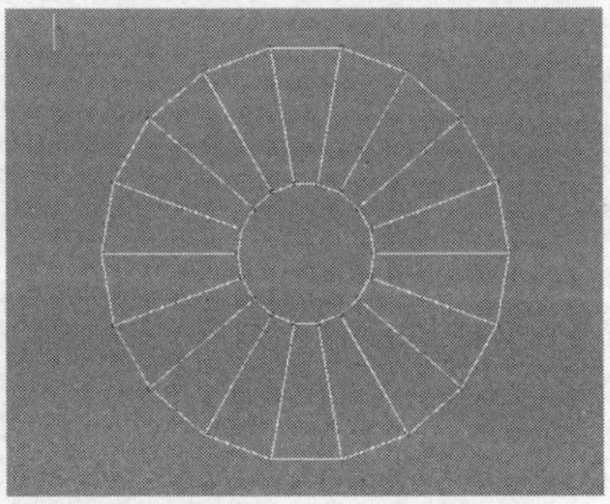

图8-346

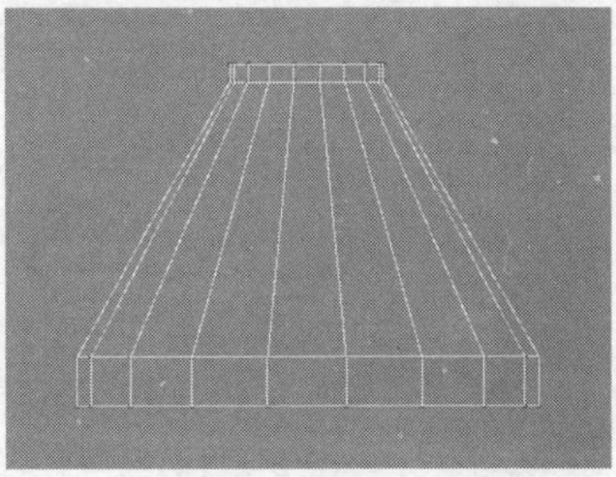

图8-347

09 进入“多边形”级别，然后选择顶部和底部的多边形，如图8-348所示，再按Delete键将其删除，效果如图8-349所示。

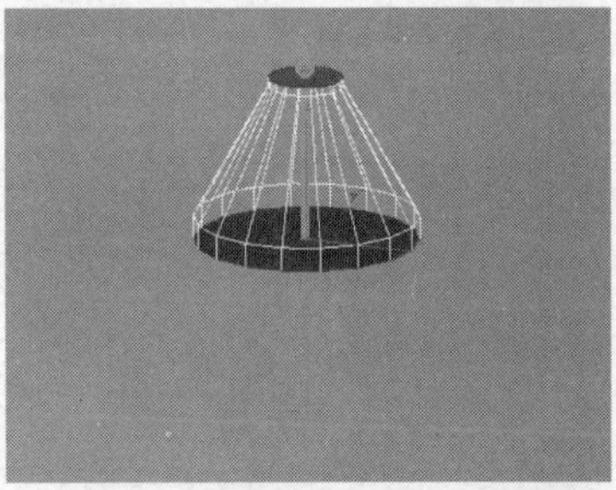

图8-348

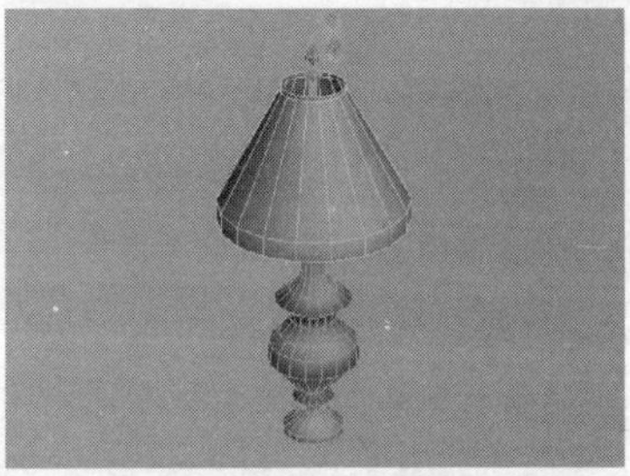

图8-349

10 为灯柱模型加载一个“网格平滑”修改器，然后在“细分量”卷展栏下设置“迭代次数”为1，效果如图8-350所示。

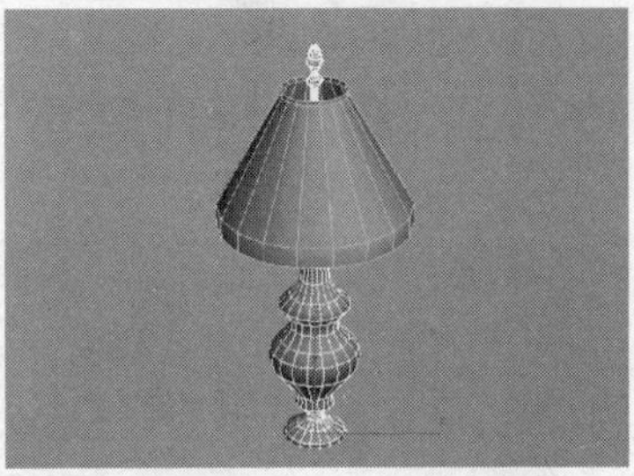

图8-350

11 使用“长方体”工具 长方体 在灯柱底部创建一个长方体，然后在“参数”卷展栏下设置“长度”和“宽度”为120mm、“高度”为30mm，最终效果如图8-351所示。

图8-351

实战136 欧式吊灯

场景位置　无
实例位置　DVD>实例文件>CH08>实战136.max
视频位置　DVD>多媒体教学>CH08>实战136.flv
难易指数　★★★★☆
技术掌握　放样工具、仅影响轴工具、间隔工具、挤出工具、切角工具

实例介绍

本例将创建一个精致的欧式吊灯模型，其制作难度比较大，技巧性也比较高，同时使用到的工具也比较多，效果如图8-352所示。

图8-352

本例大致的操作流程如图8-353所示。本例首先创建吊灯的吊装结构以及螺旋线，然后制作中部的结构细节和灯罩模型，最后制作水晶花枝、吊饰以及烛台等细节。

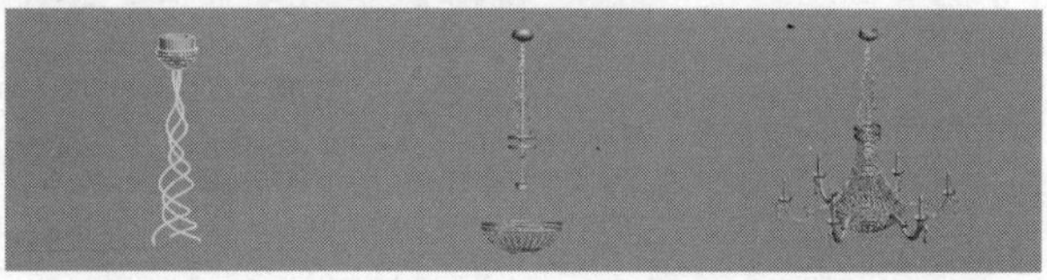

图8-353

操作步骤

01 使用“球体”工具 球体 在场景中创建一个“半径”为6mm、“分段”为32的球体，如图8-354所示。

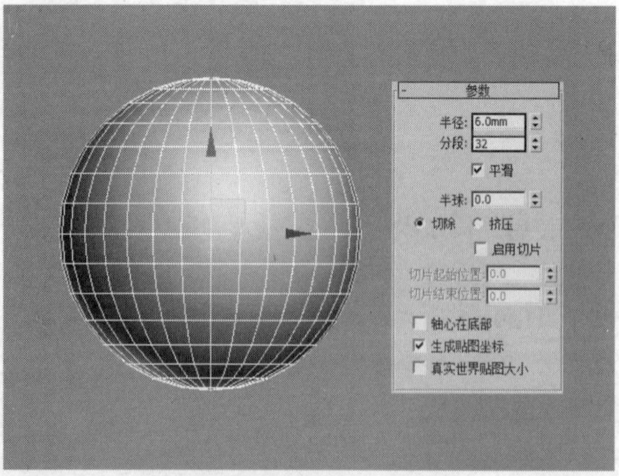

图8-354

02 将球体转换为可编辑多边形，进入“多边形”级别，然后选择如图8-355所示的多边形，再按Delete键将其删除，效果如图8-356所示。

图8-355

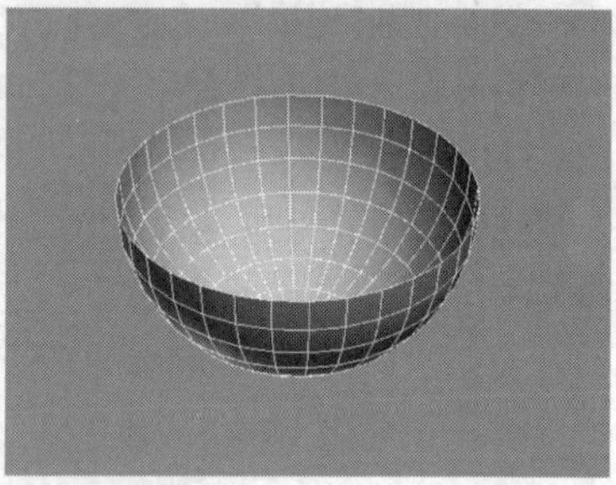

图8-356

03 进入“边”级别，然后选择如图8-357所示的边，再按住Shift键使用“选择并均匀缩放”工具将选择的边向内缩放复制一份，如图8-358所示。

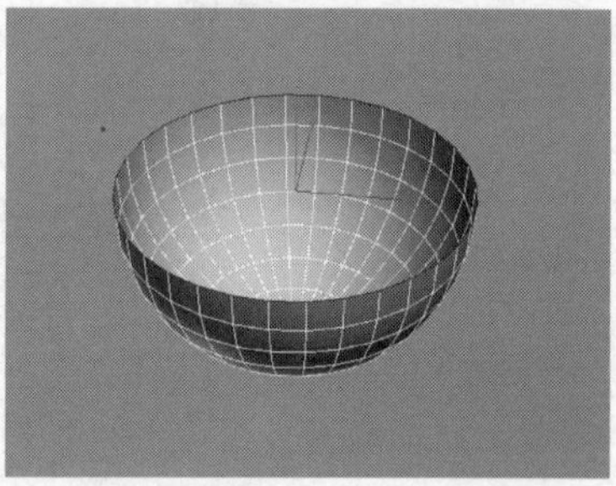

图8-357

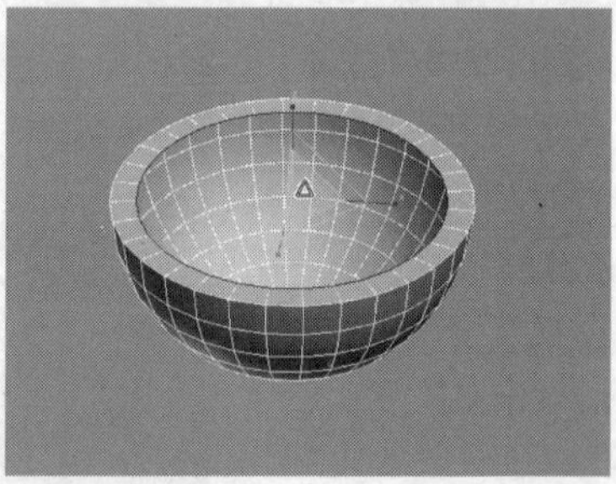

图8-358

04 保持对边的选择，按住Shift键使用“选择并移动”工具沿z轴向上进行移动复制，如图8-359所示。

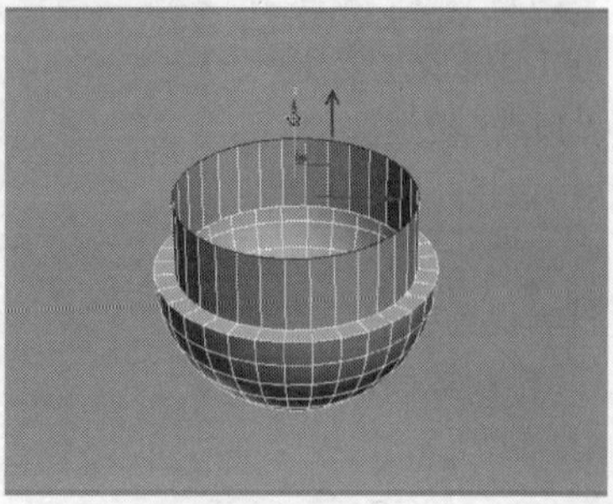

图8-359

05 为模型加载一个“壳”修改器，然后在“参数”卷展栏下设置“内部量”为0.1mm、“外部量”为0mm，参数设置及模型效果如图8-360所示。

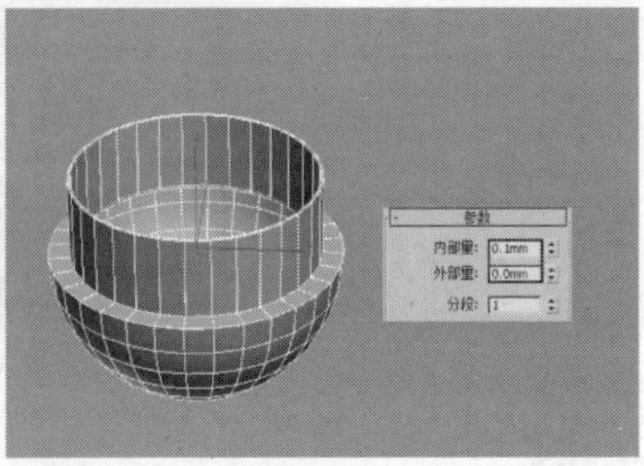

图8-360

06 使用“螺旋线”工具 螺旋线 在顶视图中绘制一条螺旋线，然后在“参数”卷展栏下设置“半径1”为6mm、“半径2”为0mm、“高度”为50mm、“圈数”为3，具体参数设置及螺旋线的位置如图8-361所示。

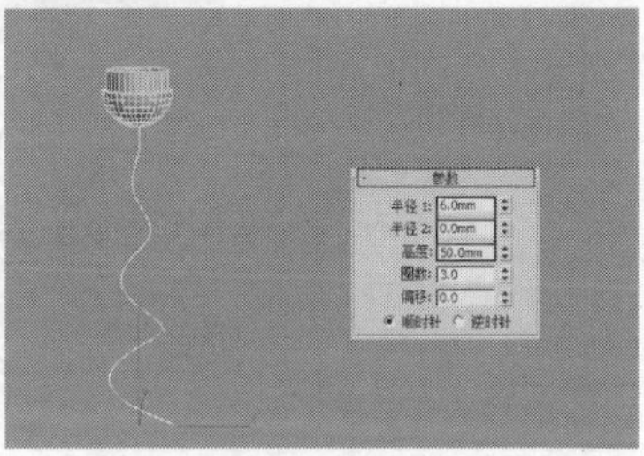

图8-361

07 选择螺旋线，然后在“参数”卷展栏下勾选“在渲染中启用”和“在视口中启用”选项，再设置“径向”的“厚度”为0.6mm、“边”为24，具体参数设置如图8-362所示。

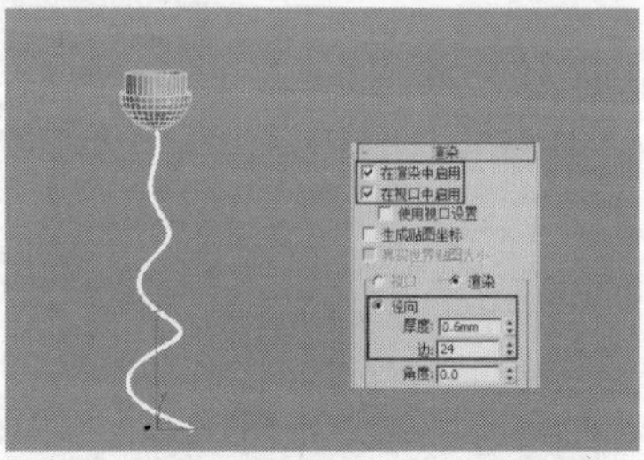

图8-362

08 使用“选择并旋转”工具旋转复制一些螺旋线，完成后的效果如图8-363所示。

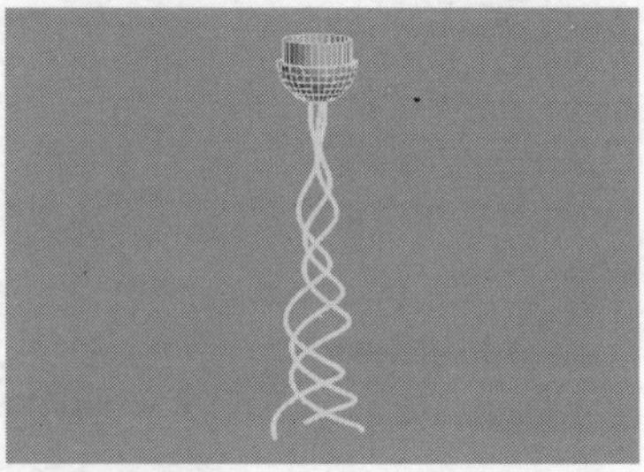
图8-363

09 使用“圆柱体”工具 圆柱体 在吸盘底部创建一个圆柱体，然后在“参数”卷展栏下设置“半径”为0.8mm、“高度”为50mm、“高度分段”为5，具体参数设置及圆柱体的位置如图8-364所示。

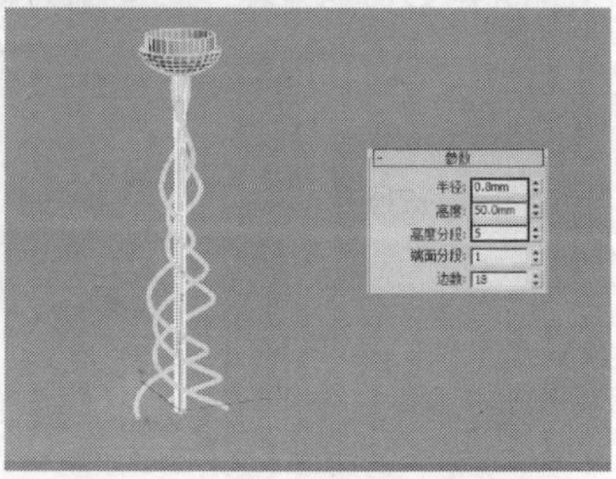

图8-364

10 在上一步创建好的圆柱体下方再创建一个圆柱体，然后转换为可编辑多边形，再将其调整成如图8-365所示的效果。

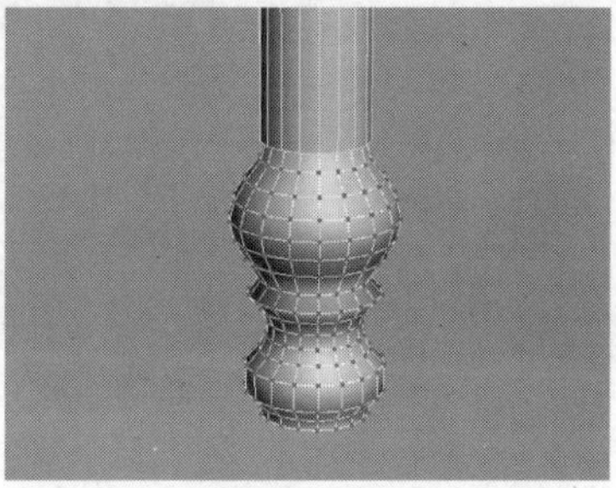
图8-365

技巧与提示

这个造型的调整方法可以参考上一个实例中台灯灯杆的调整方法。

11 继续使用“圆柱体”工具 圆柱体 在场景中创建一个合适的圆柱体，如图8-366所示，然后将其转换为可编辑多边形，再进入“多边形”级别，选择底部的多边形，最后按Delete将其删除，效果如图8-367所示。

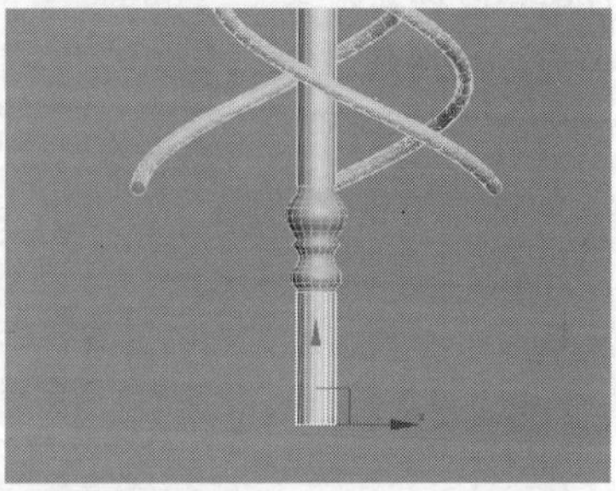
图8-366

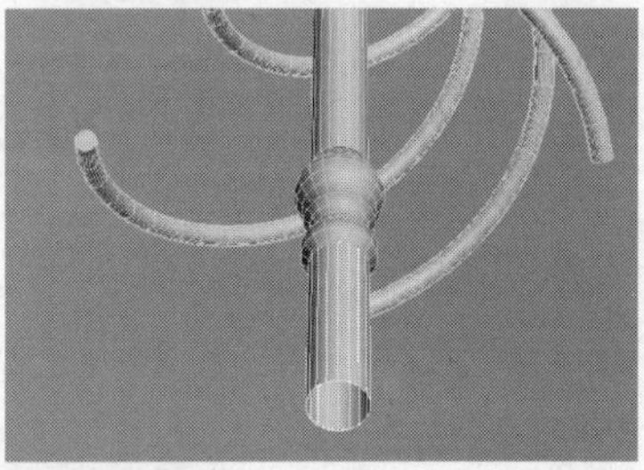
图8-367

12 进入“边”级别，然后选择底部的一圈边，再按住Shift键使用“选择并均匀缩放”工具将其向外放大复制到如图8-368所示的效果。

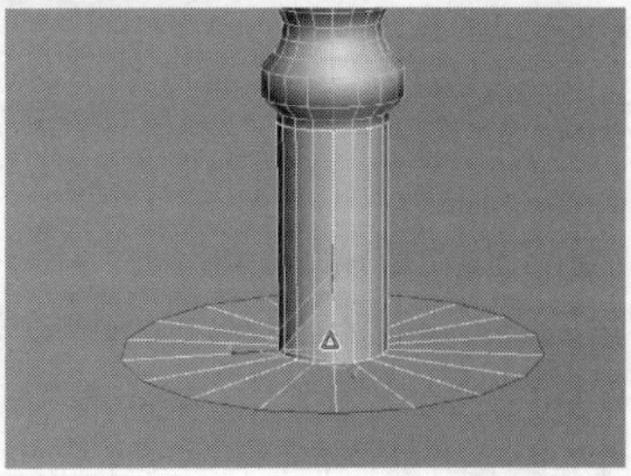
图8-368

13 使用“挤出”工具 挤出 和“插入”工具 插入 等常用的工具在上一步创建的模型底部制作一个如图8-369所示的模型。

图8-369

14 使用“圆柱体”工具 圆柱体 在支柱上参考螺旋线创建一个大小合适的圆柱体，如图8-370所示，然后将其转换为可编辑多边形，再进入“多边形”级别，选择顶部和底部的多边形，最后按Delete键将其删除，如图8-371所示。

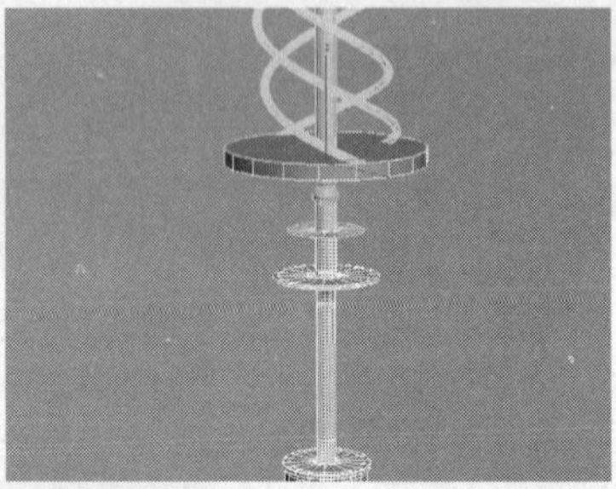

图8-370

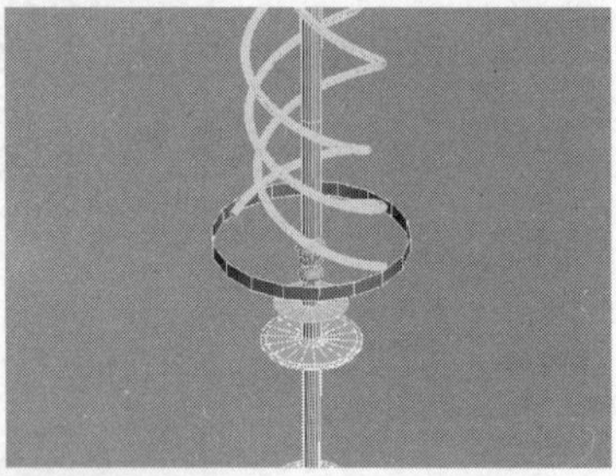

图8-371

15 为模型加载一个“壳”修改器，然后在“参数”卷展栏下设置“内部量”为0.3mm、“外部量”为0mm，再为其加载一个“网格平滑”修改器，效果如图8-372所示。

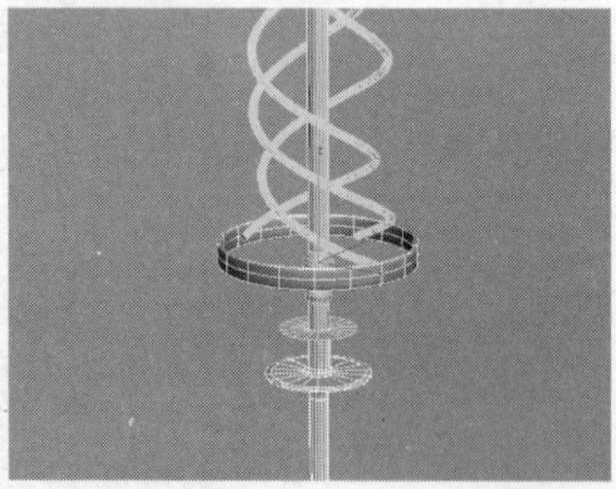

图8-372

16 使用“选择并移动”工具选择上一步创建的圆环，然后按住Shift键向下移动复制一个模型到合适的位置，如图8-373所示，再使用“长方体”工具 长方体 创建两个交叉的长方体，完成后的效果如图8-374所示。

17 选择两个长方体，然后在“命令”面板中单击“层次”按钮，再进入“层次”面板，单击“仅影响轴”按钮 仅影响轴 ，最后将轴心点调整到环形模型的中心位置，如图8-375所示。

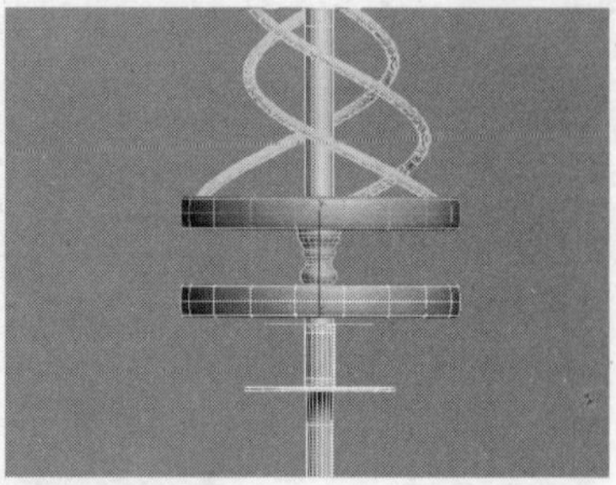

图8-373

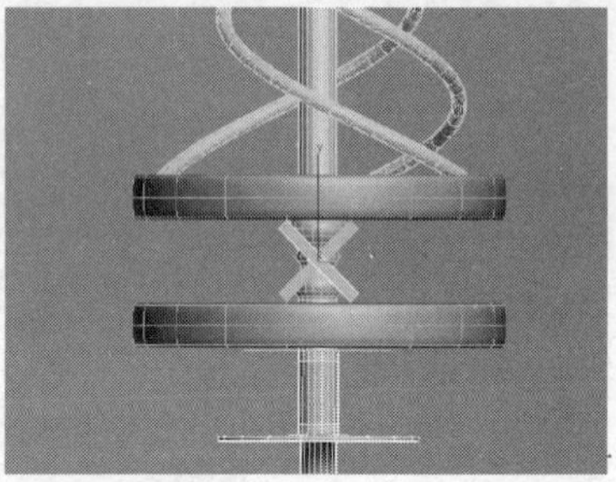

图8-374

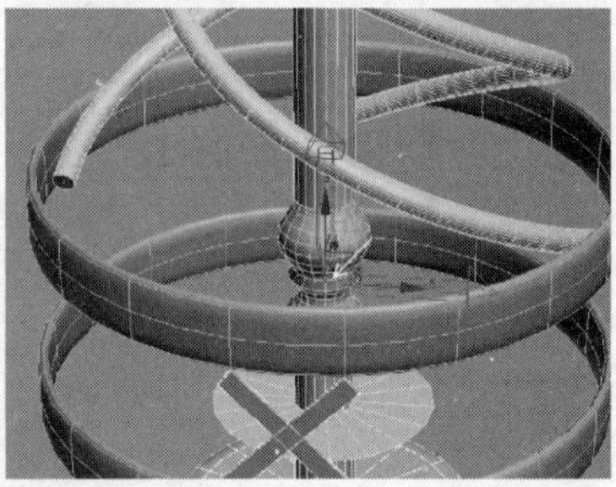

图8-375

18 单击“仅影响轴”按钮 仅影响轴 ，退出“仅影响轴”模式，然后按住Shift键使用“选择并旋转”工具旋转复制长方体，再在弹出的对话框中设置“对象”为“复制”、“副本数”为13（该数值可以根据实际情况而定），最后单击“确定”按钮 确定 ，效果如图8-376所示。

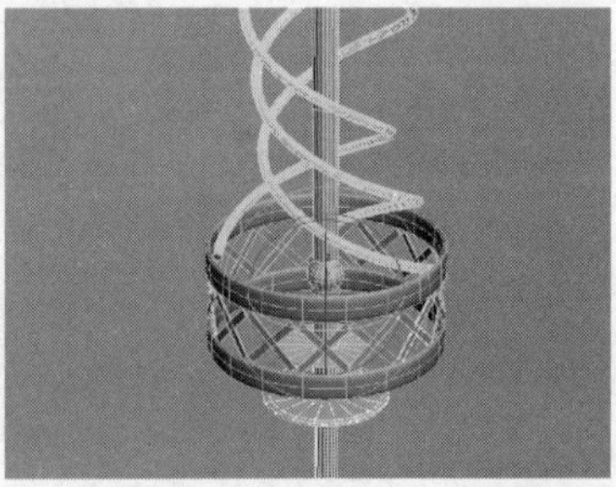

图8-376

19 采用多边形建模技术制作水晶灯的灯罩模型，完成后的效果如图8-377所示。

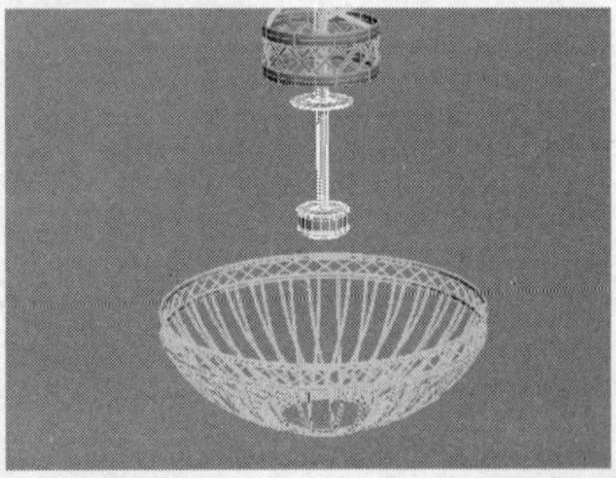

图8-377

20 使用“线”工具 线 在左视图中绘制一条如图8-378所示的样条线。

图8-378

21 使用“异面体”工具 异面体 在样条线上创建一个异面体，然后在“参数”卷展栏下设置“系列”为“立方体/八面体”、“半径”为0.85mm，模型位置如图8-379所示。

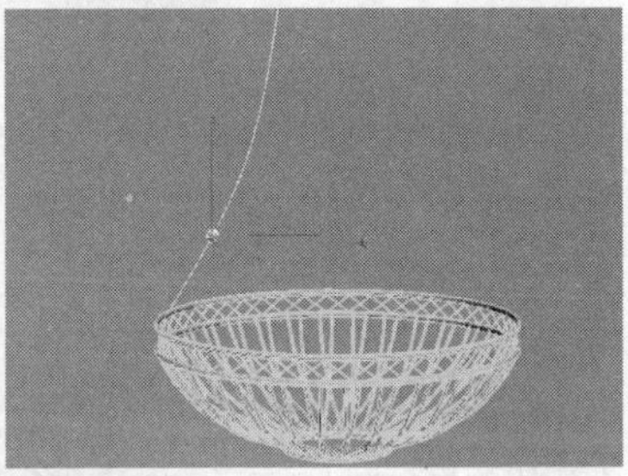

图8-379

22 在“主工具栏”中的空白处单击鼠标右键，然后在弹出的菜单中选择“附加”命令，调出“附加”工具栏，如图8-380所示。

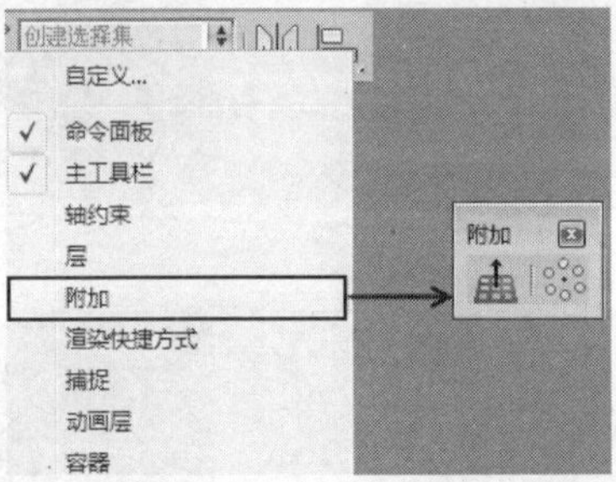

图8-380

23 选择异面体，在“附加”工具栏中单击“间隔工具”按钮，然后在弹出的对话框中单击“拾取路径”按钮 拾取路径 ，再在视图中拾取样条线，并设置“计数”为23，最后单击“应用”按钮 应用 ，如图8-381所示，效果如图8-382所示。

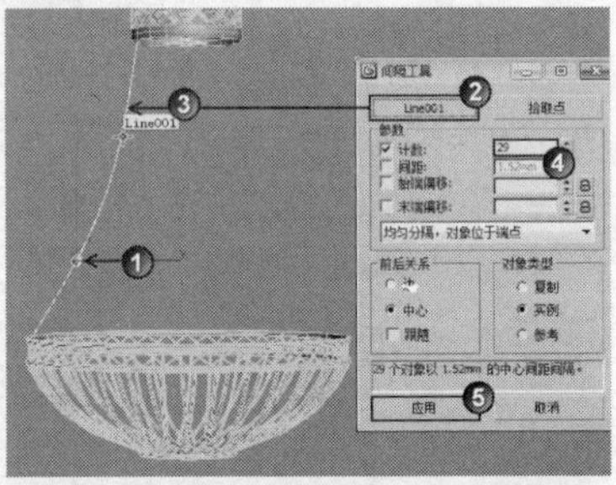

图8-381

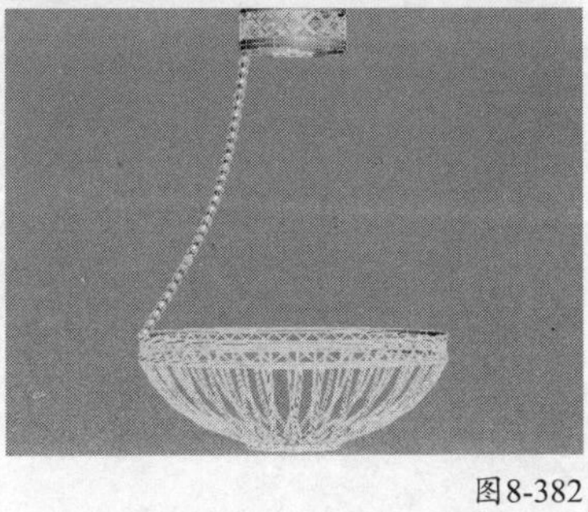

图8-382

24 选择所有的异面体，然后执行“组>成组”菜单命令，再利用“仅影响轴”技术将组的轴心点调整到中心位置，如图8-383所示，最后利用旋转复制功能围绕灯罩复制一圈吊坠，如图8-384所示。

图8-383

图8-384

技巧与提示

在选择同一种类型的对象时，可以先选择一个对象，然后按Ctrl+Q组合键选择所有同类型的对象。

25 采用多边形建模技术制作一个烛台，完成后的效果如图8-385所示，然后利用旋转复制功能围绕灯罩旋转复制5个烛台，最终效果如图8-386所示。

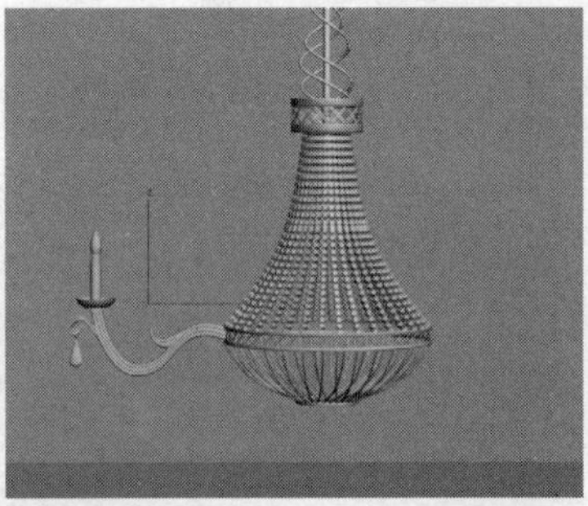

图8-385

图8-386

实战137 洗手池

场景位置	无
实例位置	DVD>实例文件>CH08>实战137.max
视频位置	DVD>多媒体教学>CH08>实战137.flv
难易指数	★★★☆☆
技术掌握	插入工具、挤出工具、切角工具

实例介绍

本例将使用多边形建模技术中的插入、挤出和切角功能制作一个洗手池模型，效果如图8-387所示。

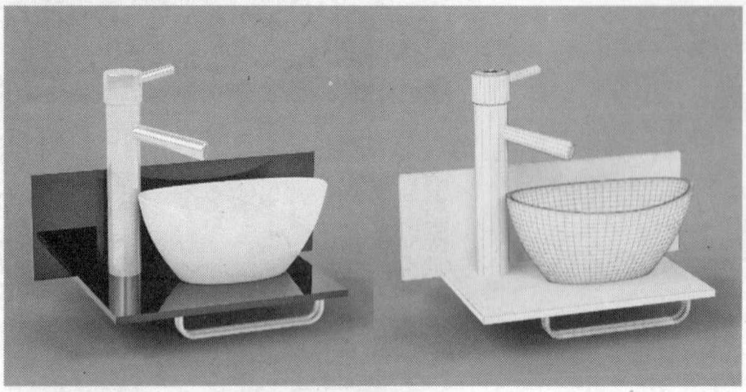

图8-387

本例大致的操作流程如图8-388所示。本例先要通过插入、挤出和切角功能制作洗手盆的主体造型，然后用“网格平滑”修改器对其进行平滑处理，最后制作水龙头及台板等模型。

图8-388

操作步骤

01 使用“圆柱体”工具 圆柱体 在场景中创建一个圆柱体，然后在“参数”卷展栏下设置“半径”为80mm、“高度”为80mm、“高度分段”为4，如图8-389所示。

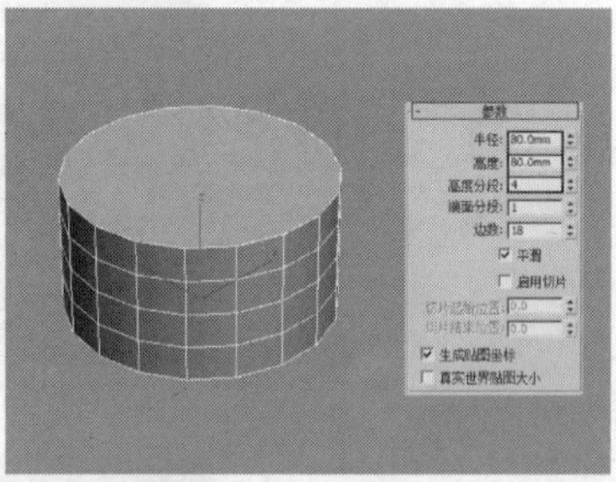

图8-389

02 选择圆柱体，然后使用“选择并均匀缩放”工具在顶视图中将模型沿*y*轴向下缩放成如图8-390所示的效果。

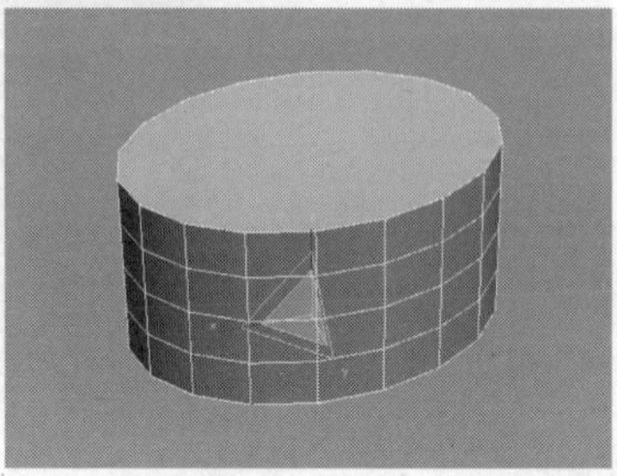

图8-390

03 将模型转换为可编辑多边形，进入“多边形”级别，然后选择顶部的多边形，再在“编辑多边形”卷展栏下单击“插入”按钮 插入 后面的“设置”按钮，最后设置“数量”为5mm，如图8-391所示。

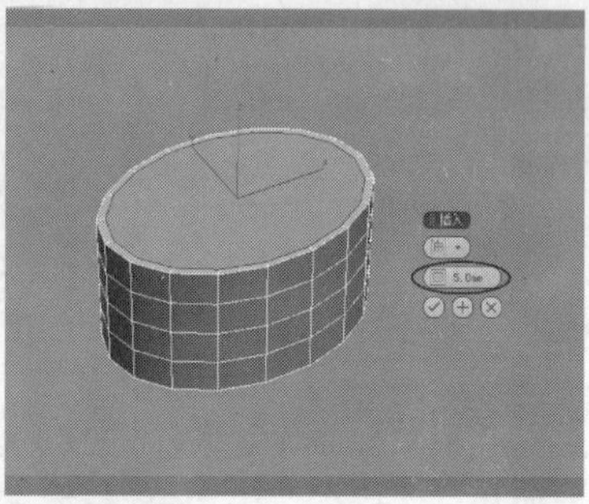

图8-391

04 保持对多边形的选择，然后在“编辑多边形”卷展栏下单击“挤出”按钮 挤出 后面的“设置”按钮，再设置“高度”为-20mm，如图8-392所示。完成后继续对多边形进行两次挤出操作，“高度”同样设置为-20mm，完成后的效果如图8-393所示。

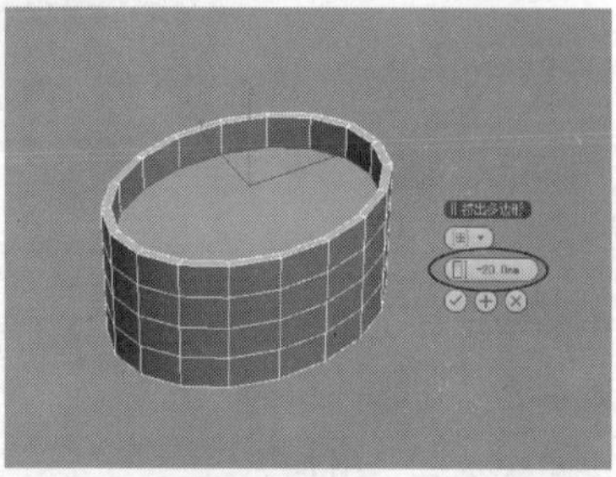

图8-392

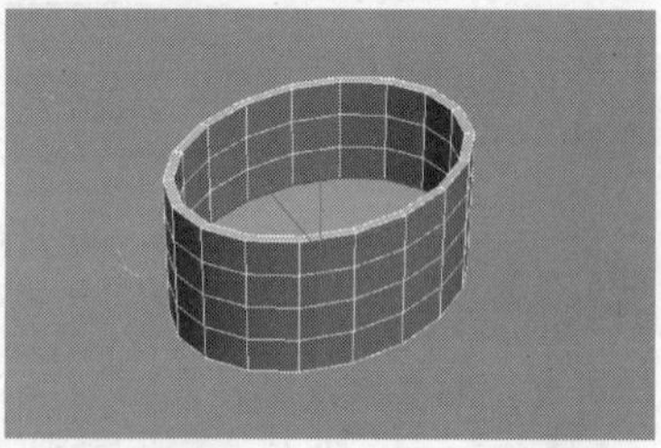

图8-393

05 为模型加载一个FFD 3×3×3修改器，然后进入“控制点”次物体层级，再使用“选择并均匀缩放”工具在各个视图中将模型调整成如图8-394所示的形状。

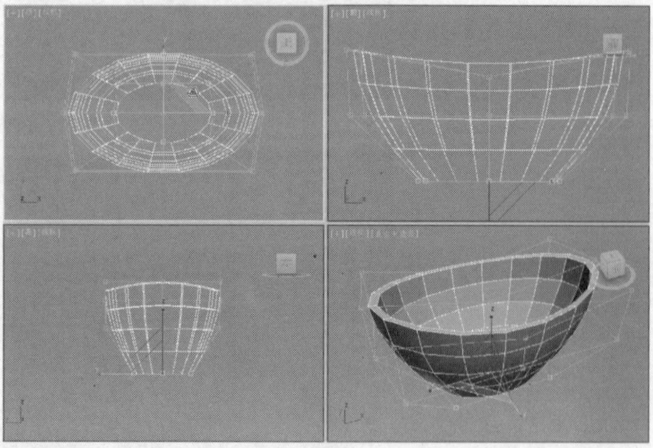

图8-394

06 再次将模型转换为可编辑多边形，进入“多边形”级别，然后选择底部的多边形，再在“编辑多边形”卷展栏下单击“插入”按钮 插入 后面的“设置”按钮，最后设置“数量”为10mm，如图8-395所示。完成后再重复执行一次插入操作，效果如图8-396所示。

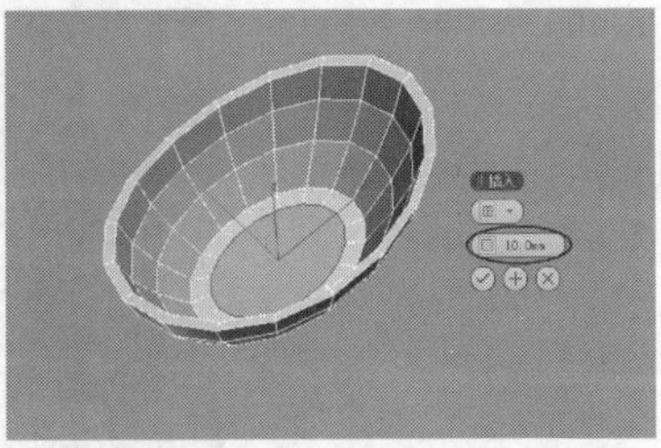

图8-395

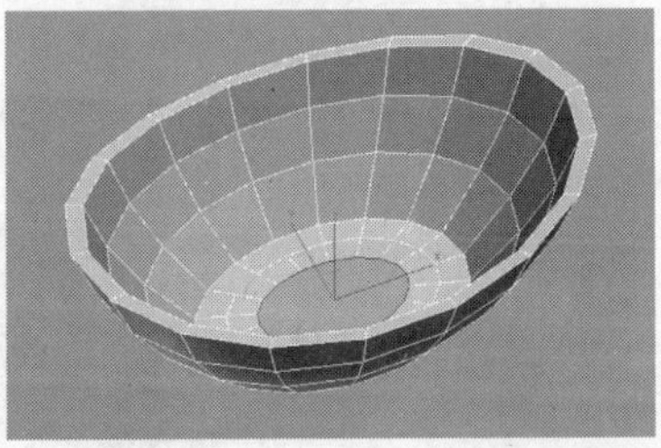

图8-396

07 进入“边”级别，然后选择如图8-397所示的边，再在“编辑边”卷展栏下单击“切角”按钮 切角 后面的“设置”按钮，最后设置“边切角量”为0.6mm，如图8-398所示。

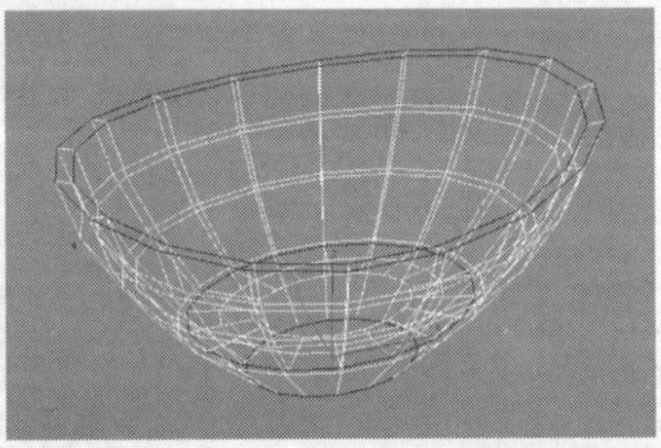

图8-397

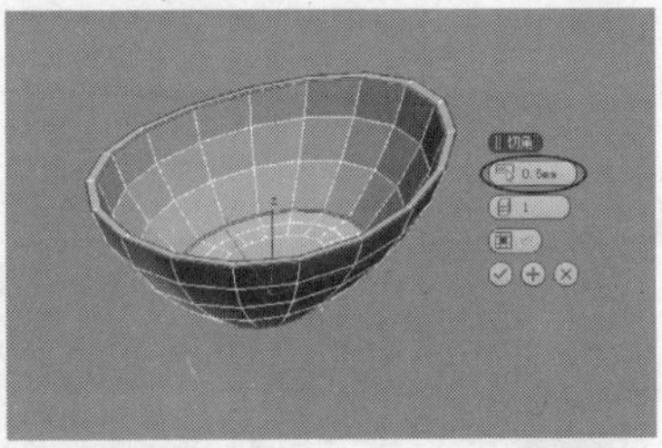

图8-398

08 为模型加载一个“网格平滑”修改器，然后在“细分量”卷展栏下设置“迭代次数”为2，效果如图8-399所示。

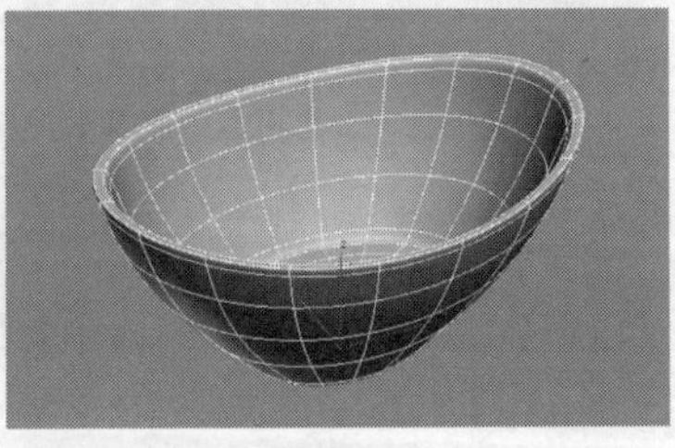

图8-399

09 使用“切角圆柱体”工具 切角圆柱体 在场景中创建一个切角圆柱体，然后在“参数”卷展栏下设置“半径”为13mm、“高度”为150mm、“圆角”为1mm、“高度分段”为1，具体参数设置及模型位置如图8-400所示。

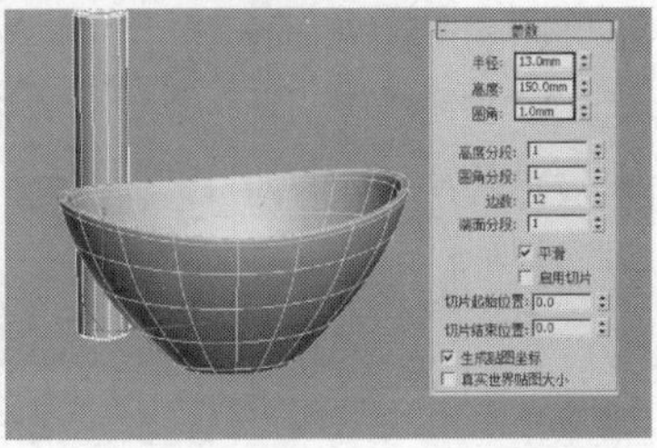

图8-400

10 继续使用“切角圆柱体”工具 切角圆柱体 在上一步创建的切角圆柱体的顶部创建一个切角圆柱体，然后在“参数”卷展栏下设置“半径”为16mm、“高度”为25mm、“圆角”为1.5mm、“圆角分段”为4、“边数”为12，具体参数设置及模型的位置如图8-401所示。

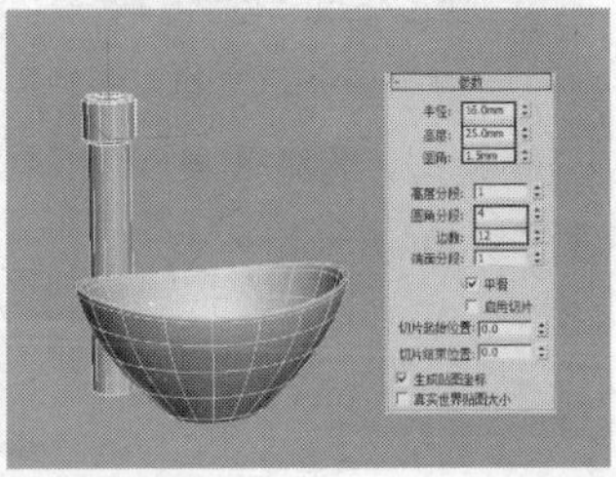

图8-401

11 再次使用“切角圆柱体”工具 切角圆柱体 在前视图中创建一个切角圆柱体，然后在“参数”卷展栏下设置“半径”为6.5mm、“高度”为70mm、“圆角”为1mm，具体参数设置及模型位置如图8-402所示。

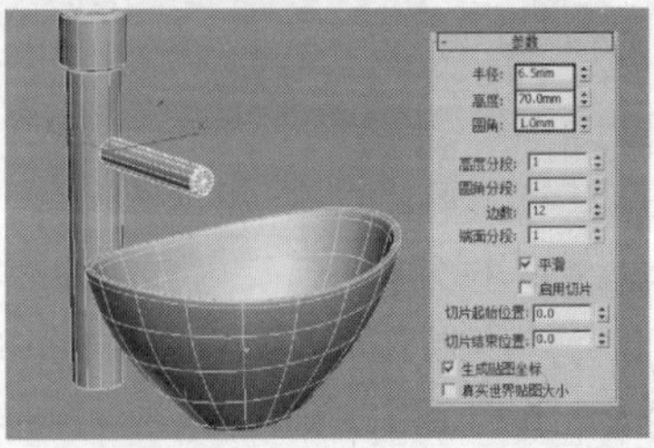

图8-402

12 将上一步创建的切角圆柱体转换为可编辑多边形，然后进入“多边形”级别，选择如图8-403所示的多边形，再在“编辑多边形”卷展栏下单击“插入”按钮 插入 后面的“设置”按钮，最后设置“数量”为0.5mm，如图8-404所示。

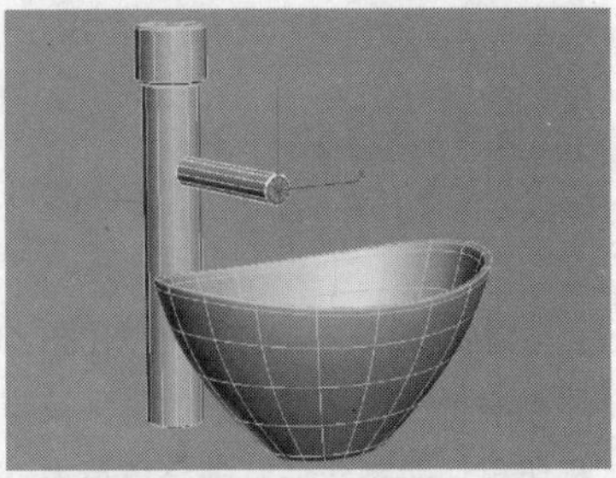

图8-403

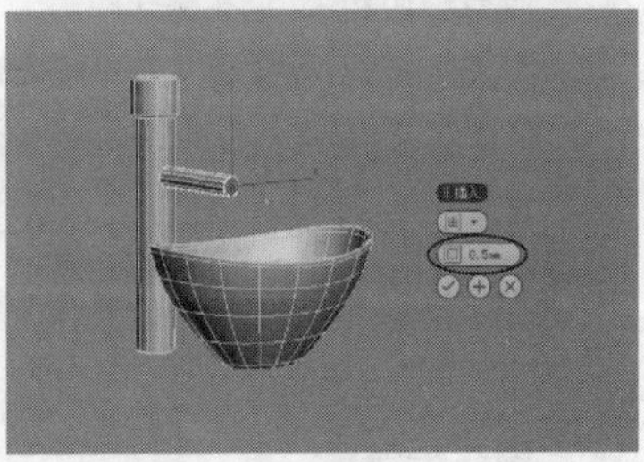

图8-404

13 保持对多边形的选择，在“编辑多边形”卷展栏下单击“挤出”按钮 挤出 后面的“设置”按钮□，然后设置“高度”为-60mm，如图8-405所示。

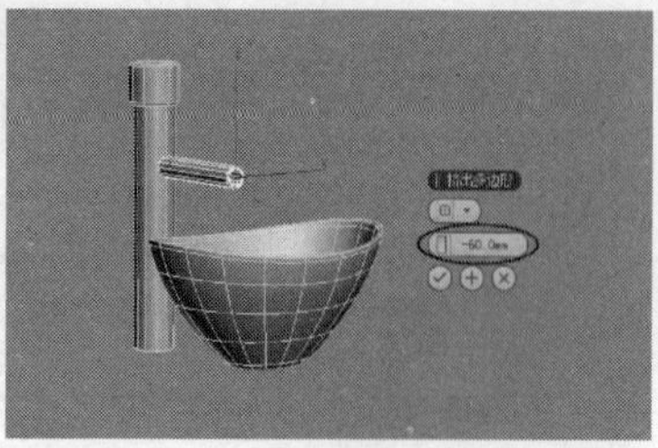

图8-405

14 继续使用“切角圆柱体”工具 切角圆柱体 、“长方体”工具 长方体 和“线”工具 线 完善其他模型，最终效果如图8-406所示。

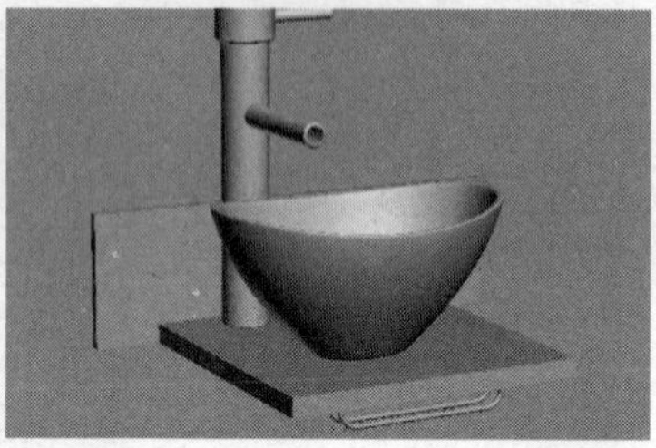

图8-406

实战138 浴缸

场景位置	无
实例位置	DVD>实例文件>CH08>实战138.max
视频位置	DVD>多媒体教学>CH08>实战138.flv
难易指数	★★★★☆
技术掌握	插入工具、挤出工具、切角工具

实例介绍

本例将使用多边形建模技术中的插入、挤出和切角功能制作一个浴缸模型，效果如图8-407所示。

图8-407

本例大致的操作流程如图8-408所示。本例先要通过顶点编辑功能调整浴缸的大致造型，然后通过插入、挤出和切角功能制作浴缸的整体造型，最后通过“网格平滑”修改器对浴缸进行平滑处理。

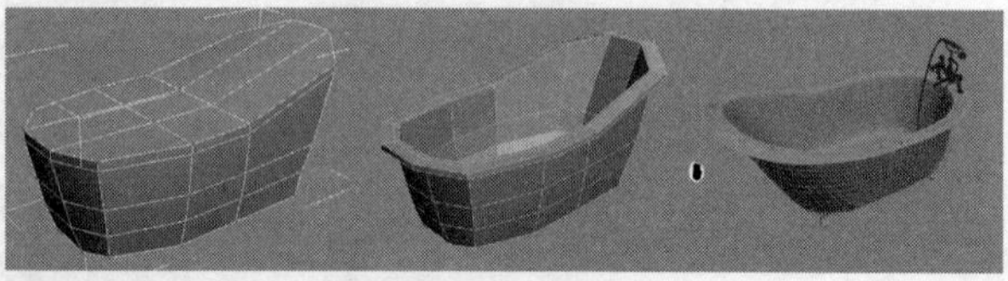

图8-408

操作步骤

01 使用“长方体”工具 长方体 在场景中创建一个长方体，然后在“参数”卷展栏下设置“长度”为55mm、“宽度”为120mm、“高度”为40mm、“长度分段”为4、“宽度分段”为3、“高度分段”为4，具体参数设置及模型效果如图8-409所示。

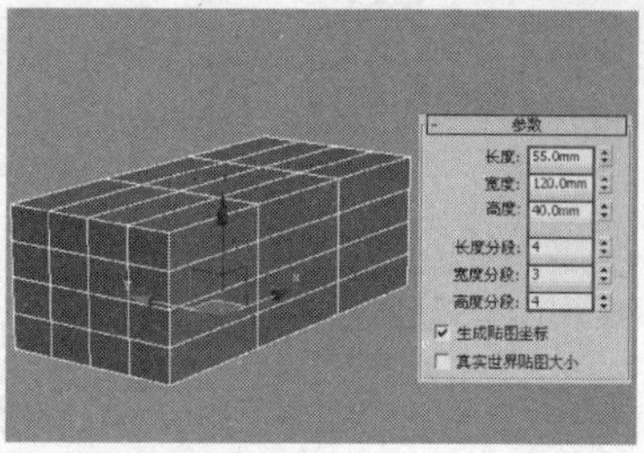

图8-409

02 将长方体转换为可编辑多边形，然后进入“顶点”级别，在前视图中将顶点调整成如图8-410所示的效果，最后将右侧的顶点调整成如图8-411所示的效果。

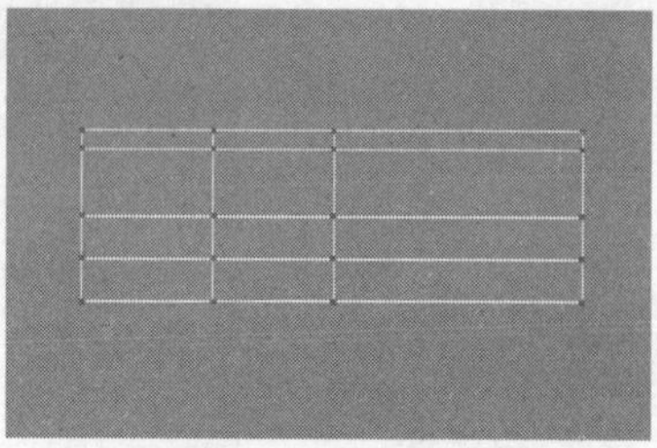

图8-410

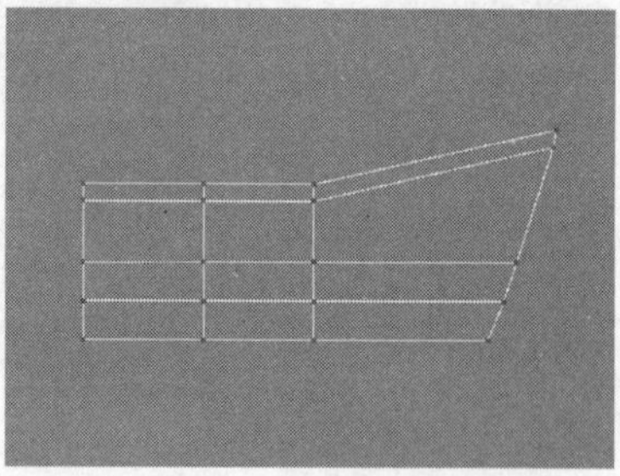

图8-411

03 继续在各个视图中对顶点进行调节，完成后的效果如图8-412所示。

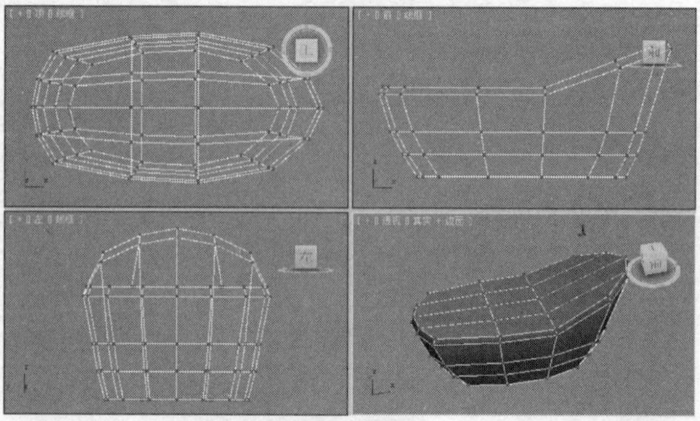

图8-412

04 进入“多边形”级别，然后选择如图8-413所示的多边形，再在“编辑多边形”卷展栏下单击“插入”按钮 插入 后面的“设置”按钮□，最后设置“数量”为2mm，如图8-414所示。

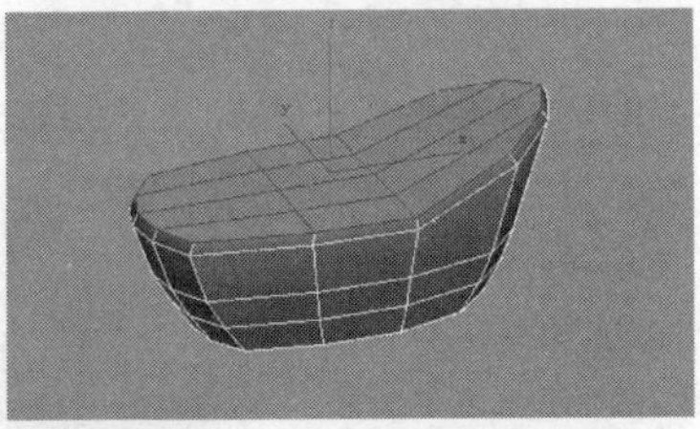

图8-413

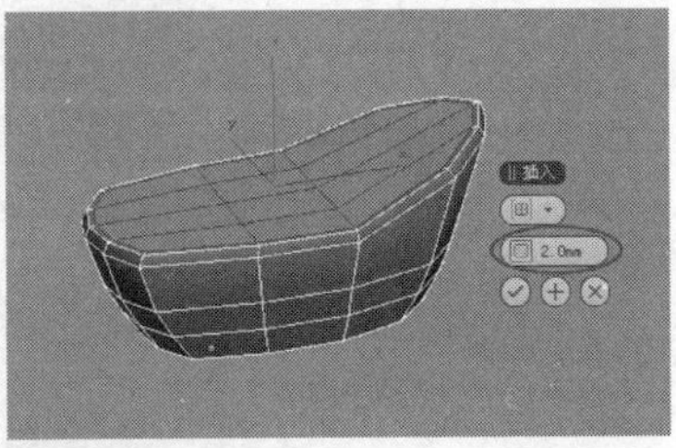

图8-414

05 保持对多边形的选择，然后在“编辑多边形”卷展栏下单击“挤出”按钮 挤出 后面的“设置”按钮□，设置“高度”为-17mm，如图8-415所示。

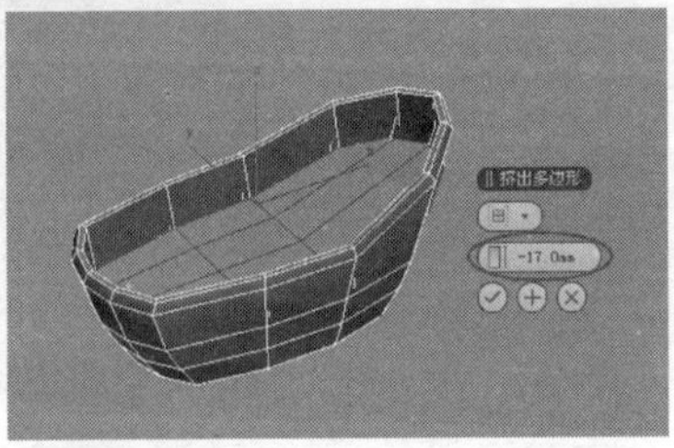

图8-415

技巧与提示

这里可能会遇到一个问题，即向下挤出的垂直高度超出了浴缸的容积范围，如图8-416所示。遇到这种情况一般需要对挤出的多边形进行相应的调整。调整方法是用“选择并均匀缩放”工具□在顶视图中将多边形等比例缩放到合适的大小，使其在相应位置不超出浴缸的容积范围即可，如图8-417所示。

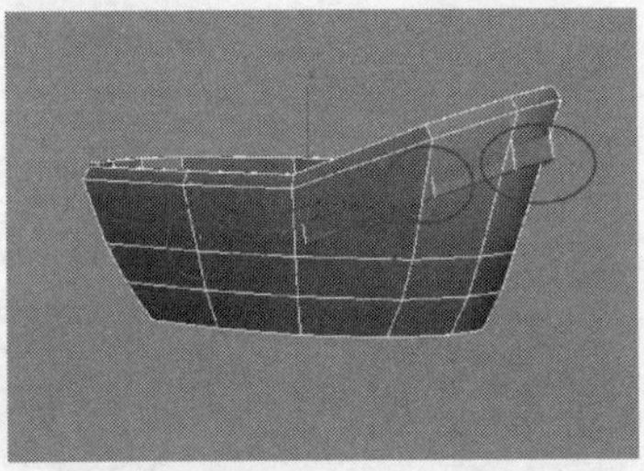

图8-416

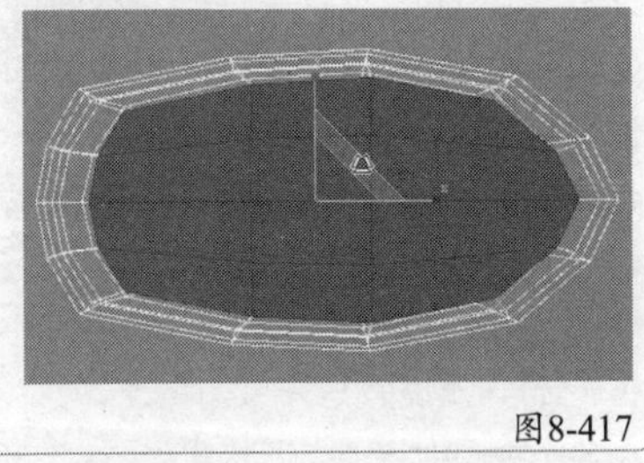

图8-417

06 保持对多边形的选择，在“编辑多边形”卷展栏下单击“挤出”按钮 挤出 后面的“设置”按钮□，然后设置“高度”为-10mm，如图8-418所示，再使用“选择并均匀缩放”工具□在顶视图中将多边形等比例缩放到合适的大小，如图8-419所示。

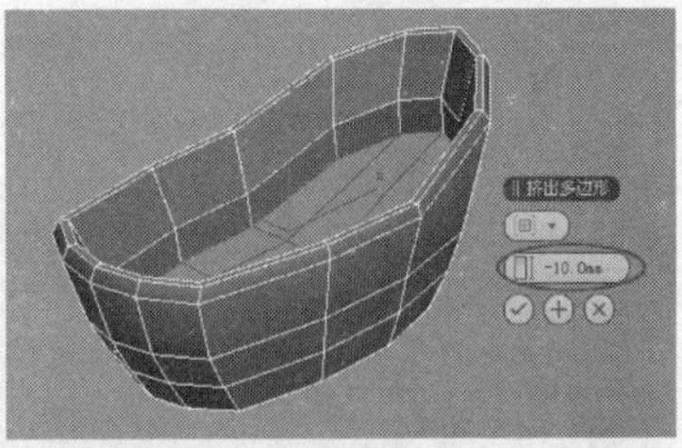

图8-418

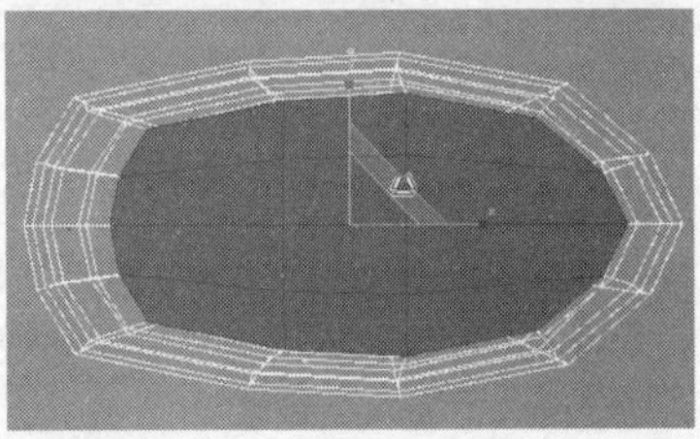

图8-419

07 保持对多边形的选择，在“编辑多边形”卷展栏下单击“挤出”按钮 挤出 后面的“设置”按钮□，然后设置“高度”为-6mm，如图8-420所示，再使用“选择并均匀缩放”工具□在顶视图中将多边形等比例缩放到合适的大小，如图8-421所示。

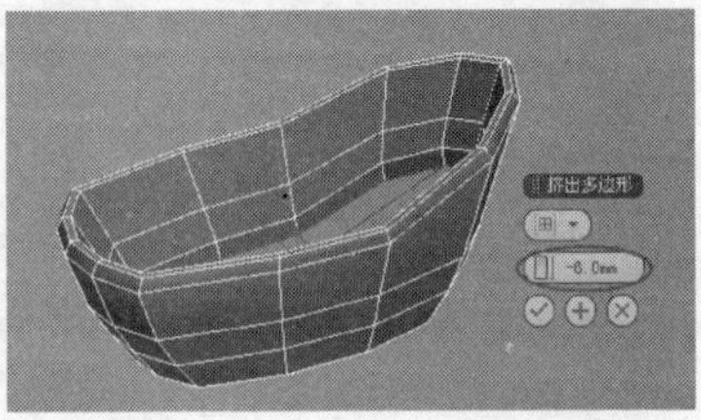

图8-420

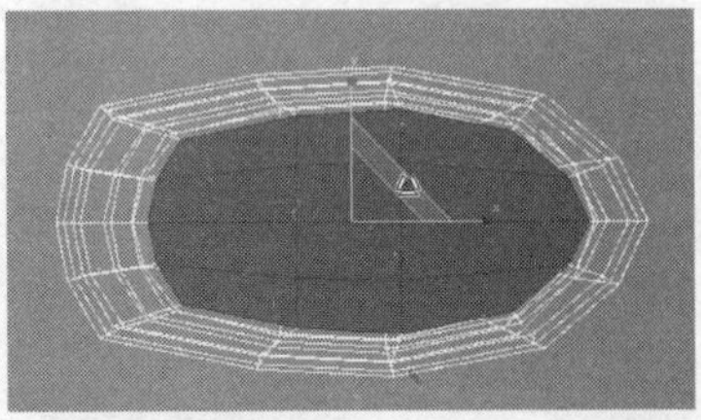

图8-421

08 选择如图8-422所示的多边形，然后在“编辑多边形”卷展栏下单击“挤出”按钮 挤出 后面的“设置”按钮□，再设置挤出类型为“局部法线”、“高度”为5mm，如图8-423所示。

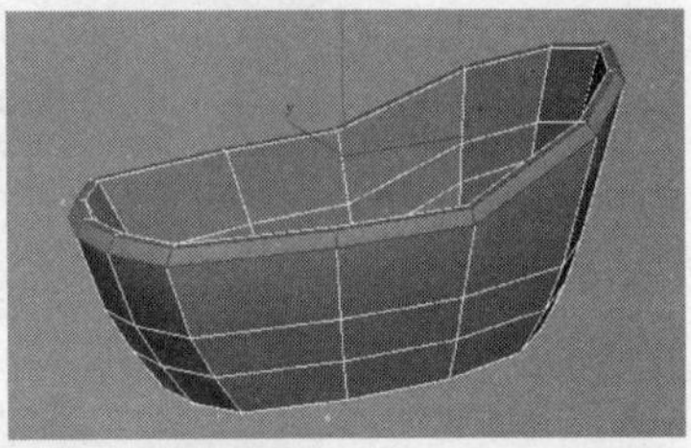

图8-422

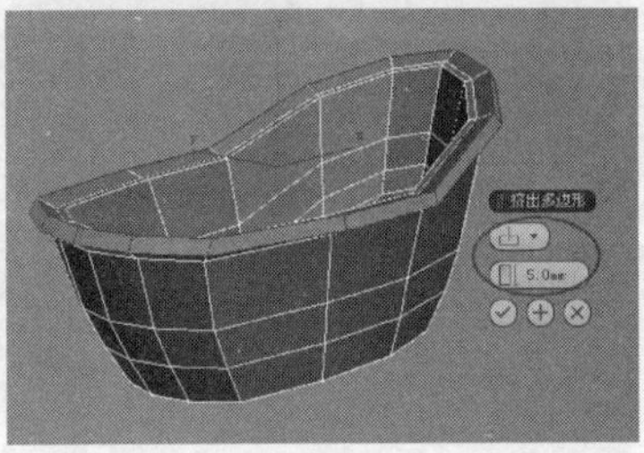

图8-423

技术专题 18 将边的选择转换为面的选择

从步骤8可以发现，要选择如此多的多边形是一件非常耗时的事情，这里介绍一种选择多边形的简便方法，即将边的选择转换为面的选择。下面以图8-424中的一个多边形球体为例来讲解这种选择方法。

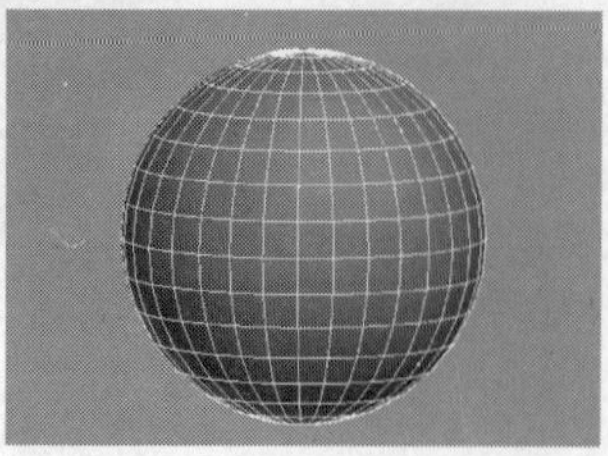

图8-424

第1步：进入“边”级别，随意选择一条横向上的边，如图8-425所示，然后在“选择”卷展栏下单击“循环”按钮 环形 ，以选择与该边在同一经度上的所有横向边，如图8-426所示。

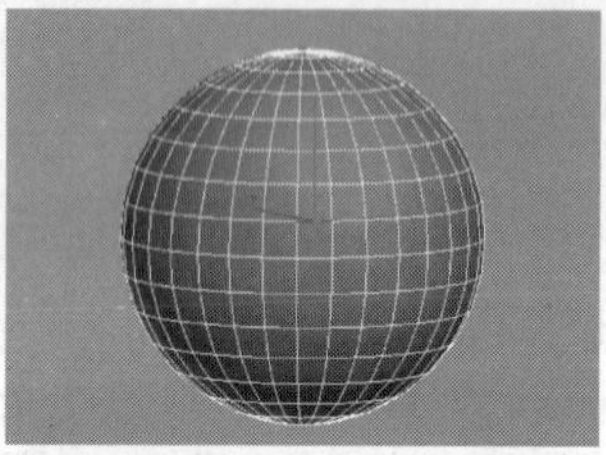

图8-425

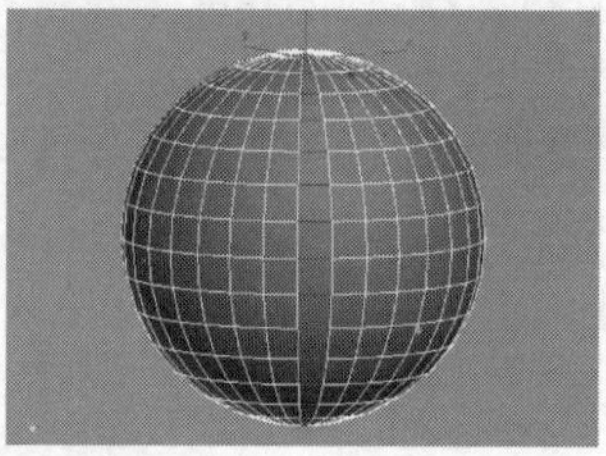

图8-426

第2步：单击鼠标右键，然后在弹出的菜单中选择“转换到面”命令，如图8-427所示，这样就可以将边的选择转换为对面的选择，如图8-428所示。

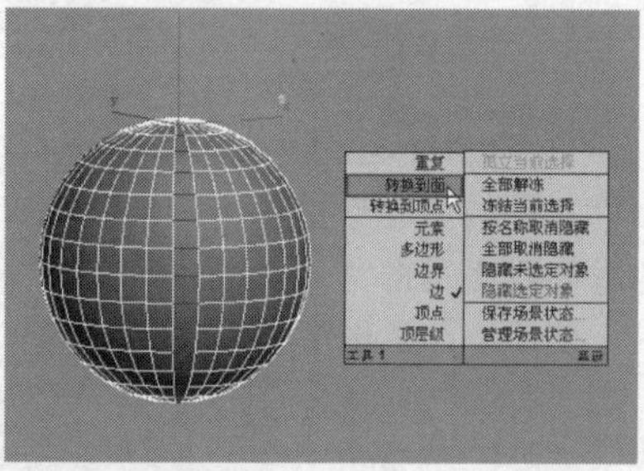

图8-427

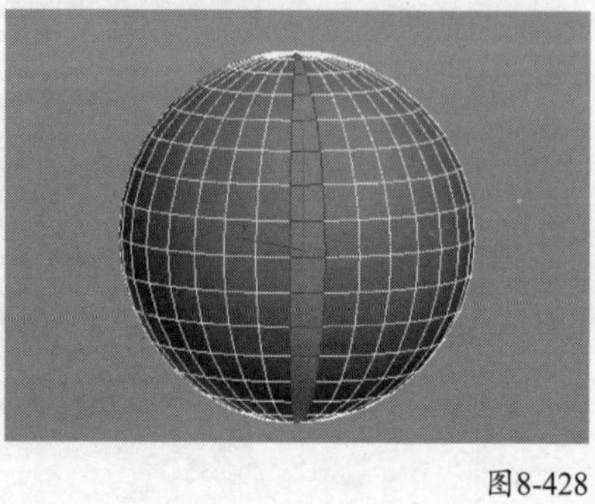

图8-428

09 进入“边”级别，然后选择如图8-429所示的边，再在“编辑边”卷展栏下单击“切角”按钮 切角 后面的“设置”按钮■，最后设置“边切角量”为0.6mm，如图8-430所示。

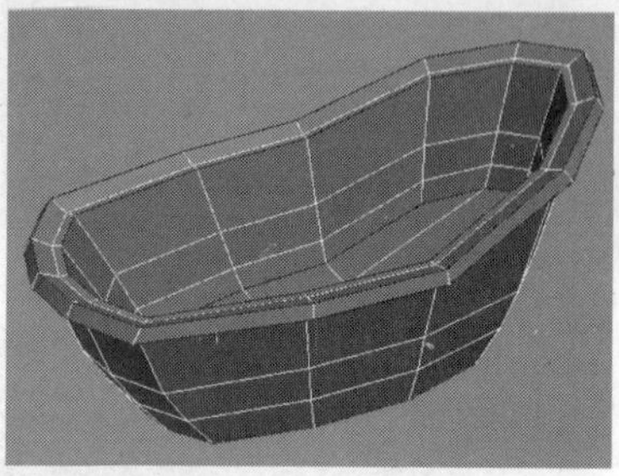

图8-429

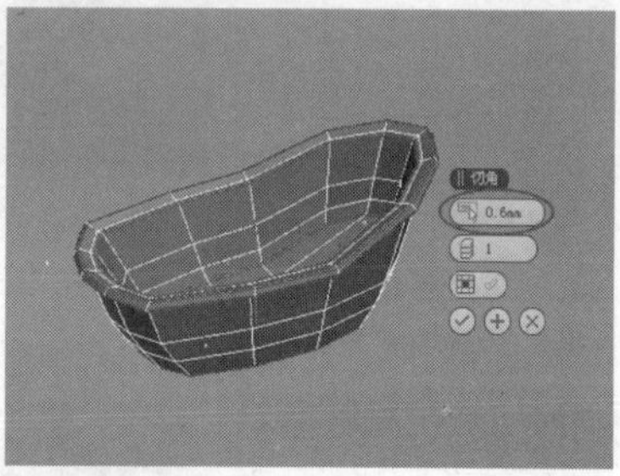

图8-430

10 为模型加载一个“网格平滑”修改器，然后在“细分量”卷展栏下设置“迭代次数”为2，效果如图8-431所示。

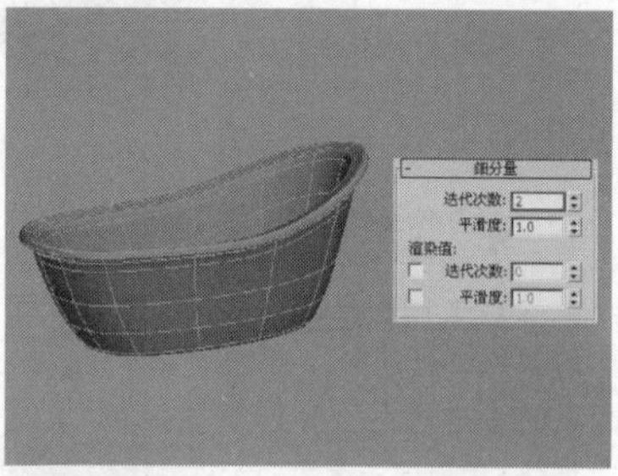

图8-431

11 使用“长方体”工具 长方体 在场景中创建一个长方体，然后在“参数”卷展栏下设置“长度”为6mm、“宽度”为8mm、“高度”为11mm、“长度分段”和“宽度分段”为1、“高度分段”为3，具体参数设置及模型位置如图8-432所示。

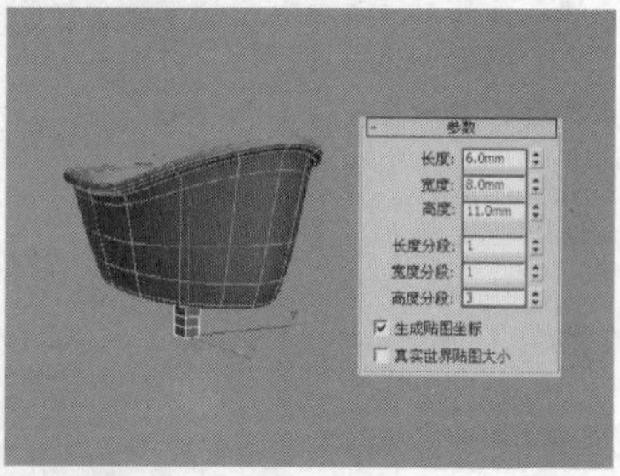

图8-432

12 将长方体转换为可编辑多边形，然后进入“顶点”级别，在各个视图中将顶点调整成如图8-433所示的效果。

13 进入“边”级别，然后选择如图8-444所示的边，再在“编辑边”卷展栏下单击“切角”按钮 切角 后面的“设置”按钮■，最后设置“边切角量”为0.3mm，如图8-435所示。

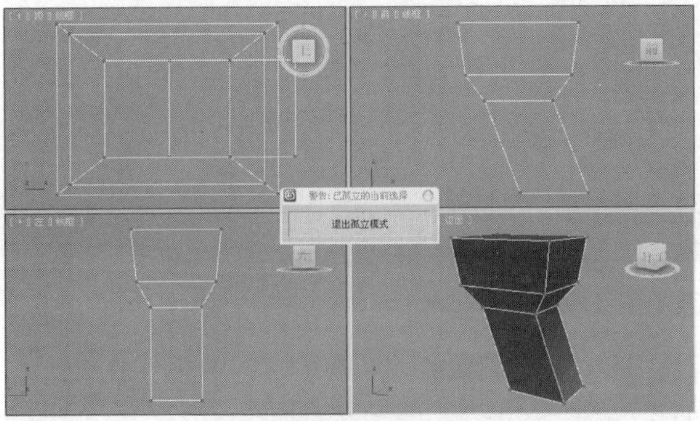

图8-433

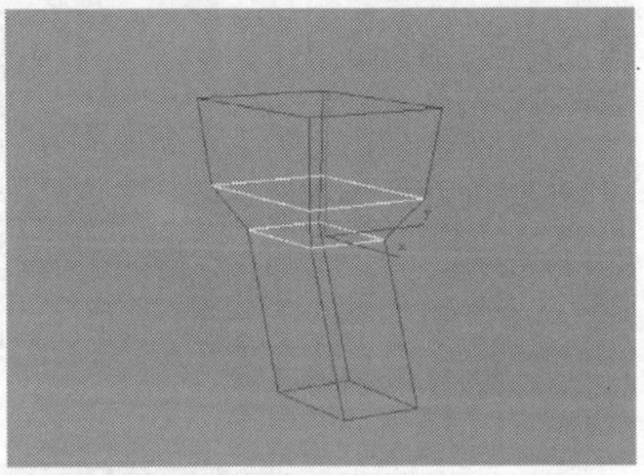

图8-434

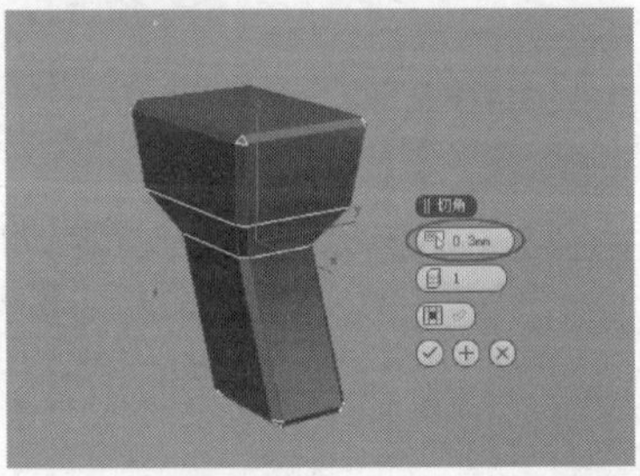

图8-435

14 为模型加载一个“网格平滑”修改器，然后在“细分量”卷展栏下设置“迭代次数”为2，如图8-436所示，再使用“选择并旋转”工具在顶视图中将腿部模型旋转-30°，如图8-437所示。

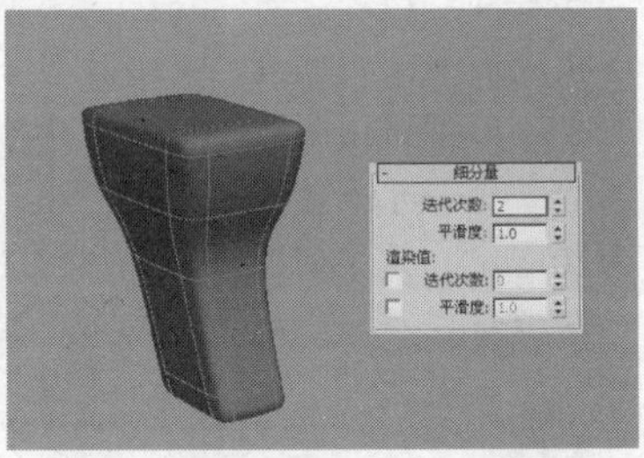

图8-436

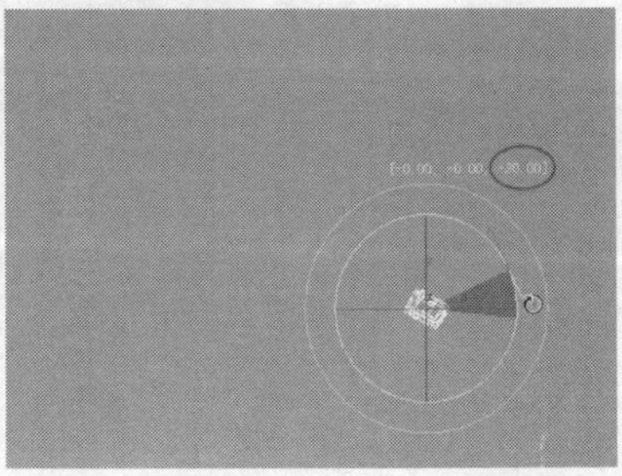

图8-437

15 使用“镜像”工具镜像复制3个腿部模型到另外3个转角处，最终效果如图8-438所示。

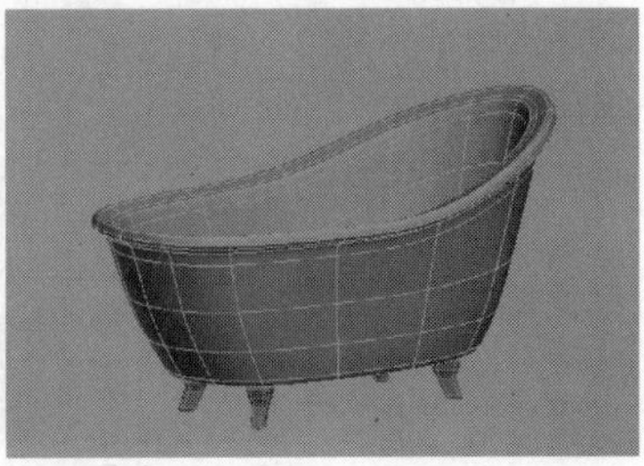

图8-438

实战139 坐便器

场景位置	无
实例位置	DVD>实例文件>CH08>实战139.max
视频位置	DVD>多媒体教学>CH08>实战139.flv
难易指数	★★★★☆
技术掌握	多边形顶点调节技术、挤出工具、插入工具、切角工具、连接工具

实例介绍

本例将使用多边形建模技术中的插入、挤出和切角功能制作一个马桶模型，效果如图8-439所示。

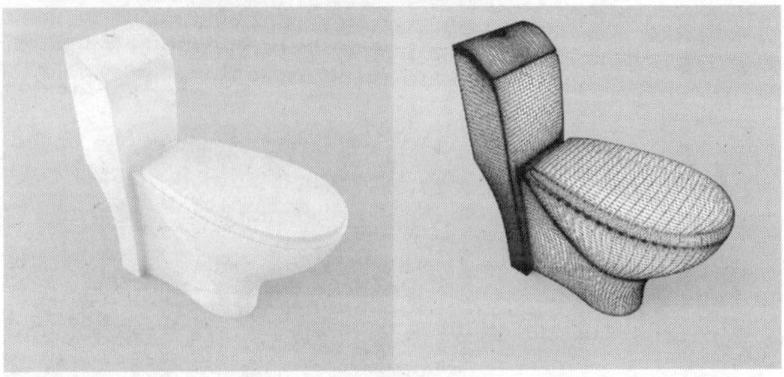

图8-439

本例大致的操作流程如图8-440所示。本例先要通过顶点调节技术与插入、挤出和切角功能制作坐便器的大致造型，然后用“网格平滑”修改器对其进行平滑处理，最后用切角功能和连接功能制作坐便器和水箱上的盖子模型。

图8-440

操作步骤

01 使用“圆柱体”工具 圆柱体 在场景中场景一个圆柱体，然后在“参数”卷展栏下设置“半径”为30mm、“高度”为90mm、“边数”为8，如图8-441所示。

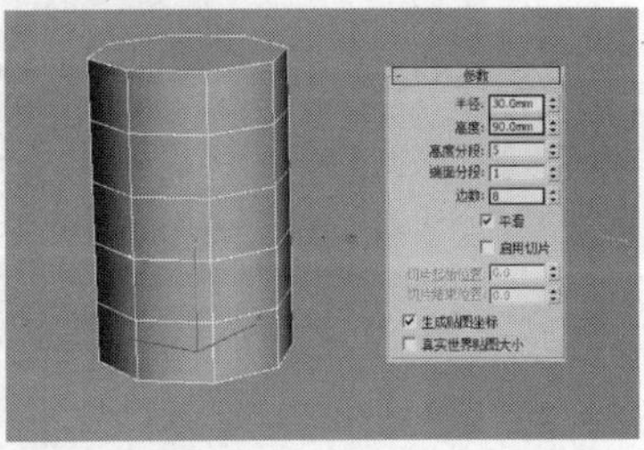

图8-441

02 将圆柱体转换为可编辑多边形，然后进入“顶点”级别，将模型调整成如图8-442形状。

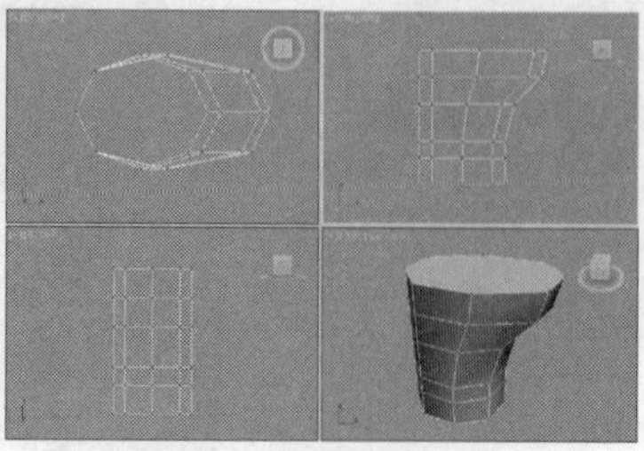

图8-442

03 进入“多边形”级别，然后选择如图8-443所示的多边形，再在“编辑多边形”卷展栏下单击“挤出”按钮 挤出 后面的“设置”按钮，最后设置“高度”为20mm，如图8-444所示。

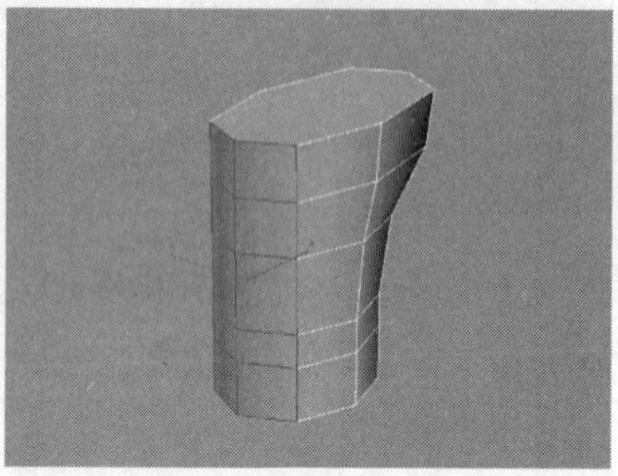

图8-443

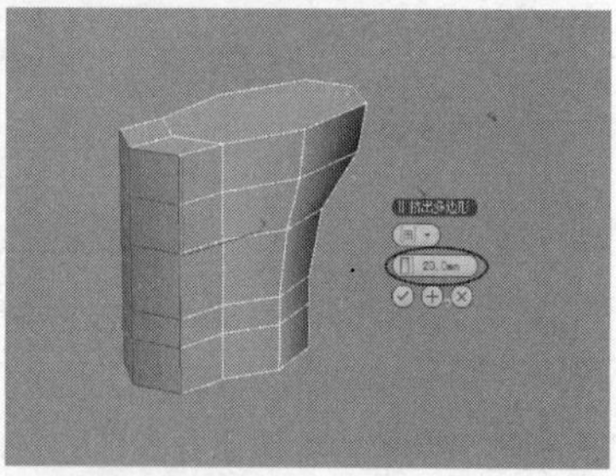

图8-444

04 保持对多边形的选择，单击“选择并非均匀缩放”工具，然后在该工具上单击鼠标右键，打开“缩放变换输入”对话框，设置x为0，最后按Enter键确认操作，如图8-445所示，这样使多边形的缩放变换归零，从而处在同一个平面上，效果如图8-446所示。

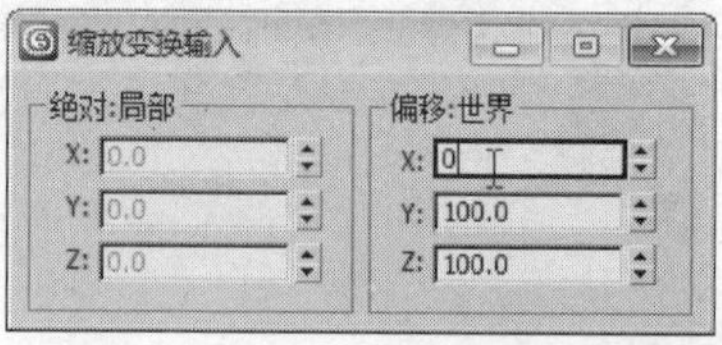

图8-445

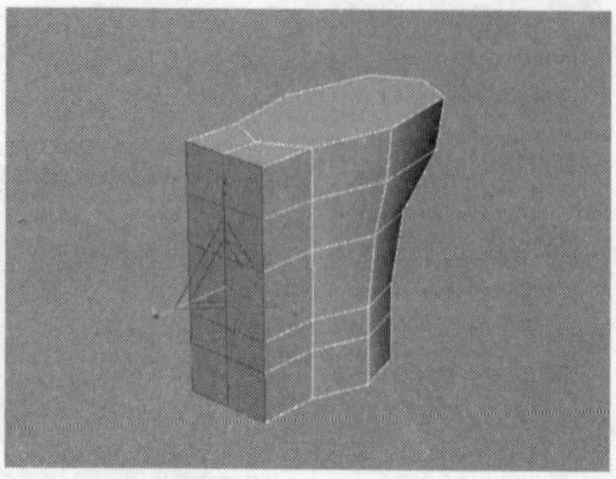

图8-446

05 进入“顶点”级别，然后重新调整好模型的形状，如图8-4447所示。

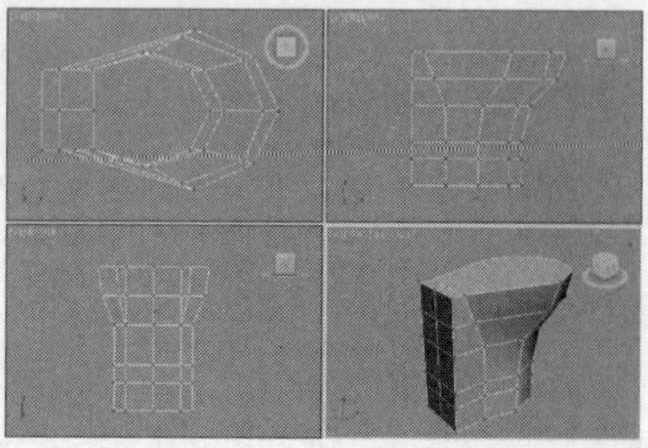

图8-447

06 进入“多边形”级别，然后选择如图8-448所示的多边形，再在“编辑多边形”卷展栏下单击“挤出”按钮 挤出 后面的“设置”按钮，最后设置“高度”为25mm，如图8-449所示。

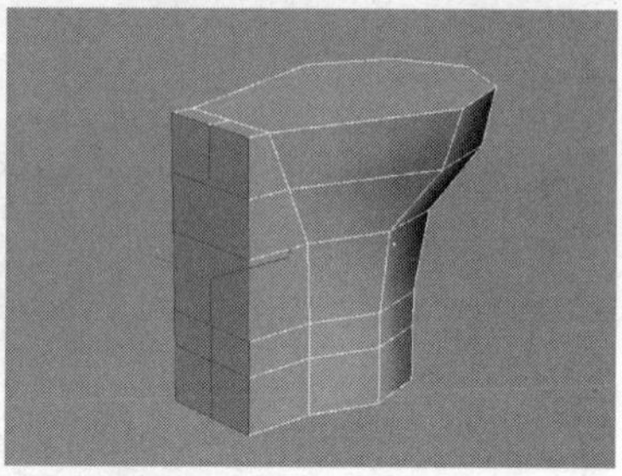

图8-448

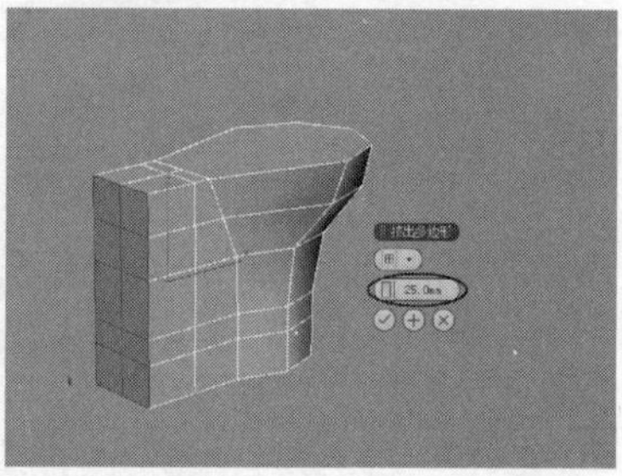

图8-449

07 选择如图8-450所示的多边形，然后在“编辑多边形”卷展栏下单击“挤出”按钮 挤出 后面的“设置”按钮，再设置“高度”为20mm，如图8-451所示。挤出完成后继续将选择的多边形再挤出两次（“高度”同样设置为20mm），效果如图8-452所示。

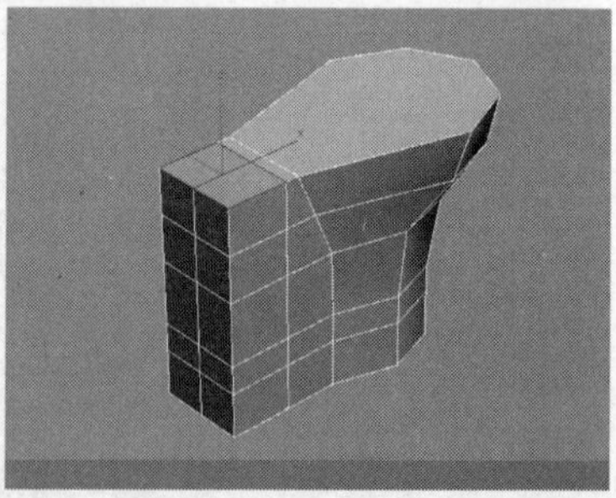

图8-450

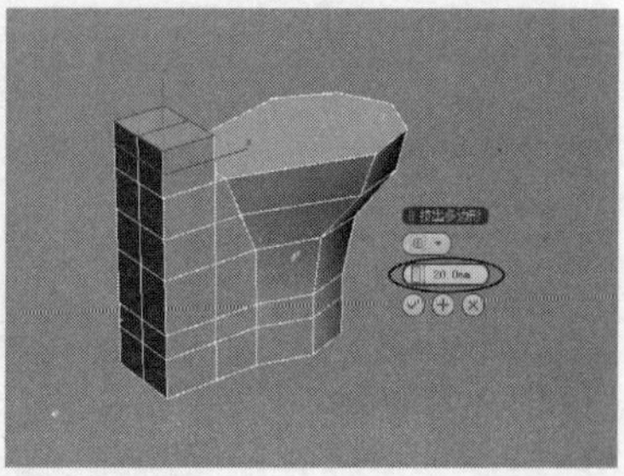

图8-451

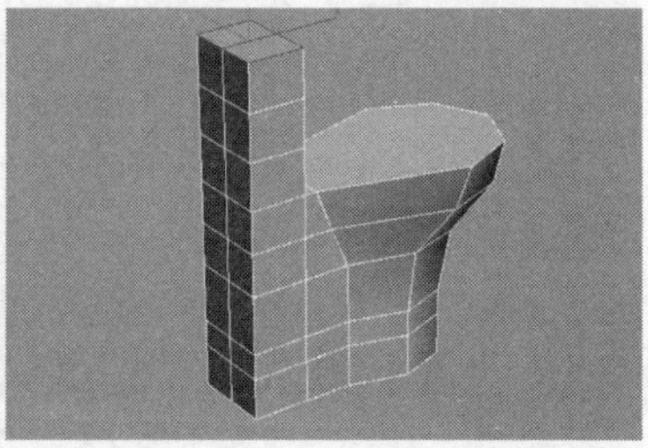

图8-452

08 进入“顶点”级别，然后将模型调节成如图8-453所示的形状。

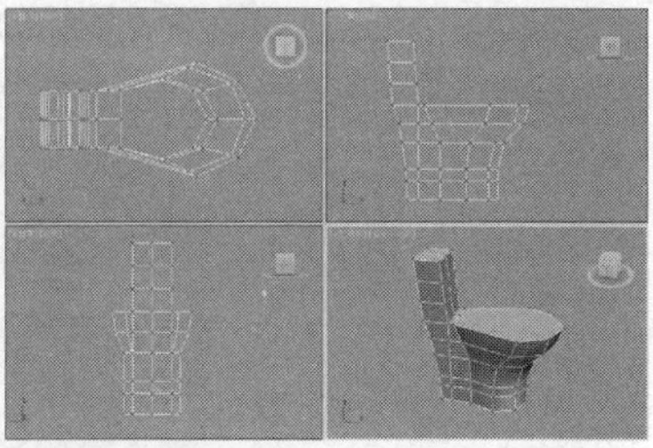

图8-453

09 进入“多边形”级别，然后选择如图8-454所示的多边形（两侧的多边形都要选择），然后在“编辑多边形”卷展栏下单击“挤出”按钮 挤出 后面的“设置”按钮，再设置“高度”为5mm，如图8-455所示。

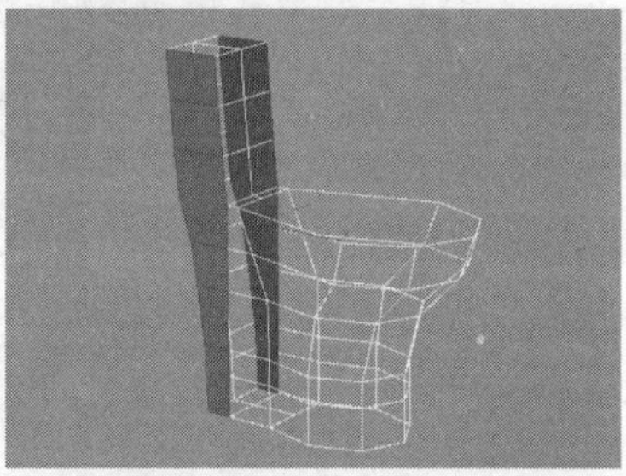

图8-454

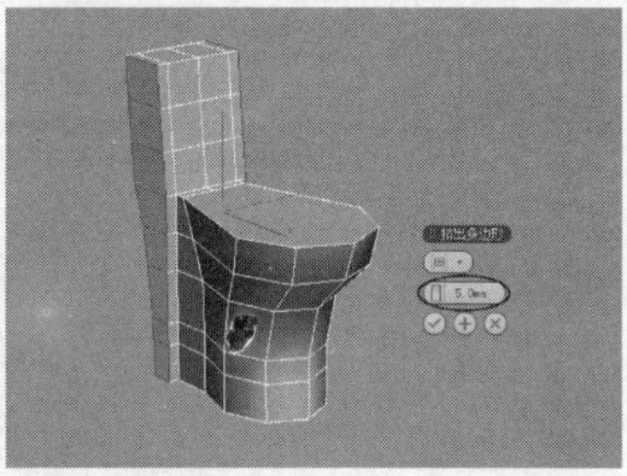

图8-455

10 进入“多边形”级别，然后选择如图8-456所示的多边形，再在“编辑多边形”卷展栏下单击“插入”按钮 插入 后面的“设置”按钮，最后设置“数量”为5mm，如图8-457所示。

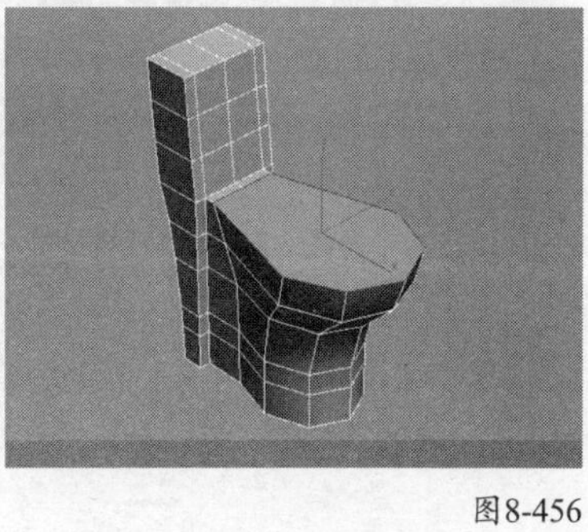

图8-456

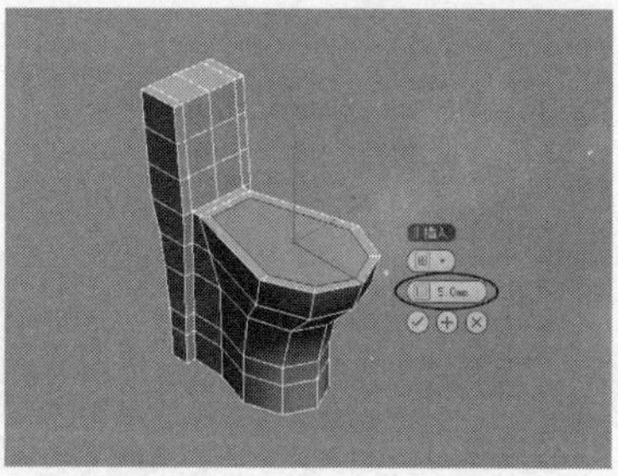

图8-457

11 保持对多边形的选择，在“编辑多边形”卷展栏下单击“挤出”按钮 挤出 后面的“设置”按钮，然后设置“高度”为-15mm，如图8-458所示。

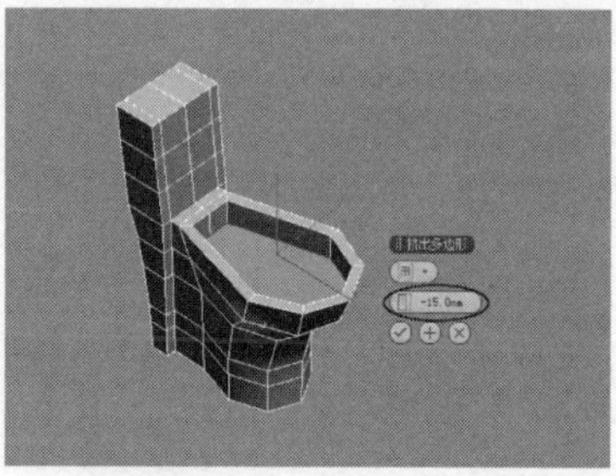

图8-458

12 保持对多边形的选择，在“编辑多边形”卷展栏下单击“倒角”按钮 倒角 后面的“设置”按钮，然后设置“高度”为-10mm、“轮廓”为-10mm，如图8-459所示。

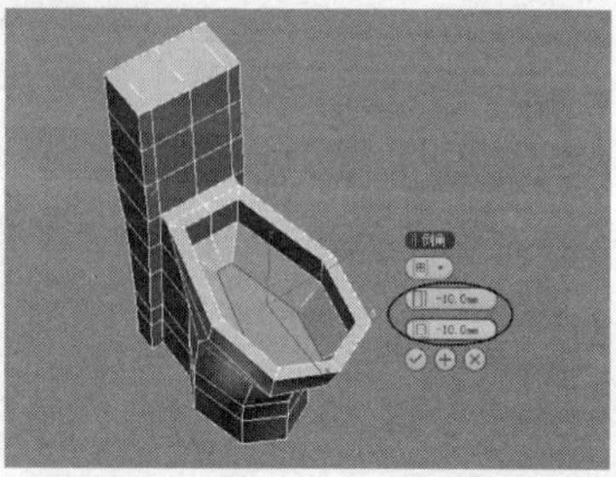

图8-459

13 进入“顶点”级别，然后对出水口的顶点进行调整，完成后的效果如图8-460所示。

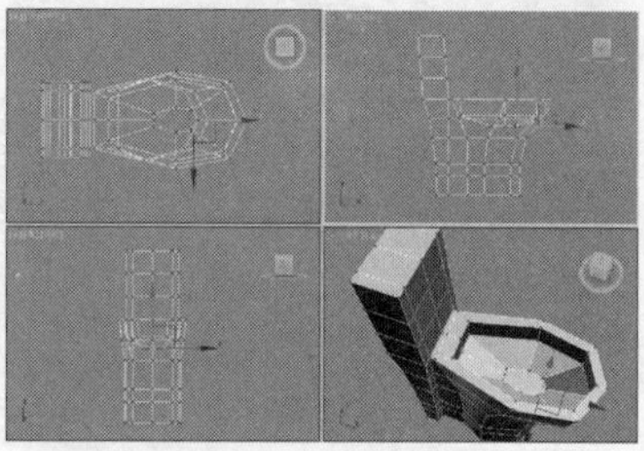

图8-460

14 进入“多边形”级别，然后使用“挤出”工具 挤出 挤出出水口，完成后的效果如图8-461所示。

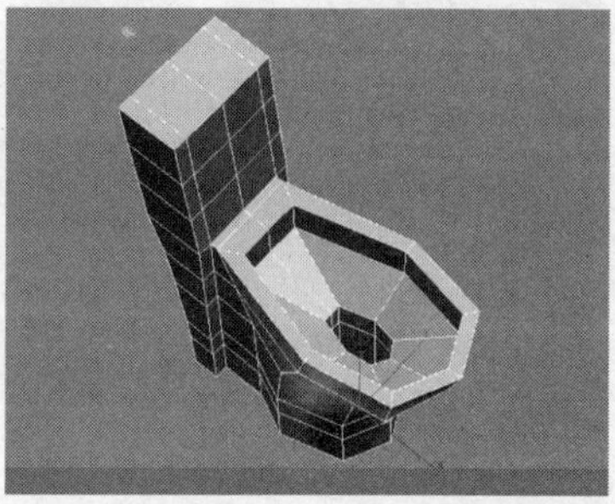

图8-461

15 进入"边"级别，然后选择如图8-462所示的边（这里提供一张线框图，供用户进行参考，如图8-463所示），再在"编辑边"卷展栏下单击"切角"按钮 切角 后面的"设置"按钮，最后设置"边切角量"为0.25mm，如图8-464所示。

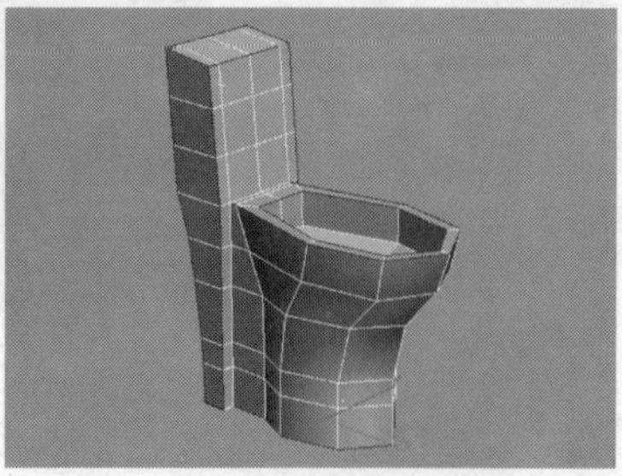

图8-462

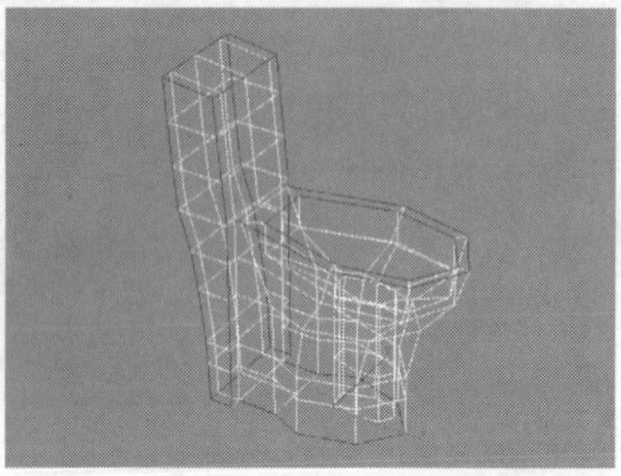

图8-463

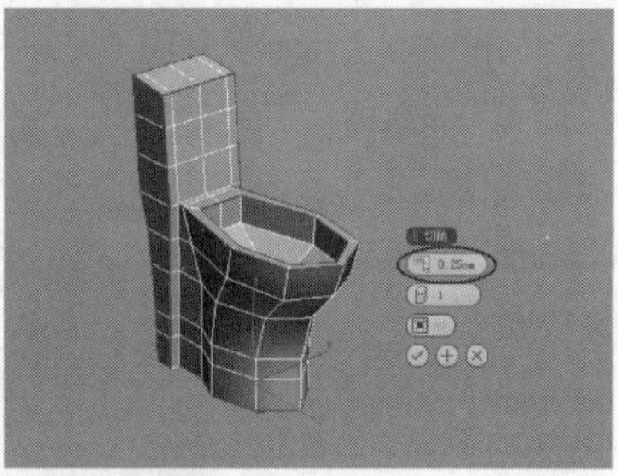

图8-464

16 为模型加载一个"网格平滑"修改器，然后在"细分量"卷展栏下设置"迭代次数"为3，效果如图8-465所示。

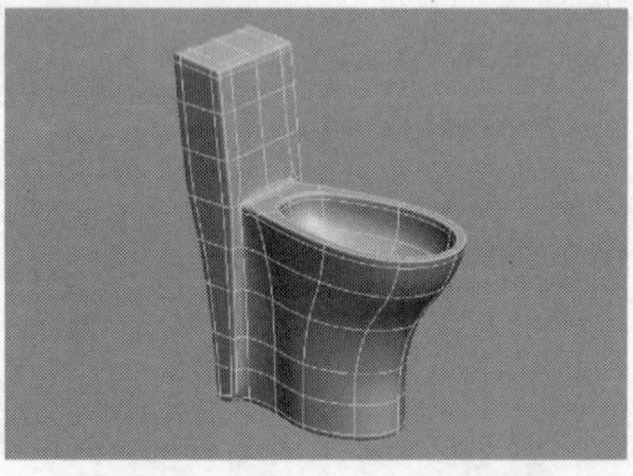

图8-465

17 使用"长方体"工具 长方体 在座便器上创建一个"长度"为50mm、"宽度"为100mm、"高度"为6mm、"长度分段"为6、"宽度分段"为6、"高度分段"为2的长方体，如图8-466所示。

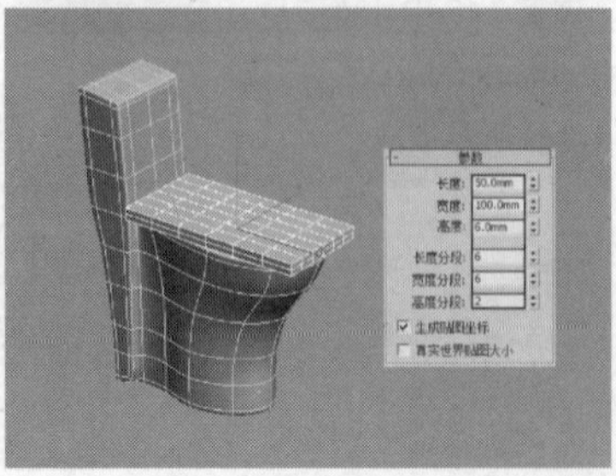

图8-466

18 将长方体转换为可编辑多边形，进入"顶点"级别，然后将模型调整成如图8-467所示的形状。

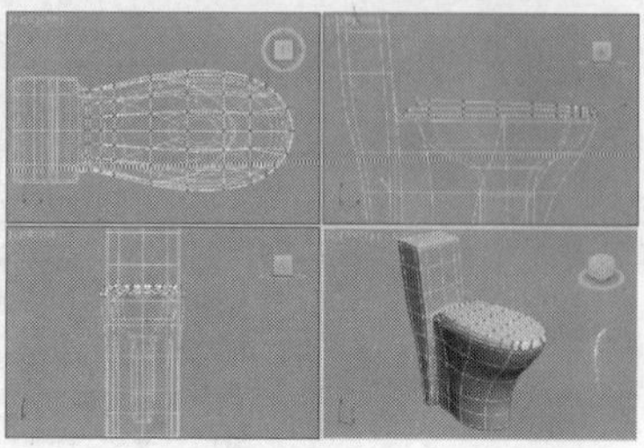

图8-467

19 进入"边"级别，然后选择如图8-468所示的边，再在"编辑边"卷展栏下单击"切角"按钮 切角 后面的"设置"按钮，最后设置"边切角量"为0.25mm，如图8-469所示。

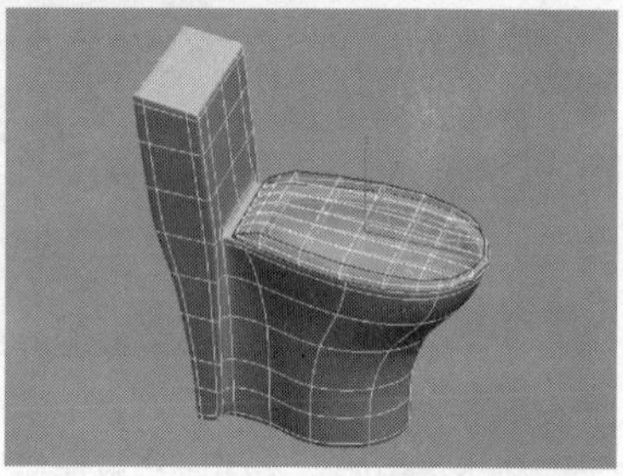

图8-468

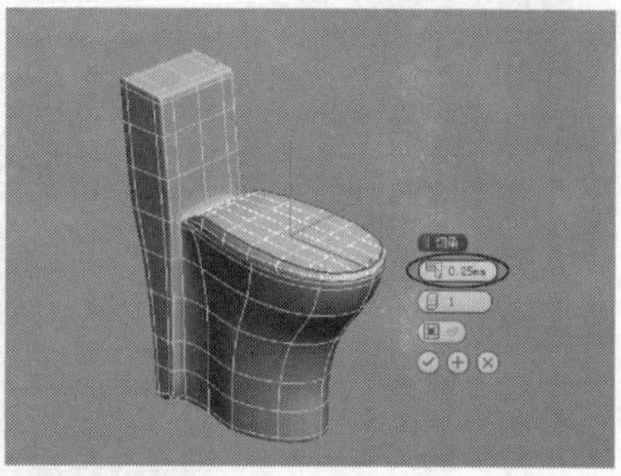

图8-469

20 为模型加载一个"网格平滑"修改器，然后在"细分量"卷展栏下设置"迭代次数"为3，具体参数设置及模型效果如图8-470所示。

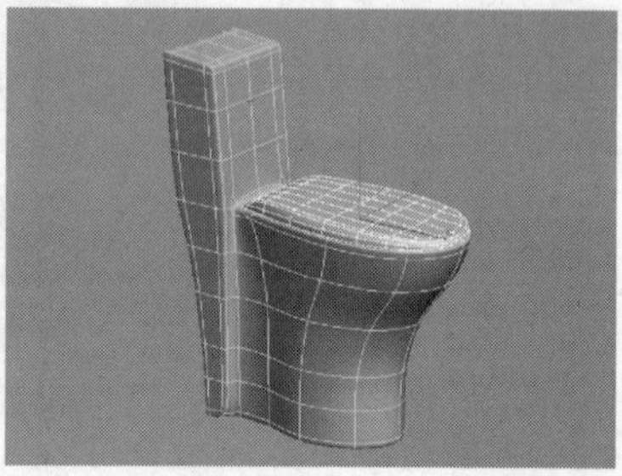

图8-470

21 选择坐便器，在"修改"面板中选择"可编辑多边形"选项，进入"边"级别，然后选择如图8-471所示的边，再在"编辑边"卷展栏下单击"连接"按钮 连接 后面的"设置"按钮，最后设置"分段"为3，如图8-472所示。

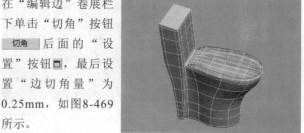

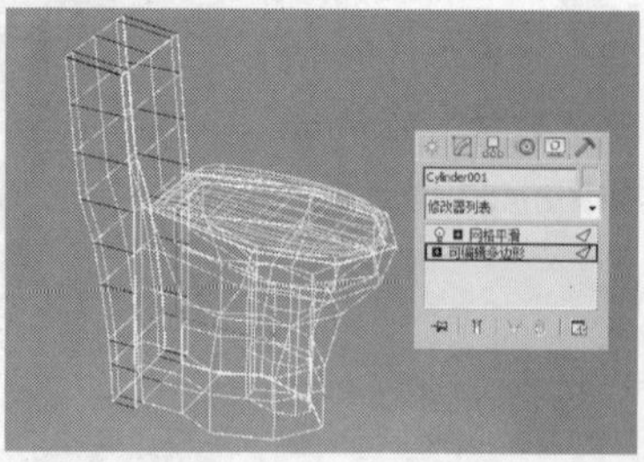

图8-471

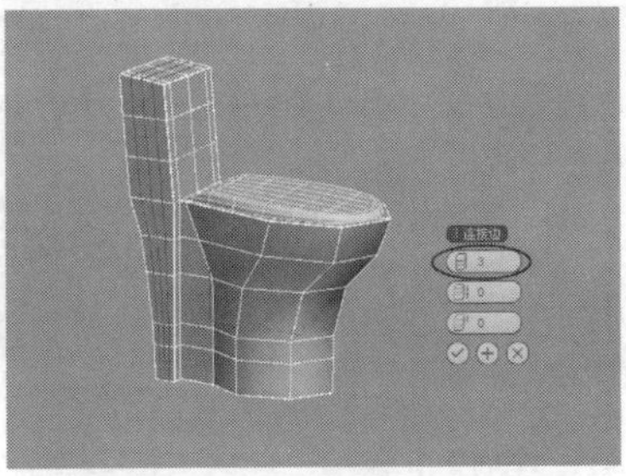

图8-472

22 进入“顶点”级别，然后将水箱顶部调节成如图8-473所示的形状。

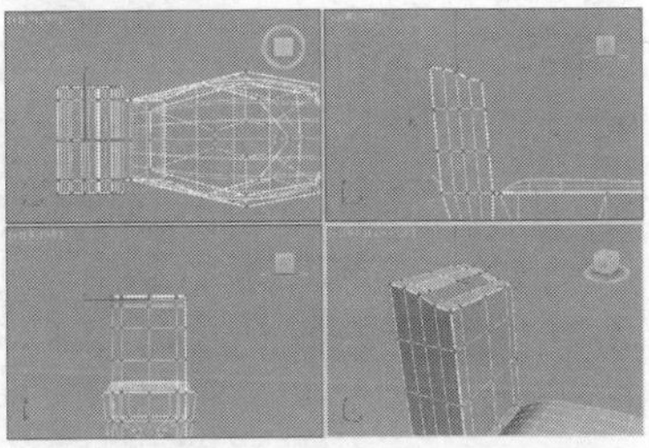

图8-473

23 使用“长方体”工具 长方体 在水箱上创建一个“长度”为45mm、“宽度”为25mm、“高度”为3mm、“长度分段”为3、“宽度分段”为4、“高度分段”为2的长方体，如图8-474所示。

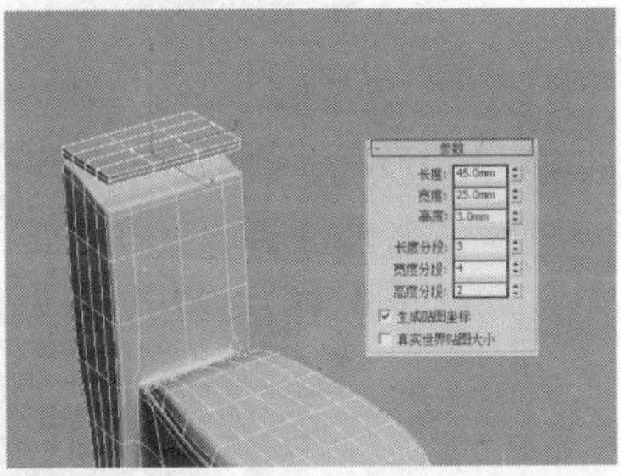

图8-474

24 将长方体转换为可编辑多边形，然后进入“顶点”级别，将其模型调节成如图8-475所示的形状。

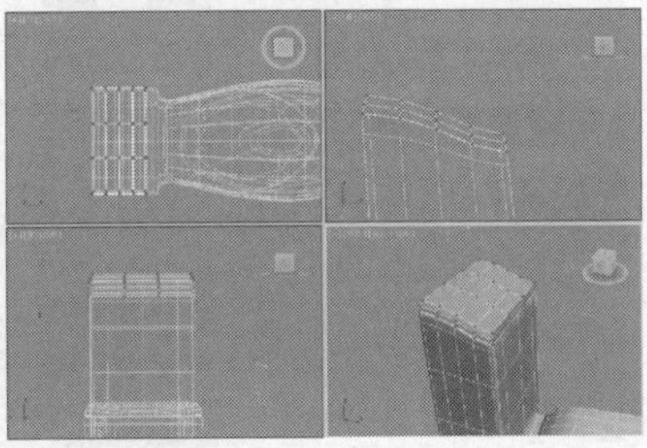

图8-475

25 进入“边”级别，然后选择如图8-476所示的边，再在“编辑边”卷展栏下单击“连接”按钮 连接 后面的“设置”按钮，最后设置“分段”为1，如图8-477所示。

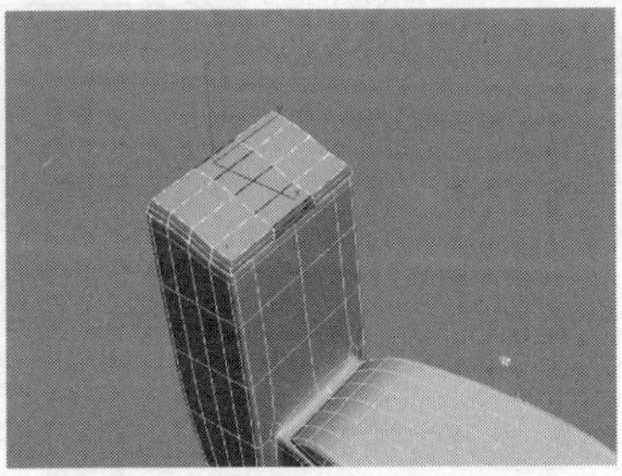

图8-476

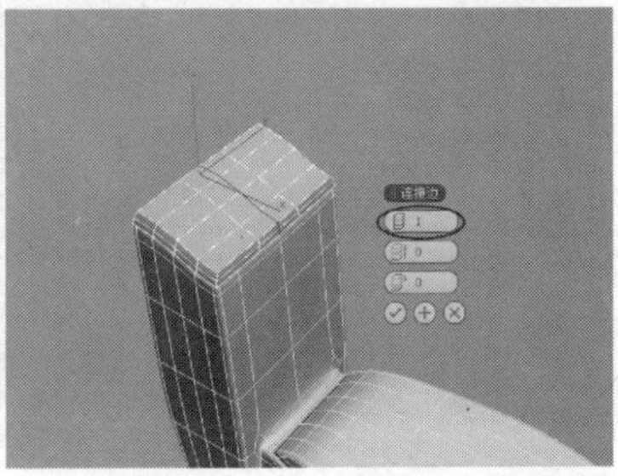

图8-477

26 进入“顶点”级别，然后在顶视图中框选如图8-478所示的顶点（顶部和底部的两个顶点），再在“编辑顶点”卷展栏下单击“切角”按钮 切角 后面的“设置”按钮，最后设置“顶点切角量”为2mm，并勾选“打开切角”选项，如图8-479所示。

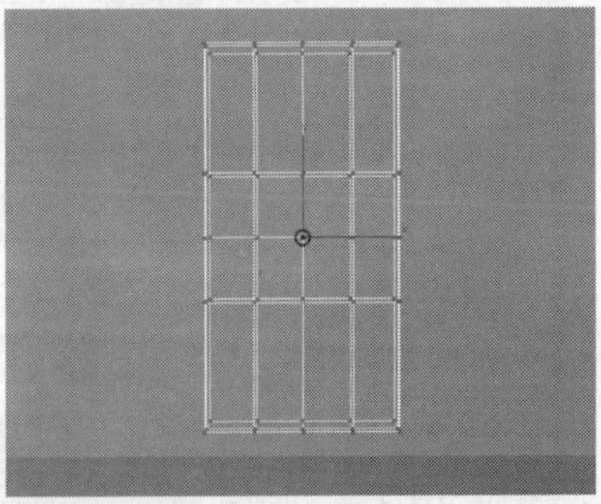

图8-478

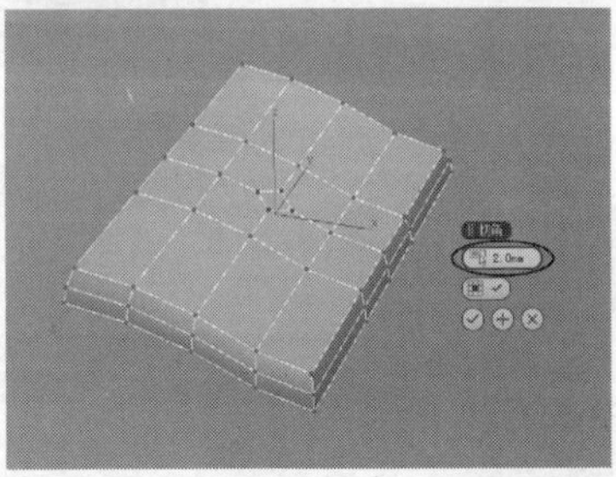

图8-479

技巧与提示

勾选“打开切角”选项，切角顶点就在上下两个顶点之间形成了一个“孔洞”，如图8-480所示。

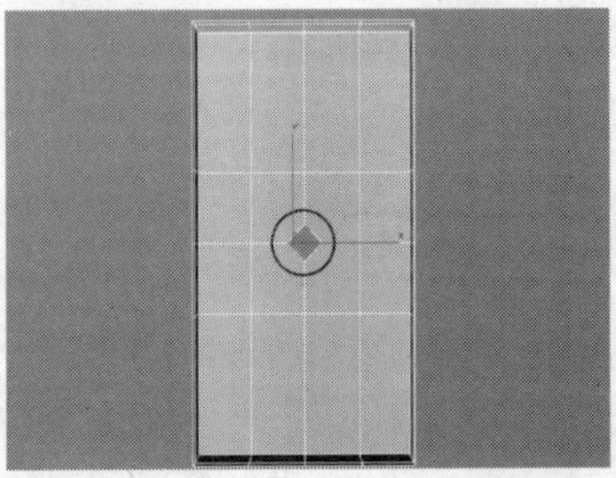

图8-480

27 进入“边”级别，然后选择如图8-481所示的边，再在“编辑边”卷展栏下单击“切角”按钮 切角 后面的“设置”按钮，最后设置“边切角量”为0.25mm，如图8-482所示。

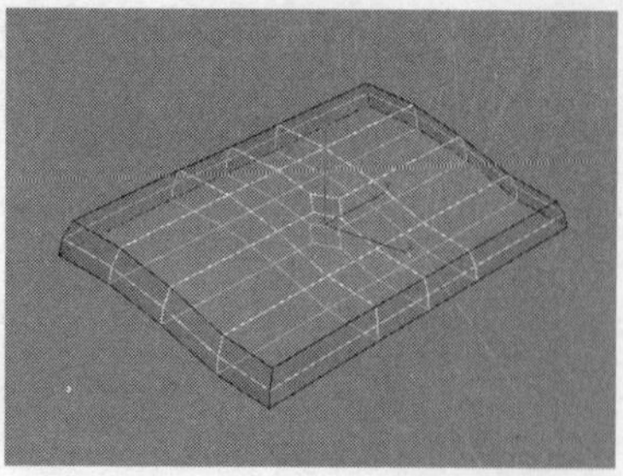

图8-481

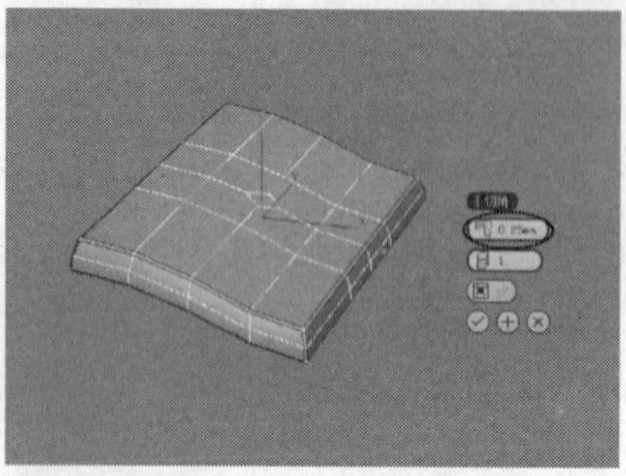

图8-482

28 为模型加载一个“网格平滑”修改器，然后在“细分量”卷展栏下设置“迭代次数”为3，最终效果如图8-483所示。

图8-483

实战140 布艺多人沙发

场景位置	无
实例位置	DVD>实例文件>CH08>实战140.max
视频位置	DVD>多媒体教学>CH08>实战140.flv
难易指数	★★★★☆
技术掌握	切角、挤出、塌陷、利用所选内容创建图形和焊接等工具

实例介绍

本例将使用多边形建模技术中的切角、挤出、利用所选内容创建图形和焊接功能制作一个布艺多人沙发模型，效果如图8-484所示。

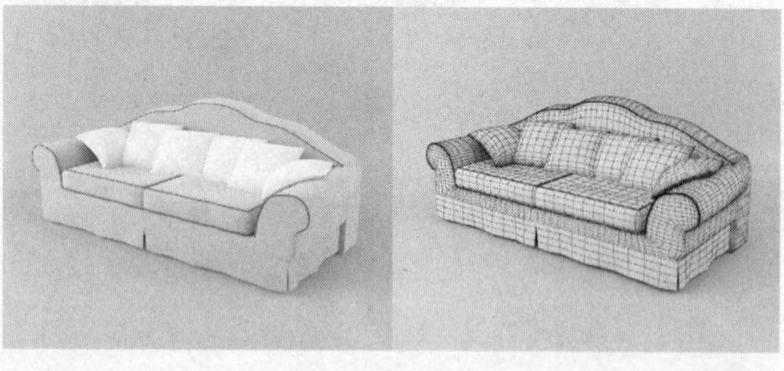

图8-484

本例大致的操作流程如图8-485所示。本例先要通过顶点调节功能和切角、利用所选内容创建图形功能制作沙发的靠背模型，然后通过类似的方法制作扶手和沙发的坐板模型，最后制作座垫和抱枕等模型完成最终效果。

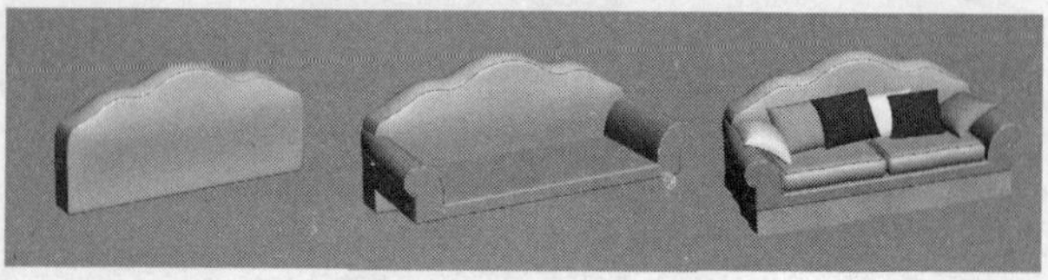

图8-485

操作步骤

01 使用“长方体”工具 长方体 在场景中创建一个“长度”为250mm、“宽度”为2200mm、“高度”为920mm、“长度分段”为2、“宽度分段”为10、“高度分段”为3的长方体，如图8-486所示。

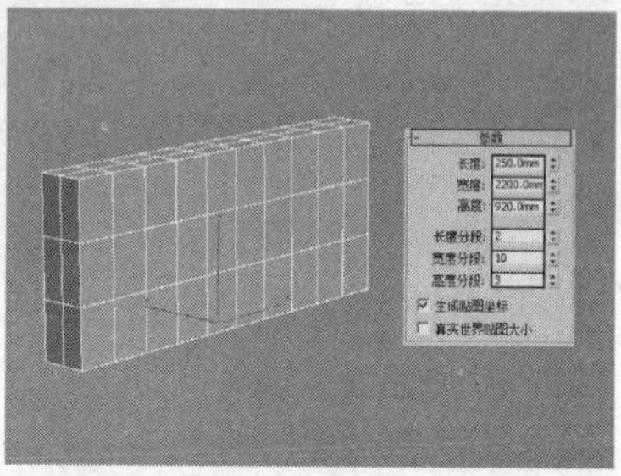

图8-486

02 将长方体转换为可编辑多边形，然后进入“顶点”级别，将模型调整成如图8-487所示的形状。

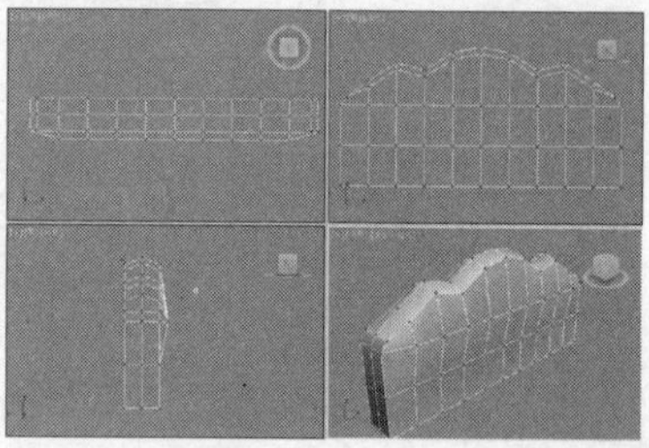

图8-487

03 进入“边”级别，然后选择如图8-488所示的边，再在“编辑边”卷展栏下单击“利用所选内容创建图形”按钮 利用所选内容创建图形 ，最后在弹出的对话框中设置“图形类型”为“平滑”，如图8-489所示。

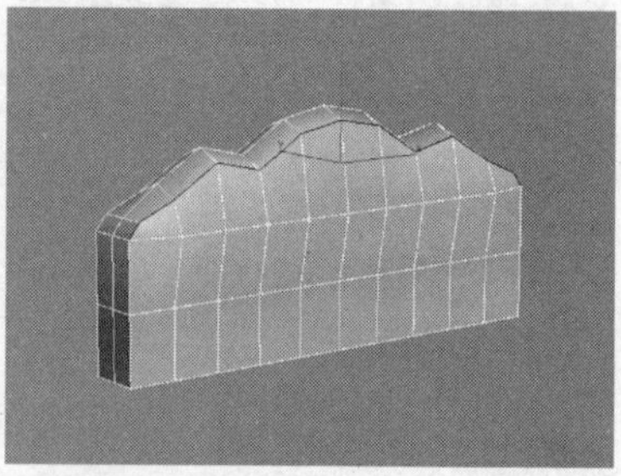

图8-488

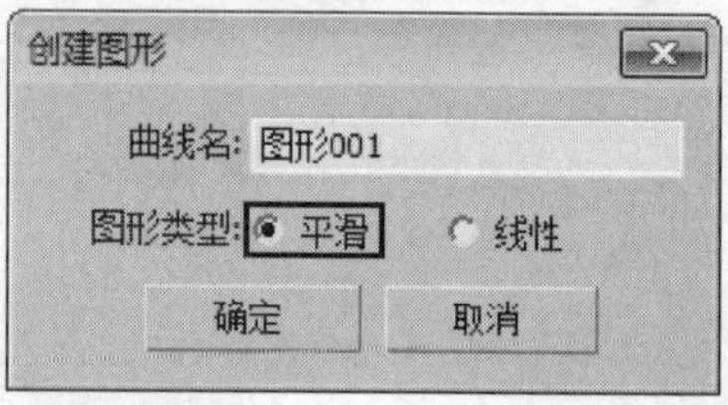

图8-489

04 选择如图8-490所示的边，然后在“编辑边”卷展栏下单击“切角”按钮 切角 后面的“设置”按钮，最后设置“边切角量”为2mm，如图8-491所示。

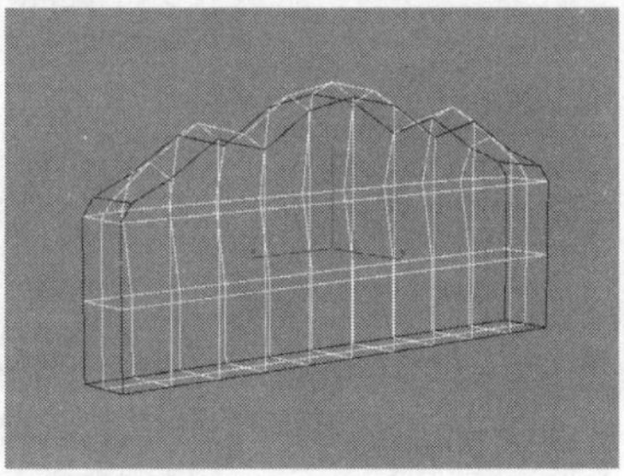

图8-490

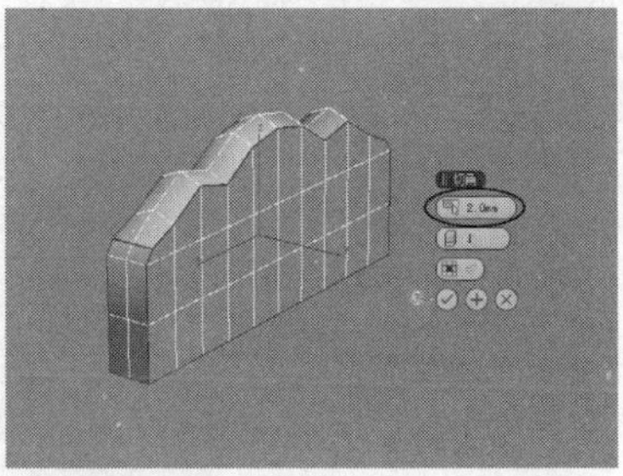

图8-491

05 为模型加载一个“网格平滑”修改器，然后在“细分量”卷展栏下设置“迭代次数”为2，效果如图8-492所示。

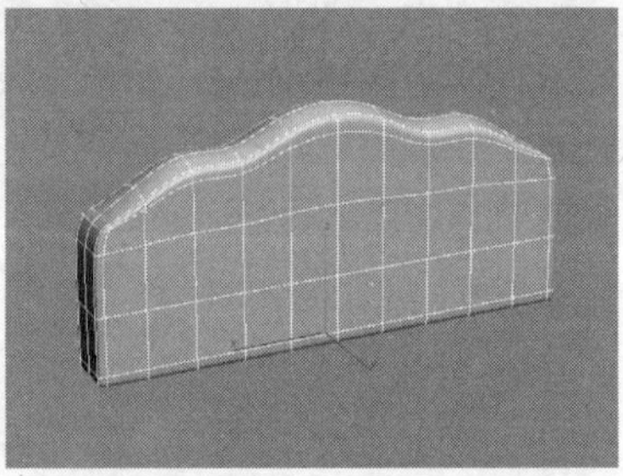

图8-492

06 按H键打开“从场景选择”对话框，然后选择“图形001”，如图8-493所示，再在“渲染”卷展栏下勾选“在渲染中启用”和“在视口中启用”选项，最后设置“径向”的“厚度”为7mm，效果如图8-494所示。

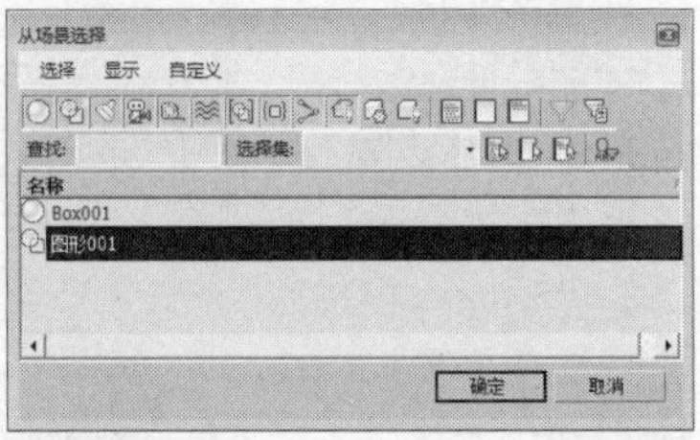

图8-493

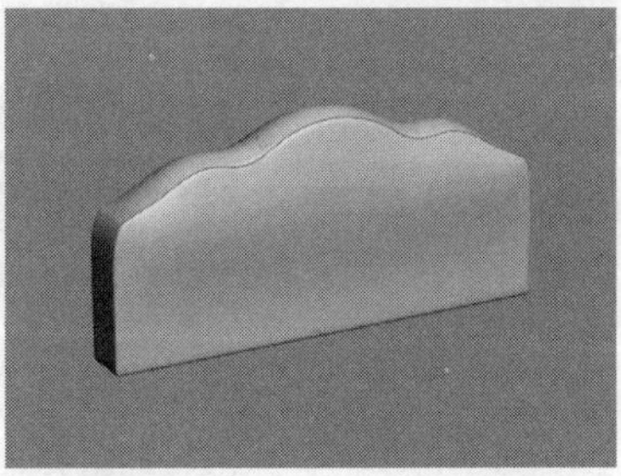

图8-494

07 使用“长方体”工具 长方体 在顶视图中创建一个“长度”为1000mm、“宽度”为1080mm、“高度”为105mm、“长度分段”为3、“宽度分段”为5、“高度分段”为1的长方体，具体参数设置及模型位置如图8-495所示。

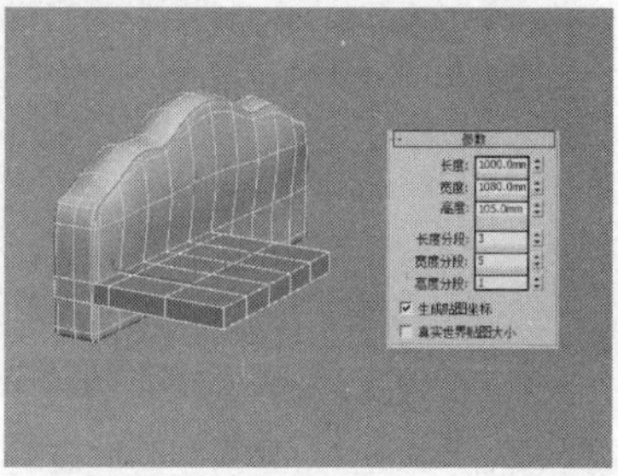

图8-495

08 将长方体转换为可编辑多边形，进入“多边形”级别，然后选择如图8-496所示的多边形，再在“编辑多边形”卷展栏下单击“挤出”按钮 挤出 后面的“设置”按钮，最后设置“高度”为100mm，如图8-497所示。挤出完成后继续将选择的多边形挤出两次（“高度”同样设置为100mm），完成后的效果如图8-498所示。

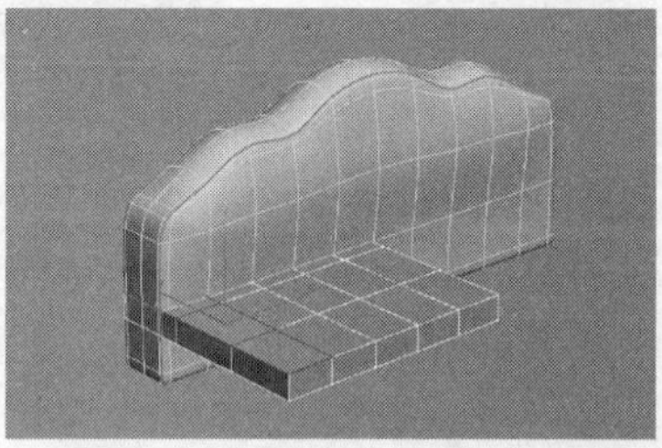

图8-496

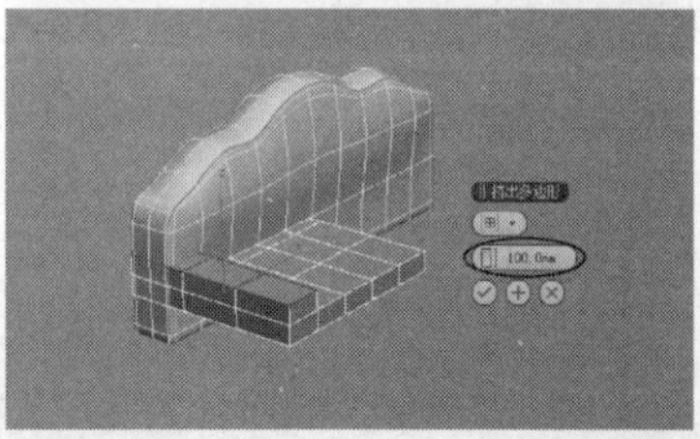

图8-497

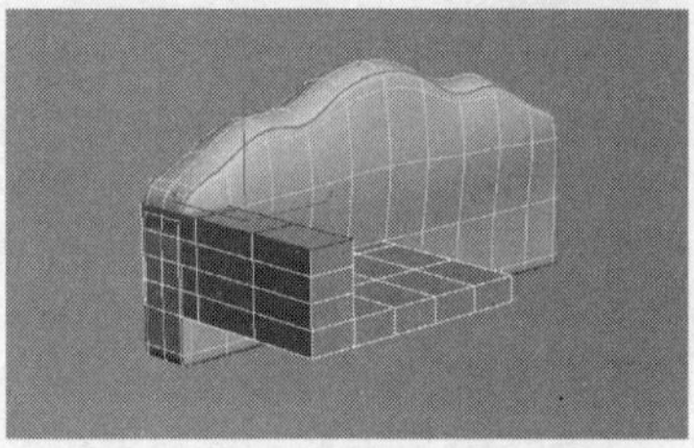

图8-498

09 选择如图8-499所示的多边形，然后在“编辑多边形”卷展栏下单击“挤出”按钮 挤出 后面的“设置”按钮，设置“高度”为100mm，如图8-500所示。

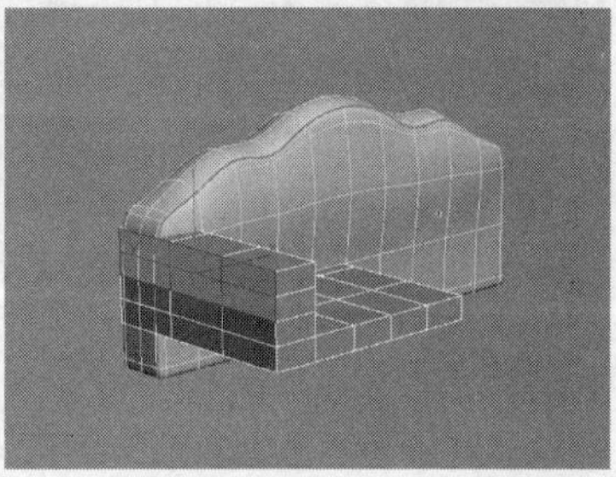

图8-499

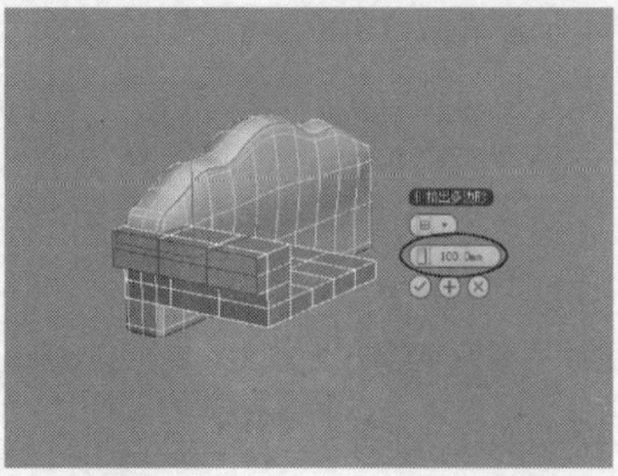

图8-500

10 进入“顶点”级别，然后将模型调整成如图8-501所示的形状。

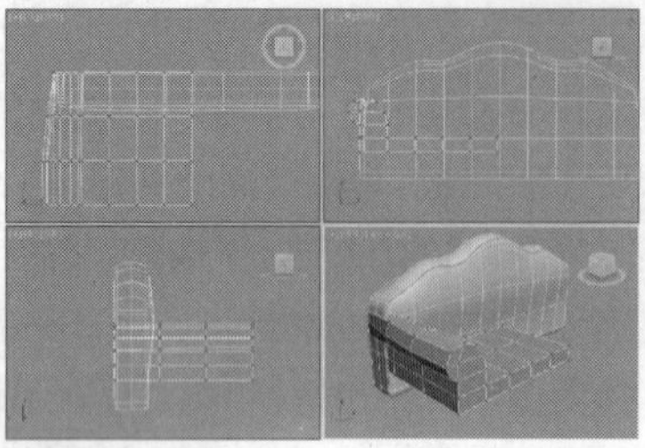

图8-501

11 选择扶手模型，然后在“主工具栏”中单击“镜像”按钮，再在弹出的对话框中设置“镜像轴”为*x*、“偏移”为1080mm、“克隆当前选择”为“实例”，如图8-502所示，效果如图8-503所示。

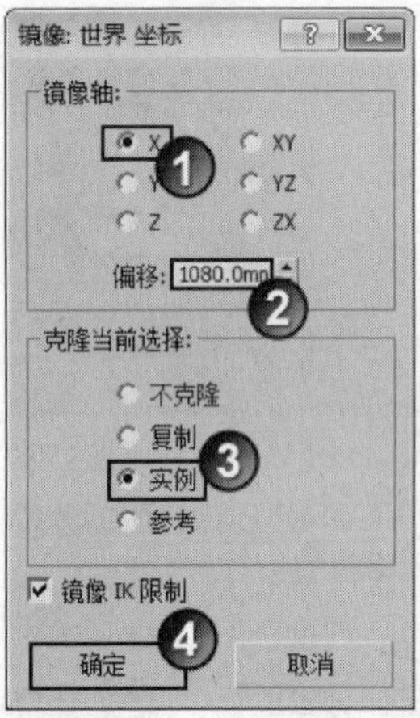

图8-502

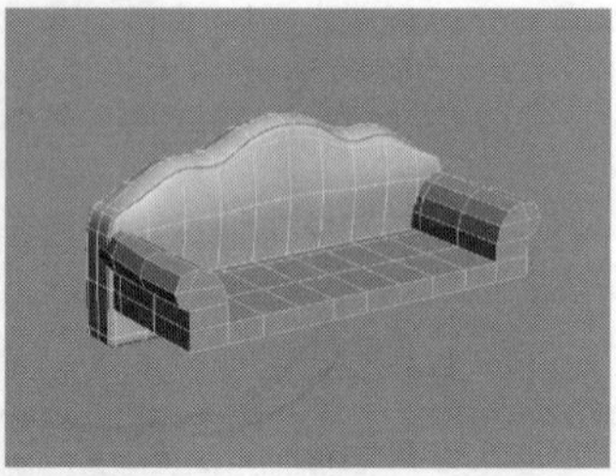

图8-503

12 选择两个模型，然后在“命令”面板中单击“实用程序”按钮，再单击“塌陷”按钮 塌陷 ，最后在“塌陷”卷展栏下单击“塌陷选定对象”按钮 塌陷选定对象 ，将这两个模型塌陷成一个整体，如图8-504所示。

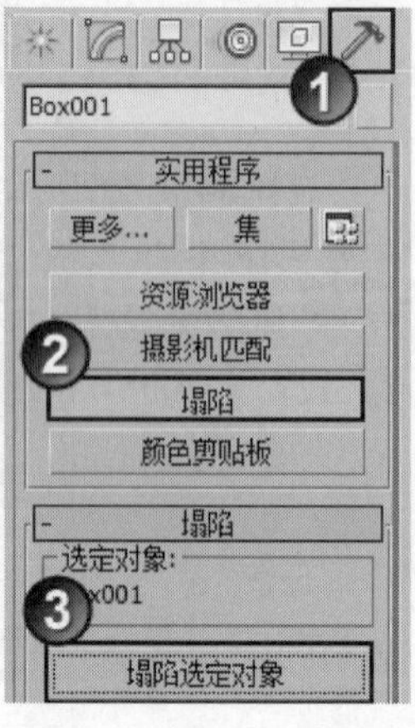

图8-504

13 将塌陷后的模型转换为可编辑多边形，进入“边”级别，然后选择如图8-505所示的边，再在“编辑边”卷展栏下单击“切角”按钮 切角 后面的“设置”按钮，最后设置“边切角量”为1mm，如图8-506所示。

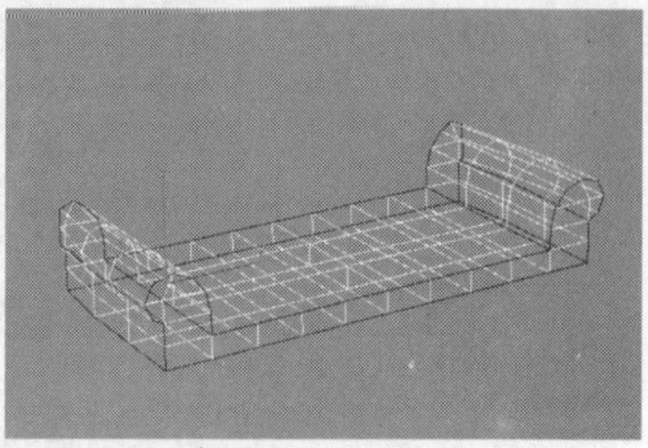

图8-505

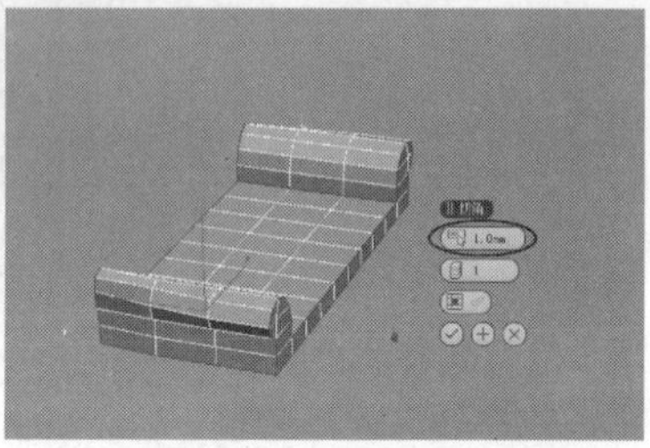

图8-506

14 进入“多边形”级别，然后在前视图中框选如图8-507所示的多边形，再按Delete键将其删除。

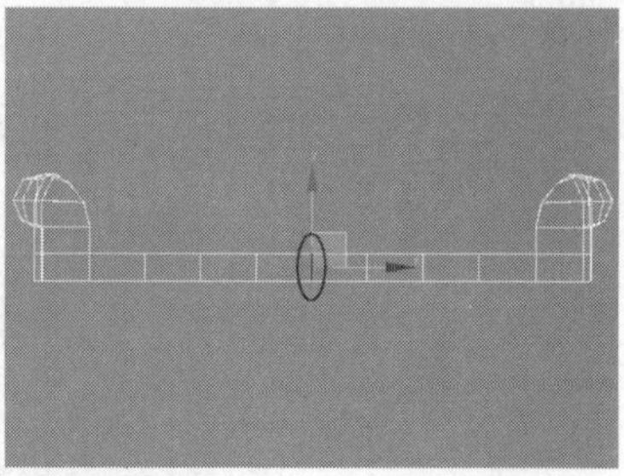

图8-507

15 进入“顶点”级别，按F3键切换到线框显示模式，然后框选如图8-508所示的两个顶点，再在“编辑顶点”卷展栏下单击“焊接”按钮 焊接 后面的“设置”按钮，最后设置“焊接阈值”为0.1mm，如图8-509所示。焊接完成后这两个顶点就变成了一个顶点。

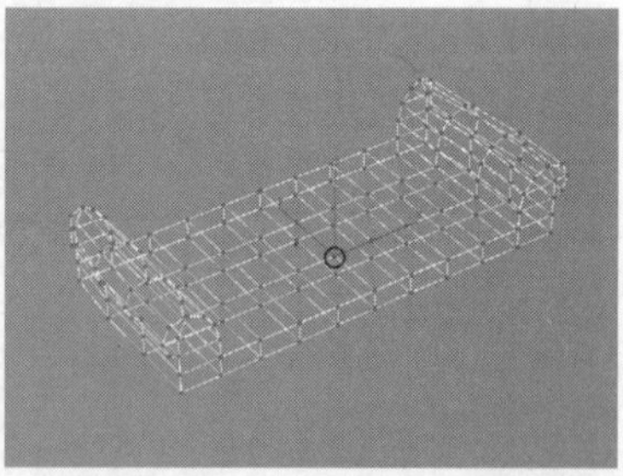

图8-508

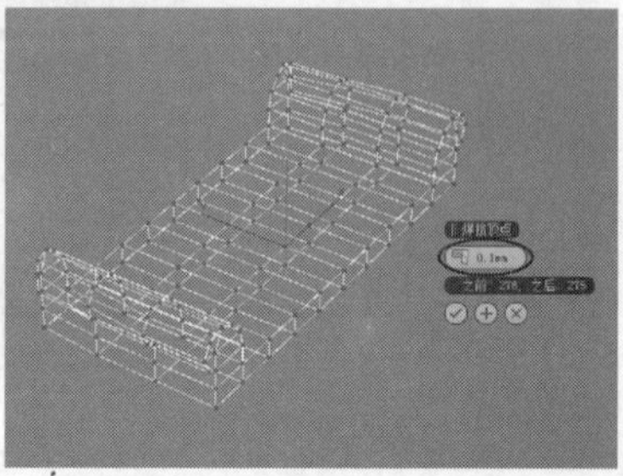

图8-509

技巧与提示

这里可能会有一个疑问，在视图中看到的是一个顶点，为何会是两个顶点呢？这是因为这个模型是镜像而来的，顶点就会重合，而一般在视图中是看不到的，只有框选顶点后在“选择”卷展栏下进行查看，如图8-510所示。当两个顶点焊接完成后，仍然可以在“选择”卷展栏下查看是否焊接成功，如果焊接成功了，就会显示选择了某个顶点，如图8-511所示。

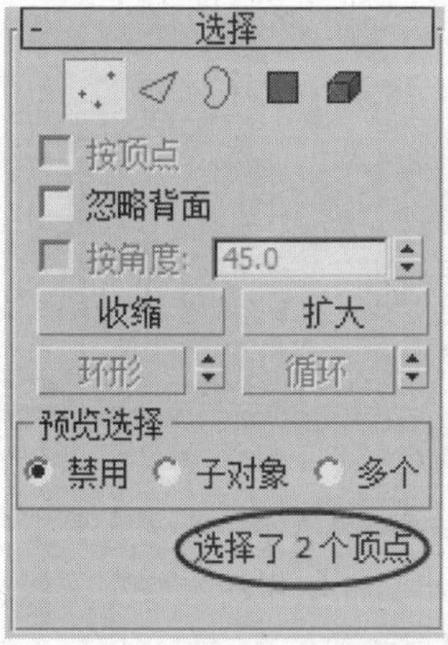

图8-510

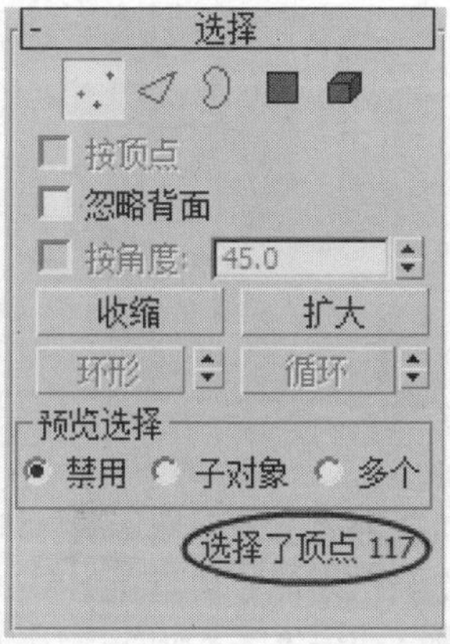

图8-511

16 采用相同的方法将其他的顶点两两焊接起来，然后为模型加载一个“网格平滑”修改器，再在“细分量”卷展栏下设置“迭代次数”为2，效果如图8-512所示。

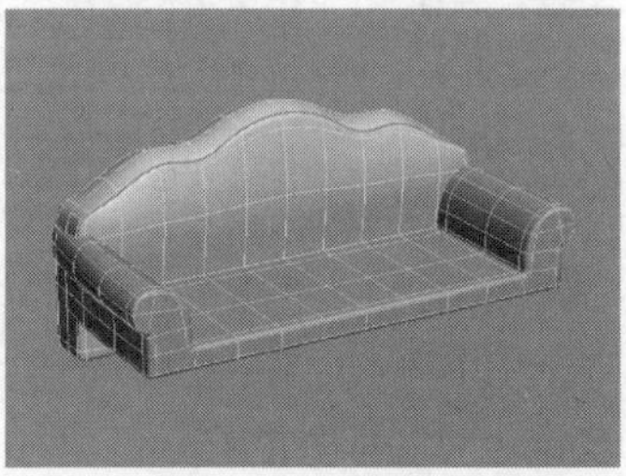

图8-512

17 采用前面的方法使用“利用所选内容创建图形”工具 利用所选内容创建图形 创建扶手上的镶边模型，完成后的效果如图8-513所示。

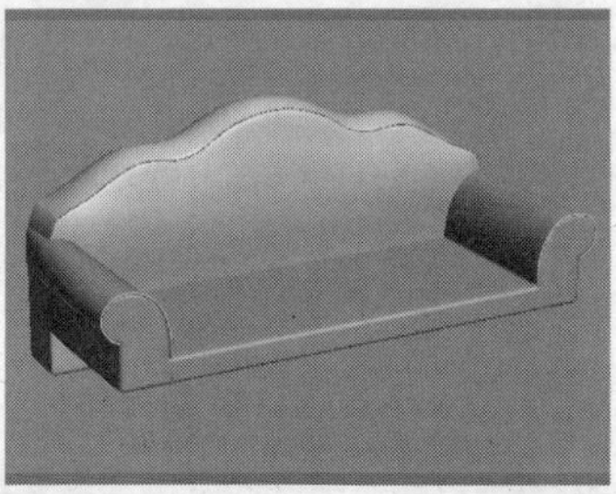

图8-513

18 使用“切角长方体”工具 切角长方体 在顶视图中创建一个“长度”为700mm、“宽度”为850mm、“高度”为150mm、“圆角”为30mm、“长度分段”为8、“宽度分段”为10、“高度分段”为2、“圆角分段”为1的切角长方体，具体参数设置及模型位置如图8-514所示。

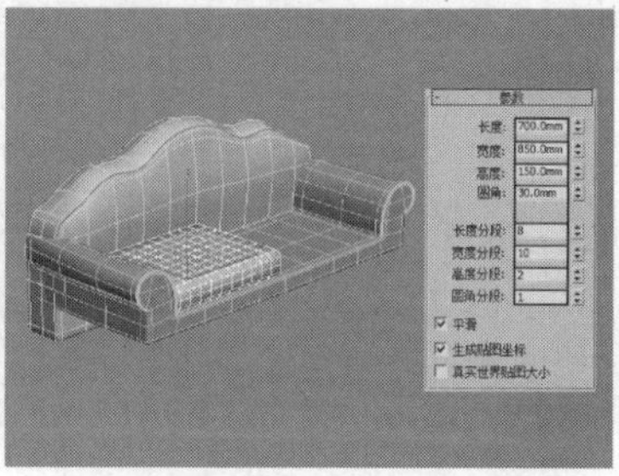

图8-514

19 为切角长方体转换加载一个FFD（长方体）修改器，然后在“FFD参数”卷展栏下单击“设置点数”按钮 设置点数 ，再在弹出的“设置FFD尺寸”对话框中设置“长度”、“宽度”和“高度”为6，如图8-515所示，最后进入“控制点”次物体层级，将模型调节成如图8-516所示的形状。

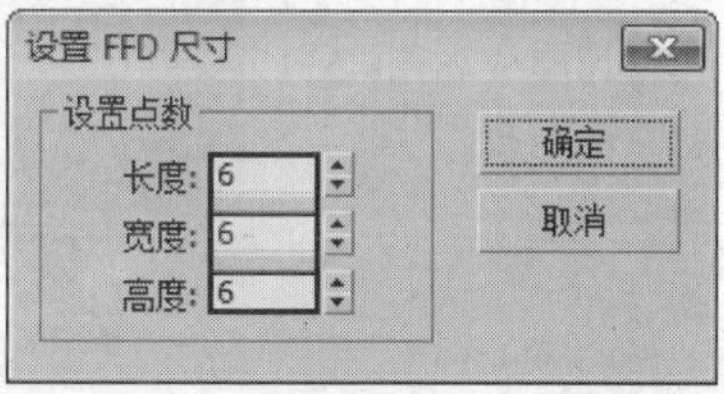

图8-515

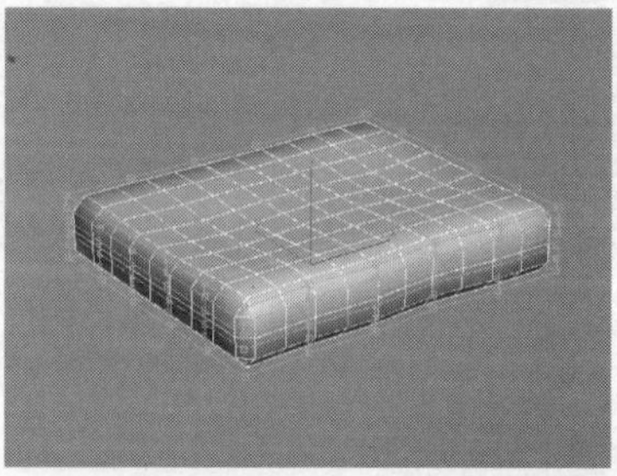

图8-516

20 将座垫模型转换为可编辑多边形，然后使用“利用所选内容创建图形”工具 利用所选内容创建图形 创建座垫上的镶边模型，完成后的效果如图8-517所示。

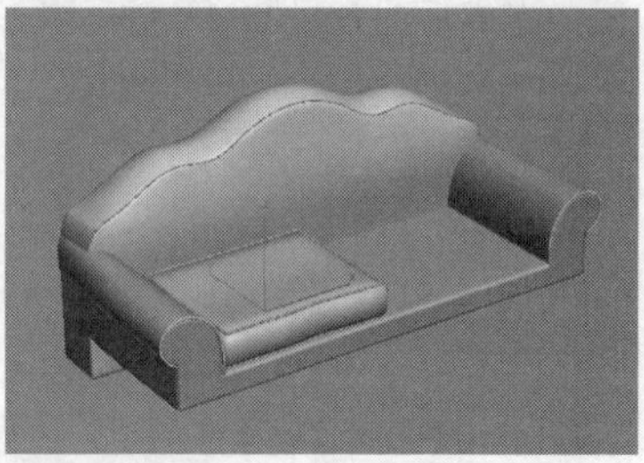

图8-517

技巧与提示

注意，这里在创建图形时，要将“图形类型”设置为“线性”，如图8-518所示。

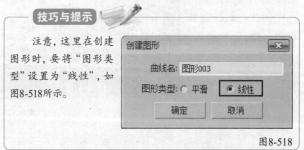

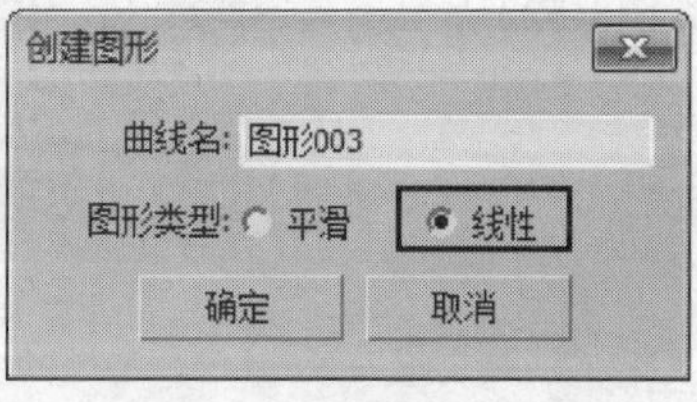

图8-518

21 使用“选择并移动”工具选择座垫模型，然后按住Shift键移动复制一个模型到如图8-519所示的位置。

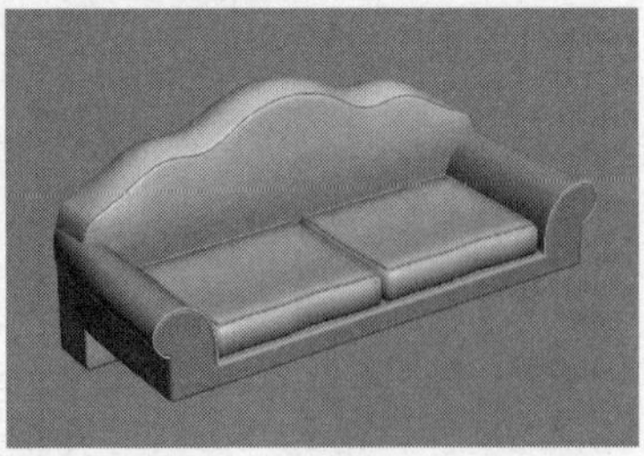

图8-519

22 使用“平面”工具 平面 在前视图中创建一个大小合适的平面，其位置如图8-520所示，然后将平面转换为可编辑多边形，再进入“顶点”级别，将模型调整成如图8-521所示的形状。

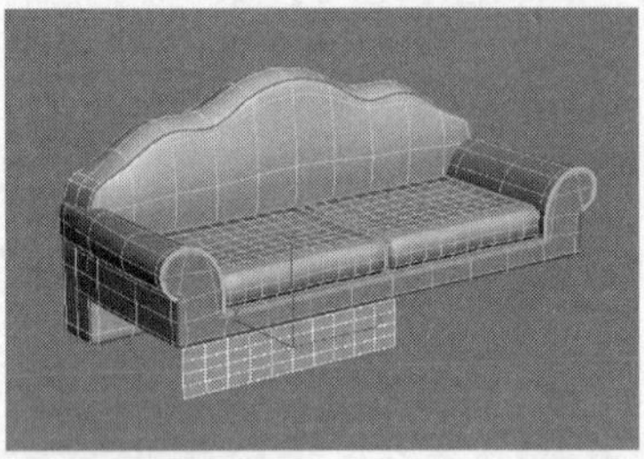

图8-520

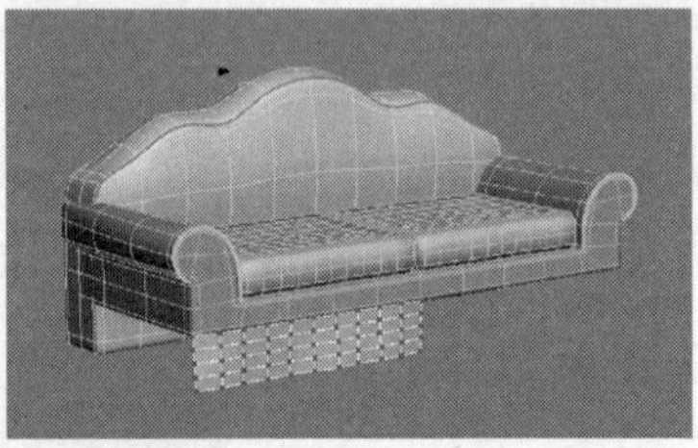

图8-521

23 采用相同的方法制作其他的布料模型，完成后的效果如图8-522所示。

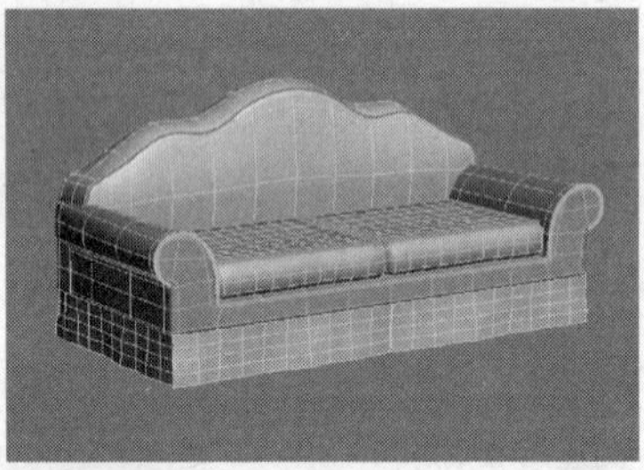

图8-522

24 采用NURBS建模技术在座垫上制作几个抱枕，最终效果如图8-523所示。

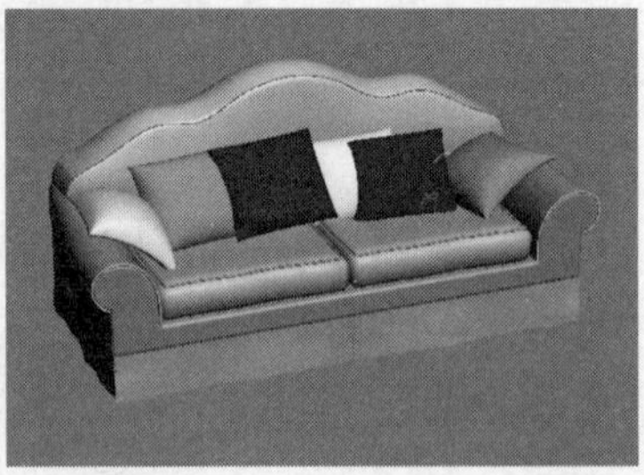

图8-523

> **技巧与提示**
>
> 关于抱枕的制作方法请参考“第7章 NURBS建模”中的“实战116 抱枕”。

实战141 欧式单人沙发

场景位置	无
实例位置	DVD>实例文件>CH08>实战141.max
视频位置	DVD>多媒体教学>CH08>实战141.flv
难易指数	★★★★☆
技术掌握	切角工具、挤出工具、倒角工具

实例介绍

本例将使用多边形建模技术中的切角、挤出和倒角功能制作一把欧式单人沙发，效果如图8-524所示。

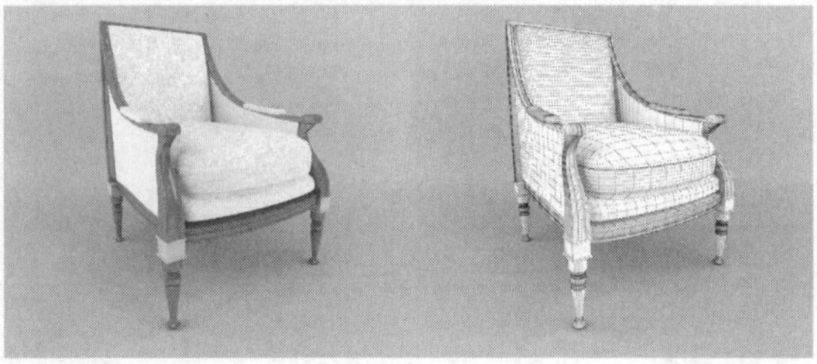

图8-524

本例大致的操作流程如图8-525所示。本例先要用顶点调节功能、切角功能和挤出功能制作沙发的靠背和座垫，然后通过类似的方法制作扶手等细节，最后用样条线配合“车削”修改器制作椅腿完成整体效果。

图8-525

操作步骤

01 使用“长方体”工具 长方体 在前视图中创建一个“长度”为25mm、“宽度”为 15mm、“高度”为2mm、“长度分段”为4、“宽度分段”为1、“高度分段”为1的长方体，具体参数设置及模型效果如图8-526所示。

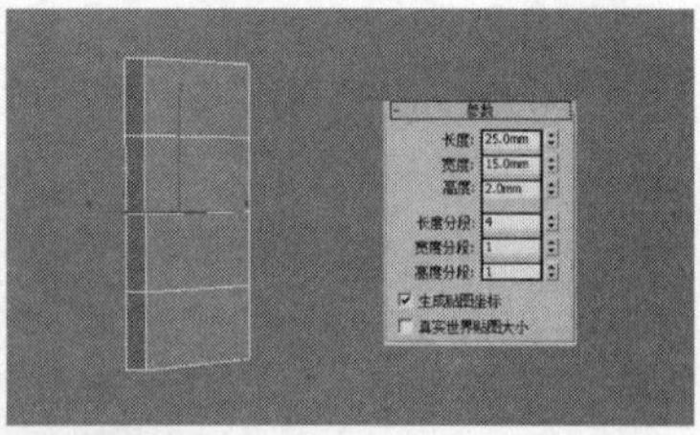

图8-526

02 按A键激活“角度捕捉切换”工具，然后使用“选择并旋转”工具 在左视图中将长方体沿y轴旋转5°，如图8-527所示。

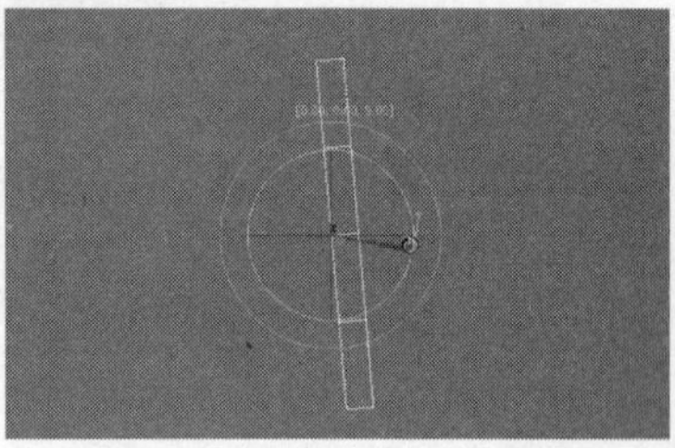

图8-527

03 将长方体转换为可编辑多边形，然后进入“顶点”级别，在左视图中将模型调整成如图8-528所示的形状。

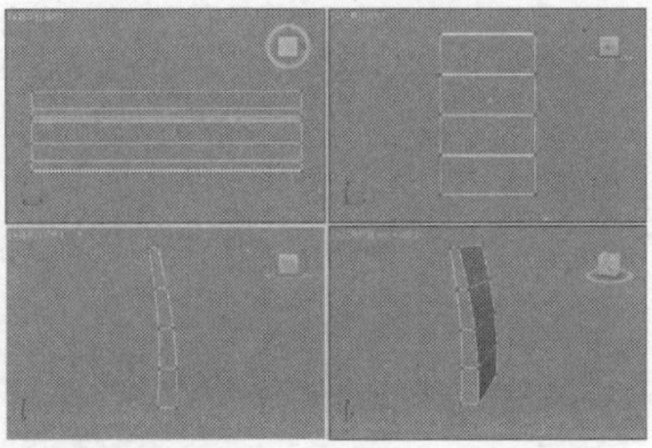

图8-528

04 进入“边”级别，然后选择如图8-529所示的边，再在“编辑边”卷展栏下单击“切角”按钮 切角 后面的“设置”按钮□，最后设置“边切角量”为0.2mm，如图8-530所示。

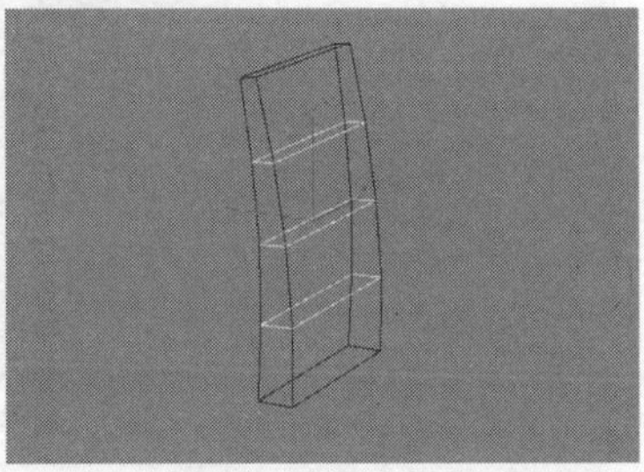

图8-529

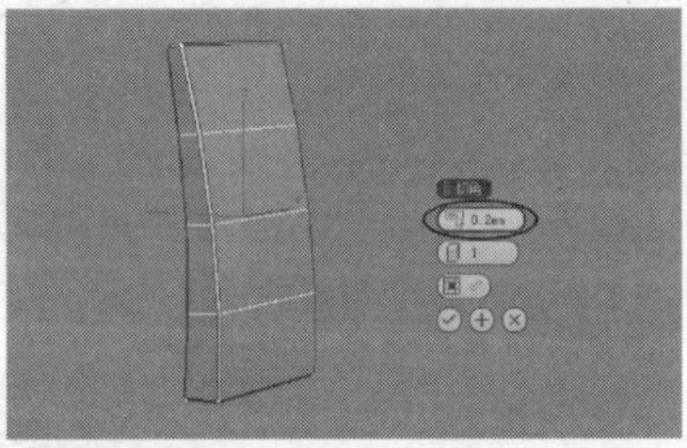

图8-530

05 为模型加载一个“网格平滑”修改器，然后在“细分量”卷展栏下设置“迭代次数”为3，效果如图8-531所示。

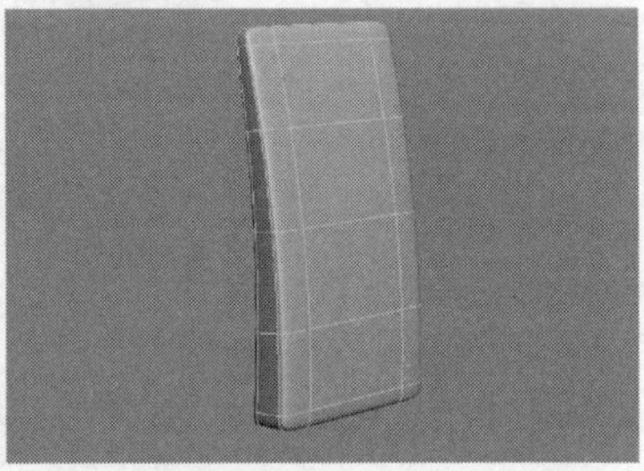

图8-531

06 使用“长方体”工具 长方体 在场景中创建一个“长度”为25mm、“宽度”为20mm、“高度”为4mm、“长度分段”为5、“宽度分段”为5、“高度分段”为5的长方体，具体参数设置及模型位置如图8-532所示。

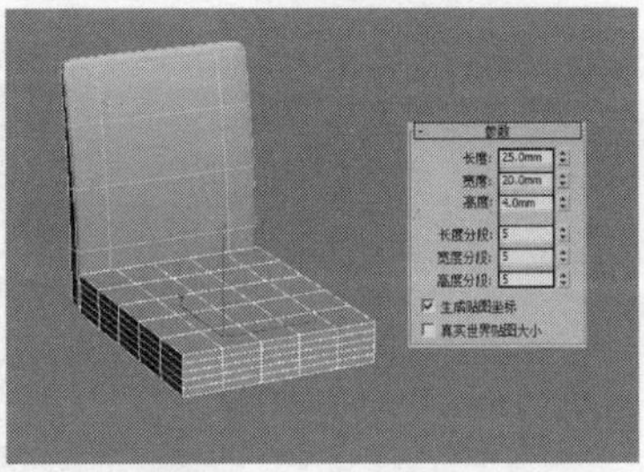

图8-532

07 将长方体转换为可编辑多边形，然后进入“顶点”级别，将模型调整成如图8-533所示的形状。

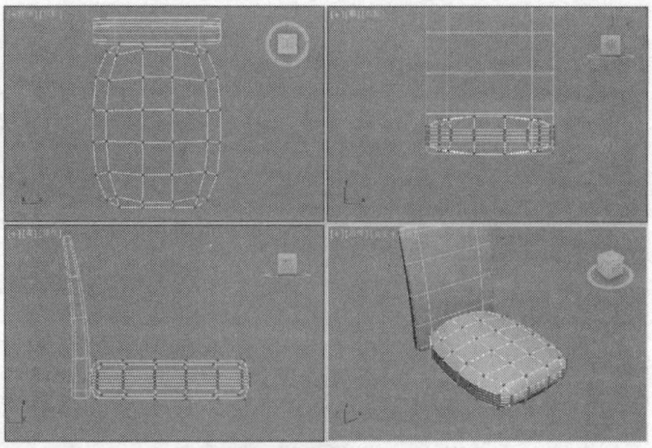

图8-533

08 进入“多边形”级别，然后选择如图8-534所示的多边形，再在“编辑多边形”卷展栏下单击“挤出”按钮 挤出 后面的“设置”按钮□，最后设置挤出类型为“局部法线”、“高度”为0.22mm，如图8-535所示。

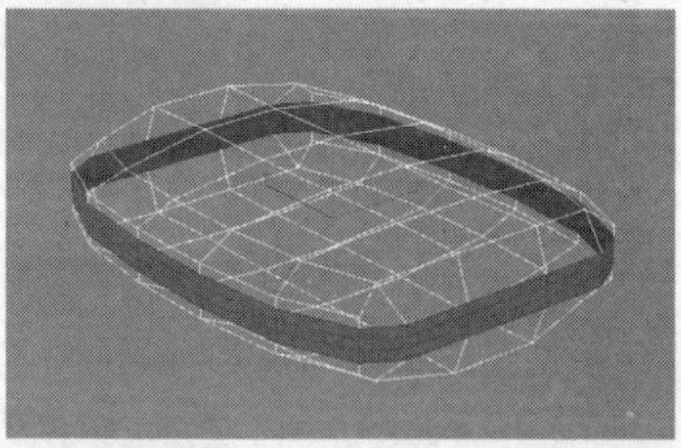

图8-534

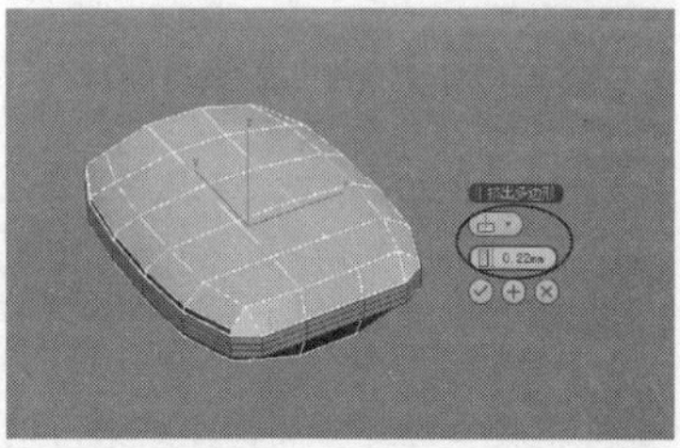

图8-535

09 进入“边”级别，然后选择如图8-536所示的边，再在“编辑边”卷展栏下单击“切角”按钮 切角 后面的“设置”按钮□，最后设置“边切角量”为0.05mm，如图8-537所示。

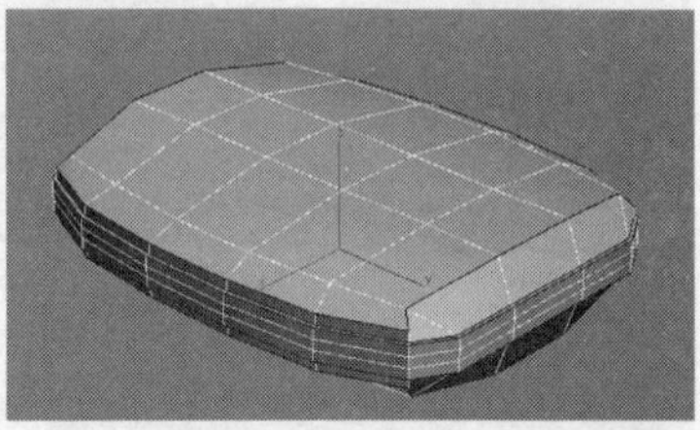

图8-536

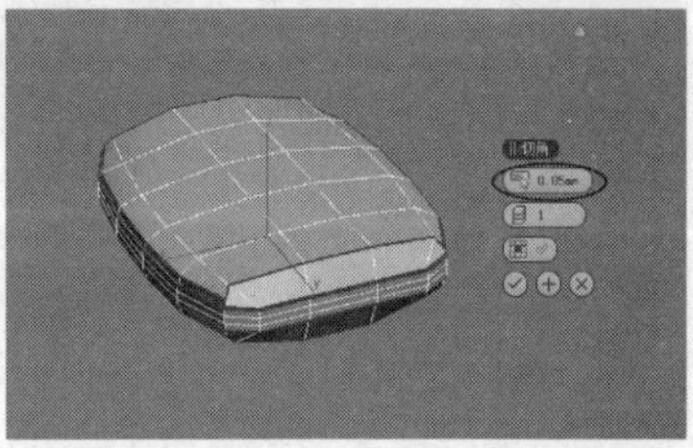

图8-537

10 为模型加载一个“网格平滑”修改器，然后在“细分量”卷展栏下设置“迭代次数”为1，效果如图8-538所示，再采用相同的方法制作座垫底部的底座模型，完成后的效果如图8-539所示。

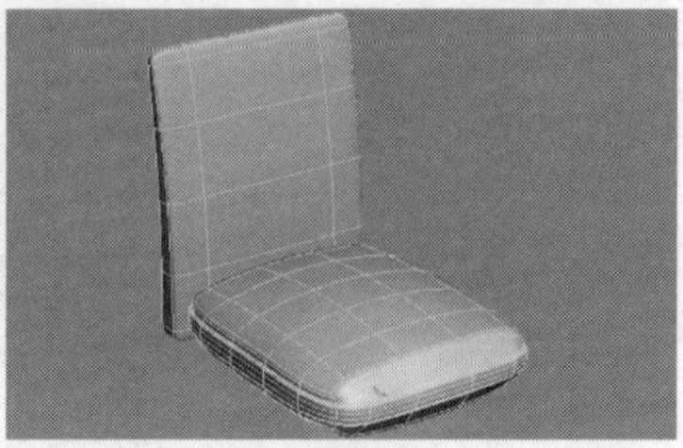

图8-538

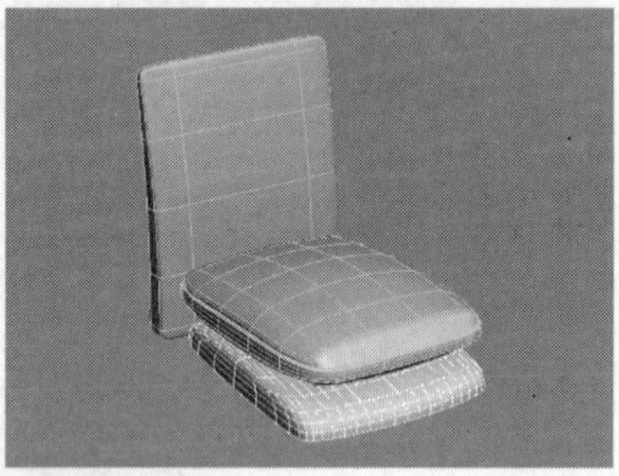

图8-539

11 使用“长方体”工具 长方体 在场景中创建一个“长度”为0.5mm、“宽度”为1.5mm、“高度”为25mm、“长度分段”为2、“宽度分段”为3、“高度分段”为10的长方体，具体参数设置及模型位置如图8-540所示。

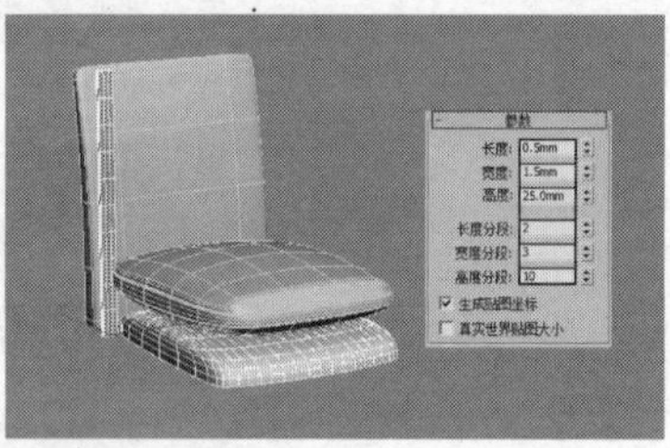

图8-540

12 将长方体转换为可编辑多边形，然后进入“顶点”级别，在左视图中将其调整成如图8-541所示的形状。

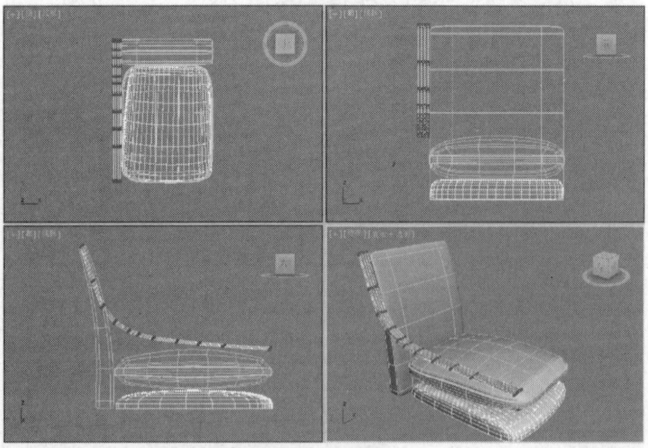

图8-541

13 进入“边”级别，然后选择如图8-542所示的边，再在“编辑边”卷展栏下单击“连接”按钮 连接 后面的“设置”按钮▣，最后设置“分段”为1，如图8-543所示。

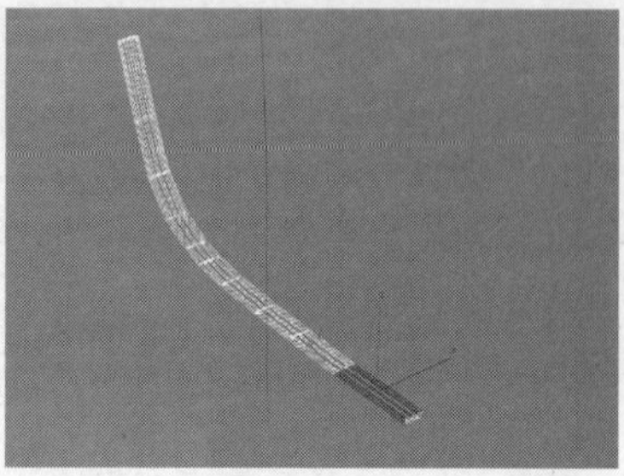

图8-542

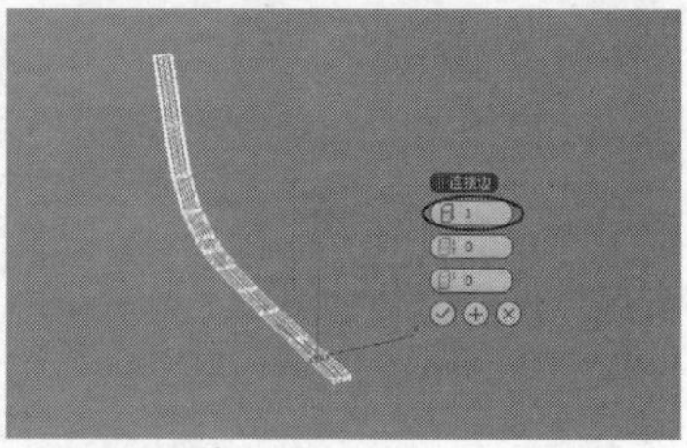

图8-543

14 进入“多边形”级别，然后选择如图8-544所示的多边形，再在“编辑多边形”卷展栏下单击“挤出”按钮 挤出 后面的“设置”按钮▣，最后设置“高度”为0.6mm，如图8-545所示。

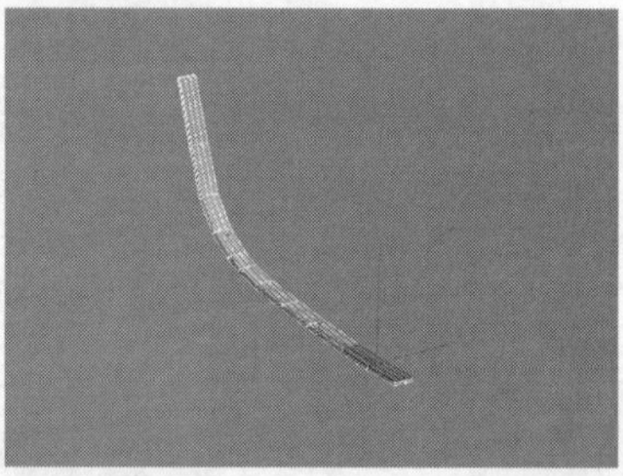

图8-544

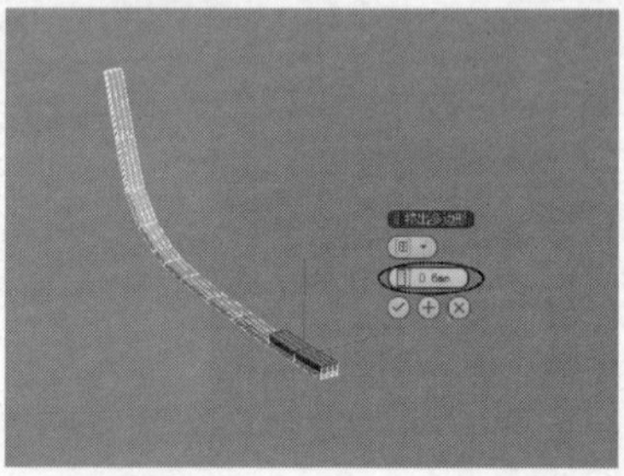

图8-545

15 选择如图8-546所示的多边形，然后在“编辑多边形”卷展栏下单击“倒角”按钮 倒角 后面的“设置”按钮▣，最后设置“高度”为-0.05mm、“轮廓”为-0.05mm，如图8-547所示。

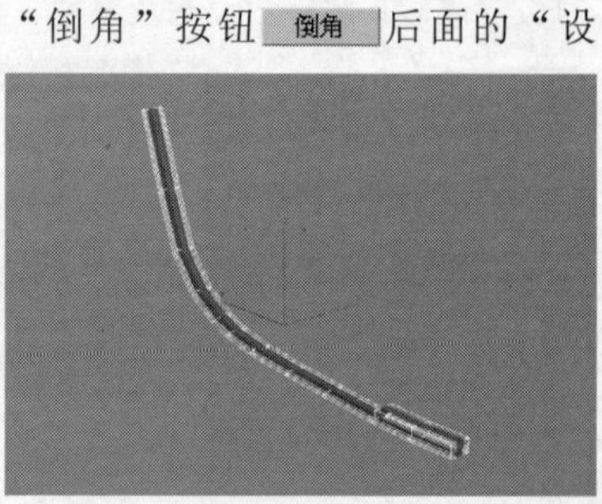

图8-546

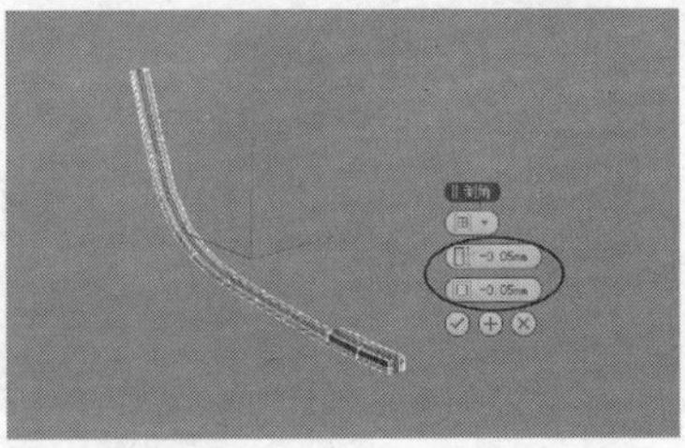

图8-547

16 进入“边”级别，然后选择如图8-548所示的边，再在“编辑边”卷展栏下单击“切角”按钮 切角 后面的“设置”按钮，最后设置“边切角量”为0.03mm，如图8-549所示。

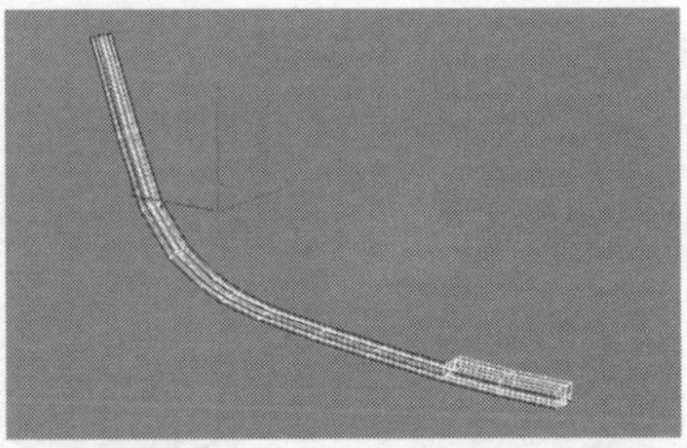

图8-548

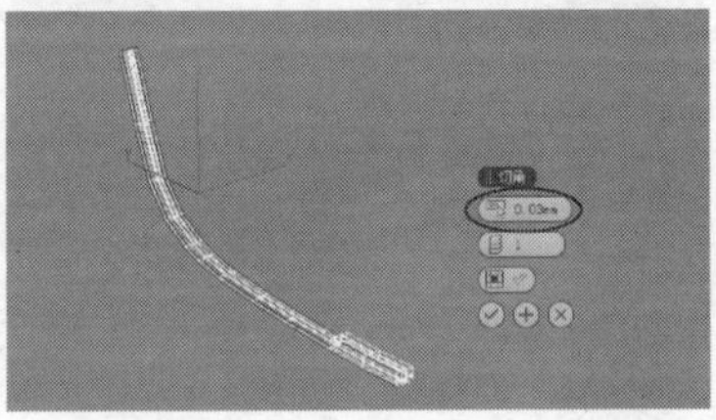

图8-549

17 为模型加载一个“网格平滑”修改器，然后在“细分量”卷展栏下设置“迭代次数”为1，效果如图8-550所示。

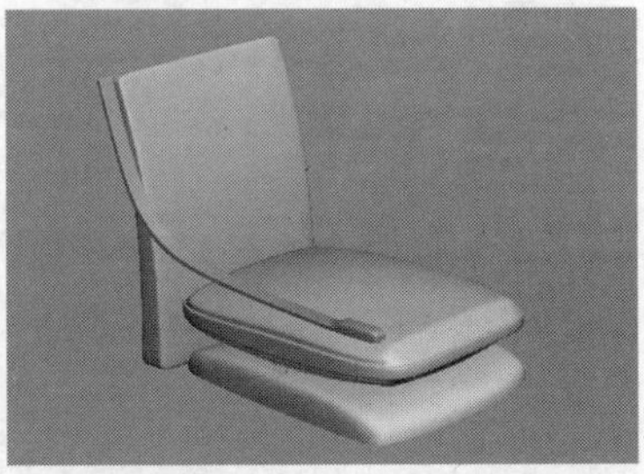

图8-550

18 采用相同的方法在扶手前面制作一个支柱模型，如图8-551所示，然后将支柱和扶手复制一份到另外一侧，如图8-552所示。

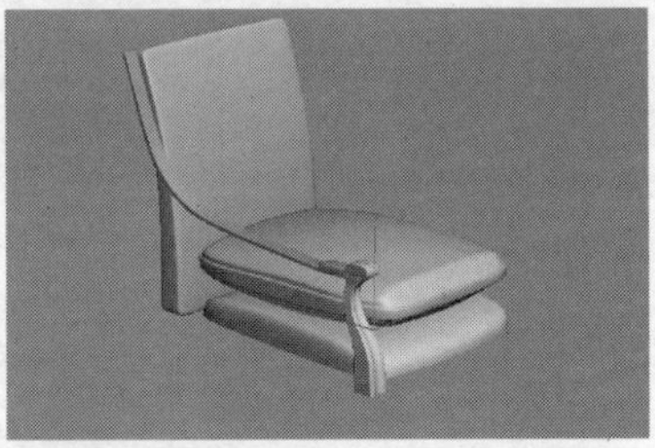

图8-551

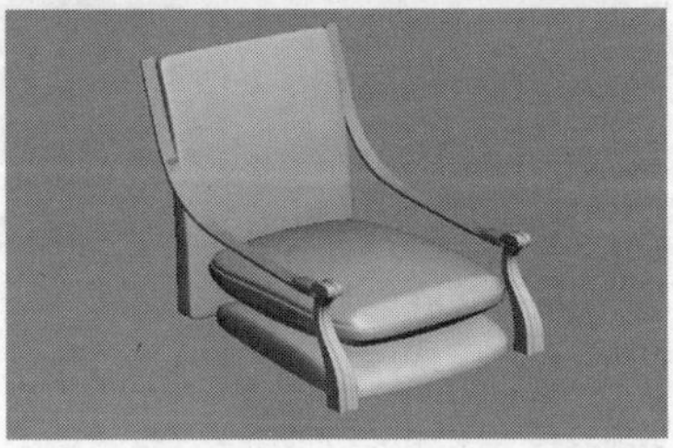

图8-552

19 继续使用多边形建模方法制作其他的模型，完成后的效果如图8-553所示。

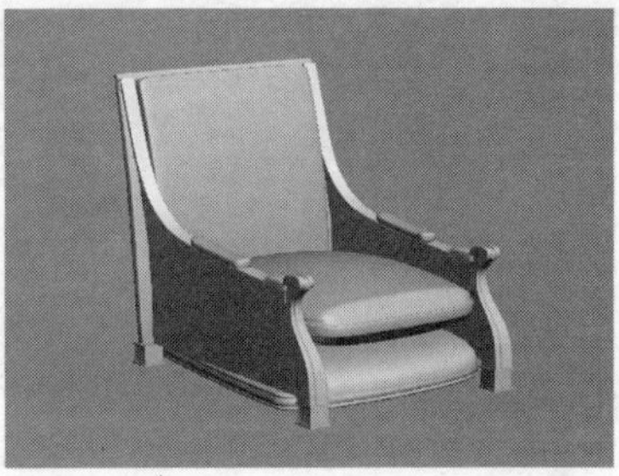

图8-553

20 使用“线”工具 线 在前视图中绘制如图8-554所示的样条线作为椅腿的车削轮廓，然后为样条线加载一个“车削”修改器，再在“参数”卷展栏下设置“方向”为 Y 、“对齐”为 最大 ，效果如图8-555所示。

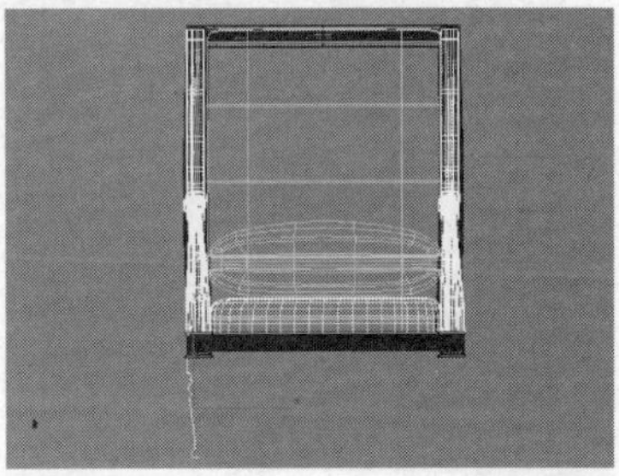

图8-554

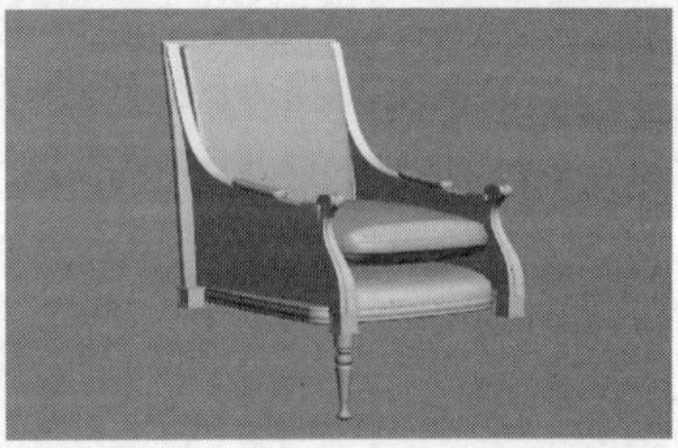

图8-555

技巧与提示

这里提供一张样条线的孤立选择图，供用户进行参考，如图8-556所示。

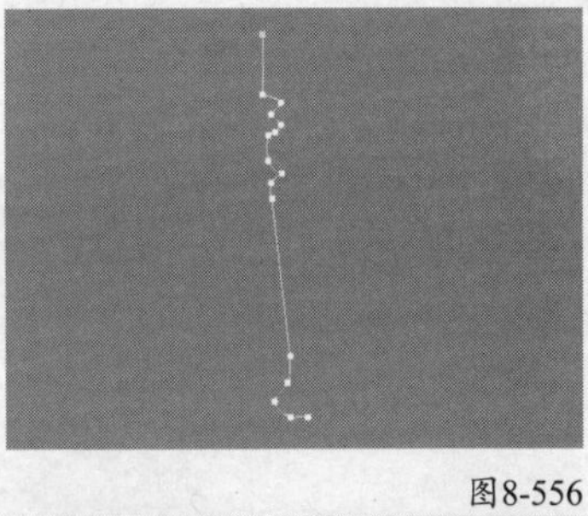

图8-556

21 移动复制3个椅腿模型到另外3个位置，最终效果如图8-557所示。

图8-557

实战142 欧式边几

场景位置	无
实例位置	DVD>实例文件>CH08>实战142.max
视频位置	DVD>多媒体教学>CH08>实战142.flv
难易指数	★★★★☆
技术掌握	插入、挤出、倒角、切角、利用所选内容创建图形等工具

实例介绍

本例将使用多边形建模技术中的插入、挤出、倒角、切角以及利用所选内容创建图形功能制作一个欧式边几模型，效果如图8-558所示。

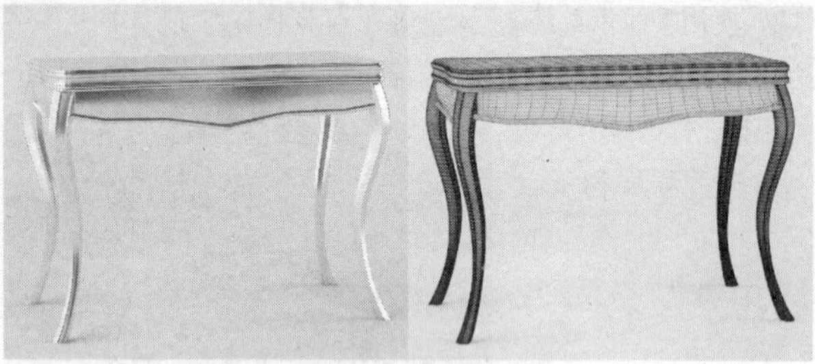

图8-558

本例大致的操作流程如图8-559所示。本例先要通过顶点调整功能以及切角、挤出和倒角功能制作边几的顶板，然后通过类似的方法结合利用所选内容创建图形功能制作苇布，最后制作边几腿完成整体效果。

图8-559

操作步骤

01 下面制作桌面模型。使用“长方体”工具 长方体 在场景中创建一个长方体，然后在“参数”卷展栏下设置“长度”为600mm、“宽度”为1200mm、“高度”为60mm、“长度分段”为4、“宽度分段”为6、“高度分段”为3，具体参数设置及模型效果如图8-560所示。

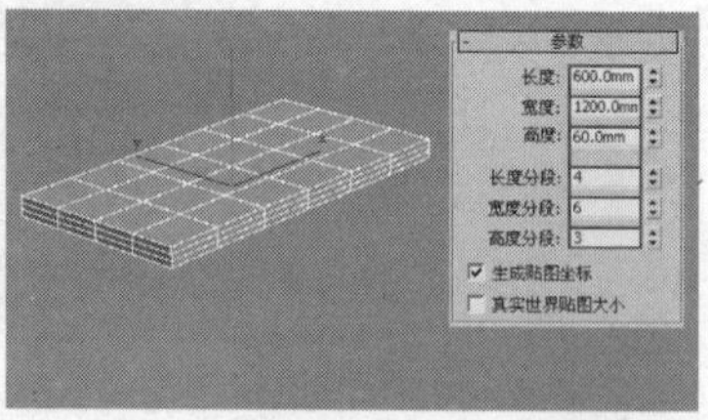

图8-560

02 将长方体转换为可编辑多边形，进入“顶点”级别，然后在顶视图中将顶点调整成如图8-561所示的效果。

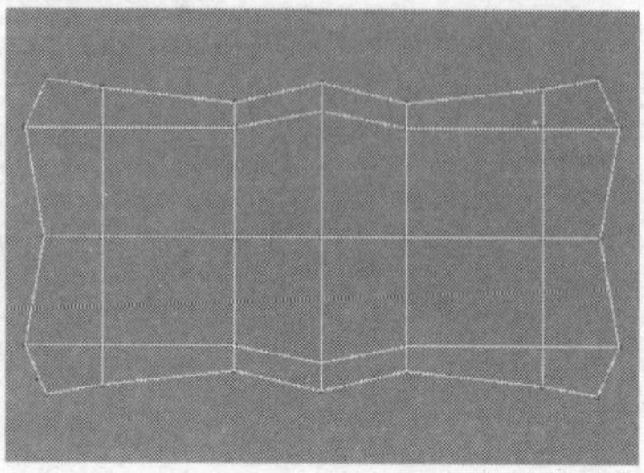

图8-561

03 进入“多边形”级别，然后选择如图8-562所示的多边形，再在“编辑多边形”卷展栏下单击“插入”按钮 插入 后面的“设置”按钮▫，最后设置“数量”为10mm，如图8-563所示。

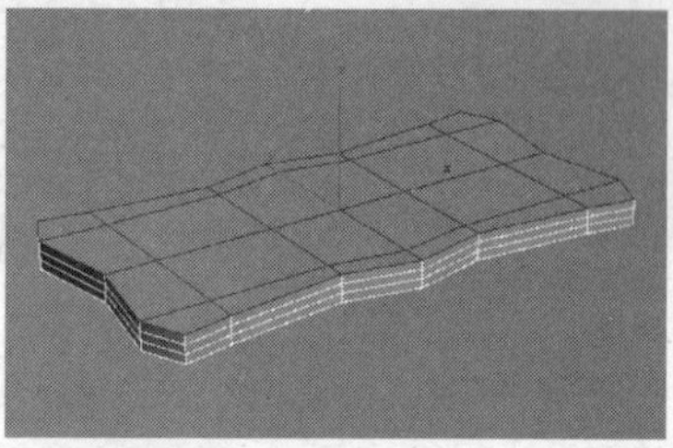

图8-562

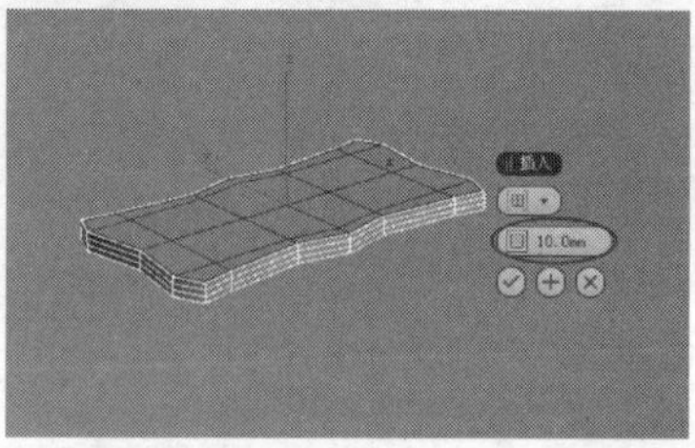

图8-563

04 保持对多边形的选择，在“编辑多边形”卷展栏下单击“挤出”按钮 挤出 后面的“设置”按钮▫，设置“高度”为10mm，如图8-564所示。

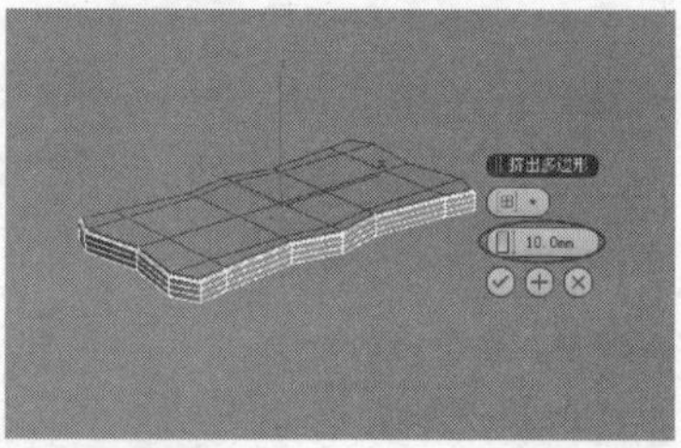

图8-564

05 选择如图8-565所示的多边形，然后在“编辑多边形”卷展栏下单击“倒角”按钮 倒角 后面的“设置”按钮▫，再设置“倒角类型”为“局部法线”、“高度”为-8mm、“轮廓”为-3mm，如图8-566所示。

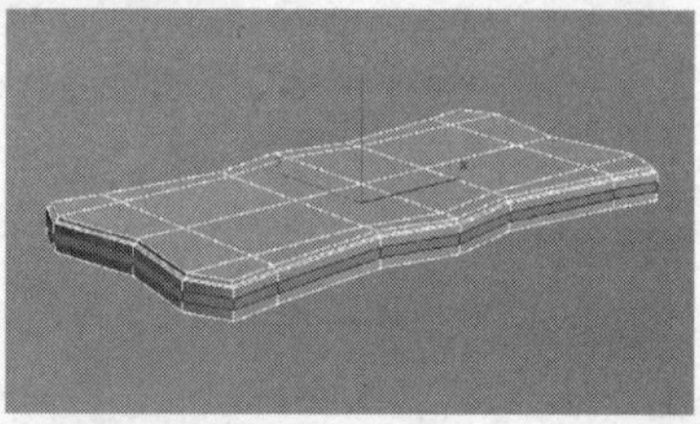

图8-565

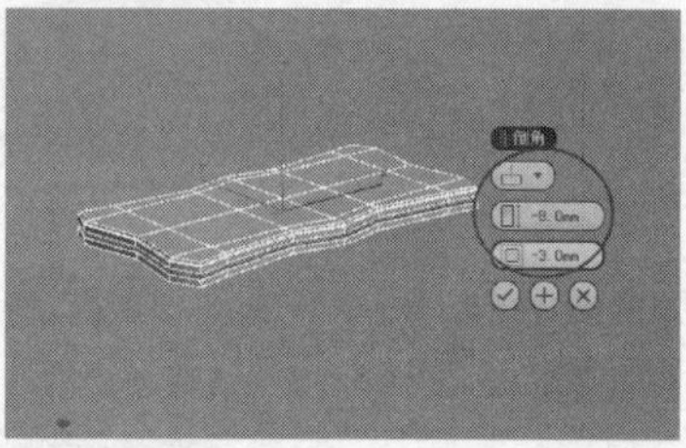

图8-566

06 进入“边”级别，然后选择如图8-567所示的边，再在“编辑边”卷展栏下单击“切角”按钮 切角 后面的“设置”按钮▫，最后设置“边切角量”为15mm，如图8-568所示。

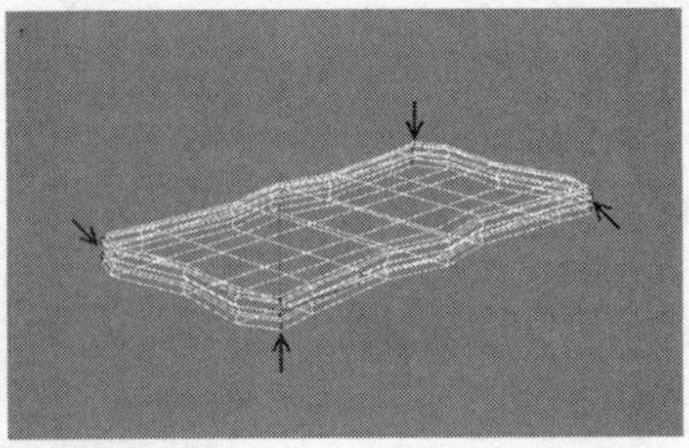

图8-567

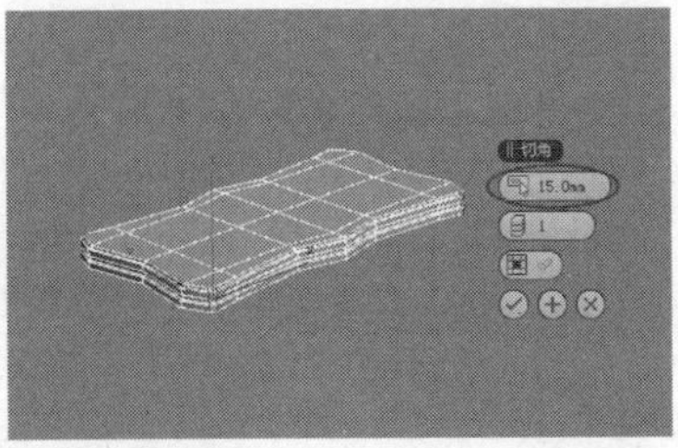

图8-568

07 选择如图8-569所示的边，然后在“编辑边”卷展栏下单击“切角”按钮 切角 后面的“设置”按钮，设置“边切角量”为1.5mm，如图8-570所示。

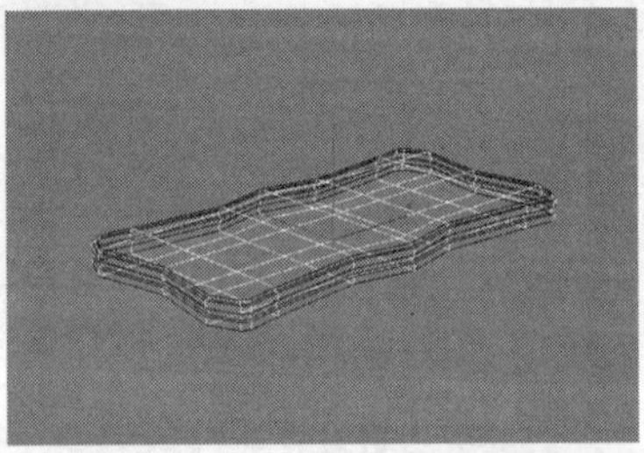

图8-569

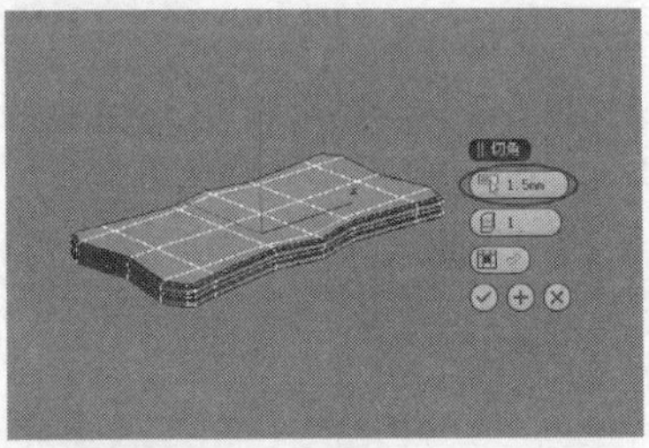

图8-570

08 为模型加载一个“网格平滑”修改器，然后在“细分量”卷展栏下设置“迭代次数”为2，具体参数设置及模型效果如图8-571所示。

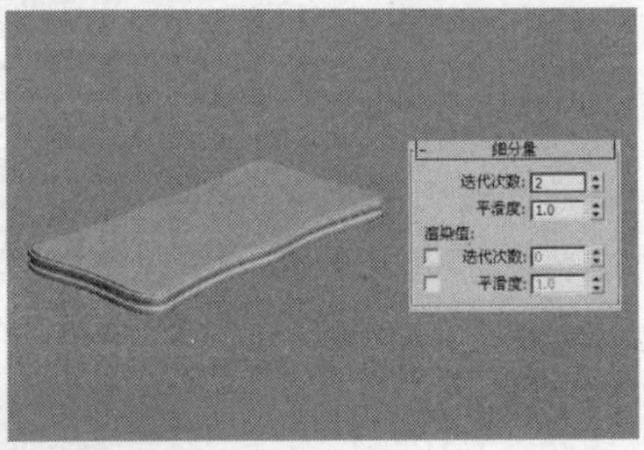

图8-571

09 使用“长方体”工具 长方体 在场景中创建一个长方体，然后在“参数”卷展栏下设置“长度”为10mm、“宽度”为1200mm、“高度”为200mm、“长度分段”为1、“宽度分段”为6、“高度分段”为2，具体参数设置及模型效果如图8-572所示。

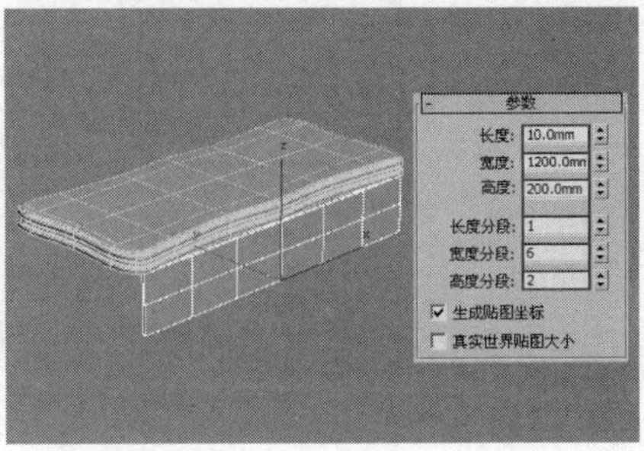

图8-572

10 将长方体转换为可编辑多边形，然后进入“顶点”级别，在各个前视图中将顶点调整成如图8-573所示的效果。

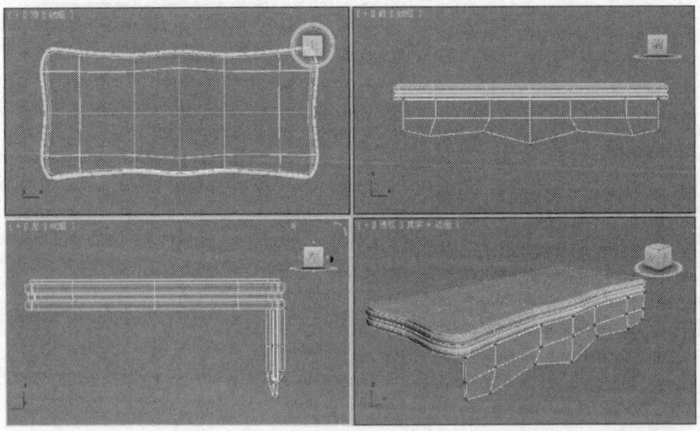

图8-573

11 进入“边”级别，然后选择如图8-574所示的边，再在“编辑边”卷展栏下单击“切角”按钮 切角 后面的“设置”按钮，最后设置“边切角量”为1.5mm，如图8-575所示。

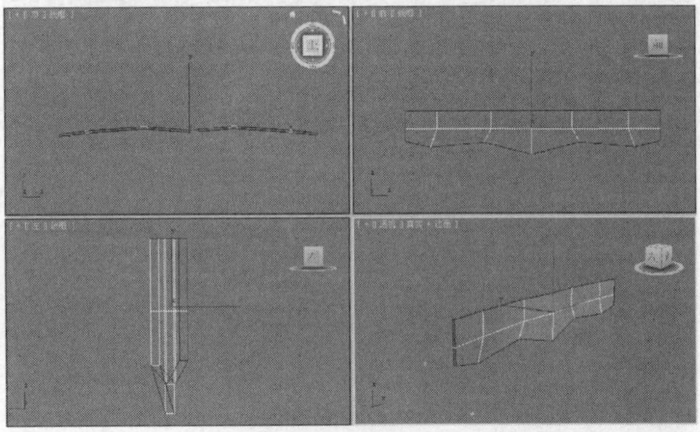

图8-574

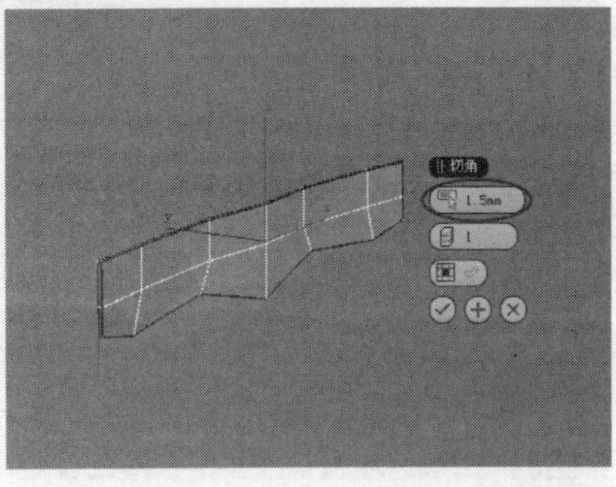

图8-575

12 为模型加载一个“网格平滑”修改器，然后在“细分量”卷展栏下设置“迭代次数”为2，具体参数设置及模型效果如图8-576所示。

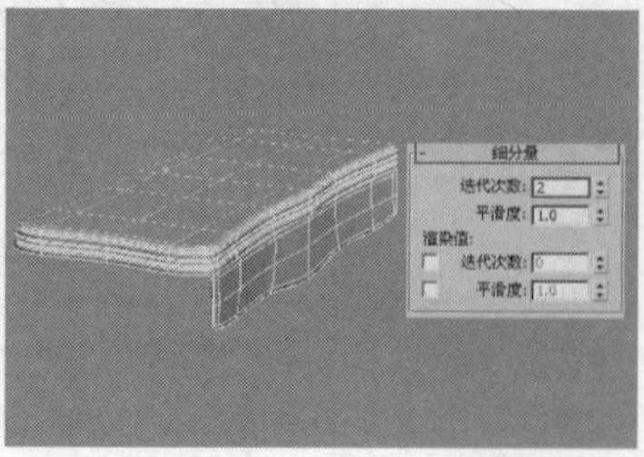

图8-576

13 使用“长方体”工具 长方体 在场景中创建一个长方体，然后在“参数”卷展栏下设置“长度”为580mm、“宽度”为10mm、“高度”为200mm、“长度分段”为4、“宽度分段”为1、“高度分段”为2，具体参数设置及模型位置如图8-577所示。

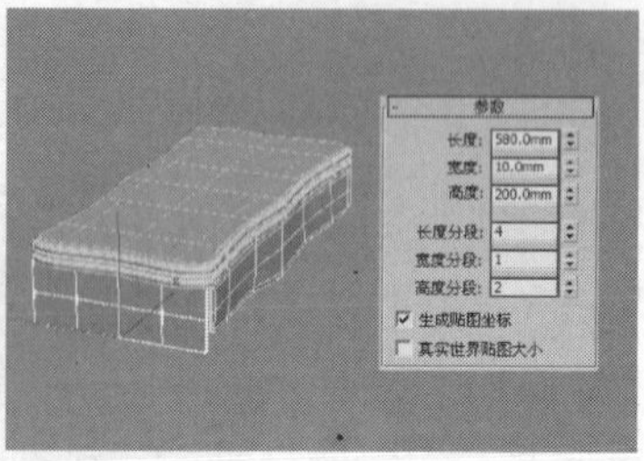

图8-577

14 将长方体转换为可编辑多边形，然后进入“顶点”级别，在各个视图中将顶点调整成如图8-578所示的效果。

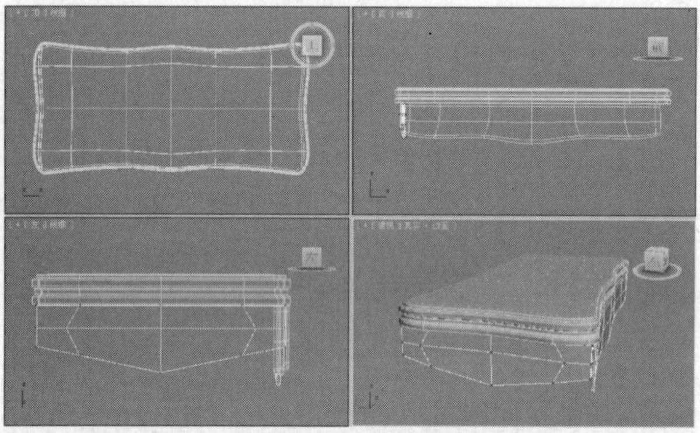

图8-578

15 进入“边”级别，然后选择如图8-579所示的边，再在“编辑边”卷展栏下单击“切角”按钮 切角 后面的“设置”按钮□，最后设置“边切角量”为1.5mm，如图8-580所示。

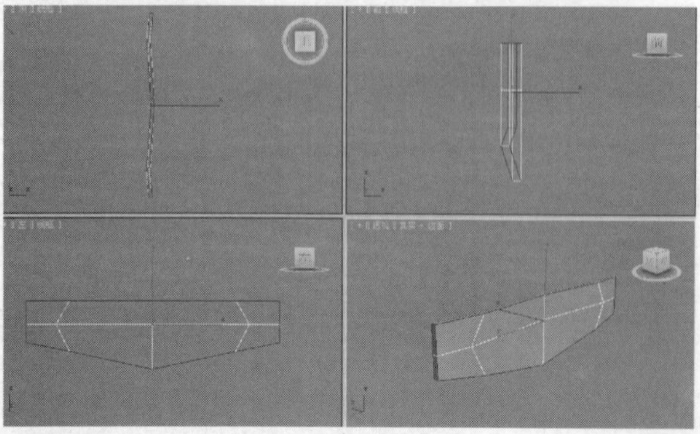

图8-579

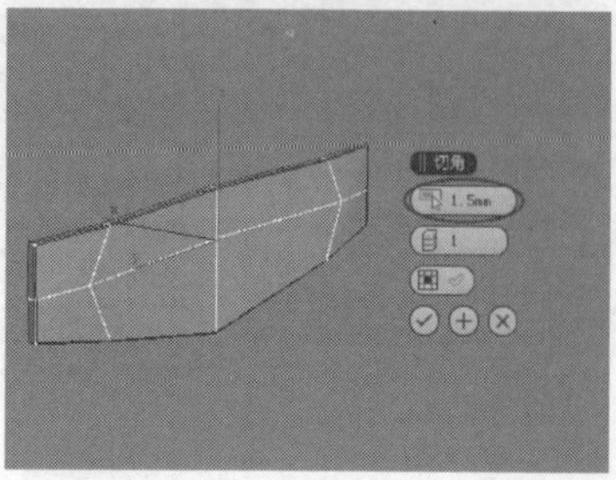

图8-580

16 为模型加载一个“网格平滑”修改器，然后在“细分量”卷展栏下设置“迭代次数”为2，具体参数设置及模型效果如图8-581所示。

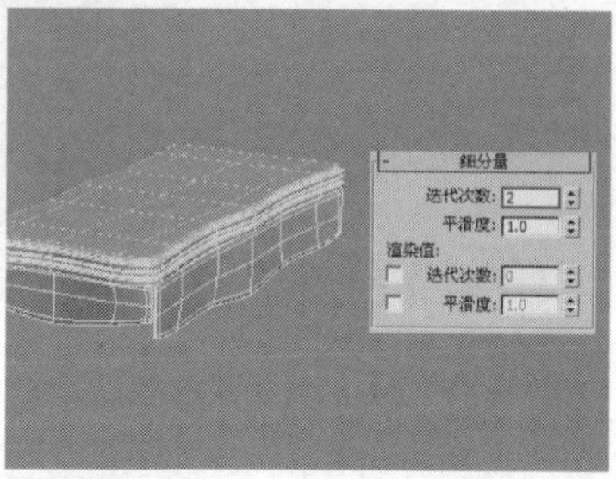

图8-581

17 为桌面下的两个模型建立一个组，如图8-582所示，然后切换到顶视图，在“主工具栏”中单击“镜像”按钮，再在弹出的“镜像:世界坐标”对话框中设置“镜像轴”为*xy*、“偏移”为200mm、“克隆当前选择”为“实例”，具体参数设置如图8-583所示，最后调整镜像出来的模型位置，如图8-584所示。

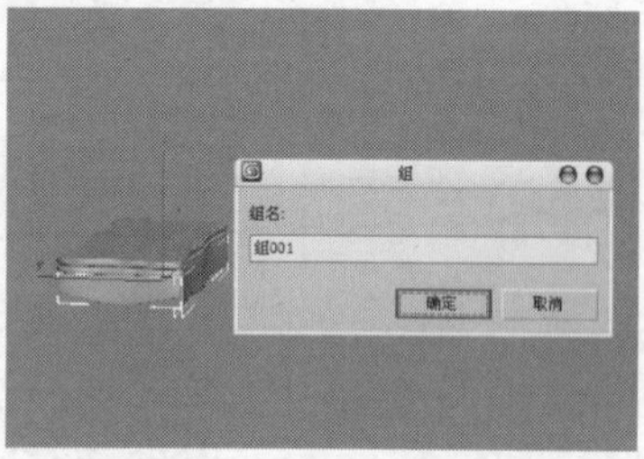

图8-582

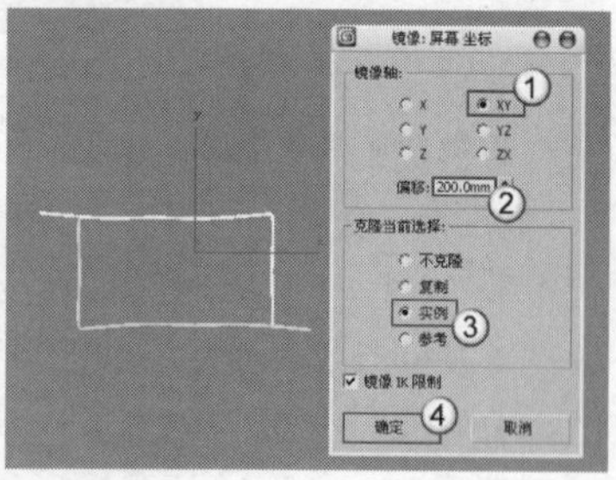

图8-583

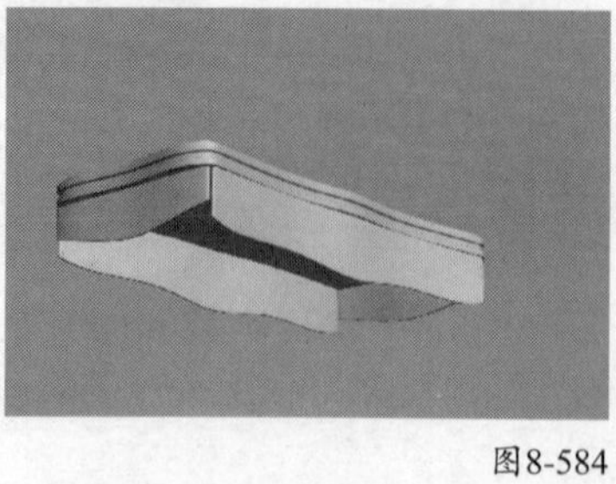

图8-584

18 使用"长方体"工具 长方体 在场景中创建一个长方体，然后在"参数"卷展栏下设置"长度"为60mm、"宽度"为60mm、"高度"为1000mm、"长度分段"为2、"宽度分段"为2、"高度分段"为7，具体参数设置及模型位置如图8-585所示。

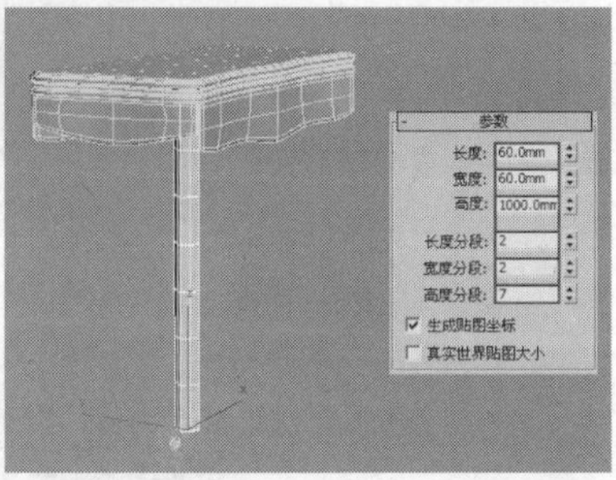

图8-585

19 将长方体转换为可编辑多边形，进入"顶点"级别，然后在前视图中将顶点调整成如图8-586所示的效果。

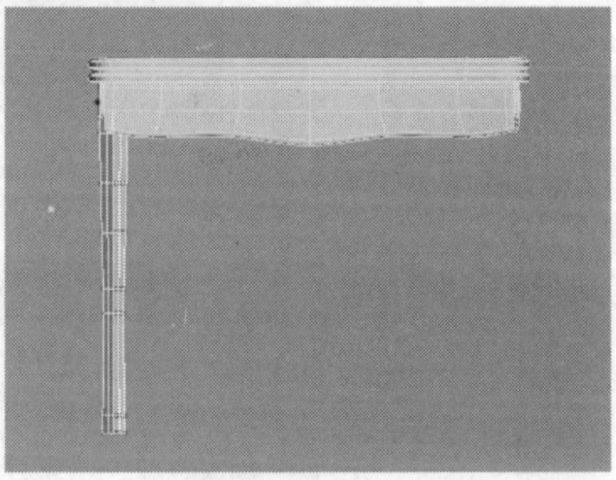

图8-586

20 进入"边"级别，然后选择如图8-587所示的边，再在"编辑边"卷展栏下单击"切角"按钮 切角 后面的"设置"按钮□，最后设置"边切角量"为2mm，如图8-588所示。

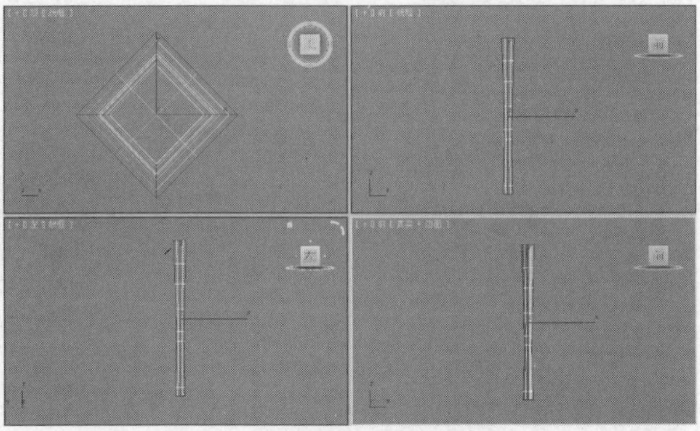

图8-587

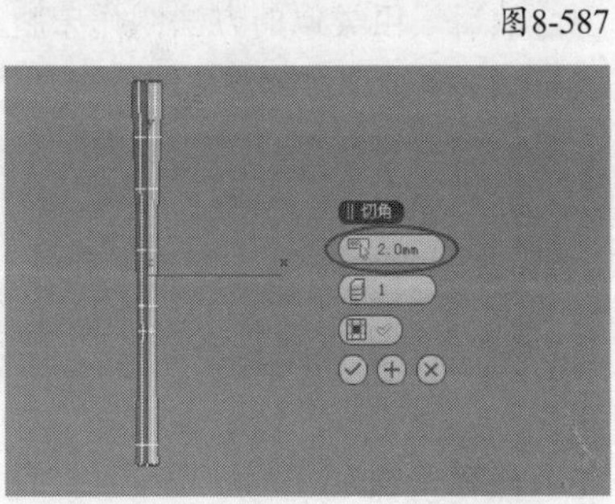

图8-588

21 为模型加载一个"细化"修改器，然后在"参数"卷展栏下设置"操作于"方式为"多边形"□、"迭代次数"为2，具体参数设置及模型效果如图8-589所示。

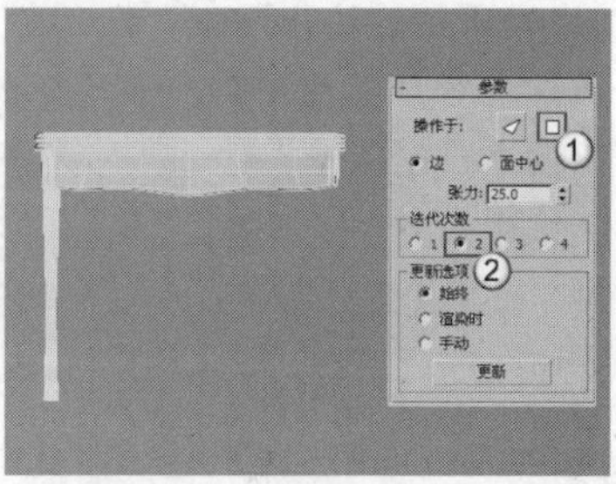

图8-589

22 为模型加载一个FFD（长方体）修改器，然后在"FFD参数"卷展栏下单击"设置点数"按钮 设置点数 ，打开"设置FFD尺寸"对话框，再设置"高度"为5，如图8-590所示，最后在"控制点"次物体层级下将模型调整成如图8-591所示的效果。

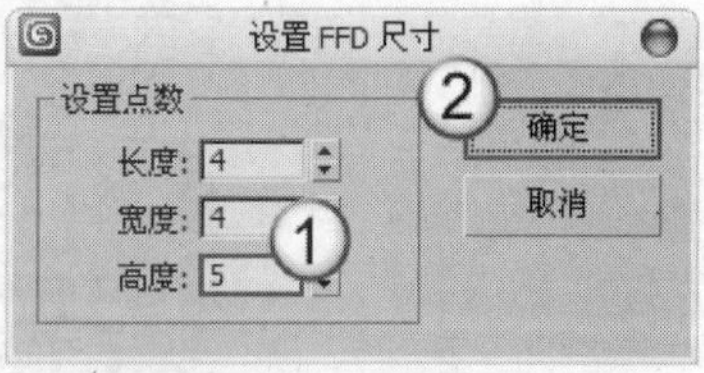

图8-590

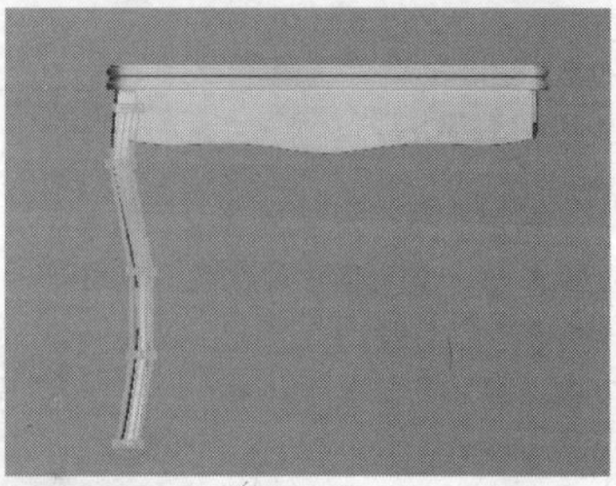

图8-591

23 为模型加载一个"网格平滑"修改器，然后在"细分量"卷展栏下设置"迭代次数"为2，具体参数设置及模型效果如图8-592所示。

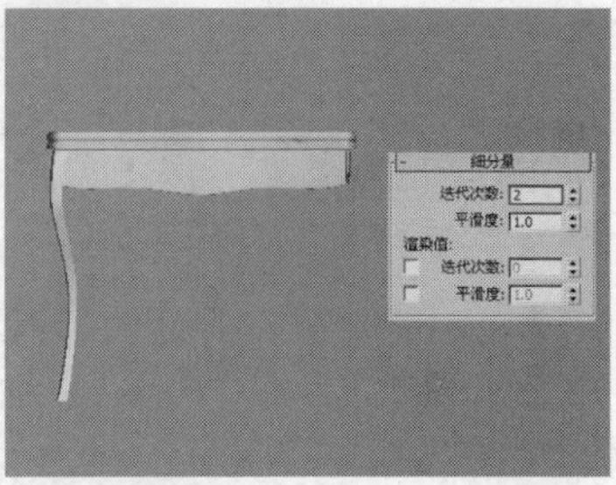

图8-592

24 利用"镜像"工具 或复制功能复制3个模型到边几的另外3个角上，如图8-593所示。

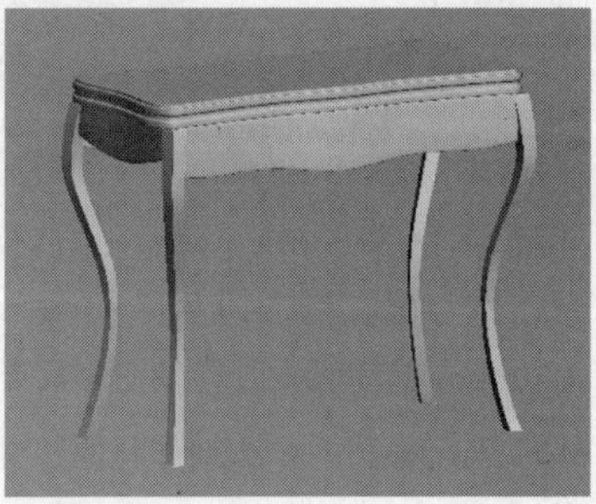

图8-593

25 选择苇布模型，进入“边”级别，然后选择如图8-594所示的边，再在“编辑边”卷展栏下单击“利用所选内容创建图形”按钮 利用所选内容创建图形 ，最后在弹出的“创建图形”对话框中设置“图形类型”为“线性”，如图8-595所示。

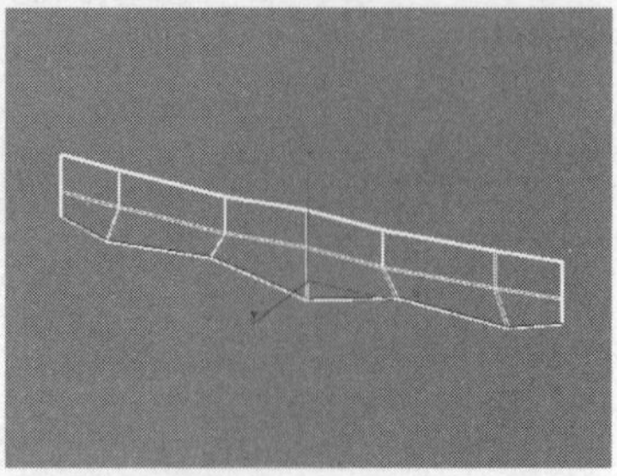
图8-594

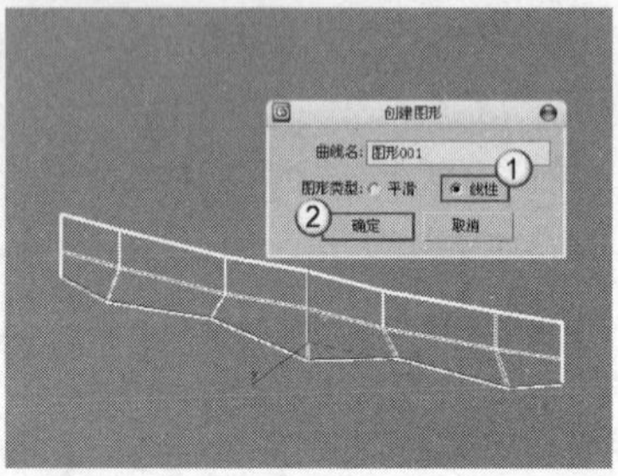

图8-595

技巧与提示

由于苇布模型加载了“网格平滑”修改器，那么在选择该模型时，首先选中的就是“网格平滑”修改器，而没有选择模型本身，如图8-596所示。因此，如果要选择边，就要选择“可编辑多边形”，即苇布模型，如图8-597所示。

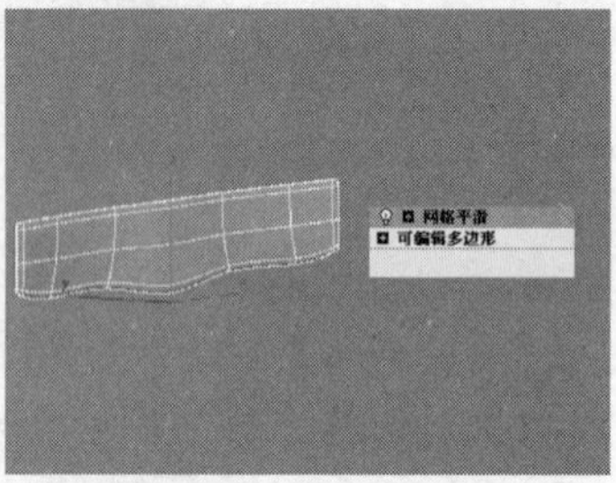

图8-596

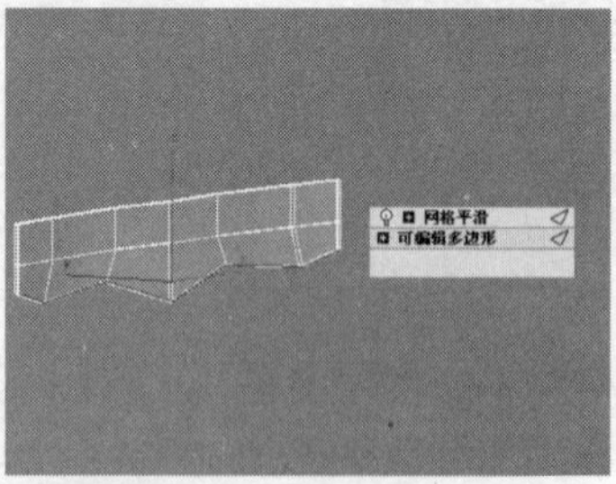

图8-597

26 选择“图形001”，然后在“渲染”卷展栏下勾选“在渲染中启用”和“在视口中启用”选项，再设置“径向”的“厚度”为20mm，具体参数设置及图形效果如图8-598所示。

27 采用相同的方法制作其他的镶边，最终效果如图8-599所示。

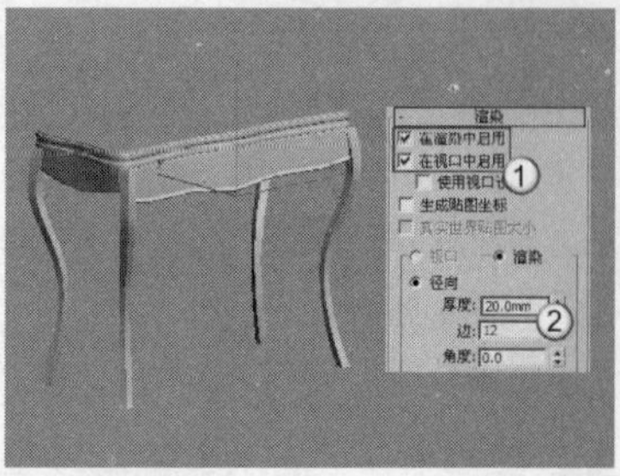

图8-598

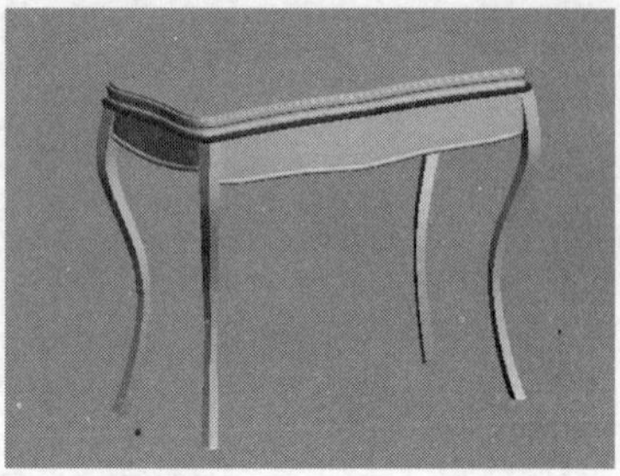
图8-599

实战143 欧式双人床

场景位置	无
实例位置	DVD>实例文件>CH08>实战143.max
视频位置	DVD>多媒体教学>CH08>实战143.flv
难易指数	★★★★☆
技术掌握	挤出工具、切角工具、Cloth（布料）修改器

实例介绍

本例将使用多边形建模技术中的挤出和切角功能配合Cloth（布料）修改器制作一张欧式双人床，效果如图8-600所示。

图8-600

本例大致的操作流程如图8-601所示。本例先要通过顶点调节功能配合挤出功能和切角功能制作床头和床板模型，然后采用类似的方法制作床腿和床垫模型，最后用Cloth（布料）修改器制作床单模型。

图8-601

操作步骤

01 下面制作床头模型。使用“长方体”工具 长方体在场景中创建一个长方体，然后在“参数”卷展栏下设置“长度”为10mm、“宽度”为280mm、“高度”为130mm、“长度分段”为1、“宽度分段”为4、“高度分段”为2，具体参数设置及模型效果如图8-602所示。

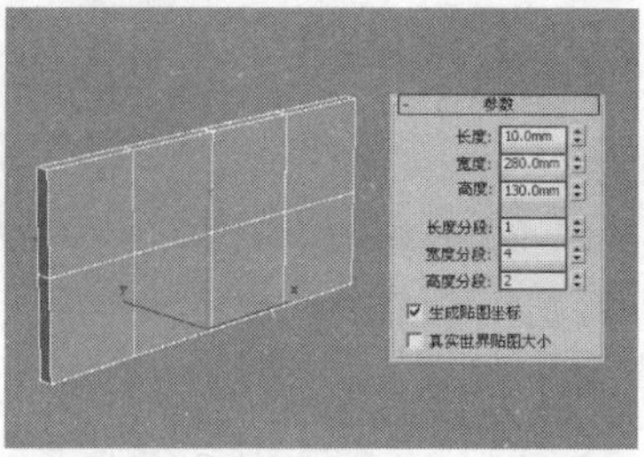

图8-602

02 将长方体转换为可编辑多边形，然后进入“顶点”级别，在前视图中将顶点调整成如图8-603所示的效果。

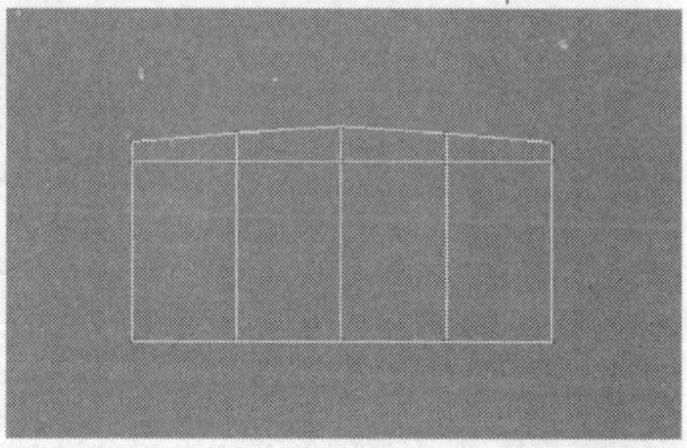

图8-603

03 进入“多边形”级别，然后选择如图8-604所示的多边形，再在“编辑多边形”卷展栏下单击“挤出”按钮 挤出 后面的“设置”按钮 ，最后设置挤出类型为“局部法线”、“高度”为4mm，如图8-605所示。

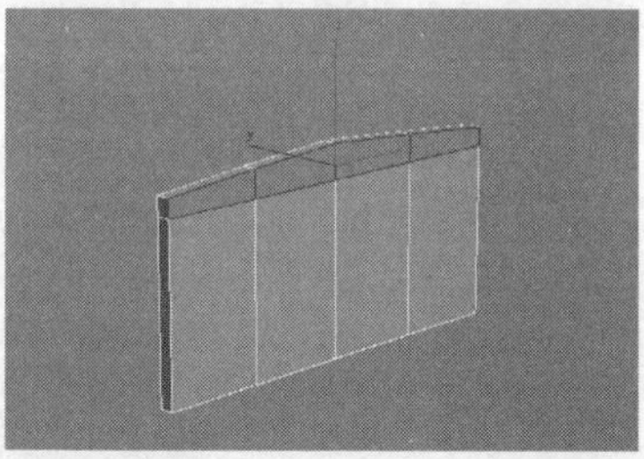

图8-604

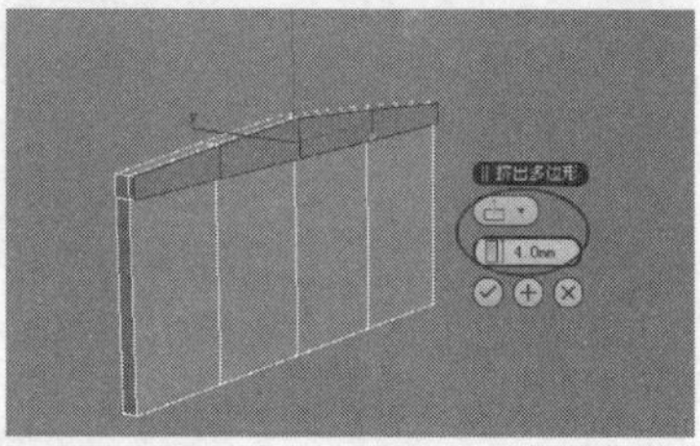

图8-605

04 进入“边”级别，然后选择如图8-606所示的边，再在“编辑边”卷展栏下单击“切角”按钮 切角 后面的“设置”按钮 ，最后设置“边切角量”为1mm，如图8-607所示。

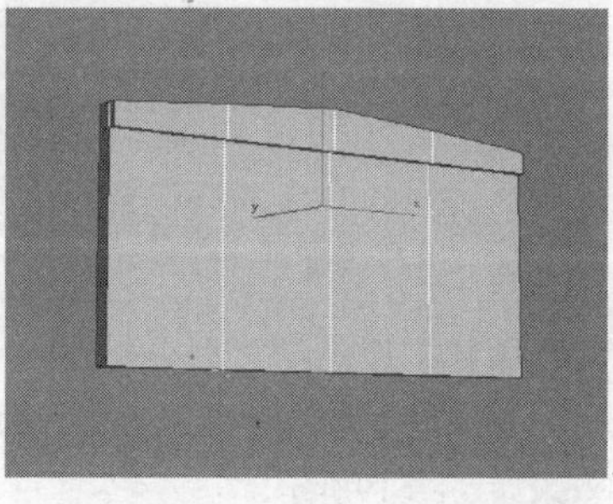

图8-606

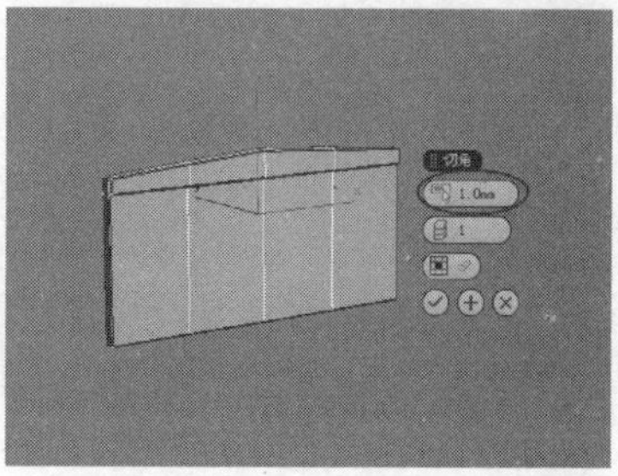

图8-607

05 为模型加载一个“网格平滑”修改器，然后在“细分量”卷展栏下设置“迭代次数”为2，具体参数设置及模型效果如图8-608所示。

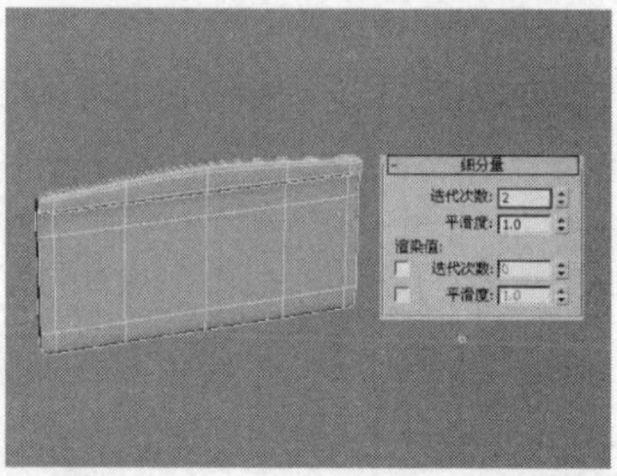

图8-608

06 使用“切角长方体”按钮 切角长方体 在场景中创建一个切角长方体，然后在“参数”卷展栏下设置“长度”为90mm、“宽度”为9mm、“高度”为140mm、“圆角”为2mm、“圆角分段”为3，具体参数设置及模型位置如图8-609所示，最后移动复制一个切角长方体到另外一侧，如图8-610所示。

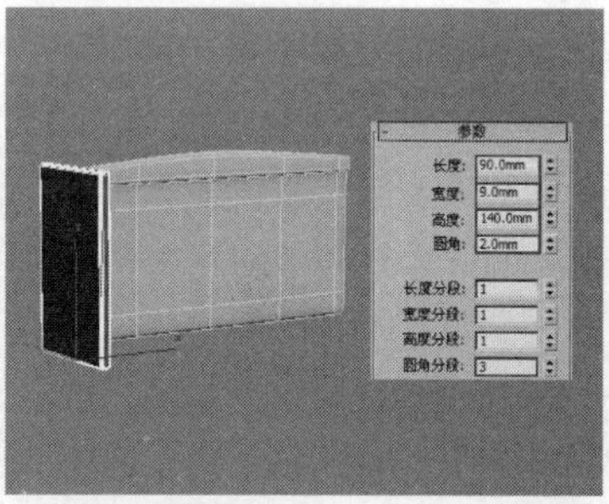

图8-609

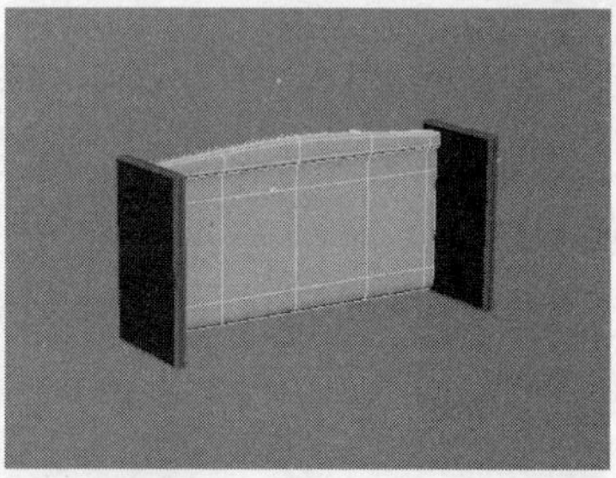

图8-610

07 下面创建床板模型。使用“长方体”工具 长方体 在场景中创建一个长方体，然后在“参数”卷展栏下设置“长度”为350mm、“宽度”为270mm、“高度”为15mm、“长度分段”为1、“宽度分段”为1、“高度分段”为2，具体参数设置及模型位置如图8-611所示。

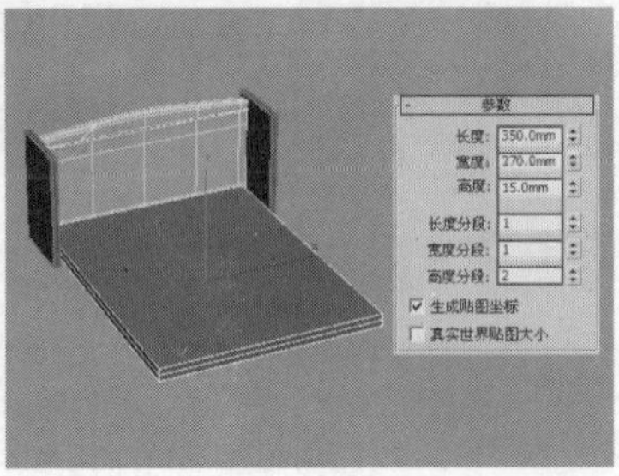

图8-611

08 将长方体转换为可编辑多边形，进入“顶点”级别，然后将顶点调整成如图8-612所示的效果。

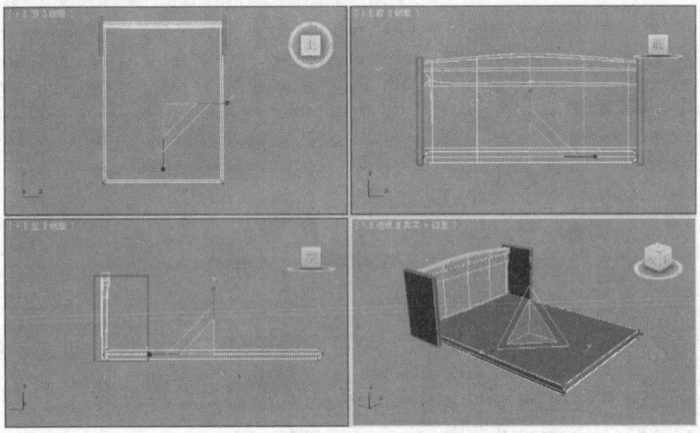

图8-612

09 进入“边”级别，然后选择所有的边，再在“编辑边”卷展栏下单击“切角”按钮 切角 后面的“设置”按钮▣，最后设置“边切角量”为1mm，如图8-613所示。

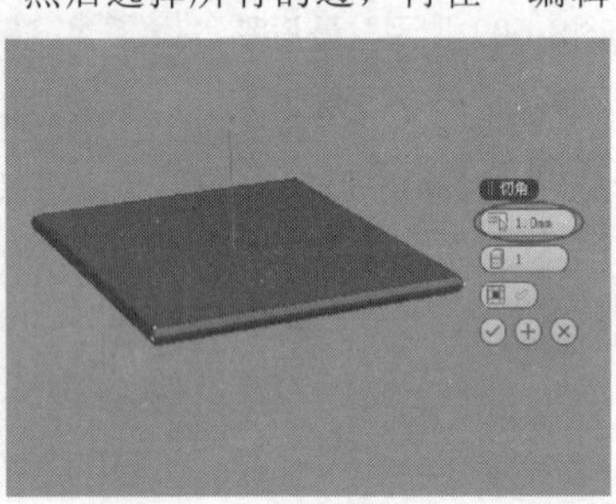

图8-613

10 为模型加载一个“网格平滑”修改器，然后在“细分量”卷展栏下设置“迭代次数”为3，具体参数设置及模型效果如图8-614所示。

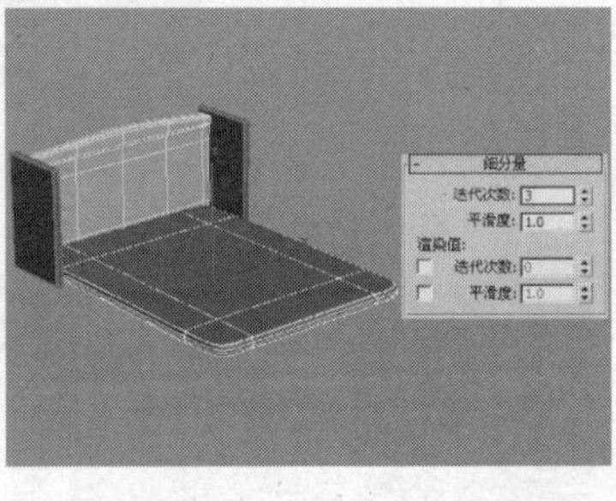

图8-614

11 下面制作床腿模型。使用“长方体”工具 长方体 在场景中创建一个长方体，然后在“参数”卷展栏下设置“长度”为30mm、“宽度”为30mm、“高度”为90mm、“长度分段”为1、“宽度分段”为1、“高度分段”为5，具体参数设置及模型位置如图8-615所示。

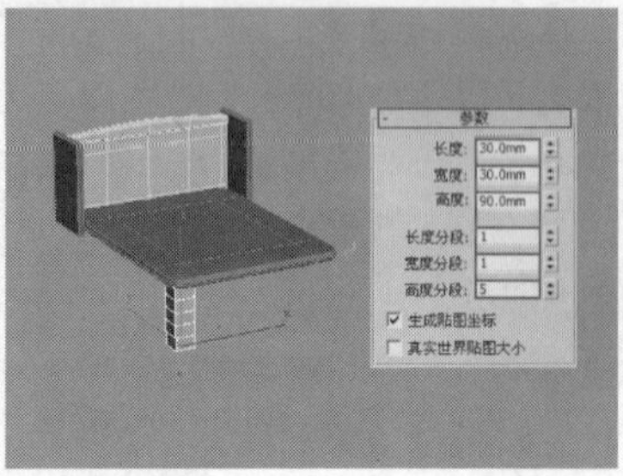

图8-615

12 将长方体转换为可编辑多边形，进入“顶点”级别，然后将模型调整成如图8-616所示的形状。

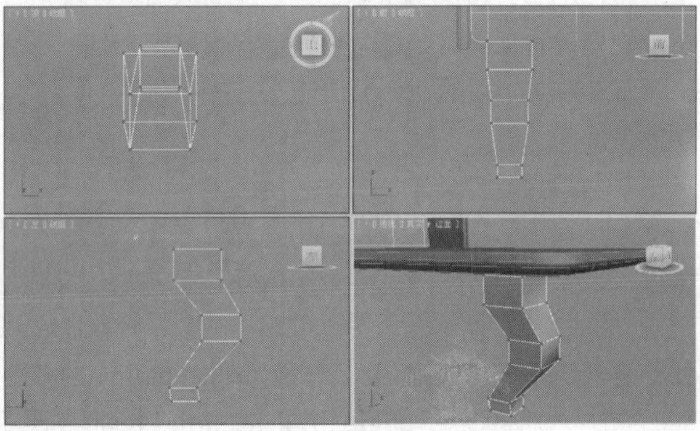

图8-616

13 进入“边”级别，然后选择如图8-617所示的边，再在“编辑边”卷展栏下单击“切角”按钮 切角 后面的“设置”按钮▣，最后设置“边切角量”为1mm，如图8-618所示。

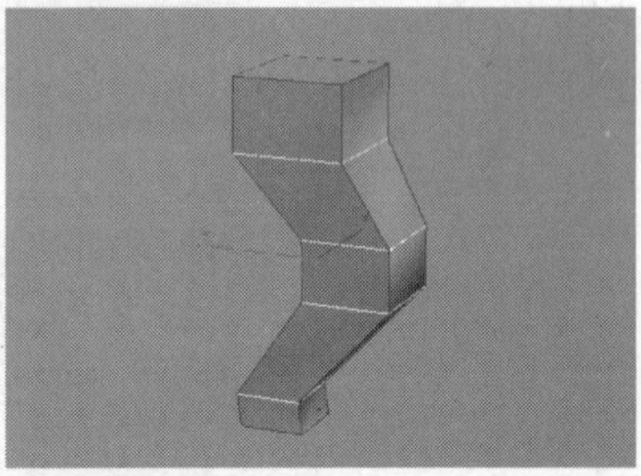

图8-617

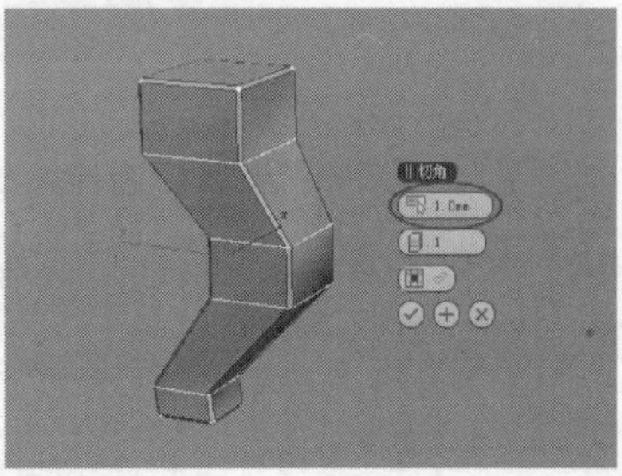

图8-618

14 为模型加载一个“网格平滑”修改器，然后在“细分量”卷展栏下设置“迭代次数”为2，再调整好其角度，效果如图8-619所示。

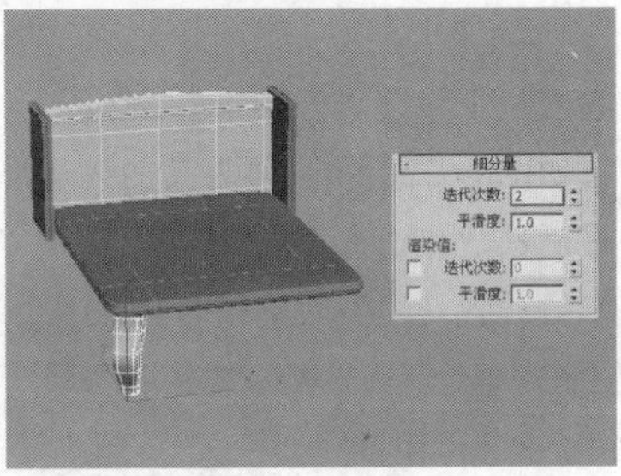

图8-619

15 利用"镜像"工具或移动复制功能复制3个床腿模型到床板的另外3个角上，完成后的效果如图8-620所示。

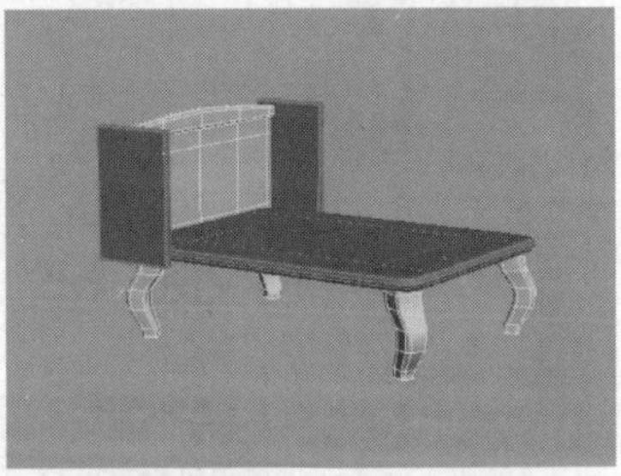

图8-620

16 下面制作床垫模型。使用"长方体"工具 长方体 在床板上创建一个长方体，然后在"参数"卷展栏下设置"长度"为340mm、"宽度"为260mm、"高度"为18mm、"长度分段"为7、"宽度分段"为6、"高度分段"为2，具体参数设置及模型位置如图8-621所示。

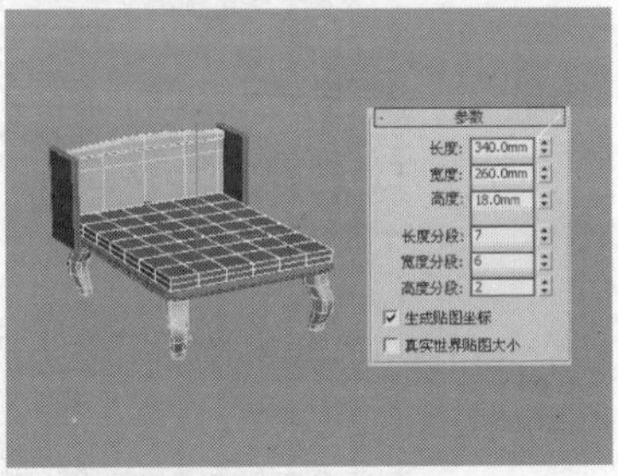

图8-621

17 将长方体转换为可编辑多边形，进入"顶点"级别，然后在左视图中选择如图8-622所示的顶点，再在顶视图中使用"选择并均匀缩放"工具将顶点向外缩放成如图8-623所示的效果。

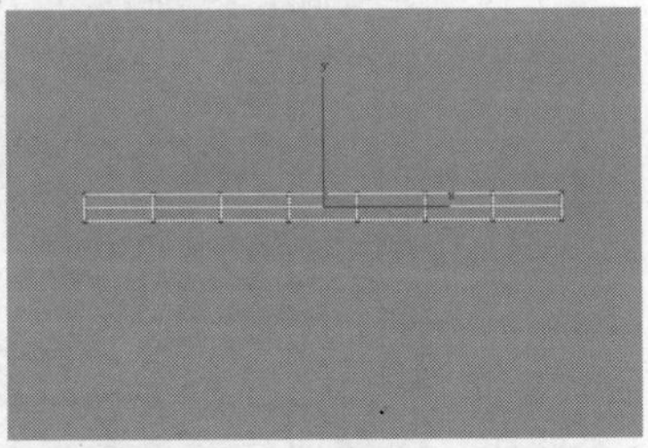

图8-622

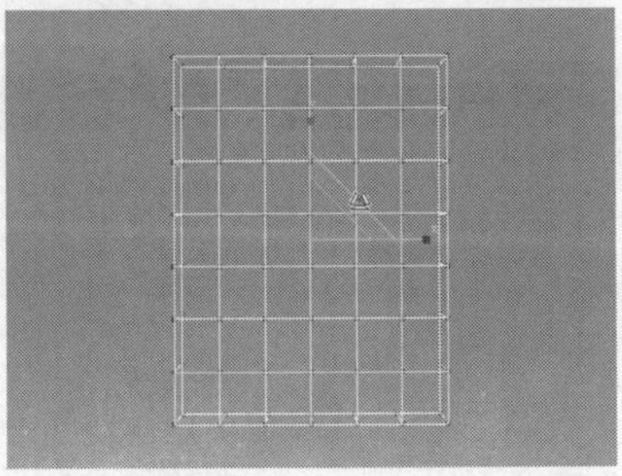

图8-623

18 为模型加载一个"细化"修改器，然后在"参数"卷展栏下设置"操作于"为"多边形"、"迭代次数"为2，具体参数设置及模型效果如图8-624所示。

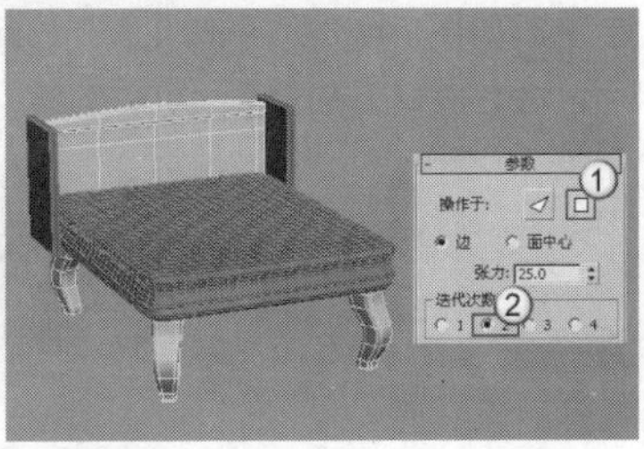

图8-624

19 下面制作床单模型。使用"平面"工具 平面 在顶视图中创建一个平面，然后在"参数"卷展栏下设置"长度"和"宽度"为350mm、"长度分段"和"宽度分段"为60，具体参数设置及平面位置如图8-625所示。切换到左视图，使用"选择并移动"工具将平面向上拖曳到如图8-626所示的位置。

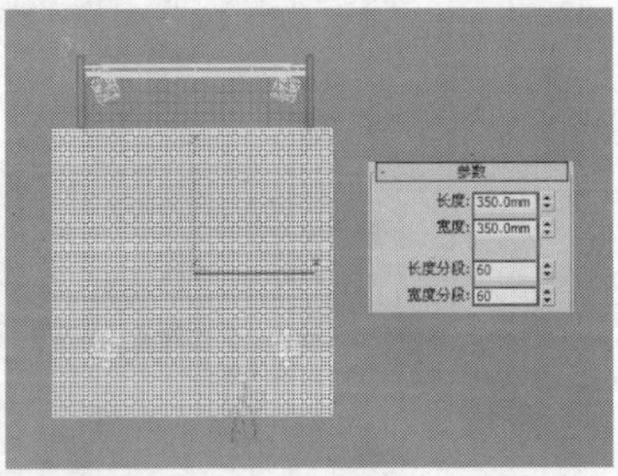

图8-625

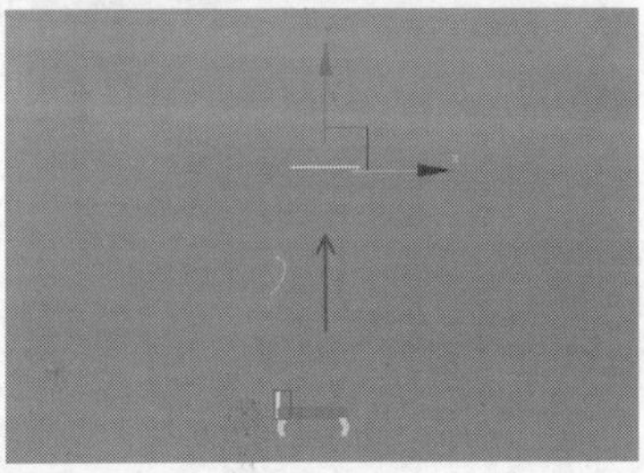

图8-626

技巧与提示

在制作类似于床单这种物体时，一般会采用两种方法，即多边形建模和Cloth（布料）修改器。由于多边形建模没有Cloth（布料）修改器方便，因此本例使用该修改器来制作。但是要使用该修改器，那么两个模拟对象必须具有一定的高度（这个高度不是一个确定值）。

20 为平面加载一个Cloth（布料）修改器，然后在"对象"卷展栏下单击"对象属性"按钮 对象属性 ，打开"对象属性"对话框，再单击"添加对象"按钮 添加对象... ，最后在弹出的"添加对象到Cloth模拟"对话框中选择Box007（即床垫模型），如图8-627所示。

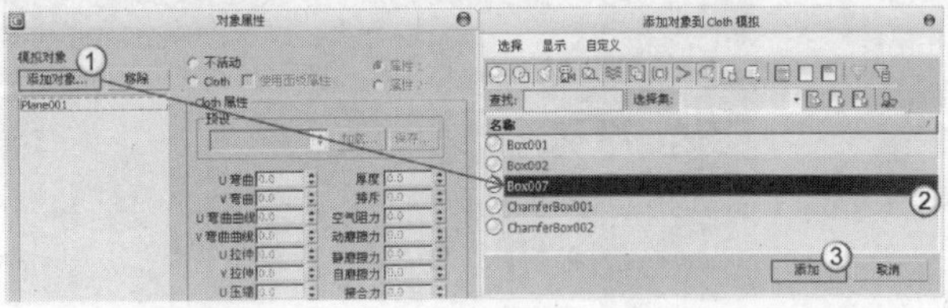

图8-627

21 在对象列表中选择Box007，然后勾选“冲突对象”选项，如图8-628所示，再选择Plane001，最后勾选Cloth（布料）选项，如图8-629所示。

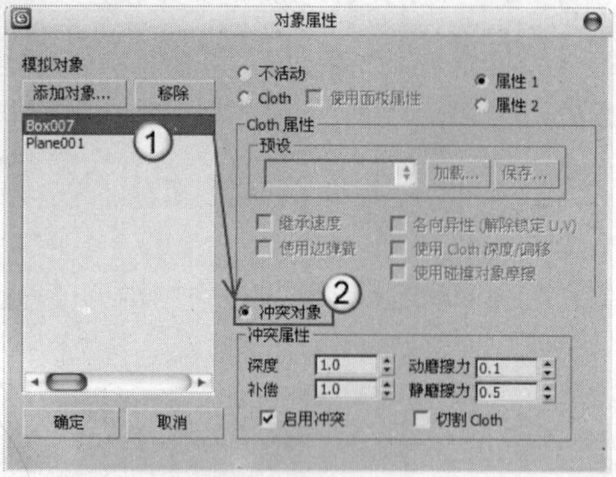

图8-628

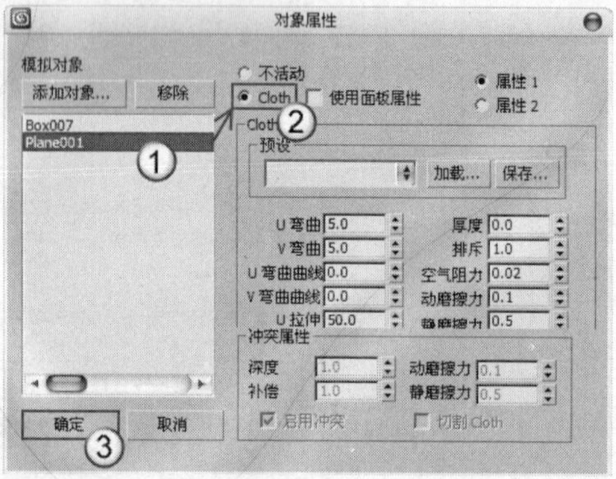

图8-629

22 在“对象”卷展栏下单击“模拟”按钮 模拟 （模拟平面下落撞击到床垫的动力学动画），在模拟过程中会显示模拟进度的Cloth（布料）对话框，如图8-630所示，模拟完成后的效果如图8-631所示。

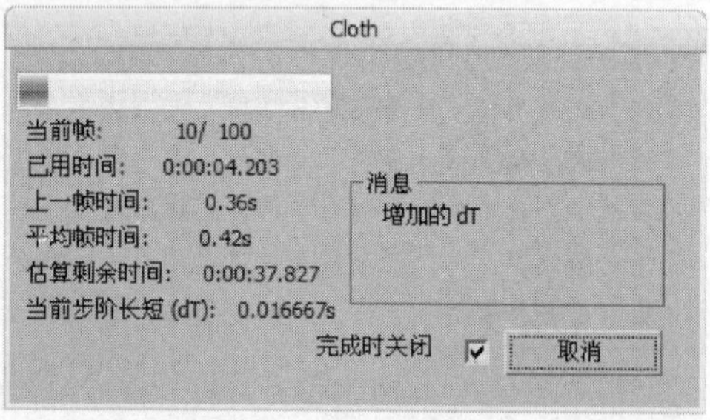

图8-630

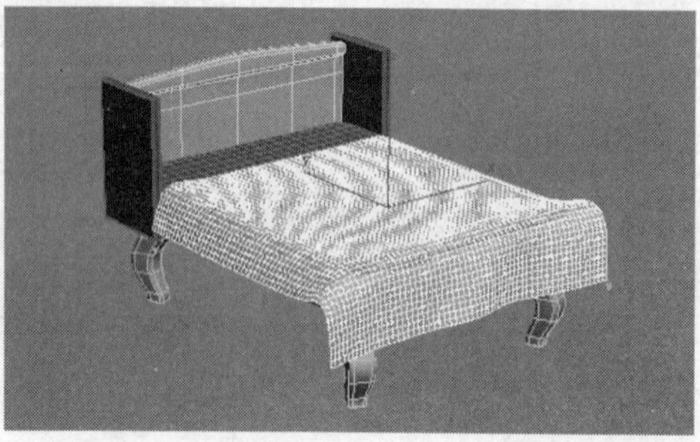
图8-631

23 为床单模型加载一个“壳”修改器，然后在“参数”卷展栏下设置“外部量”为2mm，具体参数设置及模型效果如图8-632所示，再为其加载一个“网格平滑”修改器，最后在“细分量”卷展栏下设置“迭代次数”为1，具体参数设置及模型效果如图8-633所示。

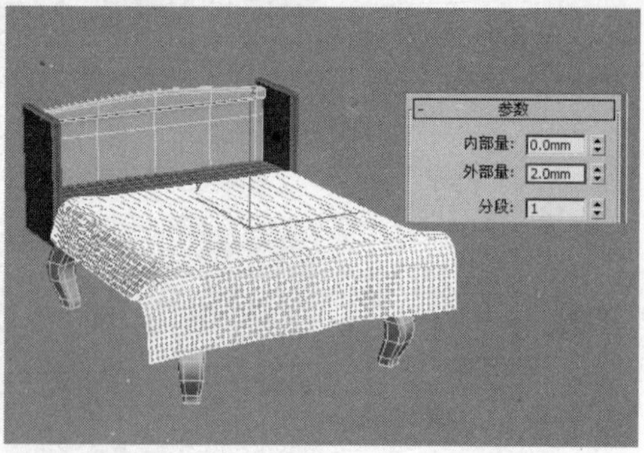

图8-632

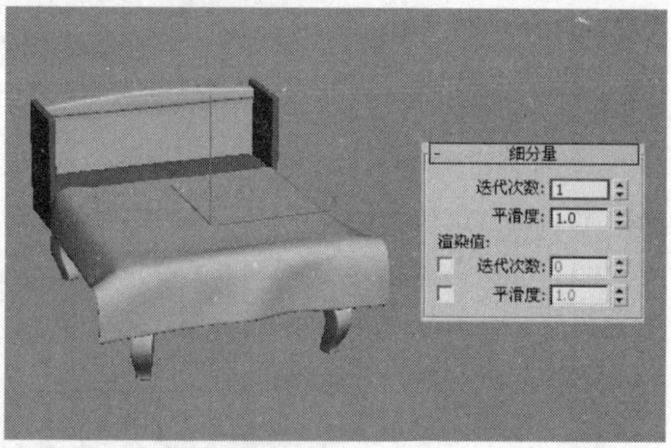

图8-633

24 使用多边形建模方法制作枕头模型，最终效果如图8-634所示。

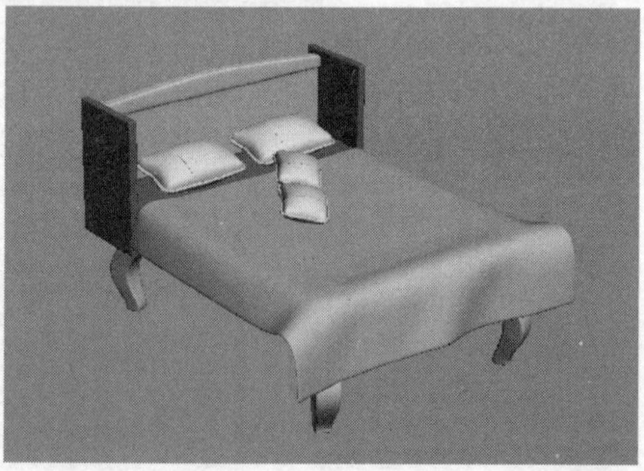
图8-634

实战144 简约别墅

场景位置	无
实例位置	DVD>实例文件>CH08>实战144.max
视频位置	DVD>多媒体教学>CH08>实战144.flv
难易指数	★★★★★
技术掌握	挤出、连接、插入、倒角、焊接、切片平面、切片、分离工具

实例介绍

本例将使用多边形建模技术中的挤出、连接、插入、倒角、焊接、切片平面、切片和分离功能制作一栋简约别墅模型，效果如图8-635所示。

图8-635

本例大致的操作流程如图8-636所示。本例先要通过挤出、连接、插入、倒角、焊接、切片平面和切片功能制作别墅的主体模型，然后通过分离功能分离出墙体模型，最后制作栏杆模型完成整体效果。

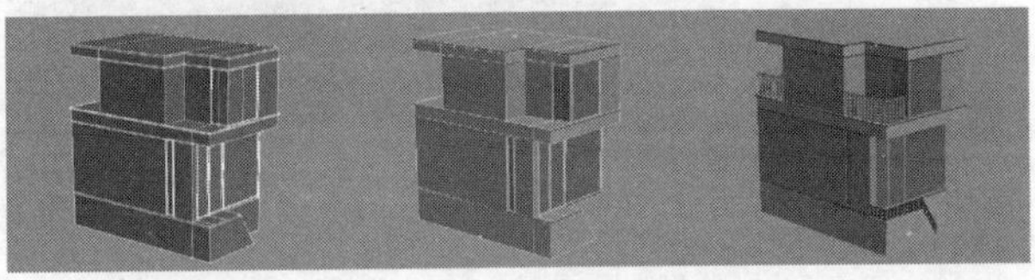

图8-636

操作步骤

01 使用“长方体”工具 长方体 在场景中创建一个长方体，然后在“参数”卷展栏下设置“长度”为6000mm、“宽度”为4000mm、“高度”为1300mm，具体参数设置及模型效果如图8-637所示。

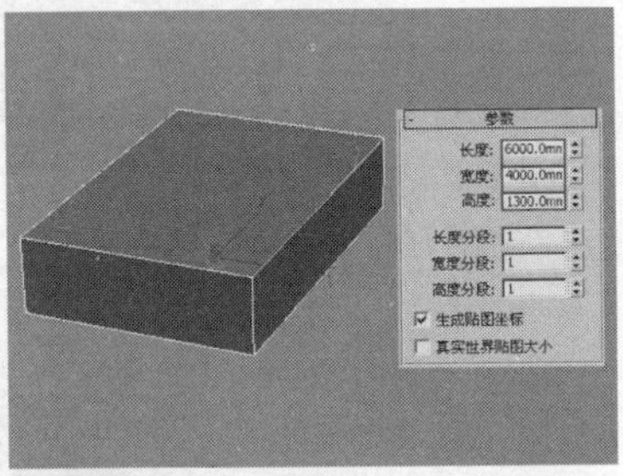

图8-637

02 将长方体转换为可编辑多边形，进入“多边形”级别，然后选择如图8-638所示的多边形，再在“编辑多边形”卷展栏下单击“挤出”按钮 挤出 后面的“设置”按钮，最后设置“高度”为2800mm，如图8-639所示。

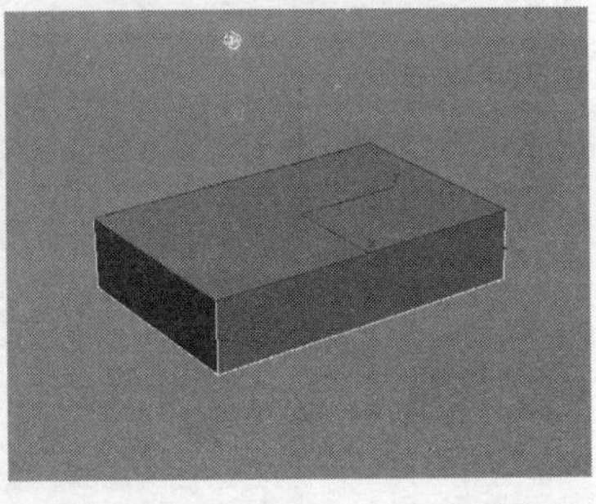

图8-638

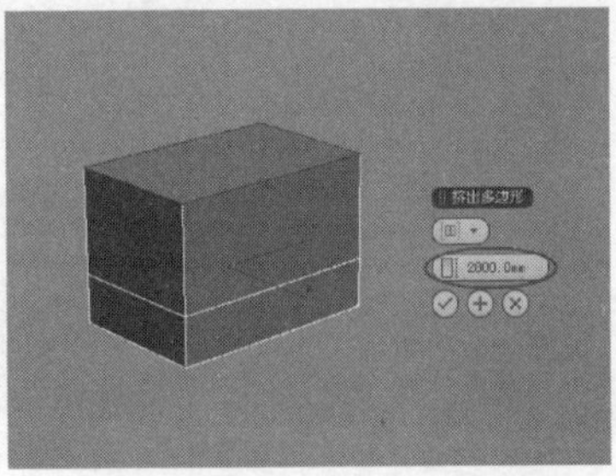

图8-639

03 保持对多边形的选择，在“编辑多边形”卷展栏下单击“挤出”按钮 挤出 后面的“设置”按钮，然后设置“高度”为450mm，如图8-640所示。

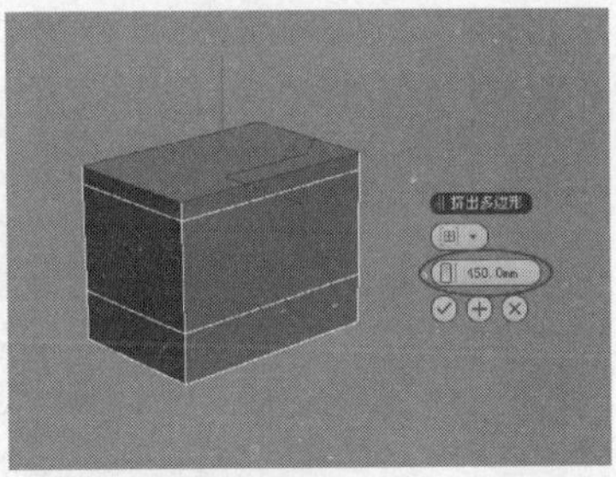

图8-640

04 选择如图8-641所示的多边形，然后在“编辑多边形”卷展栏下单击“挤出”按钮 挤出 后面的“设置”按钮，设置“高度”为800mm，如图8-642所示。

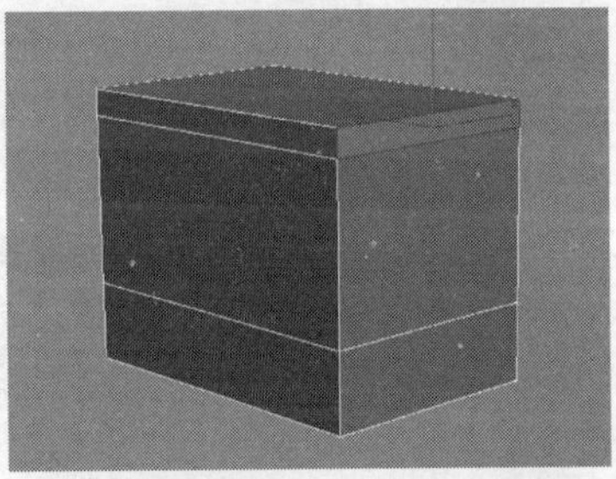

图8-641

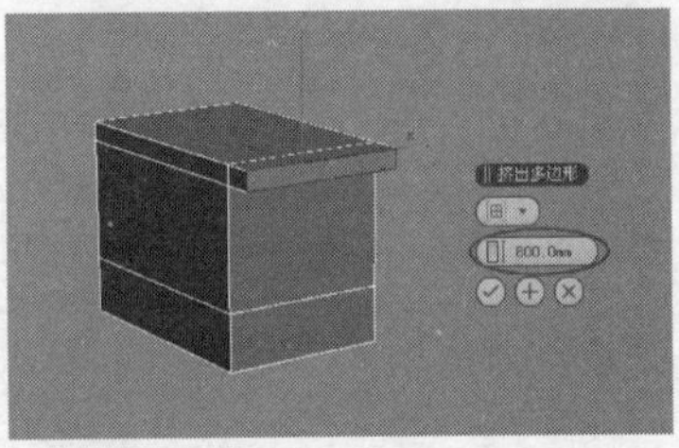

图8-642

05 选择如图8-643所示的多边形，然后在“编辑多边形”卷展栏下单击“挤出”按钮 挤出 后面的“设置”按钮，设置“高度”为40mm，如图8-644所示。

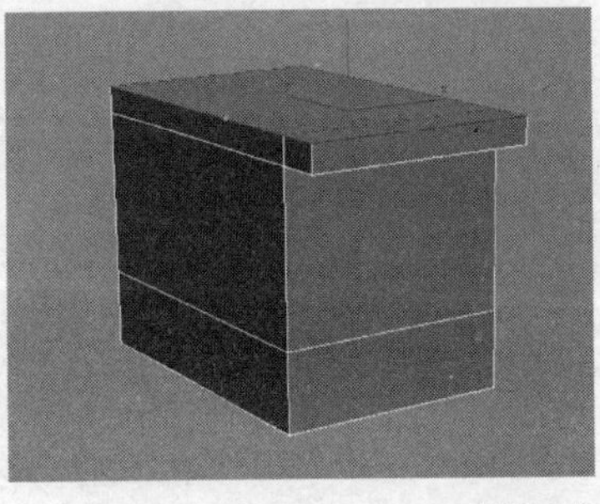

图8-643

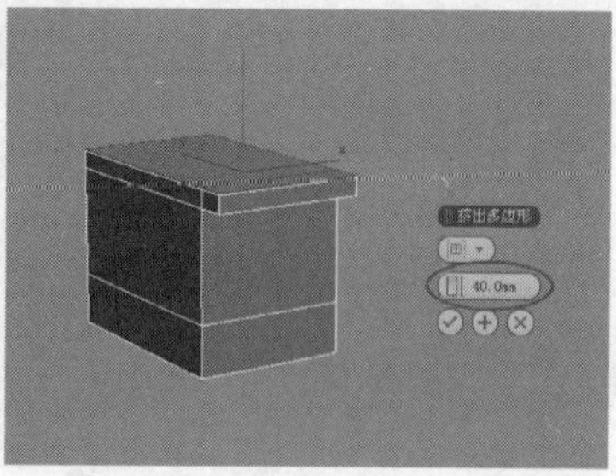

图8-644

06 选择如图8-645所示的多边形，然后在“编辑多边形”卷展栏下单击“挤出”按钮 挤出 后面的“设置”按钮□，设置挤出类型为“局部法线”、“高度”为90mm，如图8-646所示。

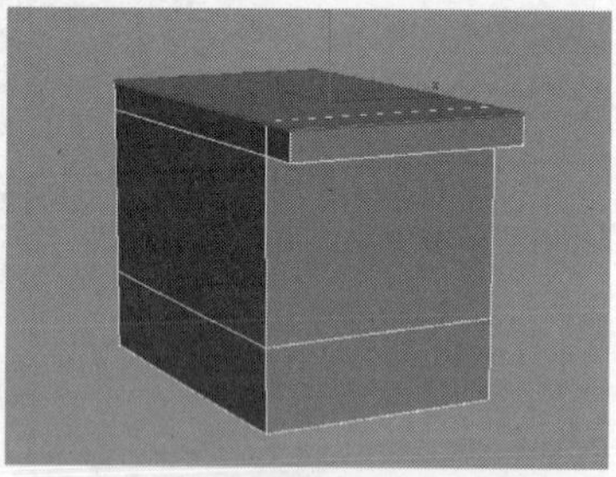

图8-645

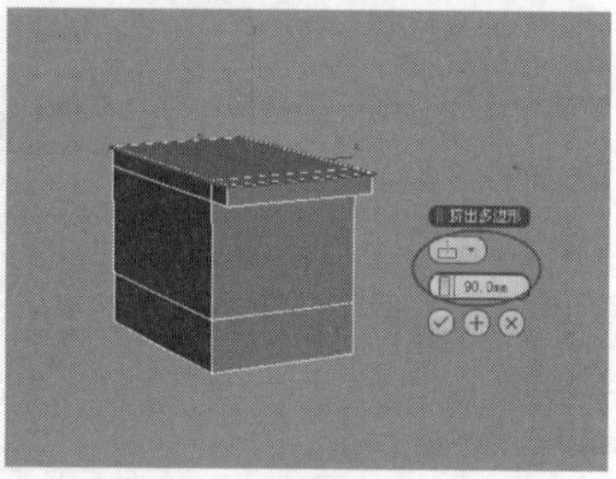

图8-646

07 进入“边”级别，然后选择如图8-647所示的边，再在“编辑边”卷展栏下单击“连接”按钮 连接 后面的“设置”按钮□，最后设置“分段”为2、“收缩”为91、“滑块”为3，如图8-648所示。

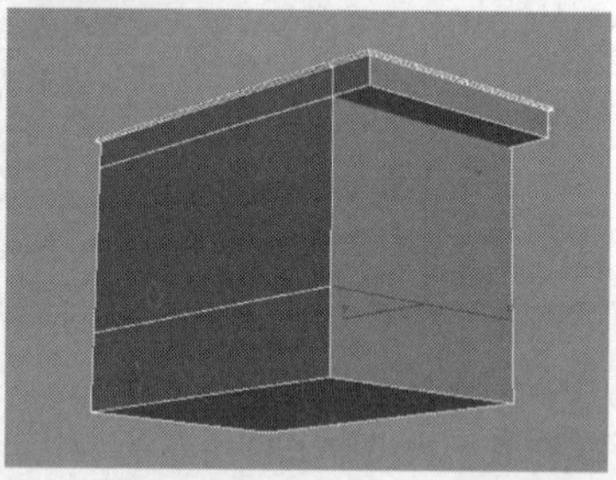

图8-647

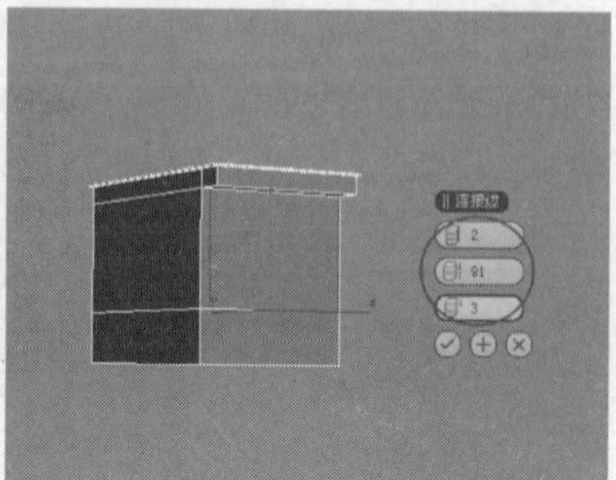

图8-648

08 选择如图8-649所示的边，然后在“编辑边”卷展栏下单击“连接”按钮 连接 后面的“设置”按钮□，再设置“分段”为2、“收缩”为-70、“滑块”为501，如图8-650所示。

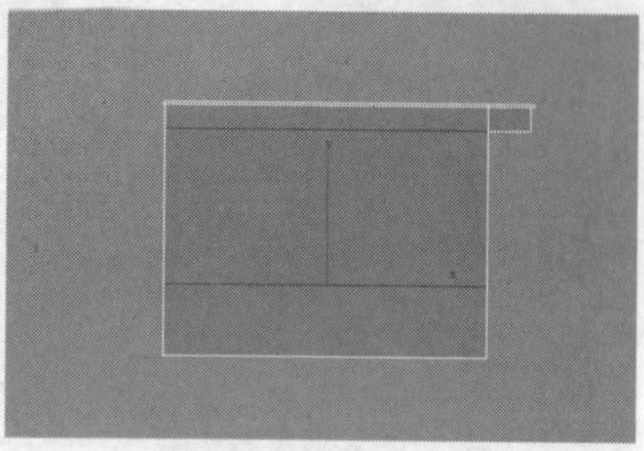

图8-649

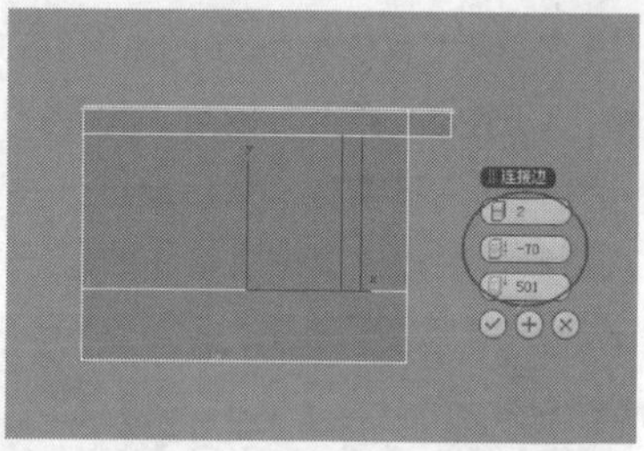

图8-650

09 选择如图8-651所示的边，然后在“编辑边”卷展栏下单击“连接”按钮 连接 后面的“设置”按钮□，接着设置“分段”为2、“收缩”为-24、“滑块”为-92，如图8-652所示。

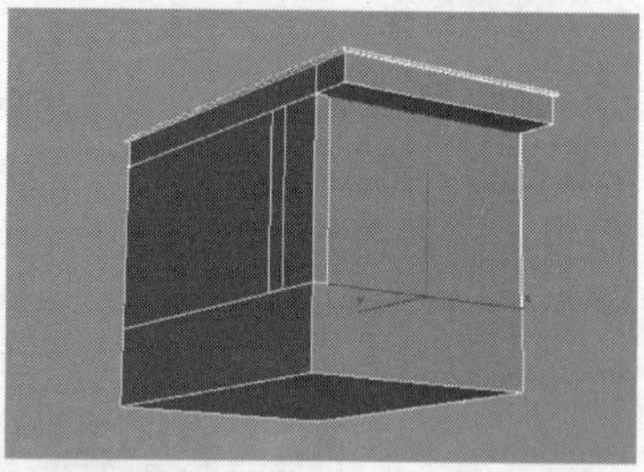

图8-651

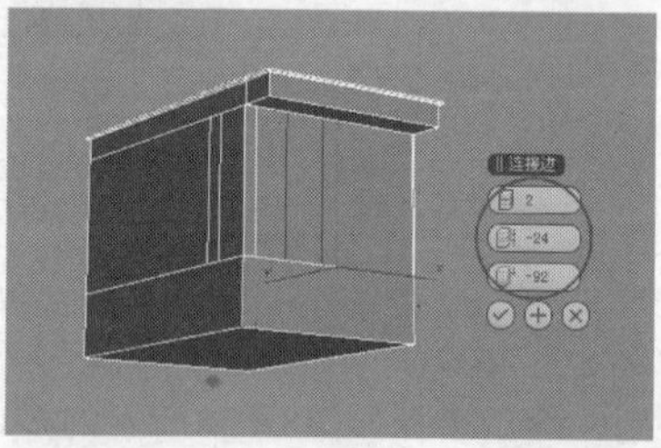

图8-652

10 进入“多边形”级别，然后选择如图8-653所示的多边形，再在“编辑多边形”卷展栏下单击“插入”按钮 插入 后面的“设置”按钮□，最后设置插入类型为“按多边形”、“数量”为50mm，如图8-654所示。

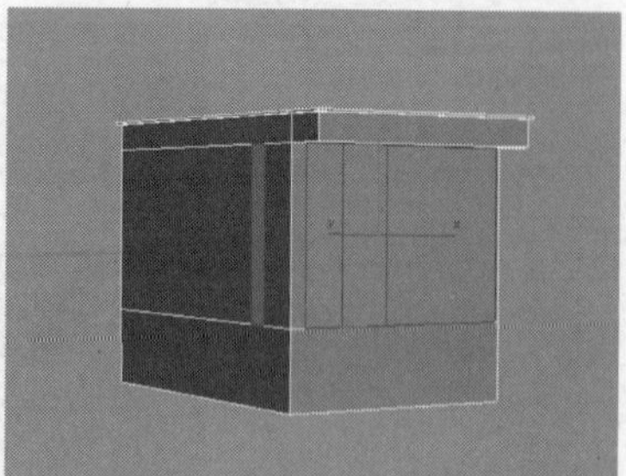

图8-653

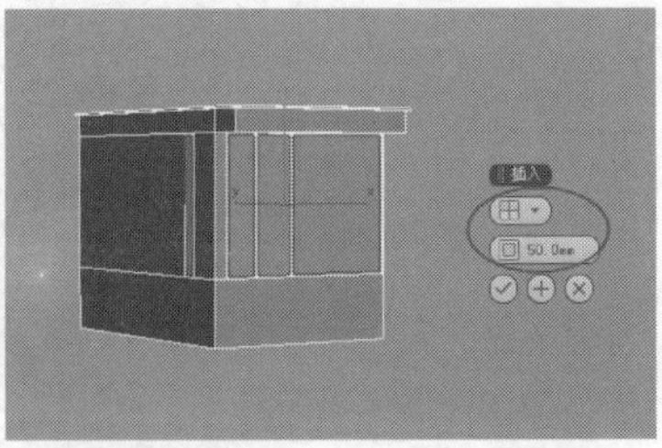

图8-654

11 保持对多边形的选择，在“编辑多边形”卷展栏下单击“倒角”按钮 倒角 后面的“设置”按钮，然后设置“高度”为-40mm、“轮廓”为-6mm，如图8-655所示。

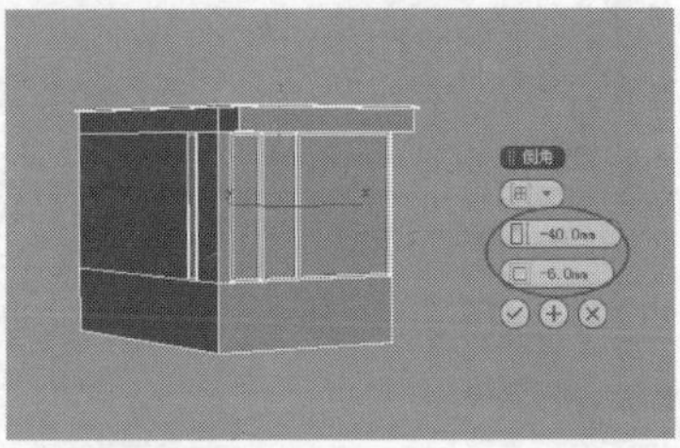

图8-655

12 进入“边”级别，选择如图8-656所示的边，然后在“编辑边”卷展栏下单击“连接”按钮 连接 后面的“设置”按钮，再设置“分段”为1，如图8-657所示。

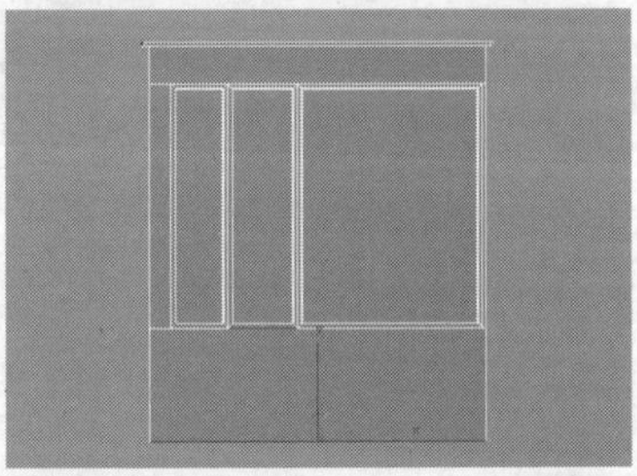

图8-656

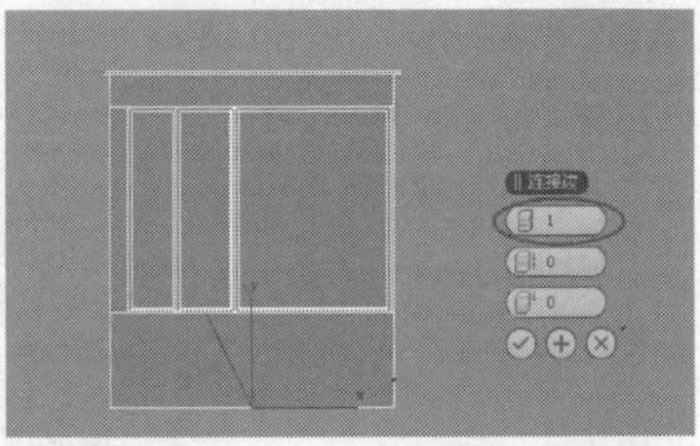

图8-657

13 进入“顶点”级别，然后使用“选择并移动”工具在前视图中将连接的顶点调整成如图8-658所示的效果。

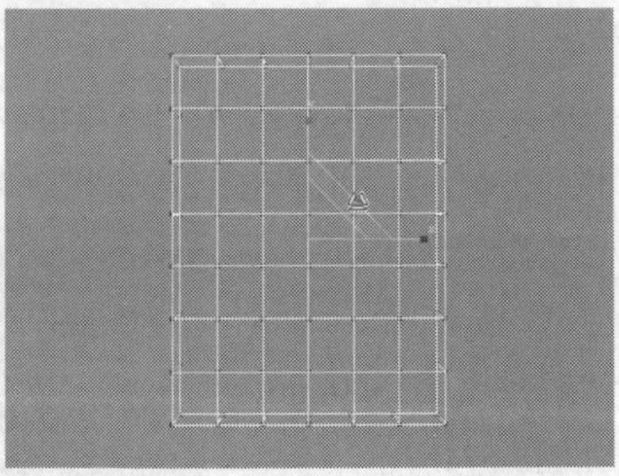

图8-658

14 选择如图8-659所示的两个顶点，然后在“编辑顶点”卷展栏下单击“焊接”按钮 焊接 后面的“设置”按钮，设置“焊接阈值”为2mm，如图8-660所示。

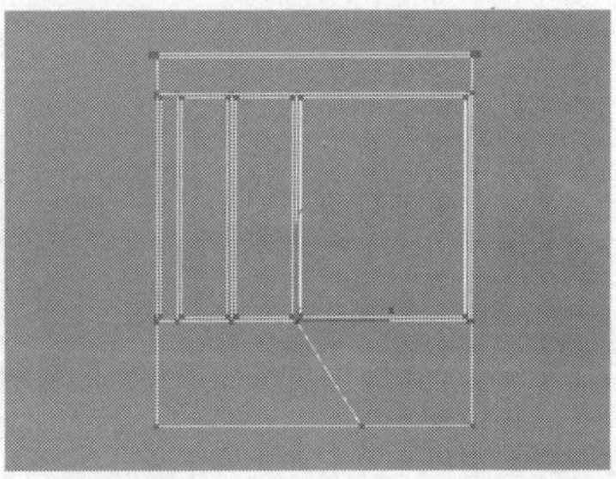

图8-659

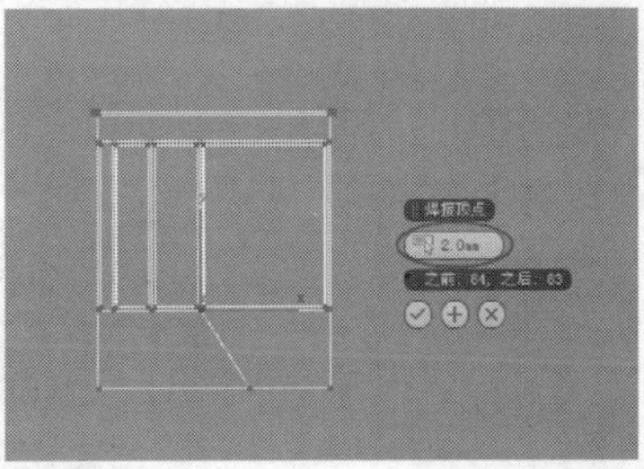

图8-660

技巧与提示

虽然从视觉上看起来是一个顶点，但实际上是两个顶点，因为是重叠的，很难看出来。如果要观察选择到了多少个顶点，可以在“选择”卷展栏下进行查看，如图8-661所示。

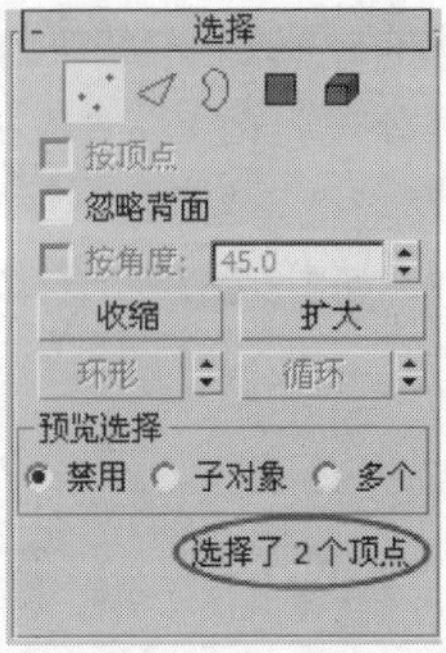

图8-661

15 进入“多边形”级别，然后选择如图8-662所示的多边形，再在“编辑多边形”卷展栏下单击“挤出”按钮 挤出 后面的“设置”按钮，最后设置“高度”为800mm，如图8-663所示。

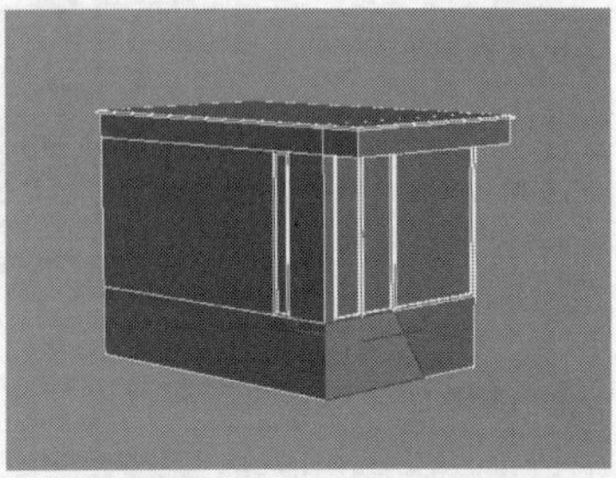

图8-662

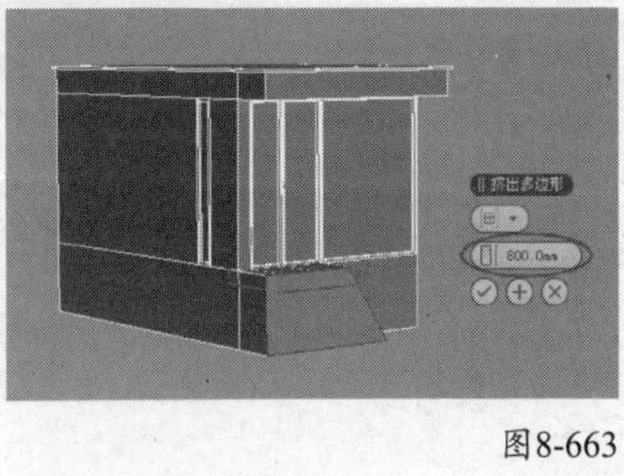

图8-663

16 进入"边"级别，然后选择如图8-664所示的边，再在"编辑边"卷展栏下单击"连接"按钮 连接 后面的"设置"按钮□，最后设置"分段"为1、"收缩"为0、"滑块"为59，如图8-665所示。

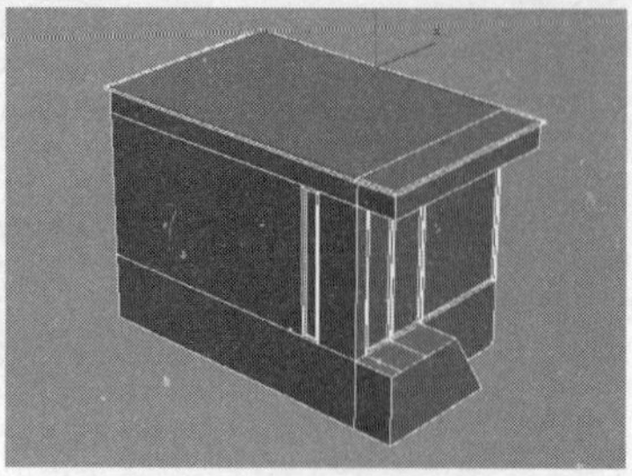

图8-664

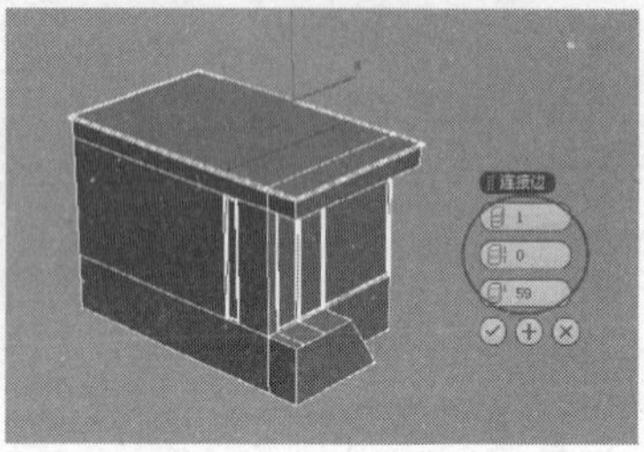

图8-665

17 选择如图8-666所示的边，然后在"编辑边"卷展栏下单击"连接"按钮 连接 后面的"设置"按钮□，设置"分段"为1、"收缩"为0、"滑块"为48，如图8-667所示。

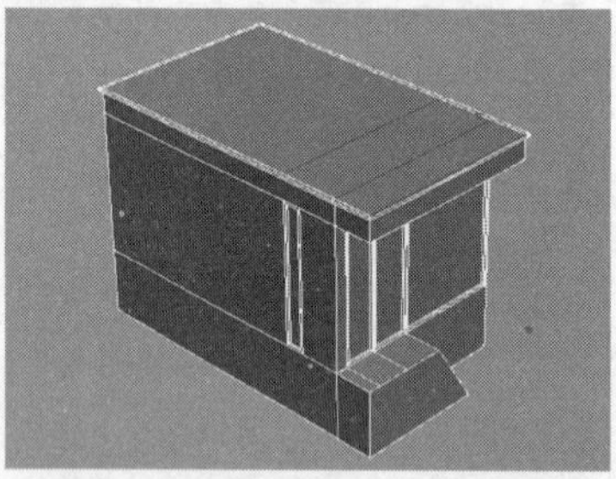

图8-666

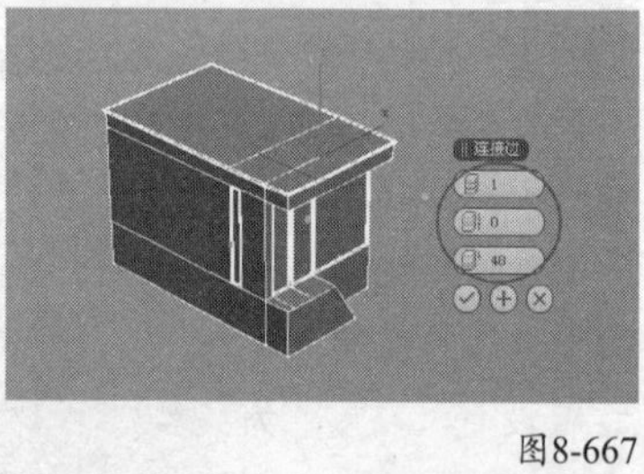

图8-667

18 选择如图8-668所示的边，然后在"编辑边"卷展栏下单击"连接"按钮 连接 后面的"设置"按钮□，设置"分段"为1、"收缩"为0、"滑块"为-35，如图8-669所示。

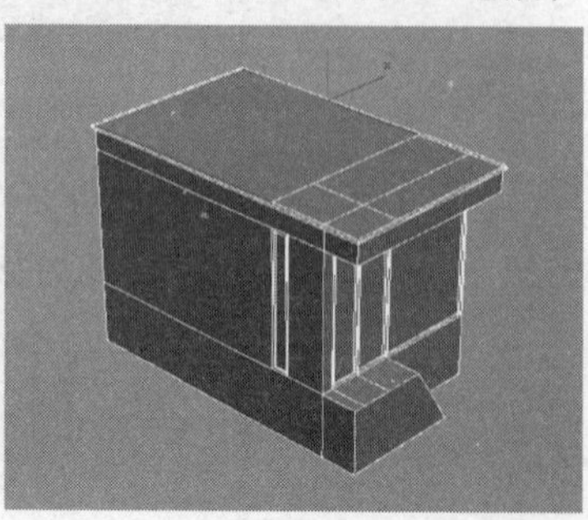

图8-668

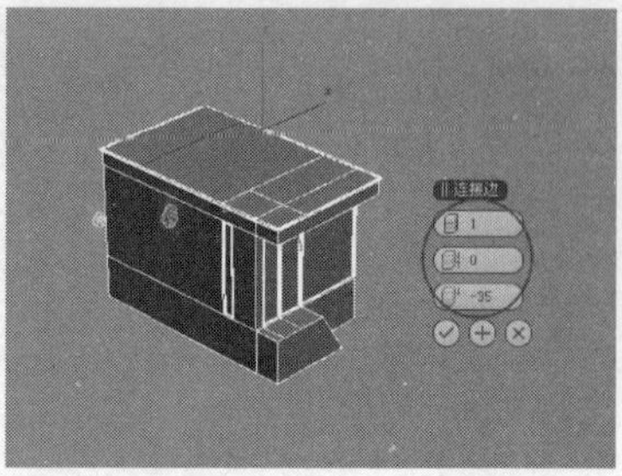

图8-669

19 进入"多边形"级别，然后选择如图8-670所示的多边形，再在"编辑多边形"卷展栏下单击"挤出"按钮 挤出 后面的"设置"按钮□，最后设置"高度"为2000mm，如图8-671所示。

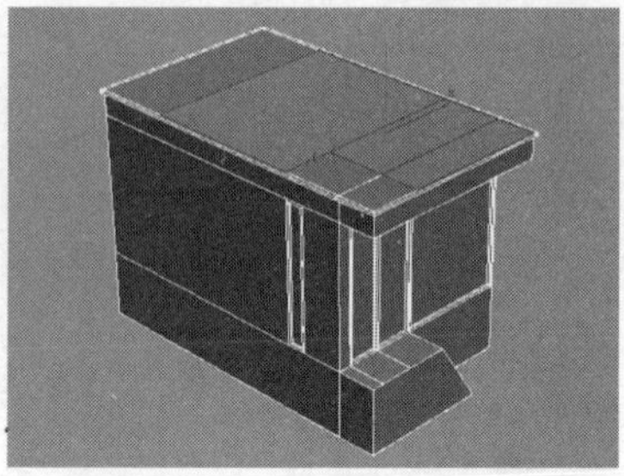

图8-670

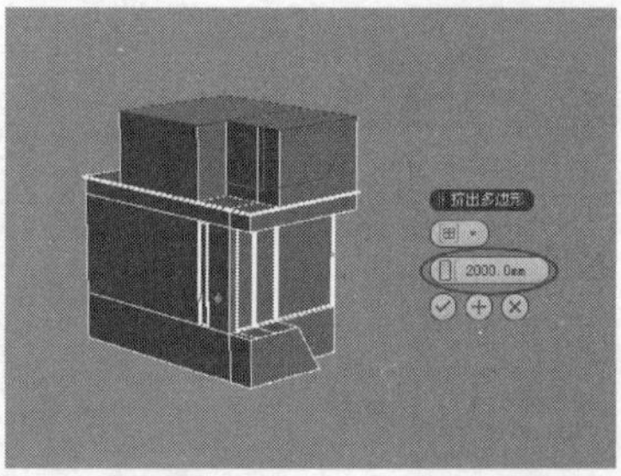

图8-671

20 保持对多边形的选择，在"编辑多边形"卷展栏下单击"挤出"按钮 挤出 后面的"设置"按钮□，设置"高度"为400mm，如图8-672所示。

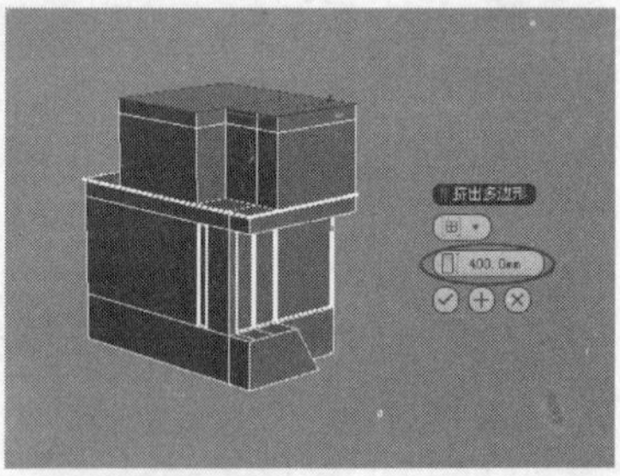

图8-672

21 选择如图8-673所示的多边形，在"编辑多边形"卷展栏下单击"挤出"按钮 挤出 后面的"设置"按钮□，设置"高度"为1500mm，如图8-674所示。

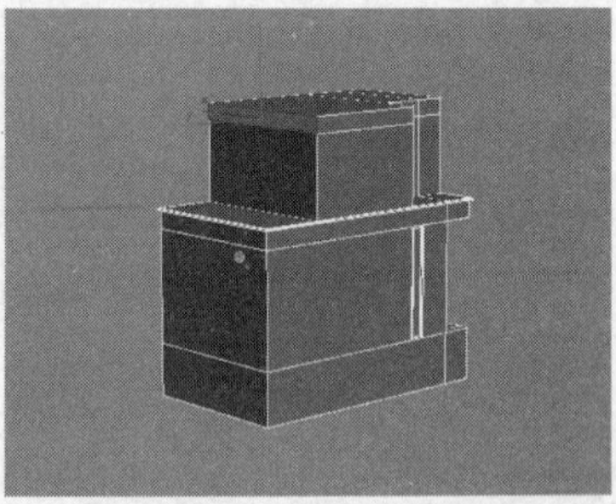

图8-673

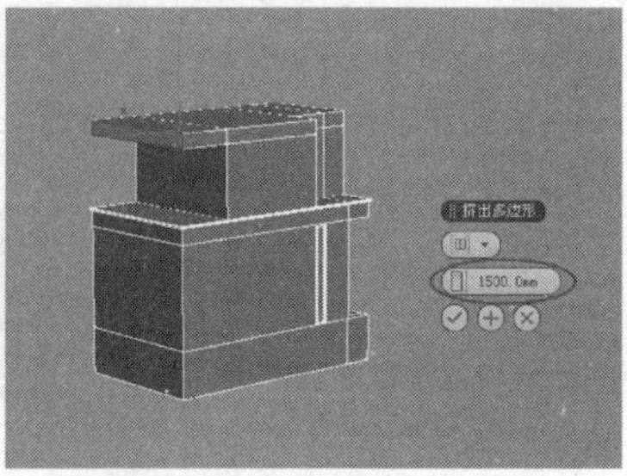

图8-674

22 进入“边”级别，然后选择如图8-675所示的边，再在“编辑边”卷展栏下单击“连接”按钮 连接 后面的“设置”按钮□，设置“分段”为1、“收缩”为0、“滑块”为18，如图8-676所示。

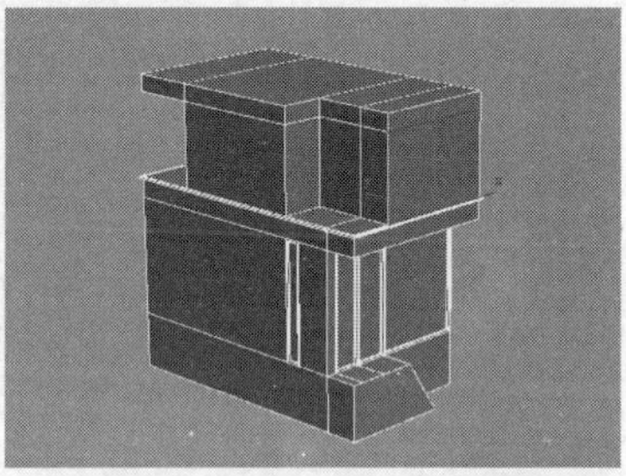

图8-675

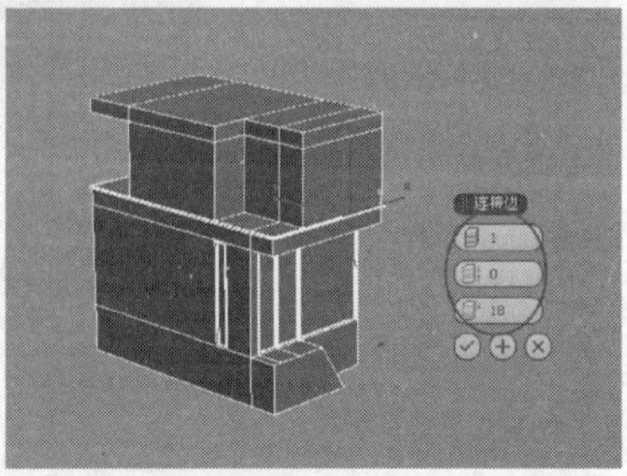

图8-676

23 选择如图8-677所示的边，然后在“编辑边”卷展栏下单击“连接”按钮 连接 后面的“设置”按钮□，设置“分段”为1，如图8-678所示。

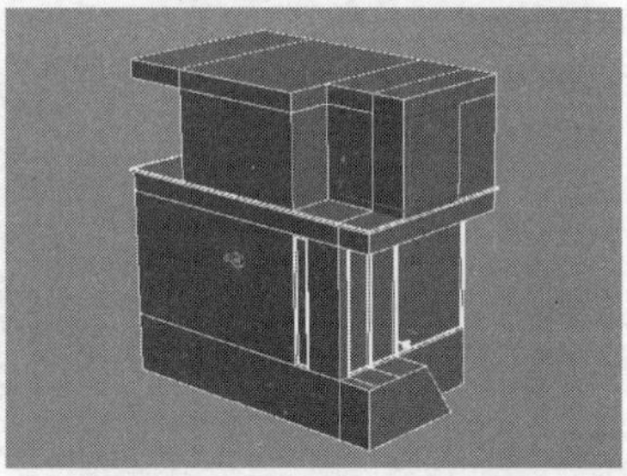

图8-677

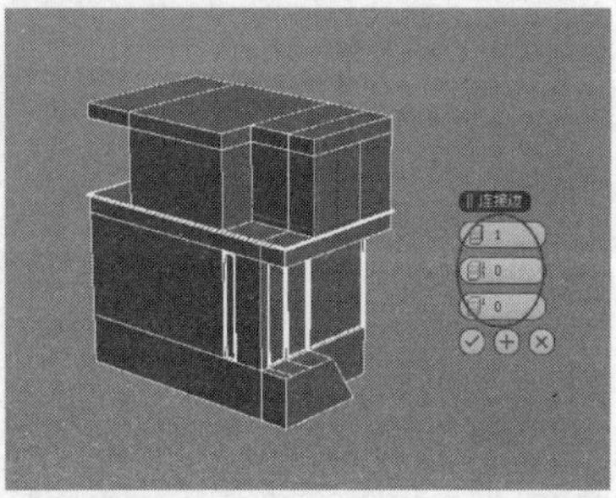

图8-678

24 进入“多边形”级别，然后选择如图8-679所示的多边形，再在“编辑多边形”卷展栏下单击“插入”按钮 插入 后面的“设置”按钮□，最后设置插入类型为“组”、“数量”为50mm，如图8-680所示。

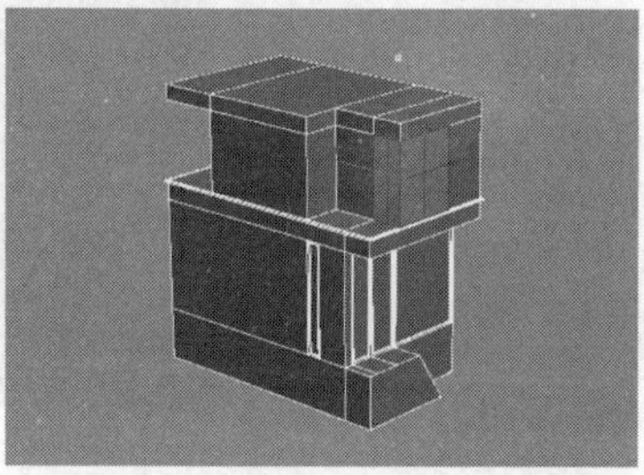

图8-679

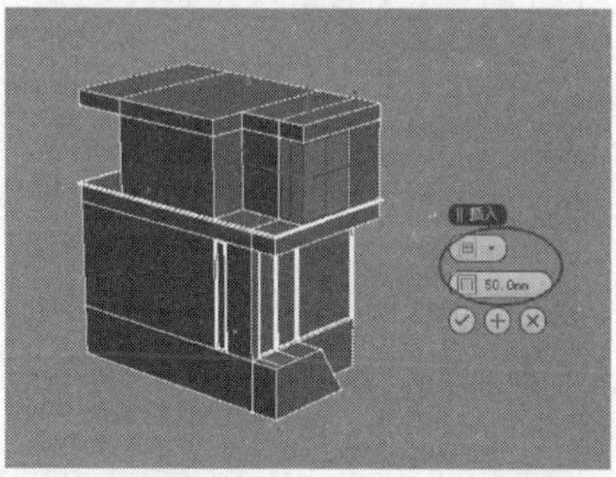

图8-680

25 保持多边形的选择，在“编辑多边形”卷展栏下单击“倒角”按钮 倒角 后面的“设置”按钮□，然后设置“高度”为-40mm、“轮廓”为-6mm，如图8-681所示。

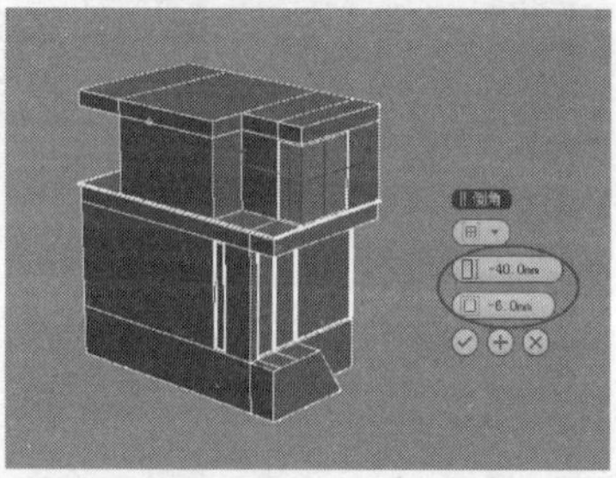

图8-681

26 进入“边”级别，选择如图8-682所示的边，然后在“编辑几何体”卷展栏下单击“切片平面”按钮 切片平面 ，此时视图中会出现一个黄色线框的平面（这就是切片平面），再在前视图中将其向上拖曳到如图8-683所示的位置（高过门的位置），最后在“编辑几何体”卷展栏下单击“切片”按钮 切片 和“切片平面”按钮 切片平面 完成操作，效果如图8-684所示。

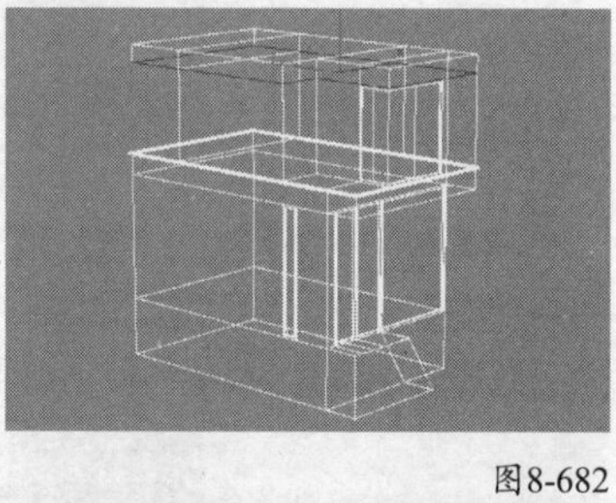

图8-682

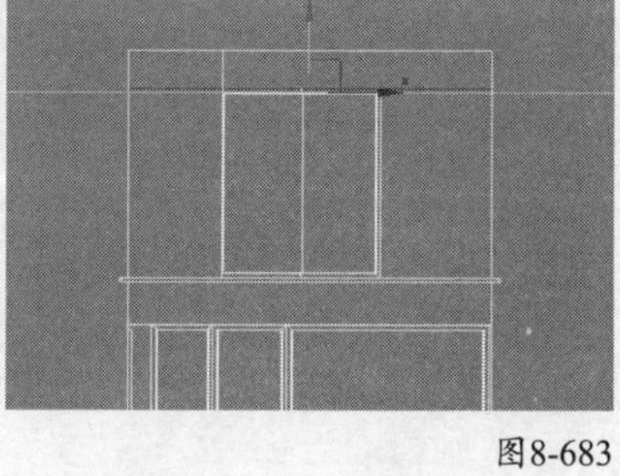

图8-683

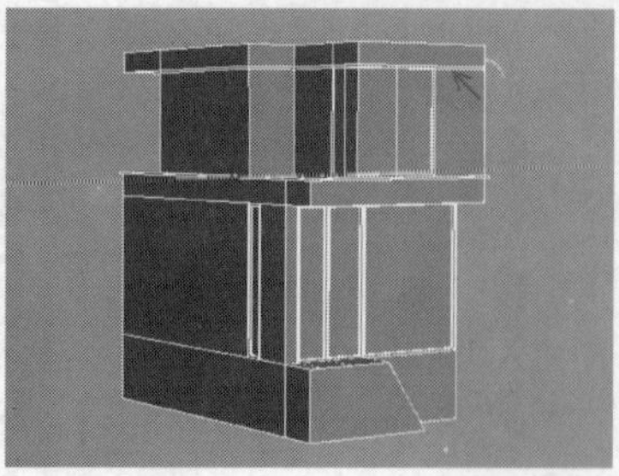

图8-684

技巧与提示

选择边以后，使用“切片平面”工具 切片平面 可以对选定边进行切割操作，指定切割位置以后单击“切片”按钮 切片 和“切片平面”按钮 切片平面 可以完成切割操作。

27 选择如图8-685所示的边，然后使用“切片平面”工具 切片平面 和“切片”工具 切片 对其进行切割操作，完成后的效果如图8-686所示。

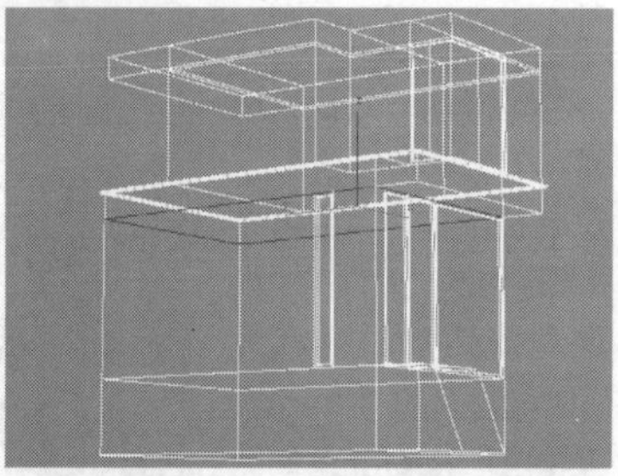

图8-685

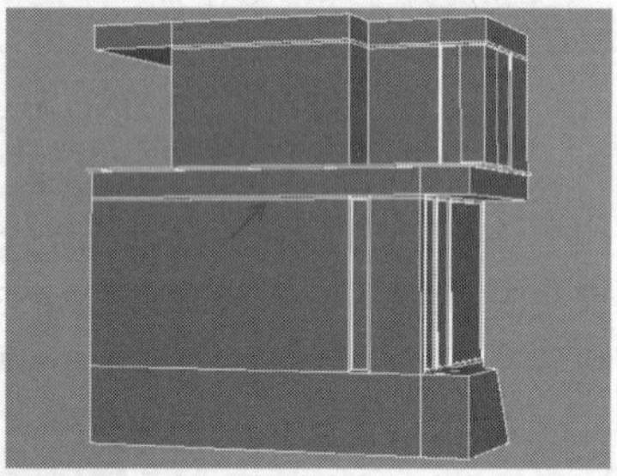

图8-686

28 选择如图8-687所示的边，然后使用“切片平面”工具 切片平面 和“切片”工具 切片 对其进行切割操作，完成后的效果如图8-688所示。

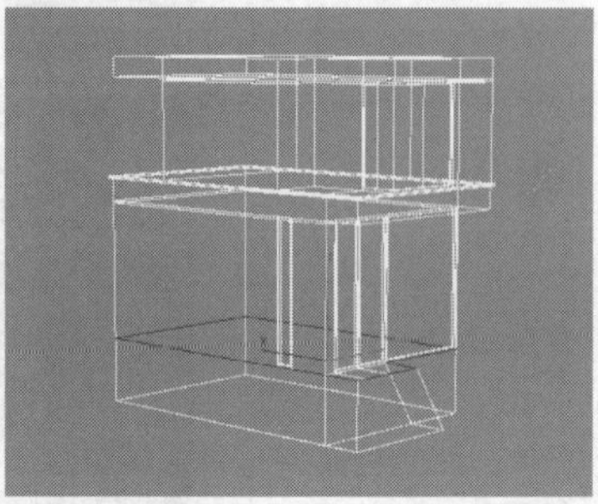

图8-687

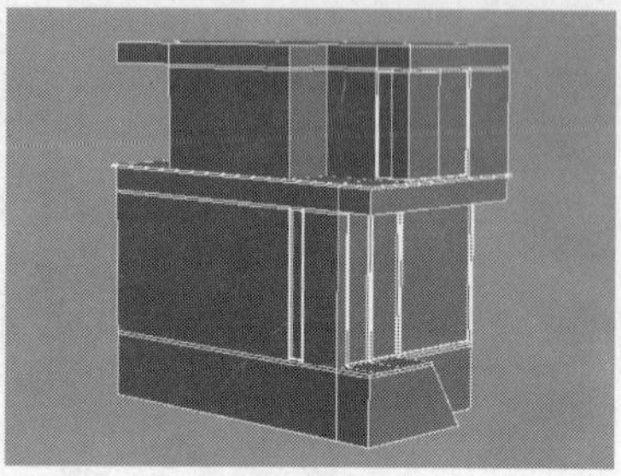

图8-688

29 选择如图8-689所示的边，然后使用“切片平面”工具 切片平面 和“切片”工具 切片 对其进行切割操作，完成后的效果如图8-690所示。

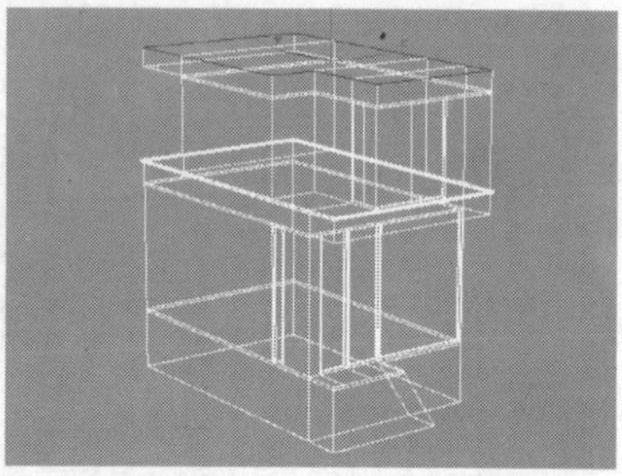

图8-689

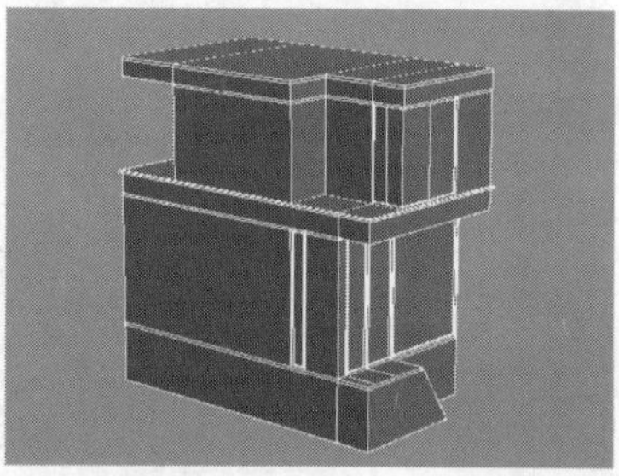

图8-690

30 进入“多边形”级别，然后选择如图8-691所示的多边形，再在“编辑几何体”卷展栏下单击“分离”按钮 分离 ，最后在弹出的“分离”对话框中勾选“以克隆对象分离”选项，如图8-692所示。

图8-691

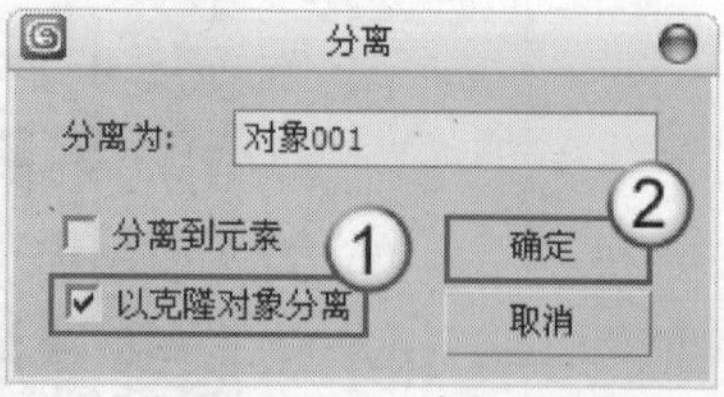

图8-692

31 按H键打开“从场景选择”对话框，然后选择“对象001”，如图8-693所示，再为其更换一种颜色，以便识别，如图8-694所示。

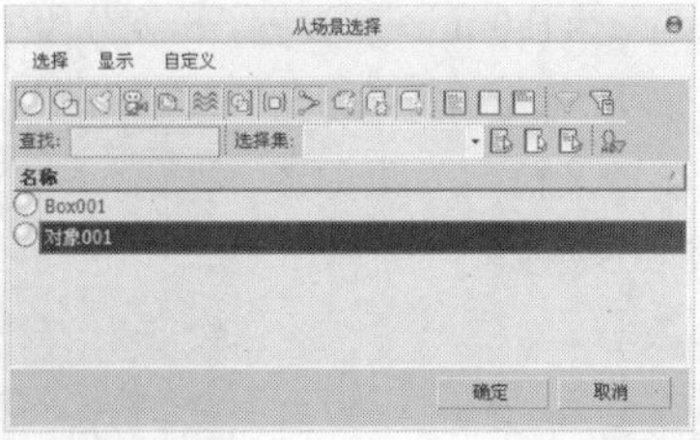

图8-693

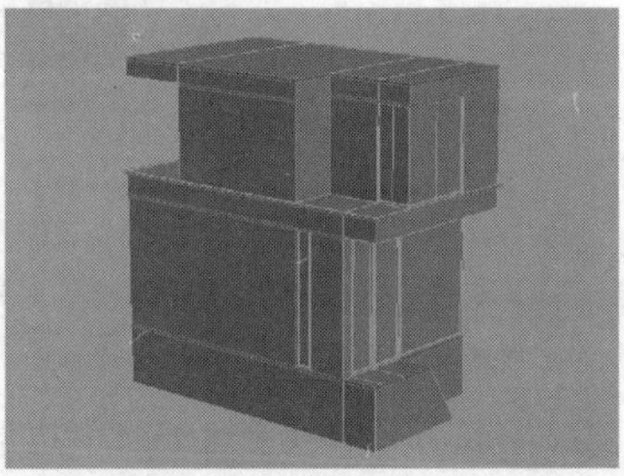

图8-694

32 继续对多边形进行分离，完成后的模型效果如图8-695所示。

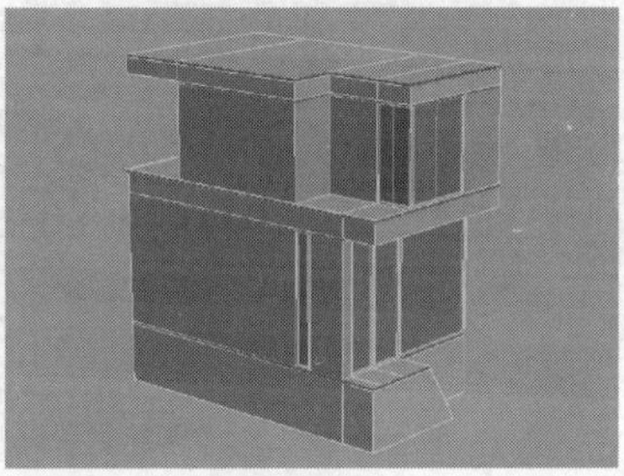

图8-695

33 下面制作栏杆。使用“线”工具 线 在顶视图中绘制一条如图8-696所示的样条线。

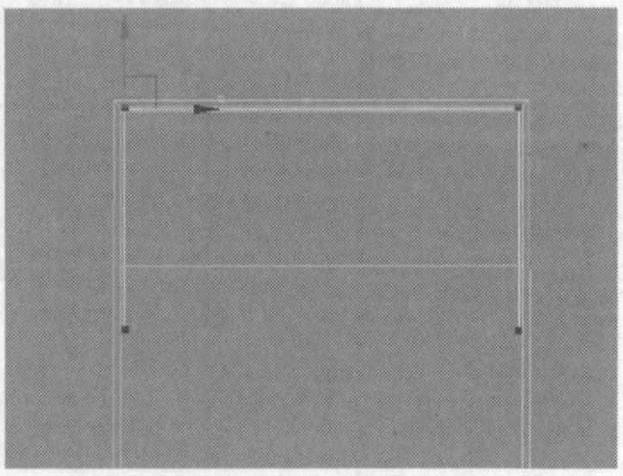

图8-696

34 在“创建”面板中设置几何体类型为“AEC扩展”，然后单击“栏杆”按钮 栏杆 ，如图8-697所示。

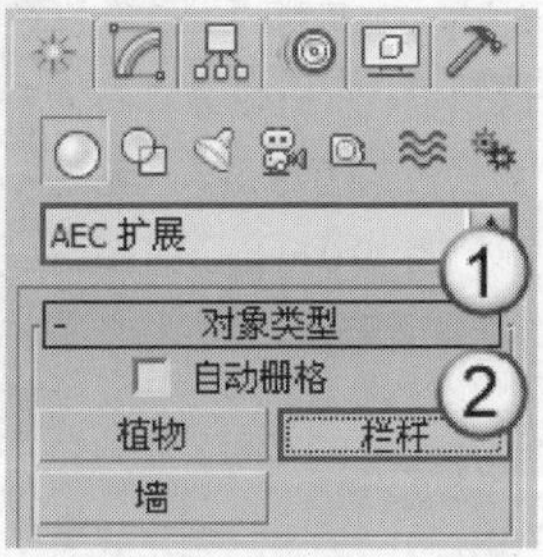

图8-697

35 在“栏杆”卷展栏下单击“拾取栏杆路径”按钮 拾取栏杆路径 ，然后拾取绘制的样条线，并勾选“匹配拐角”选项，再在“上围栏”选项组下设置“剖面”为“方形”、“深度”为35mm、“宽度”为40mm、“高度”为850mm，最后在“下围栏”选项组下设置“剖面”为“无”，具体参数设置如图8-698所示。

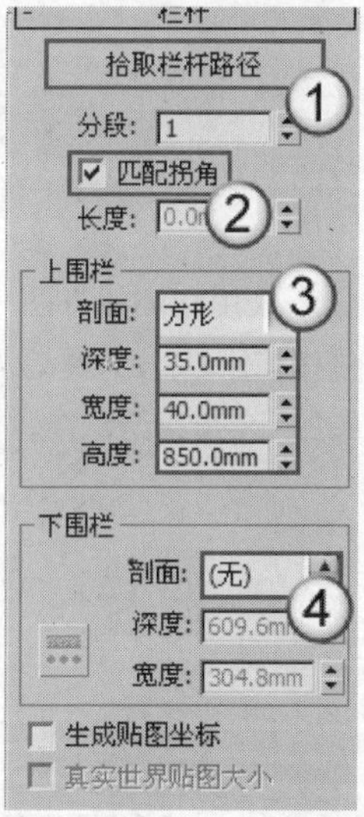

图8-698

36 展开“立柱”卷展栏，然后设置“剖面”为“无”，如图8-699所示。

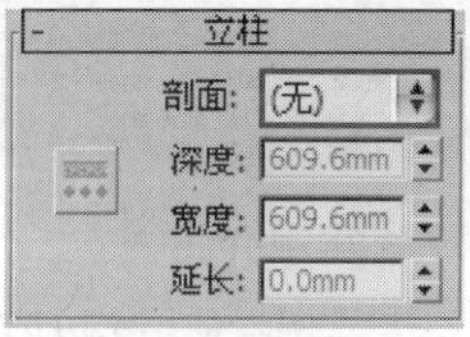

图8-699

37 展开“栅栏”卷展栏，设置“类型”为“支柱”，再在“支柱”选项组下设置“剖面”为“方形”、“深度”为20mm、“宽度”为20mm，再单击“支柱间距”按钮 ... ，打开“支柱间距”对话框，最后设置“计数”为100，具体参数设置如图8-700所示，栏杆效果如图8-701所示。

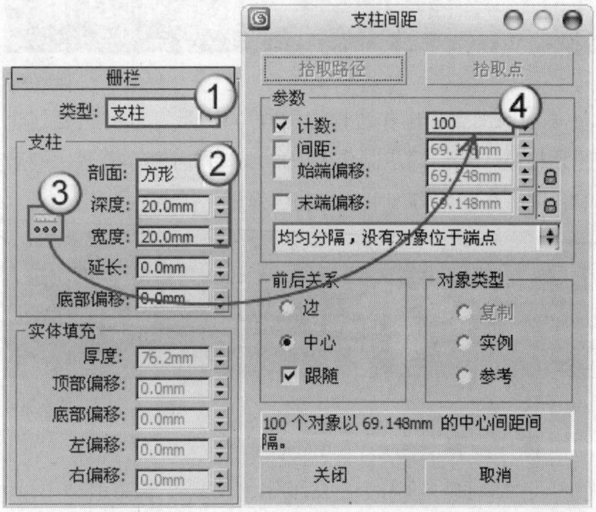

图8-700

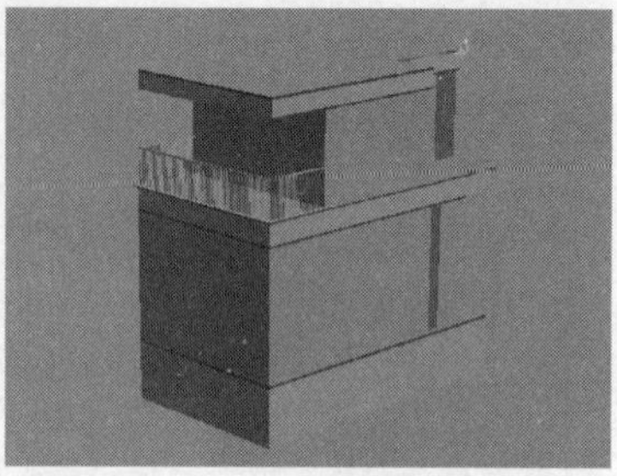

图8-701

38 采用相同的方法制作其他栏杆，最终效果如图8-702所示。

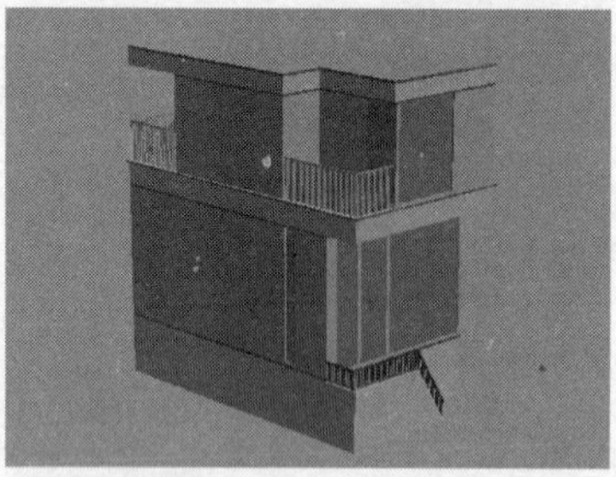

图8-702

实战145 欧式别墅

场景位置	无
实例位置	DVD>实例文件>CH08>实战145.max
视频位置	DVD>多媒体教学>CH08>实战145.flv
难易指数	★★★★★
技术掌握	倒角工具、挤出工具、插入工具、切角工具、连接工具

实例介绍

本例将使用多边形建模技术中的倒角、挤出、插入、切角和连接功能制作一栋欧式别墅模型，效果如图8-703所示。

图8-703

本例大致的操作流程如图8-704所示。本例先要创建屋顶模型，然后逐步制作下方的墙体和门窗等模型，最后制作阳台与门头等细节完成整体效果。

图8-704

操作步骤

01 下面制作别墅的顶层部分。使用“长方体”工具 长方体 在场景中创建一个长方体，然后在“参数”卷展栏下“长度”为5000mm、“宽度”为15000mm、“高度”为150mm，再设置“长度分段”、“宽度分段”和“高度分段”都为1，具体参数设置及模型效果如图8-705所示。

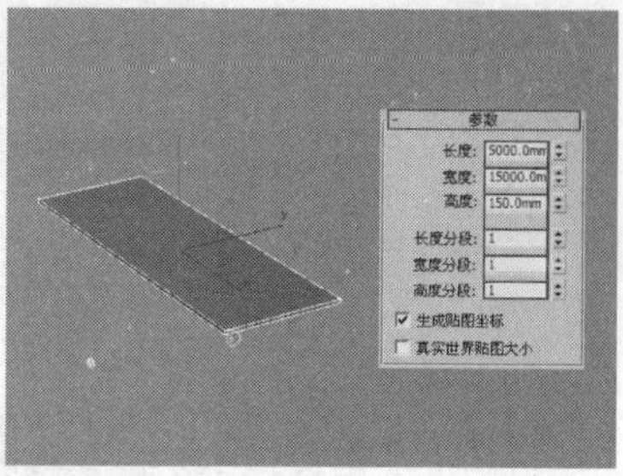

图8-705

技巧与提示

本例是一个难度比较大的模型，其制作过程基本上囊括了多边形建模中的各种常用工具。

02 将长方体转换为可编辑多边形，进入“多边形”级别，然后选择如图8-706所示的多边形，再在“编辑多边形”卷展栏下单击“倒角”按钮 倒角 后面的“设置”按钮，最后设置“高度”为150mm、“轮廓”为-70mm，如图8-707所示。

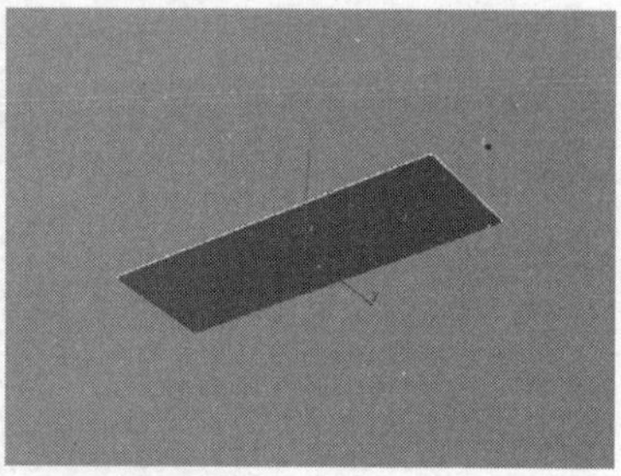

图8-706

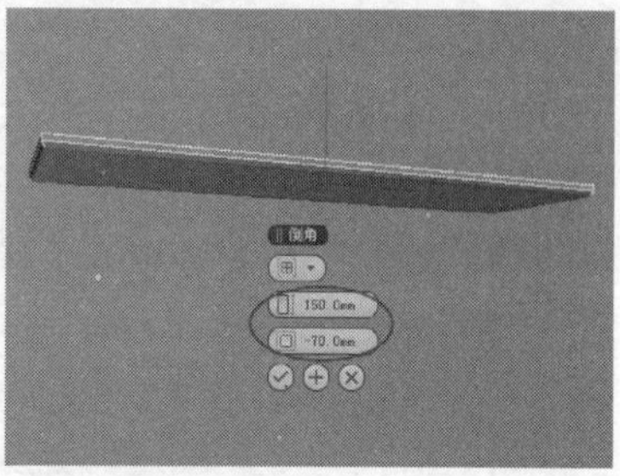

图8-707

03 保持对多边形的选择，在“编辑多边形”卷展栏下单击“倒角”按钮 倒角 后面的“设置”按钮，然后设置“高度”为120mm、“轮廓”为-90mm，如图8-708所示。

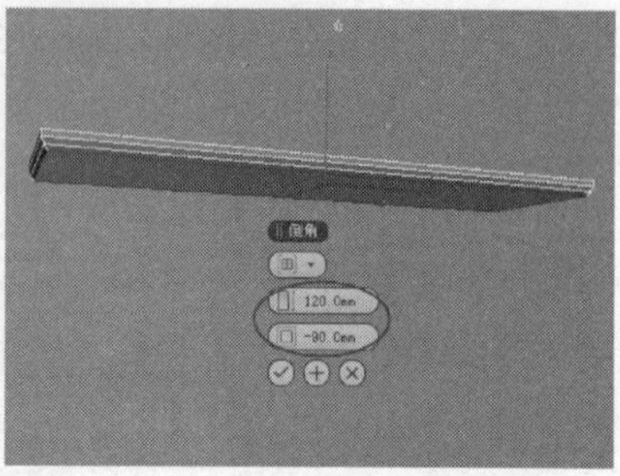

图8-708

04 保持对多边形的选择，在“编辑多边形”卷展栏下单击“倒角”按钮 倒角 后面的“设置”按钮，然后设置“高度”为0mm、“轮廓”为50mm，如图8-709所示。

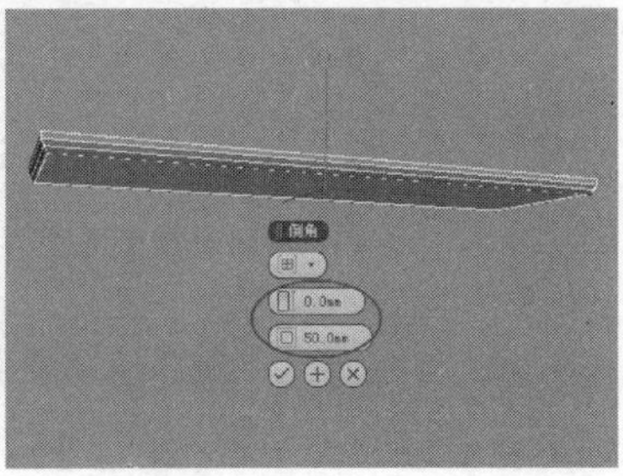

图8-709

技巧与提示

步骤4将“高度”设置为0mm主要是给模型阔边，使底部的多边形变大，从而方便下一步的操作。

05 保持对多边形的选择，在“编辑多边形”卷展栏下单击“挤出”按钮 挤出 后面的“设置”按钮，然后设置“高度”为40mm，如图8-710所示。

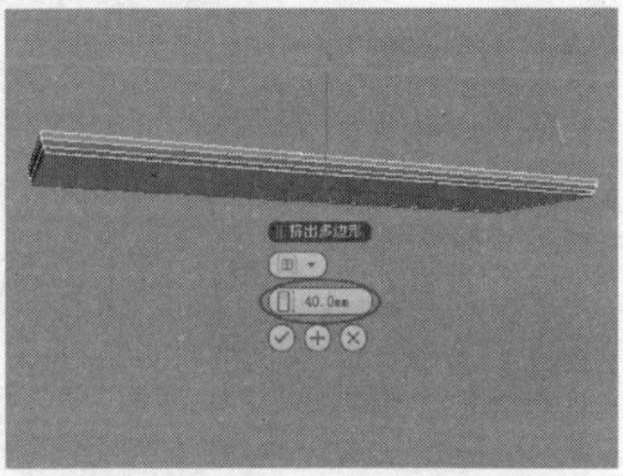

图8-710

06 保持对多边形的选择，在“编辑多边形”卷展栏下单击“插入”按钮 插入 后面的“设置”按钮，然后设置“数量”为70mm，如图8-711所示。

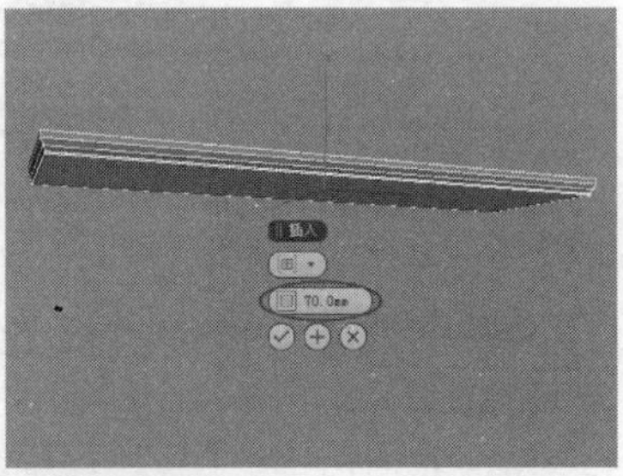

图8-711

07 保持对多边形的选择，在“编辑多边形”卷展栏下单击“挤出”按钮 挤出 后面的“设置”按钮，然后设置“高度”为80mm，如图8-712所示。

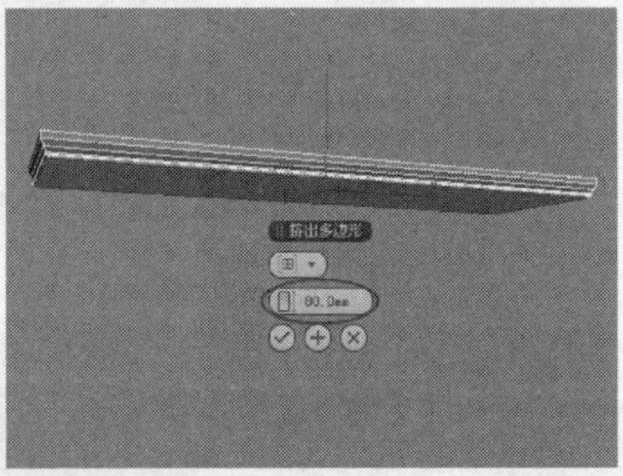

图8-712

08 进入“边”级别，然后选择所有的边，再在“编辑边”卷展栏下单击“切角”按钮 切角 后面的“设置”按钮，最后设置“边切角量”为4mm、“连接边分段”为2，如图8-713所示。

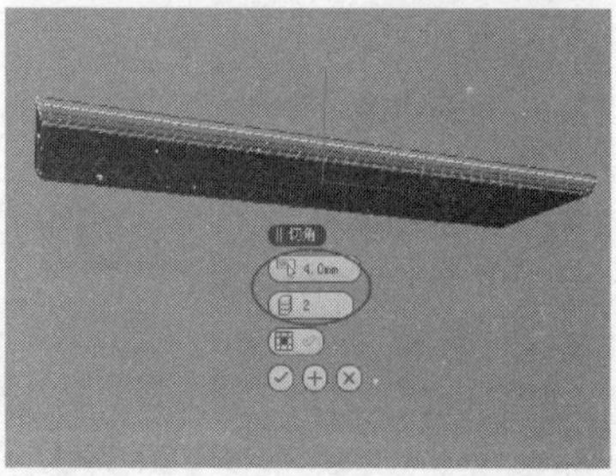

图8-713

09 使用“线”工具 线 在前视图中绘制如图8-714所示的样条线。这里提供一张孤立选择图，如图8-715所示。

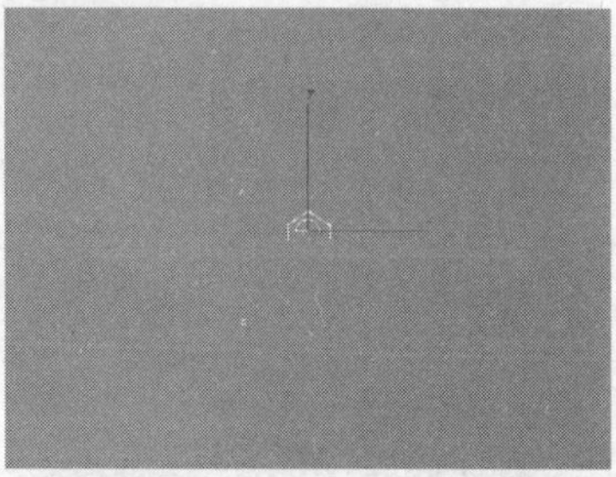

图8-714

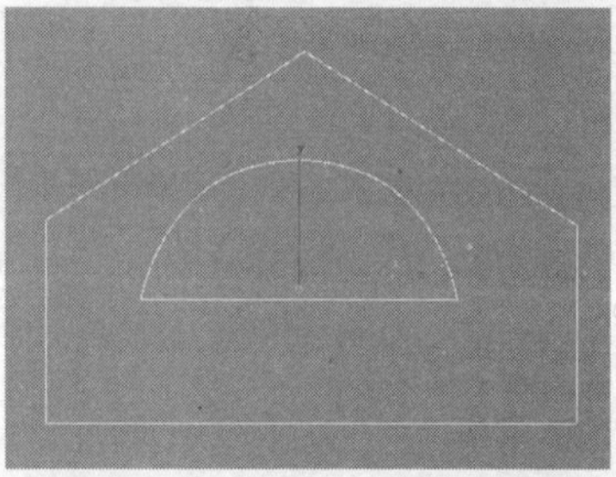

图8-715

10 为样条线加载一个“挤出”修改器，然后在“参数”卷展栏下设置“数量”为850mm，效果如图8-716所示。

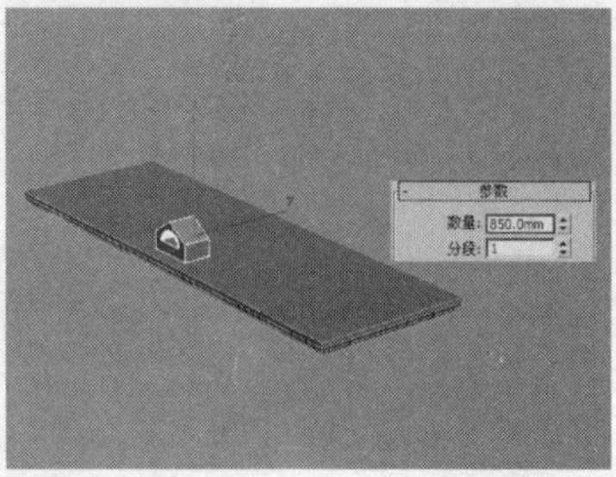

图8-716

技术专题 19 附加样条线

这里可能会遇到一个问题，就是挤出来的模型没有产生“孔洞”，如图8-717所示。这是因为前面绘制的样条线是分开的（即两条样条线），而对这两条样条线加载“挤出”修改器，相当于分别为每条进行加载，而不是对整体进行加载。因此，在挤出之前需要将两条样条线附加成一个整体，具体操作流程如下。

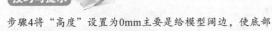

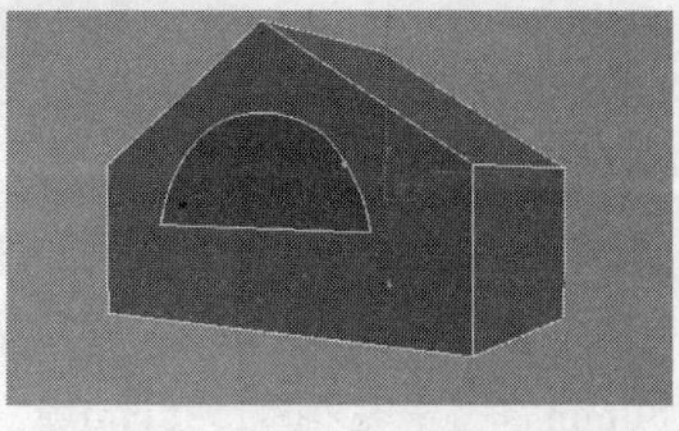

图8-717

第1步：选择其中一条样条线，然后在“几何体”卷展栏下单击“附加”按钮 附加 ，再在视图中单击另外一条样条线，如图8-718所示，这样就可以将两条样条线附加成一个整体，如图8-719所示。

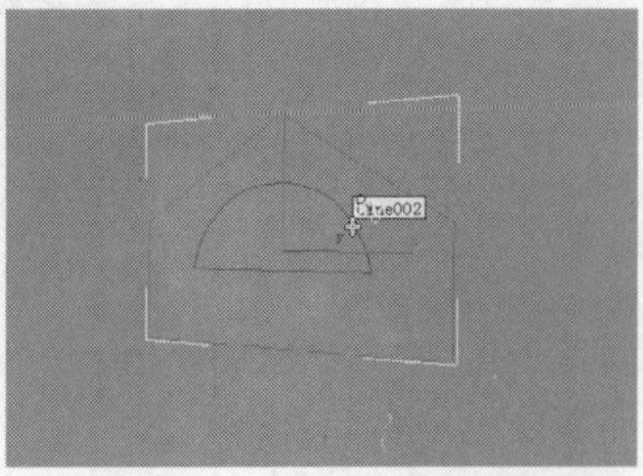

图8-718

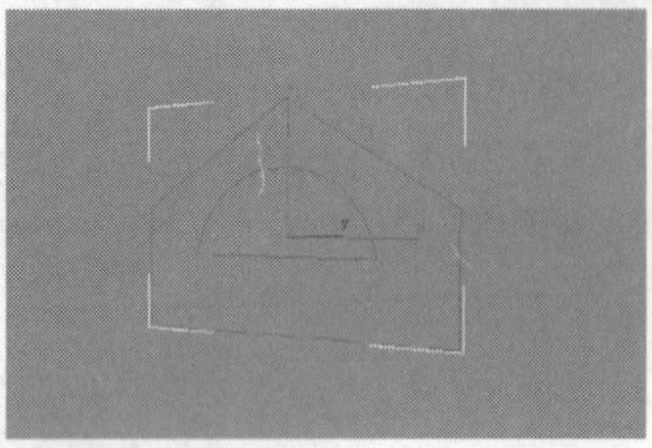

图8-719

第2步：为样条线加载“挤出”修改器，此时得到的挤出效果就是正确的了，如图8-720所示。

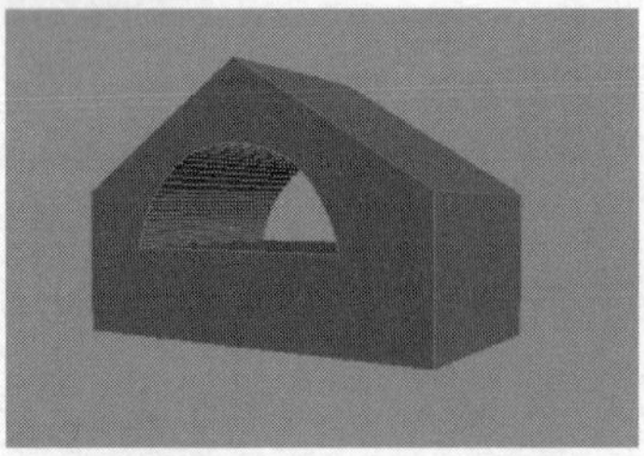

图8-720

11 使用“线”工具 线 在前视图中绘制如图8-721所示的样条线，然后为其加载一个“挤出”修改器，再在“参数”卷展栏下设置“数量”为850mm，效果如图8-722所示。

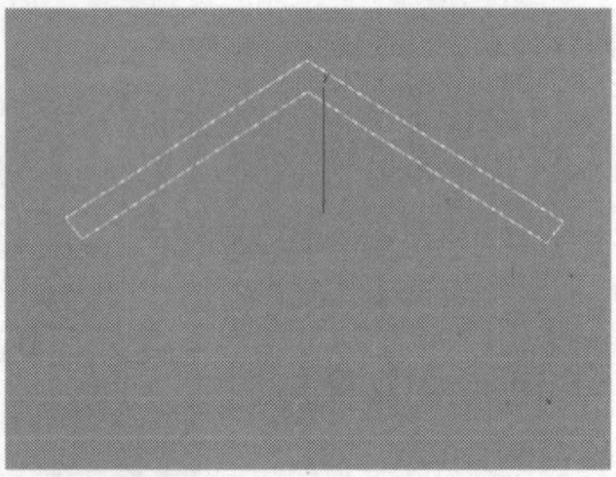

图8-721

图8-722

12 使用“长方体”工具 长方体 在场景中创建一个长方体，然后在“参数”卷展栏下设置“长度”为180mm、“宽度”为1530mm、“高度”为40mm、“宽度分段”为2，具体参数设置及模型位置如图8-723所示。

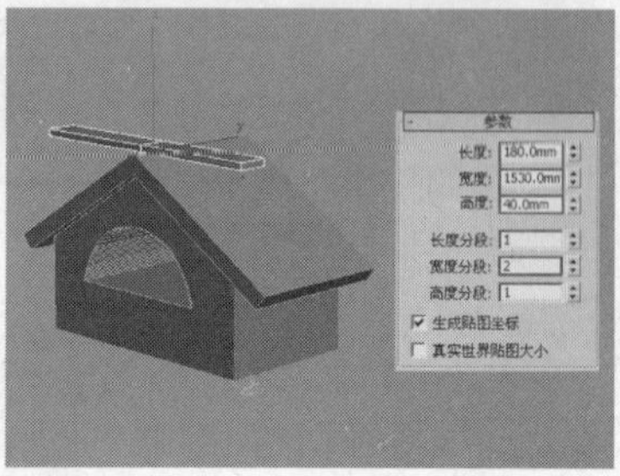

图8-723

13 将长方体转换为可编辑多边形，进入“多边形”级别，然后选择如图8-724所示的多边形，再在“编辑多边形”卷展栏下单击“插入”按钮 插入 后面的“设置”按钮□，最后设置“数量”为15mm，如图8-725所示。

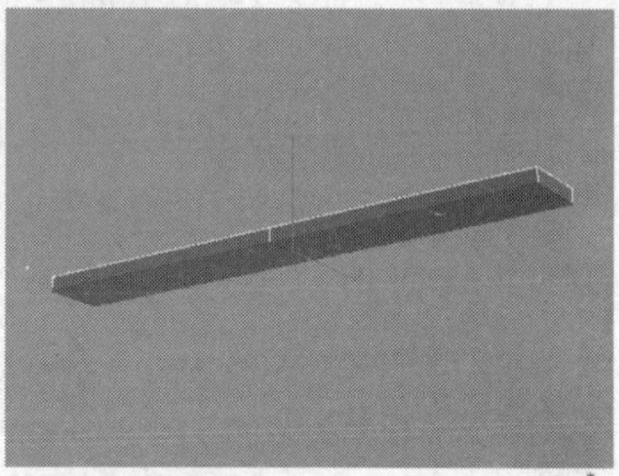

图8-724

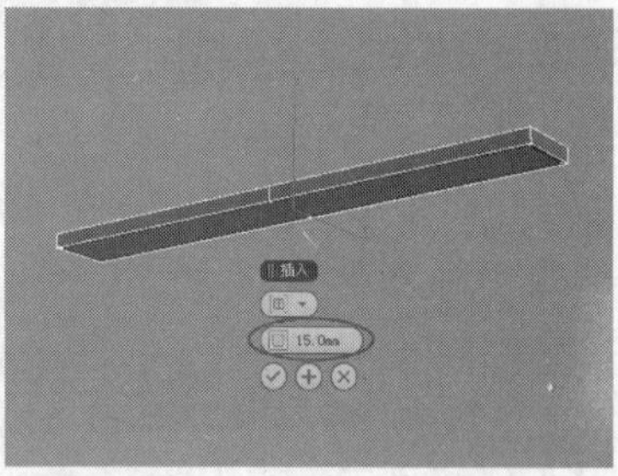

图8-725

14 保持对多边形的选择，然后在“编辑多边形”卷展栏下单击“挤出”按钮 挤出 后面的“设置”按钮□，再设置“高度”为15mm，如图8-726所示。

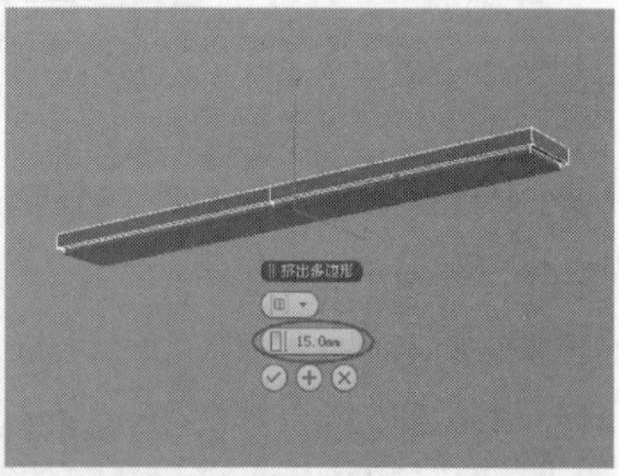

图8-726

15 继续使用“插入”工具 插入 和“挤出”工具 挤出 将模型调整成如图8-727所示的效果。

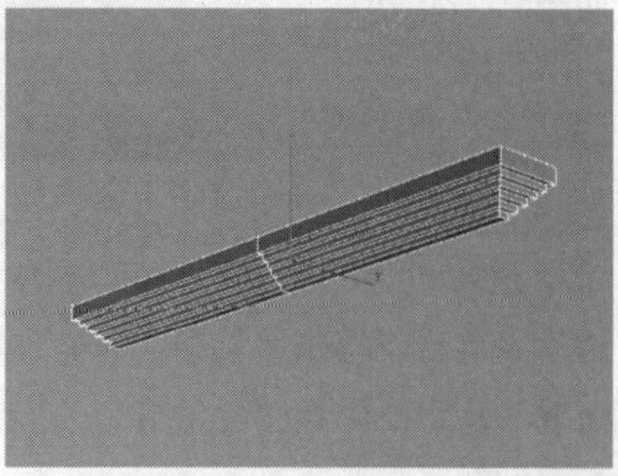

图8-727

16 进入“顶点”级别，然后在前视图中使用“选择并移动”工具将顶点调整成如图8-728所示的效果，整体效果如图8-729所示。

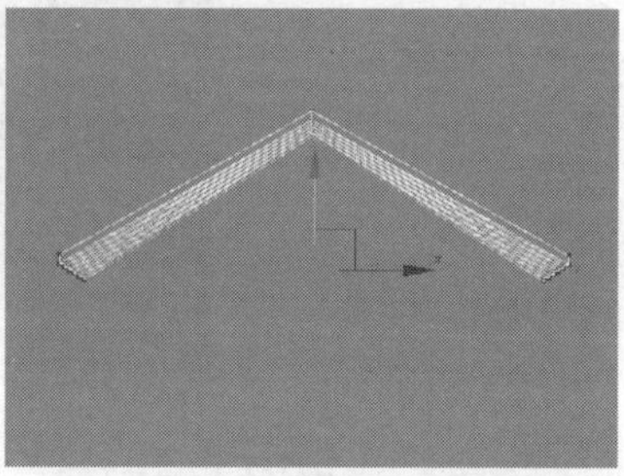

图8-728

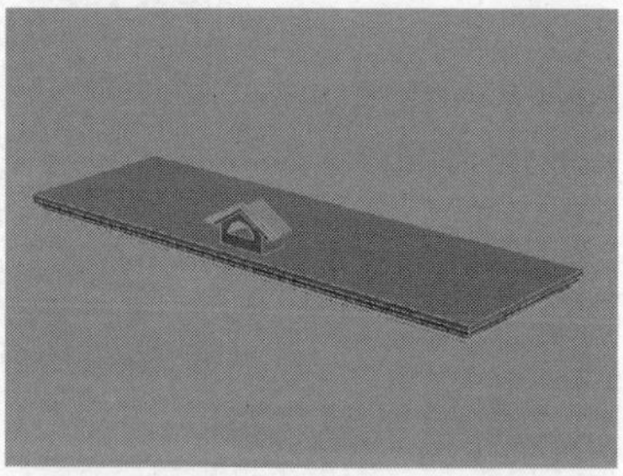

图8-729

17 继续用多边形建模技术制作窗台模型，完成后的效果如图8-730所示。

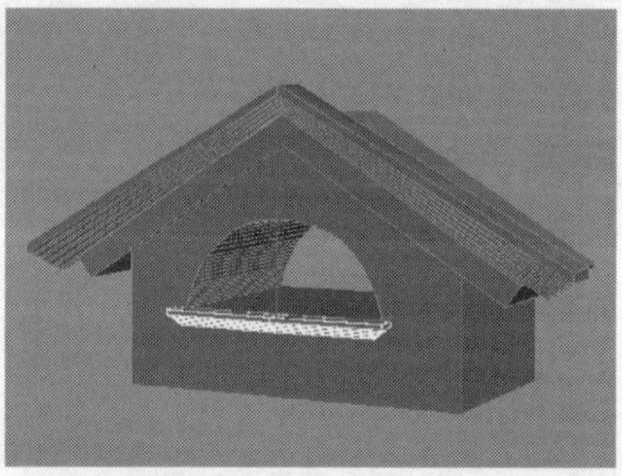

图8-730

18 为小房子模型建立一个组，然后复制一组模型到如图8-731所示的位置。

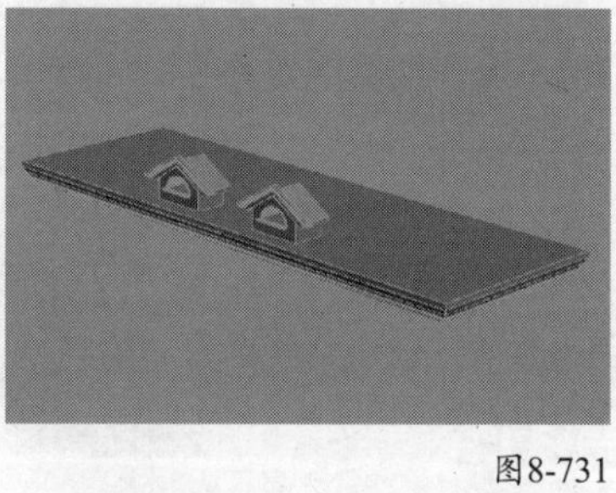

图8-731

19 使用“长方体”工具 长方体 、“倒角”工具 倒角 和“挤出”工具 挤出 创建如图8-732所示的模型。

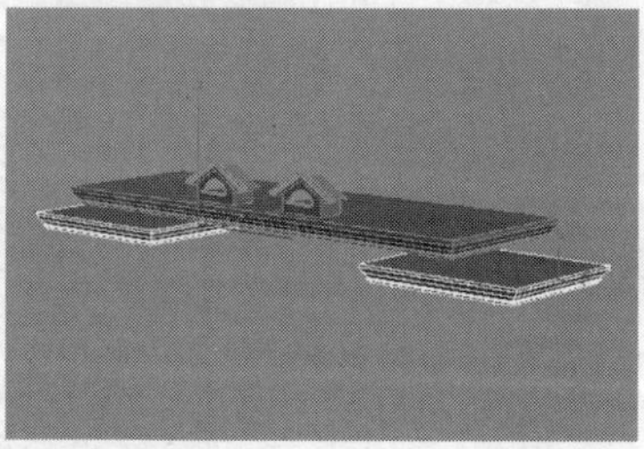

图8-732

20 使用“长方体”工具 长方体 在场景中创建一个长方体，然后在“参数”卷展栏下设置“长度”为4100mm、“宽度”为9500mm、“高度”为3500mm、“长度分段”为1、“宽度分段”为9、“高度分段”为3，具体参数设置及模型位置如图8-733所示。

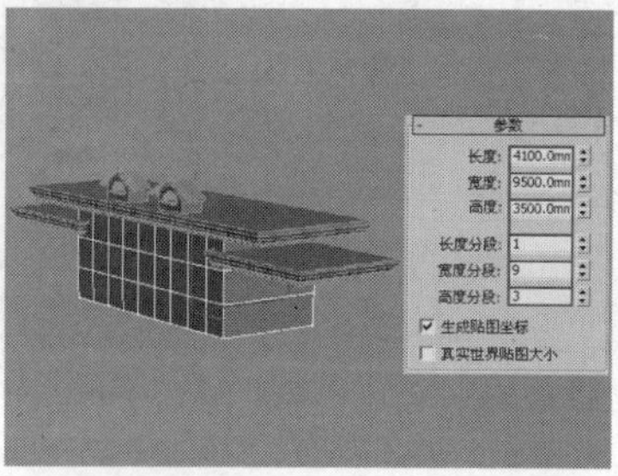

图8-733

21 将长方体转换为可编辑多边形，然后进入“顶点”级别，再将顶点调整成如图8-734所示的效果。

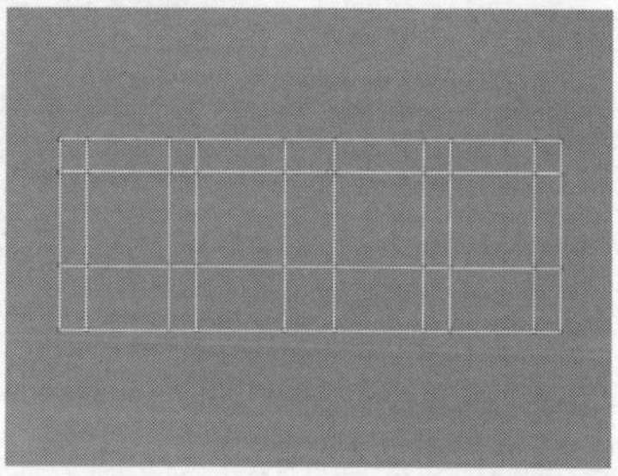

图8-734

22 进入“边”级别，然后选择如图8-735所示的边，再在“编辑边”卷展栏下单击“连接”按钮 连接 后面的“设置”按钮，最后设置“分段”为2、“收缩”为-65，如图8-736所示。

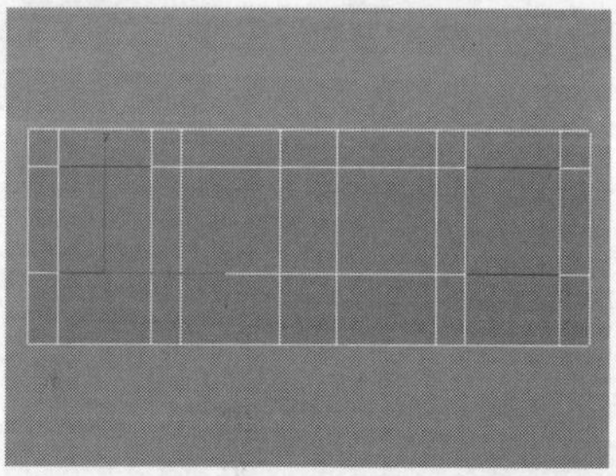

图8-735

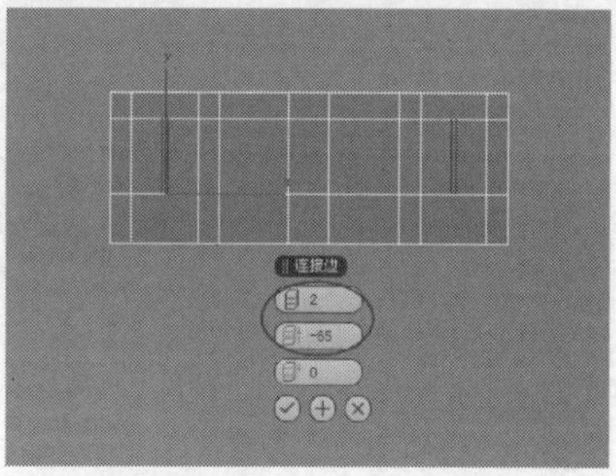

图8-736

23 进入“多边形”级别，然后选择如图8-737所示的多边形，再在“编辑多边形”卷展栏下单击“挤出”按钮 挤出 后面的“设置”按钮，最后设置“高度”为40mm，如图8-738所示。

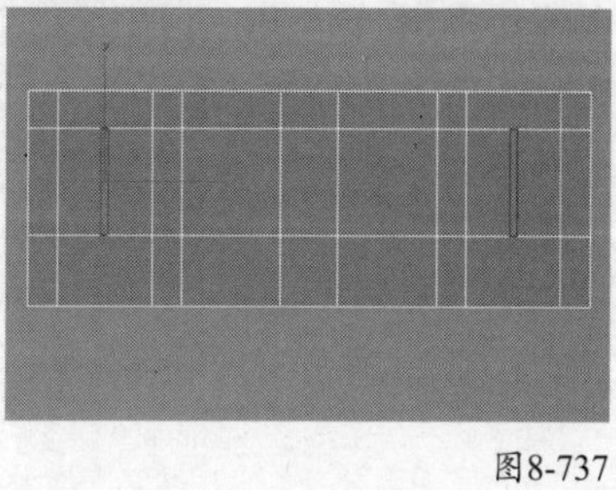

图8-737

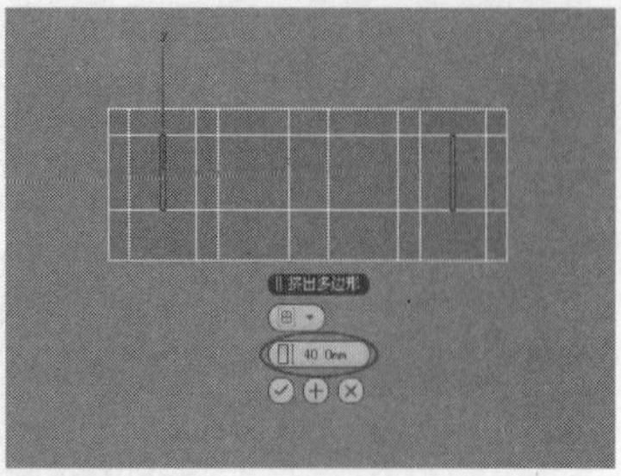

图8-738

24 继续使用“连接”按钮 连接 和“挤出”工具 挤出 制作如图8-739所示的多边形。

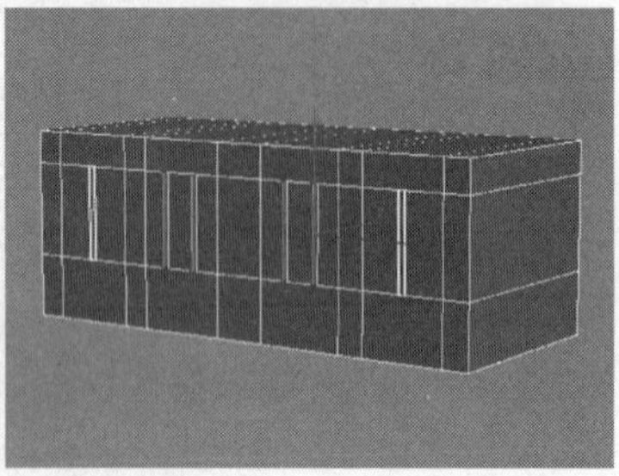

图8-739

25 使用“长方体”工具 长方体 在场景中创建一个长方体，然后在“参数”卷展栏下设置“长度”为130mm、“宽度”为150mm、“高度”为1800mm，具体参数设置及模型位置如图8-740所示，再复制一些长方体到其他位置，如图8-741所示。

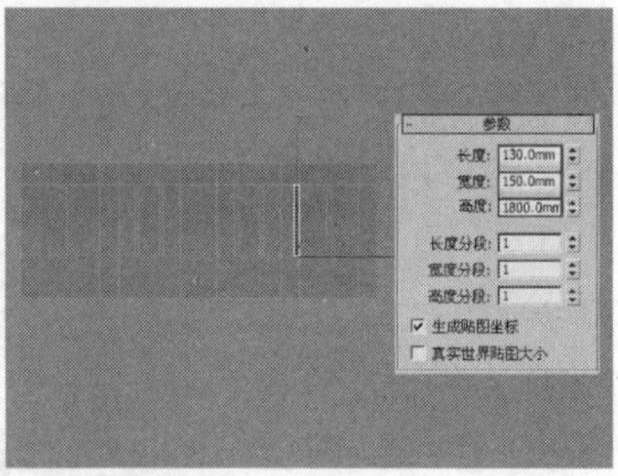

图8-740

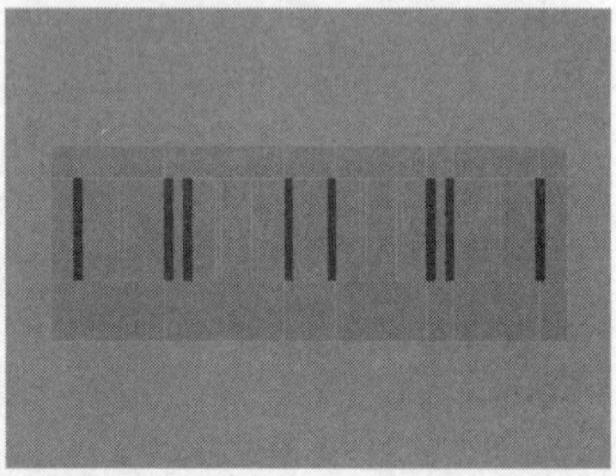

图8-741

26 使用“长方体”工具 长方体 、“倒角”工具 倒角 和“挤出”工具 挤出 制作如图8-742所示的窗台模型。这里提供一张孤立选择图，如图8-743所示。

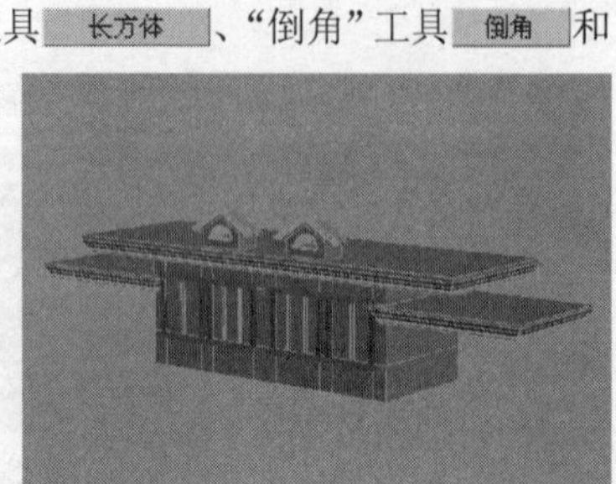

图8-742

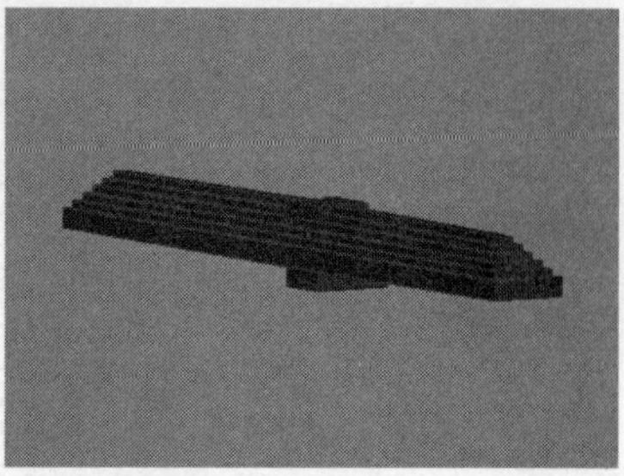

图8-743

27 使用“长方体”工具 长方体 在如图8-744所示的位置创建一个大小合适的长方体。

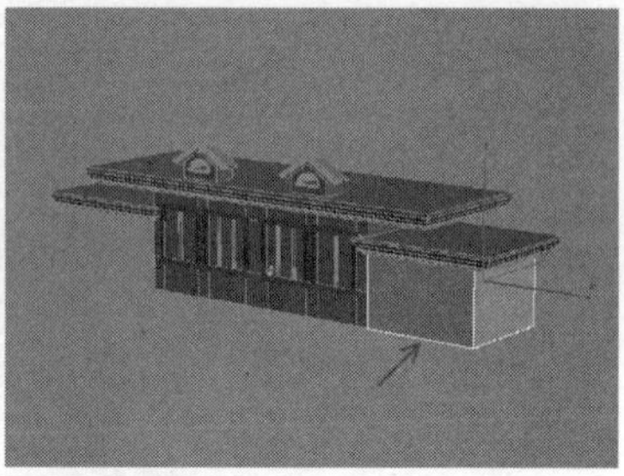

图8-744

28 使用“线”工具 线 在前视图中绘制如图8-745所示的样条线，然后为其加载一个“挤出”修改器，再在“参数”卷展栏下设置“数量”为300mm，效果如图8-746所示。

图8-745

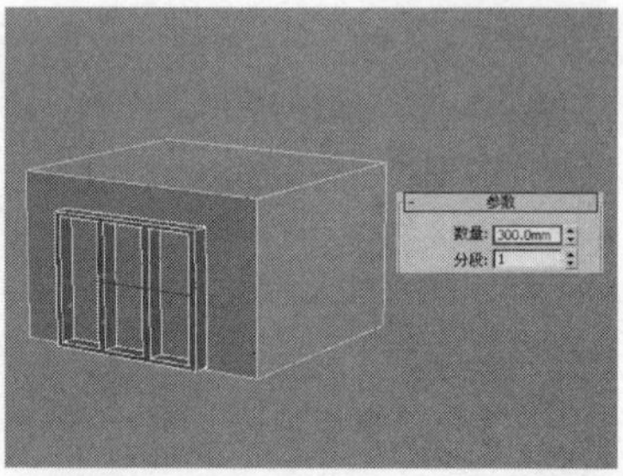

图8-746

29 使用“平面”工具 平面 在前视图中创建一个平面作为玻璃，然后在“参数”卷展栏下设置“长度”为1870mm、“宽度”为2100mm，具体参数设置及平面位置如图8-747所示。

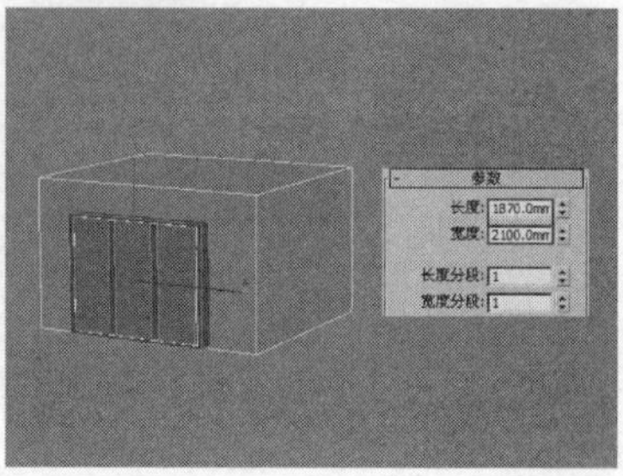

图8-747

30 将前面制作的窗台模型复制一份到大门上，然后使用

“选择并均匀缩放”工具调整好其大小比例，如图8-748所示，再使用“长方体”工具 长方体 创建一些长方体作为装饰砖块，如图8-749所示，最后将制作好的大门模型镜像复制一份到另外一侧，如图8-750所示。

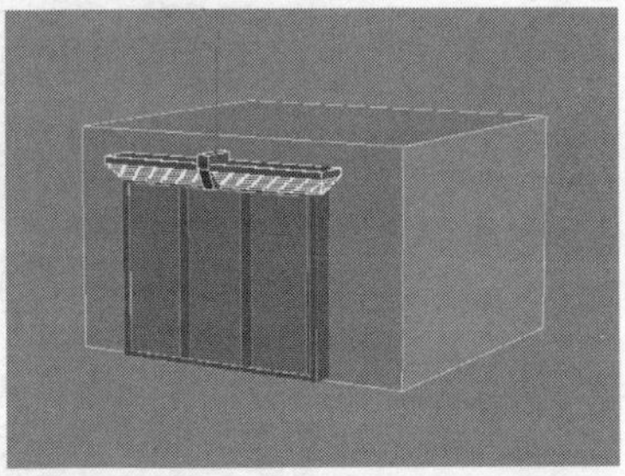

图8-748

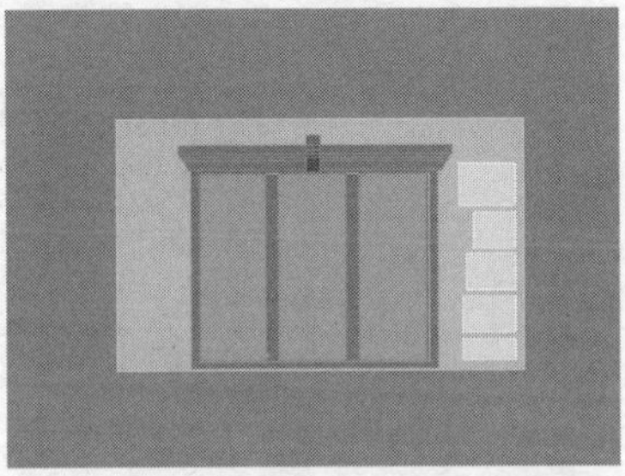

图8-749

图8-750

31 下面制作别墅的中间部分。使用“线”工具 线 在顶视图中绘制如图8-751所示的样条线，然后为其加载一个“挤出”修改器，再在“参数”卷展栏下设置“数量”为200mm，效果如图8-752所示。

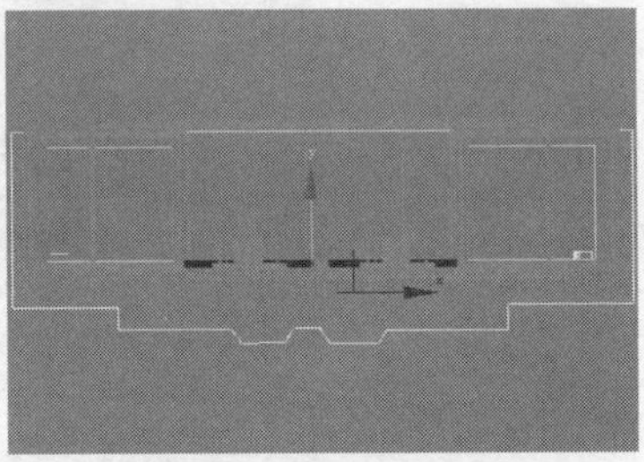

图8-751

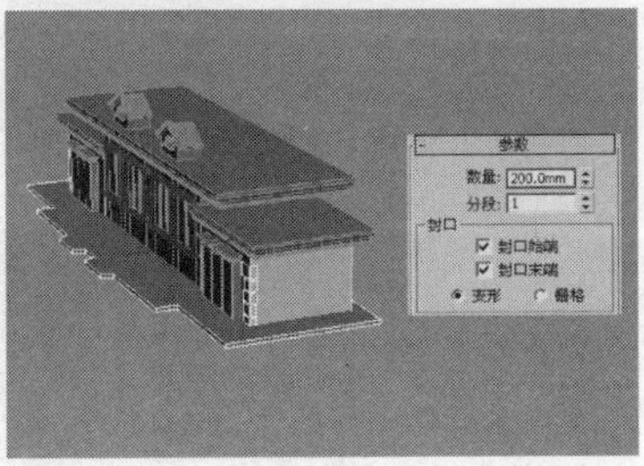

图8-752

32 将模型转换为可编辑多边形，然后使用“倒角”工具 倒角 将模型的底面处理成如图8-753所示的效果。

图8-753

33 使用“线”工具 线 在顶视图中绘制如图8-754所示的样条线，然后为其加载一个“挤出”修改器，再在“参数”卷展栏下设置“数量”为150mm，效果如图8-755所示。

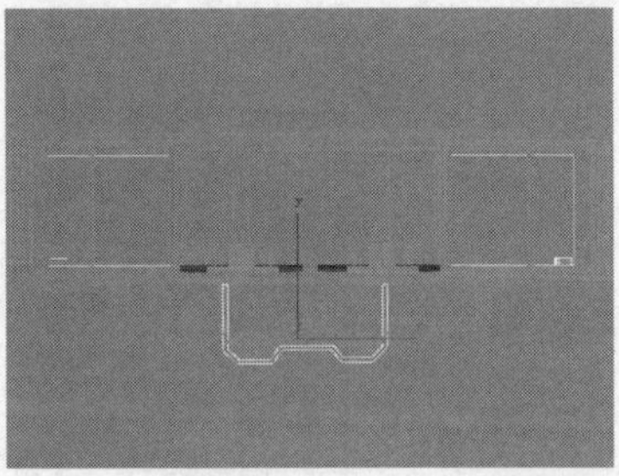

图8-754

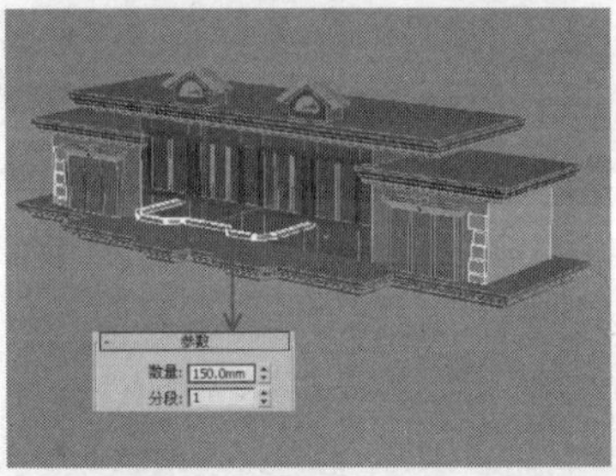

图8-755

34 复制一个围栏到底部，然后将“挤出”修改器的“数量”修改为300mm，效果如图8-756所示。

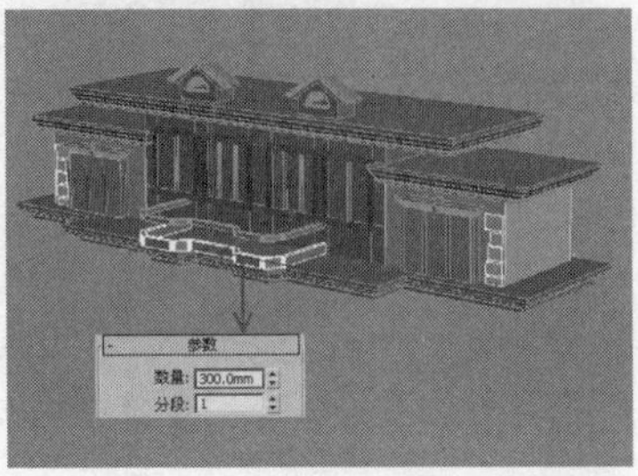

图8-756

35 使用“线”工具 线 在前视图中绘制如图8-757所示的样条线，然后为其加载一个“车削”修改器，再在“参数”卷展栏下设置“分段”为18、“方向”为 Y 、“对齐”方式为 最小 ，如图8-758所示。

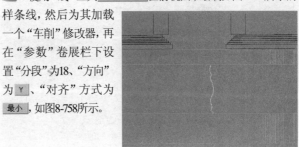

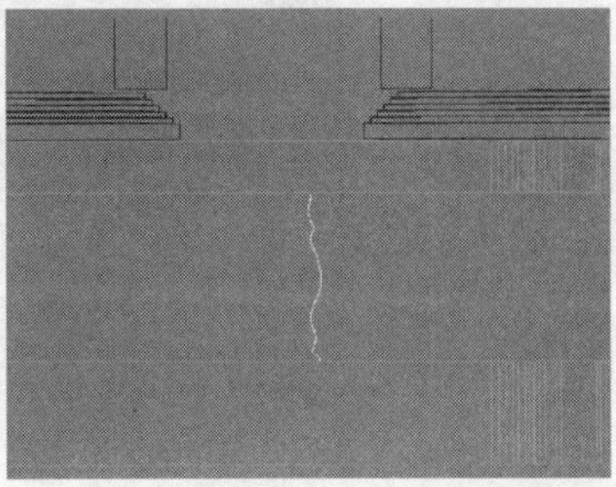

图8-757

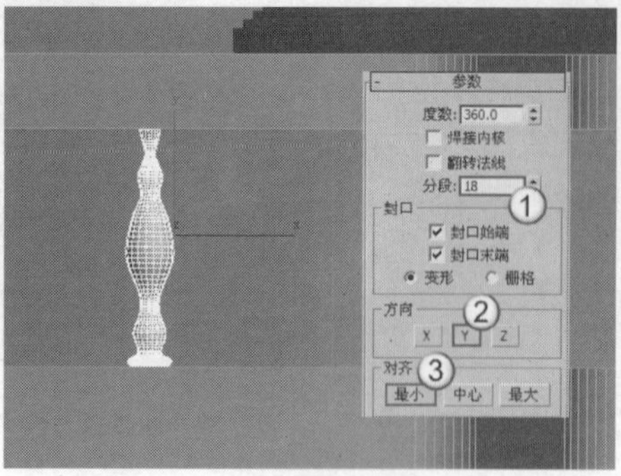

图8-758

36 利用复制功能复制一些罗马柱到围栏的其他位置，如图8-759所示。

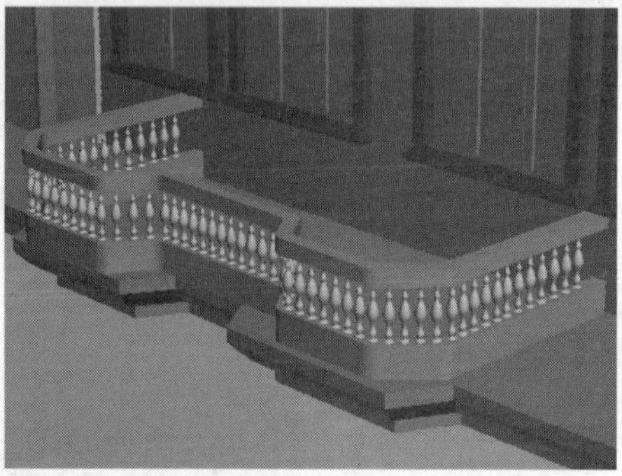

图8-759

37 继续使用样条线建模和多边形建模制作如图8-760所示的模型，然后利用多边形建模制作底层模型（参考顶层的制作方法），如图8-761所示。

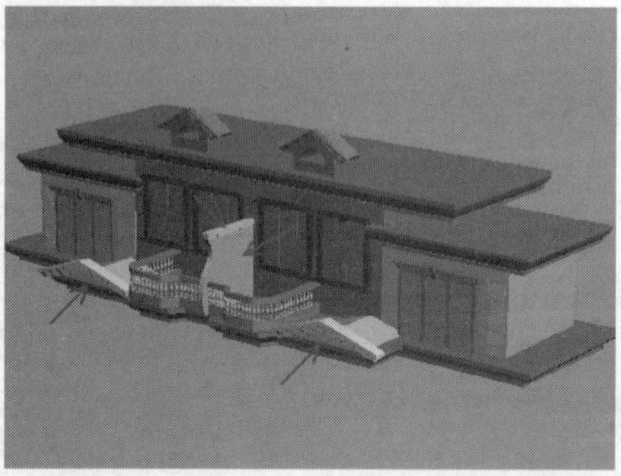

图8-760

图8-761

38 使用“圆柱体”工具 圆柱体 在场景中创建一根柱子模型，如图8-762所示，然后复制4根柱子到其他位置，如图8-763所示。

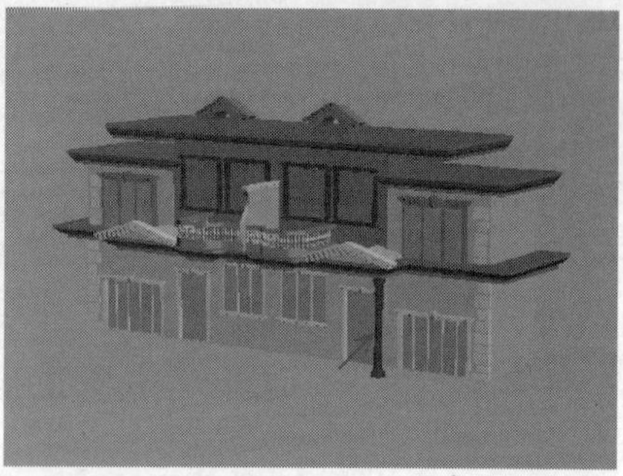

图8-762

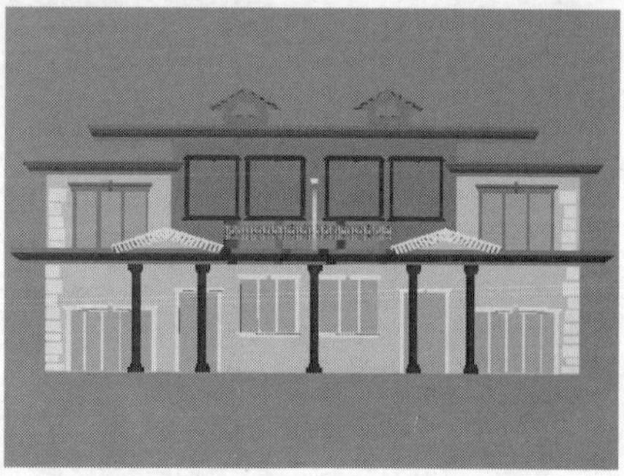

图8-763

39 使用“线”工具 线 在前视图中（两根柱子之间）绘制如图8-764所示的样条线，然后为其加载一个“挤出”修改器，再在“参数”卷展栏下设置“数量”为100mm，效果如图8-765所示，最后复制一个模型到另外一侧的两根柱子之间，如图8-766所示。

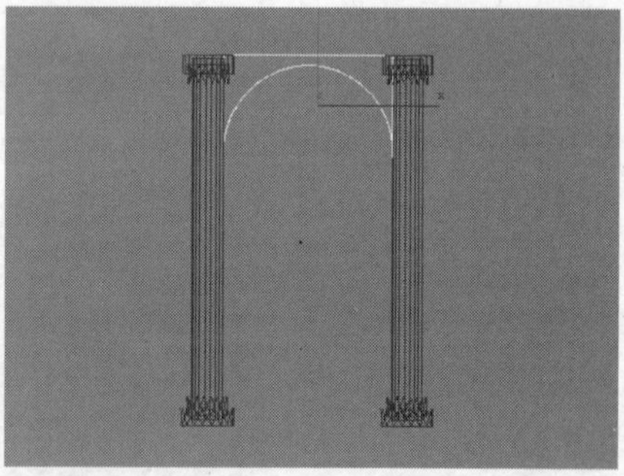

图8-764

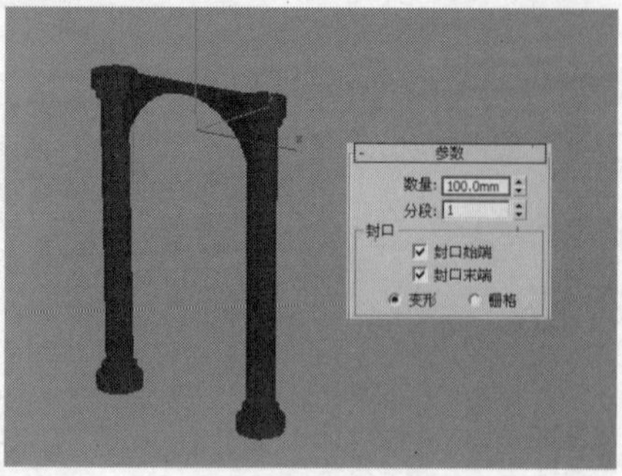

图8-765

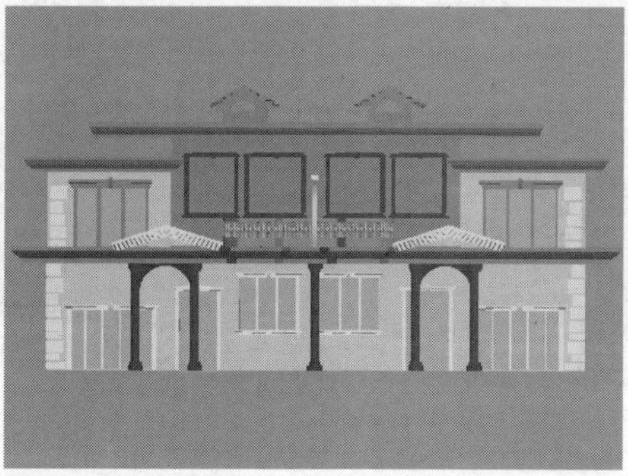

图8-766

40 使用“线”工具 线 在顶视图中绘制如图8-767所示的样条线。这里提供一张孤立选择图，如图8-768所示。

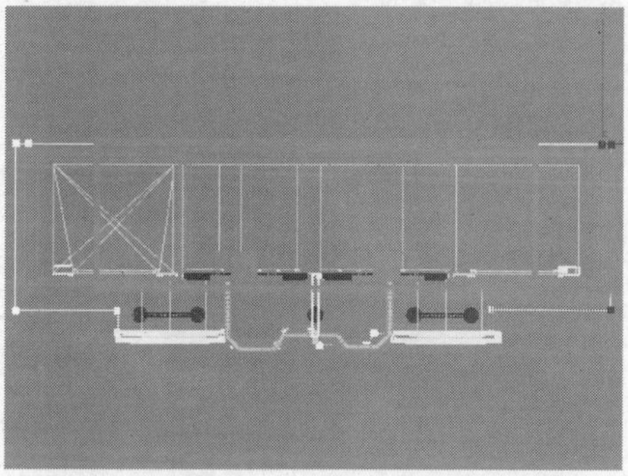

图8-767

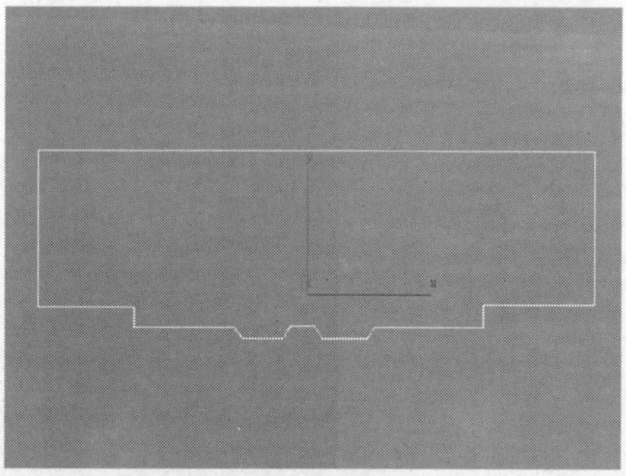

图8-768

41 为样条线加载一个“挤出”修改器，然后在“参数”卷展栏下设置“数量”为200mm，最终效果如图8-769所示。

图8-769

第9章 室内外灯光应用

本章学习要点：

各种灯光的使用方法

室内外真实灯光的布置思路及相关技巧

实战146 壁灯

场景位置	DVD>场景文件>CH09>实战146.max
实例位置	DVD>实例文件>CH09>实战146.max
视频位置	DVD>多媒体教学>CH09>实战146.flv
难易指数	★☆☆☆☆
技术掌握	用VRay球体灯光模拟壁灯

实例介绍

本例将使用VRay灯光中的球体灯光来模拟壁灯的发光效果，如图9-1所示。

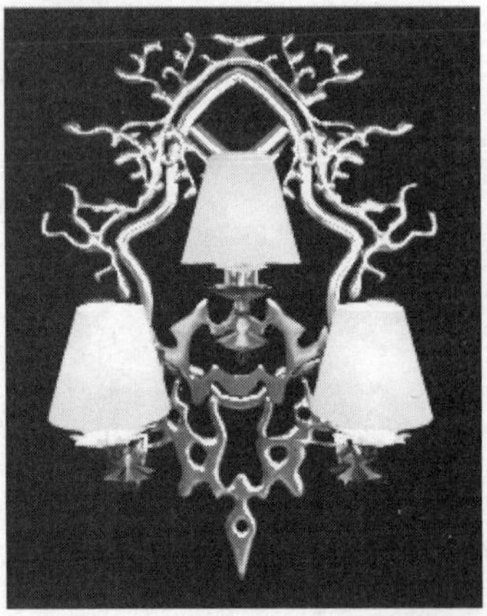

图9-1

操作步骤

01 打开光盘中的“场景文件>CH09>实战146.max ”文件，如图9-2所示。

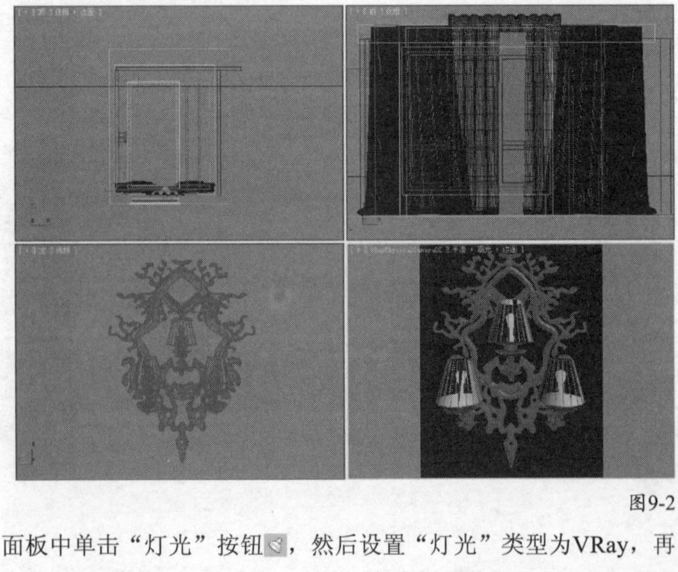

图9-2

02 在“创建”面板中单击“灯光”按钮，然后设置“灯光”类型为VRay，再单击“VRay灯光”按钮 VR灯光 ，最后在“参数”卷展栏下设置“类型”为“球体”，如图9-3所示。

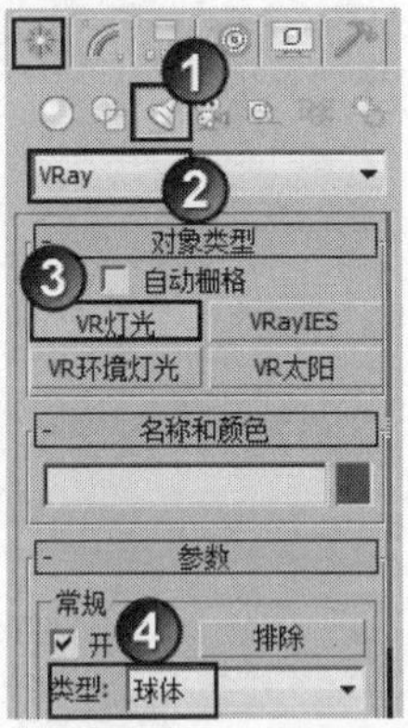

图9-3

03 在顶视图的壁灯灯罩处创建一盏VRay灯光，然后调整其位置到灯罩的中心处，如图9-4所示。

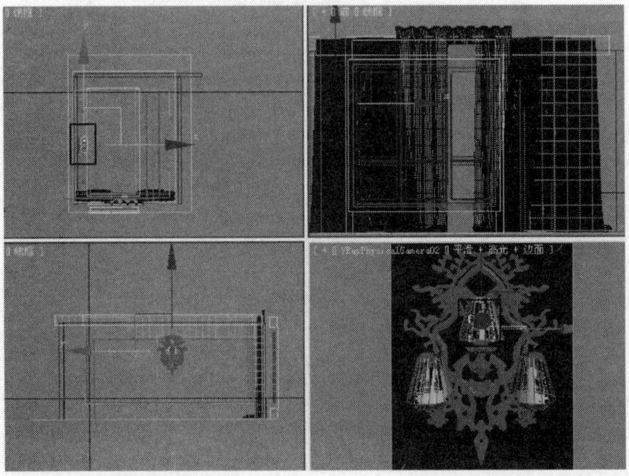

图9-4

04 选择上一步创建的VRay灯光，然后进入“修改”面板，展开“参数”卷展栏，具体参数设置如图9-5所示。

设置步骤

① 在“常规”选项组下设置“类型”为“球体”。

② 在“强度”选项组下设置“倍增”为8，然后设置“颜色”为（红:247，绿:212，蓝:157）。

③ 在“大小”选项组下设置“半径”为6.045cm。

④ 在“选项”选项组下勾选“不可见”选项。

⑤ 在“采样”选项组下设置“细分”为15。

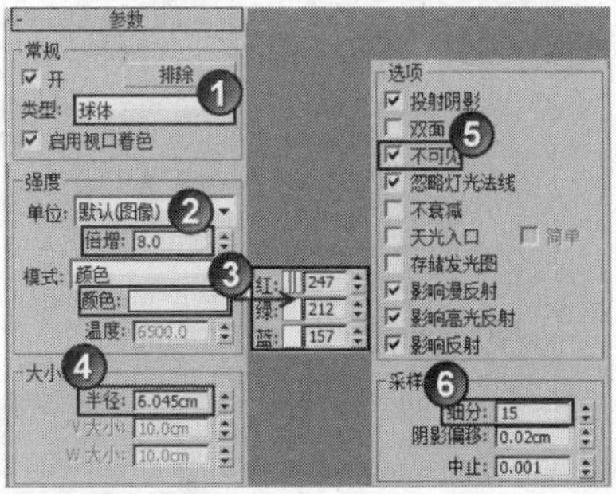

图9-5

技巧与提示

提高灯光的细分值可以减少由该灯光照明产生的阴影噪点。

05 选择VRay灯光，然后以“实例”方式复制两盏到其他两个灯罩内，如图9-6所示。

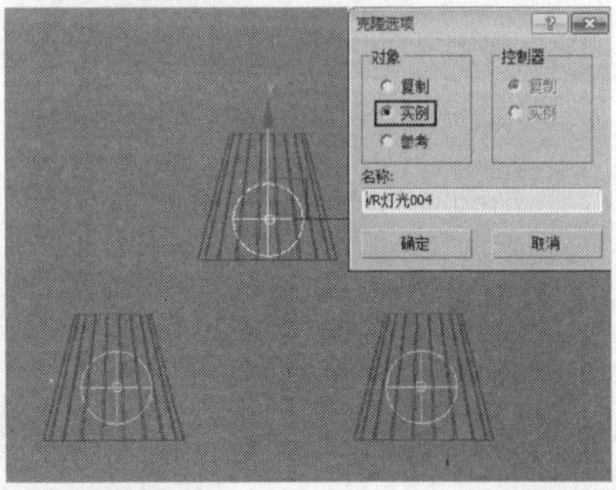

图9-6

技巧与提示

当设置VRay灯光的“类型”为“球体”时，这种灯光就和“标准”灯光中的泛光灯类似。但是VRay灯光的阴影比泛光灯的阴影更加真实，且设置的项目也要少一些。

06 在透视图中按C键切换到摄影机视图，然后按F9键渲染当前场景，最终效果如图9-7所示。

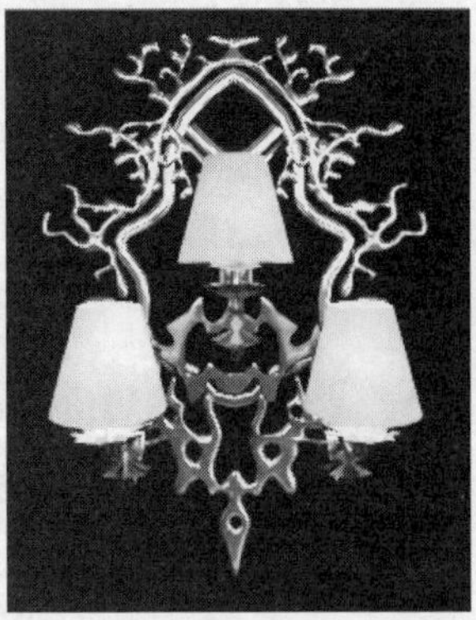

图9-7

实战147 灯泡照明

场景位置	DVD>场景文件>CH09>实战147.max
实例位置	DVD>实例文件>CH09>实战147.max
视频位置	DVD>多媒体教学>CH09>实战147.flv
难易指数	★☆☆☆☆
技术掌握	用VRay球体灯光模拟灯泡照明

实例介绍

本例将使用VRay灯光中的球体灯光来模拟灯泡的发光效果，如图9-8所示。

图9-8

操作步骤

01 打开光盘中的“场景文件>CH09>实战147.max”文件，如图9-9所示。

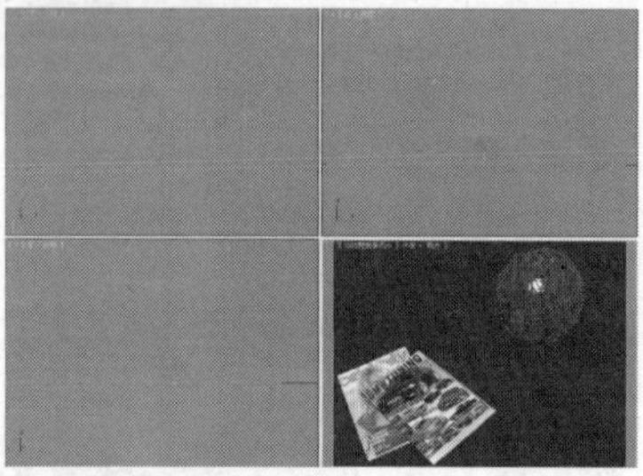

图9-9

02 设置“灯光”类型为VRay，然后单击“VRay灯光”按钮 VR灯光 ，再在顶视图中的灯罩处创建一盏VRay灯光，最后调整其位置到灯罩的中心处，如图9-10所示。

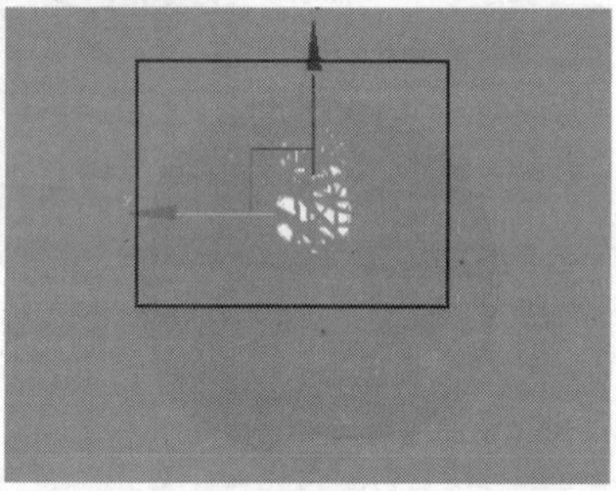

图9-10

03 选择上一步创建的VRay灯光，然后进入“修改”面板，展开“参数”卷展栏，具体参数设置如图9-11所示。

设置步骤

① 在“常规”选项组下设置“类型”为“球体”。

② 在“强度”选项组下设置“倍增”为40，然后设置“颜色”为白色。

③ 在“大小”选项组下设置“半径”为25mm。

④ 在“采样”选项组下设置“细分”为30。

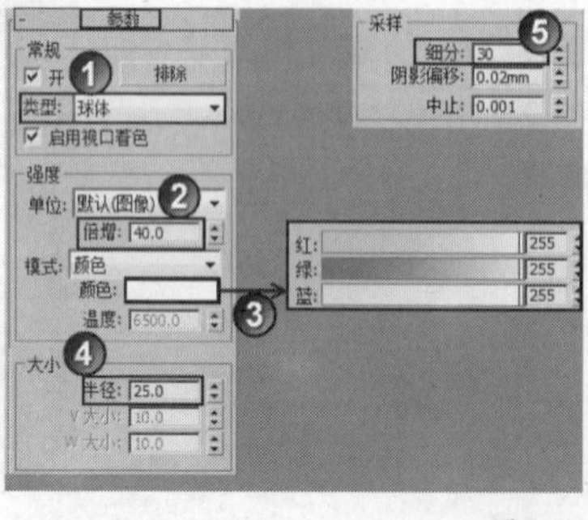

图9-11

04 按F9键渲染当前场景，效果如图9-12所示。

图9-12

05 继续在场景中创建一盏VRay灯光，其位置如图9-13所示。

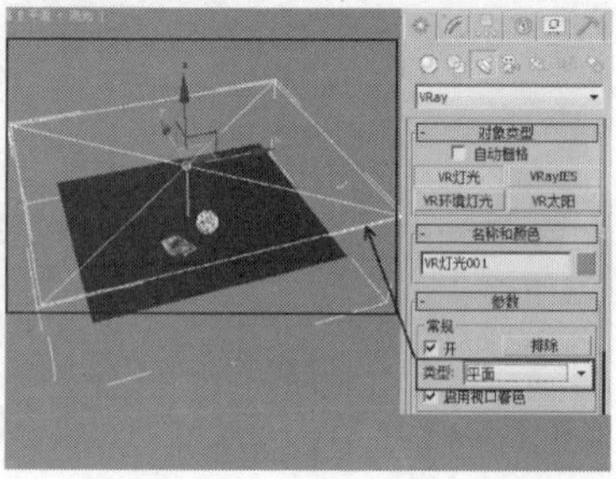

图9-13

06 选择上一步创建的VRay灯光，然后进入“修改”面板，展开“参数”卷展栏，具体参数设置如图9-14所示。

设置步骤

① 在“常规”选项组下设置“类型”为“平面”。

② 在“强度”选项组下设置“倍增”为0.04，然后设置“颜色”为白色。

③ 在“大小”选项组下设置“1/2长”为1500、“1/2宽”为1400。

④ 在“选项”选项组下勾选“不可见”选项。

⑤ 在“采样”选项组下设置“细分”为30。

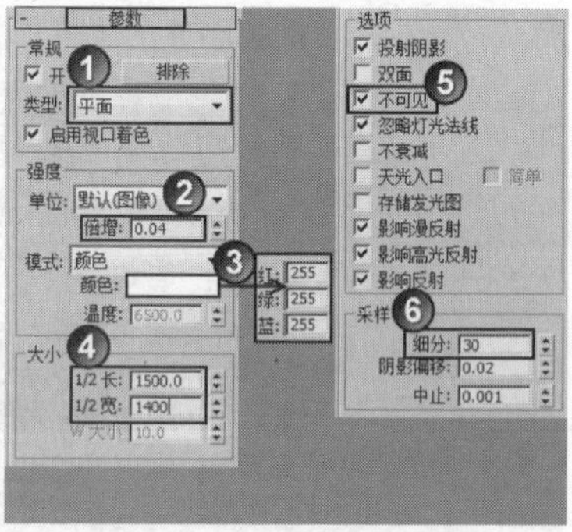

图9-14

> **技巧与提示**
>
> 注意，在创建VRay灯光时，一般都要勾选“不可见”选项，这样在最终渲染的效果中才不会出现VRay灯光的形状。

07 在透视图中按C键切换到摄影机视图，然后按F9键渲染当前场景，最终效果如图9-15所示。

图9-15

实战148 灯带

场景位置	DVD>场景文件>CH09>实战148.max
实例位置	DVD>实例文件>CH09>实战148.max
视频位置	DVD>多媒体教学>CH09>实战148.flv
难易指数	★☆☆☆☆
技术掌握	用VRay平面灯光模拟发光灯带

实例介绍

本例将使用VRay灯光中的平面灯光来模拟灯带的发光效果，如图9-16所示。

图9-16

操作步骤

01 打开光盘中的“场景文件>CH09>实战148.max”文件，如图9-17所示。

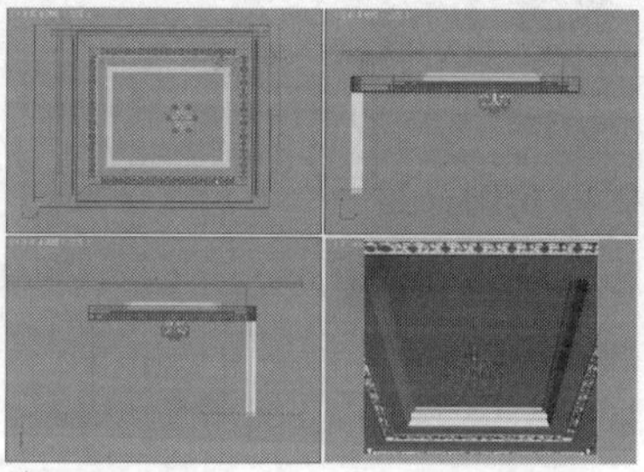

图9-17

02 在顶视图中根据吊顶灯槽的大小与位置创建4盏VRay灯光，然后在左视图中调整好高度，如图9-18所示。

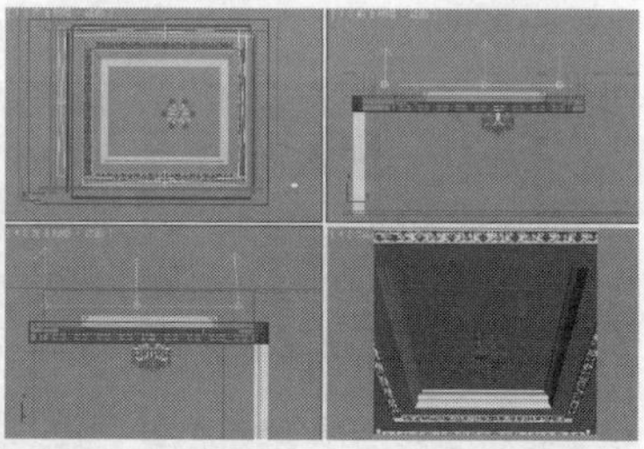

图9-18

03 选择上一步创建的VRay灯光，然后进入“修改”面板，展开“参数”卷展栏，具体参数设置如图9-19所示。

设置步骤

① 在“常规”选项组下设置“类型”为“平面”。

② 在“强度”选项组下设置“倍增”为30，然后设置“颜色”为（红:255，绿:158，蓝:71）。

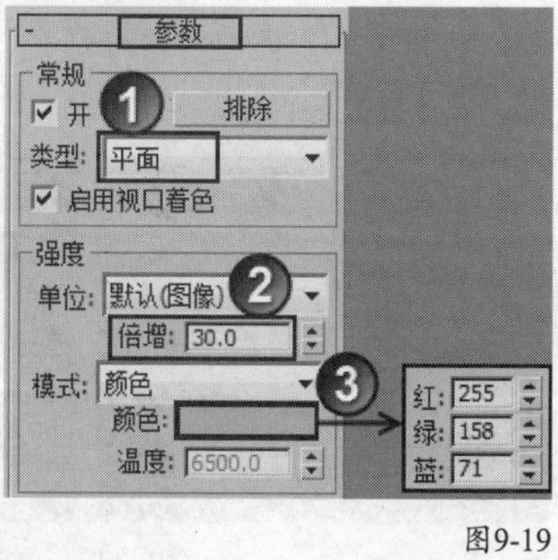

图9-19

04 在透视图中按C键切换到摄影机视图，然后按F9键渲染当前场景，最终效果如图9-20所示。

图9-20

技巧与提示

在现实生活中，灯带的效果通常不是由灯带单一照明产生的。比如在本例中，也可以设置“灯光”类型为“光度学”，然后使用“目标灯光”工具 目标灯光 在吊顶的四周创建如图9-21所示的目标灯光，以烘托灯带的照明效果，最终得到如图9-22所示的灯带照明效果。

图9-21

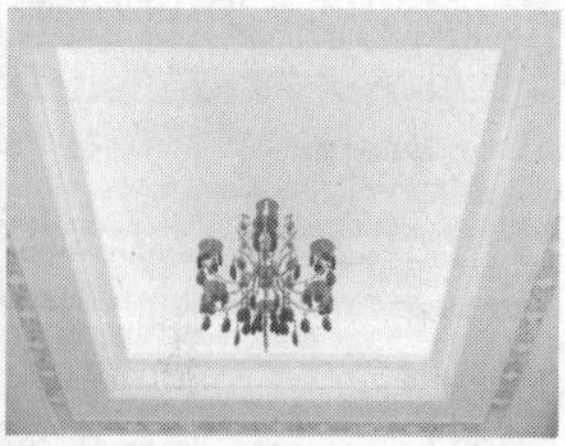

图9-22

实战149 吊灯

场景位置	DVD>场景文件>CH09>实战149.max
实例位置	DVD>实例文件>CH09>实战149.max
视频位置	DVD>多媒体教学>CH09>实战149.flv
难易指数	★☆☆☆☆
技术掌握	用VRay球体灯光和平面灯光模拟吊灯照明

实例介绍

本例将使用VRay灯光中的球体灯光与平面灯光来模拟吊灯的发光效果，如图9-23所示。

图9-23

操作步骤

01 打开光盘中的“场景文件>CH09>实战149.max”文件，如图9-24所示。

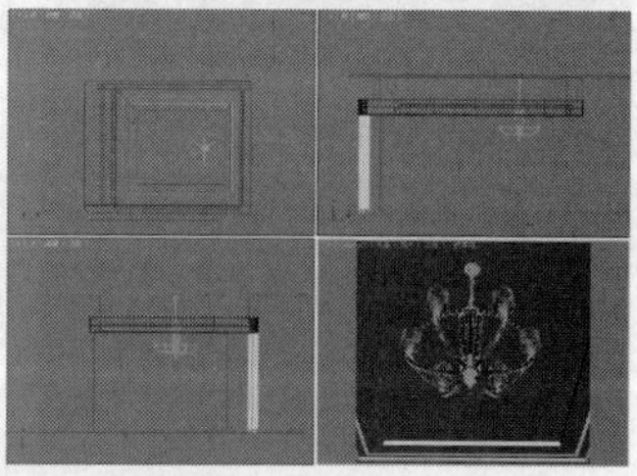

图9-24

02 设置“灯光”类型为VRay，然后在灯罩内创建6盏

VRay灯光，其位置如图9-25所示。

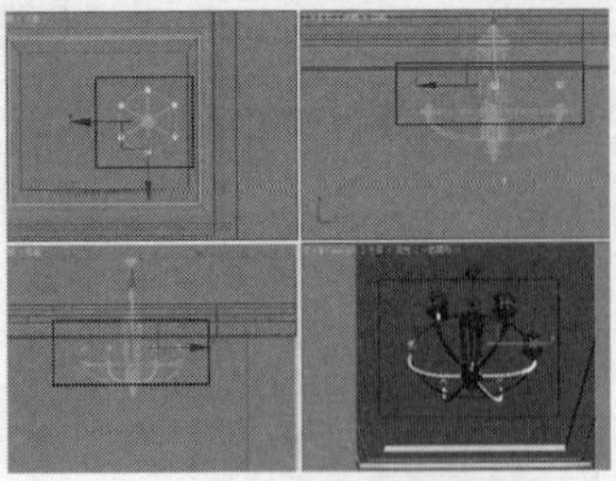

图9-25

技巧与提示

注意，这6盏灯光的参数设置均相同，因此只需要先创建其中一盏，然后通过“实例”复制出另外5盏，这样在修改其中任何一盏灯光的参数时，其他的灯光参数均会产生相同的变化。另外，在本章中的其他实例中，如果一次性创建多盏相同的灯光，均采用这种创建方式。

03 选择上一步创建的任意一盏VRay灯光，然后进入“修改”面板，展开“参数”卷展栏，具体参数设置如图9-26所示。

设置步骤

① 在“常规”选项组下设置“类型”为“球体”。

② 在“强度”选项组下设置“倍增”为100，然后设置“颜色”为（红:253，绿:184，蓝:76）。

③ 在“大小”选项组下设置“半径”为20。

④ 在“选项”选项组下勾选“不可见”选项，然后关闭“影响反射”选项。

⑤ 在“采样”选项组下设置“细分”为20。

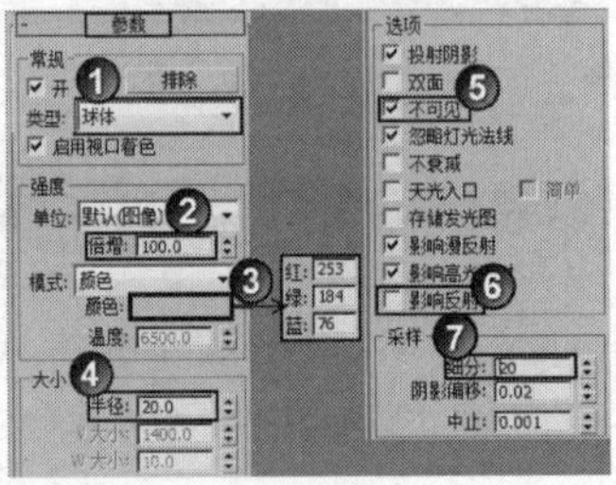

图9-26

04 按F9键渲染当前场景，效果如图9-27所示。此时可以观察到吊灯产生了照明效果，但由于没有后方灯带的映衬，因此效果并不理想。

05 继续在光槽内创建4盏VRay灯光，其位置如图9-28所示。

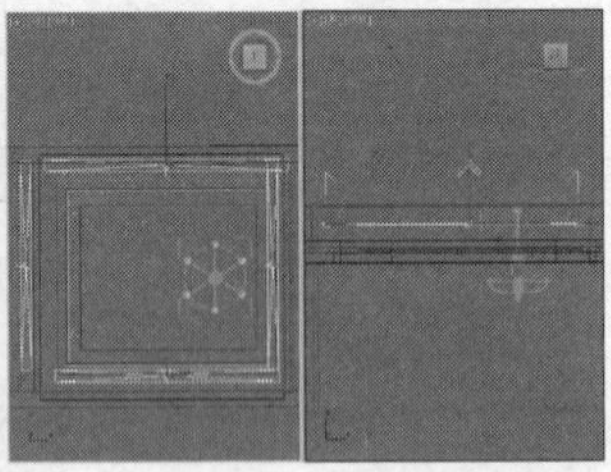

图9-27 图9-28

06 选择上一步创建的任意一盏VRay灯光，然后进入“修改”面板，展开“参数”卷展栏，具体参数设置如图9-29所示。

设置步骤

① 在“常规”选项组下设置“类型”为“平面”。

② 在“强度”选项组下设置“倍增”为2，然后设置“颜色”为（红:255，绿:158，蓝:71）。

③ 在“大小”选项组下设置“1/2长”为2500mm、“1/2宽”为120mm。

④ 在“选项”选项组下勾选“不可见”选项。

⑤ 在“采样”选项组下设置“细分”为16。

07 在透视图中按C键切换到摄影机视图，然后按F9键渲染当前场景，最终效果如图9-30所示。

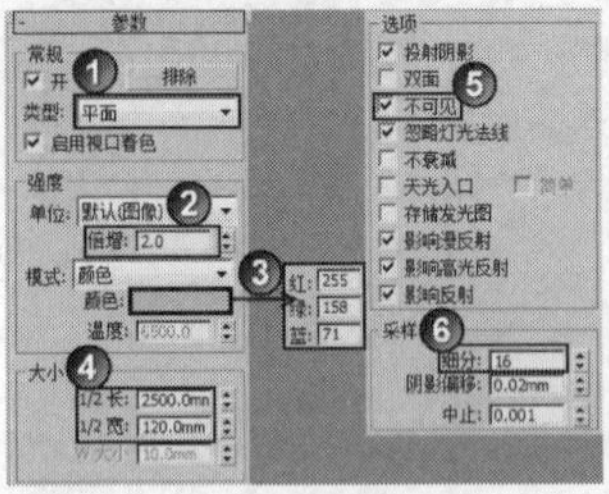

图9-29 图9-30

实战150 射灯

场景位置	DVD>场景文件>CH09>实战150.max
实例位置	DVD>实例文件>CH09>实战150.max
视频位置	DVD>多媒体教学>CH09>实战150.flv
难易指数	★☆☆☆☆
技术掌握	用目标灯光模拟射灯

实例介绍

本例将使用目标灯光来模拟射灯的发光效果，如图9-31所示。

操作步骤

01 打开光盘中的“场景文件>CH09>实战150.max”文件，如图9-32所示。

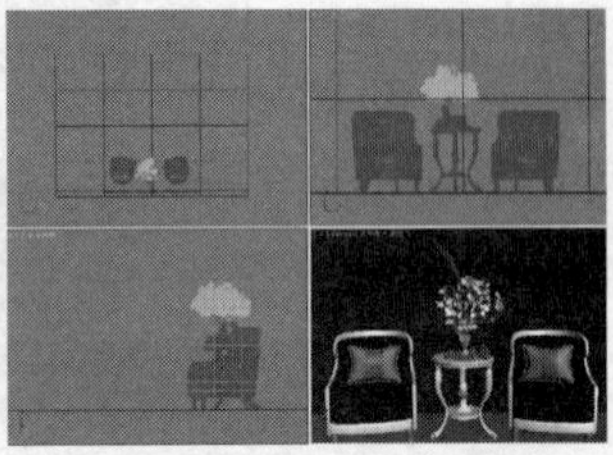

图9-31 图9-32

02 设置“灯光”类型为“光度学”，然后使用“目标灯光”工具 目标灯光 在左侧的沙发上方创建一盏目标灯光，其位置如图9-33所示。

03 选择上一步创建的目标灯光，然后进入“修改”面板，具体参数设置如图9-34所示。

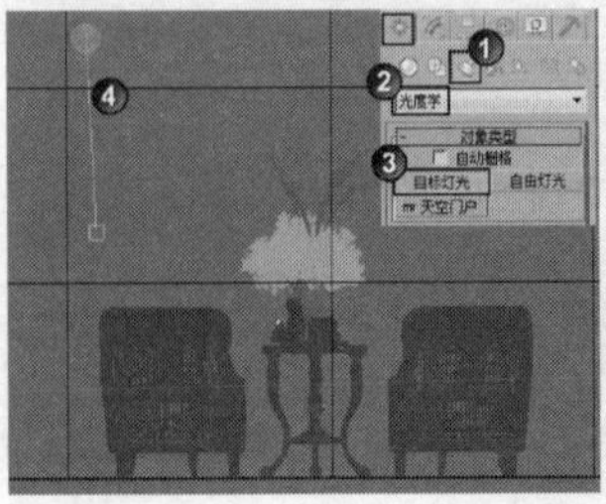

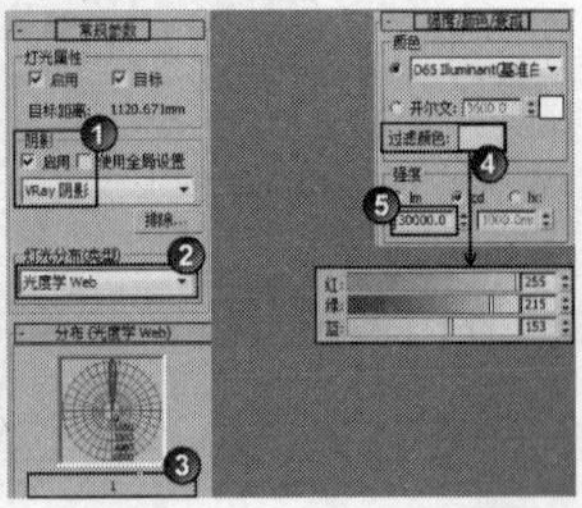

图9-33 图9-34

设置步骤

① 展开“常规参数”卷展栏，然后在“阴影”选项组下勾选“启用”选项，再设置阴影类型为“VRay阴影”，最后设置“灯光分布（类型）”为“光度学Web”。

② 展开“分布（光度学Web）”卷展栏，然后在通道中加载光盘中的“实例文件>CH09>实战150>1.ies”文件。

③ 展开“强度/颜色/衰减”卷展栏，然后设置“过滤颜色”为（红:255，绿:215，蓝:153），再设置“强度”为30000。

技术专题 20 光域网概述

将“灯光分布（类型）”设置为“光度学Web”后，系统会自动增加一个“分布（光度学Web）”卷展栏，在下面的通道中可以加载光域网文件。

光域网是灯光的一种物理性质，用来确定光在空气中的发散方式。

不同的灯光在空气中的发散方式也不相同，比如手电筒会发出一个光束，而壁灯或台灯发出的光又是另外一种形状，这些不同的形状是由灯光自身的特性来决定的，也就是说这些形状是由光域网造成的。灯光之所以会产生不同的图案，是因为每种灯在出厂时，厂家都要对每种灯指定不同的光域网。在3ds Max中，如果为灯光指定一个特殊的文件，就可以产生与现实生活中相同的发散效果，这种特殊文件的标准格式为.ies。图9-35所示是一些不同光域网的显示形态，图9-36所示是这些光域网的渲染效果。

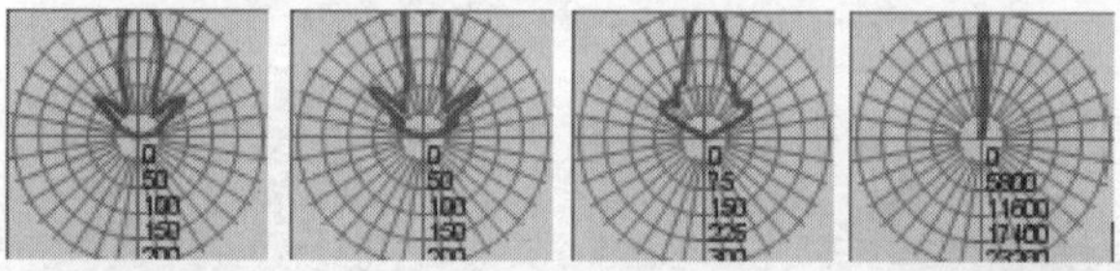

图9-35

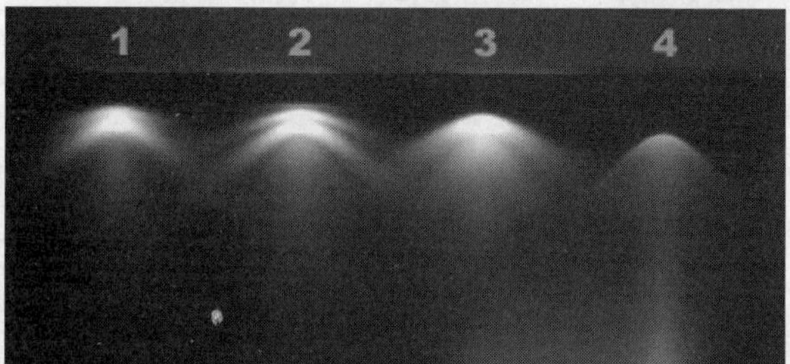

图9-36

04 以“实例”复制方式复制3盏目标灯光到沙发上方的其他位置，如图9-37所示。

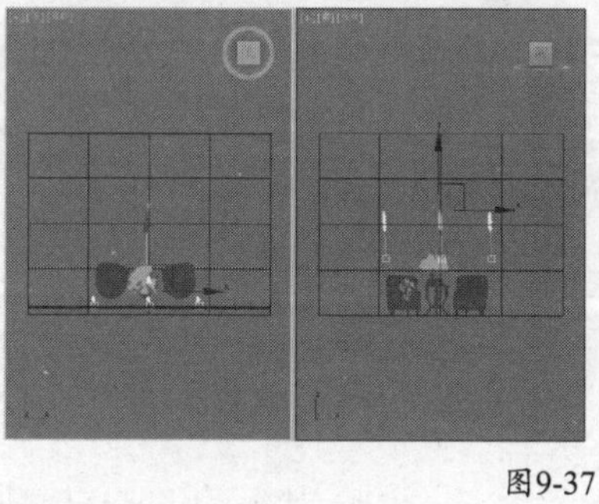

图9-37

05 按F9键渲染当前场景，最终效果如图9-38所示。

图9-38

技巧与提示

在实际工作中，对于射灯（筒灯）的使用有一个小技巧：如果为了突出场景中的某处设计亮点或主题，即使设计中该处正上方并不存在灯位，仍然可以在其上方创建一盏射灯（筒灯）进行针对性照明，比如本例花束上方的射灯。

实战151 台灯

场景位置	DVD>场景文件>CH09>实战151.max
实例位置	DVD>实例文件>CH09>实战151.max
视频位置	DVD>多媒体教学>CH09>实战151.flv
难易指数	★☆☆☆☆
技术掌握	用VRay球体灯光模拟台灯

实例介绍

本例将使用VRay灯光中的球体灯光来模拟台灯的发光效果，如图9-39所示。

图9-39

操作步骤

01 打开光盘中的“场景文件>CH09>实战151.max”文件，如图9-40所示。

02 设置“灯光”类型为VRay，然后在台灯的灯罩内创建一盏VRay灯光，其位置如图9-41所示。

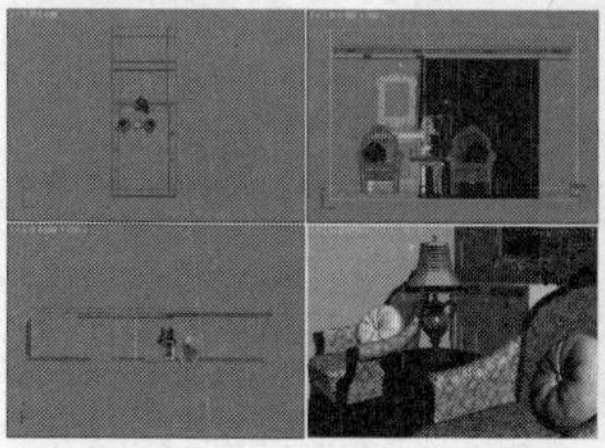

图9-40

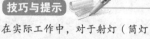

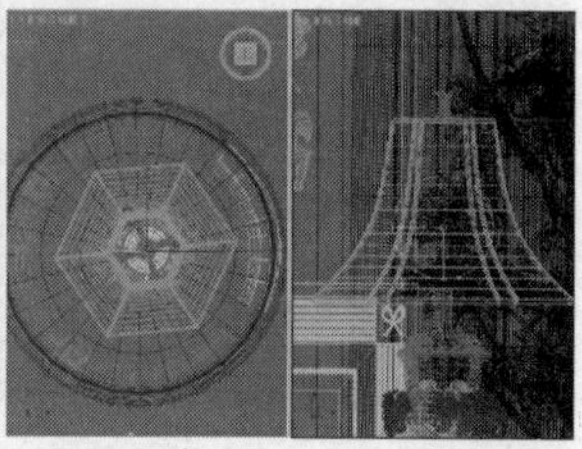

图9-41

03 选择上一步创建的VRay灯光，然后进入“修改”面板，展开“参数”卷展栏，具体参数设置如图9-42所示。

设置步骤

① 在“常规”选项组下设置“类型”为“球体”。

② 在“强度”选项组下设置“倍增”为60，然后设置“颜色”为（红:255，绿:219，蓝:161）。

③ 在“大小”选项组下设置“半径”为80mm。

④ 在“选项”选项组下勾选“不可见”选项。

⑤ 在“采样”选项组下设置“细分”为20。

04 按F9键渲染当前场景，效果如图9-43所示。此时可以观察到台灯已经发出了照明效果，但是画面有些偏冷，显得不温馨。

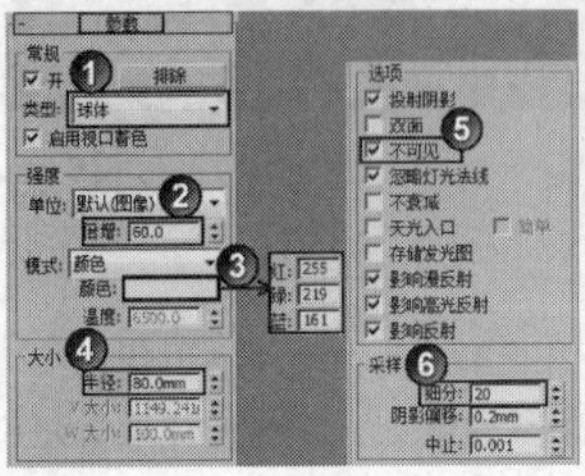

图9-42

图9-43

05 设置“灯光”类型为“光度学”，然后在沙发的后方创建两盏目标灯光，其位置如图9-44所示。

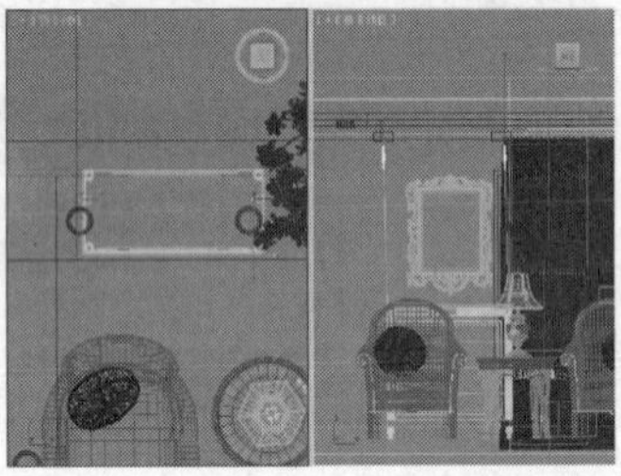

图9-44

06 选择上一步创建的目标灯光，然后进入“修改”面板，具体参数设置如图9-45所示。

设置步骤

① 展开“常规参数”卷展栏，然后在“阴影”选项组下勾选“启用”选项，再设置阴影类型为“VRay阴影”，最后设置“灯光分布（类型）”为“光度学Web”。

② 展开“分布（光度学Web）”卷展栏，然后在通道中加载一个光盘中的“实例文件>CH09>实战151>1.ies”文件。

③ 展开“强度/颜色/衰减”卷展栏，然后设置“过滤颜色”为（红:255，绿:201，蓝:116），再设置“强度”为34000。

07 在透视图中按C键切换到摄影机视图，然后按F9键渲染当前场景，最终效果如图9-46所示。

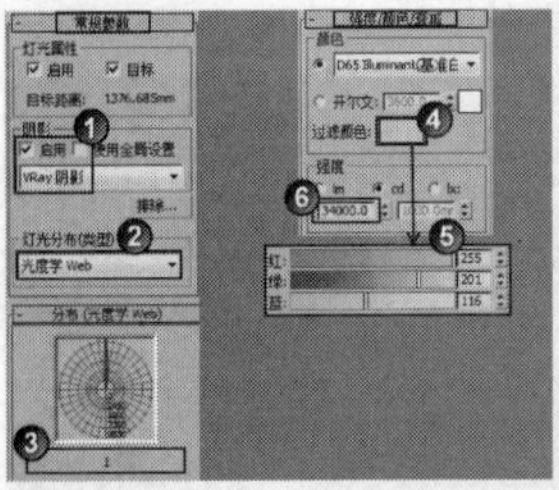

图9-45

图9-46

实战152 烛光

场景位置	DVD>场景文件>CH09>实战152.max
实例位置	DVD>实例文件>CH09>实战152.max
视频位置	DVD>多媒体教学>CH09>实战152.flv
难易指数	★☆☆☆☆
技术掌握	用VRay球体灯光模拟烛光；用VRay平面灯光模拟补光

实例介绍

本例将使用VRay灯光中的球体灯光来模拟蜡烛的发光效果，如图9-47所示。

操作步骤

01 打开光盘中的“场景文件>CH09>实战152.max”文件，如图9-48所示。

图9-47

图9-48

02 设置“灯光”类型为VRay，然后在顶视图中创建3盏VRay灯光，再将其放在蜡烛的火苗处，如图9-49所示。

03 选择上一步创建的VRay灯光，然后进入“修改”面板，展开“参数”卷展栏，具体参数设置如图9-50所示。

设置步骤

① 在“基本”选项组下设置“类型”为“球体”。

② 在“亮度”选项组下设置“倍增”为70，然后设置“颜色”为（红:252，绿:166，蓝:17）。

③ 在“大小”选项组下设置“半径”为660mm。

④ 在“选项”选项组下勾选“不可见”选项。

⑤ 在“采样”选项组下设置“细分”为20。

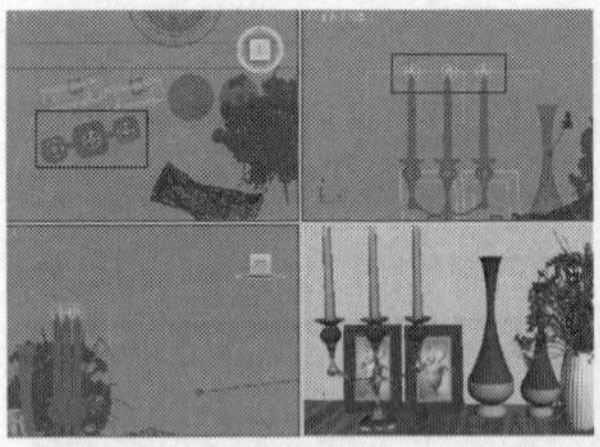

图9-49

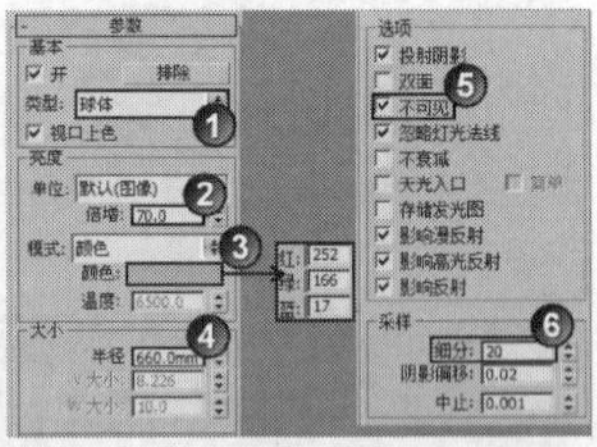

图9-50

04 继续在场景中创建一盏VRay平面光源用于补光，其大小、位置与角度如图9-51所示。

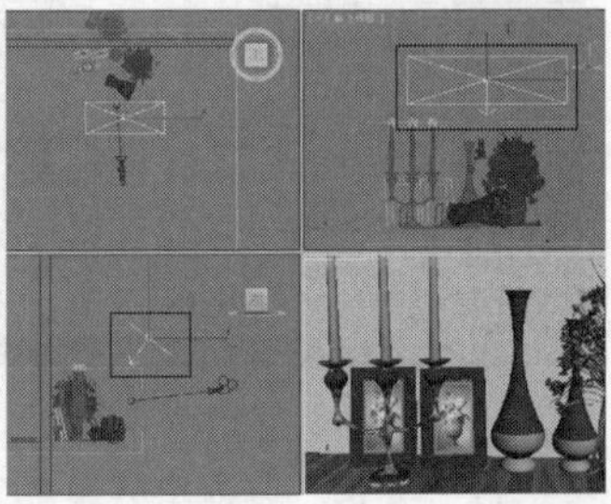

图9-51

05 选择上一步创建的VRay灯光，然后进入“修改”面板，展开“参数”卷展栏，具体参数设置如图9-52所示。

设置步骤

① 在“基本”选项组下设置“类型”为“平面”。

② 在“亮度”选项组下设置“倍增”为1.5，然后设置“颜色”为白色。

③ 在“大小”选项组下设置“1/2长”为11500mm、“1/2宽”为5590mm。

④ 在“选项”选项组下勾选“不可见”选项。

⑤ 在“采样”选项组下设置“细分”为16。

06 在透视图中按C键切换到摄影机视图，然后按F9键渲染当前场景，最终效果如图9-53所示。

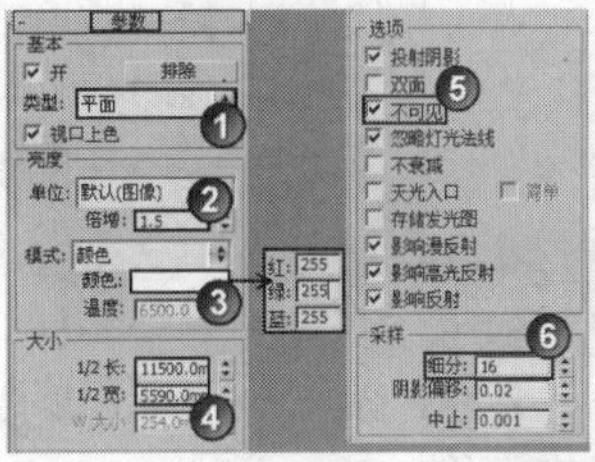
图9-52

图9-53

实战153 屏幕照明

场景位置	DVD>场景文件>CH09>实战153.max
实例位置	DVD>实例文件>CH09>实战153.max
视频位置	DVD>多媒体教学>CH09>实战153.flv
难易指数	★☆☆☆☆
技术掌握	用VRay平面灯光模拟屏幕照明

实例介绍

本例将使用VRay灯光中的平面灯光来模拟电视机屏幕的发光效果，如图9-54所示。

操作步骤

01 打开光盘中的“场景文件>CH09>实战153.max”文件，如图9-55所示。

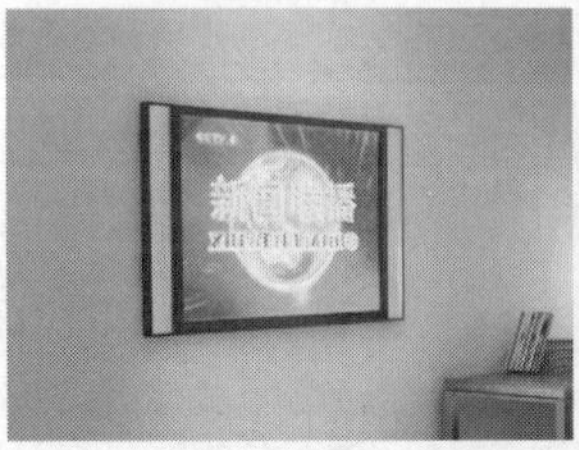
图9-54

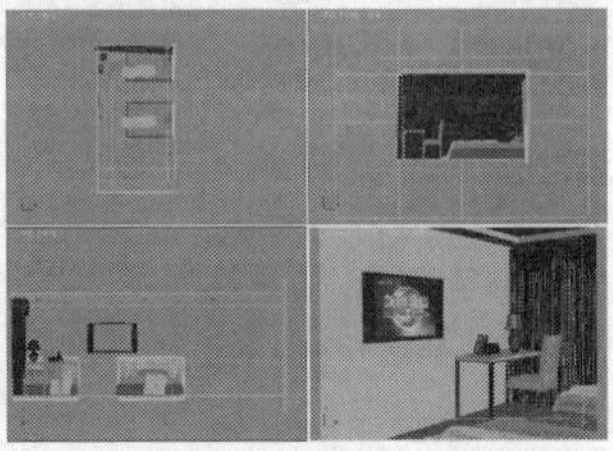
图9-55

02 设置“灯光”类型为VRay，然后在紧贴电视屏幕的地方创建一盏VRay灯光，其位置与方向如图9-56所示。

03 选择上一步创建的VRay灯光，然后进入“修改”面板，展开“参数”卷展栏，具体参数设置如图9-57所示。

设置步骤

① 在“常规”选项组下设置“类型”为“平面”。

② 在“强度”选项组下设置“颜色”为（红:111，绿:155，蓝:236），然后设置“倍增”为30。

③ 在“大小”选项组下设置“1/2长”为44、“1/2宽”为26。

④ 在“选项”选项组下勾选“不可见”选项。

图9-56

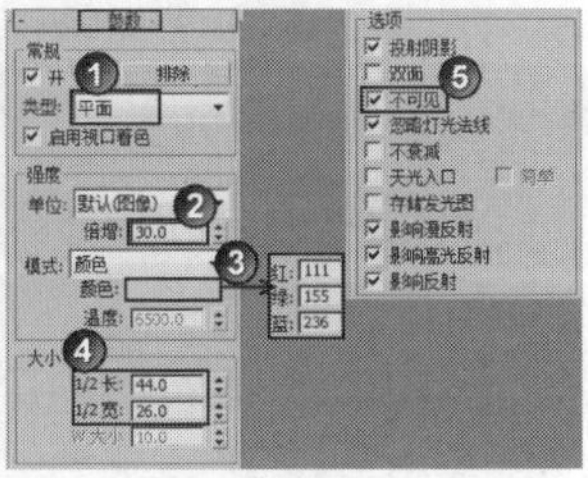
图9-57

04 按F9键渲染当前场景，效果如图9-58所示。此时可以观察到电视屏幕上已经产生了发光效果，但是场景的整体亮度还不足。

05 在台灯的灯罩内创建一盏VRay球体灯光，具体位置如图9-59所示。

图9-58

图9-59

06 选择上一步创建的VRay灯光，然后进入“修改”面板，展开“参数”卷展栏，具体参数设置如图9-60所示。

设置步骤

① 在“常规”选项组下设置“类型”为“球体”。

② 在“强度”选项组下设置“倍增”为15，然后设置“颜色”为（红:236，绿:190，蓝:111）。

③ 在“大小”选项组下设置“半径”为5。

④ 在“选项”选项组下勾选“不可见”选项。

07 在透视图中按C键切换到摄影机视图，然后按F9键渲染当前场景，最终效果如图9-61所示。

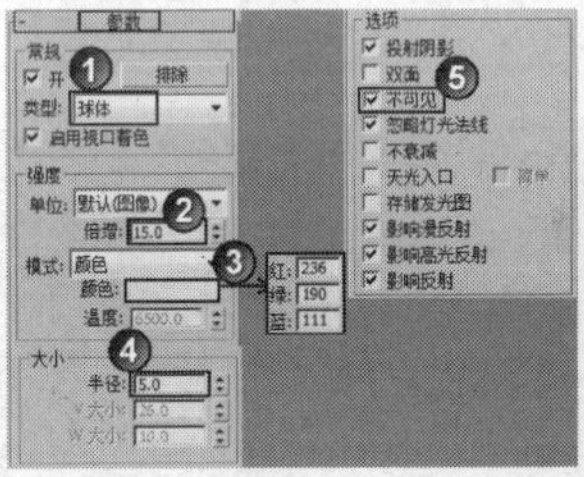
图9-60

图9-61

实战154 灯箱照明

场景位置	DVD>场景文件>CH09>实战154.max
实例位置	DVD>实例文件>CH09>实战154.max
视频位置	DVD>多媒体教学>CH09>实战154.flv
难易指数	★☆☆☆☆
技术掌握	用VRay灯光材质和VRay平面灯光模拟灯箱照明

实例介绍

本例将使用VRay灯光材质以及VRay平面灯光来模拟灯箱的发光效果，如图9-62所示。

图9-62

操作步骤

01 打开光盘中的“场景文件>CH09>实战154.max”文件，如图9-63所示。

02 按F9键渲染当前场景，效果如图9-64所示，可以观察到此时的场景非常暗。

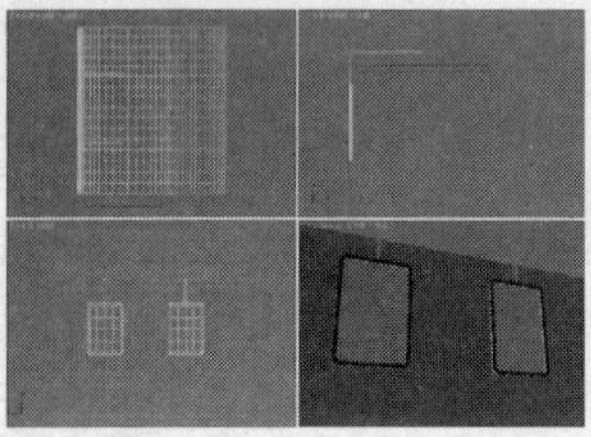

图9-63 图9-64

03 按M键打开“材质编辑器”对话框，然后选择一个空白材质球，单击“从对象吸取材质”按钮，再吸取灯箱模型内侧的材质，最后在“参数”卷展栏下设置“颜色”的发光强度为6，如图9-65所示。

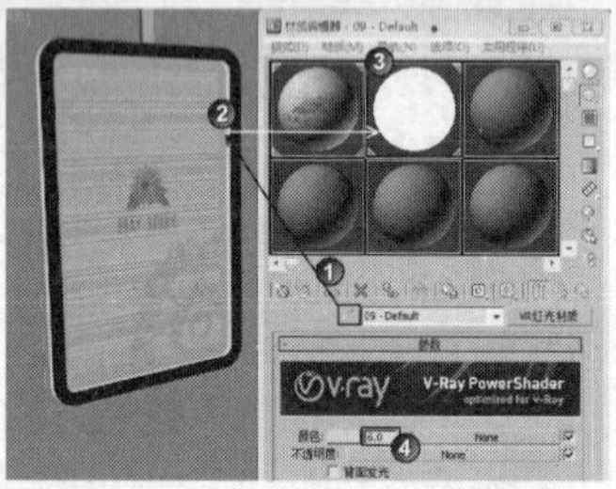

图9-65

技巧与提示

选择一个材质球以后，使用“从对象吸取材质”工具在场景中单击某个模型的材质，该材质球上的材质就会被这个模型的材质所替换。

04 按F9键渲染当前场景，效果如图9-66所示。

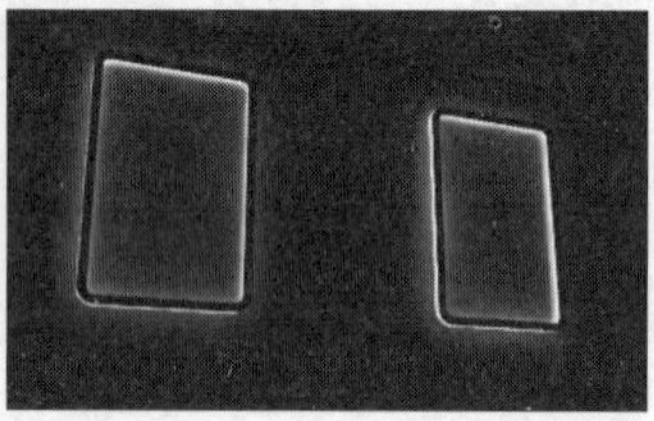

图9-66

技巧与提示

从图9-66中可以观察到，VRay灯光材质模拟的灯槽发光（灯带）效果还是比较理想的。当然，这个灯带效果也可以使用VRay平面灯光来进行模拟，但是没有VRay灯光材质方便。注意，如果是大面积的灯带，最好还是使用VRay灯光进行模拟，以避免产生大面积的光斑。

05 设置“灯光”类型为VRay，然后在场景中创建一盏VRay灯光模拟上方的光槽，其位置如图9-67所示。

06 选择上一步创建的VRay灯光，然后进入“修改”面板，展开“参数”卷展栏，具体参数设置如图9-68所示。

设置步骤

① 在“常规”选项组下设置“类型”为“平面”。

② 在“强度”选项组下设置“颜色”为白色，然后设置“倍增”为15。

③ 在“大小”选项组下设置“1/2长”为200mm、“1/2宽”为2000mm。

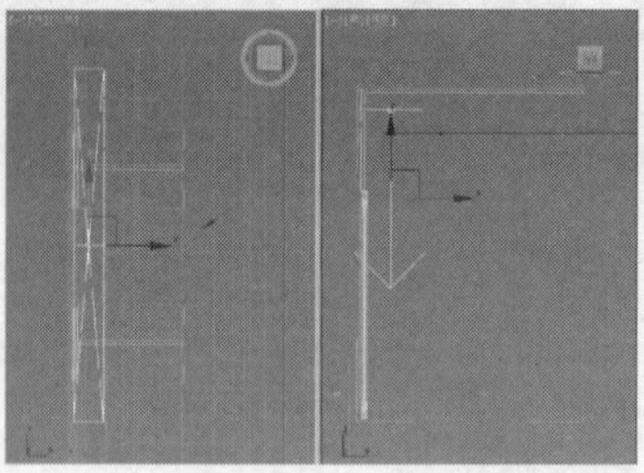

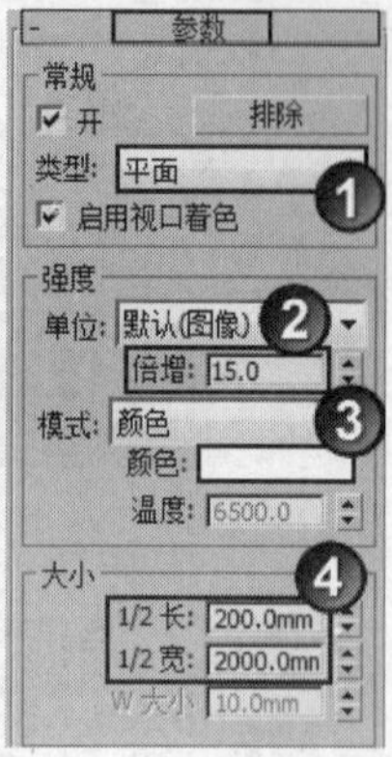

图9-67 图9-68

07 按F9键渲染当前场景，效果如图9-69所示。此时可以观察到灯箱与灯带都产生了合适的发光效果，下面来调整场景的整体亮度。

08 按F10键打开“渲染设置”对话框，然后单击VRay选项卡，再在“全局照明环境（天光）覆盖”选项组下勾选“开”选项，并设置“倍增”为1.8，具体参数设置如图9-70所示。

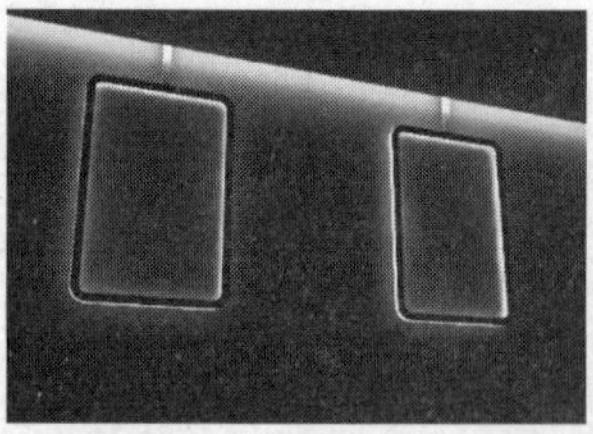

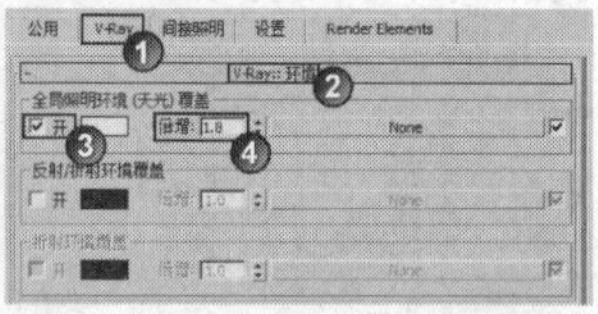

图9-69 图9-70

技巧与提示

由于当前场景是一个开放场景，十分适于环境光的进入，如图9-71所示。因此，编者直接使用“全局照明环境（天光）覆盖”来快速补充场景的亮度，而没有采用添加灯光的一般做法，在实际工作中要根据场景的特点来选用更合理的布光方式。

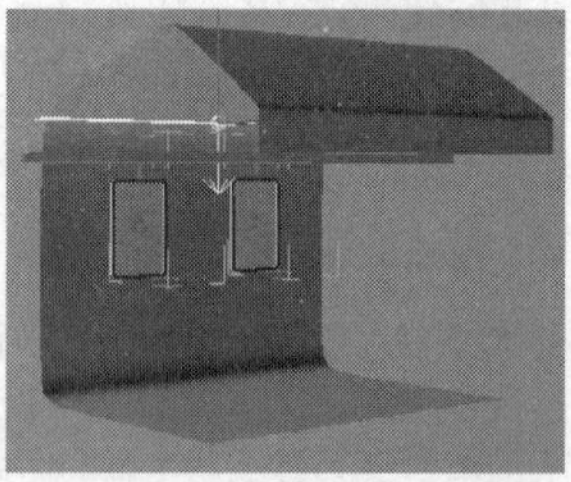

图9-71

09 在透视图中按C键切换到摄影机视图，然后按F9键渲染当前场景，最终效果如图9-72所示。

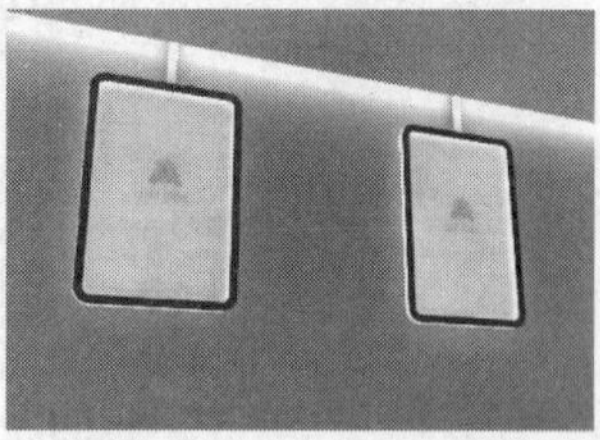

图9-72

实战155 舞台灯光

场景位置	DVD>场景文件>CH09>实战155.max
实例位置	DVD>实例文件>CH09>实战155.max
视频位置	DVD>多媒体教学>CH09>实战155.flv
难易指数	★★☆☆☆
技术掌握	用目标聚光灯模拟光束

实例介绍

本例将使用目标聚光灯来模拟舞台灯光，效果如图9-73所示。

操作步骤

01 打开光盘中的“场景文件>CH09>实战155.max”文件，如图9-74所示。

图9-73

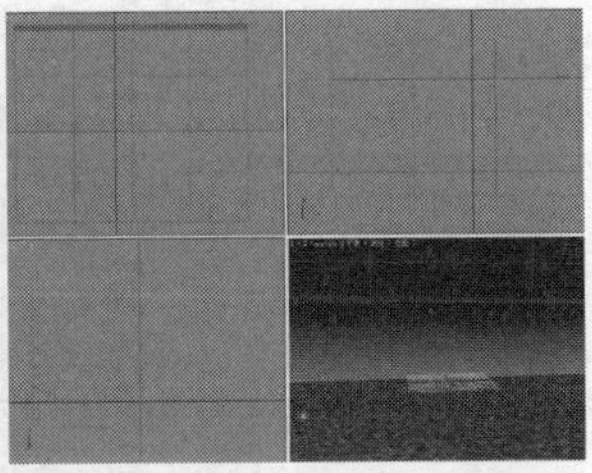
图9-74

02 设置“灯光”类型为“标准”，然后单击“目标聚光灯”按钮 目标聚光灯 ，再在场景中创建9盏目标聚光灯，其位置如图9-75所示。

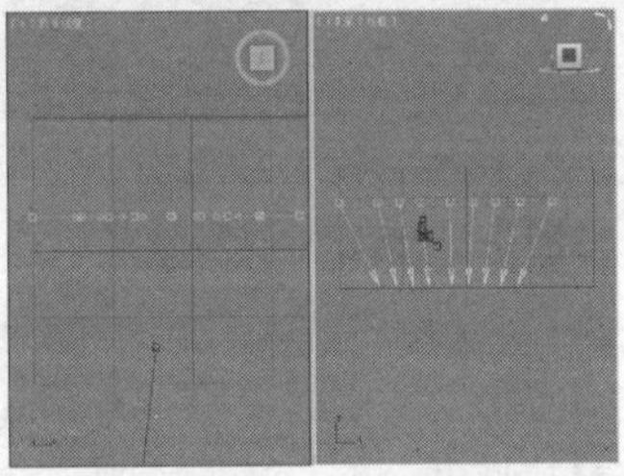
图9-75

技巧与提示

目标聚光灯可以产生一个锥形的照射区域，区域以外的对象不会受到灯光的影响。目标聚光灯由透射点和目标点组成，其方向性非常好，对阴影的塑造能力也很强，如图9-76所示。因此使用目标聚光灯作为体积光可以模拟各种锥形的光柱效果，十分适合舞台灯光的表现。

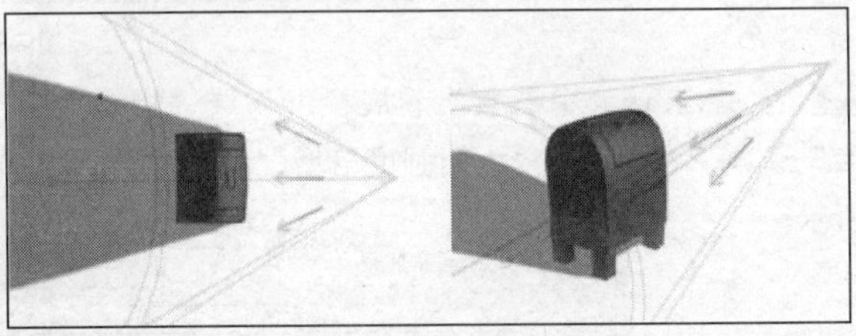
图9-76

03 选择上一步创建的目标聚光灯，然后进入“修改”面板，具体参数设置如图9-77所示。.

设置步骤

① 展开“常规参数”卷展栏，然后设置阴影类型为“阴影贴图”。

② 展开“强度/颜色/衰减”卷展栏，然后设置“倍增”为10，再设置“颜色”为（红:172，绿:130，蓝:212），最后在“衰退”选项组下设置“开始”为40。

③ 展开“聚光灯参数”卷展栏，然后设置“聚光区/光束”为10、“衰减区/区域”为20，再勾选“圆”选项。

④ 展开“高级效果”卷展栏，然后在“贴图”通道中加载光盘中的“实例文件>CH09>实战155>Volumask.bmp”文件。

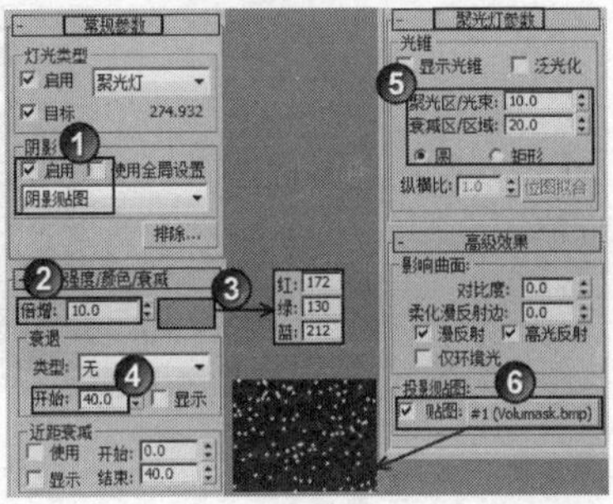

图9-77

技巧与提示

在“贴图”通道中加载黑白贴图后，白色区域就会产生光照，而黑色区域将不会产生光照，这样就很方便地模拟出了舞台灯光的光束效果。

04 按8键打开“环境和效果”对话框，然后单击“环境”选项卡，再单击“添加”按钮 添加... ，最后在弹出的对话框中选择“体积光”选项，如图9-78所示。

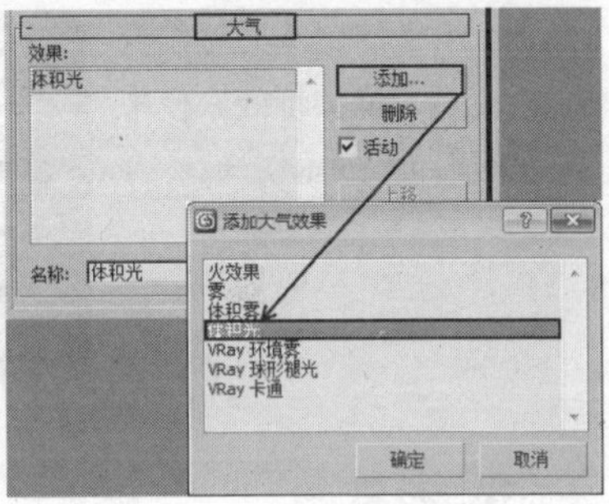

图9-78

05 展开“体积光参数”卷展栏，然后单击“拾取灯光”按钮 拾取灯光 ，在场景中拾取所有的目标聚光灯，如图9-79所示。

06 按F9键渲染当前场景，效果如图9-80所示。此时可以观察到场景已经产生了舞台特有的光束效果。

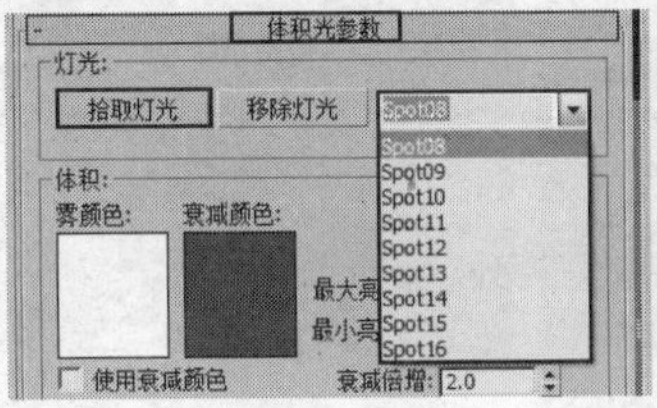

图9-79

图9-80

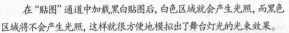

07 继续分两次在场景中创建6盏目标聚光灯，其方向及位置如图9-81和图9-82所示。灯光的参数与前面创建目标聚光灯的参数相同。

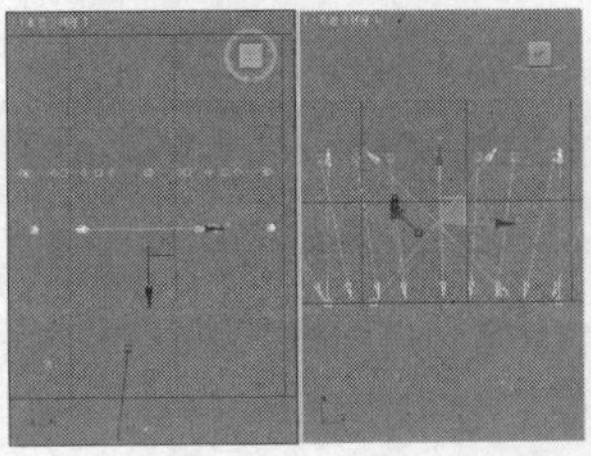
图9-81

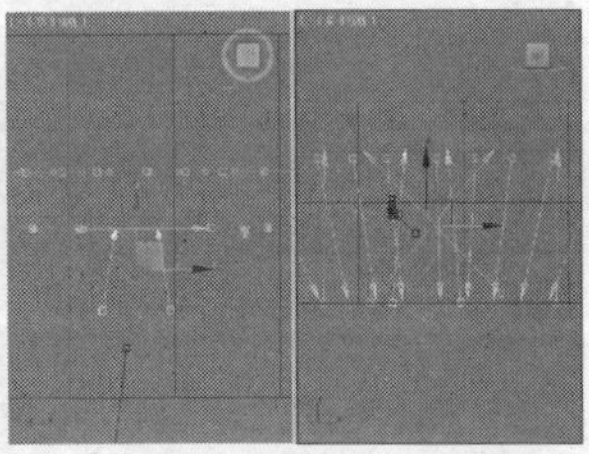
图9-82

08 在透视图中按C键切换到摄影机视图，然后按F9键渲染当前场景，最终效果如图9-83所示。

图9-83

实战156 星光

场景位置	DVD>场景文件>CH09>实战156.max
实例位置	DVD>实例文件>CH09>实战156.max
视频位置	DVD>多媒体教学>CH09>实战156.flv
难易指数	★★★☆☆
技术掌握	用泛光灯模拟星光

实例介绍

本例将使用泛光灯结合Star（星光）镜头特效来模拟星光效果，如图9-84所示。

图9-84

操作步骤

01 打开光盘中的“场景文件>CH09>实例156.max”文件，如图9-85所示。

02 设置“灯光”类型为“标准”，然后在场景中创建一盏目标聚光灯作为月光，其位置与角度如图9-86所示。

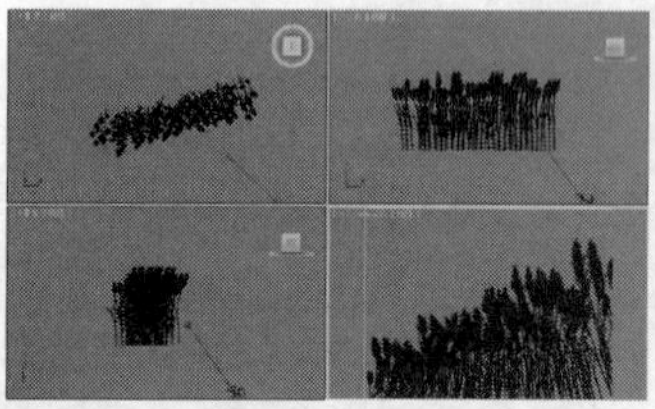

图9-85

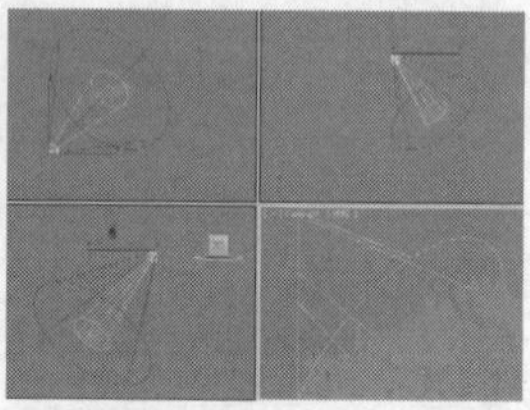

图9-86

03 选择上一步创建的目标聚光灯，然后进入“修改”面板，具体参数设置如图9-87所示。

设置步骤

① 展开“常规参数”卷展栏，然后在“阴影”选项组下勾选“启用”选项。

② 展开“强度/颜色/衰减”卷展栏，然后设置“倍增”为2，接着设置“颜色”为（红:151，绿:179，蓝:251）。

③ 展开“聚光灯参数”卷展栏，然后设置“聚光区/光束”为20、“衰减区/区域”为60。

04 按8键打开“环境和效果”对话框，然后单击“环境”选项卡，在“环境贴图”下面的通道中加载一张“VRay天空”环境贴图，如图9-88所示。

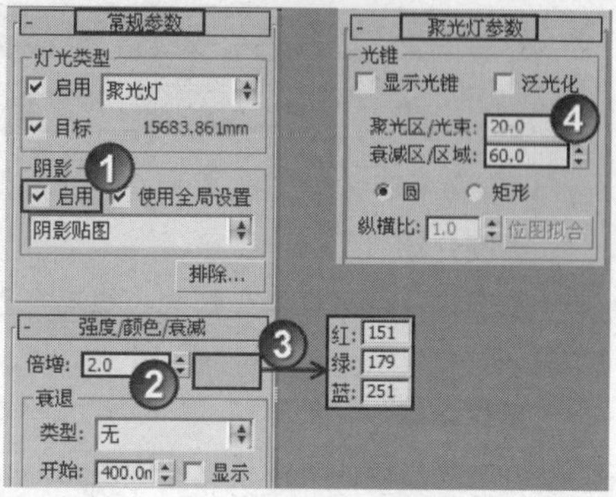

图9-87

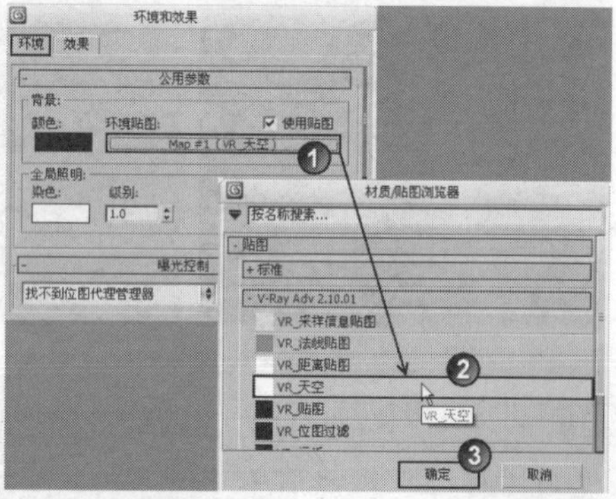

图9-88

05 按M键打开“材质编辑器”对话框，然后将“VRay天空”贴图拖曳到一个空白材质球上，再在弹出的对话框中设置“方法”为“实例”，如图9-89所示。

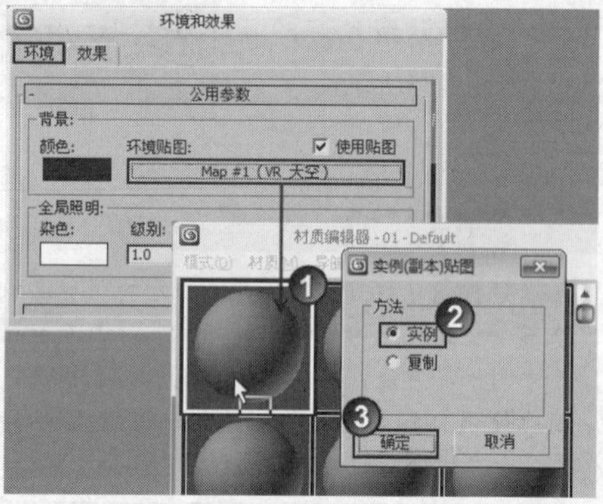

图9-89

06 在“VRay天空参数”卷展栏下勾选“指定太阳节点”选项，然后设置“太阳强度倍增”为0.01，如图9-90所示。

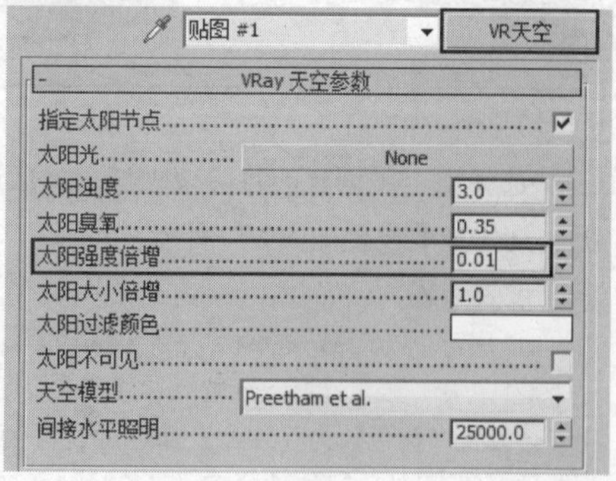

图9-90

07 在天空创建20盏泛光灯作为星光，如图9-91所示。

08 选择上一步创建的泛光灯，然后在“强度/颜色/衰减”卷展栏下设置“倍增”为1，再设置“颜色”为白色，具体参数设置如图9-92所示。

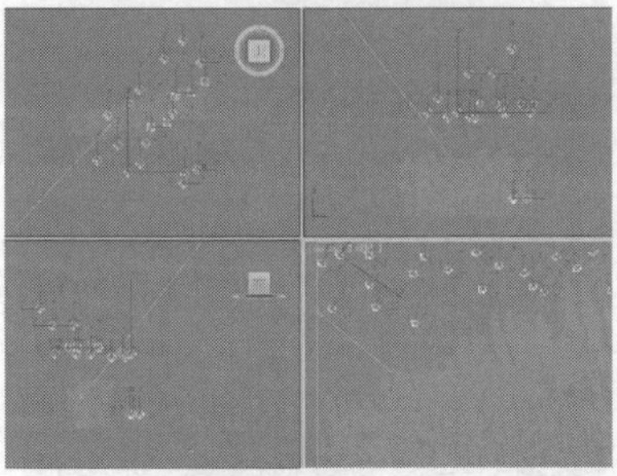

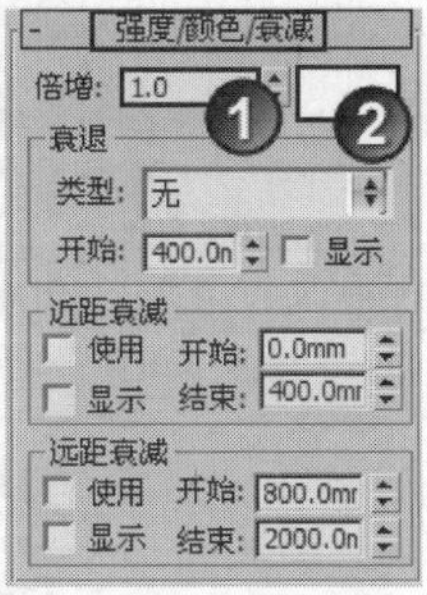

图9-91　　图9-92

09 切换到“环境和效果”对话框，然后单击“效果”选项卡，在“效果”卷展栏下单击“添加”按钮 添加... ，再在弹出的对话框中选择“镜头效果”选项，最后单击“确定”按钮 确定 ；选择加载的“镜头效果”，然后展开“镜头效果参数”卷展栏，再在左侧的列表中选择Star（星形）选项，最后单击 > 按钮，将Star（星形）加载到右侧的列表中，如图9-93所示。

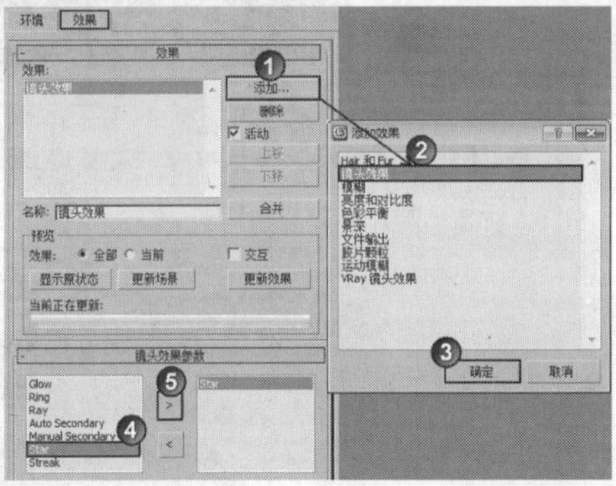

图9-93

> **技巧与提示**
>
> 单独的泛光灯不能产生星光特效，只有在加载“镜头效果”后才能在最终渲染中产生星光效果。

10 展开“镜头效果全局”卷展栏，然后设置“大小”为2.5、“强度”为300，再单击“拾取灯光”按钮 拾取灯光 ，最后在场景中拾取20盏泛光灯（拾取的其他灯光可以通过下拉列表进行查看），如图9-94所示。

11 按C键切换到摄影机视图，然后按F9键渲染当前场景，最终效果如图9-95所示。

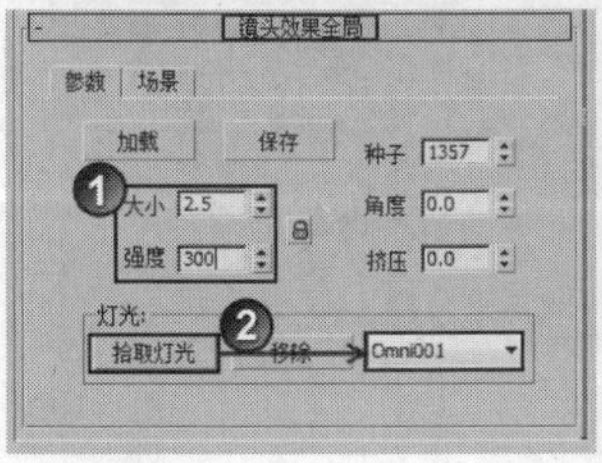

图9-94　　图9-95

实战157 阳光

场景位置	DVD>场景文件>CH09>实战157.max
实例位置	DVD>实例文件>CH09>实战157.max
视频位置	DVD>多媒体教学>CH09>实战157.flv
难易指数	★☆☆☆☆
技术掌握	用VRay太阳模拟阳光

实例介绍

本例将使用VRay太阳来模拟室外的阳光效果，如图9-96所示。

操作步骤

01 打开光盘中的“场景文件>CH09>实战157.max”文件，如图9-97所示。

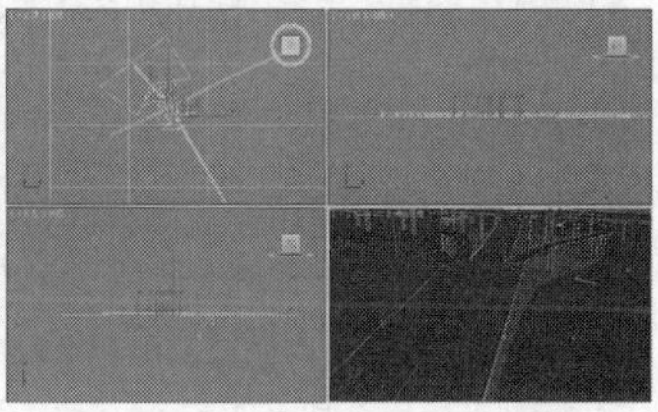

图9-96　　图9-97

02 设置“灯光”类型为VRay，然后在前视图中创建一盏VRay太阳，再在弹出的对话框中单击“是”按钮 是(Y) ，如图9-98所示。创建完成后调整好VRay太阳的高度与角度，如图9-99所示。

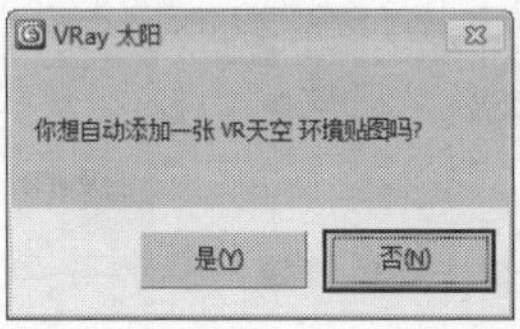

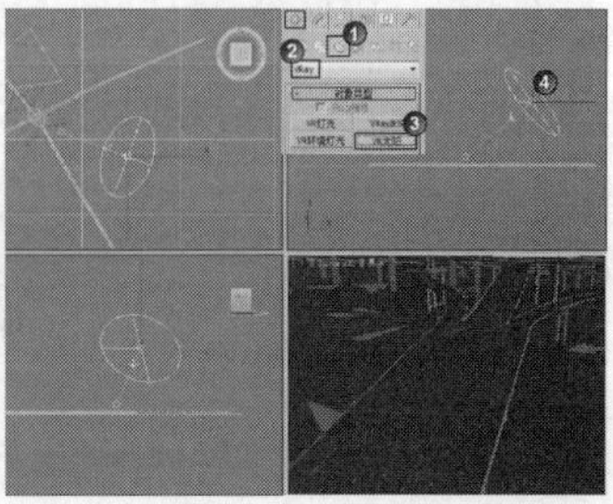

图9-98　　图9-99

03 选择上一步创建的VRay太阳，然后在“VRay太阳参数”卷展栏下设置“强度倍增”为0.075、“大小倍增”为10、“阴影细分”为10，具体参数设置如图9-100所示。

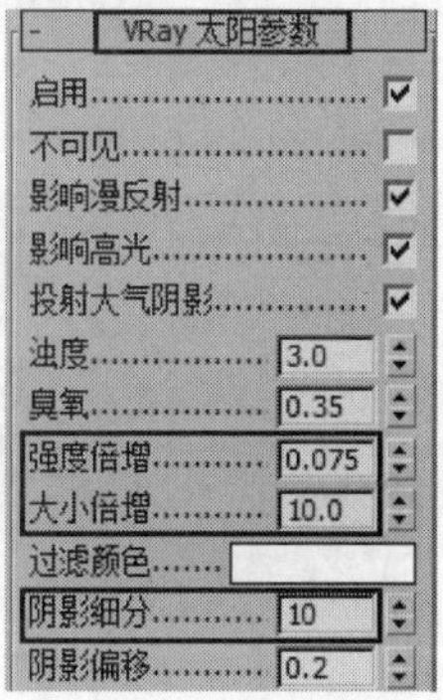

图9-100

技术专题 21 VRay太阳参数解析

这里介绍一下“VRay太阳”的相关参数含义。

启用：阳光开关。

不可见：勾选该选项后，在渲染效果中将不显示太阳的形状。

影响漫反射：决定灯光是否影响物体材质属性的漫反射。

影响高光：决定灯光是否影响物体材质属性的高光。

投射大气阴影：开启该选项，可以投射大气的阴影，以得到更加真实的阳光效果。

浊度：控制空气的混浊度，它影响VRay太阳和VRay天空的颜色。较小的值表示晴朗干净的空气，此时VRay太阳和VRay天空的颜色比较蓝；较大的值表示灰尘含量重的空气（如沙尘暴），此时VRay太阳和VRay天空的颜色呈现为黄色甚至橘黄色。

臭氧：指空气中臭氧的含量，较小值的阳光比较黄；较大值的阳光比较蓝。

强度倍增：指阳光的亮度，默认值为1。

大小倍增：指太阳的大小，它的作用主要表现在阴影的模糊程度上，较大的值可以使阳光阴影比较模糊。

阴影细分：指阴影的细分，较大的值可以使模糊区域的阴影产生比较光滑的效果，并且没有杂点。

阴影偏移：用来控制物体与阴影的偏移距离，较高的值会使阴影向灯光的方向偏移。

04 在透视图中按C键切换到摄影机视图，然后按F9键渲染当前场景，最终效果如图9-101所示。

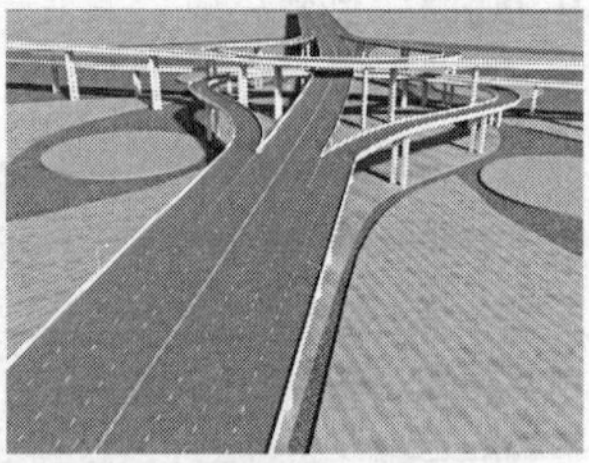

图9-101

技术专题 22 在Photoshop中制作光晕特效

由于在3ds Max中制作光晕特效比较麻烦，而且比较耗费渲染时间，因此可以在渲染完成后在Photoshop中制作光晕。光晕的制作方法如下。

第1步：启动Photoshop，然后打开前面渲染好的图像，如图8-102所示。

第2步：按Shift+Ctrl+N组合键新建一个“图层1”，然后设置前景色为黑色，再按Alt+Delete组合键用前景色填充“图层1”，如图8-103所示。

图8-102

图8-103

第3步：执行“滤镜>渲染>镜头光晕”菜单命令，如图8-104所示，然后在弹出的“镜头光晕”对话框中将光晕中心拖曳到左上角，如图8-105所示，效果如图8-106所示。

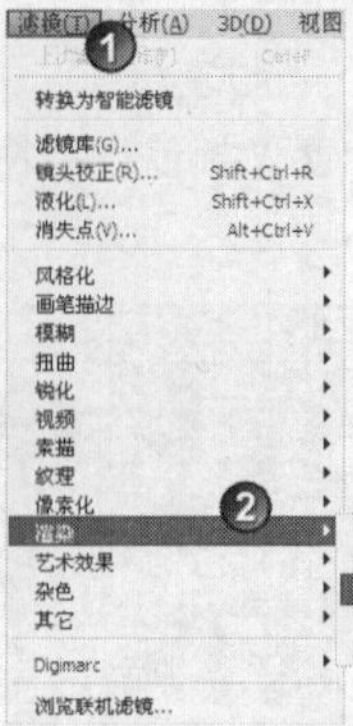

图8-104

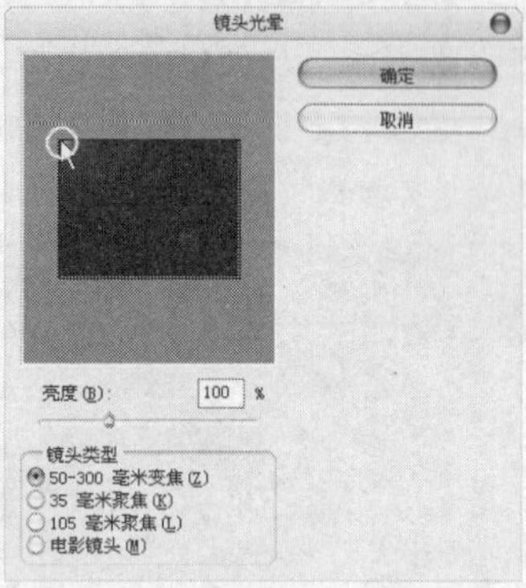

图8-105

图8-106

第4步：在“图层”面板中将“图层1”的“混合模式”调整为“滤色”模式，如图8-107所示。

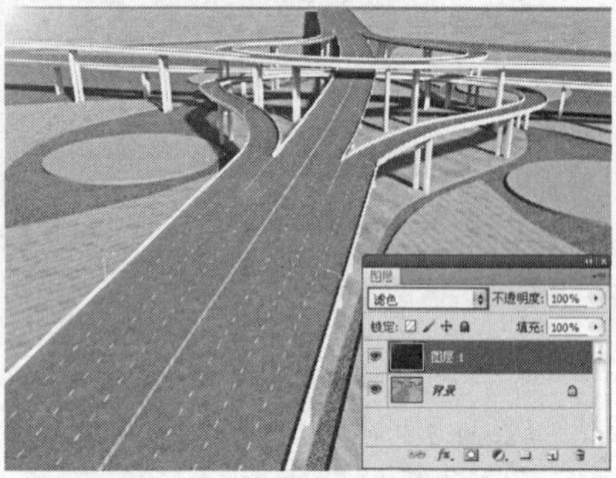

图8-107

第5步：为了增强光晕效果，可以按Ctrl+J组合键复制一些光晕，如图8-108所示，效果如图8-109所示。

图8-108

图8-109

实战158 天光

场景位置	DVD>场景文件>CH09>实战158.max
实例位置	DVD>实例文件>CH09>实战158.max
视频位置	DVD>多媒体教学>CH09>实战158.flv
难易指数	★☆☆☆☆
技术掌握	用VRay天空环境贴图模拟天光

实例介绍

本例将使用“VRay天空”环境贴图来模拟天光效果，如图9-110所示。

操作步骤

01 打开光盘中的“场景文件>CH09>实战158.max”文件，如图9-111所示。

图9-110

图9-111

02 按8键打开“环境和效果”对话框，然后在“背景”下面的贴图通道中加载一张“VRay天空”环境贴图，如图9-112所示。

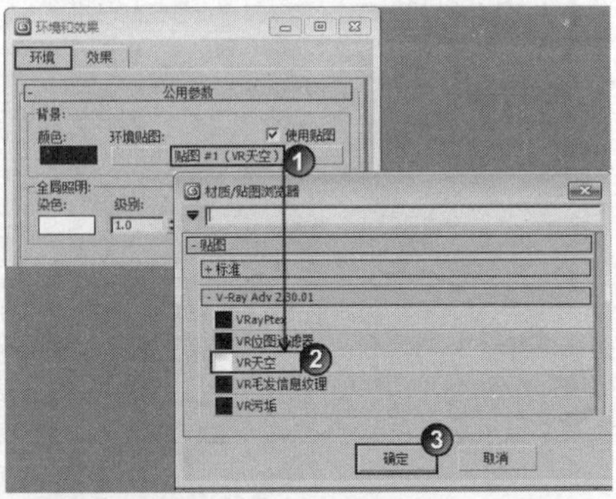

图9-112

03 按M键打开“材质编辑器”对话框，然后将上一步加载的“VRay天空”程序贴图拖曳到一个空白材质球上，再在弹出的对话框中设置“方法”为“实例”，如图9-113所示。

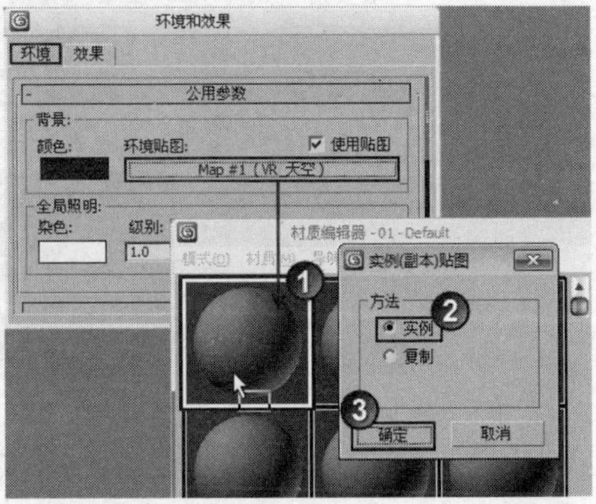

图9-113

04 展开“VRay天空参数”卷展栏，然后勾选“指定太阳节点”选项，再设置“太阳强度倍增”为0.07，如图9-114所示。

05 在透视图中按C键切换到摄影机视图，然后按F9键渲染当前场景，最终效果如图9-115所示。

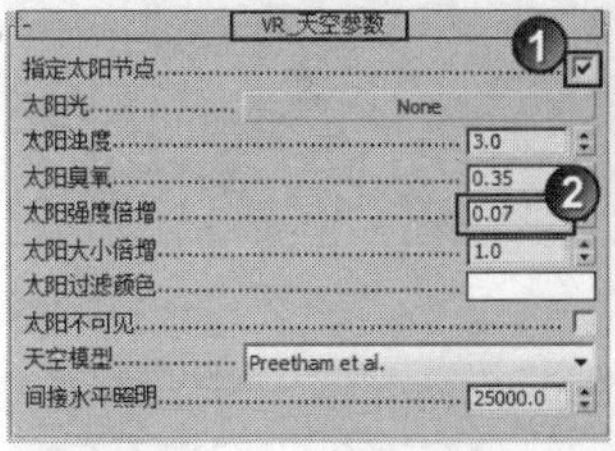

图9-114

图9-115

实战159 灯光阴影贴图

场景位置	DVD>场景文件>CH09>实战159.max
实例位置	DVD>实例文件>CH09>实战159.max
视频位置	DVD>多媒体教学>CH09>实战159.flv
难易指数	★☆☆☆☆
技术掌握	用目标平行光模拟灯光阴影

实例介绍

本例将使用目标平行光中的投影贴图功能来模拟树木的阴影效果，如图9-116所示。

操作步骤

01 打开光盘中的“场景文件>CH09>实战159.max”文件，如图9-117所示。

图9-116

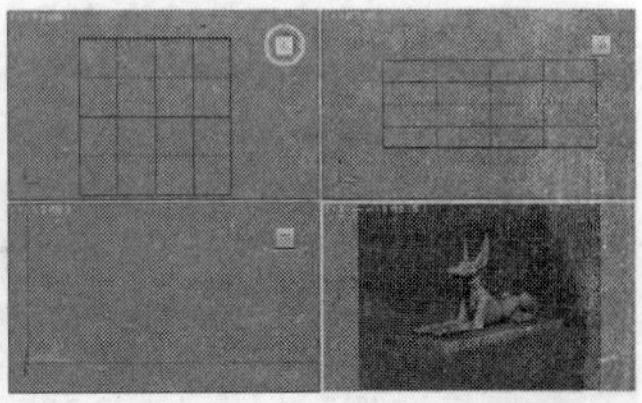

图9-117

02 设置“灯光”类型为“标准”，然后在场景中创建一盏目标平行光，其位置与角度如图9-118所示。

03 选择上一步创建的目标平行光，然后进入“修改”面板，具体参数设置如图9-119所示。

设置步骤

① 展开“常规参数”卷展栏下，然后在“阴影”选项组下勾选“启用”选项，再设置阴影类型为“VRay阴影”。

② 展开“强度/颜色/衰减”卷展栏，然后设置“倍增”为2.6，再设置“颜色”为白色。

③ 展开“平行光参数”卷展栏，然后设置“聚光区/光束”为1100、“衰减区/区域”为20000。

④ 展开“高级效果”卷展栏，然后在“投影贴图”选项组下勾选“贴图”选项，再在贴图通道中加载光盘中的“实例文件>CH08>实战——用目标平行光制作阴影场景>阴影贴图.jpg”文件。

⑤ 展开“VRay阴影参数”卷展栏，然后设置“U大小”、“V大小”和“W大小”为254。

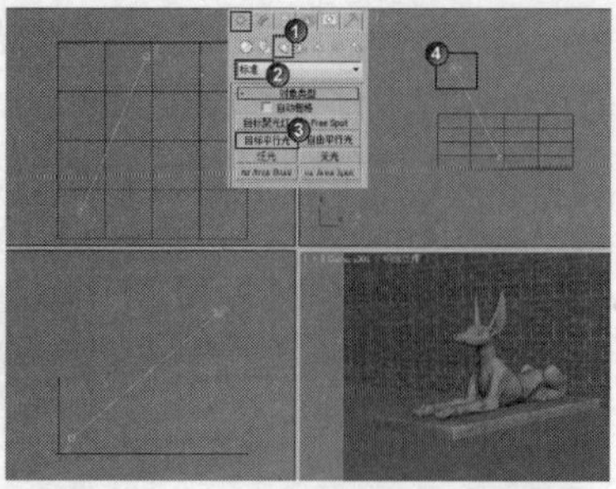

图9-118

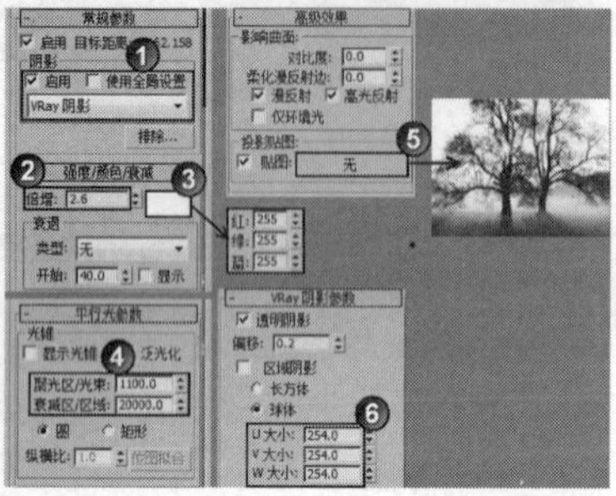

图9-119

技术专题 23 柔化阴影贴图

这里要注意一点，在使用阴影贴图时，需要先在Photoshop中将其进入柔化处理，这样可以得到柔和、虚化的阴影边缘。下面以图9-120中的黑白图像来介绍一下柔化方法。

图9-120

执行“滤镜>模糊>高斯模糊”菜单命令，打开“高斯模糊”对话框，然后对“半径”数值进行调整（在预览框中可以预览模糊效果），如图9-121所示，再单击“确定”按钮 确定 完成模糊处理，效果如图9-122所示。

图9-121

图9-122

04 按C键切换到摄影机视图，然后按F9键渲染当前场景，模拟的阴影效果如图9-123所示。

图9-123

实战160 荧光

场景位置	DVD>场景文件>CH09>实战160.max
实例位置	DVD>实例文件>CH09>实战160.max
视频位置	DVD>多媒体教学>CH09>实战160.flv
难易指数	★★☆☆☆
技术掌握	用mr区域泛光灯模拟荧光棒

实例介绍

本例将使用mr区域泛光灯来模拟荧光棒的发光效果，如图9-124所示。

操作步骤

01 打开光盘中的“场景文件>CH09>实战160.max”文件，如图9-125所示。

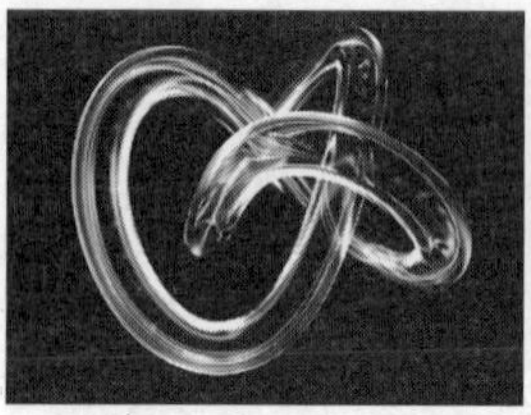

图9-124

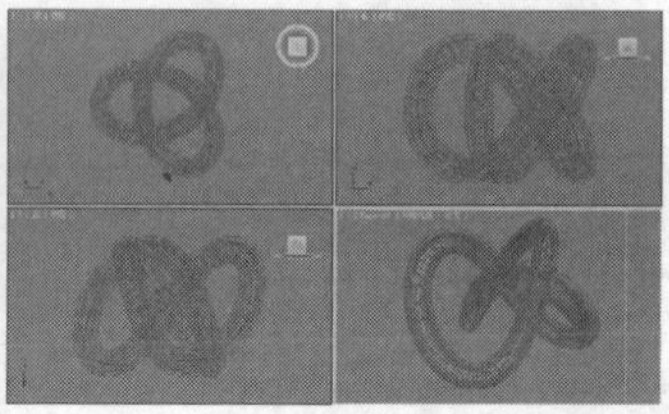

图9-125

02 按F10键打开“渲染设置”对话框，然后单击“公用”选项卡，再展开“指定渲染器”卷展栏，单击“产品级”选项后面的按钮 ...，最后在弹出的“选择渲染器”对话框中选择NVIDIA mental ray渲染器，如图3-126所示。

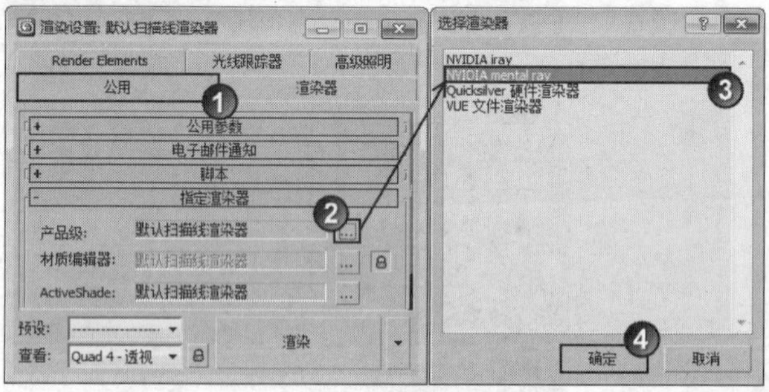

图3-126

03 设置“灯光”类型为“标准”，然后在荧光管内部创建一盏mr区域泛光灯，如图9-127所示。

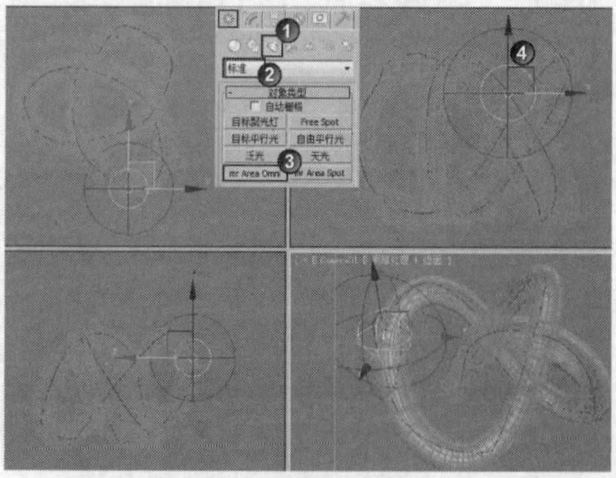

图9-127

04 选择上一步创建的mr区域泛光灯，然后进入“修改”面板，具体参数设置如图9-128所示。

设置步骤

① 展开“常规参数”卷展栏，然后在“阴影”选项组下勾选“启用”选项，再设置阴影类型为“光线跟踪阴影”。

② 展开“强度/颜色/衰减”卷展栏，然后设置“倍增”为0.2，再设置“颜色”为（红:112，绿:162，蓝:255），最后在“远距衰减”选项组下勾选“显示”选项，并设置“开始”为66mm、“结束”为154mm。

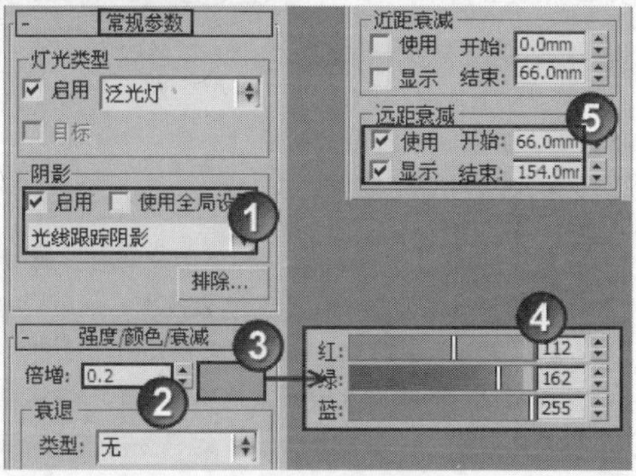

图9-128

05 利用复制功能均匀复制一些mr区域泛光灯到荧光管内部的其他位置（本例一共用了60盏mr区域泛光灯），如图9-129所示。

06 在透视图中按C键切换到摄影机视图，然后按F9键渲染当前场景，最终效果如图9-130所示。

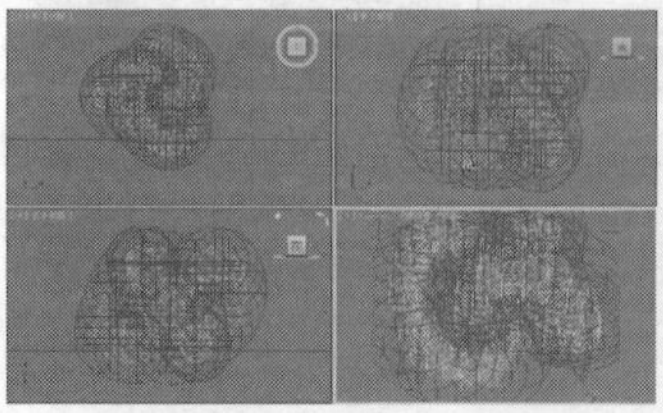

图9-129

图9-130

实战161 灯光排除

场景位置	DVD>场景文件>CH09>实战161.max
实例位置	DVD>实例文件>CH09>实战161.max
视频位置	DVD>多媒体教学>CH09>实战161.flv
难易指数	★★☆☆☆
技术掌握	将物体排除于光照之外

实例介绍

在现实世界中，灯光的光与影是不可分离的，即位于灯光照射范围内的物体不但会接受灯光照明，也会投下对应的阴影。在3ds Max中，可以通过灯光排除产生一些超现实的光影效果，比如排除在灯光范围内模型的照明与投影，如图9-131所示，或使灯光范围内的模型只接受照明而不产生投影，如图9-132所示，又或者使灯光范围内的模型只产生投影而不进行照明，如图9-133所示。

图9-131

图9-132

图9-133

操作步骤

01 打开光盘中的“场景文件>CH09>实战161.max”文件，如图9-134所示。

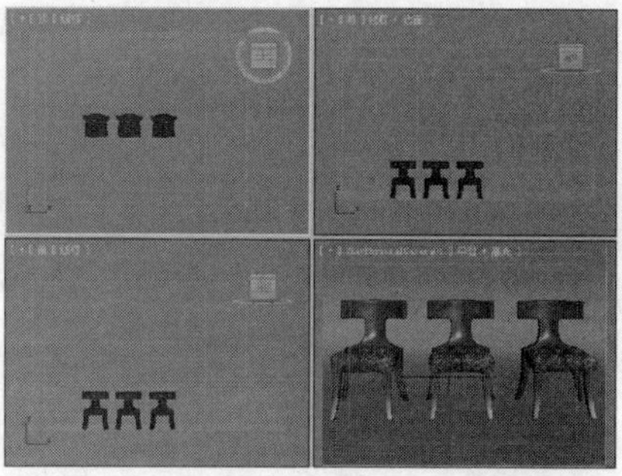

图9-134

02 设置“灯光”类型为VRay，然后在场景中创建一盏VRay灯光，其具体位置与角度如图9-135所示。

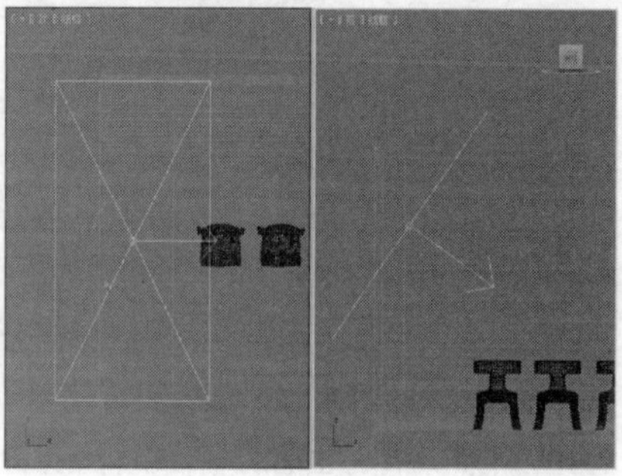

图9-135

03 选择创建的VRay灯光，然后进入“修改”面板，展开“参数”卷展栏，具体参数设置如图9-136所示。

设置步骤

① 在“常规”选项组下设置“类型”为“平面”。

② 在“强度”选项组下设置“倍增”为120，然后设置“颜色”为（红:220，绿:235，蓝:255）。

③ 在“大小”选项组下设置“1/2长”为320cm、“1/2宽”为380cm。

④ 在“选项”选项组下勾选“不可见”选项。

⑤ 在“采样”选项组下设置“细分”为30。

04 按F9键渲染当前场景，效果如图9-137所示。此时可以观察到场景中3把椅子的受光强度根据与灯光的距离产生了自然的衰减效果，并且在地面投射出真实的阴影细节。

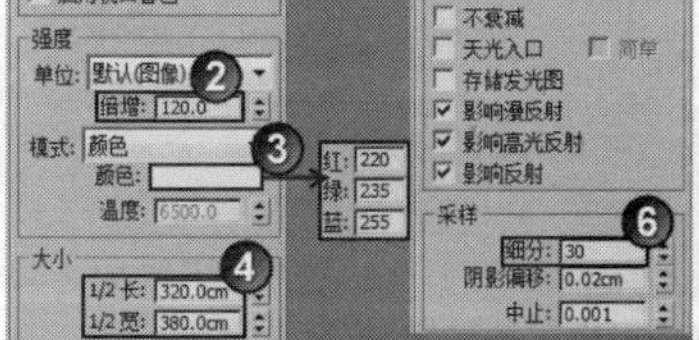

图9-136

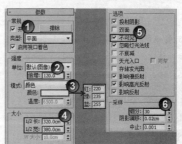

图9-137

05 选择VRay灯光，在“参数”卷展栏下单击“排除”按钮 排除 ，然后在弹出的对话框中的“场景对象”列表中选择“椅子左”对象，再单击 >> 按钮，最后勾选“排除”和“二者兼有”选项，如图9-138所示。

06 按F9键渲染当前场景，效果如图9-139所示。此时可以观察到左侧被排除的椅子既没有受到灯光照明，也没有产生阴影细节，而另外两把椅子的受光效果与阴影均很正常。

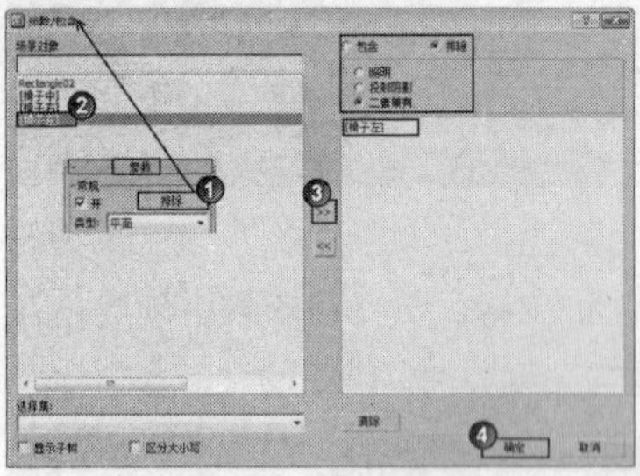
图9-138

图9-139

技巧与提示

这种排除方法主要用于单独突出场景中的重点对象。注意，在实际操作中如果只需要对复杂场景中的少数对象进行照明，为了简化操作可以将其移动到右侧的列表中，然后勾选“包含”选项即可。

07 选择VRay灯光，在“参数”卷展栏下单击“排除”按钮 排除 ，然后在弹出的对话框中将“排除”方式调整为“投射阴影”，再按F9键渲染当前场景，效果如图9-140所示。此时可以观察到被排除的椅子虽然受到了灯光照明，但是没有产生阴影细节，整把椅子像悬浮在空中一样。

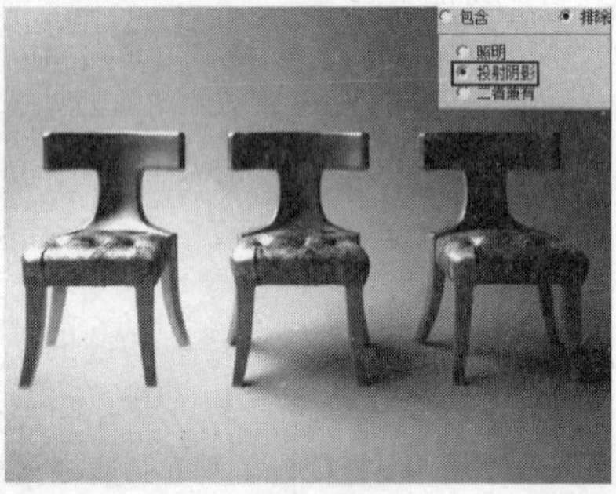
图9-140

技巧与提示

由于阴影的计算同样需要耗费时间，同时为了避免多个灯光产生凌乱的阴影效果，在实际工作中添加补光时，可以通过上面的方法来避免图像中醒目的位置产生不自然的阴影效果。

08 选择VRay灯光，在“参数”卷展栏下单击“排除”按钮 排除 ，然后在弹出的对话框中将“排除”方式调整为“照明”，再按F9键渲染当前场景，效果如图9-141所示。此时可以观察到被排除的椅子虽然产生了阴影，但是没有受到光照效果（这种排除方法在实际工作中很少使用）。

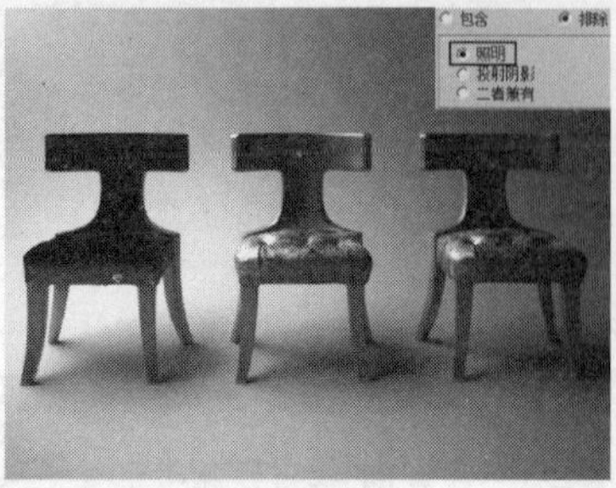
图9-141

技巧与提示

除了光与影的排除外，VRay灯光还可以通过“参数”卷展栏下的“选项”选项组下的参数产生其他细节的排除效果。比如在“选项”选项组下关闭“影响反射”选项，如图9-142所示，灯光仅对模型产生漫反射照明与投影，但不再使模型产生反射高光细节，如图9-143所示。这种方法主要在纯粹提高场景亮度的补光时使用。另外，这种方法可以避免计算产生更为复杂的反射，从而节省渲染时间。

图9-142

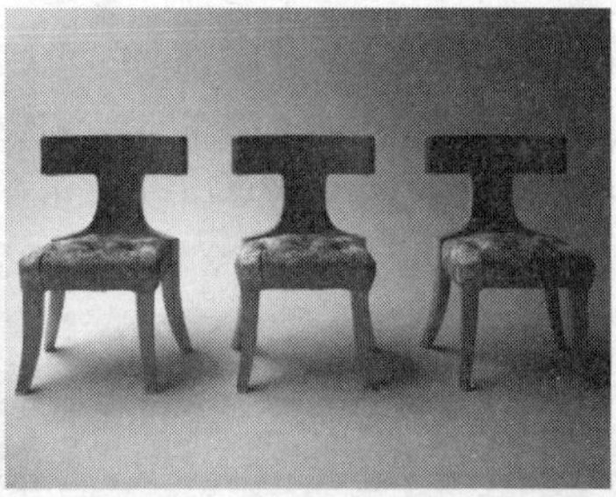
图9-143

实战162 mental ray焦散

场景位置	DVD>场景文件>CH09>实战162.max
实例位置	DVD>实例文件>CH09>实战162.max
视频位置	DVD>多媒体教学>CH09>实战162.flv
难易指数	★★☆☆☆
技术掌握	用mental ray渲染器配合灯光制作焦散特效

实例介绍

“焦散”是指当光线穿过一个透明物体时，由于对象表面的不平滑，使光线产生折射而没有平行穿过出现的漫折射，同时投影表面会出现光子分散的现象。本例将使用mental ray渲染器配合灯光来制作焦散特效，效果如图9-144所示。

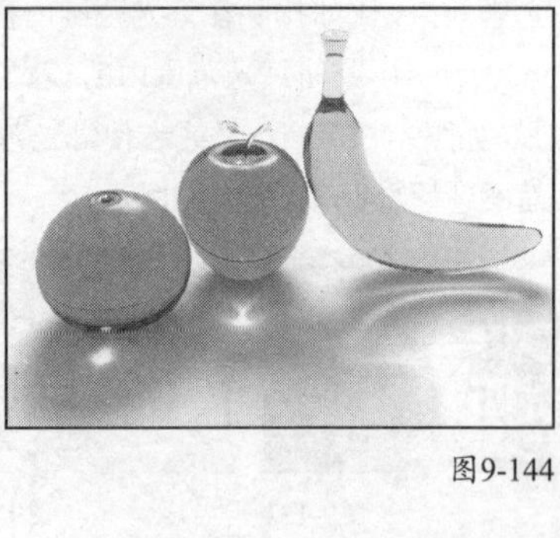
图9-144

操作步骤

01 打开光盘中的“场景文件>CH09>实战162.max”文件，如图9-145所示。

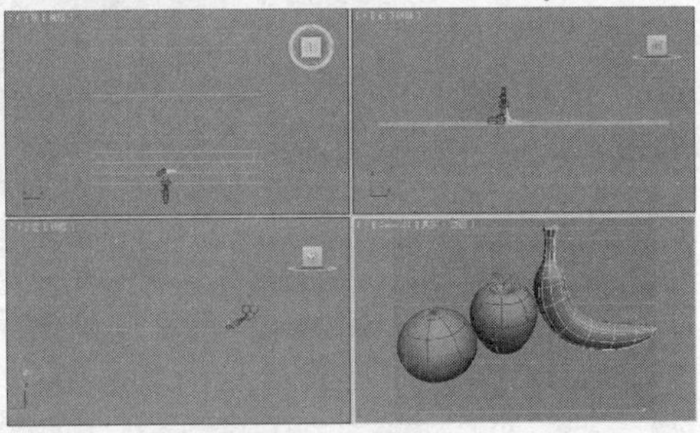

图9-145

02 按F10键打开“渲染设置”对话框，然后设置渲染器为NVIDIA mental ray。单击“间接照明”选项卡，然后展开“焦散和全局照明（GI）”卷展栏，再在“焦散”选项组和“全局照明（GI）”选项组下勾选“启用”选项，如图9-146所示。

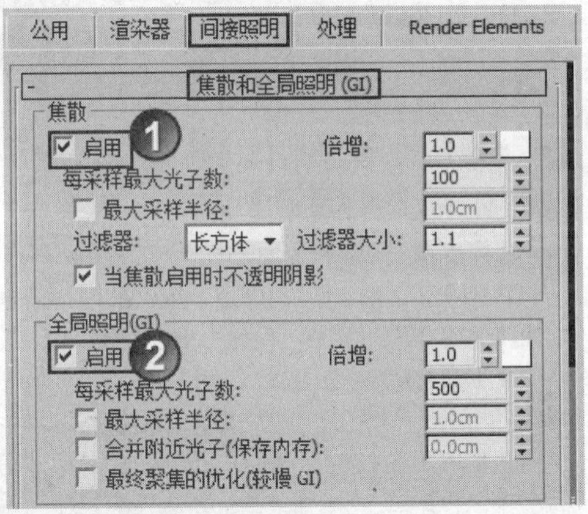

图9-146

03 设置“灯光”类型为“标准”，然后在场景中创建一盏天光，其位置与高度如图9-147所示。

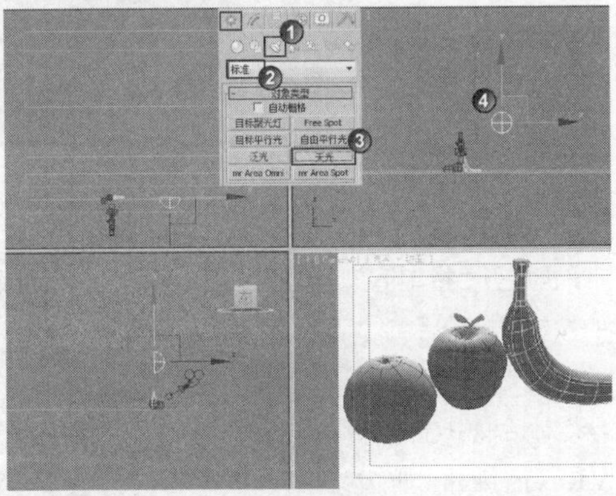

图9-147

04 选择上一步创建的天光，然后在“天光参数”卷展栏下设置“倍增”为0.42、“天空颜色”为（红:242，绿:242，蓝:255），如图9-148所示。

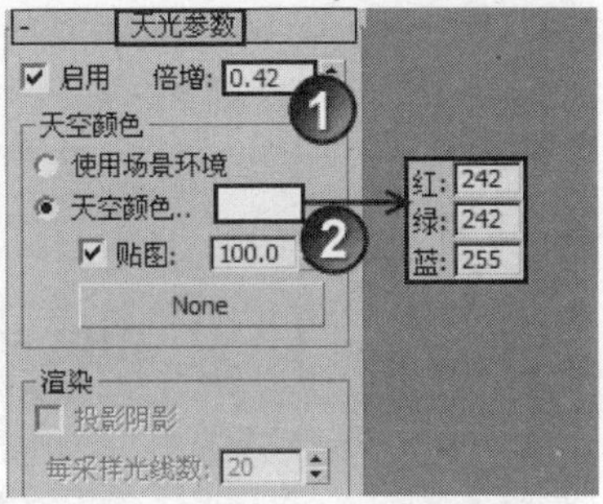

图9-148

05 在场景中创建一盏mr区域聚光灯，其位置及高度如图9-149所示。

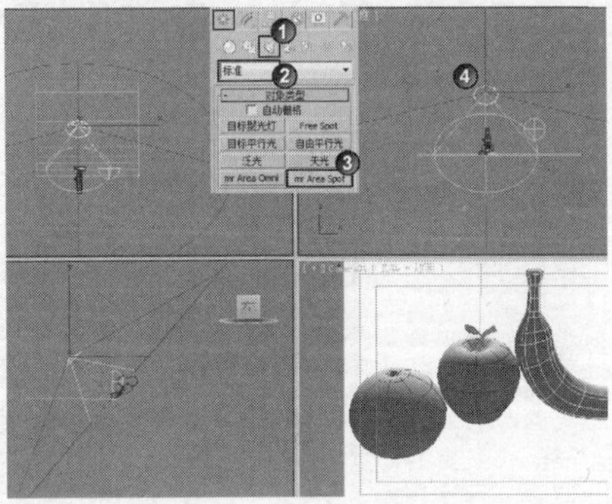

图9-149

06 选择上一步创建的mr区域聚光灯，然后进入“修改”面板，具体参数设置如图9-150所示。

设置步骤

① 展开“聚光灯参数”卷展栏，然后设置“聚光区/光束”为60、“衰减区/区域”为140。

② 展开“区域灯光参数”卷展栏，然后设置“高度”和“宽度”为500mm，再在“采样”选项组下设置U、V值为8。

③ 展开“mental ray间接照明”卷展栏，然后关闭“自动计算能量与光子”选项，再在“手动设置”选项组下勾选“启用”选项，最后设置“能量”为2000000、“焦散光子”为30000、“GI光子”为10000。

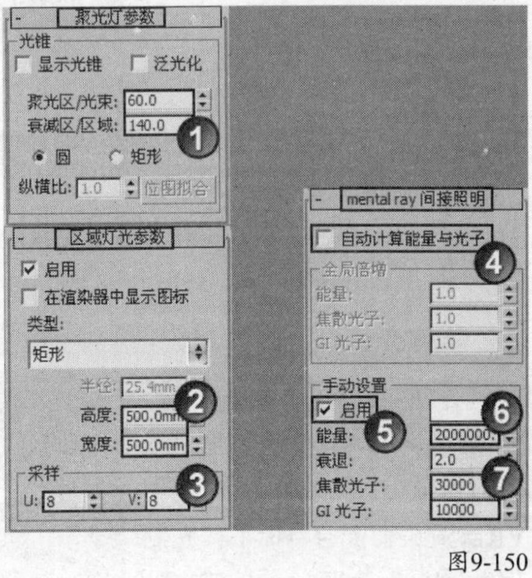

图9-150

07 选中场景中的3个水果，然后单击鼠标右键，并在弹出的菜单中选择“对象属性”命令，如图9-151所示，再在弹出的“对象属性”对话框中单击mental ray选项卡，勾选“生成焦散”选项，关闭“接受焦散”选项，如图9-152所示。

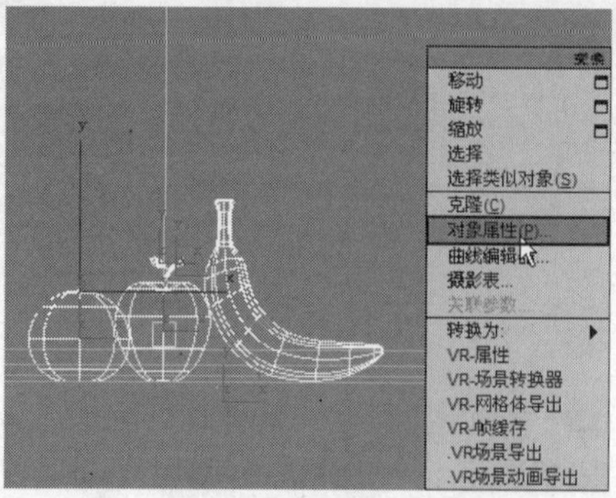

图9-151

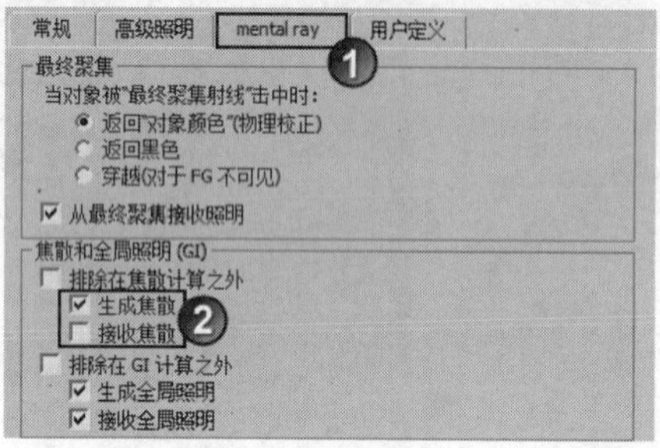

图9-152

技巧与提示

由于焦散效果的计算十分耗时，因此可以通过“对象属性”控制好生成焦散的对象以针对性地产生效果，避免耗费不必要的计算时间。此外产生焦散的对象如果同时接收焦散，则不但会拉长计算时间，还会影响其生成的焦散效果，因此一般情况下将“接收集散”参数关闭。

08 在透视图中按C键切换到摄影机视图，然后按F9键渲染当前场景，最终效果如图9-153所示。

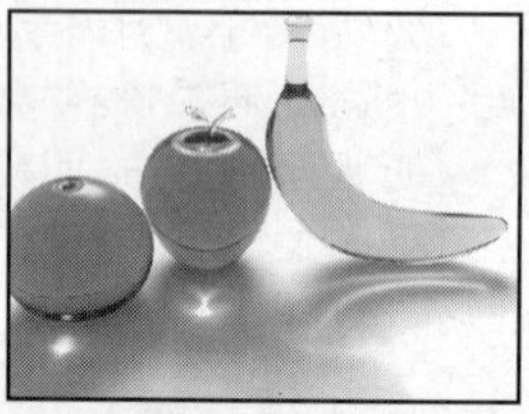
图9-153

实战163 VRay焦散

场景位置	DVD>场景文件>CH09>实战163.max
实例位置	DVD>实例文件>CH09>实战163.max
视频位置	DVD>多媒体教学>CH09>实战163.flv
难易指数	★☆☆☆☆
技术掌握	用VRay渲染器配合灯光制作焦散特效

实例介绍

与mental ray渲染器一样，VRay渲染器同样可以模拟出逼真的焦散效果。本例就将使用VRay渲染器配合目标平行光制作焦散特效，如图9-154所示。

图9-154

操作步骤

01 打开光盘中的“场景文件>CH09>实战163.max”文件，如图9-155所示。

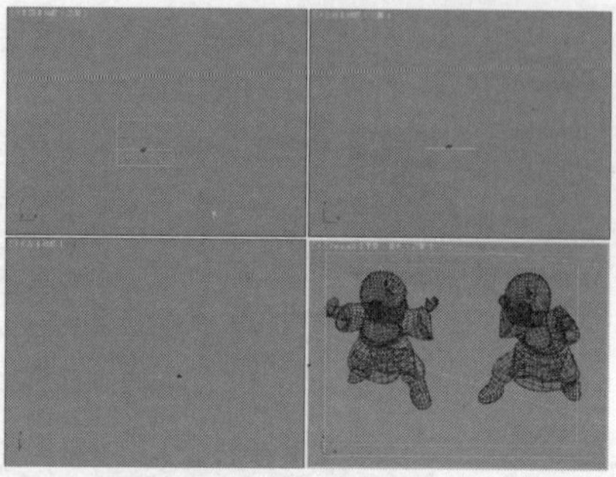
图9-155

02 设置“灯光”类型为“标准”，然后在场景中创建一盏目标平行光，其位置如图9-156所示。

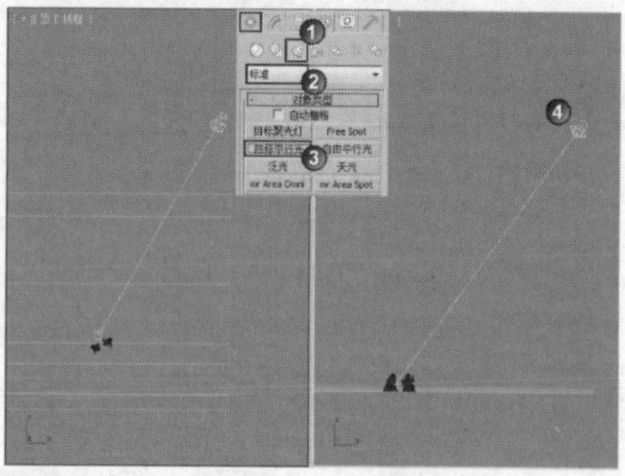
图9-156

03 选择上一步创建的目标平行光，然后进入“修改”面板，具体参数设置如图9-157所示。

设置步骤

① 展开“常规参数”卷展栏，然后在“阴影”选项组下勾选“启用”选项，再设置阴影类型为“VRay阴影”。

② 展开“强度/颜色/衰减”卷展栏，然后设置“倍增”为1，再设置“颜色”为白色。

③ 展开“VRay阴影参数”卷展栏，然后勾选“区域阴影”选项，再勾选“球体”选项，最后设置“U大小”为300、“V大小”为10、“W大小”为10。

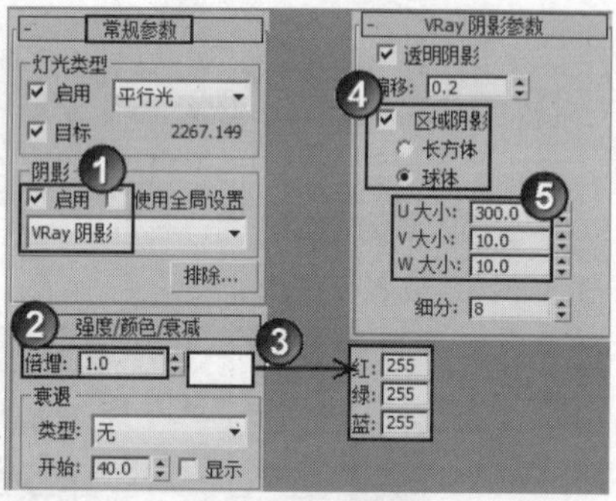

图9-157

04 按F10键打开“渲染设置”对话框，然后单击“公用”选项卡，再展开“指定渲染器”卷展栏，并单击“产品级”选项后面的按钮...，最后在弹出的“选择渲染器”对话框中选择VRay渲染器，如图9-158所示。

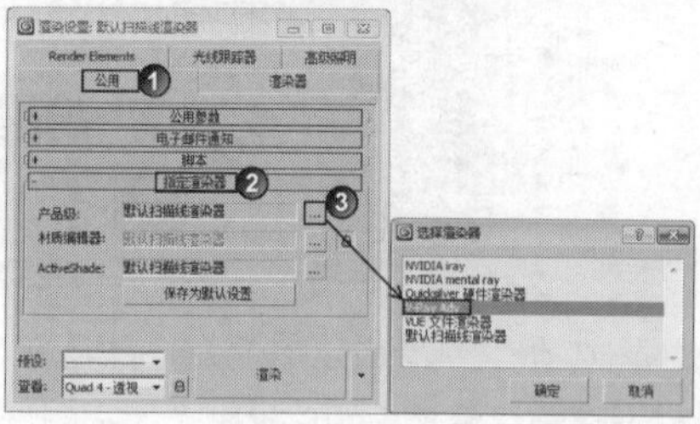
图9-158

05 单击“间接照明”选项卡，然后展开“焦散”卷展栏，勾选“开”选项，再设置“倍增”为4、“搜索距离”为500、“最大光子数”为300、“最大密度”为0，具体参数设置如图9-159所示。

06 在透视图中按C键切换到摄影机视图，然后按F9键渲染当前场景，最终效果如图9-160所示。

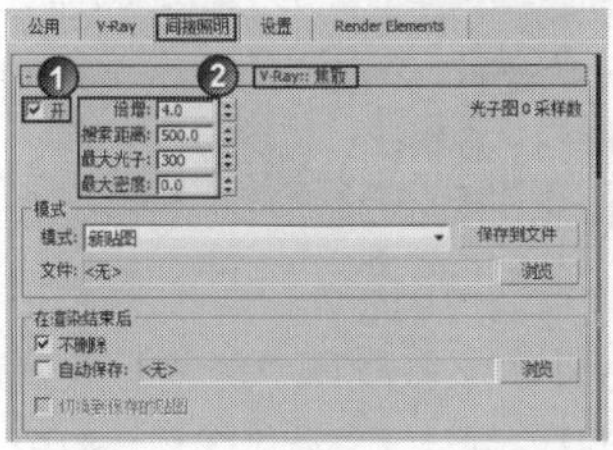

图9-159

图9-160

实战164 摄影场景布光

场景位置	DVD>场景文件>CH09>实战164.max
实例位置	DVD>实例文件>CH09>实战164.max
视频位置	DVD>多媒体教学>CH09>实战164.flv
难易指数	★☆☆☆☆
技术掌握	用VRay灯光模拟工业产品灯光（三点照明）

实例介绍

摄影场景布光通常使用的是三点照明布光方法，指的是通过一盏主灯表现主体的亮度基调，然后通过两盏辅光制作层次，以突出重点。本例就将使用VRay灯光来模拟这种三点照明效果，如图9-161所示。

操作步骤

01 打开光盘中的“场景文件>CH09>实战164.max”文件，如图9-162所示。

图9-161

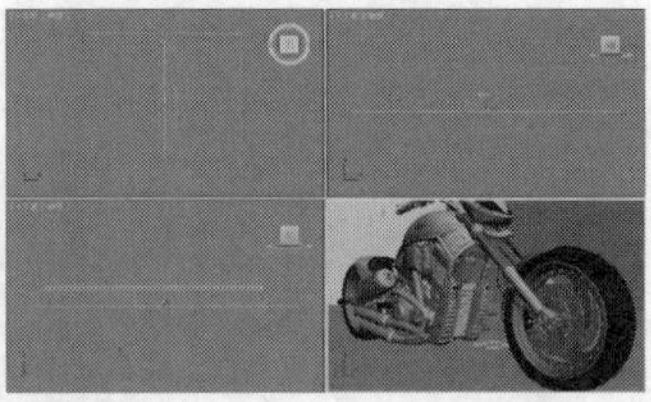

图9-162

02 按8键打开“环境和效果”对话框，然后单击“环境”选项卡，在“环境贴图”通道中加载光盘中的“实例文件>CH09>实战164>background.jpg”文件，如图9-163所示。

03 按F9键渲染当前场景，效果如图9-164所示。此时可以观察到背景颜色的过渡与上一步添加的贴图相匹配，同时有了一定的亮度。

04 设置“灯光”类型为VRay，然后在顶视图中创建一盏VRay灯光，再将其放在摩托车的顶部作为主光源，其位置与高度如图9-165所示。

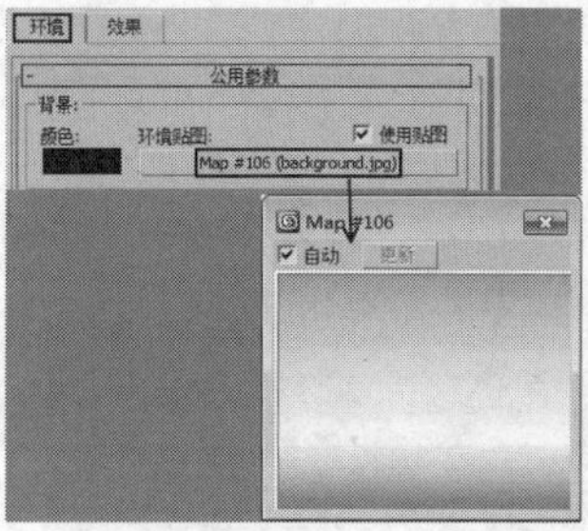

图9-163

图9-164

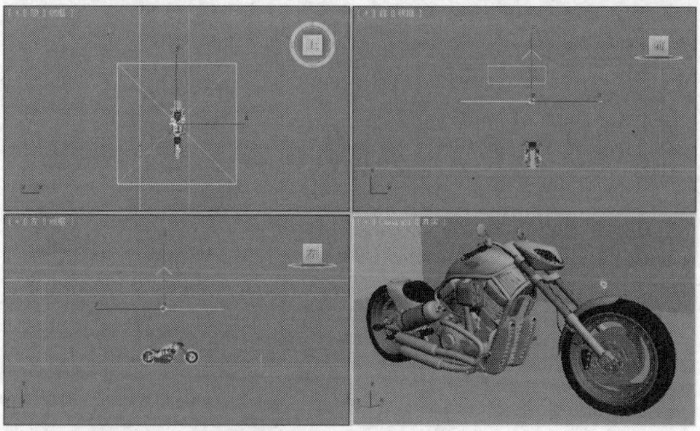

图9-165

05 选择上一步创建的VRay灯光，然后进入“修改”面板，展开“参数”卷展栏，具体参数设置如图9-166所示。

设置步骤

① 在“基本”选项组下设置“类型”为“平面”。

② 在“亮度”选项组下设置“倍增”为1.8，然后设置“颜色”为白色。

③ 在“大小”选项组下设置“1/2长”和“1/2宽”为2000mm。

④ 在“选项”选项组下勾选“不可见”选项。

⑤ 在“采样”选项组下设置“细分”为15。

06 按F9键渲染当前场景，效果如图9-167所示。此时可以观察到添加主光后，材质的反射与色彩细节变得更为丰富。

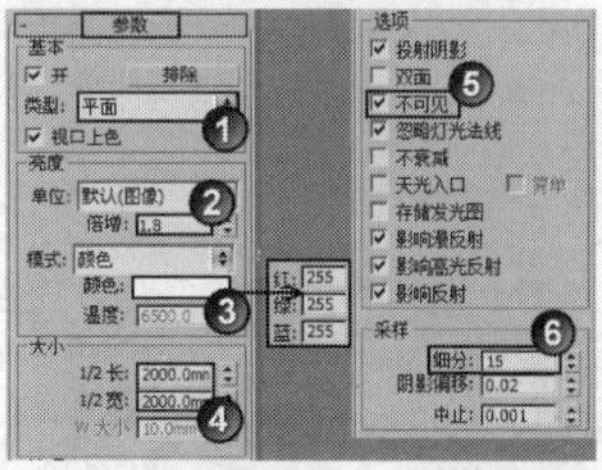

图9-166

图9-167

07 继续在摩托车的左侧创建一盏VRay灯光作为辅助光源，其位置如图9-168所示。

08 选择上一步创建的VRay灯光，然后进入“修改”面板，展开“参数”卷展栏，具体参数设置如图9-169所示。

设置步骤

① 在“基本”选项组下设置“类型”为“平面”。

② 在“亮度”选项组下设置“倍增”为1.6，然后设置“颜

色”为（红:255，绿:242，蓝:211）。

③ 在“大小”选项组下设置“1/2长”为2000mm、“1/2宽”为700mm。

④ 在“选项”选项组下勾选“不可见”选项。

⑤ 在“采样”选项组下设置“细分”为15。

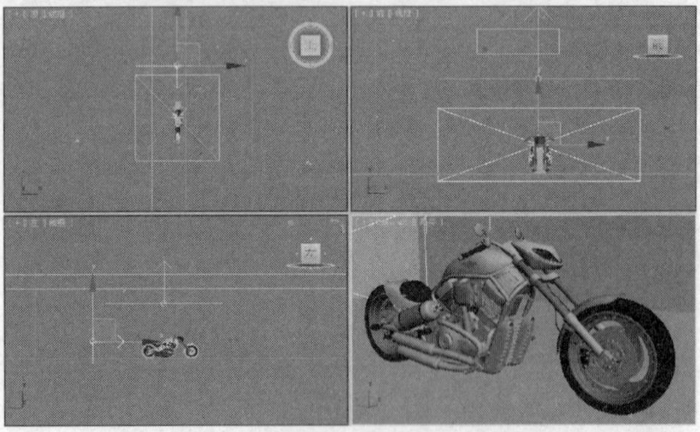

图9-168

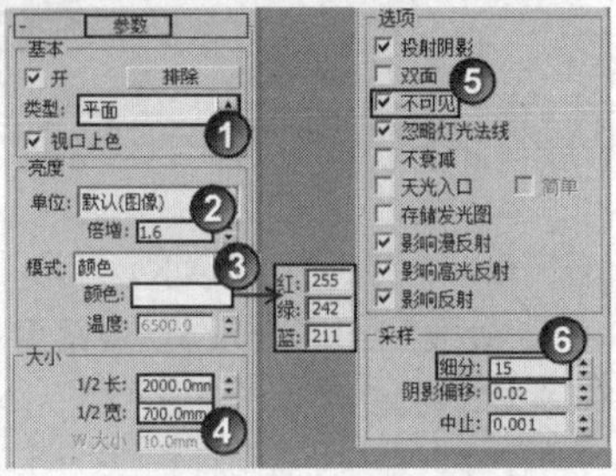

图9-169

09 按F9键渲染当前场景，效果如图9-170所示。

图9-170

技巧与提示

辅助光的加入主要是用于刻画反射等细节，如果只是粗略地观察整体并不能发现细节上的改变，但如果放大细节进行观察就可以发现添加补光后，材质的反射、高光等细节变得更为丰富了，同时过渡也更为自然，整个效果变得更具立体感，如图9-171所示。

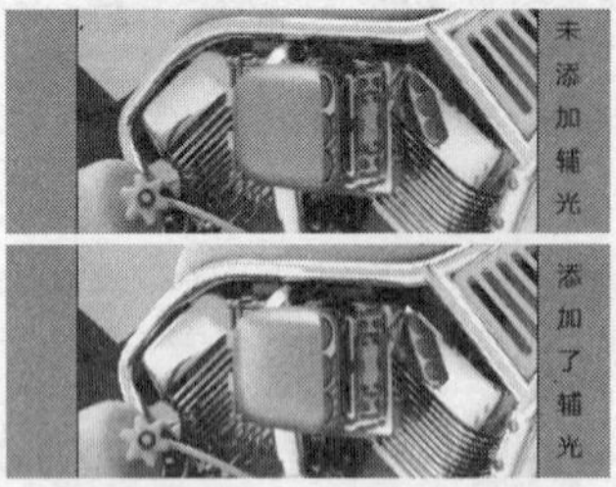

图9-171

10 将左侧的VRay灯光复制（选择复制方式为“复制”）一盏到摩托车的右侧作为辅助光源，如图9-172所示。

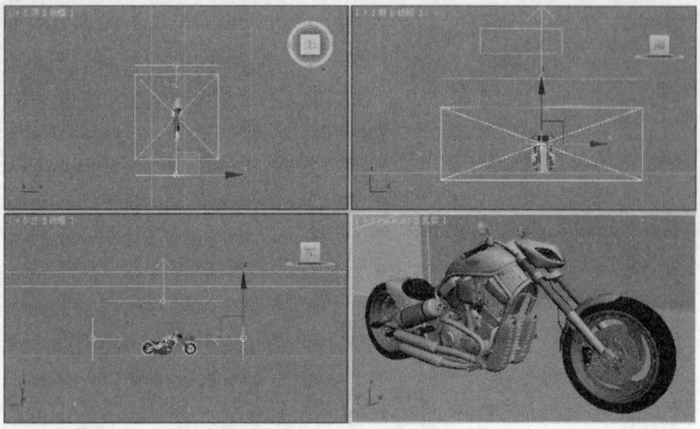

图9-172

11 选择上一步复制的VRay灯光，然后在“参数”卷展栏下将“颜色”修改为（红:221，绿:241，蓝:211），如图9-173所示。

12 在透视图中按C键切换到摄影机视图，然后按F9键渲染当前场景，最终效果如图9-174所示。

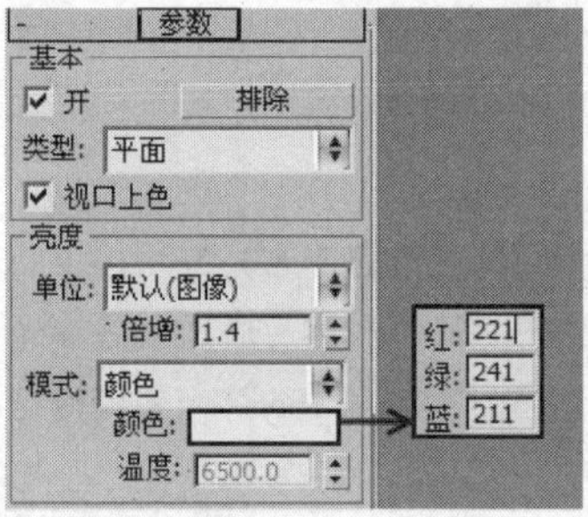

图9-173

图9-174

技术专题 24 三点照明详解

本例是一个很典型的三点照明实例，顶部一盏灯光作为主光源，左右各一盏灯光作为辅助光源，这种布光方法很容易表现物体的细节，很适合用在工业产品的布光中，如图9-175所示。但要注意的是在实际工作中并不需要拘泥于灯光的类型以及位置，只需要根据3盏灯光的作用进行合理选择与布置即可。

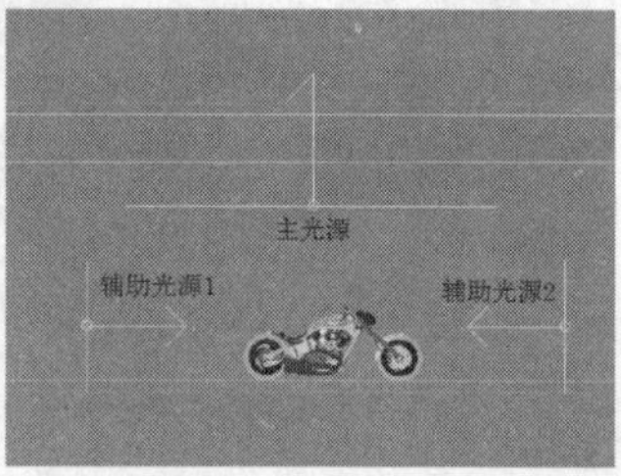

图9-175

实战165 街道晨光

场景位置	DVD>场景文件>CH09>实战165.max
实例位置	DVD>实例文件>CH09>实战165.max
视频位置	DVD>多媒体教学>CH09>实战165.flv
难易指数	★★★☆☆
技术掌握	用VRay太阳和雾效果模拟晨光；用目标聚光灯和体积光效果模拟路灯和车灯

实例介绍

本例将使用VRay太阳和雾效果模拟晨光，同时用目标聚光灯和体积光效果模拟路灯和车灯效果，如图9-176所示。

操作步骤

01 打开光盘中的“场景文件>CH09>实战165.max”文件，如图9-177所示。

图9-176

图9-177

02 下面设置场景雾效果。按8键打开“环境和效果”对话框，然后在“大气”卷展栏下单击“添加”按钮 添加... ，再在弹出的对话框中选择“雾”选项，最后在“雾参数”卷展栏下勾选“指数”选项，并设置“近端%”为0、“远端%”为90，如图9-178所示。

03 下面制作清晨的阳光。设置“灯光”类型为VRay，然后在场景中创建一盏VRay太阳，其位置与高度如图9-179所示。

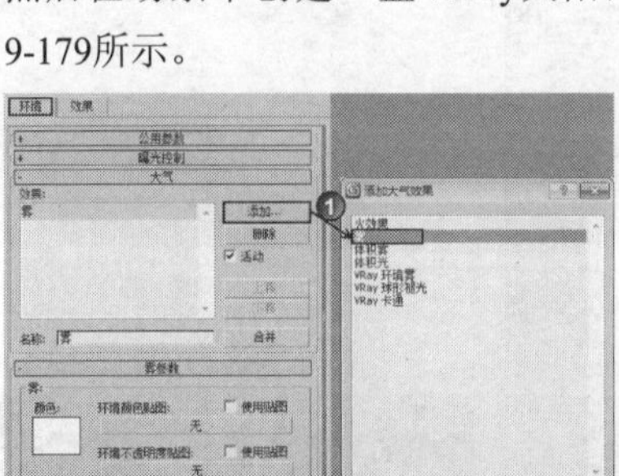

图9-178

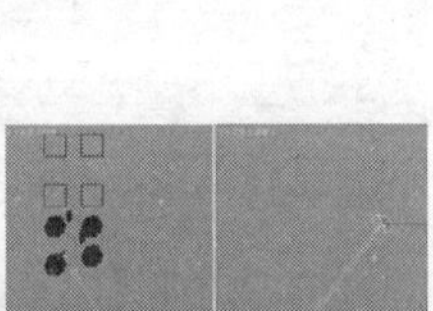

图9-179

04 选择上一步创建的VRay太阳，然后在“VRay太阳参数”卷展栏下设置“浊度”为2、“臭氧”为1、“强度倍增”为0.008、“大小倍增”为10、“阴影细分”为10，具体参数设置如图9-180所示。

05 按F9键渲染当前场景，效果如图9-181所示。

图9-180

图9-181

06 下面设置场景中的路灯。设置“灯光”类型为“标准”，然后在场景中创建4盏目标聚光灯，其位置与分布如图9-182所示。

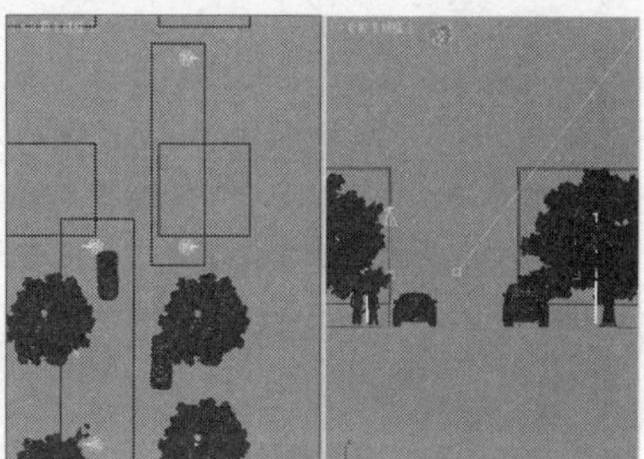

图9-182

07 选择上一步创建的目标聚光灯，然后进入“修改”面板，具体参数设置如图9-183所示。

设置步骤

① 展开“常规参数”卷展栏，然后在“阴影”下勾选“启用”选项，再设置阴影类型为“阴影贴图”。

② 展开“强度/颜色/衰减”卷展栏，然后设置“倍增”为0.4，再设置“颜色”为（红:234，绿:188，蓝:129）。

③ 展开“聚光灯参数”卷展栏，然后设置“聚光区/光束”为30.2、“衰减区/区域”为50。

④ 展开“大气和效果”卷展栏，然后单击“添加”按钮 添加 ，再在弹出的对话框中选择“体积光”选项（注意此处添加“体积光”后，在“环境和效果”对话框中也会同步添加）。

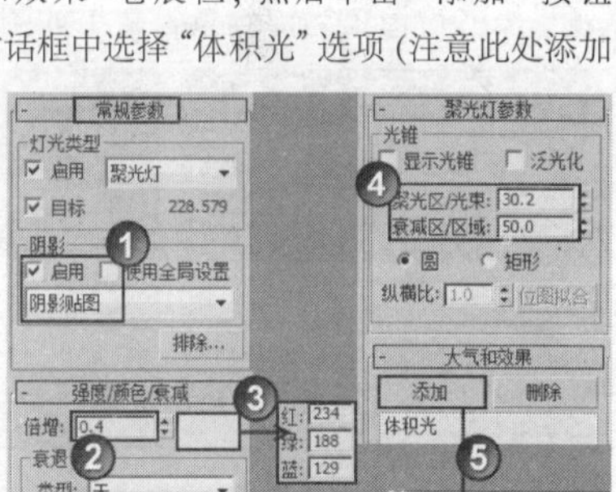

图9-183

08 在“环境和效果”对话框中展开“体积光参数”卷展栏，然后单击“拾取灯光”按钮 拾取灯光 ，在场景中拾取上一步创建的所有目标聚光灯，再设置“密度”为4，最后设置“开始%”为30、“结束%”为20，如图9-184所示。

09 下面为场景中的路灯设置辅助光源。设置“灯光”类型为“标准”，然后在场景中创建4盏泛光灯，其位置与分布如图9-185所示。

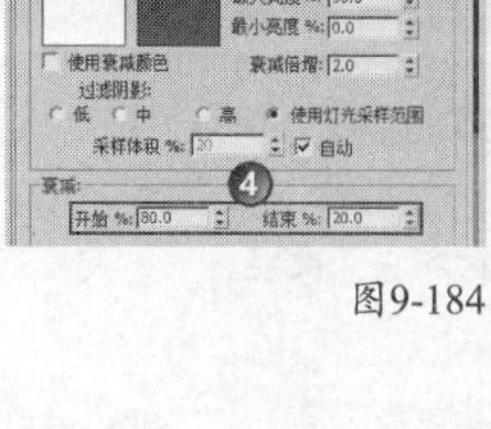

图9-184

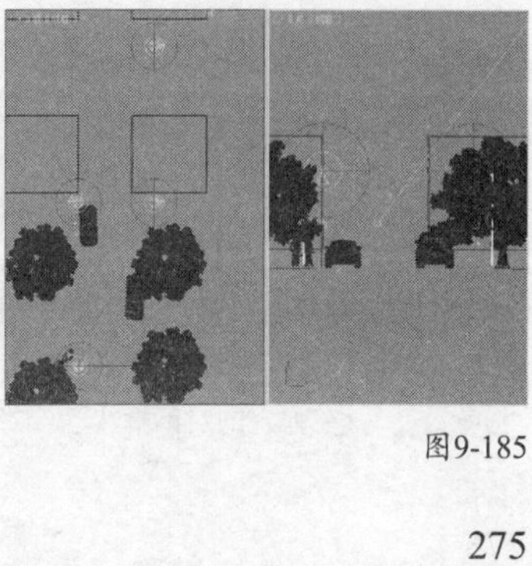

图9-185

技巧与提示

泛光灯可以向周围发散光线，它的光线可以到达场景中无限远的地方，如图9-186所示。泛光灯比较容易创建和调节，能够均匀地照射场景，但是在一个场景中如果使用太多泛光灯可能会导致场景明暗层次过于单调，缺乏对比。

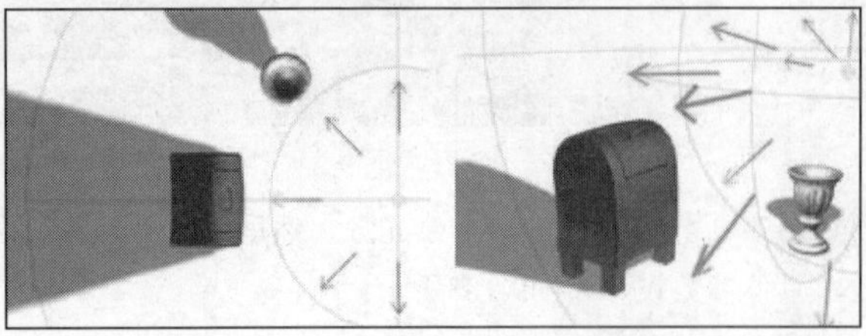

图9-186

10 选择上一步创建的泛光灯，然后在“强度/颜色/衰减”卷展栏下设置“倍增”为3、“颜色”为（红:234，绿:188，蓝:129），再在“远距衰减”下勾选“使用”和“显示”选项，最后设置“开始”为80、“结束”为200，具体参数设置如图9-187所示。

11 按F9键渲染当前场景，效果如图9-188所示。

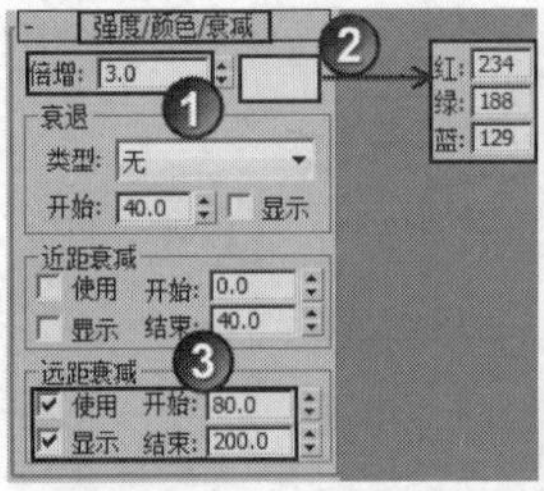

图9-187

图9-188

12 下面设置车灯。设置“灯光”类型为“标准”，然后在场景中创建两盏目标聚光灯，其位置如图9-189所示。

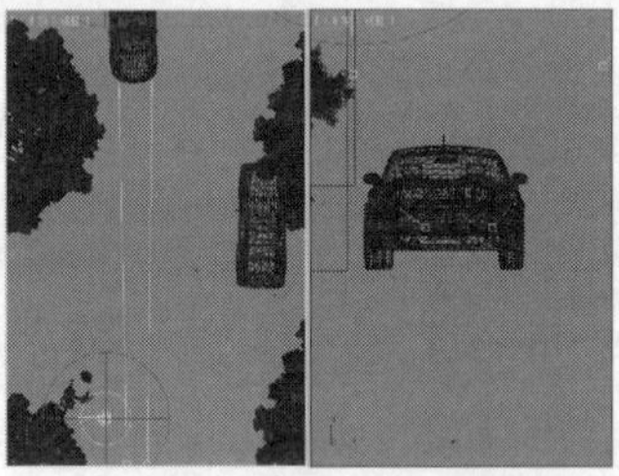

图9-189

13 选择上一步创建的目标聚光灯，然后进入“修改”面板，具体参数设置如图9-190所示。

设置步骤

① 展开“强度/颜色/衰减”卷展栏，然后设置“倍增”为0.18，再设置“颜色”为（红:234，绿:188，蓝:129）。

② 展开“聚光灯参数”卷展栏，然后设置“聚光区/光束”为1、“衰减区/区域”为3，再勾选“圆”选项。

③ 展开“大气和效果”卷展栏，然后单击“添加”按钮 添加 ，再在弹出的对话框中选择“体积光”选项。

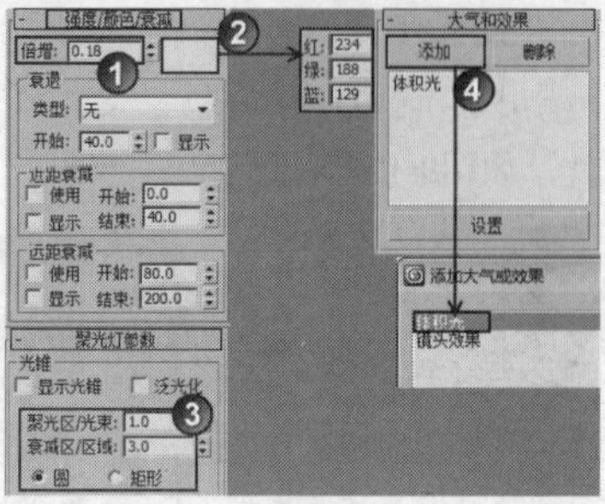

图9-190

14 按8键打开“环境和效果”对话框，选中第2个“体积光”效果，然后在“体积光参数”卷展栏下单击“拾取灯光”按钮 拾取灯光 ，并在场景中拾取车灯上的两盏目标聚光灯，再设置“密度”为4，最后设置“开始%”为80、“结束%”为20，具体参数设置如图9-191所示。

15 在透视图中按C键切换到摄影机视图，然后按F9键渲染当前场景，街道晨光效果如图9-192所示。

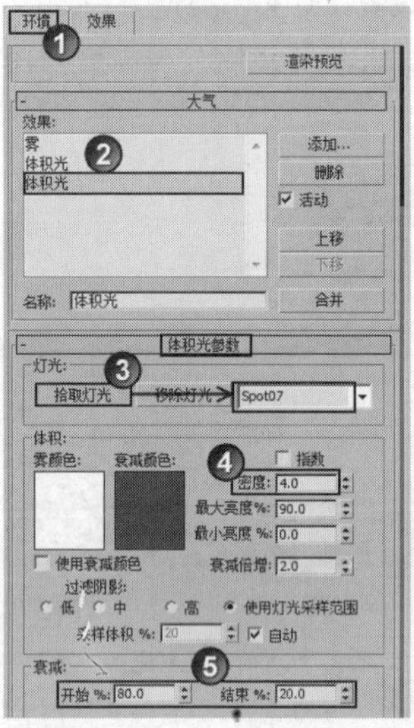

图9-191

图9-192

实战166 卧室纯日光

场景位置	DVD>场景文件>CH09>实战166.max
实例位置	DVD>实例文件>CH09>实战166.max
视频位置	DVD>多媒体教学>CH09>实战166.flv
难易指数	★☆☆☆☆
技术掌握	用目标平行光模拟日光

实例介绍

本例将使用目标平行光来模拟日光效果，如图9-193所示。在实际工作中，对于白天的灯光氛围表现只需要布置少量的灯光即可。

图9-193

操作步骤

01 打开光盘中的“场景文件>CH09>实战166.max”文件，如图9-194所示。

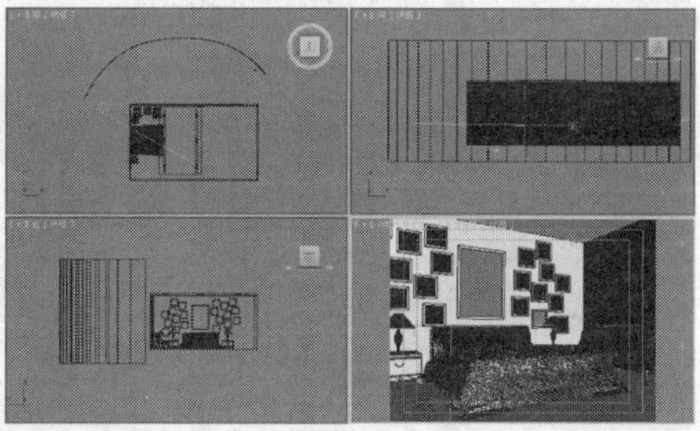

图9-194

02 设置“灯光”类型为“标准”，然后在室外创建一盏目标平行光，再调整好目标点的位置，如图9-195所示。

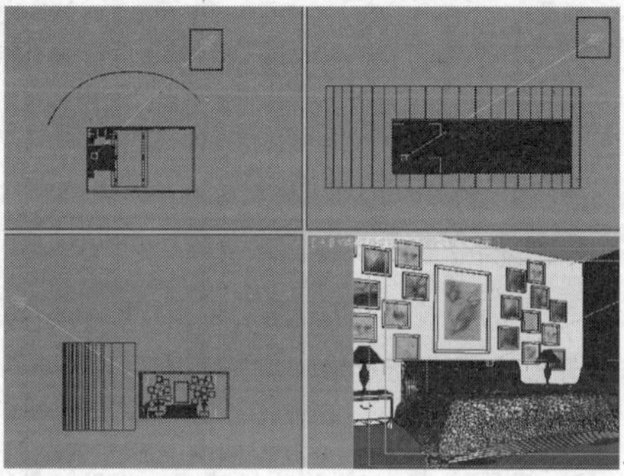

图9-195

03 选择上一步创建的目标平行光，然后进入“修改”面板，具体参数设置如图9-196所示。

设置步骤

① 展开“常规参数”卷展栏，然后在“阴影”选项组下勾选“启用”选项，再设置阴影类型为“VRay阴影”。

② 展开“强度/颜色/衰减”卷展栏，然后设置“倍增”为3.5，再设置“颜色”为（红:255，绿:245，蓝:112）。

③ 展开“平行光参数”卷展栏，然后设置“聚光区/光束”为735cm、“衰减区/区域”为740cm。

④ 展开“VRay阴影参数”卷展栏，然后勾选“区域阴影”选项，再设置“U大小”、“V大小”和“W大小”为25.4cm，最后设置“细分”为12。

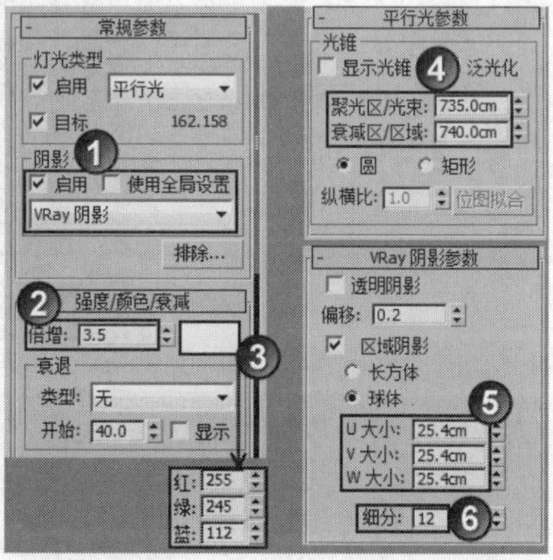

图9-196

04 下面布置补光效果。设置“灯光”类型为VRay，然后在左侧的墙壁处创建一盏VRay灯光作为辅助光源，其位置如图9-197所示。

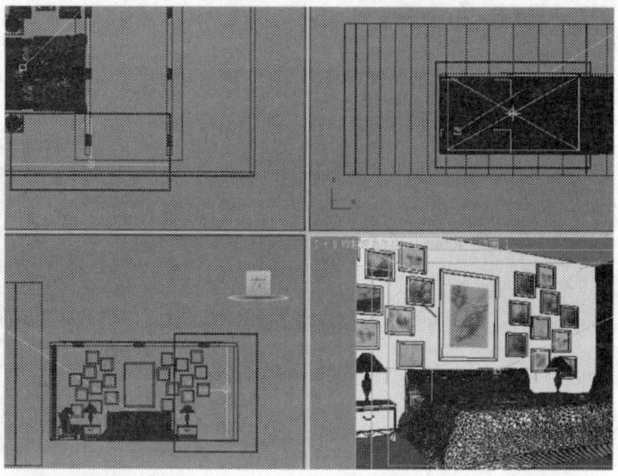

图9-197

05 选择上一步创建的VRay灯光，然后进入“修改”面板，展开“参数”卷展栏，具体参数设置如图9-198所示。

设置步骤

① 在“常规”选项组下设置“类型”为“平面”。

② 在“强度”选项组下设置“倍增”为4。

③ 在“大小”选项组下设置“1/2长”为210cm、“1/2宽”为115cm。

06 按C键切换到摄影机视图，然后按F9键渲染当前场景，最终效果如图9-199所示。

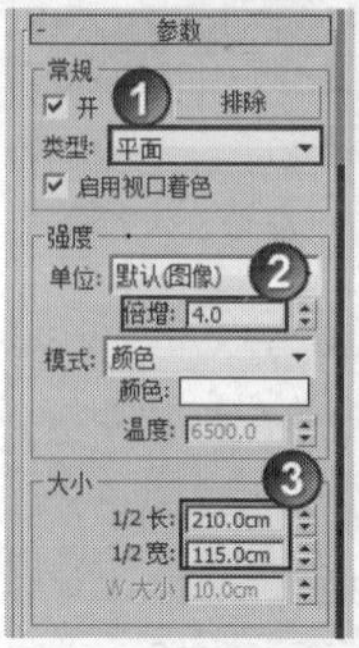

图9-198

图9-199

实战167 休闲室纯日光

场景位置	DVD>场景文件>CH09>实战167.max
实例位置	DVD>实例文件>CH09>实战167.max
视频位置	DVD>多媒体教学>CH09>实战167.flv
难易指数	★☆☆☆☆
技术掌握	用VRay太阳模拟阳光；用VRay穹顶灯光模拟天光

实例介绍

本例将使用VRay太阳来模拟阳光，同时用VRay穹顶灯光模拟天光效果，如图9-200所示。

图9-200

操作步骤

01 打开光盘中的“场景文件>CH09>实战167.max”文件，如图9-201所示。

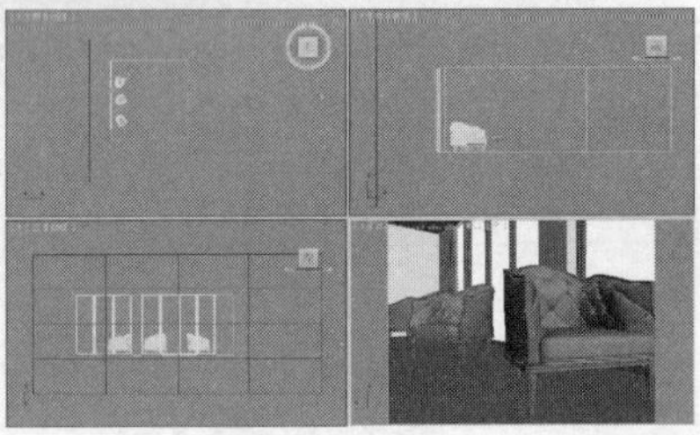

图9-201

02 设置灯光类型为VRay，然后在场景中创建一盏VRay太阳，再在弹出的对话框中单击“是”按钮 是(Y) ，如图9-202所示，灯光位置与高度如图9-203所示。

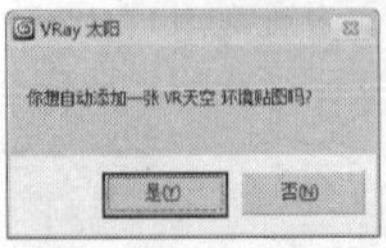

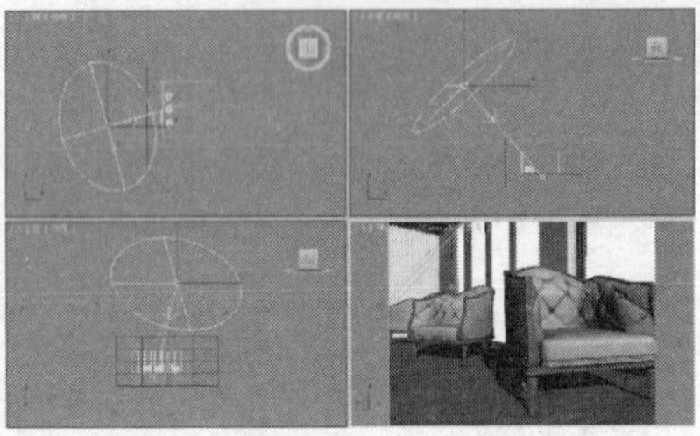

图9-202　　图9-203

技巧与提示

在上一步的操作中虽然选择自动添加了VRay天空环境贴图，但在本例中并不会调整其参数以产生明显的天光，因此其并不是本例的天光（环境光）。

03 选择上一步创建的VRay太阳，然后在“参数”卷展栏下设置“强度倍增”为0.85、“大小倍增”为12、“阴影细分”为10，具体参数设置如图9-204所示。

04 在场景中创建一盏VRay灯光来模拟天光，其位置如图9-205所示。

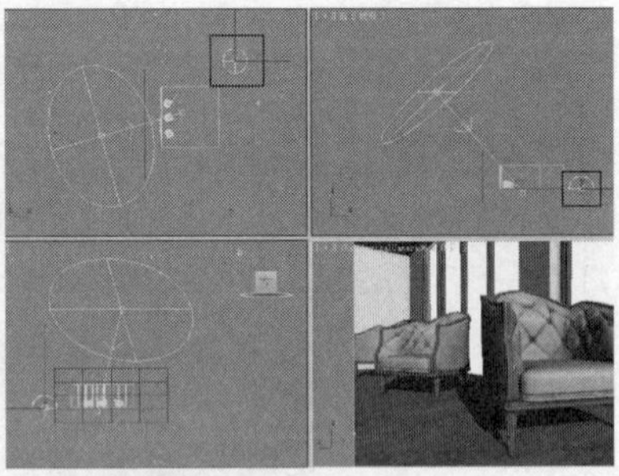

图9-204　　图9-205

05 选择上一步创建的VRay灯光，然后进入“修改”面板，展开“参数”卷展栏，具体参数设置如图9-206所示。

设置步骤

① 在“常规”选项组下设置“类型”为“穹顶”。

② 在“强度”选项组下设置“倍增”为120，然后设置“颜色”为（红:106，绿:155，蓝:255）。

③ 在“选项”选项组下勾选“不可见”选项。

④ 在“采样”选项组下设置“细分”为15。

06 在透视图中按C键切换到摄影机视图，然后按F9键渲染当前场景，最终效果如图9-207所示。

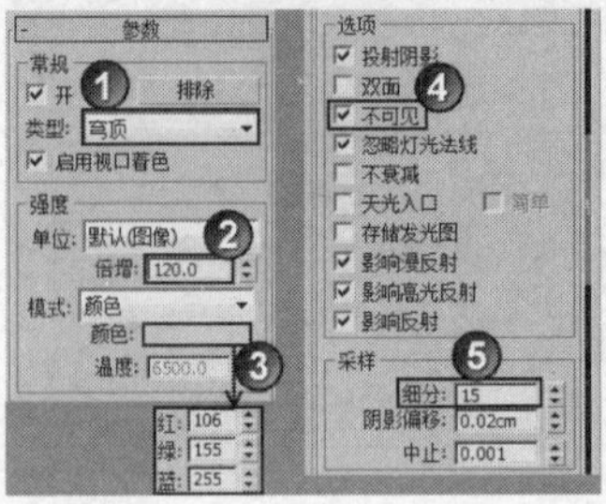

图9-206　　图9-207

实战168 建筑纯日光

场景位置	DVD>场景文件>CH09>实战168.max
实例位置	DVD>实例文件>CH09>实战168.max
视频位置	DVD>多媒体教学>CH09>实战168.flv
难易指数	★☆☆☆☆
技术掌握	用VRay太阳模拟建筑日光

实例介绍

本例将使用VRay太阳以及VRay天空环境贴图来模拟室外建筑的日光效果，如图9-208所示。

操作步骤

01 打开光盘中的“场景文件>CH09>实战168.max”文件，如图9-209所示。

图9-208　　图9-209

02 设置“灯光”类型为VRay，然后在场景中创建一盏VRay太阳，再在弹出的对话框中单击“是”按钮 是(Y) ，其位置与高度如图9-210所示。

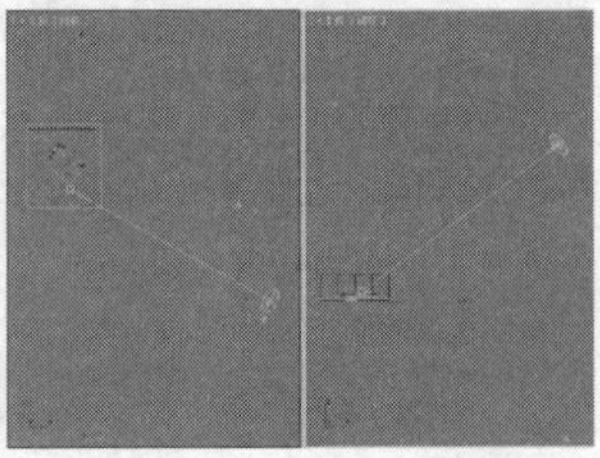

图9-210

03 选择上一步创建的VRay太阳，然后进入“修改”面板，再在“VRay太阳参数”卷展栏下设置“臭氧”为0.35、“强度倍增”为0.4、“大小倍增”为1、“阴影细分”为20，具体参数设置如图9-211所示。

04 在透视图中按C键切换到摄影机视图，然后按F9键渲染当前场景，最终效果如图9-212所示。

图9-211

图9-212

技巧与提示

如果默认自动加载的VRay天空环境贴图不理想，可以将其关联复制到材质球上，然后调整参数即可。

实战169 半开放空间纯日光

场景位置 DVD>场景文件>CH09>实战169.max
实例位置 DVD>实例文件>CH09>实战169.max
视频位置 DVD>多媒体教学>CH09>实战169.flv
难易指数 ★☆☆☆☆
技术掌握 用VRay太阳和VRay天空环境贴图模拟纯日光

实例介绍

本例将使用VRay太阳以及VRay天空环境贴图来模拟一个半开放空间的纯日光氛围，效果如图9-213所示。

操作步骤

01 打开光盘中的“场景文件>CH09>实战169.max”文件，如图9-214所示。

图9-213

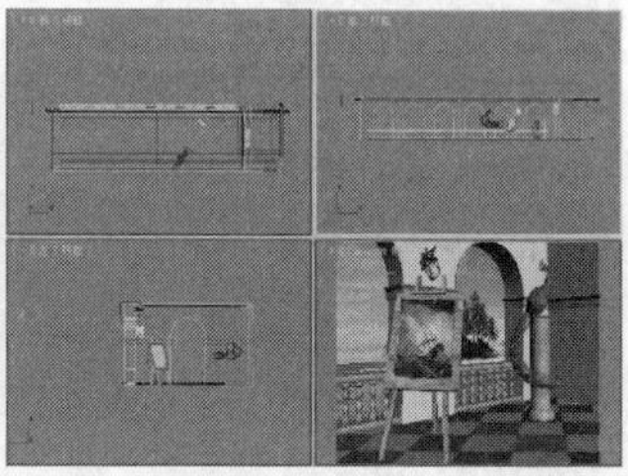
图9-214

02 设置“灯光”类型为VRay，然后在场景中创建一盏VRay太阳，再在弹出的对话框中单击“是”按钮 是(Y) ，其位置与高度如图9-215所示。

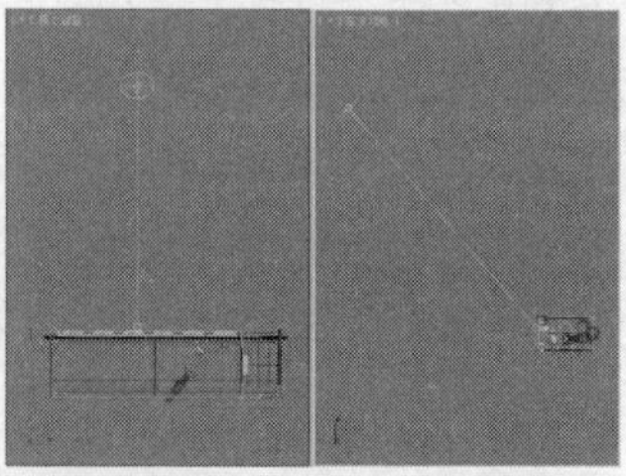
图9-215

03 选择上一步创建的VRay太阳，然后在“VRay太阳参数”卷展栏下设置“浊度”为5.2、“臭氧”为0.35、“强度倍增”为0.05、“大小倍增”为10、“阴影细分”为25，具体参数设置如图9-216所示。

04 按F9键渲染当前场景，效果如图9-217所示。可以观察到此时产生了比较理想的光影效果，但场景的整体亮度还需要提高，因此下面通过VRay天空环境贴图来进行调整。

图9-216

图9-217

技巧与提示

图9-217中的亮度并非只是由VRay太阳进行照明，场景中的发光材质（背景）也产生了部分照明效果，但由于此时背景贴图的亮度已经比较合适，如果再调整发光材质虽然可以提高场景亮度，但同时也会影响到自身已体现出的亮度，因此通过调整VRay天空环境贴图来提高场景亮度是最佳选择。

05 按8键打开“环境和效果”对话框，然后单击“环境”选项卡，在“环境贴图”通道中加载一张“VRay天空”环境贴图，如图9-218所示。

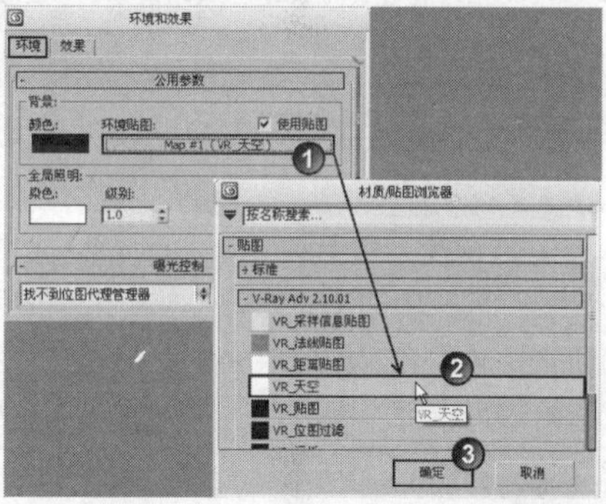

图9-218

06 按M键打开“材质编辑器”对话框，然后将“VRay天空”环境贴图以“实例”复制的方式拖曳到一个空白材质上，如图9-219所示，再在“VRay天空参数”卷展栏下勾选“指定太阳节点”选项，最后设置“太阳浊度”为3、“太阳臭氧”为0.35、“太阳强度倍增”为0.2、“太阳大小倍增”为1，具体参数设置如图9-220所示。

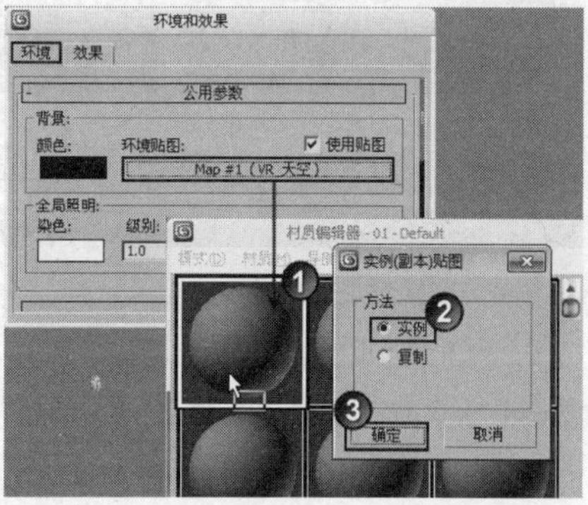

图9-219

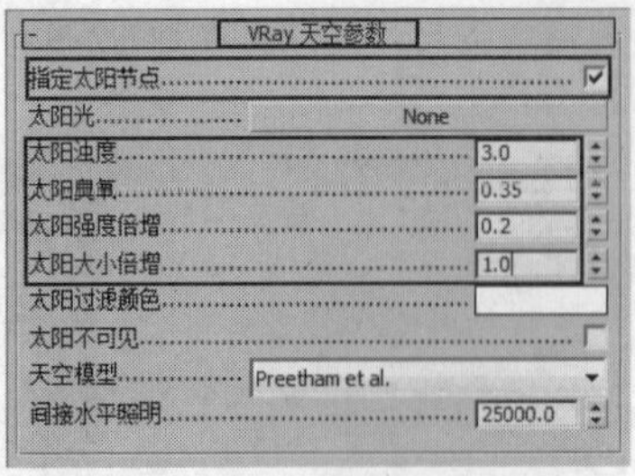

图9-220

07 在透视图中按C键切换到摄影机视图，然后按F9键渲染当前场景，最终效果如图9-221所示。

图9-221

实战170 室内黄昏光照

场景位置	DVD>场景文件>CH09>实战170.max
实例位置	DVD>实例文件>CH09>实战170.max
视频位置	DVD>多媒体教学>CH09>实战170.flv
难易指数	★☆☆☆☆
技术掌握	用VRay太阳模拟黄昏光照

实例介绍

黄昏是一天中非常特殊的时刻，此时太阳的照明逐渐减弱，天空中的主要光源变成了柔和的天光，所以此时的阴影比较柔和，同时对比度也比较低，当然色彩的变化也变得更加丰富。本例将使用VRay太阳来模拟黄昏时的光照效果，如图9-222所示。

操作步骤

01 打开光盘中的“场景文件>CH09>实战170.max”文件，如图9-223所示。

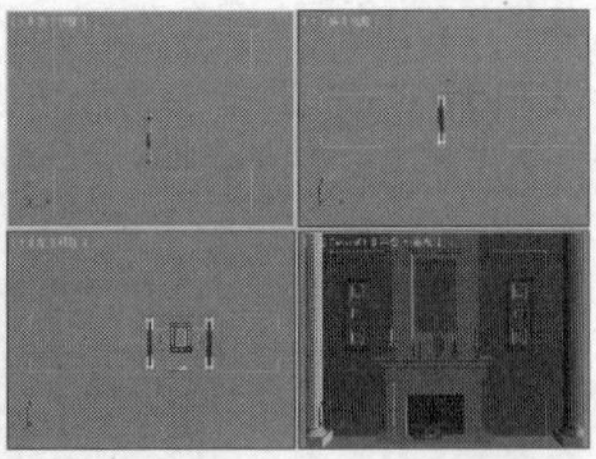

图9-222　图9-223

02 设置“灯光”类型为VRay，然后在场景中创建一盏VRay太阳，再在弹出的对话框中单击“是”按钮 是(Y) ，其位置与高度如图9-224所示。

03 选择上一步创建的VRay太阳，然后在“VRay太阳参数”卷展栏下设置“臭氧”为0.35、“强度倍增”为0.023、“大小倍增”为10、“阴影细分”为10、“阴影偏移”为5.08mm、“光子发射半径”为1270mm，具体参数设置如图9-225所示。

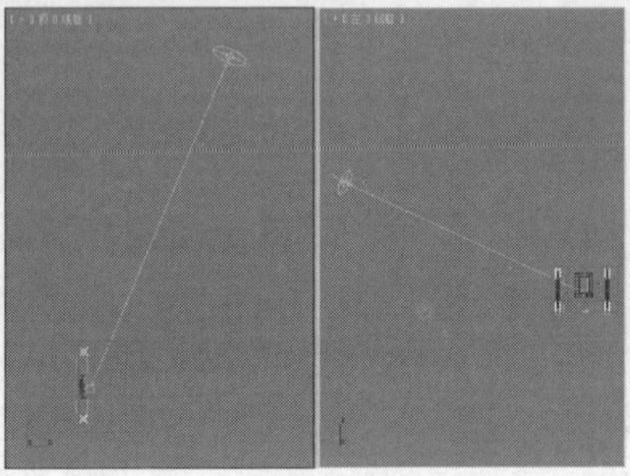

图9-224　图9-225

04 按F9键渲染当前场景，效果如图9-226所示。此时可以观察到阳光的光影已经有了黄昏的特征，下面调整天光以略微提高场景亮度。

05 按8键打开“环境和效果”对话框，然后单击“环境”选项卡，再在“环境贴图”通道中加载一张“VRay天空”环境贴图，如图9-227所示。

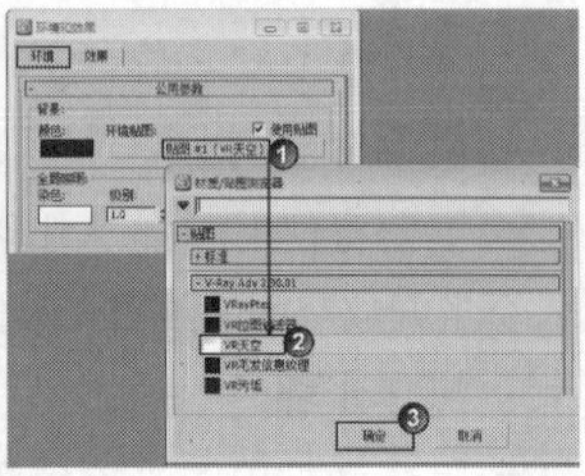

图9-226　图9-227

06 按M键打开“材质编辑器”对话框，将VRay天空环境贴图以“实例”复制的方式拖曳到一个空白材质上，然后在“VRay天空参数”卷展栏下勾选“指定太阳节点”选项，再单击“太阳光”选项后面的 None 按钮，并在场景中拾取VRay太阳，最后设置“太阳浊度”为3、“太阳臭氧”为0.35、“太阳强度倍增”为0.01、“太阳大小倍增”为1，具体参数设置如图9-228所示。

07 按F9键渲染当前场景，效果如图9-229所示。可以观察到由于天光的介入，场景亮度已经得到了提高，但是黄昏阳光的色泽又变得不太理想。

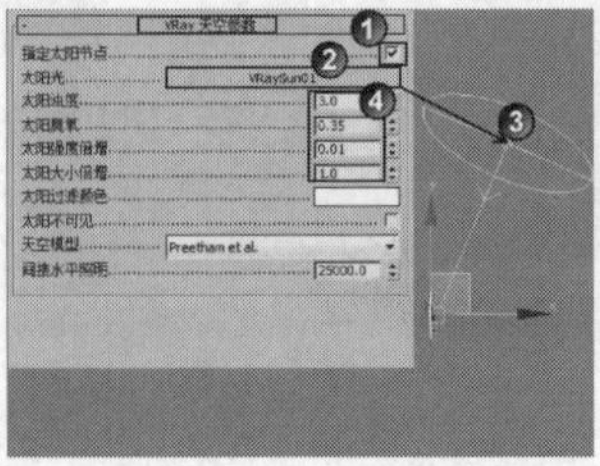

图9-228　图9-229

08 在左视图中选择创建好的VRay太阳，然后向下移动以压低太阳的角度，如图9-230所示，再按F9键渲染当前场景，最终效果如图9-231所示。

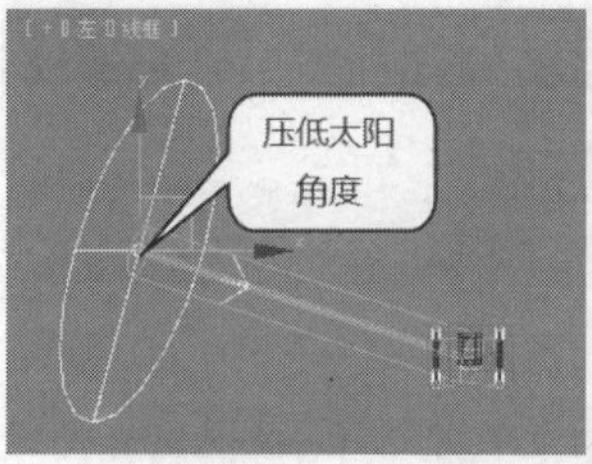

图9-230　图9-231

技巧与提示

可以看到当VRay太阳与VRay天空环境贴图关联在一起后，通过调整VRay太阳的角度可以轻松实现灯光颜色以及强度的调整。要注意的是这种方法适合调整包括黄昏光线在内的所有日光氛围。

实战171　黄昏沙滩

场景位置	DVD>场景文件>CH09>实战171.max
实例位置	DVD>实例文件>CH09>实战171.max
视频位置	DVD>多媒体教学>CH09>实战171.flv
难易指数	★☆☆☆☆
技术掌握	用VRay太阳模拟黄昏光照

实例介绍

本例将继续使用VRay太阳来模拟一个沙滩的黄昏光照效果，如图9-232所示。

操作步骤

01 打开光盘中的“场景文件>CH09>实战171.max”文件，如图9-233所示。

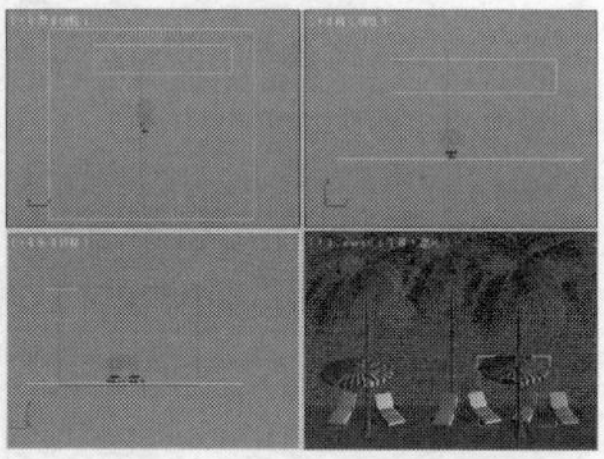

图9-232　图9-233

02 设置“灯光”类型为VRay，然后在场景中创建一盏VRay太阳，再在弹出的对话框中单击“是”按钮 是(Y) ，其位置与高度如图9-234所示。

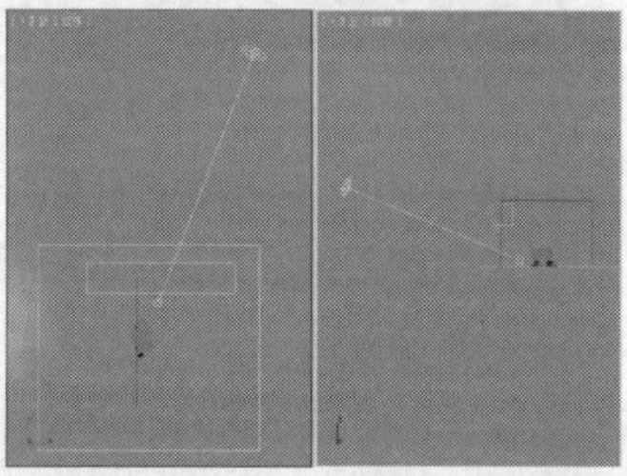

图9-234

03 选择上一步创建的VRay太阳，然后在“VRay太阳参数”卷展栏下设置“浊度”为8、“臭氧”为0、“强度倍增”为0.04、“大小倍增”为1、“阴影细分”为10，具体参数设置如图9-235所示。

04 在透视图中按C键切换到摄影机视图，然后按F9键渲染当前场景，最终效果如图9-236所示。

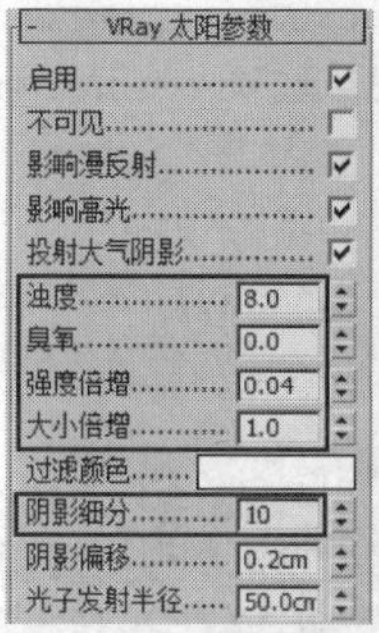

图9-235　图9-236

实战172　书房夜晚灯光表现

场景位置	DVD>场景文件>CH09>实战172.max
实例位置	DVD>实例文件>CH09>实战172.max
视频位置	DVD>多媒体教学>CH09>实战172.flv
难易指数	★★☆☆☆
技术掌握	用VRay平面灯光模拟天光和屏幕冷光照

实例介绍

在实际工作中经常会选用晴朗的月夜作为夜晚效果图的表现，因为此时的蓝色光线进入室内，会使整体空间都染上些许蓝色，与空间内暖色灯光形成较强的色彩对比。本例就将主要使用VRay平面灯光来模拟月夜室外蓝色的光线氛围，效果如图9-237所示。

操作步骤

01 打开光盘中的“场景文件>CH09>实战172.max”文件，如图9-238所示。

图9-237　图9-238

02 设置“灯光”类型为VRay，然后左视图中创建两盏VRay灯光，并将其放在窗口处，其位置如图9-339所示。

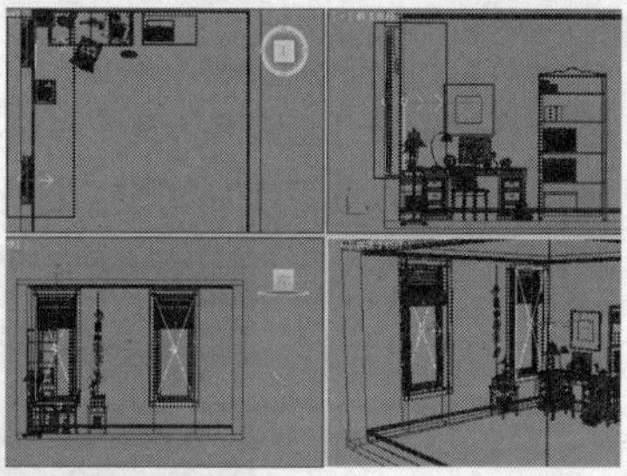

图9-339

03 选择上一步创建的VRay灯光，然后进入“修改”面板，展开“参数”卷展栏，具体参数设置如图9-240所示。

设置步骤

① 在“基本”选项组下设置“类型”为“平面”。

② 在“亮度”选项组下设置“倍增”为15，然后设置“颜

色”为（红:126，绿:181，蓝:254）。

③ 在“大小”选项组下设置“1/2长”为400mm、“1/2宽”为1015mm。

④ 在“选项”选项组下勾选“不可见”选项，然后关闭“影响高光反射”和“影响反射”选项。

⑤ 在“采样”选项组下设置“细分”为20。

04 继续在电脑的显示器屏幕上创建一盏VRay灯光，其位置如图9-241所示。

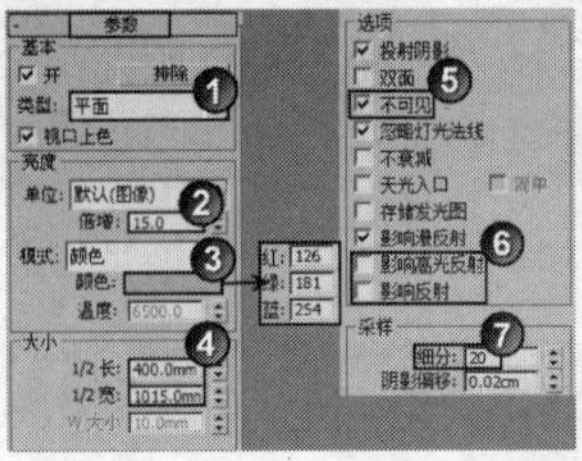

图9-240

图9-241

05 选择上一步创建的VRay灯光，然后进入“修改”面板，展开“参数”卷展栏，具体参数设置如图9-242所示。

设置步骤

① 在“基本”选项组下设置“类型”为“平面”。

② 在“亮度”选项组下设置“倍增”为20，然后设置“颜色”为（红:174，绿:208，蓝:254）。

③ 在“大小”选项组下设置“1/2长”为204.904mm、“1/2宽”为144.391mm。

④ 在“选项”选项组下勾选“不可见”选项，然后关闭“影响高光反射”和“影响反射”选项。

⑤ 在“采样”选项组下设置“细分”为20。

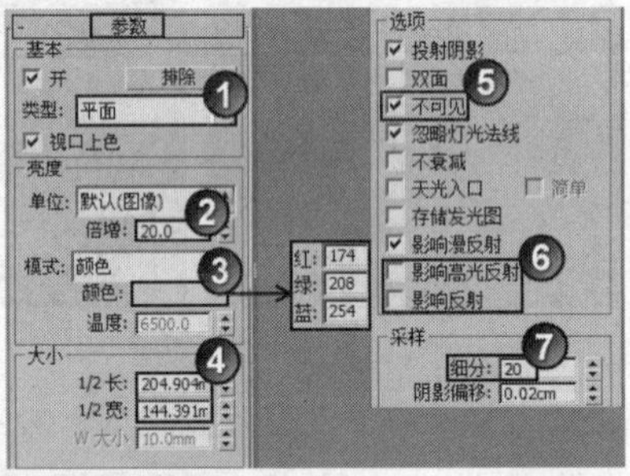

图9-242

06 在透视图中按C键切换到摄影机视图，然后按F9键渲染当前场景，最终效果如图9-243所示。

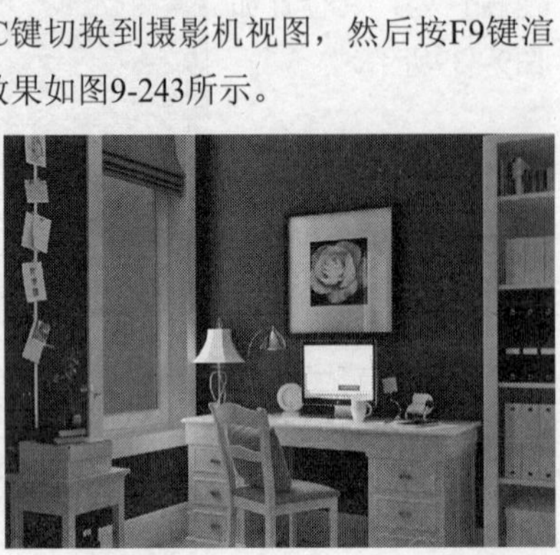

图9-243

实战173 餐厅夜晚灯光表现

场景位置 DVD>场景文件>CH09>实战173.max
实例位置 DVD>实例文件>CH09>实战173.max
视频位置 DVD>多媒体教学>CH09>实战173.flv
难易指数 ★★★☆☆
技术掌握 用目标灯光模拟射灯；用VRay球体灯光模拟台灯；用目标聚光灯模拟吊灯

实例介绍

室内夜景的表现除了选用上个实例中的蓝色室外光线外，还可以重点突出室内多层次的人造光源，从而体现室内装修的奢华与大气。本例就将通过目标灯光、VRay球体灯光和目标聚光灯来模拟夜晚氛围下室内各个层次的灯光效果，如图9-244所示。

图9-244

操作步骤

01 打开光盘中的“场景文件>CH09>实战173.max”文件，如图9-245所示。

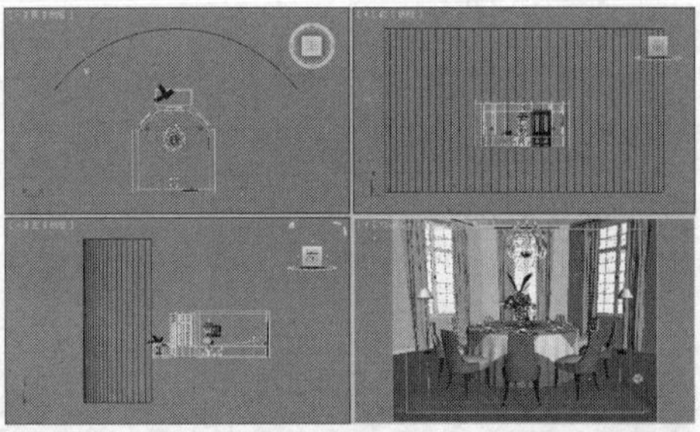

图9-245

02 设置“灯光”类型为“光度学”，然后在顶视图中创建6盏目标灯光，其位置与分布如图9-246和图9-247所示。

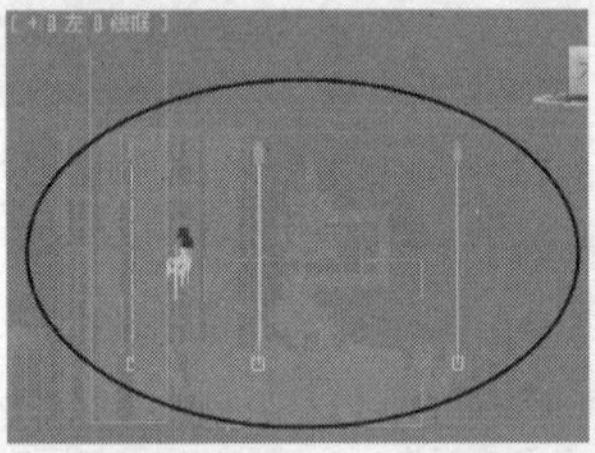

图9-246

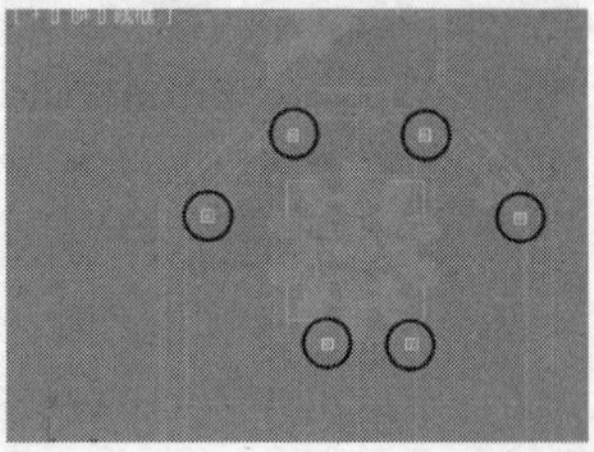

图9-247

03 选择上一步创建的目标灯光，然后进入“修改”面板，具体参数设置如图9-248所示。

设置步骤

① 展开“常规参数”卷展栏，然后在“阴影”选项组下勾选“启用”选项，再设置阴影类型为“VRay阴影”，最后设置“灯光分布（类型）”为“光度学Web”。

② 展开“分布（光度学Web）”卷展栏，然后在其通道中加载光盘中的“实例文件>CH09>实战——用目标灯光制作餐厅夜晚灯光>筒灯.ies”文件。

③ 展开“强度/颜色/衰减”卷展栏，然后设置“过滤颜色”为（红:253，绿:195，蓝:143），再设置“强度”为1516。

04 设置灯光类型为VRay，然后在台灯的灯罩内创建两盏VRay灯光，其位置如图9-249所示。

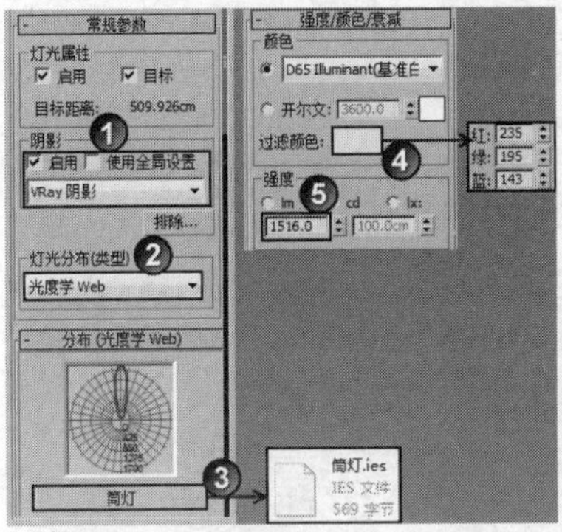

图9-248　　图9-249

05 选择上一步创建的VRay灯光，然后进入“修改”面板，展开“参数”卷展栏，具体参数设置如图9-250所示。

设置步骤

① 在“常规”选项组下设置“类型”为“球体”。

② 在“强度”选项组下设置“倍增”为12，然后设置“颜色”为（红:244，绿:194，蓝:141）。

③ 在“大小”选项组下设置“半径”为3.15mm。

④ 在“选项”选项组下勾选“不可见”选项。

⑤ 在“采样”选项组下设置“细分”为20。

06 在吊灯的灯泡上继续创建26盏VRay灯光，其位置与分布如图9-251所示。

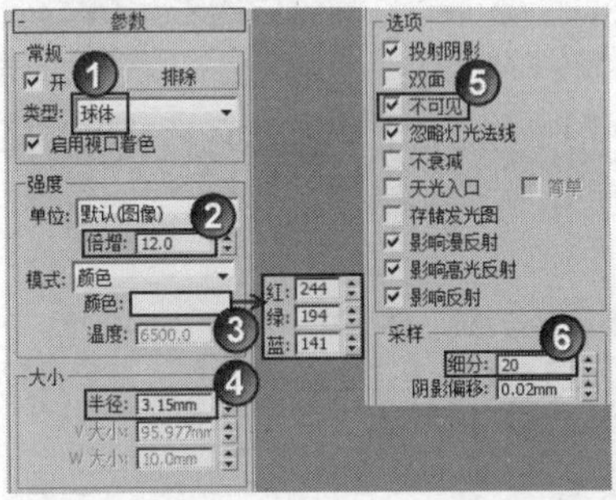

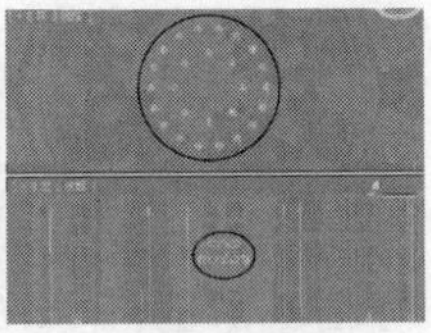

图9-250　　图9-251

07 选择上一步创建的VRay灯光，然后进入“修改”面板，展开“参数”卷展栏，具体参数设置如图9-252所示。

设置步骤

① 在“常规”选项组下设置“类型”为“球体”。

② 在“强度”选项组下设置“倍增”为20，然后设置“颜色”为（红:244，绿:194，蓝:141）。

③ 在“大小”选项组下设置“半径”为0.787mm。

④ 在“选项”选项组下勾选“不可见”选项。

⑤ 在“采样”选项组下设置“细分”为20。

08 设置“灯光”类型为“标准”，然后在吊灯正中央的下面创建一盏目标聚光灯，其位置如图9-253所示。

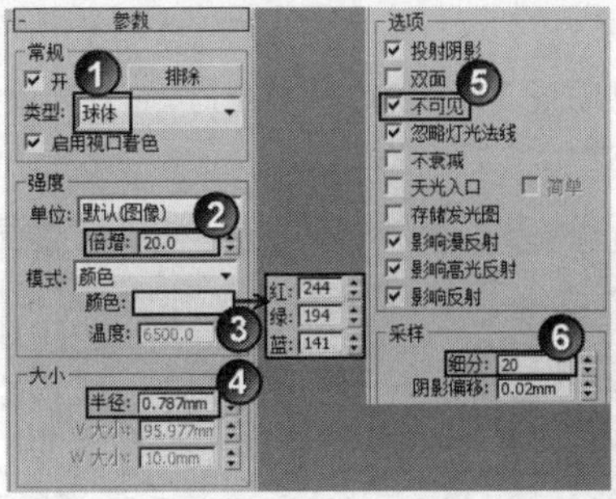

图9-252　　图9-253

09 选择上一步创建的目标聚光灯，然后进入“修改”面板，具体参数设置如图9-254所示。

设置步骤

① 展开“常规参数”卷展栏，然后在“阴影”选项组下勾选“启用”选项，再设置阴影类型为VRay阴影。

② 展开“强度/颜色/衰减”卷展栏，然后设置“倍增”为2，再设置“颜色”为（红:241，绿:189，蓝:144）。

③ 展开“聚光灯参数”卷展栏，然后设置“聚光区/光束”为43、“衰减区/区域”为95。

④ 展开“VRay阴影参数”卷展栏，然后勾选“区域阴影”选项，再勾选“球体”选项，最后设置“U大小”、“V大小”和“W大小”为20.0、“细分”为20。

10 在透视图中按C键切换到摄影机视图，然后按F9键渲染当前场景，最终效果如图9-255所示。

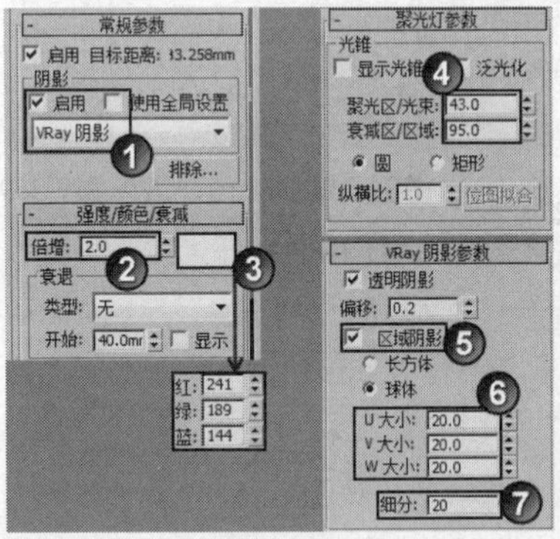

图9-254　　图9-255

实战174 别墅夜晚灯光表现

场景位置	DVD>场景文件>CH09>实战174.max
实例位置	DVD>实例文件>CH09>实战174.max
视频位置	DVD>多媒体教学>CH09>实战174.flv
难易指数	★★★☆☆
技术掌握	用VRay太阳、VRay灯光和目标灯光来模拟温馨灯光效果

实例介绍

建筑夜景表现通常要根据建筑的功能区分来设置灯光。对于别墅一类以居住、生活为主的建筑通常要通过较弱较冷的夜晚环境光与较强较暖的室内人工光源形成对比，以体现居住环境的温馨。本例就将使用VRay太阳、VRay灯光以及目标灯光来模拟别墅夜景的温馨灯光氛围，效果如图9-256所示。

操作步骤

01 打开光盘中的“场景文件>CH09>实战174.max”文件，如图9-257所示。

图9-256

图9-257

02 下面创建室外的月光。设置“灯光”类型为VRay，然后在场景中创建一盏VRay太阳，再在弹出的对话框中单击“是”按钮 是(Y) ，其位置如图9-258所示。

03 选择上一步创建的VRay太阳，然后在“VRay太阳参数”卷展栏下设置“浊度”为3、“臭氧”为0.35、“强度倍增”为0.015、“大小倍增”为10、“阴影细分”为20，具体参数设置如图9-259所示。

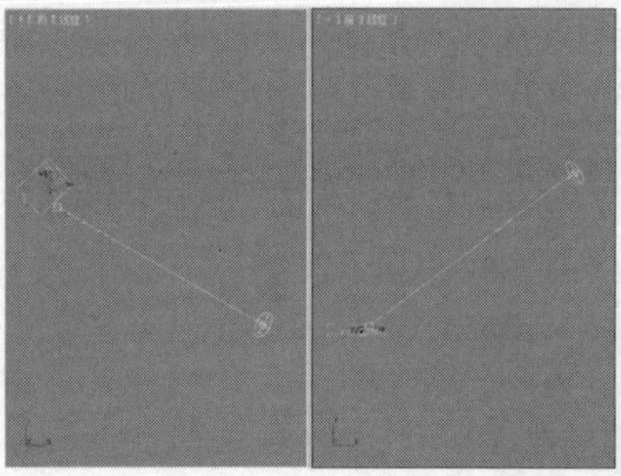

图9-258

图9-259

04 下面设置室外的环境光。按F10键打开“渲染设置”对话框，单击VRay选项卡，然后展开“环境”卷展栏，再在“全局照明环境（天光）覆盖”选项组下勾选“开”选项，最后设置“倍增”为1.5，如图9-260所示。

05 按F9键渲染当前场景，效果如图9-261所示。此时可以观察到已经出现了比较理想的夜晚环境光效果，接下来设置室内的灯光。

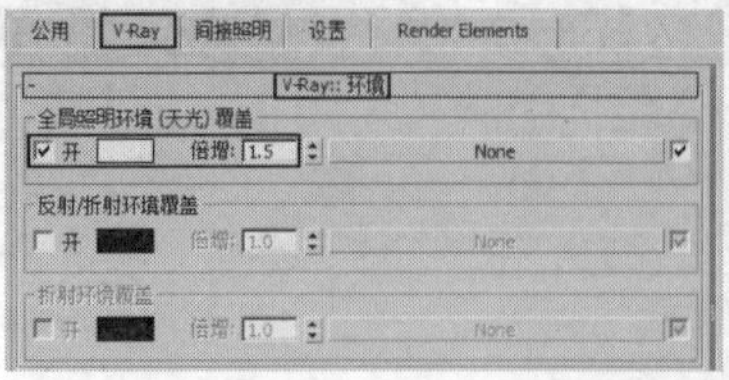

图9-260

图9-261

06 下面创建上下两个楼层的主光源。在场景中创建两盏VRay灯光，其大小与位置如图9-262所示。

07 选择上一步创建的VRay灯光，然后进入“修改”面板，展开“参数”卷展栏，具体参数设置如图9-263所示。

设置步骤

① 在“常规”选项组下设置“类型”为“平面”。

② 在“强度”选项组下设置“颜色”为（红:255，绿:210，蓝:152），然后设置“倍增”为5。

③ 在“大小”选项组下设置“1/2长”为30cm、“1/2宽”为10cm。

④ 在“选项”选项组下勾选“不可见”选项。

⑤ 在“采样”选项组下设置“细分”为20。

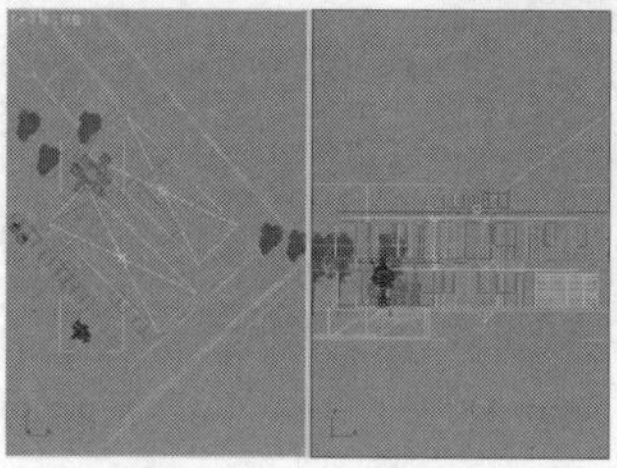

图9-262

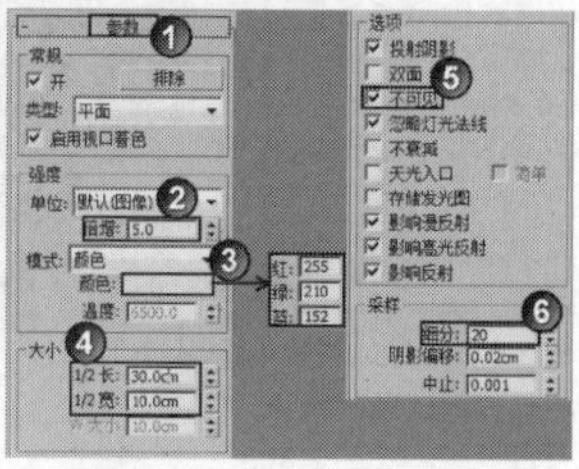

图9-263

08 按F9键渲染当前场景，效果如图9-264所示。

09 下面创建场景中的射灯。设置“灯光”类型为“光度学”，然后在场景中创建8盏目标灯光，其位置与分布如图9-265所示。

图9-264

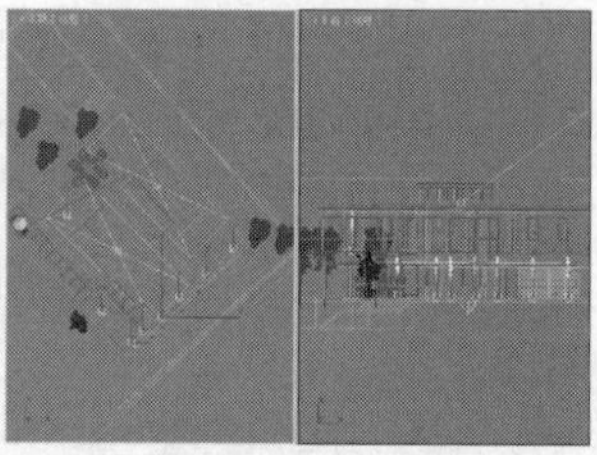

图9-265

10 选择上一步创建的目标灯光，然后进入“修改”面板，具体参数设置如图9-266所示。

设置步骤

① 展开“常规参数”卷展栏，然后在“阴影”选项组下勾选“启用”选项，再设置阴影类型为“VRay阴影”，最后设置“灯光分布（类型）”为“光度学Web”。

② 展开“分布（光度学Web）”卷展栏，然后在其通道中加载光盘中的“实例文件>CH09>实战174>1.ies”文件。

③ 展开“强度/颜色/衰减”卷展栏，然后设置“过滤颜色”为（红:252，绿:219，蓝:161），再设置“强度”为50。

11 按F9键渲染当前场景，效果如图9-267所示。

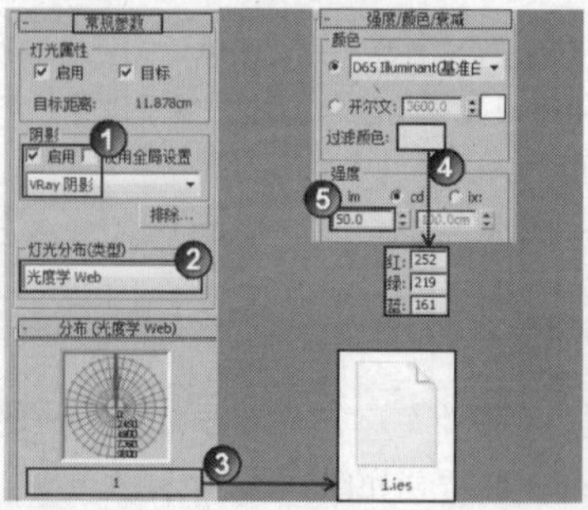

图9-266

图9-267

12 下面创建场景中的吊灯。在场景中创建一盏目标灯光，其位置如图9-268所示。

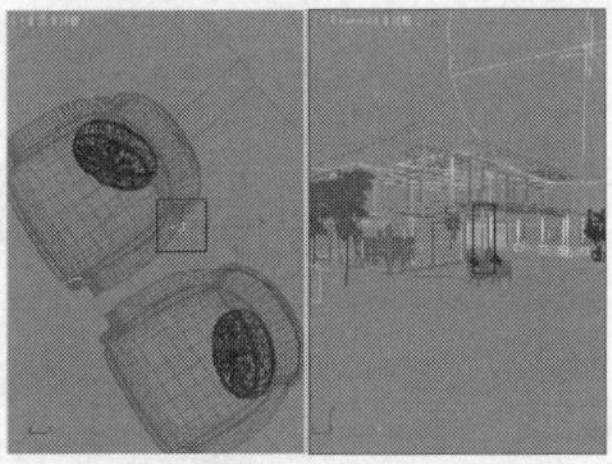

图9-268

13 选择上一步创建的目标灯光，然后进入“修改”面板，具体参数设置如图9-269所示。

设置步骤

① 展开“常规参数”卷展栏，然后在“阴影”选项组下勾选“启用”选项，再设置阴影类型为“VRay阴影”，最后设置“灯光分布（类型）”为“光度学Web”。

② 展开“分布（光度学Web）”卷展栏，然后在其通道中加载光盘中的“实例文件>CH09>实战174>2.ies”文件。

③ 展开“强度/颜色/衰减”卷展栏，然后设置“过滤颜色”为（红:252，绿:219，蓝:161），再设置“强度”为100。

14 在透视图中按C键切换到摄影机视图，然后按F9键渲染当前场景，最终效果如图9-270所示。

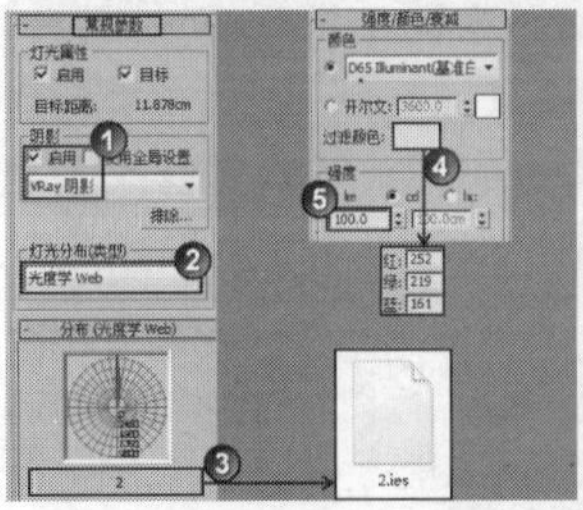

图9-269

图9-270

实战175 宾馆夜晚灯光表现

场景位置	DVD>场景文件>CH09>实战175.max
实例位置	DVD>实例文件>CH09>实战175.max
视频位置	DVD>多媒体教学>CH09>实战175.flv
难易指数	★★★★☆
技术掌握	用目标灯光和VRay灯光模拟商用建筑的夜晚灯光

实例介绍

上一个实例介绍了以居住功能为主的建筑夜景的表现，除此之外还有商用建筑的夜景表现，这种建筑的夜景更注重体现立面上各个层次灯光的炫丽变化。本例就将使用目标灯光和VRay灯光来模拟一个宾馆的夜晚灯光氛围，效果如图9-271所示。

图9-271

操作步骤

01 打开光盘中的“场景文件>CH09>实战175.max”文件，如图9-272所示。

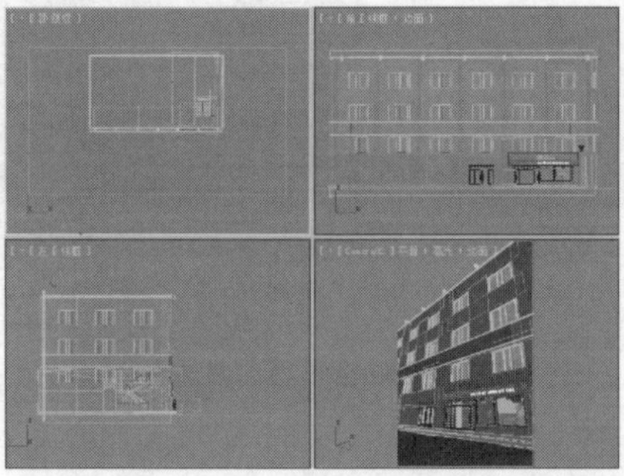

图9-272

02 下面营造夜晚的自然光效果。按8键打开“环境和效果”对话框，然后单击“环境”选项卡，在“环境贴图”通道中加载一张“VRay天空”程序贴图，如图9-273所示。

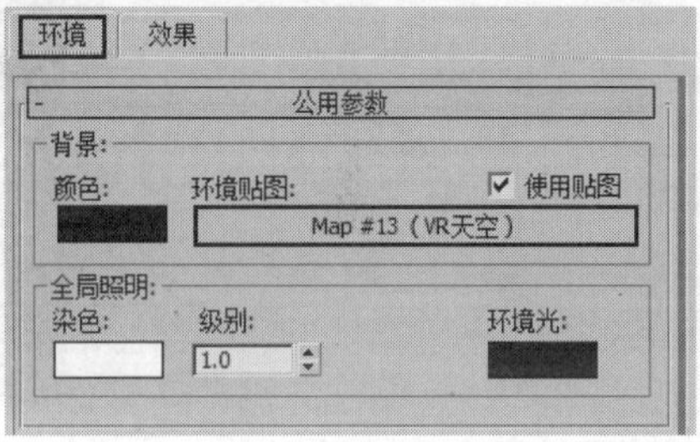

图9-273

03 下面设置楼层间的射灯效果。设置“灯光”类型为“光度学”，然后在场景中创建11盏目标灯光作为楼顶射灯，其位置与分布如图9-274所示。

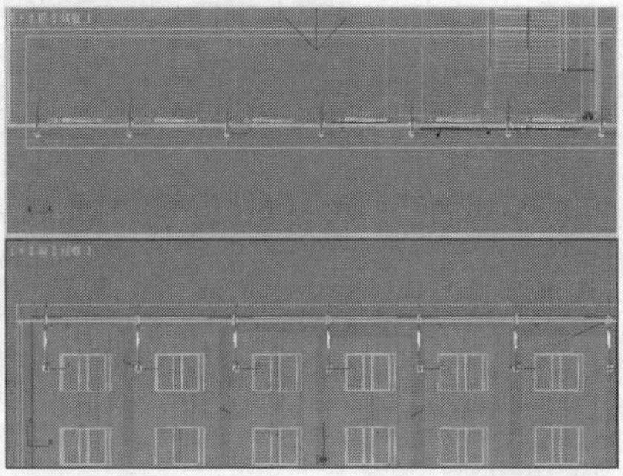

图9-274

04 选择上一步创建的目标灯光，然后进入“修改”面板，具体参数设置如图9-275所示。

设置步骤

① 展开“常规参数”卷展栏，然后在“阴影”选项组下勾选“启用”选项，再设置阴影类型为“VRay阴影”，最后设置“灯光分布（类型）”为“光度学Web”。

② 展开“分布（光度学Web）”卷展栏，然后在其通道中加载光盘中的“实例文件>CH09>实战175>中间亮.ies”文件。

③ 展开“强度/颜色/衰减”卷展栏，然后设置“过滤颜色”为（红:248，绿:193，蓝:134），再设置“强度”为800。

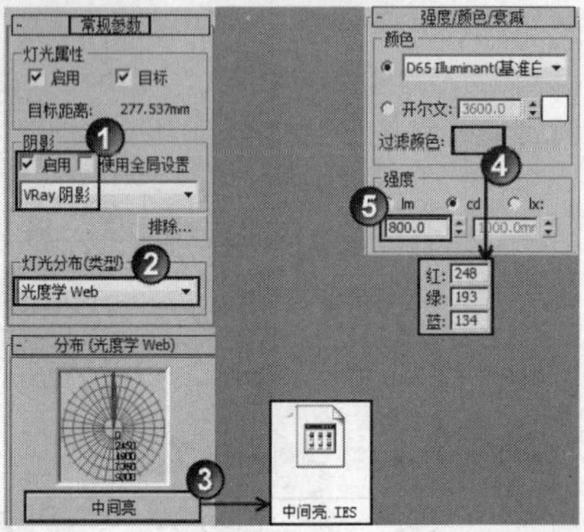

图9-275

05 按F9键渲染当前场景，效果如图9-276所示。此时可以观察到天幕颜色、环境光氛围以及布置的楼顶射灯都比较合适。

图9-276

06 继续在场景中创建12盏目标灯光作为灯箱上的射灯，其位置与分布如图9-277所示。

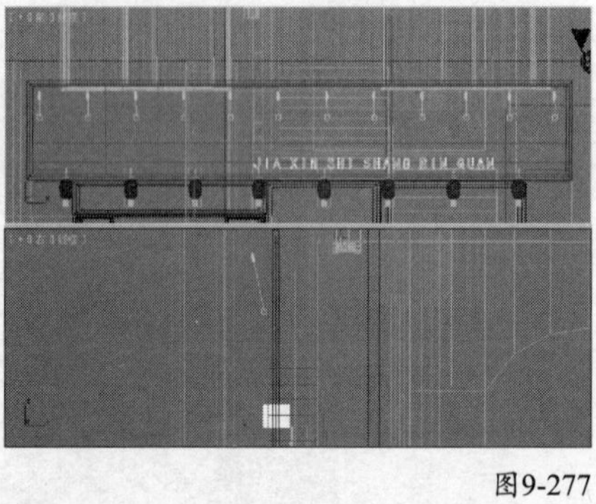

图9-277

07 选择上一步创建的目标灯光，然后进入“修改”面板，具体参数设置如图9-278所示。

设置步骤

① 展开“常规参数”卷展栏，然后在“阴影”选项组下勾选“启用”选项，再设置阴影类型为“VRay阴影”，最后设置“灯光分布（类型）”为“光度学Web”。

② 展开“分布（光度学Web）”卷展栏，然后在其通道中加载光盘中的“实例文件>CH09>实战175>经典筒灯.ies”文件。

③ 展开“强度/颜色/衰减”卷展栏，然后设置“过滤颜色”为（红:248，绿:193，蓝:134），再设置“强度”为40。

08 继续在场景中创建3盏目标灯光，其位置如图9-279所示。

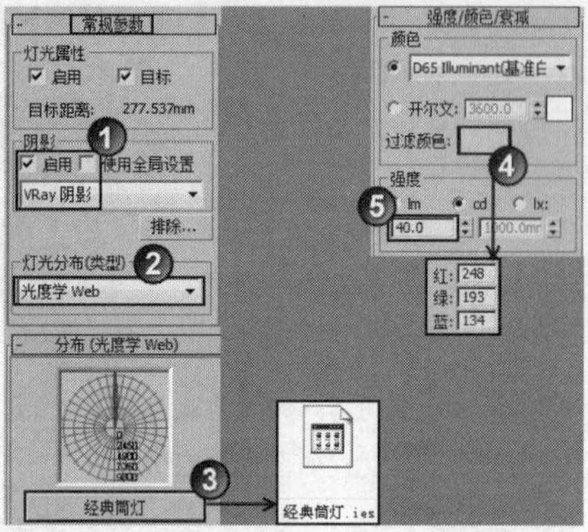

图9-278

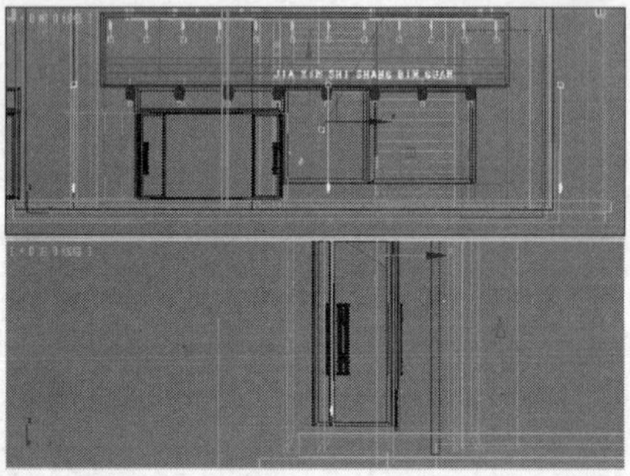

图9-279

09 选择上一步创建的目标灯光，然后进入“修改”面板，具体参数设置如图9-280所示。

设置步骤

① 展开“常规参数”卷展栏，然后在“阴影”选项组下勾选“启用”选项，再设置阴影类型为“VRay阴影”，最后设置“灯光分布（类型）”为“光度学Web”。

② 展开“分布（光度学Web）”卷展栏，然后在其通道中加载光盘中的“实例文件>CH09>实战175>经典筒灯.ies”文件。

③ 展开“强度/颜色/衰减”卷展栏，然后设置“过滤颜色”为（红:121，绿:130，蓝:255），再设置“强度”为1516。

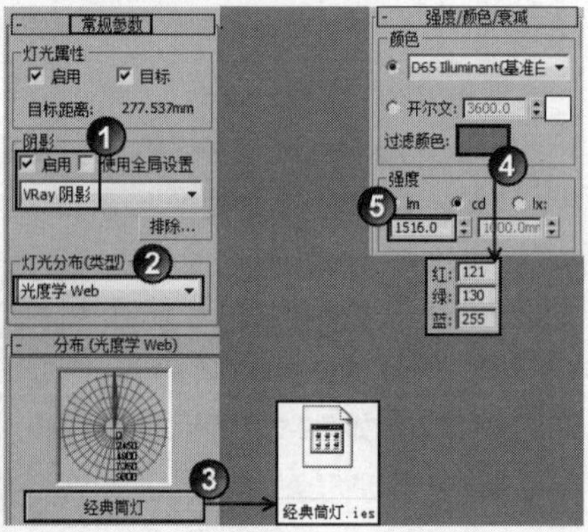

图9-280

10 按F9键渲染当前场景，效果如图9-281所示。

11 下面来模拟建筑各个房间内的暖色灯光效果。设置“灯光”类型为VRay，然后在场景中创建18盏VRay灯光，其位置与分布如图9-282所示。

图9-281

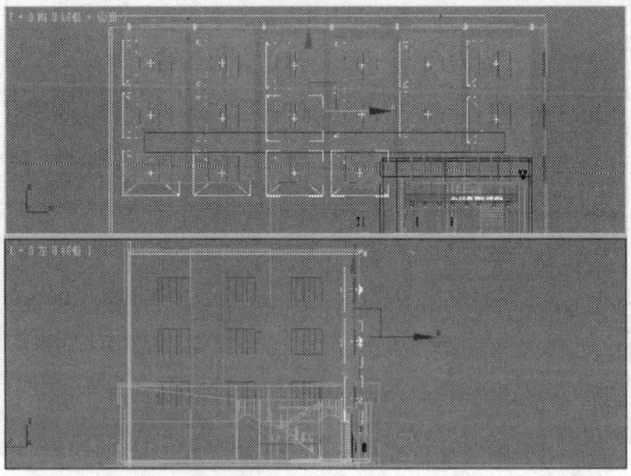

图9-282

12 选择上一步创建的VRay灯光，然后进入“修改”面板，展开“参数”卷展栏，具体参数设置如图9-283所示。

设置步骤

① 在“常规”选项组下设置“类型”为“平面”。

② 在“强度”选项组下设置“颜色”为(红:255，绿:158，蓝:72)，然后设置“倍增”为30。

③ 在“大小”选项组下设置“1/2长”为275mm、“1/2宽”为245mm。

④ 在“选项”选项组下勾选“不可见”选项。

⑤ 在“采样”选项组下设置“细分”为12。

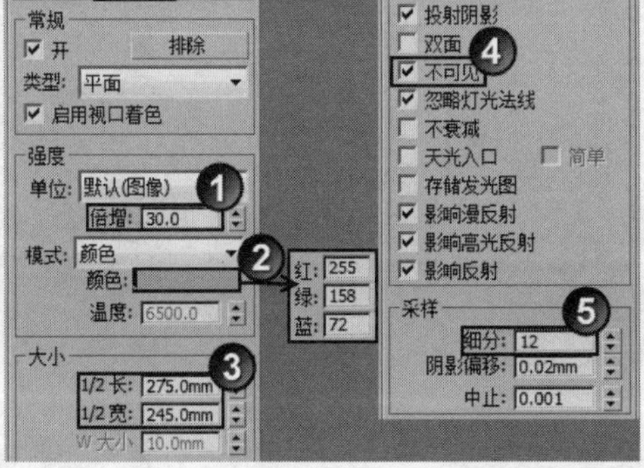

图9-283

13 继续在场景中创建一盏VRay灯光用于模拟建筑入口的灯光效果，其位置与高度如图9-284所示。

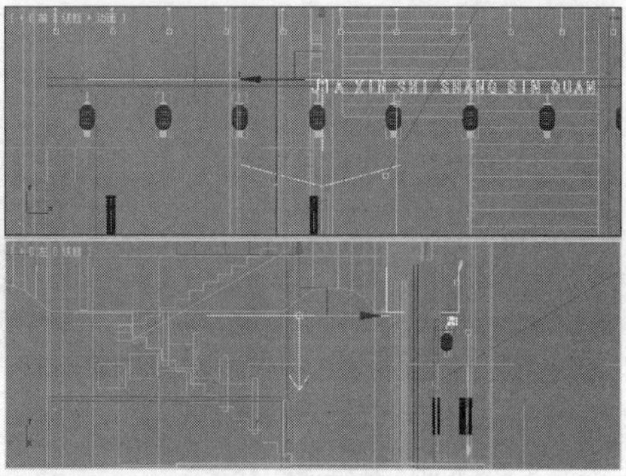

图9-284

14 选择上一步创建的VRay灯光，然后进入“修改”面板，展开“参数”卷展栏，具体参数设置如图9-285所示。

设置步骤

① 在“常规”选项组下设置“类型”为“平面”。

② 在“强度”选项组下设置“颜色”为（红:255，绿:171，蓝:96），然后设置“倍增”为13。

③ 在“大小”选项组下设置“1/2长”为275mm、“1/2宽”为245mm。

④ 在“选项”选项组下勾选“不可见”选项。

⑤ 在“采样”选项组下设置“细分”为12。

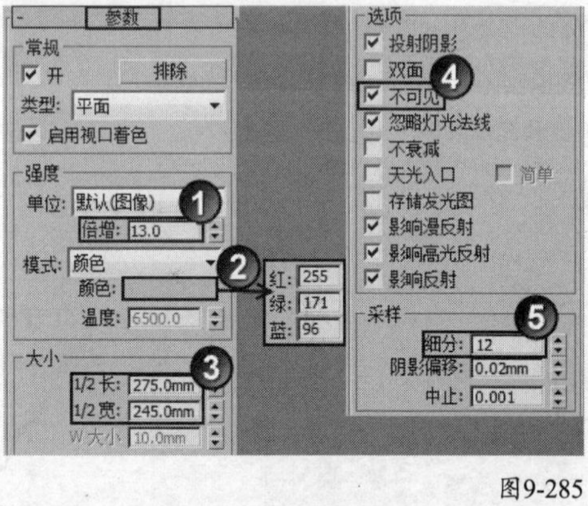

图9-285

15 在透视图中按C键切换到摄影机视图，然后按F9键渲染当前场景，最终效果如图9-286所示。

图9-286

第10章 摄影机应用

本章学习要点：

目标摄影机的景深与运动模糊功能

VRay物理摄影机的缩放因子、光圈数和光晕功能

实战176 景深效果

场景位置	DVD>场景文件>CH10>实战176.max
实例位置	DVD>实例文件>CH10>实战176.ma
视频位置	DVD>多媒体教学>CH10>实战176.flv
难易指数	★☆☆☆☆
技术掌握	用目标摄影机制作景深特效

实例介绍

景深是摄影机的一个非常重要的功能，在实际工作中的使用频率也非常高，常用于清晰表现画面的中心点，而将画面中的背景等元素模糊化。本例就将使用目标摄影机来制作花丛的景深特效，效果如图10-1所示。

图10-1

操作步骤

01 打开光盘中的“场景文件>CH10>实战176.max”文件，如图10-2所示。

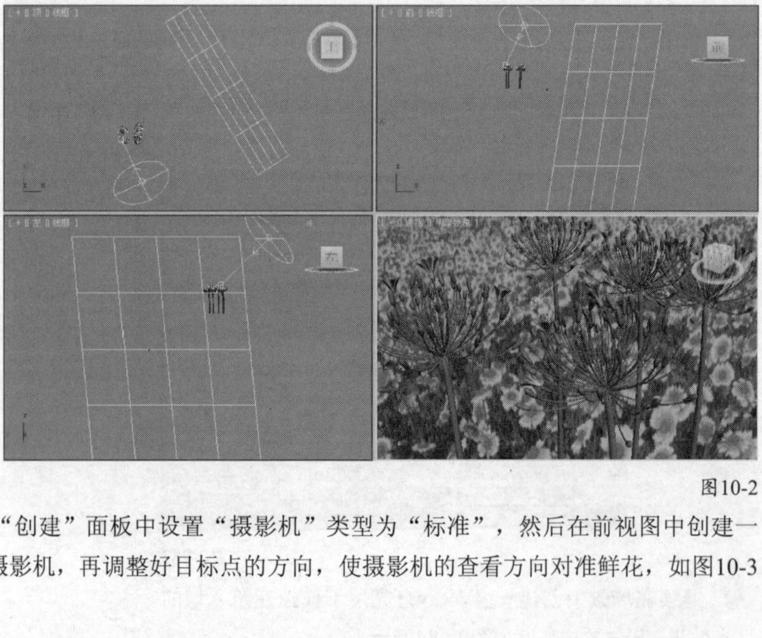

图10-2

02 在“创建”面板中设置“摄影机”类型为“标准”，然后在前视图中创建一台目标摄影机，再调整好目标点的方向，使摄影机的查看方向对准鲜花，如图10-3所示。

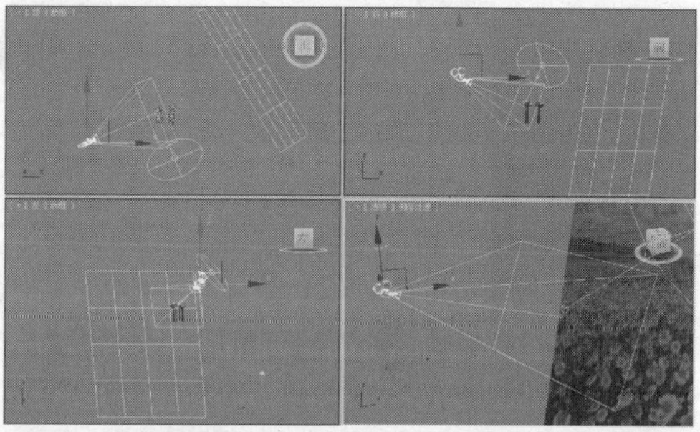

图10-3

03 选择目标摄影机，然后在“参数”卷展栏下设置“镜头”为41.167、“视野”为47.234，再设置“目标距离”为112mm，具体参数设置如图10-4所示。

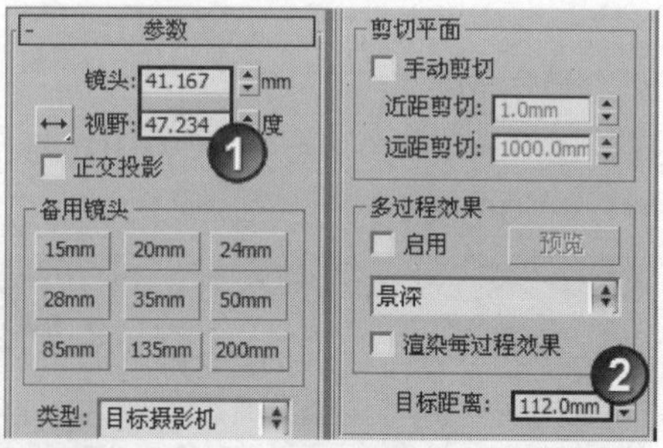

图10-4

04 在透视图中按C键切换到摄影机视图，摄影机视图效果如图10-5所示，然后按F9键渲染当前场景，效果如图10-6所示。

图10-5

图10-6

技巧与提示

降低“启点”图层的不透明度是因为下面要对“图层1”进行复制变形，制作出基本造型。

05 按F10键打开“渲染设置”对话框，然后单击VRay选项卡，再展开“摄影机”卷展栏，最后在“景深”选项组下勾选“开”选项和“从摄影机获取”选项，如图10-7所示。

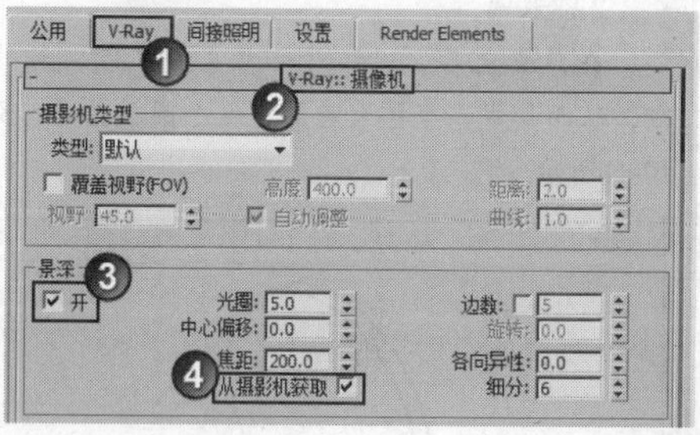

图10-7

技巧与提示

勾选“从摄影机获取”选项后，摄影机焦点位置的物体在画面中是最清晰的，而距离焦点越远的物体将会很模糊。

06 按F9键渲染当前场景，效果如图10-8所示。此时可以观察到离摄影机目标点越近的花草越清晰，而离摄影机目标点越远的背景等物体则变得越模糊。

图10-8

技术专题 25 景深形成原理解析

“景深”就是指拍摄主题前后所能在一张照片上成像的空间层次的深度。简单地说，景深就是聚焦清晰的焦点前后“可接受的清晰区域”，如图10-9所示。

图10-9

下面讲解景深形成的原理。

1.焦点

与光轴平行的光线射入凸透镜时，理想的镜头应该是所有的光线聚集在一点后，再以锥状的形式扩散开，这个聚集所有光线的点就称为“焦点”，如图10-10所示。

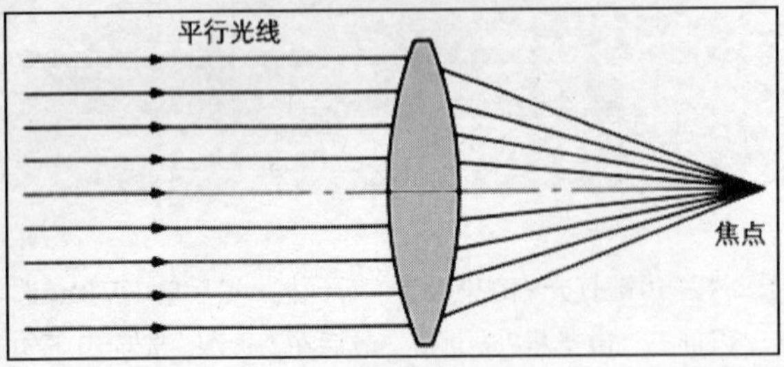

图10-10

2.弥散圆

在焦点前后，光线开始聚集和扩散，点的影像会变得模糊，从而形成一个扩大的圆，这个圆就称为“弥散圆”，如图10-11所示。

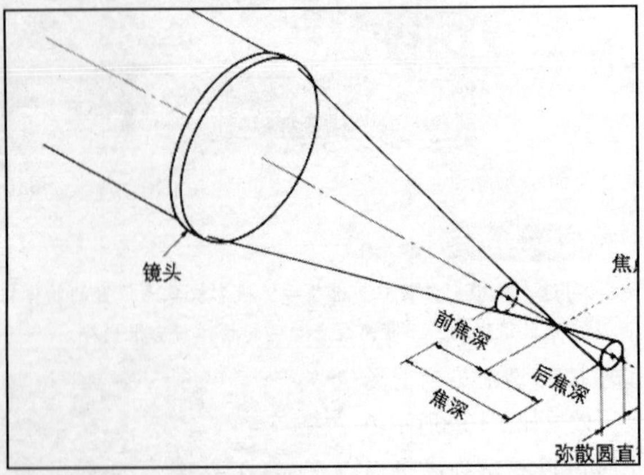

图10-11

每张照片都有主题和背景之分，景深和摄影机的距离、焦距和光圈之间存在着以下3种关系（这3种关系可以用图10-12来表示）。

第1种：光圈越大，景深越小；光圈越小，景深越大。

第2种：镜头焦距越长，景深越小；焦距越短，景深越大。

第3种：距离越远，景深越大；距离越近，景深越小。

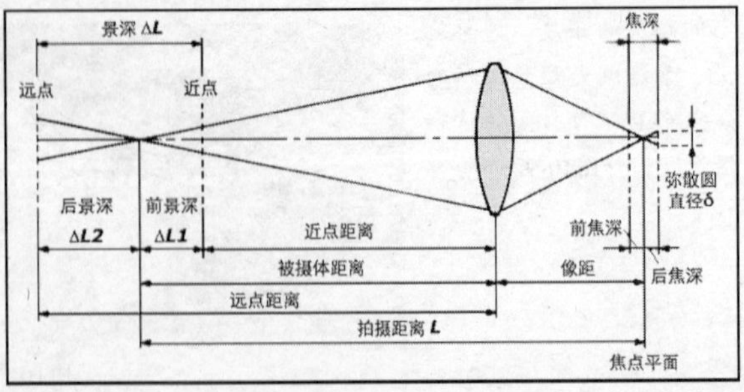

图10-12

景深可以很好地突出主题，不同景深参数下的效果也不相同，比如图10-13所示突出的是蜘蛛的头部，而图10-14所示突出的是蜘蛛和被捕食的螳螂。

图10-13

图10-14

实战177 运动模糊

场景位置	DVD>场景文件>CH10>实战177.max
实例位置	DVD>实例文件>CH10>实战177.max
视频位置	DVD>多媒体教学>CH10>实战177.flv
难易指数	★☆☆☆☆
技术掌握	用目标摄影机制作运动模糊特效

实例介绍

运动模糊一般运用在动画中，常用于表现运动对象高速运动时产生的模糊效果。本例就将使用目标摄影机来制作直升机螺旋桨的运动模糊特效，效果如图10-15所示。

图10-15

操作步骤

01 打开光盘中的“场景文件>CH10>实战177.max”文件，如图10-16所示。

图10-16

技巧与提示

本场景已经设置好了一个螺旋桨旋转动画，在“时间轴”上单击“播放”▶按钮，可以观看旋转动画。图10-17和图10-18所示分别是第3帧和第6帧的默认渲染效果，可以看到此时直升机螺旋桨的位置产生了变化，但并没用产生运动模糊效果。

图10-17

图10-18

02 设置“摄影机”类型为“标准”，然后在左视图中创建一台目标摄影机，再调节好目标点的位置，如图10-19所示。

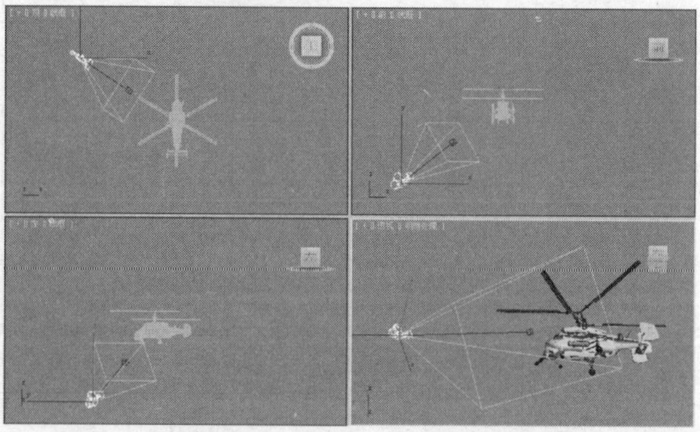

图10-19

03 选择目标摄影机，然后在“参数”卷展栏下设置“镜头”为43.456、“视野”为45，再设置“目标距离”为100000mm，如图10-20所示。

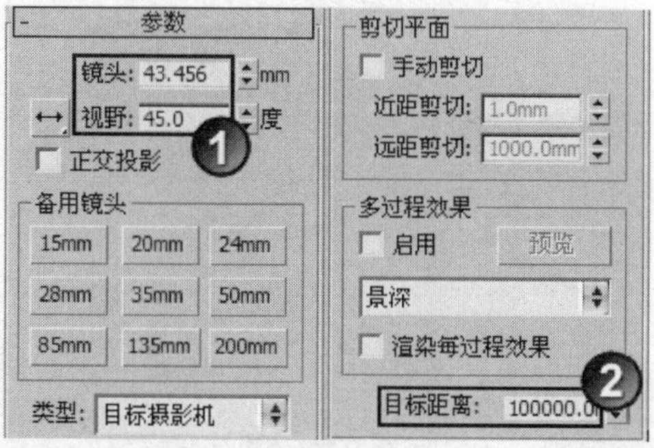

图10-20

04 按F10键打开“渲染设置”对话框，然后单击VRay选项卡，再展开“摄影机”卷展栏，最后在“运动模糊”选项组下勾选“开”选项和“摄影机运动模糊”选项，如图10-21所示。

05 在透视图中按C键切换到摄影机视图，然后将时间线滑块拖曳到第1帧，再按F9键渲染当前场景，可以发现此时已经产生了运动模糊效果，如图10-22所示。

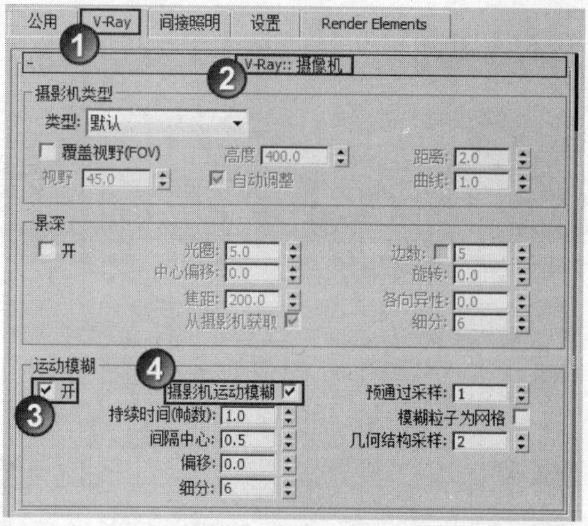

图10-21

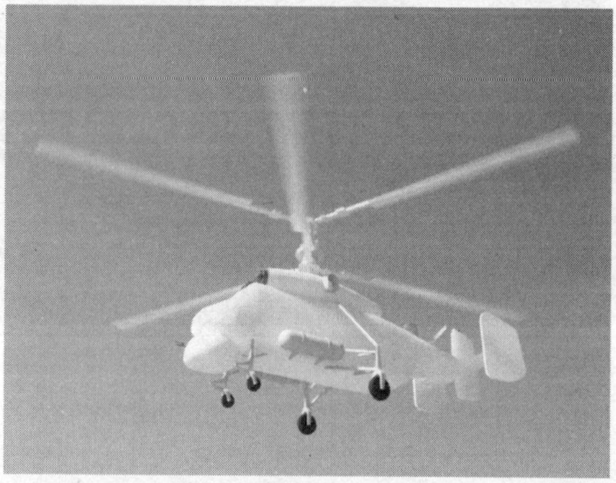

图10-22

06 分别将时间滑块拖曳到第4、10、15帧的位置，然后渲染出这些单帧图，最终效果如图10-23所示。

图10-23

实战178 缩放因子

场景位置 DVD>场景文件>CH10>实战178.max
实例位置 DVD>实例文件>CH10>实战178.max
视频位置 DVD>多媒体教学>CH10>实战178.flv
难易指数 ★☆☆☆☆
技术掌握 用VRay物理摄影机的缩放因子参数调整镜头的远近

实例介绍

“缩放因子”参数是VRay物理摄影机的一个很重要的功能，可以用来模拟现实中摄影机镜头推远或拉近的拍摄效果，从而捕捉到同一场景中的不同画面。本例就将通过调整VRay物理摄影机的“缩放因子”参数来捕捉同一室内场景中的不同画面效果，如图10-24所示。

图10-24

操作步骤

01 打开本书配套光盘中的"场景文件>CH10>实战178.
max"文件，如图10-25所示。

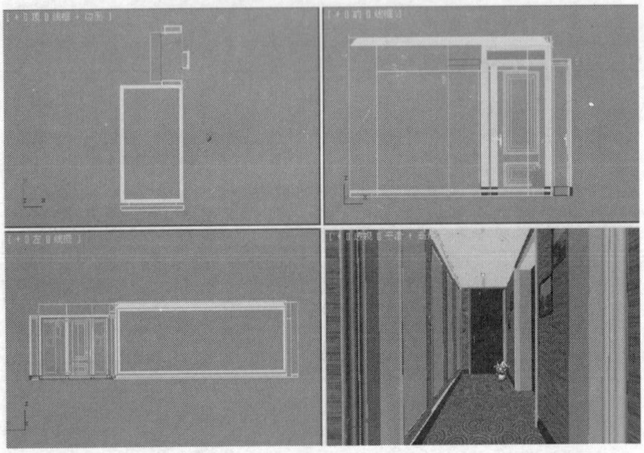

图10-25

02 在"创建"面板中设置"摄影机"类型为VRay，然后单击"VRay物理摄影机"按钮 VR-物理相机，再在场景中创建一台VRay物理摄影机，其位置如图10-26所示。

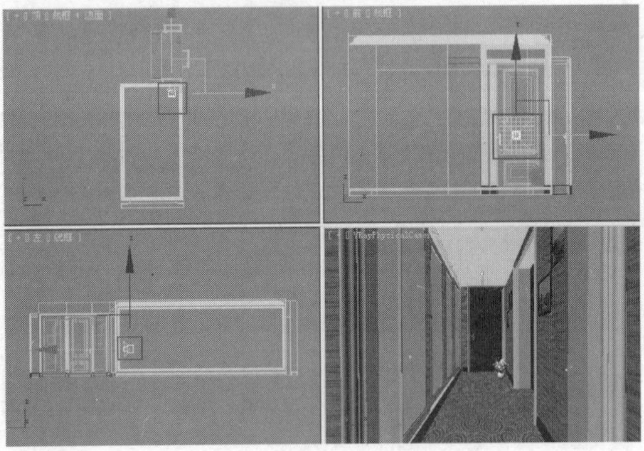

图10-26

03 选择VRay物理摄影机，然后展开"基本参数"卷展栏，设置"焦距（mm）"为40、"缩放因子"为0.3、"横向偏移"为0、"垂直偏移"为0、"光圈数"为0.7，最后设置"自定义平衡"为白色，具体参数设置如图10-27所示。切换到摄影机视图并按F9键渲染当前场景，效果如图10-28所示。

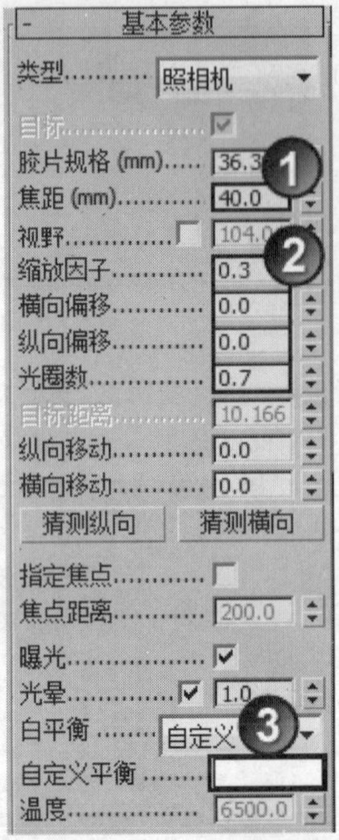

图10-27

基本参数

类型	照相机
目标	☑
胶片规格 (mm)	36.3
焦距 (mm)	40.0
视野	104.0
缩放因子	0.3
横向偏移	0.0
纵向偏移	0.0
光圈数	0.7
目标距离	10.166
纵向移动	0.0
横向移动	0.0
猜测纵向	猜测横向
指定焦点	
焦点距离	200.0
曝光	☑
光晕	☑ 1.0
白平衡	自定义
自定义平衡	
温度	6500.0

图10-28

04 选择VRay物理摄影机，然后在"基本参数"卷展栏下修改"缩放因子"为0.57，其他参数保持不变，如图10-29所示，再按F9键渲染当前场景，效果如图10-30所示。

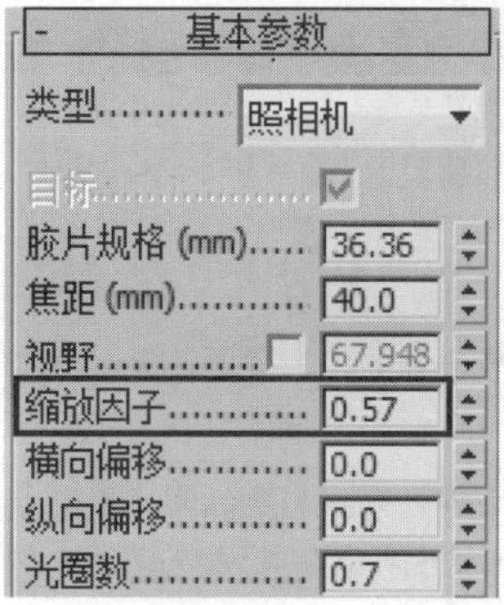

图10-29

图10-30

05 选择VRay物理摄影机，然后在“基本参数”卷展栏下修改“缩放因子”为1.5，其他参数保持不变，如图10-31所示，再按F9键渲染当前场景，效果如图10-32所示。

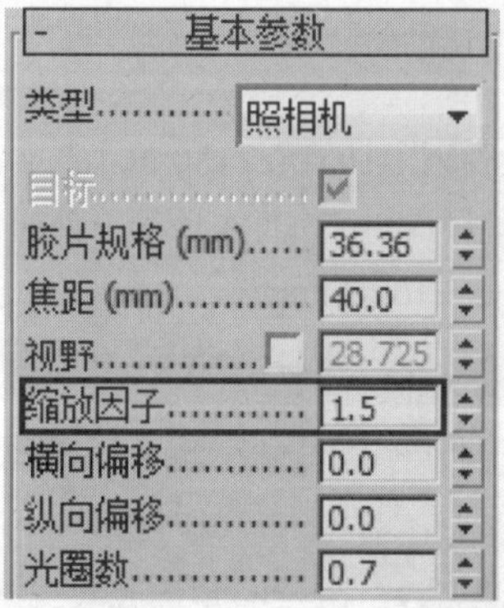

图10-31

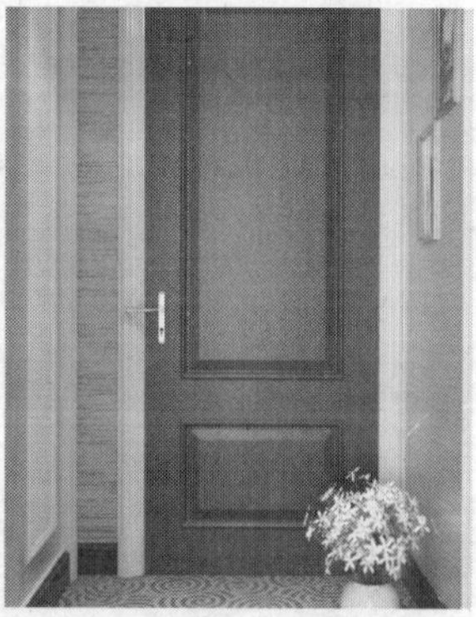
图10-32

技巧与提示

经过上面3个步骤的参数调整与渲染效果对比，可以发现当降低“缩放因子”参数值时，视野会变广，画面内所容纳的内容就越多，因此适用于大场景的整体表现（如鸟瞰）；而当提高“缩放因子”参数值时，视野会变窄，画面内所容纳的内容就越少，但是能更清楚地观察到画面内对象的细节，因此适用于细节特写表现。

实战179 光圈数

场景位置	DVD>场景文件>CH10>实战179.max
实例位置	DVD>实例文件>CH10>实战179.max
视频位置	DVD>多媒体教学>CH10>实战179.flv
难易指数	★☆☆☆☆
技术掌握	用VRay物理摄影机的光圈数参数调整画面的明暗度

实例介绍

“光圈数”参数也是VRay物理摄影机的一个很重要的功能，可以用来模拟现实中摄影机镜头的不同光圈值，从而呈现出不同的图像明暗度。本例就将使用VRay物理摄影机的“光圈数”参数来调整同一室内场景的不同明暗度，效果如图10-33所示。

图10-33

操作步骤

01 打开本书配套光盘中的”场景文件>CH10>实战179.max”文件，如图10-34所示。

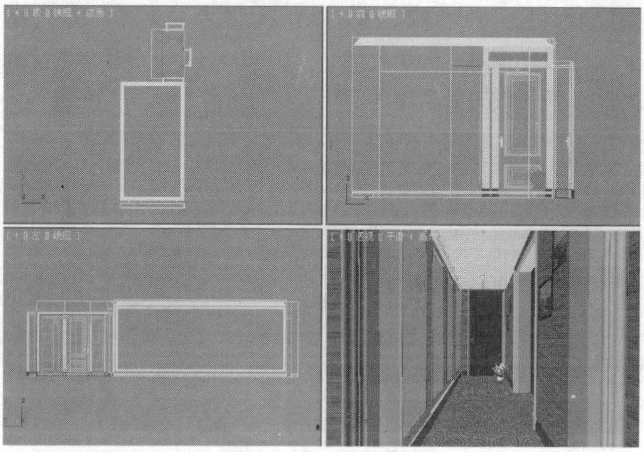
图10-34

02 设置“摄影机”类型为VRay，然后在场景中创建一台VRay物理摄影机，其位置如图10-35所示。

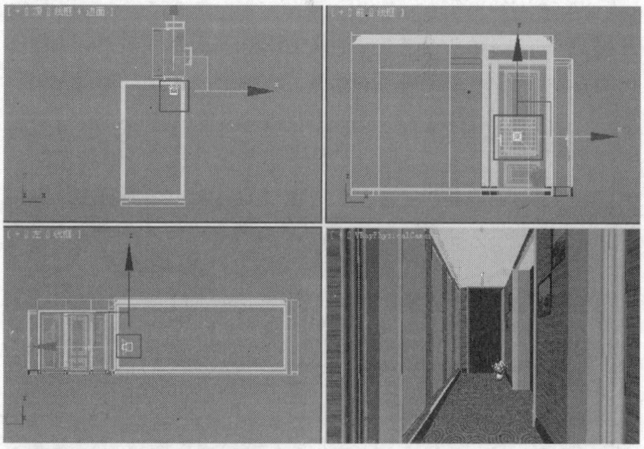
图10-35

03 选择VRay物理摄影机，然后在“基本参数”卷展栏下设置“焦距（mm）”为40、“缩放因子”为0.57、“横向偏移”为0、“纵向偏移”为0、“光圈数”为1.5，如图10-36所示，再按F9键渲染当前场景，效果如图10-37所示。

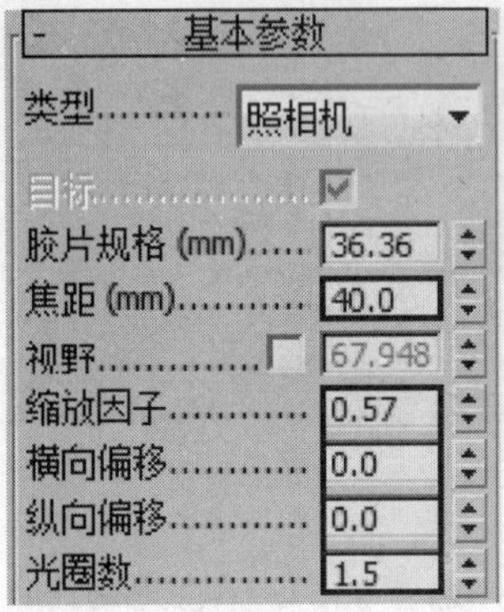

图10-36

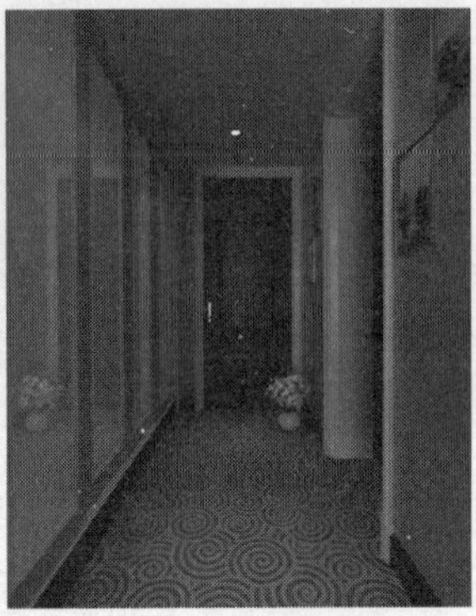

图10-37

04 选择VRay物理摄影机，然后在“基本参数”卷展栏下修改“光圈数”为0.7，如图10-38所示，再按F9键渲染当前场景，效果如图10-39所示。

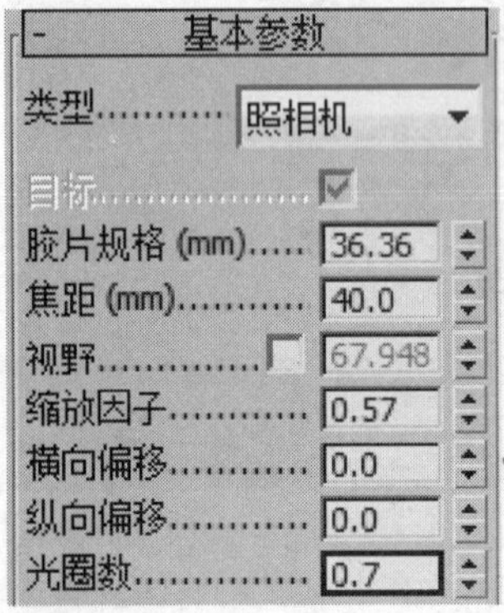

图10-38

图10-39

05 选择VRay物理摄影机，然后在“基本参数”卷展栏下提高“光圈数”为2.2，如图10-40所示，再按F9键渲染当前场景，效果如图10-41所示。

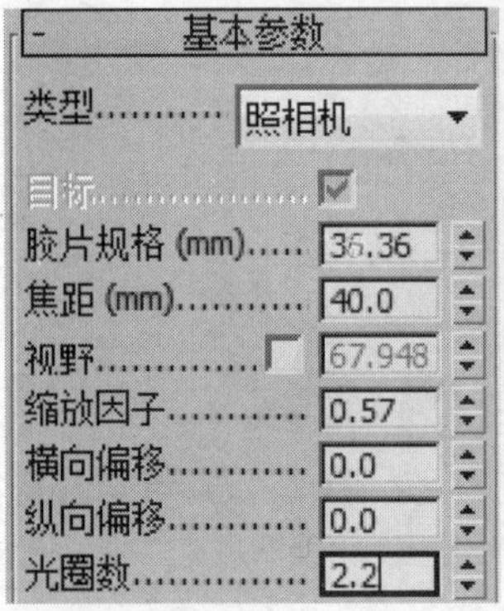

图10-40

图10-41

技巧与提示

经过上面3个步骤的参数调整与渲染效果对比，可以发现“光圈数”数值越大，渲染效果越亮，因此场景中如果存在VRay物理摄影机，就可以通过该参数来调整画面的亮度，相当于Photoshop中的“亮度/对比度”功能。

实战180 镜头光晕

场景位置	DVD>场景文件>CH10>实战180.max
实例位置	DVD>实例文件>CH10>实战180.max
视频位置	DVD>多媒体教学>CH10>实战180.flv
难易指数	★☆☆☆☆
技术掌握	用VRay物理摄影机的光晕参数模拟镜头光晕特效

实例介绍

镜头光晕是一种原理比较复杂的镜头成像效果，就产生的效果而言是指在拍摄的照片中，由照片中心向四周逐步变暗的现象。本例就将使用VRay物理摄影机的“光晕”参数来模拟同一室外场景中的不同镜头光晕特效，如图10-42所示。

图10-42

操作步骤

01 打开光盘中的“场景文件>CH10>实战180.max”文件，然后设置“摄影机”类型为VRay，再在场景中创建一台VRay物理像机，其位置如图10-43所示。

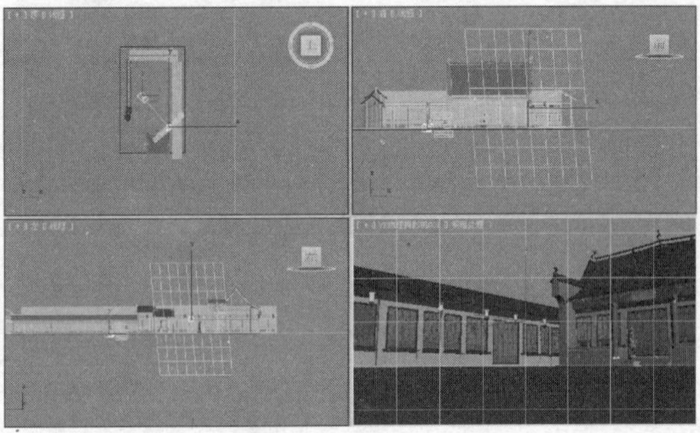

图10-43

02 选择VRay物理像机，然后在“基本参数”卷展栏下设置“光圈系数”为2，如图10-44所示，再按C键切换到摄影机视图，最后按F9键渲染当前场景，效果如图10-45所示。可以观察到当前画面中没有出现光晕特效。

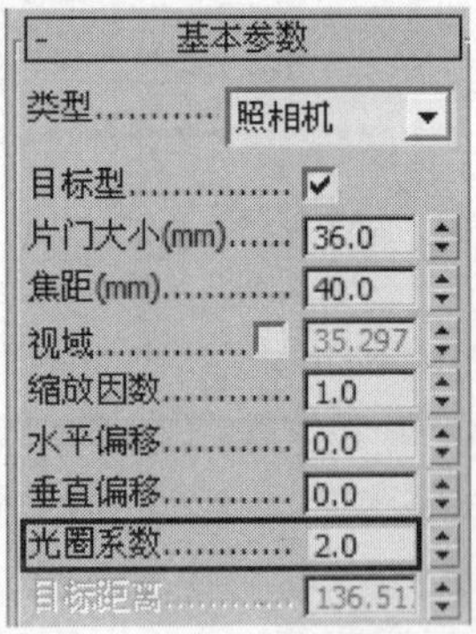

图10-44

图10-45

03 选择VRay物理像机，然后在“基本参数”卷展栏下勾选“光晕”选项，并设置其数值为2，如图10-46所示，再按F9键渲染当前场景，效果如图10-47所示。

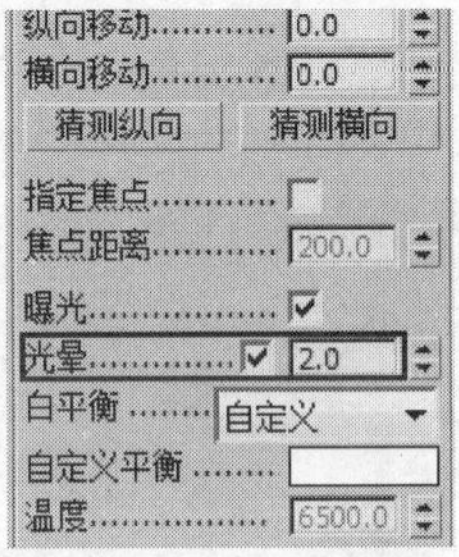

图10-46

图10-47

04 选择VRay物理像机，然后在“基本参数”卷展栏下将“光晕”修改为4，如图10-48所示，再按F9键渲染当前场景，效果如图10-49所示。

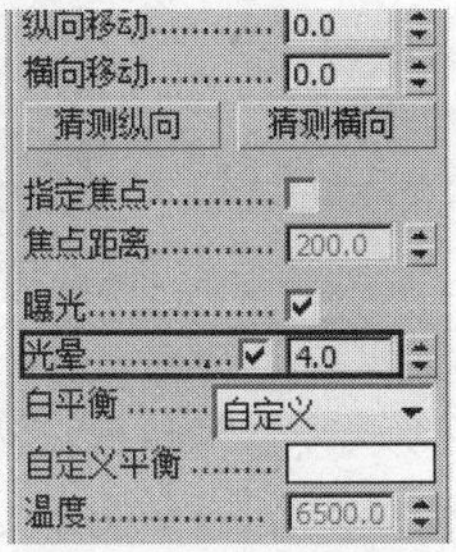

图10-48

图10-49

技巧与提示

经过上面3个步骤的参数调整与渲染效果对比，可以发现在勾选“光晕”参数的前提下，数值越大，镜头光晕效果就越明显。在实际工作中，如果需要体现现实中这一复杂的成像细节，只需要设置合适的数值即可轻松实现。

第11章
材质与贴图应用

本章学习要点：

材质制作的一般流程

常见材质的制作方法

实战181 壁纸材质

场景位置	DVD>场景文件>CH11>实战181.max
实例位置	DVD>实例文件>CH11>实战181.max
视频位置	DVD>多媒体教学>CH11>实战181.flv
难易指数	★☆☆☆☆
技术掌握	用VRayMtl材质模拟壁纸材质

实例介绍

壁纸是用于装饰墙壁的一种特殊纸张。壁纸具有一定的强度、美观的外表和良好的抗水性能，在制作该材质时最主要是表现材质的纹理，效果如图11-1所示。

本例需要制作一个壁纸材质，其模拟效果如图11-2所示。

图11-1

图11-2

操作步骤

01 打开光盘中的“场景文件>CH11>实战181.max”文件，如图11-3所示。

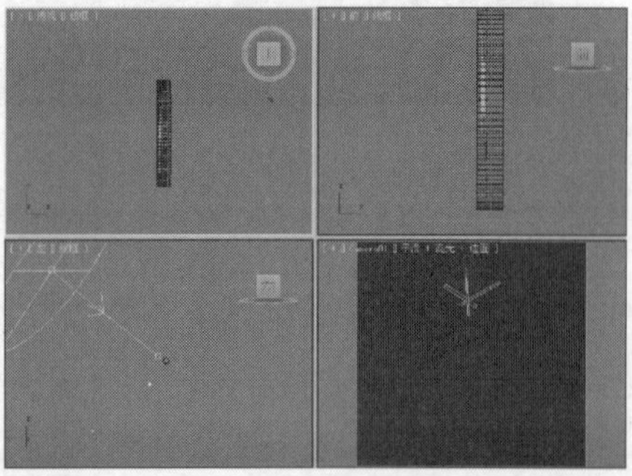

图11-3

02 按M键打开“材质编辑器”对话框，然后选择一个空白材质球，再单击Standard（标准）按钮 Standard ，最后在弹出的“材质/贴图浏览器”对话框中双击VRayMtl选项，如图11-4所示。

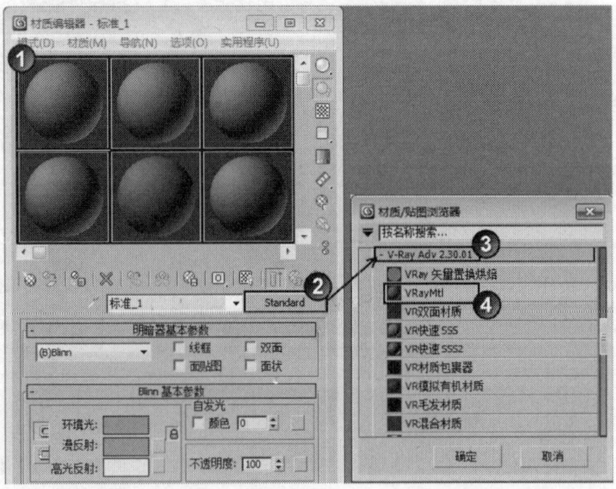

图11-4

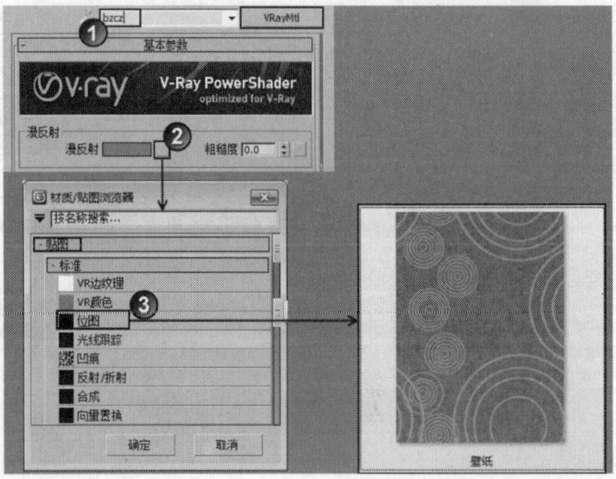

图11-6

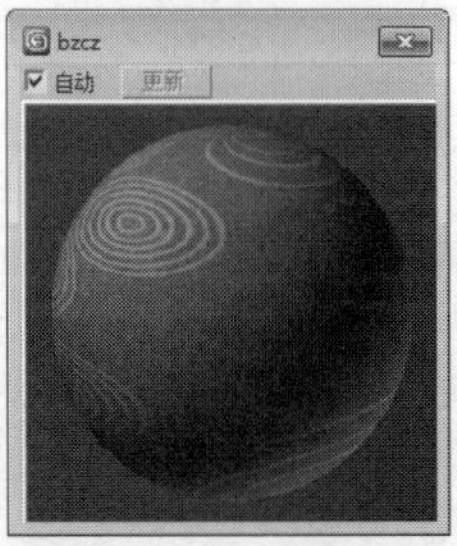

图11-7

技巧与提示

3ds Max 2013的材质编辑器分为两种，分别是“精简材质编辑器”和“Slate材质编辑器”，如图11-5所示。在实际工作中，一般都不会用到“Slate材质编辑器”，因此本书都用“精简材质编辑器”进行讲解。

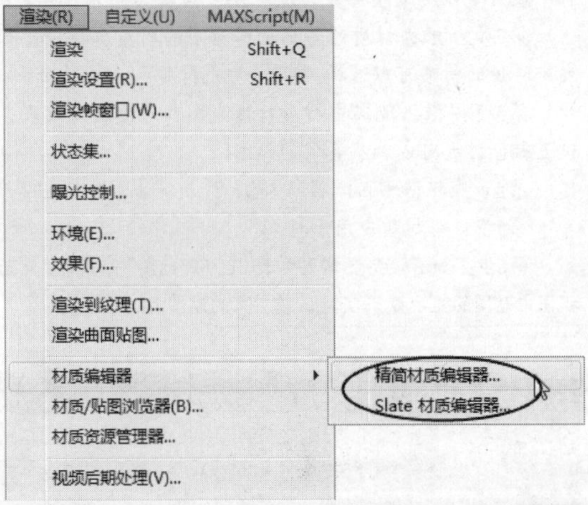

图11-5

03 将VRayMtl材质命名为bzcz，然后在“基本参数”卷展栏下单击“漫反射”贴图通道后面的按钮，再在弹出的对话框中选择光盘中的“实例文件>CH11>实战181>壁纸.jpg”文件，如图11-6所示，制作好的材质球效果如图11-7所示。可以观察到通过“漫反射”贴图快速模拟出了壁纸的纹理与质感。

技巧与提示

任意材质参数的贴图通道中加载贴图后，该通道后面的按钮会变成M按钮，这说明该通道中存在贴图，如图11-8所示。

图11-8

04 在场景中选择墙面模型，然后在“材质编辑器”对话框中单击“将材质指定给选定对象”按钮，这样可以将设定好的材质指定给选定模型，如图11-9所示。

05 按C键回到摄影机视图，然后按Shift+Q组合键或F9键渲染当前场景，效果如图11-10所示。此时可以观察到材质虽然表现出了纹理与质感，但纹理大小以及位置并不理想，接下来通过"UVW贴图"修改器进行调整。

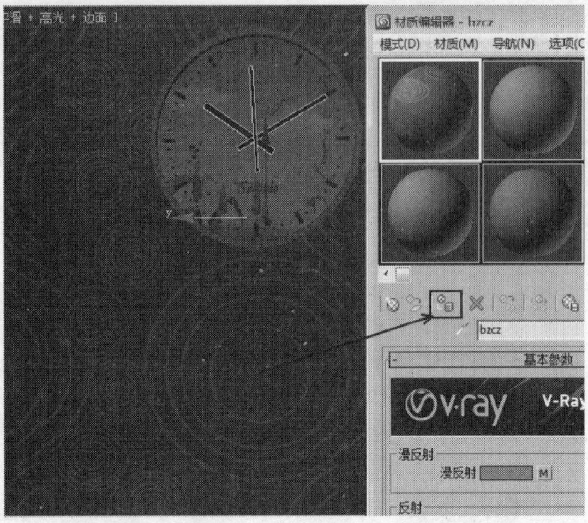

图11-9

图11-10

06 选择墙面模型，然后为其加载一个"UVW贴图"修改器，再在"参数"卷展栏下设置"贴图"类型为"长方体"，并设置"长度"为119cm、"宽度"为91.14cm，具体参数设置如图11-11所示。

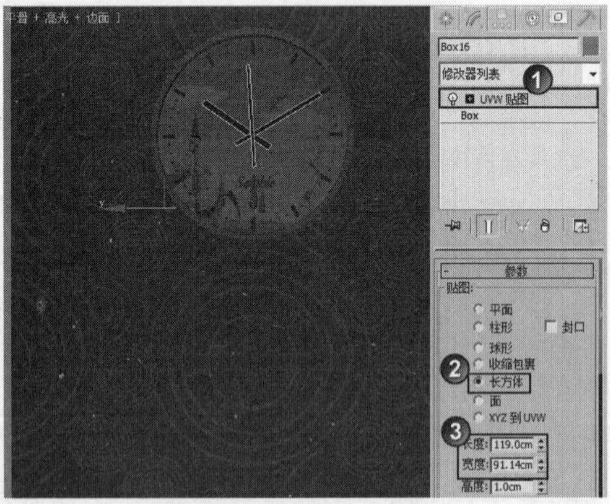

图11-11

07 按1键选择"UVW贴图"修改器的Gizmo次物体层级，然后将壁纸贴图上的"大圆弧"调整到与挂钟对齐，如图11-12所示。

08 按F9键渲染当前场景，最终效果如图11-13所示。

图11-12

图11-13

技术专题 26 材质制作的一般流程

材质制作要考虑现实中物体的颜色、质地、纹理、透明度和光泽等特性，抓住这些特性后选择好软件中对应类型的材质并调整好相关参数，即可制作出十分真实的材质效果。结合本例壁纸材质的制作过程，在制作材质并将其应用于对象时应该遵循以下6个基本步骤。

第1步：根据材质真实名称指定材质球的名称，在实际工作中最好是以英文或拼音进行命名。

第2步：根据材质的特性选择对应的材质类型，比如具有发光特性的材质可以选择"VRay灯光材质"。

第3步：根据现实中材质特性先制作好漫反射效果，可以设置颜色，也可以加载真实的贴图。

第4步：根据材质的特性调整光泽度、反射、折射以及凹凸等参数。

第5步：将材质应用于对象。

第6步：如有必要还需要加载"UVW贴图"修改器，然后通过视图中贴图的显示效果实时调整对象的贴图大小与位置。

实战182 地砖材质

场景位置	DVD>场景文件>CH11>实战182.max
实例位置	DVD>实例文件>CH11>实战182.max
视频位置	DVD>多媒体教学>CH11>实战182.flv
难易指数	★☆☆☆☆
技术掌握	用VRayMtl材质模拟地砖材质

实例介绍

地砖是用黏土烧制而成的，也可以使用天然大理石进行加工，其表面具有天然的纹路，光滑且具有一定的反射能力，效果如图11-14所示。

本例需要制作一个地砖材质，其模拟效果如图11-15所示。

图11-14

图11-15

操作步骤

01 打开光盘中的“场景文件>CH11>实战182.max”文件，如图11-16所示。

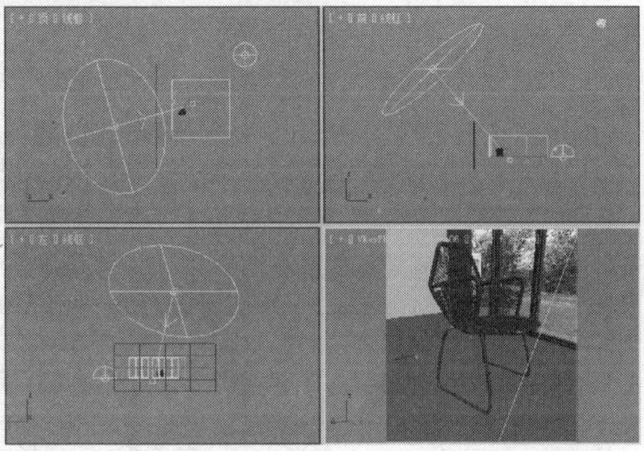

图11-16

02 选择一个空白材质球，然后设置材质类型为VRayMtl，并将其命名为dzcz，再在“漫反射”贴图通道中加载光盘中的“实例文件>CH11>实战182>地砖.jpg”文件，如图11-17所示。

图11-17

技术专题 27 位图贴图的使用方法

位图贴图是最常用的一种贴图，在所有的贴图通道中都可以加载位图贴图。在“漫反射”贴图通道中加载一张木质位图贴图，如图11-18所示，然后将材质指定给一个球体模型，再按F9键渲染当前场景，效果如图11-19所示。

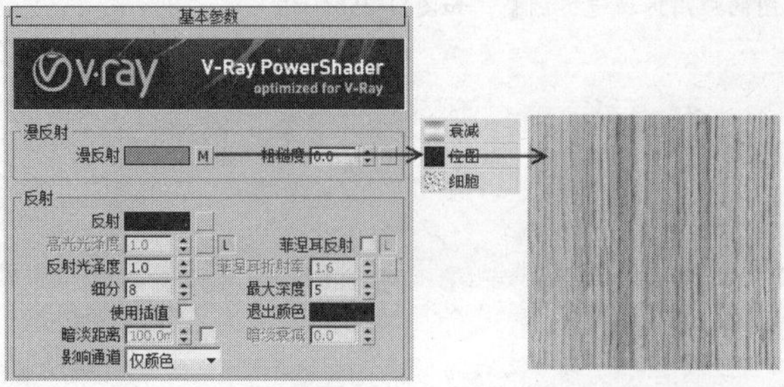

图11-18

图11-19

加载位图后，3ds Max会自动弹出位图的参数设置面板，如图11-20所示。这里的参数主要用来设置位图的“偏移”值、“瓷砖”（即位图的平铺数量）值和“角度”值。图11-21所示是“瓷砖”的V和U为6时的渲染效果。

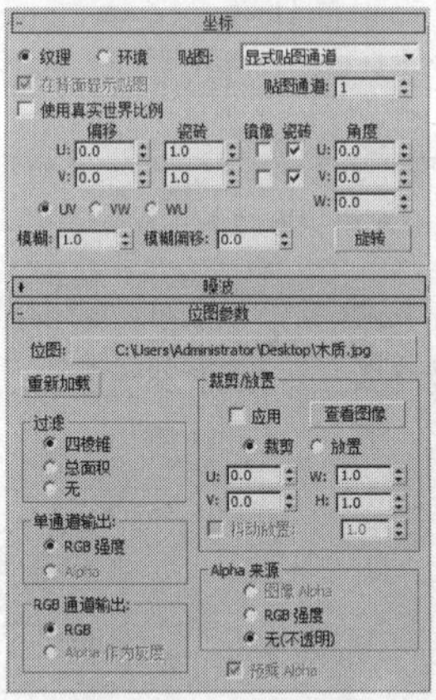

图11-20

图11-21

勾选“镜像”选项后，贴图就会变成镜像方式，当贴图不是无缝贴图时，建议勾选“镜像”选项。图11-22所示是勾选该选项时的渲染效果。

当设置“模糊”为0.01时，可以在渲染时得到最精细的贴图效果，如图11-23所示；如果设置为1或者更大，则可以得到更模糊的贴图效果，如图11-24所示。

图11-22

图11-23

图11-24

在“位图参数”卷展栏下勾选“应用”选项，然后单击后面的“查看图像”按钮 查看图像 ，在弹出的对话框中可以对位图的应用区域进行调整，如图11-25所示。

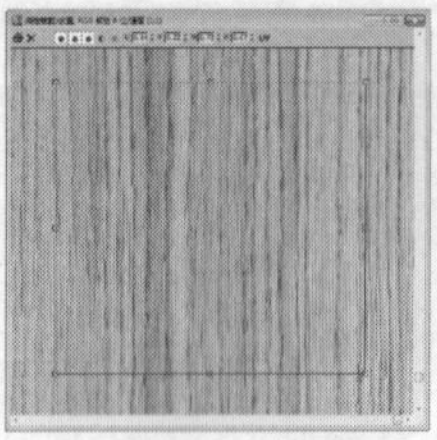

图11-25

03 在“反射”选项组下设置“反射”颜色为（红:69，绿:69，蓝:69），然后设置“反射光泽度”为0.9、“细分”为30，具体参数设置如图11-26所示，制作好的材质球效果如图11-27所示。

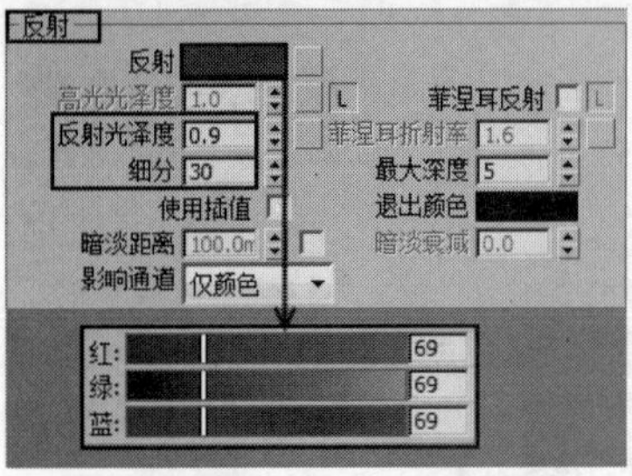

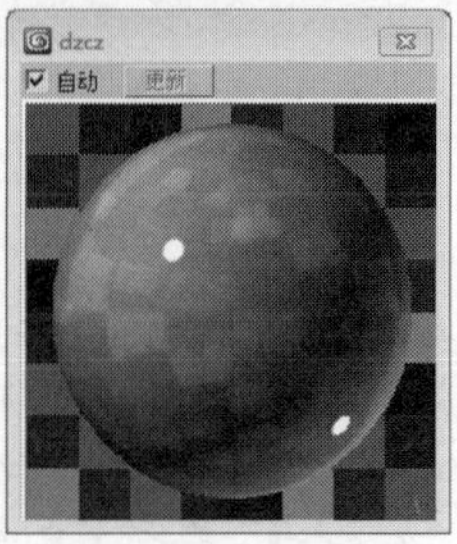

图11-26　　图11-27

技巧与提示

“反射光泽度”选项主要用来控制反射效果的清晰度，默认数值为1的情况下为镜面反射，数值越小反射越模糊。

04 将制作好的材质指定给场景中相对应的模型，然后按F9键渲染当前场景，最终效果如图11-28所示。

图11-28

实战183 木地板材质

场景位置	DVD>场景文件>CH11>实战183.max
实例位置	DVD>实例文件>CH11>实战183.max
视频位置	DVD>多媒体教学>CH11>实战183.flv
难易指数	★☆☆☆☆
技术掌握	用VRayMtl材质模拟木地板材质

实例介绍

地板是装饰室内地面的优良材料，通常分为实木地板、复合地板等类别，但其表面特征类似，具有木质纹理，同时表面较为光滑并有一定的反射能力，效果如图11-29所示。

本例需要制作一个木地板材质，其模拟效果如图11-30所示。

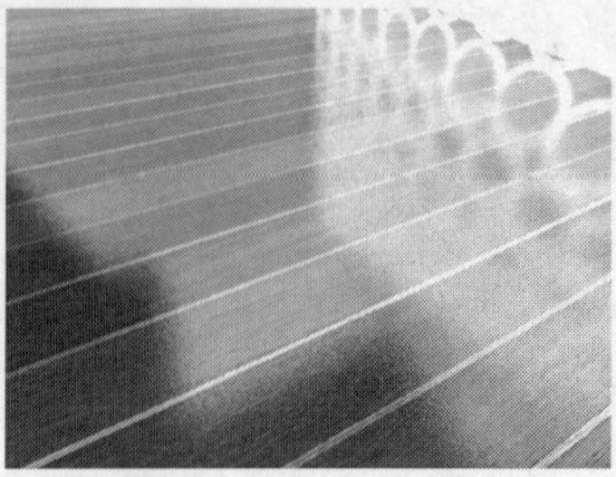

图11-29　　图11-30

操作步骤

01 打开光盘中的“场景文件>CH11>实战183.max”文件，如图11-31所示。

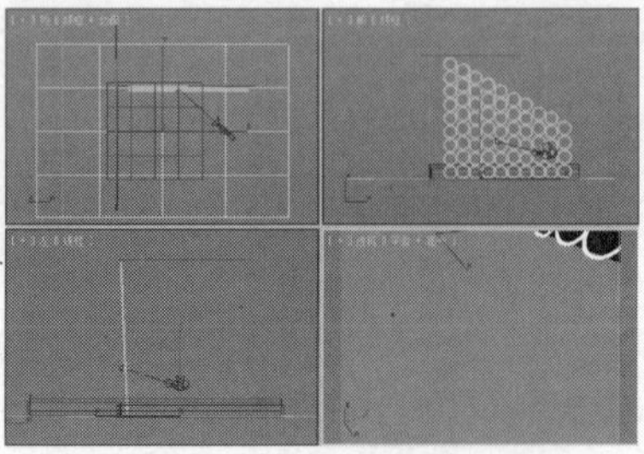

图11-31

02 选择一个空白材质球，然后设置材质类型为VRayMtl，并命名为dbmw，再在“漫反射”贴图通道中加载光盘中的“实例文件>CH11>实战183>地板.jpg”文件，如图11-32所示。

图11-32

03 切换到贴图“坐标”卷展栏，然后设置“模糊”为0.01，以提高纹理的清晰度，再设置“瓷砖”的U、V值为6，以缩小纹理间隔，具体参数设置如图11-33所示。

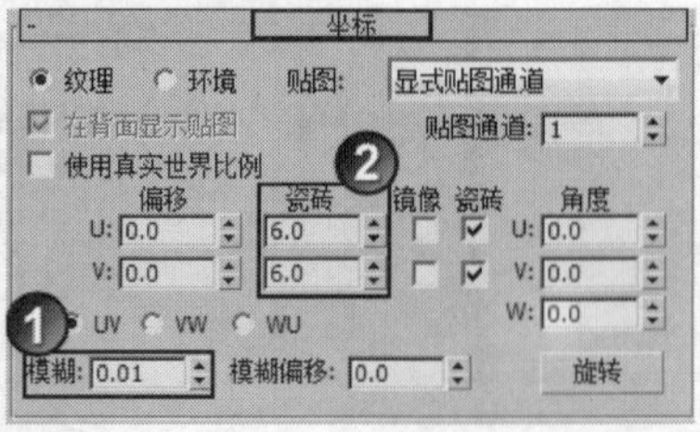

图11-33

技巧与提示

如果要切换到贴图“坐标”卷展栏，只需要单击“漫反射”选项后面的贴图通道M按钮即可。另外，如果要在父对象材质与同级项子对象材质之间进行切换，可以单击“转到父对象”按钮和“转到下一个同级项”按钮。

04 单击“转到父对象”按钮，返回到顶层级，然后展开“贴图”卷展栏，再使用鼠标左键将“漫反射”通道中的贴图拖曳到“凹凸”贴图通道上，并在弹出的对话框中设置“方法”为“实例”，最后设置凹凸的强度为5，如图11-34所示。

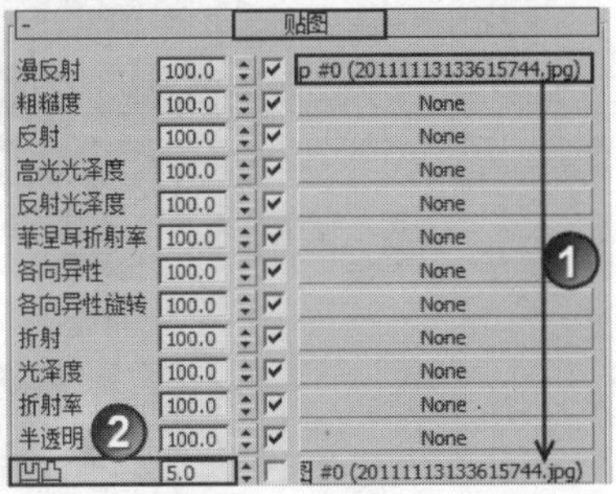

图11-34

05 下面调整材质的反射效果。展开“基本参数”卷展栏，然后在“反射”贴图通道中加载一张“衰减” 程序贴图，如图11-35所示，再在“衰减参数”卷展栏下设置“衰减类型”为Fresnel，最后设置“前”通道的颜色为（R:82，G:82，B:82）、“侧”通道的颜色（R:228，G:228，B:228），具体参数设置如图11-36所示。

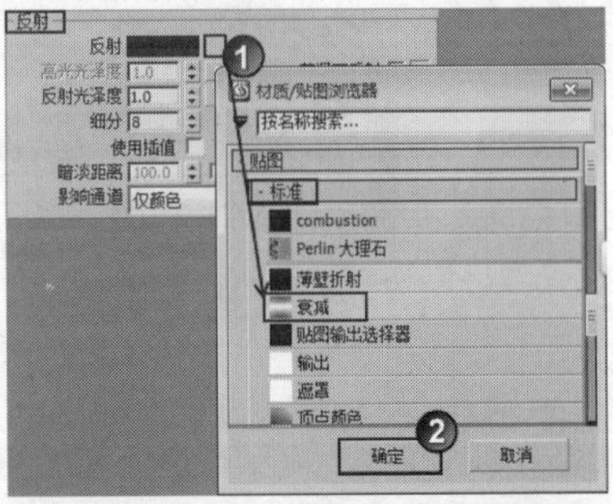

图11-35

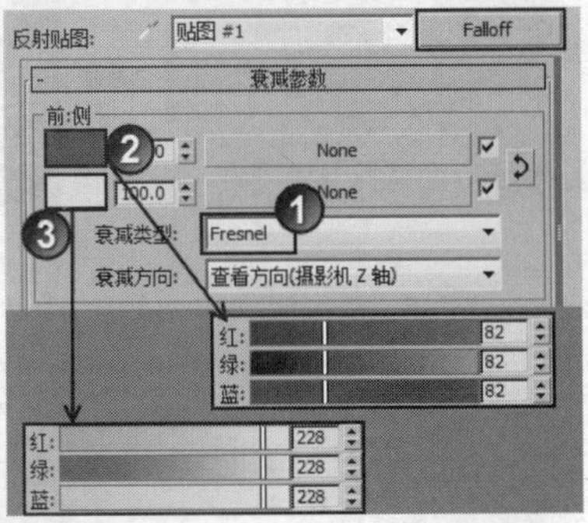

图11-36

技巧与提示

Fresnel是现实生活中常见的一种反射类型，其特点是材质表面的反射效果会根据观察角度而发生变化。图11-23所示地板前端反射较强，而越靠近观察者（图像近端）反射逐渐消失。

06 返回到“基本参数”卷展栏，然后在“反射”选项组下设置“反射光泽度”为0.88，以模拟出材质表面的高光细节，如图11-37所示。

07 将制作好的材质指定给场景中相对应的模型，然后按F9键渲染当前场景，最终效果如图11-38所示。

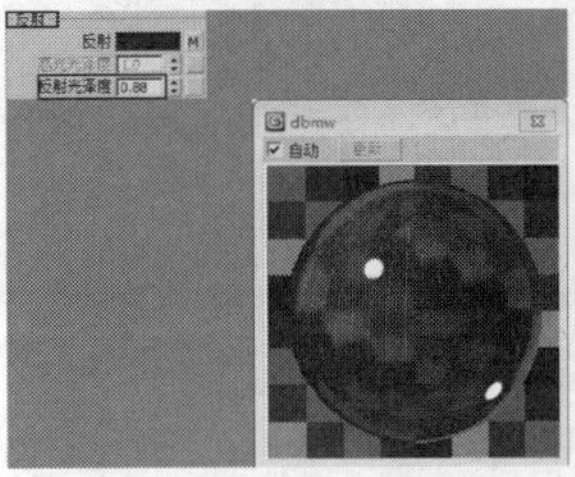
图11-37

图11-38

技巧与提示

材质最终的表现效果与灯光及渲染角度有一定的关系，因此用户要掌握的是材质特性所对应的控制参数，而不是硬背具体的参数值。

实战184 古木材质

场景位置	DVD>场景文件>CH11>实战184.max
实例位置	DVD>实例文件>CH11>实战184.max
视频位置	DVD>多媒体教学>CH11>实战184.flv
难易指数	★☆☆☆☆
技术掌握	用VRayMtl材质模拟古木材质

实例介绍

真实的古木材质多为保存至今的古旧家具或使用树龄较大的木材加工而成，此外也可以通过现代工艺制作仿古木材，其特征为表面纹理古朴，光滑且具有较强的高光细节，效果如图11-39所示。

图11-39

本例需要制作两种古木材质，其模拟效果如图11-40和图11-41所示。

图11-40

图11-41

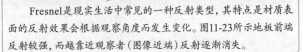

操作步骤

01 打开光盘中的“场景文件>CH11>实战184.max”文件，如图11-42所示。

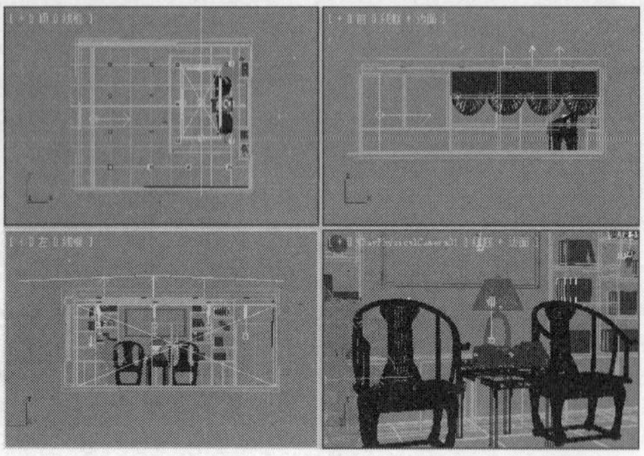

图11-42

02 下面制作圈椅的古木材质。选择一个空白材质球，然后设置材质类型为VRayMtl，并将其命名为gmcz1，再在“漫反射”贴图通道中加载光盘中的“实例文件>CH11>实战184>木纹1.jpg”文件，最后在“坐标”卷展栏下设置“模糊”为0.5，如图11-43所示。

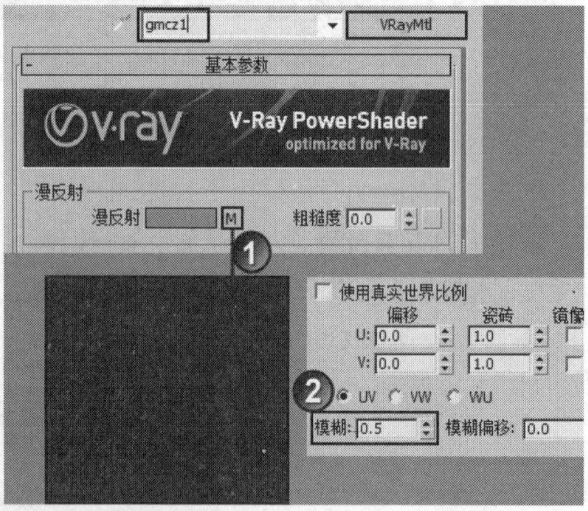

图11-43

03 返回“基本参数”卷展栏，然后设置“反射”颜色为（R:38，G:38，B:38）、“高光光泽度”为0.81、“反射光泽度”为0.95，具体参数设置如图11-44所示，制作好的材质球效果如图11-45所示。

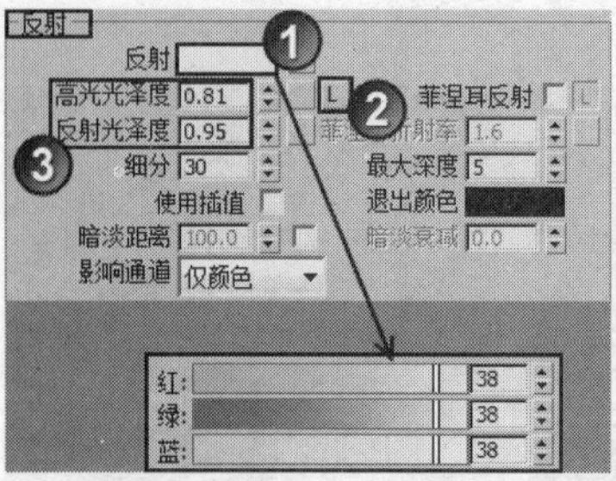

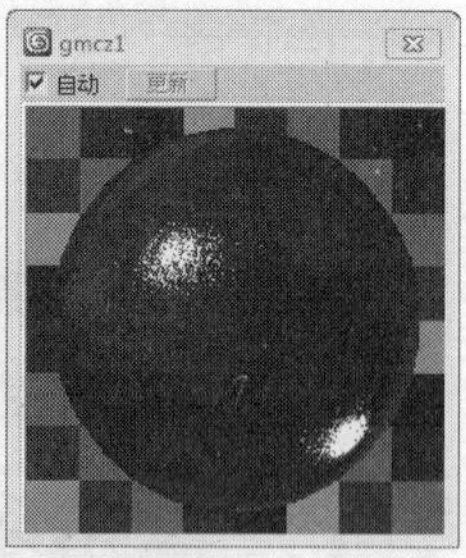

图11-44　　图11-45

技巧与提示

注意，在默认情况下，“高光光泽度”选项处于锁定状态。如果要设置该选项的数值，必须先单击其后面的L进行解锁，然后才能进行设置。

04 下面制作墙面装饰古木材质。使用鼠标左键将制作好的gmcz1材质球拖曳到一个空白材质球上，这样可以用gmcz1材质覆盖掉空白材质，然后将其命名为gmcz2，如图11-46所示。

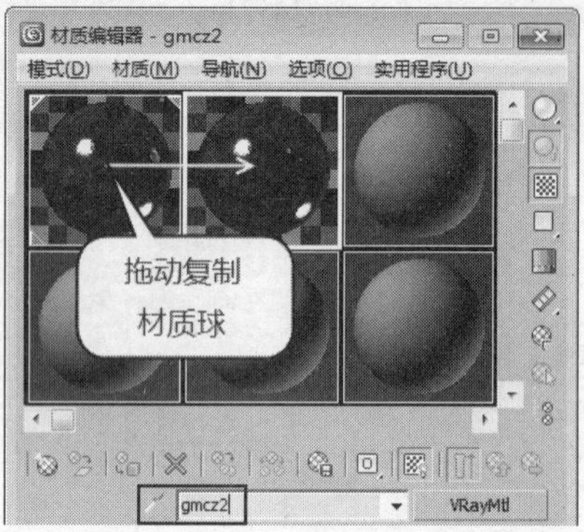

图11-46

技术专题 28 材质球示例窗的基本知识

在默认情况下，材质球示例窗中一共有12个材质球，可以拖曳滚动条显示出不在窗口中的材质球，同时也可以使用鼠标中键来旋转材质球，这样可以观看到材质球其他位置的效果，如图11-47所示。

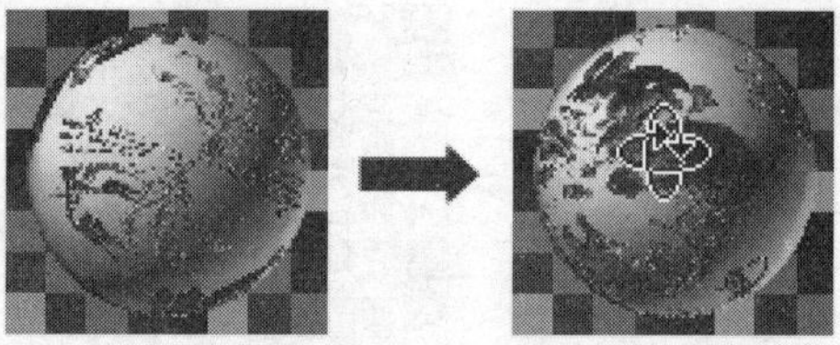

图11-47

使用鼠标左键可以将一个材质球拖曳到另一个材质球上，这样当前材质就会覆盖掉原有的材质，如图11-48所示。

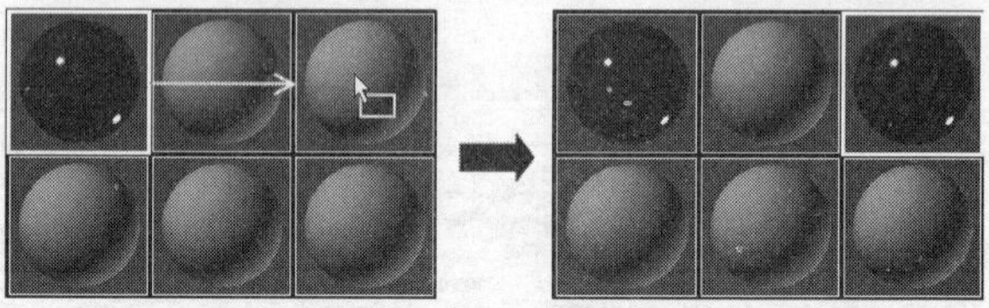

图11-48

使用鼠标左键可以将材质球中的材质拖曳到场景中的物体上（即将材质指定给对象），如图11-49所示。将材质指定给物体后，材质球上会显示4个缺角的符号，如图11-50所示。

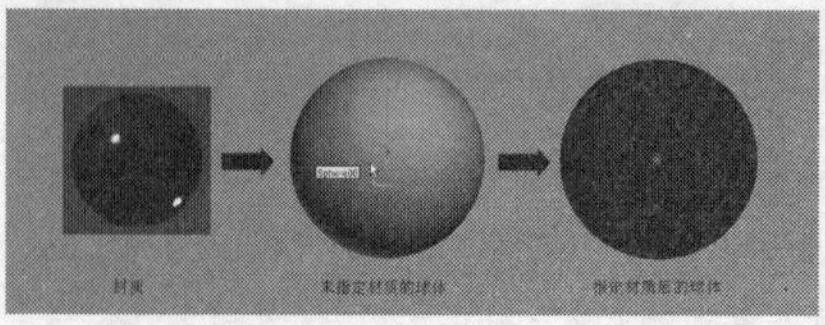

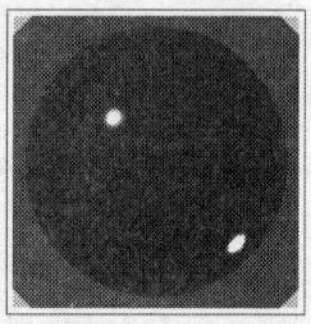

图11-49　　图11-50

05 由于两种材质只是贴图不同而已，因此只需要单击“漫反射”贴图通道，然后在“位图参数”卷展栏下将“木纹1.jpg”修改为“木纹2.jpg”即可，再在“坐标”卷展栏下将“模糊”修改为0.5，最后设置“瓷砖”的U为

5，具体参数设置如图11-51所示，制作好的材质球效果如图11-52所示。

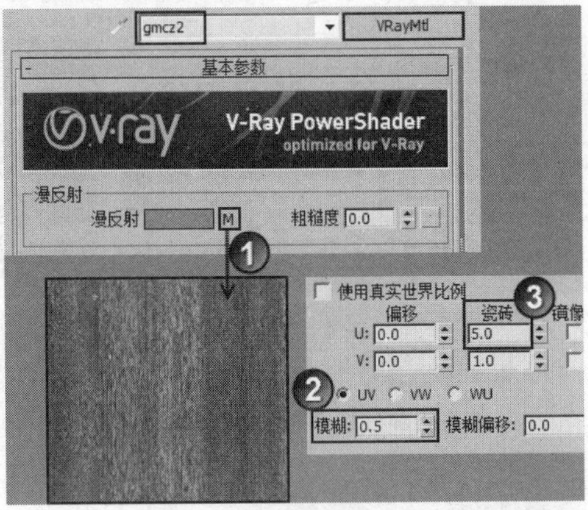

图11-51

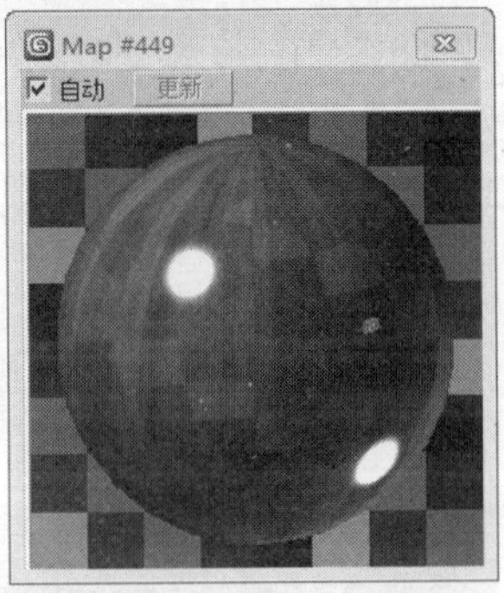

图11-52

06 将制作好的材质指定给场景中相对应的模型，然后按F9键渲染当前场景，最终效果如图11-53所示。

图11-53

实战185 竹藤材质

场景位置	DVD>场景文件>CH11>实战185.max
实例位置	DVD>实例文件>CH11>实战185.max
视频位置	DVD>多媒体教学>CH11>实战185.flv
难易指数	★☆☆☆☆
技术掌握	用VRayMtl材质模拟竹藤材质

实例介绍

竹藤是由竹片或其他韧性材质制作而成，除了材质本身的纹理特点外，最大的特征就是其编织纹路与镂空效果，如图11-54所示。

图11-54

本例需要制作一个竹藤材质，其模拟效果如图11-55所示。

操作步骤

01 打开光盘中的“场景文件>CH11>实战185.max”文件，如图11-56所示。

图11-55

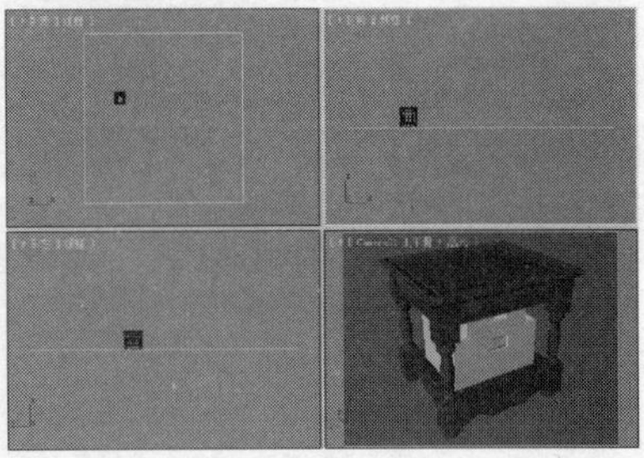

图11-56

技术专题 29 追踪场景资源

这里要讲解一个在实际工作中非常实用的技术，即追踪场景资源技术。在打开一个场景文件时，往往会缺失贴图、光域网文件。例如，用户在打开本例的场景文件时，会弹出一个“缺少外部文件”对话框，提醒用户缺少外部文件，如图11-57所示。造成这种情况的原因是移动了实例文件或贴图文件的位置（比如将其从D盘移到了E盘），造成3ds Max无法自动识别文件路径。遇到这种情况可以先单击“继续”按钮 继续 ，然后再查找缺失的文件。

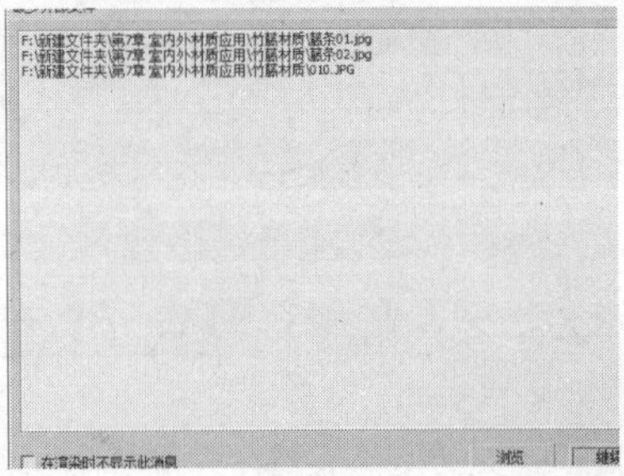

图11-57

补齐缺失文件的方法有两种，下面详细介绍一下。请用户千万注意，这两种方法都是基于贴图和光域网等文件没有被删除的情况下。

第1种：在“材质编辑器”对话框中的各个材质通道中将贴图路径重新链接好；光域网文件在灯光设置面板中进行链接。这种方法非常繁琐，一般情况下不会使用该方法。

第2种：按Shift+T组合键打开“资源追踪”对话框，如图11-58所示。在该对话框中可以观察到缺失了哪些贴图文件或光域网（光度学）文件。这时可以按住Shift键全选缺失的文件，然后单击鼠标右键，在弹出的菜单中选择“设置路径”命令，如图11-59所示，再在弹出的对话框中链接好文件路径（贴图和光域网等文件最好放在一个文件夹中），如图11-60所示。链接好文件路径以后，有些文件可能仍然显示缺失，这是因为在前期制作中可能有多余的文件，因此3ds Max保留了下来，只要场景贴图齐备即可，如图11-61所示。

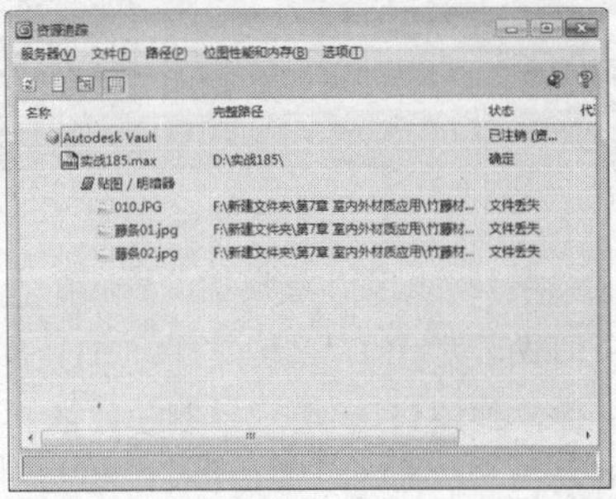

图11-58

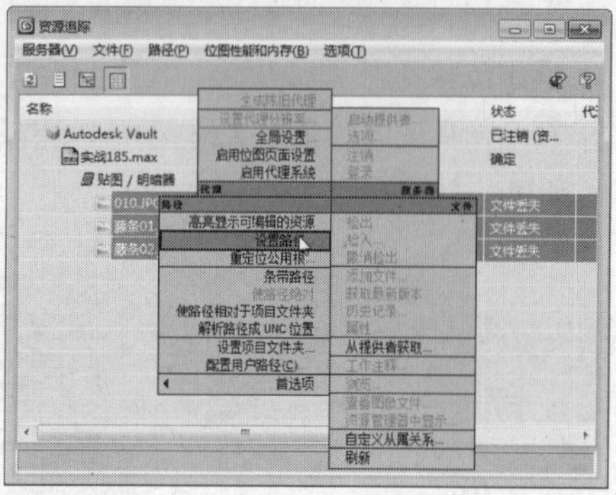

图11-59

图11-60

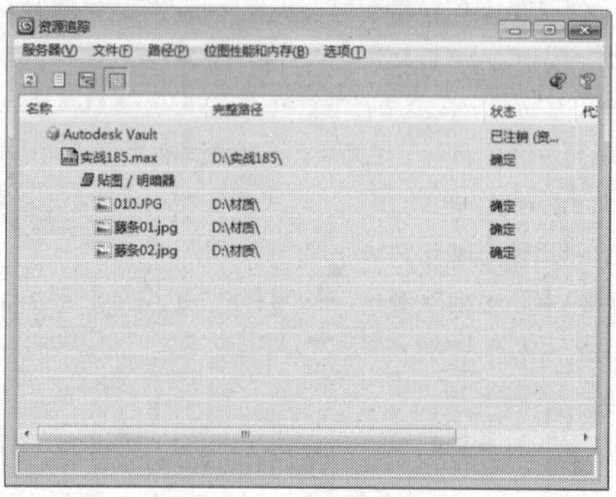

图11-61

02 选择一个空白材质球，然后设置材质类型为VRayMtl，并将其命名为ztcz，再在“漫反射”贴图通道中加载光盘中的“实例文件>CH11>实战185>藤条01.jpg”文件，如图11-62所示。

03 在“反射”选项组下设置“反射”颜色为（红:31，绿:31，蓝:31），然后设置“反射光泽度”为0.8，具体参数设置如图11-63所示。

图11-62

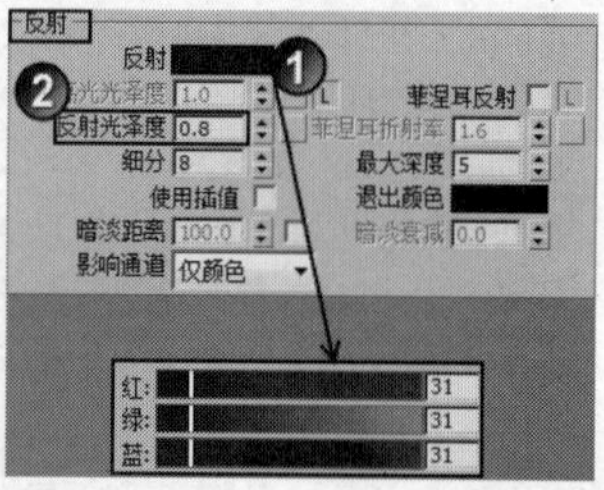

图11-63

04 展开“贴图”卷展栏，然后在“不透明度”贴图通道中加载光盘中的“实例文件>CH11>实战185>藤条02.jpg”文件，如图11-64所示，制作好的材质球效果如图11-65所示。

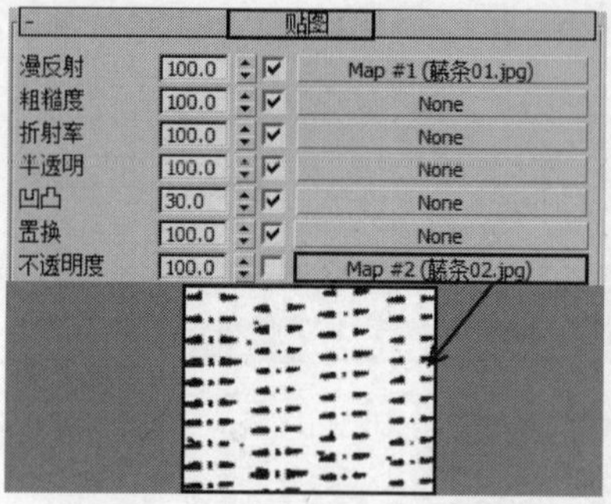

图11-64

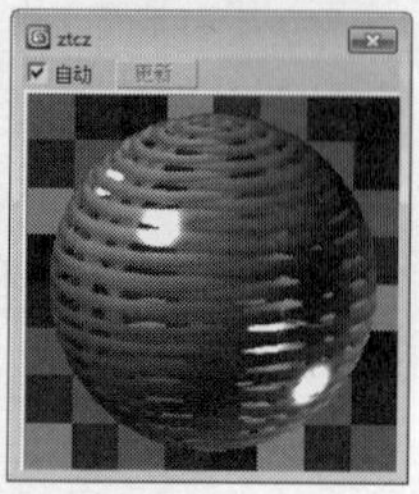

图11-65

技巧与提示

如果要查看材质球效果，可以在窗口中双击材质球，将其打开为一个独立的窗口，用户可以对该窗口进行缩放并实时预览材质效果。

05 将制作好的材质指定给场景中相对应的模型，然后按F9键渲染当前场景，最终效果如图11-66所示。

图11-66

实战186 塑料材质

场景位置	DVD>场景文件>CH11>实战186.max
实例位置	DVD>实例文件>CH11>实战186.max
视频位置	DVD>多媒体教学>CH11>实战186.flv
难易指数	★☆☆☆☆
技术掌握	用VRayMtl材质模拟塑料材质

实例介绍

塑料是由树脂合成的，通常具有明亮的色彩，且表面光滑并有高光反射，效果如图11-67所示。

图11-67

本例需要制作3种颜色（黄色、青色和红色）的塑料材质，其模拟效果如图11-68~图11-70所示。

图11-68

图11-69

图11-70

操作步骤

01 打开光盘中的“场景文件>CH11>实战186.max”文件，如图11-71所示。

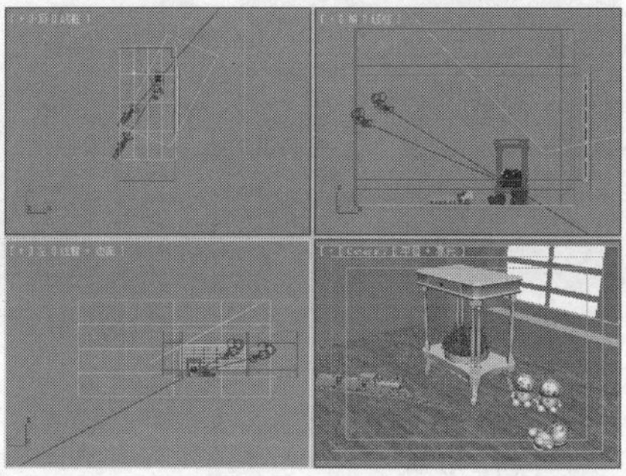

图11-71

02 选择一个空白材质球，然后设置材质类型为VRayMtl并命名为slyellow，再设置“漫反射”颜色为（红:255，绿:247，蓝:34），如图11-72所示。

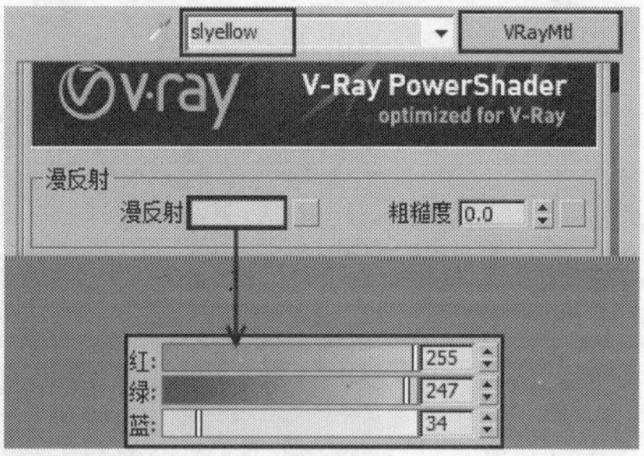

图11-72

03 在“反射”贴图通道中加载一张“衰减”程序贴图，然后在“衰减参数”卷展栏下设置“衰减类型”为Fresnel，再设置“前”通道的颜色为（红:22，绿:22，蓝:22）、“侧”通道的颜色为（红:200，绿:200，蓝:200），最后设置“高光光泽度”为0.8、“反射光泽度”为0.7、“细分”为15，具体参数设置如图11-73所示，制作好的材质球效果如图11-74所示。

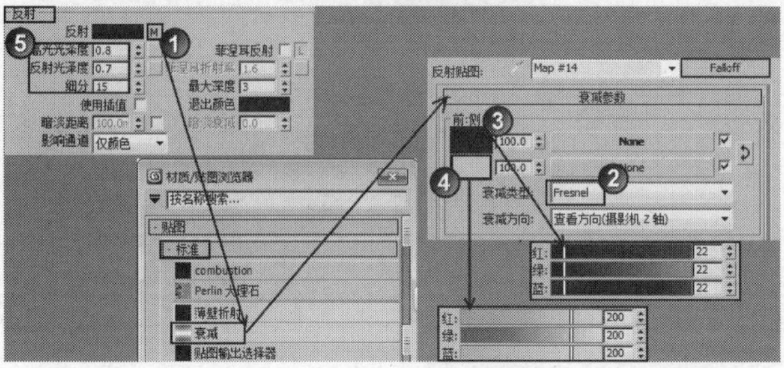

图11-73

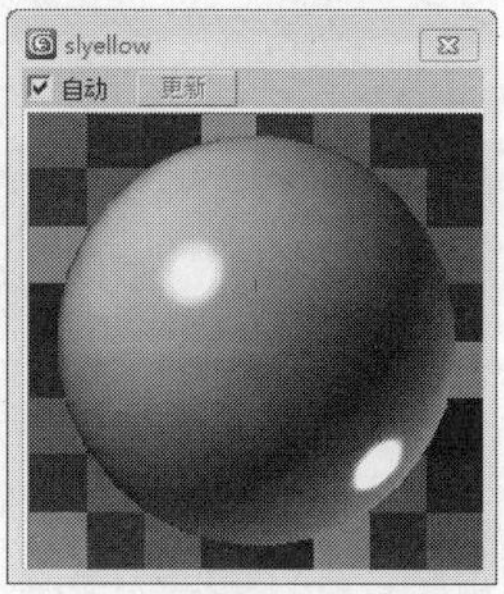

图11-74

> **技巧与提示**
>
> 另外两个材质的设置方法完全相同，只是要将“漫反射”的颜色设置为青色和红色，这里就不再重复介绍。

04 将制作好的材质指定给场景中相对应的模型，然后按F9键渲染当前场景，最终效果如图11-75所示。

图11-75

实战187 烤漆材质

场景位置	DVD>场景文件>CH11>实战187.max
实例位置	DVD>实例文件>CH11>实战187.max
视频位置	DVD>多媒体教学>CH11>实战187.flv
难易指数	★☆☆☆☆
技术掌握	用VRayMtl材质模拟烤漆材质

实例介绍

烤漆是一种工艺复杂的材质，常用于数码产品与高档家私，其表面光滑且具有较强的反射能力，效果如图11-76所示。

本例需要制作一个烤漆材质，其模拟效果如图11-77所示。

图11-76

图11-77

操作步骤

01 打开光盘中的“场景文件>CH11>实战187.max”文件，如图11-78所示。

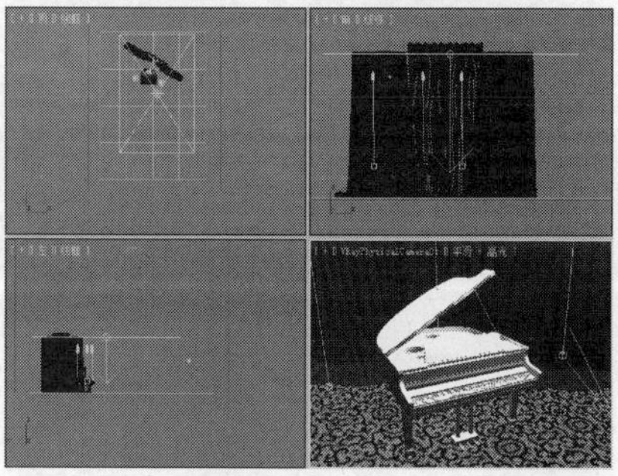

图11-78

02 选择一个空白材质球，然后设置材质类型为VRayMtl，并将其命名为kqcz，再设置“漫反射”颜色为黑色，如图11-79所示。

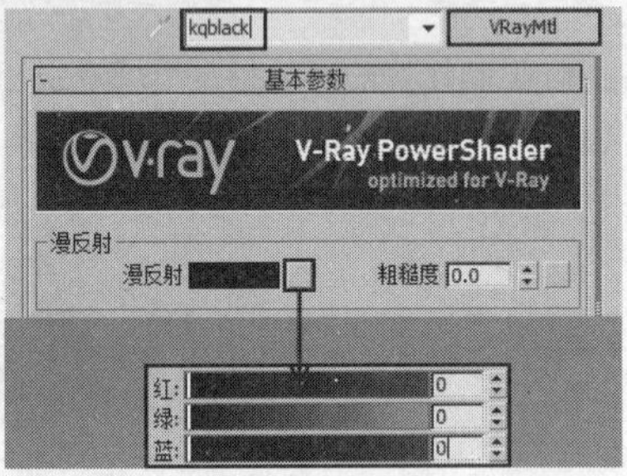

图11-79

03 设置“反射”颜色为（红:233，绿:233，蓝:233），然后勾选“菲涅耳反射”选项，再设置“反射光泽度”为0.9、“细分”为20，如图11-80所示，制作好的材质球效果如图11-81所示。

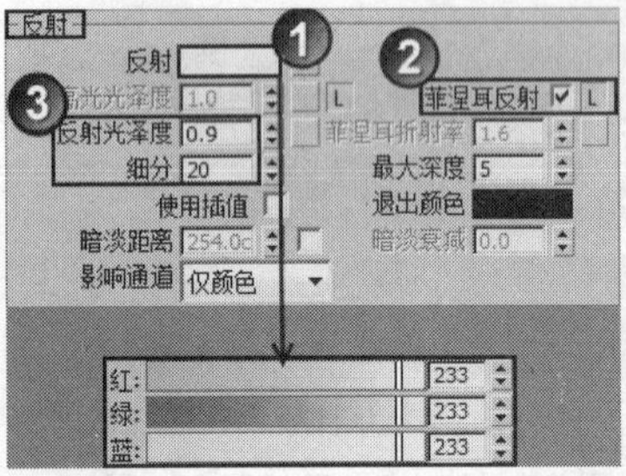

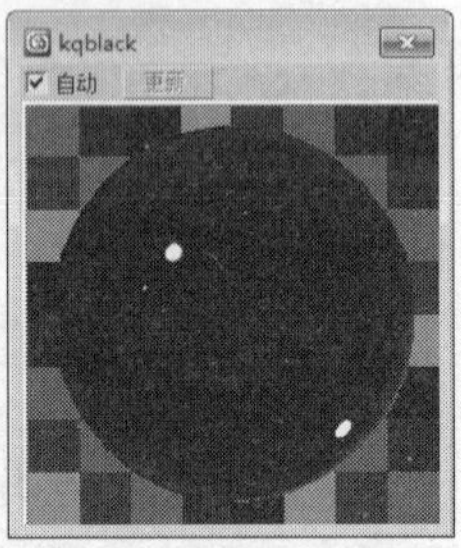

图11-80　　图11-81

04 将制作好的材质指定给场景中相对应的模型，然后按F9键渲染当前场景，最终效果如图11-82所示。

图11-82

实战188 哑光皮纹材质

场景位置	DVD>场景文件>CH11>实战188.max
实例位置	DVD>实例文件>CH11>实战188.max
视频位置	DVD>多媒体教学>CH11>实战188.flv
难易指数	★☆☆☆☆
技术掌握	用VRayMtl材质模拟哑光皮纹材质

实例介绍

哑光皮纹多为古典欧式沙发或皮椅所用，其表面具有明显的皮质纹理，有轻微的凹凸且反射与高光较弱，效果如图11-83所示。

本例需要制作一个哑光皮纹材质，其模拟效果如图11-84所示。

图11-83　　图11-84

操作步骤

01 打开光盘中的“场景文件>CH11>实战188.max”文件，如图11-85所示。

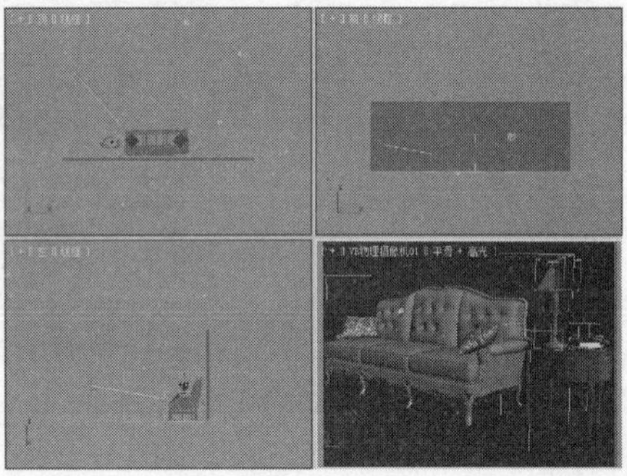

图11-85

02 选择一个空白材质球，然后设置材质类型为VRayMtl，并将其命名为ygpw，再在“漫反射”贴图通道中加载光盘中的“实例文件>CH11>实战188>布纹.jpg”文件，如图11-86所示。

图11-86

技巧与提示

本例的材质并没有直接在“漫反射”贴图通道中直接添加皮纹，而是添加了一张花纹，这主要是为了丰富皮革的纹理效果，下面会通过“凹凸”贴图通道来模拟皮纹的表面细节。

03 在“反射”贴图通道中加载一张“衰减”程序贴图，然后在“衰减参数”卷展栏下设置“衰减类型”为Fresnel，再设置“前”通道的颜色为（红:20，绿:20，蓝:20）、“侧”通道的颜色为（红:200，绿:200，蓝:200），最后设置“反射光泽度”为0.54、“细分”为15，具体参数设置如图11-87所示。

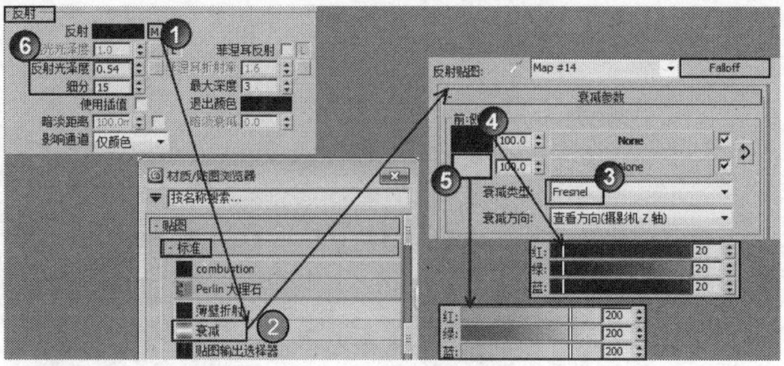

图11-87

04 展开“贴图”卷展栏，然后在“凹凸”贴图通道中加载光盘中的“实例文件>CH11>实战188>凹凸.jpg”文件，再设置“凹凸”为90，如图11-88所示，制作好的材质球效果如图11-89所示。

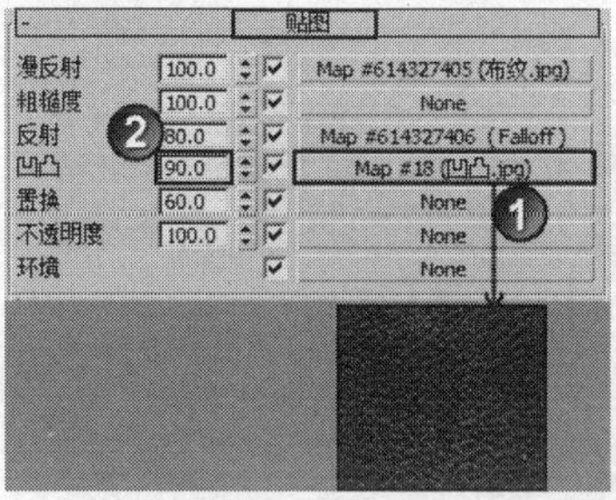

图11-88

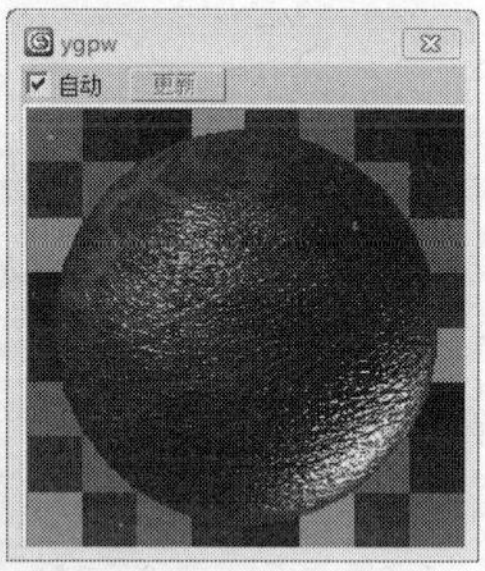

图11-89

05 将制作好的材质指定给场景中相对应的模型，然后按F9键渲染当前场景，最终效果如图11-90所示。

图11-90

实战189 亮光皮纹材质

场景位置	DVD>场景文件>CH11>实战189.max
实例位置	DVD>实例文件>CH11>实战189.max
视频位置	DVD>多媒体教学>CH11>实战189.flv
难易指数	★☆☆☆☆
技术掌握	用VRayMtl材质模拟亮光皮纹材质

实例介绍

亮光皮纹与哑光皮纹相比较，主要区别是其皮质纹理经过加工后变得不那么明显，但表面变得十分光滑，具有较强的反射与较明显的高光细节，效果如图11-91所示。

图11-91

本例需要制作一个亮光皮纹材质，其模拟效果如图11-92所示。

图11-92

操作步骤

01 打开光盘中的“场景文件>CH11>实战189.max”文件，如图11-93所示。

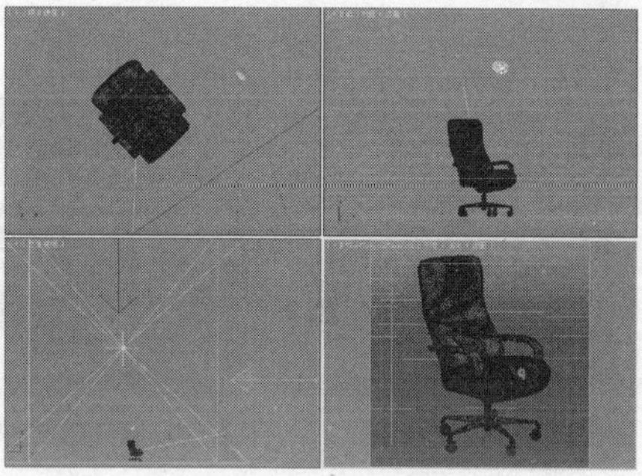

图11-93

02 选择一个空白材质球，然后设置材质类型为VRayMtl，并将其命名为lgpw，再设置“漫反射”颜色为黑色，如图11-94所示。

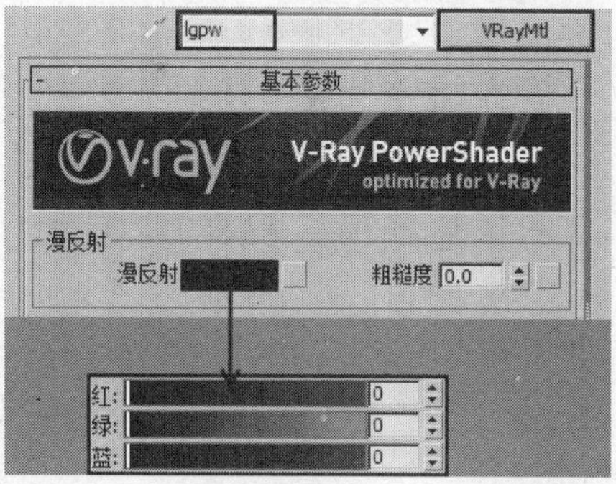

图11-94

03 设置“漫反射”颜色为白色，然后勾选“菲涅耳反射”选项，再设置“高光光泽度”为0.7、“反射光泽度”为0.88、“细分”为30，具体参数设置如图11-95所示。

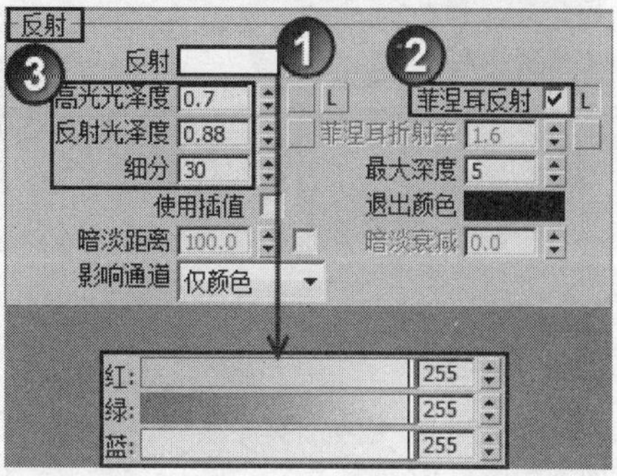

图11-95

04 展开"贴图"卷展栏，然后在"凹凸"贴图通道中加载光盘中的"实例文件>CH11>实战189>凹凸.jpg"文件，再设置"凹凸"为50，如图11-96所示，制作好的材质球效果如图11-97所示。

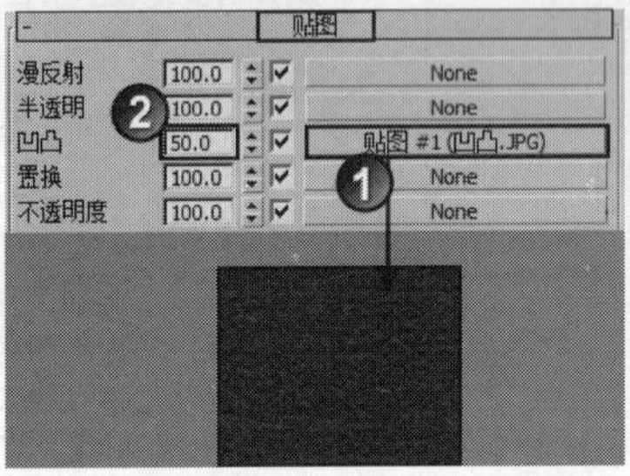

图11-96

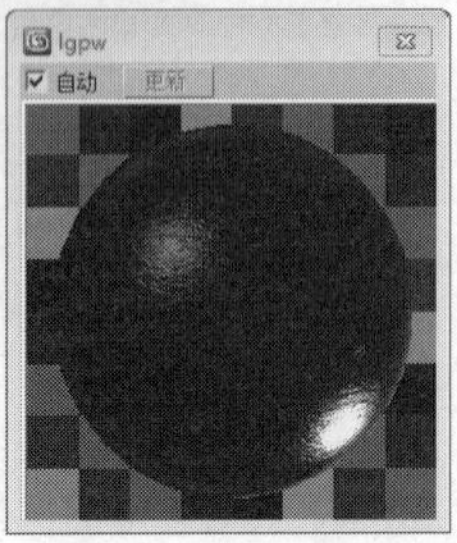

图11-97

05 将制作好的材质指定给场景中相对应的模型，然后按F9键渲染当前场景，最终效果如图11-98所示。

图11-98

实战190 麻布材质

场景位置	DVD>场景文件>CH11>实战190.max
实例位置	DVD>实例文件>CH11>实战190.max
视频位置	DVD>多媒体教学>CH11>实战190.flv
难易指数	★☆☆☆☆
技术掌握	用VRayMtl材质模拟麻布材质

实例介绍

麻布是以亚麻、苎麻等麻类植物纤维制成的一种布料，常用于凳子、沙发等面料，其表面有较强的编织纹理与凹凸细节，常见效果如图11-99所示。

本例需要制作一个麻布材质，其模拟效果如图11-100所示。

图11-99

图11-100

操作步骤

01 打开光盘中的"场景文件>CH11>实战190.max"文件，如图11-101所示。

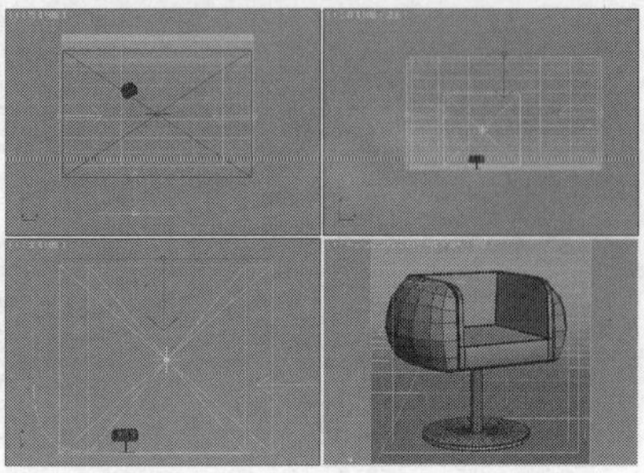

图11-101

02 选择一个空白材质球，然后设置材质类型为VRayMtl，并将其命名为mbcz，再在"漫反射"贴图通道中加载光盘中的"实例文件>CH11>实战190>麻布.jpg"文件，最后在"坐标"卷展栏下设置"模糊"为0.5，如图11-102所示。

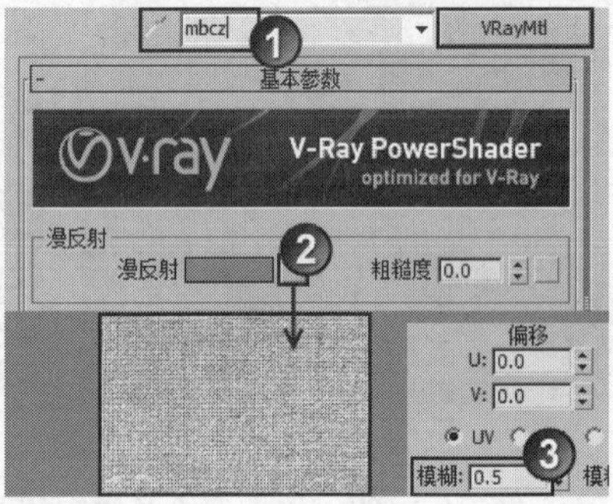

图11-102

03 展开"贴图"卷展栏，然后使用鼠标左键将"漫反射"通道中的贴图拖曳到"凹凸"贴图通道上，再在弹出的对话框中设置"方法"为"实例"，最后设置"凹凸"为20，如图11-103所示，制作好的材质球效果如图11-104所示。

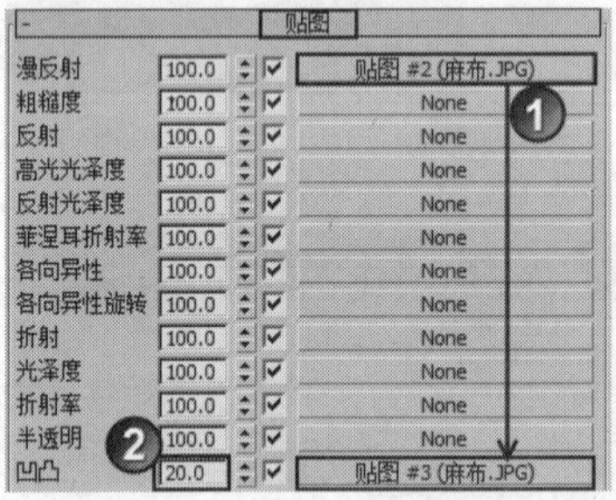

图11-103

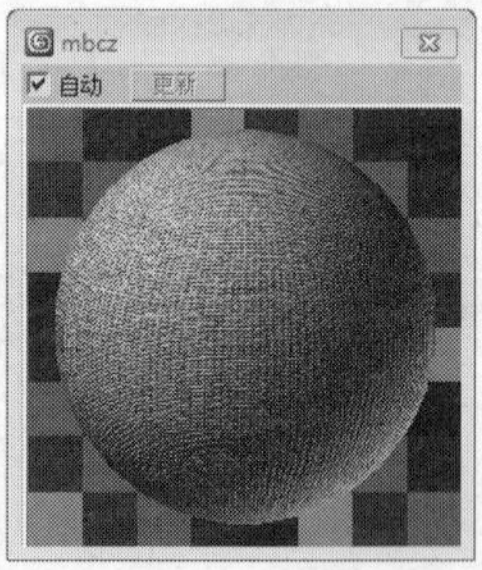

图11-104

04 将制作好的材质指定给场景中相对应的模型，然后按F9键渲染当前场景，最终效果如图11-105所示。

图11-105

实战191 绒布材质

场景位置　DVD>场景文件>CH11>实战191.max
实例位置　DVD>实例文件>CH11>实战191.max
视频位置　DVD>多媒体教学>CH11>实战191.flv
难易指数　★★☆☆☆
技术掌握　用标准材质模拟绒布材质

实例介绍

绒布相对于麻布而言，表面十分光滑且具有绒毛细节，能产生面积大、强度弱的高光效果，如图11-106所示。

本例需要制作一个绒布材质，其模拟效果如图11-107所示。

图11-106

图11-107

操作步骤

01 打开光盘中的“场景文件>CH11>实战191.max”文件，如图11-108所示。

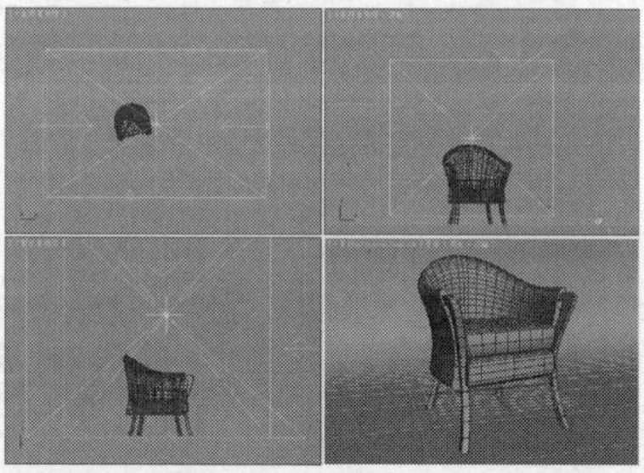

图11-108

02 选择一个空白材质球，并将其命名为rbcz，然后在“明暗器基本参数”卷展栏下设置明暗器类型为（O）Oren-Nayar-Blin，再在“漫反射”贴图通道中加载光盘中的“实例文件>CH11>实战191>布材质.jpg”文件，如图11-109所示。

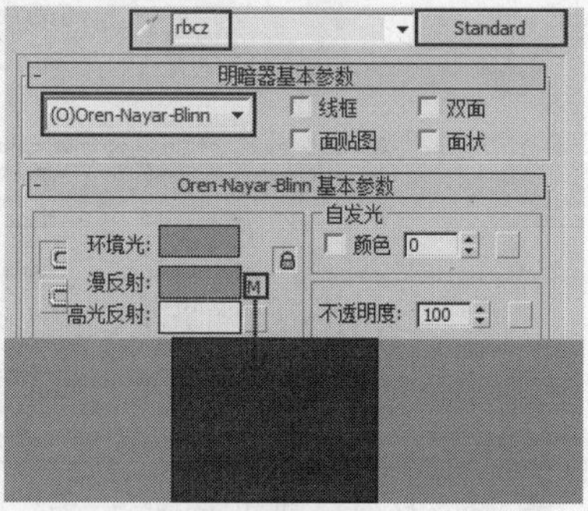

图11-109

技巧与提示

“标准”材质中的（O）Oren-Nayar-Blin明暗器非常适合制作具有毛绒效果的物体。

03 在“自发光”选项组下勾选“颜色”选项，然后在其通道中加载一张“遮罩”程序贴图，如图11-110所示。

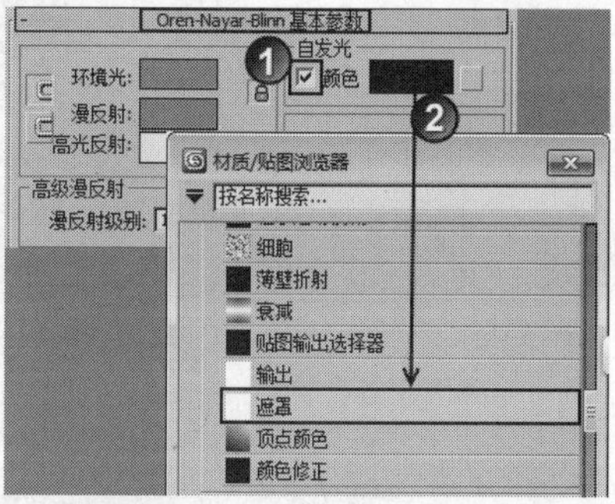

图11-110

04 展开“遮罩参数”卷展栏，然后在“贴图”通道中加载一张“衰减”程序贴图，并设置“衰减类型”为Fresnel，再在“遮罩”通道中加载一张“衰减”程序贴图，并设置“衰减类型”为“阴影/灯光”，如图11-111所示。

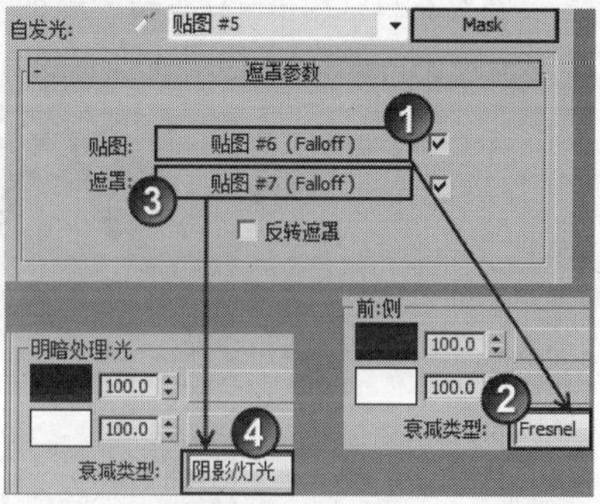

图11-111

05 返回到顶层级，然后在“反射高光”选项组下设置“高光级别”为5、“光泽度”为10，如图11-112所示。

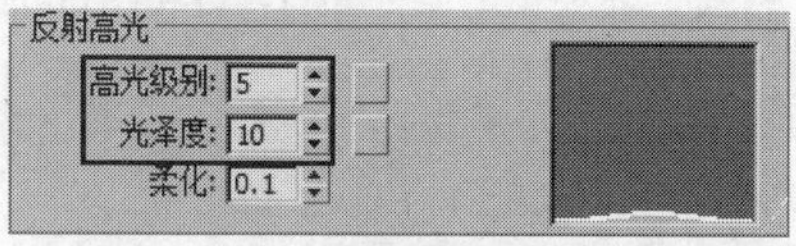

图11-112

06 展开“贴图”卷展栏，然后勾选“凹凸”选项，并在其贴图通道中加载一张“噪波”程序贴图，再在“噪波参数”卷展栏下设置“大小”为2，最后设置凹凸的强度为100，具体参数设置如图11-113所示，制作好的材质球效果如图11-114所示。

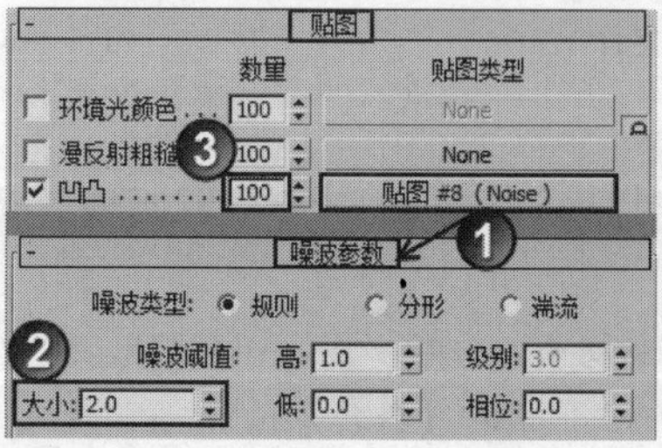

图11-113

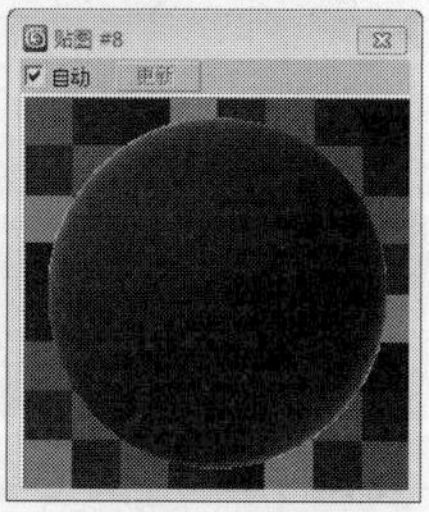

图11-114

07 将制作好的材质指定给场景中相对应的模型，然后按F9键渲染当前场景，最终效果如图11-115所示。

图11-115

实战192 花纹布料及纱窗材质

场景位置	DVD>场景文件>CH11>实战192.max
实例位置	DVD>实例文件>CH11>实战192.max
视频位置	DVD>多媒体教学>CH11>实战192.flv
难易指数	★★★☆☆
技术掌握	用混合材质模拟花纹布料材质；用VRayMtl材质模拟纱窗材质

实例介绍

花纹布料常用于制作窗帘、桌布以及床单，而纱窗多用于窗户遮光或布料饰边，效果如图11-116所示。

图11-116

本例需要制作两个材质，分别是花纹布料材质和纱窗材质，其模拟效果如图11-117和图11-118所示。

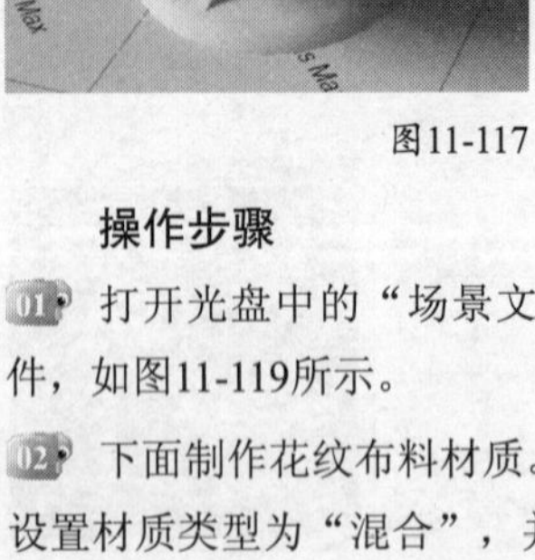

图11-117

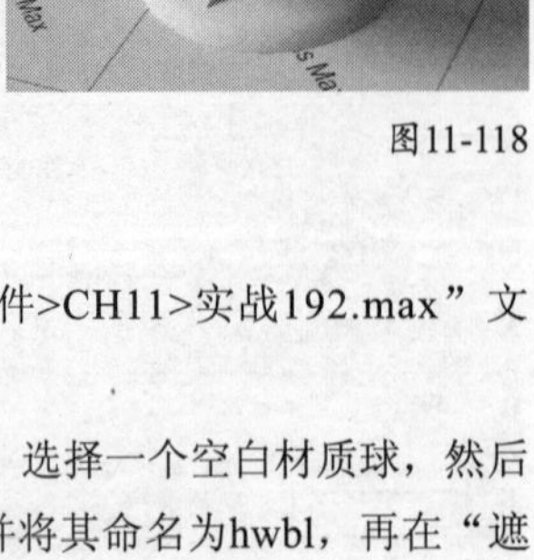

图11-118

操作步骤

01 打开光盘中的“场景文件>CH11>实战192.max”文件，如图11-119所示。

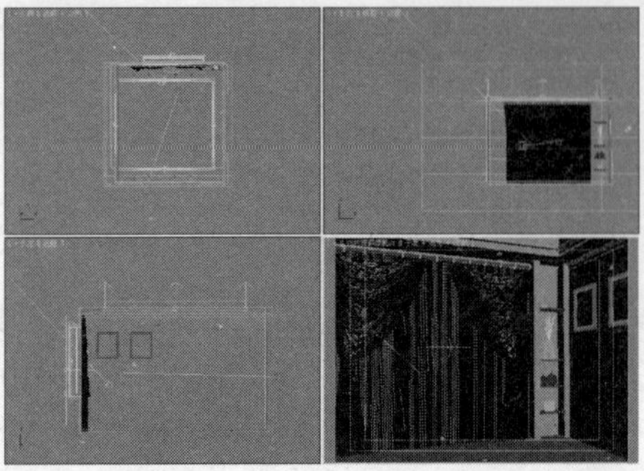

图11-119

02 下面制作花纹布料材质。选择一个空白材质球，然后设置材质类型为“混合”，并将其命名为hwbl，再在“遮罩”贴图通道中加载光盘中的“实例文件>CH11>实战192>遮罩.jpg”文件，如图11-120所示。

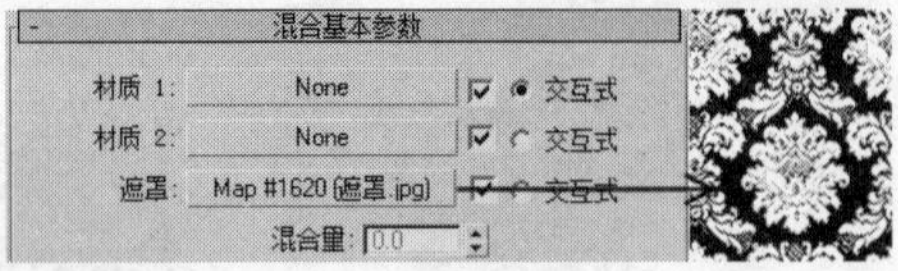

图11-120

技术专题 30 清除材质通道中的默认材质

在将默认的“标准”材质切换为“混合”材质时，在“材质1”和“材质2”通道中会分别加载两个默认的“标准”材质，如图11-121所示，但在一般情况下都需要重新设置材质，这时就需要将默认的“标准”材质清除掉。

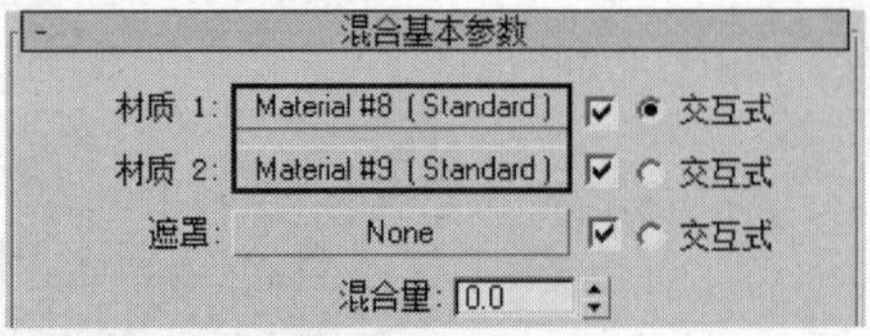

图11-121

如果要清除默认的“标准”材质，可以在材质通道上单击鼠标右键，然后在弹出的菜单中选择“清除”命令，如图11-122所示，清除后的通道将显示为None（无），如图11-123所示。

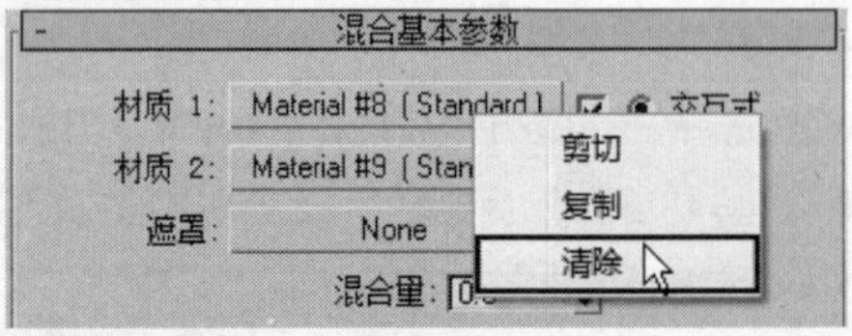

图11-122

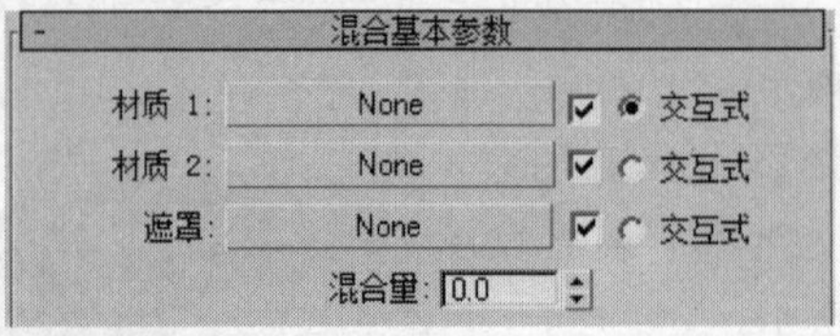

图11-123

03 在“材质1”通道中加载一个“VRay材质包裹器”材质，然后展开“VRay材质包裹器参数”卷展栏，再在“基本材质”通道中加载一个“标准”材质，最后设置“生成全局照明”为1.2，如图11-124所示。

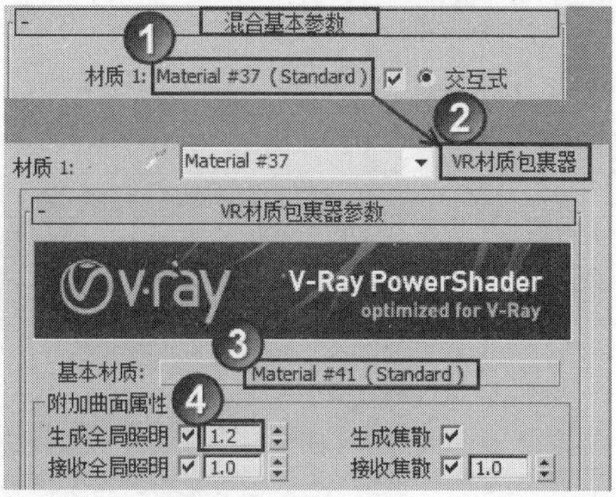

图11-124

技巧与提示

为了体现花纹布料的亮光效果，故使用“VRay材质包裹器”材质来增大全局照明，使其比其他材质更为明亮。

04 单击“基本材质”通道，进入“标准”材质参数设置面板，然后在“明暗器基本参数”卷展栏下设置明暗器类型为“（ML）多层”，再在“多层基本参数”卷展栏下设置“漫反射”颜色为（红:29，绿:11，蓝:11），如图11-125所示。

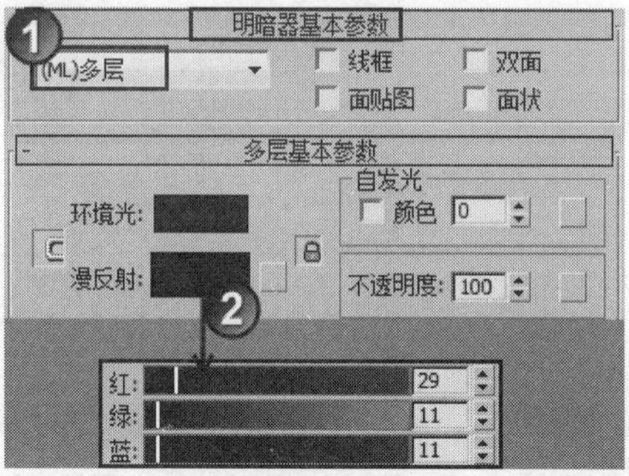

图11-125

05 在“第一高光反射层”选项组下设置“颜色”为（红:160，绿:64，蓝:64），然后设置“级别”为109、“光泽度”为25、“各向异性”为50、“方向”为38，再在“第二高光反射层”选项组下设置“颜色”为白色，最后设置“级别”为39、“光泽度”为0、“各向异性”为63、“方向”为-145，具体参数设置如图11-126所示。

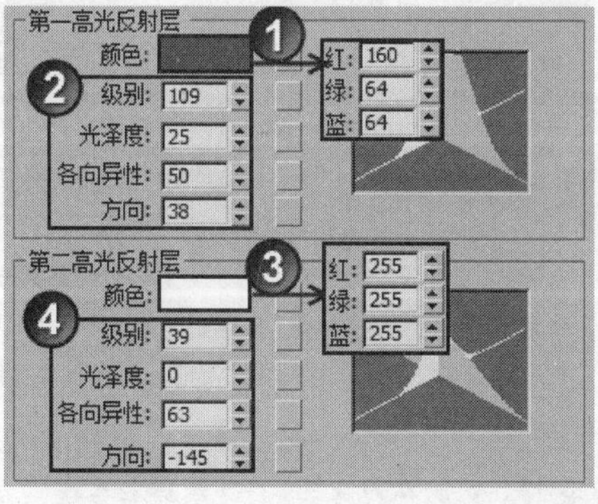

图11-126

06 返回到“混合”材质参数设置面板，然后在“材质2”通道中加载一个VRayMtl材质，再设置“漫反射”颜色为（红:163，绿:114，蓝:70）、“反射”颜色为（红:165，绿:162，蓝:133），最后设置“高光光泽度”为0.85、“反射光泽度”为0.8、“细分”为20，并勾选“菲涅耳反射”选项，具体参数设置如图11-127所示，制作好的材质球效果如图11-128所示。

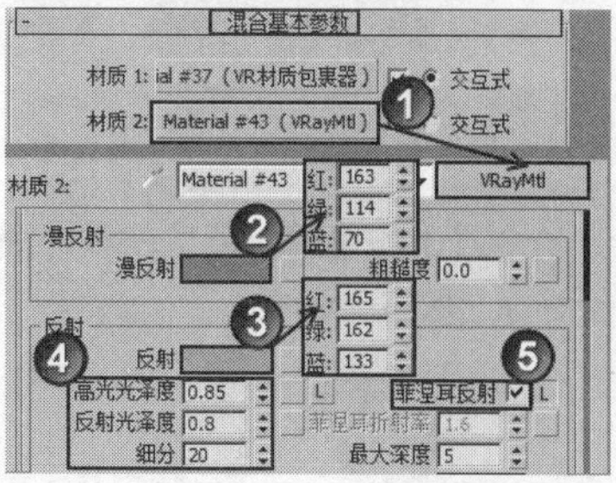

图11-127 图11-128

07 下面制作纱窗材质。选择一个空白材质球，然后设置材质类型为VRayMtl，并将其命名为sccz，再设置“漫反射”颜色为（红:249，绿:225，蓝:199），最后设置“反射”颜色为（红:55，绿:55，绿:55）、“反射光泽度”为0.8、“细分”为22，具体参数设置如图11-129所示。

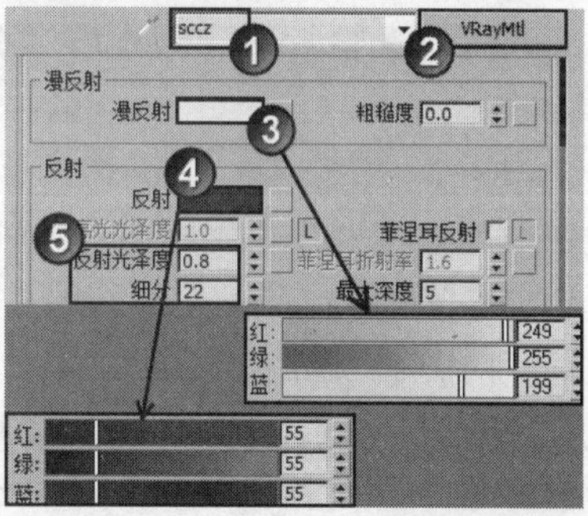

图11-129

08 在“折射”贴图通道中加载一张“衰减”程序贴图，然后在“衰减参数”卷展栏下设置“前”通道的颜色为（红:136，绿:136，蓝:136）、“侧”通道的颜色为（红:40，绿:40，蓝:40），再设置“光泽度”为0.8、“细分”为20、“折射率”为1.001，并勾选“影响阴影”选项，具体参数设置如图11-130所示，制作好的材质球效果如图11-131所示。

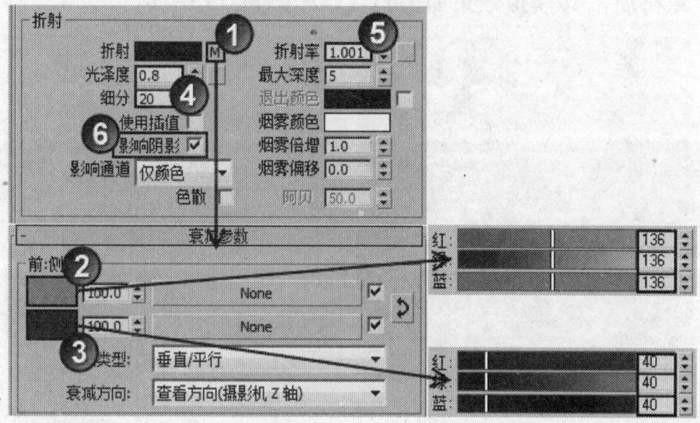

图11-130

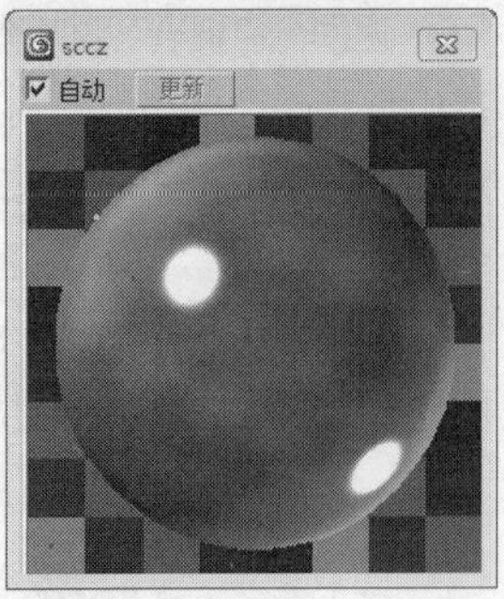

图11-131

09 将制作好的材质指定给场景中相对应的模型，然后按F9键渲染当前场景，最终效果如图11-132所示。

图11-132

实战193 白陶瓷与花纹陶瓷材质

场景位置	DVD>场景文件>CH11>实战193.max
实例位置	DVD>实例文件>CH11>实战193.max
视频位置	DVD>多媒体教学>CH11>实战193.flv
难易指数	★★☆☆☆
技术掌握	用多维/子对象材质和VRayMtl材质模拟花纹陶瓷材质

实例介绍

陶瓷材质通常用于茶具、洁具以及装饰工艺品，白色陶瓷色泽素雅，表面光滑，而花纹陶瓷则会在表面添加一些寓意吉祥的花纹图案，效果如图11-133所示。

图11-133

本例需要制作两个材质，分别是白陶瓷材质和花纹陶瓷材质，其模拟效果如图11-134和图11-135所示。

图11-134

图11-135

操作步骤

01 打开光盘中的“场景文件>CH11>实战193.max”文件，如图11-136所示。

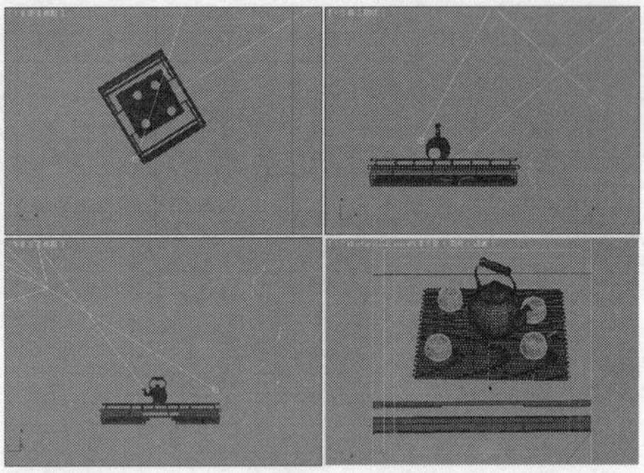

图11-136

02 选择茶壶模型，然后按4键进入“多边形”级别，再选择壶身上的一个多边形，此时可以在“曲面属性”卷展栏下查看到其属于ID 2的一部分，如图11-137所示。

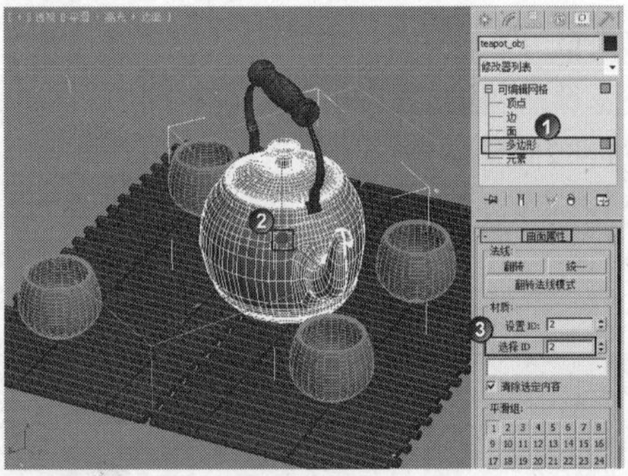

图11-137

03 单击“选择ID”按钮 选择ID ，则会自动选择到模型中所有属于ID 2的多边形，如图11-138所示。在“选择ID”按钮 选择ID 后面的输入框中输入1，然后单击“选择ID”按钮 选择ID ，此时可以选择到所有属于ID 1的多边形，如图11-139所示。

图11-138

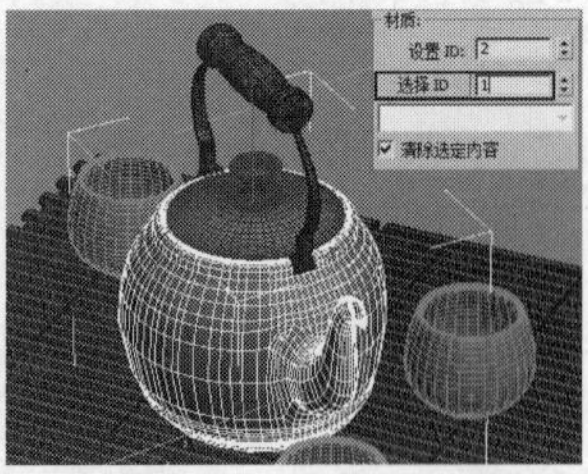

图11-139

技巧与提示

经过步骤2和步骤3的分析，可以发现茶壶分为两个ID，这就需要制作两种不同的材质，然后分别赋予不同的ID对象。在制作这种材质时，一般都使用“多维/子对象”材质来进行制作。

04 选择一个空白材质球，设置材质类型为“多维/子对象”，然后在“多维/子对象基本参数”卷展栏下单击“设置数量”按钮设置数量，再在弹出的对话框中设置“材质数量”为2，如图11-140所示。

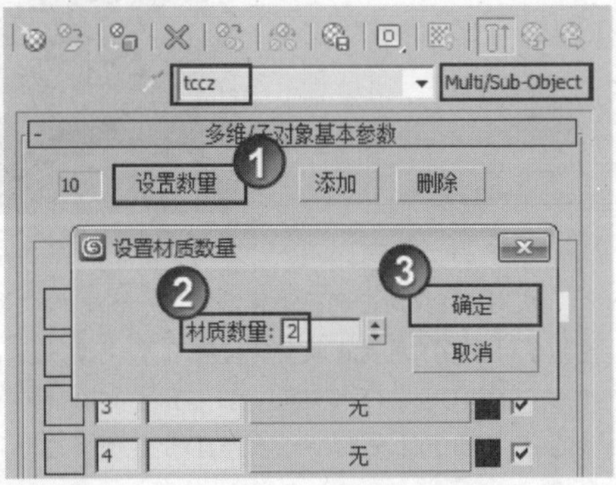

图11-140

05 将ID 1与ID 2材质分别命名为btcz与hwtc，然后在ID 1材质通道中加载一个VRayMtl材质，如图11-141所示。

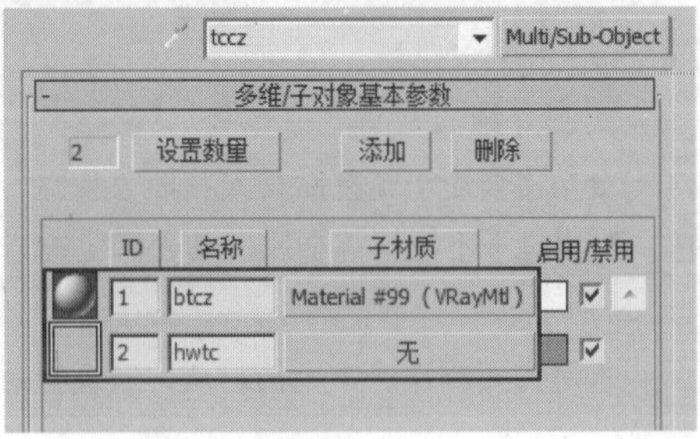

图11-141

06 单击ID 1后面的材质通道，进入VRayMtl材质参数设置面板，然后设置“漫反射”颜色和“反射”颜色为白色，再勾选“菲涅耳反射”选项，如图11-142所示，制作好的材质球效果如图11-143所示（这个材质就是壶盖的白陶瓷材质）。

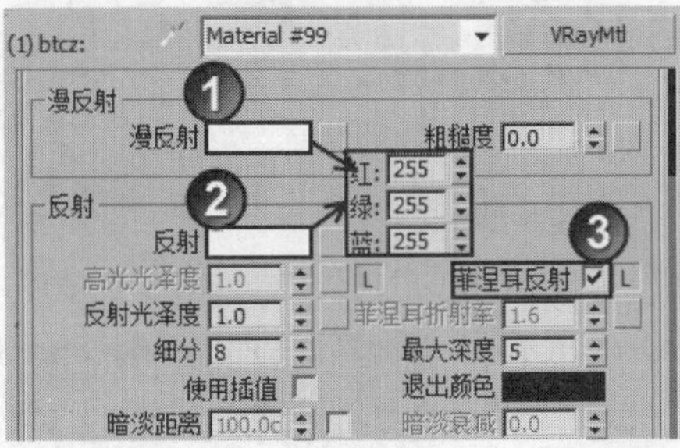

图11-142

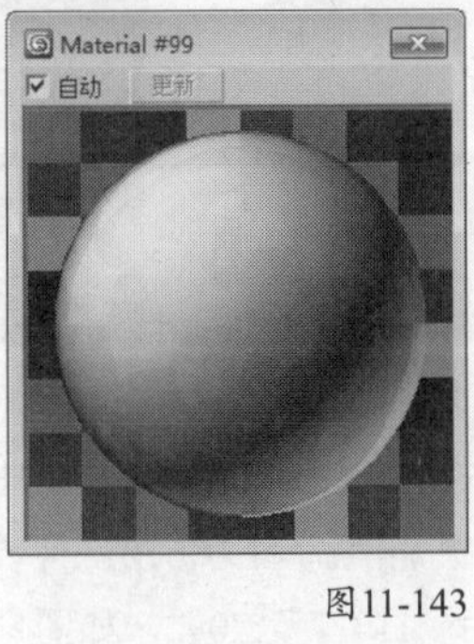

图11-143

07 下面制作花纹陶瓷材质。返回到“多维/子对象”材质参数设置面板，然后使用鼠标左键将ID 1通道中的材质拖曳到ID 2材质通道上，再在弹出的对话框中设置“方法”为“复制”，如图11-144所示。

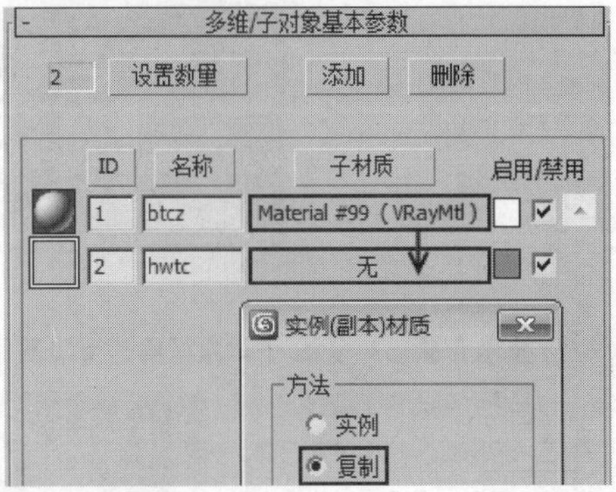

图11-144

技巧与提示

由于花纹陶瓷与白陶瓷只是表面的纹理不同，因此只需要将白陶瓷复制一个，然后修改其纹理贴图即可。

08 单击ID 2后面的材质通道，进入VRayMtl材质参数设置面板，然后在“漫反射”贴图通道中加载光盘中的“实例文件>CH11>实战193>茶具.jpg”文件，再在“坐标”卷展栏下设置“模糊”为0.01，如图11-145所示，制作好的花纹陶瓷材质球效果如图11-146所示，白陶瓷与花纹陶瓷材质的混合效果如图11-147所示。

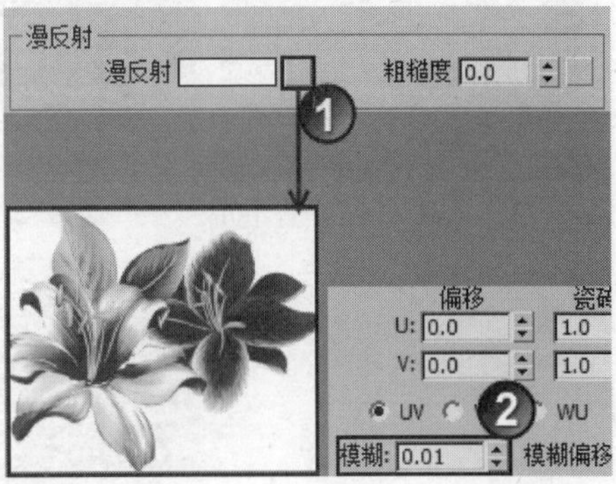

图11-145

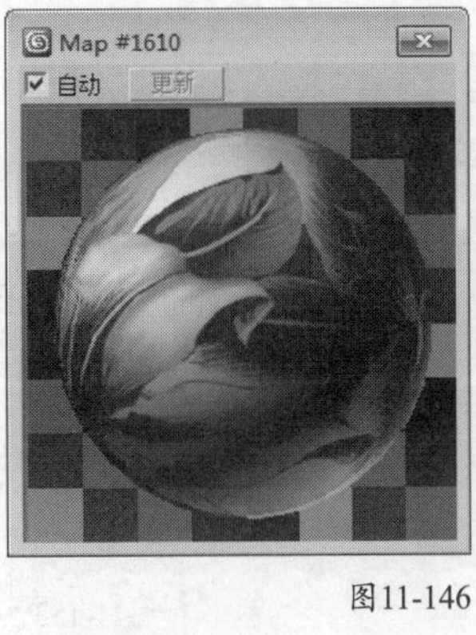

图11-146

图11-147

09 将制作好的材质指定给场景中相对应的模型，然后按F9键渲染当前场景，最终效果如图11-148所示。

图11-148

技术专题 31 多维/子对象材质的用法及原理解析

很多初学者都无法理解“多维/子对象”材质的原理及用法，下面就以图11-149所示的多边形球体来详解介绍一下该材质的原理及用法。

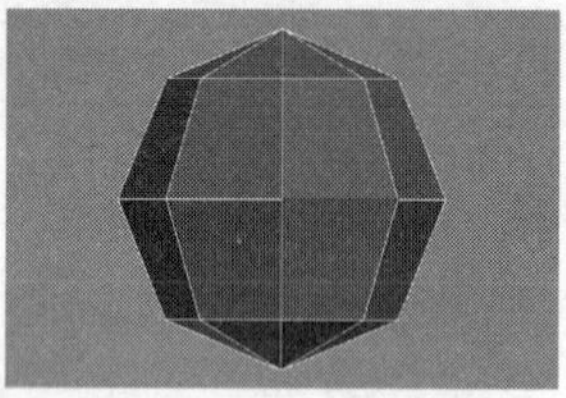

图11-149

第1步：设置多边形的材质ID号。每个多边形都具有自己的ID号，进入“多边形”级别，然后选择两个多边形，在“多边形:材质ID”卷展栏下将这两个多边形的材质ID设置为1，如图11-150所示。用相同的方法设置其他多边形的材质ID，如图11-151和图11-152所示。

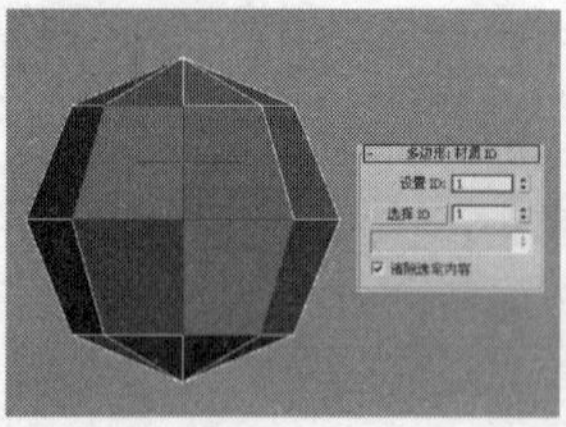

图11-150

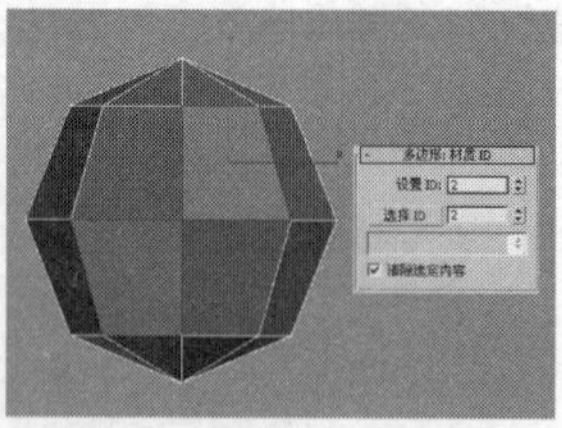

图11-151

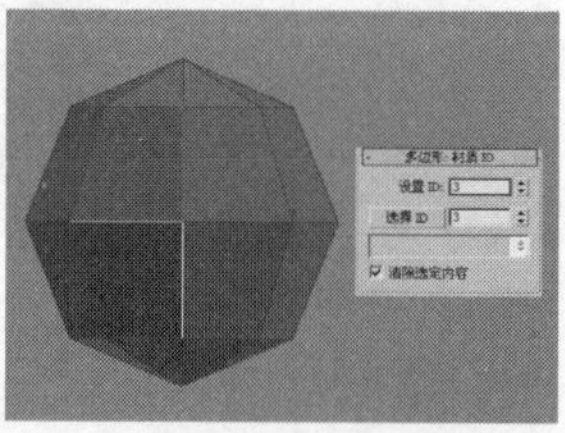

图11-152

第2步：设置“多维/子对象”材质。由于这里只有3个材质ID号，因此将“多维/子对象”材质的数量设置为3，并分别在各个子材质通道加载一个VRayMtl材质，然后分别设置VRayMtl材质的“漫反射”颜色为蓝、绿、红，如图11-153所示，再将设置好的“多维/子对象”材质指定给多边形球体，效果如图11-154所示。

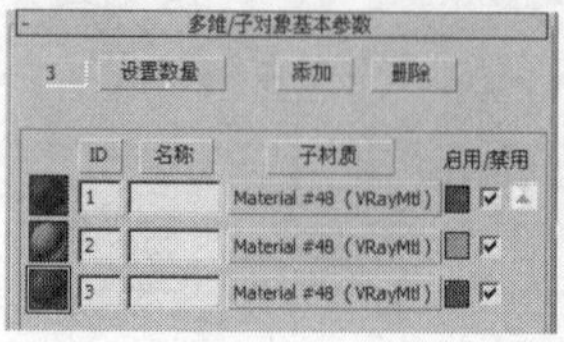

图11-153

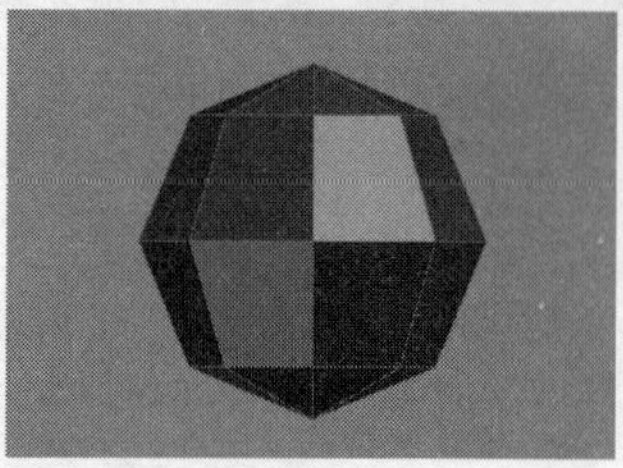

图11-154

从图11-154所示的结果可以得出一个结论：“多维/子对象”材质的子材质的ID号对应模型的材质ID号。也就是说，ID 1子材质指定给了材质ID号为1的多边形；ID 2子材质指定给了材质ID号为2的多边形；ID 3子材质指定给了材质ID号为3的多边形。

实战194 金箔材质

场景位置	DVD>场景文件>CH11>实战194.max
实例位置	DVD>实例文件>CH11>实战194.max
视频位置	DVD>多媒体教学>CH11>实战194.flv
难易指数	★☆☆☆☆
技术掌握	用VRayMtl材质模拟金箔材质

实例介绍

金箔主要用于工艺品与天花板等装饰，表面色泽为金色，但相对于不锈钢等金属，其光泽比较暗淡，效果如图11-155所示。

本例需要制作一个金箔材质，其模拟效果如图11-156所示。

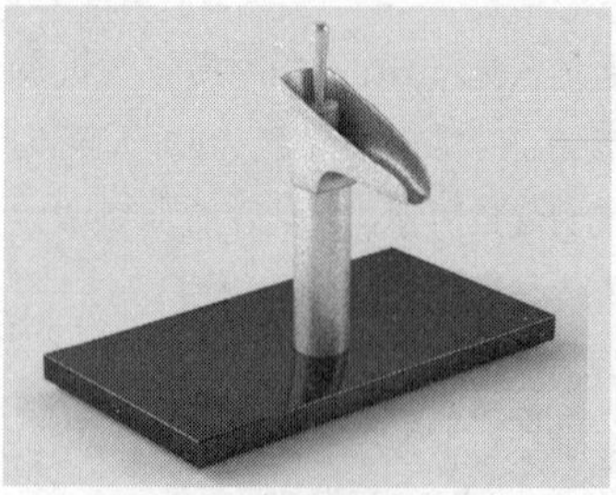

图11-155

图11-156

操作步骤

01 打开光盘中的“场景文件>CH11>实战194.max”文件，如图11-157所示。

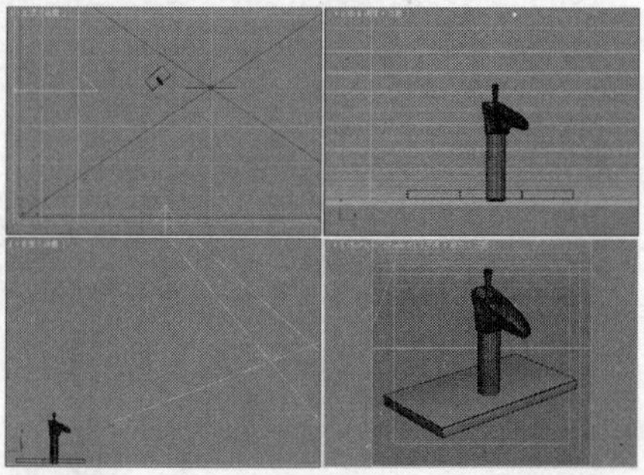

图11-157

02 选择一个空白材质球，然后设置材质类型为VRayMtl，并将其命名为jbcz，再设置“漫反射”颜色为（红:163，绿:114，蓝:70），如图11-158所示。

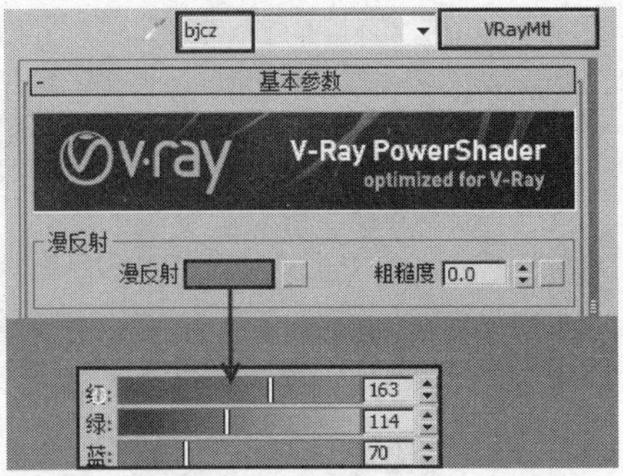

图11-158

03 设置“反射”颜色为（红:131，绿:134，蓝:92），然后设置“高光光泽度”为0.85、“反射光泽度”为0.8、“细分”为15，如图11-159所示。

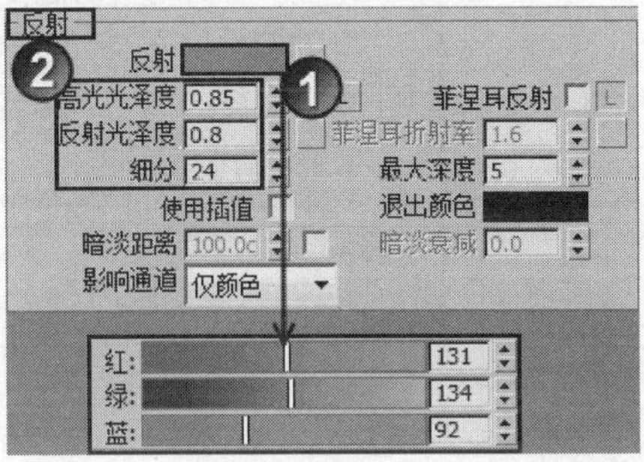

图11-159

04 展开“贴图”卷展栏，然后在“凹凸”贴图通道中加载一张“凹痕”程序贴图，再在“凹痕参数”卷展栏下设置“大小”为3、“强度”为20，最后设置“凹凸”为10，具体参数设置如图11-160所示，制作好的材质球效果如图11-161所示。

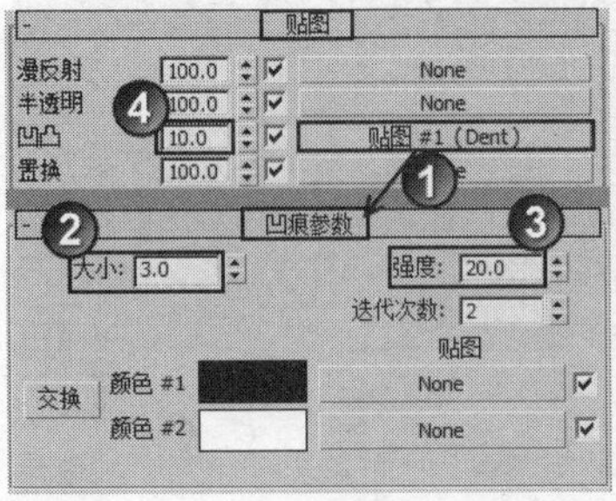

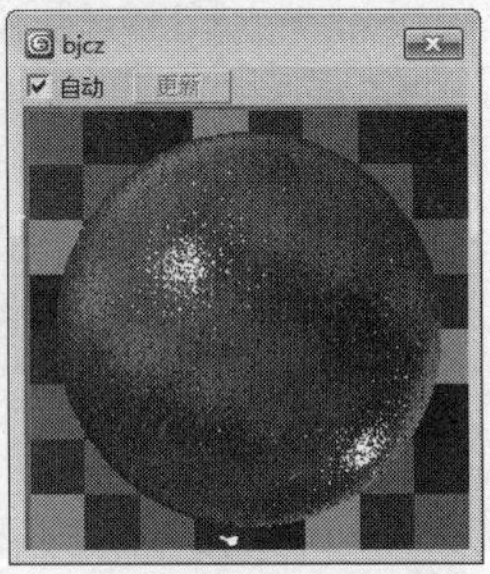

图11-160 图11-161

05 将制作好的材质指定给场景中相对应的模型，然后按F9键渲染当前场景，最终效果如图11-162所示。

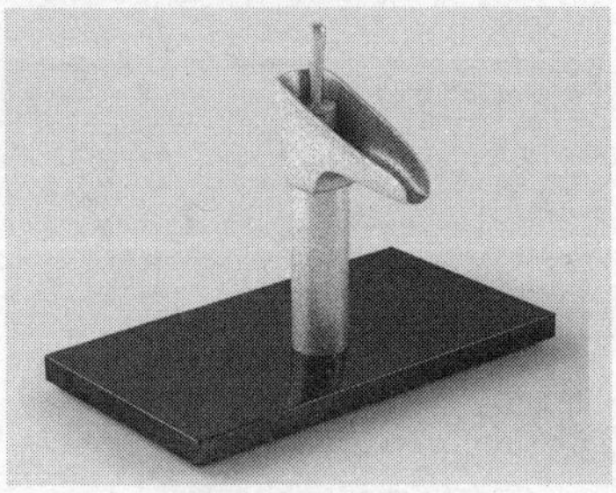

图11-162

实战195 不锈钢材质

场景位置	DVD>场景文件>CH11>实战195.max
实例位置	DVD>实例文件>CH11>实战195.max
视频位置	DVD>多媒体教学>CH11>实战195.flv
难易指数	★☆☆☆☆
技术掌握	用VRayMtl材质模拟不锈钢材质

实例介绍

不锈钢广泛用于制作各种建筑材质，同时也能制作洗手盆和水龙头等室内物具，效果如图11-163所示。

本例需要制作一个不锈钢材质，其模拟效果如图11-164所示。

图11-163 图11-164

操作步骤

01 打开光盘中的“场景文件>CH11>实战195.max”文件，如图11-165所示。

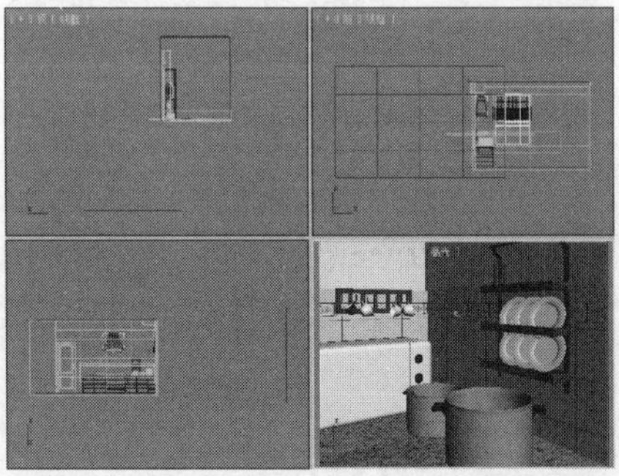

图11-165

02 选择一个空白材质球，然后设置材质类型为VRayMtl，并将其命名为bxgcz，再设置“漫反射”颜色为（红:70，绿:70，蓝:70），如图11-166所示。

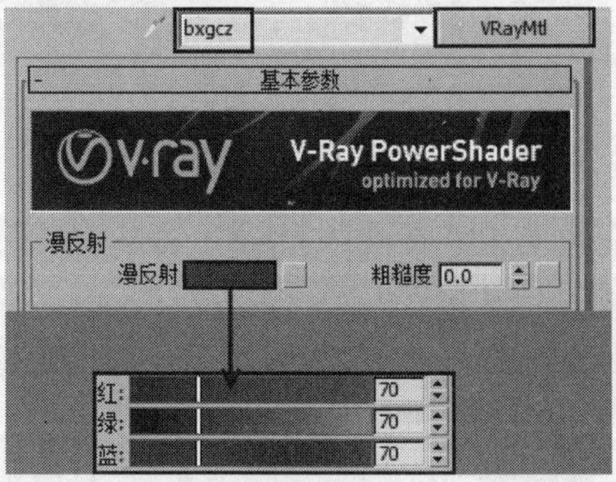

图11-166

03 设置“反射”颜色为（红:150，绿:150，蓝:150），然后设置“反射光泽度”为0.9、“细分”为20，具体参数设置如图11-167所示，制作好的材质球效果如图11-168所示。

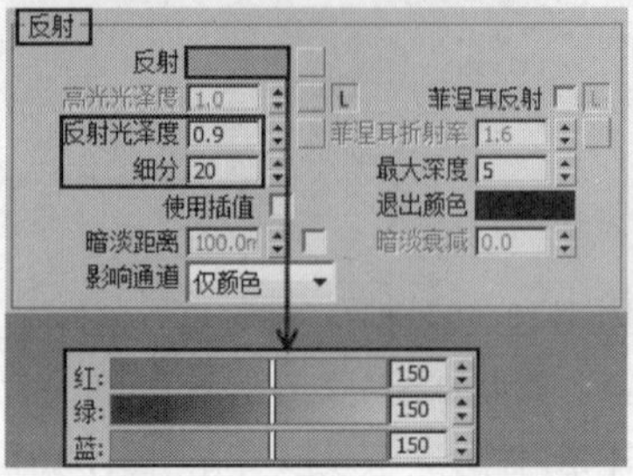

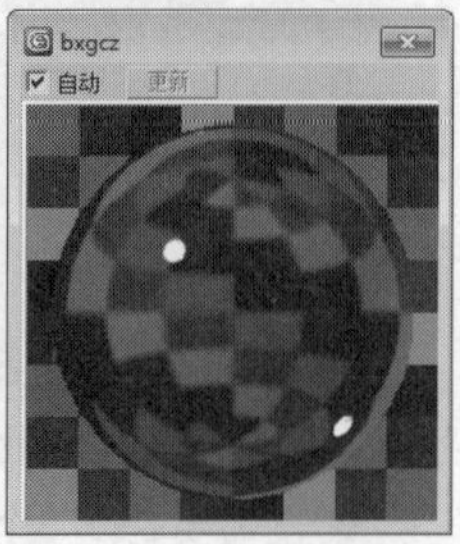

图11-167　　图11-168

04 将制作好的材质指定给场景中相对应的模型，然后按F9键渲染当前场景，最终效果如图11-169所示。

图11-169

实战196 拉丝金属材质

场景位置	DVD>场景文件>CH11>实战196.max
实例位置	DVD>实例文件>CH11>实战196.max
视频位置	DVD>多媒体教学>CH11>实战196.flv
难易指数	★☆☆☆☆
技术掌握	用VRayMtl材质模拟拉丝金属材质

实例介绍

拉丝金属相对于不锈钢（或其他表面光亮的金属）而言，主要区别在于表面有细纹，效果如图11-170所示。

本例需要制作一个拉丝金属材质，其模拟效果如图11-171所示。

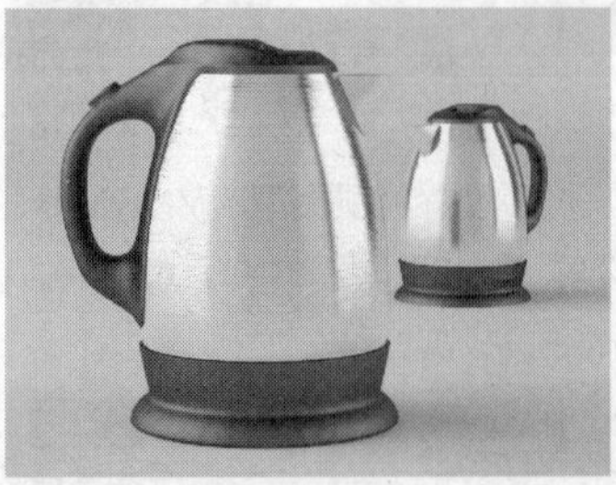

图11-170　　图11-171

操作步骤

01 打开光盘中的“场景文件>CH11>实战196.max”文件，如图11-172所示。

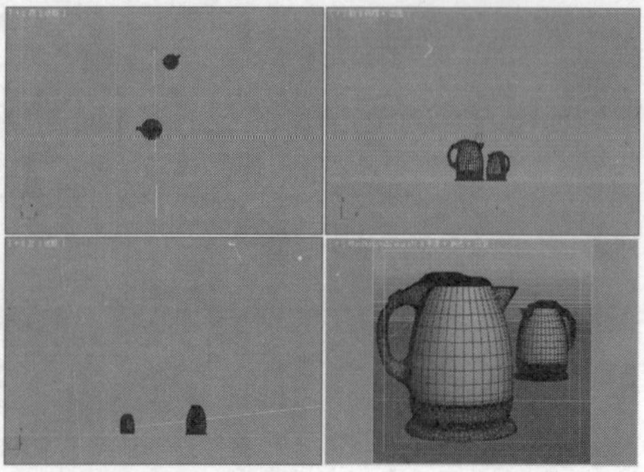

图11-172

02 选择一个空白材质球，然后设置材质类型为VRayMtl，并将其命名为lsjs，再在“漫反射”贴图通道中加载光盘中的“实例文件>CH11>实战19>e.jpg”文件，最后在“坐标”卷展栏下设置“瓷砖”的U为3，如图11-173所示。

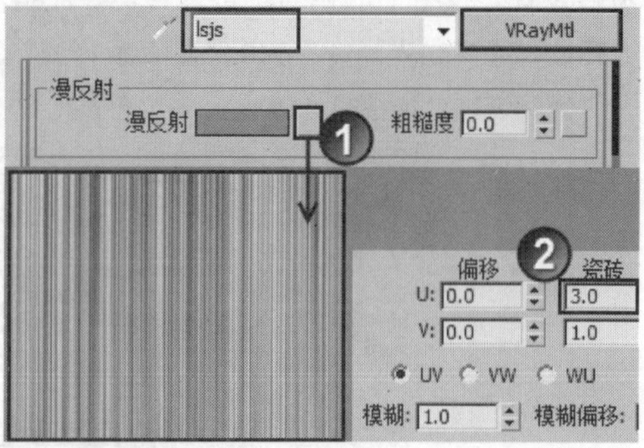

图11-173

03 设置“反射”颜色为（红:183，绿:183，蓝:183），然后设置“反射光泽度”为0.85、“细分”为20，具体参数设置如图11-174所示。

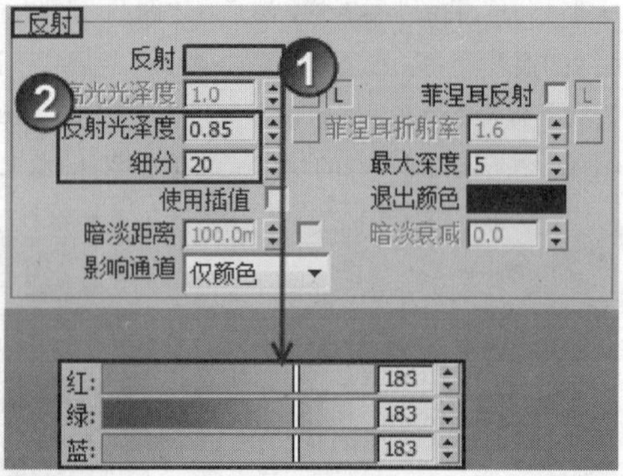

图11-174

04 展开“贴图”卷展栏，然后使用鼠标左键将“漫反射”通道中的贴图拖曳到“凹凸”通道上（在弹出的对话框中设置“方法”为“复制”），如图11-175所示，制作好的材质球效果如图11-176所示。

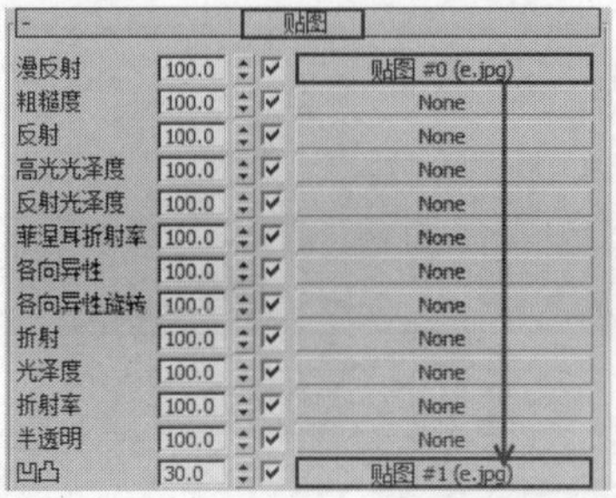

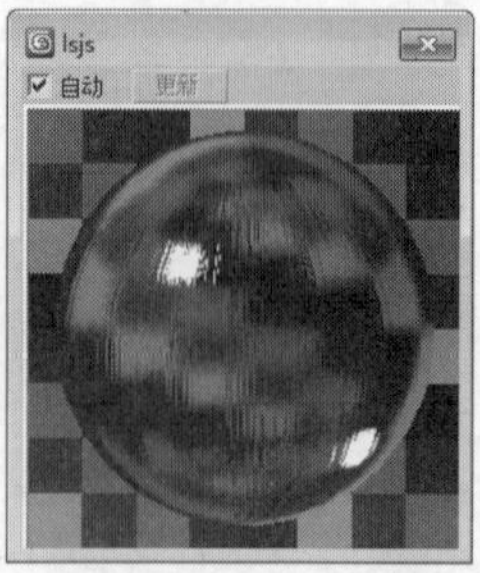

图11-175　　图11-176

05 将制作好的材质指定给场景中相对应的模型，然后按F9键渲染当前场景，最终效果如图11-177所示。

图11-177

实战197 古铜材质

场景位置	DVD>场景文件>CH11>实战197.max
实例位置	DVD>实例文件>CH11>实战197.max
视频位置	DVD>多媒体教学>CH11>实战197.flv
难易指数	★★★☆☆
技术掌握	用标准材质模拟古铜材质

实例介绍

古铜材质由钢材质经过自然老化或通过工艺加工而成，主要用于工艺品制作，其表面生锈处主要为绿色，边缘等易摩擦的区域则为金色，效果如图11-178所示。

本例需要制作一个古铜材质，其模拟效果如图11-179所示。

图11-178

图11-179

操作步骤

01 打开光盘中的“场景文件>CH11>实战197.max”文件，如图11-180所示。

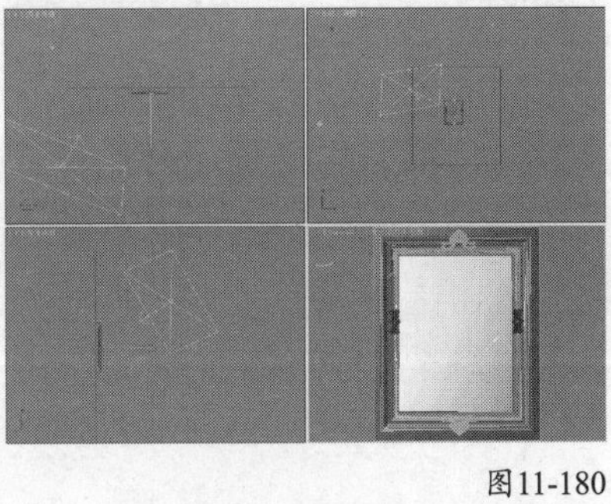

图11-180

02 选择一个空白材质球并将其命名为gtcz，然后在“漫反射”贴图通道中加载一张“衰减”程序贴图，再在“衰减参数”卷展栏下设置“前”通道的颜色强度为68、“侧”通道的颜色强度为10，并设置“前”通道的颜色为（红:32，绿:15，蓝:0）、“侧”通道的颜色为（红:236，绿:157，蓝:72），最后设置“衰减类型”为“垂直/平行”，具体参数设置如图11-181所示。

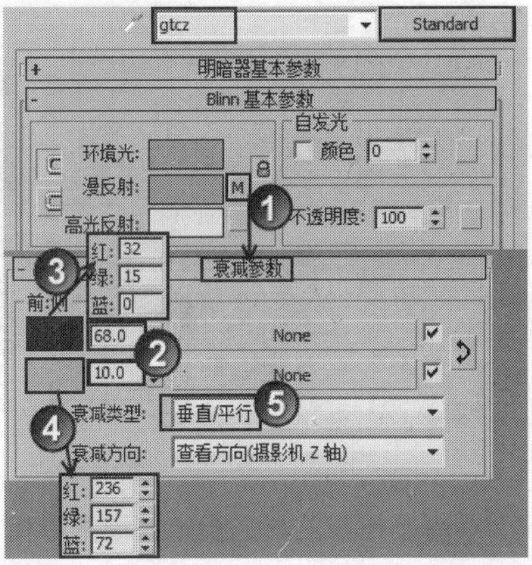

图11-181

技巧与提示

“前”通道与“侧”通道后面的数值主要用来控制两种颜色在漫反射中产生的比例，由于金色光泽相对较少，所以该数值调整得比较低。

03 在“前”贴图通道中加载一个“混合”材质，然后在“混合参数”卷展栏下设置“颜色#1”为（红:32，绿:15，蓝:0）、“颜色#2”为（红:46，绿:73，蓝:45），如图11-182所示。

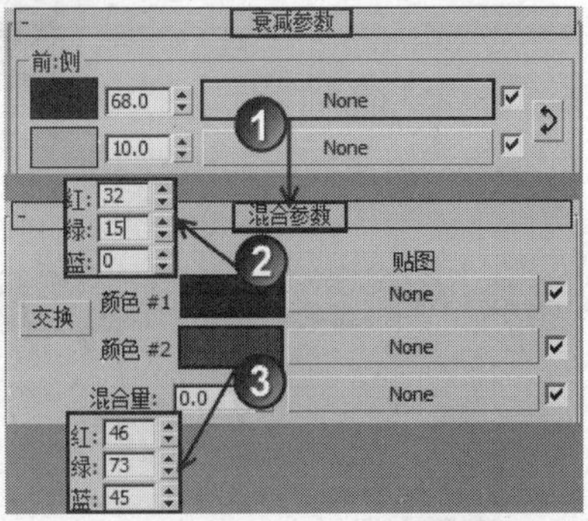

图11-182

04 返回到“标准”材质参数设置面板，然后在“高光级别”贴图通道上加载一张“斑点”程序贴图，再在“斑点参数”卷展栏下设置“大小”为1.6、“颜色#1”为（红:133，绿:133，蓝:133）、“颜色#2”为白色，具体参数设置如图11-183所示。

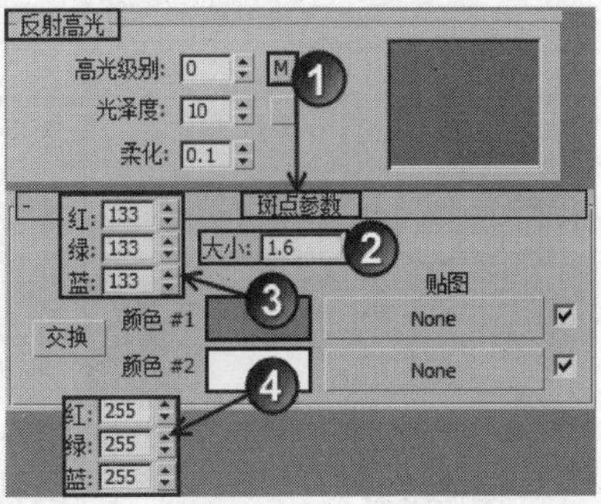

图11-183

05 展开“贴图”卷展栏，然后设置“凹凸”为35，再在“凹凸”贴图通道中加载一个“烟雾”程序贴图，最后在

"烟雾参数"卷展栏下设置"大小"为1000、"迭代次数"为10、"指数"为0.05，如图11-184所示，制作好的材质球效果如图11-185所示。

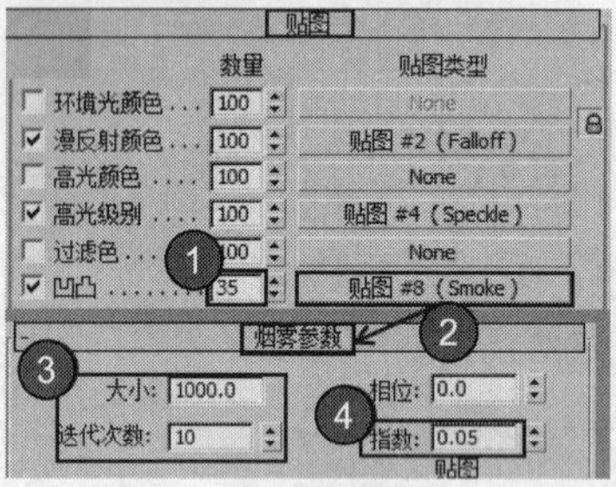

图11-184

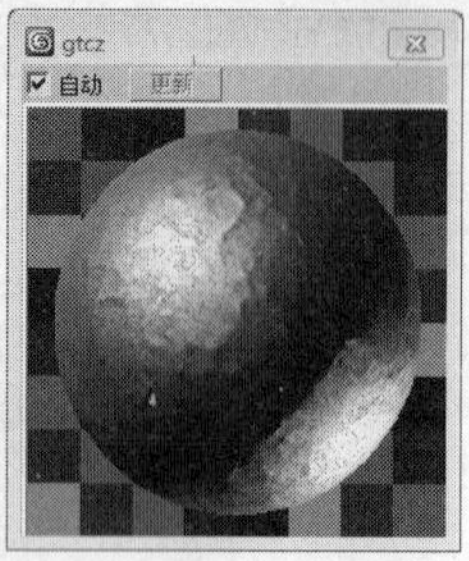

图11-185

06 将制作好的材质指定给场景中相对应的模型，然后按F9键渲染当前场景，最终效果如图11-186所示。

图11-186

实战198 镜子材质

场景位置	DVD>场景文件>CH11>实战198.max
实例位置	DVD>实例文件>CH11>实战198.max
视频位置	DVD>多媒体教学>CH11>实战198.flv
难易指数	★☆☆☆☆
技术掌握	用VRayMtl材质模拟镜子材质

实例介绍

镜子是一种表面光滑、反光能力特别强的物品，如图11-187所示。

本例需要制作一个地砖材质，其模拟效果如图11-188所示。

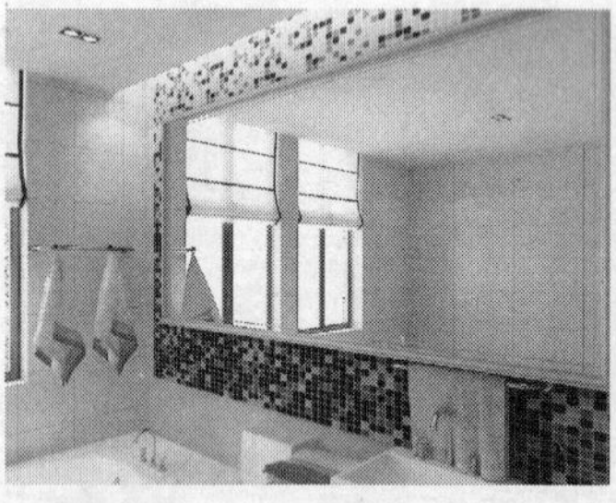

图11-187

图11-188

操作步骤

01 打开光盘中的"场景文件>CH11>实战198.max"文件，如图11-189所示。

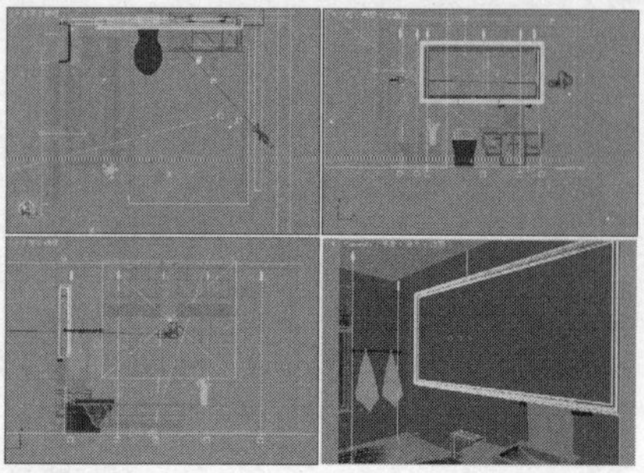

图11-189

02 选择一个空白材质球，然后设置材质类型为VRayMtl，并将其命名为jzcz，再设置"漫反射"颜色为黑色，最后设置"反射"颜色为白色，如图11-190所示，制作好的材质球效果如图11-191所示。

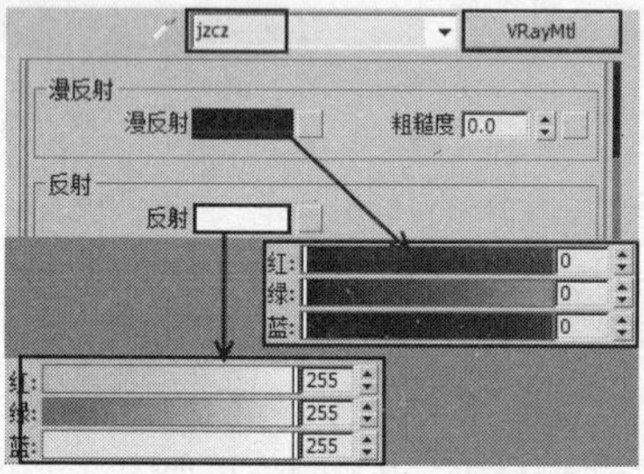

图11-190

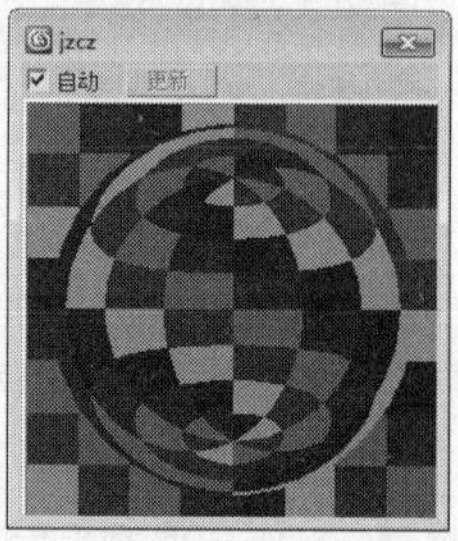

图11-191

03 将制作好的材质指定给场景中相对应的模型，然后按F9键渲染当前场景，最终效果如图11-192所示。

图11-192

实战199 清玻璃材质

场景位置	DVD>场景文件>CH11>实战199.max
实例位置	DVD>实例文件>CH11>实战199.max
视频位置	DVD>多媒体教学>CH11>实战199.flv
难易指数	★☆☆☆☆
技术掌握	用VRayMtl材质模拟清玻璃材质

实例介绍

清玻璃在生活中十分常见，主要特点是无色通透、透光性好，效果如图11-193所示。

本例需要制作一个清玻璃材质，其模拟效果如图11-194所示。

图11-193

图11-194

操作步骤

01 打开光盘中的"场景文件>CH11>实战199.max"文件，如图11-195所示。

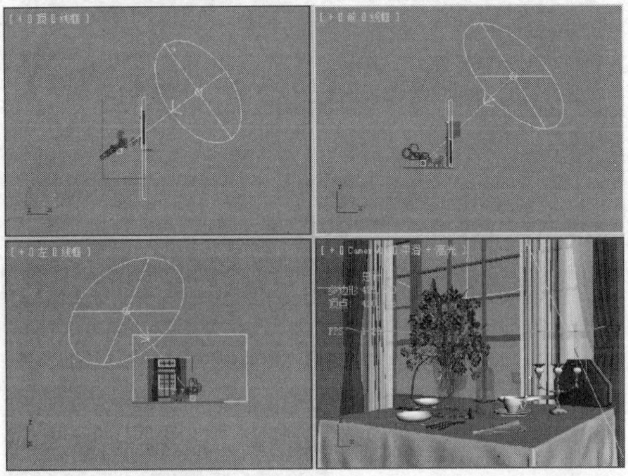

图11-195

02 选择一个空白材质球，然后设置材质类型为VRayMtl，并将其命名为qblcz，再设置"漫反射"颜色为黑色，接着在"反射"贴图通道中加载一张"衰减"程序贴图，并在"衰减参数"卷展栏下设置"衰减类型"为Fresnel，最后设置"反射光泽度"为0.93，如图11-196所示。

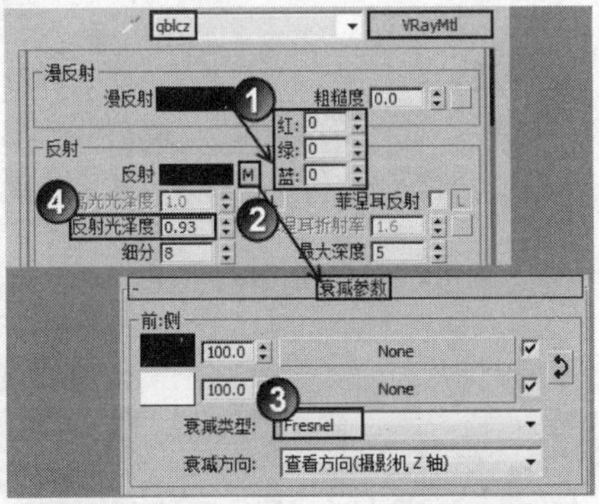

图11-196

03 设置"折射"颜色为(红:252，绿:252，蓝:252)，然后设置"折射率"为1.517、"光泽度"为0.93、"细分"为24、"烟雾倍增"为0.1，最后勾选"影响阴影"选项，如图11-197所示，制作好的材质球效果如图11-198所示。

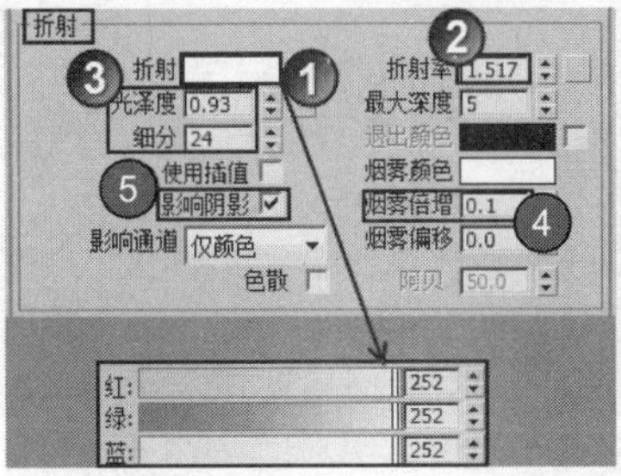

图11-197

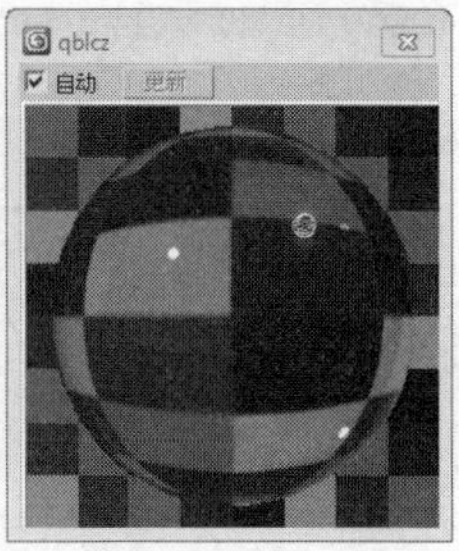

图11-198

技巧与提示

为了在渲染中使光线正确穿透玻璃并投影，一定要勾选"影响阴影"选项。此外，在制作透明材质时一定要参考材质真实的折射率，以表现出更真实的材质效果。

04 将制作好的材质指定给场景中相对应的模型，然后按F9键渲染当前场景，最终效果如图11-199所示。

图11-199

实战200 磨砂玻璃材质

场景位置	DVD>场景文件>CH11>实战200.max
实例位置	DVD>实例文件>CH11>实战200.max
视频位置	DVD>多媒体教学>CH11>实战200.flv
难易指数	★☆☆☆☆
技术掌握	用VRayMtl材质模拟磨砂玻璃材质

实例介绍

磨砂玻璃是用普通平板玻璃经过加工使表面产生均匀的毛面而制成，由于其表面粗糙，会使光线产生漫反射，并且透光而不透视，常用于空间隔断或制作光线柔和的灯具外壳，效果如图11-200所示。

本例需要制作一个磨砂玻璃材质，其模拟效果如图11-201所示。

图11-200

图11-201

操作步骤

01 打开光盘中的"场景文件>CH11>实战200.max"文件，如图11-202所示。

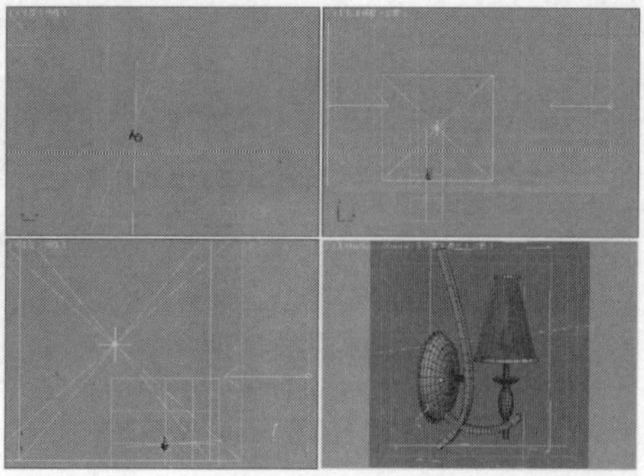

图11-202

02 选择一个空白材质球，然后设置材质类型为VRayMtl，并将其命名为msbl，再设置“漫反射”颜色为（红:240，绿:220，蓝:189），最后设置“反射”颜色为（红:149，绿:149，蓝:149）、“高光光泽度”为0.75、“反射光泽度”为0.8、“细分”为24，如图11-203所示。

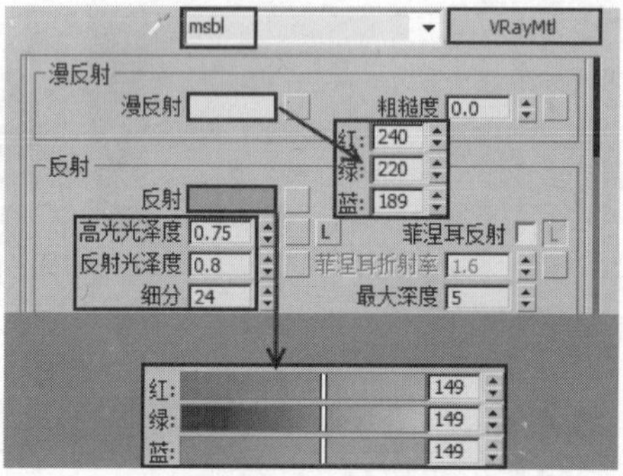

图11-203

03 设置“折射”颜色为（红:25，绿:25，蓝:25）、“光泽度”为0.95、“细分”为30，然后勾选“影响阴影”选项，如图11-204所示，制作好的材质球效果如图11-205所示。

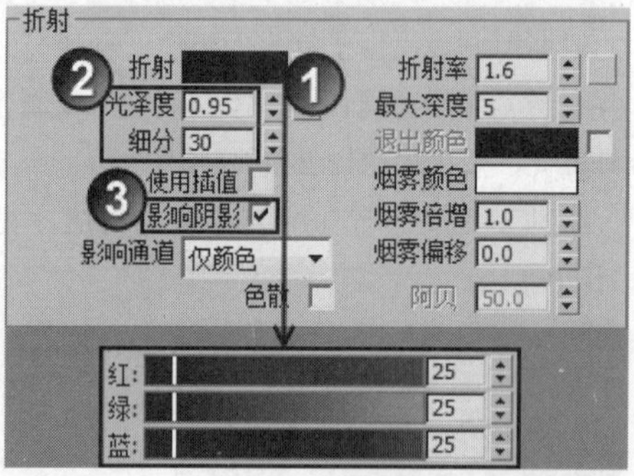

图11-204

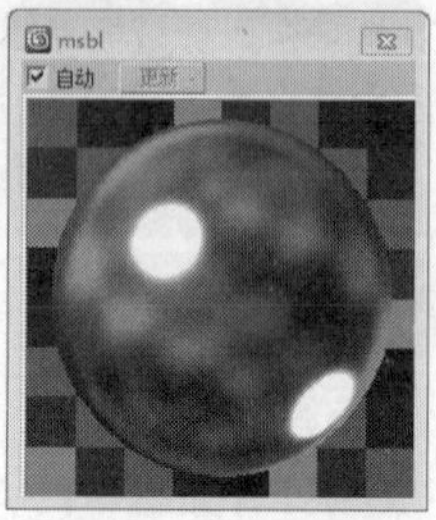

图11-205

技巧与提示

由于本例制作的是灯罩磨砂玻璃，为了加强灯光的朦胧效果，因此将“折射”颜色的数值设置得偏低，如果要提高玻璃透光性，只需要提高“折射”颜色的数值即可，如图11-206所示。

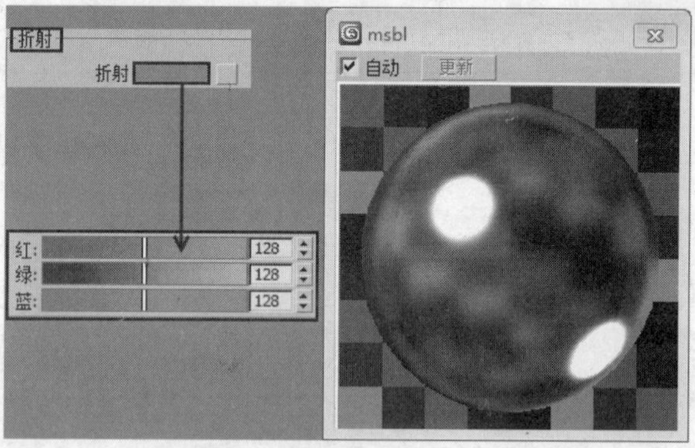

图11-206

04 将制作好的材质指定给场景中相对应的模型，然后按F9键渲染当前场景，最终效果如图11-207所示。

图11-207

实战201 清水材质

场景位置	DVD>场景文件>CH11>实战201.max
实例位置	DVD>实例文件>CH11>实战201.max
视频位置	DVD>多媒体教学>CH11>实战201.flv
难易指数	★☆☆☆☆
技术掌握	用VRayMtl材质模拟壁纸材质

实例介绍

清水是日常生活中最常见的一种物质，它是一种无色（或略带蓝色）的透明液体，效果如图11-208所示。

本例需要制作一个清水材质，其模拟效果如图11-209所示。

图11-208

图11-209

操作步骤

01 打开光盘中的“场景文件>CH11>实战201.max”文

件，如图11-210所示。

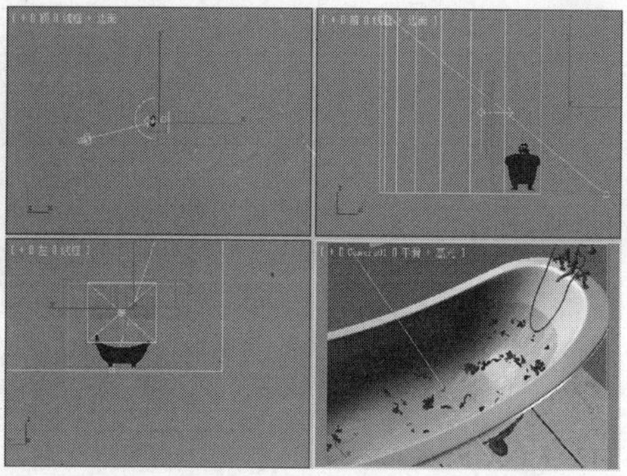

图11-210

02 选择一个空白材质球，设置材质类型为VRayMtl，并将其命名为qscz，然后设置“漫反射”颜色为黑色，再在“反射”贴图通道中加载一张“衰减”程序贴图，并在“衰减参数”卷展栏下设置“衰减类型”为“垂直/平行”，最后设置“反射光泽度”为0.93，具体参数设置如图11-211所示。

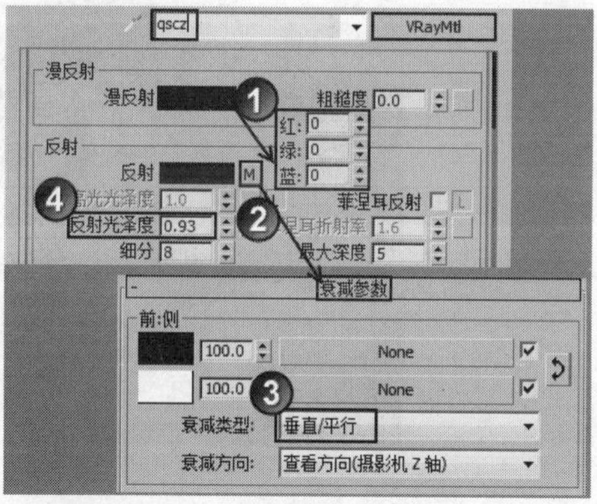

图11-211

03 设置“折射”颜色为白色，然后设置“折射率”为1.33、“光泽度”为0.93、“细分”为24，再设置“烟雾颜色”为(红:220，绿:255，蓝:251)、“烟雾倍增”为0.002，最后勾选“影响阴影”选项，具体参数设置如图11-212所示。

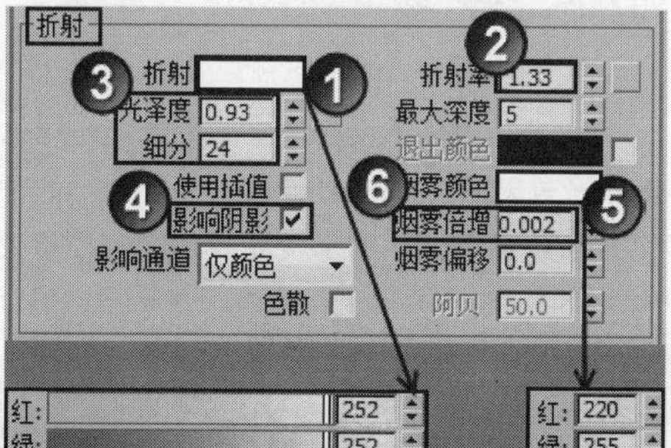

图11-212

04 展开“贴图”卷展栏，然后在“凹凸”贴图通道中加载一张“噪波”程序贴图，再在“噪波参数”卷展栏下设置“噪波类型”为“分形”、“大小”为20，具体参数设置如图11-213所示，制作好的材质球效果如图11-214所示。

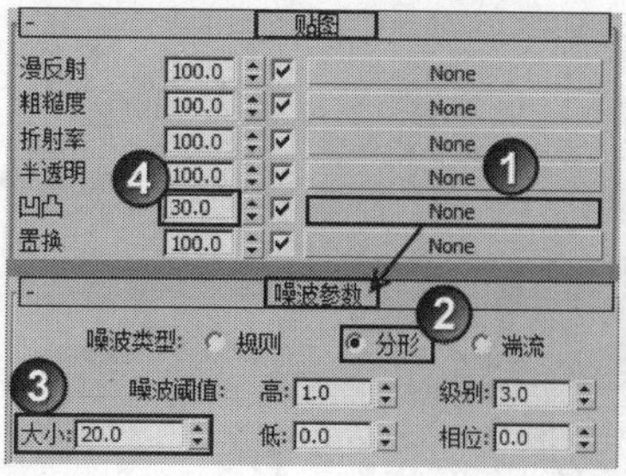

图11-213　　图11-214

05 将制作好的材质指定给场景中相对应的模型，然后按F9键渲染当前场景，最终效果如图11-215所示。

图11-215

实战202 有色饮料材质

场景位置	DVD>场景文件>CH11>实战202.max
实例位置	DVD>实例文件>CH11>实战202.max
视频位置	DVD>多媒体教学>CH11>实战202.flv
难易指数	★☆☆☆☆
技术掌握	用VRayMtl材质模拟有色饮料材质

实例介绍

有色饮料（包括酒水）是由水与其他成分（如果汁或酒精）共同组成，因此它除了具有水的一些特性外，还有各式各样的颜色，效果如图11-216所示。

本例需要制作一个有色饮料材质，其模拟效果如图11-217所示。

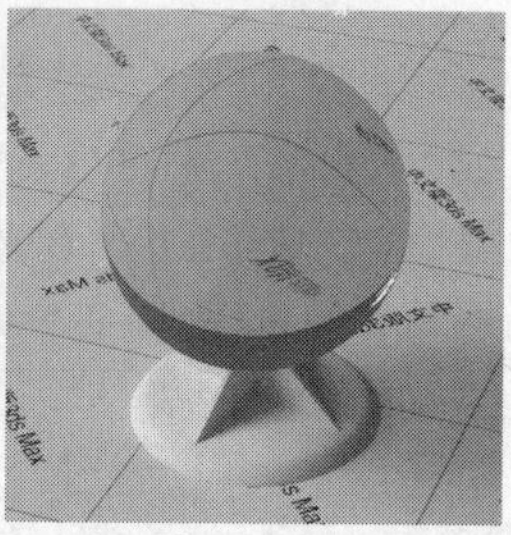

图11-216　　图11-217

操作步骤

01 打开光盘中的“场景文件>CH11>实战202.max”文件，如图11-218所示。

02 选择一个空白材质球，然后设置材质类型为VRayMtl，并将其命名为ylcz，再设置“漫反射”颜色为(红:255，绿:114，蓝:0)，如图11-219所示。

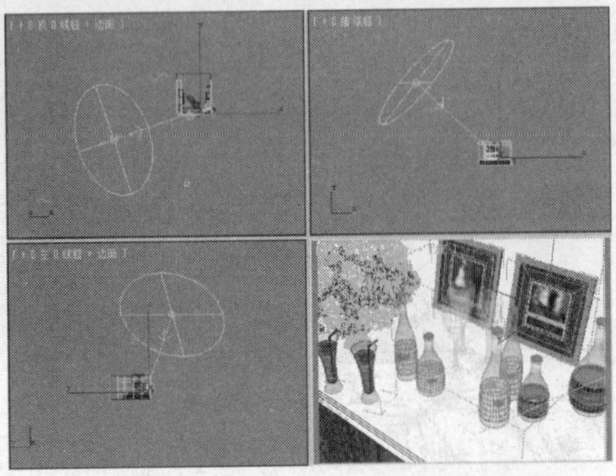

图11-218

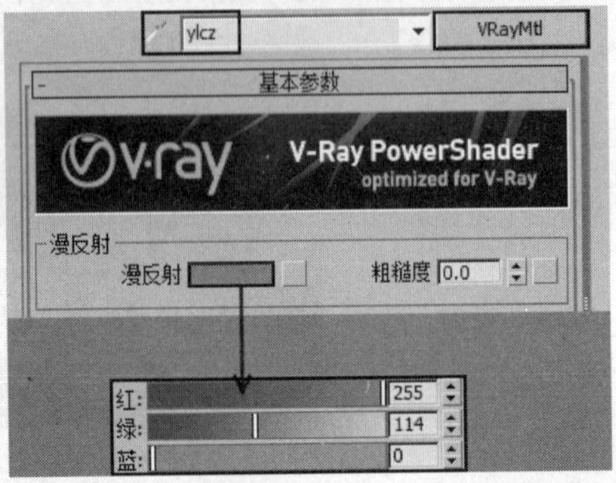

图11-219

03 设置“反射”颜色为（红:18，绿:18，蓝:18），然后勾选“菲涅耳反射”选项，如图11-220所示。

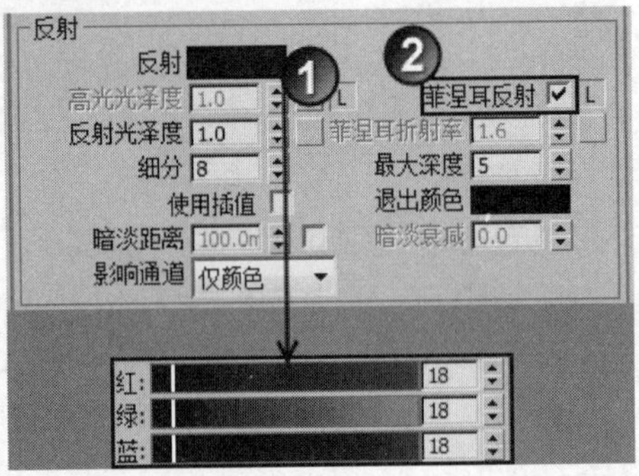

图11-220

04 设置“折射”颜色为（红:198，绿:198，蓝:198），然后设置“折射率”为1.333，再设置“烟雾颜色”为（红:255，绿:214，蓝:161）、“烟雾倍增”为0.02，最后勾选“影响阴影”选项，具体参数设置如图11-221所示，制作好的材质球效果如图11-222所示。

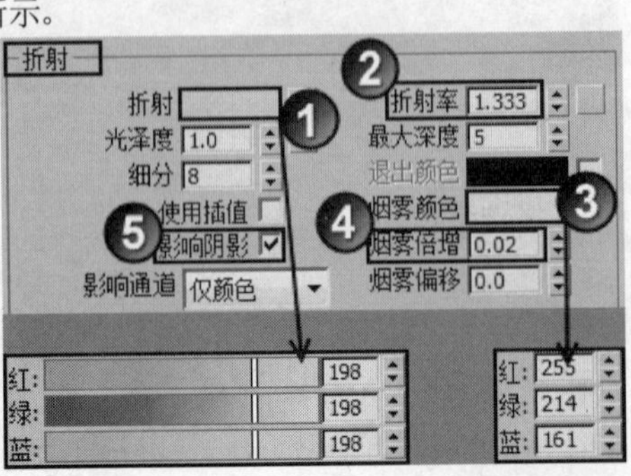

图11-221

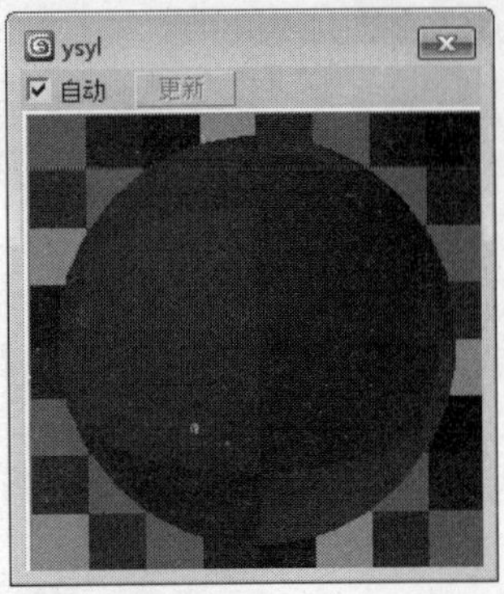

图11-222

技巧与提示

在制作有色液体或有色玻璃时，主要是通过“雾效颜色”选项来表现对应的色彩，色彩浓度可以通过“雾效倍增”选项来调整，数值越大，色彩越浓，但透光性越差。

05 将制作好的材质指定给场景中相对应的模型，然后按F9键渲染当前场景，最终效果如图11-223所示。

图11-223

实战203 荧光材质

场景位置	DVD>场景文件>CH11>实战203.max
实例位置	DVD>实例文件>CH11>实战203.max
视频位置	DVD>多媒体教学>CH11>实战203.flv
难易指数	★★☆☆☆
技术掌握	用标准材质模拟荧光材质

实例介绍

荧光是由化学反应产生的冷光，光线色彩明艳但比较柔和，效果如图11-224所示。

本例需要制作一个荧光材质，其模拟效果如图11-225所示。

图11-224

图11-225

操作步骤

01 打开光盘中的“场景文件>CH11>实战203.max”文件，如图11-226所示。

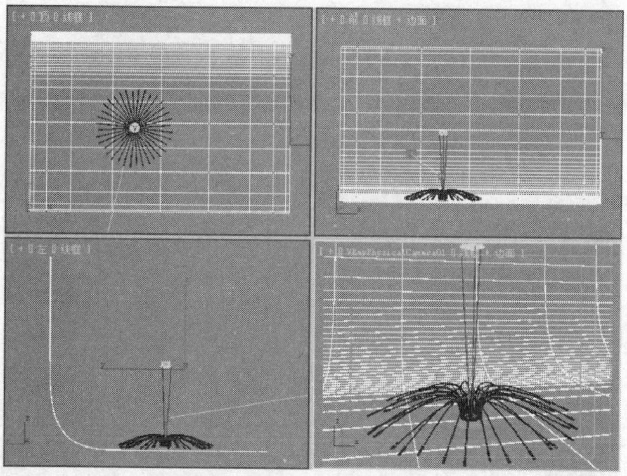

图11-226

02 选择一个空白材质球，然后将其命名为zfgcz，再设置“漫反射”颜色为（红:65，绿:138，蓝:228），如图11-227所示。

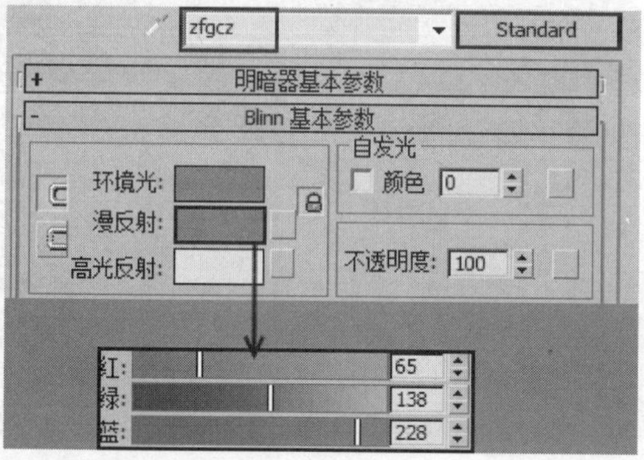

图11-227

03 展开“Blinn基本参数”卷展栏，然后在“自发光”选项组下勾选“颜色”选项，再设置颜色为（红:183，绿:209，蓝:248），如图11-228所示。

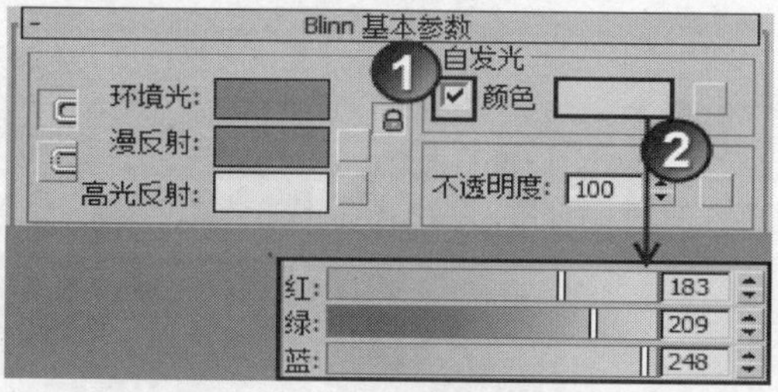

图11-228

04 在“不透明度”贴图通道中加载一张“衰减”程序贴图，然后在“衰减参数”卷展栏下设置“衰减类型”为“垂直/平行”，如图11-229所示，制作好的材质球效果如图11-230所示。

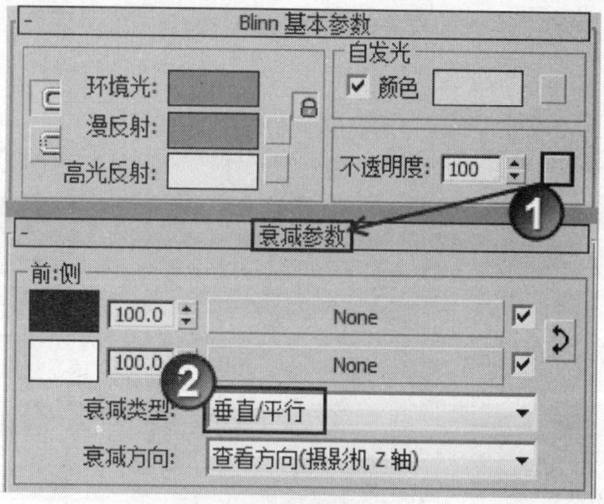

图11-299

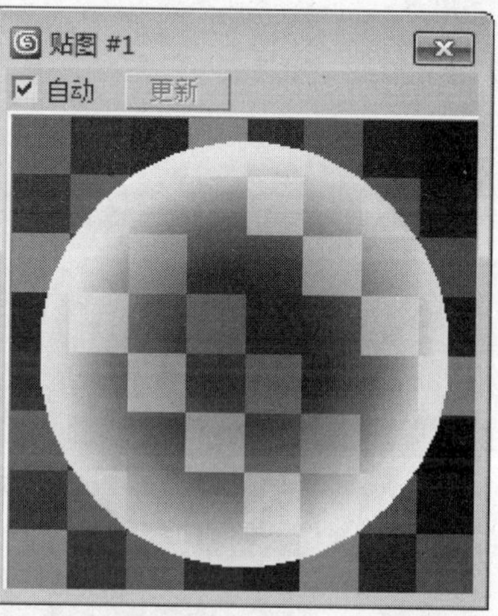

图11-230

05 将制作好的材质指定给场景中相对应的模型，然后按F9键测试渲染当前场景，效果如图11-231所示。

图11-231

06 为了产生柔和的荧光效果，按8键打开“环境和效果”对话框，然后单击“效果”选项卡，在“效果”卷展栏下添加一个“模糊”效果，如图11-232所示。

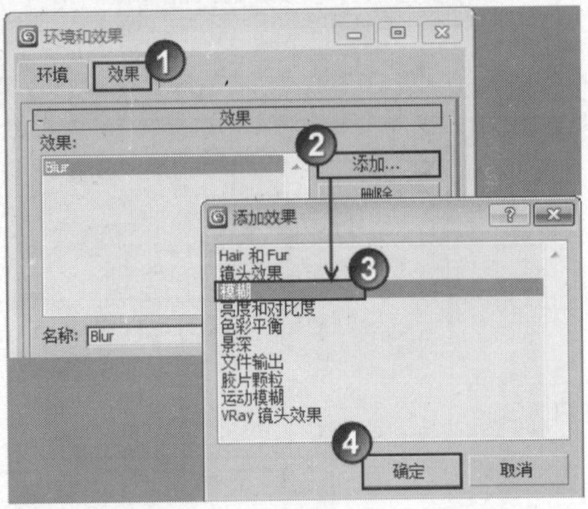

图11-232

07 按F9键渲染当前场景，最终效果如图11-233所示。

图11-233

实战204 叶片及草地材质

场景位置	DVD>场景文件>CH11>实战204.max
实例位置	DVD>实例文件>CH11>实战204.max
视频位置	DVD>多媒体教学>CH11>实战204.flv
难易指数	★★☆☆☆
技术掌握	用VRayMtl材质模拟叶片和草地材质

实例介绍

绿叶与草地在现实生活中非常常见，在春、夏季以绿色为主，在秋季以黄色为主，效果如图11-234所示。

图11-234

本例需要制作两个材质，分别是叶片材质和草地材质，其模拟效果如图11-235和图11-236所示。

图11-235

图11-236

操作步骤

01 打开光盘中的“场景文件>CH11>实战204.max”文件，如图11-237所示。

图11-237

02 下面制作叶片材质。选择一个空白材质球，然后设置材质类型为VRayMtl，并将其命名为sycz，再在“漫反射”贴图通道中加载光盘中的“实例文件>CH11>实战204>叶子.jpg”文件，如图11-238所示。

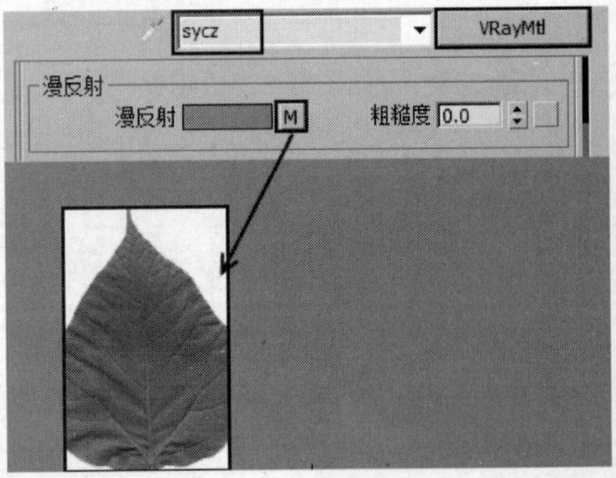

图11-238

03 设置“反射”颜色为（红:8，绿:8，蓝:8），然后设置“反射光泽度”为0.78，如图11-239所示，制作好的材质球效果如图11-240所示。

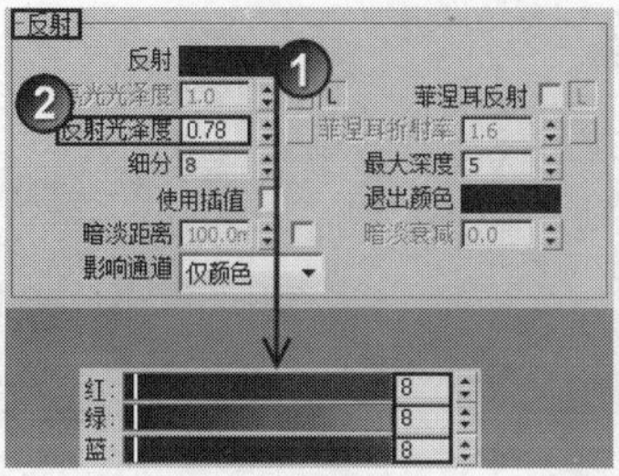

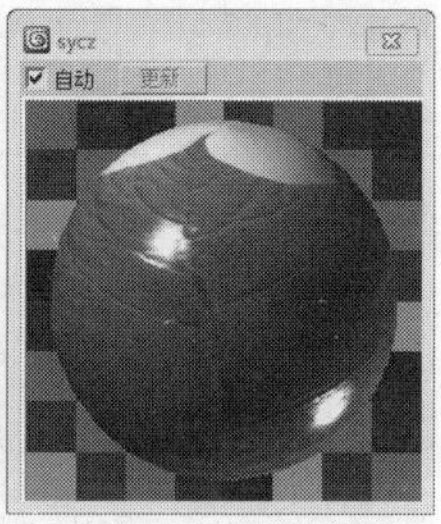

图11-239　　　图11-240

04 下面制作草地材质。选择一个空白材质球，设置材质类型为VRayMtl，并将其命名为cdcz，然后在“漫反射”贴图通道中加载光盘中的“实例文件>CH11>实战204>草地.jpg”文件，再在“坐标”卷展栏下设置“模糊”为0.01、“瓷砖”U和V为5，如图11-241所示，制作好的材质球效果如图11-242所示。

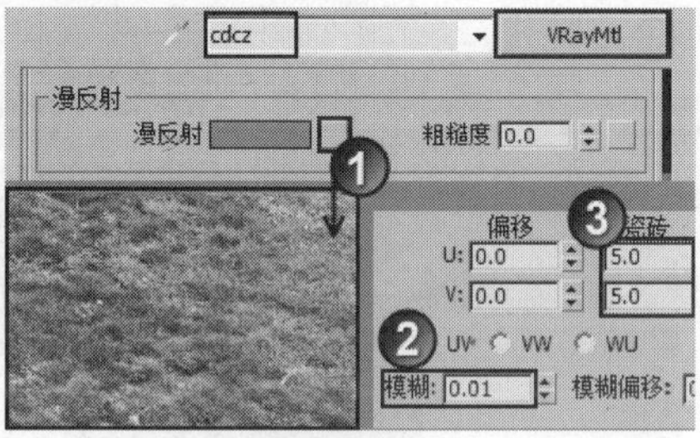

图11-241

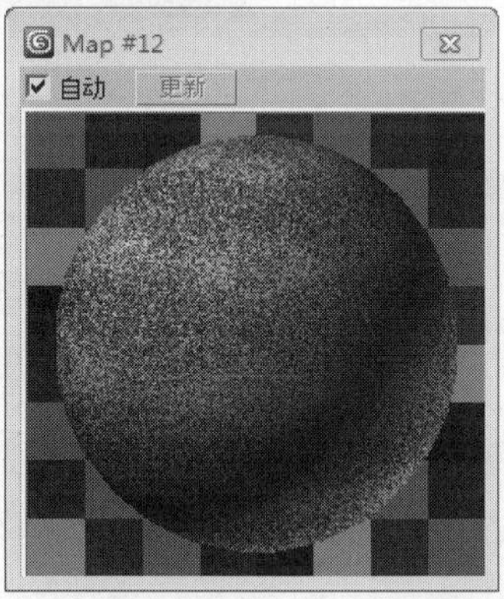

图11-242

05 将制作好的材质指定给场景中相对应的模型，然后按F9键渲染当前场景，效果如图11-243所示。可以观察到草地表面缺少真实的凹凸细节，下面通过凹凸贴图之外的方法来制作真实的草地细节。

06 选择草地模型，为其加载一个“VRay置换模式”修改器，然后在“参数”卷展栏下设置“类型”为“3D贴图”，再将“位图参数”卷展栏下的“草地.jpg”文件拖曳到“纹理贴图”通道上，最后设置“数量”为7cm，如图11-244所示。

图11-243

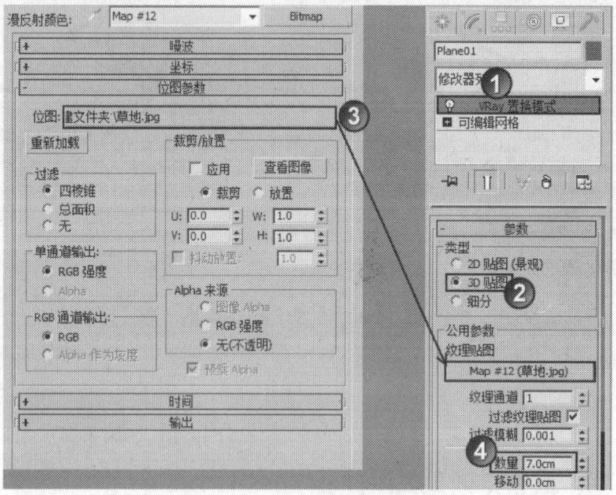

图11-244

07 将制作好的材质指定给场景中相对应的模型，然后按F9键渲染当前场景，最终效果如图11-245所示。

图11-245

技术专题 32 置换和凹凸的区别

在3ds Max中制作凹凸不平的材质时，可以用“凹凸”贴图通道和“置换”贴图通道两种方法来完成，这两个方法各有利弊。凹凸贴图渲染速度快，但渲染质量不高，适合于对渲染质量要求比较低或测试时使用；置换贴图会产生很多三角面，因此渲染质量很高，但渲染速度非常慢，适合于对渲染质量要求比较高且计算机配置较好的用户。

实战205 公路材质

场景位置	DVD>场景文件>CH11>实战205.max
实例位置	DVD>实例文件>CH11>实战205.max
视频位置	DVD>多媒体教学>CH11>实战205.flv
难易指数	★★☆☆☆
技术掌握	用标准材质模拟公路材质；用VRayMtl材质模拟路基材质

实例介绍

公路材质主要分中心的公路与两侧的路基，效果如图11-246所示。

图11-246

本例需要制作两个材质，分别是公路材质和路基材质，其模拟效果如图11-247和图11-248所示。

图11-247

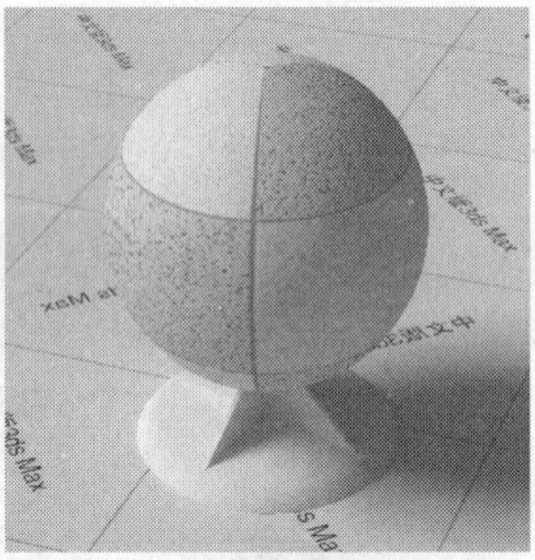

图11-248

操作步骤

01 打开光盘中的“场景文件>CH11>实战205.max”文件，如图11-249所示。

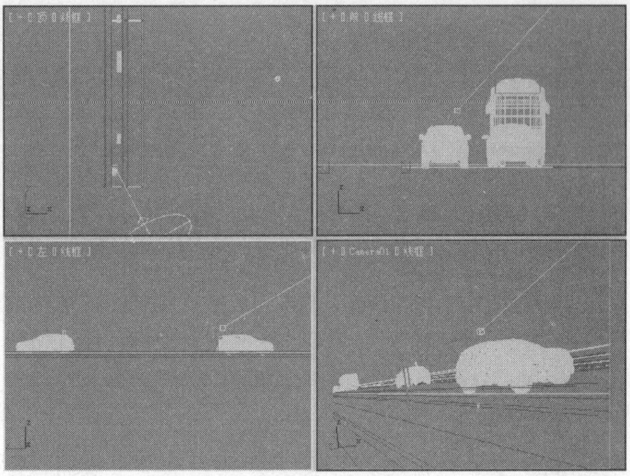

图11-249

02 下面制作公路材质。选择一个空白材质球，并将其命名为glcz，然后在“漫反射”贴图通道中加载光盘中的“实例文件>CH11>实战205>公路.jpg”文件，再在“坐标”卷展栏下设置“平铺”的U为3，最后设置“模糊”为0.01，具体参数设置如图11-250所示。

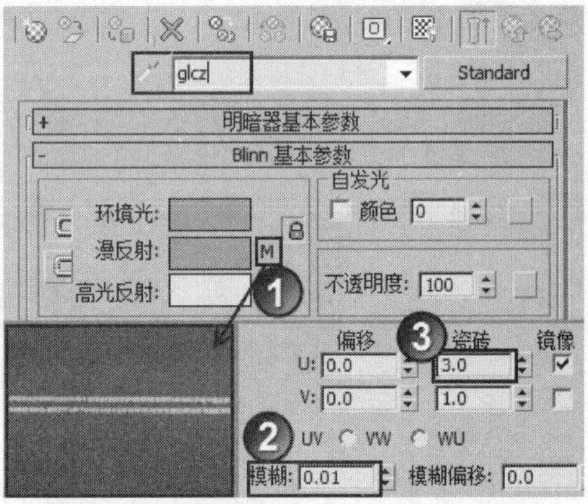

图11-250

03 展开“贴图”卷展栏，然后使用鼠标左键将“漫反射”通道中的贴图拖曳到“凹凸”贴图通道上，如图11-251所示，制作好的材质球效果如图11-252所示。

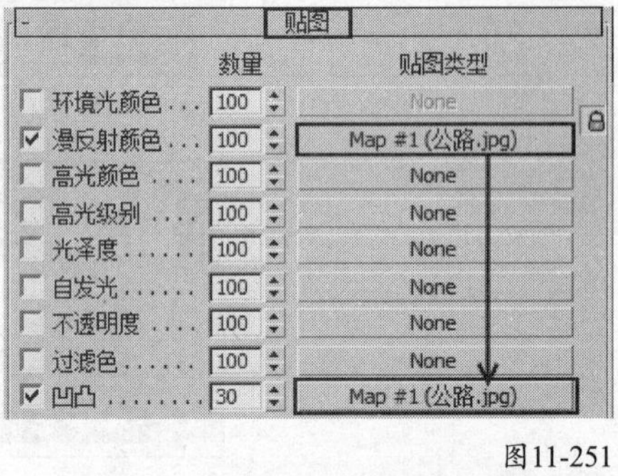

图11-251

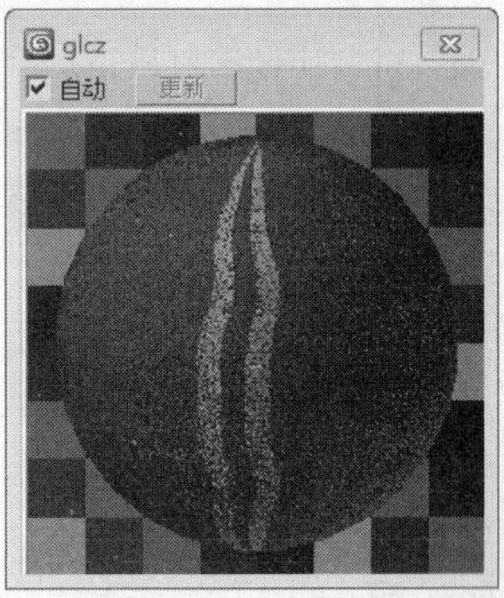

图11-252

04 下面制作路基材质（地面材质）。选择一个空白材质球，并将其命名为dmcz，然后设置材质类型为VRayMtl，再在“漫反射”贴图通道中加载光盘中的“实例文件>CH11>实战205>地面砖.jpg”文件，最后在“坐标”卷展栏下设置“模糊”为0.01，如图11-253所示。

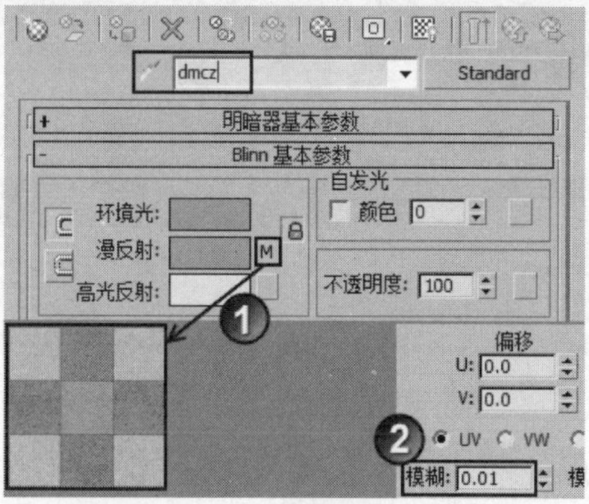

图11-253

05 展开“贴图”卷展栏，然后使用鼠标左键将“漫反射”通道中的贴图拖曳到“凹凸”贴图通道上，再设置“凹凸”为50，如图11-254所示，制作好的材质球效果如图11-255所示。

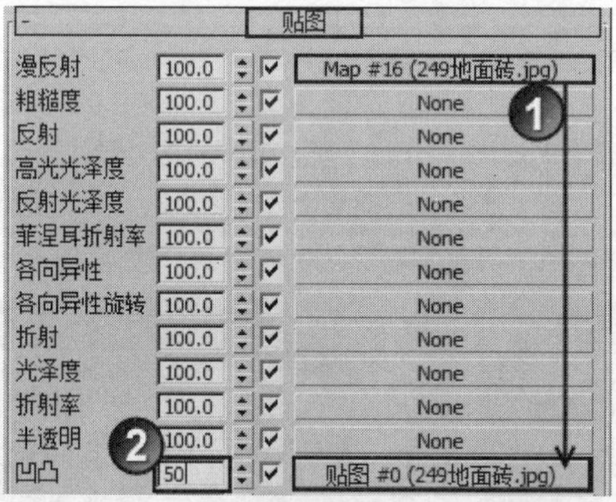

图11-254

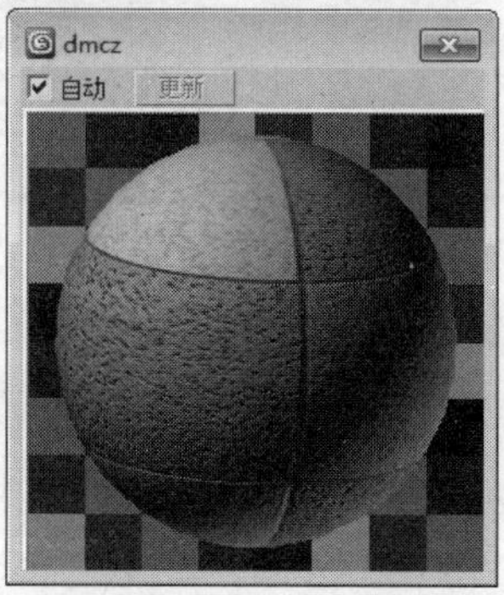

图11-255

06 将制作好的材质指定给场景中相对应的模型，然后按F9键渲染当前场景，最终效果如图11-256所示。

图11-256

第12章
VRay渲染器快速入门

本章学习要点：

VRay渲染的一般流程

VRay渲染器常用参数的用法

渲染元素、多角度渲染等常用渲染技巧

实战206 VRay渲染的一般流程

场景位置	DVD>场景文件>CH12>实战206.max
实例位置	DVD>实例文件>CH12>实战206.max
视频位置	DVD>多媒体教学>CH12>实战206.flv
难易指数	★★★☆☆
技术掌握	用VRay渲染器渲染场景的流程

实例介绍

在一般情况下，VRay渲染的一般流程主要包含以下4个步骤。

第1步：创建好摄影机以确定要表现的内容。

第2步：制作场景中的材质。

第3步：设置测试渲染参数，然后逐步布置好场景中的灯光，并通过测试渲染确定效果。

第4步：设置最终渲染参数，然后渲染最终成品图。

本例将通过一个书房空间来详细介绍VRay渲染的一般流程，效果如图12-1所示。

操作步骤

01 下面创建场景中的摄影机。打开光盘中的“场景文件>CH12>实战206.max”文件，如图12-2所示。可以观察到场景的框架十分简单，有高细节的书架与椅子等模型，接下来创建一台摄影机来确定要表现的主体。

图12-1

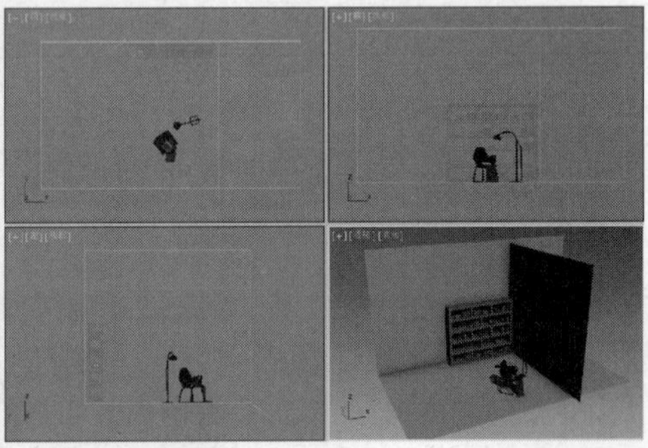

图12-2

技巧与提示

VRay渲染器是保加利亚的Chaos Group公司开发的一款高质量渲染引擎，主要以插件的形式应用在3ds Max、Maya、SketchUp等软件中。由于VRay渲染器可以真实地模拟现实光照，并且操作简单，可控性也很强，因此被广泛应用于建筑表现、工业设计和动画制作等领域。

VRay的渲染速度与渲染质量比较均衡，也就是说在保证较高渲染质量的前提下也具有较快的渲染速度，所以它是目前效果图制作领域最为流行的渲染器。图12-3和图12-4所示是一些比较优秀的效果图作品。

图12-3

图12-4

02 设置“摄影机”类型为VRay，然后在场景的顶视图中创建一台VRay物理相机，再在左视图中调整好高度，如图12-5所示。

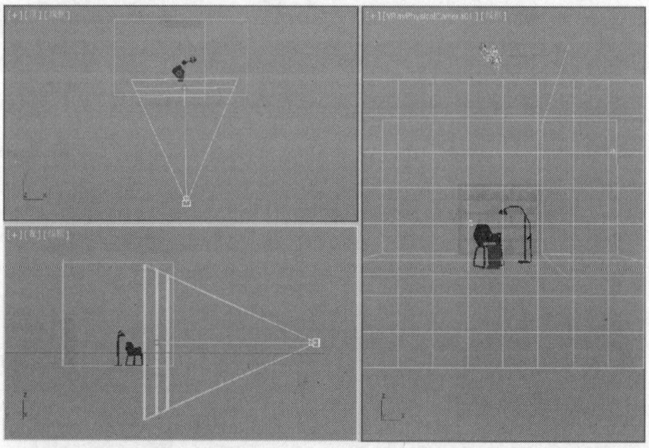

图12-5

技巧与提示

在创建摄影机时，通常要将视口调整为三视口，其中顶视图用于观察摄影机的位置，左（前）视图用于观察高度，而另外一个视口则用于实时观察。

03 由于摄影机视图内模型的显示过小，因此选择创建好的VRay物理相机，然后在“基本参数”卷展栏下设置“焦距”为120，如图12-6所示。

04 在摄影机视图按Shift+F组合键打开渲染安全框，效果如图12-7所示。可以观察到模型的显示大小比较合适，但视图的长宽比例并不理想，当前所表现的空间感比较压抑。

图12-6

图12-7

05 按F10键打开“渲染设置”对话框，然后单击“公用”选项卡，再在“公用参数”卷展栏下设置“宽度”为405、“高度”为450，如图12-8所示。经过调整后，摄影机视图的显示效果就很正常了，如图12-9所示。至此，本场景的摄影机创建完毕，接下来开始设置场景中的材质。

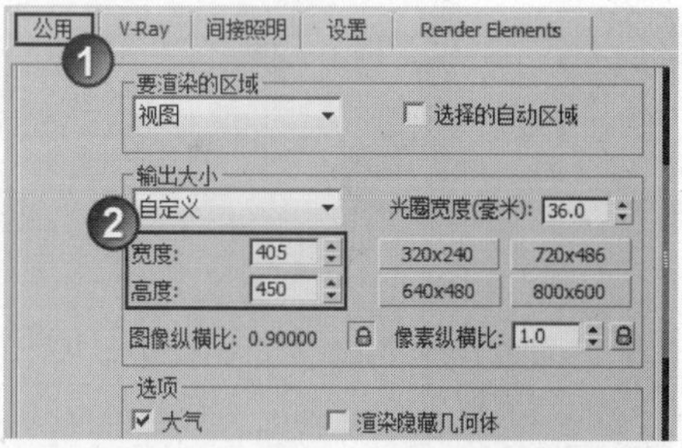

图12-8

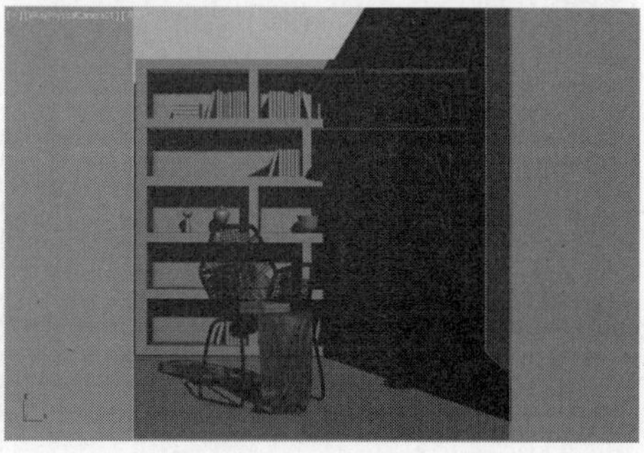

图12-9

06 下面制作墙面的白色涂料材质。选择一个空白材质球，然后设置材质类型为VRayMtl，并将其命名为qmcz，再设置“漫反射”为白色，如图12-10所示，制作好的材质球效果如图12-11所示。

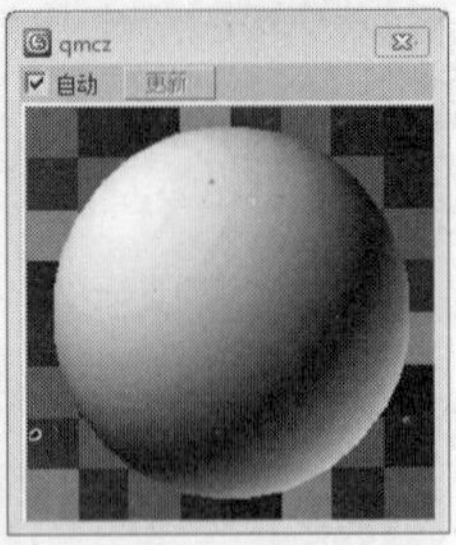

图12-10　　图12-11

技巧与提示

本例的场景对象材质主要包括地毯材质、绸缎材质、木纹材质、书本材质和金属材质，如图12-12所示。

图12-12

07 下面制作地毯布纹材质。选择一个空白材质球，然后设置材质类型为VRayMtl，并将其命名为dtbw，再在“漫反射”贴图通道中加载光盘中的“实例文件>CH12>实战206>地毯.jpg”文件，如图12-13所示。

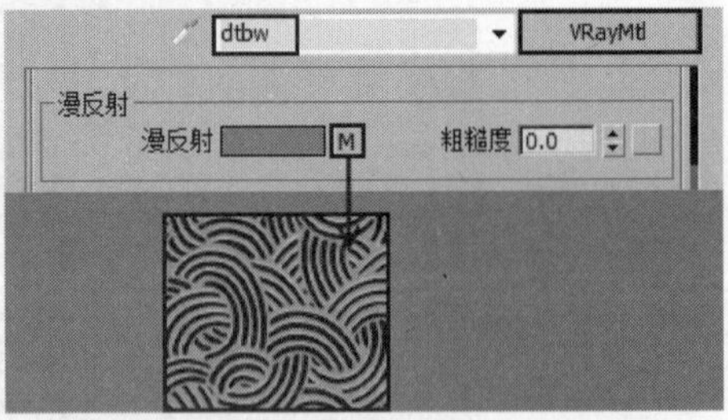

图12-13

08 展开“贴图”卷展栏，然后使用鼠标左键将“漫反射”通道中的贴图拖曳到“凹凸”贴图通道上，再设置“凹凸”为300，如图12-14所示，制作好的材质球效果如图12-15所示。

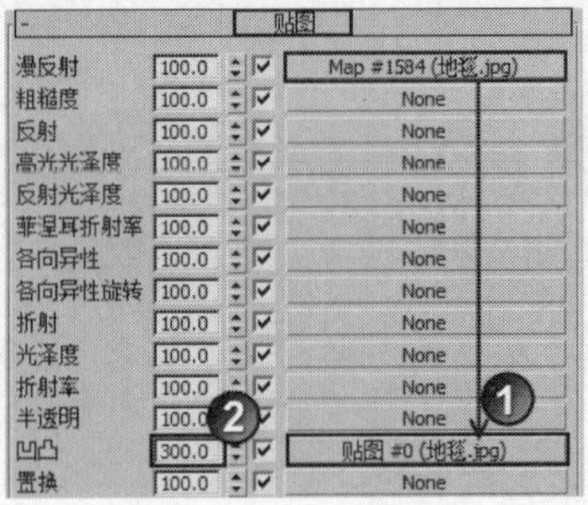

图12-14　　图12-15

09 下面制作书架木纹材质。选择一个空白材质球，然后设置材质类型为VRayMtl，并将其命名为sjmw，再在“漫反射”贴图通道中加载光盘中的“实例文件>CH12>实战206>木纹.jpg”文件，最后在“坐标”卷展栏下设置“模糊”为0.01、“瓷砖”的U和V为2，如图12-16所示。

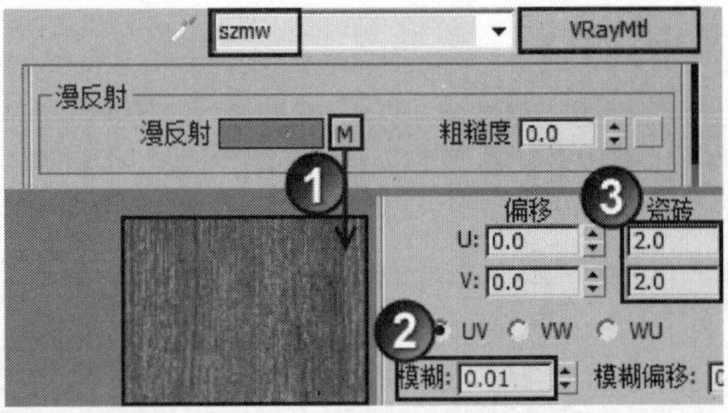

图12-16

10 设置“反射”颜色为（红:69，绿:69，蓝:69），然后勾选“菲涅耳反射”选项，再设置“高光光泽度”为0.9、“反射光泽度”为0.95，如图12-17所示，制作好的材质球效果如图12-18所示。

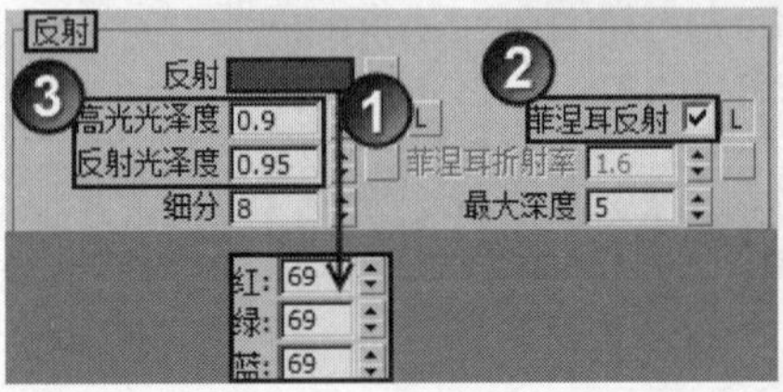

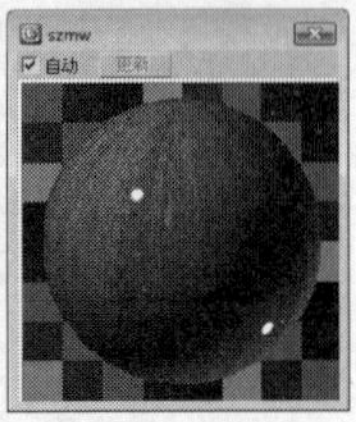

图12-17　　图12-18

11 下面制作书本材质。选择一个空白材质球，然后设置材质类型为VRayMtl，并将其命名为sjcz，再在“漫反射”贴图通道中加载光盘中的“实例文件>CH12>实战206>书01.jpg”文件，如图12-19所示，制作好的材质球效果如图12-20所示。

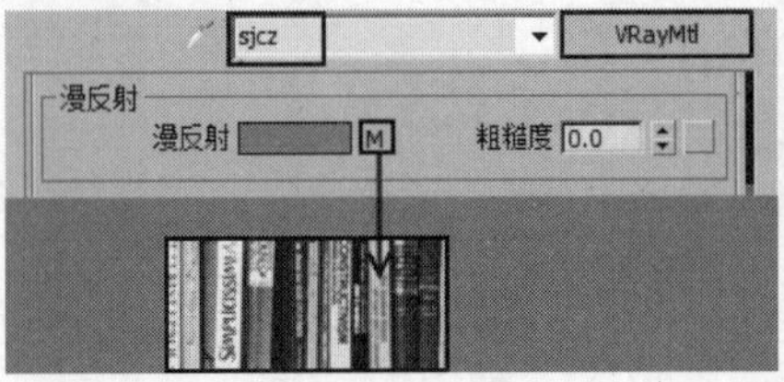

图12-19　　图12-20

12 由于加载的贴图为多本书的书脊，为了表现理想的效果，需要为书本模型加载一个“UVW贴图”修改器，然后对相应的参数进行调节，如图12-21所示。

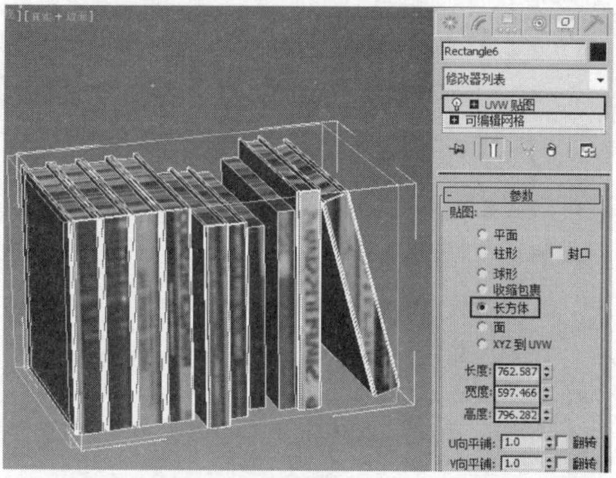

图12-21

13 下面制作绸缎材质。选择一个空白材质球，然后设置材质类型为VRayMtl，并将其命名为cdcz，再在“漫反射”贴图通道中加载光盘中的“实例文件>CH12>实战206>绸缎.jpg”文件，如图12-22所示。

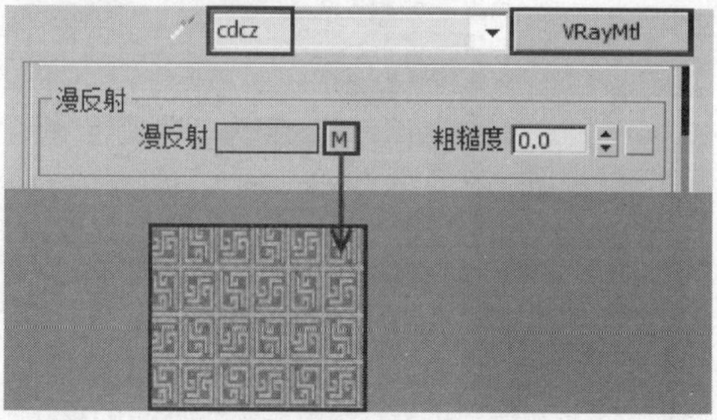

图12-22

14 设置“反射”颜色为（红:59，绿:44，蓝:20），然后设置“高光光泽度”为0.6、“反射光泽度”为0.8，如图12-23所示，制作好的材质球效果如图12-24所示。

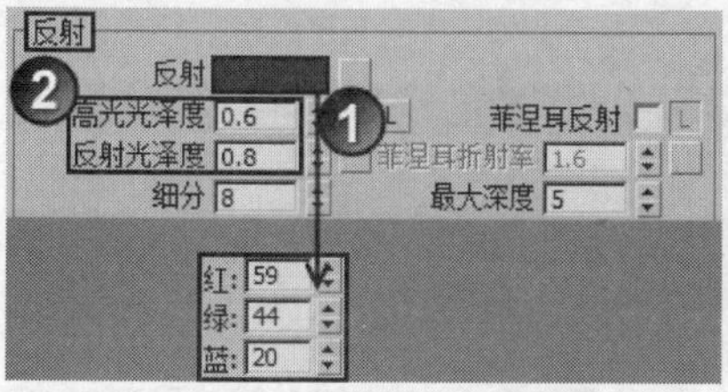

图12-23 图12-24

15 下面制作金属材质。选择一个空白材质球，然后设置材质类型为VRayMtl，并将其命名为yzjs，再设置“反射”颜色为（红:165，绿:162，蓝:133），最后设置“高光光泽度”为0.85、“反射光泽度”为0.8，具体参数设置如图12-25所示，制作好的材质球效果如图12-26所示。

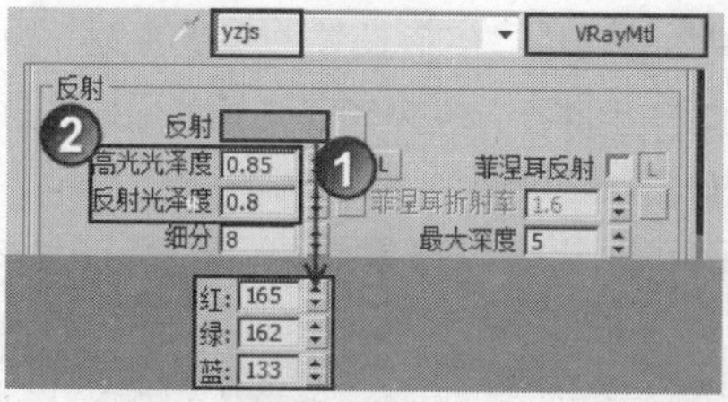

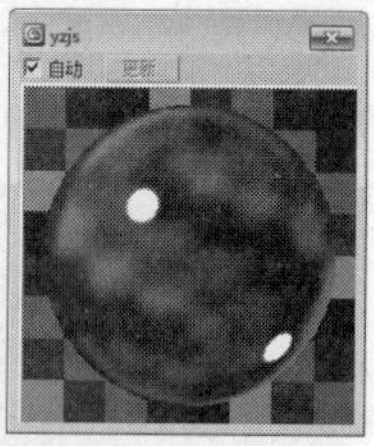

图12-25 图12-26

技巧与提示

材质设置完成后，需要将设置好的材质指定给场景中所对应的模型对象。

16 下面设置测试渲染参数。按F10键打开“渲染设置”对话框，设置渲染器为VRay渲染器，然后单击VRay选项卡，再在“全局开关”卷展栏下关闭“隐藏灯光”和“光泽效果”选项，最后设置“二次光线偏移”为0.001，如图12-27所示。

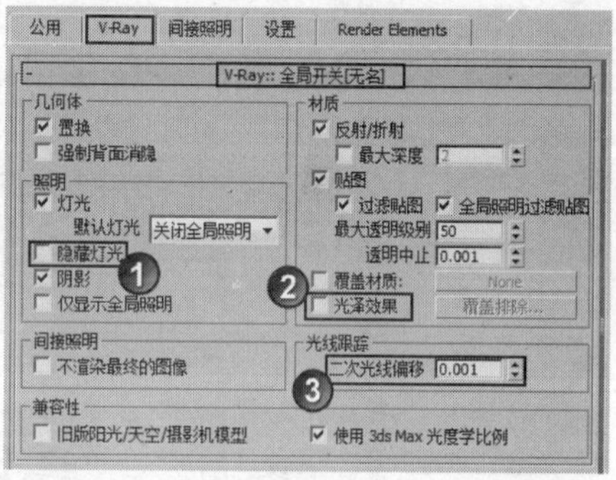

图12-27

17 展开“图形采样器（反锯齿）”卷展栏，然后设置“图像采样器”的类型为“固定”，再在“抗锯齿过滤器”选项组下关闭“开”选项，如图12-28所示。

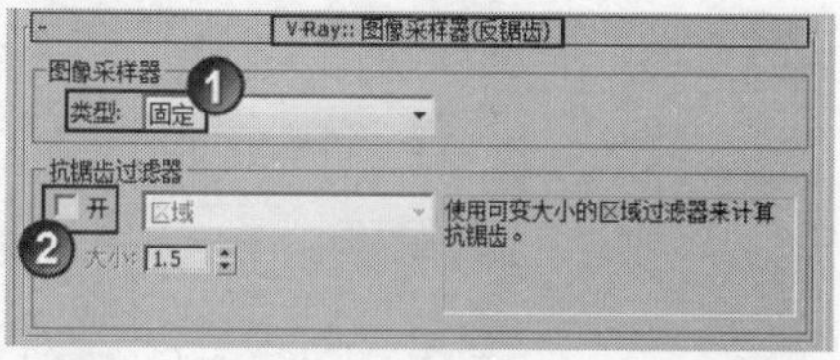

图12-28

18 单击“间接照明”选项卡，然后在“间接照明（GI）”卷展栏下勾选“开”选项，再设置“首次反弹”的“全局照明引擎”为“发光图”、“二次反弹”的“全局照明引擎”为“灯光缓存”，如图12-29所示。

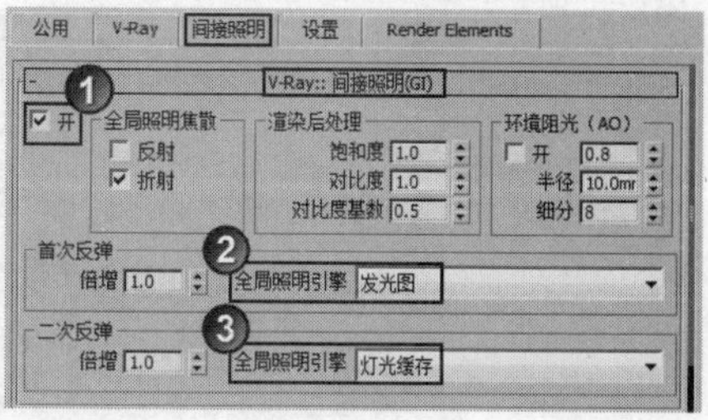

图12-29

19 展开“发光图”卷展栏，然后设置“当前预置”为“非常低”，再设置“半球细分”为50、“插值采样”为20，具体参数设置如图12-30所示。

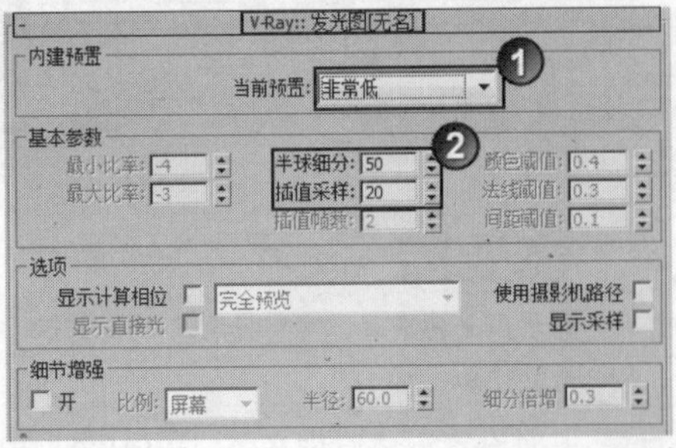

图12-30

技巧与提示

注意，在设置测试渲染参数时，一般都将“半球细分”设置为50、“插值采样”设置为20。

20 展开“灯光缓存”卷展栏，然后设置“细分”为400，再勾选“显示计算相位”选项，如图12-31所示。

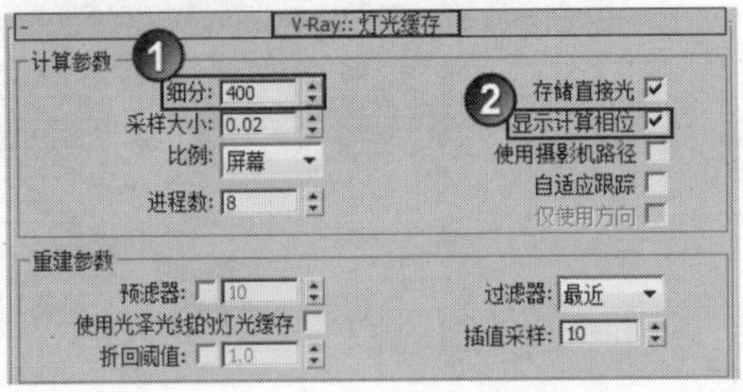

图12-31

21 单击“设置”选项卡，然后在“系统”卷展栏下设置“区域排序”为Top->Bottom（上->下），如图12-32所示。

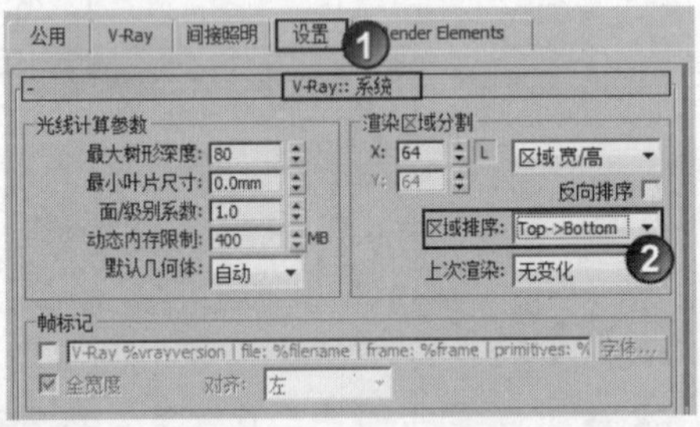

图12-32

22 下面创建场景中的灯光，首先创建环境光。设置“灯光”类型为VRay，然后在顶视图中创建一盏VRay灯光，其位置如图12-33所示。

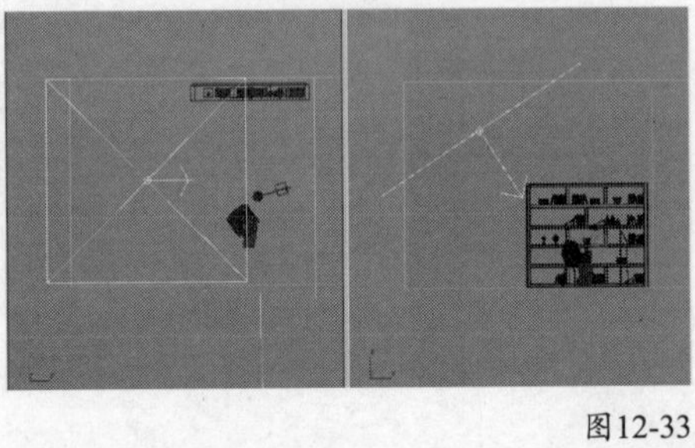
图12-33

技术专题 33 灯光的创建顺序

在一般情况下，创建灯光时都应该按照以下3个步骤顺序进行创建。

第1步：创建阳光（月光）以及环境光，确定好场景灯光的整体基调。

第2步：根据空间中真实灯光的照明强度、影响范围并结合表现意图，逐步创建好空间中真实存在的灯光。

第3步：根据渲染图像所要表现的效果创建补光，完善最终灯光效果。

23 选择上一步创建的VRay灯光，展开“参数”卷展栏，具体参数设置如图12-34所示。

设置步骤

① 在“常规”选项组下设置“类型”为“平面”。

② 在“强度”选项组下设置“倍增”为2，然后设置“颜色”为（红:245，绿:245，蓝:255）。

③ 在“大小”选项组下设置“1/2长”为100cm、“1/2宽”为80cm。

④ 在“选项”选项组下勾选“不可见”选项。

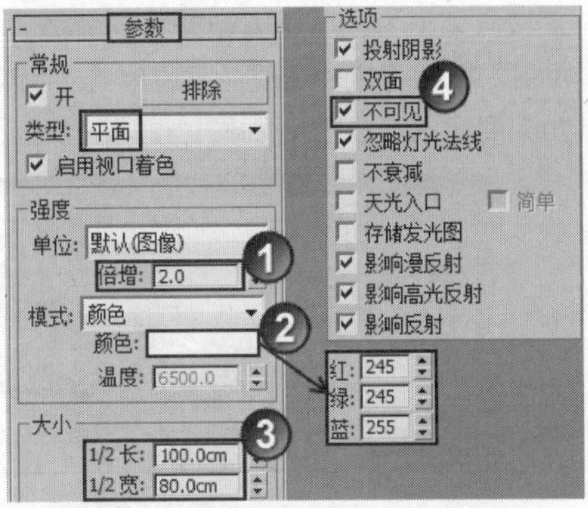

图12-34

24 按C键切换到摄影机视图，然后按Shift+Q组合键或F9键渲染当前场景，效果如图12-35所示。可以观察到场景一片漆黑，这是由于VRay物理相机的感光度过低。

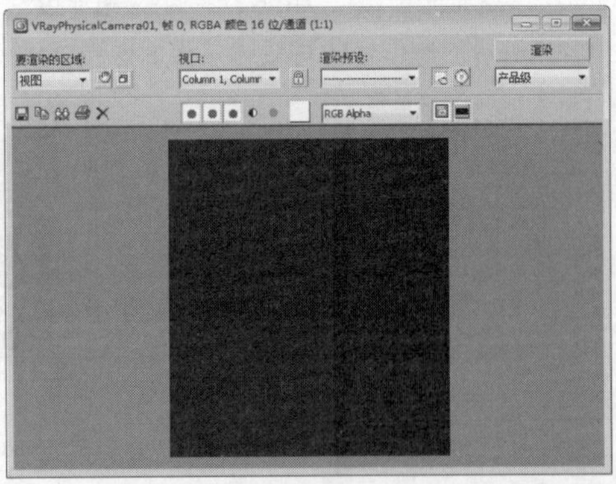
图12-35

25 选择场景中的VRay物理相机，然后在“基本参数”卷展栏下设置“光圈数”为2，如图12-36所示，再按F9键渲染当前场景，效果如图12-37所示。此时可以观察到场景中产生了基本的亮度。

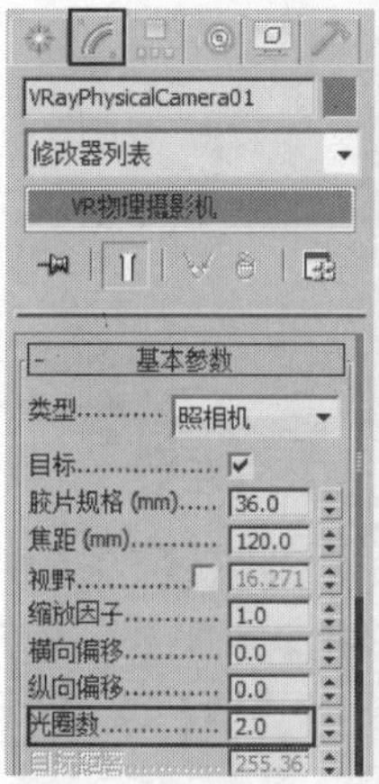

图12-36

图12-37

26 下面创建书架上的射灯。设置“灯光”类型为“光度学”，然后在书架上方创建两盏目标灯光，其位置如图12-38所示。

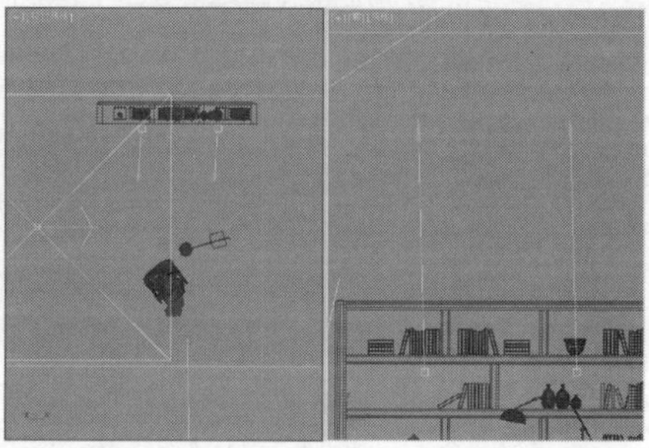

图12-38

27 选择上一步创建的目标灯光，然后进入“修改”面板，具体参数设置如图12-39所示。

设置步骤

① 展开“常规参数”卷展栏，然后在“阴影”选项组下勾选“启用”选项，再设置阴影类型为“VRay阴影”，最后设置“灯光分布（类型）”为“光度学Web”。

② 展开“分布（光度学Web）”卷展栏，然后在其通道中加载光盘中的“实例文件>CH12>实战206>02.ies”文件。

③ 展开“强度/颜色/衰减”卷展栏，然后设置“过滤颜色”为（红:255，绿:217，蓝:168），再设置“强度”为60000。

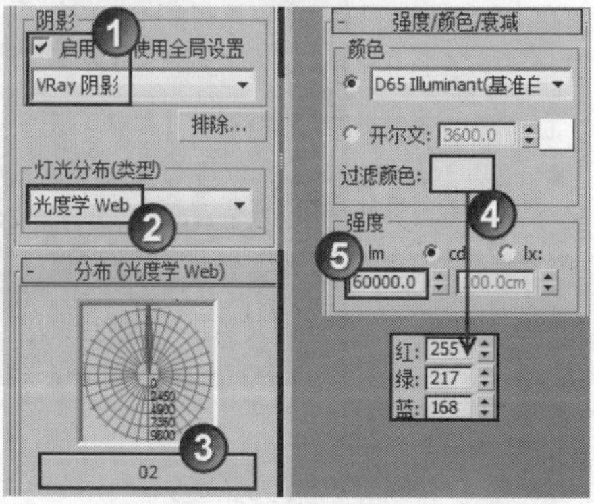

图12-39

28 按F9键渲染当前场景，效果如图12-40所示。

图12-40

29 下面创建落地灯。设置“灯光”类型为“标准”，然后在床左侧的落地灯处创建一盏目标聚光灯，其位置如图12-41所示。

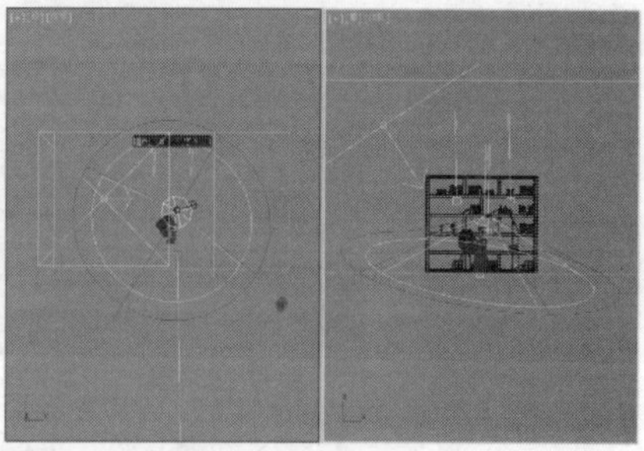

图12-41

30 选择上一步创建的目标聚光灯，然后展开“参数”卷展栏，具体参数设置如图12-42所示。

设置步骤

① 展开“常规参数”卷展栏，然后在“阴影”选项组下勾选“启用”选项，再设置阴影类型为“阴影贴图”。

② 展开“强度/颜色/衰减”卷展栏，然后设置“倍增”为0.45、“颜色”为（红:251，绿:170，蓝:65）。

③ 展开“聚光灯参数”卷展栏，然后设置“聚光区/光束”为126.6、“衰减区/区域”为135.4。

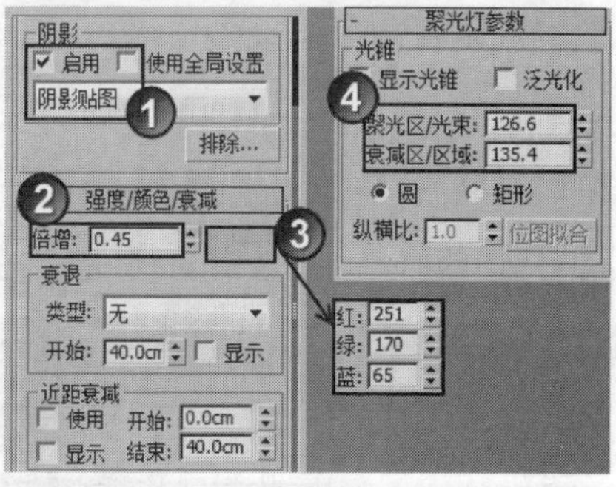

图12-42

31 按F9键渲染当前场景，效果如图12-43所示。至此，场景中的真实灯光创建完毕，接下来在椅子与落地灯上方创建点缀补光，以突出画面内容。

图12-43

32 下面创建点缀补光。设置“灯光”类型为“光度学”，然后在椅子及落地灯上方创建两盏目标灯光，其位置如图12-44所示。

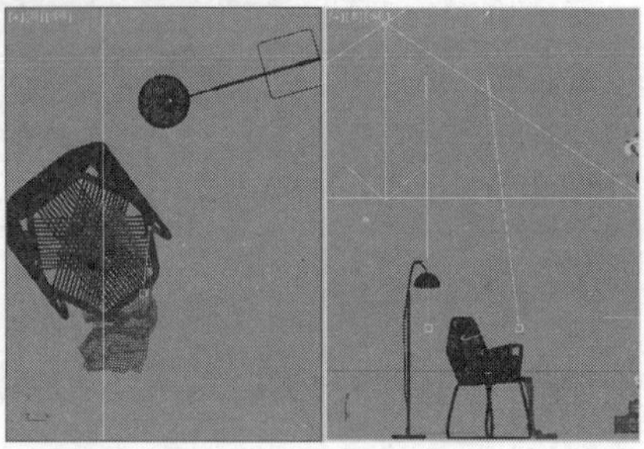

图12-44

33 选择上一步创建的目标灯光，然后进入“修改”面板，具体参数设置如图12-45所示。

设置步骤

① 展开“常规参数”卷展栏，然后在“阴影”选项组下勾选“启用”选项，再设置阴影类型为“VRay阴影”，最后设置“灯光分布（类型）”为“光度学Web”。

② 展开“分布（光度学Web）”卷展栏，然后在其通道中加载光盘中的“实例文件>CH12>实战206>02.ies”文件。

③ 展开“强度/颜色/衰减”卷展栏，然后设置“过滤颜色”为（红:255，绿:217，蓝:168），再设置“强度”为5000。

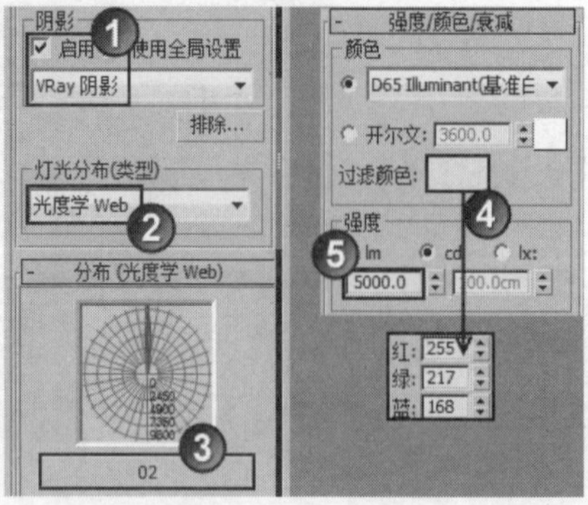

图12-45

34 按F9键渲染当前场景，效果如图12-46所示。至此，场景灯光创建完毕，接下来通过调整VRay物理相机的参数来确定渲染图像的最终亮度与色调。

图12-46

35 选择VRay物理相机，然后在“基本参数”卷展栏下设置“光圈数”为1.68，以提高场景亮度，再关闭“光晕”选项，最后设置“自定义平衡”的颜色为（红:255，绿:255，蓝:227），如图12-47所示。

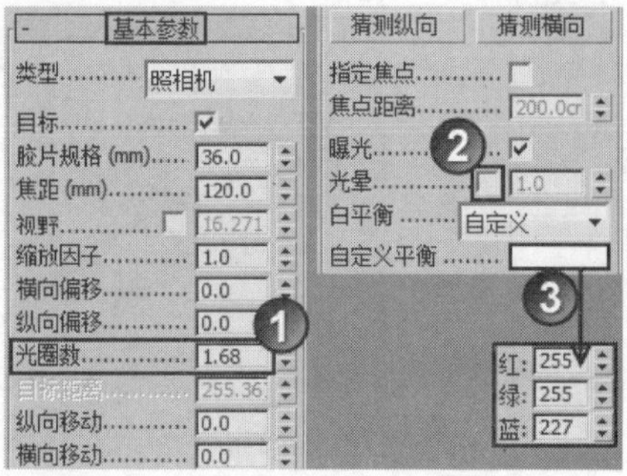

图12-47

技巧与提示

由于场景内的灯光均为暖色，因此会造成图像整体偏黄，调整“自定义平衡”的颜色为白色可以有效纠正偏色。

36 按F9键渲染当前场景，效果如图12-48所示。

图12-48

技巧与提示

灯光设置完成后，下面就要对场景中的材质与灯光细分进行调整，以得到最精细的渲染效果。

37 提高材质细分有利于减少图像中的噪点等问题，但过高的材质细分也会影响渲染速度。在本例中主要将书架木纹材质“反射”选项组下的“细分”值调整到24即可，如图12-49所示。其他材质的“细分”值控制在16即可。

38 提高灯光细分也有利于减少图像中的噪点等问题，同样过高的灯光细分也会影响渲染速度。在本例中主要将模拟环境光的VRay灯光“细分”值提高到30，如图12-50所示。其他灯光的“细分”值控制在24即可。

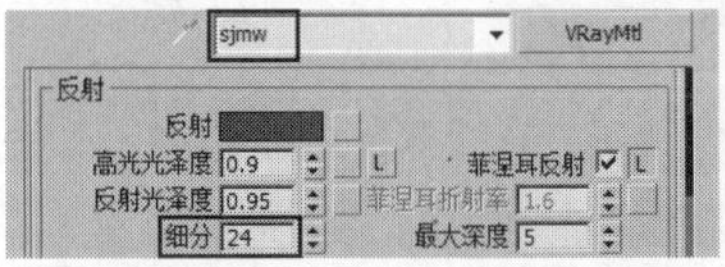

图12-49

图12-50

39 下面设置最终渲染参数。按F10键打开“渲染设置”对话框，然后展开“公共参数”卷展栏，再设置“宽度”为1800、“高度”为2000，如图12-51所示。

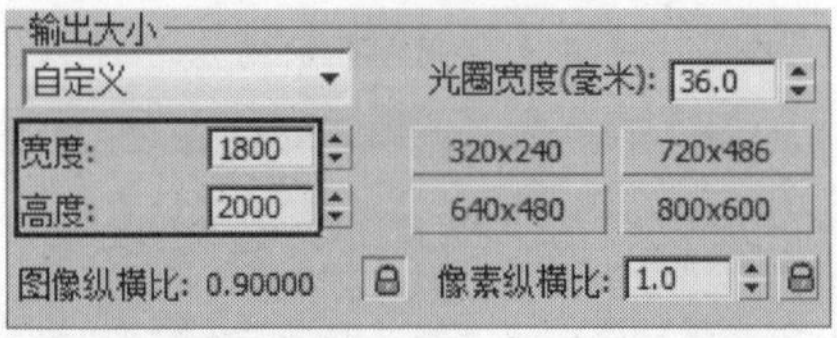

图12-51

40 单击VRay选项卡，然后在“全局开关”卷展栏下勾选“光泽效果”选项，如图12-52所示。

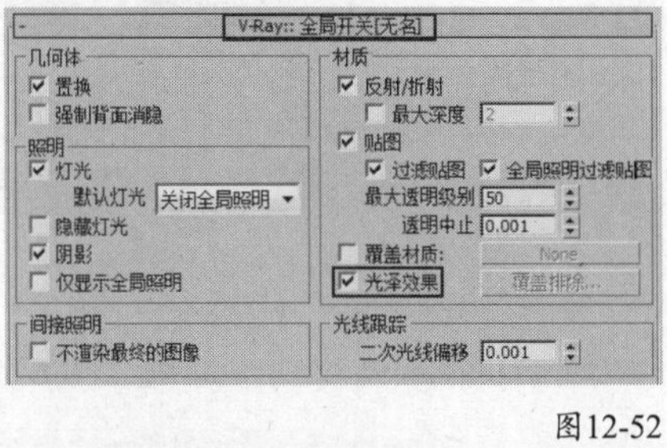

图12-52

41 在“图形采样器（反锯齿）”卷展栏下设置“图像采样器”的类型为“自适应细分”，再在“抗锯齿过滤器”选项组下勾选“开启”选项，并设置“抗锯齿过滤器”为Catmull-Rom，如图12-53所示。

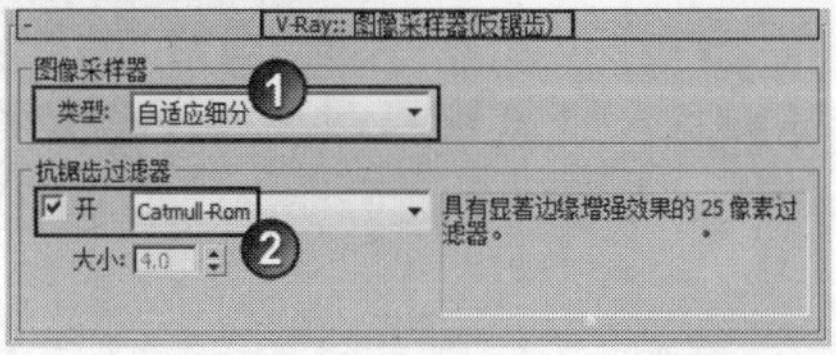

图12-53

42 单击“间接照明”选项卡，然后在“发光图”卷展栏下设置“当前预置”为“高”，再设置“半球细分”为70、“插值采样”为30，如图12-54所示。

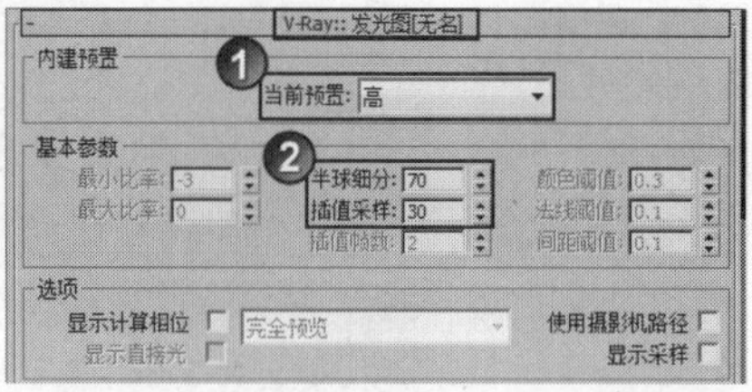

图12-54

43 展开“灯光缓存”卷展栏，然后设置“细分”1000，如图12-55所示。

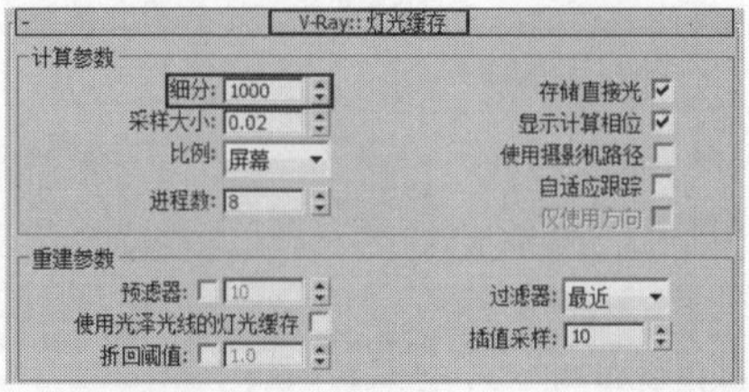

图12-55

44 单击“设置”选项卡，然后在“DMC采样器”卷展栏下设置“适应数量”为0.75、“噪波阈值”为0005、“最小采样”为24，如图12-56所示。

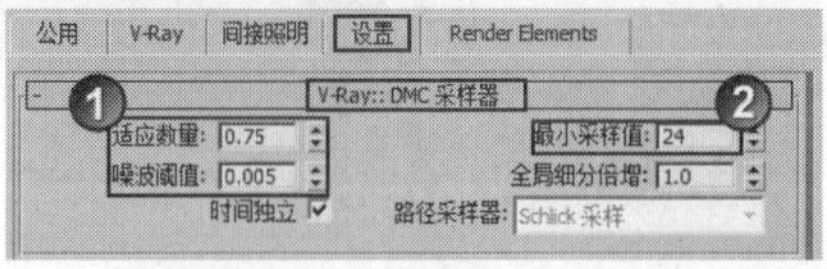

图12-56

45 按F9键渲染当前场景，最终效果如图12-57所示。

图12-57

实战207 VRay帧缓冲区

场景位置	DVD>场景文件>CH12>实战207.max
实例位置	DVD>实例文件>CH12>实战207.max无
视频位置	DVD>多媒体教学>CH12>实战207.flv
难易指数	★☆☆☆☆
技术掌握	VRay帧缓冲区的调出方法及其重要工具的用法

实例介绍

“VRay帧缓冲区”是VRay渲染器的渲染缓存窗口，

如图12-58所示。其功能相对于3ds Max自带的渲染窗口更为丰富，下面来了解其启用方法与常用功能的使用方法。

图12-58

操作步骤

01 打开光盘中的“场景文件>CH12>实战207.max”文件，如图12-59所示。

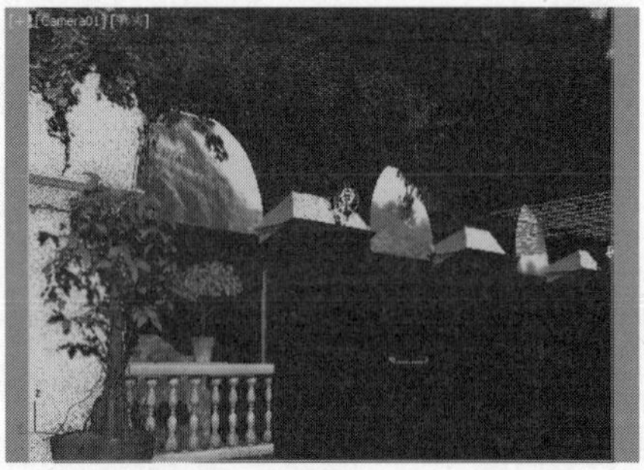

图12-59

02 按F9键渲染当前场景，默认设置下将使用3ds Max自带的帧缓冲区，如图12-60所示。接下来启用VRay帧缓冲区。

图12-60

03 按F10键打开“渲染设置”对话框，然后单击VRay选项卡，在“帧缓冲区”卷展栏下勾选“启用内置帧缓冲区”选项、“渲染到内存帧缓冲区”和“从MAX获取分辨率”选项，如图12-61所示。

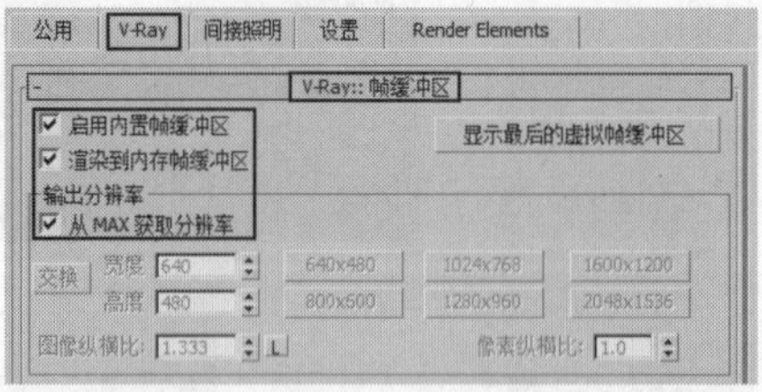

图12-61

04 在启用VRay帧缓冲区以后，默认的3ds Max帧缓冲器仍在后台工作，为了降低计算机的负担，可以单击“公用”选项卡，然后在“公用”选项卡下关闭“渲染帧窗口”选项，如图12-62所示。

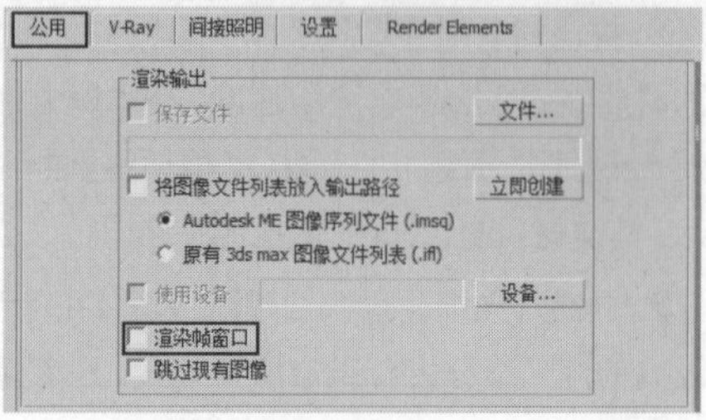

图12-62

05 参数设置完成后再次按F9键渲染当前场景，此时将弹出VRay的帧缓冲区，如图12-63所示。

图12-63

技术专题 34 VRay帧缓冲区重要工具介绍

在“VRay帧缓冲器”对话框上下各有一排按钮，接下来了解其中几个常用按钮的功能。

复制到Max帧缓冲区：单击该按钮，可以将当前VRay帧缓冲区内的图像复制到3ds Max帧缓冲器，如图12-64所示。该功能常用于修改材质或灯光前后渲染效果的对比。

图12-64

跟踪鼠标渲染：单击该按钮，在渲染时将鼠标置于渲染图像中的任意位置，此时将优先渲染鼠标停留区域的图像，如图12-65所示。

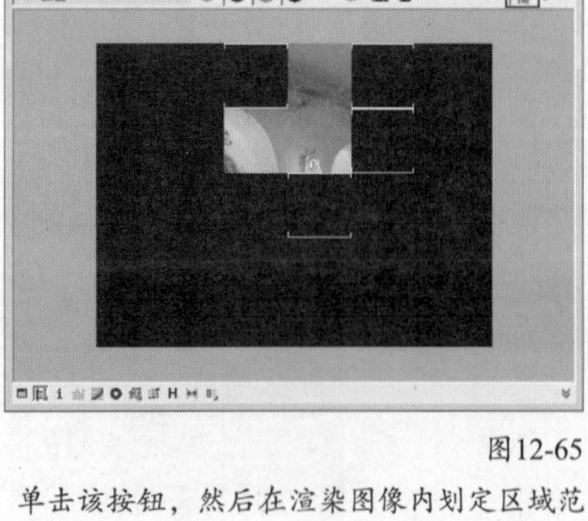

图12-65

区域渲染：单击该按钮，然后在渲染图像内划定区域范围，则在下次渲染时只渲染划定范围内的图像，如图12-66和图12-67所示。使用该功能可以快速查看区域材质与灯光的调整效果。

图12-66

图12-67

显示校正控制器：在图像渲染完成后，单击该按钮将弹出“颜色校正”对话框，如图12-68所示。通过调节该对话框中的曲线可以校正VRay帧缓冲器内图像的亮度与对比度，如图12-69所示。注意，在用曲线调节图像效果时，要先激活“使用颜色曲线校正”按钮才能显示调整效果；而如果使用“颜色校正”对话框中的“色阶”进行调整，则需要激活“使用色校正”按钮。

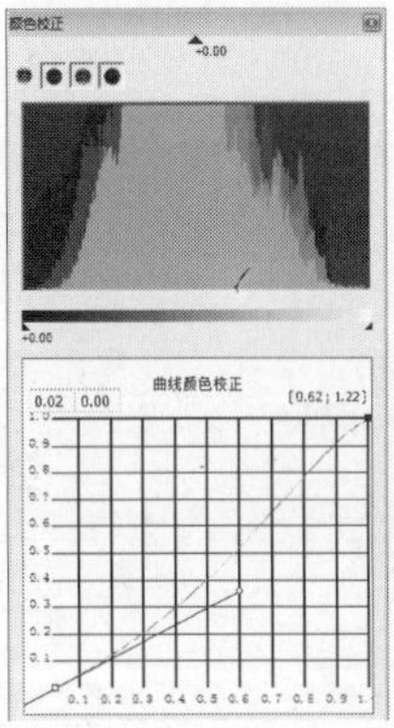

图12-68　图12-69

实战208 全局开关之隐藏灯光

场景位置	DVD>场景文件>CH12>实战208.max
实例位置	DVD>实例文件>CH12>实战208.max无
视频位置	DVD>多媒体教学>CH12>实战208.flv
难易指数	★☆☆☆☆
技术掌握	隐藏灯光选项的功能

实例介绍

“全局开关”卷展栏下的“隐藏灯光”选项用于控制场景内隐藏的灯光是否参考渲染时的照明。在同一场景内该选项勾选前后的效果对比如图12-70和图12-71所示。

图12-70　图12-71

操作步骤

01 打开光盘中的“场景文件>CH12>实战208.max”文件，如图12-72所示。

02 按F9键渲染当前场景，效果如图12-73所示。下面通过场景中的射灯来了解“隐藏灯光”选项的功能。

图12-72　图12-73

03 选择场景中所有的射灯，然后单击鼠标右键，再在弹出的菜单中选择“隐藏选定对象”命令，将所选灯光隐藏起来，如图12-74所示。

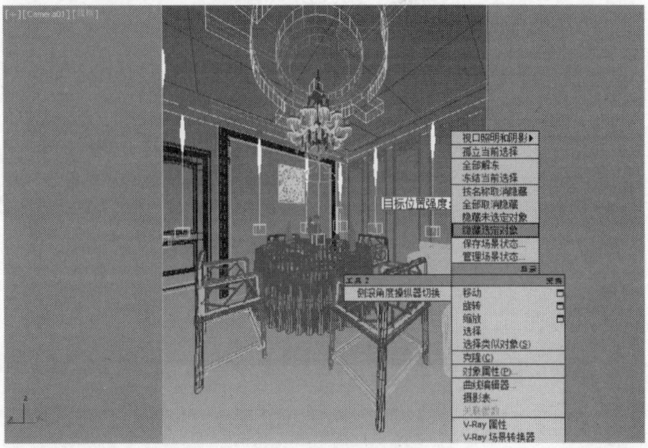

图12-74

04 按F9键渲染当前场景，效果如图12-75所示。可以观察到场景中的射灯仍然产生了照明效果，这是因为“隐藏灯光”选项在默认情况下处于开启状态，如图12-76所示。

图12-75

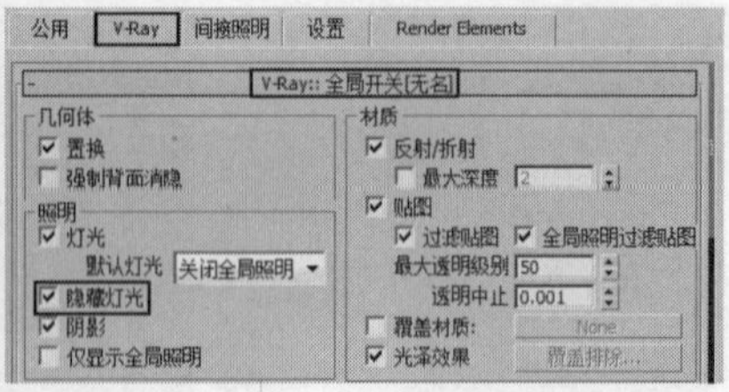

图12-76

05 关闭“隐藏灯光”选项，如图12-77所示，然后再次按F9键渲染当前场景，效果如图12-78所示。可以观察到射灯已经不再产生照明效果。

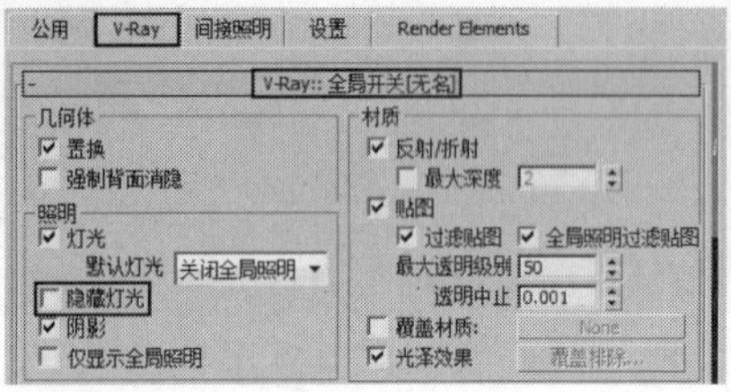

图12-77

图12-78

技巧与提示

在灯光测试时，通常情况下应该关闭“隐藏灯光”选项，从而方便单独调整单个或某区域内灯光的细节效果。

实战209 全局开关之覆盖材质

场景位置	DVD>场景文件>CH12>实战209.max
实例位置	DVD>实例文件>CH12>实战209.max
视频位置	DVD>多媒体教学>CH12>实战209.flv
难易指数	★☆☆☆☆
技术掌握	覆盖材质选项的功能

实例介绍

“全局开关”卷展栏下的“覆盖材质”选项用于统一控制场景内所有模型的材质效果，该功能通常用于检查场景模型是否完整，如图12-79所示。

图12-79

操作步骤

01 打开光盘中的“场景文件>CH12>实战209.max”文件，如图12-80所示。

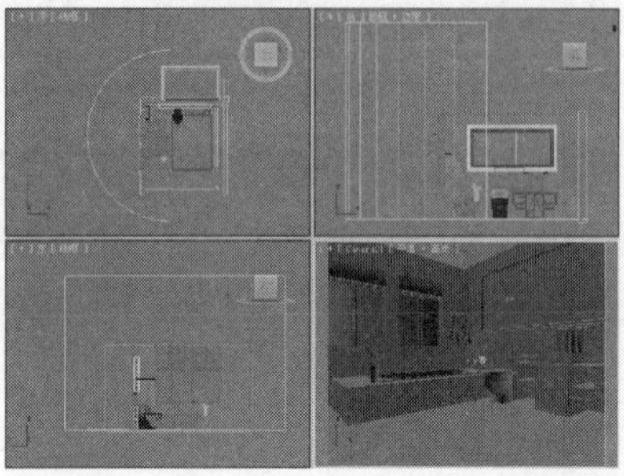

图12-80

02 选择一个空白材质球，然后设置材质类型为VRayMtl，并将其命名为cscz，再设置“漫反射”的颜色为白色，如图12-81所示。

图12-81

03 按F10打开“渲染设置”对话框，然后在“全局开关”卷展栏下勾选“覆盖材质”选项，再使用鼠标左键将csc z 材质以“实例”方式复制到“覆盖材质”选项后的None按钮 None 上，如图12-82所示。

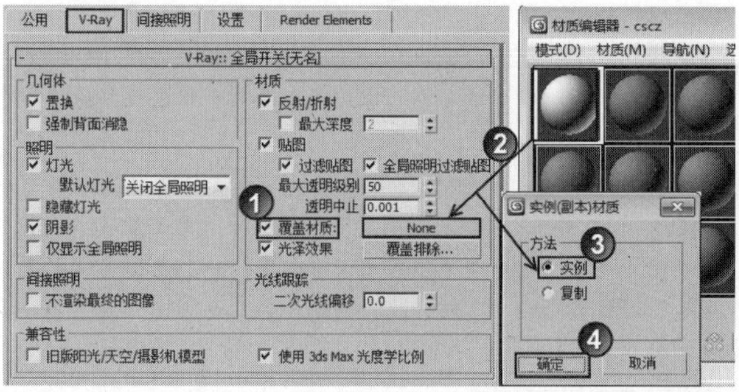

图12-82

04 为了快速产生照明效果，可以展开“环境”卷展栏，然后在“全局照明环境（天光）覆盖”选项组下勾选“开”选项，再设置“倍增”为2，如图12-83所示。

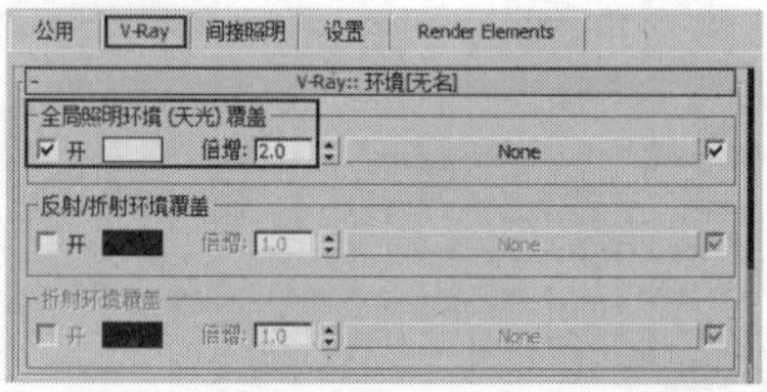

图12-83

05 按F9键渲染当前场景，效果如图12-84所示。可以观察到所有对象均显示为灰白色，如果模型有破面、漏光现象就会非常容易发现，如图12-85和图12-86所示。

图12-84

图12-85

图12-86

技巧与提示

在场景中由于窗户没有创建玻璃模型，因此天光可以顺利进入室内。如果是在创建了窗户玻璃的场景中，则需要在渲染前隐藏玻璃模型或在“全局开关”卷展栏下单击“覆盖排除”按钮 覆盖排除... ，然后在弹出的对话框中排除玻璃模型的材质覆盖，如图12-87所示。

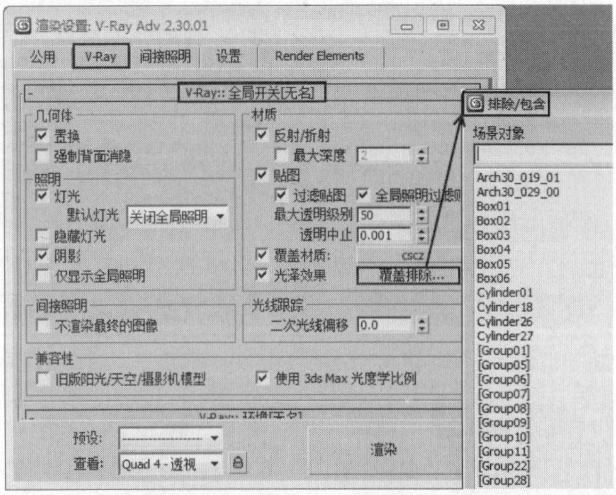

图12-87

实战210 全局开关之光泽效果

场景位置 DVD>场景文件>CH12>实战210.max
实例位置 DVD>实例文件>CH12>实战210.max无
视频位置 DVD>多媒体教学>CH12>实战10.flv
难易指数 ★☆☆☆☆
技术掌握 光泽效果选项的功能

实例介绍

“全局开关”卷展栏下的“光泽效果”选项用于统一控制场景内的模糊反射效果，该选项开启前后的场景渲染效果与耗时对比如图12-88和图12-89所示。

图12-88

图12-89

操作步骤

01 打开光盘中的“场景文件>CH12>实战210.max”文件，如图12-90所示。

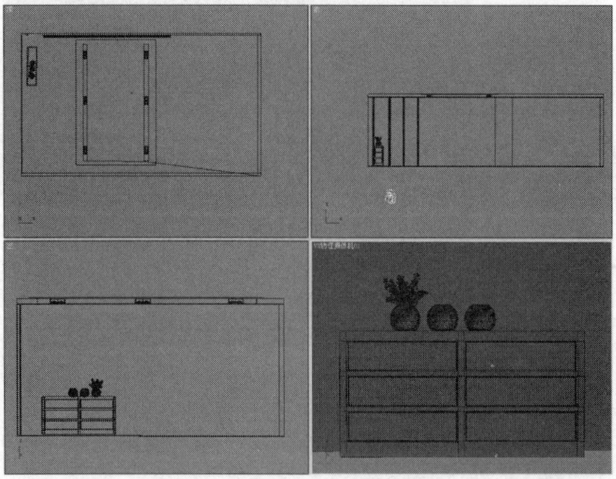

图12-90

02 按F9键渲染当前场景，效果如图12-91所示。由于默认情况下勾选了“光泽效果”选项，因此当前的边柜漆面产生了较真实的模糊效果，整体渲染时间约为2分40秒。

图12-91

技巧与提示

关于渲染图像中时间的显示请参考“实战225 系统之帧标记”。

03 按F10键打开“渲染设置”对话框，然后在“全局开关”卷展栏下关闭“光泽效果”选项，如图12-92所示。

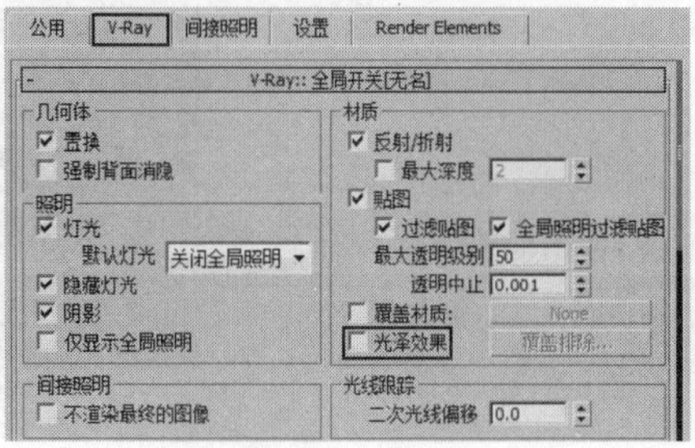

图12-92

04 再次按F9键渲染当前场景，效果如图12-93所示。可以观察到渲染出了光亮的漆面效果，渲染时间也大幅降低到约1分25秒。

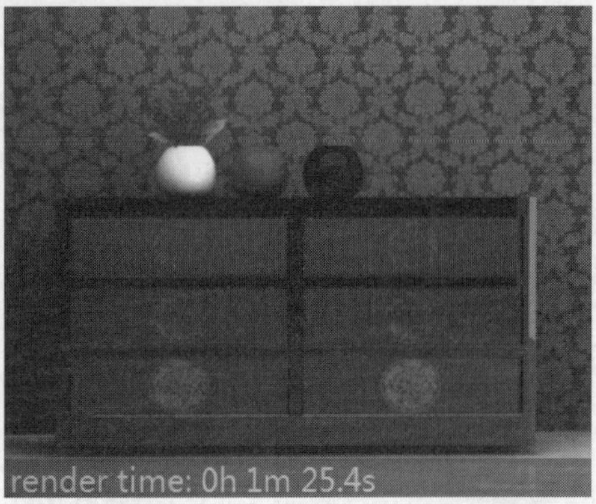

图12-93

技巧与提示

由于材质的光泽效果对灯光照明效果的影响十分小，因此在测试渲染灯光效果时，可以关闭“光泽效果”选项以加快渲染速度，而在成品图渲染时则需要勾选该选项，以体现真实的材质模糊反射细节。

实战211 图像采样器之采样类型

场景位置	DVD>场景文件>CH12>实战211.max
实例位置	DVD>实例文件>CH12>实战211.max
视频位置	DVD>多媒体教学>CH12>实战211.flv
难易指数	★★☆☆☆
技术掌握	3种图像采样器的作用

实例介绍

图像采样指的是VRay渲染器在渲染时对渲染图像中每个像素使用的采样方式，VRay渲染器共有“固定”、“自适应细分”以及“自适应确定性蒙特卡罗”3种采样方式，其生成的效果与耗时对比如图12-94~图12-96所示。下面来了解一下各采样器的特点与使用方法。

图12-94

图12-95

图12-96

操作步骤

01 打开光盘中的“场景文件>CH12>实战211.max”文件，如图12-97所示。下面将利用该场景来测试3种采样类型的效果以及影响采样时间的关键参数。

图12-97

02 下面测试“固定”采样器的作用。在“图像采样器（反锯齿）”卷展栏下设置“图像采样器”的类型为“固定”，如图12-98所示。该采样器是VRay最简单的采样器，对于每一个像素它使用一个固定数量的样本。选择该采样方式后将自动添加一个“固定图像采样器”卷展栏，如图12-99所示。

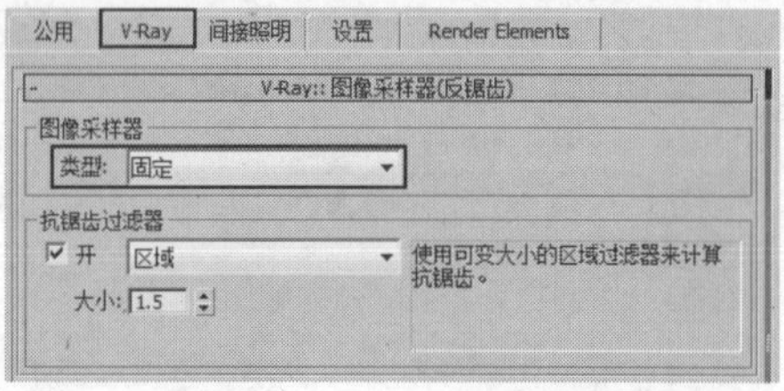

图12-98

图12-99

技巧与提示

“固定”采样器的效果由“固定图像采样器”卷展栏下的“细分”数值控制，设定的数值表示每个像素使用的样本数量。

03 保持“细分”值为1，按F9键渲染当前场景，效果如图12-100所示，细节放大效果如图12-101所示。可以观察到图像中的锯齿现象比较明显，但对于材质与灯光的查看并没有影响，耗时约为1分27秒。

图12-100

图12-101

04 在“固定图像采样器”卷展栏下将“细分”值修改为2，如图12-102所示，然后按F9键渲染当前场景，效果如图12-103所示，细节放大效果如图12-104所示。可以观察到图像中的锯齿现象虽然得到了改善，但图像细节反而变得更模糊，而耗时则增加到约3分56秒。

图12-102

图12-103

图12-104

技巧与提示

经过上面的测试可以发现，在使用“固定”采样器并保持默认的“细分”值为1时，可以快速渲染出用于观察材质与灯光效果的图像，但如果增大“细分”值则会使图像变得模糊，同时大幅增加渲染时间。因此，通常用默认设置“固定”采样器来测试灯光效果，而如果需要渲染大量的模糊特效（比如运动模糊、景深模糊、反射模糊和折射模糊），则可以考虑提高其“细分”值，以达到质量与耗时的平衡。

05 下面测试“自适应细分”采样器的作用。在“图像采样器（反锯齿）”卷展栏下设置“图像采样器”的类型为“自适应细分”采样器，如图12-105所示。该采样器是用得最多的采样器，对于模糊和细节要求不太高的场景，它可以得到速度和质量的平衡。在室内效果图的制作中，这个采样器几乎可以适用于所有场景。选择该采样方式后将自动添加一个“自适应细分图像采样器”卷展栏，如图12-106所示。

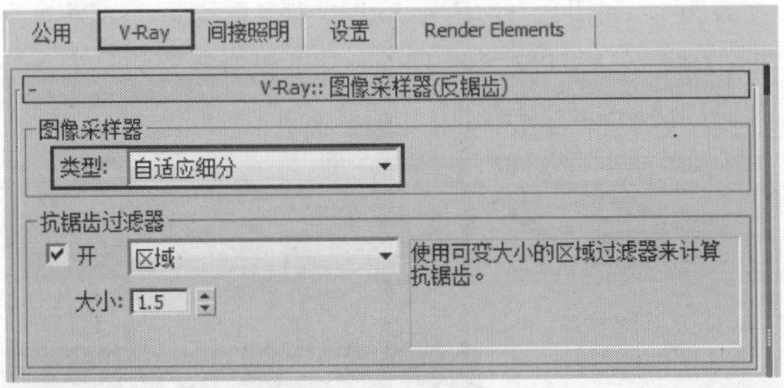

图12-105

图12-106

技巧与提示

“自适应细分”采样器的效果主要通过“自适应细分图像采样器”卷展栏下的“最小比率”与“最大比率”两个选项来控制。

最小比率：决定每个像素使用样本的最小数量。值为0意味着一个像素使用一个样本；值为-1意味着每两个像素使用一个样本；值为-2则意味着每4个像素使用一个样本，采样值越大效果越好。

最大比率：决定每个像素使用样本的最大数量。值为0意味着一个像素使用一个样本；值为1意味着每个像素使用4个样本；值为2则意味着每个像素使用8个样本，采样值越大效果越好。

06 保持默认的“自适应细分”采样器设置，按F9键渲染当前场景，效果如图12-107所示。可以观察到图像没有明显的锯齿效果，材质与灯光的表现也比较理想，耗时约为3分27秒。

图12-107

07 在“自适应细分图像采样器”卷展栏下将“最小比率”修改为0，如图12-108所示，然后渲染当前场景，效果如图12-109所示。可以观察到图像并没有产生明显的变化，而耗时则增加到约3分58秒。

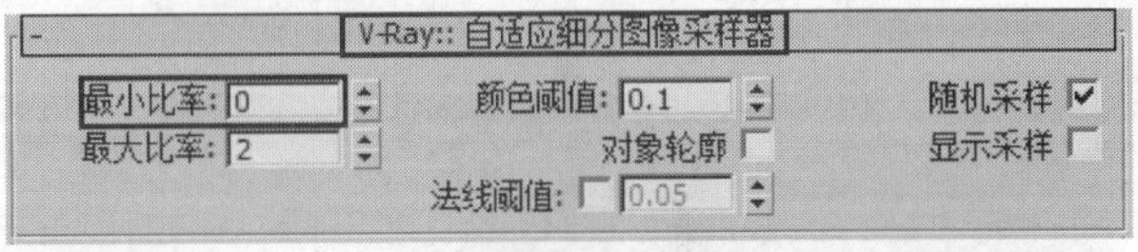

图12-108

图12-109

08 将“最小比率”数值还原为-1，然后将“最大比率”修改为3，如图12-110所示，再渲染当前场景，效果如图12-111所示。可以观察到图像效果并没有明显的变化，而耗时则增加到约5分24秒。

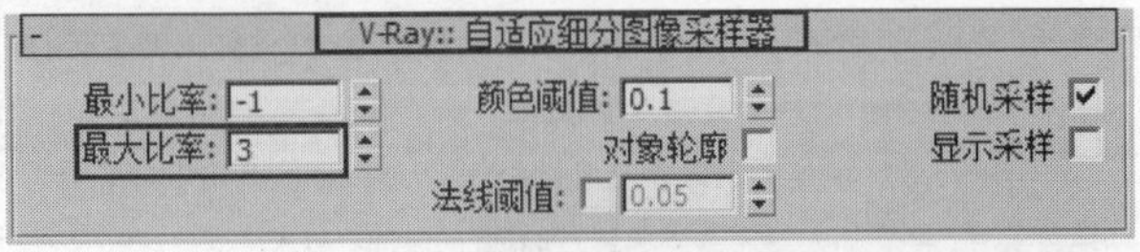

图12-110

图12-111

技巧与提示

经过上面的测试可以发现，使用“自适应细分”采样器时，通常情况下“最小比率”为-1、“最大比率”为2时就能得到较好的效果。而提高“最小比率”或“最大比率”并不会有明显的图像质量改善，但渲染时间会大幅增加，因此在使用该采样器时保持默认设置即可。

09 下面测试“自适应确定性蒙特卡洛”采样器的作用。在“图像采样器（反锯齿）”卷展栏下设置“图像采样器”的类型为“自适应确定性蒙特卡洛”采样器，如图12-112所示。该采样器是最为复杂的采样器，它根据每个像素和它相邻像素的明暗差异来产生不同数量的样本，从而使需要表现细节的地方使用更多的采样，使效果更为精细；而在细节较少的地方减少采样，以缩短计算时间。选择该采样方式后将自动添加一个“自适应DMC图像采样器”卷展栏，如图12-113所示。

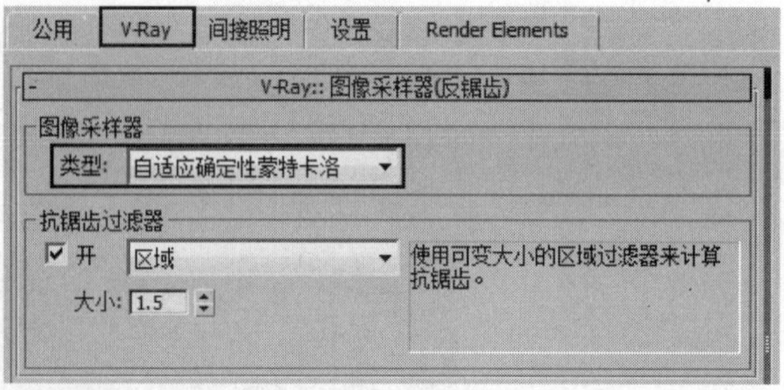

图12-112

图12-113

技巧与提示

“自适应确定性蒙特卡洛”采样器的效果主要通过“自适应DMC图像采样器”卷展栏下的“最小细分”与“最大细分”两个选项来控制。

最小细分：决定每个像素使用样本的最小数量，主要用在对角落等不平坦的地方采样，数值越大图像品质越好，所花费的时间也越长。在一般情况下，都不要将该参数的值设置为1或更大的数值，除非有一些细小的线条无法正常表现。

最大细分：决定每个像素使用样本的最大数量，主要用于对平坦的地方采样，数值越大图像品质越好，所花费的时间也越长。

10 保持默认的“自适应确定性蒙特卡洛”采样器设置，按F9键渲染当前场景，效果如图12-114所示。可以观察到图像没有明显的锯齿效果，材质与灯光的表达也比较理想，耗时约为2分59秒。

11 在“自适应DMC图像采样器”卷展栏下将“最小比率”修改为2，如图12-115所示，然后渲染当前场景，效果如图12-116所示。可以观察到图像效果并没有明显的变化，而耗时则增加到约3分24秒。

图12-114

图12-115

图12-116

12 将“最小细分”数值还原为1，然后将“最大细分”修改为5，如图12-117所示，再渲染当前场景，效果如图12-118所示。可以观察到图像效果并没有明显的变化，而耗时则增加到约3分51秒。

图12-117

图12-118

技巧与提示

经过以上的测试并对比“自适应细分”采样器的渲染质量与时间可以发现，“自适应确定性蒙特卡洛”采样器在取得相近图像质量的前提下，所耗费的时间相对更少，因此当场景具有大量微小细节，如在具有VRay毛发或模糊效果（景深和运动模糊等）的场景中，为了尽可能提高渲染速度，该采样器是最佳选择。

实战212 图像采样器之反锯齿类型

场景位置	DVD>场景文件>CH12>实战212.max
实例位置	DVD>实例文件>CH12>实战212.max无
视频位置	DVD>多媒体教学>CH12>实战212.flv
难易指数	★★☆☆☆
技术掌握	常用反锯齿过滤器的作用

实例介绍

VRay渲染器支持3ds Max内置的绝大部分反锯齿类型，本例主要介绍最常用的3种类型，分别是“区域”、Catmull-Rom以及Mitchell-Netravali，生成的效果与耗时对比如图12-119~图12-121所示。

图12-119

图12-120

图12-121

操作步骤

01 打开光盘中的“场景文件>CH12>实战212.max”文件，如图12-122所示。

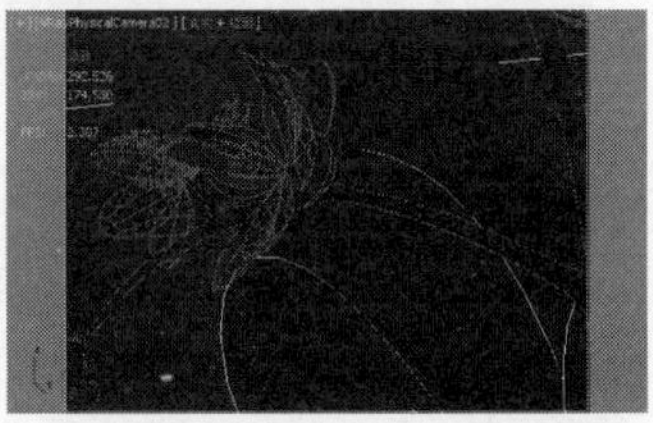

图12-122

02 展开“图像采样器（反锯齿）”卷展栏，可以观察到“抗锯齿过滤器”的“开”选项处于关闭状态，这表示没有使用任何抗锯齿过滤器，如图12-123所示。

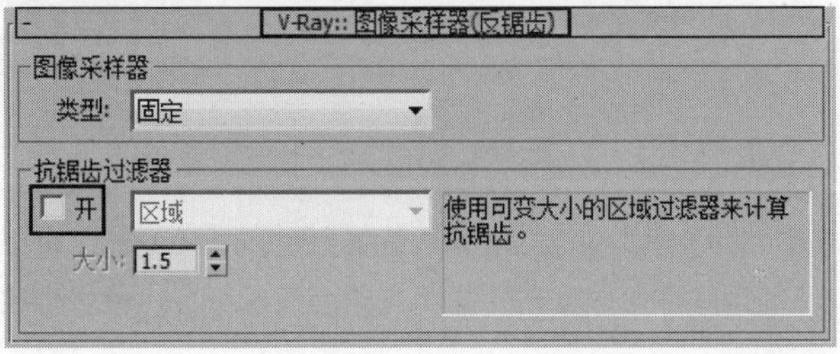

图12-123

03 按F9键渲染当前场景，效果如图12-124所示，细节放大效果如图12-125所示。

图12-124 图12-125

04 下面测试“区域”反锯齿过滤器的作用。在“图像采样器（反锯齿）”卷展栏下将“抗锯齿过滤器”类型设置为“区域”，如图12-126所示，然后渲染当前场景，效果如图12-127所示，细节放大效果如图12-128所示。可以观察到图像整体变得相对平滑，但细节稍有些模糊（注意叶片上的条纹），耗时增加到约2分52秒。

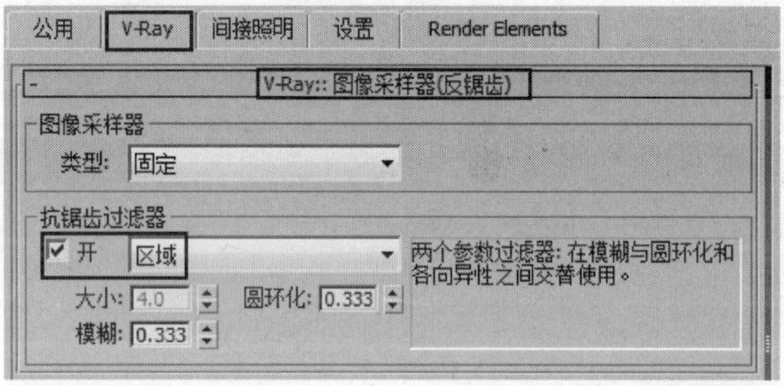

图12-126

图12-127 图12-128

05 下面测试Catmull-Rom反锯齿过滤器。在“图像采样器（反锯齿）”卷展栏下设置“抗锯齿过滤器”类型为Catmull-Rom，如图12-129所示，然后渲染当前场景，效果如图12-130所示，细节放大效果如图12-131所示。可以观察到图像整体变得比较平滑，但图像细节变得比较锐利，耗时增加到约2分55秒。

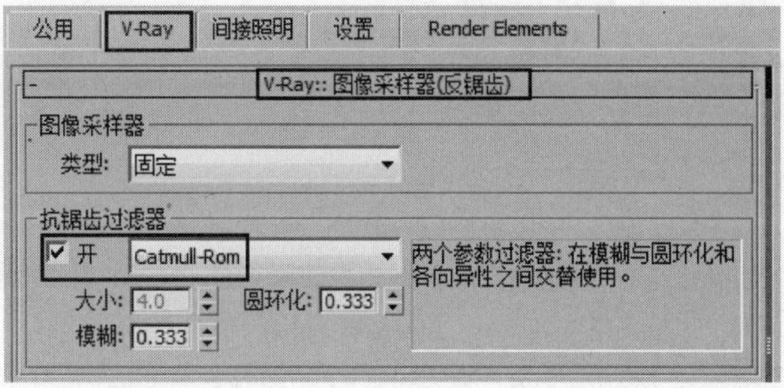

图12-129

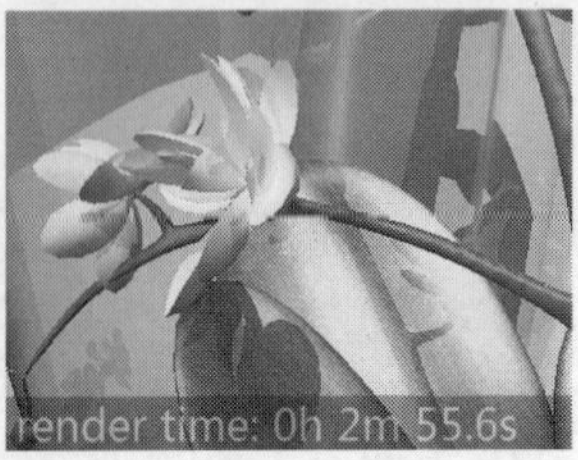

图12-130

图12-131

06 下面测试Mitchell-Netravali反锯齿过滤器。在“图像采样器（反锯齿）”卷展栏下设置“抗锯齿过滤器”类型为Mitchell-Netravali，如图12-132所示，然后渲染当前场景，效果如图12-133所示，细节放大效果如图12-134所示。可以观察到图像整体变得平滑，但图像细节损失较大，耗时约为2分52秒。

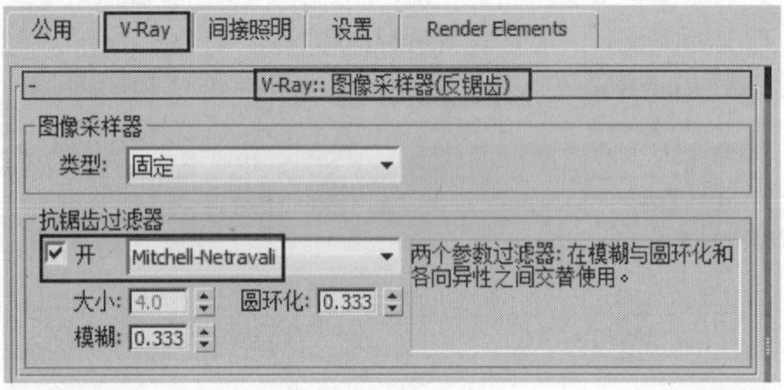

图12-132

图12-133

图12-134

技巧与提示

经过上面的测试对比可以发现，如果要得到清晰锐利的图像效果，最好选择Catmull-Rom反锯齿过滤器；如果是渲染有模糊特效的场景则应选择Mitchell-Netravali反锯齿过滤器；在通常情况下，选择“区域” 反锯齿过滤器可以取得渲染质量与效率的平衡。

实战213 颜色贴图

场景位置	DVD>场景文件>CH12>实战213.max
实例位置	DVD>实例文件>CH12>实战213.max无
视频位置	DVD>多媒体教学>CH12>实战213.flv
难易指数	★☆☆☆☆
技术掌握	用颜色贴图快速调整场景的曝光度

实例介绍

在“颜色贴图”卷展栏下有一个曝光（“类型”选项）功能，利用该功能可以快速改变场景的曝光效果，从而达到调整渲染图像亮度和对比度的目的，常用的曝光类型有“线性倍增”、“指数”以及“莱因哈德”3种，它们在相同灯光与相同渲染参数（除曝光方式不同外）下的效果对比如图12-135~图12-137所示。

图12-135

图12-136

图12-137

操作步骤

01 打开光盘中的“场景文件>CH12>实战213.max”文件，如图12-138所示。

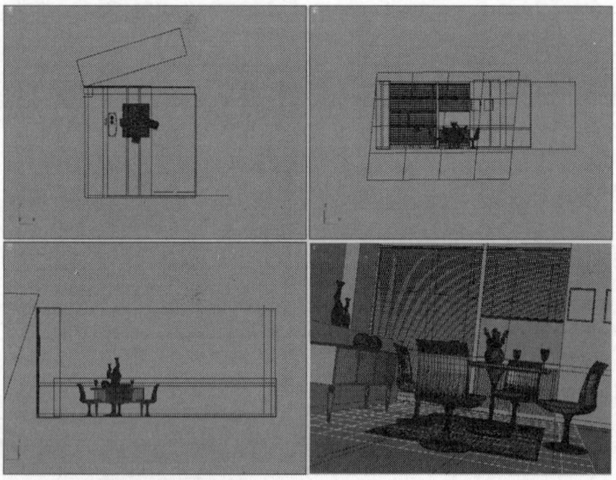

图12-138

02 下面测试“线性倍增”曝光模式。展开“颜色贴图”卷展栏，然后设置“类型”为“线性倍增”，如图12-139所示。“线性倍增”曝光模式是基于最终图像色彩的亮度来进行简单的亮度倍增，太亮的颜色成分将会被限制，但是这种模式可能会导致靠近光源的点过于明亮。

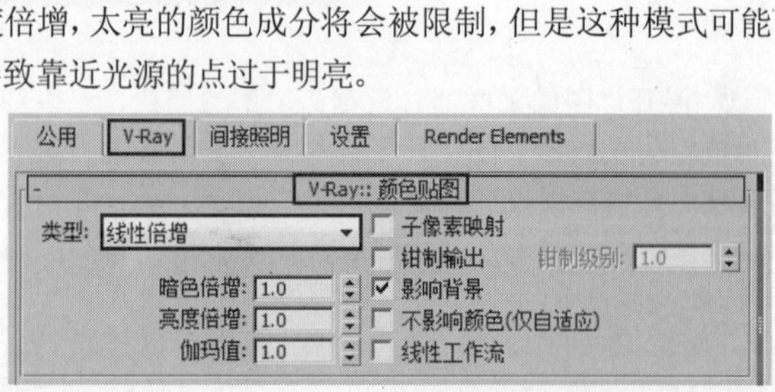

图12-139

03 按F9键渲染当前场景，效果如图12-140所示。可以观察到使用这种曝光模式产生的图像很明亮，色彩也比较艳丽。

图12-140

04 如果要提高图像的亮部与暗部的对比，可以在降低“暗色倍增”数值的同时提高“亮度倍增”的数值，如图12-141所示，然后渲染当前场景，效果如图12-142所示。可以观察到图像的明暗对比加强了一些，但窗口的一些区域却出现了曝光过度的现象。

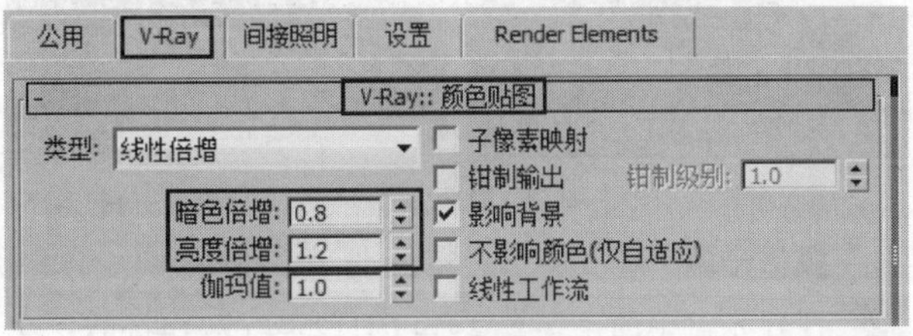

图12-141

图12-142

技巧与提示

经过上面的测试可以发现，“线性倍增”模式所产生的曝光效果整体明亮，但容易在局部产生曝光过度的现象。此外，“暗色倍增”与“亮度倍增”选项分别控制着图像亮部与暗部的亮度。

05 下面测试“指数”曝光模式。“指数”曝光模式与“线性倍增”曝光模式相比，不容易曝光，而且明暗对比也没有那么明显。该模式基于亮度使图像更加饱和，这对防止非常明亮的区域产生过度曝光十分有效，但是这个模式不会钳制颜色范围，而是让它们更饱和（降低亮度）。在“颜色贴图”卷展栏下设置“类型”为“指数”，如图12-143所示。

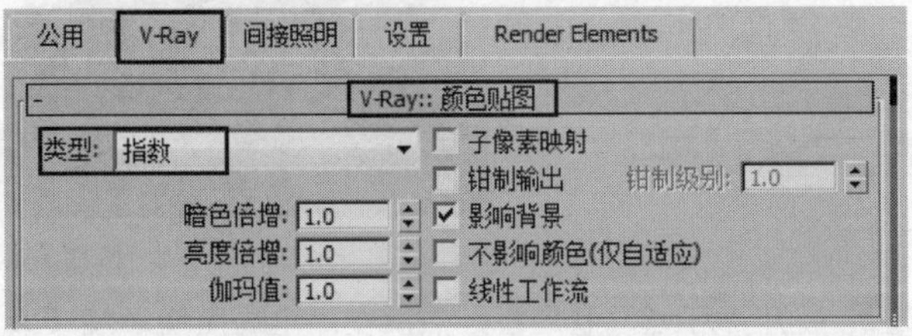

图12-143

06 渲染当前场景，效果如图12-144所示。可以观察到使用“指数”曝光模式产生的图像整体较暗，色彩也比较平淡。

图12-144

07 如果要加大图像的亮部与暗部的对比，可以在降低“暗色倍增”数值的同时提高“亮度倍增”的数值，如图12-145所示，然后渲染当前场景，效果如图12-146所示。可以观察到场景的明暗对比加强了，但是整体的色彩还是不如“线性倍增”曝光模式的艳丽。

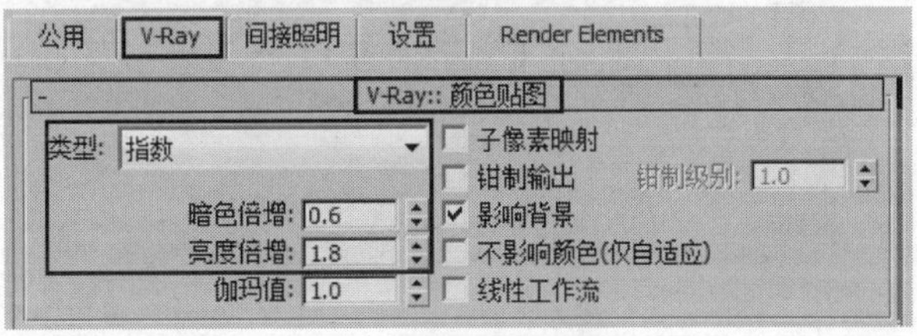

图12-145

图12-146

技巧与提示

经过上面的测试可以发现，“指数”曝光模式所产生的曝光效果整体偏暗，通过“暗色倍增”与“亮度倍增”选项的调整可以改善亮度与对比效果（该模式下数值的变动幅度需要大一些才能产生较明显的效果），但在色彩的表现力上还是不如“线性倍增”曝光模式。

08 下面测试“莱因哈德”曝光模式。展开“颜色贴图”卷展栏，然后设置“类型”为“莱因哈德”，如图12-147所示。这种曝光模式是“线性倍增”曝光模式与“指数”曝光模式的结合模式，在该模式下主要通过调整“伽玛值”参数来校正图像的亮度与对比度细节。

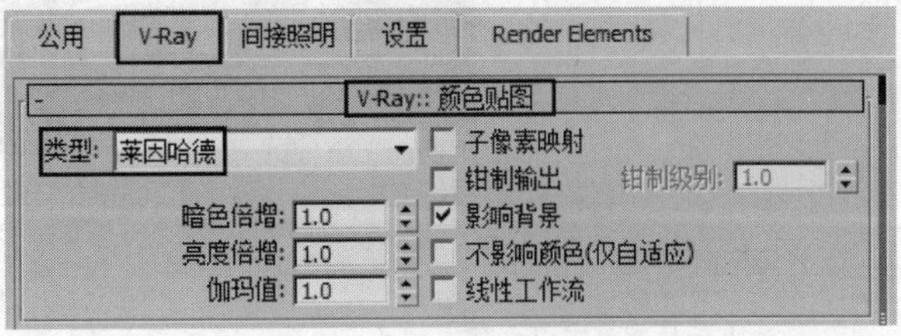

图12-147

09 渲染当前场景，效果如图12-148所示。可以观察到使用“莱茵哈德”曝光模式产生的图像亮度适中，明暗对比较强，色彩表现力也较理想。

图12-148

10 在“颜色贴图”卷展栏下将“伽玛值”提高到1.4，如图12-149所示，然后渲染当前场景，效果如图12-150所示。可以观察到图像的整体亮度提高了，而明暗对比度则会变弱。

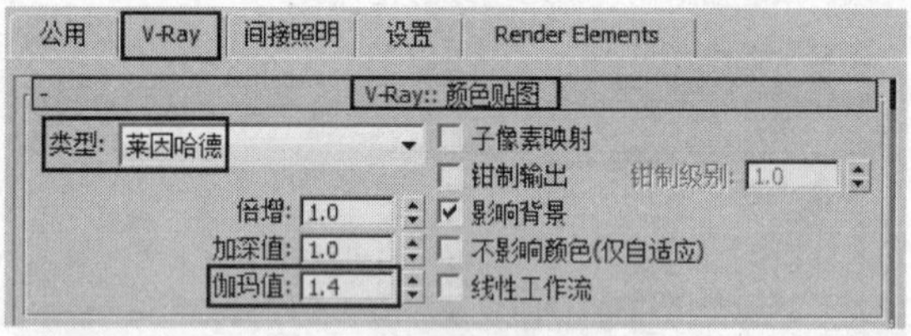

图12-149

图12-150

11 在“颜色贴图”卷展栏下将“伽玛值”降低到0.6，如图12-151所示，然后渲染当前场景，效果如图12-152所示。可以观察到图像的整体亮度降低了，而明暗对比度则会变强。

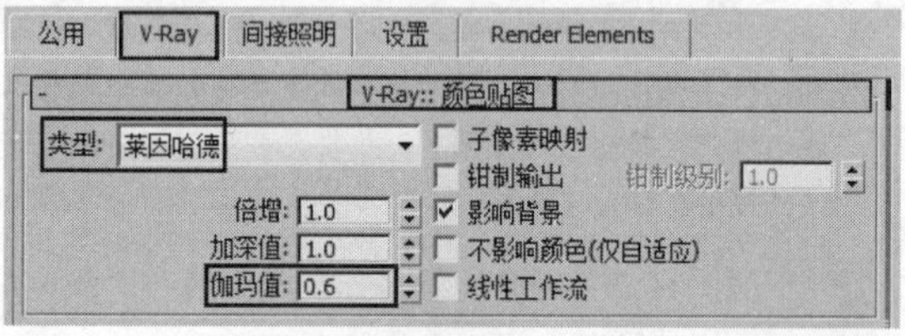

图12-151

图12-152

技巧与提示

经过上面的测试可以发现，“莱因哈德”曝光模式是一种比较灵活的曝光模式，如果场景室外灯光亮度很高，为了防止过度曝光并保持图像的色彩效果，这种模式是最佳选择。

实战214 环境之全局照明环境（天光）覆盖

场景位置	DVD>场景文件>CH12>实战214.max
实例位置	DVD>实例文件>CH12>实战214.max
视频位置	DVD>多媒体教学>CH12>实战214.flv
难易指数	★☆☆☆☆
技术掌握	全局照明环境（天光）覆盖的作用

实例介绍

通过“环境”卷展栏下的“全局照明环境（天光）覆盖”功能可以快速模拟出环境光效果，开启该功能前后的对比效果如图12-153和图12-154所示。

图12-153

图12-154

操作步骤

01 打开光盘中的“场景文件>CH12>实战214.max”文件，如图12-155所示。本场景中已经创建好了太阳光。

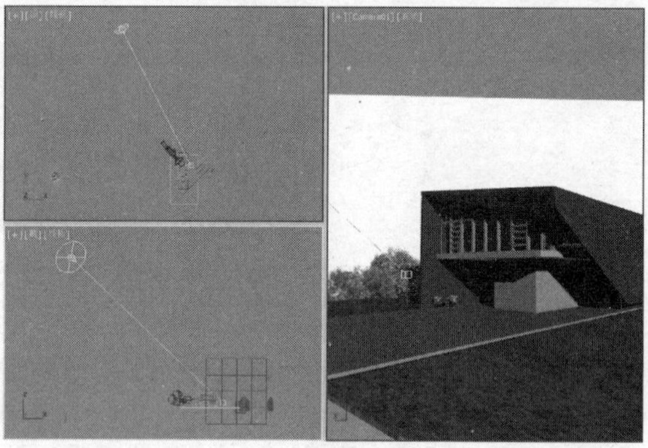

图12-155

02 渲染当前场景，效果如图12-156所示。可以观察到图像出现了日光光影效果，但是在日光直射的区域外，出现了十分暗淡的阴影（左侧的树木与右侧的草地）。

图12-156

03 展开“环境”卷展栏，然后在“全局照明环境（天光）覆盖”选项组下勾选“开”选项，如图12-157所示，再渲染当前场景，效果如图12-158所示。可以观察到图像整体变得更为明亮，左侧的树木与右侧的草地等区域的照明效果也得到了良好的改善。

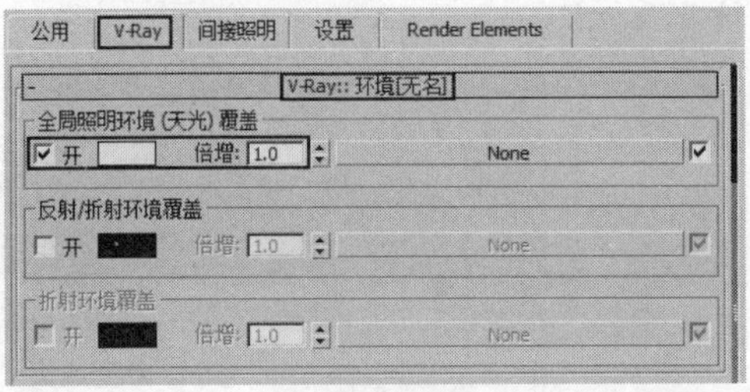

图12-157

图12-158

实战215 环境之反射/折射环境覆盖

场景位置	DVD>场景文件>CH12>实战215.max
实例位置	DVD>实例文件>CH12>实战215.max
视频位置	DVD>多媒体教学>CH12>实战215.flv
难易指数	★☆☆☆☆
技术掌握	反射/折射环境覆盖的作用

实例介绍

通过“环境”卷展栏下的“反射/折射环境覆盖”功能可以快速在场景内添加反射和折射细节。开启该功能的前后效果对比如图12-159和图12-160所示。

图12-159

图12-160

操作步骤

01 打开光盘中的“场景文件>CH12>实战215.max”文件，如图12-161所示。

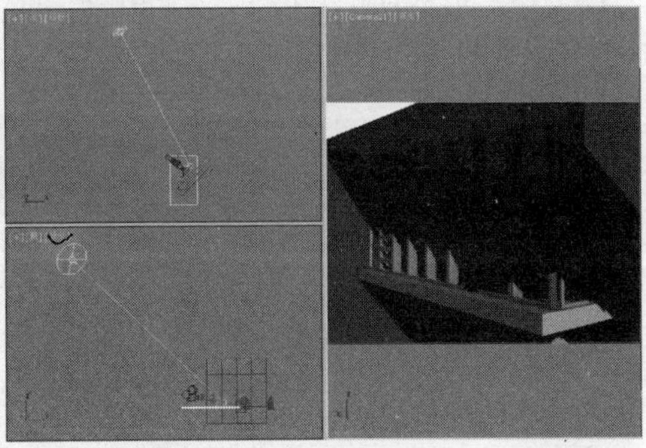

图12-161

02 渲染当前场景，效果如图12-162所示。可以观察到由于没有开启“反射/折射环境覆盖”功能，玻璃的质感并不强。

图12-162

03 展开“环境”卷展栏，然后在“反射/折射环境覆盖”选项组下勾选“开”选项，再在后面的贴图通道中加载一个VRayHDRI环境贴图，如图12-163所示。

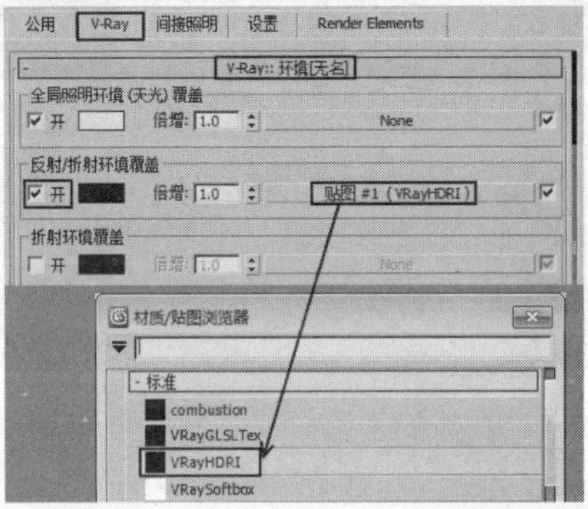

图12-163

04 按M键打开“材质编辑器”对话框，然后使用鼠标左键将“反射/折射环境覆盖”通道中的VRayHDRI环境贴图拖曳到一个空白材质球上，再在弹出的对话框中设置“方法”为“实例”，如图12-164所示。

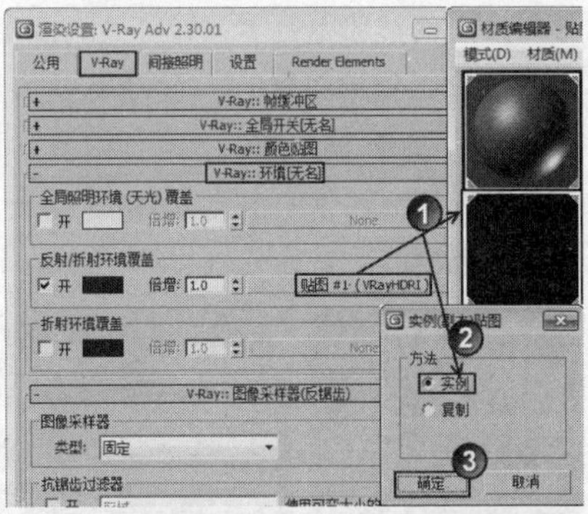

图12-164

05 单击“浏览”按钮 浏览 ，然后在弹出的对话框中选择“实例文件>CH12>实战215>户外.HDR”文件，再设置“贴图类型”为“球形”，如图12-165所示，最后渲染当前场景，效果如图12-166所示。可以观察到玻璃上出现了反射等细节，质感也得到了明显的加强。

图12-165

图12-166

06 如果要加强反射的影响程度，可以提高“全局倍增”数值，如图12-167所示，然后再次渲染当前场景，效果如图12-168所示。

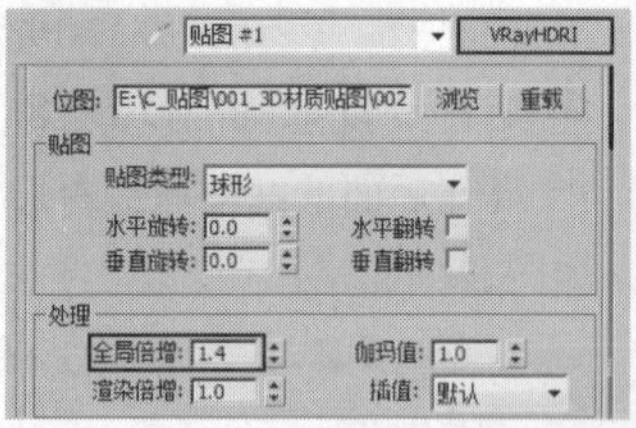

图12-167

图12-168

实战216 间接照明（GI）

场景位置	DVD>场景文件>CH12>实战216.max
实例位置	DVD>实例文件>CH12>实战216.max
视频位置	DVD>多媒体教学>CH12>实战216.flv
难易指数	★★☆☆☆
技术掌握	间接照明（GI）的作用

实例介绍

在现实生活中，光源所产生的光照有“直接照明”与“间接照明”之分。“直接照明”指的是光线直接照射在对象上产生的直接照明效果，而“间接照明”指的是光线被阻挡（如墙面、沙发）后不断反弹所产生的额外照明，这也是真实物理世界中存在的现象。但由于计算间接照明效果十分复杂，因此不是每款渲染器都能产生理想的模拟效果，有的渲染器甚至只计算“直接光照”（如3ds Max自带的扫描线渲染器），而VRay渲染器则可以在全局光（即直接照明+间接照明）进行计算。图12-169~图12-171所示是在同一场景中未开启全局光、开启全局光与调整了全局光强度的效果对比。

图12-169

图12-170

图12-171

操作步骤

01 打开光盘中的“场景文件>CH12>实战216.max”文件，如图12-172所示。本场景只创建了一盏太阳光。

02 单击“间接照明”选项卡，然后展开“间接照明（GI）”卷展栏，可以观察到在默认情况下没有开启“间接照明（GI）”功能，也就是说此时场景中没有间接照明效果，如图12-173所示。

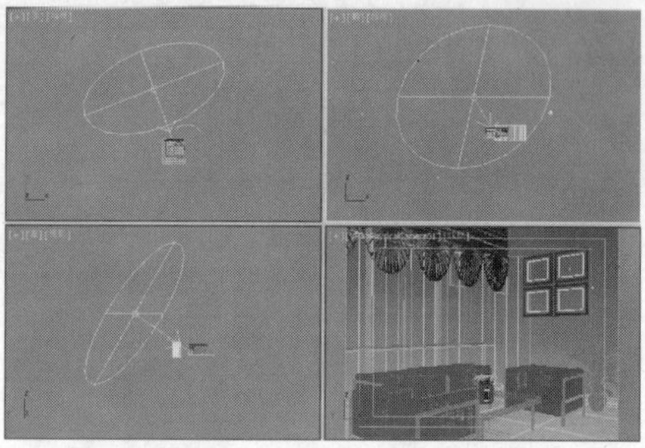

图12-172

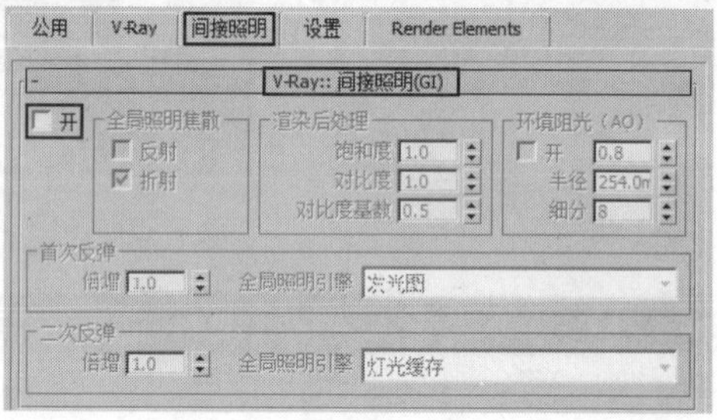

图12-173

03 渲染当前场景，效果如图12-174所示。可以观察到由于没有间接照明反弹光线，此时仅阳光投射的区域产生了较明亮的亮度，而在其他区域则变得十分昏暗，甚至看不到一点光亮。

图12-174

04 在“间接照明（GI）”卷展栏下勾选“开”选项，然后设置“首次反弹”的全局照明引擎为“发光图”、“二次反弹”的全局照明引擎为“灯光缓存”，如图12-175所示。

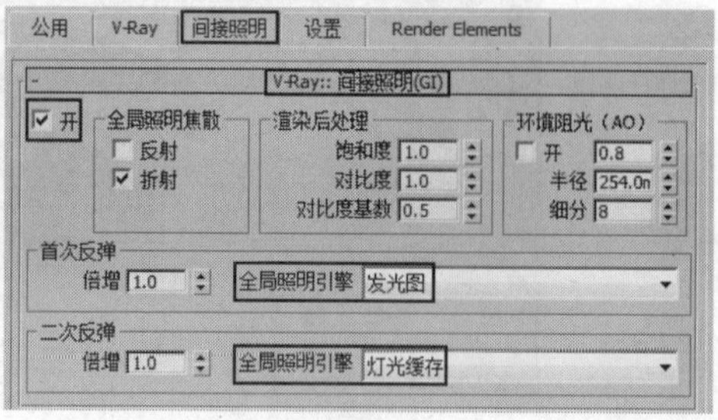

图12-175

技术专题 35 首次反弹与二次反弹的区别

“首次反弹”指的是直接光照，“倍增”值主要用来控制其强度，一般保持默认即可。如果“倍增”值大于1，整个场景会显得很亮。后面的引擎主要用来控制直接光照的方式，最常用的是“发光图”。

“二次反弹”指的是间接照明，“倍增”值决定受直接光影响向四周发射光线的强度，默认值为1可以得到一个很好的效果，但有的场景中边与边之间的连接线比较模糊，可以适当调整“倍增”值，一般设置为0.5~1。后面的引擎主要用来控制直接光照的方式，一般选用“灯光缓存”。

在室内空间中计算间接照明时，“首次反弹”的全局照明引擎选择“发光图”，“二次反弹”的全局照明引擎选择“灯光缓存”是最理想的搭配。在本章后面的实例中如果没有特别说明，“间接照明”卷展栏下的参数搭配都采用该设置。

05 渲染当前场景，效果如图12-176所示。可以观察到由于间接照明反弹光线，此时整体室内空间都获得了一定的亮度，但整体效果还需要进一步调整。

图12-176

06 将“首次反弹”的“倍增”值提高到2，如图12-177所示，然后渲染当前场景，效果如图12-178所示。可以观察到此时的光照得到了一定的改善。

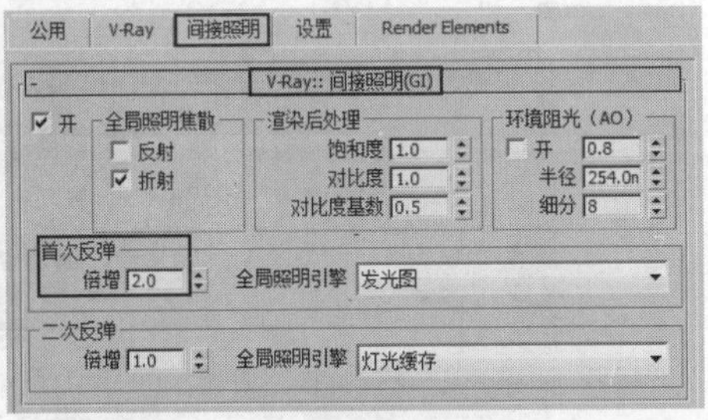

图12-177

图12-178

07 将“首次反弹”的“倍增”值还原为1，然后将“二次反弹”的“倍增”值设置为0.5（注意，该值最大为1，如果降低数值将减弱间接照明的反弹强度），如图12-179所示，再渲染当前场景，效果如图12-180所示。可以观察到由于减弱了间接照明的反弹强度，场景又变得非常昏暗。

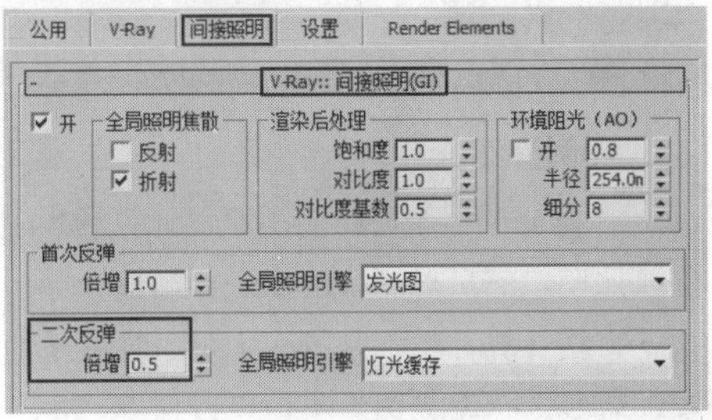

图12-179

图12-180

技术专题 36 环境阻光技术解析

在“间接照明（GI）”卷展栏下有一个比较常用的“环境阻光（AO）”选项，这个选项组下的3个选项可以用来刻画模型交接面（如墙面交线）以及角落处的暗部细节效果，如图12-181所示，渲染后得到的效果如图12-182所示。可以观察到在墙线等位置产生了较明显的阴影细节。

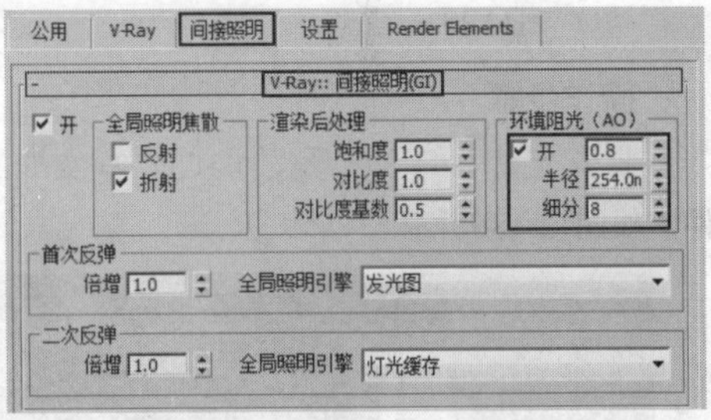

图12-181

图12-182

实战217 间接照明之发光图

场景位置	DVD>场景文件>CH12>实战217.max
实例位置	DVD>实例文件>CH12>实战217.max
视频位置	DVD>多媒体教学>CH12>实战217.flv
难易指数	★★★☆☆
技术掌握	发光图的作用

实例介绍

“发光图”全局照明引擎仅计算场景中某些特定点的间接照明，然后对剩余的点进行插值计算。其优点是速度快于直接计算，特别是具有大量平坦区域的场景，产生的噪波较少。“发光图”不但可以保存，也可以调用，特别是在渲染相同场景不同方向的图像或动画的过程中可以加快渲染速度，还可以加速从面积光源产生的直接漫反射灯光的计算。当然，“发光图”也是有缺点的，由于采用了插值计算，间接照明的一些细节可能会被丢失或模糊，如果参数过低，可能会导致在渲染动画的过程中产生闪烁，需要占用较大的内存，运动模糊中运动物体的间接照明可能不是完全正确的，也可能会导致一些噪波的产生，发光图所产生的质量及渲染时间与“发光图”卷展栏下的很多参数设置有关。图12-183~图12-185所示是不同参数所产生的发光图效果与耗时对比。

图12-183

图12-184

图12-185

操作步骤

01 打开光盘中的“场景文件>CH12>实战217.max”文件，如图12-186所示。

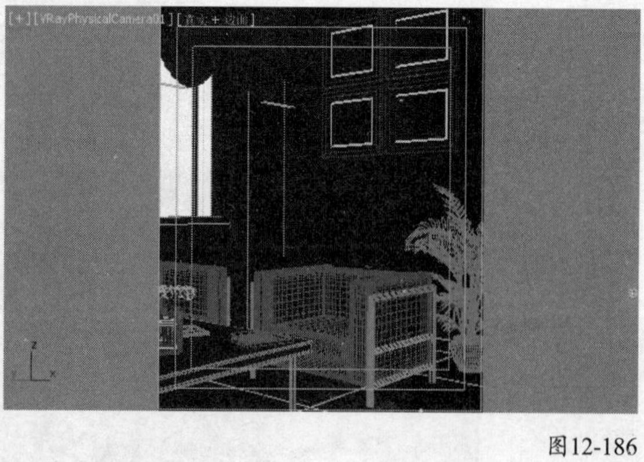

图12-186

02 单击“间接照明”选项卡，然后展开“间接照明（GI）”卷展栏，再设置“首次反弹”的“倍增”为3、全局照明引擎为“发光图”，最后设置“二次反弹”的“倍增”为1，全局照明引擎为“灯光缓存”，如图12-187所示。

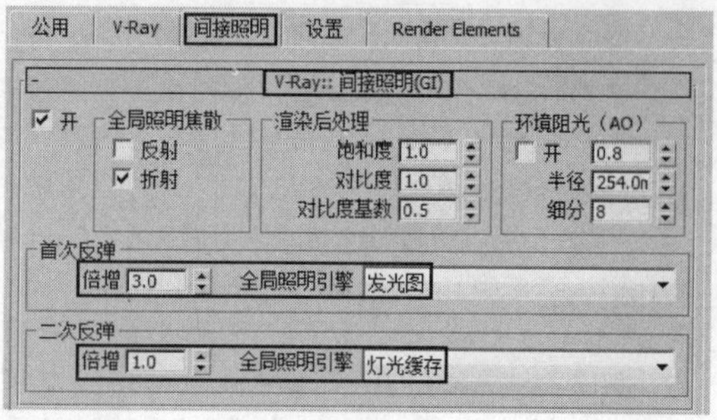

图12-187

技巧与提示

将“首次反弹”的全局照明引擎设置为“发光图”后，在下面会自动添加一个“发光图”卷展栏，如图12-188所示。可以观察到该卷展栏下的参数非常复杂，但是在实际工作中只需要修改“内建预置”选项组下的“当前预置”选项即可达到快速调整场景的目的。下面就对“内建预置”下拉列表中的“非常低”、“中”、“非常高”和“自定义”4档参数进行详细介绍，如图12-189所示。

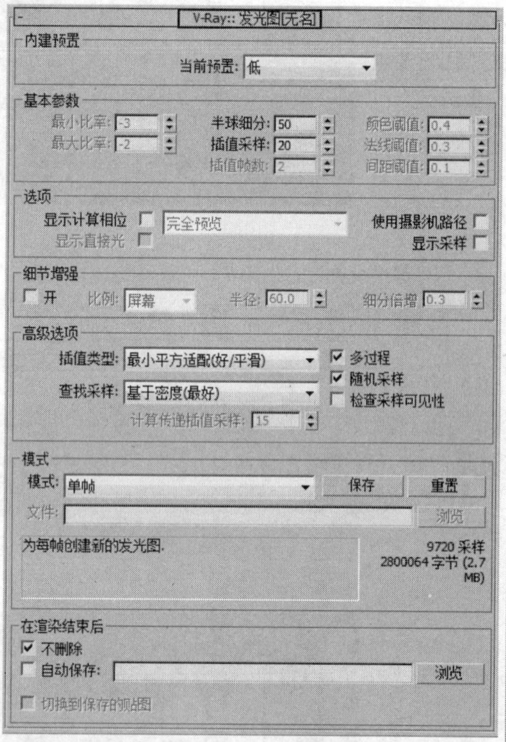

图12-188

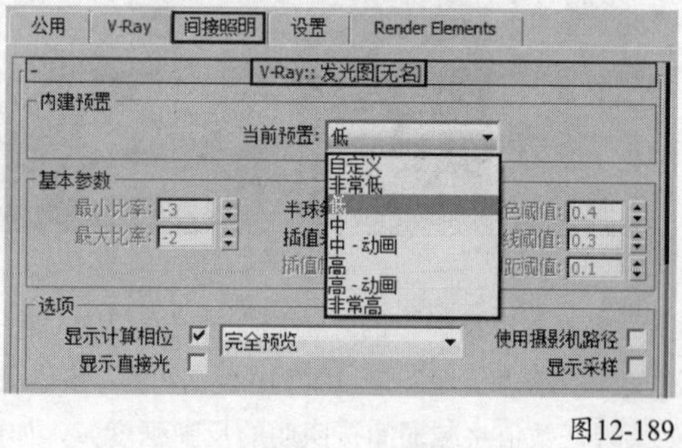

图12-189

03 在“发光图”卷展栏下设置“当前预置”为“非常低”，如图12-190所示，然后渲染当前场景，效果如图12-191所示。可以观察到图像的质量较差，墙面交线出现了不正确的高光，墙壁上的挂画也没有体现明显的边框立体感，感觉照片是直接贴在墙上的，耗时约为1分28秒。

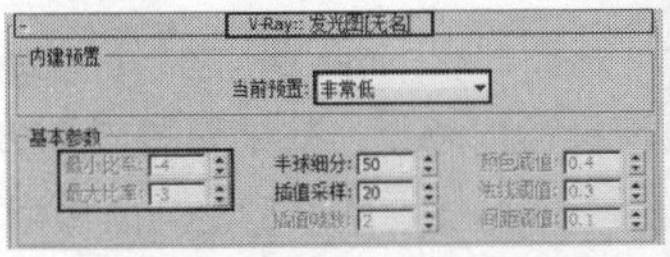

图12-190

图12-191

技巧与提示

虽然在“非常低”模式下出现了众多的图像品质问题，但其所表现的灯光整体亮度与色彩却是可以参考的。考虑到该模式的渲染时间，在进行灯光效果的渲染测试时也可以直接使用。

04 在“发光图”卷展栏下设置“当前预置”为“中”，如图12-192所示，然后渲染当前场景，效果如图12-193所示。可以观察到图像质量得到了一定的改善，墙面交线的高光错误得到了一定程度的纠正，墙壁上挂画边框的立体感也变得比较强，而耗时也增加到约2分29秒。

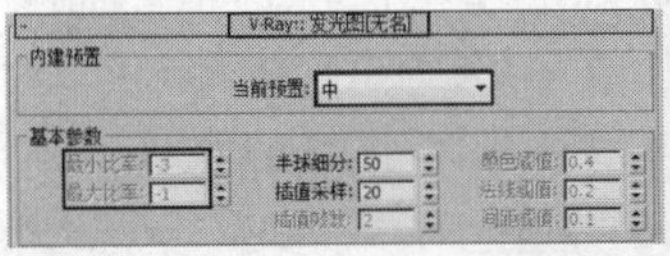

图12-192

图12-193

05 在“发光图”卷展栏下设置“当前预置”为“非常高”，如图12-194所示，然后渲染当前场景，效果如图12-195所示。可以观察到图像的质量得到了进一步的改善，墙面交线的高光错误基本消除，墙壁上挂画整体的立体感也十分理想，但耗时也剧增到约23分45秒。

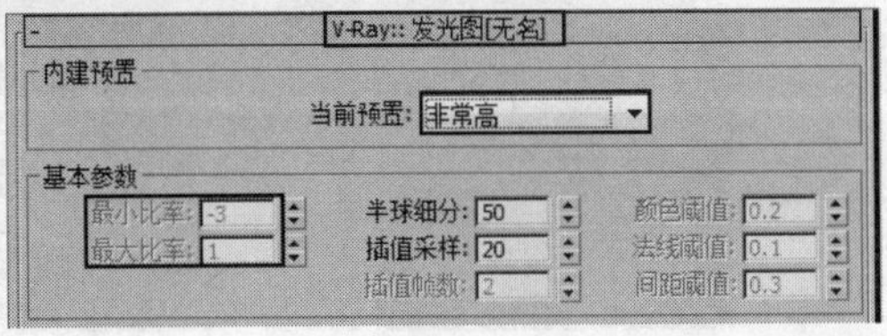

图12-194

图12-195

技巧与提示

对比上面3张测试渲染图可以发现，在不同级别的预置模式下，“最小比率”与“最大比率”两个参数值也有所不同，下面对这两个参数的作用与区别进行详细介绍。

最小比率：主要控制场景中比较平坦且面积较大的面的发光图计算质量，这个参数确定全局照明中首次传递的分辨率。0意味着使用与最终渲染图像相同的分辨率，这将使发光图类似于直接计算GI的方法；-1意味着使用最终渲染图像一半的分辨率。在一般情况下都需要将其设置为负值，以便快速计算大而平坦区域的GI，这个参数类似于“自适应细分”采样器的“最小比率”参数（尽管不完全一样），测试渲染时可以设置为-5或-4，渲染成品图时则可以设置为-2或-1。

最大比率：主要控制场景中细节比较多且弯曲较大的物体表面或物体交汇处的质量，这个参数确定GI传递的最终分辨率，类似于“自适应细分”采样器的“最大比率”参数。测试渲染时可以设置为-5或-4，最终出图时可以设置为-2、-1或0。

这两个参数的解释比较复杂，简单来说其决定了发光图计算的精度，两者差值越大，计算越精细，所耗费的时间也越长。但仅仅调整这两个参数并不能产生较理想的效果，也不便控制渲染时间，接下来通过“自定义”模式来平衡渲染品质与渲染速度。

06 在“发光图”卷展栏下设置“当前预置”为“自定义”，然后设置“最小比率”为-3、“最大比率”为0、“半球细分”为70、“插值采样”为35，具体参数设置如图12-196所示，再渲染当前场景，效果如图12-197所示。可以观察到本次渲染得到的图像质量变得更为理想，而且耗时也减少到约7分45秒。

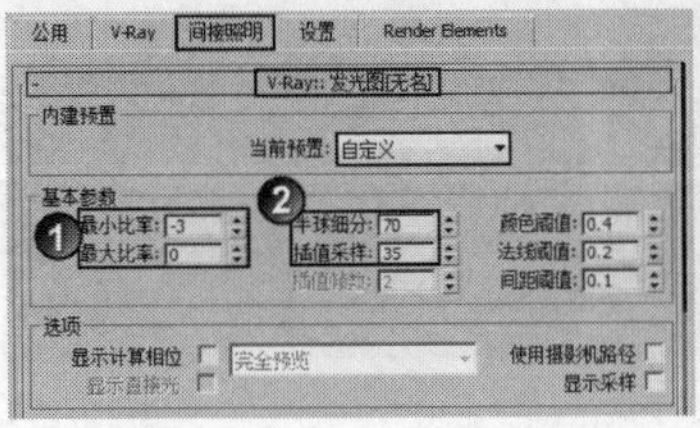

图12-196

图12-197

技巧与提示

半球细分：决定单独的全局照明样本的数量，对整图的质量有重要影响。较小的取值可以获得较快的渲染速度，但是也可能产生黑斑；较高的取值可以得到平滑的图像。注意，"半球细分"并不代表被追踪光线的实际数量，光线的实际数量接近于这个参数的平方值。测试渲染时可以设置为10~15，以提高渲染速度，但图像质量很差；最终出图时可以设置为40~75，这样可以模拟光线条数和光线数量，值越高表现的光线越多，样本精度也越高，品质也越好。

插值采样：控制场景中的黑斑，值越大黑斑越平滑，但设置太大造成的阴影显得不真实；较小的取值会产生更光滑的细节，但是也可能产生黑斑。测试渲染时采用默认设置即可，而需要表现高品质图像时可以设置为30~40。

实战218 间接照明之灯光缓存

场景位置	DVD>场景文件>CH12>实战218.max
实例位置	DVD>实例文件>CH12>实战218.max
视频位置	DVD>多媒体教学>CH12>实战218.flv
难易指数	★☆☆☆☆
技术掌握	灯光缓存的作用

实例介绍

"灯光缓存"全局照明引擎是一种近似于场景中全局光照明的技术，"二次反弹"的全局照明引擎一般都使用它。"灯光缓存"建立在追踪从摄影机可见的许多光线路径的基础上（即只计算渲染视图中的可见光），每一次沿路径的光线反弹都会储存照明信息，它们组成了一个3D结构。"灯光缓存"的优点是对于细小物体的周边和角落可以产生正确的效果，并且可以节省大量的计算时间。

"灯光缓存"的缺点是独立于视口，并且是在摄影机的特定位置产生的，它为间接可见的部分场景产生了一个近似值（例如在一个封闭的房间内使用一个灯光贴图就可以近似完全地计算全局光照），同时它只支持VRay自带的材质，对凹凸类的贴图支持也不够好，不能完全正确计算运动模糊中的运动物体。相对于复杂的"发光图"参数，"灯光缓冲"的控制较为简单，通常调整其下的"细分"值即可。图12-198和图12-199所示是不同"细分"值所产生的效果与耗时的对比。

图12-198　　图12-199

操作步骤

01 打开光盘中的"场景文件>CH12>实战218.max"文件，如图12-200所示。

图12-200

02 展开"灯光缓存"卷展栏，然后设置"细分"为200，如图12-201所示，再渲染当前场景，效果如图12-202所示，细节放大效果如图12-203所示。可以观察到图像中的整体灯光效果还算理想，仅在墙面交线等位置出现较小范围的高光错误，此时的耗时约为1分35秒。

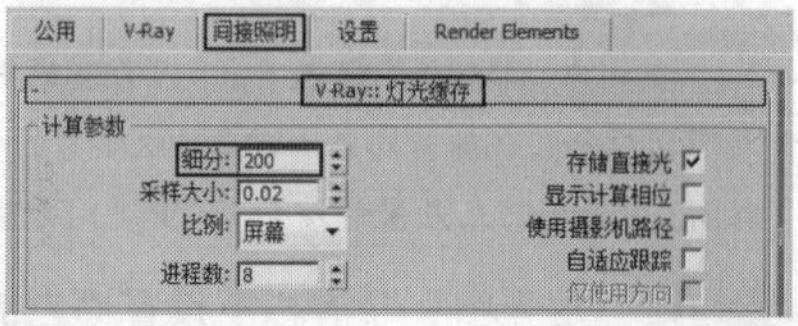

图12-201

图12-202　　图12-203

03 将"细分"值提高到600，如图12-204所示，然后渲染当前场景，效果如图12-205所示，细节放大效果如图12-206所示。可以观察到高光错误已经得到了纠正，耗时增加到约2分14秒。

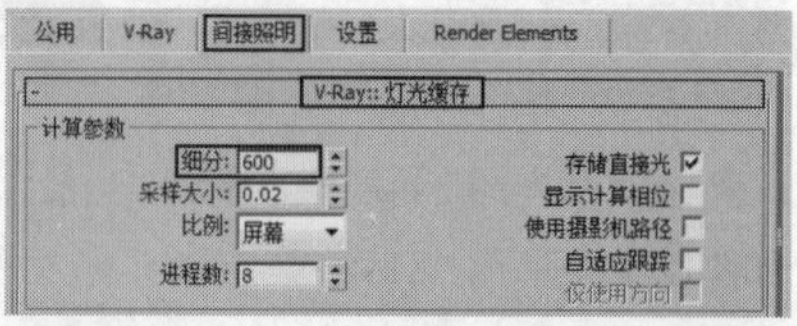

图12-204

图12-205　　图12-206

技巧与提示

经过以上测试可以发现“灯光缓存”是一种可以在渲染质量与渲染时间上取得良好平衡的全局光引擎，其主要影响参数是“细分”值，值越大质量越好，但所增加的计算时间也比较明显，测试渲染时可以设置为100~300，最终渲染时可以设置为800~1200。

实战219 间接照明之BF算法

场景位置	DVD>场景文件>CH12>实战219.max
实例位置	DVD>实例文件>CH12>实战219.max
视频位置	DVD>多媒体教学>CH12>实战219.flv
难易指数	★☆☆☆☆
技术掌握	BF算法的作用

实例介绍

“BF算法”引擎是一种简单的灯光计算方法，根据每一个表面的Shade点独立计算间接照明，这个过程是通过追踪位于这些点上方的不同方向的一些半球光线来实现的。其优点是可以保护间接照明中所有的细节（例如小而锐利的阴影）并解决渲染动画闪烁的缺点。此外，“BF算法”不需要占用额外的内存，并且可以正确计算运动模糊中运动物体的间接照明。

“BF算法”的缺点是由于直接计算往往会导致图像产生较多的噪波，解决的方法只有大量增加发射光线的数量，而这会增加渲染时间。“BF算法”的控制参数相对比较简单，只要调整“细分”值便可有效控制图像的最终效果。图12-207和图12-208所示是不同“细分”值所产生的效果与耗时的对比。

图12-207

图12-208

操作步骤

01 打开光盘中的“场景文件>CH12>实战219.max”文件，如图12-209所示。

图12-209

02 展开“间接照明（GI）”卷展栏，然后设置“二次反弹”的全局照明引擎为“BF算法”，如图12-210所示。设置完成后，在下面会自动添加一个“BF强算全局光”卷展栏，如图12-211所示。

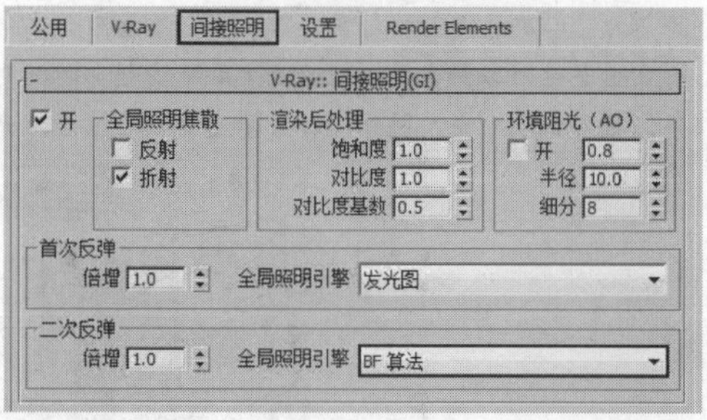

图12-210

图12-211

03 渲染当前场景，效果如图12-212所示。可以观察到图像没有太明显的品质问题，仅在模型表面形成了轻微的噪点，耗时约42秒。

图12-212

04 在“BF强算全局光”卷展栏下设置“细分”为24、“二次反弹”为8，如图12-213所示，然后渲染当前场景，效果如图12-214所示。可以观察到噪点得到了有效控制，耗时增加到49秒。

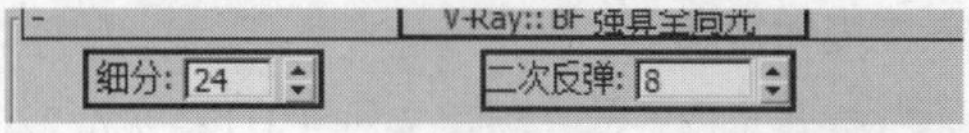

图12-213

图12-214

技巧与提示

从上面的测试过程可以发现“BF算法”引擎可以较快地渲染完成较高质量的图像，因此在需要快速出图的时候可以选用其作为“二次反弹”的引擎。但在室内场景中如果灯光较为集中且明亮时则容易出现图12-215所示的问题，即灯光边缘不整齐，且会出现光斑。因此，该引擎更适合于渲染灯光较为简单的建筑场景。

图12-215

实战220 DMC采样器之适应数量

场景位置	DVD>场景文件>CH12>实战220.max
实例位置	DVD>实例文件>CH12>实战220.max
视频位置	DVD>多媒体教学>CH12>实战220.flv
难易指数	★☆☆☆☆
技术掌握	适应数量的作用

实例介绍

“DMC采样器”的“适应数量”功能可以控制图像中的光斑等细节，该选项的设定值为采样时最小的终止数量，因此较小的数值可以使采样更为精细，但也会耗费更多的计算时间。图12-216~图12-218所示是不同“适应数量”值渲染得到的图像效果与耗时的对比。

图12-216

图12-217

图12-218

操作步骤

01 打开光盘中的“场景文件>CH12>实战220.max”文件，如图12-219所示。

图12-219

02 单击“设置”选项卡，然后展开“DMC采样器”卷展栏，可以观察到“适应数量”的默认值为0.75，如图12-220所示。

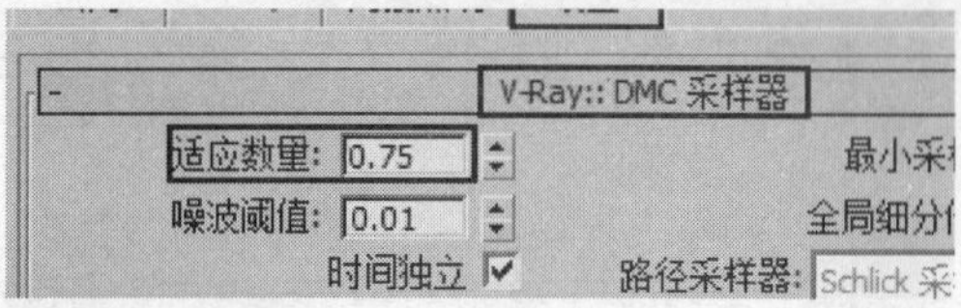

图12-220

03 渲染当前场景，效果如图12-221所示。可以观察到图像中的整体灯光效果尚可接受，但在远端的墙面上出现了较大面积的光斑，耗时约为53秒。

图12-221

04 在“DMC采样器”卷展栏下设置“适应数量”为1，如图12-222所示，然后渲染当前场景，效果如图12-223所示。可以观察到提高数值后，远端墙面光斑变得更为明显，近处的透明纱窗上也出现了一些光斑，耗时降低到约36秒。

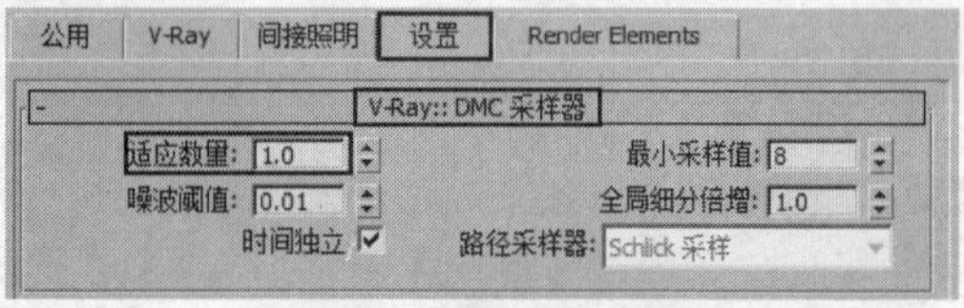

图12-222

图12-223

05 在“DMC采样器”卷展栏下设置“适应数量”为0.55，如图12-224所示，然后渲染当前场景，效果如图12-225所示。可以观察到降低该数值后，远端墙面及近处的透明纱窗变得平滑，但耗时增加到约53秒。

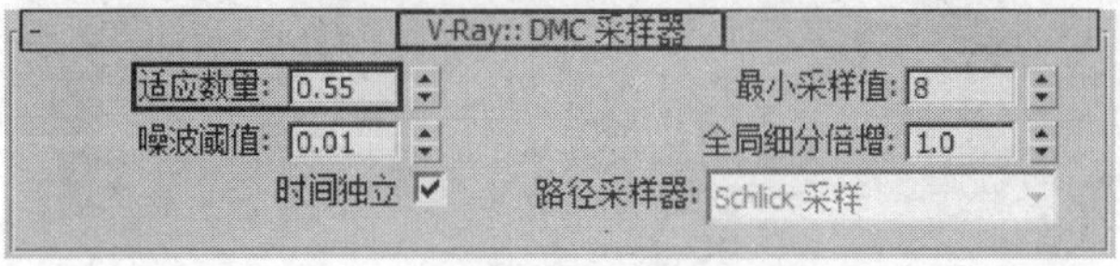

图12-224

图12-225

06 在“DMC采样器”卷展栏下设置“适应数量”为0.1，如图12-226所示，然后再次渲染当前场景，效果如图12-227所示。可以观察到相对于0.55的设置，此时的图像并没有太多变化，但耗时剧增到约4分7秒。

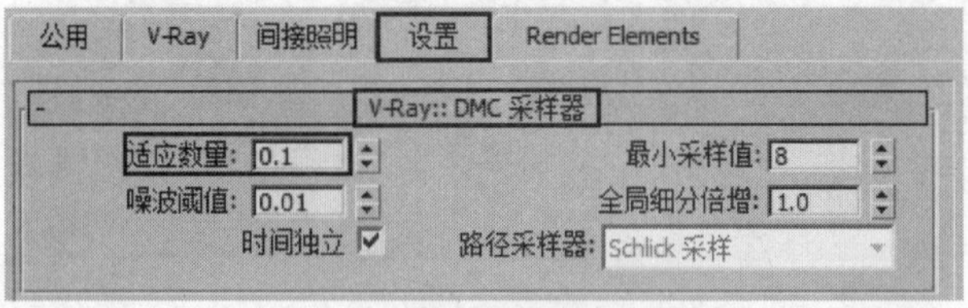

图12-226

图12-227

技巧与提示

经过以上的测试可以发现，适当降低“适应数量”值可以在较合理的时间内得到较高品质的图像，在测试渲染时通常保持默认值0.75即可，在渲染成品图时控制在0.55~0.75，设置太低并不能进一步改善图像质量，反而会大幅增加渲染时间。

实战221 DMC采样器之噪波阈值

场景位置 DVD>场景文件>CH12>实战221.max
实例位置 DVD>实例文件>CH12>实战221.max
视频位置 DVD>多媒体教学>CH12>实战221.flv
难易指数 ★☆☆☆☆
技术掌握 噪波阈值的作用

实例介绍

“DMC采样器”的“噪波阈值”参数可以控制图像的噪点等，VRay渲染器在评估一种模糊效果是否足够好的时候，最小接受值即为该选项设定的数值，小于该数值的采样在最后的结果中将直接转化为噪波。因此，较小的取值意味着较少的噪波，同时使用更多的样本以获得更好的图像品质，但也会耗费更多的计算时间。图12-228~图12-230所示是不同“噪波阈值”数值渲染得到的图像效果与耗时的对比。

图12-228

图12-229

图12-230

实例介绍

01 打开光盘中的“场景文件>CH12>实战221.max”文件，如图12-231所示。

图12-231

02 展开“DMC采样器”卷展栏，可以观察到“噪波阈值”的默认值为0.01，如图12-232所示。

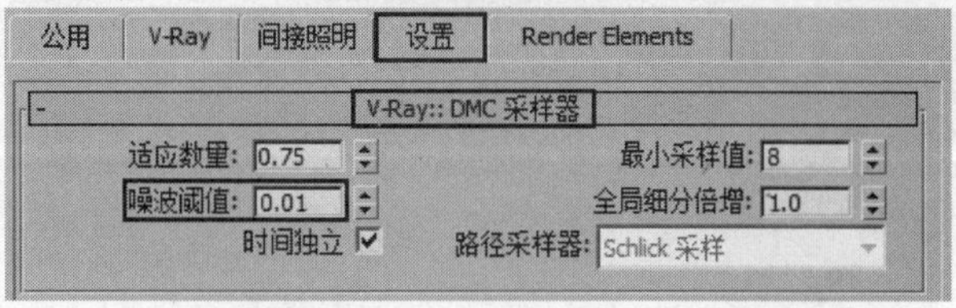

图12-232

03 渲染当前场景，效果如图12-233所示，细节放大效果如图12-234所示。可以观察到图像存在很多噪点，远端的墙面上尤为明显，耗时约54秒。

图12-233

图12-234

04 在“DMC采样器”卷展栏下设置“噪波阈值”为0.1，如图12-235所示，然后渲染当前场景，效果如图12-236所示，细节放大效果如图12-237所示。可以观察到此时的噪点更为明显，耗时降低到约52秒。

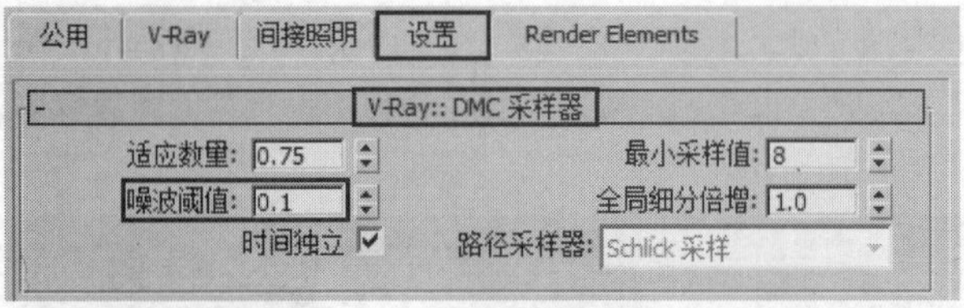

图12-235

图12-236

图12-237

05 在“DMC采样器”卷展栏下设置“噪波阈值”为0.001，如图12-238所示，然后再次渲染当前场景，效果如图12-239所示，细节放大效果如图12-240所示。可以观察到此时的噪点得到了控制，墙面变得比较光滑，耗时则增加到约1分31秒。

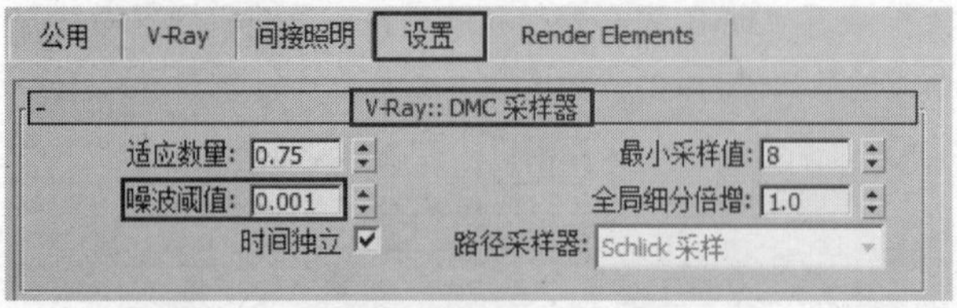

图12-238

图12-239

图12-240

技巧与提示

经过以上的测试可以发现，适当地降低“噪波阈值”参数值可以有效地消除模型表面的噪点，在测试渲染时保持默认值即可，渲染最终成品图时可设置为0.001~0.005，以得到高品质图像。

实战222 DMC采样器之最小采样值

场景位置	DVD>场景文件>CH12>实战222.max
实例位置	DVD>实例文件>CH12>实战222.max
视频位置	DVD>多媒体教学>CH12>实战222.flv
难易指数	★☆☆☆☆
技术掌握	最小采样值的作用

实例介绍

“DMC采样器”的“最小采样值”选项可以进一步消除图像中的噪点，该参数设定的数值为VRay渲染器早期终止算法生效时必须获得的最少样本数量，较高的取值将会减慢渲染速度，但同时会使早期终止算法更可靠。图12-241~图12-243所示是不同“最小采样值”渲染得到的图像效果与耗时的对比。

图12-241

图12-242

图12-243

操作步骤

01 打开光盘中的“场景文件>CH12>实战222.max”文件，如图12-244所示。

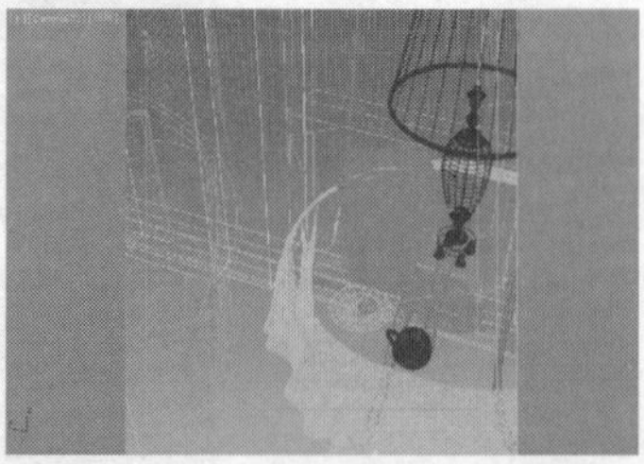

图12-244

02 展开“DMC采样器”卷展栏，可以观察到“最小采样值”的默认值为8，如图12-245所示。

图12-245

03 渲染当前场景，效果如图12-246所示，细节放大效果如图12-247所示。可以观察到模型的表面存在噪点，此时耗时约1分39秒。

图12-246

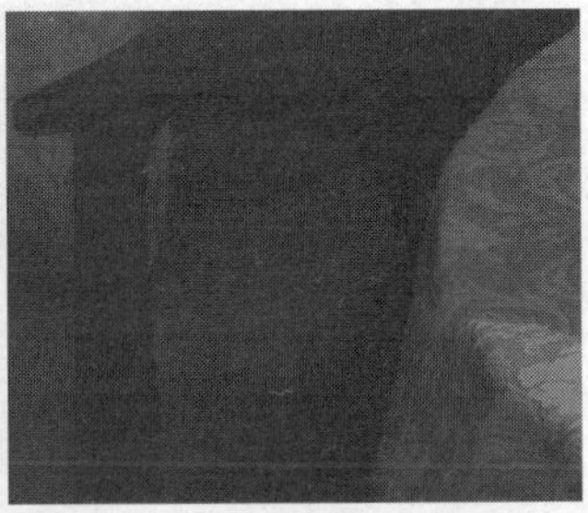

图12-247

04 在“DMC采样器”卷展栏下设置“最小采样值”为2，如图12-248所示，然后渲染当前场景，效果如图12-249所示，细节放大效果如图12-250所示。可以观察到此时的噪点变得更为明显，耗时约1分18秒。

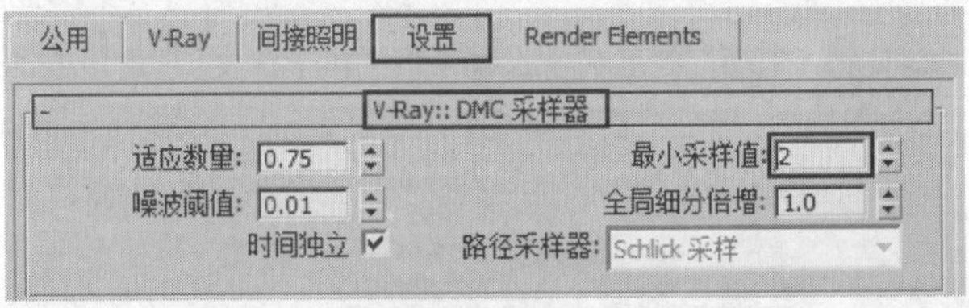

图12-248

图12-249

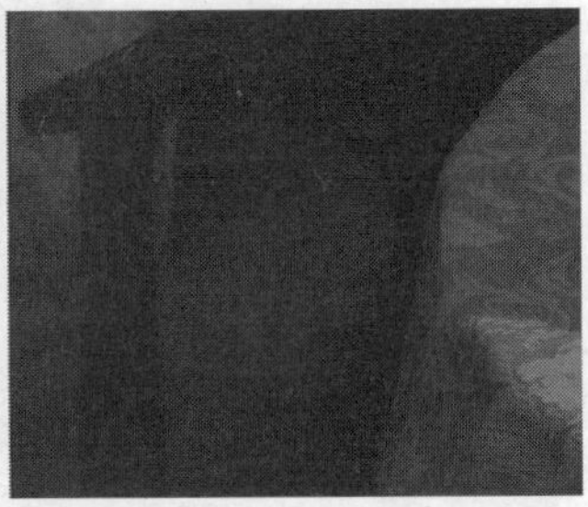

图12-250

05 在“DMC采样器”卷展栏下设置“最小采样值”为36，如图12-251所示，然后再次渲染当前场景，效果如图12-252所示，细节放大效果如图12-253所示。此时可以观察到噪点得到有效控制，耗时约1分40秒。

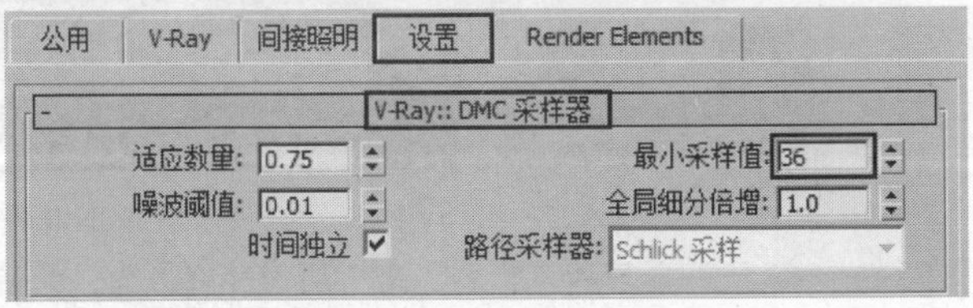

图12-251

图12-252

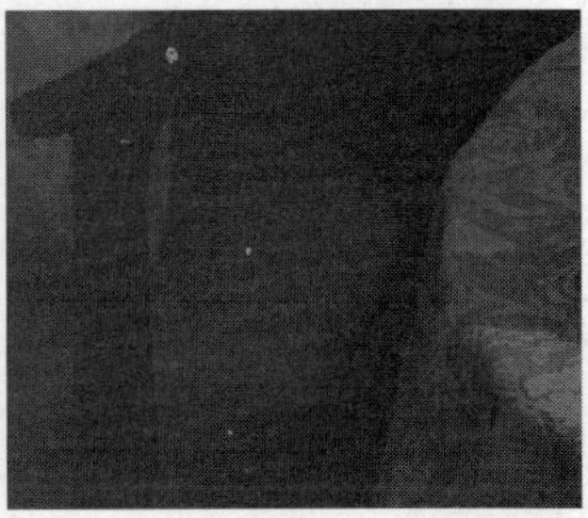

图12-253

技巧与提示

经过以上的测试可以发现，适当增加“最小采样值”可以比较彻底地消除噪点，在测试渲染时通常保持默认数值8即可，在渲染成品图时控制在16~32即可。要注意的是在实际工作中如果“最小采样值”设置为32，噪点如果仍然较明显，可以通过提高下面的“全局细分倍增”来进一步校正。图12-254所示是设置该值为1时的渲染效果，图12-255所示是提高到4时的渲染效果。“全局细分倍增”参数值是渲染过程中任何地方任何参数的细分值的倍数值，因此可以较大程度地提高图像的采样品质，但所增加的渲染时间也比较多。

图12-254

图12-255

实战223 系统之光计算参数

场景位置	DVD>场景文件>CH12>实战223.max
实例位置	DVD>实例文件>CH12>实战223.max
视频位置	DVD>多媒体教学>CH12>实战223.flv
难易指数	★☆☆☆☆
技术掌握	最大树形深度的作用

实例介绍

“VRay系统”卷展栏下的参数如图12-256所示。这里的参数主要用于设置VRay渲染时的系统资源分配、渲染区域、帧标记以及VRay日志等内容。这些参数的调整并不会影响VRay渲染的最终图像效果，主要用于控制渲染时间、调整帧标记以及查看VRay渲染的详细过程等内容。在本例中主要介绍其中的“光计算参数”选项组。

VRay渲染器在计算场景光线时，为了准确模拟光线与场景模型的碰撞和反弹，VRay会将场景中的几何体信息组织成一个特别的结构，这个结构称之为“二元空间划分树（BSP树，即Binary Space Partitioning）”。“BSP树”是一种分级数据结构，是通过将场景细分成两个部分来建立的，然后在每一个部分中寻找并依次细分，这两个部分称为“BSP树的节点”。

设置“最大树形深度”可以定义“BSP树”的最大深度，较大的值将占用更多的内存，但是渲染会很快，一直到一些临界点，超过临界点（每一个场景不一样）以后会开始减慢；较小的参数值将使“BSP树”少占用系统内存，但是整个渲染速度会变慢。图12-257~图12-259所示是不同的“最大树形深度”值渲染得到的效果与耗时的对比。

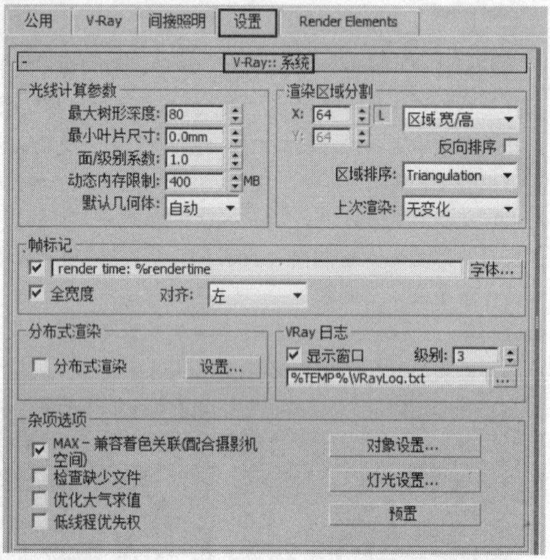

图12-256

图12-257

图12-258

图12-259

操作步骤

01 打开光盘中的“场景文件>CH12>实战223.max”文件，如图12-260所示。

图12-260

02 展开“系统”卷展栏，可以观察到“最大树形深度”的默认值为80，如图12-261所示。

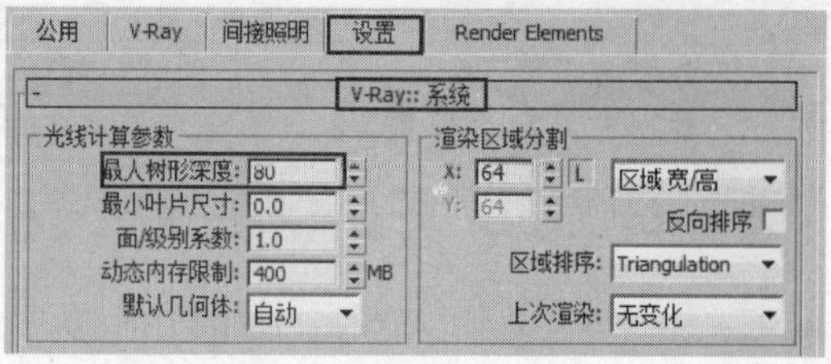

图12-261

03 渲染当前场景，效果如图12-262所示，此时耗时约3分14秒。

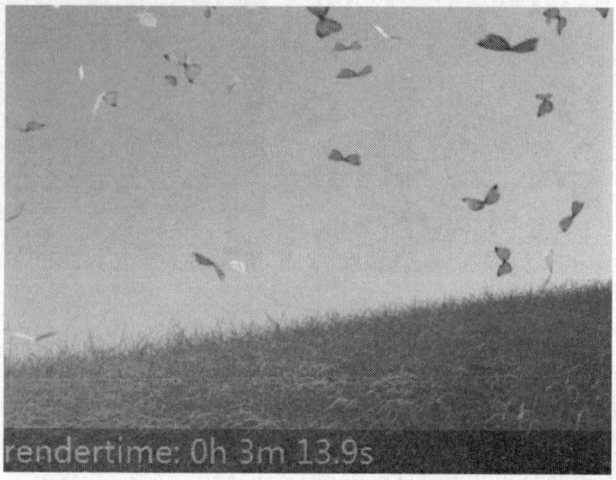

图12-262

04 在“系统”卷展栏下设置“最大树形深度”为20，如图12-263所示，然后渲染当前场景，效果如图12-264所示。可以观察到图像的质量没有发生变化，但耗时剧增到约8分12秒。

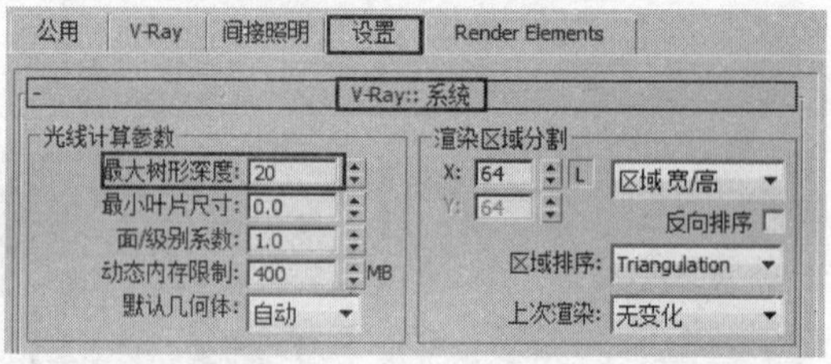

图12-263

图12-264

05 在“系统”卷展栏下设置“最大树形深度”为最大值100，如图12-265所示，然后渲染场景，效果如图12-266所示。可以观察到图像质量没有发生变化，但耗时降低到约3分8秒。

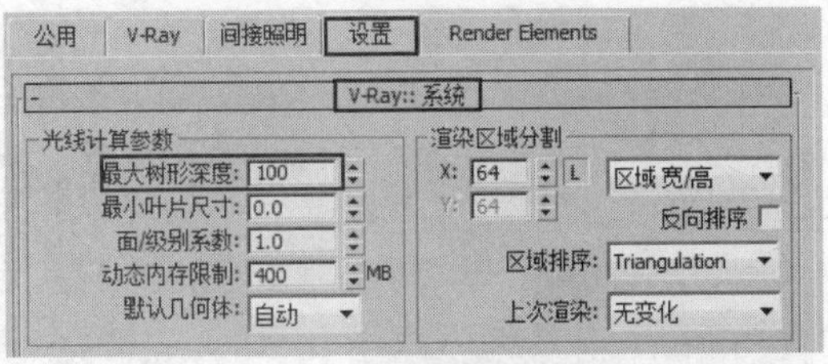

图12-265

图12-266

技巧与提示

经过以上的测试可以发现，适当提高“最大树形深度”数值可以有效加快渲染速度，但越大的数值需要使用的内存也越多，因此如果电脑配置比较高，可以提高到最大值100；但如果电脑配置相对比较低的用户，为了保证软件的稳定运行，保持默认值80即可。

此外，VRay渲染器可以通过“光计算参数”选项组下的“动态内存限制”选项来指定其在进行光线计算时所能占用的内存最大值。该数值越大，渲染速度越快，如图12-267和图12-268所示。但是该参数的具体限定同样要根据计算机的配置而定，通常默认的数值可以保证软件稳定运行，而在硬件条件允许的情况下可以适当提高以加快渲染速度。此外，如果在渲染时出现动态内存不足而自动关闭软件时，也可以尝试增大该数值。

图12-267

图12-268

实战224 系统之渲染区域分割

场景位置	DVD>场景文件>CH12>实战224.max
实例位置	DVD>实例文件>CH12>实战224.max
视频位置	DVD>多媒体教学>CH12>实战224.flv
难易指数	★☆☆☆☆
技术掌握	渲染区域分割的x/y参数的作用

实例介绍

“VRay系统”卷展栏下有一个“渲染区域分割”选项组，该选项组中的x/y参数可以用来调整渲染时每次计算的渲染块大小。修改这两个参数的默认值时，并不能影响渲染的图像效果，如图12-269所示，但是可以在渲染耗时上体现出变化，如图12-270和图12-271所示。

图12-269

图12-270

图12-271

操作步骤

01 打开光盘中的“场景文件>CH12>实战224.max”文件，如图12-272所示。

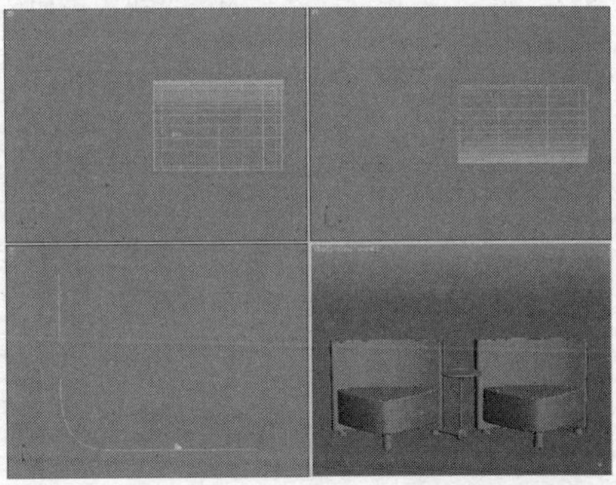

图12-272

02 展开“系统”卷展栏，可以观察到x/y的默认值为64，如图12-273所示。

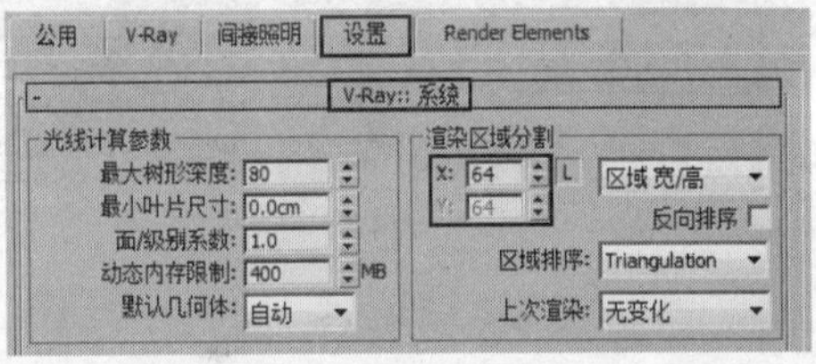

图12-273

03 渲染当前场景，此时的渲染块大小如图12-274所示，效果及耗时如图12-275所示，当前耗时约54.2秒。

图12-274

图12-275

04 在“系统”卷展栏下设置x为32，如图12-276所示，然后渲染当前场景，此时的渲染块大小如图12-277所示，效果如图12-278所示，当前耗时约54秒。

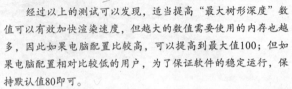

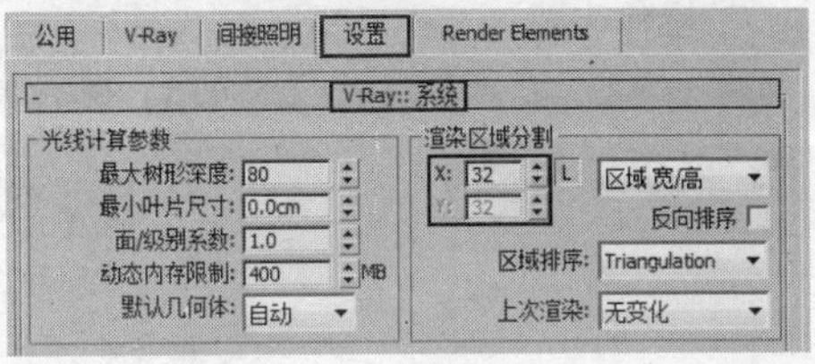

图12-276

图12-277　图12-278

05 在“系统”卷展栏下设置x为128，如图12-279所示，然后渲染当前场景，此时的渲染块大小如图12-280所示，效果如图12-281所示，当前耗时约57秒。

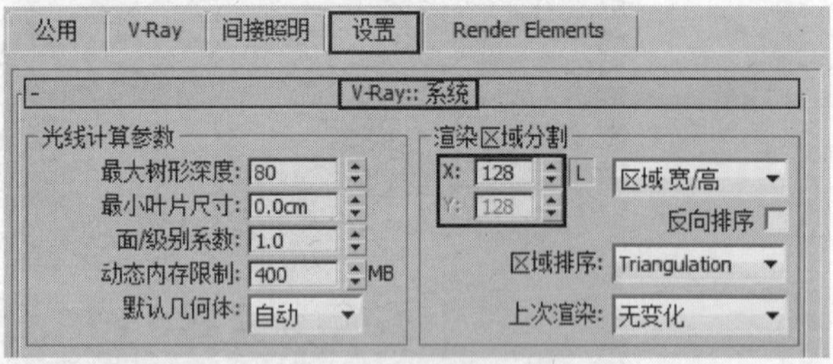

图12-279

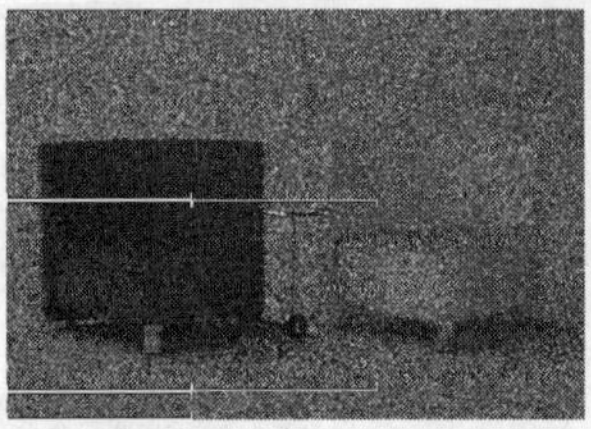

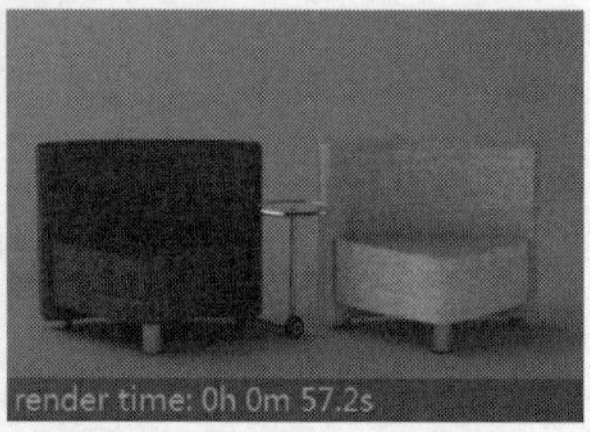

图12-280　图12-281

技巧与提示

经过以上测试可以发现，相对较小的渲染块可以较快地完成图像渲染。在测试渲染时保持x/y参数为默认值即可，在最终渲染时可以调整到32以提高渲染速度。

实战225 系统之帧标记

场景位置	DVD>场景文件>CH12>实战225.max
实例位置	DVD>实例文件>CH12>实战225.max
视频位置	DVD>多媒体教学>CH12>实战225.flv
难易指数	★☆☆☆☆
技术掌握	帧标记的作用

实例介绍

“VRay系统”卷展栏下的“帧标记”选项可以在渲染图像上显示渲染的相关信息，不同的函数设置及字体可以显示不同的信息量及字体等效果，如图12-282和图12-283所示。

图12-282　图12-283

操作步骤

01 打开光盘中的“场景文件>CH12>实战225.max”文件，如图12-284所示。

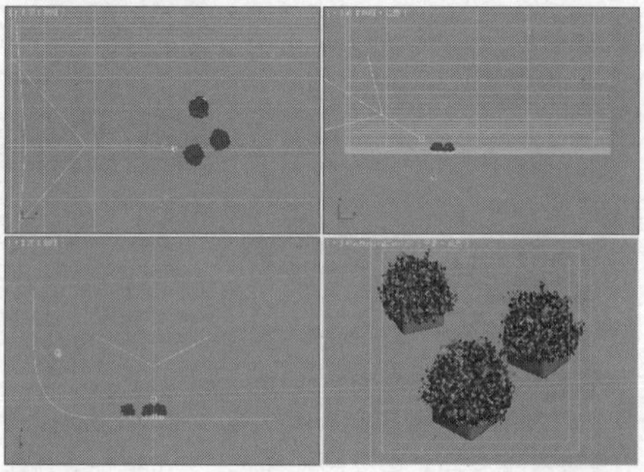

图12-284

02 展开“系统”卷展栏，然后勾选“帧标记”选项，如图12-285所示。

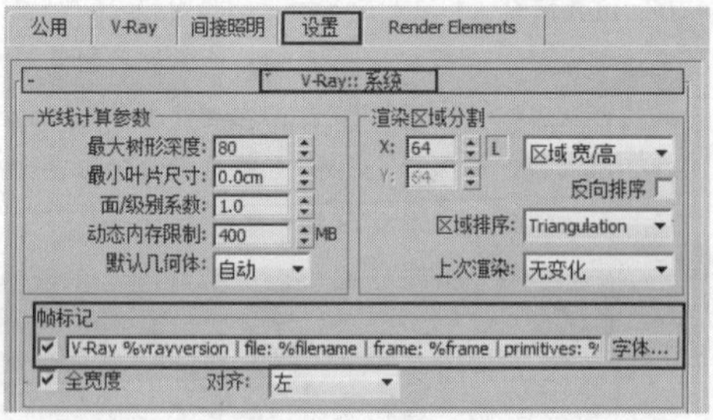

图12-285

03 渲染当前场景，效果如图12-286所示。默认的帧标记从左至右依次显示了VRay渲染器的版本、渲染场景名称、渲染帧数、光线交叉数以及渲染时间。

图12-286

04 如果仅需要显示渲染时间并显示较大的字体，可以删除其他标记函数，然后单击右侧的“字体”按钮字体...，如图

12-287所示，再在弹出的“字体”对话框中选择一种合适的字体，最后设置好字形以及字体大小，如图12-288所示。

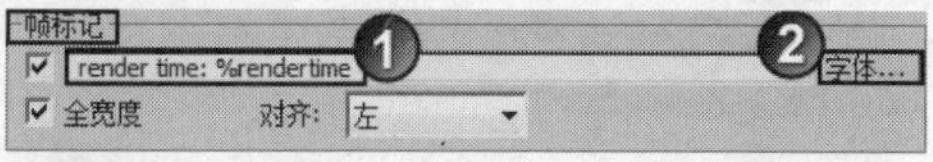

图12-287

图12-288

05 渲染当前场景，效果如图12-289所示。可以观察到此时只显示了渲染时间，同时字体也变大了。

图12-289

技巧与提示

除了默认显示的帧标记函数，VRay渲染器还可以通过下列函数显示对应的渲染信息。

%computername：网络中计算机的名称。

%date：显示当前系统日期。

%time：显示当前系统时间。

%w：以“像素”为单位的图像宽度。

%h：以“像素”为单位的图像高度。

%camera：显示帧中使用的摄影机名称（如果场景中不存在摄影机，则显示为空）。

%ram：显示系统中物理内存的数量。

%vmem：显示系统中可用的虚拟内存。

%mhz：显示系统CPU的时钟频率。

%os：显示当前使用的操作系统。

实战226 系统之VRay日志

场景位置	无
实例位置	无
视频位置	DVD>多媒体教学>CH12>实战226.flv
难易指数	★☆☆☆☆
技术掌握	VRay日志的作用

实例介绍

“VRay系统”卷展栏下的“VRay日志”选项可以在渲染时以文本形式记录渲染的过程，如图12-290所示。

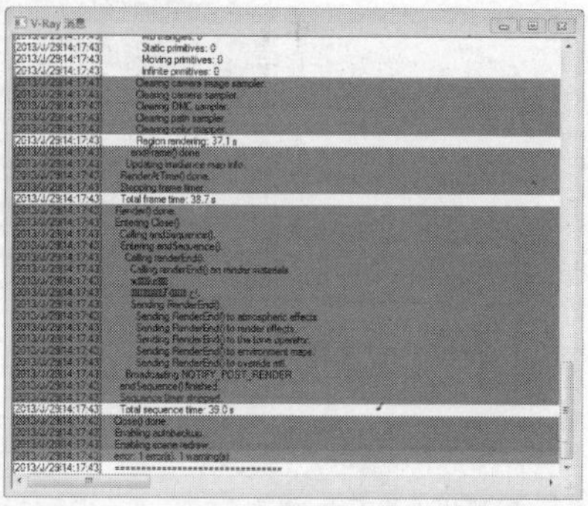

图12-290

操作步骤

01 任意打开一个场景文件，然后展开“系统”卷展栏，再在“VRay日志”选项组下勾选“显示窗口”选项，如图12-291所示。

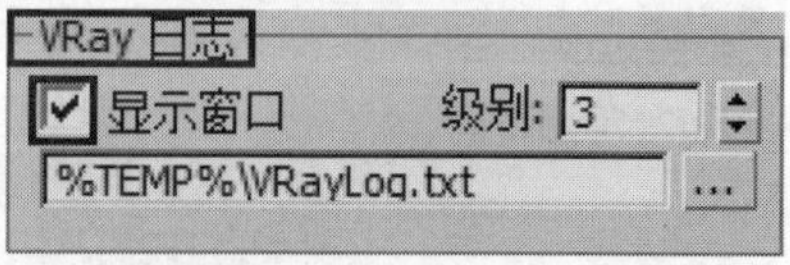

图12-291

02 渲染当前场景，将生成如图12-292所示的“VRay消息”对话框。注意，错误信息会以error开头并以棕色显示；警告消息则以warning开头并以绿色显示（不同版本的VRay渲染器在色彩上可能有所不同）；而白色文字通常为场景相关的信息，如渲染对象数量和渲染灯光数量等。

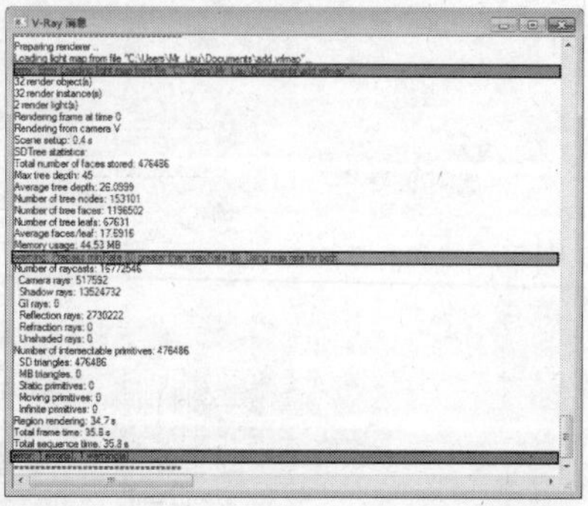

图12-292

03 如果将“VRay日志”选项组下的“级别”参数调整到4，如图12-293所示，则在渲染时将以紫色显示详细的渲染进程（步骤），如图12-294所示。可以观察到此时的信息量十分大，但可参考的价值并不多，因此通常保持默认值3即可。

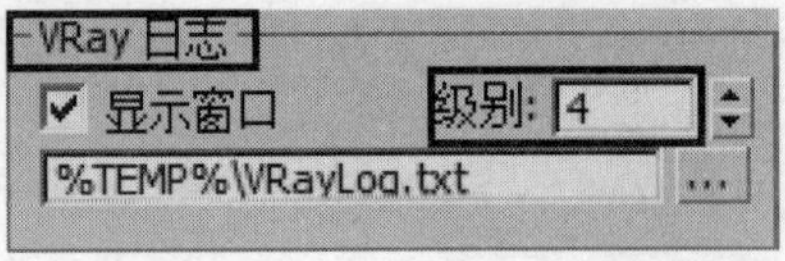

图12-293

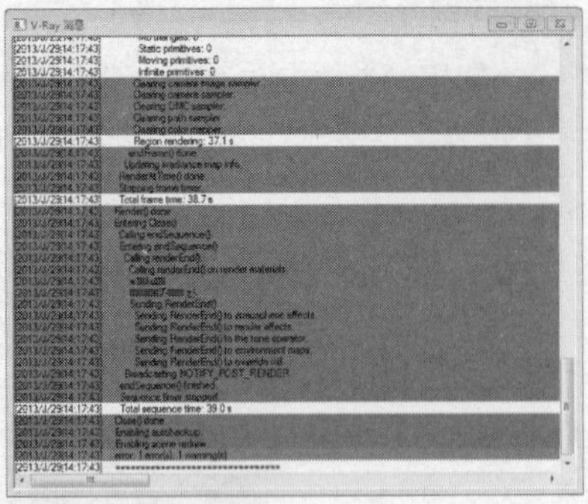

图12-294

技巧与提示

默认设置下的“级别”为3，此时显示错误、警告及正常信息；调整到2则只显示错误与警告信息；调整到1则只显示错误信息。

04 如果要以文本的形式保存VRay日志，可以在“VRay日志”选项组的右下角单击 ... 按钮，如图12-295所示，然后在弹出的对话框中设置好文本保存名称与路径，如图12-296所示。在渲染完成后，打开保存的文件即可查看相关的渲染信息，如图12-297所示。

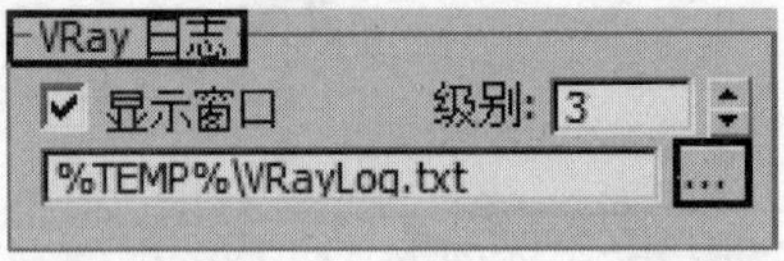

图12-295

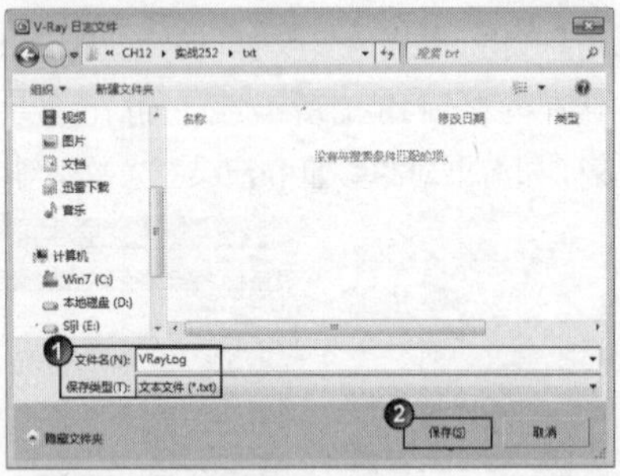

图12-296

图12-297

实战227 系统之预置

场景位置 无
实例位置 无
视频位置 DVD>多媒体教学>CH12>实战227.flv
难易指数 ★☆☆☆☆
技术掌握 预置的作用

实例介绍

在“系统”卷展栏下单击“预置”按钮 预置 ，可以将当前设置的渲染文件保存为预置文件，在下次需要使用相同渲染参数时可以直接调用，如图12-298所示。

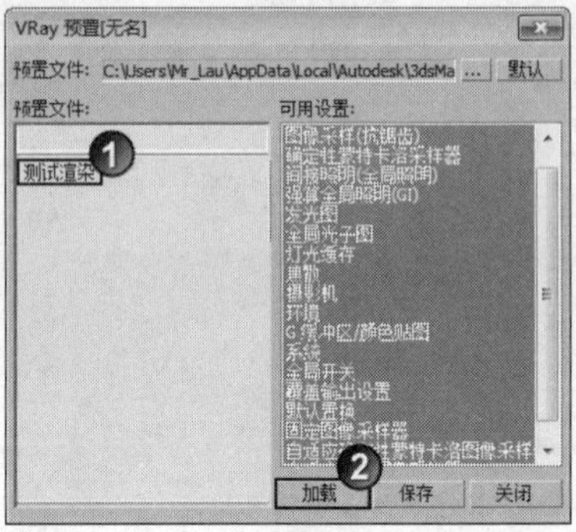

图12-298

操作步骤

01 任意打开一个场景文件，展开“系统”卷展栏，然后在“杂项选项”选项组下单击的“预置”按钮 预置 ，如图12-299所示，再在弹出的“VRay预置”对话框中全选右侧列表中的所有参数，并在左侧列表中输入当前渲染参数的名称，最后单击“保存”按钮 保存 进行，如图12-300所示。

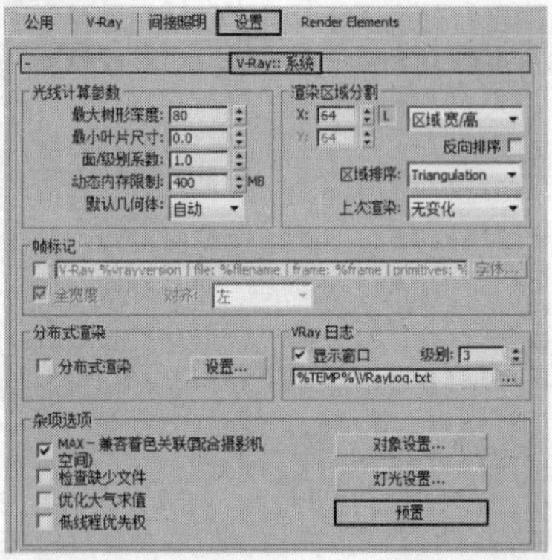

图12-299

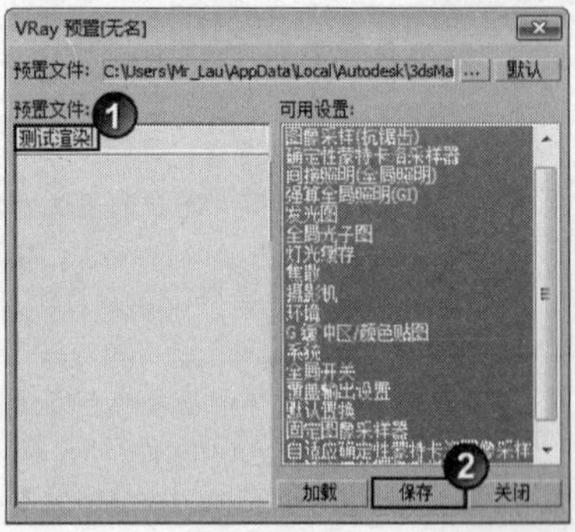

图12-300

02 关闭当前场景，然后打开一个不同的场景文件，并设置渲染器为VRay渲染器，再在“杂项选项”选项组下单击“预置”按钮 预置，在弹出的“VRay预置”对话框中可以查看到之前保存的预置文件，单击“加载”按钮 加载 即可快速将之前设置好的测试渲染参数加载到新打开的场景中，如图12-301所示。

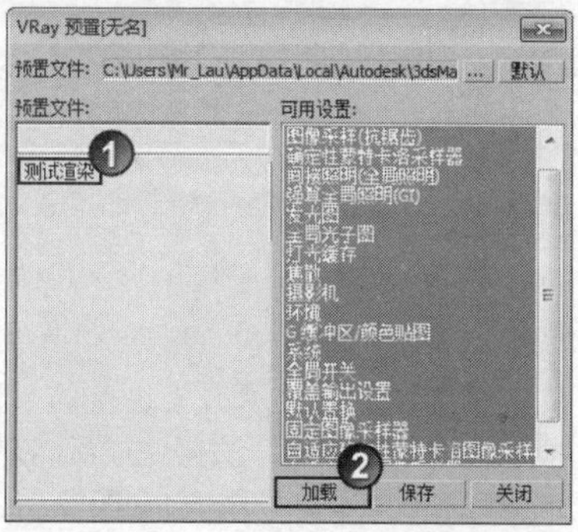

图12-301

实战228 系统之渲染元素

场景位置	DVD>场景文件>CH12>实战228.max
实例位置	DVD>实例文件>CH12>实战228.max
视频位置	DVD>多媒体教学>CH12>实战228.flv
难易指数	★☆☆☆☆
技术掌握	渲染元素的作用

实例介绍

在VRay渲染器的Render Elements（渲染元素）选项卡下可以在渲染正常图像时同步渲染一些单独的元素（如场景中反射和折射效果）。在本例中主要以“VRay渲染ID”元素渲染如图12-302所示的彩色通道图来介绍Render Elements（渲染元素）选项卡的使用方法与技巧。

图12-302

操作步骤

01 打开光盘中的“场景文件>CH12>实战228.max”文件，如图12-303所示，然后渲染当前场景，效果如图12-304所示。

图12-303

图12-304

02 单击Render Elements（渲染元素）选项卡，然后单击“添加”按钮 添加...，再在弹出的“渲染元素”对话框中选择“VRay渲染ID”元素，最后单击“确定”按钮 确定，如图12-305所示。

03 选择好“VRay渲染ID”元素后，勾选“显示元素”及“启用”选项，然后设置渲染元素的保存名称与路径，如图12-306所示。

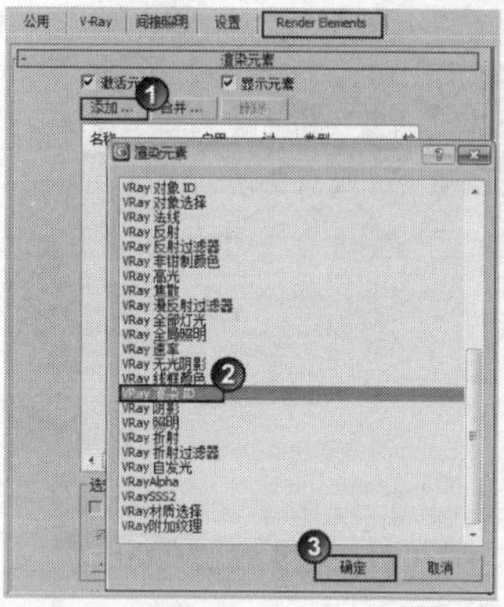

图12-305

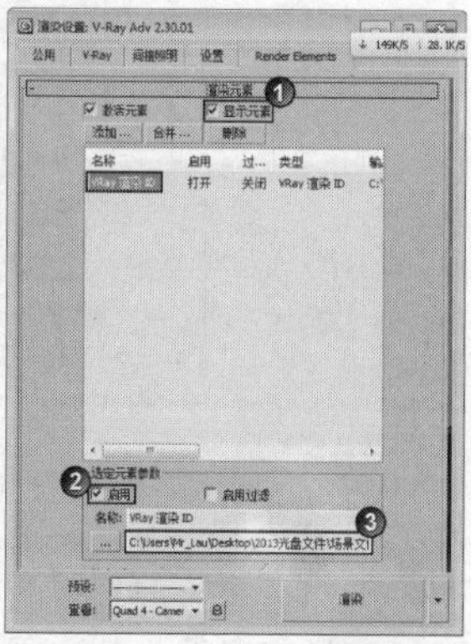

图12-306

技巧与提示

勾选“显示元素”选项后，可以在图像渲染完成后自动弹出一个对话框以显示生成的渲染元素效果。

04 渲染当前场景，效果如图12-307所示。可以观察到同时生成了渲染图像以及彩色通道图像，这样在使用Photoshop进行后期处理时，可以通过魔棒等工具精确选择到各个色块区域，方便图像局部细节的调整。

图12-307

实战229 多角度批处理渲染

场景位置	DVD>场景文件>CH12>实战229.max
实例位置	DVD>实例文件>CH12>实战229.max
视频位置	DVD>多媒体教学>CH12>实战229.flv
难易指数	★☆☆☆☆
技术掌握	批处理渲染的作用

实例介绍

在实际工作中，同一场景经常需要进行多个角度的表现，此时可以通过“批处理渲染”功能自动进行多角度的渲染及图像的自动保存，如图12-308所示。

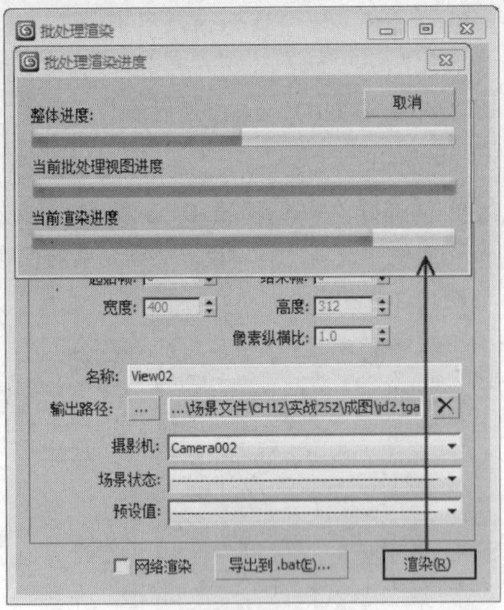

图12-308

操作步骤

01 打开光盘中的“场景文件>CH12>实战229.max”文件，该场景设置了两个渲染角度，如图12-309和图12-310所示。

图12-309　图12-310

02 执行“渲染>批处理渲染”菜单命令，如图12-311所示，然后在弹出的“批处理渲染”对话框中连续单击两次“添加”按钮添加(A)...，创建两个视角，如图12-312所示。

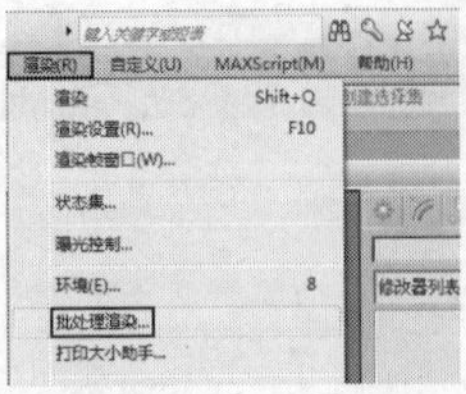

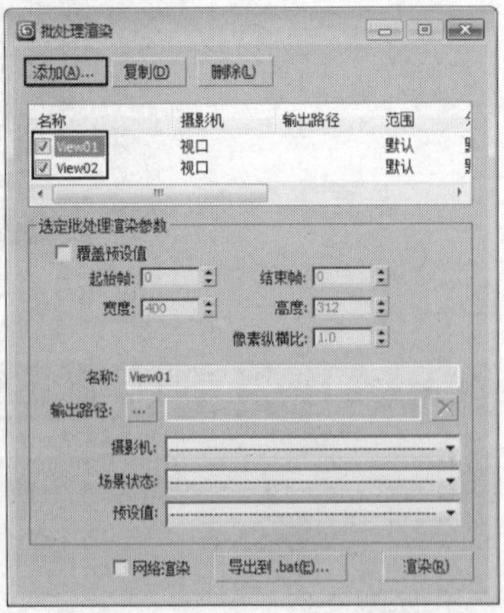

图12-311　图12-312

03 选择View01视角，然后在“摄影机”下拉列表中选择Camera001，再单击“输出路径”选项后面的...按钮，设置好渲染文件的保存路径，如图12-313所示。设置完成后采用相同的方法设置好View02视角，如图12-314所示。

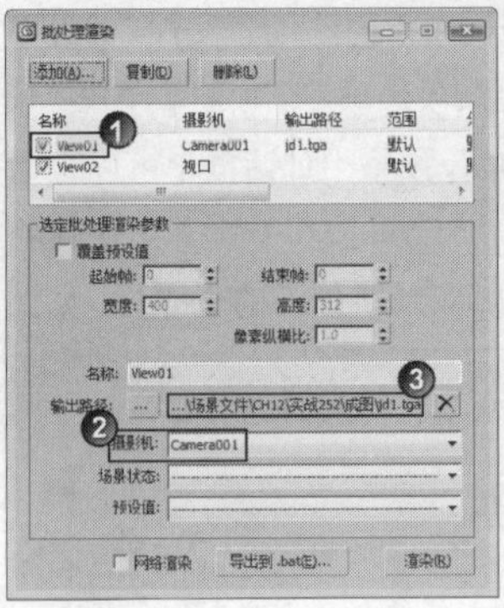

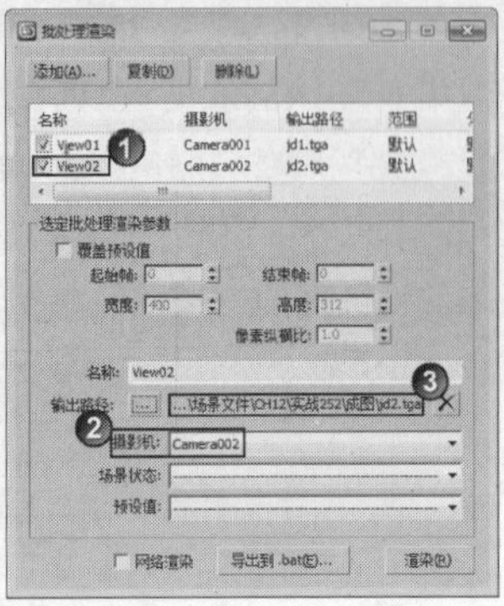

图12-313　图12-314

04 在“批处理渲染”对话框中单击“渲染”按钮渲染(R)，此时将弹出一个显示渲染进度的“批处理渲染进度”对话框，如图12-315所示。渲染完成后，在设置好的文件保存路径下即可找到渲染好的图像，如图12-316所示。

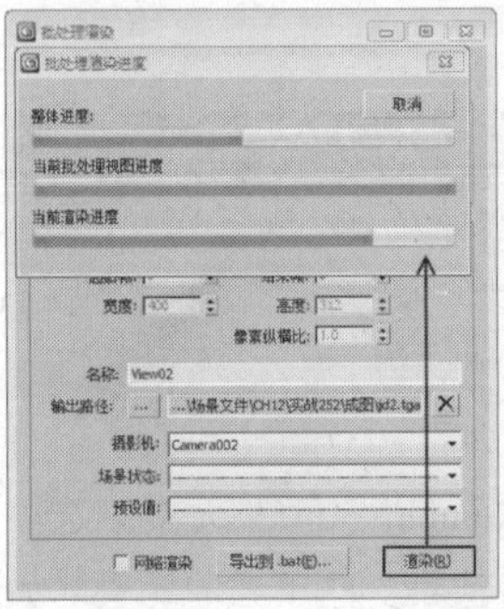

图12-315　图12-316

实战230 渲染自动保存与关机

场景位置	DVD>场景文件>CH12>实战230.max
实例位置	DVD>实例文件>CH12>实战230.max
视频位置	DVD>多媒体教学>CH12>实战230.flv
难易指数	★☆☆☆☆
技术掌握	渲染自动保存与关机

实例介绍

在实际的工作中最终成品图的渲染通常需要较长的时间，为了方便在外出或是休息时间自动保存渲染好的图像并关闭计算机，可以使用渲染自动保存与关机功能。

操作步骤

01 打开光盘中的“场景文件>CH12>实战230.max”文件，如图12-317所示。为了确定最终渲染的图像质量，先渲染当前场景，然后查看效果是否满意，如图12-318所示。

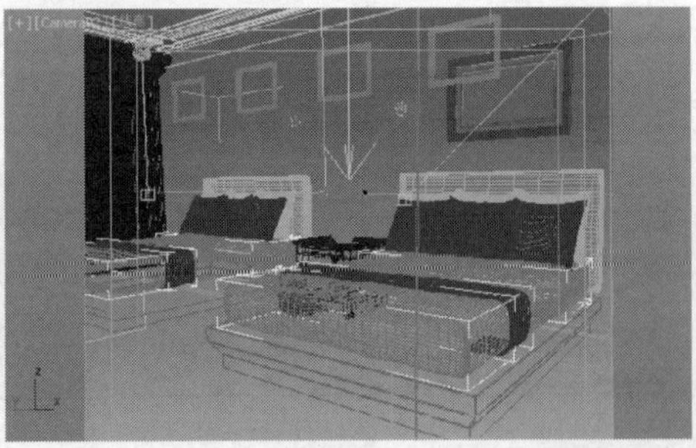

图12-317

图12-318

技巧与提示

由于在设置自动关机后，只要进行了渲染，则不管是渲染正常完成还是手动终止，计算机都会自动关机，因此必须先渲染一张小图查看图像效果是否达到要求。

02 单击“公用”选项卡，然后在“渲染输出”选项组下设置好最终图像的名称与保存路径，如图12-319所示。

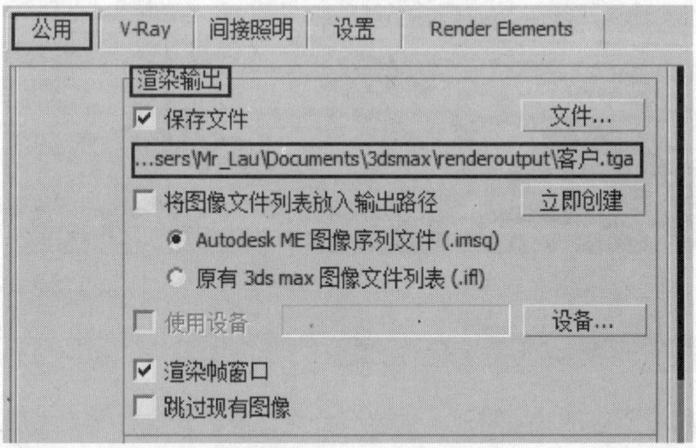

图12-319

03 展开“脚本”卷展栏，然后在“渲染后期”选项组下单击“文件”按钮 文件... ，如图12-320所示，再在弹出的对话框中选择光盘中的“实例文件>CH12>实战230>渲染完自动关机脚本.ms”脚本文件，最后单击“打开”按钮 打开(O) ，如图12-321所示。

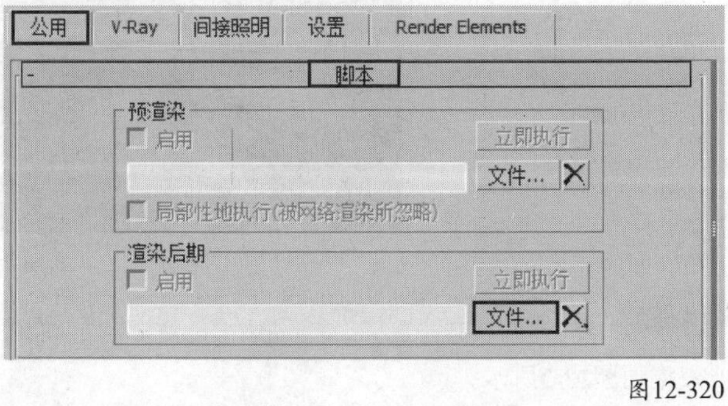

图12-320

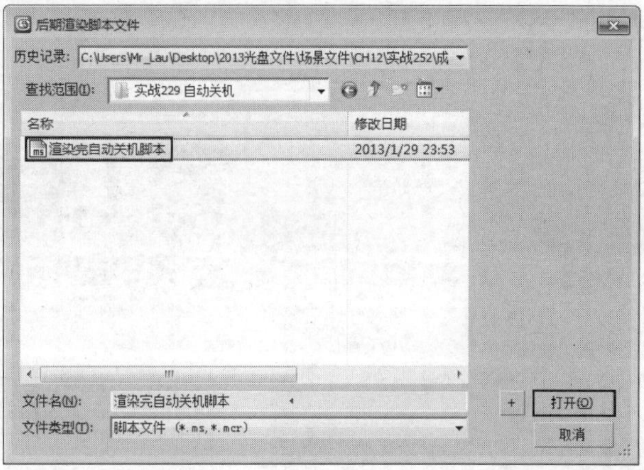

图12-321

04 渲染当前场景，在渲染完成后将弹出一个自动关机的提示对话框，如图12-322所示，待提示时间结束后将自动进入关机程序。

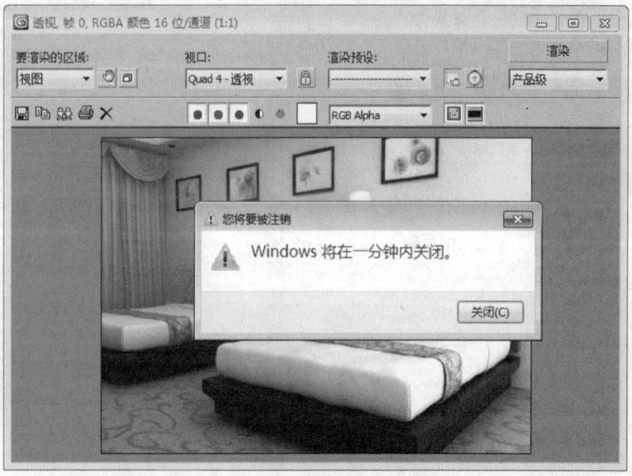

图12-322

第13章 家装空间表现技法

本章学习要点：

家装空间常见材质的制作方法

家装封闭、半封闭空间各种灯光的表现方法

实战231 现代卫生间晨光表现

场景位置	DVD>场景文件>CH13>实战231.max
实例位置	DVD>实例文件>CH13>实战231.max
视频位置	DVD>多媒体教学>CH13>实战231.flv
难易指数	★★★★☆
技术掌握	墙面、大理石、外景和毛巾材质的制作方法；柔和晨光的表现方法

实例介绍

本例是一个小型的卫生间空间，石材材质、发光背景（外景）材质是本例的制作重点，柔和晨光氛围的表现方法是本例的学习难点，效果如图13-1所示。

图13-1

Part 1 材质制作

本例的场景对象材质主要包括墙面材质、大理石台面材质、外景材质、大理石地面材质和毛巾材质，如图13-2所示。

图13-2

制作墙面拼贴石材材质

墙面拼贴石材的模拟效果如图13-3所示。

图13-3

01 打开光盘中的“场景文件>CH13>实战231.max”文件，如图13-4所示。

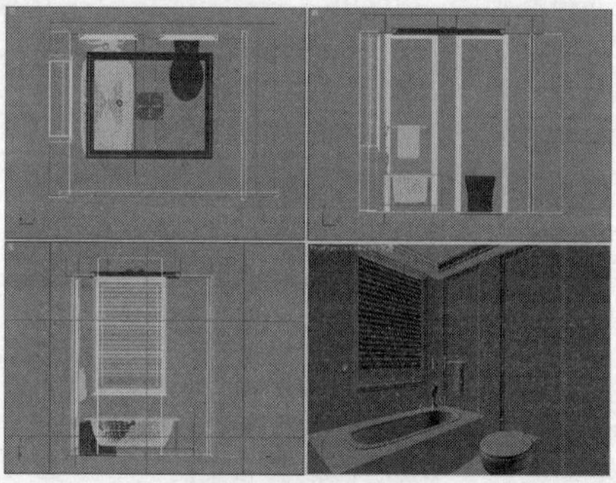

图13-4

02 选择一个空白材质球，然后设置材质类型为VRayMtl，并将其命名为dlsqm，然后在“漫反射”贴图通道中加载光盘中的“实例文件>CH13>实战231>墙面.jpg”文件，如图13-5所示。

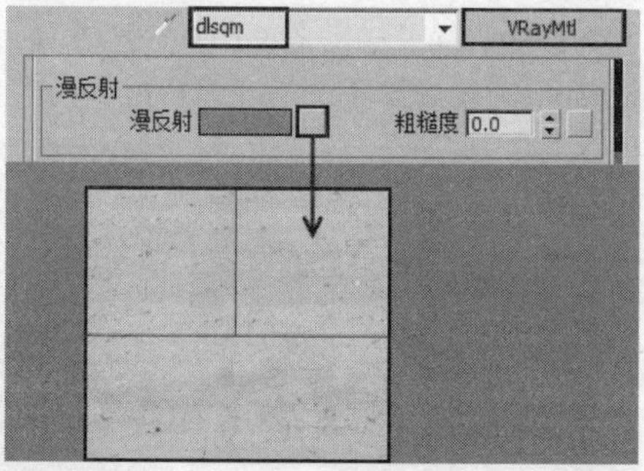

图13-5

03 在“反射”贴图通道加载一张“衰减”程序贴图，然后在“衰减参数”卷展栏下设置“前”通道的颜色为（红:20，绿:20，蓝:20）、“侧”通道的颜色为（红:190，绿: 190，蓝: 190），再设置“衰减类型”为Fresnel，最后设置“高光光泽度”为0.88、“反射光泽度”为0.9，具体参数设置如图13-6所示。

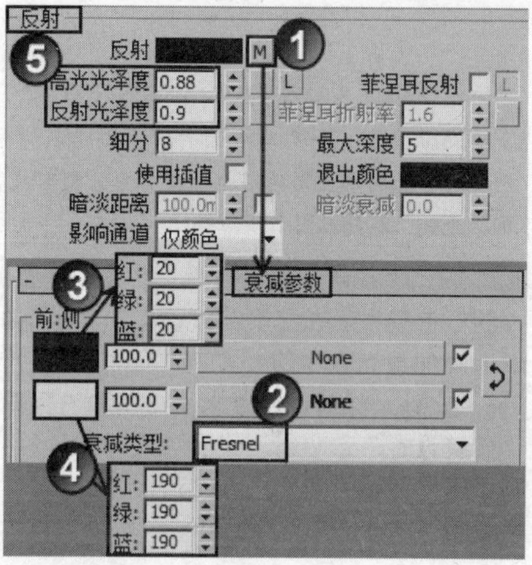

图13-6

04 展开“贴图”卷展栏，然后使用鼠标左键将“漫反射”通道中的贴图复制到“凹凸”贴图通道上，再设置凹凸的强度为8，如图13-7所示，制作好的材质球效果如图13-8所示。

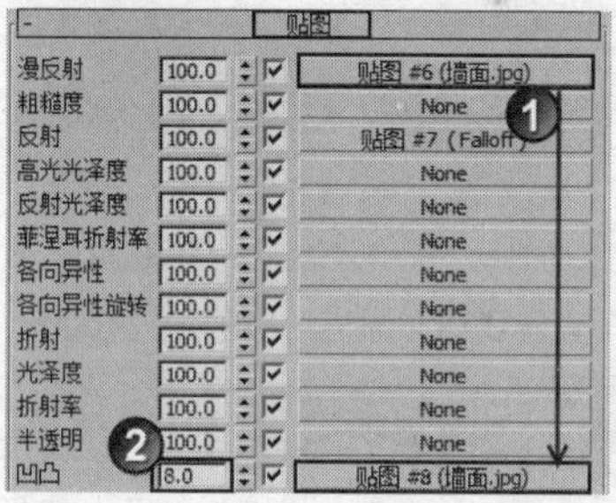

图13-7

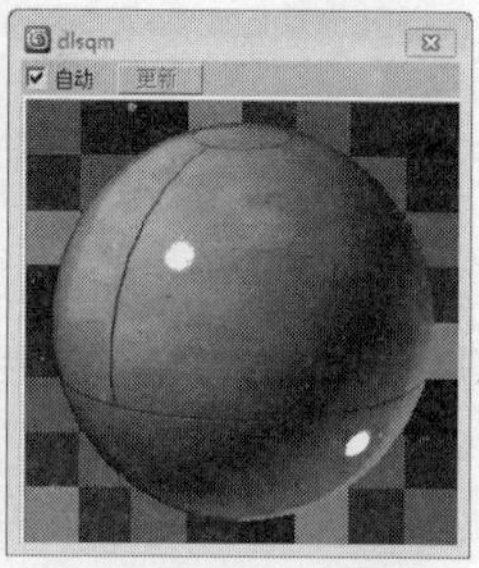

图13-8

制作墙面马赛克材质

墙面马赛克材质（大理石台面材质与本材质相同）的模拟效果如图13-9所示。

图13-9

01 选择一个空白材质球，然后设置材质类型为VRayMtl，并将其命名为qmcz，再在“漫射”贴图通道中加载一张“平铺”程序贴图，如图13-10所示。

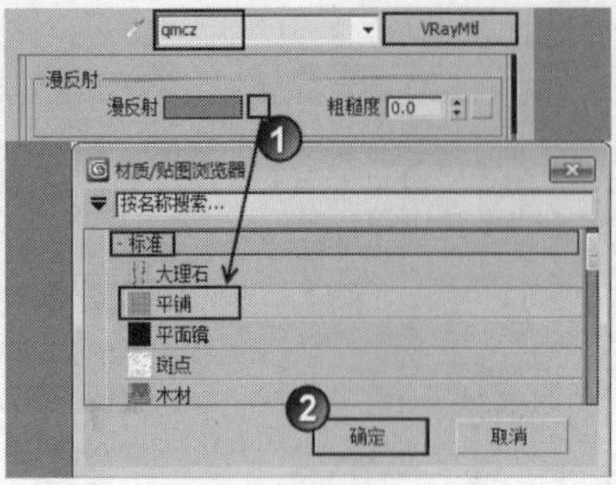

图13-10

技巧与提示

墙面马赛克材质与上面的墙面拼贴石材材质有一定的区别。马赛克材质使用的石材贴图本身并没有接缝，因此需要添加“平铺”程序贴图来模拟接缝。

02 进入“平铺”程序贴图的参数设置面板，展开“高级控制”卷展栏，在“平铺设置”选项组下的“纹理”贴图通道中加载光盘中的“实例文件>CH13>实战231>紫罗红.jpg”文件，然后设置“水平数”和“垂直数”为4，再在“砖缝设置”选项组下设置“纹理”颜色为白色，最后设置“水平间距”和“垂直间距”为0.5，具体参数设置如图13-11所示。

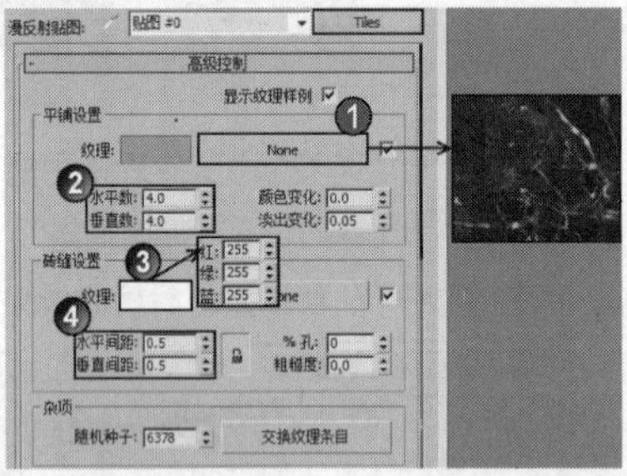

图13-11

03 在“反射”贴图通道中加载一张“衰减”程序贴图，然后在“衰减参数”卷展栏下设置“前”通道的颜色为（红:20，绿:20，蓝:20）、“侧”通道的颜色为（红:210，绿:210，蓝:210），再设置“衰减类型”为Fresnel，最后设置“高光光泽度”为0.9、“反射光泽度”为0.9，如图13-12所示。

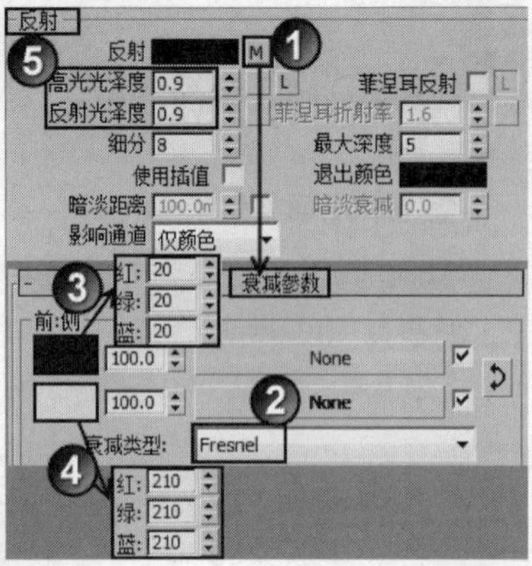

图13-12

04 展开“贴图”卷展栏，然后将“漫反射”中的“平铺”程序贴图复制（选择“复制”方式）到“凹凸”贴图通道上，并在“坐标”卷展栏下设置“模糊”为0.3，再展开“高级控制”卷展栏，在“平铺设置”选项组下的“纹理”贴图通道上单击鼠标右键，最后在弹出的菜单中选择“清除”命令，如图13-13所示，制作好的材质球效果如图13-14所示。

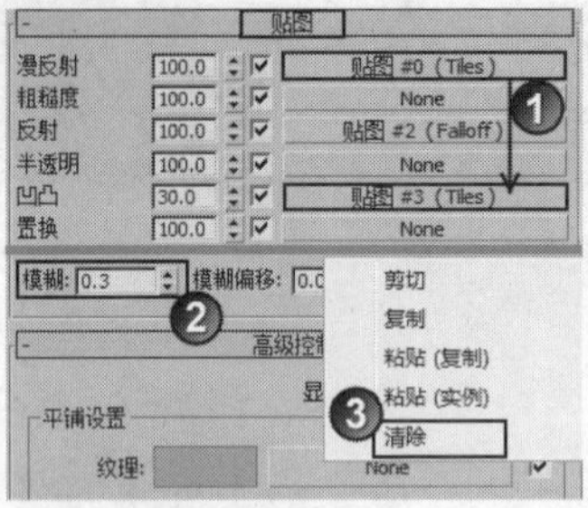

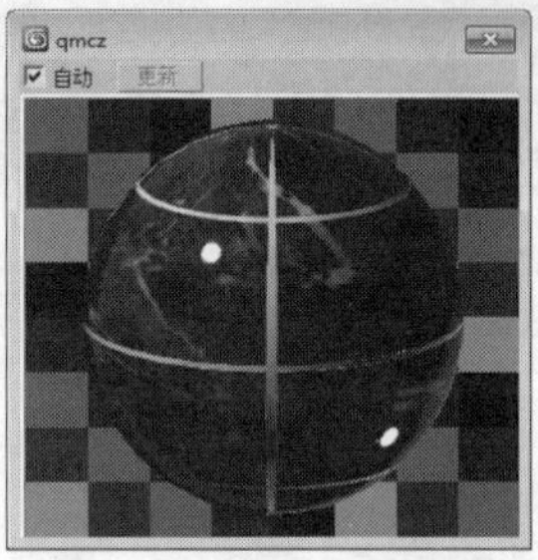

图13-13　图13-14

制作大理石地面材质

大理石地面材质的模拟效果如图13-15所示。

01 选择一个空白材质球，然后设置材质类型为VRayMtl，并将其命名为dlsdm，再在“漫反射”贴图通道中加载光盘中的“实例文件>CH13>实战231>地面.jpg”文件，如图13-16所示。

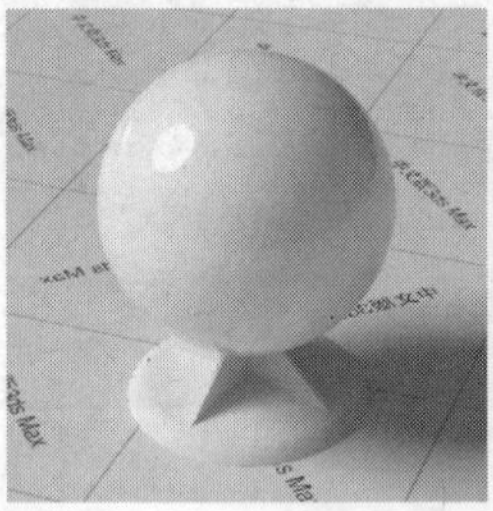

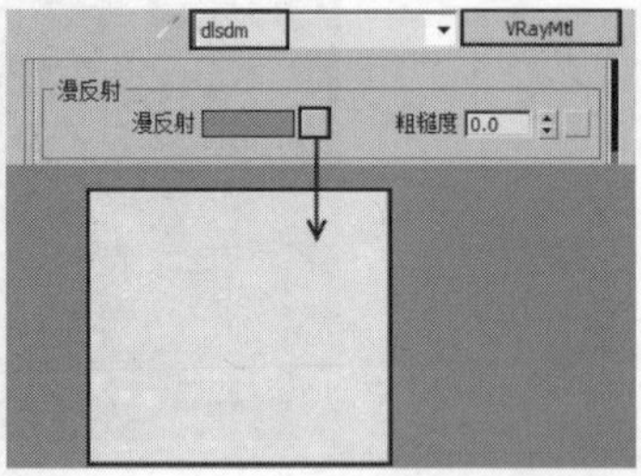

图13-15　图13-16

02 在“反射”贴图通道中加载一张“衰减”程序贴图，然后在“衰减参数”卷展栏下设置“前”通道的颜色为（红:20，绿:20，蓝:20）、“侧”通道的颜色为（红:210，绿:210，蓝:210），再设置“衰减类型”为Fresnel，最后设置“高光光泽度”为0.9、“反射光泽度”为0.9，如图13-17所示，制作好的材质球效果如图13-18所示。

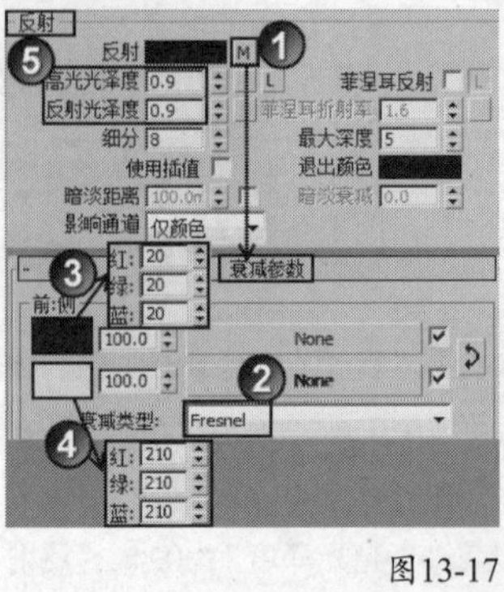

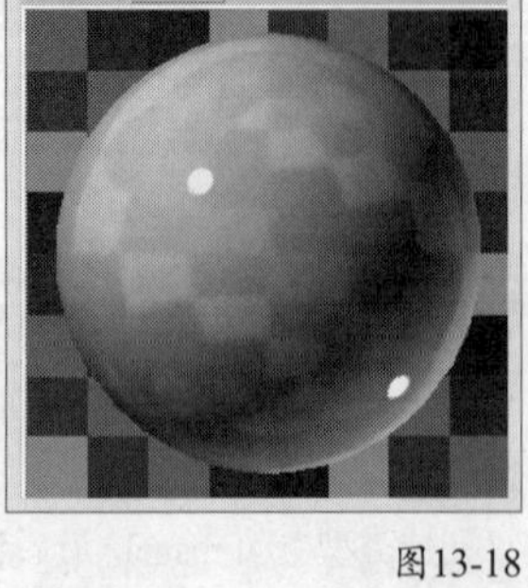

图13-17　图13-18

制作毛巾材质

毛巾材质的模拟效果如图13-19所示。

01 选择一个空白材质球，然后设置材质类型为VRayMtl，并将其命名为mjcz，再设置“漫反射”颜色为（红:243，绿:243，蓝:243），如图13-20所示。

图13-19

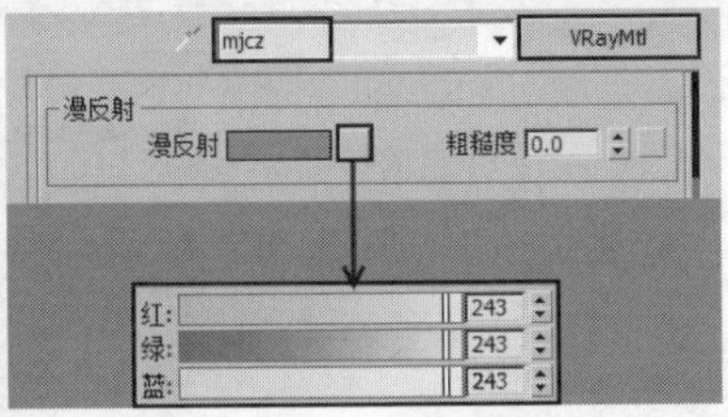

图13-20

02 展开“贴图”卷展栏，然后在“置换”贴图通道中加载光盘中的“实例文件>CH13>实战231>毛巾凹凸.jpg”文件，再设置置换的强度为8，具体参数设置如图13-21所示，制作好的材质球效果如图13-22所示。

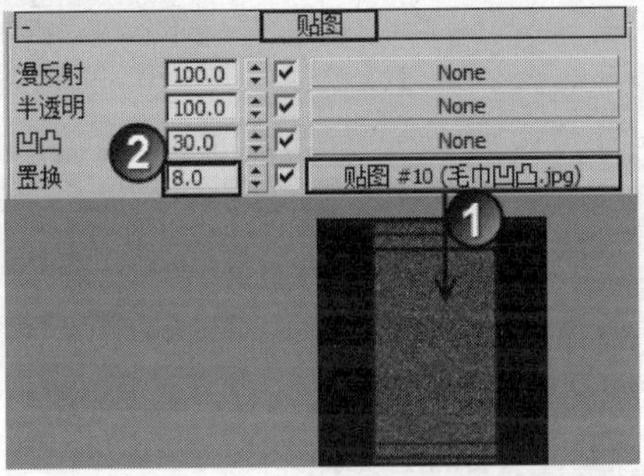

图13-21

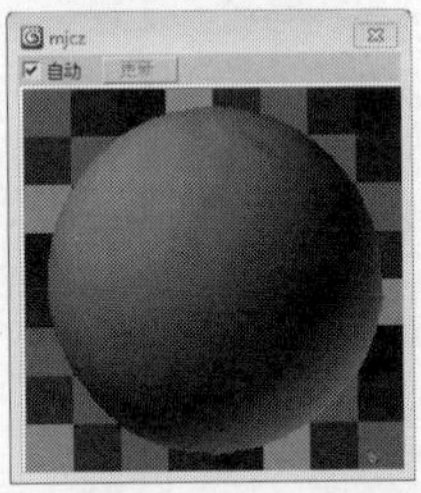

图13-22

制作外景材质

外景材质的模拟效果如图13-23所示。

图13-23

选择一个空白材质球，然后设置材质类型为“VRay灯光材质”，并将其命名为bjcz，再在“颜色”贴图通道中加载光盘中的“实例文件>CH13>实战231>背景.jpg”文件，最后设置颜色的“强度”为1.1（即发光强度），如图13-24所示，制作好的材质球效果如图13-25所示。

图13-24

图13-25

Part 2 设置测试渲染参数

01 按F10键打开“渲染设置”对话框，然后设置渲染器为VRay渲染器，再在“公用参数”卷展栏下设置“宽度”为448、“高度”为500，最后单击“像素纵横比”选项后面的“锁定”，锁定渲染图像的纵横比，如图13-26所示。

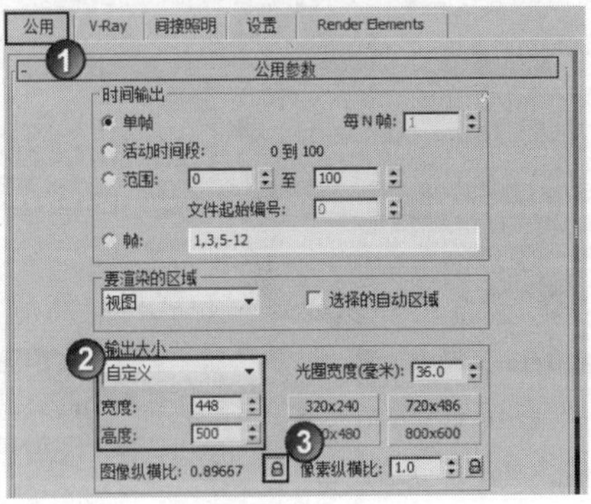

图13-26

02 单击VRay选项卡，然后在“全局开关”卷展栏下关闭“隐藏灯光”和“光泽效果”两个选项，再设置“二次光线偏移”为0.001，如图13-27所示。

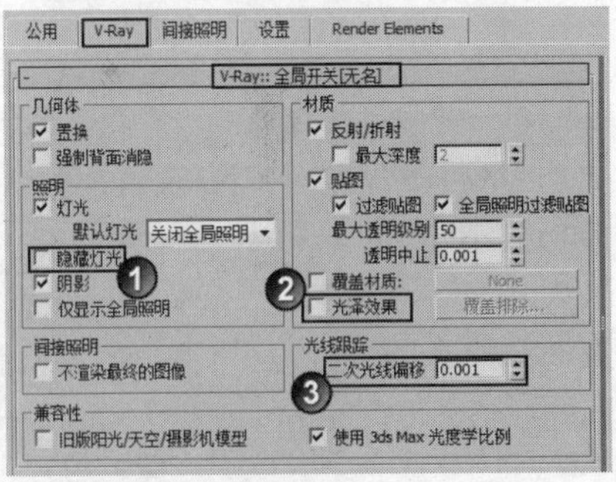

图13-27

03 展开“图像采样器（反锯齿）”卷展栏，然后设置“图像采样器”类型为“固定”，再在“抗锯齿过滤器”选项组下关闭“开”选项，如图13-28所示。

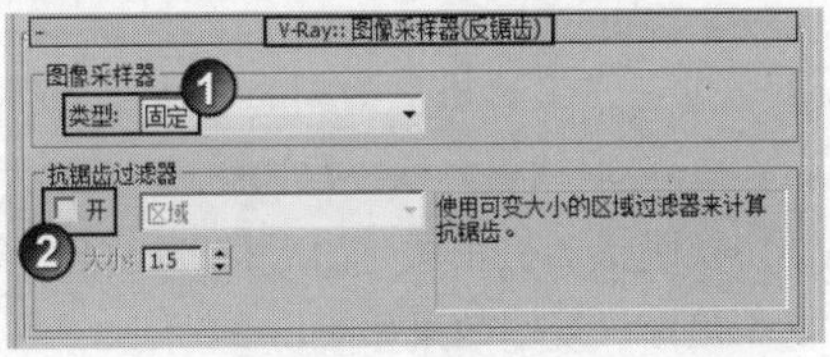

图13-28

04 单击“间接照明”选项卡，然后在“间接照明（GI）”卷展栏下勾选“开”选项，再设置“首次反弹”为“发光图”、“二次反弹”为“灯光缓存”，如图13-29所示。

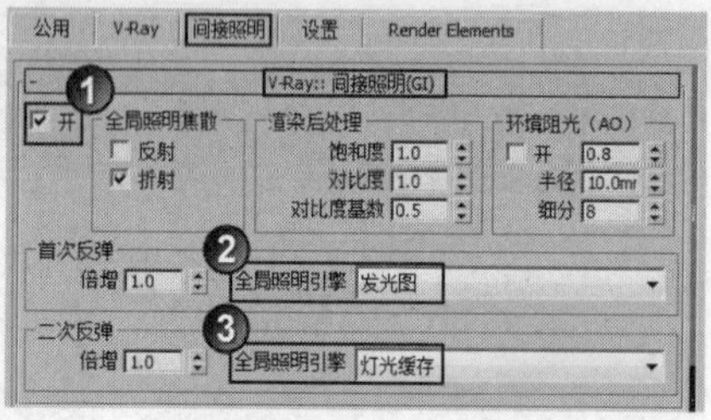

图13-29

05 展开“发光图”卷展栏，然后设置“当前预置”为“非常低”，再设置“半球细分”为50、“插值采样”为20，具体参数设置如图13-30所示。

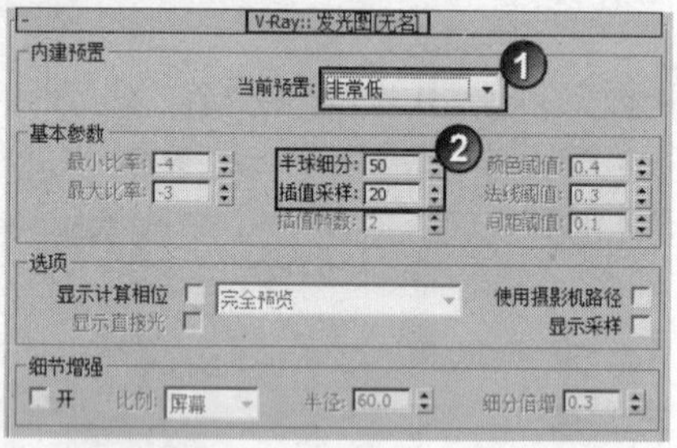

图13-30

06 展开“灯光缓存”卷展栏，然后设置“细分”为400，再勾选“显示计算相位”选项，如图13-31所示。

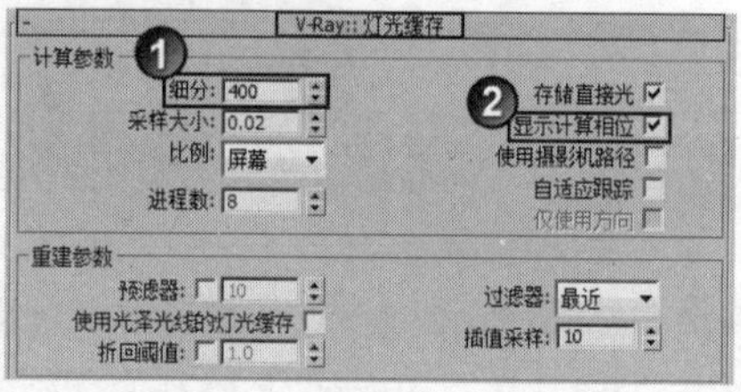

图13-31

07 单击“设置”选项卡，然后在“系统”卷展栏下设置“区域排序”为Top->Bottom（从上->下），如图13-32所示。

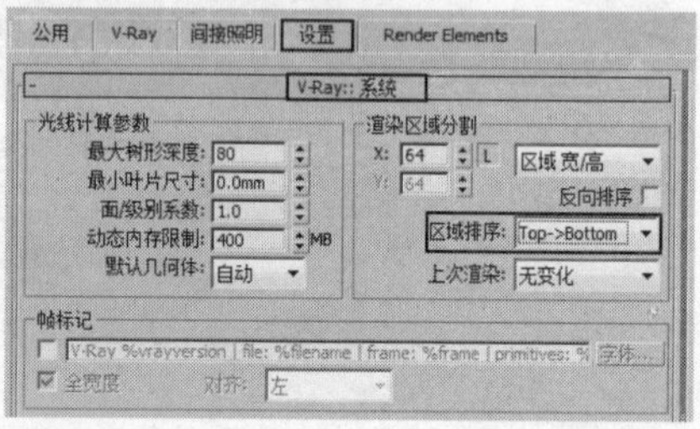

图13-32

Part 3 创建VRay物理相机

01 设置“摄影机”类型为VRay，然后在场景中创建一台VRay物理相机，其位置如图13-33所示。创建完成后按C键切换到摄影机视图，然后按Shift+F组合键打开渲染安全框，摄影机视图效果如图13-34所示。

02 选择上一步创建的VRay物理相机，然后展开“基本参数”卷展栏，再设置“光圈数”为1，并关闭“光晕”选项，最后设置“胶片速度（ISO）”为200，如图13-35所示。

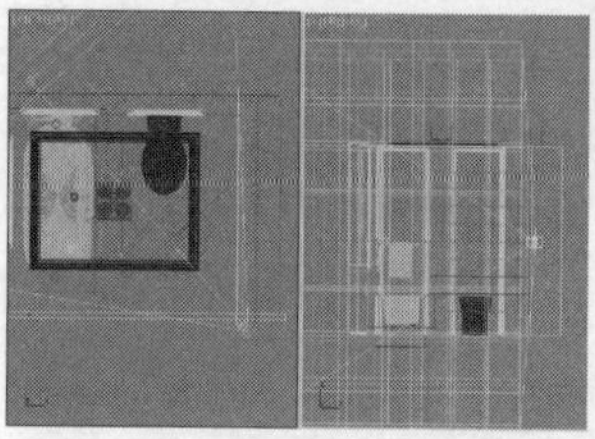

图13-33

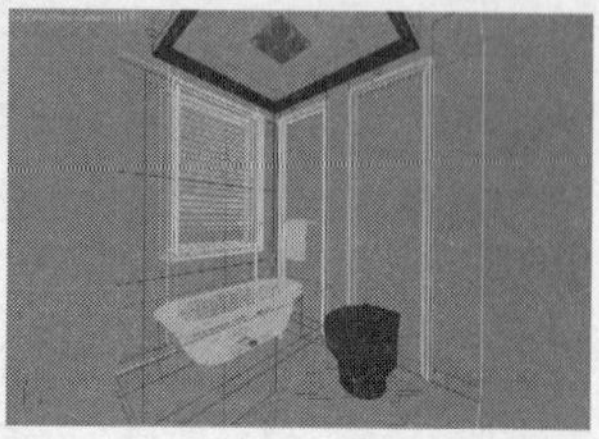

图13-34

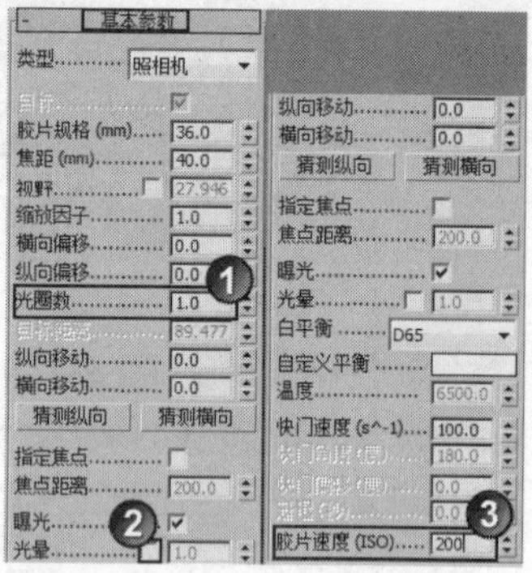

图13-35

技巧与提示

默认设置下VRay物理相机的感光十分弱，通常会调整较小的光圈值来增大感光度。

03 按F9键渲染当前场景，效果如图13-36所示。可以观察到背景的照明效果很理想。

图13-36

Part 4 灯光设置

本例要表现的是晴天下的晨光氛围，此时室内不会投影阳光的阴影，但环境光比较明亮。具体到本场景，将使用暖色室内灯光与偏冷的室外光线进行对比，以突出环境氛围。

创建环境光

01 设置“灯光”类型为VRay，然后在室外创建一盏VRay灯光，再在“参数”卷展栏下设置“类型”为“穹顶”，如图13-37所示。

02 选择上一步创建的VRay灯光，然后在“参数”卷展栏下设置“倍增”为5、“颜色”为白色，如图13-38所示。

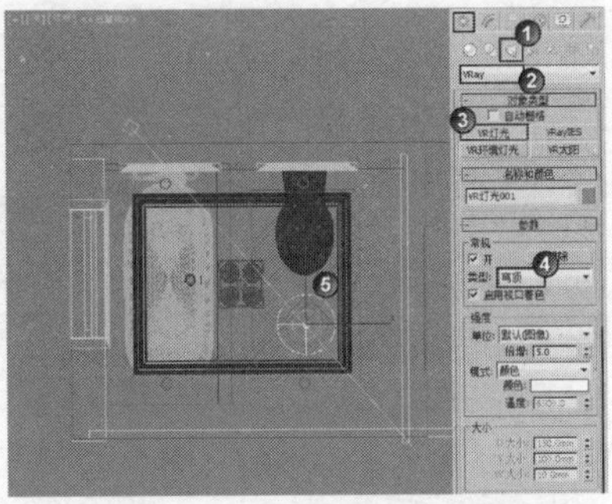

图13-37

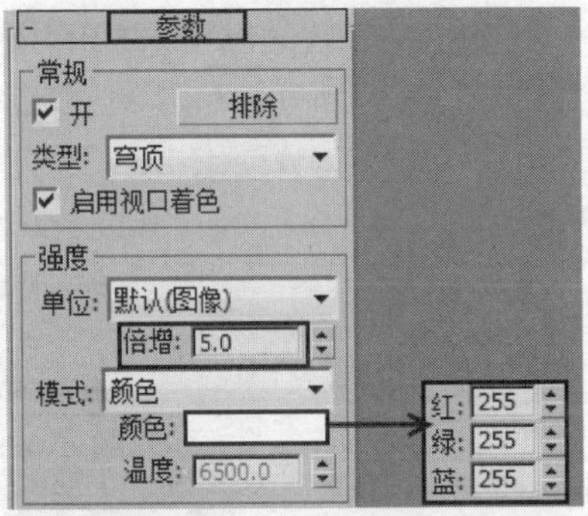

图13-38

03 按F9键渲染当前场景，效果如图13-39所示。可以观察到此时已经产生了合适的环境照明。

图13-39

创建射灯

01 设置“灯光”类型为“光度学”，然后在场景中参考灯孔位置创建4盏目标灯光，如图13-40所示。

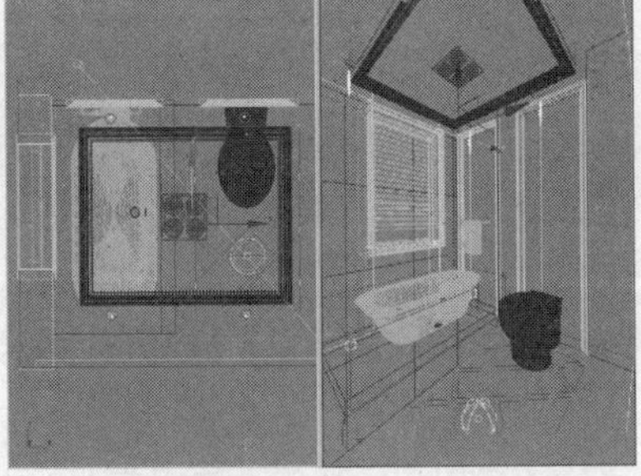

图13-40

02 选择上一步创建的目标灯光，然后进入“修改”面板，具体参数设置如图13-41所示。

设置步骤

① 展开“常规参数”卷展栏，然后在“阴影”选项组下勾选“启用”选项，再设置阴影类型为“VRay阴影”，最后设置“灯光分布（类型）”为“光度学Web”。

② 展开“分布（光度学Web）”卷展栏，然后在其通道中加载光盘中的“实例文件>CH13>实战231>01.ies”文件。

③ 展开“强度/颜色/衰减”卷展栏，然后设置“过滤颜色”为（红:254，绿:229，蓝:201），再设置“强度”为2000。

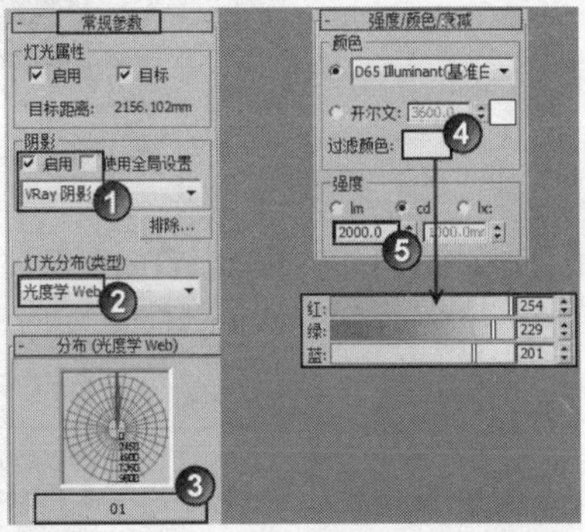

图13-41

03 按F9键渲染当前场景，效果如图13-42所示。可以观察到此时虽然产生了合适的射灯照明，但图像整体色调偏黄，接下来通过调整VRay物理相机的参数调整色差。

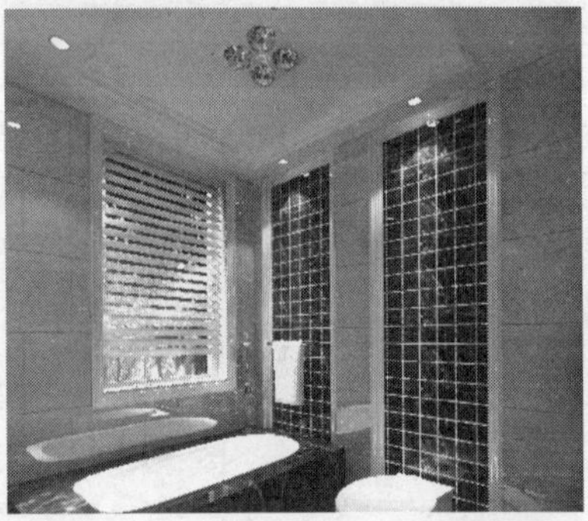

图13-42

04 选择VRay物理相机，然后在“基本参数”卷展栏下设置“自定义平衡”颜色为（红:255，绿:255，蓝:212），如图13-43所示。

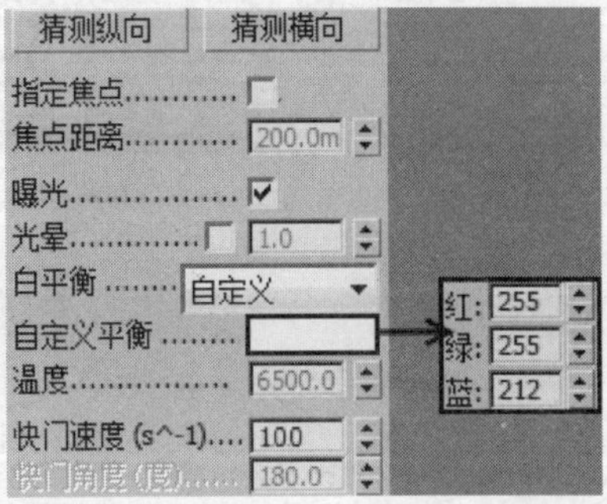

图13-43

05 按F9键渲染当前场景，效果如图13-44所示。可以观察到此时图像的整体色调已得到改善。

图13-44

创建浴池底部灯带

01 设置“灯光”类型为VRay，然后在场景中的浴缸下方创建一盏平面类型的VRay灯光，其位置如图13-45所示。

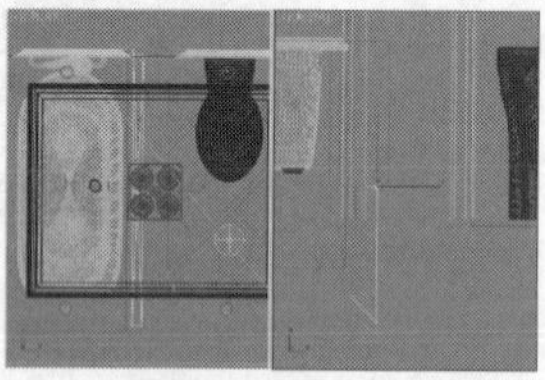

图13-45

02 选择上一步创建的VRay灯光，然后展开“参数”卷展栏，设置其参数如图13-46所示。

设置步骤

① 在“强度”选项组下设置“倍增”为6，然后设置“颜色”为（红:255，绿:228，蓝:146）。

② 在“大小”选项组下设置“1/2长”为30mm、“1/2宽”为800mm。

③ 在“选项”选项组下勾选“不可见”选项，然后关闭“影响高光反射”和“影响反射”选项。

03 按F9键渲染当前场景，效果如图13-47所示。至此，场景的灯光布置完成，接下来设置最终渲染参数。

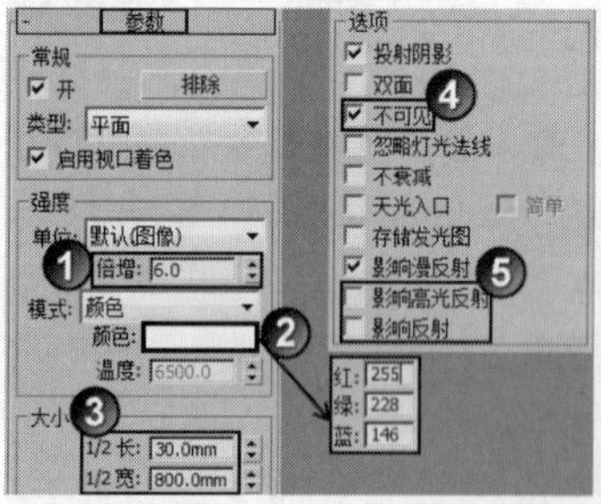

图13-46

图13-47

Part 5 灯光设置最终渲染参数

提高材质细分

提高材质细分有利于减少图像中的噪点等问题，但过高的材质“细分”值也会影响到渲染速度。本例将各石材“反射”选项组下的“细分”值调整到24，如图13-48所示，其他材质的“细分”值控制在16即可。

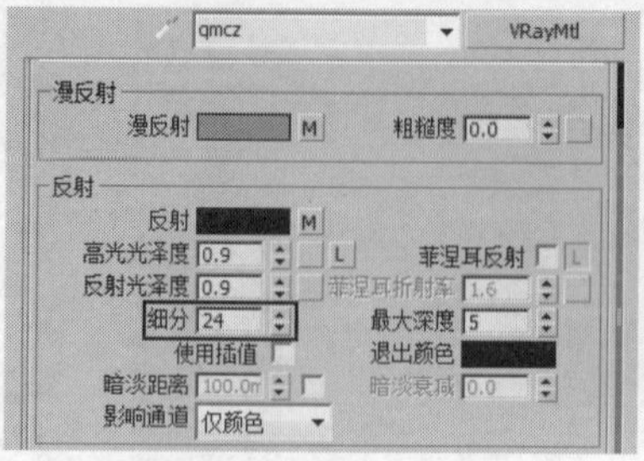

图13-48

提高灯光细分

提高灯光细分也有利于减少图像中的噪点等问题，同样过高的灯光“细分”值也会明显影响到渲染速度。本例将模拟环境光VRay穹顶灯光的“细分”值提高到30，同时将模拟射灯的目标灯光的“细分”值提高到24，如图13-49所示。

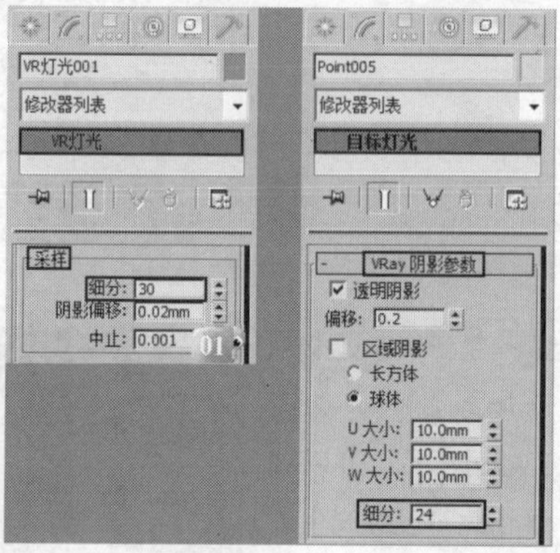

图13-49

设置渲染参数

01 按F10键打开“渲染设置”对话框，然后展开“公共参数”卷展栏，再设置“宽度”为1792、“高度”为2000，如图13-50所示。

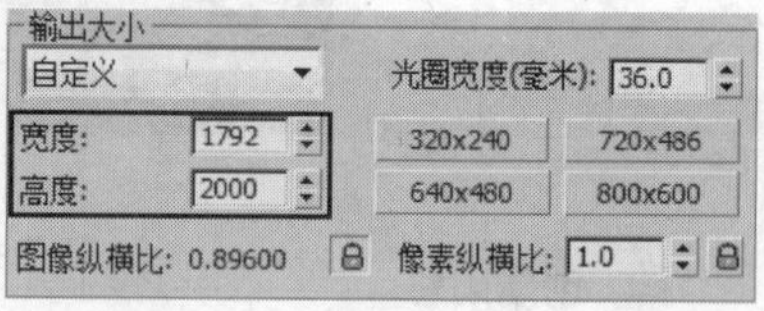

图13-50

02 单击VRay选项卡，然后在“全局开关”卷展栏下勾选“光泽效果”选项，如图13-51所示。

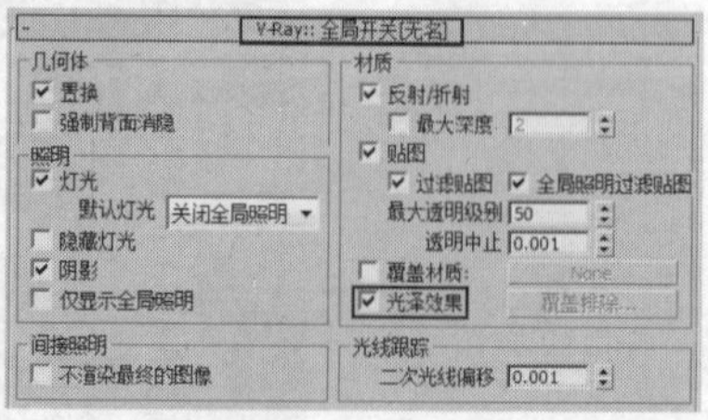

图13-51

03 在“图像采样器（反锯齿）”卷展栏下设置“图像采样器”类型为“自适应细分”，再在“抗锯齿过滤器”

选项组下勾选“开”选项，并设置“抗锯齿过滤器”为Catmull-Rom，如图13-52所示。

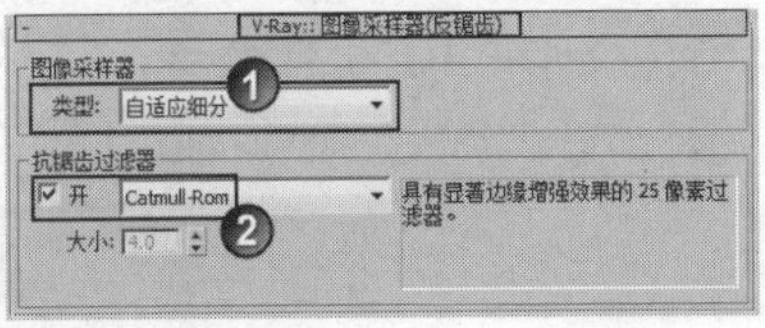

图13-52

04 单击“间接照明”选项卡，然后在“发光图”卷展栏下设置“当前预置”为“高”，再设置“半球细分”为70、“插值采样”为30，如图13-53所示。

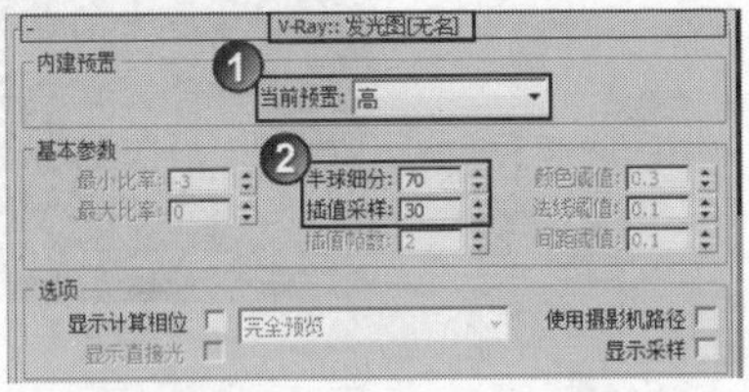

图13-53

05 展开“灯光缓存”卷展栏，然后设置“细分”1000，如图13-54所示。

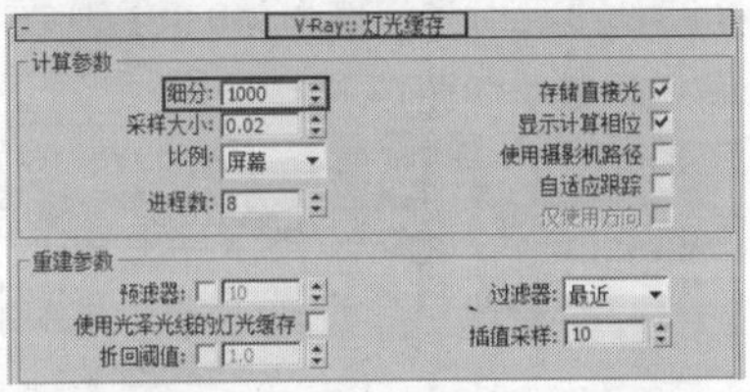

图13-54

06 单击“设置”选项卡，然后在“DMC采样器”卷展栏下设置“适应数量”为0.75、“噪波阈值”为0.005、“最小采样值”为24，如图13-55所示。

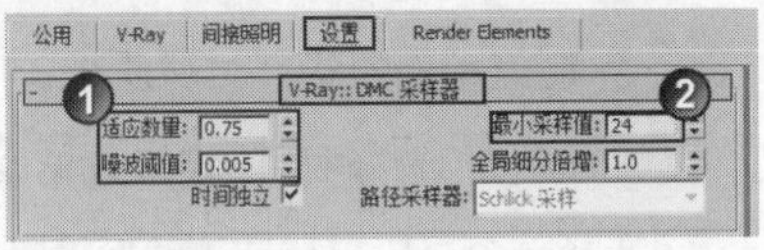

图13-55

07 按F9键渲染当前场景，最终效果如图13-56所示。

图13-56

实战232 中式餐厅日光表现

场景位置	DVD>场景文件>CH13>实战232.max
实例位置	DVD>实例文件>CH13>实战232.max
视频位置	DVD>多媒体教学>CH01>实战232.flv
难易指数	★★★★☆
技术掌握	抱枕、波打线和青花瓷材质的制作方法；强烈日光的表现方法

实例介绍

本场景是一个小型的中式餐厅空间，墙纸、地面石材、家具木纹以及抱枕材质是本例材质制作的重点，在灯光上则主要学习如何使用VRay太阳来模拟接近中午时刻的强烈日光氛围，效果如图13-57所示。

图13-57

Part 1 材质制作

本例的场景对象材质主要包括壁纸材质、木纹材质、地面石材、青花瓷材质以及抱枕布纹材质，如图13-58所示。

图13-58

制作壁纸材质

壁纸材质的模拟效果如图13-59所示。

图13-59

01 打开光盘中的“场景文件>CH13>实战232.max”文件，如图13-60所示。

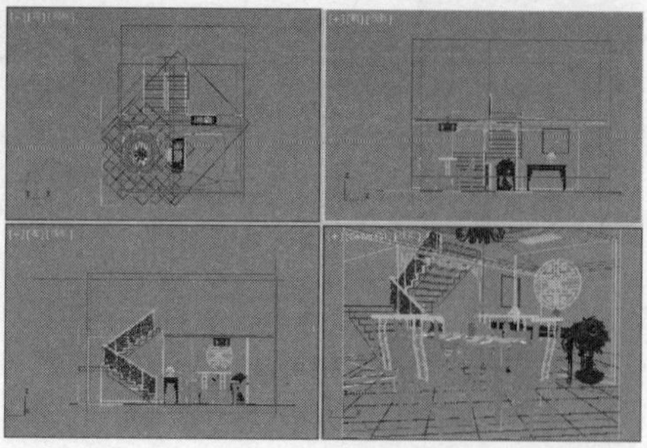

图13-60

02 选择一个空白材质球，然后设置材质类型为VRayMtl，并将其命名为bzcz，再在“漫反射”贴图通道中加载光盘中的“实例文件>CH13>实战232>壁纸.jpg”文件，最后在“坐标”卷展栏下设置“模糊”为0.01、“瓷砖”的U和V为5，如图13-61所示。

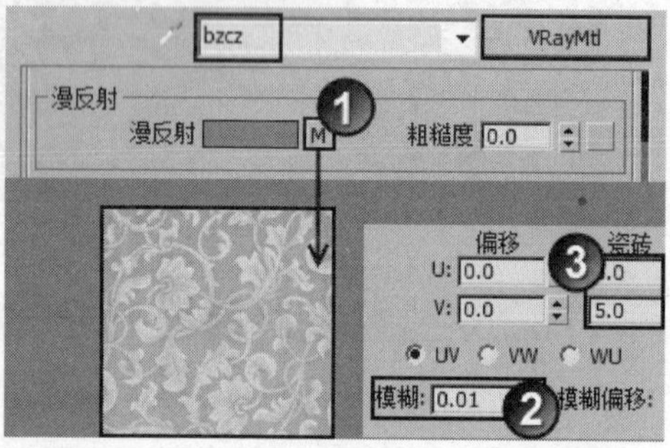

图13-61

03 展开“贴图”卷展栏，然后使用鼠标左键将“漫反射”通道中的贴图拖曳到“凹凸”贴图通道上（选择“复制”方式），再在“坐标”卷展栏下将“模糊”修改为1，如图13-62所示，制作好的材质球效果如图13-63所示。

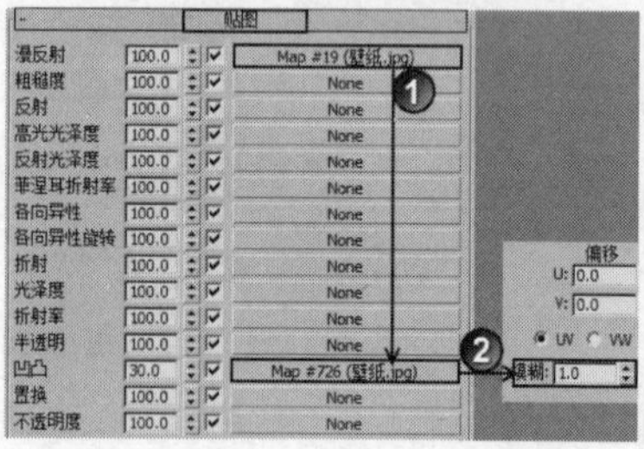

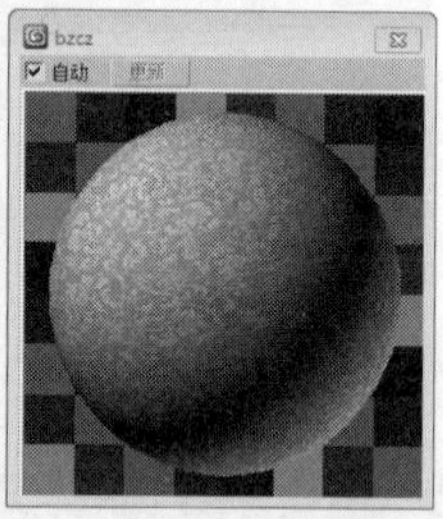

图13-62　　图13-63

制作餐桌木纹材质

餐桌木纹材质的模拟效果如图13-64所示。

图13-64

01 选择一个空白材质球，然后设置材质类型为VRayMtl，并将其命名为zymw，再在“漫反射”贴图通道中加载光盘中的“实例文件>CH13>实战232>木质.jpg”文件，最后在“坐标”卷展栏下设置“模糊”为0.01，如图13-65所示。

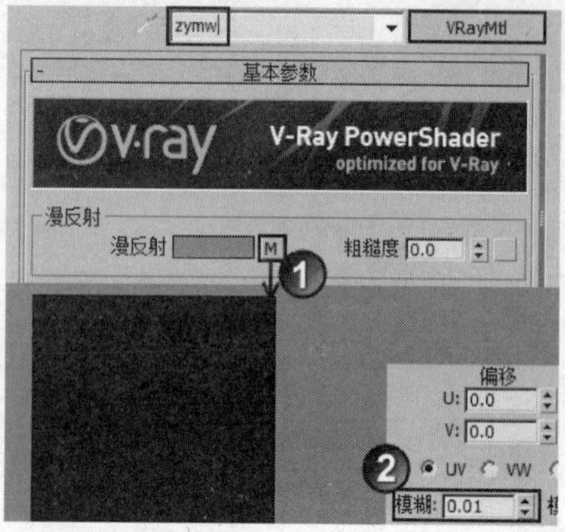

图13-65

02 设置“反射”颜色（红:148，绿:148，蓝:148），然后勾选“菲涅耳反射”选项，再设置“高光光泽度”为0.82、“反射光泽度”为0.88，如图13-66所示，制作好的材质球效果如图13-67所示。

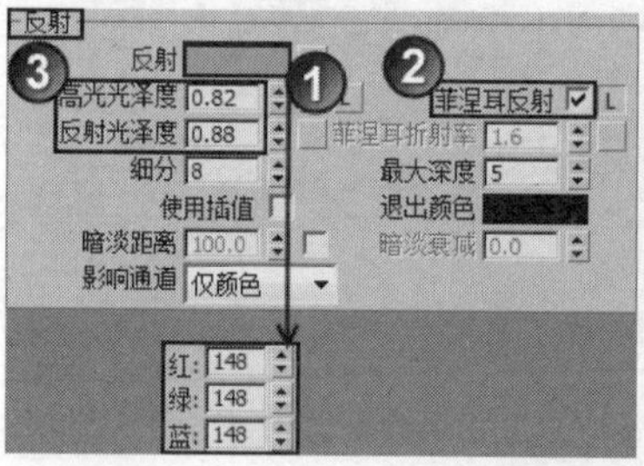

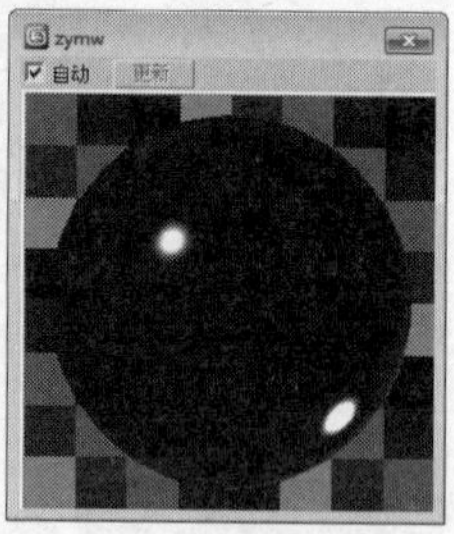

图13-66　　图13-67

制作地面斜拼石材材质

地面斜拼石材材质的模拟效果如图13-68所示。

01 选择一个空白材质球，然后设置材质类型为VRayMtl，并将其命名为dmxpsc，再在“漫反射”贴图通道中加载光盘中的“实例文件>CH13>实战232>地面.jpg”文件，最后在“坐标”卷展栏下设置“模糊”为0.01，如图13-69所示。

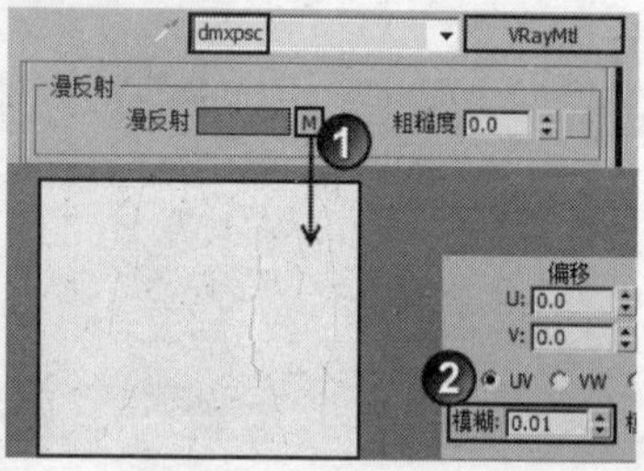

图13-68　　图13-69

02 设置“反射”颜色为（红:168，绿:168，蓝:168），然后勾选“菲涅耳反射”选项，再设置“反射光泽度”为0.86，如图13-70所示，制作好的材质球效果如图13-71所示。

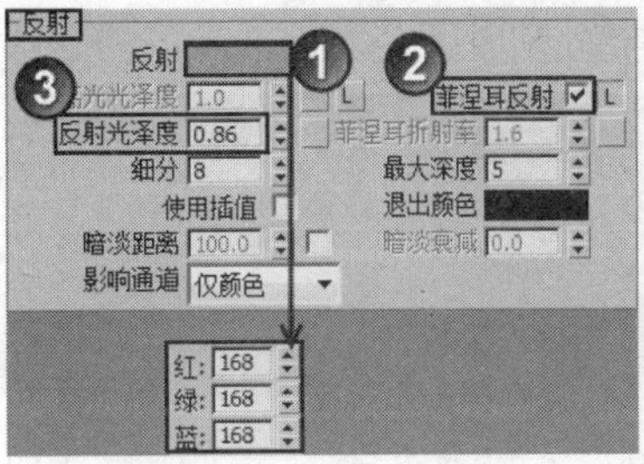

图13-70

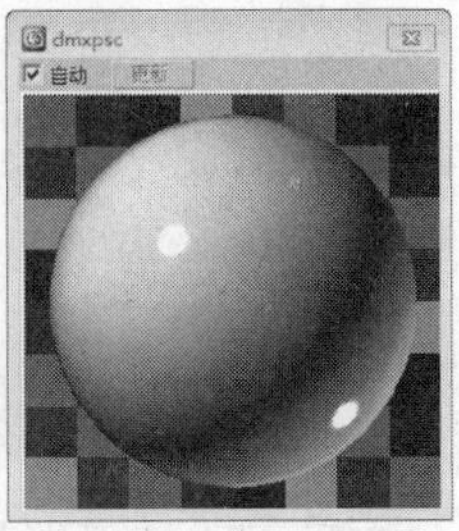

图13-71

技巧与提示

由于本例的地面通过模型创建了45°的斜拼细节，如图13-72所示。因此，材质设置时不需要考虑贴图的接缝与角度细节。

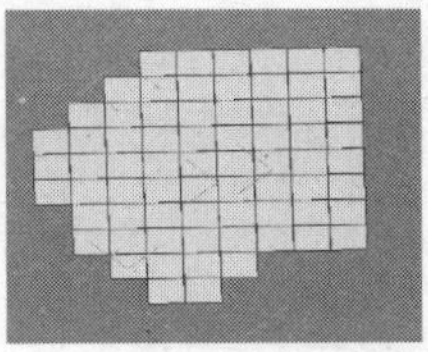
图13-72

制作地面波打线材质

地面波打线材质的模拟效果如图13-73所示。

01 选择一个空白材质球，然后设置材质类型为VRayMtl，并将其命名为bdxcz，再在“漫反射”贴图通道中加载光盘中的“实例文件>CH13>实战232>地面绿.jpg”文件，最后在“坐标”卷展栏下设置“模糊”为0.01、“瓷砖”的U和V为5，如图13-74所示。

图13-73

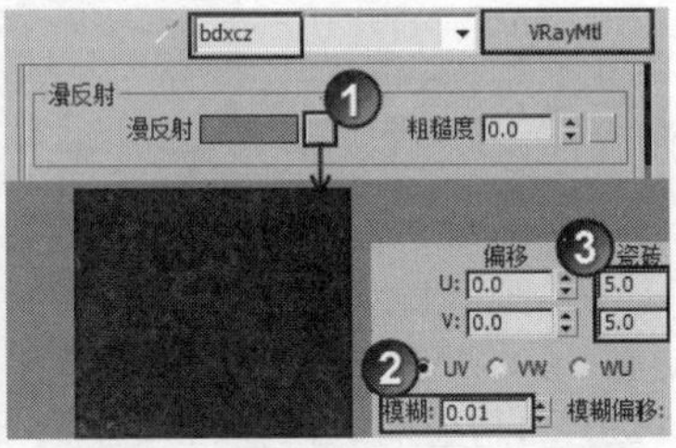

图13-74

02 设置“反射”颜色为（红:139，绿:139，蓝:139），然后勾选“菲涅耳反射”选项，再设置“反射光泽度”为0.84，如图13-75所示，制作好的材质球效果如图13-76所示。

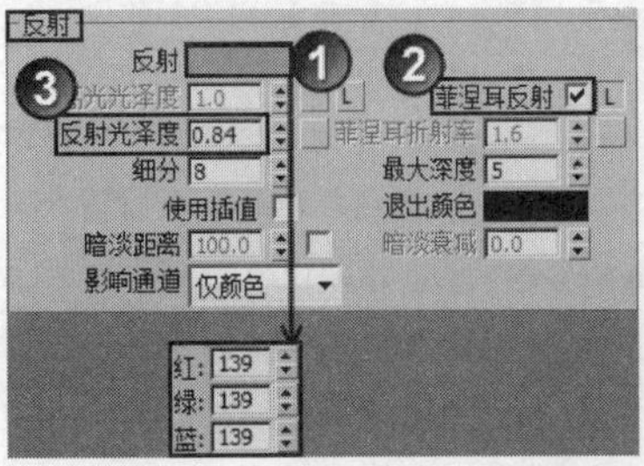

图13-75

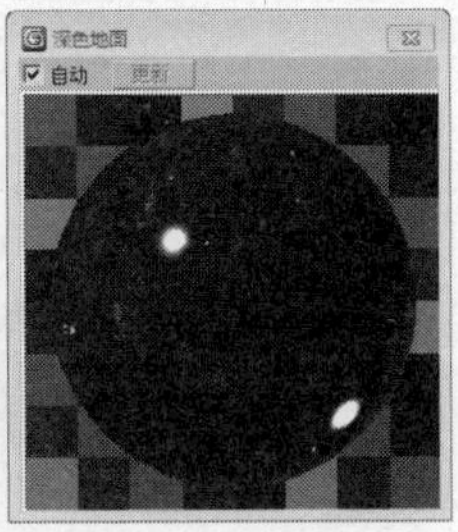

图13-76

制作青花瓷材质

青花瓷材质的模拟效果如图13-77所示。

01 选择一个空白材质球，然后设置材质类型为VRayMtl，并将其命名为qstc，再在“漫反射”贴图通道中加载光盘中的“实例文件>CH13>实战232>青花瓷贴图.jpg”文件，如图13-78所示。

图13-77

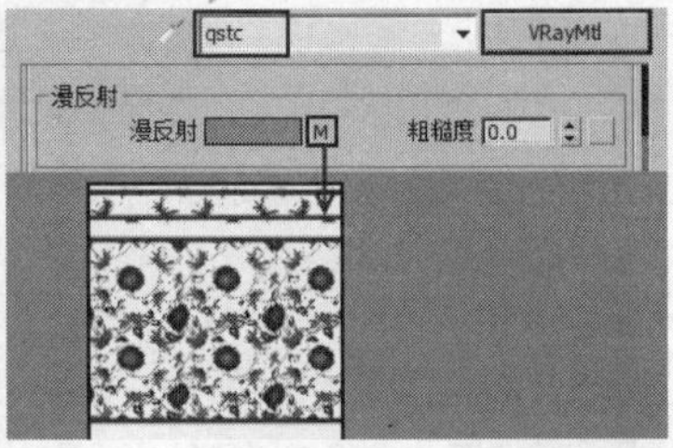

图13-78

02 设置“反射”颜色为（红:226，绿:226，蓝:226），然后勾选“菲涅耳反射”选项，再设置“反射光泽度”为0.92，参如图13-79所示，制作好的材质球效果如图13-80所示。

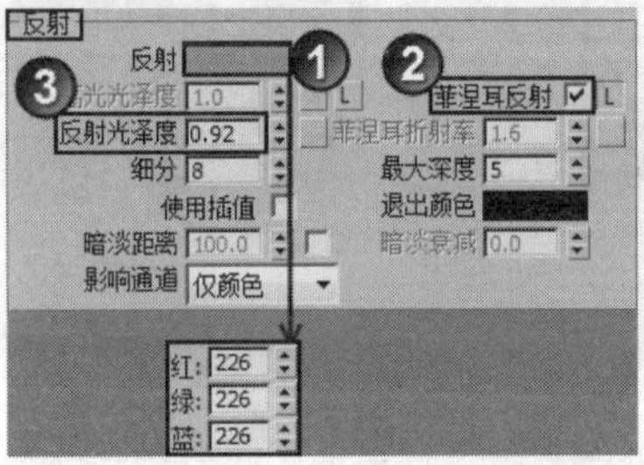

图13-79

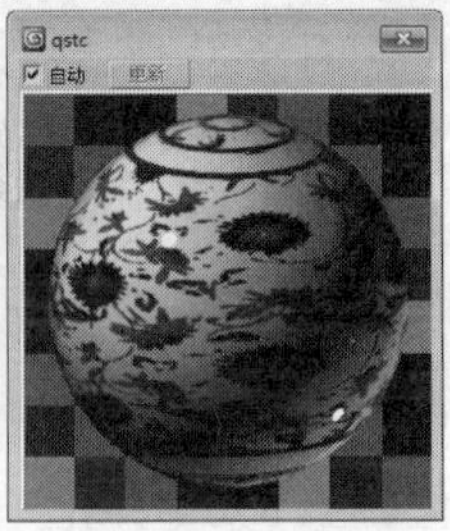

图13-80

制作抱枕材质

抱枕材质的模拟效果如图13-81所示。

01 选择一个空白材质球，然后设置材质类型为VRayMtl，并将其命名为bzbwcz，再在“漫反射”贴图通道中加载光盘中的“实例文件>CH13>实战232>抱枕.jpg”文件，最后在“坐标”卷展栏下设置“模糊”为0.05，如图13-82所示。

图13-81

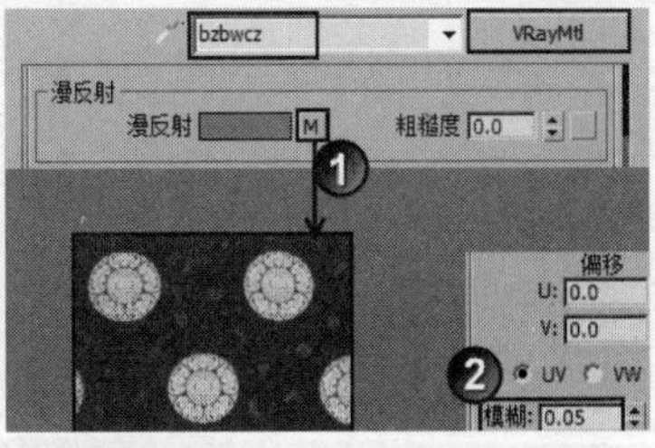

图13-82

02 设置“反射”颜色为（红:34，绿:34，蓝:34），然后设置“反射光泽度”为0.7，如图13-83所示。

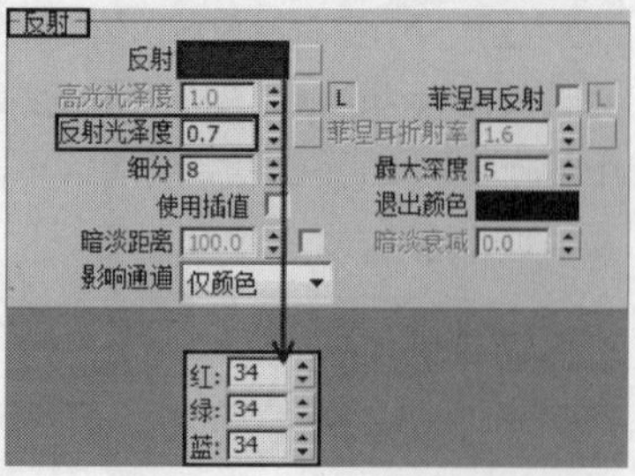

图13-83

03 展开“贴图”卷展栏，然后在“凹凸”贴图通道中加载光盘中的“实例文件>CH13>实战232>抱枕凹凸.jpg”文件，再设置“凹凸”为50，如图13-84所示，制作好的材质球效果如图13-85所示。

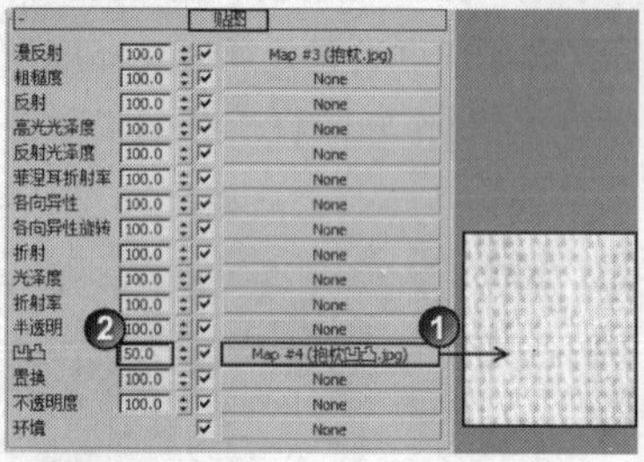

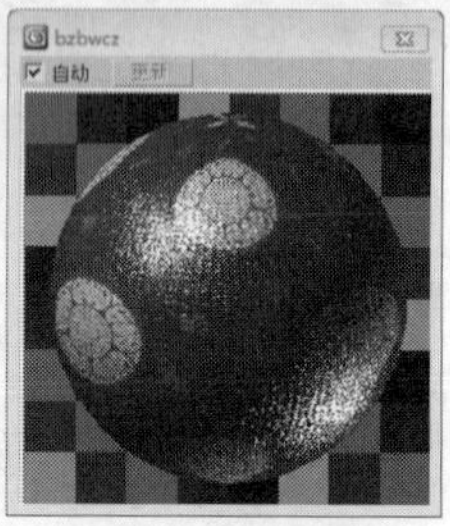

图13-84 图13-85

Part 2 设置测试渲染参数

01 按F10键打开“渲染设置”对话框，然后设置渲染器为VRay渲染器，再在“公用参数”卷展栏下设置“宽度”为445、“高度”为500，最后单击“图像纵横比”选项后面的“锁定”按钮，锁定渲染图像的纵横比，如图13-86所示。

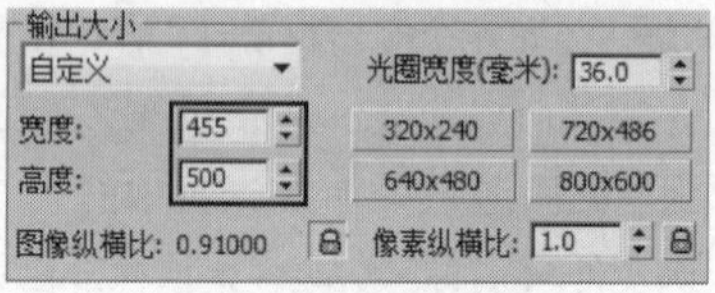

图13-86

02 单击VRay选项卡，然后在“全局开关”卷展栏下关闭“隐藏灯光”与“光泽效果”选项，再设置“二次光线偏移”为0.001，如图13-87所示。

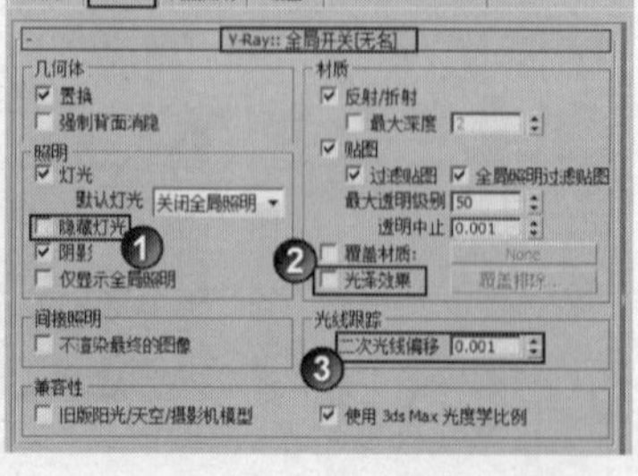

图13-87

03 展开“图像采样器（反锯齿）”卷展栏，然后设置“图像采样器”类型为“固定”，再在“抗锯齿过滤器”选项组下关闭“开”选项，如图13-88所示。

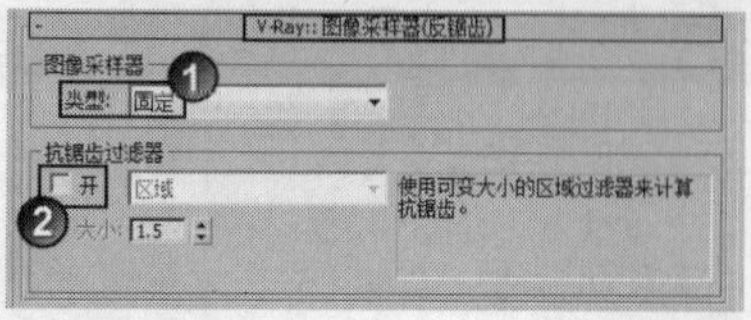

图13-88

04 单击“间接照明”选项卡，然后在“间接照明（GI）”卷展栏下勾选“开”选项，再设置“首次反弹”为“发光图”、“二次反弹”为“灯光缓存”，如图13-89所示。

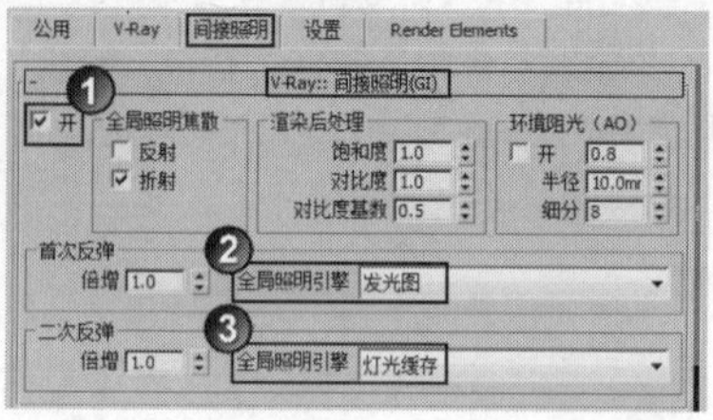

图13-89

05 展开“发光图”卷展栏，然后设置“当前预置”为“非常低”，再设置“半球细分”为50、“插值采样”为20，如图13-90所示。

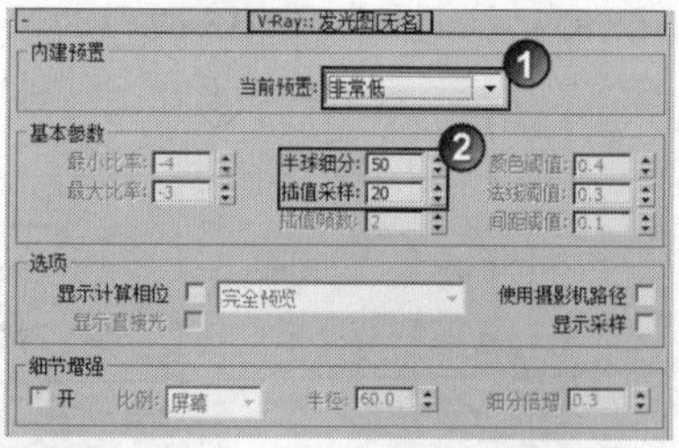

图13-90

06 展开“灯光缓存”卷展栏，然后设置“细分”为400，再勾选“显示计算相位”选项，如图13-91所示。

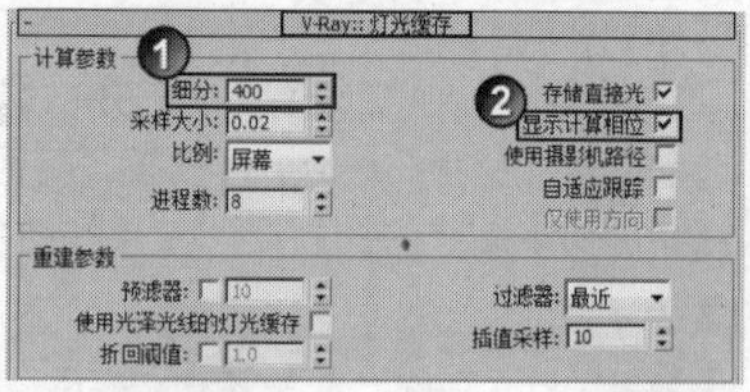

图13-91

07 单击“设置”选项卡，然后在“系统”卷展栏下设置“区域排序”为Top->Bottom（从上->下），如图13-92所示。

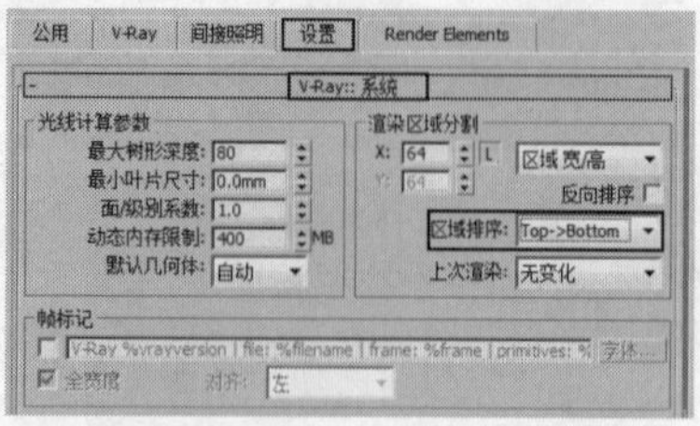

图13-92

Part 3 灯光设置

本例要表现较强的日光氛围，室内会有明显的阳光光影，并有比较锐利的阴影边缘。此外，在本场景中还将创建灯带、吊灯、射灯等人工室内光源，最后还将添加补光，调整灯光细节。

创建阳光

01 设置“灯光”类型为VRay，然后在场景中创建一盏VRay太阳，其位置与角度如图13-93所示。

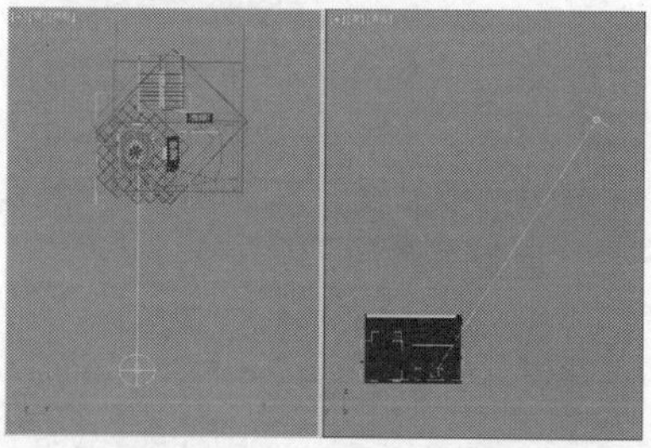

图13-93

02 选择上一步创建的VRay太阳，然后在“VRay太阳参数”卷展栏下设置“强度倍增”为0.015，如图13-94所示。

03 按F9键渲染当前场景，效果如图13-95所示。可以观察到此时地面投射了明显的阳光照射效果（由于接近中午时的阳光角度比较正，因此投影范围靠近窗户位置，不会深入到室内）。接下来创建环境光，以提高室内的整体亮度。

图13-94

图13-95

创建环境光

01 设置“灯光”类型为VRay，然后在场景中创建一盏平面类型的VRay灯光，其位置如图13-96所示。

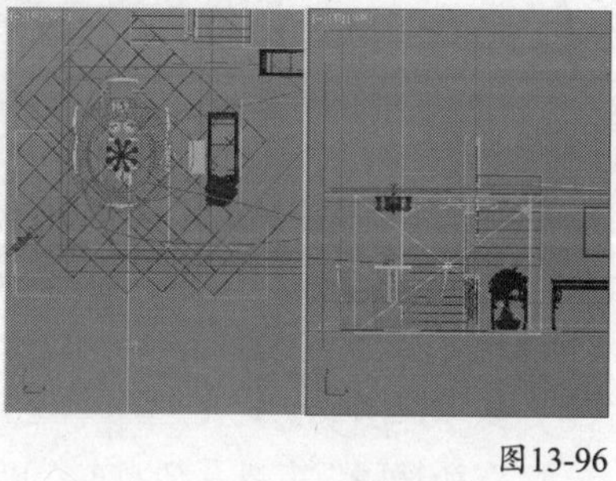

图13-96

02 选择上一步创建的VRay灯光，然后展开“参数”卷展栏，具体参数设置如图13-97所示。

设置步骤

① 在“强度”选项组下设置“倍增器”为1.2，然后设置“颜色”为（红:246，绿:246，蓝:255），

② 在“大小”选项组下设置“1/2长”为150、“1/2宽”为110。

③ 在“选项”选项组下勾选“不可见”选项。

03 按F9键渲染当前场景，效果如图13-98所示。可以观察到此时场景内部也有了一定的亮度，虽然亮度有所欠缺，但考虑到后面还需要布置其他室内灯光，因此先不急于通过环境光来提高亮度。接下来布置圆形灯带。

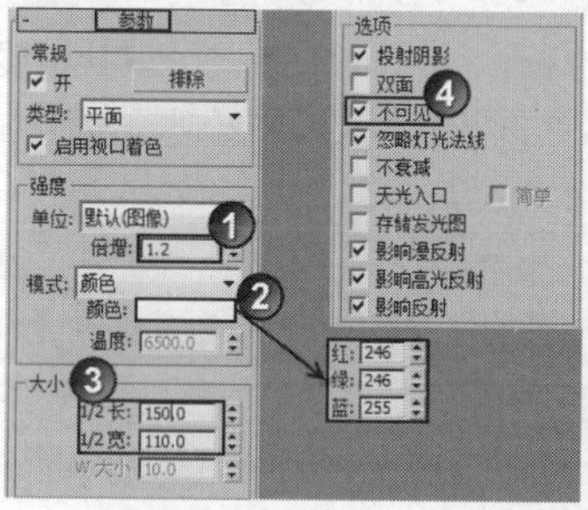

图13-97

图13-98

创建灯带

01 在顶棚上的灯槽内创建一圈平面类型的VRay灯光作为灯带，其位置与高度如图13-99所示。

02 选择上一步创建的VRay灯光，然后展开“参数”卷展栏，具体参数设置如图13-100所示。

设置步骤

① 在“强度”选项组下设置“倍增”为3.2，然后设置“颜色”为（红:252，绿:187，蓝:117）。

② 在“大小”选项组下设置“1/2长”为40、“1/2宽”为5。

③ 在“选项”选项组下勾选“不可见”选项。

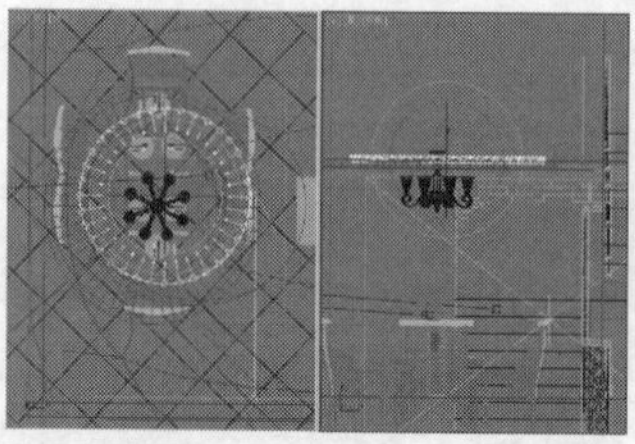

图13-99

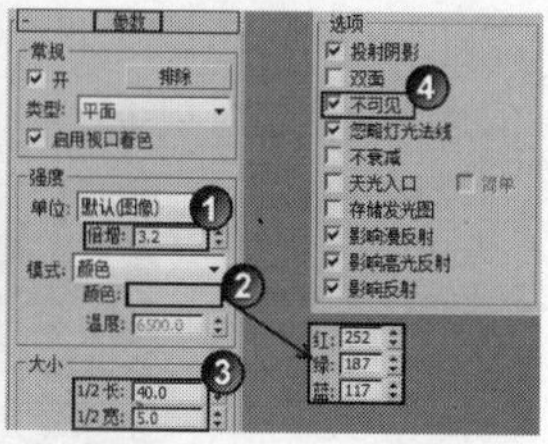

图13-100

03 按F9键渲染当前场景，效果如图13-101所示。可以观察到此时产生了理想的灯带效果，接下来创建灯带下方的吊灯灯光效果。

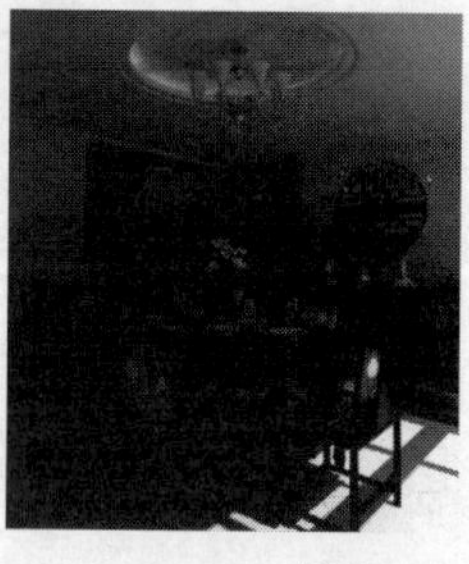

图13-101

创建吊灯

01 在场景中创建8盏球体类型的VRay灯光作为吊灯灯光，其位置与高度如图13-102所示。

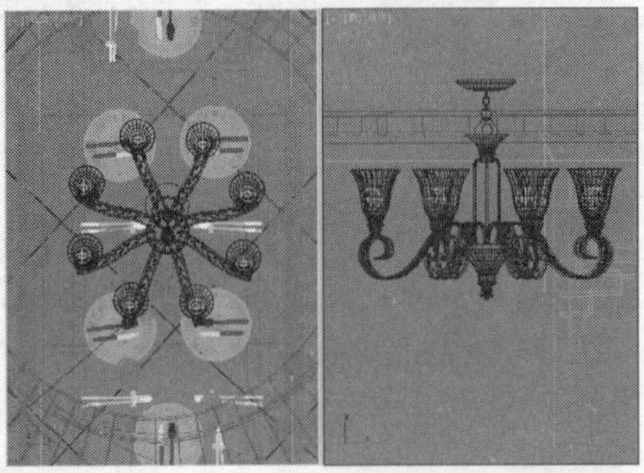

图13-102

02 选择上一步创建的VRay灯光，然后展开“参数”卷展栏，具体参数设置如图13-103所示。

设置步骤

① 在“强度”选项组下设置“倍增”为12，然后设置“颜色”为（红:255，绿:239，蓝:211）。

② 在“大小”选项组下设置“半径”为2.3。

③ 在“选项”选项组下勾选“不可见”选项。

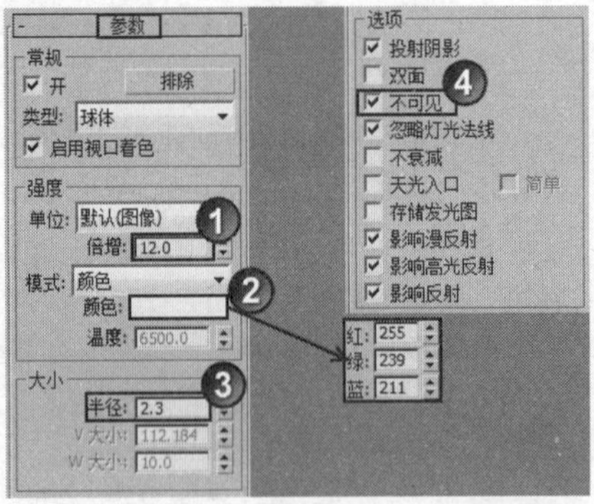

图13-103

03 按F9键渲染当前场景，效果如图13-104所示。接下来创建室内的射灯效果。

图13-104

创建射灯

01 设置“灯光”类型为“光度学”，然后在顶视图根据灯孔的位置创建目标灯光，具体分布与位置如图13-105所示。

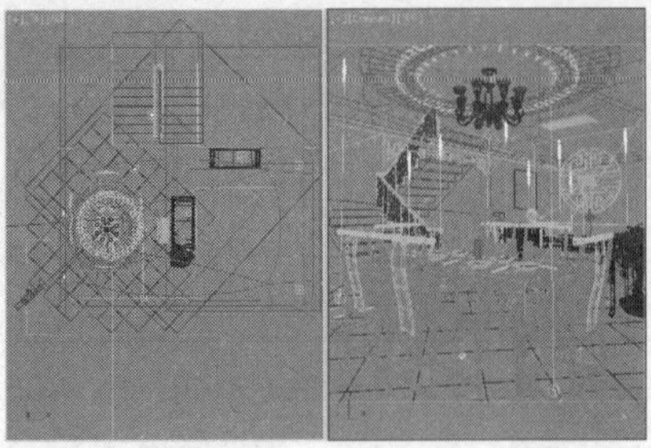

图13-105

02 选择上一步创建的目标灯光，然后进入“修改”面板，具体参数设置如图13-106所示。

设置步骤

① 展开“常规参数”卷展栏，然后在“阴影”选项组下勾选“启用”选项，再设置阴影类型为“VRay阴影”，最后设置“灯光分布（类型）”为“光度学Web”。

② 展开“分布（光度学Web）”卷展栏，然后在其通道中加载光盘中的“实例文件>CH13>实战232>1.ies”文件。

③ 展开“强度/颜色/衰减”卷展栏，然后设置“过滤颜色”为（红:255，绿:208，蓝:134），再设置“强度”为125。

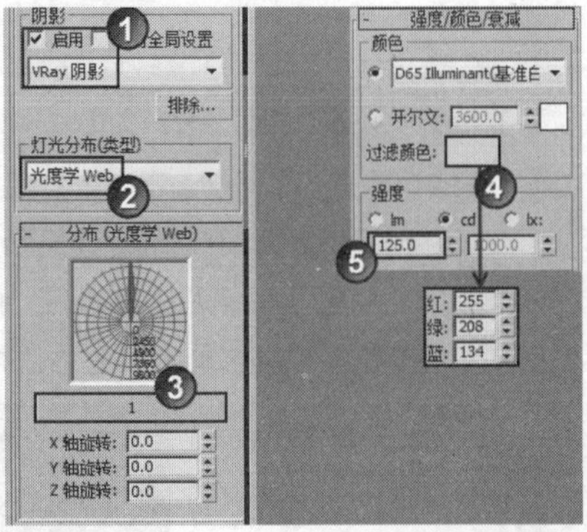

图13-106

03 按F9键渲染当前场景，效果如图13-107所示。至此，场景的主要灯光创建完成，观察此时的渲染效果可以发现，场景亮度仍需要提高，此外楼梯间也需要照明，接下来创建补光。

图13-107

创建补光

01 在楼梯间上方以及灯光主入口创建两盏平面类型的

VRay灯光作为补光，其位置与高度如图13-108所示。

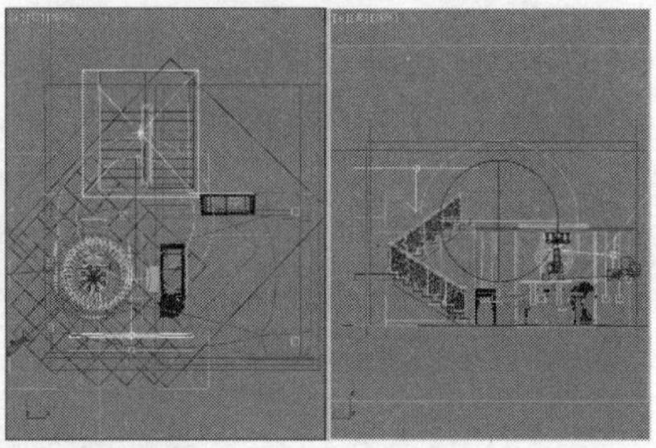

图13-108

02 选择楼梯处的VRay灯光，然后展开“参数”卷展栏，具体参数设置如图13-109所示。

设置步骤

① 在“强度”选项组下设置“倍增”为2，然后设置“颜色”为（红:254，绿:241，蓝:221）。

② 在“大小”选项组下设置“1/2长”为140、“1/2宽”为150。

③ 在“选项”选项组下勾选“不可见”选项。

03 选择主入口处的VRay灯光，然后展开“参数”卷展栏，具体参数设置如图13-110所示。

设置步骤

① 在“强度”选项组下设置“倍增”为1.25，然后设置“颜色”为（红:246，绿:246，蓝:255）。

② 在“大小”选项组下设置“1/2长”为150、“1/2宽”为48.4。

③ 在“选项”选项组下勾选“不可见”选项。

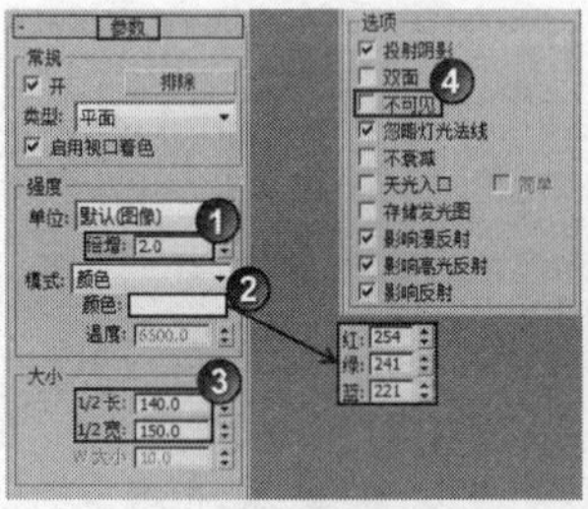

图13-109

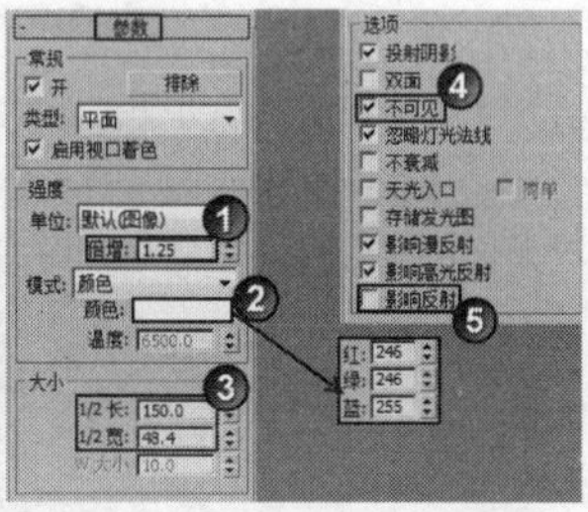

图13-110

04 按F9键渲染当前场景，效果如图13-111所示。可以观察到此时的亮度已经比较理想，但仔细观察可以发现楼梯间左侧的墙面相对过于单调。

05 选择楼梯间右侧的挂画与灯光，然后复制一份到楼梯间的左侧，如图13-112所示。

图13-111

图13-112

06 按F9键渲染当前场景，效果如图13-113所示。至此，场景灯光创建完成，接下来渲染最终图像。

图13-113

Part 4 设置最终渲染参数

提高材质与灯光细分

在本例中提高地面石材以及桌椅木纹材质的“细分”到30，其他材质的“细分”值控制在16~20即可。另外，提高VRay太阳以及环境补光的“细分”到30，其他灯光的“细分”控制在16~24即可。

设置渲染参数

01 按F10键打开“渲染设置”对话框，然后展开“公共参数”卷展栏，再设置“宽度”为1820、“高度”为2000，如图13-114所示。

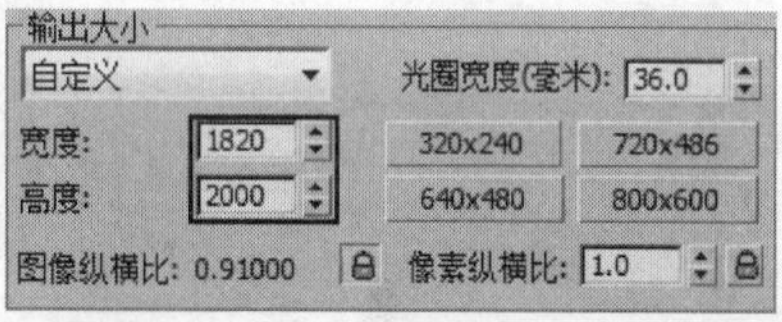

图13-114

02 单击VRay选项卡，然后在“全局开关”卷展栏下勾选“光泽效果”选项，如图13-115所示。

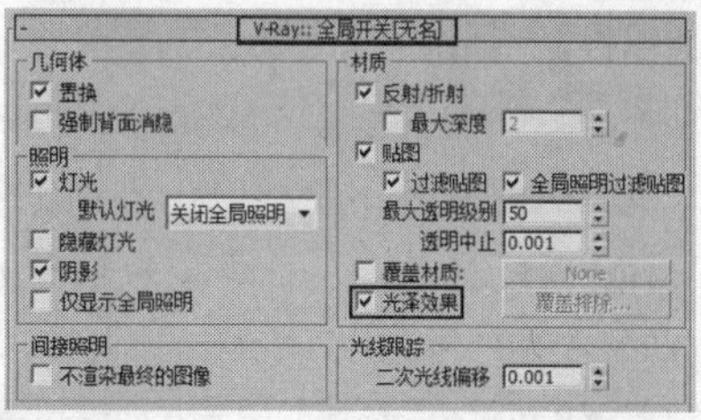

图13-115

03 在“图像采样器（反锯齿）”卷展栏下设置“图像采样器”类型为“自适应细分”，再在“抗锯齿过滤器”选项组下勾选“开”选项，并设置“抗锯齿过滤器”为Catmull-Rom，如图13-116所示。

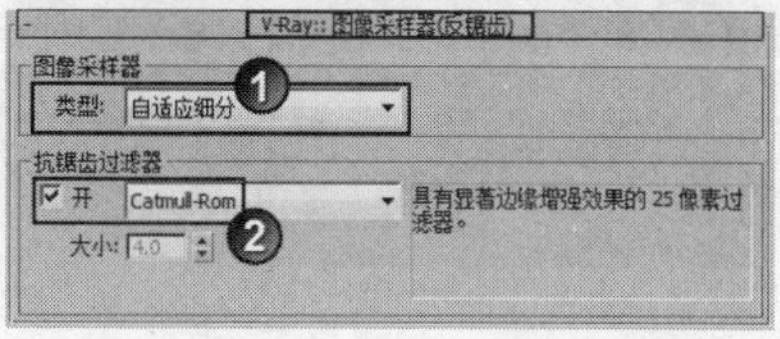

图13-116

04 单击“间接照明”选项卡，然后在“发光图”卷展栏下设置“当前预置”为“高”，再设置“半球细分”为70、“插值采样”为30，如图13-117所示。

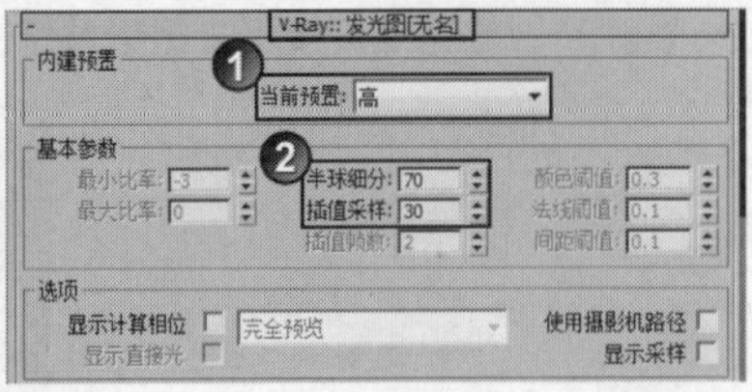

图13-117

05 展开“灯光缓存”卷展栏，然后设置“细分”1000，如图13-118所示。

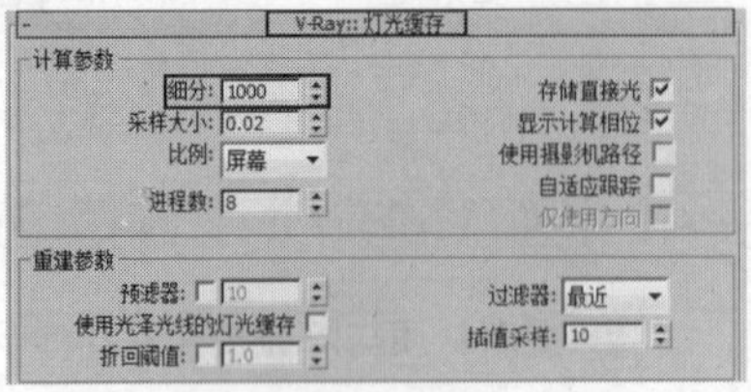

图13-118

06 单击“设置”选项卡，然后在“DMC采样器”卷展栏下设置“适应数量”为0.75、“噪波阈值”为0.005、“最小采样值”为24，如图13-119所示。

07 按F9键渲染当前场景，最终效果如图13-120所示。

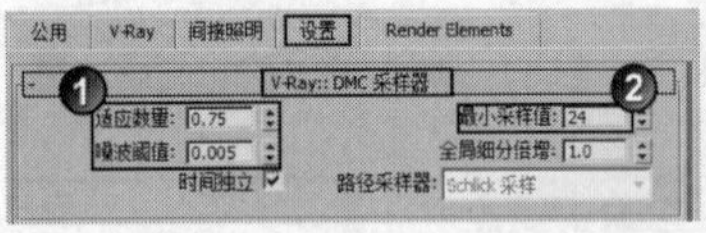

图13-119

图13-120

实战233 欧式会客厅黄昏表现

场景位置	DVD>场景文件>CH13>实战233.max
实例位置	DVD>实例文件>CH13>实战233.max
视频位置	DVD>多媒体教学>CH01>实战233.flv
难易指数	★★★★☆
技术掌握	护墙和窗帘材质的制作方法，黄昏灯光的表现方法

本场景是一个欧式古典风格的会客厅的特写角度空间，地面石材、花几木纹、护墙木纹、窗帘以及台灯材质的制作方法是本例的学习重点，在灯光上主要学习如何使用VRay太阳与“VRay天空”环境贴图来联动模拟黄昏光照的表现方法，效果如图13-121所示。

图13-121

Part 1 材质制作

本例的场景对象材质主要包括地面石材材质、花几木纹材质、护墙材质、窗帘材质、储物柜材质以及台灯材质，如图13-122所示。

图13-122

制作地面材质

地面材质共分两种，其模拟效果如图13-123和图13-124所示。

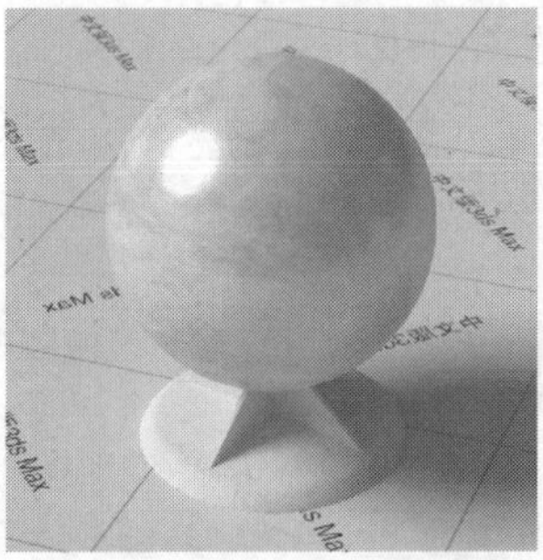
图13-123

图13-124

01 打开光盘中的“场景文件>CH13>实战233.max”文件，如图13-125所示。

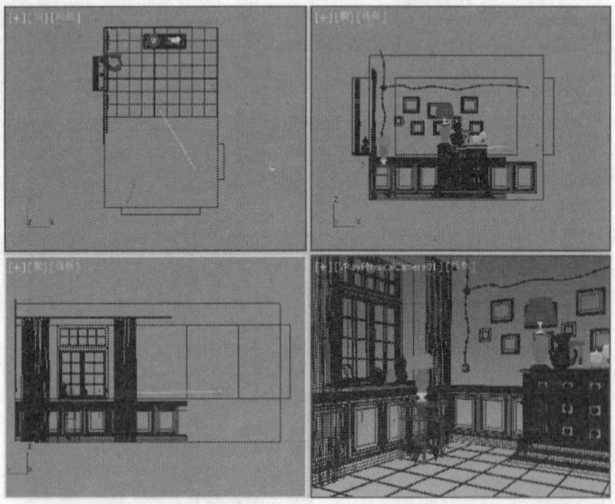
图13-125

02 下面制作第1种地面材质。选择一个空白材质球，然后设置材质类型为VRayMtl，并将其命名为dmsc1，然后在“漫反射”贴图通道中加载光盘中的“实例文件>CH13>实战233>地面1.jpg”文件，如图13-126所示。

03 设置“反射”颜色为（红:49，绿:49，蓝:49），然后设置“反射光泽度”为0.8，如图13-127所示，制作好的材质球效果如图13-128所示。

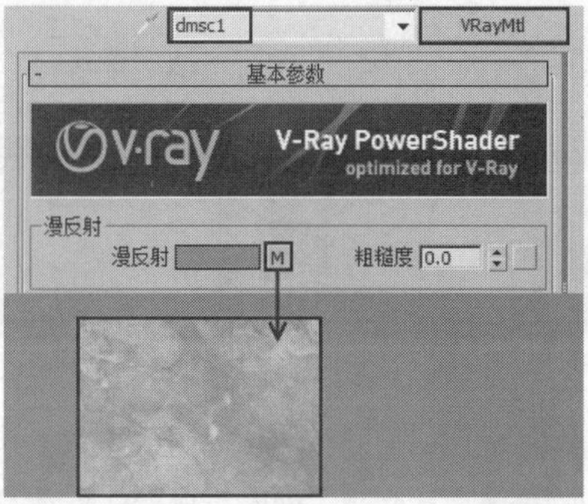

图13-216

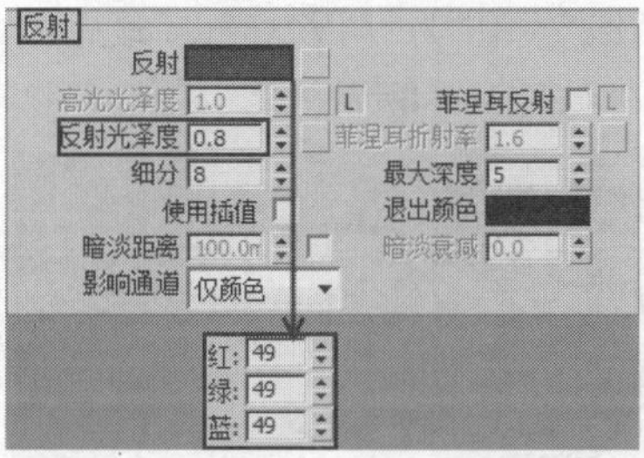

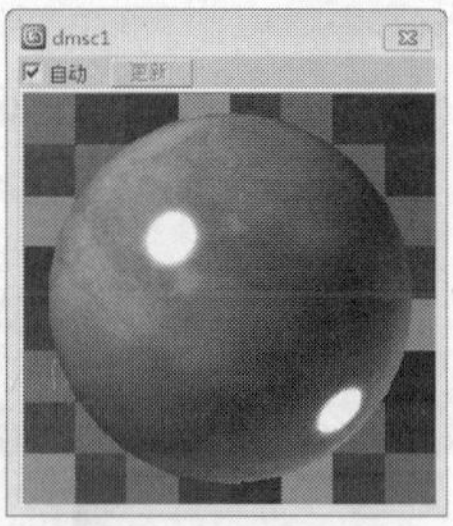

图13-127　　图13-128

04 下面制作第2种地面材质。使用鼠标左键将制作好的dmsc1材质拖曳到一个空白材质球上，然后将其重命名为dmsc2，如图13-129所示。

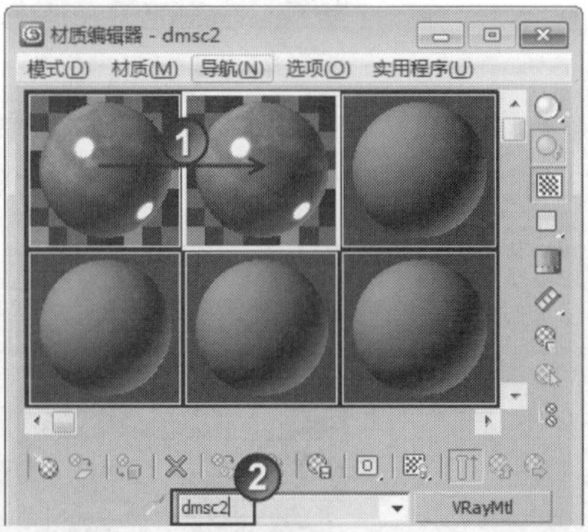

图13-129

05 在“漫反射”贴图通道中加载光盘中的“实例文件>CH13>实战233>地面2.jpg”文件，如图13-130所示，制作好的材质球效果如图13-131所示。

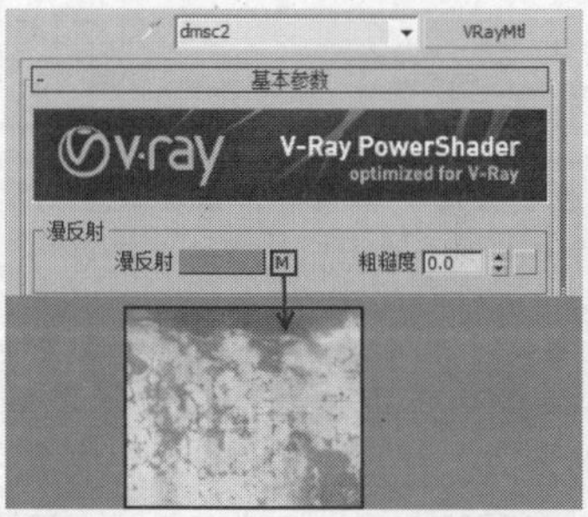

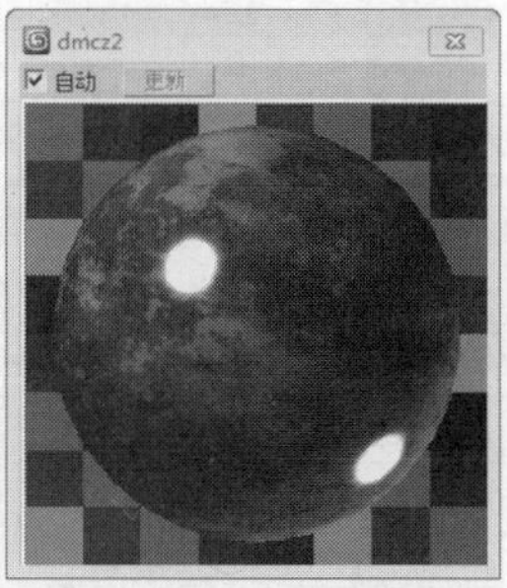

图13-130　　图13-131

制作花几木纹材质

花几木纹材质的模拟效果如图13-132所示。

01 选择一个空白材质球，然后设置材质类型为VRayMtl，并将其命名为hjmw，然后设置“漫反射”颜色为（红:254，绿:251，蓝:247），如图13-133所示。

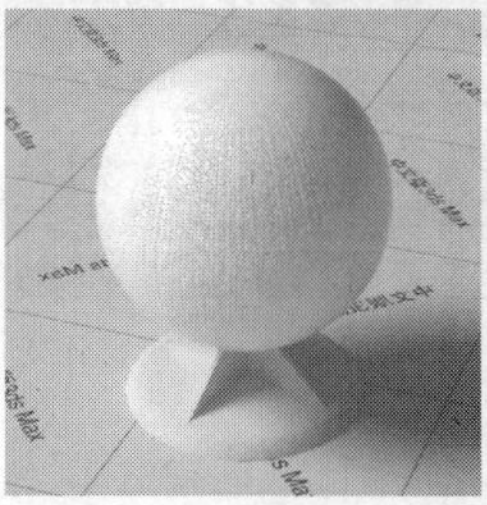

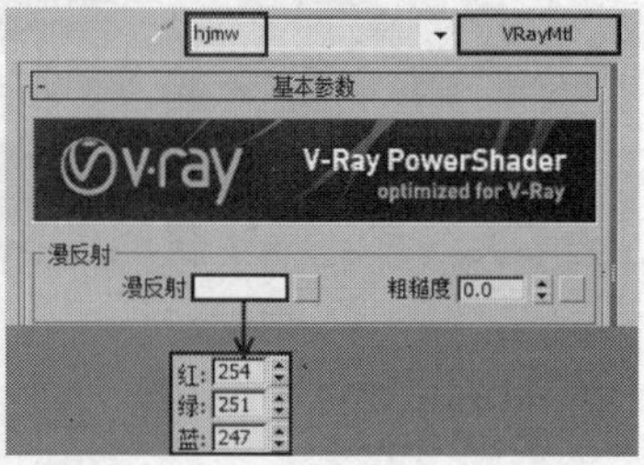

图13-132　　图13-133

02 设置“反射”颜色为（红:200，绿:200，蓝:200），然后勾选“菲涅耳反射”选项，再在“反射光泽度”贴图通道中加载光盘中的“实例文件>CH13>实战233>木纹黑白.jpg”文件，如图13-134所示。

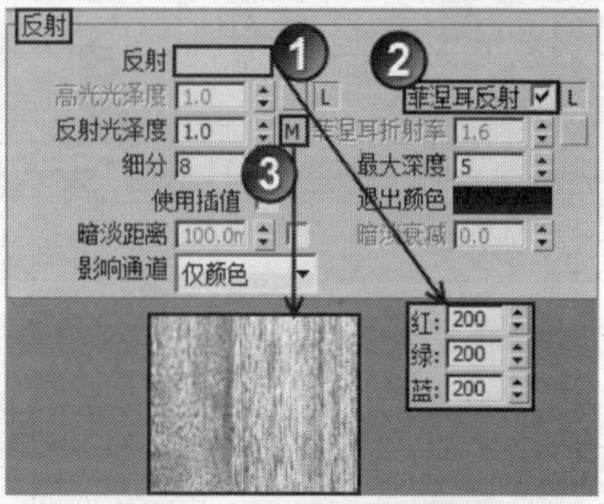

图13-134

03 展开“贴图”卷展栏，然后设置“反射光泽度”的强度为60，再将该通道中的贴图复制到“凹凸”贴图通道上，最后设置“凹凸”为18，如图13-135所示，制作好的材质球效果图13-136所示。

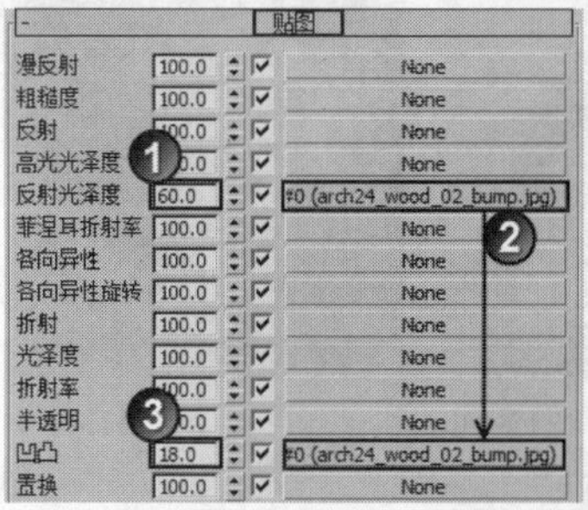

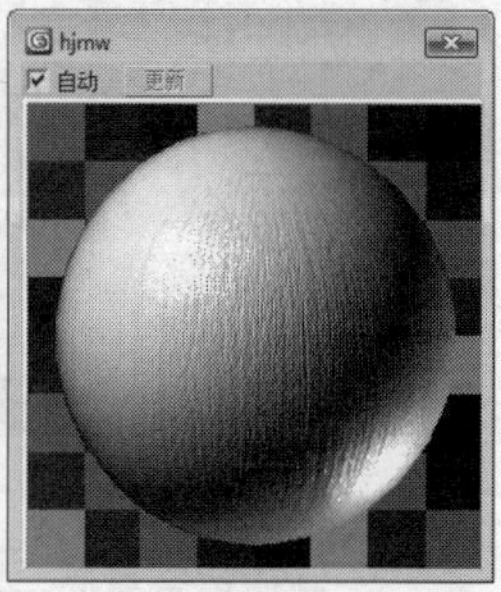

图13-135　　图13-136

制作护墙材质

护墙材质的模拟效果如图13-137所示。

01 选择一个空白材质球，然后设置材质类型为VRayMtl，并将其命名为hqcz，再设置“漫反射”颜色为（红:235，绿:225，蓝:183），并在该贴图通道中加载光盘中的“实例文件

>CH13>实战233>墙围.jpg”文件，最后在“贴图”卷展栏下设置“漫反射”的强度为60，如图13-138所示。

图13-137

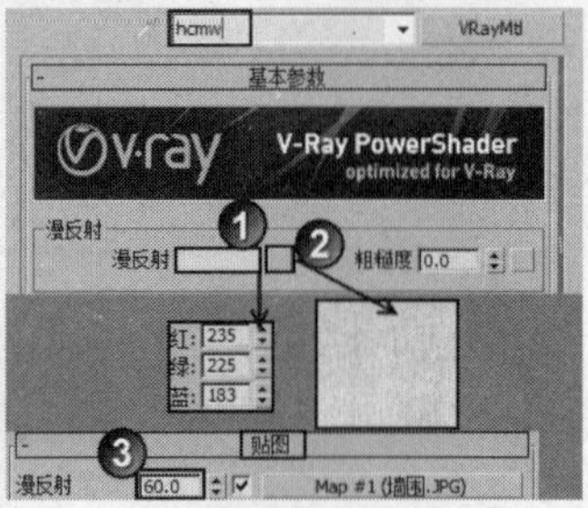

图13-138

技巧与提示

如果同时对“漫反射”通道设置颜色与贴图，可以调整数值以控制混合效果，输入的数值为颜色所占的比例。

02 设置“反射”颜色为（红:39，绿:44，蓝:50），然后设置“反射光泽度”为0.86，再在其贴图通道中加载光盘中的“实例文件>CH13>实战233>墙围凹凸.jpg”文件，如图13-139所示。

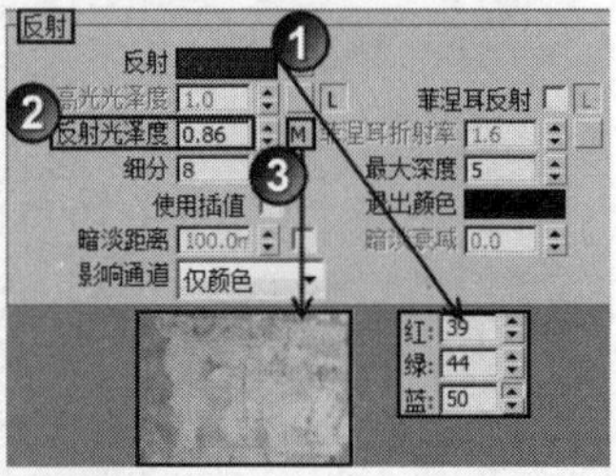

图13-139

03 展开“贴图”卷展栏，然后将“反射光泽度”通道中的贴图复制到“凹凸”贴图通道上，如图13-140所示，制作好的材质球效果如图13-141所示。

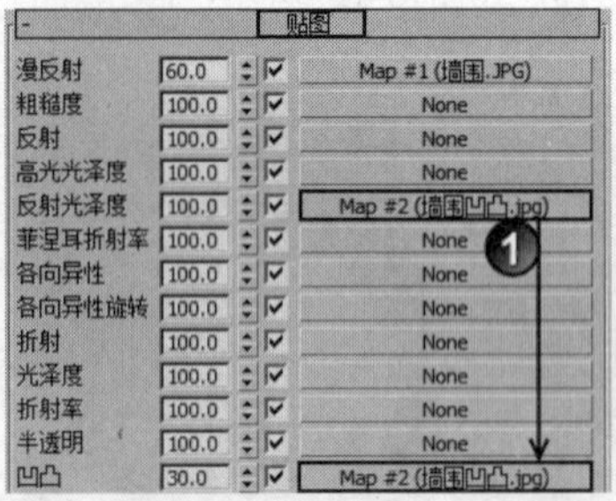

图13-140

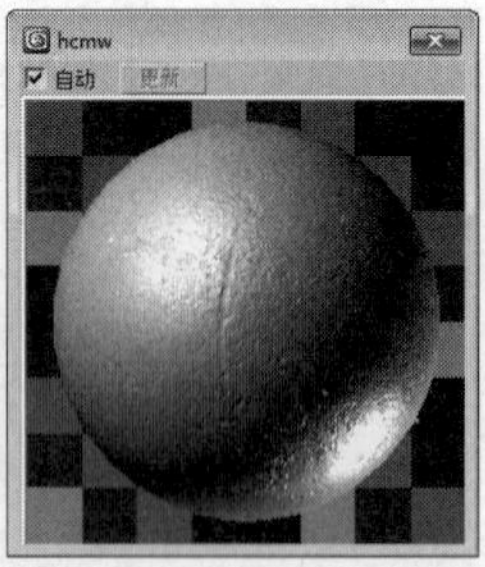

图13-141

制作窗帘材质

窗帘材质的模拟效果如图13-142所示。

01 选择一个空白材质球，然后设置材质类型为VRayMtl，并将其命名为cncz，再在“漫反射”贴图通道中加载光盘中的“实例文件>CH13>实战233>布纹.jpg”文件，最后在“坐标”卷展栏下设置“模糊”为0.01，如图13-143所示。

图13-142

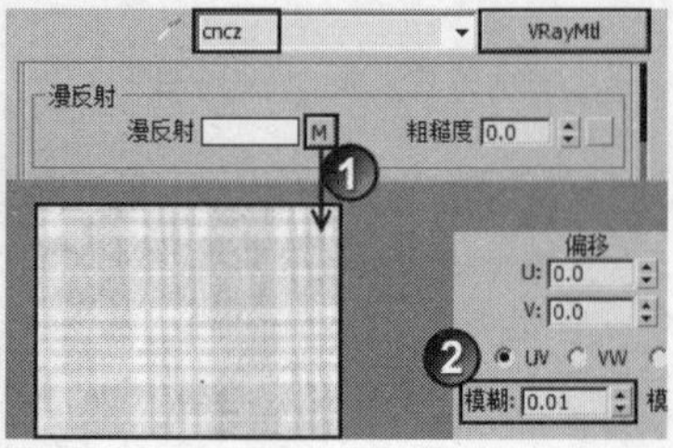

图13-143

02 在“反射”贴图通道中添加一张“遮罩”程序贴图，然后在“贴图”通道中加载一张“衰减”程序贴图，并设置“衰减类型”为Fresnel，再在“遮罩”贴图通道中加载一张“衰减”程序贴图，并设置“衰减类型”为“阴影/灯光”，最后设置“反射光泽度”为0.466，如图13-144所示。

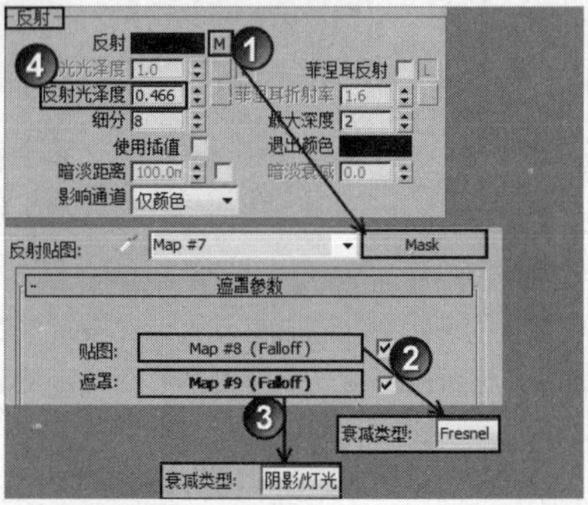

图13-144

03 将VRayMtl材质切换为“VRay材质包裹器”，然后在弹出的“替换材质”对话框中勾选“将旧材质保存为子材质”选项，如图13-145所示。

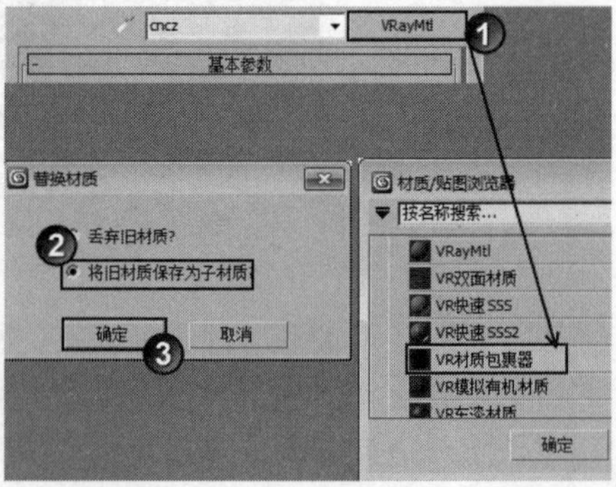

图13-145

技巧与提示

勾选“将旧材质保存为子材质”选项后，前面设置好的VRayMtl材质将作为“VRay材质包裹器”的“基本材质”进行保存；如果勾选“丢弃旧材质”选项，则前面设置好的VRayMtl材质将完全丢失。

04 在“VRay材质包裹器参数”卷展栏下设置“生成全局照明”为0.25，如图13-146所示，制作好的材质球效果如图13-147所示。

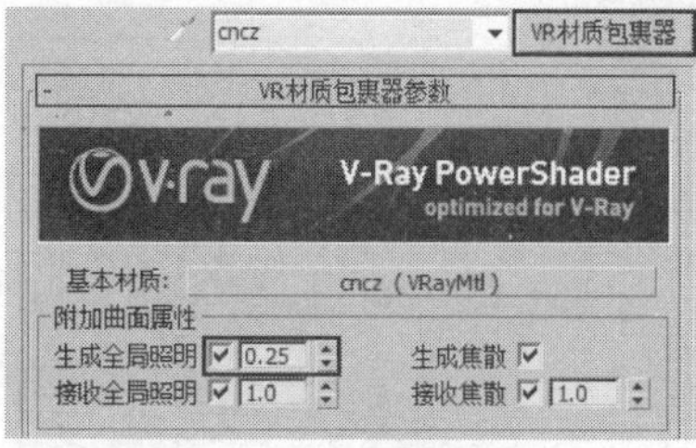

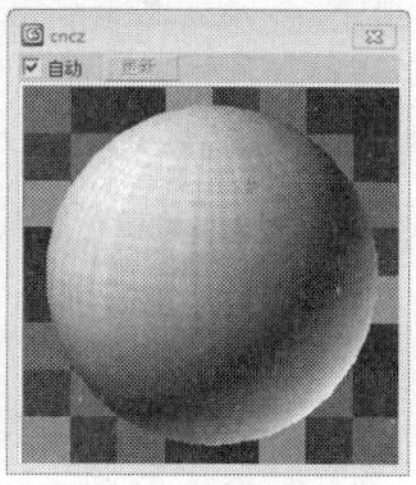

图13-146 图13-147

制作储物柜材质

储物柜材质的模拟效果如图13-148所示。

01 选择一个空白材质球，然后设置材质类型为VRayMtl，并将其命名为cwjmw，再在“漫反射”贴图通道中加载光盘中的“实例文件>CH13>实战233>古木.jpg”文件，如图13-149所示。

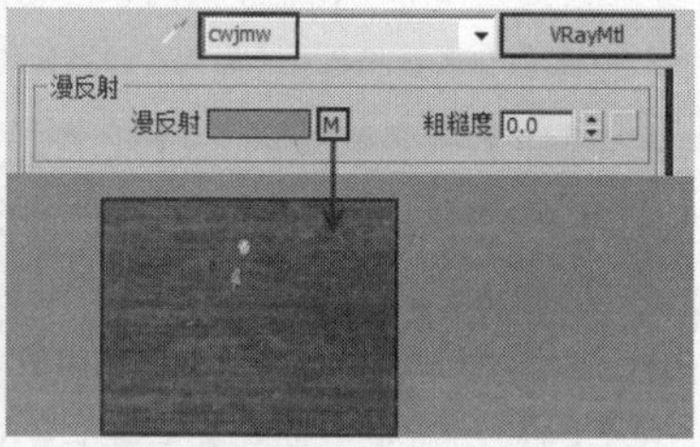

图13-148 图13-149

02 设置“反射”颜色为（红:185，绿:185，蓝:185），然后勾选“菲涅耳反射”选项，再设置“反射光泽度”为0.78，如图13-150所示，制作好的材质球效果如图13-151所示。

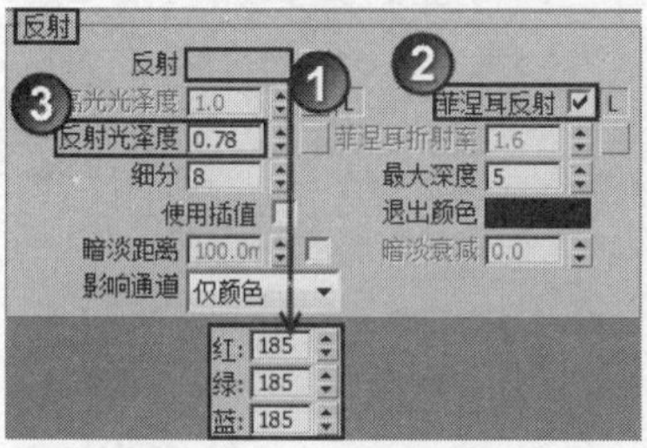

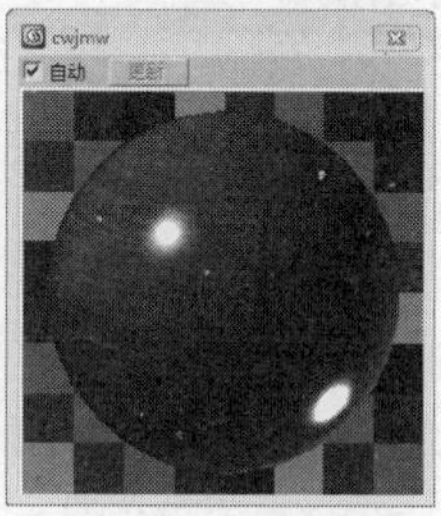

图13-150 图13-151

制作台灯材质

台灯材质的模拟效果如图13-152所示。

01 选择一个空白材质球，然后设置材质类型为VRayMtl，并将其命名为tdcz，再在“漫反射”贴图通道中加载光盘中的“实例文件>CH13>实战233>荷叶.jpg”文件，如图13-153所示。

02 设置“反射”颜色为（红:63，绿:62，蓝:62），然后勾选“菲涅耳反射”选项，再设置“高光光泽度”为0.9，如图13-154所示，制作好的材质球效果如图13-155所示。

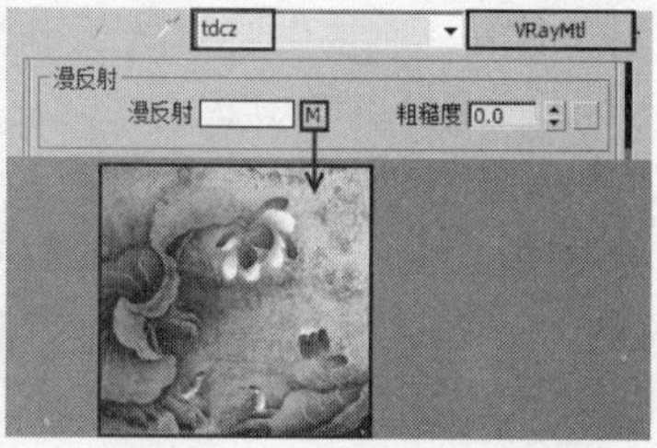

图13-152 图13-153

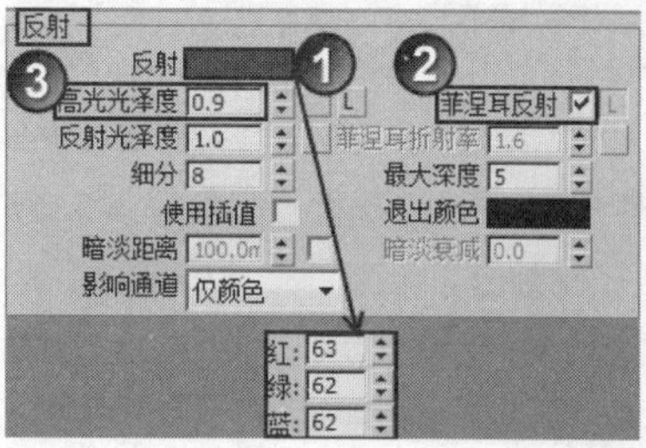

图13-154 图13-155

Part 2 设置测试渲染参数

01 按F10键打开“渲染设置”对话框，然后设置渲染器为VRay渲染器，再在“公用参数”卷展栏下设置“宽度”为500、“高度”为376，最后单击“图像纵横比”选项后面的“锁定”按钮，锁定渲染图像的纵横比，如图13-156所示。

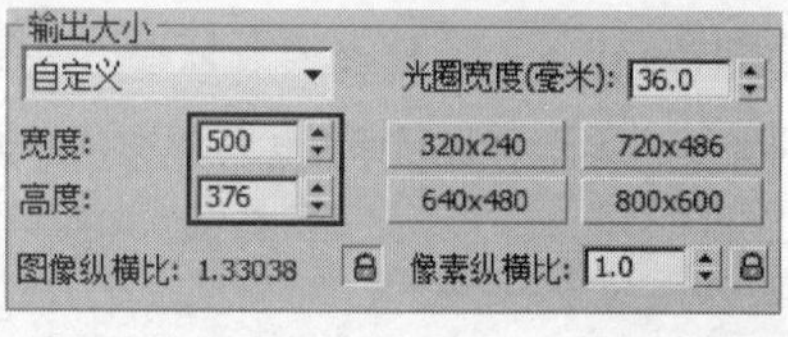

图13-156

02 单击VRay选项卡，然后在“全局开关”卷展栏下关闭“隐藏灯光”和“光泽效果”选项，再设置“二次光线偏移”为0.001，如图13-157所示。

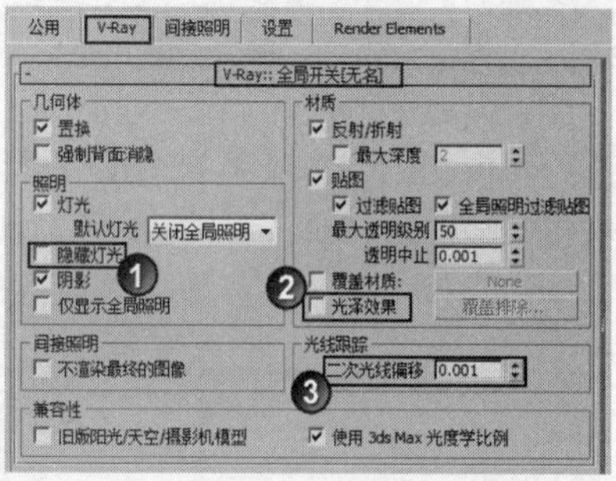

图13-157

03 展开“图像采样器（反锯齿）”卷展栏，然后设置“图像采样器”类型为“固定”，再在“抗锯齿过滤器”选项组下关闭“开”选项，如图13-158所示。

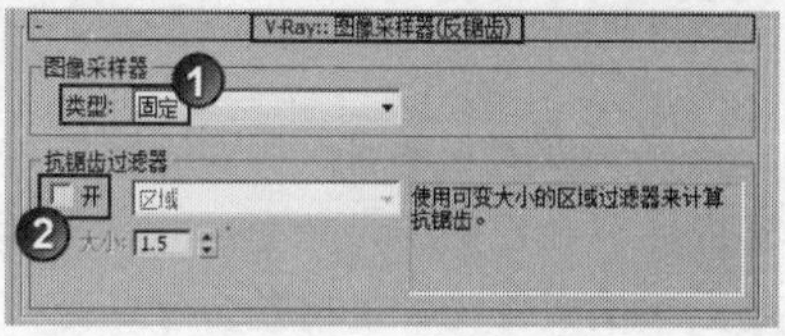

图13-158

04 单击“间接照明”选项卡，然后在“间接照明（GI）”卷展栏下勾选“开”选项，再设置“首次反弹”的全局照明引擎为“发光图”、“二次反弹”的全局照明引擎为“灯光缓存”，如图13-159所示。

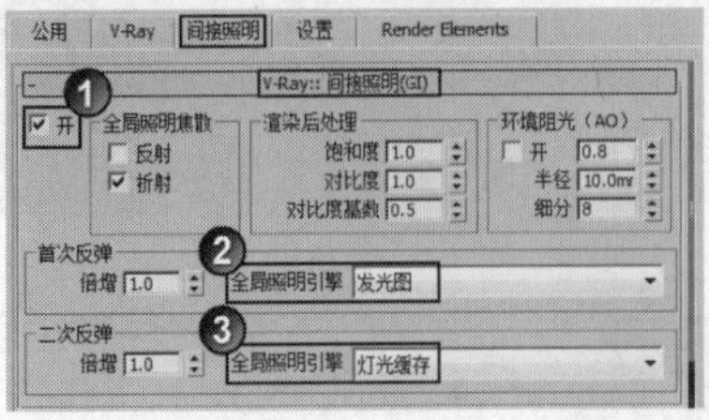

图13-159

05 展开“发光图”卷展栏，然后设置“当前预置”为“非常低”，再设置“半球细分”为50、“插值采样”为20，具体参数设置如图13-160所示。

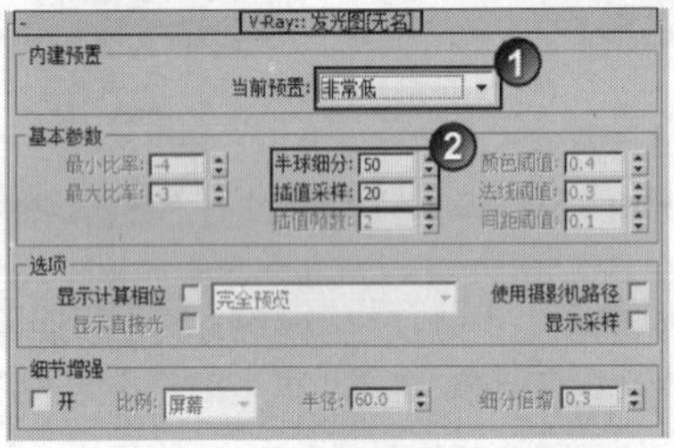

图13-160

06 展开“灯光缓存”卷展栏，然后设置“细分”为400，再勾选“显示计算相位”选项，如图13-161所示。

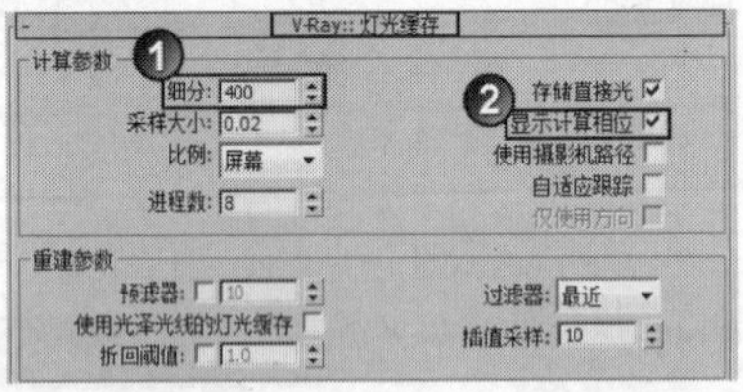

图13-161

07 单击“设置”选项卡，然后在“系统”卷展栏下设置“区域排序”为Top->Bottom（从上->下），如图13-162所示。

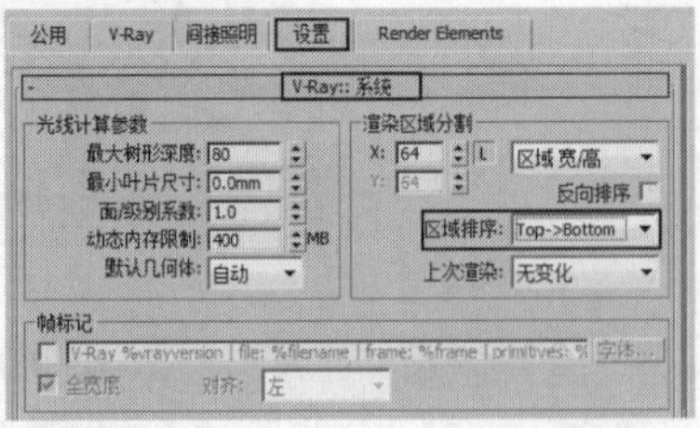

图13-162

Part 3 灯光设置

本例要表现的是夕阳西下时的黄昏日光氛围，此时室内会有金色的阳光光影，并且阴影边缘比较模糊。本场景中的人工光源主要是台灯灯光，要体现黄昏时分的静谧氛围。

创建阳光

01 设置灯光类型为VRay，然后在天空中创建一盏VRay太阳，其位置与角度如图13-163所示。

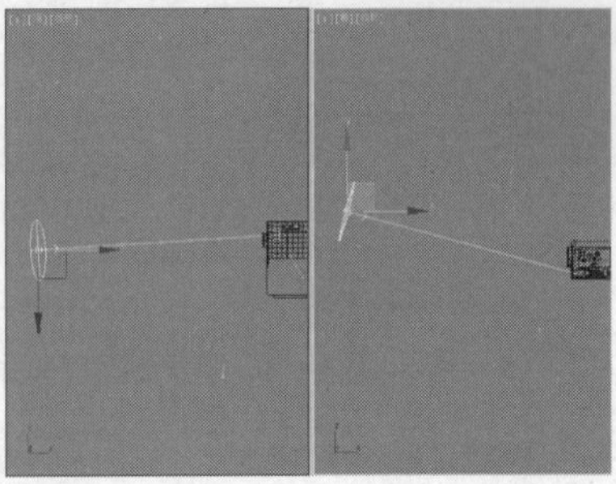

图13-163

技巧与提示

注意，在创建太阳的过程中不要自动加载“VRay天空”环境贴图，以避免在调整阳光效果时对自动添加的环境光产生影响。

02 选择上一步创建的VRay太阳，然后在“VRay太阳参数”卷展栏下设置“强度倍增”为0.15、“大小倍增”为2.6，具体参数设置如图13-164所示。

03 考虑到默认参数下的VRay物理相机感光较弱，因此将VRay物理相机的“光圈数”修改为1，然后关闭“光晕”选项，再设置“快门速度（s^-1）”为60，如图13-165所示。

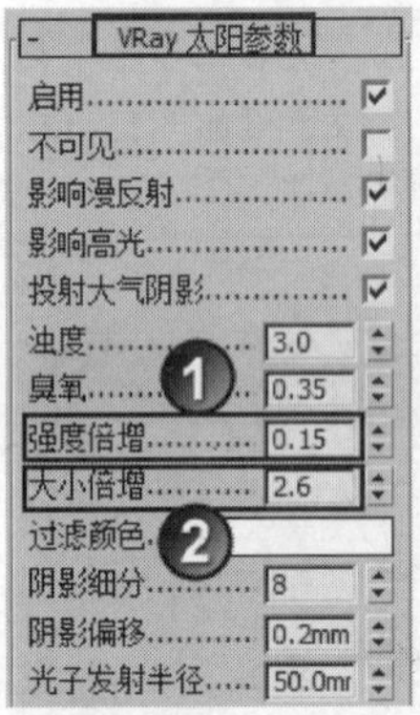

图13-164

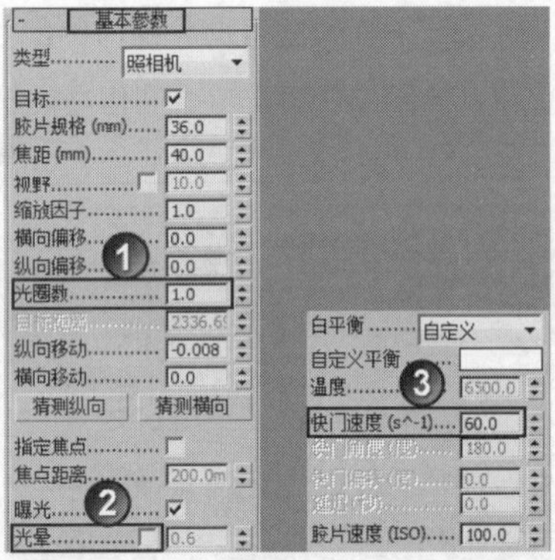

图13-165

04 按F9键渲染当前场景，效果如图13-166所示。可以观察到此时的灯光颜色已经偏向暖色，但并没有产生写意的阳光投影。

图13-166

05 根据渲染得到的效果在顶视图调整阳光的角度与位置，如图13-167所示，然后按F9键渲染当前场景，效果如图13-168所示。可以观察到此时阳光有了理想的投射效果，但亮度与颜色又产生了较大的偏差。

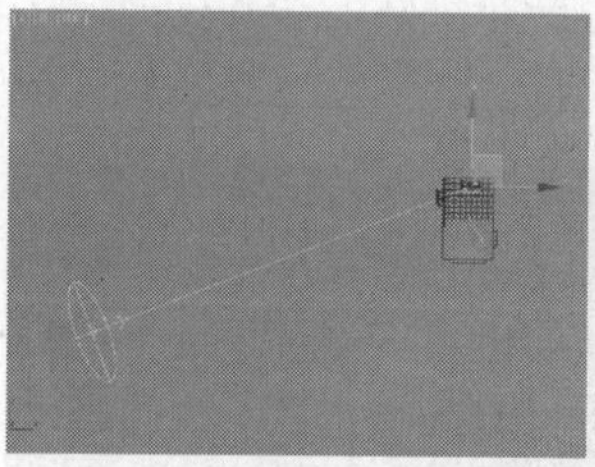

图13-167

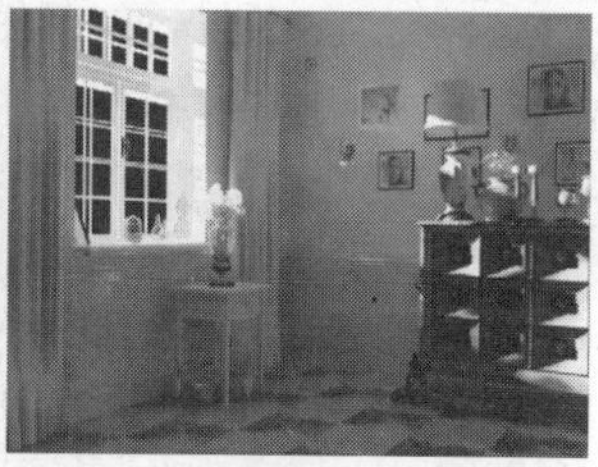

图13-168

06 选择VRay太阳，然后在“VRay太阳参数”卷展栏下将“强度倍增”修改为0.009，然后将“过滤色”修改为暖色（红:254，绿:209，蓝:100），如图13-169所示。

07 按F9键渲染当前场景，效果如图13-170所示。可以观察到此时阳光的颜色与亮度贴近黄昏时的真实感觉，接下来创建环境光。

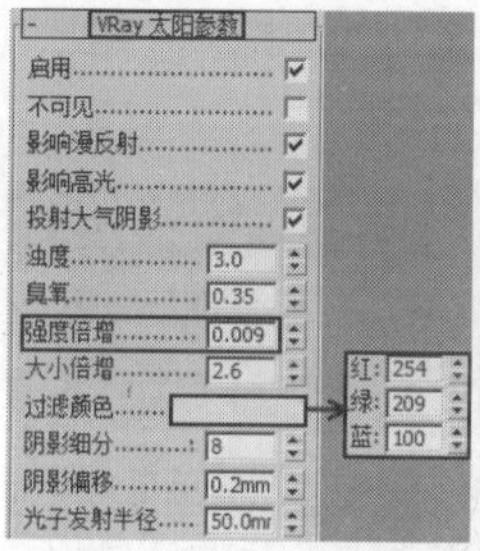

图13-169

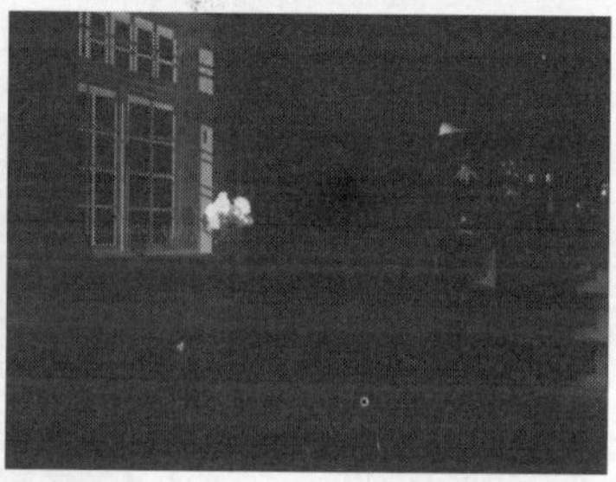

图13-170

创建环境光

01 按8键打开“环境和效果”对话框，然后在“环境贴图”通道中加载一张“VRay天空”环境贴图，再将其拖曳到一个空白材质球上（选择“实例”复制方法），如图13-171所示。

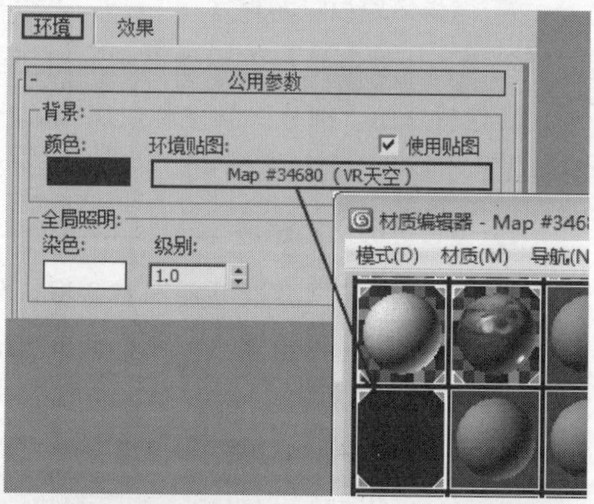

图13-171

02 选择复制的材质球，然后在“VRay天空参数”卷展栏下勾选“指定太阳节点”选项，再单击“太阳光”选项后面的None（无）按钮 None ，并在场景中拾取VRay太阳，最后设置“太阳强度倍增”为0.002、“太阳过滤颜色”为暖色（红:252，绿:212，蓝:159），如图13-172所示。

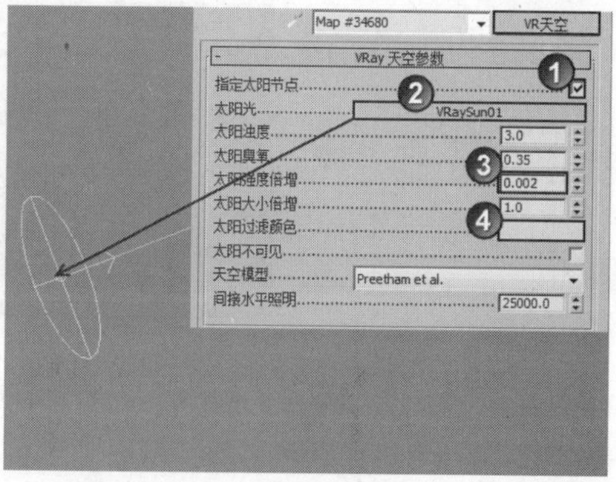

图13-172

03 按F9键渲染当前场景，效果如图13-173所示。可以观察到此时窗户外的环境亮度与氛围都比较合适，接下来创建一盏补光以提高室内亮度。

04 在窗户位置创建一盏平面类型的VRay灯光作为补光，其位置与大小如图13-174所示。

图13-173

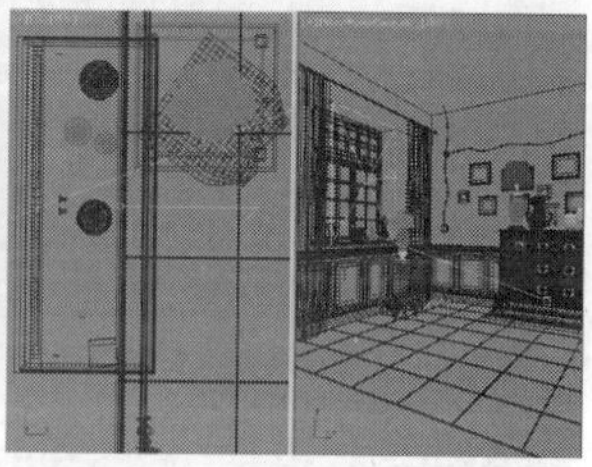

图13-174

05 选择上一步创建的VRay灯光，然后展开“参数”卷展栏，具体参数设置如图13-175所示。

设置步骤

① 在“强度”选项组下设置“倍增”为0.25，然后设置“颜色”为（红:255，绿:150，蓝:57）。

② 在“大小”选项组下设置“1/2长”为600mm、“1/2宽”为850mm。

③ 在“选项”选项组下勾选“不可见”选项。

06 按F9键渲染当前场景，效果如图13-176所示。接下来创建室内的台灯灯光。

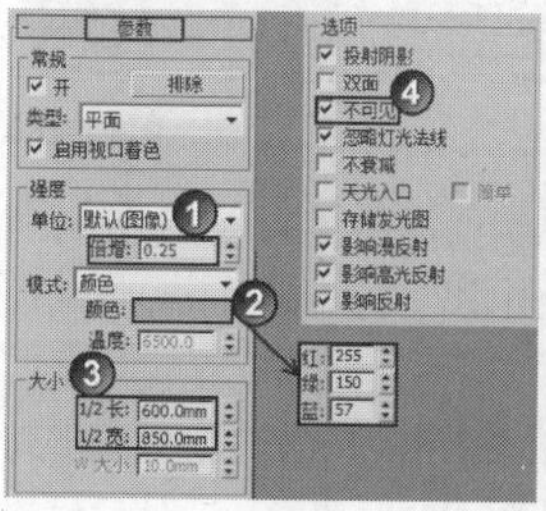

图13-175

图13-176

创建台灯灯光

01 在台灯灯罩内创建一盏球体类型的VRay灯光，其位置与大小如图13-177所示。

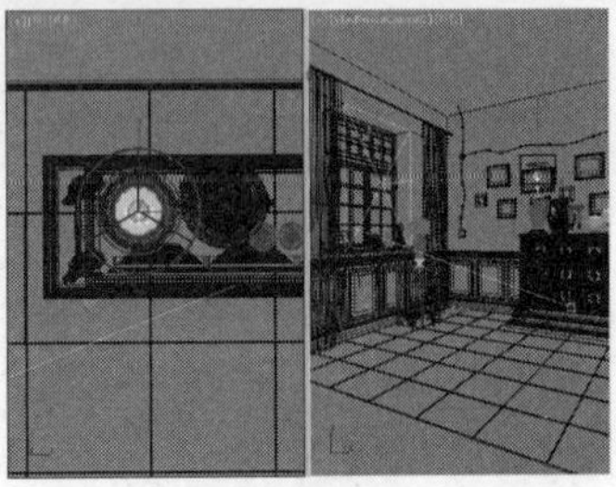

图13-177

02 选择上一步创建的VRay灯光，然后展开“参数”卷展栏，具体参数设置如图13-178所示。

设置步骤

① 在“强度”选项组下设置“倍增”为10，“颜色”为（红:253，绿:236，蓝:121）。

② 在“大小”选项组下设置“半径”为60mm。

③ 在“选项”选项组下勾选“不可见”选项。

03 按F9键渲染当前场景，效果如图13-179所示。接下来创建一盏补光，略微提高左侧窗帘处的亮度。

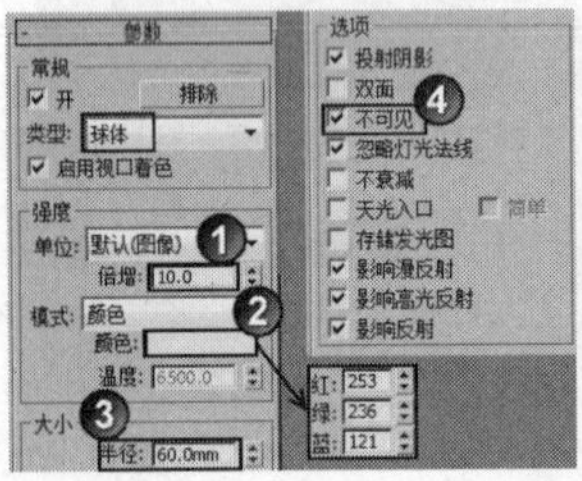

图13-178

图13-179

创建补光

01 在顶视图中的左侧窗帘处创建一盏目标灯光作为补光，其位置与高度如图13-180所示。

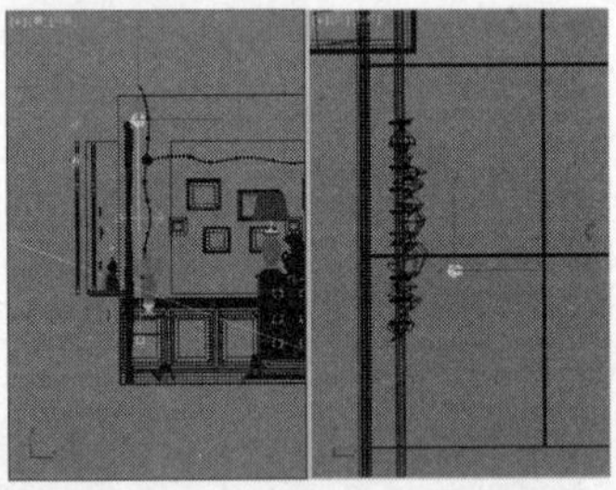

图13-180

02 选择上一步创建的VRay灯光，然后展开“参数”卷展栏，具体参数设置如图13-181所示。

设置步骤

① 展开“常规参数”卷展栏，然后在“阴影”选项组下勾选“启用”选项，再设置阴影类型为“VRay阴影”，最后设置“灯光分布（类型）”为“光度学Web”。

② 展开“分布（光度学Web）”卷展栏，然后在其通道中加载光盘中的“实例文件>CH13>实战233>1.ies”文件。

③ 展开“强度/颜色/衰减”卷展栏，然后设置“过滤颜色”为（红:252，绿:186，蓝:101），再设置“强度”为1000。

03 按F9键渲染当前场景，效果如图13-182所示。可以观察到此时灯光的亮度与色调都比较贴近真实的黄昏效果，但位于窗户前的花朵显得太白，没有体现被黄昏阳光染色的细节。

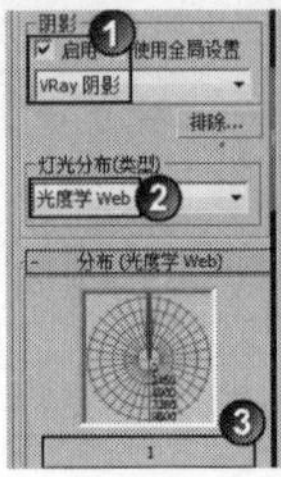

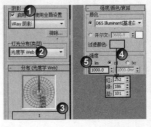

图13-181

图13-182

04 按M键打开“材质编辑器”对话框，然后单击“从对象拾取材质”按钮，再在场景中吸取花叶上的材质，最后调整“漫反射”贴图通道内“衰减”程序贴图的“前:侧”通道颜色，如图13-183所示。

05 按F9键渲染当前场景，效果如图13-184所示。至此，场景灯光调整完成，接下来渲染最终图像。

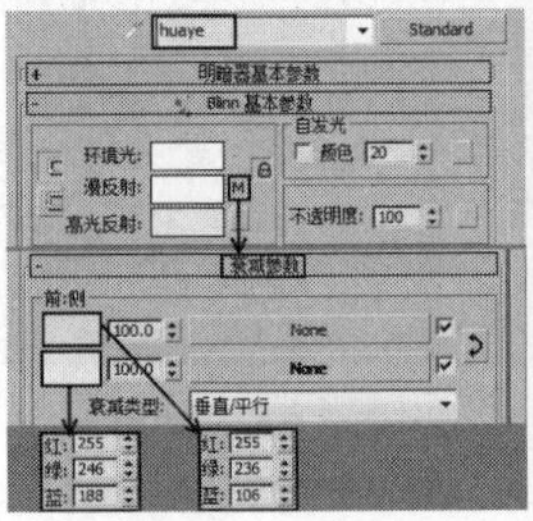

图13-183

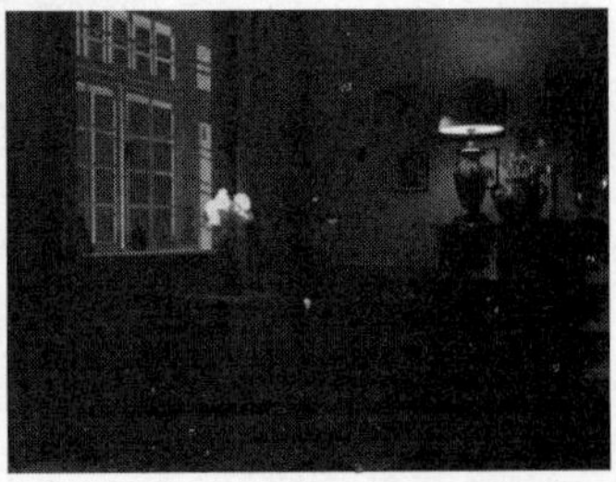

图13-184

Part 4 最终渲染

提高材质与灯光细分

在本例中提高地面石材以及护墙材质的“细分”到30，其他材质的“细分”值控制在16~20即可。另外，所有灯光的“细分”值提高到30。

设置最终渲染参数

01 按F10键打开“渲染设置”对话框，然后展开“公共参数”卷展栏，再设置“宽度”为2000、“高度”为1503，如图13-185所示。

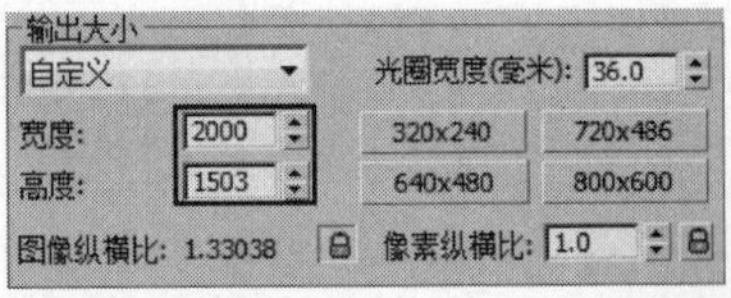

图13-185

02 单击VRay选项卡，然后在“全局开关”卷展栏中勾选“光泽效果”选项，如图13-186所示。

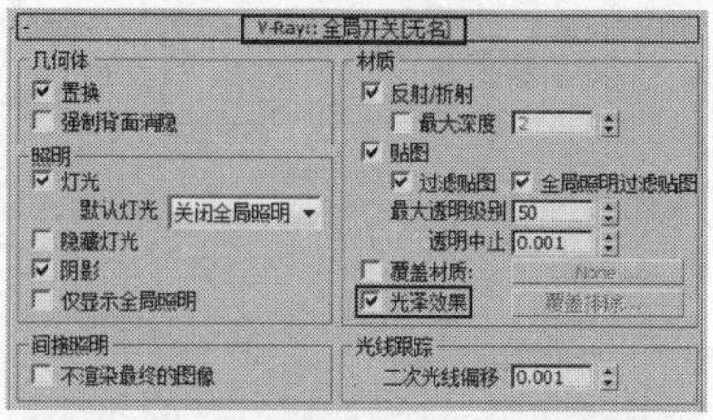

图13-186

03 在“图像采样器（反锯齿）”卷展栏下设置“图像采样器”类型为“自适应细分”，再在“抗锯齿过滤器”选项组下勾选“开”选项，并设置“抗锯齿过滤器”为Catmull-Rom，如图13-187所示。

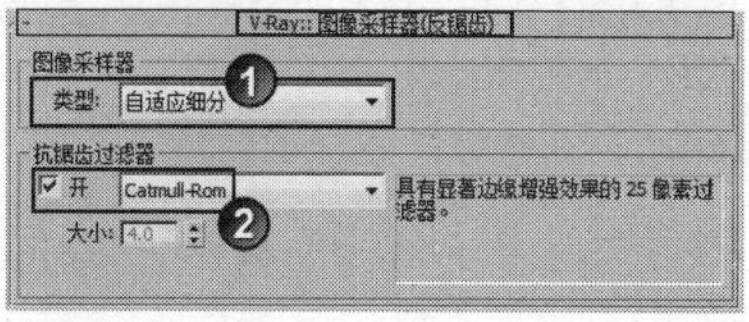

图13-187

04 单击“间接照明”选项卡，然后在“发光图”卷展栏下设置“当前预置”为“高”，再设置“半球细分”为70、“插值采样”为30，如图13-188所示。

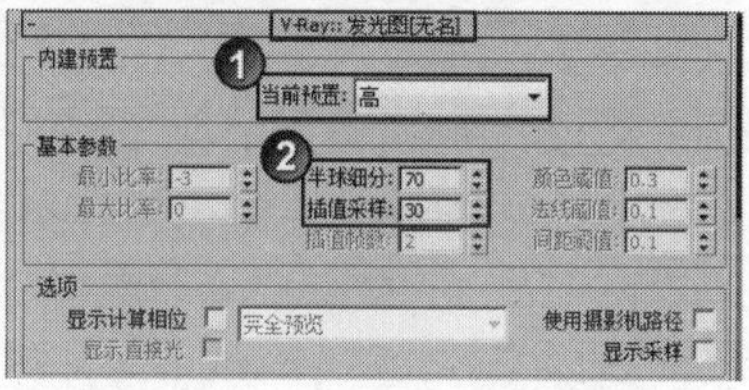

图13-188

05 展开“灯光缓存”卷展栏，然后设置“细分”为1000，如图13-189所示。

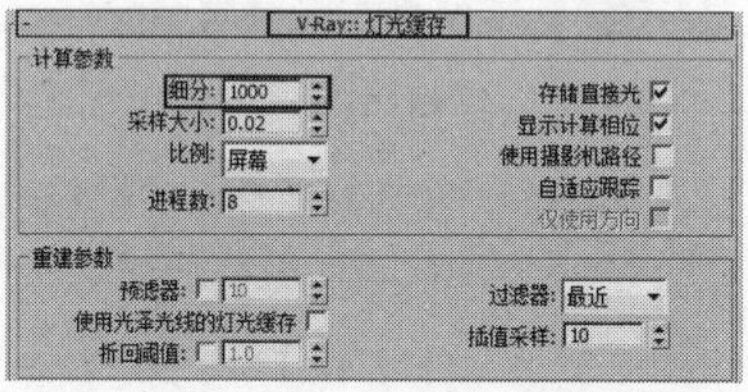

图13-189

06 单击“设置”选项卡，然后在“DMC采样器”卷展栏下设置“适应数量”为0.75、“噪波阈值”为0.005、“最小采样值”为24，如图3-190所示。

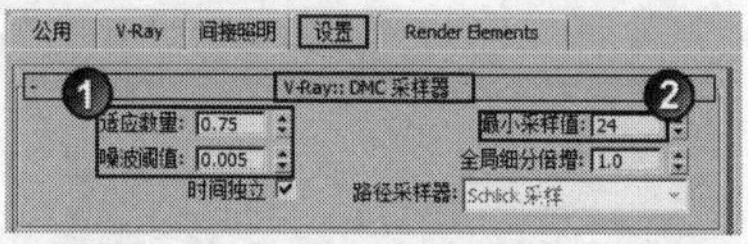

图13-190

07 按F9键渲染当前场景，最终效果如图13-191所示。

图13-191

实战234 简约卧室月夜表现

场景位置	DVD>场景文件>CH13>实战234.max
实例位置	DVD>实例文件>CH13>实战234.max
视频位置	DVD>多媒体教学>CH13>实战234.flv
难易指数	★★★★☆
技术掌握	乳胶漆、床罩、地毯和户外木地板材质的制作及月夜灯光的表现方法

实例介绍

本场景是一个小型的简约卧室空间，乳胶漆、地板、家具木纹、地毯、床罩、金属和玻璃材质是本例的学习重点。此外，由于本场景的左侧有大面积的玻璃门，可以看作是一个半开放空间，在灯光上则主要使用目标平行光来制作月光效果，效果如图13-192所示。

图13-192

Part 1 材质制作

本例的场景对象材质主要包括墙面乳胶漆材质、地板材质、家具木纹材质、床罩材质、地毯材质、灯杆金属材质、玻璃材质和户外木地板材质，如图13-193所示。

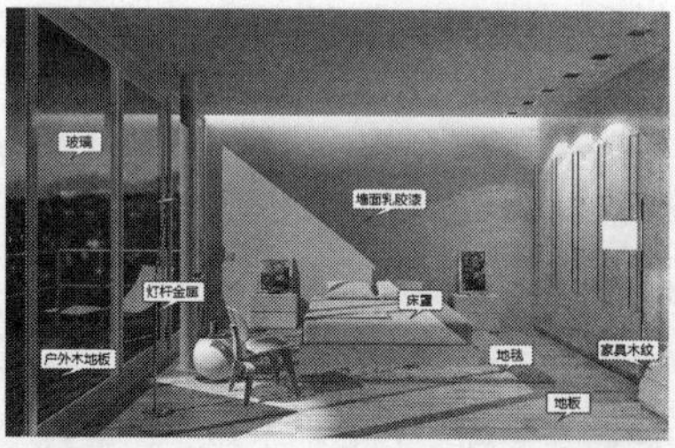

图13-193

制作墙面乳胶漆材质

墙面乳胶漆材质的模拟效果如图13-194所示。

01 打开光盘中的“场景文件>CH13>实战234.max”文件，如图13-195所示。

图13-194

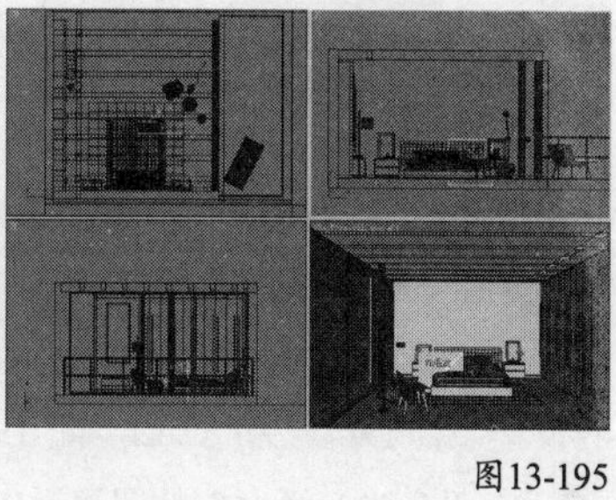

图13-195

02 选择一个空白材质球，然后设置材质类型为VRayMtl，并将其命名为bsrjq，再设置“漫反射”颜色为（红:245，绿:245，蓝:255），如图13-196所示。

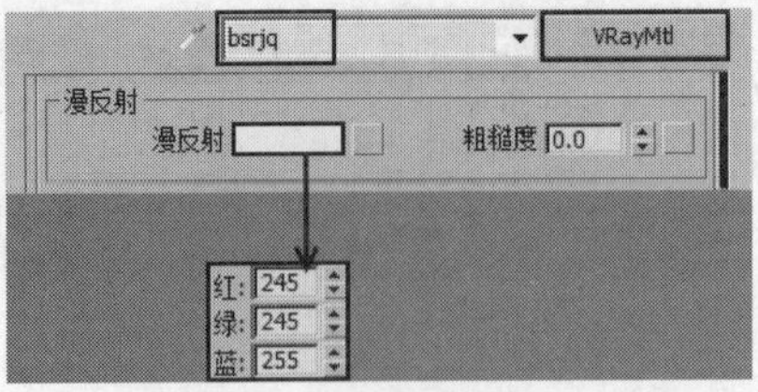

图13-196

技巧与提示

在光线偏暗或偏暖的情况下，将白色墙面颜色调整为略带蓝色，在渲染时会显得更白。

03 设置“反射”颜色为（红:77，绿:77，蓝:77），然后设置“反射光泽度”为0.91，再在“选项”卷展栏下关闭“跟踪反射”选项（使材质不具备反射能力），如图13-197所示，制作好的材质球效果如图13-198所示。

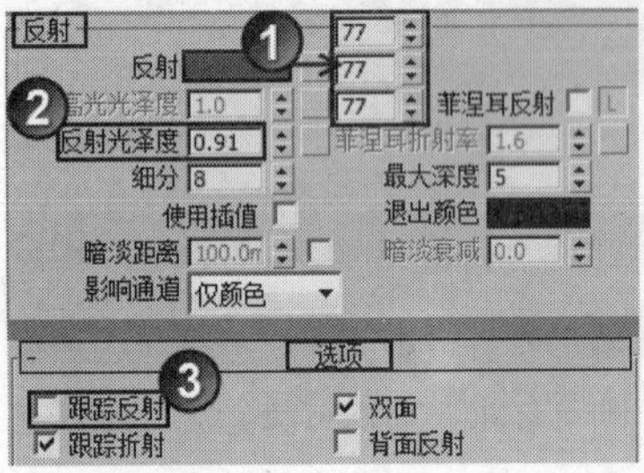

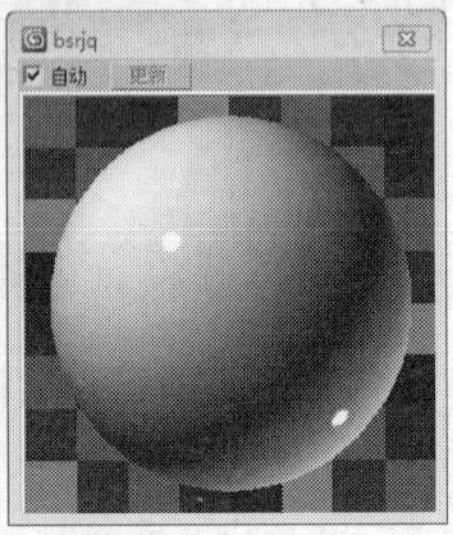

图13-197 图13-198

制作地板材质

地板材质的模拟效果如图13-199所示。

01 选择一个空白材质球，然后设置材质类型为VRayMtl，并将其命名为dbmw，再在“漫反射”贴图通道中加载光盘中的“实例文件>CH13>实战234>地板.jpg”文件，最后在“坐标”卷展栏下设置“模糊”为0.01，如图13-200所示。

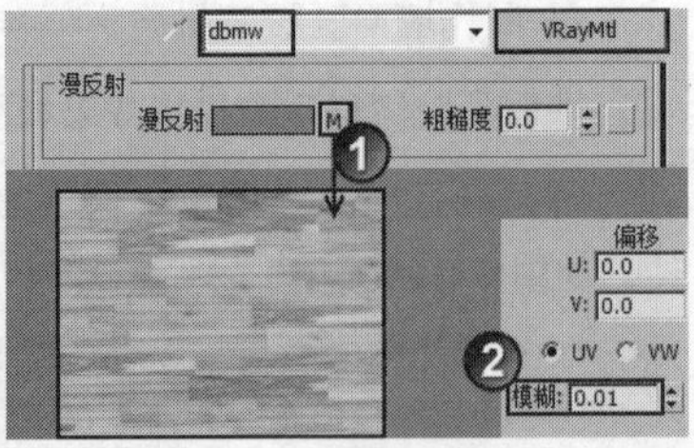

图13-199 图13-200

02 在“反射”贴图通道中加载一张“衰减”程序贴图，然后在“衰减参数”卷展栏下设置“前”通道的颜色为（红:22，绿:22，蓝:22）、“侧”通道的颜色为（红:213，绿:227，蓝:254），再设置“衰减类型”为Fresnel，如图13-201所示。

03 在“高光光泽度”贴图通道中加载光盘中的“实例文件>CH13>实战234>地板黑白.jpg”文件，然后设置“反射光泽度”为0.75，如图13-202所示。

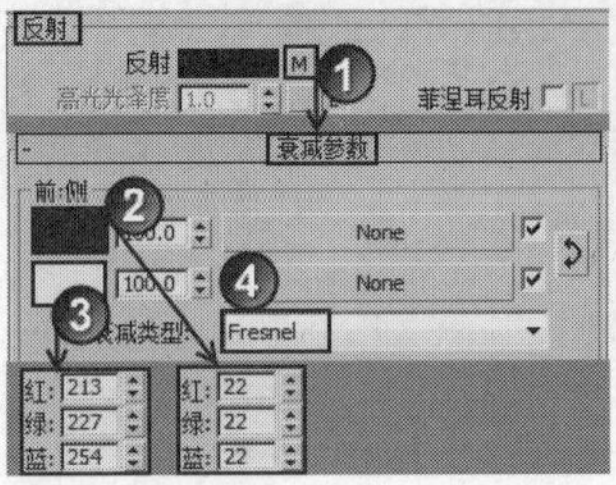

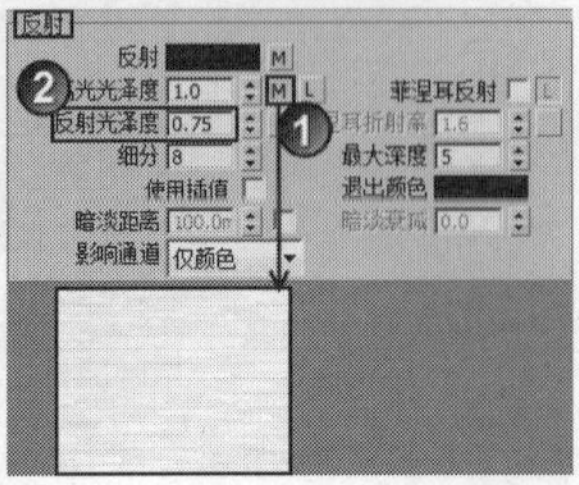

图13-201 图13-202

04 展开“贴图”卷展栏，然后将“高光光泽度”贴图复制到“凹凸”贴图通道上，再设置凹凸的强度为8，如图13-203所示，制作好的材质球效果如图13-204所示。

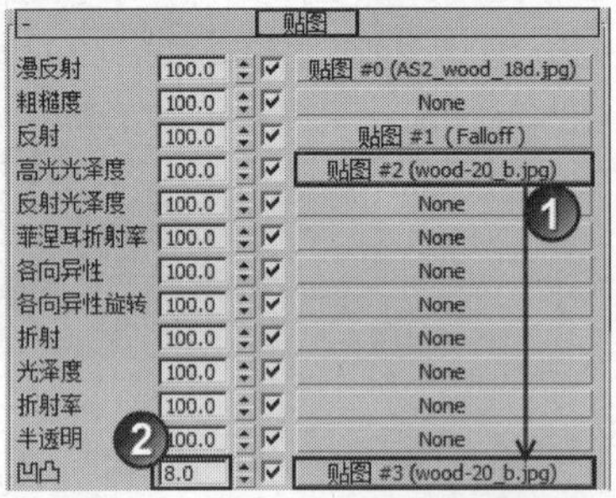

图13-203

图13-204

制作家具木纹材质

家具木纹材质的模拟效果如图13-205所示。

01 选择一个空白材质球，然后设置材质类型为VRayMtl，并将其命名为jjmw，再在“漫反射”贴图通道中加载光盘中的“实例文件>CH13>实战234>木纹.jpg”文件，最后在“坐标”卷展栏下设置“模糊”为0.01，如图13-206所示。

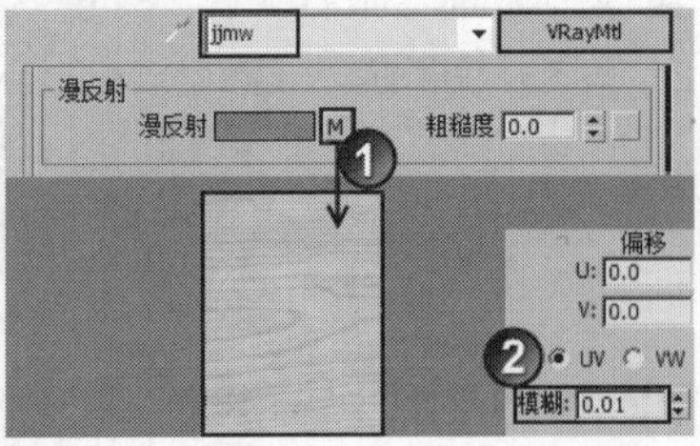

图13-205 图13-206

02 在“反射”贴图通道中加载一张“衰减”程序贴图，然后在“衰减参数”卷展栏下设置“前”通道的颜色为（红:12，绿:12，蓝:12）、“侧”通道的颜色为（红:144，绿:196，蓝:255），再设置“衰减类型”为Fresnel，最后设置“高光光泽度”为0.7、“反射光泽度”为0.85，如图13-207所示，制作好的材质球效果如图13-208所示。

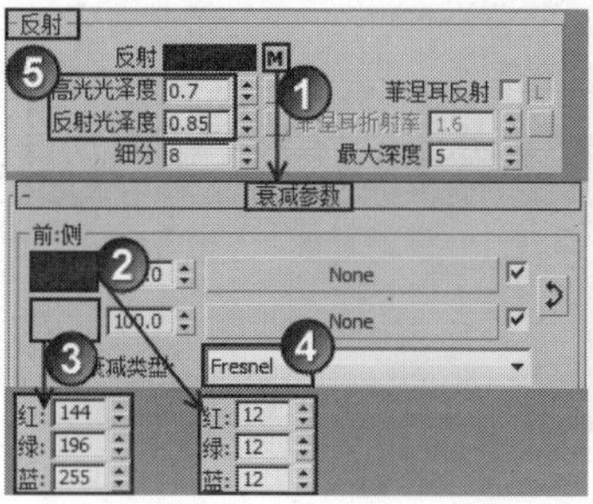

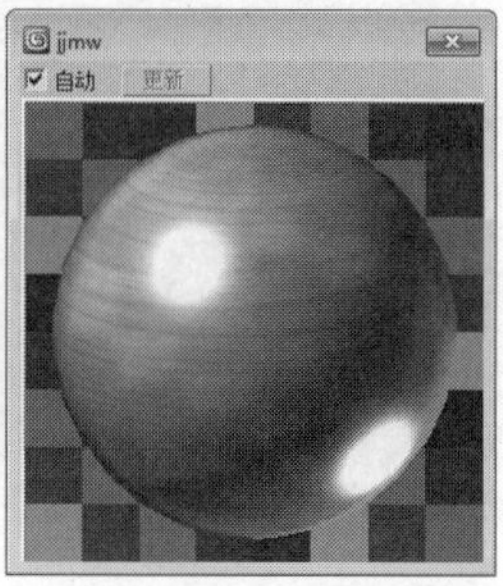

图13-207　图13-208

制作床罩材质

床罩材质的模拟效果如图13-209所示。

01 选择一个空白材质球，并将其命名为bwcz，然后在“明暗器基本参数”卷展栏下设置明暗器类型为（O）Oren-Nayar-Blinn，再在“Oren-Nayar-Blinn基本参数”卷展栏下设置“漫反射”颜色为白色，如图13-210所示。

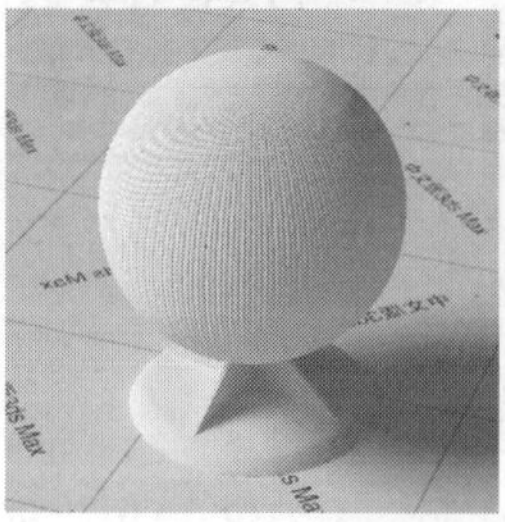

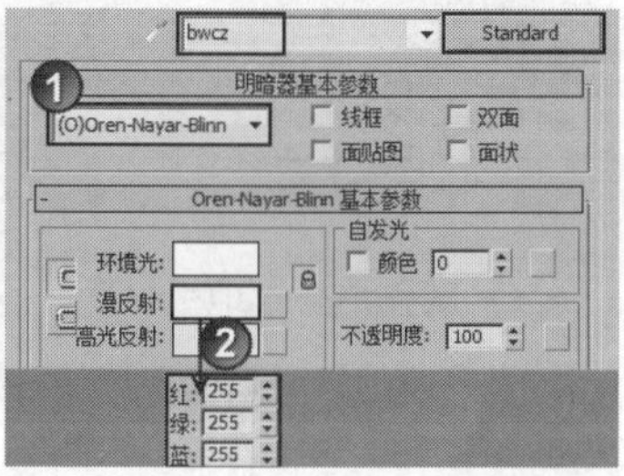

图13-209　图13-210

02 展开“贴图”卷展栏，然后在“凹凸”贴图通道加载光盘中的“实例文件>CH13>实战234>布纹凹凸.jpg”文件，如图13-211所示，制作好的材质球效果如图13-212所示。

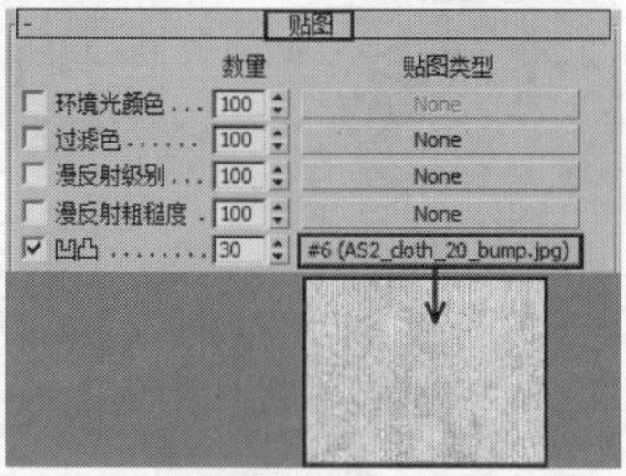

图13-211

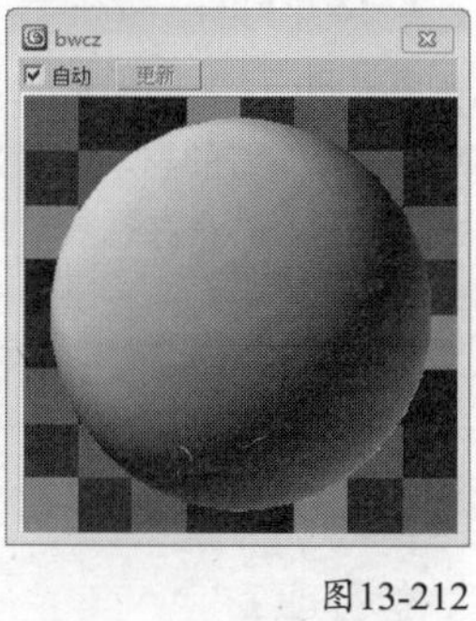

图13-212

制作地毯材质

床罩材质的模拟效果如图13-213所示。

01 选择一个空白材质球，并将其命名为btcz，然后在“明暗器基本参数”卷展栏下设置明暗器类型为（O）Oren-Nayar-Blinn，再在“Oren-Nayar-Blinn基本参数”卷展栏下设置“漫反射”颜色为白色，如图13-214所示。

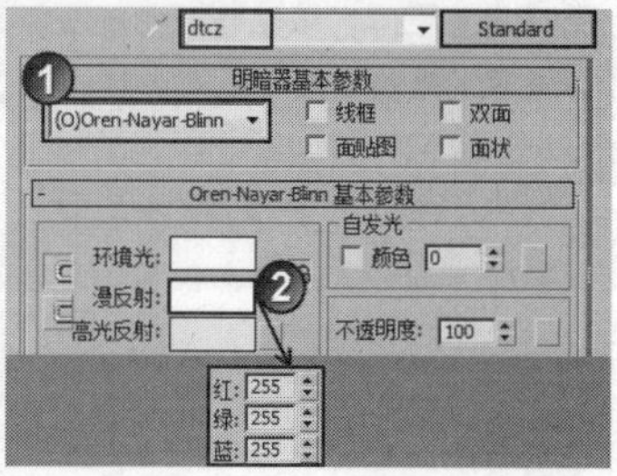

图13-213　图13-214

02 展开“贴图”卷展栏，然后在“凹凸”贴图通道中加载光盘中的“实例文件>CH13>实战234>地毯置换2.jpg”文件，再将该贴图复制到“置换”贴图通道上，最后设置“凹凸”为120、“置换”为10，如图13-215所示，制作好的材质球效果如图13-216所示。

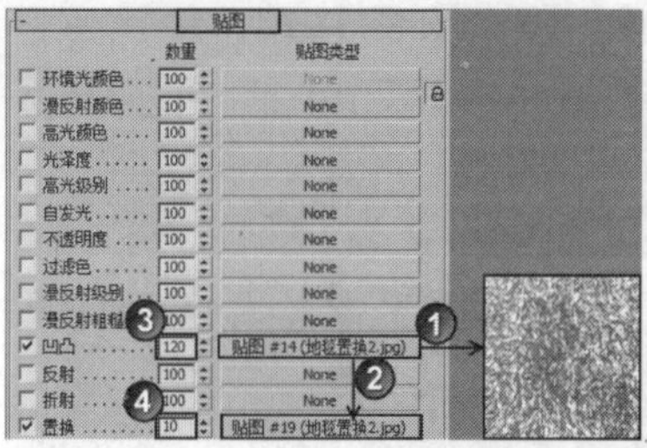

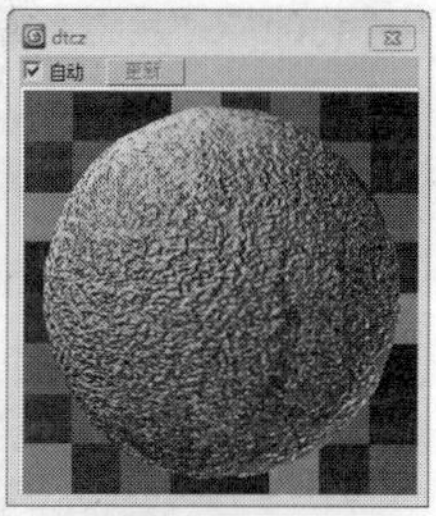

图13-215　图13-216

03 为了表现更为真实的地毯细节，需要为地毯模型加载一个“VRay置换模式”修改器，然后在“参数”卷展栏下设置“类型”为“3D贴图”，再将“置换”通道中的贴图复制到“参数”卷展栏下的“纹理贴图”通道上，最后设置“数量”为50mm，如图13-217所示。

图13-217

技巧与提示

在渲染时，“VRay置换模式”修改器产生的效果需要较长的计算时间，因此在确定效果后可以单击修改器前面的小灯泡图标，以暂时关闭该修改器的使用（关闭后显示为灰色的小灯泡图标），如图13-218所示。等到最终渲染时再重新开启修改器的置换效果。

图13-218

制作灯杆金属材质

灯杆金属材质的模拟效果如图13-219所示。

01 选择一个空白材质球，设置材质类型为VRayMtl，并将其命名为jscz，然后设置“漫反射”颜色为（红:10，绿:10，蓝:10），再设置“反射”颜色为（红:242，绿:242，蓝:242）、“高光光泽度”为0.67、“反射光泽度”为0.85，如图13-220所示。

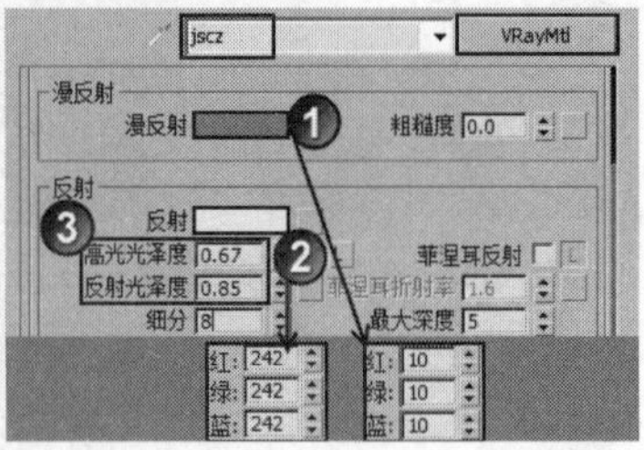

图13-219　图13-220

02 展开“双向反射分布函数”卷展栏，然后设置反射分布类型为“多面”，再设置“各向异性(-1..1)”为-0.3、“旋转”为29，如图13-221所示，制作好的材质球效果如图13-222所示。

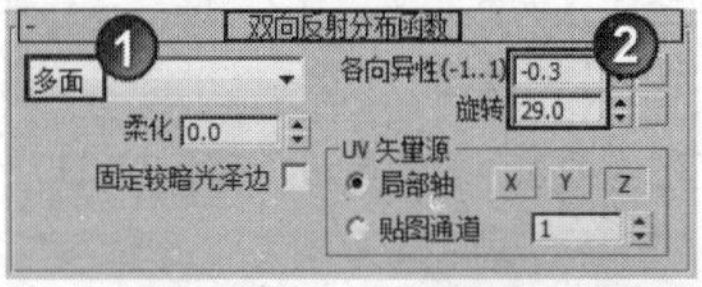

图13-221

图13-222

制作玻璃材质

玻璃材质的模拟效果如图13-223所示。

01 选择一个空白材质球，设置材质类型为VRayMtl，并将其命名为blcz，然后设置“漫反射”颜色为白色，再勾选“菲涅耳反射”选项，最后设置“反射光泽度”为0.95，如图13-224所示。

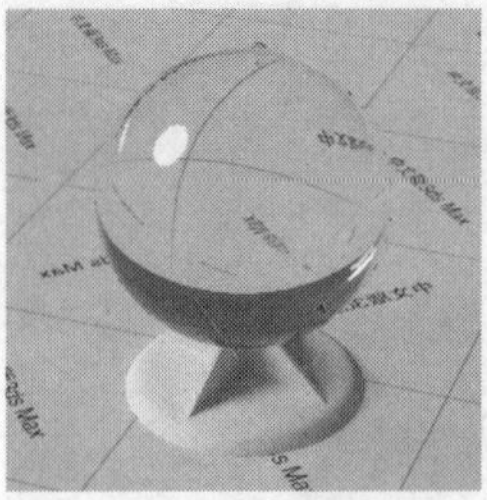

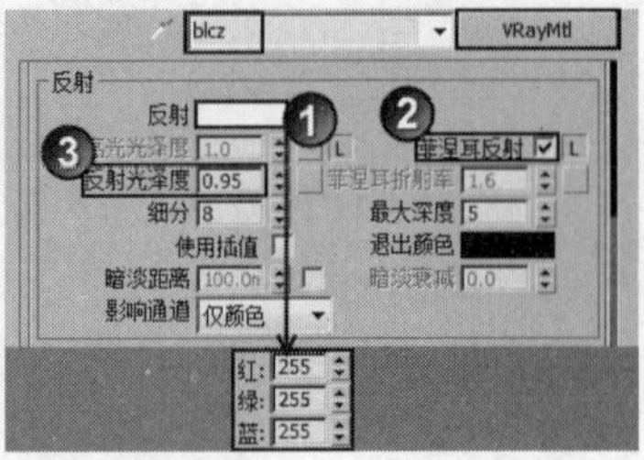

图13-223　图13-224

02 设置“折射”颜色为白色，然后设置“折射率”为1.517，“光泽度”为0.98，再勾选“影响阴影”选项，如图13-225所示，制作好的材质球效果如图13-226所示。

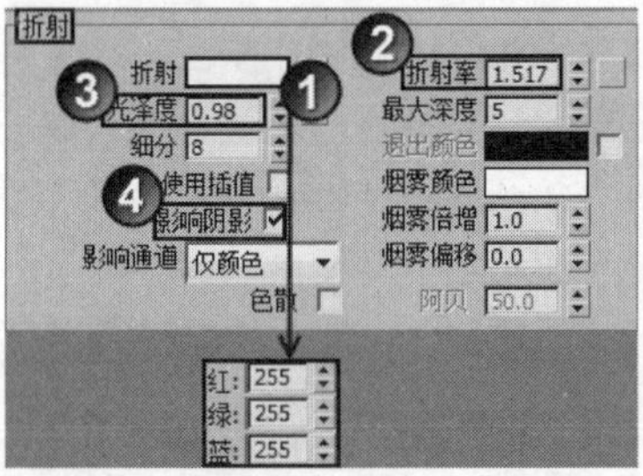

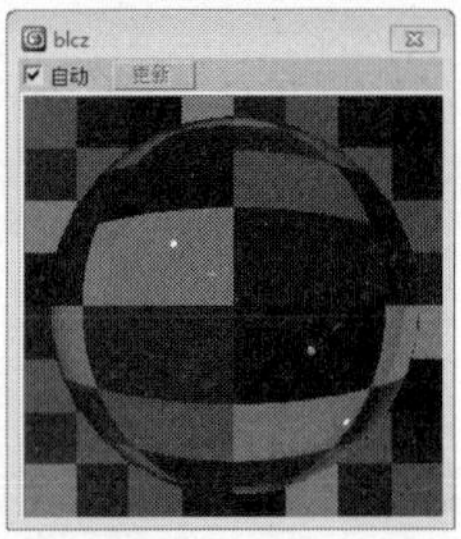

图13-225　图13-226

制作户外木地板材质

室外木地板材质的模拟效果如图13-227所示。

01 选择一个空白材质球，设置材质类型为VRayMtl，并将其命名为hwdb，然后在“漫反射”贴图通道中加载光盘中的“实例文件>CH13>实战234>户外木地板.jpg”文件，如图13-228所示。

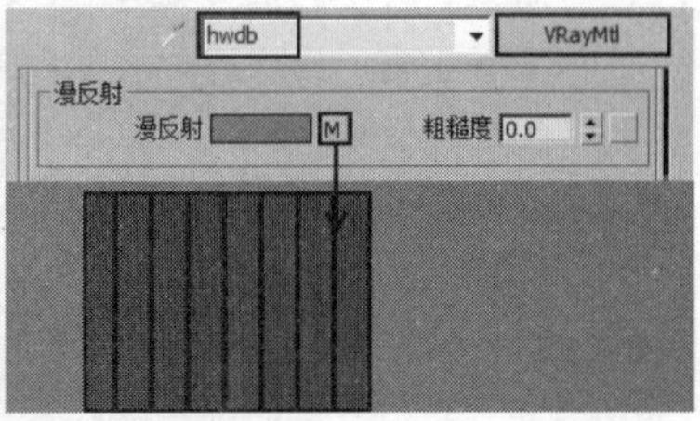

图13-227　图13-228

02 展开“贴图”卷展栏，然后将“漫反射”通道中的贴图复制到“凹凸”贴图通道上，再设置“凹凸”为120，如图13-229所示，制作好的材质球效果如图13-230所示。

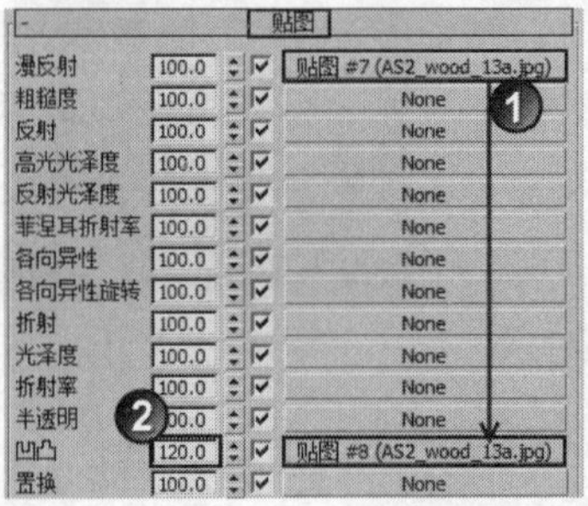

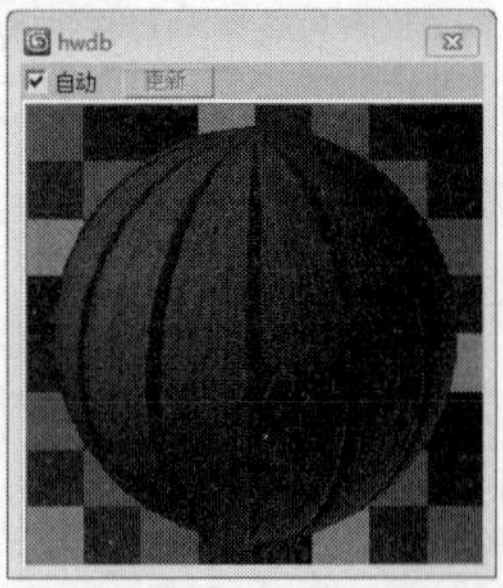

图13-229　图13-230

Part 2 设置测试渲染参数

01 按F10键打开“渲染设置”对话框，然后设置渲染器为VRay渲染器，再在“公用参数”卷展栏下设置“宽度”为500、“高度”为313，最后单击“图像纵横比”选项后面的“锁定”按钮，锁定渲染图像的纵横比，如图13-231所示。

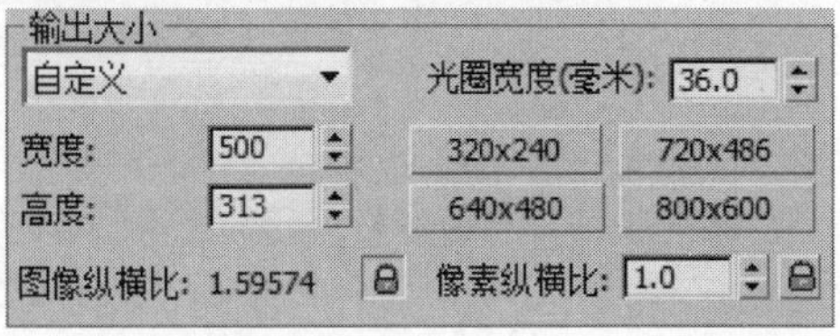

图13-231

02 单击VRay选项卡，然后在“全局开关”卷展栏下关闭“隐藏灯光”与“光泽效果”选项，再设置“二次光线偏移”为0.001，如图13-232所示。

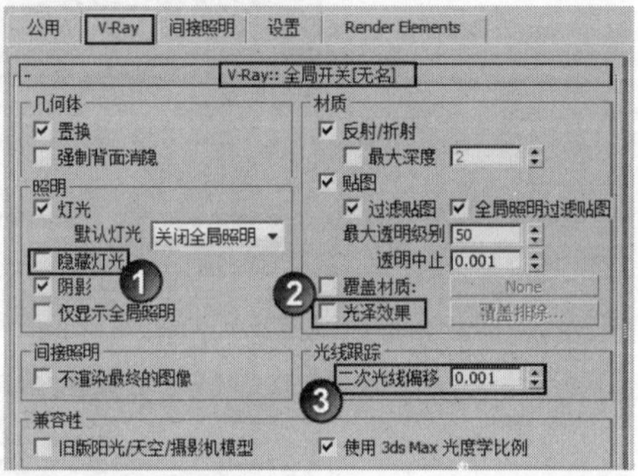

图13-232

03 展开“图像采样器（反锯齿）”卷展栏，然后设置“图像采样器”类型为“固定”，再在“抗锯齿过滤器”选项组下关闭“开”选项，如图13-233所示。

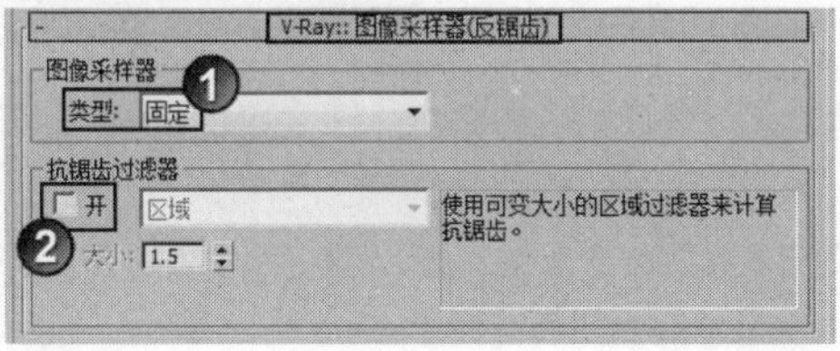

图13-233

04 单击“间接照明”选项卡，然后在“间接照明（GI）”卷展栏下勾选“开”选项，再设置“首次反弹”的全局照明引擎为“发光图”、“二次反弹”的全局照明引擎为“灯光缓存”，如图13-234所示。

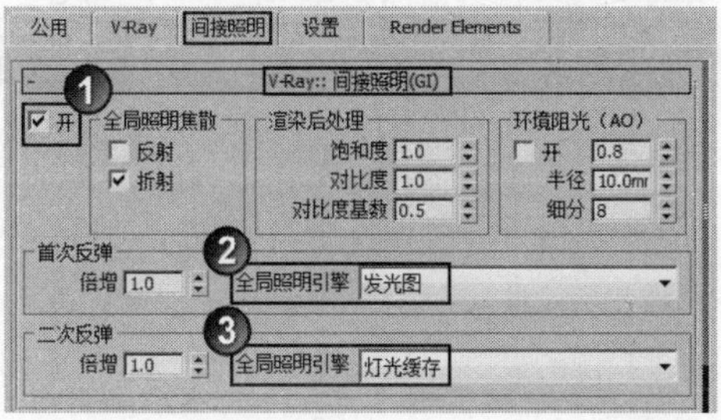

图13-234

05 展开“发光图”卷展栏，然后设置“当前预置”为“非常低”，再设置“半球细分”为50、“插值采样”为20，如图13-235所示。

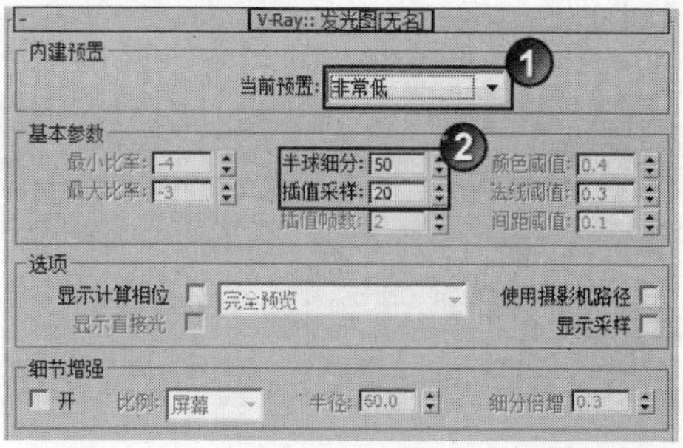

图13-235

06 展开“灯光缓存”卷展栏，然后设置“细分”为400，再勾选“显示计算相位”选项，如图13-236所示。

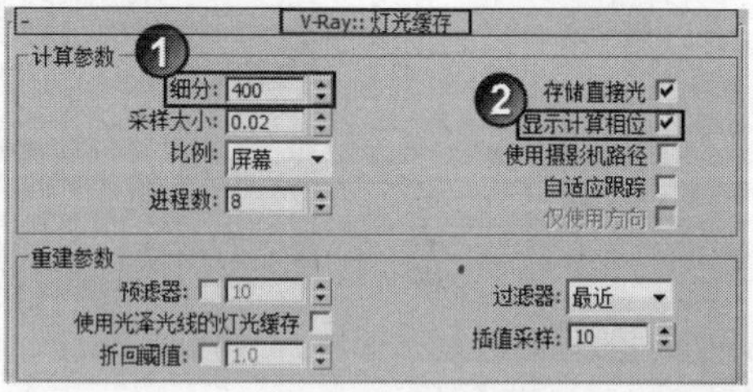

图13-236

07 单击“设置”选项卡，然后在“系统”卷展栏下设置“区域排序”为Top->Bottom（从上->下），如图13-237所示。

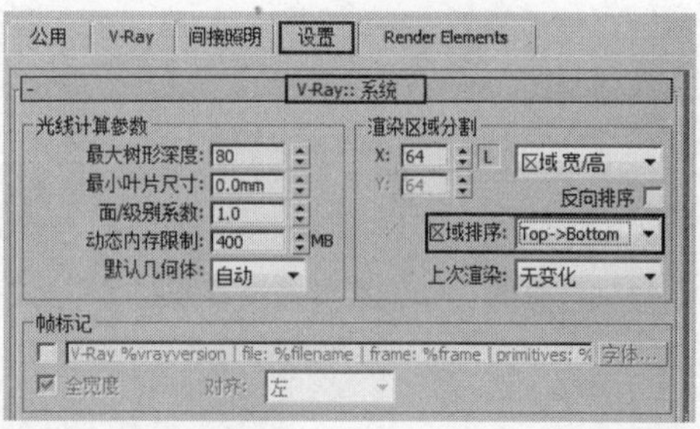

图13-237

Part 3 创建VRay物理相机

01 设置“摄影机”类型为VRay，然后在场景中创建一台VRay物理相机，其位置与高度如图13-238所示。

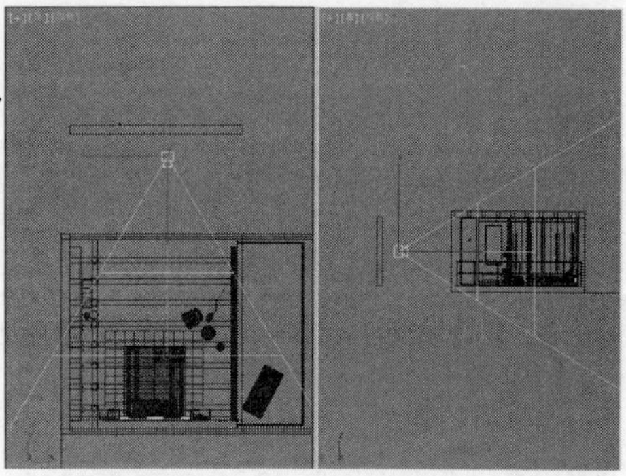

图13-238

02 选择VRay物理相机，然后在“基本参数”卷展栏下设置“胶片规格（mm）”为24、“焦距（mm）”为40、“光圈数”为2，再关闭“光晕”选项，最后设置“快门速度（s^-1）为100，如图13-239所示，调整好的摄影机视图如图13-240所示。

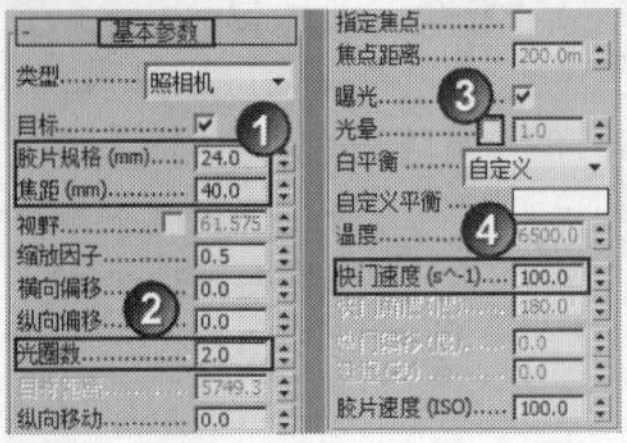

图13-239

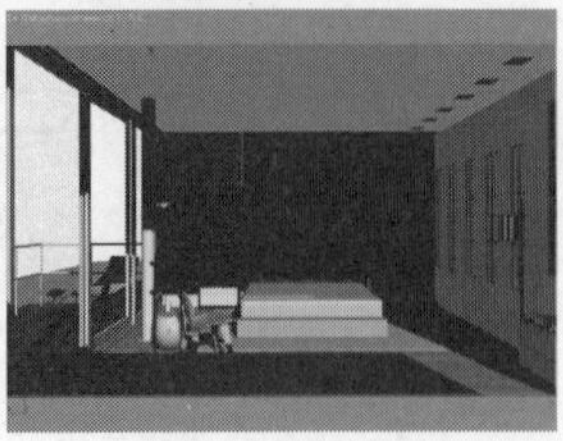

图13-240

03 按F9键渲染当前场景中由发光背景提供的照明，效果如图13-241所示。可以观察到此时的亮度比较适合，接下来开始创建灯光。

图13-241

Part 4 灯光设置

本例要表现的是月光通过左侧玻璃门进入卧室的月光氛围，然后通过室内的射灯与落地灯来点缀室内的氛围，从而体现出月夜宁静与浪漫的气氛。

创建月光

01 设置“灯光”类型为“标准”，然后在场景中创建一盏目标平行光，其位置与角度如图13-242所示。

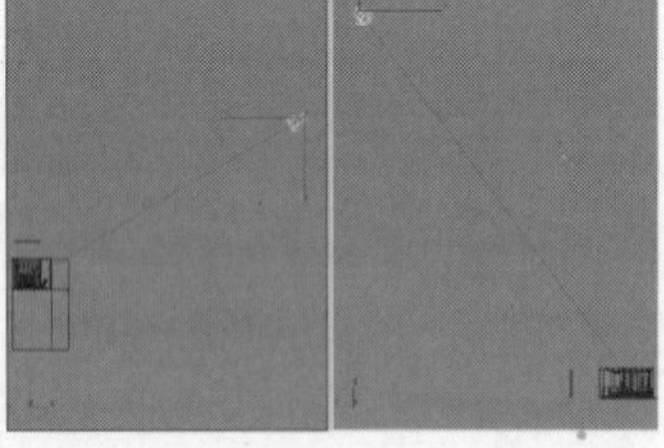

图13-242

02 选择目标平行光，然后展开“参数”卷展栏，具体参数设置如图13-243所示。

设置步骤

① 展开“常规参数”卷展栏，然后在“阴影”选项组下勾选“启用”选项，再设置阴影类型为“VRay阴影”。

② 展开“强度/颜色/衰减”卷展栏，然后设置“倍增”为0.25、颜色为（红:141，绿:181，蓝:255）。

③ 展开“平行光参数”卷展栏，设置“聚光区/光束”为10000mm、“衰减区/区域”为10002mm。

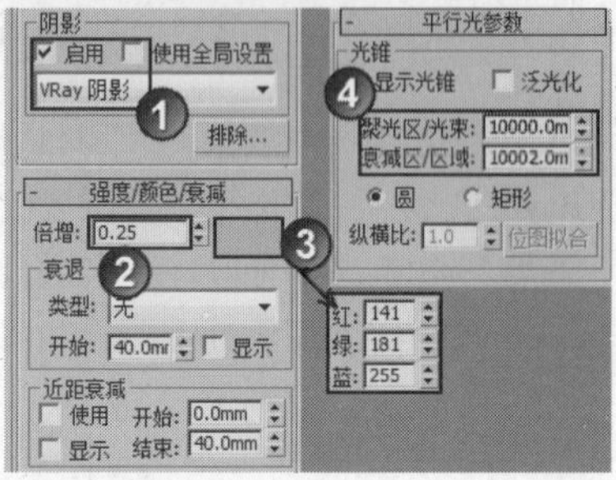

图13-243

03 按F9键渲染当前场景，效果如图13-244所示。可以观察到此时投射出了理想的月光光影，接下来创建床头位置的灯带。

图13-244

创建灯带

01 在床头顶部的天花板上创建一盏平面类型的VRay灯光，其位置与角度如图13-245所示。

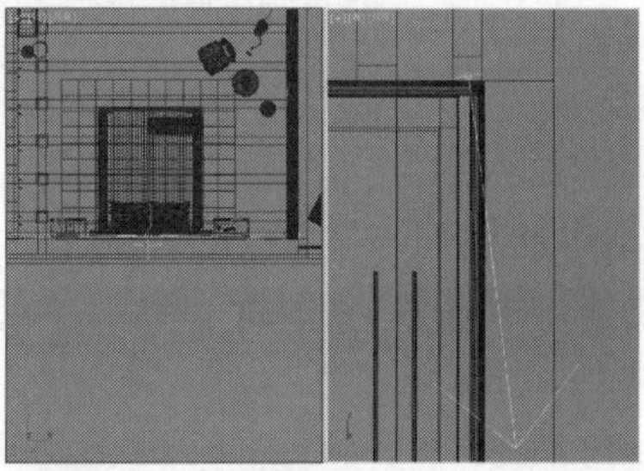

图13-245

技巧与提示

注意，灯带并不是只能由很多盏灯光构成，也可以只由一盏灯光来进行模拟。

02 选择上一步创建的VRay灯光，然后展开“参数”卷展栏，具体参数设置如图13-246所示。

设置步骤

① 在“强度”选项组下设置“倍增”为3，然后设置“颜色”为（红:254，绿:162，蓝:81）。

② 在“大小”选项组下设置“1/2长”为2500mm、“1/2宽”为50mm。

③ 在“选项”选项组下勾选“不可见”选项，然后关闭“影响反射”选项。

03 按F9键渲染当前场景，效果如图13-247所示。接下来创建左侧的射灯。

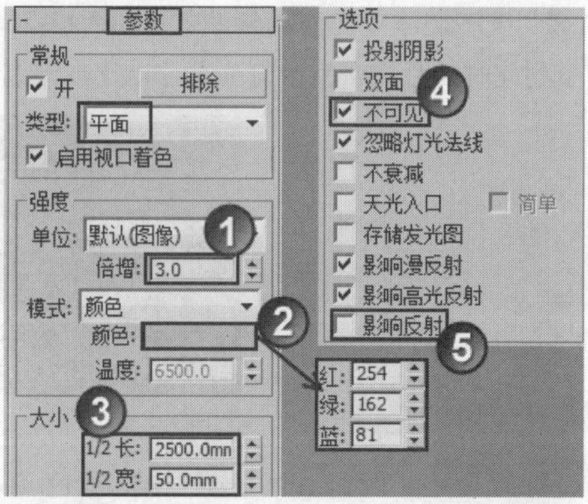

图13-246

图13-247

创建射灯

01 设置“灯光”类型为“光度学”，然后在场景中创建3盏目标灯光，其位置与高度如图13-248所示。

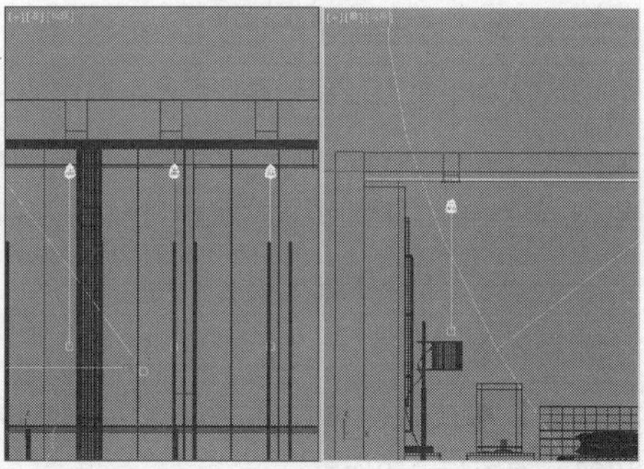

图13-248

02 选择上一步创建的目标灯光，然后进入“修改”面板，具体参数设置如图13-249所示。

设置步骤

① 展开“常规参数”卷展栏，然后在“阴影”选项组下勾选“启用”选项，再设置阴影类型为“VRay阴影”，最后设置“灯光分布（类型）”为“光度学Web”。

② 展开“分布（光度学Web）”卷展栏，然后在其通道中加载光盘中的“实例文件>CH13>实战234>16.ies”文件。

③ 展开“强度/颜色/衰减”卷展栏，然后设置“过滤颜色”为（红:232，绿:242，蓝:255），再设置“强度”为750。

03 按F9键渲染当前场景，效果如图13-250所示。接下来创建场景中的落地灯灯光。

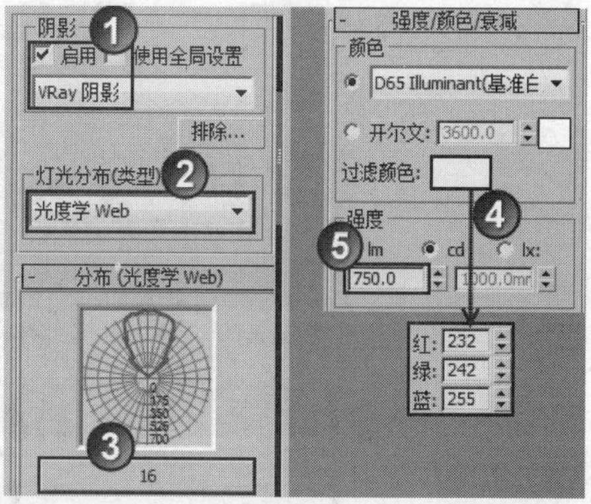

图13-249

图13-250

创建落地灯

01 设置“灯光”类型为“标准”，然后在床左侧的落地灯处创建一盏目标聚光灯，其位置与方向如图13-251所示。

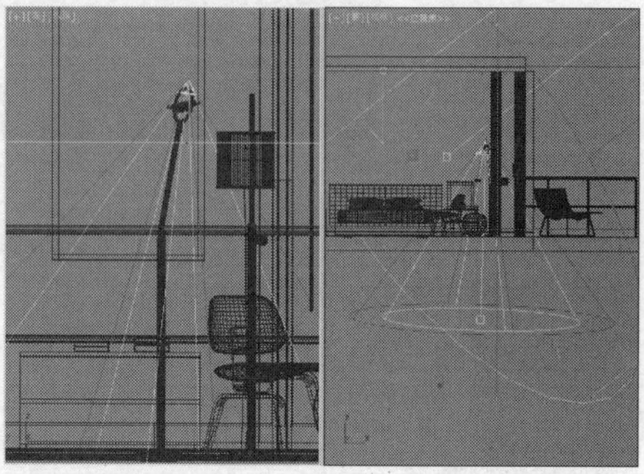

图13-251

02 选择上一步创建的目标聚光灯，然后展开“参数”卷展栏，具体参数设置如图13-252所示。

设置步骤

① 展开“常规参数”卷展栏，然后在“阴影”选项组下勾选“启用”选项，再设置阴影类型为“VRay阴影”。

② 展开“强度/颜色/衰减”卷展栏，然后设置“倍增”为0.5、“过滤颜色”为（红:255，绿:189，蓝:119）。

③ 展开“平行光参数”卷展栏，设置“聚光区/光束”为58.9、“衰减区/区域”为74.4。

03 按F9键渲染当前场景，效果如图13-253所示。接下来创建右下角的落地灯灯光。

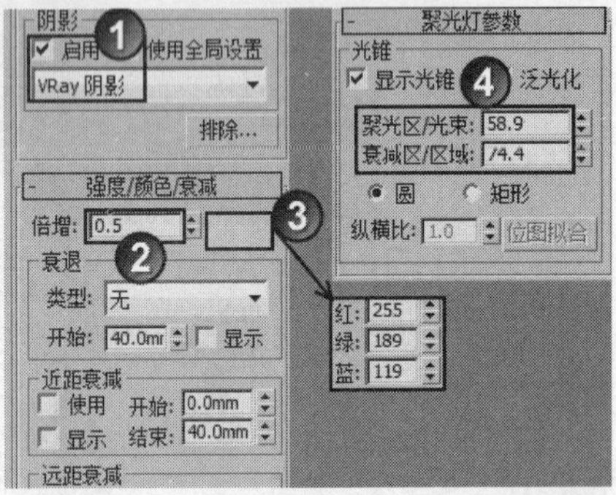

图13-252

图13-253

04 在落地灯灯罩内创建一盏球体类型的VRay灯光，其位置与大小如图13-254所示。

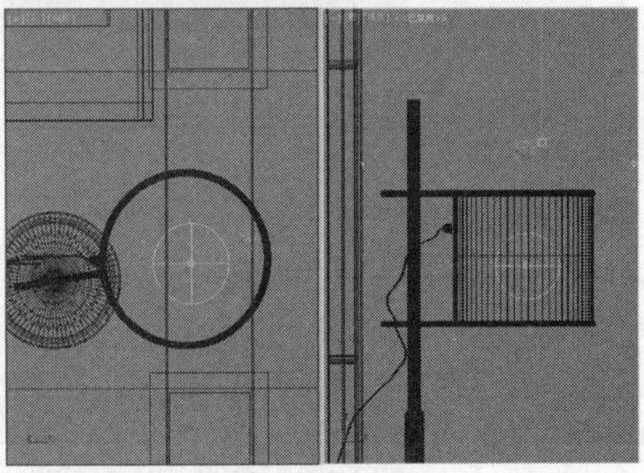

图13-254

05 选择上一步创建的VRay灯光，然后展开“参数”卷展栏，具体参数设置如图13-255所示。

设置步骤

① 在“强度”选项组下设置“倍增”为20，然后设置“颜色”为（红:121，绿:168，蓝:255）。

② 在“大小”选项组下设置“半径”为60mm。

③ 在“选项”选项组下勾选“不可见”选项，然后关闭“影响高光反射”和“影响反射”选项。

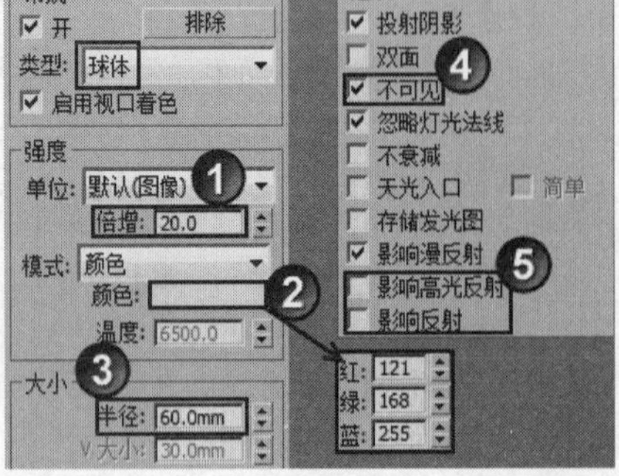

图13-255

06 按F9键渲染当前场景，效果如图13-256所示。可以观察到此时的月光在室内灯光的影响下变得有些黯淡。

图13-256

07 选择目标平行光，然后在“强度/颜色/衰减”卷展栏下将“倍增”修改为0.4，然后将颜色修改为（红:121，绿:168，蓝:255），如图13-257所示。

08 按F9键渲染当前场景，效果如图13-258所示。至此，场景灯光创建完成，接下来渲染最终图像。

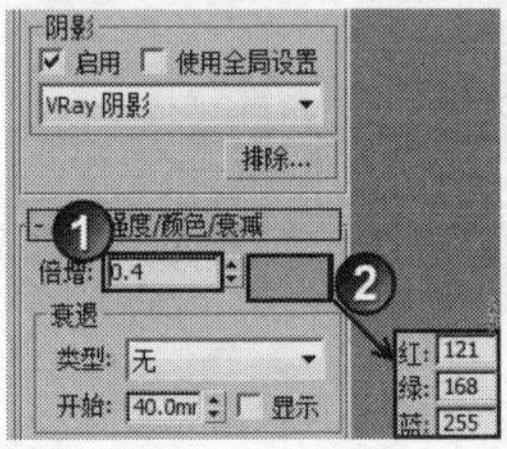

图13-257 图13-258

Part 5 最终渲染

提高材质与灯光细分

在本例中提高地板材质以及玻璃材质的“细分”到30，其他材质“细分”值控制在16~20即可。另外，目标平行光的“细分”提高到30，其他灯光的“细分”控制在16~20即可。

设置渲染参数

01 按F10键打开“渲染设置”对话框，然后展开“公共参数”卷展栏，再设置“宽度”为2000、“高度”为1253，如图13-259所示。

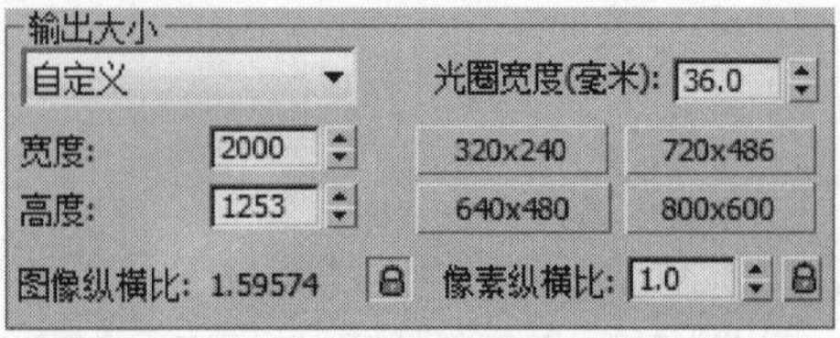

图13-259

02 单击VRay选项卡，然后在“全局开关”卷展栏中勾选“光泽效果”选项，如图13-260所示。

03 在“图像采样器（反锯齿）”卷展栏下设置“图像采样器”类型为“自适应细分”，再在“抗锯齿过滤器”选项组下勾选“开”选项，并设置“抗锯齿过滤器”为Catmull-Rom，如图13-261所示。

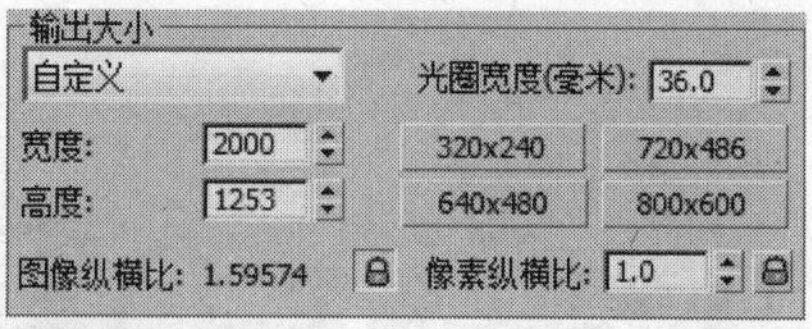

图13-260

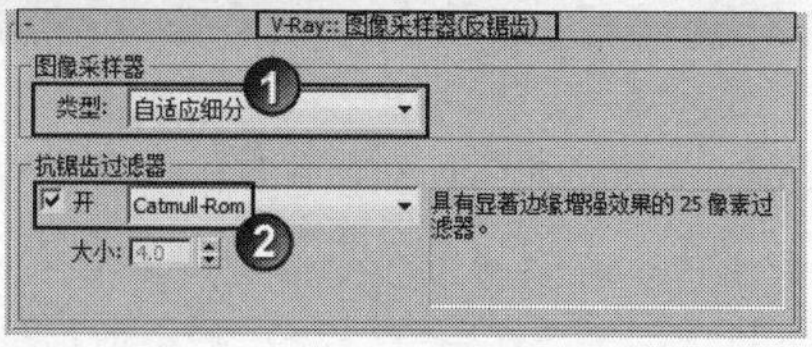

图13-261

04 单击“间接照明”选项卡，然后在“发光图”卷展栏下设置“当前预置”为“高”，再设置“半球细分”为70、“插值采样”为30，如图13-262所示。

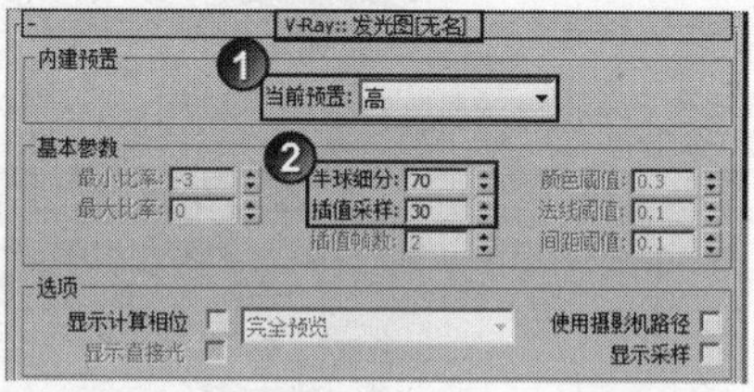

图13-262

05 展开“灯光缓存”卷展栏，然后设置“细分”1000，如图13-263所示。

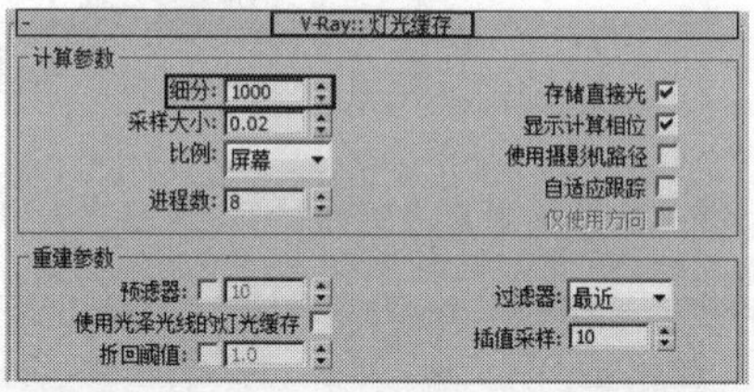

图13-263

06 单击“设置”选项卡，然后在“DMC采样器”卷展栏下设置“适应数量”为0.75、“噪波阈值”为0.005、“最小采样值”为24，如图13-264所示。

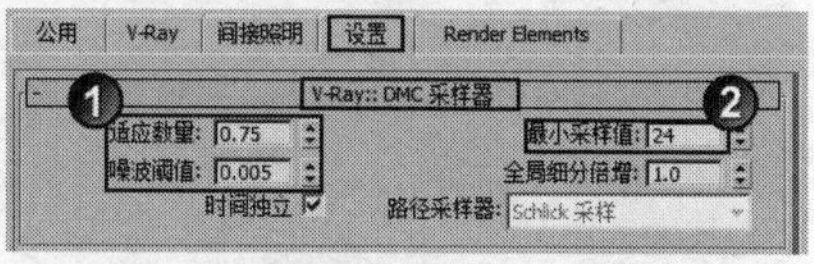

图13-264

07 按F9键渲染当前场景，最终效果如图13-265所示。

图13-265

实战235 欧式餐厅夜景表现

场景位置	DVD>场景文件>CH13>实战235.max
实例位置	DVD>实例文件>CH13>实战235.max
视频位置	DVD>多媒体教学>CH13>实战235.flv
难易指数	★★★★☆
技术掌握	石材、木/布纹、吊灯、桌布材质的制作及餐厅人工夜景灯光表现方法

本例是一个餐厅空间，石材、木纹、布纹、吊灯和桌布材质的制作方法是本例的学习重点。此外，由于场景中放下了窗帘，可以看作是一个封闭空间，因此人工灯光是本场景中的主要照明光源，这也是本例的学习难点，效果如图13-266所示。

图13-266

Part 1 材质制作

本例的场景对象材质主要包括壁纸材质、地面石材材质、餐桌木纹材质、椅子布纹材质、门木纹材质、吊灯材质、桌布材质和玻璃材质，如图13-267所示。

图13-267

制作壁纸材质

壁纸材质的模拟效果如图13-268所示。

01 打开光盘中的“场景文件>CH13>实战235.max”文件，如图13-269所示。

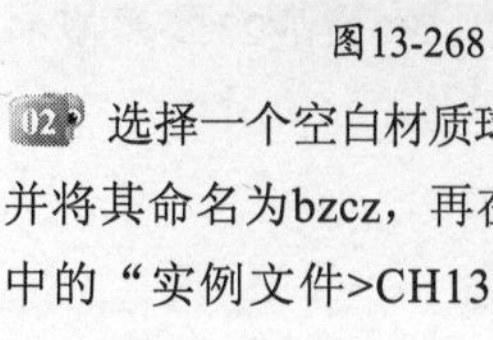

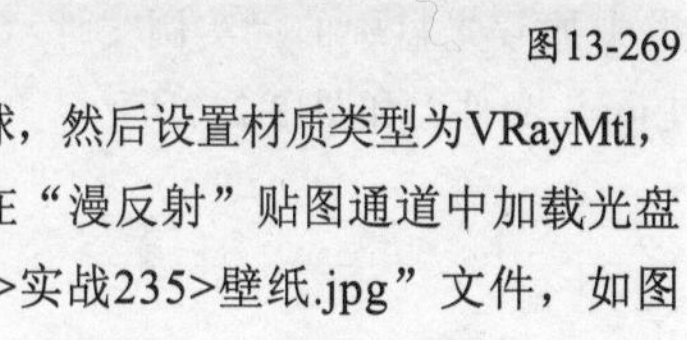

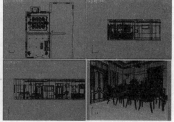

图13-268　图13-269

02 选择一个空白材质球，然后设置材质类型为VRayMtl，并将其命名为bzcz，再在“漫反射”贴图通道中加载光盘中的“实例文件>CH13>实战235>壁纸.jpg”文件，如图

13-270所示，制作好的材质球效果如图13-271所示。

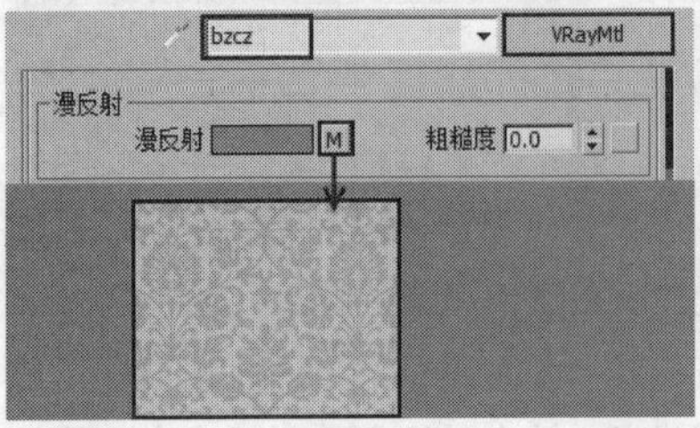

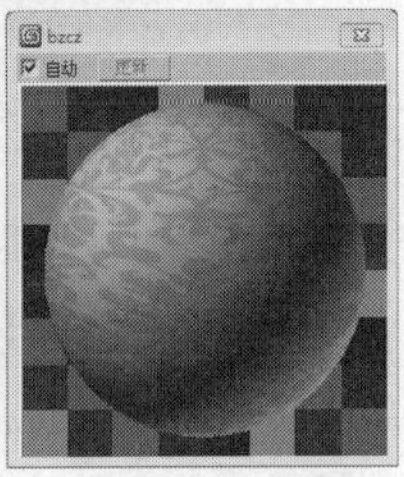

图13-270　　图13-271

制作地面石材材质

地面石材材质的模拟效果如图13-272所示。

01 选择一个空白材质球，然后设置材质类型为VRayMtl，并将其命名为dmsc，再在“漫反射”贴图通道中加载光盘中的“实例文件>CH13>实战235>地面.jpg”文件，最后在“坐标”卷展栏下设置“模糊”为0.01、“瓷砖”的U为10、V为17，如图13-273所示。

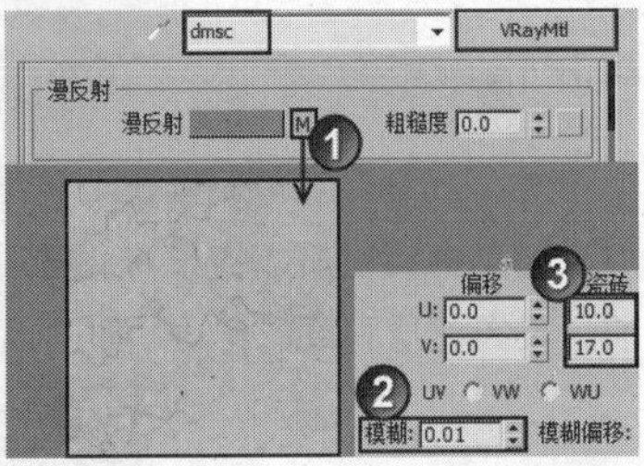

图13-272　　图13-273

02 设置“反射”颜色为（红:107，绿:107，蓝:107），然后勾选“菲涅耳反射”选项，再设置“反射光泽度”为0.92，如图13-274所示，制作好的材质球效果如图13-275所示。

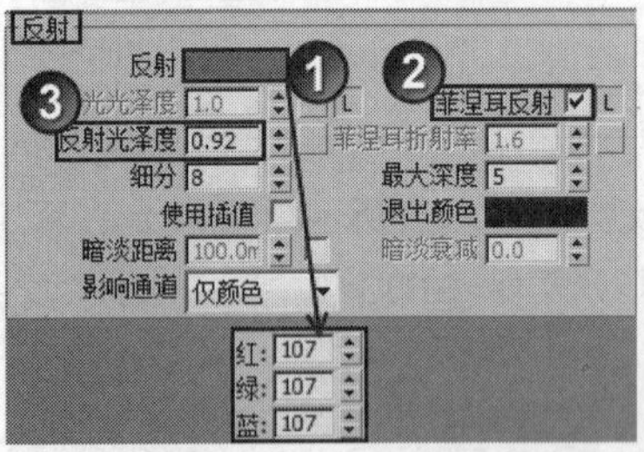

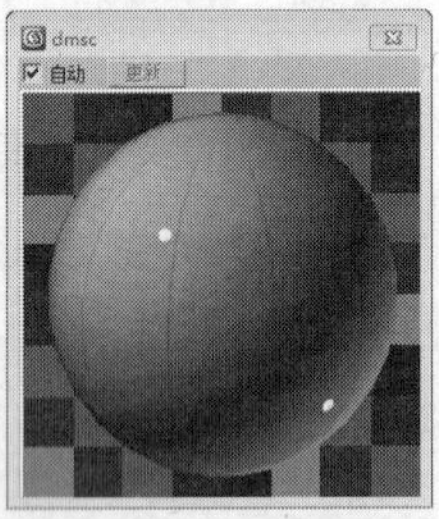

图13-274　　图13-275

制作餐桌木纹材质

餐桌木纹材质的模拟效果如图13-276所示。

01 选择一个空白材质球，然后设置材质类型为VRayMtl，并将其命名为zymw，再在“漫反射”贴图通道中加载光盘中的“实例文件>CH13>实战235>黑檀木1.jpg”文件，如图13-277所示。

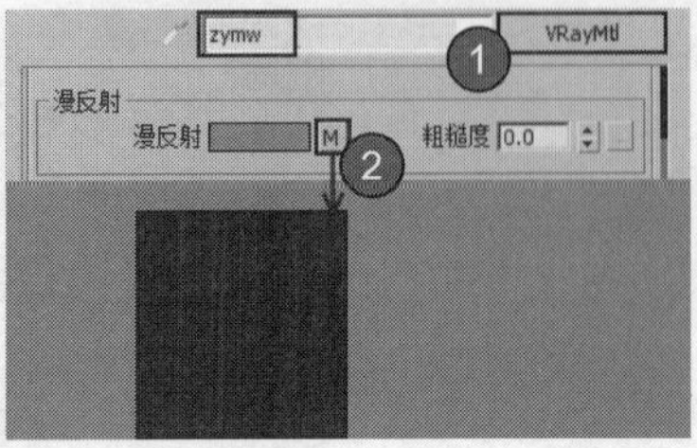

图13-276　　图13-277

02 在“反射”贴图通道中加载一张“衰减”程序贴图，然后在“衰减参数”卷展栏下设置“前”通道的颜色为（红:7，绿:7，蓝:7）、“侧”通道的颜色为（红:55，绿:56，蓝:78），再设置“衰减类型”为Fresnel，最后设置“高光光泽度”为0.86、“反射光泽度”为0.9，如图13-278所示。

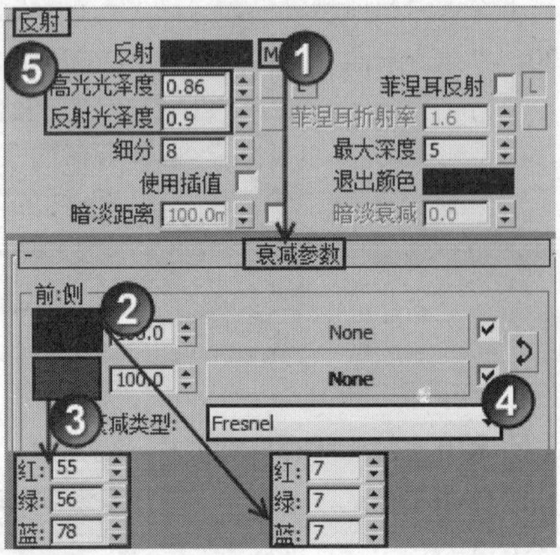

图13-278

03 展开“贴图”卷展栏，然后在“环境”贴图通道中加载一张“输出”程序贴图，再在“输出”卷展栏下设置“输出量”为1.6，如图13-279所示，制作好的材质球效果如图13-280所示。

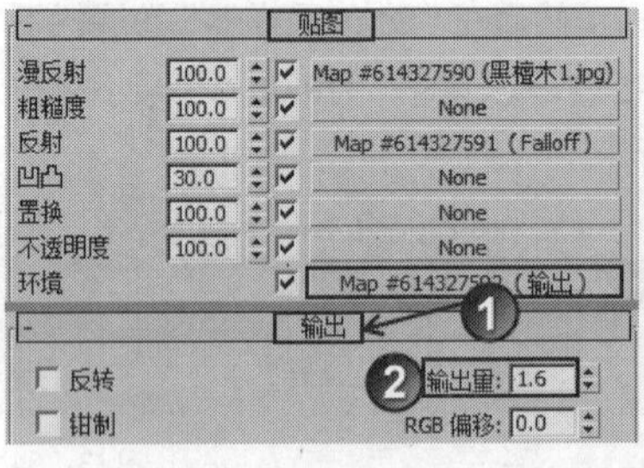

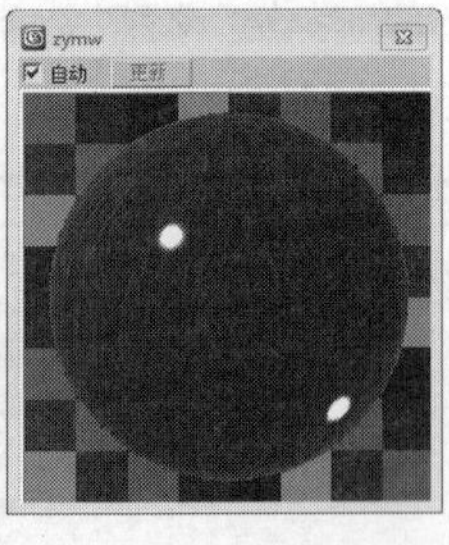

图13-279　　图13-280

技巧与提示

在“环境”贴图中加载“输出”程序贴图并提高“输出量”数值，可以使材质表面显得更为光亮。

制作椅子布纹材质

椅子布纹材质的模拟效果如图13-281所示。

01 选择一个空白材质球，然后设置材质类型为VRayMtl，并将其命名为yzbw，然后设置“漫反射”的颜色为（红:213，绿:191，蓝:154），如图13-282所示。

图13-281

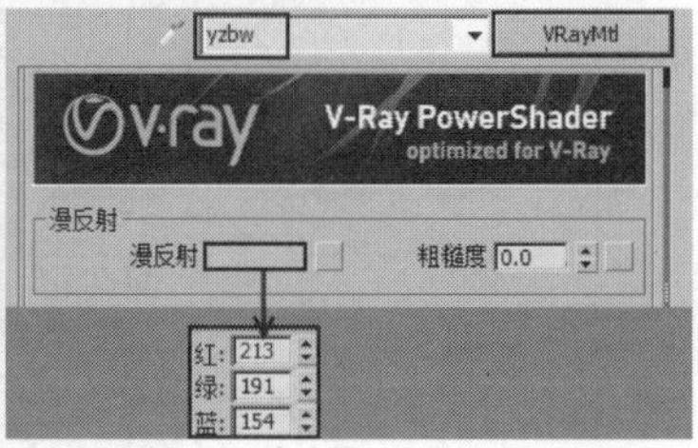

图13-282

02 展开“贴图”卷展栏，然后在“凹凸”贴图通道中加载一张“混合”程序贴图，再在“混合参数”卷展栏下的“颜色#1”和“颜色#2”贴图通道中各加载一张“噪波”程序贴图，如图13-283所示，制作好的材质球效果如图13-284所示。

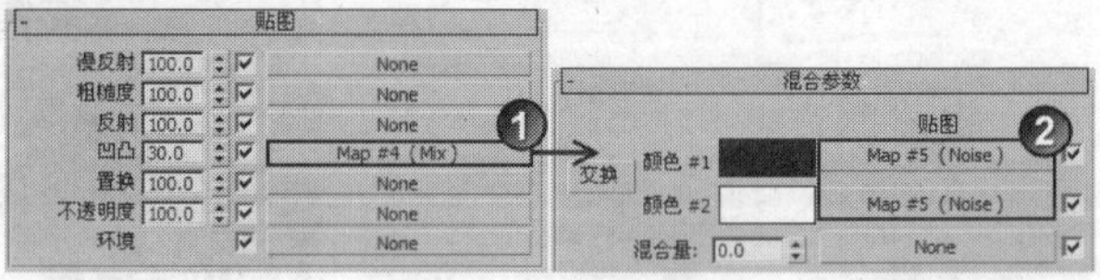

图13-283

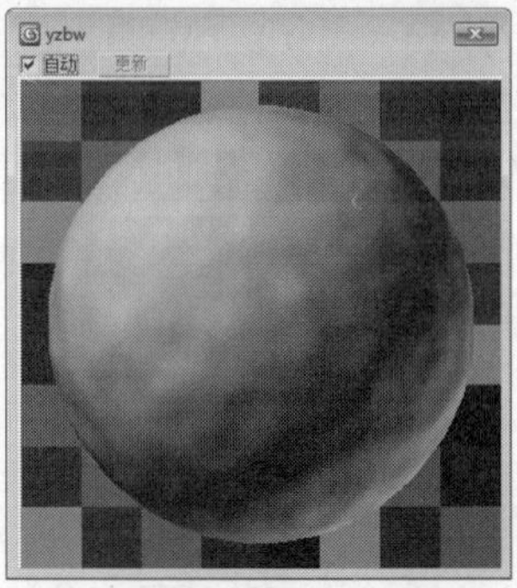

图13-284

制作门木纹材质

门木纹材质的模拟效果如图13-285所示。

01 选择一个空白材质球，然后设置材质类型为VRayMtl，并将其命名为dmmw，再在“漫反射”贴图通道中加载光盘中的“实例文件>CH13>实战235>深色红樱桃3.jpg”文件，最后在“坐标”卷展栏下设置“模糊”为0.01，如图13-286所示。

图13-285

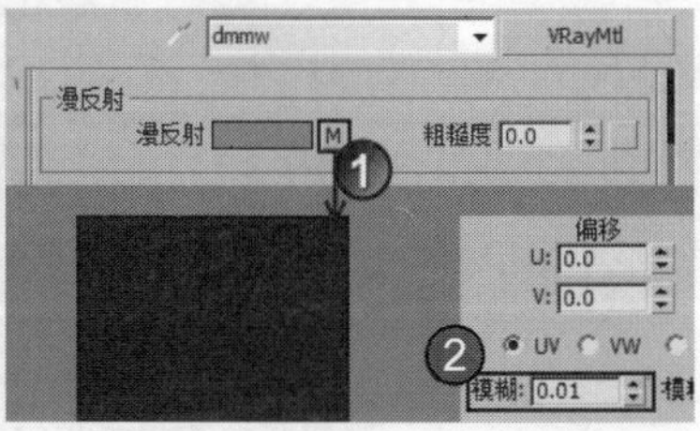

图13-286

02 设置“反射”颜色为（红:151，绿:151，蓝:151），然后勾选“菲涅耳反射”选项，再设置“反射光泽度”为0.75，如图13-287所示，制作好的材质球效果如图13-288所示。

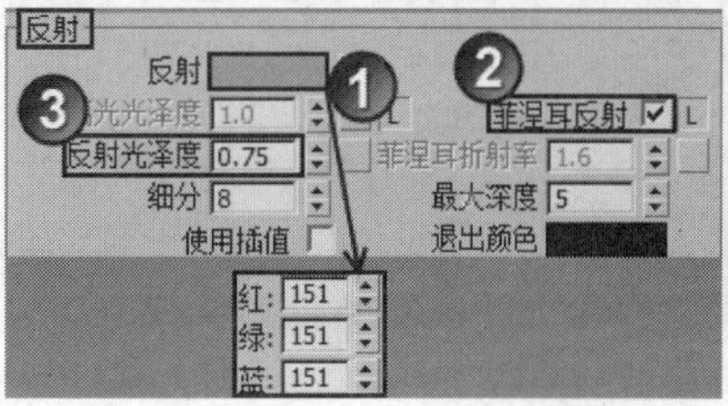

图13-287

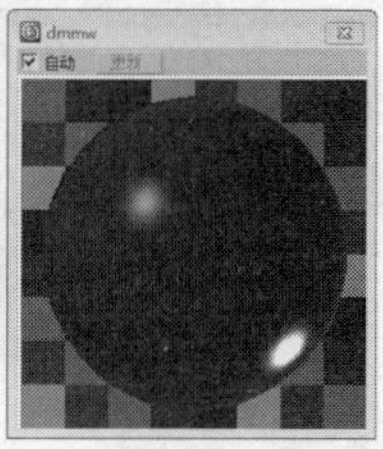

图13-288

制作吊灯材质

吊灯材质的模拟效果如图13-289所示。

01 选择一个空白材质球，然后设置材质类型为VRayMtl，并将其命名为ddcz，再设置“漫反射”颜色为（红:152，绿:97，蓝:49），如图13-290所示。

图13-289

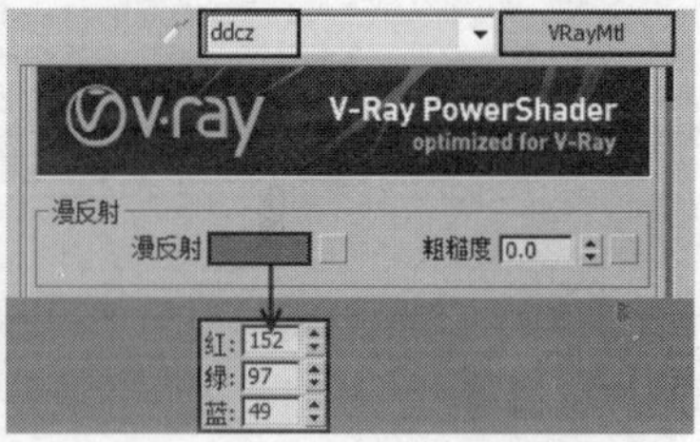

图13-290

02 设置“反射”颜色为（红:139，绿:136，蓝:99），然后设置“高光光泽度”为0.85、“反射光泽度”0.8，如图13-291所示，制作好的材质球效果如图13-292所示。

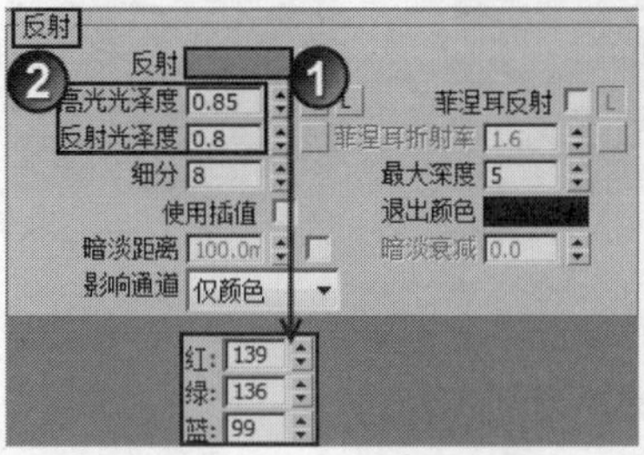

图13-291

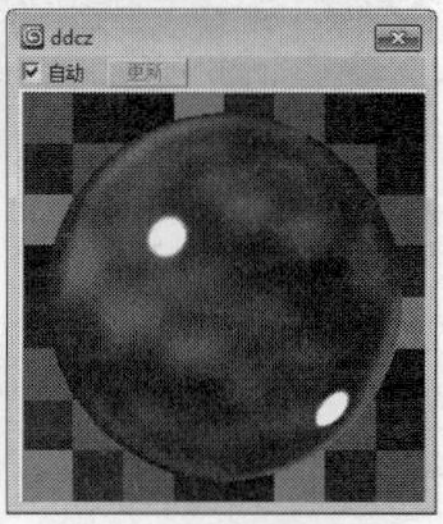

图13-292

制作桌布材质

桌布材质的模拟效果如图13-293所示。

图13-293

01 选择一个空白材质球，然后设置材质类型为VRayMtl，并将其命名为zbcz，再设置“漫反射”颜色为（红:58，绿:43，蓝:26），如图13-294所示。

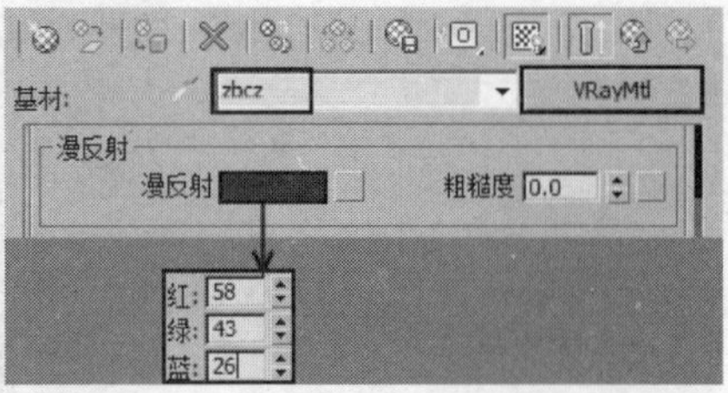

图13-294

02 设置“反射”的颜色为（红:22，绿:22，蓝:22），然后设置“高光光泽度”为0.5，如图13-295所示。

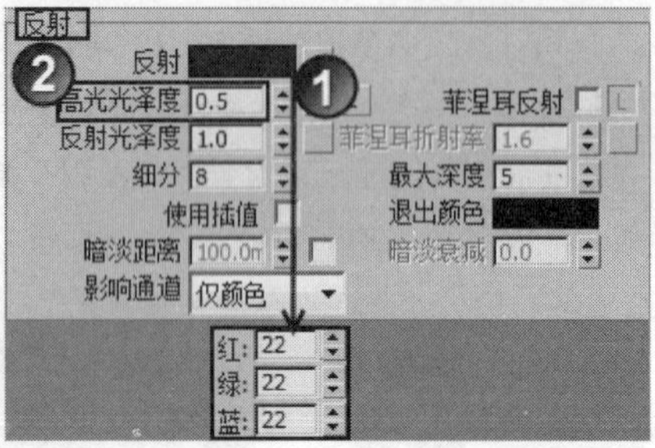

图13-295

03 将VRayMtl材质切换为“VR材质包裹器”材质，同时保留旧材质，然后设置“接收全局照明”为1.5，如图13-296所示，制作好的材质球效果如图13-297所示。

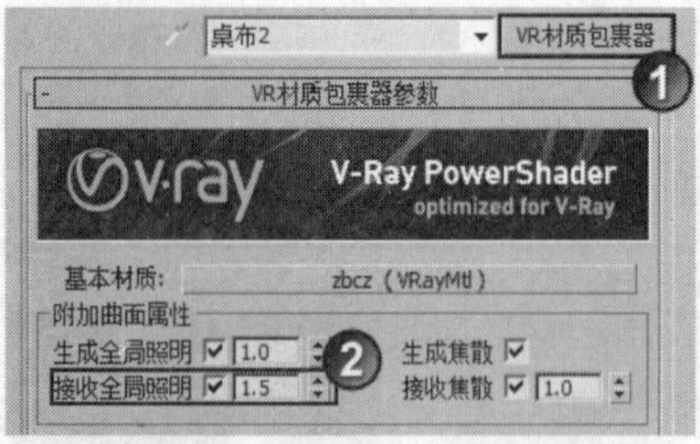

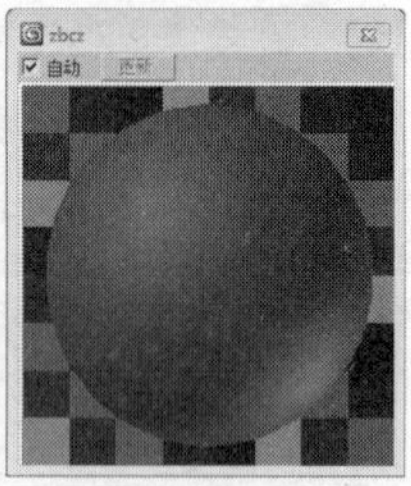

图13-296　图13-297

制作玻璃材质

玻璃材质的模拟效果如图13-298所示。

01 选择一个空白材质球，然后设置材质类型为VRayMtl，并将其命名为blcz，再设置“漫反射”颜色为（红:208，绿:208，蓝:208），如图13-299所示。

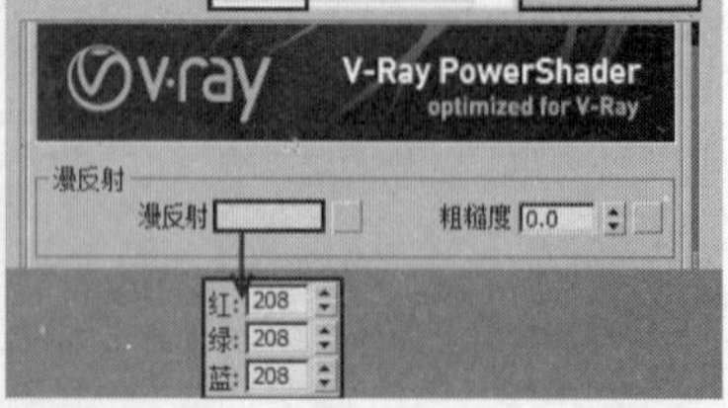

图13-298　图13-299

02 设置“反射”颜色为白色，然后勾选“菲涅耳反射”选项，再设置“反射光泽度”为0.98，如图13-300所示。

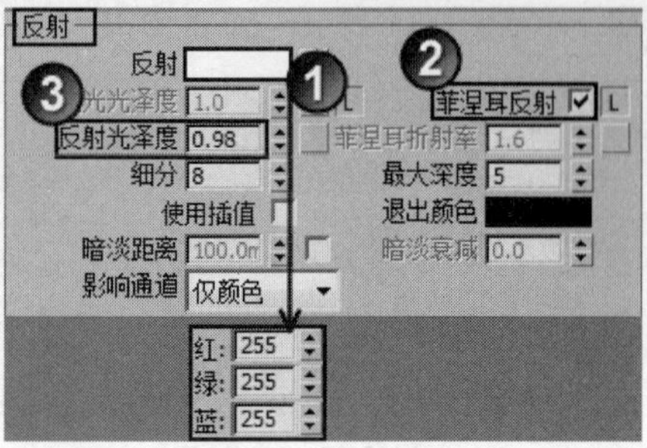

图13-300

03 设置“折射”颜色为白色，然后设置“折射率”为1.517，再勾选“影响阴影”选项，如图13-301所示，制作好的材质球效果如图13-302所示。

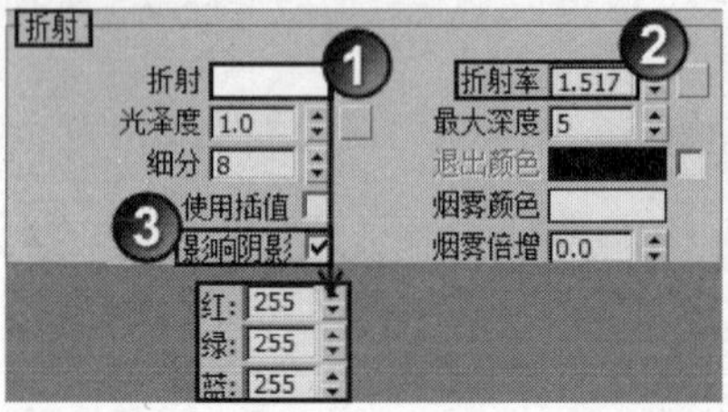

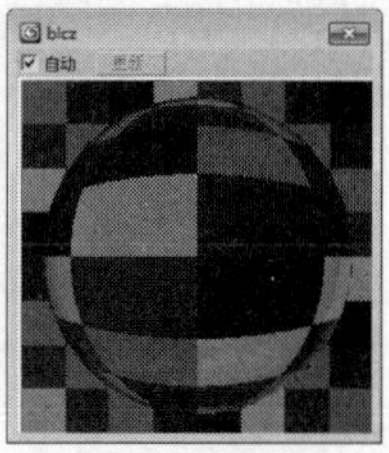

图13-301　图13-302

Part 2 设置测试渲染参数

01 按F10键打开“渲染设置”对话框，然后设置渲染器为VRay渲染器，再在“公用参数”卷展栏下设置“宽度”为500、“高度”为375，最后单击“图像纵横比”选项后面的“锁定”按钮，锁定渲染图像的纵横比，如图13-303所示。

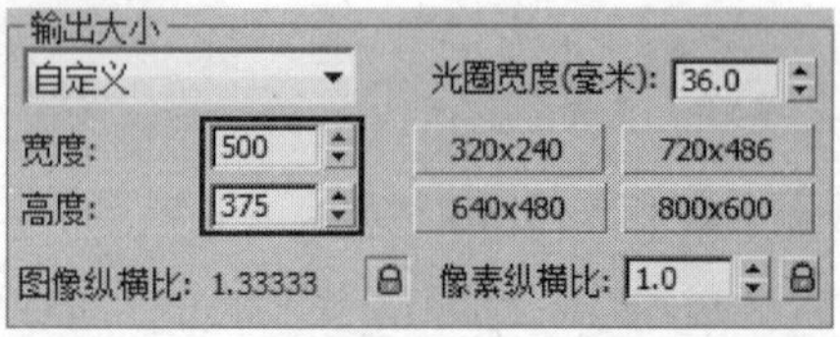

图13-303

02 单击VRay选项卡，然后在“全局开关”卷展栏下关闭“隐藏灯光”和“光泽效果”选项，再设置“二次光线偏移”为0.001，如图13-304所示。

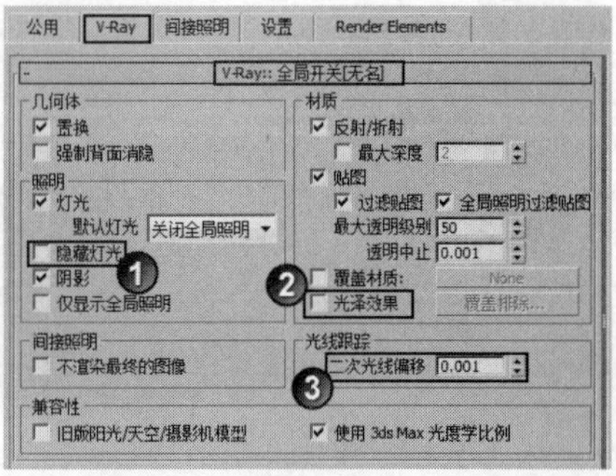

图13-304

03 展开“图像采样器（反锯齿）”卷展栏，然后设置“图像采样器”类型为“固定”，再在“抗锯齿过滤器”选项组下关闭“开”选项，如图13-305所示。

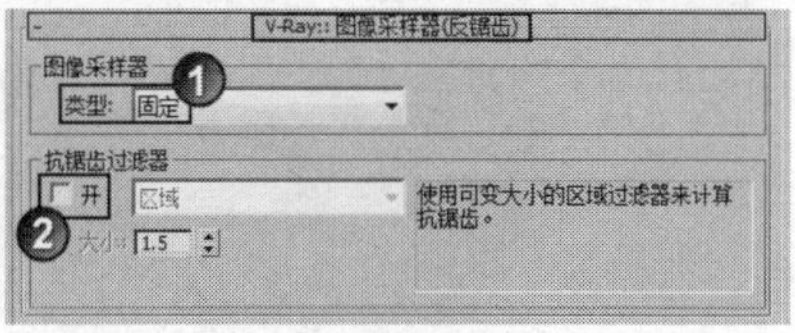

图13-305

04 单击“间接照明”选项卡，然后在“间接照明（GI）”卷展栏下勾选“开”选项，再设置“首次反弹”为“发光图”、“二次反弹”为“灯光缓存”，如图13-306所示。

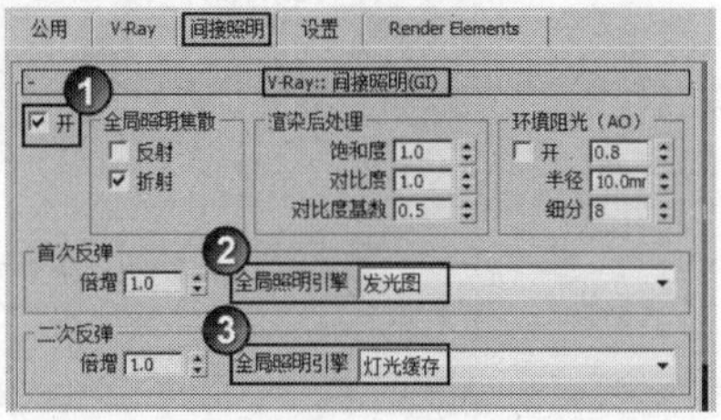

图13-306

05 展开“发光图”卷展栏，然后设置“当前预置”为“非常低”，再设置“半球细分”为50、“插值采样”为20，如图13-307所示。

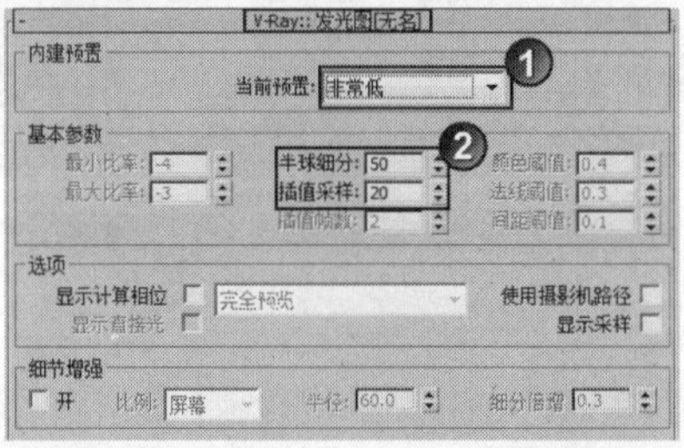

图13-307

06 展开“灯光缓存”卷展栏，然后设置“细分”为400，再勾选“显示计算相位”选项，如图13-308所示。

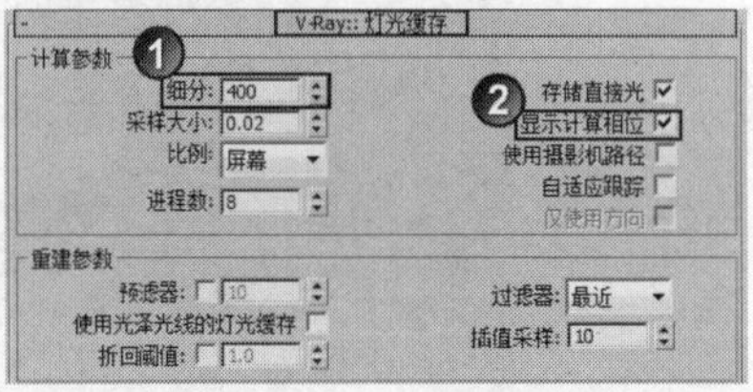

图13-308

07 单击“设置”选项卡，然后在“系统”卷展栏下设置“区域排序”为Top->Bottom（从上->下），如图13-309所示。

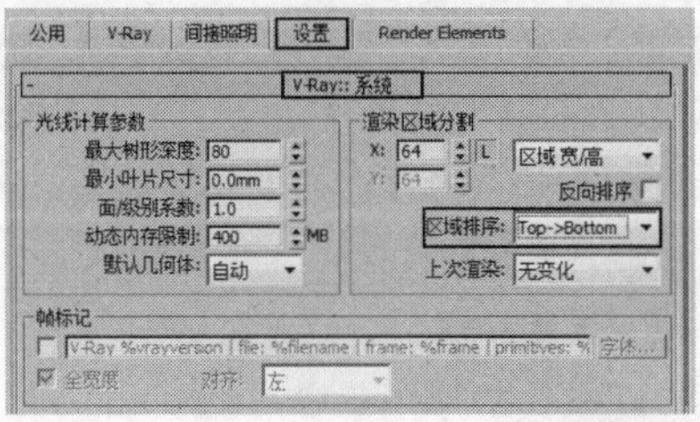

图13-309

Part 3 创建VRay物理摄相机

01 设置“摄影机”类型为VRay，然后在场景中创建一台VRay物理相机，其位置与高度如图13-310所示。

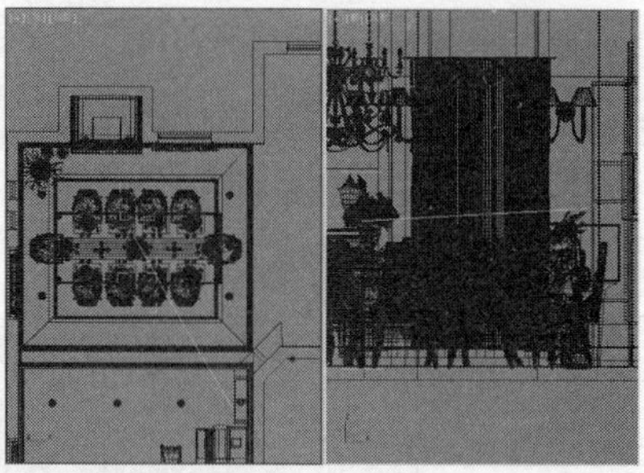

图13-310

02 选择VRay物理相机，然后在“基本参数”卷展栏下设置“胶片规格（mm）”为36、“焦距（mm）”为26.66、“光圈数”为1，再关闭“光晕”选项，具体参数设置如图13-311所示。

03 按C键切换到摄影机视图，效果如图13-312所示。

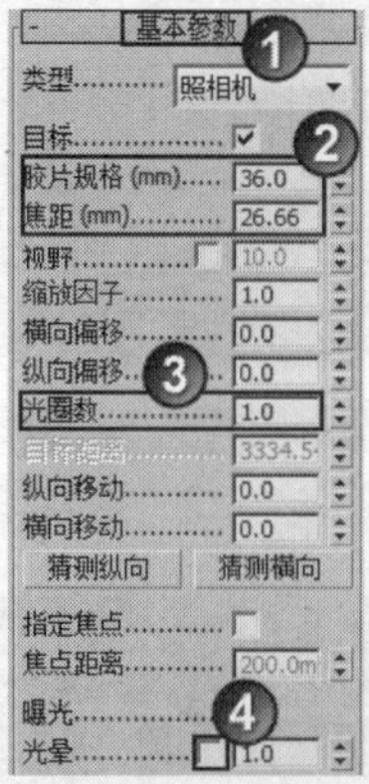

图13-311

图13-312

Part 4 灯光设置

本例要表现的是封闭空间内多层次的灯光效果，依次为吊灯、天花板灯带、筒灯以及壁灯。

创建吊灯

01 设置“灯光”类型为“标准”，然后在3盏吊灯正下方各创建一盏目标聚光灯，位置与高度如图13-313所示。

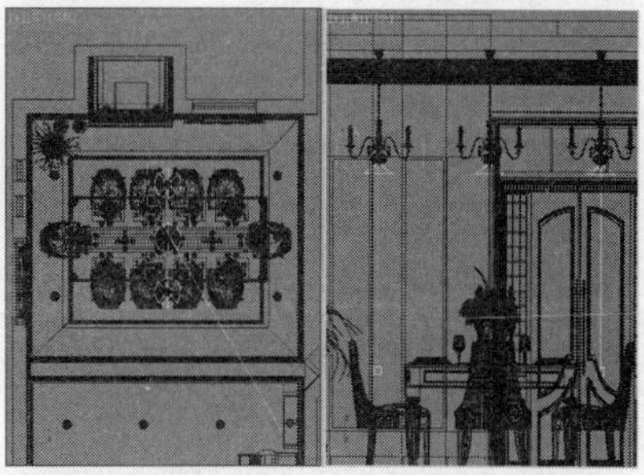

图13-313

02 选择上一步创建的目标聚光灯，然后进入“修改”面板，具体参数设置如图13-314所示。

设置步骤

① 展开“常规参数”卷展栏，然后在“阴影”选项组下勾选“启用”选项，再设置阴影类型为“VRay阴影”。

② 展开“强度/颜色/衰减”卷展栏，然后设置“倍增”为0.52，颜色为白色。

③ 展开“聚光灯参数”卷展栏，然后设置“聚光区/光束”为43、“衰减区/区域”为110。

④ 展开“VRay阴影参数”卷展栏，然后勾选“区域阴影”和“球体”选项，再设置“U大小”、“V大小”和“W大小”为100mm。

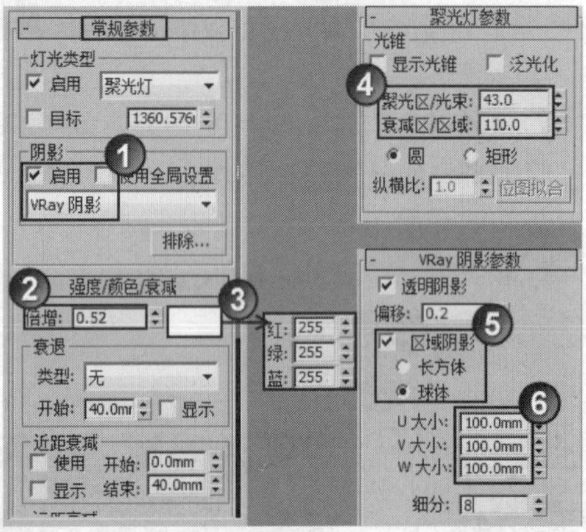

图13-314

03 按F9键渲染当前场景，效果如图13-315所示，接下来创建灯带。

图13-315

创建灯带

01 设置“灯光”类型为VRay，然后在顶视图中参考灯槽位置在天花板上创建4盏平面类型的VRay灯光作为灯带，其位置与高度如图13-316所示。

02 选择上一步创建的VRay灯光，然后展开“参数”卷展栏，具体参数设置如图13-317所示。

设置步骤

① 在“强度”选项组下设置“倍增”为2.1，然后设置“颜色”为（红:255，绿:205，蓝:139）。

② 在“大小”选项组下设置“1/2长”为2000mm、“1/2宽”106mm。

③ 在“选项”选项组下勾选“不可见”选项，然后关闭“影响高光反射”和“影响反射”选项。

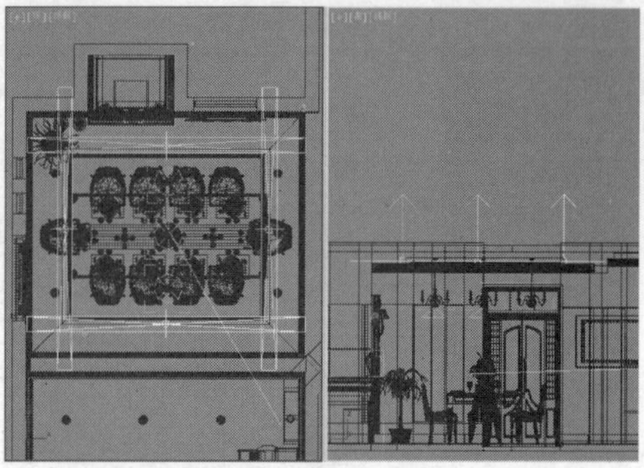

图13-316

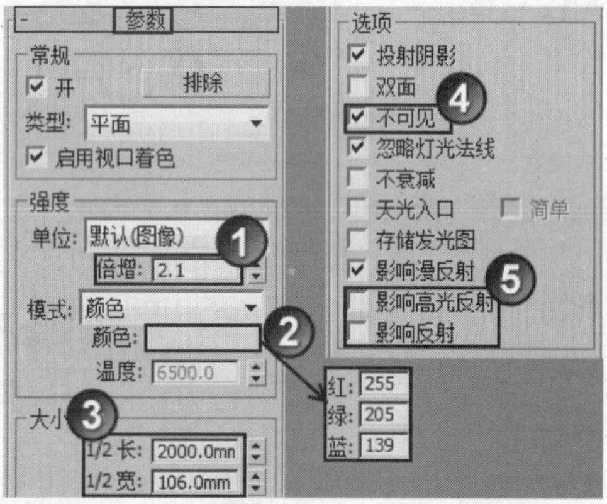

图13-317

03 按F9键渲染当前场景，效果如图13-318所示。

图13-318

创建筒灯

01 设置“灯光”类型为“光度学”，然后在天花吊顶的筒灯孔处创建6盏目标灯光，灯光分布与位置如图13-319所示。

02 选择上一步创建的目标灯光，然后进入“修改”面板，具体参数设置如图13-320所示。

设置步骤

① 展开“常规参数”卷展栏，然后在“阴影”选项组下勾选“启用”选项，再设置阴影类型为“阴影贴图”，最后设置“灯

光分布（类型）”为“光度学Web”。

② 展开“分布（光度学Web）”卷展栏，然后在其通道中加载光盘中的“实例文件>CH13>实战235>射灯.ies”文件。

③ 展开“强度/颜色/衰减”卷展栏，然后设置“过滤颜色”为（红:250，绿:221，蓝:175），再设置“强度”为9000。

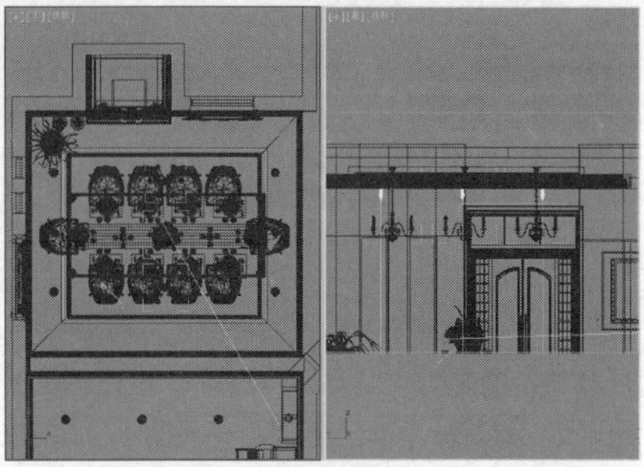

图13-319

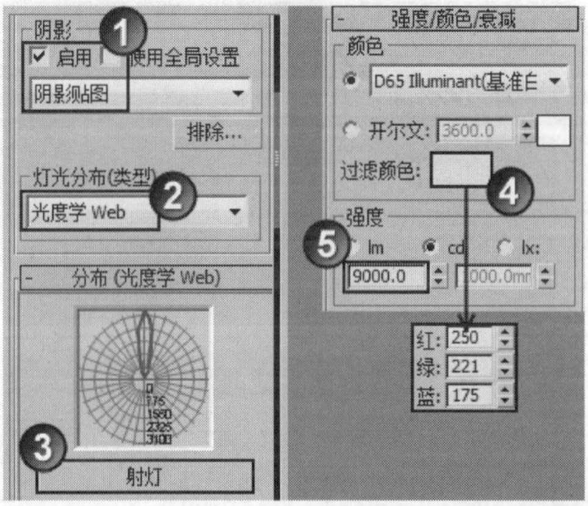

图13-320

03 按F9键渲染当前场景，效果如图13-321所示。

图13-321

创建壁灯

01 在壁灯灯罩内创建两盏球体类型的VRay灯光（两者为“实例”复制），其位置与大小如图13-322所示。

02 选择上一步创建的VRay灯光，然后展开“参数”卷展栏，具体参数设置如图13-323所示。

设置步骤

① 在“强度”选项组下设置“倍增”为15，然后设置“颜色”为（红:255，绿:205，蓝:139）。

② 在“大小”选项组下设置“半径”为20mm。

③ 在“选项”选项组下勾选“不可见”选项，然后关闭“影响高光反射”和“影响反射”选项。

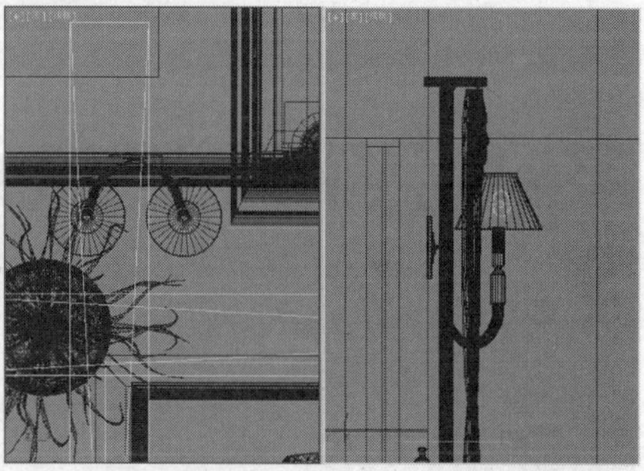

图13-322

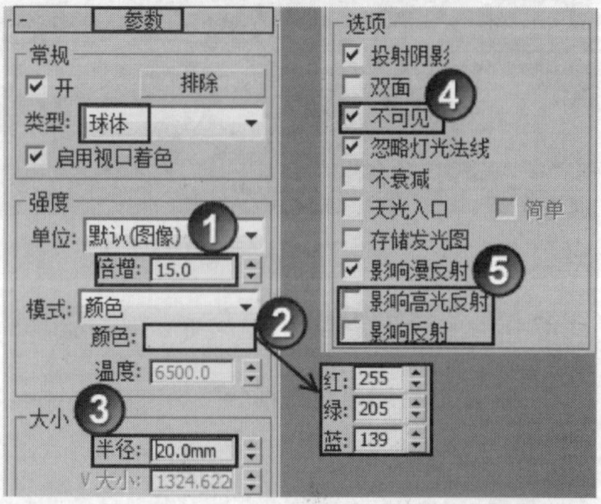

图13-323

03 按F9键渲染当前场景，效果如图13-324所示。可以观察到此时由于暖色灯光与壁纸的影响，画面整体偏黄，接下来通过VRay物理相机进行校正。

图13-324

04 选择VRay物理相机，然后在“基本参数”卷展栏下设置“自定义平衡”颜色为（红:255，绿:255，蓝:220），如图13-325所示，再按F9键渲染当前场景，效果如图13-326所示。

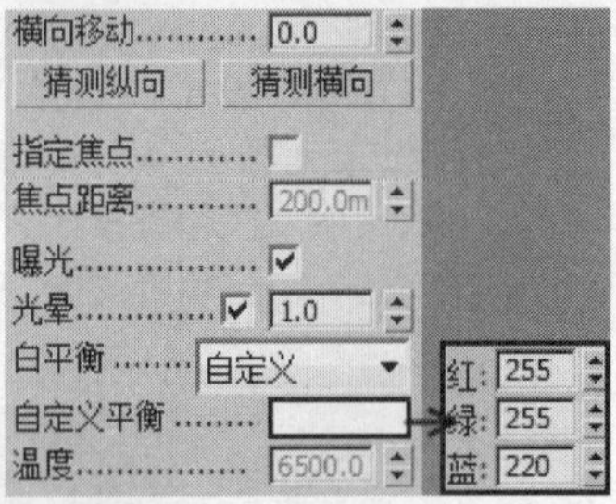

图13-325

图13-326

Part 5 最终渲染

提高材质与灯光细分

在本例中提高地面石材的“细分”到30，其他材质的“细分”控制在16~20即可。另外，目标聚光灯的“细分”值调整到30，其他灯光的“细分”值控制在16~20即可。

设置渲染参数

01 按F10键打开“渲染设置”对话框，然后展开“公共参数”卷展栏，再设置“宽度”为2000、“高度”为1500，如图13-327所示。

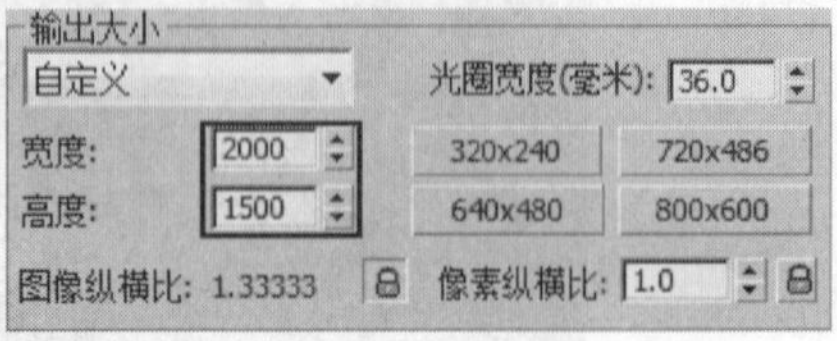

图13-327

02 单击VRay选项卡，然后在“全局开关”卷展栏下勾选“光泽效果”选项，如图13-328所示。

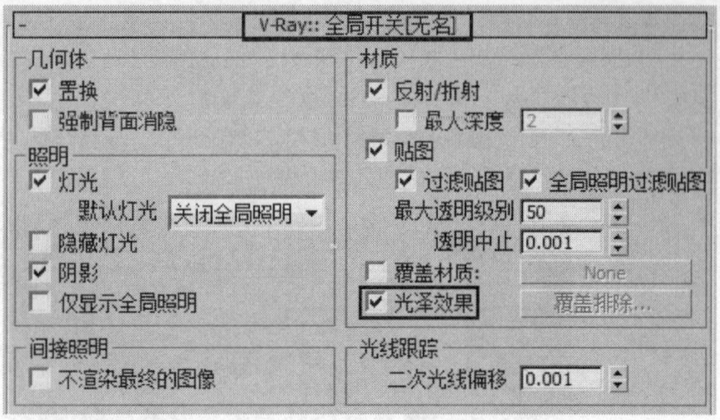

图13-328

03 在“图像采样器（反锯齿）”卷展栏下设置“图像采样器”类型为“自适应细分”，再在“抗锯齿过滤器”选项组下勾选“开”选项，并设置“抗锯齿过滤器”为Catmull-Rom，如图13-329所示。

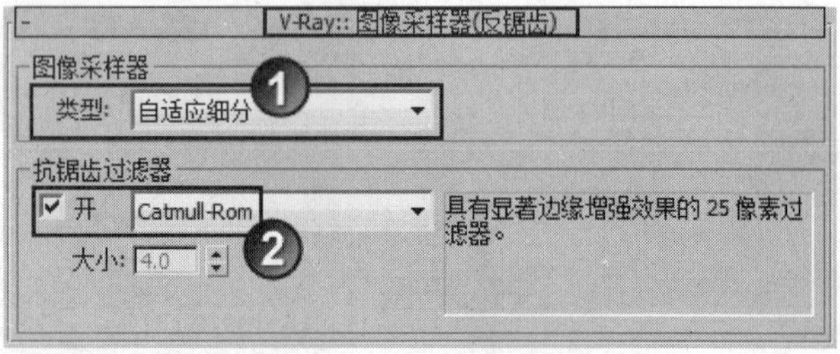

图13-329

04 单击“间接照明”选项卡，然后在“发光图”卷展栏下设置“当前预置”为“高”，再设置“半球细分”为70、“插值采样”为30，如图13-330所示。

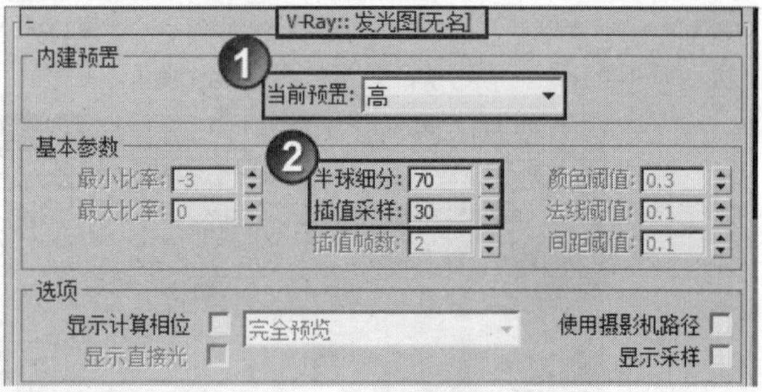

图13-330

05 展开“灯光缓存”卷展栏，然后设置“细分”为1000，如图13-331所示。

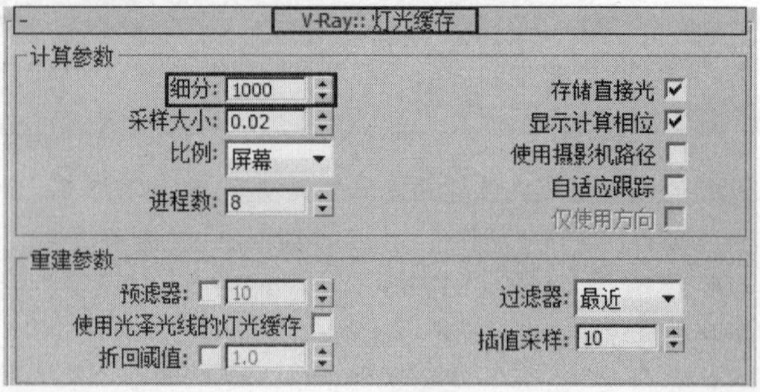

图13-331

06 单击“设置”选项卡，然后在“DMC采样器”卷展栏下设置“适应数量”为0.75、“噪波阈值”为0.005、“最小采样值”为24，如图3-332所示。

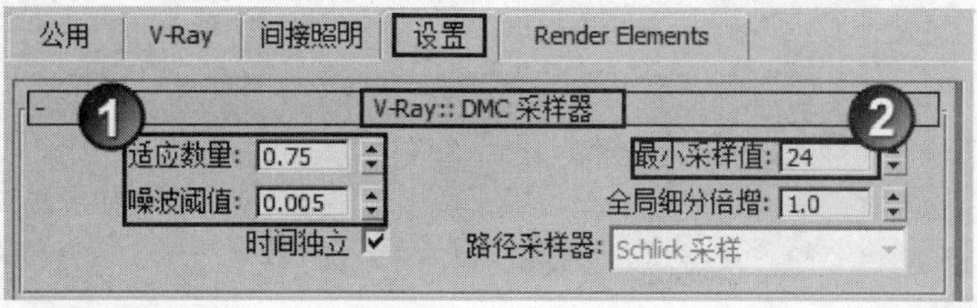

图13-332

07 按F9键渲染当前场景，最终效果如图13-333所示。

图13-333

第14章 公共空间及建筑表现

本章学习要点：

模型的检查方法

光子图的渲染方法

各种公共空间的材质、灯光、渲染参数的设置方法

室外建筑的材质、灯光、渲染参数的设置方法

实战236 专卖店日光效果表现

场景位置	DVD>场景文件>CH14>实战236.max
实例位置	DVD>实例文件>CH14>实战236.max
视频位置	DVD>多媒体教学>CH14>实战236.flv
难易指数	★★★★☆
技术掌握	乳胶漆、涂料、发光环境材质的制作方法；日光效果的表现方法

实例介绍

本场景是一个专卖店公共空间，乳胶漆材质、墙面涂料材质、地砖石材材质、窗户玻璃材质和发光环境材质的制作方法是本例的学习重点，在灯光上主要学习如何使用目标平行光来模拟日光氛围，效果如图14-1所示。

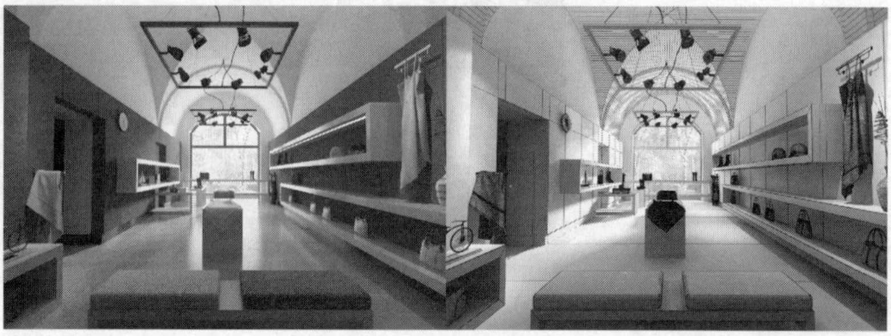

图14-1

Part 1 场景测试

在实际工作中，接到较为复杂的项目时，最好在拿到模型后即可进行测试渲染，以确定模型是否有破面和漏光等现象，这样可以避免在制作完材质及灯光后再发现这些错误造成不必要的返工。

设置测试渲染参数

01 打开光盘中的“场景文件>CH14>实战236.max”文件，如图14-2所示。

图14-2

02 单击VRay选项卡，然后在“全局开关”卷展栏下关闭“隐藏灯光”和“光泽效果”选项，再设置“二次光线偏移”为0.001，如图14-3所示。

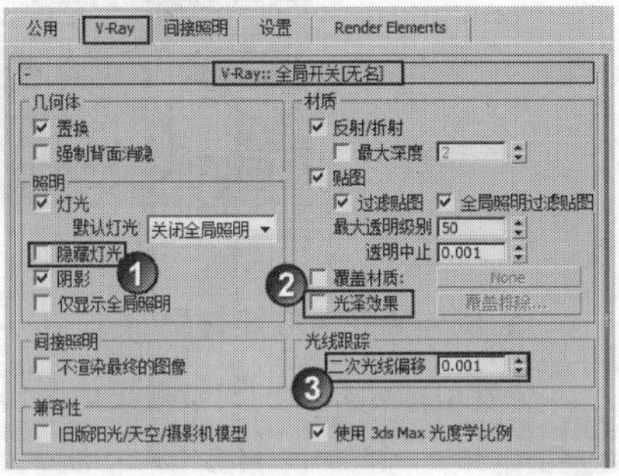

图14-3

03 展开“图像采样器（反锯齿）”卷展栏，然后设置“图像采样器”类型为“固定”，再在“抗锯齿过滤器”选项组下关闭“开”选项，如图14-4所示。

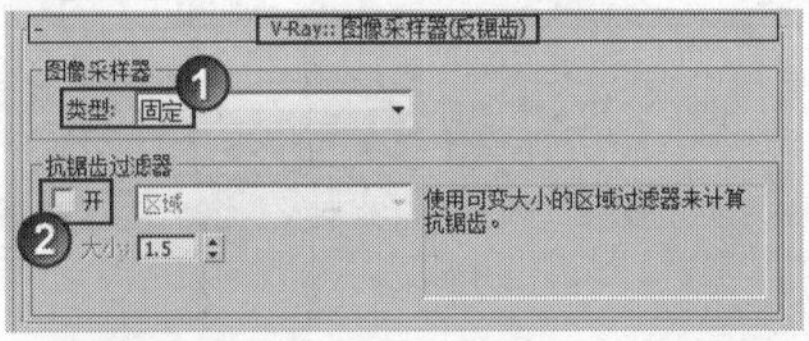

图14-4

04 单击“间接照明”选项卡，然后在“间接照明（GI）”卷展栏下勾选“开”选项，再设置“首次反弹”为“发光图”、“二次反弹”为“灯光缓存”，如图14-5所示。

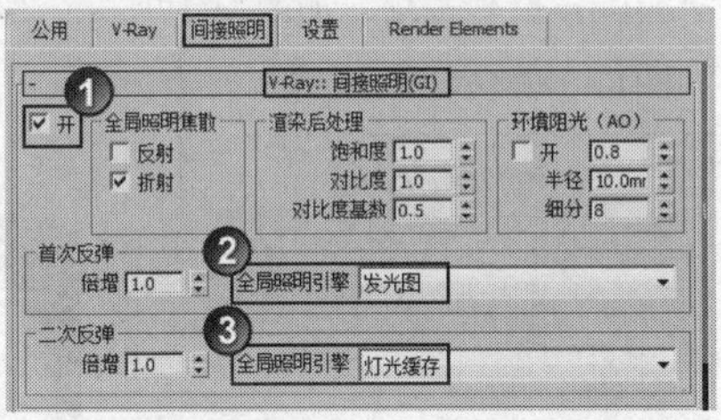

图14-5

05 展开“发光图”卷展栏，然后设置“当前预置”为“非常低”，再设置“半球细分”为50、“插值采样”为20，如图14-6所示。

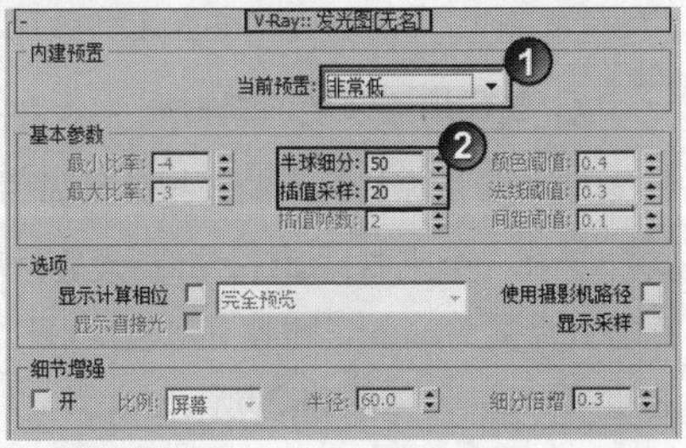

图14-6

06 展开“灯光缓存”卷展栏，然后设置“细分”为400，再勾选“显示计算相位”选项，如图14-7所示。

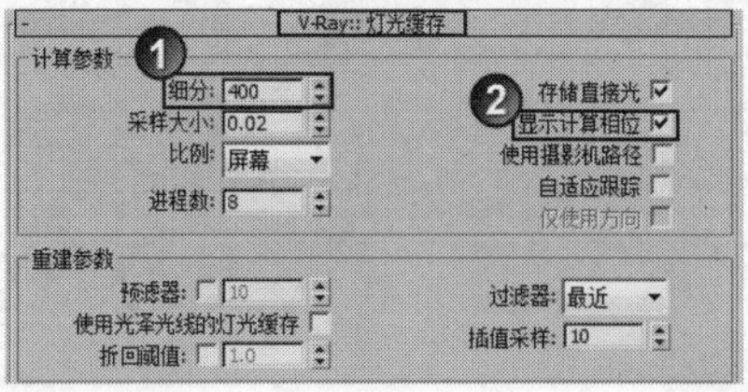

图14-7

07 单击“设置”选项卡，然后在“系统”卷展栏下设置“区域排序”为Top->Bottom（从上->下），如图14-8所示。

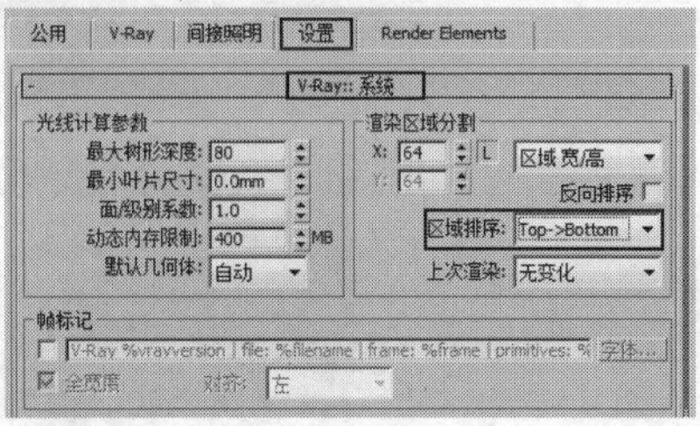

图14-8

检查模型

01 按M键打开“材质编辑器”对话框，然后选择一个空白材质球，再设置“漫反射”颜色为白色，如图14-9所示。

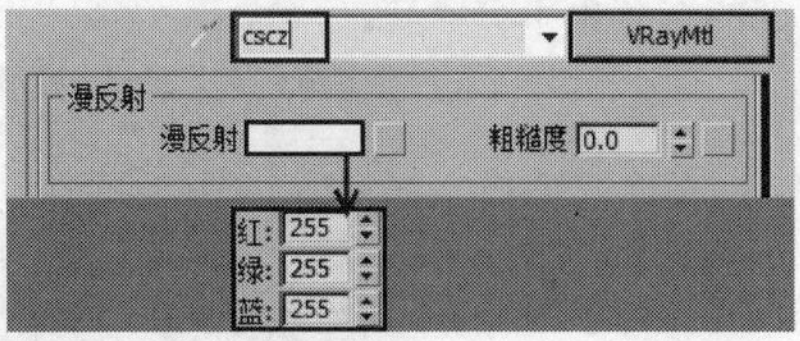

图14-9

02 按F10键打开“渲染设置”对话框，然后单击VRay选项卡，再在“全局开关”卷展栏下勾选“覆盖材质”选项，最后使用鼠标左键将制作好的材质以“实例”方式复制到“覆盖材质”选项后面的None（无）按钮 None 上，如图14-10所示。

03 展开“环境”卷展栏，然后在“全局照明环境（天光）覆盖”选项组下勾选“开”选项，再设置天光颜色为白色，如图14-11所示。

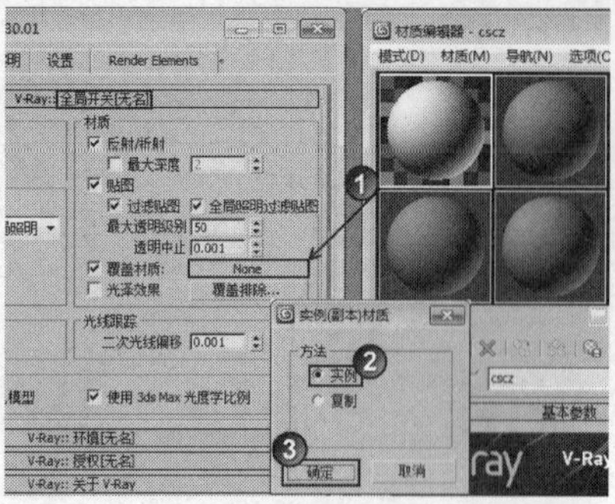

图14-10

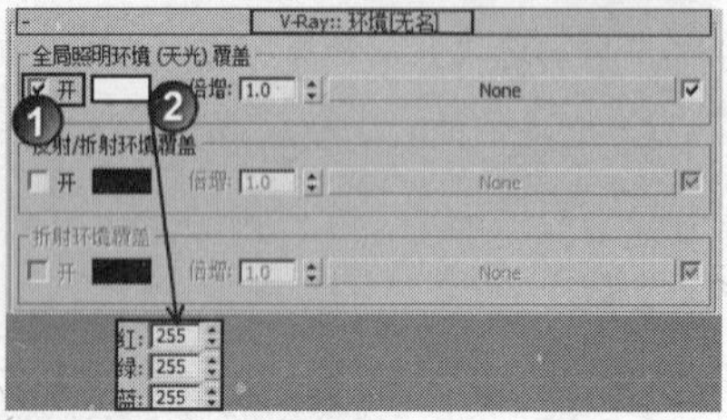

图14-11

04 选择场景中的背景以及窗户玻璃模型，然后单击鼠标右键，在弹出的菜单中选择“隐藏选定对象”命令，如图14-12所示。

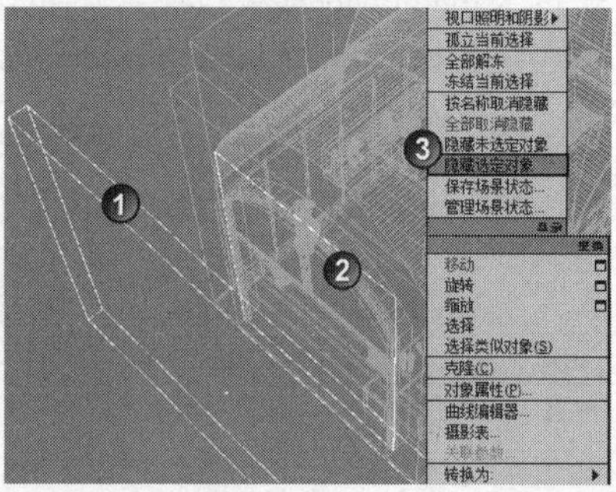

图14-12

05 按F9键渲染当前场景，效果如图14-13所示。可以观察到场景内部并没有破面和漏光等现象，同时整个模型内部的布置也十分完整。

图14-13

技巧与提示

如果模型存在问题，就要先解决模型问题，然后才能进行下一步的操作。如果等材质和灯光都设置好了后，发现模型有问题再返回来进行修改就比较浪费时间了。此外，检查完成后要记得关闭“覆盖材质”以及“全局照明环境（天光）覆盖”选项组下的“开”选项。

Part 2 材质制作

本例的场景对象材质主要包括天花乳胶漆材质、墙面灰色涂料材质、地砖石材材质、展柜木纹材质、窗户玻璃材质和发光环境材质，如图14-14所示。

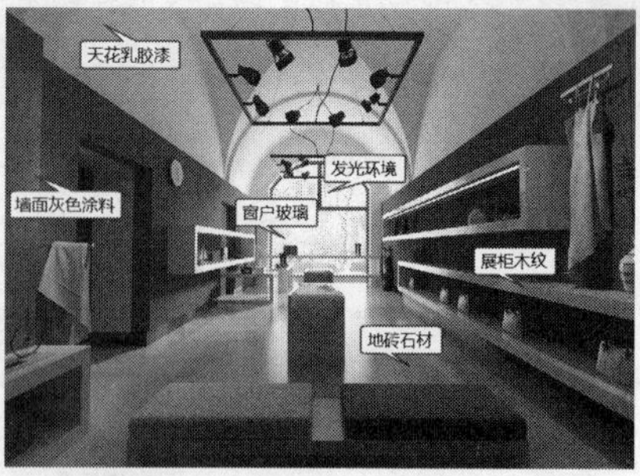

图14-14

制作天花乳胶漆材质

天花乳胶漆材质的模拟效果如图14-15所示。

01 选择一个空白材质球，然后设置材质类型为VRayMtl，并将其命名为bsrjq，再设置“漫反射”颜色为（红:246，绿:241，蓝:255），如图14-16所示。

图14-15

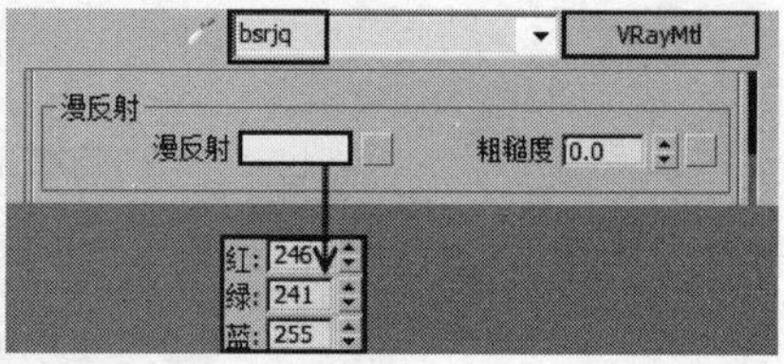

图14-16

02 设置“反射”颜色为（红:15，绿:15，蓝:15），然后设置“高光光泽度”为0.25，再在“选项”卷展栏下关闭“跟踪反射”选项，如图14-17所示，制作好的材质球效果如图14-18所示。

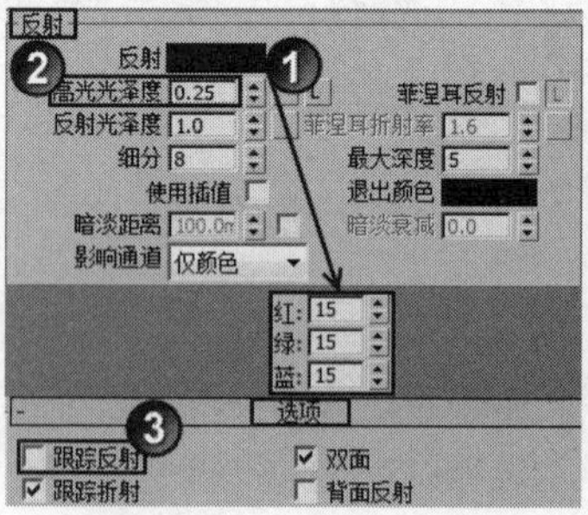

图14-17

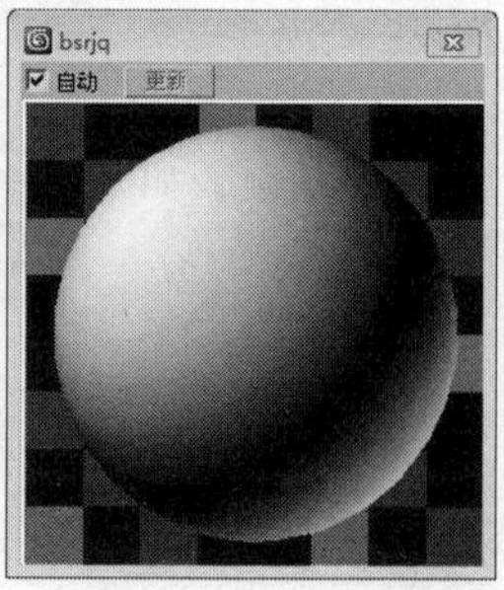

图14-18

制作墙面灰色涂料材质

墙面灰色涂料材质的模拟效果如图14-19所示。

01 选择一个空白材质球，然后设置材质类型为VRayMtl，并将其命名为qmht，再设置“漫反射”颜色为（红:83，绿:85，蓝:82），如图14-20所示。

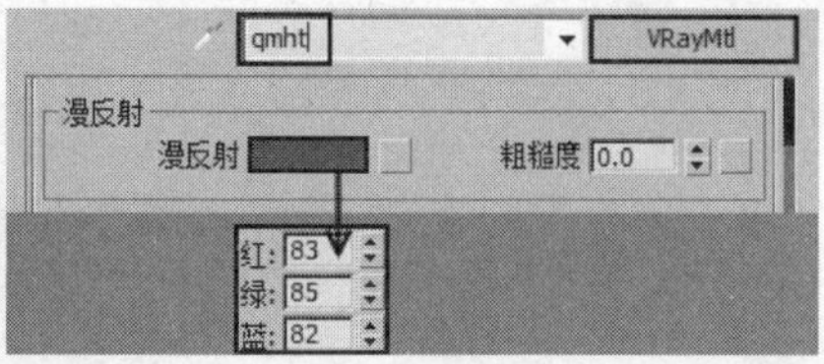

图14-19 图14-20

02 设置“反射”颜色为（红:20，绿:20，蓝:20），然后设置“高光光泽度”为0.25，再在“选项”卷展栏下关闭“跟踪反射”选项，如图14-21所示。

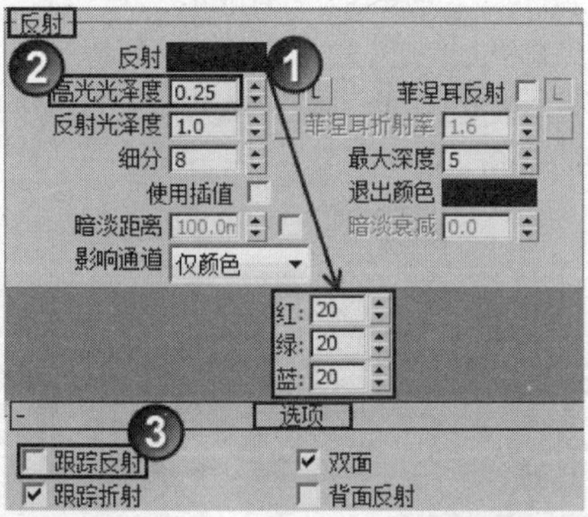

图14-21

03 展开“贴图”卷展栏，然后在“凹凸”贴图通道中加载光盘中的“实例文件>实战236>mat02b.jpg”文件，再设置“凹凸”为50，具体参数设置如图14-22所示，制作好的材质球效果如图14-23所示。

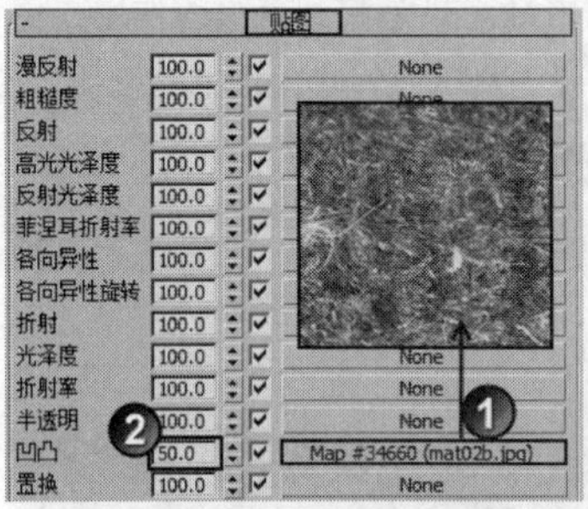

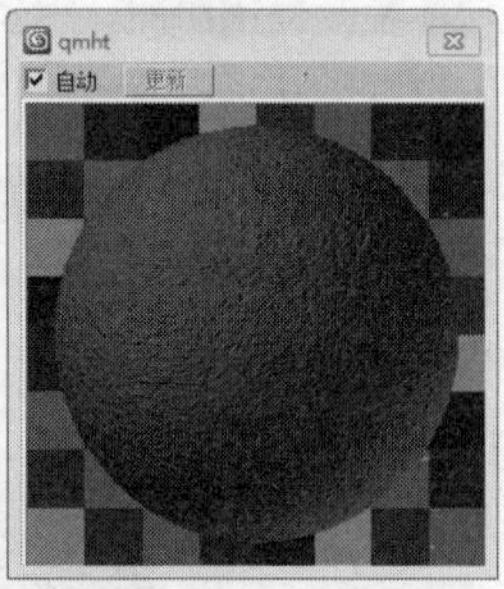

图14-22 图14-23

制作地砖石材材质

地砖石材材质的模拟效果如图14-24所示。

01 选择一个空白材质球，然后设置材质类型为VRayMtl，并将其命名为dzcz，再在“漫反射”贴图通道中加载光盘中的“实例文件>实战236>地面砖1.jpg”文件，如图14-25所示。

02 设置“反射”颜色为（红:180，绿:180，蓝:180），然后勾选“菲涅耳反射”选项，再设置“高光光泽度”为0.8、“反射光泽度”为0.85，具体参数设置如图14-26所示，制作好的材质球效果如图14-27所示。

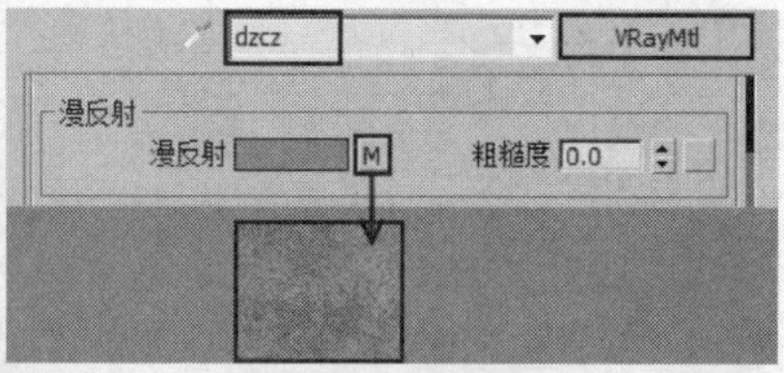

图14-24 图14-25

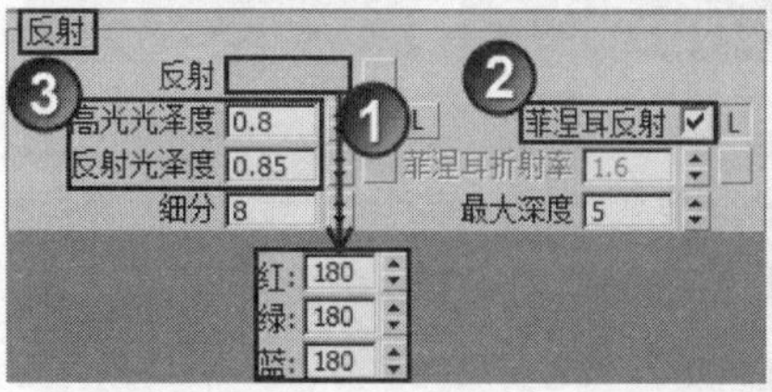

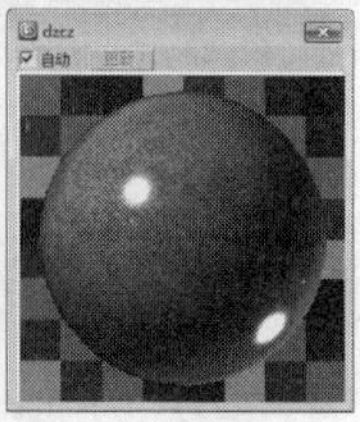

图14-26 图14-27

制作展柜木纹材质

展柜木纹材质的模拟效果如图14-28所示。

01 选择一个空白材质球，然后设置材质类型为VRayMtl，并将其命名为jzmw，再在“漫反射”贴图通道中加载光盘中的“实例文件>实战236>木01.jpg”文件，最后在“坐标”卷展栏下设置“模糊”为0.01，具体参数设置如图14-29所示。

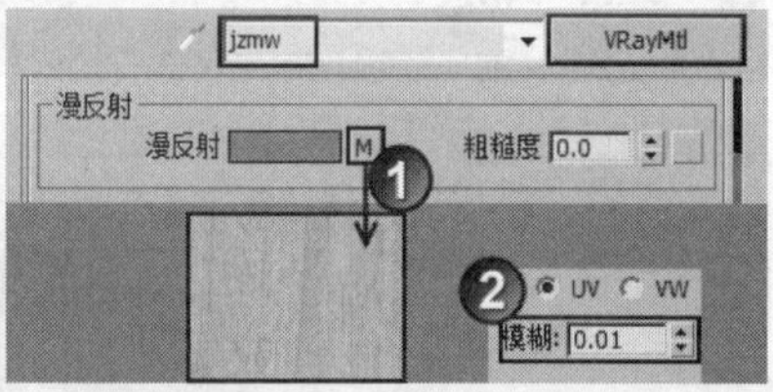

图14-28 图14-29

02 设置“反射”颜色为（红:165，绿:165，蓝:165），然后勾选“菲涅耳反射”选项，再设置“高光光泽度”为0.85、“反射光泽度”为0.9，具体参数设置如图14-30所示。

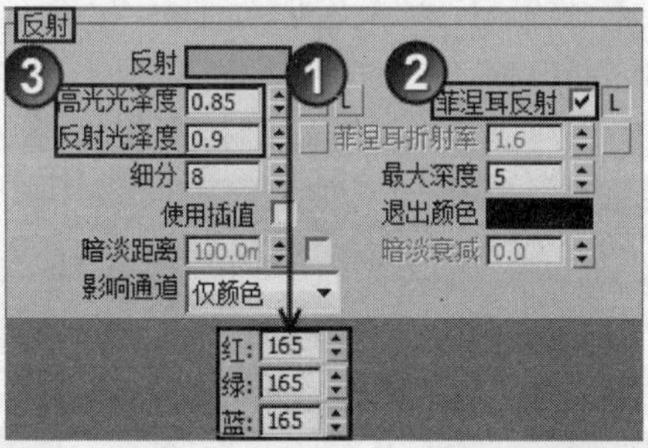

图14-30

03 展开“贴图”卷展栏，然后将“凹凸”通道中的贴图以“复制”方式复制到“凹凸”贴图通道上，再在“坐标”卷展栏下修改“模糊”为0.1，最后设置“凹凸”为10，具体参数设置如图14-31所示，制作好的材质球效果如图14-32所示。

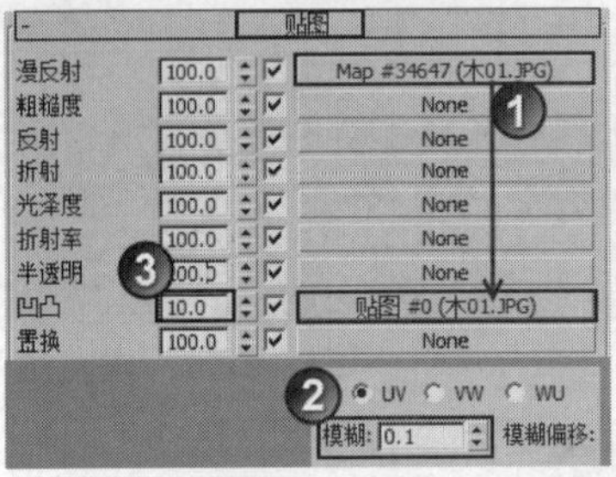

图14-31　图14-32

制作窗户玻璃材质

窗户玻璃材质的模拟效果如图14-33所示。

01 选择一个空白材质球，设置材质类型为VRayMtl，并将其命名为blcz，然后设置"漫反射"颜色为（红:240，绿:240，蓝:240），如图14-34所示。

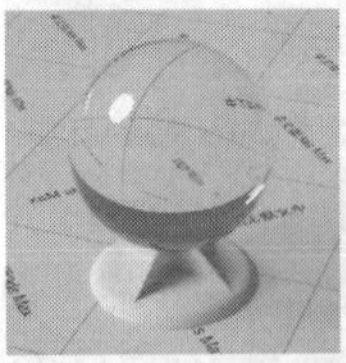

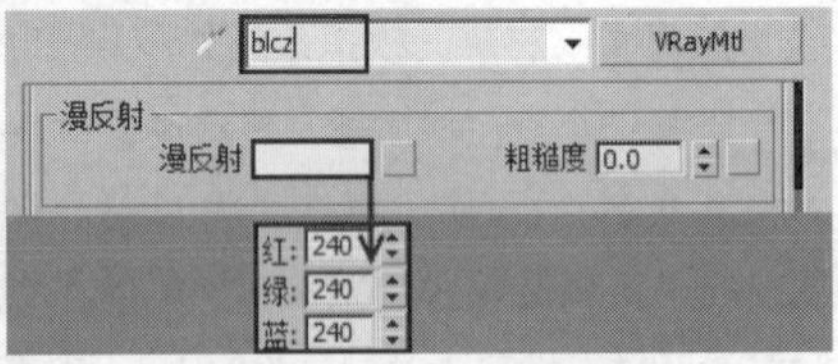

图14-33　图14-34

02 设置"反射"颜色为（红:240，绿:240，蓝:240），然后勾选"菲涅耳反射"选项，再设置"高光光泽度"为0.91，具体参数设置如图14-35所示。

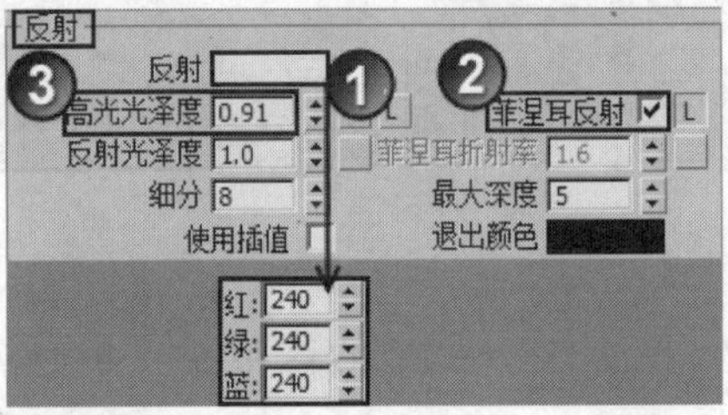

图14-35

03 设置"折射"颜色为（红:240，绿:240，蓝:240），然后设置"折射率"为1.517，再勾选"影响阴影"选项，具体参数设置如图14-36所示，制作好的材质球效果如图14-37所示。

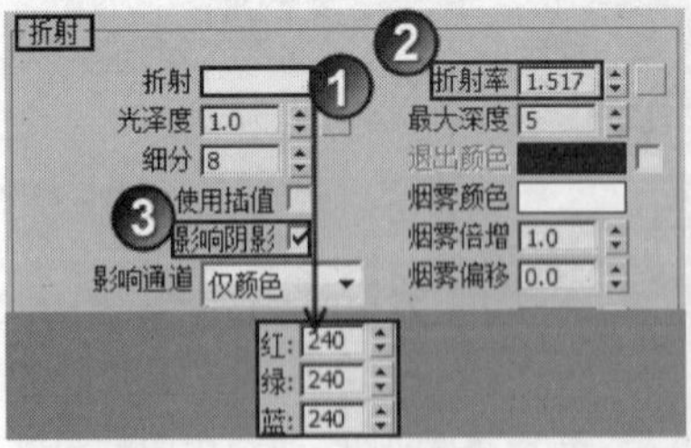

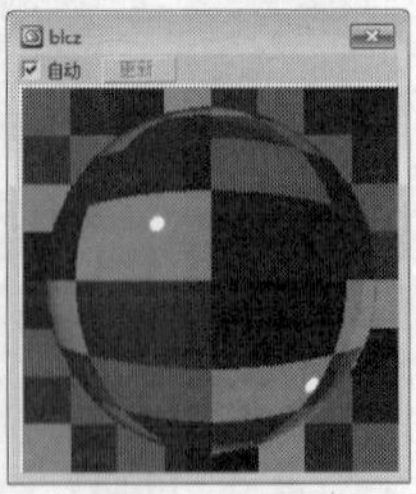

图14-36　图14-37

制作发光环境材质

发光环境材质的模拟效果如图14-38所示。

图14-38

选择一个空白材质球，然后设置材质类型为"VRay灯光材质"，并将其命名为fgbj，再在"颜色"贴图通道中加载光盘中的"实例文件>实战236>环境.jpg"文件，最后设置发光的强度为1.25，如图14-39所示，制作好的材质球效果如图14-40所示。

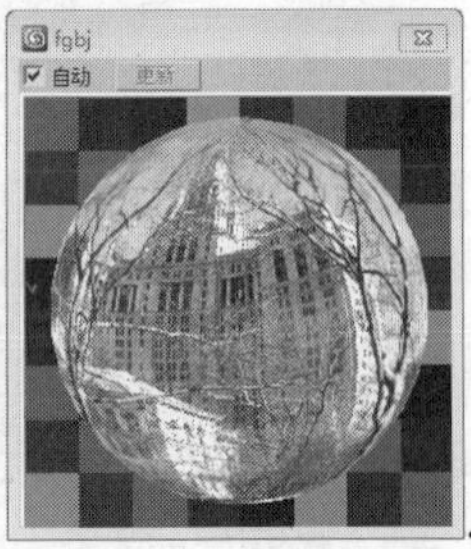

图14-39　图14-40

Part 3 灯光设置

本例要表现的是常见的日光氛围，空间内主要由阳光与环境光提供照明，而室内灯光只是起到点缀的作用，由于设置了发光环境，因此要先测试发光环境的照明效果。

测试发光背景照明效果

按C键切换到摄影机视图，然后按F9键渲染当前场景，效果如图14-41所示。可以观察到此时的发光背景亮度比较理想，接下来创建阳光。

图14-41

创建阳光

01 设置"灯光"类型为"标准"，然后在场景中创建一盏目标平行光作为阳光，其位置与高度如图14-42所示。

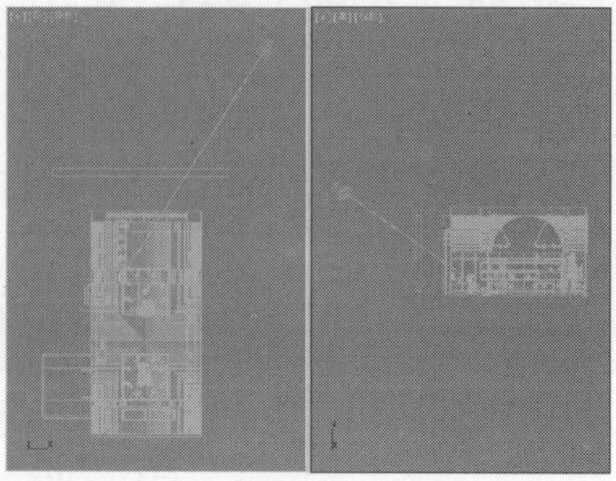

图14-42

02 选择上一步创建的目标平行光，然后进入“修改”面板，具体参数设置如图14-43所示。

设置步骤

① 展开“常规参数”卷展栏，然后在“阴影”选项组下勾选“启用”选项，再设置阴影类型为“VRay阴影”。

② 展开“强度/颜色/衰减”卷展栏，然后设置“倍增”为2.6，再设置“颜色”为白色。

③ 展开“平行光参数”卷展栏，然后设置“聚光区/光束”为4500mm、“衰减区/区域”为5000mm。

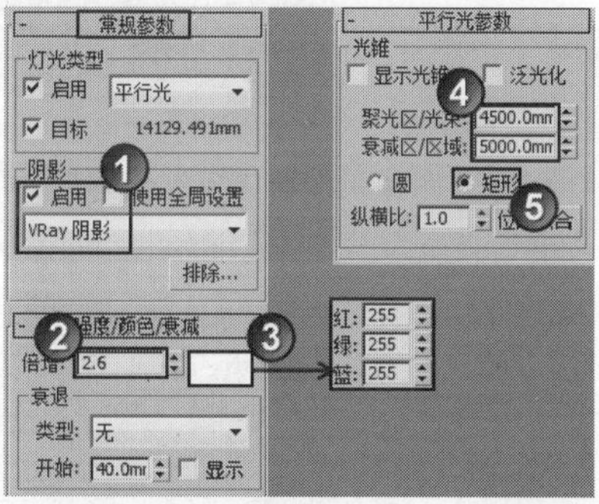

图14-43

03 为避免背景模型阻挡阳光进入室内，在“常规参数”卷展栏下单击“排除”按钮 排除... ，打开“排除/包含”对话框，然后将背景模型Box21排除到右侧的列表中，如图14-44所示。

04 按F9键渲染当前场景，效果如图14-45所示。可以观察到此时阳光的投影与亮度都比较适宜，接下来创建环境光照亮整个场景。

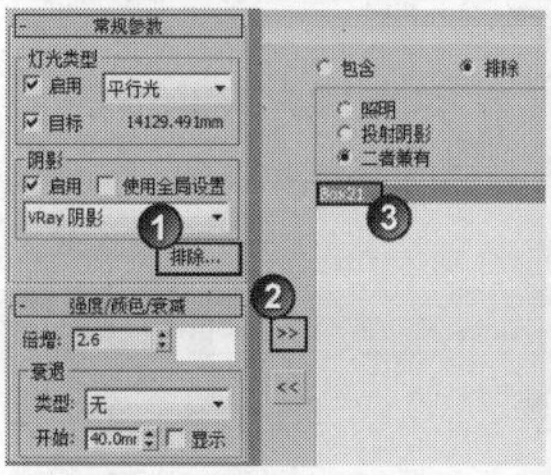

图14-44　图14-45

创建环境光

01 设置“灯光”类型为VRay，然后在场景中创建一盏平面类型的VRay灯光作为环境光，其位置与高度如图14-46所示。

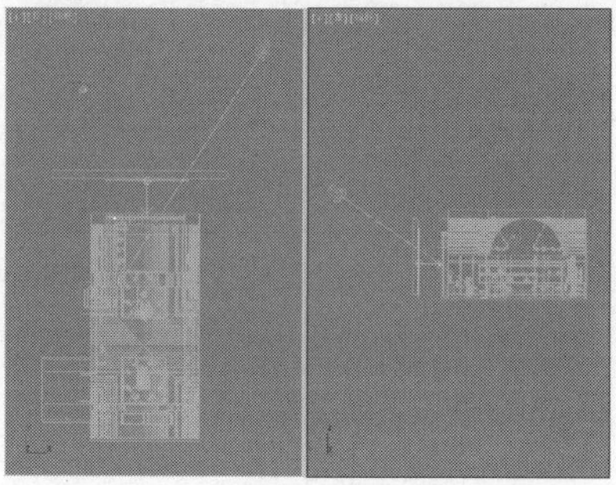

图14-46

02 选择VRay灯光，然后展开“参数”卷展栏，具体参数设置如图14-47所示。

设置步骤

① 在“常规”选项组下设置“类型”为“平面”。

② 在“强度”选项组下设置“倍增”为17，然后设置“颜色”为（红:174，绿:180，蓝:255）。

③ 在“大小”选项组下设置“1/2长”为1950mm、“1/2宽”为2280mm。

④ 在“选项”选项组下勾选“不可见”选项。

03 按F9键渲染当前场景，效果如图14-48所示。接下来创建室内的射灯。

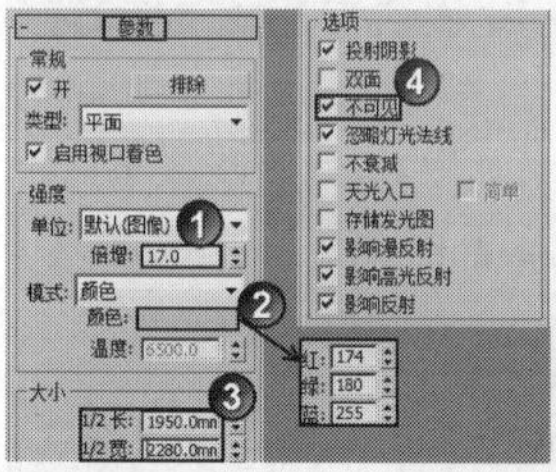

图14-47　图14-48

创建射灯

01 设置“灯光”类型为“光度学”，然后在场景中创建6盏目标灯光作为射灯，其具体分布与位置如图14-49所示。

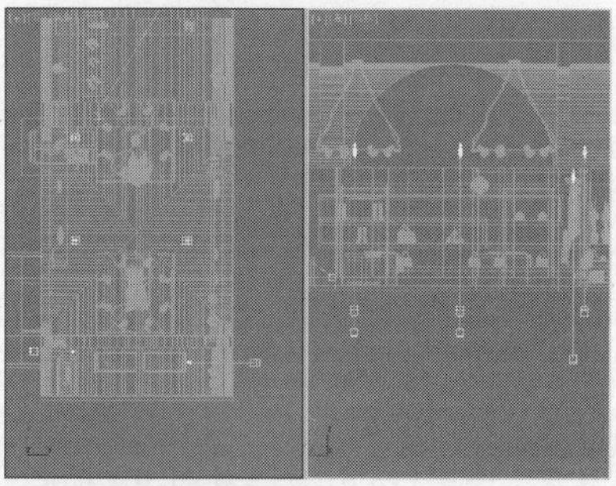

图14-49

技巧与提示

这里一共使用了6盏目标灯光，其目的主要是为了点缀灯光氛围，同时亮化场景中摆设的服饰等物体，这是公共空间常用的突出表现方法。

02 选择上一步创建的目标灯光，然后进入“修改”面板，具体参数设置如图14-50所示。

设置步骤

① 展开“常规参数”卷展栏，然后在“阴影”选项组下勾选“启用”选项，再设置阴影类型为“VRay阴影”，最后设置“灯光分布（类型）”为“光度学Web”。

② 展开“分布（光度学Web）”卷展栏，然后在其通道中加载光盘中的“实例文件>CH14>实战236>鱼尾巴.ies”文件。

③ 展开“强度/颜色/衰减”卷展栏，然后设置“过滤颜色”为（红:255，绿:211，蓝:164），再设置“强度”为7500。

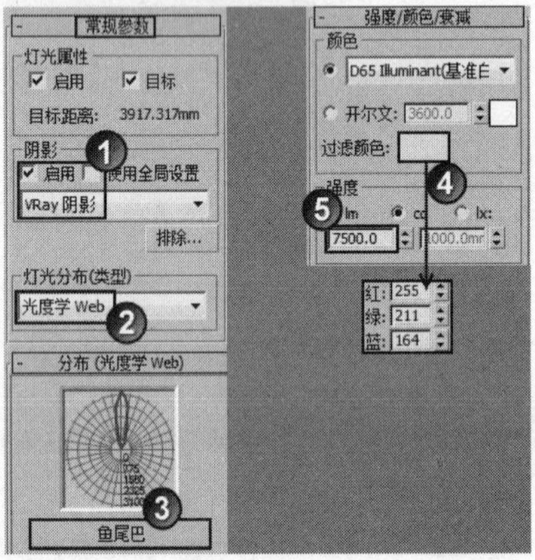

图14-50

03 按F9键渲染当前场景，效果如图14-51所示。至此，场景灯光创建完成，接下来渲染成品图。

图14-51

Part 4 渲染成品图

由于公装场景（包括一部分复杂的家装空间）的模型和灯光相对比较复杂，如果直接计算大尺寸的光子图（即间接照明中的“发光图”与“灯光缓冲”贴图）将耗费大量的计算时间，为了加快工作效率，可以先以小尺寸计算好光子图，再利用计算好的光子图渲染最终图像。

提高材质与灯光细分

在本例中主要将墙面涂料以及地面石材的“细分”提高到24，其他材质的“细分”控制在16即可。另外，由于本例的灯光数量比较少，因此统一提高“细分”到30。

渲染光子图

01 按F10键打开“渲染设置”对话框，然后展开“公用”卷展栏，设置“宽度”为600、“高度”为430，如图14-52所示。

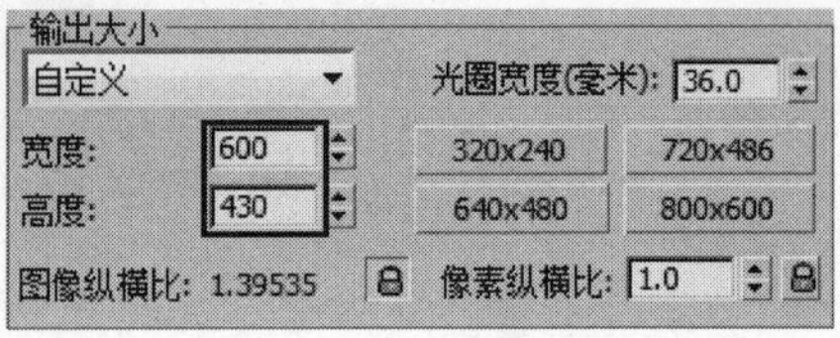

图14-52

02 单击VRay选项卡，然后在“全局开关”卷展栏中勾选“光泽效果”选项，如图14-53所示。

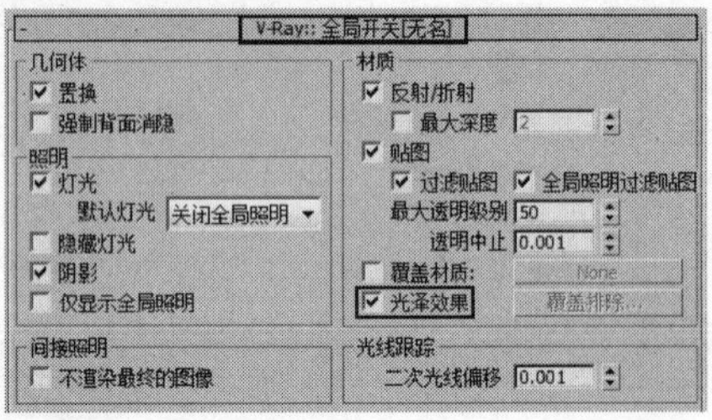

图14-53

03 在“图像采样器（反锯齿）”卷展栏下设置“图像采样器”类型为“自适应细分”，如图14-54所示。

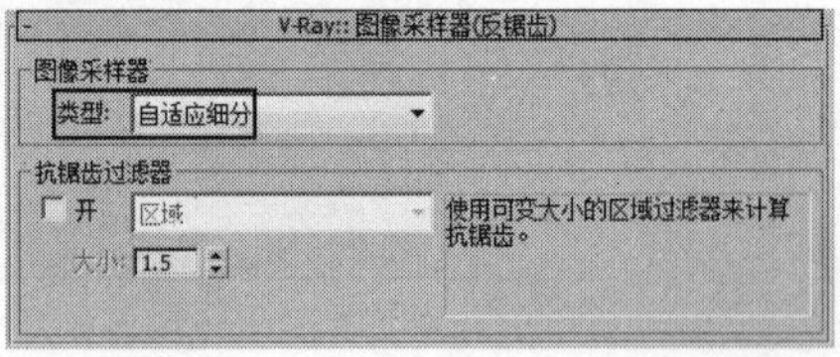

图14-54

04 单击“间接照明”选项卡，在“发光图”卷展栏下设置“当前预置”为“中”，然后设置“半球细分”为70、“插值采样”为30，再在“在渲染结束后”选项组下勾选“自动保存”选项，并设置好发光图的保存路径，最后勾选“切换到保存的贴图”选项，如图14-55所示。

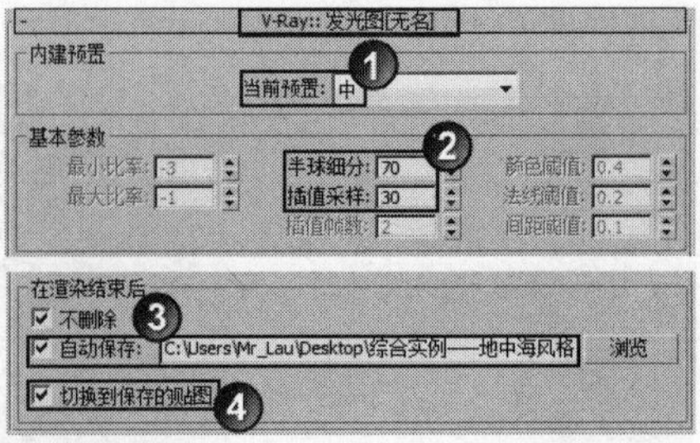

图14-55

05 展开“灯光缓存”卷展栏，然后设置“细分”为1000，再在“在渲染结束后”选项组下勾选“自动保存”选项，并设置好灯光缓存贴图的保存路径，最后勾选“切换到保存的缓存”选项，如图14-56所示。

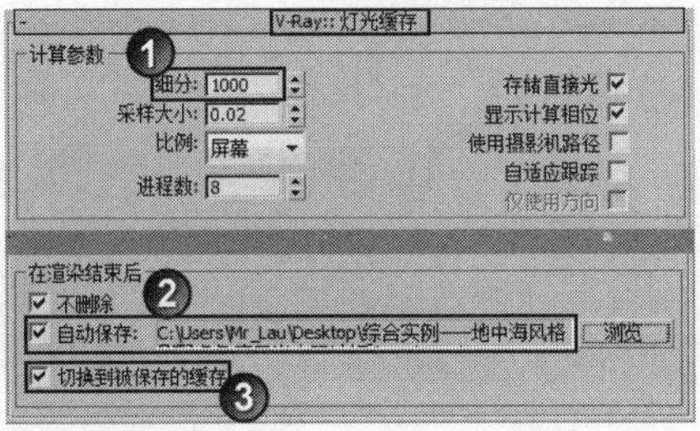

图14-56

06 单击“设置”选项卡，然后在“DMC采样器”卷展栏下设置“适应数量”为0.75、“噪波阈值”为0.005、“最小采样值”为24，如图14-57所示。

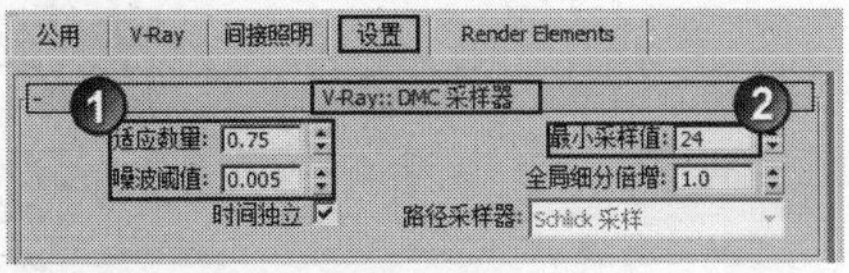

图14-57

07 按F9键渲染当前场景，效果如图14-58所示。

图14-58

渲染最终图像

01 按F10键打开“渲染设置”对话框，然后展开“公用”卷展栏，设置“宽度”为2000、“高度”为1433，如图14-59所示。

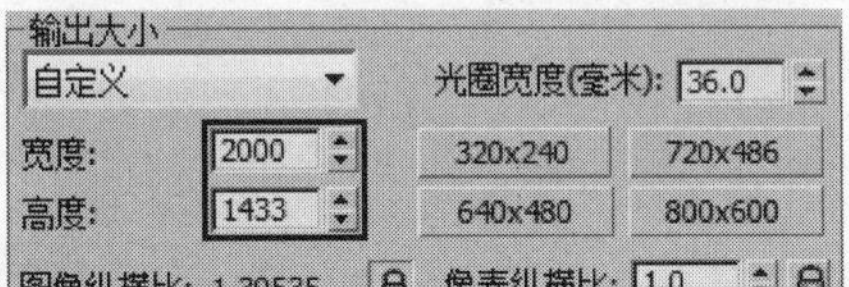

图14-59

02 展开“图像采样器（反锯齿）”卷展栏，然后在“抗锯齿过滤器”选项组下勾选“开”选项，再设置“抗锯齿过滤器”为Catmull-Rom，如图14-60所示。

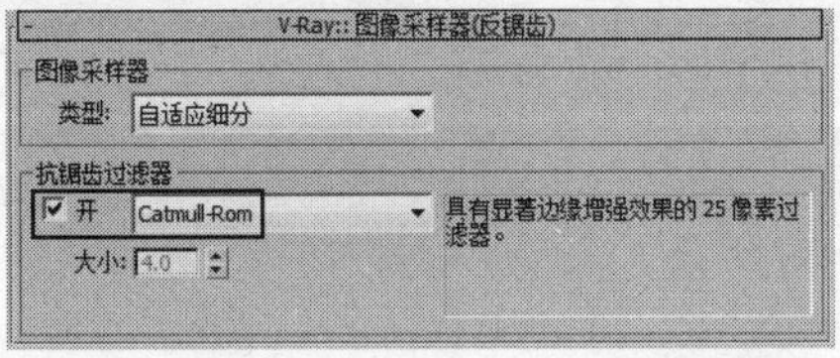

图14-60

03 单击“间接照明”选项卡，然后在“发光图”卷展栏和“灯光缓存”卷展栏下设置“模式”为“从文件”，再设置好“文件”的保存路径，如图14-61所示。

图14-61

04 按F9键渲染当前场景，最终效果如图14-62所示。

图14-62

实战237 接待大厅日光表现

场景位置	DVD>场景文件>CH14>实战237.max
实例位置	DVD>实例文件>CH14>实战237.max
视频位置	DVD>多媒体教学>CH14>实战237.flv
难易指数	★★★★☆
技术掌握	涂料、沙盘玻璃和楼梯材质的制作方法，大型公共空间日光的表现方法

实例介绍

本场景是一个大型的接待大厅公共空间，大理石地面材质、沙盘台面石材材质、沙盘玻璃材质以及沙盘楼梯材质的制作方法是本例的学习重点。另外，本例虽然表现的是日光氛围，但重点在于表现空间内多层次的灯光，效果如图14-63所示。

图14-63

Part 1 场景测试

设置测试渲染参数

01 打开光盘中的“场景文件>CH14>实战237.max”文件，如图14-64所示。

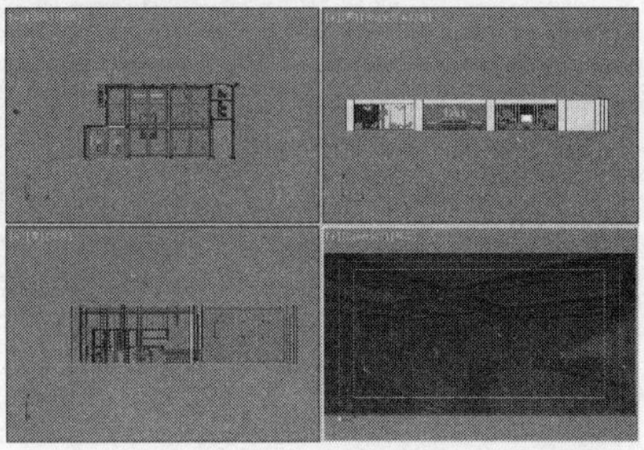

图14-64

02 按F10键打开“渲染设置”对话框，然后单击VRay选项卡，再在“全局开关”卷展栏下关闭“隐藏灯光”和“光泽效果”选项，最后设置“二次光线偏移”为0.001，如图14-65所示。

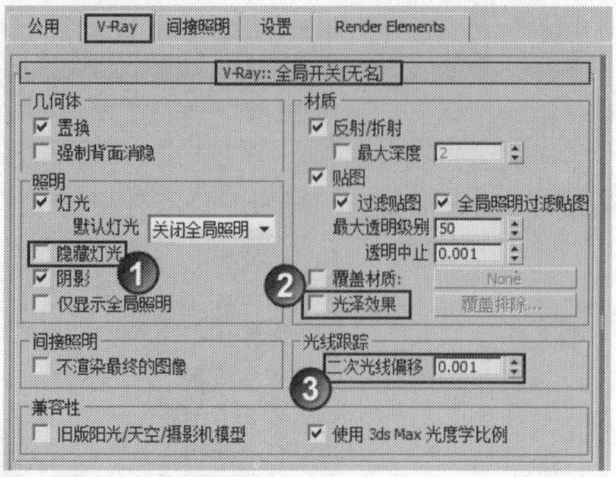

图14-65

03 展开“图像采样器（反锯齿）”卷展栏，然后设置“图像采样器”类型为“固定”，再在“抗锯齿过滤器”选项组下关闭“开”选项，如图14-66所示。

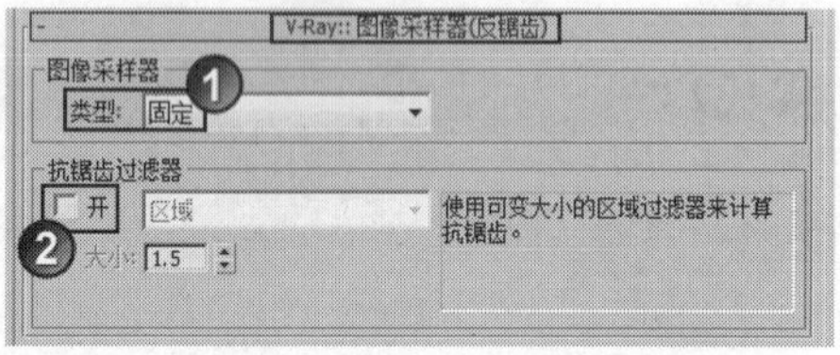

图14-66

04 单击“间接照明”选项卡，然后在“间接照明（GI）”卷展栏下勾选“开”选项，再设置“首次反弹”为“发光图”、“二次反弹”为“灯光缓存”，如图14-67所示。

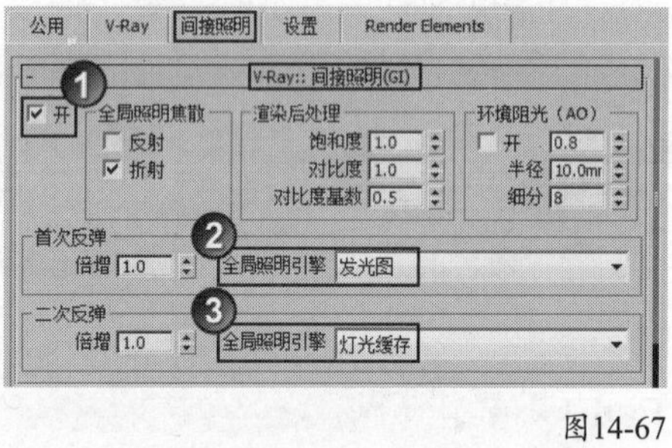

图14-67

05 展开“发光图”卷展栏，然后设置“当前预置”为“非常低”，再设置“半球细分”为50、“插值采样”为20，具体参数设置如图14-68所示。

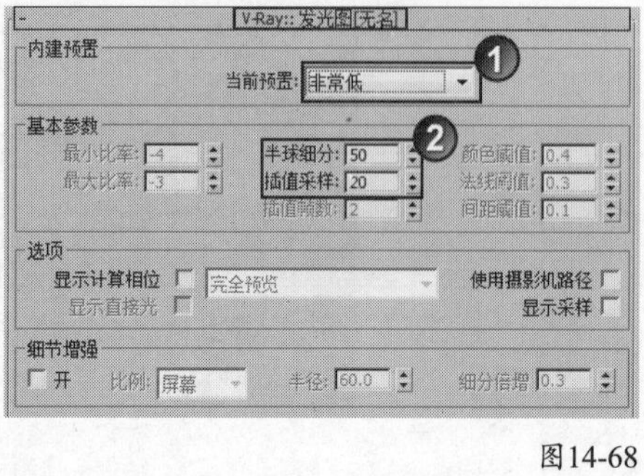

图14-68

06 展开“灯光缓存”卷展栏，然后设置“细分”为400，再勾选“显示计算相位”选项，如图14-69所示。

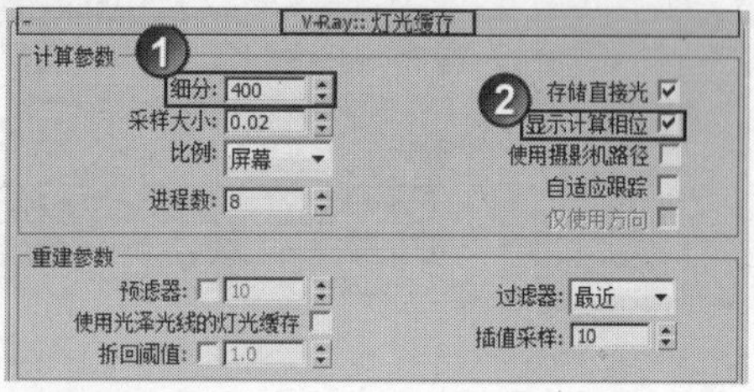

图14-69

07 单击“设置”选项卡，然后在“系统”卷展栏下设置“区域排序”为Top->Bottom（从上->下），如图14-70所示。

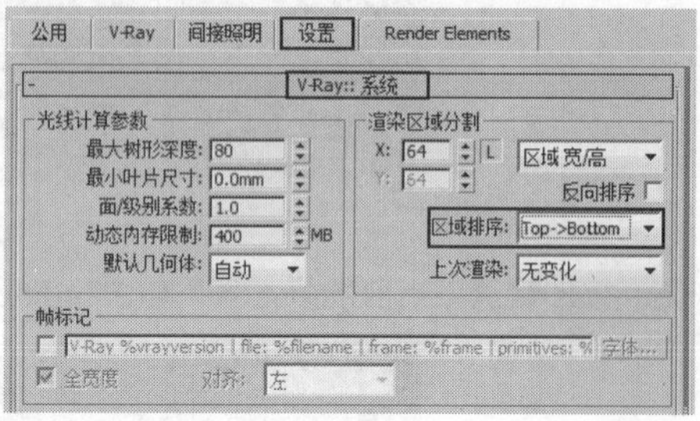

图14-70

检查模型

01 按M键打开“材质编辑器”对话框，然后选择一个材质球，再设置“漫反射”颜色为白色，如图14-71所示。

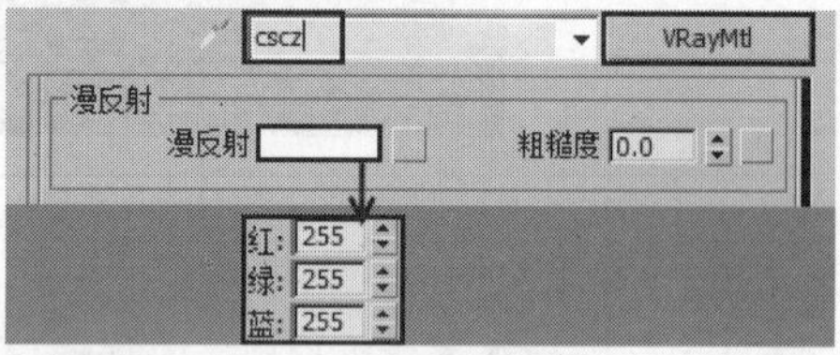

图14-71

02 按F10键打开“渲染设置”对话框，然后单击VRay选项卡，再在“全局开关”卷展栏下勾选“覆盖材质”选项，最后使用鼠标左键将制作好的材质以“实例”方式复制到“覆盖材质”选项后面的None（无）按钮 None 上，如图14-72所示。

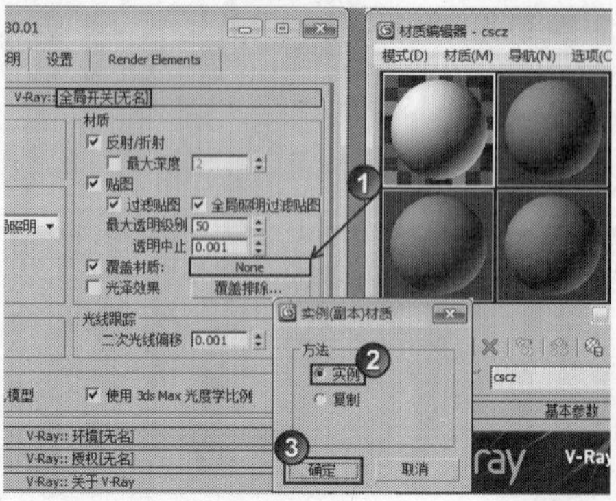

图14-72

03 展开“环境”卷展栏，然后在“全局照明环境（天光）覆盖”选项组下勾选“开”选项，再设置天光颜色为白色，如图14-73所示。

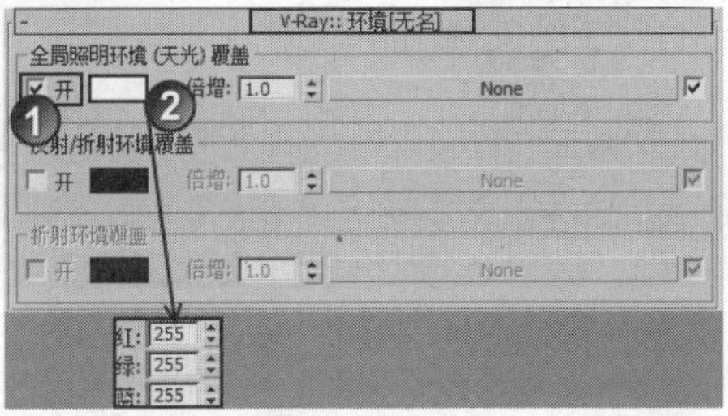

图14-73

04 按F9键渲染当前场景，效果如图14-74所示。可以观察到模型完整，没有什么异常现象。

图14-74

Part 2 材质制作

本例的场景对象材质主要包括大理石地面材质、灰色柱子涂料材质、接待处背景木纹材质、沙盘台面石材材质、沙盘玻璃材质、沙盘楼梯材质、椅子塑料材质和吊灯灯罩材质，如图14-75所示。

图14-75

制作大理石地面材质

大理石地面材质的模拟效果如图14-76所示。

01 选择一个空白材质球，设置材质类型为VRayMtl，并将其命名为dlsdm，然后在“漫反射”贴图通道中加载光盘中的“实例文件>实战237>理石地面.jpg”文件，如图14-77所示。

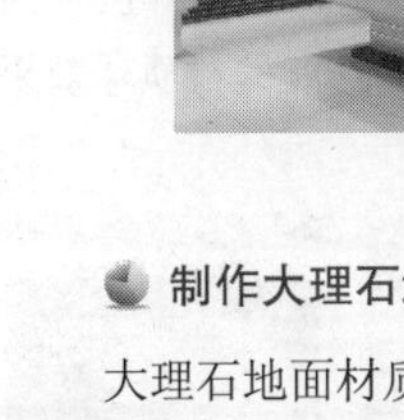

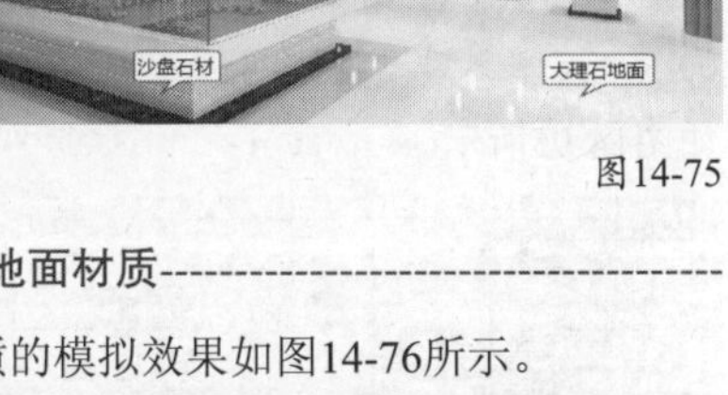

图14-76　　图14-77

02 设置“反射”颜色为（红:211，绿:211，蓝:211），然后勾选“菲涅耳反射”选项，再设置“高光光泽度”和“反射光泽度”为0.95，如图14-78所示，制作好的材质球效果如图14-79所示。

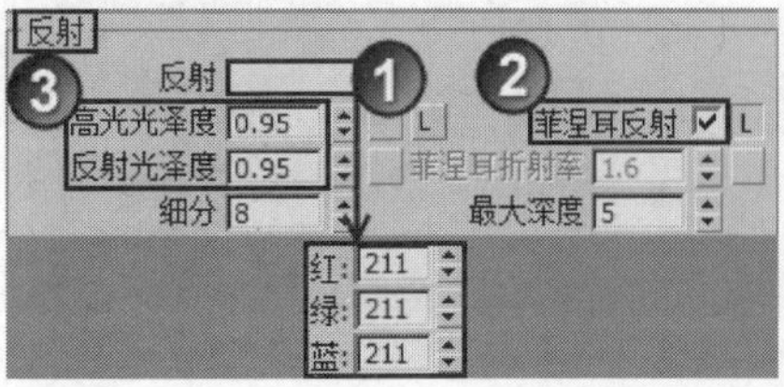

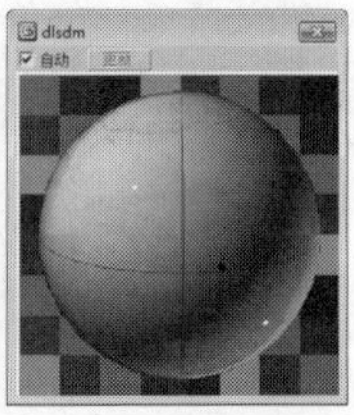

图14-78　　图14-79

技术专题 37 在复杂场景中赋予对象材质的技巧

本场景的模型空间比较大，结构层次也较复杂，为了保证在指定材质不出现错误，可以使用以下步骤进行操作。

第1步：在制作某个模型的材质时，应该先选择该模型。以上面的大理石地面为例，先选择地面模型，然后按Alt+Q组合键将其独立显示出来（孤立选择模式），如图14-80所示。这样所要赋予材质的对象就十分清楚，不会错赋或漏赋。

图14-80

第2步：材质制作完成后，将其指定给独立显示的地面模型。为了避免已经指定材质的模型在后面的操作又被错赋材质，可以选择模型，然后单击鼠标右键，在弹出的菜单中选择“冻结当前选择”命令，将其冻结起来，如图14-81所示。冻结模型也有利于减轻计算机的负担。

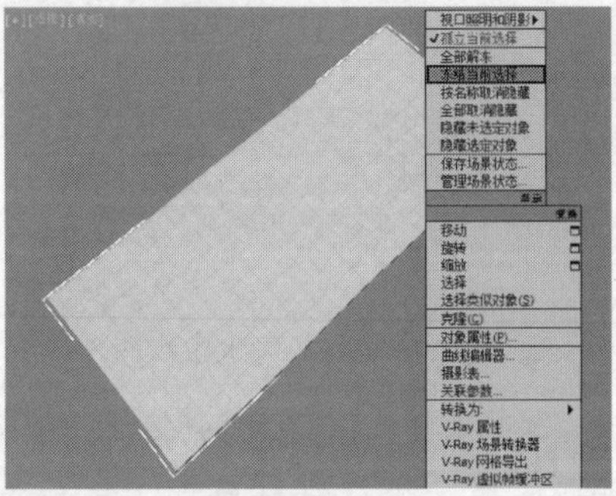

图14-81

第3步：切换到“显示”面板，然后在“隐藏”卷展栏下勾选“隐藏冻结对象”选项，如图14-82所示。这样可以将已经指定了材质的模型通过冻结的方式隐藏起来，场景中就只剩下没有指定材质的模型，如图14-83所示。通过这种方法隐藏模型有一个好处，即在通过普通的隐藏方式隐藏未冻结的模型时，不会影响到隐藏的冻结模型。另外，如果要显示隐藏的冻结模型，可以关闭“隐藏冻结对象”选项。

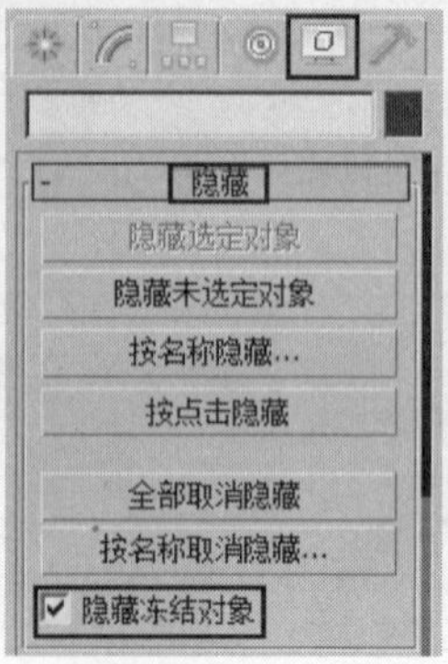

图14-82　　图14-83

制作灰色柱子涂料材质

灰色柱子涂料材质的模拟效果如图14-84所示。

01 选择一个空白材质球，然后设置材质类型为VRayMtl，并将其命名为hstl，再设置“漫反射”颜色为（红:115，绿:95，蓝:78），如图14-85所示。

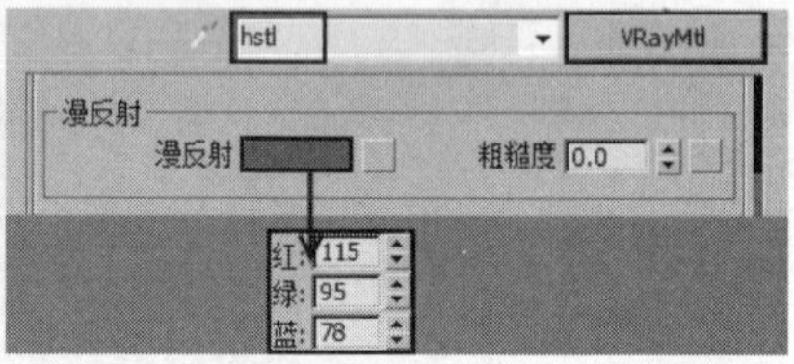

图14-84　　图14-85

02 设置“反射”颜色为（红:15，绿:15，蓝:15），然后设置“高光光泽度”为0.54，再在“选项”卷展栏下关闭“跟踪反射”选项，如图14-86所示，制作好的材质球效果如图14-87所示。

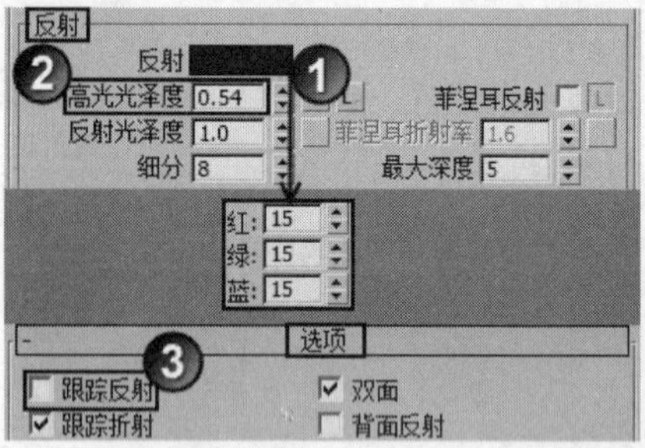

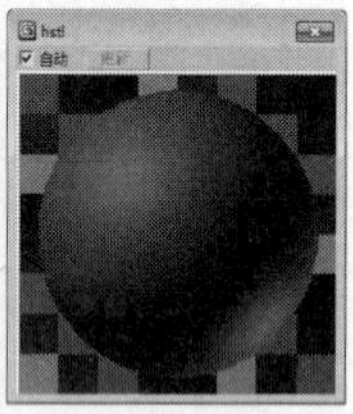

图14-86　　图14-87

制作接待处背景木纹材质

接待处背景木纹材质的模拟效果如图14-88所示。

01 选择一个空白材质球，然后设置材质类型为VRayMtl，并将其命名为bjmw，再在“漫反射”贴图通道中加载光盘中的“实例文件>实战237>背景.jpg”文件，如图14-89所示。

02 设置“反射”颜色为（红:185，绿:185，蓝:185），然后勾选“菲涅耳反射”选项，再设置“高光光泽度”为0.62、“反射光泽度”为0.85，如图14-90所示，制作好的材质球效果如图14-91所示。

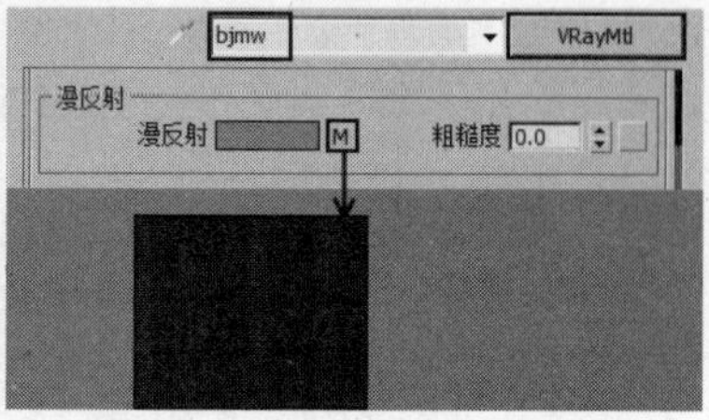

图14-88　　图14-89

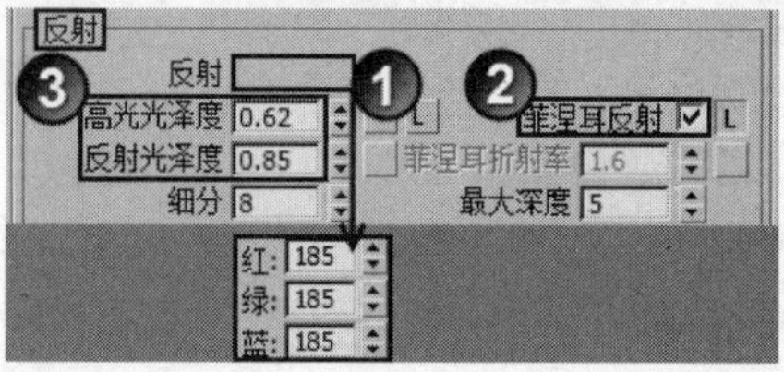

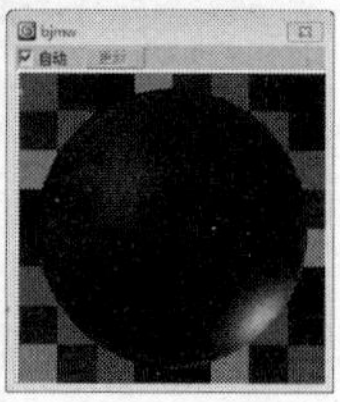

图14-90　　图14-91

制作沙盘台面石材材质

沙盘台面石材材质的模拟效果如图14-92所示。

01 选择一个空白材质球，然后设置材质类型为VRayMtl，并将其命名为tmsc，再在“漫反射”贴图通道中加载光盘中的“实例文件>实战237>台面.jpg”文件，如图14-93所示。

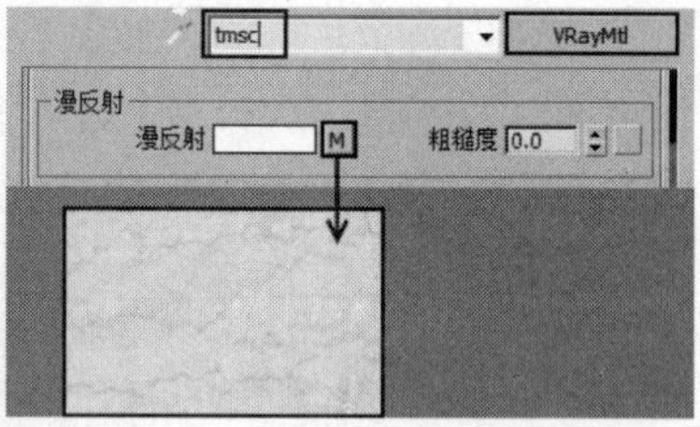

图14-92　　图14-93

02 设置“反射”颜色为（红:130，绿:130，蓝:130），然后勾选“菲涅耳反射”选项，再设置“反射光泽度”为0.95，具体参数设置如图14-94所示，制作好的材质球效果如图14-95所示。

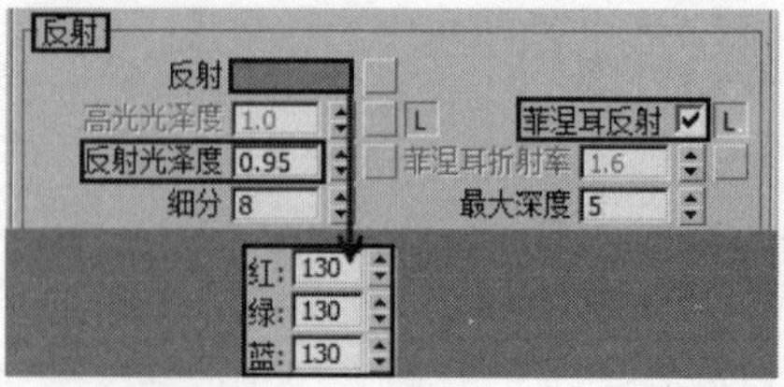

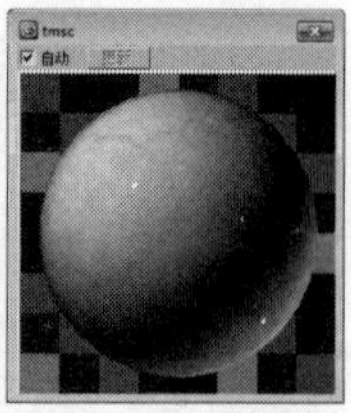

图14-94　　图14-95

制作沙盘玻璃材质

沙盘玻璃材质的模拟效果如图14-96所示。

01 选择一个空白材质球，然后设置材质类型为VRayMtl，并将其命名为spbl，再设置“漫反射”颜色为（红:215，绿:239，蓝:253），如图14-97所示。

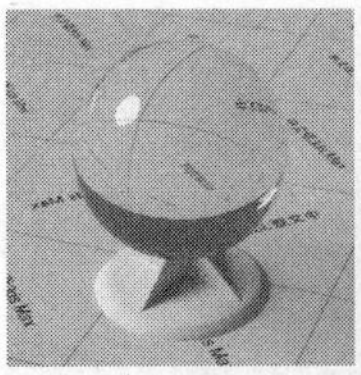

图14-96

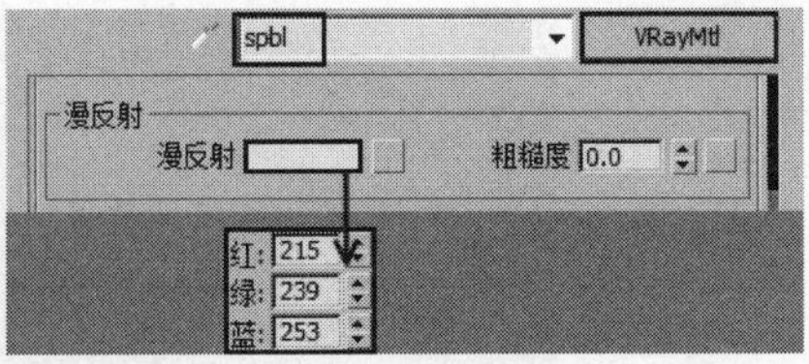

图14-97

02 设置“反射”颜色为（红:143，绿:143，蓝:143），然后勾选“菲涅耳反射”制作，如图14-98所示。

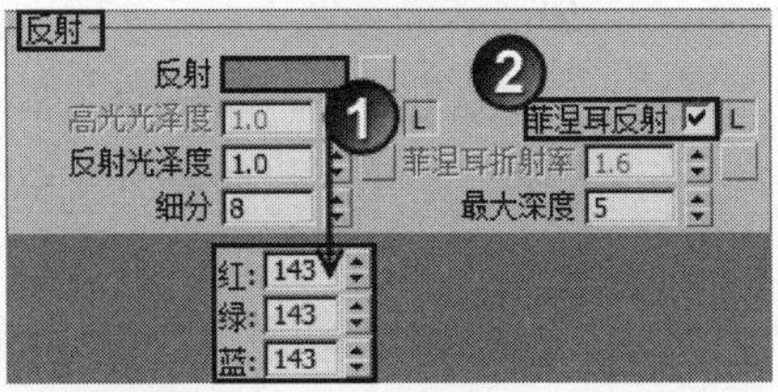

图14-98

03 设置“折射”颜色为（红:232，绿:232，蓝:232），然后设置“折射率”为1.517，再勾选“影响阴影”和“退出颜色”选项，最后设置“烟雾倍增”为0.1，如图14-99所示，制作好的材质球效果如图14-100所示。

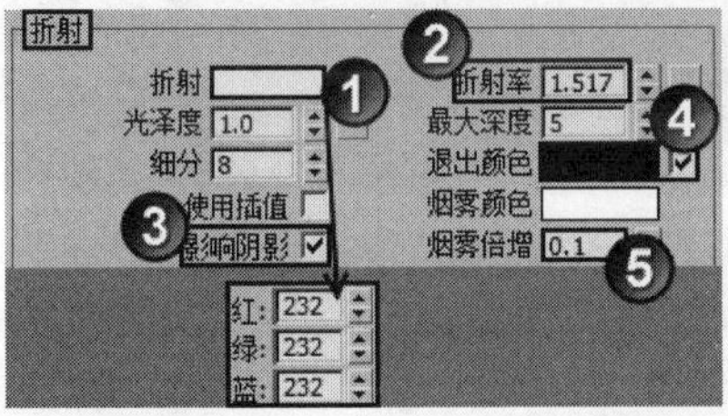

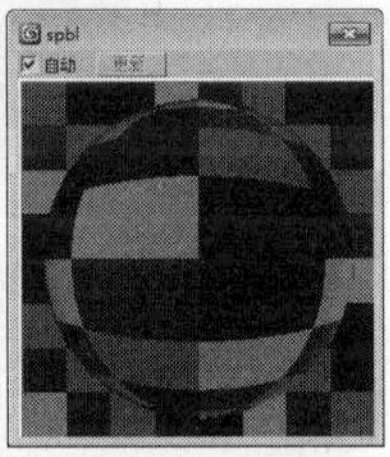

图14-99　　图14-100

制作沙盘楼体材质

沙盘楼体材质的模拟效果如图14-101所示。

01 选择一个空白材质球，然后设置材质类型为VRayMtl，并将其命名为spcz，再设置“漫反射”颜色为（红:237，绿:237，蓝:237），如图14-102所示。

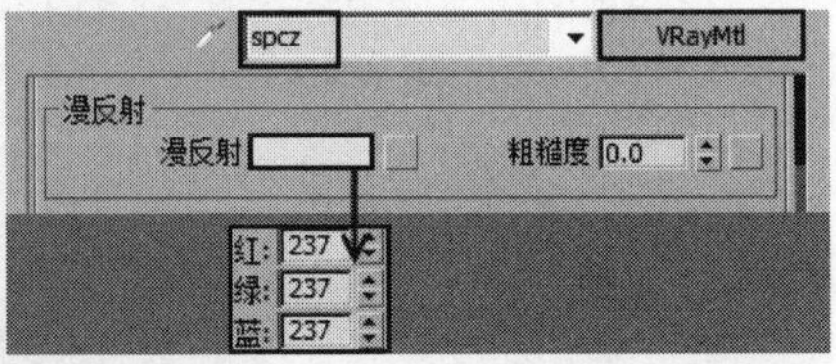

图14-101　　图14-102

02 展开“贴图”卷展栏，然后在“不透明度”贴图通道中加载一张“VRay边纹理”程序贴图，再在“VRay边纹理参数”卷展栏下设置“颜色”为白色，最后在“厚度”选项组下勾选“像素”选项，并设置“像素”为0.3，如图14-103所示，制作好的材质球效果如图14-104所示。

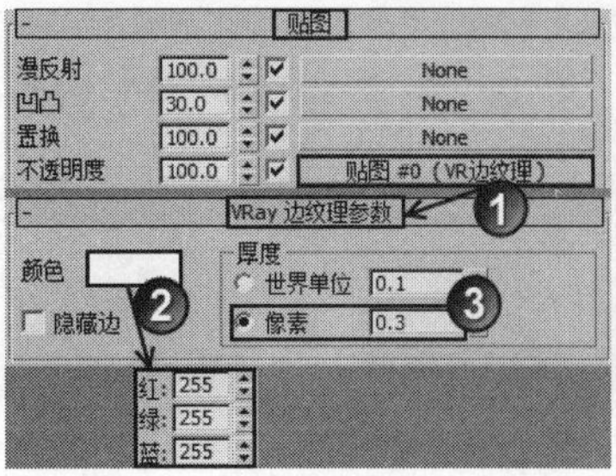

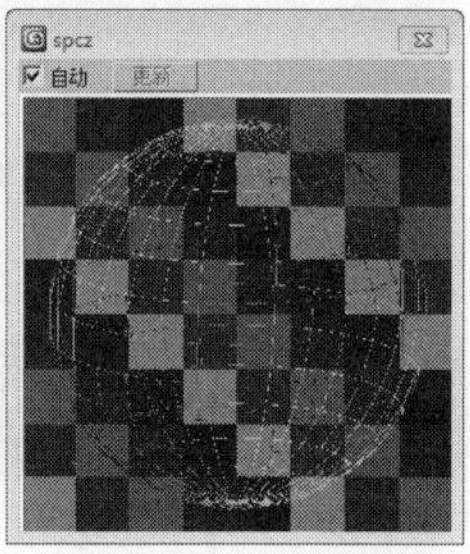

图14-103　　图14-104

制作椅子塑料材质

椅子塑料材质的模拟效果如图14-105所示。

01 选择一个空白材质球，然后设置材质类型为VRayMtl，并将其命名为yzsl，再设置“漫反射”颜色为白色，如图14-106所示。

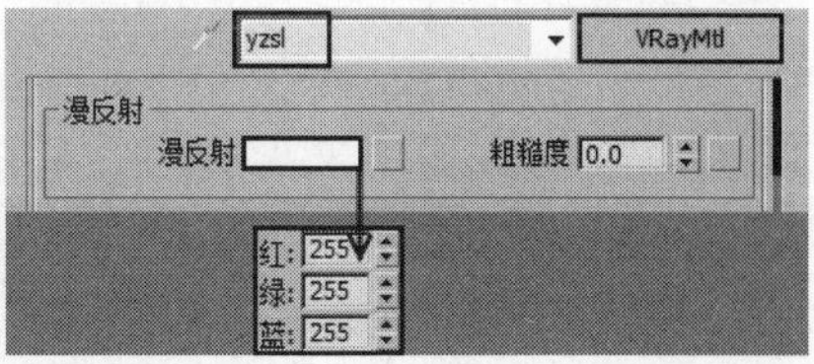

图14-105　　图14-106

02 设置“反射”颜色为（红:25，绿:25，蓝:25），然后设置“反射光泽度”为0.95，如图14-107所示，制作好的材质球效果如图14-108所示。

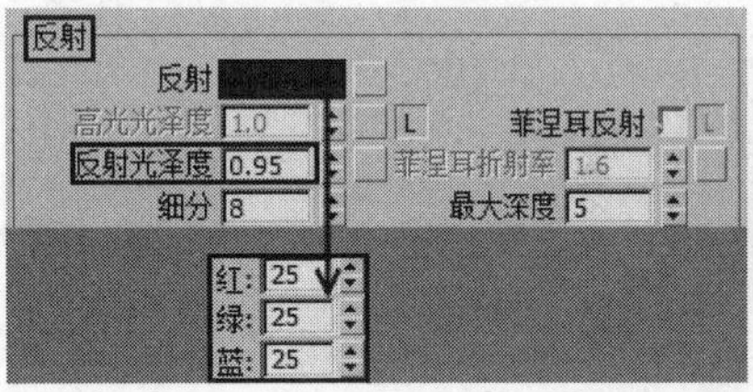

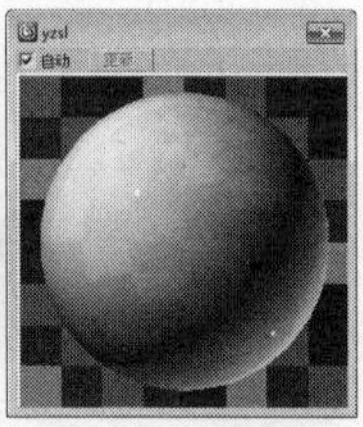

图14-107　　图14-108

制作吊灯灯罩材质

吊灯灯罩材质的模拟效果如图14-109所示。

01 选择一个空白材质球，然后设置材质类型为VRayMtl，并将其命名为dzbl，再设置“漫反射”颜色为白色，如图14-110所示。

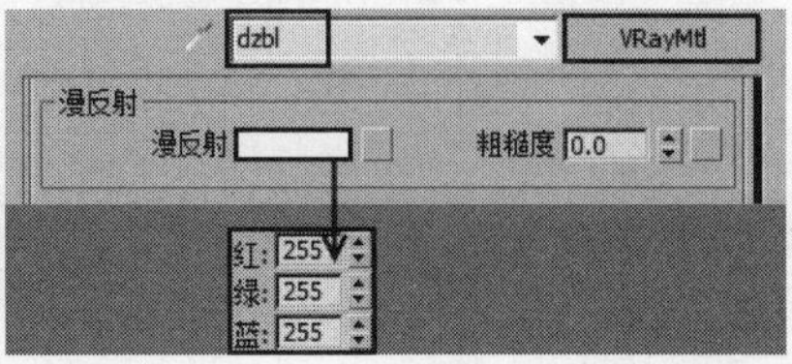

图14-109　　图14-110

02 设置“折射”颜色为（红:45，绿:45，蓝:45），然后设置“折射率”为1.6，再勾选“影响阴影”选项，如图14-111所示，制作好的材质球效果如图14-112所示。

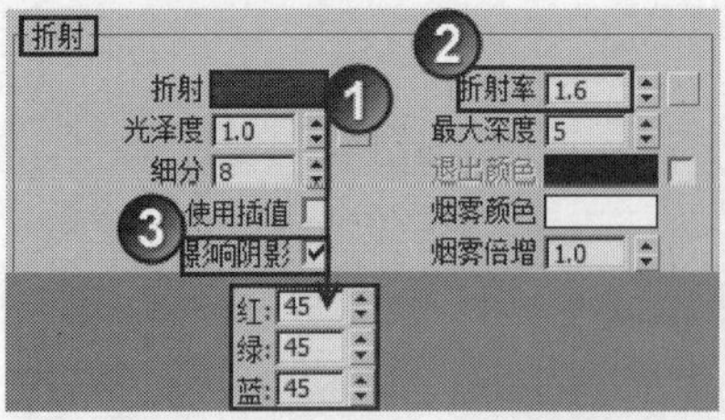

图14-111

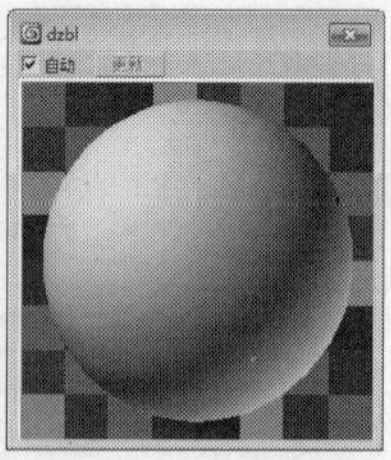

图14-112

Part 3 灯光设置

本例要表现的是日光氛围，区别于小空间着重表现的是日光的投影与环境光照明。本空间将着重表现室内灯光的层次（如顶棚灯带、筒灯、墙面灯带和背景射灯）。

创建环境光

01 按8键打开“环境和效果”对话框，然后在“环境贴图”通道中加载一张“VRay天空”环境贴图，再将其以“实例”方式复制到一个空白材质球上，如图14-113所示。

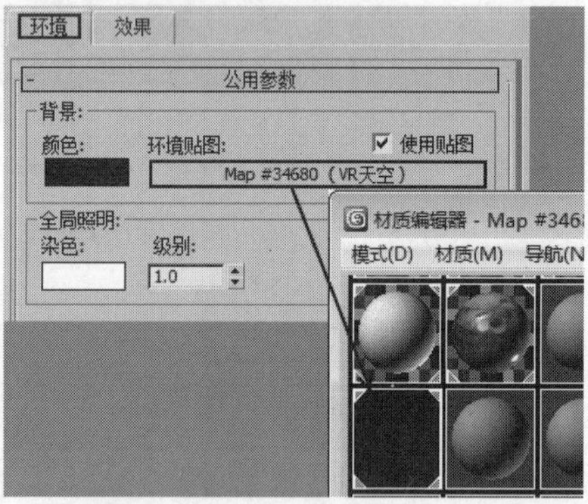

图14-113

02 选择材质球，然后在“VRay天空参数”卷展栏下勾选“指定太阳节点”选项，再设置“太阳强度倍增”为0.058，如图14-114所示。

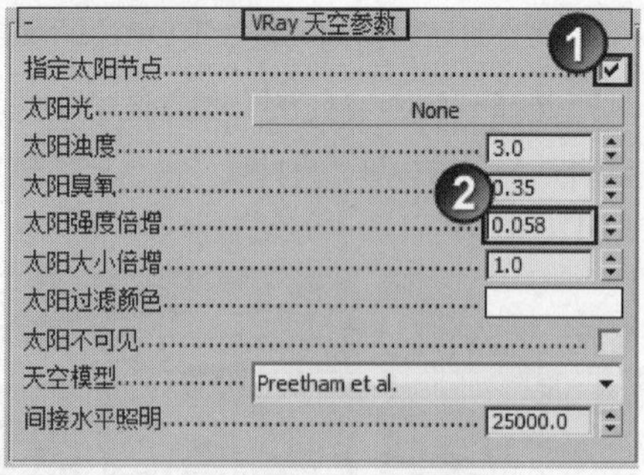

图14-114

03 按F9键渲染当前场景，效果如图14-115所示。可以观察到在场景右侧体现了较柔和的日光环境氛围。接下来开始创建室内灯光，首先制作室内起主要照明作用的筒灯。

图14-115

创建室内筒灯光

01 设置“灯光”类型为“光度学”，然后在顶视图中根据天花板的分隔创建76盏目标灯光（结合“实例”复制快速创建），其具体分布与位置如图14-116所示。

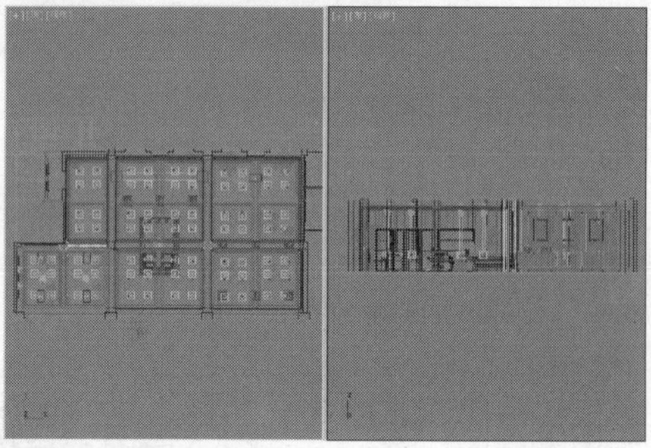

图14-116

02 选择上一步创建的目标灯光，然后进入“修改”面板，具体参数设置如图14-117所示。

设置步骤

① 展开“常规参数”卷展栏，然后在“阴影”选项组下勾选“启用”选项，再设置阴影类型为“阴影贴图”，最后设置“灯光分布（类型）”为“光度学Web”。

② 展开“分布（光度学Web）”卷展栏，然后在其通道中加载光盘中的“实例文件>CH14>实战237>0.ies”文件。

③ 展开“强度/颜色/衰减”卷展栏，然后设置“过滤颜色”为（红:246，绿:229，蓝:210），再设置“强度”为5800。

03 按F9键渲染当前场景，效果如图14-118所示。接下来创建天花板上的灯带。

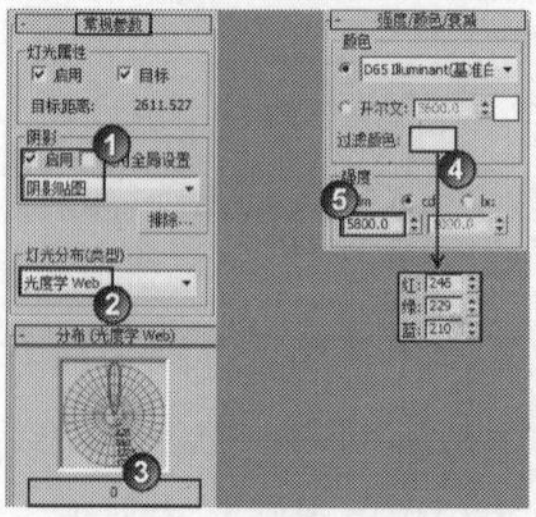

图14-117

图14-118

技巧与提示

由于创建的筒灯数量极多，为了避免真实阴影造成的场景发暗现象以及复杂的计算过程，故选择“阴影贴图”而不是选择常用的“VRay阴影”。

创建顶棚灯带

01 设置“灯光”类型为VRay，然后在顶视图中创建64盏平面类型的VRay灯光作为顶棚上的灯带，其具体分布与位置如图14-119所示。

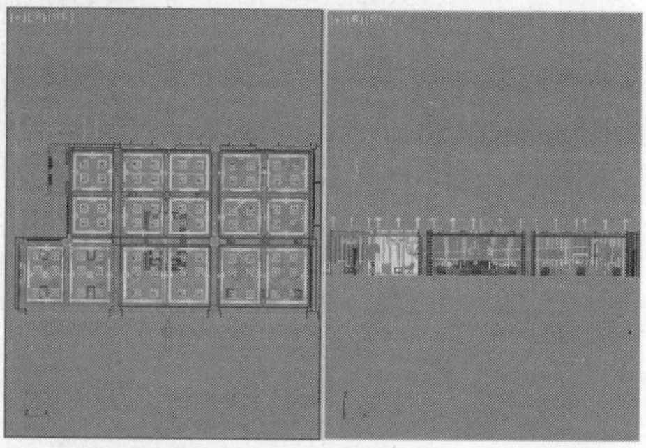

图14-119

02 选择上一步创建的VRay灯光，然后展开“参数”卷展栏，具体参数设置如图14-120所示。

设置步骤

① 在“强度”选项组下设置“倍增”为5.5，然后设置“颜色”为（红:236，绿:192，蓝:116）。

② 在“大小”选项组下设置“1/2长”为72、“1/2宽”为2300（注意，某些灯光的具体大小要根据所处位置来定）。

③ 在“选项”选项组下勾选“不可见”选项。

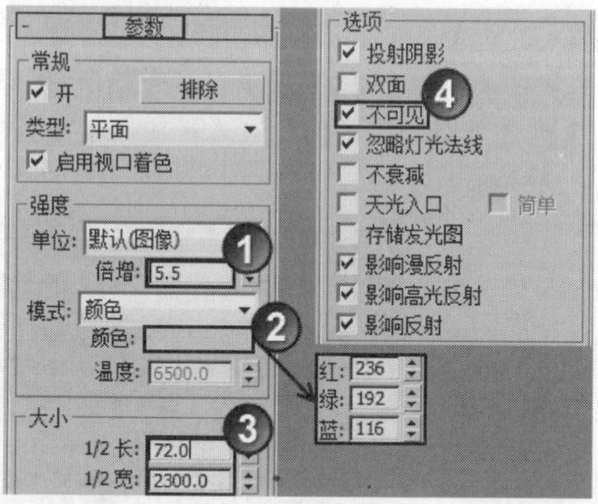

图14-120

03 按F9键渲染当前场景，效果如图14-121所示。接下来创建墙体处的暗藏灯带。

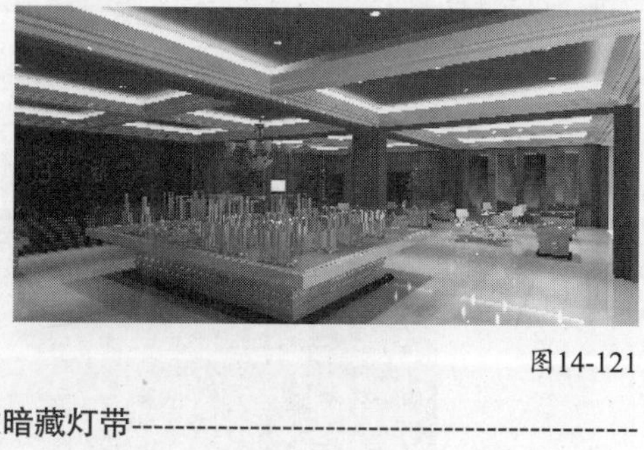

图14-121

创建暗藏灯带

01 在场景中创建11盏平面类型的VRay灯光作为暗藏灯带，其具体分布与位置如图14-122所示。

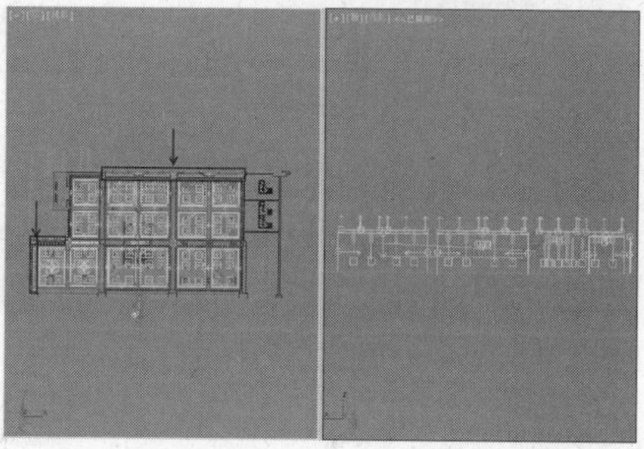

图14-122

02 选择上一步创建的VRay灯光，然后展开“参数”卷展栏，具体参数设置如图14-123所示。

设置步骤

① 在“强度”选项组下设置“倍增”为6，然后设置“颜色”为（红:250，绿:201，蓝:125）。

② 在“大小”选项组下设置“1/2长”为3850、“1/2宽”为45（注意，某些灯光的具体大小要根据所处位置来定）。

③ 在“选项”选项组下勾选“不可见”选项。

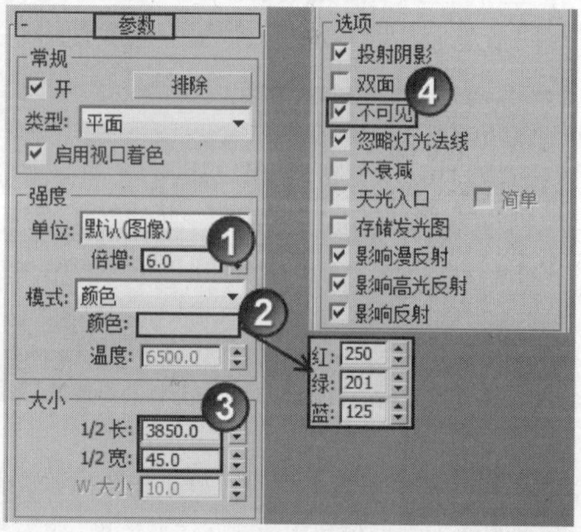

图14-123

03 按F9键渲染当前场景，效果如图14-124所示。接下来创建吊灯灯光（在该摄影机视图内主要为图像远端左侧隔房内的吊灯与楼盘展示台上方的吊灯）。

图14-124

创建吊灯

01 在场景中创建6盏平面类型的VRay灯光作为房间内的吊灯灯光，其具体分布与位置如图14-125所示。

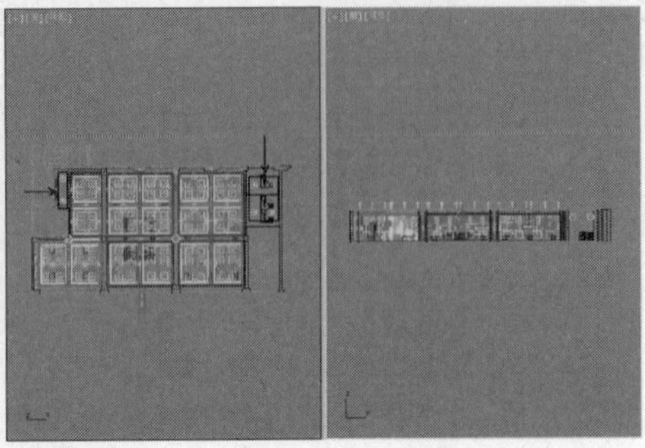

图14-125

02 选择上一步创建的VRay灯光，然后展开“参数”卷展栏，具体参数设置如图14-126所示。

设置步骤

① 在“强度”选项组下设置“倍增”为300，然后设置“颜色”为（红:253，绿:238，蓝:215）。

②在“大小”选项组下设置“1/2长”为85、“1/2宽”为75。

③ 在“选项”选项组下勾选“不可见”选项。

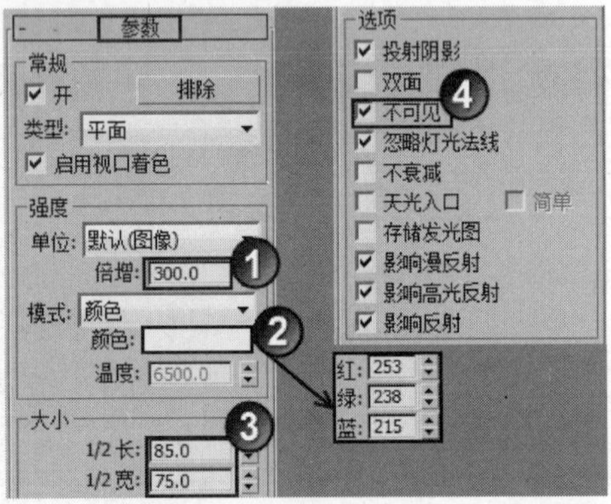

图14-126

03 按F9键渲染当前场景，效果如图14-127所示。可以观察到图像远端左侧房间内有了灯光效果，接下来创建展厅内的吊灯。

图14-127

04 在场景中创建24盏球体类型的VRay灯光作为吊灯，其分布与位置如图14-128所示。

05 选择上一步创建的VRay灯光，然后展开“参数”卷展栏，具体参数设置如图14-129所示。

设置步骤

① 在“强度”选项组下设置“倍增”为150，然后设置“颜色”为（红:250，绿:201，蓝:125）。

② 在“大小”选项组下设置“半径”为25。

③ 在“选项”选项组下勾选“不可见”选项。

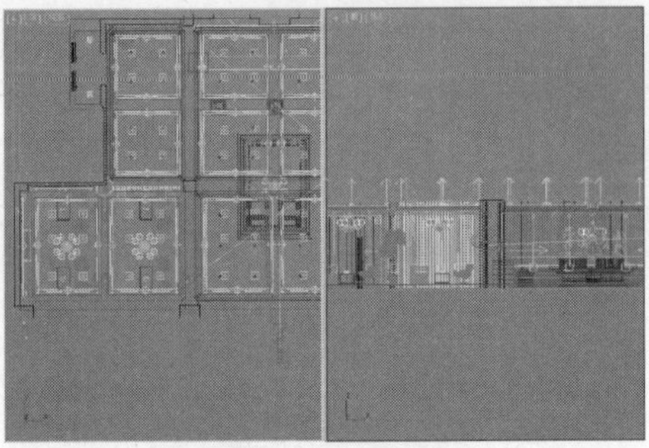

图14-128

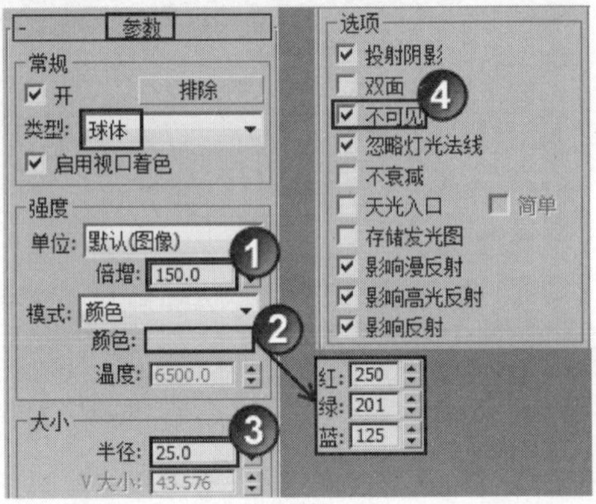

图14-129

06 按F9键渲染当前场景，效果如图14-130所示。接下来创建背景墙上的射灯（本视图中主要为左侧接待台处的背景射灯）。

图14-130

创建射灯

01 设置“灯光”类型为“光度学”，然后在场景中创建11盏目标灯光作为射灯，其具体分布与位置如图14-131所示。

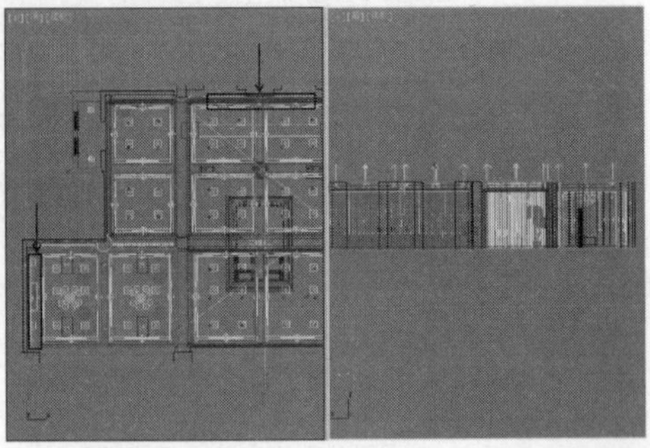

图14-131

02 选择上一步创建的目标灯光，然后进入“修改”面板，具体参数设置如图14-132所示。

设置步骤

① 展开“常规参数”卷展栏，然后在“阴影”选项组下勾选“启用”选项，再设置阴影类型为“VRay阴影”，最后设置“灯光分布（类型）”为“光度学Web”。

② 展开“分布（光度学Web）”卷展栏，然后在其通道中加载光盘中的“实例文件>CH14>实战237>19.ies”文件。

③ 展开“强度/颜色/衰减”卷展栏，然后设置“过滤颜色”为（红:216，绿:240，蓝:254），再设置“强度”为120000。

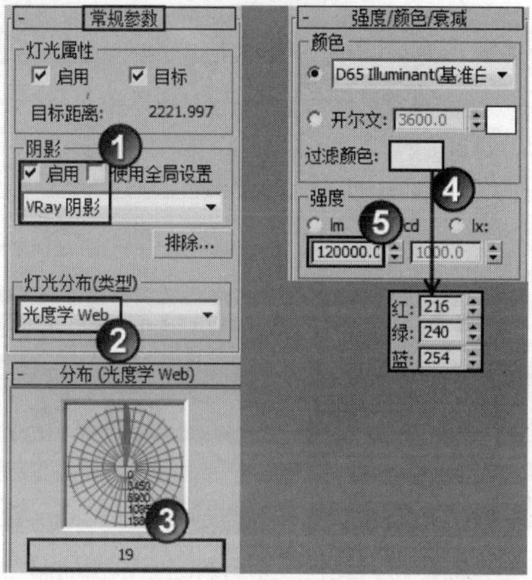

图14-132

03 按F9键渲染当前场景，效果如图14-133所示。至此，本场景的灯光创建完成，接下来渲染成品图。

图14-133

Part 4 渲染成品图

提高材质与灯光细分

在本例中主要将地面石材材质的“细分”调整到30，其他材质的“细分”控制在16~24即可。另外，需要将模拟筒灯的目标灯光的“细分”调整到30，其他灯光的“细分”控制在16~24即可。

渲染光子图

01 按F10键打开“渲染设置”对话框，然后展开“公用”卷展栏，再设置“宽度”为500、“高度”为250，如图14-134所示。

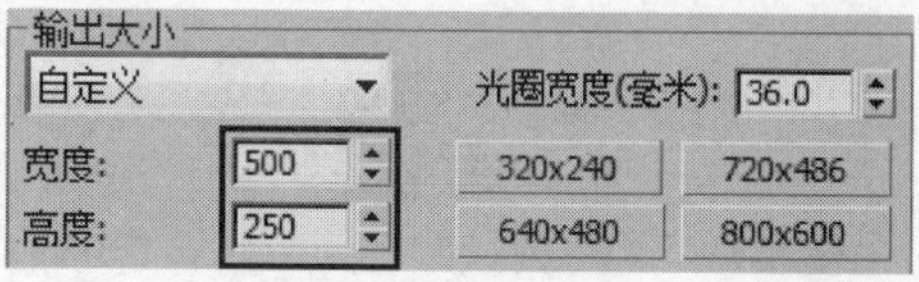

图14-134

02 单击VRay选项卡，然后在“全局开关”卷展栏中勾选“光泽效果”选项，如图14-135所示。

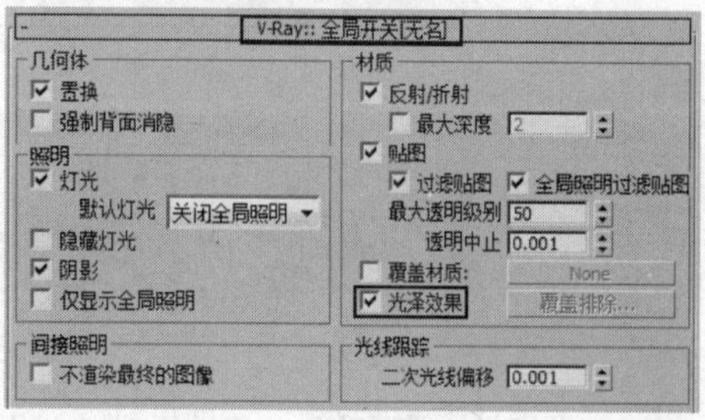

图14-135

03 展开“图像采样器（反锯齿）”卷展栏，然后设置“图像采样器”类型为“自适应细分”，如图14-136所示。

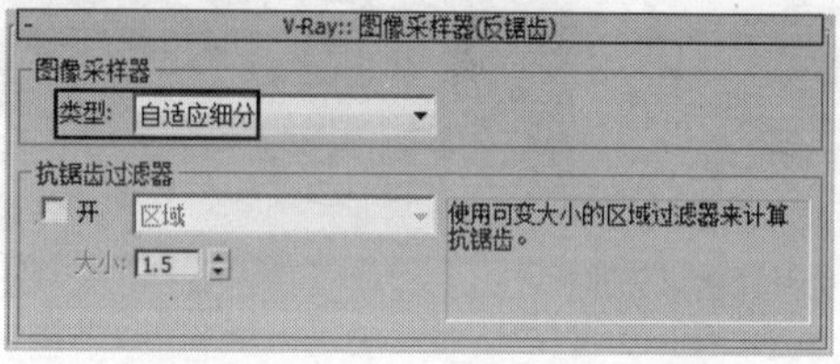

图14-136

04 单击“间接照明”选项卡，在“发光图”卷展栏下设置“当前预置”为“高”，然后设置“半球细分”为75、“插值采样”为25，再在“在渲染结束后”选项组下勾选“自动保存”选项，并设置好发光图的保存路径，最后勾选“切换到保存的贴图”选项，如图14-137所示。

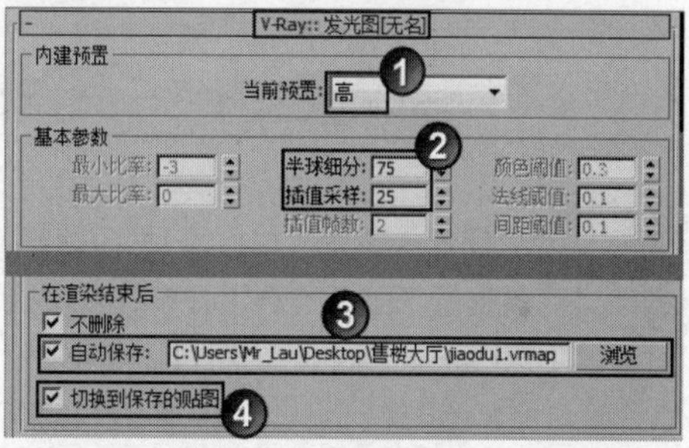

图14-137

05 展开“灯光缓存”卷展栏，然后设置“细分”为900，再在“在渲染结束后”选项组下勾选“自动保存”选项，并设置好灯光缓存贴图的保存路径，最后勾选“切换到保存的缓存”选项，如图14-138所示。

06 单击“设置”选项卡，然后在“DMC采样器”卷展栏下设置“适应数量”为0.75、“噪波阈值”为0.005、“最小采样值”为24，如图14-139所示。

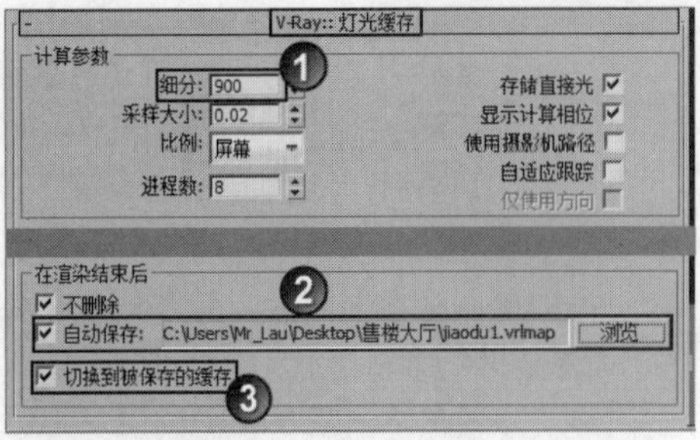

图14-138

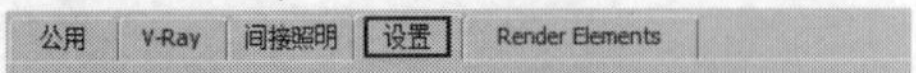

图14-139

07 按F9键渲染当前场景，效果如图14-140所示。

图14-140

渲染最终图像

01 按F10键打开“渲染设置”对话框，然后展开“公用”卷展栏，设置“宽度”为2000、“高度”为1000，如图14-141所示。

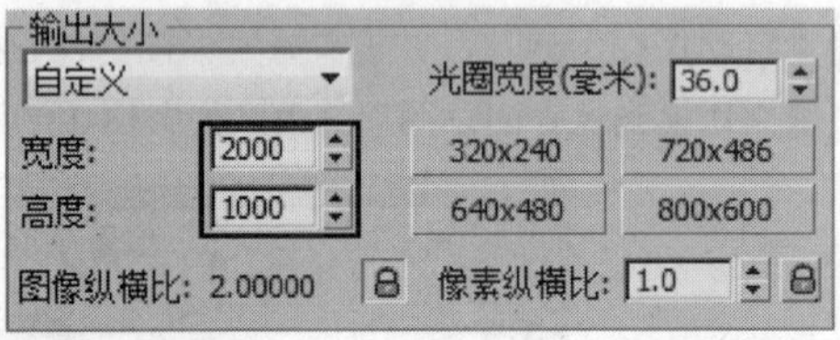

图14-141

02 展开“图像采样器（反锯齿）”卷展栏，然后在“抗锯齿过滤器”选项组下勾选“开”选项，再设置“抗锯齿过滤器”为Catmull-Rom，如图14-142所示。

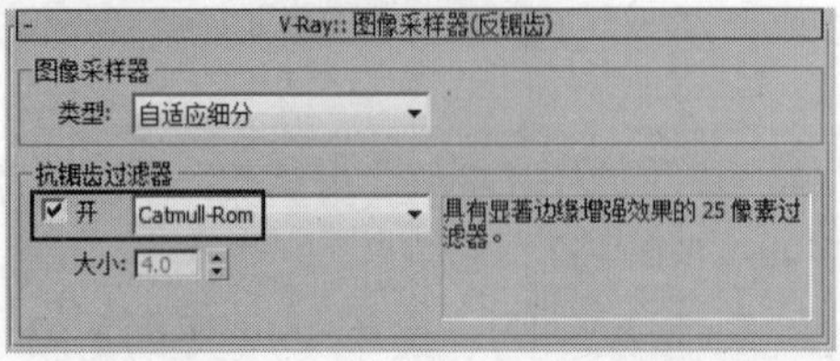

图14-142

03 单击“间接照明”选项卡，然后在“发光图”卷展栏和“灯光缓存”卷展栏下设置“模式”为“从文件”，再设置好“文件”的保存路径，如图14-143所示。

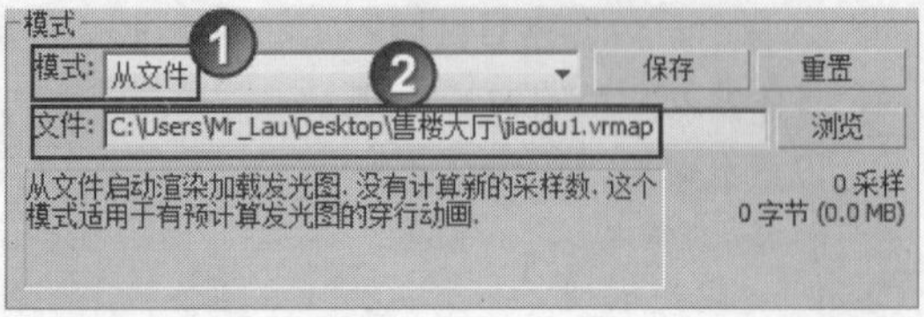

图14-143

04 按F9键渲染当前场景，最终效果如图14-144所示。

图14-144

实战238 休闲室夜景表现

场景位置	DVD>场景文件>CH14>实战238.max
实例位置	DVD>实例文件>CH14>实战238.max
视频位置	DVD>多媒体教学>CH14>实战238.flv
难易指数	★★★★☆
技术掌握	磨砂玻璃、塑料等材质的制作方法，晴朗月夜夜景灯光的表现方法

实例介绍

本场景是一个公共休闲室空间，磨砂玻璃材质、书桌黑色面板材质和白色塑料材质是本例的制作重点，晴朗月夜下的夜景氛围表现是本例的学习难点，效果如图14-145所示。

图14-145

Part 1 场景测试

创建VRay物理相机

01 打开光盘中的“场景文件>CH14>实战238max”文件，如图14-146所示。

02 设置“摄影机”类型为VRay，然后在顶视图中创建一台VRay物理相机，其位置与高度如图14-147所示。

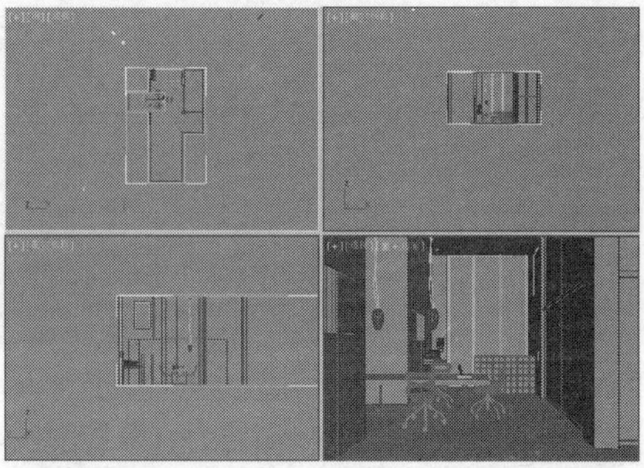

图14-146

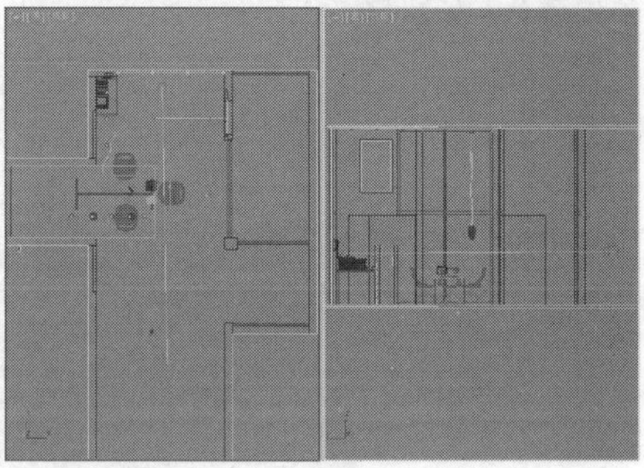

图14-147

03 按C键切换到摄影机视图，然后按Shift+F组合键打开渲染安全框，效果如图14-148所示。可以观察到当前的视野较窄，同时长宽比例不够理想，不能体现整体的空间感。

04 选择VRay物理摄影机，然后在“基本参数”卷展栏下设置“焦距（mm）”为24，如图14-149所示。

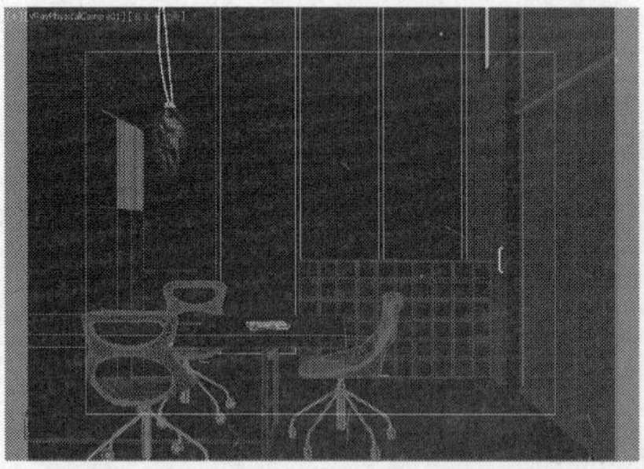

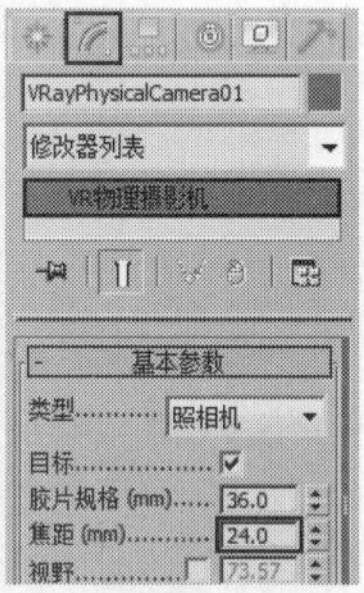

图14-148 图14-149

05 按F10打开“渲染设置”对话框，然后在“公用”卷展栏下设置“宽度”为320、“高度”为400，如图14-150所示。设置完成后的摄影机视图效果如图14-151所示。

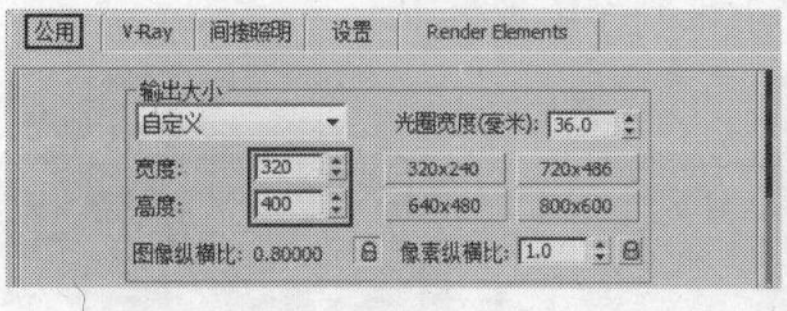

图14-150 图14-151

设置测试渲染参数

01 单击VRay选项卡，然后在“全局开关”卷展栏下关闭“隐藏灯光”和“光泽效果”选项，再设置“二次光线偏移”为0.001，如图14-152所示。

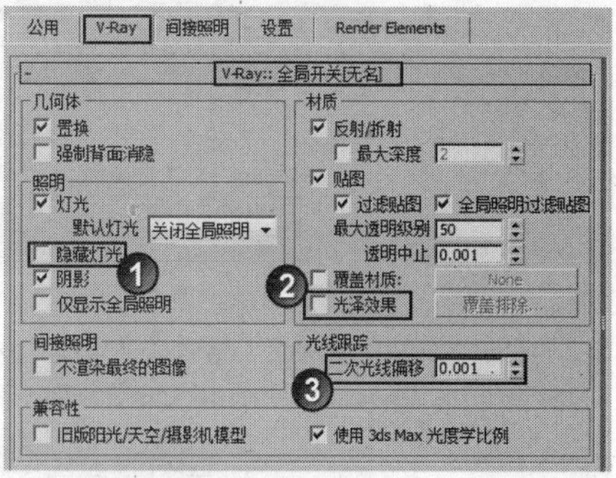

图14-152

02 展开“图像采样器（反锯齿）”卷展栏，然后设置“图像采样器”类型为“固定”，再在“抗锯齿过滤器”选项组下关闭“开”选项，如图14-153所示。

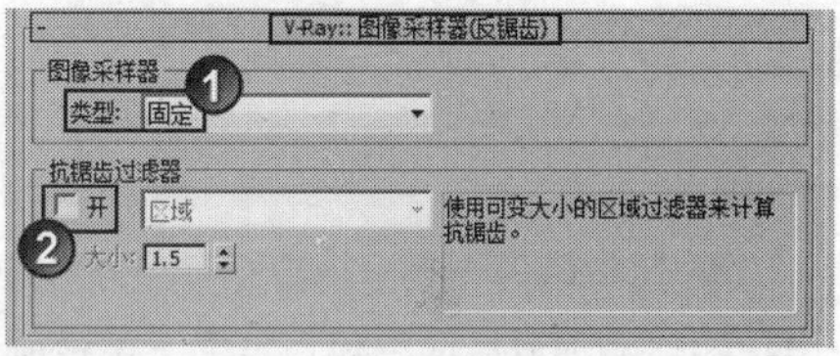

图14-153

03 单击“间接照明”选项卡，然后在“间接照明（GI）”卷展栏下勾选“开”选项，再设置“首次反弹”的全局照明引擎为“发光图”、“二次反弹”的全局照明引擎为“灯光缓存”，如图14-154所示。

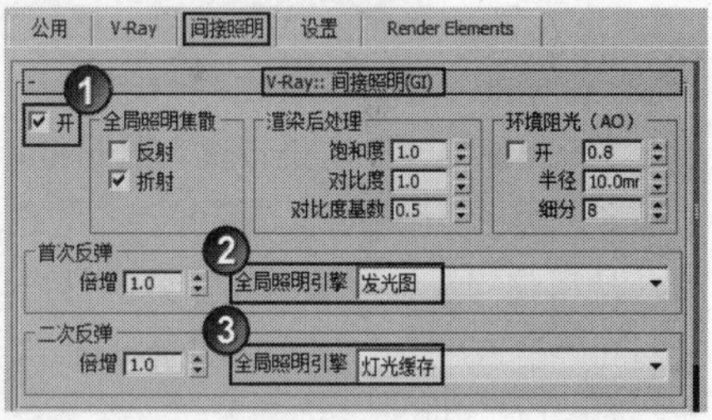

图14-154

04 展开“发光图”卷展栏，然后设置“当前预置”为“非常低”，再设置“半球细分”为50、“插值采样”为20，具体参数设置如图14-155所示。

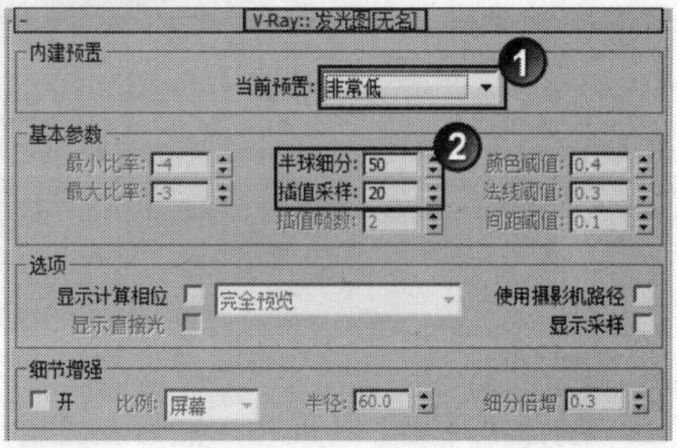

图14-155

05 展开“灯光缓存”卷展栏，然后设置“细分”为400，再勾选“显示计算相位”选项，如图14-156所示。

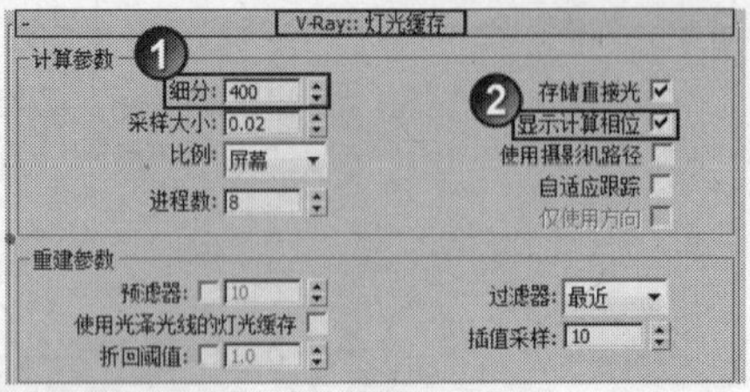

图14-156

06 单击“设置”选项卡，然后在“系统”卷展栏下设置“区域排序”为Top->Bottom（从上->下），如图14-157所示。

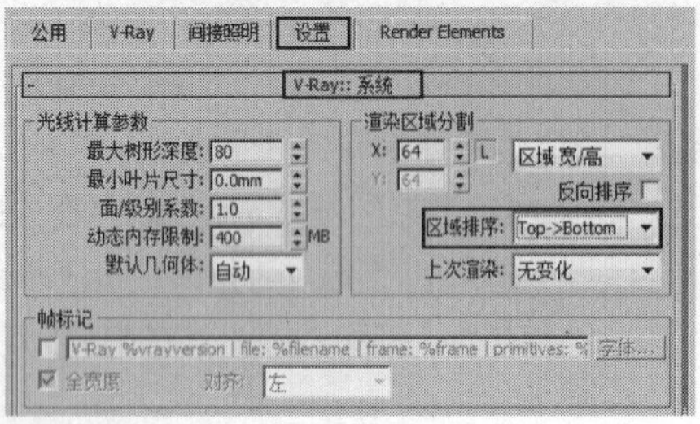

图14-157

检查模型

01 选择一个材质球，然后设置“漫反射”颜色为白色，如图14-158所示。

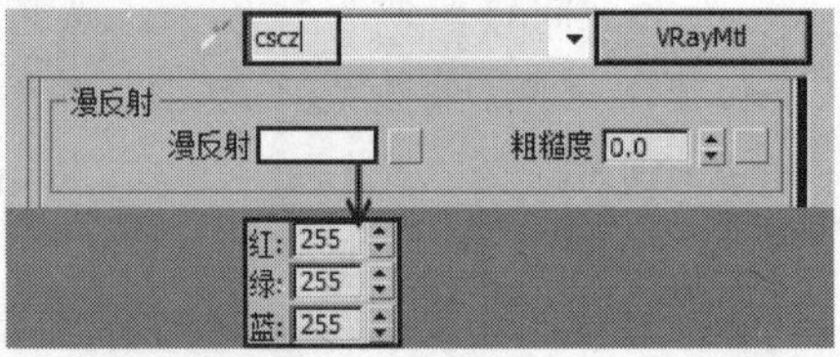

图14-158

02 按F10键打开“渲染设置”对话框，然后单击VRay选项卡，再在“全局开关”卷展栏下勾选“覆盖材质”选项，最后使用鼠标左键将制作好的材质以“实例”方式复制到“覆盖材质”选项后面的None（无）按钮 None 上，如图14-159所示。

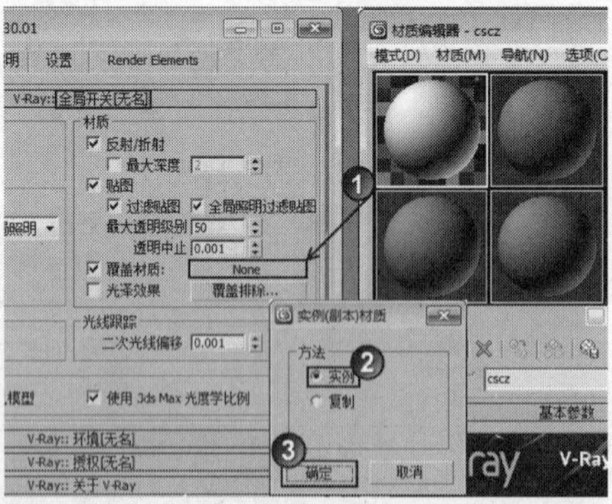

图14-159

03 展开“环境”卷展栏，然后在“全局照明环境（天光）覆盖”选项组下勾选“开”选项，再设置天光颜色为白色，如图14-160如所示。

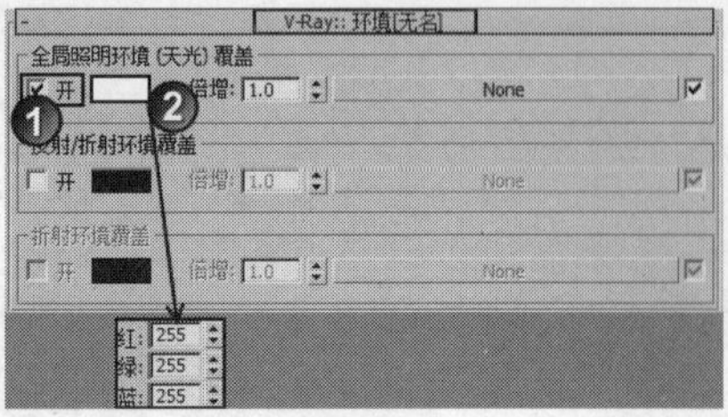

图14-160

04 为使天光顺利进入室内，选择背景模型与玻璃模型，然后单击鼠标右键，在弹出的菜单中选择“隐藏选定对象”命令，如图14-161所示。

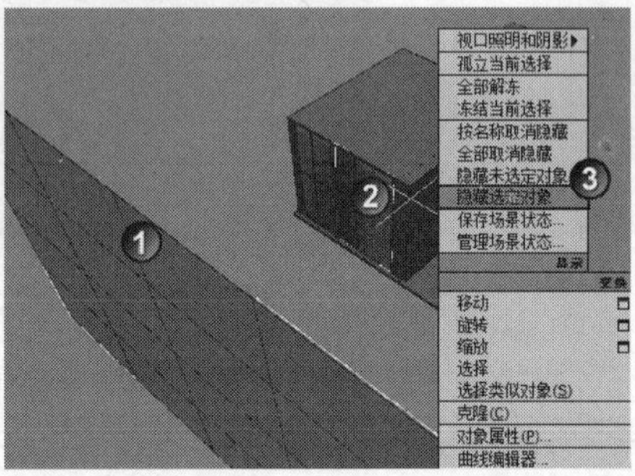

图14-161

05 按F9键渲染当前场景，效果如图14-162所示。由于VRay物理相机的默认参数下的感光度极低，因此渲染图像一片漆黑，接下来进行调整。

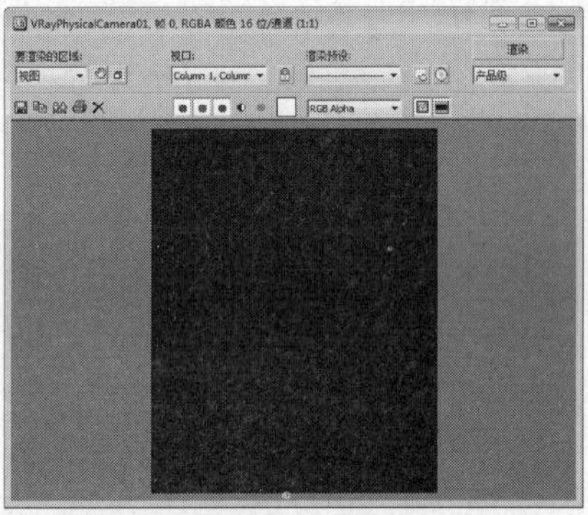

图14-162

06 选择VRay物理相机，然后在“基本参数”卷展栏下设置“光圈数”数为3，然后关闭“光晕”选项，如图14-163所示。

07 按F9键渲染当前场景，效果如图14-164所示。可以观察到场景很完整，接下来制作场景材质。

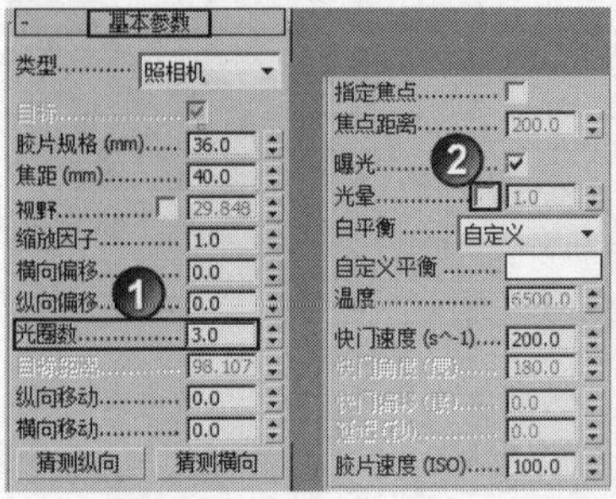

图14-163　图14-164

Part 2 材质制作

本例的场景对象材质主要包括墙面白漆材质、地面木纹材质、磨砂玻璃材质、吊顶木纹材质、书桌黑色面板材质以及椅子白色塑料材质，如图14-165所示。

图14-165

制作墙面白漆材质

墙面白漆材质的模拟效果如图14-166所示。

01 选择一个空白材质球，然后设置材质类型为VRayMtl，并将其命名为bsrjq，再设置“漫反射”颜色为白色，如图14-167所示。

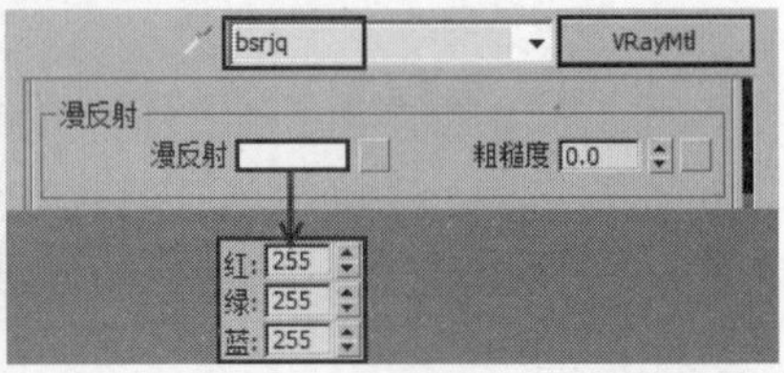

图14-166　图14-167

02 设置“反射”颜色为（红:15，绿:15，蓝:15），然后设置“高光光泽度”为0.95、“反射光泽度”为0.93，如图14-168所示，制作好的材质球效果如图14-169所示。

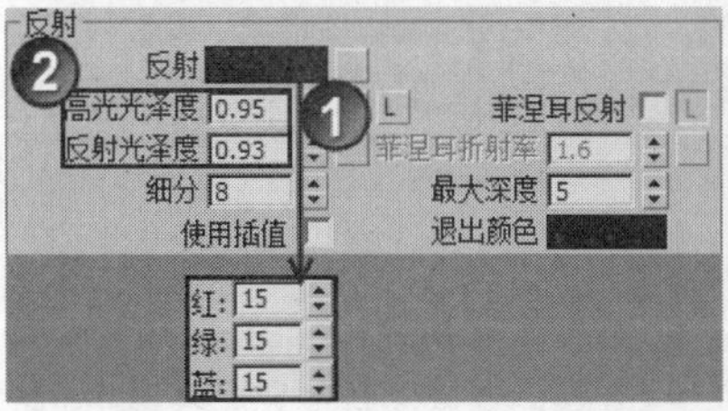

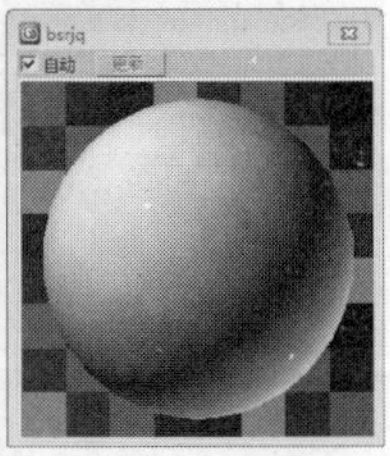

图14-168　图14-169

制作地面木纹材质

地面木纹材质的模拟效果如图14-170所示。

01 选择一个空白材质球，然后设置材质类型为VRayMtl，并将其命名为dbmw，再在“漫反射”贴图通道中加载光盘中的“实例文件>实战238>地板木纹.jpg”文件，最后在“坐标”卷展栏下设置“模糊”为0.01，如图14-171所示。

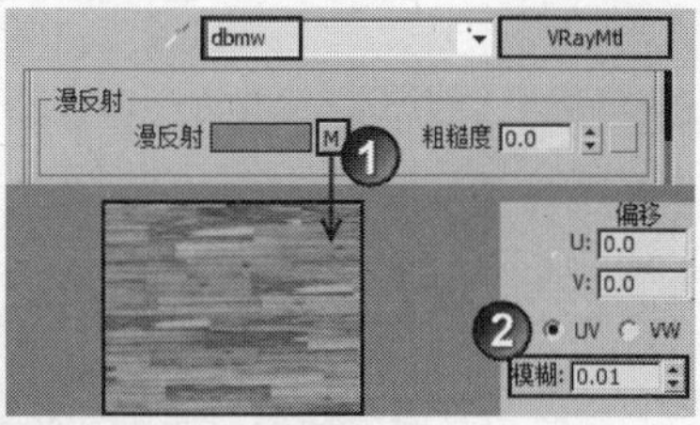

图14-170　图14-171

02 设置“反射”颜色为（红:186，绿:186，蓝:186），然后勾选“菲涅耳反射”选项，再设置“高光光泽度”为0.7、“反射光泽度”为0.85，如图14-172所示。

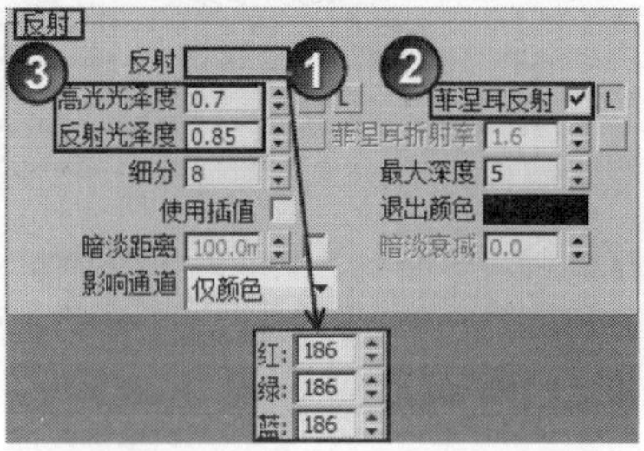

图14-172

03 展开“贴图”卷展栏，然后将“漫反射”通道中的贴图复制到“凹凸”贴图通道上，再设置“凹凸”为-10，如图14-173所示，制作好的材质球效果如图14-174所示。

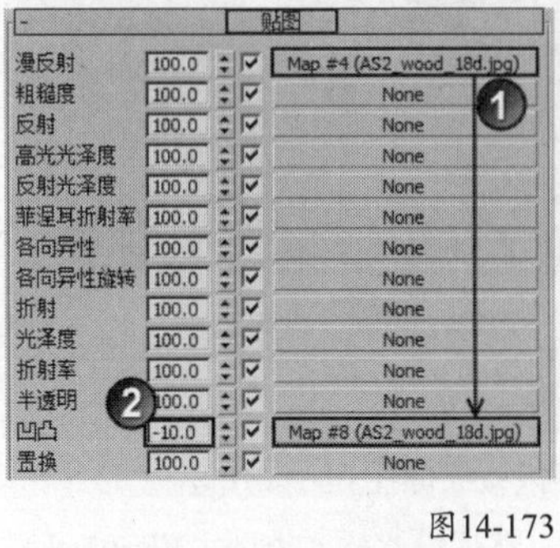

图14-173　图14-174

制作磨砂玻璃材质

磨砂玻璃材质的模拟效果如图14-175所示。

01 选择一个空白材质球，然后设置材质类型为VRayMtl，并将其命名为msbl，再设置“漫反射”颜色为（红:180，绿:189，蓝:214），如图14-176所示。

图14-175

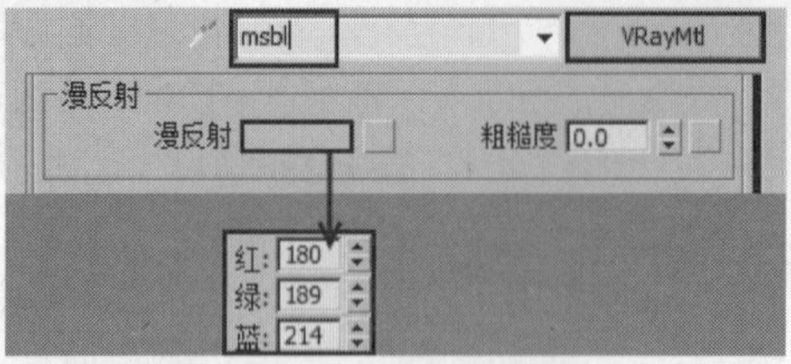

图14-176

02 设置“反射”颜色为（红:57，绿:57，蓝:57），然后勾选“菲涅耳反射”选项，再设置“反射光泽度”为0.95，如图14-177所示。

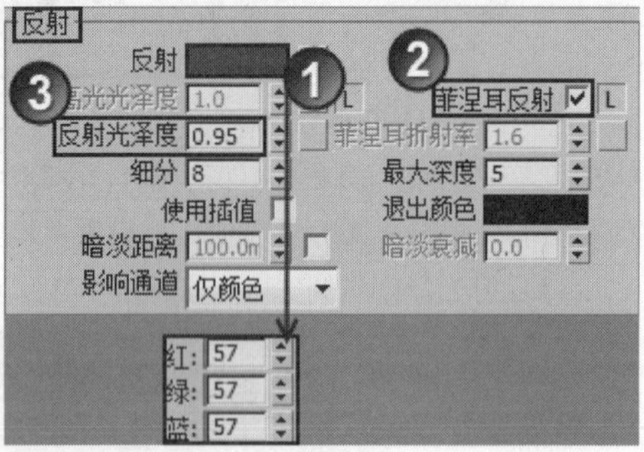

图14-177

03 设置“折射”颜色为（红:180，绿:180，蓝:180），然后设置“折射率”为1.2、“光泽度”为0.95，再勾选“退出颜色”选项，并设置其颜色为（红:0，绿:30，蓝:55），最后勾选“影响阴影”选项，如图14-178所示，制作好的材质球效果如图14-179所示。

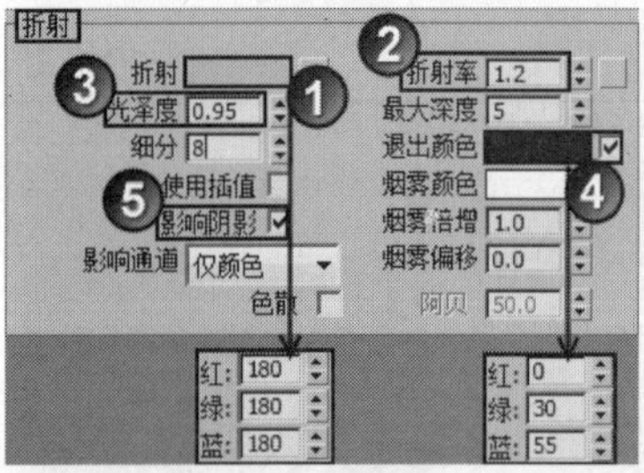

图14-178

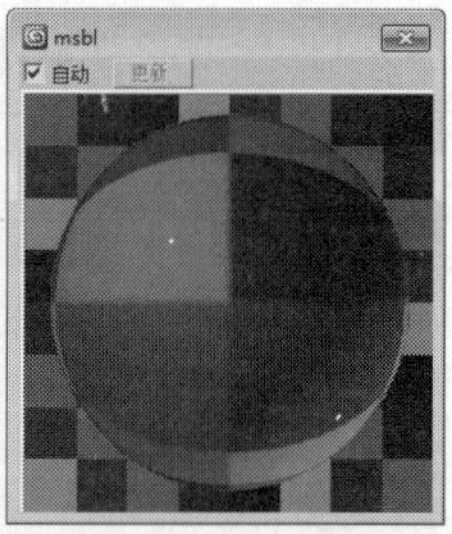

图14-179

制作吊顶木纹材质

吊顶处木纹材质的模拟效果如图14-180所示。

01 选择一个空白材质球，然后设置材质类型为VRayMtl，并将其命名为ddmw，再在“漫反射”贴图通道中加载光盘中的“实例文件>实战238>吊顶木纹.jpg”文件，如图14-181所示。

图14-180

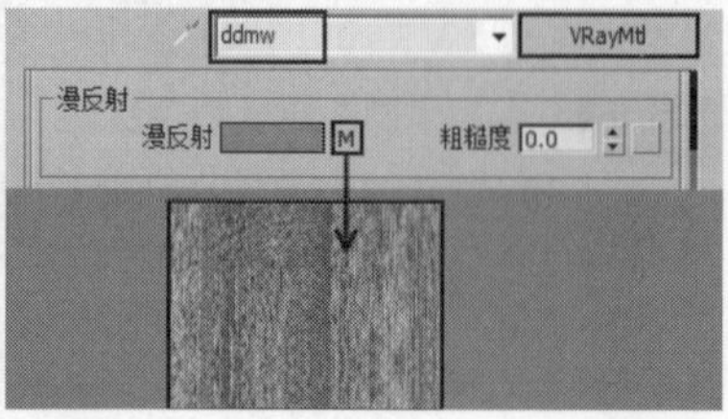

图14-181

02 设置“反射”颜色为（红:158，绿:158，蓝:158），然后勾选“菲涅耳反射”选项，再设置“高光光泽度”为0.7、“反射光泽度”为0.85，如图14-182所示。

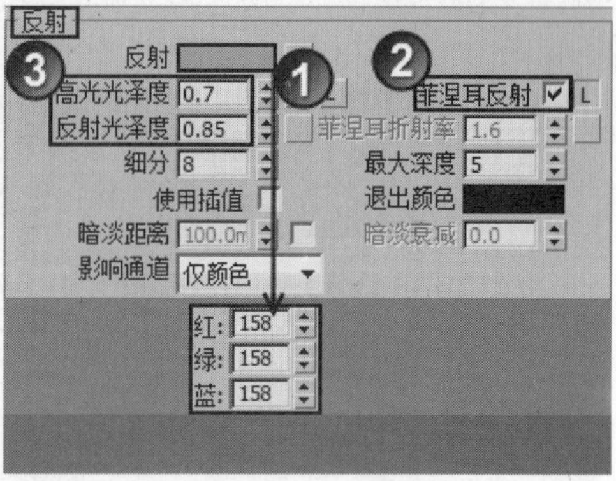

图14-182

03 展开“贴图”卷展栏，然后将“漫反射”通道中的贴图复制到“凹凸”贴图通道上，再设置“凹凸”为20，如图14-183所示，制作好的材质球效果如图14-184所示。

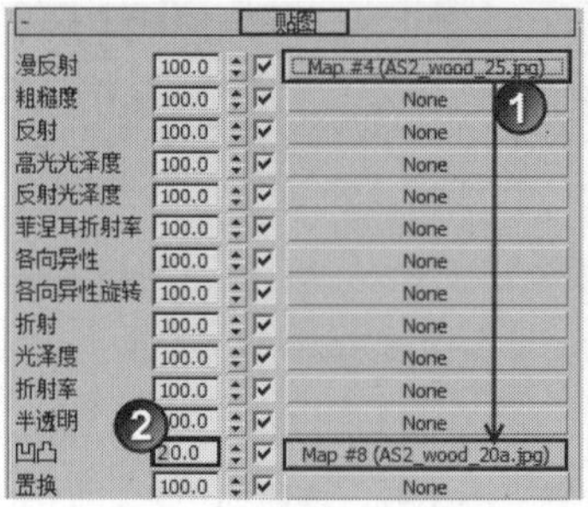

图14-183

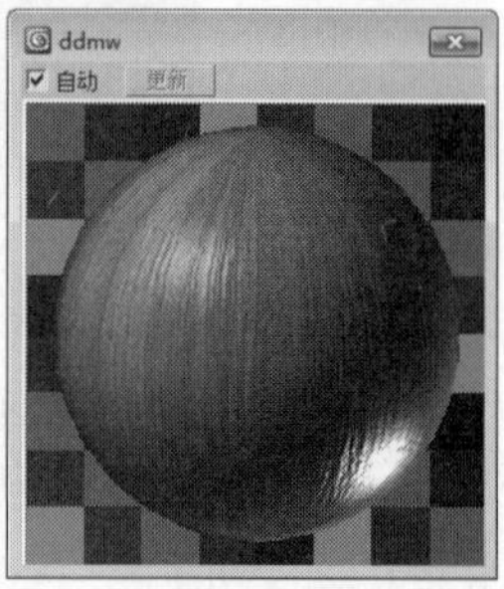

图14-184

制作书桌黑色面板材质

书桌黑色面板材质的模拟效果如图14-185所示。

01 选择一个空白材质球，然后设置材质类型为VRayMtl，并将其命名为szcz，再设置“漫反射”颜色为（红:17，绿:17，蓝:17），如图14-186所示。

图14-185

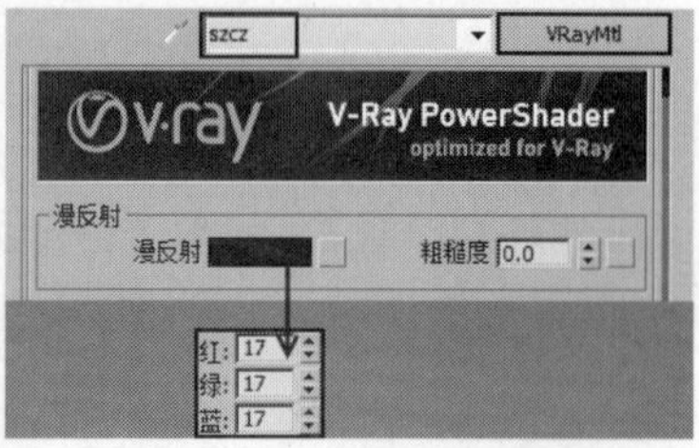

图14-186

02 设置“反射”颜色为（红:211，绿:211，蓝:211），然后勾选“菲涅耳反射”选项，再设置“高光光泽度”为0.63、“反射光泽度”为0.85，具体参数设置如图14-187所示，制作好的材质球效果如图14-188所示。

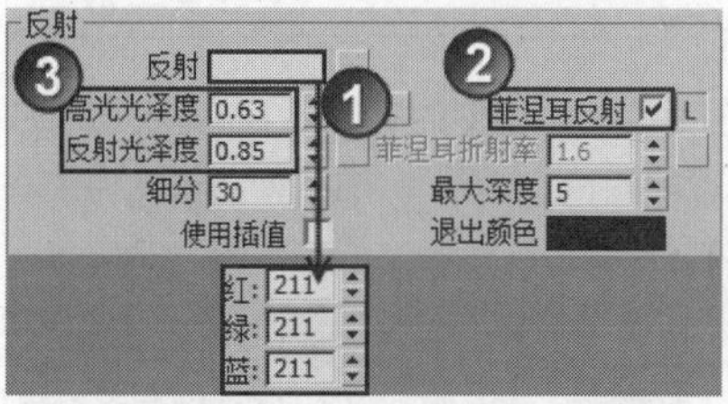

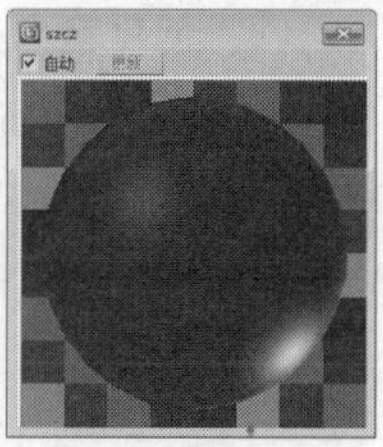

图14-187　图14-188

制作椅子白色塑料材质

椅子白色塑料材质的模拟效果如图14-189所示。

01 选择一个空白材质球，然后设置材质类型为VRayMtl，并将其命名为yzsl，再设置“漫反射”颜色为白色，如图14-190所示。

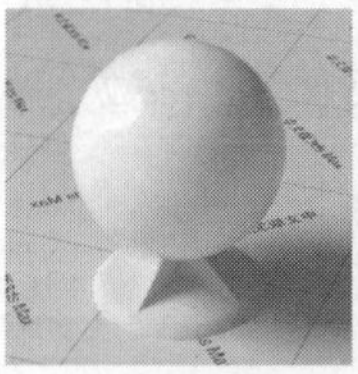

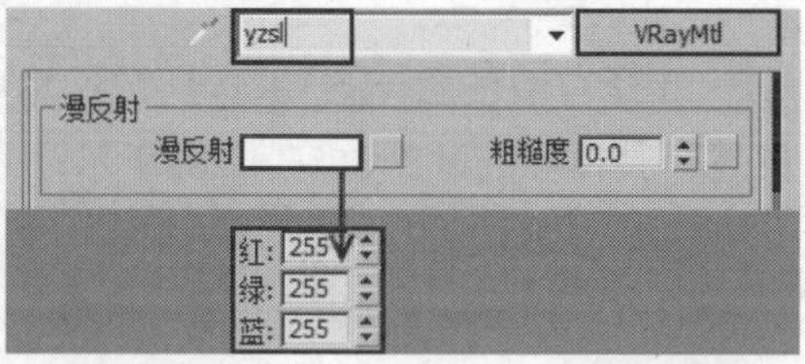

图14-189　图14-190

02 设置“反射”颜色为（红:196，绿:196，蓝:196），然后勾选“菲涅耳反射”选项，再设置“高光光泽度”为0.83、“反射光泽度”为0.9，具体参数设置如图14-191所示，制作好的材质球效果如图14-192所示。

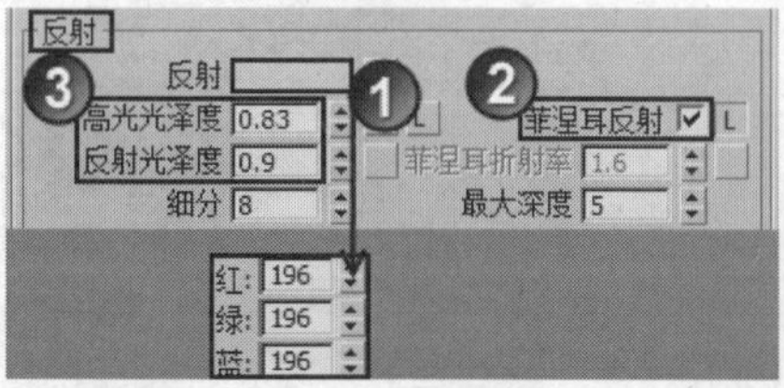

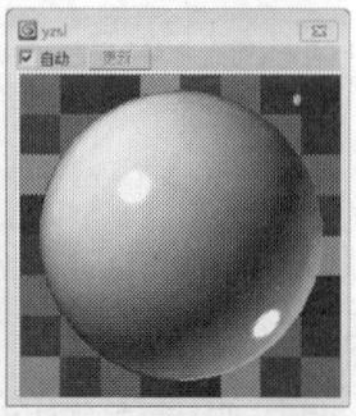

图14-191　图14-192

Part 3 灯光设置

本例将表现晴朗天气下的月光氛围，此时冷色的月光会照入室内与暖色为主的人工灯光相映衬。

测试发光背景的照明效果

按C键切换到摄影机视图，然后按F9键渲染当前场景，效果如图14-193所示。可以观察到此时的背景亮度比较适宜，同时也说明此时的摄影机感光度很正常。

图14-193

创建月光

01 设置“灯光”类型为VRay，然后在场景中创建一盏球体类型的VRay灯光作为月光，其位置与角度如图14-194所示。

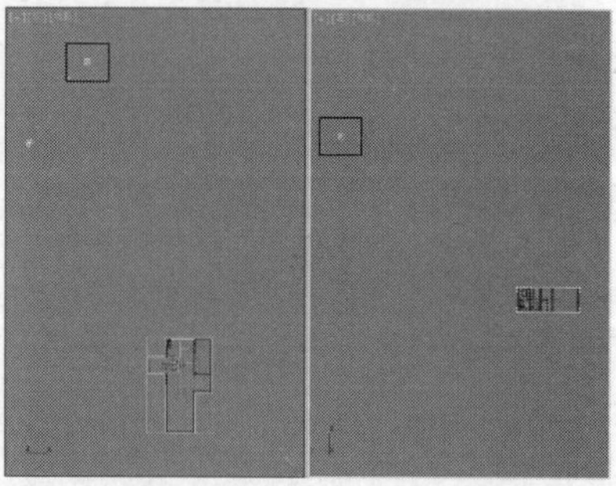

图14-194

02 选择上一步创建的VRay灯光，然后展开“参数”卷展栏，具体参数设置如图14-195所示。

设置步骤

① 在“强度”选项组下设置“倍增”为20000，然后设置“颜色”为（红:65，绿:205，蓝:251），

② 在“大小”选项组下设置“半径”为300mm。

③ 在“选项”选项组下勾选“不可见”选项。

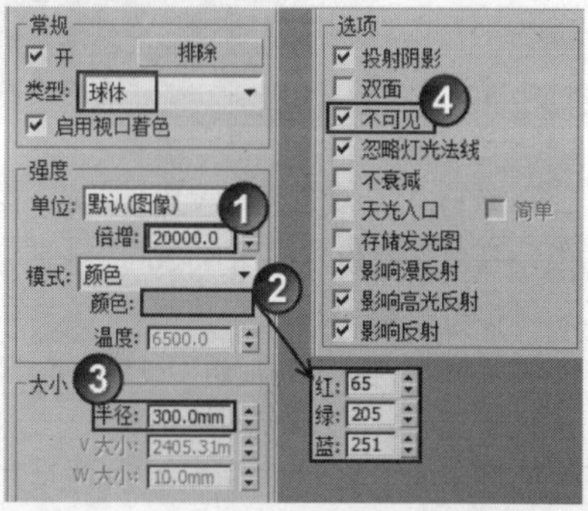

图14-195

03 按F9键渲染当前场景，效果如图14-196所示。可以观察到此时投射出了较理想的月光光影，但窗格的投影十分狭长，破坏了整体的感觉。

04 选择上一步创建的VRay灯光，然后在“参数”卷展栏下单击“排除”按钮 排除 ，再将窗格模型（Box05）排除到右侧的列表中，如图14-197所示。

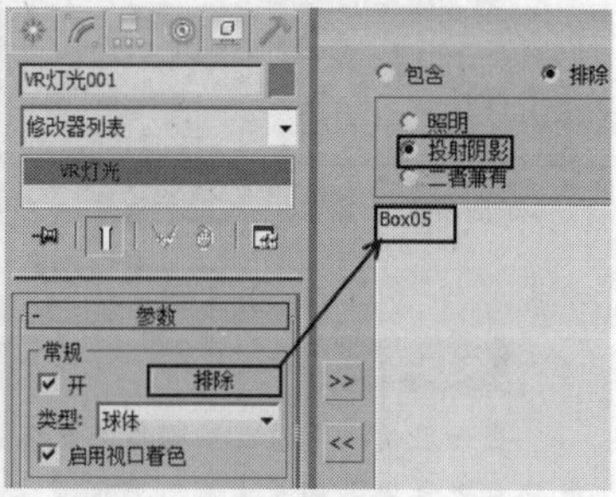

图14-196　图14-197

05 按F9键渲染当前场景，效果如图14-198所示。可以观察到此时的月光投影比较理想，接下来创建月夜环境光。

图14-198

创建环境光

01 在场景中创建3盏平面类型的VRay灯光（放在窗户和门附近），具体分布与位置如图14-199所示。

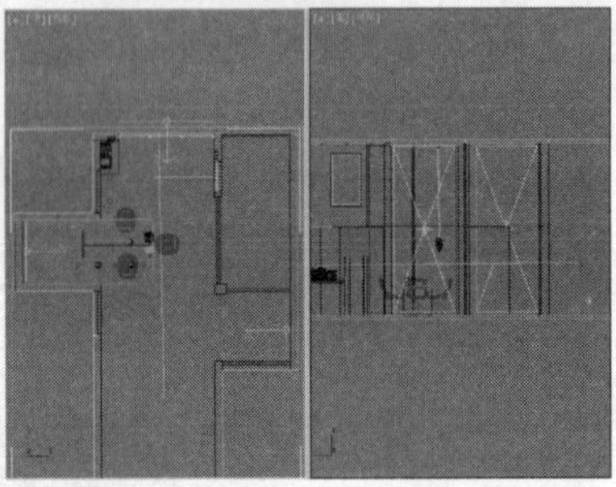

图14-199

02 选择上一步创建的VRay灯光，然后进入“修改”面板，具体参数设置如图14-200所示。

设置步骤

① 在“强度”选项组下设置“倍增”为2，然后设置“颜色”为（红:72，绿:84，蓝:178）。

② 根据灯光所处位置调整灯光的大小。

③ 在“选项”选项组下勾选“不可见”选项。

03 按F9键渲染当前场景，效果如图14-201所示。接下来创建室内的光带效果。

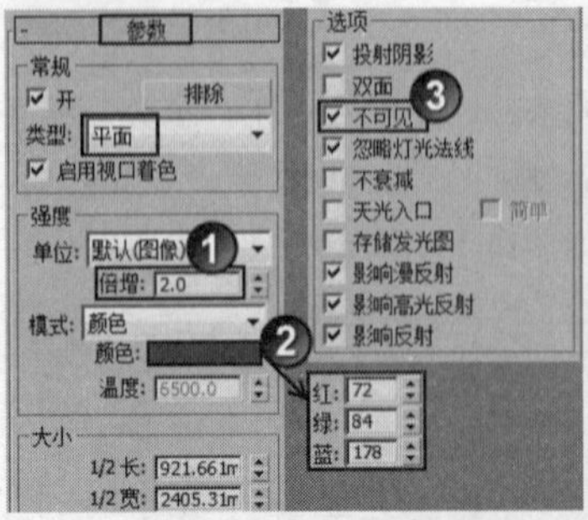

图14-200

图14-201

> **技巧与提示**
>
> 在一般情况下只需要制作一处环境光，本例由于要体现蓝色的月光氛围，同时考虑到空间真实的入光口，因此设置了3处环境光来烘托月色氛围。

创建室内光带

01 在顶视图中创建3盏平面类型的VRay灯光作底部的灯带，其具体分布与位置如图14-202所示（右侧两盏灯光为关联复制，左侧灯光为单独灯光）。

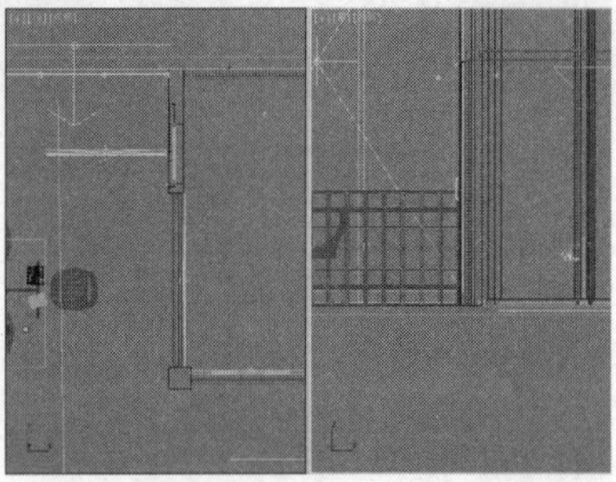

图14-202

02 选择右侧任意一盏VRay灯光，然后展开“参数”卷展栏，具体参数设置如图14-203所示。

设置步骤

① 在“强度”选项组下设置“倍增”为55，然后设置“颜色”为（红:220，绿:138，蓝:50），

② 在“大小”选项组下根据灯光所处位置调整好灯光大小。

③ 在“选项”选项组下勾选“不可见”选项。

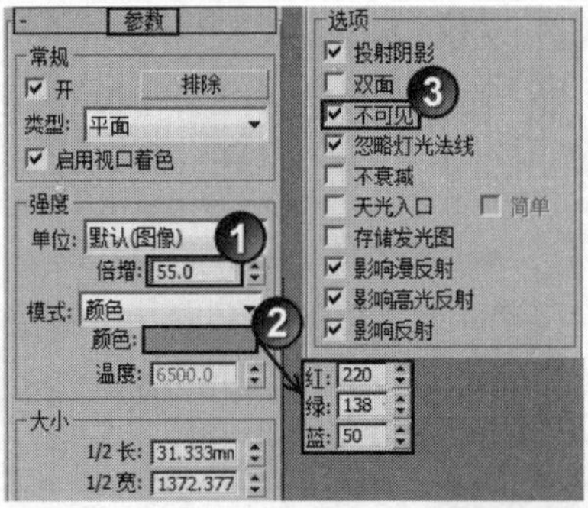

图14-203

03 选择左侧的VRay灯光，然后展开“参数”卷展栏，具体参数设置如图14-204所示。

设置步骤

① 在“强度”选项组下设置“倍增”为70，然后设置“颜色”为（红:111，绿:152，蓝:227）。

② 在“大小”选项组下根据灯光所处位置设置“1/2长”为31、“1/2宽”为1375。

③ 在“选项”选项组下勾选“不可见”选项。

04 按F9键渲染当前场景，效果如图14-205所示。接下来创建室内的射灯。

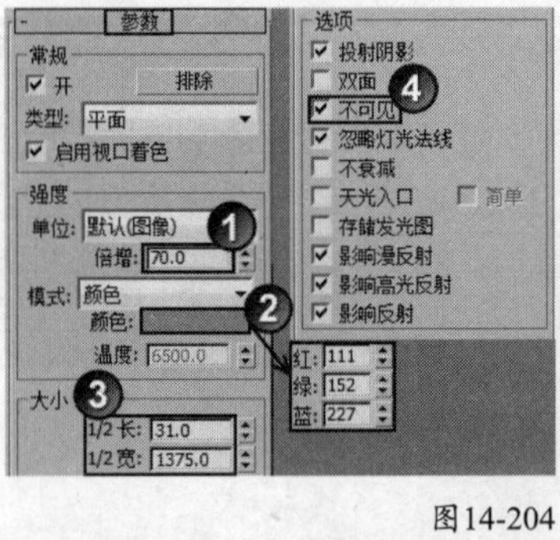

图14-204

图14-205

创建室内射灯

01 设置“灯光”类型为“光度学”，然后在过道顶部左侧的筒灯孔处创建3盏目标灯光，其位置与高度如图14-206所示。

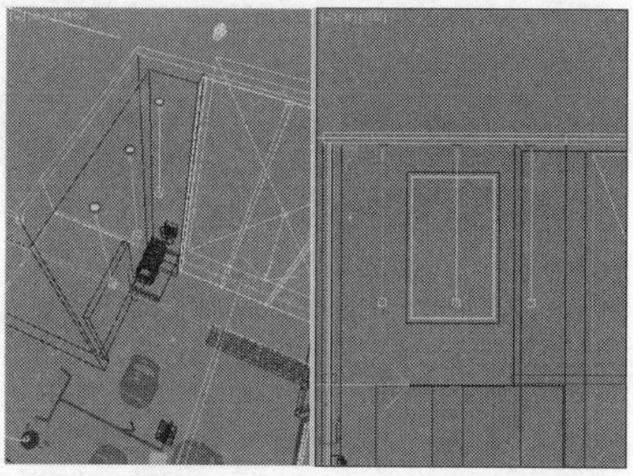

图14-206

02 选择上一步创建的目标灯光，然后进入“修改”面板，具体参数设置如图14-207所示。

设置步骤

① 展开“常规参数”卷展栏，然后在“阴影”选项组下勾选“启用”选项，再设置阴影类型为“VRay阴影”，最后设置“灯光分布（类型）”为“光度学Web”。

② 展开“分布（光度学Web）”卷展栏，然后在其通道中加载光盘中的“实例文件>CH14>实战238>0.ies”文件。

③ 展开“强度/颜色/衰减”卷展栏，然后设置“过滤颜色”为白色，再设置“强度”为4000。

03 按F9键渲染当前场景，效果如图14-208所示。接下来创建室内的吊灯。

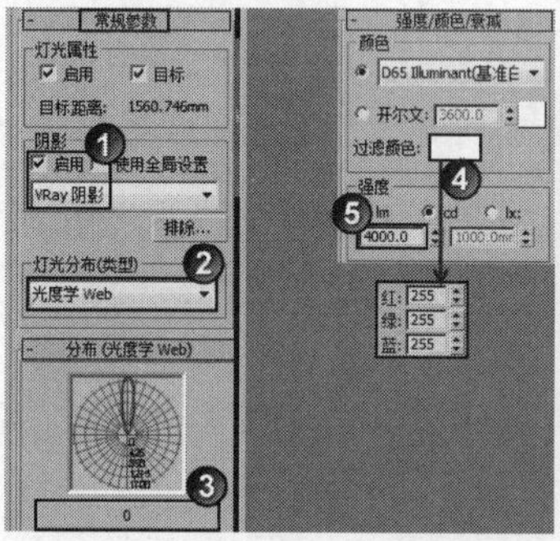

图14-207　图14-208

创建室内吊灯

01 设置灯光类型为VRay，然后在两个吊灯的灯罩内各创建一盏球体类型的VRay灯光，如图14-209所示。

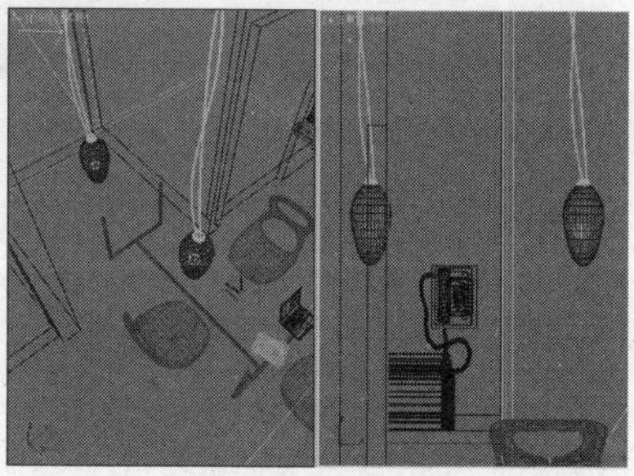

图14-209

02 选择上一步创建的VRay灯光，然后展开“参数”卷展栏，具体参数设置如图14-210所示。

设置步骤

① 在“强度”选项组下设置“倍增”为12，然后设置“颜色”为（红:209，绿:243，蓝:254）。

② 在“大小”选项组下设置“半径”为35mm。

③ 在“选项”选项组下勾选“不可见”选项。

03 按F9键渲染当前场景，效果如图14-211所示。接下来创建空间内的补光，完善灯光细节。

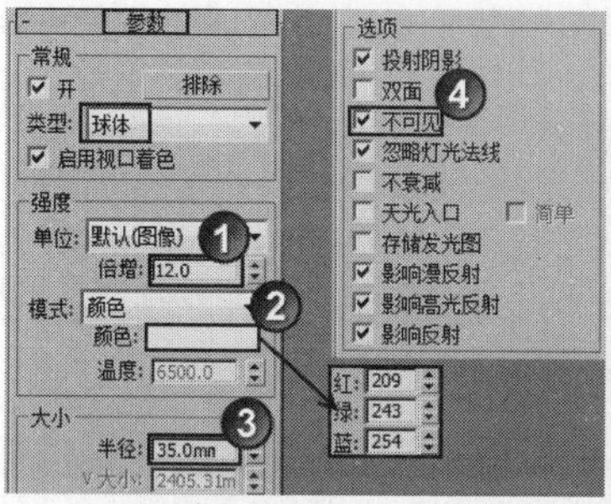

图14-210　图14-211

创建补光

01 设置“灯光”类型为“标准”，然后在书桌正上方创建一盏目标聚光灯，其位置与高度如图14-212所示。

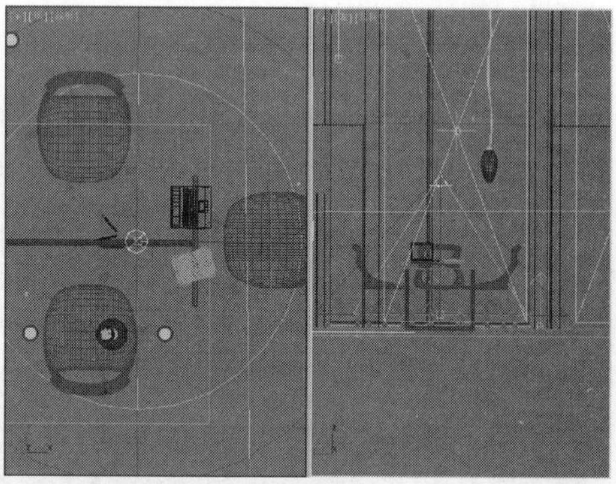

图14-212

02 选择上一步创建的目标聚光灯，然后进入“修改”面板，具体参数设置如图14-213所示。

设置步骤

① 展开“常规参数”卷展栏，然后在“阴影”选项组下勾选“启用”选项，再设置阴影类型为“VRay阴影”。

② 展开“强度/颜色/衰减”卷展栏，然后设置“强度”为0.3，再设置颜色为（红:255，绿:167，蓝:89）。

③ 展开“聚光灯参数”卷展栏，然后设置“聚光区/光束”为65.2、“衰减区/区域”为85.7。

03 按F9键渲染当前场景，效果如图14-214所示。接下来创建空间右侧玻璃房内的补光。

04 设置“灯光”类型为VRay，然后在玻璃房内创建一盏平面类型的VRay灯光，其位置与高度如图14-215所示。

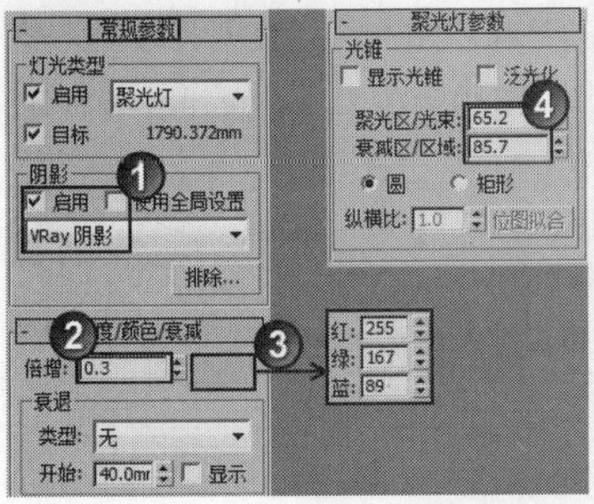

图14-213　　图14-214

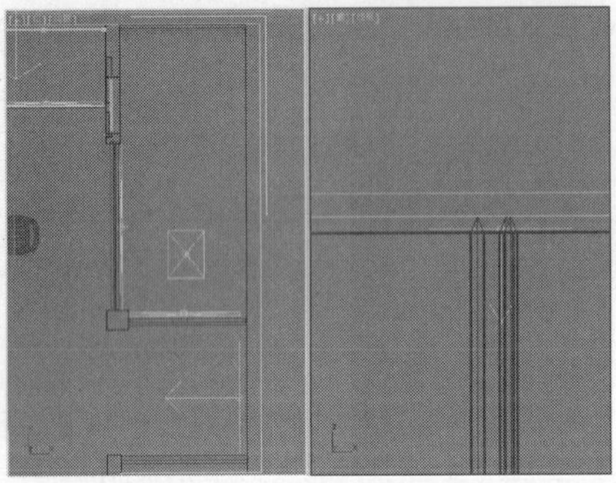

图14-215

05 选择上一步创建的VRay灯光，然后展开“参数”面板，具体参数设置如图14-216所示。

设置步骤

① 在“强度”选项组下设置“倍增”为65.0，然后设置“颜色”为（红:101，绿:114，蓝:216），

②在“大小”选项组下设置“1/2长”为520mm、“1/2宽”为350m。

06 按F9键渲染当前场景，效果如图14-217所示。至此，场景灯光全部创建完成，考虑到右侧磨砂玻璃在开启“光泽效果”选项后会对整体灯光产生较大的影响，因此接下来进行测试渲染以确定好效果。

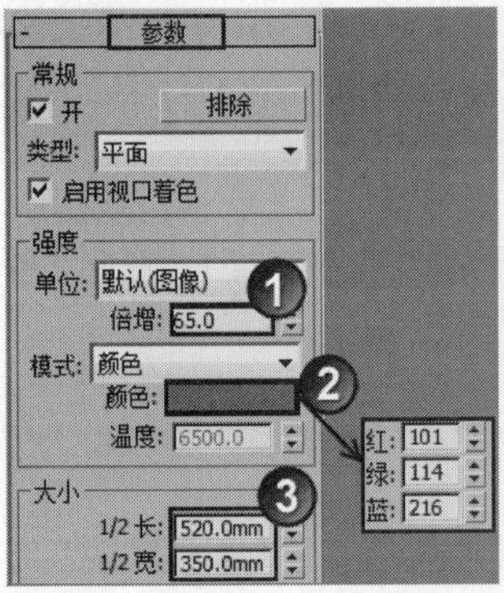

图14-216　　图14-217

07 按F10键打开“渲染设置”对话框，然后在“全局开关”卷展栏下勾选“光泽效果”选项，如图14-218所示。

08 按F9键渲染当前场景，效果如图14-219所示。可以观察到面向屏幕的磨砂玻璃效果不太理想，同时灯光整体缺少夜晚环境下由远至近的衰减效果。

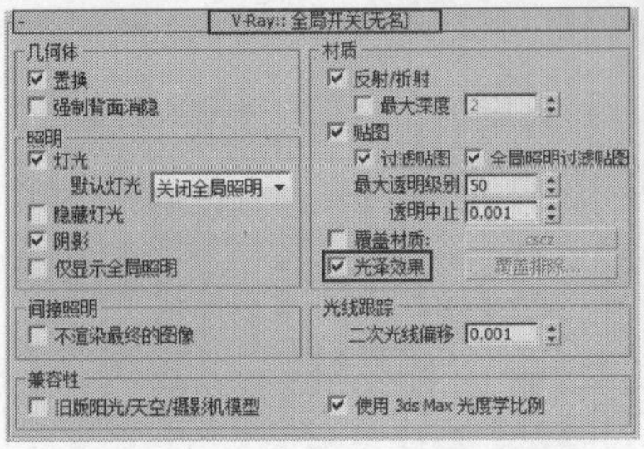

图14-218　　图14-219

09 选择之前创建好的磨砂玻璃材质，然后将材质类型切换为“VRay混合材质”（注意，要将原来的msbl材质保存为子材质），再将msbl材质复制（选择“复制”方式）到“镀膜材质”的第1个材质通道上，并修改其“光泽度”为0.45，如图14-220所示。

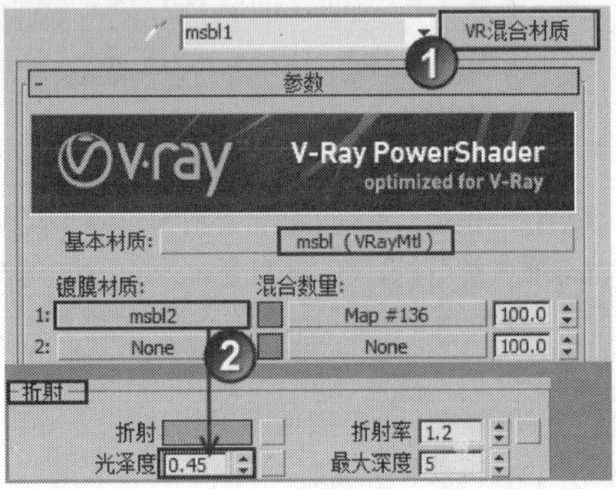

图14-220

10 选择VRay物理相机，并进入“修改”面板，然后在“基本参数”卷展栏下勾选“光晕”选项，并设置其数值为0.75，如图14-221所示。

11 按F9键渲染当前场景，效果如图14-222所示。

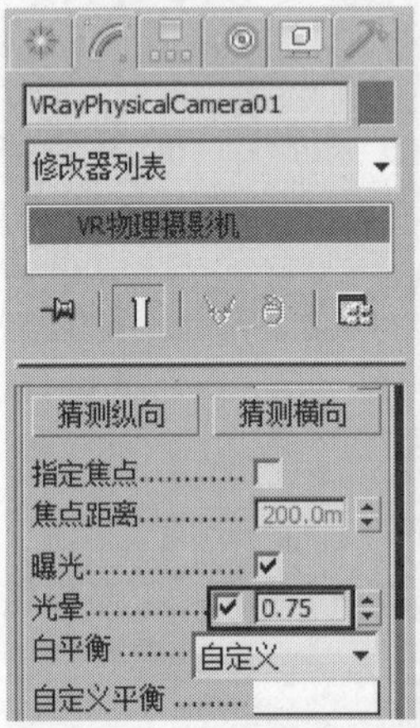

图14-221　　图14-222

Part 4 渲染成品图

提高材质与灯光细分

在本例中将地面木纹材质的反射“细分”值提高到30，同时将磨砂玻璃材质的折射“细分”值提高到30，其他材质的“细分”值控制在16即可。另外，需要将模拟月

光与环境光的VRay灯光的“细分”值提高到30，其他灯光的“细分”值控制在16~24即可。

渲染光子图

01 按F10键打开“渲染设置”对话框，然后展开“公用”卷展栏，再设置“宽度”为480、“高度”为600，如图14-223所示。

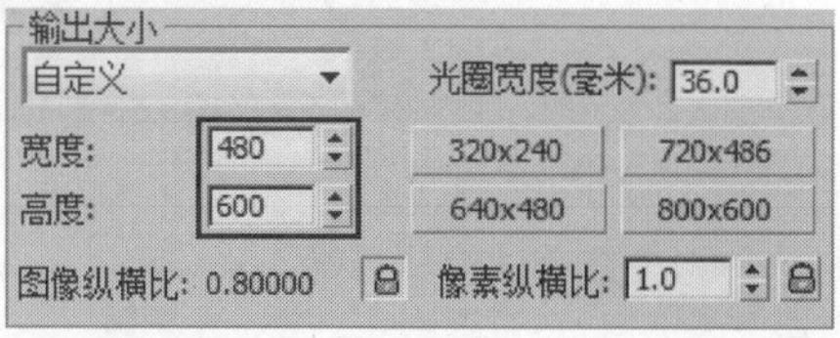

图14-223

02 单击VRay选项卡，然后在“全局开关”卷展栏中勾选“光泽效果”选项，如图14-224所示。

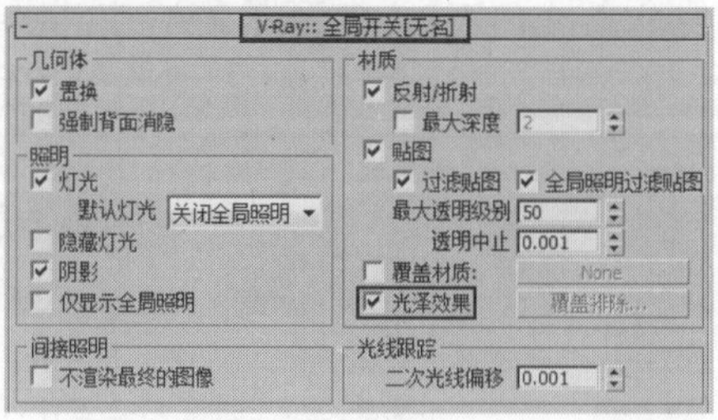

图14-224

03 在“图像采样器（反锯齿）”卷展栏下设置“图像采样器”类型为“自适应细分”，如图14-225所示。

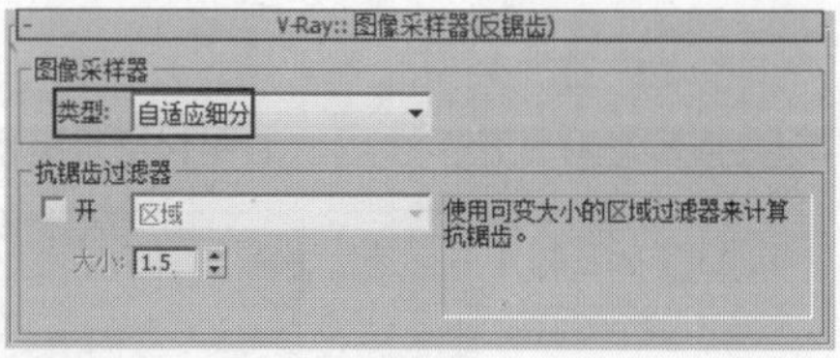

图14-225

04 单击“间接照明”选项卡，在“发光图”卷展栏下设置“当前预置”为“中”，然后设置“半球细分”为70、“插值采样”为30，再在“在渲染结束后”选项组下勾选“自动保存”选项，并设置好发光图的保存路径，最后勾选“切换到保存的贴图”选项，如图14-226所示。

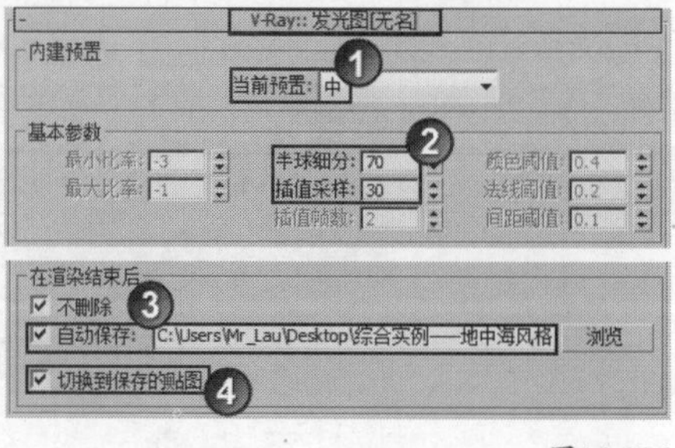

图14-226

05 展开“灯光缓存”卷展栏，然后设置“细分”为1000，再在“在渲染结束后”选项组下勾选“自动保存”选项，并设置好灯光缓存贴图的保存路径，最后勾选“切换到保存的缓存”选项，如图14-227所示。

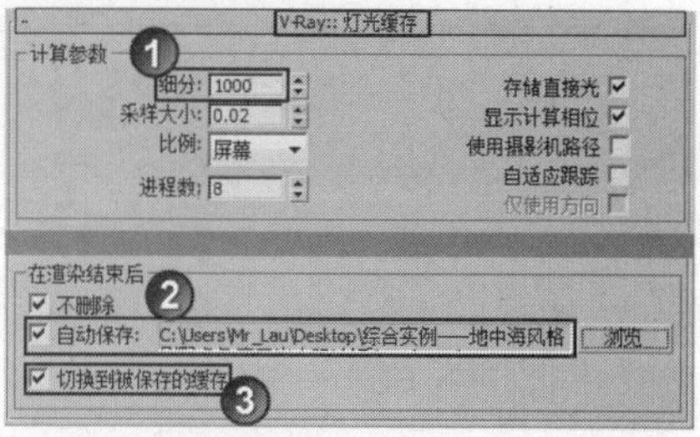

图14-227

06 单击“设置”选项卡，然后在“DMC采样器”卷展栏下设置“适应数量”为0.75、“噪波阈值”为0.005、“最小采样值”为24，如图14-228所示。

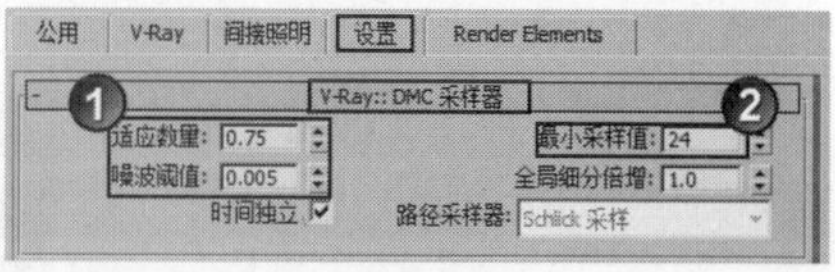

图14-228

07 按F9键渲染当前场景，效果如图14-229所示。

图14-229

渲染最终图像

01 按F10键打开“渲染设置”对话框，然后展开“公用”卷展栏，再设置“宽度”为1600、“高度”为2000，如图14-230所示。

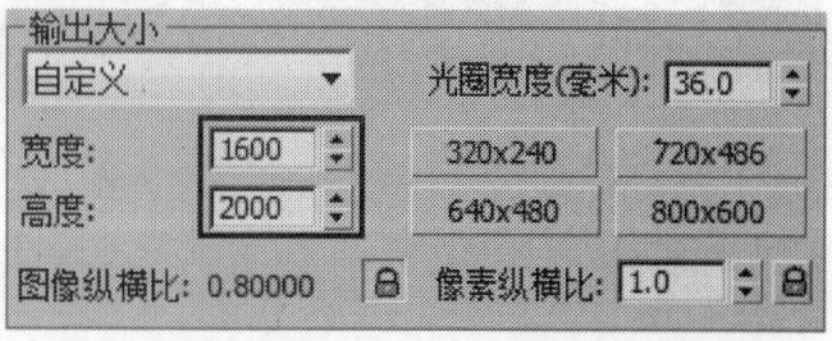

图14-230

02 展开“图像采样器（反锯齿）”卷展栏，然后在“抗锯齿过滤器”选项组下勾选“开”选项，再设置“抗锯齿过滤器”为Catmull-Rom，如图14-231所示。

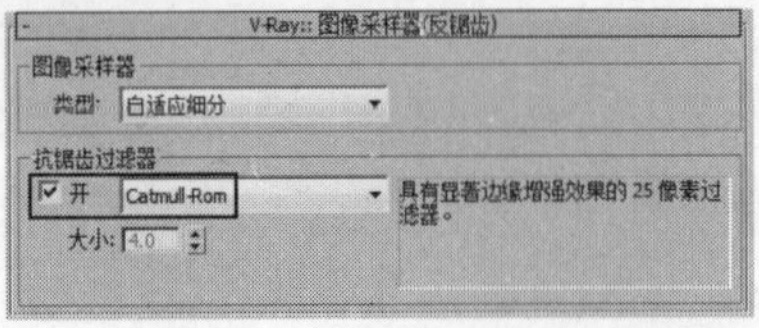

图14-231

03 单击“间接照明”选项卡，然后在“发光图”卷展栏和“灯光缓存”卷展栏下设置“模式”为“从文件”，再设置好“文件”的保存路径，如图14-232所示。

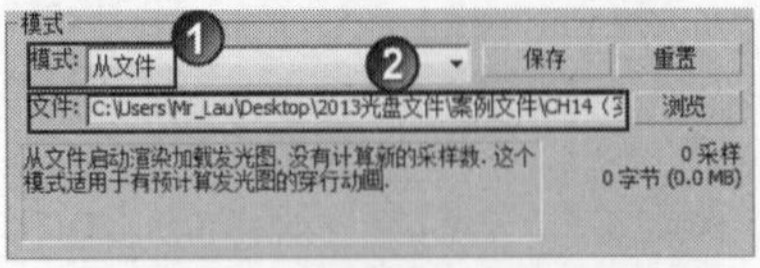

图14-232

04 按F9键渲染当前场景，最终效果如图14-233所示。

图14-233

实战239 地中海别墅日光表现

场景位置	DVD>场景文件>CH14>实战239.max
实例位置	DVD>实例文件>CH14>实战239.max
视频位置	DVD>多媒体教学>CH14>实战239.flv
难易指数	★★★★★
技术掌握	涂料、石料、玻璃和草地材质的制作方法；别墅日光的表现方法

实例介绍

本例是一个地中海风格的别墅外观场景，外墙涂料材质、外墙石料材质、玻璃材质和草地材质是本例的学习重点，在灯光表现上主要使用VRay太阳与“VRay天空”环境贴图来联动制作日光效果，如图14-234所示。

图14-234

Part 1 场景测

打开光盘中的“场景文件>CH14>实战239.max”文件，如图14-235所示。可以观察到场景中已经设置好了3台摄影机，接下来直接设置测试渲染参数。

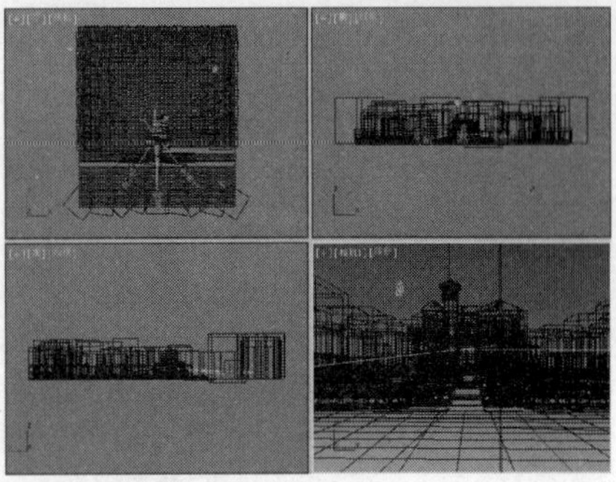

图14-235

设置测试渲染参数

01 按F10键打开“渲染设置”对话框，然后单击VRay选项卡，再在“全局开关”卷展栏下关闭“隐藏灯光”和“光泽效果”选项，最后设置“二次光线偏移”为0.001，如图14-236所示。

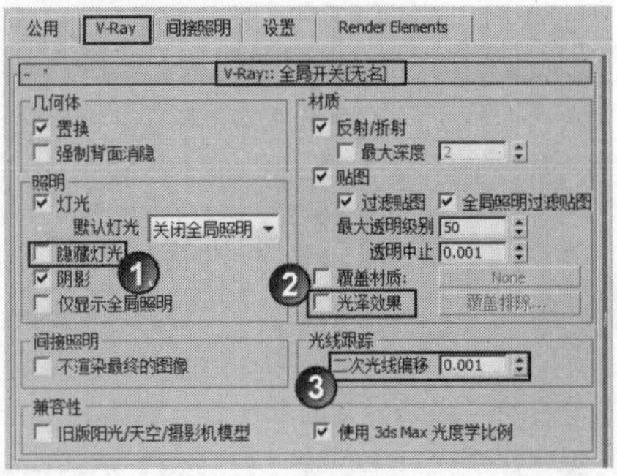

图14-236

02 展开“图像采样器（反锯齿）”卷展栏，然后设置“图像采样器”类型为“固定”，再在“抗锯齿过滤器”选项组下关闭“开”选项，如图14-237所示。

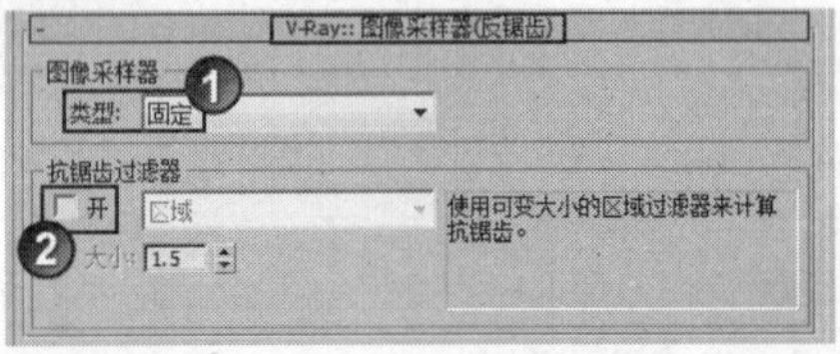

图14-237

03 单击“间接照明”选项卡，然后在“间接照明（GI）”卷展栏下勾选“开”选项，再设置“首次反弹”为“发光图”、“二次反弹”为“灯光缓存”，如图14-238所示。

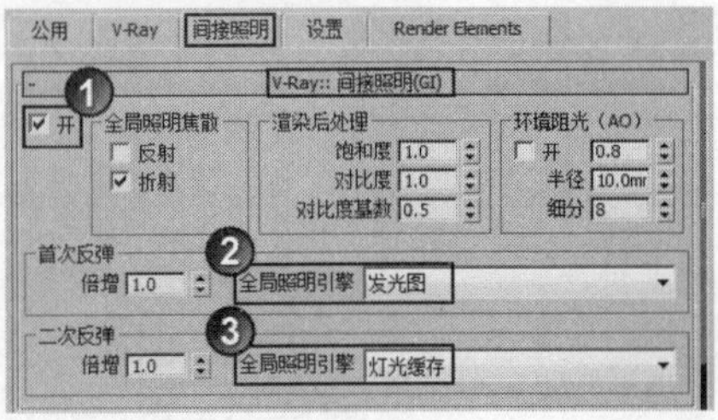

图14-238

04 展开“发光图”卷展栏，然后设置“当前预置”为“非常低”，再设置“半球细分”为50、“插值采样”为

20，具体参数设置如图14-239所示。

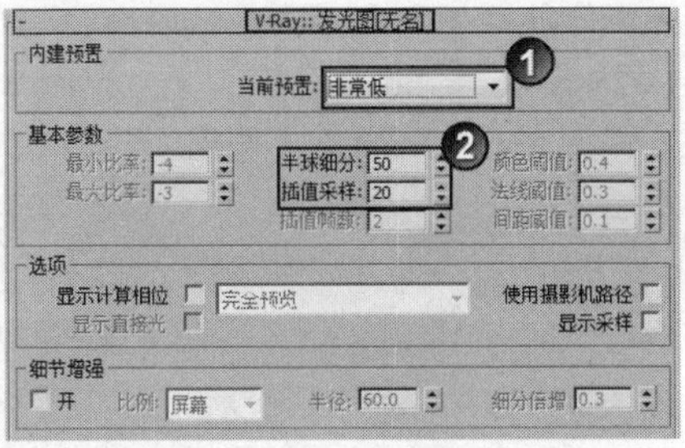

图14-239

05 展开“灯光缓存”卷展栏，然后设置“细分”为400，再勾选“显示计算相位”选项，如图14-240所示。

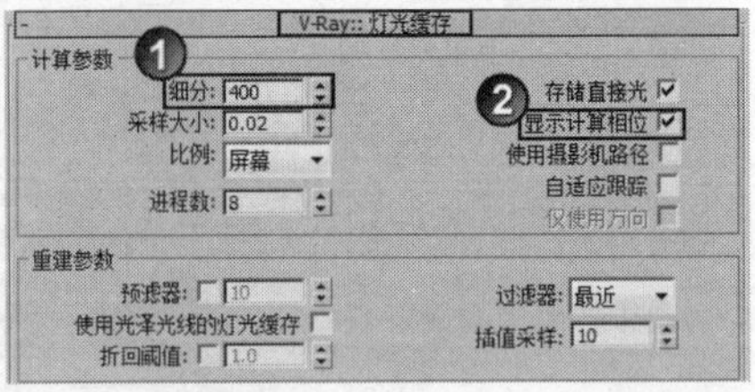

图14-240

06 单击“设置”选项卡，然后在“系统”卷展栏下设置“区域排序”为Top->Bottom（从上->下），如图14-241所示。

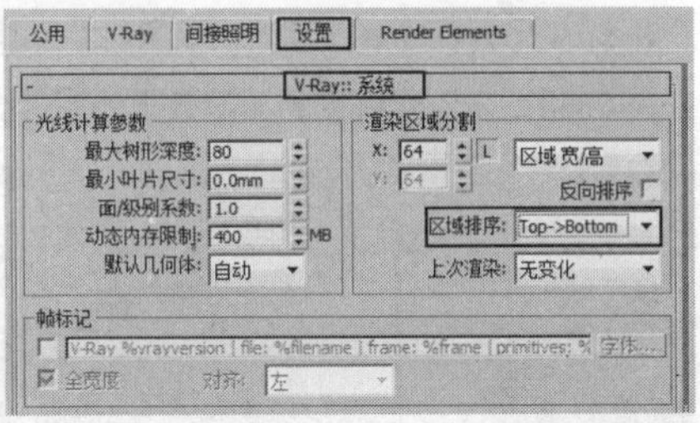

图14-241

检查模型

01 选择一个空白材质球，然后设置材质类型为VRayMtl，再设置“漫反射”颜色为白色，如图14-242所示。

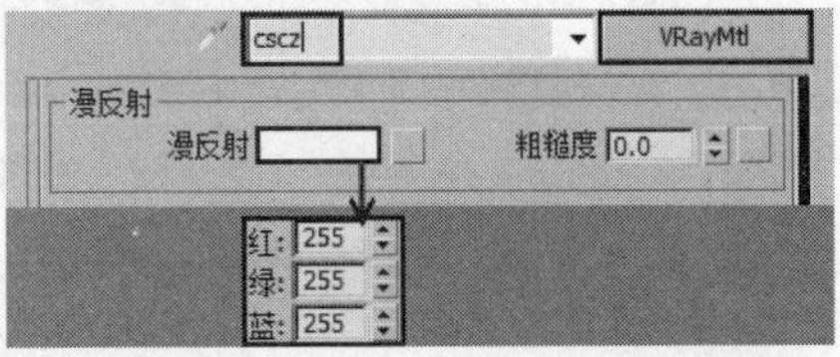

图14-242

02 按F10键打开“渲染设置”对话框，然后单击VRay选项卡，再在“全局开关”卷展栏下勾选“覆盖材质”选项，最后使用鼠标左键将制作好的材质以“实例”方式复制到“覆盖材质”选项后面的None（无）按钮 None 上，如图14-243所示。

03 展开“环境”卷展栏，然后在“全局照明环境（天光）覆盖”选项组下勾选“开”选项，再设置天光颜色为白色，如图14-244所示。

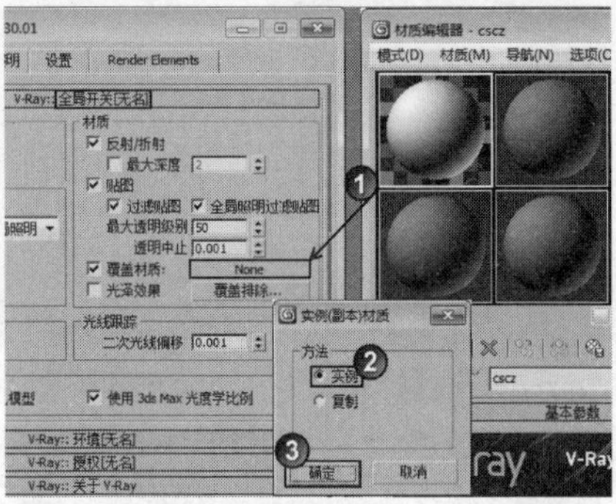

图14-243

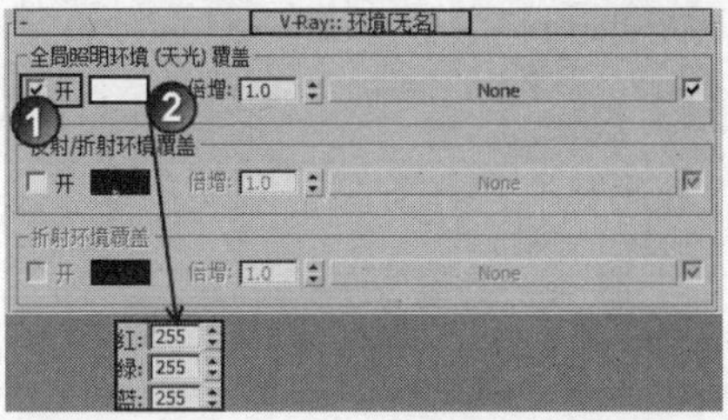

图14-244

04 按F9键渲染当前场景，效果如图14-245所示。

图14-245

Part 2 材质制作

本例的场景对象材质主要包括外墙涂料材质、外墙石料材质、玻璃材质和草地材质，如图14-246所示。

图14-246

制作外墙涂料材质

外墙材质的模拟效果如图14-247所示。

选择一个空白材质球，然后设置材质类型为VRayMtl，并将其命名为qmtl，再设置“漫反射”颜色为（红:255，绿:245，蓝:200），如图14-248所示，制作好的材质球效果如图14-249所示。

图14-247

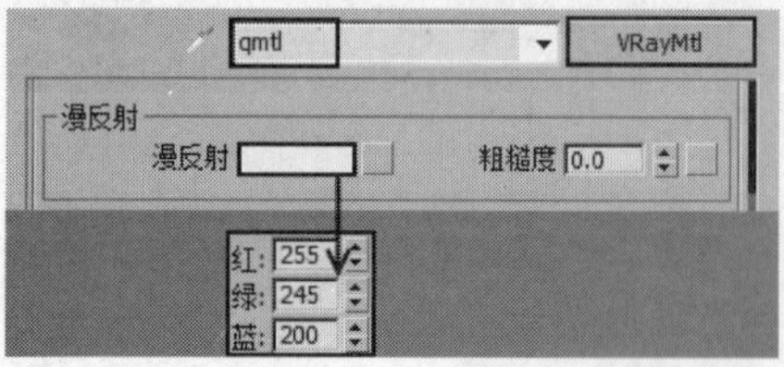

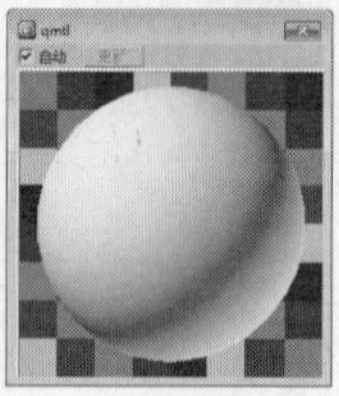

图14-248　　图14-249

制作外墙石料材质

外墙石料材质的模拟效果如图14-250所示。

图14-250

选择一个空白材质球，然后设置材质类型为VRayMtl，并将其命名为qtsl，再在"漫反射"贴图通道中加载光盘中的"实例文件>CH14>实战239>墙体石料.jpg"文件，最后在"坐标"卷展栏下设置"模糊"为0.01，具体参数设置如图14-251所示，制作好的材质球效果如图14-252所示。

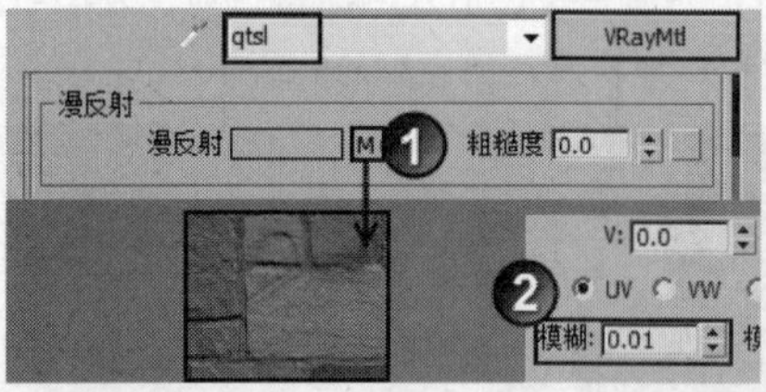

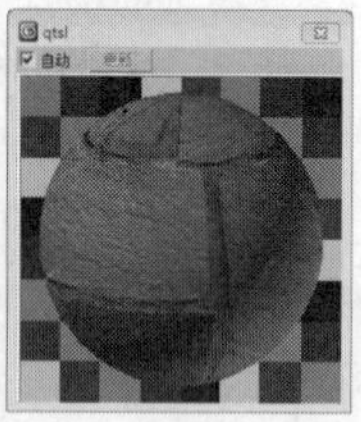

图14-251　　图14-252

制作玻璃材质

玻璃材质的模拟效果如图14-253所示。

图14-253

01 选择一个空白材质球，然后设置材质类型为VRayMtl，并将其命名为blcz，再设置"漫反射"颜色为黑色，如图14-254所示。

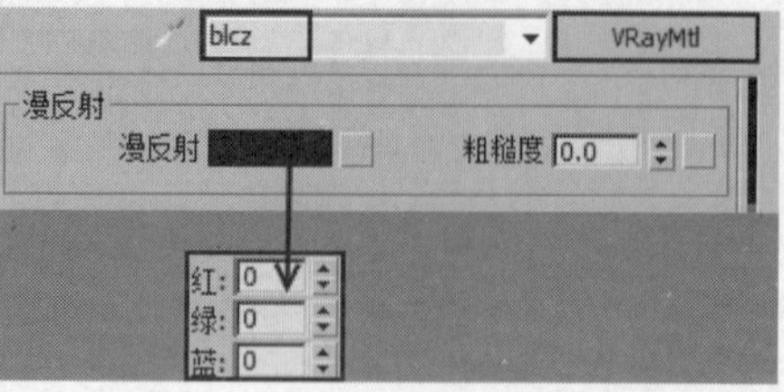

图14-254

02 设置"反射"颜色为（红:85，绿:85，蓝:85），然后设置"高光光泽度"为0.85，如图14-255所示。

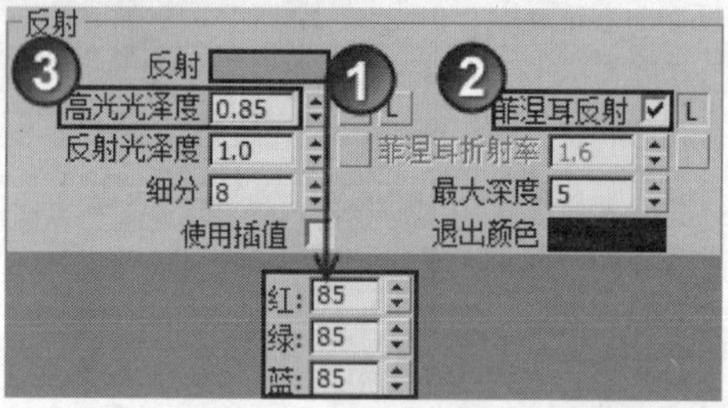

图14-255

03 设置"折射"颜色为（红:230，绿:230，蓝:230），然后设置"折射率"为1.517，再勾选"影响阴影"选项，具体参数设置如图14-256所示，制作好的材质球效果如图14-257所示。

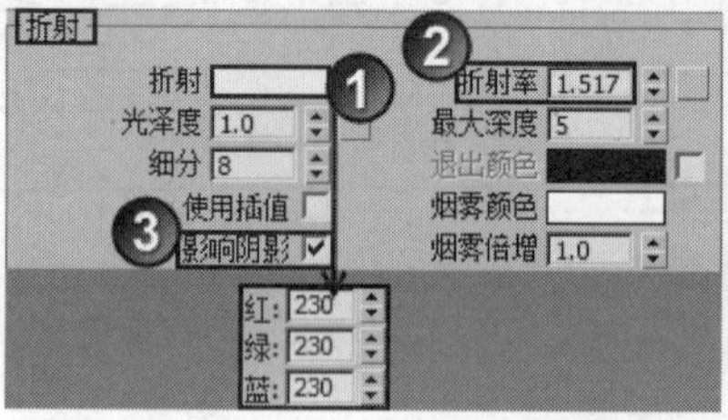

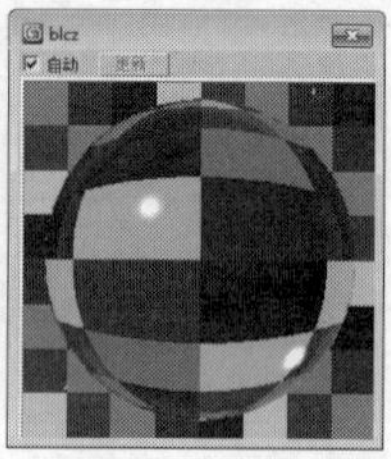

图14-256　　图14-257

制作草地材质

草地材质的模拟效果如图14-258所示。

01 选择一个空白材质球，然后设置材质类型为VRayMtl，并将其命名为cdcz，再在"漫反射"贴图通道中加载光盘中的"实例文件>CH14>实战239>Grass.jpg"文件，如图14-259所示。

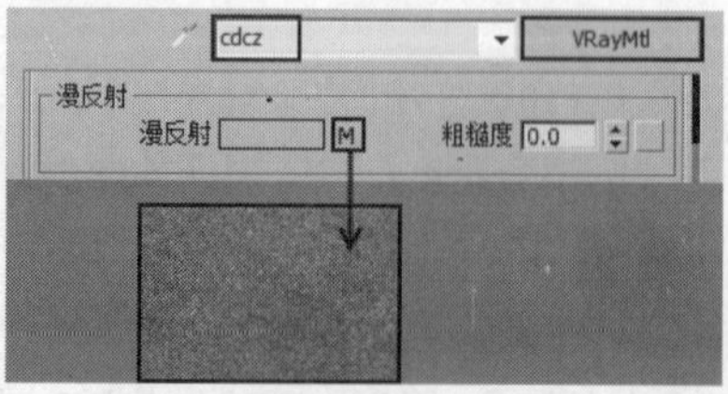

图14-258　　图14-259

02 设置"反射"颜色为（红:28，绿:43，蓝:25），然后设置"反射光泽度"为0.85，再在"选项"卷展栏下关闭"跟踪反射”选项，如图14-260所示，制作好的材质球效果如图14-261所示。

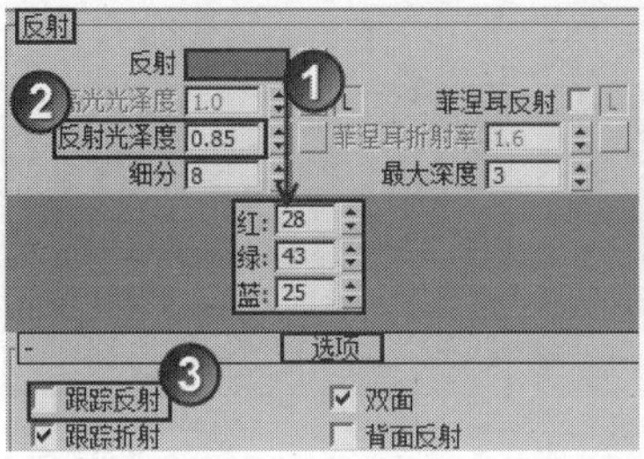

图14-260

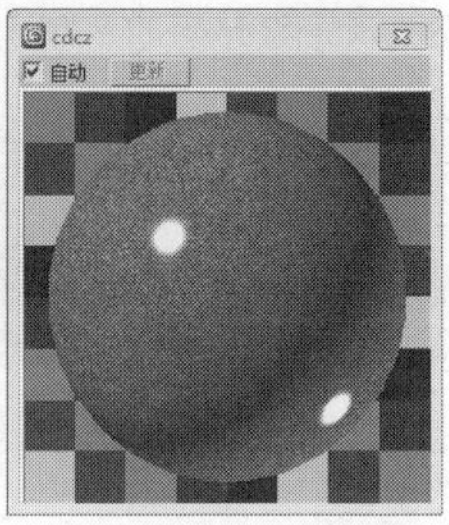

图14-261

03 为了表现较真实的草地凹凸细节，选择草地模型，然后为其加载一个“VRay置换模式”修改器，再在“参数”卷展栏下设置“类型”为“2D映射（景观）”，并在“纹理贴图”通道中加载光盘中的“实例文件>CH14>实战239>Grass.jpg”文件，最后设置“数量”为152.4，如图14-262所示。

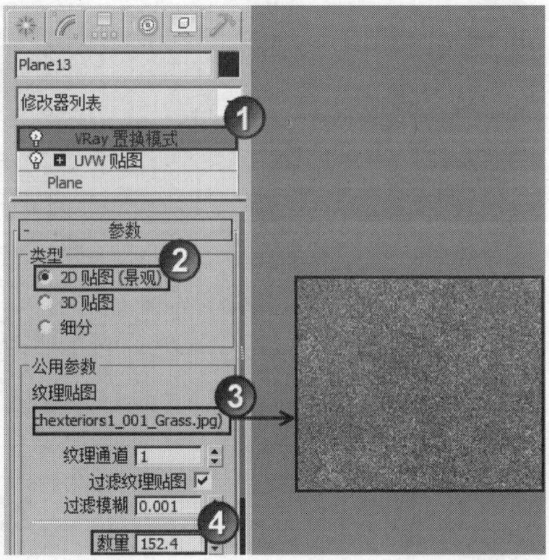

图14-262

Part 3 灯光设置

本场景的灯光比较简单，只需要使用VRay太阳与“VRay天空”环境贴图来模拟日光效果即可。但是本例中的背景环境较为复杂，要快速测试好灯光也需要一定的技巧。

创建阳光

01 虽然本场景中的树木都已经处理为VRay代理网格，但还是会影响到测试渲染的速度，因此选择地面与别墅模型，如图14-263所示，然后按Ctrl+I组合键反选模型，再单击鼠标右键，最后在弹出的菜单中选择“隐藏选定对象”命令，如图14-264所示。

02 设置“灯光”类型为VRay，然后在前视图中创建一盏VRay太阳，其位置与角度如图14-265所示（注意，在创建的过程中选择不自动添加“VRay天空”环境贴图）。

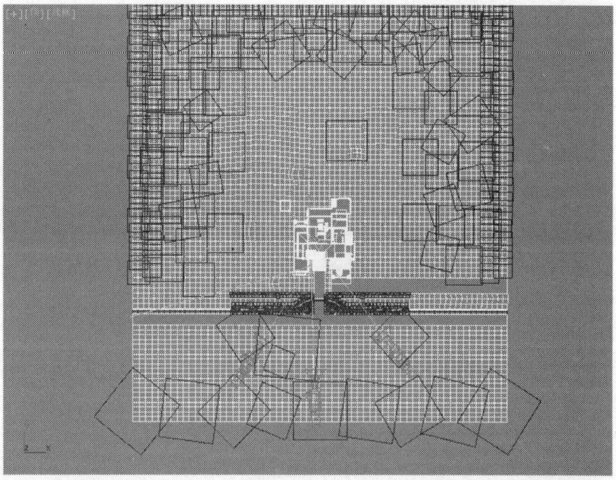

图14-263

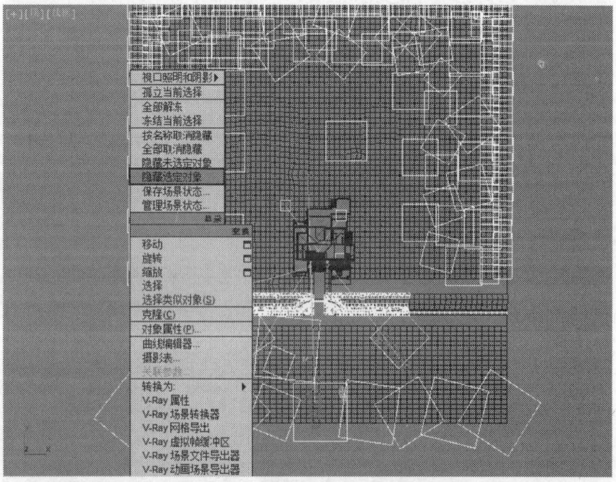

图14-264

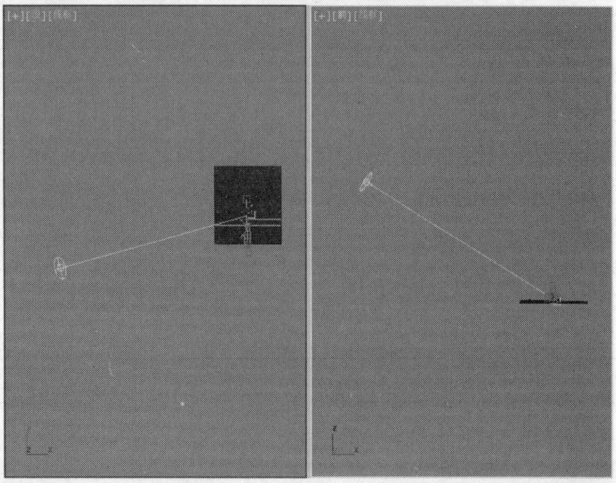

图14-265

03 选择VRay太阳，然后在“VRay太阳参数”卷展栏下设置“强度倍增”为0.03、“大小倍增”为4、“光子反射半径”为150000mm，如图14-266所示。

04 切换到第1个摄影机视图，然后按F9键渲染当前场景，效果如图14-267所示。接下来创建环境光。

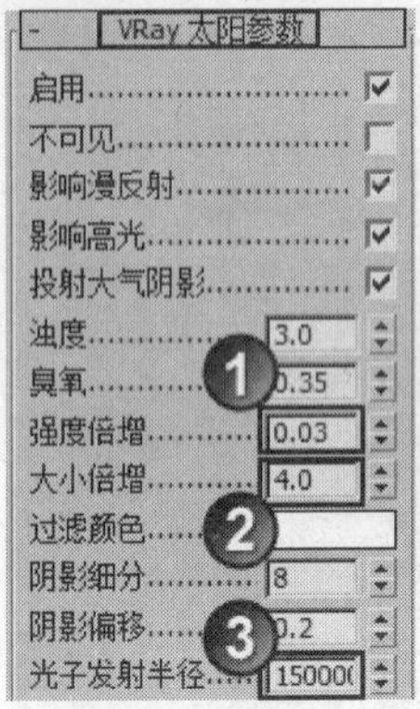

图14-266

图14-267

创建环境光

01 按8键打开“环境和效果”对话框，然后在“环境贴图”通道中加载一张“VRay天空”环境贴图，再将其以“实例”方式复制到一个空白材质球上，如图14-268所示。

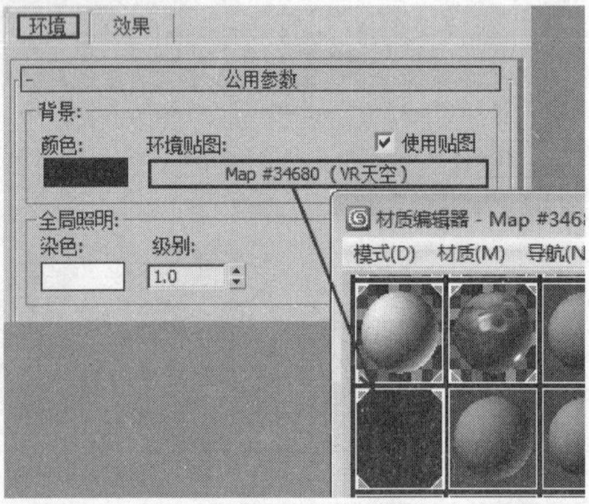

图14-268

02 展开“VRay天空参数”卷展栏，然后勾选“指定阳光节点”选项，再单击“太阳光”选项后面的None（无）按钮 None ，并在场景中拾取VRay太阳，最后设置“太阳强度倍增”为0.022，如图14-269所示。

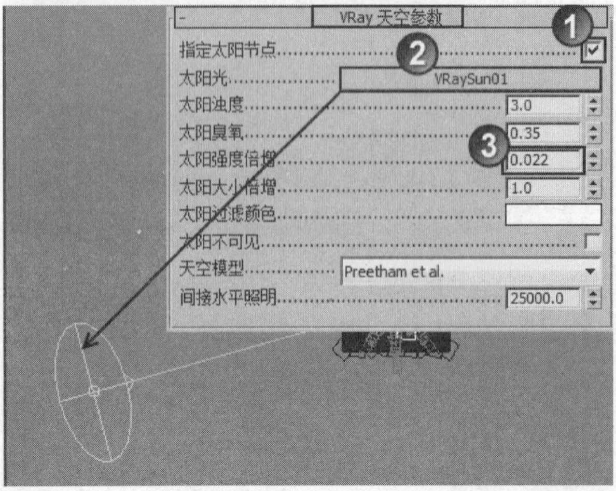

图14-269

03 按F9键渲染当前场景，效果如图14-270所示。

04 显示隐藏的树木并再次渲染当前场景，效果如图14-271所示。至此，场景灯光效果制作完成，接下来渲染成品图。

图14-270

图14-271

技巧与提示

在显示树木后为了渲染出理想的挂角树细节，可以将“要渲染的区域”设置为“区域”，然后“划出”挂角树所在的范围，这样可以快速得到挂角树的效果，而不用长时间渲染成图，如图14-272所示。

图14-272

Part 4 渲染成品图

提高材质与灯光细分光

01 在本例中需要将所有材质的“细分”值提高到24，同时需要将VRay太阳的“细分”值提高到30。

渲染光子光

按F10键打开“渲染设置”对话框，然后展开“公用”卷展栏，设置“宽度”为600、“高度”为360，如图14-273所示。

图14-273

02 单击VRay选项卡，然后在“全局开关”卷展栏下勾选“光泽效果”选项，如图14-274所示。

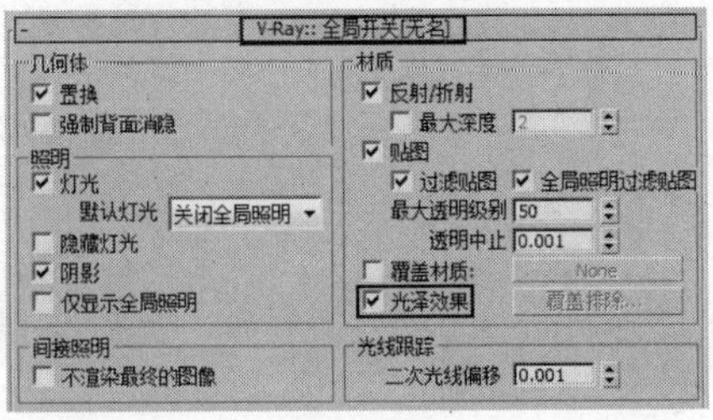

图14-274

03 在“图像采样器（反锯齿）”卷展栏下设置“图像采样器”类型为“自适应细分”，如图14-275所示。

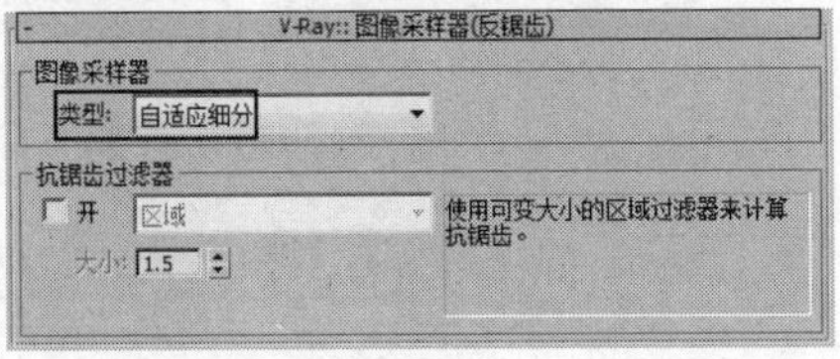

图14-275

04 单击“间接照明”选项卡，在“发光图”卷展栏下设置“当前预置”为“中”，然后设置“半球细分”为70、“插值采样”为30，再在“在渲染结束后”选项组下勾选“自动保存”选项，并设置好发光图的保存路径，最后勾选“切换到保存的贴图”选项，如图14-276所示。

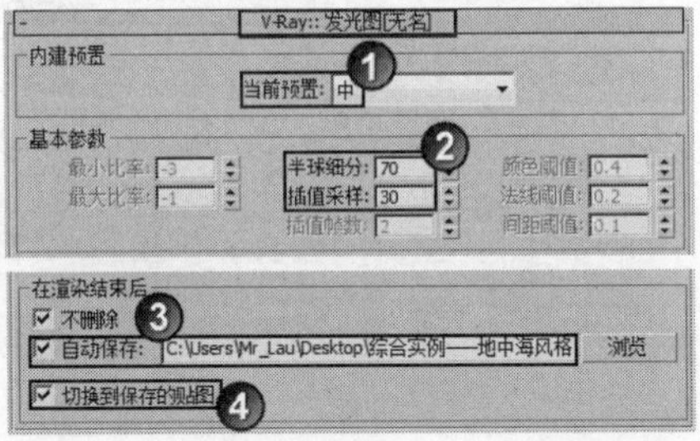

图14-276

05 展开“灯光缓存”卷展栏，然后设置“细分”1000，再在“在渲染结束后”选项组下勾选“自动保存”选项，并设置好灯光缓存贴图的保存路径，最后勾选“切换到保存的缓存”选项，如图14-277所示。

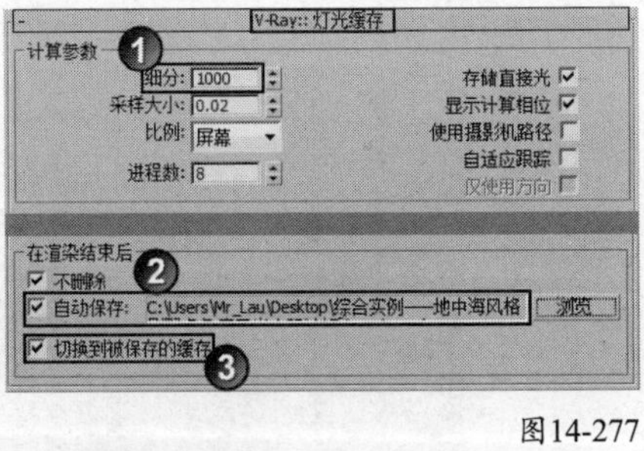

图14-277

06 单击“设置”选项卡，然后在“DMC采样器”卷展栏下设置“适应数量”为0.75、“噪波阈值”为0.005、“最小采样值”为24，如图14-278所示。

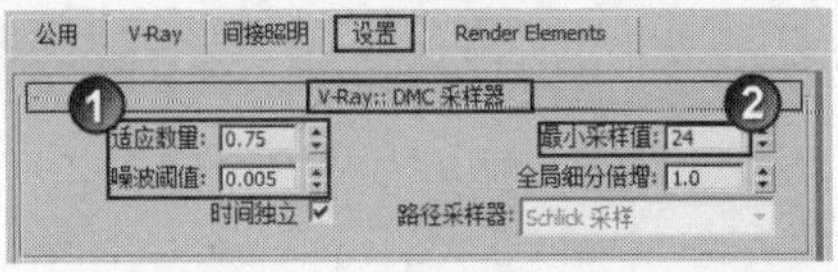

图14-278

07 按F9键渲染当前场景，效果如图14-279所示。

图14-279

渲染最终图像

01 按F10键打开“渲染设置”对话框，然后展开“公用”卷展栏，设置“宽度”为2000、“高度”为1200，如图14-280所示。

图14-280

02 展开“图像采样器（反锯齿）”卷展栏，然后在“抗锯齿过滤器”选项组下勾选“开”选项，再设置“抗锯齿过滤器”为Catmull-Rom，如图14-281所示。

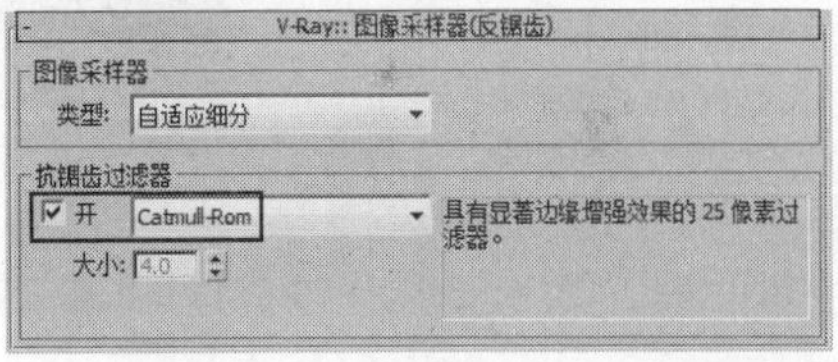

图14-281

03 单击“间接照明”选项卡，然后在“发光图”卷展栏和“灯光缓存”卷展栏下设置“模式”为“从文件”，再设置好“文件”的保存路径，如图14-282所示。

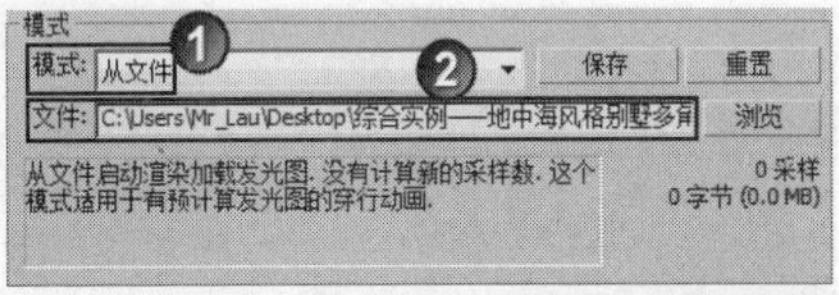

图14-282

04 按F9键渲染当前场景，最终效果如图14-283所示。

图14-283

实战240 现代别墅夜景表现

场景位置	DVD>场景文件>CH14>实战240.max
实例位置	DVD>实例文件>CH14>实战240.max
视频位置	DVD>多媒体教学>CH14>实战240.flv
难易指数	★★★★★
技术掌握	石材、木纹、木纹、池水材质的制作方法；别墅夜景灯光的表现方法

实例介绍

本例是一个现代风格的别墅外观场景，墙面石材材质、地面石材、地板木纹以及池水材质是本例的学习重点，在灯光表现上主要学习月夜环境光以及多层空间布光的方法，效果如图14-284~图14-286所示。

图14-284

图14-285

图14-286

Part 1 场景测试

创建目标摄影机

01 打开光盘中的“场景文件>CH14>实战240”文件，如图14-287所示。白色矩形框内的建筑为本例要表现的主体，后面的建筑物用来作为背景，使渲染效果更具层次感。

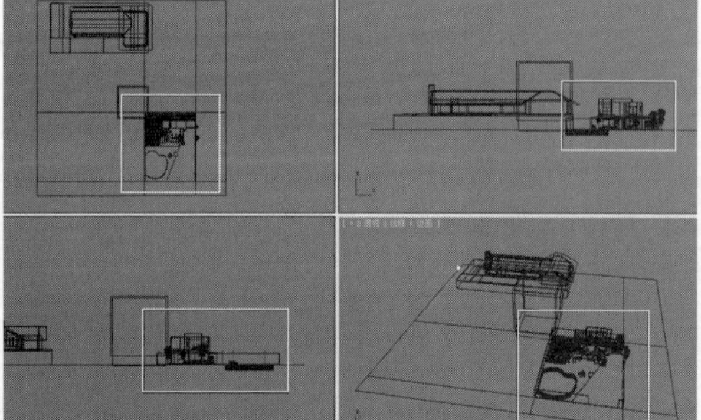
图14-287

技巧与提示

场景右侧是一个以长方体形式显示出来的物体，这其实是一棵高细节的树木模型，考虑到树模型的面很多，会严重影响计算机的反应速度，所以将其“对象属性”调整为“显示为外框”。

02 设置“摄影机”类型为“标准”，然后在顶视图中创建一台目标摄影机，如图14-288所示。

03 在顶视图中向下略微调整摄影机，形成倾斜角度以加强建筑的体量感，如图14-289所示。

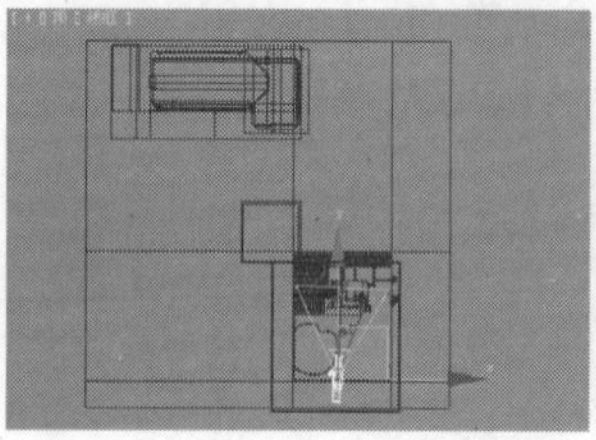
图14-288

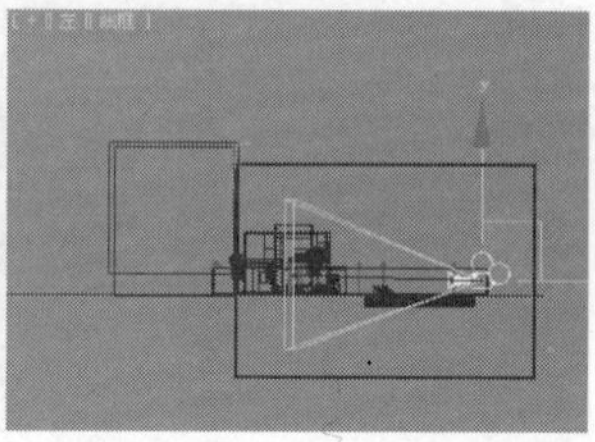
图14-289

04 按C键切换到摄影机视图，然后选择目标摄影机，再在“参数”卷展栏下设置“镜头”为35、“视野”为54.432，具体参数设置如图14-290所示，调整好的摄影机视图如图14-291所示。

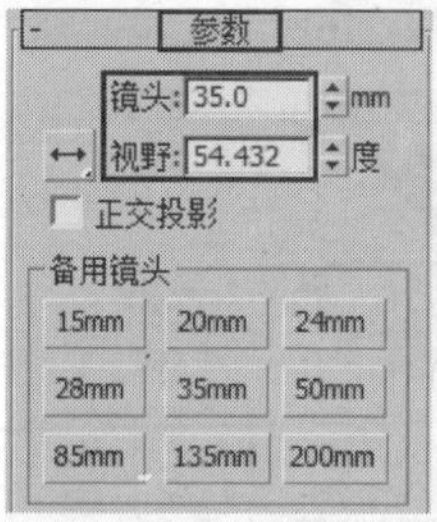

图14-290

图14-291

05 由于摄影机向上倾斜时建筑的透视出现了偏差，因此选择目标摄影机并单击鼠标右键，然后在弹出的菜单中选择“应用摄影机校正修改器”命令，如图14-292所示，再在“2点透视校正”卷展栏下设置“数量”为-1.031、“方向”为90，对摄影机进行校正，使其变成两点透视，如图14-293所示。

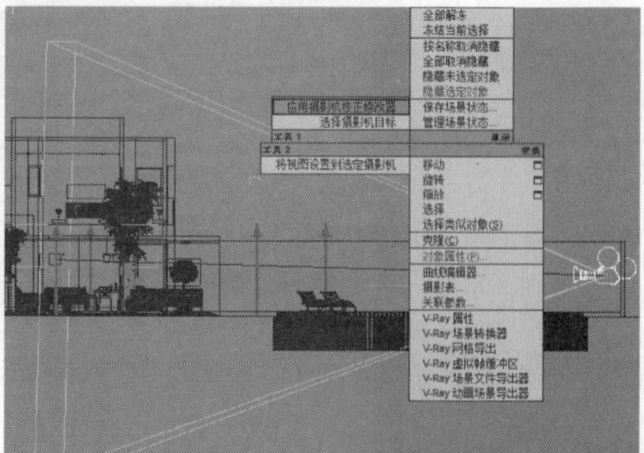
图14-292

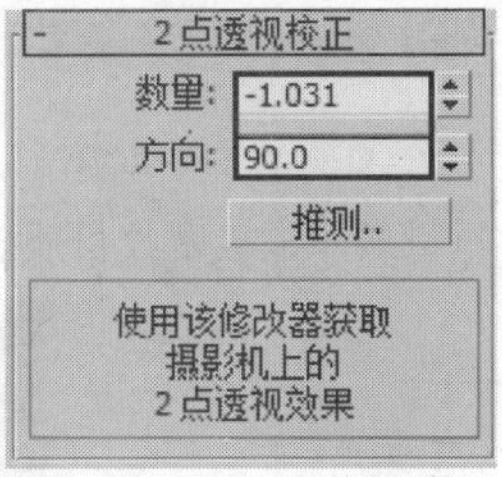

图14-293

06 按F10键打开“渲染设置”对话框，然后在“公用”卷展栏下设置“宽度”为300、“高度”为200，如图14-294所示。

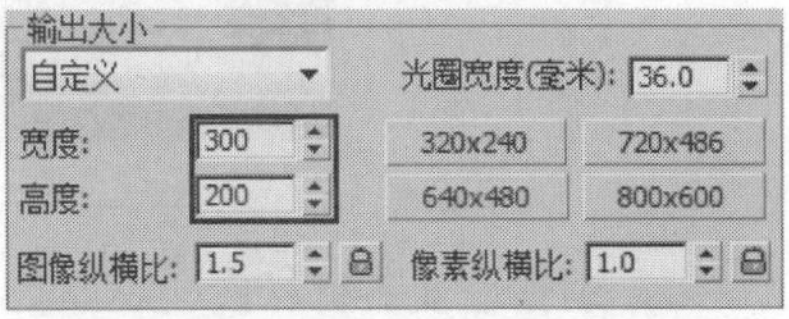

图14-294

07 按C键切换到Camera01视图，然后按Shift+F组合键显示安全框，确定好的摄影机1视图效果如图14-295所示。

图14-295

08 采用相同的方法设置好另外两个摄影机视图，效果如图14-296和图14-297所示。

图14-296

图14-297

设置测试渲染参数

01 按F10键打开“渲染设置”对话框，然后单击VRay选项卡，再在“全局开关”卷展栏下关闭“隐藏灯光”和“光泽效果”选项，最后设置“二次光线偏移”为0.001，如图14-298所示。

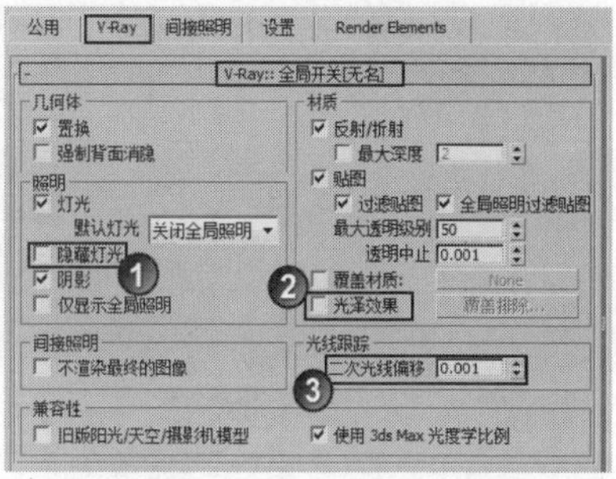

图14-298

02 展开“图像采样器（反锯齿）”卷展栏，然后设置“图像采样器”类型为“固定”，再在“抗锯齿过滤器”选项组下关闭“开”选项，如图14-299所示。

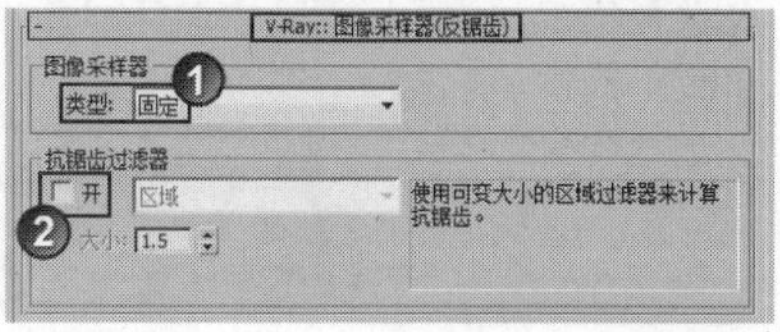

图14-299

03 单击“间接照明”选项卡，然后在“间接照明（GI）”卷展栏下勾选“开”选项，再设置“首次反弹”为“发光图”、“二次反弹”为“灯光缓存”，如图14-300所示。

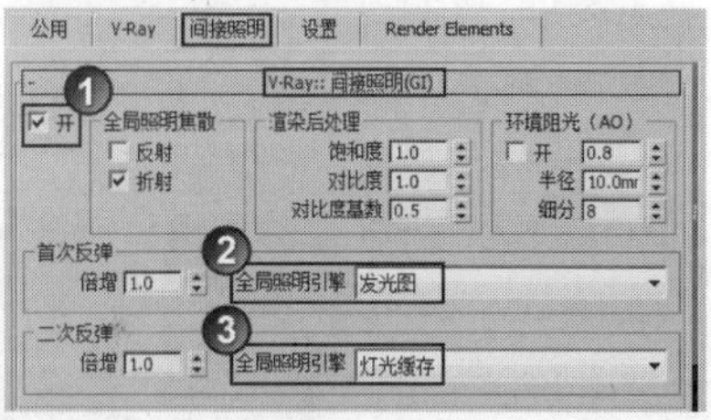

图14-300

04 展开“发光图”卷展栏，然后设置“当前预置”为“非常低”，再设置“半球细分”为50、“插值采样”为20，如图14-301所示。

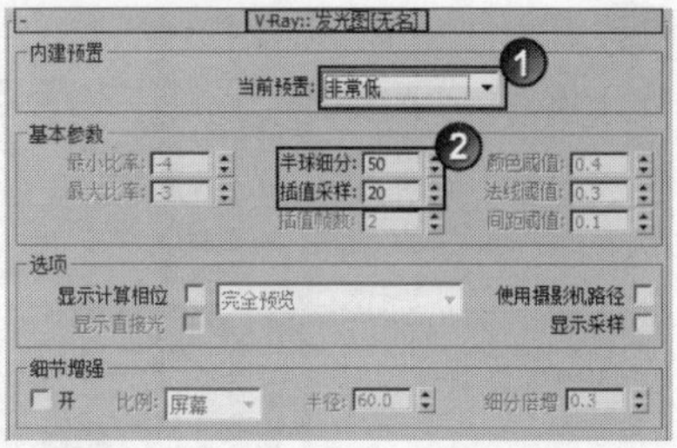

图14-301

05 展开“灯光缓存”卷展栏，然后设置“细分”为400，再勾选“显示计算相位”选项，如图14-302所示。

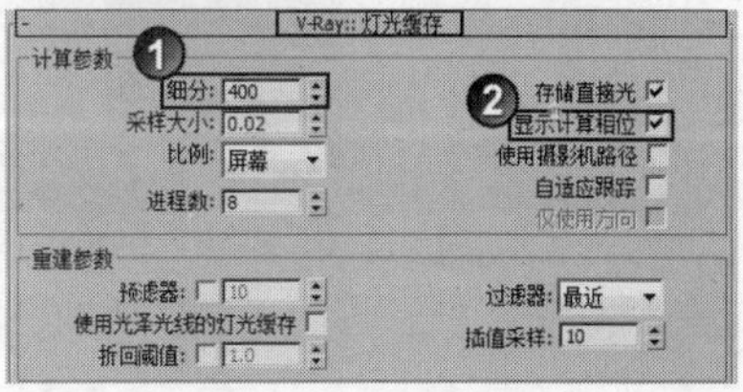

图14-302

06 单击“设置”选项卡，然后在“系统”卷展栏下设置“区域排序”为Top->Bottom（从上->下），如图14-303所示。

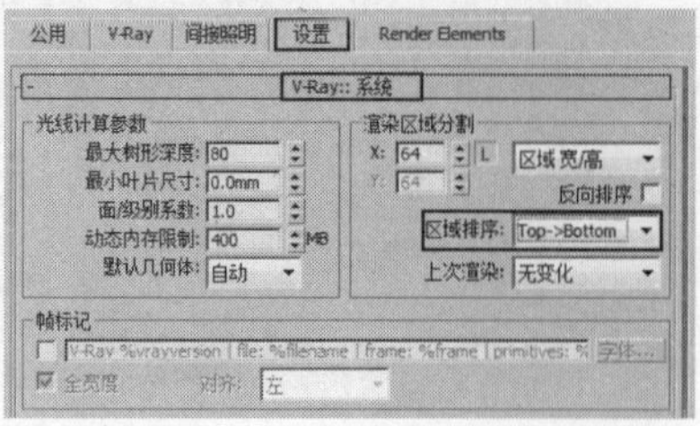

图14-303

检查模型

01 选择一个空白材质球，然后设置材质类型为VRayMtl，再设置“漫反射”颜色为白色，如图14-304所示。

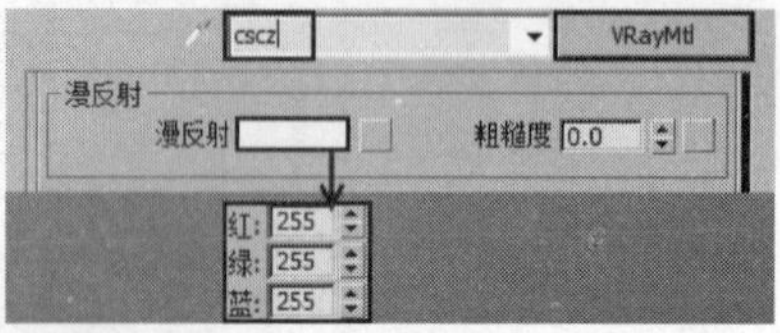

图14-304

02 按F10键打开“渲染设置”对话框，然后单击VRay选项卡，再在“全局开关”卷展栏下勾选“覆盖材质”选项，最后使用鼠标左键将制作好的材质以“实例”方式复制到“覆盖材质”选项后面的None（无）按钮 None 上，如图14-305所示。

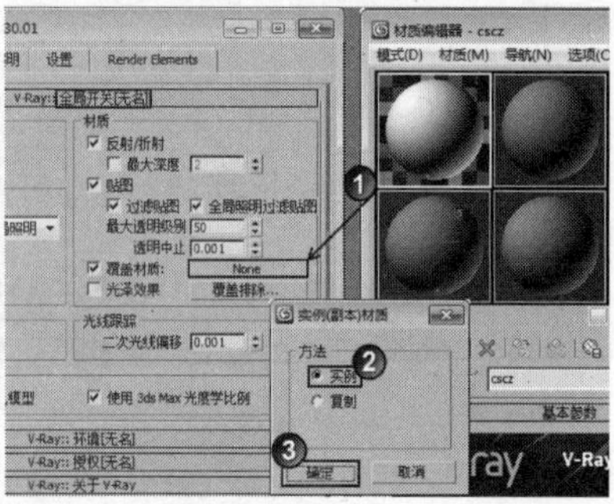

图14-305

03 展开“环境”卷展栏，然后在“全局照明环境（天光）覆盖”选项组下勾选“开”选项，再设置天光颜色为白色，如图14-306如所示。

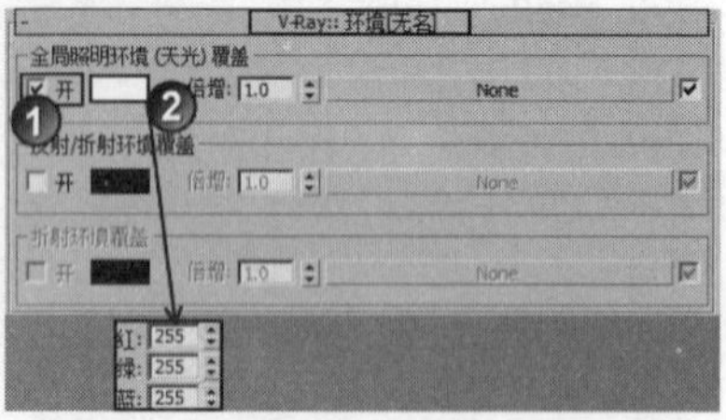

图14-306

04 按F9键渲染当前场景，效果如图14-307所示。

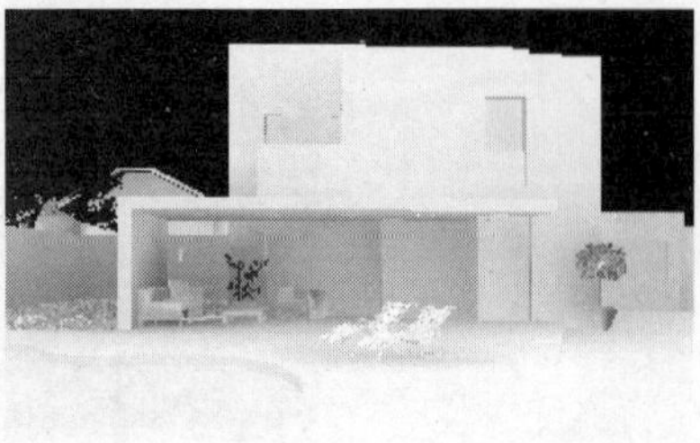

图14-307

Part 2 材质制作

本例的场景对象材质主要包括墙面石材材质、地面石材材质、地板木纹材质以及池水材质，如图14-308所示。

图14-308

制作墙面石材材质

墙面石材材质的模拟效果如图14-309所示。

图14-309

01 选择一个空白的材质球，然后设置材质类型为VRayMtl，并将其命名为qmsc，再在“漫反射”贴图通道中加载光盘中的“实例文件>CH14>实战240>墙面石材.jpg”文件，如图14-310所示。

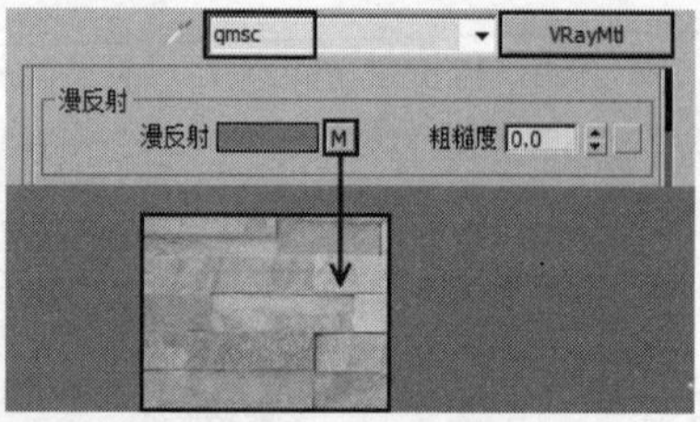

图14-310

02 设置“反射”颜色为（红:30，绿:30，蓝:30），然后设置“高光光泽度”为0.5，再在“选项”卷展栏下关闭“跟踪反射”选项，如图14-311所示。

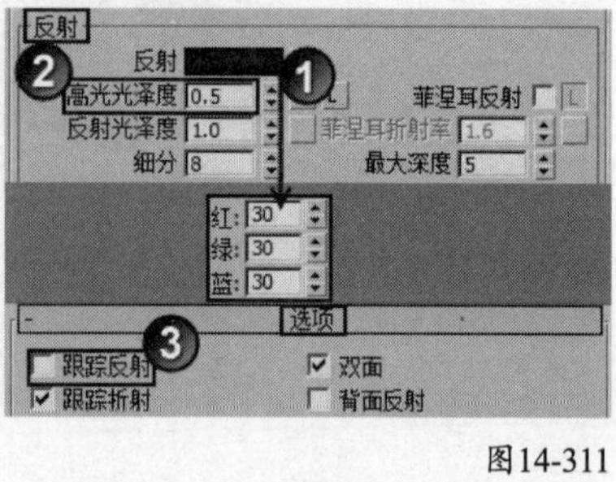

图14-311

03 展开“贴图”卷展栏，然后使用鼠标左键将“漫反射”通道中的贴图拖曳到“凹凸”通道上，再设置“凹凸”为50，如图14-312所示，制作好的材质球效果如图14-313所示。

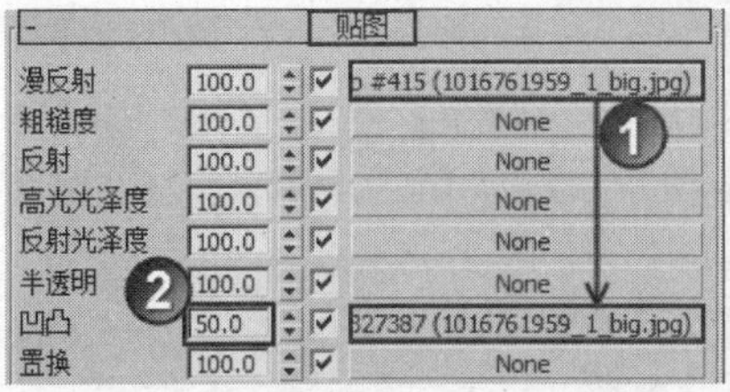

图14-312　　图14-313

制作地面石材材质

地面石材材质的模拟效果如图14-314所示。

01 选择一个空白的材质球，然后设置材质类型为VRayMtl，并将其命名为dmsc，再在“漫反射”贴图通道中加载光盘中的“实例文件>CH14>实战240>外墙砖.jpg”文件，如图14-315所示。

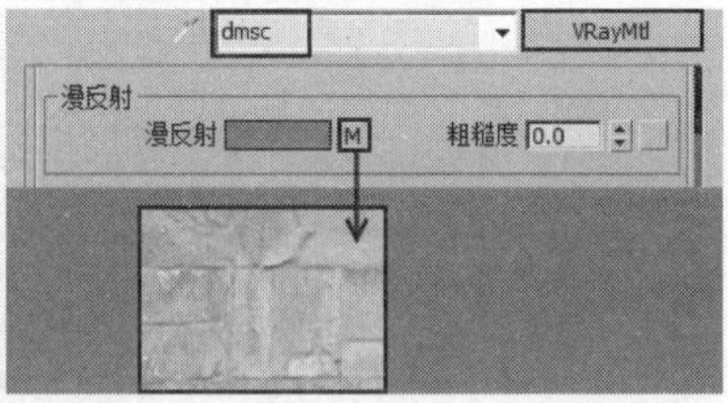

图14-314　　图14-315

02 设置“反射”颜色为（红:185，绿:185，蓝:185），然后勾选“菲涅耳反射”选项，再设置“高光光泽度”和“反射光泽度”均为0.86，如图14-316所示。

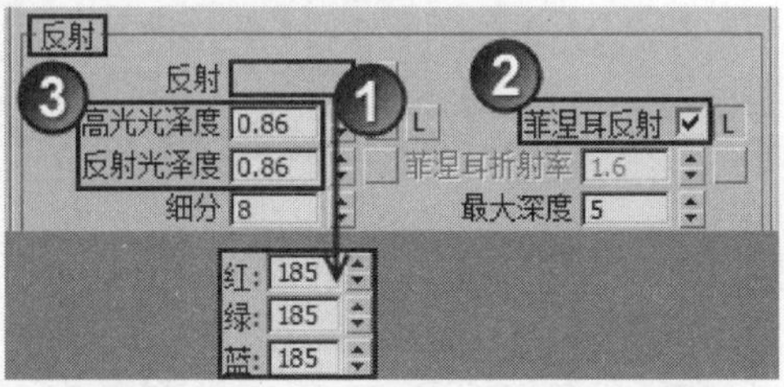

图14-316

03 展开“贴图”卷展栏，然后使用鼠标左键将“漫反射”通道中的贴图拖曳到“凹凸”通道上，再设置“凹凸”为20，如图14-317所示，制作好的材质球效果如图14-318所示。

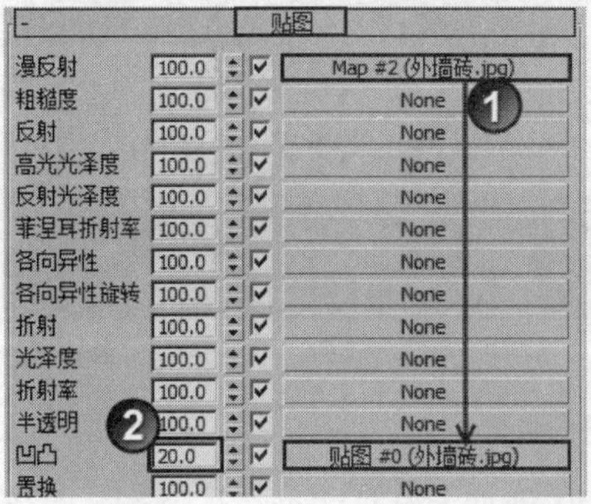

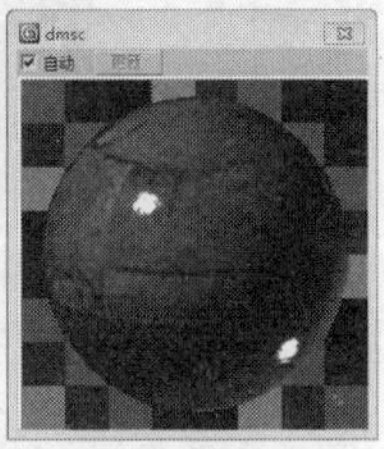

图14-317　　图14-318

制作地板木纹材质

地板木纹材质的模拟效果如图14-319所示。

01 选择一个空白材质球，然后设置材质类型为VRayMtl，并将其命名为dbmw，再在“漫反射”贴图通道中加载光盘中的“实例文件>CH14>实战240>地板.jpg”文件，如图14-320所示。

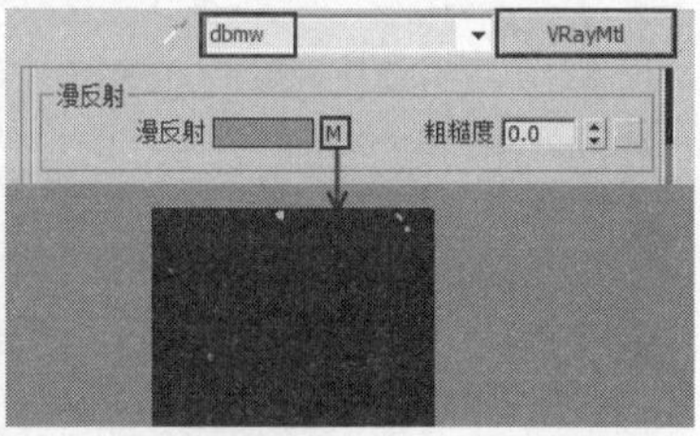

图14-319　　图14-320

02 设置“反射”颜色为（红:191，绿:191，蓝:191），然后勾选“菲涅耳反射”选项，再设置“高光光泽度”为0.93、“反射光泽度”均为0.97，如图14-321所示。

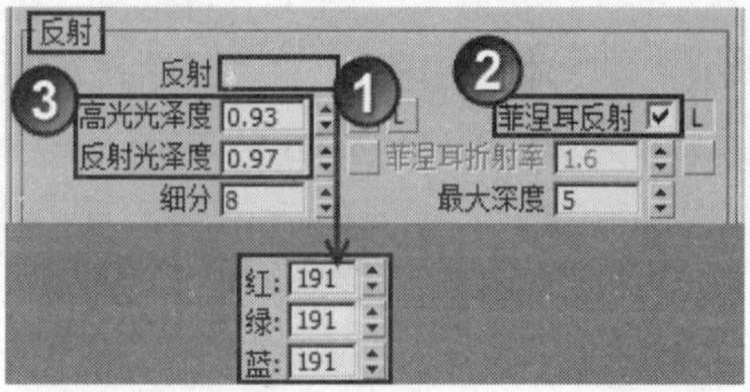

图14-321

03 展开“贴图”卷展栏，然后在“凹凸”贴图通道中加载光盘中的“实例文件>CH14>实战240>地板凹凸.jpg”文件，再设置“凹凸”为20，具体参数设置如图14-322所示，制作好的材质球效果如图14-323所示。

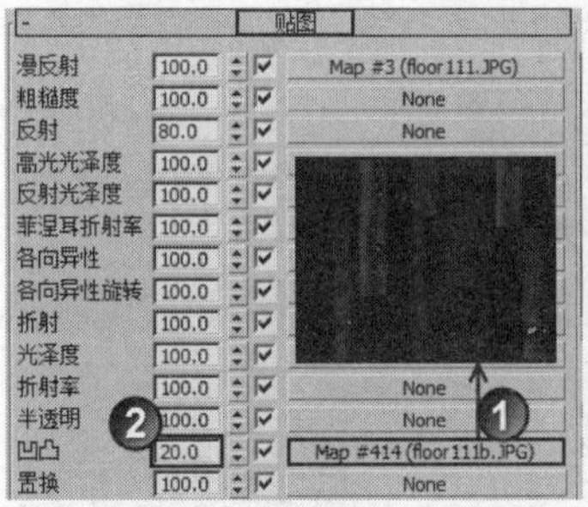

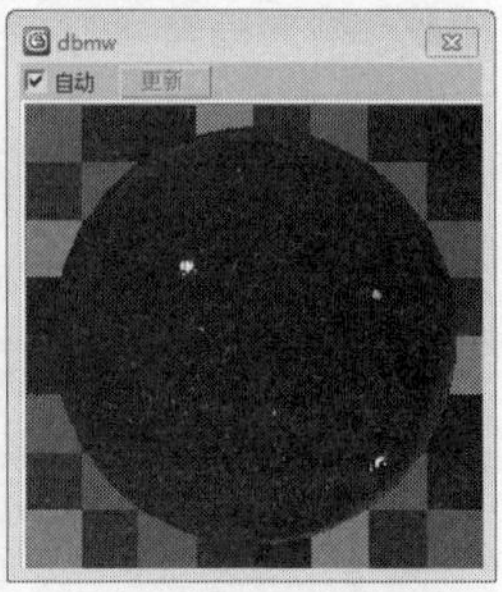

图14-322　　图14-323

制作池水材质

池水材质的模拟效果如图14-324所示。

01 选择一个空白材质球，然后设置材质类型为VRayMtl，再设置“漫反射”颜色为（红:14，绿:39，蓝:0），如图14-325所示。

图14-324

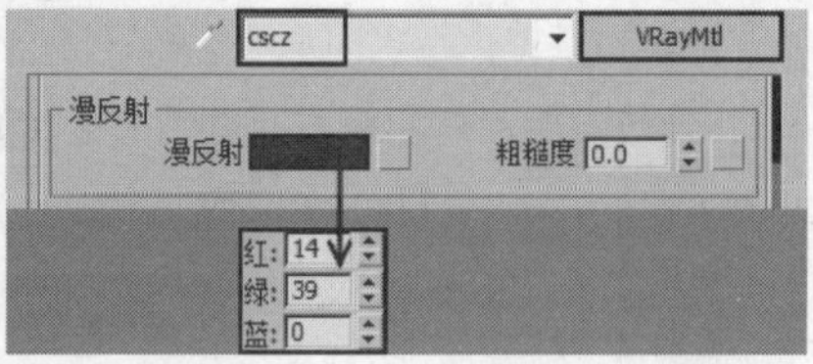

图14-325

02 设置“反射”颜色为（红:131，绿:131，蓝:131），然后勾选“菲涅耳反射”选项，再设置“反射光泽度”为0.97，如图14-326所示。

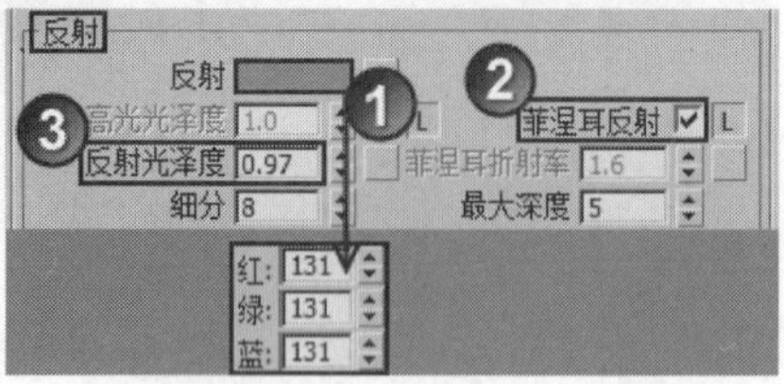

图14-326

03 设置“折射”颜色为（红:240，绿:240，蓝:240），然后设置“折射率”为1.33，再设置“烟雾颜色”为（红:196，绿:204，蓝:186）、“烟雾倍增”为0.001，最后勾选“影响阴影”选项，如图14-327所示。

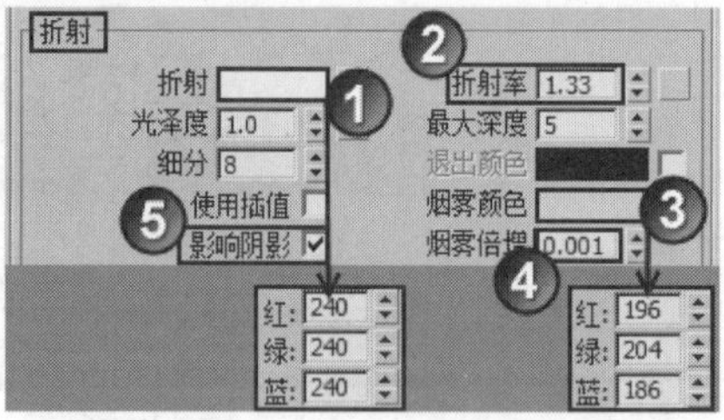

图14-327

04 展开“贴图”卷展栏，在“凹凸”贴图通道中加载一张“噪波”程序贴图，然后在“坐标”卷展栏下设置“偏移”的x为380，再在“噪波参数”卷展栏下设置“大小”为130，最后设置“凹凸”为12，具体参数设置如图14-328所示，制作好的材质球效果如图14-329所示。

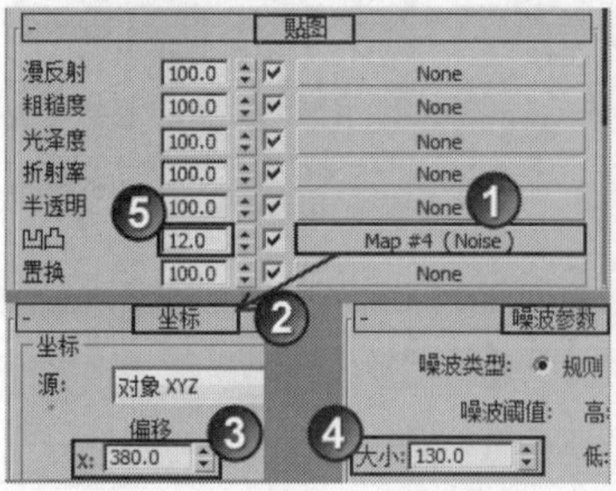

图14-328

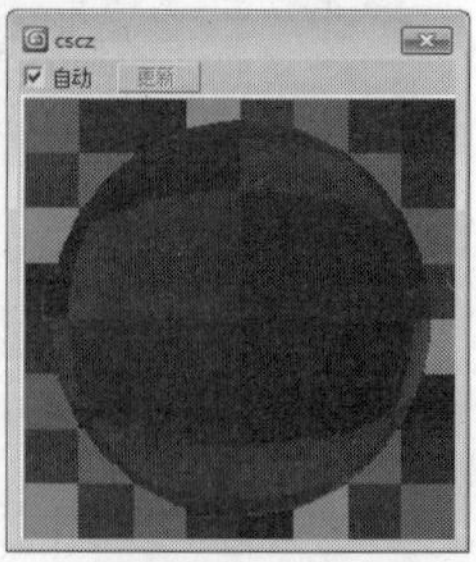

图14-329

Part 3 灯光设置

本例将要表现晴朗天气下临近入夜的环境光氛围，此时只有环境光而没有阳光或月光，配合暖色灯光可以突出建筑空间与轮廓效果。

创建环境光

01 按8键打开“环境和效果”对话框，然后在“环境贴图”通道中加载一张“VRay天空”环境贴图，再将其以“实例”方式复制到一个空白材质球上，如图14-330所示。

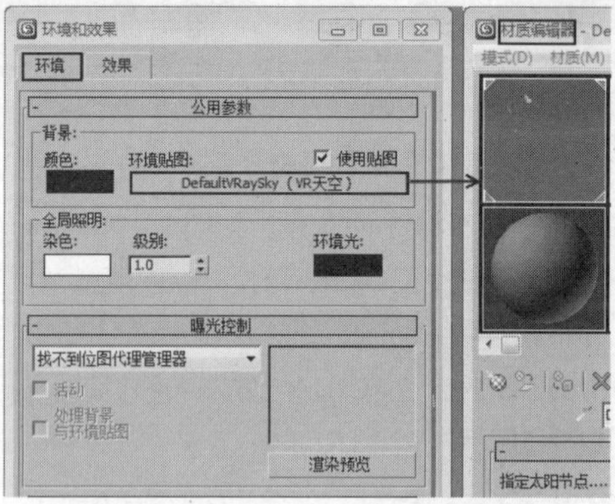

图14-330

02 展开“VRay天空参数”卷展栏，然后勾选“指定阳光节点”选项，再设置“太阳强度倍增”为0.024，如图14-331所示。

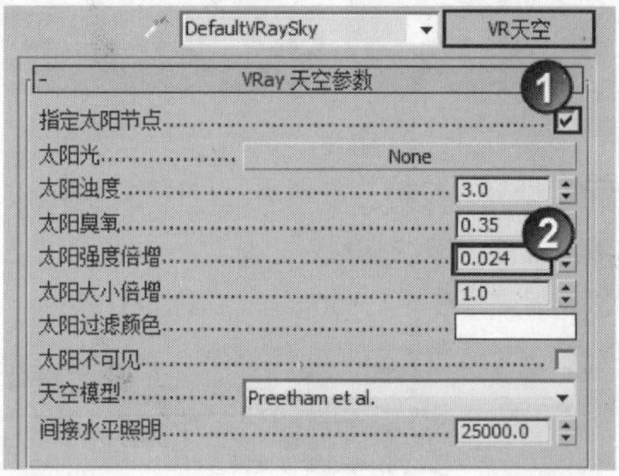

图14-331

03 按F9键渲染当前场景，效果如图14-332所示。可以观察到环境光的亮度和颜色已经体现出了合适效果，场景整体基调也有所体现。

图14-332

创建一层室内灯光

01 在场景中创建4处平面类型的VRay灯光（第1、2、4处的多盏灯光为“实例”复制），其具体分布与位置如图14-333所示。

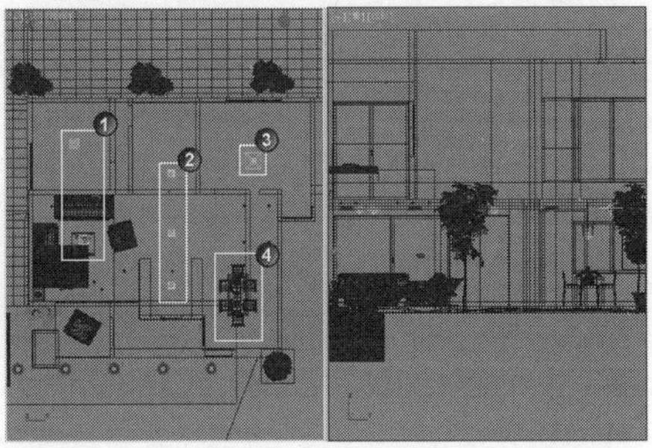

图14-333

02 选择第1处VRay灯光中的任意一盏，然后展开“参数”卷展栏，具体参数设置如图14-334所示。

设置步骤

① 在“强度”选项组下设置“倍增”为60，然后设置“颜色”为（红:255，绿:219，蓝:109）。

② 在“大小”选项组下设置“1/2长”和“1/2宽”为200mm。

③ 在“选项”选项组下勾选“不可见”选项。

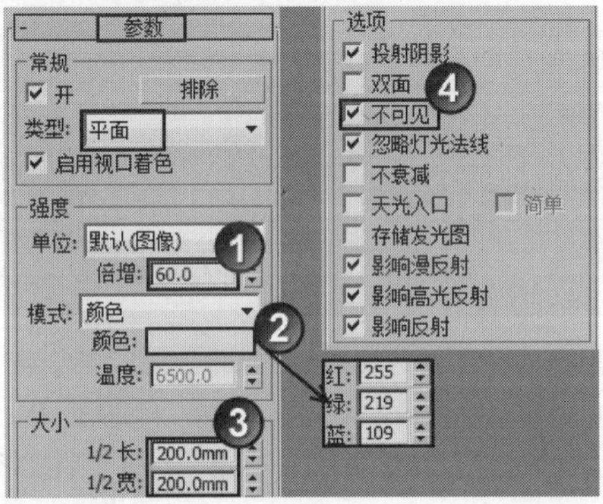

图14-334

03 选择第2处VRay灯光中的任意一盏，然后展开“参数”卷展栏，具体参数设置如图14-335所示。

设置步骤

① 在“强度”选项组下设置“倍增”为120，然后设置“颜色”为（红:255，绿:187，蓝:81）。

②在“大小”选项组下设置“1/2长”为140mm、“1/2宽”为135mm。

③ 在“选项”选项组下勾选“不可见”选项。

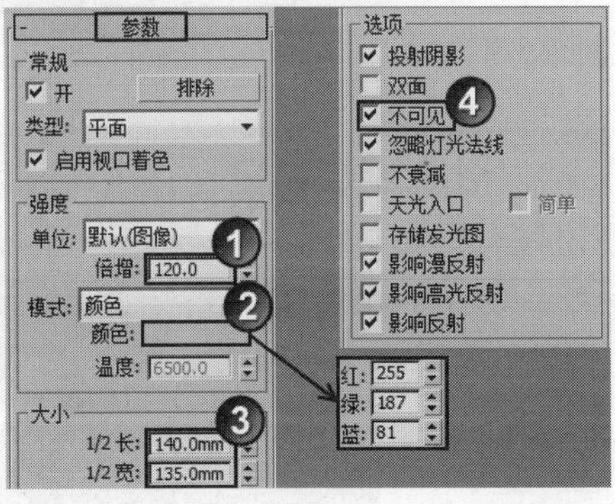

图14-335

04 选择第3处的VRay灯光，然后展开“参数”卷展栏，具体参数设置如图14-336所示。

设置步骤

① 在“强度”选项组下设置“倍增”为100，然后设置“颜色”为（红:255，绿:223，蓝:94）。

② 在“大小”选项组下设置“1/2长”和“1/2宽”为350mm。

③ 在“选项”选项组下勾选“不可见”选项。

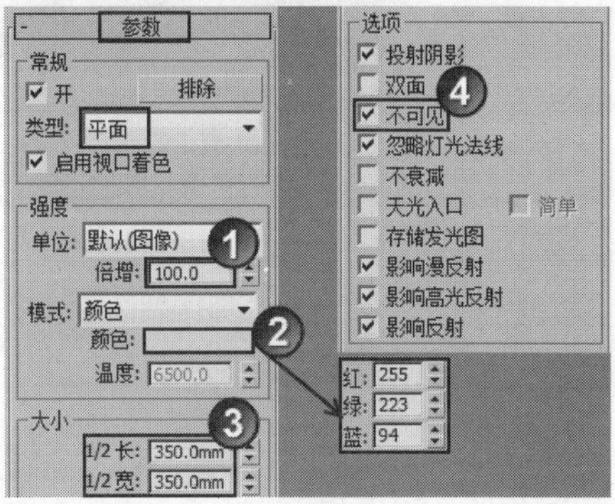

图14-336

05 选择第4处VRay灯光中的任意一盏，然后展开“参数”卷展栏，具体参数设置如图14-337所示。

设置步骤

① 在“强度”选项组下设置“倍增”为180，然后设置“颜色”为（红:255，绿:197，蓝:72）。

② 在“大小”选项组下设置“1/2长”为140mm、“1/2宽”为135mm。

③ 在“选项”选项组下勾选“不可见”选项。

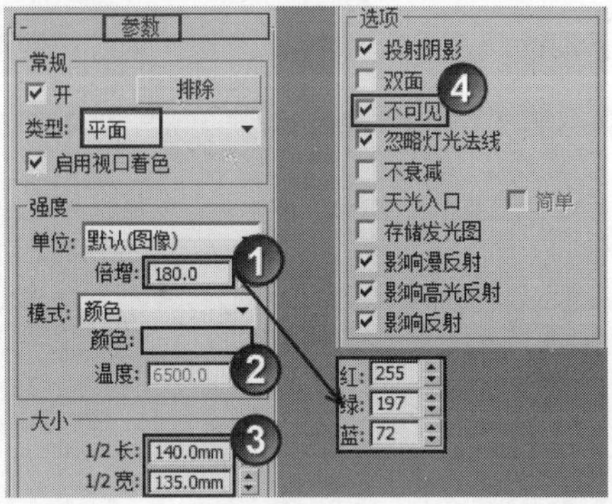

图14-337

06 按F9键渲染当前场景，效果如图14-338所示。可以观察到一层空间内产生了暖色灯光，接下来在里面创建筒灯，以丰富灯光效果。

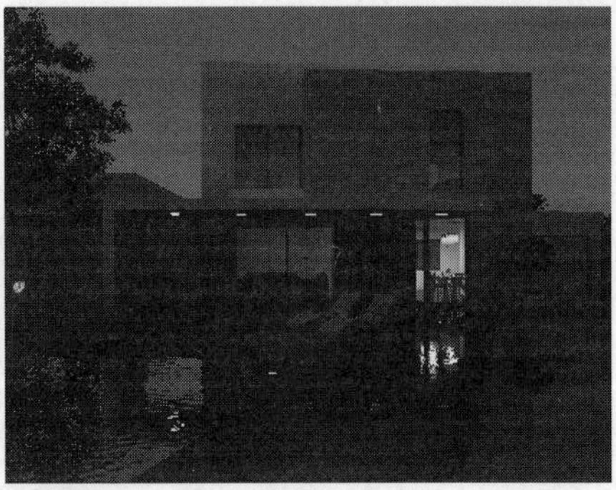

图14-338

07 在一层空间的沙发上方创建4盏目标灯光，其位置与高度如图14-339所示。

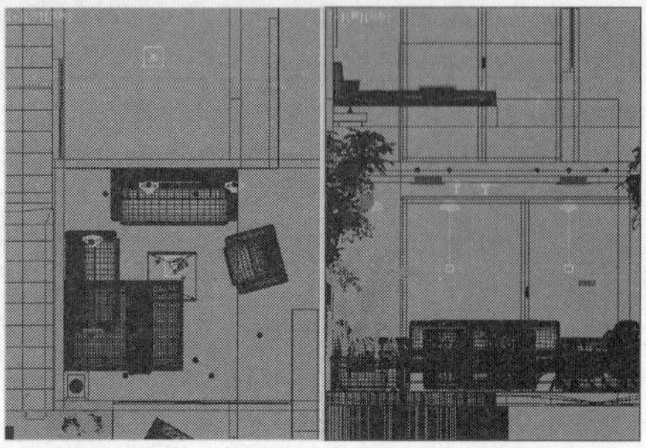

图14-339

08 选择上一步创建的目标灯光，然后展开“参数”卷展栏，具体参数设置如图14-340所示。

设置步骤

① 展开“常规参数”卷展栏，然后在“阴影”选项组下勾选“启用”选项，再设置阴影类型为“VRay阴影”，最后设置“灯光分布（类型）”为“光度学Web”。

② 展开“分布（光度学Web）”卷展栏，然后在其通道中加载光盘中的“实例文件>CH14>实战240>TD-014.ies”文件。

③ 展开“强度/颜色/衰减”卷展栏，然后设置“过滤颜色”为（红:253，绿:219，蓝:146），再设置“强度”为1000。

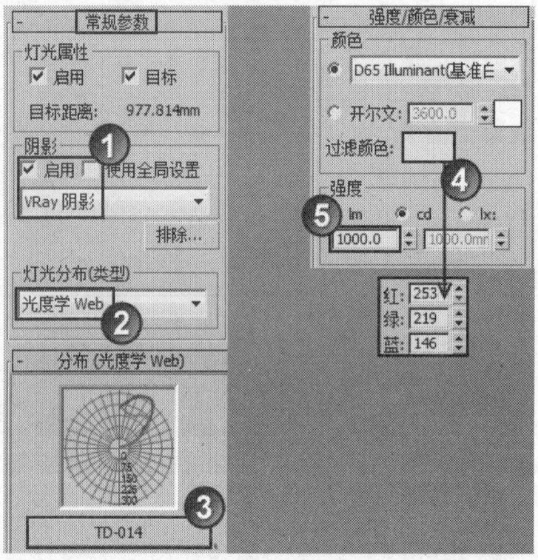

图14-340

09 按F9键渲染当前场景，效果如图14-341所示。接下来创建第2层的室内灯光。

图14-341

技巧与提示

虽然室内灯光的类型一致，但最好不要直接仅用一盏灯光复制完成整个一层的布光，而是通过灯光大小、强度以及颜色的细微区别来体现现实中灯光的变化感。

创建二层室内灯光

01 在顶视图中创建两处平面类型的VRay灯光，其具体分布与位置如图14-342所示。

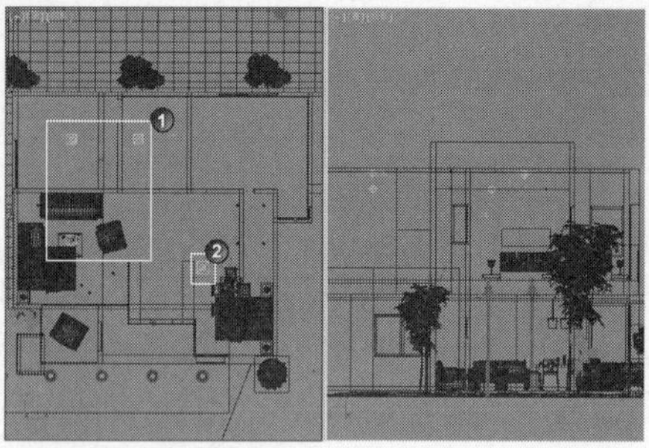

图14-342

02 选择第1处VRay灯光中的任意一盏，然后展开“参数”卷展栏，具体参数设置如图14-343所示。

设置步骤

① 在“强度”选项组下设置“倍增”为60，然后设置“颜色”为（红:255，绿:219，蓝:109）。

② 在“大小”选项组下设置“1/2长”和“1/2宽”为200mm。

③ 在“选项”选项组下勾选“不可见”选项。

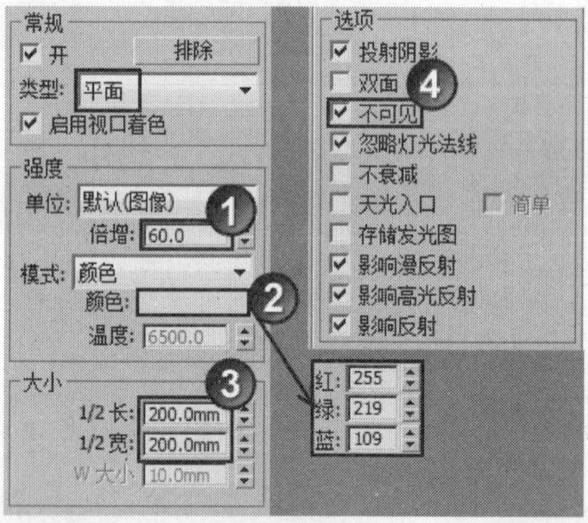

图14-343

03 按F9键渲染当前场景，效果如图14-344所示。至此，建筑的主体灯光创建完成了，接下来创建大门前的灯光。

图14-344

创建门前灯

01 在场景中创建5盏平面类型的VRay灯光作为门前灯光，其具体分布与位置如图14-345所示。

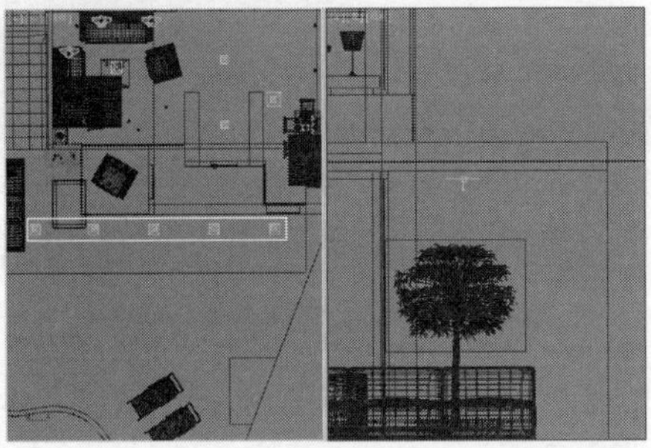

图14-345

02 选择上一步创建的VRay灯光中的任意一盏，然后展开“参数”卷展栏，具体参数设置如图14-346所示。

设置步骤

① 在“强度”选项组下设置“倍增”为150，然后设置“颜色”为（红:255，绿:211，蓝:133）。

② 在“大小”选项组下设置“1/2长”和“1/2宽”为180mm。

③ 在“选项”选项组下勾选“不可见”选项。

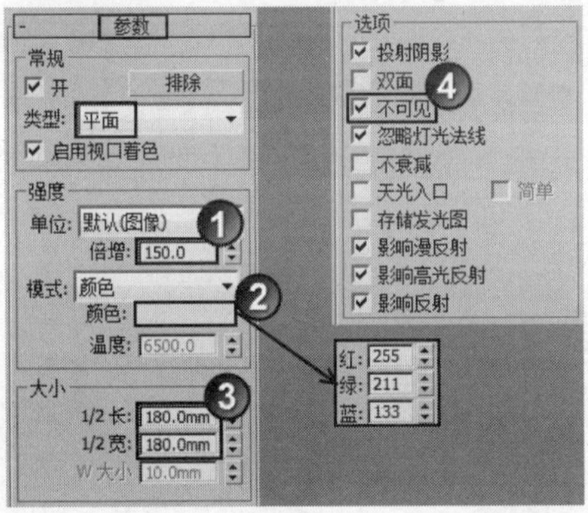

图14-346

03 将前面创建的目标灯光复制（选择“复制”方式，并调整其“强度”为4500）一盏到门廊处，其具体位置与高度如图14-347所示。

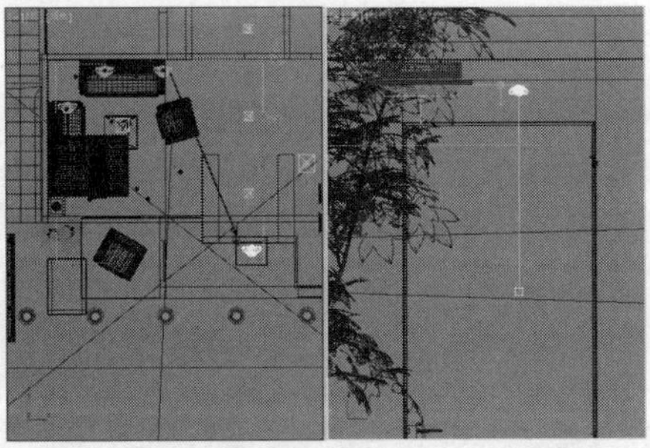

图14-347

04 按F9键渲染当前场景，效果如图14-348所示。至此，建筑灯光效果创建完成，接下来制作细节灯光。

图14-348

创建树木亮化灯光

01 选择树木模型，然后按Alt+Q组合键切换到孤立选择模式，再设置“灯光”类型为“标准”，最后在树底部向上创建一盏目标聚光灯，其具体位置与形态如图14-349所示。

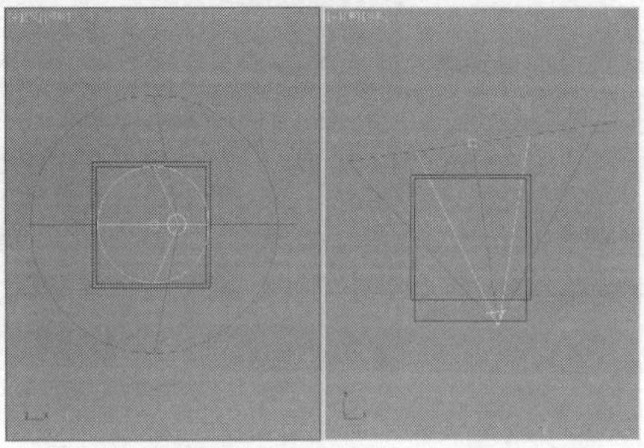

图14-349

02 选择上一步创建的目标聚光灯，然后进入“修改”面板，具体参数设置如图14-350所示。

设置步骤

① 展开“常规参数”卷展栏，然后在“阴影”选项组下勾选“启用”选项，再设置阴影类型为“阴影贴图”。

② 展开“强度/颜色/衰减”卷展栏，然后设置“倍增”为0.75、颜色为（红:253，绿:176，蓝:114）。

③ 展开“聚光灯”卷展栏，设置“聚光区/光束”为35.1、“衰减区/区域”为70。

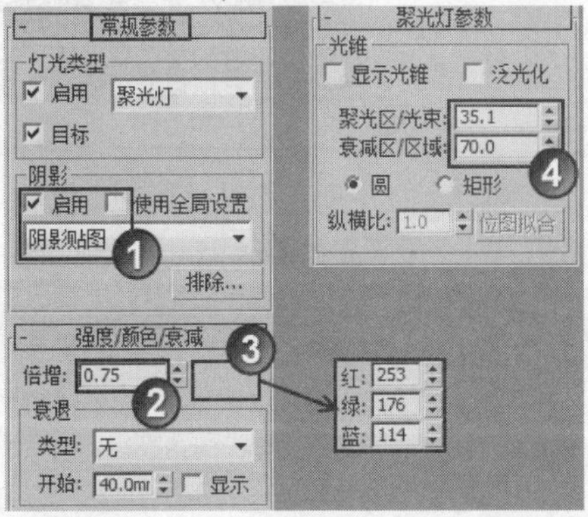

图14-350

03 按F9键渲染当前场景，效果如图14-351所示。

图14-351

技巧与提示

在创建树木亮化灯光时，为了快速测试好灯光方向以及亮度，可以将其独立显示后单独进行渲染，如图14-352所示。

图14-352

创建围墙路灯

01 在前视图中创建7盏目标灯光作为围墙路灯，其具体分布与位置如图14-353所示。

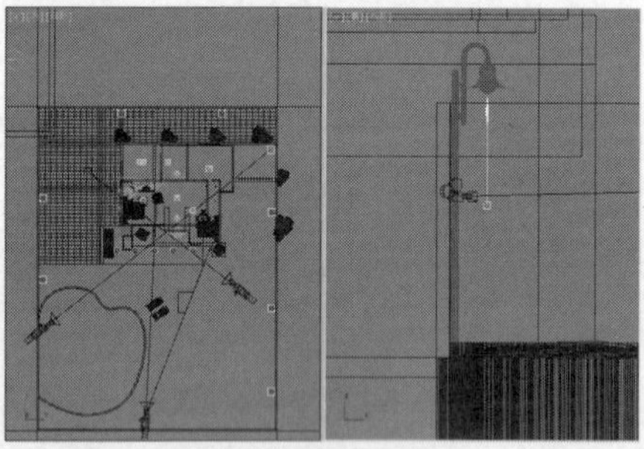

图14-353

02 选择上一步创建的目标灯光，然后进入“修改”面板，具体参数设置如图14-354所示。

设置步骤

① 展开“常规参数”卷展栏，然后在“阴影”选项组下勾选“启用”选项，再设置阴影类型为“VRay阴影”，最后设置“灯光分布（类型）”为“光度学Web”。

② 展开“分布（光度学Web）”卷展栏，然后在其通道中加载光盘中的“实例文件>CH14>实战240>SD-025.ies”文件。

③ 展开“强度/颜色/衰减”卷展栏，然后设置“过滤颜色”为（红:253，绿:219，蓝:146），再设置“强度”为200000。

03 按F9键测试渲染当前场景，效果如图14-355所示。

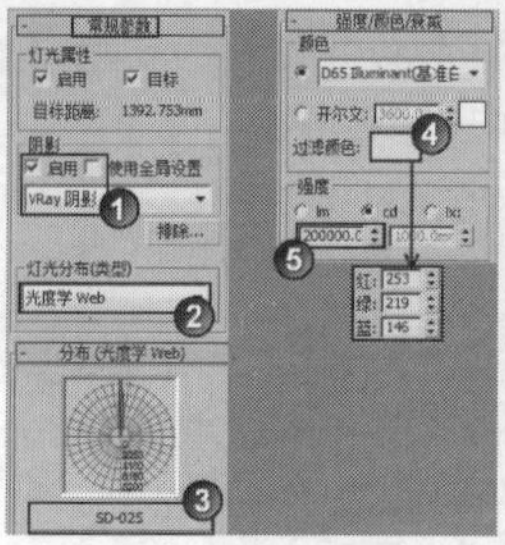

图14-354 图14-355

Part 4 渲染成品图

提高材质与灯光细分

在本例中需要将前面设置好的所有材质的“细分”值提高到24，同时要将所有灯光的“细分”值也提高到24。

渲染光子图

01 按F10键打开“渲染设置”对话框，然后展开“公用”卷展栏，再设置“宽度”为600、“高度”为400，如图14-356所示。

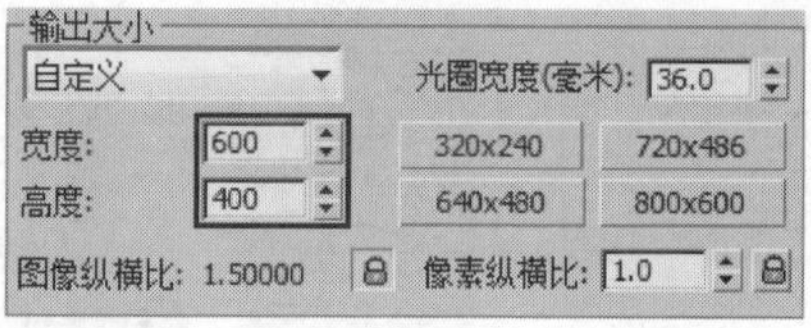

图14-356

02 单击VRay选项卡，然后在“全局开关”卷展栏中勾选“光泽效果”选项，如图14-357所示。

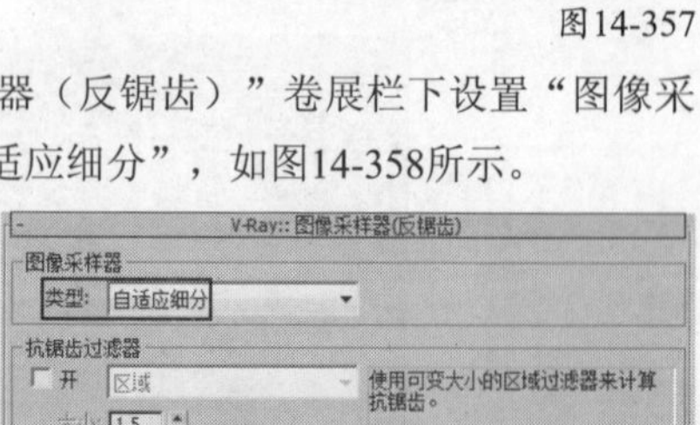

图14-357

03 在“图像采样器（反锯齿）”卷展栏下设置“图像采样器”类型为“自适应细分”，如图14-358所示。

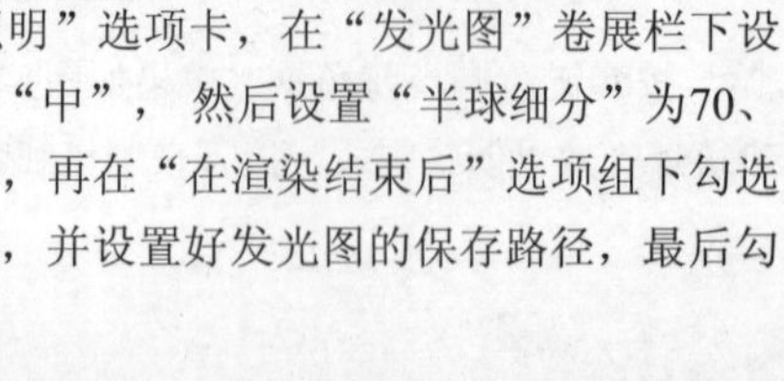

图14-358

04 单击“间接照明”选项卡，在“发光图”卷展栏下设置“当前预置”为“中”，然后设置“半球细分”为70、“插值采样”为30，再在“在渲染结束后”选项组下勾选“自动保存”选项，并设置好发光图的保存路径，最后勾选“切换到保存的贴图”选项，如图14-359所示。

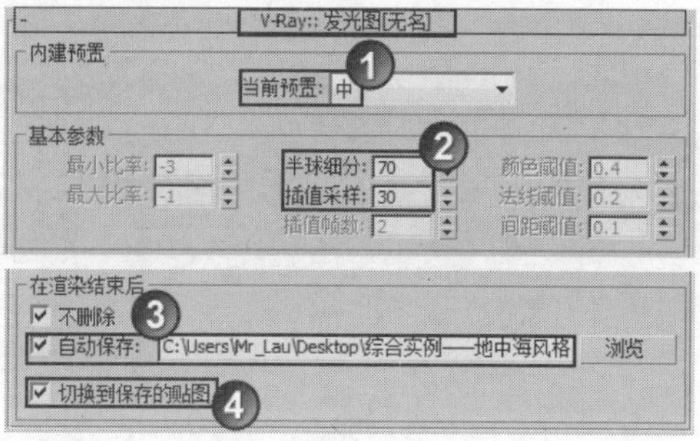

图14-359

05 展开“灯光缓存”卷展栏，然后设置“细分”1000，再在“在渲染结束后”选项组下勾选“自动保存”选项，并设置好灯光缓存贴图的保存路径，最后勾选“切换到保存的缓存”选项，如图14-360所示。

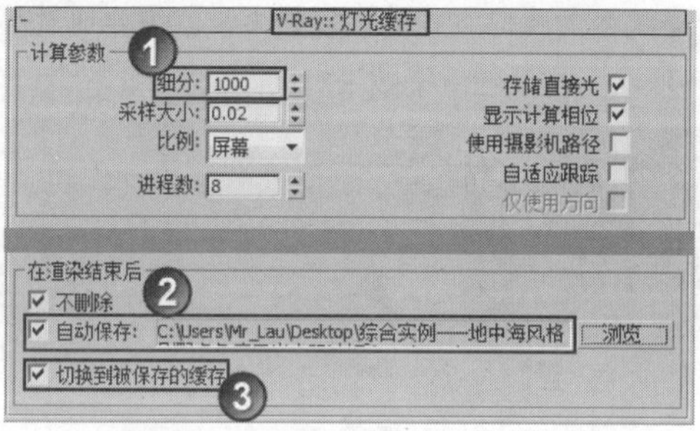

图14-360

06 单击“设置”选项卡，然后在“DMC采样器”卷展栏下设置“适应数量”为0.75、“噪波阈值”为0.005、“最小采样值”为24，如图3-361所示。

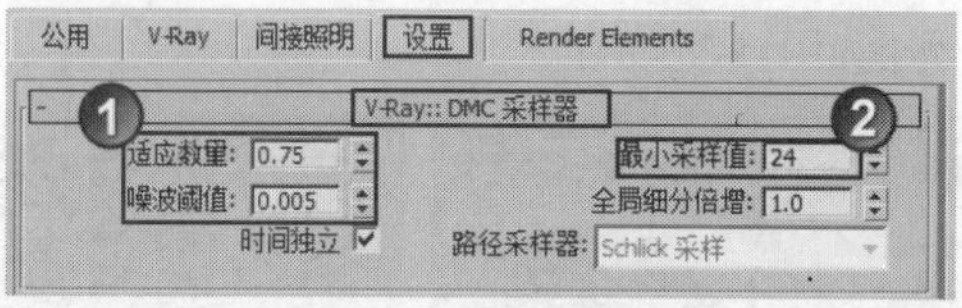

图14-361

07 按C键切换到摄影机视图，然后按F9键渲染当前场景，效果如图14-362所示。

图14-362

渲染最终图像

01 按F10键打开“渲染设置”对话框，然后展开“公用”卷展栏，再设置“宽度”为2000、“高度”为1333，如图14-363所示。

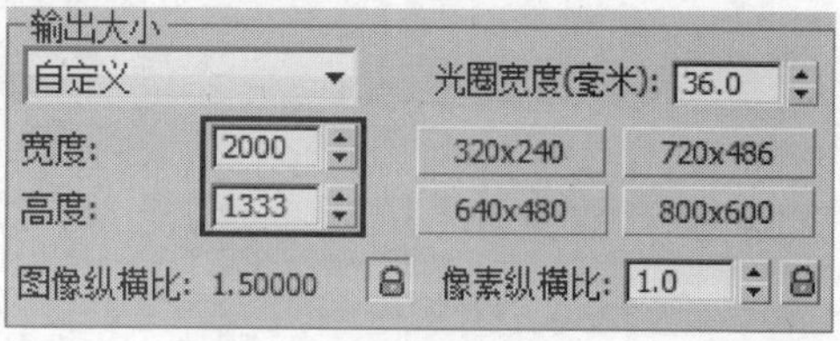

图14-363

02 展开“图像采样器（反锯齿）”卷展栏，然后在“抗锯齿过滤器”选项组下勾选“开”选项，再设置“抗锯齿过滤器”为Catmull-Rom，如图14-364所示。

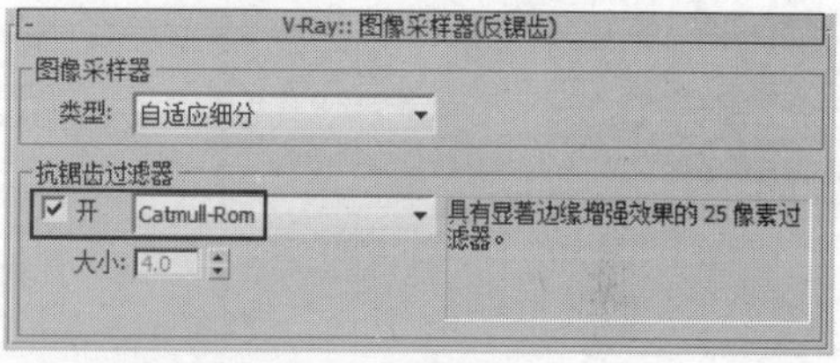

图14-364

03 单击“间接照明”选项卡，然后在“发光图”卷展栏和“灯光缓存”卷展栏下设置“模式”为“从文件”，再设置好“文件”的保存路径，如图14-365所示。

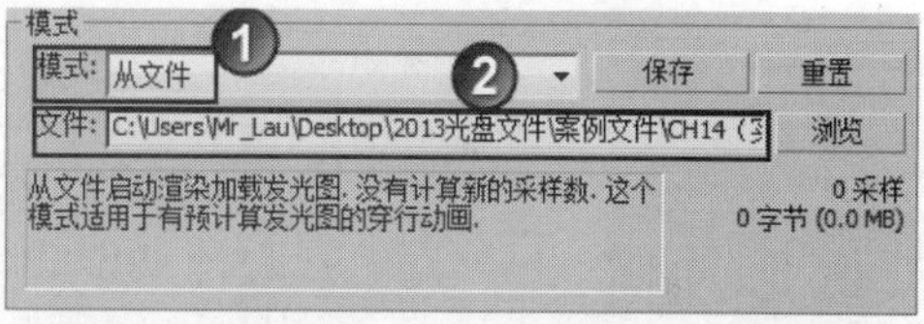

图14-365

04 按F9键渲染当前场景，最终效果如图14-366所示。

图14-366

第15章 环境和效果

本章学习要点：

环境系统的应用

效果系统的应用

实战241 加载环境贴图

场景位置	DVD>场景文件>CH15>实战241.max
实例位置	DVD>实例文件>CH15>实战241.max
视频位置	DVD>多媒体教学>CH15>实战241.flv
难易指数	★☆☆☆☆
技术掌握	加载室外环境贴图

实例介绍

在渲染场景时，如果需要体现出室外的环境效果，就需要通过环境贴图来实现。图15-1所示是加载环境贴图前后的渲染效果对比。

图15-1

操作步骤

01 打开光盘中的“场景文件>CH15>实战241.max”文件，如图15-2所示，然后按F9键渲染当前场景，效果如图15-3所示。

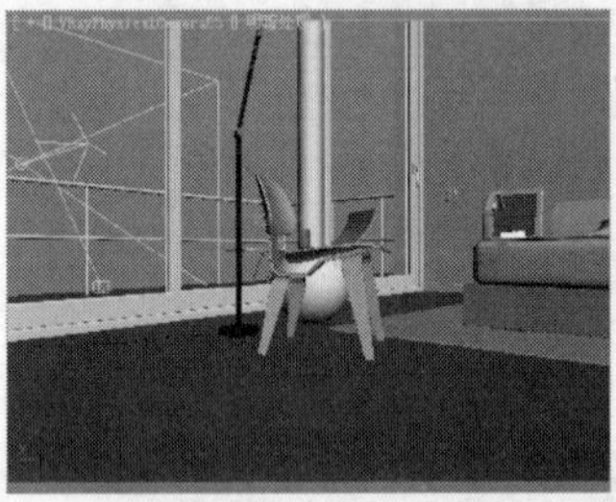

图15-2

图15-3

技巧与提示

在默认情况下，背景颜色都是黑色，也就是说渲染出来的背景颜色是黑色。如果更改背景颜色，则渲染出来的背景颜色也会随着改变。图15-2所示的背景是天蓝色的，这是因为加载了“VRay天空”环境贴图。

02 按8键打开“环境和效果”对话框，然后在“环境贴图”中加载光盘中的“实例文件>CH15>实战241>背景.jpg文件”，如图15-4所示。

03 按C键切换到摄影机视图，然后按F9键渲染当前场景，最终效果如图15-5所示。可以观察到已经出现了背景效果，并且背景与光线氛围很匹配。

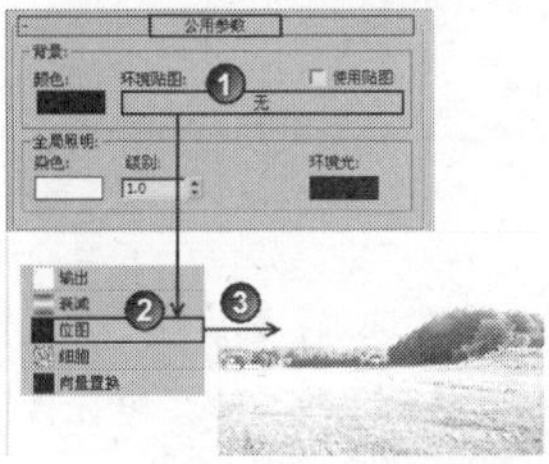

图15-4　　　图15-5

技巧与提示

背景效果既可以直接在3ds Max中渲染出来，也可以在Photoshop中进行合成，不过这样比较麻烦，能在3ds Max中完成的尽量在3ds Max中完成。

实战242 全局照明

场景位置	DVD>场景文件>CH15>实战242.max
实例位置	DVD>实例文件>CH15>实战242.max
视频位置	DVD>多媒体教学>CH15>实战242.flv
难易指数	★☆☆☆☆
技术掌握	调节全局照明的染色和级别

实例介绍

在现实摄影中，对同一场景使用不同的色调进行拍摄，会得到不同的色调效果。在3ds Max中，通过全局照明颜色的调整，可以快速改变场景环境光的颜色，从而影响渲染图像的整体色调，如图15-6所示。

图15-6

操作步骤

01 打开光盘中的“场景文件>CH15>实战242.max”文件，如图15-7所示。

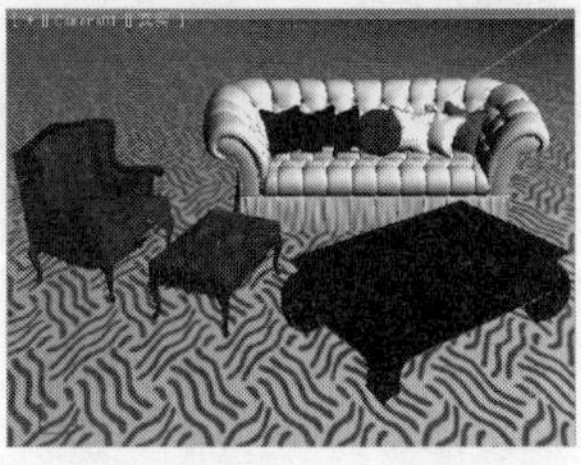

图15-7

02 按8键打开“环境和效果”对话框，然后在“全局照明”选项组下设置“染色”为白色，再设置“级别”为1，如图15-8所示，最后按F9键渲染当前场景，效果如图15-9所示。

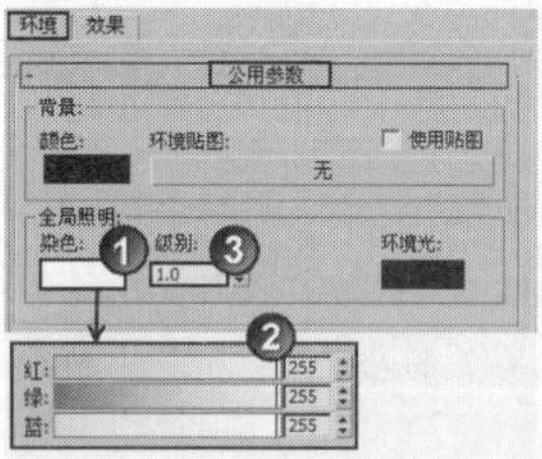

图15-8　　　图15-9

03 在“全局照明”选项组下设置“染色”为蓝色（红:121，绿:175，蓝:255），然后设置“级别”为1.5，如图15-10所示，再按F9键测试渲染当前场景，效果如图15-11所示。

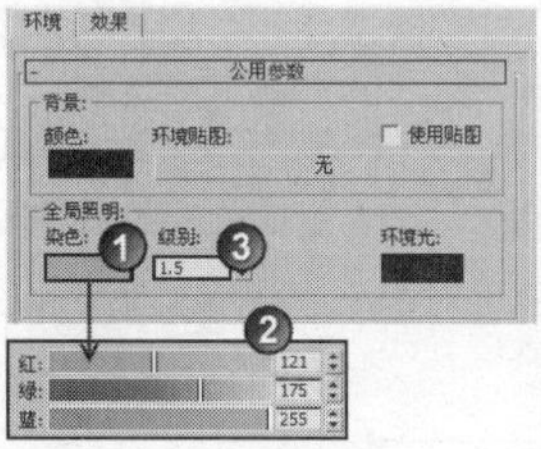

图15-10　　　图15-11

04 在“全局照明”选项组下设置“染色”为黄色（红:247，绿:231，蓝:45），然后设置“级别”为0.5，如图15-12所示，再按F9键渲染当前场景，效果如图15-13所示。

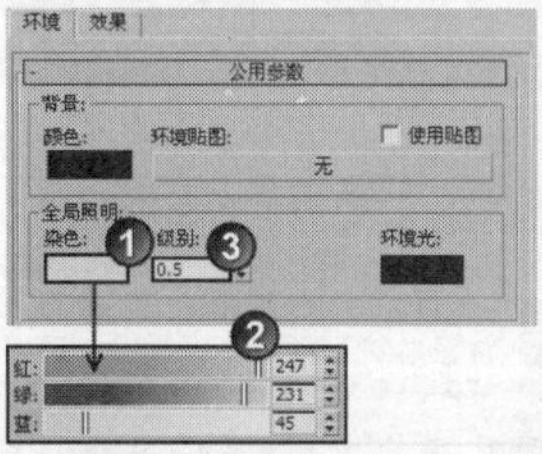

图15-12　　　图15-13

技巧与提示

从上面的3种渲染对比效果中可以观察到，当改变“染色”颜色时，场景整体的光线氛围会受到“染色”颜色的影响而发生变化。当增大“级别”数值时，场景会变亮；而减小“级别”数值时，场景会变暗。

实战243 体积雾效果

场景位置 DVD>场景文件>CH15>实战243.max
实例位置 DVD>实例文件>CH15>实战243.max
视频位置 DVD>多媒体教学>CH15>实战243.flv
难易指数 ★☆☆☆☆
技术掌握 用体积雾制作具有体积的雾效

实例介绍

本例将通过“体积雾”大气效果为一个荒漠场景制作雾效，如图15-14所示。

图15-14

操作步骤

01 打开光盘中的“场景文件>CH15>实战243.max”文件，如图15-15所示，然后按F9键渲染当前场景，效果如图15-16所示。

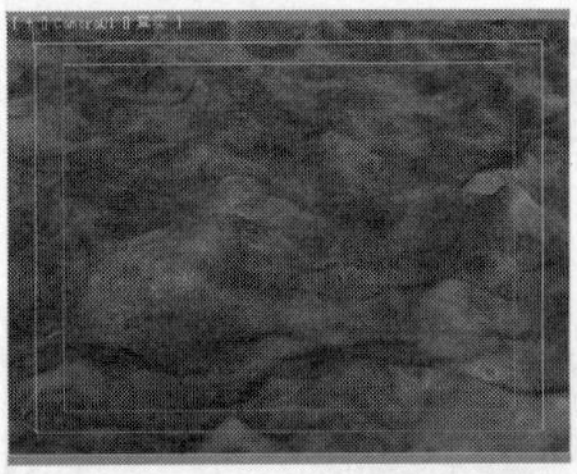

图15-15

图15-16

02 在“创建”面板中单击“辅助对象”按钮，然后设置“辅助对象”类型为“大气装置”，再单击“球体Gizmo”按钮 球体 Gizmo ，如图15-17所示。

图15-17

03 在顶视图中创建一个球体Gizmo，其位置如图15-18所示，然后在“球体Gizmo参数”卷展栏下设置“半径”为125mm，并勾选“半球”选项，如图15-19所示。

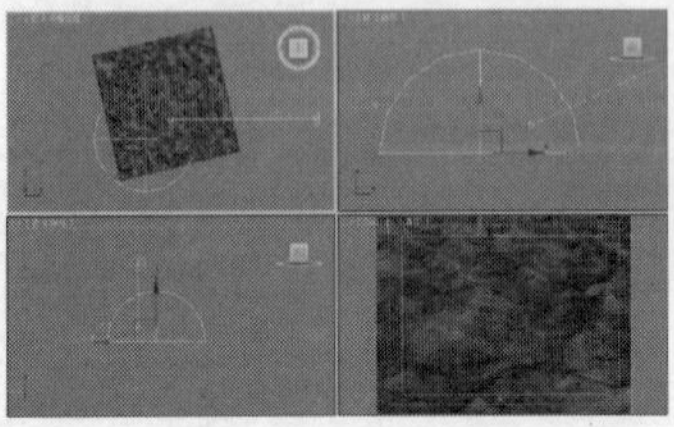

图15-18

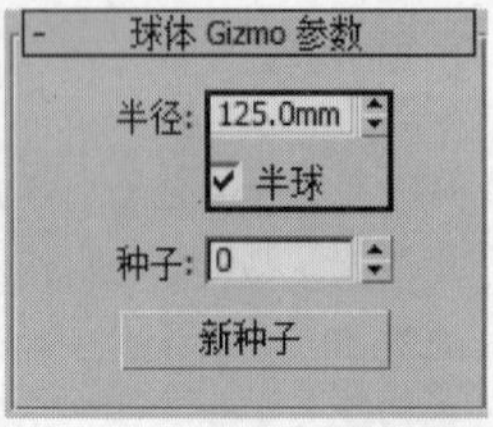

图15-19

04 按8键打开“环境和效果”对话框，然后展开“大气”卷展栏，再单击“添加”按钮 添加... ，最后在弹出的“添加大气效果”对话框中选择“体积雾”选项，如图15-20所示。

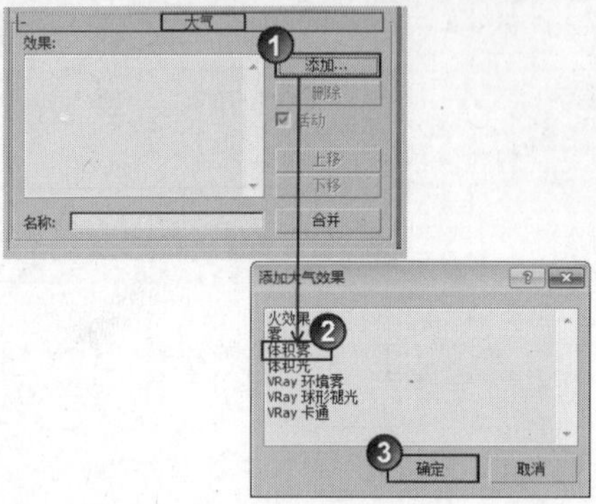

图15-20

05 在“效果”列表中选择“体积雾”选项，然后在“体积雾参数”卷展栏下单击“拾取Gizmo”按钮 拾取 Gizmo ，再在视图中拾取球体Gizmo，并勾选“指数”选项，最后设置“最大步数”为150，具体参数设置如图15-21所示。

06 按F9键渲染当前场景，最终效果如图15-22所示。

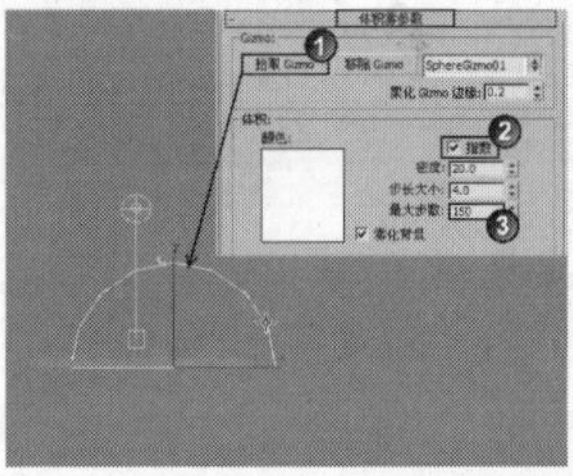

图15-21

图15-22

实战244 雾效果

场景位置 DVD>场景文件>CH15>实战244.max
实例位置 DVD>实例文件>CH15>实战244.max
视频位置 DVD>多媒体教学>CH15>实战244.flv
难易指数 ★★☆☆☆
技术掌握 用雾效果制作烟雾

实例介绍

除了常见的云雾以外，在3ds Max中还可以通过“雾”大气效果模拟水底烟雾等特效，如图15-23所示。

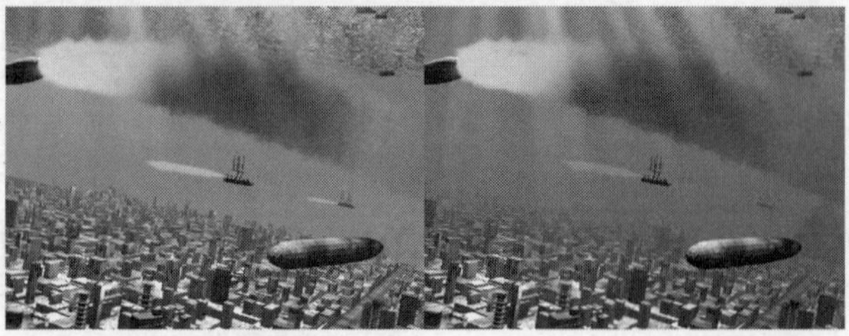

图15-23

操作步骤

01 打开光盘中的“场景文件>CH15>实战244.max”文件，如图15-24所示，然后按F9键渲染当前场景，效果如图15-25所示。

图15-24 图15-25

02 按8键打开"环境和效果"对话框，然后在"大气"卷展栏下单击"添加"按钮 <u>添加...</u>，再在弹出的"添加大气效果"对话框中选择"雾"选项，如图15-26所示。

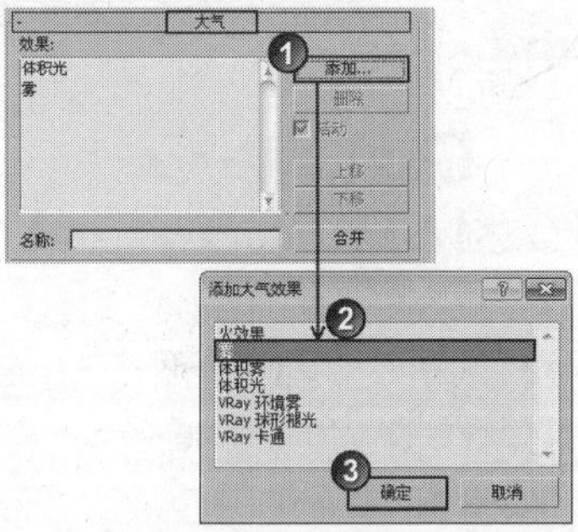

图15-26

技巧与提示

在"效果"列表中可以观察到已经加载了一个"雾"效果，其作用是让潜艇产生尾气，而现在加载的"雾"效果是为了雾化场景。

03 选择加载的"雾"效果，然后单击两次"上移"按钮 <u>上移</u>，使其产生的效果处于画面的最前面，如图15-27所示。

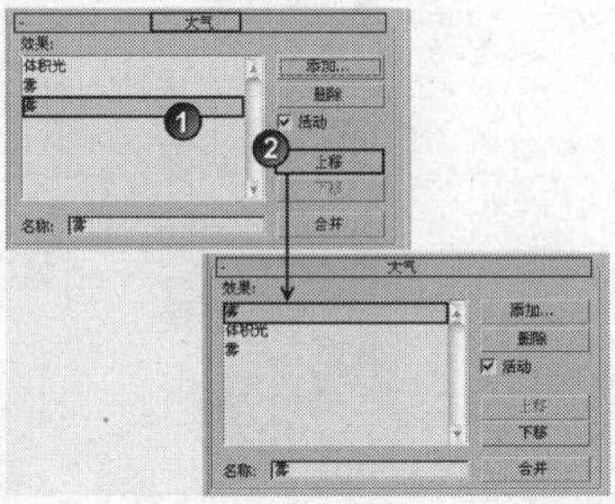

图15-27

04 展开"雾参数"卷展栏，然后在"标准"选项组下设置"远端%"为50，如图15-28所示。

05 按F9键渲染当前场景，最终效果如图15-29所示。

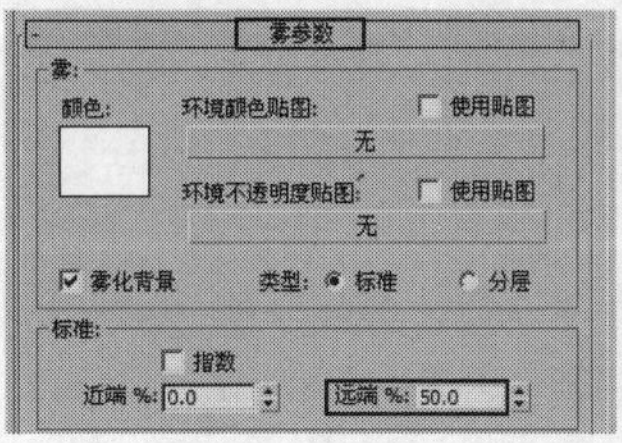

图15-28 图15-29

实战245 体积光效果

场景位置	DVD>场景文件>CH15>实战245.max
实例位置	DVD>实例文件>CH15>实战245.max
视频位置	DVD>多媒体教学>CH15>实战245.flv
难易指数	★★★☆☆
技术掌握	用体积光制作体积光

实例介绍

本例将通过"体积光"大气效果制作CG场景的体积光特效，如图15-30所示。

图15-30

操作步骤

01 打开光盘中的"场景文件>CH15>实战245.max"文件，如图15-31所示。

02 设置"灯光"类型为VRay，然后在天空中创建一盏VRay太阳，其位置如图15-32所示。

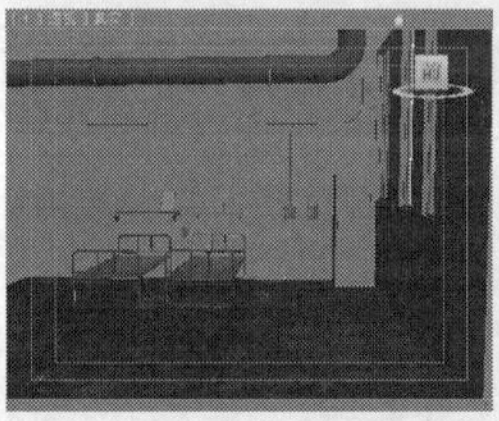

图15-31 图15-32

03 选择VRay太阳，然后在"VRay太阳参数"卷展栏下设置"强度倍增"为0.06、"阴影细分"为8、"光子发射半径"为495mm，具体参数设置如图15-33所示。

VRay 太阳参数	
启用	✓
不可见	☐
影响漫反射	✓
影响高光	✓
投射大气阴影	✓
浊度	3.0
臭氧	0.35
强度倍增	0.06
大小倍增	1.0
过滤颜色	
阴影细分	8
阴影偏移	0.2mm
光子发射半径	495.0n
天空模型	Preetham et ▼

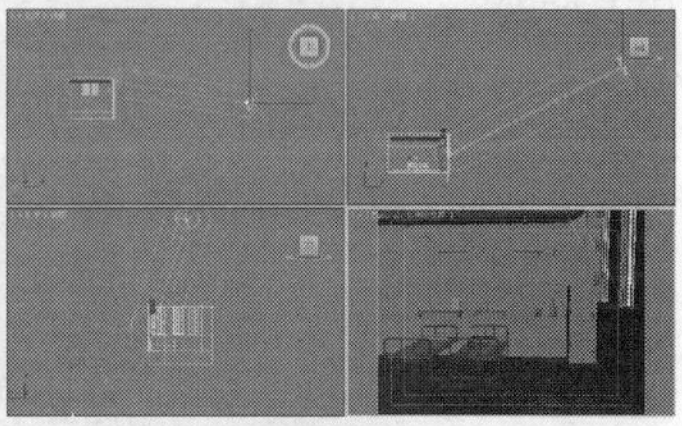

图15-33

04 为了避免窗户外面的面片阻挡光线进入室内，选择该面片，然后单击鼠标右键，再在弹出的菜单中选择"对象属性"命令，最后在弹出的"对象属性"对话框中关闭

“投影阴影”选项，如图15-34所示。

05 按F9键渲染当前场景，效果如图15-35所示。

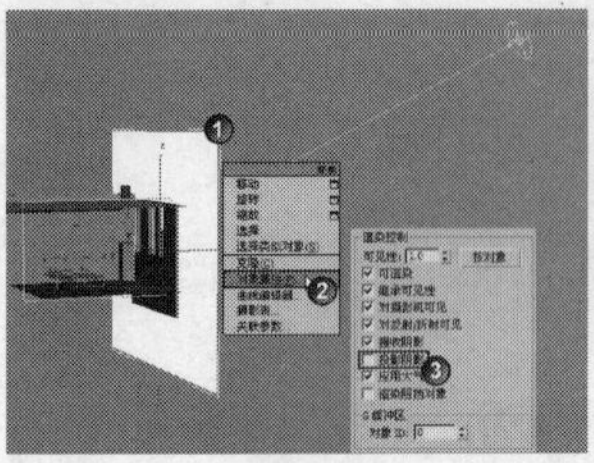

图15-34

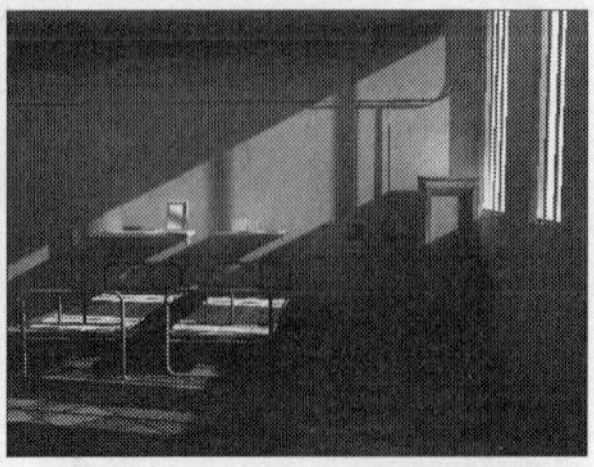

图15-35

技巧与提示

如果开启面片的“投影阴影”选项，则会阻挡光线进入室内，从而使场景一片漆黑，如图15-36所示。

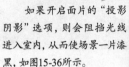

图15-36

06 在前视图中创建一盏VRay灯光作为辅助灯光，其位置如图15-37所示。

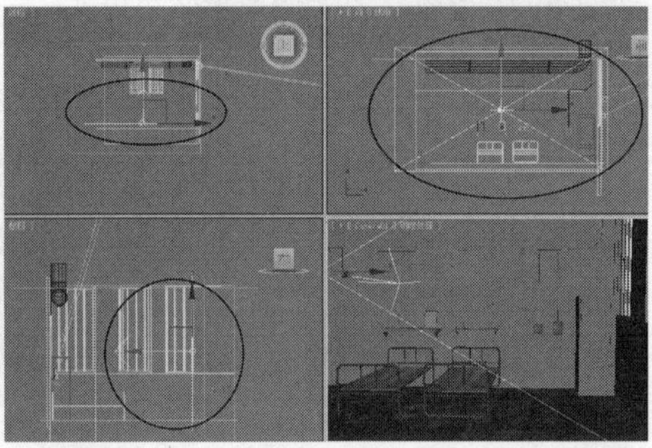

图15-37

07 选择上一步创建的VRay灯光，然后展开“参数”卷展栏，具体参数设置如图15-38所示。

设置步骤

① 在“常规”选项组下设置“类型”为“平面”。

② 在“大小”选项组下设置“1/2长”为975mm、“1/2宽”为550mm。

③ 在“选项”选项组下勾选“不可见”选项。

图15-38

08 设置“灯光”类型为“标准”，然后在天空中创建一盏目标平行光，其位置如图15-39所示（与VRay太阳的位置相同）。

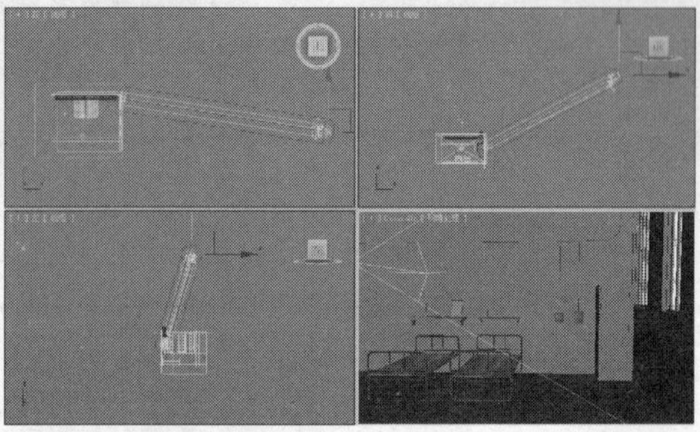

图15-39

技巧与提示

这盏目标平行光的主要功能是用于模拟体积光效果，而不是产生照明效果。

09 选择上一步创建的目标平行光，然后进入“修改”面板，具体参数设置如图15-40所示。

设置步骤

① 展开“常规参数”卷展栏，然后设置阴影类型为“VRay阴影”。

② 展开“强度/颜色/衰减”卷展栏，然后设置“倍增”为0.9。

③ 展开“平行光参数”卷展栏，然后设置“聚光区/光束”为150mm、“衰减区/区域”为300mm。

④ 展开“高级效果”卷展栏，然后在“投影贴图”通道中加载光盘中的“实例文件>CH15>实战245>55.jpg”文件。

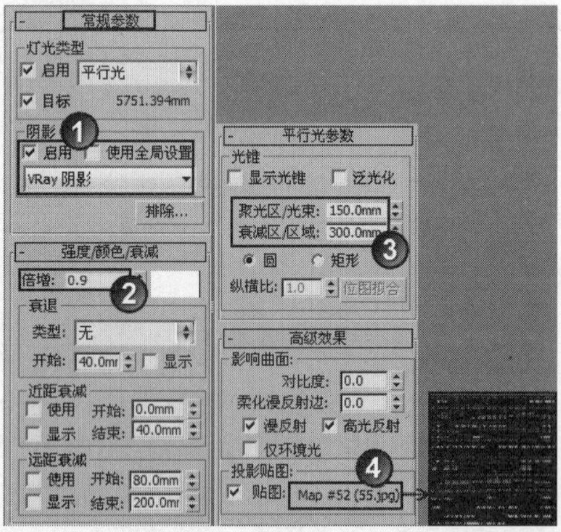

图15-40

10 按F9键渲染当前场景，效果如图15-41所示。虽然在“投影贴图”通道中加载了黑白贴图，但是灯光还没有产生体积光束效果。

11 按8键打开“环境和效果”对话框，然后展开“大气”卷展栏，再单击“添加”按钮 添加... ，最后在弹出的“添加大气效果”对话框中选择“体积光”选项，如图15-42所示。

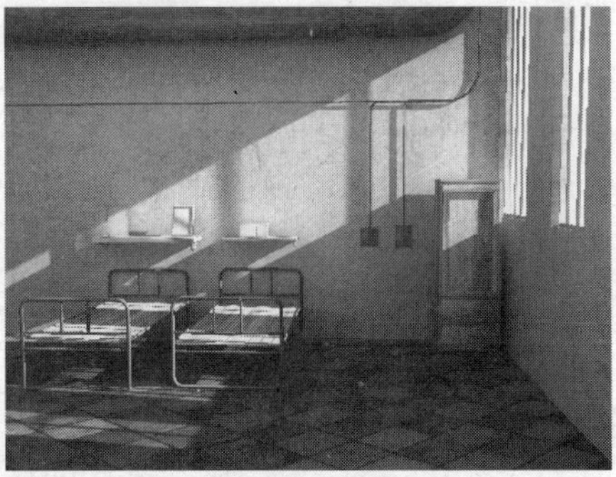

图15-41

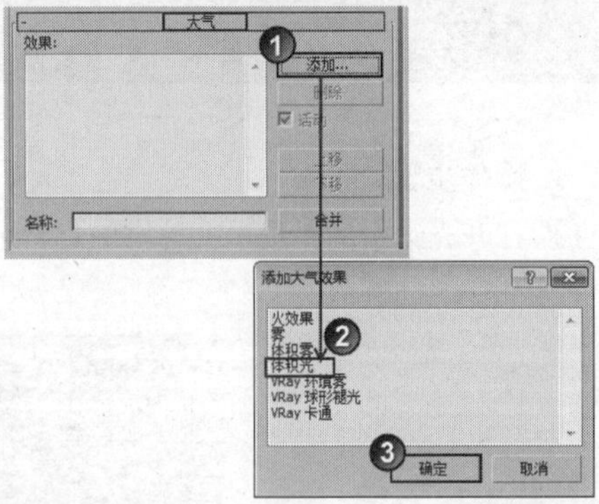

图15-42

12 在“效果”列表中选择“体积光”选项，在“体积光参数”卷展栏下单击“拾取灯光”按钮 拾取灯光 ，然后在场景中拾取目标平行灯光，设置“雾颜色”为（红:247，绿:232，蓝:205），再勾选“指数”选项，并设置“密度”为3.8，最后设置“过滤阴影”为“中”，具体参数设置如图15-43所示。

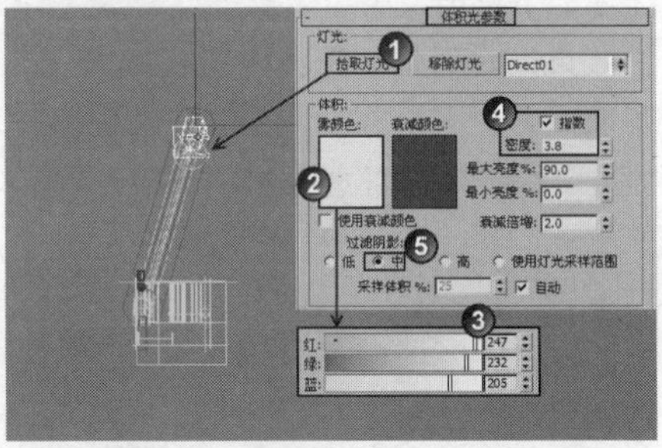

图15-43

13 按F9键渲染当前场景，最终效果如图15-44所示。

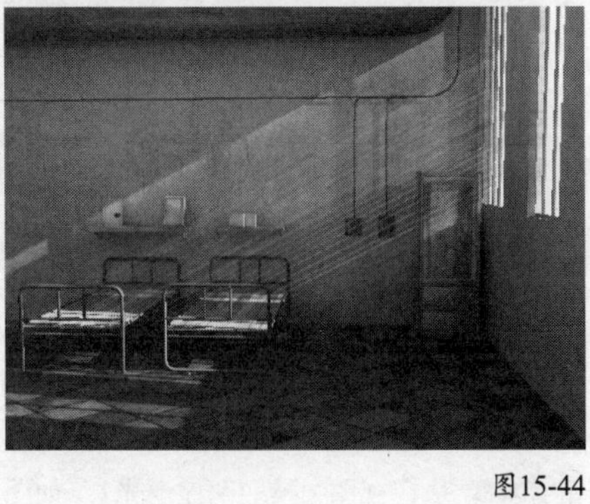

图15-44

实战246 火效果

场景位置	DVD>场景文件>CH15>实战246.max
实例位置	DVD>实例文件>CH15>实战246.max
视频位置	DVD>多媒体教学>CH15>实战246.flv
难易指数	★★☆☆☆
技术掌握	用火效果制作火焰

实例介绍

本例将通过“火效果”大气效果来制作蜡烛的火焰，效果如图15-45所示。

图15-45

操作步骤

01 打开光盘中的“场景文件>CH15>实战246.max”文件，如图15-46所示，然后按F9键渲染当前场景，效果如图15-47所示。

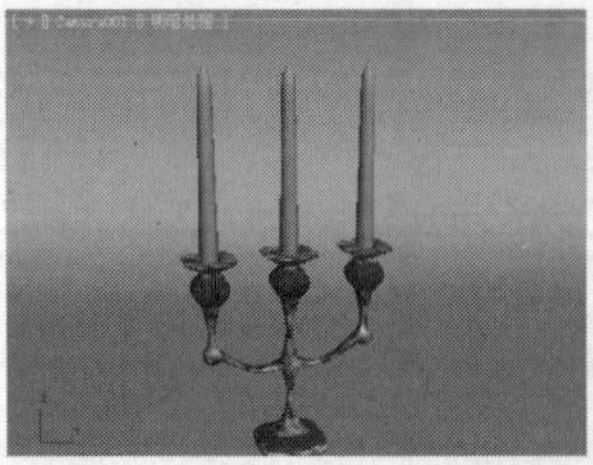

图15-46

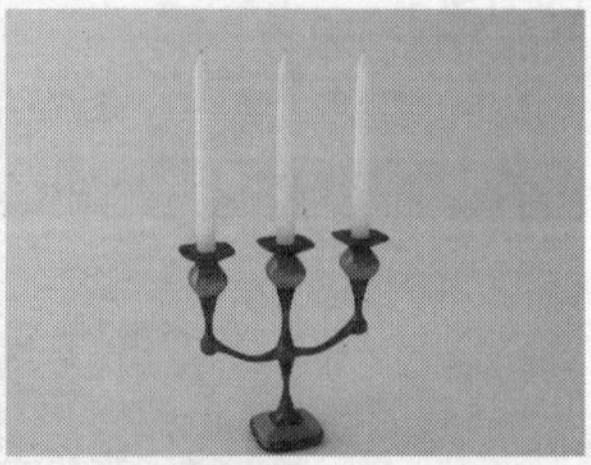

图15-47

02 在“创建”面板中单击“辅助对象”按钮，然后设置辅助对象类型为“大气装置”，再使用“球体Gizmo”工具 球体 Gizmo 在顶视图中创建一个球体Gizmo（放在蜡烛的火焰上），最后在“球体Gizmo参数”卷展栏下设置“半径”为40mm，并勾选“半球”选项，如图15-48所示。

03 按R键选择“选择并均匀缩放”工具，然后在左视图中将球体Gizmo缩放成如图15-49所示的形状（用于模拟蜡烛火焰的造型）。

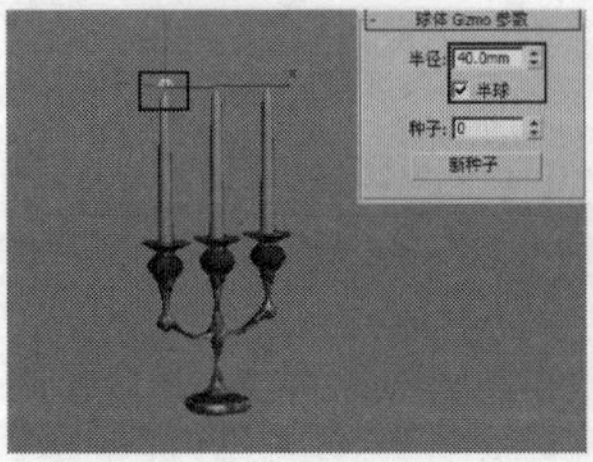

图15-48

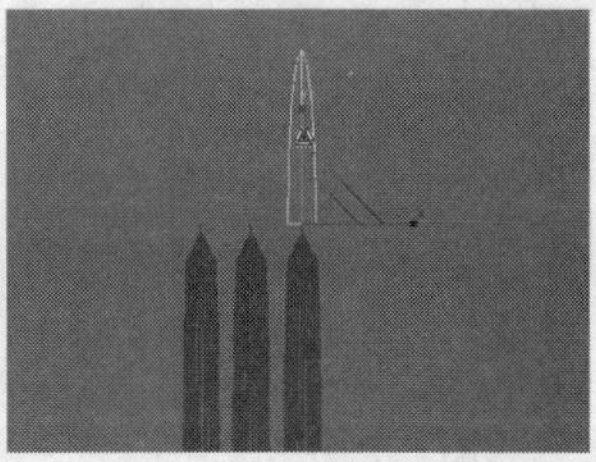

图15-49

04 按8键打开“环境和效果”对话框，然后在“大气”卷展栏下单击“添加”按钮 添加... ，再在弹出的“添加大气效果”对话框中选择“火效果”选项，如图15-50所示。

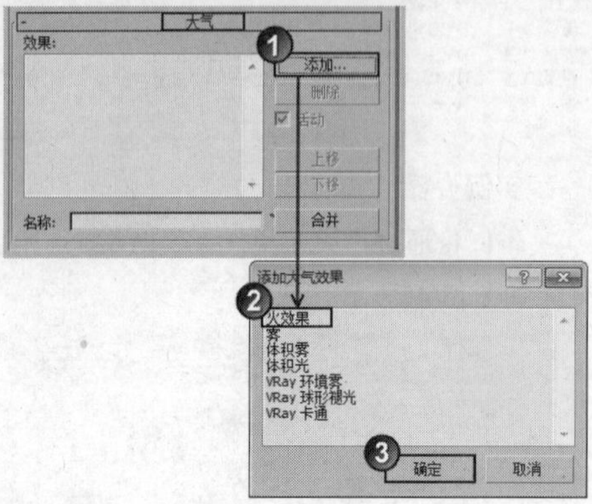

图15-50

05 在“效果”列表框中选择“火效果”选项，然后在“火效果参数”卷展栏下单击“拾取Gizmo”按钮 拾取Gizmo ，再在视图中拾取球体Gizmo，最后设置“火焰类型”为“火舌”、“规则性”为0.5、“火焰大小”为400、“火焰细节”为10、“密度”为700、“采样数”为20、“相位”为10、“漂移”为5，具体参数设置如图15-51所示。

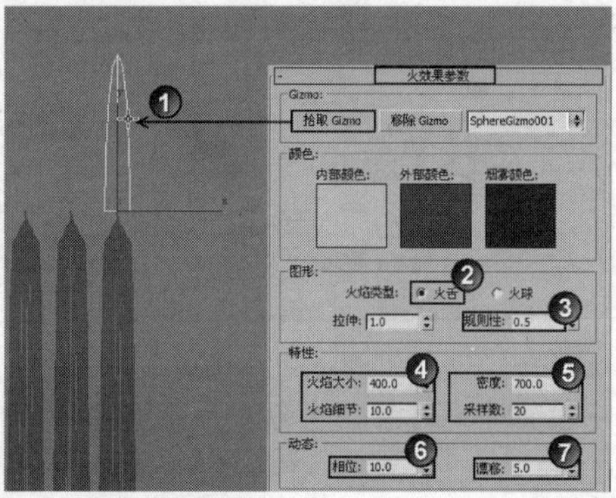

图15-51

06 选择球体Gizmo，然后按住Shift键使用“选择并移动”工具移动复制两个到另外两个蜡烛的火焰上，如图15-52所示。

07 按F9键渲染当前场景，最终效果如图15-53所示。

图15-52

图15-53

技巧与提示

在图15-53中可以观察到蜡烛产生了火焰形状，但没有产生烛光的光晕效果。在3ds Max中，要制作镜头光晕效果，需要通过“镜头效果”来完成。

实战247 镜头效果

场景位置	DVD>场景文件>CH15>实战247.max
实例位置	DVD>实例文件>CH15>实战247.max
视频位置	DVD>多媒体教学>CH15>实战247.flv
难易指数	★★★☆☆
技术掌握	用镜头效果制作各种镜头特效

实例介绍

本例通过“镜头效果”来制作常见的一些镜头特效，如图15-54所示。

图15-54

操作步骤

01 打开光盘中的“场景文件>CH15>实战247.max”文件，如图15-55所示。

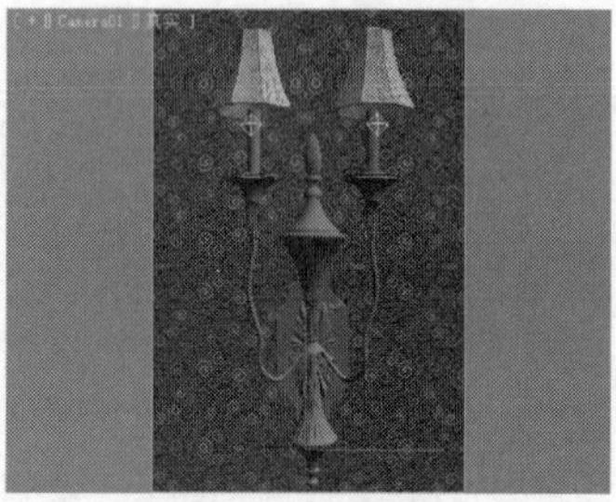

图15-55

02 按8键打开“环境和效果”对话框，然后在“效果”选项卡下单击“添加”按钮 添加... ，再在弹出的“添加效果”对话框中选择“镜头效果”选项，如图15-56所示。

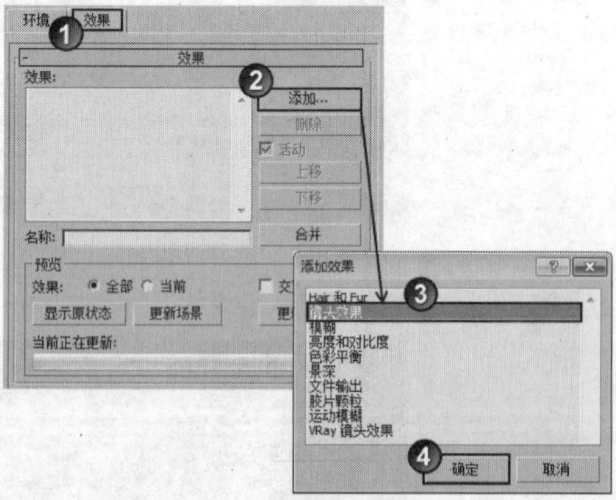

图15-56

03 在“效果”列表中选择“镜头效果”选项，然后在“镜头效果参数”卷展栏下的左侧列表中选择Glow（光晕）选项，再单击 > 按钮将其加载到右侧的列表中，如图15-57所示。

04 展开“镜头效果全局”卷展栏，然后单击“拾取灯光”按钮 拾取灯光 ，在视图中拾取两盏泛光灯，如图15-58所示。

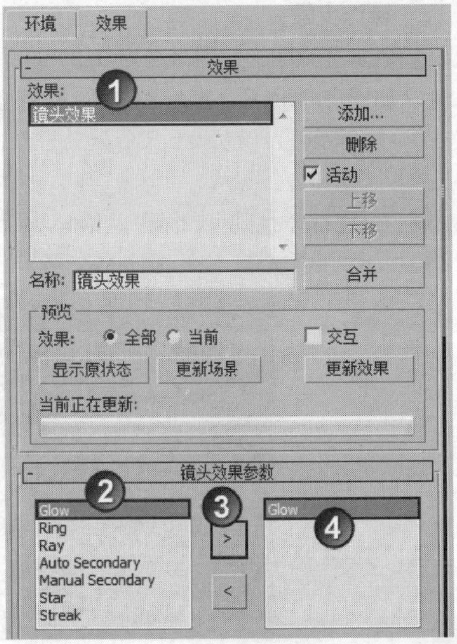

图15-57

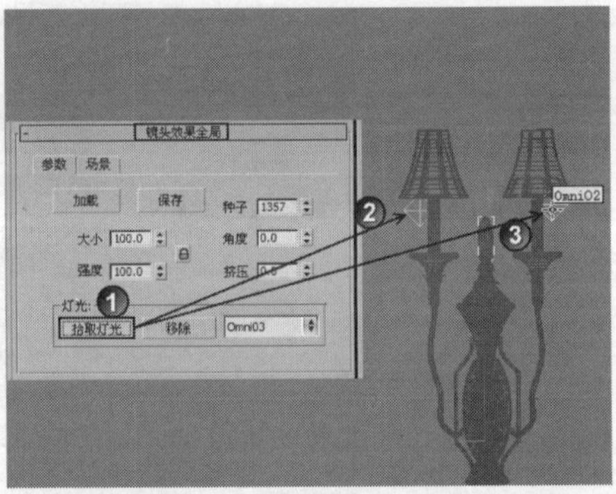

图15-58

05 展开“光晕元素”卷展栏，然后在“参数”选项卡下设置“强度”为60，再在“径向颜色”选项组下设置“边缘颜色”为（红:255，绿:144，蓝:0），具体参数设置如图15-59所示。

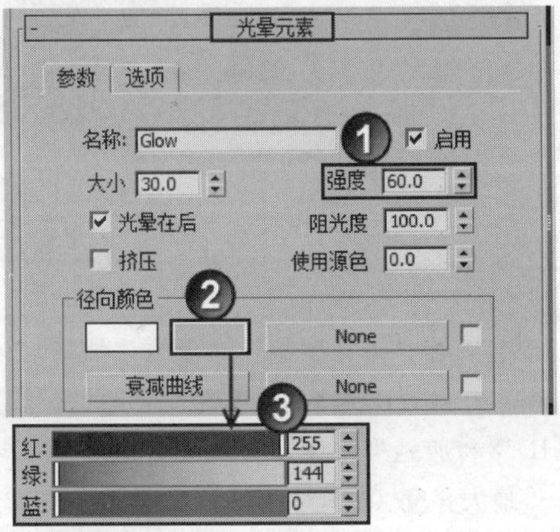

图15-59

06 按F9键渲染当前场景，效果如图15-60所示。可以观察到此时产生的光晕效果不是太理想，接下来叠加其他镜头效果。

07 返回“镜头效果参数”卷展栏，然后将左侧的Streak（条纹）效果加载到右侧的列表中，再在“条纹元素”卷展栏下设置“强度”为5，如图15-61所示。

图15-60

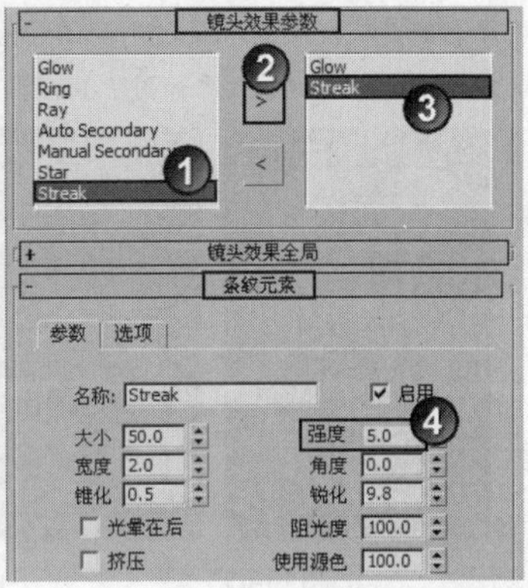

图15-61

08 返回“镜头效果参数”卷展栏，然后将左侧的Ray（射线）效果加载到右侧的列表中，再在“射线元素”卷展栏下设置“强度”为28，如图15-62所示。

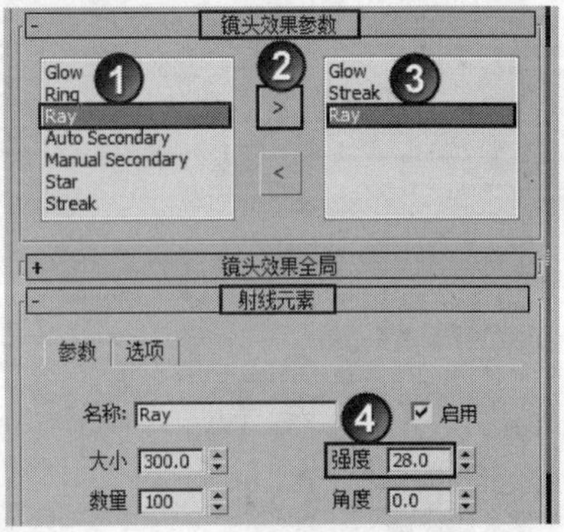

图15-62

09 返回“镜头效果参数”卷展栏，然后将左侧的Manual Secondary（手动二级光斑）效果加载到右侧的列表中，再在“手动二级光斑元素”卷展栏下设置“强度”为35，如图15-63所示，最后按F9键渲染当前场景，镜头效果如图15-64所示。

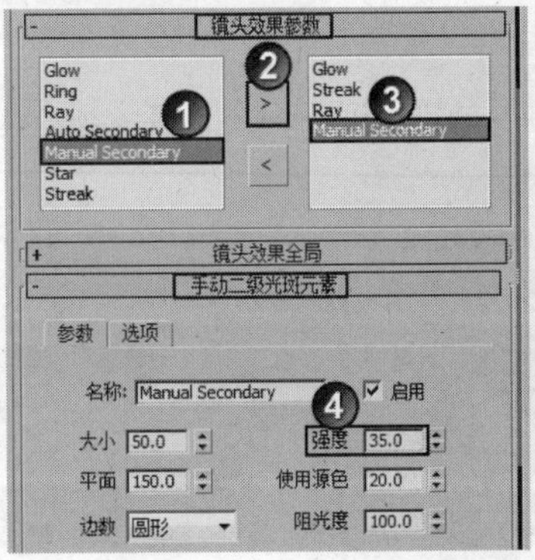

图15-63

图15-64

技巧与提示

通常同时加载多种镜头效果会产生比较理想的效果，但有时单独的镜头效果也能派上用场，其中Ray（射线）、Streak（条纹）以及Star（星形）的效果如图15-65~图15-67所示。

图15-65

图15-66

图15-67

此外，Manual Secondary（手动二级光斑）效果也可以产生比较理想的效果，如图15-68所示在“手动二级光斑元素”卷展栏下设置“强度”为400、“边数”为“六”，然后按F9键渲染当前场景，则会产生如图15-69所示的效果。

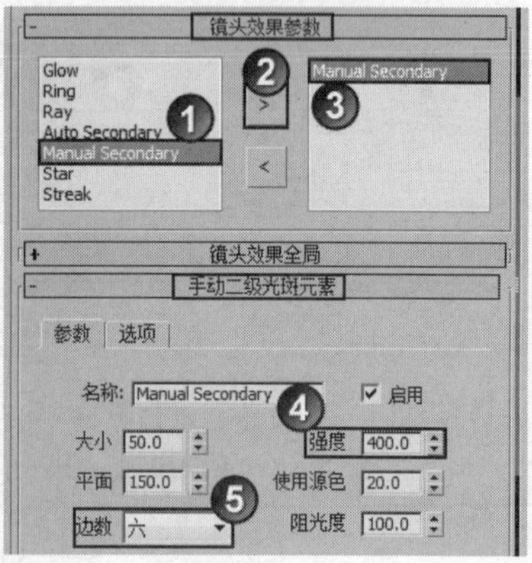

图15-68

图15-69

实战248 模糊效果

场景位置	DVD>场景文件>CH15>实战248.max
实例位置	DVD>实例文件>CH15>实战248.max
视频位置	DVD>多媒体教学>CH15>实战248.flv
难易指数	★★☆☆☆
技术掌握	用模糊效果制作模糊特效

实例介绍

本例将使用“模糊”效果制作一个CG场景的奇幻模糊特效，如图15-70所示。

图15-70

操作步骤

01 打开光盘中的“场景文件>CH15>实战248.max”文件，如图15-71所示，然后按F9键渲染当前场景，效果如图15-72所示。可以观察到飞行器处于静止状态，没有冲击力。

02 按8键打开“环境和效果”对话框，然后在“效果”卷展栏下加载一个“模糊”效果，如图15-73所示。

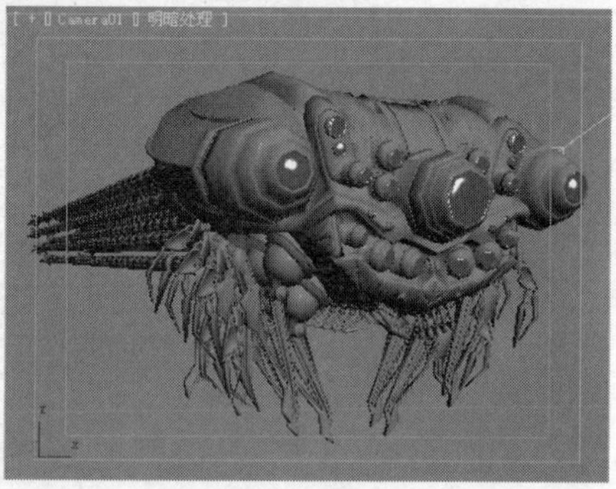

图15-71

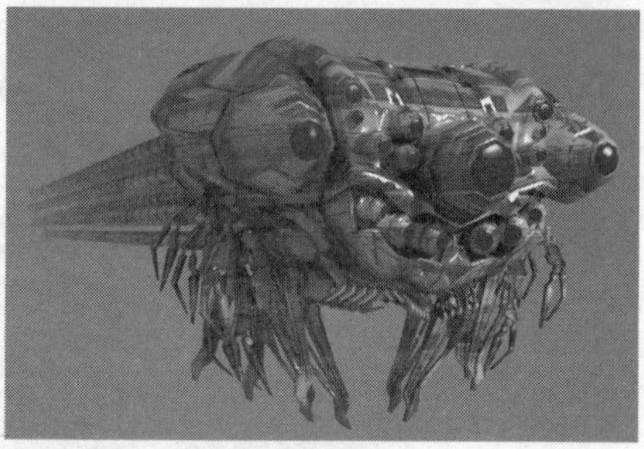

图15-72

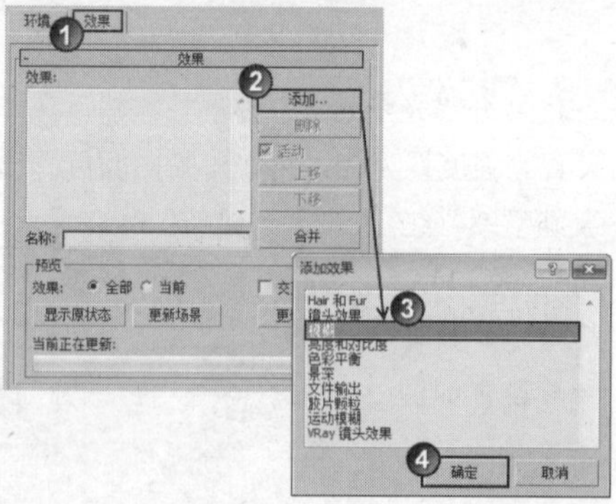

图15-73

03 展开“模糊参数”卷展栏，然后勾选“材质ID”选项，并设置ID为8，再单击“添加”按钮 添加 将材质ID 8添加到列表中，并设置“最小亮度（%）”为60、“最大亮度（%）”为100、“加亮（%）”为50、“混合（%）”为50、“羽化半径（%）”为30，最后在“常规设置”卷展栏的“羽化衰减”选项组下将曲线调节成“抛物线”形状，如图15-74所示。

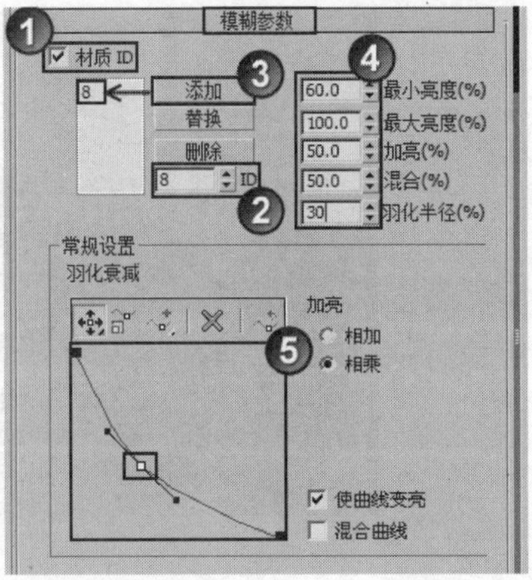

图15-74

技巧与提示

设置物体的“材质ID通道”为8，并设置“环境和效果”的“材质ID”为8，这样对应之后，在渲染时只有“材质ID”为8的物体才能渲染出模糊效果，这样可以十分精准地控制模糊效果产生的对象。

04 按M键打开“材质编辑器”对话框，然后选择第1个材质球，在“多维/子对象基本参数”卷展栏下单击ID 2材质通道，再单击“材质ID通道”按钮，最后设置ID为8，如图15-75所示。

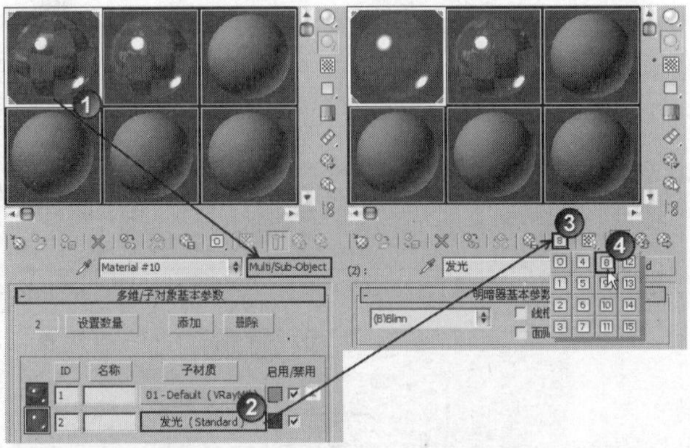

图15-75

05 选择第2个材质球，然后在“多维/子对象基本参数”卷展栏下单击ID 2材质通道，再单击“材质ID通道”按钮，并设置ID为8，最后按F9键渲染当前场景，最终效果如图15-76所示。

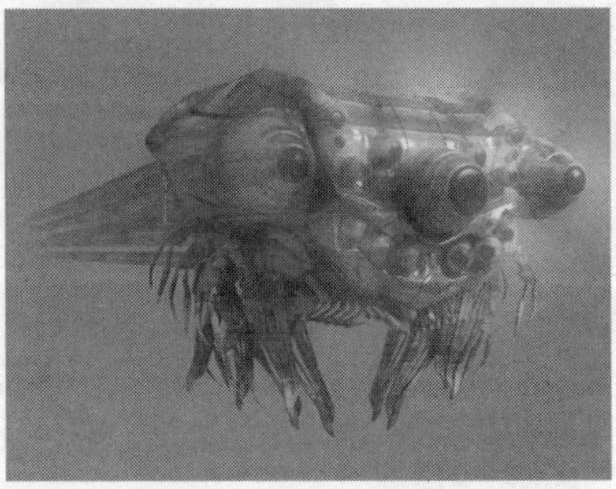

图15-76

实战249 色彩平衡效果

场景位置	DVD>场景文件>CH15>实战249.max
实例位置	DVD>实例文件>CH15>实战249.max
视频位置	DVD>多媒体教学>CH15>实战249.flv
难易指数	★☆☆☆☆
技术掌握	用色彩平衡效果调整场景的色调

实例介绍

在一般情况下，调整图像的色彩平衡都通过Photoshop来完成，但是也可以使用3ds Max的“色彩平衡”效果来调节，只是这样会耗费大量的渲染时间，如图15-77所示。

图15-77

操作步骤

01 打开光盘中的“场景文件>CH15>实战249.max”文件，如图15-78所示。

图15-78

02 按8键打开“环境和效果”对话框，然后在“效果”卷展栏下加载一个“色彩平衡”效果，如图15-79所示，再按F9键渲染当前场景，效果如图15-80所示。

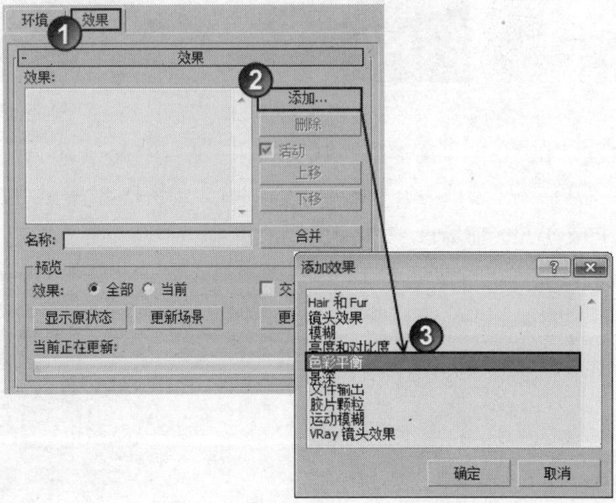

图15-79

图15-80

03 展开“色彩平衡参数”卷展栏，然后设置“青-红”为15、“洋红-绿”为-15、“黄-蓝”为0，如图15-81所示，再按F9键渲染当前场景，效果如图15-82所示。

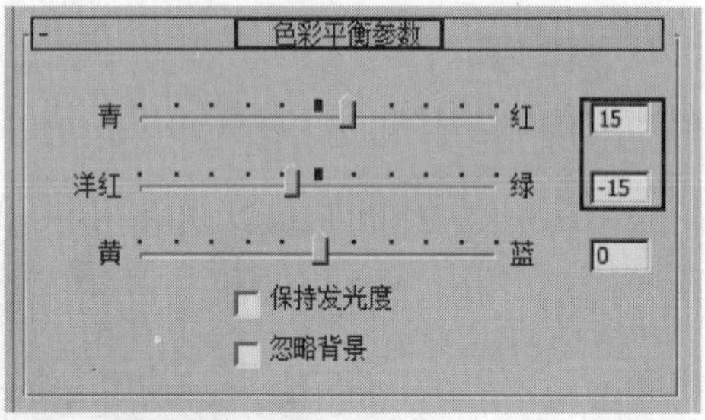

图15-81

图15-82

04 在“色彩平衡参数”卷展栏下将“青-红”修改为-15、“洋红-绿”修改为0、“黄-蓝”修改为15，如图15-83所示，按F9键渲染当前场景，效果如图15-84所示。

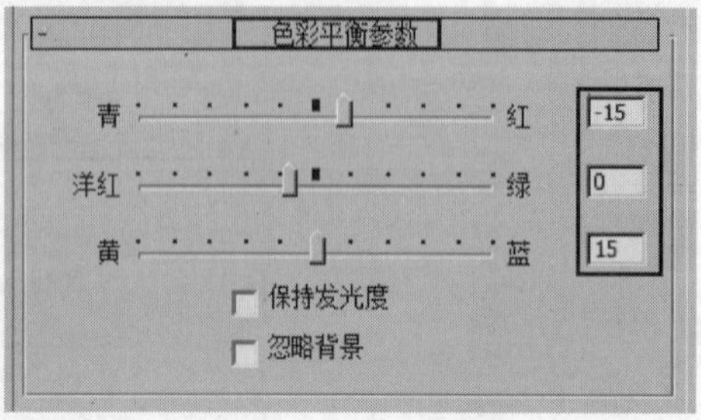

图15-83

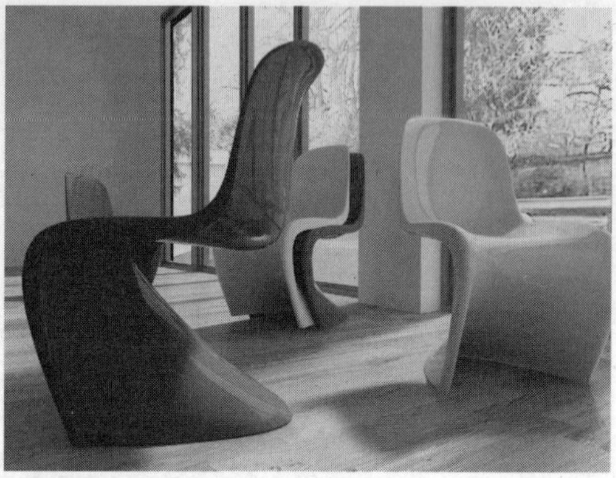

图15-84

技巧与提示

从本例中可以观察到，加载“色彩平衡”效果后可以直接通过修改参数来控制场景的色调。此外，也可以通过加载“亮度和对比度”效果来调节场景的亮度与对比度，如图15-85和图15-86所示。

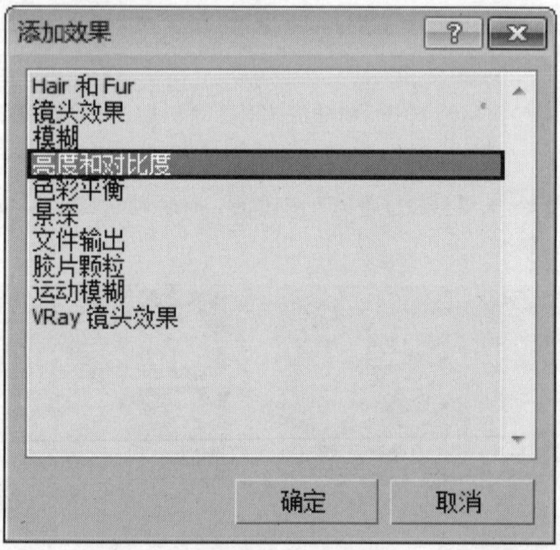

图15-85

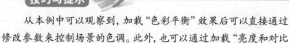

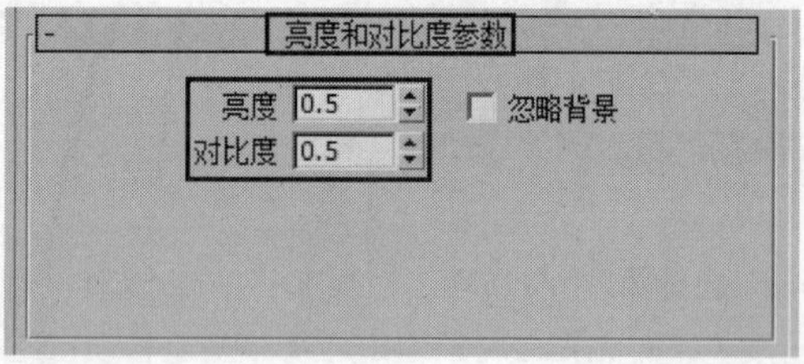

图15-86

实战250 胶片颗粒效果

场景位置	DVD>场景文件>CH15>实战250.max
实例位置	DVD>实例文件>CH15>实战250.max
视频位置	DVD>多媒体教学>CH15>实战250.flv
难易指数	★☆☆☆☆
技术掌握	用胶片颗粒效果制作胶片颗粒特效

实例介绍

本例将通过“胶片颗粒”效果在渲染画面中制作老式电影画面中的颗粒感，效果如图15-87所示。

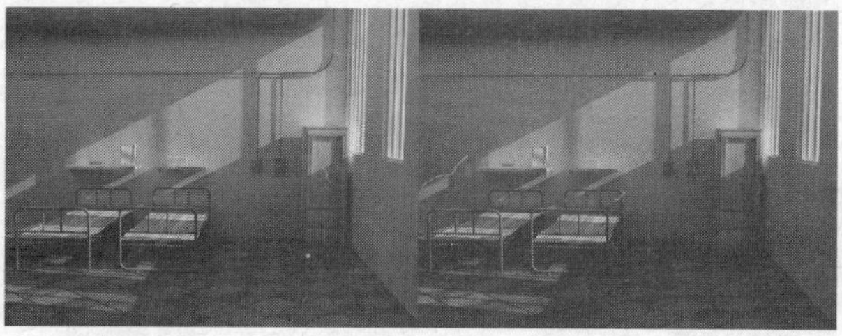

图15-87

操作步骤

01 打开光盘中的“场景文件>CH15>实战250.max”文件，如图15-88所示，然后按F9键渲染当前场景，效果如图15-89所示。

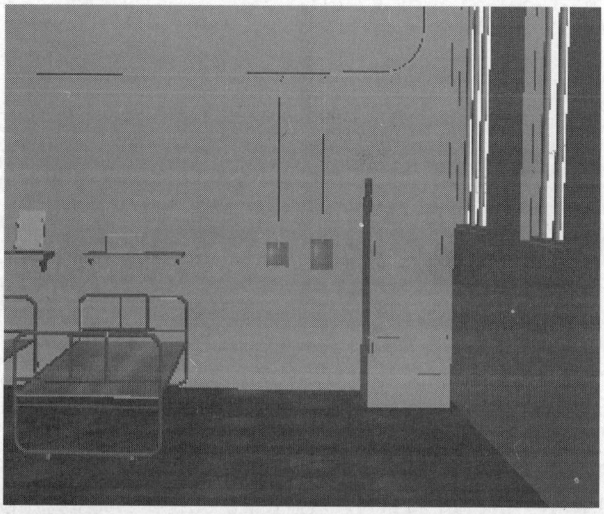

图15-88

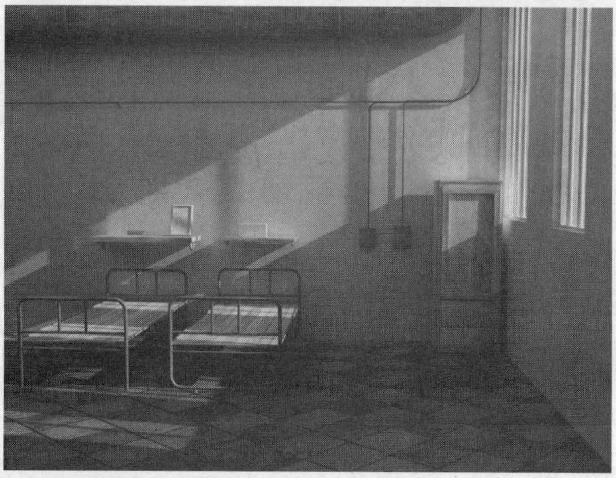

图15-89

02 按8键打开“环境和效果”对话框，然后在“效果”卷展栏下加载一个“胶片颗粒”效果，如图15-90所示。

03 展开“胶片颗粒参数”卷展栏，然后设置“颗粒”为0.5，如图15-91所示。

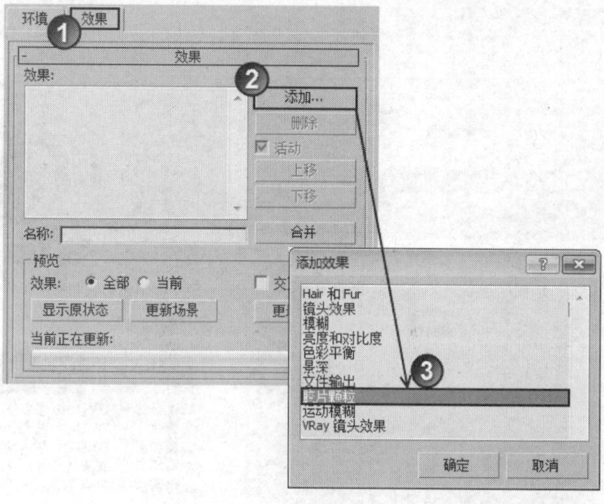

图15-90

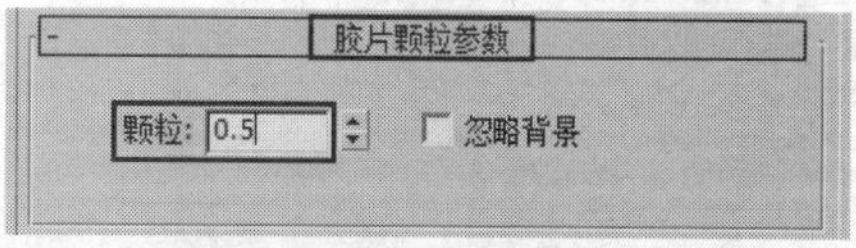

图15-91

04 按F9键渲染当前场景，最终效果如图15-92所示。

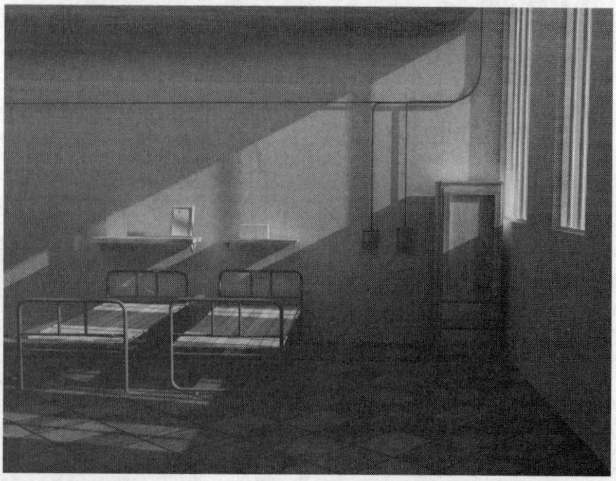

图15-92

第16章 粒子系统与空间扭曲

本章学习要点：

粒子系统的运用

空间扭曲的运用

用粒子配合空间扭曲制作动画

实战251 制作影视包装文字动画

场景位置	DVD>场景文件>CH16>实战251.max
实例位置	DVD>实例文件>CH16>实战251.max
视频位置	DVD>多媒体教学>CH16>实战251.flv
难易指数	★★☆☆☆
技术掌握	用粒子流源制作影视动画

实例介绍

本例将使用“粒子流源”粒子制作一个影视包装文字动画，效果如图16-1所示。

图16-1

操作步骤

01 打开光盘中的“场景文件>CH16>实战251.max”文件，如图16-2所示。

02 在“创建”面板中单击“几何体”按钮，然后设置“几何体”类型为“粒子系统”，接着单击“粒子流源”按钮 粒子流源 ，最后在前视图中拖曳光标创建一个粒子流源，如图16-3所示。

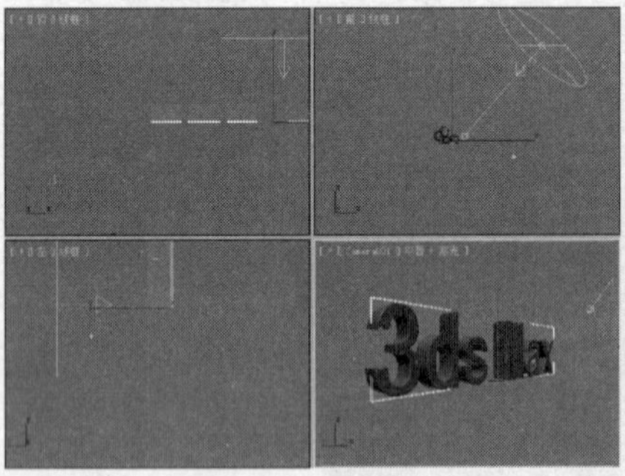

图16-2

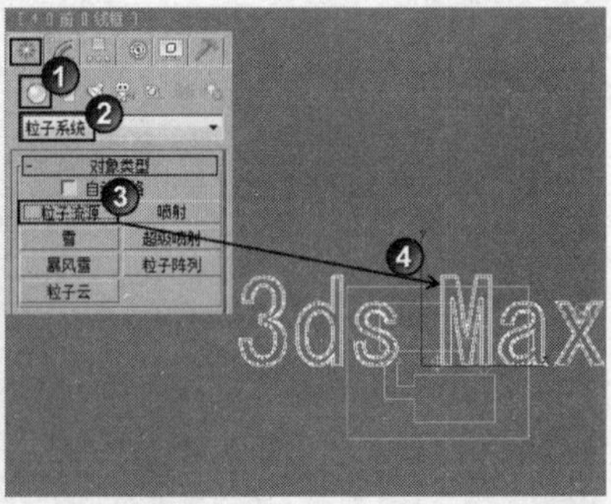

图16-3

03 进入“修改”面板，然后在“设置”卷展栏下单击“粒子视图”按钮 粒子视图 ，打开“粒子视图”对话框，再单击Birth 001操作符，最后在Birth 001卷展栏下设置“发射停止”为50、“数量”为500，如图16-4所示。这样就设置好了粒子的发射时间与数量。

04 单击Speed 001操作符，然后在Speed 001卷展栏下设置粒子发射的“速度”为7620mm，如图16-5所示。

05 单击Shape 001操作符，然后在Shape 001卷展栏下选择“立方体”，然后设置

“大小”为254mm，这样就设置好了发射出来的粒子形状与大小，如图16-6所示。

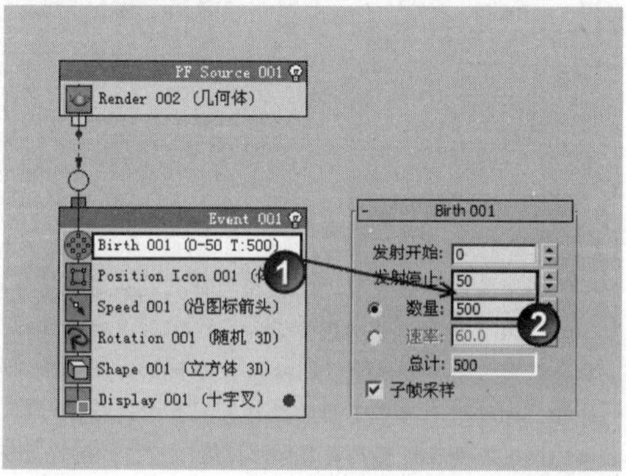

图16-4

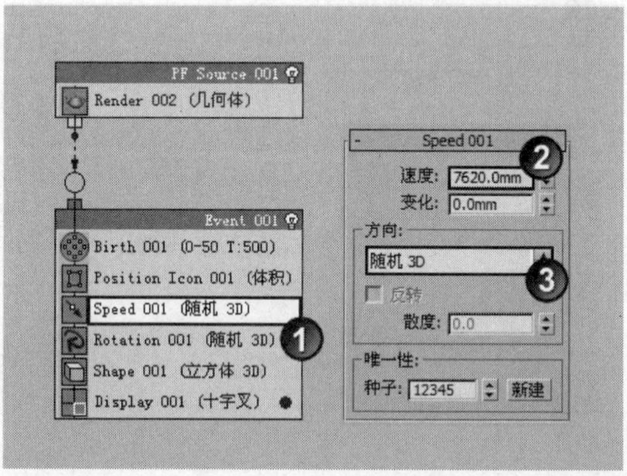

图16-5

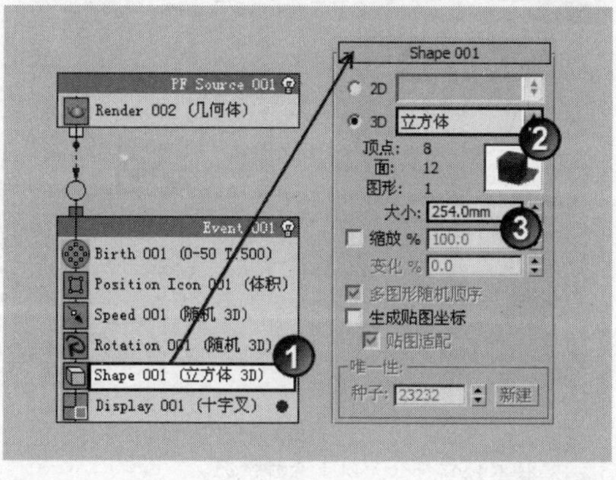

图16-6

06 单击Display 001操作符，然后在Display 001卷展栏下设置“类型”为“几何体”，再设置粒子的显示颜色为黄色（红:255，绿:182，蓝:26），如图16-7所示。

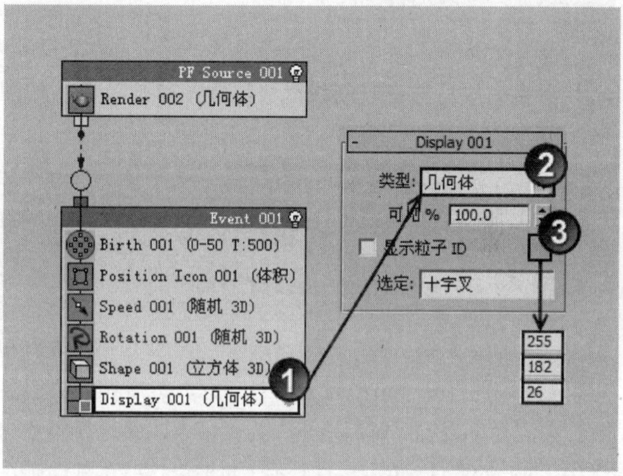

图16-7

07 在下面的操作符列表中选择Position Object操作符，然后使用鼠标左键将其拖曳到Display 001操作符的下面，如图16-8所示。

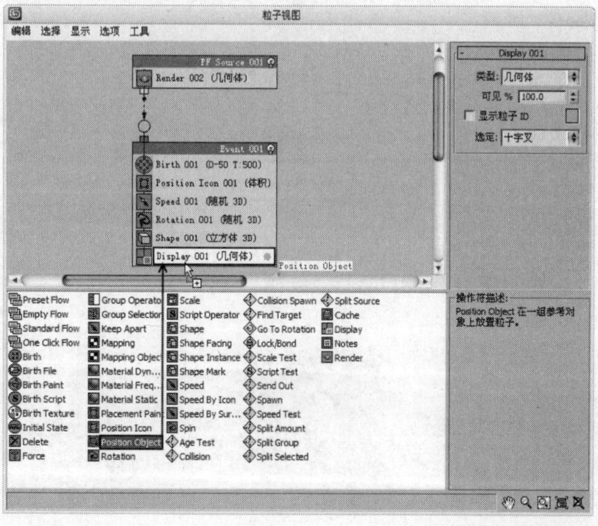

图16-8

08 单击Position Object 001操作符，然后在Position Object 001卷展栏下单击“添加”按钮添加，再在视图中拾取文字模型，最后设置“位置”为“曲面”，如图16-9所示。

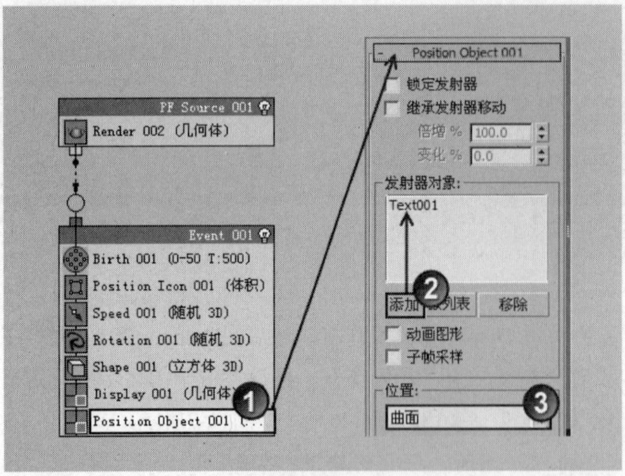

图16-9

09 调整完成后拖曳时间线滑块，预览动画效果，如图16-10所示。

图16-10

10 按F10键打开“渲染设置”对话框，然后在“公用参数”卷展栏下设置“时间输出”为“帧”，并选择帧数为（10，30，60），如图16-11所示，再渲染这些单帧动画，最终效果如图16-12所示。

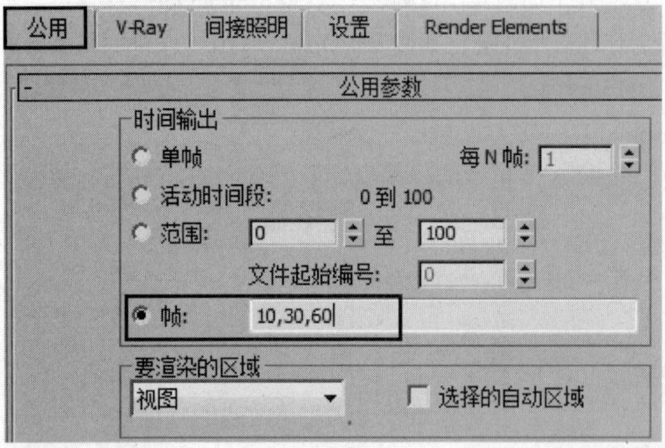

图16-11

图16-12

技术专题 38 事件/操作符的基本操作

下面讲解一下在“粒子视图”对话框中对事件/操作符的基本操作方法。

1.新建操作符

如果要新建一个事件，可以在粒子视图中单击鼠标右键，然后在弹出的菜单中选择“新建”菜单下的事件命令，如图16-13所示。

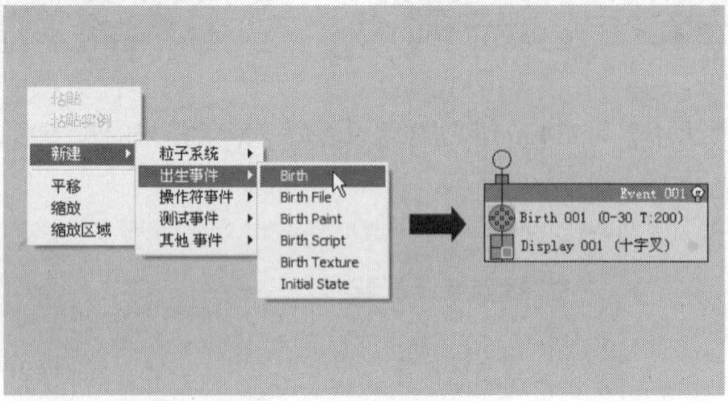

图16-13

2.附加/插入操作符

如果要附加操作符（附加操作符就是在原有操作符中再添加一个操作符），可以在面板上或操作符上单击鼠标右键，然后在弹出的菜单中选择“附加”下的子命令，如图16-14所示。另外，也可以直接在下面的操作符列表中选择操作符，然后使用鼠标左键将其拖曳到要添加的位置即可，如图16-15所示。

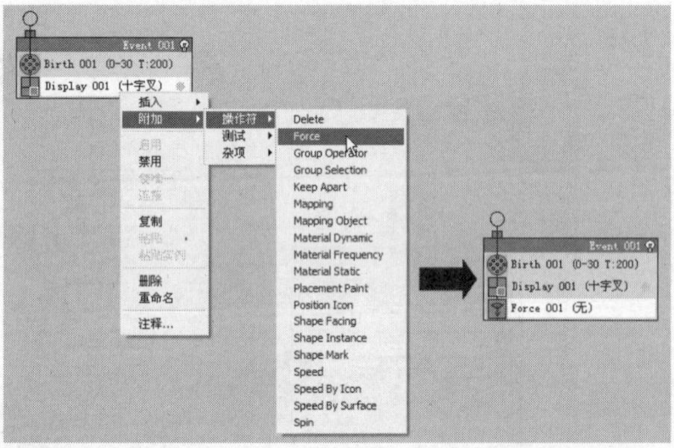

图16-14

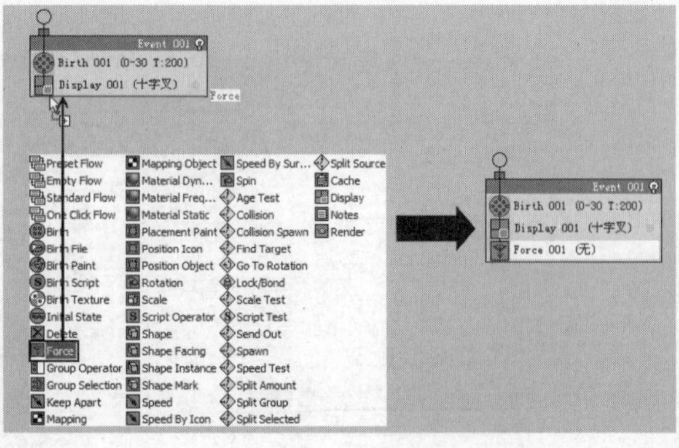

图16-15

插入操作符分为以下两种情况。

第1种：替换操作符。在选择了操作符的情况下单击鼠标右键，在弹出的菜单中选择“插入”菜单下的子命令，将当前操作符替换掉选择的操作符，如图16-16所示。另外，也可以直接在下面的操作符列表中选择操作符，然后使用鼠标左键将其拖曳到要被替换的操作符上，如图16-17所示。

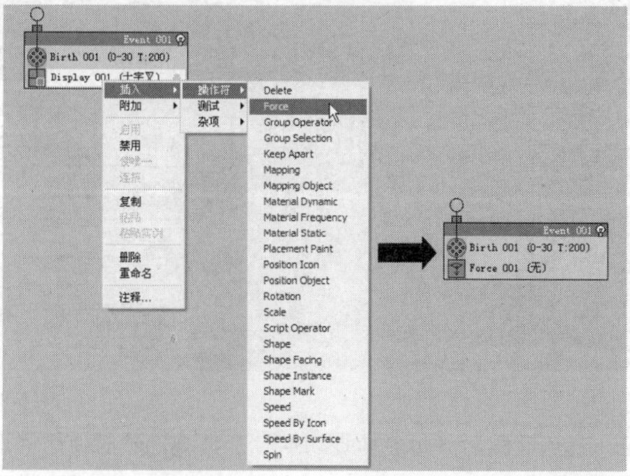

图16-16

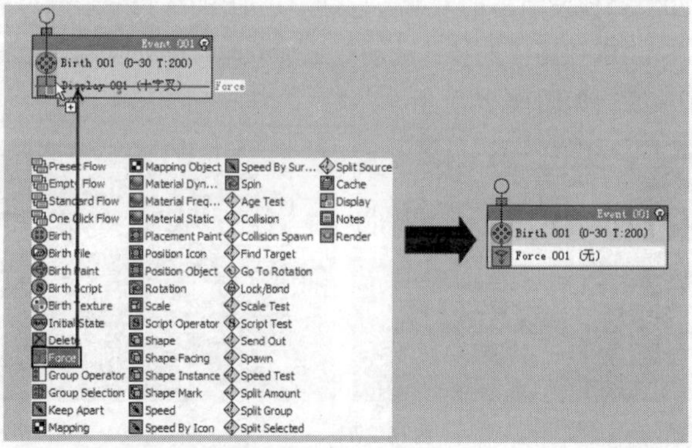

图16-17

第2种：添加操作符。在没有选择任何操作符的情况下单击鼠标右键，在弹出的菜单中选择“插入”菜单下的子命令，会将操作符添加到事件面板中，如图16-18所示。

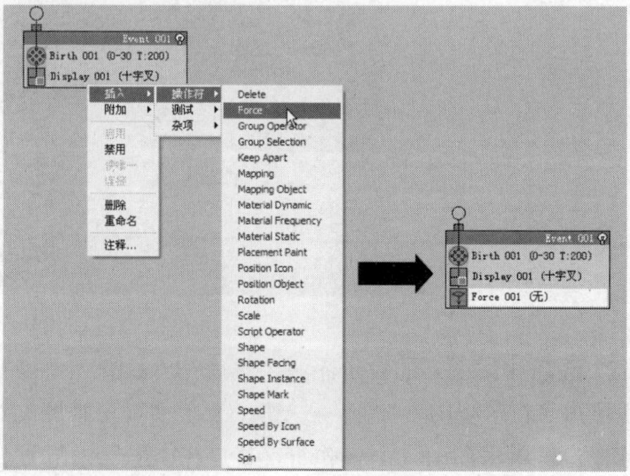

图16-18

3.调整操作符的顺序

如果要调整操作符的顺序，可以使用鼠标左键将操作符拖曳到要放置的位置即可，如图16-19所示。注意，如果将操作符拖曳到其他操作符上，将替换掉操作符，如图16-20所示。

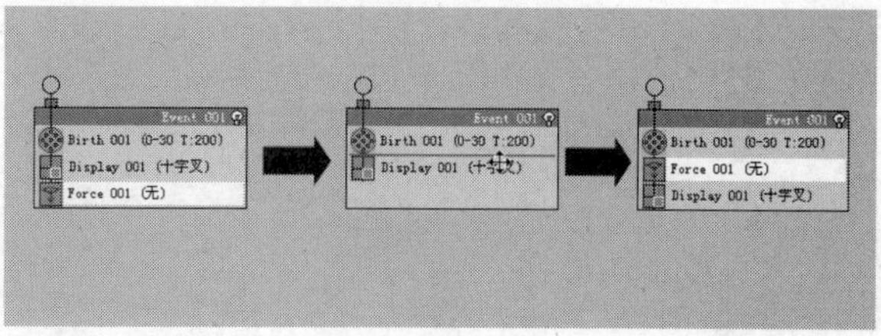

图16-19

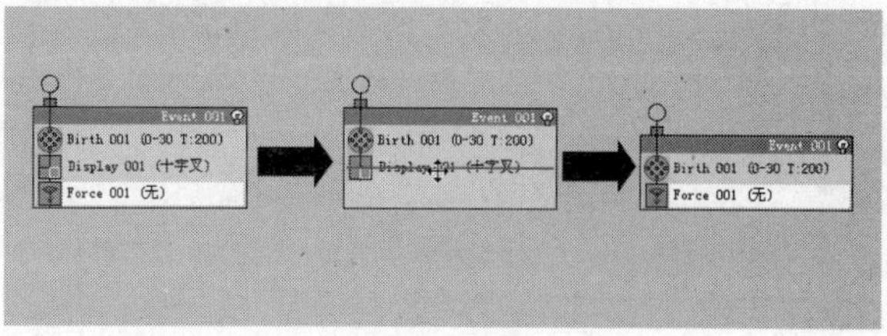

图16-20

4.删除事件/操作符

如果要删除事件，可以在事件面板上单击鼠标右键，然后在弹出的菜单中选择“删除”命令，如图16-21所示；如果要删除操作符，可以在操作符上单击鼠标右键，然后在弹出的菜单中选择“删除”命令，如图16-22所示。

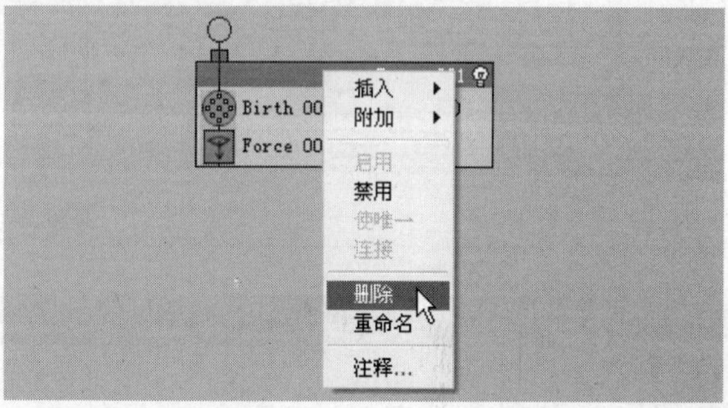

图16-21

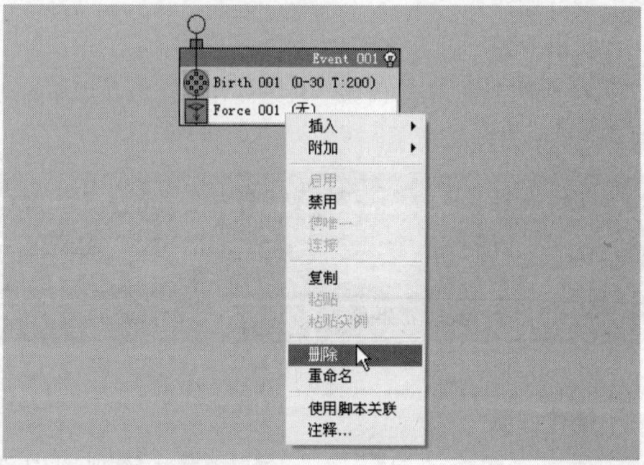

图16-22

5.链接/打断操作符与事件

如果要将操作符链接到事件上，可以使用鼠标左键将事件旁边的图标拖曳到事件面板上的图标上，如图16-23所示；如果要打断链接，可以在链接线上单击鼠标右键，然后在弹出的菜单中选择“删除线框”命令，如图16-24所示。

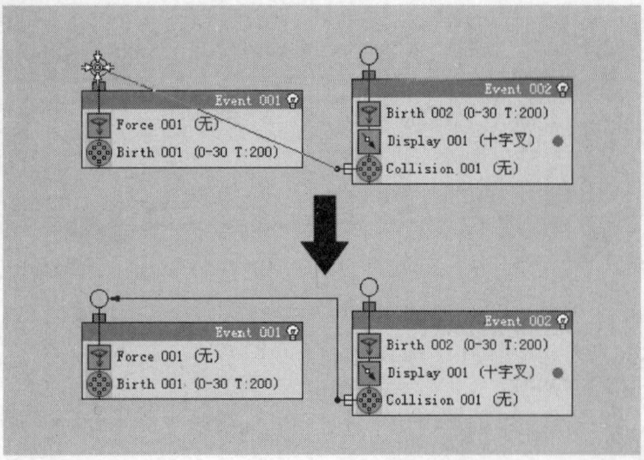

图16-23

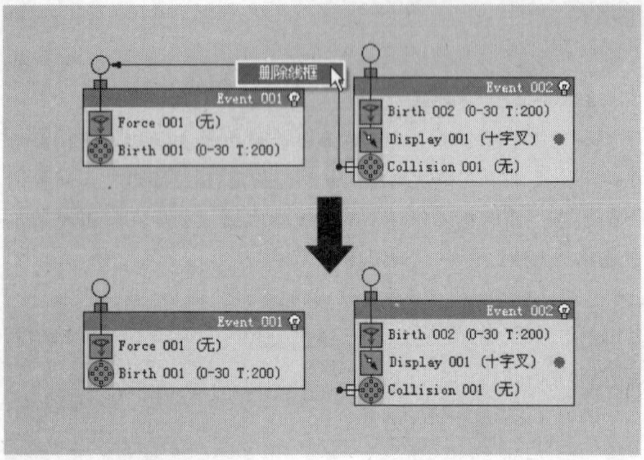

图16-24

实战252 制作烟花爆炸动画

场景位置　无
实例位置　DVD>实例文件>CH16>实战252.max
视频位置　DVD>多媒体教学>CH16>实战252.flv
难易指数　★★☆☆☆
技术掌握　用粒子流源制作爆炸动

实例介绍

本例将使用“粒子流源”粒子制作一个烟花爆炸的动画，效果如图16-25所示。

图16-25

操作步骤

01 使用“粒子流源”工具 粒子流源 在透视图中创建一个粒子流源，然后在“发射”卷展栏下设置“徽标大小”为160mm、“长度”为240mm、“宽度”为245mm，如图16-26所示。

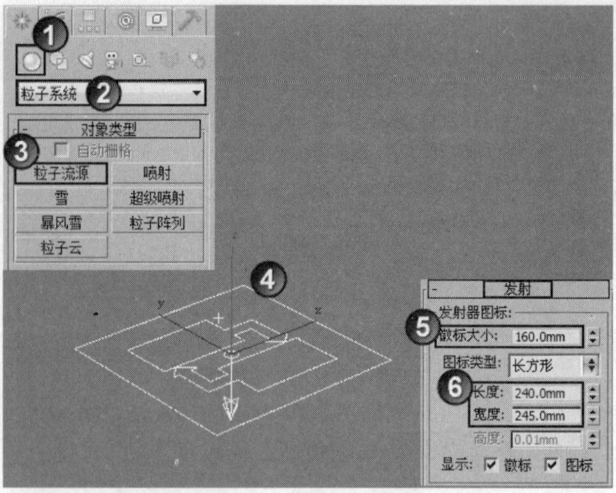

图16-26

02 按A键激活“角度捕捉切换”工具，然后使用“选择并旋转”工具在前视图中将粒子流源顺时针旋转180°，使发射器的发射方向朝上，如图16-27所示，再按住Shift键使用“选择并移动”工具向右移动复制一个粒子流源，如图16-28所示。

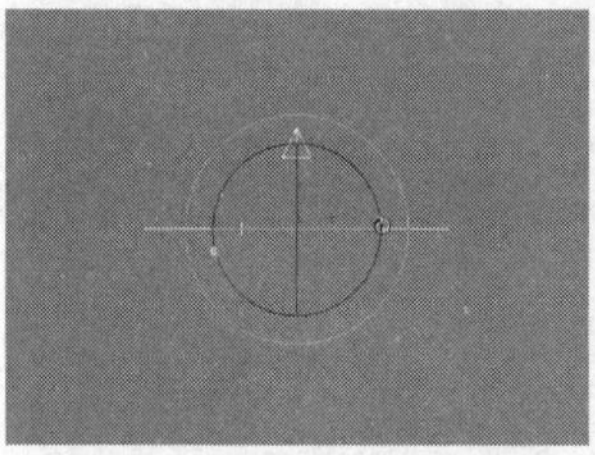

图16-27

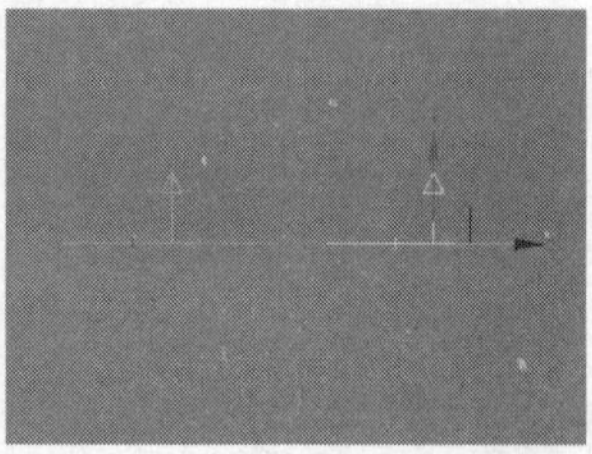

图16-28

03 使用“球体”工具 球体 在一个粒子流源的上方创建一个球体，然后在“参数”卷展栏下设置“半径”为4，如图16-29所示。

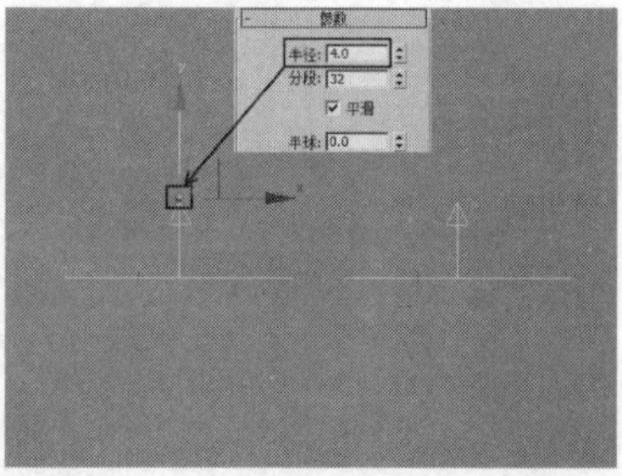

图16-29

04 选择球体下方的粒子流源，然后在“设置”卷展栏下单击“粒子视图”按钮 粒子视图 ，打开“粒子视图”对话框，再单击Birth 001操作符，最后在Birth 001卷展栏下设置“发射停止”为0、“数量”为20000，如图16-30所示。

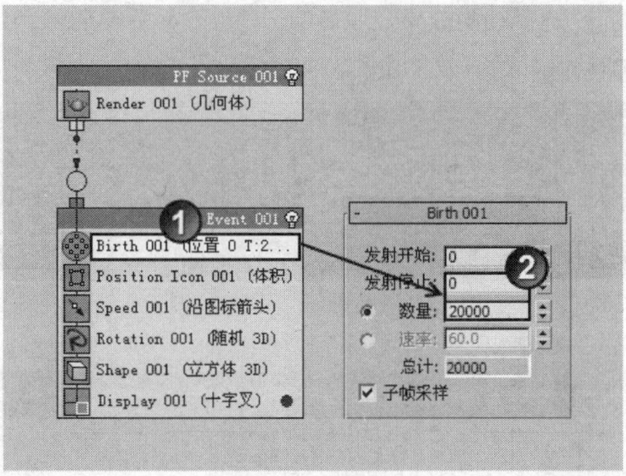

图16-30

05 单击Shape 001操作符，然后在Shape 001卷展栏下设置3D类型为“80面球体”，再设置“大小”为1.5mm，如图16-31所示。

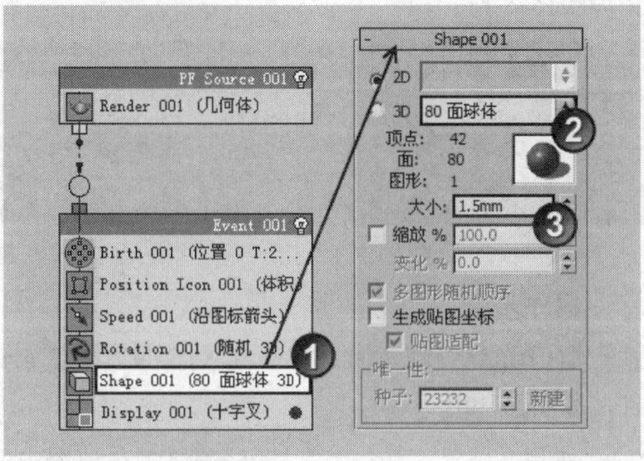

图16-31

06 单击Display 001操作符，然后在Display 001卷展栏下设置“类型”为“点”，再设置显示颜色为（红:51，绿:147，蓝:255），如图16-32所示。

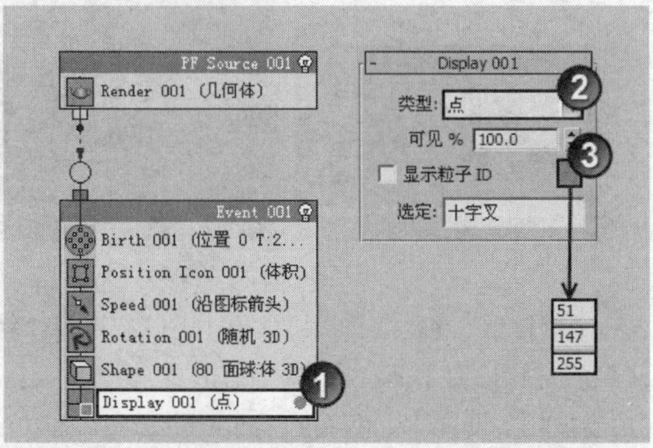

图16-32

07 使用鼠标左键将操作符列表中的Position Object操作符拖曳到Shape 001操作符的下方，然后单击Position Object 001操作符，再在Position Object 001卷展栏下单击“添加”按钮添加，最后在视图中拾取球体，将其添加到“发射器对象”列表中，如图16-33所示。

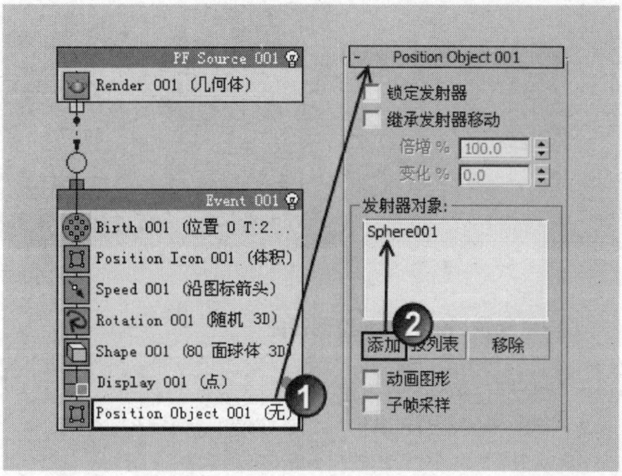

图16-33

技巧与提示

此时拖曳时间线滑块，可以观察到粒子并没有像烟花一样产生爆炸及球状散开效果，如图16-34所示。接下来对粒子进行碰撞设置，从而产生爆炸效果。

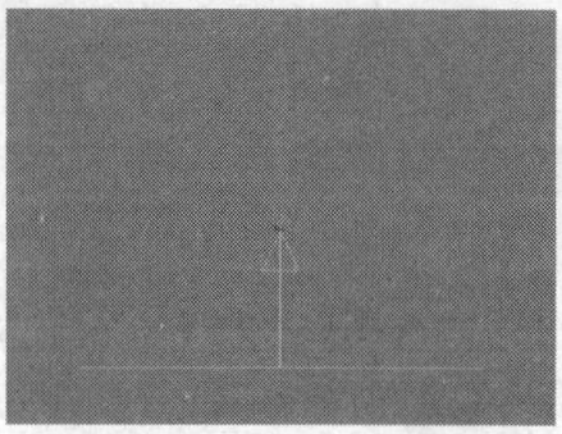

图16-34

08 使用“平面”工具 平面 在顶视图中创建一个与粒子流源大小几乎相同的平面，然后将其拖曳到粒子流源的上方，如图16-35所示。

09 在“创建”面板中单击“空间扭曲”按钮，并设置空间扭曲的类型为“导向器”，然后使用“导向板”工具 导向板 在顶视图中创建一个导向板（位置和大小与平面相同），如图16-36所示。

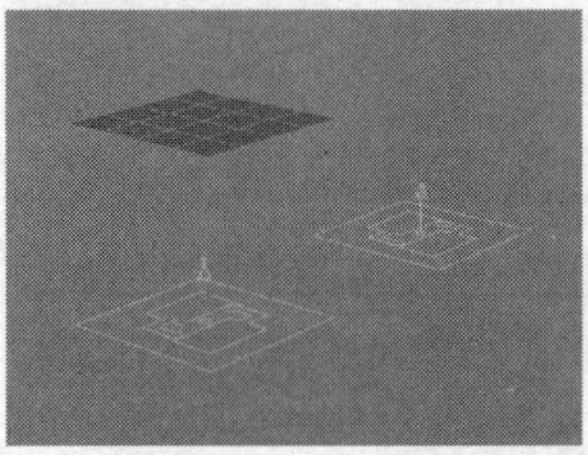

图16-35

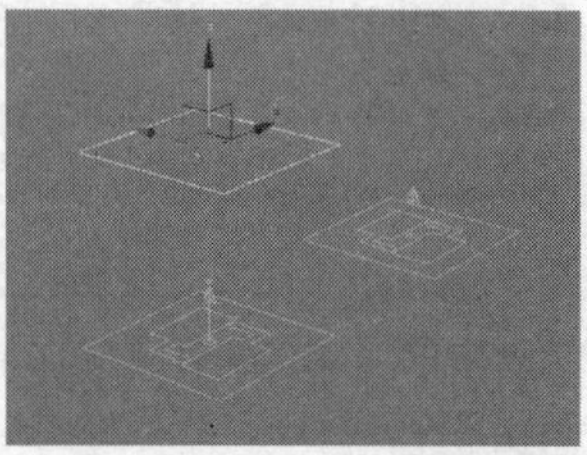

图16-36

技巧与提示

这里创建导向板的目的主要是为了让粒子在上升的过程中与其发生碰撞，从而让粒子产生爆炸效果。

10 在“主工具栏”中单击“绑定到空间扭曲”按钮，然后用该工具将导向板拖曳到平面上，如图16-37所示。

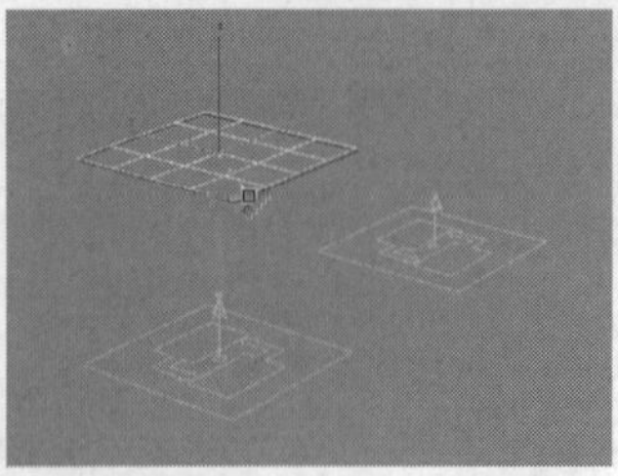

图16-37

技术专题 39 绑定到空间扭曲

"绑定到空间扭曲"工具可以将导向器绑定到对象上。先选择需要导向器，然后在"主工具栏"中单击"绑定到空间扭曲"按钮，再将其拖曳到要绑定的对象上即可，如图16-38所示。

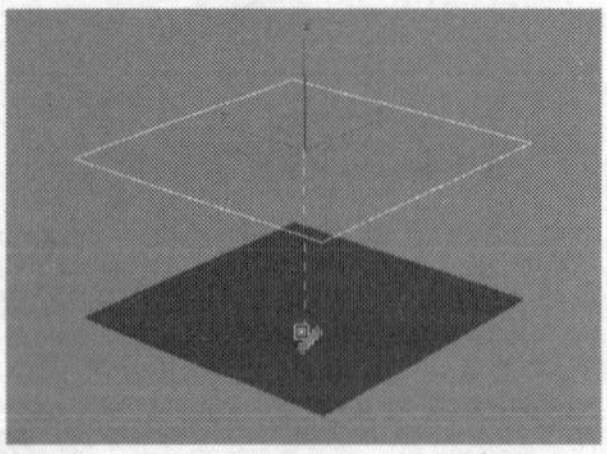

图16-38

11 打开"粒子视图"对话框，然后在操作符列表中将Collision操作符拖曳到Position Object 001操作符的下方，单击Collision 001操作符，再在Collision 001卷展栏下单击"添加"按钮添加，并在视图中拾取导向板，最后设置"速度"为"随机"，如图16-39所示。

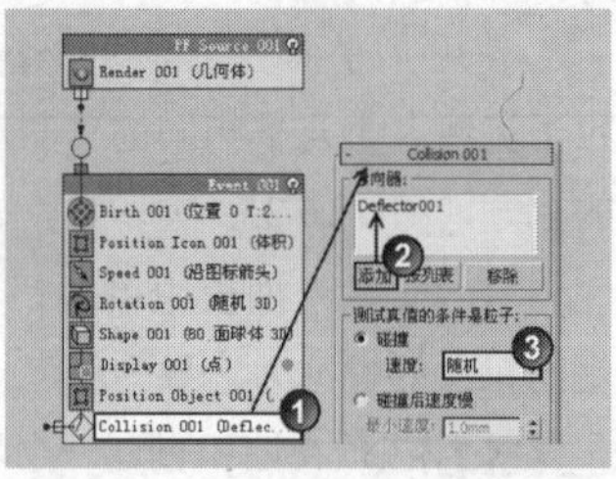

图16-39

12 拖曳时间线滑块，可以发现此时的粒子已经发生了爆炸效果，如图16-40所示。

13 采用相同的方法设置另一个粒子流源，然后按8键打开"环境和效果"对话框，再在"环境贴图"通道中加载光盘中的"实例文件>CH16>实战252>背景.jpg"文件，如图16-41所示。

图16-40

图16-41

14 选择动画效果最明显的一些帧，然后单独渲染这些单帧动画，最终效果如图16-42所示。

图16-42

实战253 制作放箭动画

场景位置	DVD>场景文件>CH16>实战253.max
实例位置	DVD>实例文件>CH16>实战253.max
视频位置	DVD>多媒体教学>CH16>实战253.flv
难易指数	★★☆☆☆
技术掌握	用粒子流源制作放箭动画

实例介绍

本例将使用"粒子流源"粒子制作一段放箭动画，效果如图16-43所示。

图16-43

操作步骤

01 打开光盘中的"场景文件>CH16>实战253.max"文件，如图16-44所示。

02 使用"粒子流源"工具 粒子流源 在左视图中创建一个粒子流源，然后在"发射"卷展栏下设置"徽标大小"为96mm、"长度"为132mm、"宽度"为144mm，其位置如图16-45所示。

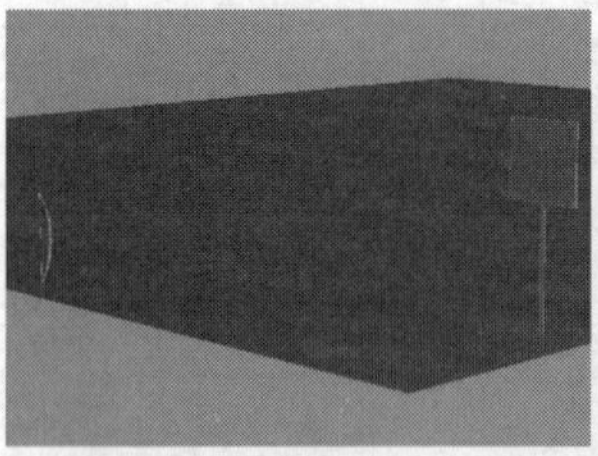

图16-44

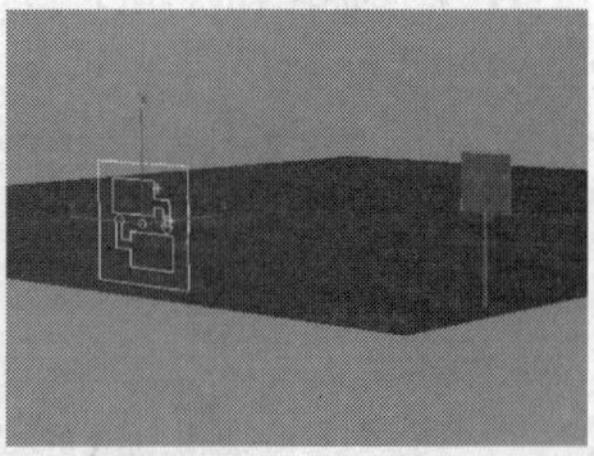

图16-45

03 在"设置"卷展栏下单击"粒子视图"按钮 粒子视图 ，打开"粒子视图"对话框，然后单击Birth 001操作符，再在Birth 001卷展栏下设置"发射停止"为500、"数量"为200，如图16-46所示。

04 单击Speed 001操作符，然后在Speed 001卷展栏下设置"速度"为10000mm，如图16-47所示。

05 单击Rotation 001操作符，然后在Rotation 001卷展栏下设置"方向矩阵"为"速度空间跟随"，再设置y为180，如图16-48所示。

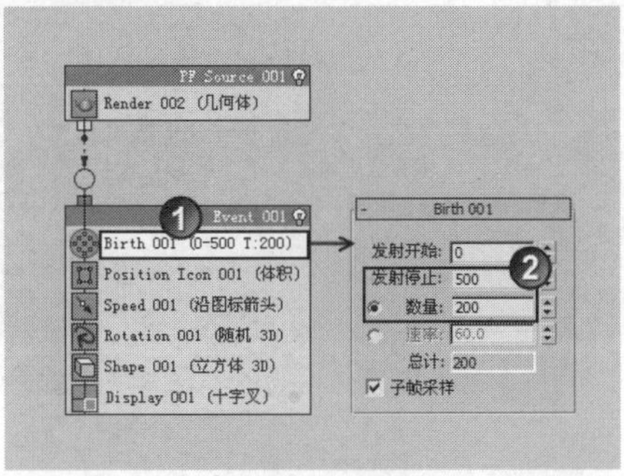

图16-46

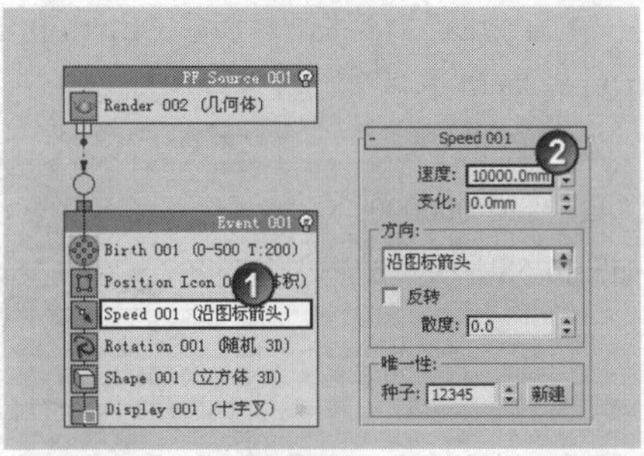

图16-47

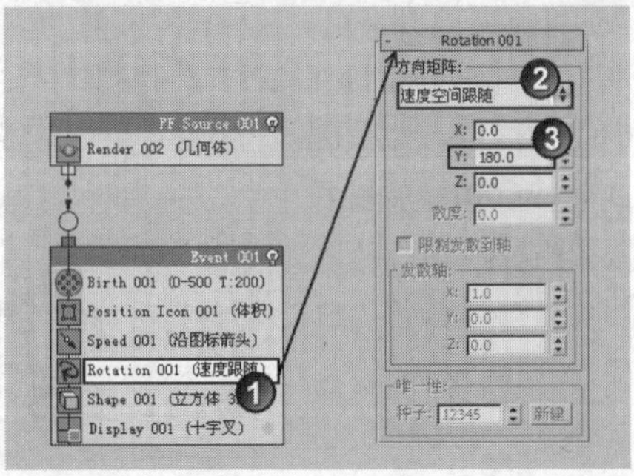

图16-48

技巧与提示

由于本例将选择场景中的箭作为粒子对象，因此不再需要Shape 001操作符，可以在Shape 001操作符上单击鼠标右键，然后在弹出的菜单中选择“删除”命令，将其删除。

06 单击Display 001操作符，然后在Display 001卷展栏下设置“类型”为“几何体”，再设置显示颜色为（红:228，绿:184，蓝:153），如图16-49所示。

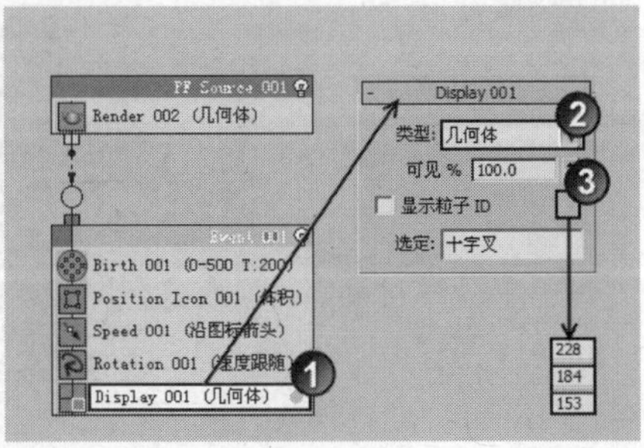

图16-49

07 在操作符列表中将Shape Instance操作符拖曳到Display 001操作符的下方，然后单击Shape Instance 001操作符，接着在Shape Instance 001卷展栏下单击“无”按钮 无 ，再在视图中拾取箭模型（注意，不是弓模型），如图16-50所示。

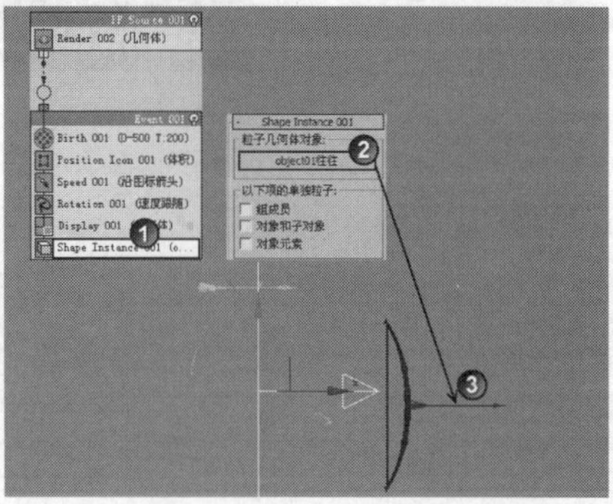

图16-50

08 在“创建”面板中单击“空间扭曲”按钮，并设置空间扭曲的类型为“导向器”，然后单击“导向板”按钮 导向板 ，在左视图中创建一个大小与箭靶基本相同的导向板（位置也与其相同），如图16-51所示。

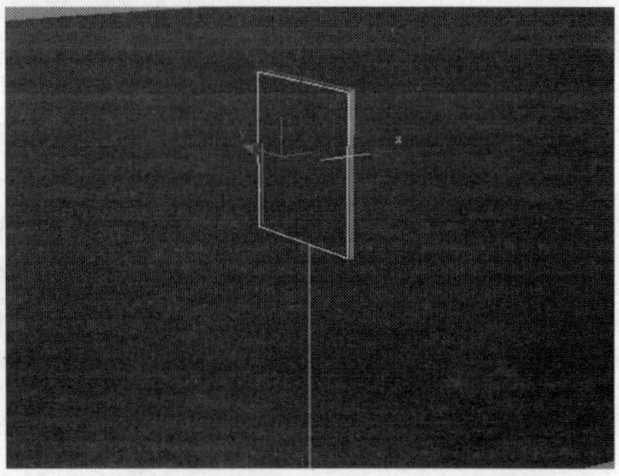

图16-51

09 返回“粒子视图”对话框，然后将Collision操作符拖曳到Shape Instance 001操作符的下方，再在Shape Instance 001卷展栏下单击“添加”按钮 添加 ，并在视图中拾取导向板，最后设置“速度”为“停止”，如图16-52所示。

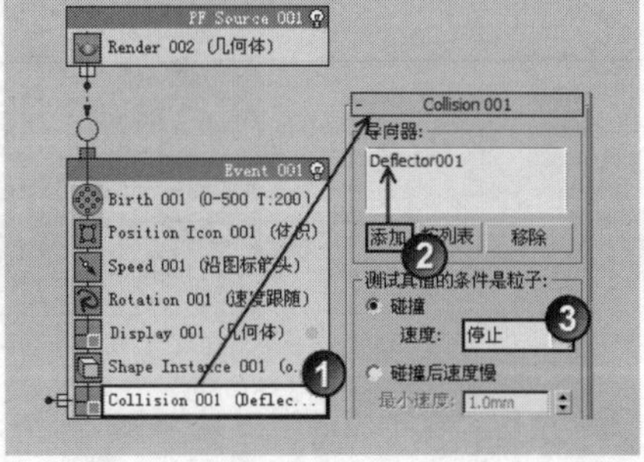

图16-52

10 拖曳时间线滑块，可以发现此时的某些箭射到了箭靶平面，达到了预期的效果，如图16-53所示。

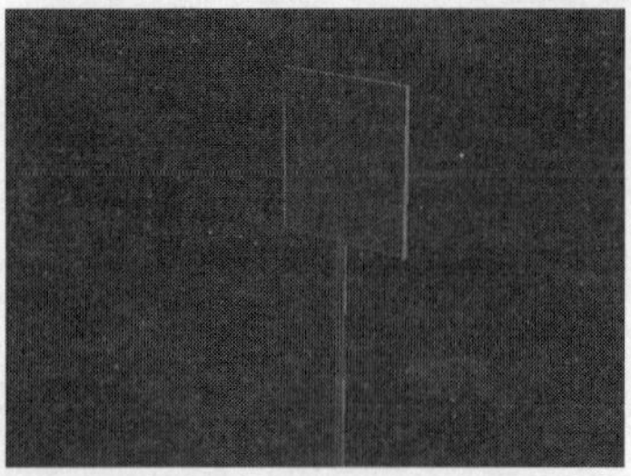

图16-53

11 选择动画效果最明显的一些帧，然后单独渲染这些单帧动画，最终效果如图16-54所示。

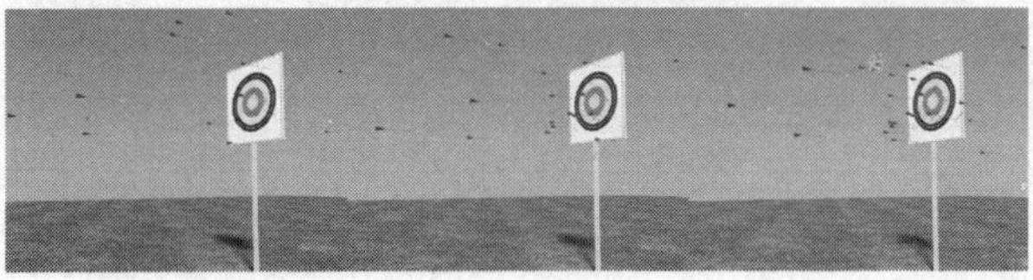

图16-54

实战254 制作拂尘动画

场景位置	DVD>场景文件>CH16>实战254.max
实例位置	DVD>实例文件>CH16>实战254.max
视频位置	DVD>多媒体教学>CH16>实战254.flv
难易指数	★★★☆☆
技术掌握	用粒子流源制作拂动动画

实例介绍

本例将使用“粒子流源”粒子制作一段手指拂开地面沙尘的动画，效果如图16-55所示。

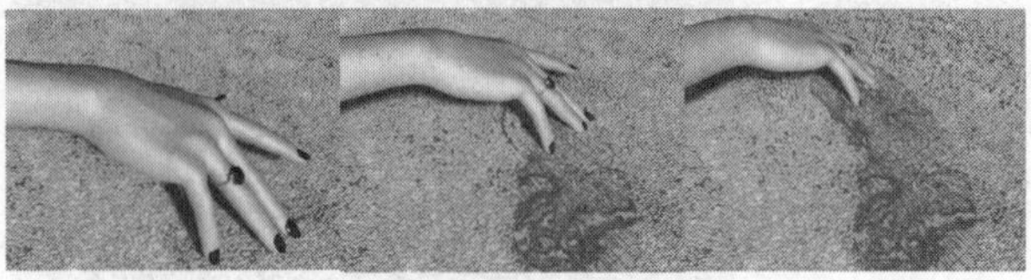

图16-55

操作步骤

01 使用“平面”工具 平面 在场景中创建一个平面，然后在“参数”卷展栏下设置“长度”为2300mm、“宽度”为2400mm，如图16-56所示。

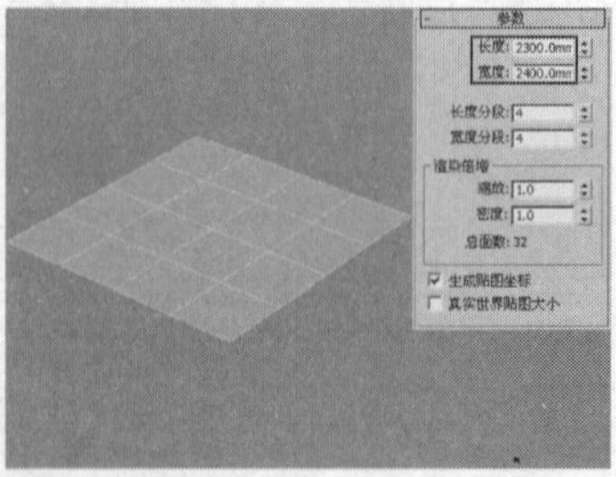

图16-56

02 使用“粒子流源”工具 粒子流源 在顶视图中创建一个粒子流源（放在平面上方的中间位置），然后在“发射”卷展栏下设置“徽标大小”为66mm、“长度”为77mm、“宽度”为113mm，如图16-57所示。

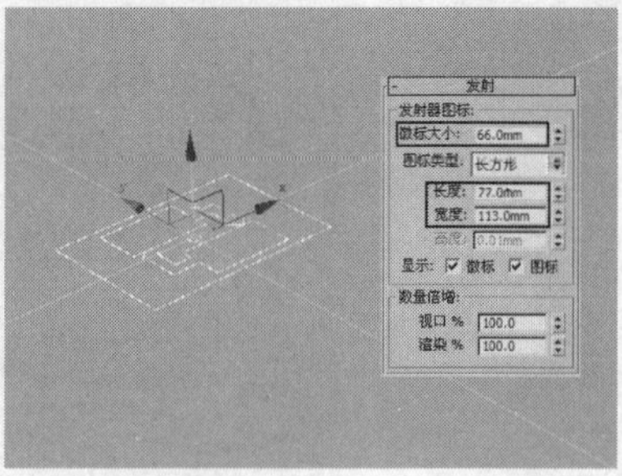

图16-57

03 在“设置”卷展栏下单击“粒子视图”按钮 粒子视图 ，打开“粒子视图”对话框，然后单击Birth 001操作符，在Birth 001卷展栏下设置“发射停止”为0、“数量”为1000000，如图16-58所示。

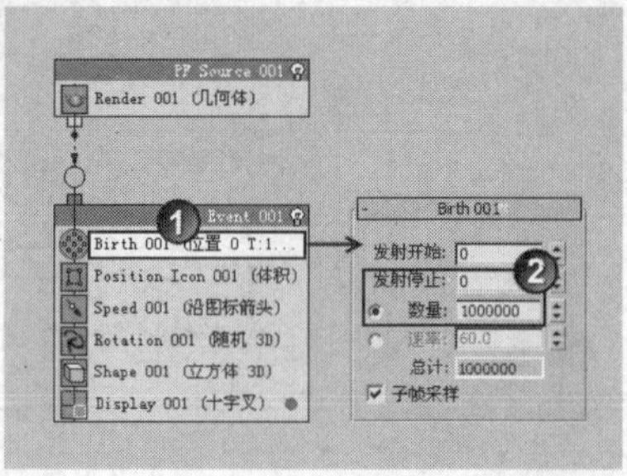

图16-58

04 单击Display 001操作符，然后在Display 001卷展栏下设置“类型”为“点”，再设置显示颜色为白色，如图16-59所示。

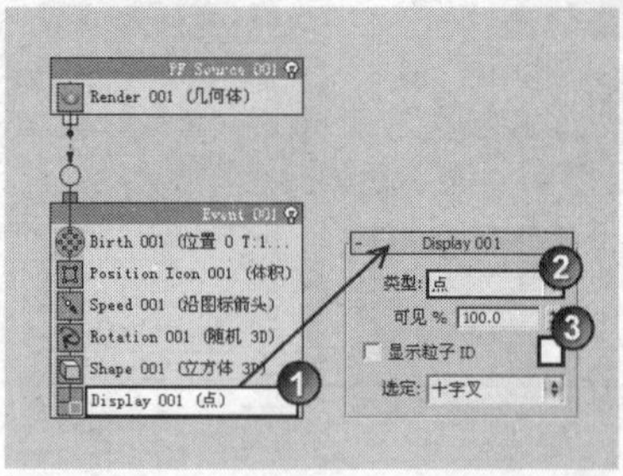

图16-59

技巧与提示

在本例中粒子的“发射开始”与“发射停止”均设置在0帧，这样动画一开始就在平面上生成沙尘。

05 在操作符列表中将Position Object操作符拖曳到Display 001操作符的下方，然后单击Position Object 001操作符，再在Position Object 001卷展栏下单击“添加”按钮 添加，最后在视图中拾取平面，如图16-60所示。

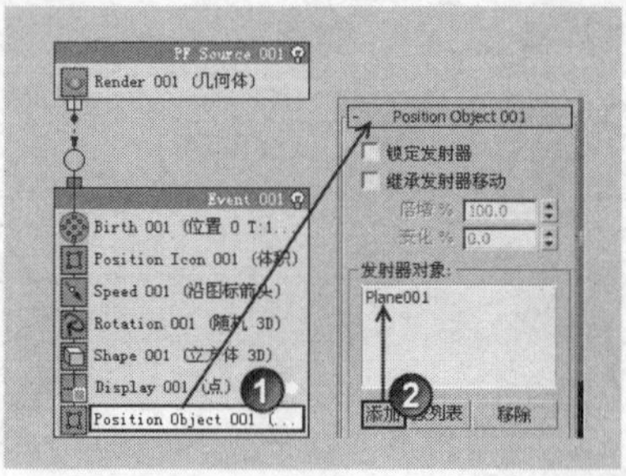

图16-60

06 将光盘中的“场景文件>CH16>实战254.max”文件合并到场景中，效果如图16-61所示。

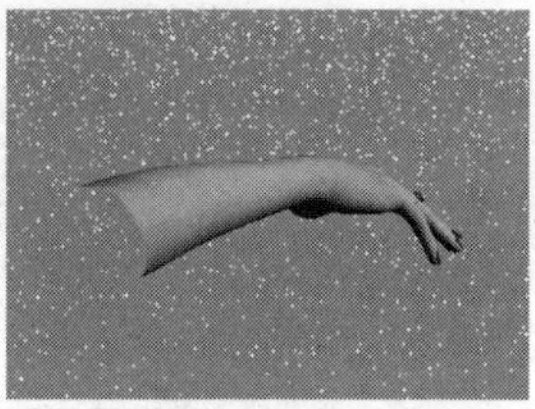

图16-61

技巧与提示

这个场景文件已经为手设置好了一个划动动画，如图16-62所示。

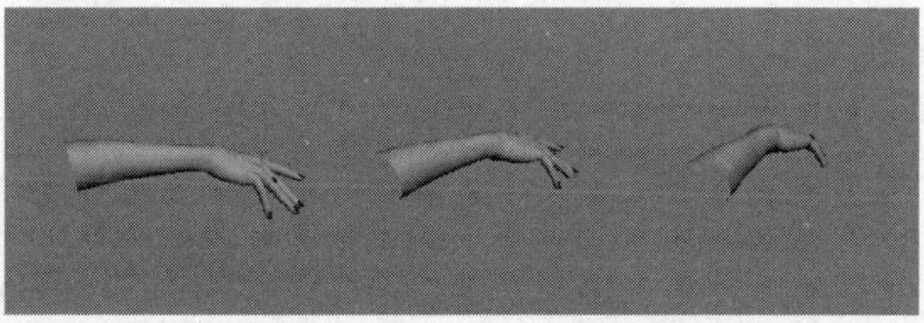

图16-62

07 在“创建”面板中单击“空间扭曲”按钮，并设置“空间扭曲”的类型为“导向器”，然后使用“导向球”工具 导向球 在顶视图中创建一个导向球（放在手指部位），再在“基本参数”卷展栏下设置“直径”为30mm，其位置如图16-63所示。

08 在“主工具栏”中单击“选择并链接”按钮，然后使用鼠标左键将导向球链接到手模型上，如图16-64所示。链接成功后，拖曳时间线滑块，可以观察到导向球会跟随手一起运动。

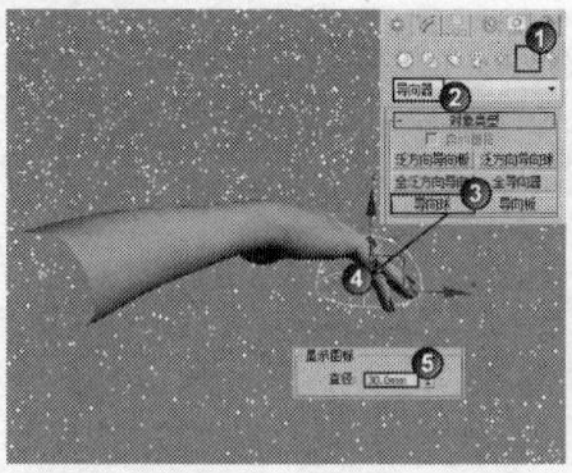

图16-63

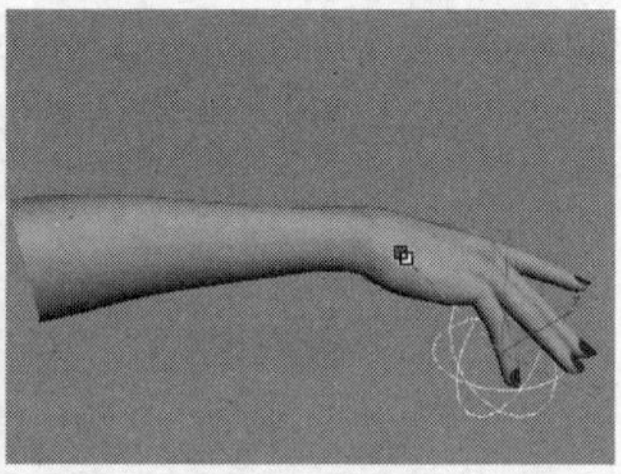

图16-64

技巧与提示

由于导向板会影响粒子的运动，而将手指与导向板链接后，手指就会影响粒子运动，这样就实现了手指拂开沙尘的动作。

09 返回到“粒子视图”对话框，在操作符列表中将Collision操作符拖曳到Position Object 001操作符的下方，然后单击Collision 001操作符，再在Collision 001卷展栏下单击“添加”按钮 添加，最后在视图中拾取导向球，如图16-65所示。

10 在操作符列表中将Material Dynamic操作符拖曳到Collision 001操作符的下方，然后在Material Dynamic 001卷展栏下单击“无”按钮 无 ，再在弹出的“材质/贴图浏览器”对话框中加载一个“标准”材质，如图16-66所示。

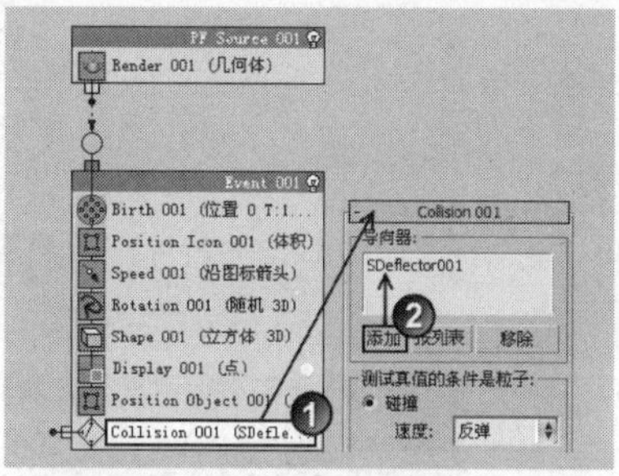

图16-65

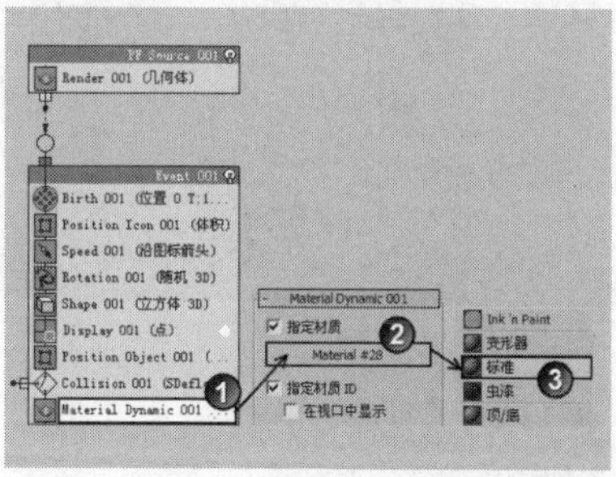

图16-66

11 选择动画效果最明显的一些帧，然后单独渲染这些单帧动画，最终效果如图16-67所示。

图16-67

实战255 制作粒子吹散动画

场景位置	DVD>场景文件>CH16>实战255.max
实例位置	DVD>实例文件>CH16>实战255.max
视频位置	DVD>多媒体教学>CH16>实战255.flv
难易指数	★★★☆☆
技术掌握	用粒子流源制作粒子吹散动画

实例介绍

本例将使用“粒子流源”粒子制作一段粒子被吹散的动画，效果如图16-68所示。

图16-68

操作步骤

01 打开光盘中的“场景文件>CH16>实战255.max”文件，如图16-69所示。

02 使用“粒子流源”工具 粒子流源 在顶视图中创建一个粒子流源，如图16-70所示。

图16-69

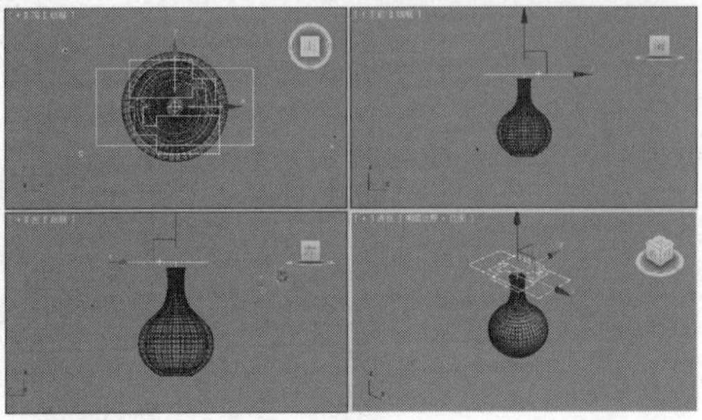

图16-70

03 进入“修改”面板，在“设置”卷展栏下单击“粒子视图”按钮 粒子视图 ，打开“粒子视图”对话框，然后单击Birth 001操作符，在Birth 001卷展栏下设置“发射停止”为0、“数量”为15000，如图16-71所示。

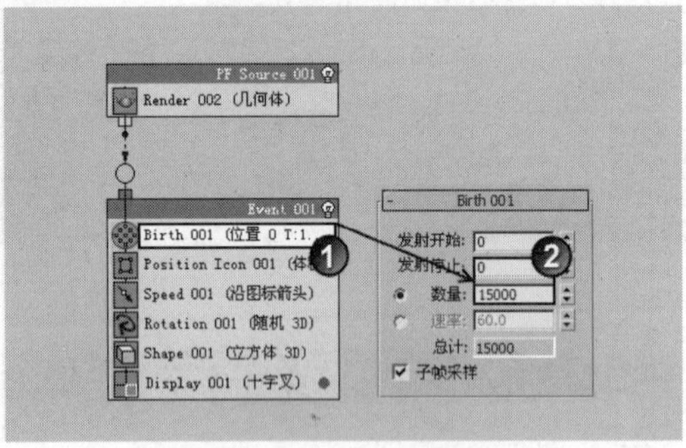

图16-71

04 按住Ctrl键的同时选择Position Icon 001、Speed 001和Rotation 001操作符，然后单击鼠标右键，在弹出的菜单中选择“删除”命令，如图16-72所示。

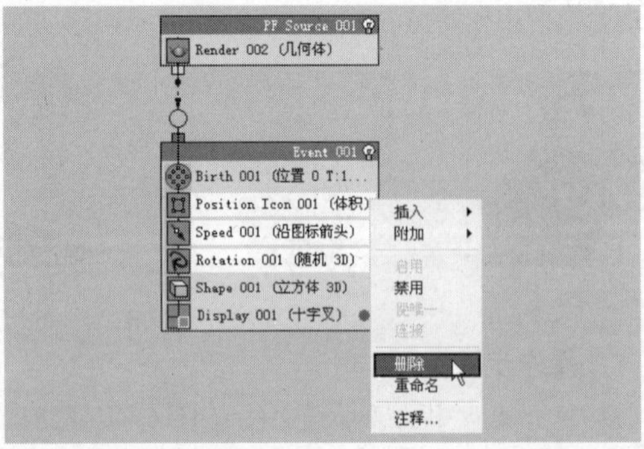

图16-72

05 单击Shape 001操作符，然后在Shape 001卷展栏下设置3D为“2D面球体”，再设置“大小”为120mm，如图16-73所示。

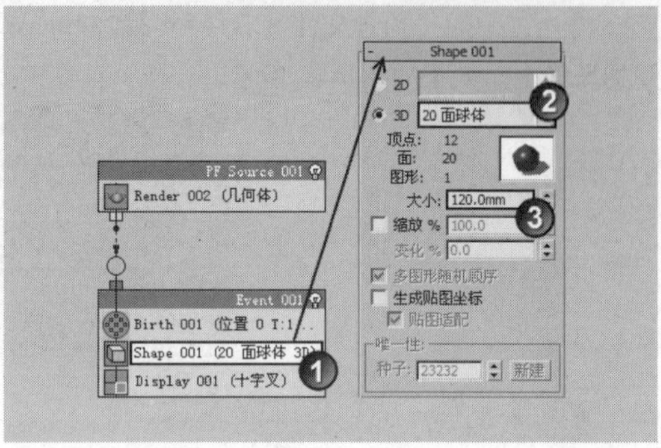

图16-73

06 单击Display 001操作符，然后在Display 001卷展栏下设置“类型”为“点”，再设置显示颜色为（红:0，绿:90，蓝:255），如图16-74所示。

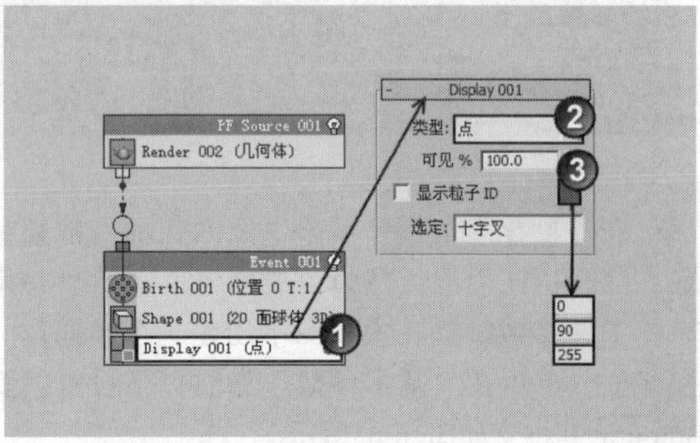

图16-74

07 在下面的操作符列表中选择Position Object操作符，然后使用鼠标左键将其拖曳到Display 001操作符的下面，如图16-75所示。

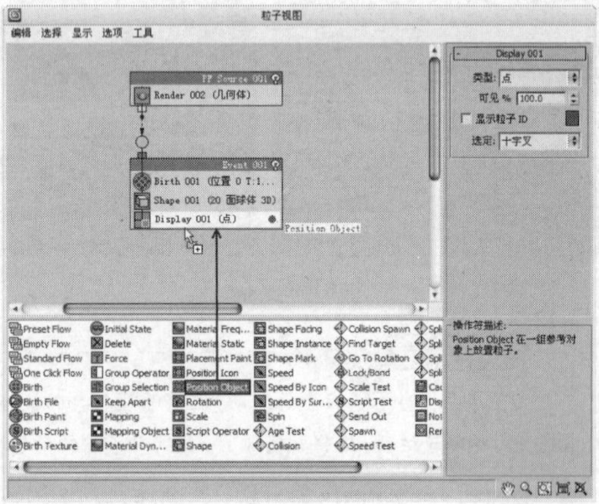

图16-75

08 单击Position Object 001操作符，然后在Position Object 001卷展栏下单击“添加”按钮 添加 ，再在视图中拾取花瓶模型，最后设置“位置”为“曲面”，如图16-76所示。

09 在“创建”面板中单击“空间扭曲”按钮≋，并设置空间扭曲的类型为“导向器”，然后单击“导向球”按钮 导向球 ，在花瓶的上方创建一个导向球，最后在“基本参数”卷展栏下设置“直径”为597，如图16-77所示。

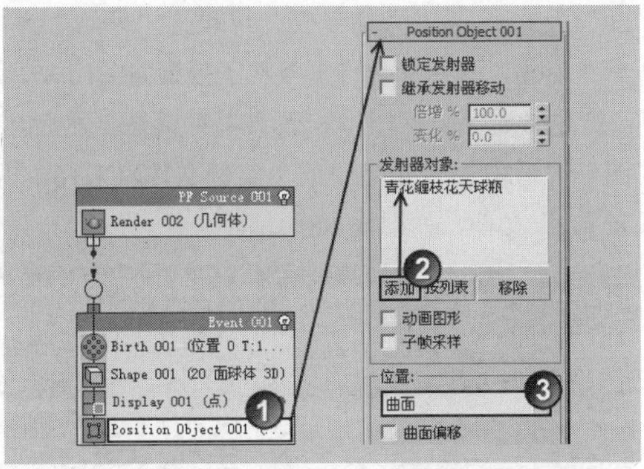

图16-76

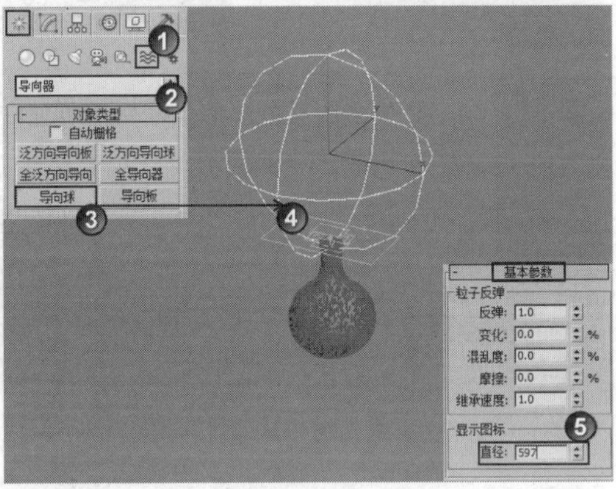

图16-77

10 返回到“粒子视图”对话框，然后使用鼠标左键将Collision操作符拖曳到Position Object 001操作符的下方，如图16-78所示。

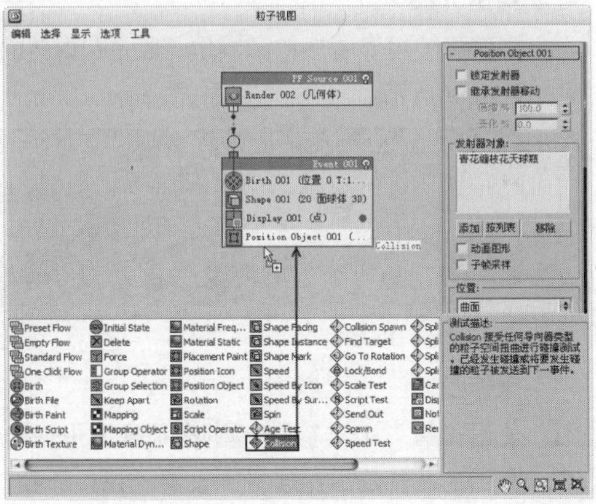

图16-78

11 单击Collision 001操作符，然后在Collision 001卷展栏下单击“添加”按钮添加，再在视图中拾取导向球，最后设置“速度”为“继续”，如图16-79所示。

12 设置空间扭曲类型为“力”，然后使用“风”工具风在左视图中创建一个风，再调整好风向的位置和方向，最后在“参数”卷展栏下设置“图标大小”为1000mm，如图16-80所示。

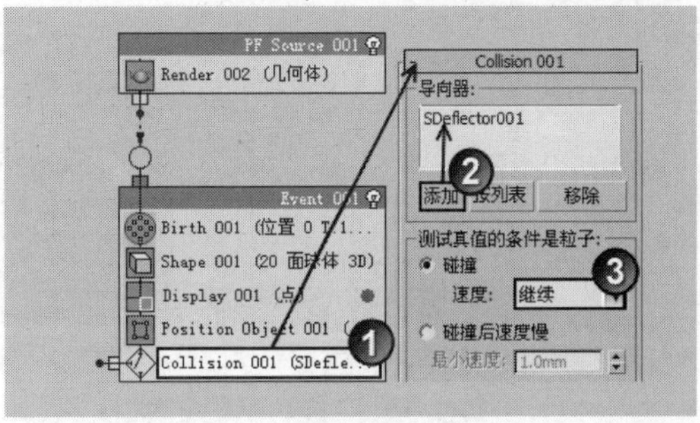

图16-79

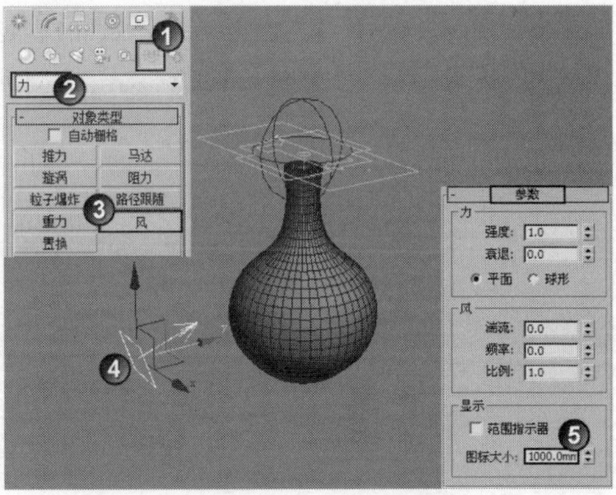

图16-80

13 返回到“粒子视图”对话框，然后使用鼠标左键将Force操作符拖曳到粒子视图中，如图16-81所示。

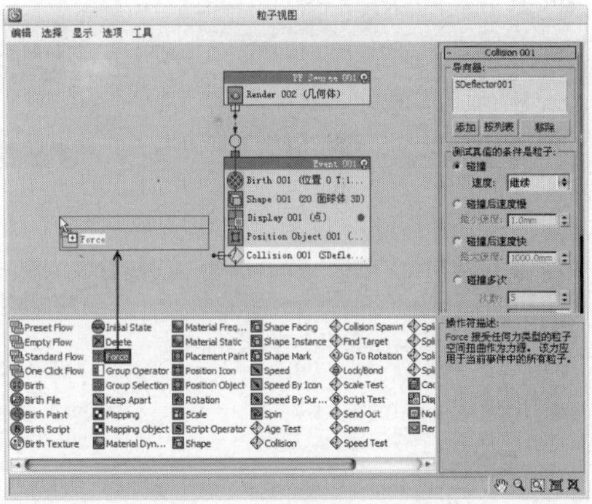

图16-81

14 使用鼠标左键将Event 002面板链接到Collision 001操作符上，如图16-82所示，链接好的效果如图16-83所示。

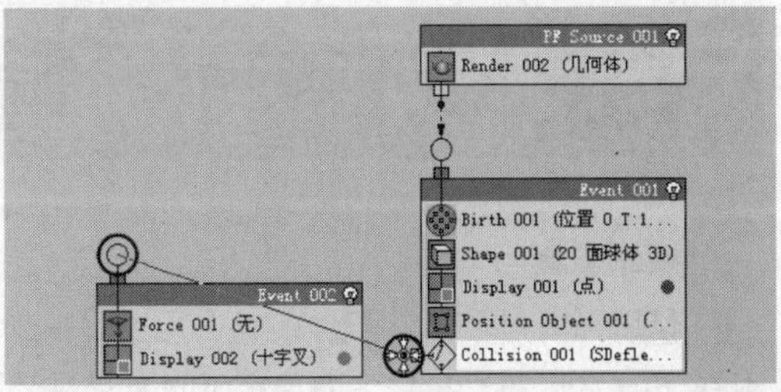

图16-82

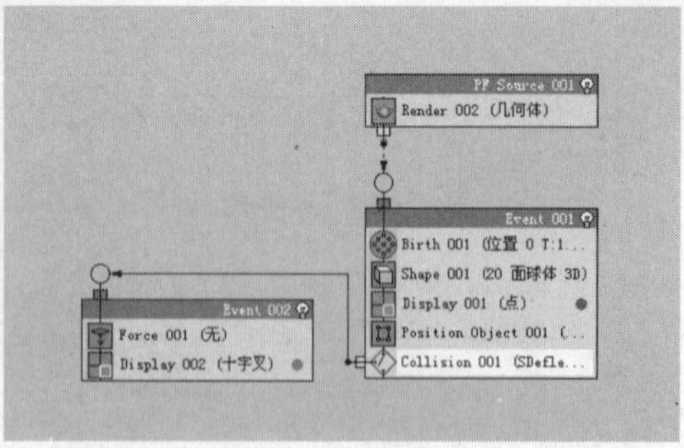

图16-83

15 单击Force 001操作符，然后在Force 001卷展栏下单击"添加"按钮 添加 ，再在视图中拾取风，如图16-84所示。

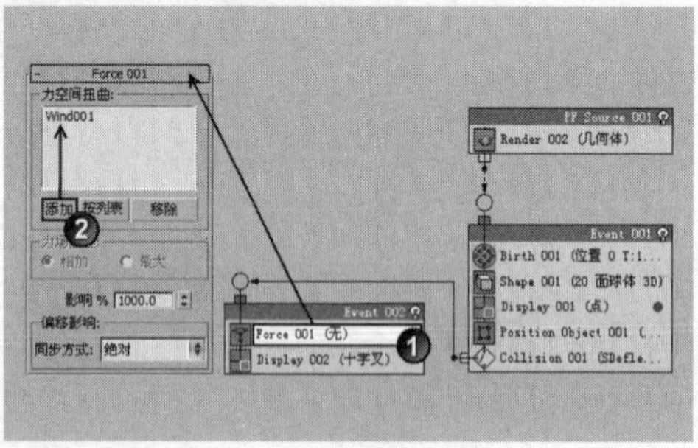

图16-84

16 选择动画效果最明显的一些帧，然后单独渲染这些单帧动画，最终效果如图16-85所示。

图16-85

实战256 制作下雨动画

场景位置	无
实例位置	DVD>实例文件>CH16>实战256.max
视频位置	DVD>多媒体教学>CH16>实战256.flv
难易指数	★☆☆☆☆
技术掌握	用喷射粒子模拟下雨动画

实例介绍

本例将使用"喷射"粒子制作一段下雨动画，效果如图16-86所示。

图16-86

操作步骤

01 使用"喷射"工具 喷射 在顶视图中创建一个喷射粒子，然后在"参数"卷展栏下设置"视口计数"为600、"渲染计数"为600、"水滴大小"为8mm、"速度"为8、"变化"为0.56，再设置"开始"为-50、"寿命"为60，具体参数设置及粒子效果如图16-87所示。

02 按8键打开"环境和效果"对话框，然后在"环境贴图"通道中加载光盘中的"实例文件>CH16>实战256>背景.jpg"文件，如图16-88所示。

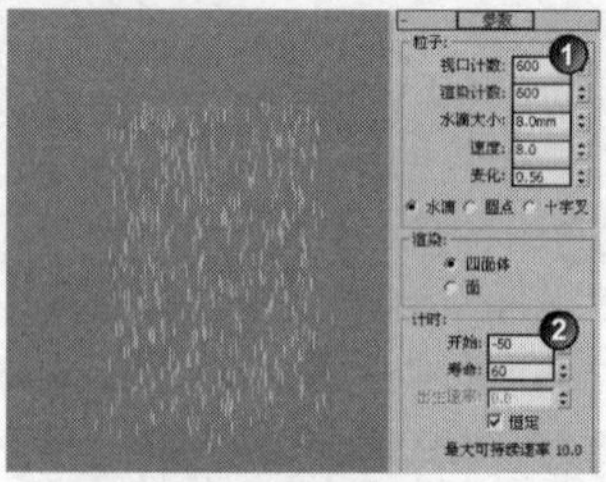

图16-87

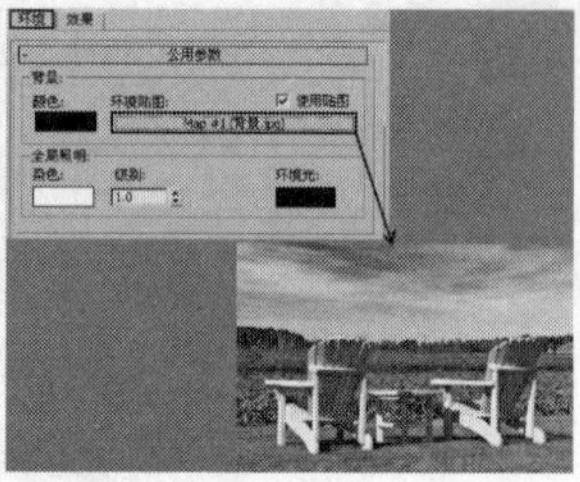

图16-88

03 选择动画效果最明显的一些帧，然后单独渲染这些单帧动画，最终效果如图16-89所示。

图16-89

实战257 制作雪花飘落动画

场景位置	无
实例位置	DVD>实例文件>CH16>实战257.max
视频位置	DVD>多媒体教学>CH16>实战257.flv
难易指数	★☆☆☆☆
技术掌握	用雪粒子模拟下雪动画

实例介绍

本例将使用"雪"粒子制作一段雪花飘落的动画，效果如图16-90所示。

图16-90

操作步骤

01 使用"雪"工具 雪 在顶视图中创建一个雪粒子，然后在"参数"卷展栏下设置"视口计数"为400、"渲染计数"为400、"雪花大小"为13mm、"速度"为10、"变化"为10，再设置"开始"为-30、"寿命"为30，具体参数设置及调整完成后的粒子效果如图16-91所示。

02 按8键打开"环境和效果"对话框，然后在"环境贴图"通道中加载光盘中的"实例文件>CH16>实战257>背景.jpg"文件，如图16-92所示。

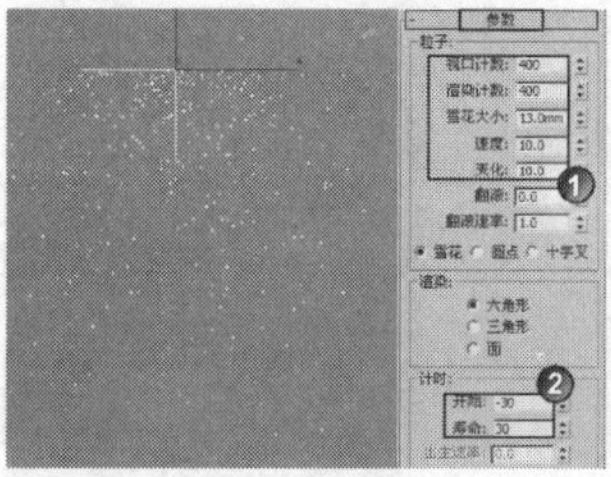

图16-91

图16-92

03 选择动画效果最明显的一些帧，然后单独渲染这些单帧动画，最终效果如图16-93所示。

图16-93

技术专题 40 制作雪粒子的材质

雪材质的制作方法在前面的内容中已经讲解过，下面介绍一下这种材质的制作方法。

第1步：选择一个空白材质球（用默认的“标准”材质），展开“贴图”卷展栏，然后在“漫反射颜色”贴图通道中加载一张“衰减”程序贴图，再在“衰减参数”卷展栏下设置“前”通道的颜色为白色、“侧”通道的颜色为黑色，最后在“混合曲线”卷展栏下调整好混合曲线的形状，如图16-94所示。

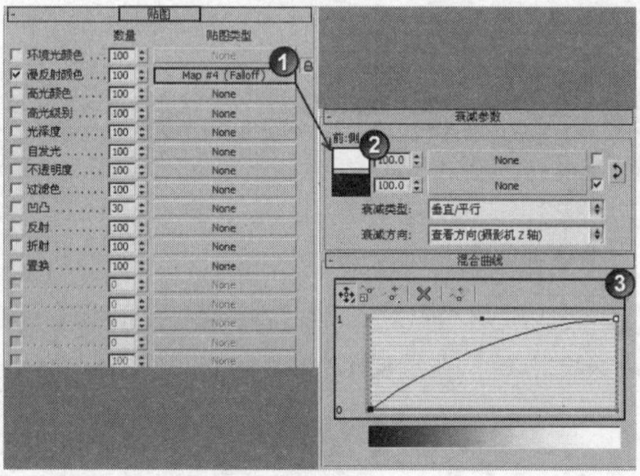

图16-94

第2步：将“漫反射颜色”通道中的“衰减”程序贴图复制到“不透明度”贴图通道上，然后设置“不透明度”为70，如图16-95所示，制作好的材质球效果如图16-96所示。

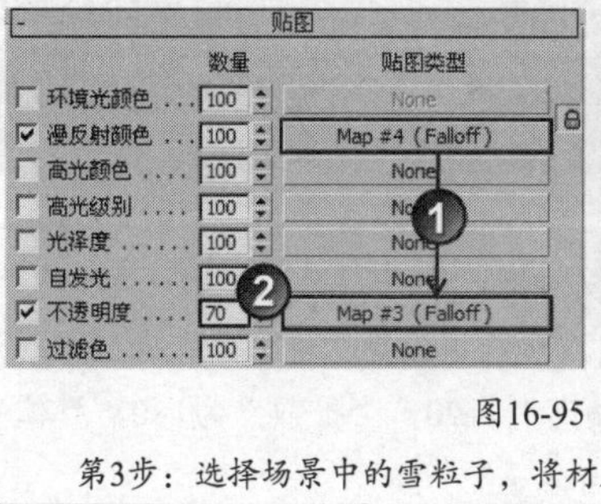

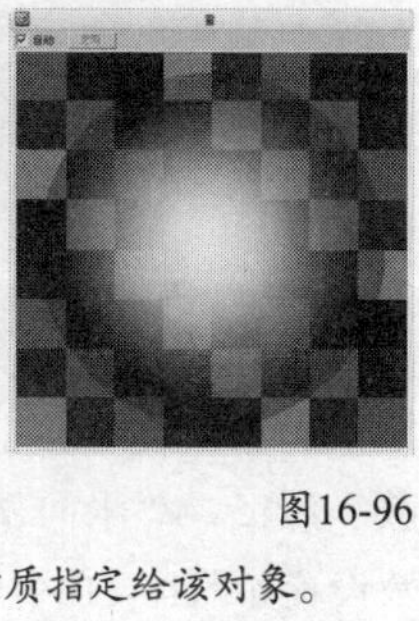

图16-95 图16-96

第3步：选择场景中的雪粒子，将材质指定给该对象。

实战258 制作烟雾动画

场景位置 DVD>场景文件>CH16>实战258.max
实例位置 DVD>实例文件>CH16>实战258.max
视频位置 DVD>多媒体教学>CH16>实战258.flv
难易指数 ★★★☆☆
技术掌握 用超级喷射粒子模拟烟雾动画

实例介绍

本例将使用“超级喷射”粒子制作一段柴火的烟雾动画，效果如图16-97所示。

图16-97

操作步骤

01 打开光盘中的“场景文件>CH16>实战258.max”文件，如图16-98所示。

02 使用“超级喷射”工具 超级喷射 在火堆中创建一个超级喷射粒子，如图16-99所示。

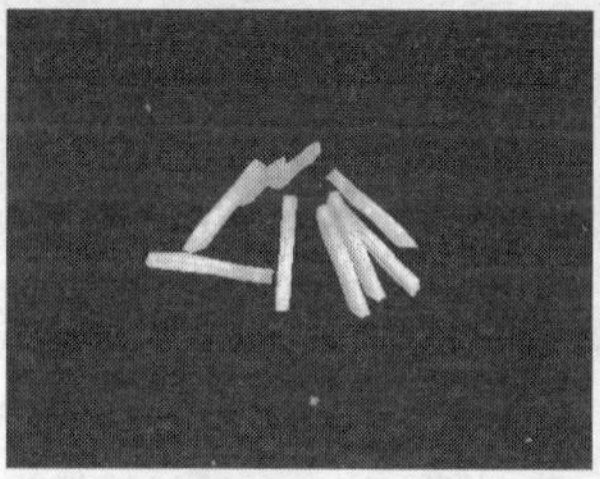

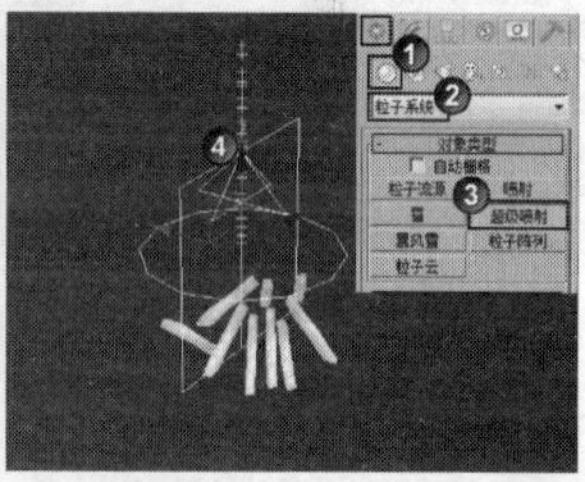

图16-98 图16-99

03 展开“基本参数”卷展栏，然后在“粒子分布”选项组下设置“轴偏离”为10、“扩散”为27、“平面偏离”为139、“扩散”为180，再在“视口显示”选项组下勾选“圆点”选项，并设置“粒子数百分比”为100%，具体参数设置如图16-100所示。

04 展开“粒子生成”卷展栏，设置“粒子数量”为15，然后在“粒子运动”选项组下设置“速度”为254mm、“变化”为12%，再在“粒子计时”选项组下设置“发射开始”为0、“发射停止”为100、“显示时限”为100、“寿命”为30，最后在“粒子大小”选项组下设置“大小”为600mm，具体参数设置如图16-101所示。

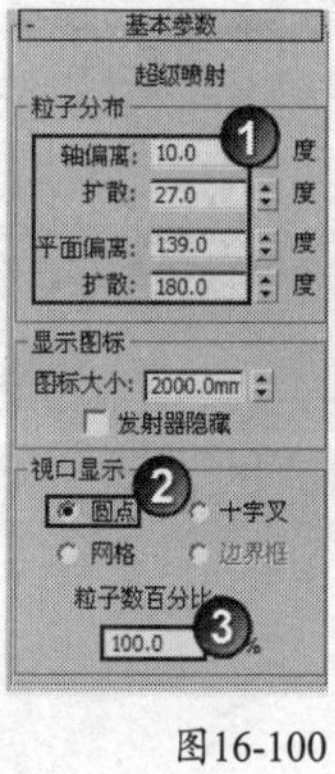

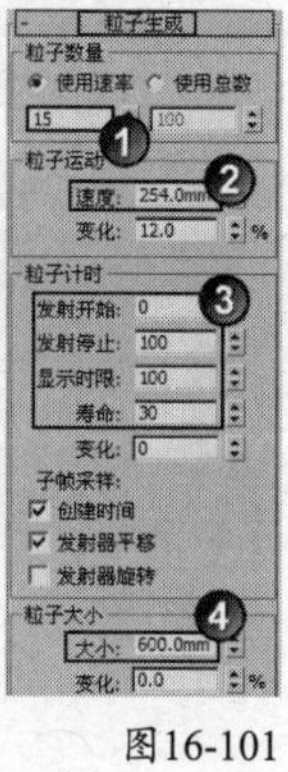

图16-100 图16-101

05 展开“粒子类型”卷展栏，然后设置“粒子类型”为“标准粒子”，再设置“标准粒子”为“面”，如图16-102所示。

06 设置“空间扭曲”类型为“力”，然后使用“风”工具 风 在视图中创建一个风力，再在“参数”卷展栏下设置“强度”为0.1，如图16-103所示。

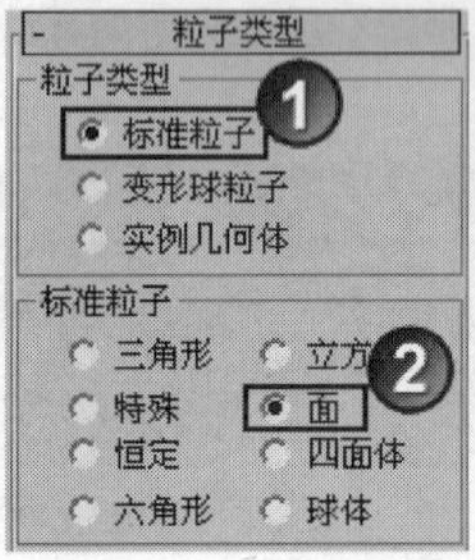

图16-102

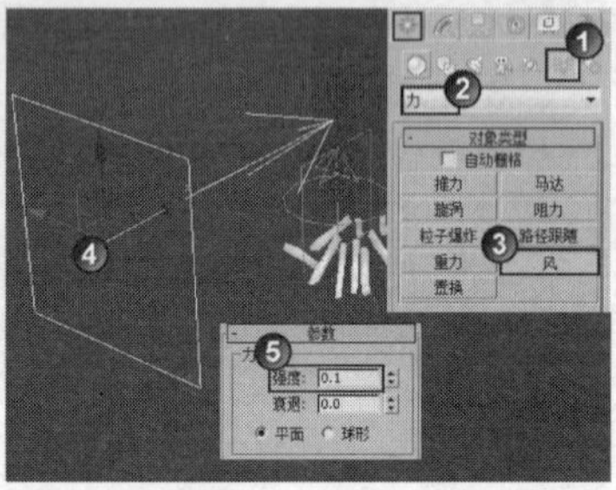

图16-103

07 使用“绑定到空间扭曲”工具将风力绑定到超级喷射粒子上，如图16-104所示。

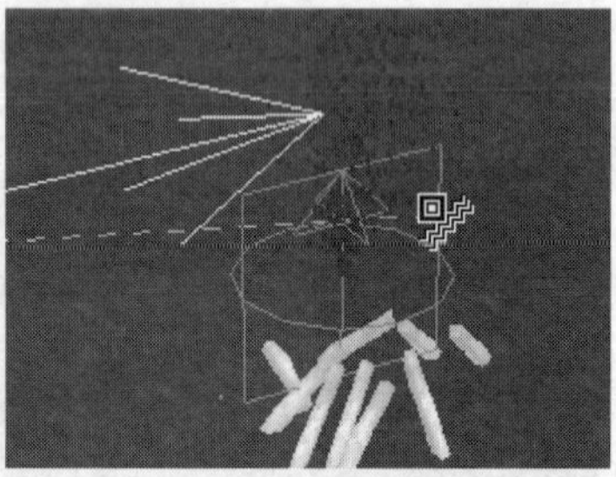

图16-104

08 下面制作粒子的材质。按M键打开“材质编辑器”对话框，选择一个空白材质球，然后设置材质类型为“标准”，并将其命名为“烟雾”，具体参数设置如图16-105所示，制作好的材质球效果如图16-106所示。

设置步骤

① 在“漫反射”贴图通道中加载一张“粒子年龄”程序贴图，然后在“粒子年龄参数”卷展栏下设置“颜色#1”为（红:210，绿:94，蓝:0）、“颜色#2”为（红:149，绿:138，蓝:109）、“颜色#3”为（红:158，绿:158，蓝:158）。

② 将“漫反射”通道中的贴图复制到“自发光”贴图通道上。

③ 在“不透明度”贴图通道中加载一张“衰减”程序贴图，然后在“衰减参数”卷展栏下设置“衰减类型”为Fresnel。

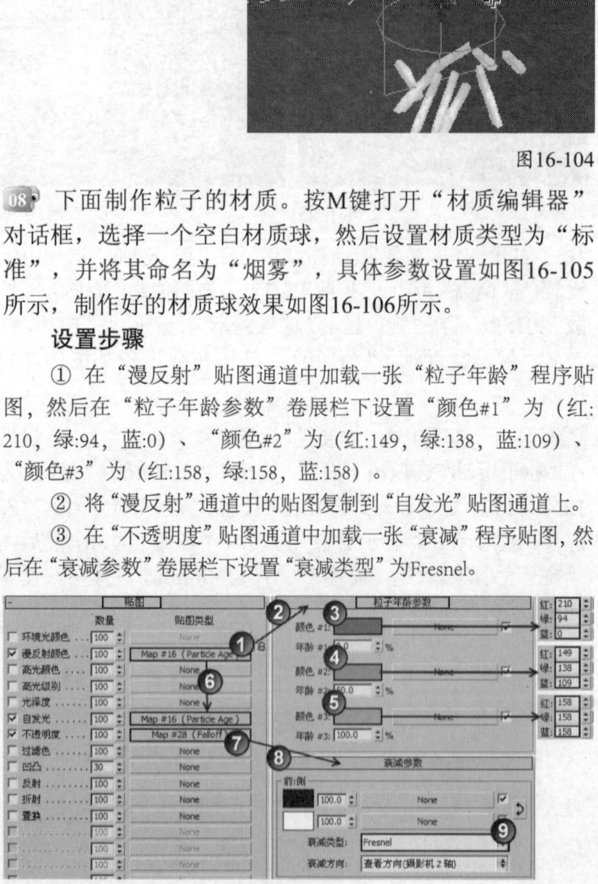

图16-105

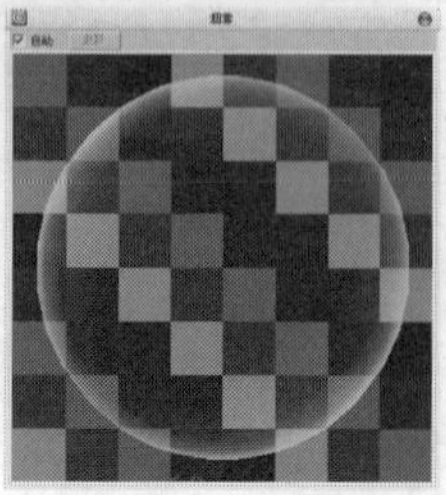

图16-106

09 选择动画效果最明显的一些帧，然后单独渲染这些单帧动画，最终效果如图16-107所示。

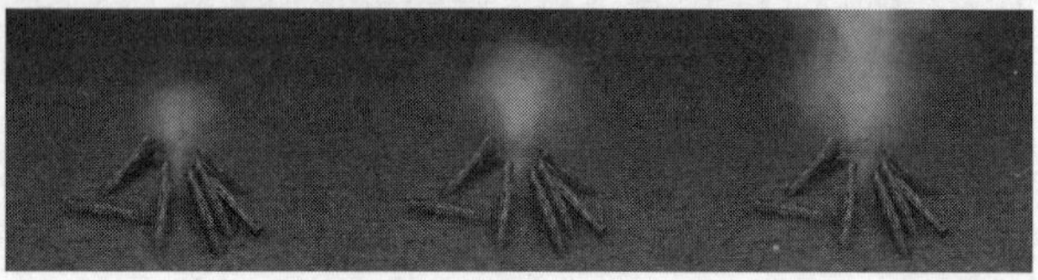

图16-107

实战259 制作喷泉动画

场景位置	无
实例位置	DVD>实例文件>CH16>实战259.max
视频位置	DVD>多媒体教学>CH16>实战259.flv
难易指数	★★★☆☆
技术掌握	用超级喷射粒子模拟喷泉动画

实例介绍

本例将使用“超级喷射”粒子制作一段喷泉动画，效果如图16-108所示。

图16-108

操作步骤

01 使用“超级喷射”工具 超级喷射 在顶视图中创建一个超级喷射粒子，在透视图中的显示效果如图16-109所示。

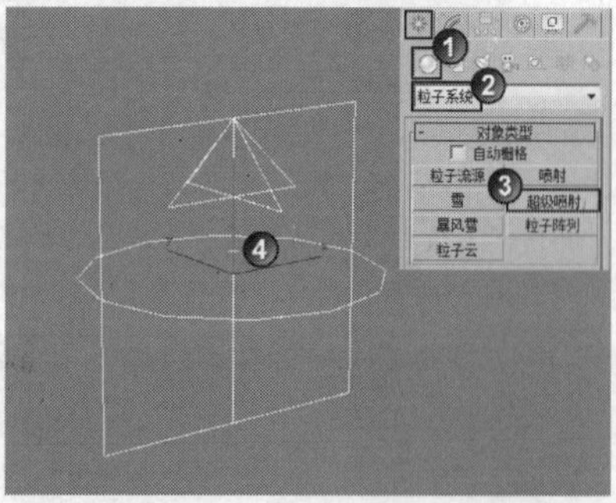

图16-109

02 选择超级喷射发射器，展开“基本参数“卷展栏，然后在“粒子分布”选项组下设置“轴偏离”为22、“扩散”为15、“平面偏离”为90、“扩散”为180，具体参数设置如图16-110所示。

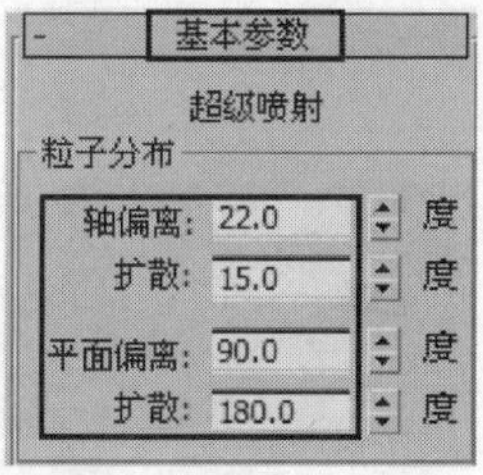

图16-110

03 展开"粒子生成"卷展栏，设置"粒子数量"为600，然后在"粒子运动"选项组下设置"速度"为10mm，再在"粒子计时"选项组下设置"发射开始"为0、"发射停止"为150、"显示时限"为150、"寿命"为30，最后在"粒子大小"选项组下设置"大小"为1.2mm，具体参数设置如图16-111所示。

04 展开"粒子类型"卷展栏，然后设置"粒子类型"为"标准粒子"，再设置"标准粒子"为"球体"，如图16-112所示。

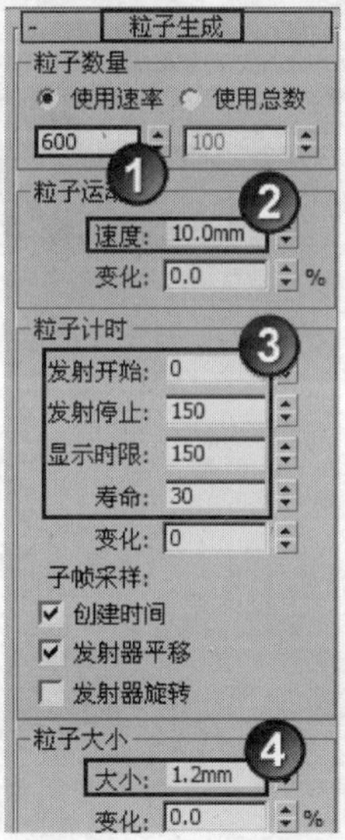

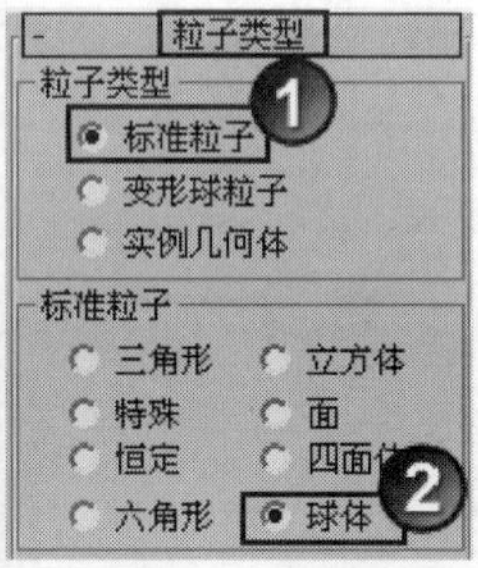

图16-111 图16-112

05 设置"空间扭曲"类型为"力"，然后使用"重力"工具 重力 在顶视图中创建一个重力，再在"参数"卷展栏下设置"强度"为0.8、"图标大小"为100mm，具体参数设置及重力在前视图中的效果如图16-113所示。

06 使用"绑定到空间扭曲"工具将重力绑定到超级喷射粒子上，如图16-114所示。

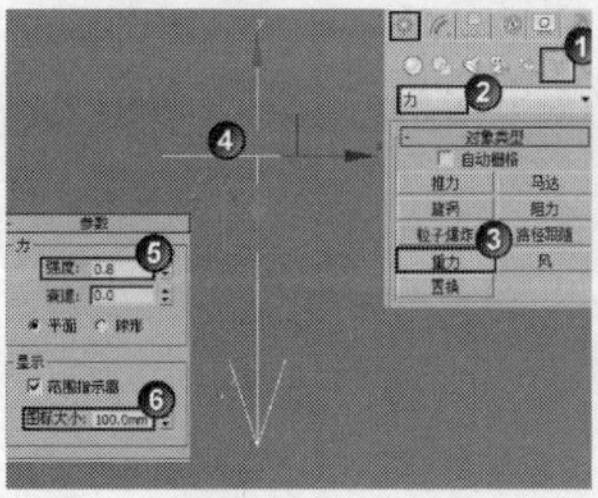

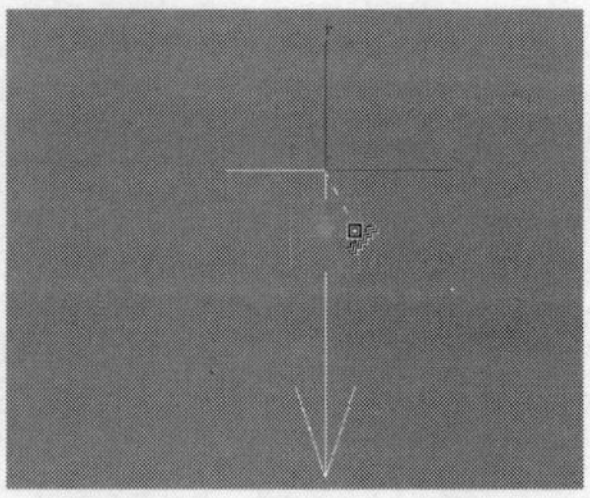

图16-113 图16-114

技巧与提示

将重力绑定到超级喷射粒子上后，粒子就会受到重力的影响，即粒子喷发出来以后会受重力影响而下落，如图16-115所示。

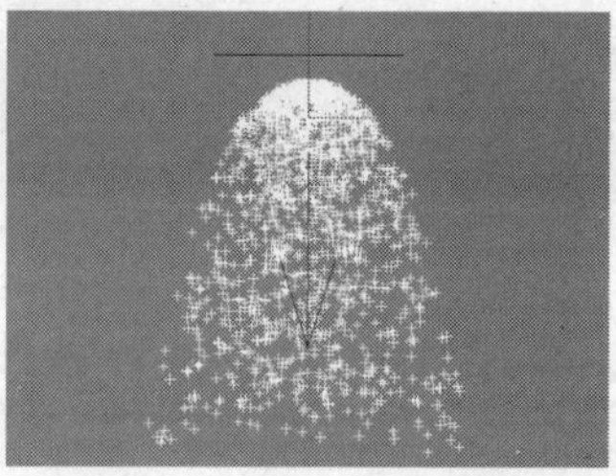

图16-115

07 设置"空间扭曲"类型为"导向器"，然后使用"导向板"工具 导向板 在顶视图中创建一个导向板，在透视图中的效果如图16-116所示。

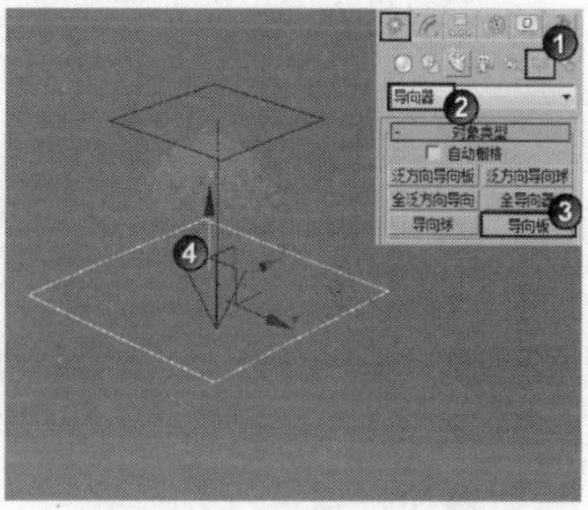

图16-116

08 使用"绑定到空间扭曲"工具将导向板绑定到超级喷射粒子上，如图16-117所示。

09 选择导向板，然后在"参数"卷展栏下设置"反弹"为0.2，如图16-118所示。

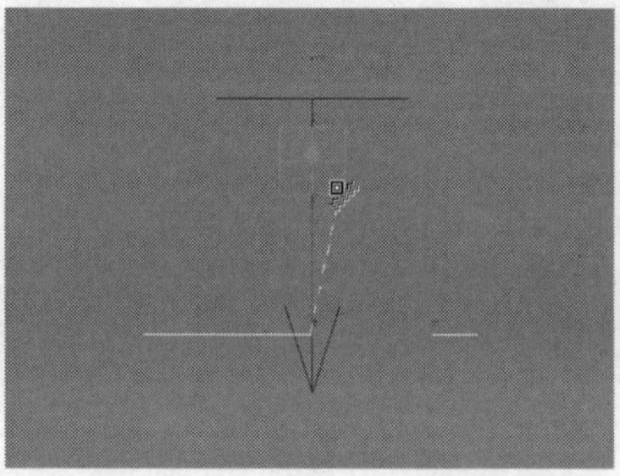

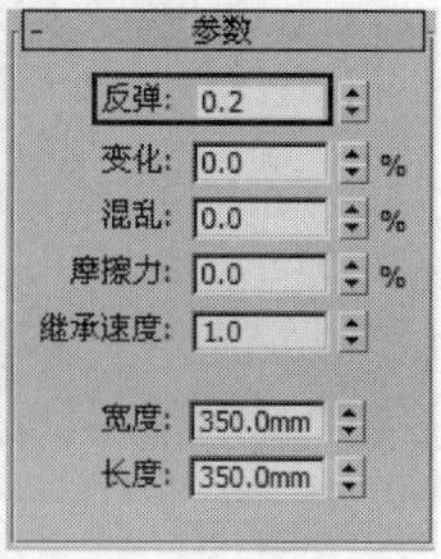

图16-117 图16-118

技巧与提示

将导向板与超级喷射粒子绑定在一起后，粒子下落撞到导向板就会产生反弹现象，如图16-119所示。

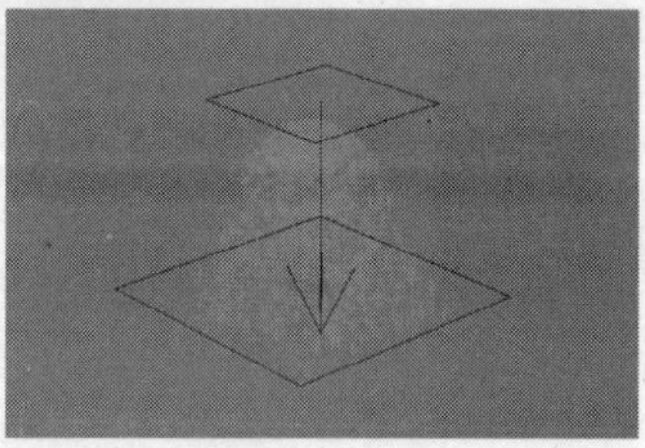

图16-119

10 选择动画效果最明显的一些帧，然后单独渲染这些单帧动画，最终效果如图16-120所示。

图16-120

实战260 制作花瓶破碎动画

场景位置	DVD>场景文件>CH16>实战260.max
实例位置	DVD>实例文件>CH16>实战260.max
视频位置	DVD>多媒体教学>CH16>实战260.flv
难易指数	★★★☆☆
技术掌握	用粒子阵列粒子模拟破碎动画

实例介绍

本例将使用“粒子阵列”粒子制作一段花瓶破碎的动画，效果如图16-121所示。

图16-121

操作步骤

01 打开光盘中的“场景文件>CH16>实战260.max”文件，如图16-122所示。

02 使用“粒子阵列”工具 粒子阵列 在地板下面（与花瓶在同一垂直线上）创建一个粒子阵列，如图16-123所示。

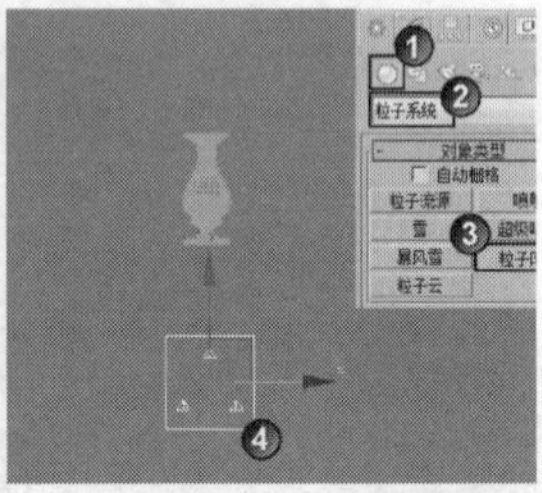

图16-122 图16-123

03 选择粒子阵列发射器，展开“基本参数”卷展栏，然后单击“拾取对象”按钮 拾取对象 ，再在视图中拾取花瓶，最后在“视口显示”选项组下勾选“网格”选项，如图16-124所示。

04 展开“粒子类型”卷展栏，设置“粒子类型”为“对象碎片”，然后在“对象碎片控制”选项组下设置“厚度”为4mm，并勾选“碎片数目”选项，设置“最小值”为35，再在“材质贴图和来源”选项组下勾选“拾取的发射器”选项，最后在“碎片材质”选项组下设置“外表材质ID”、“边ID”和“内表面材质ID”为0，具体参数设置如图16-125所示。

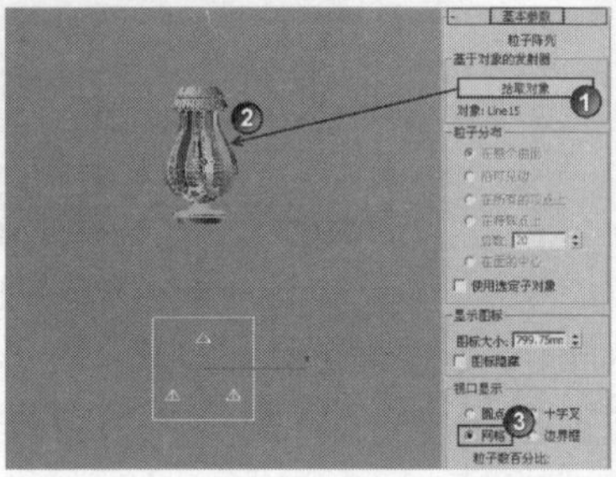

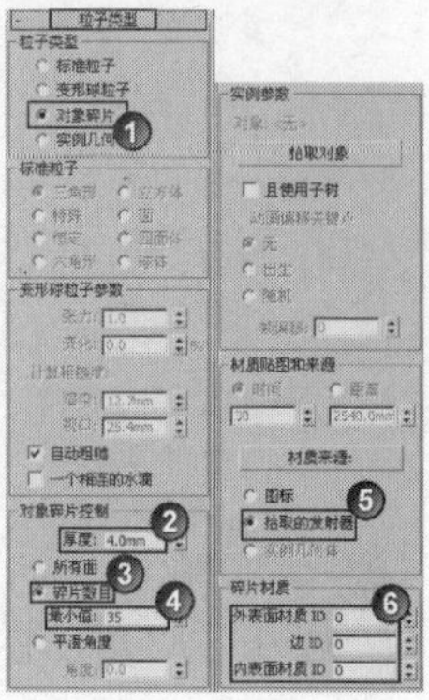

图16-124 图16-125

05 按M键打开“材质编辑器”对话框，然后设置“花瓶”材质的ID通道为0，如图16-126所示。

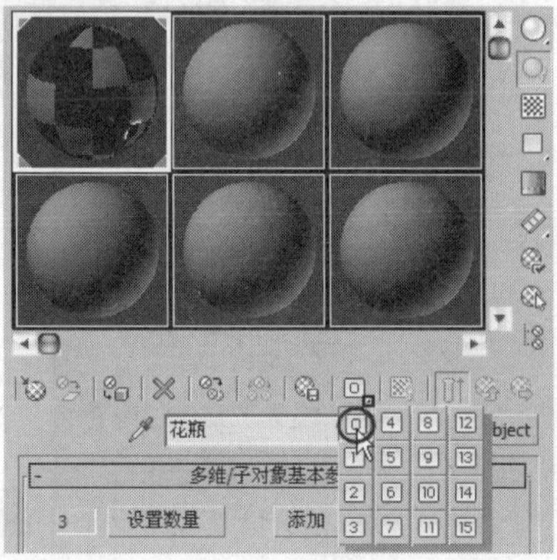

图16-126

06 设置“空间扭曲”类型为“力”，然后使用“重力”工具 重力 在视图中创建一个重力，如图16-127所示。

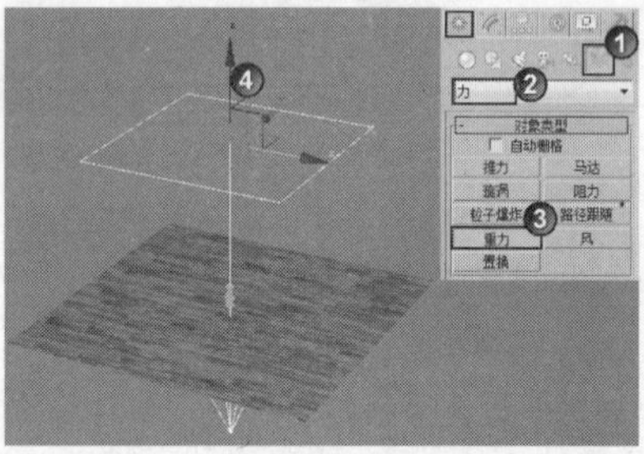

图16-127

07 使用“绑定到空间扭曲”工具将重力绑定到粒子阵列发射器上，如图16-128所示。

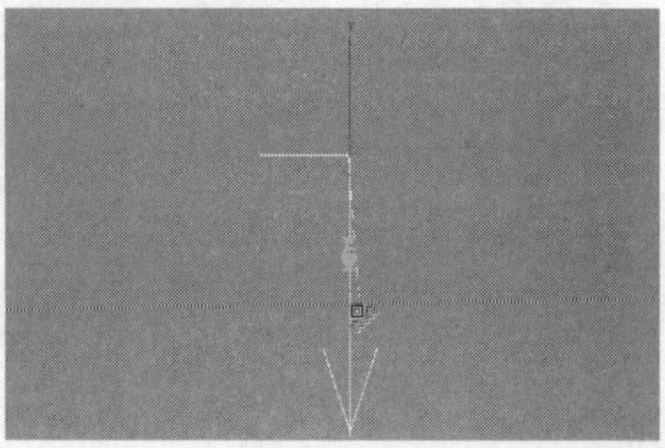

图16-128

08 设置“空间扭曲”类型为“导向器”，然后使用“导向板”工具 导向板 在顶视图中创建一个导向板（位置与地板相同），如图16-129所示。

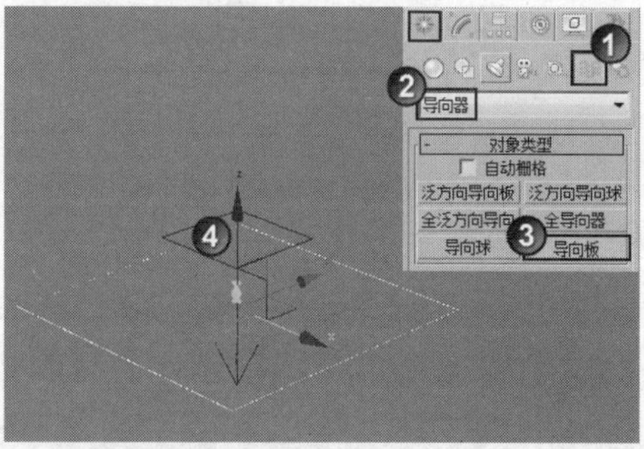

图16-129

09 使用“绑定到空间扭曲”工具将导向板绑定到粒子阵列发射器上，如图16-130所示。

10 选择导向板，然后在“参数”卷展栏下设置“反弹”为0.1，如图16-131所示。

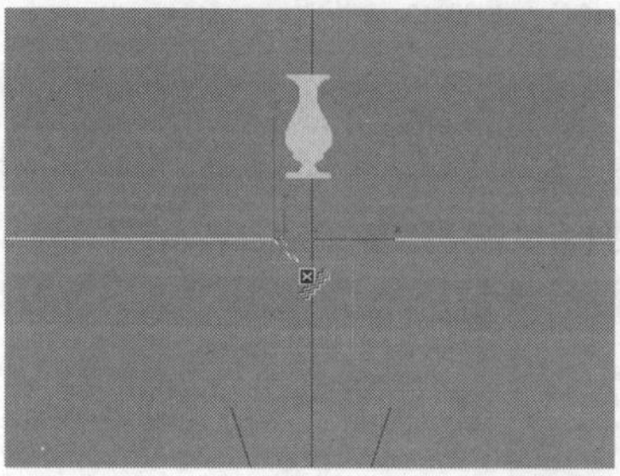

图16-130

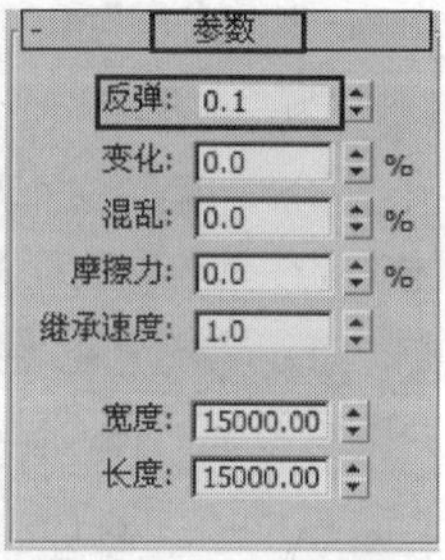

图16-131

11 选择动画效果最明显的一些帧，然后单独渲染这些单帧动画，最终效果如图16-132所示。

图16-132

实战261 制作冒泡泡动画

场景位置	无
实例位置	DVD>实例文件>CH16>实战261.max
视频位置	DVD>多媒体教学>CH16>实战261.flv
难易指数	★★☆☆☆
技术掌握	用超级喷射粒子配合推力模拟冒泡泡动画

实例介绍

本例将使用“超级喷射”粒子配合“推力”制作一段冒泡泡动画，效果如图16-133所示。

图16-133

操作步骤

01 使用“平面”工具 平面 在前视图中创建一个平面，然后在“参数”卷展栏下设置“长度”为570mm、“宽度”为750mm，如图16-134所示。

02 使用“超级喷射”工具 超级喷射 在平面底部创建一个超级喷射粒子，如图16-135所示。

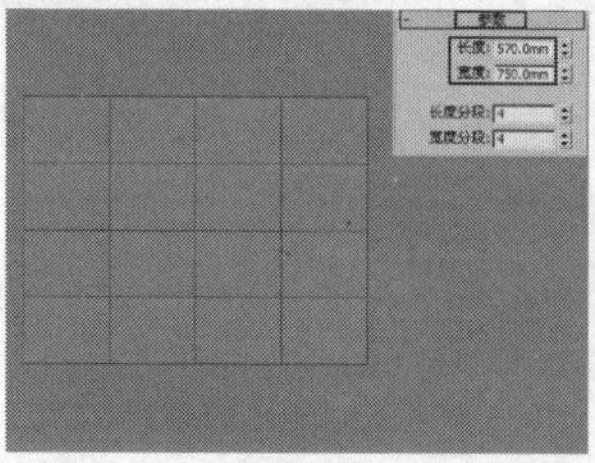

图16-134

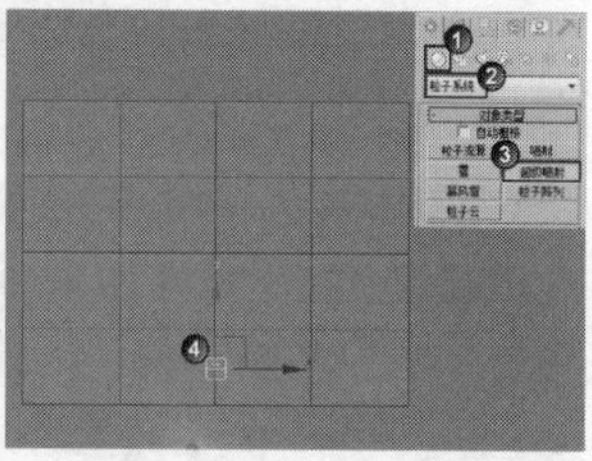

图16-135

03 选择超级喷射发射器，展开“基本参数”卷展栏，然后在“粒子分布”选项组下设置“轴偏离”为5、“扩散”为5、“平面偏离”为5、“扩散”为42，再在“显示图标”选项组下设置“图标大小”为20mm，最后在“视口显示”选项组下勾选“网格”选项，并设置“粒子数百分比”为100%，具体参数设置如图16-136所示。

04 展开“粒子生成”卷展栏，设置“粒子数量”为20，然后在“粒子运动”选项组下设置“速度”为10mm，再在“粒子计时”选项组下设置“显示时限”为100，最后在“粒子大小”选项组下设置“大小”为3mm，具体参数设置如图16-137所示。

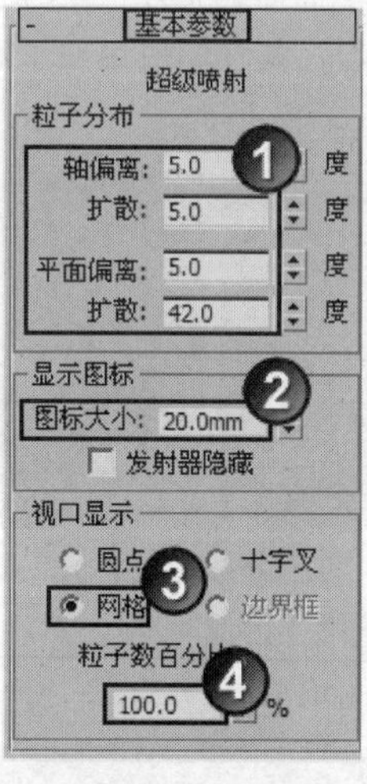

图16-136

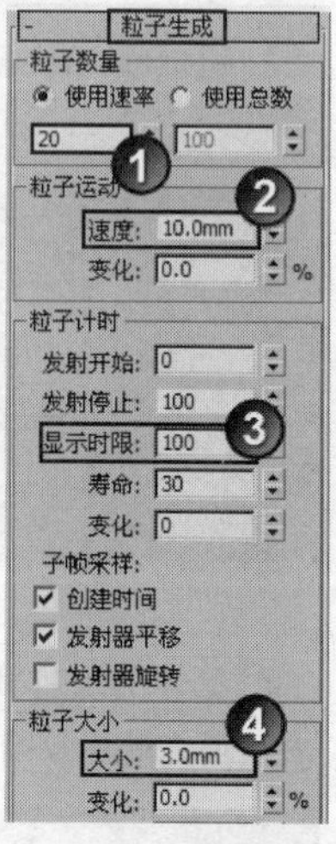

图16-137

05 展开“粒子类型”卷展栏，然后设置“粒子类型”为“标准粒子”，再设置“标准粒子”为“球体”，如图16-138所示。此时拖动时间线滑块，可以观察到发射器已经喷射出了很多球体状的粒子，如图16-139所示。

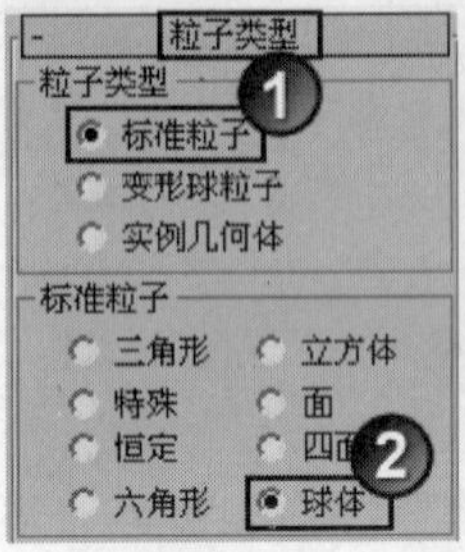

图16-138　图16-139

06 使用“推力”工具 推力 在左视图中创建一个推力，在前视图中的效果如图16-140所示，然后在“参数”卷展栏下设置“结束时间”为100、“基本力”为30，如图16-141所示。

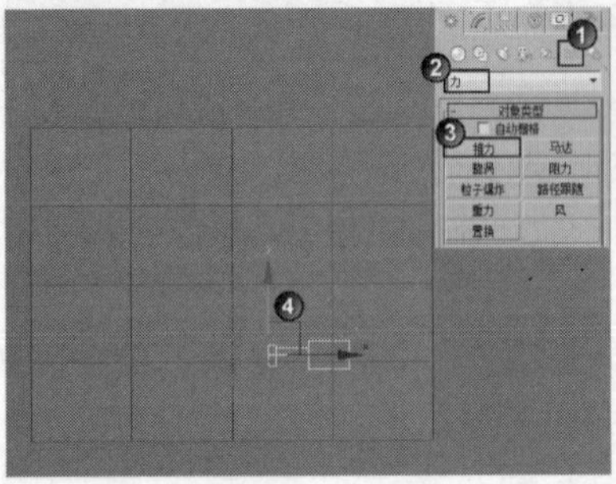

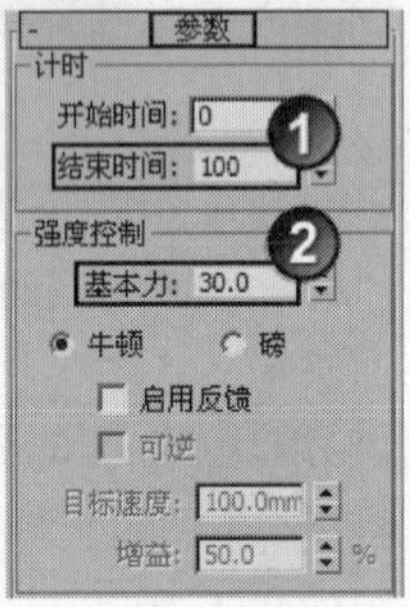

图16-140　图16-141

07 使用“绑定到空间扭曲”工具将推力绑定到超级喷射发射器上，然后拖曳时间线滑块，可以发现粒子发生了一定的偏移效果，如图16-142所示。

08 复制一个推力，然后调整好位置和角度，再将其绑定到超级喷射发射器，操作完成后粒子形态如图16-143所示。

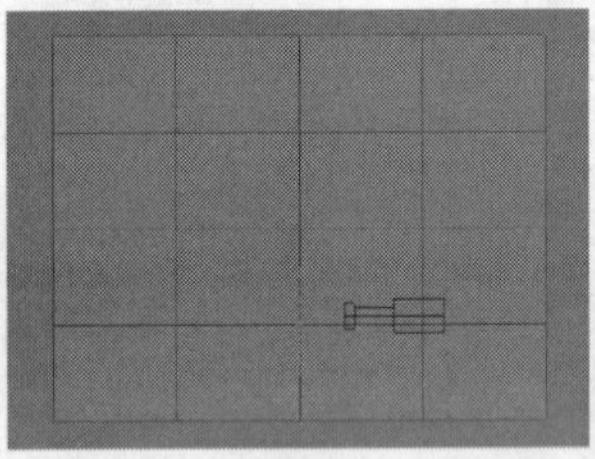

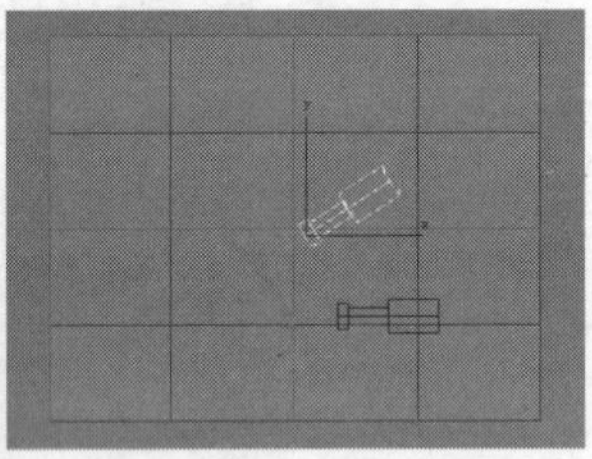

图16-142　图16-143

09 选择动画效果最明显的一些帧，然后单独渲染这些单帧动画，最终效果如图16-144所示。

图16-144

实战262 制作海面波动动画

场景位置	无
实例位置	DVD>实例文件>CH16>实战262.max
视频位置	DVD>多媒体教学>CH16>实战262.flv
难易指数	★★★☆☆
技术掌握	用粒子阵列配合风力模拟波动动画

实例介绍

本例将使用“粒子阵列”粒子配合“风”力制作一段海面波动的动画，效果如图16-145所示。

图16-145

操作步骤

01 使用“平面”工具 平面 在场景中创建一个平面，然后在“参数”卷展栏下设置“长度”和“宽度”为16000mm，再设置“长度分段”和“宽度分段”为60，如图16-146所示。

02 为平面加载一个“波浪”修改器，然后在“参数”卷展栏下设置“振幅1”为450、“振幅2”为100、“波长”为88、“相位”为1，具体参数设置如图16-147所示。

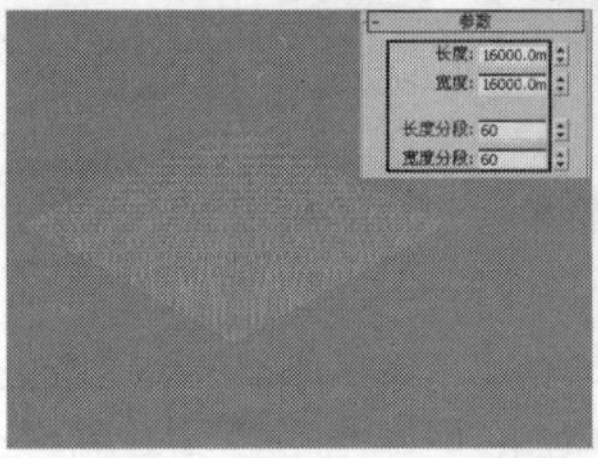

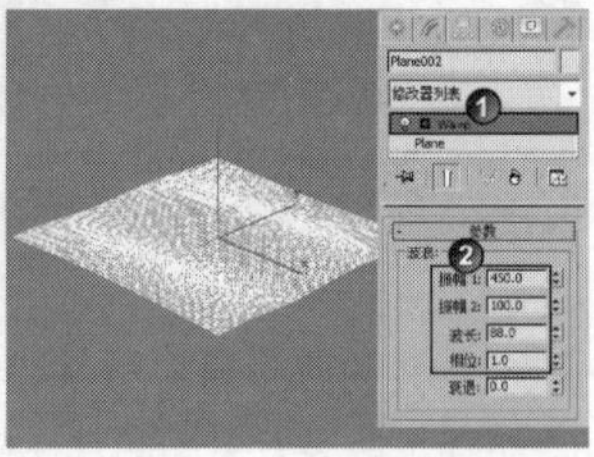

图16-146　图16-147

03 为平面加载一个“噪波”修改器，然后在“参数”卷展栏下设置“比例”为120，再勾选“分形”选项，并设置“粗糙度”为0.2、“迭代次数”为6，并设置“强度”的x、y为500mm，z为600mm，最后勾选“动画噪波”选项，并设置“频率”为0.25、“相位”为-70，具体参数设置与模型效果如图16-148所示。

04 继续为平面加载一个“体积选择”修改器，然后在“参数”卷展栏下设置“堆栈选择层级”为“面”，再选择“体积选择”修改器为Gizmo次物体层级，最后使用“选择并移动”工具将其向上拖曳一段距离，如图16-149所示。

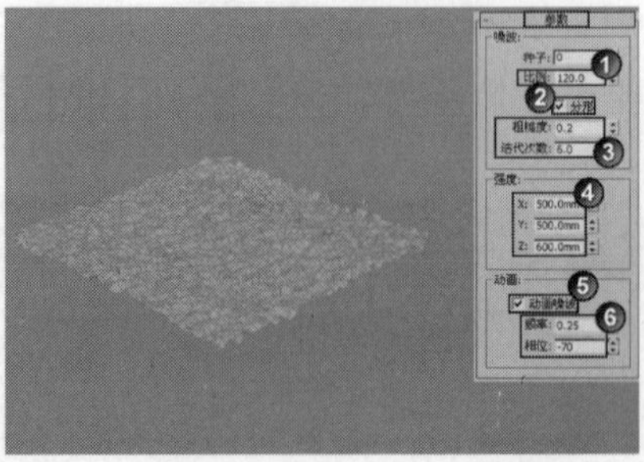

图16-148

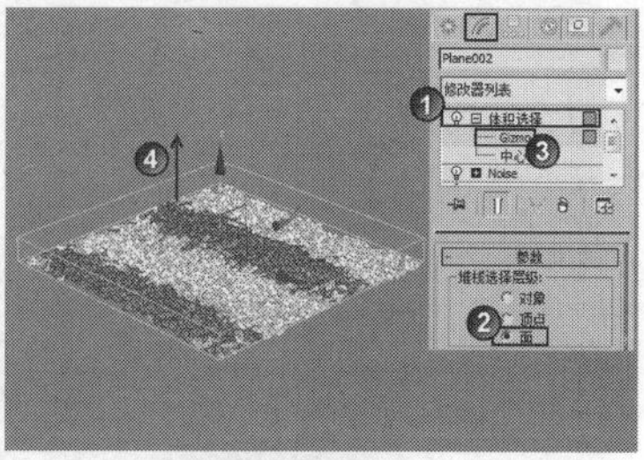

图16-149

技巧与提示

调整Gizmo时在视图中可以观察到模型的一部分会变成红色，这个红色区域就是一个约束区域，即只有这个区域才会产生粒子。

05 使用“粒子阵列”工具 粒子阵列 在视图中的任意位置创建一个粒子阵列，然后在“基本参数”卷展栏下单击“拾取对象”按钮 拾取对象 ，再在视图中拾取平面，最后在“视口显示”选项组下勾选“网格”选项，如图16-150所示。

06 展开“粒子生成”卷展栏，设置“粒子数量”为500，然后在“粒子运动”选项组下设置“速度”为1mm、“变化”为30%、“散度”为50，再在“粒子计时”选项组下设置“发射停止”为200、“显示时限”为1000、“寿命”为15、“变化”为20，最后在“粒子大小”选项组下设置“大小”为60mm，具体参数设置如图16-151所示。

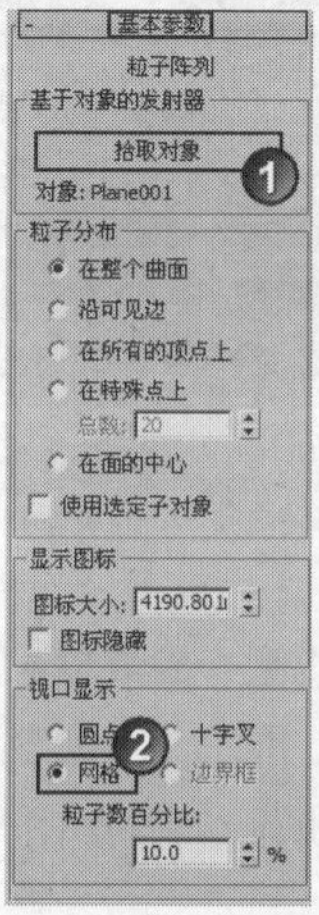

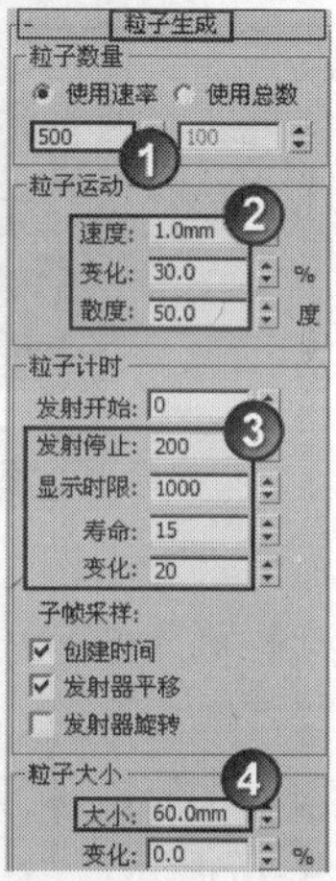

图16-150 图16-151

07 展开“粒子类型”卷展栏，然后设置“粒子类型”为“标准粒子”，再设置“标准粒子”为“球体”，如图16-152所示。

08 使用“风”工具 风 在视图中创建一个风力，然后在“参数”卷展栏下设置“强度”为0.2，如图16-153所示。

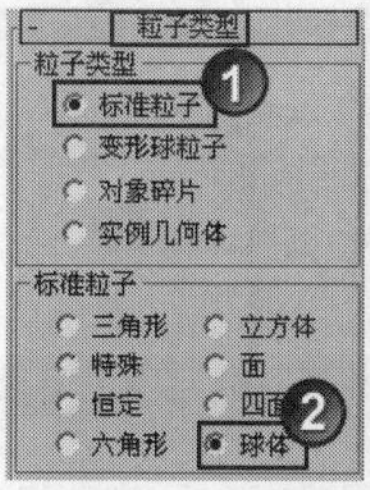

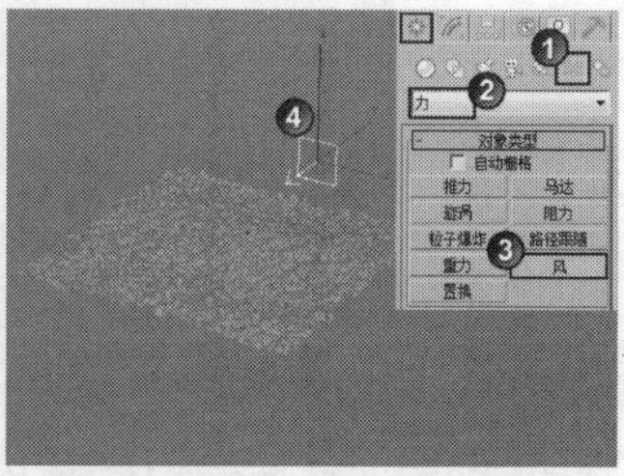

图16-152 图16-153

09 使用“绑定到空间扭曲”工具将风力绑定到粒子阵列发射器，效果如图16-154所示。

10 选择动画效果最明显的一些帧，然后单独渲染这些单帧动画，最终效果如图16-155所示。

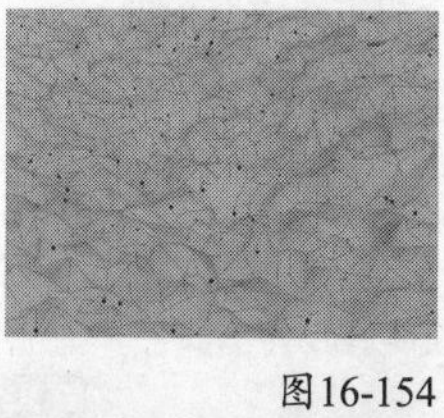

图16-154

图16-155

实战263 制作蝴蝶飞舞动画

场景位置	无
实例位置	DVD>实例文件>CH16>实战263.max
视频位置	DVD>多媒体教学>CH16>实战263.flv
难易指数	★★☆☆☆
技术掌握	用超级喷射粒子配合漩涡力制作蝴蝶飞舞动画

实例介绍

本例将使用“超级喷射”粒子配合“漩涡”力制作一段蝴蝶飞舞的动画，效果如图16-156所示。

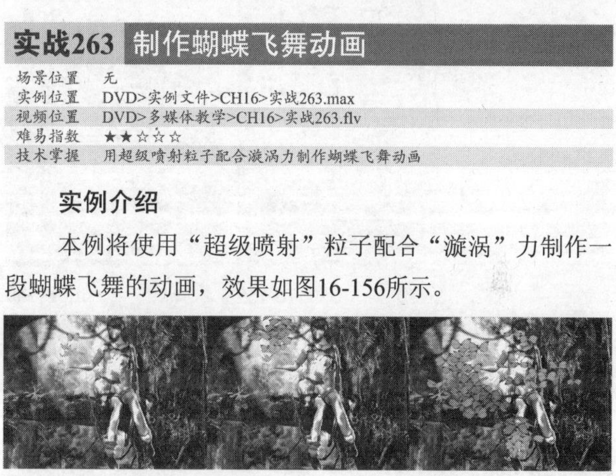

图16-156

操作步骤

01 使用“超级喷射”工具 超级喷射 在顶视图中创建一个超级喷射粒子，在前视图中的显示效果如图16-157所示。

02 选择超级喷射发射器，展开“基本参数”卷展栏，然后在“粒子分布”选项组下设置“轴偏离”为30、“扩散”为10、“平面偏离”为10、“扩散”为10，再在“显示图标”选项组下设置“图标大小”为33mm，最后在“视口显示”选项组下设置“粒子数百分比”为100%，具体参数设置如图16-158所示。

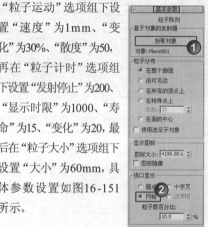

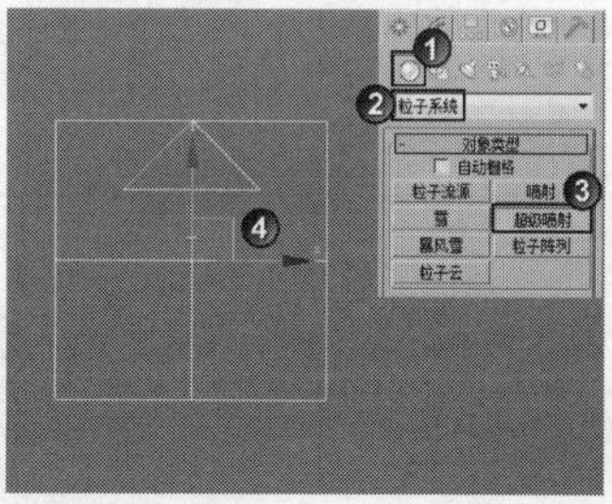

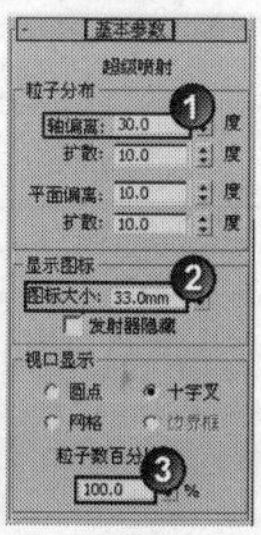

图16-157 图16-158

03 展开“粒子生成”卷展栏，设置“粒子数量”为30，然后在“粒子运动”选项组下设置“速度”为10mm、“变化”为5%，再在“粒子计时”选项组下设置“发射开始”为0、“发射停止”为100、“显示时限”为100、

“寿命”为100、“变化”为20，最后在“粒子大小”选项组下设置“大小”为3mm，具体参数设置如图16-159所示。

04 展开“粒子类型”卷展栏，然后设置“粒子类型”为“标准粒子”，再设置“标准粒子”为“球体”，如图16-160所示。

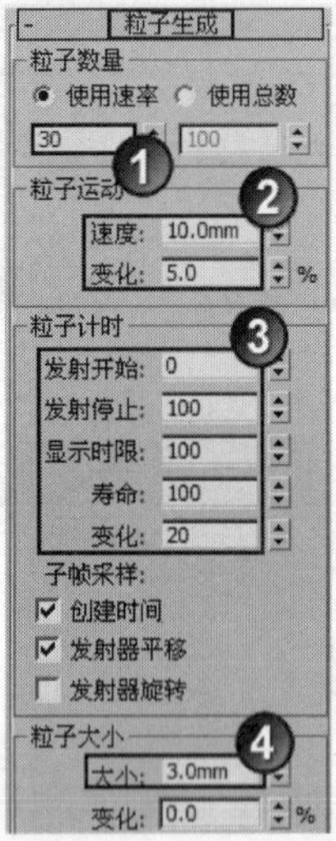

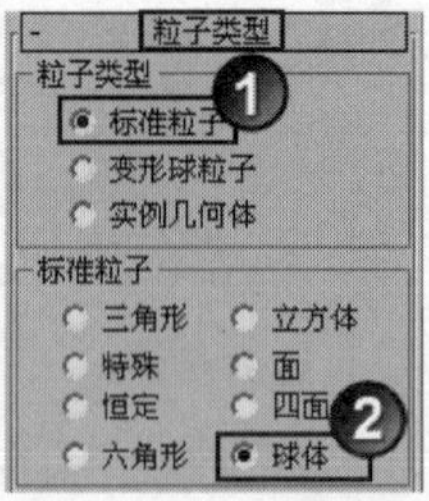

图16-159　图16-160

05 使用“漩涡”工具 漩涡 在顶视图中创建一个漩涡力，如图16-161所示，再使用“选择并旋转”工具在前视图中将其旋转90°，使力的方向向上，如图16-162所示。

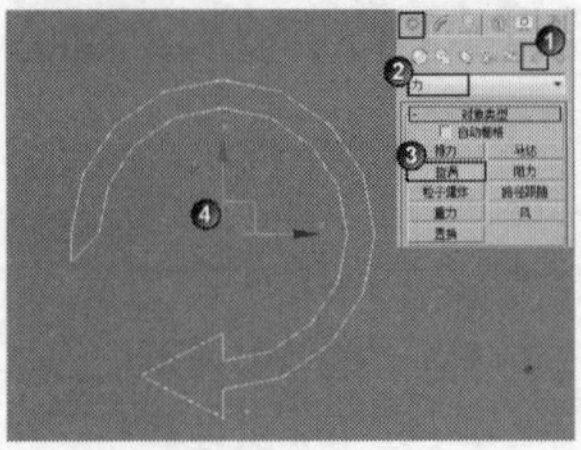

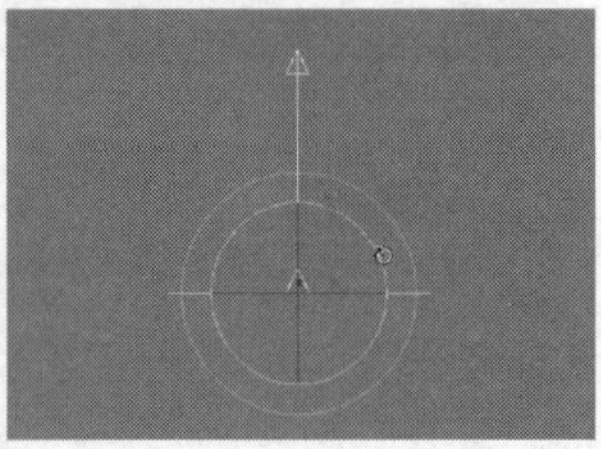

图16-161　图16-162

06 选择漩涡力，展开“参数”卷展栏，然后在“捕获和运动”选项组下设置“轴向下拉”为0.01、“阻尼”为3%，再设置“径向拉力”为1、“阻尼”为5%，具体参数设置如图16-163所示。

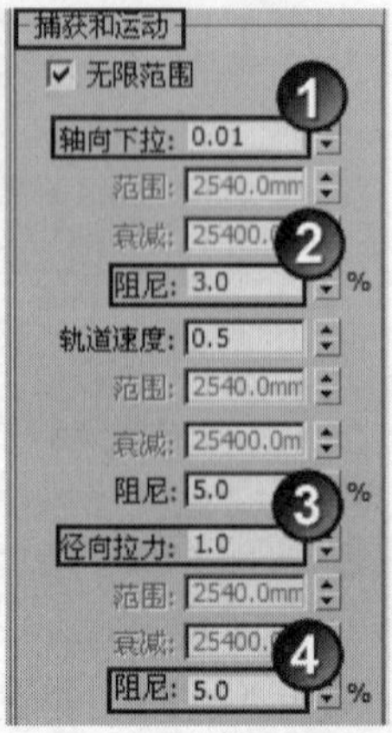

图16-163

07 使用“绑定到空间扭曲”工具将漩涡力绑定到超级喷射发射器上，如图16-164所示。绑定完成后粒子的发射路径就会变成漩涡状，如图16-165所示。

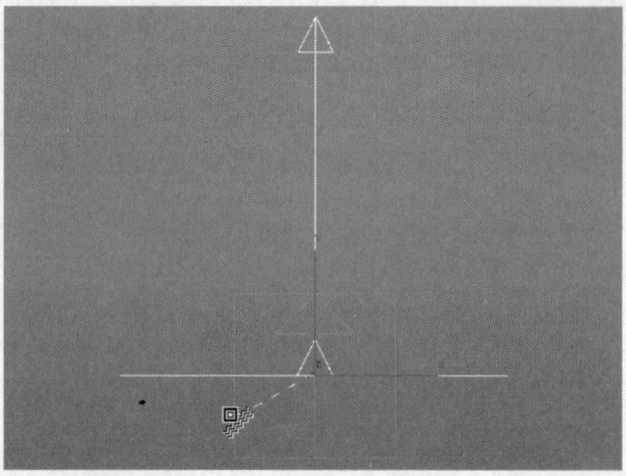

图16-164

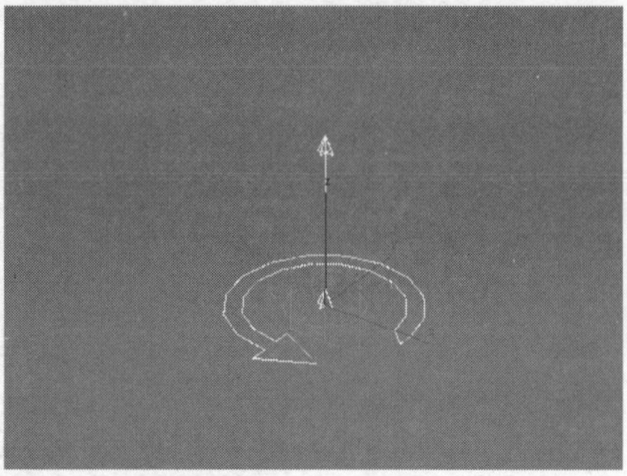

图16-165

08 展开“粒子类型”卷展栏，然后设置“粒子类型”为“实例几何体”，再在“实例参数”选项组下单击“拾取对象”按钮 拾取对象，最后在视图中拾取蝴蝶平面，如图16-166所示。

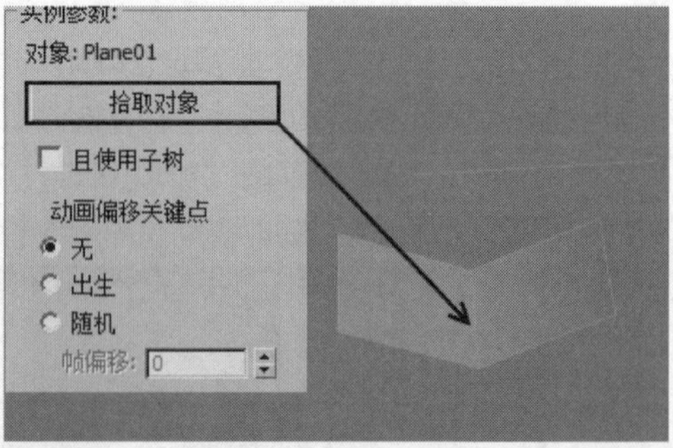

图16-166

09 选择动画效果最明显的一些帧，然后单独渲染这些单帧动画，最终效果如图16-167所示。

图16-167

实战264 制作树叶上旋动画

场景位置 无
实例位置 DVD>实例文件>CH16>实战264.max
视频位置 DVD>多媒体教学>CH16>实战264.flv
难易指数 ★★☆☆☆
技术掌握 用超级喷射配合路径跟随制作树叶上旋动画

实例介绍

本例将使用“超级喷射”粒子配合“路径跟随”力制作一段树叶上旋的动画，效果如图16-168所示。

图16-168

操作步骤

01 使用“螺旋线”工具 螺旋线 在顶视图中创建一条螺旋线，然后在“参数”卷展栏下设置“半径1”为85mm、“半径2”为1000mm、“高度”为3000mm、“圈数”为6、“偏移”为0，在前视图中的效果如图16-169所示。

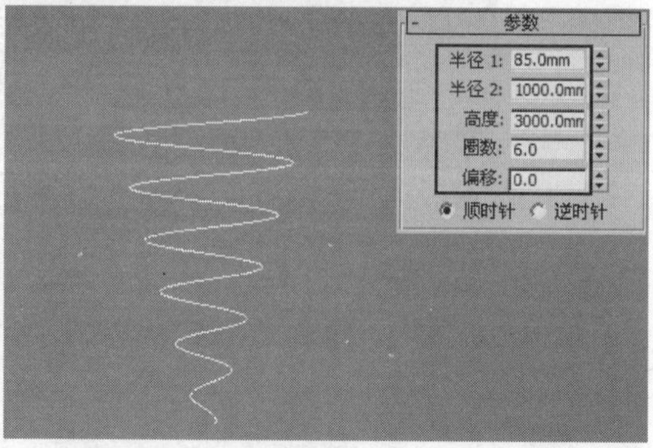

图16-169

02 使用“球体”工具 球体 在螺旋线的底部创建一个球体，然后在“参数”卷展栏下设置“半径”为35mm，如图16-170所示，再使用“超级喷射”工具 超级喷射 在螺旋线底部创建一个超级喷射发射器，如图16-171所示。

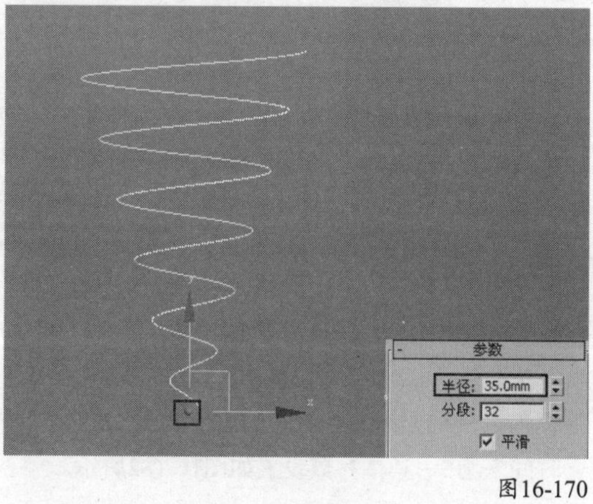

图16-170

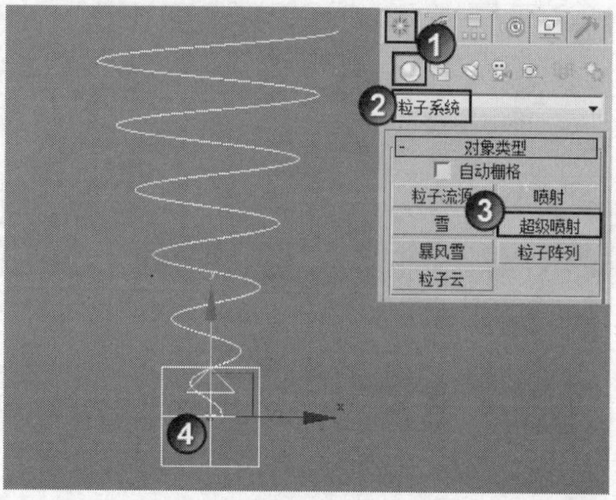

图16-171

03 选择超级喷射发射器，展开“基本参数”卷展栏，然后在“粒子分布”选项组下设置“轴偏离”为6、“扩散”为26、“平面偏离”为15、“扩散”为96，再在“显示图标”选项组下设置“图标大小”为268mm，最后在“视口显示”选项组下勾选“网格”选项，并设置“粒子数百分比”为100%，具体参数设置如图16-172所示。

04 展开“粒子生成”卷展栏，设置“粒子数量”为8，然后在“粒子运动”选项组下设置“速度”为254mm、“变化”为20%，再在“粒子计时”选项组下设置“发射停止”为100、“变化”为20，最后在“粒子大小”选项组下设置“大小”为2.5mm，具体参数设置如图16-173所示。

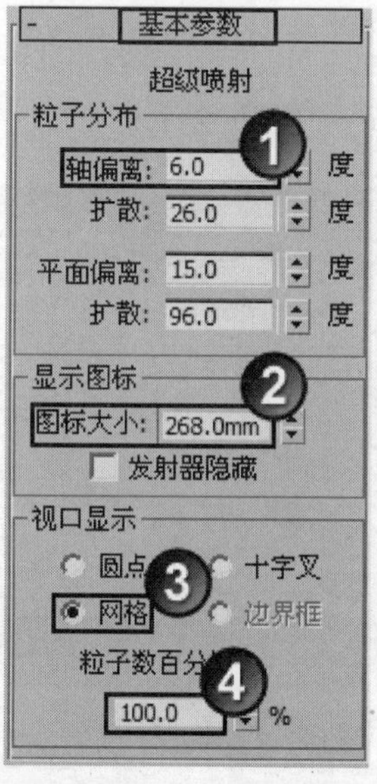

图16-172

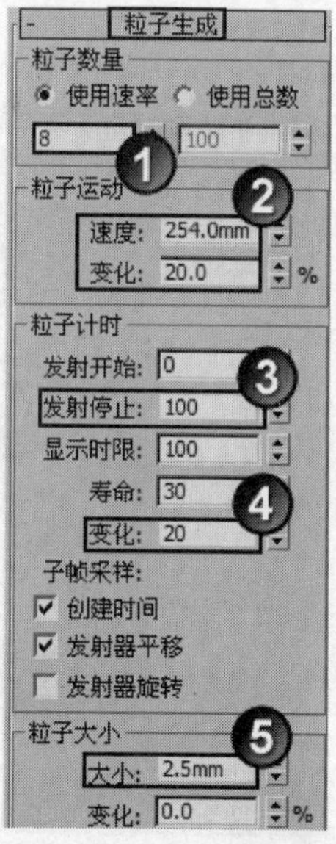

图16-173

05 展开“粒子类型”卷展栏，然后设置“粒子类型”为“实例几何体”，再单击“拾取对象”按钮 拾取对象 ，最后在视图中拾取球体，如图16-174所示。

06 使用“路径跟随”工具 路径跟随 在视图中创建一个路径跟随，如图16-175所示。

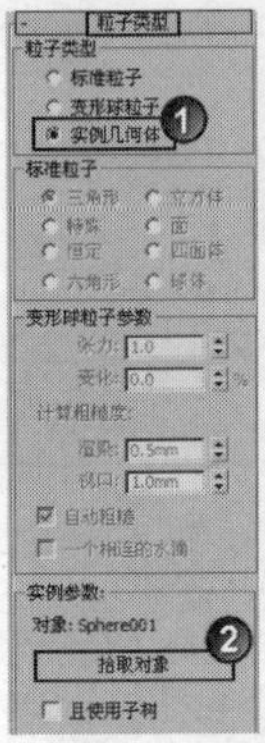

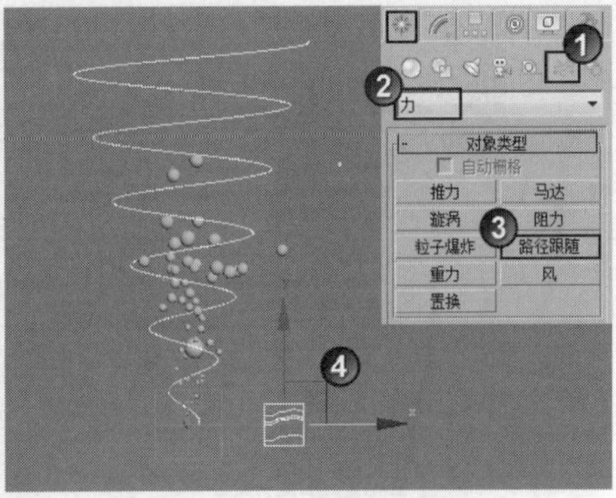

图16-174　　图16-175

07 选择路径跟随，然后在“基本参数”卷展栏下单击“拾取图形对象”按钮 拾取图形对象 ，再在视图中拾取螺旋线，如图16-176所示。

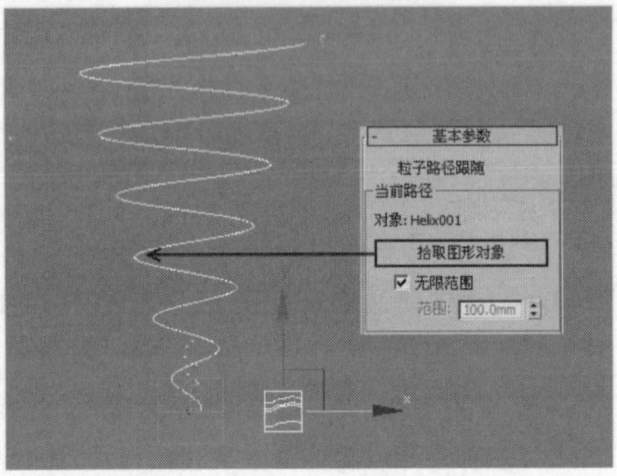

图16-176

08 使用“绑定到空间扭曲”工具将路径跟随绑定到超级喷射发射器上，然后拖曳时间线滑块观察动画，效果如图16-177所示。

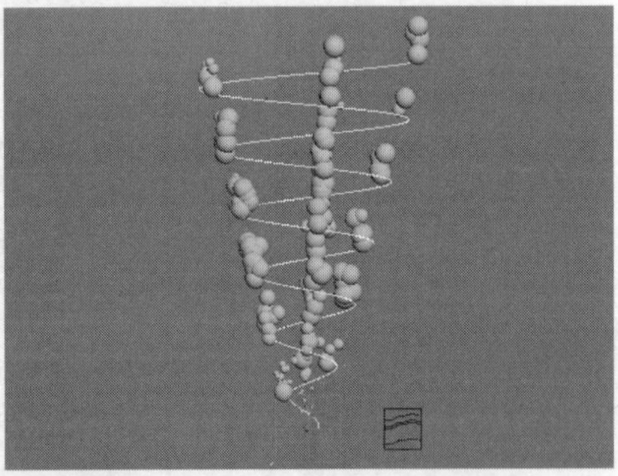

图16-177

09 选择动画效果最明显的一些帧，然后单独渲染这些单帧动画，最终效果如图16-178所示。

图16-178

实战265 制作汽车爆炸动画

场景位置	DVD>场景文件>CH16>实战265.max
实例位置	DVD>实例文件>CH16>实战265.max
视频位置	DVD>多媒体教学>CH16>实战265.flv
难易指数	★★☆☆☆
技术掌握	用爆炸变形模拟爆炸动画

实例介绍

本例将使用“爆炸”变形制作一段汽车爆炸的动画，效果如图16-179所示。

图16-179

操作步骤

01 打开光盘中的“场景文件>CH16>实战265.max”文件，如图16-180所示。

图16-180

02 使用“爆炸”工具 爆炸 在地面上创建一个爆炸，如图16-181所示。

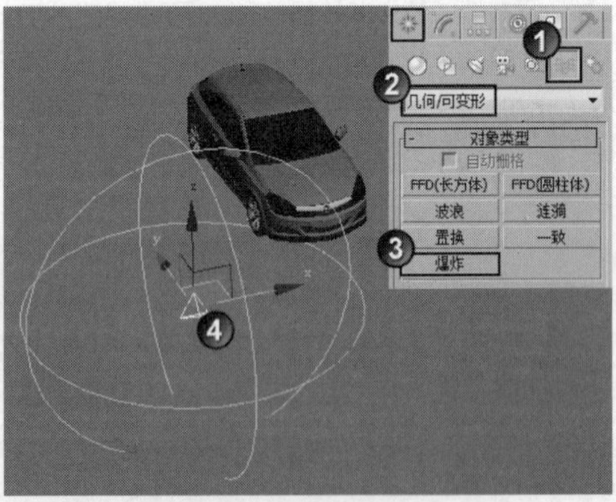

图16-181

03 选择爆炸，然后在“爆炸参数”卷展栏下设置“强度”为1.5、“自旋”为0.5，再勾选“启用衰减”选项，并设置“衰退”为2540mm，最后设置“重力”为1、“起爆时间”为5，具体参数设置如图16-182所示。

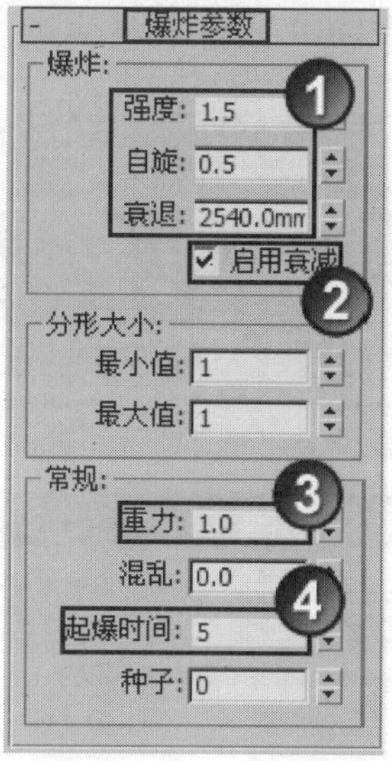

图16-182

04 使用“绑定到空间扭曲”工具将爆炸绑定到汽车上，如图16-183所示。

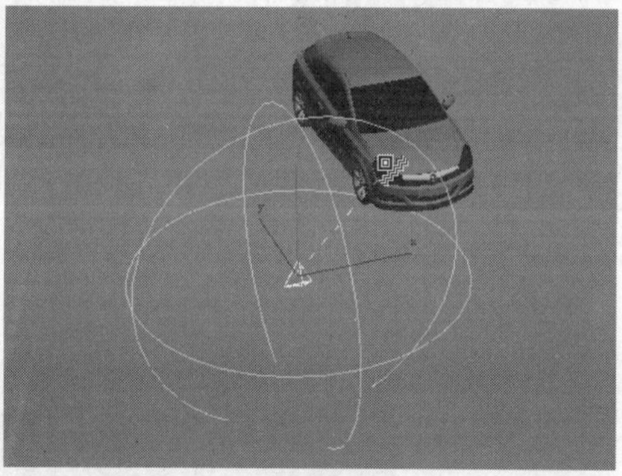

图16-183

05 使用“爆炸”工具 爆炸 继续在地面上创建一个爆炸，如图16-184所示。

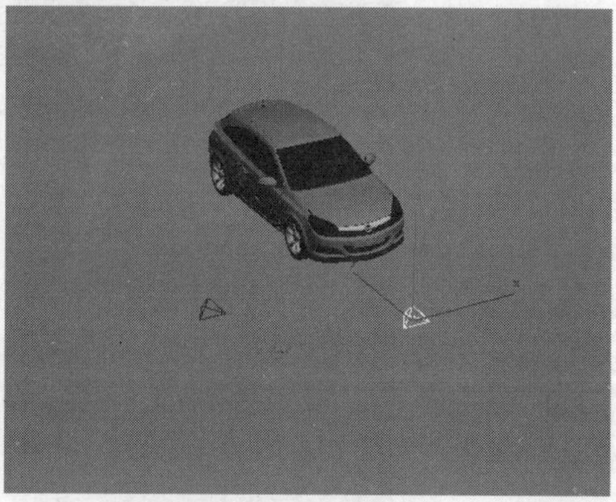

图16-184

06 选择上一步创建的爆炸，然后在“爆炸参数”卷展栏下设置“强度”为0.7、“自旋”为0.1，再勾选“启用衰减”选项，并设置“衰退”为2540mm，最后设置“重力”为1、“起爆时间”为5，具体参数设置如图16-185所示。

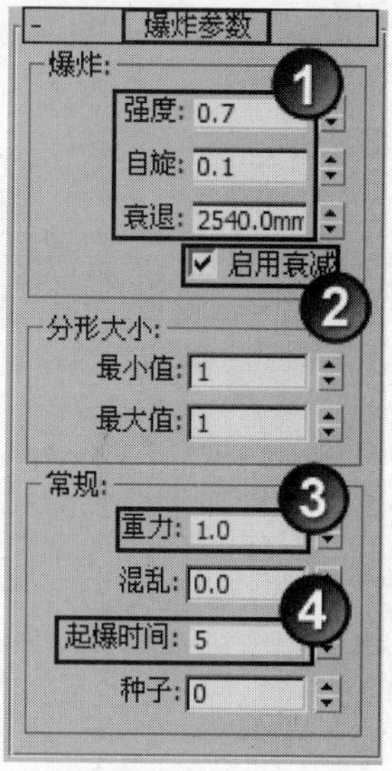

图16-185

07 使用“绑定到空间扭曲”工具将爆炸绑定到汽车上，然后拖曳时间线滑块预览动画，效果如图16-186所示。

图16-186

技巧与提示

由于爆炸效果会产生数量巨大的模型面，同时又需要计算爆炸，因此对计算机的配置要求相当高，在预览动画时3ds Max很可能出现崩溃现象，所以在预览前要注意先保存场景。

08 选择动画效果最明显的一些帧，然后单独渲染这些单帧动画，最终效果如图16-187所示。

图16-187

第17章
动力学

本章学习要点：

刚体动画的制作方法

Cloth（布料）修改器的用法

实战266 制作硬币散落动画

场景位置	DVD>场景文件>CH17>实战266.max
实例位置	DVD>实例文件>CH17>实战266.max
视频位置	DVD>多媒体教学>CH17>实战266.flv
难易指数	★☆☆☆☆
技术掌握	将选定项设置为动力学刚体工具、将选定项设置为静态刚体工具

实例介绍

本例将使用“选定项设置为动力学刚体”工具和“将选定项设置为静态刚体”工具制作一段硬币散落的动画，效果如图17-1所示。

图17-1

操作步骤

01 打开光盘中的“场景文件>CH17>实战266.max”文件，如图17-2所示。

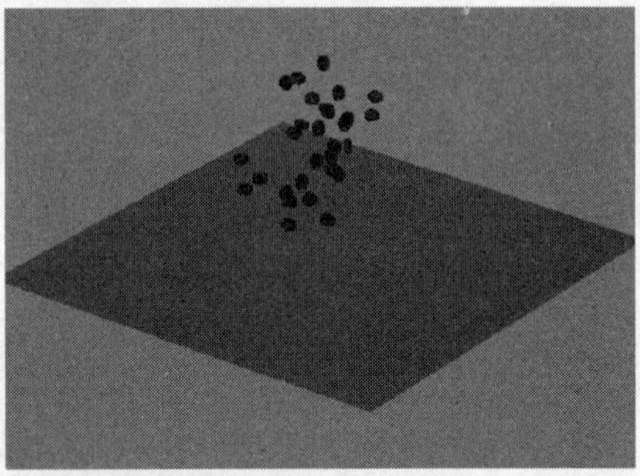

图17-2

02 在“主工具栏”的空白处单击鼠标右键，然后在弹出的菜单中选择“MassFX工具栏”命令，调出“MassFX工具栏”，如图17-3所示，再选择场景中所有的硬币模型，最后在“MassFX工具栏”中单击“将选定项设置为动力学刚体”按钮，如图17-4所示。

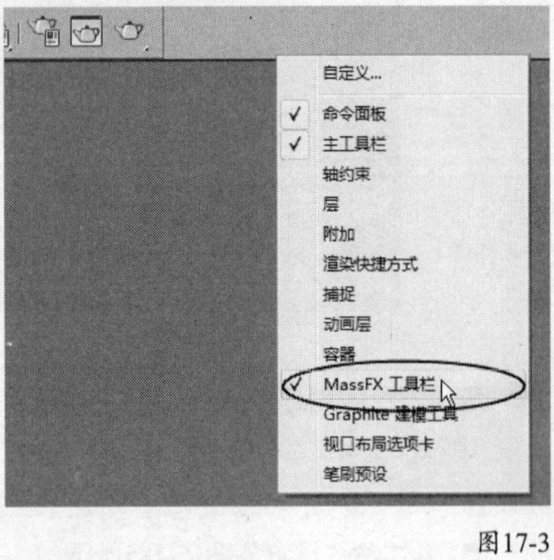

图17-3

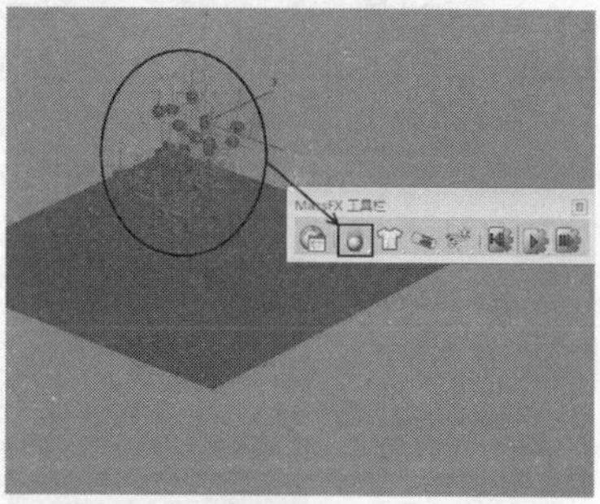

图17-4

03 选择地面模型，然后在“MassFX工具栏”中单击“将选定项设置为静态刚体”按钮，如图17-5所示。

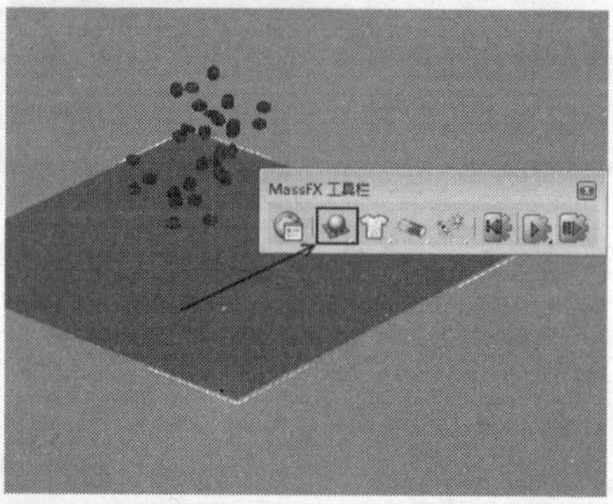

图17-5

技术专题 41 刚体模拟类型的区别

刚体的类型包含3种，如图17-6所示。下面对这3种不同类型的刚体进行简述。

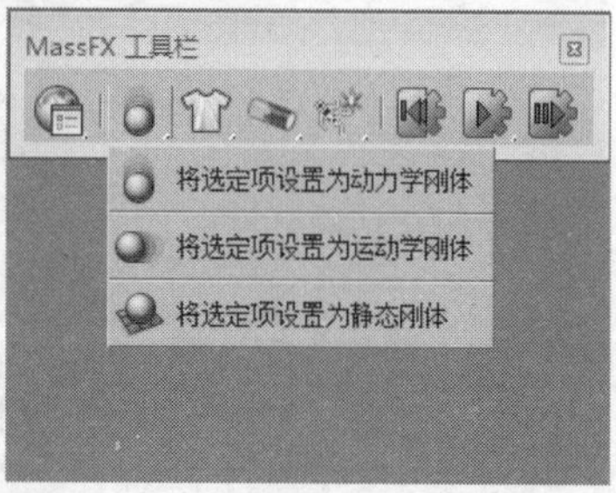

图17-6

将选定项设置为动力学刚体：动力学刚体与真实世界中的对象非常像，它们因重力而下落，同时可以碰撞其他对象，且可以被这些对象推动。

将选定项设置为运动学刚体：运动学刚体是由一系列动画进行移动的木偶，它们不会因重力而降落。它们可以推动所遇到的任意动力学对象，但不能被其他对象推动，常用于模拟炮弹和汽车等高速运动的物体。

将选定项设置为静态刚体：静态刚体与运动学刚体类似，不同之处在于不能对其设置动画，常用于模拟地面。

04 在“MassFX工具栏”中单击“开始模拟”按钮模拟动画，待模拟完成后再次单击“开始模拟”按钮结束模拟。

05 分别选择各个硬币，然后在“刚体属性”卷展栏下单击“烘焙”按钮 烘焙 ，以生成关键帧动画，再渲染效果最明显的单帧动画，最终效果如图17-7所示。

图17-7

实战267 制作弹力球动画

场景位置	DVD>场景文件>CH17>实战267.max
实例位置	DVD>实例文件>CH17>实战267.max
视频位置	DVD>多媒体教学>CH17>实战267.flv
难易指数	★☆☆☆☆
技术掌握	将选定项设置为动力学刚体工具、将选定项设置为静态刚体工具

实例介绍

本例将使用“选定项设置为动力学刚体”工具和“将选定项设置为静态刚体”工具制作一段弹力球弹跳的动画，效果如图17-8所示。

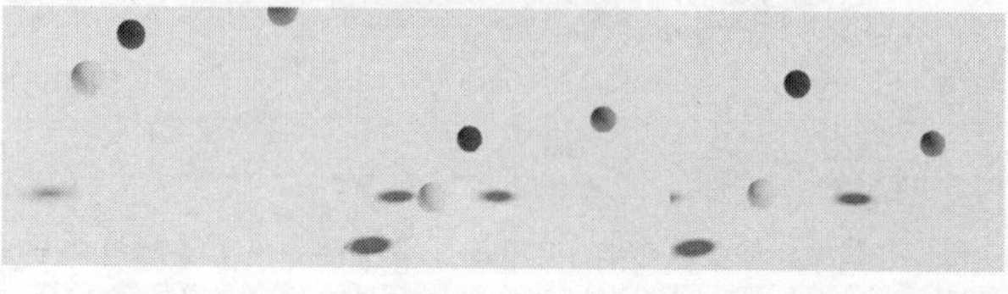

图17-8

操作步骤

01 打开光盘中的“场景文件>CH17>实战267.max”文件，如图17-9所示。

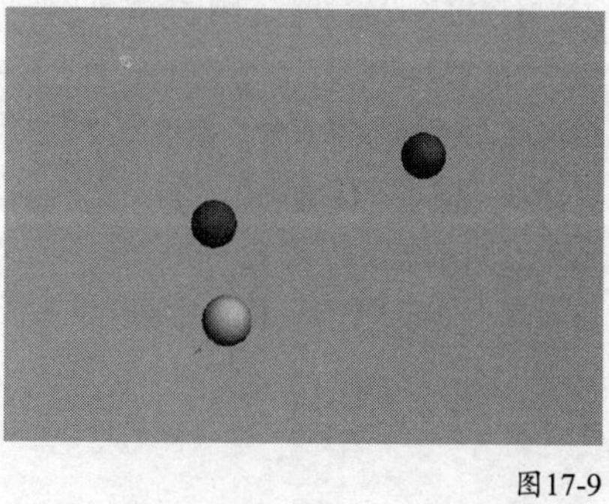

图17-9

02 选择场景中的3个弹力球，然后在“MassFX工具栏”中单击“将选定项设置为动力学刚体”按钮，如图17-10所示。

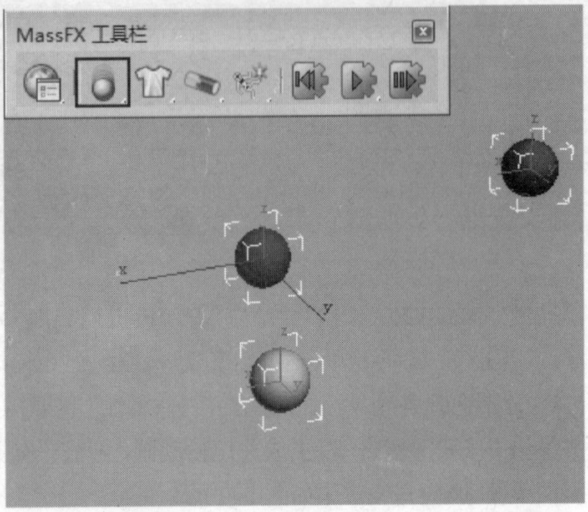

图17-10

03 选择蓝色弹力球，然后在“物理材质”卷展栏下设置“反弹力”为1，如图17-11所示，再选择红色弹力球进行相同的设置，黄色弹力球的参数保持默认设置。

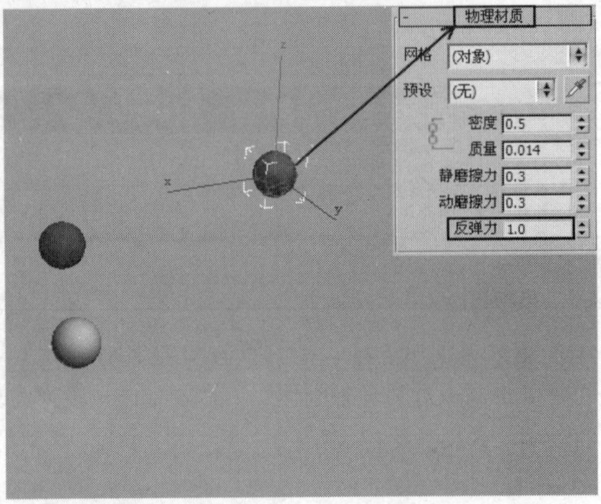

图17-11

技巧与提示

设置球体的“反弹力”为1，可以保证球体下落到地面后再反弹到原处，这样有利于反弹动画效果的制作。在实际的工作中，该数值通常会根据反弹次数的需要进行调整。

04 选择场景中的地面模型，然后在“MassFX工具栏”中单击“将选定项设置为静态刚体”按钮，如图17-12所示。

05 在“MassFX工具栏”中单击“开始模拟”按钮模拟动画，待模拟完成后再次单击“开始模拟”按钮结束模拟，如图17-13所示。

06 分别选择蓝色、红色和黄色弹力球，然后在“刚体属性”卷展栏下单击“烘焙”按钮 烘焙，以生成关键帧动画，如图17-14所示。

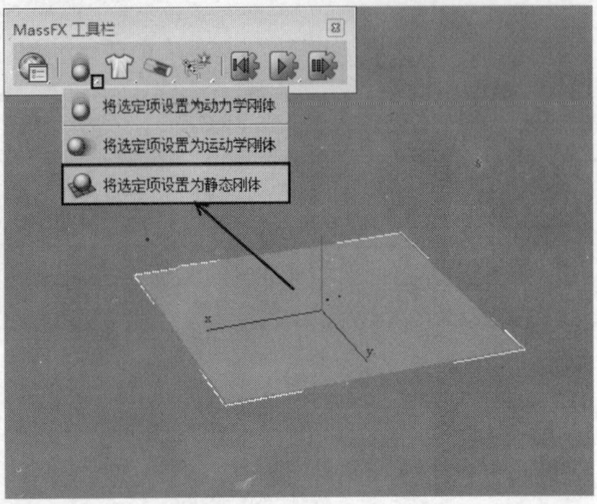

图17-12

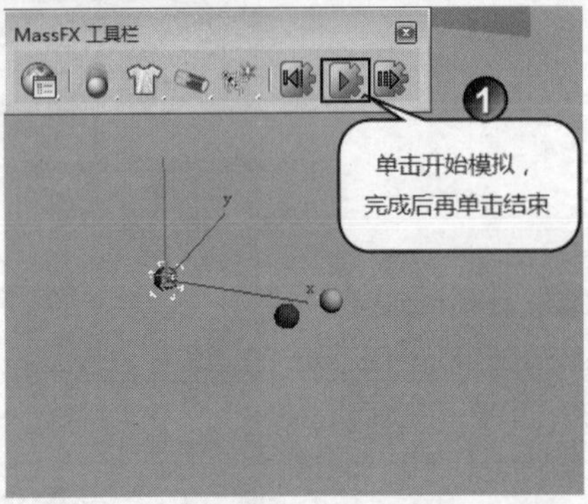

图17-13

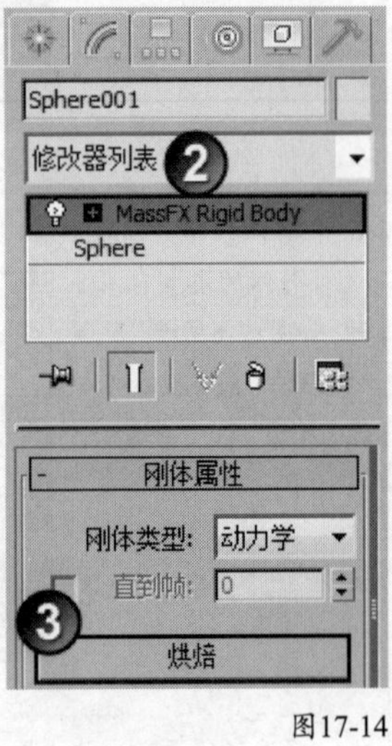

图17-14

07 拖曳时间线滑块，观察弹力球动画，效果如图17-15所示。

08 选择动画效果最明显的一些帧，然后单独渲染这些单帧动画，最终效果如图17-16所示。

图17-15

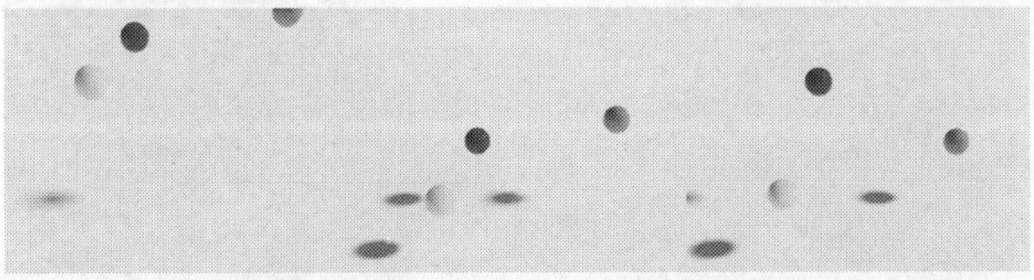

图17-16

实战268 制作多米诺骨牌动画

场景位置	DVD>场景文件>CH17>实战268.max
实例位置	DVD>实例文件>CH17>实战268.max
视频位置	DVD>多媒体教学>CH17>实战268.flv
难易指数	★☆☆☆☆
技术掌握	将选定项设置为动力学刚体工具、将选定项设置为静态刚体工具

实例介绍

本例将使用“选定项设置为动力学刚体”工具和“将选定项设置为静态刚体”工具制作一段多米诺骨牌动画，效果如图17-17所示。

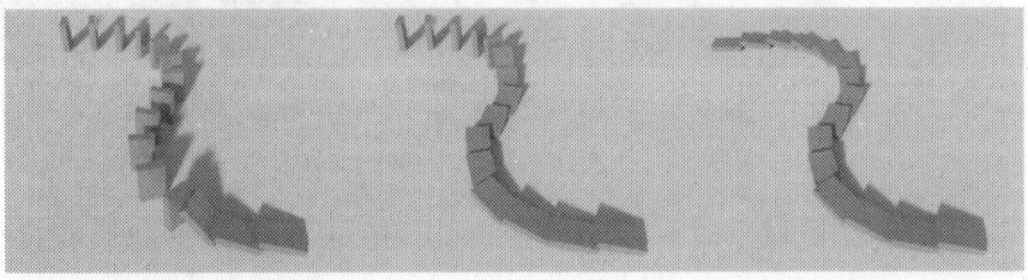

图17-17

操作步骤

01 打开光盘中的“场景文件>CH17>实战268.max”文件，如图17-18所示。

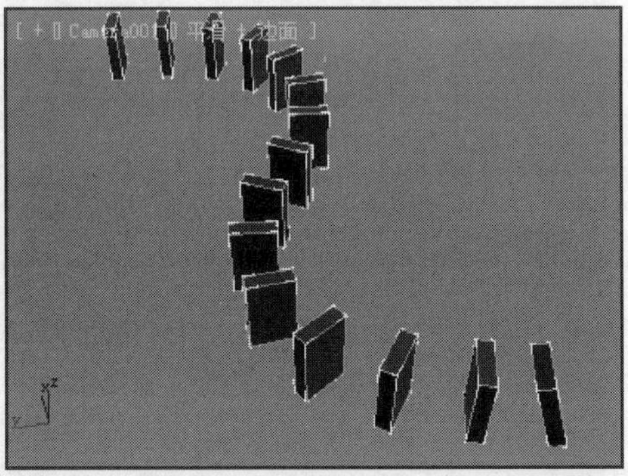

图17-18

技巧与提示

场景中的第1个骨牌是略微倾斜的，只有这样才可能产生倾倒的动力学动画，从而引发后面的连锁效应。此外，由于其他骨牌是通过其“实例”复制而成的，因此只需要将其中一个骨牌设置为动力学刚体，其他的骨牌就会自动变成动力学刚体。

02 选择第1个骨牌，然后在“MassFX工具栏”中单击“将选定项设置为动力学刚体”按钮，如图17-19所示。

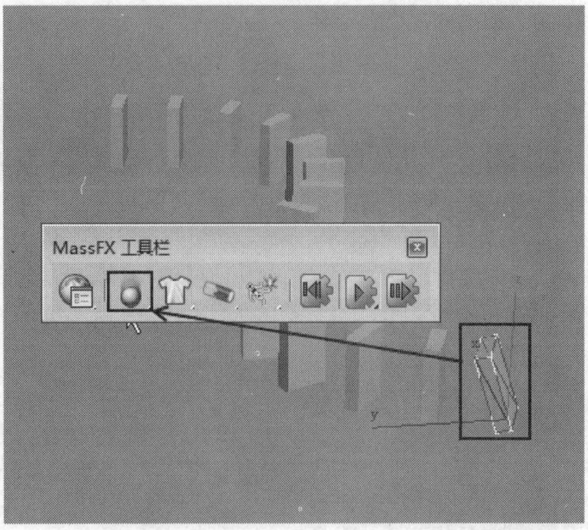

图17-19

03 选择地面，然后在“MassFX工具栏”中单击“将选定项设置为静态刚体”按钮，如图17-20所示。

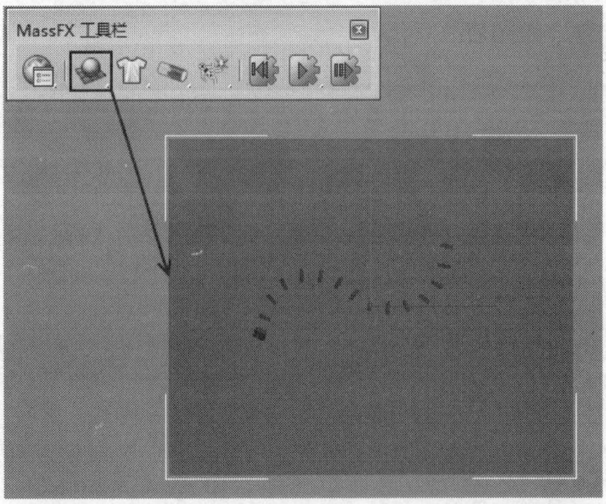

图17-20

04 在“MassFX工具栏”中单击“世界参数”按钮，然后在弹出的“MassFX工具”对话框中关闭“使用地面碰撞”选项（这样可以避免骨牌倒地后再与地面碰撞产生反弹），如图17-21所示。

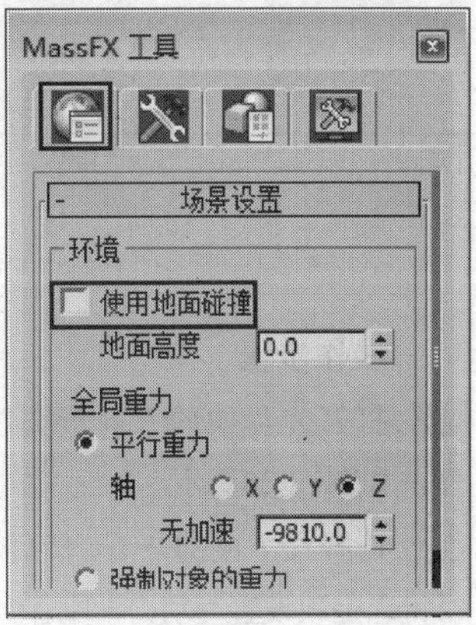

图17-21

05 在“MassFX工具栏”中单击“开始模拟”按钮模拟动画，待模拟完成后再次单击“开始模拟”按钮结束模拟，如图17-22所示。

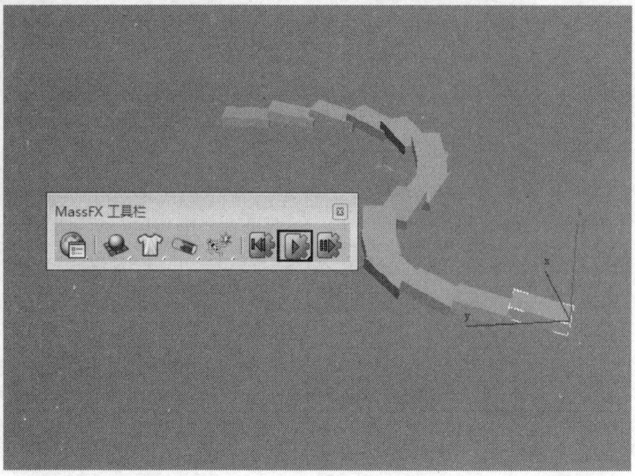

图17-22

06 在“刚体属性”卷展栏下单击“烘焙”按钮 烘焙 ，以生成关键帧动画，然后渲染效果最明显的单帧动画，最终效果如图17-23所示。

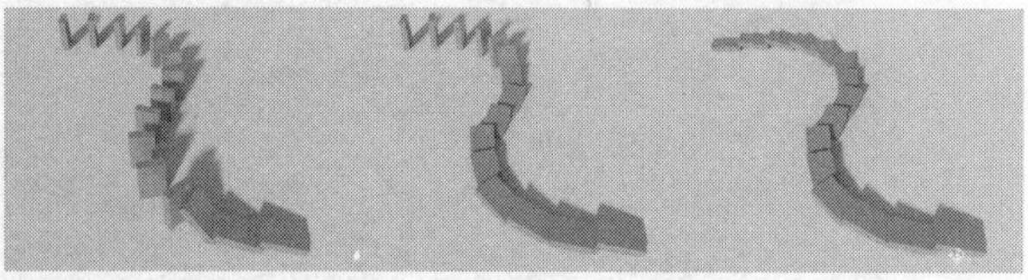

图17-23

实战269 制作茶壶下落动画

场景位置	DVD>场景文件>CH17>实战269.max
实例位置	DVD>实例文件>CH17>实战269.max
视频位置	DVD>多媒体教学>CH17>实战269.flv
难易指数	★☆☆☆☆
技术掌握	将选定项设置为动力学刚体工具、将选定项设置为静态刚体工具

实例介绍

本例将使用“选定项设置为动力学刚体”工具和“将选定项设置为静态刚体”工具制作一段茶壶下落的碰撞动画，效果如图17-24所示。

图17-24

操作步骤

01 打开光盘中的“场景文件>CH17>实战269.max”文件，如图17-25所示。

02 选择最下面的茶壶，然后在“MassFX工具栏”中单击“将选定项设置为动力学刚体”按钮，如图17-26所示。

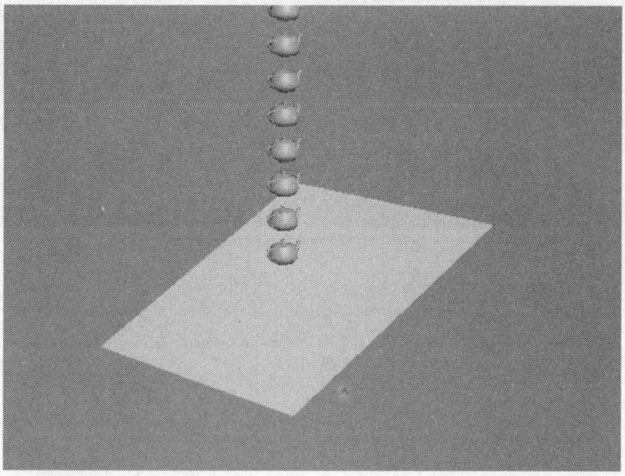

图17-25

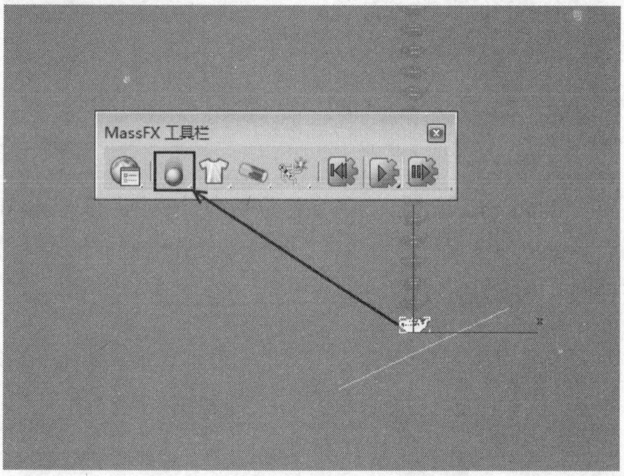

图17-26

03 选择反弹平面，然后在“MassFX工具栏”中单击“将选定项设置为静态刚体”按钮，如图17-27所示。

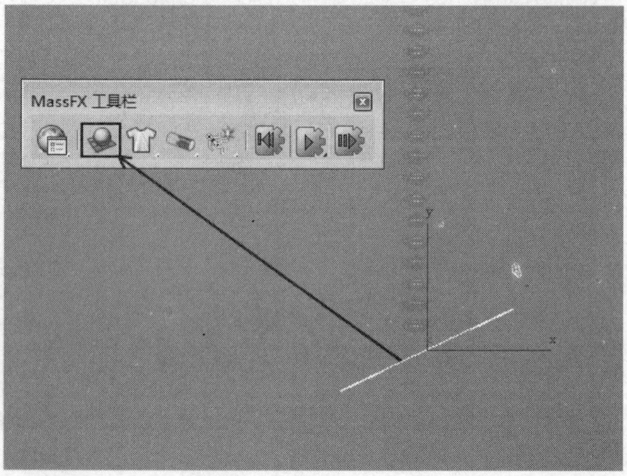

图17-27

04 在“MassFX工具栏”中单击“世界参数”按钮，然后在弹出的“MassFX工具”对话框中关闭“使用地面碰撞”选项，如图17-28所示。

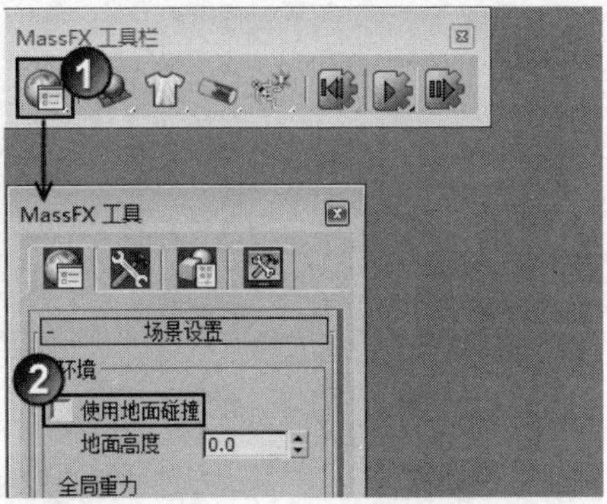

图17-28

技巧与提示

现实中的茶壶如果是金属材质，在落地后会与地面发生碰撞并产生一定程度的反弹，但在本例中考虑到茶壶之间已有相互的碰撞，为了避免过大的计算故关闭“使用地面碰撞”选项。

05 在“MassFX工具栏”中单击“开始模拟”按钮模拟动画，待模拟完成后再次单击“开始模拟”按钮结束模拟，然后选择最下面的茶壶，再在“刚体属性”卷展栏下单击“烘焙”按钮 烘焙 ，以生成关键帧动画，最后渲染效果最明显的单帧动画，最终效果如图17-29所示。

图17-29

实战270 制作球体撞墙动画

场景位置	DVD>场景文件>CH17>实战270.max
实例位置	DVD>实例文件>CH17>实战270.max
视频位置	DVD>多媒体教学>CH17>实战270.flv
难易指数	★★☆☆☆
技术掌握	将选定项设置为动力学刚体工具、将选定项设置为运动学刚体工具

实例介绍

本例将使用“将选定项设置为动力学刚体”工具和“将选定项设置为运动学刚体”工具制作一段球体撞墙的动画，效果如图17-30所示。

图17-30

操作步骤

01 打开光盘中的“场景文件>CH17>实战270.max”文件，如图17-31所示。

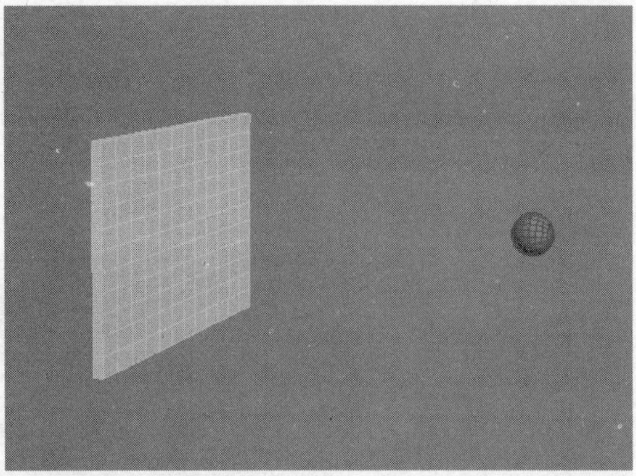

图17-31

02 选择墙体模型，然后在“MassFX工具栏”中单击“将选定项设置为动力学刚体”按钮，如图17-32所示，再在“刚体属性”卷展栏下勾选“在睡眠模式下启动”选项，如图17-33所示。

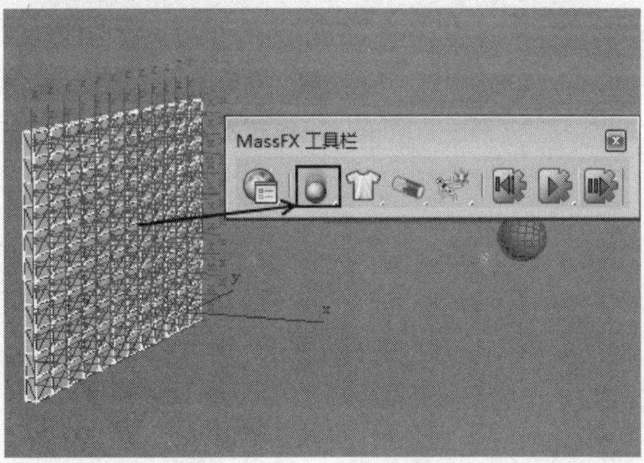

图17-32

图17-33

技巧与提示

由于墙体设置成了动力学刚体，默认设置下在动画开始时就会自由下落，但本例为了实现墙体在球体击中时才产生相关的运动，因此需要勾选“睡眠模式下启动”选项。

03 选择球体，然后在“MassFX工具栏”中单击“将选定项设置为运动学刚体”按钮，如图17-34所示，再在“刚体属性”卷展栏下勾选“直到帧”选项，并设置其数值为7，如图17-35所示。

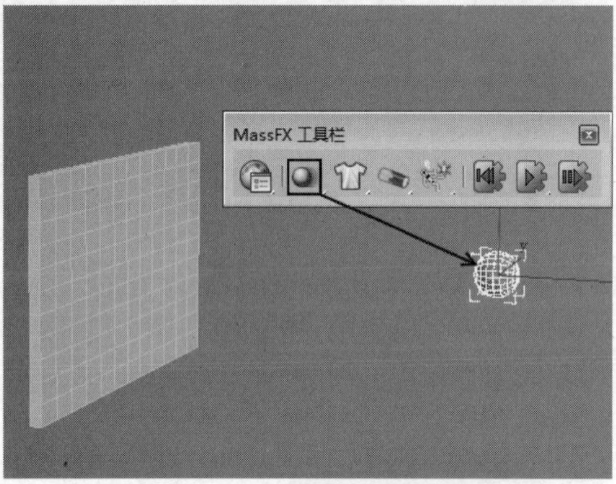

图17-34

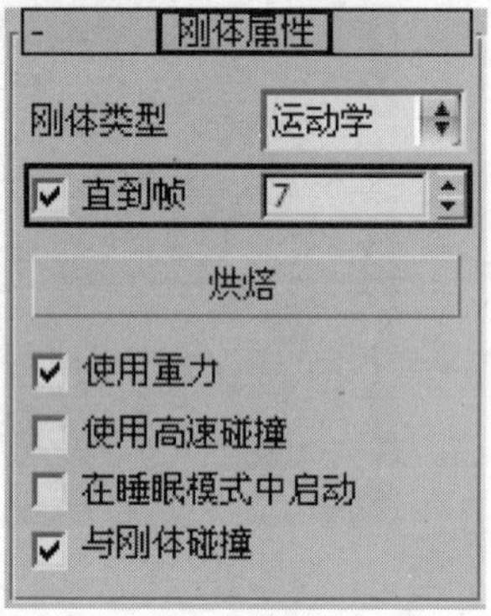

图17-35

技巧与提示

将球体的运动学刚体属性设置为直到第7帧，主要是因为运动学刚体不会因重力而下落，本例为了准确模拟球体穿透墙面（该动作发生在第7帧前），由于速度变得缓慢，从而产生明显的下坠。

04 选择球体，然后单击“自动关键点”按钮自动关键点，再将时间线滑块拖曳到第10帧位置，最后使用“选择并移动”工具将球体拖曳到墙体的另一侧，如图17-36所示。

05 在“MassFX工具栏”中单击“开始模拟”按钮模拟动画，待模拟完成后再次单击“开始模拟”按钮结束模拟，然后选择最下面的球体，再在“刚体属性”卷展栏下单击“烘焙”按钮烘焙，以生成关键帧动画，最后渲染效果最明显的单帧动画，最终效果如图17-37所示。

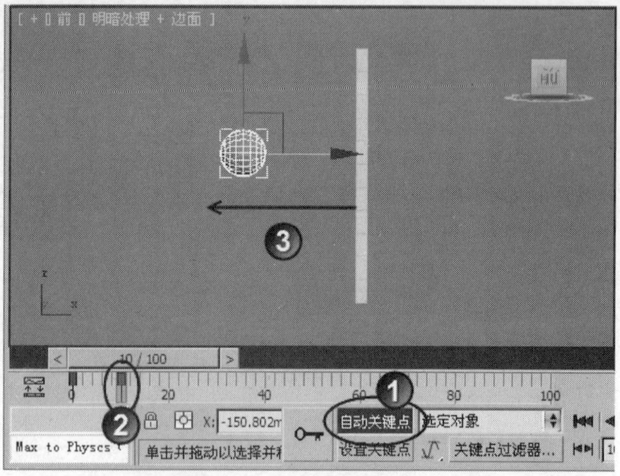

图17-36

图17-37

实战271 制作汽车碰撞动画

场景位置	DVD>场景文件>CH17>实战271.max
实例位置	DVD>实例文件>CH17>实战271.max
视频位置	DVD>多媒体教学>CH17>实战271.flv
难易指数	★★☆☆☆
技术掌握	将选定项设置为运动学刚体工具、动力学刚体工具、静态刚体工具

实例介绍

本例将使用“选定项设置为动力学刚体”工具、“将选定项设置为运动学刚体”工具和“将选定项设置为静态刚体”工具制作一段汽车碰撞的动画，效果如图17-38所示。

图17-38

操作步骤

01 打开光盘中的“场景文件>CH17>实战271.max”文件，如图17-39所示。

图17-39

02 选择汽车模型，然后在“MassFX工具栏”中单击“将选定项设置为运动学刚体”按钮，如图17-40所示。

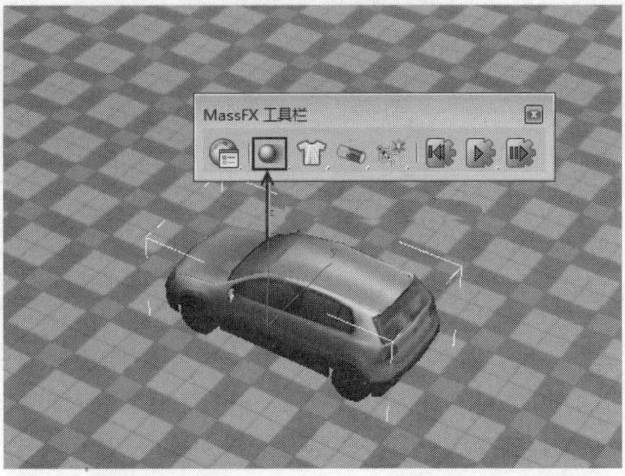

图17-40

03 选择所有的纸箱模型，然后在“MassFX工具栏”中单击“将选定项设置为动力学刚体”按钮，如图17-41所示，再在“刚体属性”卷展栏下勾选“在睡眠模式中启动”选项，如图17-42所示。

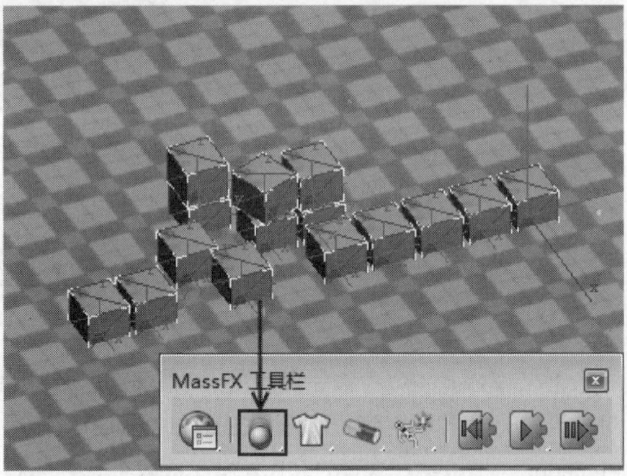

图17-41

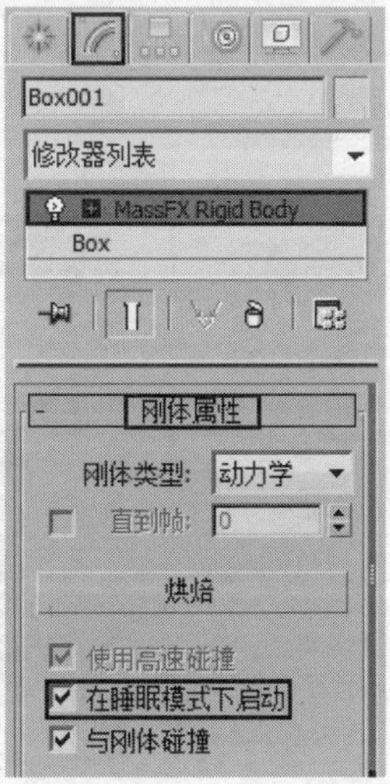

图17-42

04 选择地面模型，然后在“MassFX工具栏”中单击“将选定项设置为静态刚体”按钮，如图17-43所示。

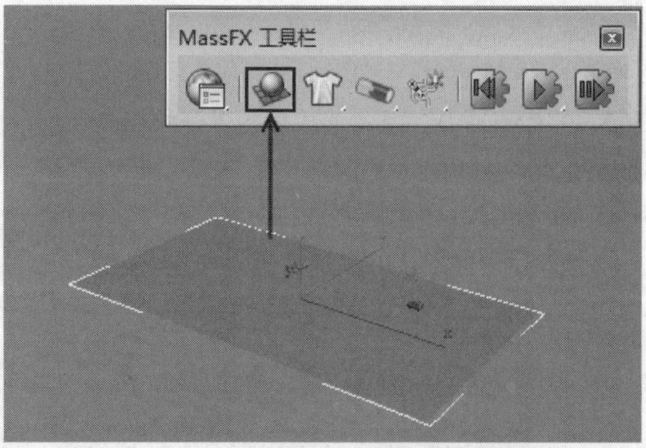

图17-43

05 选择汽车模型，然后单击“自动关键点”按钮，再将时间线滑块拖曳到第15帧位置，最后在前视图中使用“选择并移动”工具将汽车向前稍微拖曳一段距离，如图17-44所示。

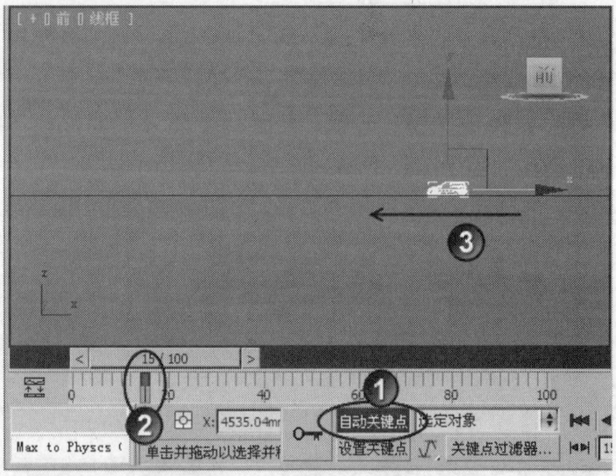

图17-44

06 将时间线滑块拖曳到第100帧位置，然后使用“选择并移动”工具将汽车拖曳到纸箱的前方，如图17-45所示。

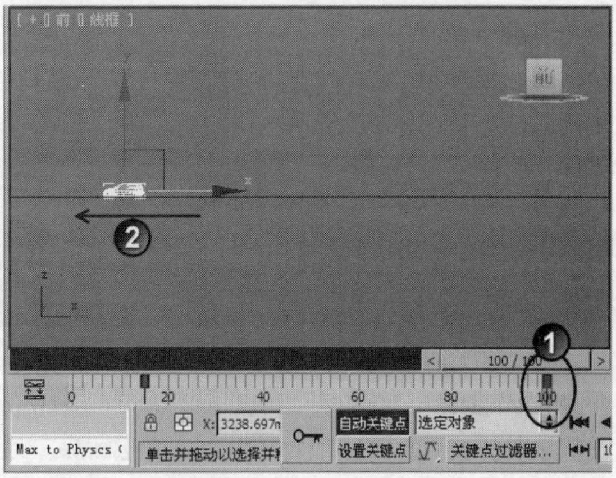

图17-45

技巧与提示

为了精确模拟汽车发现碰撞物体后减速，然后经过碰撞后再减速的效果，在上面的设置中先在第0~15帧内移动了较长的距离，而在15~100帧内则移动了较短的距离。

07 在“MassFX工具栏”中单击“开始模拟”按钮，效果如图17-46所示。

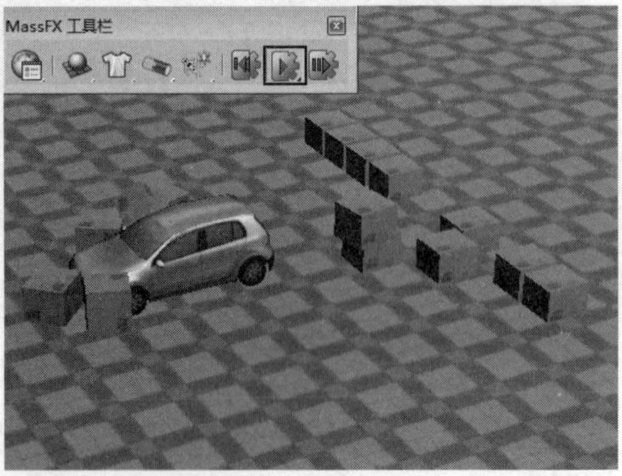

图17-46

08 再次单击“开始模拟”按钮结束模拟，然后单独选择各个纸箱，再在“刚体属性”卷展栏下单击“烘焙”按钮 烘焙 ，以生成关键帧动画，最后渲染效果最明显的单帧动画，最终效果如图17-47所示。

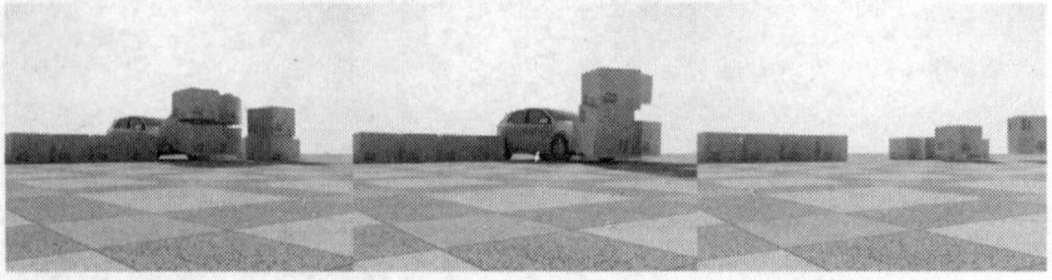

图17-47

实战272 制作床盖下落动画

场景位置	DVD>场景文件>CH17>实战272.max
实例位置	DVD>实例文件>CH17>实战272.max
视频位置	DVD>多媒体教学>CH17>实战272.flv
难易指数	★★☆☆☆
技术掌握	用Cloth（布料）修改器制作床盖

实例介绍

本例将使用Cloth（布料）修改器制作一段床盖下落的动画，效果如图17-48所示。

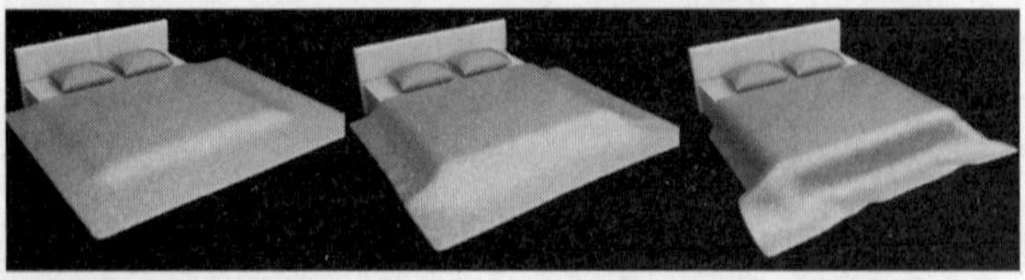

图17-48

操作步骤

01 打开光盘中的“场景文件>CH17>实战272.max”文件，如图17-49所示。

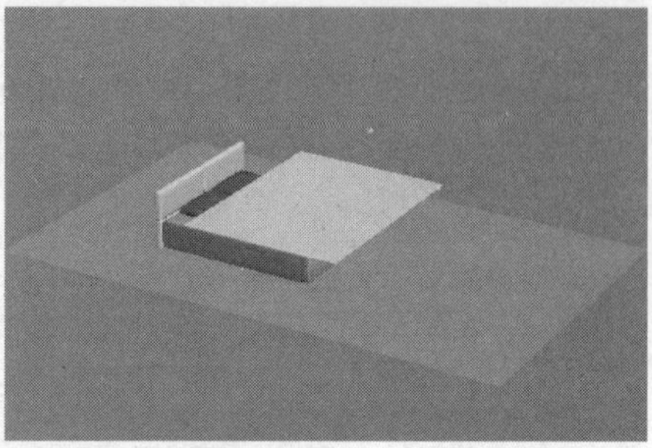

图17-49

02 选择顶部的平面，为其加载一个Cloth（布料）修改器，然后在“对象”卷展栏下单击“对象属性”按钮 对象属性 ，再在弹出的“对象属性”对话框中选择模拟对象Plane007，最后勾选Cloth选项，如图17-50所示。

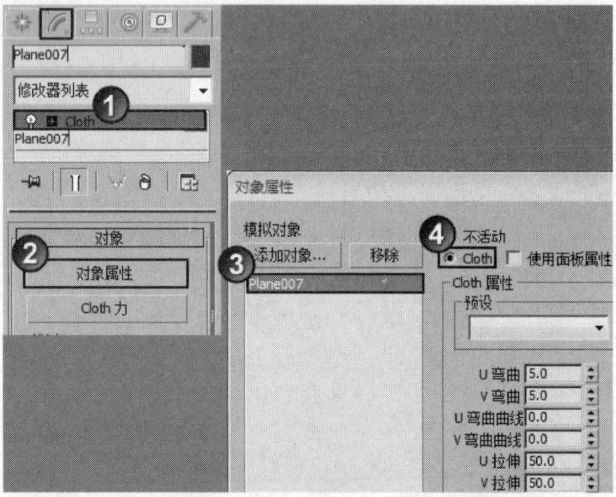

图17-50

03 单击“添加对象”按钮 添加对象... ，然后在弹出的“添加对象到Cloth模拟”对话框中选择ChamferBox001（床垫）、Plane006（地板）、Box02和Box24（这两个长方体是床侧板），如图17-51所示。

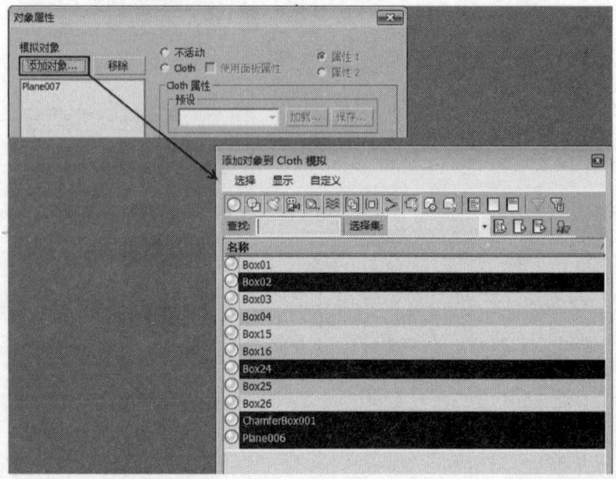

图17-51

04 选择ChamferBox001、Plane006、Box02和Box24，然后勾选“冲突对象”选项，如图17-52所示。

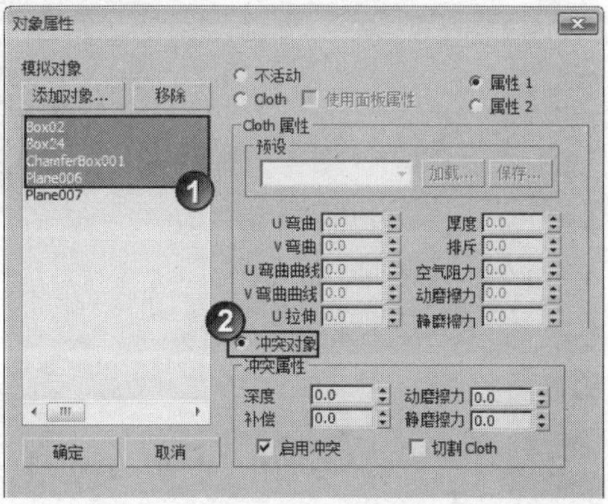

图17-52

05 在“对象”卷展栏下单击“模拟”按钮 模拟 自动生成动画，如图17-53所示，模拟完成后的效果如图17-54所示。

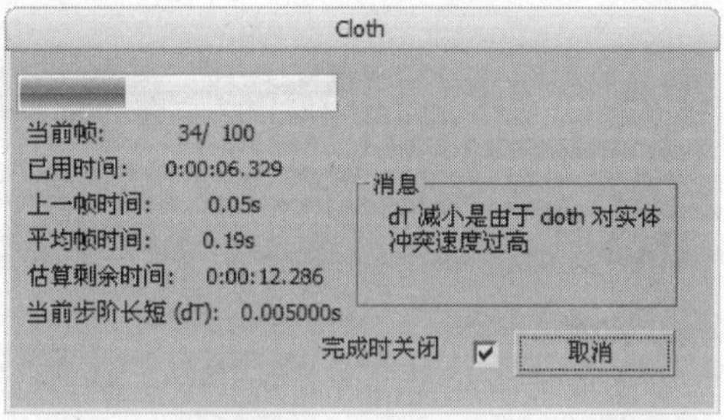

图17-53

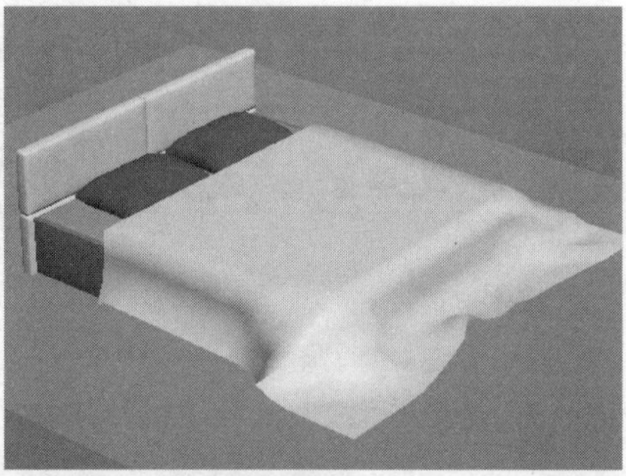

图17-54

06 为床盖模型加载一个“壳”修改器，然后在“参数”卷展栏下设置“内部量”为10mm、“外部量”为1mm，具体参数设置及模型效果如图17-55所示。

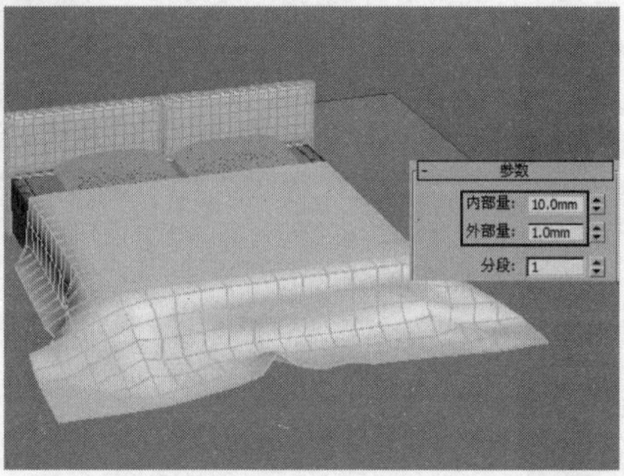

图17-55

07 继续为床盖模型加载一个“网格平滑”修改器（采用默认设置），效果如图17-56所示。

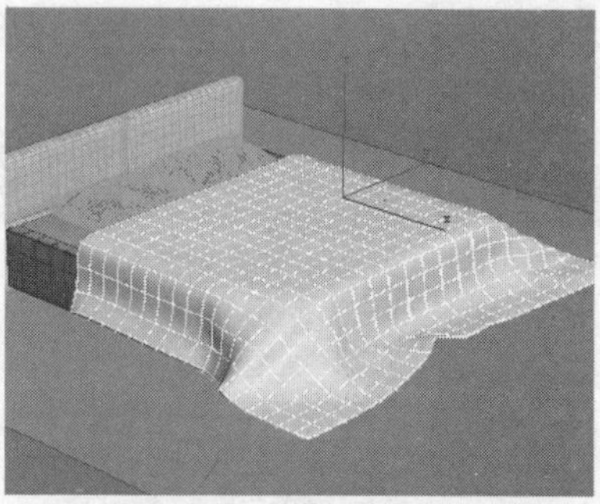

图17-56

08 选择动画效果最明显的一些帧，然后单独渲染这些单帧动画，最终效果如图17-57所示。

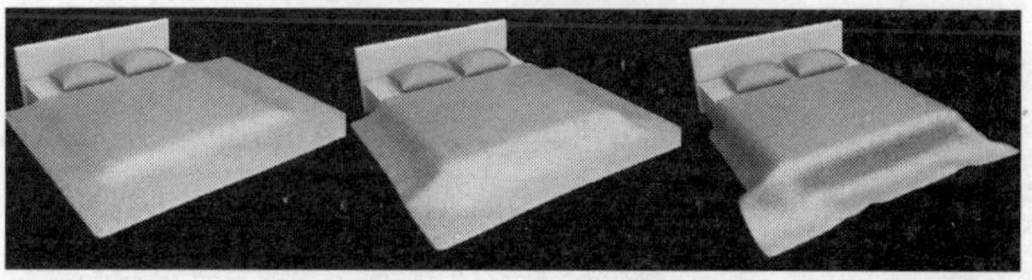

图17-57

实战273 制作布料下落动画

场景位置	DVD>场景文件>CH17>实战273.max
实例位置	DVD>实例文件>CH17>实战273.max
视频位置	DVD>多媒体教学>CH17>实战273.flv
难易指数	★★☆☆☆
技术掌握	用Cloth（布料）修改器制作布料

实例介绍

本例将使用Cloth（布料）修改器制作一段布料下落的动画，效果如图17-58所示。

图17-58

操作步骤

01 打开光盘中的“场景文件>CH17>实战273.max”文件，如图17-59所示。

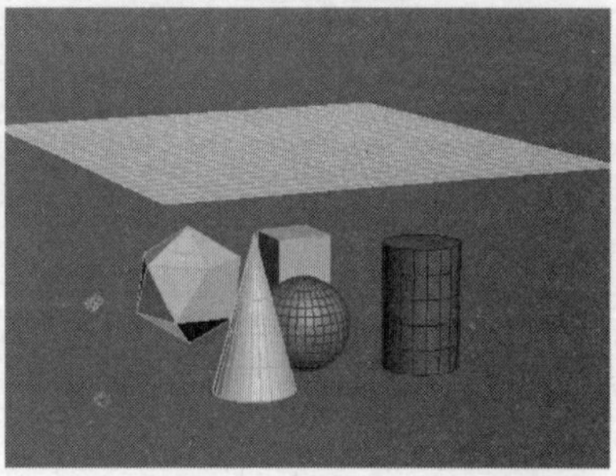

图17-59

02 选择平面，为其加载一个Cloth（布料）修改器，然后在“对象”卷展栏下单击“对象属性”按钮 对象属性 ，再在弹出的“对象属性”对话框中选择模拟对象Plane001，最后勾选Cloth选项，如图17-60所示。

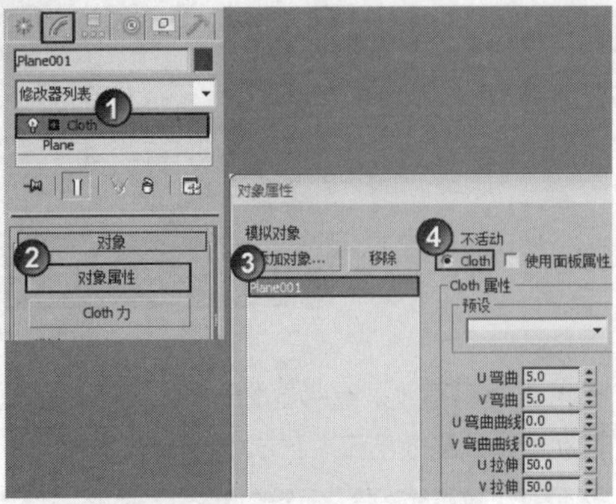

图17-60

03 单击“添加对象”按钮 添加对象... ，然后在弹出的“添加对象到Cloth模拟”对话框中选择所有的几何体，如图17-61所示。

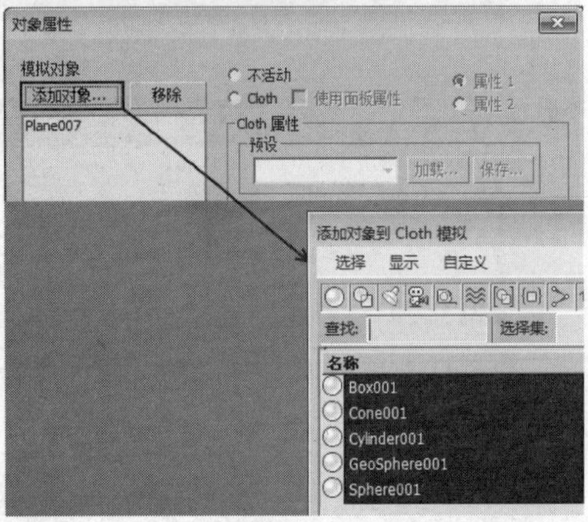

图17-61

04 选择上一步添加的对象，然后勾选“冲突对象”选项，如图17-62所示。

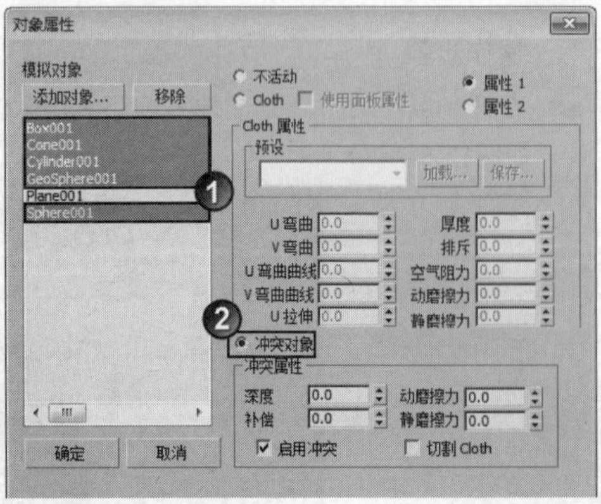

图17-62

05 在“对象”卷展栏下单击“模拟”按钮 模拟 自动生成动画，如图17-63所示，模拟完成后的效果如图17-64所示。

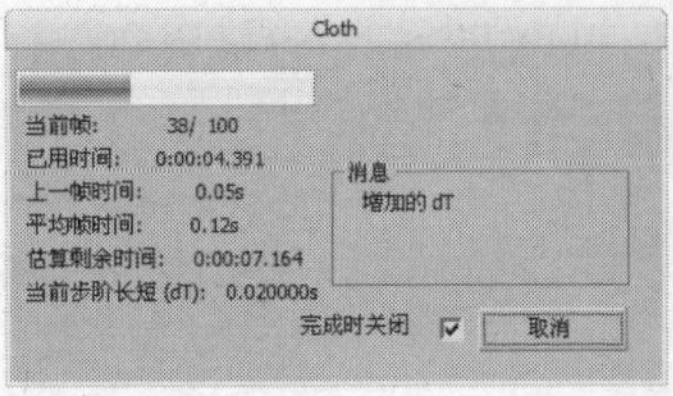

图17-63

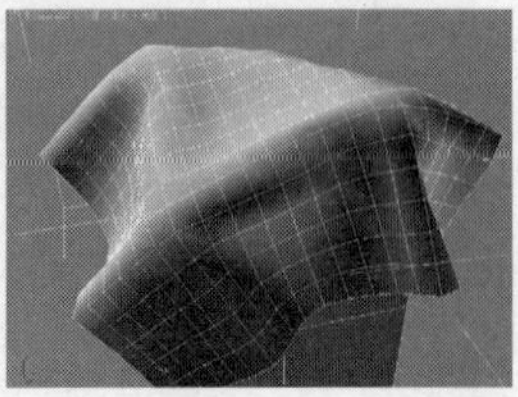

图17-64

06 选择动画效果最明显的一些帧，然后单独渲染这些单帧动画，最终效果如图17-65所示。

图17-65

实战274 制作毛巾悬挂动画

场景位置	DVD>场景文件>CH17>实战274.max
实例位置	DVD>实例文件>CH17>实战274.max
视频位置	DVD>多媒体教学>CH17>实战274.flv
难易指数	★★☆☆☆
技术掌握	用Cloth（布料）修改器制作毛巾

实例介绍

本例将使用Cloth（布料）修改器制作一段毛巾悬挂的动画，效果如图17-66所示。

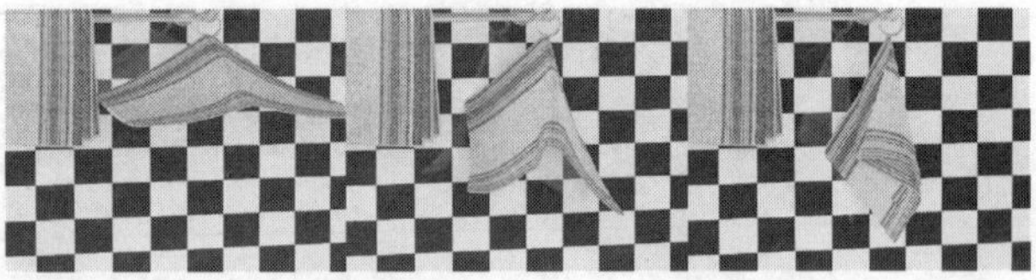

图17-66

操作步骤

01 打开光盘中的“场景文件>CH17>实战274.max”文件，如图17-67所示。

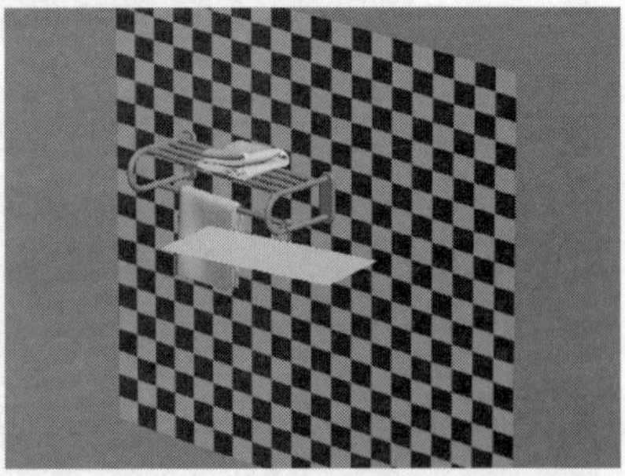

图17-67

02 选择如图17-68所示的平面，为其加载一个Cloth（布料）修改器，然后在“对象”卷展栏下单击“对象属性”按钮 对象属性 ，再在弹出的“对象属性”对话框中选择模拟对象Plane001，并勾选Cloth选项，最后单击“确定”按钮 确定 ，如图17-69所示。

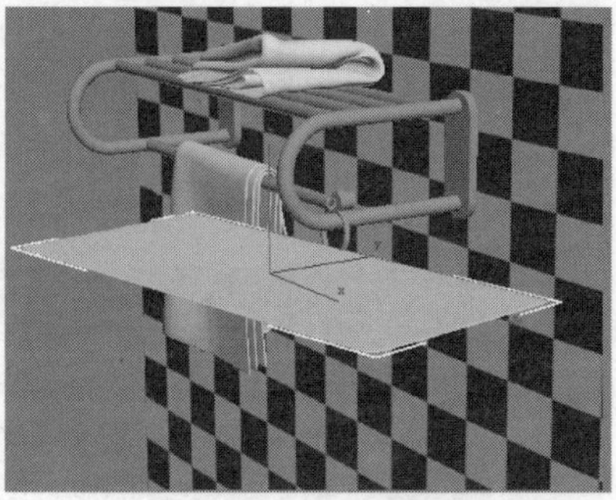

图17-68

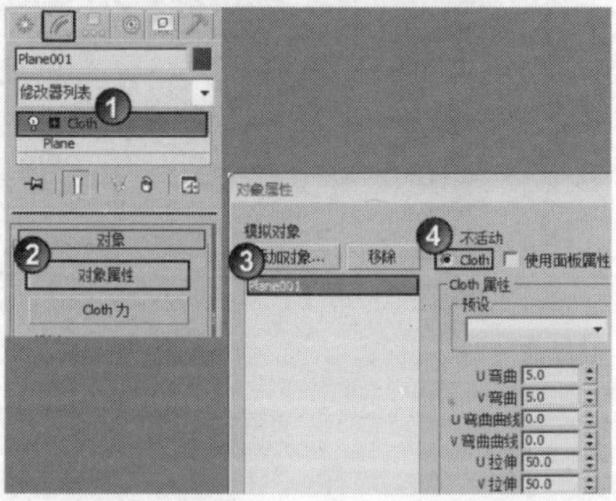

图17-69

03 进入Cloth（布料）修改器的“组”层级，然后选择如图17-70所示的顶点，再在“组”卷展栏下单击“设定组”按钮设定组，最后在弹出的“设定组”对话框中单击“确定”按钮确定。

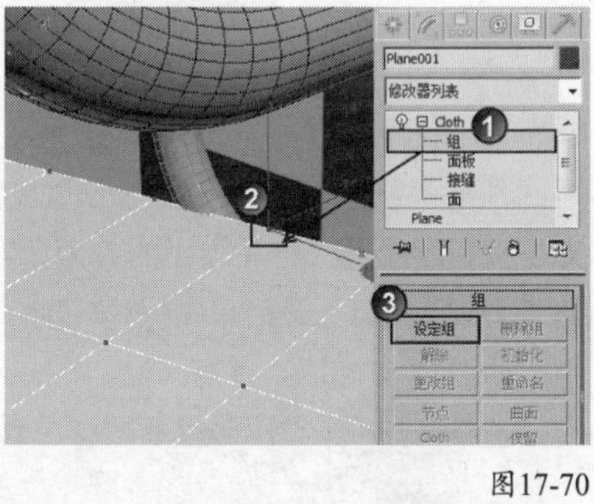

图17-70

04 在“组”卷展栏下单击“绘制”按钮绘制，如图17-71所示。

图17-71

技巧与提示

区别于上面的两个布料动画，本例有一个固定的悬挂点，该位置的面料不会产生位移，因此将其单独设定组并设置为“绘制”。

05 返回顶层级结束编辑，然后在“对象”卷展栏下单击“模拟”按钮模拟，计算完成后拖动时间线滑块观察动画，效果如图17-72所示。

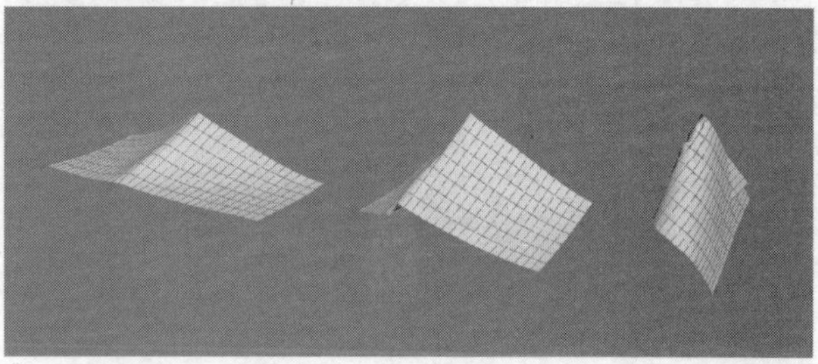

图17-72

06 选择动画效果最明显的一些帧，然后单独渲染这些单帧动画，最终效果如图17-73所示。

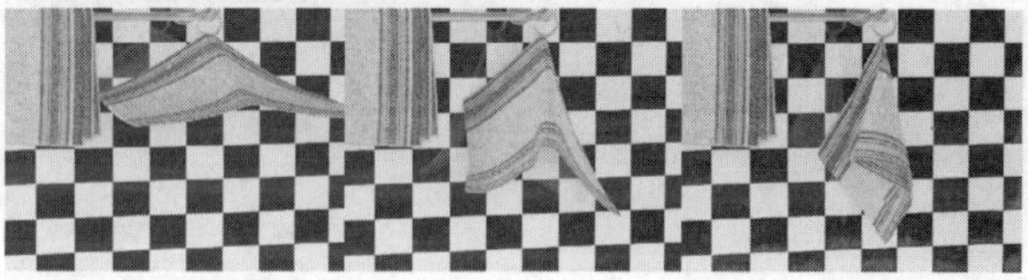

图17-73

实战275 制作旗帜飘扬动画

场景位置	DVD>场景文件>CH17>实战275.max
实例位置	DVD>实例文件>CH17>实战275.max
视频位置	DVD>多媒体教学>CH17>实战275.flv
难易指数	★★☆☆☆
技术掌握	用风力配合Cloth（布料）修改器制作飘扬动画

实例介绍

本例将使用Cloth（布料）修改器与“风”力制作一段旗帜飘扬的动画，效果如图17-74所示。

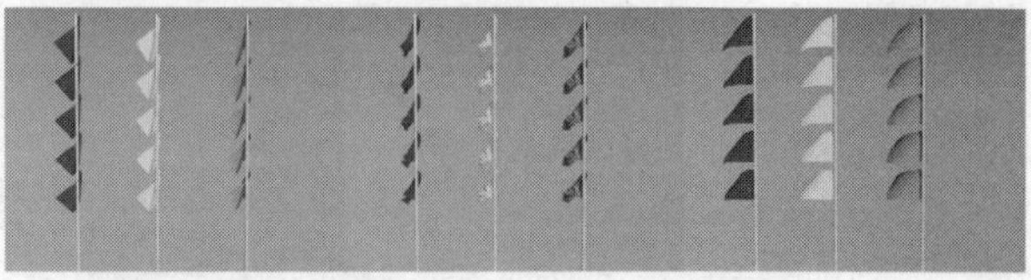

图17-74

操作步骤

01 打开光盘中的“场景文件>CH17>实战275.max”文件，如图17-75所示。

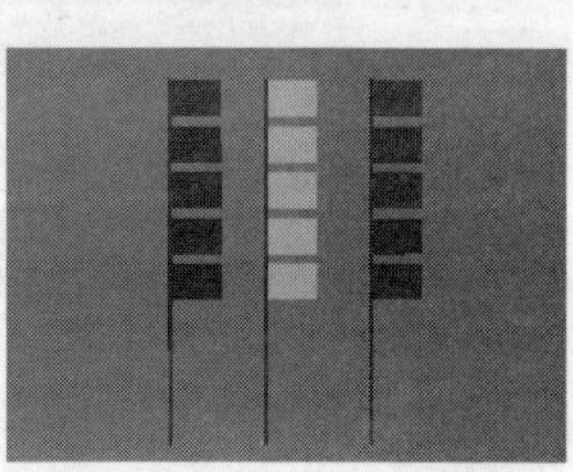

图17-75

02 设置“空间扭曲”类型为“力”，然后使用“风”工具 风 在视图中创建一个风力，其位置如图17-76所示，再在“参数”卷展栏下设置“强度”为30、“湍流”为5，具体参数设置如图17-77所示。

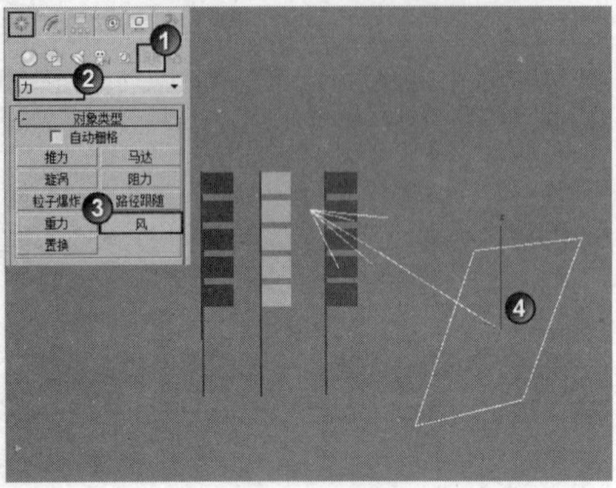

图17-76

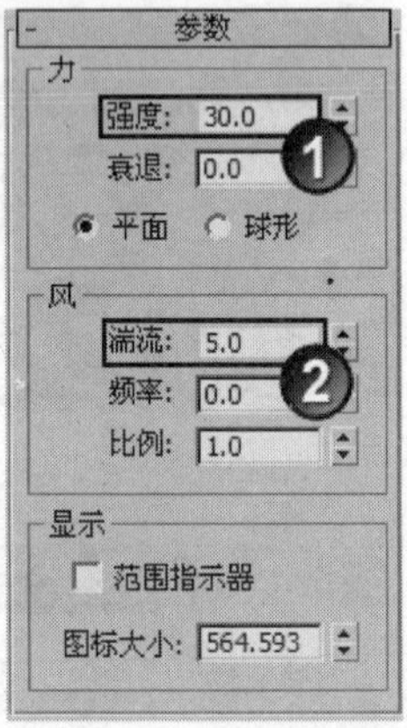

图17-77

03 任意选择一面旗帜，为其加载一个Cloth（布料）修改器，然后在“对象”卷展栏下单击“对象属性”按钮 对象属性 ，再在弹出的“对象属性”对话框中选择这面旗帜，最后勾选Cloth选项，如图17-78所示。

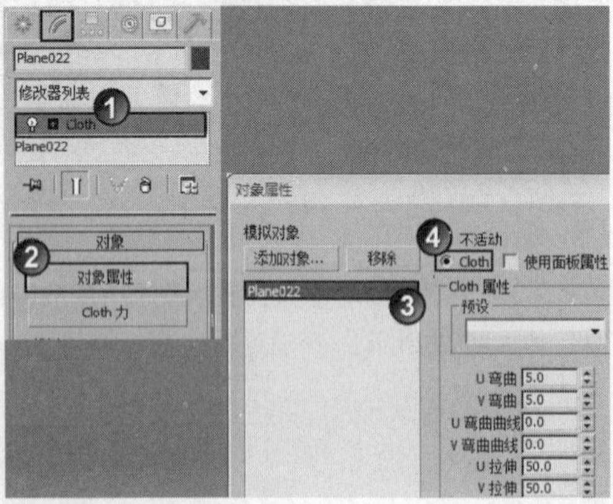

图17-78

04 选择Cloth（布料）修改器的“组”层级，然后选择如图17-79所示的顶点（连接旗杆的顶点），再在“组”卷展栏下单击“设定组”按钮 设定组 ，最后在弹出的“设定组”对话框中单击“确定”按钮 确定 ，如图17-80所示。

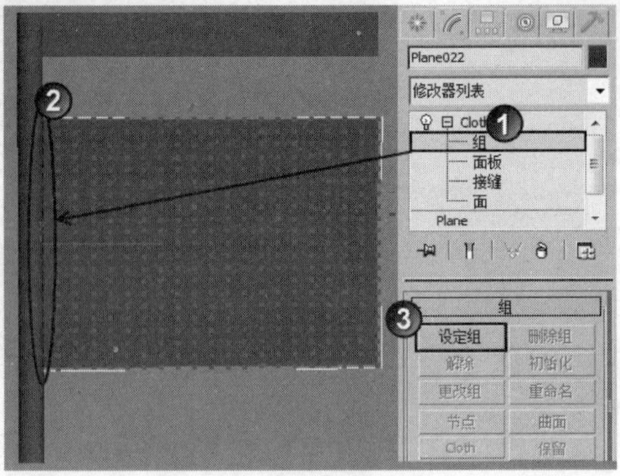

图17-79

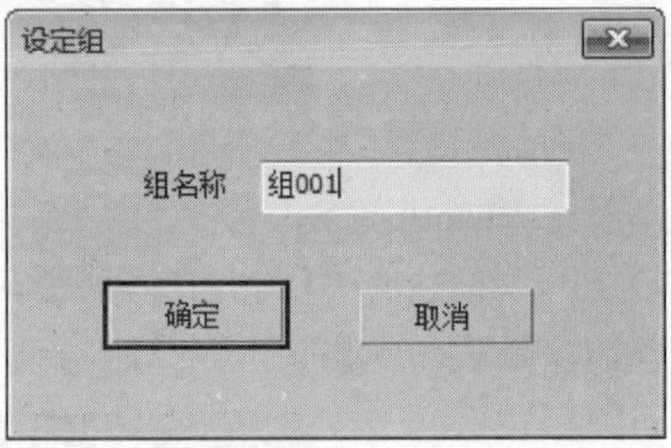

图17-80

05 在“组”卷展栏下单击“绘制”按钮 绘制 ，然后返回顶层级结束编辑，在“对象”卷展栏下单击“Cloth力”按钮 Cloth力 ，再在弹出的“力”对话框中选择场景中的风力Wind001，最后单击 > 按钮将其加载到右侧的列表中，如图17-81和图17-82所示。

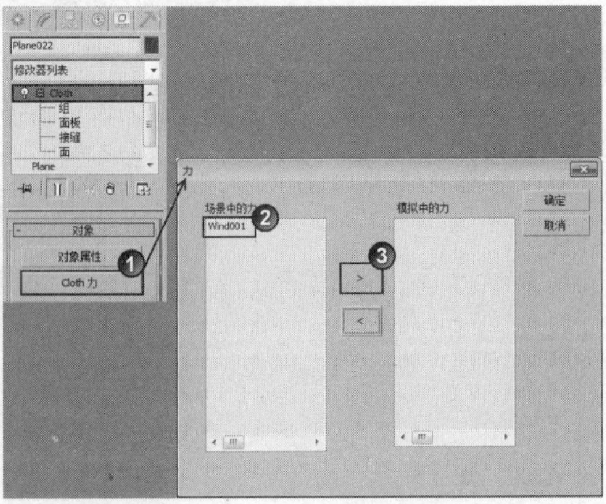

图17-81

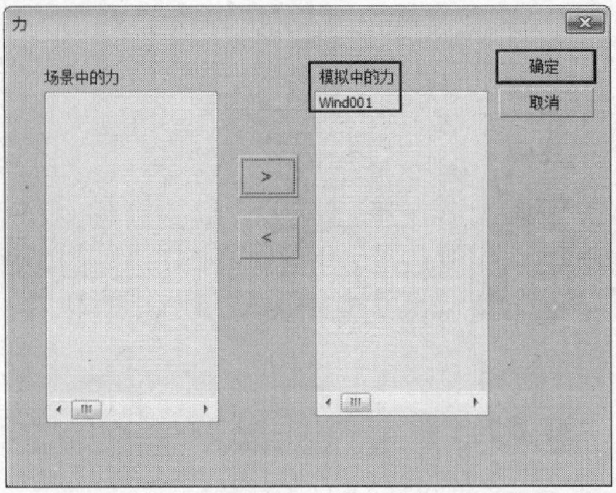

图17-82

06 在“对象”卷展栏下单击“模拟”按钮模拟自动生成动画，如图17-83所示，模拟完成后的效果如图17-84所示。

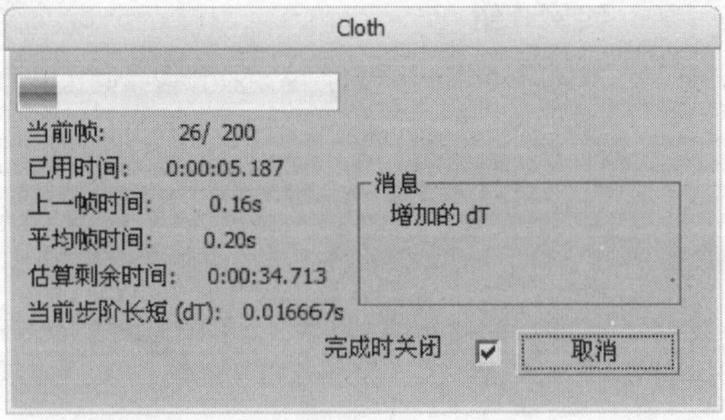

图17-83

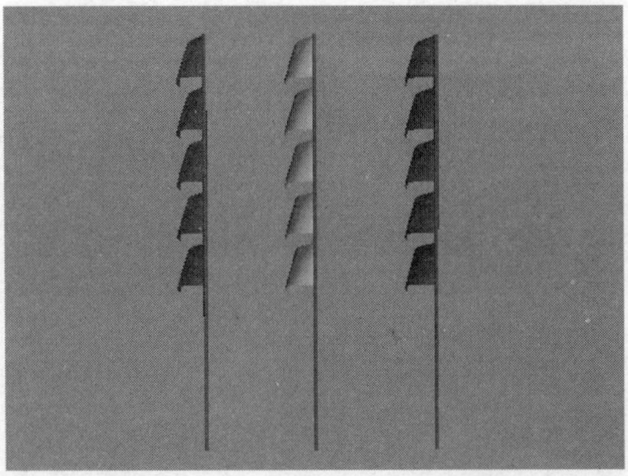

图17-84

07 选择动画效果最明显的一些帧，然后单独渲染这些单帧动画，最终效果如图17-85所示。

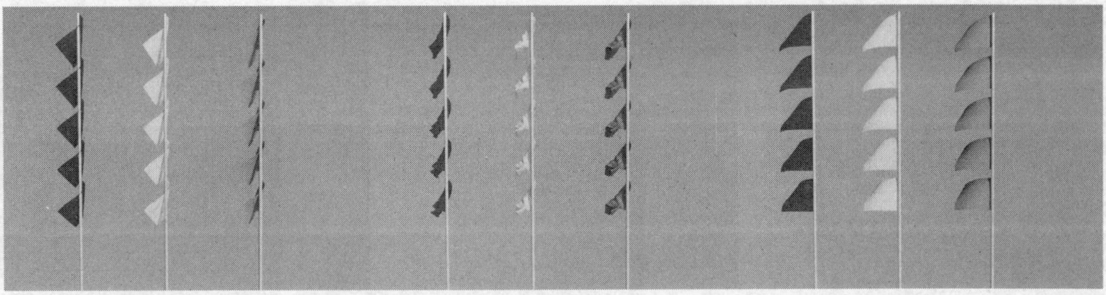

图17-85

第18章
毛发系统

本章学习要点：

Hair和Fur（WSM）修改器的用法

VRay毛皮的创建方法

实战276 制作油画笔

场景位置	DVD>场景文件>CH18>实战276.max
实例位置	DVD>实例文件>CH18>实战276.max
视频位置	DVD>多媒体教学>CH18>实战276.flv
难易指数	★★☆☆☆
技术掌握	用Hair和Fur（WSN）修改器在特定部位制作毛发

实例介绍

本例将使用Hair和Fur（WSN）修改器制作一个油画笔的笔刷，效果如图18-1所示。

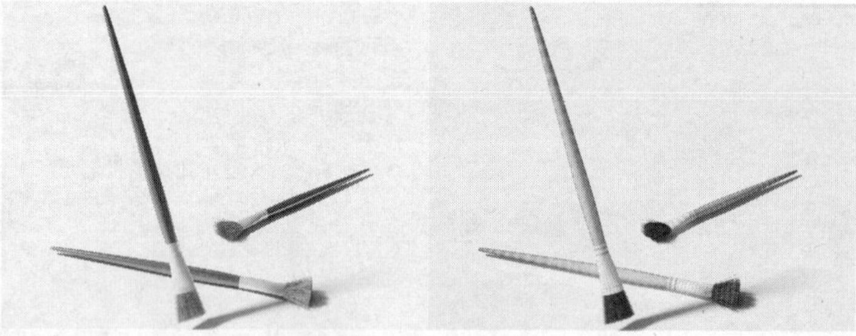

图18-1

操作步骤

01 打开光盘中的“场景文件>CH18>实战276.max”文件，如图18-2所示。

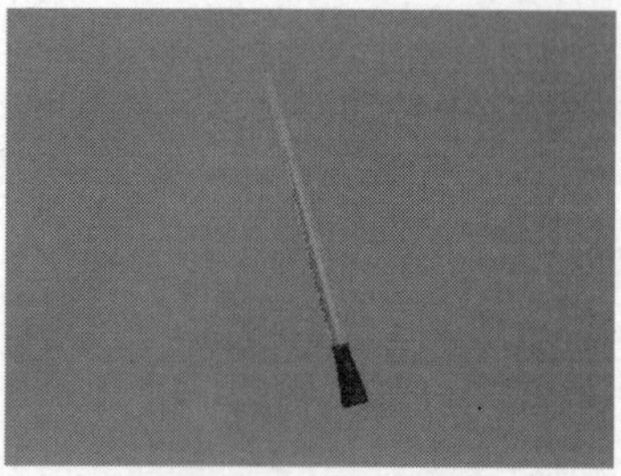

图18-2

02 选择如图18-3所示的笔头模型，然后为其加载一个Hair和Fur（WSM）[头发和毛发（WSM）]修改器，效果如图18-4所示。

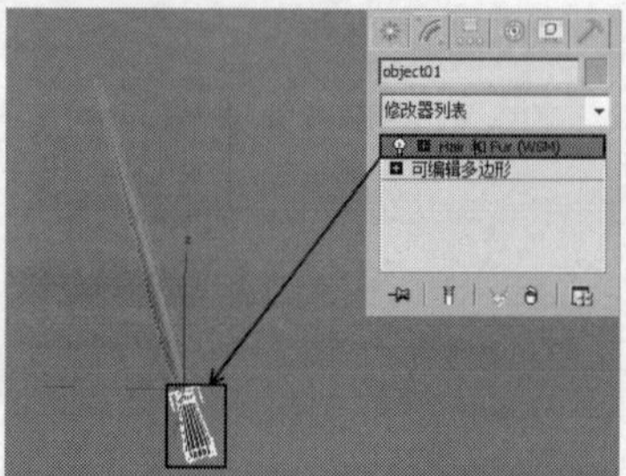

图18-3

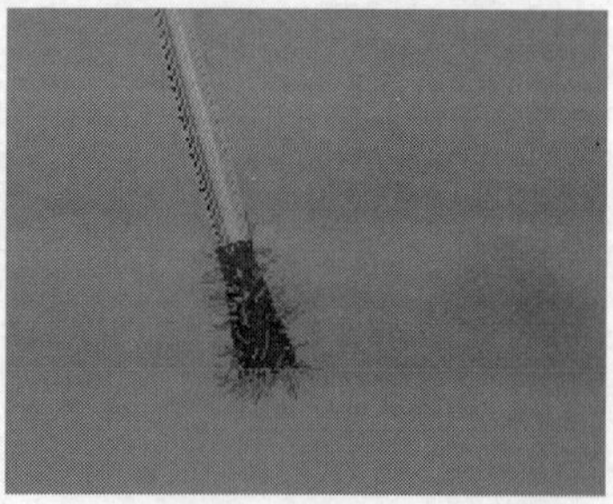

图18-4

03 选择Hair和Fur（WSM）修改器的“多边形”次物体层级，然后选择如图18-5所示的多边形，再返回到顶层级，效果如图18-6所示。

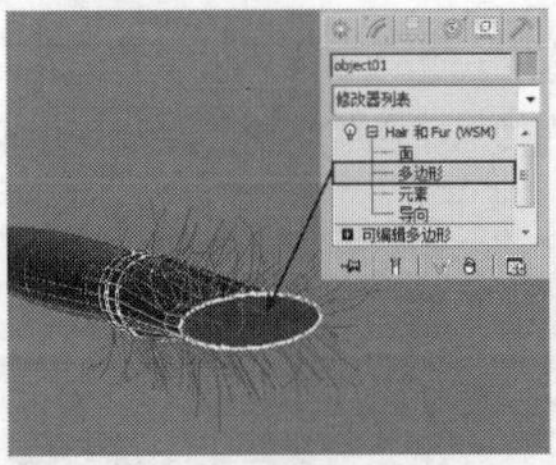

图18-5

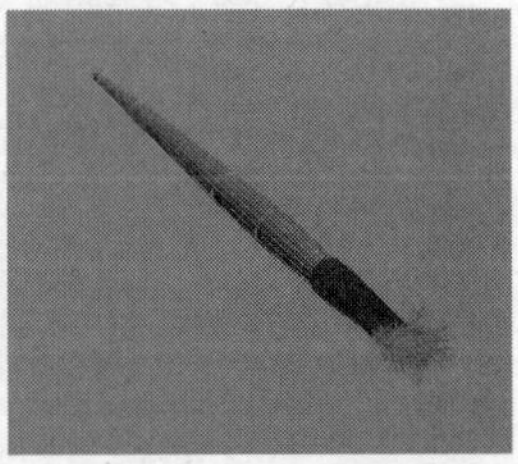

图18-6

04 展开“常规参数”卷展栏，然后设置“头发数量”为1500、“毛发过程数”为2、“随机比例”为0、“根厚度”为12、“梢厚度”为10，具体参数设置如图18-7所示。

05 展开“卷发参数”卷展栏，然后设置“卷发根”和“卷发梢”为0，如图18-8所示。

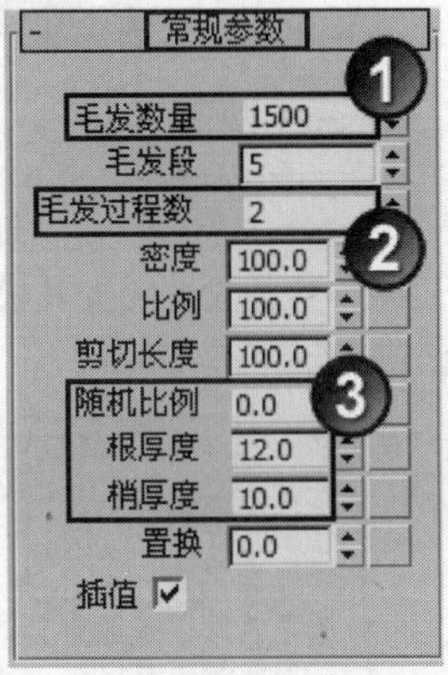

图18-7

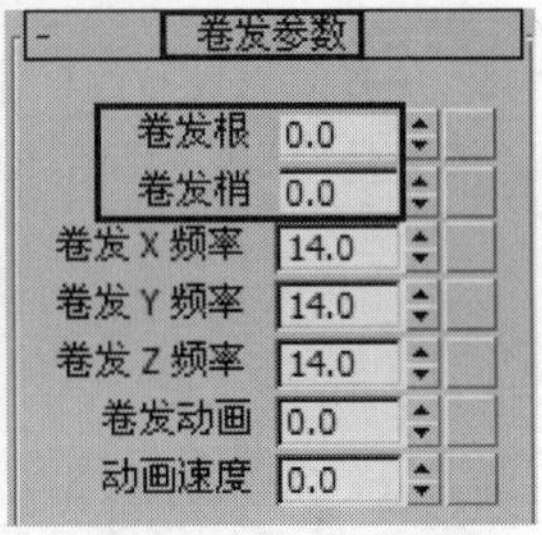

图18-8

06 展开“多股参数”卷展栏，然后设置“数量”为0、“根展开”和“梢展开”为0.2，具体参数设置如图18-9所示，毛发效果如图18-10所示。

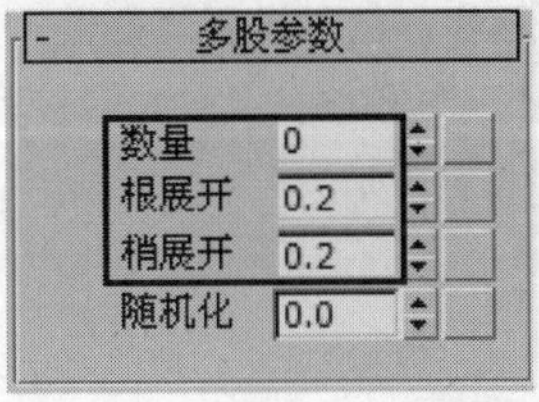

图18-9

图18-10

07 复制一些制作笔刷，然后按F9键渲染当前场景，最终效果如图18-11所示。

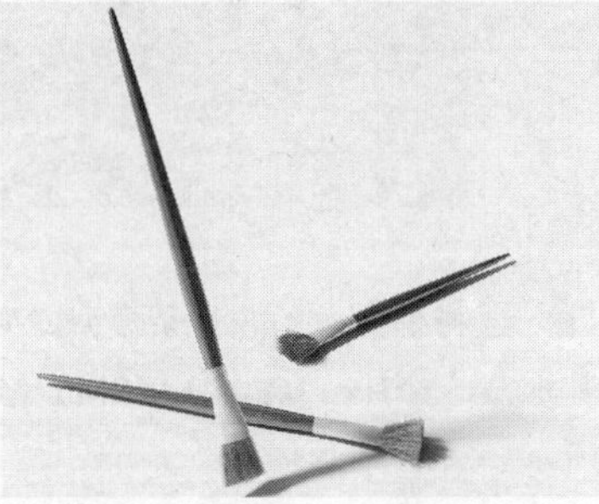

图18-11

技巧与提示

通过本例的练习，还可以轻松制作牙刷等物品的刷毛效果，如图18-12所示。

图18-12

实战277 制作仙人球

场景位置	DVD>场景文件>CH18>实战277.max
实例位置	DVD>实例文件>CH18>实战277.max
视频位置	DVD>多媒体教学>CH18>实战277.flv
难易指数	★★☆☆☆
技术掌握	用Hair和Fur（WSN）修改器制作几何体毛发

实例介绍

本例将使用Hair和Fur（WSN）修改器制作仙人球的针刺，效果如图18-13所示。

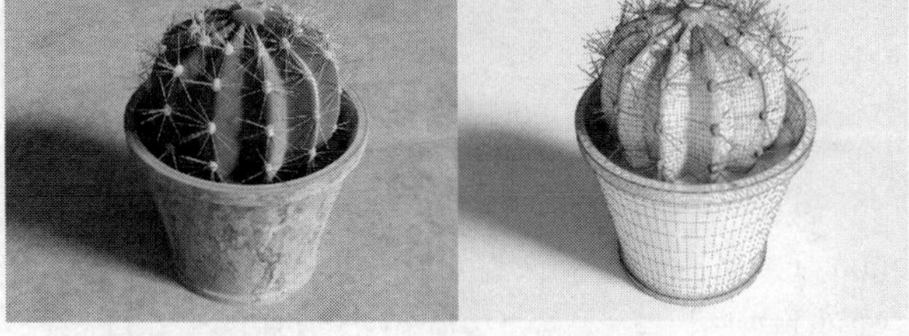

图18-13

操作步骤

01 打开光盘中的“场景文件>CH18>实战277.max”文件，如图18-14所示。

图18-14

02 选择仙人球的花骨朵模型，如图18-15所示，然后为其加载一个Hair和Fur（WSM）修改器，效果如图18-16所示。

图18-15

图18-16

03 展开“常规参数”卷展栏，然后设置“头发数量”为1000、“剪切长度”为50、“随机比例”为20、“根厚度”为8、“梢厚度”为0，具体参数设置如图18-17所示。

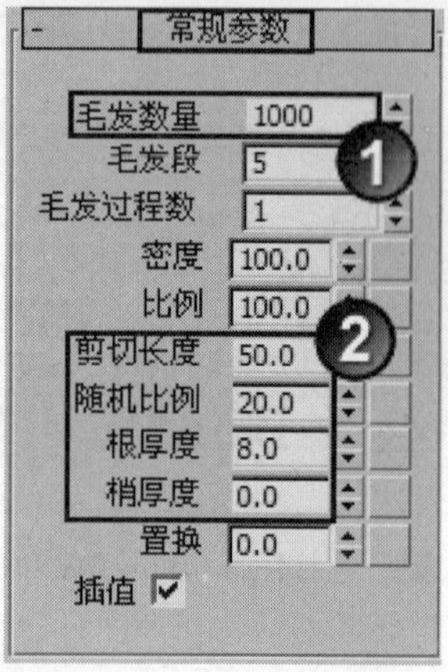

图18-17

04 展开“材质参数”卷展栏，然后设置“梢颜色”和“根颜色”为白色，再设置“高光“为40、“光泽度”为50，具体参数设置如图18-18所示。

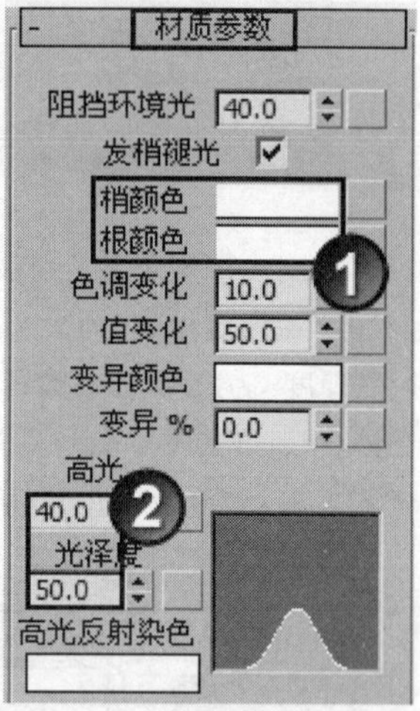

图18-18

05 展开“卷发参数”卷展栏，然后设置“卷发根”和“卷发梢”为0，如图18-19所示。

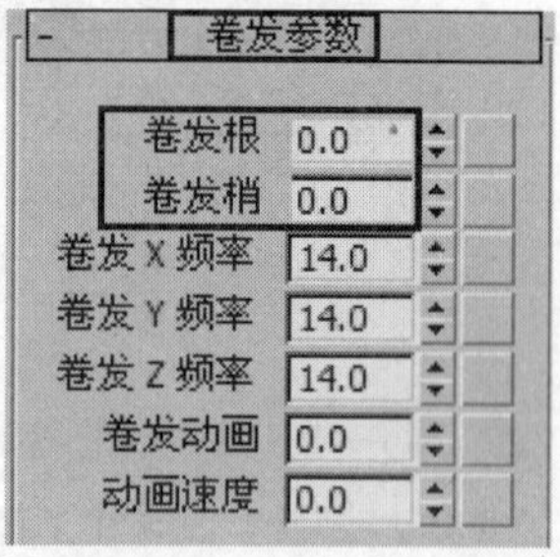

图18-19

06 展开“多股参数”卷展栏，然后设置“数量”为1、“根展开”为0.05、“梢展开”为0.5，具体参数设置如图18-20所示，毛发效果如图18-21所示。

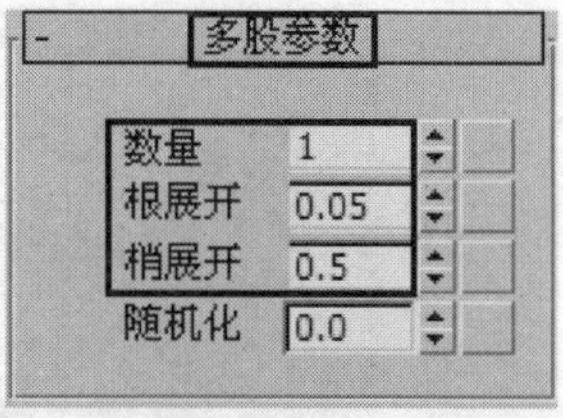

图18-20

图18-21

07 按8键打开“环境和效果”对话框，然后单击“效果”选项卡，展开“效果”卷展栏，再在“效果”列表下选择“Hair和Fur”，最后在“Hair和Fur”卷展栏下设置“毛发”为“几何体”，如图18-22所示。

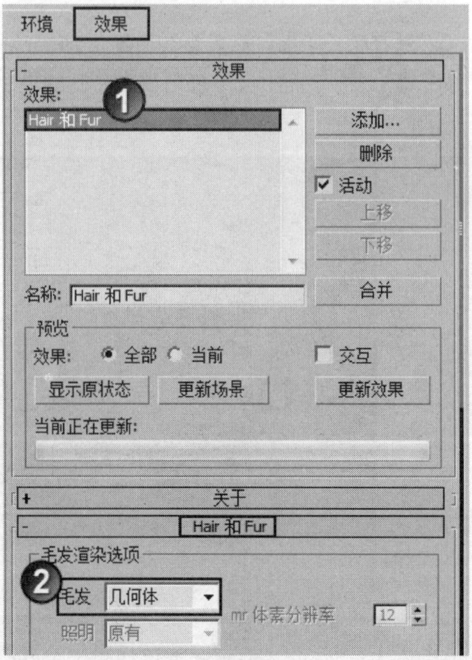

图18-22

技巧与提示

当场景中的对象添加了“Hair和Fur”修改器后，3ds Max会自动在“效果”列表中加载一个“Hair和Fur”效果，此时可以通过“毛发渲染选项”选项组下的选项来设置毛发的渲染方式，常用的有“缓冲”与“几何体”两种。

缓冲：缓冲毛发是通过Hair中的特殊渲染器生成的，其优点在于使用很少的内存即可创建数以百万计的毛发，每次在内存中只有一根头发。

几何体：在渲染时为渲染的毛发创建实际的几何体。此时生成的几何体毛发可以由“Hair和Fur”修改器 的“几何体材质 ID”参数指定材质 ID 集。

08 按F9键渲染当前场景，最终效果如图18-23所示。

图18-23

技巧与提示

通过本例的学习，还可以通过相同的方法制作自然界中其他有毛刺或针絮的效果（如蒲公英），如图18-24所示。

图18-24

实战278 制作海葵

场景位置	无
实例位置	DVD>实例文件>CH18>实战278.max
视频位置	DVD>多媒体教学>CH18>实战278.flv
难易指数	★★★☆☆
技术掌握	用Hair和Fur（WSN）修改器制作实例节点毛发

实例介绍

本例将使用Hair和Fur（WSN）修改器的“实例节

点”功能制作一个海葵，效果如图18-25所示。

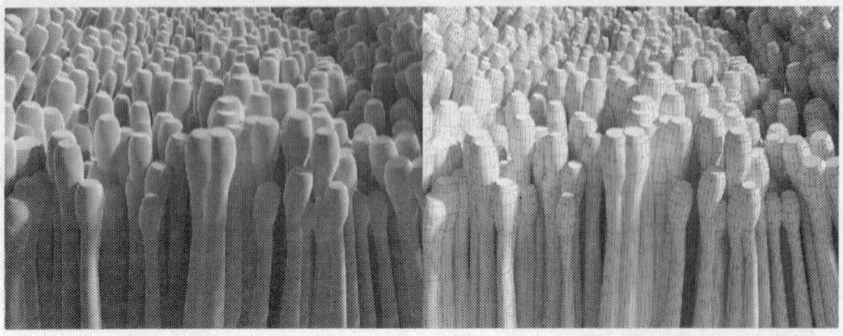

图18-25

操作步骤

01 使用“平面”工具 平面 在场景中创建一个平面，然后在“参数”卷展栏下设置“长度”为160mm、“宽度”为120mm，如图18-26所示。

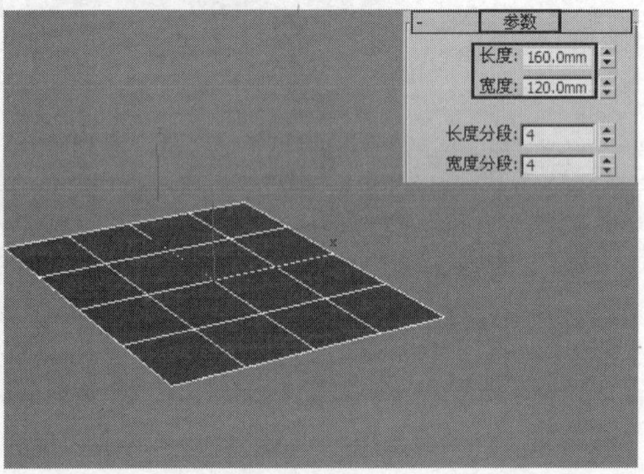

图18-26

02 将平面转换为可编辑多边形，然后在“顶点”级别下将其调整成如图18-27所示的形状（这个平面将作为毛发的生长平面）。

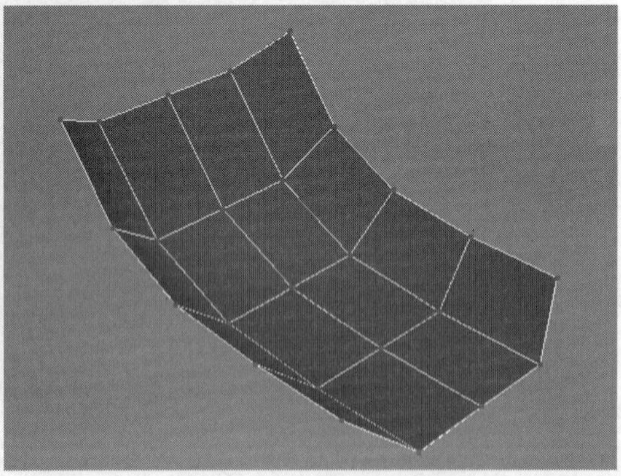

图18-27

03 使用“圆柱体”工具 圆柱体 在场景中创建一个圆柱体，然后在“参数”卷展栏下设置“半径”为6mm、“高度”为60mm、“高度分段”为8，如图18-28所示。

04 将圆柱体转换为可编辑多边形，然后在“顶点”级别下将其调整成如图18-29所示的形状（这个模型作为海葵）。

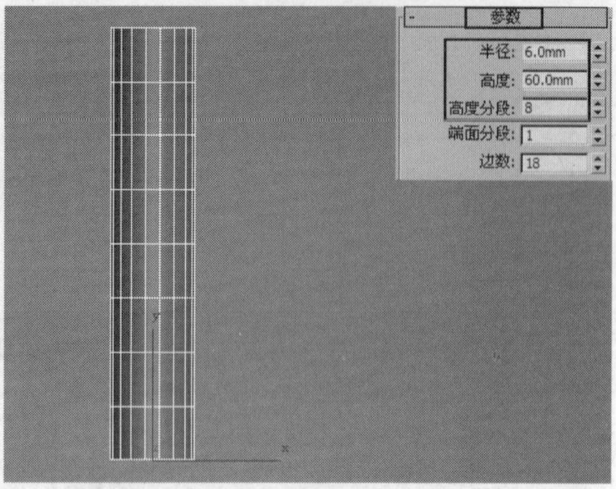

图18-28

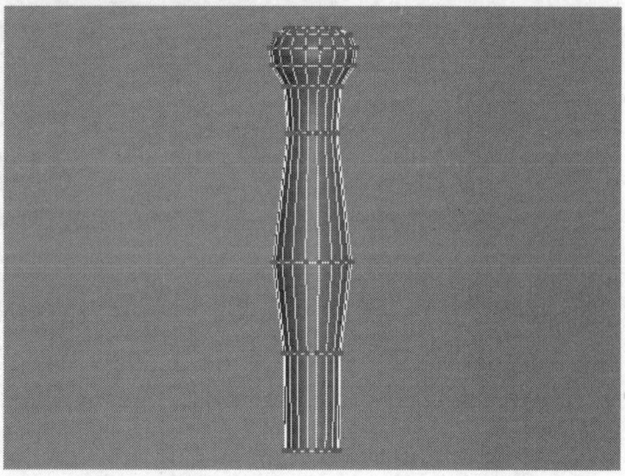

图18-29

05 选择生长平面，然后为其加载一个Hair和Fur（WSM）修改器，此时平面上会生长出很多凌乱的毛发，如图18-30所示。

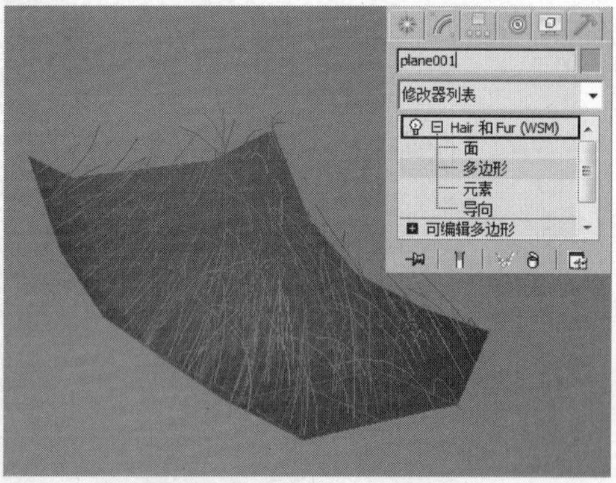

图18-30

06 展开“工具”卷展栏，然后在“实例节点”选项组下单击“无”按钮 无 ，再在视图中拾取海葵模型，如图18-31所示，默认分布效果如图18-32所示。

07 展开“常规参数”卷展栏，然后设置“毛发数量”为2000、“毛发段”为10、“毛发过程数”为2、“随机比例”为20、“根厚度”和“梢厚度”为6，具体参数设置如图18-33所示，毛发效果如图18-34所示。

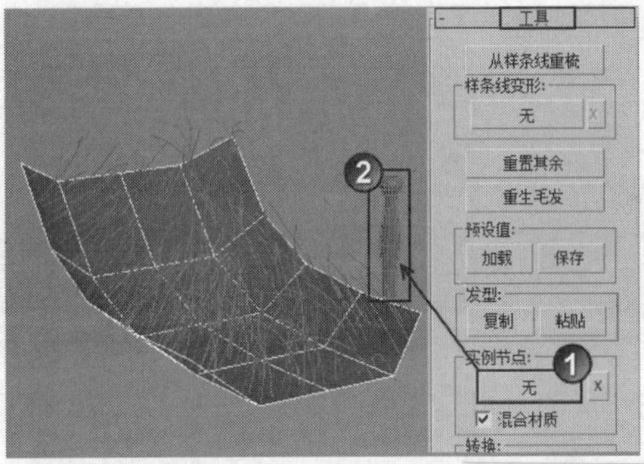

图18-31

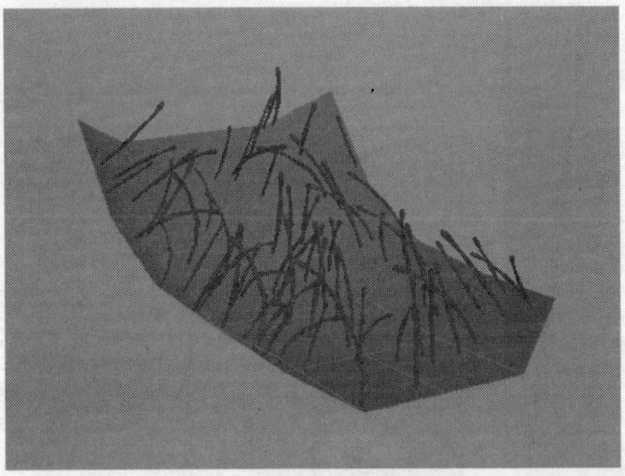

图18-32

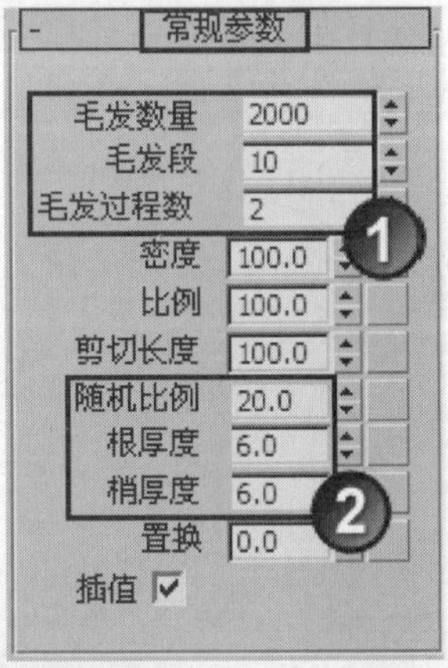

图18-33

图18-34

08 展开“卷发参数”卷展栏，然后设置“卷发根”为20、“卷发梢”为0、“卷发y频率”为8，具体参数设置如图18-35所示，效果如图18-36所示。

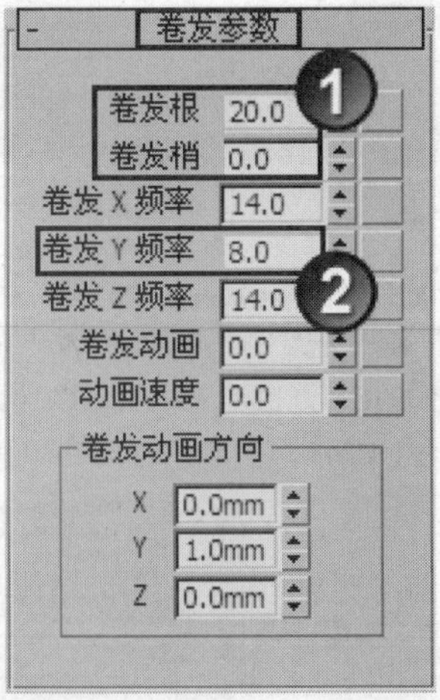

图18-35

图18-36

09 按F9键渲染当前场景，最终效果如图18-37所示。

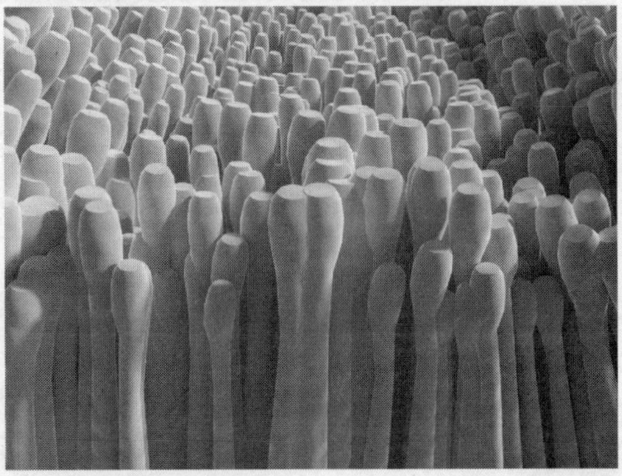

图18-37

技术专题 42 制作海葵材质

由于海葵材质的制作难度比较大，因此这里用一个技术专题来讲解一下其制作方法。

第1步：选择一个空白材质球，然后设置材质类型为“标准”，再在“明暗器基本参数”卷展栏下设置明暗器类型为Oren-Nayar-Blinn，如图18-38所示。

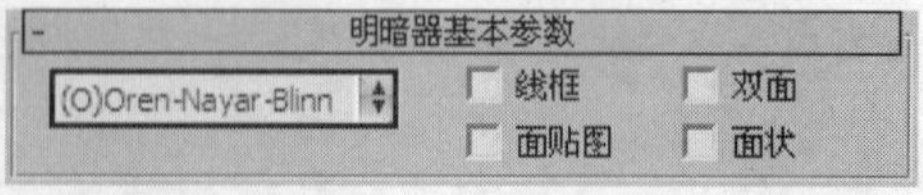

图18-38

第2步：展开“贴图”卷展栏，然后在“漫反射颜色”贴图通道中加载一张“衰减”程序贴图，如图18-39所示，再进入“衰减”程序贴图，在“衰减参数”卷展栏下设置“前”通道的颜色为（R:255，G:102，B:0）、“侧”通道的颜色为（R:248，G:158，B:42），如图18-40所示。

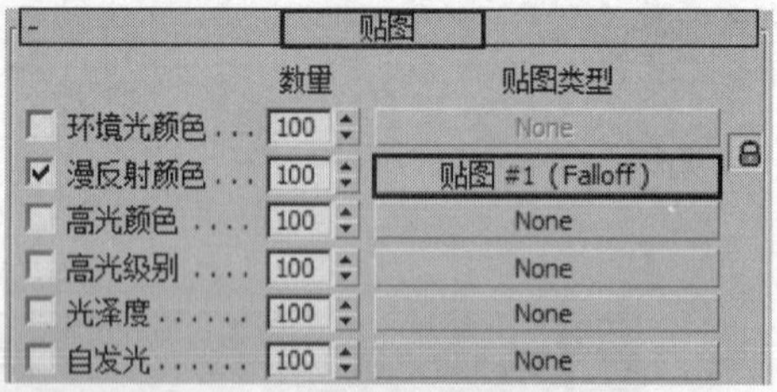

图18-39

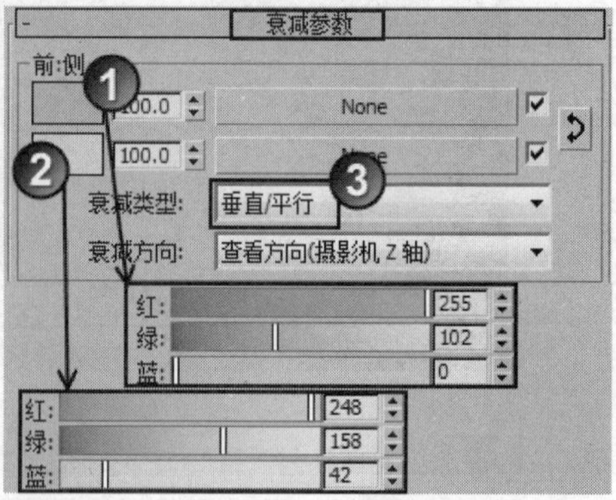

图18-40

第3步：在“自发光”贴图通道中加载一张“遮罩”程序贴图，如图18-41所示，然后进入“遮罩”程序贴图，在“贴图”通道中加载一张“衰减”程序贴图，并设置其“衰减类型”为Fresnel，再在“遮罩”贴图通道加载一张“衰减”程序贴图，并设置其“衰减类型”为“阴影/灯光”，如图18-42所示。

第4步：在“凹凸”贴图通道中加载一张“噪波”程序贴图，然后在“噪波参数”卷展栏下设置“大小”为1.5，制作好的材质球效果如图18-43所示。

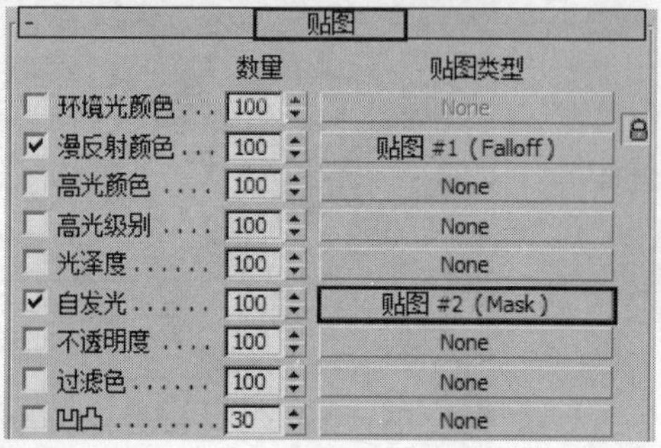

图18-41

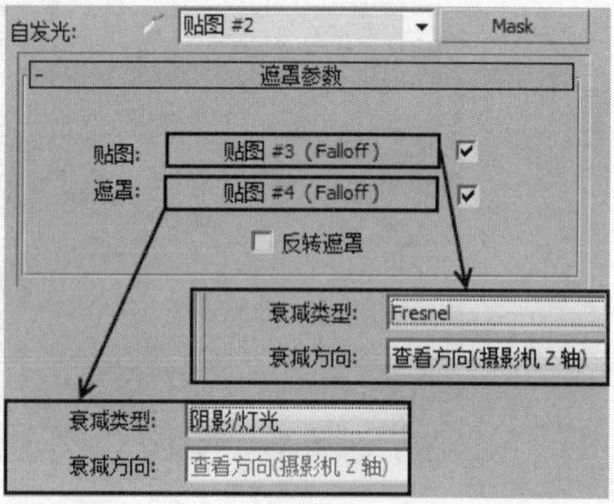

图18-42

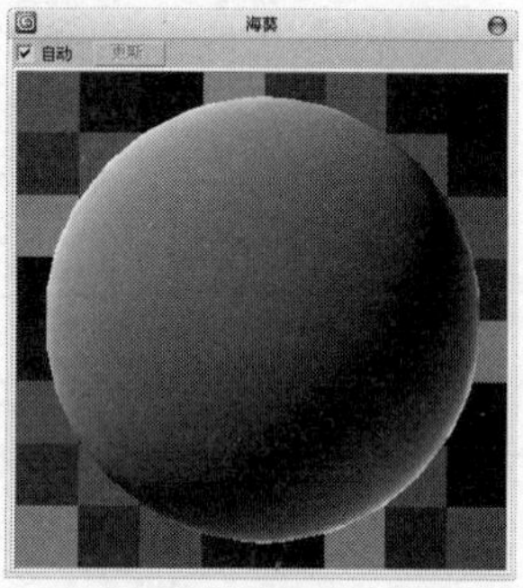

图18-43

实战279 制作毛巾

场景位置	DVD>场景文件>CH18>实战279.max
实例位置	DVD>实例文件>CH18>实战279.max
视频位置	DVD>多媒体教学>CH18>实战279.flv
难易指数	★☆☆☆☆
技术掌握	用VRay毛皮制作毛巾

实例介绍

本例将使用“VRay毛皮”工具 VR毛皮 制作毛巾表面的绒毛，效果如图18-44所示。

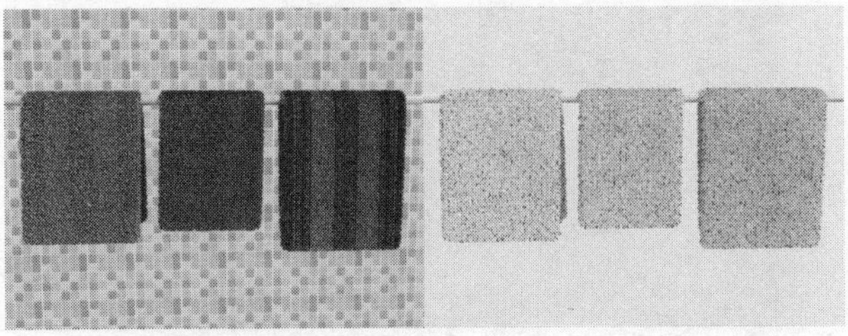

图18-44

操作步骤

01 打开光盘中的“场景文件>CH18>实战279.max”文件，如图18-45所示。

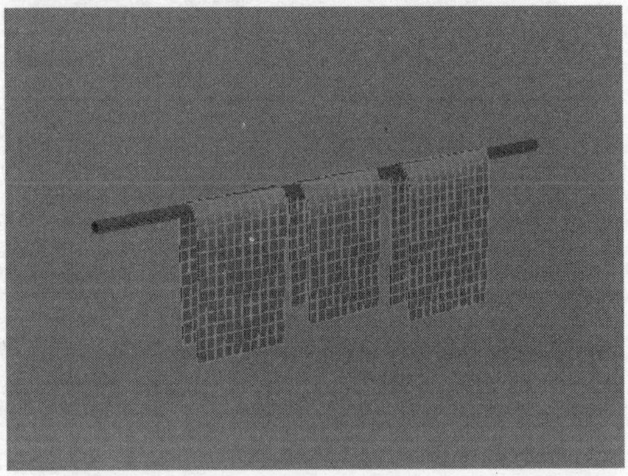

图18-45

02 选择一块毛巾，然后设置“几何体”类型为VRay，再单击“VRay毛皮”按钮 VR毛皮 ，此时毛巾上会长出毛发，如图18-46所示。

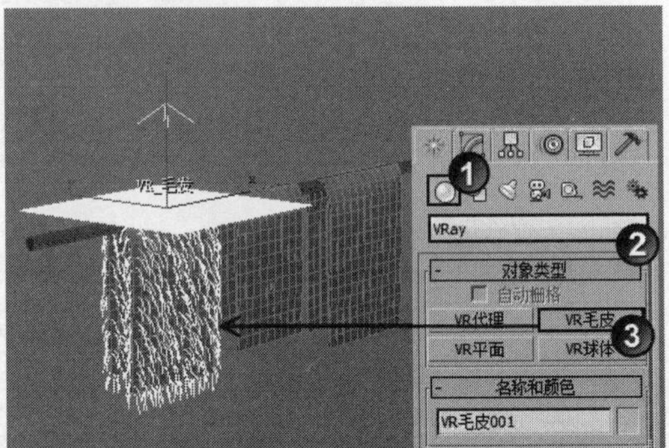

图18-46

03 展开“参数”卷展栏，然后在“源对象”选项组下设置“长度”为3mm、“厚度”为0.2mm、“重力”为-3.0mm、“弯曲度”为0.8，再在“变量”选项组下设置“方向变化”为0.1、“厚度变化”为0.2，具体参数设置如图18-47所示，毛发效果如图18-48所示。

04 采用相同的方法为另外两块毛巾创建毛发，完成后的效果如图18-49所示。

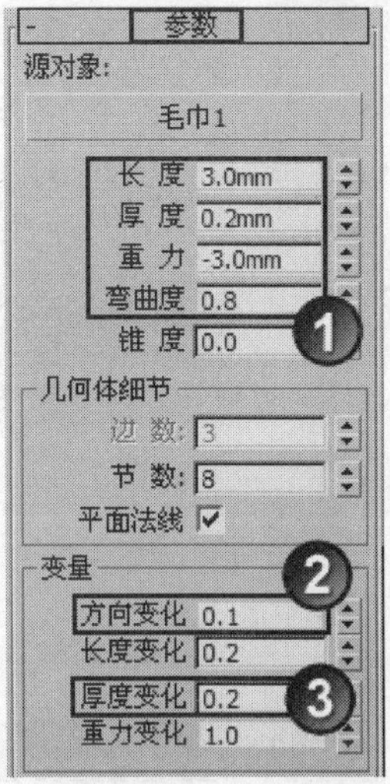

图18-47

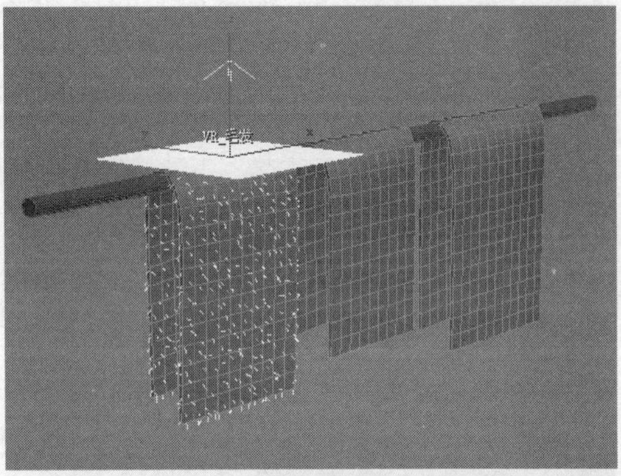

图18-48

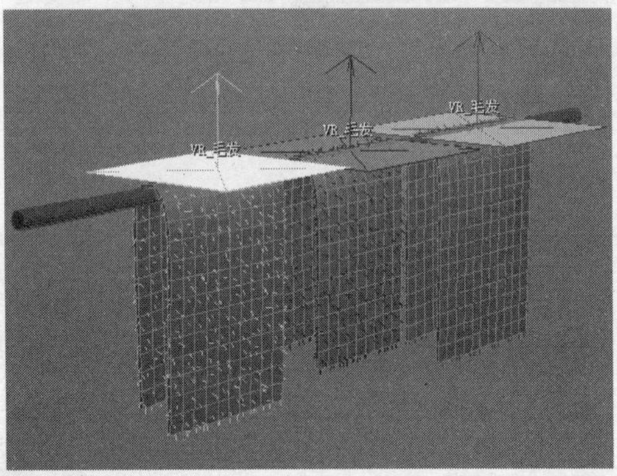

图18-49

技巧与提示

为了减轻显示负担，在视口内显示（视口显示的毛发数量不影响渲染的毛发数量）的毛发数量并不是渲染生成的毛发数量。

05 按F9键渲染当前场景，最终效果如图18-50所示。

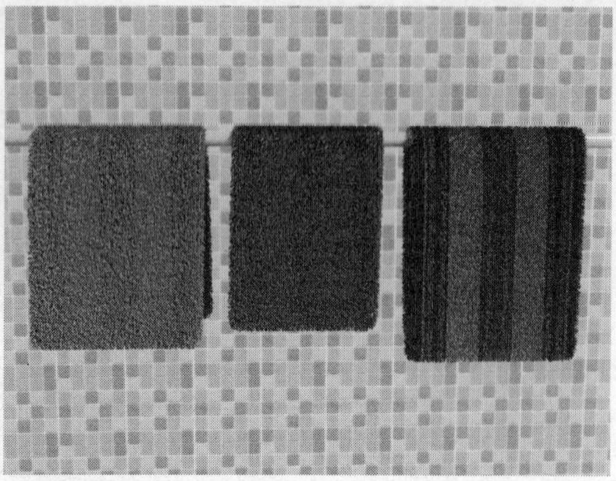

图18-50

实战280 制作草地

场景位置	DVD>场景文件>CH18>实战280.max
实例位置	DVD>实例文件>CH18>实战280.max
视频位置	DVD>多媒体教学>CH18>实战280.flv
难易指数	★☆☆☆☆
技术掌握	用VRay毛皮制作草地

实例介绍

本例将使用“VRay毛皮”工具 VR毛皮 制作地坪上的绿草，效果如图18-51所示。

图18-51

操作步骤

01 打开光盘中的“场景文件>CH18>实战280.max”文件，如图18-52所示。

图18-52

02 选择地面模型，然后设置“几何体”类型为VRay，再单击“VRay毛皮”按钮 VR毛皮 ，此时地面上会生长出毛发，如图18-53所示。

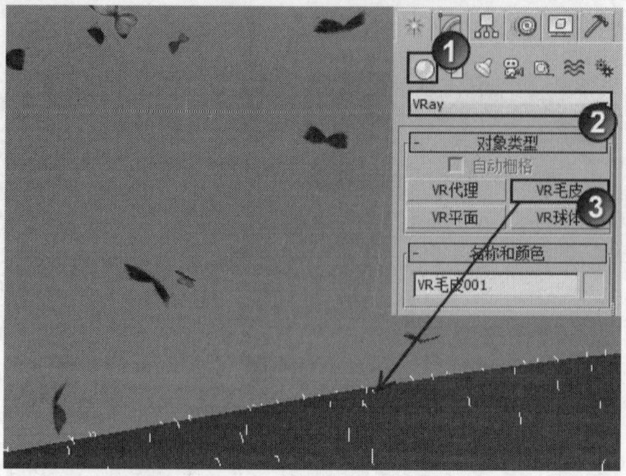

图18-53

03 为地面模型加载一个“细化”修改器，然后在“参数”卷展栏下设置“操作于”为“多边形”按钮□，再设置“迭代次数”为4，如图18-54所示。

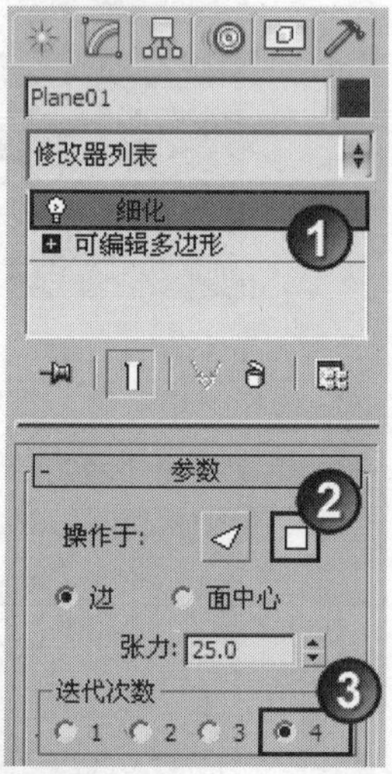

图18-54

技巧与提示

加载“细化”修改器是为了细化多边形，这样就可以生长出更多的毛发，如图18-55所示。

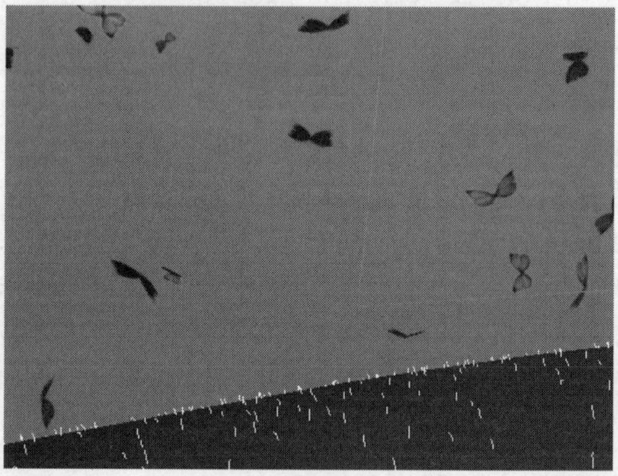

图18-55

04 选择VRay毛皮，展开“参数”卷展栏，然后在“源对象”选项组下设置“长度”为20mm、“厚度”为0.2mm、“重力”为-1mm，再在“几何体细节”选项组下设置“节数”为6，并在“变量”选项组下设置“长度变化”为1，最后在“分配”选项组下设置“每区域”为0.4，具体参数设置如图18-56所示，毛发效果如图18-57所示。

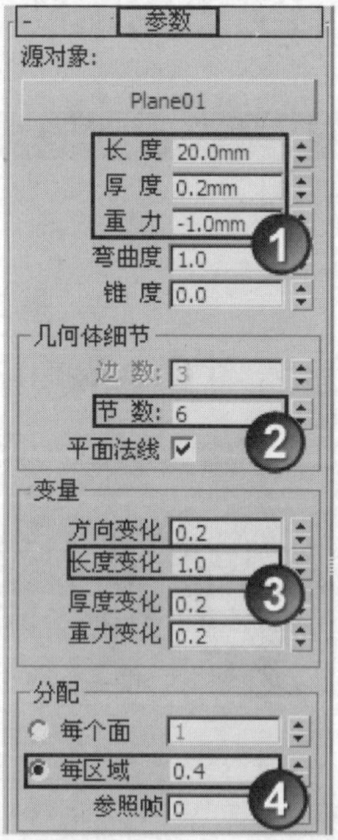

图18-56

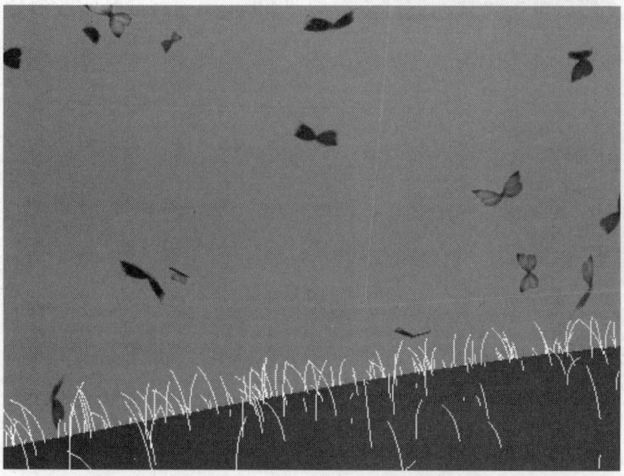

图18-57

05 按F9键渲染当前场景，最终效果如图18-58所示。

图18-58

技巧与提示

在室内效果的表现中创建一个地毯平面，然后通过类似操作与参数调整，还可以制作出十分真实的绒毛地毯，如图18-59所示。

图18-59

第19章 基础动画

本章学习要点：

自动关键点动画的制作方法

约束动画的制作方法

变形动画的制作方法

实战281 制作风车旋转动画

场景位置	DVD>场景文件>CH19>实战281.max
实例位置	DVD>实例文件>CH19>实战281.max
视频位置	DVD>多媒体教学>CH19>实战281.flv
难易指数	★☆☆☆☆
技术掌握	用自动关键点制作旋转动画

实例介绍

本例将使用“自动关键点”工具自动关键点制作一段风车旋转的动画，效果如图19-1所示。

图19-1

操作步骤

01 打开光盘中的“场景文件>CH19>实战281.max”文件，如图19-2所示。

02 选择一个风叶模型，然后单击“自动关键点”按钮自动关键点，再将时间线滑块拖曳到第100帧，最后使用“选择并旋转”工具沿z轴将风叶旋转-2000°，如图19-3所示。

图19-2

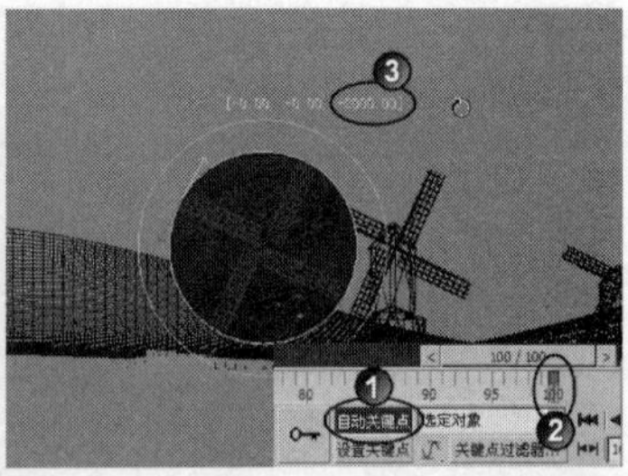

图19-3

03 采用同样的方法将另外3个风叶也设置一个旋转动画，然后单击“播放动画”按钮在视图中预览，效果如图19-4所示。

图19-4

04 选择动画效果最明显的一些帧，然后按F9键渲染这些单帧动画，最终效果如图19-5所示。

图19-5

技术专题 43 关键帧工具

关键帧动画通常由"自动关键点"工具 自动关键点 或"设置关键点"工具 设置关键点 来完成，两者之间有很大的区别。

自动关键点 自动关键点：单击该按钮或按N键可以自动记录关键帧。在该状态下，物体的模型、材质、灯光和渲染都将被记录为不同属性的动画。启用"自动关键点"功能后，时间尺会变成红色，拖曳时间线滑块可以控制动画的播放范围和关键帧等，如图19-6所示。

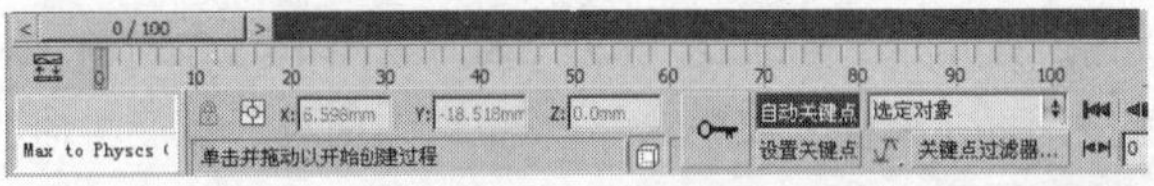

图19-6

当开启"自动关键点"功能后，就可以通过定位当前帧的位置来记录动画。例如在图19-7中有一个球体和一个长方体，当前时间线滑块处于第0帧位置并已经按下自动关键点 自动关键点 按钮，如果此时要给球体制作一个位移动画，只需要将时间线滑块拖曳到第11帧位置，然后移动球体的位置，这时系统会在第0帧和第11帧自动记录动画信息，如图19-8所示。单击"播放动画"按钮 ▶ 或拖曳时间线滑块就可以观察到球体的位移动画。

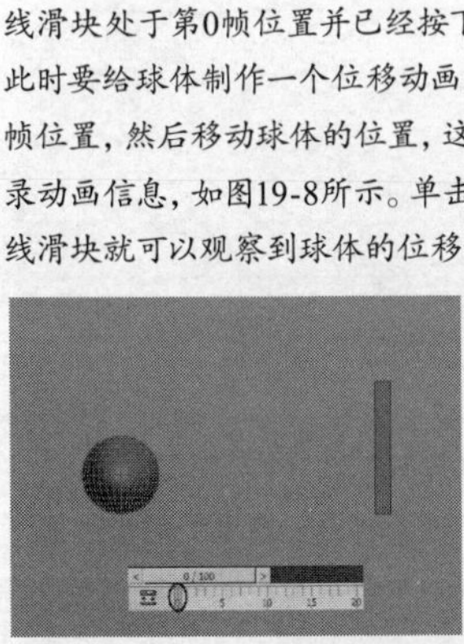

图19-7

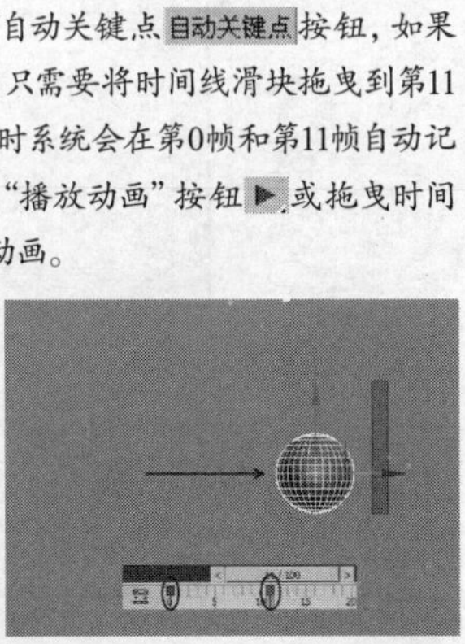

图19-8

设置关键点 设置关键点：与"自动关键点"模式不同，利用"设置关键点"模式可以控制设置关键点的对象以及时间。它可以设置角色的姿势（或变换任何对象），如果满意的话，可以保留该姿势然后按设置关键点 设置关键点 创建关键点动画。如果移动到另一个时间点而没有设置关键点，那么该姿势将被放弃。

同样以图19-7中的球体和长方体为例来讲解如何设置球体的位移动画。单击"设置关键点"按钮 设置关键点，开启"设置关键点"功能，然后单击"设置关键点"按钮 ⊶ 或按K键在第0帧设置一个关键点，如图19-9所示，再将时间线滑块拖曳到第11帧，并移动球体的位置，最后按K键在第11帧设置一个关键点，如图19-10所示。单击"播放动画"按钮 ▶ 或拖曳时间线滑块同样可以观察到球体产生了位移动画。

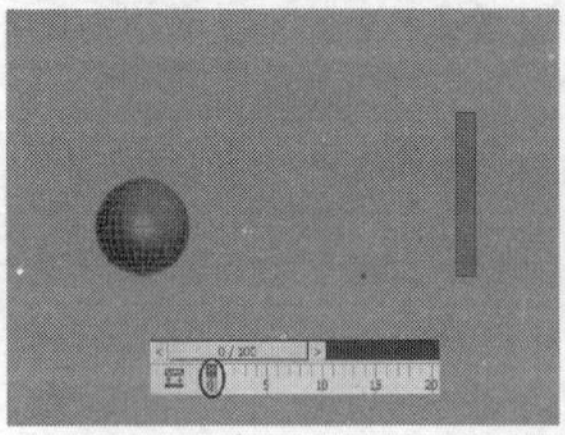

图19-9

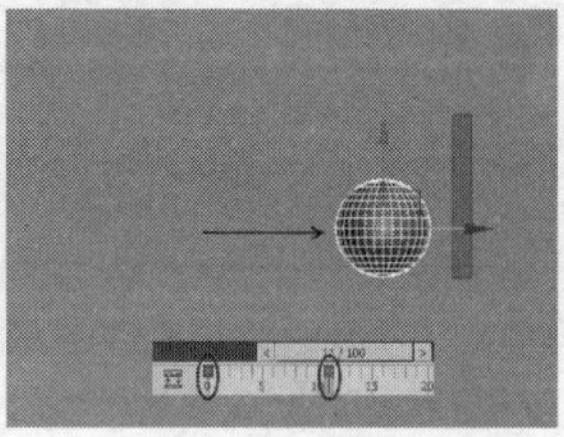

图19-10

实战282 制作茶壶扭曲动画

场景位置	无
实例位置	DVD>实例文件>CH19>实战282.max
视频位置	DVD>多媒体教学>CH19>实战282.flv
难易指数	★★☆☆☆
技术掌握	用自动关键点制作扭曲动画

实例介绍

本例将使用"自动关键点"工具 自动关键点 制作一段茶壶扭曲的动画，效果如图19-11所示。

图19-11

操作步骤

01 使用"茶壶"工具 茶壶 在场景中创建一个茶壶，然后为其加载一个"弯曲"修改器，如图19-12所示。

02 选择茶壶，然后单击"自动关键点"按钮 自动关键点，再在第0帧位置设置"角度"为-42，如图19-13所示。

03 将时间线滑块拖曳到第100帧位置，然后设置"方向"为360，如图19-14所示。

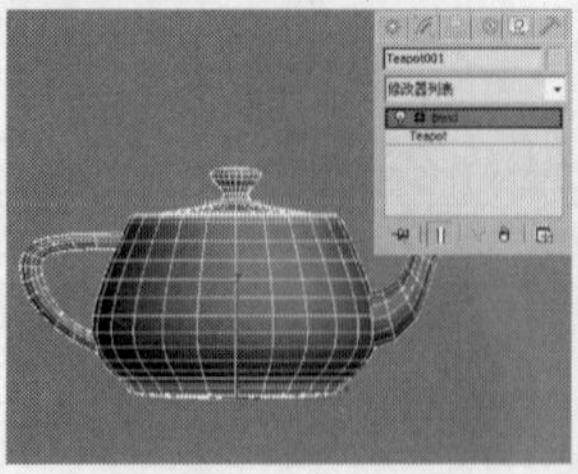

图19-12

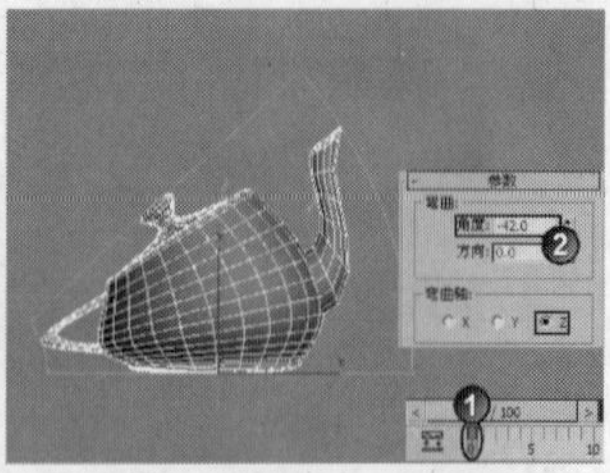

图19-13

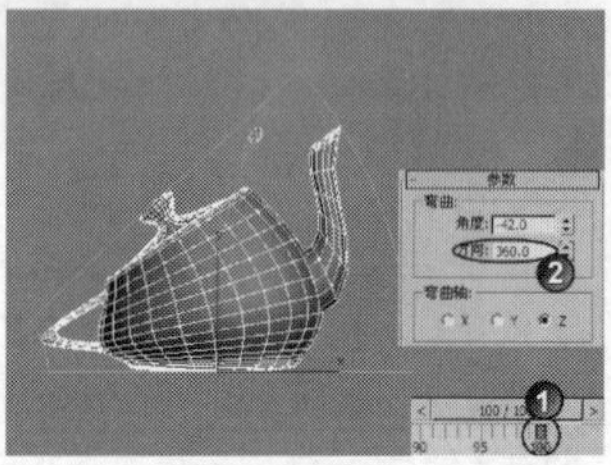

图19-14

04 单击“播放动画”按钮▶播放动画，效果如图19-15所示。

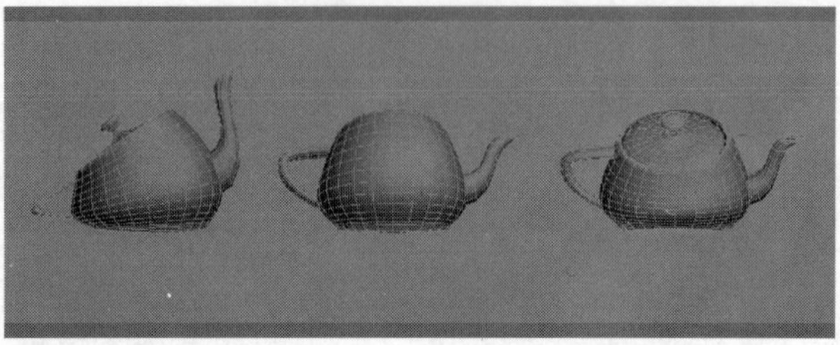

图19-15

05 选择动画效果最明显的一些帧，然后按F9键渲染这些单帧动画，最终效果如图19-16所示。

图19-16

实战283 制作蝴蝶飞舞动画

场景位置	DVD>场景文件>CH19>实战283.max
实例位置	DVD>实例文件>CH19>实战283.max
视频位置	DVD>多媒体教学>CH19>实战283.flv
难易指数	★★☆☆☆
技术掌握	结合自动关键点与曲线编辑器制作动画

实例介绍

本例将结合自动关键点与曲线编辑器制作蝴蝶飞舞动画，效果如图19-17所示。

图19-17

操作步骤

01 打开光盘中的“场景文件>CH19>实战283.max”文件，如图19-18所示。

图19-18

02 选择蝴蝶模型，然后单击“自动关键点”按钮自动关键点，再使用“选择并移动”工具和“选择并旋转”工具分别在第0帧（第0帧位置不动）、第25帧、第46帧、第74帧和第100帧调整蝴蝶的飞行位置和翅膀扇动的角度，如图19-19所示。

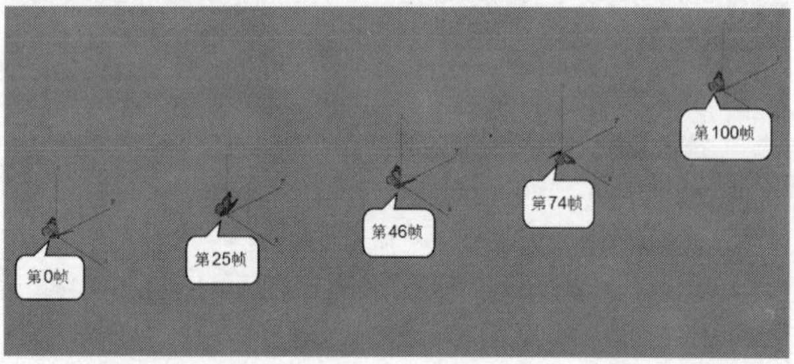

图19-19

03 选择蝴蝶模型，然后在“主工具栏”中单击“曲线编辑器（打开）”按钮，打开“轨迹视图-曲线编辑器”对话框，再在属性列表中选择“x位置”曲线，最后将曲线调节成如图19-20所示的形状。

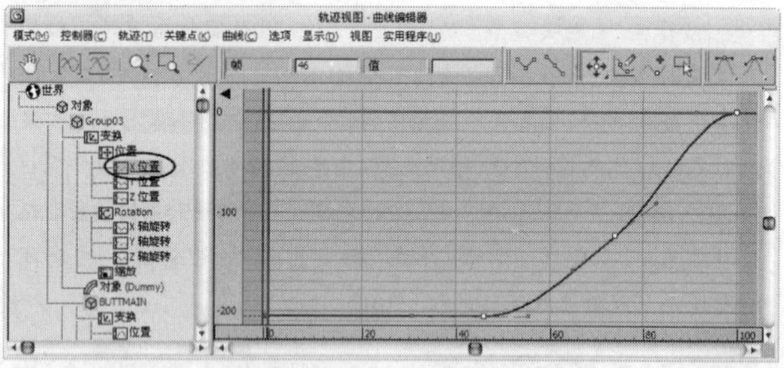

图19-20

技巧与提示

在视图中调整动画时，并不能全幅地了解整个运动趋势，通过“曲线编辑器”则可以通过曲线形态全面了解整个运动过程的变化。

04 在属性列表中选择“y位置”曲线，然后将曲线调节成如图19-21所示的形状。

05 在属性列表中选择“z位置”曲线，然后将曲线调节成如图19-22所示的形状。

06 选择动画效果最明显的一些帧，然后按F9键渲染这些单帧动画，最终效果如图19-23所示。

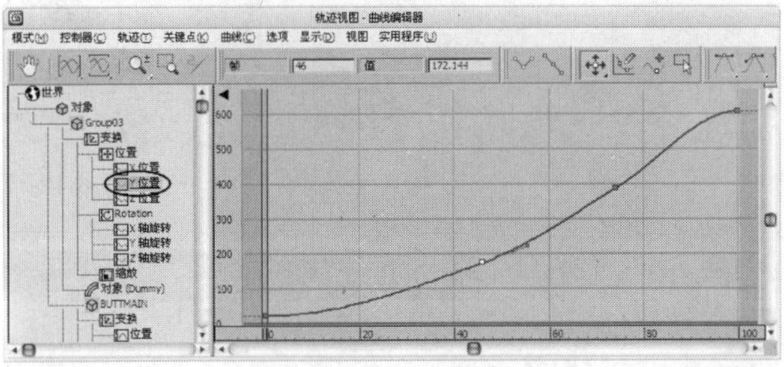

图19-21

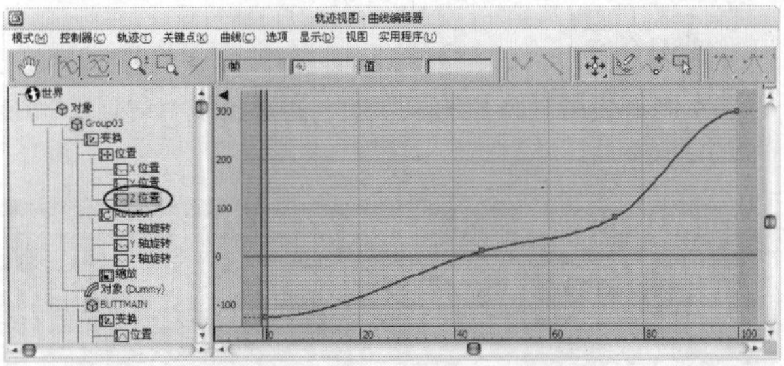

图19-22

图19-23

技术专题 44 不同动画曲线所代表的含义

“曲线编辑器”是制作动画时经常使用到的一个编辑器。使用“曲线编辑器”可以快速地调节曲线来控制物体的运动状态。单击“主工具栏”中的“曲线编辑器（打开）”按钮，打开“轨迹视图-曲线编辑器”对话框，如图19-24所示。可以看到在没有设置动画的前提下，该编辑器内没有任何曲线。

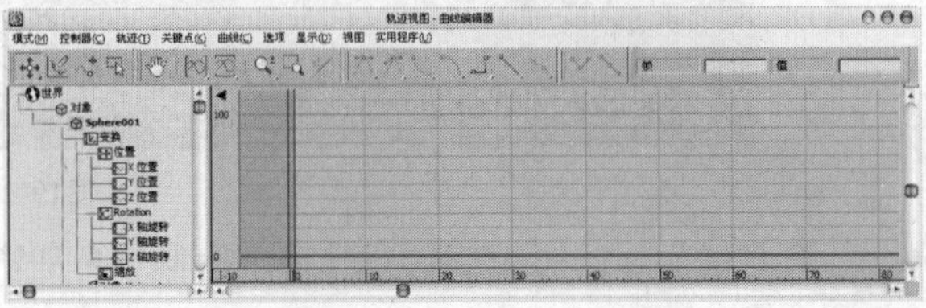

图19-24

为物体设置动画属性以后，在“轨迹视图-曲线编辑器”对话框中就会有与之相对应的控制曲线，如图19-25所示。

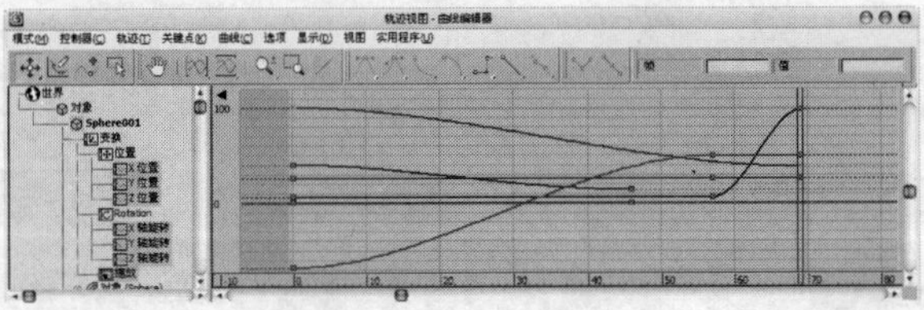

图19-25

在“轨迹视图-曲线编辑器”对话框中，x轴默认使用红色曲线来表示、y轴默认使用绿色曲线来表示，z轴默认使用蓝色曲线来表示。这3条曲线与坐标轴3条轴线的颜色相同，在图19-26中x轴曲线为水平直线，表明物体在x轴上位置一直未发生改变，处于静止状态。

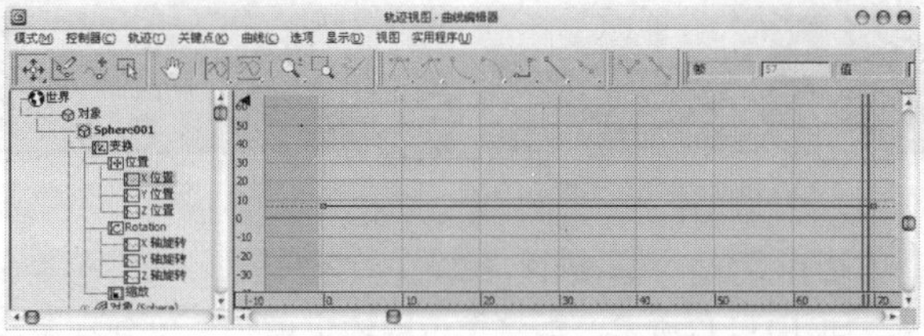

图19-26

在图19-27中y轴曲线为抛物线形状，且位置由正值转向负值，代表物体在y轴反方向上处于加速运动状态。

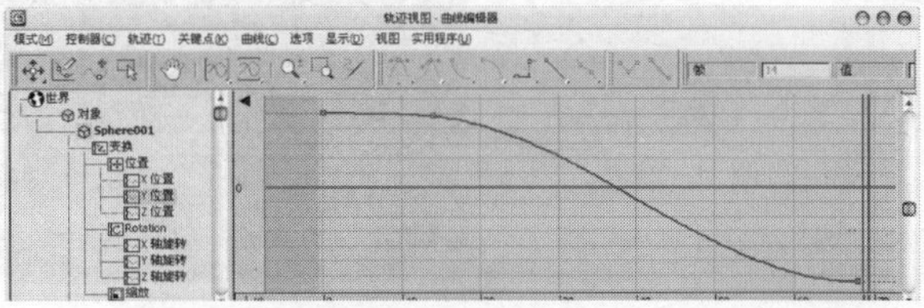

图19-27

在图19-28中z轴曲线为倾斜的均匀曲线，且位置为正值并均匀增加，代表物体在z轴正方向上处于匀速运动状态。

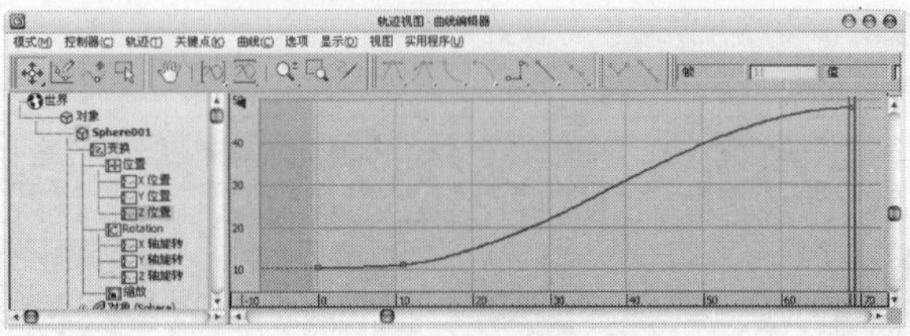

图19-28

实战284 制作金鱼游动动画

场景位置	DVD>场景文件>CH19>实战284.max
实例位置	DVD>实例文件>CH19>实战284.max
视频位置	DVD>多媒体教学>CH19>实战284.flv
难易指数	★★☆☆☆
技术掌握	用路径约束制作游动动画

实例介绍

本例将使用“路径约束”制作一段金鱼游动的动画，效果如图19-29所示。

图19-29

操作步骤

01 打开光盘中的“场景文件>CH19>实战284.max”文件，如图19-30所示。

02 使用“线”工具 线 在视图中绘制一条样条线作为金鱼游动的路径，如图19-31所示。

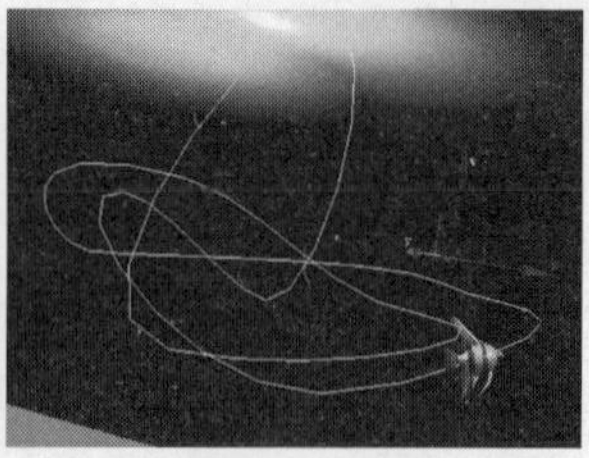

图19-30　　图19-31

03 选择金鱼，然后执行“动画>约束>路径约束”菜单命令，如图19-32所示，再将金鱼的约束虚线拖曳到样条线上，如图19-33所示。

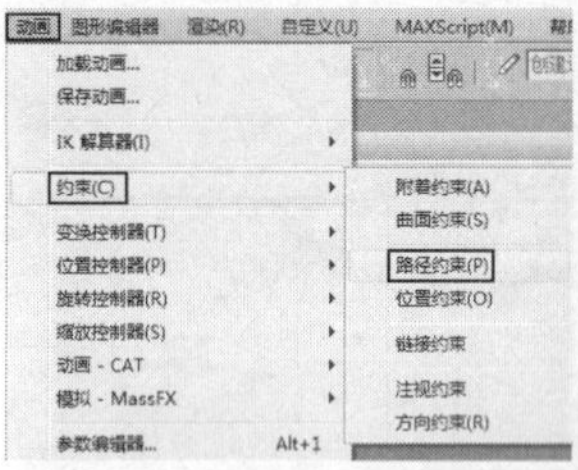

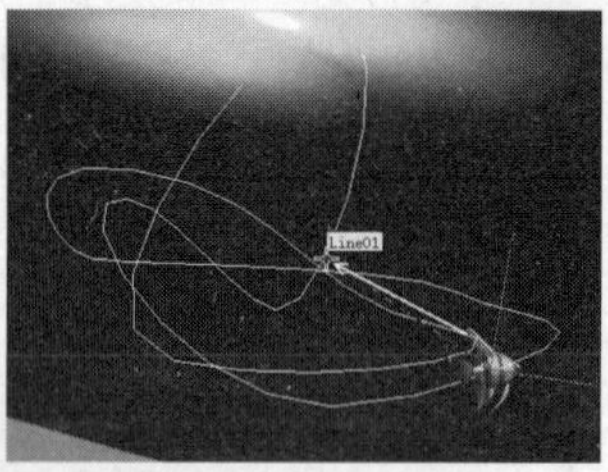

图19-32　　图19-33

04 单击“播放动画”按钮▶播放动画，效果如图19-34所示。此时可以发现金鱼的游动方向是反的，这是因为对象的轴与路径轨迹没有设置好。

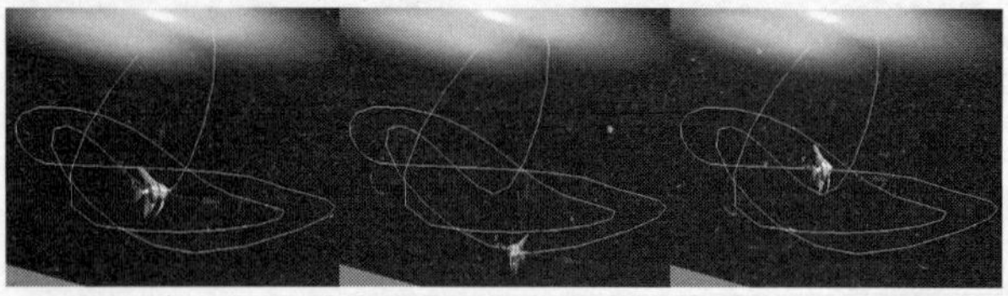

图19-34

05 在“命令”面板中单击“运动”按钮◎，然后在“路径参数”卷展栏下选择样条线Line01，再勾选“跟随”选项，最后设置“轴”为*x*，如图19-35所示。

06 单击“播放动画”按钮▶播放动画，此时金鱼的游动方向就是正确的了，如图19-36所示。

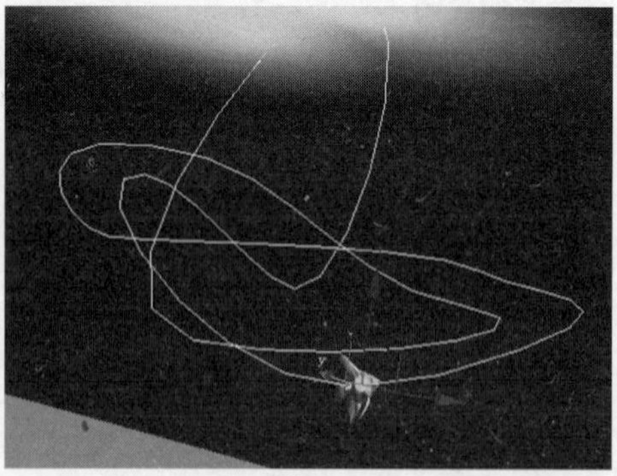

图19-35　　图19-36

07 选择动画效果最明显的一些帧，然后按F9键渲染这些单帧动画，最终效果如图19-37所示。

图19-37

实战285 制作摄影机动画

场景位置	DVD>场景文件>CH19>实战285.max
实例位置	DVD>实例文件>CH19>实战285.max
视频位置	DVD>多媒体教学>CH19>实战285.flv
难易指数	★★☆☆☆
技术掌握	用路径约束制作摄影机动画（建筑漫游动画）

实例介绍

本例将使用“路径约束”制作摄影机漫游动画，效果如图19-38所示。

图19-38

操作步骤

01 打开光盘中的“场景文件>CH19>实战285.max”文件，如图19-39所示。

图19-39

02 使用“线”工具 线 在视图中绘制一条如图19-40所示的样条线。

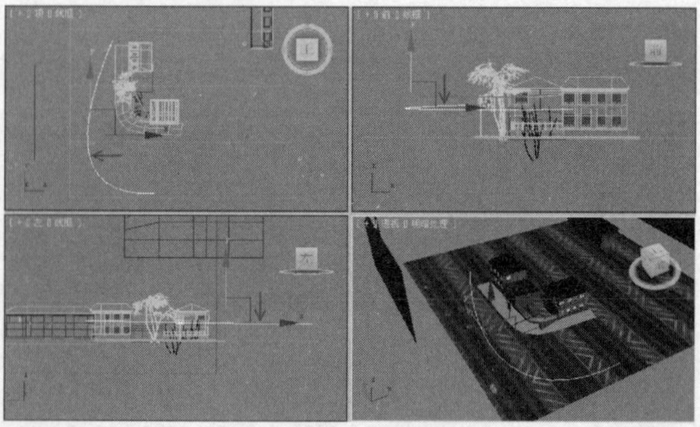

图19-40

03 选择摄影机，然后执行“动画>约束>路径约束”菜单命令，再将摄影机的约束虚线拖曳到样条线上，如图19-41所示，最后在“路径参数”卷展栏下勾选“跟随”选项，设置“轴”为x，如图19-42所示。

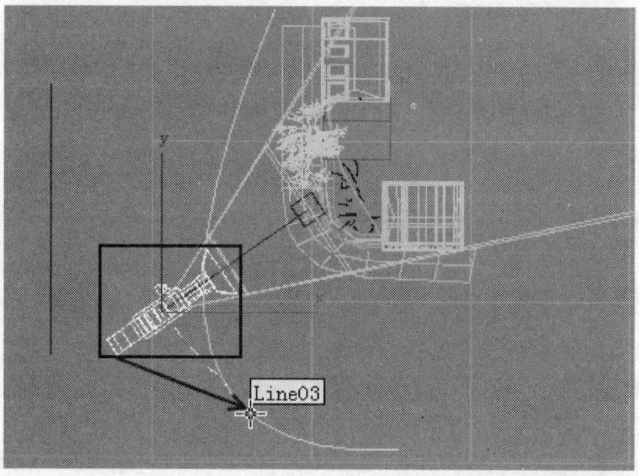

图19-41

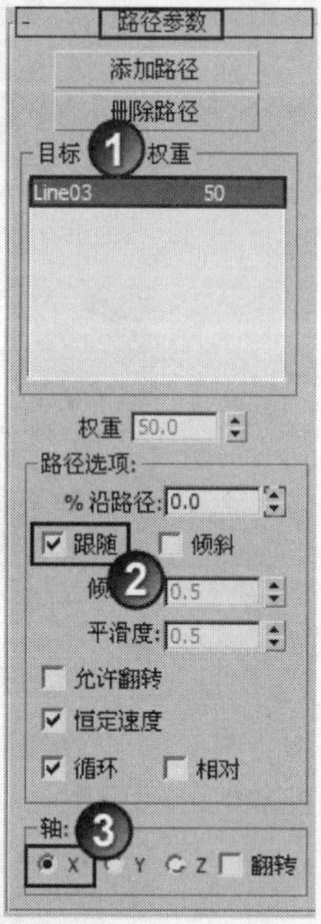

图19-42

04 单击“播放动画”按钮▶播放动画，如图19-43所示。

图19-43

05 选择动画效果最明显的一些帧，然后按F9键渲染这些单帧动画，最终效果如图19-44所示。

图19-44

实战286 制作星形发光圈动画

场景位置	无
实例位置	DVD>实例文件>CH19>实战286.max
视频位置	DVD>多媒体教学>CH19>实战286.flv
难易指数	★★☆☆☆
技术掌握	用路径约束制作粒子发光动画特效

实例介绍

本例将使用“超级喷射”工具与“路径约束”制作星形发光圈动画，效果如图19-45所示。

图19-45

操作步骤

01 设置“几何体”类型为“粒子系统”，然后使用“超级喷射”工具 超级喷射 在场景中创建一个超级喷射发射器，如图19-46所示。

02 选择超级喷射发射器，展开“粒子生成”卷展栏，然后在“粒子运动”选项组下设置“速度”为40mm，再在“粒子计时”选项组下设置“发射停止”和“寿命”为100，具体参数设置如图19-47所示。

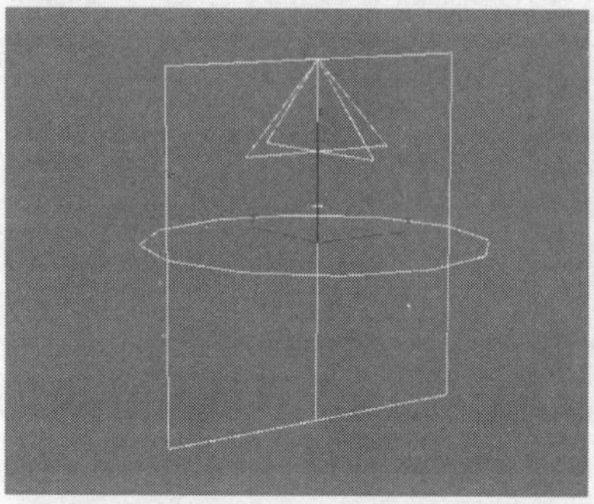

图19-46

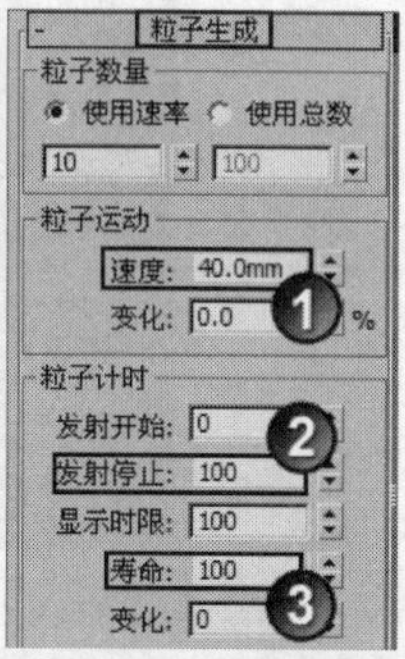

图19-47

03 展开“粒子类型”卷展栏，然后设置“粒子类型”为“标准粒子”，再设置“标准粒子”为“四面体”，如图19-48所示。

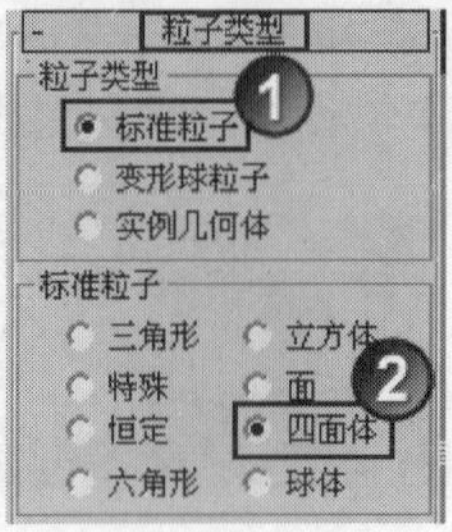

图19-48

04 使用“线”工具 线 在前视图中绘制一个心形，然后在“空间扭曲”面板中单击“路径跟随”按钮 路径跟随 ，再创建一个路径跟随，在“基本图形”卷展栏下单击“拾取图形对象”按钮 拾取图形对象 ，最后在视图中拾取心形作为路径图形对象，如图19-49所示。

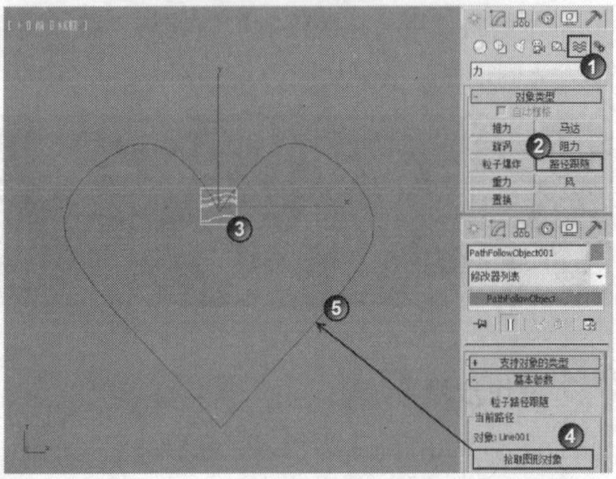

图19-49

05 选择超级喷射发射器，然后执行“动画>约束>路径约束”菜单命令，再将超级喷射发射器的约束虚线拖曳到星形样条线上，如图19-50所示。

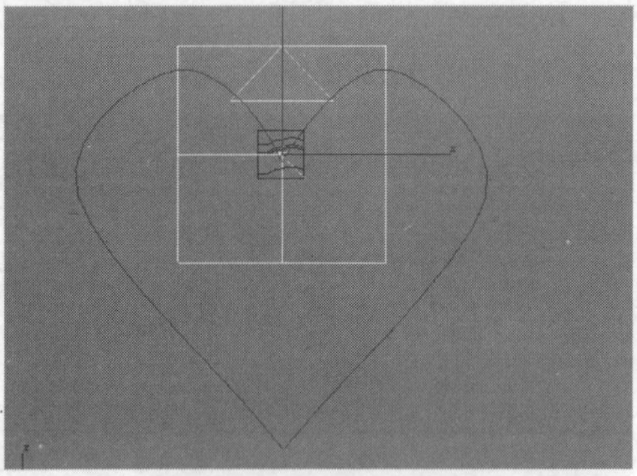

图19-50

06 选择动画效果最明显的一些帧，然后按F9键渲染这些单帧动画，最终效果如图19-51所示。

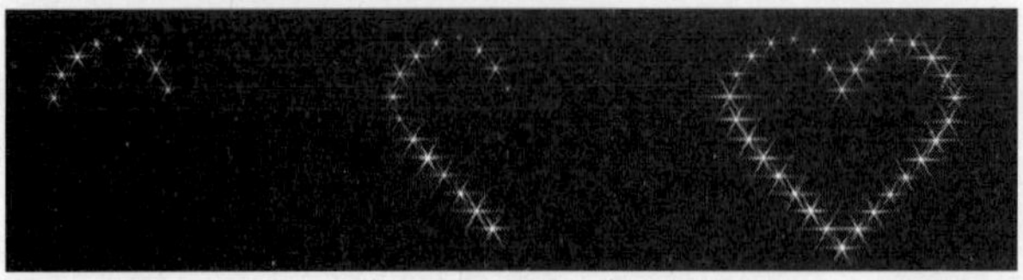

图19-51

实战287 制作人物眼神动画

场景位置	DVD>场景文件>CH19>实战287.max
实例位置	DVD>实例文件>CH19>实战287.max
视频位置	DVD>多媒体教学>CH19>实战287.flv
难易指数	★★☆☆☆
技术掌握	用点辅助对象配合注视约束制作眼神动画

实例介绍

本例将使用“点”辅助对象配合“注视约束”制作人物眼神的变换动画，效果如图19-52所示。

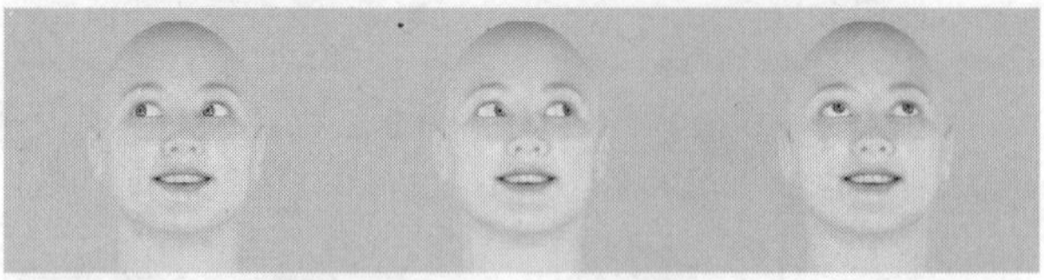

图19-52

操作步骤

01 打开光盘中的“场景文件>CH19>实战287.max”文件，如图19-53所示。

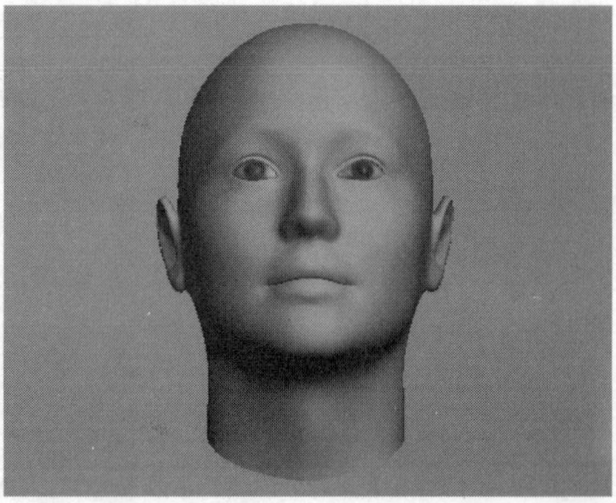

图19-53

02 在“创建”面板中单击“辅助对象”按钮，然后使用“点”工具 点 在两只眼睛的正前方创建一个点Point001，如图19-54所示。

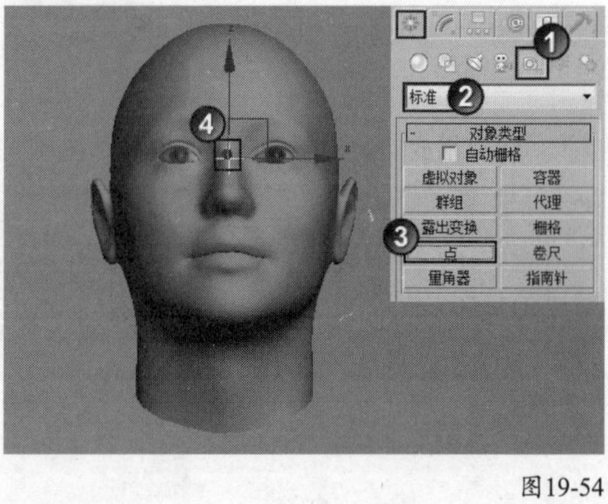

图19-54

技巧与提示

创建点辅助对象的目的是为了通过移动点的位置来控制眼球的注视角度，从而让眼球产生旋转效果。

03 选择点辅助对象，展开“参数”卷展栏，然后在“显示”选项组下勾选“长方体”选项，再设置“大小”1000mm，如图19-55所示。

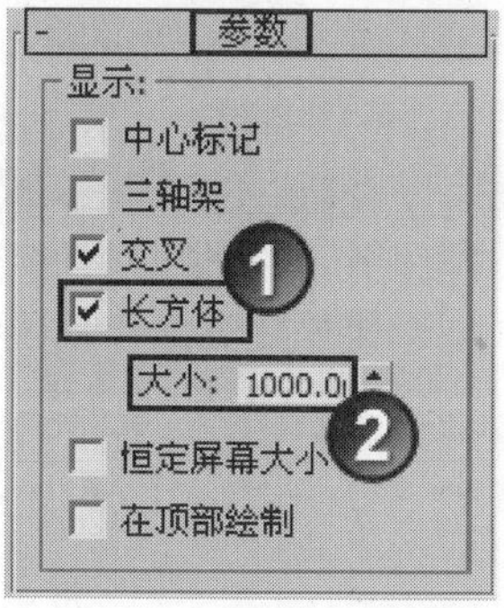

图19-55

04 选择两只眼球，然后执行“动画>约束>注视约束”菜单命令，再将眼球的约束虚线拖曳到点Point001上，如图19-56所示。

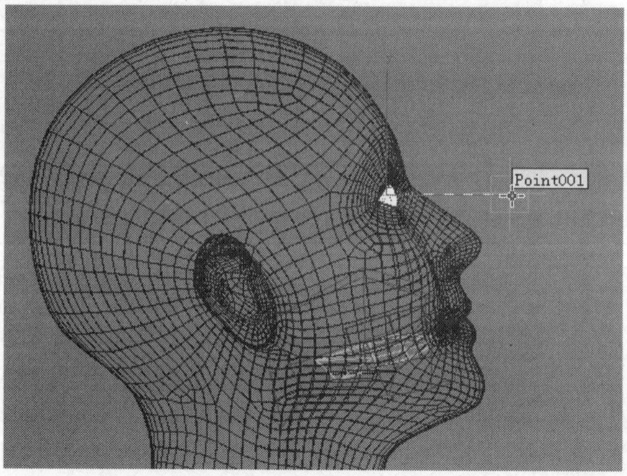

图19-56

05 通过“自动关键帧”自动关键点以及“选择并移动”工具为点Point001设置一个简单的位移动画，如图19-57所示。

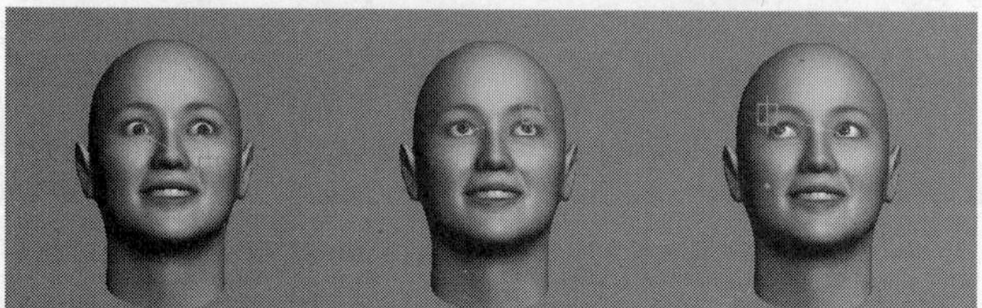

图19-57

06 选择动画效果最明显的一些帧，然后按F9键渲染这些单帧动画，最终效果如图19-58所示。

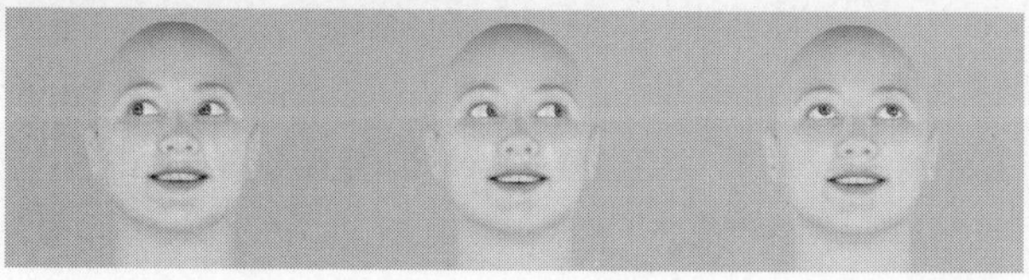

图19-58

实战288 制作露珠变形动画

场景位置	DVD>场景文件>CH19>实战288.max
实例位置	DVD>实例文件>CH19>实战288.max
视频位置	DVD>多媒体教学>CH19>实战288.flv
难易指数	★★☆☆☆
技术掌握	用变形器修改器制作变形动画

实例介绍

本例将使用“变形器”修改器制作一段露珠变形的动画，效果如图19-59所示。

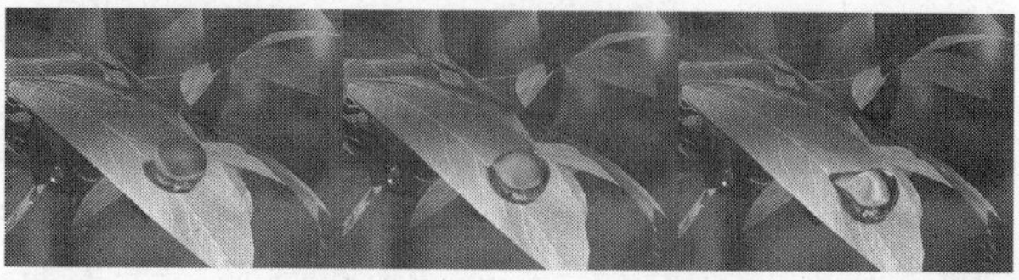

图19-59

操作步骤

01 打开光盘中的“场景文件>CH19>实战288.max”文件，如图19-60所示。

图19-60

02 选择树叶上的球体，然后按Alt+Q组合键进入孤立选择模式，再复制（选择“复制”方式）一个球体，如图19-61所示。

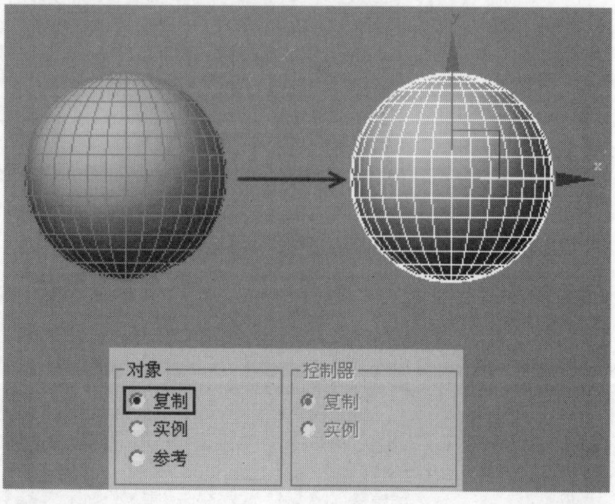

图19-61

03 为复制的球体加载一个FFD（长方体）修改器，然后设置点数为5×5×5，再在“控制点”次物体层级下将球体调整成如图19-62所示的形状。

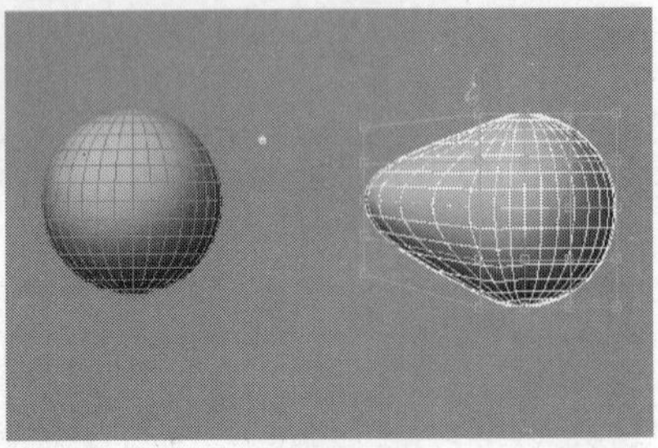

图19-62

04 为正常的球体加载一个“变形器”修改器，然后在“通道列表”卷展栏下的第1个“空”按钮 -空- 上单击鼠标右键，并在弹出的菜单中选择“从场景中拾取”命令，最后在场景中拾取调整好形状的球体模型，如图19-63所示。

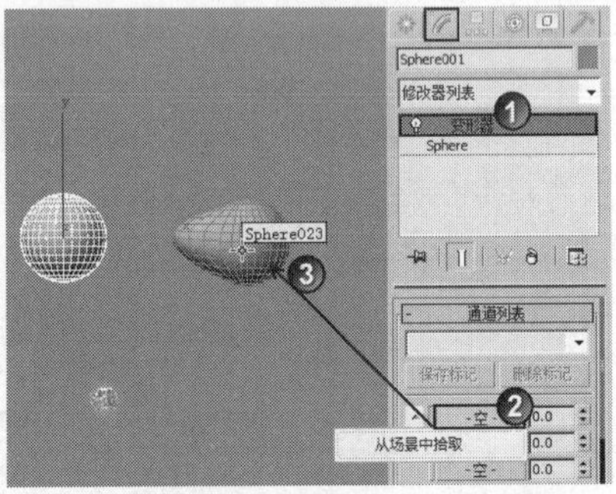

图19-63

05 单击“自动关键点”按钮 自动关键点，然后将时间线滑块拖曳到第100帧，再在“通道列表”卷展栏下设置变形值为100，如图19-64所示。

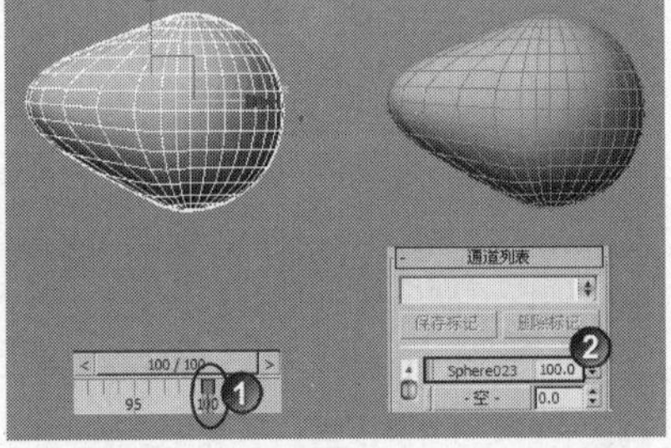

图19-64

06 隐藏复制的球体，然后选择动画效果最明显的一些帧，再按F9键渲染这些单帧动画，最终效果如图19-65所示。

图19-65

实战289 制作人物面部表情动画

场景位置	DVD>场景文件>CH19>实战289.max
实例位置	DVD>实例文件>CH19>实战289.max
视频位置	DVD>多媒体教学>CH19>实战289.flv
难易指数	★★★☆☆
技术掌握	用变形器修改器制作表情动画

实例介绍

本例将使用“变形器”修改器制作一段人物面部表情的动画，效果如图19-66所示。

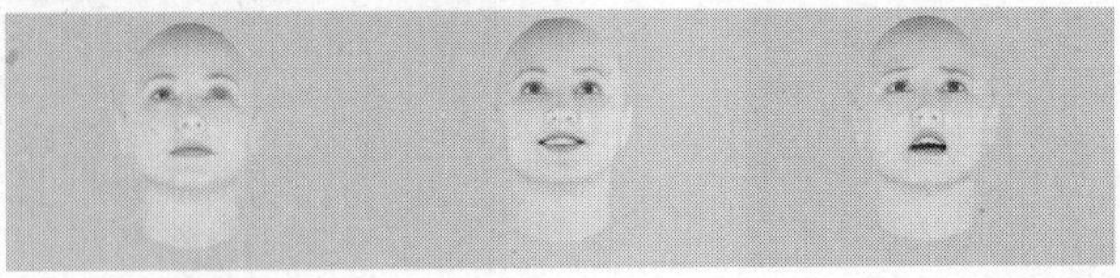

图19-66

操作步骤

01 打开光盘中的“场景文件>CH19>实战289.max”文件，如图19-67所示。

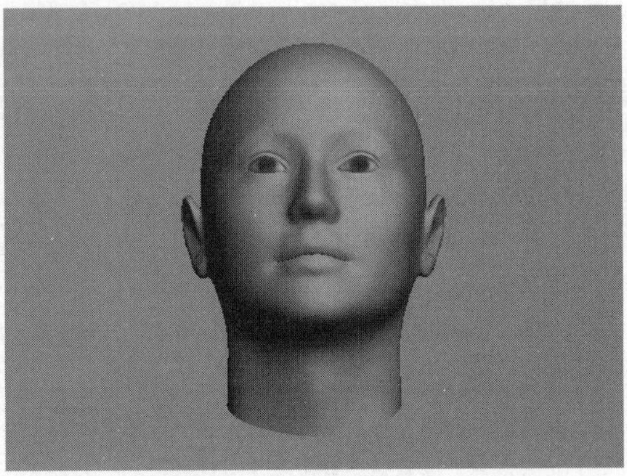

图19-67

02 选择整个人头模型，然后复制（选择“复制”方式）一个人头模型，如图19-68所示。

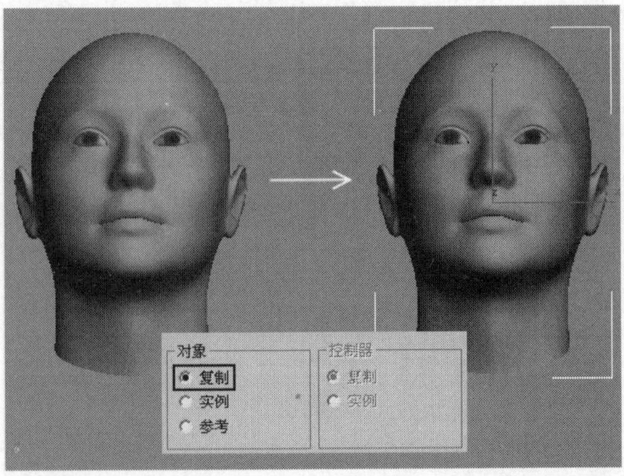

图19-68

03 将复制的人头模型转换为可编辑网格，然后进入“顶点”级别，再在“选择”卷展栏下勾选“忽略背面”选项，最后选择人物左眼附近的顶点，如图19-69所示。

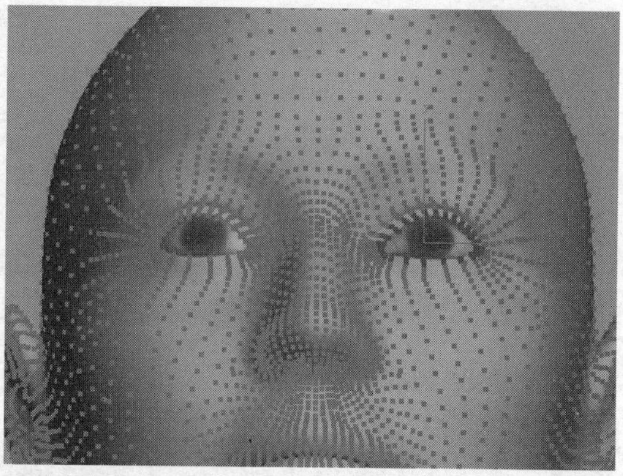

图19-69

04 为选定的顶点加载一个FFD（长方体）修改器，然后设置点数为6×6×6，再在“控制点”次物体层级下将上眼皮调整成闭上的效果，如图19-70所示。

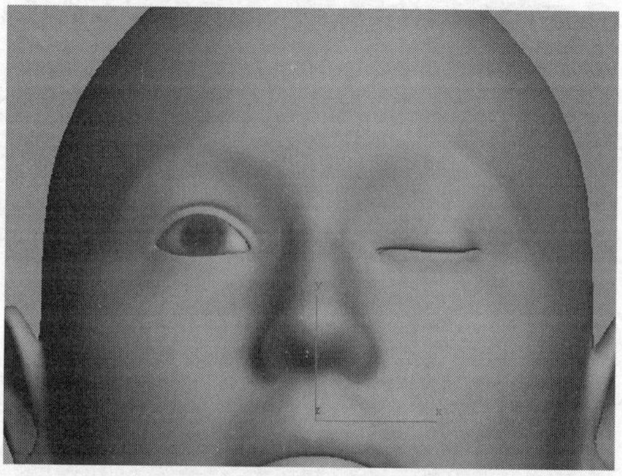

图19-70

05 为正常的人头模型加载一个“变形器”修改器，然后在“通道列表”卷展栏下的第1个“空”按钮 -空- 上单击鼠标右键，并在弹出的菜单中选择“从场景中拾取”命令，最后在场景中拾取闭上左眼的人头模型，如图19-71所示。

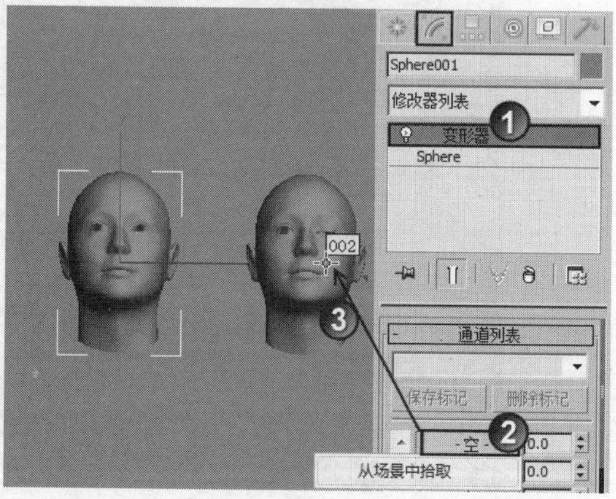

图19-71

06 展开“通道参数”卷展栏，然后在第1个通道中输入名称“眨眼睛”，如图19-72所示。

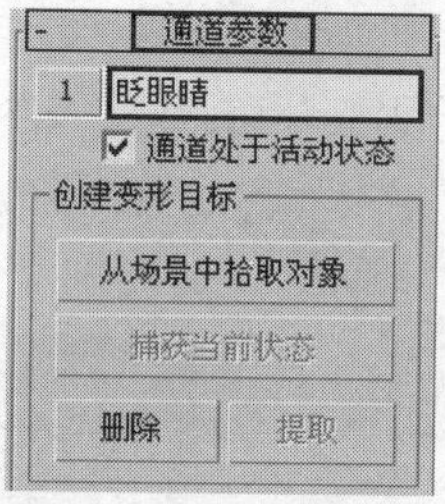

图19-72

07 单击“自动关键点”按钮 自动关键点，然后将时间线滑块拖曳到第100帧，再在“通道列表”卷展栏下设置变形值为100，如图19-73所示。

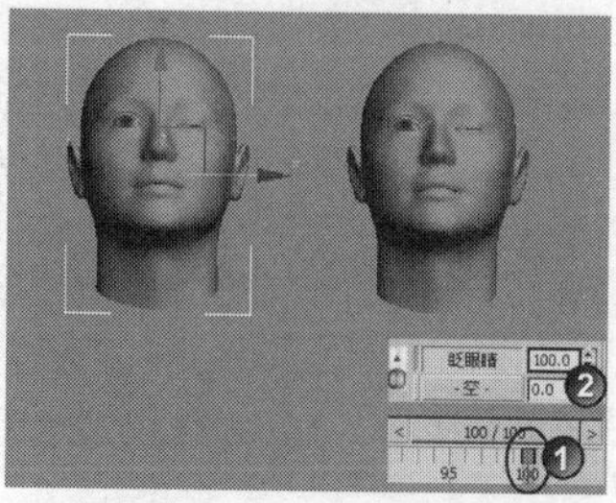

图19-73

08 采用相同的方法制作“害怕”和“微笑”的表情动画，然后分别用2号和3号进行命名保存，完成后的效果如图19-74所示。

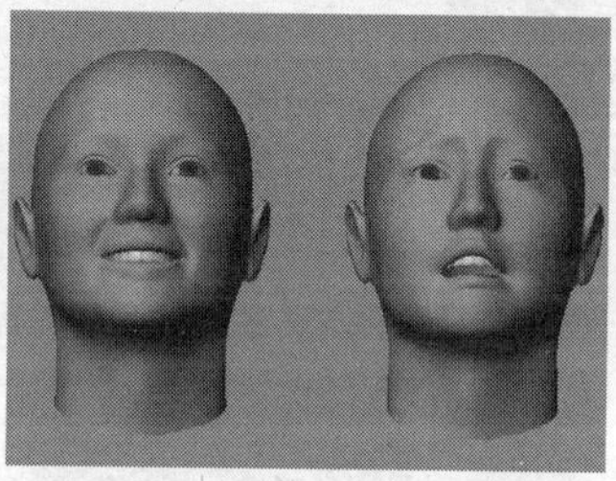

图19-74

渲染各个表情动画，最终效果如图19-75所示。

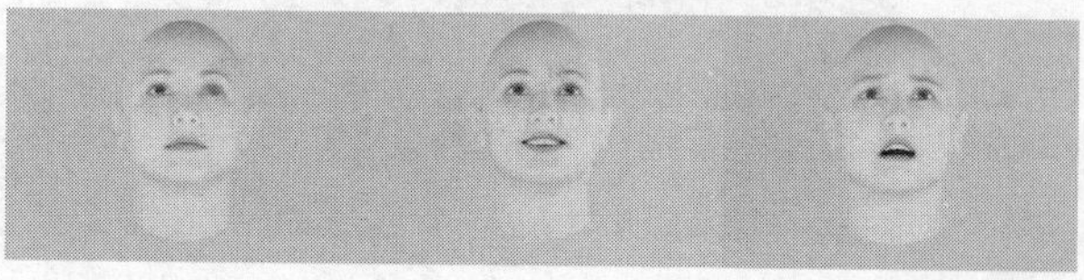

图19-75

实战290 制作植物生长动画

场景位置	无
实例位置	DVD>实例文件>CH19>实战290.max
视频位置	DVD>多媒体教学>CH19>实战290.flv
难易指数	★★★☆☆
技术掌握	用路径变形（WSM）修改器制作生长动画

实例介绍

本例将使用“路径变形（WSM）”修改器制作一段植物生长的动画，效果如图19-76所示。

图19-76

操作步骤

01 使用“圆柱体”工具 圆柱体 在场景中创建一个圆柱体，然后在“参数”卷展栏下设置“半径”为12mm、“高度”为180mm，具体参数设置如图19-77所示。

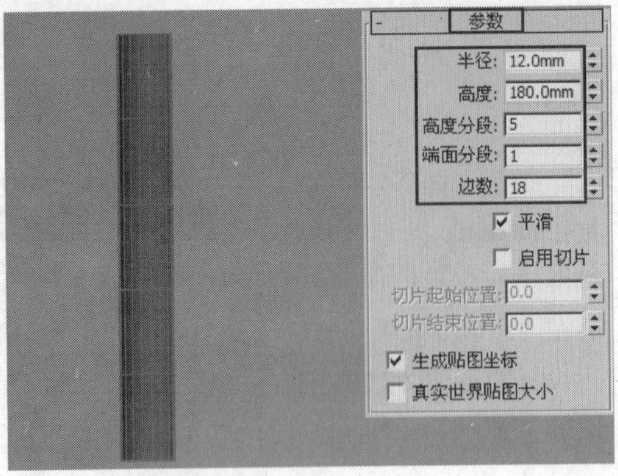

图19-77

02 将圆柱体转换为可编辑多边形，然后在“顶点”级别下将其调整成如图19-78所示的形状。

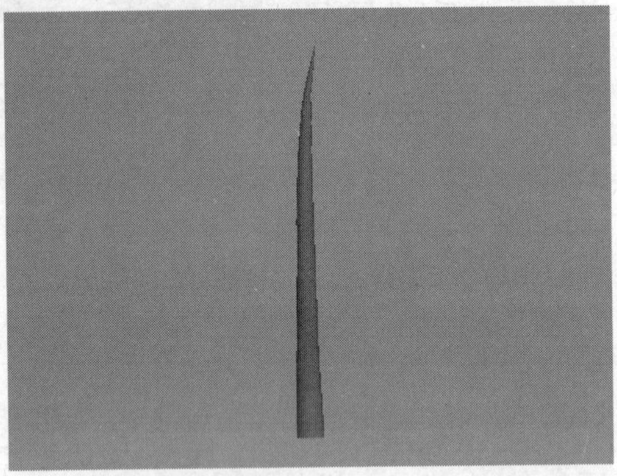

图19-78

03 使用“线”工具 线 在前视图中绘制如图19-79所示的样条线，然后选择底部的顶点，再单击鼠标右键，最后在弹出的菜单中选择“设为首顶点”命令，如图19-80所示。

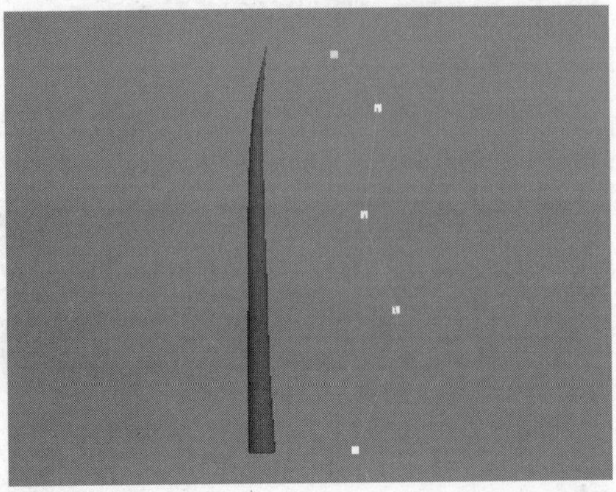

图19-79

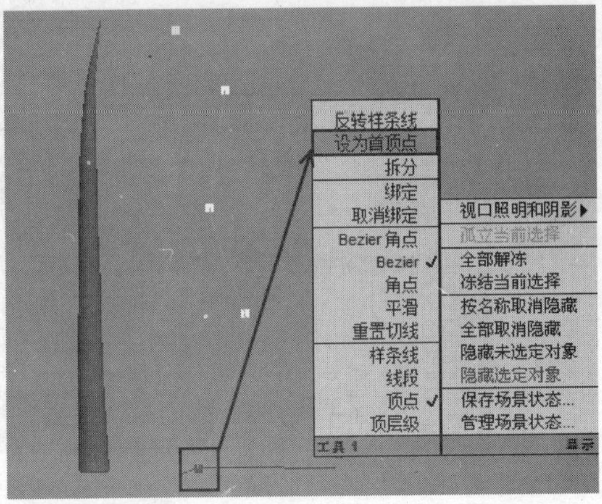

图19-80

04 为树枝模型加载一个“路径变形（WSM）”修改器，然后在“参数”卷展栏下单击“拾取路径”按钮 拾取路径 ，再在视图中拾取样条线，如图19-81所示，效果如图19-82所示。

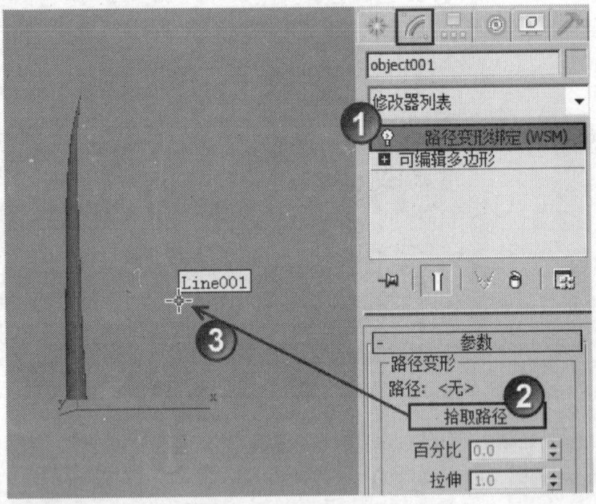

图19-81

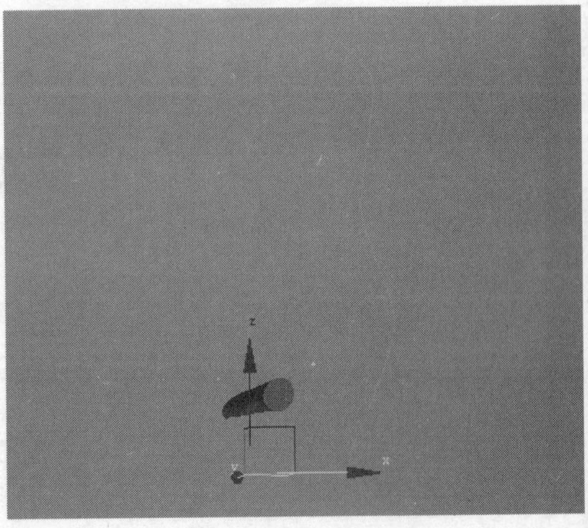

图19-82

05 在“参数”卷展栏下单击“转到路径”按钮 转到路径 ，效果如图19-83所示。

06 单击“自动关键点”按钮，然后在第0帧设置“拉伸”为0，如图19-84所示，再在第100帧设置“拉伸”为1.1，如图19-85所示。

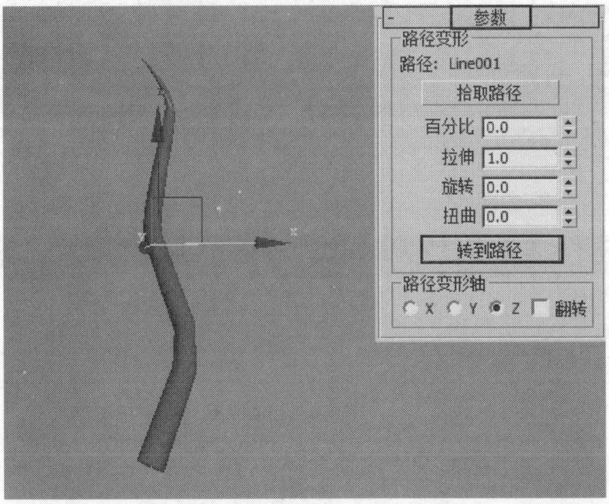

图19-83

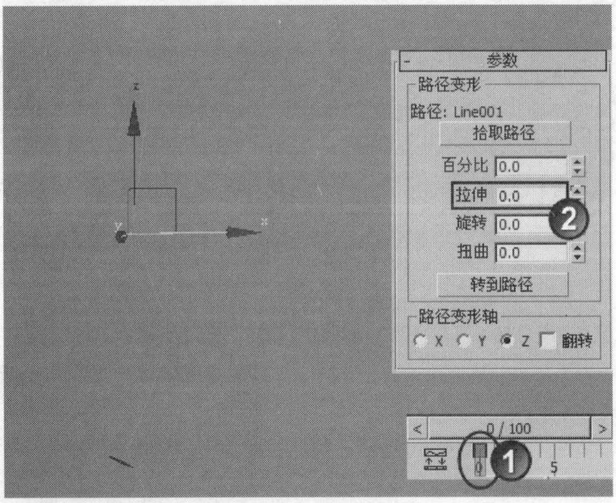

图19-84

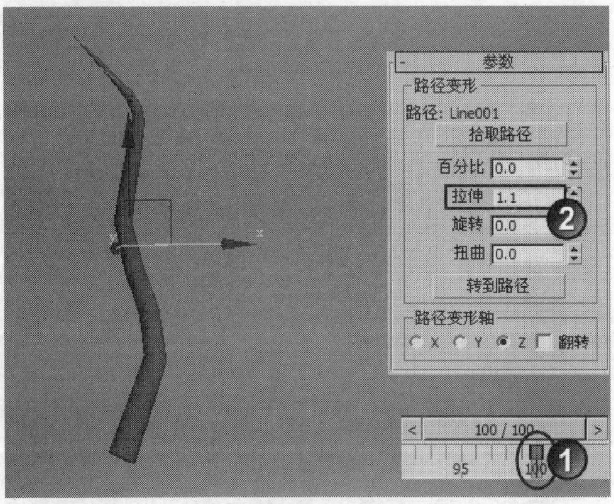

图19-85

07 单击“播放动画”按钮播放动画，效果如图19-86所示。

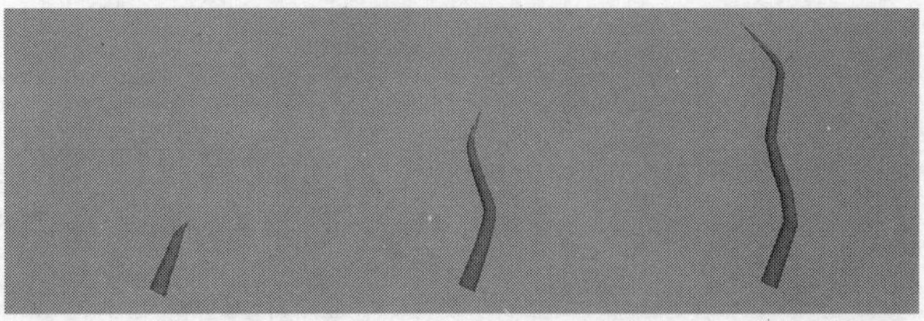

图19-86

08 采用相同的方法制作其他植物类似的生长动画，完成后的效果如图19-87所示。

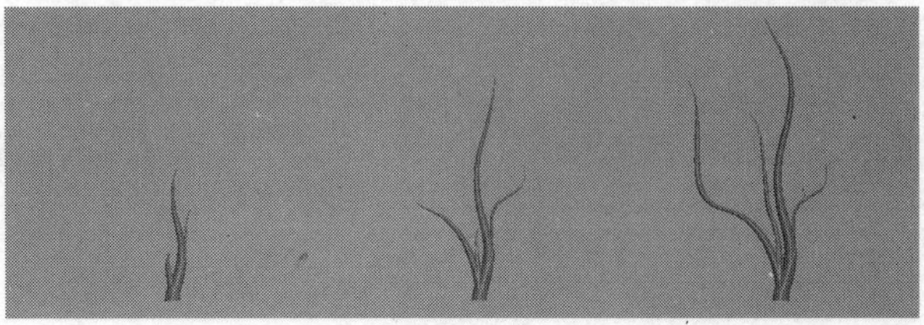

图19-87

09 选择动画效果最明显的一些帧，然后按F9键渲染这些单帧动画，最终效果如图19-88所示。

图19-88

第20章 高级动画

本章学习要点：

骨骼的创建方法

解算器的用法

蒙皮方法

CAT角色动画的制作方法

群组动画的制作方法

实战291 创建骨骼

场景位置	DVD>场景文件>CH20>实战291.max
实例位置	DVD>实例文件>CH20>实战291.max
视频位置	DVD>多媒体教学>CH20>实战291.flv
难易指数	★☆☆☆☆
技术掌握	骨骼工具、IK肢体解算器

实例介绍

本例将使用“骨骼”工具和“IK肢体解算器”为一个变形金刚模型创建骨骼，效果如图20-1所示。

图20-1

操作步骤

01 打开光盘中的“场景文件>CH20>实战291.max”文件，如图20-2所示。

图20-2

02 在“命令”面板中单击“系统”按钮，然后设置“系统”类型为“标准”，再使用“骨骼”工具在左视图中创建4个骨骼，如图20-3所示。

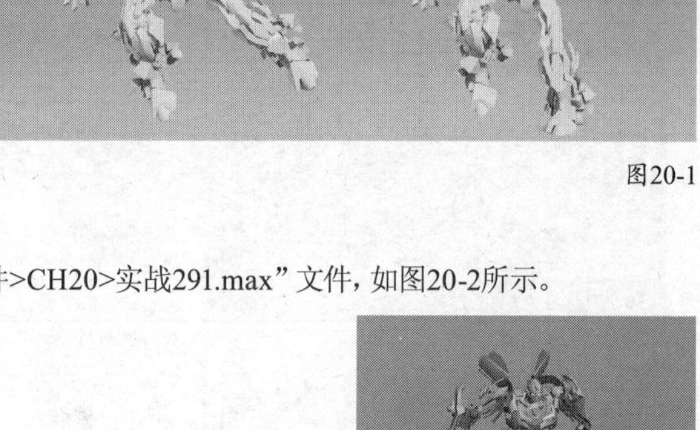

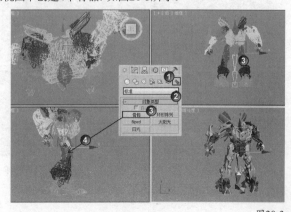

图20-3

技巧与提示

创建完成后，如果不需要继续创建骨骼，可以按鼠标右键或按Esc键结束创建操作。此外，创建完骨骼后，可以先将模型冻结起来，以便于骨骼的调整，调整完后再对其解冻。

03 使用“选择并移动”工具在前视图中调整好骨骼的位置，使其与腿模型相吻合，如图20-4所示。

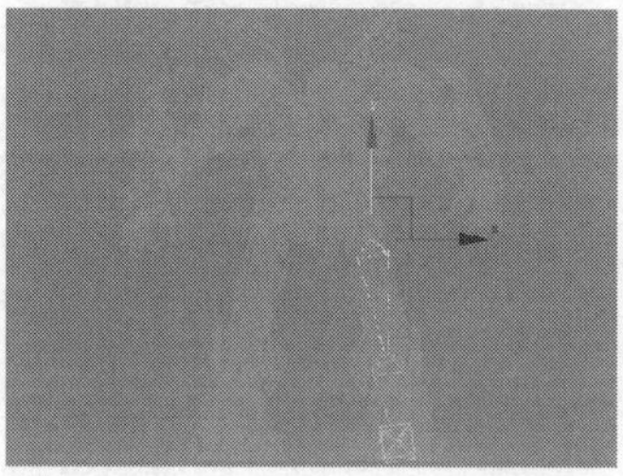
图20-4

04 选择末端的关节，然后执行“动画>IK解算器>IK肢体解算器”菜单命令，如图20-5所示。

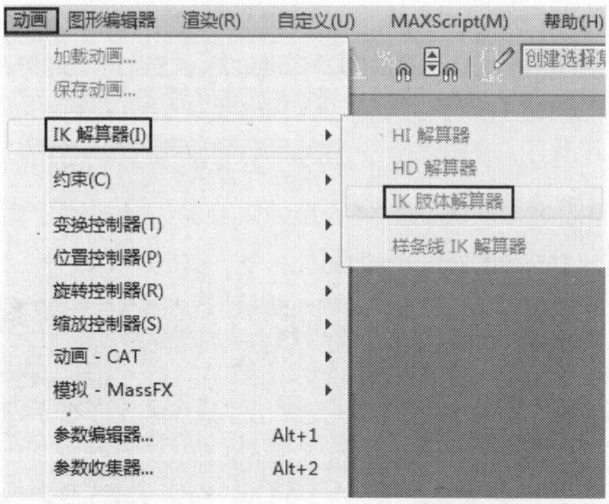

图20-5

05 将光标放在始端关节上并单击鼠标左键，将其链接起来，如图20-6所示，链接好的效果如图20-7所示。

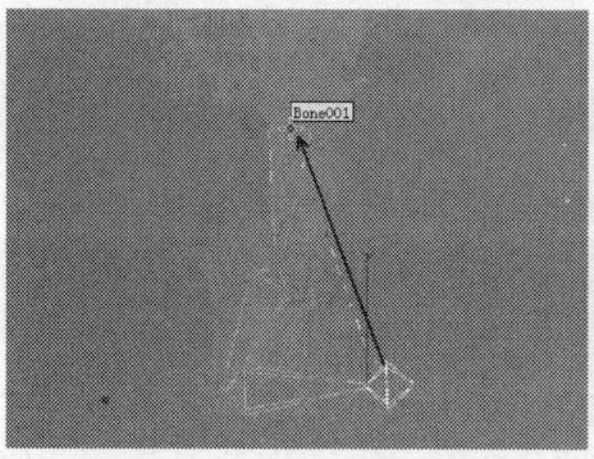

图20-6

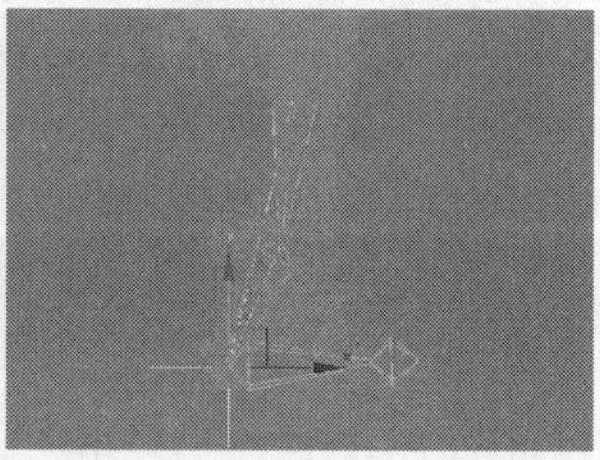
图20-7

技巧与提示

“IK肢体解算器”可以对链接的两块骨骼进行操作，是一种在视图中快速使用的分析型解算器，常用于设置角色手臂和腿部的动画。比如本例默认创建好的骨骼并不能自由活动，在添加IK肢体解算器后，通过调整IK控制器就可以使骨骼关节之间的活动变得非常自然，这就是IK肢体解算器的主要作用，如图20-8所示。

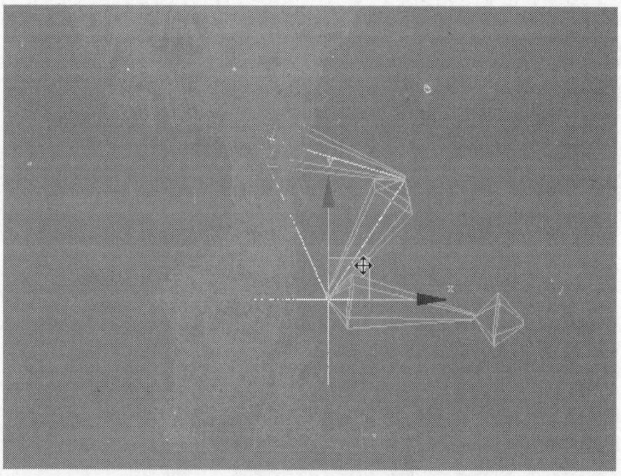
图20-8

06 选择左腿模型，切换到“修改”面板，然后展开“蒙皮”修改器的“参数”卷展栏，再单击“添加”按钮 添加 ，如图20-9所示，最后在弹出的“选择骨骼”对话框中选择创建的骨骼，如图20-10所示。

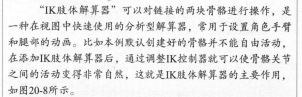

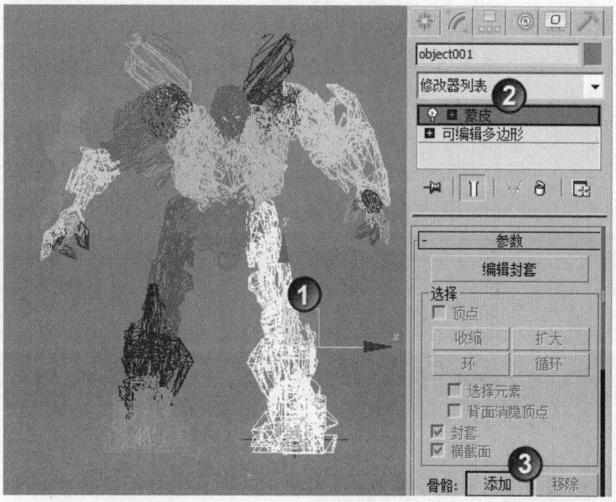

图20-9

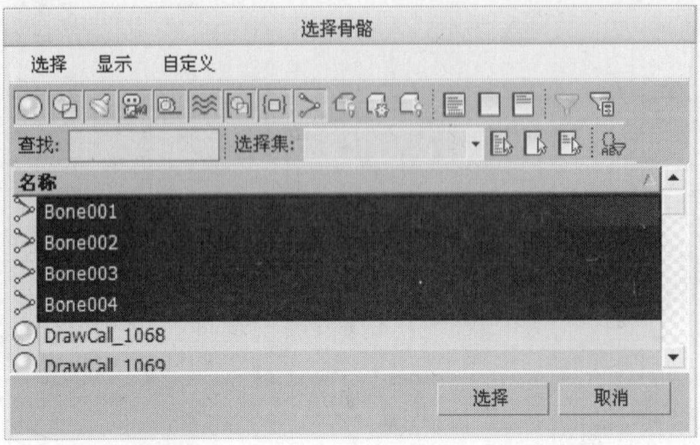

图20-10

技巧与提示

为角色创建好骨骼后，就需要将角色的肢体模型和对应的骨骼绑定在一起，让骨骼带动角色的形体发生变化，这个过程就称为“蒙皮”。

07 使用“选择并移动”工具移动IK控制器，可以发现腿部模型也会随着一起移动，且移动效果很自然，如图20-11所示。

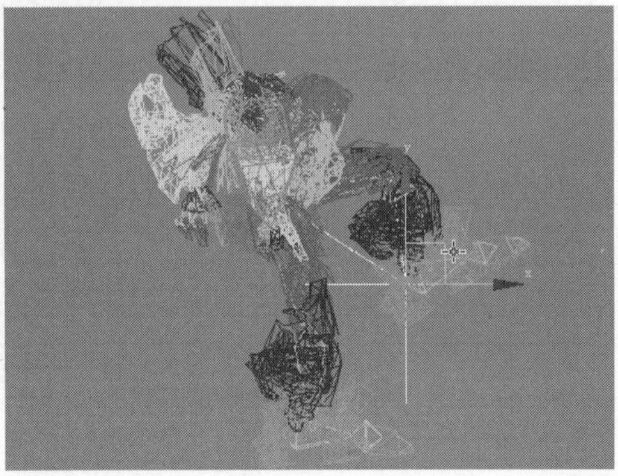

图20-11

08 采用相同的方法处理另外一只腿模型，完成后的效果如图20-12所示。

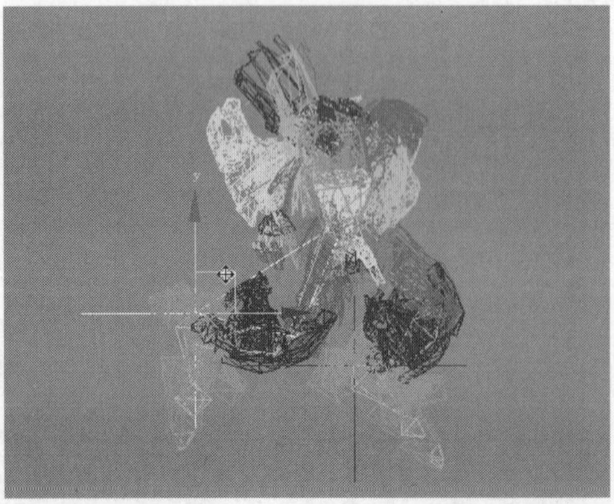

图20-12

09 为腿部模型摆一些造型，然后渲染这些造型，最终效果如图20-13所示。

图20-13

技术专题 45 父子骨骼之间的关系

骨骼的运动如果要显得自然真实，就必须有父子关系，即由某一段骨骼开始有序地带动其他骨骼完成运动，从而避免产生凌乱无序的运动效果。在“主工具栏”中单击“图解视图（打开）”按钮，在弹出的“图解视图”对话框中可以观察到骨骼节点之间的父子关系，其关系是Bone001>Bone002>Bone003>Bone004>Bone005>Bone006>Bone007>Bone008，如图20-14所示。

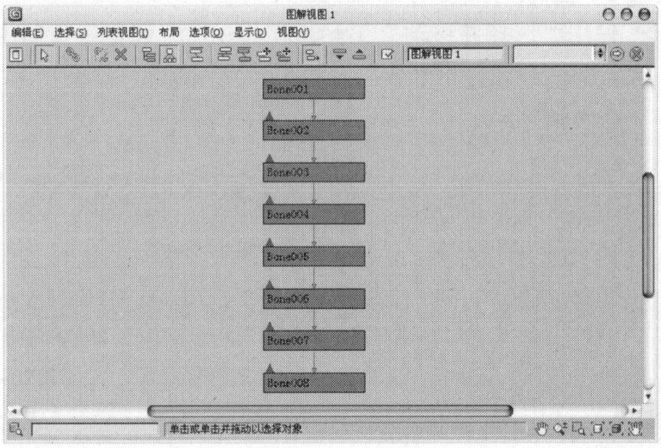

图20-14

为了讲解方便，按图20-15所示创建了3个骨骼，其父子关系是Bone001>Bone002>Bone003。下面用“选择并旋转”工具来验证这个关系。

使用“选择并旋转”工具旋转Bone001，可以发现Bone002和Bone003都会随着Bone001一起旋转，这说明Bone001是Bone002和Bone003的父关节，如图20-16所示。

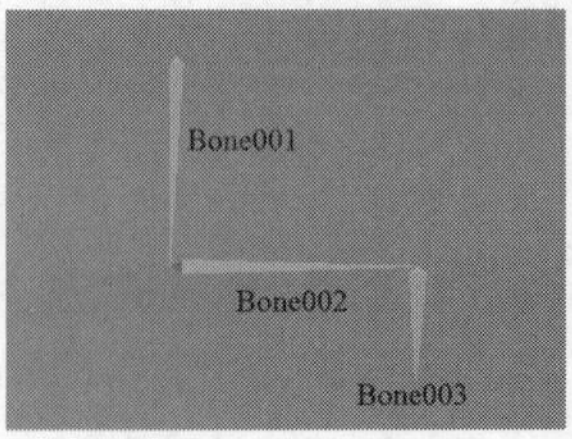

图20-15

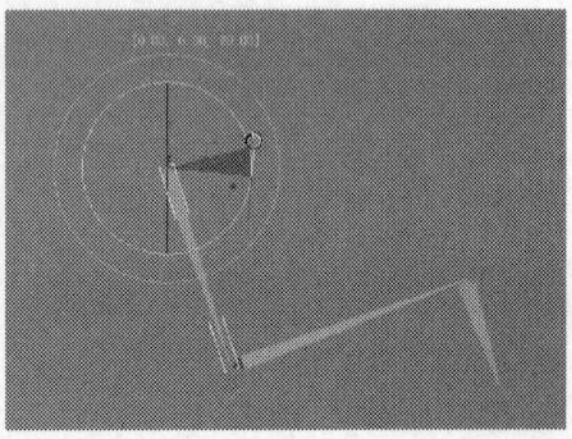

图20-16

使用“选择并旋转”工具旋转Bone002，可以发现Bone003会随着Bone002一起旋转，但Bone001不会随着Bone002一起旋转，这说明Bone001是Bone002的父关节，而Bone002是Bone003的父关节，如图20-17所示。

使用“选择并旋转”工具旋转Bone003，可以发现只有Bone003出现了旋转现象，而Bone001和Bone002没有随着一起旋转，这说明Bone003是Bone001和Bone002的子关节，如图20-18所示。

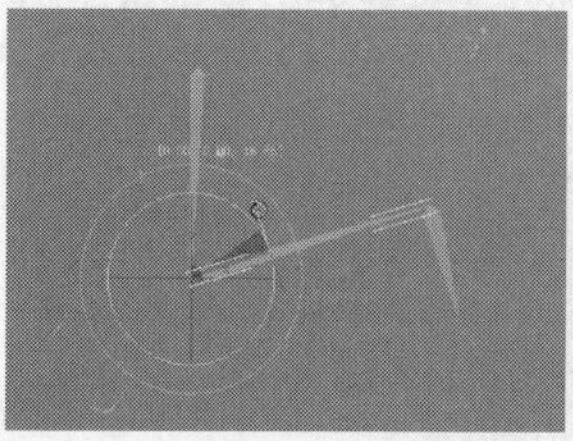

图20-17

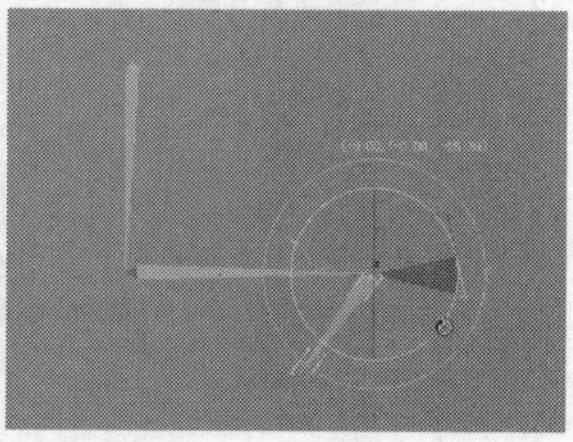

图20-18

实战292 制作爬行动画

场景位置	DVD>场景文件>CH20>实战292.max
实例位置	DVD>实例文件>CH20>实战292.max
视频位置	DVD>多媒体教学>CH20>实战292.flv
难易指数	★★☆☆☆
技术掌握	用样条线IK解算器制作爬行动画

实例介绍

本例将使用“样条线IK解算器”制作一段爬行动画，效果如图20-19所示。

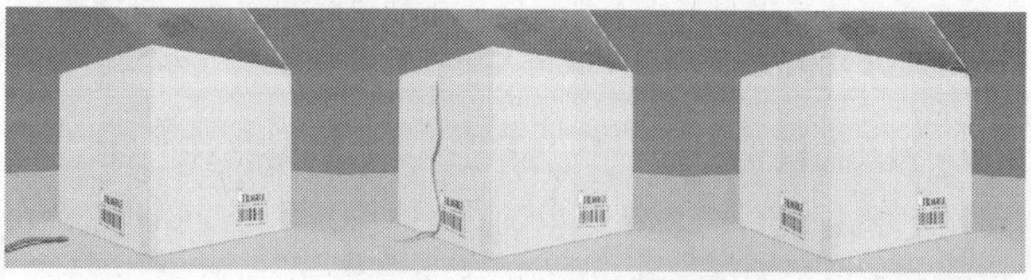

图20-19

操作步骤

01 打开光盘中的“场景文件>CH20>实战292.max”文件，如图20-20所示。

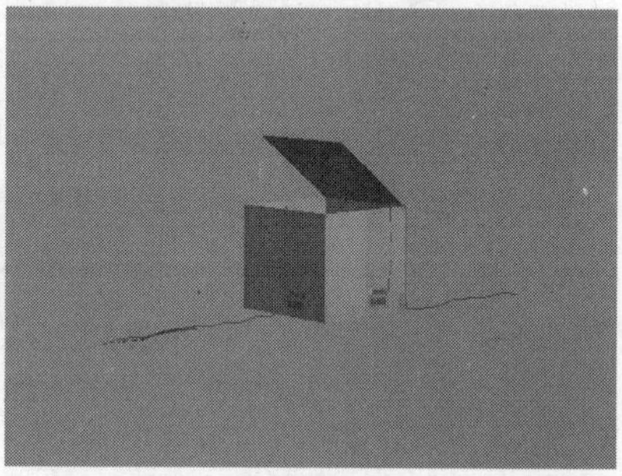

图20-20

02 切换到顶视图，选择末端的关节，然后执行“动画>IK解算器>样条线IK解算器”菜单命令，再将末端关节链接到始端关节上，最后单击样条线完成操作，如图20-21所示，链接后的效果如图20-22所示。

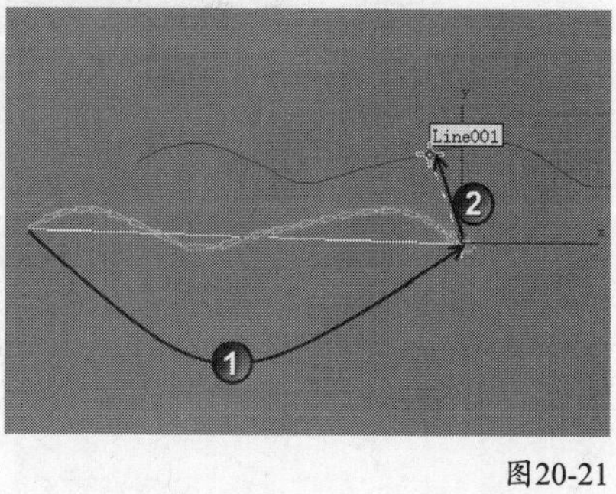

图20-21

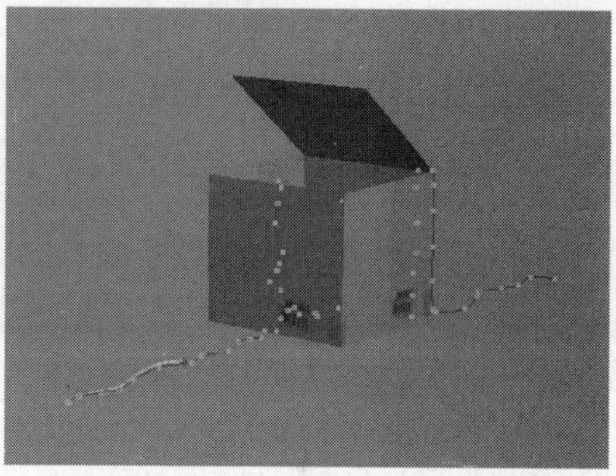

图20-22

技巧与提示

“样条线IK解算器”可以使用样条线确定一组骨骼或其他链接对象的曲率，在添加IK样条线解算器后，对象会生成许多小方块，这些小方块是点辅助对象。与普通顶点一样，这些小方块可以移动节点，或对其设置动画，从而更改该样条线的曲率，使爬行路径更加精确。样条线IK解算器提供的动画系统比其他IK解算器的灵活性更高，节点可以在3D空间中随意移动，因此链接的结构可以进行复杂的变形。

03 在“命令”面板中单击“运动”按钮，然后在“路径参数”卷展栏下设置“%沿路径”为0，如图20-23所示。

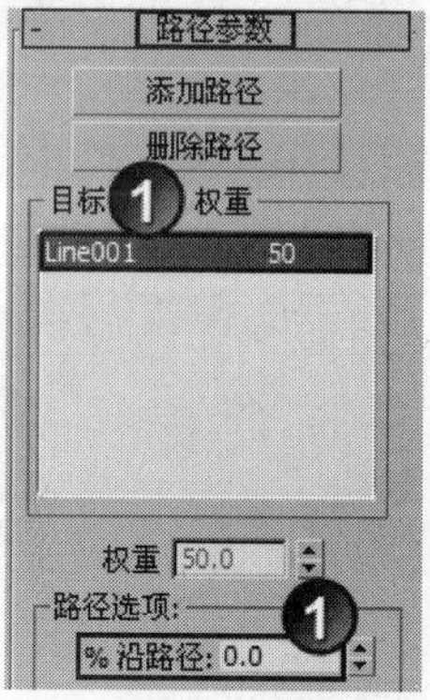

图20-23

04 单击“自动关键点”按钮，然后将时间线滑块拖曳到第100帧，再在“路径参数”卷展栏下设置“%沿路径”为100，如图20-24所示。

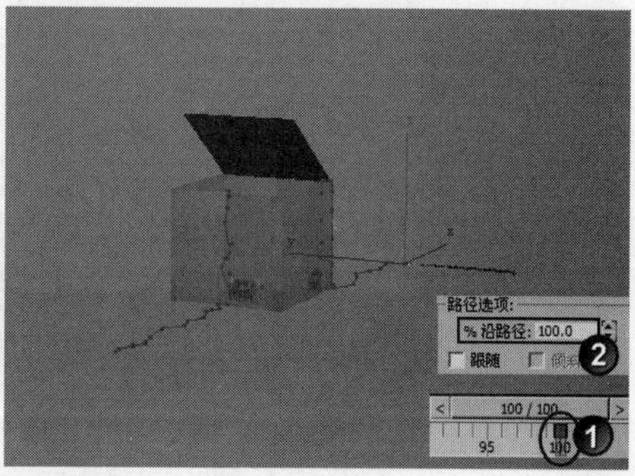

图20-24

05 单击“播放动画”按钮▶预览动画，效果如图20-25所示。

图20-25

06 选择动画效果最明显的一些帧，然后单独渲染这些单帧动画，最终效果如图20-26所示。

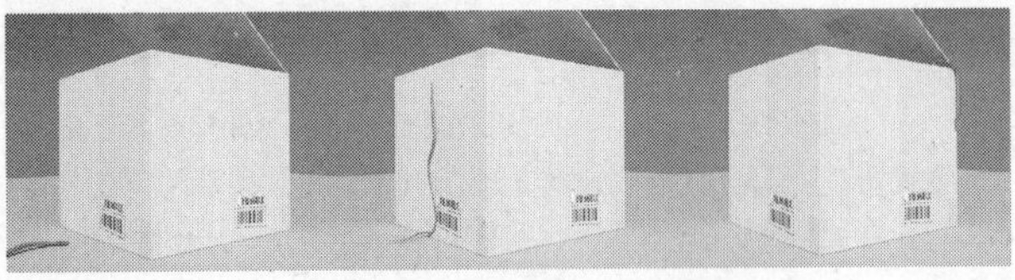

图20-26

实战293 制作人物打斗动画

场景位置	DVD>场景文件>CH20>实战293-1.max、实战293-2.bip
实例位置	DVD>实例文件>CH20>实战293.max
视频位置	DVD>多媒体教学>CH20>实战293.flv
难易指数	★★★☆☆
技术掌握	用蒙皮修改器为人物蒙皮；用Bip动作库制作打斗动画

实例介绍

本例先要使用“蒙皮”修改器为人物蒙皮，然后利用Bip动作库制作人物打斗动画，效果如图20-27所示。

图20-27

操作步骤

01 打开光盘中的“场景文件>CH20>实战293-1.max”文件，如图20-28所示。

图20-28

02 使用Biped工具 Biped 在前视图中创建一个Biped骨骼，如图20-29所示。

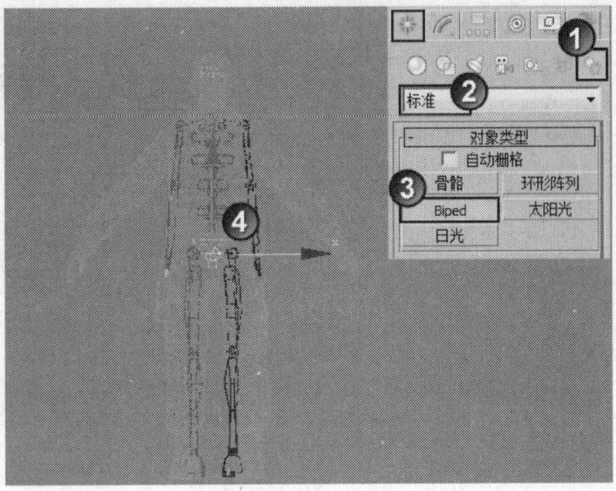

图20-29

技巧与提示

Biped骨骼是3ds Max提供的一套非常方便的人体骨骼系统。使用Biped工具 Biped 创建的骨骼与真实的人体骨骼基本一致，因此使用该工具可以快速制作出人物动画，当然也可以通过修改Biped的参数来制作其他生物的骨骼。

03 为人物模型加载一个“蒙皮”修改器，然后在“参数”卷展栏下单击“添加”按钮 添加 ，再在弹出的“选择骨骼”对话框中选择所有的关节，如图20-30所示。

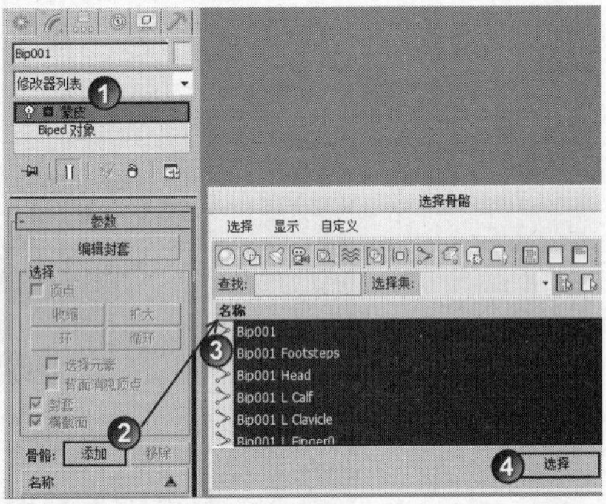

图20-30

04 选择Biped骨骼，然后切换到“运动”面板，再在Biped卷展栏下单击“加载文件”按钮，最后在弹出的“打开”对话框中选择光盘中的“场景文件>CH20>实战293-2.bip”文件，如图20-31所示。

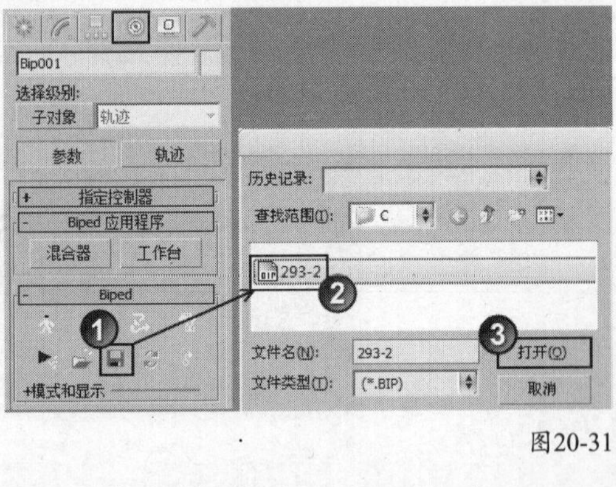

图20-31

技巧与提示

在加载.bip文件时，3ds Max可能会弹出一个“Biped过时文件”对话框，直接单击“确定”按钮 确定 即可，如图20-32所示。

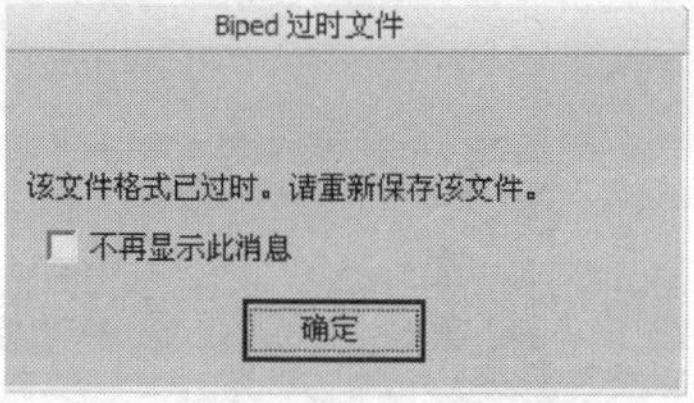

图20-32

05 单击“播放动画”按钮▶，观察打斗动画，效果如图20-33所示。

图20-33

06 选择动画效果最明显的一些帧，然后单独渲染这些单帧动画，最终效果如图20-34所示。

图20-34

实战294 制作人体行走动画

场景位置	DVD>场景文件>CH20>实战294.max
实例位置	DVD>实例文件>CH20>实战294.max
视频位置	DVD>多媒体教学>CH20>实战294.flv
难易指数	★★★☆☆
技术掌握	用Biped制作行走动画

实例介绍

本例将使用Biped制作一段行走动画，效果如图20-35所示。

图20-35

步骤操作

01 打开光盘中的“场景文件>CH20>实战294.max”文件，如图20-36所示。

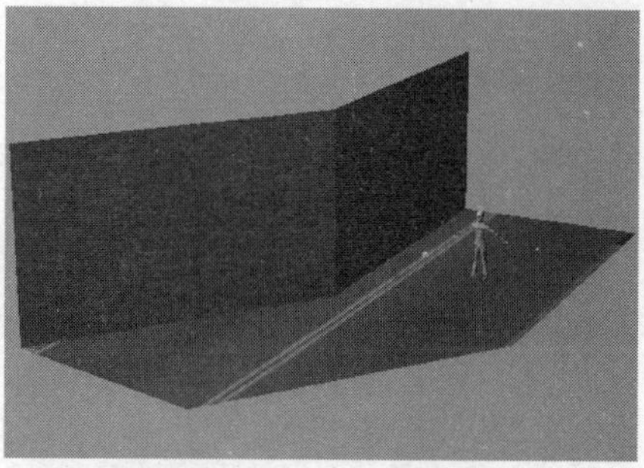

图20-36

02 使用Biped工具 Biped 在前视图中创建一个Biped骨骼，如图20-37所示，再在透视图中调整好位置，如图20-38所示。

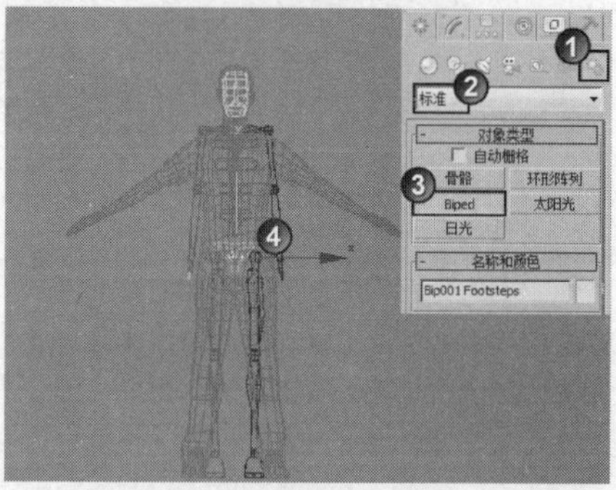

图20-37

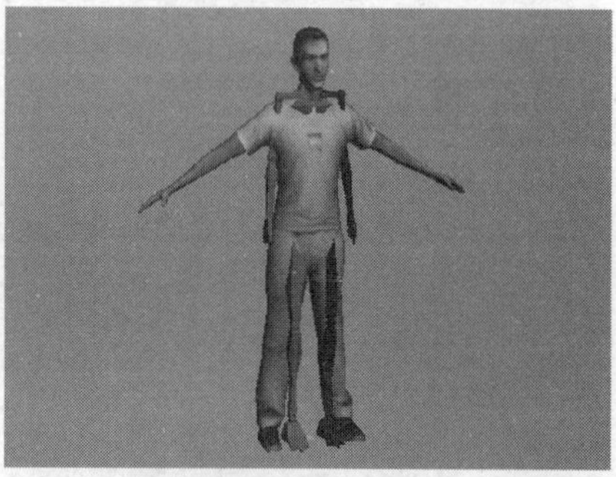

图20-38

03 选择人体模型，然后为其加载一个“蒙皮”修改器，再在“参数”卷展栏下单击“添加”按钮 添加 ，最后在弹出的“选择骨骼”对话框中选择所有的关节，如图20-39所示。

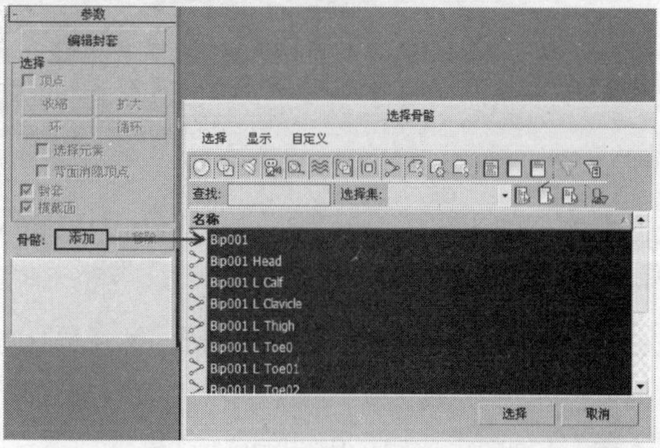

图20-39

04 选择人物的骨骼，进入“运动”面板，然后在Biped卷展栏下单击“足迹模式”按钮，再在“足迹创建”卷展栏下单击“创建足迹（在当前帧上）”按钮，最后在人物的前方创建行走足迹（在顶视图中进行创建），如图20-40所示。

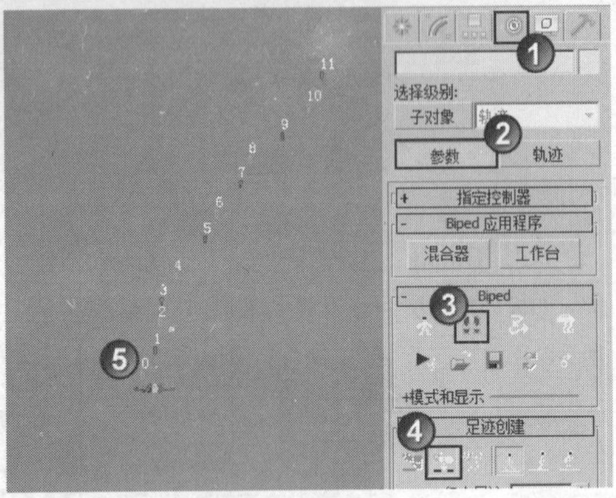

图20-40

05 切换到左视图，然后使用“选择并移动”工具将足迹向上拖曳到地面上，如图20-41所示，再在透视图中调整好足迹之间的间距，如图20-42所示。

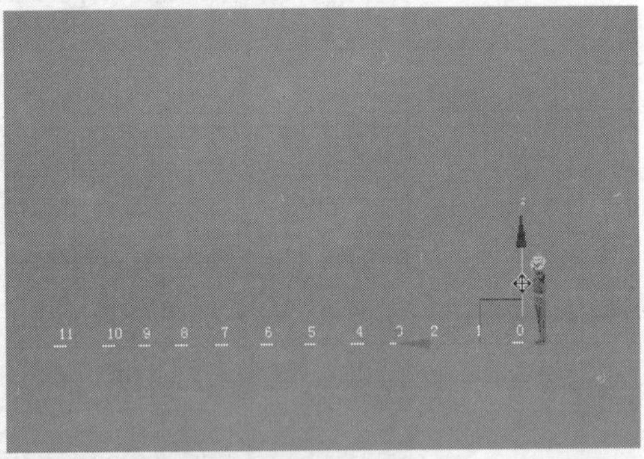

图20-41

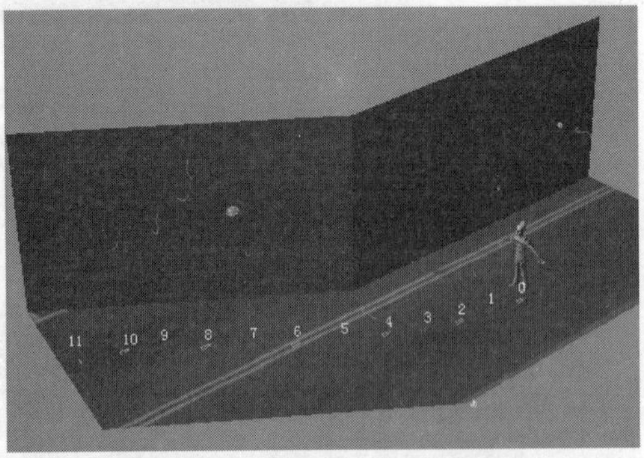

图20-42

06 在“足迹操作”卷展栏下单击“为非活动足迹创建关键点”按钮，然后单击“播放动画”按钮，效果如图20-43所示。

07 单击“自动关键点”按钮自动关键点，然后将时间线滑块拖曳到第15帧，再使用“选择并移动”工具调整好Biped手臂关节的动作，如图20-44所示。

图20-43

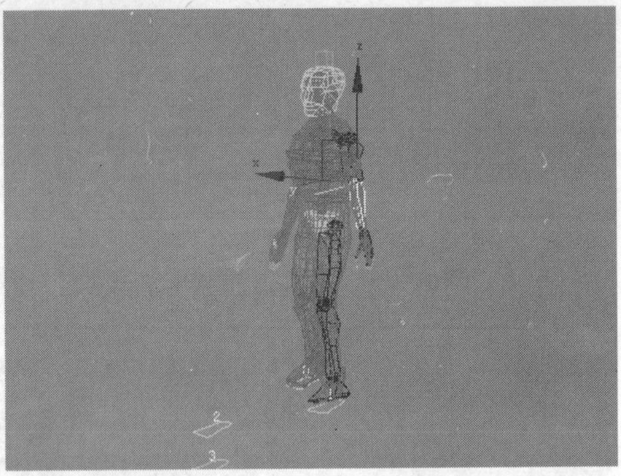

图20-44

08 继续在第30帧、第45帧、第60帧和第75帧调整好Biped小臂、手腕和大臂等骨骼的动作，如图20-45~图20-48所示。

图20-45

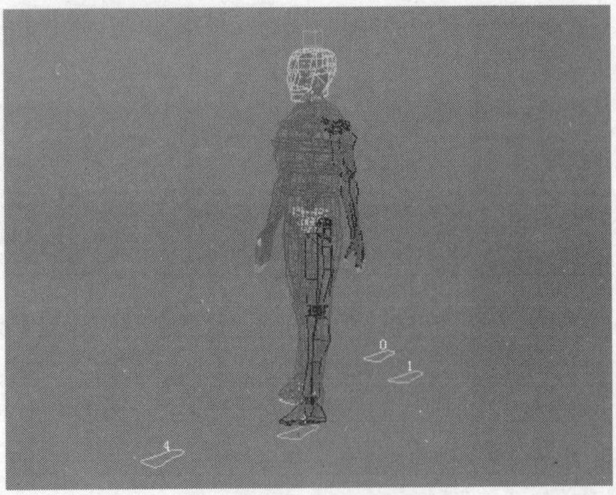

图20-46

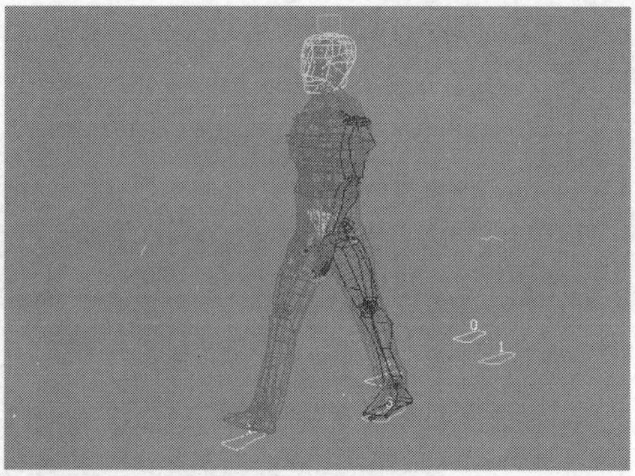

图20-47

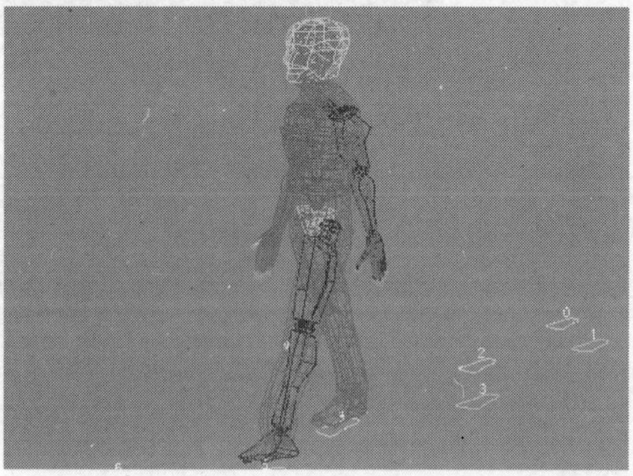

图20-48

09 单击“时间配置”按钮，然后在弹出的对话框中设置“开始时间”为10、“结束时间”为183，如图20-49所示。

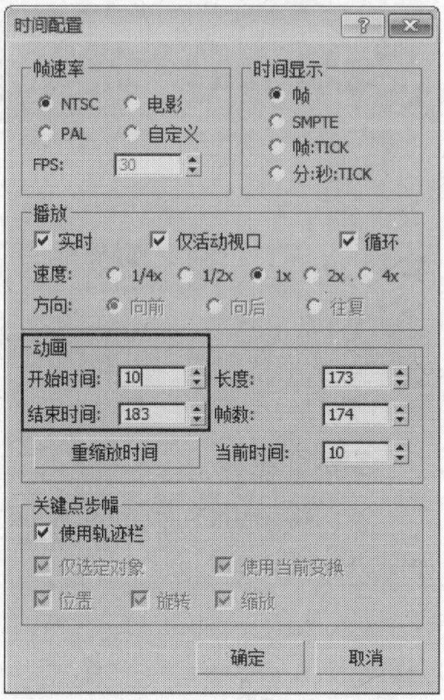

图20-49

技巧与提示

默认动画设置的“结束时间”为第100帧，如果默认设置不适合具体的动画制作，用户可以通过上面的方法根据实际需要进行设置。

10 选择动画效果最明显的一些帧，然后单独渲染这些单帧动画，最终效果如图20-50所示。

图20-50

实战295 制作搬箱子动画

场景位置	DVD>场景文件>CH20>实战295-1.max、实战295-2.bip
实例位置	DVD>实例文件>CH20>实战295.max
视频位置	DVD>多媒体教学>CH20>实战295.flv
难易指数	★★☆☆☆
技术掌握	用Bip动作库制作动画

实例介绍

本例将使用Bip动作库制作一段搬箱子的动画，效果如图20-51所示。

图20-51

步骤操作

01 打开光盘中的“场景文件>CH20>实战295-1.max”文件，如图20-52所示。

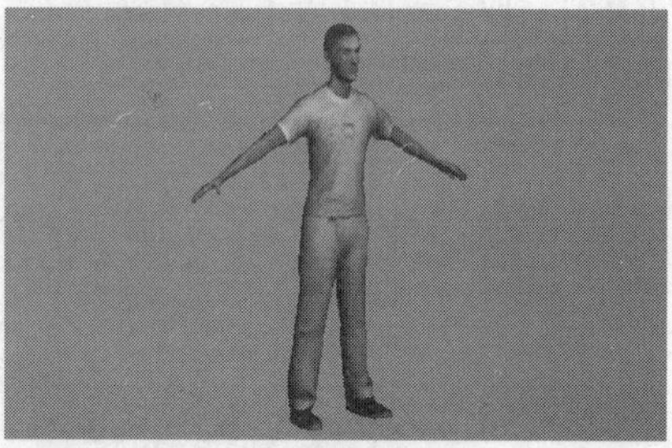

图20-52

02 使用Biped工具 Biped 在前视图中创建一个Biped骨骼，如图20-53所示，然后在透视图中调整好位置，如图20-54所示。

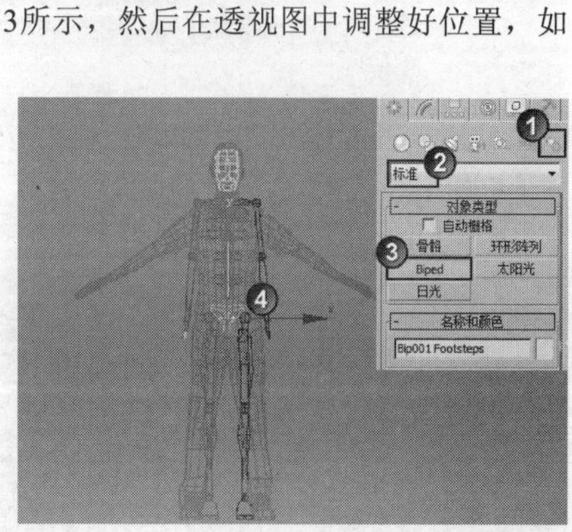

图20-53

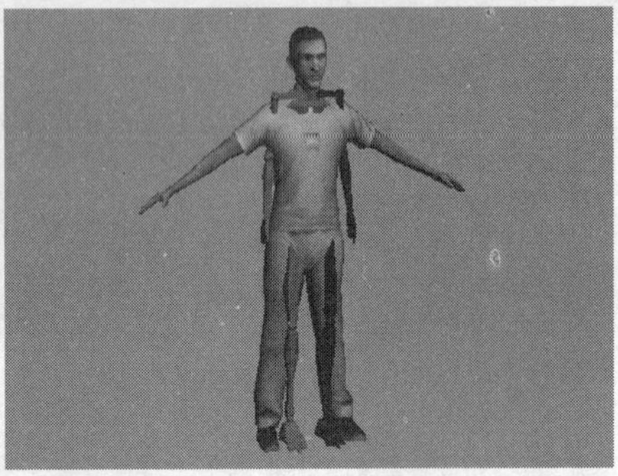

图20-54

03 选择人体模型，然后为其加载一个“蒙皮”修改器，再在“参数”卷展栏下单击“添加”按钮 添加 ，最后在弹出的“选择骨骼”对话框中选择所有的关节，如图20-55所示。

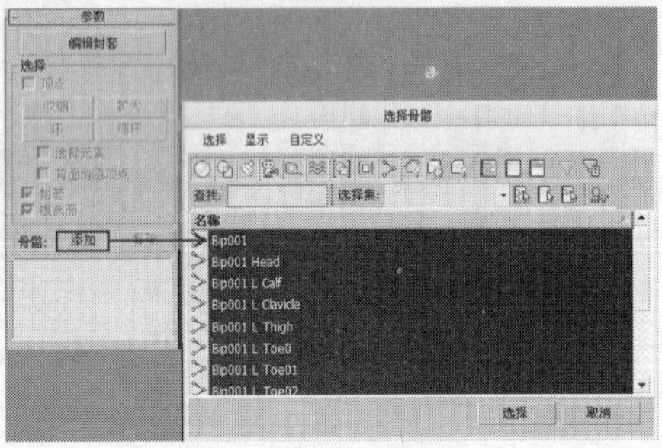

图20-55

04 进入“运动”面板，然后在Biped卷展栏下单击“足迹模式”按钮 ，再单击“加载文件”按钮 ，并在弹出的对话框中选择光盘中的“场景文件>CH20>实战295-2.bip”文件，效果如图20-56所示。

图20-56

05 使用“长方体”工具 长方体 在两手之间创建一个箱子，如图20-57所示。拖动时间线滑块，可以发现箱子并没有跟随Biped一起移动，如图20-58所示。

图20-57

图20-58

06 将时间线滑块拖曳到第0帧位置，然后使用“选择并链接”工具 将箱子链接到手上，如图20-59所示。

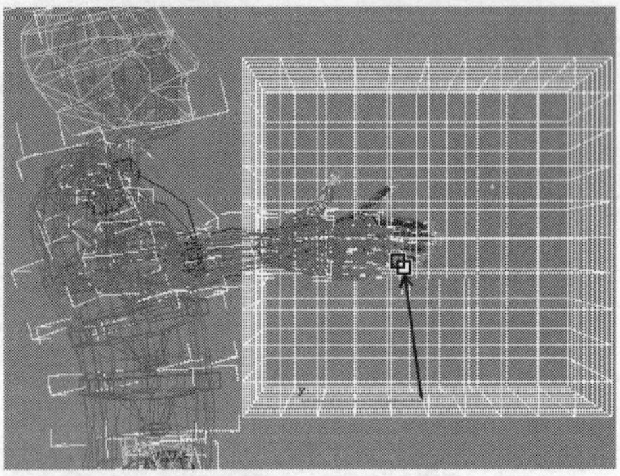

图20-59

07 单击“播放动画”按钮 ，效果如图20-60所示。

图20-60

08 选择动画效果最明显的一些帧，然后单独渲染这些单帧动画，最终效果如图20-61所示。

图20-61

实战296 制作动物行走动画

场景位置	无
实例位置	DVD>实例文件>CH20>实战296.max
视频位置	DVD>多媒体教学>CH20>实战296.flv
难易指数	★★★☆☆
技术掌握	用CATParent辅助对象制作行走动画

实例介绍

本例将使用CATParent辅助对象制作行走动画，效果如图20-62所示。

图20-62

操作步骤

01 使用CATParent工具 CATParent 在场景中创建一个CATParent辅助对象，如图20-63所示。

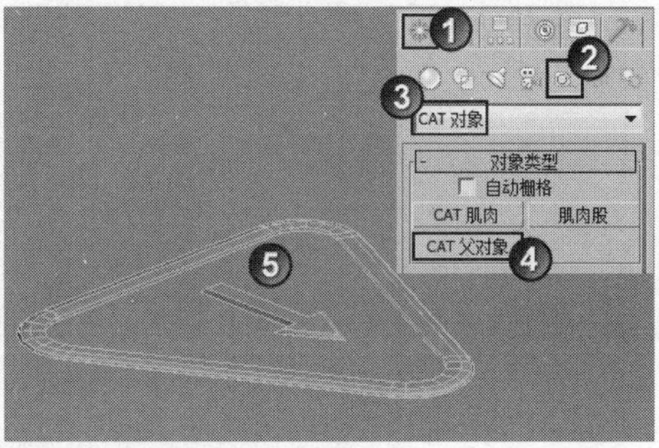

图20-63

技巧与提示

CAT是一个 3ds Max 角色动画插件。CAT用于角色绑定、非线性动画制作、动画分层、运动捕捉导入和肌肉模拟等。

02 展开“CATRig加载保存”卷展栏，然后在CATRig预设列表中双击Lizard，在场景中创建一个Lizard对象，如图20-64所示。

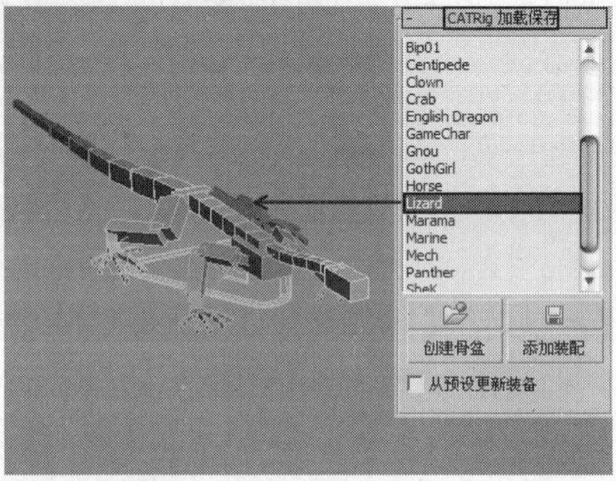

图20-64

03 展开“CATRig参数”卷展栏，然后设置“CAT单位比”为0.593，如图20-65所示。

04 切换到“运动”面板，然后在“层管理器”卷展栏下单击“添加层”按钮创建一个CATMotion层，如图20-66所示，再单击“设置/动画模式切换”按钮（激活后的按钮会成状）生成一段动画。

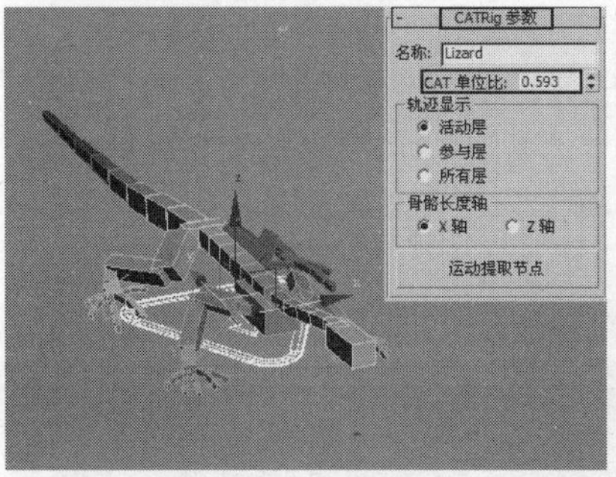

图20-65

图20-66

05 在“层管理器”卷展栏下单击“CATMotion编辑器”按钮，然后在列表中选择“全局”选项，再在“行走模式”选项组下勾选“直线行走”选项，如图20-67所示。

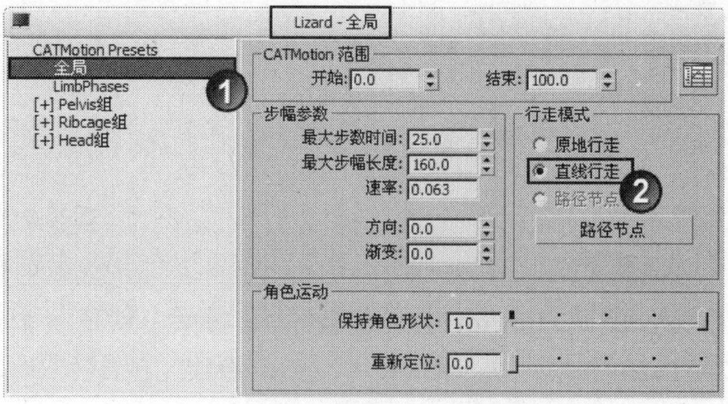

图20-67

06 单击“播放动画”按钮，效果如图20-68所示。

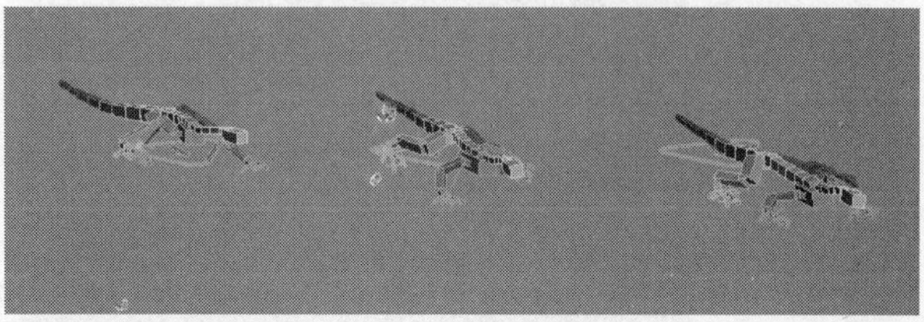

图20-68

07 采用相同的方法创建其他的CAT动画，完成后的效果如图20-69所示。

图20-69

08 选择动画效果最明显的一些帧，然后单独渲染这些单帧动画，最终效果如图20-70所示。

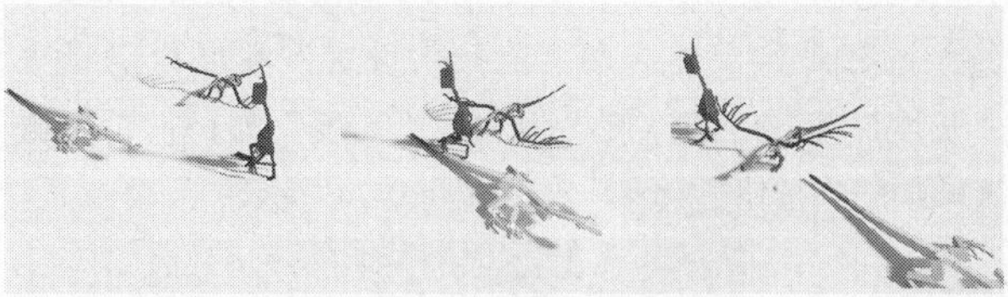

图20-70

实战297 制作恐龙动画

场景位置	无
实例位置	DVD>实例文件>CH20>实战297.max
视频位置	DVD>多媒体教学>CH20>实战297.flv
难易指数	★★★☆☆
技术掌握	用CATParent辅助对象制作行走动画

实例介绍

本例将使用CATParent辅助对象创建恐龙骨骼并制作一段动画，效果如图20-71所示。

图20-71

步骤操作

01 使用CATParent工具 CATParent 在场景中创建一个CATParent辅助对象，然后在“CATRig参数”卷展栏下设置“CAT单位比”为0.5，如图20-72所示。

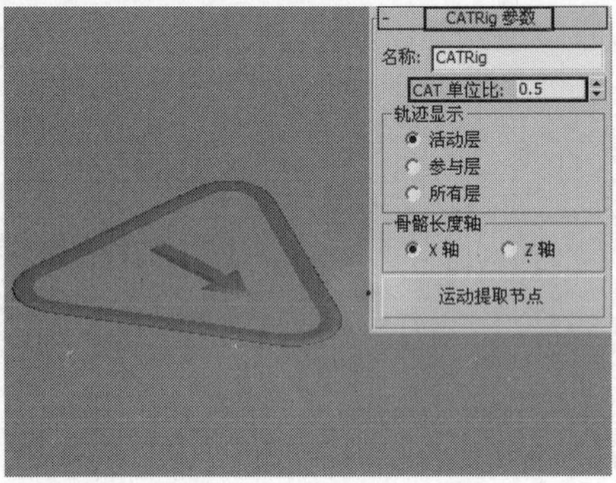

图20-72

02 在“CATRig加载保存”卷展栏下单击“创建骨盆”按钮 创建骨盆，创建好的骨盆效果如图20-73所示。

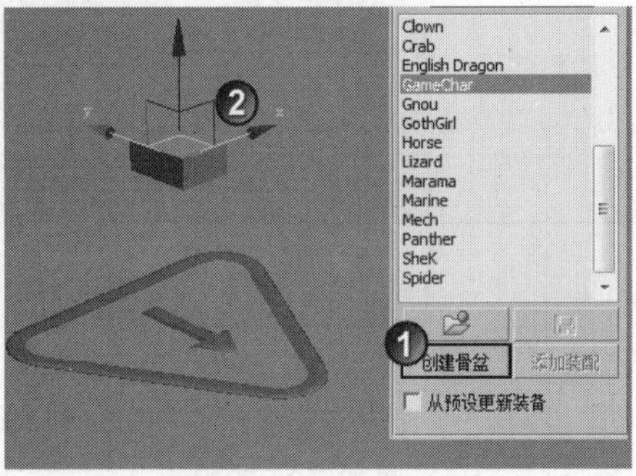

图20-73

03 选择骨盆，然后在“连接部设置”卷展栏下设置“长度”为30、“宽度”为30、“高度”为15，再单击“添加腿”按钮 添加腿，效果如图20-74所示。

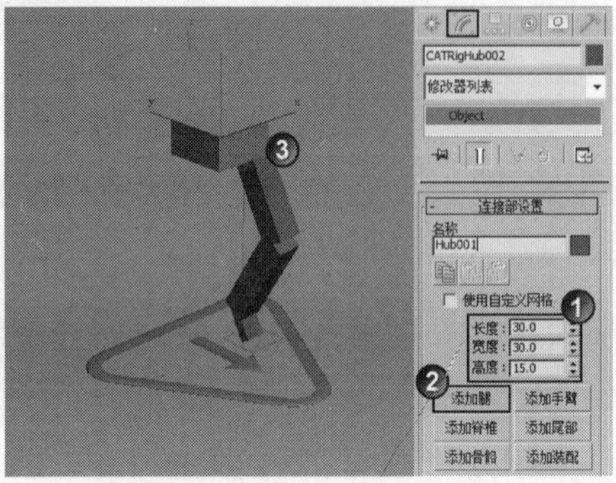

图20-74

04 选择腿，然后在“肢体设置”卷展栏下勾选“锁骨”选项，如图20-75所示。

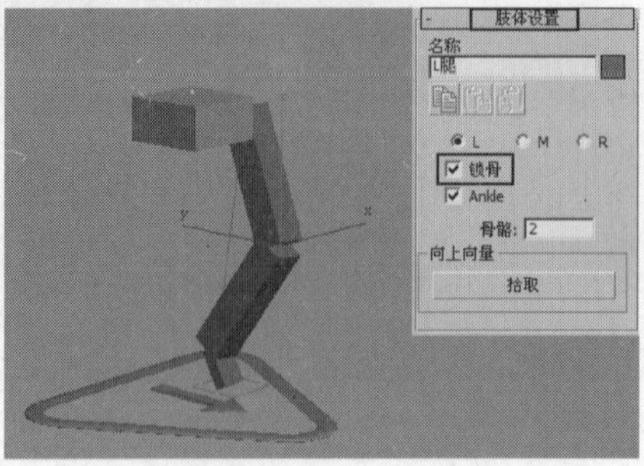

图20-75

05 选择脚掌骨骼，然后在前视图中将其沿x轴正方向拖曳一段距离，如图20-76所示。

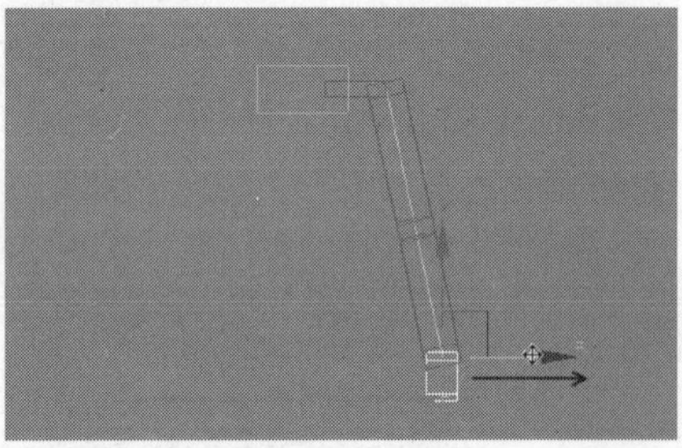

图20-76

06 选择骨盆，然后在“连接部设置”卷展栏下单击“添加腿”按钮 添加腿，效果如图20-77所示。

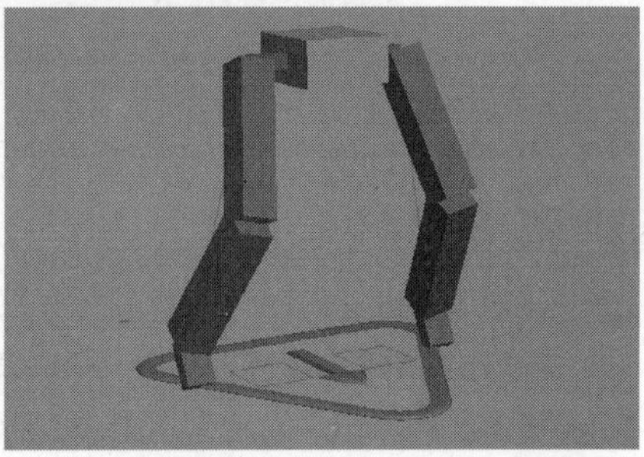

图20-77

07 选择骨盆，然后在“连接部设置”卷展栏下单击“添加脊椎”按钮 添加脊椎，效果如图20-78所示，再使用“选择并旋转”工具和“选择并移动”工具将脊椎骨骼调节成如图20-79所示的效果。

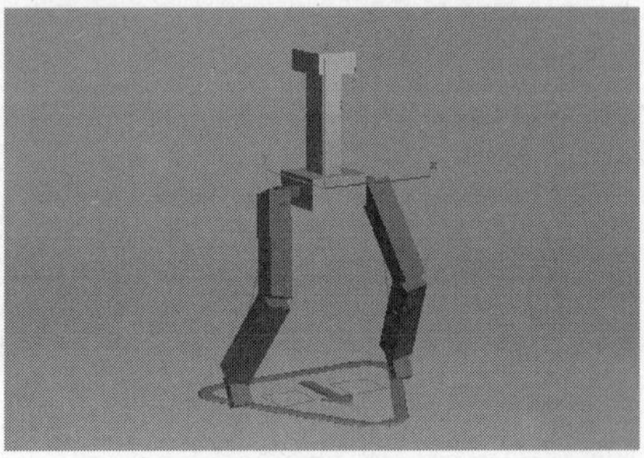

图20-78

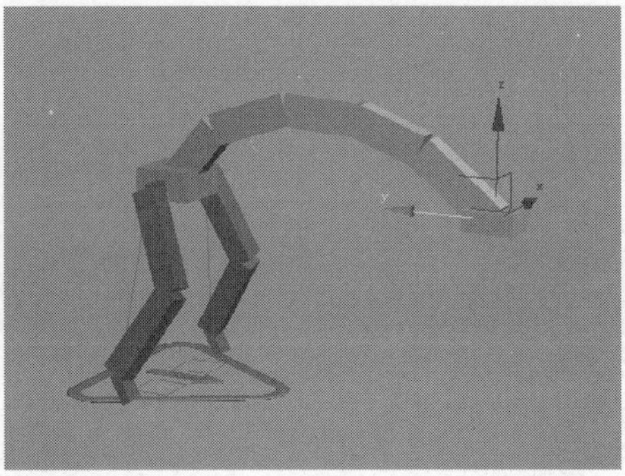

图20-79

08 选择脊椎骨骼，然后在“连接部设置”卷展栏下单击“添加腿”按钮添加腿，效果如图20-80所示，再将腿骨骼调节成如图20-81所示的效果。

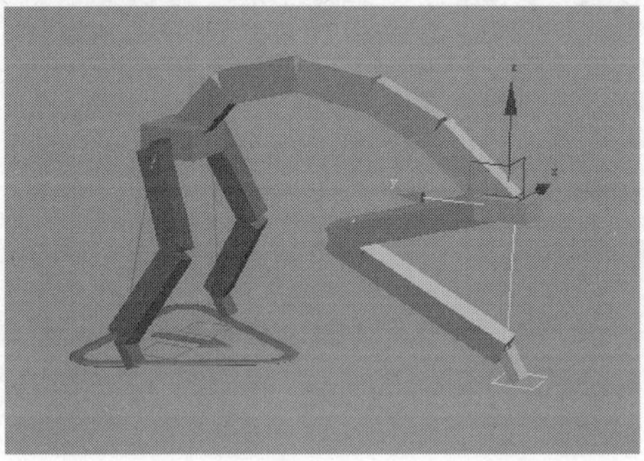

图20-80

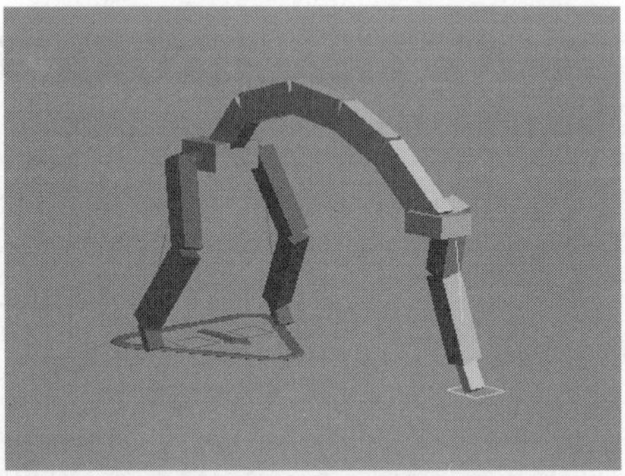

图20-81

09 选择连接前腿的骨盆，然后在“连接部设置”卷展栏下继续单击“添加腿”按钮添加腿，效果如图20-82所示。

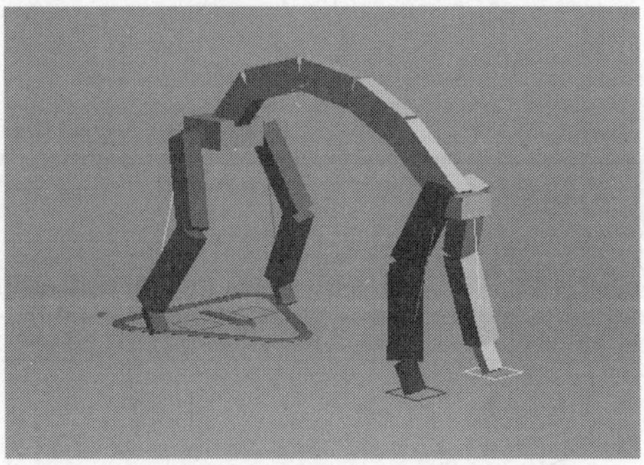

图20-82

10 选择连接前腿的骨盆，然后在“连接部设置”卷展栏下单击“添加脊椎”按钮添加脊椎，效果如图20-83所示，再将恐龙骨骼调节成如图20-84所示的效果。

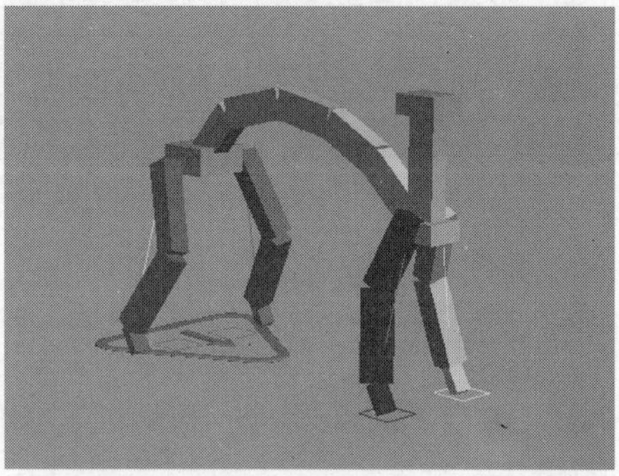

图20-83

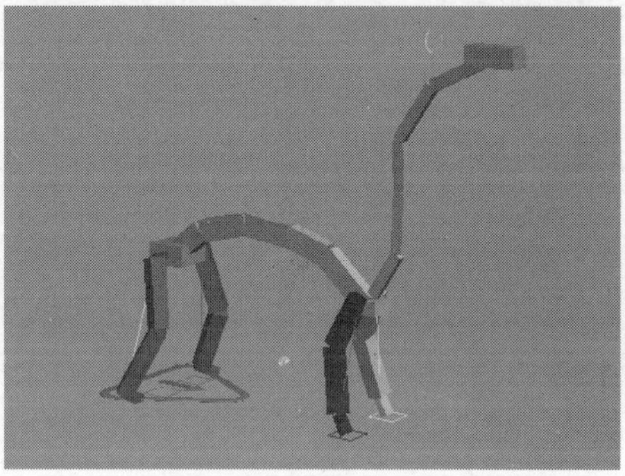

图20-84

11 选择连接后腿的骨盆，然后在“连接部设置”卷展栏下单击“添加尾部”按钮添加尾部，效果如图20-85所示，再将骨骼调整成如图20-86所示的效果。

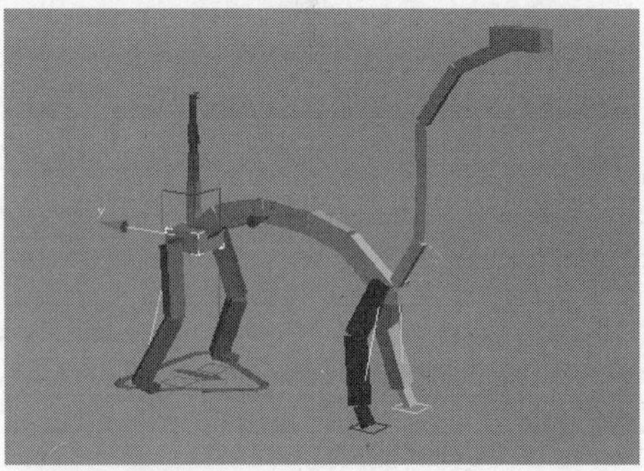

图20-85

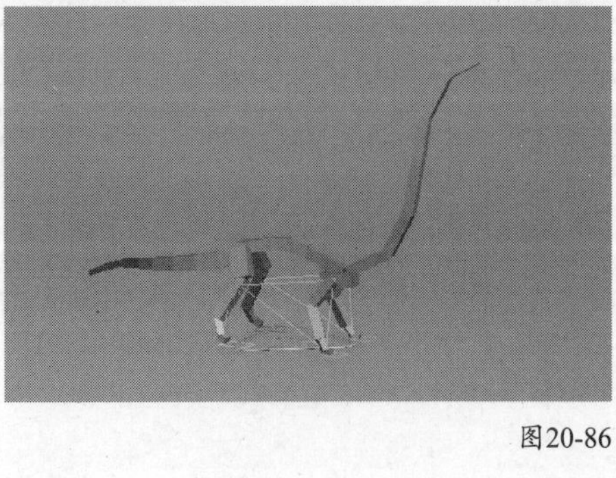

图20-86

12 为恐龙骨骼创建一个行走动画，完成后的效果如图20-87所示。

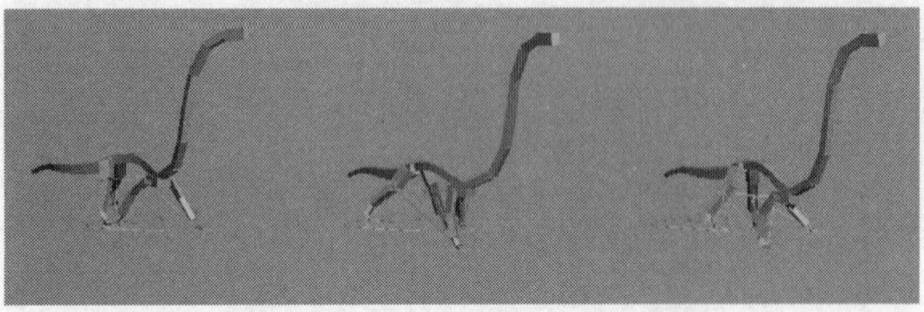

图20-87

13 选择CATParent辅助对象，然后在“CATRig加载保存”卷展栏下单击“保存预设装备”按钮，再在弹出的“另存为”对话框中将其保存为预设文件，如图20-88所示。

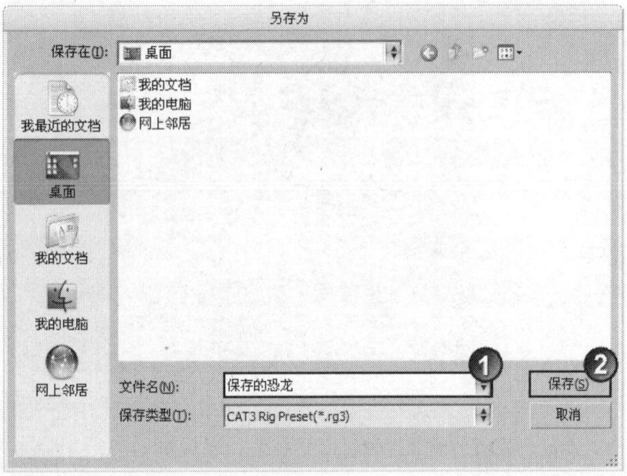

图20-88

技巧与提示

当创建好新的骨骼文件并保存为预设文件后，在CATRig预设列表中就会显示这个预设文件，这样下次需要使用时可以直接单击来创建一个相同的恐龙骨骼，如图20-89所示。

图20-89

14 在CATRig预设列表中双击保存好的预设，创建一个相同的恐龙动画，如图20-90所示。

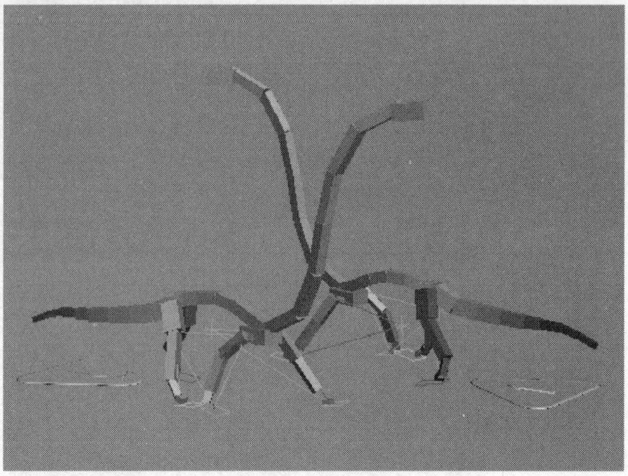

图20-90

15 选择动画效果最明显的一些帧，然后单独渲染这些单帧动画，最终效果如图20-91所示。

图20-91

实战298 制作飞龙爬树动画

场景位置	DVD>场景文件>CH20>实战298.max
实例位置	DVD>实例文件>CH20>实战298.max
视频位置	DVD>多媒体教学>CH20>实战298.flv
难易指数	★★★★☆
技术掌握	用CATParent创建骨骼；用蒙皮修改器为角色蒙皮；用路径约束制作约束动画

实例介绍

本例将使用CATParent辅助对象创建恐龙骨骼并制作一段飞龙爬树的动画，效果如图20-92所示。

图20-92

操作步骤

01 打开光盘中的“场景文件>CH20>实战298.max”文件，如图20-93所示。

02 使用CATParent工具 CATParent 在场景中创建一个CATParent辅助对象，如图20-94所示。

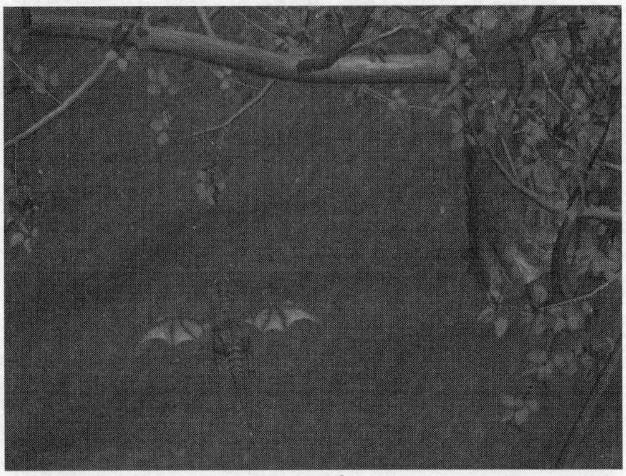

图20-93

图20-94

03 展开“CATRig加载保存”卷展栏，然后在CATRig列表中双击English Dragon预设选项，创建一个English Dragon骨骼，如图20-95所示。

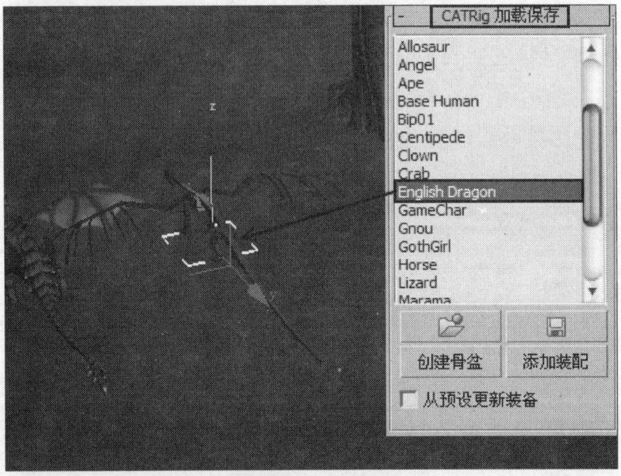

图20-95

04 仔细调整English Dragon骨骼的大小和形状，使其与飞龙的大小和形状相吻合，如图20-96所示。

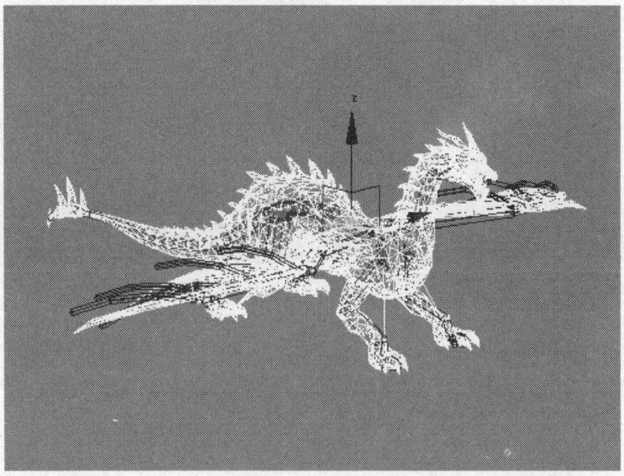

图20-96

技术专题 46 透明显示对象

在调整骨骼时，由于飞龙模型总是挡住视线，因此很难调整骨骼的形状和大小。这里介绍一下如何将飞龙模型以透明的方式显示在视图中。

第1步：选择飞龙模式，然后单击鼠标右键，在弹出的菜单中选择“对象属性”命令，如图20-97所示。

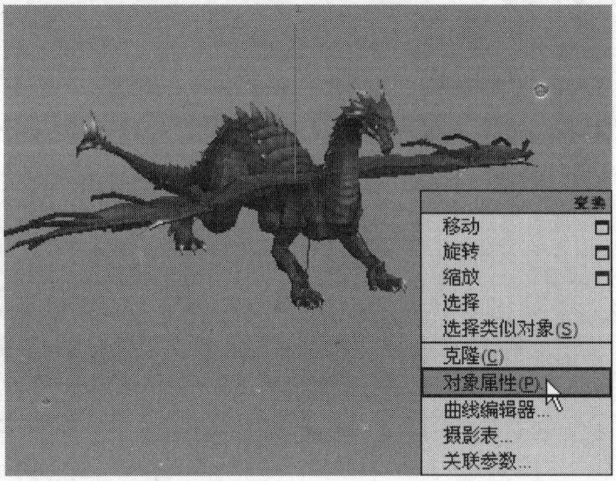

图20-97

第2步：执行“对象属性”命令后会弹出“对象属性”对话框，在“显示属性”选项组下勾选“透明”选项，如图20-98所示，这样飞龙模型就会在视图中显示为透明效果，如图20-99所示。另外，为了在调整骨骼时不会选择到飞龙模型，可以将其先冻结起来，待调整完骨骼以后再将其解冻。

图20-98

图20-99

05 为飞龙模型加载一个“蒙皮”命令修改器，然后在“参数”卷展栏下单击“添加”按钮，再在弹出的“选择骨骼”对话框中选择所有的关节，如图20-100所示。

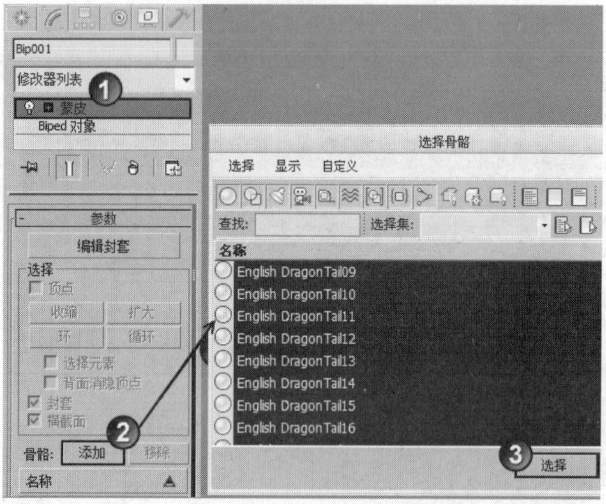

图20-100

06 选择CATParent辅助对象，切换到“运动”面板，然后在“层管理器”卷展栏下单击“添加层”按钮，再激活“设置/动画模式切换”按钮，动画效果如图20-101所示。

图20-101

07 设置辅助对象类型为“标准”，然后使用“点”工具 点 在场景中创建一个点辅助对象，再在“参数”卷展栏下设置“显示”方式为“长方体”，如图20-102所示。

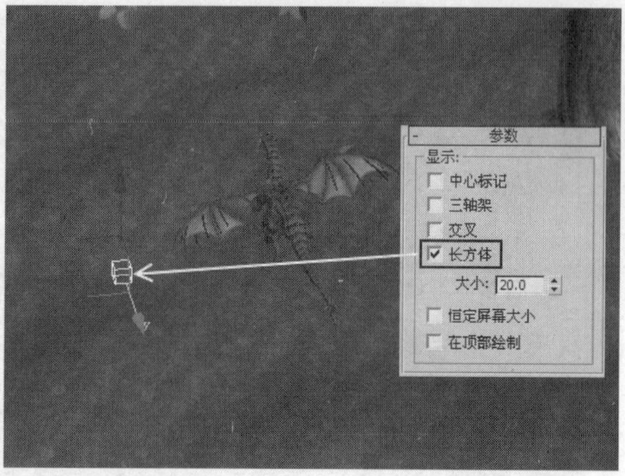

图20-102

08 选择点辅助对象，然后执行“动画>约束>路径约束”菜单命令，再将点辅助对象链接到样条线路径上，如图20-103所示。

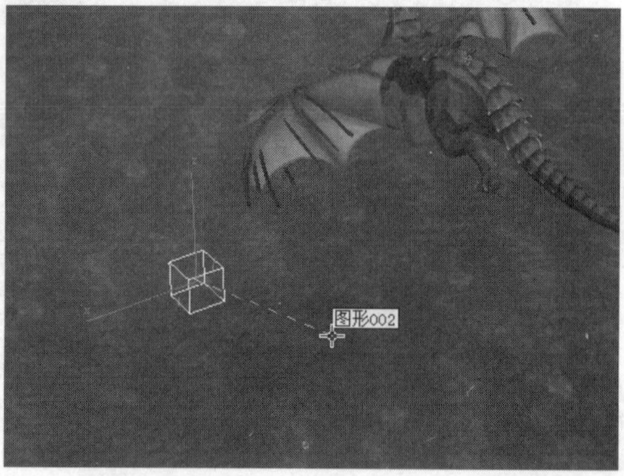

图20-103

09 选择CATParent辅助对象，切换到“运动”面板，然后在“层管理器”卷展栏下单击“CATMotion编辑器”按钮，再在列表中选择“全局”选项，最后在“行走模式”选项组下单击“路径节点”按钮 路径节点 ，并在视图中拾取点辅助对象，如图20-104所示。

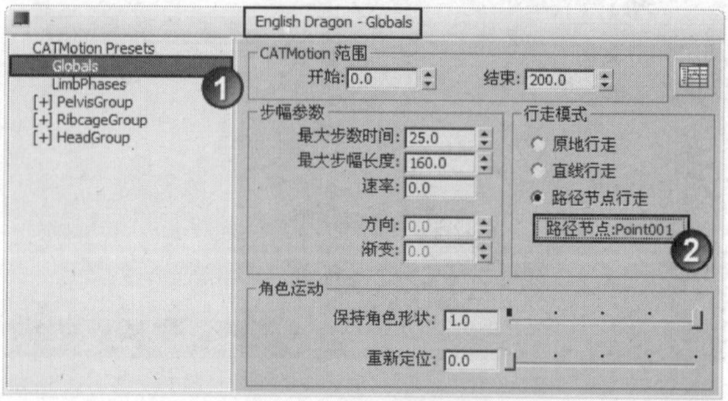

图20-104

10 在“层管理器”卷展栏下激活“设置/动画模式切换”按钮，然后为点辅助对象设置一个简单的自动关键点位移动画，如图20-105所示。

图20-105

11 选择动画效果最明显的一些帧，然后单独渲染这些单帧动画，最终效果如图20-106所示。

图20-106

实战299 制作群集动画

场景位置	DVD>场景文件>CH20>实战299.max
实例位置	DVD>实例文件>CH20>实战299.max
视频位置	DVD>多媒体教学>CH20>实战299.flv
难易指数	★★★★☆
技术掌握	用群组和代理辅助对象制作群集动画

实例介绍

本例将使用“群组”和“代理”辅助对象制作大群昆虫爬出洞穴的群集动画，效果如图20-107所示。

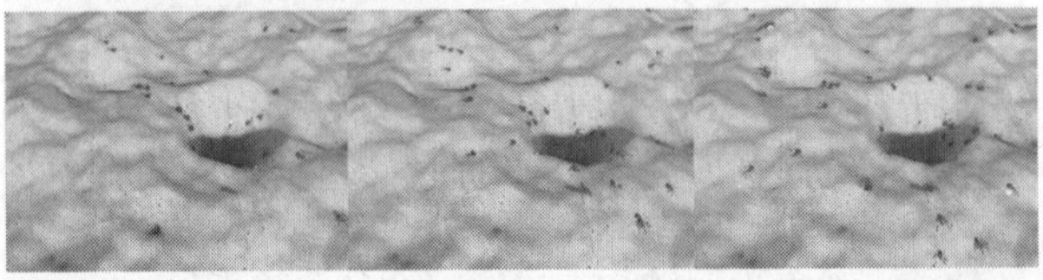

图20-107

操作步骤

01 打开光盘中的“场景文件>CH20>实战299.max”文件，如图20-108所示。

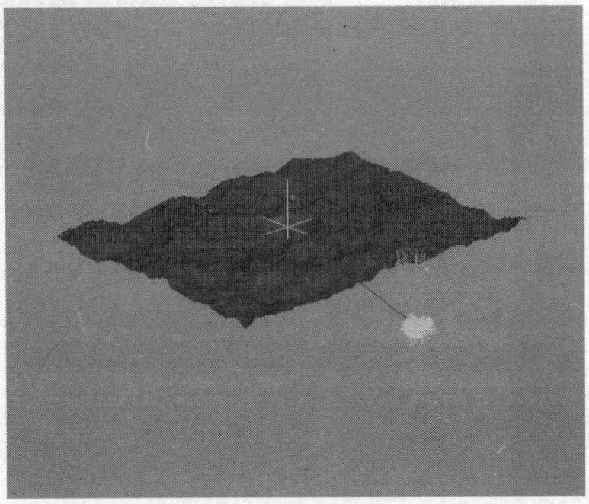

图20-108

02 在“创建”面板中单击“辅助对象”按钮，然后使用“群组”工具 群组 在场景中创建一个群组辅助对象，如图20-109所示。

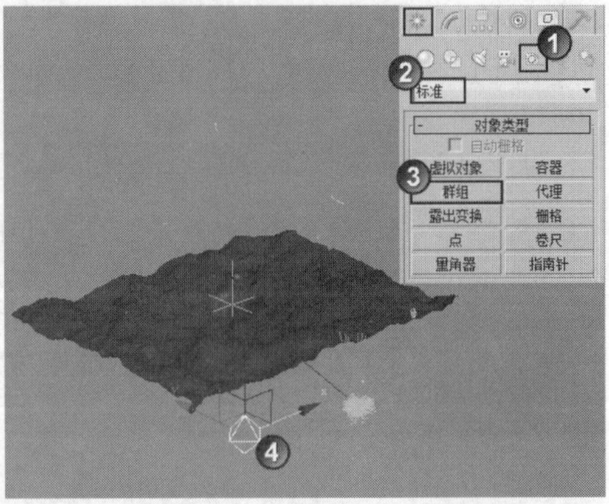

图20-109

技巧与提示

“群组”对象属于辅助对象，在场景中起到支持的作用，由于本例将要控制的蜘蛛数量比较多，逐个控制十分费时费力，因此需要创建群组辅助对象充当控制群组模拟的命令中心，从而实现统一控制。在大多数情况下，每个场景需要的群组对象不会多于一个。

03 使用“代理”工具 代理 在场景中创建一个代理辅助对象，如图20-110所示。

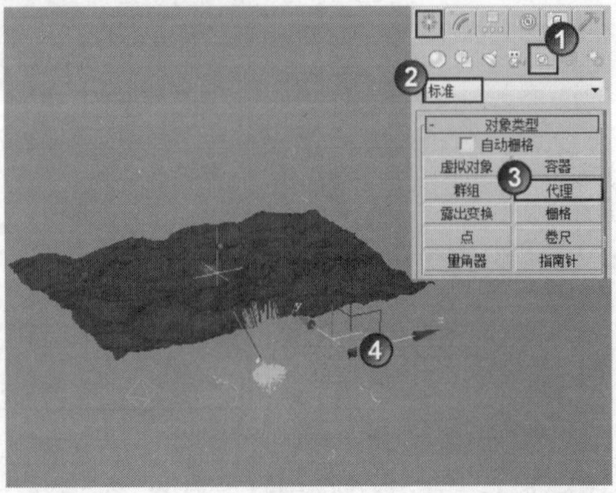

图20-110

04 选择群组对象，然后在“设置”卷展栏下单击“新建”按钮 新建 ，再在弹出的“选择行为类型”对话框中选择“搜索行为”选项，如图20-111所示。

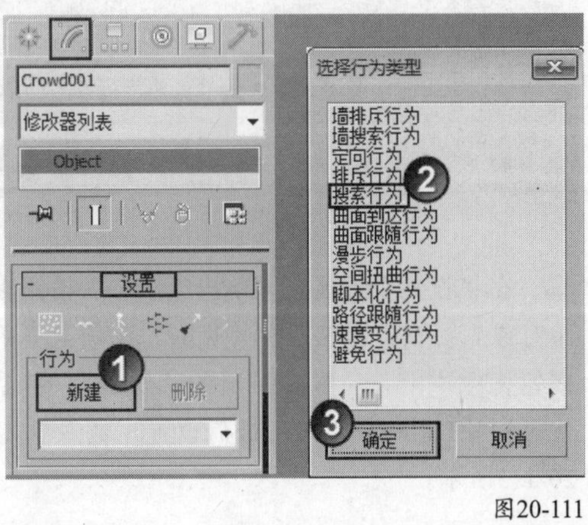

图20-111

05 展开“搜索行为”卷展栏，然后单击“多个选择”按钮，再在弹出的“选择”对话框中选择Sphere001，如图20-112所示。

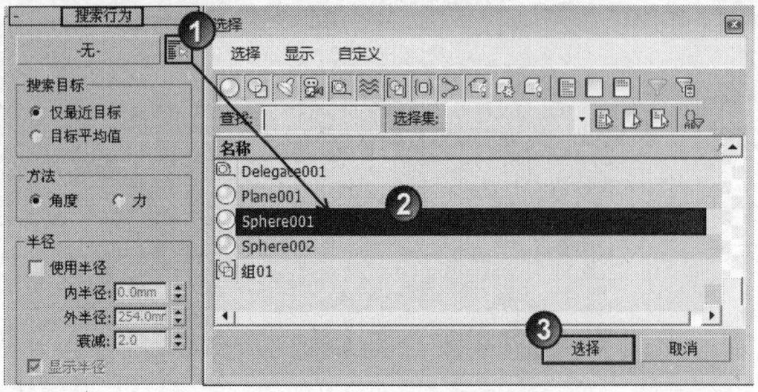

图20-112

06 在“设置”卷展栏下单击“新建”按钮，然后在弹出的“选择行为类型”对话框中选择“曲面跟随行为”选项，如图20-113所示。

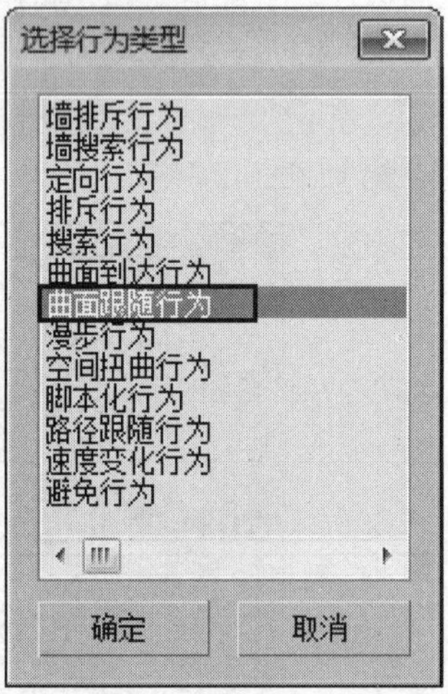

图20-113

07 展开“曲面跟随行为”卷展栏，然后单击“多个选择”按钮，在弹出的“选择”对话框中选择Plane001，如图20-114所示。

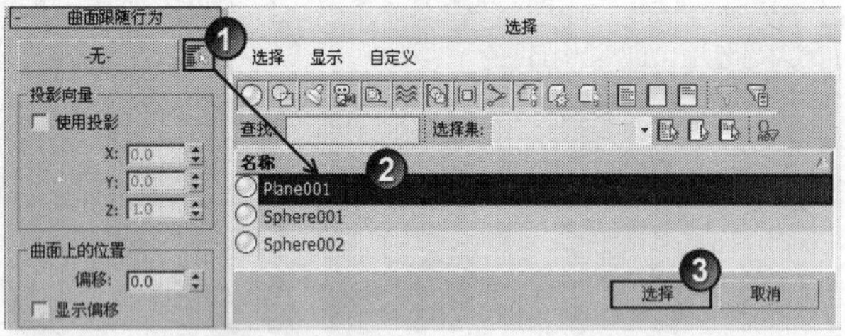

图20-114

08 在“设置”卷展栏下单击“散布”按钮打开“散布对象”对话框，然后在“克隆”选项卡下单击“无”按钮，再在弹出的“选择”对话框中选择代理对象Delegate001，最后设置“数量”为60，如图20-115所示。

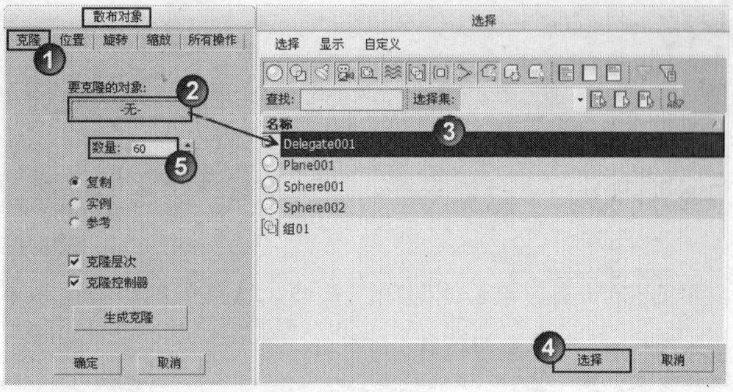

图20-115

09 单击“位置”选项卡，然后设置“放置相对于对象”为“在曲面上”，再单击“无”按钮，最后在弹出的“选择”对话框中选择Plane001，如图20-116所示。

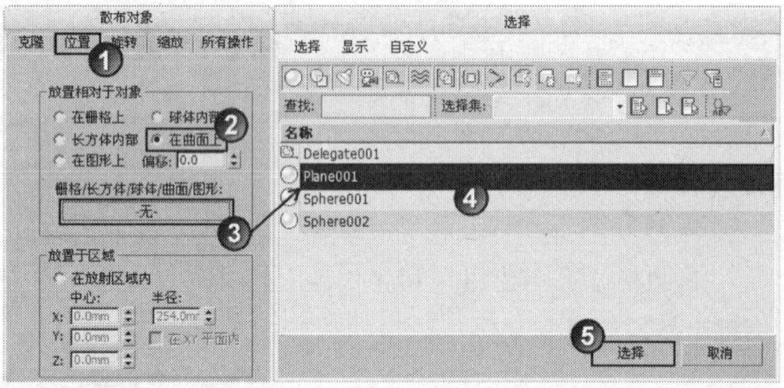

图20-116

10 单击“所有操作”选项卡，然后在“操作”选项组下勾选“克隆”和“位置”选项，接着单击“散布”按钮，如图20-117所示，散布效果如图20-118所示。

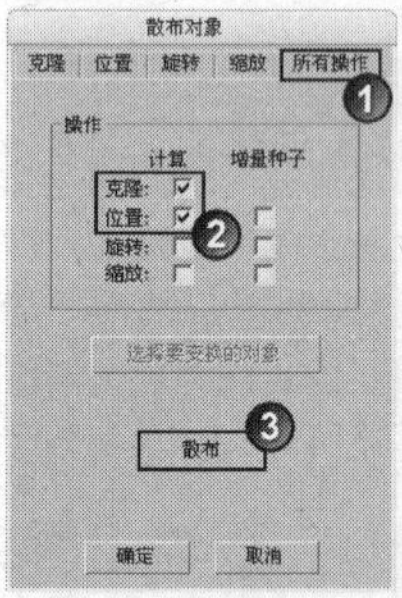

图20-117　图20-118

11 选择蜘蛛模型，然后使用“选择并移动”工具移动复制（选择“实例”复制方式）60个代理模型，如图20-119所示。

12 选择群组对象，然后在“设置”卷展栏下单击“对象/代理关联”按钮，打开“对象/代理关联”对话框，再在“对象”列表下单击“添加”按钮，最后在弹出的“选择”对话框中选择所有的蜘蛛模式，如图20-120所示。

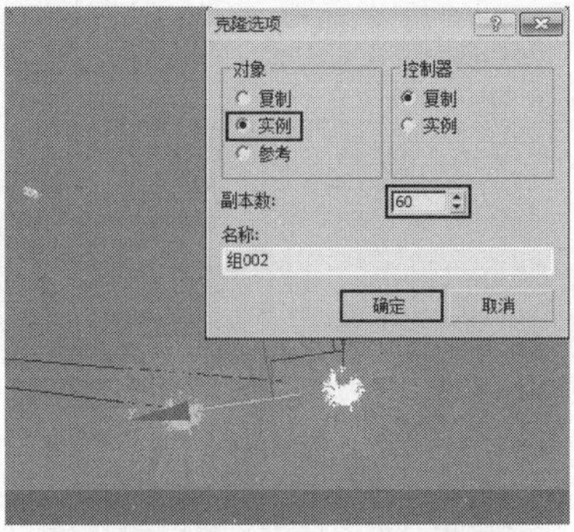

图20-119

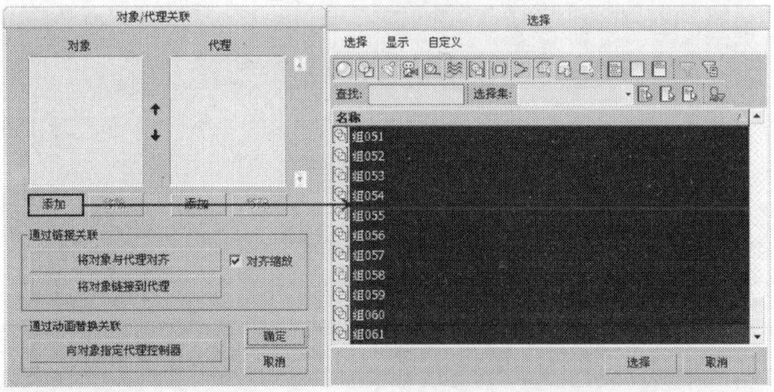

图20-120

13 在“代理”列表下单击“添加”按钮【添加】，然后在弹出的“选择”对话框中选择所有的代理对象，如图20-121所示。

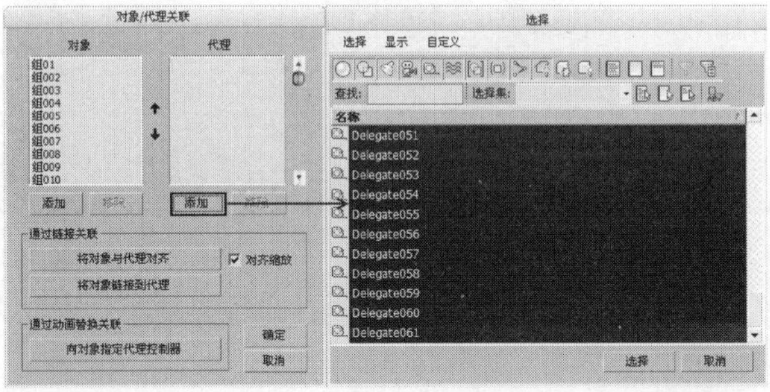

图20-121

14 继续在“对象/代理关联”对话框中单击“将对象与代理对齐”按钮【将对象与代理对齐】和“将对象链接到代理”按钮【将对象链接到代理】，如图20-122所示，效果如图20-123所示。

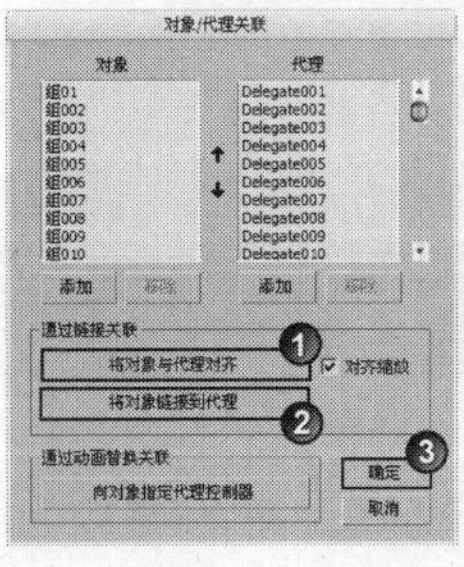

图20-122

图20-123

15 选择所有的蜘蛛模型，然后在“主工具栏”中设置“参考坐标系”为“局部”，再设置轴点中心为“使用轴点中心”，如图20-124所示，最后使用“选择并均匀缩放”工具等比例缩放蜘蛛模型，完成后的效果如图20-125所示。

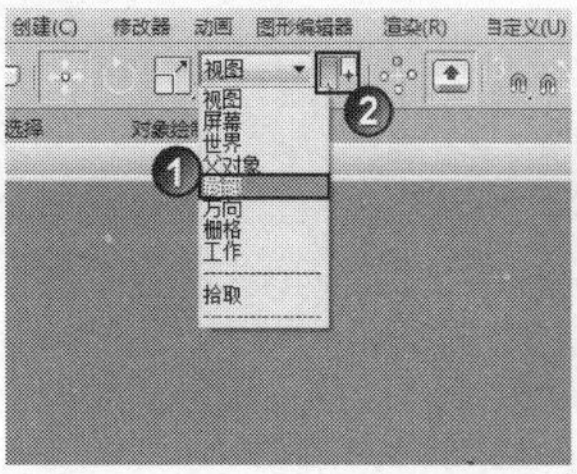

图20-124

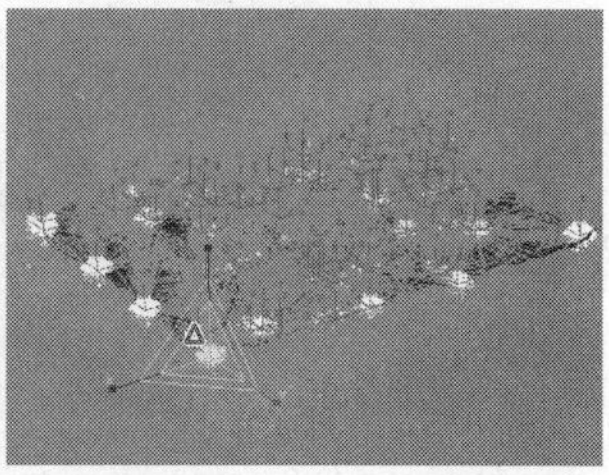

图20-125

16 选择群组对象，在“设置”卷展栏下单击“散布”按钮，打开“散布对象”对话框，然后在“旋转”选项卡下设置“注视来自”为“选定对象”，再单击“无”按钮【无】，在弹出的“选择”对话框中选择Sphere002球体，最后单击“生成方向”按钮【生成方向】，如图20-126所示，效果如图20-127所示。

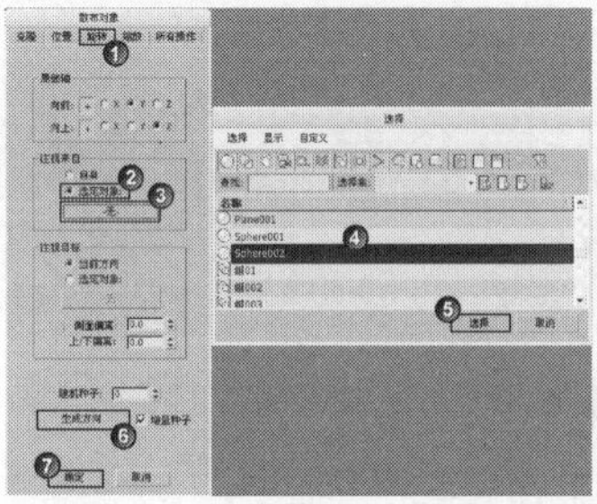

图20-126

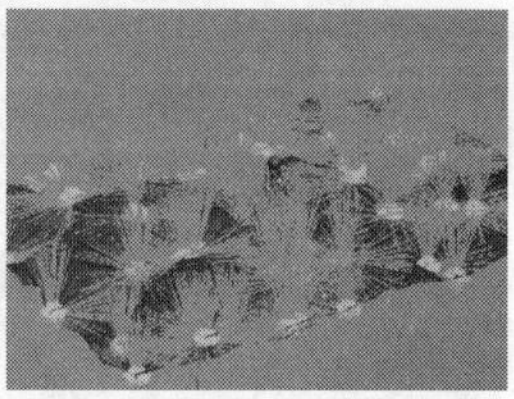

图20-127

17 选择群组对象，在“设置”卷展栏下单击“多个代理编辑”按钮，打开“编辑多个代理”对话框，然后单击“添加”按钮【添加】，并在弹出的“选择”对话框中选择所有的代理对象，再在“常规”选项组下关闭“约束到XY平面”选项前面的复选框，并勾选后面的复选框，最后单击“应用编辑”按钮【应用编辑】，如图20-128所示。

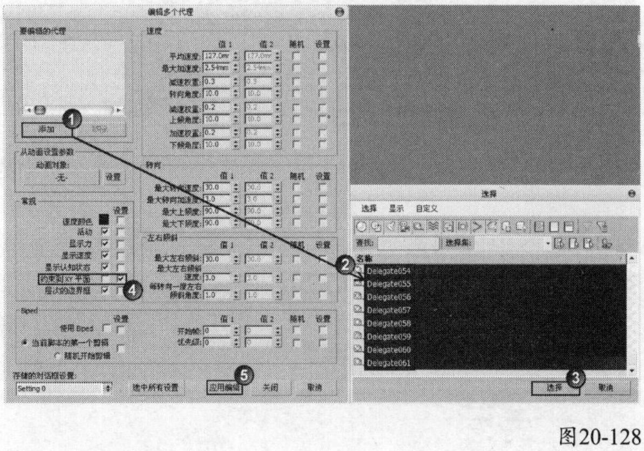

图20-128

18 选择群组对象，在“设置”卷展栏下单击“行为指定”按钮，打开“行为指定和组”对话框，然后在

“组”面板中单击“新建组”按钮 新建组 ，再在弹出的“选择代理”对话框中选择所有的代理对象，如图20-129所示。

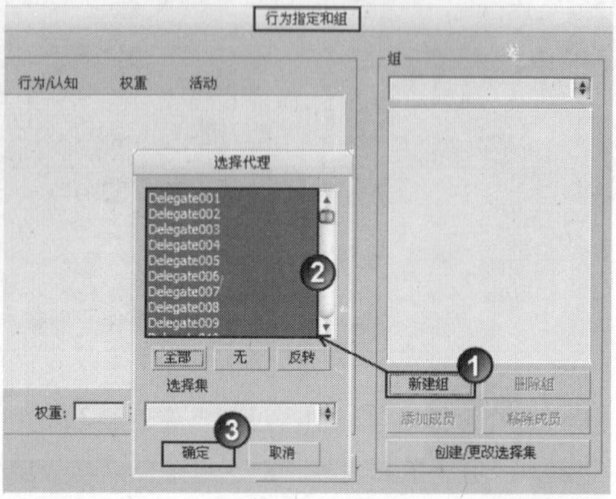

图20-129

19 在“组”列表中选择Team0，然后在“行为”列表中选择Seek和Surface Follow，再单击箭头➜按钮，将其加载到“行为指定”列表中，如图20-130所示。

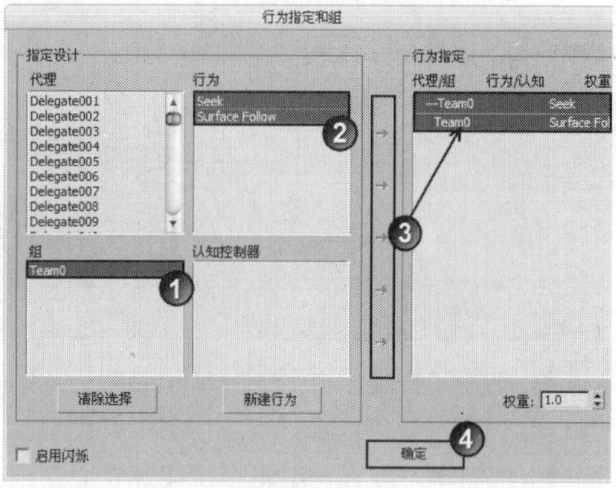

图20-130

20 在“解算”卷展栏下单击“解算”按钮 解算 ，这样场景中的对象会自动生成动画，解算完成后的动画效果如图20-131所示。

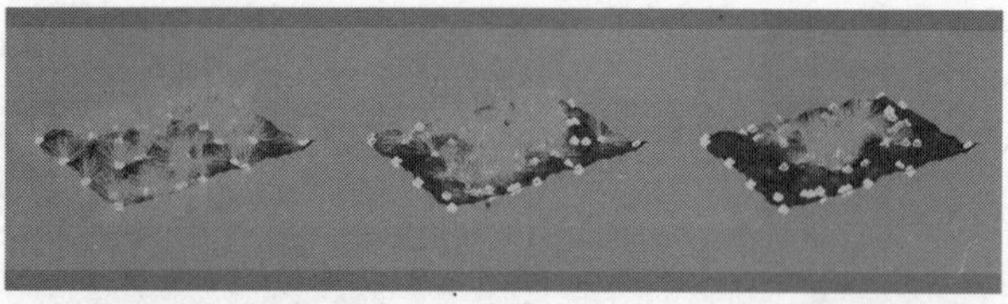

图20-131

21 选择动画效果最明显的一些帧，然后单独渲染这些单帧动画，最终效果如图20-132所示。

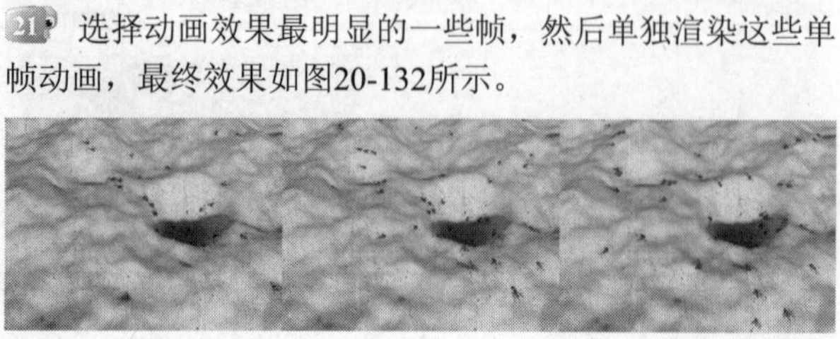

图20-132

实战300 制作守门员扑球动画

场景位置	DVD>场景文件>CH20>实战300.max
实例位置	DVD>实例文件>CH20>实战300.max
视频位置	DVD>多媒体教学>CH20>实战300.flv
难易指数	★★★★★
技术掌握	用Biped创建骨骼；用蒙皮修改器蒙皮；用Bip动作库制作扑球动画；用将选定项设置为动力学刚体工具制作刚体动画

实例介绍

本例将综合使用多种动画制作工具来制作一段守门员扑球的动画，效果如图20-133所示。

图20-133

操作步骤

01 打开光盘中的“场景文件>CH20>实战300-1.max”文件，如图20-134所示。

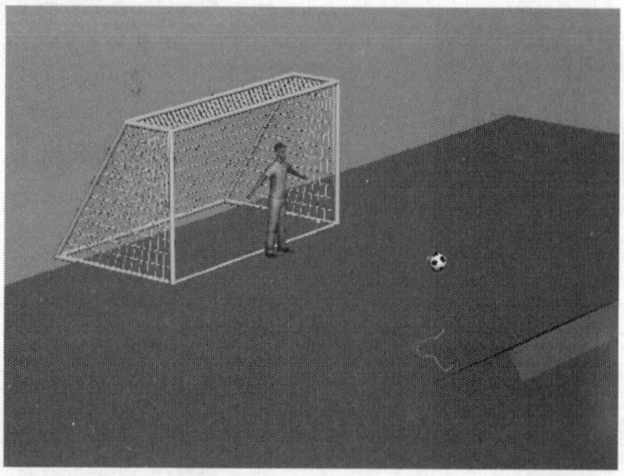

图20-134

02 使用Biped工具 Biped 在前视图中创建一个与人物等高的Biped骨骼，如图20-135所示。

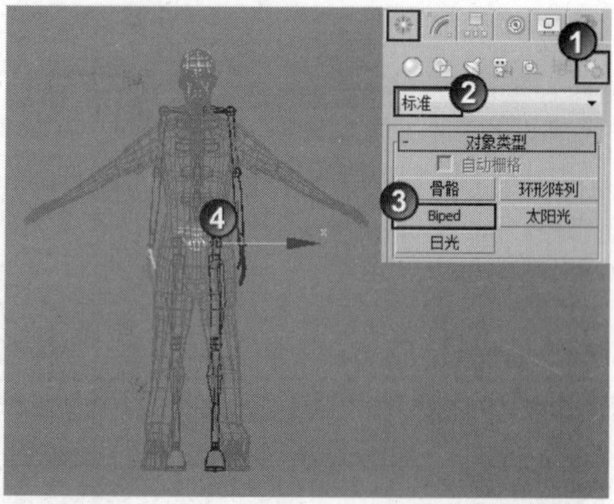

图20-135

03 选择Biped骨骼，然后在Biped卷展栏下单击“体形模式”按钮，再在“结构”卷展栏下设置“手指”为5、“手指链接”为3、“脚趾”为1、“脚趾链接”为3，具体参数设置如图20-136所示，最后使用“选择并移动”工具将骨骼调整成与人体形状一致，如图20-137所示。

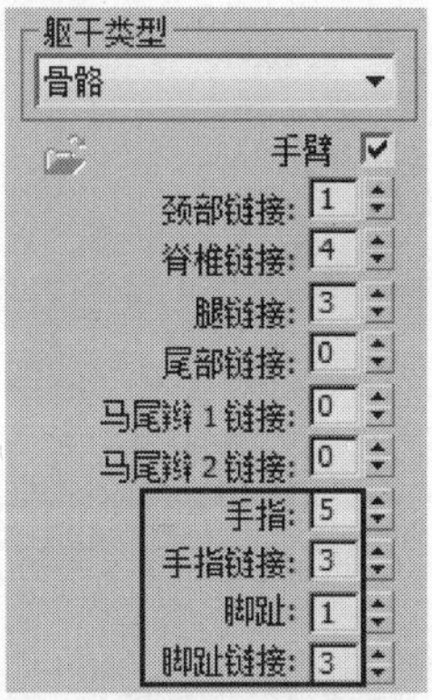

图20-136

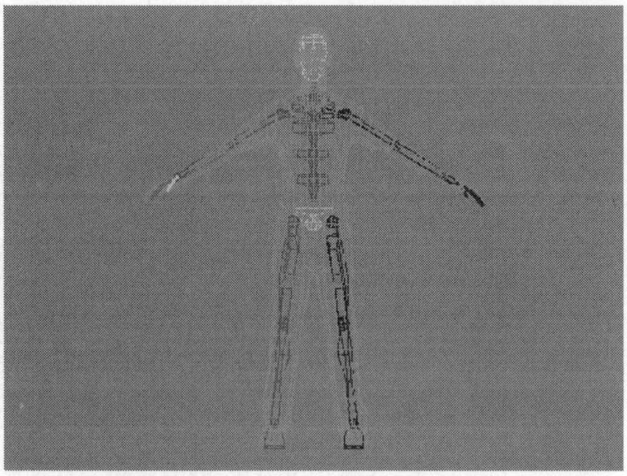

图20-137

04 为人物模型加载一个“蒙皮”修改器，然后在“参数”卷展栏下单击“添加”按钮，再在弹出的“选择骨骼”对话框中选择所有的关节，如图20-138所示。

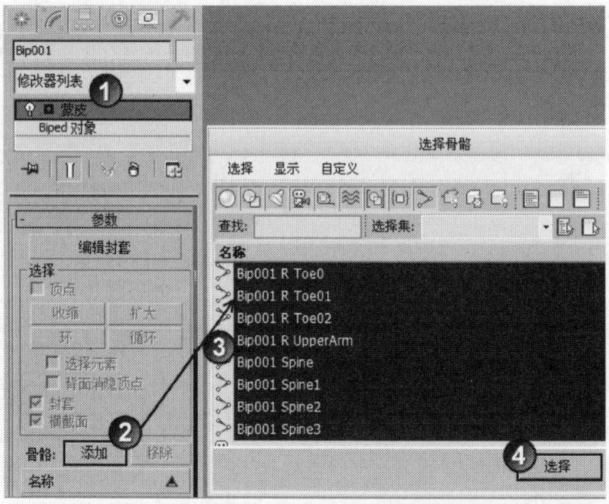

图20-138

05 选择小腿部分的骨骼，然后使用“选择并移动”工具向上拖曳骨骼，此时可以观察到小腿和脚都抬起来了，但是小腿与脚的连接部分有很大的弯曲，这是不正确的，如图20-139所示。

06 选择人物模型，然后进入“修改”面板，在“参数”卷展栏下单击“编辑封套”按钮，再扩大小腿部分的封套范围，如图20-140所示。

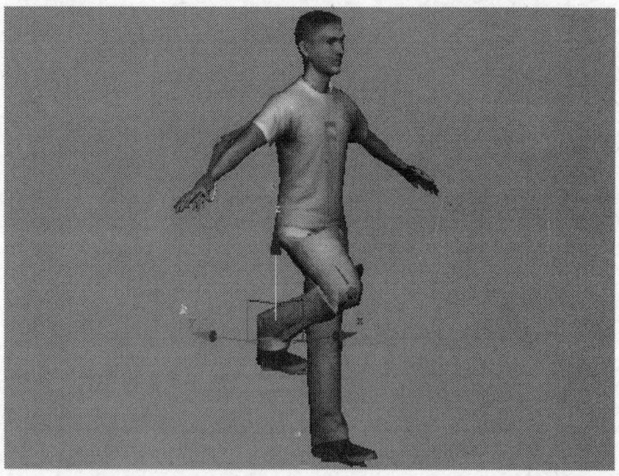

图20-139

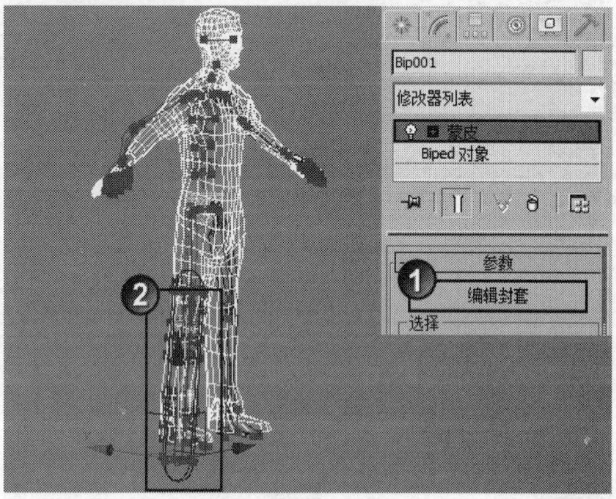

图20-140

07 采用相同的方法调整脚部的封套范围，如图20-141所示。调整完成后退出“编辑封套”模式。

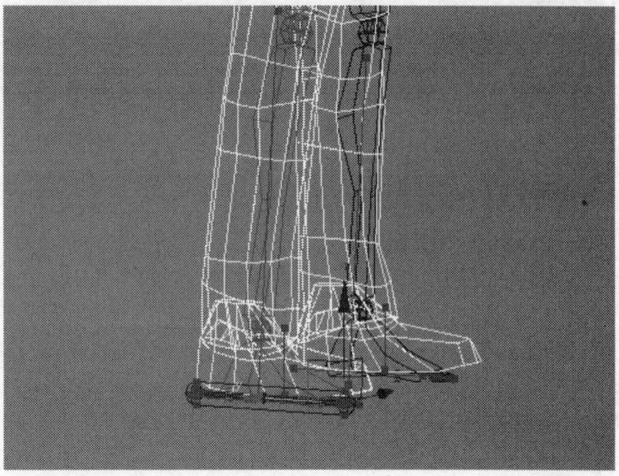

图20-141

08 选择Biped骨骼，进入“运动”面板，然后在Biped卷展栏单击“加载文件”按钮，再在如图20-142所示的对话框中选择光盘中的“场景文件>CH20>实战300-2.bip”文件，动画效果如图20-143所示。

09 选择足球，然后为其加载一个“优化”修改器，再在“参数”卷展栏下设置“面阈值”为50，如图20-144所示。

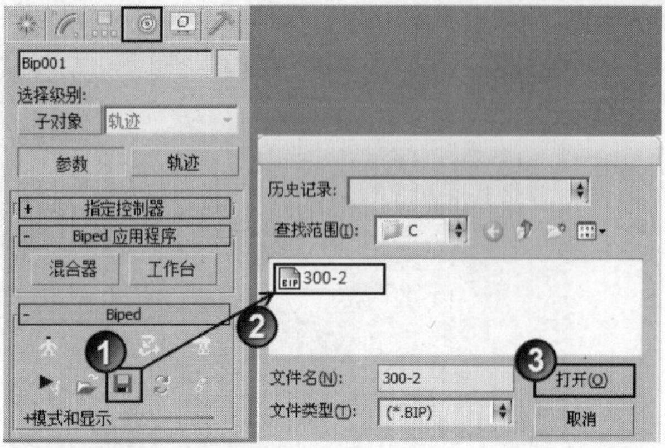

图20-142

图20-143

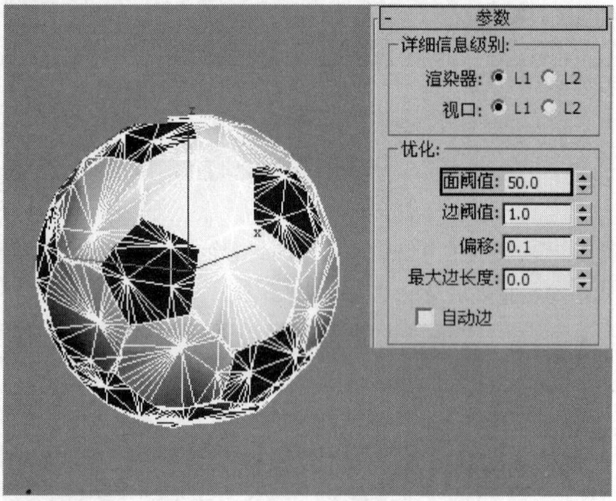

图20-144

技巧与提示

优化足球可以减少足球模型的面数，这样在动力学演算时才会流畅。如果要保证最终渲染效果，可以在渲染时将“优化”修改器删除。

10 在“主工具栏”中的空白处单击鼠标右键，然后在弹出的菜单中选择“MassFX工具栏”命令，调出“MassFX工具栏”，如图20-145所示。

11 选择足球，然后在“MassFX工具栏”中单击“将选定项设置为动力学刚体”按钮，如图20-146所示，再在“物理材质”卷展栏下设置“质量”为1.533、“反弹力”为1，如图20-147所示。

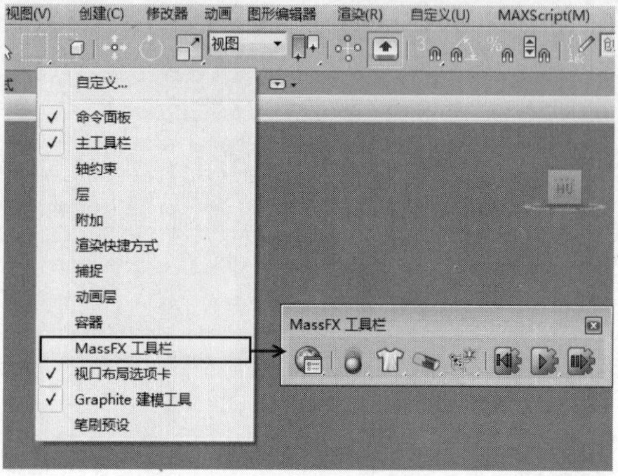

图20-145

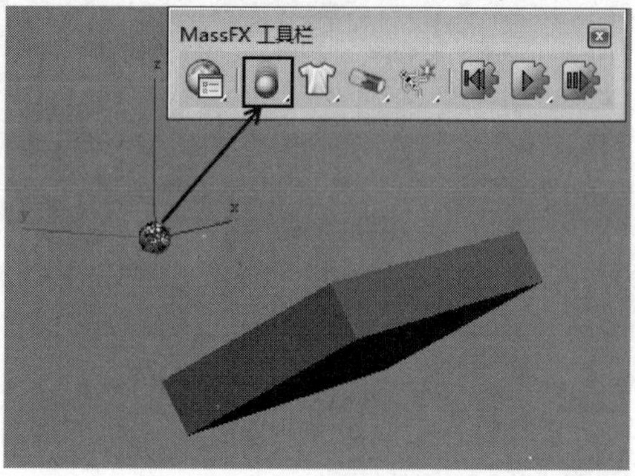

图20-146

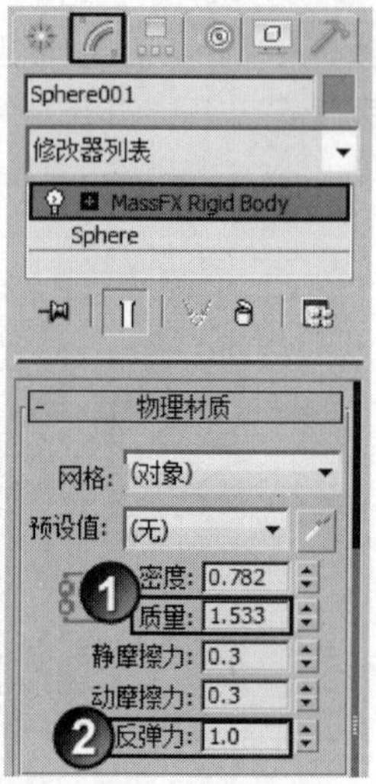

图20-147

12 选择挡板模型，然后在“MassFX工具栏”中单击“将选定项设置为静态刚体”按钮，如图20-148所示。

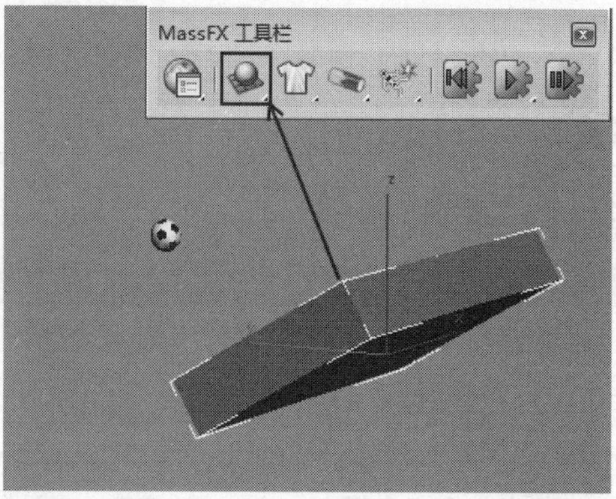

图20-148

13 使用“选择并移动”工具将足球放到挡板的上方，如图20-149所示。

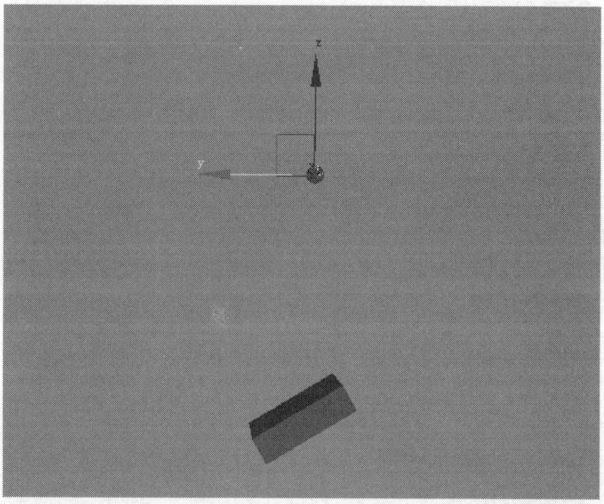
图20-149

14 在“MassFX工具栏”中单击“开始模拟”按钮模拟动画，待模拟完成后再次单击“开始模拟”按钮结束模拟，然后选择足球，在“刚体属性”卷展栏下单击“烘焙”按钮 烘焙 ，以生成关键帧动画，效果如图20-150所示。

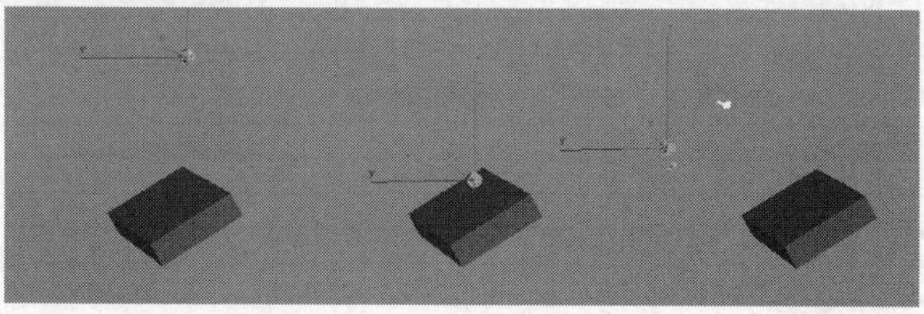
图20-150

15 选择挡板模型，然后单击鼠标右键，在弹出的菜单中选择“隐藏选定对象”命令，如图20-151所示。

16 单击“播放动画”按钮，观察扑球动画，效果如图20-152所示。

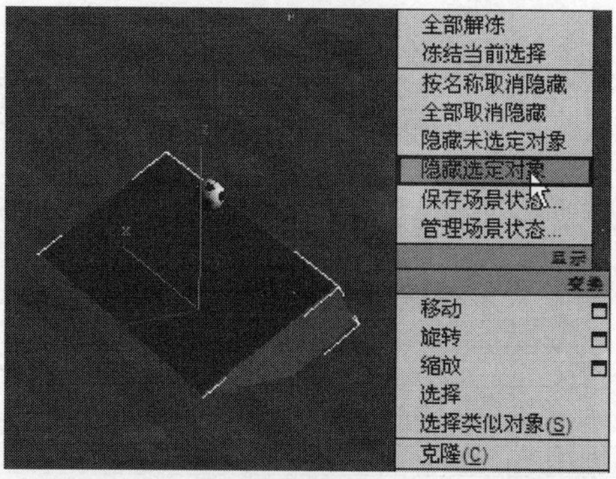

图20-151

图20-152

17 选择动画效果最明显的一些帧，然后单独渲染这些单帧动画，最终效果如图20-153所示。

图20-153

附 录

一、3ds Max快捷键索引

NO.1 主界面快捷键

操作	快捷键
显示降级适配（开关）	O
适应透视图格点	Shift+Ctrl+A
排列	Alt+A
角度捕捉（开关）	A
动画模式（开关）	N
改变到后视图	K
背景锁定（开关）	Alt+Ctrl+B
前一时间单位	.
下一时间单位	,
改变到顶视图	T
改变到底视图	B
改变到摄影机视图	C
改变到前视图	F
改变到等用户视图	U
改变到右视图	R
改变到透视图	P
循环改变选择方式	Ctrl+F
默认灯光（开关）	Ctrl+L
删除物体	Delete
当前视图暂时失效	D
是否显示几何体内框（开关）	Ctrl+E
显示第一个工具条	Alt+1
专家模式，全屏（开关）	Ctrl+X
暂存场景	Alt+Ctrl+H
取回场景	Alt+Ctrl+F
冻结所选物体	6
跳到最后一帧	End
跳到第一帧	Home
显示/隐藏摄影机	Shift+C
显示/隐藏几何体	Shift+O
显示/隐藏网格	G
显示/隐藏帮助物体	Shift+H
显示/隐藏光源	Shift+L
显示/隐藏粒子系统	Shift+P
显示/隐藏空间扭曲物体	Shift+W
锁定用户界面（开关）	Alt+0
匹配到摄影机视图	Ctrl+C
材质编辑器	M
最大化当前视图（开关）	W
脚本编辑器	F11
新建场景	Ctrl+N
法线对齐	Alt+N
向下轻推网格	小键盘-
向上轻推网格	小键盘+
NURBS表面显示方式	Alt+L或Ctrl+4
NURBS调整方格1	Ctrl+1
NURBS调整方格2	Ctrl+2
NURBS调整方格3	Ctrl+3
偏移捕捉	Alt+Ctrl+Space(Space键即空格键)
打开一个max文件	Ctrl+O
平移视图	Ctrl+P
交互式平移视图	I
放置高光	Ctrl+H
播放/停止动画	/
快速渲染	Shift+Q
回到上一场景操作	Ctrl+A
回到上一视图操作	Shift+A
撤消场景操作	Ctrl+Z
撤消视图操作	Shift+Z
刷新所有视图	1
用前一次的参数进行渲染	Shift+E或F9
渲染配置	Shift+R或F10
在XY/YZ/ZX锁定中循环改变	F8
约束到X轴	F5
约束到Y轴	F6
约束到Z轴	F7
旋转视图模式	Ctrl+R或V
保存文件	Ctrl+S
透明显示所选物体（开关）	Alt+X
选择父物体	PageUp
选择子物体	PageDown
根据名称选择物体	H
选择锁定（开关）	Space（Space键即空格键）
减淡所选物体的面（开关）	F2
显示所有视图网格（开关）	Shift+G
显示/隐藏命令面板	3
显示/隐藏浮动工具条	4
显示最后一次渲染的图像	Ctrl+I
显示/隐藏主要工具栏	Alt+6
显示/隐藏安全框	Shift+F
显示/隐藏所选物体的支架	J
百分比捕捉（开关）	Shift+Ctrl+P
打开/关闭捕捉	S
循环通过捕捉点	Alt+Space（Space键即空格键）
间隔放置物体	Shift+I
改变到光线视图	Shift+4
循环改变子物体层级	Ins
子物体选择（开关）	Ctrl+B
贴图材质修正	Ctrl+T
加大动态坐标	+
减小动态坐标	-
激活动态坐标（开关）	X
精确输入转变量	F12
全部解冻	7
根据名字显示隐藏的物体	5
刷新背景图像	Alt+Shift+Ctrl+B
显示几何体外框（开关）	F4
视图背景	Alt+B
用方框快显几何体（开关）	Shift+B
打开虚拟现实	数字键盘1
虚拟视图向下移动	数字键盘2
虚拟视图向左移动	数字键盘4
虚拟视图向右移动	数字键盘6
虚拟视图向中移动	数字键盘8
虚拟视图放大	数字键盘7
虚拟视图缩小	数字键盘9
实色显示场景中的几何体（开关）	F3
全部视图显示所有物体	Shift+Ctrl+Z
视窗缩放到选择物体范围	E
缩放范围	Alt+Ctrl+Z
视窗放大两倍	Shift++（数字键盘）
放大镜工具	Z
视窗缩小两倍	Shift+-（数字键盘）
根据框选进行放大	Ctrl+W
视窗交互式放大	[
视窗交互式缩小	]

NO.2 轨迹视图快捷键

操作	快捷键
加入关键帧	A
前一时间单位	<
下一时间单位	>
编辑关键帧模式	E
编辑区域模式	F3
编辑时间模式	F2

展开对象切换	O
展开轨迹切换	T
函数曲线模式	F5或F
锁定所选物体	Space（Space键即空格键）
向上移动高亮显示	↓
向下移动高亮显示	↑
向左轻移关键帧	←
向右轻移关键帧	→
位置区域模式	F4
回到上一场景操作	Ctrl+A
向下收拢	Ctrl+↓
向上收拢	Ctrl+↑

NO.3 渲染器设置快捷键

操作	快捷键
用前一次的配置进行渲染	F9
渲染配置	F10

NO.4 示意视图快捷键

操作	快捷键
下一时间单位	>
前一时间单位	<
回到上一场景操作	Ctrl+A

NO.5 Active Shade快捷键

操作	快捷键
绘制区域	D
渲染	R
锁定工具栏	Space（Space键即空格键）

NO.6 视频编辑快捷键

操作	快捷键
加入过滤器项目	Ctrl+F
加入输入项目	Ctrl+I
加入图层项目	Ctrl+L
加入输出项目	Ctrl+O
加入新的项目	Ctrl+A
加入场景事件	Ctrl+S
编辑当前事件	Ctrl+E
执行序列	Ctrl+R
新建序列	Ctrl+N

NO.7 NURBS编辑快捷键

操作	快捷键
CV约束法线移动	Alt+N
CV约束到U向移动	Alt+U
CV约束到V向移动	Alt+V
显示曲线	Shift+Ctrl+C
显示控制点	Ctrl+D
显示格子	Ctrl+L
NURBS面显示方式切换	Alt+L
显示表面	Shift+Ctrl+S
显示工具箱	Ctrl+T
显示表面整齐	Shift+Ctrl+T
根据名字选择本物体的子层级	Ctrl+H
锁定2D所选物体	Space（Space键即空格键）
选择U向的下一点	Ctrl+→
选择V向的下一点	Ctrl+↑
选择U向的前一点	Ctrl+←
选择V向的前一点	Ctrl+↓
根据名字选择子物体	H
柔软所选物体	Ctrl+S
转换到CV曲线层级	Alt+Shift+Z
转换到曲线层级	Alt+Shift+C
转换到点层级	Alt+Shift+P
转换到CV曲面层级	Alt+Shift+V
转换到曲面层级	Alt+Shift+S
转换到上一层级	Alt+Shift+T
转换降级	Ctrl+X

NO.8 FFD快捷键

操作	快捷键
转换到控制点层级	Alt+Shift+C

二、效果图制作实用附录

NO.1 常见物体折射率

材质折射率

物体	折射率	物体	折射率	物体	折射率
空气	1.0003	液体二氧化碳	1.200	冰	1.309
水（20°）	1.333	丙酮	1.360	30% 的糖溶液	1.380
普通酒精	1.360	酒精	1.329	面粉	1.434
溶化的石英	1.460	Calspar2	1.486	80% 的糖溶液	1.490
玻璃	1.500	氯化钠	1.530	聚苯乙烯	1.550
翡翠	1.570	天青石	1.610	黄晶	1.610
二硫化碳	1.630	石英	1.540	二碘甲烷	1.740
红宝石	1.770	蓝宝石	1.770	水晶	2.000
钻石	2.417	氧化铬	2.705	氧化铜	2.705
非晶硒	2.920	碘晶体	3.340		

液体折射率

物体	分子式	密度	温度	折射率
甲醇	CH3OH	0.794	20	1.3290
乙醇	C2H5OH	0.800	20	1.3618
丙醇	CH3COCH3	0.791	20	1.3593
苯醇	C6H6	1.880	20	1.5012
二硫化碳	CS2	1.263	20	1.6276
四氯化碳	CCl4	1.591	20	1.4607
三氯甲烷	CHCl3	1.489	20	1.4467
乙醚	C2H50・C2H5	0.715	20	1.3538
甘油	C3H8O3	1.260	20	1.4730
松节油		0.87	20.7	1.4721
橄榄油		0.92	0	1.4763
水	H2O	1.00	20	1.3330

晶体折射率

物体	分子式	最小折射率	最大折射率
冰	H_2O	1.313	1.309
氟化镁	MgF_2	1.378	1.390
石英	SiO_2	1.544	1.553
氯化镁	$MgO \cdot H_2O$	1.559	1.580
锆石	$ZrO_2 \cdot SiO_2$	1.923	1.968
硫化锌	ZnS	2.356	2.378
方解石	$CaO \cdot CO_2$	1.658	1.486
钙黄长石	$2CaO \cdot Al_2O_3 \cdot SiO_2$	1.669	1.658
菱镁矿	$ZnO \cdot CO_2$	1.700	1.509
刚石	Al_2O_3	1.768	1.760
淡红银矿	$3Ag2S \cdot AS_2S_3$	2.979	2.711

NO.2 常用家具尺寸

单位：mm

家具	长度	宽度	高度	深度	直径
衣橱		700（推拉门）	400~650（衣橱门）	600~650	
推拉门		750~1500	1900~2400		
矮柜		300~600（柜门）		350~450	
电视柜			600~700	450~600	
单人床	1800、1806、2000、2100	900、1050、1200			
双人床	1800、1806、2000、210	1350、1500、1800			
圆床					>1800
室内门		800~950、1200（医院）	1900、2000、2100、2200、240		
卫生间、厨房门		800、900	1900、2000、2100		
窗帘盒			120~180	120（单层布），160~180（双层布）	
单人式沙发	800~95		350~420（坐垫），700~900（背高）	850~900	
双人式沙发	1260~1500			800~900	
三人式沙发	1750~1960			800~900	
四人式沙发	2320~2520			800~900	
小型长方形茶几	600~750	450~600	380~500（380最佳）		
中型长方形茶几	1200~1350	380~500或600~750			
正方形茶几	750~900	430~500			
大型长方形茶几	1500~1800	600~800	330~420（330最佳）		
圆形茶几			330~420		750、900、1050、1200
方形茶几		900、1050、1200、1350、1500	330~420		
固定式书桌			750	450~700（600最佳）	
活动式书桌			750~780	650~800	
餐桌		1200、900、750（方桌）	75~780（中式），680~720（西式）		
长方桌	1500、1650、1800、2100、2400	800，900，1050，1200			
圆桌					900、1200、1350、1500、1800
书架	600~1200	800~900		250~400（每格）	

NO.3 室内物体常用尺寸

墙面尺寸

单位：mm

物体	高度
踢脚板	60~200
墙裙	800~1500
挂镜线	1600~1800

餐厅

单位：mm

物体	高度	宽度	直径	间距
餐桌	750~790			>500（其中座椅占500）
餐椅	450~500			
二人圆桌			500或800	
四人圆桌			900	
五人圆桌			1100	
六人圆桌			1100~1250	
八人圆桌			1300	
十人圆桌			1500	
十二人圆桌			1800	
二人方餐桌		700×850		
四人方餐桌		1350×850		
八人方餐桌		2250×850		
餐桌转盘			700~800	
主通道		1200~1300		
内部工作道宽		600~900		
酒吧台	900~1050	500		
酒吧凳	600~750			

商场营业厅

单位：mm

物体	长度	宽度	高度	厚度	直径
单边双人走道		1600			
双边双人走道		2000			
双边三人走道		2300			
双边四人走道		3000			
营业员柜台走道		800			
营业员货柜台			800~1000	600	
单靠背立货架			1800~2300	300~500	
双靠背立货架			1800~2300	600~800	
小商品橱窗			400~1200	500~800	
陈列地台			400~800		
敞开式货架			400~600		
放射式售货架					2000
收款台	1600	600			

饭店客房

单位：mm/m²

物体	长度	宽度	高度	面积	深度
标准间				25（大）、16~18（中）、16（小）	
床			400~450，850~950（床靠）		
床头柜		500~800	500~700		
写字台	1100~1500	450~600	700~750		
行李台	910~1070	500	400		
衣柜		800~1200	1600~2000		500
沙发		600~800	350~400，1000（靠背）		
衣架			1700~1900		

卫生间

单位：mm/m²

物体	长度	宽度	高度	面积
卫生间				3~5
浴缸	1220、1520、1680	720	450	

座便器	750	350		
冲洗器	690	350		
盥洗盆	550	410		
淋浴器		2100		
化妆台	1350	450		

交通空间

单位：mm

物体	宽度	高度
楼梯间休息平台	≥2100	
楼梯跑道	≥2300	
客房走廊		≥2400
两侧设座的综合式走廊	≥2500	
楼梯扶手		850~1100
门	850~1000	≥1900
窗	400~1800	
窗台		800~1200

灯具

单位：mm

物体	高度	直径
大吊灯	≥2400	
壁灯	1500~1800	
反光灯槽		≥2倍灯管直径
壁式床头灯	1200~1400	
照明开关	1000	

办公用具

单位：mm

物体	长度	宽度	高度	深度
办公桌	1200~1600	500~650	700~800	
办公椅	450	450	400~450	
沙发		600~800	350~450	
前置型茶几	900	400	400	
中心型茶几	900	900	400	
左右型茶几	600	400	400	
书柜		1200~1500	1800	450~500
书架		1000~1300	1800	350~450